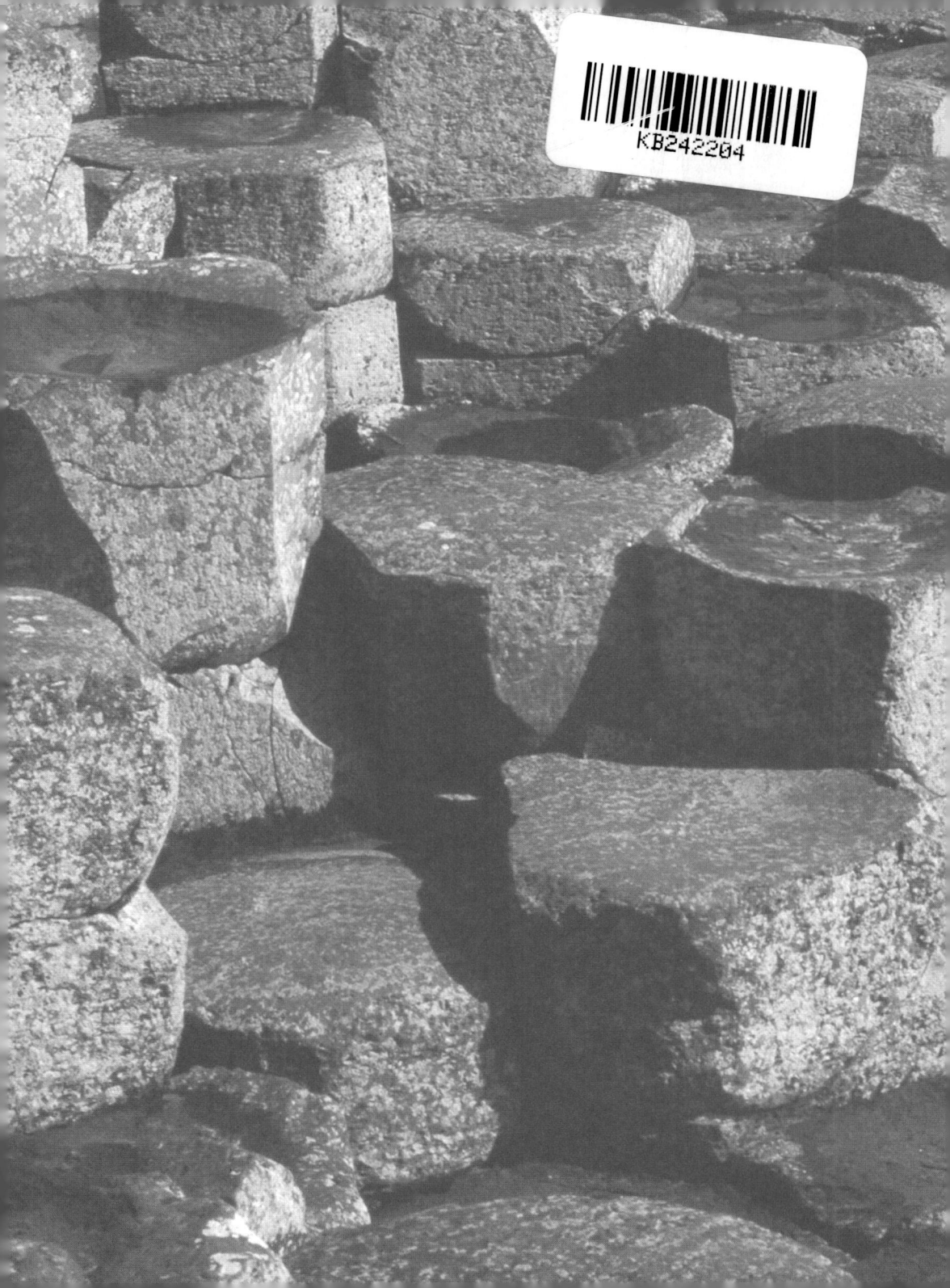

1001 NATURAL WONDERS

죽기 전에 꼭 봐야 할 자연 절경 1001

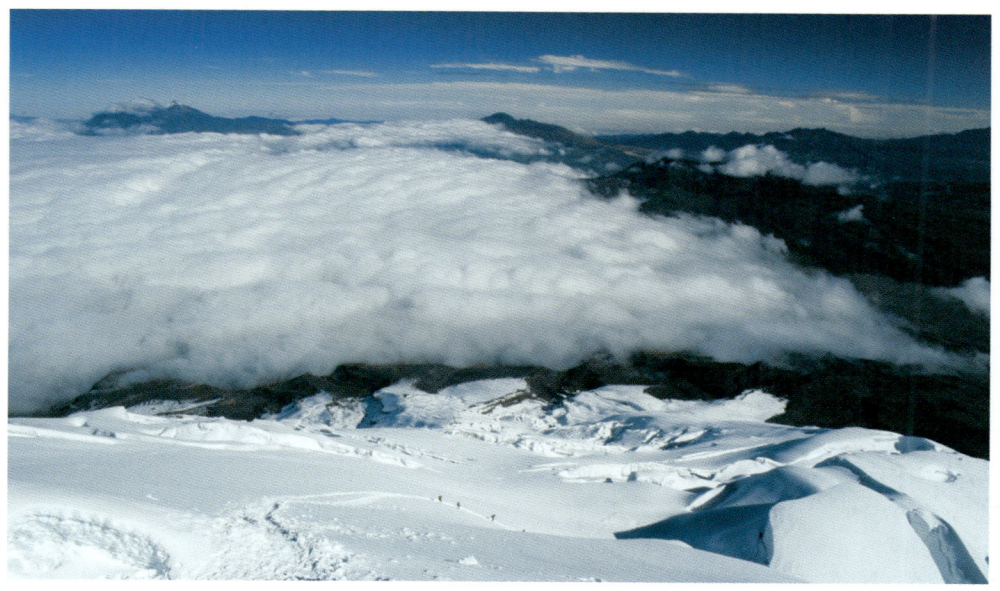

마이클 브라이트 책임편집

이경아 역

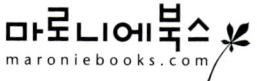
마로니에북스
maroniebooks.com

1001 NATURAL WONDERS

YOU MUST SEE BEFORE YOU DIE

Copyright © 2005 Quintet Publishing Limited.

죽기 전에 꼭 봐야 할 자연 절경 1001

책임 편집자   마이클 브라이트
옮긴이   이경아

초판 1쇄   2008년 1월 20일
초판 3쇄   2014년 1월 15일

펴낸이   이상만
펴낸곳   마로니에북스
등 록   2003년 4월 14일 제2003-71호
주 소   (413-756) 경기도 파주시 문발동 파주출판도시 521-2번지
전 화   02-741-9191(대)
편집부   031-8070-8250
팩 스   031-955-4921
홈페이지   www.maroniebooks.com

* 책값은 뒤표지에 있습니다.

ISBN 978-89-6053-049-2
       978-89-91449-83-1(set)

printed in China

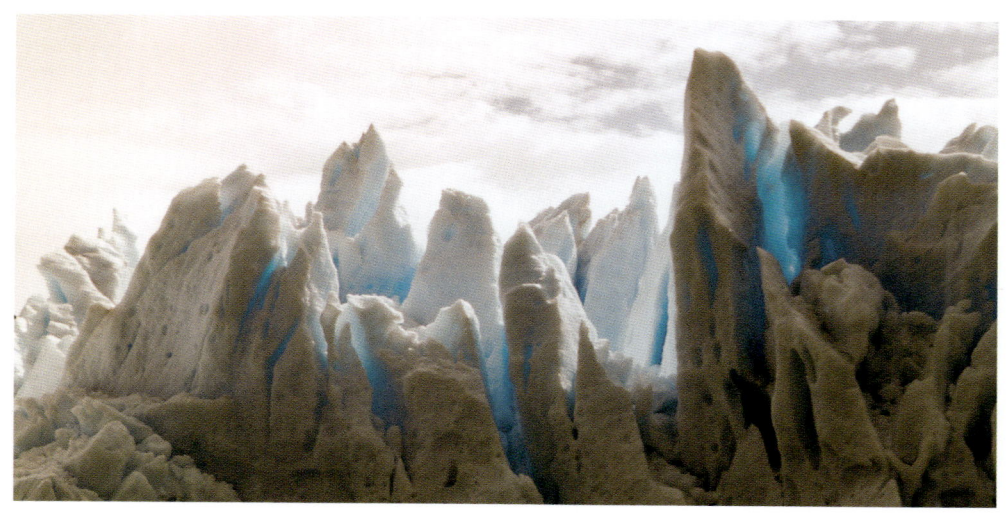

이 책의 구성과 내용에 관한 몇 가지 도움말

- 모든 절경은 대륙과 국가로 분류해 실었다.

- 지명은 가능한 일반적으로 사용하는 영문명으로 표기했다. 지명을 그대로 옮기기가 어려운 경우, 현지에서 부르는 대로 표기했다. 중국어나 러시아어처럼 영어 알파벳을 사용하지 않는 언어일 경우, 표준발음 대로 표기했다.

- 이 책에 소개된 절경으로는 지질 현상이나 물리적 현상도 있고 동물과 관련된 것도 있다.

- 각 절경에 해당하는 수치 정보는 본문의 가장 윗부분에 따로 실었다.

- 책의 앞부분에는 두 종류의 색인이 있다. 첫 번째 색인에서는 지명을 찾을 수 있으며 두 번째 색인에서는 이 책에 나온 산, 강, 화산 등을 원어명으로 찾아볼 수 있다. 책의 말미에는 용어 사전과 일반 색인이 나와 있다.

차례

잠들어 있는 모험가의 영혼을 깨우자

온 세상을 구석구석 여행하는 당신의 모습을 상상해 보라. 『죽기 전에 꼭 봐야 할 자연 절경 1001』은 엄청난 모험을 시작하는 관문이다. 이 책을 손에 드는 순간 당신은 고산준봉에서 땅속 암흑의 세계로 미끄러져 들어가게 될 것이다. 페이지를 넘길 때마다 태양이 작열하는 사막을 지나 열대의 정글을 헤치며 나아가고 물빛 푸르른 아늑한 석호에서 헤엄치다가 열대어가 가득한 산호초를 탐험할 것이다. 거대한 빙산이 빙하에서 우지끈 떨어지고 성난 화산에서 용암이 흘러나오는 장관까지 생생하게 체험할 수 있다. 당신의 모험이 현실이든 상상이든 이 책과 함께라면 결코 지루하지 않을 것이다.

직접 여행을 가고 싶지만 대리만족에 그치는 사람이라면, 영화나 TV 프로그램에서 외국의 명소를 보는 것에 만족하는 당신이라면 이제 한 걸음 더 나아가 보자. 『죽기 전에 꼭 봐야 할 자연 절경 1001』으로 전 세계의 절경 1001곳에 대한 정보를 얻고 세계의 보호 지역과 멸종위기에 처한 동식물에 대한 정보까지 얻을 수 있다. 지리적 역사에 대한 지질학적 분석과 독특한 식물과 동물, 현지의 풍습, 흥미로운 설화, 위험 지역에 대한 정보 등은 보너스이다.

자연의 아름다운 풍경은 우리 지구의 보물이라 할 수 있는 동식물의 보금자리이기도 하다. 캐나다에서는 북극곰들이 허드슨 만의 차가운 물에서 친구들과 장난을 한다. 아마존 강 유역에서는 분홍돌고래와 피라니아들이 물에 잠긴 숲속 나뭇가지들 사이로 헤엄친다. 마라 강을 건너는 누 떼는 배고픈 악어 떼와 생존을 위한 처절한 싸움을 벌인다. 어딜 보나 모래밖에 보이지 않는 북아프리카의 사하라 사막에 느닷없이 야자수가 자라는 오아시스가 나타난다. 오만에 있는 새들의 우물에서는 칼새와 비둘기, 맹금류 등이 자유롭게 날아다닌다. 스코틀랜드의 신비로운 네스 호수는 조심성 많은 괴물 네시의 은신처라고 한다. 아시아 대륙의 동쪽에는 코모도왕도마뱀이 무장 호위병처럼 코모도 섬의 해변을 어슬렁거리고 두루미는 일본의 습지에서 아름다운 짝짓기 춤을 춘다.

남획과 공해로 수많은 동식물들이 멸종 위기에 처한 지금, 각국 정부는 국립공원과 자연보호지역을 지정해 생태계를 보호하기 위해 노력하고 있다. 『죽기 전에 꼭 봐야 할 자연 절경 1001』에서는 자연에 형성된 서식지와 그곳에서 살아가는 동물들이 얼마나 위험에 취약한지를 보여줄 뿐만 아니라 끊임없이 변화하는 지구의 환경 속에서 우리들 자신도 안전할 수 없다고 말한다.

우리는 지금 발 디디고 선 땅이 언제까지나 단단하고 변함없으리라 믿는다. 하지만 드넓은 우주 공간 속에서나 땅속 깊은 곳에서나 지구는 끊임없이 변화하고 있다. 오랜 세월에 걸쳐 대륙과 해저는 결코 가만히 있지 않고 쉴 새 없이 자연의 절경을 만들어냈다. 화산이 폭발해 용암과 진흙을 뿜어내고 지하수를 끓여서 쉭쉭거리게 만들고 간헐천은 끓는 물을 분수처럼 뿜어댄다. 좀 더 시야를 좁히면 바람과 물과 얼음이 바위를 깎아 갖가지 형태와 크기로 조각해 놓고 험한 침봉과 둥근 바위, 거친 협곡까지 만들어낸다.

지구 곳곳에 숨겨진 절경을 찾아 떠나는 여행은 그 자체로도 신나는 일이다. 가령, 보르네오의 키나발루 산을 오르고 싶다면 튼튼한 등산화와 캠핑 용구를 준비해야 하고 남아프리카의 갈라파고스 군도를 관광하려면 반드시 자격증이 있는 국립공원 가이드를 동반해야 한다. 또한 박쥐가 가득한, 대성당처럼 생긴 보르네오의 물루 동굴계를 찾는 여행자들은 의외로 쾌적한 숙소를 찾을 수 있다.

지금 당장 온 세상을 돌아다닐 수 없다면 또 어떤가. 『죽기 전에 꼭 봐야 할 자연 절경 1001』이 항상 당신 곁에 있을 것이다. 목록을 보면서 평생 동안의 여행 계획을 짜보면 어떨까. 자연에는 보는 것만으로도 숨 막힐 듯 아름다운 비경이 너무나 많다. 그 아름다운 곳이 이 한 권의 책에 모두 담겨 있다. 자, 이제 책을 펼치고 당신 안에 잠들어 있는 모험가의 영혼을 깨우길 바란다.

책임편집자 마이클 브라이트

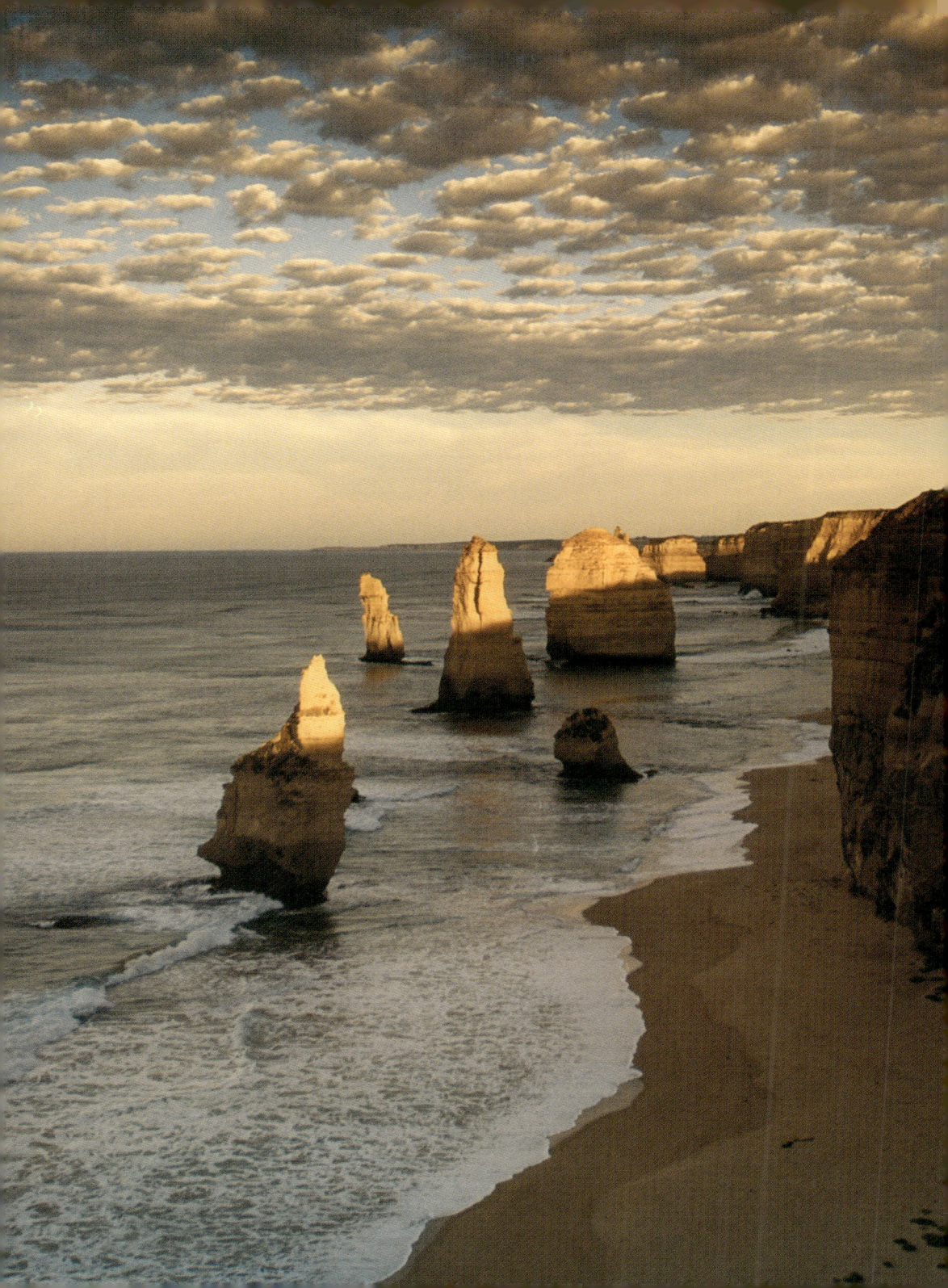

1001가지 절경을 엮으며

이 세상에는 얼마나 많은 나라가 있을까? 간단한 질문이지만 사실 대답하기는 쉽지 않다. UN의 회원국을 기준으로 한다면 191개국이지만 미국 국무성 자료로 대답한다면 192개국이다. 193개국이나 194개국이라는 자료도 있다. 이 세상을 기록하기 시작하면서 사람들은 지도를 그리고 경계를 긋고 전설을 만들어 내고 조약을 체결했으며, 생각보다 훨씬 더 큰 이 세상을 이해하려고 자료를 점검하고 또 점검했다. 하지만 이 세계를 정의하기 위해 이루어진 정치적, 문화적 혹은 과학적 시도는 무엇하나 완전한 성공을 거두기에는 역부족이었다.

장장 960페이지에 달하는 이 책은 '대자연'에 따른 세상을 그린다. 독특한 지형과 지각 운동, 자연이 만들어낸 무늬, 동물과 식물 등을 매개로 이 지구를 설명하고 있는 것이다. 자연의 수많은 폭포와 협곡, 산맥, 강, 사막, 빙하, 바위, 동굴, 화산, 고원, 분지, 암초, 섬, 숲, 골짜기, 절벽, 계곡, 고개, 열대우림 등은 사람이 만든 국제적 경계나 국립공원이 아니라 지각운동, 화산의 폭발, 해식작용, 빙식작용 등으로 형성된 것이다. 마침 이 책을 만드는 동안에는 국제 분쟁과 관련한 결정이 거의 내려지지 않았다. 덕분에 우리는 편집을 하면서 처음 결정한 사안들을 그대로 밀고나갈 수 있었다. 국제정치의 분란이 아름다운 자연에 그늘을 드리우지 않도록 말이다. 최대한 지역을 대륙별로 구분하고 국가는 가장 북쪽에서 남쪽으로 배치해 놓았다. 국경이 아닌 자연적인 지형을 각 지역을 구성하는 기준으로 삼았다.

이런 구성에도 복잡한 문제가 있었다. 어떤 지역은 우리의 기준에서 종종 벗어나곤 했다. 이런 경우에는 상식을 따랐다. 가령 하와이 제도를 주변의 오세아니아 섬들과 분리하는 것은 아무런 의미가 없다. 위치 정보를 명확하게 하거나 그 지역의 성격을 명확히 하는 데 도움이 된다면 주(州)나 행정 단위도 함께 명시했다. 이런 정보들이 여행의 길잡이가 될 것이다.

지명을 어떻게 명시할 지에 대해서도 비슷한 고민이 있었다. 많은 지명을 영어로 옮겼지만 고유의 문화와 역사를 보여주거나 문자가 다를 때는 현지에서 사용하는 지명을 그대로 쓰거나 소리를 받아 적은 지명을 사용하기도 했다.

자연의 절경과 인공적인 구조물을 분리하게 되면 둘 사이에 형성된 독특한 관계가 드러난다. 높이, 형태, 위치 혹은 노출된 상태로 인해 많은 지역이 종교, 문화, 교역의 중심지가 되었다. 반대로 어떤 지역이 관광 산업과 인간의 역사에 휘말리면서 신화의 일부가 되기도 한다. 페루 고원의 마추픽추에 세워진 잉카 문명의 유적은 그곳에 처음으로 봉우리를 만든 자연의 역사와 따로 떼어 생각할 수 없다. 요세미티 국립공원은 덤불을 계획적으로 태워 없애버렸기 때문에 독특한 자연의 미를 보존할 수 있었다. 부탄이 태곳적 아름다움을 간직할 수 있었던 것은 관광 산업으로부터 멀찌감치 떨어져 있었던 덕분임을 부정할 수 없으리라.

이 책은 자연의 모습을 바꾸는 저항할 수 없는 힘에 따라 지역을 배치했다. 신비롭고, 불가해하고, 기이하기까지 한 자연의 아름다움은 우리의 현재 위치를 되돌아보게 한다. 2004년 12월 26일 동남아를 휩쓴 지진해일(쓰나미)이 좋은 예이다. 지진으로 해저가 갈라지면서 거대한 파도가 인근의 13개 국가를 휩쓸어 수십만 명의 목숨을 빼앗고 많은 사람들의 삶의 터전을 앗아갔다. 이 경험으로 자연의 힘이 얼마나 대단한지 우리는 똑똑히 목격했다. 순식간에 세상의 모습을 바꾸어 버리는 강력한 잠재력을 말이다. 이렇게 바뀐 새로운 모습도 오래 가지는 못할 것이다. 이 책에 나오는 수많은 절경은 그런 힘의 결과이다. 이 절경을 만든 힘의 작용은 지금도 앞으로도 현재진행형이다.

오른쪽 하와이 화산 국립공원에 위치한 킬라우에아 화산의 푸우오에서 쏟아져 나와 바다로 흘러드는 용암

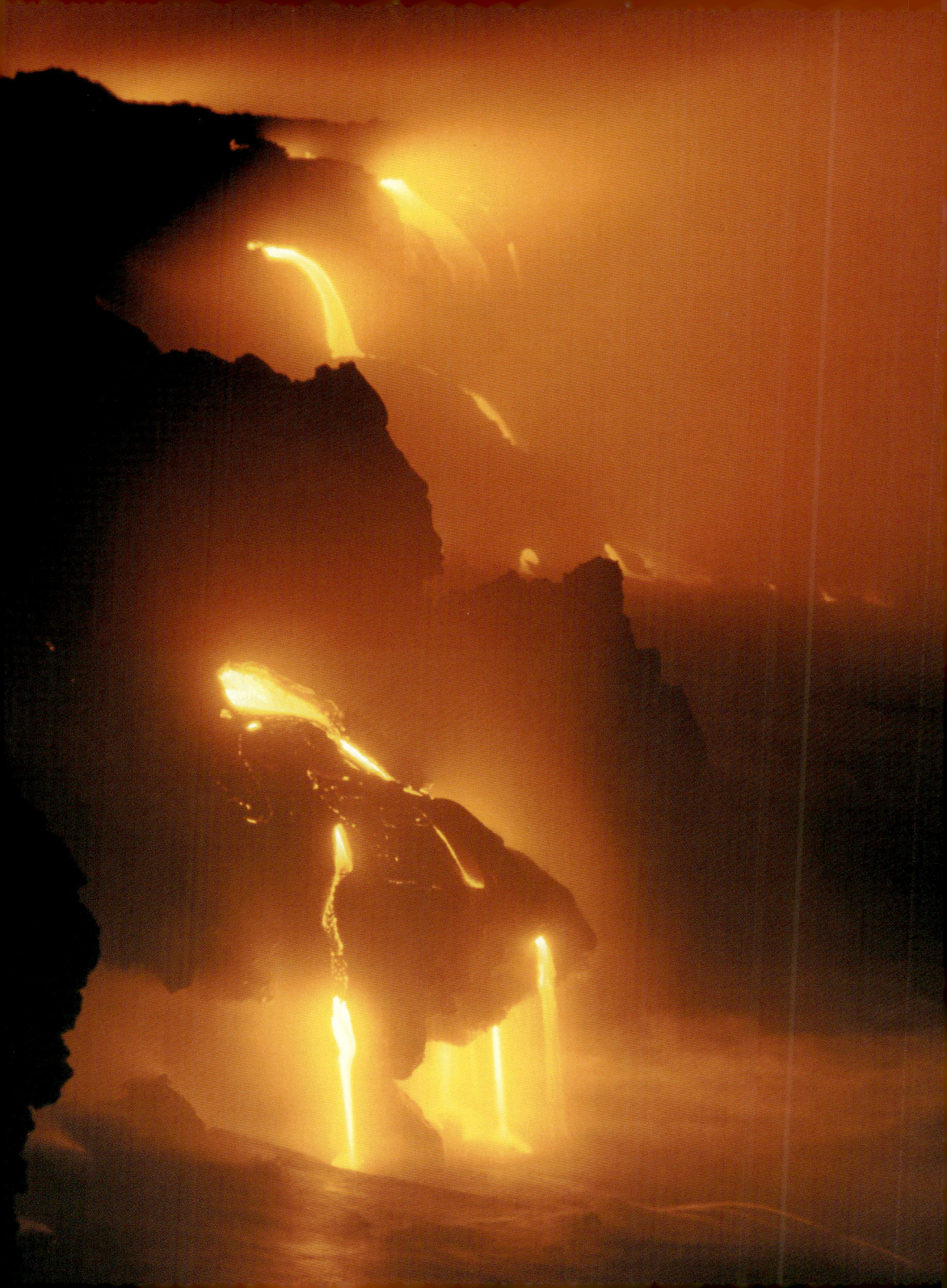

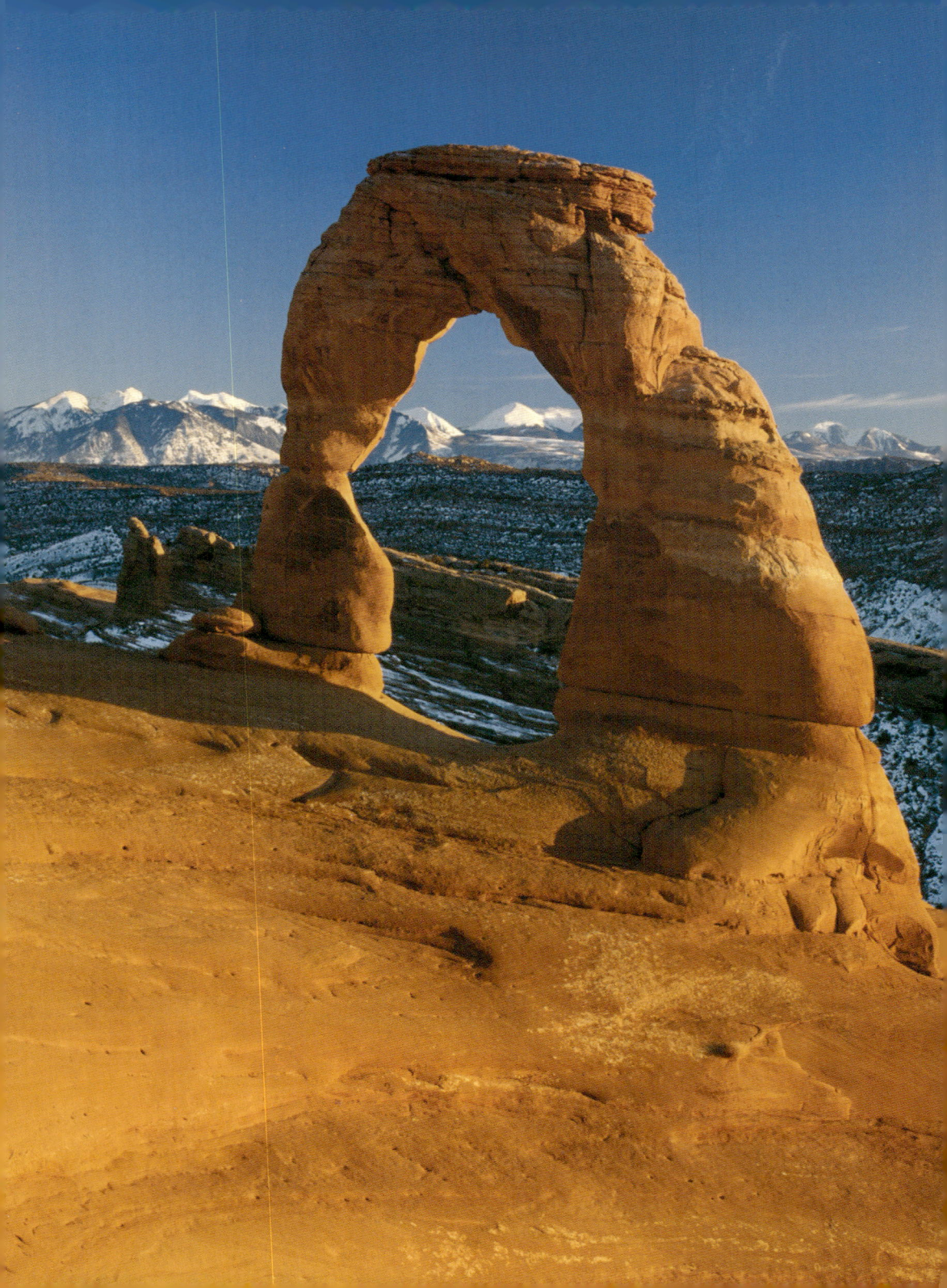

대륙별 색인

오른쪽 시파단 섬의 맑은 바다에서 바다거북이 헤엄치고 있다.

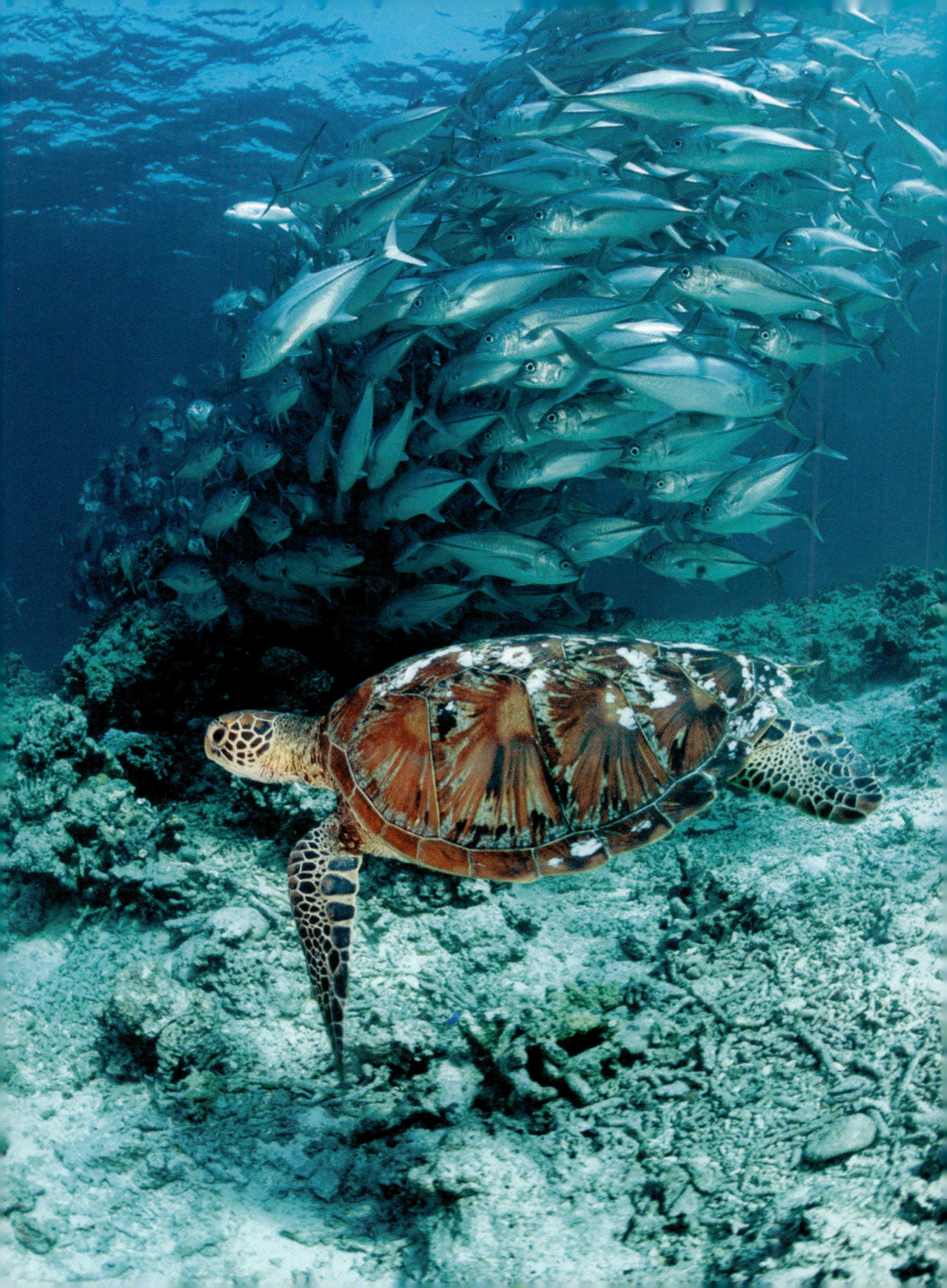

지형별 색인

기울임체는 본문 속 사진을 가리킨다.

오른쪽 빛의 기둥이 미국 애리조나
에 있는 앤털로프캐니언을
환히 비추고 있다.

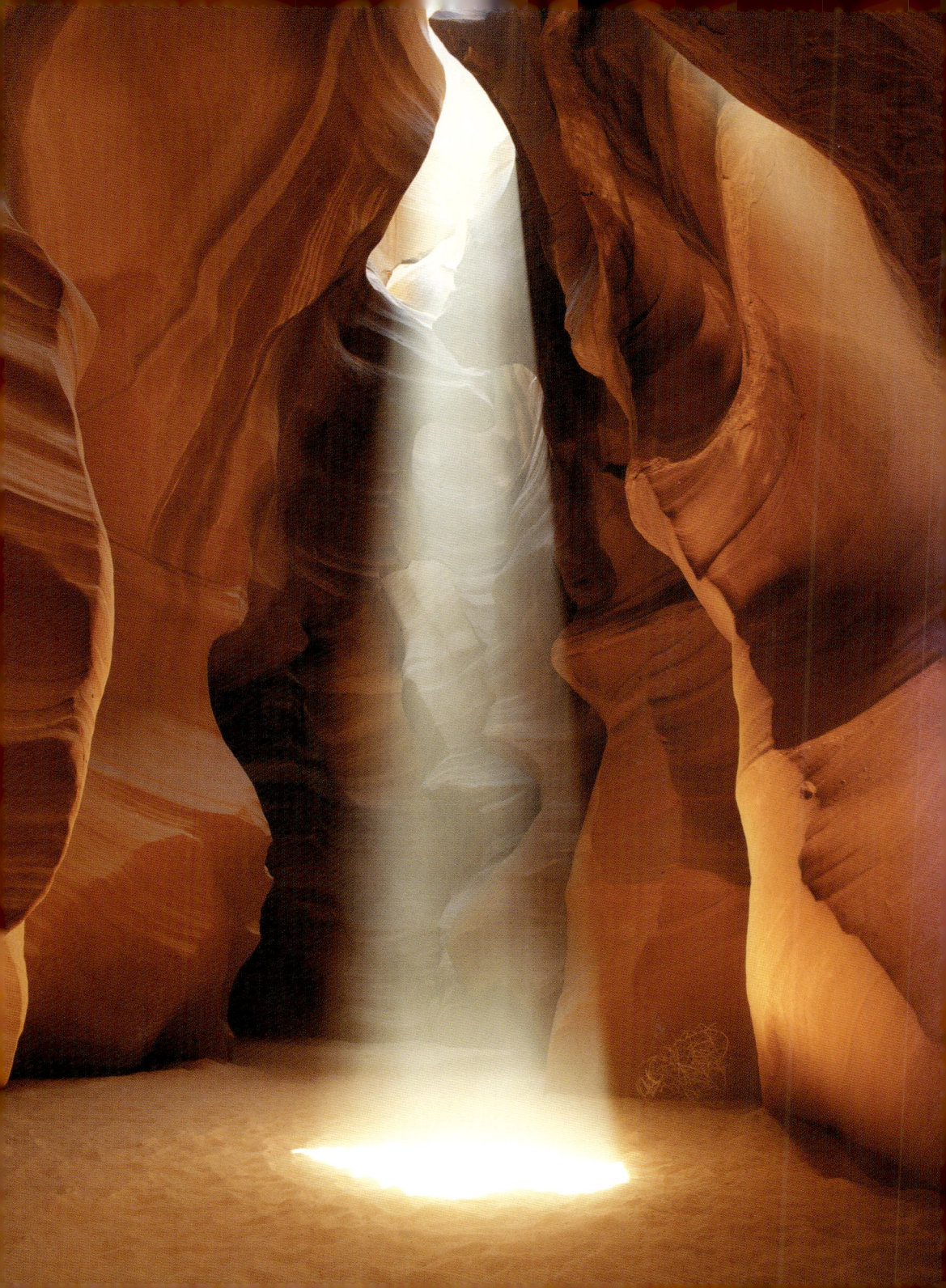

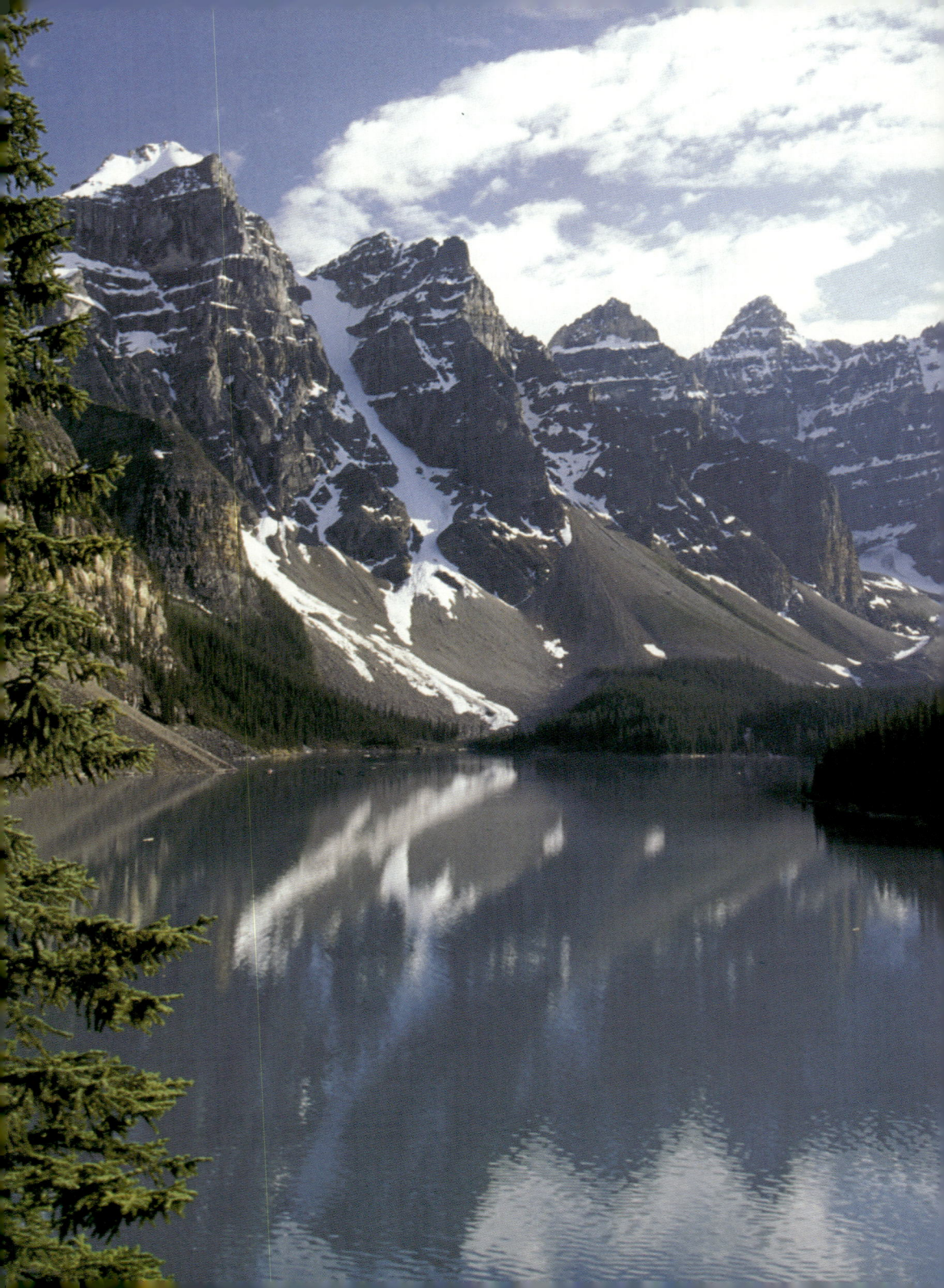

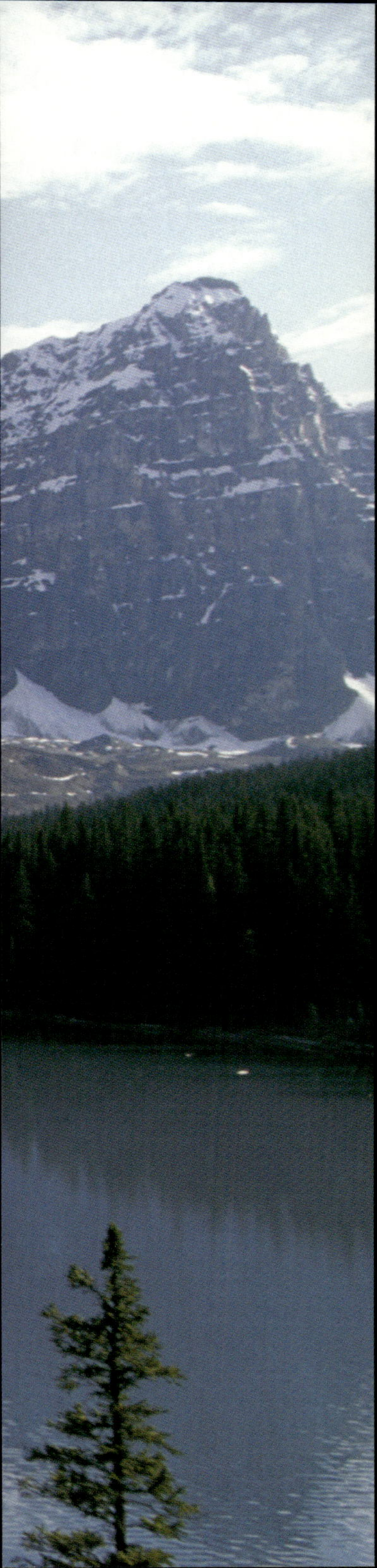

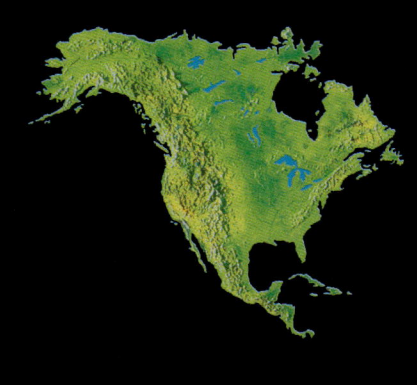

I

북아메리카

캐스케이드 산맥의 험준한 봉우리에서 시작하여 물의 낙원인 플로리다 습지에서 끝나는 북아메리카는 풍광의 대조가 뚜렷한 지역이다. 이번 장에는 멋진 볼거리가 정말 많다. 거대한 빙하, 북극곰과 야생들소를 자세히 관찰하고 옐로스톤 국립공원에서 하이킹을 해 보자. 석순과 종유석이 천지인 동굴 깊은 곳까지 여행을 떠나고 태양이 작열하는 사막의 아름다움도 만끽해 보자.

왼쪽 캐나다 앨버타에 있는 모레인 호수의 투명한 수면에 험준한 봉우리가 비친다.

엘스미어 섬

캐나다, 누나부트 주

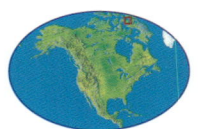

섬의 면적 : 196,235제곱킬로미터
최고봉(바르보 산) : 2,616미터
하젠 호수의 길이 : 70킬로미터

엘스미어 섬은 거대한 불모지이다. 세계에서 열 번째로 큰 섬이자 가장 위쪽에 있는 섬인 이곳은 낙원 같은 열대의 섬과는 거리가 멀다. 요동치는 빙원, 바위투성이의 우중충한 산과 표석이 군데군데 박힌 빙하로 뒤덮여 그야말로 얼음의 섬이다. 일 년 중 약 다섯 달은 해를 전혀 볼 수 없다. 그러다 한여름이 되면 태양은 떨어질 줄을 모르고 북쪽 지평선 아래에 걸려 있다. 섬의 최북단에 있는 컬럼비아 곶은 800킬로미터밖에 안되는 지척에 북극을 두고 있다. 섬의 최고봉인 바르보 산은 해발 고도 2,616미터의 높이를 자랑한다.

아처피오르 같은 빙하의 침식으로 만들어진 피오르들이 해안을 톱니처럼 장식하고 있다. 깎아지른 듯한 절벽은 거친 바다 속 700미터 아래까지 내려간다. 겨울철 온도는 약 영하 44도까지 떨어져 만물이 얼어붙을 정도이다. 일 년 내내 건조한 이 섬은 놀라울 정도로 강수량이 적은데 연평균 강수량이 60밀리미터를 넘지 않는다. 6월 말부터 8월 말까지 여름 기온은 7도까지 올라가며 구름이 없는 날은 이보다 더 따뜻할 수도 있다. 진정한 황무지라 할 수 있는 이 섬에는 유레카, 얼러트와 그리즈피오르 세 곳에 정착촌이 있다. **MB**

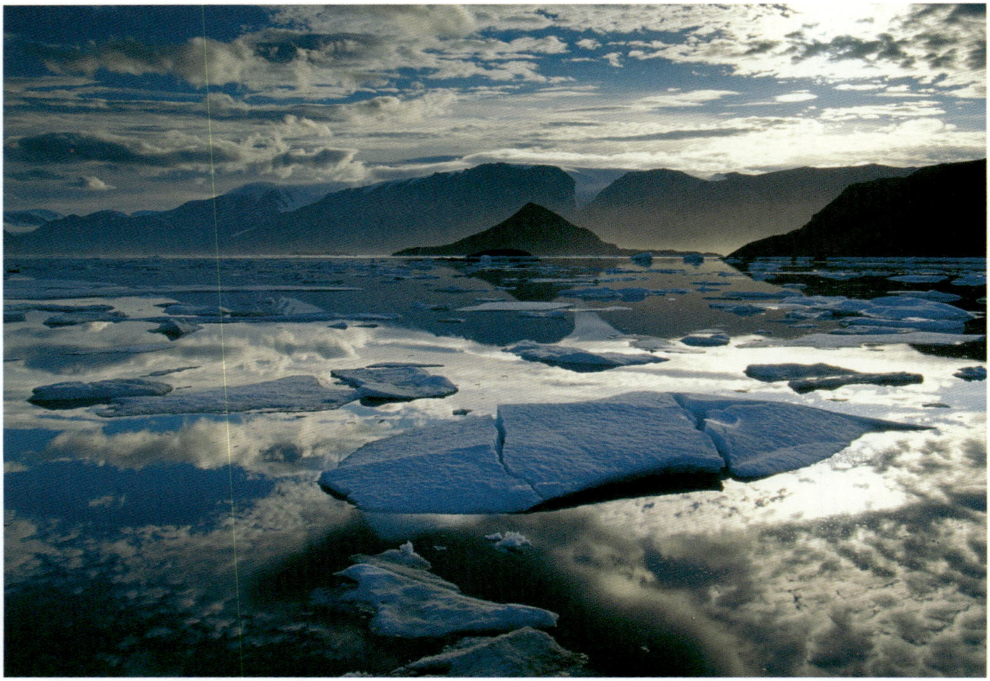

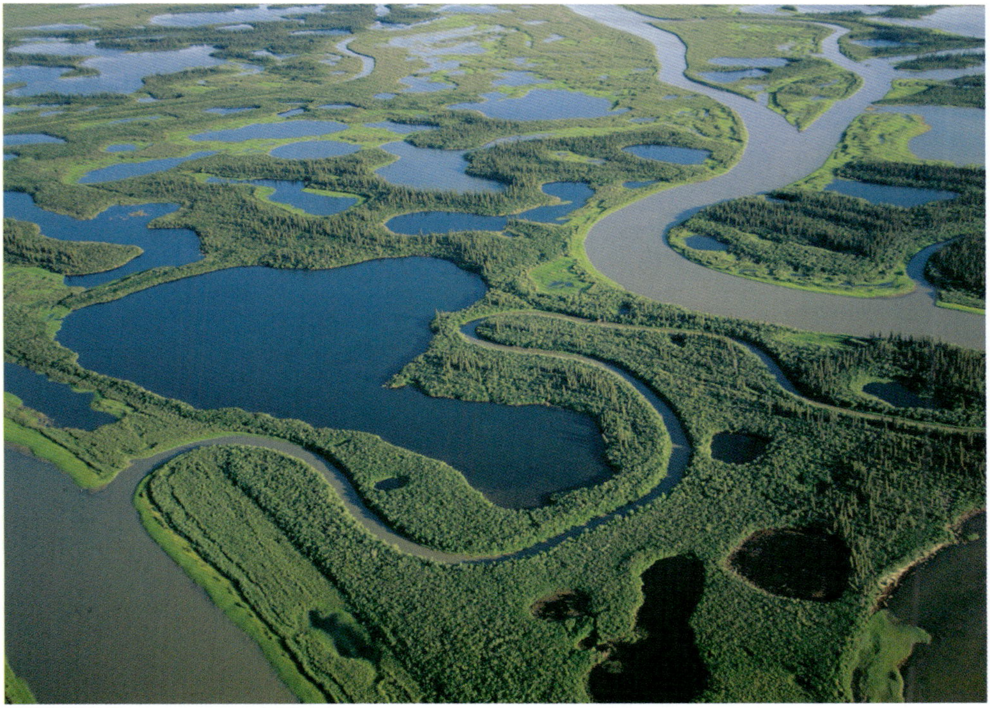

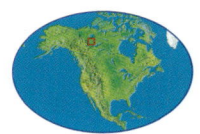

매켄지 삼각주

캐나다, 노스웨스트 준주

매켄지 강의 길이 : 1,800킬로미터
삼각주의 길이 : 210킬로미터
그레이트슬레이브 호수의 수심 : 614미터

매켄지 강은 폭이 약 80킬로미터인 삼각주 전면을 가로질러 보퍼트 해로 흘러간다. 춥고 어두운 겨울철에는 메켄지 강이 꽁꽁 얼어붙어 해안의 평원과 한 덩어리처럼 보인다. 삼각주가 있는 지조차 알 수 없을 정도이다. 그러나 봄이 되어 해빙기가 찾아오면 강줄기, 내, 호수와 섬이 뒤엉킨 부채꼴 모양의 땅덩어리가 모습을 드러낸다.

삼각주의 윤곽은 일정하지 않다. 모래와 진흙이 물길을 바꾸어 섬을 만들거나 아예 없애 버리기도 하기 때문이다. 가장 알아보기 쉬운 풍경은 핑고라고 부르는 원뿔 모양 언덕이다. 매켄지 삼각주는 화산 모양의 언덕인 핑고가 가장 많은 지역이다. 천여 개 이상의 핑고가 있으며 그 중심에 얼음 덩어리가 있어서 언덕으로 토양을 밀어 올린다. 핑고 언덕은 매년 자라났다가 봄이 되면 중앙의 얼음이 녹으면서 와르르 무너진다. 얼음이 있던 자리는 동굴이 되고 결국 못이 된다. 기록에 남아 있는 가장 오래된 언덕은 약 1,300년에 형성되었는데 높이가 50미터에 달한다. 북아메리카에서 가장 깊은 그레이스 슬레이브 호수에서 발원한 매켄지 강은 유럽 대륙과 맞먹는 크기의 배수(排水) 지역으로 흘러들어간다. **MB**

그로스몬 국립공원

캐나다, 뉴펀들랜드 주

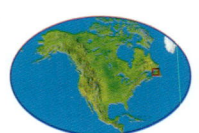

공원의 총면적 : 1,813제곱킬로미터	
평균 기온(하절기) : 20도	
평균 기온(동절기) : 영하 8도	

뉴펀들랜드 주 서부 고지에 있는 그로스몬 국립공원은 일명 '지질학의 갈라파고스'로 불린다. 곳곳에 세계 최고(最古)의 암석이 분포하여 지구의 지질학적 진화 과정을 살펴볼 수 있기 때문이다. 공원의 기반암은 북아메리카 대륙과 유럽과 아시아가 붙어 있던 시절, 대륙판이 이동하고 충돌했던 12억 년 전 이야기를 고스란히 간직하고 있다. 과학자들은 그로스몬 국립공원의 롱레인지 산맥이 스코틀랜드를 가로지르는 산맥의 일부라는

하며 고도가 높아지면서 기온이 떨어질수록 북극토끼와 삼림순록이 나타난다. 이 동물들은 대륙 빙원이 물러난 1만 5,000년 전에 이 공원에 등장했다. 이 공원에 서식하는 14종의 육상 포유류 중 9종이 대륙 본토에 서식하는 종과 다른 변종이다.

그로스몬 국립공원에서 가장 빼어난 절경은 웨스턴브룩폰드이다. 이 호수는 피오르 형태의 깊은 협곡으로 수정처럼 맑은 물이 찰랑거린다.

협곡은 뉴펀들랜드의 지역 전체를 덮고 있는 거대한 빙원 형태이다. 빙원에서 녹아내린 물이 협곡을 지나 바다로 들어간다. 과거에 빙하가 물러나자 얼음에 깔려 있던 땅이 융기하여 해수면보다 높은 피오르 해안선이 드러났다. 그렇게 형성된 연못은

> 뉴펀들랜드 서부 고지에 있는 그로스몬 국립공원은 일명
> '지질학의 갈라파고스'로 불린다. 곳곳에 세계 최고(最古)의 암석이
> 분포하여 지구의 지질학적 진화 과정을 살펴볼 수 있기 때문이다.

사실을 밝혀냈다. 이 산맥은 로키 산맥보다 나이가 스무 배나 많다. 지난 200만 년간 전진과 후퇴를 반복해온 빙하는 오래된 암석의 표면을 끊임없이 마모시키며 완만한 봉우리, 그로스몬, 빅힐, 킬데빌 산맥 등의 절경을 완성했다. 그 결과 고대의 산맥과 피오르 계곡, 깊은 빙하호, 해안 습지, 해안을 따라 늘어선 파도에 깎인 절벽 등으로 이루어진 장관이 연출되었다.

비교적 따뜻한 해안 저지에서 롱레인지 산맥 고산 지대의 황무지에 이르는 지역에는 다양한 기온대, 아한대, 북극의 생물들이 묘하게 섞여 있다. 고도가 낮은 지역은 흑곰과 말코손바닥사슴이 서식

위쪽 고원에서 장관을 이루며 쏟아지는 폭포수로부터 물을 공급받고 있다. 그로스몬 국립공원의 해안가에는 곳곳에 캠프장이 설치되어 있으며 사람이 살지 않는 태곳적 산맥을 관통하는 하이킹 코스가 마련되어 있다. 그러나 기온이 급강하하는 경우가 있으므로 추위에 단단히 대비하고 갈 것을 권한다. **JK**

오른쪽 그로스몬 국립공원에는 수심이 깊은 피오르식 호수가 매우 많다. 웨스턴브룩폰드는 그중에서 가장 크다.

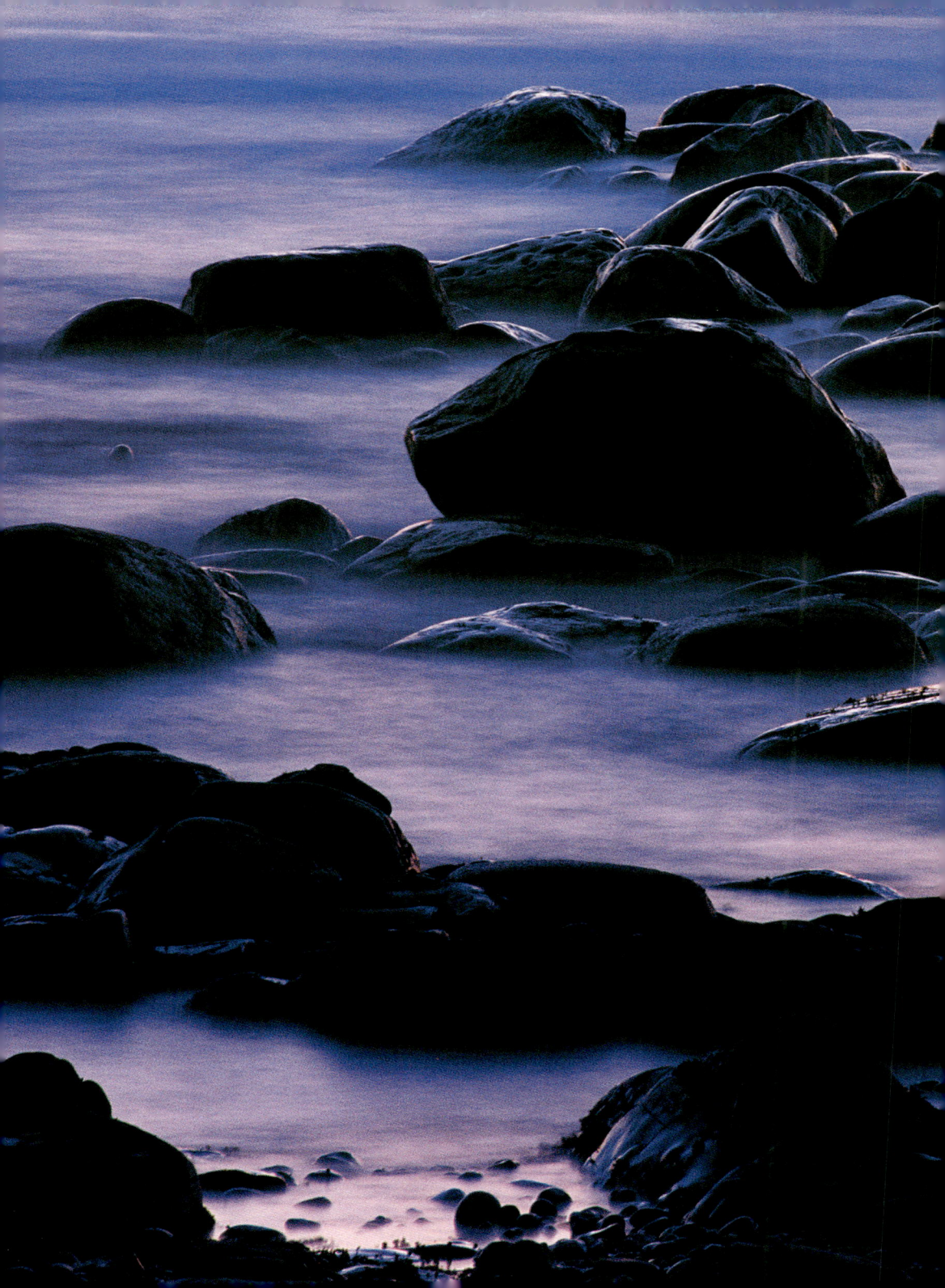

세인트로렌스 만

캐나다. 퀘벡 주

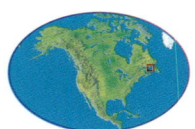

마들렌 제도 : 주요 섬 9곳 – 올라이트, 애머스트, 브라이언, 코핀, 이스트, 엔트리, 그라인드스톤, 그로스, 울프

총면적 : 155,000제곱킬로미터

2월 말에서 3월 초가 되면 하프물범 암컷은 얼음장 같은 바다로 나가 눈처럼 하얀 새끼 한 마리를 낳는다. 이 같은 '만(灣)물범 무리'의 출산은 마들렌 제도 근처에서 이루어지며 제곱킬로미터당 2,000마리의 암컷이 새끼를 낳기 위해 나와 있다. 최전방까지 나가곤 하는 물범 무리는 래브라도 먼 바다에서까지 발견된다. 새끼 물범은 '흰 코트'라고도 불리며 지방 함량이 45퍼센트나 되는 어미 젖을 먹고 자란다(우유는 지방 함량이 겨우 4퍼센트 정도이다). 새끼들은 빠른 속도로 자라 생후 12일이면 젖을 떼주고 독립을 한다. 육아 기간이 이렇게 짧은 이유는 아직도 밝혀지지 않았다. 아마도 얼음이 갈라지는 3월 중순까지가 새끼들이 수영을 배우는데 먹이를 찾아 나선 북극곰의 눈에 띄기 쉬운 위험한 시기를 이런 식으로 최소화할 수 있기 때문일 것이다. 뿐만 아니라 물범은 무분별한 사냥에도 노출되어 있다. 물범 사냥은 수많은 논란을 일으키고 있다. 마들렌 제도에 있는 물범 안내센터에 가면 이 지역에서 물범이 차지하는 환경과 사회적 의의에 대한 설명을 들을 수 있다. 또 헬기를 타고 새끼 물범을 더 가까이서 볼 수도 있다. **MB**

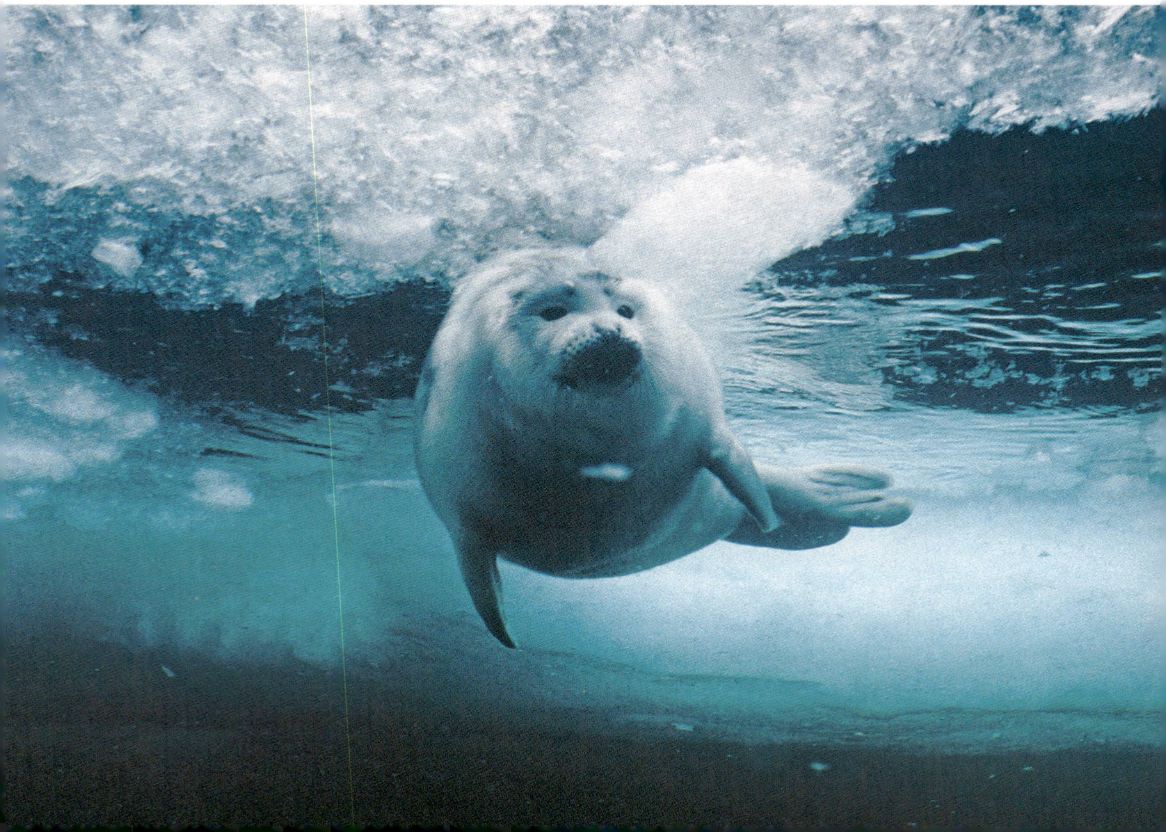

웨스턴브룩폰드

캐나다, 뉴펀들랜드 주

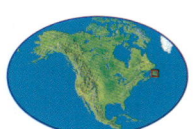

호수의 총길이 : 16킬로미터
호수의 수심 : 166미터
호수의 생성 시기 : 11,000년 전

뉴펀들랜드의 롱레인지 산맥을 깊숙이 베어 들어간 협곡은 그 깊이가 600미터에 달한다. 빙하는 지금도 계곡을 파헤쳐 더 깊고 넓게 만들고 있다. 약 1만 1,000년 전에 빙하가 녹으면서 협곡의 바닥에 물이 차 웨스턴브룩폰드 연못이 되었다. 뉴펀들랜드에 위치한 수많은 지표수들이 이와 같이 형성되어 파슨스폰드(연못)나 메인브룩(시내)처럼 '폰드'나 '브룩'이라는 이름을 달게 되었다. 하지만 가파른 산맥을 구불거리며 관통하는 웨스턴브룩폰드의 경우 총길이가 16킬로미터에 달해 연못이라는 이름이 무색할 정도이다.

웨스턴브룩폰드의 수심은 보통 166미터 정도이지만 봄과 여름에는 협곡의 벽을 타고 떨어지는 수많은 폭포로 인해 수면이 상승한다. 겨울이면 기온이 영하 10도까지 떨어져 곳곳이 얼어붙는다. 여름에는 보트를 타고 다니면서 빙하가 땅을 깎아내린 멋진 광경을 볼 수 있다. 근처의 습지는 뉴펀들랜드 지역 식물계의 상징인 낭상엽 식물이 자생하고 있으며 야생동물 또한 풍부하다. 연못에는 연어, 민물송어와 북극민물송어가 서식하며 절벽에는 보기 드문 갈매기의 군락이 있다. **MB**

헬스게이트

캐나다, 브리티시컬럼비아 주

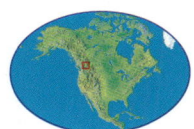

프레이저 폭 : 35미터
깊이 : 152미터
프레이저 강의 유량 : 15,000세제곱미터/초

탐험가 사이먼 프레이저는 1808년 북아메리카에서 가장 무서운 물살을 자랑하는 프레이저 강에서 목숨을 건 보트 탐사를 마친 후 이렇게 기록했다. "우리는 그 누구도 감히 발을 들여놓을 수 없는 곳을 탐사해야만 했다. 분명 우리는 지옥의 입구와 여러 번 마주쳤다."

헬스게이트(지옥의 문)는 태평양으로 흐르는 거대한 프레이저 강이 브리티시컬럼비아의 캐스케이드 산맥을 통과하는 좁은 통로이다. 양쪽으로 152미터 높이의 화강암 절벽이 들어서 있는 이 지점에서 강폭이 35미터로 줄어든다. 그 결과 강물은 하얀 물보라를 일으키고 귀를 찢을 듯한 굉음을 내지르며 무시무시한 속도로 절벽 사이를 흘러간다. 이때의 유량은 나이아가라 폭포의 두 배에 달한다. 헬스게이트의 오른쪽으로 지나가는 캐나다 횡단 고속도로를 이용하면 천혜의 절경을 쉽게 볼 수 있다. 더 큰 스릴을 만끽하고 싶다면 급류 정상에 설치된 케이블카를 타고 152미터 아래의 물가 도로까지 내려가면 된다. 더 강심장인 사람들은 급류 위에 걸려 있는 현수교를 건너 보는 것도 괜찮다. 그러면 왜 이곳이 캐나다 서부에서 가장 인기 있는 절경으로 불리는지 금세 알게 될 것이다. **JK**

버지스셰일

캐나다, 브리티시컬럼비아 주

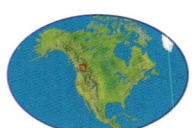

생성 시기 : 5억 4000만 년 전
암석의 종류 : 이판암
서식 : 이류(泥流)에 매몰된 진기한 무척
추동물의 화석과 열대바다 암초의 화석

북 아메리카 대륙 끝자락의 얕고 따뜻한 바다에 있는 거대한 탄산 암초 주변에 한때 지구상에서 가장 독특한 생물들이 무리지어 서식했다. 지구가 생성된 후 단순한 생명체가 등장하기까지 약 20억 년이라는 시간이 필요했지만 이들이 다양하고 복잡한 생명체로 진화하는 데는 1000만~2000만 년이면 충분했다. 어느 날 거센 진흙 물결인 이류(泥流)가 쏟아져 내려 이 동물들을 덮쳤다. 진흙은 부패를 유발하는 박테리아를 차단하여 이들을 완벽한 상태로 보존했다.

10킬로미터 깊이에 묻혀 있던 버지스셰일의 화석들은 약 1억 7,500만 년 전부터 다시 모습을 드러내기 시작했다. 1909년에 한 고생물학자가 100미터 높이의 석회암 절벽에서 화석이 들어 있는 검은 지층을 발굴했다. 그 지층에 들어있는 120종이 넘는 화석으로 과거에 얼마나 다양한 생물들이 서식했는지 알 수 있었다. 진화 초기의 '실험' 단계에 대한 현재의 지식은 이를 바탕으로 얻은 것이다.

이 지역은 요호 국립공원에 속하며 세계자연유산이다. 월콧 채석장과 레이몬드 채석장에서는 야영객을 모집한다. 이곳은 아직도 새로운 발견을 할 가능성이 큰 곳이므로 화석이나 이판암을 가져가는 것은 엄격하게 금지되어 있다. **AB**

커시드럴그로브

캐나다, 브리티시컬럼비아 주

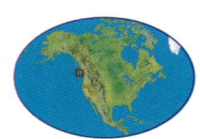

총면적 : 157헥타르
연간 강수량 : 300센티미터
가장 큰 나무의 높이 : 76미터

밴 쿠버 섬에 있는 오래된 온대우림인 커시드럴그로브(대성당 숲)를 산책하다 보면 왜 이런 이름이 붙었는지 이해가 될 것이다. 그곳을 걸으면 영혼의 울림 같은 것이 느껴지기 때문이다. 숲은 다 자란 미송이 주를 이루며 군데군데 미국측백나무, 솔송나무와 발삼 전나무 등도 자란다.

나무의 수령은 보통 300~400년 정도이며 최고 800년 된 나무도 있다. 거인 파수병처럼 숲을 지키고 서 있는 늙은 나무는 그 키가 76미터에 달하며 둘레는 9미터가 넘는다. 열대우림의 나무는 크기

와 종류, 수령이 매우 다양하다. 살아 있는 나무 외에도 죽은 채 서있거나 쓰러져 있는 나무도 부지기수이다. 이곳을 방문하면 이토록 완벽한 아름다움에 압도되고 말 것이다.

나무의 끝 부분은 아득히 높은 곳까지 자라나 그 이름처럼 웅장한 대성당의 천장을 이루고 있다. 숲의 지면을 덮은 보드라운 녹색 양치류 위를 안개가 떠돌고 햇살이 두꺼운 천장을 뚫고 내려와 이들을 비춘다. 맑은 카메론 호수에서 수영을 하거나 호숫가에서 소풍을 즐길 수도 있다. 이 호수에는 물고기도 많아서 강태공들은 구미가 당길 것이다. **JK**

밴프 국립공원

캐나다, 앨버타 주

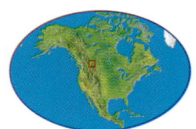

공원의 면적 : 6,680제곱킬로미터
컬럼비아 대빙원의 면적 : 325제곱킬로미터

밴프는 캐나다에서 가장 오래된 국립공원으로 과거에는 핫스프링스리저브로 불렸다. 앨버타에 있는 로키 산맥의 동쪽 가장자리를 따라 쭉 뻗은 이곳은 수많은 호수와 산, 빙하의 공원이다. 산악 지형은 고작 4,500만 년에서 1억 2,000만 년 전에 형성되었지만 공원의 북쪽에는 애머리 산과 같은 장엄한 봉우리들이 자리 잡고 있다. 여기에서 더 북쪽으로 가면 컬럼비아 대빙원이 나오는데, 북아메리카 대륙에서 가장 큰 빙원이다. 이 빙원은 북극해, 대서양과 태평양으로 흐르는 강의 발원지이다. 어떤 빙하는 루이스 호수 같은 곳으로 떠밀려 가기도 한다. 이 호수로 흘러드는 빗물에는 퇴적물이 섞여 있는데, 이 퇴적물이 햇살을 반사해서 물은 밝은 청록색이다. 해빙수는 바위틈 사이로 흐르고 그 과정에서 물이 가열되어 가압작용이 일어나면 지표면을 뚫고 나와 온천이 된다. 100년 전 처음 이곳에 발을 들여놓은 사람들을 매료시켰던 바로 그 온천이다. 산비탈은 침엽수가 울창한 숲으로 덮여 있지만 고도가 높아질수록 나무가 줄어들면서 산 정상은 불모의 바위투성이이다. 이곳에서 서식하는 야생 동식물은 벌새, 회색곰, 독수리, 말코손바닥사슴까지 매우 다양하다. 공원을 종횡으로 가로지르는 1,500킬로미터 이상의 산책로를 종주하다 보면 다양한 동식물을 마음껏 감상할 수 있다. **MB**

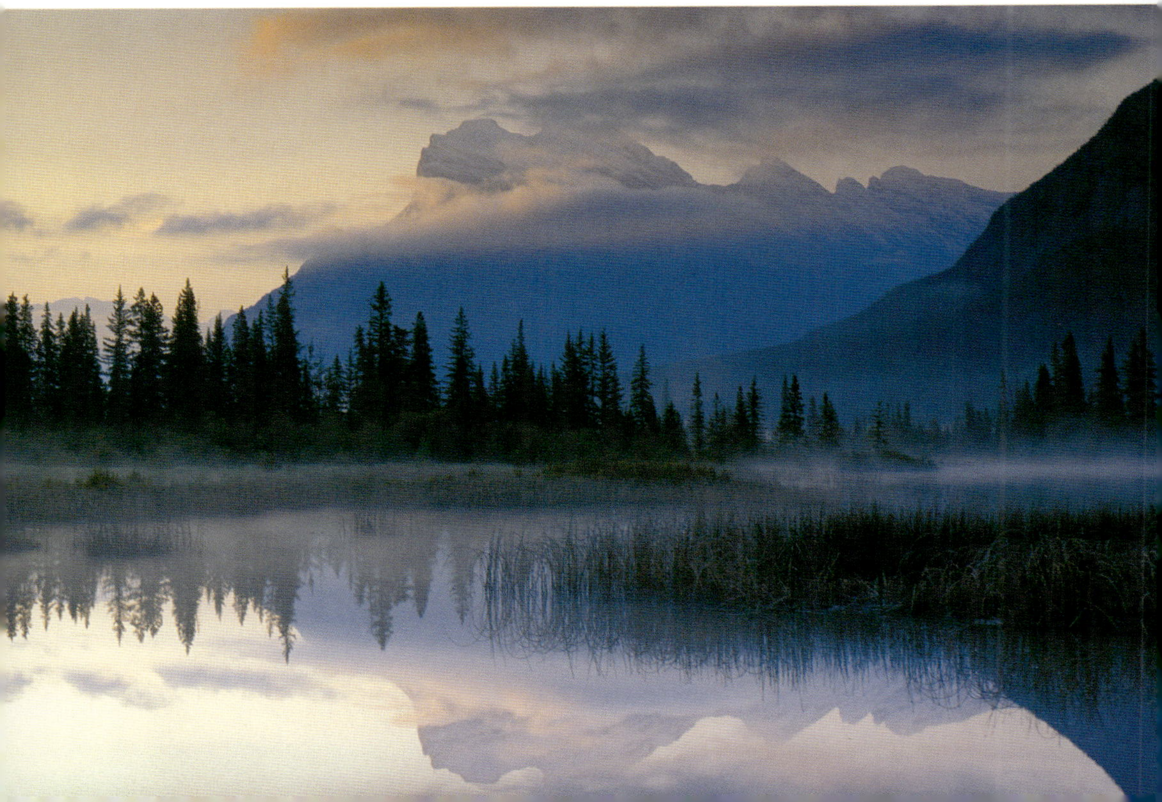

드럼헬러배드랜드

캐나다, 앨버타 주

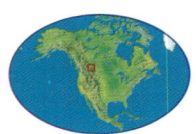

발견된 공룡의 종류 : 150종
레드디어리버밸리의 생성 시기 : 1만 3,000년 전
볼거리 : 황무지, 바위기둥, 협곡, 용암류

찢기고 뒤틀린 드럼헬러배드랜드(드럼헬러 황무지)는 남부 앨버타에 펼쳐진 농지를 따라 거대한 흉터처럼 길게 뻗어 있다. 드럼헬러배드랜드는 협곡, 평원에 우뚝 솟은 고립된 산, 물이 마른 협곡, 계곡의 집합체이며 사암, 이암, 석탄, 이판암 등으로 7,000만 년 전쯤에 형성된 총천연색 지층이 깎이고 마모된 결과물이다. 이곳을 처음 보면 눈앞에 펼쳐진 광경에 할 말을 잃을 것이다. 다른 시대 혹은 다른 행성으로 순간이동을 한 것이 아닌가 싶어서 말이다.

접할 수 있다.

드럼헬러배드랜드는 인근에 위치한 '드럼헬러'라는 마을의 이름을 딴 것이며 바람과 물과 얼음에 의한 침식작용의 결과로, 공룡이 멸종되기 직전인 백악기의 퇴적물이 밖으로 드러나면서 형성된 것이다.

최근에 배드랜드는 앨버타의 민속지역이 되어 크리 족과 블랙푸트 족의 사람들에게 은신처를 제공하고 있는데, 당국의 손길을 피해 도주하는 말 도둑과 범법자들의 은신처로 악용되기도 한다. 뿐만 아니라 단조롭기만 한 대평원의 밀밭 풍경에 지쳐 색다른 경험에 목말라 있는 여행객의 발길도 잦아지고 있다. 배드랜드의 다양한 분위기를 모두 맛보려면 하루 중 시간대를 달리해서 여러 번 찾는

> 찢기고 뒤틀린 드럼헬러배드랜드는 남부 앨버타에 펼쳐진 농지를 따라
> 거대한 흉터처럼 길게 뻗어있다.

이곳은 풀 한 포기 자라지 않기에 황무지 즉 '배드랜드'라 불린다. 하지만 공룡 화석 사냥꾼들에게 이곳은 황무지가 아닌 보물창고나 다름없다. 화석 사냥꾼들은 언덕배기 곳곳에서 역사상 가장 덩치가 큰 공룡 화석을 찾아냈다. 공룡의 제왕인 티라노사우루스 렉스도 완전한 모습으로 발견되었다. 그러니 이곳을 세계 공룡의 수도라고 불러도 전혀 놀랍지 않을 것이다. 배드랜드의 중심부에 있는 세계적 수준의 왕립 티렐 고생물박물관은 수십 종의 공룡 화석을 전시하고 있어서 공룡의 황금기며 놀랍고도 갑작스러운 멸종에 관한 이야기를 한눈에

것이 가장 좋다. 이곳은 동틀 무렵에는 핑크빛으로 빛난다. 그러다가 정오 무렵 해가 중천에 뜨면 모든 것이 흰색으로 보이고 늦은 오후에는 황금색으로 빛나더니, 마침내 해가 지면 주황색으로 천지가 불타오르다 곧 천지가 짙은 보라색으로 변한다. **JK**

오른쪽 세계 공룡의 수도라고 부르는 드럼헬러배드랜드에는 역사상 가장 덩치가 큰 공룡 화석이 발견되었다.

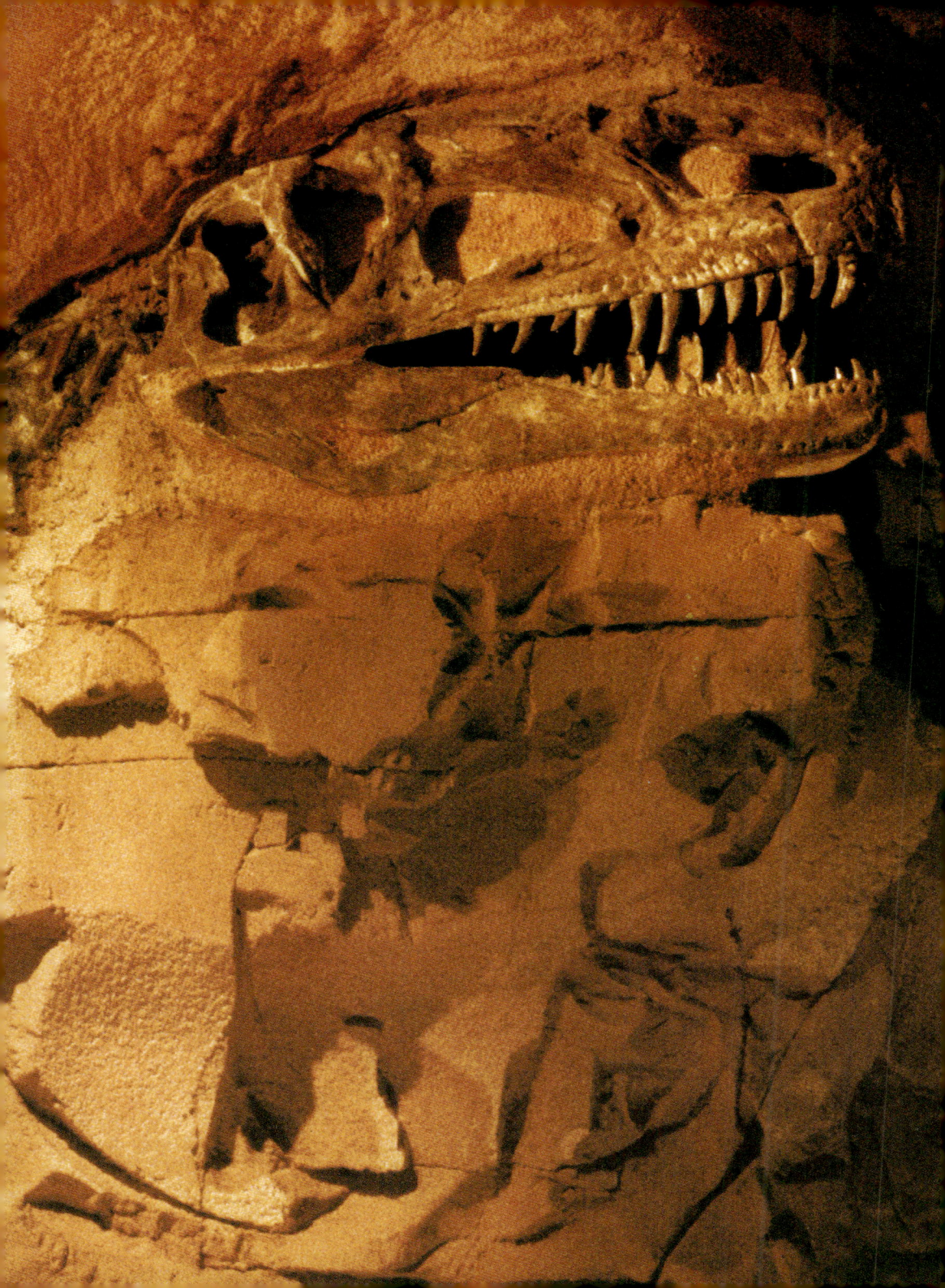

모레인 호수

캐나다, 앨버타 주

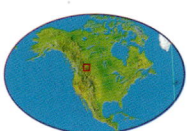

호수의 고도 : 1,920미터	
호수의 종류 : 빙하호	
주변 산악지형의 생성 시기 : 1억 2,000만 년 전	

일찍이 월터 윌콕스는 이렇게 썼다. "그 어디에서도 이곳처럼 가슴 설레는 고독감과 거친 장대함을 느낄 수 있는 곳은 없었다." 1899년 이 호수를 발견하고 '모레인'이라고 이름을 붙였던 윌콕스는 자신의 눈앞에 펼쳐진 풍경에 깊은 감명을 받은 나머지 이보다 더 아름다운 호수를 본 적이 없다고 말한 것이다. 그리고 이 풍경을 음미했던 삼십 분의 시간은 인생에서 가장 행복한 순간이었다고 토로했다. 월터가 어째서 이 호수를 보고 경탄해마지 않았는지는 백문이 불여일견이다. 호수 위로는 정상이 얼음으로 덮인 웬켐나 산이 우뚝 솟아 있다. 높이가 914미터에 달하는 이 산은 가파른 벽처럼 호수의 동쪽을 에워싸고 있다. 한때 이 풍경은 20달러짜리 캐나다 지폐의 뒷면 그림으로 사용되기도 했다.

'모레인 호수'라는 이름 때문에 빙퇴석(moraine)이나 빙하로 형성된 호수라고 생각할 지도 모르겠지만 사실 이 호수는 인근 바벨 산에서 내려온 거대한 암석으로 만들어졌다. 무지개빛 아름다운 푸른색 물빛은 암분이라는 미세한 빙력토 입자 때문

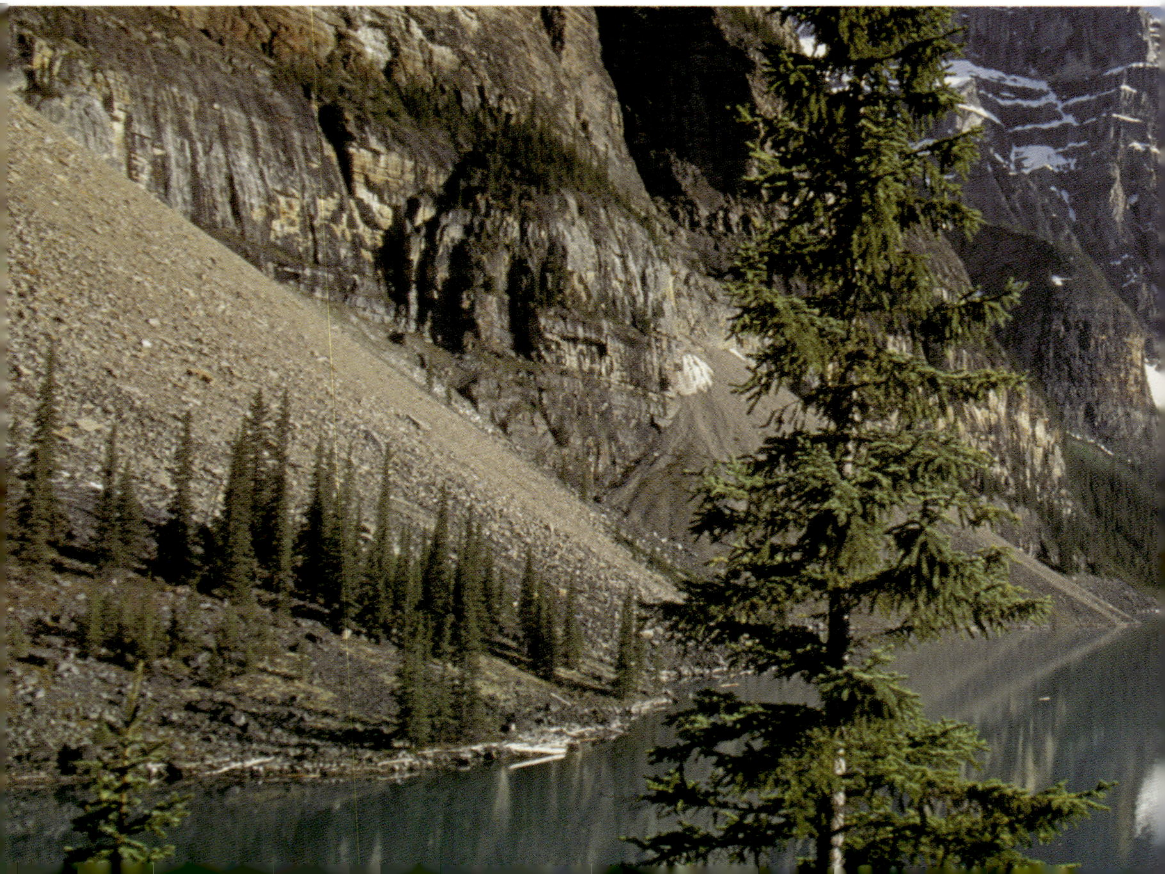

이다. 이 입자들은 여름철 빙하가 녹은 물에 섞여 호수로 흘러든다. 입자는 가시광선의 모든 스펙트럼을 흡수하지만 푸른색만은 그대로 반사한다. 눈 시리게 푸른 물빛만 보아도 이 호수를 '로키 산맥의 보석'이라고 하는 이유를 짐작할 수 있다.

이 지역은 1885년에 캐나다 최초의 국립공원으로 설립된 밴프 국립공원 내에 있다. 흑곰과 회색곰, 큰뿔양, 산양, 엘크와 말코손바닥사슴을 포함한 다양한 야생생물이 살고 있다. 모레인 호수는 주변 산악 지대로 들어가는 종주 코스의 시발점이기도 하다. 그 중에는 호수 표면에서 700미터까지 올라가는 코스도 있다. 이는 캐나다 로키 산맥에 있는 주요 종주로 중에서도 가장 높이 올라가는 것이다. 모레인 호수는 그 유명한 루이스 호수에서 겨우 15킬로미터밖에 떨어져 있지 않지만 찾는 사람은 훨씬 적다. 그러므로 혼잡한 관광 시즌에는 루이스 호수보다 이곳을 찾는 것이 좋겠다. 호숫가에는 근사한 산장도 세워져 있다. 산장은 기둥-보 방식으로 지어졌으며 호수와 주변의 멋진 풍경이 한눈에 들어오는 커다란 창문도 나 있다. 카누와 하이킹, 자연 감상, 등반 등을 하기에 안성맞춤인 이곳은 휴가를 마음껏 즐길 수 있는 장소이다. **JK**

아래 눈부신 푸른색을 자랑하는 모레인 호수

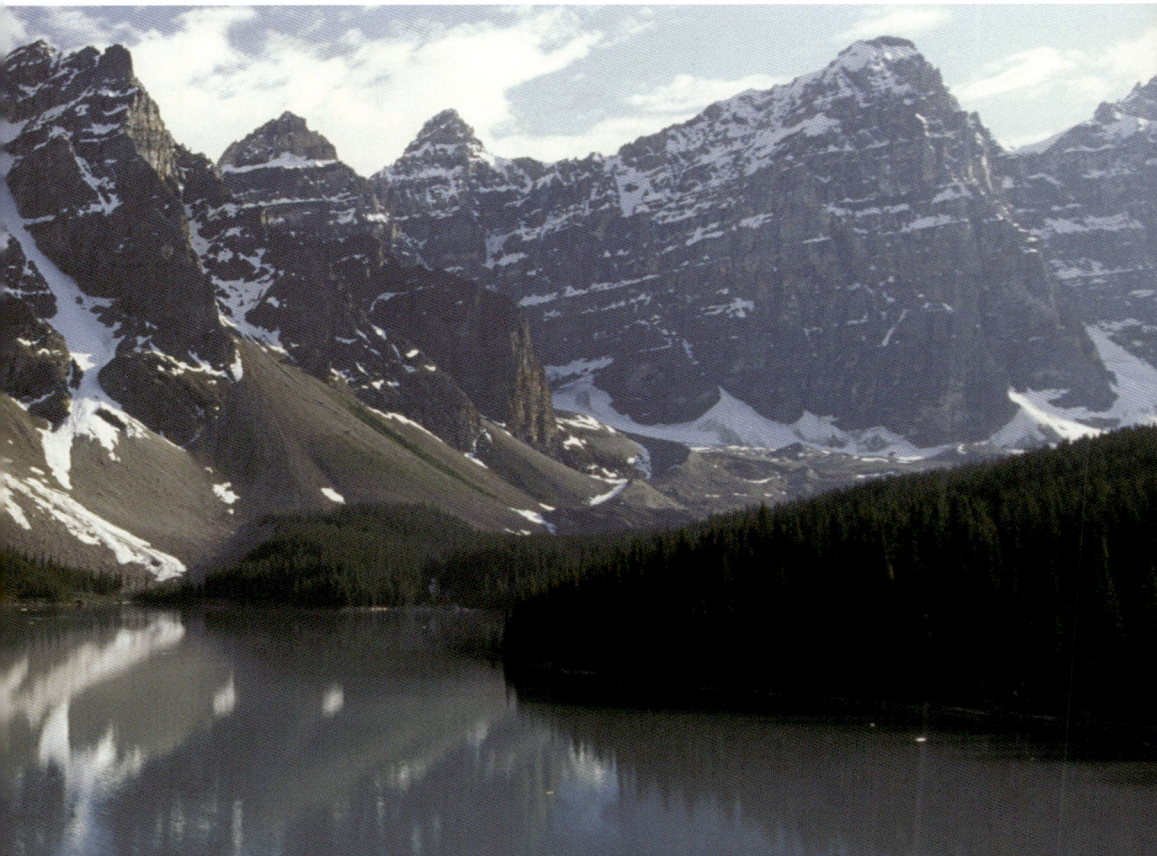

나하니 강

캐나다, 노스웨스트 준주

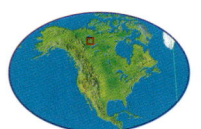

| 나하니 강의 유속 : 시간당 28킬로미터 |
| 버지니아 폭포의 높이 : 90미터 |

나하니 강줄기에서 접근이 가능한 곳은 나하니 협곡과 버지니아 폭포 사이의 210킬로미터이다. 퍼스트캐니언 협곡으로 들어서면 크라우스 온천과 함께 생각지도 못했던 푸른 초원과 봄꽃이 나타난다. 퍼스트캐니언 협곡의 양쪽에는 높이가 1,200미터나 되는 석회암 절벽이 버티고 있다. 절벽 곳곳에는 흉터처럼 동굴이 입을 벌리고 있다. 그중에는 돌산양의 뼈 100여 개가 발견된 발레리 그로테 동굴도 있다.

이 협곡을 지나면 데드맨밸리가 나온다. 1906년 이곳에서 금광을 찾던 사람들의 머리 없는 해골이 발견되면서 무서운 이름이 붙었다. 이 협곡은 흑곰과 돌산양이 주로 서식하는 헤드리스 산맥을 가르며 흐른다. 세 번째 협곡은 퓨너럴 산맥을 가르며 헬스게이트로 들어간다. 보트를 타고 소용돌이가 가득한 급류를 따라가면 간담이 서늘해지는 공포를 맛볼 수 있다. 마지막에는 우레와 같은 굉음을 내며 90미터 아래로 떨어지는 쌍둥이 폭포인 버지니아 폭포와 마주친다.

경비행기로나 갈 수 있는 상류지역에는 래빗케틀 온천이 있다. 이곳에는 층층이 석회화(華)가 쌓여 있고 거울처럼 맑은 연못이 있다. 이끼와 키 작은 꽃들이 연못 주위를 수놓고 있다. 나하니는 세계유산으로 등재되어 있으며 워낙 두메산골이기 때문에 보트나 비행기로만 접근할 수 있다. **MB**

처칠

캐나다, 매니토바 주

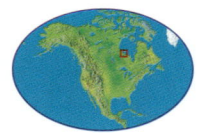

| 웨스턴 허드슨 만의 북극곰 개체수 : 1,200마리 |
| 처칠의 인구 : 800~1,200명 |
| 가장 가까운 도시 : 위니펙(항공기로 966킬로미터) |

매니토바의 처칠은 전 세계 북극곰의 수도라 할 수 있다. 허드슨 만에 있는 이 도시는 북극곰이 겨울을 부빙 위에서 나려고 이동하는 통로가 된다. 따라서 바다가 늦게 얼면 처칠 시의 시민들은 쓰레기 처리장을 파헤치는 버릇 나쁜 북극곰 때문에 곤란을 겪곤 한다. 그러나 처칠 시는 이 문제를 기회로 활용했다. 이곳을 북극곰 관광지로 만들어 매년 1만 5,000명이 넘는 관광객을 유치한 것이다. 관광객들은 초대형 바퀴를 장착한 특수 차량인 툰드라 버기를 타고 세계에서 가장 큰 육식동물을 가까이서 볼 수 있는 장소로 간다. 이곳을 방문하기에 가장 좋은 시기는 10월 말에서 11월 중순으로 일 년 전 예약이 필수이다. 북극곰은 원래 무리를 짓지 않는 동물이다. 그러나 처칠에서는 각자 갈 길을 가기 전까지 서로 부대끼며 지낸다. 젊은 수컷들은 만에서 벌일 살벌한 싸움에 대비해서 '모의 싸움'을 벌이기도 한다. 북극곰이 뒷발로 일어서면 키가 3~4미터나 되는데 그 모습이 매우 인상적이다. 11월 말 바다가 얼어붙으면 북극곰들도 관광객들도 처칠 시에서 모습을 감춘다. **MB**

오른쪽 눈밭에서 싸움을 벌이는 수컷 북극곰 두 마리

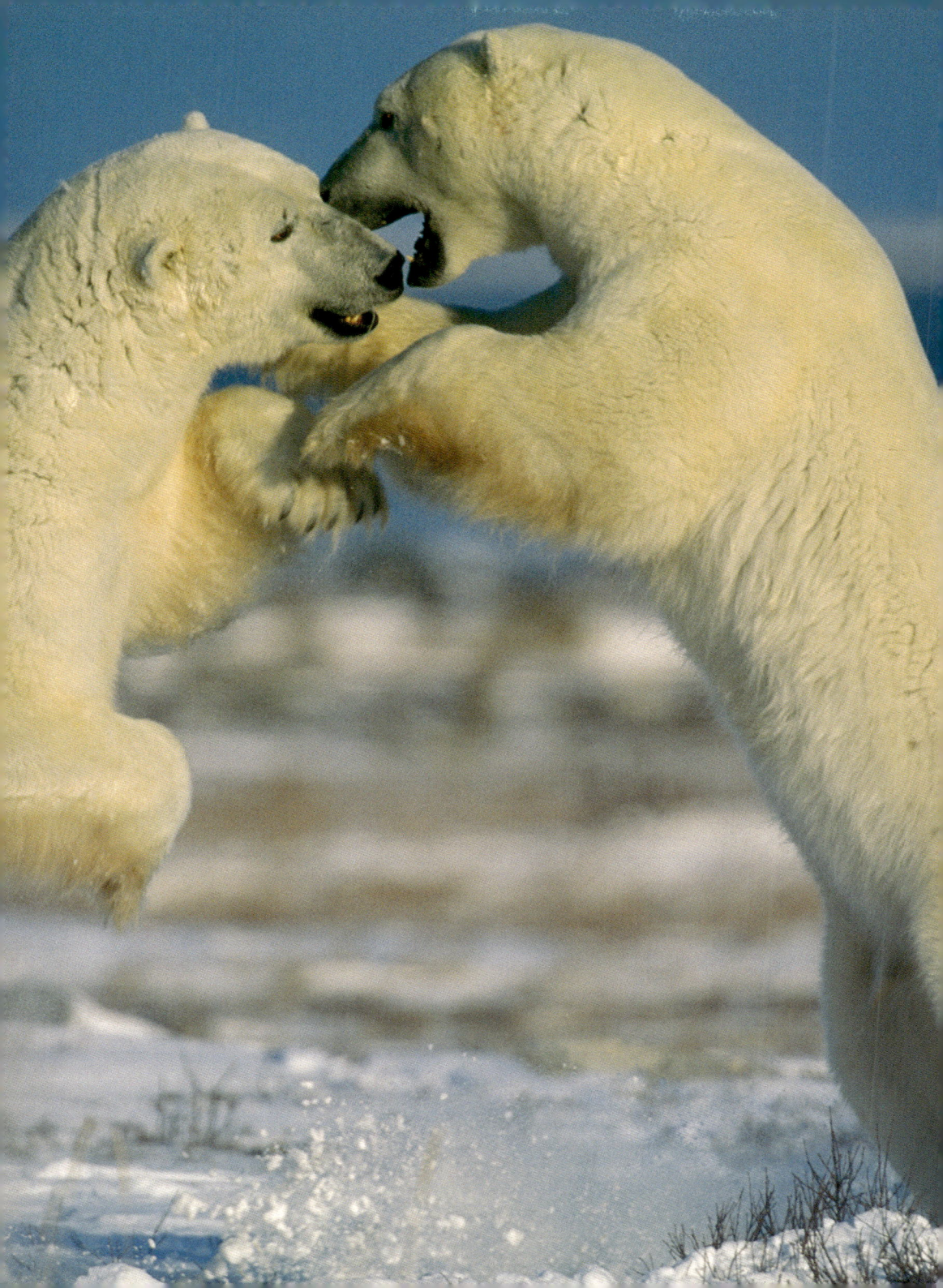

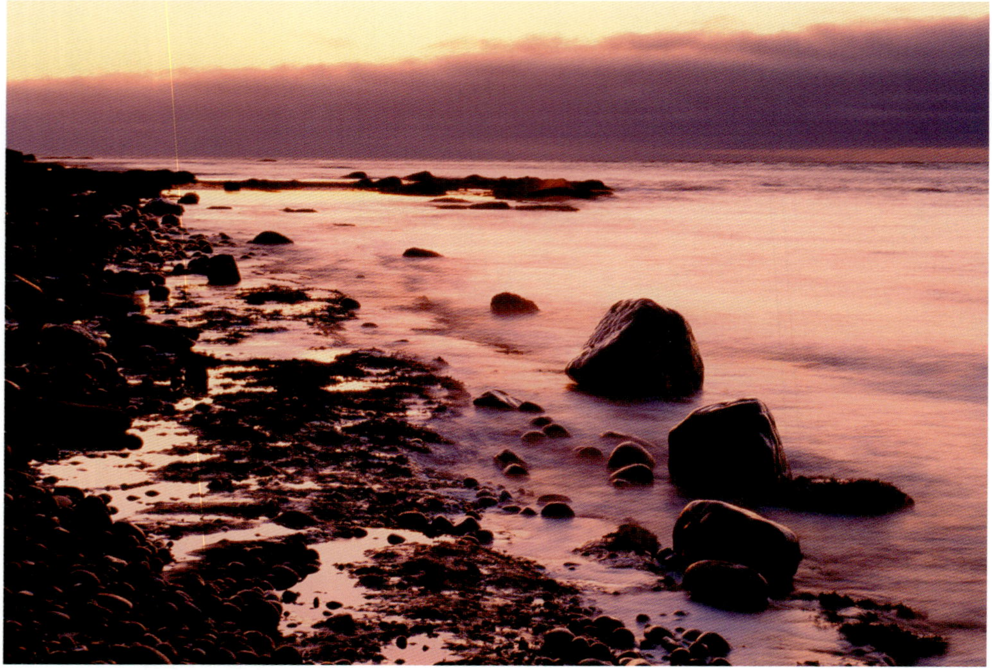

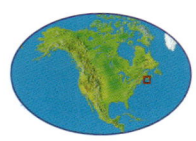

펀디 만

캐나다. 뉴브런즈윅 주 / 노바스코샤 주

만의 길이 : 270킬로미터	
평균 수심 : 75미터	
평균 조수량 : 1,000억 톤	

펀디 만에서는 세상 어디에서도 볼 수 없는 장관이 하루에 두 번씩 펼쳐진다. 세계 최대의 조수가 세계의 모든 강물의 양과 거의 맞먹는 양의 물을 만으로 몰고 오는 것이다. 만의 어귀에서 조수는 16미터까지 상승한다. 역조, 거센 용승(湧昇)과 격렬한 소용돌이가 어우러져 장관 중의 장관이 연출된다. 썰물이 빠지면 해수는 5킬로미터까지 빠져나간다. 하지만 몇 시간 후면 15미터가 넘는 밀물이 또다시 처들어오는 것이다.

펀디 만의 조수간만의 차가 큰 이유는 깔때기처럼 생긴 만의 독특한 지세와 깊이 때문이다. 만의 해수는 외해의 해수와 연동해서 움직인다. 만 안에서 전진과 후퇴를 반복하는 조수의 움직임은 대서양의 움직임과 정확하게 일치한다. 그 결과 외부에서 밀려들어 오는 조수의 높이가 원래 만에 있던 해수의 움직임에 의해 강화되는 '공명' 현상이 일어난다. 이처럼 경이로운 조수의 활동은 만에 뚜렷한 흔적을 남겼으며 호프웰록스에서는 붉은 사암이 파도에 깎여 마치 조각 작품처럼 보이는 거대한 바위기둥이 생성되었다. 또한 세인트마틴에는 파도의 작용으로 수많은 해안 동굴이 생겼다. 펀디 만의 해수는 영양분이 풍부해서 바닷새 수천 마리와 고래 여덟 종의 든든한 식량 창고 역할도 한다. **JK**

나이아가라 폭포

캐나다, 온타리오 주 / 미국, 뉴욕 주

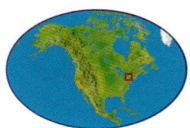

폭포의 높이 : 55미터
형성 시기 : 1만 년 전

아마도 세계에서 가장 유명한 폭포일 나이아가라 폭포는 높이가 55미터에 폭은 671미터에 달한다. 폭포는 고트 섬에 의해 두 부분으로 나뉜다. 동쪽은 아메리칸 폭포이며 왼쪽은 캐나다의 호스슈 폭포이다. 오대호의 하나인 이리 호수에서 나온 물이 35킬로미터를 흐르다가 물살이 급해지는가 싶으면 나이아가라 폭포가 나온다. 이 폭포에서 떨어진 물은 다시 온타리오 호수로 흘러간다. 지금으로부터 약 1만 년 전, 마지막 빙하기가 끝난 후 폭포가 흘러들어가는 하류는 11킬로미터 정도에 불과했다. 그러나 초당 7,000톤씩 기반암을 흘러내리는 물이 계속 바위를 깎아내면서 폭포는 일 년에 1.2미터씩 후퇴하고 있다.

이곳에는 폭포를 '타려는' 사람들의 도전도 끊이지 않고 있다. 샘 패치는 1829년 세계 최초로 고트 섬에서 뛰어내렸는데 놀랍게도 목숨을 부지했다. 또 애니 에드슨 테일러는 1901년 최초로 나무통을 타고 폭포를 건넜다. 그녀는 '안개의 여왕'이라는 주제로 강연을 해 한밑천 잡으려고 했지만 성공하지는 못했다. 대신 '안개의 하녀'라는 이름의 유람선이 관광객들을 싣고 캐나다 쪽이나 미국 쪽에서 나이아가라 폭포의 물보라 속으로 들어간다. **MB**

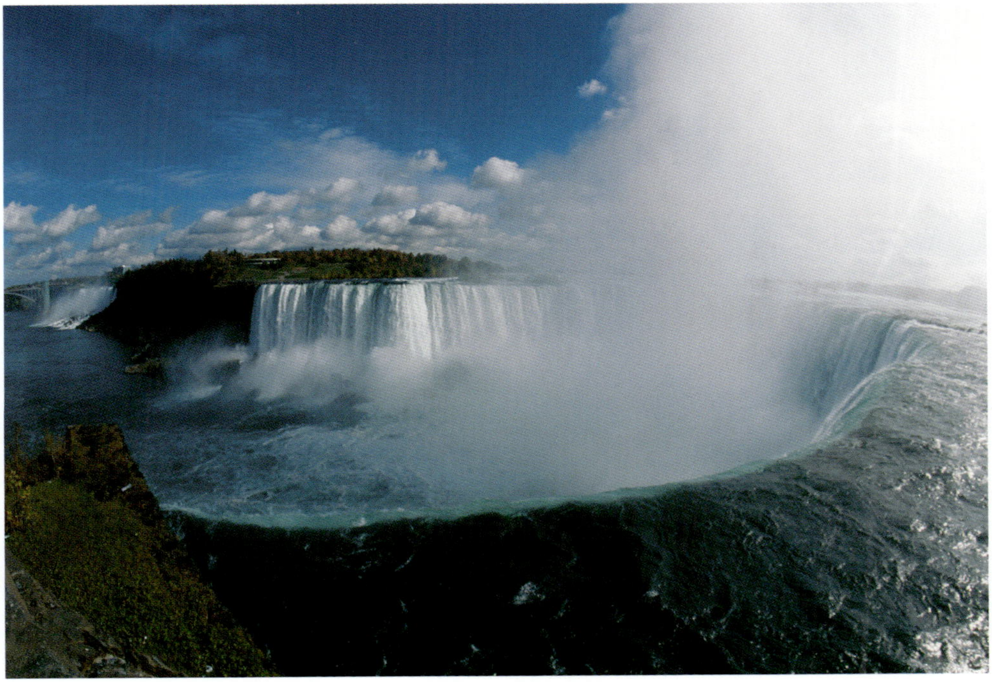

오대호

캐나다 / 미국

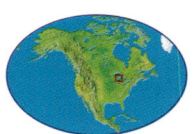

| 오대호의 면적 : 243,460제곱킬로미터 |
| 해안선 길이 : 16,093킬로미터 |
| 최고 수심 : 406미터 |

슈피리어 호수, 미시간 호수, 휴런 호수, 이리 호수와 온타리오 호수로 이루어진 오대호는 세계에서 수면 면적이 가장 큰 담수호로, 총저수량은 약 23경 리터에 달한다. 이 수치는 전 세계 담수 공급량의 5분의 1에 해당한다. 만약 오대호의 물을 호수 남쪽의 48개 주에 펼치면 수심이 3미터나 될 것이다. 그중에서도 슈피리어 호수가 가장 큰데, 오대호의 나머지 호수와 이리 호수 세 개가 들어갈 정도이다.

이 호수들은 빙하기 때 북아메리카 대륙과 흡사하게 만들어졌던 거대한 대빙원의 힘이 어느 정도인지 보여 주는 증거이다. 호수 바닥에는 주로 부드러운 사암과 이판암이 깔려 있다. 한때 이 지역을 덮고 있던 거대한 빙하는 이 암석들을 한 번에 1~2킬로미터씩 마구 깎아내곤 했다. 빙하가 물러난 자리에는 거대한 호수만 남았다. 최대 크기를 자랑하는 슈피리어 호수에서 발원한 물은 호수를 연결하는 수로를 따라 흘러 세인트로렌스 강에 합류한다. 그리고 발원지에서 1,609킬로미터 떨어진 대서양으로 유입된다. 호수들을 둘러싼 자연환경

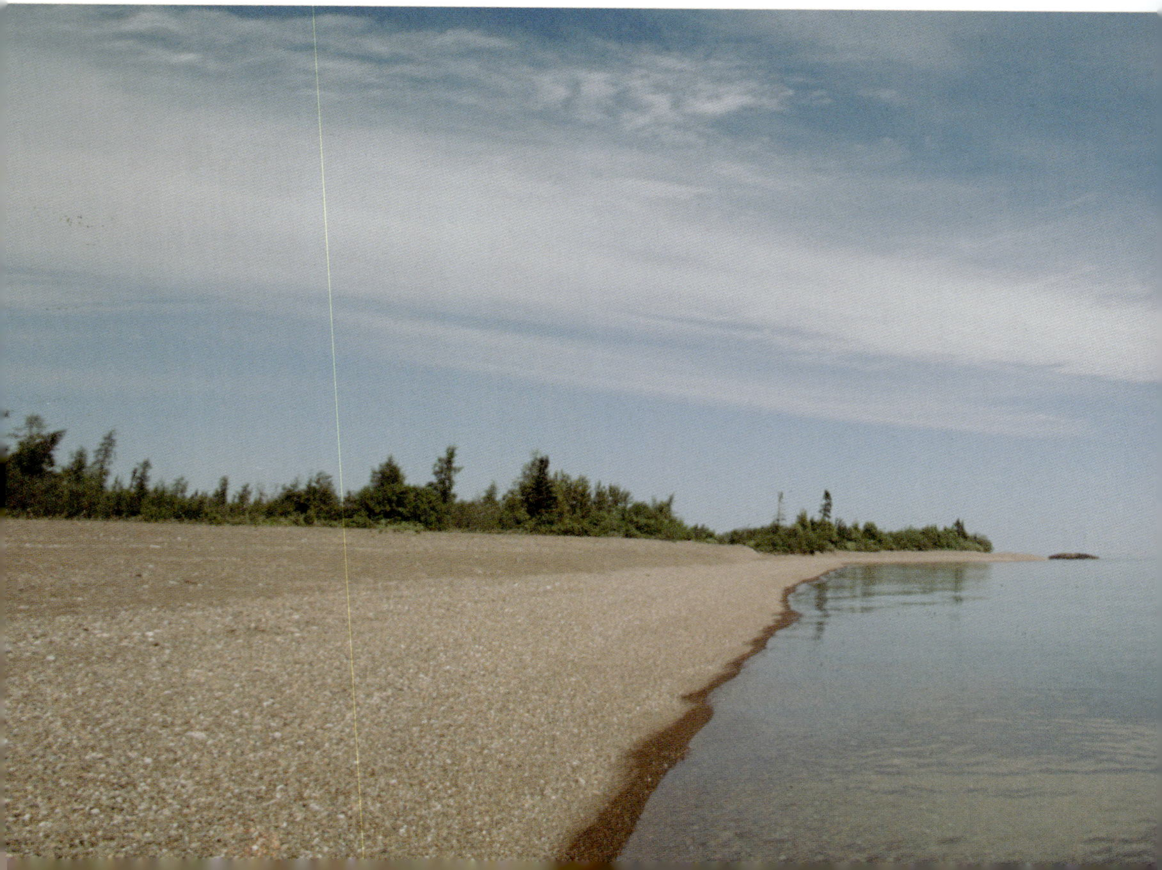

은 놀라울 정도로 다양하다. 소택지(沼澤地)인 곳도 있고 바위투성이인 호숫가에 프레리 평원, 초원, 삼림을 비롯해 늪과 수많은 습지대로 에워싸인 곳도 있다. 미시간 호수의 모래 언덕은 담수호 중에서는 세계 최대이며 휴런 호수에는 3만 개가 넘는 작은 섬이 있다.

오대호는 세계적으로 풍부한 어종을 보유하고 있다. 이곳의 토종 물고기는 180여 종에 달하며 배스, 강꼬치고기, 청어와이트피스, 월아이와 민물송어 등이 풍부하다. 이리 호수는 수온이 가장 높아 생물학적 생산성이 가장 높다. 이 호수의 월 잡이는 세계 최고로 손꼽힌다.

오대호를 둘러싼 녹색 숲은 다양한 야생동물의 집이다. 이곳에는 흰꼬리사슴, 비버, 사향뒤쥐, 족제비, 여우, 흑곰, 살쾡이, 늑대와 말코손바닥사슴 등이 서식한다. 호수 주위에 인접한 미국의 여덟 개 주(미네소타, 위스콘신, 일리노이, 인디애나, 미시간, 오하이오, 뉴욕과 펜실베이니아)와 캐나다의 온타리오에는 총 3,000만 명이 넘는 인구가 거주한다. 이 지역은 일 년 내내 인기 있는 휴양 천국으로 각광받고 있다. **JK**

아래 슈피리어 호수에서 찍은 사진에는 오대호의 광활함이 잘 드러나 있다.

브룩스 산맥

미국, 알래스카 주

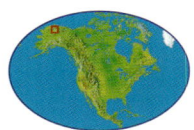

| 산맥의 길이 : 1,000킬로미터 |
| 최고봉 : 2,600미터 |
| 북극 국립공원의 면적 : 3,428,823헥타르 |

알래스카의 브룩스 산맥은 로키 산맥의 최북단이다. 진정한 야생이 살아 숨쉬는 이 지역은 회색곰, 흑곰, 돌산양, 늑대, 말코손바닥사슴, 삼림순록 등의 사냥이 금지된 지역이다. 남쪽 경사면에는 해골 모양의 아한대림이 형성되어 있고 북쪽 알래스카에 있는 노스슬로프는 얼어붙은 땅 툰드라이다. 이곳의 식물은 땅바닥에 바짝 붙어 자란다. 그래야 살을 에는 건조한 찬바람의 영향을 덜 받고 열이 덜 빠져나가기 때문이다. 겨울철이면 기온은 영하 45도까지 떨어진다. 약 16만 마리로 추산되는 삼림순록이 아프리카 세렝게티의 대이동을 연상시킬 정도의 장관을 연출하는 곳이 이곳이다. 포쿠파인 강으로 흐르는 계곡에서 겨울을 나곤 하는 순록 무리를 '포쿠파인 무리'라고 부르는데, 매년 북쪽으로 이동한다. 목적지인 해안 평야에서 새끼를 낳고 일명 '순록이끼'라고 불리는 이끼류를 먹는다. 브룩스 산맥 서부 지역은 게이츠 오브 아틱 국립공원과 자연보호구역으로 지정되어 잘 보존되고 있다. 이곳은 보레알 산과 프리기드크래그스 사이의 고개 이름을 딴 곳이다. 이 지역에 사는 주민는 극히 적으며 이들은 비행기, 스노모빌, 개썰매 등으로만 왕래할 수 있다. **MB**

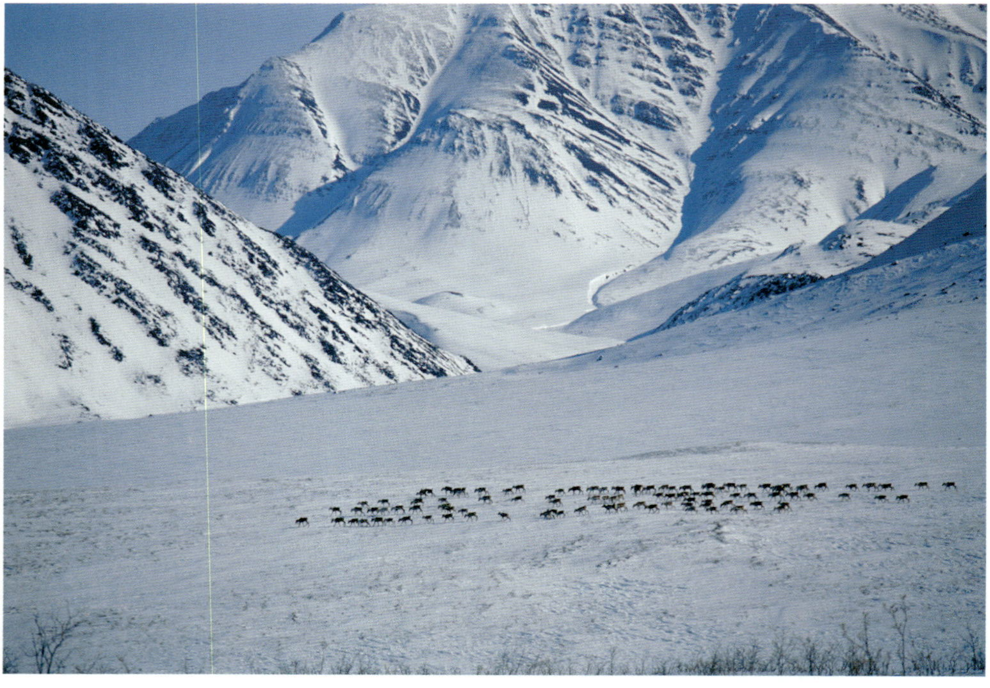

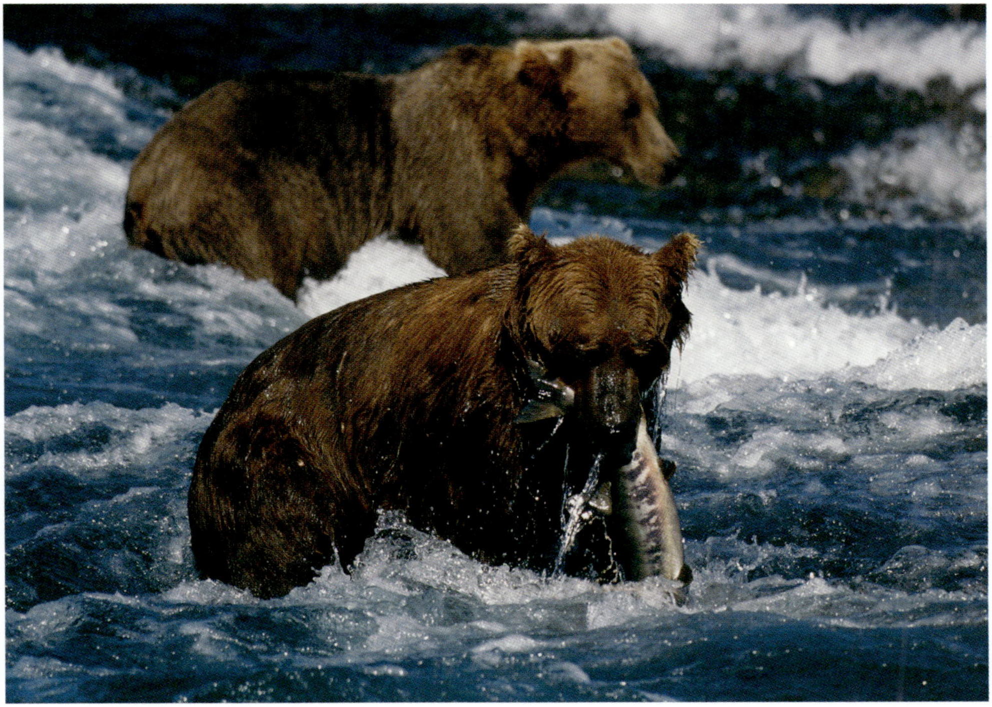

맥닐 강 폭포

미국, 알래스카 주

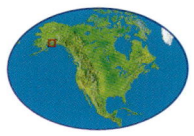

보호구역 : 맥닐 강 주립 사냥 금지구역
사냥 금지구역의 면적 : 46,298헥타르
'폭포의 제왕' 곰 : 맥두걸이라는 이름의
다 자란 수컷 곰의 무게는 544킬로그램

늦은 여름(7~8월)이 되면 150여 마리의 회색 곰들이 알래스카 주 앵커리지에서 남서쪽으로 402킬로미터 떨어진 맥닐 강으로 향한다. 곰은 이 시기에 알을 낳으려고 상류로 돌아오는 연어를 잡아먹고 겨울을 날 준비를 하는 것이다. 맥닐 폭포 때문에 연어의 헤엄 속도가 느려지는 곳에서는 하루에 30~40여 마리의 곰이 강에서 퍼올리듯 연어를 잡아서 포식을 한다. 한 번에 70여 마리의 곰이 모여 있는 모습이 목격된 적도 있으며, 이 지역을 어슬렁거리는 곰은 최대 144마리까지 확인되었다.

이곳에서 곰은 폭포로 들어가거나 그 주변에 모여 있다. 강가에 자리 잡은 곰도 있고 아예 강으로 들어가 앉아 있거나 서 있는 경우도 많으며 어떤 곰은 연어를 잡으려고 잠수도 마다하지 않는다. 어린 곰들은 텀벙 뛰어들며 법석을 떨지만 소득은 별로 없다. 반면 다 자란 곰은 물고기를 실컷 낚는 편인데 암컷은 하루 평균 34킬로그램의 연어를 잡는다. 하루에 곰 한 마리가 90마리를 잡는 것도 목격되었다. 이곳은 161킬로미터 떨어진 호머에서 비행기로만 갈 수 있다. 시즌마다 입장객의 수를 250명으로 엄격히 제한하며 입장 여부는 당첨으로 정한다. **MB**

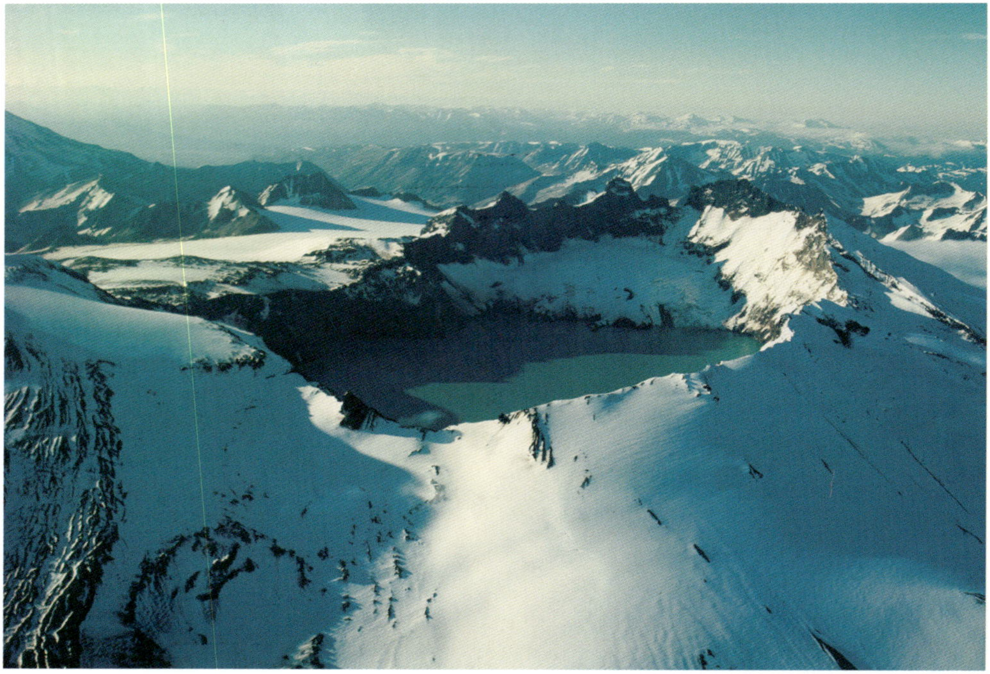

카트마이 산

미국, 알래스카 주

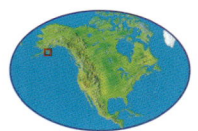

산의 높이 : 2,047미터

노바럽타 화산의 최고 높이 : 841미터

1만 개의 연기 골짜기의 길이 : 20킬로미터

19 12년 6월 7일 거대한 화산이 폭발했다. 코디액 섬을 마주한 본토의 하늘은 대낮처럼 환해졌다. 3,300만 톤으로 추산되는 화산재가 공기 중으로 분출되었다. 먼지와 재가 성층권까지 도달했으며 전 세계로 퍼져 나갔다. 탐사대는 1915년과 1916년이 되어서야 비로소 화산 폭발 현장을 탐사할 수 있었다. 살아 있는 것은 아무것도 없었고 오로지 진흙과 재뿐이었다. 게다가 카트마이 산의 정상은 폭발로 사라지고 말았다. 한때 산 정상이 있었던 곳은 이제 지름 13킬로미터에 수심 1,128미터인 칼데라 호가 되어 눈이 시릴 정도로 푸른 물을 머금고 있다.

당시 탐사대는 인근에서 바닥이 쩍쩍 갈라진 계곡을 발견했는데 그 틈으로 유황 증기가 뿜어져 나오고 있었다. 그래서 그 계곡을 '1만 개의 연기 골짜기'라고 부른다. 이 골짜기에는 카트마이의 용암을 빨아들여서 정상의 붕괴를 촉진한 작은 화산이 있었다. 격렬한 화산활동은 노바럽타라는 신생 화산의 활동 때문이었다. 이 화산에서 나온 재가 골짜기를 메웠는데 그 두께가 215미터나 되었다. 그러자 매몰된 강에서 발생한 증기가 '1만 개의 연기 기둥'을 만들어낸 것이다. 지금은 그 연기를 거의 볼 수 없고 불모의 땅만이 남았다. 이 화산은 1918년에 국립기념지로 지정되었다. **MB**

베어 빙하

미국, 알래스카 주

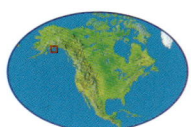

빙하의 폭 : 3.2킬로미터
빙하의 깊이 : 1,220미터
연 강설량 : 203센티미터

알래스카의 키나이 해상 국립공원 내에 위치한 베어 빙하는 하딩 빙원에서 흐르는 30개의 장대한 빙원 중 하나이다. 베어 빙하는 하딩 빙원 중에서도 바다까지 가지 않는 유일한 빙하로, 종퇴석이 형성되어 있는 담수호에서 긴 여정을 마친다. 이 석호(潟湖)에는 베어 빙하의 앞머리에서 매일 떨어져 나오는 기괴한 모양의 빙산이 가득하며, 그중에는 알래스카 최대의 크기를 자랑하는 빙산도 있다.

베어 빙하와 빙산을 제대로 구경하려면 수어드 마을에서 보트로 16킬로미터 정도 이동해야 한다. 관광객들이 더 가까이에서 빙산을 보고 얼음이 녹아 물에 떨어지는 소리며 공기 방울이 터지는 소리를 더 잘 들을 수 있도록 카약을 제공하는 여행사도 있다. 석호의 물은 해수 위에 우유처럼 하얀 물길을 이루며 레저렉션 만으로 흘러 들어가는데, 그 길은 빙하가 녹은 차갑고 하얀 물이 푸른 바닷물과 만나는 지점이다. 이 만은 야생동식물의 천국으로 범고래, 혹등고래, 바다사자와 해달의 서식지이다. 에투피리카, 바다오리, 독수리 등의 수많은 새들도 이 가파른 절벽 꼭대기에 둥지를 튼다. **JK**

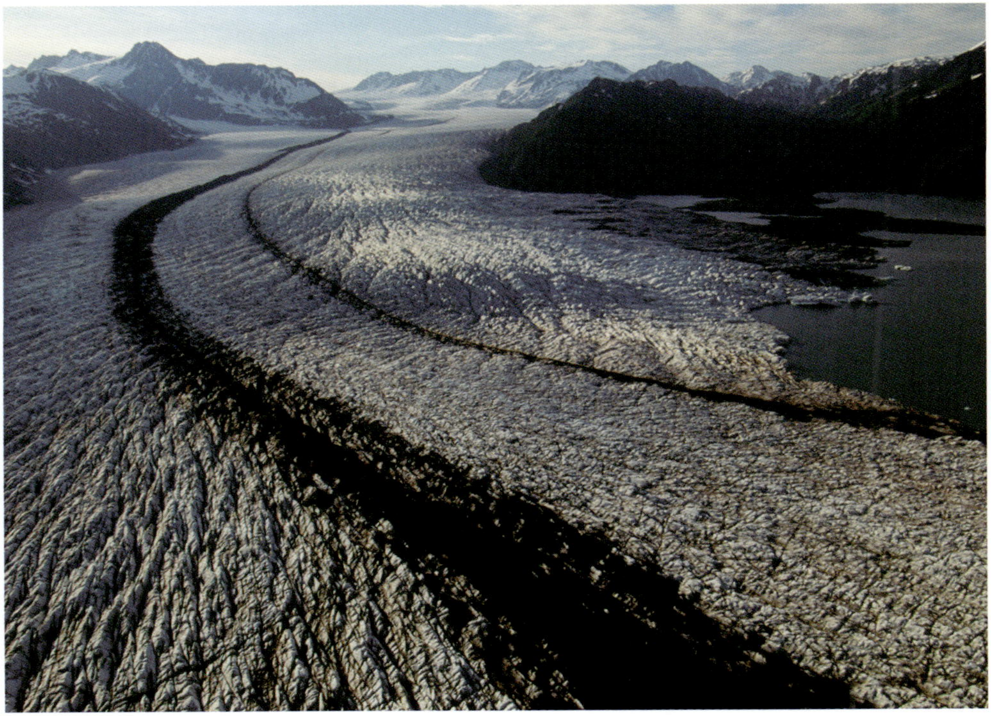

멘덴홀 빙하

미국, 알래스카 주

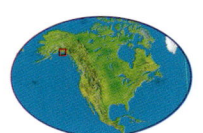

빙하의 최고 해발 고도 : 1,676미터	
최저 해발 고도 : 30미터	
연 평균 강설량 : 30미터	

멘덴홀 빙하는 알래스카 주의 남동부에 있는 주노 빙원을 구성하는 38개의 거대한 빙하 중 하나일 뿐이다. 그러나 얼음의 면적이 3,885제곱킬로미터에 달하는 이곳을 원주민들은 '영혼의 고향'이라고 부른다. 자연주의자인 존 뮤어는 멘덴홀 빙하에 대해 알래스카의 빙하 중 최고의 아름다움을 간직하고 있다고 격찬했다. 멘덴홀 빙하는 주노에서 도로로 21킬로미터 정도 떨어져 있어 가장

에서 갑자기 '쩍' 하고 갈라져 나와 물에 떨어진다. 빙하의 마지막 부분은 두께가 60미터에 달하는데, 물 위로 30미터가 나와 있고 물속에도 30미터가 잠겨 있다.

멘덴홀 빙하를 비롯한 주노 빙원은 3,000년 전부터 형성되기 시작해 18세기 말까지 계속 성장했다. 그러나 이제 빙하는 계속 사라지고 있다. 아래 부분에서 빙하가 녹는 속도가 윗부분에 눈이 쌓여 새로운 빙하가 만들어지는 속도보다 빠르기 때문이다. 1767년부터 4킬로미터씩 후퇴하고 있는 빙하는 현재 속도라면 몇 세기 후면 완전히 사라질 것이다.

> 자연주의자인 존 뮤어는 멘덴홀을 알래스카의 빙하 중 최고의 아름다움을
> 간직하고 있다고 격찬했다. 호수에서는 건물 몇 채와 맞먹는 어마어마한 푸른색
> 얼음 덩어리가 빙하의 머리 쪽에서 갑자기 '쩍' 하고 갈라져 나와 물에 떨어진다.

접근하기 쉬운 빙하이기도 하다. 이 지역의 해양성 기후 탓에 매년 30미터가 넘는 눈이 빙하 위에 새로 쌓이며 시간이 갈수록 다져진 눈이 얼어붙어서 새로운 빙하가 형성된다.

다른 빙하들처럼 멘덴홀 빙하 역시 계속 이동 중이다. 이 얼어붙은 강은 하루 평균 0.6미터씩 기반암을 깎으며 코스트 산맥을 1,646미터나 미끄러져 내려가고 있다. 멘덴홀 빙하의 정상에 있는 얼음이 밑바닥까지 도착하려면 250년이 걸린다. 멘덴홀 호수에서 시작한 얼음길의 거리는 약 21킬로미터에 달한다. 호수에서는 건물 몇 채와 맞먹는 어마어마한 푸른색 얼음 덩어리가 빙하의 머리 쪽

멘덴홀 빙하의 이름은 캐나다와 알래스카의 국경을 조사하던 유명한 과학자 토마스 멘덴홀의 이름을 딴 것이다. 모험을 즐기고 싶다면 헬리콥터를 빌려서 빙하가 연출하는 장관을 구경하거나 개썰매를 타고 빙하 위를 달릴 수 있다. 멘덴홀 호수 주변에도 그림 같은 풍경들이 즐비하다. **JK**

오른쪽 멘덴홀 빙하의 아래쪽에 형성된 얼음 동굴을 등반하는 모습

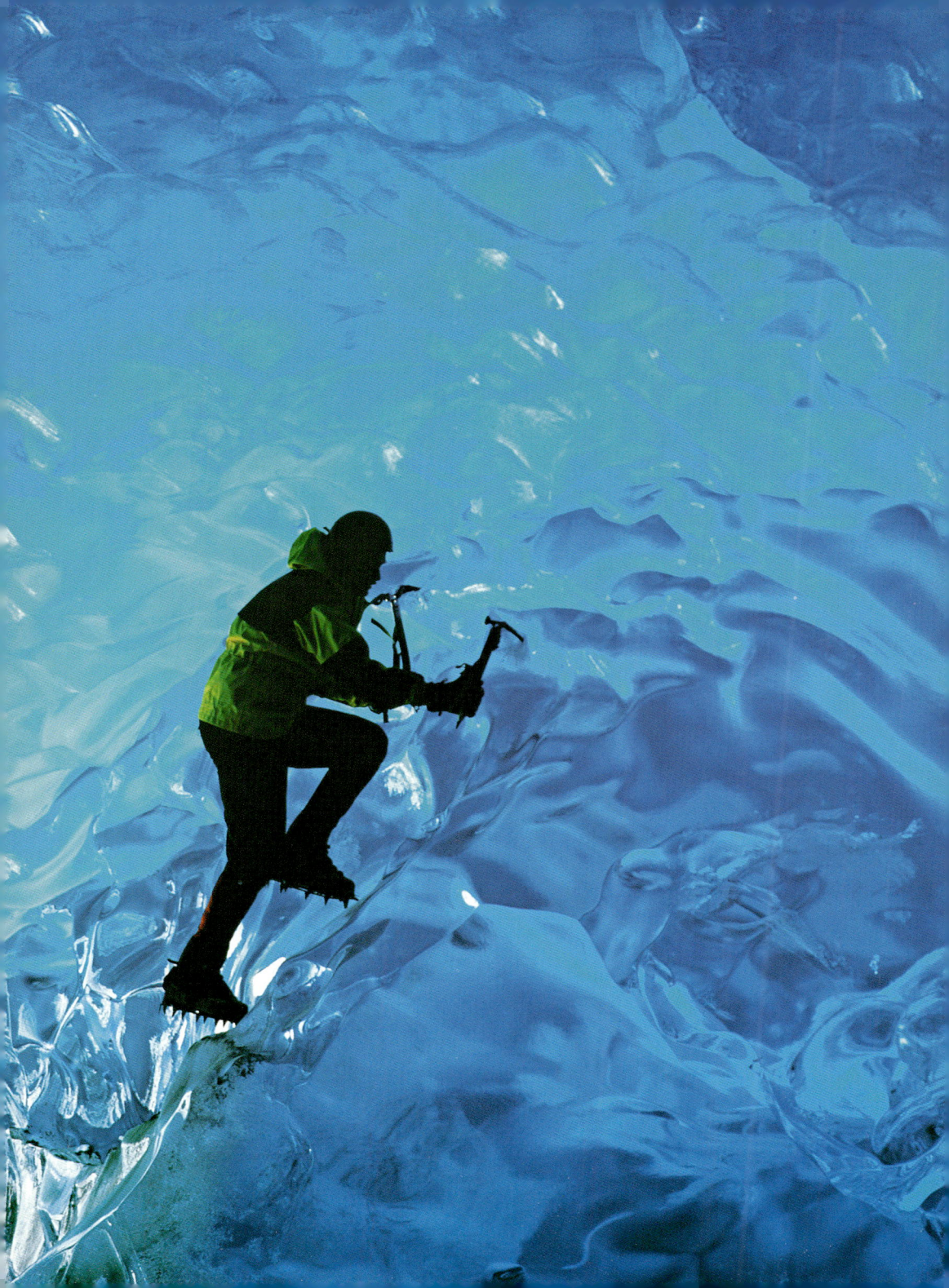

포테지 빙하

미국, 알래스카 주

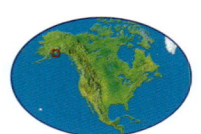

포테지 빙하의 면적 : 30제곱킬로미터
빙하의 종류 : 곡빙하(谷氷河)
포테지 호수의 수심 : 244미터

알래스카에 다녀온 사람들은 알래스카는 한 번씩 경험하면서 천천히 음미해야 한다고 말한다. 앵커리지 남쪽에서 80킬로미터 떨어진 포테지 빙하야말로 그 말에 꼭 맞는 절경 중의 절경이다.

이 아름다운 빙하는 프린스 윌리엄 사운드의 남단에 있는 추개치 산맥에서 시작된다. 알래스카에 있는 빙하 10만여 개 중 하나로 교통 편이 좋아서 가장 인기 있는 관광지이다. 쿡 후미의 턴어게인암 만을 따라 빙하까지 가는 여정은 경이로움 그 자체

이다. 쿡 후미는 세계에서 밀물과 썰물이 가장 빨리 바뀌는 곳 중 하나이다. 주변에는 돌산양, 말코손바닥사슴, 대머리 독수리와 흑곰 등 야생동물도 풍부하다. 쿡 후미의 차가운 바닷물을 헤치고 나가는 흰돌고래의 모습도 종종 구경할 수 있다.

포테지 빙하는 기묘한 모습의 빙산이 가득한 포테지 호수에서 여정을 마감한다. 이 호수는 빙하가 후퇴하면서 형성되었다. 빙하에서 떨어져 나온 얼음 덩어리로 호수에는 늘 새로운 빙산들이 생긴다. 공원안내소에서 제공하는 보트 투어는 5월에서 9월 사이에만 있다. 보트를 타고 기괴한 빙산들 틈을 헤치며 빙하의 꼭대기까지 가볼 수 있는 보트 투어는 자연의 광활한 아름다움을 만끽할 수 있는 흔치 않은 경험이 될 것이다. **JK**

알렉산더 군도

미국, 알래스카 주

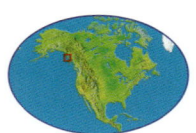

군도의 면적 : 33,811제곱킬로미터
군도 내 섬의 수 : 1,100개
최고 높이 지점(배러너프 섬의 최고 높이) : 1,643미터

알렉산더 군도는 알래스카의 동남부 해안에 수많은 반도와 섬들이 오밀조밀 모여 있는 지역이다. 그리고 북태평양에서 5월에서 9월 사이에 가장 많은 혹등고래들이 먹이를 사냥하는 모습이 관찰되는 곳이기도 하다. 죽음의 사냥 팀을 이룬 거대한 고래들이 민첩하게 움직이며 사냥하는 모습은 그야말로 장관이다.

고래는 일곱 개의 소그룹으로 나뉘어 먹이를 먹는데 저마다 각자의 영역이 있다. 혹등고래들은 원통 모양의 거품 커튼을 둘러치며 그 속으로 사냥감

을 몰아넣어 사냥한다. 일단 목표물인 물고기 떼 밑으로 내려가 2분 30초 정도 잠수를 하면서 거품을 내뿜으면 물고기 떼는 거품에서 반사되는 빛에 놀라서 일명 '거품 그물'의 중앙으로 모여든다. 그럴 즈음 다른 고래 한 마리가 귀가 먹을 듯한 괴성을 내질러 물고기들을 놀라게 한다. 나머지 고래들은 입을 벌린 채 거품 그물의 중앙으로 올라가 바닷물과 물고기를 한가득 삼키며 수면 위로 나오는 것이다. 그러면 그 거대한 입을 피해 필사적으로 도망치는 물고기들이 사방으로 날아다닌다. 매년 여름이면 배를 타고 이 장관을 구경하려는 사람들로 알렉산더 군도의 바다는 무척이나 북적댄다. **MB**

글래이셔 만

미국, 알래스카 주

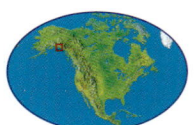

글래이셔 만의 면적 : 905제곱킬로미터
페어웨더 산의 높이 : 4,670미터

1794년에 디스커버리호의 조지 밴쿠버 선장이 이 지역에 도착했을 때는 그 어디에도 만은 없었다. 대신 벽처럼 거대한 빙하의 끝 부분이 그의 눈에 들어왔다. 그 빙하는 폭이 16킬로미터이고 높이는 100미터에 달했다. 1879년에 존 뮤어가 도착했을 무렵, 빙하는 원래 있던 자리에서 77킬로미터를 후퇴해 그 위치에 글래이셔 만이 들어서 있었다. 현재 글래이셔 만이 편입되어 있는 글래이셔 만 국립공원은 피오르, 삼림 및 미국과 캐나다의 국경에 걸쳐 있는 16개의 거대한 빙하로 이루어져 있다. 빙하는 매년 400미터씩 빠른 속도로 후퇴하고 있으며 여름이면 거대한 빙산이 떨어져 나와 태평양으로 흘러든다.

만의 뒤쪽으로는 이 지역의 최고봉인 페어웨더 산을 비롯한 수많은 산이 병풍처럼 늘어서 있다. 점박이 바다표범, 범고래를 비롯한 해양 포유류가 풍부한 이 지방의 명물은 누가 뭐래도 혹등고래이다. 이 고래들은 캘리포니아의 번식지에서 활동하다가 여름마다 돌아와 물고기 잔치를 벌인다. 고래들은 깨끗한 바닷물 속에서 뛰어오른 후 엄청난 물보라를 일으키며 다시 바다로 들어간다. 어떤 고래들은 함께 먹이를 먹기도 하는데 거대한 입을 쩍 벌리고 지느러미를 휘두르며 물 위로 뛰어오른다.
MB

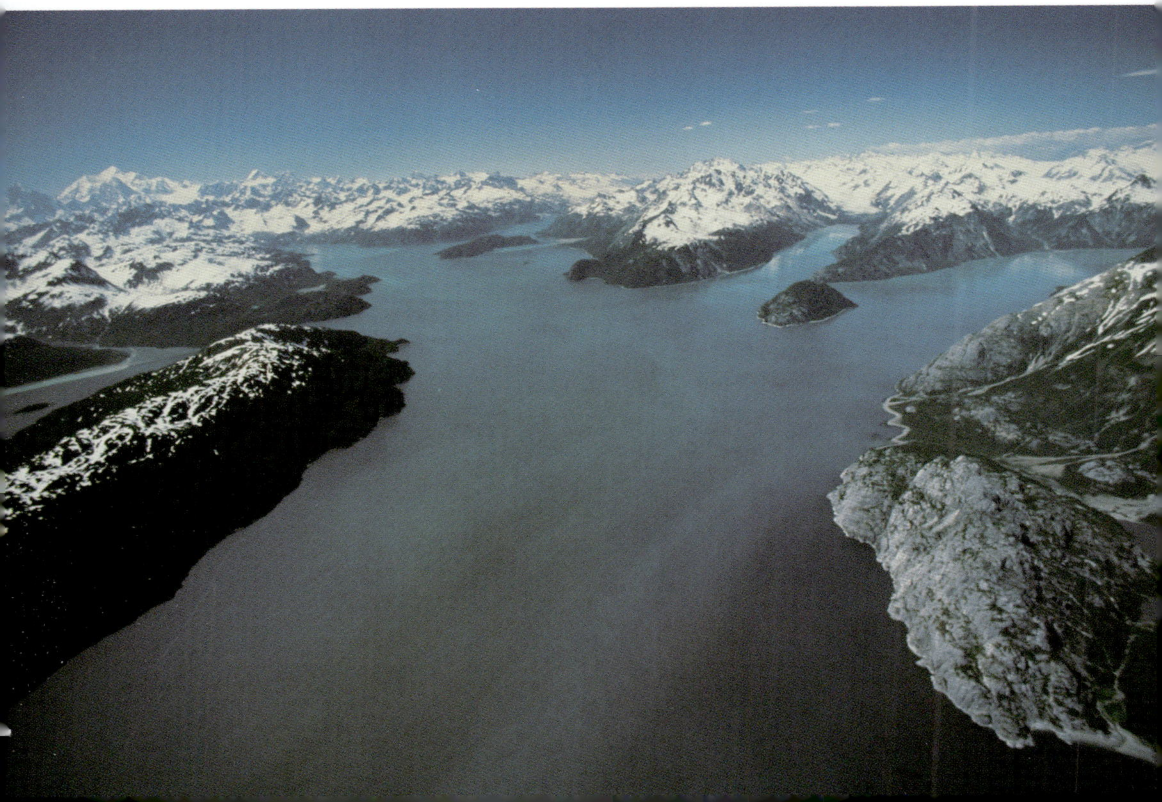

매킨리 산

미국, 알래스카 주

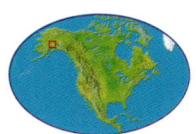

다른 이름 : 더날리(높은 산)
매킨리 산의 높이 : 6,194미터
최초 등반 : 1913년

만년설에 덮여 우뚝 솟아 있는 거대한 매킨리 산은 꼭 보아야 할 절경이다. 산허리에는 거대한 빙하 다섯 개가 버티고 있고 수백 피트 두께의 만년설이 곳곳에 자리를 잡고 있다. 산의 반 이상은 얼음과 눈에 묻혀 있다. 남쪽으로 등반할 경우, 이 산은 19킬로미터만에 고도가 5,486미터까지 높아진다. 매킨리 산은 에베레스트 산보다 훨씬 더 수직인 셈이며 고도 변화로 본다면 세계 최고의 오르막을 자랑한다.

매킨리 산은 966킬로미터나 뻗어 있는 알래스카 산맥의 일부이다. 이 산맥의 형성 시기는 6,500만 년 전으로 거슬러 올라간다. 다른 산맥과 마찬가지로 이 산맥도 퇴적암으로 이루어졌지만 매킨리 산만암과 이판암이 융기해서 만들어졌다. 이 산은 등산가들에게 인기가 높은 편이다. 기술적으로 등반하기 어려운 산은 아니지만 고위도에 위치해 있기 때문에 악천후가 유난히 심하다. 기온이 영하 35도까지 떨어질 때도 있다. 그러므로 등반을 계획하는 사람들은 매우 신중하게 준비를 해야 한다. 매킨리 산이 포함된 더날리 국립공원은 미국에서 가장 큰 자연보호구역에 속한다.

아래 매킨리 산의 눈 덮인 봉우리들

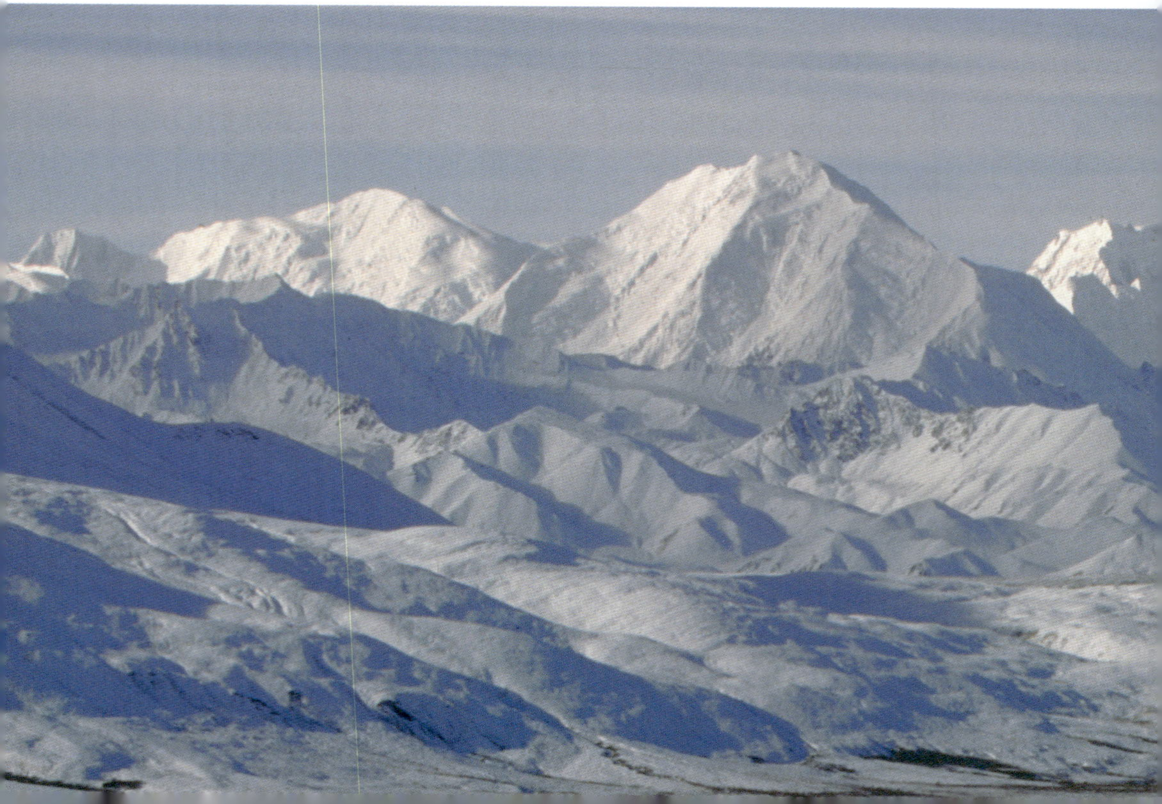

베링 해협

미국, 알래스카 주 / 러시아, 시베리아

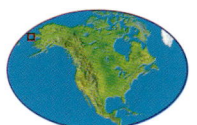

치리코프 해분의 면적: 22,000제곱킬로미터

수염고래가 먹이를 먹는 지역의 면적 : 1,200제곱킬로미터

베링 해협의 남쪽은 비교적 물길이 좁은 곳으로 러시아와 미국의 북극쪽 경계가 된다. 바로 이 지역이 치리코프 해분이다. 이곳에서는 일 년 내내 해마, 흰돌고래, 일각고래와 물개 등을 볼 수 있지만 그중에서도 여름마다 찾아오는 2만 2,000여 마리의 수염고래가 가장 인상적이다. 수염고래는 남쪽에 있는 번식지에서 겨울을 나고 여름이면 이곳으로 돌아온다. 그리고 북극의 바다를 누비며 5개월 동안 풍부한 해양 생물로 살을 찌운다. 수염고래는 매우 독특한 습성을 지니고 있다.

이들은 바다 밑바닥에서 먹이를 구하는데 갑각류로 알려진 새우처럼 생긴 생물이 숨어있는 곳의 흙을 엄청나게 퍼먹는다. 하늘에서 보면 수심이 얕은 곳의 바닥에 고랑을 파듯 깊게 패인 홈이 보일 정도이다. 이 홈은 깊이 10센티미터에 면적은 1~5제곱미터에 달한다. 펄에는 이 지역에 서식하는 해마 20만 여 마리와 그 먹이인 대합조개도 살고 있다. 해마는 기다란 고랑을 만들면서 예민한 수염으로 조개가 있는지 탐색을 하다가 조개를 발견하면 한 입에 먹어치운다. 매년 여름 이 수역으로 들어가는 순양함을 타고 해양 동물이 먹이를 먹는 장면을 관찰할 수 있다. **MB**

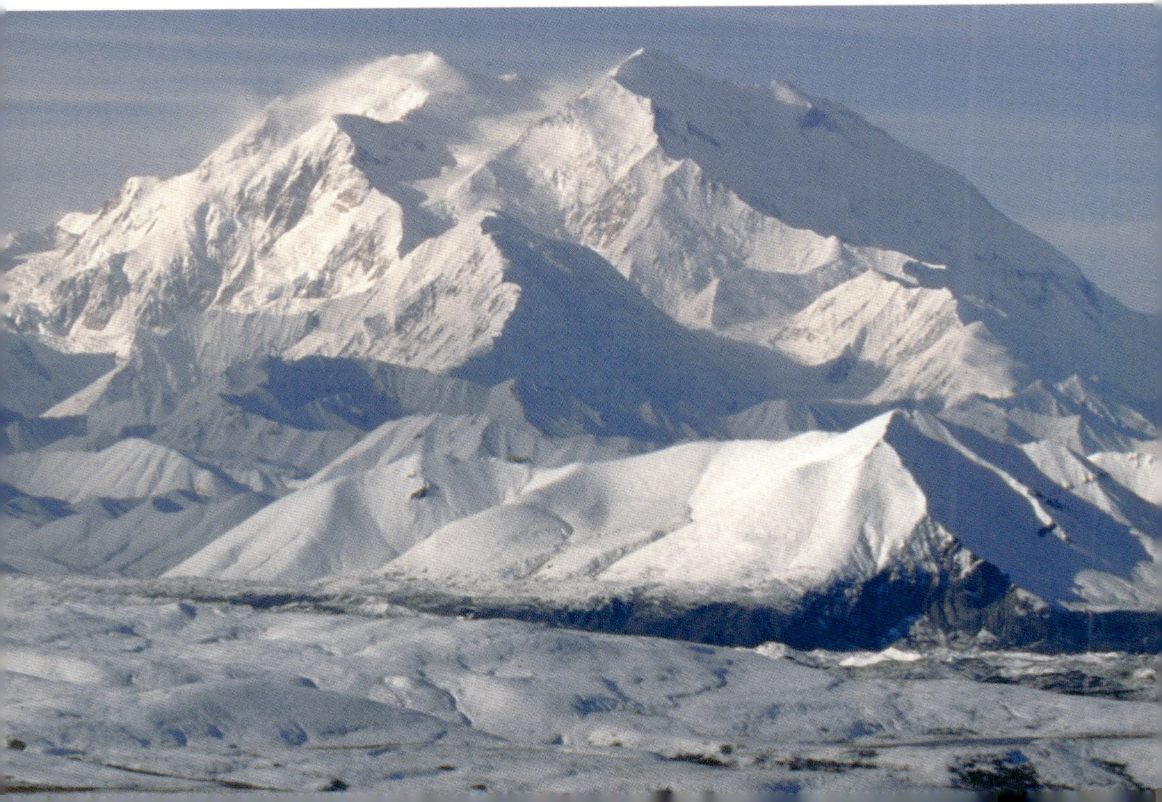

레이니어 산

미국, 워싱턴 주

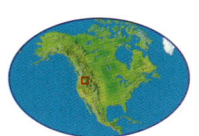

레이니어 산의 높이 : 4,392미터

화산의 종류 : 혼합형(폭발할 위험이 매우 높음)

레이니어 산은 캐스케이드 산맥에서 가장 높은 산으로 서쪽의 저지대 위로 4.8킬로미터나 우뚝 솟아 있다. 이웃한 산보다 두 배나 높아서 워싱턴의 상징으로도 손색이 없다.

레이니어 산은 150년 전에 폭발한 적이 있는 활화산이다. 약 100만 년 전에 형성되었지만 아직도 폭발할 위험이 있는 젊은 화산이라 할 수 있다. 눈과 얼음으로 뒤덮인 경사면의 면적이 91제곱킬로미터에 달하는 이 산은 짙푸른 침엽수림과 솔송나무 숲에 둘러싸여 우뚝 솟아 있다. 고도가 낮은 지역의 식생은 특히나 매우 흥미로운데 고산초원과 아고산대의 히스 군락은 마지막 빙하기의 끝자락인 1만 년 전에 형성되었다.

레이니어 산은 레이니어 산 국립공원의 중앙에 자리 잡고 있다. 이곳은 여름에는 야영객과 도보여행객들의 천국이며 겨울에는 설피체험이나 스키 관광객들의 낙원이다. 이 지역의 온대우림은 강수량이 충분해서 470여 곳의 강과 시내 그리고 382여 곳의 호수가 언제나 마르지 않는다. **JK**

<u>오른쪽</u> 그 이름도 절묘한 리플렉션 호수 뒤로 보이는 레이니어 산

그랜드쿨리

미국, 워싱턴

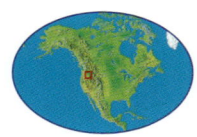

협곡의 길이 : 80킬로미터

협곡의 폭 : 9.7킬로미터

협곡의 깊이 : 274미터

북아메리카 지역에서 가장 젊고도 가장 독특한 절경인 그랜드쿨리는 워싱턴 동부의 컬럼비아 고원을 가로지르는, 물이 마른 협곡 중 하나다. 가파른 수직 절벽과 울퉁불퉁한 지형은 이곳이 비교적 최근에 형성되었음을 알게 한다. 그러므로 수백만 년은 족히 걸리는 강의 침식작용으로 만들어졌을 리 없다는 사실 또한 짐작할 수 있다. 또한 컬럼비아 고원이 주로 바닥이 아래로 경사가 진 것과 반대로 쿨리의 바닥은 위로 경사져 있다는 점도 특이한데, 실제로 그랜드쿨리에는 처음부터 물이 없었으며 강도 없었다.

이처럼 그랜드쿨리 협곡은 오랫동안 수수께끼만을 남긴 채 탄생의 실마리를 제공하지 않아 과학자들의 골머리를 아프게 했다. 그 해답은 하렌 브레츠라는 과학자가 몇 년에 걸쳐 꼼꼼하게 현장을 조사한 결과 비로소 그 해답을 밝혔다.

사실 그랜드쿨리는 최대 규모의 홍수가 발생한 마지막 빙하기에 형성되었다. 약 50년을 주기로 610미터가 넘는 물기둥이 로키 산맥의 얼음 댐을 뚫고 들어와 워싱턴을 통해 태평양으로 빠져나갔다. 그 물살의 세기가 어찌나 셌던지 기반암을 산산조각낼 정도였고 그 결과 오늘날 우리가 볼 수 있는 쿨리(물 마른 협곡)들이 만들어진 것이다. **JK**

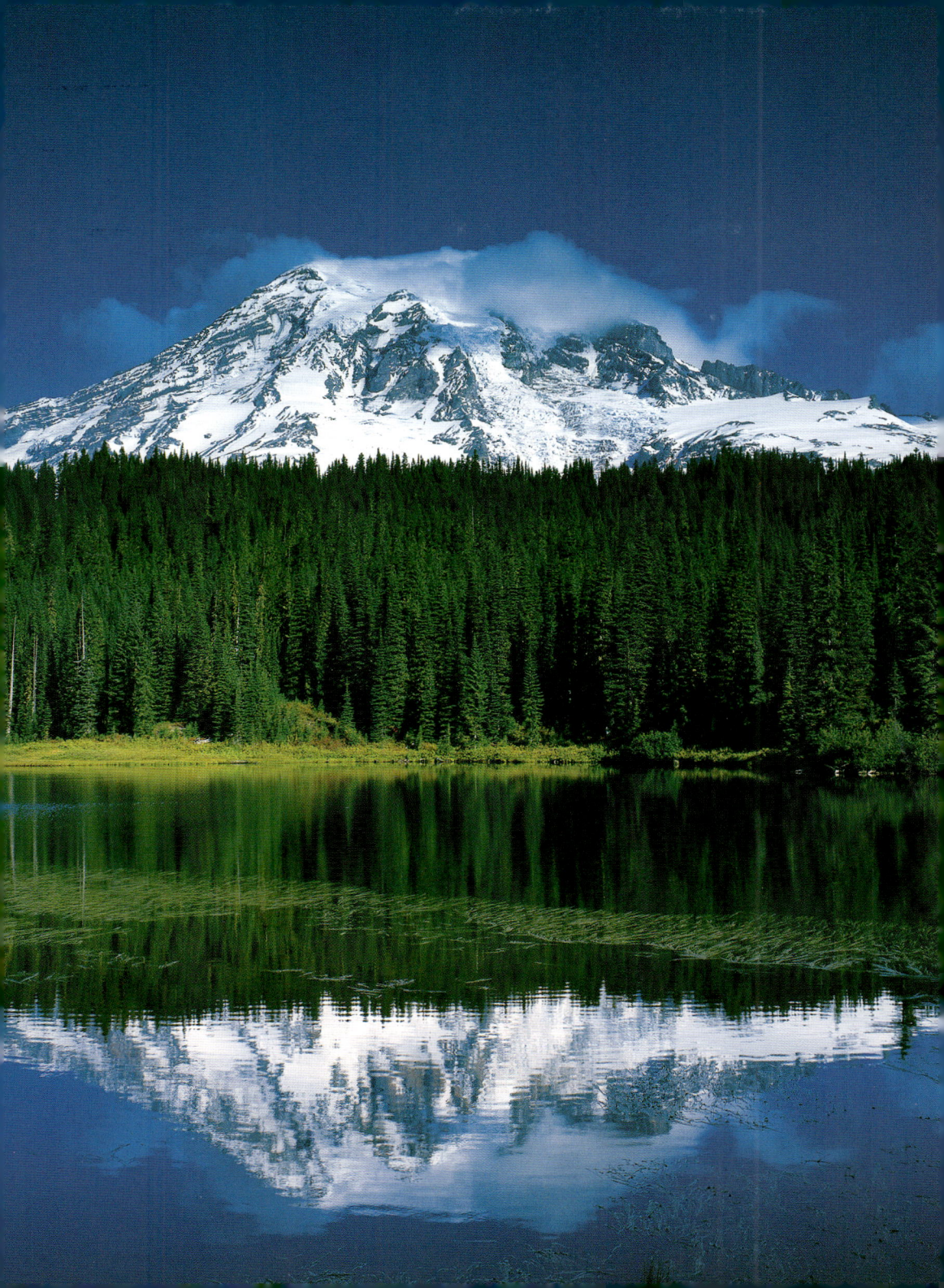

드라이 폭포

미국, 워싱턴 주

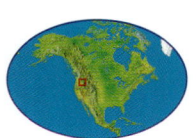

폭포의 높이 : 122미터	
폭포의 폭 : 6킬로미터	
암석의 종류 : 현무암	

드라이 폭포(마른 폭포)는 북아메리카 지역에서 지질학적으로 가장 독특한 천혜의 절경이다. 폭 6킬로미터에 높이 122미터의 위용을 자랑하는 이 폭포는 그랜드쿨리의 중앙에 자리 잡고 있으며 한때는 그 규모가 세계 최대였다. 오늘날은 물이 한 방울도 흐르지 않지만 1만 5,000년 전만 해도 거대한 얼음 제방을 뚫고 나온 거대한 물줄기가 굉음을 내며 북동쪽으로 흘렀을 것이다. 범람한 물줄기가 남쪽으로 약 18킬로미터 떨어져 있는 기반암을 잡아 찢으면서 절벽을 깎아 오늘날의 폭포가 생겼다.

이 과정은 현재 나이아가라 폭포에서 볼 수 있는 침식 과정과 같다. 차이점이 있다면 드라이 폭포에서는 대홍수가 일어날 때마다 그 거대한 물줄기가 단 하루만에 휩쓸고 지나갔으리라는 점이다. 홍수가 과연 몇 차례나 발생했는지는 알 수 없지만 분명 수십 차례는 될 것이다. 이 폭포를 휩쓸고 지나간 물줄기는 한때 305미터나 솟구쳤을 것이며 물의 양도 나이아가라 폭포보다 10배나 많았다. 오늘날 드라이 폭포는 황무지로 변한 풍경을 굽어보고 있다. 그 바닥에는 아직 몇 군데 물이 남아 있는 호수가 있는데 얼핏보아서는 그렇게 격렬한 자연현상으로 이곳이 형성되었다는 것이 믿기지 않는 평온한 모습이다. **JK**

어퍼스캐짓 강

미국, 워싱턴 주

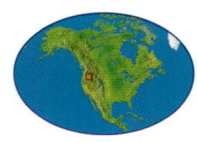

대머리 독수리 축제 : 2월 초	
대머리 독수리의 수 : 최대 400마리	

어퍼스캐짓 강의 풍경은 삭막하기 그지없다. 강의 가장자리에는 얼음이 얼어 있고 하늘은 우중충한 잿빛이다. 굵은 눈발이 떨어져 땅위에 계속 쌓인다. 고개를 들면 저 멀리 강둑의 나무에 줄지어 앉아 있는 갈색과 흰색이 뒤섞인 형체가 보이는데 바로 대머리 독수리들이다. 이 새들은 이 지역에 수백 마리씩 모여 산다. 그 수가 400마리까지 불어나는 때도 있다. 독수리들은 잎이 다 떨어진 미루나무 가지에 앉아 힘을 비축하고 있다. 강 상류의 산란 지역에서 알을 낳고 기진맥진한 수천 마리 연어떼를 포식할 준비를 하면서 말이다.

독수리들은 연어들이 산란을 한 후 2주 후면 나타나기 시작한다. 저 멀리 유콘과 알래스카에서 날아온 독수리들은 '손쉬운' 먹잇감을 찾아 이곳에 왔지만 물고기 시체를 먹기 위해서라면 싸움도 마다하지 않는다. 싸움을 시작하려는 독수리는 공중에서 멋진 비행을 선보인다. 심한 경우에는 싸움 끝에 죽을 때도 있다. 독수리의 활동은 12월 말에서 1월 초에 최고조에 이른다.

이곳을 관광하려면 먼저 락포트의 스캐짓 강 대머리독수리센터에 들려 따뜻하고 방수가 되는 아웃도어용 복장을 착용해야 한다. 또한 독수리에게 너무 가까이 다가가거나 놀라게 해서는 안 된다. **MB**

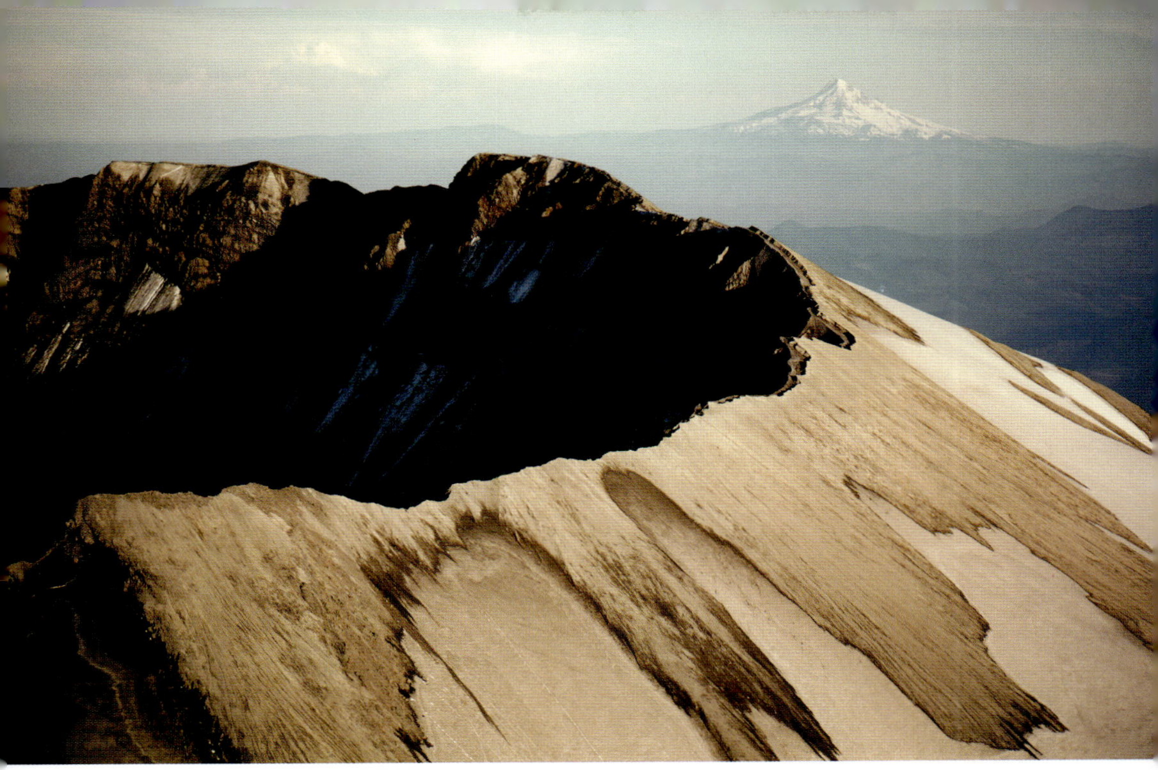

세인트헬렌스 화산

미국, 오리건 주

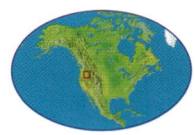

화산의 높이 : 2,549미터

기저 부분의 폭 : 9킬로미터

화산의 종류 : 혼합형(폭발할 위험이 매우 높음)

눈 덮인 인트헬렌스 화산은 북아메리카 태평양 연안 남부지역을 주름잡는, 가장 젊고 가장 활동이 활발한 활화산 중 하나이다. 이 화산은 1980년 5월 18일 갑자기 폭발해 산 정상의 400미터 정도가 날아가 버리기 전까지는 빼어난 아름다움을 자랑하던 곳이었다. 미국 화산 폭발 역사상 최악으로 기록된 그날의 폭발로 세계 최대의 산사태가 일어나 계곡과 강을 메우고 화쇄류가 596제곱킬로미터에 달하는 삼림을 불태웠다.

오늘날 세인트헬렌스 화산은 문자 그대로 잿더미에서 소생해 새로운 이야기를 쓰고 있다. 화산과 주변 지역은 국가 기념지로 보존되고 있다. 화산은 관광객들에게 개방되어 있으며, 방문한 사람들은 화산의 엄청난 파괴력을 보여 주는 생생한 증거에 놀라고 소생하는 대지의 생명력에 또 한 번 놀란다. 멋진 풍경을 보고 싶다면 윈디리지에서 드라이브를 해도 좋고 존스턴리지 관측대에서 분화구를 조망하는 것도 좋다. 더 스릴 있는 경험을 원한다면 정상까지 등반을 해 분화구를 탐사할 수도 있다. 1980년 이후에 일어난 최대 규모의 화산 폭발은 2004년 10월 1일에 있었던 것으로, 희미한 회색 증기와 재가 24분간 하늘로 뿜어져 나왔다. **JK**

매서커락스

미국, 아이다호

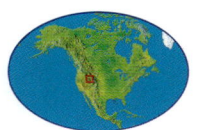

매서커락스 주립공원 : 400헥타르
레서커 락스의 높이 : 1,340미터
주립공원 지정 연도 : 1967년

19세기 중반 짐마차를 타고 서부로 향해 가던 이주자들은 바위 병풍 사이로 뚫린 좁은 통로에 도착했다. 이들은 이미 쇼쇼니 족 인디언들의 공격에 대해 만반의 준비를 하고 있었지만 그럼에도 1862년 8월 9~10일 사이에 열 명의 이주자가 살해되었다. 그 이후로 이 천연 통로는 죽음의 문 혹은 악마의 문으로 불리게 되었고 그 바위 언덕은 매서커락스(대학살 바위)로 불리게 되었다. 이 지역은 스네이크 강의 평야 지대에 있으며 한때 오리곤 트레일의 일부였다. 근처에 있는 레지스터 바위는 자연이 만들어 낸 여행객들의 '쉼터'로 개척자들의 이름이 바위에 새겨져 있다.

지질학적으로 보면 데빌스게이트 패스(악마의 문 고개)는 현무암 화산이 남긴 흔적이다. 이 고개는 약 1만 5,000년 전에 보네빌 홍수로 깎여나간 곳이며 당시 한때 유타 주만한 크기였던 보네빌 호수가 범람해 이 고개로 쏟아져 들어온 후 지금의 스네이크 강으로 흘러갔다. 당시 홍수의 유량은 지금 아마존의 네 배나 될 정도로 역사상 가장 크고 격렬한 홍수였다. 홍수에 떠내려간 현무암은 현재 아이다 호 곳곳에 산재해 있다. 매서커락스는 아메리가 폭포에서 서쪽으로 16킬로미터 떨어진 곳에 자리 잡고 있다. **MB**

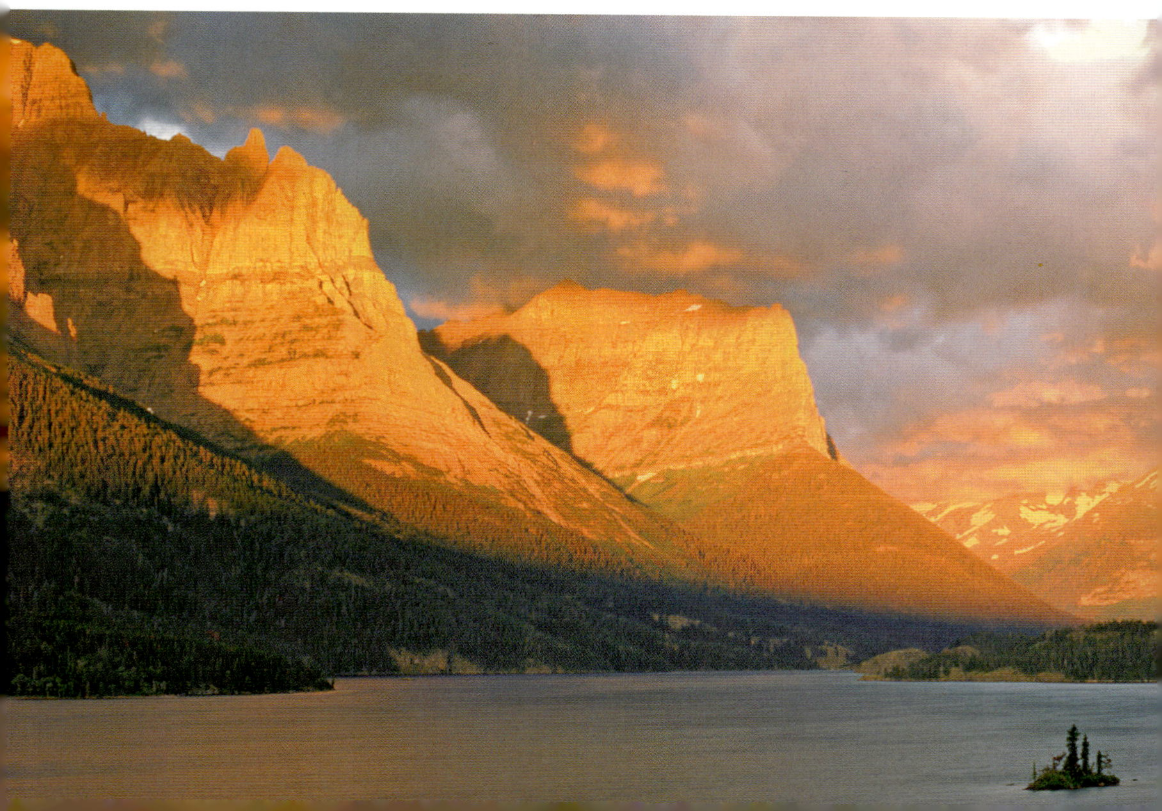

세인트매리 호수

미국, 몬태나 주

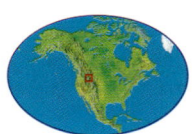

호수의 길이 : 14.5킬로미터

호수의 폭(최대 지점) : 1.6킬로미터

세인트매리 호수는 상상할 수 있는 가장 완벽한 자연 환경을 갖춘 아름답고 푸른 빙하호이다. 가파른 로키 산맥에 삼면이 둘러싸여 있고 동쪽으로는 드넓은 프레리 평야와 숲이 울창한 언덕이 들어서 있다. 이 호수는 몬태나 북부에 있는 글래이서 국립공원의 일부이다. 사방을 둘러싼 산에서 눈 녹은 물이 흘러드는 세인트매리 호수는 유난히 물이 맑고 여름에도 매우 시원하다. 호수는 글래이서 국립공원을 가로지르는 로키 산맥 분수령의 동쪽에 있다. 편서풍이 우세해 비의 대부분은 분수령의 서쪽 사면에 내린다. 그래서 공원의 동부는 강수량이 적고 더욱 건조하다.

산에서 불어오는 바람은 거의 일정하기 때문에 호수에서 보트를 타면 신나는 경험을 할 수 있다. 세인트매리 호수는 야영지와 휴양지로 매우 인기가 높다. 호수는 호수송어, 무지개송어, 컷스로송어 등 어종이 매우 풍부하다. **JK**

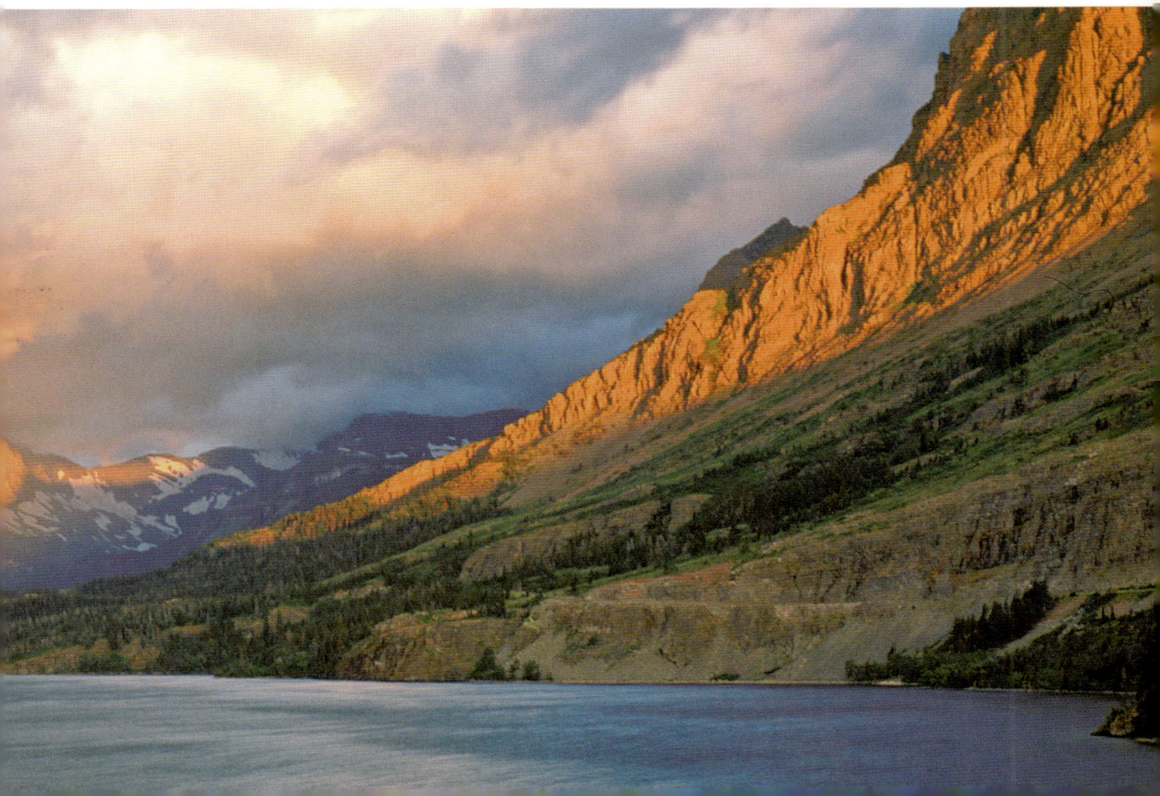

아래 이른 아침 햇살이 비치는 세인트매리 호수

국립 들소 목장

미국, 몬태나 주

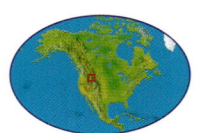

목장의 면적 : 75제곱킬로미터

최고 높이 : 1,402미터

들소의 수 : 350~500마리

몬태나 로키 산맥에 있는 국립 들소 목장은 미국에서 가장 오래된 야생생물보호구역이다. 사람들이 무분별한 사냥을 하면서 들소의 개체 수는 5,000만 마리에서 1,000마리 이하로 급감했는데, 이곳은 마지막 남은 아메리카들소의 안식처라 할 수 있다. 이 보호구역은 아름다운 플랫헤드 밸리의 멋진 구릉지에 펼쳐져 있다. 이곳에는 프레리 평야의 목초지, 산악 삼림, 습지, 강바닥의 삼림 지처럼 다양한 식생이 분포되어 있다. 레드슬립드 라이브를 타고 목장에서 610미터 지점까지 올라가면 목장을 끝없이 둘러싼 산봉우리들이 연출한 장관이 한눈에 들어올 것이다. 그곳의 하이라이트는 단연 들소 무리이다. 방문하기에 가장 좋은 시기는 7월 중순부터 8월까지의 번식기이다. 이때가 되면 거대한 몸집의 수소들이 우렁차게 울부짖으며 서로 싸움을 벌인다. 새끼는 4월 중순에서 5월 사이에 태어난다. 들소는 추위를 잘 견디는 동물이다. 북슬북슬한 털은 단열 효과가 높아서 그 위에 눈이 쌓여도 쉽게 녹지 않는다. 이 목장에는 쿠거, 엘크, 흑곰과 코요테를 비롯한 50종의 동물들도 서식한다. **JK**

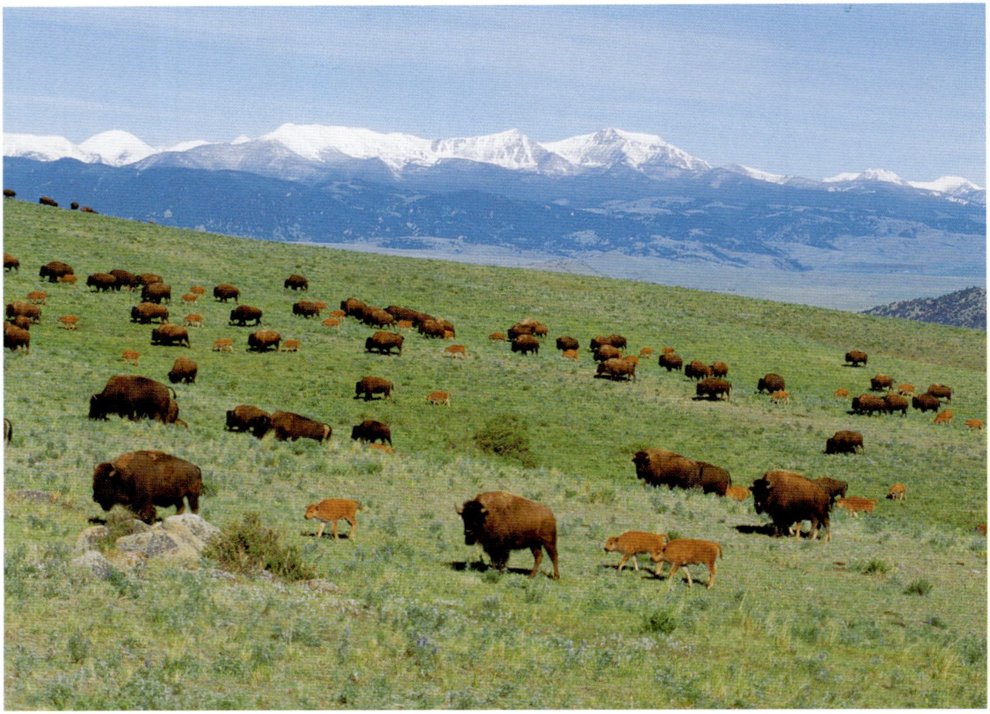

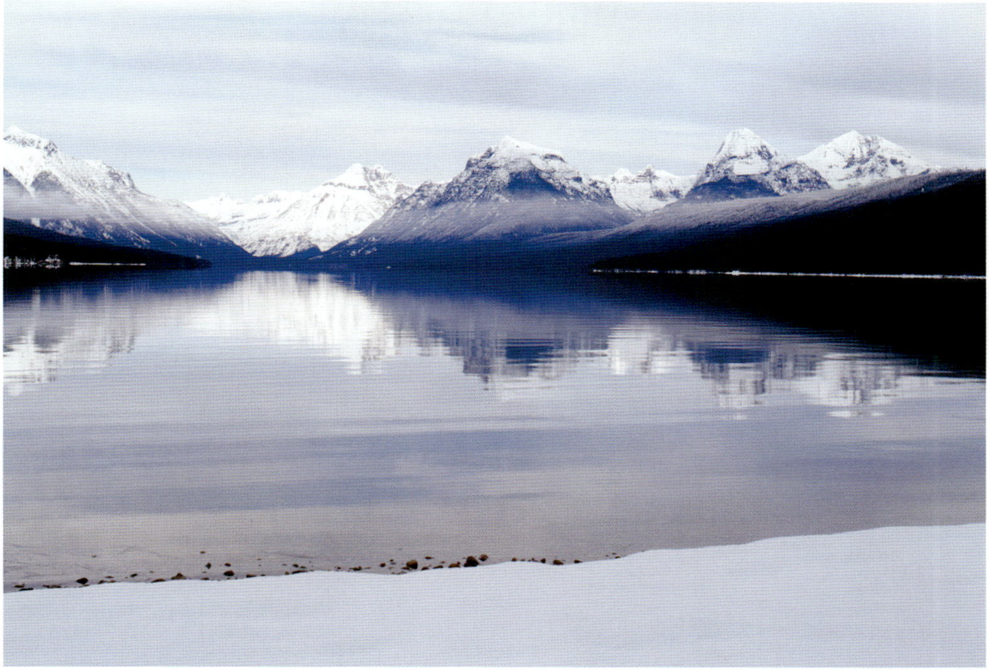

맥도널드 호수

미국, 몬태나 주

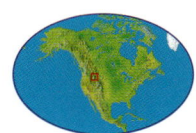

호수의 길이 : 20킬로미터	
호수의 폭 : 1.6킬로미터	
호수의 깊이 : 144미터	

몬태나 북부의 맥도널드 호수는 글래이셔 국립공원에서 가장 큰 호수이다. 하늘을 찌를 듯 2,000미터까지 솟은 로키 산맥이 호수의 삼면을 둘러싸고 있으며 위쪽으로는 만년설로 덮여 있고 아래 경사면으로는 울창한 숲이 펼쳐져 있는 험준한 산이 비친 호수의 풍경은 실로 장엄하다. 맥도널드라는 이름은 1878년에 던컨 맥도널드라는 상인이 호수 옆에 서 있는 자작나무에 자기의 이름을 새긴 것에서 유래했다.

호수의 풍경은 마지막 빙하기를 연상시킨다. 깊은 호수 바닥은 한때 골짜기를 가득 채웠던 빙하에 깎인 결과물이다. 빛나는 호수 수면에는 로키 산맥이 비치고 있다. 호수 동쪽에 뻗어 있는 루이스 산맥은 적삼목과 북아메리카산솔송나무가 울창한 숲에 비를 뿌리러 오는 구름을 막아선 분수령이다. 호수는 글래이셔 국립공원과 60개에 달하는 거대한 고산성 빙하를 탐험하기에 매우 좋은 장소이다. 특히 1,000여 개의 폭포와 야생화 천지인 아름다운 고산 초원을 보면 입이 다물어지지 않을 것이다. 호수 주위에는 큰뿔양과 흰머리독수리들이 서식하며 간혹 회색곰이 출몰하기도 한다. **JK**

마하포인트

미국, 메인 주

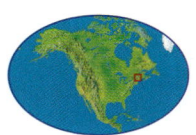

수로의 길이 : 0.8킬로미터
수로의 폭 : 274미터
해류의 속도 : 시속 25킬로미터

메인 해안에 있는 마하포인트는 미국에서 가장 매혹적인 절경인 콥스쿡 만의 '거꾸로 떨어지는 폭포'를 감상하기에 안성맞춤인 곳이다. '콥스쿡'이라는 이름은 인디언 말로 '끓어오르는 조류'라는 뜻이다. 콥스쿡 만과 그보다 더 작은 화이팅 만과 데니스 만을 연결하는 폭 274미터의 수로를 하루에 두 번 조수가 통과한다. 조수는 빠져나가자마자 다시 밀려들어 온다.

이곳의 조수 간만의 차는 약 6미터이며 해류의 속도는 시속 25킬로미터에 달한다. 해수는 수로를 통과하면서 줄지어 튀어나온 바위 사이로 쏜살같이 지나간다. 그 결과 폭포의 흐름이 뒤바뀌는 것이다. 밀물과 썰물이 바뀌면서 조수가 정지 상태가 되는 게조(憩潮)가 될 때까지 해수는 여섯 시간 동안 수로 사이를 휘몰아친다. 해류가 성장하는 방향을 바꾸면 해수면이 내려가지만 10분이 지나지 않아 허연 포말로 가득한 바닷물이 바위로 다시 몰려든다. 마하포인트는 세계에서 조수 간만의 차가 최대인 펀디 만의 서쪽에 있다. 폭포가 거꾸로 흐르는 광경을 보려면 늦어도 만조 한 시간 전에는 도착해야 한다. **JK**

올드소우 소용돌이

미국, 메인 주 / 캐나다, 뉴브런즈윅 주

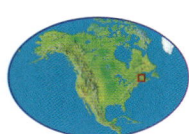

올드소우 소용돌이의 지름 : 76미터
조수의 양 : 11억 3천만 세제곱미터
해류의 속도 : 시속 11미터

올드소우는 세계에서 두 번째로 큰 소용돌이로 파사마쿠오디 만에 위치한 웨스턴 패시지라는 좁은 해협에서 발생한다. 지름이 76미터에 달하는 소용돌이가 치는 모습은 엄청난 박력이 느껴지는 멋진 광경이다. 쏜살같이 흐르는 급류가 용솟음치며 끓어오르고 '새끼 돼지들'이라고 불리는 작은 소용돌이까지 가득한 이곳은 폭이 11킬로미터에 달하는 급류의 일부이다. 올드소우 소용돌이는 울퉁불퉁한 만의 지형 때문에 형성되는데 보통 만조일 때 밀물이 들어오는 동안 발생한다. 디어 섬과 메인 주의 해안선의 위치 때문에 조수는 오른쪽을 향해 직각으로 꺾인다. 그러면 해수가 해저 산맥으로 밀려가 그 주위를 맴돌며 소용돌이가 형성되고, 세인트크로이 강에서 북쪽으로 흐르는 반대편 해류가 이 소용돌이에 가담한다. 올드소우는 만조가 차기 세 시간 전부터 몰아치기 시작해서 두 시간 정도 계속된다. 올드소우라는 이름의 유래에 대해서는 아직도 의견이 분분하다. 'Sow(소우)'는 '서프'라고 발음되는 'Sough'라는 단어의 변형이라는 의견이 유력한데 이 단어는 두 가지 의미가 있다. 뭔가를 빠는 것 같은 소리를 의미하거나 물이 빠져나간다는 뜻이다. 올드소우를 가장 잘 관찰할 수 있는 곳은 디어 섬의 남단이다. **JK**

크레이터 호수

미국, 오리건 주

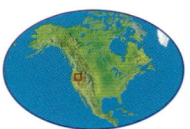

호수의 지름 : 8킬로미터	
호수의 해발 고도 : 1,882미터	
호수 경사면의 높이 : 600미터	

크레이터 호수는 1902년에 미국에서 다섯 번째로 국립공원으로 지정되었다. 원래 이 호수는 약 7,000년 전 머자마 산이 격렬한 화산 폭발로 붕괴되면서 형성된 큰 구멍이었다. 지금은 그 분화구에 푸른 물이 가득하다. 그 물에서 용암과 화산재가 밀려나와 만들어진 위저드 섬을 보면 호수 밑바닥에 깔려 있는 물질도 비슷하리라고 짐작할 수 있다. 앙상한 나무들이 있는 바위투성이 섬인 팬텀십 섬 역시 같은 과정으로 만들어졌다.

전설에 의하면 머자마 섬은 천계의 수장이 하계의 수장과 전투를 벌인 장소였다고 한다. 바위가 이리저리 날아다니고 숲이 불타오르고 지진으로 지축이 흔들렸다. 마치 거대한 지각 활동이 일어나는 것처럼 말이다. 현재 호수의 수심은 589미터이다. 이 호수에서 강이나 시내로 유입되는 물은 없다. 호수의 물은 여름에 수증기로 증발하고 그만큼 겨울에 눈과 비로 채워진다. 캐스케이드 산맥에 위치해 해발 고도가 1,882미터인 이곳의 겨울은 9월부터 이듬해 7월까지 매우 길다. 강설량도 많아서 15미터에 달하는 눈이 내린다. **MB**

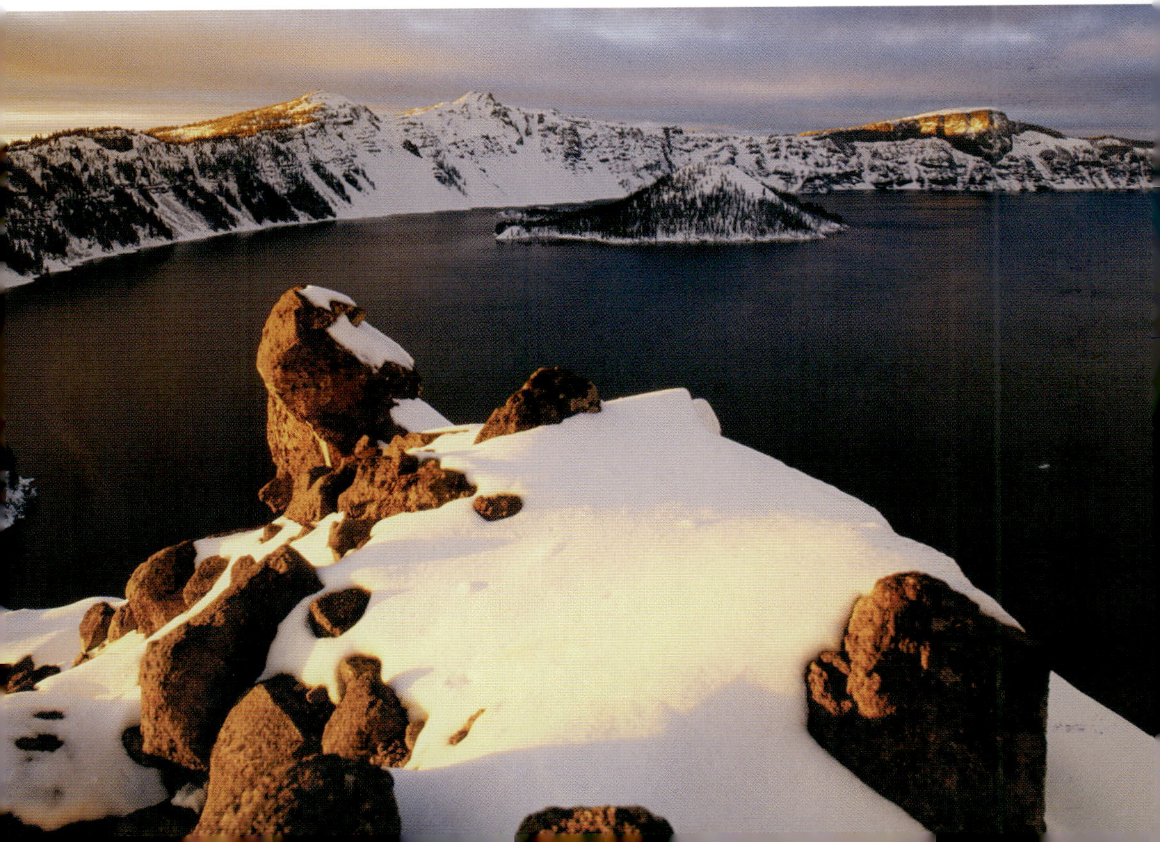

멀트노마 폭포

미국, 오리건 주

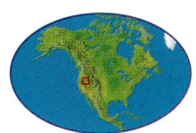

폭포의 높이 : 189미터	
폭포의 폭 : 20미터	
형태 : 계단식 폭포	

멀트노마 폭포는 컬럼비아 강 협곡에 자리 잡고 있다. 보기만 해도 아찔한 189미터 높이의 절벽에서 떨어지는 이 폭포는 라취 산에 있으며 미국에서 두 번째로 길다. 폭포는 두 부분으로 이루어져 있으며 그 중간에 작은 못이 있다. 윗부분의 폭포는 물줄기가 가늘고 길며, 아랫부분의 물줄기는 굵고 세차다. 수원지는 샘에서 솟아난 수정처럼 맑은 물은 산속의 멀트노마 크릭을 타고 흘러오

받았다는 증표를 보여 달라고 주신에게 기도를 했고 바로 그 순간 은빛으로 빛나는 물줄기가 숲에서 나오더니 절벽에서 떨어져 아름다운 폭포가 되었다는 것이다.

멀트노마 폭포는 빼어난 아름다움으로 유명하며 오리건에서 가장 인기 있는 관광지이다. 위아래의 두 폭포 사이의 못을 가로지르는 우아한 벤슨브리지는 1914년 이탈리아의 석공이 만든 다리로, 폭포의 원래 주인인 사이먼 벤슨의 이름을 땄다.

스릴을 원한다면 폭포의 정상까지 꼬불꼬불 나 있는 오솔길을 따라 등반을 해 보면 좋을 것이다. 폭포 정상에는 목재 전망대가 지어져 있다. 이 전

> 멀트노마 폭포는 빼어난 아름다움으로 유명하며 오리건 주에서 가장 인기 있는 관광지이다. 보기만 해도 아찔한 189미터 높이의 절벽에서 떨어지는 이 폭포는 라취 산에 있으며 미국에서 두 번째로 길다.

다가 폭포에 도착해 이토록 멋진 광경을 만들어 내는 것이다. 폭포수는 겨울과 봄에 가장 낙차가 크며 유난히 날씨가 추울 때면 물줄기가 얼어붙어 고드름이 되기도 한다.

절벽을 보면 현무암 용암이 흘러내린 흔적이 다섯 군데 드러나 있다. 이를 통해 이 지형이 1,200만 년에서 1,600만 년 전에 마그마가 분출해서 형성되었음을 알 수 있다. 이 폭포에는 마을 사람들을 전염병으로부터 구하기 위해 주신(主神)의 제물이 되어 절벽에서 몸을 던진 처녀의 전설이 전해져 온다. 그 후 처녀의 아버지는 딸이 영혼의 땅에서 환영을

망대에서는 물이 흘러들어 까마득히 아래로 떨어지는 전 과정을 지켜볼 수 있다. 숲 속에서는 폭포의 가장자리까지 흐르는 급류와 미니 폭포들도 감상할 수 있다. 정상까지 올라가려면 꽤 힘들지만 막상 컬럼비아 강 협곡을 보면 힘든 것도 다 잊을 수 있을 것이다. **HL**

___

오른쪽 벤슨브리지. 방문객들은 이 다리에서 위쪽과 아래쪽 두 폭포의 장관을 감상할 수 있다.

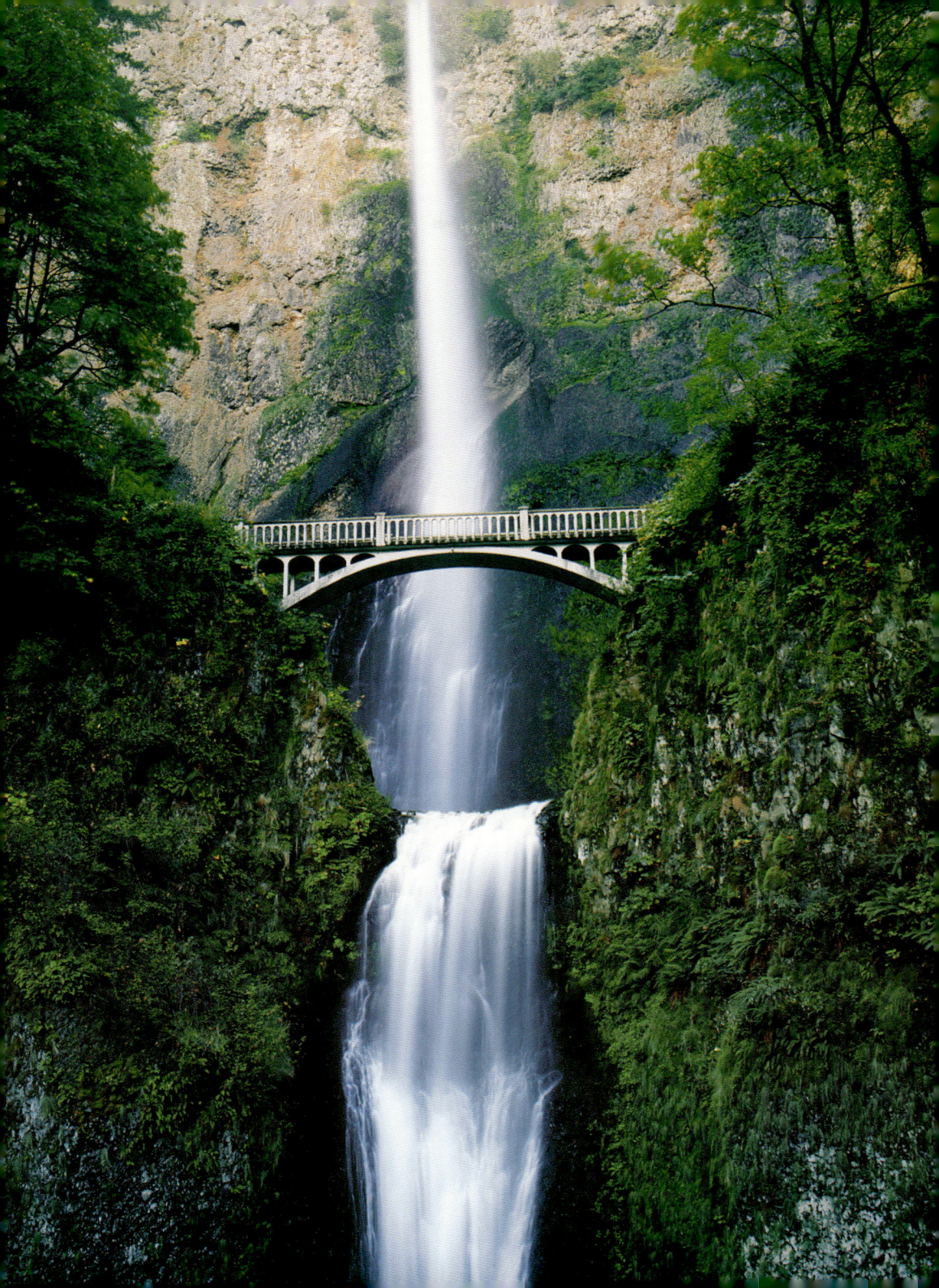

후드 산

미국, 오리건 주

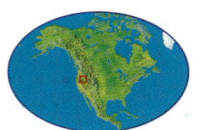

산의 고도 : 342미터	
산의 형성 시기 : 500,000년	
화산 종류 : 혼합형(폭발할 위험이 매우 높음)	

해발 고도 3,426미터인 후드 산은 오리건의 최고봉으로, 태평양 북서부에서 등반객이 가장 많이 찾는 산이기도 하다. 12개의 빙하 덕분에 일 년 내내 만년설이 덮여 있다. 포틀랜드 시에서 동쪽으로 겨우 72킬로미터 떨어져 있는 이 화산은 여름에는 등산객, 겨울에는 스키족의 필수 코스이다. 1792년 조지 밴쿠버 선장의 해군 탐사대원 중 한 명이 영국 제독인 사무엘 후드의 이름을 따 후드 산이라고 명명했다. 그러나 북서부 인디언들은 이 산을 '와이 이스트'라고 불렀다.

후드 산의 주요 화구구는 약 50만 년 전에 형성되었다. 과학자들은 캐스케이드 산맥의 다른 화산처럼 후드 산도 잠시 쉬고 있을 뿐이라는 데 의견을 같이한다. 이 화산에서 가장 최근에 일어난 대형 폭발은 1754년에서 1824년 사이로 폭발 당시 이류와 화산쇄설류가 남쪽 경사면을 타고 흘러내렸다. 분화구에는 크레이터록이라는 둥근 지붕 형태의 용암이 김을 뿜고 그 속에서는 용암이 부글거리며 끓고 있다. 크레이터록은 지름이 400미터이며 높이는 170미터이다. 이 바위의 아랫부분에서 나오는 분기공(噴氣孔)에는 유황 가스와 증기가 섞여 있다. 후드 산 주변 지역은 야생생물보호구역으로 지정된 곳으로, 야생생물이 매우 풍부하다. 화산의 남쪽 경사면에 있는 유명한 팀버라인로지에서 이 산의 멋진 풍경을 제대로 감상할 수 있다. **JK**

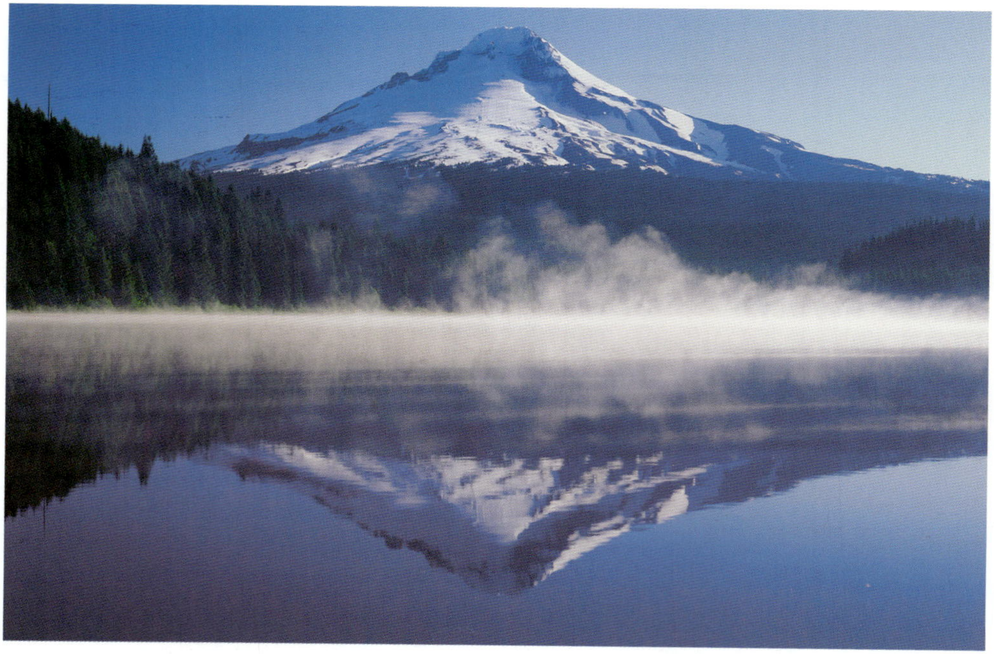

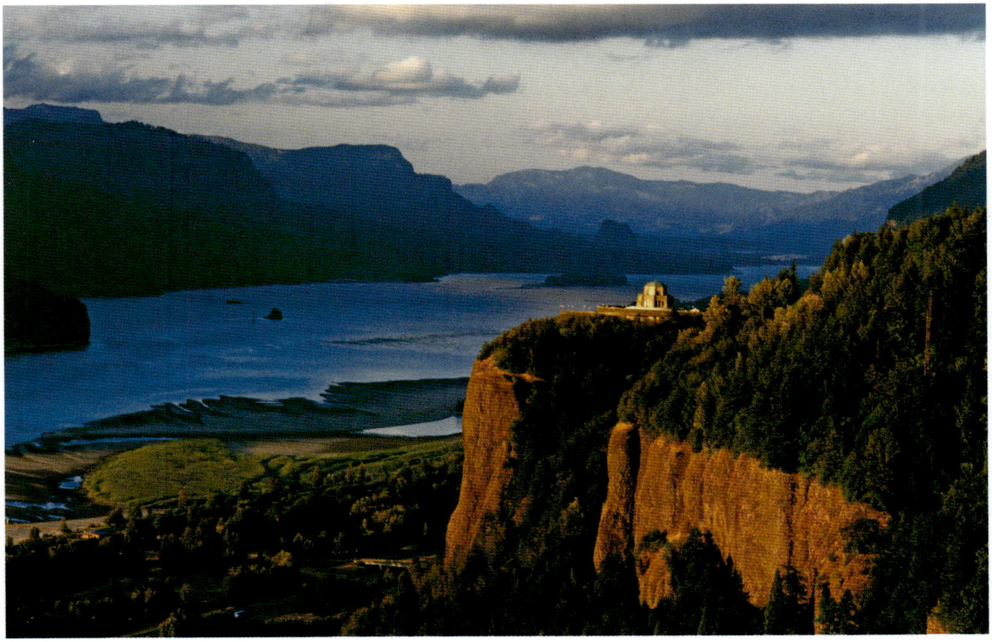

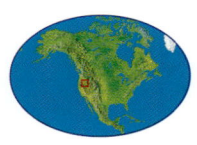

컬럼비아 강 협곡

미국, 오리건 주

협곡의 길이 : 128킬로미터
협곡의 깊이 : 1,219미터
협곡의 생성 시기 : 1,000만 년 전

한 때 오리건 트레일에서 가장 위험한 구간으로 악명 높았던 컬럼비아 강 협곡은 캐스케이드 산맥을 관통한다. 이 협곡을 따라 강, 폭포, 가파른 현무암 절벽, 눈 덮인 봉우리, 푸른 숲과 같은 절경이 번갈아 등장한다. 1,000만 년 동안 컬럼비아 강은 이 멋진 협곡에 흔적을 남겼다. 강은 거대한 힘으로 이 지역을 덮고 있는 단단한 현무암을 깎아내렸다. 약 1만 5,000년 전 세계 최대의 홍수가 이제 막 녹기 시작한 대륙 빙하들을 시속 136킬로미터의 속도로 북동쪽으로 쓸어가면서 협곡은 더욱 넓고 깊어졌다. 고고학자들은 협곡의 중앙에 있는 파이브 마일 급류에서 만여 년 전 이곳에 사람이 살았던 흔적을 발견했다.

컬럼비아 강 협곡은 연어의 서식지로 잘 알려져 있으며 협곡을 통과하는 30노트의 바람은 범선 애호가들에게 가장 이상적인 바람이다. 풍경을 즐기고 싶은 사람은 협곡을 따라 나 있는 히스토릭 컬럼비아 리버 하이웨이를 달려보는 것도 좋을 것이다. 특히 협곡의 서쪽 끝을 따라 나 있는 길을 가다 보면 수많은 아름다운 폭포를 감상할 수 있다. 남쪽 지류에 있는 폭포만 70여 개에 달한다고 한다. **JK**

배드랜드

미국, 사우스다코타 주

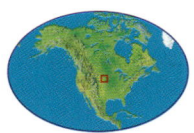

면적 : 989제곱킬로미터

생성 시기 : 500만 년 전

사우스다코타의 배드랜드는 자연이라는 거장이 바람과 물로 깎은 걸작이라 할 수 있다. 침식작용으로 만들어진 수많은 뾰족한 봉우리들은 부드러운 퇴적물과 화산재로 이루어진 고원이 깎여나가면서 만들어졌다. 초기 정착민들이 이곳에 황무지라는 뜻의 '배드랜드'라는 이름을 붙인 것은 탁월한 선택이었다. 실제로 이곳의 거친 언덕에는 그 어떤 작물도 키울 수 없지만 이 지역의 과학적인 이점과 아름다운 풍광은 오래전부터 인정받았다. 배드랜드는 현재 배드랜드 국립공원의 일부로

미국 최대의 혼파목초지(混播牧草地)를 보호하고 있다.

배드랜드에 퇴적물이 처음 쌓이기 시작한 것은 약 7,500만 년 전으로 대륙이 이동하면서 블랙 힐 구릉을 서쪽으로 융기시켰다. 그 당시 모래, 침니(沈泥), 진흙 등이 화산재와 여러 층을 이루며 수천 피트 깊이로 평원에 쌓여 있었다. 그러다가 지금으로부터 500만 년 전 화이트 강이 서서히 침식작용을 시작해 지금 우리가 보고 있는 황량한 풍경이 만들어졌다. 이렇게 만들어진 배드랜드는 3,500만 년 전 이 세상에 살았던 포유동물들의 화석이 가득한 화석 전시장이기도 하다. **JK**

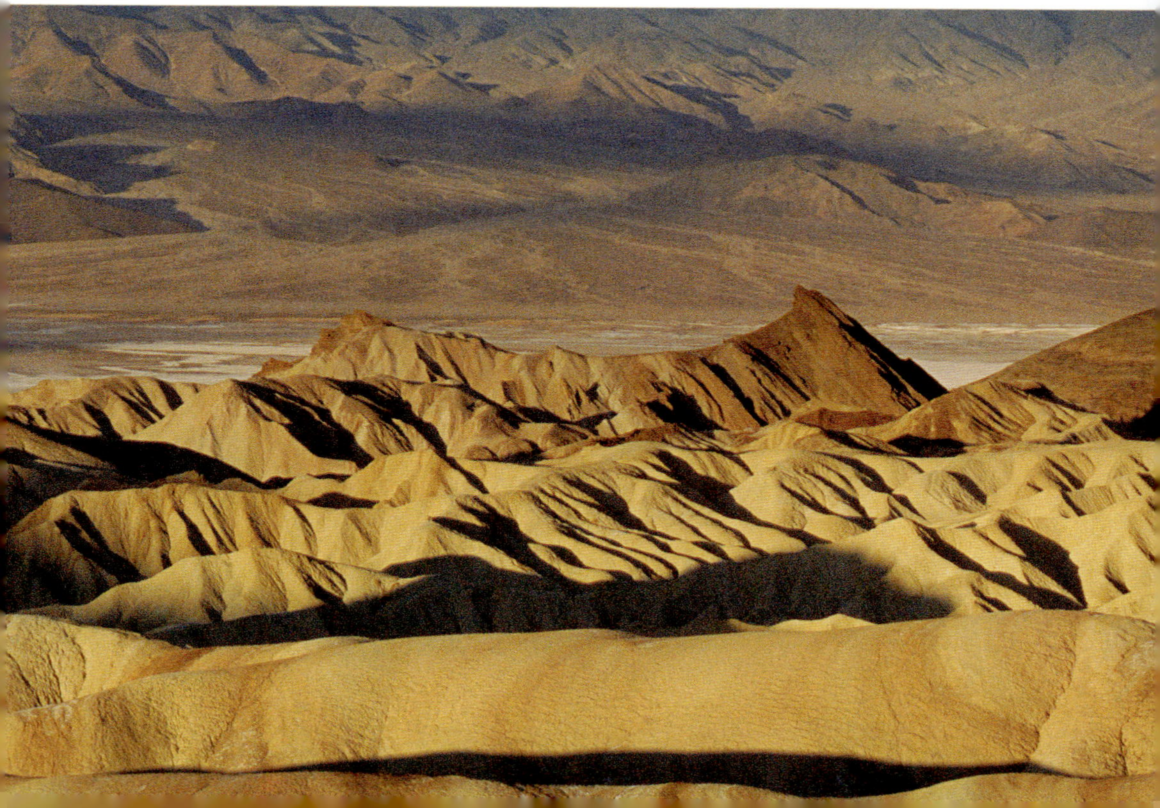

아래 사우스다코타 주에 위치한 배드랜드의 황량한 모습

스페어피시 협곡

미국, 사우스다코타 주

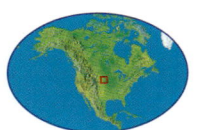

협곡의 길이 : 32킬로미터

협곡의 폭 : 1.6킬로미터

미국 출신의 가장 유명한 건축가인 프랭크 로이드 라이트는 일찍이 스페어피시 협곡을 '서구에서 가장 웅장한 협곡'이라 묘사한 바 있다. 로키 산맥의 소나무 숲, 북부 전나무 숲, 동부의 미루나무와 자작나무 숲, 떡갈나무 평야 등이 한데 모인 곳이기 때문이다. 이곳에 북아메리카 식물 생물 군계 네 곳이 모여 있다는 라이트의 지적은 정확했다.

협곡의 시초는 6,200만 년 전으로 거슬러 올라간다. 지금의 모습은 500만 년 전에 이루어졌다. 스페어피시 협곡에는 사우스다코타의 블랙 힐 구릉을 가로지르며 여전히 태곳적 아름다움을 간직한 깎아지른 협곡이 17개나 있다. 이 협곡은 폭이 겨우 1.6킬로미터이며 협곡의 바닥에 서면 까마득한 탑이 솟아 있는 것 같다.

스페어피시 크리크는 협곡을 따라 굽이굽이 돌아가면서 아름다운 풍경을 선보인다. 대부분의 지류는 크리크로 흘러들지만 주류만큼 빠르게 침전물을 깎아내리지 않는다. 이 지류들은 현곡(懸谷)이 되고 물은 아래로 흘러내리며 브라이들베일(신부의 베일) 폭포와 같은 아름다운 폭포를 만들었다. 이 협곡과 블랙 힐 구릉은 미국 서부에서 가장 마지막으로 이주민이 정착한 곳이다. **JK**

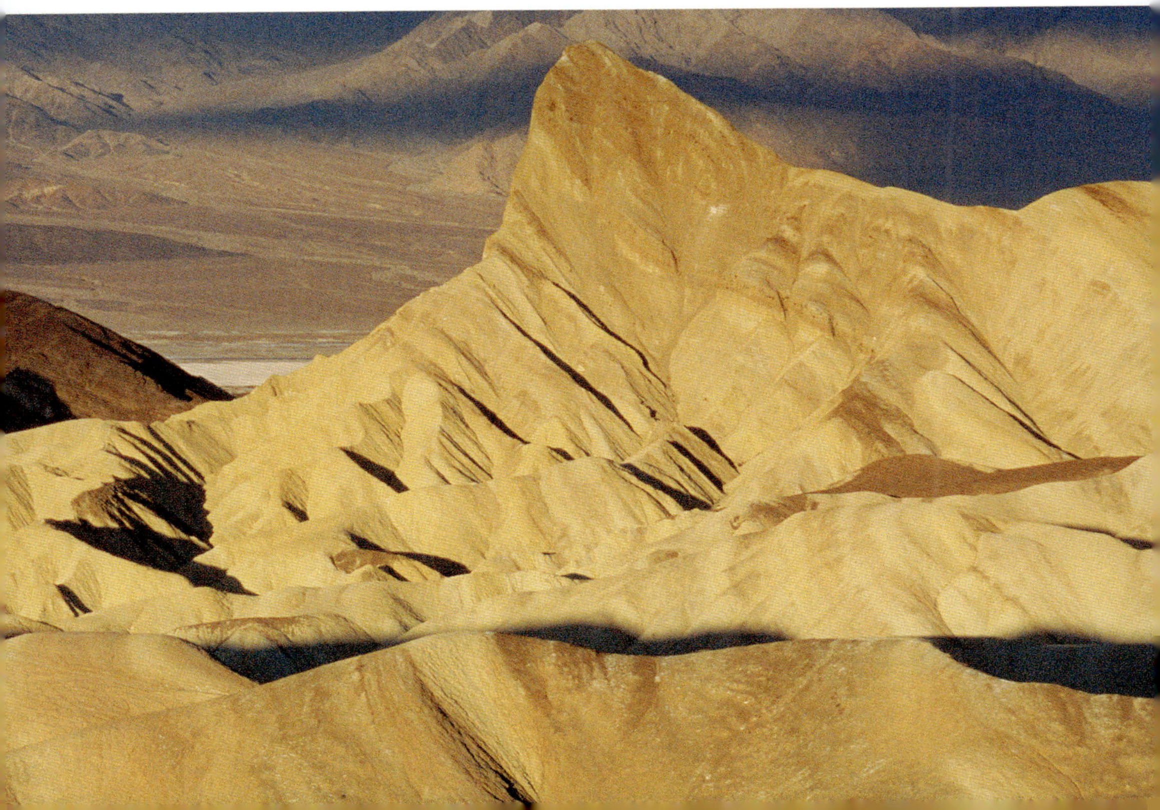

옐로스톤
국립공원

미국, 와이오밍 주

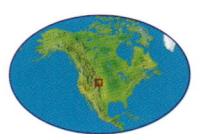

국립공원의 면적 : 9,000제곱킬로미터
올드페이스풀 간헐천의 높이 : 최고 60미터
간헐천 생성 시기 : 600,000년 전

그랜트 대통령이 1871년 이곳을 국립공원으로 지정하면서 옐로스톤은 미국뿐만 아니라 세계 최초의 국립공원이 되었다. 옐로스톤은 수많은 협곡, 호수, 유명한 간헐천, 온천, 끓어오르는 진흙 등이 한데 모인 독특한 장소이다. 하지만 이곳의 국보급 보물은 그것이 다가 아니다. 쇼쇼니 족 전사들이 화살촉을 만들던 검은 흑요석으로 이루어진 산인 까마귀 절벽, 파운틴페인트팟의 끓어오

간격이 일정하지 않다. 닷새일 수도 있고 오 년일 수도 있다. 리버사이드 간헐천은 파이어홀 강 바로 위로 온천물을 소용돌이처럼 뿜어낸다. 간헐천의 원동력은 땅속으로 최소 5킬로미터 아래에 있는 용암 돔이다. 이 돔에서 발생하는 열로 물이 수증기로 바뀌어 지상으로 멋들어지게 뚫고 올라가는 것이다. 약 60만 년 전에 땅속에서 엄청난 폭발 현상이 일어났고 그로 인해 발생한 재가 북아메리카 대륙 대부분을 덮어 버렸다. 화산의 정상은 붕괴하고 칼데라만 남았다. 분화구의 바닥에서는 작은 폭발이 일어나 용암과 재가 그곳을 채워 나갔다. 이제 폭발이 다시 시작할 만반의 준비를 갖추었다. 그러

옐로스톤은 미국 최초의 국립공원으로, 수많은 협곡, 호수, 유명한 간헐천,
온천과 끓어오르는 진흙이 한데 모인 독특한 장소이다.

르는 진흙 연못, 방해석이 층층이 쌓인 미네르바 단지, 옐리스톤 강이 옐로스톤 호수에서부터 줄지어 선 폭포를 통과하며 흐르는 그랜드캐니언, 화산재로 덮여 석화된 나무들로 가득한 스페시멘 능선, 옐로스톤 최대의 온천이자 내열성 녹조와 박테리아로 생생한 무지개색을 띠는 그랜드프리즈매틱 등 나열하자면 끝이 없다.

그중에서도 가장 유명한 장소는 간헐천일 것이다. 그중에서도 올드페이스풀 간헐천이 가장 유명한데 온천물과 증기가 90분마다 60미터 상공까지 힘차게 치솟는다. 물론 세계에서 가장 높이 물을 뿜는 간헐천은 스팀보트이기는 하지만 물을 뿜는

나 관광객들 역시 조치를 취했다. 산책길을 잘 정비해 표지판을 따라 안전하게 자연의 솜씨를 감상할 수 있도록 한 것이다. 볼 만한 야생동물도 풍부하다. 무시무시한 들소를 바로 옆에서 볼 수 있고 저 멀리 늑대 떼를 볼 수도 있다. 회색곰, 코요테와 말코손바닥사슴을 볼 기회도 있다. **MB**

오른쪽 60미터까지 물을 뿜어 올리는 올드페이스풀 간헐천

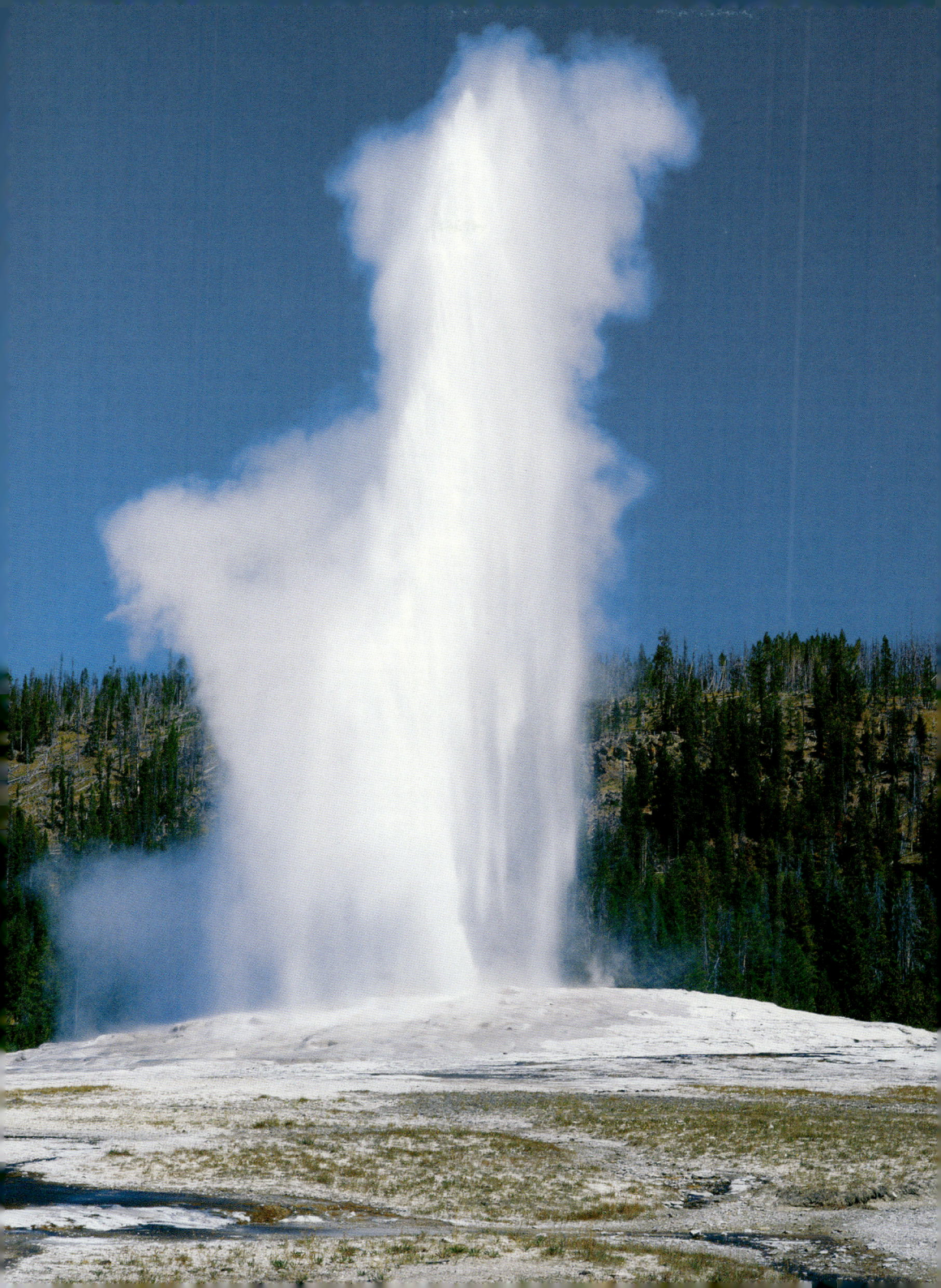

매머드스프링스

미국, 와이오밍 주

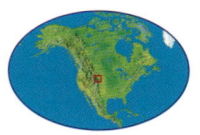

하루 탄산칼슘 퇴적량 : 2톤	
평균 수류(水流) : 2세제곱미터/분	

매 머드스프링스는 옐로스톤 국립공원의 백악질 기반암을 뚫고 나오는 50여 곳의 총천연색 온천으로 이루어져 있다. 공원의 북서쪽 모서리에 위치한 이 온천 무리는 자연이 만든 예술 작품으로, 살아 있는 조각이다. 오색창연한 물빛을 자랑하는 온천은 층층이 깎인 환상적인 단구(段丘)를 이루고 있다. 증기를 뿜어내는 온천수는 땅속 깊은 곳의 기반암을 이루고 있는 석회석을 녹이게 되는데, 이 물질은 물이 식으면 트래버틴이라고 하는 하얀 광물로 바뀌어 땅 위에 쌓인다. 이 광물은 일년에 2.54센티미터라는 기록적인 속도로 쌓이고 있다. 현재 이 단구의 높이는 90미터에 달한다. 트래버틴 덕분에 저마다의 고유한 형태와 색을 간직하고 있는 이 온천은 물이 흐르는 한 계속 모양을 바꾸어갈 것이다. 트래버틴은 침전된 상태에서는 원래 흰색이다. 그런데 이 온천에는 열을 좋아하는 박테리아와 조류가 많이 서식해서 단구는 밝은 노란색에 갈색과 녹색 빛을 띠게 되었다. 옐로스톤의 산에서 내려오는 빗물과 눈 녹은 물은 매머드스프링스로 유입된다. 차가운 지상의 물이 땅속으로 스며들어 마그마체임버의 열기에 가열된 후 지상으로 다시 나오는 것이다. **JK**

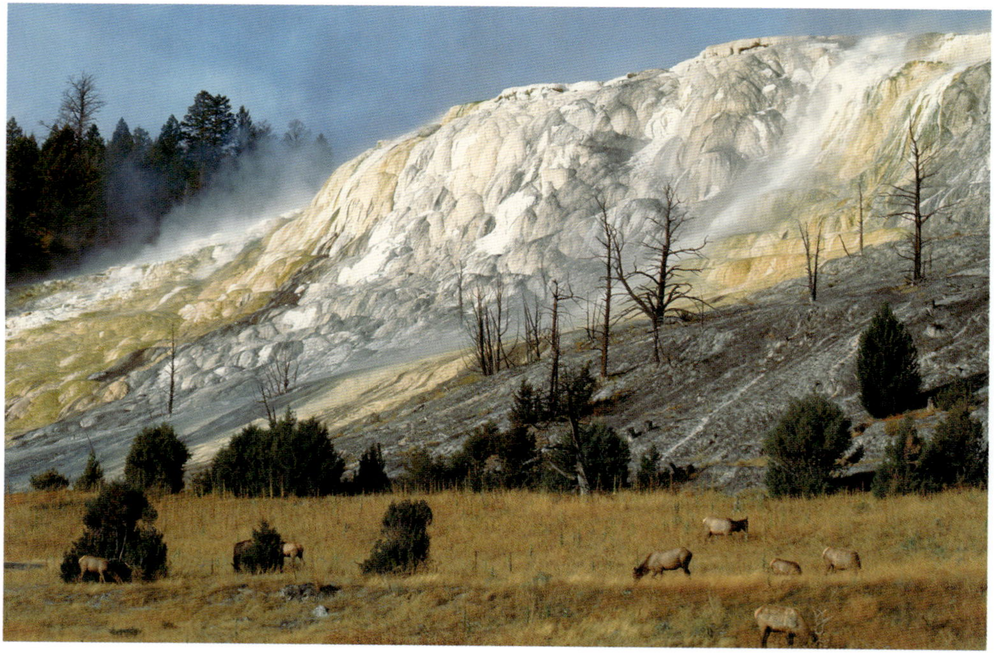

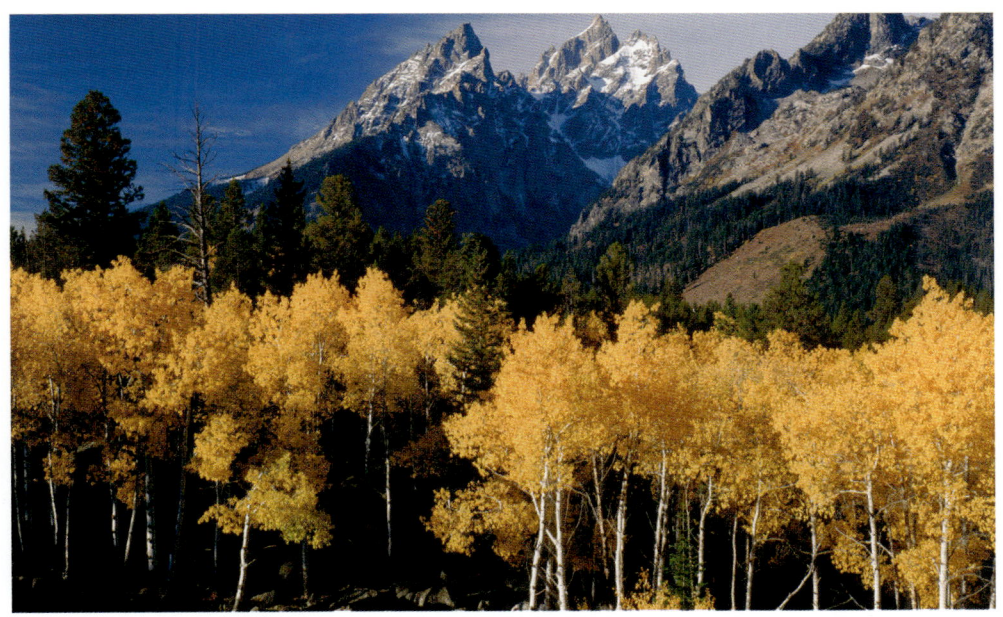

그랜드티턴
국립공원

미국, 와이오밍 주

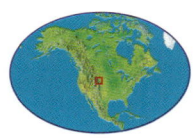

국립공원 지정 연도 : 1929년(1950년에 확대)

최고 높이(그랜드티턴) : 4,197미터

그랜드티턴 국립공원은 미국에서 가장 아찔한 산악 풍경이 잘 보존되어 있는 곳이다. 와이오밍에 있는 가장 높은 티턴 산맥은 잭슨홀 계곡 바닥에서 급작스럽게 하늘로 솟고 뾰족한 봉우리들이 호수에 그림자를 드리운다. 산맥은 로키 산맥의 다른 부분에 비해 훨씬 젊다. 900만 살이 넘는 산이 없을 정도이다. 높은 봉우리들 사이로 빙하가 발견된다. 그랜드티턴 국립공원에서 가장 높은 곳은 4,197미터에 달한다.

이곳은 야생생물도 매우 다양하다. 들소, 말코손바닥사슴, 엘크, 가지뿔영양, 비버, 흑곰 등이 정기적으로 목격된다. 회색곰은 공원의 북쪽에 서식하며 큰뿔양은 고산 지대에서 발견된다. 최근에는 겨울마다 옐로스톤에서 온 늑대들도 보인다. 이곳을 찾는 새들은 대머리독수리, 물수리, 분홍펠리컨과 나팔수큰고니 등 다양하다. 스네이크리버송어는 잭슨홀 계곡을 흐르는 이곳 강에서만 발견되는 송어이다. 그랜드티턴 국립공원은 1929년에 국립공원으로 지정되었다가 1950년대 인근 지역까지 모두 포함해 확대 지정되었다. 방문하기에 가장 좋은 시기는 6월에서 9월 사이이며 그 이외의 시기에는 심한 폭설로 숙박시설이 폐쇄된다. **RC**

그랜드프리즈매틱 온천과 파이어홀 강

미국, 와이오밍 주

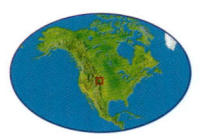

그랜드프리즈매틱 온천의 깊이 : 49미터
평균 수온 : 75도
유량 : 분당 2,120리터

옐로스톤 국립공원의 파이어홀 강은 세계에서 가장 독특하고 볼거리가 많은 지역을 흐르는 강이다. 지난날 키플링은 이 지역을 일컬어 '지옥의 2분의 1에이커'라고 불렀다. 강은 올드페이스풀 간헐천의 남쪽에 모여 있는 여러 곳의 샘에서 발원한다. 샘에서 솟아난 물은 매우 차갑지만 샘물이 간헐천 지역을 흐를 때 간헐천에서 솟아나는 온천수가 유입되면서 물의 온도와 광물 성분을 완전히 바서 자라는 조류 때문이다. 다양한 온도 분포에 따라 그곳에 적합한 박테리아가 서식하고 있다. 뜨거운 단구에는 호열성의 시아노박테리아(청녹조류)가 번성하면서 노란색, 주황색과 붉은색 띠를 형성하고 있다. 햇빛이 환한 날이면 그랜드프리즈매틱 온천 위로 솟아오른 증기에 무지개가 반사되는데, 이는 반 마일 밖에서도 볼 수 있다.

근처에는 휴지기인 엑셀시어 간헐천이 있다. 이 간헐천은 한때 91미터까지 물을 뿜어내는 세계 최대의 간헐천이었지만 지금은 분당 1만 5,000리터의 온천수를 강으로 쏟아내는 온천일 뿐이다.

파이어홀이라는 이름은 오래전 덫 사냥꾼들이

옐로스톤 국립공원의 파이어홀 강은 세계에서 가장 독특하고 볼거리가
많은 지역을 흐르는 강이다. 지난날 키플링은 이 지역을 일컬어
'지옥의 2분의 1에이커'라고 불렀다.

꾸어 놓는다.

옐로스톤에는 3,000개의 온천과 간헐천이 있는데 세계에서 농도가 가장 높다. 그중에서 파이어홀 강이 지나가는 그랜드프리즈매틱의 아름다움은 단연 으뜸이다. 어마어마한 증기를 내뿜는 거대한 온천은 옐로스톤에서 가장 크고 매혹적이다. 온천의 지름은 거의 116미터에 달하는데 계단처럼 생긴 단구로 둘러싸인 거대한 석회석 언덕 위에 있다. 이 온천의 물빛은 그야말로 총천연색이다. 온도가 가장 높은 중앙은 짙은 푸른색이며 바깥으로 갈수록 푸른색이 엷어진다. 수심이 얕아질수록 푸른색에서 녹색으로 바뀌는데, 이는 수온이 낮은 곳에 붙인 이름이다. 이들은 온천과 간헐천의 증기를 보고 땅속에 불이 났다고 생각했다. 그들은 산속의 골짜기를 '홀(hole)'이라고 불렀고 그래서 이곳을 파이어홀(Firehole)로 부르게 된 것이다. 이 강은 제물 낚시로 세계적으로 유명한 곳인데 특히 브라운송어, 민물송어, 무지개송어가 풍부하다. 풀숲이 우거진 강둑은 들소의 먹이 천국이다. 들소를 보려면 초저녁에 가는 것이 좋다. 초저녁 어스름 사이로 온천의 하얀 수증기가 너울거리고 그 사이를 멋진 들소들이 어슬렁거린다. **JK**

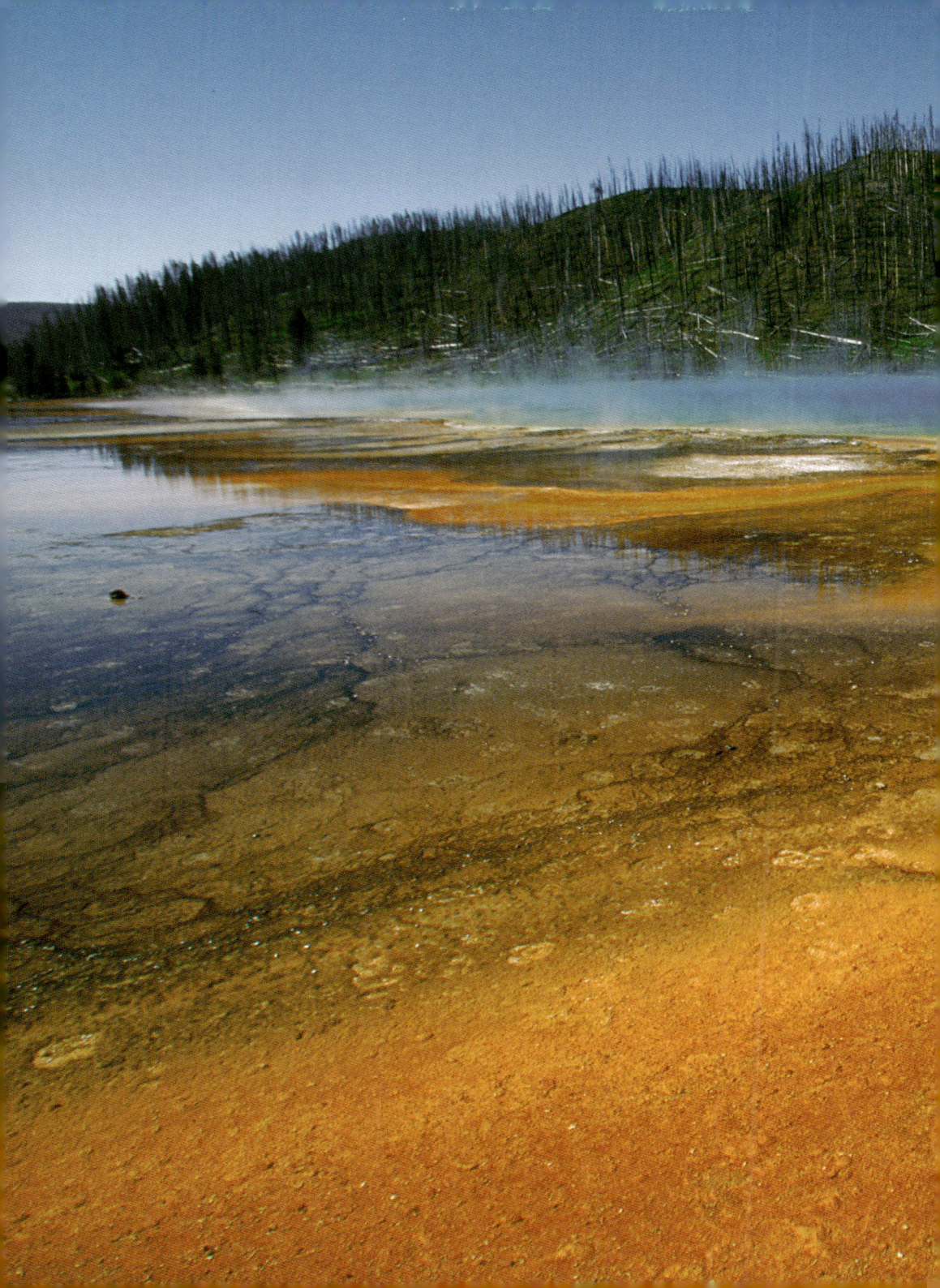

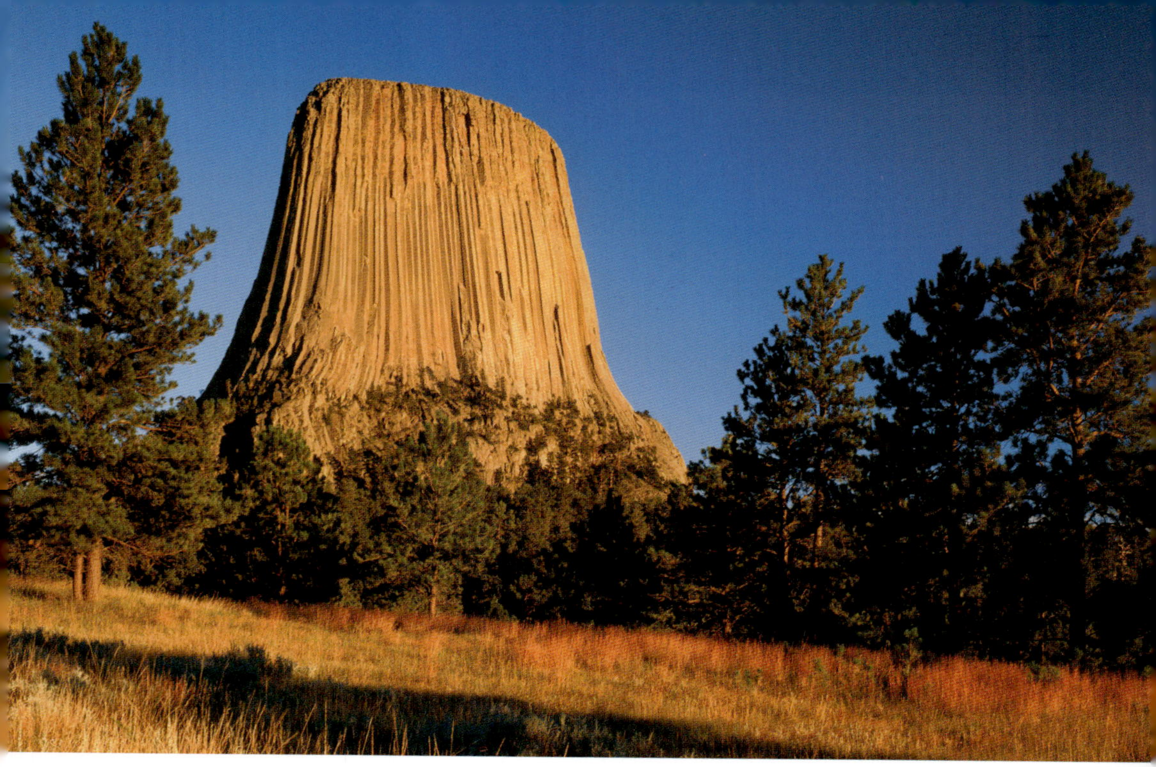

데빌스타워

미국, 와이오밍 주

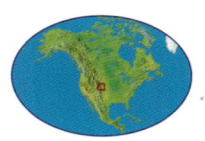

생성 시기 : 5,000만 년 전	
탑의 높이 : 265미터	
탑의 폭 : 100미터	

스티븐 스필버그는 영화 《미지와의 조우》(1977년)의 배경으로 이곳을 선택했다. 현지 목장 주인 윌리엄 로저스는 사다리를 이용해 1893년 이곳을 정복했다. 1940년대에는 낙하산으로 이곳에 착륙했다가 내려올 때 쓸 로프를 잃어버려 엿새를 이곳에서 버틴 사람도 있었다. 이곳은 바로 와이오밍 북동쪽에 우뚝 서 있는 거대한 돌덩어리 '데빌스타워(악마의 탑)'이다. 땅속의 기반암을 뚫고 위로 솟아나온 용암이 굳어 형성된 데빌스타워는 160킬로미터 밖에서도 보일 정도로 거대하다. 게다가 암석의 색깔은 시각과 계절에 따라 시시각각 바뀐다.

이 탑은 약 5,000만 년 전에 뜨거운 용암이 식으면서 죽 늘어서 있는 육각형기둥으로 수축해 만들어졌다. 겉을 싸고 있던 약한 암석은 모두 마모되어 지금의 모습이 되었다. 카이오와 족 사람들은 데빌스타워가 한 무리의 소녀들이 곰에 쫓겨 나지막한 바위 위에 올라가면서 만들어졌다고 믿는다. 전설에 따르면 소녀들을 태운 바위가 곰이 쫓아오지 못하도록 위로 솟아올랐는데 곰이 포기하지 않고 거대한 앞발로 바위를 마구 긁어서 지금의 홈이 남았다는 것이다. 결국 곰은 죽고 소녀들은 플레이아데스의 일곱 별이 되어 영원히 살게 되었다는 이야기가 전해져 온다. **MB**

마노 화석층

미국, 네브래스카 주

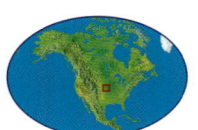

화석층의 면적 : 1,236헥타르

서식지 종류 : 중신세 해안 절벽과 하천 노출지

암석 종류 : 충적토로 간혹 얇은 마노포 유물이 들어 있다.

네브래스카에 있는 이 황무지는 2,000만 ~3,000만 년 전만 해도 습한 아프리카 사바나와 비슷했을 것이다. 이곳의 여러 산을 보면 다양한 종류의 화석뼈와 고대 식물의 잔해 외에도 발자국과 같은 흔적화석이 잘 보존되어 있어 이곳에 생물들이 번성했음을 짐작케 한다. 그중에서도 기이한 모양을 한 화석에는 '데빌즈코르크스크루(악마의 코르크 따개)'나 '데빌즈오거(송곳)'라는 이름이 붙어 있다. 깊이가 3미터에 이르는 마노 화석층은 원래 비버가 나선형으로 판 굴이었다. 홍수로 범람

한 물이 굴을 채울 때마다 미세한 퇴적물을 남겼다. 젖으면 무른 상태였다가 마르면 매우 단단해지는 퇴적물은 일종의 거푸집이 되어 주위 암석 위에서 온갖 풍상을 견뎌냈다. 흔적화석을 처음 접한 지질학자들은 그 정체를 알 수 없었다. 그러다 한 과학자가 바닥에 묻혀 있는 비버를 찾아내면서 모든 수수께끼는 풀렸다. 후에 화석 사냥꾼들은 흰족제비를 닮은 고대 동물의 뼈를 찾아냈는데 아마도 이 굴을 만든 비버의 천적이었을 것이다.

이 국립공원에는 비버의 굴과 뼈를 비롯해 고생물학적 경이로운 자료들이 잘 보존되어 있는데, 이는 이곳이 빙하작용을 거치지 않은 덕이다. 만약 빙하작용이 일어났더라면 나선형의 비버 굴은 사라지고 말았을 것이다. **AB**

몬터레이 해곡

미국, 캘리포니아 주

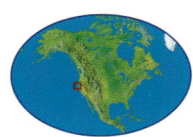

해곡의 길이 : 470킬로미터

해곡의 최대폭 : 12킬로미터

해곡의 생성 시기 : 15~20,000년 전(가장 최근 자료)

샌프란시스코에서 남쪽으로 두 시간을 가면 북아메리카 태평양 연안에서 가장 크고 깊은 해곡인 몬터레이 해곡이 나온다. 이 거대한 해곡은 몬터레이 만의 모스 랜딩 근처 외양(外樣)에 위치해 있는데, 순식간에 수심이 4,000미터까지 내려간다. 이 해곡은 오래된 지진단층을 따라 드러난 해안 절벽을 따라 빙하기 하천이 이루어지면서 하천에 침식되어 형성되었으며, 물속에서 담수를 뿜어내는 샘에 의해 침식 또한 계속 일어났다.

몬터레이 해곡의 식생은 크게 세 가지로 나뉜

다. 가파른 수직 해곡 절벽에는 산호와 해면이 풍부한데 이곳은 다른 동물의 안식처가 된다. 해곡의 중간 지점에는 해파리(어떤 것은 수박만하다), 스페셜리스트 그레이저와 같은 아울피시, 귀신고기와 풍선뱀장어 등이 풍부하게 서식한다. 가장 밑바닥에는 청소 동물인 스캐빈저 류의 생물이 주로 서식한다. 해곡은 침식작용을 받은 토양이 바다로 들어가는 통로이자 영양이 풍부한 해수를 심해에서 위로 올려 보내는 역할도 한다. 그래서 이곳의 바다에는 고래 및 다른 해상동물의 먹이가 매우 풍부하다. 이 지역을 직접 관찰하려면 특수 장비가 필요하다. 몬터레이 만 수족관은 이 지역의 자연현상을 잘 보여주는 전시물을 많이 보유하고 있다. **AB**

몬터레이 만
해양보호구역

미국, 캘리포니아 주

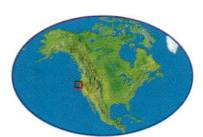

몬터레이 만 해양보호구역의 면적 :
13,730제곱킬로미터

식생 : 바위 동굴, 해초 숲, 근해의 섬,
심해 협곡

해양보호구역 지정 연도 : 1992년

미국의 국립해양보호구역 14곳 중에서 가장 큰 몬터레이 만 해양보호구역은 캘리포니아 중앙의 태평양 해안을 따라 형성되어 있으며 대양을 향해 평균 50킬로미터 정도 뻗어 있다. 이 지역의 바다에는 몬터레이 해곡에서 올라오는 심해수가 풍부하다. 내해에는 거대한 해초 숲이 형성되어 있으며 그중에는 수명이 10년이나 되는 해초도 있다. 몬터레이 만의 차갑고 고요하며 영양가가 풍부하고 햇빛이 잘 드는 물에서 해초들은 하루에 60센티미터씩 쑥쑥 자란다. 생물학적으로 매우 생산적인 해초는 각종 무척추 동물과 물고기에게 안식처를 제공하며 독특한 생태계를 형성했다. 이곳은 멸종 위기에 처한 해달의 은신처이기도 하다. 이 지역에서 오래전부터 발견된 영리한 해달은 돌을 사용해서 해초 숲에 서식하는 풍부한 게, 성게, 바다달팽이 등을 잡아먹고 산다. 거대한 백상아리, 캘리포니아바다사자, 코끼리바다표범 등도 서식한다. 조류는 텃새도 많으며 철새들의 도래지이기도 하다. **AB**

샌앤드레이어스 단층

미국, 캘리포니아 주

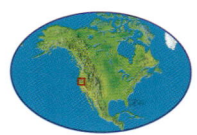

단층의 길이 : 1,300킬로미터

단층의 깊이 : 최소 16킬로미터

단층의 종류 : 주향이동단층

샌프란시스코에서 바다쪽으로 빠지는 유명한 샌앤드레이어스 단층은 세계에서 가장 길고 활발하게 작용하는 지질단층 중 하나이다. 캘리포니아 해안 산맥의 서쪽을 향해 누운 단층은 그 구조를 보기가 가장 쉬운 단층이기도 하다. 단층에는 길쭉한 호수, 기괴한 모양의 퇴적 암석, 구불거리는 시내, 측면주향이동으로 인해 뒤틀린 도로와 울타리가 가득하다. 약 2,000만 년 전, 단층의 길이는 16킬로미터였다. 그때 캘리포니아 연안 지역의 암석을 복잡하게 관통하는 단층망으로 이루어진 주요 단층이 형성되었다.

태평양판이 북아메리카 판에 대해 북서쪽으로 이동하면서 발생한 힘으로 만들어진 단층은 부서지고 박살이 난 암석들이 몇 백 미터에서 1.6킬로미터의 폭으로 쌓인 지역이다. 작은 지진은 매우 자주 발생한다. 단층을 따라 서 있는 바위들은 지난 2,000만 년 동안 563킬로미터나 이동했다. 평균적으로 일 년에 5센티미터씩 북진하고 있는 것이다. 1906년 샌프란시스코 대지진 때는 6.4미터나 이동했다. **AB**

<u>오른쪽</u> 저 멀리까지 샌앤드레이어스 단층이 뻗어 있다.

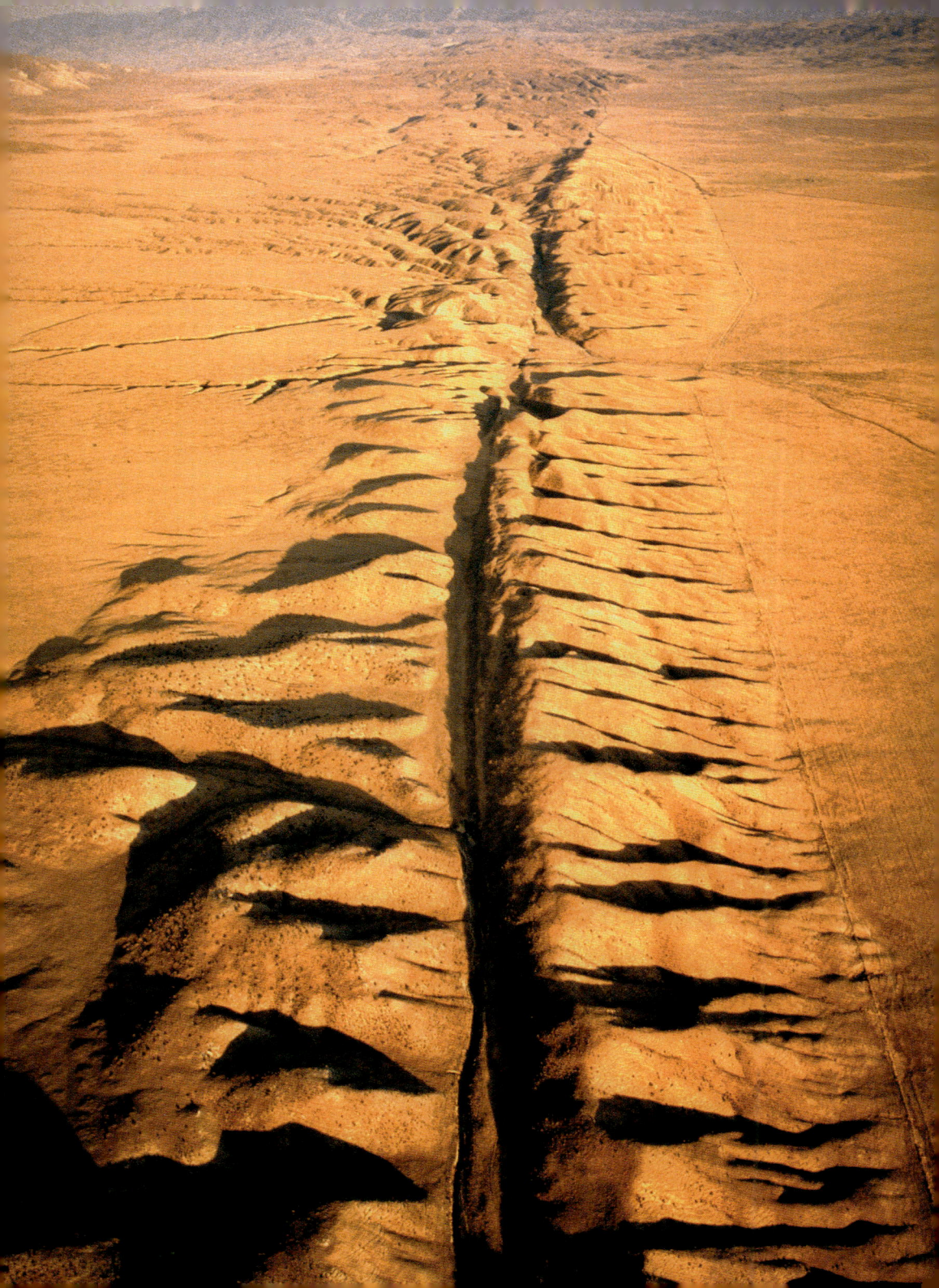

요세미티 국립공원

미국, 캘리포니아 주

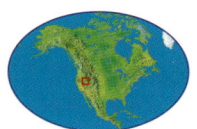

국립공원의 면적 : 1,930제곱킬로미터
엘카피탄의 높이 : 900미터
요세미티 폭포의 높이 : 739미터

'요세미티'라는 이름은 원래 이 지역에 출몰하던 회색곰(Grizzly bears)을 지칭하는 말이었다. 하지만 이제 이 지역의 지배자는 흑곰이고 남아 있는 유일한 '회색(grizzly)'은 수령이 2,700년이나 된 세쿼이아 나무 '그리즐리 자이언트'뿐이다. 마리포사그로브라고도 부르는 이 거대한 나무는 여전히 살아 숨쉬고 있다. 가을이면 요세미티는 나무로 인해 빛난다. 곳곳의 경사면과 골짜기에 빽빽이 들어선 큰떡갈나무, 히말라야삼목과 폰데로사소나무가 세계에서 가장 멋진 장면을 연출한다.

1901년부터 머서 강 옆으로 나 있는 웅장한 요세미티밸리를 완주하려는 관광객들이 요세미티 공원으로 모여들기 시작했다.

이 공원에서는 높이가 900미터로 세계 최고인 화강암 절벽인 엘카피탄도 볼 수 있으며, 세 군데의 절벽으로 떨어지는, 세계에서 여섯 번째로 높은 739미터의 요세미티 폭포도 볼 수 있다. 이 지역은 약 1,000만 년 전 거대한 지각운동으로 땅이 융기하고 강물이 줄어들면서 형성되었다. 그 후 약 300만 년 전 빙하기에 접어들면서 거대한 빙하가 계곡을 더 깊고 넓게 깎았다. 빙하들이 다 녹자 요세미티밸리와 그 북쪽에 어렴풋이 보이는 그랜드캐니언의 투올름 강이 남았다. **MB**

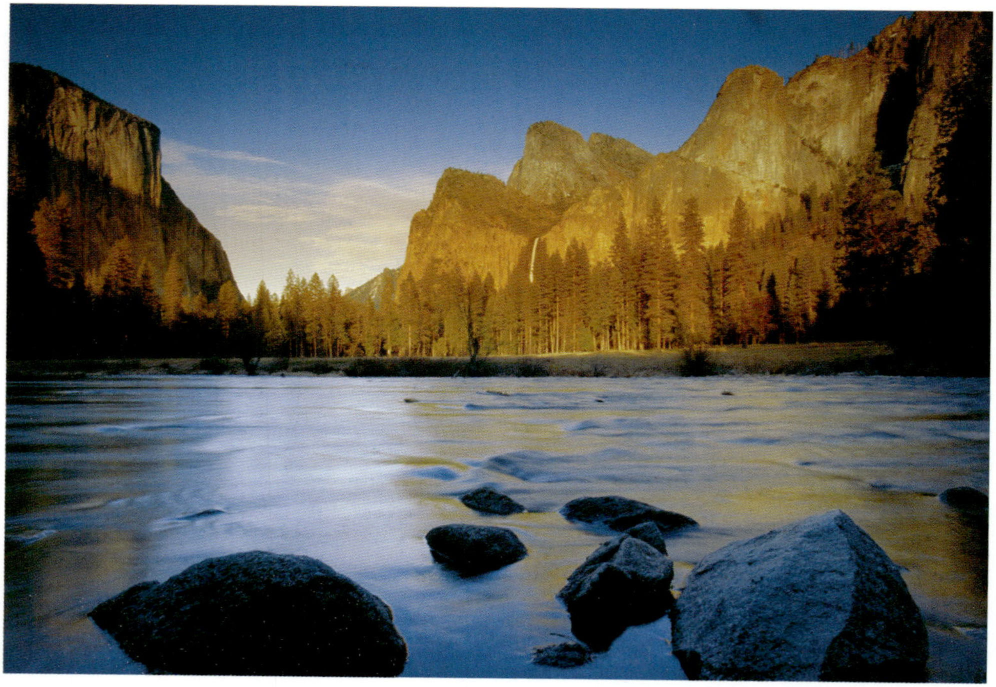

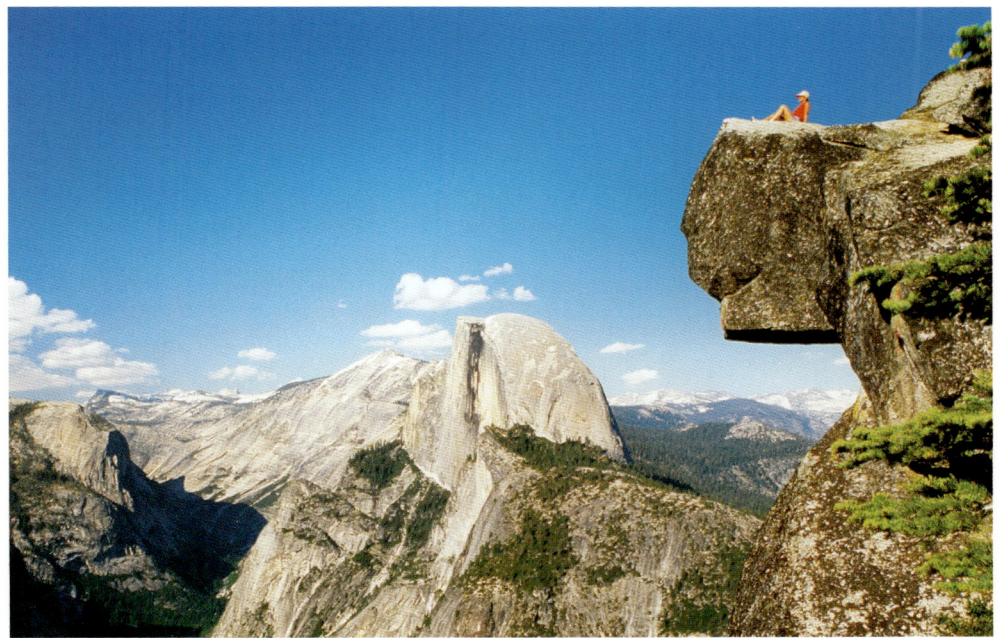

글래이셔포인트

미국, 캘리포니아 주

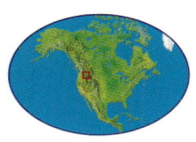

글래이셔포인트의 해발 고도 : 2,199미터
요세미티밸리 기준 고도 : 975미터

글래이셔포인트는 요세미티밸리에서 수직으로 솟아나 있어서 그 위에 올라가면 동북으로 뻗은 골짜기를 한눈에 조망할 수 있다. 그곳에서 골짜기를 담은 사진이 말 그대로 수십만 장에 이를 정도로 웅장한 풍경은 요세미티 국립공원의 정수가 되었다. 하늘과 맞닿은 이곳에서 아래를 내려다보면 머서드 강이 휘감아 흐르는 가파른 절벽을 옆에 끼고 있는 초원과 숲이 보인다. 맞은편으로는 어퍼 앤 로우어 요세미티 폭포들이 보인다. 리틀 요세미티밸리의 네바다 폭포와 버널 폭포도 선명하게 눈에 들어온다. 테나야 크리크의 가파른 물줄기도 마찬가지이다.

요세미티에는 빙하에 깎여 만들어진 깊은 U자형 계곡 외에 또 다른 상징물이 있다. 바로 얼음에 깎인 거대한 화강암 절벽 하프돔이다. 글래이셔포인트는 시에라네바다 산맥에 있는 가장 높은 전망 지점 중에서도 도로가 잘 완비되어 있는 곳으로 유명하다. 24킬로미터에 달하는 포장도로를 따라 공원 입구인 와워나 터널의 남쪽에 있는 친쿠아핀 교차로에서 서쪽으로 가면 된다. 하지만 이 도로는 겨울에 폭설이 내리면 폐쇄될 수도 있다. 더 짜릿한 스릴을 만끽하고 싶다면 글래이셔포인트와 골짜기 바닥의 사우스사이드드라이브를 잇는 포마일 산책로로 등산을 할 것을 추천한다. **DL**

라브레아
타르연못

미국, 캘리포니아 주

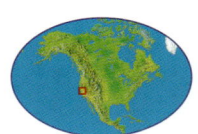

라브레아 타르연못의 생성 시기 : 4만 년 전

암석 종류 : 원유가 스며 나오며 화석이 들어 있다.

연못의 수 : 100개

라브레아에는 아스팔트가 스며 나와 타르 연못을 이룬 곳이 있다. 4만 년 전 캘리포니아의 해저에서 지진이 발생하면서 해저에서 만들어진 원유가 갈라진 바위틈 사이로 새어나오기 시작했다. 물이 고이고 나뭇잎들이 떠 있어 맑은 물처럼 보이는 타르 연못은 살아 있는 거대한 끈끈이였다. 라브레아의 타르 연못들은 천 년 동안 초식동물, 육식동물과 스캐빈저(청소동물)들을 유혹했다.

일단 연못에 빠지면 동물들은 헤어 나오지 못한 채 엄청나게 끈적거리는 깊은 구덩이 속에서 질식사하고 말았다. 결국 땅나무늘보, 낙타의 조상, 맥, 매머드, 칼이빨호랑이, 마스토돈, 퓨마, 홍적세의 이리 등 멸종된 동물들이 연못 속에서 화석이 되었다. 십만 종이 넘는 조류의 화석도 그대로 보존되어 있다. 여기에는 거대한 콘도르, 독수리와 육식성 조류도 포함되어 있다. 그 외에도 온갖 식물, 달팽이, 쥐, 개구리와 곤충의 화석도 풍부하다. 말 그대로 수백만 개의 화석이 발굴되면서 라브레아는 세계에서 가장 잘 알려진 화석 군락 중 하나가 되었다. **AB**

센티널돔

미국, 캘리포니아 주

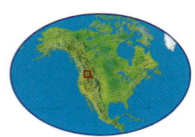

센티널돔의 높이 : 2,476미터

주변의 해발 고도 : 140미터

생성 시기 : 1억 5,000만~2억 1,000만 년 전(트라이아스기)

요세미티 국립공원의 센티널돔(보초바위)은 그 자체만으로는 절경이라 할 수 없다. 그러나 거대한 화강암 절벽의 정상에 올라가서 주위를 둘러보는 순간 미국 최초의 국립공원을 진정한 절경으로 만들고 있는 하이시에라 산맥, 거대한 세쿼이아 숲, 요세미티밸리와 폭포들이 연출하는 멋진 경치에 입이 다물어지지 않을 것이다. 140미터 높이의 센티널돔은 등반이 비교적 쉬운 곳으로 동북면으로 난 코스가 특히 그렇다. 센티널돔의 정상에 올라가면 공원에서 두 번째로 높은 전망지점에 도

착한 것이다. 이곳에 서면 왜 요세미티 국립공원이 예술가, 자연보호론자, 수백만 명의 관광객들에게 예나 지금이나 변함없이 영감의 원천이 되고 있는지 알 수 있다. 가장 볼 만한 풍경은 북아메리카에서 가장 높은 739미터의 낙차를 자랑하는 요세미티 폭포이다. 5월은 이 폭포의 낙차가 최고에 이르는 시기로 가장 볼 만하다. 센티널돔은 지구의 맨틀 깊숙한 곳에서 솟아나온 화성암(화강암) 중에 일부가 지상으로 돌출된 것이다. 솟아나온 암석은 시간이 지나면서 빙하와 자연현상에 의해 침식되어 표면의 암석이 양파처럼 벗겨지면서 화강암만 남게 되었다. **JK**

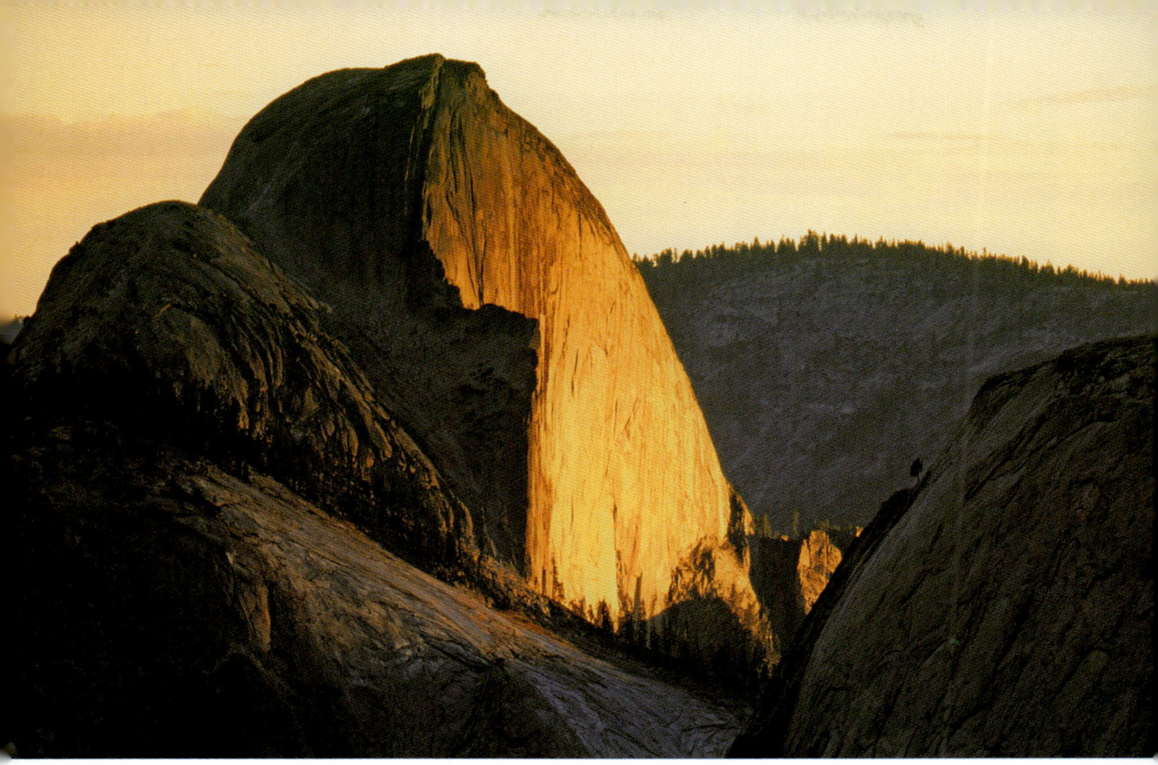

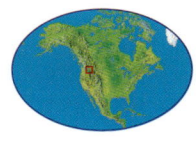

하프돔

미국, 캘리포니아 주

하프돔의 높이 : 2,698미터

하프돔 산책로의 길이 : 왕복 27킬로미터

트레일에 자라는 나무 : 폰데로사소나무, 히말라야삼목, 전나무

빙하기 동안 빙하에 깎여 평평하게 된 안벽과 어마어마한 크기를 자랑하는 하프돔은 요세미티 국립공원의 그 어떤 봉우리보다도 이목을 끈다. 요세미티밸리에서 유명한 폭포와는 반대편에 있는 하프돔은 거대한 화강암 덩어리로 반구 같은 모양 때문에 그런 이름이 붙었다. 한쪽 면은 요세미티밸리 바닥에서 하늘로 670미터나 솟은 가파른 바위 절벽을 이루고 있다. 정상에 이르는 루트는 하프돔의 뒤쪽에 나선형으로 나 있다. 물론 용감한 등반가들은 앞쪽을 택하는데 간혹 뒤로 올라가는 사람들을 앞질러 정상에 도착할 때도 있다.

낮 동안 하이킹을 하려면 동틀 무렵 출발해 오전 9시에 네바다 폭포에 도착해야 한다. 그래야 늦어도 1시에는 정상에 오를 수 있다. 둥근 쪽 정상은 5월과 10월 사이에만 안전선이 설치된다. 존 뮤어 등산로는 다리에 힘이 풀린 사람도 편하게 내려올 수 있지만 그래도 하산 과정이 쉽지만은 않다. 건강한 사람이라도 왕복에는 10시간이 걸리고 그렇지 않은 사람은 최소 12시간은 잡아야 한다. 만약 천둥이 치기 시작하면 절대 번개 경고를 무시하면 안 된다. 하프돔에는 한 달에 한 번 이상 벼락이 치기 때문이다. 요세미티 관광센터에서 이 공원의 등산로 상태에 대한 최신 정보를 구할 수 있다. **MB**

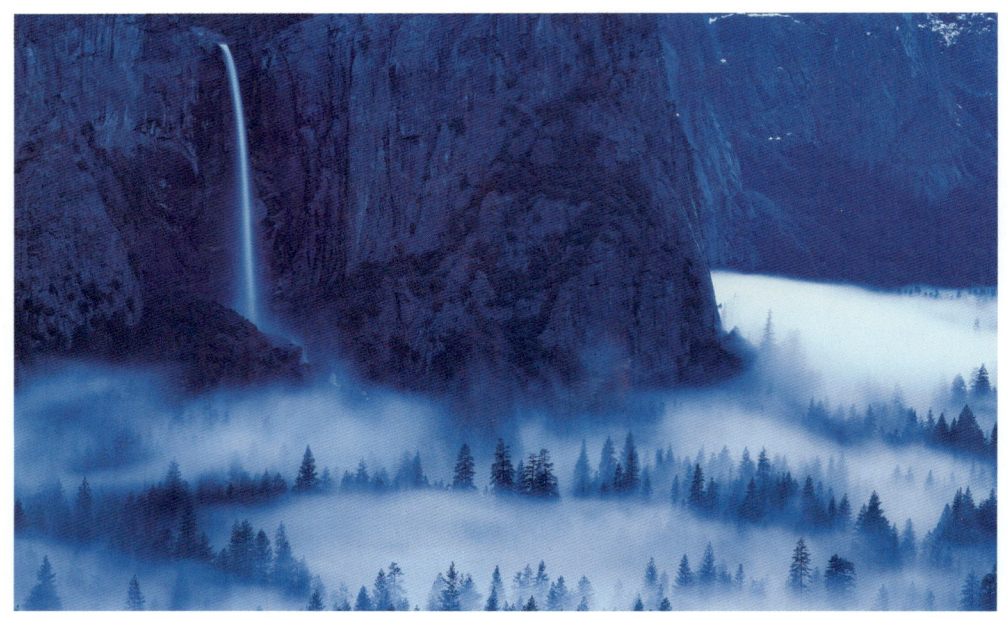

브라이들베일 폭포

미국, 캘리포니아 주

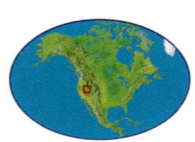

폭포의 높이 : 227미터

연 강수량 : 900~1,200밀리미터

요세미티밸리의 거대한 빙하 골짜기로 내려가면 브라이들베일(신부의 베일 폭포) 폭포가 비스듬히 휘어져 떨어지는 모습이 종종 보인다. 가파른 화강암 절벽을 가로질러 불곤 하는 바람 때문이다. 이 바람 때문에 아화니치 인디언들은 브라이들베일 폭포를 가리켜 '혹 하는 바람의 신'이라는 뜻으로 '포호노'라고 부른다.

이 폭포를 처음 본 유럽인들은 아마도 1851년에 인디언 토벌을 위해 조직된 마리포사 군대였을 것이다. 군대는 자신들의 고향을 지키려는 미호크 족 인디언들의 습격을 받은 시에라네바다 금광 인부들을 보호하기 위해 결성되었다.

브라이들베일 폭포는 매년 이 공원을 찾는 수백만 명의 관광객들이 제일 먼저 보는 웅장한 폭포이다. 강수량이 풍부하기 때문에 일 년 내내 폭포의 물이 마르지 않는다. 브라이들베일 초원에 난 길에서도 폭포가 잘 보이지만 가장 잘 보이는 곳은 길에서 몇 분 정도 걸으면 나오는 폭포의 아랫부분이다. 화창한 오후에는 폭포에서 흩뿌려지는 물에 햇살이 비쳐서 쌍무지개가 뜬다.

폭포를 구경하는 곳으로 가장 유명한 곳은 와우나로드이다. 이곳에서는 브라이들베일 폭포 외에도 공원의 상징인 엘카피탄과 하프돔도 잘 보인다. **DL**

킹스캐니언

미국, 캘리포니아 주

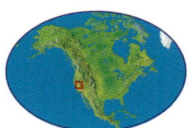

면적 : 184,748헥타르

협곡의 깊이 : 457~4,418미터

암석의 종류 : 화강암이 관입한 변성 오피올로이트

깊이가 거의 2,500미터에 달하는 킹스캐니언 협곡은 북아메리카에서 가장 수심이 깊은 하천 협곡이다. 이는 킹스 강의 침식 작용 때문이기도 하고 빙하기 때 강바닥을 4,051미터 깊이까지 깎아내며 이동한 빙하의 작용이기도 하다. 이 정도라면 미국의 어느 하천도 따라올 수 없다. 빙하는 지금도 해빙기가 되면 엄청난 굉음을 내며 이 지역의 바위를 부수고 있다. 캘리포니아 남부 시에라네바다에 위치한 킹스캐니언은 주로 화강암으로 이루어져 있다. 간혹 검은색 침상 용암과 아름다운 청회색 대리석 띠가 갈라져 나오는 섬세한 녹색 암석층도 보인다. 이들은 이 지역이 해저 지형이었다가 약 2억 년 전 바다에서 융기했다는 사실을 보여준다. 식물 자생지로는 킹스 강가의 줌왈트 초원의 고산 화초 초원, 거대한 세쿼이아가 무성한 숲 등이 있다. 특히 이 숲에 있는 제너럴그랜트나무는 1925년에 미국의 크리스마스트리로 공식 지정되기도 했다. 요세미티 남쪽에 있는 킹스캐니언은 1890년에 제너럴그랜트 국립공원으로 지정되었다가 1940년에 인근 지역까지 포함해 다시 지정된 킹스캐니언 국립공원의 핵심 지역이다. 풍경이 아름다울뿐만 아니라 풍부한 야생생물 군락을 보유하고 있으며 1,287킬로미터가 넘는 하이킹 코스를 보유하고 있는 킹스캐니언 국립공원은 세쿼이아 국립공원과 인접해 있어서 두 공원이 함께 관리되고 있다. **AB**

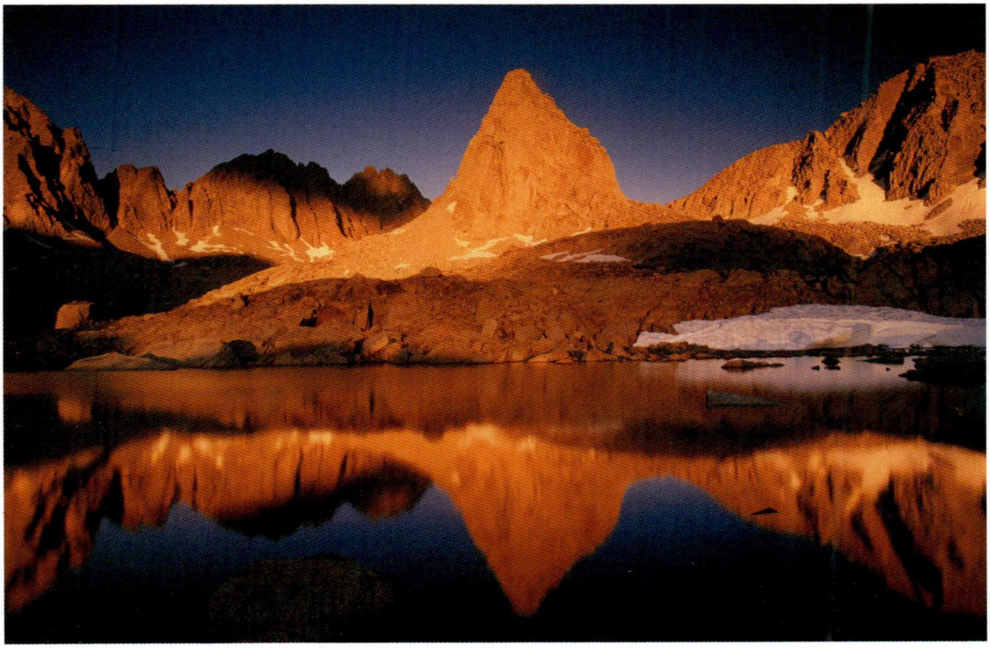

타호 호수

미국. 캘리포니아 주

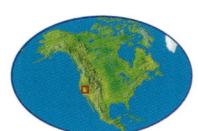

호수의 길이 : 35킬로미터	
호수의 폭 : 19킬로미터	
호수의 수량(水量) : 148조 리터	

타호 호수는 말할 것도 없이 세계에서 가장 아름다운 호수 중 하나이다. 시에라네바다 산맥의 고산 지역에 있는 타호 호수는 눈 덮인 봉우리들을 배경으로 푸른 물빛을 자랑한다. 마치 자연이 빚은 예술 작품을 보는 듯하다. 타호 호수의 물은 유난히 맑은 것으로 유명한데 수심 23미터까지 육안으로 볼 수 있을 정도이다. 호수의 물은 눈 녹은 물과 63개의 시내에서 흘러들어오는 빗물로 이

평행한 두 단층이 이동하면서 주변이 융기해 골짜기 바닥이 수천 피트 아래로 내려가는 바람에 형성되었다. 당시 강물은 푹 꺼진 골짜기를 통해 북쪽으로 흐르고 있었다. 그런데 화산 폭발로 흘러나온 용암이 북쪽 출구를 막았고 더 이상 갈 곳이 없어진 강물이 수천 년에 걸쳐서 깊은 골짜기를 채우기 시작했다. 호수 바닥 위쪽 암석에 남아 있는 고대의 수위선을 보면 과거의 수위는 지금보다 244미터가 더 높았다. 호수에 물을 채우던 작은 트러키 강은 결국 화산 암석을 빙 둘러가게 되었고 현재는 호수의 유일한 배출구가 되었다.

타호 호수의 차가운 물과 침엽수와 활엽수림이

> 시에라네바다 산맥의 고산 지역에 위치한 타호 호수는 눈 덮인 봉우리들을
> 배경으로 푸른 물빛을 자랑한다.

루어져 있다. 1,896미터 높이에 있기 때문에 토사물이 가득한 강물이 밀려들어와 수정처럼 맑은 물을 흐려놓을 염려는 없다. 호수의 물은 주변의 습지와 초원에 서서히 스며든다. 이 지역이 일종의 필터작용을 해서 청정함을 유지할 수 있다. 타호 호수는 가장 깊은 곳이 500미터에 달할 정도로 매우 깊은 호수이다. 이 호수의 물을 다 빼낸 후 다시 채우려면 700년이라는 시간이 필요하다.

'타호'라는 이름은 인디언 말로 '큰 물'을 의미하는데, 이곳을 보면 그 이름이 너무나 당연하게 느껴진다. 호수는 500만 년에서 1,000만 년 전, 지금의 호수가 들어차 있는 골짜기의 양쪽을 이루는

뒤섞인 주변 지역은 네바다와 캘리포니아에서 찾아온 수천 명의 관광객들로 붐비는 휴양 천국이다. 이곳은 산악자전거를 탈 수 있는 길과 오래된 벌채 도로가 풍부하다. 호숫가를 따라 보트 시설이 많이 설치되어 있어서 소풍, 낚시, 관광을 충분히 즐길 수 있다. 호숫가의 아름다움은 세계적인 수준이며 겨울이 되면 주변 산악 지대는 미국 최고의 스키장이 된다. **JK**

<u>오른쪽</u> 타호 호수에서 수심이 얕은 곳의 맑고 푸른 물

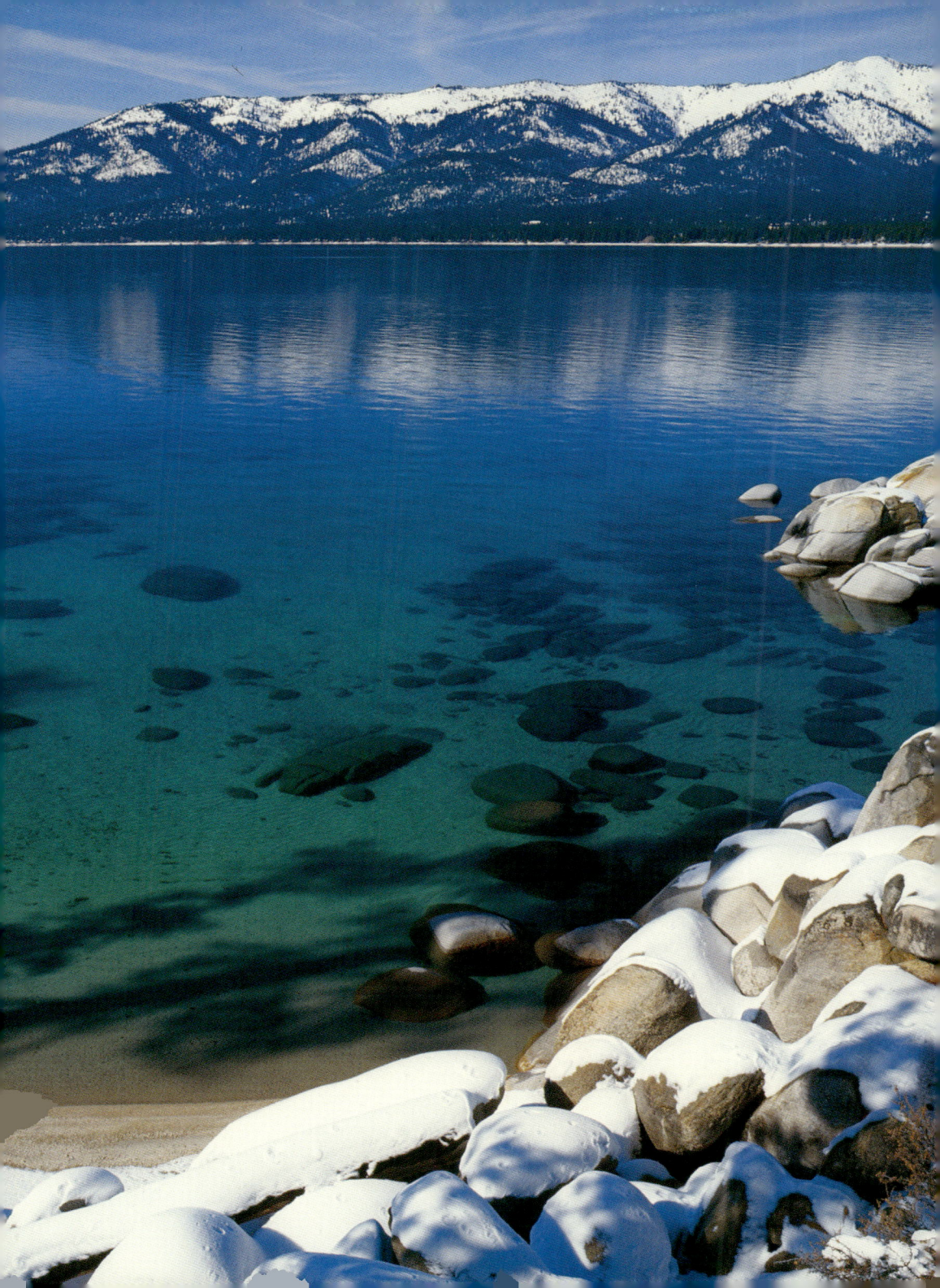

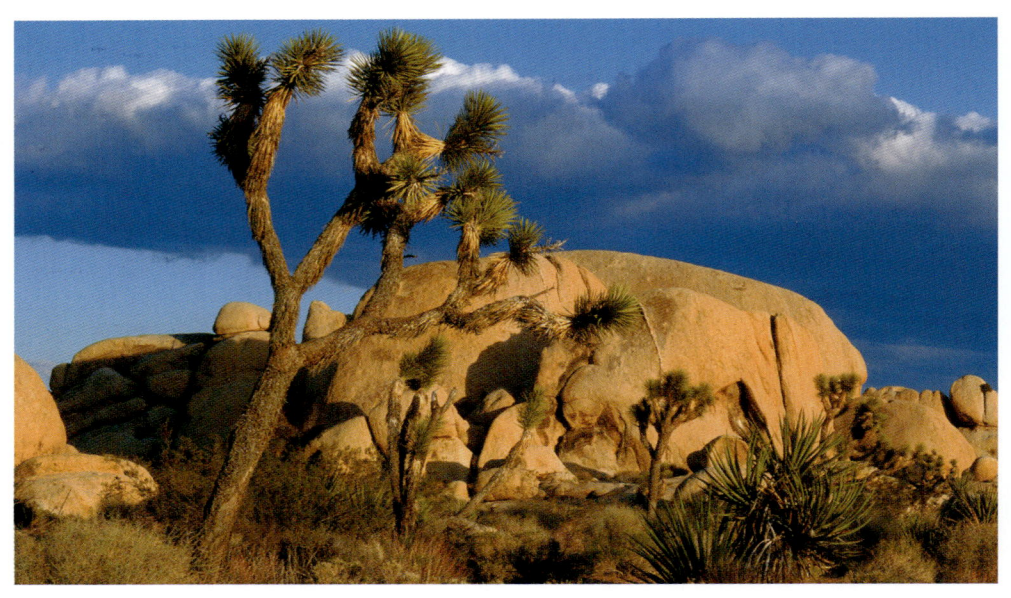

조슈아트리 국립공원

미국, 캘리포니아 주

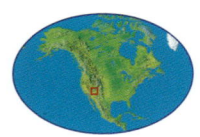

공원의 면적 : 319,600헥타르

최대 높이(키즈뷰) : 1,580미터

식생 : 저지 선인장 사막, 고지 사막, 노간주나무 덤불과 오아시스

조슈아트리 국립공원에는 두 종류의 사막이 있다. 동쪽 저지의 덥고 건조한 콜로라도 사막과 서쪽에 더 높고 시원하며 습도가 높은 모하비 사막이다. 콜로라도 사막에는 크레오소트 관목, 오코틸로, 촐라 선인장 등이 자란다. 모하비 사막에는 조슈아나무숲이 있다. 고도 1,220미터에는 노간주나무로 뒤덮인 시원한 협곡들이 있다. 공원에는 부채꼴 잎을 가진 야자수가 서 있는 오아시스가 다섯 곳이 있다. 모두 다양한 야생생물의 보고이다. 특히 철새인 붉은머리솔새나 맥길리브레이 같은 명금류와 오렌지머리솔새들이 모여든다. 태평양 철새 이동로에서 중요한 역할을 하는 조슈아트리 공원은 여름과 겨울마다 철새들이 모여든다. 물론 길달리기새, 여새류, 베르딘, 선인장과 바위굴뚝새, 가시올빼미, 라콩테스개똥지빠귀속, 감벨즈메추라기, 멕시코초원매 등 텃새들도 풍부하다. 큰뿔양, 방울뱀, 스라소니, 산토끼, 캥거루쥐, 타란툴라거미, 전갈과 같은 동물들과 구름떼처럼 이동하는 나비들도 유명하다. 이 공원에는 501곳의 고고학 유적지가 보존되어 있다. 그중에는 핀토 족, 체메후에비 족과 카후일라 족을 포함해서 5,000년 간 이곳에 거주한 사람들의 모습을 보여주는 암각화도 있다. 기괴한 화강암 구와 부채꼴 모양으로 침식된 암석 등 매혹적인 지질 구조로 유명한 이곳은 유성우를 관측하기에 안성맞춤이기도 하다. 덧없이 지고 마는 사막의 야생화를 맘껏 감상하고 싶다면 3월이나 4월 초에 방문하는 것이 좋다. 이곳은 1994년 국립공원으로 지정되었으며 가장 가까운 도시는 트웬티나인팜즈로 로스앤젤레스에서 세 시간 거리에 있다. **AB**

자이언트레드우드

미국, 캘리포니아 주

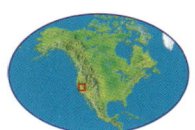

레드우드(미국삼나무)의 높이: 최대 112미터
나무의 무게: 최대 3,300톤
서식지역: 북아메리카의 북태평양 연안

레드우드는 주목과(朱木科)로 지구상에서 가장 큰 생명체일 것이다. 레드우드는 세 종류가 있는데 캘리포니아 레드우드와 자이언트레드우드(일명 세쿼이아)와 메타세쿼이아이다. 앞의 두 종류는 캘리포니아에서 자생하는데, 캘리포니아 레드우드는 세계에서 가장 키가 크고 세쿼이아는 가장 육중하다. 중국이 원산지인 메타세쿼이아는 61미터 이상 자라지 않는다. 캘리포니아레드우드는 캘리포니아와 오리건 연안의 안개 발생 지대에 자생한다. 세쿼이아는 캘리포니아의 시에라네바다 산맥에서만 자란다.

안개와 비가 잦은 캘리포니아 특유의 해양성 기후 덕분에 거대한 나무들은 하늘 높은 줄 모르고 자란다. 2002년에 가장 높이 자란 세쿼이아의 키는 112.6미터로 자유의 여신상보다 무려 16미터나 컸다. 이 나무를 에워싸고 있는 나무 중에는 107미터가 넘는 것도 몇 그루나 된다. 가장 굵은 나무는 '델 노르테타이탄'이라는 나무인데 밑둥의 지름이 7.2미터나 된다. 그러나 이 나무는 줄기가 전체적으로 넓기 때문에 이 같은 기록을 가진 것이고 부피면에서는 세쿼이아 국립공원의 제너럴셔먼 세쿼이아가 세계 최고이다. 이 나무의 무게는 2,000톤 정도이다. 기록상 가장 무거운 레드우드는 약 3,300톤이었는데 폭풍우로 1905년에 쓰러지고 말았다. **AB**

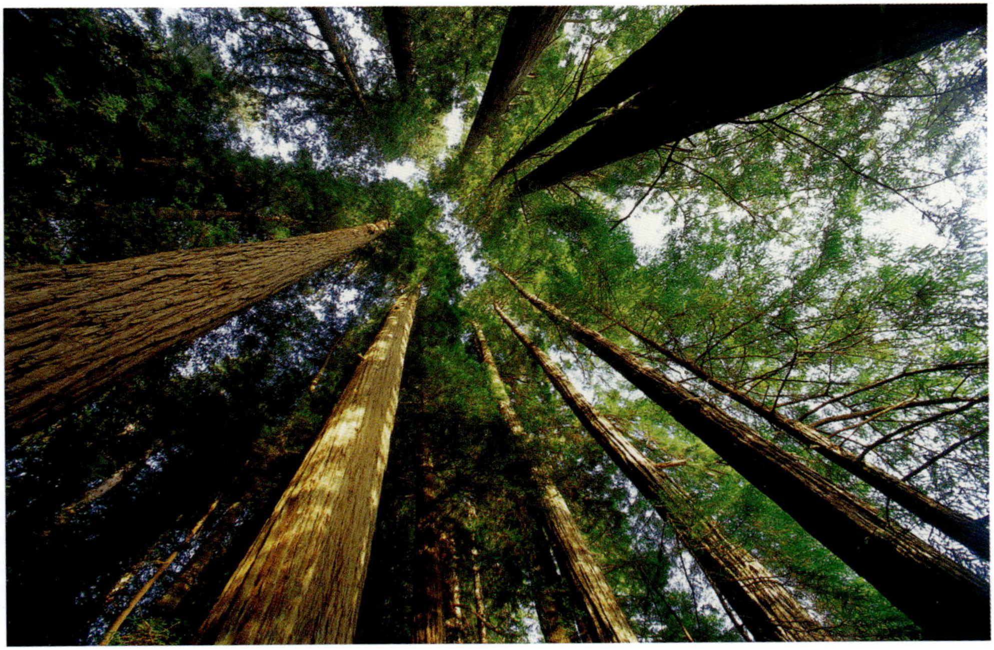

모노 호수와 분화구

미국, 캘리포니아 주

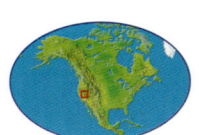

호수의 면적 : 183제곱킬로미터
호수의 고도 : 1,948미터
자생 식물 : 산쑥

그레이트베이슨의 건조지역에 있는 모노 호수는 과거 빙하기에 이 지역을 침수시킨 두 개의 거대한 호수 중 하나인 라혼탠 호수의 마지막 자취이다. 근처에 있는 모노 크레이터스 분화구는 1,000년이 된 사화산 20여 개가 줄지어 서 있는 것으로 분화구마다 작은 호수가 있다. 현재 모노 호수는 주변 몇백 마일부터 침식된 소금이 모여들어 바닷물보다도 염분이 세 배나 높다.

모노 호수 최고의 볼거리는 단연 투파타워이다. 이 바위기둥들은 모노크레이터스의 화산 퇴적물층을 지나 산성화된 담수가 알칼리성 호수로 유입되면서 형성되었다. 그중에는 높이가 9미터나 되는 기둥도 있는데 호수에 용해된 탄산칼슘이 침전하면서 서로 달라붙어 흰색과 회색의 기괴한 석회암 기둥이 된 것이다. 불모의 땅일 것 같지만 사실 모노 호수는 북아메리카에서 가장 생태계가 활발히 형성되어 있는 곳이다. 일년생 조류의 꽃은 아르테미아새우와 바다파리의 먹이가 되고 이들은 다시 적도와 북극해에서 몰려드는 80종이 넘는 새들의 먹이가 된다. 검은목논병아리부터 전 세계의 큰지느러미발도요의 80퍼센트가 이 호수에 모인다. 76만 년 전에 생성된 모노 호수는 북아메리카에서 가장 오래된 호수이다. **AB**

<u>오른쪽</u> 모노 호수의 독특한 투파타워

채널 제도

미국, 캘리포니아 주

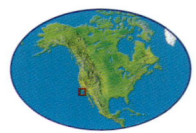

채널 제도 국립공원의 면적 : 598,946헥타르, 이 중에서 반은 대양
암석 종류 : 화산섬으로 바다 동굴, 용암 터널, 암반 등

채널 제도는 캘리포니아 남부 해안에 여덟 개의 섬이 늘어서 있는 곳으로 '미국의 갈라파고스 군도'라고 불린다. 지금까지 그곳에서 발견된 식물과 동물이 2,000종이 넘기 때문이다. 그중에서 4종의 포유류를 포함한 총 145종이 이 제도에서만 발견된다. 아나카파, 산타바바라, 산타크루즈, 산미구엘, 산타로사 등이 채널 제도 국립공원을 이루는 섬들이다. 훌륭한 종주 코스가 구비되어 있는 이 공원은 동식물과 고고학 유적지가 지천에 널려 있다. 이곳은 10월에서 3월 사이가 가장 좋은 시기이다. 마침 이주하는 회색고래가 이곳에서 머물고 있는데 아름다운 야생화가 지천에 피어 장관을 이룬다. 채널 제도의 섬들은 저마다 개성이 독특하다. 아나카파와 산타바바라는 고래와 새들을 관찰하기에 좋으며 스쿠버다이빙과 스노클링에도 적격이다. 산미구엘은 새, 물개, 야생화, 화석 숲 등이 가장 큰 볼거리이다. 산타로사 섬에서는 바다 카약을 즐길 수 있다. 산타크루즈는 화석이 풍부하며 야생화를 관찰하기에 좋다. 채널 제도 주변의 바다는 수온이 낮아서 물고기와 무척추생물이 매우 풍부하다. 이외에도 바다사자와 물개가 살며 고래와 돌고래들이 모인다. 이 제도에서 가장 가까운 본토의 도시는 벤투라로 로스앤젤레스에서 112킬로미터 북쪽에 있다. **AB**

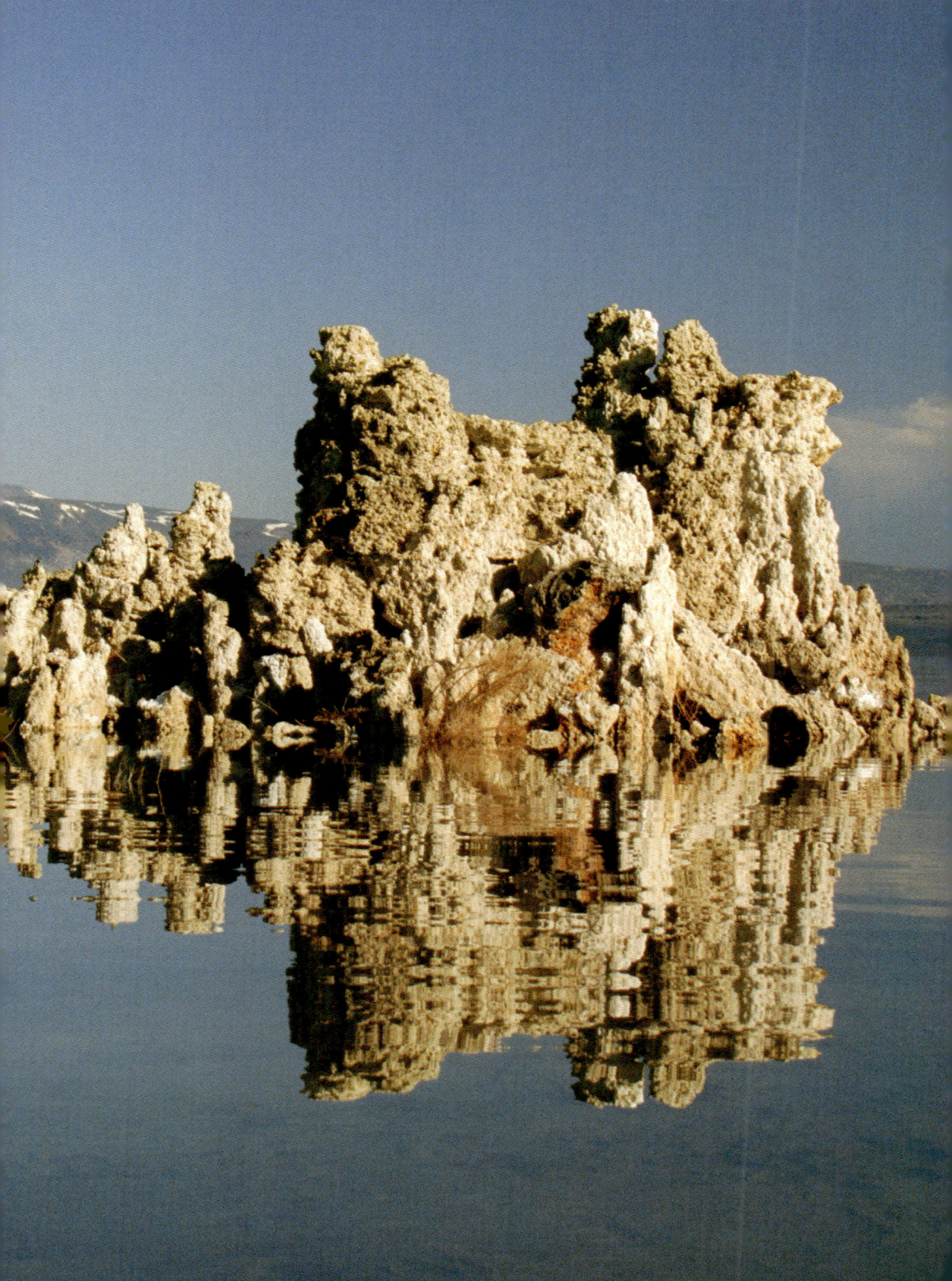

데스밸리
국립공원

미국, 캘리포니아 주

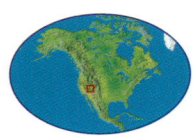

| 기록상 최고 온도 : 57도 |
| 최저 지점 : 해면하 86미터 |
| 최고 지점 : 해발 고도 3,368미터 |

캘리포니아 동남부의 데스밸리(죽음의 골짜기)는 지구상에서 가장 더운 곳에 속한다. 이 지역은 북아메리카에서 가장 건조하며 서반구에서 고도가 가장 낮은 지점도 이곳에 있다. 데스밸리는 애머고사 산맥과 패너민트 산맥 사이의 250킬로미터에 달하는 거대한 계곡이다. 무시무시한 이름에도 불구하고 천연염전, 모래 언덕, 협곡과 산맥이 어우러진 풍경에서 때 묻지 않은 아름다움이 느껴진다. 뿐만 아니라 데스밸리는 거친 환경에 적응한 다양한 동식물의 안식처이기도 하다.

엄청난 면적을 자랑하는 데스밸리는 배드워터 베이슨의 가장 낮은 지점에서 공원의 최고봉인 텔레스코프피크까지 엄청난 기세로 솟구친다. 최저 지점에서 최고 지점까지 겨우 24킬로미터 떨어져 있을 정도로 경사가 급하다. 골짜기의 바닥과 완만한 경사면에는 드문드문 식물이 자라지만 고도가 높거나 물이 있는 곳에서는 매우 풍부하게 자란다. 이 공원에서 발견된 대형 포유류는 사막큰뿔양, 쿠거, 스라소니 등이며 이보다 더 작은, 주로 야행성인 동물들도 많이 서식하고 있다. 이곳에는 다양한 종의 사막 파충류도 서식하고 있다. 뜨거운 물에서도 살 수 있는 퍼피시도 발견되었다. 이 공원은 여름이면 평균 기온이 38도가 넘을 정도로 무더우므로 10월부터 이듬해 4월 사이에 방문하는 것이 가장 좋다. **RC**

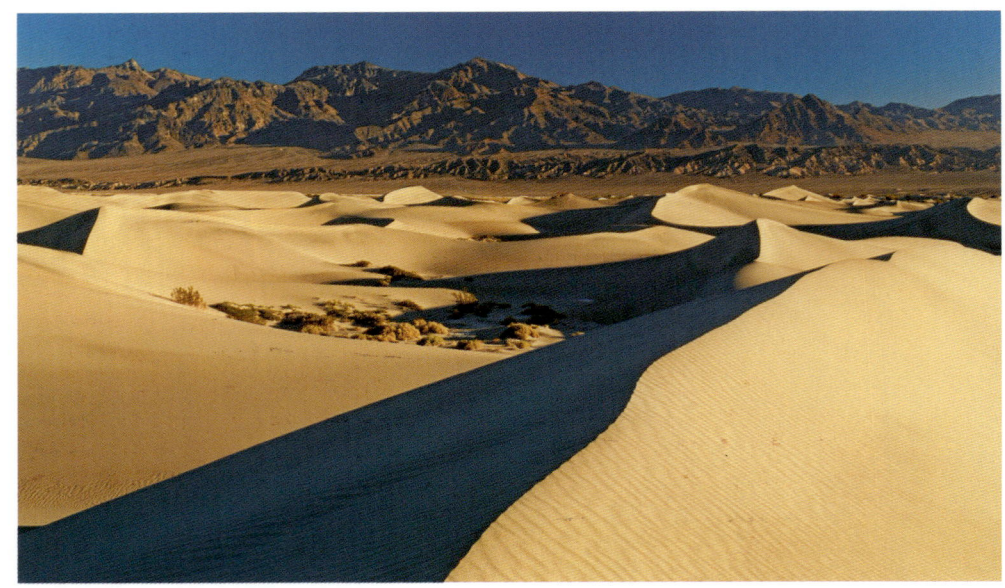

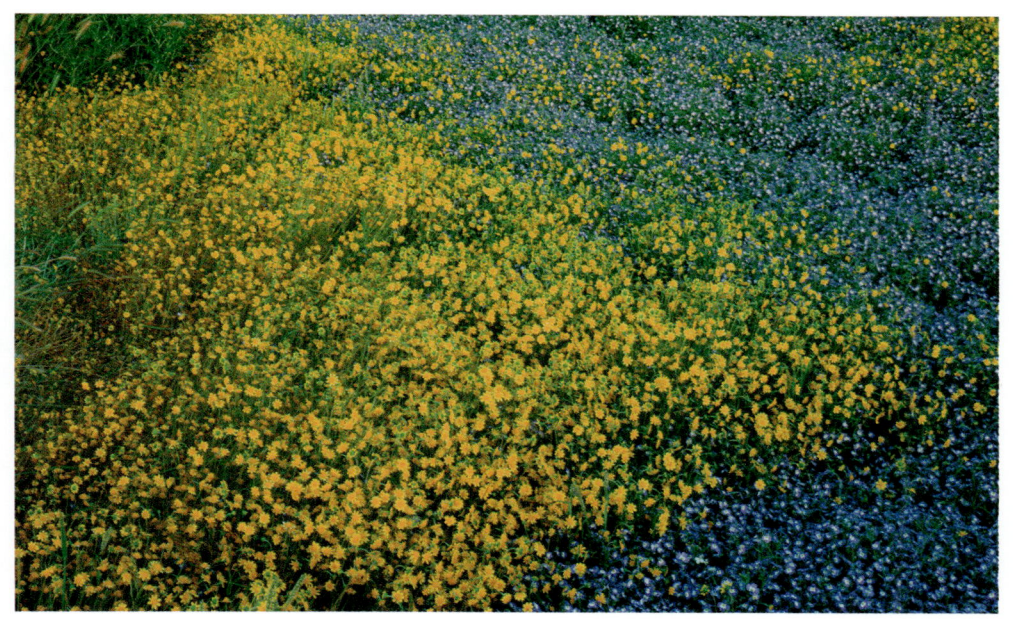

버널풀즈

미국, 캘리포니아 주

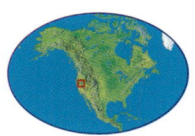

자생지 : 계절 식물이 풍부한 담수 연못

가장 오래된 연못 : 10만 년

버널풀즈는 특정한 계절에만 나타나는 자생지로 독특한 화초와 곤충이 많이 서식한다. 버널풀즈가 만들어지려면 덥고 건조한 날씨가 8~10개월 정도 계속된 후 짧고 강수량이 많은 겨울이 찾아 와야 하며 자주 범람하는 초지, 연못의 형성을 촉진하는 불침투성 토양 등의 조건이 필요하다. 이런 조건을 만족할 지역은 미국 서부, 칠레, 호주, 남아프리카와 유럽 남부 등지의 일부 지역뿐이다. 특히 캘리포니아의 버널풀즈는 이전에는 매우 넓은 지역을 차지했다. 이곳의 생태계는 매우 희귀한데 현재는 멸종 위기에 처해 있다. 연못들은 한 번 형성된 이후로 지속적으로 나타나며 어떤 연못은 생긴 지 10만 년이나 되었다. 연못 아래에는 백만 년 전 화산 폭발로 형성된 경반이 받치고 있다. 연못마다 고유의 식물과 담수 새우가 자란다.

버널풀즈에는 200여 종의 식물이 자라는데 이 중 반은 어디에서도 볼 수 없는 것들이다. 분화된 딱정벌레와 애꽃벌류는 가장 흔한 꽃가루 매개자이다. 이 곤충들도 버널 풀에서는 매우 독특하다. 고유 식물로는 프레이드다우닝기아, 프레몽골드필드, 메도우폼과 델타울리마블 등이 있다. 고유 식물들은 각 연못의 수분 조건에 적응해 왔다. 이곳은 연못마다 제각각 꽃을 피워 찬란한 색의 동심원이 형성되는 2월부터 5월까지가 가장 아름답다. 버널풀즈를 보려면 새크라멘토 근처의 매더필드와 젭슨프레리 자연보호구역에서 구경하는 것이 가장 좋다. 두 곳에서 가이드를 동반한 투어가 진행된다. **AB**

강털소나무 – 화이트 산맥

미국, 캘리포니아 주

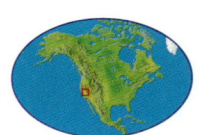

가장 나이가 많은 나무 : 모두셀라, 4,700살 이상

가장 큰 강털소나무 : 둘레가 11미터인 대주교나무, 나무 두 그루가 붙어서 자랐을 수도 있음

식물이라기보다는 차라리 자라는 바위 같은 강털소나무는 지구상에서 가장 장수하는 나무이다. 강털소나무는 시에라네바다의 동쪽에 위치한 화이트 산맥에 자생한다. 살아있는 강털소나무 중에서 가장 오래된 나무는 혹독한 자연환경에 적응해 무려 5,000년 가까이 살았다. 원시시대 자외선이 충만한 푸르스름한 풍경에서 어린나무들은 번성했을 것이다. 가지마다 가시가 무성했고 송진

의 에드먼드 슐만 박사였다. 그는 1950년대에 강털소나무의 경이로운 수명을 최초로 밝혀냈다. 매년 기후차가 나무의 성장에 독특한 영향을 미치는데 이는 줄기를 베어 보면 알 수 있다. 이것을 바탕으로 과거의 성장 조건을 추측할 수 있다. 죽은 나무의 최근 나이테와 살아있는 나무의 어린 시절의 나이테를 비교하면 훨씬 더 이전의 상황도 추측할 수 있다. 슐만의 선구자적인 업적을 기리기 위해 강털소나무 숲에 그의 이름을 붙였다. 슐만그로브(슐만의 숲)에는 4,000살이 넘는 나무도 있다.

이곳의 관광센터에는 소풍 구역과 각종 편의 시설이 갖추어져 있어서 관광객들의 호기심을 충족

식물이라기보다는 차라리 자라는 바위 같은 강털소나무는 지구상에서
가장 오래 사는 나무이다. 가장 오래된 나무는 무려 5,000년 가까이 살았다.

이 풍부한 억센 털의 솔방울이 상큼한 솔향을 발산했고 오랜 시간의 흐름과 자연 현상이 단단한 나무의 표면을 계속해서 밀고 갔다. 바로 여기에 소나무의 장수 비결이 있다. 왜냐하면 이곳처럼 혹독하기 짝이 없는 환경에서 자라는 나무들은 속 구조가 매우 조밀해지면서 아주 천천히 성장하기 때문이다. 강털소나무는 죽은 후에도 쓰러지지 않고 바람과 얼음에 의해 완전히 사라질 때까지 천 년은 더 서 있는다.

강털소나무는 과거의 기후를 알아내는 데 중요한 역할을 한다. 살아 있거나 죽은 강털소나무의 나이테를 바탕으로 9,000년 전의 기후 변화도 알아낼 수 있다. 이 연구의 선구자는 애리조나 대학

해주며 이 아름다운 풍경을 탐험할 수 있다. 식물 구역으로 지정된 고대 강털소나무 숲의 중심부를 통과하는 가이드 투어 여행 상품은 슐만그로브 내부와 주변 지역에서 쉽게 참가할 수 있다. **NA**

오른쪽 줄기가 마구 뒤틀린 강털소나무

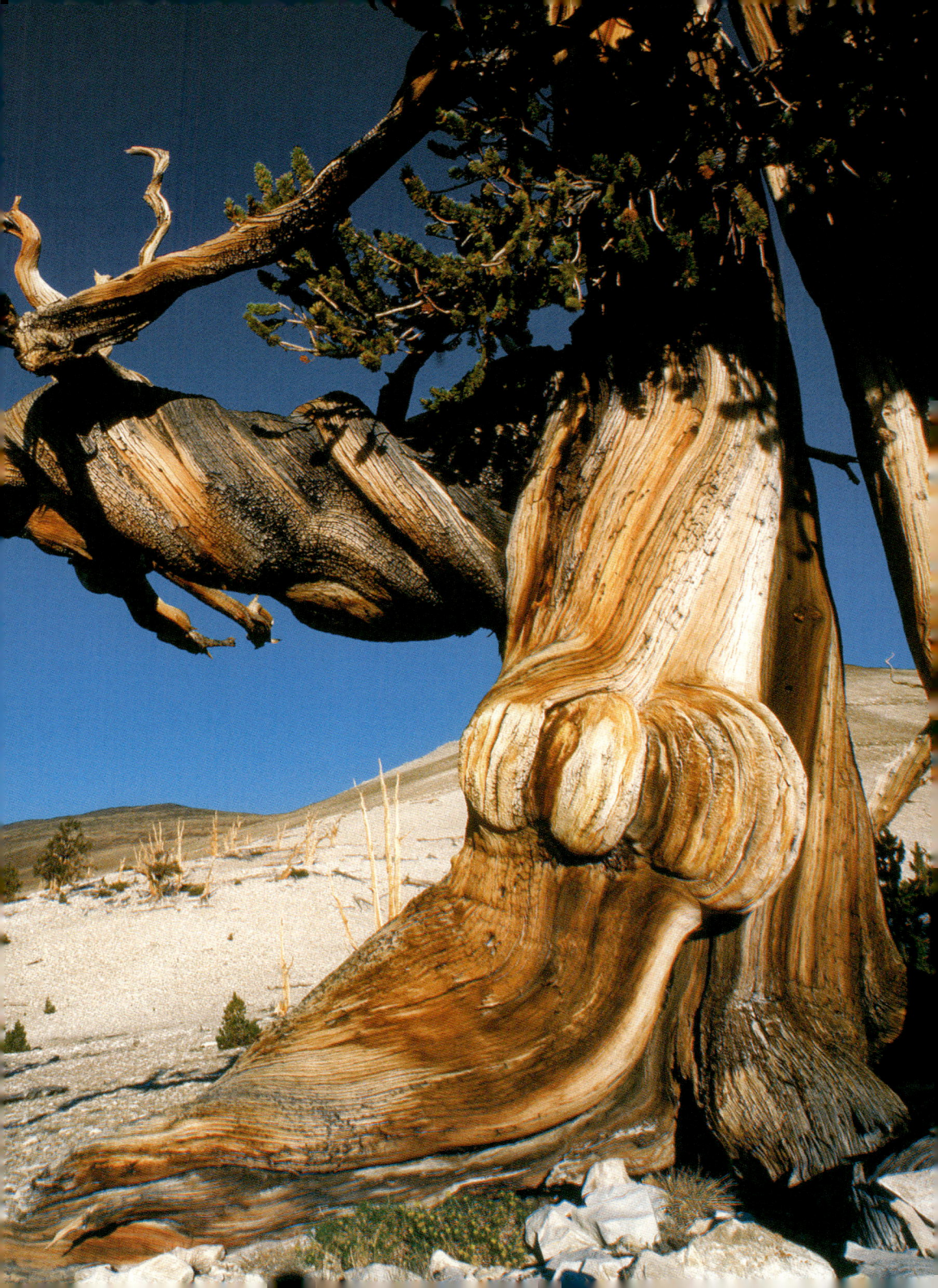

래슨 산

미국, 캘리포니아 주

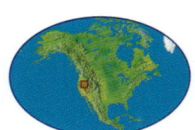

산의 면적 : 43,049헥타르
산의 높이 : 3,186미터
암석의 종류 : 화산암

래슨 산은 35만 년 전에 폭발한 타호마 화산의 잔해에 빙 둘러싸여 있다. 래슨 산이 솟아오르면서 지금도 지각에 작용하고 있는 엄청난 압력을 완화한 셈이다. 이곳이 마지막으로 폭발한 때는 1915년이었다. 두 봉우리는 더 큰 사화산인 마이두가 붕괴한 칼데라 속에 우뚝 솟아 있다. 래슨 산은 흑요석으로 덮여 있는데, 여름마다 더위를 피해 이 산으로 올라와 지내던 야히 족의 숭배를 받았다.

래슨 산은 캘리포니아의 섀스타 산, 워싱턴의 레이니어 산, 오리건의 후드 산처럼 캐스케이드 산맥의 일부이다. 이 산들은 해저에서 수백만년 전에 폭발하기 시작했는데, 이 해저는 지금도 캘리포니아 북부 연안의 해구쪽으로 계속 가라앉고 있다. 화산은 래슨 화산 국립공원의 핵심으로 이 공원에는 유색 모래 언덕, 진흙 연못, 가스 배출구, 다양한 종류의 용암류, 다양한 화산원뿔 등이 있다. 가장 아름다운 용암류는 래슨 봉의 발치에 있는 에메랄드 호수를 만들기도 했던 홍적세 빙하 작용의 작품이다. 래슨 산에는 매우 넓은 등산로가 구축되어 있으며 길가에서는 700종이 넘는 식물과 250여 종의 척추동물을 볼 수 있다. **AB**

남부 캘리포니아 해변

미국 / 멕시코

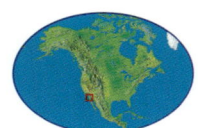

색줄멸의 주요 이동통로 : 캘리포니아의 컨셉션 곶과 바하칼리포니아의 아브레오호스 곶 사이
산란할 알의 수 : 산란을 위해 한 번 이동할 때마다 1,600~ 3,600개

봄에서 여름(3~8월) 사이 만조가 되면 수백만 마리의 은빛 물고기 떼가 남부 캘리포니아 해안에 나타난다. 이 물고기는 길이 15센티미터의 색줄멸인데 보름달이나 초승달이 뜬 후 이틀에서 엿새 동안 산란을 위해 나타나는 것이다.

색줄멸은 물속에 산란을 하지 않는 유일한 물고기이다. 산란은 만조 때 이루어지는데, 그때 물고기들이 파도를 타고 해변으로 최대한 멀리 들어올 수 있기 때문이다. 암컷이 먼저 모래에 구멍을 파고 머리만 내밀고 기다리고 있으면 수컷이 자신의 몸으로 암컷을 감싼다. 그러면 산란과 동시에 수정이 이루어진다. 짝짓기를 마친 수컷은 자리를 떠나지만 암컷은 남아서 더 많은 수컷이 수정을 시켜주도록 기다린다. 암컷은 다음 파도를 타고 바다로 돌아간다. 조수가 가장 높을 때 산란된 알들은 조수가 가장 낮을 때 부화한다. 부화한 치어들은 다음 만조가 되면 바다로 쓸려간다. **MB**

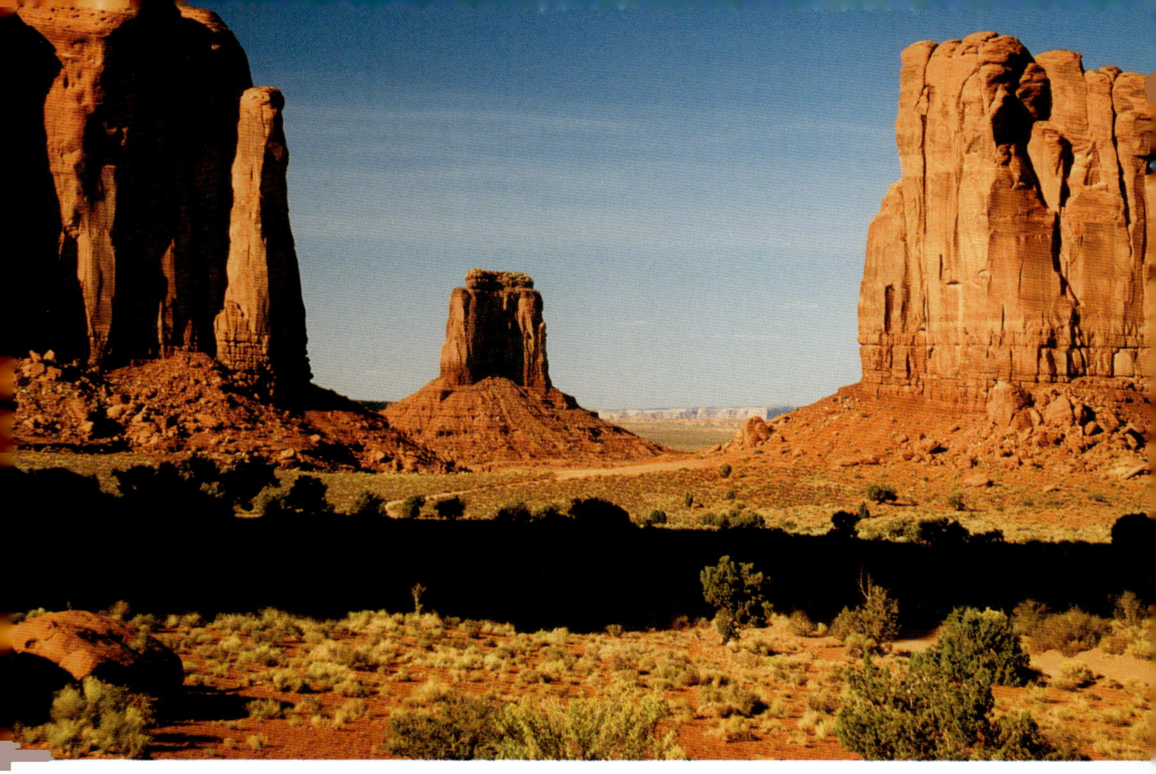

모뉴먼트밸리

미국, 유타 주 / 애리조나 주

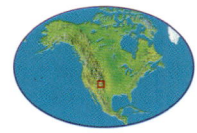

모뉴먼트밸리의 고도 : 1,585미터
골짜기의 면적 : 12,141헥타르
평균 강수량 : 200밀리미터

고전 서부영화를 본 적이 있다면 모뉴먼트밸리의 매력적인 풍경은 당신의 상상력을 자극할 것이다. 장엄한 붉은 사암산과 탁상대지를 배경으로 할리우드는 위대한 영화들을 촬영했다. 그중에서도 《역마차》는 모뉴먼트밸리를 세계에서 가장 유명한 곳으로 만든 영화였다. 모뉴먼트밸리는 유타 주와 애리조나 주의 접경에 있는 나바호 국립 인디언 공원에 속한다.

5,000만 년 전, 이 지역은 단단한 사암으로 이루어진 하나의 고원이었으며 곳곳에 화산이 흩어져 있었다. 시간이 흐르면서 고원의 표면은 바람과 물에 의한 침식작용에 시달렸다. 약한 암석은 모두 깎여나가고 단단한 산과 탁상대지만 남았다. 원래 있던 화산들도 평평해져서 현재는 단단한 화성암 핵만 남았는데 높이가 457미터에 달한다.

영화 등을 통해 가장 널리 알려진 모습을 보고 싶다면 북쪽에서 봐야 한다. 나바호 인디언 가이드의 안내를 받아 곧게 뻗은 텅 빈 도로를 따라 지평선까지 달리면 304미터 높이에 있는 황량한 붉은 절벽이 나타날 것이다. 이곳의 하이라이트는 91미터 높이에 폭은 겨우 2미터밖에 되지 않는 바위기둥인 토템 기둥이다. **JK**

아치스 국립공원

미국, 유타

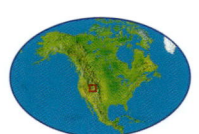

하이데저트의 높이 : 1,960미터에서
2,700미터 사이

국립공원 지정 연도 : 1929년

세계에서 가장 다양한 천연 아치와 기암괴석을 볼 수 있는 유타 주의 아치스 국립공원은 보석과도 같은 존재라 할 수 있다. 고도가 높은 사막에 위치한 이곳에서 극단적인 기온차와 물과 바람의 쉼 없는 침식작용은 형형색색의 사암을 무려 2,400개가 넘는 다양한 아치로 깎아 놓았다. 그것이 다가 아니다. 희한하게 균형을 잡고 있는 바위며 거대한 돌덩어리와 우뚝 솟은 봉우리들도 시선

자로 교차한다. 이 아치들만큼 유명하지는 않지만 근처의 케이프아치는 폭이 무려 100미터에 달한다. 그런데 1991년 이 아치에 더욱 극적인 지형 변화가 발생했다. 길이 20미터, 폭 3미터에 두께가 1미터에 달하는 아치의 윗부분이 아래로 떨어지면서 아치를 지지하고 있던 비교적 얇은 암석만이 남은 것이다. 지질학적인 측면에서 보자면 케이프아치의 수명은 이제 얼마 남지 않았다.

이 공원이 관광지로 소개된 것은 최근의 일이다. 그러나 이곳에는 수천 년 전부터 사람이 거주한 흔적이 있다. 수렵과 채취를 하던 구석기 시대 사람들이 1만 년 전 이 지역으로 이주했고 이 지역의 돌

> 세계에서 가장 다양한 천연 아치와 기암괴석을 볼 수 있는 유타 주의
> 아치스 국립공원은 보석과도 같은 존재라 할 수 있다.

을 사로잡는다. 아치스 국립공원에서는 바위에 난 구멍이 지름 1미터 이상 되어야만 공식적으로 목록에 기재하고 지도에도 올린다.

델리키트아치는 이 공원의 상징이다. 아니 미국에서 가장 상징적인 자연지표라고 해야 할 것이다. 그래서 델리키트아치는 수많은 책, 사진, 엽서와 달력의 지면을 장식하고 있다. 이 아치는 폭이 10미터이고 높이는 15미터에 달한다. 서부영화에 자주 등장하는 쌍둥이 아치인 더블아치는 45미터의 높이에 불쑥 튀어나온 두 개의 바위 사이를 십

이 도구를 만들기에 적합하다는 사실을 알아냈다. 지금 이곳은 사륜구동 자동차를 타거나 걸어서 아치와 협곡들을 구경하려는 사람들로 북적인다. 그러나 이곳을 결코 만만하게 봐서는 안 된다. 물이 귀하고 여름에는 기온이 40도까지 올라가기 때문에 단단히 대비를 갖추고 와야 할 것이다. **DL**

<u>오른쪽</u> 델리키트아치 뒤로 아치스 국립공원이 보인다.

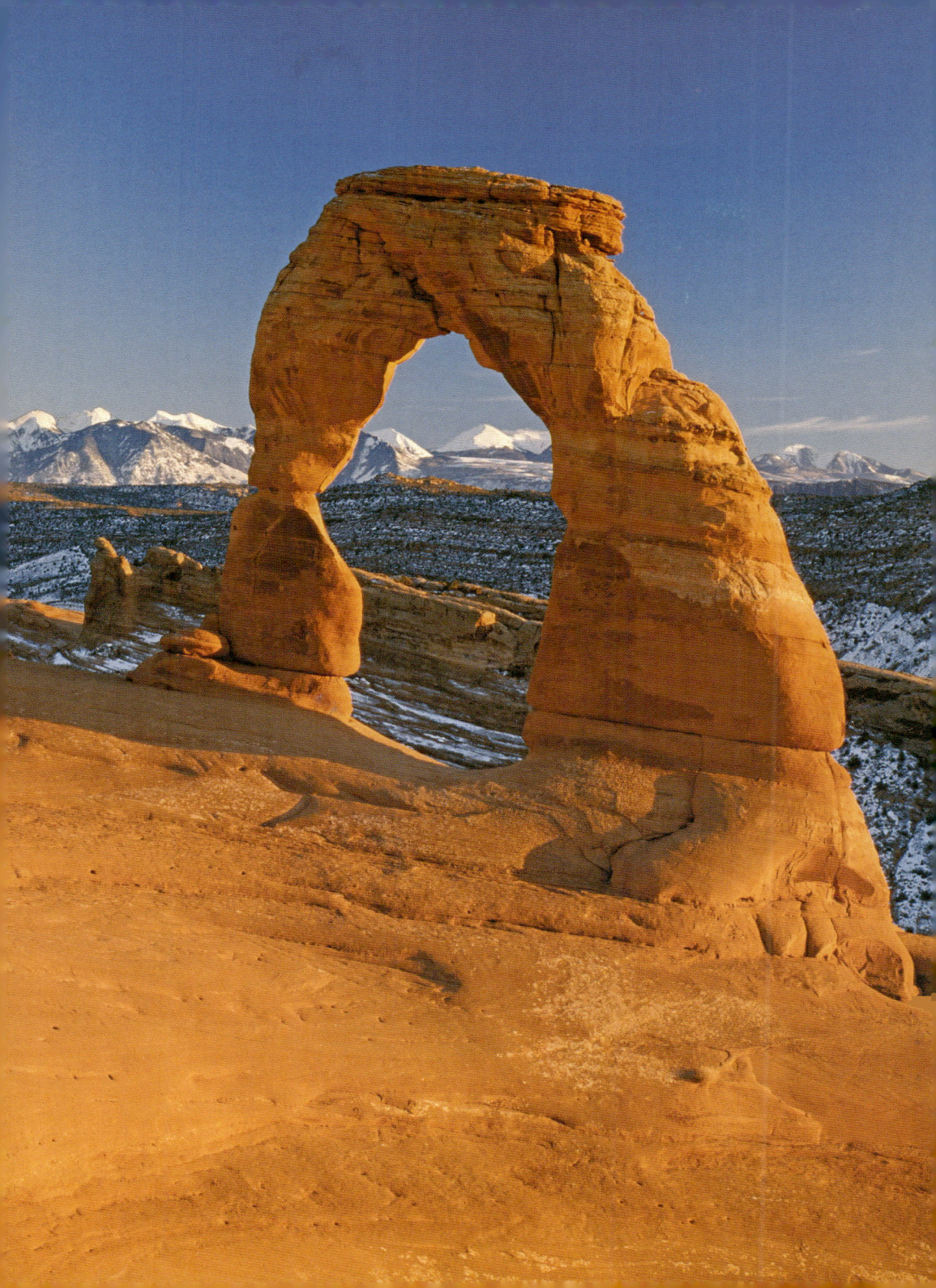

그레이트솔트 호수

미국, 유타 주

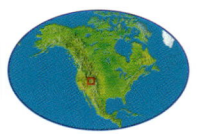

호수의 크기 : 4,184제곱킬로미터	
호수의 길이 : 121킬로미터	
호수의 폭 : 56킬로미터	

소금기 가득한 그레이트솔트 호수는 미시시피 서쪽에서 가장 큰 호수이다. 그리고 선사시대 빙하기에 있었던 훨씬 더 큰 보네빌 호수의 흔적이기도 하다. 보네빌 호수의 물이 증발하면서 물속에 녹아 있던 소금의 농도는 점점 올라갔다. 현재 그레이트솔트 호수는 배출구가 없는데 그도 그럴 것이 유타 주의 그레이트베이슨(대분지) 안에 있기 때문이다. 때문에 여느 호수와 달리 그레이트솔트 호수 물의 구성은 바다에 가깝다. 그레이트솔트 호수에 녹아 있는 소금의 양은 50억 톤에 육박한다. 곳에 따라 염도가 유난히 높은 곳이 있는데 가령, 호수의 북쪽 지류에서는 사람이 쉽게 물에 뜰 정도이다.

그레이트솔트 호수는 야생조류의 낙원이다. 오리, 거위, 갈매기, 펠리컨과 수십여 종의 조류들이 호수 근처의 습지에 서식한다. 이 새들은 수백만 마리에 달한다. 호수에는 아르테미아새우가 풍부해서 새들의 좋은 먹이가 되고 있다. 호수의 서쪽에는 보네빌솔트플래츠가 있다. 이곳은 말 그대로 소금으로 뒤덮인 호수 바닥으로 지구상에서 가장 평평한 곳에 속한다. 게리 게볼리치가 자신의 로켓 추진 자동차인 '푸른 불꽃'으로 시속 1,001킬로미터로 달리기에 도전한 곳이 바로 이곳이다. **JK**

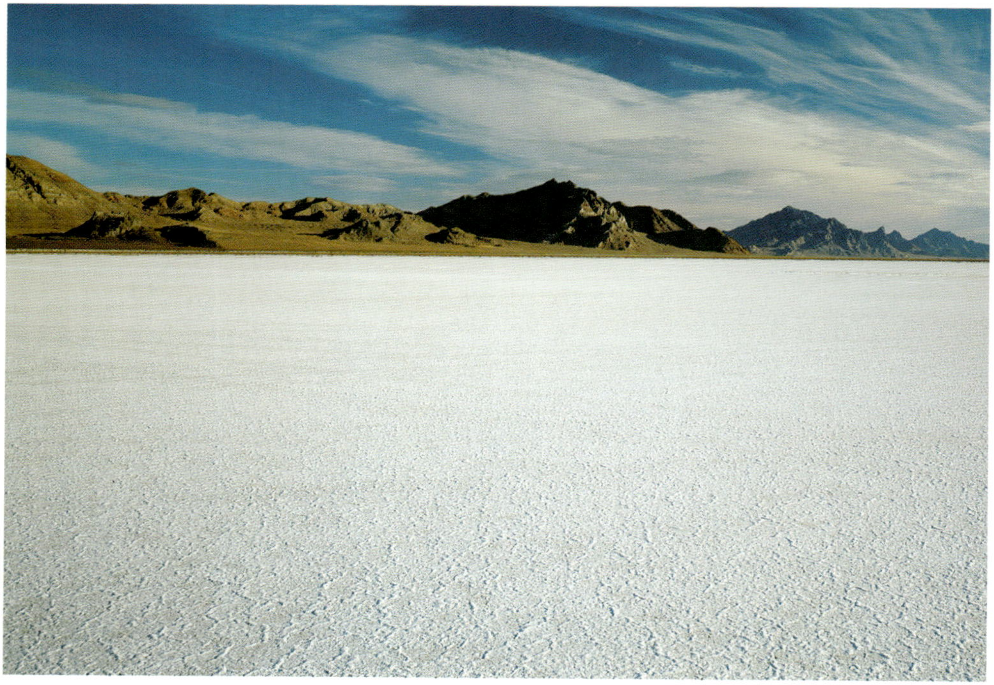

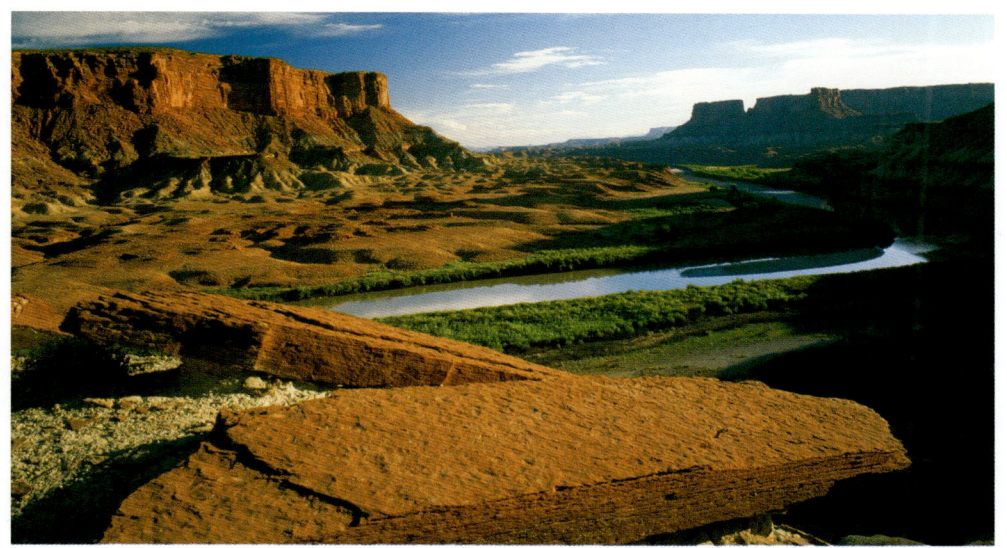

캐니언랜즈
국립공원

미국, 유타 주

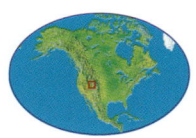

공원의 깊이 : 650미터 이상
최고 지점(커시드럴포인트) : (니들스 구역) 2,170미터

자연이 형형색색의 사암을 빚어 만든 절경이 잘 보존된 캐니언랜즈 국립공원은 경이로운 지형의 전시장이라고 해도 손색이 없다. 여러 개의 강줄기는 공원을 아일랜드인더스카이, 니들스, 메이즈, 강과 같은 네 구역으로 나눈다. 1869년에 콜로라도 강과 그린 강을 공식 탐사하면서 이 지역에 흩어져 있는 인공 유물을 본 사람들은 만여 년 전에 이곳에 사람이 거주했을 것으로 추측했다.

이 지역은 수백만 년 동안 다양하게 형성된 물질들이 계속 퇴적되면서 형성되었다. 지각운동은 이 지역의 모습을 끊임없이 바꾸었고 북아메리카 대륙이 적도에서 북쪽으로 천천히 이동하면서 환경도 바뀌기 시작했다. 오늘날의 유타 주는 얕은 내해의 범람에 침수되었고 진흙으로 덮이고 모래 언덕에 매몰되었다. 그 과정에서 퇴적암이 여러 층 쌓이게 되었다. 지각운동으로 인해 이 지역은 융기를 계속해 왔다. 그러자 콜로라도 강과 그린 강은 폭풍우로 인해 퇴적물이 가득 차 있던 협곡들을 깊이 베어내기 시작했다. 이 과정에서 협곡과 여울의 지류가 미로처럼 변해 오늘날과 같은 모습이 되었다.

캐니언랜즈처럼 외지고 황량한 곳을 여행하려면 반드시 필요한 장비를 갖추고 사전 계획을 꼼꼼히 세워야 한다. 공원의 서쪽으로 난 메이즈 지역의 길은 매우 험하여 사륜구동 자동차로만 이동할 수 있다. **DL**

데드호스포인트
주립공원

미국, 유타 주

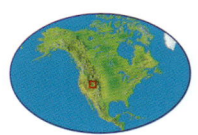

공원의 해발 고도 : 1,829미터
데드호스포인트의 높이 : 610미터
공원의 면적 : 2,170헥타르

데드호스포인트 주립공원의 꼭대기가 평평한 산에서는 한때 야생 무스탕 떼가 살았다. 이곳에는 카우보이들이 야생마들을 몰아넣을 수 있는 천연의 우리가 형성되어 있었다. 이들은 로프로 잡은 말을 길들여서 가장 좋은 말은 팔고 나머지는 다시 풀어주었다. 전설에 의하면 풀려난 말들이 우연히 천연의 우리에 갇힌 채 갈증으로 죽고 말았다. 저 아래 콜로라도 강을 보면서 말이다. 죽은 야생마들은 결국 이 지역의 이름으로 남게 되었다. 유

타 주의 모아브 남쪽 37킬로미터 지점에 있는 데드호스포인트는 1959년 주립공원으로 지정되었다. 이곳은 유타 주의 그 어떤 주립공원보다도 볼거리가 많다. 주변 고원보다 610미터나 높은 포인트에서 주위를 둘러보라. 그러면 어마어마한 규모로 협곡 침식이 이루어진 캐니언랜즈 국립공원의 웅장한 모습이 한눈에 들어올 것이다. 멀리 보이는 산의 뾰족한 꼭대기와 가파른 절벽은 1억 5,000만 년 동안 서서히 지형을 깎고 있는 콜로라도 강의 작품이다. 콜로라도 강은 데드호스포인트 바로 아래로 구불거리며 흘러간다. **JK**

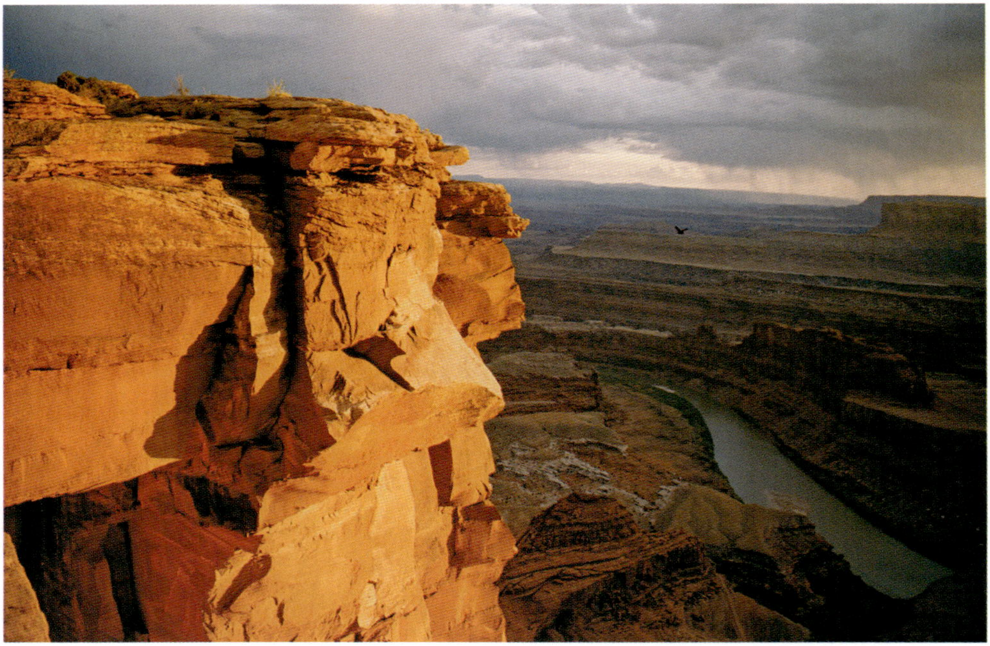

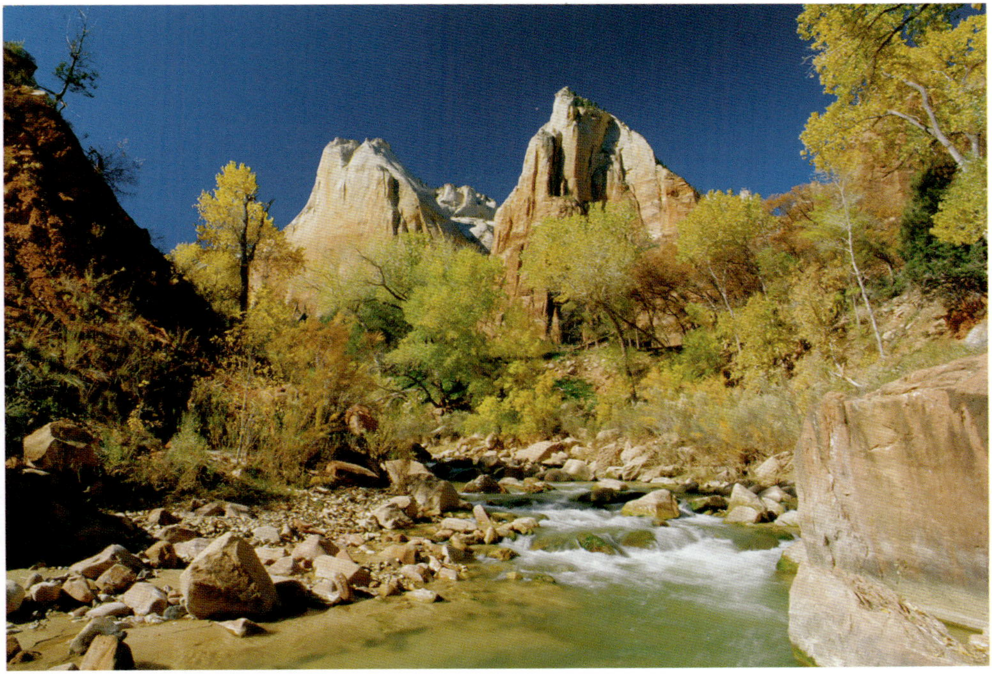

자이언캐니언

미국, 유타 주

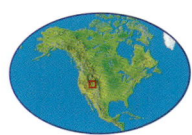

협곡의 길이 : 24킬로미터	
협곡의 폭 : 402미터	
연간 강수량 : 38센티미터	

유타 주 남서부에 위치한 자이언캐니언은 붉은 색의 약한 퇴적암석을 파고들어간 가파른 수직 절벽을 양쪽에 거느린 어마어마한 구멍이다. 협곡이 어찌나 깊은지 햇빛이 바닥까지 닿지도 않을 정도이다. 이곳은 지난 400만 년간 버진 강의 북쪽 지류인 노스포크에 의해 깎여 왔다. 지질학자들은 버진 강이 앞으로도 기반암을 수천 미터는 더 깎아 낼 것이라고 생각한다.

가파른 절벽을 푸르게 장식한 숲과 폭포, 멋진 사암기둥, 이스트템플 같은 바위 피라미드가 여기저기 흩어져 있는 자이언 협곡은 성스러운 분위기마저 풍긴다. 게다가 그레이트화이트스론은 협곡 바닥에서 750미터 상공으로 우뚝 솟은 바위기둥이다.

자이언 국립공원에서 가장 큰 협곡인 자이언 캐니언은 쉬운 코스부터 고난도 등반기술을 요하는 어려운 코스까지 다양한 등산로를 보유하고 있다. 수위가 내려가면 협곡의 꼭대기에서 내로우즈를 통해 하이킹을 할 수 있다. 하지만 항상 조심해야 한다. 협곡의 벽이 너무 가까워서 돌발 홍수가 일어나기라도 하면 수위가 금세 8미터까지 상승하기 때문이다. 엔젤스랜딩에 올라가면 이곳을 절경으로 만든 절벽과 협곡의 장관이 한눈에 들어올 것이다. **JK**

내추럴브리지

미국, 유타 주

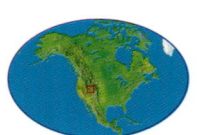

시파푸의 폭 : 82미터	
카치나의 폭 : 62미터	
오와코모의 폭 : 55미터	

이 지역에는 시파푸, 카치나, 오와코모라는 세 개의 내추럴브리지 즉 자연이 만든 다리가 있다. 시파푸 다리는 이 중 가장 크고 멋진 다리로, 시파푸란 호피 족 인디언 말로 '세상의 구멍'을 의미한다.

이 다리의 부드러운 옆면은 암석과 모래를 하류로 운반하는 범람수가 쉼 없이 깎아내린 결과이다. 1992년 6월에는 카치나(중간 다리)에서 4,000톤에 달하는 사암 바위가 떨어져 내렸다. 그것만으로도 이 내추럴브리지가 얼마나 약한지 잘 알 수 있다. 이 다리의 아랫부분에서는 고대의 암각화도 발견되었다. 가장 작고 가는 개의 자연교는 오와코모 다리이다. 오와코모는 다리 한쪽 끝의 돌무더기를 본떠 지은 이름이다. 세 개의 자연교는 내추럴브리지의 일생을 잘 보여준다. 시파푸는 가장 어리고 오와코모는 가장 오래되었기 때문이다.

내추럴브리지는 1908년 루즈벨트 대통령이 국립기념물로 지정하면서 유타 주 최초의 국립공원이 되었다. 운이 좋으면 스라소니, 코요테, 곰, 쿠거 등을 볼 수 있다. 14.5킬로미터에 달하는 도로에서 이 지역을 환상적으로 장식하는 세 다리를 모두 내려다볼 수 있다. 내추럴브리지는 블랜딩에서 서쪽으로 약 68킬로미터 떨어져 있다. **MB**

후두스

미국, 유타 주 / 콜로라도 주

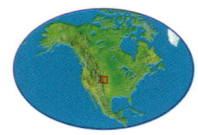

브라이스캐니언 국립공원에 있는 유명한 바위기둥 : 월 오브 윈도우즈, 체스맨, 타워브리지, 푸들	
자이언캐니언 국립공원에 있는 유명한 바위기둥 : 체커보드메사, 이스트템플메사, 위핑락, 콜롭아치	

후두란 약한 이판암이나 이암 위에 더 단단한 사암이나 석회석층이 쌓여 있는 호리호리한 바위 기둥을 말한다. 일반적으로 후두는 고원이 갈라지는 과정에서 발생한다. 주변의 약한 지층은 물과 바람으로 깎여 나가지만 정상 부분은 아래쪽을 보호하기 때문에 첨탑 같은 모양이 된다. 유타 주의 브라이스캐니언과 자이언캐니언 국립공원은 기본적으로 로키 산맥 서쪽의 유타 주와 콜로라도 주에 있는 전형적인 불모지이지만 이 후두들 덕분에 다채로운 모습을 지니게 되었다.

인디언들은 후두에서 인간의 형상을 보기도 했다. 아파치 족의 전설에 따르면, 지상과 지상의 사람들에게 크게 노한 조물주가 세상을 새로 시작하기 위해 큰 비를 내렸다고 한다. 조물주는 아파치 족을 아꼈기 때문에 그들만은 구해 주었으나 한 무리의 이기적인 사람들이 다가오는 대홍수에서 아이들과 노인들, 여자들을 구해줄 생각은 하지 않고 높은 산으로 도망쳤다. 크게 노한 조물주는 자신의 부족을 버린 그 사람들을 돌로 바꾸어 버렸다는 이야기가 전해진다. **DL**

브라이스 협곡

미국, 유타 주

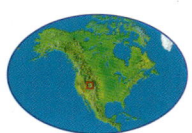

다른 이름 : 운카-팀페-와-위스-포크-이치
협곡의 면적 : 144제곱킬로미터
최고 높이(레인보우포인트) : 2,775미터

밝은 색의 바위 봉우리, 협곡과 좁은 골짜기로 이루어진 브라이스 협곡을 본다면 그 아름다움에 숨이 턱하고 막힐 것이다. 지느러미와 창문, 협곡의 좁은 틈, 기다란 토템 기둥 모양의 기암괴석이 즐비한 이곳에는 지질학에서 상상할 수 있는 모든 것이 다 모여 있다. 협곡은 유타 주 남부에 있는 포소건트 고원의 동쪽 가장자리부터 말발굽 모양으로 깎인 계단이 연속적으로 이어져 있다.

협곡의 가장자리는 지금도 50년마다 300밀리미터씩 깎이고 있다. 암석 속에 포함된 다양한 광석 성분은 다채로운 색깔을 만들어내며 시시각각으로 색이 변한다. 산화철로 이루어져 붉은색과 노란색을 띠는 암석이 있는가 하면 망간 산화물로 이루어져 푸른색과 보라색을 띠는 암석도 있다.

이곳은 그림자가 길어지고 암석의 색이 환하게 빛나기 시작하는 아침이나 저녁이 구경하기에 가장 좋다. 공원은 연중 내내 개방되어 있다. 도보로 협곡을 탐험하려면 5월에서 10월 사이가 가장 적당하다.

파이우테 족 사람들이 이곳을 부르는 이름은 '그릇처럼 생긴 협곡에 솟아오른 사람처럼 생긴 붉은 바위'라는 뜻의 운카-팀페-와-위스-포크-이치이다. 브라이스캐니언이라는 지명은 1870년대에 협곡에 농장을 세운 스코틀랜드 출신의 초기 정착자 에비니저 브라이스의 이름을 딴 것으로 그는 이곳을 '소를 잃어버릴 지옥 같은 곳'이라고 말한 바 있다. **RC**

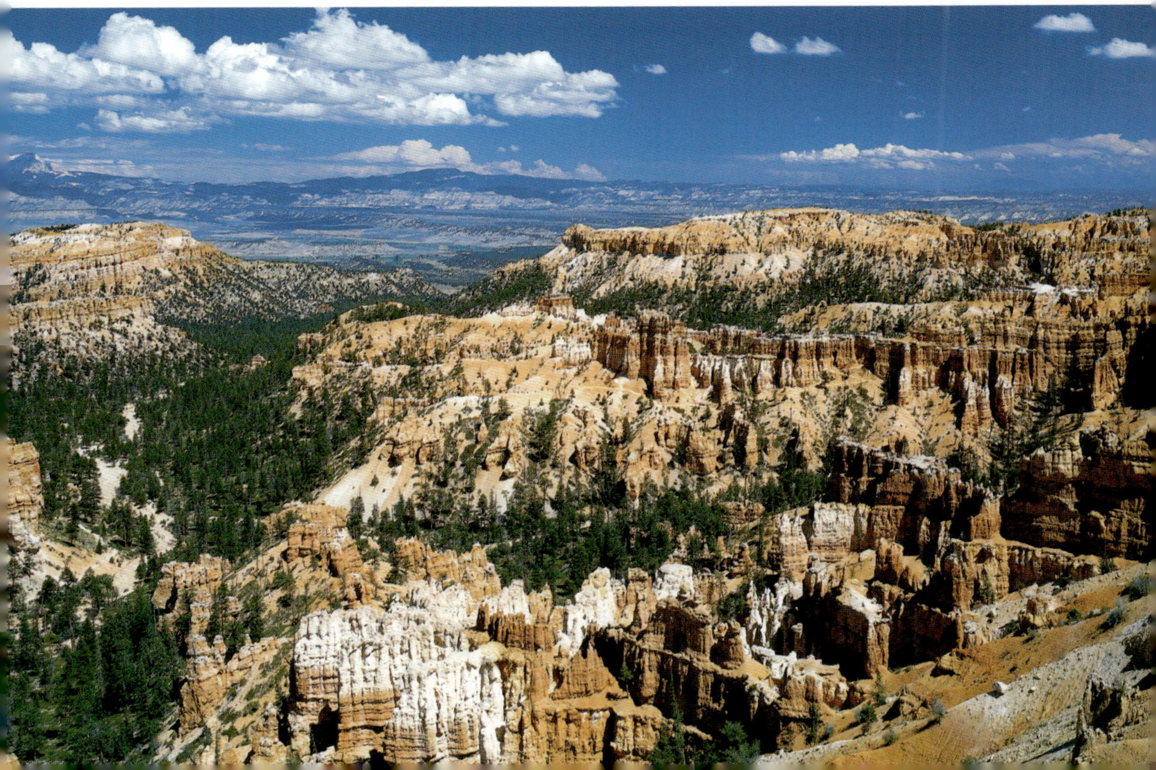

토르의 해머

미국, 유타 주 / 콜로라도 주

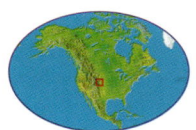

높이 : 46미터	
생성 시기 : 6,400만 년 전	

고대 바이킹의 신화에 따르면, 북구의 뇌신(雷神)인 토르는 거대한 해머(망치)로 지상을 내려쳐 지진과 화산폭발을 일으켰다. 브라이스캐니언에 있는 엄청난 높이의 바위기둥 중 하나에 붙여진 토르의 해머라는 이름은 이에 썩 잘 어울린다.

아찔한 모습을 한 토르의 해머는 수백 개에 달하는 바위기둥 중 하나로, 높이는 46미터에 달한다. 꼭대기에 있는 거대한 이암이 마치 망치의 머리 부분 같다. 손잡이를 연상시키는 기둥 부분은 더 약한 석회석으로 이루어져 있지만, 기둥보다 더 단단한 이암 지붕의 비호 덕분에 돌을 바스러뜨리는 서리와 비의 공격을 피할 수 있었다.

토르의 해머는 관광객들이 가장 보고 싶어 하는 기둥으로 선셋포인트에서 멀지 않은 산등성이에 우뚝 솟아 있다. 이곳의 다른 후두들은 대도시의 마천루처럼 옹기종기 모여 있는데 그중에서도 주목을 받는 기둥은 단연 토르의 해머이다. 망치 머리 같은 커다란 바위가 높고 가는 기둥 위에 아슬아슬하게 올라앉아 있는 모습 때문이다. 하지만 언젠가는 토르의 해머도 침식작용에 무릎을 꿇는 날이 올 것이다. 그러면 더 약한 손잡이 부분이 무너지면서 망치의 머리 부분이 땅으로 추락해 그야말로 망치처럼 지구를 '쾅'하고 내리칠 것이다. JK

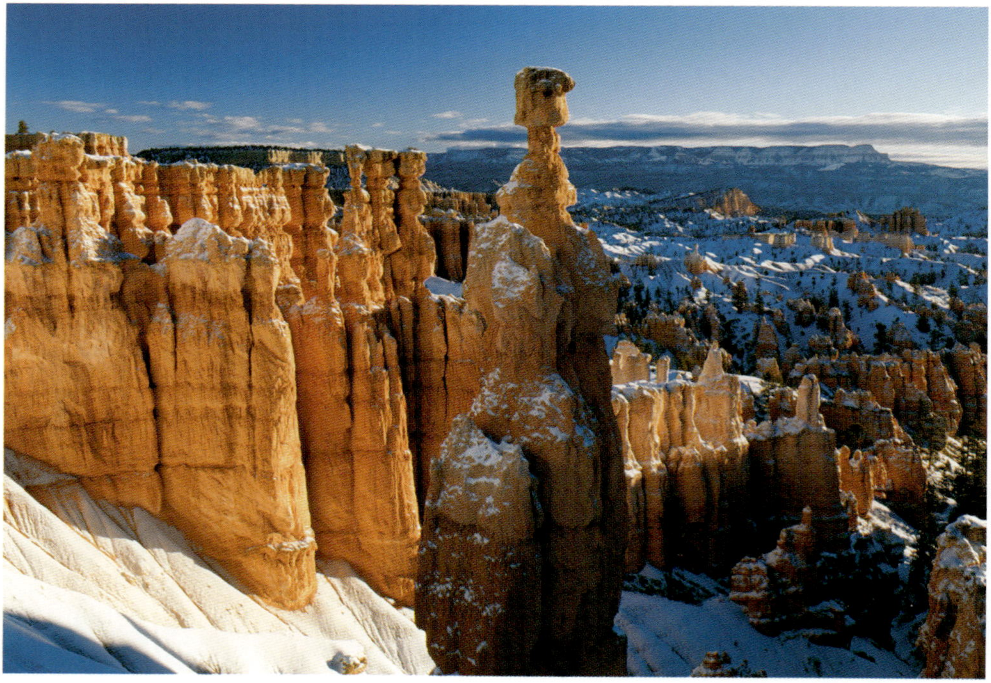

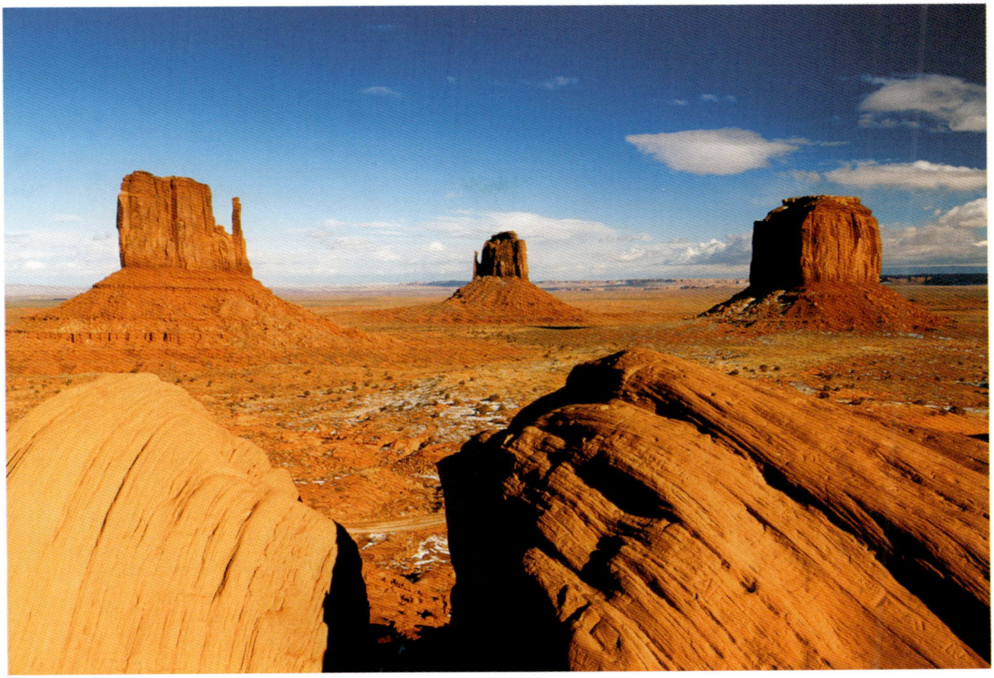

미튼 바위

미국, 유타 주 / 애리조나 주

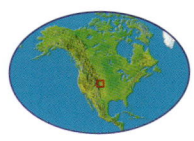

아랫부분의 암석 구성 : 오르간록
중간부분의 암석 구성 : 드셰이 사암
윗부분의 암석 구성 : 시나럼프 실트

미튼 바위(벙어리 장갑 바위)는 세계적으로 유명한 모뉴먼트밸리의 상징과도 같다. 이스트 미튼과 웨스트 미튼이라고 부르는 두 개의 붉은 바위산은 불모의 평지인 콜로라도 고원에서 305미터까지 솟아있다. '미튼'이라는 이름은 특이한 모양에서 따왔는데, '엄지'에 해당하는 부분이 나머지 부분과 뚝 떨어져 영락없는 벙어리 장갑의 형상을 띠고 있다는 것이다.

두 산은 세 가지 퇴적암층으로 이루어져 있다. 가장 아랫부분은 '오르간록'이라고 하는 이판암층으로, 침식작용으로 인해 층층이 계단 형태를 이루고 있으며 바위산 아랫부분의 둥근 비탈을 형성하고 있다. 중간층은 약한 사암으로 이루어진 거대한 수직 기둥으로 바로 위의 단단한 시나럼프 실트가 아니었다면 침식작용으로 금세 사라졌을 것이다. 두 바위산을 제대로 보려면 일출이나 일몰이 일어날 때에 가야 한다. 그래야 붉은 햇살을 받아 붉고 아름답게 빛나는 모습을 볼 수 있기 때문이다. 미튼 바위 옆에는 세 번째 바위산인 메릭이 있다. 이 산은 사라진 은광을 찾으려고 이곳으로 온 투기꾼의 이름을 땄다. 메릭은 은맥을 찾았지만 자신들의 땅을 떠나라는 나바호 전사들의 경고를 무시해 그들에게 죽임을 당했다는 이야기가 전해져 온다. **JK**

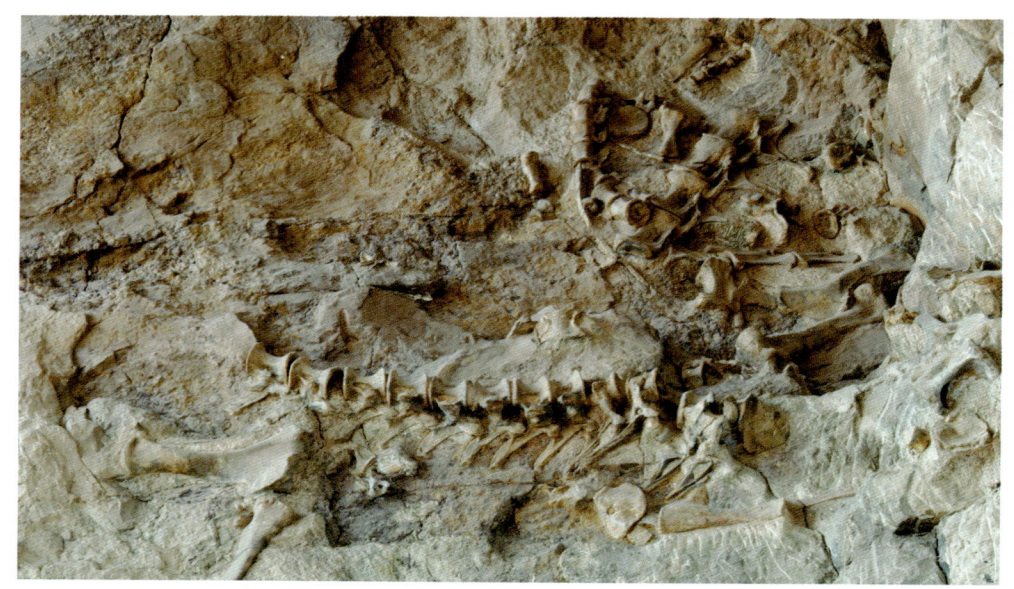

공룡화석
국립기념지

미국, 콜로라도 주

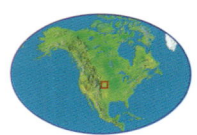

공룡화석국립기념지의 면적 : 842제곱
킬로미터

기념지의 해발 고도 : 1,372~2,134미터

관람 가능한 화석의 수 : 1,600개

1909년에 얼 더글러스는 공룡의 화석을 찾으려는 일념으로 유타 주 북동부에 위치한 고원의 퇴적토를 탐사 중이었다. 더글러스는 마침내 이곳에서 수많은 공룡 화석을 발견했고 윌슨 대통령은 이 지역을 국립기념지로 선포했다. 1억 5,000만 년 전에 살았던 공룡 화석 수천 개가 파묻혀 있는 이 기념지에는 그 당시 북아메리카에 살았던 것으로 알려진 공룡 종류의 반 이상이 발견되고 있다.

쥐라기 시대의 이 지역은 강가에 60미터 길이로 형성된 모래톱이었고 그 주변에 수많은 공룡이 살았다. 공룡들의 유해가 모래톱에 쌓였고 그 위를 진흙과 실트가 서서히 덮어 버렸고 시간이 가면서 실리카 광물이 공룡의 뼈에 스며들어 돌처럼 딱딱하게 만들어 버렸다. 그 덕에 공룡의 화석이 형체를 보존할 수 있었던 것이다. 공룡들은 7,000만 년 전까지 이 지역에 계속 묻혀 있다가 로키 산맥이 융기하면서 땅이 들어 올려져 화석이 드러나게 되었다.

박물관인 쿼리관광안내센터는 더글러스가 화석을 발굴하던 현장 주변에 세워졌다. 방문객들은 화석이 된 공룡 뼈로 작업을 하는 고생물학자들의 모습을 볼 수 있으며 화석을 처리하는 연구실도 방문할 수 있다. 이곳은 세계에서 가장 활발하게 쥐라기 공룡을 찾아내고 있는 현장이다. **JK**

거니슨 강 블랙캐니언
국립기념지

미국, 콜로라도 주

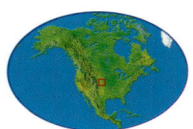

거니슨 강 블랙캐니언의 깊이 : 600미터

협곡의 폭 : 450미터

협곡의 길이 : 20킬로미터(댐으로 수몰되지 않은 부분)

거니슨 강의 블랙캐니언이 보여주는 장관은 물과 요동치는 바윗덩어리들이 수정처럼 단단한 암석을 깎아내려 오면서 서서히 형성되었다. 북아메리카에 있는 협곡 중에서 블랙캐니언만큼 폭이 좁거나 양쪽 벽이 가파른 곳도 없다. 블랙캐니언이라는 이름도 햇살이 아래까지 내려오지 못하기 때문에 붙여진 것이다.

1901년에 애이브러햄 링컨 펠로우즈와 윌리엄 토렌스가 최초로 블랙캐니언 협곡의 탐험에 성공했다. 오늘날 이 협곡은 카약과 래프팅 전문가들의 천국이다. 거니슨 강이 협곡으로 끼어드는 지점은 급류가 V급으로 래프팅 초보자나 경솔히 뛰어든 사람들의 목숨을 많이 앗아간 곳이다.

과거 협곡의 길이는 80킬로미터에 달했지만 상류 세 군데에 댐이 건설되어 지금은 겨우 20킬로미터만 수몰되지 않고 남아 있다. 협곡 가장자리에 난 도로에서 아래를 굽어보면 놀랍도록 시커먼 기암괴석이 눈에 들어온다.

이곳에는 절벽에서 강으로 내려가는 고난도의 등산로가 세 군데 있다. 북쪽이나 남쪽에서 강으로 갈 수 있는데 가장 쉬운 길은 남쪽 가장자리를 따라가는 것이다. **DL**

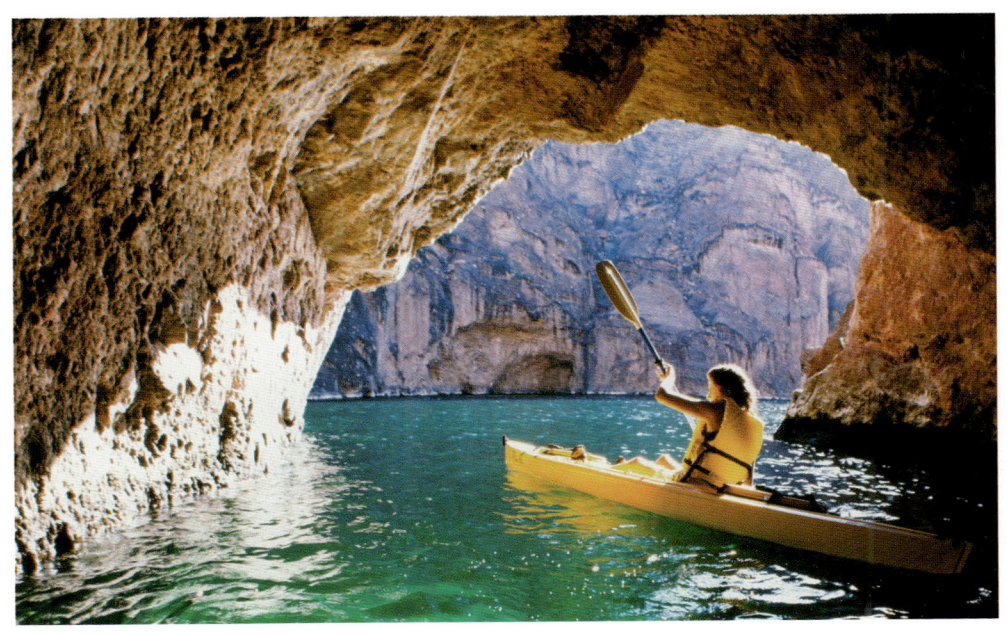

그레이트샌드듄 국립공원

미국, 콜로라도 주

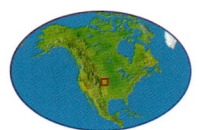

공원의 면적 : 91제곱킬로미터
모래 언덕의 생성 시기 : 12,000년 전
가장 높은 언덕 : 229미터

콜로라도 남부의 황금색으로 빛나는 거대한 모래 언덕들과 조우하면 놀라우면서도 한편으로는 가슴이 설렐 것이다. 바람이 조화를 부리기만 하면 순식간에 모래 언덕이 쌓인다.

이 언덕의 높이는 리우그란데와 생그리더크리스토 산맥 사이에 있는 샌루이스밸리의 바닥에서 시작해 무려 213미터 이상 올라간다. 이 공원의 모래 언덕은 미국에서 가장 높으며 90제곱킬로미터

로 실어갔고 계곡의 동쪽에 있는 생그리더크리스토 산맥은 바람을 막아서서 힘을 약화시켰다. 그러자 바람은 머금고 있던 모래를 다 놓아버렸다. 결국 바람 때문에 모래 언덕은 계속 덩치를 불리게 되었다. 일반적인 모래 언덕과는 달리 그레이트샌드듄 공원의 모래 언덕은 그 형태를 계속 유지하고 있다. 내부의 모래들이 스펀지처럼 지하수와 근처의 시내에서 물을 빨아들여 언덕 안이 축축하고 매우 조밀하기 때문이다.

모래 언덕을 가장 잘 구경하려면 언덕을 올라가야 한다. 여름에는 37℃ 이상 올라가기 쉽기 때문에 조심해야 한다. 가장 높은 언덕은 가장자리에서

콜로라도 남부의 황금색으로 빛나는 거대한 모래 언덕들과 조우하면
놀라우면서도 한편으로는 가슴이 설렐 것이다. 이른 아침이나 초저녁에
햇살을 받아 황금색으로 빛날 때는 더욱 멋지다.

가 넘는 면적을 차지하고 있다. 이른 아침이나 초저녁이면 수없이 이어진 언덕의 윤곽이 햇살을 받아 황금색으로 빛나는데, 그 모습은 숨이 막힐 정도로 아름답다.

과학자들은 산속 골짜기에서 빙하가 형성되면서 샌루이스밸리에 얼음과 바위를 마구 흘려보내던 홍적세 때 모래 언덕이 만들어졌을 것이라고 생각한다. 지금으로부터 1만 2,000년 전 기온이 올라 빙하가 녹으면서 강과 내가 생기자 더 많은 양의 실트와 자갈, 모래가 샌루이스밸리로 운반되었다. 남서쪽에 있는 고갯길인 뮤직, 메다노, 모스카 등지에서 불어온 바람은 모래를 계곡의 동쪽 끝으

반 마일 정도 떨어져 있기 때문에 가기가 쉽다.

모래 언덕 외에 메다노 시내도 볼만하다. 생그리더크리스토 산맥에서 내려온 눈이 녹아 만들어진 이 시내는 봄 동안 공원의 동쪽 가장자리를 따라 흐른다. 몇 백 미터를 졸졸거리며 흐르는 이 시내는 종잡을 수 없는 구석이 있다. 어느 부분에서는 발이 잠길 정도의 깊이로 잘 흐르다가 갑자기 모래 사이로 물줄기가 사라진다. 그런데 몇 피트 떨어진 곳에서 다시 물이 솟아올라 흘러간다. **JK**

오른쪽 황량한 겉모습과는 달리 이곳의 모래 언덕에는 다양한 야생동식물이 자라고 있다.

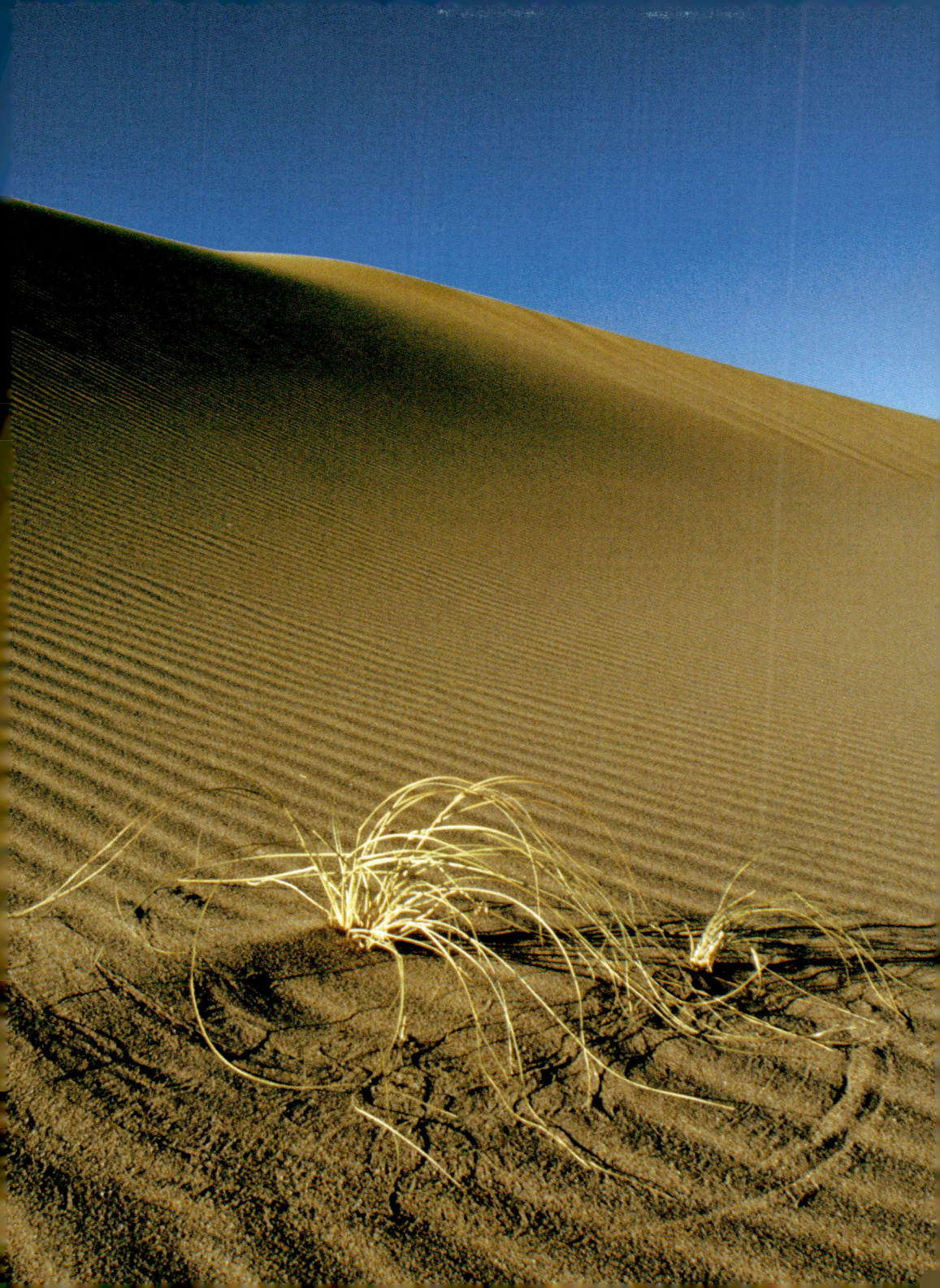

플로리슨트 화석지대

미국, 콜로라도 주

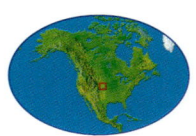

플로리슨트 화석지대의 생성 시기 : 3,400만 년 전	
퇴적암의 종류 : 이판암	
곤충종의 수 : 1,100개	

플로리슨트 화석지대는 콜로라도스프링스 근처의 고산 계곡에 있다. 이 지역에는 3,400만 년 전에 이곳에 살았던 동식물의 화석이 묻혀 있다. 석화된 아메리카삼나무에서 완벽하게 모습을 유지하고 있는 나비에 이르기까지 우리와 다른 세상에 살았던 생물들의 흔적을 이 지역은 잘 간직하고 있다. 거대한 화산 폭발 이후에 석화된 나무들은 화산재에 매몰되었다. 숲의 왕이라는 뜻의 '렉스아르보라에'는 가장 큰 그루터기로 높이가 4미터이고 둘레는 23미터에 달한다.

훗날 이 지역에는 호수가 형성되었는데 호수의 미세한 실트 바닥에 호수에서 죽은 동식물들이 쌓여갔다. 특히 곤충들이 많았다. 시간이 흐르면서 실트는 단단해져 이판암층을 이루었고 그 속에 있던 사체들은 고스란히 형태를 유지할 수 있었다. 고생물학자들은 6만 개가 넘는 화석을 수집했다. 그중에는 보존 상태가 너무 훌륭해서 곤충의 더듬이, 다리, 털과 나비의 날개 무늬까지 알아볼 수 있는 것도 있다. 지금까지 수백 종의 식물과 1,100종이 넘는 곤충이 확인되었다. 이 공원의 산책로는 27킬로미터가 넘는다. **JK**

케이브 오브 더 윈즈

미국, 콜로라도 주

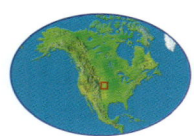

동굴의 높이 : 15미터	
다른 동굴 : 브라이들챔버, 템플 오브 사일런스, 밸리 오브 드림즈, 오리엔탈가든즈	

콜로라도 주의 '케이브 오브 더 윈즈(바람의 동굴)'는 여섯 명의 총잡이와 결투를 벌이는 서부극의 무대로는 전혀 어울리지 않는다. 그러나 이 동굴은 1882년에 조지 워싱턴 스나이더와 이곳을 관람용으로 만들 계획을 가지고 있던 현지 주민들이 충돌하는 비극의 무대가 되고 말았다.

이야기는 1870년대로 거슬러 올라간다. 당시 윌리엄스캐니언에 다른 동굴이 발견되었다. 동네의 채석공 한 명이 입구를 막고 서서 입장료로 50센트를 받았다. 50센트가 없었던 동네의 두 소년이 자신들의 동굴을 찾기로 했다. 그들은 오래된 산길을 걷다가 뭔가에 발이 걸렸는데 그것이 훗날 '바람의 동굴'로 알려진 이 동굴이었다. 사업수완이 좋았던 스나이더는 초기 관광산업에 큰 기대를 걸고 있었고, 그 땅을 사서 파들어 가기 시작했다. 며칠 동안 땅을 파던 스나이더는 빛나는 종유석과 유석들이 가득한 커다란 동굴을 발견했다.

1881년에 이 동굴은 하루에 두 번씩 일반에 공개되었다. 스나이더는 현재 관광객들에게 공개되는 동굴들의 대부분을 탐험했고 현대의 동굴 탐험가들이 통로를 3킬로미터 이상 연장해 동굴을 더 확대해 비경을 더 많이 찾아냈다. 그중에는 기괴한 형상으로 자라는 방해석 결정도 있다. **DL**

델라웨어 만

미국, 델라웨어 주 / 뉴저지 주

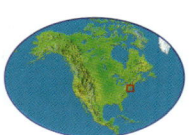

철새 : 붉은가슴도요, 아메리카도요, 꼬까도요, 세발가락도요
만의 면적 : 2,025제곱킬로미터

늦봄과 초여름의 델라웨어 만에서는 '살아있는 화석'이 출현하는 믿지 못할 풍경이 연출된다. 5월과 6월 사이, 보름달과 초승달이 뜰 때와 때를 같이해 만조가 차오르면 수만 마리의 투구게가 해변으로 올라와 구덩이를 파고 알을 묻는 것이다. 그런데 이 게들은 진짜 게가 아니다. 오히려 거미에 더 가까우며 2억 5,000만 년 전에 선사시대의 바다에 살았던 삼엽충과 비슷하다.

암컷은 구덩이마다 평균 3,650개의 알을 묻는다. 게가 어찌나 많은지 다른 게가 묻어 놓은 알을 구덩이를 파고 자신의 알을 묻기도 하는데, 그렇게 파헤쳐진 알도 쓸모가 있다. 남아메리카에서 겨울을 보낸 백만 마리에 가까운 새들이 둥지를 틀기 위해 북극으로 가는 길에 이곳에 들르기 때문이다. 철새들은 기나긴 여행을 계속하기 위해 꼭 필요한 필수지방을 이 알에서 섭취한다. 덕분에 델라웨어 만은 서반구에서 알래스카의 코퍼 강 다음으로 많은 철새들이 머무는 곳이 되었다. 하지만 지나치고 무분별하게 게를 잡아들이면서 안타깝게도 철새의 수가 감소되고 말았다. **MB**

내추럴브리지

미국, 버지니아 주

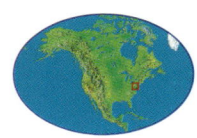

내추럴브리지의 폭 : 31미터
내추럴브리지의 두께 : 15미터

토마스 제퍼슨은 버지니아 주에 있는 셰넌도어 계곡의 내추럴브리지(자연교)를 '자연이 보여주는 숭고함의 극치'라고 극찬했다. 이 거대한 석회석 아치는 말 그대로 거대하다. 높이는 66미터이고 폭은 46미터이니 말이다. 어찌나 폭이 넓은지 사람들은 도로까지 건설해 아래쪽 공간을 연결했다. 제퍼슨은 석회암으로 빚은 이 자연의 작품에 매혹된 나머지 1774년에 조지 3세 국왕에게 20실링을 주고 이곳을 구입하기까지 했다. 그는 모두가 이곳을 볼 수 있도록 잘 보존하고 싶었던 것이다. 이것이 바로 미국에서 자연을 보호하고자 하는 최초의 대규모 발의였다.

내추럴브리지는 버지니아에 거미줄처럼 퍼져 있는 석회암 동굴의 일부이다. 모두 지난 몇 백만 년 동안 침식작용으로 만들어진 동굴들이다. 지질학자들은 내추럴브리지가 오래전에 붕괴하고 남은 지하 동굴의 천장 부분일 것이라고 추측한다.

전설에 따르면, 이 지역에 살던 모나칸 족이 강력한 부족이었던 쇼니 족과 포와톤 족에게 쫓겨 버지니아의 숲으로 들어갔다. 깊은 계곡에 앞길이 막히자 모나칸 족 사람들은 무릎을 꿇고 위대한 영혼에게 기도를 드렸다. 그리고 그들이 일어서자 그 계곡을 연결하는 거대한 돌다리가 보였다고 한다. **JK**

매머드 동굴 국립공원

미국, 켄터키 주

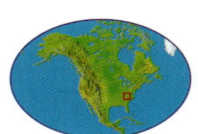

탐험한 동굴의 길이 : 560킬로미터	
암석의 종류 : 석회암	
동물종의 수 : 200종	

매머드 동굴 국립공원은 지금까지 알려진 그 어떤 동굴계보다 길이가 세 배는 길다. 지질학자들은 아직도 1,000킬로미터 정도는 더 탐사해야 할 것으로 추측하고 있다. 이곳은 지하수로 쉽게 침식되는 석회암층의 두께가 213미터에 달하는 불규칙적인 석회암 혹은 카르스트 동굴계이다.

이곳의 어두침침한 수로들은 과거 근처에 있는 그린 강으로 흘러들어가는 지하수로였다. 강이 기반암을 침식시켰고 지하수로 역시 같은 운명을 맞이했다. 그래서 오늘날 우리가 아는 복잡한 동굴계가 완성된 것이다. 3억 5,000만 년 전부터 이 지역을 덮고 있던 고대 해저에는 석회암이 7,000만 년에 걸쳐 차곡차곡 쌓였다. 거기에 수십조 개에 달하는 동물의 뼈가 쌓이면서 석회석 기반암으로 압축되었다.

넓디넓은 매머드 동굴 국립공원에는 매우 다양한 생물들이 살고 있다. 지금까지 200종 이상의 동물이 동굴에서 살고 있는 것이 확인되었다. 머드퍼피 살라멘더, 캣버드, 아이리스피시와 아메리카풀거북 등이 발견되었다. 이중 42종은 전 세계에서 이 매머드 동굴계에만 서식한다. **JK**

후아추카 산맥

미국, 애리조나 주

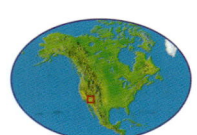

최고봉(밀러스피크) : 2,882미터	
연간 강수량 : 51센티미터	
식물종의 수 : 400개	

후아추카 산맥은 애리조나의 사막에 우뚝 솟아 있는 40개의 '하늘 섬' 중 하나이다. 이 산맥은 새들의 안식처이자 파충류 60종, 포유류 78종과 멸종 위기에 처한 램지캐니언 표범개구리의 집이다. 고도가 낮은 곳에는 덤불과 목초가 섞여 자라고 높은 곳에는 떡갈나무와 소나무 숲이 있어 생물학적 다양성에 기여하고 있다.

후아추카 산맥의 최고봉은 밀러스피크이다. 잘 정비된 등산로를 따라 가파른 절벽을 올라가면 애리조나 남부의 전경이 눈앞에 펼쳐질 것이다.

램지캐니언 보호구역도 놓치면 아쉬울 절경으로 일 년 내내 샘에서 솟아난 물이 시내로 흘러드는 서늘한 계곡이다. 이곳은 봄부터 가을까지 14종의 벌새가 찾아오며 흰꼬리사슴, 긴코너구리, 페커리돼지류와 흑곰도 서식한다.

과거 유명한 인디언 전사 제로니모도 찾았던 후아추카 산맥은 미국 민속학에서 중요한 위치를 차지한다. 이곳은 스페인 정복자인 프란시스코 바스케즈도 이곳에 왔었다. 그는 전설에 나오는 시볼라의 일곱 황금 도시를 찾아 왔지만 끝내 전설의 황금 도시는 찾지 못하고 대신 생물학의 보고인 후아추카 산맥을 발견했다. **JK**

오크크리크 협곡

미국, 애리조나 주

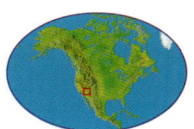

오크크리크캐니언의 깊이 : 762미터

암석의 종류 : 사암과 석회암

협곡의 길이 : 22.5킬로미터

애리조나 주 플래그스태프 인근의 오크크리크 협곡은 높은 고도에 위치하는 축복 받은 곳으로 애리조나의 전형적인 무더운 사막보다 훨씬 시원하고 강수량도 더 많다. 그래서 협곡 바닥을 뒤덮은 울창한 삼림은 여름철 무더위를 피해 이곳을 찾은 사람들에게 쾌적한 휴식처를 제공한다.

협곡은 깊고 폭이 좁다. 일 년 내내 물이 흐르는 협곡의 수면에는 아래쪽의 붉은 사암과 위쪽의 하얀 석회암이 비친다. 사암 계곡이 으레 그렇듯, 이 협곡의 양쪽 절벽도 계곡의 물이 더 약한 부분을 깎아내리면서 둥근 아치처럼 침식되어 있다.

오크크리크의 웨스트포크는 애리조나 주에서도 가장 아름다운 하이킹 장소로 유명하다. 폭이 좁은 절벽 사이를 유유히 흐르는 물과 푸르른 숲이 어우러진 모습이 아름답지 않다면 무엇이 아름답겠는가. 가을에는 울긋불긋한 단풍도 장관을 이룬다.

오크크리크 협곡의 첫 5킬로미터는 등반하기가 쉽지만 다음 18킬로미터는 훨씬 힘들 것이다. 큰 바위를 건너거나 협곡의 절벽을 기어 올라가야 하고, 얕은 여울을 첨벙거리며 지나거나 깊고 차가운 연못을 헤엄쳐 건너야 하기 때문이다. **JK**

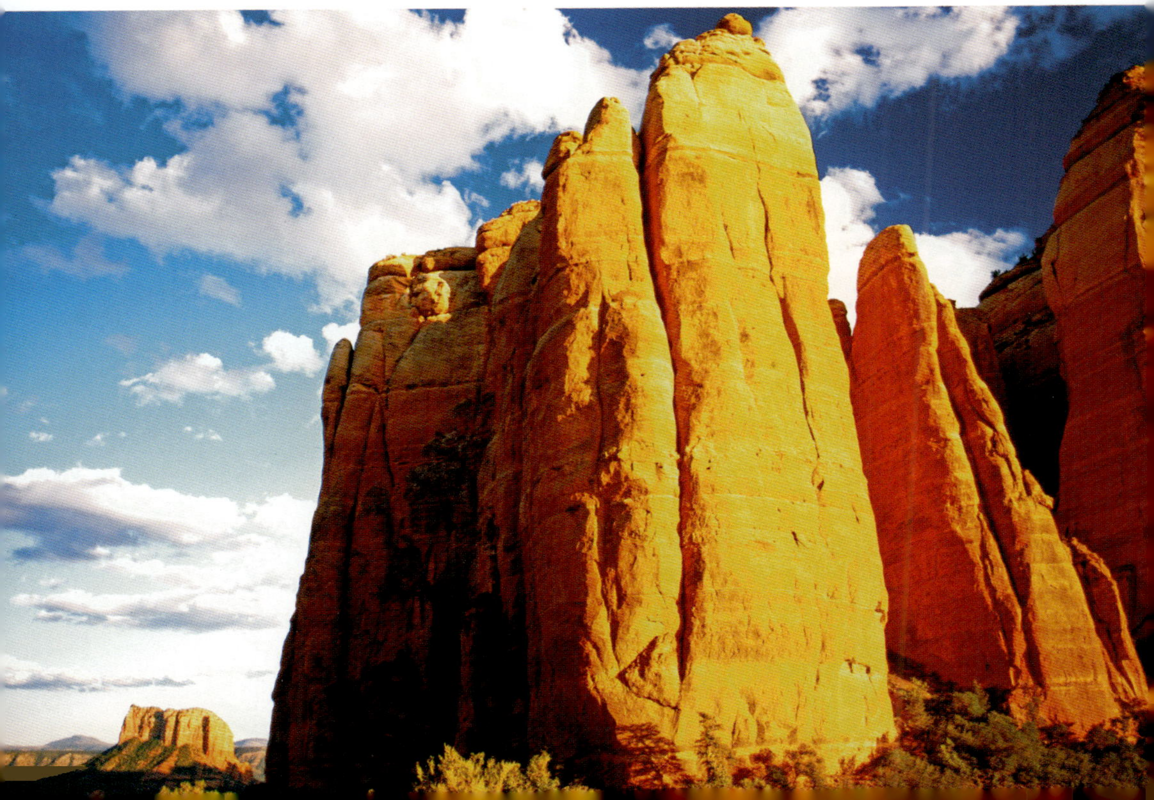

그랜드캐니언

미국, 유타 주 / 애리조나 주

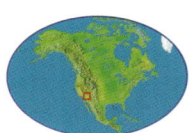

그랜드캐니언의 면적 : 492,683헥타르
포인트 임피리얼의 해발 고도 : 2,683미터

그랜드캐니언은 전 세계에서 건조 지역의 침식을 가장 잘 보여주는 예로 알려져 있다. 콜로라도 강과 매서운 바람이 이 일대의 고원들을 깎아 미로 같은 협곡들을 완성했다. 그 결과 20억 년이라는 지구의 지질학 역사를 보여주는 암석층의 속살이 고스란히 드러났다. 그랜드캐니언을 만든 또 다른 작용은 화산작용과 대륙이동, 얼음이다. 1,700만 년 전, 지구 깊숙한 곳의 압력이 위쪽의 땅덩어리를 들어 올려 오늘날의 콜로라도 고원이 만들어졌다. 그 고원이 500만 년 동안 침식작용을 거쳐 오늘날 보는 이의 경탄을 자아내는 세계에서 제일 깊은 협곡으로 다시 태어난 것이다.

그랜드캐니언은 깊이가 1.6킬로미터이고 폭은 15킬로미터에 달하며, 두 주(州)에 걸쳐 450킬로미터나 뻗어 있다. 줄무늬가 쳐진 벽은 시간에 따라 색을 달리한다. 아침에는 은색과 금색으로 반짝이다가 정오에는 연한 갈색으로 바뀌고 해질 무렵에는 타오르는 붉은색이 된다. 달빛이 은은한 날이면 주위는 어느새 시원한 푸른색으로 변한다. 그러므로 언제 어느 때 그랜드캐니언을 가더라도 그 모습에 결코 실망하지 않을 것이다.

협곡 바닥에서 한참 위로 올라오면 콜로라도 강

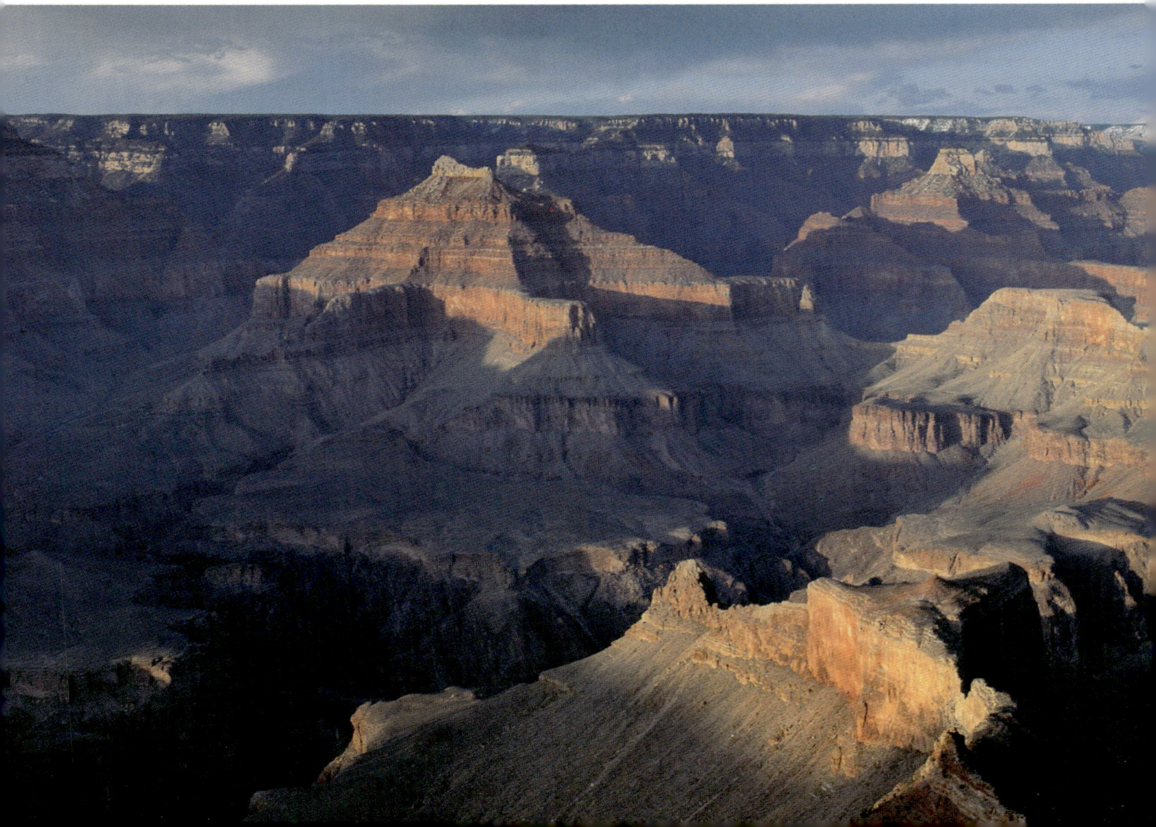

이 계단처럼 켜켜이 쌓인 바위 지형 사이를 은빛 실처럼 굽이굽이 흐른다. 콜로라도 강의 크기와 위력을 제대로 보려면 하늘 높이 올라가야 한다. 특히 돌발 홍수가 발생하면 강물은 금세 급류로 변한다. 그러나 강물의 위력은 글렌캐니언 댐의 건설로 한풀 꺾인 상태이다.

다양한 서식지와 기후대가 존재하는 그랜드캐니언은 소중한 야생생물 보호지구이기도 하다. 이곳에는 조류 355종 이상, 포유류 89종, 파충류 47종, 양서류 9종과 어류 17종이 있으며, 퓨마와 분홍방울뱀까지 다양한 동물이 서식하고 있다.

관광객들은 대부분 연중 내내 개방하는 사우스림을 찾는데, 이곳은 42킬로미터 거리의 데저트뷰 드라이브가 공원까지 나 있다. 노스림은 5월 중순에서 10월까지만 개방된다. 이곳의 최고봉인 포인트임피리얼에서는 페인티드 사막이 한 눈에 내려다 보인다. 케이프 로열은 동서로 나 있으며 일출과 일몰에 경치가 가장 아름답다. 이곳에 서면 에인절 스윈도우로 부르는 천연 아치 사이를 흐르는 콜로라도 강을 볼 수 있다. **MB**

아래 그랜드캐니언의 웅장한 모습

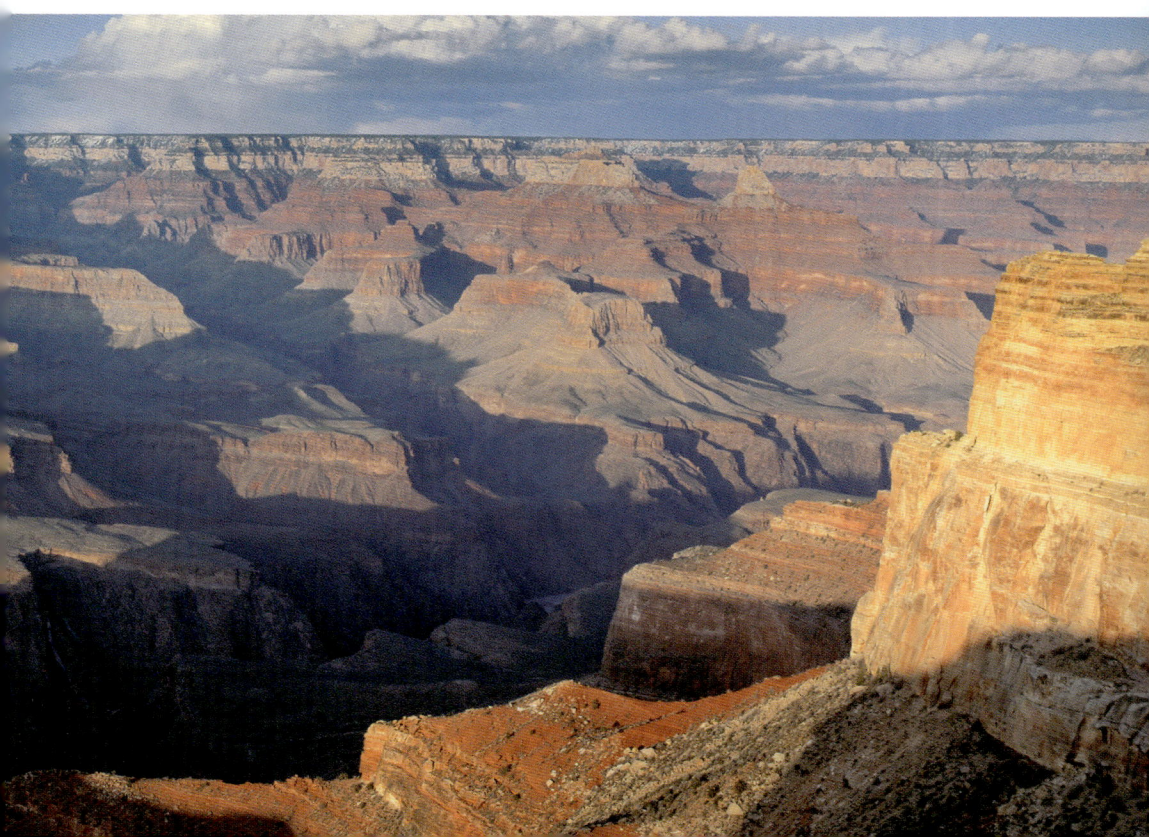

미국 석화림
국립공원

미국, 애리조나 주

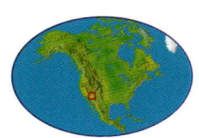

공원의 면적 : 378제곱킬로미터	
공원의 해발 고도 : 1,676미터	
연평균 강수량 : 25센티미터	

미국 석화림 국립공원은 지금까지 발견된 석화림 중에서 가장 규모가 크고 아름다운 곳이다. 이곳에서 서서히 진행된 화석화로 거대한 나무들이 단단한 돌로 변해 버렸다. 그러나 약 2억 2,500만 년 전에는 이 나무들도 물고기를 먹고 사는 거대한 양서류와 거대한 파충류, 초기 공룡들이 사는 숲의 식구였을 것이다. 나무가 쓰러지면서 애리조나 북동쪽에 있는 지금의 장소까지 범람한 물

화석이 된 나무는 단단하면서도 부서지기 쉬워 힘을 주면 쉽게 부서진다.

이 공원은 과거를 들여다보는 창문이다. 흩어져 있는 나무 화석들 옆으로는 '공룡의 시대'가 막 시작되던 트라이아스기에 살았던 공룡의 화석이 훌륭하게 보존되어 있다. 레인보우포레스트 박물관에서는 과거 이 지역에 살았던 거대한 파충류, 양서류와 함께 공룡 화석도 볼 수 있다. 이 공원에는 선사시대 사람들이 큰 바위, 협곡의 벽과 동굴 등에 새겨 놓은 훌륭한 암각화도 보존되어 있다. 암각화의 소재는 다양하다. 사람, 발자국과 손자국, 쿠거, 새, 도마뱀, 뱀, 박쥐, 코요테, 곰의 발, 새 발

> 미국 석화림 국립공원은 지금까지 발견된 석화림 중에서 가장 규모가 크고
> 아름다운 곳이다. 이곳에서 서서히 진행된 화석화로 거대한 나무들이
> 단단한 돌로 변해 버렸다.

에 쓸려 내려와 실트와 화산재에 묻혀버렸다. 그렇게 묻힌 나무는 대부분 썩어 버렸지만 일부는 그대로 남아 오늘날 우리의 눈을 즐겁게 해주는 통나무 화석이 되었다. 화산재에서 용해되어 나온 실리카가 서서히 세포벽을 채우거나 대체하면서 나무는 석영으로 결정화되었다.

이 과정은 매우 조밀하게 진행되었으므로 통나무의 표면은 고스란히 보존될 수 있었다. 심지어는 내부의 세포 구조까지 그대로 보존된 경우도 있다. 석화 과정이 이루어지는 동안 철이 풍부한 광물이 석영과 결합하면서 화석은 무지개처럼 영롱한 색을 띠게 되었다. 통나무 화석은 진흙 언덕 여기저기에 흩어져 있으며 절벽에도 화석이 드러나 있다.

자국, 우제(偶蹄), 다양한 기하학적 도형 등이 그려져 있다. 이 암각화로 중요한 행사를 축하하고 씨족간의 경계를 표시하며 하지와 같은 자연현상을 기록했다. 물론 낙서에 불과한 그림도 있을 것이다.

석화림 국립공원의 기후조건은 매우 혹독하다. 폭풍우가 격렬히 몰아치는 7~9월 사이에 연간 강수량인 250밀리리터의 반에 해당하는 비가 내린다. **JK**

<u>오른쪽</u> 미국 석화림 국립공원에 흩어져 있는 아름다운 색깔의 나무 화석

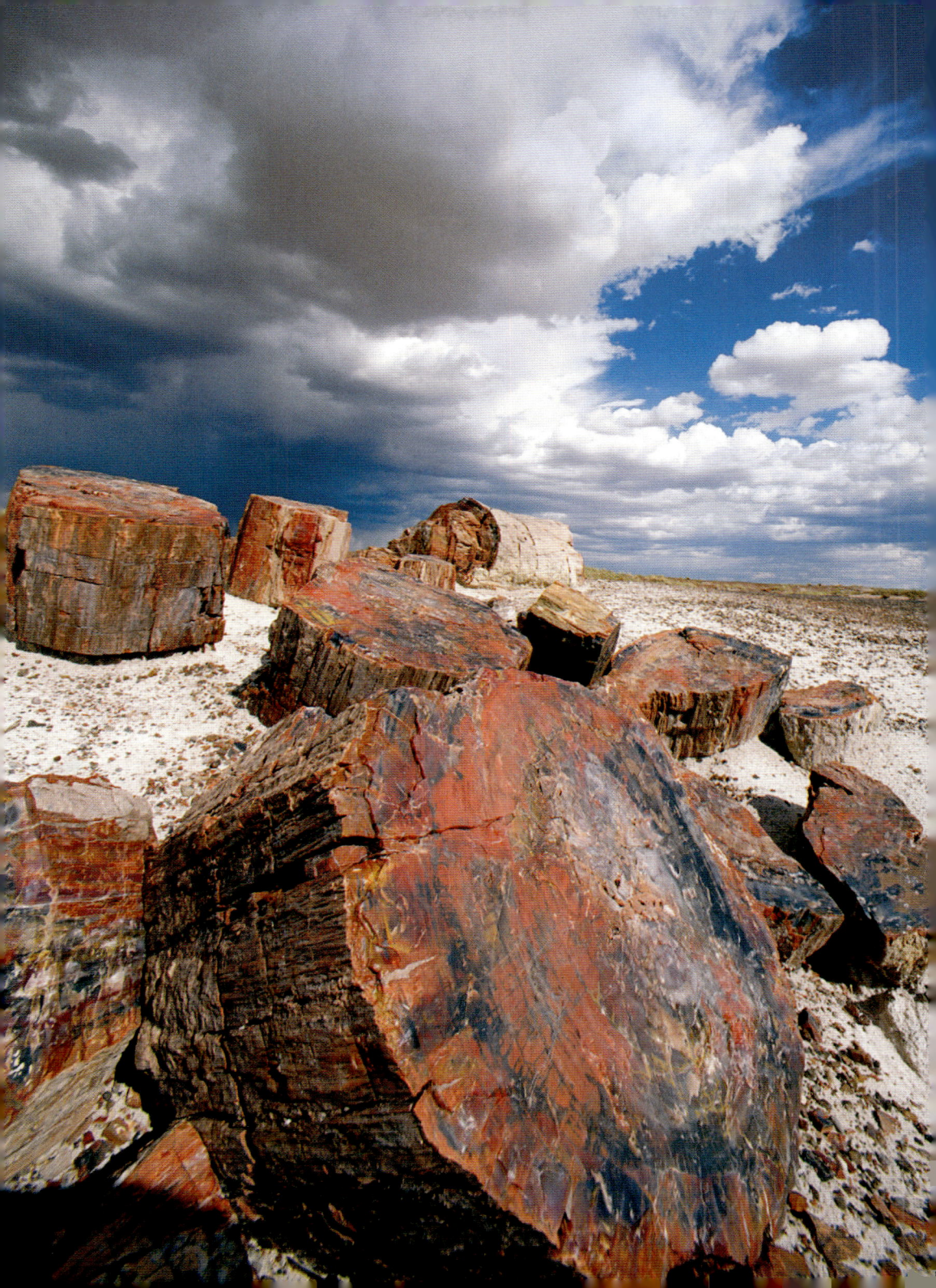

페인티드 사막

미국, 애리조나 주

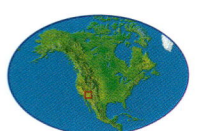

사막의 길이 : 257킬로미터
사막의 생성 시기 : 2억 2,500만 년 전
표면 침식율 : 연간 6밀리미터

페인티드 사막의 황무지 언덕을 보면 수많은 지층이 층층이 쌓인 것처럼 보인다. 그곳의 토양에 붉은색, 주황색, 분홍색, 푸른색, 흰색, 라벤더색, 회색의 광물이 함유되어 있기 때문이다. 이곳을 보는 것만으로도 눈은 더할 나위 없는 사치를 누리는 것이다. 특히 색이 가장 찬란하게 빛나는 해질 무렵의 풍경이 단연 압권이다. 페인티드 사막은 2억 2,500만 년 전, 지금은 사라진 수괴(water body)에 퇴적된 부드러운 사암으로 이루어져 있다. 이곳은 퇴적물이 쌓이는 속도에 따라 철과 알루미늄의 농도가 정해진다. 즉, 각 층의 색깔이 정해지는 것이다. 그중에서도 서서히 퇴적된 토양은 붉은색, 주황색, 분홍색 등으로 변하고 급속하게 퇴적된 토양은 포함하는 산소가 적어서 푸른색, 회색, 라벤더색을 띠게 된다. 그러다 폭우가 잦은 애리조나 여름의 몬순으로 침식이 계속되면 새로운 색이 나타나기도 한다.

페인티드 사막은 건조한 땅과 드문드문 풀이 자라는 평평한 탁상대지, 언덕들 사이로 우뚝 선 산으로 이루어져 있다. 사막의 가장자리에 있는 여덟 곳의 전망지점에 서면 사방이 한눈에 들어온다. 특히 중앙의 동쪽 구역에 있는 블루메사가 가장 인상적인 지역이다. 거친 언덕과 줄무늬가 죽죽 난 바위들을 보고 있으면, 마치 달의 풍경을 보는 듯한 환상적인 느낌이 든다. 페인티드 사막은 석화림 국립공원의 북쪽에 자리 잡고 있다. **JK**

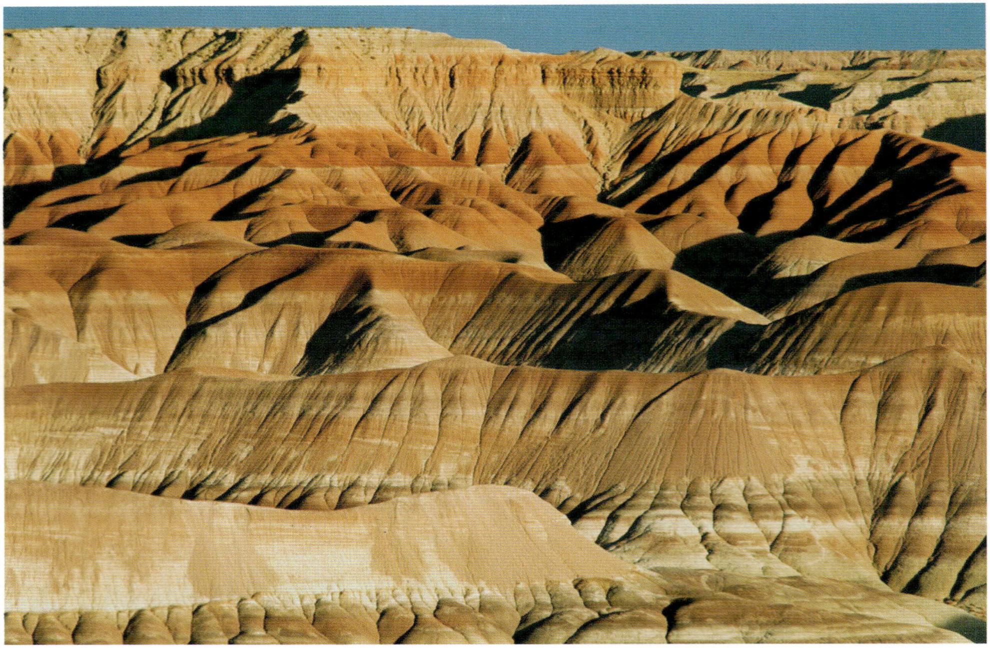

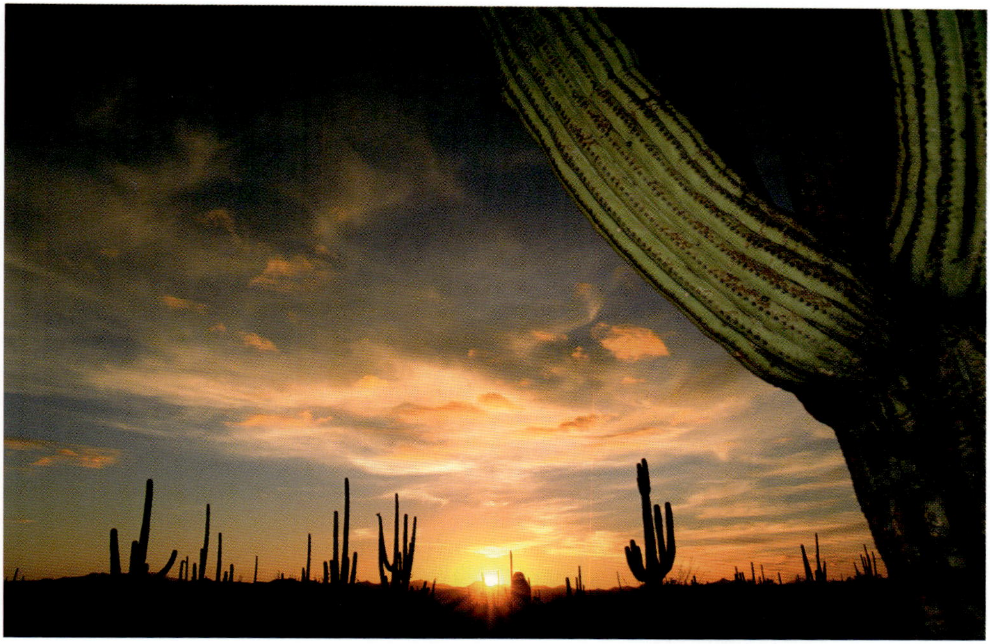

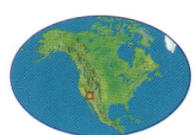

사와로 국립공원

미국, 애리조나 주

공원의 면적 : 370제곱킬로미터	
서식지 : 사막	
주요 식물 : 사와로 선인장	

사와로 국립공원은 미국 남서부와 멕시코 북서부에 걸쳐 있는 소노라 사막에 위치해 있다. 이 공원의 상징인 사와로 선인장은 15미터까지 자라며 무게는 10톤이나 나가고 200년까지 살 수 있다. 사와로 선인장은 계곡의 바닥을 뒤덮고 있으며 공원을 둘러싸고 있는 린컨과 웨스트투손 산맥의 비탈에서도 발견된다.

사와로 선인장이라고 하면 팔처럼 기다랗게 뻗은 가지가 떠오를 것이다. 4월 중순이 되면 선인장은 한밤중에 크고 하얀 꽃을 피우고, 이튿날 진다. 그 짧은 기간 동안 꽃은 꽃술을 먹으려는 박쥐, 새와 곤충을 유혹해 수분을 이룬다. 그러면 선인장은 씨가 가득 찬 붉은 열매를 맺고 과육과 씨는 모두 사막 동물들의 좋은 먹이가 된다. 어린 사와로 선인장이 잘 살아남으려면 그늘과 수분을 제공해 줄 '보모식물'이 필요하다. 선인장은 약 75년 간 큰 가지를 키운다.

사와로 국립공원에는 241킬로미터가 넘는 다양한 하이킹 코스가 있다. 어떤 코스를 선택하더라도 가지가 여럿 난 커다란 사와로 선인장이 당신의 길동무가 되어줄 것이다. **JK**

앤털로프캐니언

미국, 애리조나 주

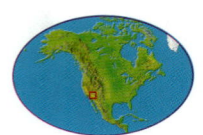

앤털로프캐니언의 길이 : 8킬로미터	
지질학적 종류 : 좁은 협곡	
암석의 종류 : 나바호 사암	

앤털로프캐니언 협곡의 장관을 필름에 담는 사진작가들은 이곳을 '눈과 마음, 영혼에 축복을 내리는 곳'이라고 말한다. 이곳은 그리 잘 알려지지는 않은 사암 협곡으로 빛과 색깔, 형태가 어우러져 시시각각 변화하는 독특한 아름다움을 감상할 수 있는 곳이다. 좁은 균열로 탁상대지로부터 깎여나간 이곳의 협곡은 위아래 두 구역으로 나뉜다. 위쪽의 어퍼앤털로프캐니언은 도보로 갈 수

있기 때문이다. 협곡의 몇몇 지점이 하루 중 단 몇 분 간 지속되는 아름다운 빛의 기둥 때문에 유명해지기도 했다.

앤털로프캐니언은 '좁은 협곡'으로도 알려져 있다. 이런 형태의 협곡은 주로 사암 고원의 표면에 난 좁은 균열에서 시작된다. 균열이 비탈에 만들어지면, 물이 흐르면서 침식작용이 강력하게 발생하여 균열이 일어난 부분이 수로가 되어 사암을 깎아 들어간다. 앤털로프캐니언에서는 그 결과가 좁고 깊은 협곡으로 나타났다. 물결치는 듯한 협곡의 형태에, 폭 1~3미터에 깊이 50미터에 달하는 구멍들이 만들어진 것이다.

> 앤털로프캐니언은 빛과 색깔, 형태가 어우러져 시시각각 변화하는
> 독특한 아름다움을 감상할 수 있는 곳이다.

있지만 아래쪽의 로우어캐니언은 사다리를 타고 좁은 틈을 따라 지하로 내려가야만 닿을 수 있다. 특히 협곡의 벽에 일렁이는 빛의 효과가 단연 압권이다. 위쪽은 진한 주황색과 노란색으로 빛나지만 아래쪽으로 갈수록 빛이 약해지면서 어두운 푸른 색과 보라색으로 변한다. 빛과 색의 대조는 협곡의 완만한 윤곽을 강조하면서 환상적인 풍경을 선사한다.

앤털로프캐니언의 가장 아름다운 때는 태양이 바로 머리 위에 오는 한낮이다. 한 줄기의 햇살이 협곡의 바닥으로 곧장 떨어지는 모습을 목격할 수

앤털로프캐니언의 장관을 제대로 음미하려면 먼저 아침에 컴컴한 곳에 자리를 잡고 앉아 태양이 서서히 떠오르면서 색과 빛, 그림자가 생기는 모습을 지켜보면 된다. 앤털로프캐니언은 애리조나 주, 페이지에서 동쪽으로 몇 마일 떨어진 곳에 있다. 날씨가 좋은 날도 돌발 홍수의 위험이 있기 때문에 반드시 가이드를 동반하고 가야 한다. **JK**

오른쪽 빛의 기둥이 내려온 환상적인 모습

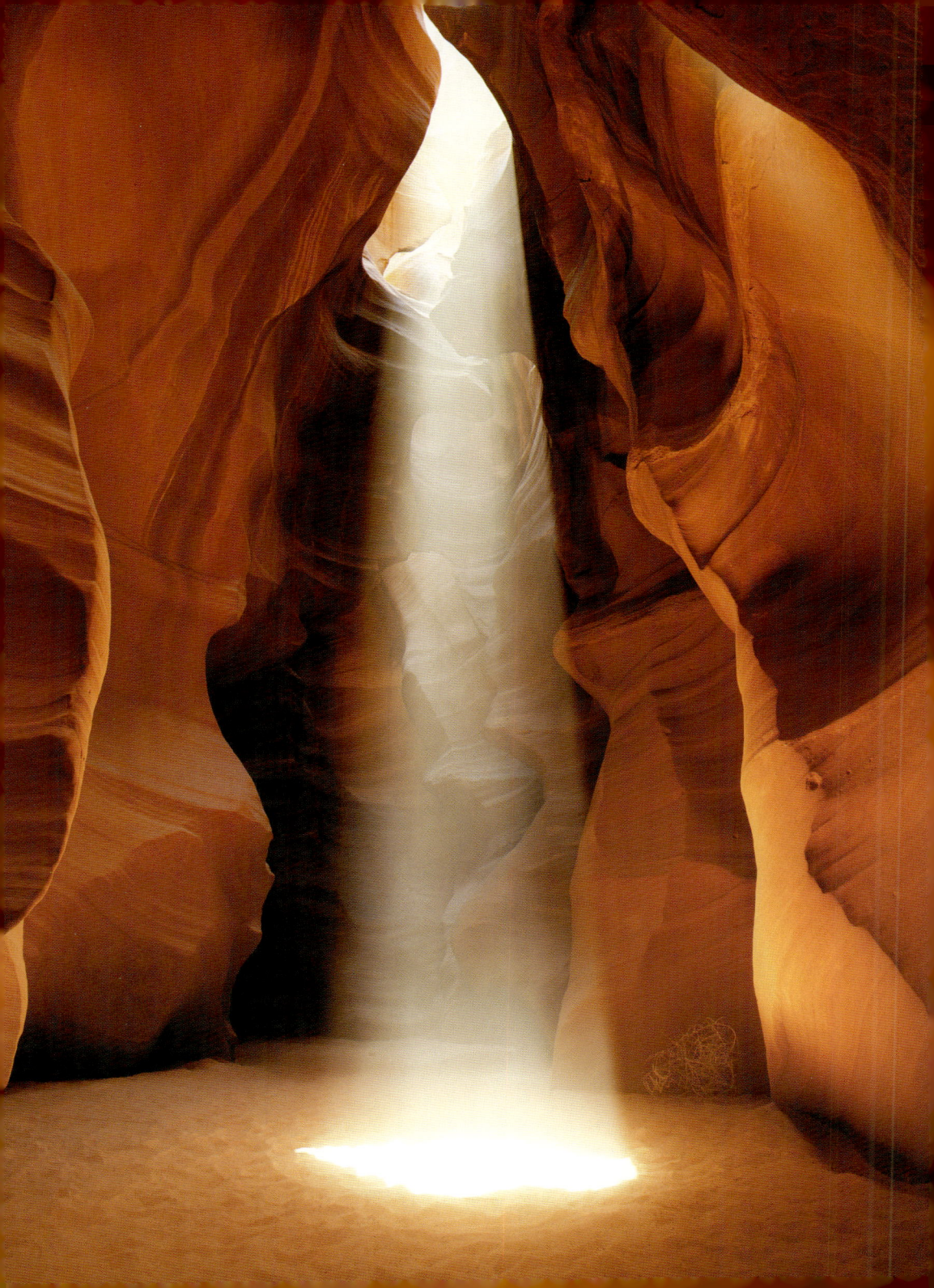

캐니언더셰이 국립기념지

미국, 애리조나 주

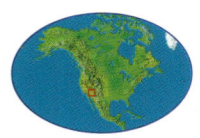

캐니언더셰이의 면적 : 338제곱킬로미터
캐니언더셰이 협곡의 깊이 : 240미터

캐니언더셰이 국립기념지는 1931년에 웅장한 사암 협곡과 고대 원주민들의 암굴 거주 유적을 보호하기 위해 국립기념지로 지정되었다. 이 지역에는 약 1,500년 전부터 사람들이 거주했으며, 암굴 가옥과 푸에블로를 포함한 700개 이상의 유적이 발견되었다. 최초의 암굴 주거는 아나사지 문화에 의해 1060년에 건설되었으며 13세기 말엽에 인적이 끊어졌다. 이후 이곳을 발견한 호피 족과 나바호 족이 들어와 살다가 지금은 나바호 인디언 보호구역이 되었다.

곳곳에 붉은 사암 벽들이 데피앙스 고원에서 협곡의 바닥까지 수직으로 244미터나 쭉 뻗어 있다. 더셰이 사암은 수평으로 깔려 있지 않다. 페름기의 사막에서 형성된 캐니언더셰이는 바람에 모래가 날려 쌓인 퇴적암에 전형적으로 나타나는 비스듬한 선을 지니고 있다. 이 국립기념지는 나바호 인디언 당국과 국립공원본부가 공동으로 관리하고 있다. 나바호 인디언 가이드들은 도보 혹은 말, 사륜구동 자동차 등을 이용한 투어를 제공한다. **RC**

<u>아래</u> 캐니언더셰이의 '스탠딩 카우(서 있는 소)'에 그려진 그림문자들

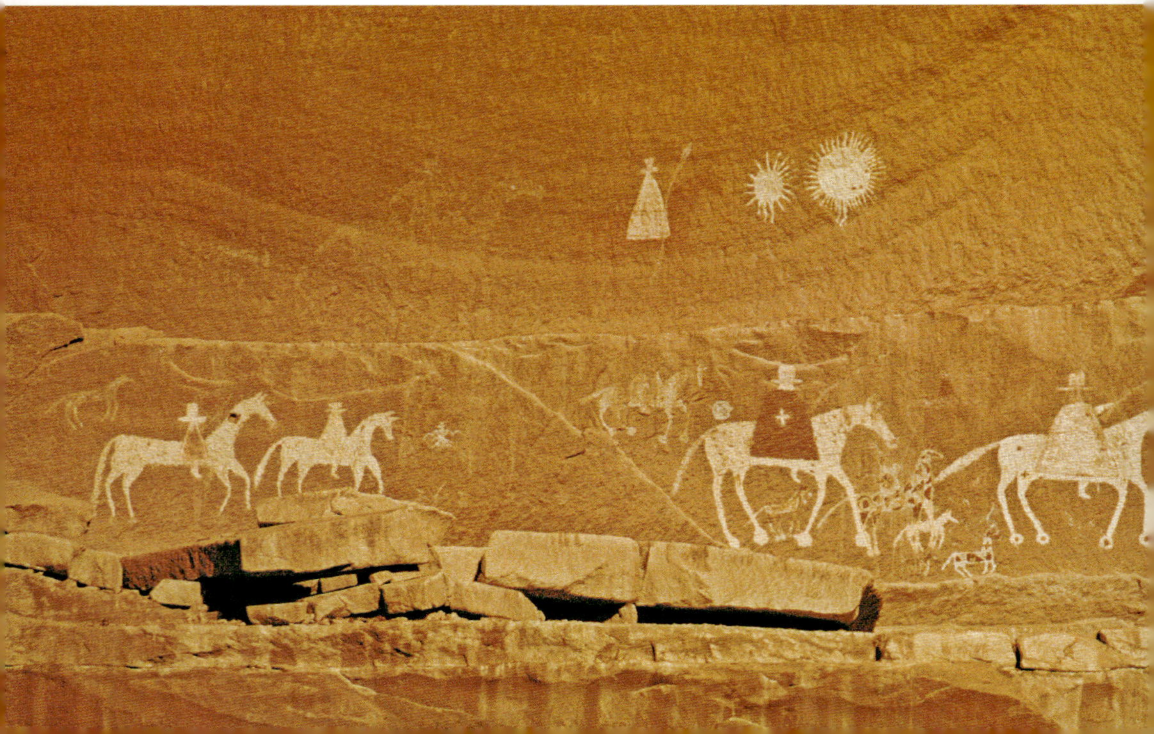

치리카후아
국립기념지

미국, 애리조나 주

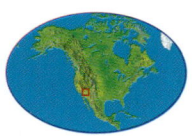

다른 이름 : 서 있는 바위의 땅
생성 시기 : 2,700만 년 전
지질학적 종류 : 유문암질 응회암

치리카후아 국립기념지에는 멋들어진 기암괴석과 후두가 곳곳에 버티고 서 있다. 이곳의 암석은 2,700만 년 전 거대한 화산 폭발로 610미터나 쌓인 화산재와 경석이 퇴적되어 형성되었다. 시간이 흘러 퇴적암은 유문암질 응회암으로 변해 침식작용을 거치면서 오늘날의 모습을 갖추게 되었다. 트레일을 따라 기념지를 걷다보면 토템 기둥과 빅밸런스트록(큰 흔들바위) 같은 후두가 불쑥 등장한다.

치리카후아 국립기념지는 사막 초지에서 2,377미터나 높은 곳에 위치한 투손의 동쪽으로 193킬로미터 떨어진 곳에 늘어서 있는 사화산들인 치리카후아 산맥에 위치해 있다. 고도가 높아 시원하기 때문에 더운 사막에서는 살 수 없는 생물들도 이곳에서 서식하고 있다.

북아메리카에는 4대 생물군계가 있는데, 소노란 사막과 치우아환 사막, 로키 산맥과 시에라마드레 산맥이다. 그중에서도 치리카후아는 4대 생물군계가 모이는 지점으로 이곳에는 소나무와 전나무가 유카와 프리클리페어 선인장과 나란히 자란다. 그뿐이 아니다. 미송과 애리조나삼목도 함께 자란다. 이곳에서 자라는 야생생물은 조류, 페커리돼지류, 코코티, 돼지코스컹크, 곰, 퓨마 등 300종이 넘는다. **JK**

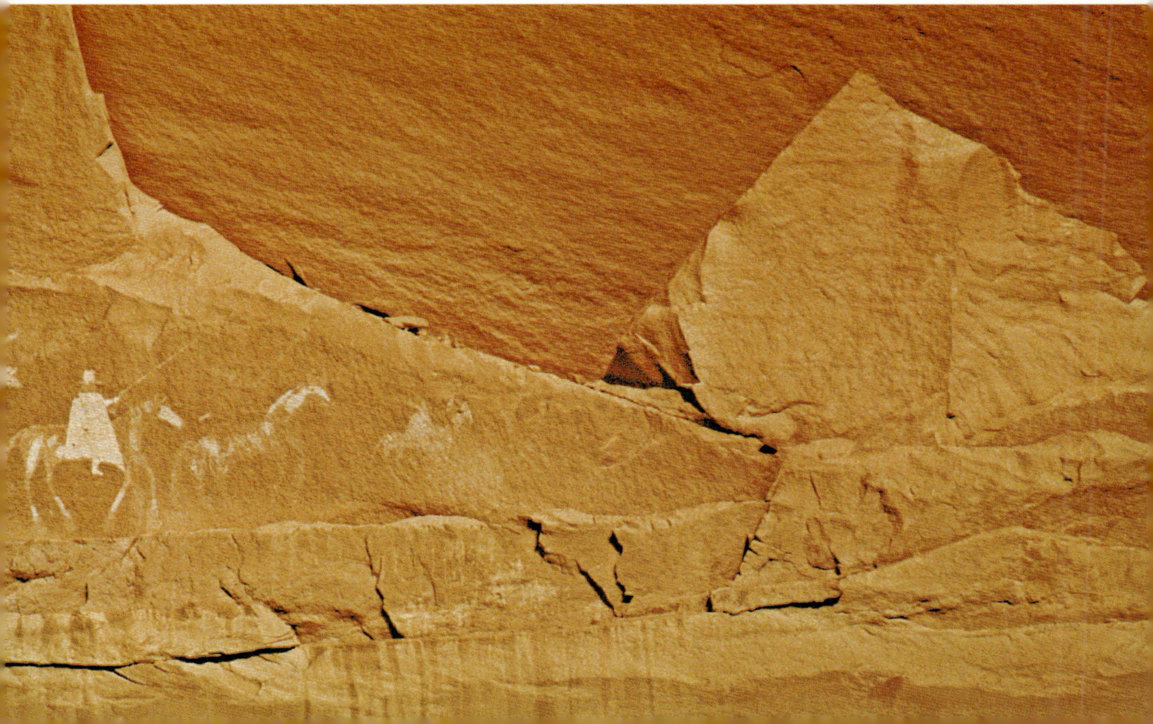

카츠너 동굴

미국, 애리조나 주

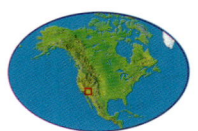

동굴의 총연장 : 4킬로미터	
박쥐의 수 : 약 1,000마리	
온도 : 일 년 내내 20도	

애리조나 주의 남동쪽에 위치한 소노란 사막의 지하에는 지난 20만 년 간 일정하게 유지되어 온 미세 기후가 조성된 동굴계가 있다. 거대한 사와로 선인장 사이를 탐험하던 사람들도 최근까지 그 아래 감추어진 거대한 방들과 지하 통로에 대해서는 알지 못했다. 하지만 비밀의 미로는 수 킬로미터나 이어지는 통로, 축구만한 길이의 동굴들과 희한한 형상의 광물 결정을 뽐내며 그 자리에 있었다.

카츠 동굴은 두 명의 아마추어 동굴 탐험가에 의해 발견되었다. 그들은 1974년에 함몰된 조그만 구멍을 발견하고 땅속으로 들어가 보았다. 그러자 수많은 방해석 결정과 거대한 종유석, 석순, 기둥들이 그들을 반겼다. 게다가 세계에서 두 번째로 긴 6.5미터 길이의 섬세한 수정관이 동굴의 천장에서 자라고 있었다.

동굴을 보호하기 위해 두 사람은 동굴의 존재를 14년간 비밀에 부쳤다. 이 동굴은 사람의 손이 닿지 않은 곳이 많으므로 동굴 깊숙히 들어가려는 관광객들은 항상 가이드를 동반해야 한다. 겨울에는 박쥐들의 번식을 방해하지 않기 위해 동굴에서 가장 큰 방인 빅룸이 폐쇄된다. **DL**

애리조나 운석구덩이

미국, 애리조나 주

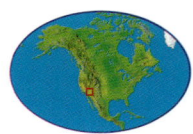

운석구덩이의 지름 : 1,265미터	
운석구덩이의 깊이 : 175미터	
생성 시기 : 대략 2만 2,000~5만 년 전	

애리조나 주의 고원 사막에 있는 거대한 접시 모양의 구덩이가 처음으로 보고된 것은 1871년이었다. 당시만 해도 그곳은 그저 사화산의 분화구일 것이라고 생각되었다. 그러나 1890년대 구덩이에서 철 단편이 발견된 후 지질학자들은 이곳이 화산으로 만들어진 것이 아니라는 결론을 내렸다. 1903년 필라델피아의 광산 기사인 다니엘 배링거가 이곳을 탐사한 후 운석구덩이가 틀림없다고 확신하게 되었다. 그로부터 26년간 그는 아무런 보람도 없이 이곳에 묻혀 있을 운석을 찾아 헤맸다.

1960년에 고온과 고압 하에서만 형성되는 매우 희귀한 실리카 광물인 코자이트와 스티쇼바이트가 이 구덩이에서 발견되었다. 이로 인해 비로소 운석 충돌설이 인정받게 되었고, 과학자들은 운석을 이룬 물질들이 충격 당시 모두 증발해 버렸으리라 생각하게 되었다.

애리조나 운석구덩이는 세계 최대는 아니지만 세계에서 가장 잘 보존된 운석구덩이이다. 이곳은 1968년에 자연지표(Natural Landmark)로 지정되었다. 운석의 크기와 충돌 시기에 대해서는 현재까지도 의견이 분분하다. 그러나 그 충격으로 이 거대한 구덩이가 만들어졌다는 사실을 부정하는 사람은 아무도 없다. **RC**

<u>오른쪽</u> 과학자들은 7만 톤이나 나가는 거대한 구덩이가 운석과의 충돌로 만들어졌다고 생각한다.

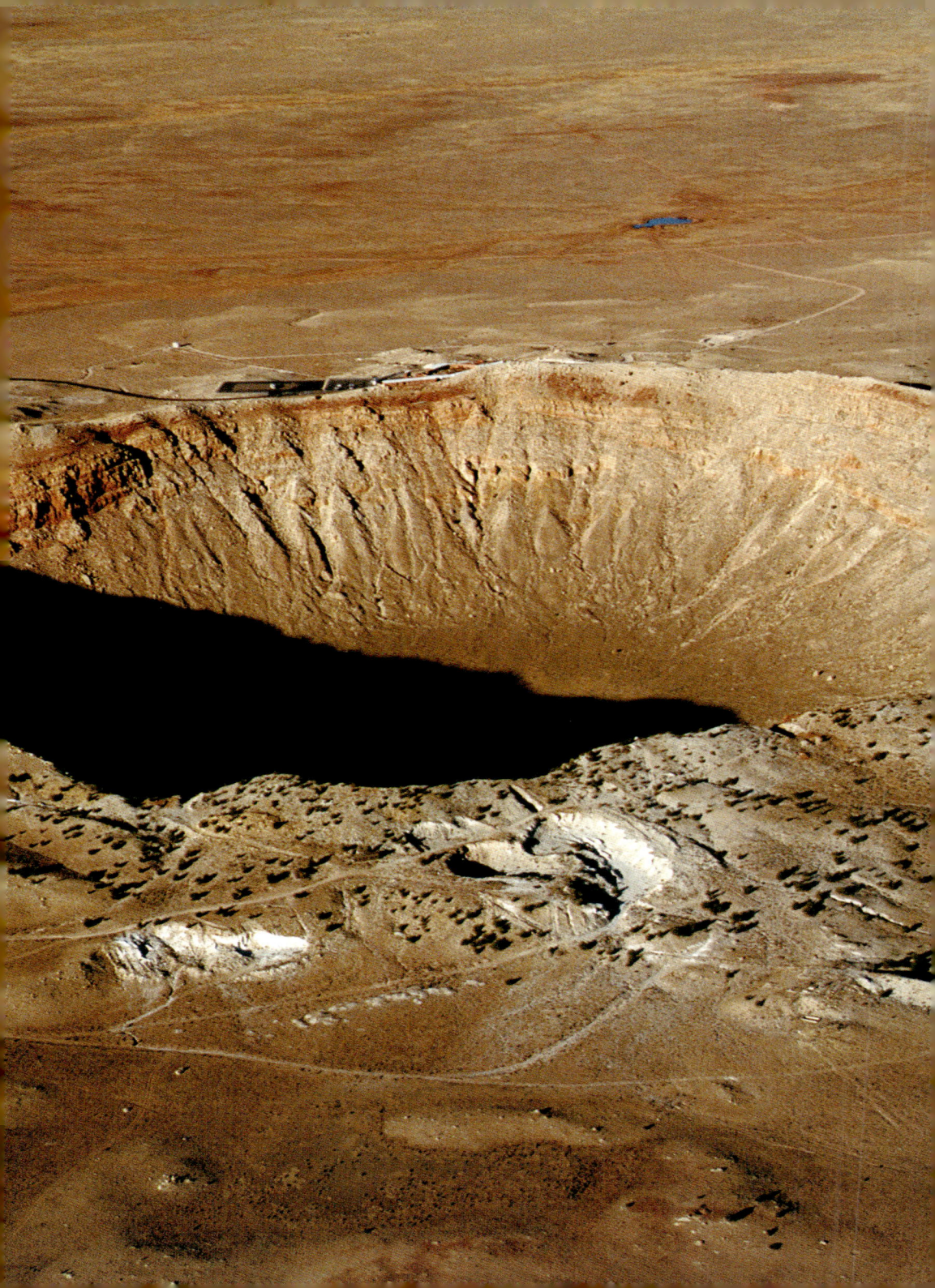

소노란 사막

미국 / 멕시코

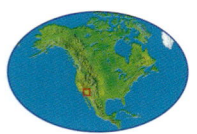

사막의 면적 : 260,000제곱킬로미터
연평균 강수량 : 25센티미터

이곳 사람들은 소노란 사막에 오면 누구나 변할 것이라 믿는다. 이곳이 지닌 자연의 힘이 사람의 영혼을 고양시키고 겸손하게 한다는 것이다. 주변이 산으로 에워싸여 있고 두 주(애리조나 주와 캘리포니아 주)뿐만 아니라 두 나라(미국과 멕시코) 사이에 걸쳐 있는 이 멋진 사막은 북아메리카의 어떤 사막보다 동식물이 풍부하다. 그 이유는 이곳에 두 번의 우기가 찾아오기 때문이다.

겨울에는 태평양에서 몰려온 추운 날씨가 부드러운 비를 넓은 지역에 흩뿌린다. 그러면 사막은 야생화의 천국이 된다. 특히 양귀비와 루핀처럼 일년생 화초가 꽃망울을 터트리는 서부는 그야말로 낙원이다. 7~9월 사이에 찾아오는 여름에는 멕시코만에서 매우 습한 열대성 바람이 불어와 세찬 폭풍우와 국지성 호우가 발생한다. 주변의 산들이 비구름을 가둬버리기 때문에 이 지역은 동식물이 살아가기에 충분한 물을 확보할 수 있다.

소노란 사막에는 2,500종이 넘는 식물과 척추동물 550종이 살아간다. 식물종의 반은 열대가 원산지이며 생활주기가 여름 몬순과 밀접하게 연관

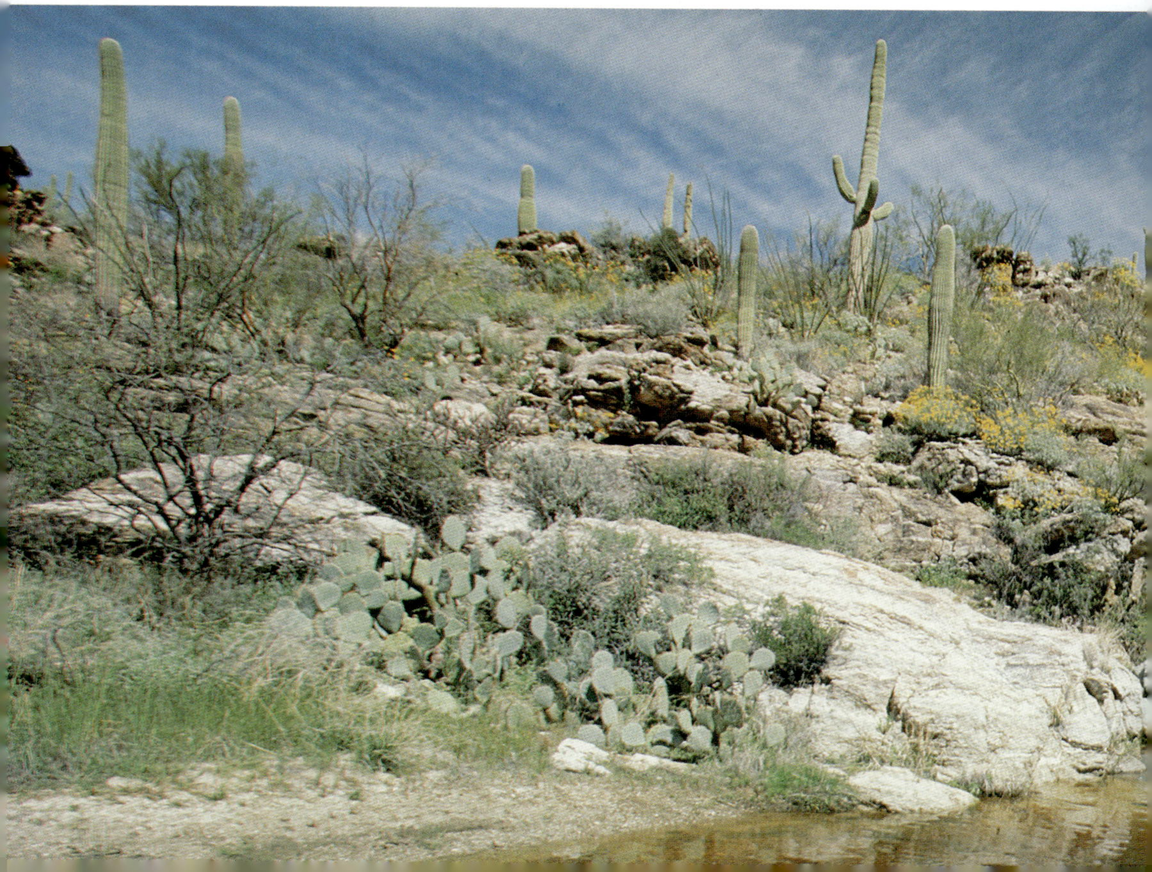

되어 있다. 이렇게 비가 많이 오는데도 이 사막은 북아메리카 지역의 4대 사막 중에서 가장 덥다.

이 지역에는 독특한 동식물이 많다. 이곳의 사와로 선인장은 팔이 휘어져 있는 특이한 모습 때문에 이곳에서 가장 유명한 명물이다. 이 선인장은 200년까지 살 수 있으며, 성장 속도가 매우 느려서 첫 번째 가지가 나오는데 75년이나 걸린다. 사막의 가장 더운 지역에는 경질수목을 비롯해 버세이지, 팔로베르데, 크레오소테, 메스키트 등의 자막 관목류가 자란다.

찌는 듯한 무더위를 이겨낸 동물들도 많다. 멕시코늑대, 퓨마, 큰뿔부엉이, 검독수리, 길달리기새, 방울뱀 등이 그렇다.

소노란 사막은 광활하다. 이곳을 감상하려면 투손 근처에 있는 애리조나-소노란 사막 박물관을 가 봐야 한다. 부지가 8헥타르에 달하는 이곳은 거대한 동물원이자 자연사박물관인 동시에 식물원이기도 하다. 소노란 사막에서 가장 흥미로운 동식물을 관찰할 수 있는 이곳 또한 놓치지 마시라. **JK**

<u>아래</u> 선인장과 팔로베르데 덤불이 건조한 사막에 군데군데 자라고 있다.

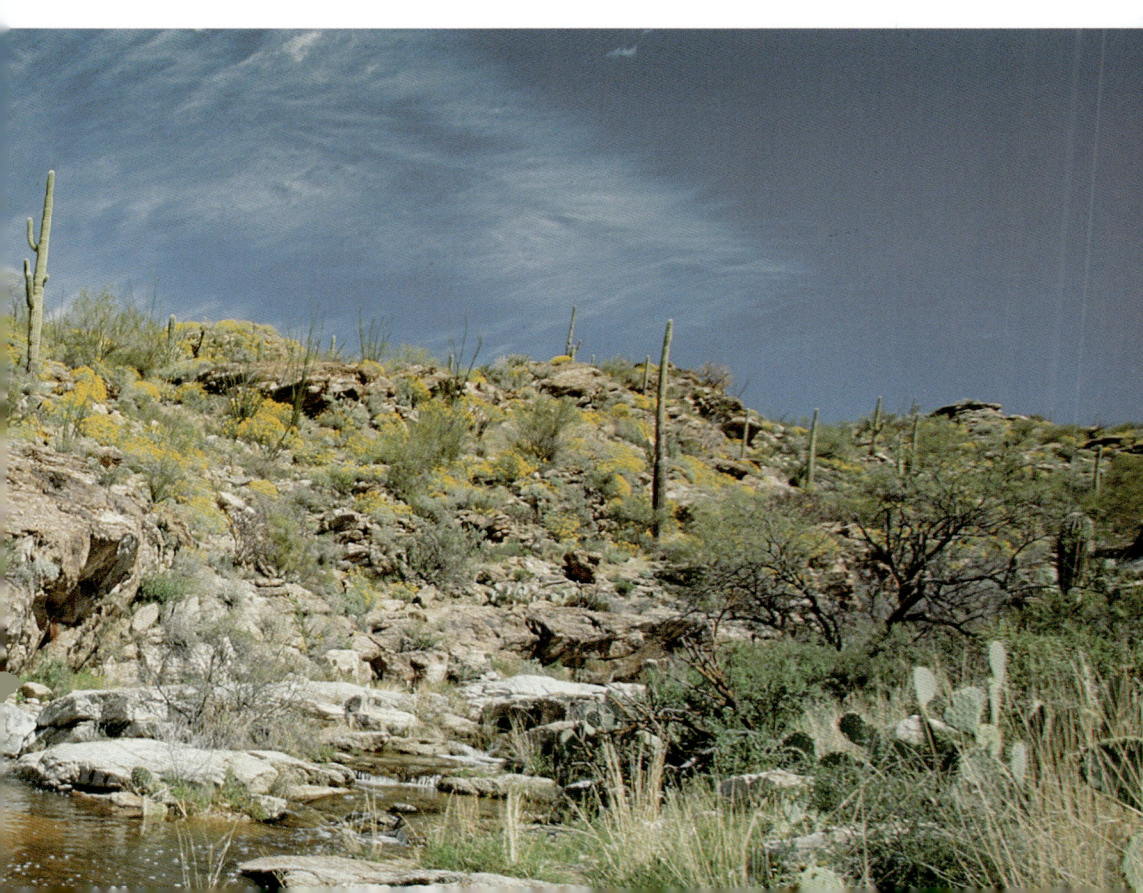

비스티배드랜드와
드나진 자연보호구역

미국, 뉴멕시코 주

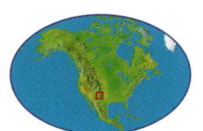

비스티배드랜드의 면적 : 15,533헥타르
국립자연보호구역 지정 연도 : 1984년
평균 해발 고도 : 1,920미터

뉴멕시코 주의 북서부에 위치한 사막에는 기암괴석과 바람과 물에 마모되고 깎여 나간 비스티배드랜드가 숨어 있다. 자연의 손길은 이암, 사암, 석탄과 이판암이 켜켜이 쌓여 있는 이곳의 지층을 깎고 다듬어 수많은 언덕과 협곡, 동굴, 후두 등으로 재탄생시켰다.

이곳에 잘 보존되어 있는 화석의 상태로 보건데 과거에는 지금과 같은 기후가 아니었을 것이다. 석화림과 화석이 된 동물의 뼈와 치아는 지금도 꾸준히 발견되고 있으며, 이곳에서 발견한 화석을 가져가는 것은 불법이다. 오늘날 이 황무지에는 다양한 파충류, 작은 포유류와 맹금류들이 서식한다.

이곳에서 16킬로미터 떨어진 곳에는 드나진 자연보호구역이 있다. 이곳은 정해진 등산 코스가 없기 때문에 탐험을 하고 싶다면 매우 조심해야 한다. 암석이 쉽게 부서지고 무너질 수 있다. 비스티 교역소에 버려진 건물들을 보게 된다면 이 지역이 얼마나 두메인지 실감날 것이다. **RC**

밴더라 얼음동굴

미국, 뉴멕시코 주

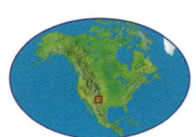

밴더라 얼음동굴의 얼음 두께 : 6미터
밴더라 화산원뿔의 깊이 : 250미터
생성 시기 : 1만 년 전

밴더라 화산은 뉴멕시코 주의 '불과 얼음의 땅'이다. 깊은 분화구는 약 1만 년 전에 폭발한 화산의 흔적이며, 용암터널로 이루어진 동굴계는 한때 총길이가 30킬로미터가 넘는 복잡한 미로를 이루었다.

현재 이 동굴은 대부분 붕괴되었고 밴더라 얼음동굴을 비롯해서 짧은 구간만이 과거의 멋진 모습을 간직하고 있다. 노간주나무, 전나무, 폰데로사소나무 등이 우거진 용암 트레일을 따라 올라가면 부분적으로 붕괴된 용암동굴과 천연의 냉장실이 나온다.

이 냉장실의 기온은 항상 영하의 온도를 유지한다. 바닥에는 천연 얼음층이 깔려 있는데 입구에서 들어오는 빛을 받아 청록색으로 반짝인다. 얼음이 녹색을 띠는 것은 북극조류 때문이다. 얼음은 빗물과 눈 녹은 물이 지하로 스며들었다가 동굴로 몰아치는 한겨울의 추운 바람에 그대로 얼어붙은 것이다. 여름에도 냉방이 잘 되어서 바로 위의 암석을 뜨겁게 달구고 있을 열기를 느낄 수 없다. 가장 오래된 얼음층은 170년에 만들어졌다. 그 옛날 푸에블로 인디언들은 이 동굴의 얼음을 사용했으며, 그 후 이곳에 정착한 백인들도 이 동굴을 이용했다. **DL**

화이트샌즈
국립기념물

미국, 뉴멕시코 주

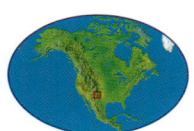

모래 언덕의 높이 : 18미터까지
모래 언덕의 이동 거리 : 연간 9미터까지
국립기념지 지정 연도 : 1933년

뉴 멕시코 북서부의 툴러로사 분지 중심부에는 눈처럼 하얗게 빛나는 사막이 있다. 실리카가 주요 성분인 다른 모래 언덕과는 달리 화이트샌즈는 석고로 이루어져 있다. 이곳은 세계 최대의 석고사막으로 사막의 서쪽에 위치한 호수인 루서로 호수에서 나온 석고로 이루어져 있다. 호수의 물이 증발하고 남은 석고가 퇴적되어 있다가 바람에 날려와 사막을 형성한 것이다. 이론적으로 이 호수에서는 일 년에 203센티미터의 물이 증발한다. 석고 언덕 중에는 일 년에 9미터까지 이동하는 언덕도 있다. 유카와 미루나무와 같이 몇 종류의 식물만이 늘 이동중인 사막의 가장자리에서 자라고 있다. 서식하는 동물도 얼마 되지 않는데, 하얗게 변한 귀 없는 도마뱀과 아파치주머니쥐처럼 이곳의 환경에 맞추어 흰색으로 진화한 동물도 있다.

석고사막의 면적은 712제곱킬로미터에 달하며, 이 면적의 40퍼센트는 국립기념지 내에 위치해 있다. 나머지 부분은 인접한 화이트샌즈 미사일 사격장에 포함되어 있는데 군사시설이라 일반에게 공개되지는 않는다. **RC**

시티 오브 락스 주립공원

미국, 뉴멕시코 주

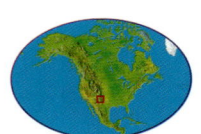

연간 강수량 : 40센티미터
암석의 종류 : 응회암
암석의 높이 : 12미터

시티 오브 락스 주립공원은 면적이 2.7제곱킬로미터에 불과한 작은 공원이다. 그러나 크고 작은 기암괴석과 12미터에 달하는 뾰족한 봉우리들이 만들어내는 풍경이 무척이나 아름다운 곳이다. 멀리서 이곳을 바라보면 탁상고원에서 하늘로 솟은 바위들이 오밀조밀하게 모여 있는 모습이 마치 지평선 위로 바위의 도시가 세워진 것 같다. 바위들 사이로 걸어 다닐 공간은 넉넉한 편이며 뜨

정도이다.

공원은 뉴멕시코 주의 남동부에 위치한 치후아환 사막의 아름다운 밈브레밸리에 있는 데밍이라는 마을에서 북동쪽으로 45킬로미터 떨어져 있다. 이 바위들의 도시에 서식하는 조류는 35종으로 바위 사이나 틈새에 둥지를 틀고 산다. 대머리독수리, 검독수리, 매, 뿔부엉이, 사막굴뚝새, 길달리기새, 되새류 등이 서식하고 있다. 방울뱀, 목무늬도마뱀, 돼지코뱀 등 파충류와 함께 땅다람쥐, 산토끼, 캥거루쥐, 숲쥐, 코요테처럼 사막에서 자주 볼 수 있는 포유류도 서식하고 있다.

이곳에서는 오래전부터 사람이 거주했다. 750

멀리서 이곳을 바라보면 탁상고원에서 하늘로 솟은 바위들이 오밀조밀하게
모여 있는 모습이 지평선 위로 바위의 도시가 세워진 것 같다.

거운 태양을 피해 바위 아래서 잠시 쉴 수도 있다.

이 바위들은 3,500만 년 전에 화산활동으로 형성되었다. 응회암이 녹은 거대한 용암과 화산재가 이 지역으로 몰려와 고열로 인해 눌어붙은 후 단단한 암석층이 되었다. 시간이 가면서 바람과 비의 작용으로 약한 부분은 깎여 나가고 단단한 암석만이 남았다. 사막에서 뚫고 나와 구부러지거나 쭉 뻗어 있는 이 바위들을 보고 어금니를 연상하는 사람들도 있다. 어떤 바위들은 모여 있고 어떤 바위들은 서로 기대어 균형을 잡고 있다. 이곳의 바위들은 매우 드문 모양을 하고 있어서 비슷한 형태의 바위는 전 세계를 통틀어 겨우 여섯 곳에서 발견될

년부터 1250년까지 이곳에는 밈브레 인디언들이 살았다. 밈브레 인디언들은 돌을 사용해 곡식을 가는 도구로 사용했으며, 지금도 바위에는 그 흔적이 남아 있다. 어떤 바위에는 남서쪽으로 탐험을 가던 길에 이 지역을 찾은 스페인 정복자들이 새겨 넣은 십자가도 남아 있다. **JK**

오른쪽 등산가가 바위 봉우리 정상에서 로프를 거두고 있다.

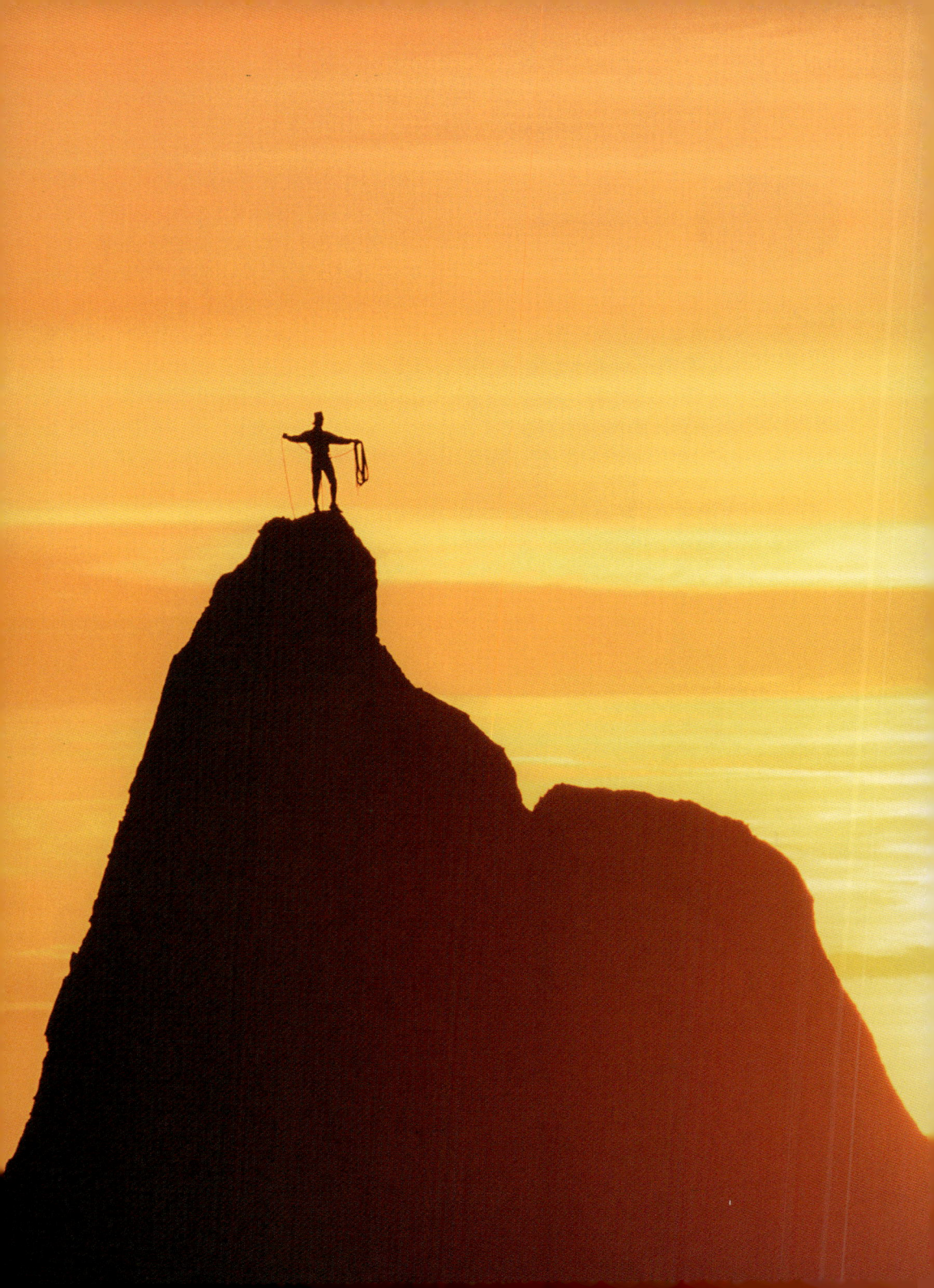

쉽락피크

미국, 뉴멕시코 주

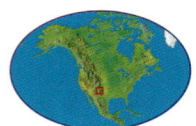

다른 이름 : 트세 비타이
쉽락피크의 높이 : 600미터
암석의 종류 : 화산 각력암

나바호 인디언들은 이 장관을 날개 달린 바위라는 뜻의 '트세 비타이'라고 부른다. 옛날에 적에게 쫓기던 사람들이 이 바위에 올라타자 바위가 날아올라 지금 있는 이곳까지 왔다는 전설도 전해진다. 훗날 이 바위를 본 백인들은 19세기의 쾌속선을 닮았다며 '쉽락피크(배를 닮은 바위 봉우리)'라고 부르기 시작했다.

이 바위는 3,000만 년 전 화산의 중심에 있는 현무암 용암이 그대로 굳어버린 것이다. 주요 봉우리의 높이는 뉴멕시코 평원을 기준으로 600미터에 달한다. 그 주위를 에워싸고 있는 낮은 봉우리들도 과거에는 화산의 보조 분출구였으나, 이제는 암석과 화산재가 고열로 녹아 섞이면서 '각력암'으로 변해 삐죽삐죽한 바위가 되었다. 뾰족한 바위들을 보면 쉽락피크를 만들어낸 화산의 폭발력이 어느 정도였을지 짐작이 간다. 쉽락 시에서 남서쪽으로 21킬로미터 떨어진 곳에 위치한 쉽락피크는 애리조나 주의 북동부와 뉴멕시코 주의 북서부에 걸쳐 있는 나바호와 추스카 화산 들판에 있다. **JK**

아래 멀리 쉽락피크의 들쭉날쭉한 모습이 보인다.

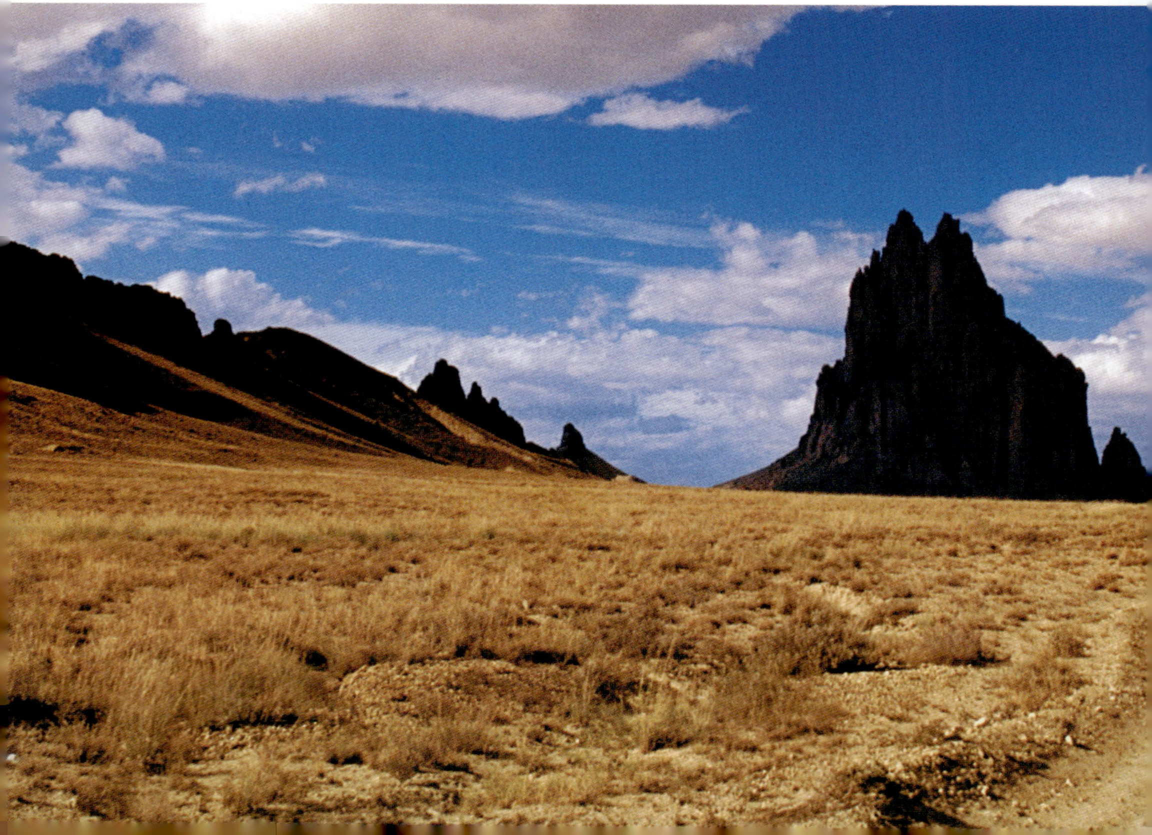

닐링눈

미국, 뉴멕시코 주

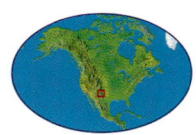

닐링눈의 높이 : 27미터
암석의 종류 : 화산 유문암질 응회암

닐링눈(무릎 꿇은 수녀) 산에는 이런 전설이 전해져 내려온다. 한 수녀가 부상당한 스페인 병사를 치료해 주다 계율을 어기고 그만 병사와 사랑에 빠지고 말았다. 그 사실이 발각되어 수녀원에서 쫓겨난 수녀는 돌로 변해 산꼭대기에서 영원히 무릎을 꿇고 기도를 드리게 되었다. 슬픈 전설을 듣고 닐링눈 산의 거대한 암석을 보면 정말 수녀가 제단 앞에 고개를 숙이고 기도를 올리는 것처럼 보인다.

이 산의 탄생 과정은 전설만큼 열정적이지는 않지만 극적인 것만은 분명하다. 3,500만 년 전 화산 폭발이 있었다. 그 폭발의 위력은 1980년에 세인트헬렌스 화산의 폭발보다 천 배는 강한 것이었다. 그 화산에서는 속돌, 재, 가스 등으로 이루어진 뜨거운 용암이 흘러나와 이 지역을 휩쓸고 지나갔다. 화산성 암설류는 굳어서 암석이 되었고, 산타리타 산맥이 형성되어 융기한 후 서서히 침식작용을 받기 시작했다. 바람, 비, 겨울 서리가 화산 퇴적물을 깎아내며 마침내 독특한 형상의 바위가 만들어졌다. 이렇게 만들어진 닐링눈은 치노마인을 굽어보고 있으며, 실버시티에서 동쪽으로 32킬로미터 떨어진 곳인 뉴멕시코 주 서부에 위치해 있다. **JK**

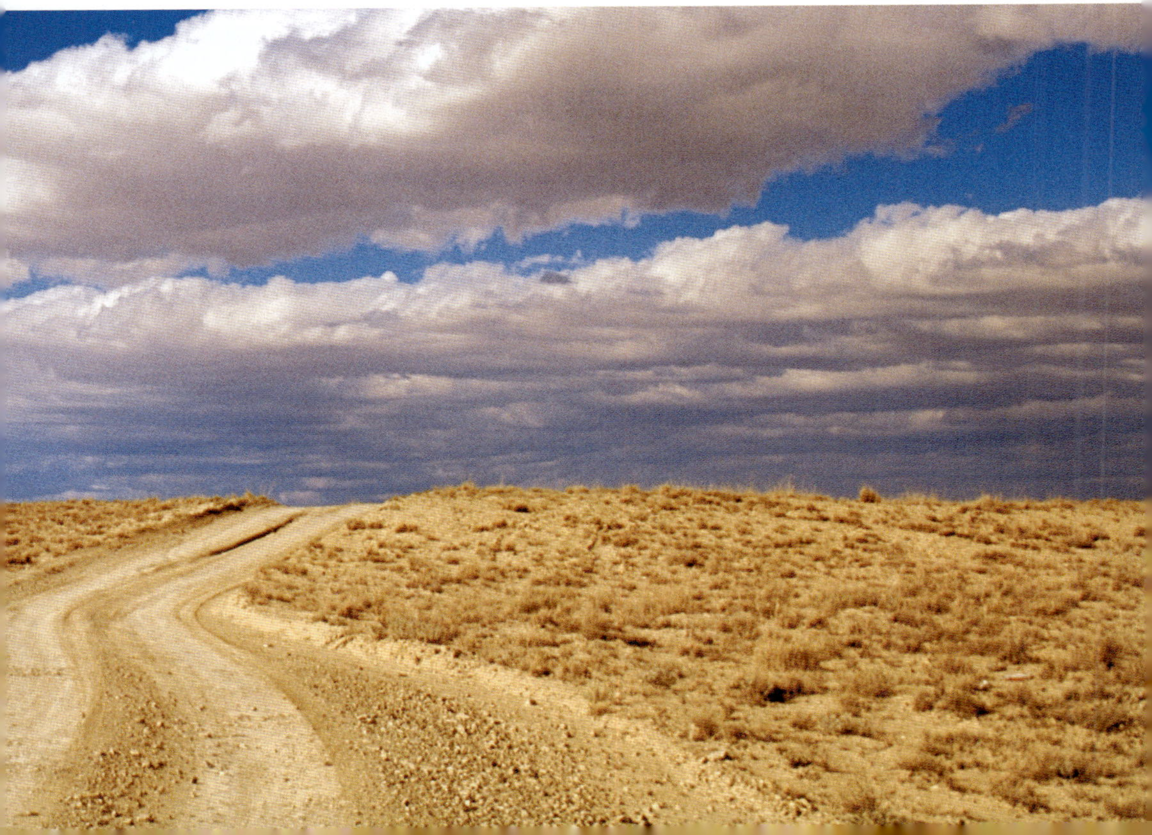

블루홀

미국, 뉴멕시코 주

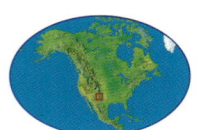

블루홀을 통과하는 유량(분당) : 11,350리터
샘의 해발 고도 : 1,402미터
수온 : 18도

미국의 남서부에서 가장 기억에 남을 만한 스쿠버 다이빙을 하고 싶다면 지금 설명하는 지질학적 현상이 일어나는 뉴멕시코 주를 추천한다. 블루홀은 석회암 지대가 갈라진 곳 내부에 천연적으로 만들어진 깊이 25미터의 거대한 연못이다. 이 연못은 '자연의 보석'이라고도 불린다. 블루홀에서는 물이 엄청난 속도로 솟아나온다. 새로운 물이 분당 1만 1,350리터씩 솟아나므로 무척이나 깨끗하다. 다이버가 휘젓고 다니지 않을 때는 바닥까지 다 보일 정도로 맑고 투명하다.

블루홀의 지름은 수면에서는 25미터지만, 물속으로 들어갈수록 점점 더 넓어져 바닥은 40미터나 된다. 그래서 많은 사람들이 블루홀의 차가운 물에 풍덩 뛰어들 수 있는 거대한 공간이 마련되어 있다. 수온은 항상 18도를 유지하며 여섯 시간마다 새 물이 솟아 나온다. 블루홀은 산타로사 마을 근처에 있다. 이 근처에는 블루홀처럼 물이 솟아나는 호수가 여럿 있으며 특히 깨끗한 광천수가 풍부하다. 주위는 반(半)사막이기 때문에 블루홀은 모두가 반기는 오아시스이다. 개인이 운영하는 다이빙센터에서 산소 탱크를 충전하고 장비를 대여할 수 있다. **JK**

레추기야 동굴

미국, 뉴멕시코 주

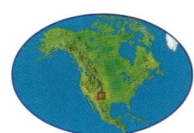

레추기야 동굴의 깊이 : 478미터
동굴의 길이 : 168킬로미터
생성 시기 : 600만 년 전

뉴멕시코 주 남부에 미저리홀이라 불리는 버려진 광산이 있었다. 그 광산의 갱도에서 불어온 한 줄기 눅눅한 바람 때문에 세계에서 가장 중요한 동굴의 하나인 레추기야 동굴이 발견되었다. 섬세한 수정과 침식된 암석이 벽을 타고 떨어지는 고리 형태의 암석에서부터 천장에 아슬아슬하게 걸려 있는 거대한 '석고 샹들리에'까지 이 동굴에는 세상 그 어디에서도 볼 수 없는 자연의 갤러리가 꾸며져 있다. 동굴은 마치 다른 세상으로 떠나는 입구와 같다. 특히 매우 희귀한 미생물이 살고 있어서 나사 과학자들과 의학 연구진들이 화성의 생명체와 암치료 연구의 실마리를 찾기 위해 이곳을 연구하고 있다.

석회암이 빗물에 녹아 형성된 다른 동굴과는 달리 레추기야는 수백만 년에 걸친 화학작용과 바위를 먹어치우는 미생물의 합작품이다. 이곳은 미국에서 다섯 번째로 긴 동굴이기도 하다. 황을 태우는 미생물이 땅속 깊은 곳의 기름 저장소에서 나오는 가스를 황산으로 바꿨다. 이 황산은 철과 망간에 친화적인 미생물과 함께 세계에서 가장 아름다운 동굴의 하나인 레추기야 동굴을 만들어냈다. 이곳의 아름다운 모습과 미생물을 보호하기 위해서 이 동굴은 일반에 공개되지 않는다. **AH**

시머론 협곡

미국, 뉴멕시코 주

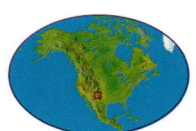

시머론캐니언의 면적 : 134제곱킬로미터

협곡의 해발 고도 : 2,438미터

연간 강수량 : 32센티미터

시 머론 협곡의 위풍당당한 화강암 절벽은 협곡이 있는 아름다운 공원을 압도하는 풍경이다. 뉴멕시코 주의 고산 지대라 시원하기 때문에 찌는 듯한 무더위를 피해 달콤한 휴식을 즐기기에 좋다. 협곡을 통해 포말을 일으키며 흐르는 19킬로미터 길이의 강도 휴식 같은 존재이다. 까마득한 절벽이 수평으로 뻗어가 협곡 위에 벼랑을 이룬 모습은 마치 총안이 뚫린 고성의 흉벽을 보는 것 같다. 높이가 122미터에 달하는 이 절벽은 등반가들의 낙원이다. 다만 불안정한 바위가 많기 때문에 노련한

경험자만이 암벽을 탈 수 있으며 공원 관리 당국의 특별 허가도 받아야 한다. 협곡에서는 하이킹을 할 수 있고 겨울에는 크로스컨트리 스키도 탈 수 있다.

시머론캐니언은 뉴멕시코 주의 북동부에 있으며 이 주에서 가장 큰 야생물보호구역인 콜린 네블렛 야생생물보호구역에 있다. 이곳은 엘크, 사슴, 곰, 야생칠면조, 뇌조가 풍부하며 갈색벌새와 피그미, 동고비 같은 독특한 조류도 많이 서식한다. 협곡을 흐르는 강에는 브라운송어와 무지개송어가 풍부해서 제물낚시의 천국으로도 유명하다. **JK**

밸리 오브 파이어

미국, 뉴멕시코 주

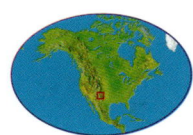

다른 이름 : 말파이스(황무지)

밸리 오브 파이어의 면적 : 324제곱킬로미터

암석의 종류 : 감람석 현무암

지 금으로부터 1,000년에서 1,500년 전 뉴멕시코에서는 몇 차례에 걸쳐 단구가 발생했다. 그 과정에서 툴러로사 분지의 바닥이 벌어지면서 두꺼운 용암이 흘러나왔고, 결국 거대하고 시커먼 지형이 형성되었다. 무려 50미터의 두께로 쌓인 용암은 모든 것을 뒤덮어 버렸는데, 사암 언덕 몇 군데만이 그 운명을 피해 용암의 바다에 떠 있는 섬처럼 생뚱맞게 남게 되었다.

밸리 오브 파이어는 흘러내린 용암이 굳으면 어떤 기암괴석이 만들어지는지 잘 볼 수 있는 곳이다.

어떤 곳은 바위가 거칠고 날카로운 반면 어떤 곳은 표면이 매끄럽고 조직이 점착성을 띠는데 다른 곳보다 용암에 기체가 더 많이 녹아있기 때문이다. 밸리 오브 파이어 계곡에는 과거 용암이 땅속으로 지나간 여덟 곳의 용암 터널이 있다.

사람이 거주하기에는 적합하지 않지만 이곳의 지표면에 난 구덩이나 균열에는 수많은 동식물들이 서식하고 있다. 육식동물도 많은데 특히 큰뿔부엉이를 경계해야 한다. 이 새는 이곳을 사냥터로 이용할 뿐만 아니라 보금자리로도 활용하고 있다.

수많은 설치류와 파충류가 어두운 용암의 색깔에 적응하면서 점차 어두운 색으로 진화했다. 위장을 잘 한다는 것은 천적의 위험에서 그만큼 자유로울 수 있도록 적응했다는 것이다. **JK**

칼즈배드 동굴 국립공원

미국, 뉴멕시코 주

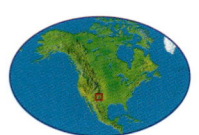

동굴의 수 : 100개
기온 : 13도
암석의 종류 : 석회암

칼즈배드 동굴 국립공원은 뉴멕시코 주 과달루프 산맥에 자리 잡고 있다. 땅속 깊은 곳에 있는 거대한 동굴들은 웅장한 석회암 기둥과 종유석, 석순으로 장식되어 있다.

동굴은 2억 5,000만 년 전인 페름기부터 화석화된 광맥이 움푹 팬 흔적이다. 과거 몇 백만 년 전에 이 지역이 융기하면서 얕은 내해 아래로 빗물이 스며들기 시작했다. 빗물이 광맥의 틈으로 흘러들어가자 지하에 있던 기름과 가스층에서 황화수소가스가 나오기 시작했다. 부식성이 매우 강한 이 화합물의 작용으로 현재의 동굴이 형성되었다.

동굴은 1898년에 이 지역의 카우보이인 짐 화이트가 처음으로 발견했다. 그는 동굴을 탐험한 뒤 관광객들에게 동굴 내부를 구경시켜 주었다. 말이 관광이지 담력이 세지 않으면 버티기 어려웠을 것이다. 당시 관광객들은 양동이 엘리베이터를 타고 52미터를 내려가 구경을 해야 했다. 그때에 비하면 요즘은 훨씬 편해져서 일 년 내내 잘 정비된 길과 투어가 마련되어 있다. 백만 마리에 달하는 이주성 박쥐는 칼즈배드 동굴 국립공원의 또 다른 하이라이트이다. 박쥐들은 1제곱피트(0.09제곱미터)당 300마리씩 들어차 있다. **JK**

오른쪽 칼즈배드 동굴의 거대한 석순

라스헤르타스 협곡

미국, 뉴멕시코 주

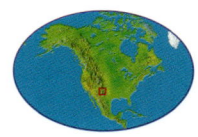

다른 이름 : 랜드 오브 인챈트먼트(마법의 땅)
평균 강수량 : 356밀리미터
산디아 산맥의 생성 시기 : 200만 ~2,500만 년 전

땅속에서 보글거리며 솟아난 샘에서 시내가 형성되었고, 이것이 산디아 산맥의 서쪽 경사면을 깎아내면서 라스헤르타스 협곡을 만들었다. 라스헤르타스는 스페인어로 '정원'이라는 뜻이다. 1765년에 뉴멕시코 주에 처음 정착한 스페인 사람들은 이곳이 정원처럼 아름답다고 생각하며 이와 같은 이름을 붙였다.

협곡의 가파른 경사면에는 매우 다양한 식물들이 자라고 있다. 딱총나무, 미루나무, 높은 지대에 자라는 버드나무에서 피뇽소나무, 노간주나무, 더위를 잘 견디는 수많은 풀과 낮은 지역의 관목까지 매우 다양하다.

온화한 기후, 풍부한 햇살, 아름다운 일몰과 경치가 한데 어우러진 협곡과 주변의 산맥은 태양의 위치에 따라 형태와 모습을 바꾸어 가면서 보는 이들에게 온종일 멋진 풍경을 선사한다. 이른 아침과 저녁에 산을 보면 분홍색을 띠고 있어서 초기 탐험가들은 스페인어로 '수박'을 의미하는 '산디아'라는 이름을 산맥에 붙여 주었다.

라스헤르타스 협곡은 여름이면 느닷없이 격렬한 폭풍우가 몰아친다. 또한 뉴멕시코 주는 미국에서 벼락으로 인한 사망 사고의 비율이 가장 높은 곳이므로 협곡 가장자리의 노출된 곳을 따라 나 있는 산책로로 여행할 때는 각별히 조심해야 한다. **JK**

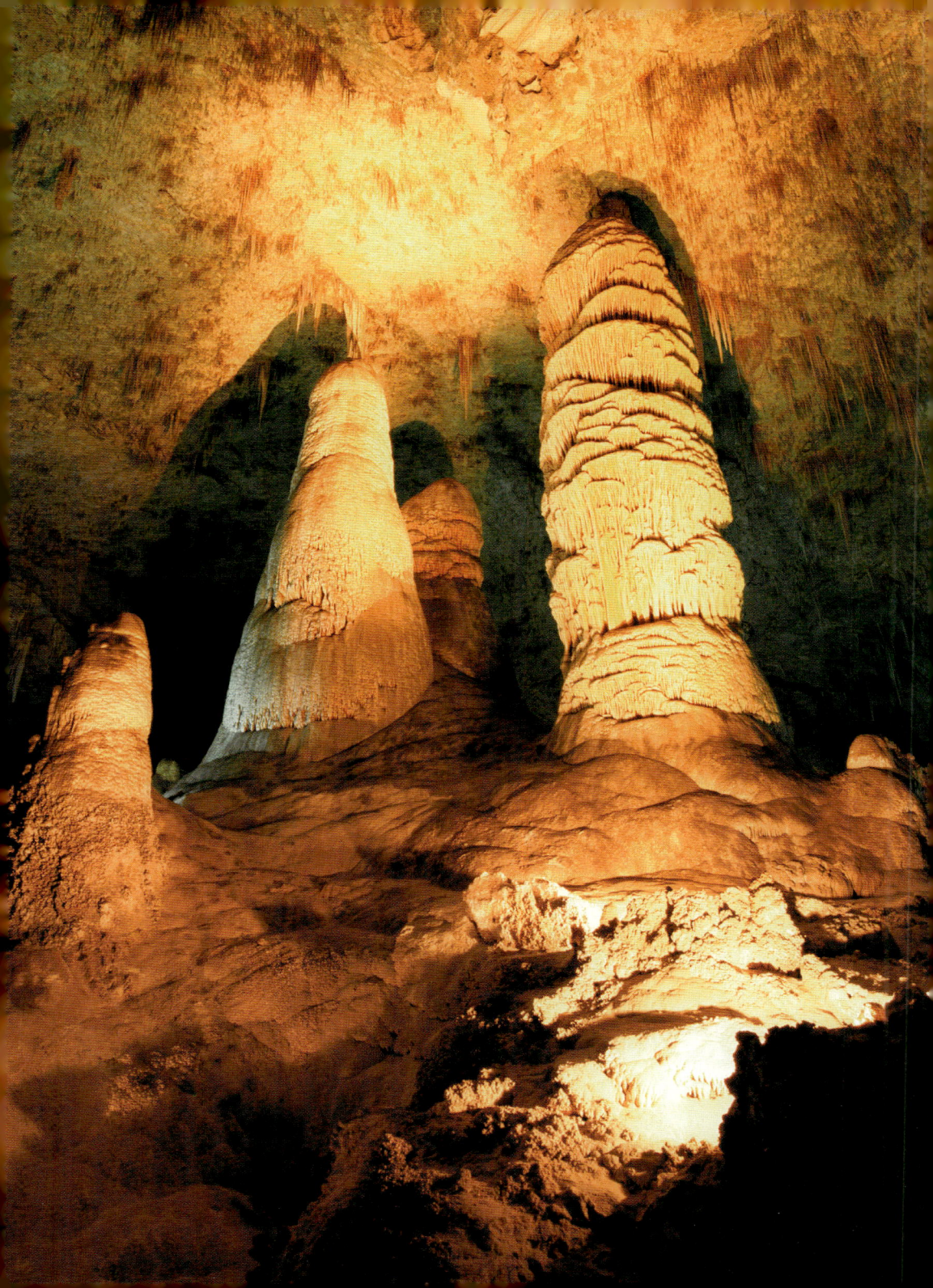

슬로터캐니언 동굴

미국, 뉴멕시코 주

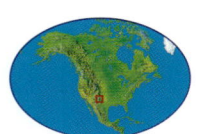

동굴의 기온 : 13도
암석의 종류 : 석회암
암석의 생성 시기 : 2억 5,000만 년 전

스릴 넘치는 모험과 거친 동굴 탐험을 원하는 사람이라면 슬로터캐니언 동굴을 꼭 가 봐야 한다. 칼즈배드 동굴 국립공원에 있는 이 거대한 동굴은 자연 상태의 통로밖에 없으며 조명조차 설치되어 있지 않다. 사막에 놓인 가파른 길을 152미터 정도 걸으면 동굴의 입구가 나온다. 입구까지의 여정이 고생스럽기는 하지만 막상 동굴의 장엄한 내부를 보면 불만조차 쑥 들어갈 것이다. 이 동굴에는 세계에서 가장 높은 석회암 기둥의 하나인 모나크가 있는데, 그 높이는 장장 27미터에 달한다.

전나무처럼 생겼다고 해서 크리스마스트리라고도 불리는 모나크 역시 놓치면 후회하는 볼거리 중 하나이다. 이 기둥은 하얀 석회암으로 덮여 있는데 방해석 결정을 함유하고 있어서 반짝거린다. 발목 높이까지 올라오는 섬세한 석회암 댐의 신비로운 모습도 사람들의 눈길을 끈다. 마치 중국의 만리장성을 작게 만들어놓은 듯한데, 연못 주위에 굳어버린 탄산칼슘 침전물로 만들어졌다.

동굴은 1937년에 한 농부에 의해 발견되었다. 이 농부가 치던 염소들이 동굴로 가서 폭풍을 피한 덕분이었다. 현재는 공원 관리인의 도움으로 탐사 작업이 이루어지고 있다. 2킬로미터에 달하는 컴컴한 통로에서 유일한 빛은 관광객들의 헬멧에 달린 전등뿐이다. **JK**

소다 댐

미국, 뉴멕시코 주

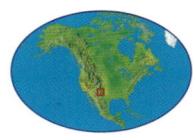

소다 댐의 길이 : 91미터
댐의 높이 : 164미터
가장 오래된 퇴적물 : 100만 년 전

소다 댐은 헤메스 강으로 굴러 떨어지는 거대한 바위처럼 생겼다. 그러나 뉴멕시코 주 북부 지방에 있는 이 지형의 탄생 스토리는 더욱 기괴하다. 이곳은 약 100만 년 전부터 지하에서 솟아나오는 온천수가 지표면으로 올라와 식으면서 형성된 탄산칼슘 혹은 온천 침전물이 쌓여 만들어졌다. 침전물이 쌓이고 쌓여서 지금은 강보다 더 큰 100미터 길이의 석회암 구조물이 된 것이다.

소다 댐은 헤메스 화산 지대의 깊은 단층을 따라 누워 있다. 이곳은 약 13만 년 전에 마지막으로

화산이 폭발한 지역이다. 지하 깊은 곳에서 화성암 용암이 지하수를 가열하자 석회암으로 형성된 기반암의 광물이 용해되기 시작했다. 댐 내부에는 따뜻하고 습한 동굴이 있는데 좁은 입구를 통해 들어갈 수 있다. 이곳에서 솟아나는 샘물에는 침전물이 함유되어 있다. 세월이 흐르면서 강물이 댐을 깎아 물길을 만들었지만 강물의 침식작용과 동시에 샘물에 함유된 침전물은 계속 쌓이고 있다. 자연은 이 놀라운 지형을 파괴하면서 동시에 새로 짓고 있는 것이다. **JK**

로스트씨

미국, 테네시 주

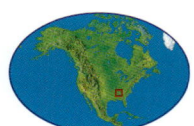

| 로스트씨의 길이 : 244미터 |
| 호수의 폭 : 67미터 |
| 기온 : 14도 |

로스트씨는 미국 최대의 지하 호수로 테네시 주 동부 산맥에 있는 크레이그헤드 케이번즈 동굴계의 깊숙한 곳에 자리 잡고 있다. 이 동굴계는 예로부터 수많은 사람에게 은신처를 제공해 주었다. 체로키 족들은 카운슬룸이라는 동굴에 거주하며, 다양한 유물을 남겼다. 남북 전쟁 당시에는 군인들이 이곳에 탄약을 저장했다. 금주법이 시행되던 당시에는 이곳을 주류 밀매점으로 이용한 사람도 있었다.

지금은 사람들의 관심이 장대한 지하 호수에 모이고 있다. 관광객들은 전기로 작동하며 바닥이 유리로 된 배를 타고 호수를 탐험할 수 있다. 동굴이 바로 아래의 물에 잠긴 동굴들과 연결되어 있기 때문에 호수의 크기는 정확히 알 수 없다. 더구나 이 깊은 수중 동굴은 너무나 위험하기 때문에 다이버들에 의해 작성된 지도에는 겨우 5헥타르 정도만 나와 있다. 그 외 볼거리로는 석화라는 희귀한 결정체가 있다. 탄산칼슘의 일종인 아라고나이트로 만들어진 머리카락 같은 섬세한 구조물은 '동굴 꽃'으로 알려져 있는데 이처럼 희귀한 구조물이 발견되는 동굴은 세계적으로도 얼마 되지 않아 이 동굴은 국립랜드마크로 지정되어 왔다. **JK**

내추럴브리지케이번즈

미국, 텍사스 주

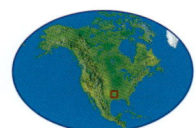

| 내추럴브리지케이번즈의 생성 시기 : 1,200만 년 전 |
| 기온 : 21도 |
| 동굴의 종류 : 카르스트 |

내추럴브리지케이번즈의 입구는 거대한 싱크홀로 '자연의 다리'라는 이름처럼 18미터 길이의 석회암 다리가 걸려 있다. 낮은 길을 따라 지하로 내려가면 거대한 방들, 육중한 석회암 기둥들과 섬세한 결정 구조물로 가득한 별천지가 나타난다. 제일 큰 방은 '홀 오브 마운틴킹스'로 길이가 107미터, 폭은 30미터이며 높이도 30미터에 달한다. 이곳을 제일 먼저 탐험한 사람들은 5,000년 전 인류의 유적을 발견했으며, 이미 멸종한 회색곰의 8,000년 전의 뼈도 발견되었다.

동굴은 1,200만 년 전에 빗물이 석회암을 녹이면서 형성되었다. 이곳에는 낙숫물로 만들어진 기괴한 종유석과 석순들이 부지기수로 널려 있다. 이런 지형에서 석순이 16세제곱센티미터 정도 자라려면 100년이나 걸린다고 한다.

3만 5,000와트의 간접 조명이 설치되어 있는 0.8킬로미터 거리의 여러 트레일을 따라가면 79미터 아래까지 들어갈 수 있다. 또한 49미터 아래에는 복잡한 통로 사이를 기어가며 둘러볼 수 있는 더 험난한 동굴이 있다. **JK**

치소스 산맥 분지

미국, 텍사스 주

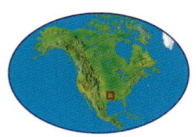

최고봉의 높이 : 2,388미터
서식하는 조류종의 개체수 : 434종
서식하는 포유류종의 개체수 : 78종

치소스 산맥 분지는 콜로라도 주에서 멕시코까지 이어져 있는 거대한 열곡의 일부이다. 분지와 산맥은 열곡의 가라앉은 부분에 있으며 그 양쪽에 더 많은 산이 솟아 있다. 지질학적으로 복잡한 지형이다 보니 저지의 사막과 습기가 많은 산악의 삼림이 대조를 이루고 있다. 여하튼 이곳에는 광활한 대지에 웅장한 풍경이 펼쳐져 있다. 치소스 산맥의 높이는 분지 바닥을 기준으로 610미터인데 이를 해발 고도로 환산하면 거의 2,440미터에 달한다. 산맥에는 떡갈나무 숲, 폰데로사소나무, 노간주나무, 미루나무 등이 울창하게 자라고 있다.

이 산맥은 사막에서 유일하게 기후가 온화하며 강수량도 많은 곳이다. 그래서 흑곰, 쿠거, 희귀 조류 및 다른 곳에서는 서식하지 않는 수많은 동식물이 서식하고 있다. 또한 이 산맥은 멕시코 북부 지역의 대부분, 텍사스 주 서부와 뉴멕시코 주 일부에까지 걸쳐 있는 방대한 지역인 치우아환 사막에 있다. 분지에 있는 사막의 기온은 여름이면 종종 40도를 넘어간다. 그러나 사막의 바닥보다 낮게 있기 때문에 분지는 훨씬 시원한데 늘 10도 정도

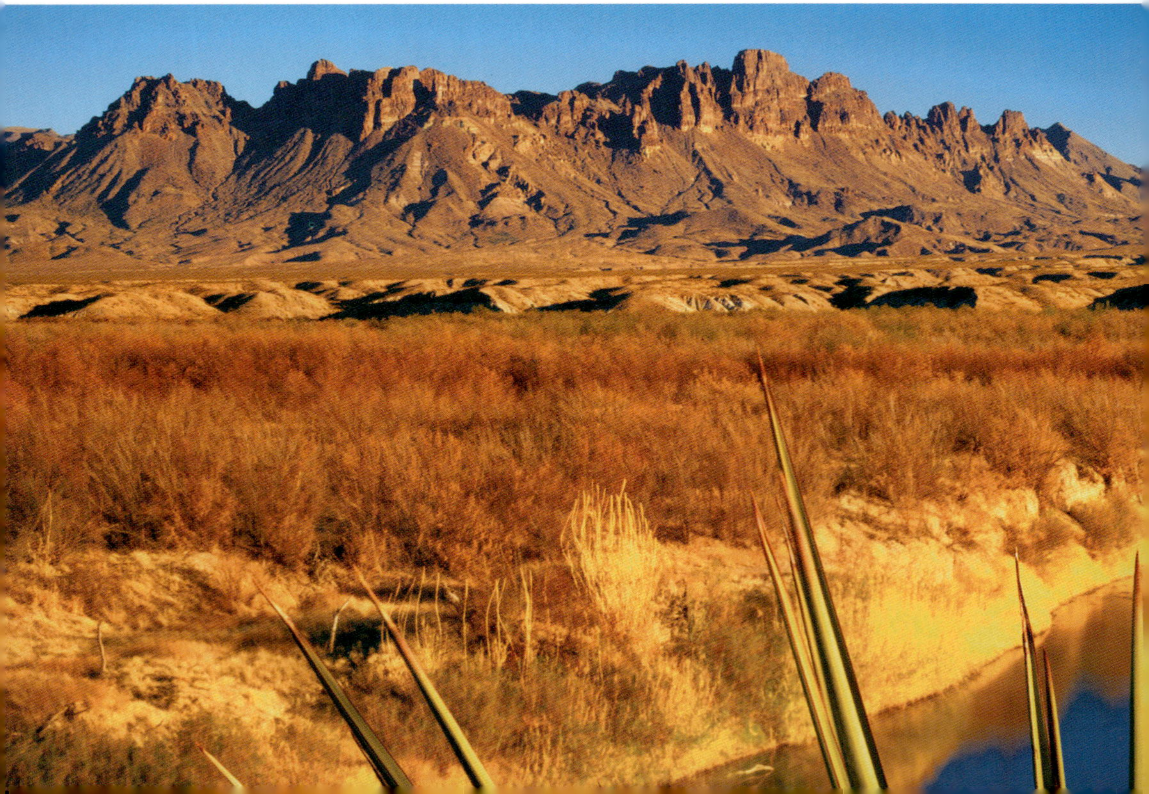

를 유지한다.

이곳은 텍사스 주에서도 가장 외진 지역이지만 야생의 아름다움과 산악 지형, 사막의 광활함과 별이 총총한 하늘을 보기 위해 여행을 할 만한 가치가 충분히 있다. 가장 아름다운 풍경 중의 하나는 '치오스 분지의 창'에서 보는 일몰이다. 분지의 동쪽에 있는 카사그란데피크를 향해 우뚝 서 있는 봉우리의 멋진 풍경은 장관을 이룬다. 붉은 저녁노을로 물든 산과 사막을 보면 마치 화성의 풍경을 보는 것 같다.

분지와 산맥은 리오그란데 강이 치후아환 사막을 굽이쳐 흐르는 빅벤드 국립공원에 속한다. 공원의 면적은 3,108제곱킬로미터에 달하는데 북아메리카에서 지형이 가장 험한 곳에 속한다. 이곳을 구경하려면 평소보다 훨씬 시원한 11월에서 1월 사이가 가장 좋다. 한편 공원 곳곳에 잘 정비된 산책로가 거미줄처럼 퍼져 있는 것을 보면 이곳이 여행가들의 천국이라 불리는 이유를 알 수 있을 것이다. **JK**

아래 피처럼 붉게 빛나는 치소스 산맥의 전경

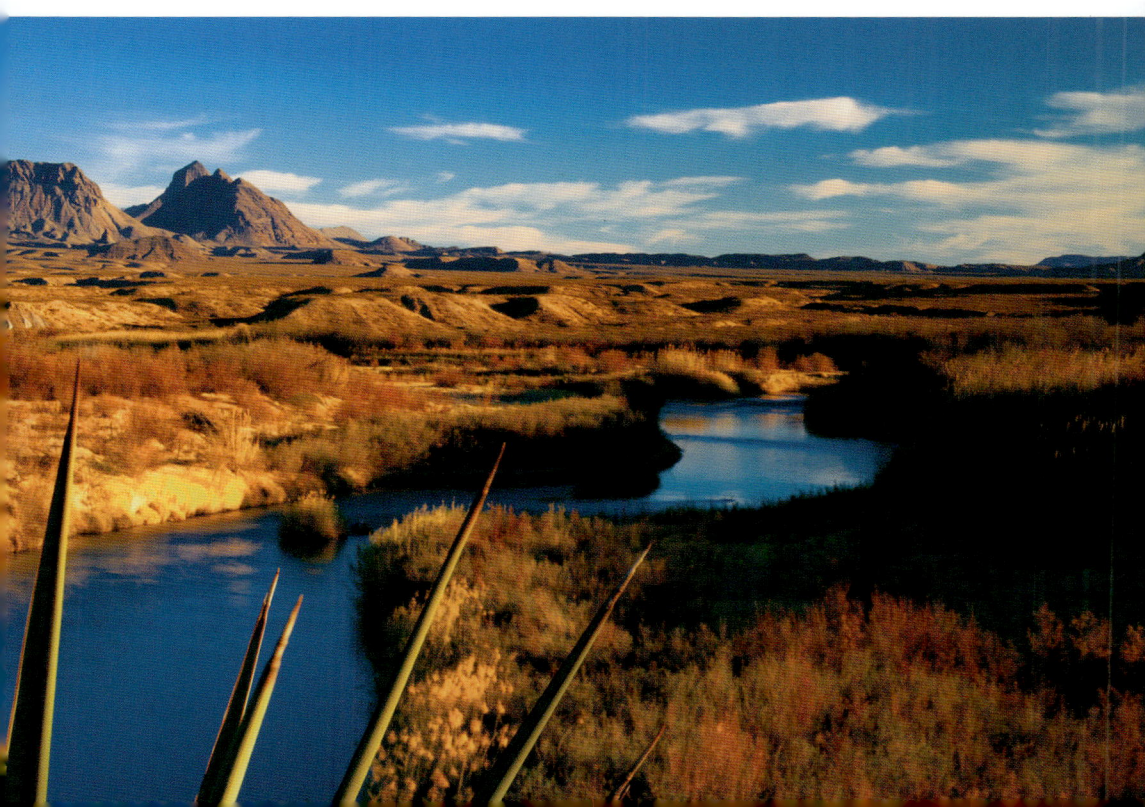

빅사이프러스 국립보호구역

미국, 플로리다 주

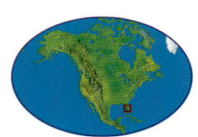

국립보호구역의 면적 : 6,216제곱킬로미터
연간 평균 강수량 : 152센티미터
주요 자생식물 : 드워프폰드 사이프러스

플로리다 주의 빅사이프러스 국립보호구역은 아열대 서식지가 풍부한 6,216제곱킬로미터에 달하는 거대한 습지 낙원이다. 일반적으로 늪이라고 불리지만 실제는 전혀 그렇지 않다. 이 보호구역에는 소나무, 활엽수, 프레리, 맹그로브, 야자수, 사이프러스 등의 나무들이 뒤섞여 자라는 모래섬과 같은 서식지가 많기 때문이다. 이곳의 지형은 매우 평평하기 때문에 경치를 제대로 감상하려면

는 가을까지 계속되며, 홍수가 일어나면 수위는 1미터까지 올라간다. 범람한 물은 서서히 멕시코 만으로 빠져나간다. 평지라서 물이 매우 천천히 흐르는데 하루에 1.6킬로미터 정도를 흘러간다. 그래서 10월에 우기가 끝나도 석달 후에나 수위가 완전히 내려간다.

물은 이 지역에 사는 모든 생물의 삶에 매우 중요한 역할을 하며 야생생물의 다양성에 기여하고 있다. 하늘은 왜가리, 큰해오라기, 황새, 붉은벼슬딱다구리, 대머리 독수리들의 차지다. 늪지에서는 악어들이 돌아다니는데, 건기에는 물웅덩이에 살면서 사슴이나 심지어 곰 같은 동물들을 끌어들인

> 빅사이프러스 국립보호구역을 제대로 경험하려면 녹음이 무성한 숲으로
> 들어가 독특한 동식물의 모습을 직접 감상해 보아야 한다.

공중에서 봐야 한다. 빅사이프러스 국립보호구역을 제대로 경험하려면 녹음이 무성한 숲으로 들어가 독특한 동식물의 모습을 직접 감상해 보아야 한다.

이 국립보호구역의 3분의 1은 사이프러스나무로 뒤덮여 있는데 그중 대부분이 드워프폰드사이프러스이고 거대한 낙엽송도 자라고 있다. 한때 이 지역에서 번성했던 낙엽송이 지금까지 남아 있는 것이다. 그중에는 수령이 700년에 달하며 나무 밑둥을 성인 네 명이 팔을 쭉 펴야 간신히 안을 수 있을 만큼 거대한 나무도 있다. 5월부터 시작된 우기

다. 멸종 위기에 있는 동물 중 하나는 흑표범이다. 이 보호구역에는 겨우 50마리만이 남아 있으며 활엽수가 자라는 작은 섬의 울창한 숲에서 볼 수 있다. 흑표범은 이런 미니숲에 살면서 마른 땅이나 위장을 할 수 있는 곳에서 먹잇감을 쉽게 구한다. 빅사이프러스 국립보호구역은 캠핑, 카누, 카약 등을 즐기고 겨울철 건기에는 하이킹도 할 수 있는 휴양의 천국이다. **JK**

<u>오른쪽</u> 플로리다의 습지에 조성된 물의 천국에서 번성하는 낙엽송

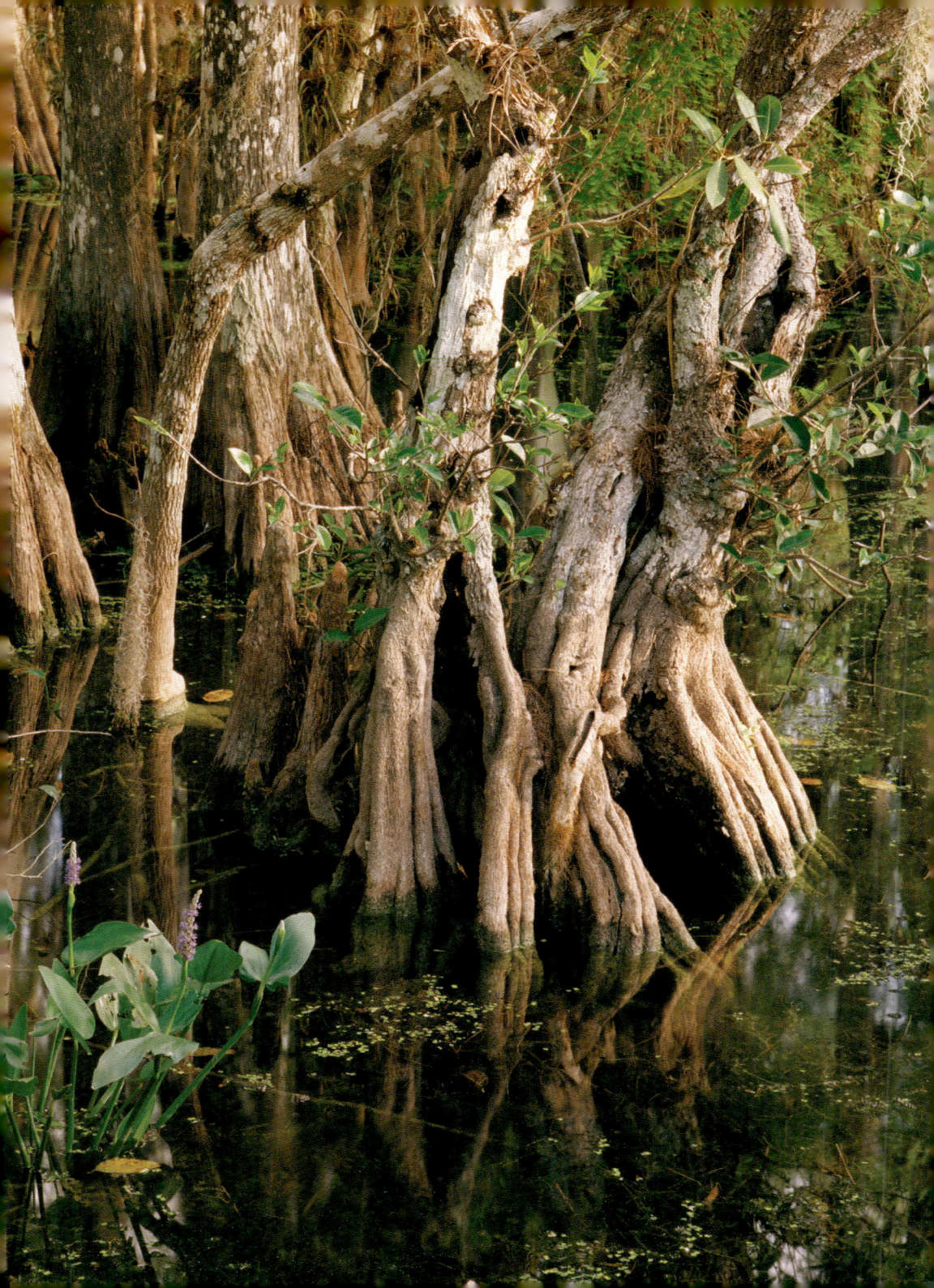

에버글레이즈 국립공원

미국, 플로리다 주

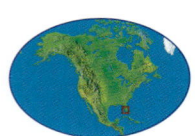

공원의 면적 : 6,073제곱킬로미터
수심 : 15센티미터~0.9미터
국립공원 지정 연도 : 1947년

플로리다 남부의 에버글레이즈 국립공원은 북아메리카에서 유일한 아열대 자연보호구역이다. 이곳은 물에 잠긴 아열대의 초지, 맹그로브와 사이프러스가 자라는 늪과 숲으로 뒤덮인 '해먹', 수많은 야생동식물의 삶까지 이루어지는 곳이며, 수백 개의 섬으로 이루어진 거대한 지역이다. 에버글레이즈의 북쪽에 위치한 오커초비 호수의 물은 폭이 80킬로미터에 달하는 얕은 '리버 오브 그래스'를 통해 빠져 나간다. 물이 빠져나가는 지역은 왜가리와 황새와 같은 섭금류와 악어와 같은 파충류가 살기에 적합한 서식지가 형성되어 있다. 12~4월 사이의 건기가 되면 습지가 마르기 때문에 야생생물들은 대부분 악어 구멍으로 모인다.

안타깝게도 이 공원의 생태계는 파괴될 위험에 처해 있다. 인구가 늘면서 이곳의 서식지는 줄어든 반면 공해는 늘었고 물은 식수와 홍수 관리용으로 사용되었다. 최근에야 사람들과 야생의 자연 사이에 화해를 도모하기 위한 노력이 이루어지고 있는데, 덕분에 아메리카악어, 플로리다바다소, 흑표범, 숲황새, 달팽이솔개처럼 멸종 위기의 동물들을 많이 발견하는 성과를 올리고 있다. 에버글레이즈는 1947년에 국립공원으로 지정되었으며 그 이후로 세계문화유산, 람사습지(국제적으로 중요한 습지) 및 국제생물권보호구역 등으로 지정되었다. **RC**

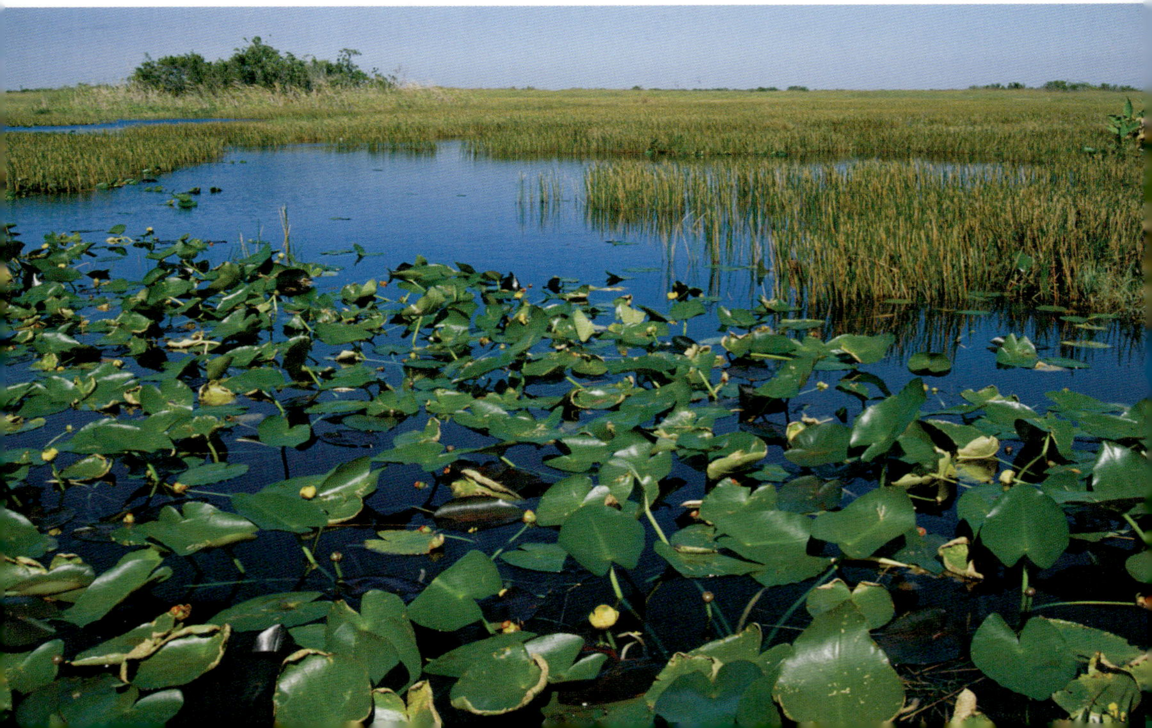

폰세데레온스프링

미국, 플로리다 주

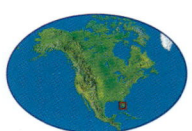

폰세데레온스프링의 면적 : 6,000제곱미터
수온 : 20도
하루 당 유량 : 5,300만 리터

유명한 정복자인 폰세 데 레온은 '젊음의 샘'을 찾으려고 플로리다 주를 뒤졌다. 그는 수정처럼 맑은 젊음의 샘물로 목욕을 하면 영생과 아름다움을 얻을 수 있다고 믿었던 것이다. 그는 젊음의 샘을 끝내 찾지 못했을 뿐만 아니라 600개의 멋진 샘이 모여 전 세계에서 담수 샘이 가장 많이 모여 있는 곳도 발견하지 못했다. 다행스럽게도 이곳의 샘들은 이 유명한 스페인 정복자의 이름을 딴 샘까지 모두 잘 보존되어 있다.

언제나 맑은 물이 샘솟는 폰세데레온스프링은 플로리다 주의 북서쪽에 있는 플로리다 팬핸들에 자리 잡고 있다. 이 샘으로 지하 석회암 동굴에서 시작되는 두 줄기 물이 흘러들어 아름다운 호수를 만드는데, 일 년 내내 수온이 20도를 유지한다.

이곳은 관광객들이 즐겨 찾는 피서지이다. 플로리다의 후텁지근한 아열대 기후를 피해 이 호수에 와서 수영을 하고 더위를 달래는 것이다. 이곳은 사방이 바위와 시멘트벽으로 막혀서 30×23미터 넓이의 수영장을 이루고 있다. 매일 5,300만 리터가 넘는 샘물이 지하에서 솟아나는 폰세데레온스프링은 언제나 젊음과 아름다움을 유지하는 이른바 '젊음의 샘'인 것이다. **JK**

파리쿠틴 화산

멕시코, 미초아칸 주

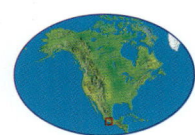

다른 이름 : 볼칸 파리쿠틴
화산의 높이 : 424미터

1943년 2월 20일 멕시코 중부의 타라스코 족의 농부인 디오니시오 풀리도는 옥수수밭에서 화산의 탄생을 직접 목격했다. 별안간 땅이 흔들리고 용암이 분출하더니 이튿날 산이 솟아나 있었던 것이다. 화산이 폭발한 첫 해에 화산의 분석구는 336미터까지 높아졌다. 2년 만에 인근의 마을이 대부분 화산재와 용암으로 매몰되고 말았는데 그 면적은 25제곱킬로미터에 달했다. 1952년 2월에 파리쿠틴은 격렬한 마지막 불길을 토해낸 후 수명을 마쳤다. 당시 화산폭발로 인한 사상자는 없었지만 화산 폭발로 발생한 벼락을 맞고 세 사람이 목숨을 잃었다.

북아메리카에서 신생 화산이 역사에 기록된 또다른 예는 1759년에 탄생한 호루요 화산이다. 이 화산은 카리브 해에서 태평양까지 1,200킬로미터가량 뻗어 있는 멕시코 화산대에 있는 파리쿠티 화산에서 남동쪽으로 80킬로미터 정도 떨어진 곳에 있다. 파리쿠틴 화산의 폭발과 소멸로 화산학자들은 화산의 탄생, 성장, 죽음까지 연구할 수 있는 귀한 기회를 얻었다. 파리쿠틴 화산은 멕시코시티에서 서쪽으로 322킬로미터 정도 떨어져 있다. 관광객들은 이 지역을 도보나 말을 타고 둘러볼 수 있으며, 근처 우루아판에서 말과 가이드를 구할 수 있다. **RC**

유카탄 반도

멕시코, 유카탄 주 / 캄페체 주 / 킨타나로오 주

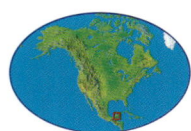

반도의 길이 : 300킬로미터	
반도의 폭 : 250킬로미터	
암석의 종류 : 석회암	

유카탄에는 눈에 띄는 강이나 호수가 별로 없다. 대부분 지하에 숨어 있기 때문이다. 지상에는 '세노테'가 점점이 흩어져 있는데, '세노테'는 마야 족의 '조노트(dzonot)'에서 온 말로 '심연'이라는 뜻이다. 이 구멍들은 약하고 다공성의 석회암이 침식작용을 받아 만들어졌다. 마야인들에게 세노테는 생명의 우물이며 사후 세계로 향한 문이었다. 그러나 지질학자들에게 세노테는 수많은 터널과 낭하와 지하를 흐르는 강과 호수로 들어가는 입구이다. 유카탄 반도에는 3,000개가 넘는 세노테가 있지만 탐사가 끝난 곳은 반도 채 되지 않는다. 세노테는 일반에 개방되어 있는데, 이곳 세노테사치의 맑고 푸른 물에는 눈 없는 블랙피시가 살고 있다. 또한 완벽한 원형으로 녹음이 무성하고 폭포까지 있는 세노테익킬도 있다.

세노테는 크게 네 가지 종류가 있다. 지하형, 부분 지하형, 우물형, 호수나 연못 형태 등이다. 치빌찰툰은 네 번째 형태의 세노테로 한 쪽 끝은 매우

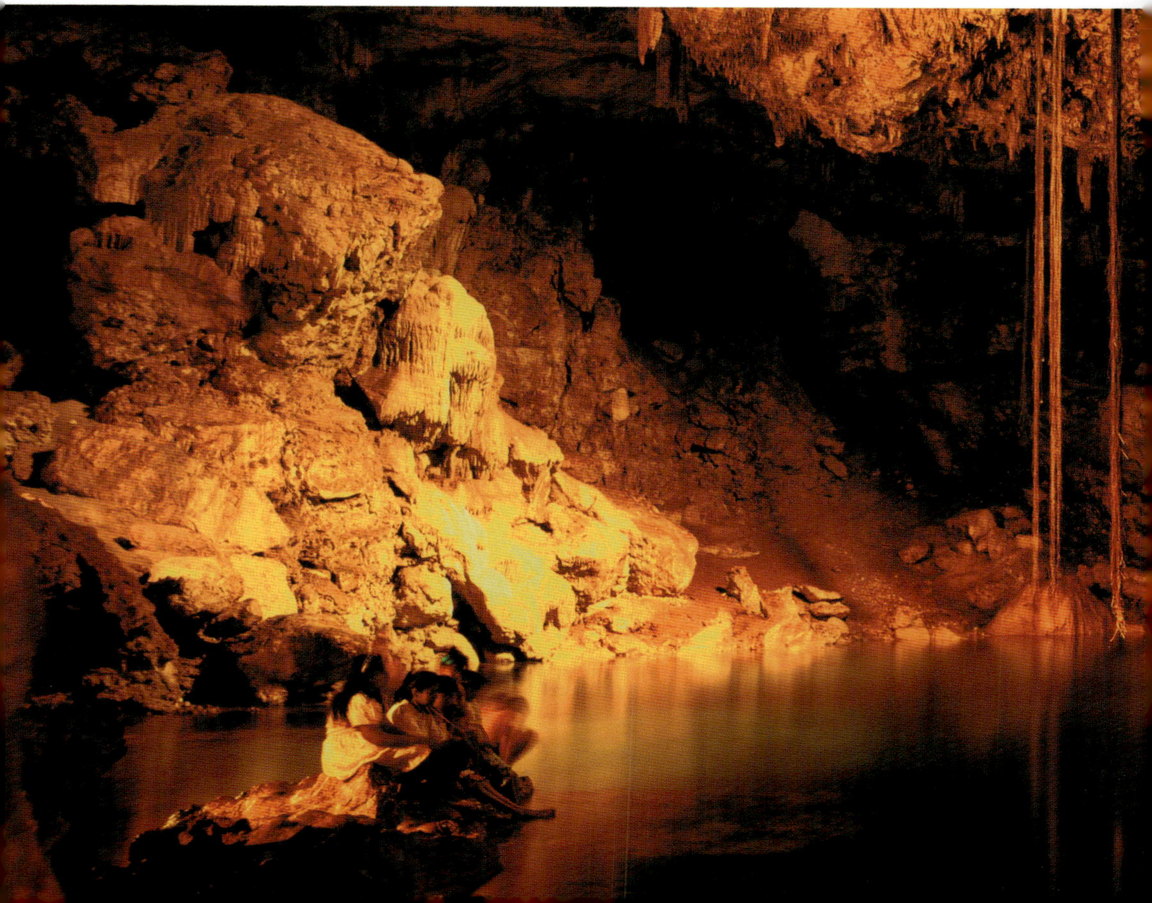

얕지만 반대쪽 끝은 수심이 43미터나 된다.

이 지역에는 동굴계도 매우 넓게 퍼져 있다. 가장 큰 동굴은 롤툰(Loltun) 동굴로 롤(lol)은 꽃이라는 뜻이며 툰(tun)은 돌이라는 뜻이다. 이 동굴은 메리다에서 약 106킬로미터 떨어져 있는 푹 지역에서 발견되었다. 이곳에서 발견된 공예품으로 미루어보아 이미 7,000년 전부터 사람이 거주했음을 알 수 있다. 내부에는 악기처럼 연주 할 수 있는 종유석도 있다. 이 종유석을 치면 깊은 음색의 종소리가 울려 퍼진다.

발란칸체 동굴에는 입구에서 약 198미터 떨어진 곳에 발람스론이 있는데 고대 마야인들이 지하에서 제사를 올릴 때 사용한 제단으로 알려졌다. 근처에는 6미터 높이의 석순이 서 있는데 마야인들이 신성히 여기던 세이바나무와 비슷하게 생겼다. 동굴은 치첸이트사에서 6킬로미터가량 떨어져 있다. 관광객들에게 개방된 동굴이 많으며 가이드 관광도 가능하다. 다이빙센터가 안내하는 동굴 다이빙도 인기가 많다. 세노테는 햇빛이 드는 곳이 많아서 46미터 깊이까지 육안으로 볼 수 있다. **MB**

아래 드시트누프세노테의 종유석들

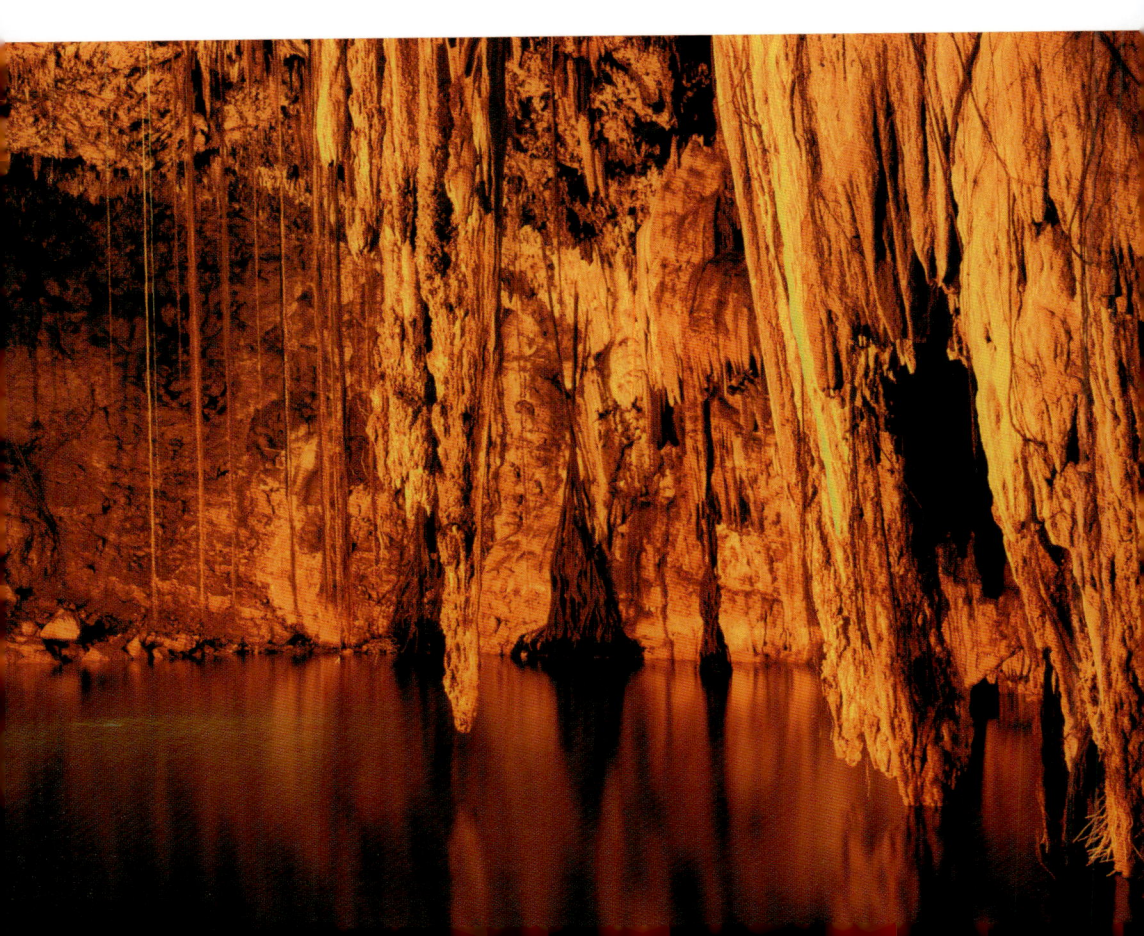

라부파도라

멕시코, 바하칼리포르니아 주

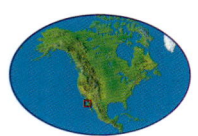

라부파도라의 수온 : 13～18도
물기둥의 높이 : 24미터

라 부파도라는 바하칼리포르니아 주의 푼타반
다 반도의 해안 절벽에 있는 거대한 바람 구
멍이다. 큰 파도와 조수가 제대로 겹치면 엄청난
물기둥이 솟구쳐 오른다. 물론 규모가 작은 파도
역시 꽤 볼만한 장관을 연출한다. 물기둥이 솟구칠
때 나는 굉음 때문에 버팔로의 콧김이라는 뜻의 '라
부파도라'라는 이름이 붙게 되었다.

거대한 물기둥의 정체는 대양에서 밀려온 큰 파
도이다. 깊은 수중 협곡으로 흘러들어간 파도가 절
벽의 좁은 동굴로 밀려오는데, 협곡으로 들어간

파도가 먼저 분출하고 그 물이 빠지는 힘으로 빨려
들어온 공기와 충돌하는 것이다. 압축된 공기와 물
은 유일한 출구를 향해 폭발하듯 위로 솟구치고 물
기둥이 하늘 높이 분출된다. 이 지역 전설에 의하
면 물기둥은 고래가 뿜어내는 것이라고 하는데 그
내용은 다음과 같다. 어느 날 밤 새끼 고래가 좁은
입구로 들어왔다. 그런데 다음날 아침 고래는 너
무 자란 나머지 밖으로 나갈 수 없게 되었다. 몇 년
이 지나자 물기둥은 점점 더 커졌고 고래의 울부짖
는 소리도 더 커졌다. 어느새 갇힌 고래는 거대하
게 자라 같은 자리에서 계속 물을 뿜는다는 것이다.
푼타 반다 반도의 끝단에 있는 엔세나다에서 남쪽
으로 27킬로미터 떨어진 '라부파도라'는 꼭 한 번
찾아가볼 만한 곳이다. **RC**

가르시아 동굴

멕시코, 누에보레온 주

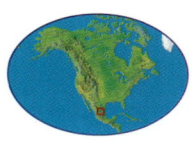

다른 이름 : 라스 그루타스 드 가르시아
가르시아 동굴의 추정 나이 : 5,000만 년

가 르시아 동굴계는 1843년에 후안 안토니오
드 소브레빌라라는 교구 목사가 시에라 델
프라일레 산맥의 고산 지대에서 발견했다. 근처에
있는 빌라 드 가르시아 시의 이름을 따서 가르시아
동굴이라는 이름을 붙였다. 이 동굴계는 멋진 모습
의 종유석과 석순으로 가득하다. 동굴 벽에는 해양
생물의 화석이 들어 있다. 이것을 보면 이곳이 지
금은 고도가 높지만 과거에는 바다에 잠겨 있었다
는 것을 알 수 있다.

동굴은 대략 5,000만 년 전에 형성된 것으로 추

정된다. 관광객들은 잘 정비된 루트를 따라 16개의
방을 둘러보게 되는데 여기에는 구름의 방, 제8의
불가사의, 독수리 둥지 등이 있다. 동굴의 길이는
약 10킬로미터인데 빌라 드 가르시아 마을을 지나
서까지 뻗어 있다. 몬터레이 만에서 북서쪽으로 약
40킬로미터 정도 떨어져 있다. 밧줄로 움직이는 철
로를 통해 700미터를 올라가면 동굴의 입구가 나
온다. 걸어서 올라갈 수도 있다. 동굴로 올라가는
길은 잘 닦여 있고 경치도 매우 좋다. 동굴에는 빛
이 잘 드는 2.5킬로미터 거리의 산책로가 있으며
가이드도 구할 수 있다. **RC**

코퍼캐니언

멕시코, 치와와 주

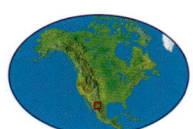

다른 이름 : 바랑카 델 코브레
코퍼캐니언의 면적 : 64,000제곱킬로미터
협곡의 해발 고도 : 2,440미터

사실 코퍼캐니언이라는 협곡은 존재하지 않는다. 코퍼캐니언은 시에라 타라우마라 산의 서쪽 면을 흐르는 강으로 연결된 200개의 협곡을 말한다. 치와와 주의 3분의 1을 덮은 협곡은 크게 여섯 협곡으로 나눌 수 있는데 그중에서 우리께 협곡이 가장 크다. 우리께 협곡은 치와와 알 빠시피코 철도를 타고 86개의 터널과 37개의 다리를 건너며 샅샅이 돌아볼 수 있다. 이곳을 흐르는 모든 강은 마지막으로 리오 푸에르테 강에 모여서 코르테스 해로 빠져 나간다.

'코퍼'는 구리를 뜻하는데 그렇다고 이 지역이 구리 산지라는 얘기는 아니다. 협곡의 벽에 자라는 이끼가 구리색을 띠었기 때문에 붙여진 이름이다. 이 협곡은 길이로는 그랜드캐니언의 4배에 달한다. 여섯 개의 주요 협곡 중 네 개의 깊이는 그랜드캐니언보다 300미터나 더 깊다. 협곡에는 많은 폭포도 있어 협곡의 절벽에는 폭포의 물보라 속에서 아열대림이 자라고 있다. 그러나 고원에는 이보다 더 건조한 기후에서 사는 나무들이 자란다. 조류 약 300종, 곰, 사슴, 퓨마 등이 서식한다. 이곳에 가면 공동체 단위의 생태관광단지를 구경할 수 있는데, 이는 전통적인 생활 풍습을 잘 보존하고 있는 독립적인 사람들의 거주지이며 이들은 벌채 대신 관광을 지지한다. **AB**

시스테마체브

멕시코, 오악사카 주

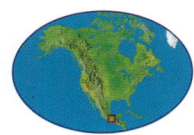

통로 : 코끼리 통로, 천사 폭포, 150미터 깊이에 있는 사크누숨의 우물(최고 깊이)

수로 : 노스웨스트 수로, 불안한 거인들의 홀, 검은 시추공, 젖은 꿈, A.S.시추공(최대)

오악사카 주의 북동쪽에 위치한 시에라 데 후아레스 지역 내 깊숙한 곳에는 세계에서 가장 깊은 동굴계로 추정되는 동굴이 있다. 이곳의 주요 동굴은 2,000미터보다 더 깊게 이어져 있으리라 추정만 할 뿐 동굴 탐험가들은 아직 1,484미터까지밖에 탐사하지 못했다. 과학자들은 동굴 입구에서 가까운 내에 붉은 염료를 탔다. 그러자 여드레 후 그곳에서 2,525미터 아래이자 북쪽으로는 18킬로미터 떨어진 카르스트 시냇물에 그 염료가 떠올랐다. 그것만 보아도 탐사할 곳은 아직도 많이 남아 있음을 알 수 있다.

이 동굴계는 1986년에 지하 깊은 곳의 통로와 긴 회랑을 따라 들어간 미국인 동굴 탐험가들에 의해 발견되었다. 입구에서 1,000미터 아래에 있는 바닥에 닿으려면 이틀 동안 37번이나 밧줄을 타고 내려가야 한다. 그리고 7킬로미터의 길고 긴 비스듬한 터널을 따라가면 지하천이 나온다. 이 강은 '터미널 슬럼프'라고 하는 물이 가득한 터널로 향한다. 이곳은 더 이상의 탐사를 어렵게 하는 주요 장애물이며 그 이후로는 전문가들의 영역이다. 동굴은 멕시코시티에서 남동쪽으로 400킬로미터 떨어져 있다. **MB**

버터플라이트리

멕시코

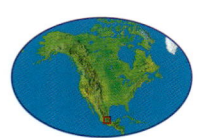

나비의 이주 거리 : 4,800킬로미터
나비의 개체수 : 6억 5,000만 마리

일년에 한 번, 멕시코 중부 산악지대의 소나무 운무림이 멋진 옷을 차려입을 때가 있다. 사실 이 옷은 이곳에서 겨울을 나는 수백만 마리의 모나크나비들이 모여들어 만들어 준 것이다. 나무마다 전쟁을 상징하는 색인 주황색과 검은색의 날개가 머리에서 발끝까지 운집해 있는 버터플라이트리(나비나무)의 모습을 보면, 그 옛날 아스텍 족 사람들이 온몸이 번쩍거리던 모나크나비를 보고 죽은 전사가 환생한 것이라고 생각한 것도 이해가 간다. 전사는 아닐지라도 모나크나비의 일생은 놀

나크나비가 방향을 잡는 방법을 아직도 밝혀내지 못했다. 왜냐하면 한 마리가 살아서 그 긴 거리를 왕복하는 것이 아니라 단지 일부씩만을 이동하기 때문이다. 수억 마리의 나비들이 연출하는 진기한 장면은 작년에 이동을 시작한 나비의 손자 손자의 손자뻘 되는 나비인 것이다.

하지만 나비들이 힘들게 월동지까지 날아오더라도 서식지의 훼손이 심한 요즘엔 월동을 하는 모나크나비를 보기가 힘들다. 왜냐하면 자연의 가장 아름다운 장면 중 하나인 나비 나무가 만들어지려면 먼저 나무가 있어야 하는데, 불법적인 벌목꾼들이 나무를 마구 베어내고 있기 때문이다. 그럼에도 멕시코에 거주하는 가족과 학교 단위로 구성된 관광객 1만여 명이 앙강구에오 숲에 있는 엘로사리오

> 주황색과 검은색의 날개가 머리에서 발끝까지 운집해 있는 버터플라이트리
> (나비나무)의 모습을 보면, 그 옛날 아스텍 족 사람들이 온몸이 번쩍거리던
> 모나크나비를 보고 죽은 전사가 환생한 것이라고 생각한 것도 이해가 간다.

라움의 극치이다. 왜냐하면 이 나비들은 다른 곤충에게는 없는 독특한 이주 습성을 지니고 있기 때문이다. 이 나비는 이동을 하면서 유액을 분비하는 식물에 알을 낳는다. 그러면 알에서 깬 유충들은 독성이 있는 이 식물을 먹고 그 독을 이용해 포식자로부터 자기 몸을 보호하는 것이다. 유충이 자라 번데기가 되고 성충이 되면 북쪽으로 이동을 계속한다.

여름이 끝나갈 무렵 기온이 떨어지고 일조량이 줄면 성충의 행동에 변화가 일어난다. 이들은 다시 남쪽으로 이동을 시작하는데, 복부에 지방을 비축해 두기 때문에 약 4,800킬로미터를 날아 멕시코까지 가는 대장정도 버틸 수 있다. 과학자들은 모

자연보호구역으로 관광을 오곤 한다. 관광 시기는 나비가 그곳에 지내는 삼 개월 동안이다. 오야멜전나무 숲이 고산 지대에 자리 잡고 있는데 길이 복잡하므로 그 지역의 운전사에게 물어보는 것이 가장 좋다. **NA**

<u>오른쪽</u> 모나크나비가 멕시코 중부 산악 지역의 나무줄기에서 쉬고 있다.

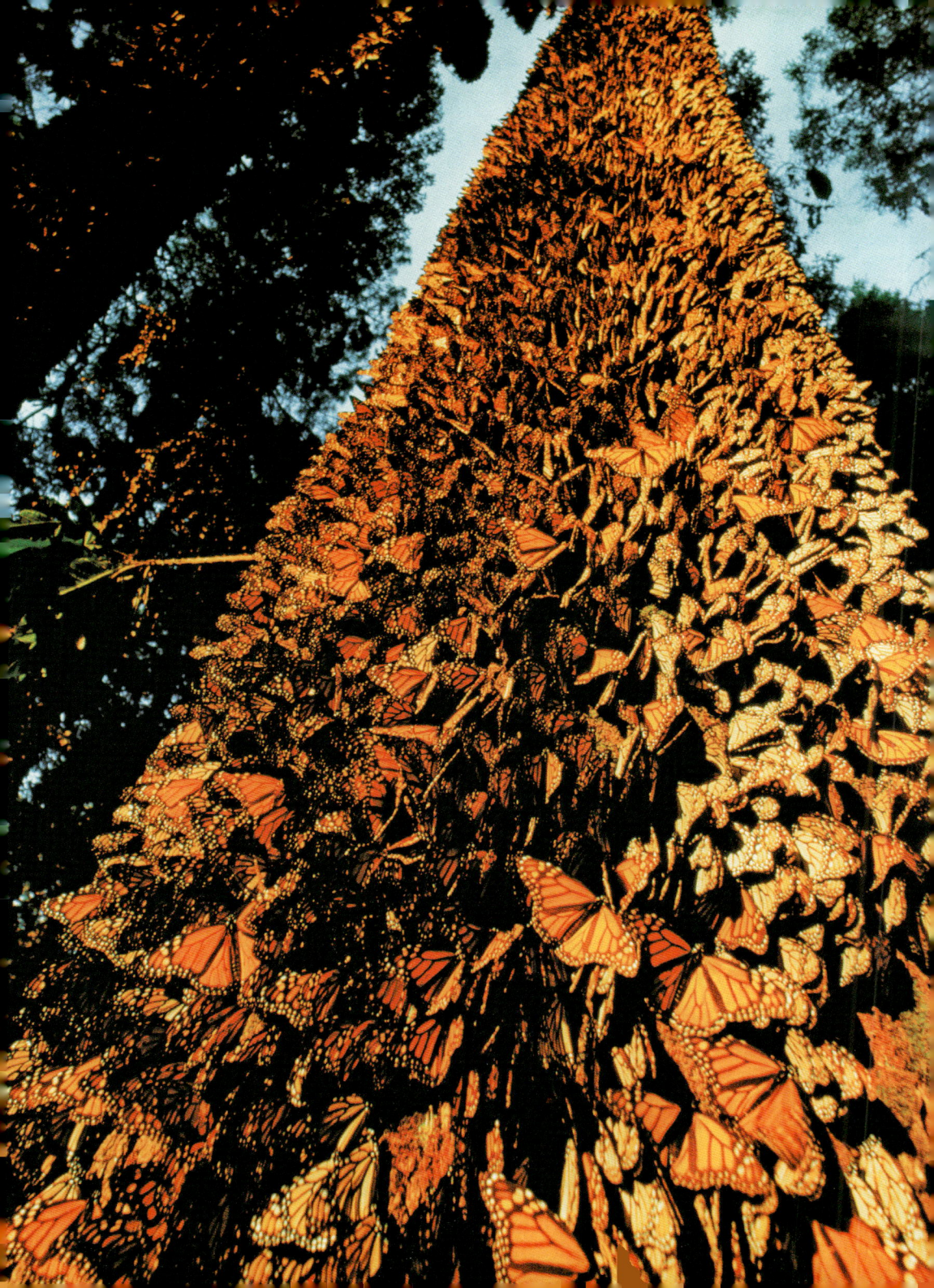

바하칼리포르니아 반도

멕시코, 바하칼리포르니아 주 / 바하칼리포르니아수르 주

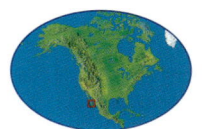

반도의 길이 : 티화나에서 카보산루카스까지 1,250킬로미터
바하노르테의 최고 높이(세로 데 라엔칸타다) : 3,096미터

바하는 코르테스 해라고 알려진 태평양의 거대한 만을 가로지르는 길쭉한 반도이다. 길쭉한 모양의 코르테스 해는 각종 어류의 안식처이다. 반도의 한 쪽 끝에서 다른 쪽 끝으로 이동하는 참돌고래류가 서식하며 현생 어류 중에서 가장 큰 어류인 고래상어가 이곳에서 먹이를 먹는다. 크기로는 고래상어 다음인 돌묵상어도 이곳에 모이며 낮에는 엄청난 수의 귀상어 떼가 해산(海山)에 모인다. 반도에서 태평양 쪽에 난 얕은 바다의 초호(礁湖)에는 매년 겨울마다 수염고래와 혹등고래가 찾아온다. 1~3월 사이에 이 고래들은 멀리 북쪽 바다에서 찾아와 따뜻한 만에서 안전하게 새끼를 낳고 짝을 짓는다. 산이그나시오 만의 게레로네그로에서 스카문라군이나 마그달레나 만에서는 소형 고래관찰선을 타고 수염고래를 매우 가까운 거리에서 관찰할 수 있다. 산호세 드 카보에서 보트를 타고 혹등고래를 구경하는 투어는 라파스에서 신청할 수 있다. 바하칼리포르니아 반도에는 사막, 산맥, 소나무숲과 사람의 손길이 닿지 않은 해변도 다 있다. 그러나 이곳을 대표하는 이미지는 단연 200여 개의 선인장이 무성한 무인도일 것이다. 소설가 존 스타인벡과 해양생물학자 에드 리케츠가 이 같은 영원불멸의 생명을 부여했다. 이 섬에는 바닷새와 바다사자들이 살고 있다. **MB**

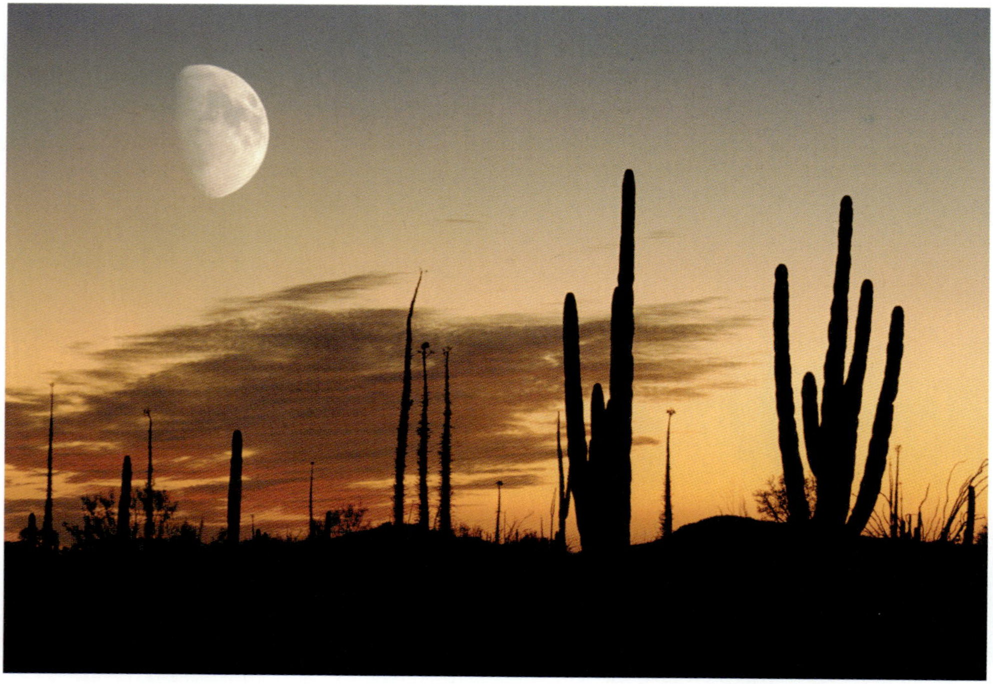

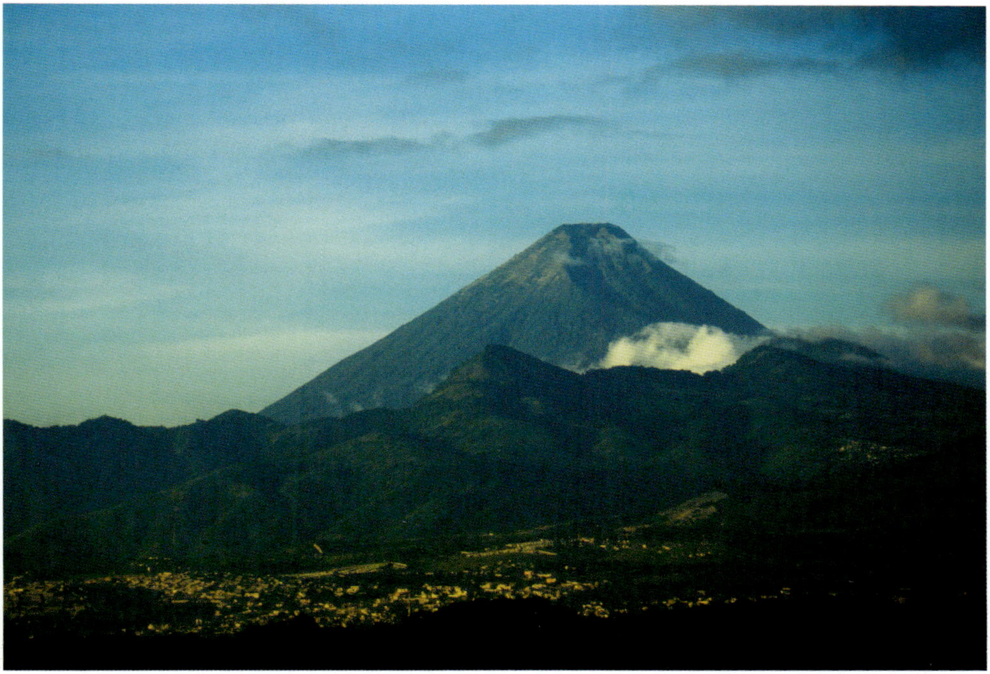

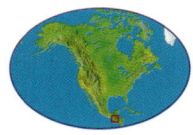

파카야 화산

과테말라, 과테말라 시티 – 에스쿠인틀라 주

다른 이름 : 볼칸 파카야
화산의 해발 고도 : 2,552미터

파카야는 과테말라에서 화산활동이 가장 활발한 화산의 하나이자 등반객이 가장 많은 산이다. 이 화산에는 교통편이 잘 갖추어져 있으며 장관을 자주 연출한다. 파카야 화산이 폭발하면 종종 북쪽으로 30킬로미터 떨어진 과테말라시티에서도 보일 정도이다. 파카야 화산은 1565년부터 적어도 23차례 이상 폭발했지만 초기의 폭발에 대해서는 알려진 바가 없다.

이 화산은 1860년부터 계속 휴화산 상태였다. 그런데 1961년 3월의 어느 날 느닷없이 폭발을 일으키더니 1962년에는 정상이 붕괴하면서 분화구가 만들어졌다. 1965년부터 파카야 화산은 계속 활동하면서 가스나 증기를 뿜어 올리는 경미한 폭발은 물론, 12킬로미터까지 암석을 분출하는 등 인근 마을을 소개(疏開)시킬 정도의 대형 폭발까지 일으키고 있다. 이 화산을 보려면 투어 허가를 받고 안티과에서 출발해야 하며, 개별적으로 여행을 하려면 현지 가이드를 고용하는 것이 좋다. 파카야 화산 국립공원의 입구는 샌프란시스코 드 살레스에 있다. 관광단은 주로 이곳에서 출발하는 등산로를 이용한다. 세로치노의 측면에 있는 교신탑에서 시작되는 등산로도 있다. 등반은 대략 2~3시간 정도 걸리며 오후보다 오전이 더 좋다. 분화구 가장자리에서는 화산가스를 조심해야 한다. **RC**

푸에고 화산

과테말라, 사카테페케스 주 / 치말테낭고 주

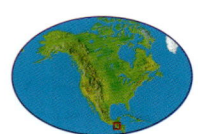

다른 이름 : 볼칸 푸에고
정상의 해발 고도 : 3,763미터

중앙아메리카에서 화산활동이 가장 활발한 화산 중의 하나인 푸에고 화산은 1524년부터 60차례 이상 폭발을 했다. 가장 최근에 일으킨 대형 폭발은 1974년 10월에 일어난 폭발로 열흘 동안 네 차례에 걸쳐 화산이 폭발했으며 각각의 지속 시간은 4~17시간이었다. 엄청난 용암이 시속 60킬로미터로 흘러내렸고, 화산에서 분출한 화산재는 7킬로미터 높이까지 올라가 하늘을 덮었다. 이곳에서의 화산 폭발은 80~170년 간격으로 여러 차례에 걸쳐 일어나고 있으며, 20~70년 정도 지속되고 있다.

지금으로부터 약 8,500년 전에는 푸에고의 조상격인 메세타 화산이 붕괴해 그곳에서 48킬로미터 정도 떨어진 태평양 연안 평야가 매몰된 바 있다. 가장 최근에는 1932년에 폭발이 여러 차례 일어났으며 지금까지 30차례 이상 폭발했다. 푸에고 화산의 분화로 사상자가 있었던 것은 지금까지 세 차례이다.

푸에고 화산은 주로 2월이나 9월에 분화하는데 조류(潮流)와 관련이 있는 것으로 추측할 뿐 정확한 원인은 아직 밝혀지지 않았다. 화산을 돌아보는 투어는 안티과에서 출발하고 있다. **RC**

아티틀란 호수

과테말라, 솔롤라 주

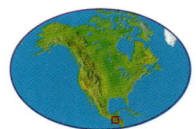

다른 이름 : 라고 데 아티틀란
아티틀란 호수의 수면 면적 : 130제곱킬로미터
호수의 해발 고도 : 1,562미터

아티틀란 호수를 본 19세기 독일의 탐험가 알렉산더 폰 훔볼트는 '세계에서 가장 아름다운 호수'라고 극찬했다. 세 개의 거대한 화산과 두 가지 마야 방언을 사용하는 사람들이 모인 작은 마을로 둘러싸인 이 호수를 보면 왜 그가 그렇게 말했는지 금세 이해가 될 것이다. 아티틀란 호수는 약 8만 4,000년 전 격렬한 화산 폭발로 지름 18킬로미터에 깊이 914미터에 달하는 구멍이 패여 만들어졌다. 이 당시 남쪽으로는 파나마까지, 북쪽으로는 멕시코시티까지 화산재가 퍼졌을 정도로 위력이 대단했다. 분화구에 빗물이 고이자 그 아래의 용암은 다른 균열을 통해 지상으로 나왔다. 그 결과 해발 고도 3,200~3,810미터 사이에 화산 세 개가 형성되었다. 현재 수심이 335미터인 아티틀란 호수는 지표면에 배수구가 없으나 지하의 강이나 수로망과 연결되어 있을 것으로 추측하고 있다. 평소의 잔잔한 수면은 '소코밀'이라는 오후의 바람이 불어오면 하얀 포말을 일으키며 거칠게 일렁이기 시작한다. '소코밀'은 '죄악을 쓸어가는 바람'을 의미한다. 과테말라시티에서는 버스를 타거나 직접 차를 몰아 파나하첼이라는 작은 예술인 마을에도 갈 수 있다. **DBB**

산타마리아 화산

과테말라, 케트살테낭고

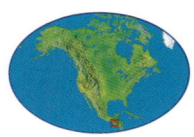

다른 이름 : 볼칸 산타마리아
화산의 해발 고도 : 3,772미터

산타마리아 화산의 폭발이 역사에 기록된 것은 1902년이 처음이다. 이 당시 사고로 최소 5,000명이 목숨을 잃어 20세기 최악의 화산폭발 중 하나로 기록되고 있다. 당시 과테말라의 하늘은 며칠 동안 컴컴했고 남서쪽 산허리에 거대한 분화구가 형성되었다. 화산재가 캘리포니아의 샌프란시스코에서도 감지될 정도였다. 그 후 20년간 잠잠하더니 1922년 6월에 '산티아구이토'라고 부르는 용암원정구가 분화구 내에 형성되기 시작했다. 그 이후로 산티아구이토 화산은 계속 화산활동을 하면서 간간히 원래의 분화구와 1902년 폭발되었던 새 분화구 주변에 산사태를 일으키고 남쪽에서 흐르던 강에 퇴적물을 쏟았다. 1929년에 이 용암원정구가 일부 함몰하면서 용암이 분출되어 수백 명이 목숨을 잃고 마을과 농장이 피해를 보았다. 1992년 5월에 일어난 분화로 화산재 기둥이 2,000미터까지 솟았다. 1929년에 발생한 용암원정구 함몰이 또 일어날 수도 있기 때문에 산타마리나 화산은 지금도 매우 위험한 화산으로 분류되어 있다.

한편 몬순 기간에는 화산 화산성암설류로 인해서 산티아구이토의 남쪽 강으로 강물과 이류가 범람해 큰 피해를 겪기도 한다. 부근에는 인구 12만의 케트살테낭고 시가 정상 바로 아래 자리 잡고 있다. **RC**

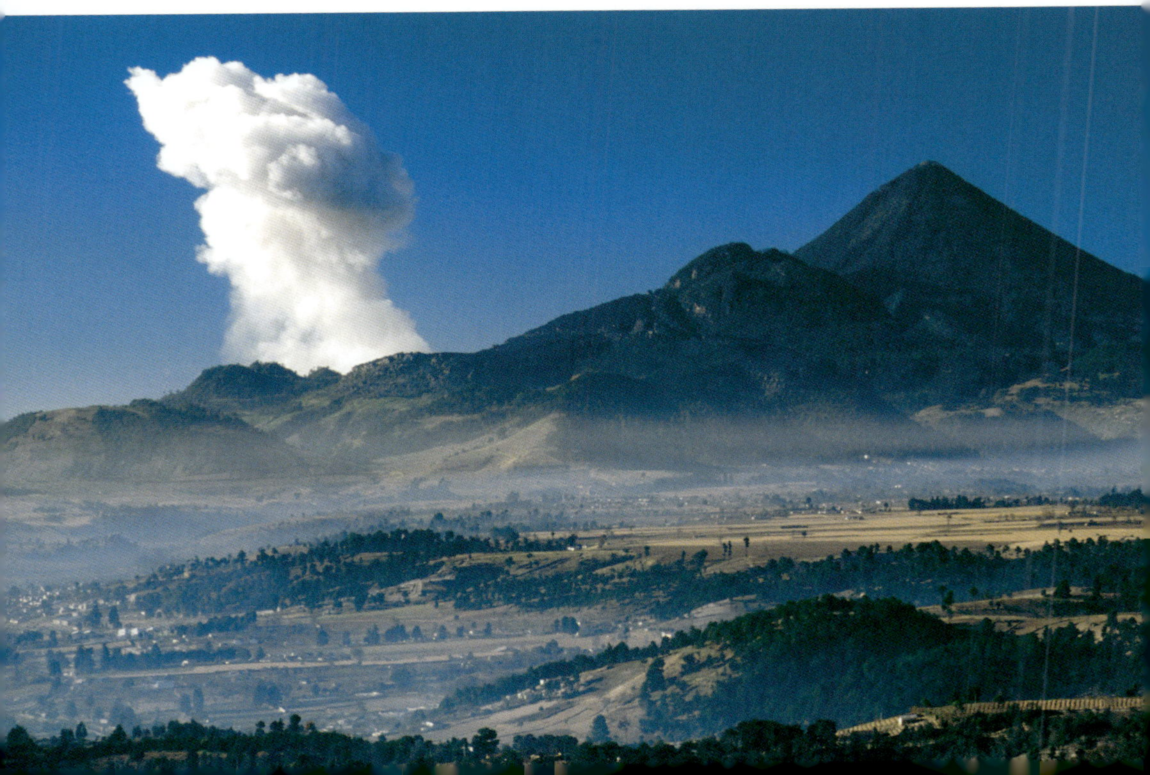

블루홀 국립공원과
세인트허먼의 동굴

벨리즈, 카요 주

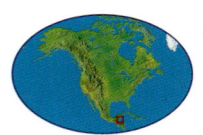

| 세인트허먼의 동굴의 길이 : 약 760미터 |
| 주요 통로의 높이 : 15미터 |

국립공원의 이름이기도 한 블루홀은 지하의 수로가 붕괴하면서 돌리네에 못이 형성된 것으로 사파이어 같은 아름다운 물빛을 자랑한다. 수심이 8미터인 블루홀은 수영을 즐기려는 이들이 찾는 곳이지만 폭우 뒤에는 흙탕물이 될 수도 있다. 233 헥타르 면적의 블루홀 국립공원은 처녀림과 이차림이 무성하며 지하천과 돌리네, 동굴 같은 카르스트 지형이 많다. 세인트허먼의 동굴 입구로 알려진

세 개의 입구 중 가장 큰 것은 폭이 60미터인 돌리네로 점점 작아지다가 폭이 20미터인 동굴 입구로 이어진다. 이곳에서 300미터만 걸어가면 종유석과 석순을 볼 수 있다.

벨리즈에서 고고학 동굴에 들어가려면 허가를 받아야 하지만 블루홀 국립공원에서 세인트허먼의 동굴을 들어갈 때는 허가를 따로 받지 않아도 된다. 블루홀 국립공원은 버스나 자동차로 갈 수 있는데 허밍버드 하이웨이를 타고 벨모판의 동남쪽으로 19킬로미터만 가면 된다. **RC**

과나카스테 국립공원

벨리즈, 카요 주

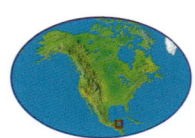

| 공원의 면적 : 20헥타르 |
| 서식 조류종수 : 120종 이상 보고됨 |

1990년에 국립공원으로 지정된 과나카스테 국립공원은 벨리즈 중부의 열대림 지역이다. 이곳의 큰 나무들은 보호 당국의 엄격한 관리 하에 통나무로 활용될 뻔한 비극을 면했다.

공원의 이름은 공원의 서남부에서 집중적으로 발견되는 과나카스테나무에서 따온 것이다. 과나카스테나무는 중앙아메리카에서 가장 큰 나무 중 하나인데 40미터까지 키가 자라며 지름은 2미터나 된다. 이 나무는 위로 가면서 왕관처럼 퍼지며 위쪽 가지는 난초와 브로멜리애드와 같은 수많은 착

생식물을 지탱한다.

공원에 자라는 다양한 식물은 잘 정비된 트레일을 따라 가면서 볼 수 있다. 벨리즈의 국화인 블랙오키드도 볼 수 있다. 야생조류를 관찰하는 사람들에게도 볼거리는 풍부하다. 이미 이곳에서는 120종이 넘는 조류가 확인되었는데, 이중에는 검은얼굴개미지빠귀와 벌잡이새사촌도 있다. 이외에도 재규어런디, 아홉줄아르마딜로, 킨카주, 파카와 흰꼬리사슴과 같이 쉽게 볼 수 없는 동물들이 발견되었다. 과나카스테 국립공원은 수도인 벨모판에서 북쪽으로 3.2킬로미터도 떨어지지 않은 곳에 있다. **RC**

바턴크리크 동굴

벨리즈, 카요 주

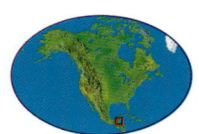

동굴의 길이 : 7킬로미터
마야 유물의 제작 연대 : 300~900년

바턴크리크 동굴은 벨리즈의 카요 주에 있는 거대한 하천 동굴(river cave)로 과거 마야인들이 종교적 매장지로 이용했던 곳이다. 동굴에서 발견된 유물들을 사전 조사해본 결과 아이에서 어른까지 적어도 28명의 마야인이 매장된 것으로 밝혀졌다. 이곳의 독특한 기암괴석과 동굴, 마야인들의 유물, 매장지 흔적 등을 보려면 강력한 조명 장비를 준비한 다음 카누로 동굴에 들어가야 한다.

지하의 하천 동굴은 수위에 따라 일정 거리만 들어갈 수 있다. 마야인들이 남긴 도자기와 유골이 보고 싶다면 매우 폭이 좁은 통로를 통해 들어가야 한다. 마야 문명 내에 존재하는 동굴의 중요성은 최근에 이루어진 바턴크리크 동굴 조사로 얻은 자료로 더욱 강화되었다. 마야인들이 활동했었다는 고고학적 증거가 동굴의 입구에서 발견되었으며, 이 흔적은 300미터까지 계속 이어져 있다. 바턴크리크 동굴은 리오프리오 동굴에 비해서 덜 알려진 편이지만 빠른 속도로 인기를 얻고 있다. 바턴크리크 동굴을 보려면 사전 예약을 해야 하며, 그림처럼 아름다운 메노파 농장 공동체를 통해 갈 수 있다. **RC**

싸우전드풋 폭포

벨리즈, 카요 주

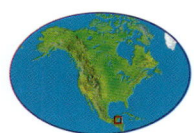

다른 이름 : 히든밸리 폭포
폭포의 높이 : 457미터

싸우전드풋 폭포는 중앙아메리카에서 가장 높은 폭포로 알려져 있다. 폭포는 화강암으로 이루어진 절벽 가장자리에서부터 가파르게 떨어져 안개가 자욱한 아래쪽 정글의 언덕으로 떨어진다. 수많은 관광객들의 관심에도 불구하고 싸우전드풋 폭포는 2000년 9월에야 국립기념지로 선포되면서 보호구역이 되었다.

폭포는 벨리즈 서부에서 약 777제곱킬로미터에 달하는 험준한 파인리지 산 보호림 내에 있다. 보호림의 입구에서 3.2킬로미터에 달하는 주도로를 따라가다 모퉁이를 돌면 폭포가 나온다. 폭포와 피크닉 지역은 이 도로를 따라 6.4킬로미터 정도 더 가야 하는데, 폭포가 내려다보이는 전망대까지 올라가기는 상당히 어렵다. 계곡의 풍경이 잘 보이는 단층애(斷層崖) 주변에는 짧지만 아름다운 등산로가 나 있다. 파인리지 산을 돌아보는 하루 관광 코스에는 리오프리오 동굴, 리오 온 풀즈가 포함되며 여기에 싸우전드풋 폭포나 빅록이 들어가곤 한다. 리오 온 풀즈는 거대한 화강암 바위 사이를 흐르는 작은 폭포로 연결된 따뜻한 연못들이 늘어서 있는 곳이다. **RC**

벨리즈배리어리프

벨리즈

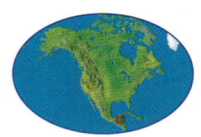

벨리즈배리어리프의 길이 : 250킬로미터	
암초의 폭 : 10~30킬로미터	
암초의 수 : 200개 이상	

벨리즈배리어리프(벨리즈 산호초보호구역)는 서반구에서 가장 길며 세계에서는 오스트리아의 그레이트배리어리프 다음으로 길게 이어진 암초이다. 암초는 해안과 평행하게 이어져 있는데 북쪽으로는 멕시코와 접경 지역까지, 남쪽으로는 과테말라까지 이어져 있다. 암초와 본토 사이의 바다는 얕은 석호로 수심이 5미터가 되지 않는다.

암초로 보호받고 있는 앞바다로 나가면 '키'라고 불리는 작은 섬이 200개 이상 흩어져 있다. 그중에서도 키 코커 섬과 키 앰버그리스 섬이 가장 인기 있다. 레투스 코랄은 벨리즈 암초에서 가장 흔하게 분포하지만 항상 그랬던 것은 아니다. 레투스 코랄은 석산호가 급격하게 감소하던 1986년부터 증가했다. 석산호의 급감원인은 세균성 질병인 것으로 추정하고 있다.

수정처럼 맑은 바다는 다이빙과 스노클링을 하기에 더할 나위 없이 좋지만 불산호(엄밀히 말해서 산호는 아니다)에게 쏘이지 않도록 조심해야 한다. 이곳에서는 에인젤피시와 동갈방어 같은 어종이 암초 부근에서 주로 발견되고 있으며, 꼬치고기와 상어, 가오리처럼 더 큰 물고기도 볼 수 있다. **RC**

몬테크리스토–트리피니오 운무림

온두라스

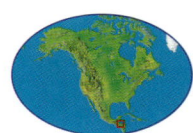

몬테크리스토–트리피니오 운무림의 고도 : 660~2,400미터	
특징 : 제3기 화산	

온두라스 서부의 고산 지대에 있는 몬테크리스토는 외진 곳이며 10월에서 이듬해 3월 사이에만 방문할 수 있다. 이 공원은 온두라스 열대 지역에 주로 자라는 소나무, 떡갈나무, 사이프러스, 월계수가 함께 자라고 있는 숲을 보호한다. 이 지역은 과테말라와 엘살바도르가 공동으로 보호하는 생물권 보호구역이자 온두라스에 있는 30곳의 운무림 중 하나이다. 지협의 다른 부분은 바다에 잠겨 있지만 이 지역은 건조한 육지이다. 그래서 이곳에만 서식하는 식물과 동물이 많다. 공원을 벗어나면 무분별한 벌목 때문에 동식물의 서식지가 파괴될 위험에 처해 있다. 몬테크리스토는 30미터 높이의 나무들이 웅장한 숲을 이루고 있다. 소나무는 산등성이를 차지하고 떡갈나무는 계곡에 많이 자라며, 이끼와 지의류(地衣類)는 나무를 온통 뒤덮고 있다. 많은 침엽수가 이곳에서만 발견되는 독특한 종이며, 케트살과 검은보관조 같은 희귀종들과 거미원숭이도 서식하고 있다. 가장 가까운 도시는 누에바오코테페케로 공원에서 동쪽으로 16킬로미터가량 떨어져 있다. **AB**

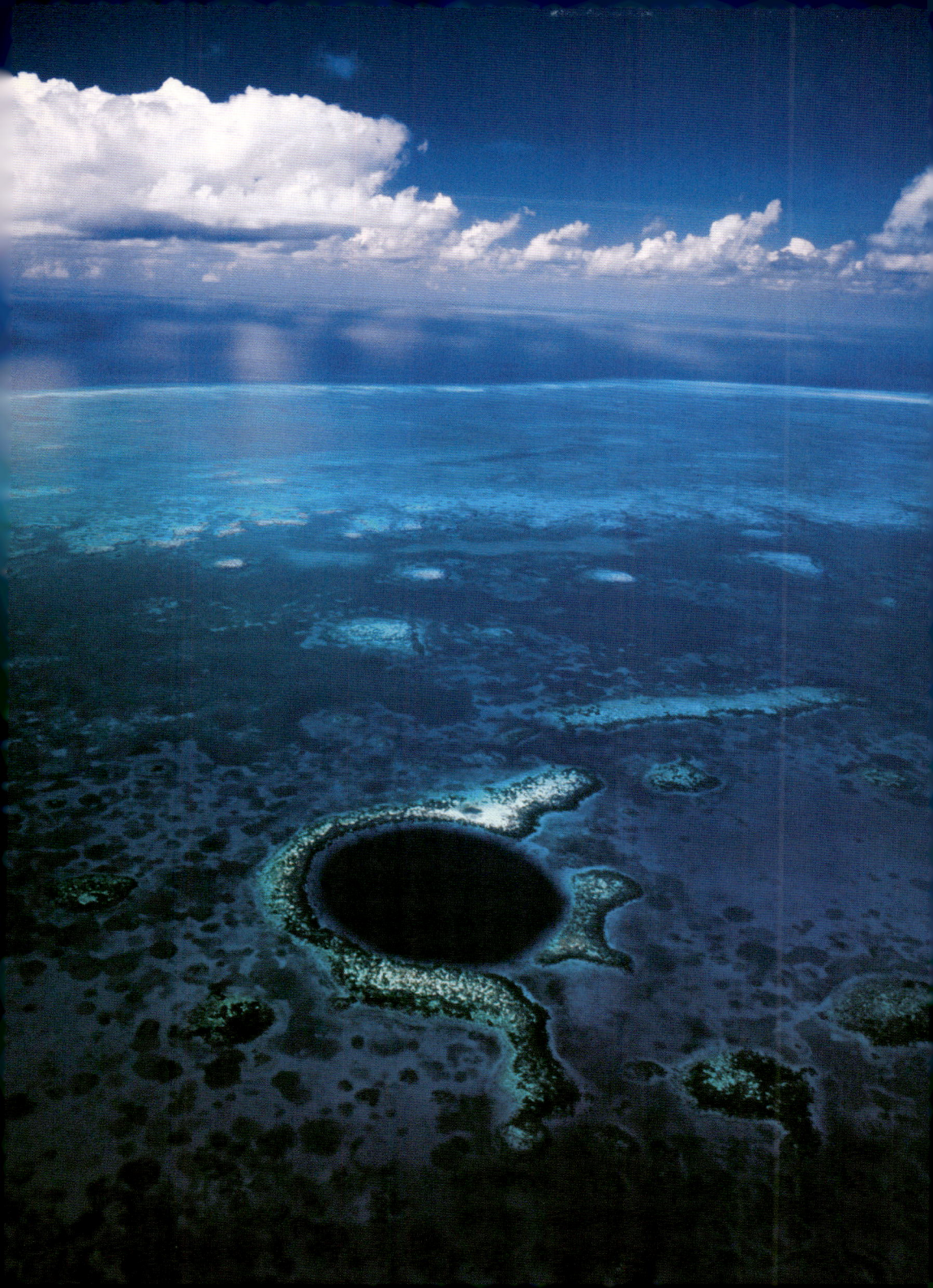

풀하판자크 폭포와
요호아 호수

온두라스

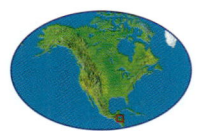

| 풀하판자크 폭포의 높이 : 43미터 |
| 요호아 호수의 면적 : 5,600헥타르 |
| 요호아 호수의 깊이 : 15미터 |

풀 하판자크 폭포는 마야 문명에서 매우 중요한 곳이었다. 이곳은 리오린도 강이 43미터 아래에 있는 천연 연못으로 떨어지는 장관을 체험할 수 있는 인기 있는 수영장이다. 근처 높은 산속 운무림에 둘러싸여 있는 요호아 호수는 온두라스에서 유일한 대형 호수이다.

요호아 호수는 이 지역에서 야생조류를 관찰하기에 가장 좋은 곳 중 하나이다. 이곳에서 확인된 조류만 해도 400여 종이나 된다. 동쪽의 가파른 호숫가까지 숲이 내려와 있지만 습지인 서쪽은 달팽이솔개, 왜가리, 황새, 다양한 엽조들의 서식지로 이상적이다. 호수와 인접해 있는 세로아줄메암바 국립공원과 산타바바라 국립공원 운무림 보호구역에서는 울음원숭이, 나무늘보, 큰부리새에서부터 과테말라의 국조이기도 한 케찰까지 볼 수 있다.

풀하판자크 폭포는 산페드로술라에서 남쪽으로 110킬로미터 떨어진 곳에 자리 잡고 있다. 산타바바라에서 자동차로 가면 주변 산들의 풍경과 계곡, 커피 농장과 같은 멋진 풍경을 마음껏 감상할 수 있다. **RC**

산타아나 화산과
이살코 화산

엘살바도르

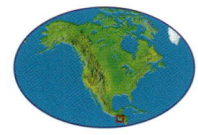

| 산타아나 화산의 해발 고도 : 2,365미터 |
| 이살코 화산의 해발 고도 : 1,950미터 |

엘 살바도르의 남서부에 있는 산타아나 화산은 이 나라에서 가장 높은 봉우리이다. 산타아나 화산은 1520년에 기록된 폭발 이후 12차례 분화했다. 이 화산은 평평한 원형 분화구가 있으며 커다란 중앙 분출구가 있다. 또한 이곳에는 작은 화산호가 있는데 그 호수의 물은 황이 풍부해서 에메랄드그린색을 띤다. 1770년 이후로는 산타아나 화산과 이살코 화산의 화산활동이 거의 동시에 일어나고 있다.

이살코 화산은 엘살바도르에서 가장 어린 화산으로 산타아나와는 떼려야 뗄 수 없는 관계이다. 1770년에 산타아나 화산의 서쪽 측면에서 형성된 이살코 화산은 1958년까지 50회 이상 분화할 정도로 활동이 매우 활발했다. 선원들은 언제나 타오르는 불빛으로 항로를 잡으며 이 화산을 '태평양의 등대'라고 부르기도 했다. 하지만 1958년 이후로 화산은 거의 완전한 휴식 상태를 유지하고 있다. 1966년에 측면에서 작은 폭발이 관찰되기는 했지만 말이다. 이곳은 코아테페케 칼데라와 주변 화산들의 경치가 매우 멋진 곳이다. **RC**

알레그리아 호수와
테카파 화산

엘살바도르

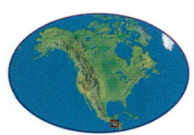

테카파 화산의 높이 : 1,590미터	
분화구 벽의 높이 : 350미터	

알레그리아 호수는 우술루탄 지역에 있는 휴화산인 테카파 화산의 경사면에 위치한 에메랄드그린색의 유황 호수이다. 호수는 분화구의 동쪽 가장자리에 있는 깊은 골짜기 아래에 있다. 땅에서 스며나오는 뜨거운 물이 호수에 흘러드는데도 호숫물은 미지근할 뿐이다. 현지인들은 유황이 풍부한 물에 의학적 효능이 있다고 주장한다. 분화구 안에 웅크린 숲은 아구티, 긴코너구리와 같은 야생동물과 야생조류의 안식처이다.

테카파 화산은 사화산으로 분류되어 있지만 지열발전소 근처의 땅에서는 여전히 증기가 솟아난다. 이 화산은 산미구엘 화산의 서쪽인 화산 클러스터의 북쪽 끄트머리에 위치해 있다. 그곳에는 아직도 갓 생성된 용암이 흘러내리고 경사면에는 화산원뿔이 있다. 분화구 가장자리에 있는 깊은 골짜기 아래에는 호수도 있다. 이 호수와 분화구 속의 숲은 생태관광을 위해 인근 마을인 알레그리아에서 관리하고 있으며, 호수나 분화구 주변의 관광을 위해 가이드를 고용할 수도 있다. **RC**

모모톰보 화산

니카라과

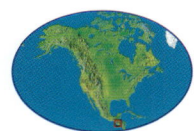

모모톰보 화산의 고도 : 1,258미터	
지질학적 종류 : 활동 중인 성층화산	

니카라과의 서부를 대각선 방향으로 둥글게 가로지르는 마리비오스 화산맥은 10개의 화산으로 이루어져 있는데 이 중에서 모모톰보 화산이 가장 중요하다. 마나과 호의 북서쪽에 있는 모모톰보 화산은 니카라과에서 가장 친숙한 랜드마크 중 하나다. 이 화산은 4,500년 전에 그보다 더 오래된 화구구에서 생성되었다. 화산에서 흘러나온 쇄설물이 마나과 호의 곳곳에 섬을 만들었다. 화산의 남동쪽 측면에는 거대한 지열 들판도 있는데 분기공과 온천이 많다. 이곳은 니카라과 전력 생산의 35퍼센트를 담당한다. 호수에는 화산쇄설물로 만들어진 작은 섬들이 매우 많은데 391미터의 모모톰비토도 그중 하나이다.

모모톰보 화산은 1524년부터 1905년까지 총 15차례나 폭발했다. 1605~1606년 사이에 폭발했을 때는 니카라과의 전 수도인 레온을 파괴하기도 했다. 이 나라에는 57개의 화산이 더 있는데 지금은 사화산이 되어 푸른 칼데라 호로 변한 것에서부터 부글부글 끓어오르는 용암으로 가득 찬 젊은 화산까지 다양하다. 모모톰보 화산에서 가장 가까운 도시인 그라나다 시는 북쪽으로 12킬로미터 떨어져 있다. 모모톰보 화산의 분화구까지 세 시간 정도 올라가면 등산의 피로를 말끔히 씻어주는 멋진 풍경이 눈앞에 펼쳐질 것이다. **AB**

니카라과 호수

니카라과, 리바스 주 / 그라나다 주 / 마사야 주 / 촌탈레스 주 / 리오산후안 주

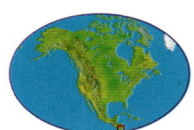

호수의 표면적 : 8,264제곱킬로미터	
호수의 길이 : 160킬로미터	
호수의 최대폭 : 72킬로미터	

원주민들이 '코키볼카(소금기 없는 바다)'라고 불렀던 니카라과 호수는 호수라기보다 강력한 폭풍우가 몰아치는 내해에 가깝다. 이곳은 중앙 아메리카에서 가장 큰 호수이며 300개 이상의 섬이 흩어져 있다. 그중에는 호수 면을 기준으로 1,615미터나 쌍둥이 화산이 솟아 있는 오메테페도 있다.

니카라과 호수는 상어가 서식하는 희귀한 섬 중의 하나이다. 이 지역의 최초 정착민들은 거주지 옆의 호수에 사는 굶주린 상어를 몹시 두려워했다고 한다. 그래서 죽은 사람을 금으로 장식해 먹이로 던져줌으로써 그들의 노여움을 달랬다는 전설이 전해져 온다.

1966년까지만 해도 생물학자들은 이 호수의 상어가 전혀 새로운 종이라고 생각했다. 그러나 표지방류(標識放流) 연구결과 이곳의 상어는 돌고래만한 황소상어로 거친 급류를 튀어 오르며 리오산후안을 따라 카리브 해와 호수 사이를 이동한다는 사실이 밝혀졌다. 니카라과 호수는 1800년대 중반, 태평양의 서부 해안에서 운하를 준설하기 위한 미국과 영국의 노력이 수포로 돌아간 이래 끊임없는 갈등의 중심지였다. 파나마 운하가 건설된 후에도 니카라과 운하에 대한 논의는 아직 진행형이다. **DBB**

베나도 동굴

코스타리카, 알라후엘라 주

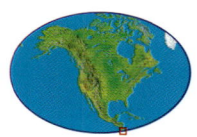

동굴의 생성 시기 : 500만~700만 년 전	
동굴 통로의 높이 : 2~4.6미터	

코스타리카 북부 지방의 지하에는 뱀이 얽히고 설킨 것 같은 베나도 동굴계가 있다. 그런데 베나도는 일반적인 동굴계와는 다르다. 이곳은 땅에 난 균열로 강물이 밀려들어와 만들어진 동굴이며, 천 년이 지나는 동안 계속 흘러들어온 물은 2.4 킬로미터를 깎아 들어갔다. 그 결과 나선형의 통로가 10개의 방을 연결하는 지금의 동굴이 탄생했다. 지하 동굴을 만든 하천의 힘이 매우 강력하기 때문에 베나도는 미니 폭포와 산호 화석, 조개, 사람 크기의 '파파야'를 닮은 기암괴석이 가득한 수중 공원이기도 하다.

베나도 동굴은 동굴전문가가 아니라도 즐겁게 탐험할 수 있다. 그러나 밀실 공포증이 있는 사람에게는 추천할만한 동굴이 못 된다. 물살을 따라 동굴에 들어가면 곧 거대한 석회암 바위 밑에서 물살을 거슬러 기어가야 한다. 계속 가다 보면 어느새 물이 허리까지 차고 빛이라고는 안전모에 달린 조명밖에 없다. 더구나 머리 위로는 박쥐가 날아다니고 물속에서는 물고기들이 발목을 물어뜯는다. 혹은 바위 위를 폴짝거리고 뛰어다니는 무색의 작은 개구리들을 만날 수도 있다. 폭우로 물살이 매우 거세져 위험한 8~10월 사이에는 동굴이 폐쇄되므로 유의하자. **DBB**

포아스 화산

코스타리카, 알라후엘라 주

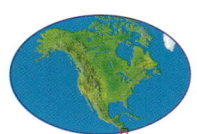

분화구의 깊이 : 300미터
분화구의 폭 : 1.6킬로미터

코스타리카 중부에 있는 화산 산맥 중 가장 아름다운 곳을 꼽는다면 단연 포아스 화산의 칼데라 호일 것이다. 어떤 날 보면 이 호수는 달처럼 거친 회색 암석에 끓어오르는 진흙, 끝도 없이 솟아오르는 노란색 유황 가스 등이 뒤섞여 산성의 에메랄드그린색으로 빛난다. 이는 마치 큰 냄비 안에서 부글거리며 끓는 것 같은 모습이다. 또 다음 날은 푸른 물이 넘실거리며 김이 나는 온천탕 같아지더니 비라도 쏟아져서 물속의 화학 성분이 바뀌면 황금색으로 빛난다. 포아스 화산은 오래전부터 화산활동이 있었지만 처음 기록된 것은 1828년이다. 가장 최근에 1910년에 폭발을 했는데 화산재가 3.2킬로미터까지 솟구치고 콜로라도의 볼더 시에서도 진동을 느꼈을 정도로 그 위력이 대단했다. 1989년과 1995년 폭발의 위력은 그만큼은 못했지만 인근 마을 주민들을 대피시켜야 했다. 포아스는 당분간은 휴지기에 들어갔지만 유황과 염소를 방출해서 산성비를 유발함으로써 근처의 커피 농장과 장과류 농장이 피해를 보고 있다. 붕괴한 분화구는 폭이 대략 1.6킬로미터에 달하는데 서반구에서는 최대 크기이다. 가장자리가 매우 높아서 그곳에 서면 태평양과 카리브 해가 한 눈에 들어온다. 안개가 자욱하고 기온이 낮고 바람이 거센 화산의 등성이에는 희귀한 운무림이 자라고 있다. 환경 때문에 이곳의 나무는 모두 뒤틀리고 왜소하지만 아름다운 꽃들이 만발하고 새들이 많이 서식한다. **DBB**

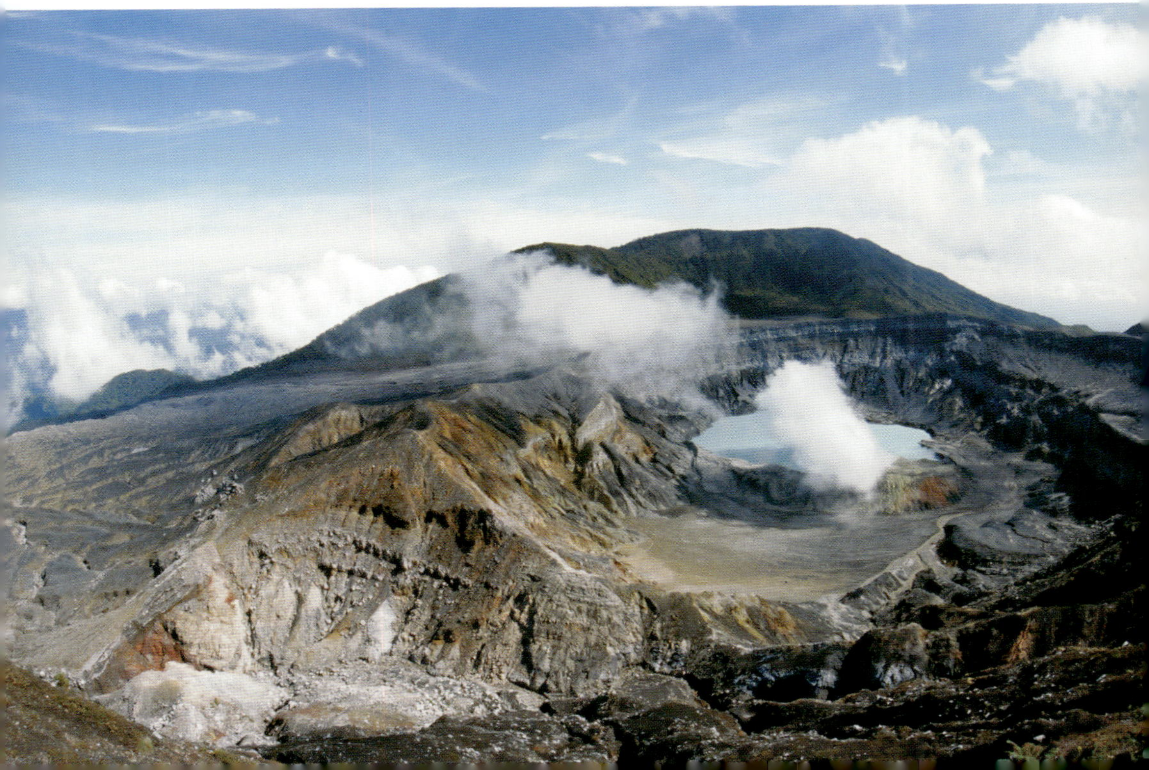

샌드듄 화산

코스타리카, 과나카스테 주 - 알라후엘라 주

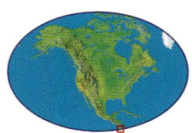

| 다른 이름 : 볼칸 아레날 |
| 하루 평균 분화수 : 41회 |
| 샌드듄 화산의 높이 : 1,636미터 |

환태평양 지역에 불을 붙이는 환태평양 화산대의 가장 든든한 일원인 샌드듄(모래 언덕) 화산은 과학자들에게는 꿈의 화산이다. 완벽한 원뿔 모양에 세계에서 화산활동이 가장 활발하기 때문이다. 샌드듄은 15분마다 용암을 뱉어내고 2시간마다 벌겋게 달아오른 집채만한 바윗덩어리를 쏘아올린다. 또한 이곳은 코스타리카의 아홉 개의 활화산 중 가장 어린 화산으로, 1500년부터 1968년까지 휴화 상태로 있었다. 그러나 당시 폭발로 40제곱킬로미터 이상 떨어진 농지, 숲과 건물까지도 완전히 파괴되었고, 마을 세 곳은 흔적도 없이 파묻혔다.

샌드듄 화산은 1995년에 국립공원으로 지정되었으며 현재 관광객들이 가장 많이 찾는 곳이다. 하지만 멀찍이 떨어져서 구경해야 한다. 경고판을 무시한 채 화산을 올라가려고 했다가 불귀의 객이 되어 버린 어리석은 등산객들이 몇 년에 한 번씩 꼭 있기 때문이다. 2003년 9월 5일에는 부노하구의 북서쪽이 크게 붕괴하면서 45분 동안 네 번의 산사태가 발생했다. 하지만 화산은 일 년에 6미터씩 자라는 이곳 나무들의 강한 생명력 때문에 금세 원래의 모습을 회복했다. **DDB**

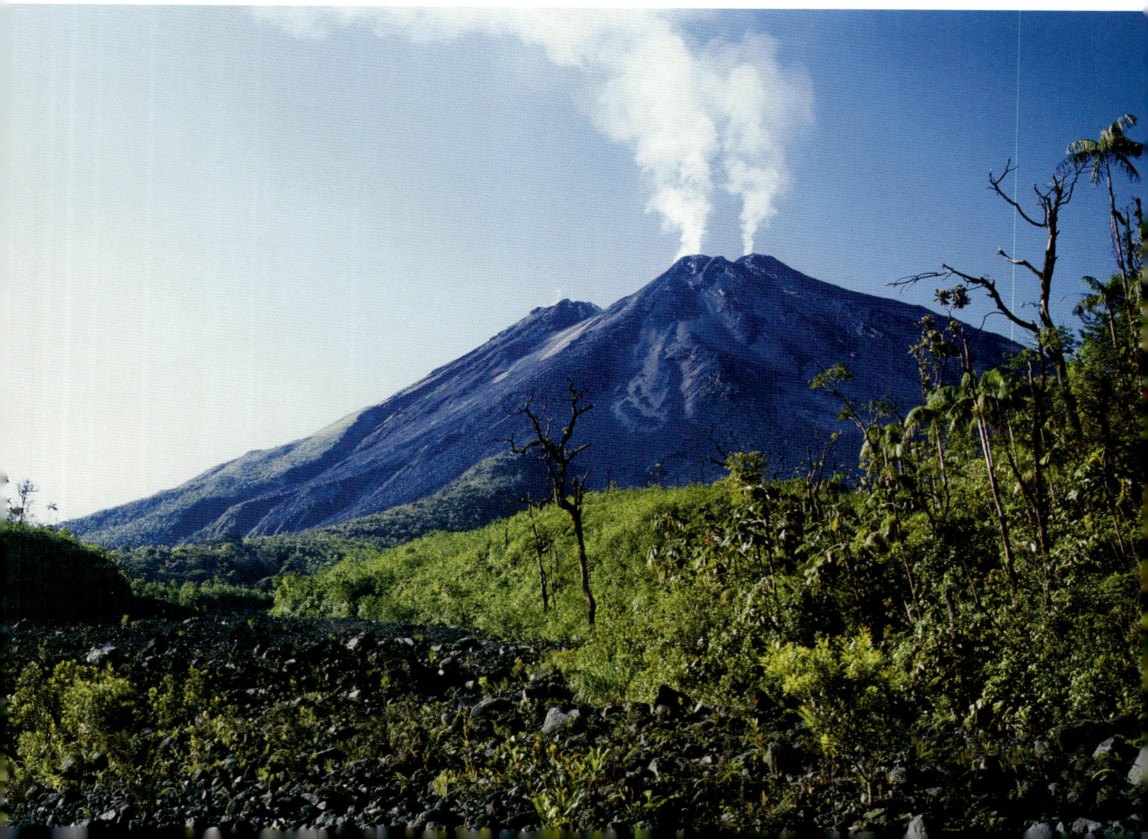

바라온다 동굴

코스타리카, 과나카스테 주

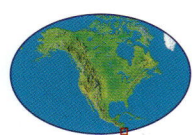

바라온다 동굴의 생성 시기 : 6,000만
~7,000만 년 전

동굴 깊이의 범위 : 60~240미터

코 스타리카의 니코야 반도 북서부에 있는 바
라온다 국립공원에서 1960년대에 바닥이 없
을 것 같은 거대한 구멍이 발견되었다. 그 이후로
그곳에서는 42개의 독립된 방이 발견되었지만 탐
사가 끝난 곳은 고작 19개로 아직도 동굴계의 많은
부분이 베일에 감춰져 있다. 수백만 년 동안 융기
와 침식을 견뎌온 바라온다는 오늘날 건조한 열대
림 속에서 427미터 높이로 우뚝 솟은 메사가 되었
다. 빗물은 이 메사의 석회암에 서서히 구멍을 내
기 시작했는데 그 깊이는 현재 853미터에 달한다.

지하의 미로에는 52미터나 수직으로 뻥 뚫린 트
랩과 박쥐의 배설물이 엄청나게 쌓여있는 스팅팟
과 함께 원주민들의 유물과 흔적이 발견된 니코야
와 같은 곳이 있다. 치명적인 독사가 발견된 후로
'라 테르치오펠로(벨벳)'로 불리게 된 동굴 통로에
는 '오르간'이라는 기암괴석이 있는데 두드리면 다
양한 소리를 낸다. 다행히 이곳은 일반에게 개방된
동굴이지만 들어가자마자 30.5미터를 수직으로 내
려가야 방으로 들어갈 수 있기에 담이 작은 사람에
게는 추천하고 싶지 않다. **DDB**

오스티오날 해변

코스타리카, 과나카스테 주

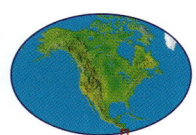

코스타리카의 아리바다 해변 : 오스티오
날과 난시테

올리브각시바다거북의 길이 : 60~75센
티미터

알 채취 : 한 달에 100만 개

매 달 하현달이 뜨면 태평양에서 오스티오날 해
변으로 수십만 마리의 올리브각시바다거북
이와 모래사장에 알을 낳는다. 이런 현상을 '아리바
다(arribada)'라고 부르는데 '도착'한다는 의미이다.
처음에는 몇 백 마리 정도가 도착하지만 일주일 동
안 밤낮으로 엄청난 수의 거북이 몰려온다. 해변
으로 몰려드는 거북의 수가 너무 많아서 조금 늦게
파도를 타고 온 암컷들은 먼저 온 암컷이 낳아놓
은 알을 파낸다. 그러면 산란이 시작되고 이틀 동
안 현지인들은 알을 채집할 수 있다. 이는 세계에

서 유일하게 합법적으로 이루어지는 거북 알 채취
이다.

산란이 가장 활발한 때는 우기인 7월에서 12월
사이이다. 역사상 가장 많은 거북이가 도착한 때
는 1995년 11월로 당시 한 번의 '아리바다'로 오십
만 마리의 암컷이 산란을 하기도 했다. 간혹 8~10
월 사이에는 한 달에 두 번의 아리바다가 있을 때
도 있다. 이곳은 세계에서 가장 중요한 대량 산란
지로 코스타리카의 태평양과 대서양 해안에는 이
런 해변이 60곳이나 있다. 오스티오날은 산타크루
스에서 남쪽으로 65킬로미터가량 떨어져 있다. 도
로 사정은 좋지 않지만 리오로사리오 강이 비로 범
람하는 때를 제외하고 폐쇄되는 경우는 없다. **MB**

코코 섬

코스타리카, 과나카스테 주

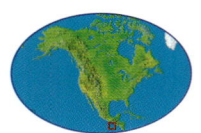

코코 섬의 면적 : 24제곱킬로미터 해산
최고 높이(세로이글레시아스) : 634미터

코코 섬은 태평양에 작게 솟아 있는 바위섬이다. 그러나 홍살귀상어와 백기암초상어를 비롯한 상어들이 몰려들어 세계에서 가장 멋진 장면을 연출하는 명소이기도 하다. 홍살귀상어는 이 섬 주변에 백 마리 이상 무리지어 몰려들고 백기암초상어는 공격적인 수컷 몇 마리만이 암컷에게 구애를 하기 위해 쏜살같이 물살에 미끄러진다.

사실 코코 섬은 다이빙을 할 수 있는 전 세계의 지역 중에서 상어가 가장 많은 곳이다. 깊은 바다의 해류가 표면까지 소용돌이치면서 심해 생물에 영양분을 제공한다. 그 덕을 보는 물고기들은 거대한 무리를 지어 나타나는 은빛의 미끼물고기에서부터 쥐가오리류와 고래상어에 이르기까지 다양하다. 코코 섬은 화산섬이지만 태평양 동부에서는 유일하게 열대우림이 무성한 곳이다. 이곳에는 70종의 독특한 식물이 자생한다. 코코 섬에서만 서식하는 되새류, 딱새, 뻐꾸기 등도 있다.

섬에서는 야영을 할 수 없지만 다이빙 보트로 리브어보드(Live-aboard)를 할 수 있다. 가장 험하지만 아름다운 바다 여행은 푼타레나스에서 36시간 걸린다. **MB**

<u>오른쪽</u> 백기암초상어가 코코 섬 주변을 유유히 맴돌고 있다.

치리포 산

코스타리카, 카르타고 주

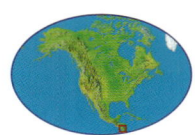

치리포 산의 높이 : 3,819미터
연간 강수량 : 400밀리미터

마지막 빙하기 동안 코스타리카의 최고봉을 뒤덮고 있던 거대한 빙상이 1만 8,000년 전부터 녹기 시작했다. 빙하가 사라진 자리에는 완만한 산등성이와 평원, 우묵한 분지가 남았다. 과거에 빙하가 있었던 흔적은 지금은 대부분 감춰져 있다. 그 위로 열대우림이 빽빽하게 들어차거나 화산 폭발 혹은 지진으로 옛모습을 잃었기 때문이다. 그러나 코스타리카의 최고봉이자 중앙아메리카에서 두 번째로 높은 치리포 산의 윗 부분은 예외이다.

이곳에는 치리포 산 윗부분에 점점이 흩어져 있는 U자형 골짜기와 맑고 깨끗한 호수들 사이로 다른 곳에서는 절대 찾아볼 수 없는 기묘한 서식지가 형성되어 있다. 치리포는 '영원한 물의 땅'이라는 뜻이며 빙하호가 풍부해서 붙은 이름이다. 양치류와 단단한 대나무 위로 우뚝 솟은 거대한 떡갈나무와 느릅나무가 뒤섞인 혼합 열대우림은 두터운 양탄자처럼 키 작은 대나무와 다른 고산 관목에서 자리를 양보하고 마는 것이다.

파나마까지 뻗어 있는 탈라만카 산맥에 자리 잡고 있는 치리포는 1983년 세계유산으로 지정되었다. 그 이유는 빙하 지형 때문이기도 하지만 북아메리카와 남아메리카의 야생생물의 혼합종이 서식하며 인디언 네 부족들이 거주하기 때문이기도 했다. **DBB**

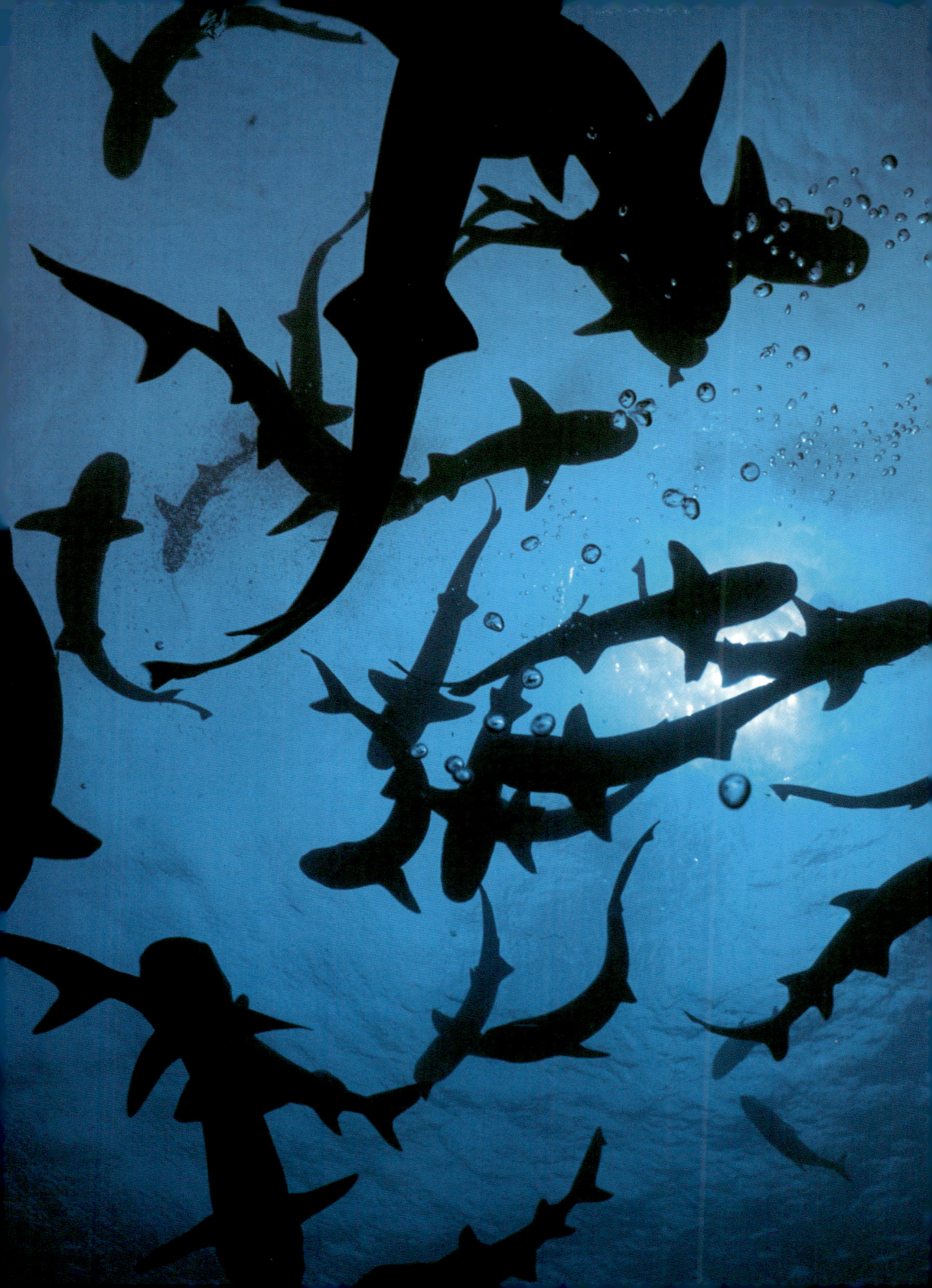

터틀 국립공원

코스타리카, 리몬 주

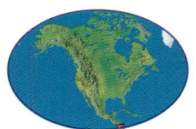

공원의 면적 : 31,198헥타르

공원 내 수역의 표면적 : 52,000헥타르

연간 강수량 : 6미터까지

16세기 중반 스페인이 코스타리카를 정복하기 전부터 이곳 사람들은 푸에르토 리몬 북쪽의 외진 카리브 해변에서 바다거북의 고기, 알, 등껍질 등으로 생계를 꾸려 나갔다. 그들은 그곳을 토르투구에로라고 불렀다. 그러나 1950년 무렵 인구가 급증하면서 이 지역의 바다거북은 멸종 위기에 처했다. 정부는 급감하는 개체수를 보호하고자 1970년에 35킬로미터의 해변을 보호구역으로 지정했다. 그 이후로 알을 낳기 위해 오는 바다거북의 수는 고작 몇 백 마리에서 3만 7,000여 마리로 늘어 오늘날 대서양 연안에서 가장 중요한 산란지가 되었다. 현재 터틀 국립공원의 홍수림과 소택지, 저지의 숲에는 원숭이와 해우(海牛), 악어 등이 서식한다. 공원은 코스타리카에서 강수량이 가장 많은 지역이다. 해변에 알을 낳으려고 '아리바다'를 한 수많은 거북을 보기 위해 관광객들이 몰려들고 있지만 대부분 공원 내부로는 들어갈 수 없다. 거북이의 수가 가장 많은 시기는 7월 말에서 10월 사이이며, 이곳으로 가려면 모인에서 출발해 해변과 평행한 해협을 매일 운행하는 보트를 타거나 산호세나 리몬에서 이륙하는 경비행기를 타도된다. **DBB**

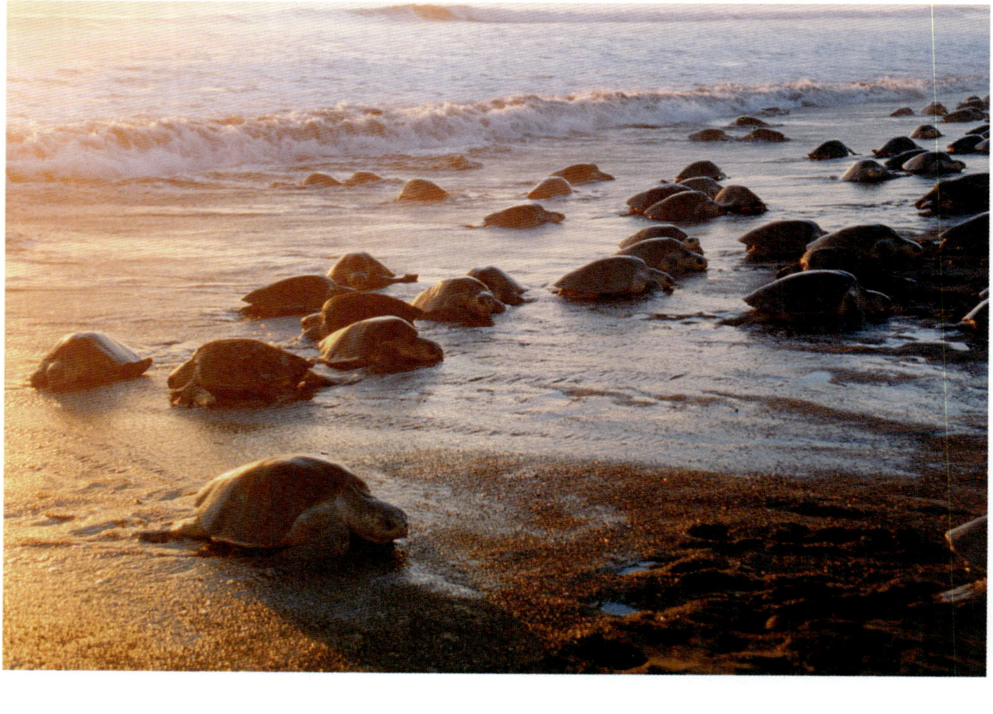

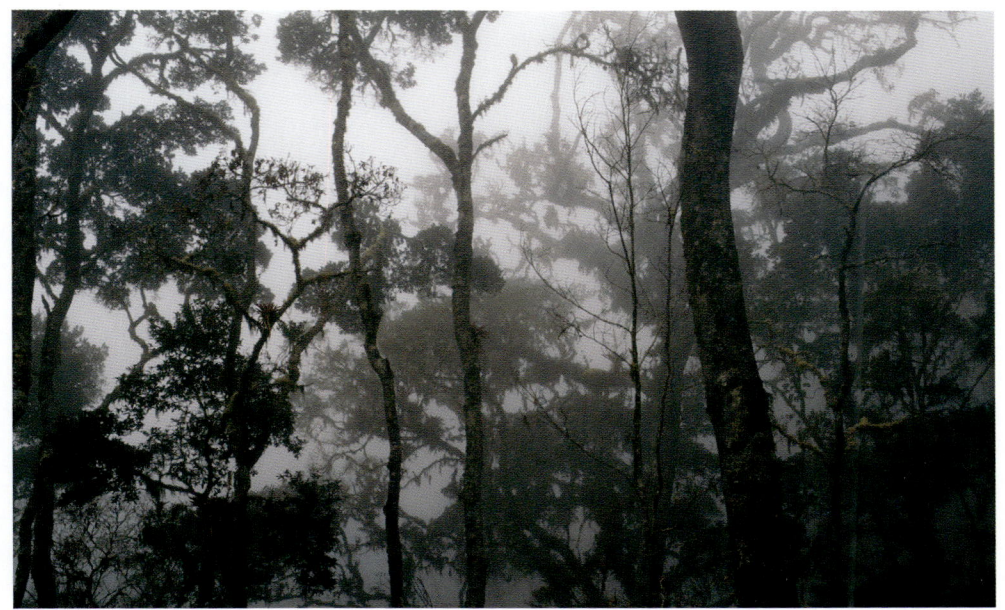

코르코바도 국립공원

코스타리카, 푼타레나스

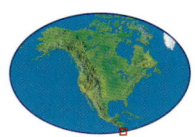

공원의 면적 : 54,539헥타르

공원 내 수역의 표면적 : 2,400헥타르

중앙아메리카에는 최대의 태평양 습지 열대우림이 있다. 바로 코스타리카 남서부의 코르코바도 국립공원이다. 이곳에는 울창한 정글, 소택지, 홍수림, 외진 해변 등이 뒤섞여 있으며, 그 사이를 거대한 하천과 물살이 빠른 시내가 흐르고 있다. 여덟 곳의 서로 다른 서식지가 모여 있는 코르코바도 국립공원은 들고양이 6종, 조랑말 크기의 맥, 큰개미핥기 등이 서식하는 희귀한 야생생물의 보고이다. 게다가 멸종 위기에 처한 금강앵무가 코스타리카에서 가장 많이 서식하는 곳이기도 하다.

뿐만 아니라 세계에서 가장 크고 힘센 독수리인 하피수리가 원숭이를 사냥하고 3미터 길이의 독사가 작은 포유류들을 한 입에 집어삼킨다. 예수도마뱀이 한가로이 건너다니는 강물 속에는 악어가 근사한 먹잇감을 기다리고 있다. 바다거북이 알을 낳는 해변에는 상어들이 정기적으로 출몰한다. 그러나 이곳에서 가장 탐욕스럽고 카리스마 넘치는 포식자는 솜씨 좋고 영악한 재규어이다. 1960년까지만 해도 이곳에서 멸종될 뻔했지만 국립공원으로 지정된 1975년 이후 재규어의 수는 세 배로 늘어났다. 코르코바도 국립공원의 독특한 생태계에 전 세계 생태학자들의 관심이 집중되면서 생태관광의 길이 활짝 열리게 되었다. 습도가 높은 숲은 아메리칸 퍼시픽에서 유일하게 잘 보존된 열대우림 생태계이다. 험한 등산로로 연결된 연구소 세 곳을 통해 코르코바도를 구경할 수 있다. **DBB**

피스 폭포

코스타리카, 헤르디아

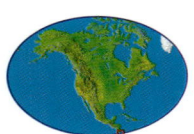

다른 이름 : 카타라타 라 파스	
폭포의 수 : 5개	
폭포의 높이 범위 : 18~36미터	

코스타리카 북부의 리오 라 파스는 활화산 정상에 있는 원시의 운무림에서 그 여정을 시작한다. 8킬로미터를 유유히 흐르다 울창한 열대림에 이르러 쏟아져 나오는 물줄기는 1,525미터를 고꾸라지듯 낙하한다. 그곳이 바로 카타라타 라 파스라고도 불리는 피스 폭포이다. '라 파스'라는 이름은 그 크기에서 비롯된 것이 아니라, 주변에 접근하기가 쉬워서 붙은 이름이다. 폭포수가 틈 하나 보이지 않는 울창한 열대우림의 벽을 뚫고 나오는 힘이 어찌나 세찬지 성인 남자만 한 양치류들이 통째로 휩쓸려 난 두꺼운 넝쿨들 주위로 소용돌이친다. 이 폭포 가까이에 난 길에서 튀기는 물보라를 맞으며 장관을 감상할 수 있다.

사실 피스 폭포는 시작에 불과하다. 이 폭포를 시작으로 코스타리카에서 가장 폭포가 많은 지역이 펼쳐지기 때문이다. 2001년까지는 이 지역에 마음대로 들어갈 수 없었다. 그러나 피스 폭포 공원이 조성되면서 그동안 꽁꽁 감춰져 있던 자연의 위력을 드물게나마 감상할 기회가 생겼다. 자연보호구역에는 튼튼한 계단이 있고 절벽 양쪽에 여러 개의 전망대가 설치되어 있어 폭포 다섯 개가 연이어 만들어내는 웅장한 풍경을 마음껏 감상할 수 있다. **DBB**

오른쪽 녹음이 우거진 숲에서 떨어지는 피스 폭포

비미니 월과 비미니로드

바하마, 비미니 제도

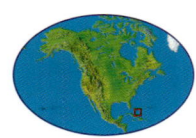

비미니 월의 깊이 : 45~900미터 이상	
비미니로드의 길이 : 300미터	
비미니로드의 석회암 블록의 무게 : 1~10톤	

바하마 서쪽 끝에 있는 비미니 제도는 비미니 월과 비미니로드라는 독특한 수중 지형으로 유명한 곳이다. 비미니 월은 해안에서 400미터 떨어진 곳에 있는데 이곳을 지나자마자 수심이 급격하게 떨어진다. 비미니로드는 비미니 만의 북단에 있는 파라다이스포인트에서 300미터가량 뻗어 있는 수중 '도로'이다. 이 도로의 기원에 대해서는 온갖 추측이 난무하는데, 사라진 고대 도시 '아틀란티스'의 일부라는 설도 있다. 사실 이 '도로'는 자연적으로 만들어진 거대한 석회암 블록이라는 것이지만 막상 보면 인공 구조물 같은 인상을 받는다. 이 바위들은 사각형 블록으로 부서지는 특징이 있는 해변 암석과 그 성분이 매우 비슷하다. 그러나 이 큰 돌이 어떻게 수심 5미터의 바다 속으로 들어갔는지는 아직도 수수께끼다.

비미니 만은 물이 맑아서 다이버들의 천국이다. 비미니로드와 호크스빌 리프를 비롯해 다이빙을 하기에 좋은 곳이 많다. 숙련된 다이버들은 비미니 월의 노둘레스와 튜나 앨리 같은 곳에서도 다이빙을 즐기곤 한다. **RC**

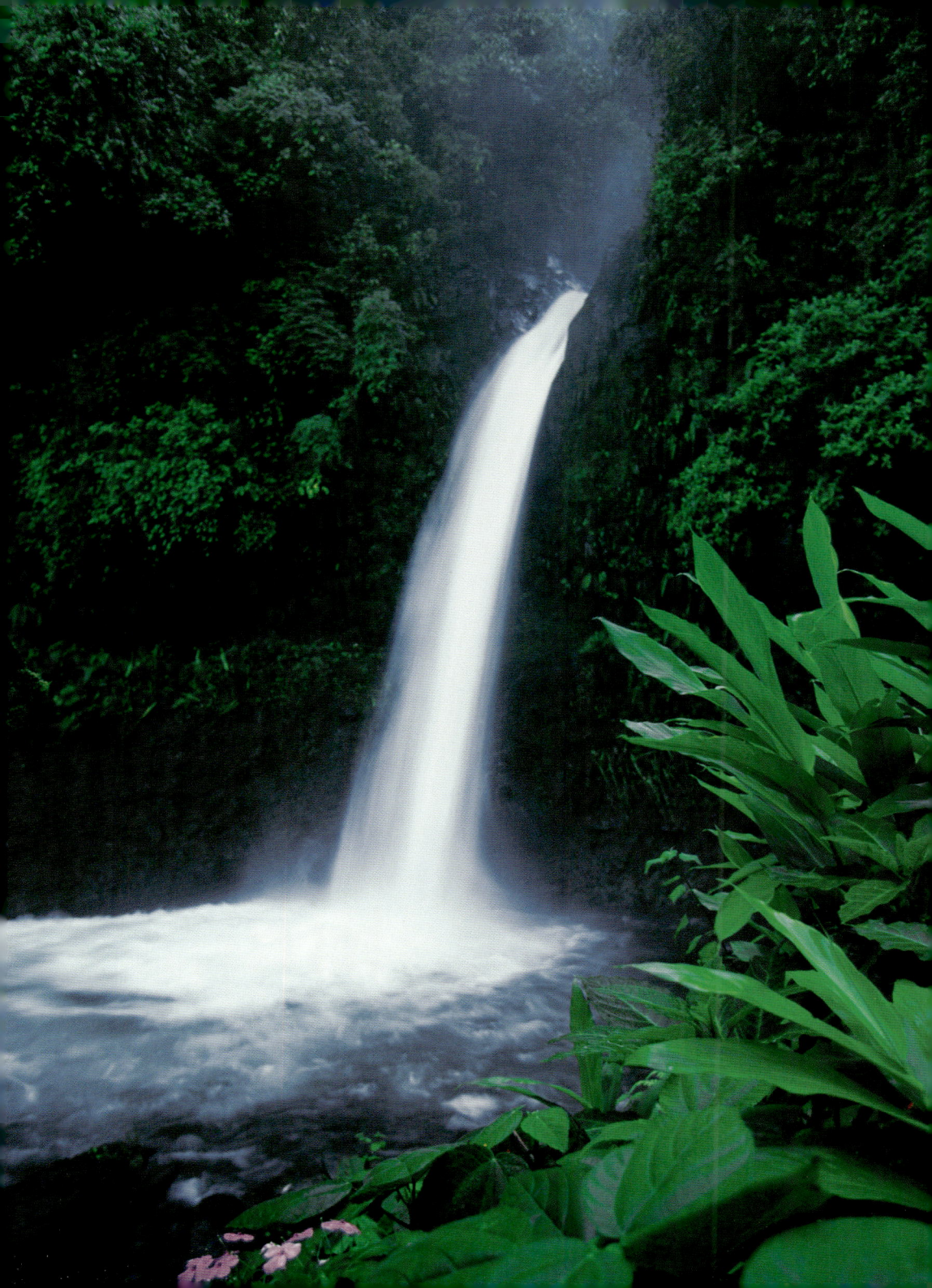

블루홀

바하마, 그랜드바하마 – 센트럴안드로스 – 그레이트엑수마 – 롱아일랜드

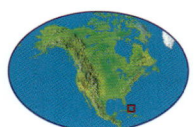

루카얀 동굴의 길이 : 11킬로미터
세계에서 가장 깊은 해저 동굴의 깊이 :
202미터, 딘즈 블루홀
암석의 종류 : 석회암

블루홀은 유난히 푸른 바닷물로 가득 찬 동굴이나 움푹 팬 지형을 말한다. 블루홀은 해변이나 내해의 얕은 바다에서 발견되곤 하지만 바하마는 세계 어느 곳보다 블루홀이 많은 곳이다. 블루홀은 세 가지 유형이 있다. 먼저 절구 모양으로 팬 '세노테'가 있다. 세노테는 하늘에서 보면 가장 잘 보이는데 폭이 150미터에 달하는 원통형 구멍이다. 가장 깊은 곳은 롱아일랜드 근해에 있다. 다음은 렌즈 형태의 '동굴계'로 길이가 11킬로미터에 달하는 루카얀 동굴이 좋은 예다. 이 동굴은 바하마에서 가장 길다. 마지막으로 폭이 2미터 정도로 작고 좁은 '단구 동굴'이 있다.

동굴은 빙하기 때 해수면이 지금보다 훨씬 낮을 때 형성되었다. 석회암이 물에 의해 침식되면서 거대한 통로와 구멍, 동굴 등이 생겨난 것이다. 빙하가 녹으면서 해수면이 상승하자 이 지형은 그대로 블루홀이 되었다. 잠수를 해서 블루홀까지 갈 수는 있지만 대부분 너무 위험해서 경험이 많은 스포츠 다이버들조차도 출입을 금하고 있으며, 현지 당국 또한 접근을 통제하고 있다. 하지만 블루홀을 반드시 수중에서만 봐야 할 필요는 없다. 현지에서 가이드와 함께 내륙의 블루홀로 떠나는 투어를 진행하고 있다. **MB**

비날레스 계곡과
산토토마스 동굴

쿠바, 피나르델리오 주

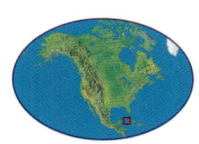

비날레스밸리의 모고테의 높이 : 300미터까지
쿠에바 드 산토토마스의 길이 : 47킬로미터

비날레스 계곡은 '모고테'라고 불리는 원뿔 모양의 석회암 언덕이 널리 분포한 비옥한 골짜기이다. 모고테라고도 불리는 이 골짜기에는 식물이 무성하며 지하천에 의해 형성된 동굴이 거미줄처럼 얽혀 있다.

산토토마스 동굴은 쿠바에서 두 번째로 긴 동굴인데 지하에 일곱 층의 동굴이 이어져 있다. 입구 통로는 폭이 20미터나 된다. 근처에는 한때 인디언들이 살았던 쿠에바 델 인디오 동굴도 있다. 이 동굴에서는 배를 타고 지하 하천을 탐사할 수 있다. 정상은 완만하고 경사면은 완전 수직인 모고테는 쥐라기 때 침식작용으로 형성되었다. 이곳에는 다른 곳에는 없는 독특한 식물들이 많이 자란다. 살아있는 화석으로 알려진 코르크 야자나무도 자생한다. 세계 최대의 야외 벽화 중 하나인 '선사시대의 벽화'도 도스 헤르마나스 모고테에서 발견되었다. 담배로 유명한 비날레스 계곡은 아바나에서 서쪽으로 180킬로미터가량 떨어져 있다. **RC**

벨라마르 동굴계

쿠바, 마탄사스 주

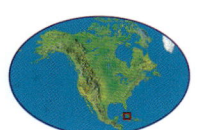

고딕 동굴의 폭 : 60미터	
고딕 동굴의 높이 : 30미터	
고딕 동굴의 길이 : 150미터	

아름다운 모습으로 유명한 벨라마르 동굴계는 쿠바에서 가장 오래된 관광 명소로 손꼽힌다. 이곳에는 멋진 모양의 종유석과 석순을 비롯해 그레이티드 코코넛 갤러리와 파운틴 오브 러브(사랑의 분수)같은 기암괴석이 즐비하며, 17곳의 갤러리와 6곳의 홀을 둘러볼 수 있는 동굴 투어가 마련되어 있다.

동굴은 1861년에 처음 발견되었지만 1948년이 되어서야 세세한 조사가 이루어졌다. 이후 1989년 초에 시작된 최대 규모의 탐사로 7킬로미터의 통로가 더 발견되었다.

가장 큰 동굴은 고딕 동굴로, 중앙에는 거대한 석순들이 전사들처럼 늘어서 있어 가디언 오브 템플(사원의 수호자)이라고 부른다. 맨틀 오브 콜럼버스는 육중한 투명 기둥으로 높이가 20미터이고 두께가 6미터나 된다. 이 외에도 데빌즈조지, 엠브로이더 페티코트, 챔버 오브 더 베네딕션, 돈코스 매스램프, 다이아몬드캐스케이드, 레이크 오브 더 달리아도 놓칠 수 없는 절경이다.

마탄사스 시의 남쪽 2킬로미터 지점에 떨어져 있는 벨라마르 동굴계는 습도가 매우 높으며 기온은 항상 25~27도를 유지한다. **RC**

엘니초 폭포

쿠바, 시엔푸에고스 주

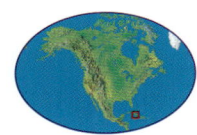

다른 이름 : 카스카다 드 엘니초	
엘니초 폭포의 높이 : 20~35미터	

쿠바에는 드넓은 산악 지대가 없다. 대신 섬 전역에 산악 지형이 흩어져 있다. 엘니초는 섬의 중부에 있는 시에라드트리니다드 산맥에 자리 잡고 있다. 엘니초 지역에는 폭포가 여럿 있으며 높이도 20~35미터로 다양하다. 엘니초 폭포는 30미터 높이에서 아래로 곧장 떨어져 물보라를 일으키는데, 자욱한 안개가 쉴 새 없이 피어날 정도이다. 엘니초에서는 폭포 사이에 흩어져 있는 천연의 수영장에서 수영을 즐길 수 있으며, 깊은 동굴을 탐험하거나 산속의 울창한 숲에서 야영을 하며 온갖 이국적인 야생생물을 관찰할 수 있다.

운이 좋다면 쿠바의 국조인 토코로로를 볼 수도 있다. 토코로로는 쿠바 국기의 색깔인 선명한 붉은색과 푸른색, 흰색이 섞여 있어 비교적 찾기가 쉽다. 엘니초는 시엔푸에고스 시에서 46킬로미터 떨어져 있으며, 사륜구동 자동차로만 갈 수 있다. 시에라 델 에스캄브라이 산맥을 가로지르는 도로에서 보이는 풍경은 아름다움의 극치를 이루고 있으며 엘니초 폭포로 나 있는 오솔길 또한 잘 정비되어 있다. **RC**

도미니카의 폭포

도미니카, 세인트조지 / 세인트다비드 / 세인트패트릭

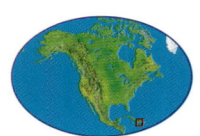

트라팔가 폭포의 높이 : 60미터	
미들햄 폭포의 높이 : 60미터	
사리사리 폭포의 높이 : 45미터	

카리브 해에 있는 섬나라 도미니카는 폭포 애호가들의 이상향이다. 이 섬에는 1,200미터 이상의 고산들이 있으며, 일 년에 1,000센티미터가 넘는 비가 내린다. 그래서 이곳에는 유독 폭포가 많은데다 새로운 폭포들도 매년 발견되고 있다. 도미니카의 폭포는 대부분 모르네트로이피통 국립공원에 있다. 수도인 로조에서 8킬로미터 떨어져 있는 트라팔가 폭포는 가장 유명하며 접근하기도 편하다. 전망대에서 보면 두 개의 폭포가 보이는데 더 높은 쪽은 아버지 폭포이고 작은 쪽이 어머니 폭포이다. 울창한 열대우림을 11~12시간 정도 뚫고 가면 도미니카에서 최고 높이를 자랑하는 미들햄 폭포가 나온다. 섬의 동쪽에 있는 라플레인 마을 근처의 사리사리 폭포에 가려면 말 그대로 산 넘고 물 건너야 한다. 화이트 강은 흘러흘러 아름다운 빅토리아 폭포로 쏟아진다. 광물이 풍부해서 우윳빛이 감도는 강물의 발원지는 바로 끓는 호수라는 뜻의 보일링 호수이다. 폭포 아래 연못에서는 수영도 할 수 있다. 이 외에도 에메랄드풀 폭포와 신디케이트 폭포 등 도미니카에는 놓치면 후회할 만한 아름다운 폭포들이 많다. **RC**

보일링 호수

도미니카, 세인트패트릭

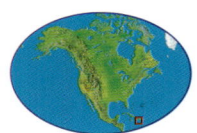

보일링 호수의 지름 : 63미터	
평균 수온 : 88도	
호수의 해발 고도 : 762미터	

세계에서 뉴질랜드에 있는 호수 다음으로 큰 보일링 호수(끓는 호수)는 도미니카의 모르네트로이피통 국립공원의 중심부에 자리 잡고 있다. 1875년에 실시한 조사에 따르면 호수 가장자리의 수온은 82~91.5도에 달한다. 그 당시 수심은 59미터였는데 이후 중앙에 간헐천이 생기면서 수위가 낮아졌다. 이후 1988년 4월에 호수가 끓는 것을 멈추자 수위는 더 떨어졌으나 현재는 정상적인 상태로 돌아왔다. 보일링 호수는 화산의 분화구에 형성된 칼데라 호가 아니라 화산의 가스가 솟아나오는 배출구로 빗물과 하천수가 유입된 것이라 추측하고 있다. 지면 아래의 용암 때문에 호수의 중앙에 있는 물이 끓어오르기 시작한 것이다.

보일링 호수에 가려면 길고도 험한 여정을 각오해야 한다. 티토우 협곡에서 2~3시간 정도 더 걸리며, 밸리 오브 데졸레이션(황량한 계곡)을 건너가야 한다. 이곳은 식물이 거의 자라지 않는 황량한 곳으로 온천과 화산의 분기공에서 뿜어 나오는 유황 가스로 물빛이 뿌연 곳이다. 호수에서 끓는 청회색의 물은 수증기에 가려 잘 보이지 않는다. 이 때문에 간혹 호숫물에 화상을 입은 사람도 있으므로 조심해야 한다. 게다가 호수의 독가스를 마시고 사망한 사람도 두 명 이상이나 된다. **RC**

스팅레이시티

그랜드케이맨, 노스사운드

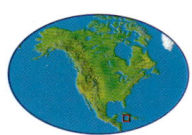

스팅레이시티의 위치 : 노스사운드 입구
스팅레이시티의 수심 : 1~2미터
스팅레이시티의 수온 : 28도

스팅레이(가오리)시티는 일반적인 도시와 다르다. 이곳에는 관공서도 상점도 없다. 꼬리에 톡 쏘는 가시를 달고 있는 이곳의 주인은 방문객들에게 오랫동안 즐거움을 선사하고 있다.

그랜드케이맨에서 보트를 타고 20분만 바다로 나가면 욕실용 매트만한 가오리 수백 마리가 몰려와 사람들을 반기며 먹이를 찾는다. 아침에 처음으로 바다로 나갈 때가 구경하기에 가장 좋은데 엄청난 수의 가오리들이 아침을 먹으려고 몰려들기 때문이다. 물의 깊이는 겨우 1~2미터에 불과하기 때문에 스노클링을 하거나 무릎을 꿇고 심지어는 선 채로도 주위를 헤엄치는 가오리들을 구경할 수 있다. 가오리는 오징어 조각이나 애완동물의 먹이도 먹는다. 가오리들은 수년간 사람 손에 길들여졌기 때문에 이런 식으로 가까이서 즐길 수 있는 것이다. 가오리는 날개처럼 생긴 가슴지느러미를 이용해 물속을 날듯 헤엄친다. 채찍처럼 생긴 꼬리에는 독이 있는 가시가 있지만 방어를 위해서가 아니면 가시를 사용하지 않는다. 그러므로 꼬리를 밟지 않도록 조심하라! 가오리와 함께 즐기다 보면 어린이도 노인도 모두 미소를 짓는다. 모두 가오리와 함께 놀 수 있다. **MB**

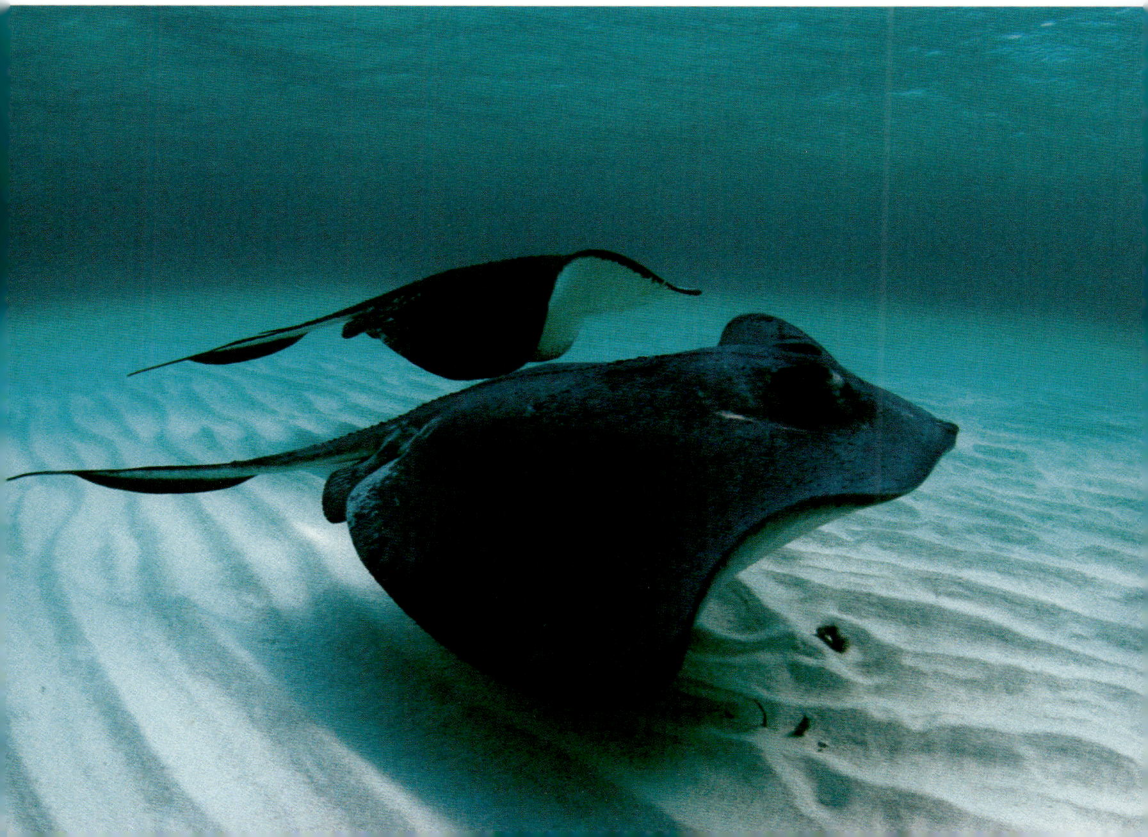

블로우홀

그랜드케이맨, 이스트엔드

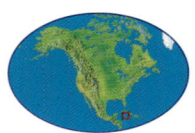

케이맨 제도의 면적 : 262제곱킬로미터
최고 높은 지점(더 블러프) : 43미터
암석의 종류 : 산호초에 둘러싸인 석회암

그 랜드케이맨의 동쪽에 위치한 블로우홀은 이 섬에서 가장 멋진 경치를 자랑한다. 파도가 해안의 바위에 부딪히면서 바위에 난 블로우홀 구멍으로 힘차게 솟구치는데 그 장면이 정말 장관이다.

케이맨 제도에서 가장 큰 섬인 그랜드케이맨에는 산호와 모래, 진흙 등으로 이루어진 독특한 지형이 있는데 해안 가까이에 있으면 '절벽'이라 하고 해변에 있으면 '아이론쇼어'라고 불린다. 아이론쇼어는 절벽의 석회암 중심 혹은 절벽을 둘러싸는 해안의 석회암 암초를 형성한다. 암석이 부서진 곳에서는 파도가 해안선 아래로 밀려들어와 간헐천처럼 바위 사이에 난 블로우홀로 솟구친다. 파도가 크고 바람이 제대로만 불어주면 10미터까지 솟구칠 때도 있다.

파도가 잔잔한 날은 블로우홀도 조용한 편이지만 대신 멋진 사진을 찍을 수 있을 것이다. 단 아이론쇼어의 울퉁불퉁한 바위들은 날카로운 곳도 많기 때문에 이곳을 구경하려면 등산화를 신는 것이 좋다.

블로우홀 특히 이곳에서는 많은 선박들이 암초에 걸려 손상을 입기도 했다. 하루에 10척의 선박이 난파를 해서 '열 척의 난파'라고 부르는 지점이 해안선을 따라 이어져 있다. **RC**

콕핏컨트리

자메이카, 세인트제임스 / 트릴로니 / 세인트엘리자베스

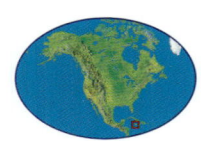

콕핏컨트리의 면적 : 1,295제곱킬로미터
연간 강수량 : 1,500∼2,500밀리미터

자 메이카의 콕핏컨트리는 섬의 북서쪽에 위치한 숲이 빽빽하게 들어선 카르스트 지형이다. 수백만 년 동안 침식작용을 받아서 원뿔 모양 언덕이나 가파른 골짜기가 많은 독특한 풍경이 만들어졌다. 이런 곳에는 대부분 사람이 살지 않고 아직 사람의 손이 닿지 않은 곳도 많다. 이곳에는 석회암 지대가 움푹하게 들어간 지형이 수천 곳이나 되는데, 이런 곳을 17세기 영국 영어로 '콕핏(cockpits)'이라고 불렀다. 닭싸움이 벌어지는 곳과 비슷하게 생겼기 때문이다. 지표수는 기공이 많은 기반암을 통해 지하의 동굴로 흘러들었다. 윈저 대동굴과 마르타틱 동굴에는 오만 마리가 넘는 박쥐의 군락이 형성되어 있기도 하다.

콕핏컨트리는 다양한 종류의 동식물이 서식하는 곳으로 세계에서 가장 중요한 지역 중의 하나이다. 이곳에서 자라는 식물만 100종 이상이며 어떤 종은 작은 언덕 한곳에서만 자란다. 자메이카에 서식하는 조류 100종 중에서 79종이 이곳에서 발견되는데, 멸종 위기에 처한 셀레베스사탕앵무도 서식하고 있다.

콕핏컨트리에는 도로가 없다. 이곳에는 거친 지형, 위험한 구멍이 많으며 길을 잃을 수도 있기 때문에 반드시 현지 가이드를 동반하고 들어가야 한다. **RC**

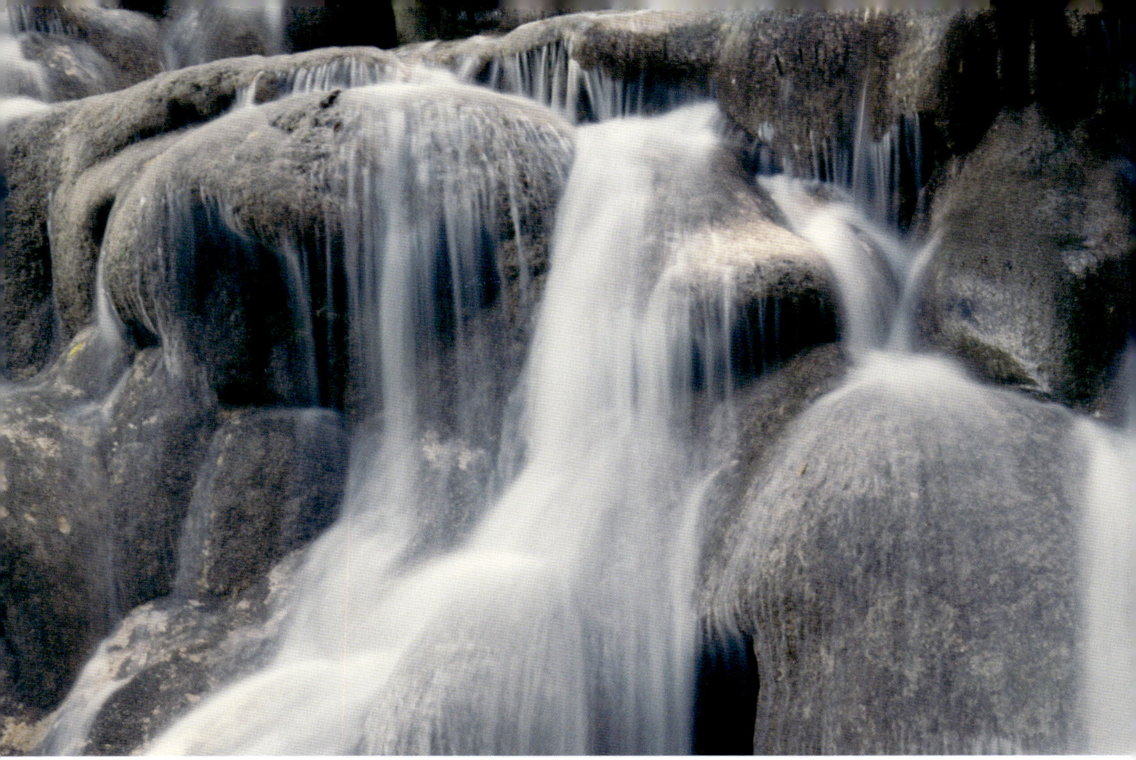

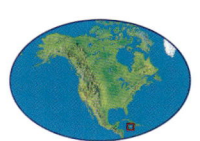

던스리버 폭포

자메이카, 세인트앤

다른 이름 : 하마야카
던스리버 폭포의 높이 : 183미터

던스리버 폭포는 자메이카에서 가장 인기 있는 관광지 중의 하나이다. 사실 던스리버 폭포는 폭포라기보다는 약한 석회암 단구가 계속 이어진 것으로, 이 단구를 흘러내린 물이 카리브 해의 해변을 지나 곧장 바다로 들어가는데 그 모습이 무척이나 아름답다. 아라와크 인디언들은 이 폭포가 있는 곳을 '강과 샘의 땅'이라는 뜻의 '하마야카'라고 부른다. 그래서인지 던스리버 폭포는 희한하게도 강의 입구에 있다. 이 폭포는 《007 살인 번호》의 촬영지로 유명해진 바 있다.

해변에서 183미터 높이의 폭포까지 올라가면 주변의 장관이 한눈에 내려다보인다. 폭포까지 올라가는 데는 일반적으로 한 시간 정도 걸린다. 올라가기 편한 곳도 있지만 위험한 곳도 있으며, 올라가다가 피곤하면 단구에 형성된 천연 수영장에서 수영을 하며 쉬어갈 수도 있다. 단, 폭포는 매우 미끄러우니 가이드의 도움을 받을 수도 있겠지만 만약을 대비해서 적합한 신발을 신고 주의하도록 하자. 사람이 많이 몰리는 때를 피하려면 아침 일찍 출발하는 것이 좋다. 폭포는 던스리버 폭포 공원의 울창한 열대림 속에 자리 잡고 있다. 이 공원은 자메이카의 북쪽 해안에 있는 오초리오스에서 1.6킬로미터 정도 떨어져 있다. **RC**

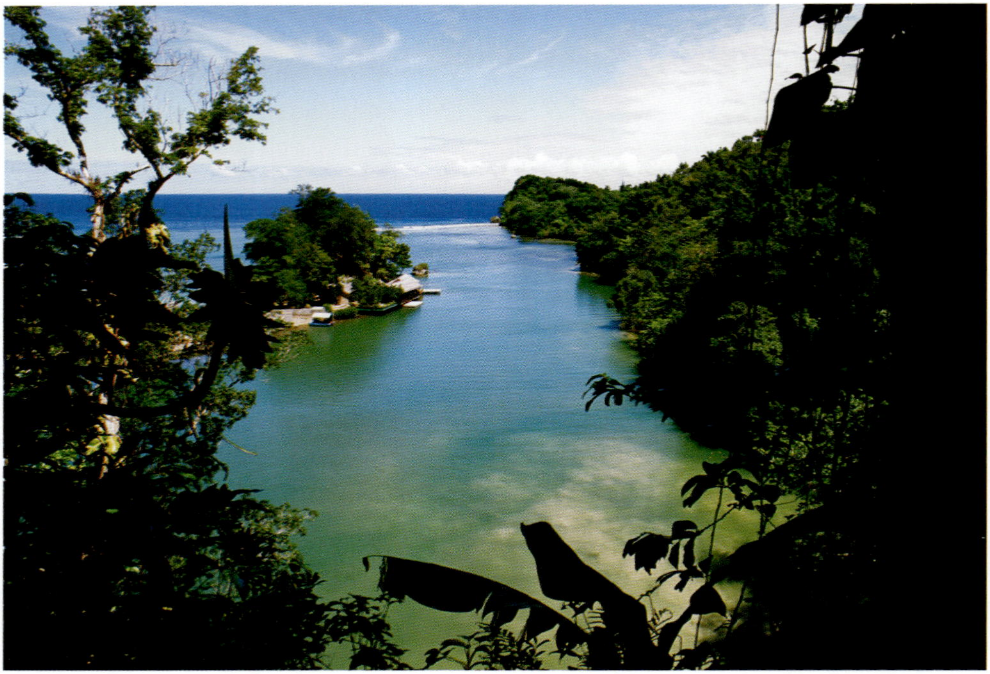

블루라군

자메이카, 포틀랜드

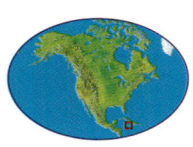

다른 이름 : 블루홀
석호의 최대 깊이 : 56미터

가파른 언덕으로 둘러싸인 블루라군 석호는 바다로 난 좁은 해협으로, 보호구역으로 지정된 만이다. 브룩 쉴즈 주연의 영화《블루라군》으로 유명해진 이곳은 지금도 영화감독과 사진작가들의 사랑을 듬뿍 받고 있다. 블루라군에 대한 소문도 가지각색이다. 이곳의 최대 깊이는 고작 56미터이지만 아라와크 인디언들은 이 호수에는 바닥이 없다고 믿었다. 액션 스타였던 에롤 플린은 자신이 아무런 장비 없이 석호의 바닥까지 갔다고 주장하기도 했다.

1950년대에는 스릴러 작가인 로빈 무어(『프렌치 커넥션』의 저자)가 석호와 그 일대가 한눈에 들어오는 빌라를 구입했다. 그 지역은 지금도 사유지이지만 고급스러운 휴양지로 개방되었다. 옛날에는 '말라드의 홀'이라는 이름으로 불리곤 했는데 악명 높은 해적이었던 톰 말라드의 이름을 딴 것이다. 그는 이곳을 은신처와 망보는 곳으로 이용했다고 전해지고 있다. 블루라군은 샌안토니오에서 동쪽으로 11킬로미터 떨어져 있다. 자메이카의 동식물을 배경으로 석호의 아름다운 물은 시간대에 따라 푸른색에서 녹색으로 아름답게 변한다. 스노클링을 좋아하는 사람이라면 석호의 맑은 물에서 노니는 다채로운 열대어를 마음껏 감상할 수 있다. **RC**

카리브 국립공원

푸에르토리코, 카나바나스 / 준코스 / 피에드라스 / 루키요 / 리오그란데

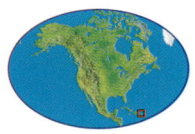

다른 이름 : 엘윤케	
공원의 면적 : 11,300헥타르	
숲의 해발 고도 : 1,065미터	

산후안에서 40킬로미터 떨어진 곳에는 이 지역 말로 '엘윤케'라고 불리는 미국 유일의 열대우림 보호구역이 있다. 푸에르토리코의 분수령에서 두 번째로 높은 봉우리이기도 한 시에라 드루키요 산은 원주민인 타이노 족의 말로 '흰 땅'이라는 뜻이다. 서반구에서 처음으로 지정된 자연보호구역의 하나인 엘윤케는 선박 건조용 통나무를 보호하기 위한 삼림보호구역으로, 1876년에 지정되었다.

이곳은 경사가 매우 미끄럽고 급한데 심지어 45도가 넘는 비탈도 자주 나타난다. 이곳의 기후는 건기는 아예 없고 오로지 허리케인 시즌만이 있다. 1998년에 이곳 숲과 악전고투를 벌인 허리케인 '조지'는 풍속이 시속 185킬로미터에 달했다.

카리브 국립공원에는 네 가지 종류의 숲이 있다. 저지 열대우림, 아열대우림(600미터 이상), 운무림, 정상 부근의 왜관목림 등이다. 이 숲은 현재 서인도아마존앵무처럼 희귀하고 멸종 위기에 처한 동물들의 유일한 서식지가 되었다. 푸에르토리코풍금조, 엘핀우드워블러, 푸에르토리코명금과 같은, 푸에르토리코에만 서식하는 동물들도 있다. 또한 토양에 석회암이 풍부하기 때문에 달팽이도 많다. 공원에는 아름다운 산책로가 많으며 산후안에서도 쉽게 갈 수 있다. **AB**

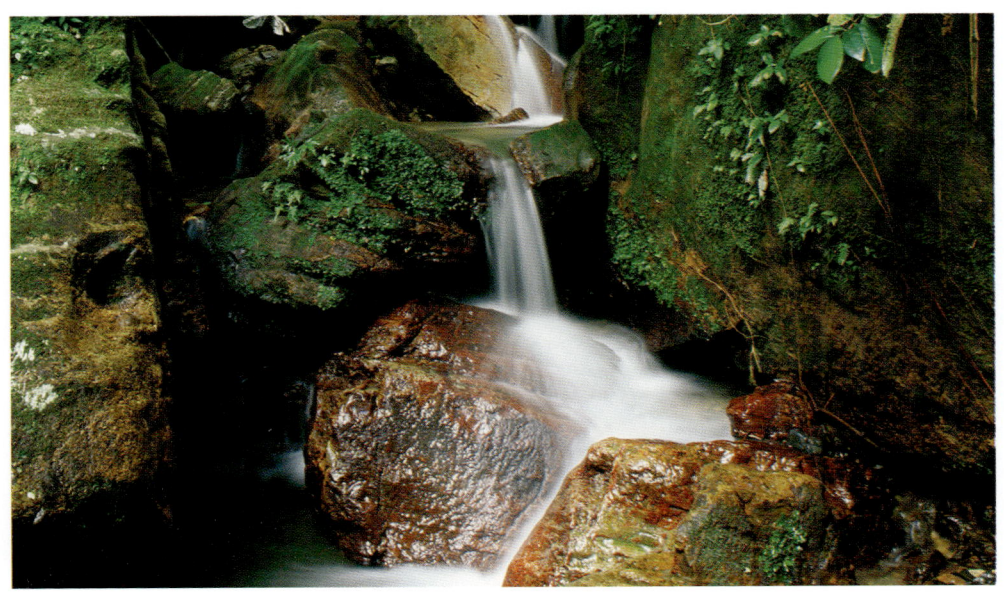

카르스트컨트리

푸에르토리코, 이사벨라 섬

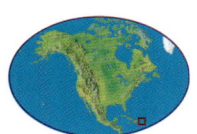

카르스트컨트리의 국유림 총면적 :
1,600헥타르

과하타카 포레스트의 면적 : 970헥타르

카르스트컨트리는 케브라딜라스와 마나티 사이, 푸에르토리코의 북서쪽에 있는 녹색과 흰색의 작은 언덕이 모여 있는 곳으로 높이는 30미터에 달한다. 세계에서 카르스트 지형이 가장 잘 보존된 곳은 이곳 푸에르토리코와 도미니카 공화국, 슬로베니아 등이다. 그중에서도 이곳의 장관은 물이 석회암으로 이루어진 분지나 구멍을 계속 침식하면서 만들어졌다. 모고테라고도 하는 이 카르스트 지형의 언덕은 주변 지형이 모두 침식으로 가라앉을 때 가라앉지 않고 남아서 생기게 되는데, 그곳의 암석이 주변의 암석보다 기공이 적기 때문이다. 자연현상이 무작위적으로 일어났다는 점을 감안할 때 작은 모고테 언덕은 놀랄 정도로 크기나 모양이 흡사하다.

카르스트컨트리의 오래된 구멍에는 세계에서 제일 감도가 좋은 레이더 무선 망원경이 설치된 아레시보 천문대가 있다. 영화 《콘택트》의 촬영지이기도 한 이 천문대에서는 나사의 외계생명체 탐사 프로젝트가 진행되고 있다. 카르스트의 석회암은 과하타카, 캄발라체, 베가, 리오아바호 등지의 국유림으로 지정되어 보호받고 있다. 과하타가는 아레시보 근처에 자리 잡고 있는데 이곳에 가면 윈드 동굴의 기암괴석을 구경할 수 있고, 40킬로미터 거리의 산책로를 따라 여행할 수도 있다. **RC**

구아니카 국유림

푸에르토리코, 구아니카

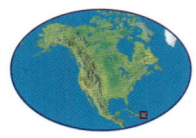

국유림의 면적 : 3,936헥타르

숲의 해발 고도 : 400미터

푸에르토리코 남서쪽의 카리브 해안에는 구아니카 국유림이 있다. 이곳은 르디예라센트럴 산맥으로 비를 가로막으면서 다소 건조한 아열대림이 형성되어 있으며 284종의 조류의 반이 서식하고 있다. 이중에는 푸에르토리코리저드뻐꾸기, 이전에는 멸종된 것으로 알려졌던 푸에르토리코쏙독새, 푸에르토리코벌잡이부채새류와 같은 조류들이 있다. 19킬로미터 거리의 산책로를 따라가다 보면 가뭄에 적응한 식물들을 쉽게 볼 수 있다.

숲은 매우 건조하지만 선인장, 넝쿨, 용설란 등을 비롯한 750종이 넘는 식물이 서식하고 있다. 그중에는 성장 속도가 매우 느린 구아야칸도 있는데, 이 나무는 400살까지 산다고 알려져 있다. 가장 경치가 좋은 길은 쿠에바 트레일로 이곳에서 보이는 석회암 절벽과 푸른 바다는 정말 아름답다. 절벽 아래에는 해변, 해초지와 홍수림 등이 펼쳐져 있다. 구아니카 국유림은 푸에르토리코크레스티드두꺼비와 동굴새우의 주요 서식지이다. 목축과 경작으로 인해 숲이 훼손되자 유네스코는 이 지역을 생물권보전지역으로 선포했다. 해안을 따라 24킬로미터를 내려가면 가장 가까운 도시인 폰세가 나온다. **AB**

모스키토 만과
포스포레스트 만

푸에르토리코, 비에케스 섬

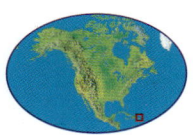

모스키토 만의 면적 : 64헥타르

쌍편모충류의 농도 : 갤런당 720,000

푸에르토리코에 있는 비에케스 섬의 모스키토 만은 밤만 되면 바다가 황록색으로 빛난다. 어찌나 밝은지 그 빛으로 책을 읽을 수 있을 정도이다. 이 신비로운 현상은 미세한 수백만 마리의 쌍편모충류(雙鞭毛蟲類)가 빛 에너지를 발산하면서 벌어진다. 쌍편모충류라는 단세포 생물은 흥분하면 빛을 발하는데 아마도 천적을 쫓기 위한 방어기제일 것이다. 이 생물은 맹그로브나무의 썩은 뿌리와 잎을 먹고사는데, 특히 이곳은 만의 입구가 좁아서 먹이가 큰 바다로 쓸려나갈 염려가 없다.

생물의 발광 현상을 볼 수 있는 이곳 만들은 매우 예민하며 공해에 약하다. 푸에르토리코의 남서 해안에 있는 포스포레스트 만의 경우 예전에는 모스키토 만만큼 밝았으나 지금은 예전의 10분의 1밖에 되지 않는다. 이 현상은 세계의 여러 지역에서 계절에 따라 볼 수 있으나 모스키토 만은 일 년 내내 빛난다. 모스키토 만은 달이 없는 구름 낀 밤에 보는 것이 가장 좋다. 빛나는 바다에서 하는 수영은 잊지 못할 경험이 될 것이다. **RC**

리오카무이 동굴 공원

푸에르토리코, 카무이

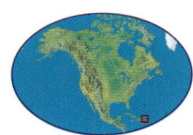

리오카무이 동굴의 면적 : 110헥타르

리오카무이 동굴의 생성 시기 : 4,500만 년 전

세계에서 가장 크고 멋진 동굴계는 푸에르토리코의 남서부에 있는 리오카무이 동굴 공원이다. 그도 그럴 것이 이곳에는 석회암이 침식되어 만들어진 대성당만한 동굴들이 거미줄처럼 얽혀있을 뿐만 아니라 세계 최대의 지하 하천이 흐르기 때문이다. 1950년대 동굴 탐험가들은 현지 소년들의 안내로 동굴을 발견했지만 1986년까지 일반인에게 개방하지는 않았다. 그 후로 동굴로 들어가는 입구가 16개나 발견되었으며 11킬로미터까지 탐사를 완료했다. 커시더럴 동굴의 벽에는 고대의 타이노 족 사람들이 새긴 암면 조각이 남아 있는데, 이로써 콜럼버스가 신대륙을 발견하기 전부터 이곳에 사람이 거주했음을 알 수 있다.

이 동굴계에는 완전히 눈 먼 물고기를 비롯해서 독특한 생물이 많이 서식한다. 현재 동굴계는 일부만 개방되어 있다. 노련한 동굴 탐험가들만 사람들의 발길이 닿지 않는 곳까지 탐사할 수 있다. 관광객들은 트롤리를 타고 60미터 깊이의 구멍으로 내려간 후 걸어서 아름다운 조명이 설치된 클라라 동굴로 간다. 그곳에는 아름다운 종유석과 석순으로 가득하다. 동굴을 다 보고나면 케이블카를 타고 전망대로 올라가는데, 바로 그곳에서 120미터 깊이의 트레스푸에블로스싱크홀과 카무이 강이 내려다 보인다. **RC**

버진고다배스

영국령 버진아일랜드, 버진고다

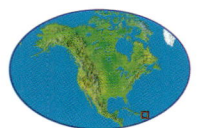

| 버진고다 섬의 길이 : 16킬로미터 |
| 표석의 크기 : 지름이 최대 12미터 |
| 표석의 생성 시기 : 7,000만 년 전 |

영국령 버진아일랜드에서 두 번째로 큰 섬인 버진고다배스는 거대한 화강암 표석들로 이루어진 미로이자 섬의 남서부 해안에 있는 격리된 풀장이다. 버진고다(Virgin Gorda)는 '뚱뚱한' 혹은 '임신한 처녀'라는 뜻으로 수평선 위로 드러난 섬의 모습을 본 콜럼버스가 직접 붙인 이름이라고 한다. 섬은 16킬로미터 정도 이어져 있으며 북부와 중부에 산맥이 있다.

버진아일랜드에서 가장 오래된 화산암은 약 1억 2,000만 년 전에 형성되었다. 그러나 버진고다의 화강암 표석들은 약 7,000만 년 전에 비로소 카리브 해의 해저에 나타났다. 약 1,500만~2,500만 년 전 해저의 지층이 끊어지고 융기하면서 이 표석들이 물 위로 드러났고 물과 바람은 돌을 둥글게 깎거나 거대한 동굴을 뚫었다. 버진고다배스는 영국령 버진아일랜드에서 관광객들에게 가장 인기 있는 곳 중 하나로 육지나 바다로 갈 수 있으며, 현재 정기선도 운항하고 있다. 걸어서 풀과 작은 동굴들을 돌아보고 하얀 백사장에서 일광욕을 하거나 스노클링까지 한다면 더욱 좋겠다. **RC**

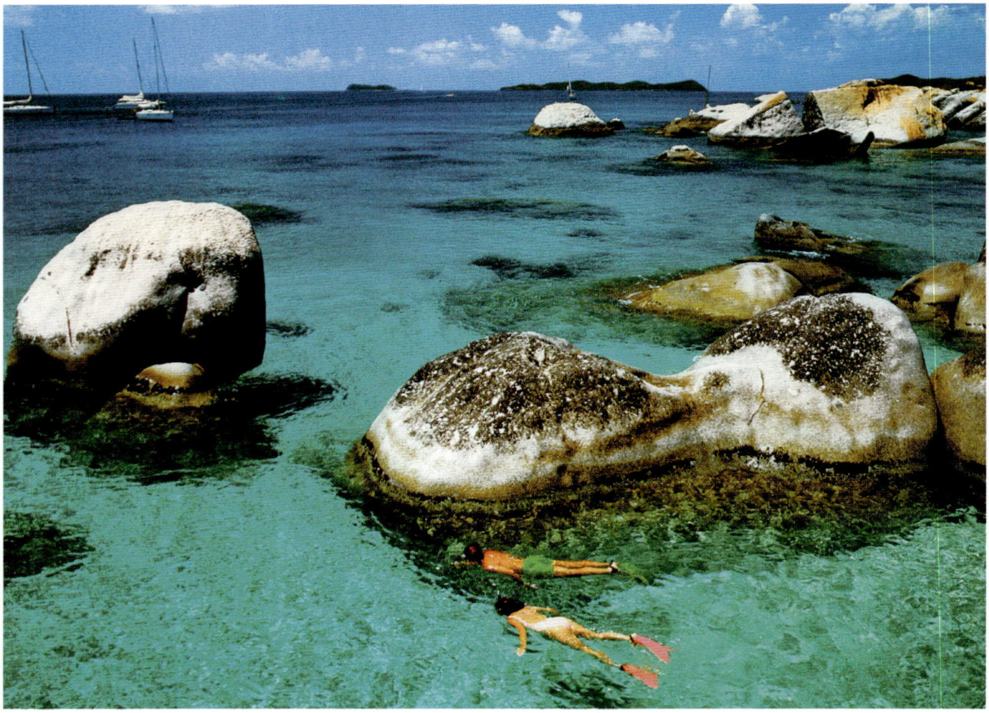

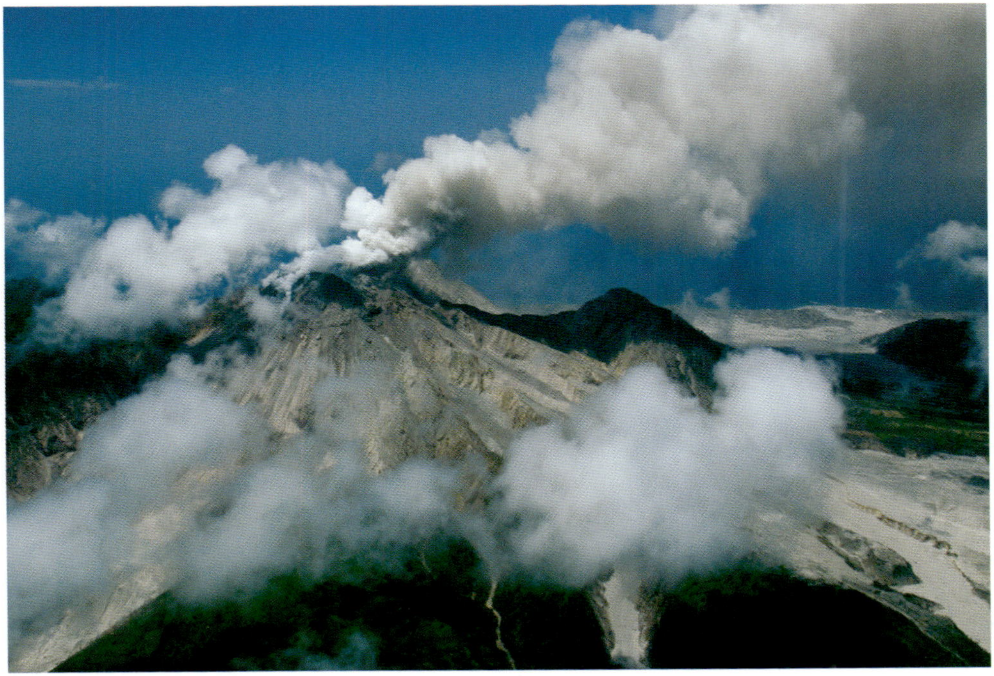

수프리에르힐즈 화산

몬트세라트 섬

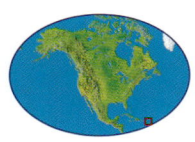

수프리에르힐즈 화산의 해발 고도 : 915미터

분화 : 1995년 이후 계속됨

수프리에르힐즈 화산 지대에서 일어나는 지진 활동은 20세기부터 약 30년 간격으로 보고되어 왔다. 하지만 이 화산이 처음으로 분화하기 시작한 것은 1995년 7월로 기록되어 있다. 당시 화산이 폭발했을 때 분출된 화산재가 몬트세라트 섬 주위에 쌓였고 5,000명의 주민이 대피했다. 이 화산의 폭발은 폭풍우 및 보름달과 관련이 있는 것 같다. 증기와 화산재의 분출은 강력한 지진 활동 시기와 연관이 있으며 캐슬피크의 남서쪽에 새로운 분출구가 형성되었다.

1995년 이전에 캐슬피크는 가장 젊은 화산 돔(volcanic dome)이었다. 그런데 이곳이 붕괴하면서 흘러나오는 용암이 화이트 강의 입구에 새로운 삼각주를 형성했다. 현재로서는 이 삼각주가 계속 남아 있을 것인지 아니면 파도의 침식작용으로 곧 사라질 것인지 알 수 없다. 화산은 몬트세라트 섬에서 남쪽 부분의 반을 차지하고 있으며, 화산의 북쪽 측면에는 더 오래된 사우스 수프리에르힐즈 화산이 있다. 수프리에르힐즈 화산은 지금도 계속 분화하고 있기 때문에 화산을 비롯한 인근 지역까지 관광객의 출입이 엄격하게 통제된다. 다만 가리발디힐과 잭보이힐에서 종종 구름에 덮인 웅장한 화산과 황량한 주변의 풍경을 감상할 수 있다. **RC**

카르베 폭포

과들루프 섬, 바스테르 섬

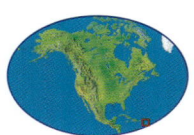

상폭포의 높이 : 125미터	
중폭포의 높이 : 110미터	
하폭포의 높이 : 20미터	

과들루프 섬의 카르베 폭포는 카리브 해 동부에서 가장 높은 폭포이다. 크리스토퍼 콜럼버스는 1493년에 이 아름다운 섬의 이름을 과들루프라고 붙였지만 끝내 섬을 탐사하지는 못했다.

과들루프 섬은 완전히 다른 두 종류의 풍경으로 이루어져 있다. 동쪽의 그란드테르는 완만한 구릉과 맹그로브 습지, 사탕수수 농장이 주된 풍경인데 반해 서쪽의 바스테르는 웅장한 라수프리에르 화산이 주변 풍경을 압도하는 험준한 산악 지역으로 이루어져 있다.

카르베 폭포는 서쪽 바스테르의 3만 헥타르 면적의 자연공원에서 발견되었다. 이 공원에는 이 폭포 외에도 라수프리에르 화산과 열대림 지역 등이 있다. 카르베 폭포는 세 개의 폭포가 이어져 있으며, 폭포수는 화산의 경사면을 타고 아래로 흘러간다. 가장 위쪽의 폭포가 125미터 높이에 자리 잡고 있다. 두 번째 폭포는 그보다 약간 낮은 110미터 높이에 있으며 세 폭포 중에서 가장 멋진 폭포이다. 마지막으로 가장 낮은 폭포는 높이가 약 20미터 정도이지만 그림처럼 아름답고 접근도 용이하다. **RC**

다이아몬드락

마르티니크, 르디아망

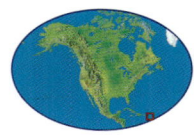

다른 이름 : 로쉐두디아망	
다이아몬드락의 높이 : 176미터	
다이아몬드락의 생성 시기 : 96만 년 전	

다이아몬드락은 이름 그대로 다이아몬드처럼 생긴 화산암 혹은 오래된 화산 돔으로 이제는 전 세계에서 마르티니크의 상징이 되었다. 1804년 마르티니크를 서로 차지하려고 영국과 프랑스가 전투를 벌이던 때에 영국의 사무엘 후드 제독은 이 바위를 징발해 대포를 설치하고 '전함'으로 만들었다. 그리고 이름도 'HMS 다이아몬드락'으로 바꾸었다. 영국군은 이곳에 탄약 창고, 부두, 병원 등을 건설했다. 다이아몬드락 전함에 탑승한 107명의 '승무원'은 섬을 봉쇄하고 18개월 동안 바위를 사수

했다. 그러나 프랑스와 스페인 연합군은 독특한 전술로 '전함'을 재탈환했다. 럼주를 가득 실은 배를 일부러 바위에 좌초시켜서 영국군이 모두 취하도록 만든 것이다. 살아남은 영국 해군들은 바베이도스로 도망간 후 '전함'을 버리고 도망친 죄로 군법에 회부되었다.

다이아몬드락은 마르티니크의 서쪽 해안선에 있는 르디아망에서 1.6킬로미터 정도 떨어진 바다에 있다. 가파른 바위의 경사지에는 바닷새들이 둥지를 틀고 있다. 놀랍도록 아름다운 산호초와 해양 생물 덕분에 이곳은 마르티니크에서 다이버들에게 가장 인기 있는 곳 중 하나이다. **RC**

플레 산

마르티니크, 그랑 리비에르 / 르 모르네 루즈 / 르 프레쇠르

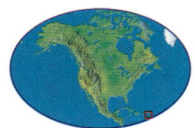

| 플레 산의 해발 고도 : 1,397미터 |
| 1902년 폭발로 인한 피해 규모 : 28,000명 사망 |

악명 높은 플레 화산은 서인도 제도의 마르티니크의 북단에 위치해 있다. 1902년 5월 8일, 플레 화산이 폭발해 해안 도시인 생피에르를 쑥대밭으로 만들고 2만 8,000여 명의 목숨을 앗아갔다. 20세기 최악의 화산폭발이었다. 화산에서 분출된 뜨거운 재와 가스를 들이마신 생피에르의 주민 대부분이 단 몇 분 만에 모두 사망했다. 당시 구사일생으로 목숨을 건진 사람은 단 두 명이었는데 그중 한 명은 환기가 거의 안 되는 감옥에 수감되어 있던 죄수였다. 그는 나흘 뒤 구출되어 저명인사가 되었다. 다른 생존자들도 있었지만 그들은 도시 외곽에 있었거나 항구에서 배를 타고 있었다.

그날 이후 플레타워라고 부르는 거대한 용암 돔이 분화구에 형성되어 305미터가량 자라더니 11개월 후에 붕괴하고 말았다. 현재 이 화산에 있는 용암 돔은 1929년과 1932년에 발생한 분화로 형성된 것들뿐이다. 생피에르는 현재 복구되어 약 2만 2,000명의 주민이 도시와 화산의 경사지에서 살고 있다. **RC**

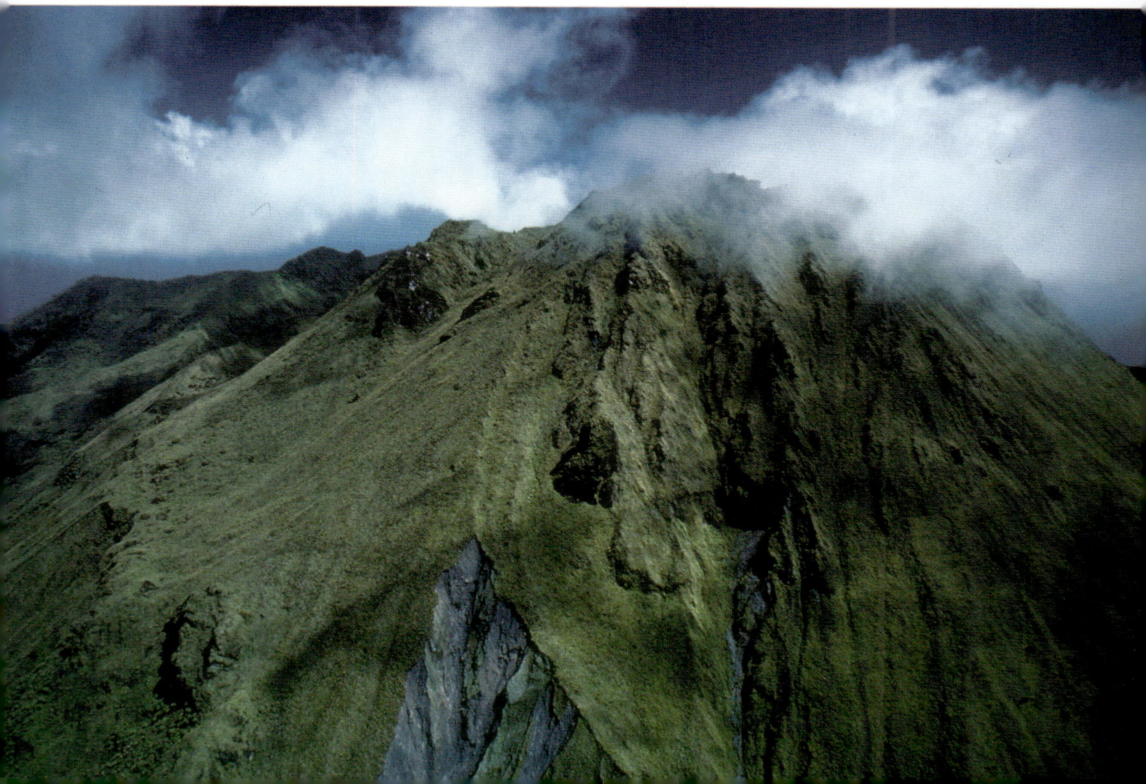

다이아몬드 폭포와 설퍼스프링

세인트루시아 섬, 수프리에르

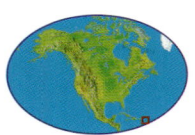

다른 이름 : 라 수프리에르
유황온천 분화구의 면적 : 3헥타르
명소 : 1784 라 수프리에르 온천

다이아몬드 폭포는 유황천의 물이 흘러드는 여섯 개의 폭포 중 가장 낮은 폭포이다. 이곳은 시시각각 노란색과 녹색, 보라색으로 물빛을 바꾸는 특성이 있다. 폭포 근처에는 온천이 있는데 루이 16세의 명령에 따라 당시 주둔하고 있던 프랑스 병사들이 온천의 효능을 마음껏 이용하기 위해 지은 것이다. 다이아몬드 배스 온천은 1794년에서 1795년 사이 브리강의 전쟁으로 파괴되었다가 다시 지어졌다. 관광객들은 폭포를 보러 와서는 온천의 따뜻한 물에 몸을 담그고 원기를 회복하곤 한다. 18세기에 지어진 온천장을 아직 그대로 사용하는 곳도 있다.

다이아몬드의 위아래 폭포로 흘러드는 하천은 설퍼스프링(유황천)에서 발원한다. 이 유황천은 세계적으로 유일하게 차를 몰고 들어갈 수 있는 화산인데, 수프리에르 화산이 활발하게 활동할 당시 형성된 분화구의 흔적 사이로 도로가 나 있기 때문이다. 분화구의 벽은 침식작용으로 닳아 없어지고 3헥타르에 달하는 불모의 산등성이만 남아 있다. 그리고 아직도 곳곳에서는 끓는 진흙 연못과 15미터 높이로 수증기를 뿜어 올리는 배출구가 보인다. 관광객들은 세인트루시아를 경유해서 폭포와 유황천을 다 둘러볼 수 있다. **RC**

피통 산

세인트루시아 섬, 수프리에르

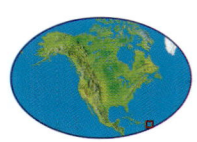

피통 산의 생성 시기 : 3,000만~4,000만 년 전
프티피통의 높이 : 798미터
그로스피통의 높이 : 750미터

그로스(큰)피통 산과 프티(작은)피통 산이 웅장하게 서 있는 피통 산의 모습은 국제적으로도 유명하다. 세인트루시아의 국기 문양인 푸른색 바탕의 삼각형 두 개 역시 바로 이 산을 상징화한 것이다. '프티'라는 이름이 무색하게도 프티피통은 그로스피통보다 키가 더 크다. 대신 면적은 그로스피통이 더 넓다.

원뿔 모양의 뾰족 산인 피통 산은 3,000만~4,000만 년 전에 일어난 화산 폭발로 형성되었다. 이 산의 식생은 경사도, 지질학적 성격, 바다와의 인접성 등에 따라 매우 다양하다. 피통 산의 위쪽은 섬의 다른 지역보다 강수량이 많다. 그리고 봉우리는 일 년에 100일 정도는 언제나 운무에 뒤덮여 있다. 습한 환경 덕분에 난초와 파인애플식물과의 식물들이 번성한다. 148종이 넘는 식물과 27종의 조류가 그로스피통에서 발견되었다.

피통 산은 세인트루시아의 서남부에 있는 수프리에르 시 근처에 있다. 그로스피통만 등반이 허용되는데, 이 험한 산을 등반하려면 반드시 허가를 받아야 하며 가이드를 동반해야 한다. **RC**

오른쪽 그로스피통 산이 바다 위에 웅장한 모습을 드러내고 있다.

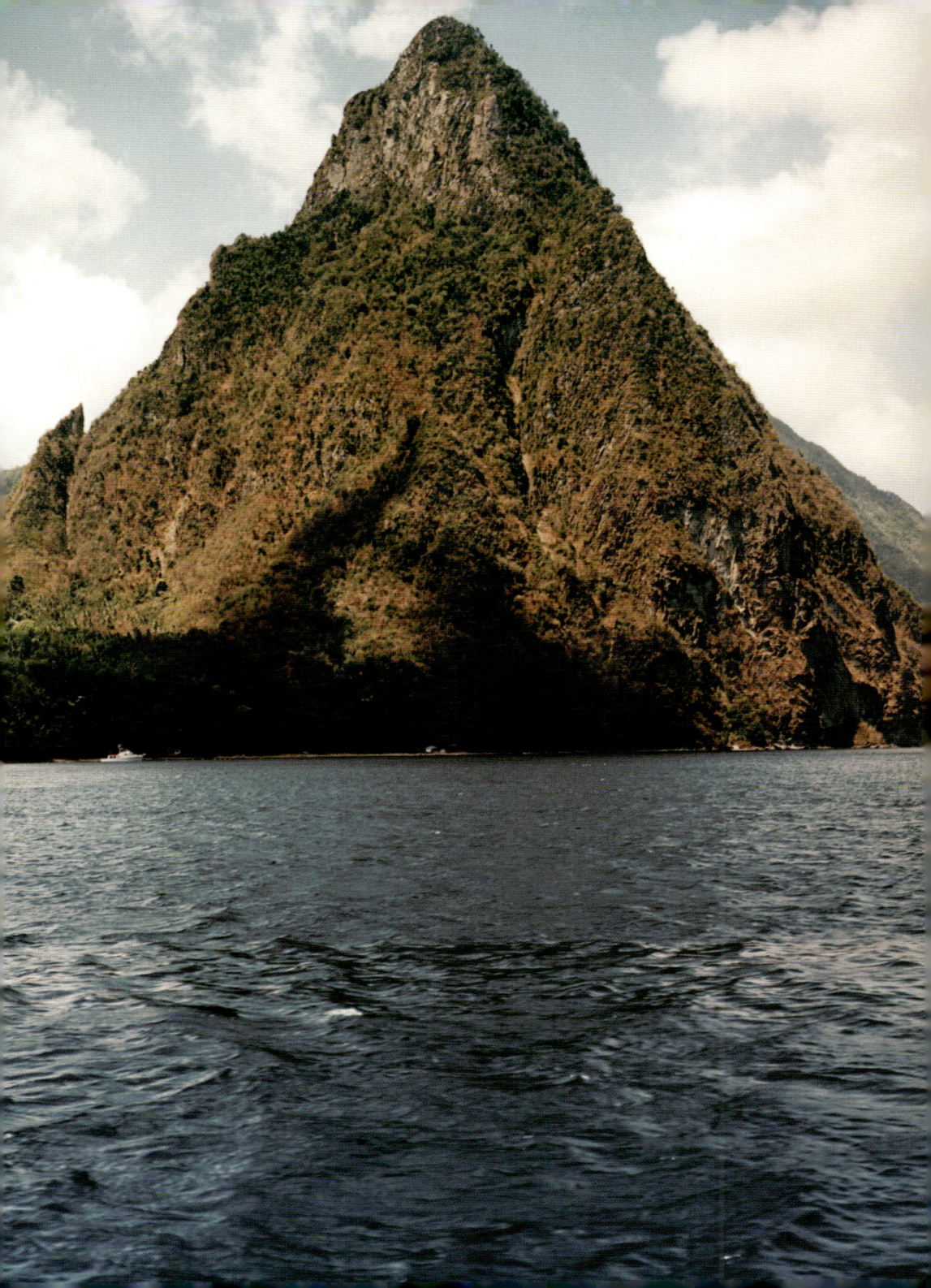

수프리에르 산

세인트빈센트 섬

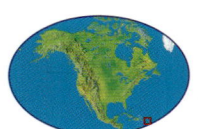

수프리에르 산의 생성 시기 : 60만 년 전

수프리에르 산의 높이 : 1,234미터

1902년 폭발로 인한 피해 규모 : 1,600명 사망

세인트빈센트의 북단에 있는 수프리에르 산은 활화산으로, 세인트빈센트에서 가장 최근에 형성된 분출구이기도 하다. 세인트빈센트 섬은 25개의 화산섬이 아치처럼 늘어선 '소(小)앤틸리스 제도'에 속하며, 원뿔 모양의 거대한 화산 하나로 이루어진 섬이다. 소앤틸리스 제도는 해양 지각이 대서양 중앙해령에서 서쪽으로 이동하면서 침강해 형성되었다.

1979년 폭발로 아직 완전히 복구되지는 않았지만 안개가 자욱한 수프리에르 산의 삼림은 꼭 하이킹을 해 볼 만한 곳이다. 5.6킬로미터에 달하는 등산로를 따라 숲을 통과해 화산에서 분출된 분석(噴石)으로 덮인 봉우리와 부글거리며 끓고 있는 용암으로 가득한 화구구를 볼 수 있다. 이 섬에 서식하는 세인트빈센트앵무새는 수프리에르 산과 인근의 버몬트 자연보호구역에서 발견된다. 약 750마리밖에 남지 않은 이 새를 보호하고자 국제적인 노력이 진행되고 있다. 또 다른 자생종인 휘슬링워블러는 산의 경사면에 서식한다. 그 외에도 카리브벌새, 브라운트렘블러, 그레이트렘블러, 스컬리브레스티드개똥지빠귀 등도 살고 있다. 가장 가까운 도시는 수도인 킹스타운이며 이곳은 차로 2시간 거리에 있다. **AB**

그랜드에탕

그레나다, 세인트앤드루 주

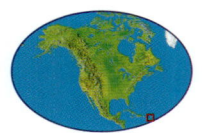

그랜드에탕 국립공원의 면적 : 1,562헥타르

그랜드에탕 호수의 면적 : 12헥타르

호수의 해발 고도 : 530미터

산악 지역에 있는 그랜드에탕 국립공원은 야영지와 트레킹 장소로 그레나다 섬에서 가장 인기가 많은 곳이다. 그랜드에탕 호수는 자연보호구역의 중심지이자 그레나다 섬의 사화산 중의 하나인 세인트캐서린 산의 칼데라 호의 수원지이기도 하다. 호수 주변의 열대우림에는 다양한 동식물이 서식하고 있다. 그랜드에탕에는 마호가니와 캔들트리 같은 나무, 거대한 야자수, 푸른 마호 등을 포함해 다양한 양치류와 열대의 난초들이 풍부하게 자란다. 울창한 숲에는 특히 새들이 많이 산다. 앤틸리언댕기벌새, 레서앤틸리언풍금조, 이곳에서는 그리그리라고 하는 넓적날개말똥가리와 주머니쥐의 일종인 마니코우 등을 흔하게 볼 수 있다. 모나긴꼬리원숭이가 숲속을 어슬렁거리고 개구리와 도마뱀, 아르마딜로도 볼 수 있다. 그랜드에탕 국립공원은 그레나다의 중앙에 위치해 있는데 수도인 세인트조지스에서 겨우 13킬로미터밖에 떨어져 있지 않다. 밤을 새우며 야영을 할 수 있는 야영지가 몇 군데 있다. 하이킹을 하려면 건기인 12월에서 5월 사이에 방문하는 것이 좋다. **RC**

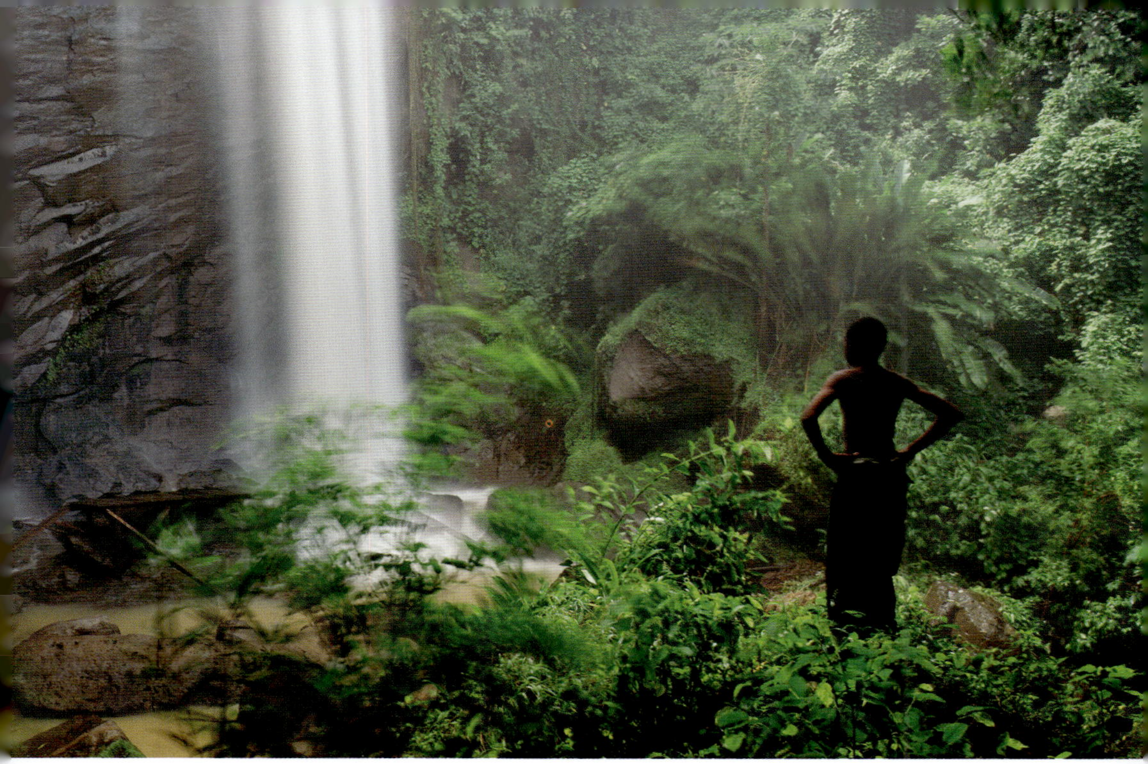

카르멜 산 폭포

그레나다, 세인트앤드루 주

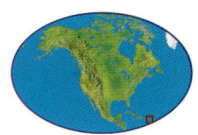

다른 이름 : 마르키스 폭포
카르멜 산 폭포의 높이 : 21미터

카르멜 산 폭포는 그레나다에 있는 수량이 풍부한 폭포 중에서도 최고 높이를 자랑한다. 그렌빌에서 남쪽으로 3킬로미터 떨어진 곳에 자리 잡은 쌍둥이 폭포는 21미터 높이에서 시원하게 쏟아진다. 콘스탄틴 마을 근처에는 아난달레 폭포가 있는데 규모는 훨씬 작지만 그곳까지 가기가 쉬운 편이자 관광버스가 즐겨 들른다. 콩코드 폭포는 그레나다의 서쪽에 있는 그랜드에탕 삼림보호구역의 가장자리에 있는 삼단 폭포이다. 이곳은 폭포가 낮은 편이고 접근하기 쉬워서 야영을 하거나 수영을 하려는 사람들에게 인기를 얻고 있다. 12미터 높이의 두 번째 폭포인 아우코인은 상류 쪽으로 좀 더 올라가야 나온다. 그곳에서 두 시간 정도 더 가면 가장 높은 곳에 있는 세 번째 폭포인 퐁텐블로가 나온다. 열대우림을 뚫고 삼십 분 정도 가면 세븐시스터즈 폭포가 나온다. 이 일곱 폭포는 섬에서 가장 덜 훼손되었으며 평화스러운 곳이다. 로즈마운트 폭포는 사유지이기 때문에 로즈마운트 플랜테이션 하우스에서 저녁 식사를 하는 사람들에게만 개방된다. 최근에 발견된 폭포로는 쿠아쿠아 산의 발치에 있는 허니문 폭포가 있으며, 서해안의 세인트캐서린 산의 발치에 있는, 사람의 손길이 닿지 않는 빅토리아 폭포 또한 그림처럼 아름답다.

RC

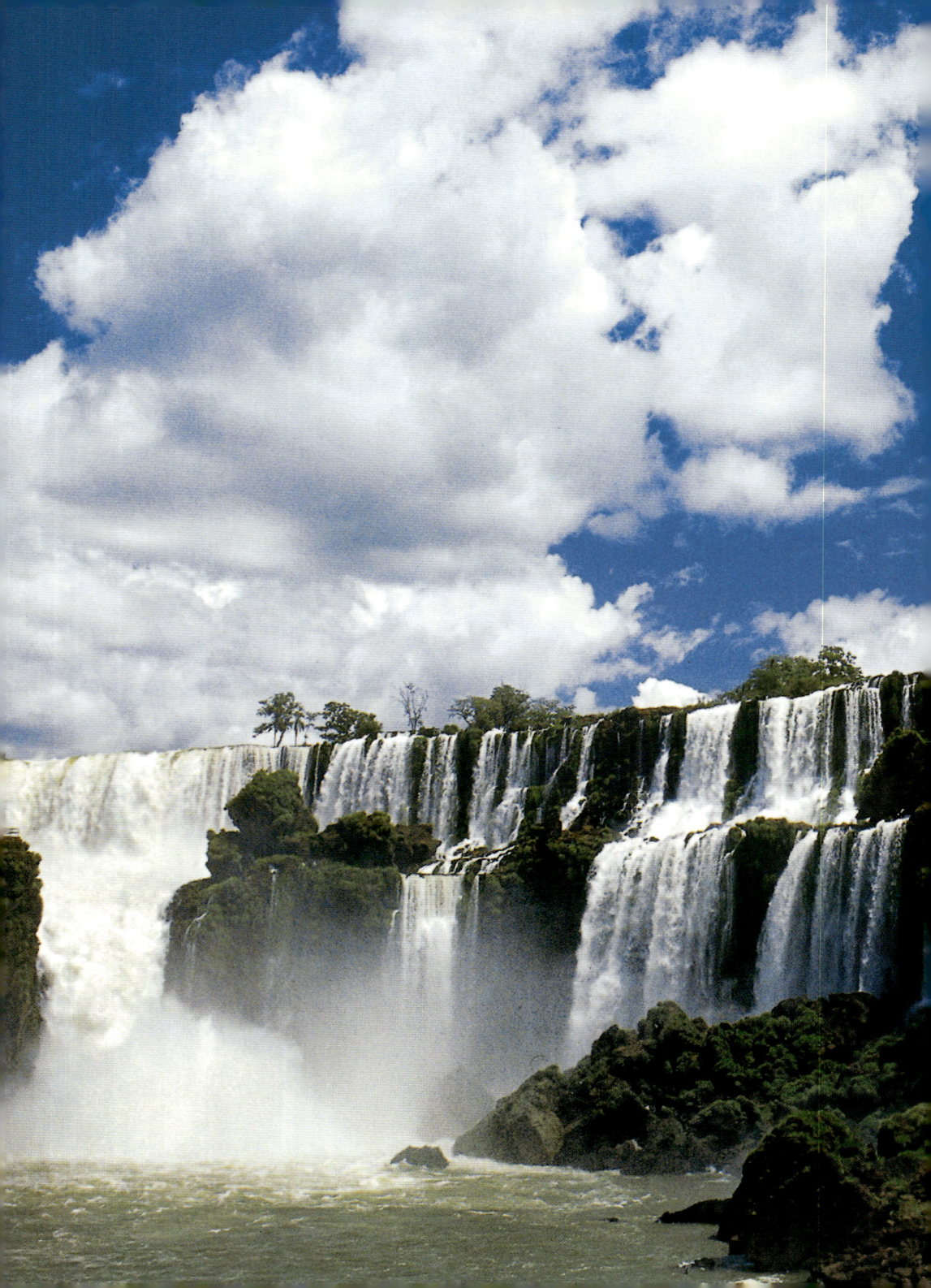

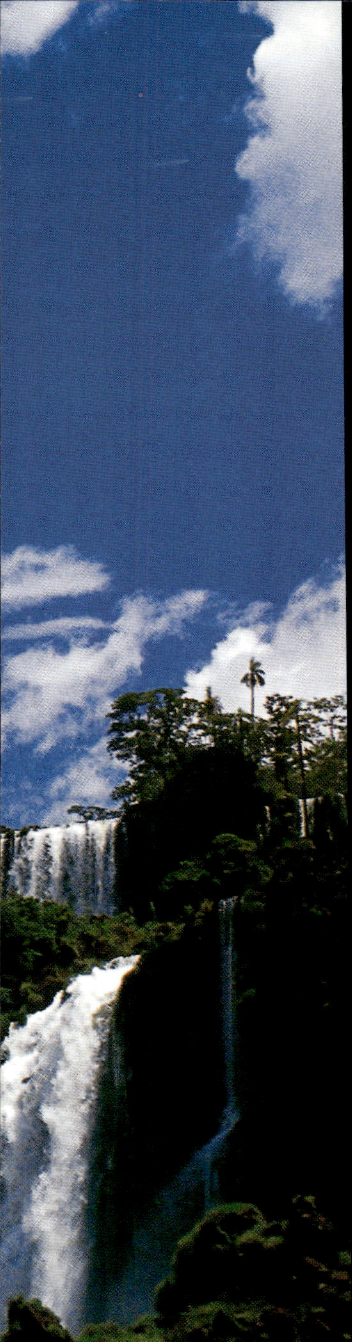

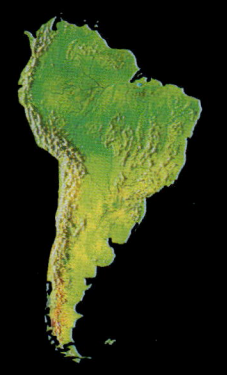

II

남아메리카

남아메리카의 자연이 지닌 힘은 수많은 곳에서 다양한 형태로 드러난다. 자연은 지형과 기후에 상관없이 이과수 폭포의 '악마의 목구멍'에 엄청난 물을 흘려보내고 야노스 목초지를 범람시키며, 침수림의 나무 꼭대기에 피라니아를 올려놓거나 화산을 만년설로 장식하고 파타고니아 남쪽을 얼어붙게 하거나 소금 평원을 말라붙게 한다.

시에라네바다 데 산타마르타

콜롬비아, 노스코스트

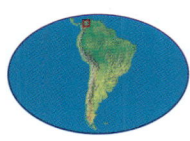

해발 고도 : 5,775미터

식생 : 저지 열대우림, 해안의 건조한 잡목 숲, 저산지대 숲, 왜관목림, 파라모(고지 평원), 고지 사막, 바위 비탈

콜롬비아는 전 세계에서 생물학적 다양성이 가장 뛰어난 지역이다. 99곳에 달하는 동식물 서식지는 지구 전체에 분포한 생물학적 다양성의 15퍼센트에 해당한다. 콜롬비아에는 전 세계 조류 종의 20퍼센트인 1,815종의 조류와 5만 종 이상의 식물(이중 3분의 1은 다른 지역에서는 찾아볼 수 없다)이 살고 있다. 게다가 3,100종이나 되는 나비가 발견되어 나비 서식지의 다양성 면에서도 단연코 세계 으뜸이다.

시에라네바다 데 산타마르타는 콜롬비아의 북서 지방에서 가장 독특한 지역이다. 이곳에는 안데스 산맥보다 먼저 형성되었을 정도로 아주 오래된 산이 많다. 면적은 겨우 23제곱킬로미터에 불과하지만 조류 356종, 포유류 190종, 양서류 42종에 이르는 다양한 동물들이 서식하고 있다. 이는 산타마르타의 봉우리들이 해발 고도 5,775미터로 매우 가파르게 솟아 있기 때문이다. 이 산들은 지구에서 가장 높은 해산 산악 지형을 이루고 있을 뿐만 아니라 고도별로 다양한 기후를 형성해서 콜롬비아의 생태계를 풍부하게 한다. **AB**

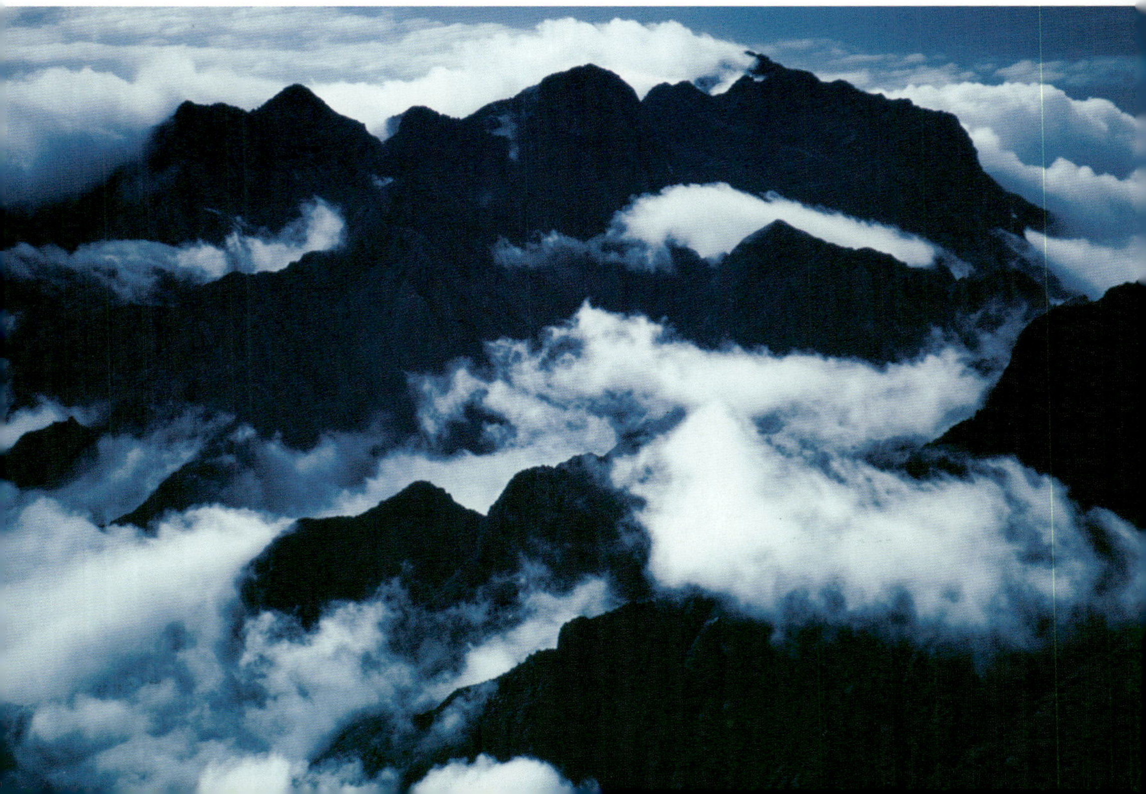

시에라네바다 델 코쿠이
국립공원

콜롬비아, 동부 산계

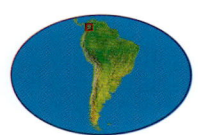

공원의 면적 : 3,057제곱킬로미터	
공원의 해발 고도 : 600~5,330미터	
암석의 종류 : 대부분 화강암	

20개가 넘는 눈 덮인 봉우리, 그곳에 흩어져 있는 네그로노르테와 리타쿠바블랑카 같은 거대한 화강암 뾰족 바위, 남아메리카 최대의 빙하들, 놀랄 만큼 다양한 동식물……. 바로 이것이 시에라네바다 델 코쿠이 국립공원의 다양한 얼굴이다. 이 지역은 1977년 국립공원으로 지정되어 30킬로미터의 산맥을 보호하게 되었다. 고도가 4,500미터를 넘는 곳도 있는 이 공원의 서식지는 매우 다양하다. 저지 삼림, 저산지대 숲, 파라모의 초원, 만년설이 덮인 들판, 빙하와 바위투성이의 비탈 등을 이곳에서 모두 볼 수 있다. 이렇게 다양한 서식지에서 바위새와 안경곰, 산오리, 콘도르, 다양한 종류의 벌새 등이 서식한다. 파라모에는 괴상하게 생긴 에스펠레티아라는 식물이 자란다. 데이지과에 속하는 이 식물은 민들레처럼 땅에 붙어 무더기로 자라나며 병 닦는 솔처럼 생긴 기다란 이삭이 달렸다. 그 외에도 추위에 강한 파인애플과의 식물인 푸이아속 식물과 바위 아래 그늘에서도 잘 자라는 새우난초도 많은 편이다. 이 국립공원은 보고타에서 북쪽으로 400킬로미터 떨어져 있다. **AB**

초코 숲

콜롬비아, 콜롬비아 태평양 연안 지역

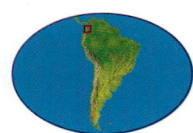

숲의 면적 : 131,250제곱킬로미터	
숲의 길이 : 1,500킬로미터	
식생 : 매우 습한 열대우림	

초코 숲은 안데스 산맥과 바다 사이의 태평양 연안에 자리 잡고 있다. 이곳은 연간 강수량이 5,000~1만 6,000밀리미터에 달할 정도로 매우 습한 지역이다. 이곳에는 야생생물이 매우 풍부한데 그중에서도 유난히 야자수가 많이 자란다. 이 지역보다 야자수가 더 많이 자라는 열대우림은 찾아볼 수 없을 정도이다. 초코 숲 전역에 자라는 수목은 1만 1,000종이 넘으며 이중 25퍼센트는 고유종이다. 콜롬비아에 서식하는 포유류 465종 중에서 230여 종이 초코 숲에 서식하며 그중 60종은 이곳의 고유종이다. 이 지역에서만 서식하는 조류 62종 중 17종은 매우 희귀한 종류이다. 솜머리비단원숭이, 긴목늘어진살우산새와 세계에서 가장 무서운 독을 지닌 무척추 동물에 속하는 금줄독개구리처럼 피부에 닿기만 해도 심장마비를 일으킬 수 있는 독특한 동물들도 많이 서식한다.

공원으로 난 도로나 부대시설이 거의 없는 덕택에 초코 숲은 매우 잘 보존되어 있는데 여기에는 비도 한몫했다. 이 지역의 25퍼센트는 원시상태로 보존되어 있으며 원시 이차림도 상당히 넓은 지역에 보존되어 있다. 콜롬비아와 에콰도르의 접경 지역에 있는 로스카티오스 국립공원과 아와 인디언 보호구역을 비롯한 중요한 지역들이 보호구역으로 꾸준히 지정되고 있다. **AB**

로스네바도스
국립공원

콜롬비아, 중부 안데스

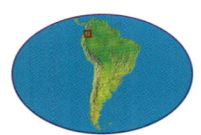

공원의 면적 : 583제곱킬로미터
공원의 해발 고도 : 2,600~5,300미터
식생 : 고지 사막, 바위투성이 비탈, 눈밭, 빙하

이지역 말로 '눈 덮인 산들'이라는 뜻의 로스네바도스 국립공원의 주요 봉우리 다섯 개는 모두 사화산이다. 그중에는 카문데이라는 산도 있는데, 이곳 말로 '연기 나는 코'라는 뜻이다. 이는 바람이 불면 봉우리에 쌓인 눈이 흩날리는 모습을 표현한 것이다. 공원에는 아주 오래된 용암 들판과 화산활동이 일어난 지 한참 후부터 빙하의 작용으로 형성된 지형이 풍부하다. 특히 빙하의 작용으로 수많은 골짜기가 패고 얼음이 녹아 호수를 이루었

다. 4,300미터 고도에 있는 밸리 오브 툼즈(무덤의 계곡)는 과거에 킴바야 족과 푸야 족이 신성시했던 곳으로 수백 개의 바위가 거대한 원을 이루는 독특한 황무지 계곡이다. 그보다 더 높은 곳에는 살을 에는 듯한 바람 때문에 어떤 생명체도 살 수 없는 모래사막이다. 고도 3,600미터 부근에는 온천이 몇 군데 있는데 아직 남아 있는 화산의 열로 데워진다. 이곳에는 파라모 초지와 고산 지대의 숲이 군데군데 들어서 있다. 콜롬비아 산맥의 중앙에 있는 이 국립공원은 관광센터나 산장 같은 시설이 잘 갖추어져 있다. 이 지역에는 콘도르, 안경곰, 난쟁이사슴, 벌새 등이 서식한다. **AB**

아마카야쿠 국립공원

콜롬비아, 아마존 분지

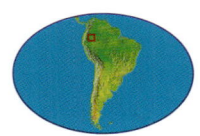

공원의 면적 : 29,385제곱킬로미터
콜롬비아의 아마존 열대우림의 면적 : 1,035,995제곱킬로미터
국립공원 지정 연도 : 1975년

콜롬비아 국토 면적의 30퍼센트는 아마존 열대우림이다. 코트후에 강 옆에 자리 잡은 아마존 북안의 아마카야쿠 지역은 콜롬비아에 있는 아마존 최대의 원시림 지역이다. 이 지역의 동쪽으로는 아마카야쿠 강이 흐른다. 이곳에는 이상하게 생긴 나무들이 많이 자라는데 거대한 뿌리가 버티고 있어서 도끼를 깬다는 뜻의 이름이 붙은 액스브레이커나무도 있고 숙주가 되는 나무를 칭칭 감아 서서히 죽이기 때문에 목조르는무화과라고 불리는

나무도 있다.

아마카야쿠에는 다양한 동물이 서식한다. 브리티시조류협회가 2년 동안 이 지역의 새를 연구한 결과 490종을 확인했는데 이중에는 왜가리만 해도 11종이 살고 있었다고 한다. 포유류는 약 150종이 분포해 있는데 세발가락나무늘보, 세발가락개미핥기, 흰귀주머니쥐와 솜머리비단원숭이 등이 있다. 아마존강돌고래도 볼 수 있다. 관광안내센터에는 야생생물을 관찰할 수 있는 전망대가 설치되어 있다. 이 공원은 비행기나 배로 갈 수 있는데, 보고타에서 레티시아까지 비행기로는 45분이 걸리며 보트로는 세 시간 정도 걸린다. **MB**

<u>오른쪽</u> 나무 꼭대기에 솜머리비단원숭이가 앉아 있다.

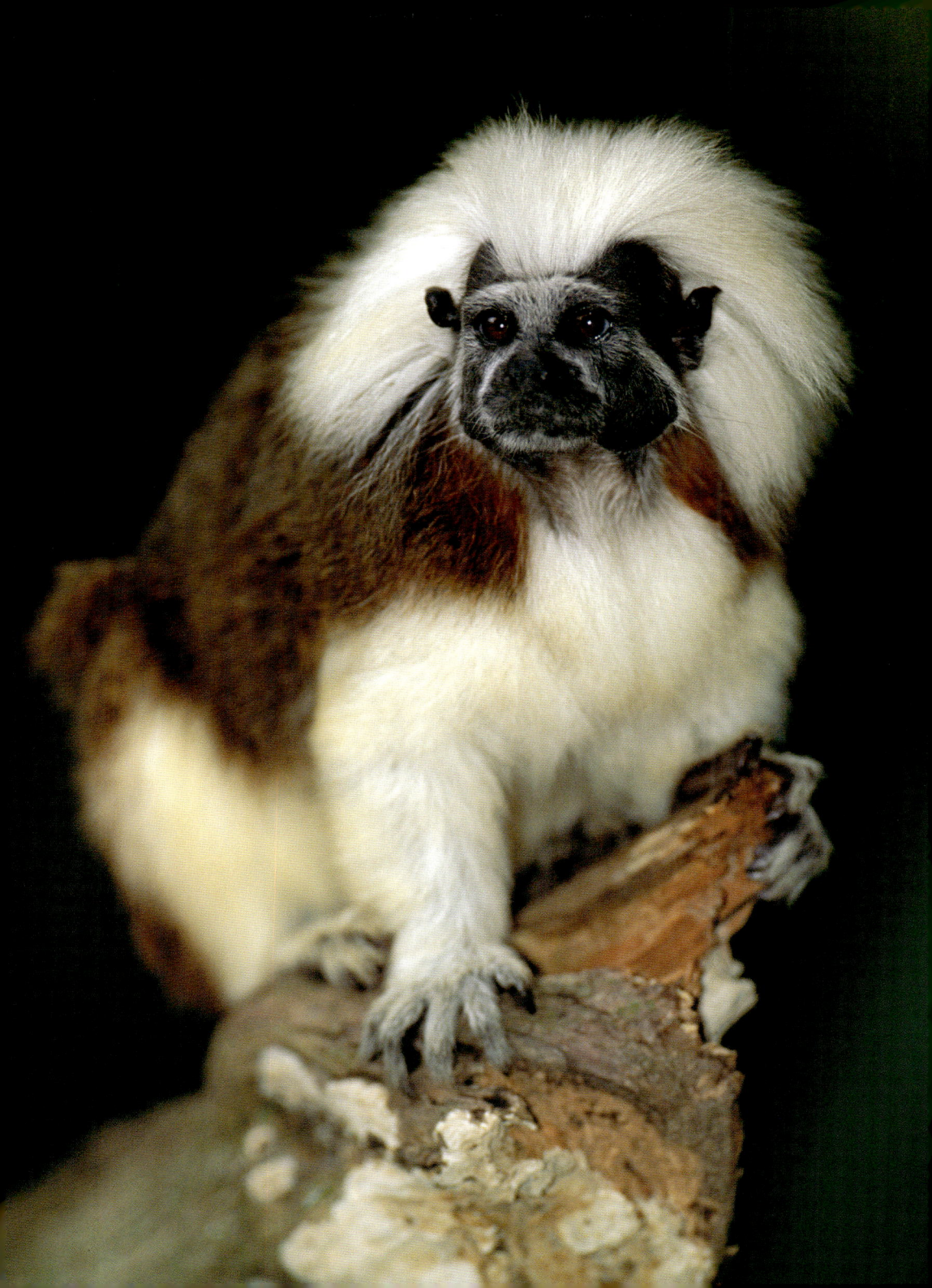

시에라네바다 데 메리다

베네수엘라, 메리다 주

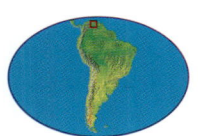

해발 고도 : 500∼5,007미터

식생 : 열대림, 운무림, 고지의 초지와 황무지, 바위 비탈, 빙하

시에라네바다 데 메리다는 베네수엘라 최대의 산맥으로 콜롬비아와의 접경 지역에서부터 베네수엘라의 카리브 해까지 320킬로미터를 뻗어 있다. 이곳에는 베네수엘라의 최고봉인 5,007미터 피코볼리바르 산이 있으며 이외에도 4,883미터 높이의 본플란드 봉, 4,942미터 높이의 훔볼트 봉 등이 있다. 훔볼트 봉은 1910년 이곳을 최초로 등정한 훔볼트의 이름을 딴 산이다. 시에라 산맥은 폭이 50∼80킬로미터로 매우 다양하다. 이 산맥에 있는 산 중 세 곳이 빙하로 덮여 있다. 오늘날 빙하가 덮고 있는 면적은 2제곱킬로미터 정도로 빙하기 때의 최대 면적의 1퍼센트도 되지 않는다. 빙하의 침식작용으로 170개의 빙하호가 형성되었다.

시에라네바다 데 메리다 산맥은 마라카이보 호수의 서쪽에 우뚝 솟아 있으며 마라카이보 국립공원에 있다. 이 공원에는 4,672미터의 높이를 자랑하는 최고봉인 무쿠누케 봉이 있는 시에라 데 산토도밍고 산맥도 있다. 이 국립공원은 베네수엘라의 43개 국립공원 중에서 두 번째로 오래된 공원이다. 피코에스페호까지 설치된 4,765미터 높이의 케이블카는 이동 거리가 세계에서 가장 길며 가장 높은 곳에 설치되어 있다는 점 때문에 관광객들 사이에서 인기가 높다. **AB**

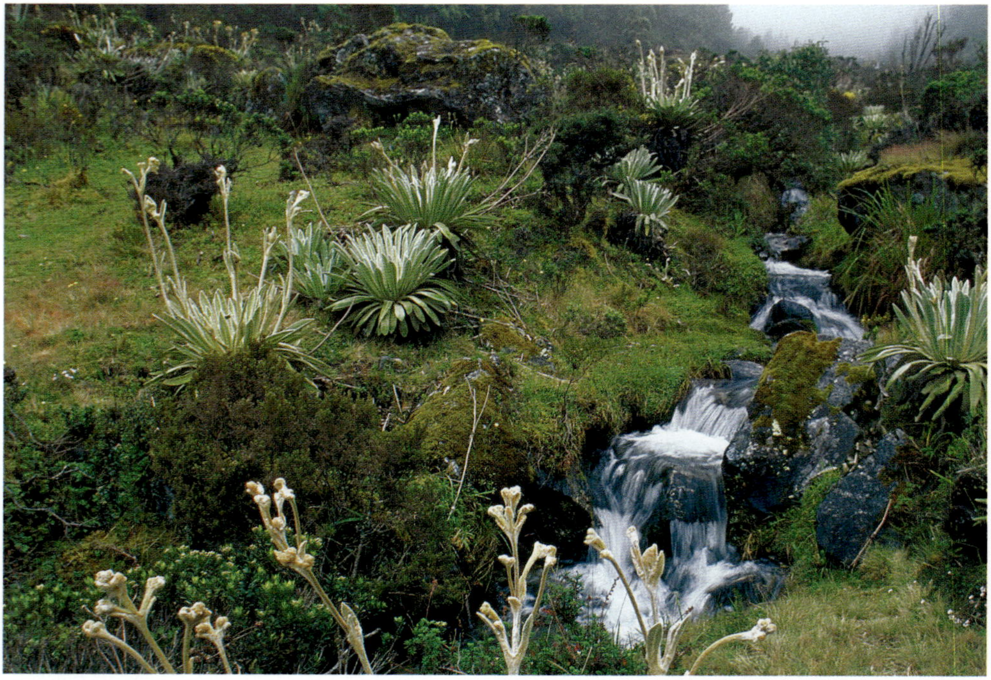

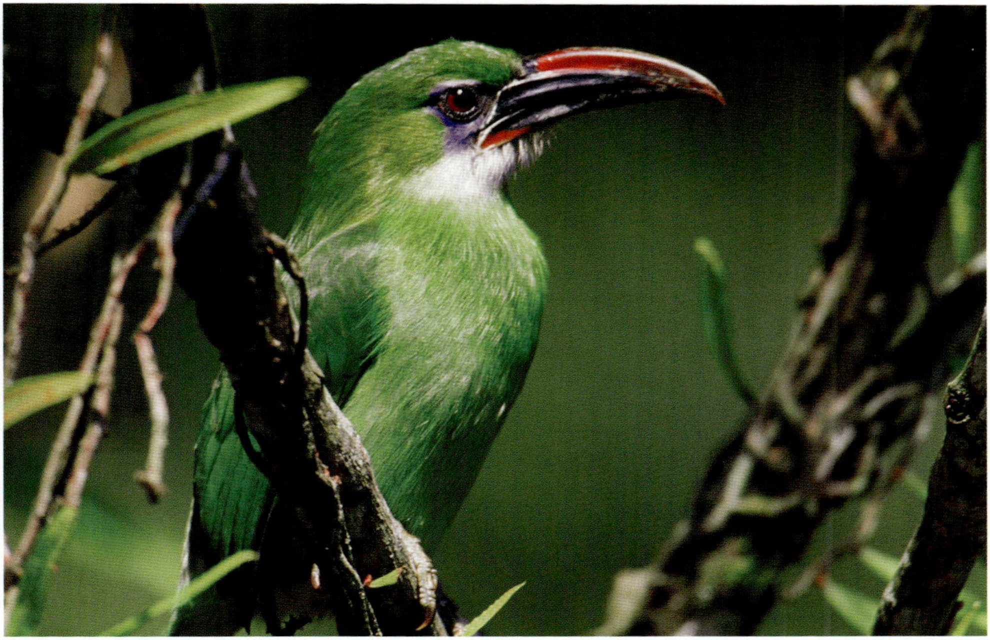

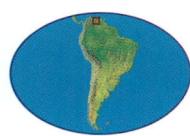

엔리피티에르 국립공원

베네수엘라, 아라과 주

공원의 면적 : 1,078제곱킬로미터	
최고봉 : 피코세니소	
암석의 종류 : 6,000만 년 전 화성암	

베네수엘라 북쪽 해안의 산악 지역에 우뚝 솟아 있는 이 지역은 1937년에 베네수엘라 최초의 국립공원으로 지정되었다. 이는 이 지역에서 3만여 종 이상의 식물을 찾아낸 스위스의 생물학자 엔리 피티에르의 노력 덕분이었다. 공원에 있는 6,000만~8,000만 년 전에 만들어진 바위들이 습하고 울창한 숲을 지탱하고 있다. 산이 높아서 연안 홍수림, 연안 건조 숲, 열대 초지, 야자수가 풍부한 저지 삼림, 운무림과 왜관목림 등 고도에 따라 다양한 서식지가 형성되었다. 공원에는 전 세계의 6.5퍼센트에 달하는 580종 이상의 조류가 서식한다. 이곳에서 온종일 새를 관찰하면 붉은관후추떼까치류, 블루후디드유포니아, 피모수스인푸스카투스, 노란부리투칸, 러셋-백트오로펜둘라, 골든브레스티드장식새, 붉은귀잉꼬, 거툴레이티드폴리에이지글리너와 같은 멋진 새들을 만날 수 있다. 닷새나 엿새 정도의 시간이면 400종에 달하는 새와 아마딜로, 퓨마, 맥, 오실롯과 원숭이들까지 구경할 수 있다. 해발 고도 1,128미터 높이에 있는 포르타추엘로 패스 고개는 대서양에서 남아메리카로 이동하는 새와 곤충의 주요 이동 통로이다. **AB**

야노스

베네수엘라 / 콜롬비아

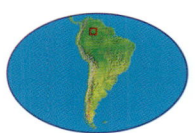

야노스의 총면적 : 451,474제곱킬로미터
초지의 해발 고도 : 80미터까지
암석의 종류 : 선캄브리아기의 화성암으로 제4기와 제3기 퇴적암으로 덮여 있음

야노스는 베네수엘라 국토 면적의 3분의 1과 콜롬비아 국토 면적의 8분의 1 이상을 차지하는 대초원으로 주기적으로 침수되는 지역이다. 중앙이 오목하게 내려간 접시 모양이기 때문에 중앙 지역이 가장 많이 침수되며 여기에는 오리노코 강의 범람원도 포함되어 있다. 지하에는 선캄브리아기의 암석이 분포해서 얕은 분지 지형을 형성했고 그 위로 퇴적토가 쌓이면서 범람원과 건조한 지역처럼 서로 성격이 완전히 다른 서식지를 형성했다.

이곳에는 다양한 야생생물이 서식하는데 대부분이 바위투성이의 노두(露頭)에 산다. 야노스는 습지 생물이 풍부한 것으로 유명한데 오리노코거위, 붉은따오기, 캐피바라류 등이 살며 철새의 도래지로도 유명하다.

7~10월 사이에 침수가 가장 많이 일어나며 건기에는 넓은 지역이 말라붙고 몇 개의 큰 강과 강어귀에서 목을 축일 수 있다. 야노스에는 3,400종이 넘는 화초가 보고되어 있는데 이중에서 40종은 야노스 고유종이다. 또한 조류 475종이 서식하는데 오리노코 소프트 테일이 대표적이다. 야노스긴코아르마딜로를 비롯한 포유류 148종도 이 지역에 분포해 있다. 파충류로는 세계에서 가장 긴 그린아나콘다와 희귀한 오리노코악어 등이 있다. **AB**

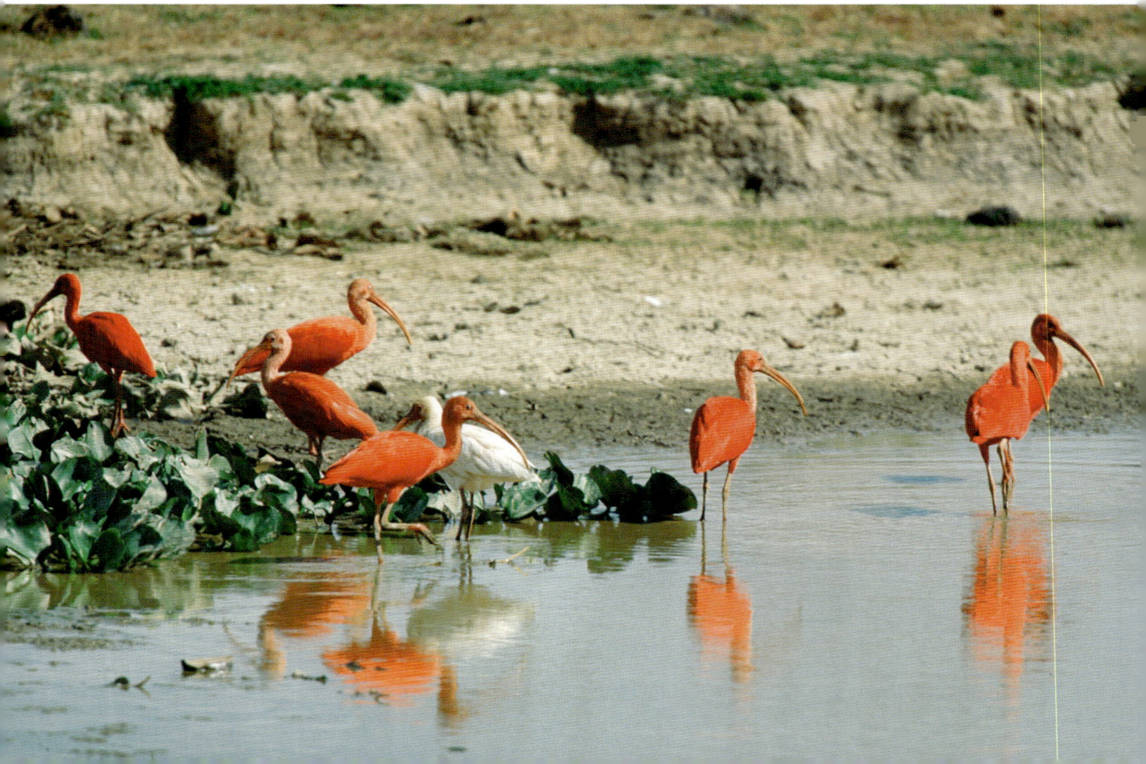

오리노코 삼각주

베네수엘라, 델타아마쿠로 주

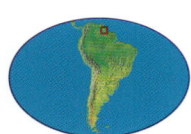

강의 길이 : 2,560킬로미터
삼각주의 면적 : 28,100제곱킬로미터
거주민 : 와오리 족 2만 명

오리노코 강이 기아나 고지에서 발원해 울창한 우림을 뚫고 장장 2,414킬로미터를 흐르면 좁은 시내, 강의 수로, 모래톱과 섬들이 미로를 이루는 오리노코 삼각주에 도착하게 된다. 강이 싣고 온 퇴적토로 만들어진 오리노코 삼각주는 중앙의 크기가 웨일스와 맞먹을 정도이다. 오리노코 삼각주는 세계 최대의 천연 습지대 중 하나이다. 평소에는 잘 볼 수 없는 우림의 동물들을 볼 수 있는 지역이기도 하다. 삼각주의 섬에는 열대와 아열대에서 자라는 잎이 넓은 나무들이 울창하게 자라고 있으며 이외에도 맹그로브 습지와 야노스가 펼쳐져 있다.

삼각주의 섬은 야생생물의 천국이다. 화려한 깃털을 자랑하는 큰앵무류, 앵무새, 호아친새, 뿔스크리머는 나무에서 살고, 땅에서는 아구티와 파카 등의 동물들이 씨앗을 먹으며 산다. 우기인 5~9월 사이에 강이 범람하면 동물들은 고지대로 몸을 피하고 그 빈자리를 악어와 강거북들이 차지한다. 시내와 수로에는 민물수달과 민물돌고래가 살며 고기나 씨앗을 먹고사는 피라니아도 있다. **MB**

구아차로 동굴계

베네수엘라, 모나가스와 수크레

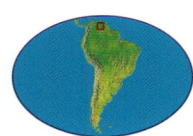

동굴계의 길이 : 10.2킬로미터
새가 동굴에서 나오는 / 돌아가는 시각
: 현지 시각으로 19시 / 4시

베네수엘라의 카리페 산맥에 있는 구아차로 동굴계는 1799년 유명한 탐험가인 알렉산더 본 훔볼트에 의해 발견되었다. 손전등에 의지해 좁은 통로를 내려가면 오래전 훔볼트가 얼마나 독특한 체험을 했는지 알 수 있다. 훔볼트의 갤러리로 알려진 첫 번째 방으로 들어가면 1만 5,000마리에 달하는, 비둘기만한 쏙독새(구아차로)의 울음소리에 귀가 먹먹할 지경이다. 이곳의 구아차로 군락은 세계 최대이다. 구아차로들은 이 컴컴한 동굴에 둥지를 틀고 밤이 되면 밖으로 나가 근처 숲에서 열매를 따 먹는다.

해질 무렵이 되면 일 분에 250마리의 새들이 동굴 입구에서 쏟아져 나와 저녁 어둠 속으로 사라진다. 이 새들은 원시적인 반향 위치 결정법에 의지해 방향을 잡는다. 이것은 박쥐나 돌고래가 방향을 찾는 방법과도 비슷하지만 새들은 보조적으로 소리도 활용한다. 새의 주요 먹이는 야자수 열매이며 동굴에 저장하는 씨앗은 새들뿐만이 아니라 동굴에 사는 귀뚜라미, 거미, 지네, 게, 쥐 등의 먹이가 된다. 동굴 바닥에 떨어진 씨앗 중 일부가 싹을 틔우면 키 작은 야자수로 이루어진 미니 숲이 만들어지지만 이내 어둠 속에서 죽어간다. 동굴은 카리페에서 북쪽으로 10킬로미터 정도 떨어져 있다. **MB**

앙헬 폭포

베네수엘라, 볼리바르 주

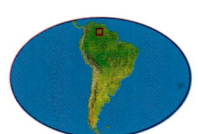

폭포의 다른 이름 : 살토 앙헬
폭포의 높이 : 979미터
골짜기의 강수량 : 762센티미터

1935년 지미 에인젤이라는 미국의 한 조종사가 베네수엘라의 우림지역에서 금을 찾아 다니다가 우연히 세계에서 가장 낙차가 큰 폭포를 발견했다. 그가 본 것은 아우얀타페이라는 평평한 고원의 끄트머리에서 강이 떨어지는 모습이었다. 고원에 깊이 패인 골짜기에 엄청난 양의 비가 모여 거대한 물줄기를 만들어 절벽에서 떨어지는 것이 바로 앙헬 폭포이다.

폭포를 발견했다는 에인젤의 주장은 1949년이 되어서야 인정을 받았다. 당시 전직 종군기자인 미국의 루스 로버트슨이 모터가 달린 카누를 타고 추룬 강을 거슬러 올라가 이 폭포가 나이아가라보다 18배나 높다는 것을 확인한 것이다. 폭포수의 양은 일정하지 않다. 우기에는 엄청난 양의 폭포수가 넓은 면적의 우림을 적시지만 건기에는 마치 엷은 안개가 땅에 떨어지는 것처럼 보일 정도이다.

지미 에인젤이 최초 발견자로 인정받고 있지만 아마도 외지인 중에서는 에르네스토 산체스 라 크루스가 1910년에 처음으로 이 폭포를 발견했을 것이라 추정하고 있다. 월터 롤리 경이 16세기에 이

> "거대한 강이 절벽에 닿지도 않은 채 굉음을 내며 아래로 쏟아지는데
> 마치 천 개나 되는 거대한 종이 마구 울려대는 것 같았다."
>
> – 월터 롤리 경

지미 에인젤은 아내와 두 명의 산악 탐험가를 데리고 폭포를 다시 찾았다. 일행은 비행기로 고원까지 올라가서 착륙을 시도하다가 그곳이 늪지라는 것을 알게 되었다. 사고를 피하기에는 너무 늦었다. 비행기는 추락했고 다행히 아무도 다치지 않았지만 우림 고원에 남겨진 그들은 깊은 계곡을 건너고 울창한 삼림과 싸우며 악전고투를 해야만 했다. 살아서 돌아가리라는 희망조차 사라질 무렵 기진맥진하고 굶주릴 대로 굶주린 조난자들은 가까스로 베이스캠프에 도착할 수 있었다. 사고가 난지 2주 만이었다. 에인젤의 비행기는 회수되어 근처 시우다드볼리바르 박물관에서 지금까지 전시되고 있다.

폭포를 처음 보았다는 이야기도 전해내려 온다. 롤리는 "거대한 강이 절벽에 닿지도 않은 채 굉음을 내며 아래로 쏟아지는데 마치 천 개나 되는 거대한 종이 마구 울려대는 것 같았다."라고 말했다.

폭포까지의 험한 여정을 견뎌낼 체력만 있다면 누구나 폭포를 볼 수 있다. 앙헬 폭포를 보려면 베네수엘라의 카라카스에서 카나이마로 이동한 후 현지 여행사를 통해 카누나 경비행기로 가면 된다. **MB**

오른쪽 하늘에서 본 베네수엘라의 앙헬 폭포

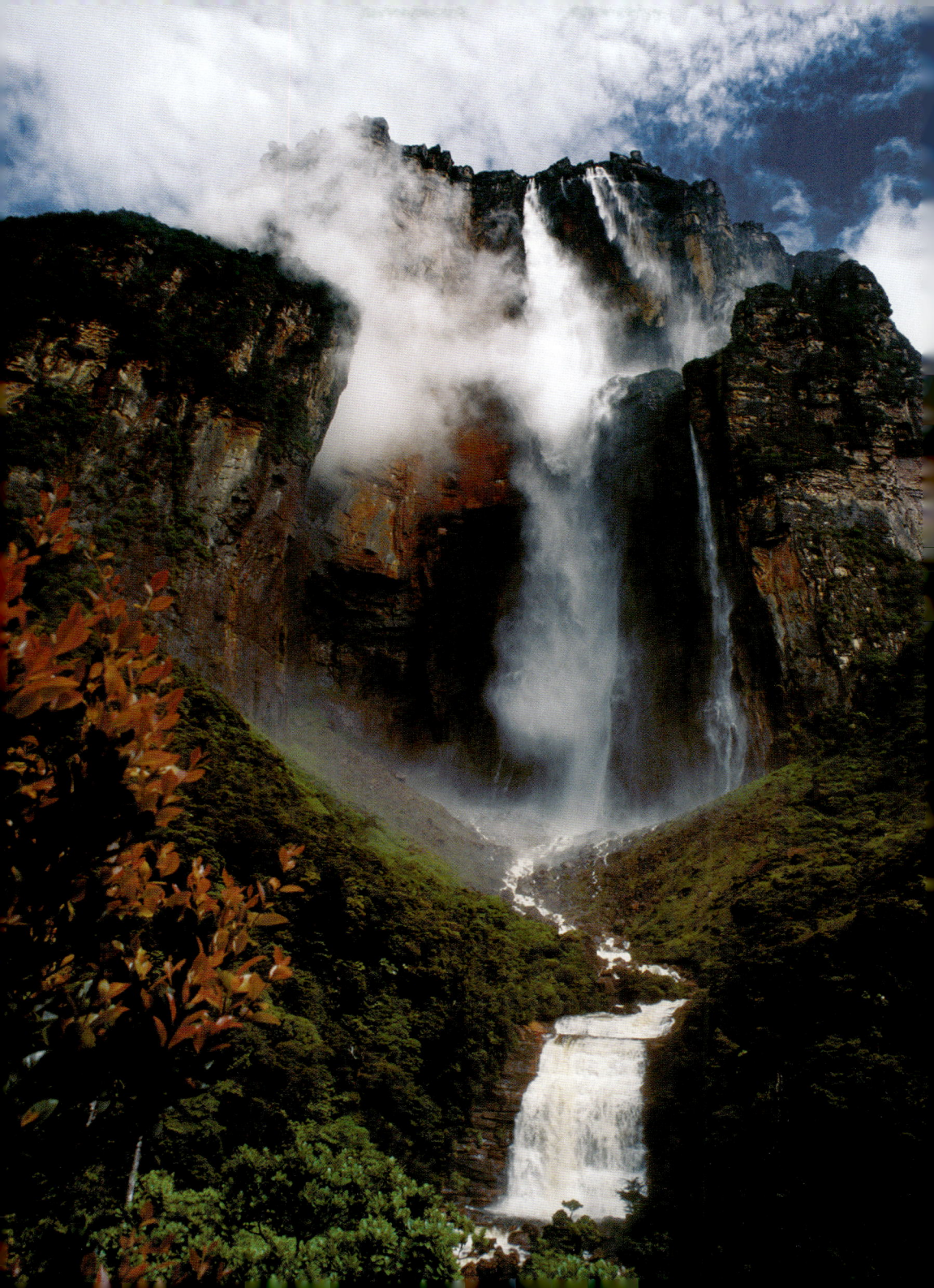

아우타나테푸이

베네수엘라, 볼리바르 주

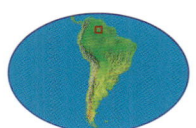

다른 이름 : 세로타나
암석의 종류 : 선캄브리아기의 사암
식생 : 아마존 우림(아랫부분), 테푸이
덤불숲(정상)

1978년에 국립기념지로 지정된 아우타나테
푸이는 저지대인 아마존 우림 지역에 우뚝
솟아 있는 연어살 빛깔의 1,700미터 바위산이다.
테푸이는 사암 고원이라는 뜻으로 모든 테푸이가
그렇듯 아우타나테푸이도 지금의 베네수엘라 영토
대부분이 얕은 바다였던 선캄브리아기 때의 고운
모래로 만들어졌을 것이다. 이곳을 이루는 퇴적암
은 약 30억 년 전에 만들어졌지만 탁자 같은 모양

은 3억 년 전 침식작용의 결과로 형성된 것이다.
아우타나테푸이는 수많은 테푸이 중에서도 가
장 멋진 곳이며 특이한 동굴로도 유명하다. 396미
터의 길이에 높이가 40미터인 이 동굴은 테푸이가
지금보다 훨씬 컸을 때 지하로 흐르던 아우타나 강
에 의해 만들어졌다. 이 강은 지금 다른 곳으로 흐
른다. 테푸이의 정상은 습한 사바나로 식충식물이
풍부하다. 이곳은 지구상의 다른 곳에서는 볼 수
없는 희한한 동식물의 보고이다. **AB**

<u>아래</u> 아우타나테푸이가 평평한 초원 한 가운데 솟아 있다.

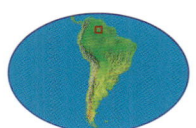

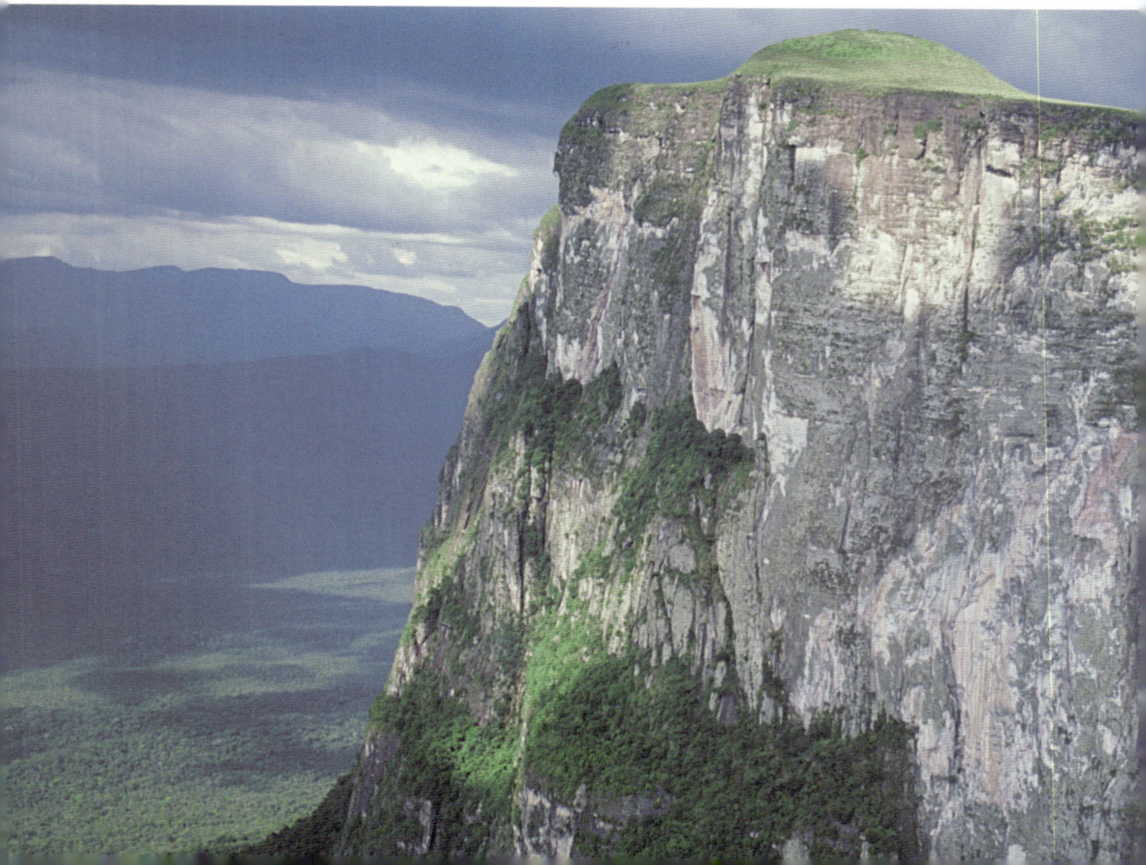

피코다네블리나

브라질, 아마조나스 주 / 베네수엘라, 아마조나스 주

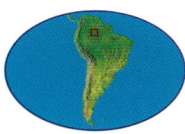

네블리나 봉의 면적 : 36,000제곱킬로미터, 베네수엘라와 브라질의 국립공원이 합쳐져 있다.

최대 고도 : 3,014미터

1953년에 발견된 목마른 봉우리라는 뜻의 피코다네블리나(네블리나 봉)은 브라질의 최고봉이다. 1965년에 브라질 육군에 의해 최초로 정복되었으며 요즘에는 군대가 매년 정상의 국기를 교환한다. 80킬로미터에 달하는 이메리 산맥에 있는 네블리나 봉은 브라질과 베네수엘라 두 나라에 걸친 국립공원에 자리 잡고 있다. 이 지역에서 흘러간 물은 아마존 강과 오리노코 강 양쪽으로 나뉜다. 이메리 산맥도 베네수엘라에 있는 탁자 모양의 테푸이처럼 사암으로 이루어져 있다. 하지만 테푸이와는 달리 이 산맥에는 깎아지른 듯한 봉우리와 세계에서 가장 깊은 바리아 강 협곡처럼 깊은 계곡이 많이 분포해 있다.

산맥이 아마존의 구름을 잡아 두기 때문에 이곳은 매우 습하다. 연간 강수량은 4,000밀리미터에 달할 정도이며 아마조니아에서 가장 습한 지역으로, 건기가 없다. 우림, 침수림, 잡목림 등이 고루 분포되어 있으며 고도가 높아질수록 고산 관목 숲과 운무림이 퍼져 있다. 이곳에서 자라는 식물의 반 이상은 이 지역에서만 자생한다. **AB**

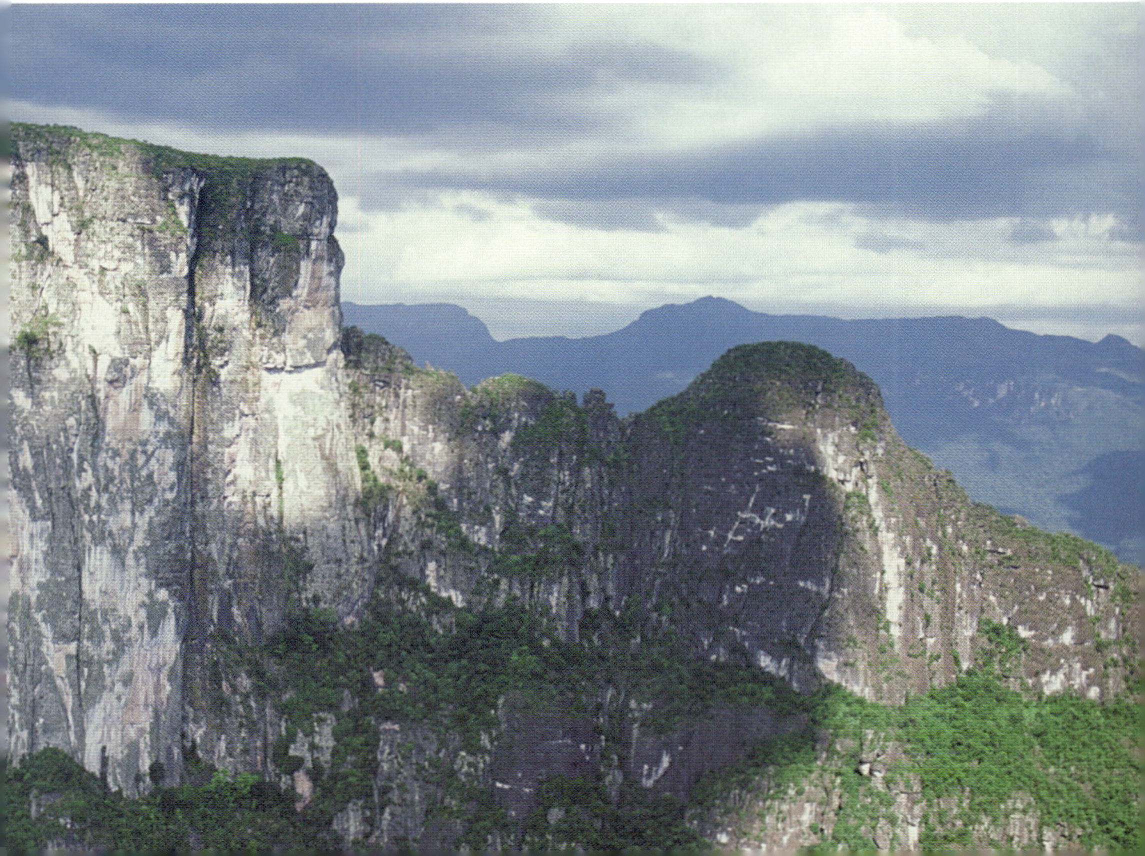

쉘비치

가이아나, 바리마–와이니

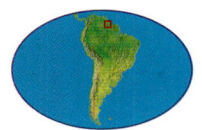

쉘비치의 면적 : 160킬로미터
쉘비치의 해발 고도 : 해수면과 같다
식생 : 조개와 모래 해변, 개펄, 홍수림

가이아나의 수도 조지타운의 북쪽 해안에 장장 160킬로미터에 걸쳐 뻗어 있는 해변을 쉘비치라고 부른다. 포메룬과 와이니 강의 어귀에 자리 잡고 있으며 베네수엘라 국경과도 매우 가까운 이 해변은 가이아나에서 유일하게 남아 있는 자유로운 해안이며 홍수림이 가장 잘 보존된 지역이기도 하다. 이 해변의 볼거리는 바다거북의 산란으로 3월에서 4월 사이가 되면 거북들이 쉘비치 해안을 따라 펼쳐진 아홉 곳의 해변으로 몰려든다. 이곳에서 알을 낳는 거북은 네 종류인데 장수거북, 바다거북, 대모, 매우 희귀한 올리브각시바다거북 등이다. 환영받는 손님은 아니지만 모래파리는 어디에나 있으며, 이 지역 동물상의 단편을 보여준다.

쉘비치는 공식적인 보호구역은 아니지만 지금은 국제적으로 거북을 보호하기 위해 노력을 기울이고 있다. 1960년대부터 지금까지 가이아나 해양거북 보존 협회의 주도 하에 꾸준하게 보존 활동이 이루어지고 있다. 이 협회는 산란을 감시하고 거북이 그물에 걸리지 않도록 어장을 관리하는 일을 한다. 이런 노력에는 아몬드비치와 그웨니비치를 비롯한 아라와크 공동체 두 곳도 참여하고 있다.

맹그로브 숲에는 다섯 종의 맹그로브가 자생한다. 맹그로브 숲에 조성되어 있는 개펄은 대륙을 이동하는 철새들에게 매우 중요한 지역이다. 이곳에는 붉은따오기, 거대한 군함새와 그보다 덩치가 큰 플라밍고들이 서식한다. **AB**

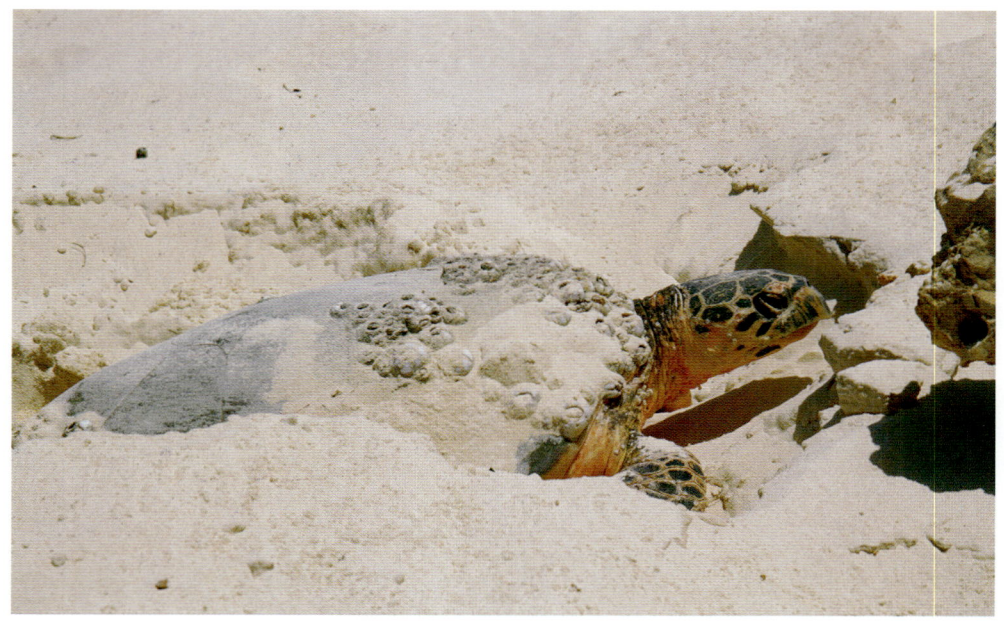

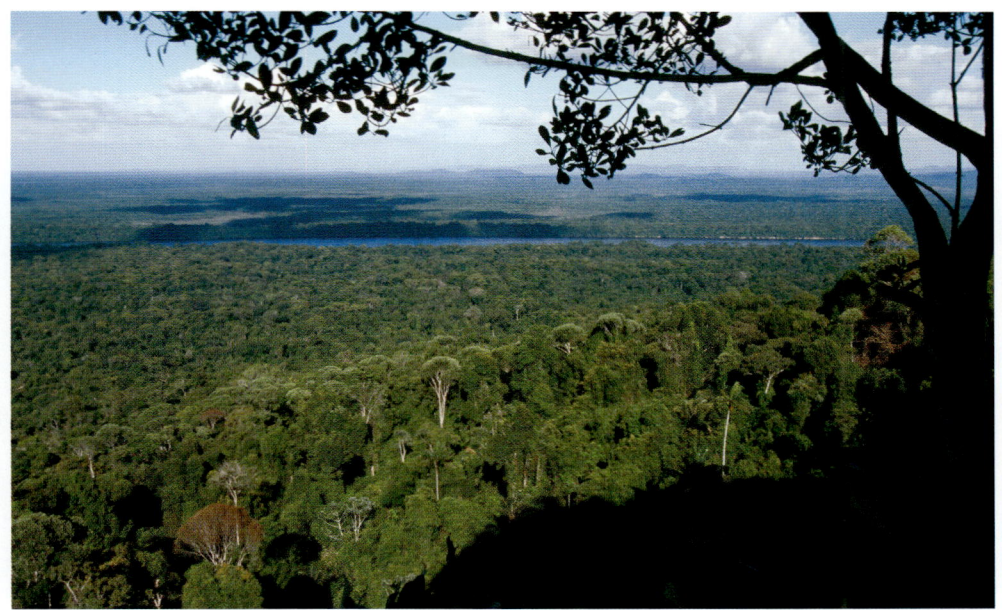

이오크라마 산맥

가이아나

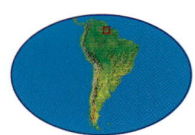

| 산맥의 면적 : 약 371,000헥타르 |
| 해발 고도 : 0~1,000미터 |
| 식생 : 저지 우림, 운무림, 고산굴곡림, 유속이 느린 저지의 큰 하천, 작고 물살이 센 고지의 시내 |

가이아나 순상지의 중앙 부분인 가이아나 중부에 있는 이오크라마 산맥은 현존하는 대형 열대우림 네 곳 중 하나이다. 이 지역에 다양한 동식물이 서식하는 것은 1,000미터에 달하는 이오크라마 산 덕분이다. 서쪽으로는 파카라이마 산맥의 고지 삼림과 접해 있으며, 남쪽과 동쪽으로는 사바나와 접한 이오크라마 산은 20~30미터 높이의 저산지의 숲에서부터 운무림과 고산 지대에서 자라는 추위에 강한 굴곡림까지 다양한 서식지를 지니고 있다.

가이아나에 서식하는 조류 800종 중 500여 종이 이곳에서 확인되었다. 봉관조, 앵무새, 장식새 등 원시림에서 과일을 먹고 살아가며, 좀처럼 잡히지 않는 새들도 발견되었다. 이오크라마에서 발견된 특수한 종으로는 하피수리, 붉은날개땅뻐꾸기, 흰꼬리쏙독새, 가이아나큰부리새와 더스키퍼플투프트 등이 있다. 벌새로는 크림슨 토파즈벌새와 쇠라케트벌새 등이 서식한다. 그러나 이것이 다가 아니다. 이 지역에는 포유류 200종이 서식하는데 그중 90종은 박쥐이다. 단일 박쥐 서식지로는 세계 최대 규모이다. 또한 이오크라마는 420종에 달하는 민물고기로도 매우 유명하다. 가이아나 정부와 외국 과학자들 간의 협력을 통해 이 지역은 자연보호 프로그램이 매우 활발하게 시행되고 있다. **AB**

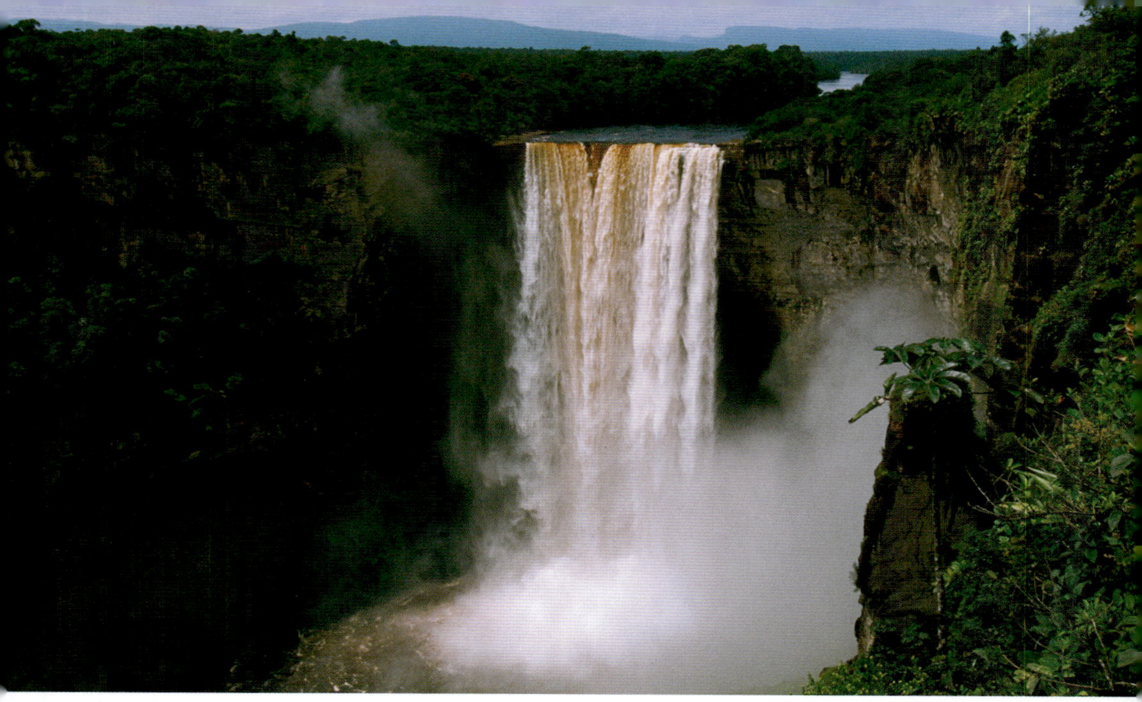

카이어투어 폭포

가이아나, 포타로–시파루니

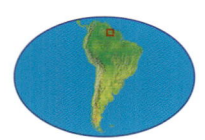

공원의 면적 : 580제곱킬로미터
폭포의 높이 : 226미터
협곡의 길이 : 8킬로미터

가이아나 중앙 서부에 있는 파카라이마 산맥에서 수많은 강이 발원한다. 이 강들은 고지와 저지 사이의 경계가 되는 사암 절벽에서 장관을 이루며 아래로 떨어지는데, 그중에서 가장 유명한 폭포가 바로 카이어투어 폭포이다. 이 폭포에서 떨어지는 강물은 포타로 강인데, 아래쪽 분지까지 장장 226미터 높이를 수직 낙하한다. 높이로 보면 앙헬 폭포 다음이지만 건기 때 말라붙는 앙헬 폭포에 비해 일 년 내내 풍부한 수량을 자랑한다.

이 지역은 독특한 식물이 많이 자라는 것으로도 유명하다. 어떤 곳에서는 분홍색 모래 위에서 관목과 풀이 자란다. 바위틈 사이에는 푸이아속이 자라며 잎이 겹쳐진 로제트로 만든 일종의 '물탱크'에 물을 저장해 둘 수 있는 통발식물이 가장 많이 자란다. 곤충을 먹는 이런 식충식물은 고인 물에서 자라며 숙주식물 위로 2미터 높이에 보라색 꽃이 달린 가벼운 꽃대를 세운다. 협곡과 폭포수가 떨어지는 곳 근처에는 양치류, 원시적인 푸이아속 식물들과 붉은 꽃을 피우는 아프리카바이올렛도 번성하고 있다. 숲개, 푸른마코앵무, 바위새 등과 같이 멸종 위기에 처한 동물들뿐만 아니라 붉은마자마사슴과 맥류도 발견된다. 폭포는 주로 조지타운에서 출발하는 경비행기로 갈 수 있다. **MB**

카누쿠 산맥

가이아나, 타카투 상류 – 에세키보 상류

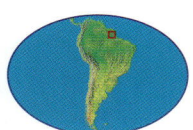

산맥의 최고 고도 : 1,000미터
식생 : 열대 하천, 저지 삼림, 운무림, 고산 식물
암석의 종류 : 고대사암

고대 사암으로 이루어진 카누쿠 산맥은 루파누니 사바나의 건조한 목초지 한가운데 우뚝 솟아 있다. 산이 비를 머금은 구름을 가두면서 이곳은 습한 환경에 적응한 생물종이 매우 풍부하다. 카누쿠는 폭 1.6킬로미터의 협곡을 사이에 두고 동카누쿠와 서카누쿠로 나뉘어 있다. 카누쿠 산맥은 이 지역에만 자생하는 야생생물도 풍부하지만 다른 지역에서는 감소하고 있는 희귀한 생물도 매우 풍부하다.

정상은 평평한 고원이며 매우 가파른 바위로 이루어진 카누쿠 산맥을 부드럽게 감싸며 흐르는 루파누니 강에는 큰수달, 강거북과 검은 카이만 악어들이 살고 있다. 낮은 지역의 숲은 원숭이와 원숭이를 잡아먹는 독수리, 맥류, 재규어의 안식처이며 양서류도 매우 많다. 가이아나에 서식하는 포유류의 약 80퍼센트가 이곳에서 발견되었다. 가이아나의 남서부에 있는 카누쿠 산맥은 매우 외진 곳이라 찾아오는 사람들이 거의 없다. 이 산맥은 현재 공식적으로 보호를 받지는 못하고 있다. 하지만 지역 원주민들은 정부를 설득해 이 지역을 국립공원으로 지정하려는 희망을 버리지 않고 있다. 국제적인 자연보호협회들도 원주민들을 지지해 이 움직임에 동참하고 있다. **AB**

아왈라–얄리마포

프랑스령 기아나

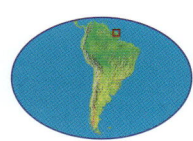

다른 이름 : 레 아트
아왈라–얄리마포의 거북 : 15,000마리
장수거북의 최대 길이 : 2.1미터

이 해변에서 벌어지는 희귀한 광경을 보려면 선크림이 아니라 모기약을 챙겨야 한다. 왜냐하면 거북이 알을 낳는 광경을 밤에만 목격할 수 있기 때문이다. 5~6월 사이 밤마다 장수거북 암컷이 파도에서 불쑥 나타나 익숙한 냄새라도 찾는지 코를 쿵쿵거리며 해변을 돌아다닌다. 몇 년 전에 이곳에서 알을 낳았다는 증거를 찾는 것이다. 장수거북은 힘들게 해변을 기어와 구멍을 파고 알을 낳는다. 그리고 모래로 잘 덮고 나서 천천히 바다로 돌아간다.

아왈라–얄리마포 해변은 서반구에서 가장 중요한 장수거북 산란지이다. 이곳에 가면 알을 낳는 모습도 볼 수 있지만 7월에서 8월 사이에 알에서 부화한 작은 새끼 거북도 볼 수 있다. 그런데 거북을 보려면 반드시 지켜야 할 규칙이 있다. 우선 알을 낳고 있는 거북과는 적어도 5미터 이상 떨어져 있어야 하고, 거북에게 불빛을 곧장 비추어서도 안 된다. 새끼 거북이 부화해서 나올 때는 절대로 들어 올려서는 안 되며 설사 거북이 이동 방향을 잘못 잡았다 싶어도 그냥 내버려두어야 한다. 거북을 보려면 가장 가까운 도시인 케이엔과 아우라에서 이 해변으로 출발하는 버스를 타면 된다. **MB**

솔리몽에스 강과
네그루 강의 합류지점

브라질, 아마조나스 주

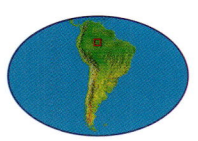

네그루 강의 길이 : 1,000킬로미터
네그루 강의 pH : 5.1(±0.6)
솔리몽에스 강의 pH : 6.9(±0.4)

원래 소문난 잔칫상에 먹을 것 없다고 하지만 '두 강이 서로 만나는 지점'의 장관은 기대해도 좋다. 마나우스에서 시작되는 차 빛깔의 강을 검은 강이라는 뜻의 '네그루 강'이라고 부르는데 이 강을 따라 10킬로미터 정도 하류로 오면 다른 강과 합류하면서 물의 색깔이 크림색으로 옅어지는 모습을 볼 수 있다. 바로 솔리몽에스 강과 만난 것이

다. 작은 물결이 만나서 소용돌이치는 모습은 마치 우주처럼 거대한 컵에 탄 커피를 누군가가 휘휘 젓는 것 같다. 그 장관은 몇 킬로미터에 걸쳐서 계속되다가 검은 물과 크림색 물이 모든 것을 감싸 안는 우윳빛 물속으로 사라져 가면서 끝난다. 마침내 아마존 강에 도착한 것이다.

물색깔이 어떻게 이렇게 다를 수 있을까? 그 답은 강물이 발원하는 곳의 지질 환경에 달려 있다. 솔리몽에스 강은 페루의 안데스 산맥에서 시작해서 3,000킬로미터를 이어지는 강물이 마지막으로 당도하는 곳이다. 지류는 비교적 최근에 형성된 약

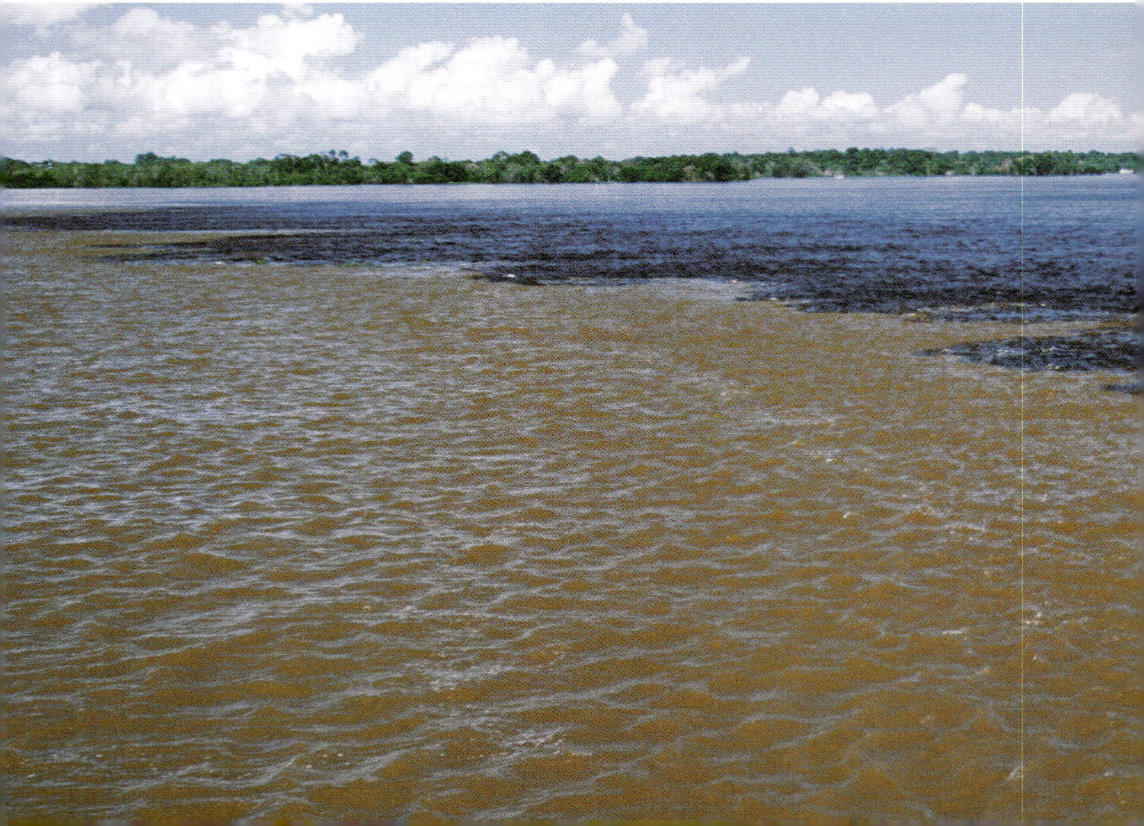

한 화성암 토양을 지나게 된다. 이 토양은 쉽게 침식되기 때문에 강물은 매년 수천 톤의 퇴적물을 실어 나른다. 네그루 강의 발원지는 사암으로 구성된 파카라이마 산맥에 있는 아마존 분지의 북쪽이다. 이 사암의 나이는 약 20억 살 정도이다. 그래서 이 암석에는 침식작용으로 깎여 나갈 만한 것이 별로 남아 있지 않다. 실제로 1,000킬로미터에 달하는 강둑에 조성되어 있는 숲만 아니라면 네그루 강의 물 자체는 매우 투명했을 것이다. 그런데 이 숲에서 자라는 식물의 잎에 있는 부식산이 강물로 흘러들면서 물 색깔이 짙은 갈색으로 변한 것이다.

솔리몽에스 강과 네그루 강은 수온과 영양분의 구성, 산소 함유량, 산성도까지 다 다르다. 두 강물이 만나는 곳의 물고기들이 순간적으로 정신을 못 차릴 정도이다. 그래서 아마존에 사는 두 종류의 민물돌고래가 이곳의 손쉬운 먹잇감을 노리고 엄청나게 모여든다. 이곳과 비슷한 현상이 일어나는 곳은 산타렘으로 그곳에서는 맑은 타파조스 강과 진흙탕인 아마존 강이 합류한다. **AB**

아래 시커먼 네그루 강이 연한 빛의 솔리몽에스 강과 합류하고 있다.

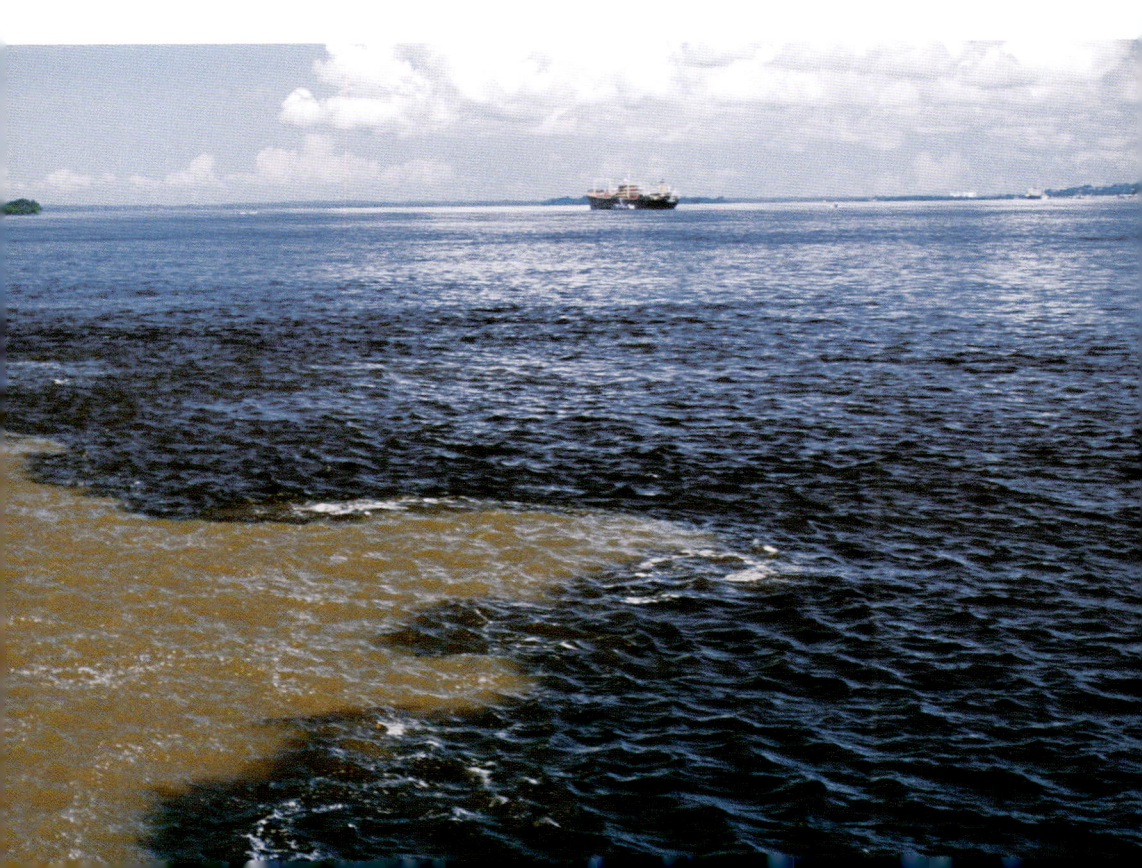

아마존 분지

브라질 / 페루 / 에콰도르 / 콜롬비아 / 베네수엘라 / 볼리비아

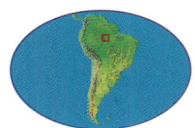

분지의 면적 : 700만 제곱킬로미터
분지의 생성 시기 : 6,000만 년 전
식생 : 열대우림(35미터까지), 다양한 침
수림과 관목 사바나

북쪽과 남쪽은 고대의 결정체로 된 바위 고원에 막혀 있고 서쪽으로는 안데스 산맥이 가로막고 있는 아마존 분지는 7,000만 년이라는 시간이 완성한 작품이다. 7,000만 년 전이라면 초대륙인 곤드와나가 지금의 아프리카와 남아메리카 대륙으로 막 갈라지기 시작한 때이다. 세계 최대의 열대우림과 가장 큰 강을 품은 아마존 분지에는 큰 강만 해도 1,000개가 넘는다. 아마존 열대우림은 믿을 수 없을 만큼 동식물이 풍부한 곳이다. 그중에서도 안데스와 인접한 서쪽이 가장 풍부한데 비옥한 화산 토양 덕분이다. 동쪽으로 갈수록 이처럼 은총받은 땅은 점점 희박해진다. 이런 현상은 마나우스 주변의 삼림에 풍부하게 분포된 동식물의 양에도 잘 반영되어 있다.

이 지역의 교통편은 여전히 배와 비행기뿐이므로 이 지역을 독립적으로 탐사하는 일은 거의 불가능하다. 찾아가 볼 만한 지역은 다음과 같다. 마나우스, 테페, 유명한 마미라우아 생태보존지역, 브라질의 상가브리엘도카초에이라(성가브리엘의 폭포), 페루의 이기토스, 탐보파타 자연보호구역, 콜롬비아 아마존의 레티시아, 에콰도르의 나포 지역 등이다. 이 지역에 서식하는 동식물로는 수달, 거대한 수련, 맥류, 큰부리새, 식충식물, 작은 벌새들, 자이언트래트, 앵무새, 피라니아, 재규어, 마타마타거북, 난초, 화살개구리와 민물 돌고래 등이 있다. **AB**

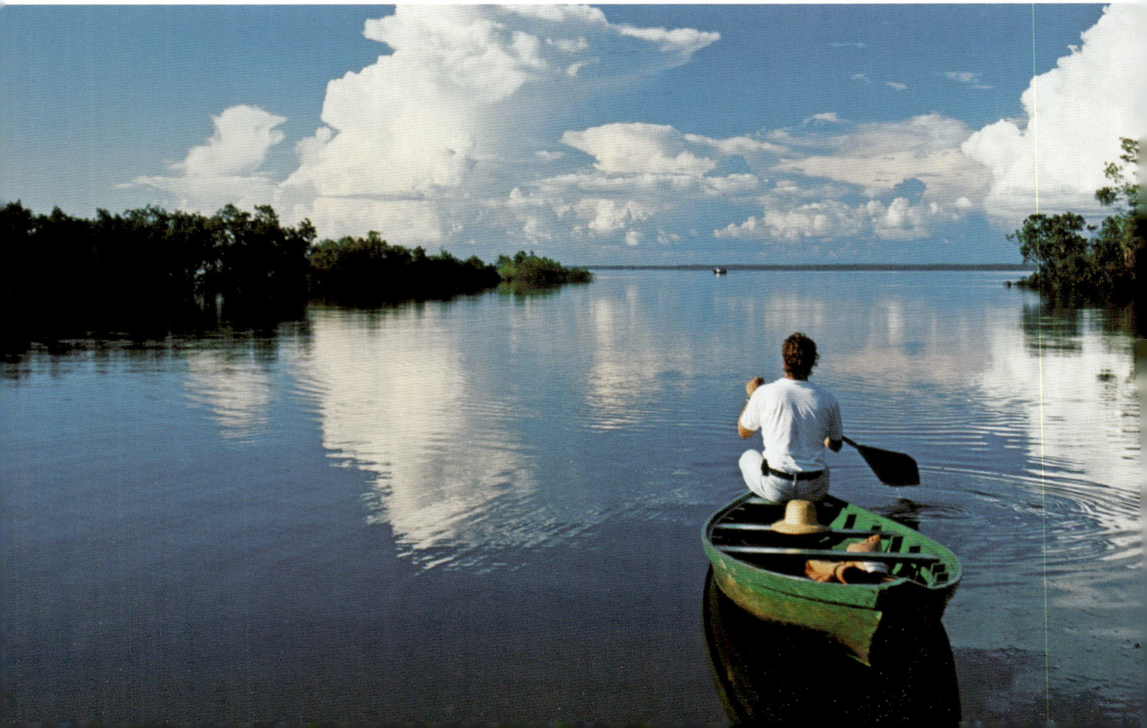

아마존 해일

브라질, 아마파 주 / 파라 주

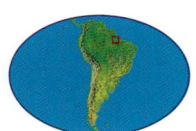

아마존 강의 길이 : 6,518킬로미터	
아마존 강 하구의 폭 : 320킬로미터 이상	
해일의 최대폭 : 16킬로미터	

강에도 해일이 몰아칠 수 있을까? 강의 수량이 최소이고 보름달일 때, 조수가 강물을 역류시킬 정도의 힘이 있으면 강에도 해일이 발생한다. 물론 모든 강에서 다 해일이 발생할 수 있는 것은 아니다. 위에서 열거한 배경 외에도 조건이 완벽하게 갖추어져야 하는데 일단 강둑이 좁고 강바닥은 높아야 한다. 이 두 조건이 정확하게 맞아떨어지면 역류하는 물은 한곳에 모이게 되고 그 에너지가 파도에 집중될 수 있다. 해일은 아마존 하류의 수로마다 그 정도가 다르다. 가장 규모가 큰 곳은 아라과이 강과 과마 강이다.

이곳에서는 아마존 강에서 일어나는 해일을 '포로로카'라고 부르는데 이는 푸티 인디언들의 말로 '포효'라는 뜻이라 한다. 강물은 시속 70킬로미터가 넘는 속도로 밀려 들어온다. 이 지역은 서퍼들에게 인기가 높다. 이곳에서 파도를 탈 수 있는 시간은 보통 6분 정도이며 최고 기록은 17분이지만 40분까지도 가능하다고 한다(바다에서는 기껏해야 30초 정도 파도가 지속될 뿐이다). 이렇게 해일이 몰아치는 강은 세계에서 60곳 남짓이다. 유명한 곳으로는 캐나다의 펀디 만, 영국의 세번 강, 인도의 갠지스 강 등이다. 가장 큰 해일은 중국의 푸춘 강에 몰아치는 첸탕 해일로 보통 7.5미터까지 물이 솟아오르며, 강물이 흐르는 속도는 시속 40킬로미터가 넘는다. **AB**

싱구 강

브라질

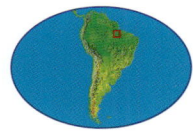

싱구 강의 길이 : 1,979킬로미터	
민물 거북의 수 : 5,000마리	
거북 껍질의 크기 : 길이 1미터	

싱구 강은 아마존의 대형 지류 중의 하나로 아마존 하구 근처를 흐른다. 그러나 매년 10월 무렵이 되면 수위가 최저 지점까지 내려가서 모래톱이 드러날 정도가 되는데, 그러면 '타르타루가'라고 하는 거대한 강거북이 한 마리, 두 마리씩 얕은 물에서 나타나기 시작한다. 수가 늘어나는 거북들은 이윽고 모래로 된 모랫바닥으로 나온다. 이 거북들은 모두 암컷으로 이곳에 알을 낳으려는 것이다. 거북은 산란하기 2주 전에 강에 도착해서 알이

마지막 단계까지 성장할 수 있도록 해바라기를 한다. 한 번에 5,000마리가 넘게 모여드는 이 거북은 길이가 1미터가 되는 종류로 강거북 중에서는 가장 크다. 그래서 거북이들이 다 모이면 그 무리가 엄청나서 알을 낳기 위한 자리 확보가 치열하다. 늦게 온 거북은 먼저 온 거북의 알을 파내고 산란을 하기도 한다. 검은 독수리가 찾아와 누군가가 파헤쳐 놓은 알을 먹어 치운다. 물론 모래 안에 든 알들은 강물이 너무 일찍 범람하지 않는 한 안전하다. 이곳은 거북이를 놀라게 해서 산란을 방해하지 않도록 폐쇄되기 때문에 거북의 습성을 연구하는 과학자가 아닌 한 일반인들이 이 광경을 직접 보기는 힘들 것이다. **MB**

아나빌하나 군도

브라질, 아마조나스 주

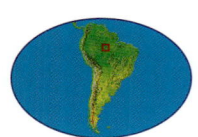

군도의 길이 : 150킬로미터, 폭 12킬로미터

식생 : 열대우림, 침수림, 모래 해변

아나빌하나 군도는 세계에서 가장 큰 내륙 군도이다. 브라질 아마존의 중심부인 네그루 강 유역의 마나우스 서부(상류)에서 시작해 80킬로미터 정도 이어지는 이 군도에는 약 350개의 섬이 모여 있다. 수로, 제방과 모래톱이 계속해서 바뀌기 때문에 수위가 최대 15미터까지 변하므로 가장 생긴 섬들이 또 다시 강을 가로막고 유속을 늦추기 시작했다. 이 과정에서 부유하는 퇴적물은 쓸려 내려갔고 그 결과 섬이 유지되면서 새로운 영구적인 땅이 형성되었다. 네그루 강으로 흘러든 퇴적물을 붙잡아 만든 땅은 물의 침식으로 새로운 모습을 띠게 되었다. 이 과정은 오늘날에도 계속 일어나고 있다. 주로 브랑카 강에서 퇴적물이 흘러들며 네그루 강도 일조를 하고 있다. 네그루 강의 퇴적물의 농도는 점점 내려가고 있지만 워낙 큰 강이어서 아나빌하나 군도의 변화를 유지하는 데는 문제가 없다.

아나빌하나 군도는 세계에서 가장 큰 내륙 군도이다.
브라질 아마존의 중심부인 네그루 강 유역의 마나우스 서부(상류)에서
시작해 80킬로미터 정도 이어지는 이 군도에는 약 350개의 섬이 모여 있다.

경험이 많은 가이드와 어부만이 정확하게 길잡이를 할 수 있다. 이 군도에는 섬의 종류도 다양한 편인데 제대로 모양새를 갖추어서 호화로운 호텔을 지을 만큼 크고 안전한 섬이 있는가 하면 수위만 높아지면 금세 모습이 달라지는 모래톱에 불과한 섬도 있다. 이 군도는 마지막 빙하기 때 지금과 같은 모습을 갖추었다. 당시 아마존 분지 전역의 수위가 떨어지고 물의 분포가 변하면서 네그루 강으로 흘러드는 일부 지류에 과도한 퇴적물이 쌓이기 시작했다. 거대한 고대 암석들이 얕은 강물의 길목을 떡하니 막아서자 네그루 강은 주변에 쌓인 퇴적물을 하류로 쓸어갈 수 없었다. 결국 그 퇴적물들이 쌓여 섬이 된 것이다.

이 섬들은 매우 광범위하게 분포되어 있으며 강의 수위가 다시 높아진 홍적세 끝 무렵에는 새로 군도 면적의 대부분은 아나빌하나 군도 생태 연구지에 들어가 있다. 이 지역은 수위가 낮아지는 7월에서 11월 사이에 모래톱에 산란을 하는 민물거북에게 매우 중요한 곳이며 군도의 침수림에 적응해서 살아가는 새들에게도 중요한 곳이다. 아나빌하나 군도는 아마존의 민물돌고래와 세계 최대의 민물고기인 피라루쿠의 주요 서식지이다. **AB**

<u>오른쪽</u> 아나빌하나의 섬들이 네그루 강을 따라 이어져 있다.

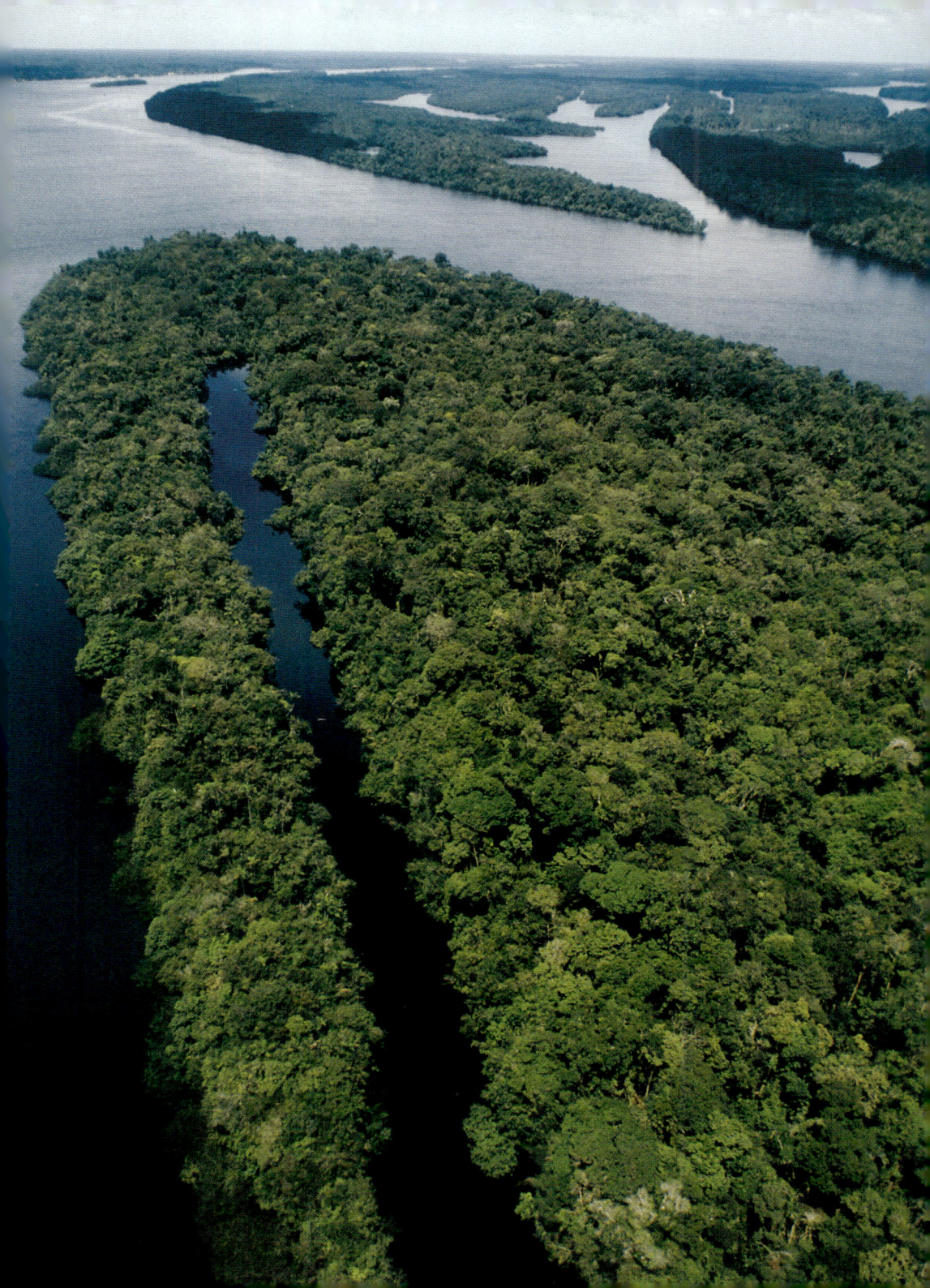

침수림

브라질

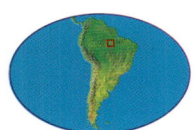

다른 이름 : 바르제아

침수림의 폭 : 75킬로미터 (아마존 강 주요 물길의 양쪽 면)

침수림의 깊이 : 16미터

돌고래와 피라니아가 나무 꼭대기에 살고 물고기가 나무 열매를 먹고 얼굴이 붉은 원숭이가 사는 곳. 동화 속 한 장면이 아니다. 아마조니아의 침수림에서 실제로 볼 수 있는 모습이다. 아마존 강은 매년 12월 말부터 우기가 시작된다. 그러면 강물이 상승하기 시작해서 강 양쪽에 있는 폭 75킬로미터의 땅을 침수시킨다. 이때의 수심은 무려 16미터나 된다. 사방을 둘러보아도 마른 땅이라고는 보이지 않는다. 사람들은 떠다니는 집이나 죽마 위에 설치한 집에서 생활하며 닭이나 가축류는 물 위에 있는 발코니나 뗏목에서 키운다. 마침 이 시기는 나무에 열매가 맺히는 때라 원숭이와 새들만 열매로 포식을 하는 것이 아니라 물고기들도 열매로 잔치를 벌인다. 파쿠, 메기류, 식물성 피라니아 등이 열매를 먹는데 200종의 민물고기 중에서 단 세 종만이 나무의 씨앗을 퍼트릴 수 있다. 몰려든 물고기는 분홍색 아마존돌고래의 차지이고, 물에 빠져 죽은 원숭이와 새들은 3미터나 되는 몸길이를 자랑하는 세계에서 가장 긴 민물고기인 피라루쿠의 차지가 된다. 이곳으로 가는 관광코스는 마나우스에서 이용할 수 있다. **MB**

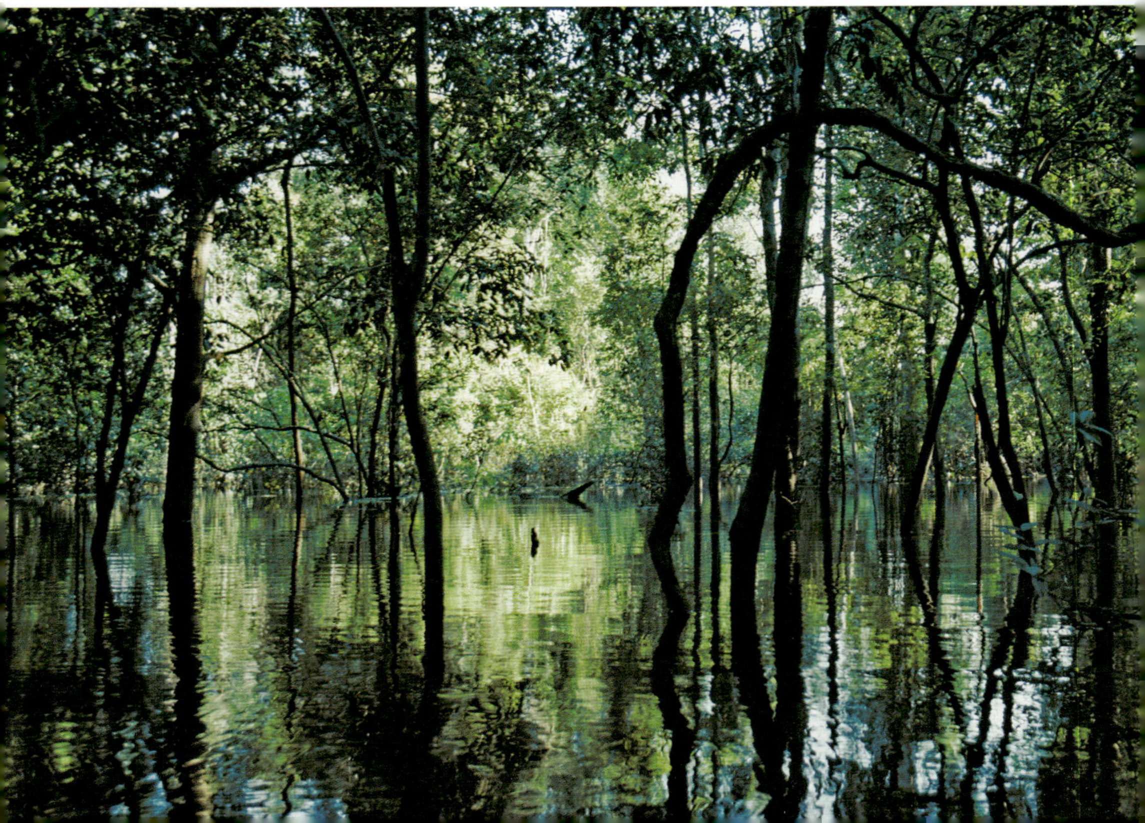

이가포 숲

브라질, 아마존 분지 주

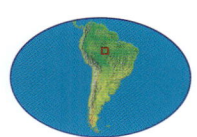

숲의 크기 : 아마조니아의 3퍼센트
식물 군락의 나이 : 10~1만 2,000년

이가포 숲은 아마존 분지 북서부에 있는 네그루 강 본류와 지류들을 따라 형성되어 있다. 매년 아홉 달은 최대 15미터까지 강물에 잠겨 있기 때문에 이가포 숲에는 이런 환경에 적응한 특수한 동식물이 많다. 강은 네그루 강처럼 물색이 검고 퇴적물이 거의 없어서 제방이나 범람원이 거의 생기지 않고 주요 물길은 V자 형태이다. 그 결과 이가포는 폭이 500미터 정도 되는 얇은 리본과 같은 모양으로 형성되었다. 이가포 숲이 물로 가득 찬 시기가 되면 잔잔하게 일렁이는 수면에 그 그림자가 비치면서 이 지역은 독특한 아름다움을 뽐낸다. 이 시기에 이가포 숲의 나무에는 열매가 맺히는데 대부분 파쿠의 차지가 된다. 이 물고기는 성찬을 즐기기 위해 일부러 이곳까지 이동한다. 아마존 유역의 침수림은 세계에서 유일하게 물고기가 식물의 씨앗을 퍼트리는 숲이다. 이가포에는 클라게스앤트워렌, 애쉬브레스티드앤트버드, 스네슬래이지스토디타이런트와 같은 특이한 조류들이 서식하며 스픽스와카리원숭이도 이곳에 서식한다. 건기가 되면 이가포에는 동물들이 자취를 감춘다. 동물들은 인근에 있는 열대우림에서 지내다가 이가포가 다시 물에 잠겨 꽃이 피고 열매를 맺는 시기가 되면 돌아오곤 한다. **AB**

에마스 국립공원

브라질, 고이아스 주

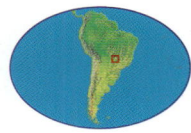

공원의 면적 : 1,318제곱킬로미터
공원의 고도 : 400~1,000미터

에마스 국립공원은 이 지역에서 가장 많이 서식하고 있는 레아류(포르투갈어로 에마스)의 이름을 딴 자연보호구역으로 브라질의 순수한 목초지 즉 캄포림포가 가장 잘 보존된 곳으로 유명하다. 흰개미가 쌓은 거대한 붉은 언덕이 특징인 이 공원에는 거대한 야자수, 강가의 띠 모양 숲과 깊은 협곡 등이 있다. 에마스 국립공원은 야생생물을 관찰하기에 더할 나위 없이 좋은 곳이다. 이곳에는 조류 354종과 포유류 78종이 서식하는데 노랑얼굴아마존앵무, 큰개미핥기, 큰아르마딜로, 재규어, 갈기이리 등이 포함되어 있다. 이곳에서는 신기한 현상을 관찰할 수 있는데 바로 빛나는 흰개미 언덕이다. 딱정벌레의 유충이 날아다니는 흰개미를 유혹하기 위해 배 부분을 반짝여서 생긴 빛이다. 딱정벌레 유충은 끌어당기는 특이한 기관을 갖고 있어서 흰개미를 잡아먹는다.

세라도는 가장 오래된 열대 서식지 중의 하나로, 매년 6~8개월 동안 지속되는 가뭄과 산성 토양에 적응한 식물들이 분포하는 곳이다. 이곳에는 세라도파인애플, 커다란 부시데이지, 꽃 색깔이 화려한 일년생 화초 등이 자란다. 이곳의 풀은 최대 3미터까지 자라서 풀 때문에 야생생물을 제대로 볼 수 없으므로 풀을 다 태운 다음 가는 것이 좋다. **AB**

판타날

브라질 / 볼리비아 / 파라과이

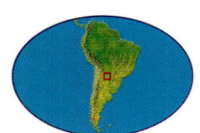

판타날의 면적 : 210,000제곱킬로미터
(총 면적의 80퍼센트는 브라질, 10퍼센트는 볼리비아, 10퍼센트는 파라과이)
판타날의 최대 고도 : 150미터

'**판**타날'이라는 이름은 직역하면 '큰 늪'이 된다. 캘리포니아 면적의 반 정도 크기의 판타날은 실제로도 세계에서 가장 큰 습지이다. 그 유명한 보츠와나의 오카방고보다도 훨씬 더 크며 이보다는 덜 유명한 서드 늪지보다 20퍼센트나 크다. 미국의 오커퍼노키 습지나 스페인의 코토도냐나는 적수조차 되지 못한다. 연간 강수량이 1,599 밀리미터 정도이지만 판타날의 대부분이 매년 침

악어)의 수도 많다.

카이만은 호수 면적의 1헥타르당 3,000마리나 서식하는 것이 확인되기도 했다.

이런 동물들은 토양과 침수 기간에 따라 다양한 식생이 형성되는 지역에서 생활한다. 판타날의 식생을 살펴보면 늪지, 강가에 있는 띠 모양의 숲, 호숫가의 관목 숲, 낙엽송 숲이 있다. 이곳에 서식하는 동식물의 수는 많지만 종의 다양성이나 자생 정도를 살펴보면 다른 열대우림에 비해 빈약하다는 사실을 알 수 있다. 식물 3,500종, 포유류 129종, 파충류 177종과 조류 650종 중에 고유종은 단 하나도 없으며, 어류 325종 중 15종만이 이 지역에서만

매년 범람하는 거대한 습지 판타날은 유난히
대형 조류, 포유류와 파충류가 많이 서식하는데,
그 수는 동아프리카에 식생하는 동물들과 맞먹을 정도이다.

수되는 이유는 브라질의 센트럴 고원에서 발원하는 파라과이 강에서 과도한 양의 강물이 흘러들어오기 때문이다. 매년 범람하는 거대한 습지 판타날은 유난히 대형 조류, 포유류와 파충류가 많이 서식하는데, 그 수는 동아프리카에 식생하는 동물들과 맞먹을 정도이다. 특히 판타날에는 세계에서 가장 큰 재규어 아종(아마조니아의 재규어보다 두 배는 크다), 가장 큰 수달, 가장 큰 설치류(카피바라), 가장 큰 황새(검은머리황새), 가장 큰 앵무새(푸른 마코앵무)가 서식하고 있다. 민물거북과 퓨마와 덩치가 작은 고양잇과 동물들도 흔히 볼 수 있다. 늪 사슴과 팜파스사슴도 많으며 파라과이카이만(소형

발견되는 종이다. 하지만 이곳의 물속에서 일어나는 엄청난 생산성과, 막대한 수의 동물들이 이루는 장관에 비하면 다양성의 빈약함은 아무것도 아니다. 이곳의 생산력이 높은 것은 순전히 강한 햇빛과 비옥한 토양 덕분이다. 저강도 방목을 오랫동안 했음에도 판타날의 80퍼센트 이상이 고유의 모습 그대로 보존되고 있다는 점은 다행이 아닐 수 없다.

AB

<u>오른쪽</u> 판타날 습지를 상공에서 촬영한 모습

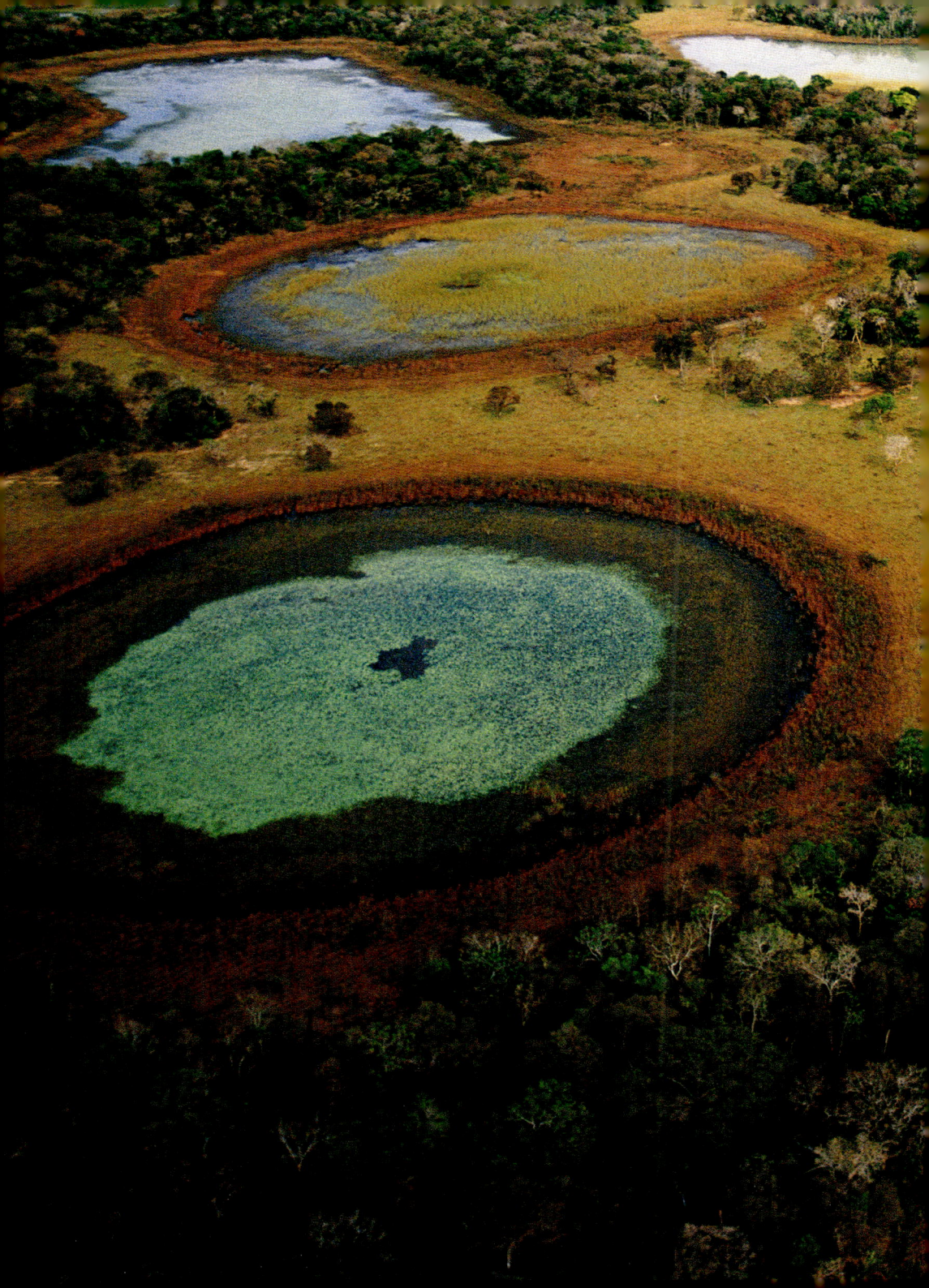

세라도

브라질

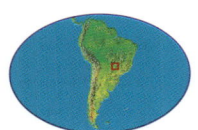

세라도의 면적 : 5,179,976제곱킬로미터	
해발 고도의 범위 : 1,000~3,000미터	
암석의 생성 시기 : 20억 년 전	

'세 라도'는 포르투갈어로 '폐쇄된'이라는 뜻이다. 광활한 대지에 멀리 뻗은 수평선, 피처럼 붉은 대지와 탁 트인 푸른 하늘이 인상적인 이 지역과는 어울리지 않는 이름이다. 리우데자네이루의 북서쪽에 있는 내륙 고원은 다양한 모습을 가지고 있다. 완만한 황금색 초지와 툭 튀어나온 붉은 바위들, 양치류가 번성하고 있는 녹색 협곡들, 가파르고 뜨거운 암석 들판, 울창한 야자수가 서

있는 강 등 다채로운 풍경들을 세라도에서 모두 볼 수 있다. 브라질 육지의 21퍼센트를 차지하는 세라도는 브라질에서 아마존 다음으로 큰 식생을 보여준다. 까마득히 오래되어 영양분이라고는 없는 산성 토양에 형성된 독특한 식생은 브라질에서는 이곳이 유일하다. 이곳에는 금, 철, 귀금속 등이 풍부하게 매장되어 있다. 세계 자수정과 정동석 산지의 대부분이 세라도에 있다. 이곳은 생물자원의 보고이기도 하다. 길라강앵무, 저먼셰퍼드만한 크기의 갈기이리, 다리가 죽마처럼 생긴 진저컬러드와일드독 등은 이곳에서만 볼 수 있는 동물이다. 이외에도 세라도에 서식하는 포유류 161종 중 18종, 조

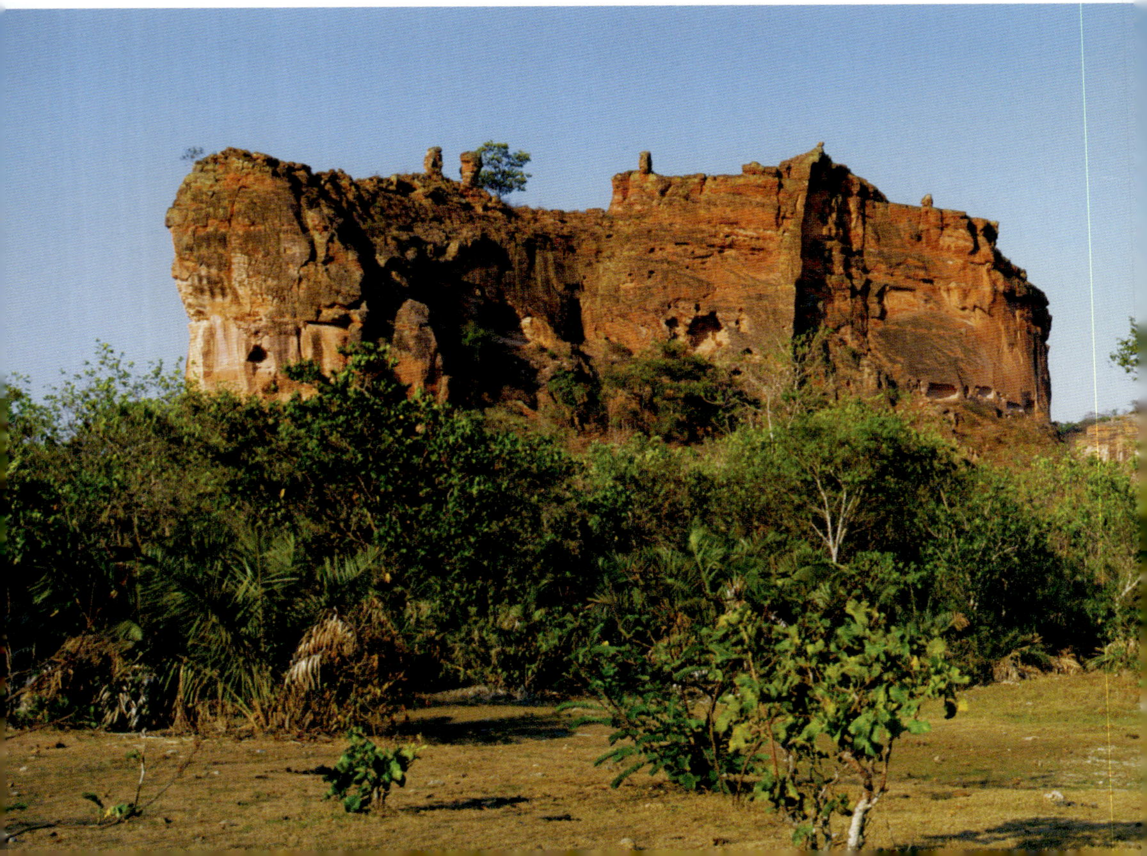

류 837종 중 28종이 이곳의 고유종이다. 6,500종이나 서식하는 화초의 40퍼센트 이상은 오로지 세라도에서만 볼 수 있다. 이곳의 풍부한 꽃은 400종 이상의 벌과 1만 종 이상의 나비에게 먹이를 공급하고 있다. 이렇게 다양한 동식물이 세라도의 생태계를 가장 풍요로운 사바나로 만들어 준다.

세라도에는 연간 1,500밀리미터의 비가 내리는데 4월에서 10월 사이에 집중적으로 쏟아진다. 나머지 기간은 대부분 덥고 건조하다 보니 화재가 자주 일어나곤 한다. 덕분에 세라도의 나무는 대부분 껍질이 코르크화되어 있고 잎은 가뭄에 잘 견디도록 적응했다. 풀은 대부분 일년생이다.

세라도를 보면 마치 기린과 얼룩말이 없는 아프리카의 사바나를 보는 것 같다. 하지만 세라도는 의외로 볼 것이 많은 곳이다. 이곳을 구경하기에 가장 좋은 곳은 에마스, 카나스트라, 카라카 국립공원 등지이다. 이 국립공원은 이 아름다운 서식지를 보호하고자 정부가 지정한 20개의 보호구역 중의 일부이다. 이곳을 너무나 아끼는 브라질 사람들은 뜻을 모아 85곳의 개인 자연보호구역을 제공해 세라도의 자연환경과 야생생물을 보호할 수 있도록 노력하고 있다. 그럼에도 세라도는 20퍼센트 정도만이 천연의 상태 그대로 보존되고 있다. **AB**

아래 붉은 사암 절벽이 세라도의 열대 서식지를 굽어보고 있다.

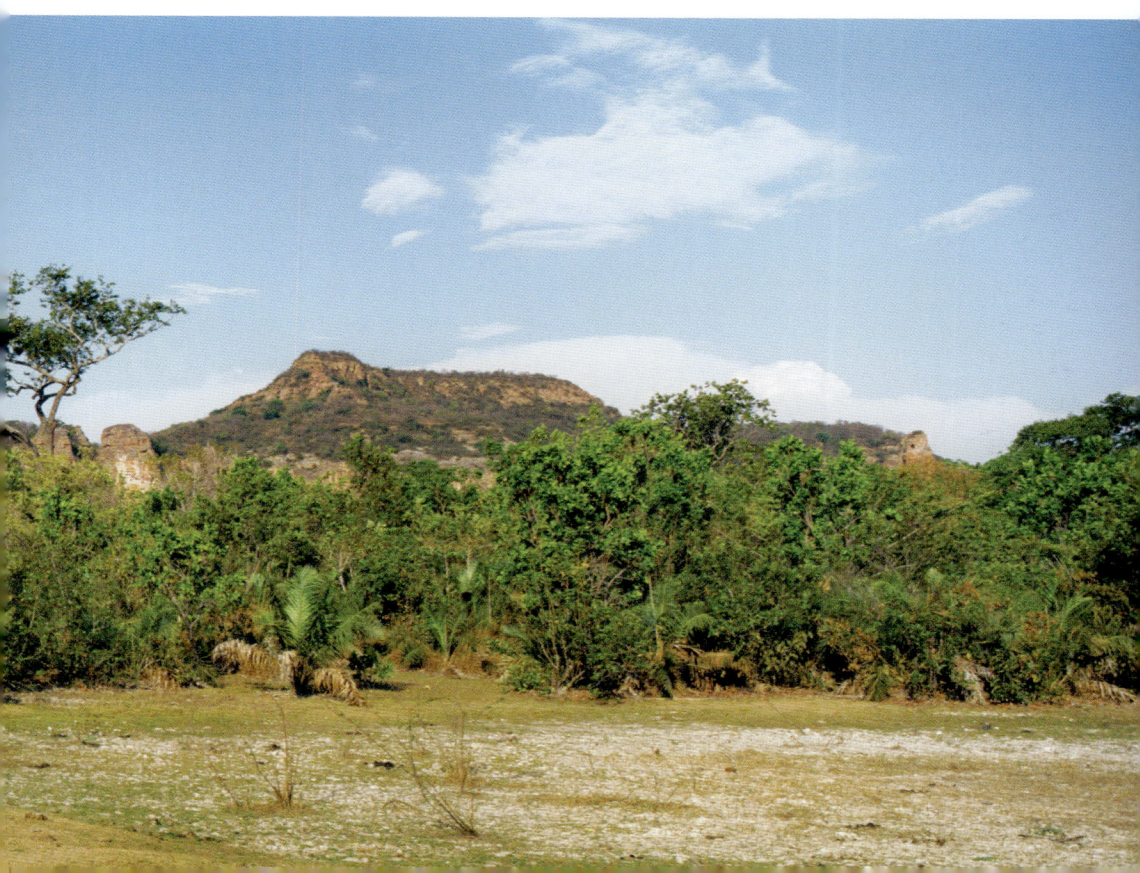

렌코이스마렌헨세스

브라질

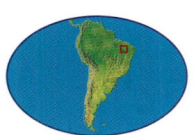

렌코이스마렌헨세스의 면적 : 155,000 헥타르

모래 언덕의 높이 : 최대 43미터

모래 언덕 들판 : 해안선의 70킬로미터와 내륙의 50킬로미터

눈부신 하얀 모래 언덕이 줄지어 서 있는 사이사이로 수정처럼 맑은 담수호가 흩어져 있는 모습은 신기루가 아니다. 이곳은 브라질 북동부의 렌코이스 해안에 있는 모래 언덕 지대이다. 모래 언덕의 높이는 최고 43미터에 달하며 바다에서 불어오는 바람으로 끊임없이 모래 언덕이 만들어진다. 모래밭은 바레이리나스와 프리메이라크루스 주 사이의 리우프레기카 옆에 펼쳐져 있으며 위성에서도 잘 보인다. 멋진 석호도 많은데 특히 라고아보니타(아름다운 석호)와 라고아아줄(푸른 석호)을 보고 있으면 하얀 모랫바닥 한 가운에 놓인 푸른 보석을 보는 듯한 착각을 할 정도이다.

이곳은 모래 천지이지만 사막은 아니다. 1~6월 사이의 우기에 내리는 비는 1,600밀리미터나 된다. 나머지 기간은 건기로 이 시기에는 석호도 바닥을 드러낸다. 그러다가도 비만 오면 호수는 금세 생기가 돌아 거북이, 물고기, 새우 등이 다시 모습을 드러낸다. 수량이 풍부할 때면 호수의 길이가 몇 킬로미터가 되거나 수심이 5미터에 달하는 호수가 생겨나기도 한다. 이곳은 호수에 물이 가득한 5월에서 10월 사이에 방문하는 것이 가장 좋다. 주도인 상루이스에서 버스나 자동차로 갈 수 있으며 열 시간 정도 걸린다. 바레이리나스에서 전세 비행기로 가는 방법도 있다. **MB**

코르코바도 산

브라질, 리우데자네이루 주

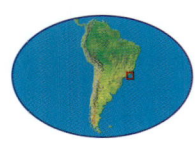

산의 높이 : 710미터

암석의 종류 : 화성암

과나바라 만에 위치한 리우데자네이루에 있는 수많은 아름다운 봉우리들처럼 코르코바도 산도 약 3억 년 전에 형성된 고대 화산의 중심부이다. 화산의 핵이나 다름없던 화산의 용암은 매우 서서히 식어서 매우 작은 알갱이모양의 암석이 되었다. 이 암석은 매우 단단해서 주변의 지형이 침식작용으로 평지가 되어갈 때도 살아남았다. '곱사등이'라는 뜻의 코르코바도 산은 이제 정상에 세워진 '그리스도 상'으로도 매우 유명하다.

38미터 높이의 조각상은 브라질의 공학가인 헤이토 실바 코스타가 디자인을 했고 코스타와 프랑스의 조각가인 폴 랜도우스키에 의해 5년 만에 세워졌다. 1931년 완공되던 당시 조각상은 손 하나만 3.2미터에 달할 정도였다. 리우를 처음 방문한 페드로 마리아 보스라는 신부가 코르코바도 산의 아름다움에 매료되어 그리스도 상을 세우자고 제안을 한 때가 1859년이었다. 710미터 높이의 코르코바도 산은 세계 최대의 도시 삼림인 티주카 국립공원에 속해 있다. 정상 부근에는 커피 농장이 많지만 국립공원으로 지정될 정도로 삼림이 잘 보존되어 있다. 현재 공원은 사라질 위기에 처한 브라질의 해안 우림을 보존하는 노력에서 중요한 부분을 차지하고 있다. **AB**

슈거로프 산

브라질, 리우데자네이루 주

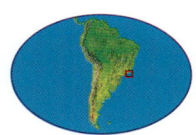

다른 이름 : 팡데아수카르
산의 높이 : 404미터
톱세일락의 높이 : 842미터

리우데자네이루의 또 다른 랜드마크는 슈거로프 산이다. 16~17세기 때 브라질에서는 사탕수수를 끓이고 정제한 후 '슈거로프'라고 부르는 원뿔 모양의 진흙 용기에 보관했는데 이 산의 모양이 꼭 그 용기를 닮았다고 해서 슈거로프라는 이름이 붙은 것이다.

도시와 과나바라 만을 당당하게 내려다보는 슈거로프는 아마도 세계에서 가장 유명한 산의 하나일 것이다. 이 산은 약 6억 년 전 용암 상태로 관입된 거대한 편마암으로 이루어져 있다. 약한 부분은 침식작용으로 사라지고 지금은 황량한 바위산만 남았다. 풍화작용으로 박리 현상이 일어나 가장자리가 부드러워지면서 지금처럼 완만한 화강암 산이 되었다. 산의 정상에서 보면 해안을 따라 거대한 화강암 바위산이 늘어서 있다. 한때 이 지역을 울창하게 뒤덮었을 대서양 연안 우림의 흔적이 조금씩 남아 있다.

현재 이 산의 정상까지 케이블카가 설치되어 있다. 혈기 왕성한 등산객들은 험준한 바위산을 직접 타기도 하는데 정말이지 도전할 가치가 있다. 리우데자네이루의 최고봉은 슈거로프도 코르코바도도 아닌 페드라다가베아 혹은 톱세일락이라고 부르는 봉우리로 행글라이더 애호가들의 사랑을 한몸에 받고 있다. **MB**

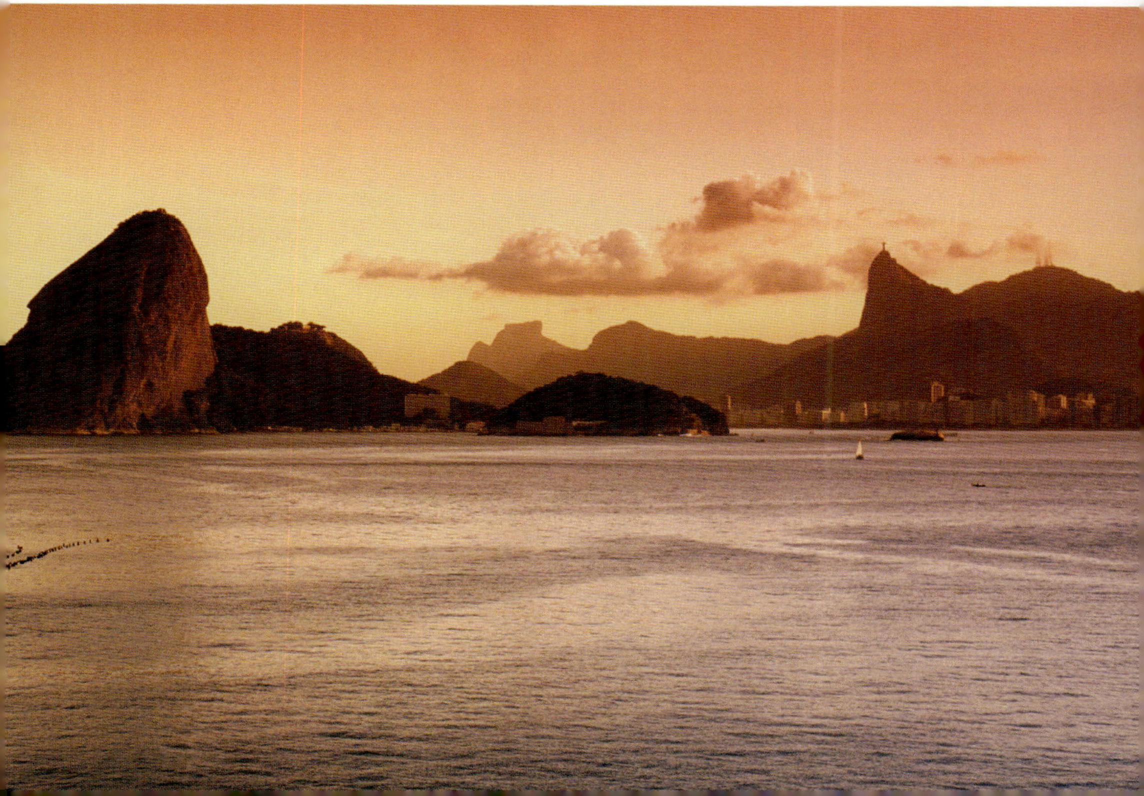

대서양 열대우림

브라질

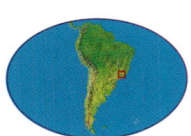

다른 이름 : 마타아틀란티카
대서양 열대우림의 면적 : 121,600제곱
킬로미터
대서양 열대우림의 해발 고도 : 2,000미터

비글 호로 세계 여행을 하던 찰스 다윈이 리우 데자네이루에 상륙했을 때 그를 제일 먼저 반긴 것은 열대우림이었다. 생물학적 지역으로는 남아메리카에서 두 번째로 크고 브라질에서는 세 번째로 큰 대서양 연안 열대우림은 브라질 국토 면적의 13퍼센트를 차지하고 있다. 희귀하고 이국적인 동식물이 가득한 이곳에 발을 들여놓은 사람들은 멋진 동물과 식물의 모습에 전율을 느낄 정도이

다. 안타깝게도 다윈이 이곳을 발견한 이후로 숲의 면적은 점점 줄어들어 지금은 원래 면적의 7퍼센트에 불과한 숲만이 남아 있지만 여전히 생동감이 넘치고 방대하며 영원히 잊히지 않을 인상을 남긴다. 숲의 길이는 2,500킬로미터이며 폭은 50~100킬로미터에 달한다. 이 숲은 현재 지구상에서 두 번째로 절멸의 위험에 처한 열대우림 생태계이다. 2,000미터 높이의 세라도마르 산맥이 든든하게 보호해 주는 덕분에 아마조니에서 고립된 이후로도 다양한 야생생물을 발전시킬 수 있는 위도와 고도 조건을 갖추게 되었다.

대서양 열대우림에 서식하는 포유류는 261종

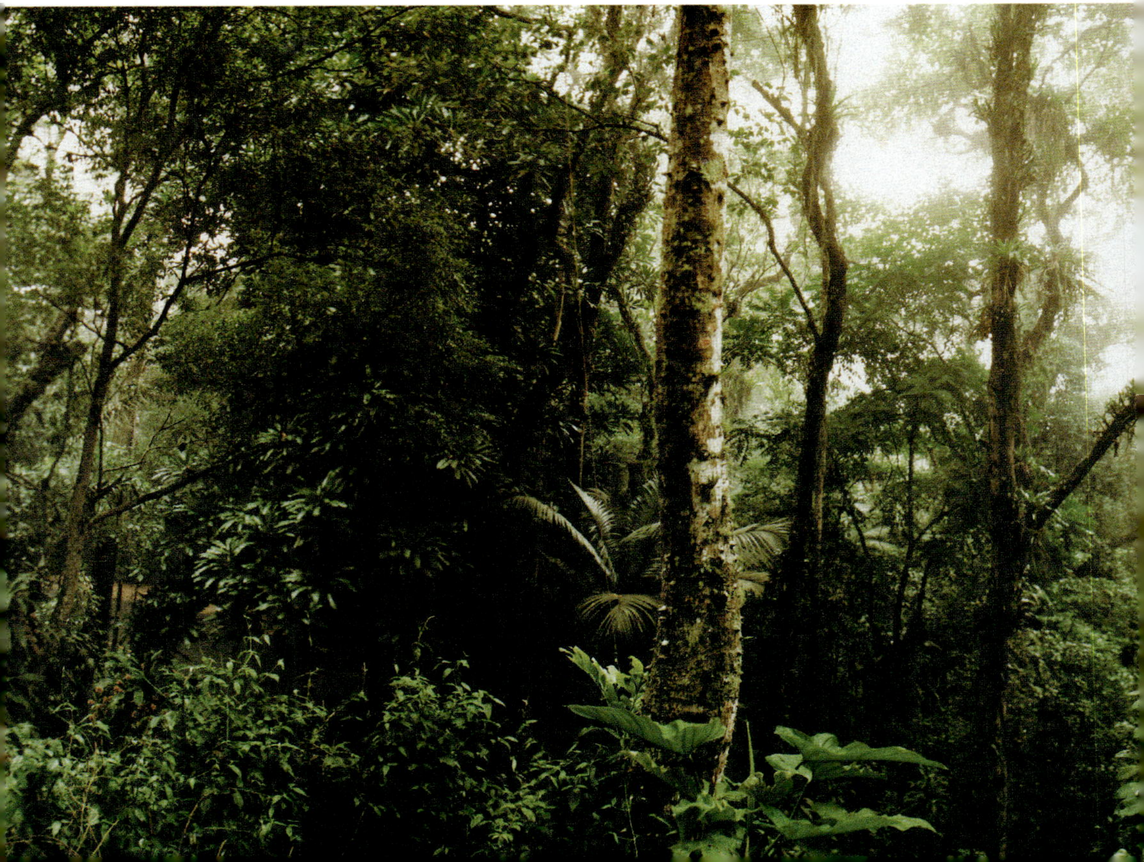

인데 반해 이곳보다 다섯 배나 큰 아마조니아에는 353종에 불과하다. 이곳의 군락은 그 수가 엄청날 뿐만 아니라 고유종이 많다는 특징도 있다. 이곳에서 볼 수 있는 동식물을 다른 곳에서는 볼 수 없을 것이다. 이곳에 서식하는 식물 2만 종 중 6,000종, 조류 620종 중 73종이 고유종이며 거의 280종에 달하는 개구리가 서식하고 있다. 이 지역의 고유종인 황금사자코수염원숭이는 체구가 자그마한 원숭이로 브라질뿐만 아니라 전 세계적으로 보호하려고 노력하는 동물이다. 이곳을 집으로 삼은 동물 중에는 가느바늘호저, 갈기나무늘보, 이색왕부리와 붉은꽁지앵무새, 푸른배앵무새, 보라앵무새처럼 오색찬란한 새들도 있다. 브라질 정부는 대서양 연안 열대우림 외에도 200곳에 달하는 자연보호구역을 지정했다. 1999년에 유네스코는 33곳을 세계 자연유산으로 지정했다. 이곳에는 개인 자연보호구역도 50곳이 넘는다. 정부와 민간의 공동 노력으로 4만 469제곱킬로미터에 달하는 지역이 보호받고 있다. 그 좋은 예라고 할 수 있는 티주카 국립공원, 수페라기 국립공원과 세라도코우두루 국립공원 등지에서 대서양 열대우림을 찾아볼 수 있다. **AB**

<u>아래</u> 대서양 열대우림의 고온다습한 모습

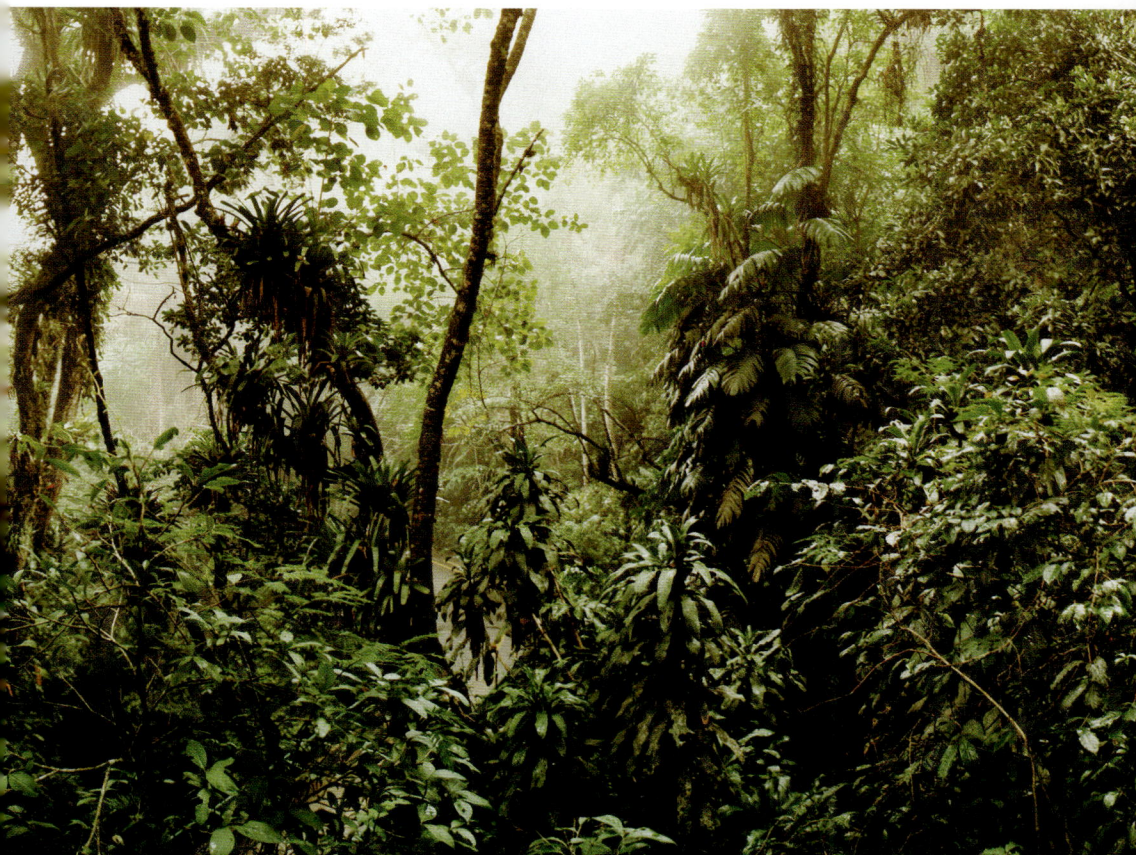

카라카 국립공원

브라질

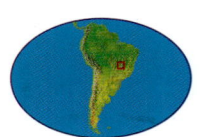

대서양 열대우림의 원래 면적 : 1,477,500제곱킬로미터

남아 있는 면적 : 121,600제곱킬로미터

보호되고 있는 면적 : 40,469제곱킬로미터

약 6,000만 년 전에 형성된 대서양 열대우림 (마타아틀란티카)은 이제 서서히 지구상에서 사라지고 있다. 하지만 그 모습을 가장 잘 간직한 지역이 카라카 국립공원에 보존되어 있다. 약 7퍼센트밖에 남지 않은 대서양 열대우림은 대부분 고립된 산악 지역에 있는데 이곳 카라카 역시 예외가 아니어서, 온통 산, 강과 폭포로 가득하다. 카스카티나 폭포와 카스카타마이오르 폭포처럼 유명한 폭포도 있지만 이곳은 영락없는 숲이며 특이한 동식물이 서식하고 있다. 나무의 반 이상과 개구리와 두꺼비의 90퍼센트가 이 지역에서만 볼 수 있는 종류이다. 숲으로 들어가면 벌써 울음원숭이의 소리가 사방에서 들려온다. 발톱으로 한 번 움켜쥐어 원숭이의 두개골을 바스러뜨릴 수 있다는 포악한 하피수리와 자그마한 비단털과원숭이와 세계에서 가장 희귀하다는 원숭이들이 이 숲에서 서식하고 있다. 카라카 국립공원은 대서양 열대우림과 세라도의 거대한 생태계가 만나는 곳이기도 하다. 카라카에는 1717년에 지어진 오래된 수도원과 최근에 지어진 산장도 있다. 이곳의 수도사들은 이 지역의 이점을 잘 활용하고 있다. 수도사들은 갈기이리를 먹이는데 요즘은 관광객도 먹이를 줄 수 있다. **MB**

카팅가

브라질

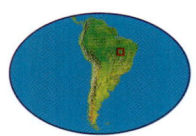

카팅가의 면적 : 73,556제곱킬로미터

카팅가의 최대 해발 고도 : 2,000미터

암석의 생성 시기 : 선캄브리아기에서 백악기 사이

카 팅가는 날씨를 종잡을 수 없는 반(半)건조 지역이다. 연간 평균 강수량이 800밀리미터이지만 몇 년 동안 비 한 방울 내리지 않을 때도 있다. 이렇게 한 치 앞도 예측할 수 없는 극한 환경에서 살아남은 이곳의 생물들은 가뭄에 매우 강하며 한 방울의 물도 헛되이 쓰지 않는 구조를 발전시키게 되었다. 나무는 대개 잎이 작고 얇으며 성장속도가 빠르고 비가 오지 않으면 금세 잎이 진다.

이처럼 혹독한 자연환경도 카팅가의 아름다움을 손상시킬 수는 없다. '차파다'라는 백악기 사암 바위들이 여기저기 흩어져 있고 해안에는 안개가 자욱하게 끼어서 독특한 식생의 섬을 감싸고 있다.

카팅가는 고대의 해저가 가장 높이 융기한 지형으로, 물고기와 익룡 같은 연안 생물의 화석이 매우 풍부하지만 토양에는 영양분이 매우 희박하다. 그 결과 지금 이곳에는 가시덤불이나 줄기가 통처럼 생긴 나무, 선인장만이 자란다. 특히 촛대처럼 생긴 암석주선인장은 이 지역의 명물이 되었다. 이 지역 고유의 동물로는 선인장을 먹는 박쥐, 아르마딜로, 인디고금강앵무, 스픽스마코앵무 등이 있다. 카팅가의 풍경을 보고 싶다면 세라 다 카피바라(피아우이 주)와 세라 네그라(페르남부코) 등 보호구역으로 지정된 곳을 찾으면 된다. **AB**

오른쪽 건조한 지역에서 유난히 도드라지는 사암 촛대바위

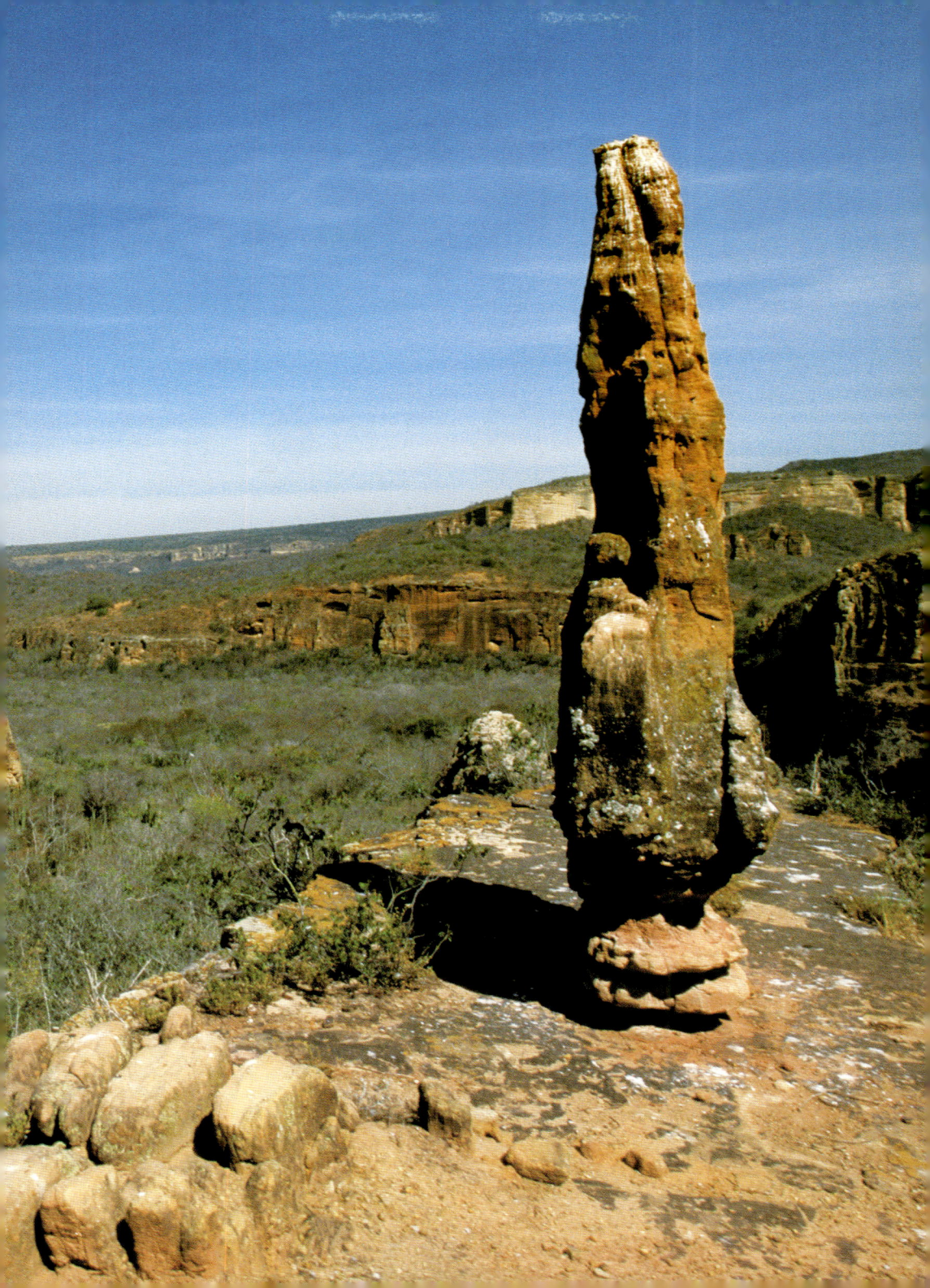

아파라도스 데 세라
국립공원

브라질, 리우그란데 두 술 주

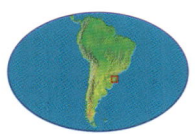

아파라도스의 면적 : 1,025제곱킬로미터
세라 제랄의 면적 : 1,730제곱킬로미터

1959년 국립공원으로 지정된 아파라도스 데 세라 국립공원은 브라질 남부의 리우그란데 두 술의 북동부에 자리 잡고 있다. 브라질의 온대 기후대에 있는 공원들은 멋진 절경을 자랑하는 협곡으로 유명한데 그중에는 720미터 높이의 절벽이 장장 7킬로미터에 걸쳐져 있는 브라질 최대의 이타임베지노 협곡도 있다. 협곡에서 떨어지는 폭포수는 땅에 닿기도 전에 안개로 변한다.

이 국립공원은 칠레소나무의 마지막 남은 서식지이다. 공원의 고도는 낮은 곳에서 높은 곳까지 골고루 있기 때문에 동식물도 그만큼 다양하다. 식물은 635종, 조류 143종과 포유류 48종이 서식하는 것으로 알려져 있는데 이중에는 남양삼나무속 숲도 있다. 남양삼나무속의 씨앗을 먹는 붉은소매 아마존앵무, 갈기이리, 오실롯, 검은고함원숭이 등이 이 지역에서 서식하는 주요 동물이다. 남양삼나무속은 500살까지 장수하며 45미터까지 자란다. 이 지역 원주민들은 촉이 무딘 화살을 이 나무에 쏘아 열매를 떨어뜨려 먹는다. 남양삼나무속은 말 그대로 '살아 있는 화석'으로 거대한 초식 공룡으로부터 자신을 보호하고자 잎에 가시가 생기도록 진화해 왔다. **AB**

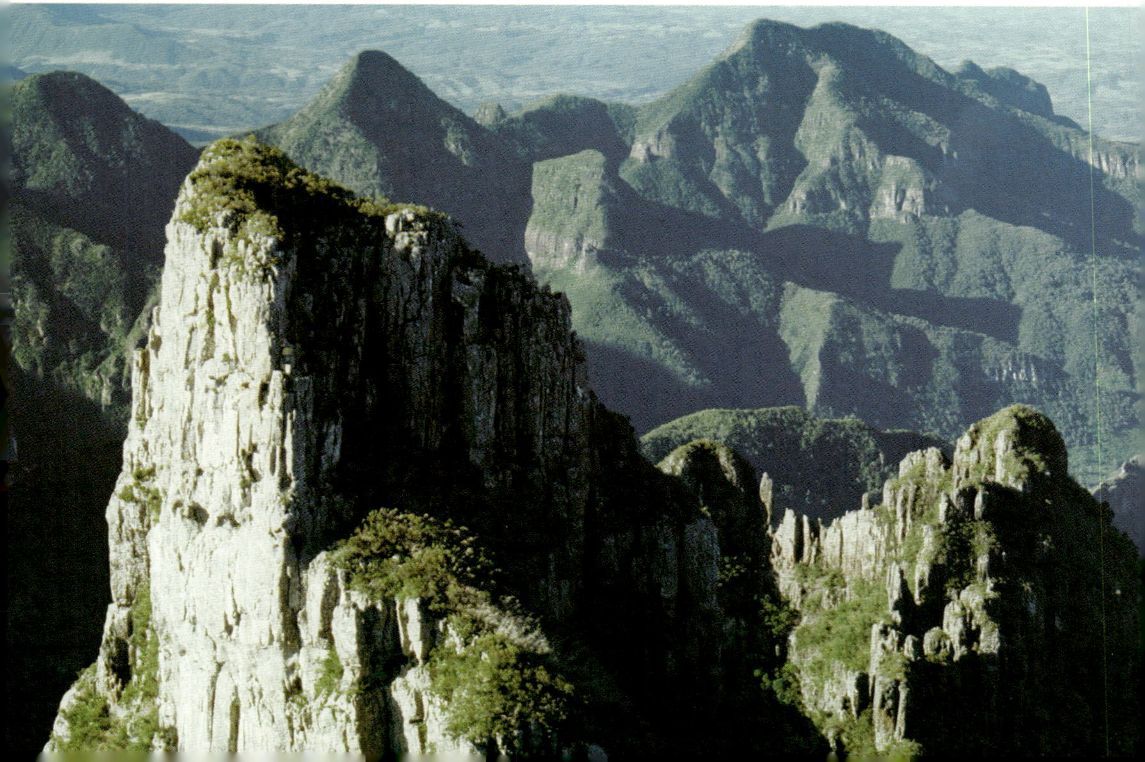

성 베드로와
성 바오로의 바위

브라질, 대서양

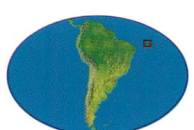

바위의 최대 높이 : 19.5미터

작은 섬의 수 : 9개

생성 시기 : 1,000만~3,500만 년 전

대서양의 한가운데에는 새들의 분비물로 하얗게 덮인 작은 바위섬들이 떠 있다. 언뜻 보면 성 바오로의 바위는 천연의 보물이라기보다 천연의 쓰레기장 같다. 남아메리카와 아프리카 사이 바닷새들의 안식처가 되는 작은 바위섬은 짠 바닷물의 파도 세례를 받으며 고작 곰팡이, 해초, 얼마 되지 않는 곤충, 거미와 게들에게 쉴 곳을 제공할 뿐이다. 그러나 드넓은 대양의 물 위에 고개만 내밀고 있는 이 작은 바위섬은 말 그대로 거대한 빙산의 일각이다. 이처럼 해저의 산이 물밖으로 고개를 내밀고 있는 곳은 얼마 되지 않는다. 성 베드로와 성 바오로의 바위들 역시 원래는 3,650미터에 달하는 뾰족한 해산의 정상 부분이 튀어나온 것으로 망망대해에 오아시스 같은 서식지를 형성하고 있다. 발목까지 차는 조수 웅덩이로 이루어져 있으며 매일 물이 새 물로 바뀌는 곳, U자 형태의 얕은 만, 해안의 절벽과 동굴 등으로 이루어진 바위섬들은 해삼, 바닷가재, 새우, 심해뱀장어, 상어들의 보금자리이다. 성바오로그레고리를 비롯한 75종의 어류는 오직 이 지역에서만 구경할 수 있다. **DBB**

에스메랄다스 지역

에콰도르, 에스메랄다스 주

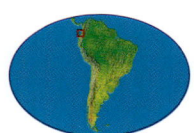

해발 고도 : 해수면과 같음

망글라레스 추루테의 면적 : 9.8제곱킬로미터

식생 : 맹그로브

에콰도르의 북부에 있는 에스메랄다스는 생물학적으로나 문화적으로나 자원이 풍부한 곳이다. 가장 북쪽에는 강수량이 풍부한 초코 숲이 있으며 이곳에 서식하는 동식물의 종류는 놀랄 만큼 다양하다. 이 지역은 현재 대부분 콜롬비아의 영토에 속하며 남아메리카의 해안에서 불어오는 훔볼트 해류의 영향으로 남쪽과 서쪽으로 갈수록 건조해진다. 자연히 이 지역에는 건조한 기후에 적응한 삼림이 번성하고 있다.

에스메랄다스 지역에는 마타제-카야파스 맹그로브 보호구역, 마칠리야 국립공원, 망글라레스추루테 맹그로브보호구역과 같은 중요한 자연보호구역이 자리 잡고 있다. 마타제-카야파스는 1996년에 자연보호구역으로 지정되었다. 이곳은 계절에 따라 건조한 삼림과 열대우림이 들어서는데 열대우림 지역은 초코 숲의 풍부한 동식물을 보유하고 있다. 남쪽으로 더 내려가면 나오는 망글라레스추루테 보호구역은 1979년에 보호구역으로 지정되었으며 새우 농장으로부터 피해를 입지 않은 몇 안 되는 맹그로브 서식지이다. 한때 에콰도르에 새우 농장과 양식장 붐이 일어 맹그로브 숲이 상당부분 파괴된 적이 있다. **AB**

산라파엘 폭포

에콰도르, 수쿰비오스 주

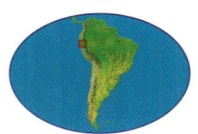

폭포의 다른 이름 : 코코스 폭포	
폭포의 해발 고도 : 914미터	
폭포의 높이 : 160미터	

산라파엘 폭포는 160미터의 낙차를 자랑하는 에콰도르에서 가장 높은 폭포로, 에콰도르 북동부 지역에서 발견되었다. 고도 914미터에 있는 이 폭포는 키호스 강이 바위 사이를 통과하는 곳에 있다. 박쥐 날개 모양으로 쪼개진 이 바위는 마치 옛 미국 서부 영화에 나오곤 하는 술집의 문과 닮았다. 이 지점에서 나포 강과 합류한 키호스 강은 아마존으로 흘러들어간다.

운무림에 둘러싸여 있으며, 전망이 좋은 지점과 길을 갖춘 산라파엘 폭포는 야생조류 관찰자들의 진정한 안식처이다. 다양한 칼새류의 새들이 폭포 절벽에 붙어 있고 댕기가시꼬리벌새와 붉은가슴재 커마르와 같은 이 지역 고유의 조류도 쉽게 발견할 수 있다. 주변 숲에는 군대개미떼를 따르는 것으로 유명한 와이트백파이어아이와 아름다운 황금머리 케찰, 안데스바위새 등이 서식한다. 맑은 강물에는 토렌트오리가 산다. 폭포 위에는 거대한 수원인 레벤타도르 화산이 있다. 3,561미터에 달하는 정상까지 올라가려면 현지 사정을 잘 아는 가이드와 왕성한 체력이 필요하다. 폭포 아래에는 아그리오 호수에서 갈 수 있는 거대한 쿠야베노 열대우림이 9만 7,125헥타르에 걸쳐 펼쳐 있다. **AB**

이무야 호수

에콰도르, 수쿰비오스 주

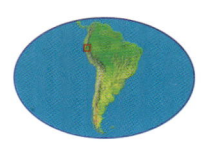

호수의 수면적 : 1,619헥타르	
식생 : 열대우림, 침수림	

에콰도르의 수쿰비오스 지역에 있는 이무야 호수는 쿠야베노 야생생물보호구역에서도 가장 외진 곳이다. 비옥한 화산 토양에 있는 이 지역은 브라질의 아마존 삼림보다도 훨씬 더 풍부한 동식물들이 서식하고 있다. 짖는원숭이, 흰목꼬리감기원숭이와 세계에서 가장 작은 원숭이인 피그미 마모셋을 포함한 원숭이 15종이 서식한다. 마코앵무, 큰부리새, 코카개미떼까치를 비롯해 500종이 넘는 조류가 서식하고 있다.

이무야 호수 지역에서도 특히 이가포 침수림은 독특한 지역이다. 다른 지역이라면 다가가기 어려웠을 민물돌고래와 해우(海牛)를 구경할 수 있다. 호수에는 숲으로 뒤덮인 거대한 부유섬도 있는데 아마존에서 매우 보기 드문 광경이다. 호수에서 카누를 탈 수도 있고 야자수로 지붕을 이은 오두막에 달아 놓은 해먹에 누워 잠을 청할 수도 있다. 이 지역의 관광 산업은 코판 족 사람들이 관리하고 있다. 이들은 전통적으로 거주하던 지역에서 원유 개발이 시작되자 호수 주위로 이주해 왔다. 1993년 부터는 불법적으로 원유를 개발하려는 시도가 이어지고 있다. 이 지역은 코판 족에게 공식적으로 할양되었다. **AB**

<u>오른쪽</u> 이무야 호수를 한참 들어가면 침수림이 나타난다.

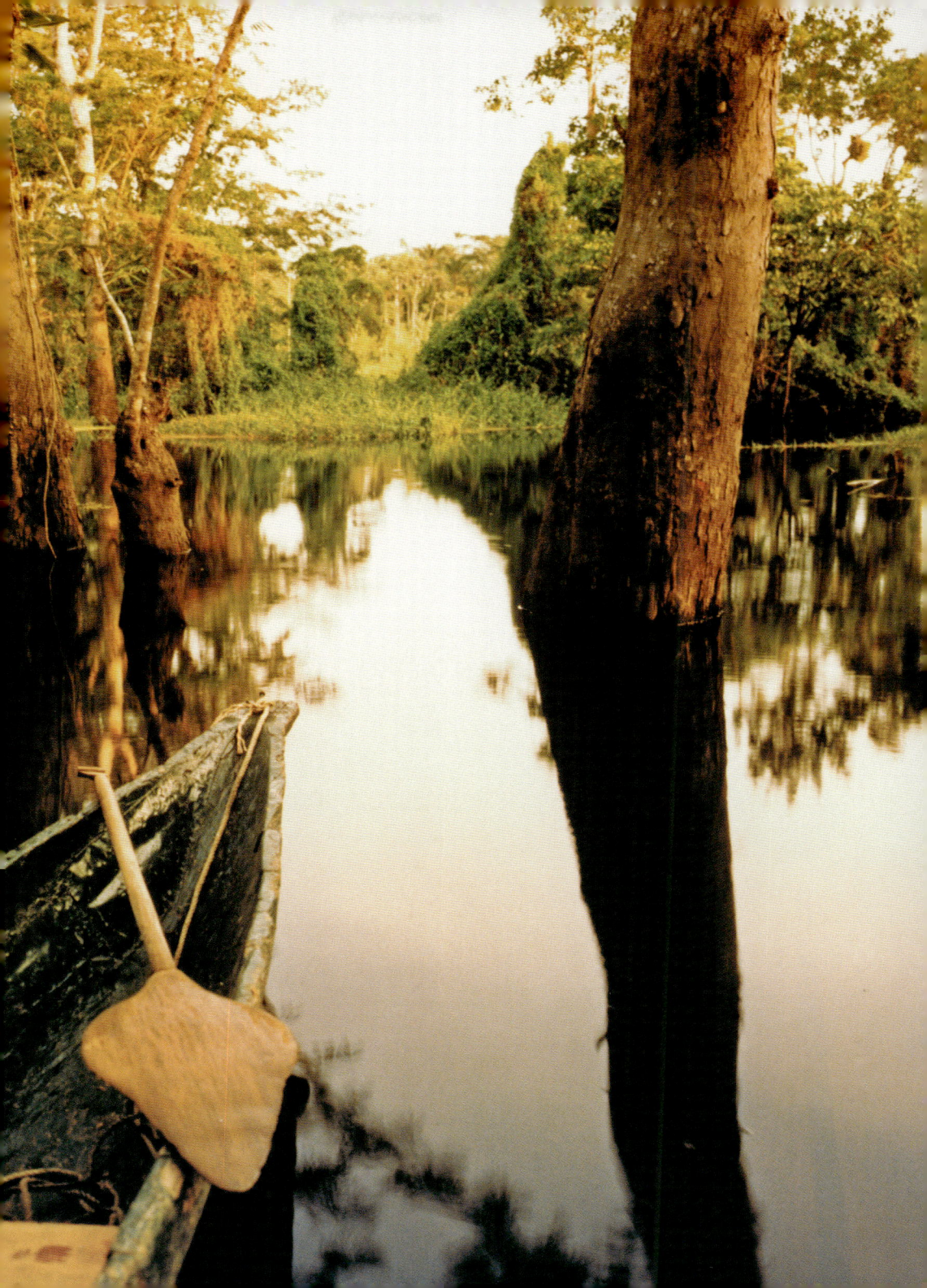

마키푸쿠나 자연보호구역

에콰도르, 피친차 주

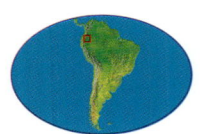

자연보호구역의 면적 : 45제곱킬로미터와 14제곱킬로미터의 보호구역과 완충지대

마키푸투나의 해발 고도 : 1,200~2,800미터

마키푸쿠나 자연보호구역은 키토에서 북쪽으로 80킬로미터 떨어진 지역에 자리 잡고 있다. 산악 도로로는 약 2시간이 걸린다. 가장 가까운 도시는 나네랄리토이다. 이곳 자연보호구역의 80퍼센트 이상이 가파른 비탈에 분포된 비옥한 안데스 토양에서 자라는 원시 운무림이다. 에콰도르를 가로지르는 두 개의 안데스 산맥의 서쪽에 있기 때문에 습기를 가득 품은 바닷바람이 불어올 때마다 폭우와 안개가 자주 일어난다.

마키푸쿠나는 네 가지 고도에서 자라는 식생이 분포해 있으며 초코 생물다양성 위험지대와 매우 인접해 있기 때문에 세계에서 가장 다양한 숲이 분포해 있다. 이 지역에는 2,000종 이상의 식물이 자생하고 있다. 다양한 난초 중에서 36종은 극도로 희귀한 종이다. 어떤 식물학자는 사흘간의 탐사 동안 네 종의 새로운 식물을 발견했을 정도이다. 포유류 45종과 조류 325종이 이 지역의 고유종으로 확인되어 있는데, 이는 북아메리카와 남아메리카를 원산지로 하는 조류의 3분의 1이 넘는 수치이다. 그 외에도 다양한 나비, 나방, 딱정벌레와 열대 곤충들이 서식한다. 이 지역의 고유한 종으로는 화살개구리인 콜로스테투스마키푸쿠나가 있다. 이곳에는 생태관광을 위한 산장 및 연구 시설과 아름다운 산책로 등이 잘 갖추어져 있다. **AB**

코토팍시 화산

에콰도르, 코토팍시 주

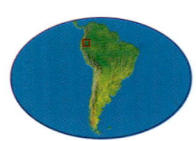

화산의 해발 고도 : 3,800~5,911미터

코토팍시 국립공원의 면적 : 334제곱킬로미터

케추아 족 원주민은 코토팍시 화산을 '달의 산'이라 부르며 신성하게 여겼다. 코토팍시 화산은 적도에서 남쪽으로 75킬로미터 떨어져 있으며, 키토에서는 남쪽으로 55킬로미터 떨어져 있다. 1872년 처음 정복당한 코토팍시 화산은 지금도 찾는 사람들이 많은데 등반을 할 때는 반드시 가이드를 동반해야 한다. 정상의 높이가 5,911미터인 이 화산은 세계에서 화산활동이 가장 활발한 곳이다. 화산의 형태는 완벽에 가까운 원뿔 모양으로 1783년 이래 무려 50번이나 폭발했다. 1877년 화산 폭발로 쏟아져 내린 진흙은 시속 97킬로미터로 인근의 라타쿵가 시를 덮쳐 초토화시킨 후로도 18시간을 계속해서 태평양으로 흘러들어갔다. 라하르가 흘러간 흔적은 아래쪽 평원에 지금도 남아 있다.

빙하는 5,000미터 높이에서 시작된다. 화산 주위는 코토팍시 국립공원으로 지정되어 있다. 이 지역은 매우 춥지만 생물학적으로는 매력적인 황무지로 작은 용담과 제비꽃들이 자란다. 여기저기 흩어져 있는 바위틈에는 루핀과 칼세올라리아가 자란다. 이 지역에 서식하는 동물로는 퓨마, 사슴, 안데스늑대, 유대류, 이곳의 고유종인 집을 이고 다니는 개구리 등이 있다. 황무지와 운무림은 안데스 산벌새를 비롯한 아름다운 조류의 천국이다. **AB**

오른쪽 세상의 꼭대기로 불리는 코토팍시 봉우리

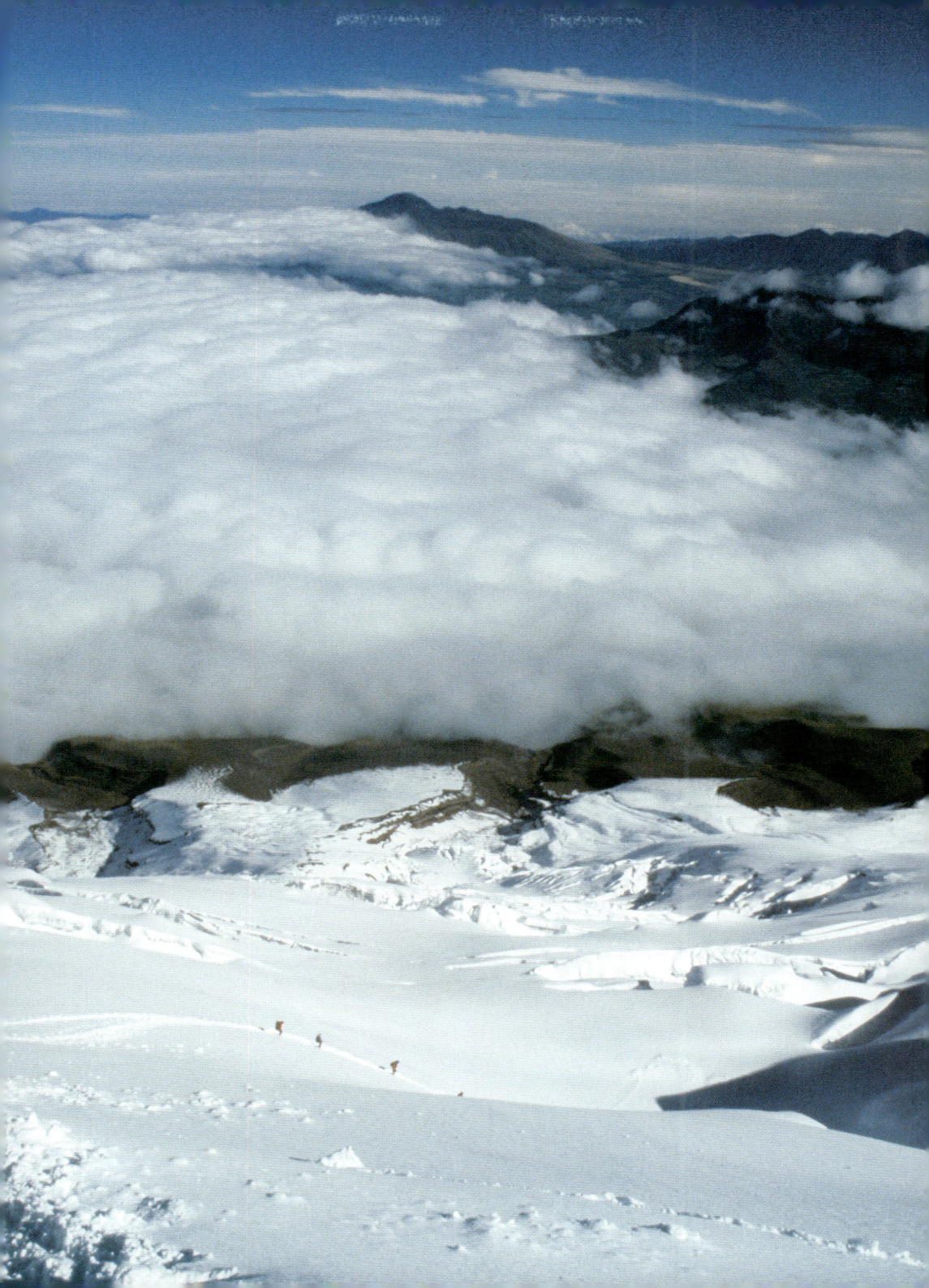

갈라파고스 군도

에콰도르, 갈라파고스 제도

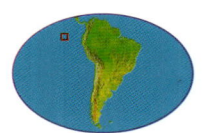

군도의 육지총면적 : 7,845제곱킬로미터
생성 시기 : 300만~500만 년 전
다윈이 방문한 해 : 1835년

에콰도르의 해안에서 1,000킬로미터 떨어진 갈라파고스 군도는 화산 봉우리로 이루어진 곳으로 전문가들은 물론 아마추어들에게도 매우 특별한 곳이다. 전문가들은 다윈이 연구했던 '살아 있는 연구실'에서 작업하고 싶은 욕심에 매료되며, 아마추어들은 사람을 보고도 도망치려고 하지 않는 풍부한 야생생물에 매료된다.

갈라파고스 군도는 섬마다 식생 지대가 뚜렷하게 구별된다. 해안에는 맹그로브 숲, 해안의 건조

가마우지, 바다에서 헤엄치는 이구아나, 피를 빠는 핀치, 움직이는 거대한 바위처럼 보이는 거북이 등이다. 같은 종에 속하는 동물이라 해도 섬에 따라 그 모습이 상당히 달라 보이는데 다윈은 그 점을 놓치지 않았다. 현지인들은 거북의 등껍질만 보아도 어느 섬의 것인지 금세 안다.

각각의 섬에는 저마다 고유의 특징이 있다. 에스파뇰라는 평평하고 화산 분화구가 없다. 푼타 수아레스는 공중으로 30미터나 물을 뿜어 올리는 바람구멍이 있으며 짧은꼬리앨버트로스의 번식지도 있다. 플로레아나에는 고래잡이 어부들이 세운 우체국이 있는데 지금도 영업 중이다. 또한 흰색과 검은색 모래가 섞인 연한 녹색 해변도 있다. 바다

> 적도에 사는 펭귄, 날지 못하는 가마우지, 바다에서 헤엄치는 이구아나,
> 피를 빠는 핀치, 움직이는 거대한 바위처럼 보이는 거북이 등이 있다.

한 지역에는 선인장과 가시덤불, 중간 지대에는 작은 나무들의 숲, 고온다습한 지역의 미끈거리는 진흙 지대에는 스칼레시아속 숲, 양치류 지역에는 나무고사리가 무성하다. 가장 높은 화산의 정상 즉 구름이 걸려있는 곳보다 더 높은 지역에는 가시가 많은 배 모양 선인장이 자란다. 스칼레시아속은 갈라파고스 군도의 고유종으로 곧은 줄기가 끝 부분에서 왕관처럼 퍼지는 것이 특징이다. 갈라파고스 군도에 서식하는 동물 중에는 이 지역의 고유종도 있지만, 이곳에서 보리라고는 생각지도 못한 동물도 있다. 예를 들면 적도에 사는 펭귄, 날지 못하는

에 잠겨 있는 이 화산은 다이빙과 스노클링 장소로 인기가 높다. 산크리스토발에는 담수호가 있으며 연안에는 키커락이라고 부르는 응회구가 있다. 이 바위는 바닷새들의 둥지로 뒤덮여 있다. 산타페는 계절별로 만발하는 꽃에 따라 색이 바뀐다. 산타크루스에는 거대한 거북과 용암굴이 있는 보호구역이 있으며 세이모어에서는 푸른발부비의 재미있는 춤을 볼 수 있다. 이곳을 관광하려면 반드시 자격증이 있는 국립공원 가이드를 동반해야 한다. **MB**

오른쪽 갈라파고스에서 흔히 볼 수 있는 푸른발부비는 활짝 펼쳐진 물갈퀴가 달린 독특한 발을 하고 있다.

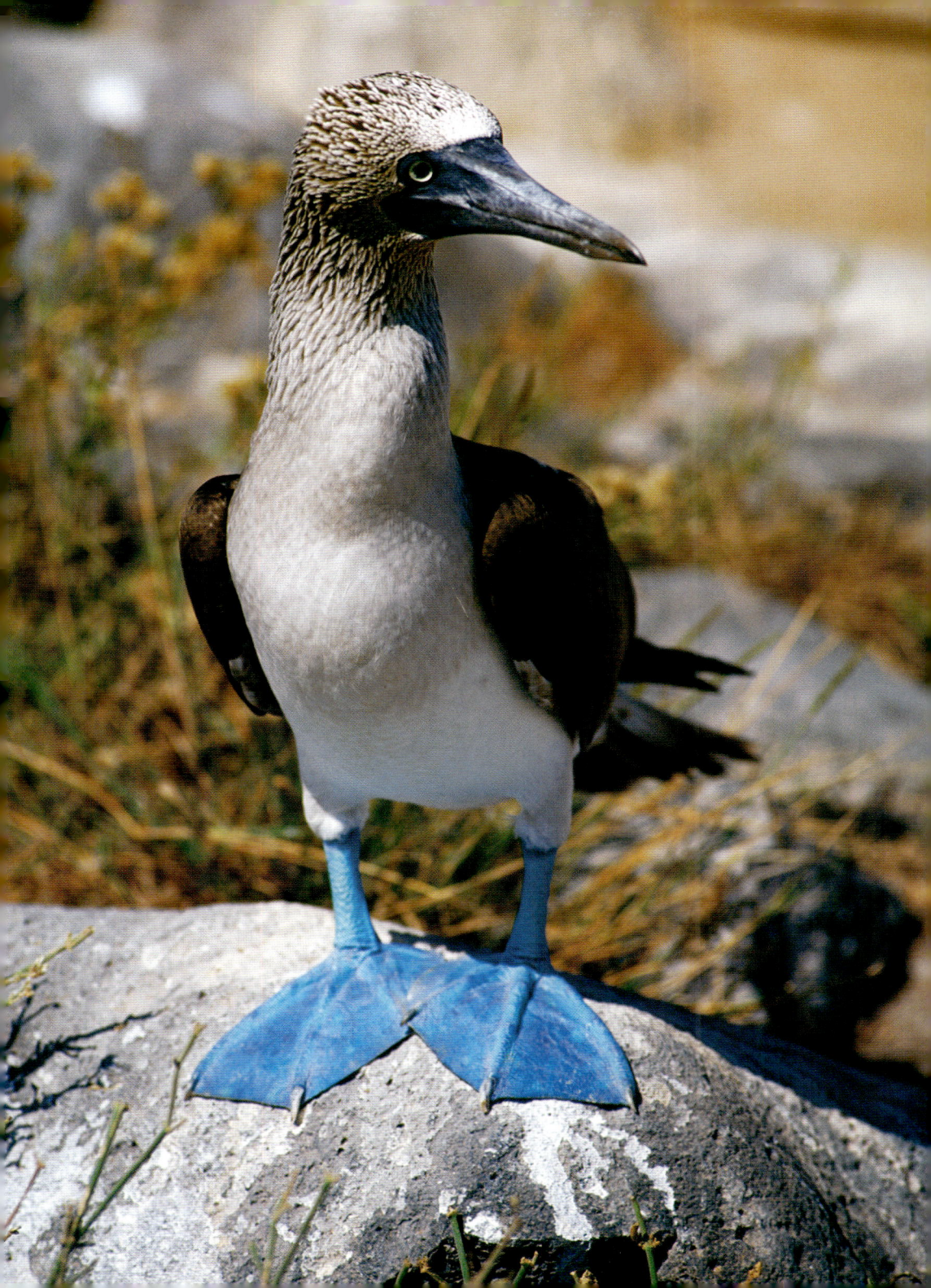

갈라파고스 단층

에콰도르

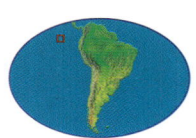

단층의 깊이 : 2,440미터
중앙해령의 길이 : 67,500킬로미터
갈라파고스 군도의 이동 : 동쪽으로 매년 7.5센티미터

태평양의 중앙해령에서 북쪽으로 약 100킬로미터 떨어진 곳에 있는 갈라파고스 단층은 전 세계에 분포해 있는 단층 지구대 중에서 가장 길다. 나스카와 코코스 지각판이 마주치는 지점에서 화산활동이 일어나면서 형성된 갈라파고스 군도처럼 이 단층 역시 생물학적으로 매우 중요한 발견이 이루어진 장소이다.

1977년 2월 17일에 잠수정 한 척이 깊은 바다에 있는 열수구에 최초로 도착해, 지금까지 그 누구도 상상하지 못한 완전한 생태계를 발견했다. 바다 깊은 곳에서 끊임없이 솟아나는 뜨거운 물은 해저 바닥으로 풍부하고 다양한 미네랄을 공급해서 심해의 암흑 속에서 다양한 생물들이 살아갈 수 있는 조건을 마련했던 것이다. 바닷물에 들어 있는 미네랄을 미생물이 먹으면서 정교한 먹이 사슬의 토대를 형성한다. 기묘하게 생긴 서관충, 대합조개, 홍합, 게와 갑각류들이 심해 해파리와 흑산호와 경쟁하며 살아간다. 이곳에 서식하는 종들은 열수구 주위에서만 발견된다. 열수구 중에는 '검은 굴뚝'이라고 부르는 것도 있는데 그 어느 곳보다 다양한 생물체들을 위한 오아시스라 할 수 있다. 관광객으로 갈라파고스 단층에 가기는 쉽지 않은데다 매우 비싼 심해 잠수정도 필요하다. **NA**

마찰리이야 국립공원

에콰도르, 마나비 주

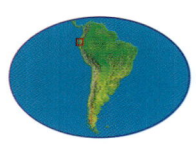

국립공원의 면적 : 54,000헥타르
마찰리이야 해양 보호구역의 면적 : 128,000헥타르

마찰리이야에는 모든 것이 다 있다. 건조한 숲, 습한 숲, 모래 해변, 새로 뒤덮인 해안의 섬들, 산호초로 가득한 바다, 멋진 군도까지! 연안의 덤불은 한때 에콰도르 서부 지역의 25퍼센트를 차지했지만 지금은 그 면적이 1퍼센트로 급감했다. 남은 덤불은 대부분 이 국립공원에 있다. 멸종의 위험이 더 클지 모르는 습한 숲 역시 얼마 남지 않았는데, 이곳의 높은 습기는 해안의 안개에서 비롯된다. 가장 높은 지역의 언덕도 얼마 남지 않았다. 이 고산의 밀림은 이제 섬이나 다름없다. 밀림마다 고유한 종이 있을 정도이다. 고유종이 극도로 좁은 지역에 서식하다 보니 이 공원에서 자라는 식물의 20퍼센트는 세계 어느 곳에서도 볼 수 없다. 공원에는 관머리보관조를 비롯한 조류 250여 종과 과야킬다람쥐와 같은 희귀한 종을 포함해서 포유류 81종이 서식한다. 이슬라 델 라플라타에 있는 짧은꼬리앨버트로스와 부비의 서식지를 4~10월 사이에 가이드와 함께 가볼 수 있다. 혹등고래도 새끼를 낳으려고 6~10월 사이에 이 수역을 찾아온다. 5미터까지 자라는 선인장과 계절에 따라 잎이 지는 나무들이 뒤섞여 자라는 열대의 건조한 숲에는 초레라 문화와 살랑고 문화 유적이 남아 있다. 이 지역은 6~11월 사이가 가장 시원해서 방문하기에 적합하다. **AB**

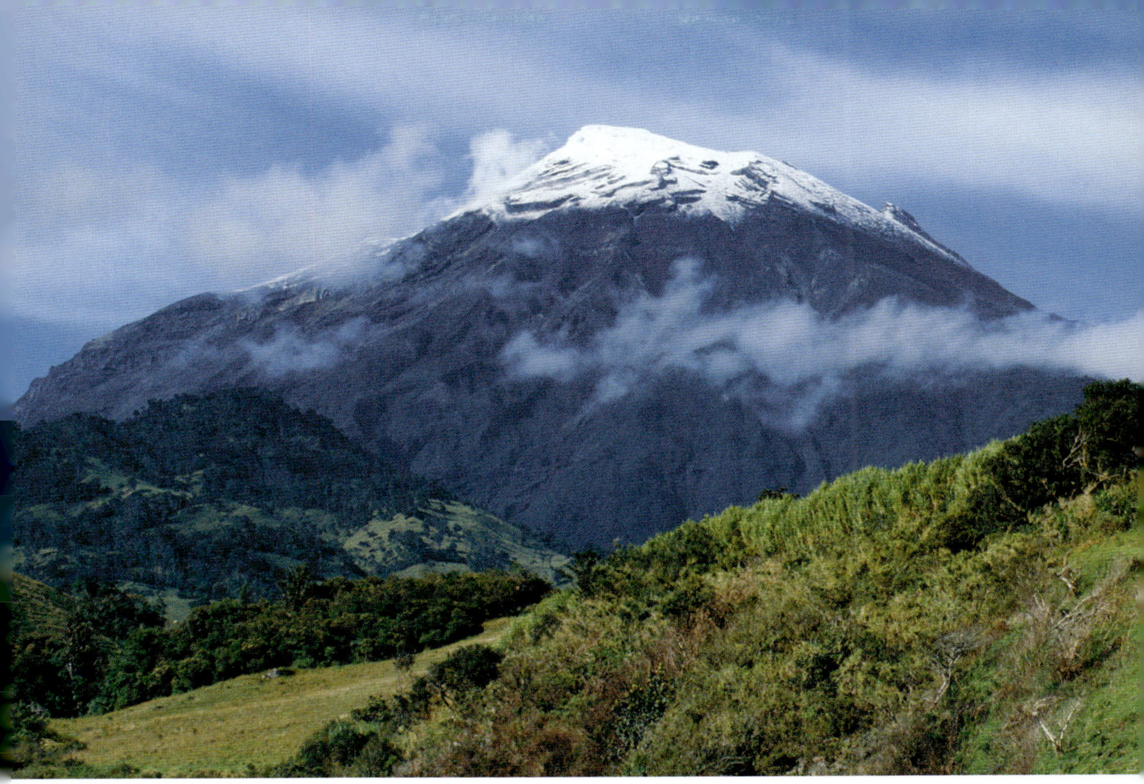

상가이 국립공원

에콰도르, 침보라조 화산

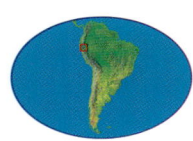

공원의 해발 고도 : 1,000∼5,319미터

식생 : 고지 열대우림, 운무림과 왜관목림, 파라모 목초지, 고지 황무지, 호수, 습지, 바위 비탈, 용암, 화산재 들판, 만년설, 빙하

1979년에 세계자연유산으로 지정된 상가이 국립공원은 에콰도르의 본토에서 가장 보존이 잘된 지역이다. 이 지역은 세 화산이 위압적으로 솟아 있는데 활화산인 상가이 화산(5,230미터), 퉁구라후아 화산(5,016미터), 사화산으로 빙하에 덮여 있는 엘알타르(5,139미터) 등이다. 그 때문에 이 공원의 지세는 매우 복잡하다. 새로이 만들어진 충적토 선상지들로 인해 식물이 풍부한 협곡과 완만한 고원이 형성되었다. 공원의 동부는 눈 덮인 봉우리에서 저지의 초원까지 골고루 들어서 있는 안데스 산맥이 형성되어 있다.

화산에는 빙하, 만년설, 용암류, 화산재 들판뿐만 아니라 고산 식생도 형성되어 있다. 공원에는 길이가 5킬로미터에 달하는 라구나 핀타다 호수를 비롯해 많은 호수가 발달해 있다. 강수량은 동쪽(4,800밀리미터)과 서쪽(633밀리미터)이 서로 다르기 때문에 서식하는 동식물도 매우 다양하다. 이곳에 자생하는 식물은 3,000종이 넘는데 반은 방대한 운무림에서 자란다. 맥류, 퓨마, 안데스늑대, 안경곰, 콘도르, 큰벌새와 같은 고지 동물도 많이 서식한다. 공원의 저지에는 재규어, 왕수달과 얼룩살쾡이가 산다. **AB**

235

카자스 고원

에콰도르, 아수아이 주

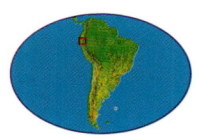

고원의 면적 : 675제곱킬로미터
고원의 해발 고도 : 2,400~4,400미터
식생 : 고지 초기, 키노아 숲, 산지 삼림

카자스 고원은 서부 안데스 산맥에서도 고립된 외좌층(外座層)이다. 에콰도르 서부 쿠엔카 시에 인접해 있는 이 고원은 고도 3,350미터 이상에 야레타와 파요날 같은 다양한 종류의 파라모 초지가 형성되어 있다. 야레타와 파요날에는 작은 용정, 난초, 루핀, 데이지, 푸이아속 등과 같이 산에 피는 화초가 많이 서식한다. 그 어느 곳보다 높은 곳에서 자라나는 이곳의 키노아 숲은 바람이 들이치지 않는 언덕배기에 펴져 있다. 안전한 숲에는 바람이 센 파라모 초지와는 전혀 다른 동식물이 서식하는데 콘빌버드와 골든클라이밍마우스 등을 볼 수 있다. 아래로 내려갈수록 운무림이 발달해 있는 이 고원은 희귀한 회색산왕부리류, 골든투프트쇠앵무새류와 보랏빛면광택꼬리벌새의 서식지로 유명한 리오마잔 자연보호구역에 있다. 고원에는 푸이아속, 쉬루-오푸숨와 같은 수많은 고유종과 피싱마우스가 여러 종 살고 있다. 이 공원에서 흔히 찾아볼 수 있는 빙퇴구, 로쉐무퉁 들판, 공중 계곡과 같은 다양한 지형은 빙하작용의 결과로 형성된 것이다. 이 지역은 세계문화유산에 등재되어 있다. **AB**

포도카르푸스 국립공원

에콰도르, 로하 주

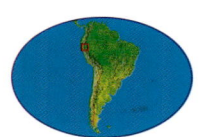

공원의 면적 : 146,280헥타르
식생 : 저지, 중간 지역, 운무림과 왜관목림, 파라모 초지

1982년에 국립공원으로 지정된 포도카르푸스 국립공원은 에콰도르 서부의 로하와 사모라 시 사이에 뻗어 있는 엘누도드사바니야 산맥에 펼쳐 있다. 이 지역은 건조했던 시기에도 바다로부터 수분을 얻을 수 있었던 덕분에 다양한 식생이 형성되면서 다양한 야생생물이 서식하게 되었다. 국립공원의 이름은 에콰도르의 유일한 자생 침엽수인 포도카르푸스(나한송속)에서 딴 것이다. 공원에서 서식하는 식물은 3,000여 종인데 고유종이 많다. 특히 난초 365종 중에서 20퍼센트와 매우 아름다운 시계류 꽃녕쿨 몇 종은 이곳에서만 서식한다. 이 공원에는 말라리아의 약제로 사용되는 키니네를 얻을 수 있는 야생 기나나무도 자생하며 북부푸두, 파카, 긴코너구리, 안경곰을 비롯해 포유류 130종도 서식한다. 저지에서는 거미원숭이, 오실롯, 아르마딜로 등이 관찰된다. 또한 다양한 조류를 발견할 수 있는데, 이곳에서 확인된 조류만 600종에 달하며 이중 60종 이상이 벌새이다. 이 600종의 조류는 에콰도르에 서식하는 방대한 조류의 40퍼센트에 달하는 수치이다. 탐사를 계속하면 최대 200종의 조류를 더 발견할 수 있을 것으로 예상하고 있다. 그렇게 된다면 세계 최대의 야생조류 천국이라는 공원의 명성은 더욱 굳어질 것이다. **AB**

세추라 사막

페루. 피우라 주

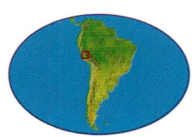

사막의 최대폭 : 150킬로미터	
사막의 최대 길이 : 2,000킬로미터	
연평균 강수량 : 150~200밀리미터	

페루 서해안을 모두 차지하고 있는 세추라 사막은 남아메리카 대륙에서 가장 긴 사막이다. 이웃나라 칠레에서 건조하기로 악명이 높은 아타카마 사막에서 이어지는 세추라 사막은 몇 가지 특이한 점이 있다. 안데스 산맥과 바다 사이에 길게 늘어선 하얀 띠 같은 세추라 사막에는 안데스 산맥에서 흘러내려온 50개가 넘는 강이 흘러가며, 평원도 있고 '로마스'라고 하는 낮은 구릉 지역까지 잘 발달해 있다.

이런 지형적 특성뿐만 아니라 '라가루아'라고 하는 독특한 기후 현상도 찾아볼 수 있다. 춥고 습한 바닷바람이 뜨겁고 건조한 사막의 공기와 결합하면 짙은 겨울 안개가 형성된다. 그 결과 사막에 꽃이 자라고 작은 관목이 여기 저기 자라는 것이다. 이것이 바로 '로마스'인데 불모의 바다인 넓은 사막에 로마스가 섬처럼 흩어져 있다. 로마스에 서식하는 식물은 550종이 넘는데 이중 60퍼센트는 세추라 사막의 고유종이다. 꽃으로 이루어진 이 오아시스는 벌새를 불러모을 뿐만 아니라 곤충이 성장하는 곳이되어 겨울이 되면 페루멧종다리 같은 새들이 모인다. 북쪽에 있는 트루히요에는 고고학 유적이 있으며 남쪽의 나스카는 나스카 지상화로 유명하다. **DBB**

아래 나스카 지상화

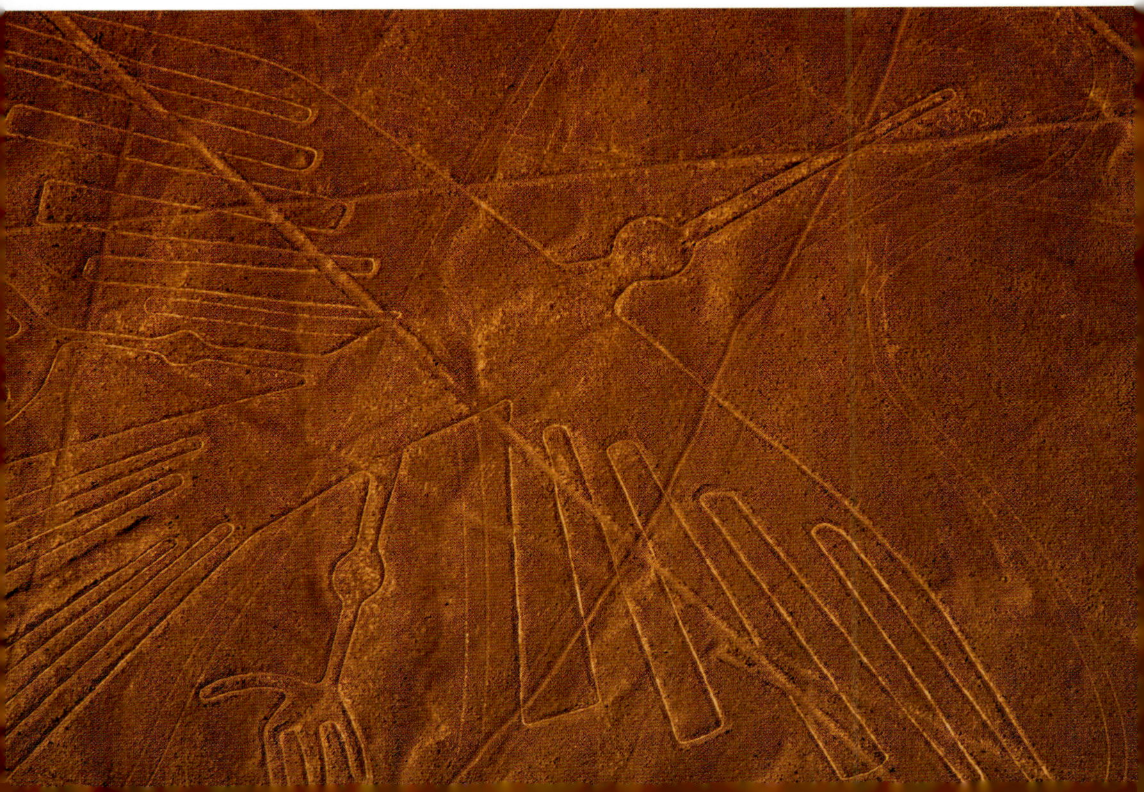

파차코토 협곡

페루, 앙카시 주

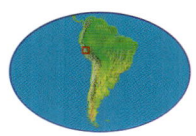

협곡의 해발 고도 : 3,700미터
우아라스의 해발 고도 : 3,050미터

눈 덮인 봉우리들로 둘러싸인 파차코토 협곡은 꽃이 만개한 거대한 푸이이속 식물을 관찰하기에 더할 나위 없이 좋은 곳이다. 이 식물은 브로멜리아드의 변종으로 아마 안데스 산맥에 서식하는 식물 중에서 가장 독특할 것이다. 수명은 100년 정도이며, 검(劍)처럼 생긴 잎으로 이루어져 있고 성장 속도가 매우 느리다. 수명이 다하면 죽기 직전에 꽃대가 1만여 개나 되는 작은 꽃으로 뒤덮인다. 그 길이가 최대 11미터에 달해 마치 꽃이 핀 전신주 같다.

푸아이속의 꽃이 피어 있는 동안에는 안데스산 벌새 등의 벌새가 찾아와 꽃술을 먹는다. 이 벌새는 다른 벌새들처럼 공중에 떠 있을 수 없는데, 이곳의 공기가 너무 희박하기 때문이다. 대신 이 새들은 작은 꽃들이 제공하는 편리한 '착륙장'에 매달려 꿀을 먹는다. 간혹 아래쪽의 날카로운 잎에 찔리는 불쌍한 새들도 있지만 그레이후드시에라핀치와 스파인테일은 위험천만한 그 장소에 둥지까지 틀고 산다. 이 협곡은 와스카란 국립공원에 있는 우아라스에서 57킬로미터 남쪽에 있다. 와스카란 국립공원도 재미있는 동물들이 많은데 낙타과에 속하는 비큐나는 보드라운 가죽 때문에 한때 무자비한 사냥의 대상이 되기도 했다. **MB**

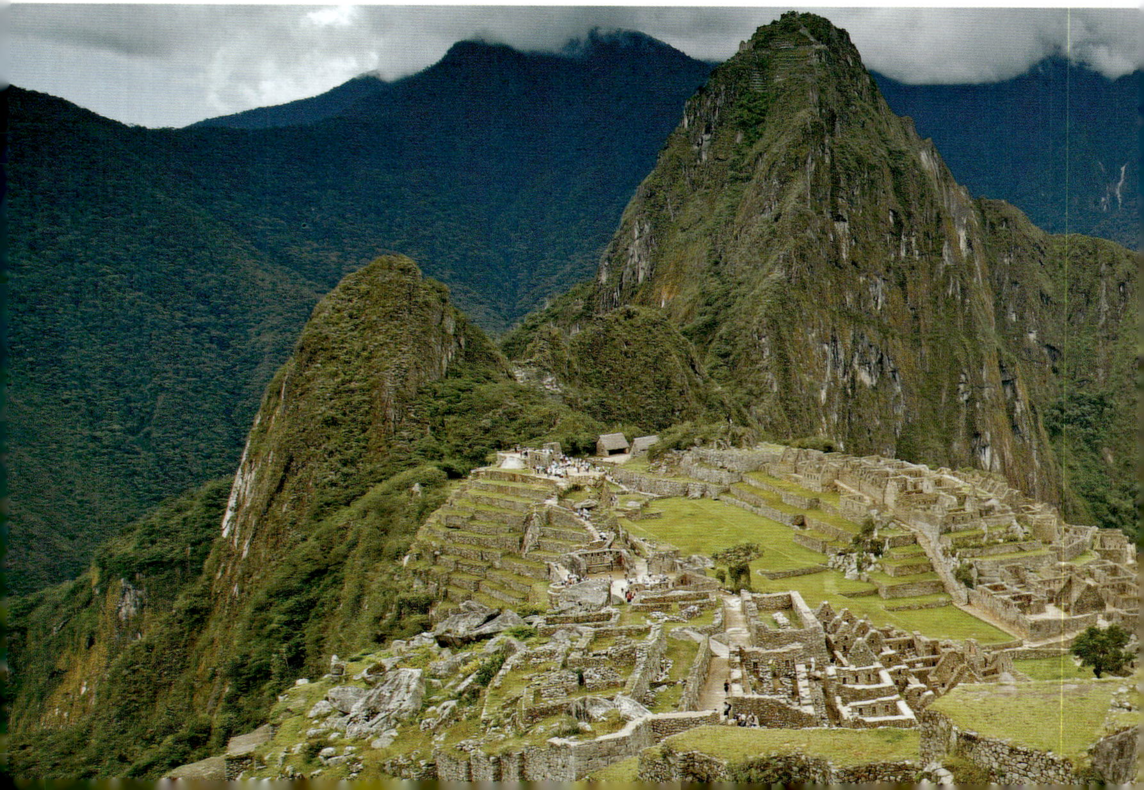

마추픽추

페루, 쿠스코 주

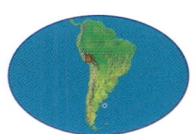

마추픽추의 해발 고도 : 2,350미터
마추픽추 산의 해발 고도 : 2,800미터

케추아 족의 말로 '오래된 봉우리'를 의미하는 마추픽추는 엄밀히 말해서 천혜의 절경이라고는 할 수 없다. 그러나 페루 안데스 산맥에 있는 고대 잉카 도시의 유적을 보면 놀라움을 금할 수 없을 것이다. 도시가 세워져 있는 지역은 화성암이 관입해 형성된 약 400제곱킬로미터의 빌카밤바 저반이다. 이 저반은 약 2억 5,000만 년 전 페름기때 주위의 충적토 속으로 밀려 들어온 후 산맥이 형성되고 침식작용이 일어나는 동안 점차 노출되기 시작했다. 그 결과 웅장한 산맥과 마추픽추의 상류에 있는 우룸밤바 협곡과 같은 지형들이 형성된 것이다. 마추픽추에서 강은 약 47킬로미터를 흘러 1,000미터 아래 지점까지 흐른다. 그 사이에는 수많은 폭포와 하얀 물보라를 일으키며 쏜살같이 흘러가는 급류가 있다. 이 지역은 자연의 절경이 풍부한데, 그중에서도 난초를 빼놓을 수 없다. 이 지역에는 키가 5미터나 자라고 지름 8센티미터 크기의 꽃이 피는 파라다이스오키드 같은 난초를 비롯해 난초 300종이 서식하는 것으로 알려졌다. 이곳에는 세계에서 가장 작은 난초도 자생하는데 크기가 겨우 2밀리미터밖에 되지 않는다. **MB**

아래 계단식 지형에 건설된 고대 잉카 왕국의 마추픽추

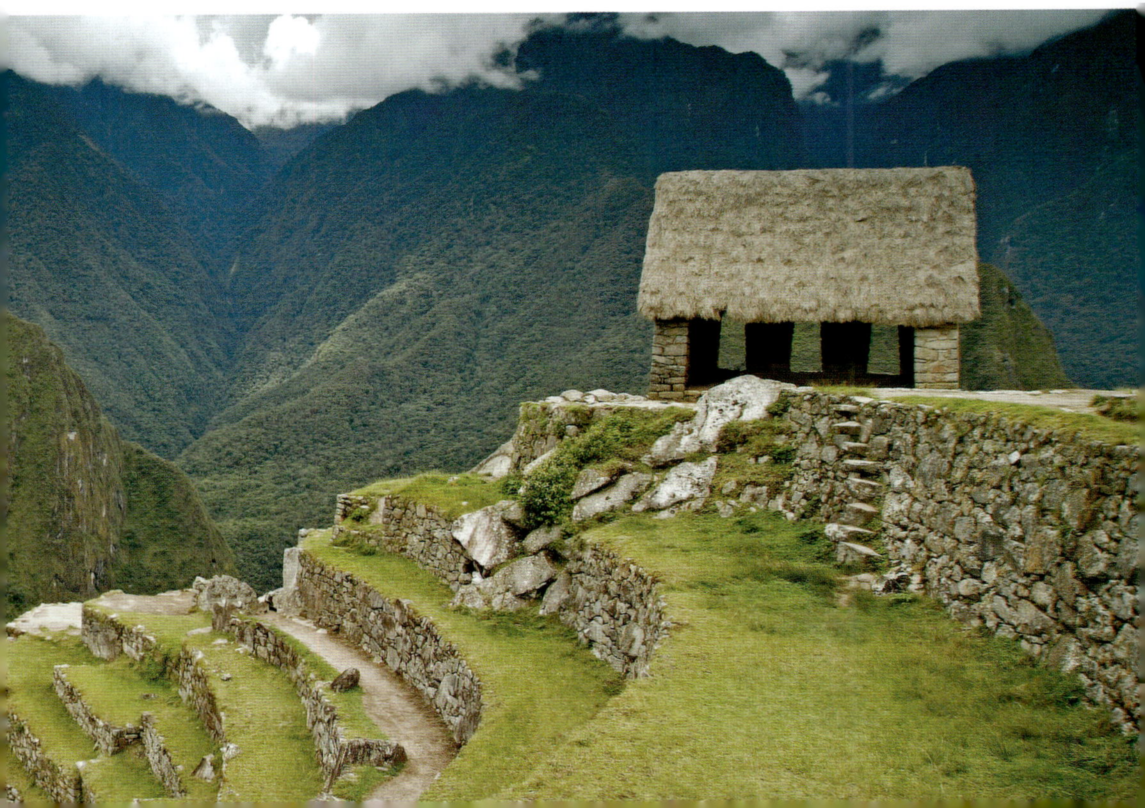

화산의 계곡

페루, 아레키파 주

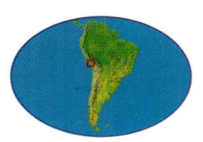

| 화산 계곡의 생성 시기 : 20만 년 전 |
| 방문하기 가장 좋은 시기 : 4〜11월 |

수천 년 전 거대한 용암류가 페루 안데스 산맥 고지에 형성된 한 계곡으로 흘러들었다. 용암은 계곡 사이에서 식으면서 딱딱하고 두꺼운 카펫처럼 변했다. 내부의 용암에서 빠져나오지 못한 가스와 공기주머니가 터지면서 소규모의 2차 폭발이 일어나 시커멓고 풍선처럼 생긴 지형이 형성되기도 했다. 지금은 25개가 넘는 원뿔 모양의 지형과 분화구 80여 개가 남아 있다. 화산의 계곡으로 불리는 이 지역은 300미터가 넘는 언덕이 흩어져 있는 거대한 용암 들판으로 세계에서 화산 지형이 가장 많은 곳이다. 해발 3,700미터에 있는 이 계곡은 만년설이 쌓인 험준한 봉우리로 둘러싸여 있다. 그중에는 페루에서 가장 높으며 남아메리카에서 열 번째로 높은 화산인 해발 6,400미터의 코로푸나 화산도 있다. 이 지역은 비탈과 협곡의 경사가 매우 심해서 코로푸나 같은 화산에서 분출한 용암이 순식간에 흘러내렸다. 그 결과 식어서 기다란 리본처럼 굳어 있는 용암을 지금도 볼 수 있다. 이 지역의 지열작용으로 안다구아리버밸리로 불리는 온천이 형성되었다. **DBB**

스핑크스 / 화이트 산맥

페루, 앙카시 주

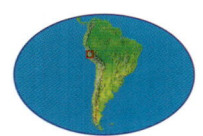

| 다른 이름 : 라 에스핀지/ 코르딜레라 블랑카 |
| 스핑크스의 해발 고도 : 5,325미터 |
| 화이트 산맥의 빙하 면적 : 725제곱킬로미터 |

페루 안데스 산맥의 파론밸리 위로 신성한 장소를 보호하듯 우뚝 솟은 높이 915미터의 거대한 주황색 화강암 봉우리가 바로 라 에스핀지이다. 스핑크스라고도 하는 이 봉우리는 활활 불타오르는 봉홧불처럼 빛이 난다. 한 번 보면 단순한 관광지라기보다 정복의 대상으로 생각하게 될 스핑크스는 가끔 보이는 선인장을 제외하면 풀 한 포기 자라지 않는 곳으로, 아메리카 대륙에서 가장 높은 곳에 속해 전 세계 암벽 등반가들의 발길이 끊이지 않는다. 파론밸리 계곡의 파라오라 할지라도 화이트 산맥에 비하면 아기나 다름없다. 화이트라는 이름은 이 산을 덮고 있는 만년설과 빙하에서 유래했다. 이 산맥은 6,096미터 이상의 고봉을 여럿 거느린, 세계에서 가장 넓은 열대의 얼음 산맥이다. 빙하는 페루에 가장 많이 있는데 화이트 산맥에는 넓은 계곡 안에 무려 722개의 빙하가 있다. 스핑크스는 페루의 대륙 분수령인데 이곳을 중심으로 서쪽의 산타 강은 태평양으로 흐르고 오른쪽의 메라뇽 강은 대서양으로 흐른다. **DBB**

콜카 협곡

페루, 아레키파 주

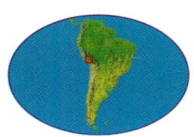

다른 이름 : 카논 콜카
안데스대머리수리의 날개의 폭 : 3미터
인공 콜카(푸무누타 동굴)의 지름 : 1미터

수십 만 년 동안 높은 페루 안데스 산맥을 흐르던 콜카 강은 세계에서 가장 깊은 협곡을 만들어냈다. 하지만 그런 협곡이 있다는 사실을 들은 사람도 본 사람도 거의 없었다. 협곡의 벽은 어찌나 가파른지 거대한 칼로 화강암 산을 베어낸 것 같고 강에서 협곡 입구까지의 거리는 약 3.4킬로미터나 된다.

콜카 협곡은 고대 콜카인의 거주 지역이었다. 잉카인들보다 먼저 이 지역에 거주했던 콜카인들은 진흙과 밀짚을 섞어 만든 원형 용기에 곡식을 저장했는데, 이 용기를 콜카라고 부른다. 이들이 협곡에 지은 계단식 집을 보면 이들의 공학과 수리학 수준이 어느 정도였는지 짐작할 수 있다. 뿐만 아니라 콜카 협곡은 안데스대머리수리를 가장 잘 관찰할 수 있는 곳으로도 유명하다. 날개폭이 가장 긴 새라는 타이틀을 놓고 우위를 다투는 안데스대머리수리는 날개를 거의 퍼덕이지도 않으면서 따뜻한 기류를 타고 하늘 높이 솟구친다. 썩은 고기를 찾아다니곤 하는 이 새는 어떤 때는 날지도 못할 정도로 먹이를 많이 먹을 때도 있다. 콜카 협곡 투어는 이곳에서 가장 가까운 아레키포 시에서 출발한다. **MB**

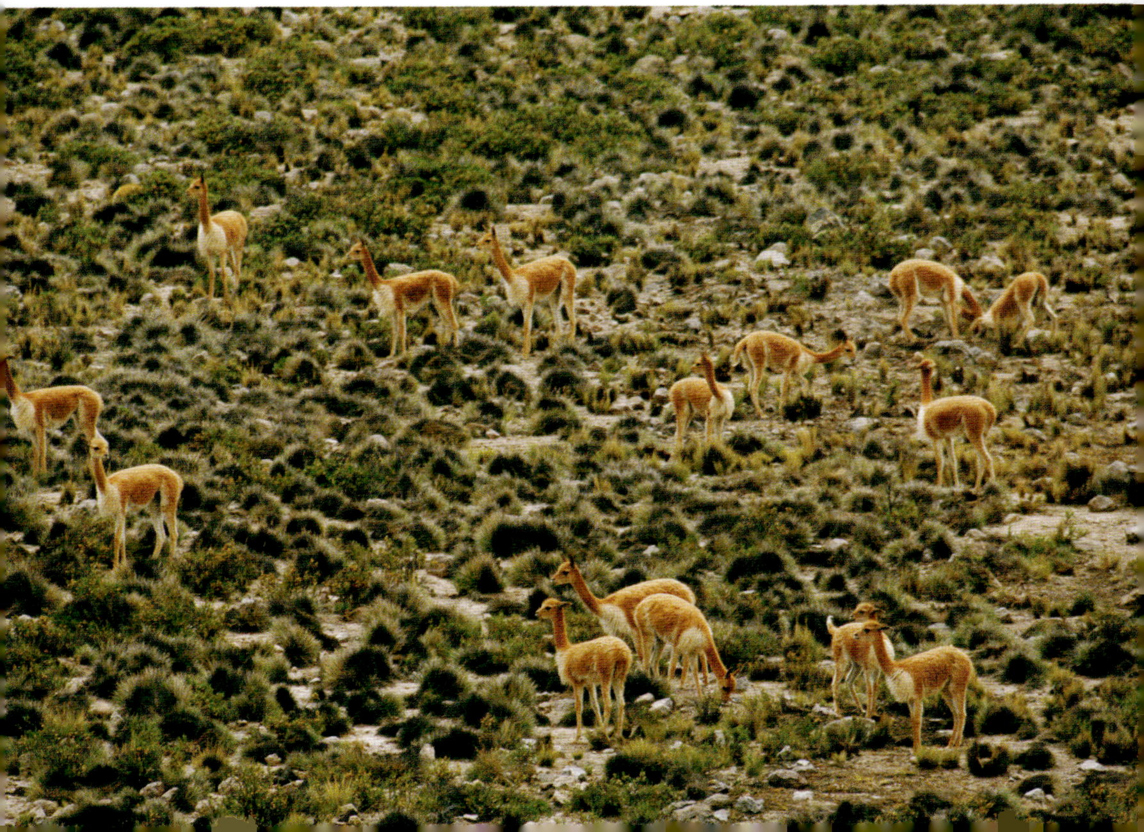

파라카스 국립자연보호지구

페루, 피스코

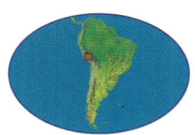

갈색사다새의 번식기 : 10월
페루부비와 구아노가마우지의 번식기 : 11월
남아메리카바다사자의 번식기 : 1~2월

'모래 바람'이라는 뜻의 파라카스는 정오가 되면 모래를 가득 품은 채 불어오는 바람 때문에 붙은 이름이다. 파라카스 국립자연보호지구는 한때 수백만 달러어치의 비료 산업의 토대가 되었던 곳이며, 지금은 구아노 새들의 주요 서식지이다. 오늘날 보호지구로 지정된 파라카스에 가면 세계 최대의 야생생물 서식지를 만날 수 있다. 훔볼트펭귄, 페루부비, 갈색사다새, 구아노가마우지와 잉카제비갈매기를 비롯한 바닷새들이 엄청난 무리를 이루며 이 지역에 둥지를 튼다.

해안 절벽에는 쉼 없이 들이치는 파도로 '라 카테드랄' 같은 멋진 아치가 서 있고 해안 동굴은 터키석처럼 파란 물속에서 헤엄치는 바다사자와 물개로 북적거린다. 고개를 들어 하늘을 보면 콘도르가 썩은 물고기, 물개, 바다사자의 태반 등을 먹으려고 날아온다. 희생자들의 피를 죽죽 빨아먹는 흡혈박쥐도 만날 수 있다.

자연보호지구인 '프로나투랄레자'와 페루비언파크는 현지의 자연보호주의자, 어부, 여행사와 같은 이해 당사자들과 함께 물고기의 남획, 무절제한 관광, 쓰레기 문제 등을 해결할 계획을 마련하고 있다. **MB**

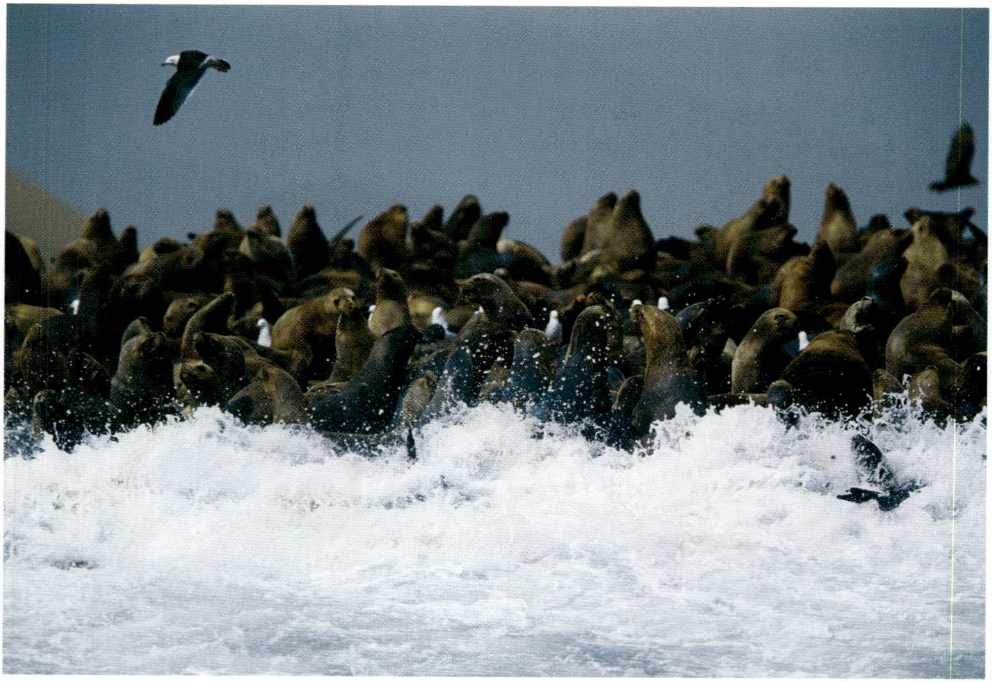

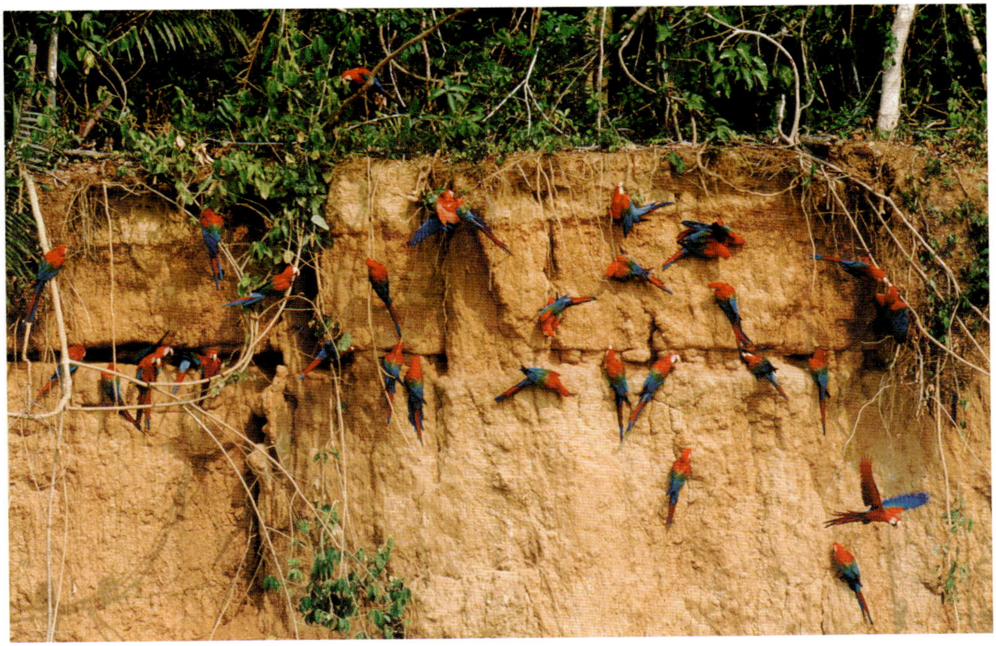

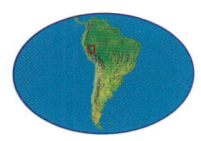

마누 생물권지역

페루, 마누 – 파우카르탐보

세계문화유산 지정 연도 : 1977년
건기 : 5월에서 9월
우기 : 10월에서 이듬해 4월

마누 생물권지역은 세계 최대의 열대우림 보호 구역이다. 스위스 면적의 반에 해당하는 크기의 마누에는 세 가지 주요 야생생물의 서식지가 있다. 툰드라와 비슷한 고지의 푸나 고원에는 노란 이추풀이 자라며 콘도르, 비스카차, 안데스사슴이 산다. 운무림에는 벌새, 안경곰, 바위새, 브로멜리아드 등이 자란다. 저지의 열대우림에는 마코앵무, 울음원숭이, 검은카이만악어와 큰수달이 산다.

이중에서도 열대우림은 정말이지 볼거리로 넘친다. 식물 300종, 원숭이 13종, 양서류 120종, 파충류 99종과 조류 1,000종(전 세계에 서식하는 조류 종의 10퍼센트에 해당)이 바로 이 지역에 서식하기 때문이다. 이곳에서 연구를 하는 과학자들은 개미 43종이 옹기종기 모여 사는 나무 한 그루를 발견하기도 했다. 아마존에서 가장 독성이 강한 뱀도 이곳에 서식하는데, 평소에는 바닥에 떨어진 나뭇잎처럼 위장을 하고 있기 때문에 눈에 잘 띄지 않는다. 마누는 페루 남동쪽에 있는 마추픽추에서 겨우 160킬로미터 정도 떨어져 있지만 어떤 지역은 외부와 한 번도 접촉하지 않은 원주민이 살고 있을 정도로 두메산골이다. 마누 생물권지역은 쿠스코에서 마누 강을 따라 35분 정도 비행을 한 후 모터카누를 타고 마드레데디오스 강을 따라 90분 정도 달리면 나온다. 마드레데디오스 강은 바다처럼 넓은 아마존 수계에서 가장 멀리 떨어져 있는 강이다. **MB**

탐보파타
국립자연보호지구

페루, 탐보파타

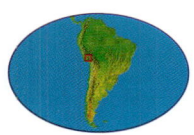

자연보호지구의 면적 : 150만 헥타르	
자연보호지구의 해발 고도 : 200~2,000미터	
식생 : 열대우림, 운무림, 고지 초지	

페루의 남동부에서 아마존 분지와 안데스 산맥이 만나는 지점인 탐보파타 국립자연보호지구에 서식하는 동식물의 다양성은 세계 최고 수준이다. 세 강의 분수령을 보호하는 탐보파타 지구는 인접한 바후아자소네네 국립공원과 함께 저지 열대우림, 안데스 운무림, 라파모 초지가 모두 있는데다 1,524미터가 넘는 고산 지대도 포함하고 있어 세계에서 가장 완전하고 다양한 자연 자원을 갖춘 곳이라고 할 만하다. 탐보파타에는 조류 1,300종, 포유류 200종, 개구리 90종, 나비 1,200종과 꽃식물 1만 종이 서식한다. 산도발 호수 근처에는 세계 최대의 소금터가 있어서 매일 앵무새 15종이 소금을 핥으려고 이곳을 찾는다. 이곳에 서식하는 앵무새는 모두 합쳐 32종으로, 이는 세계에 서식하는 앵무새 종의 10퍼센트에 해당한다. 탐보파타는 또 다른 세계 기록도 보유하고 있는데, 이곳에서 하루 동안 볼 수 있는 새가 총 331마리나 된다는 것이다. 현지 원주민이 운영하는 생태관광에 참여하면 큰 수달, 민물돌고래, 검은카이만악어, 각종 독수리와 원숭이들을 볼 수 있다. **AB**

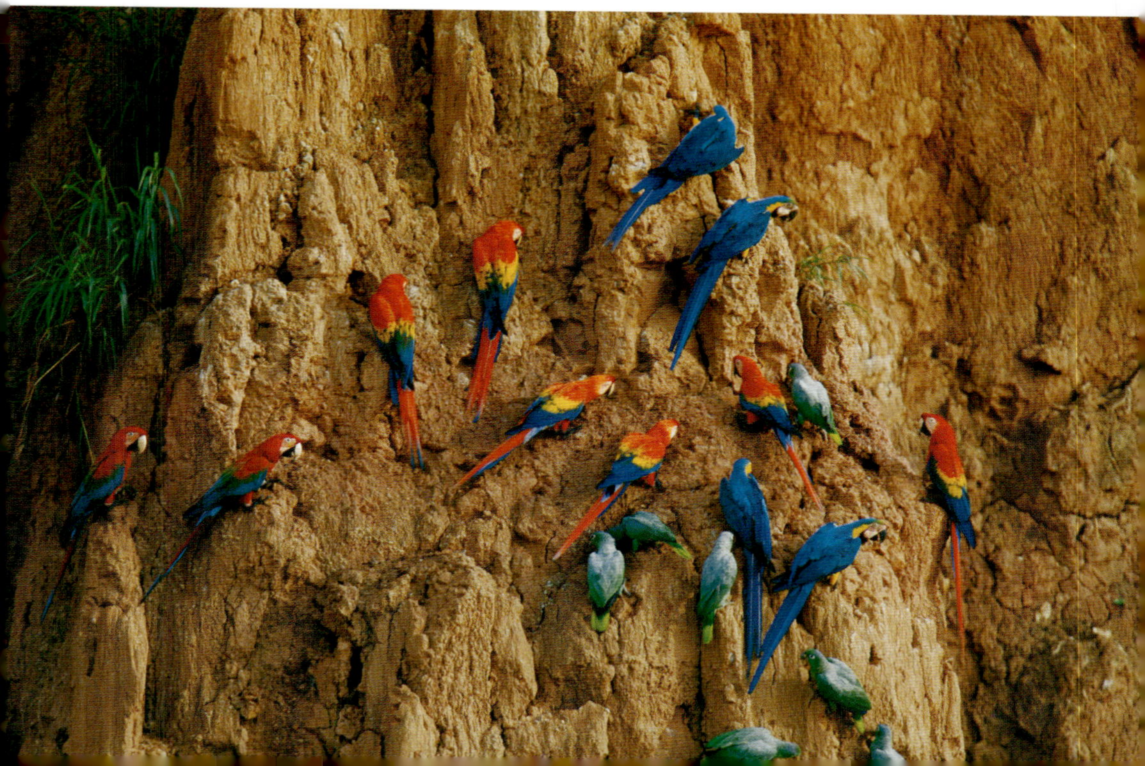

탐바블랑키야

페루, 마드레데디오스 주

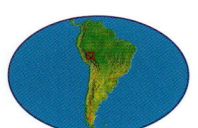

매일 오는 마코앵무의 수 : 300마리까지
매일 오는 앵무새의 수 : 1,500마리
새의 활동 시간 : 오전 6시~정오까지

마누 야생생물센터에서 하류로 25분 정도 내려가면 탐바블랑키야라고 하는 소금터가 나온다. 형형색색의 마코앵무와 앵무새가 진흙을 먹으려고 이곳으로 몰려든다. 탐바블랑키야는 강둑에 8미터 높이로 진흙이 드러난 지형이다. 새들은 엄격하게 질서를 지키며 이곳에 내려앉는다. 푸른머리앵무나 멀리패럿처럼 작은 새들은 새벽에 온다. 더 덩치가 큰 앵무와 브라이트마코는 아침 8시와 10시 사이에 들러 근처 나무에서 1~2시간을 앉아 있곤 한다. 이들이 이렇게 조심스럽게 구는 이유는 가까운 곳에 천적들이 있기 때문이다. 천적들은 새들이 20마리가 넘게 모이거나 폭우라도 쏟아져야 그 자리를 뜬다. 새들은 수적으로 안전해지면 비로소 강둑으로 내려가 진흙을 먹는데 좋은 자리를 차지하기 위한 다툼을 벌이기도 한다. 새들은 진흙에 들어 있는 카올린 혼합물을 섭취해 풀에 들어있는 독성분을 중화시킨다. 마누에 가면 새떼를 방해하지 않고 27미터 이내까지 접근할 수 있도록 특별하게 만든 뗏목을 타고 이 광경을 구경할 수 있다. 방문하기 가장 좋은 시기는 비가 적고 새들이 많이 모이는 7월에서 11월 사이이다. **MB**

티티카카 호수의
인공섬

페루

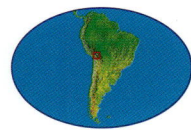

호수의 해발 고도 : 3,810미터
볼거리 : 갈대로 만든 인공 섬들

우루 섬은 지질학적인 지형이 아니라 우루 족 사람들이 티티카카 호수에 많이 나는 토토라는 갈대로 만든 인공 섬이다. 계속 갈대를 쌓기 때문에 아래쪽이 썩어도 섬은 유지된다. 호수에는 큰 인공 섬이 41개나 되며 이중에는 몇 세대 째 계속 떠 있는 섬도 있다. 신혼부부는 신접살림을 차릴 섬을 만들 수 있다. 공부방이 필요한 십대도 자신만의 미니 섬을 만들 수 있다. 섬은 그 표면이 스펀지처럼 60센티미터나 발이 빠지고 마치 물침대 같아서 외부인들이 걷기란 쉽지 않다. 우루 족 사람들은 보트며 가구, 집까지 갈대로 직접 만든다. 갈대의 덩이줄기 뿌리는 식량으로도 사용되며 목조 건물의 경우 버팀목 같은 것을 만들어 무게를 분산시키며 지탱하도록 한다. 우루 족은 잉카인들 때문에 살던 곳에서 쫓겨나자 그들의 박해와 토지세를 피하려고 호수에서 살기 시작했다. 이웃인 아이마라 족과의 중혼이 너무 심해서 1959년에 마지막 순수 우루 혈통을 지닌 사람이 사망함으로써 순수한 우루 족은 사라졌다. 그러나 그들이 일군 독특한 갈대 문화는 여전히 살아 숨 쉬고 있다. **AB**

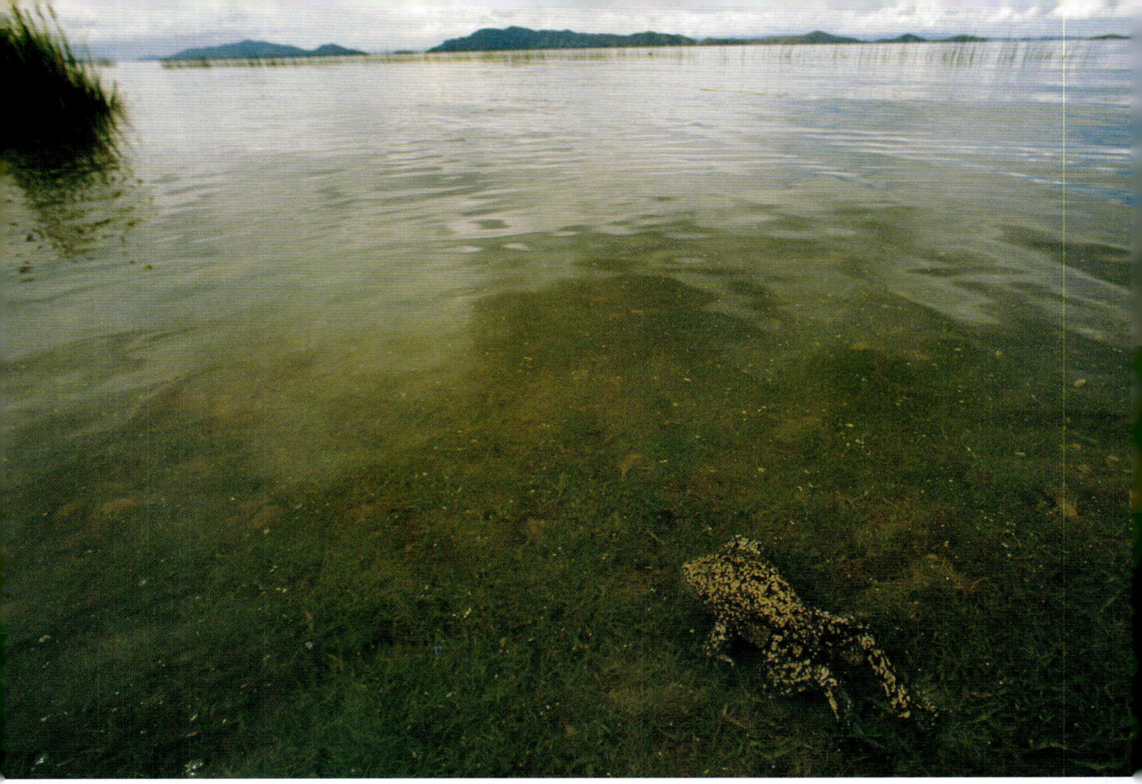

티티카카 호수

페루 / 볼리비아

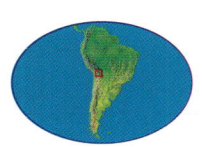

| 호수의 수면 면적 : 8,300제곱킬로미터 |
| 호수의 해발 고도 : 해발 3,810미터 |
| 섬의 수 : 41개 |

페루와 볼리비아의 국경을 가로지르며 눈 덮인 코르딜레라 레알 산맥을 배경으로 거대한 내해가 펼쳐져 있다. 이 '육지 속 바다'가 바로 남아메리카에서 가장 큰 티티카카 호수이다. 1862년에 이곳에서 증기선을 건조해 항해를 시작한 이후로 티티카카 호수는 항해할 수 있는 세계에서 가장 높은 호수가 되었다. 요즘은 수중익(水中翼)이 달린 배가 호수를 돌아다니지만 원주민인 우루인들의 후손은 지금도 토토로 갈대로 엮은 보트로 이동한다. 페루 쪽 호수에는 떠다니는 갈대 섬에 가옥과 각종 건물이 세워져 있는데 이 섬을 우루 섬이라고 한다.

이곳 사람들은 고산 지대에 사는 것에 완전히 적응되어 일반인들보다 심장과 폐가 더 크며 혈액 속 적혈구도 더 많다. 호수에는 날지 못하는 논병아리가 얕은 물의 퇴적토 속에서 살며 평생 한 번도 물 밖으로 나오지 않는 개구리들처럼 특이한 고유종이 서식한다. 공기가 희박한 이곳에서 개구리는 피부로 산소를 흡수하느라 쪼글쪼글해졌다. 표면적이 늘어나 있는 피부는 마치 몸에 안 맞는 옷을 입은 것 같다. 볼리비아 쪽 호수에는 고대의 신들이 내려와 잉카 왕국을 건설하고 현지인들에게 지혜를 전수한 곳이라고 알려진 이슬라델솔이 있다. **MB**

페데리코알펠드 폭포

볼리비아

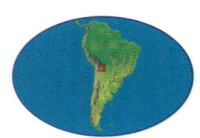

폭포의 최고 높이 : 35미터
폭포의수 : 강수량에 따라 6개에서 10개 사이
노엘켐프 국립공원의 면적 : 150만 헥타르

코난 도일의 소설 『잃어버린 세계』에서 외딴 정글 속에 숨겨진 곳으로 묘사된 볼리비아의 페데리코 폭포를 보고 있으면 마치 현실이 아닌 풍경처럼 느껴진다. 높이만큼이나 폭도 넓은 30.5미터의 사암 절벽을 파우세르나 강이 여섯 개의 폭포를 차례로 거치며 내려와 마지막으로 수정처럼 맑은 못으로 빠지는 모습을 보고 있으면 별천지에 온 것 같다. 볼리비아의 북동쪽 끝 부분의 브라질 접경 지역에 위치한 페데리코 폭포는 노엘켐프 메르카도 국립공원에 있는 수많은 절경의 하나이자 이 세상에서 가장 두메산골에 속하는 곳이기도 하다. 폭포까지 가는 길은 험난하지만 정글 주위에 드넓게 펼쳐져 있는 다양한 야생생물의 모습을 보면 그런 고생도 단숨에 날려버릴 수 있을 것이다. 이곳에는 소의 크기만 한 맥류와 세계에서 가장 큰 설치류인 캐피바라가 파우세르나 강기슭에서 자주 발견되며 강의 상류에서는 희귀한 민물돌고래가 발견된다. 이 지역은 멸종 위기에 처한 민물 수달을 가장 잘 관찰할 수 있는 곳으로 전 세계 민물수달의 10분의 1이 이곳에 서식한다. 이곳을 여행하고 돌아가는 방문객은 일 년에 200명으로 한 달에 15명 꼴이다. 페데리코와 주변 밀림은 명실상부한 '잃어버린 세계'이다. **DBB**

융가스

볼리비아

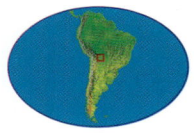

보존 상태 : 위험 / 멸종 위기
면적 : 186,700제곱킬로미터
연평균 강수량 : 500~2,000밀리미터

볼리비아 안데스 산맥의 동쪽 경사면에 있는 융가스는 고온다습한 저지 삼림과 한랭 건조한 고지의 사막이 교차하는 지역이다. 이 지역에는 습하고 건조한 운무림과 거대한 브로멜리아드가 자라며 무화과와 대나무 숲이 특징인 아파아파 숲이 있다. 융가스는 가파른 협곡과 폭포가 많아서 한정된 장소마다 고유종이 발달했다. 고유한 곤충과 식물들이 협곡 하나에 모여 자라는 곳이 많다.

최근 들어 이곳 강에서의 급류타기가 큰 인기를 얻고 있다. 강의 고도차가 심해서 다양한 동식물을 구경할 수 있다는 장점도 있다. 이 지역의 고지에만 서식하는 조류로는 시미타르윙드피하, 사파이어윙, 코차밤바티스틀레티알, 후디드산왕부리 등이 있다. 일반적인 수목 한계선을 지나면 바위틈 사이로 폴리레피스포리스트가 듬성듬성 있다. 바람이 심하게 불어닥치는 이곳의 섬 중에서 바람으로부터 보호를 받는 일부 지역에 숲이 형성되어 있다. 이런 숲에는 코차밤바마운틴핀치, 자이언트콘빌과 투프티드티트-타이런트와 같은 고유종이 서식한다. 현재 이 지역은 벌목 문제가 매우 심각해서 일부 지역에는 숲이 거의 남아 있지 않다. 하지만 아직까지는 남아 있는 부분만으로도 구름이 자욱하게 낀 아름다운 풍경을 즐길 수 있다. **AB**

알티플라노

볼리비아 / 칠레 / 페루

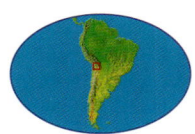

평균 해발 고도 : 3,660미터
면적 : 168,350제곱킬로미터

알티플라노는 안데스 산맥의 남부에 있는 고산 고원이다. 서쪽으로는 볼리비아, 북동쪽으로는 칠레, 남쪽으로는 페루까지 뻗어 있는 알티플라노는 동서 안데스 산맥 사이에 퇴적물이 쌓여 형성되었다. 퇴적물은 주변의 고산이 침식되면서 흘러온 것이거나 화산작용으로 만들어진 것들이다. 이 퇴적물이 수백만 년 동안 해저에 쌓이다가 주변 지형이 지금처럼 높은 산으로 변할 즈음 융기되어

아니지만 단지 모양이 비슷해서 '쿠션 플랜트'라고 불리는 식물도 종종 보인다. 북쪽의 잘카에는 식물이 더 무성한데 푸이아속을 비롯해서 족엽 식물이 많이 자란다. 어떤 지역에는 눈 녹은 물이 모여 습지를 이루기도 한다. 소금기가 있는 호수도 있으며 먹이가 되는 작은 해초나 새우가 풍부해서 대규모의 홍학 무리가 즐겨 찾는다. 알티플라노에는 이 지역에서 매우 중요한 작물이 자라는데, 특히 감자와 토마토의 먼 조상인 식물 등이 자라고 있다.

알티플라노에서도 아리카 시 근처에 있는 라우카 국립공원(칠레)을 비롯한 여러 지역이 보호구역으로 관리되고 있다. 이 공원에는 야생 낙타인 비

알티플라노는 안데스 산맥의 남부에 있는 고산 고원이다. 높고, 춥고, 비마저 적게 내리는 알티플라노는 황량한 멋이 느껴지는 곳이다.

지상으로 드러났다. 바다는 결국 수많은 염원을 남긴 채 다시 후퇴했고 6,000미터가 넘는 고산은 오늘날도 계속 침식작용을 받고 있다. 고산에서 고도가 가장 낮은 곳은 티티카카 호수가 있는 3,820미터 지점이다. 알다시피 이 호수는 세계에서 가장 높은 호수이다. 높고, 춥고, 비마저 적게 내리는 알티플라노는 황량한 멋이 느껴지는 곳이다.

알티플라노는 시원하고 건조한 남쪽의 푸나와 습한 북쪽의 잘카로 나뉜다. 두 지역에 서식하는 동물과 식물은 매우 다르다. 식물의 경우 살아남기 위해 추위와 바람에 강한 특성을 키웠다는 점은 서로 비슷하다. 푸나는 왜관목림과 풀밭이 자라고 있지만 드문드문 맨땅이 드러나 있다. 정식 명칭은

큐나와 과나코, 희귀한 야생 사슴인 안데스사슴이 살고 있다. 희귀한 습지 조류를 비롯해 조류 140종이 서식하고 있으며 발견된 식물도 400종이 넘는데 이중 대부분이 이 지역만의 고유종이다. 알티플라노는 예부터 사람들이 살았으며 현재는 100만 명 정도가 살고 있다. 역사가 무려 1만 년이나 되는 마을도 있다. **AB**

오른쪽 베르데 호수와 사화산인 리칸카부르 화산

248

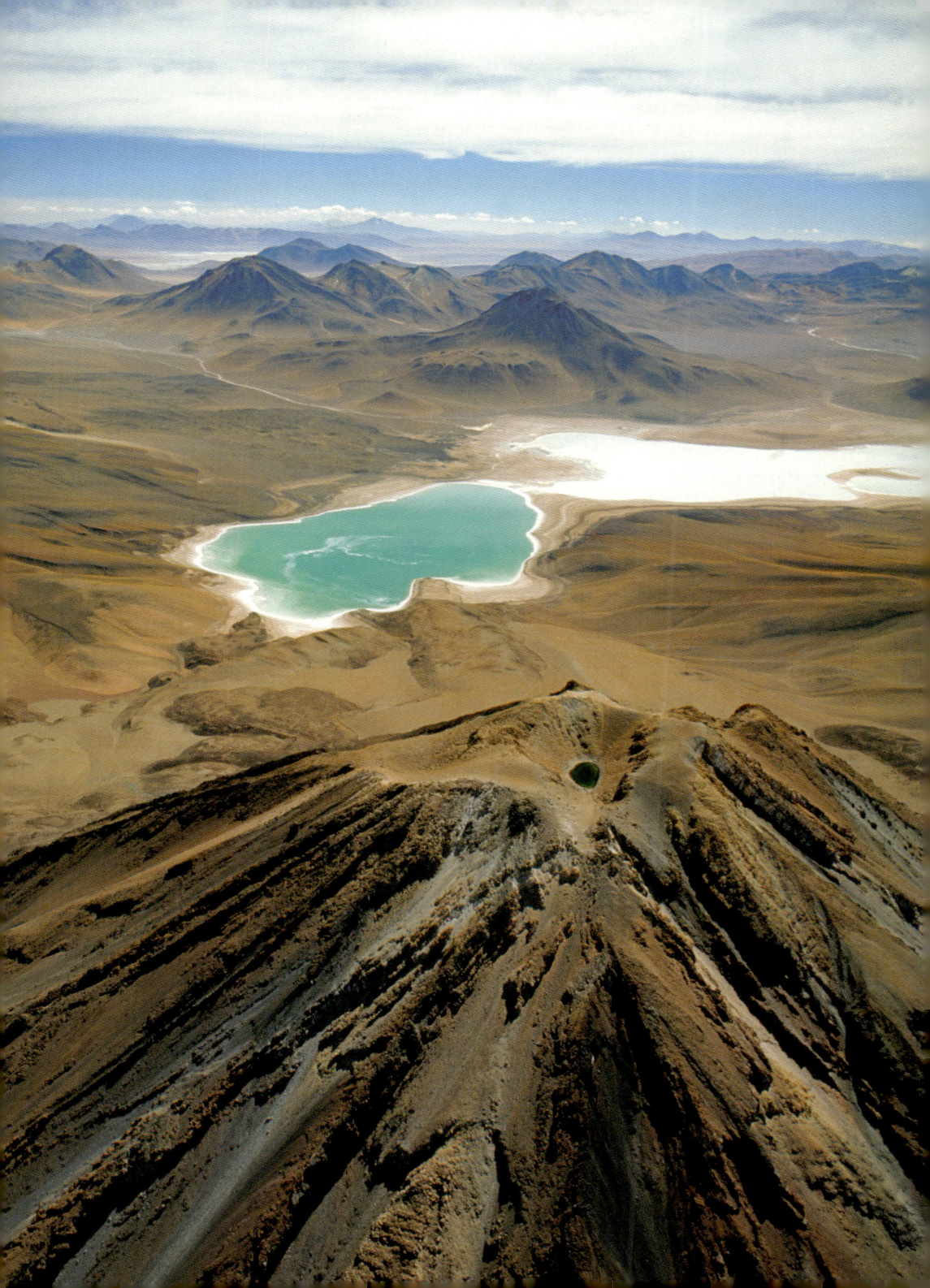

레드 호수

볼리비아, 수드리페스

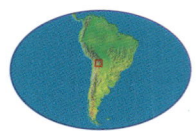

호수의 다른 이름 : 라구나콜로라다
호수의 해발 고도 : 4,200미터
우아니 염원 지역의 면적 : 11,000제곱
킬로미터

레드 호수는 알티플라노 남서부의 높은 산속에 있는 호수이다. 풍부하게 서식하는 작은 새우와 조류의 색깔이 비쳐 보여서 호수에는 수많은 플라밍고가 모여든다. 세 가지 종류의 플라밍고가 최대 3만 마리까지 모이는데 이중에는 매우 희귀한 제임스홍학도 있다. 호수의 물빛은 태양의 각도에 따라 푸른색, 붉은색이나 적갈색 등 온종일 다양하게 변한다. 수면에는 거대한 소금 덩어리가 빙산처럼 떠다닌다. 레드 호수는 무기물이 풍부한 호수와 염원 등이 모인 우아니 지역의 일부인데, 이 지역은 티티카카 호수와 포오포 호수도 포함된다. 우

아니는 과거에 있었던 거대한 내해의 흔적이다. 이곳의 염원은 세계에서 가장 넓은 곳으로 차로 가로지르는 데도 나흘이나 걸린다. 우기가 되면 드넓은 염원은 담수로 가득 찬다.

비가 오지 않는 기간에는 건조하고 추운 사막이 되는 이 지역은 화산활동이 특히 활발한데, 라구나 베르데 근처에는 눈 덮인 6,200미터의 고봉인 리칸카부르 화산이 있다. 이 지역에는 열탕과 풍화작용으로 생긴 기암괴석이 풍부할 뿐만 아니라, 솔데 마냐냐에는 폭이 100미터나 되는 진흙 간헐천 지대도 있다. 식물은 그리 많이 자라지 않는데 지의류, 총생초본, 가시가 많은 선인장 등이다. 이런 식물과 함께 비쿠나와 비스카차와 같은 풀들이 대형 설치류의 먹이가 된다. 대형 설치류의 서식지는 최대 600제곱미터까지 펼쳐 있다. **AB**

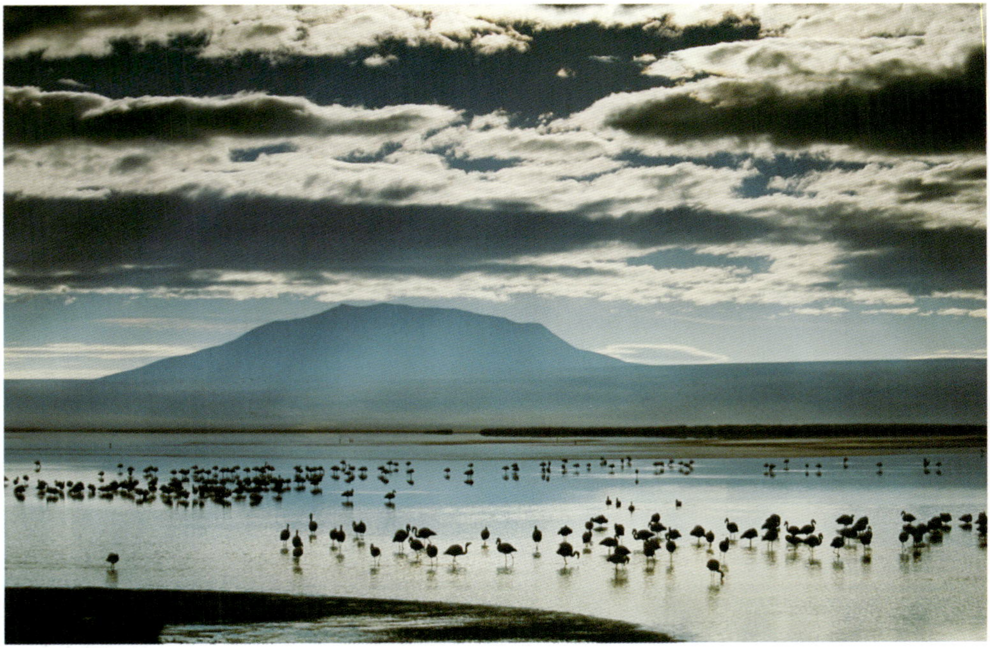

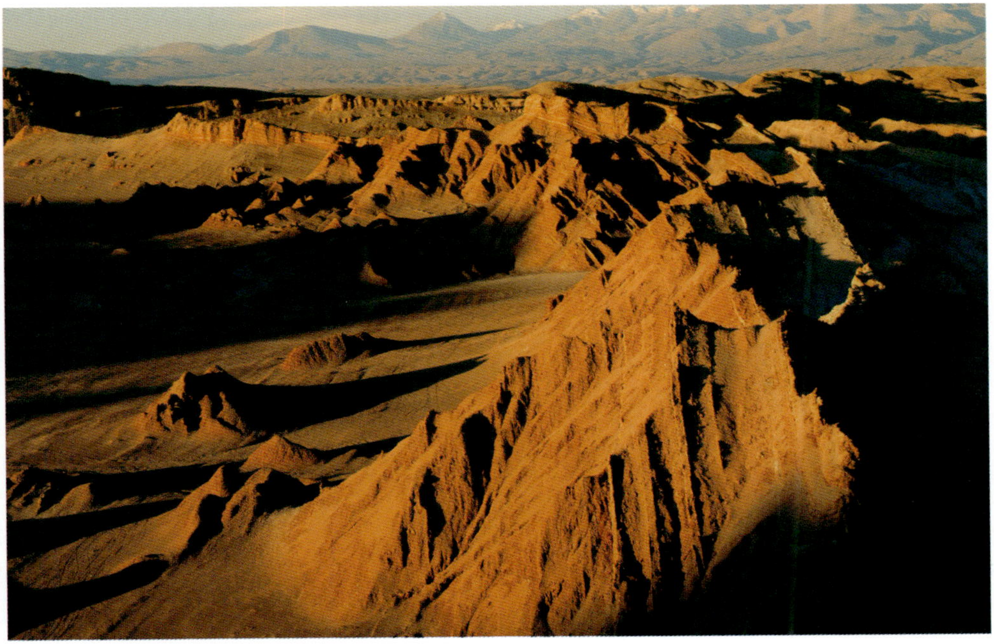

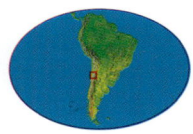

문밸리

칠레, 아티카마 사막

문밸리의 다른 이름 : 발레레 데 라루나
문밸리의 지름 : 500미터
암석의 생성 시기 : 2,300만 년 전

문밸리의 울퉁불퉁한 바위와 풀 한 포기 없는 사암 절벽들은 '건조 황무지'라고 불리곤 하는 칠레의 북부에 자리 잡고 있다. 건조하고 혹독한 환경일지는 모르지만 거대한 아타카마 사막의 중앙에서 마치 다른 세상에 와 있는 듯한 착각을 일으키는 문밸리는 지질학의 원더랜드이다. 솔트 산맥의 서쪽 끝단에 있는 이 지역은 천년 이상 구부러지고 꼬이고 들려올려진 고대의 호수가 이윽고 겉으로 드러난 것이다. 그 후 쉼 없이 불어오는 바람과 가끔 쏟아지는 소나기가 바위를 달 표면처럼 다시 깎아 지금의 모습으로 만들었다. 형형색색의 광물이 풍부하게 퇴적되어 있는 이 사람처럼 생긴 바위에 붉은색과 주황색의 철이 혈관처럼 둘러져 있거나 꼭대기 부분에 소금이 올려진 듯 보이거나 미세한 석고가 뿌려진 듯한 모습을 보면 으스스할 때도 있다. 게다가 해질 무렵 시시각각으로 색이 변하는 계곡이 카멜레온처럼 몸통과 사지의 색을 바꾸고 그 일렁이는 그림자가 모래바람 몰아치는 평원에서 춤을 추는 모습을 보고 있노라면 마치 꿈이라도 꾸는 것 같다. 달빛을 받아 하얗게 빛나는 계곡의 풍경은 이름처럼 정말 달에 온 것 같은 착각을 일으킨다. 문밸리는 산페드로 데 아타카마에서 서쪽으로 20킬로미터 떨어져 있으며 자전거나 오토바이로 갈 수 있다. 산페드로에서 출발하는 투어는 매일 있다. **DBB**

아타카마 사막

칠레

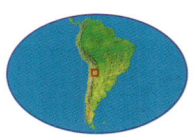

사막의 면적 : 105,200제곱킬로미터	
사막의 길이 : 1,600킬로미터	
연평균 강수량 : 0～2.1밀리미터	

칠레 북서부의 아타카마 사막은 지구에서 가장 건조한 곳이다. 단 한 방울의 비도 내리지 않는 곳도 있으며 미생물조차도 찾아보기가 어렵다. 그래서 몇 천 년 전에 죽은 동물과 식물들이 부패하지 않고 햇빛에 구워진 채로 남아있다. 바위, 깊은 모래 언덕, 운석으로 형성된 구멍들, 오래전에 말라붙은 고대의 호수 등으로 이루어진 이곳의 풍경은 종종 달이나 화성과 비교된다. 심지어 나사는 이곳에서 우주에서 쏠 원격 착륙 장치의 테스트를 하기도 한다.

아타카마 사막의 중심부는 살아있는 것이라곤 찾아볼 수 없는 극도로 건조한 지역이지만 가장자리로 갈수록 오른쪽으로는 안데스 산맥으로, 왼쪽은 태평양으로 이어진다. 지역에 따라 발생하는 해안 안개, 해양 스프레이, 가끔 흘러들어오는 계곡물 덕분에 가끔은 놀랄 만큼 다양한 동식물이 서식하기도 한다. 라마와 혹이 없는 낙타인 비쿠냐가 시내 주변에 모이고 드물지만 맹금류, 평원에 흩어져 있는 선인장, 작은 덤불 사이로 가재를 쫓는 도마뱀 등도 볼 수 있다. 해안을 따라 플라밍고와 펭귄이 나타날 때도 있다. 아타카마 사막 지역은 세 군데의 자연보호구역에 걸쳐 있는데 그중 하나가 팜파 델 타마루갈 국립자연보호지구이다. 이곳은 전 세계에서 단 두 종류가 발견된 타마루고톤빌의 서식지이다. **DBB**

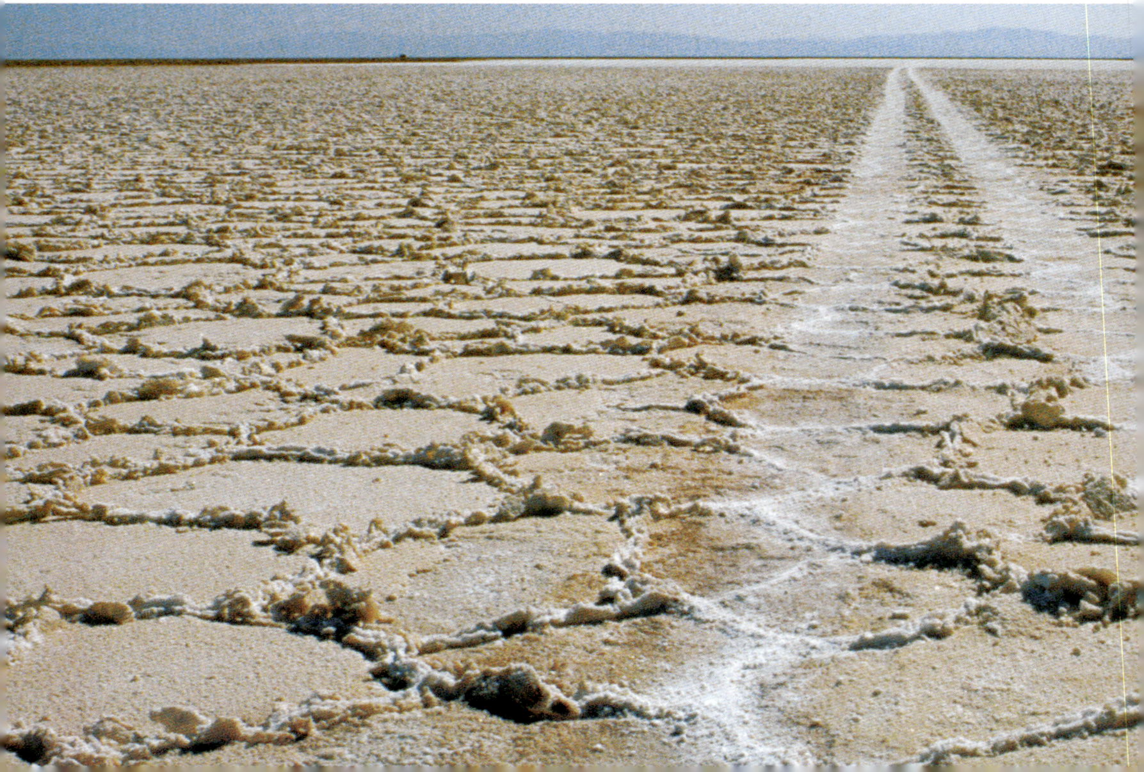

아타카마 염원

칠레, 안토파가스타 주

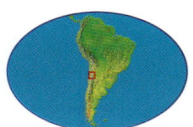

다른 이름 : 살라르 데 아타카마
염원의 평균 해발 고도 : 해발 2,300미터
방문하기에 좋은 계절 : 가을, 겨울, 봄
(12월에서 이듬해 3월)

칠레의 북부에 생성된 내해는 수백만 년 동안 바닷물이 서서히 증발해 지금은 사막이 되었다. 그리고 지금은 사방을 둘러보아도 두터운 소금이 깔린 풍경밖에 보이지 않는다. 그런데 아타카마 염원이라는 곳을 자세히 보면 미세한 사막의 먼지로 위장한 염화나트륨 아래로 얇은 물의 흔적이 보인다. 칠레에서 가장 큰 소금 퇴적층인 이 거대한 평원에는 소금뿐만 아니라 석고 평원도 있고 못 크기의 지표수도 드문드문 남아 있다.

염도가 극도로 높고 태양이 무척 뜨거운 이곳이지만 곳곳에 형성된 독특한 습지에는 다양한 야생생물이 서식한다. 이 습지에는 약용식물인 에페드라브레아나나카치유요가 극한 환경에도 적응해 번식하고 있다. 동물로는 칠레홍학과 안데스기러기로부터 가축화된 리마와 리마의 선조 격인 과나코 등이 살고 있다. 공기는 극도로 건조하여 바람에 실려 가는 입자가 거의 없기 때문에 바람조차 없으면 이 지역의 시계는 거의 100퍼센트에 가깝다. 그런 날은 80킬로미터 밖까지 선명하게 볼 수 있다. 아타카마의 염원은 산페드로 데 아타카마에서 남쪽으로 56킬로미터 떨어져 있다. **DBB**

아래 칠레의 아타카마 염원의 황량한 모습

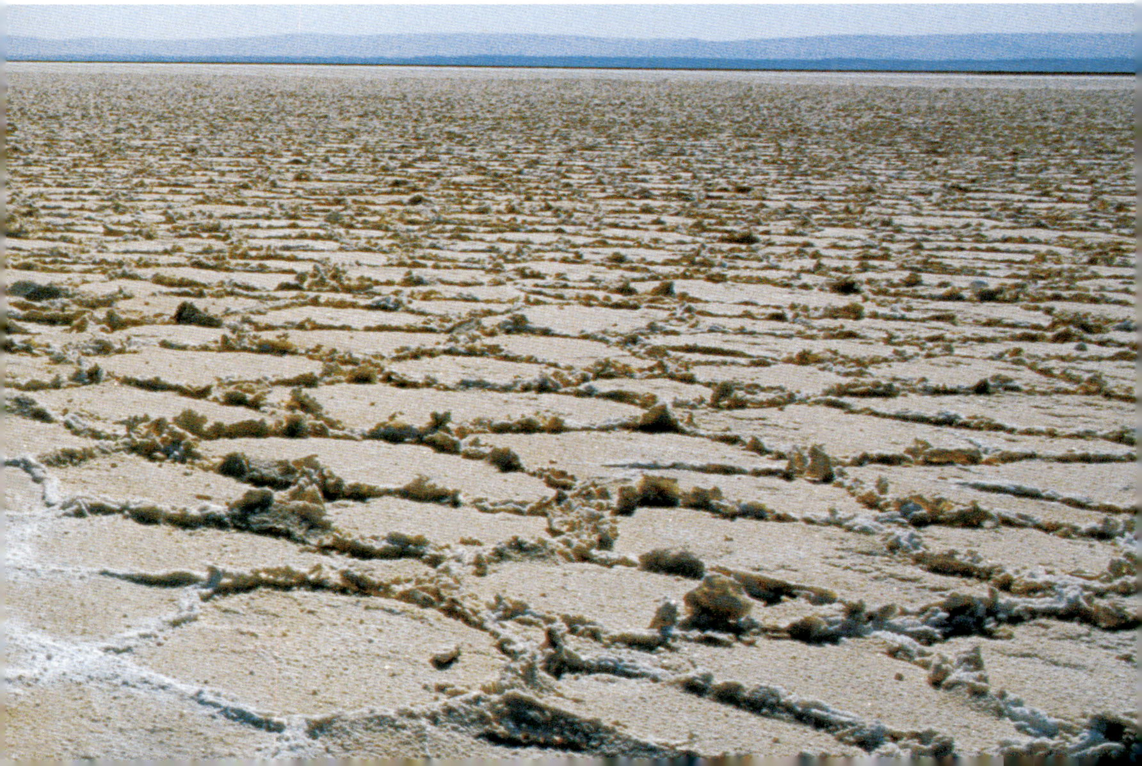

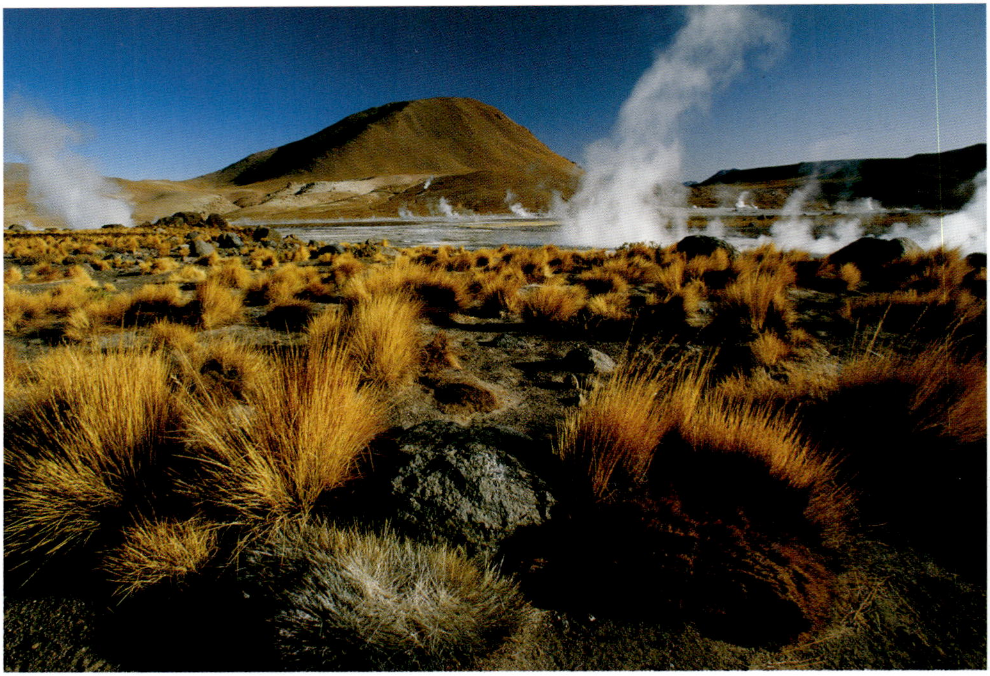

타티오 간헐천

칠레, 안토파가스타 주

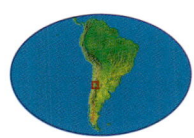

다른 이름 : 로스게이세레스 엘 타티오
물을 뿜는 열천의 수 : 110개
물기둥의 평균 높이 : 75센티미터

물은 원래 100도에서 끓는다. 하지만 이 지역에서는 겨우 86도면 끓는다. 4,200미터 높이에 있는 엘타티오는 세계에서 가장 높은 곳에 있는 간헐천이기 때문이다. 땅 위에는 결정화된 소금으로 이루어진 기둥과 원뿔 모양 기둥이 흩어져 있으며 물은 지하에서 솟아난 뜨거운 물뿐이다. 엘타티오에는 활발하게 물을 뿜어 올리는 열천 80개와 영구히 물을 뿜어 올리는 열천 30개가 있다. 이들 110개의 간헐천으로 이 지역은 서반구에서 가장 넓은 간헐천 지역이 되었다. 그러나 솟아오른 물기둥의 높이는 고작 1미터를 넘지 않는다. 마치 지옥에 온 것 같은 풍경이지만 사실 이곳은 생명력이 넘치는 곳이다.

간헐천에서 흘러나온 물이 흐르는 얕은 수로에는 내열성 박테리아가 풍부해서 붉거나 녹색의 얼룩이 진 것 같다. 간헐천 지역에서 몇 야드만 나오면 물은 목욕을 하기에 알맞을 정도로 식어 있다. 그곳에는 이 지역의 고유종인 개구리가 서식한다. 이 개구리의 올챙이는 박테리아의 섬사 사이에 숨어서 산다. 다 자란 개구리에게는 보기 흉한 습성이 있는데 다른 개구리를 서슴지 않고 먹어 치우는 것이다. 개구리들은 서로 잡아먹히지 않으려고 멀찌감치 떨어져서 다닌다. 간헐천 지역은 칼라마에서 남동쪽으로 150킬로미터 떨어져 있다. **MB**

춘가라 호수

칠레, 타라파카 주

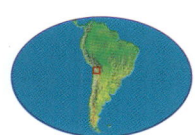

호수의 해발 고도 : 4,518미터
호수의 깊이 : 40미터
라우카 국립공원의 면적 : 138,000헥타르

칠레의 북동부에 있는 안데스 알티플라노에는 깊고 푸른 호수가 펼쳐 있다. 바로 춘가라 호수로 세계에서 가장 높은 곳에 있는 호수 크기의 수역이다. 바다보다 4,550미터나 높은 곳에 있는 춘가라 호수 뒤로 만년설이 덮인 휴화산인 파리나코타 화산이 위풍당당하게 서 있다. 이 화산의 정상은 호수 면보다 1,830미터나 더 높다. 동물의 일반적인 서식지보다 더 높은 춘가라는 습지의 가장자리에 있으며 매우 중요한 고지 동물의 서식지이다. 이 지역에는 비큐나와 알파카가 서식하며 수없이 많은 철새가 모여든다. 춘가라 호수에는 세상어느 곳에서도 볼 수 없는 특이한 메기가 서식한다. 1983년에 독특한 고지 관목지로 인정받아 세계 생물권보호구역으로 지정된 라우카 국립공원의 일부인 춘가라 호수는 멸종 위기에 처한 안데스사슴의 서식지이기도 하다. 이 지역에는 안데스사슴이 약 1,000마리 정도 서식하고 있다. 워낙 두메산골이고 원시 상태를 유지하고 있지만 호수의 물을 사용할 권리를 얻고자 물불을 가리지 않는 현지 기업들로 인해 호수는 치명적인 위협을 받고 있다. 어쩌면 춘가라 호수의 연약한 생태계는 영원히 파괴될지도 모른다. 라우카 국립공원과 공원과 춘가라 호수는 인근의 아리카 시에서 자동차로 갈 수 있다. **DBB**

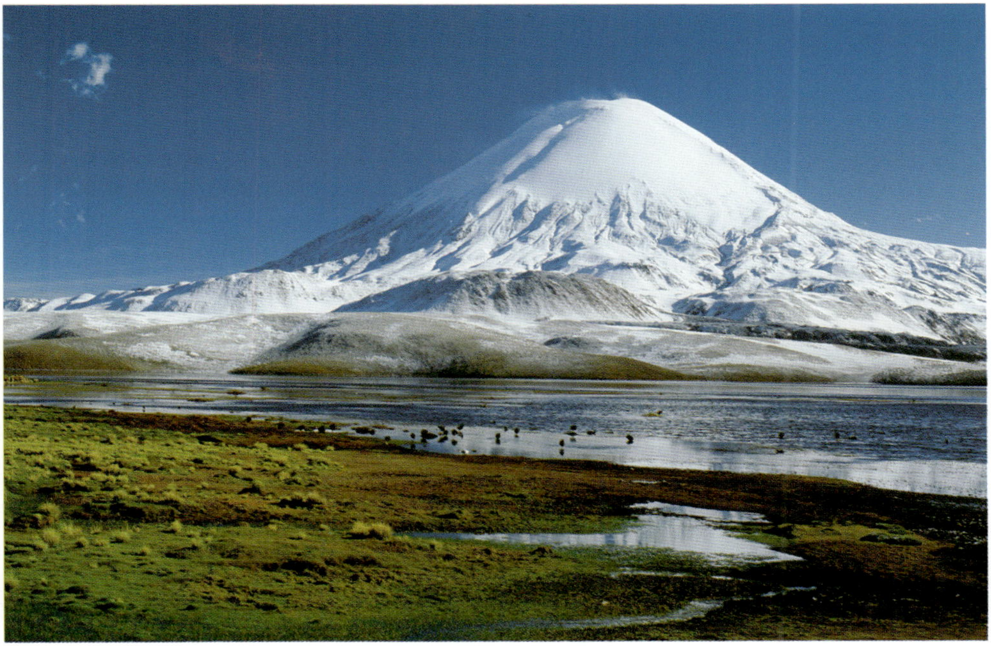

안투코 화산

칠레, 비오비오 주

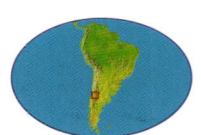

화산의 높이 : 2,985미터	
마지막 대형 폭발 : 1869년	

약 1만 년 전 칠레 중부의 아르헨티나 접경 지역을 따라 화산의 화구구가 급경사를 이루며 빠른 속도로 성장했다. 그러다 왼쪽 경사면이 붕괴하면서 엄청난 산사태가 일어났는데 이렇게 형성된 포악한 안투코 화산은 5킬로미터 크기의 연기나는 말굽 모양의 흔적을 남겼다. 초기에는 화산활동도 매우 활발하고 기슭에는 타버린 암석들이 작은 산을 이룰 정도였지만 현재는 평화로운 상태를 유지하고 있다.

화산의 경사면에는 희귀한 사이프러스와 비늘 모양의 잎이 달린 칠레소나무가 자생하고 있다. 안투코 화산은 1800년대에 마지막으로 폭발하면서 라하 호수의 배수구를 막아버렸다. 그 결과 원래 있던 호수에 수심이 거의 20미터에 달하는 새로운 호수가 만들어졌으며 아름다운 베일 모양의 폭포들이 만들어졌다. 현재 안투코는 매우 조용하다. 그러나 이 상태는 교묘한 눈속임에 불과하다. 안투코 화산은 죽은 것이 아니라 잠시 잠들어 있을 뿐이다. **DBB**

말랄카우헬로
자연보호구역

칠레, 아라우카니아 주

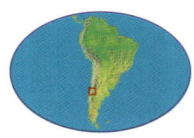

말랄카우헬로의 최대 높이 : 2,940미터	
식생(낮은 지역) : 발디비안 온대우림	
식생(높은 지역) : 고지 초지, 고산 잔디	

칠 레 서부의 아라우카니아에 위치한 이 자그마한 자연보호구역은 1931년 보호구역으로 지정되었다. 이곳의 명물은 론키마이 화산으로 화산의 경사면에는 멋진 화산 지형이 펼쳐져 있다. 좀더 높이 올라가면 다양한 종류의 고산 식물이 가득하다. 콘도르가 둥지를 트는 곳도 바로 이곳이다. 화산은 등반하기가 쉬우며 용암으로 뒤덮인 정상에는 분화구인 '나비다드 크레이터'가 웅장한 모습을 드러낸다. 이 분화구는 1988년 크리스마스에 폭발하면서 이런 이름이 붙었다. 정상에 서면 14개의 화산이 모두 눈에 들어온다. 공원과 화산에 걸쳐 고도가 낮은 지역에는 너도밤나무, 떡갈나무, 월계수류와 아라우카리아가 섞인 숲이 펼쳐 있고 더 건조한 지역에는 아라우카리아 숲이 있다. 습하고 이끼와 양치류가 번성한 발디비안 숲에는 고유의 식물, 포유류와 조류가 매우 풍부하다. 숲에는 못, 강, 습지가 많고 50미터 높이의 폭포도 있다. 공터마다 야생 푸크시아속이 자란다. 날카스 국립삼림보호구역과 함께 이 지역에는 400종 이상의 조류, 푸두사슴, 칠레숲고양이, 안데스여우, 매우 희귀하며 멸종위기에 처한 안데스사슴 등이 서식한다. 자신의 목에 있는 울음 주머니에 새끼를 키우는 다윈코개구리도 이 지역에 서식한다. **AB**

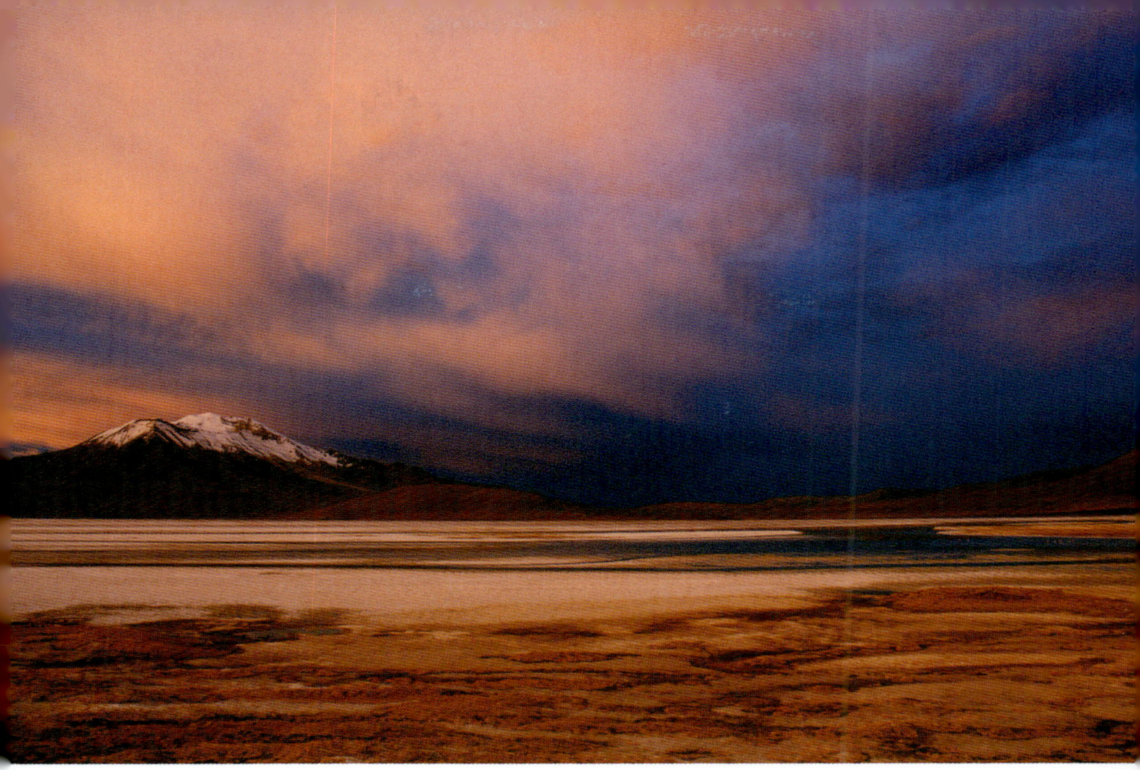

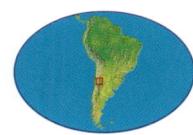

살라르 데 수리레

칠레, 타라파카 주

면적 : 1,829헥타르
고도 : 4,200미터
식생 : 건조 초지

칠 레 남부에 있는 이 염원은 이 지역의 고산 평원에 사는, 타조를 닮은 거대한 새인 '수리'의 이름을 따서 살라르 데 수리레라고 부른다. 1983년에 국립기념지로 지정된 이 지역에는 열천과 야생 생물이 풍부하며 염수호와 담수호도 많다. 염원은 122미터 높이로 솟아 있는 쿠엘라힐을 제외하면 완벽한 평원을 이루고 있으며 카시나네 강과 블랑코 강이 이 염원으로 흐른다. 염원은 사화산들로 둘러싸여 있는데 이 화산에서 걸러진 퇴적물이 현재 소금 평원을 이루고 있다. 호수에는 안데스홍학, 칠레홍학과 제임스홍학, 안데스뒷부리장다리물떼새와 관모집오리 등이 서식하고 있다. 한편 수리레팜파스의 초원에는 비쿠냐, 알파카, 푸나자고, 레아 등이 살고 있다. 일 년 강수량이 고작 250밀리미터에 불과하기 때문에 식물은 잘 자라지 않는다. 푸른 하늘을 배경으로 간간히 보랏빛 언덕과 붉은 풀밭이 펼쳐진 모습에서 고즈넉한 분위기가 난다. 밤에는 기온이 영하로 뚝 떨어지며 낮에도 5도 정도이다. 비쿠냐스 국립자연보호구역과 더불어 살라르 데 수리레는 야생생물을 관찰하기에 좋은 곳이다. 가장 가까운 도시는 콜차네인데 염원에서 남쪽으로 79킬로미터 떨어져 있다. **AB**

토레스 델 파이네
국립공원

칠레, 마가야네스이라안타르크티카칠레나 주

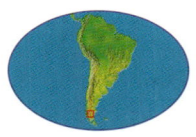

공원의 면적 : 2,242제곱킬로미터
파이네 그란데의 높이 : 3,050미터

토 레스 델 파이네 국립공원은 두메산골이지만 웅장한 경치와 풍부한 야생생물로 관광객들 사이에서 인기가 높다. 이 공원의 분위기를 압도하며 우뚝 솟은 파이네 산괴는 1,200만 년 전에 화강암으로 형성된 산맥이다. 토레스 델 파이네에는 화강암으로 이루어진 세 개의 봉우리가 있다 그중에서 가장 높은 봉우리가 파이네그란데이다. 나머지 쿠에르노스 데 파이네(파이네의 뿔)는 산 정상이 검은 점판암으로 덮여 있다. 이 공원은 파타고니아 빙상의 남단에 자리하고 있다. 빙하가 녹은 물은 쪽빛을 자랑하는 크고 작은 호수와 맑은 강물로 흘러들어가 폭포를 타고 흐른다.

땅에는 바람에 맞서는 초원이 펼쳐져 있고 높이 올라갈수록 점점 작아지는 렝가 숲이 서 있다. 관코스, 레아, 퓨마와 여우들이 주위를 어슬렁거리며 고개를 들어 하늘을 보면 안데스콘도르, 검은대머리수리와 크레스티드카라카라가 날고 있다. 인기 있는 산책 코스는 숨 막히도록 아름다운 산과 호수와 거대한 벤티스쿠에로 빙하까지 둘러보는 토레스 델 피에로 일주 코스이다. 이 코스를 완주하려면 8~10일 정도 걸리며 그레이 호수에서 출발해서 이곳으로 돌아오는 여정이다. **MB**

아래 웅장한 모습을 자랑하는 토레스 델 파이네의 봉우리들

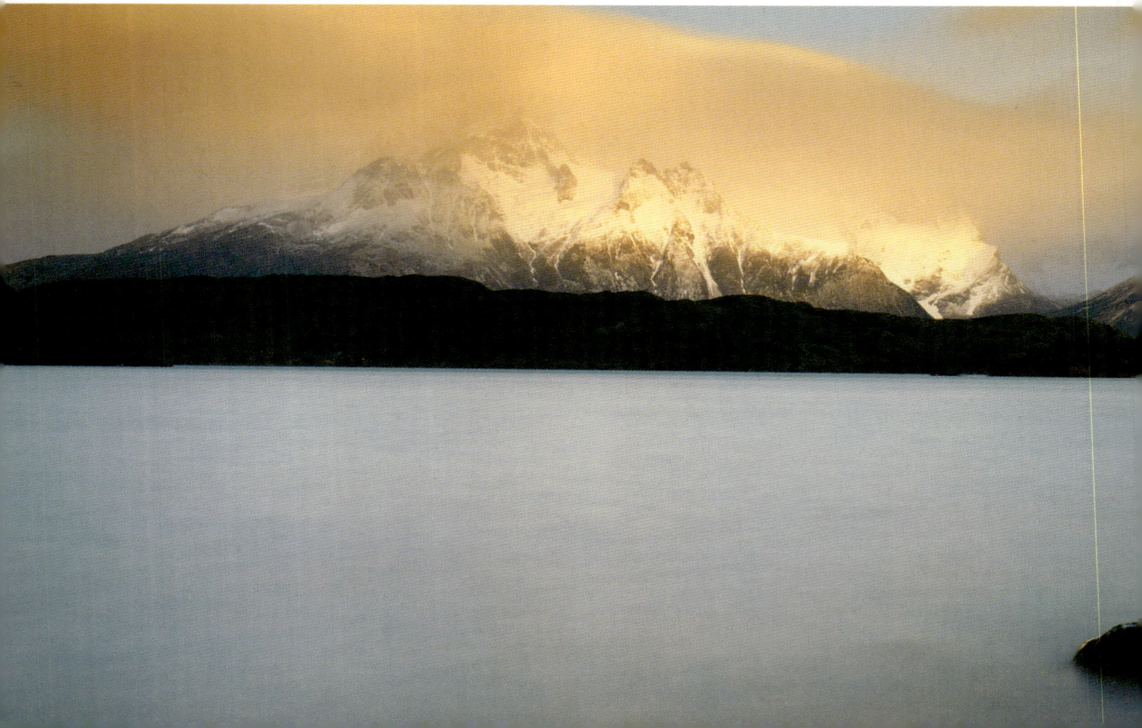

살토그란데
폭포

칠레, 마가야네스이라안타르크티카칠레나 주

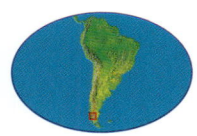

폭포의 높이 : 20미터
폭포의 폭 : 14미터

푸른 호수로부터 아무런 방해도 받지 않고 반짝이며 18미터나 떨어지는 살토그란데 폭포는 칠레의 남부 깊숙이 위치한 국립기념지이다. 폭포의 주위로는 뾰족한 화강암 봉우리들이 호위하듯 서 있다. 봉우리들은 하늘을 찌를 듯 톱날처럼 삐죽삐죽하게 2,500미터나 솟아 있고 붉고 노랗고 녹색인 숲이 산허리를 장식하고 있다. 이 모습에 폭포의 물안개 사이에 언제나 걸려 있는 무지개까지 더해지면 그 풍경은 마치 이 세상의 것이 아닌 듯 느껴진다.

하지만 이 풍경은 시작에 불과하다. 살토그란데 지역은 놀라울 정도로 다양한 동식물, 강과 습지, 희귀한 팜파스 초원과 공원의 이름이 된 거대한 토레스 바위를 보호하려고 1978년 생물권보호구역으로 지정된 토레스 델 파이네 국립공원까지 아우르고 있다. 살토의 물은 멀리 보이는 산들의 정상에서 빙하가 녹은 물이 흘러와 채워진 것이다. 호숫가에는 홍학과 낙타를 닮은 과나코가 모여든다. 아메리카 대륙에 서식하는 새 중에서 가장 덩치가 크면서 날지 못하는 난두 혹은 레아라고 불리는 새들의 서식지이기도 하다. 살토그란데는 푼타아레나스에서 토레스 델 파이네 국립공원까지 자동차로 갈 수 있다. 공원은 푸에르토나탈레스의 바로 남쪽에 자리 잡고 있다. **DBB**

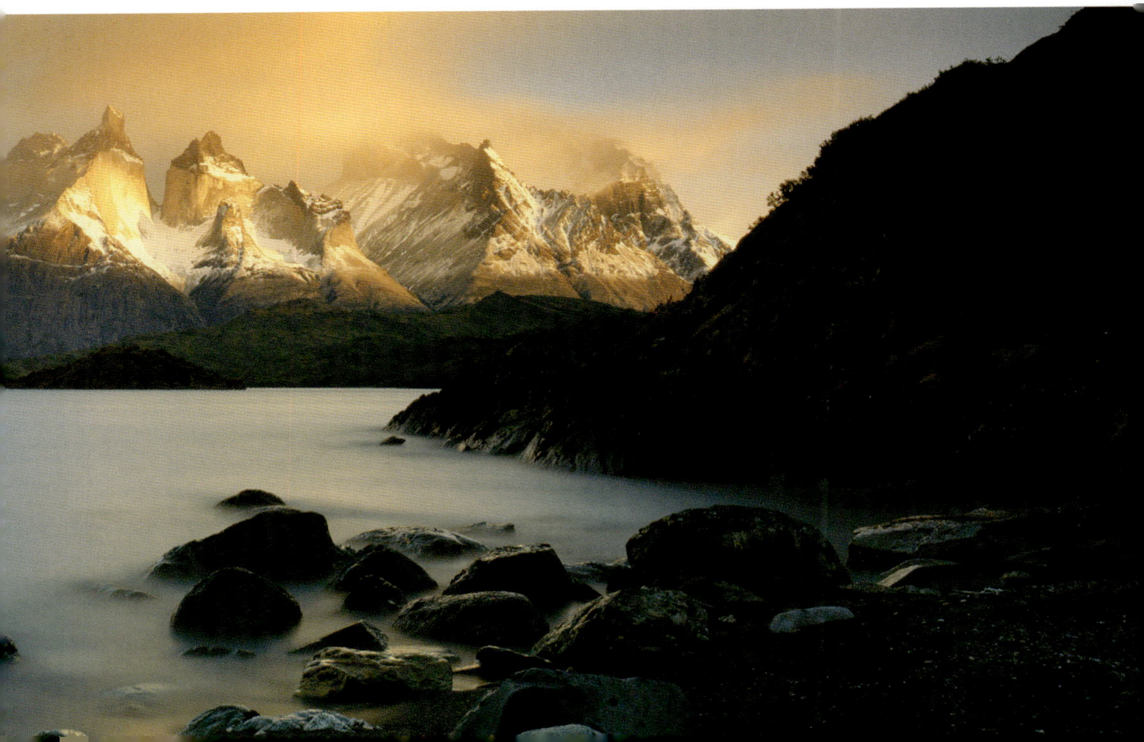

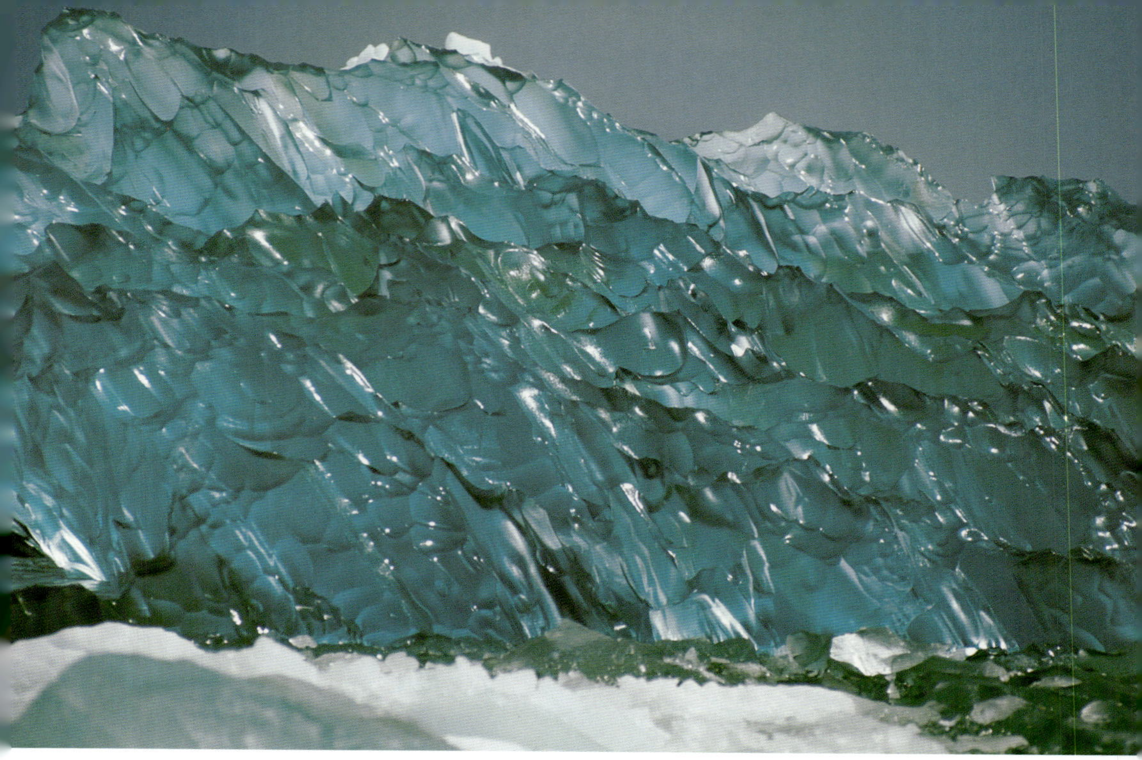

라구나산라파엘

칠레, 아이센 주

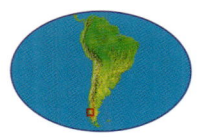

라구나산라파엘 국립공원의 면적 :
1,742,448헥타르

산라파엘 글래이셔의 길이 : 9킬로미터

국립기념지인 라구나산라파엘 국립공원 최대의 볼거리는 형광 푸른색과 흰색이 아름답게 어우러진 산라파엘 글래이셔일 것이다. 산라파엘 빙하는 파타고니아 빙원을 이루는 19개의 빙하 중 하나이다. 이 빙하는 하루에 17미터나 이동하며 높이는 해발 3,000미터에 달한다. 이 빙하에서 녹아내린 물은 호수로 흘러가 좁은 수로를 통과한 후 엘레판테스 만으로 흘러든다. 70미터 높이의 얼음 절벽에서는 하루에도 400번이나 얼음판이 호수로 떨어져 최고 3미터의 높은 파도를 일으킨다.

이 지역의 생태계는 가까이에 있는 태평양의 영향을 많이 받는다. 이 지역에는 짧은꼬리앨버트로스, 펭귄, 가마우지, 증기선오리, 바다수달, 바다사자 등이 주로 서식한다. 잿빛머리거위가 해안의 풀밭 사이에 무리지어 있고 한차례 폭우가 쏟아지고 나면 작은 얼룩무늬 개구리들이 나타난다. 이 개구리에 대해서는 아직 정확히 알려지지 않았다. 칠레의 피오르 지역에 있는 라구나산라파엘에는 도로가 없다. 그러므로 푸에르토몬트에서 배로 가거나 코이아이케나 푸에르토아이센에서 전세기로 가야 한다. 현재 지구온난화로 빙하가 계속 녹아내리고 있어서 앞으로의 관광 가능 여부에도 영향을 미칠 수 있겠다. **MB**

피오르랜드

칠레

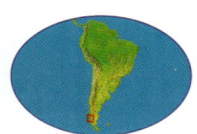

빙하의 높이 : 최대 61미터
피오르랜드의 위치 : 페나스 만의 남쪽
피오르드 해안의 길이 : 37,000킬로미터

끝도 없이 이어지는 칠레의 해안선을 따라 들어선 산맥은 남쪽으로 내려가면서 점점 땅속으로 들어가 결국 깊은 바다 속으로 자취를 감춘다. 이곳에서 정상만 남은 산들은 섬이 되어 넓은 수로들 사이에 버티고 서 있고 안데스의 고지에서 내려온 빙하들은 하늘을 찌를 듯 서 있는 얼음 절벽이 되어 긴 여정을 마친다. 투명하고 푸른 절벽과 빙산이 떠 있는 이곳이 바로 칠레의 피오르랜드이다.

피오르랜드에서는 모든 것이 다 큼직큼직하다. 3만 년 동안 떠도는 빙하들은 지구에서 가장 큰 빙원 중 하나를 이루던 것들로, 지금은 수천 킬로미터의 해안을 따라 흘러서 수백 곳에서 기나긴 여정을 마감하고 있다.

지구상에는 거대한 자연의 힘이 함께 작용하는 곳이 많지 않다. 피오르랜드는 바로 그런 곳 중의 하나로 물밑에서부터 물 위로 우뚝 솟은 거대한 빙하에 이르기까지 어느 한 곳 놓치고 싶은 곳이 없다. 이 지역에서 한데 만나는 대서양과 태평양의 해류와 빙하에서 녹아 바닷물로 흘러드는 담수, 바위투성이의 해안이 만들어낸 먹이 사슬 속에는 펭귄, 바다사자 그리고 모두의 포식자인 범고래가 있다. 이곳은 남아메리카에서 유일하게 혹등고래가 먹이를 먹는 곳으로 알려져 있다. **DBB**

발마세다 빙하

칠레, 푼타아레나스

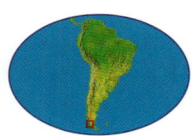

빙하의 해발 고도 : 2,035미터
빙하의 생성 시기 : 30,000년 전
첫 횡단 기간 : 98일

녹기 시작한 가장자리에서 쉼 없이 푸른 피를 흘리는 하얀 눈의 담요가 바로 발마세다 빙하이다. 칠레 최남단에 있는 발마세다는 발마세다 산의 동쪽 산허리에 있는 계곡 전체를 틀어막고 있다. 하늘 높이 우뚝 솟은 삼각형의 시커먼 바위 봉우리 사이에 끼어 있는 발마세다 빙하는 산 주위에서 끊임없이 형성되는 폭풍우 구름 사이에서 시작되어 태평양 입구까지 천천히 흐르고 있다. 1980년대 중반만 해도 파도가 빙하의 가장자리에서 출렁거렸지만 지금은 지구온난화로 인해 빙하 대부분이 후퇴해서 150미터 높이의 중턱에나 걸려 있다.

거대한 남부 파타고니아 빙원에 속하는 이 지역에는 사람이 살지 않는다. 대신 콘도르가 하늘을 호령하고 범고래가 바다를 다스리며 발마세다 빙하가 육지를 지배한다. 하지만 이곳에도 가끔은 사람의 발길이 닿곤 한다. 칠레의 극지 탐험가들이 1999년 1월에 남쪽의 빙원을 종단하는 데 처음으로 성공했다. 관광객들은 배나 비행기로 빙하를 구경할 수 있다. 최근에는 빙하에 접근해 관찰할 수 있도록 전문적인 장비를 갖춘 투어도 많이 있다. **DBB**

비글 해협

칠레 / 아르헨티나

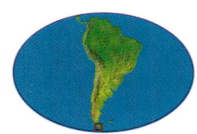

비글 빙하의 길이 : 240킬로미터

비글 빙하의 폭 : 5~13킬로미터

비글 해협의 이름은 찰스 다윈의 탐사선인 비글 호에서 딴 것이다. 하지만 이곳을 처음으로 발견한 사람은 로버트 피츠로이이다. 그는 1830년대 탐사항해를 하던 중 이곳을 발견했다. 피에라 델 푸에코에 있는 이 해협은 좁지만 안전한 수로이다. 피에라 델 푸에고의 최고봉은 다윈 산으로, 높이는 1,830미터에 달하면 눈이 90미터 이상 쌓여 있다. 비글 해협의 섬들은 종종 영토 분쟁에 휘말

이곳에 가면 다윈이 본 바로 그 빙하에서 떨어져 나온 거대한 빙하가 바다로 풍덩 빠지는 모습을 비롯해 해안에서 돌을 던지면 닿을 거리에서 한가로이 헤엄을 치는 향유고래도 구경할 수 있다.

얼음처럼 차가운 바다는 대서양과 태평양이 만나는 곳으로, 해협 곳곳에 있는 수많은 섬에 사는 다양한 동물의 먹이를 제공한다. 그러므로 이곳에 다양한 조류가 서식한다는 것 역시 쉽게 짐작할 수 있을 것이다. 바다갈매기, 바다제비, 짧은꼬리앨버트로스, 도둑갈매기, 증기선오리와 가마우지가 마젤란펭귄이나 젠투펭귄과 함께 서로 좋은 곳을 차지하려고 경합을 벌인다.

마치 천연의 원형극장처럼 둥글게 늘어선 험준한 산, 빙하와 폭포들을
배경으로 자연의 장관이 펼쳐진다.

리곤 했는데 현재는 아르헨티나와 칠레 두 나라가 양분하고 있다. 양국은 이곳의 풍부한 광물과 크릴새우에 눈독을 들이고 있다. 일찍이 비글 해협은 수많은 선박을 난파시키며 악명을 떨친 케이프 혼의 험한 바다를 피해 우회할 수 있는 곳으로서 매우 중요한 곳이었다.

아름다운 수역을 둘러싸고 종종 벌어지는 정치적 분쟁을 제외한다면 비글 해협은 온갖 바다 동물이 서식하는 조용한 안식처이다. 마치 천연의 원형극장처럼 둥글게 늘어선 험준한 산, 빙하와 폭포들을 배경으로 자연의 장관이 펼쳐져 있다. 다윈이 이곳을 방문해 다음과 같이 기록한 이후로 이곳의 풍경은 거의 바뀌지 않았다. '이곳의 녹주석처럼 푸른 이곳 빙하보다 더 아름다운 것은 상상조차 할 수 없다.'

세계에서 가장 남쪽에 있는 너도밤나무 숲을 탐험하면 남아메리카에서 가장 큰 희귀한 마젤란딱따구리도 구경할 수 있다. 안데스콘도르, 블랙크레스티드쇠콘도르, 오스트랄쇠앵무새 등과 마주치는 기쁨도 누릴 수 있다. 비글해협은 세계 최남단에 있는 도시인 우수아이아에서 가까운 입지 조건 덕분에 생태관광지로 각광받기 시작했다. 이곳으로 떠나는 투어는 비교적 쉽게 참여할 수 있으며 가이드의 도움으로 아남극(亞南極)을 맘껏 체험할 수 있다. **NA**

오른쪽 비글 해협의 바위 위에 물개와 가마우지들이 모여 있다.

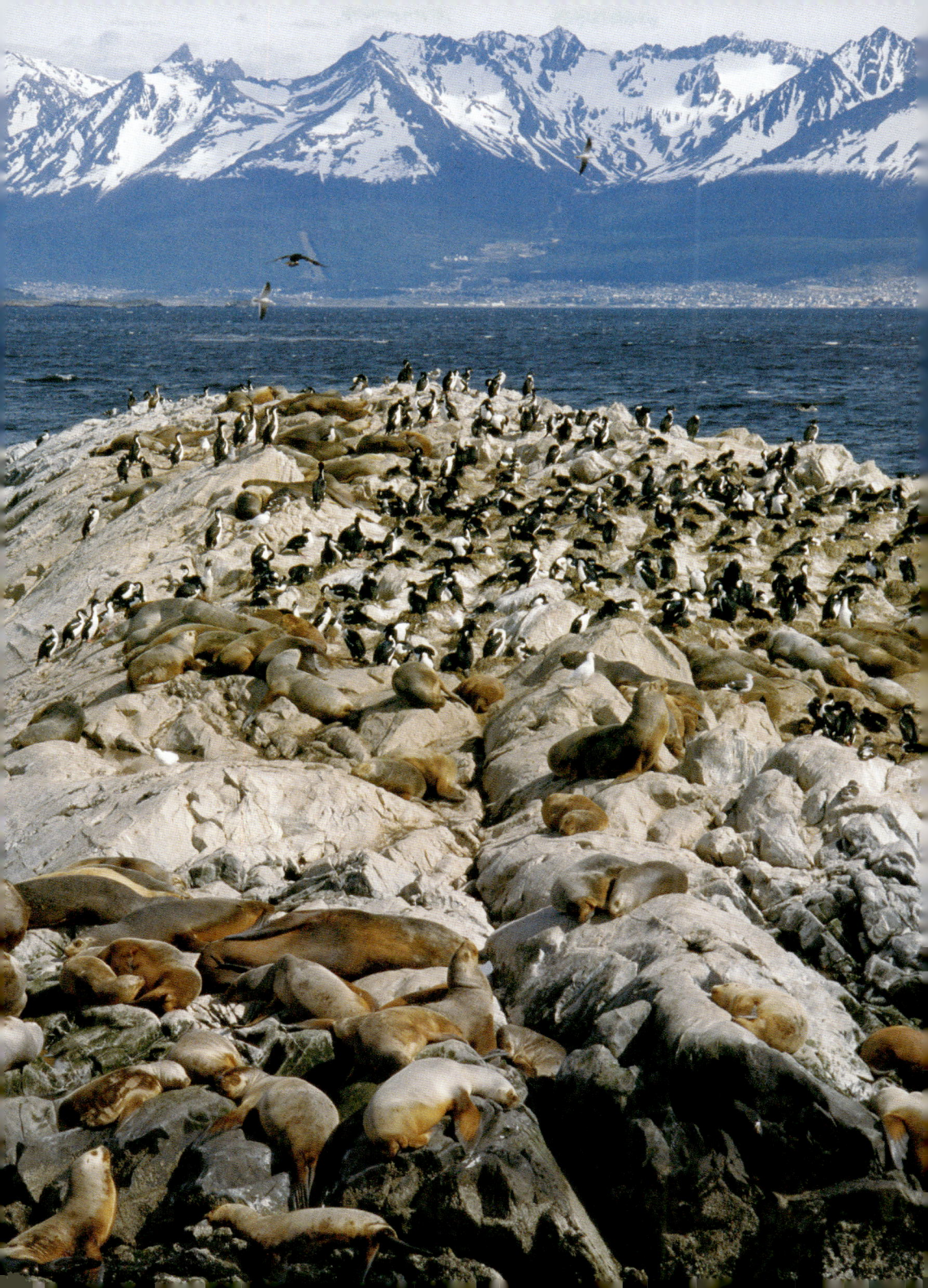

니에베페니텐테스

칠레 / 아르헨티나

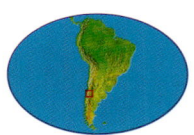

아구아네그라 고개의 해발 고도 : 4,765미터
니에베페니텐테스의 높이 : 최대 6미터
세로페니텐테스의 높이 : 4,350미터

칠 레와 아르헨티나 사이의 아구아네그라 고개 는 남아메리카에서 차로 갈 수 있는 가장 높 은 곳이며 얼어붙은 눈이 기둥이 되어 늘어서 있는 독특한 지형의 입구이다. 니에베페니텐테스라 불 리는 이 기둥은 고지대의 설원에서만 볼 수 있는 특이한 현상이다. 이곳의 눈 기둥을 보고 있으면 기독교에서 볼 수 있는, 하얀 천을 드리운 얼음 상 이 서 있는 것 같다. 기둥은 대부분 2미터를 넘지 않지만 최대 6미터에 달하는 것도 있다. 눈 기둥은 여름에도 녹지 않고 길가에 늘어서 있다.

1835년에 처음 눈 기둥을 본 찰스 다윈은 기둥 의 괴상한 모습이 풍화작용의 결과일 것이라 생각 했다. 그러나 아르헨티나의 지질학자인 루치아노 로케 카탈라노는 1926년에 다른 의견을 내놓았다. 눈 기둥의 꼭대기가 낮 동안에 녹았다가 밤에는 얼 기 때문에 기둥을 형성하는 눈의 결정은 특정한 방 향성을 띤다. 이 때 그 방향은 지구 자기장의 영향 을 받게 되고 그 결과 모든 눈 기둥이 동서 방향으 로 기울어져 있는 것이다. 근처의 페니텐테스 스키 휴양지는 세로페니텐테스의 이름을 딴 곳으로 눈 기둥을 닮은 바위기둥이 산보다 더 높이 서 있다. 니에베페니텐테스는 근처의 세로오베로에서도 보 인다. **MB**

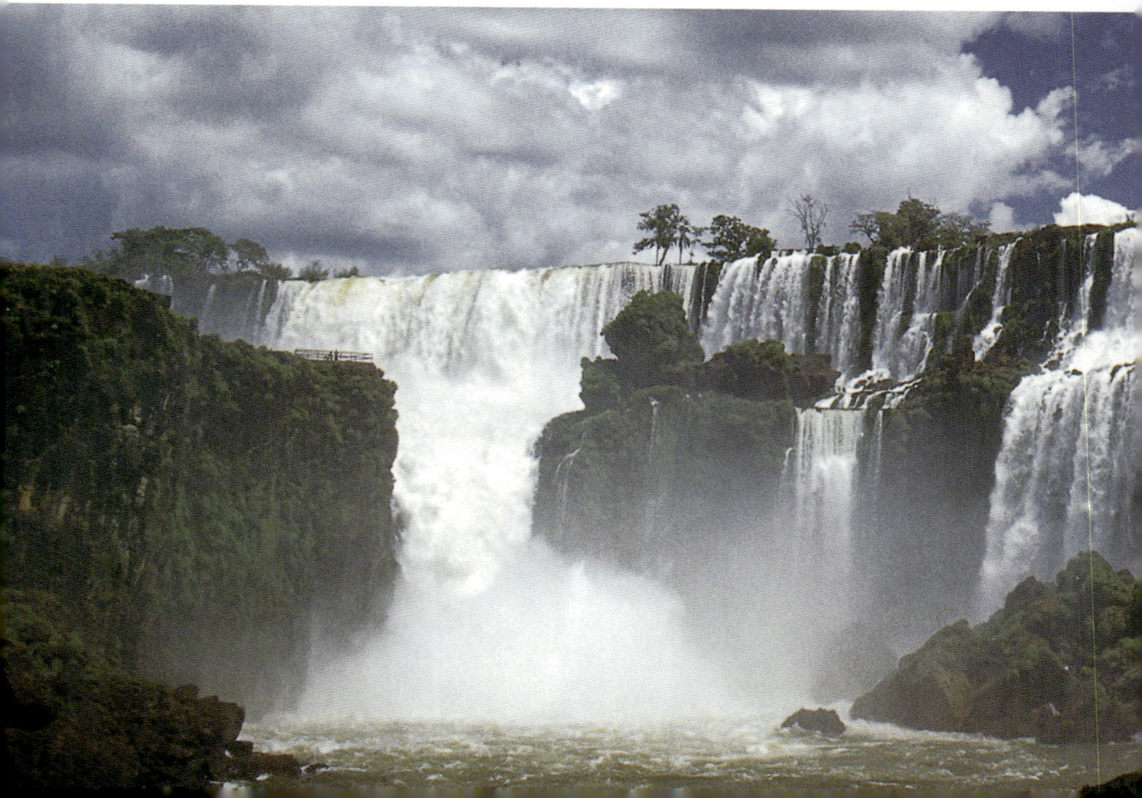

이과수 폭포

아르헨티나 / 브라질

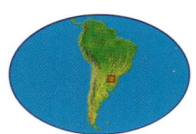

이과수 폭포의 높이 : 85미터	
협곡의 폭 : 4킬로미터	
물보라의 최대 높이 : 90미터	

이과수 강이 파라나 고원의 남쪽 가장자리를 흘러 말발굽 모양의 협곡에 초당 5만 8,000톤의 물을 쏟아 붓는 이곳이 바로 이과수 폭포이다. 협곡으로 떨어지는 물은 여기저기 있는 섬과 튀어나온 바위 때문에 다시 275개의 작은 폭포들로 나뉘어져 수직으로 떨어지거나 가파른 협곡 벽을 흘러내린다. 고막을 찢을 것 같은 폭포의 굉음은 멀리서도 들릴 정도이며 물보라가 하늘 높이 솟아오른다. 가장 높은 폭포는 유니언 폭포로 '악마의 목구멍'이라고 불리는 깊은 틈으로 떨어진다. 관광객들은 작은 고무보트를 타고 폭포에 접근할 수 있다. 브라질 쪽에서 헬리콥터를 타고 내려다보는 폭포와 협곡의 모습은 장관 중의 장관이다. 아르헨티나 쪽에는 오솔길과 인도교가 설치되어 있어서 협곡 가장자리를 장식하고 있는 대나무, 야자수, 리아네와 야생 난초의 아름다움을 만끽할 수 있다. 이끼, 양치류와 브로멜리아드로 장식한 나무들 사이로 맹금류의 둥지가 걸려 있다. 칼새 무리가 주변을 선회하다가 물의 벽 뒤에 만든 둥지를 향해 다이빙하듯 폭포를 뚫고 들어가는 모습도 구경할 수 있고 멀리서 울음원숭이가 울부짖는 소리가 들릴 때도 있다. **MB**

아래 수많은 작은 폭포로 이루어진 이과수 폭포의 장대한 모습

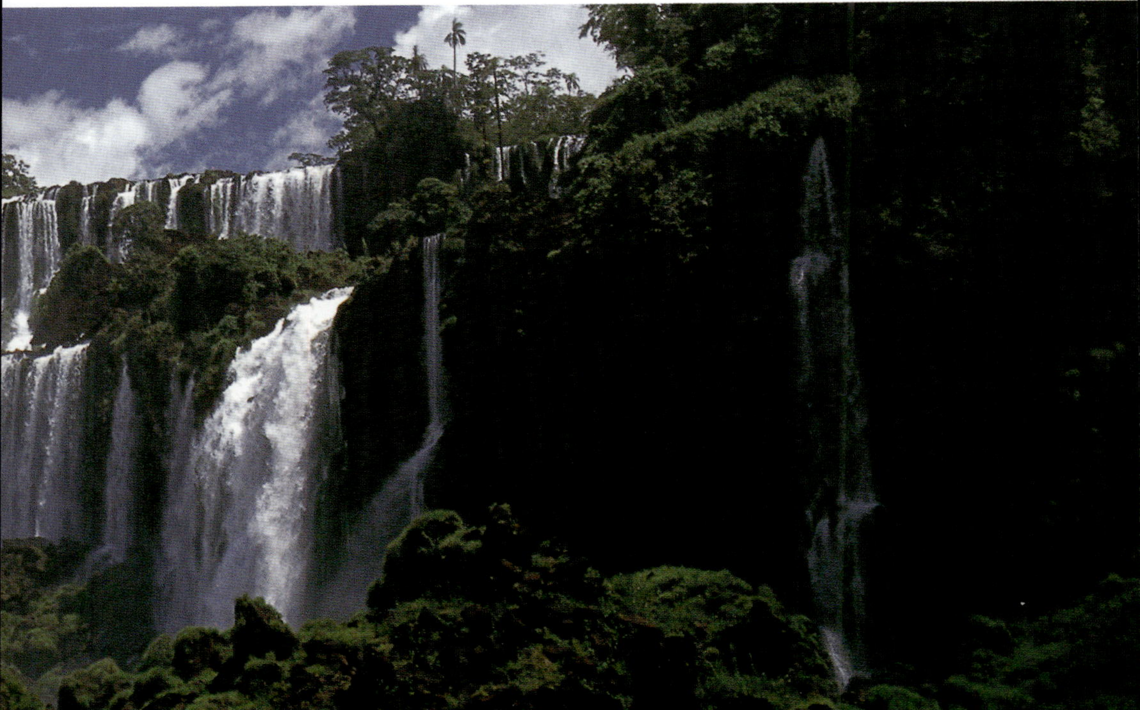

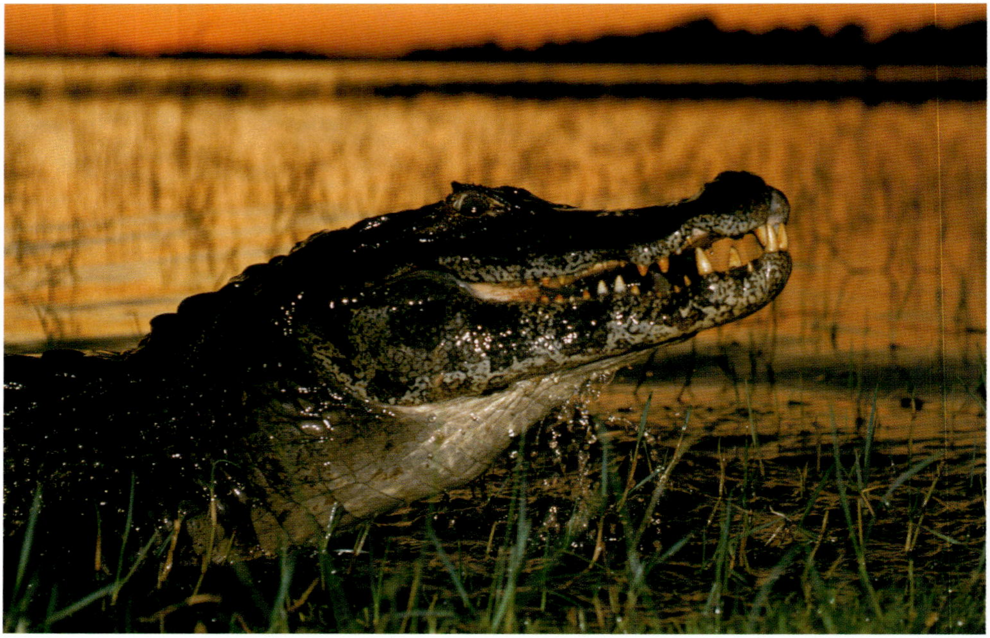

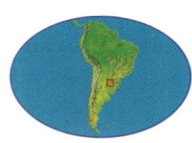

이베라 습지

아르헨티나, 코리엔테스 주

습지의 면적 : 130만 헥타르	
연간 강수량 : 1,200∼1,500밀리미터	

풀이 무성한 초원, 더러운 습지, 푹푹 빠지는 늪 등으로 이루어진 이베라 습지는 아르헨티나 북동부에 있다. 세계에서 가장 접근하기 어려운 물의 세계인 이베라는 거대한 아나콘다, 늑대, 부드러운 땅에서 가라앉지 않도록 물갈퀴가 달린 습지 사슴 등 희귀하고 멸종 위기에 처한 동물들의 안식처이다. 이곳은 세계에서 가장 보기 드문 생태계가 조성되어 있다. 수심이 깊은 호수에 '엠발사도스' 혹은 '댐 랜드'라고 불리는 섬들이 떠 있다. 섬은 수위가 변할 때마다 오르락내리락한다. 얽히고설킨 수초들로 이루어진 식물의 섬은 그 두께가 3미터를 넘으며 다 자란 나무가 서 있을 만큼 튼튼하다.

두메산골에 형성된 이런 독특한 서식지에는 80종이 넘는 어류와 수백 종에 달하는 조류뿐만 아니라 두 종의 카이만 악어가 살고 있다. 남아메리카에서 브라질의 판타날 다음으로 큰 이베라 습지는 자메이카보다 더 크다. 수 세기 동안 평화로웠던 이곳은 얼마 전 파라나 강에 댐이 완공되면서 수면이 상승해 습지가 호수로 변할 위기에 처해 있다. 아르헨티나는 국제적인 자연보호단체와 연계하여 이곳의 생태계를 보존하고자 노력하고 있다. **DBB**

팜파스

아르헨티나

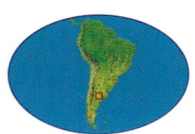

팜파스의 면적 : 328,000제곱킬로미터
연간 강수량 : 500~1,000밀리미터

저 멀리 지평선을 배경으로 간간이 보이는 호수와 나무와 비슷하게 생긴 옴부 덤불이 보이는 광활한 풀의 바다가 바로 아르헨티나 중부 팜파스의 모습이다. 팜파스는 야생말, 라마와 비슷한 과나코, 이 지역에만 사는 여우, 타조를 닮은 레아 등이 사는 넓디넓은 평원이다. 안데스 산맥에서 시작해 대서양 해안으로 뻗어 있으며 지역에 따라 기후가 다른 팜파스는 희귀한 조류들의 서식지로도 유명하다. 이곳은 또한 세계적으로 멸종 위기에 처해 있는 큰찌르레기사촌과 누른도요의 서식지로, 이 새들은 매년 알래스카와 캐나다의 툰드라에서 새끼를 낳고 이곳으로 돌아온다.

아르헨티나 국토의 4분의 1을 차지하는 팜파스에는 아르헨티나 인구 대부분이 거주하며 토양도 세계에서 가장 비옥하다. 그러나 이 두 요소가 결합하면서 문화적으로나 생태학적으로 큰 재앙을 불러 일으켰다. 한때 이 나라에서 가장 크고 독특한 서식지였던 이곳이 지금은 생사의 갈림길에 서 있는 곳으로 전락하고 만 것이다. 대규모 방목, 무절제한 사냥, 화학비료를 과도하게 사용하는 농업의 결과로 퓨마를 비롯해 이 지역에서 서식하는 팜파스고양이와 같은 대형 육식동물은 거의 사라졌다. 이 지역을 보호하려는 움직임이 이제야 일고 있는데 6,880헥타르에 달하는 면적을 에르네스토 토른키스트 주립공원으로 지정해 아르헨티나 최대 팜파스 고유의 생태계를 보호하고 있다. **DBB**

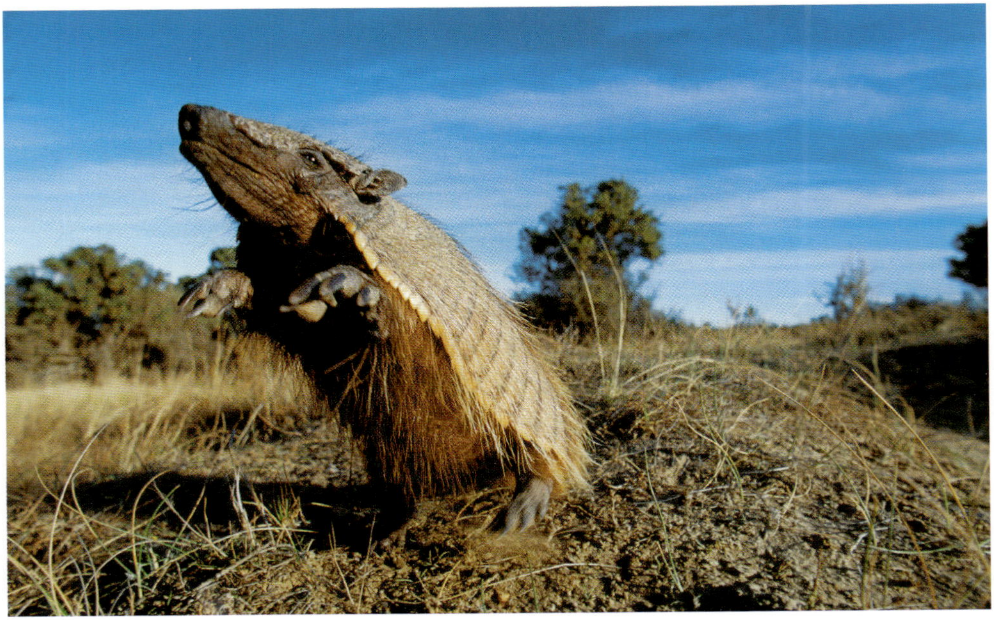

267

발데스 반도

아르헨티나, 추부트 주

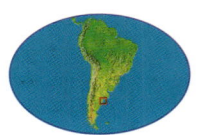

호주긴수염고래의 길이 : 15미터

남아메리카에서 가장 낮은 지점 : 발데스 반도의 살리나스 치카스, 해면 아래 40미터

매년 여름이면 7,000여 마리의 남방바다사자, 5만 마리의 남방코끼리바다표범, 호주의 긴수염고래 1,500마리가 새끼를 낳으려고 발데스 반도로 몰려든다. 고래는 반도에 형성된 두 곳의 말발굽 모양의 만에 도착해서 4~12월경인 남반구의 겨울을 보낸다. 이들의 활동이 가장 왕성한 시기는 9~10월 사이로 20마리 이상의 거대한 긴수염고래들이 암컷에게 구애를 하려고 좋은 자리를 차지하기 위한 싸움을 벌인다. 수컷들의 구애는 폭력적일 때도 있어서 박치기와 싸움의 흉터가 남아 있는 고래가 많다. 하지만 격렬한 구애 활동은 범고래의 위협에 비하면 아무것도 아니다. 범고래는 반도의 북동쪽 끝단에 있는 푼타노르테에서 나타난다. 이 해변은 일반에 공개되어 있지는 않지만 2~3월 사이에 특별히 전망대가 설치되어 범고래가 바다에서 튀어나와 해변의 물개를 잡아먹는 모습을 구경할 수 있다. 반도는 부에노스아이레스에서 남쪽으로 1,500킬로미터 정도 떨어져 있다. 근처인 트렐레우에는 공항이 있고 마드린 항에 자리 잡은 누에보 만의 해변에는 다이빙센터가 있으며 동쪽 해안의 푸에르토피라미데에서 호주긴수염고래를 구경하는 보트 투어에 참여할 수 있다. 푼타노르테에 가는 길에는 관목림을 돌아다니는 야생기니피그를 조심해야 한다. **MB**

푼타툼보

아르헨티나, 추부트 주

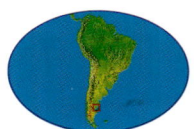

펭귄의 번식기 : 9월에서 이듬해 3월 사이

산란 : 2개의 알을 산란해서 암컷과 수컷이 번갈아 알을 품고 있음(39~43일)

성조 펭귄의 키 : 71센티미터

키작은 덤불로 이루어진 사막 관목림과 헐벗은 바위를 배경으로 펼쳐져 있는 황량한 모래 만인 푼타툼보는 아르헨티나의 대서양 연안 중부에 자리 잡고 있다. 이곳은 언뜻 보기에는 전혀 펭귄의 서식지로 보이지 않지만 마젤란펭귄이 살기에 완벽한 곳으로 이곳에서 번식하는 펭귄의 수는 수십만 마리에서 많게는 100만 마리에 이른다. 수컷이 암컷에게 구애를 할 때 당나귀처럼 울기 때문에 '바보 펭귄'이라고도 불리는 턱시도 차림의 마젤란펭귄은 개펄에 구멍을 내거나 푼타툼보에 흩어져 있는 덤불과 바위 아래를 열심히 파서 굴을 만든다. 성조 펭귄은 일 년의 반 정도를 이곳에서 지내는데 바다와 굴을 왕복하며 새끼를 키운다. 나머지 반은 해류를 타고 북쪽의 브라질로 가 바다에서 지낸다. 푼타 품보의 펭귄 군락은 남아메리카 최대의 군락이자 120년이나 된 가장 오래된 것이기도 하다. 아마도 이곳에 펭귄의 천적이 없기 때문일 것이다. 펭귄의 가장 큰 위협인 범고래는 사실 펭귄보다 바다사자를 더 좋아한다. 바다사자는 이곳에서 160킬로미터나 위에 있는 연안에서 대량으로 서식하고 있다. 푼타툼보는 파타고니아의 북동쪽 가장자리에 자리 잡고 있다. **DBB**

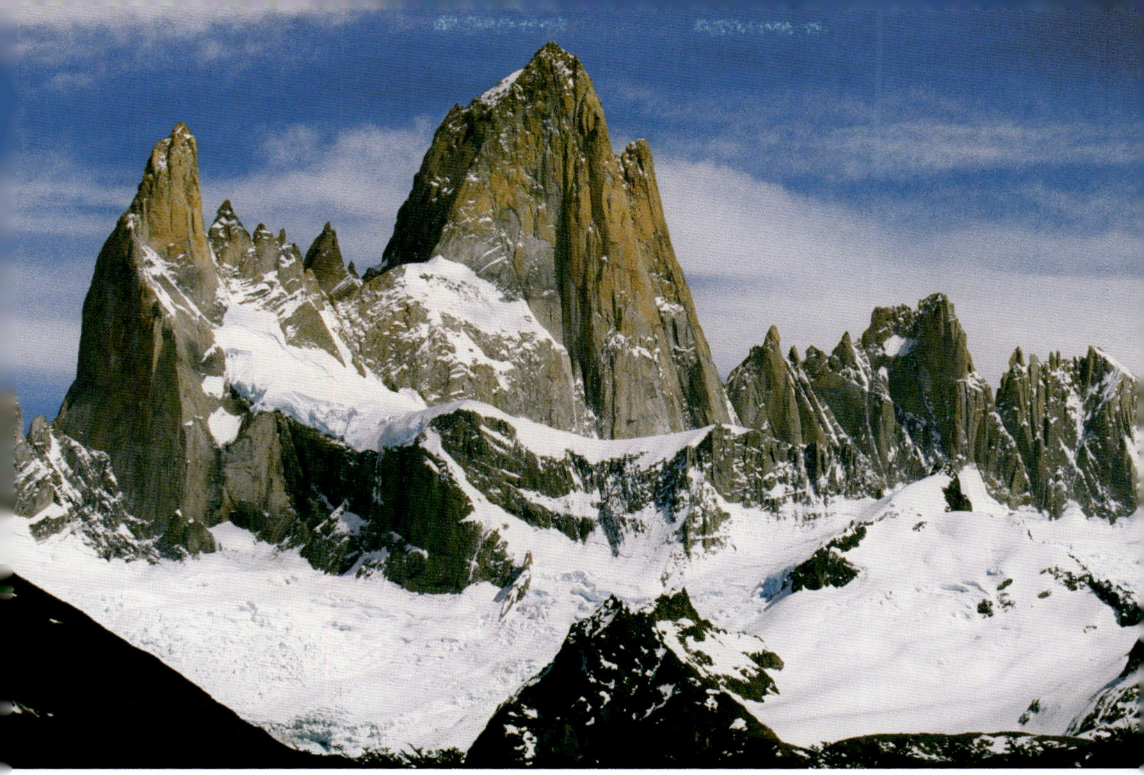

피츠로이 산

아르헨티나

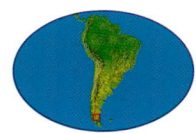

산의 높이 : 3,405미터
최초의 등정 : 1952년 프랑스 탐사대

상어의 이빨처럼 하늘을 물어뜯을 듯 솟아 있는 산괴의 중앙에 있는 피츠로이 산은 거칠고 바람이 거센 남부 파타고니아의 최고봉이다. 거대한 빙하들 위로 우뚝 솟은 뾰족한 산의 주변에는 언제나 구름과 눈이 흩날리므로 이 산에 최초로 정착한 원주민들은 피츠로이 산을 엘 찰텐(연기를 뿜는 산)이라고 불렀다. 피츠로이 산과 주변 산은 예측할 수 없는 날씨와 악명 높은 강풍에도 목숨을 걸고라도 정상을 정복하려는 전문 산악인들의 발길이 끊이지 않는 곳이다. 하지만 이 산을 즐기려면 산기슭까지만 올라가도 된다. 산기슭에서 거대한 빙하가 천천히 내려와 관목 숲과 뒤틀린 나무들의 숲으로 들어가는 모습을 볼 수 있기 때문이다. 이 숲에는 곳곳에 호수와 폭포가 발달해 있고 아름답게 지저귀는 새소리가 즐겁다. 피츠로이 산은 약 50개의 대형 빙하와 세계에서 두 번째로 큰 빙원에서 떨어져 나온 수많은 빙산을 보호하고자 지정한 글래이셔 국립공원의 북쪽에 자리 잡고 있다. 1981년에 세계자연유산에 등재된 글래이셔 국립공원은 풍부한 볼거리로 우리의 눈을 즐겁게 한다. **DBB**

페리토모레노 빙하

아르헨티나, 산타크루스 주

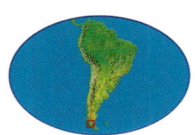

글래이셔 국립공원의 면적 : 600,000헥타르

빙하의 수 : 365개

빙하의 길이 : 30킬로미터

아르헨티나 남부의 글래이셔 국립공원에 있는 페리토모레노 빙하는 3~4년에 한 번씩 대혼란을 일으킨다. 페리토모레노 빙하는 파타고니아 빙원의 남부에서 떨어져 나왔지만 최종 종착지인 아르젠티노 호수를 향해 바로 간다는 점에서 다른 빙하들과 다르다. 이 호수는 아르헨티나에서 가장 깊은 호수이다. 빙하는 움직이면서 반대편 해안에 있는 마젤란 반도로 향해 템파노스 해협을 막아 버린다. 이 빙하가 숲으로 밀려들어 간다는 이야기도 있지만 빙하의 가장 큰 작용은 웁살라 빙하와 스페가치니 빙하에서 녹아 모레노의 거대한 얼음 장벽 뒤로 흘러 들어가려는 물을 막아버리는 것이다.

그 결과 호수 상류의 수위가 급격하게 상승해서 하류보다 37미터나 높아진다. 결국 수압을 이기지 못해 얼음 둑이 터지면 엄청난 물이 하류로 흐르는데 원래의 상태를 되찾기까지 48~72시간 정도가 걸린다. 이때 얼음이 깨지는 소리를 수 킬로미터 떨어진 곳에서도 들을 수 있다고 한다. 페리토모레노 빙하를 보려면 칼라파테에서 출발해도 되고 부에노스아이레스에서 출발하는 왕복 비행기를 이용할 수도 있다. **MB**

아래 모레노 빙하가 아르젠티노 호수를 가로지르고 있다.

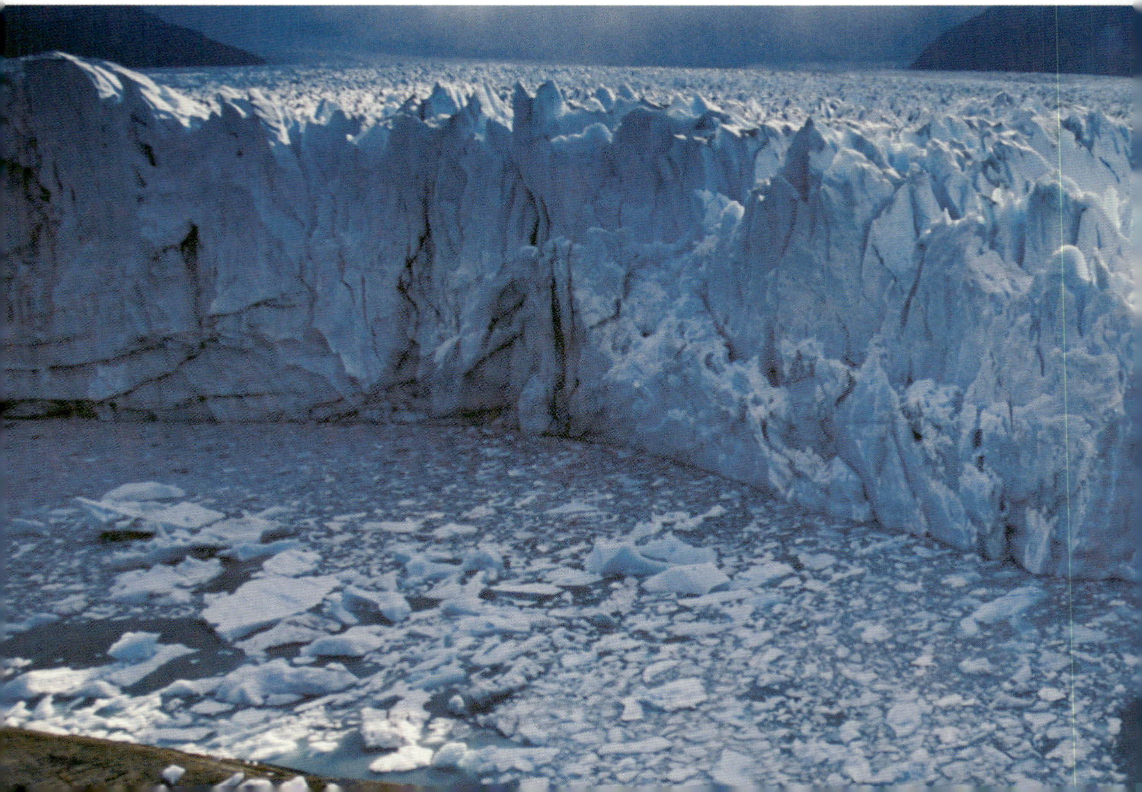

대서양 중앙해령

대서양

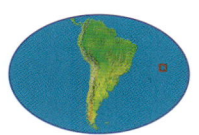

대서양 중앙해령의 길이 : 16,100킬로미터
대서양 중앙해령의 폭 : 480～970킬로미터

높이는 유럽의 알프스 산맥에 맞먹고 폭은 텍사스 주에 맞먹으며 길이는 안데스 산맥의 두 배에 달하는 이 거대한 산맥은 오직 바다 속에서만 볼 수 있다. 지구에서 가장 긴 산맥인 대서양 중앙해령(MAR)은 대서양을 동과 서로 나누며 북극에서 남극으로 뱀처럼 꾸불꾸불 이어져 있다. 산맥 대부분은 바다에 잠겨 있지만 간혹 높이 솟은 해저산의 정상이 3.3킬로미터 정도 바다 위로 고개를 내밀어 섬을 형성하기도 한다.

하지만 대서양 중앙해령이 북진을 마감하는 북극권 근처는 예외이다. 대서양 중앙해령의 일부인 거대한 땅덩어리가 바다 위로 솟아 있는데 이것이 바로 아이슬란드이다. 대서양 중앙해령은 단일한 산맥으로 알려져 있지만 실은 해저확장의 산물로 점점 넓어지는 단층에 의해 분리된 두 개의 평행한 융기선이다. 해저에서는 지난 수백만 년 동안 두 지각판 사이의 지질학적 줄다리기로 두 산맥의 사이가 더욱 벌어져 아메리카 대륙은 서쪽으로, 아프리카와 유라시아 대륙은 동쪽으로 이동했다. 수많은 계곡과 봉우리, 거대한 고원과 협소한 협곡이 펼쳐져 있는 천연기념지에는 열수구와 조간대해안의 조수웅덩이까지 다양한 해양 생태계가 형성되어 있다. **DBB**

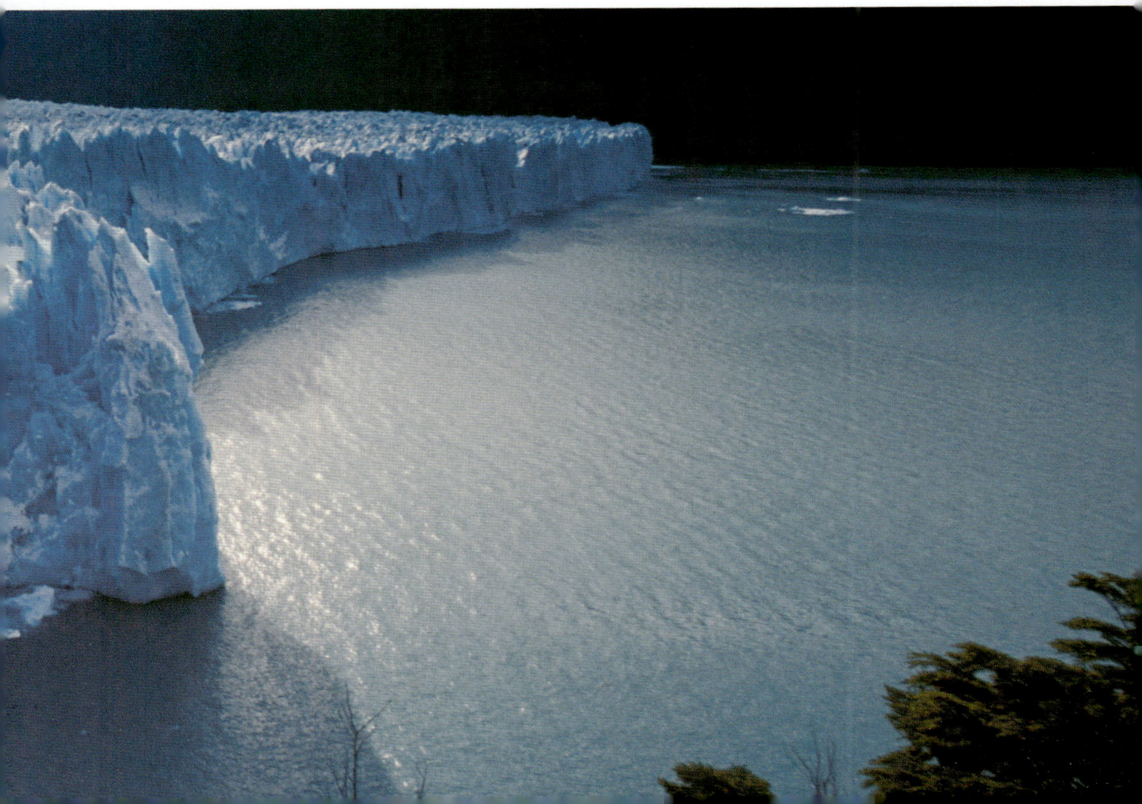

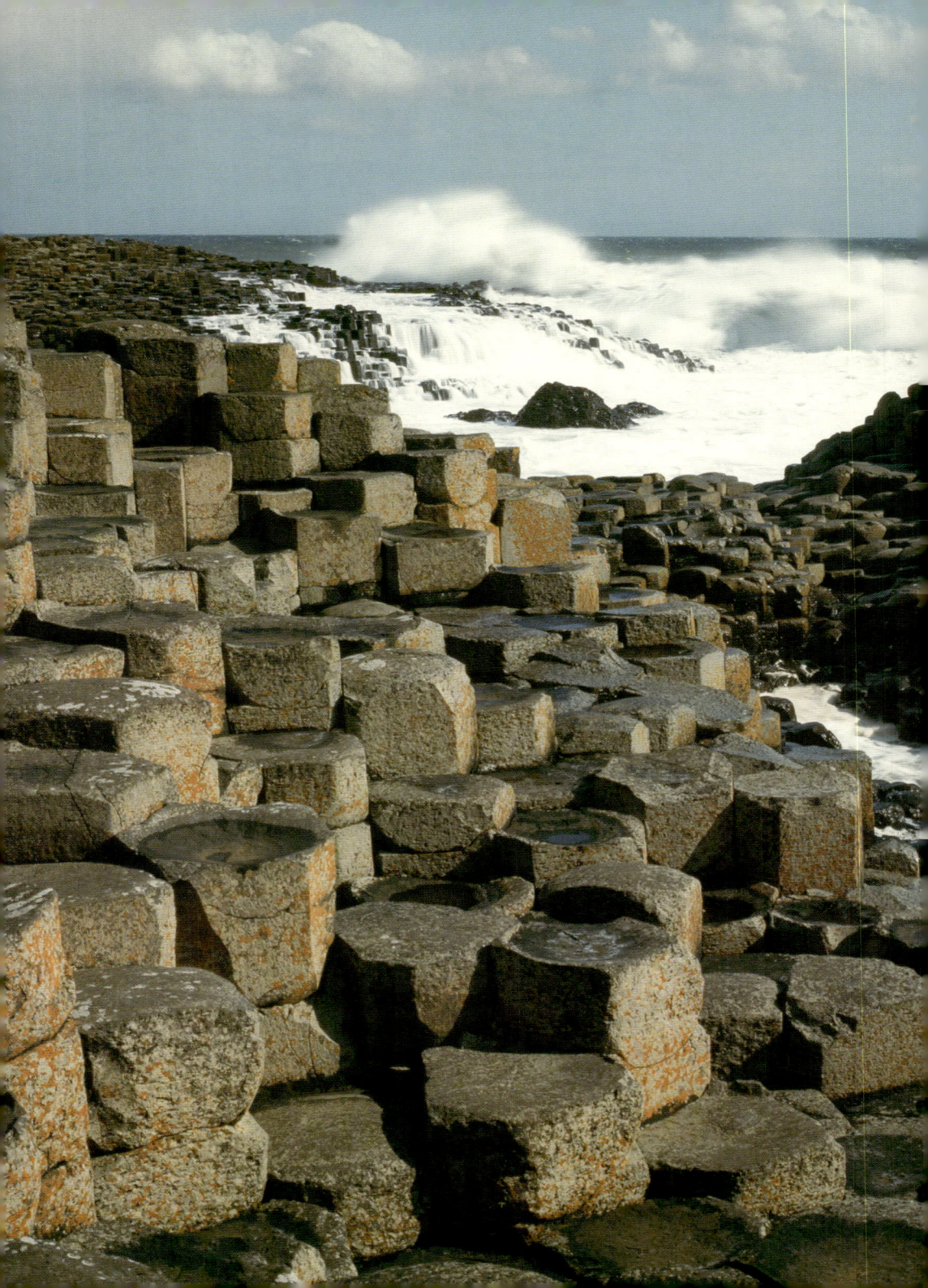

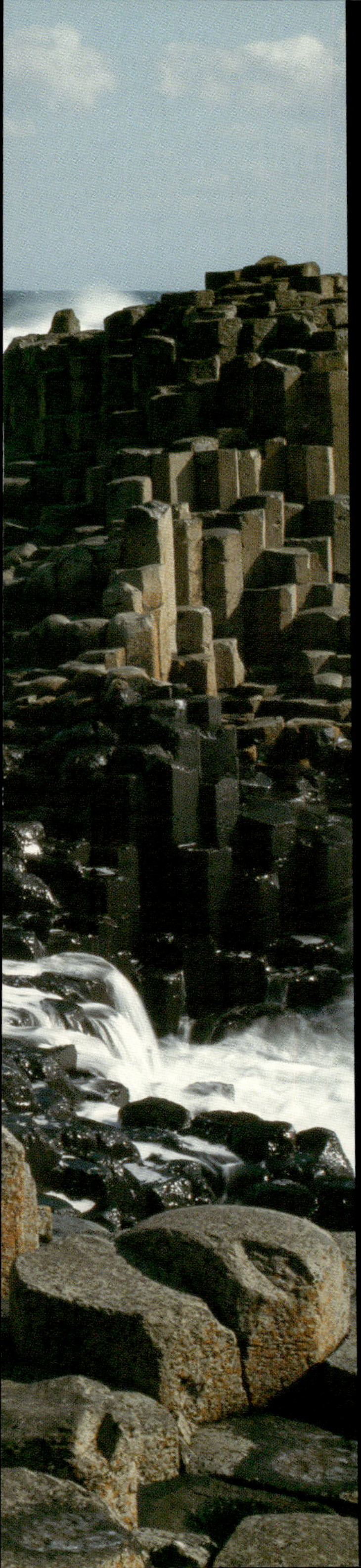

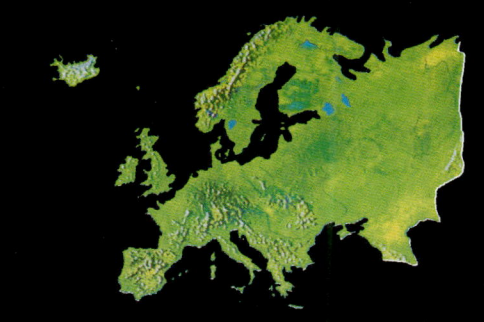

III

유럽 & 중동

밤 열두 시에 해를 볼 수 있는 신비한 땅의 탄생에서 변
치 않는 치유의 힘을 지닌 사해까지 유럽과 중동은 수많
은 시대와 나라를 아우른다. 자연의 바위산 정상에 성을
세우고 자연의 동굴에 그림을 그리고 자연의 고갯길로
교역을 하며 자연의 손에 멸망하기도 하며 자연과 사람
이 맺어온 괴로우면서도 축복받은 관계가 유럽과 중동의
독특한 풍광 속에 고스란히 녹아 있다.

왼쪽 자이언츠코즈웨이의 특이한 육각형 기둥들

흐베르프잘 분화구

아이슬란드, 후사비크

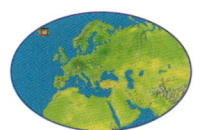

분화구의 생성 시기 : 2,800년 전
분석구의 높이 : 200미터

아이슬란드에 이토록 극적인 분위기를 부여한, 태고의 아름다움을 창조한 이는 대체 누구일까? 그는 다름아닌 지구를 강타한 가장 강력한 힘 중 하나였다. 아이슬란드는 약 2,000만 년 전에 대서양의 바다에서 이루어진 화산활동으로 형성된 후 빙하기 때의 거대한 빙하에 의해 모양이 갖추어졌던 것이다.

흐베르프잘 분화구는 약 2,800년 전에 발생한 짧고도 강력한 화산 폭발로 형성되었다. 이 지역은 폭발로 벌어진 틈의 최남단이며 용암이 이 틈으로 흘러나왔을 때 호수를 만나 증기-마그마 폭발을 일으켰다. 뒤이은 충격이 화산재와 경석을 뿜으며 거대한 분화구를 만들었다. 폭이 거의 1.6킬로미터인 흐베르프잘의 분석구는 200미터까지 상승했다. 분화구 주위에는 지하에서 일어났던 혼란과 소용돌이의 흔적이 역력하다. 1720년대의 폭발과 1970년대의 크라플라 화산 화재는 주위에 분기공과 끓는 진흙 연못들을 만들었다.

흐베르프잘은 아이슬란드에서 네 번째로 크며 용암 사막의 오아시스인 뮈바튼 호수의 북쪽에 있다. 화산류와 분화구들, 화산재로 이루어진 원뿔 모양 지형과 간헐천 사이로 매년 수천 마리의 야생 조류들이 모여든다. **AC**

아래 흐베르프잘 분화구의 웅장한 분석구

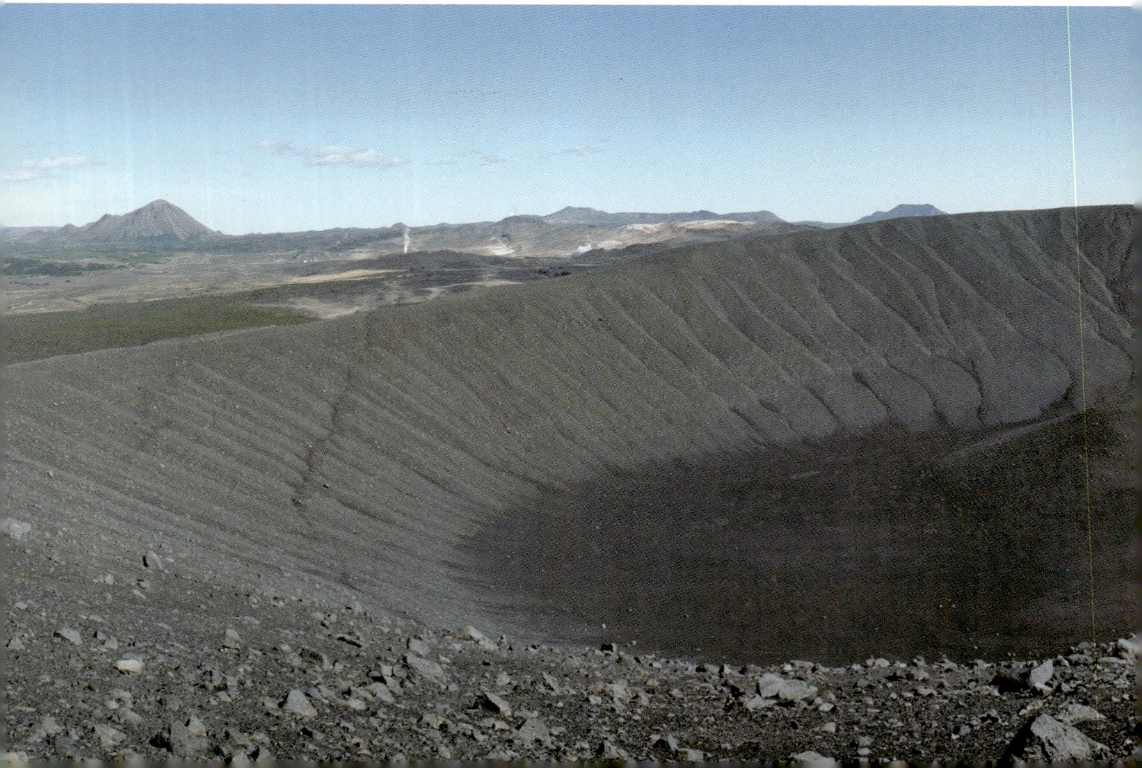

데티포스

아이슬란드, 후사비크

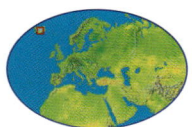

데티포스의 높이 : 44미터
폭포의 폭 : 100미터
폭포의 유출량 : 초당 500,000리터

아 이슬란드 북동쪽에는 화산활동이 활발한 뮈바튼 지역이 있다. 특히 카플라 화산의 존재가 달 표면 같은 모습을 더욱 강조하는 이곳은 용암 들판과 나마스카로 같은 온천, 간헐천, 끓어오르는 진흙 연못으로 이루어져 있다. 물론 이것이 다가 아니다. 작은 폭포와 깊은 협곡들 그리고 이 섬에서 가장 긴 강인 조쿨사 아 프욜룸을 따라 흐르는 웅장한 폭포인 데티포스도 있다. 바트나조쿨에서 빙하가 녹은 물이 흘러드는 강은 고산 용암의 흐름으로 온갖 흉터가 생긴 고산고원을 가로지른 후 옥사프요로우르의 바다로 들어간다. 바로 그곳에 이 지역의 이름을 딴 뮈바튼 호수가 있다.

데티포스는 높이에 44미터 폭은 100미터에 달한다. 이 폭포는 유출량이 매 초당 50만 리터로 추정되며 유럽에서 가장 힘찬 폭포로 여겨진다. 남쪽으로는 높이 10미터인 셀포스 폭포와 27미터 높이의 하프라길스포스 폭포가 있다.

데티포스 아래에는 깊은 협곡인 조쿨사르글리주푸르가 입을 벌리고 있다. 협곡은 수차례에 걸친 대홍수로 형성되었는데 마지막 홍수는 2,500년 전에 있었다. 1970년대에 이곳에 수력발전소를 건설하려는 계획이 폐기되면서 지금은 보호구역으로 지정되었다. **MB**

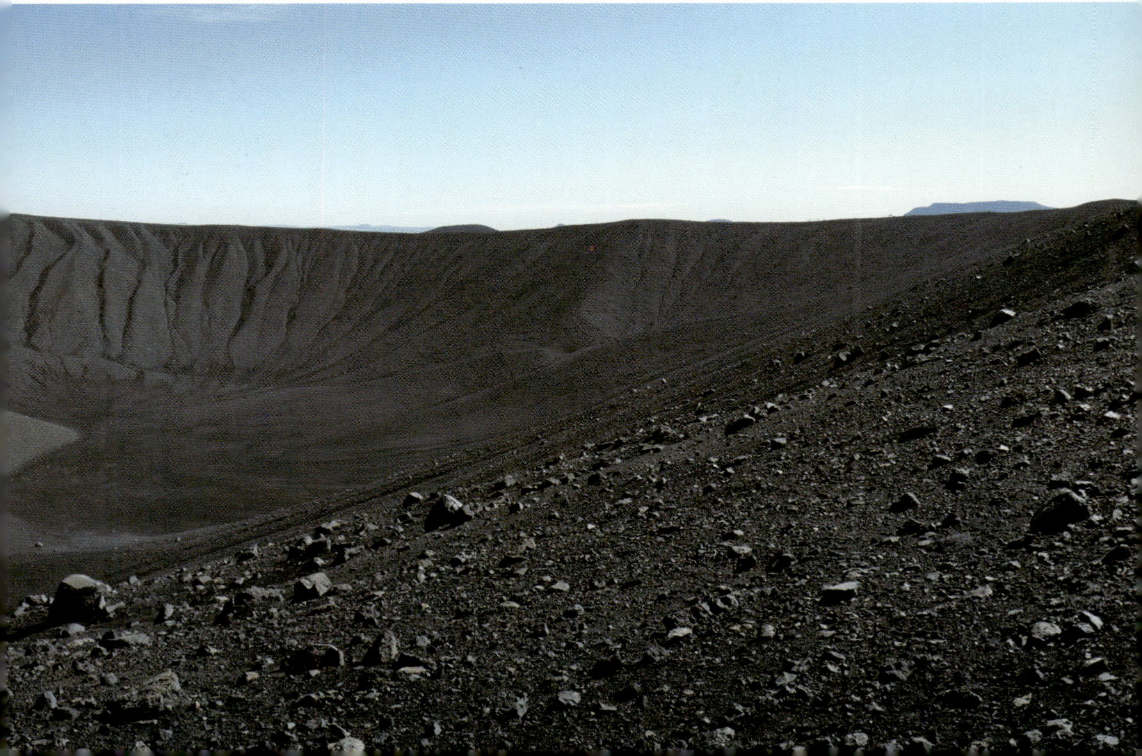

바트나이에쿨과
그림스비튼 화산

아이슬란드, 스카프타펠스–시슬리

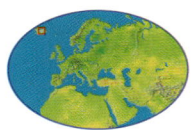

| 빙원의 면적 : 8,100제곱킬로미터 |
| 빙원의 두께 : 1,000미터 |

바 트나이에쿨 빙원은 최대 두께가 1,000미터 이며 면적은 8,100제곱킬로미터에 달한다. 이 빙원은 유럽의 빙하를 모두 모은 것보다 더 크다. 이곳에서는 거대 빙하가 12갈래로 갈라지는데, 빙원 아래에 있는 암석은 짙은 색의 현무암으로 2,000만 년 전 화산활동의 부산물이다.

그림스비튼 화산은 바로 이 빙원 아래에 있다. 화산에서 분출하는 열이 빙하를 녹여 폭 3.2킬로미터의 푸른 호수를 만들었다. 화산은 대체로 평온하다가도 가끔 활동을 시작할 때가 있다. 화산의 열이 극심해질 때는 열이 빙원을 증발시켜 8킬로미터 높이에 증기 구름이 형성되기도 한다. 빙하가 녹은 물과 얼음 조각이 격류를 일으키며 흘러가면 도로며 다리며 아무것도 남지 않는다. 빙하가 녹은 물은 평소에는 빙하의 앞부분으로 빠져나간다.

스케이다라리에쿨은 빙원의 남단에 있는 빙하로 이곳에서 녹은 물은 검은 자갈이 깔린 평원을 지나 바다로 들어간다. 빙하 녹은 물로 이루어진 호수인 이에쿨사르를론은 요쿨살론의 동쪽에 자리잡고 있으며 이곳에는 브레이오아메르쿠리에울이라는 거대한 빙하가 떠 있다. **MB**

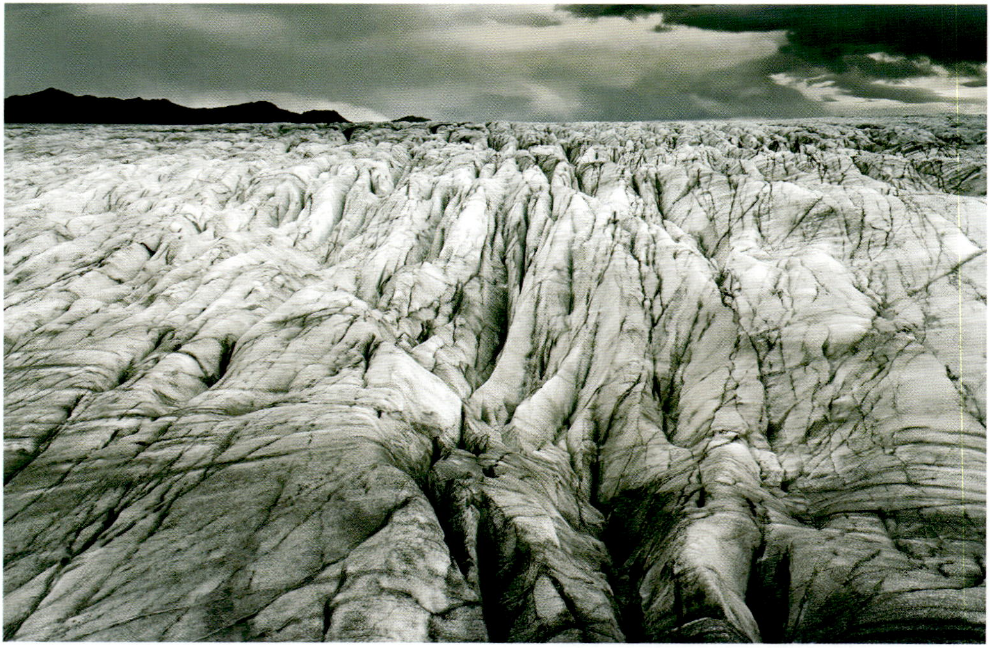

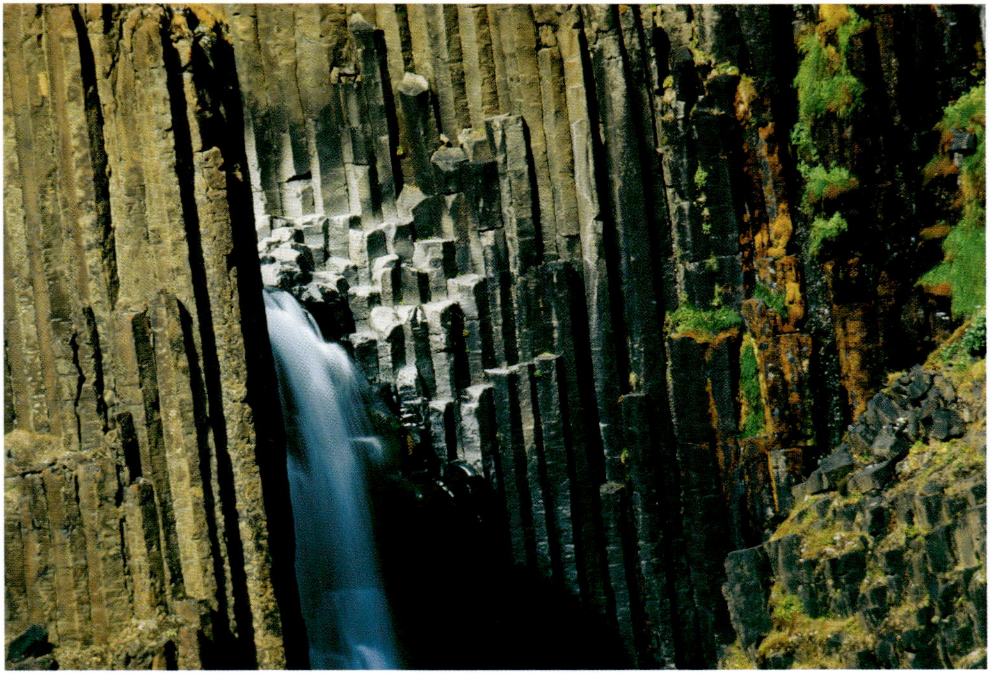

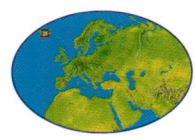

스바르티포스

아이슬란드, 스카프타펠스—시슬리

스바르티포스의 높이 : 25미터
국립공원 지정 연도 : 1956년

아이슬란드 남동부의 스카프타펠은 1956년에 국립공원으로 지정되었다. 공원에서 보호하는 천혜의 보물 중에는 '검은 폭포'라는 뜻의 스바르티포스(25미터)가 서 있다. 다각형의 현무암 기둥들이 말발굽 모양의 원형 극장 위에 파이프 오르간의 파이프들처럼 늘어서 있는 사이로 스비나펠시에쿨 빙하가 녹은 차가운 물이 좁은 물줄기를 이루며 흐른다. 이곳은 수도인 레이캬비크 대성당의 건축에 영감을 불어넣기도 했다. 골짜기에 만들어진 오솔길을 따라가다 보면 훈포스 폭포가 나온 후 뒤이어 독특한 스바르티포스가 나온다. 훈포스 폭포의 이름은 개가 떨어진다는 뜻인데, 이 지역 농부들의 개들이 상류의 여울을 건너려다가 폭포에 휩쓸려 간 일 때문에 지어진 것이다.

스카프타펠은 한때 어둡고 황량한 풍경 한가운데 펼쳐진 녹색 오아시스였다. 현재 풀이 자란 언덕은 너도밤나무, 버드나무와 마가목 숲으로 덮여 있다. 이곳에서 멀지 않은 곳의 작은 빙원에는 유럽에서 세 번째로 높은 에라에파이에쿨 화산이 몸을 숨기고 있다. 이 화산은 역사상 두 번 격렬하게 폭발한 기록이 있다. **MB**

게이시르와 스트로쿠르

아이슬란드, 사우스랜드

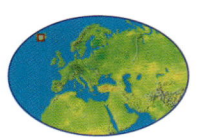

게이시르가 뿜은 물의 높이 : 60미터
스트로쿠르가 뿜은 물의 높이 : 30미터
스트로쿠르가 물을 뿜는 횟수 : 10분에
한 번씩

아이슬란드의 남서쪽, 온천과 총천연색 진흙 연못이 50개가 넘게 있는 지열 계곡에는 게이시르와 스트로쿠르라고 하는 간헐천이 있다. 게이시르는 1294년에 처음 발견되었는데 헤클라 화산의 대폭발 중 발생한 지진이 이 지역을 강타한 직후였다. 지진 활동으로 새로운 온천이 많이 생겼던 것이다.

1647년 당시 두 개의 간헐천 중 더 큰 간헐천에 해 그렇게 하지 않는다.

게이시르보다 규모가 작은 스트로쿠르는 '휘젓다'라는 의미로 십 분마다 20~30미터 높이의 물기둥을 쏘아 올리는 장관을 연출한다. 규모는 작지만 볼거리 면에서는 게이시르에 절대 뒤지지 않는다. 이 간헐천은 처음에는 터키옥처럼 푸른 물이 간헐천 안에서 부글부글 끓어오르다가 어느 순간 하얀 물보라와 증기를 뿜어 올리며 멋진 모습을 보여준다.

게이시르 지역의 소유권을 둘러싼 역사도 재미있다. 이곳은 원래 지역 농부의 땅이었는데 1894년 위스키 제조업자인 제임스 크레이그라는 사람에게

> 간헐천은 처음에는 터키옥처럼 푸른 물이 간헐천 안에서 부글부글 끓어오르다가 어느 순간 하얀 물보라와 증기를 뿜어 올리며 멋진 모습을 보여준다.

'쏟아져 나오는 것'이라는 의미로 '게이시르'라는 이름을 붙였다. 이 이름은 이후 간헐천을 의미하는 보통명사로 쓰이게 되었다. 당시 게이시르는 몇 분마다 뜨거운 물기둥을 쏘아 올렸고 매번 물기둥의 높이가 올라가더니 마침내 60미터에 다다랐다. 물기둥에 이어 엄청난 기세로 증기가 나온 후 잠잠해졌다가 세 시간 후 다시 물기둥을 뿜어냈다. 그러다 점차 물을 뿜는 간격이 길어지더니 20세기 초부터 약 30년간 동면에 들어갔다.

2000년에 발생한 지진은 잠들었던 게이시르를 다시 깨웠다. 하지만 이전처럼 규칙적으로 물을 뿜어내지는 않는다. 1990년대 이전에는 비누를 넣어서 분출을 자극한 적도 있지만 지금은 환경을 생각

팔렸다. 크레이그는 이곳을 봉쇄한 후 간헐천을 구경하려는 사람에게 돈을 받았다. 1년 후 이 일에 싫증이 난 크레이그는 친구인 E.크레이그에게 선물로 이 땅을 주었다. 새 주인은 입장료를 내렸다. 제임스 크레이그는 그 후 북아일랜드의 수상이 되었다. E. 크레이그의 조카인 휴 로저스는 1935년에 이 땅을 영화감독인 시두구르 요한슨에게 팔았고 그는 간헐천을 아이슬란드 주민에게 영구 기증했다. **MB**

<u>오른쪽</u> 스트로쿠르 간헐천이 차가운 공기 속으로 분출하고 있다.

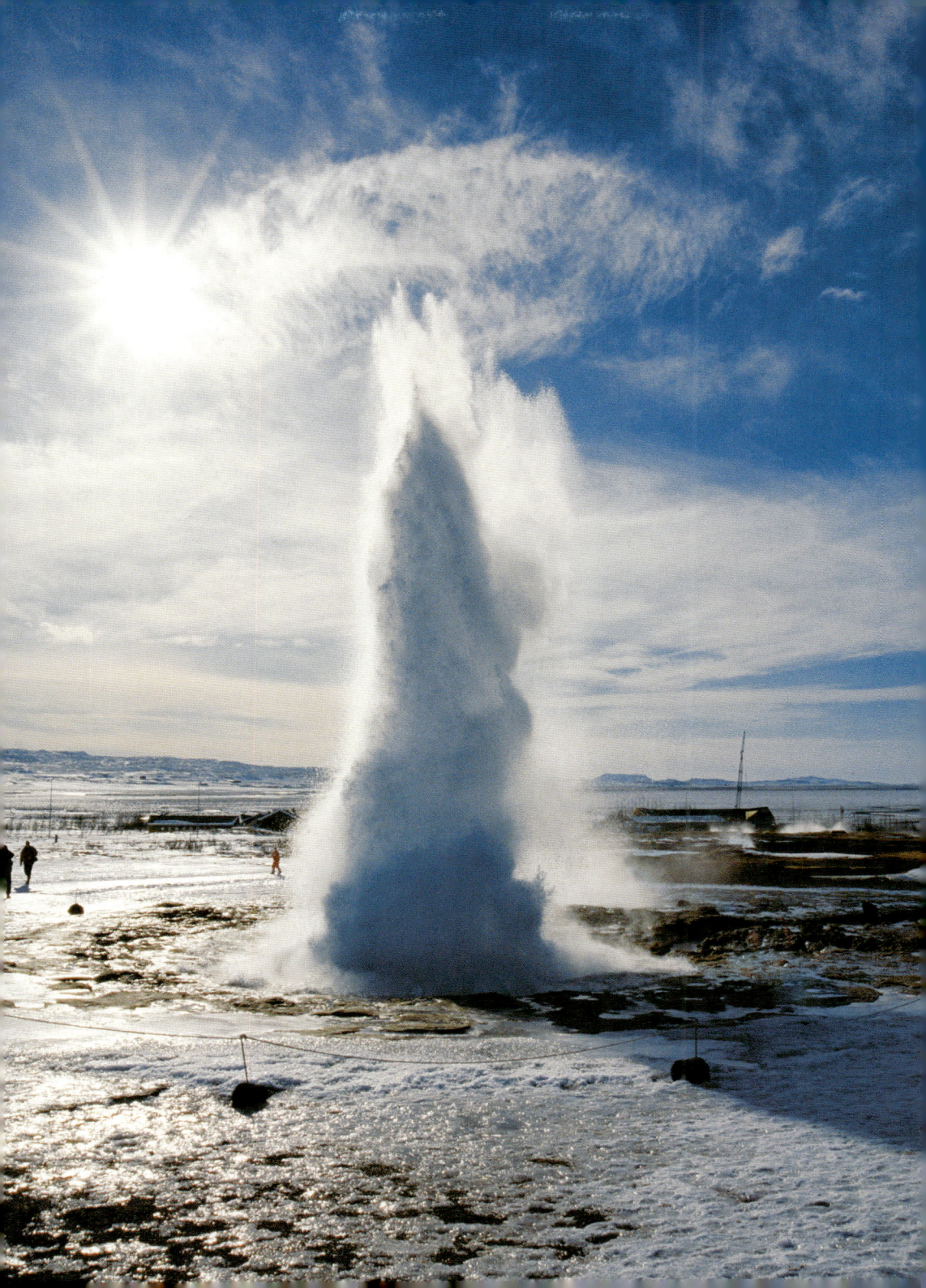

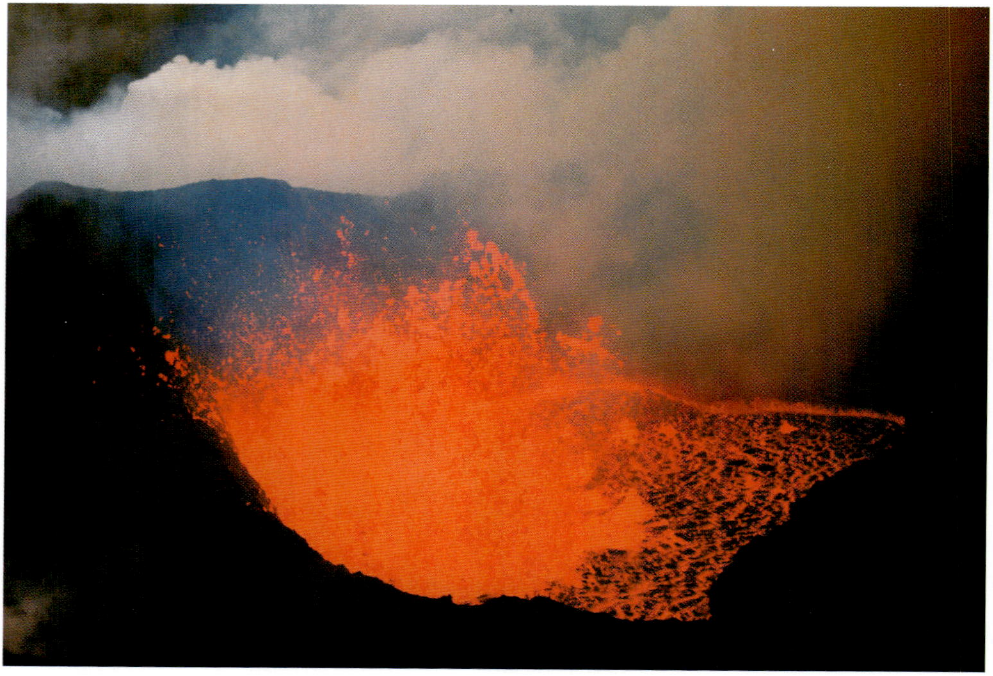

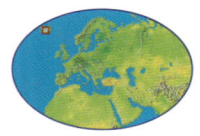

헤이마에이

아이슬란드, 베스트만나에이야르

엘드펠 화산 폭발로 넓어진 육지 면적 :
15퍼센트

헤이마에이의 인구 : 5,300명

1973년 1월 23일 새벽에 헤이마에이의 섬에 있는 엘드펠 화산이 5,000년간의 긴 잠에서 깨어났다. 아무도 예상하지 못한 일이었다. 헤이마에이는 아이슬란드에서 남쪽으로 약 25킬로미터 정도 떨어져 있는 베스트만 제도에 속한 섬이다. 베스트만나에이야르 마을 외곽의 땅이 갈라지면서 용암과 화산재가 거대한 분수처럼 분출한 결과 길이 2.5킬로미터의 분화구가 생성되었다. 당시 사람들은 이 광경을 '불의 커튼'으로 묘사했다. 건물들은 화산재에 파묻혀 지붕만 남았다. 용암의 흐름을 저지하려고 바닷물을 분사했는데 이때 총 30킬로미터의 호스와 43개의 펌프가 사용되었다. 이러한 시도에도 용암은 마을의 동쪽 부분을 집어삼켜 건물 300채가 불타거나 매몰되었다. 마을의 주업은 수산업이었는데 마침 악천후로 어선들이 출항하지 않고 정박해 있었던 덕에 마을 주민 5,300명을 신속하게 대피시킬 수 있었다. 몇 주 후 폭발은 잠잠해졌고 주민들은 마을로 되돌아왔다. 집을 새로 지어야 했던 사람도 있었지만 최악의 사태만은 모면한 사람도 있었다. 용암은 동쪽 해안을 따라 계속 흘러 지금은 항구를 위한 천연 방파제가 되었다.
MB

쉬르체이

아이슬란드, 베스트만나에이야르

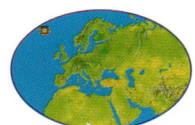

섬의 해발 고도 : 174미터
섬의 지름 : 1.5킬로미터
섬의 면적 : 2.8제곱킬로미터

1963년 11월, 아이슬란드에서 남쪽으로 33 킬로미터 떨어진 바다에서 그물을 던지고 있던 어부들은 뭔가 이상하다고 느꼈다. 잠시 후 해저의 화산이 폭발을 했다. 처음에는 소규모였지만 잠시 후 더 강력한 폭발이 일어나더니 화산탄과 먼지를 분출하면서 해수면까지 그 영향이 미쳤다. 그런데 분화구는 하나가 아니었다. 동시에 세 개의 분화구가 활동을 시작한 것이다. 시르틀링귀르와 졸닌의 분출로 각각의 화산섬이 만들어졌고 그 후

해안침식작용으로 사라졌다. 그러나 세 화산 중 쉬르틀만이 꿋꿋이 버텼고, 이렇게 남은 화산섬에 쉬르체이의 북구 신화에 나오는 거대한 불의 신인 쉬튀르의 이름을 따 붙인 것이 쉬르체이 섬이다. 해수면에서 174미터까지 솟아오른 섬의 면적은 2.8제곱킬로미터에 달했다.

아무것도 없었던 이 섬에는 1965년에 처음으로 꽃이 피었고 1967년 6월 화산폭발이 멎었다. 20년 후 이 섬에서 식물 25종이 확인되었다. 섬에 정착한 최초의 새는 풀마갈매기로 1970년에 둥지를 틀었다. 가장 최근 기록에 의하면 물개와 새들이 이동 중에 휴식을 취하려고 이 섬으로 온다. **MB**

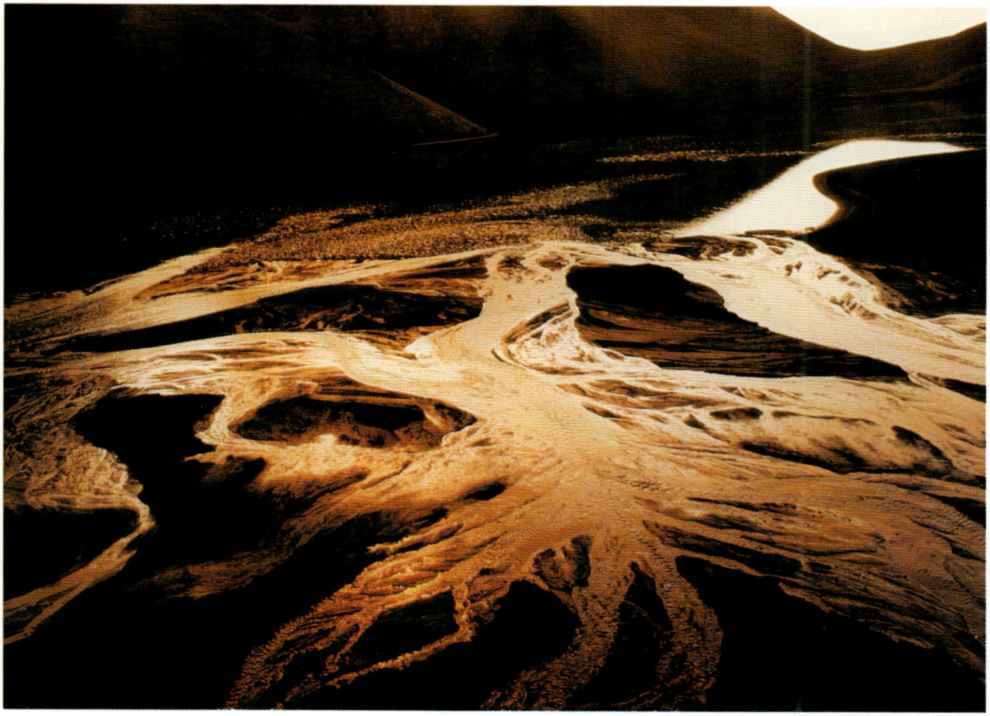

콩스피오르덴

노르웨이, 스발바르 제도 – 핀마르크 주

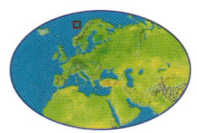

콩스피오르덴의 길이 : 40킬로미터
콩스피오르덴의 폭 : 5~10킬로미터

콩스피오르덴은 6만 2,000제곱킬로미터에 걸쳐 흩어져 있는 얼음 제도를 말한다. 콩스피오르덴은 스발바르의 스피츠베르겐 섬의 북서 해안에 있는, 만년설로 덮인 트레크로네르(세 개의 왕관) 산맥 아래 펼쳐져 있다. 네덜란드인인 빌렘 바렌츠는 1596년에 바다에서 이 산맥을 처음 보았는데, 산의 모습에서 받은 인상에 따라 섬의 이름을 스피츠베르겐이라고 붙였다. 스피츠베르겐은 '뾰족산'이라는 뜻이다.

고래잡이가 최고조에 달했던 17세기 스발바르의 영유권을 둘러싸고 노르웨이, 네덜란드와 영국 사이에 분쟁이 발생했다. 그로부터 1세기 후에 영유권 문제가 또다시 불거졌다. 이 지역에 석탄이 풍부하게 매장되었다는 사실이 밝혀졌기 때문이다. 1920년에 파리강화회의에서 최종적으로 노르웨이의 영유권이 인정되었고 1925년에 스발바르 조약이 체결된 후 공식적으로 인정되었다.

내륙으로 40킬로미터를 뻗어 있는 콩스피오르덴이 단순히 경관이 빼어나서 절경이라고 하는 것은 아니다. 이곳은 대서양의 온난한 해류와 북극의 차가운 해류가 만나는 지점이다. 때문에 바다와 해저에서 매우 흥미로운 생물학적 환경이 조성되어

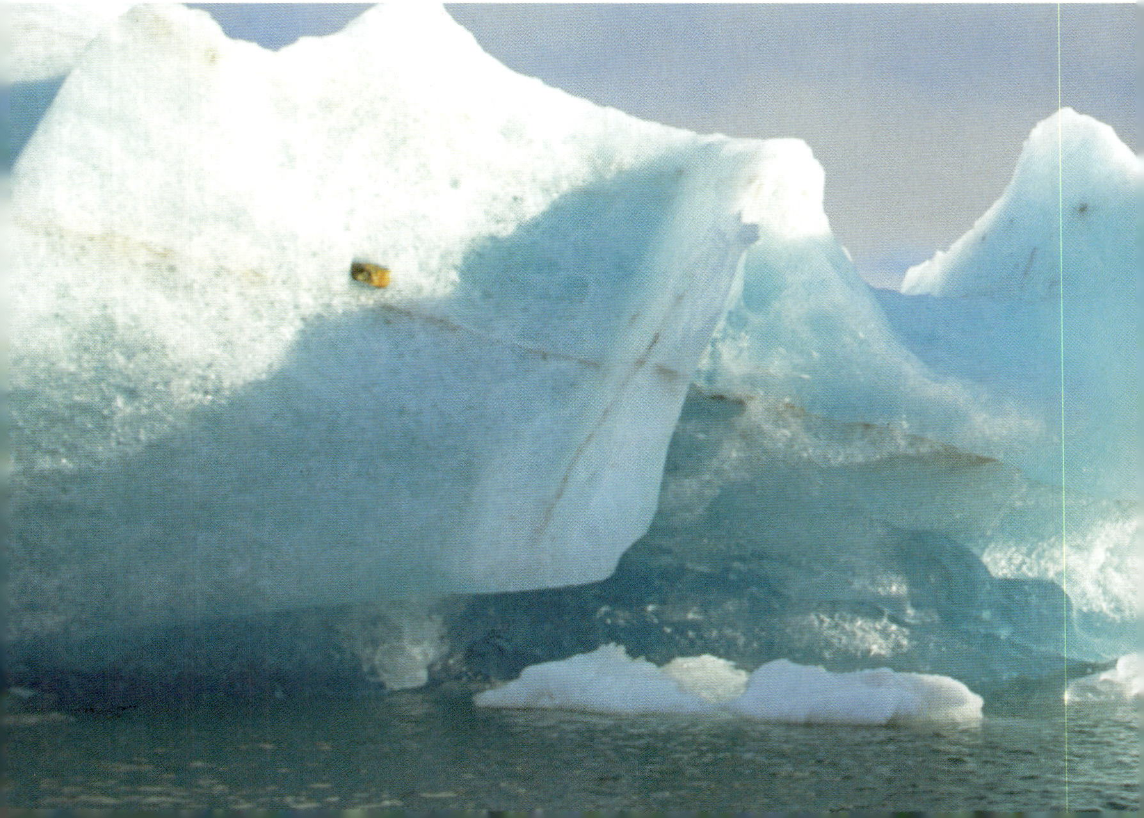

있으며, 활발한 조수작용으로 피오르의 담수가 바다로 흘러든다. 해양생물학자들은 다양한 해류와 담수가 만나는 이 지역에 형성된 환경을 활발하게 연구하고 있다. 과학자들은 스발바르 빙하의 움직임에 대해서도 연구를 진행하고 있다. 이 빙하들은 몇 년 만에 수 킬로미터씩이나 이동할 수 있기 때문이다.

이 지역에 관심을 보이는 사람들은 과학자뿐이 아니다. 노르웨이와 러시아의 석탄 개발 회사도 관심을 보이고 있다. 콩스피오르덴의 해안에는 평균 주민이 40명인 뉘−알순드라는 소규모 정착촌이 있다. 이곳은 과거에는 석탄광산이었지만 지금은 유럽 각국에서 온 연구진들이 모여 있다. 겨울이 되면 이 지역에서는 북극곰, 순록, 북극여우와 사람이 동거를 하며, 이런 북쪽의 환경을 이겨낼 수 있는 식물만이 조금 자란다. 그러나 4개월 동안 낮만 지속되는 여름이 오면 수백 종의 야생화가 꽃을 피우고 흰돌고래, 물개, 해마와 바닷새 30종이 몰려온다.

스발바르 제도의 행정중심지인 롱기이르뷔엔은 정기노선이 취항하는 가장 북쪽의 도시이다. 콩스피오르덴은 북극 지방에 포함되며 북극과 가장 가까운 호텔에 머무를 수 있는 곳이기도 하다. **CM**

아래 거대한 빙산이 콩스피오르덴 제도에 떠 있다.

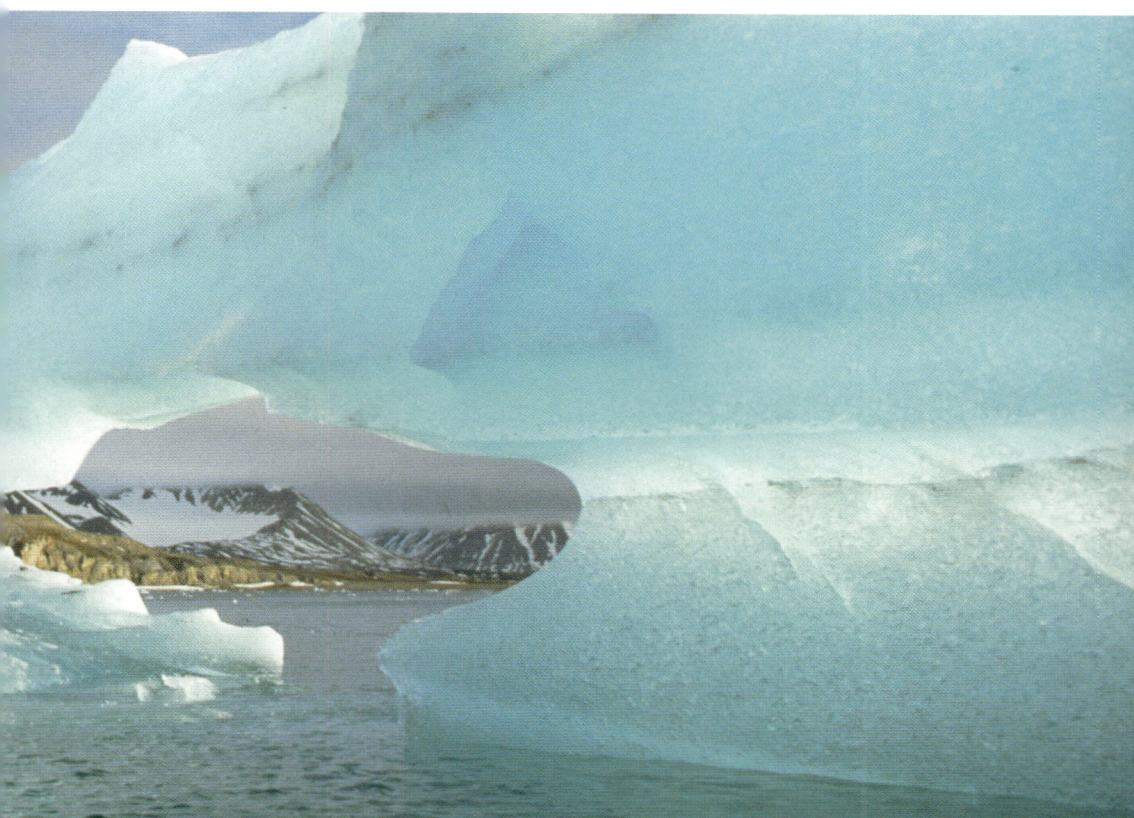

노스케이프

노르웨이, 핀마르크 주

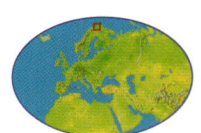

다른 이름 : 노르캅	
생성 시기 : 26억 년 전	
곶의 높이 : 307미터	

사람들이 노스케이프에 대해 오해하는 것이 있다. 노르웨이 북부의 마게뢰위아 섬을 굽어보며 우뚝 솟아 있는 웅장한 화강암 절벽이 유럽의 본토에서 가장 북극에 가까운 지점이라고 생각하는 것이다. 이곳은 이 모든 영광을 누릴 뿐 아니라 5월 11일에서 7월 31일까지 밤 12시에 태양을 볼 수도 있다. 그러나 실제로 유럽 대륙에서 가장 북쪽에 있는 곳은 주변 경관과 잘 구별도 되지 않

지금 이 지역은 그 이름으로 불리고 있다. 루이 필립 왕자는 프랑스 혁명이 일어나자 노스케이프의 곶에 몸을 숨겼고 스웨덴과 노르웨이의 왕인 오스카 2세는 1873년에 이곳의 정상을 밟았다. 노스케이프를 방문한 다른 왕족으로는 지금의 태국인 샴의 출라롱코른 왕으로 1907년 이곳을 방문했다.

1845년에 증기선을 발명하기 전에는 매우 험하고 거친 육로를 통해서만 이곳에 올 수 있었기에 찾는 사람이 거의 없었다. 19세기 중반까지 모험을 좋아하는 소수의 관광객들이 증기선을 타고 노스케이프를 둘러보았을 뿐이었다. 1875년에 관광지로서의 가치를 간파한 런던의 쿡 사가 이 주변을

> 노스케이프에서 한밤중에 태양을 본 경험은 잊지 못할
> 멋진 추억이 될 것이다. 태양은 서서히 내려가다가 수평선 근처에서 정지한 채
> 하늘에 걸려있다. 마치 황금빛으로 빛나는 원시의 바다 위에
> 거대한 크기의 타는 공이 떠 있는 것 같다.

고 평평하며 불모의 두메산골인 크니브셀로덴이다. 노스케이프가 가장 북쪽이 아닐지라도 한밤중에 태양을 보는 경험 만큼은 잊지 못할 멋진 추억이 될 것이다. 태양은 서서히 내려가다가 수평선 근처에서 정지한 채 하늘에 걸려있다. 마치 황금빛으로 빛나는 원시의 바다 위에 거대한 크기의 불타는 공이 떠 있는 것 같다. 해는 아침이 되면 그 자리에서 다시 떠오른다.

노스케이프는 1553년 영국의 해군 함장인 리처드 챈셀러가 처음 발견했다. 원주민들은 이곳을 '크뉘스카네스'라고 불렀지만 그 이름을 알 리 없었던 챈셀러는 노스케이프라는 새 이름을 붙여 주었고

여행하는 여행단을 모집했다.

1956년에 근처의 호닝스보그와 이곳을 연결하는 도로가 건설되면서 대규모 관광객들을 유치해 야생 환경을 마음껏 즐길 기회가 열렸다. 현재 '체험 센터'가 개설되어 이 지역과 핀마크의 역사에 관한 정보를 제공하고 있다. 우체국도 영업 중이며 노르웨이 캐비어와 샴페인을 즐길 수 있는 레스토랑도 있다. 돈을 내면 1984년에 설립된 로열 노스케이프 클럽을 이용할 수도 있다. 노스케이프 곶을 다섯 차례 이상 방문하는 회원에게는 배지를 준다. **CM**

<u>오른쪽</u> 노스케이프의 바위 위에서 에투피리카가 한가로이 쉬고 있다.

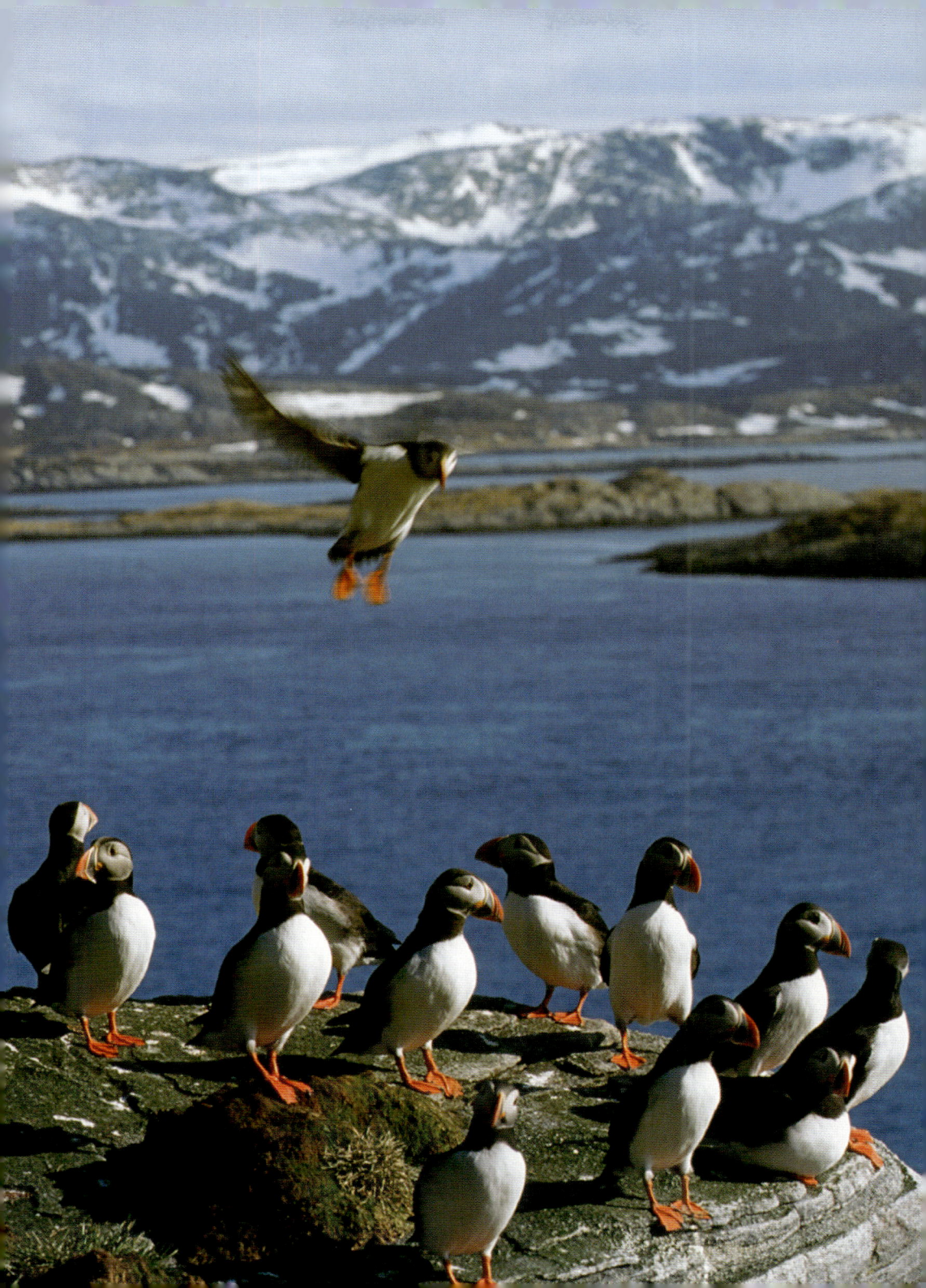

로포텐마엘스트렘

노르웨이, 노를란 주

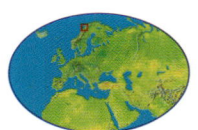

생성 시기 : 20,000년 전
폭 : 4킬로미터
깊이 : 40~60미터

북극권보다 훨씬 위쪽의 노르웨이 해안에는 아름다울 정도로 쓸쓸한 로포텐 제도가 있다. 이곳은 오래전부터 관광객들의 눈길을 사로잡았는데 마엘스트렘이라고 하는 소름끼치는 해양 현상 때문이었다. 이는 다섯 개의 주요 섬 중 가장 바깥에 있는 모스케네쇠위 섬 근처에서 급류들이 한데 모여 형성되는 거대한 소용돌이다.

마엘스트렘에 관한 기록은 기원전 4세기에 처음 등장한다. 지금의 마르세유에 있는 마살리아라는 그리스 식민지에서 항해를 시작한 탐험가 피티아스가 이곳을 처음으로 발견했다. 이후로 이곳을 표시한 해도에는 무시무시한 그림과 경고문이 함께 실렸다. 현지의 어부들은 배, 고래, 북극곰이 소용돌이에 빨려 들어가서 해저의 암초에 갈기갈기 찢겼다는 무시무시한 이야기를 들려주었다. 미국의 작가 에드거 앨런 포우는 『신비로운 이야기와 상상』에서 이곳을 이렇게 묘사했다. '천 개의 해로가 서로 충돌하며 여기저기 상처가 난 이곳 넓은 바다가 갑자기 격렬한 경련을 일으켰다. 파도가 거칠게 몰아치고 끓어오르며 쉬쉬 소리를 내면서 거대하게 회전하자 수많은 소용돌이가 만들어졌다. (중략) 나이아가라와 같은 거대한 폭포가 자신의 고통을 하늘까지 전하기 위해 울리는 소리와는 비교도 되지 않을, 반쯤은 우렁차고 반쯤은 비명인 가슴을 꿰뚫는 소리가 바람을 타고 전해진다.'

포우의 문학적 상상력이 허황된 과장이 아니라는 점은 오늘날 로포텐의 어부들이 직접 운영하는 투어에 참여해 보면 잘 알 수 있다. 지금도 마엘스트렘을 직접 보는 것은 무서우면서도 흥분되는 경험이다. **CM**

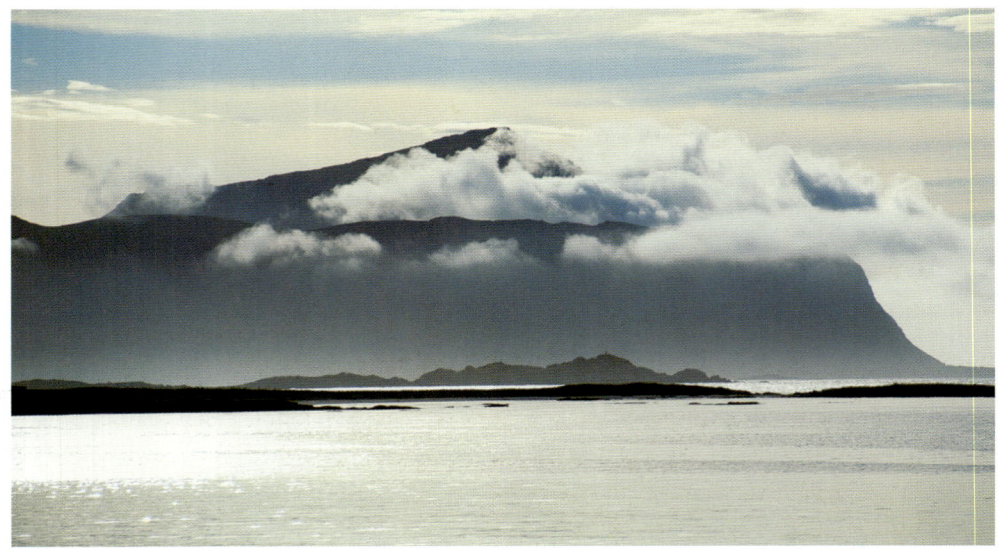

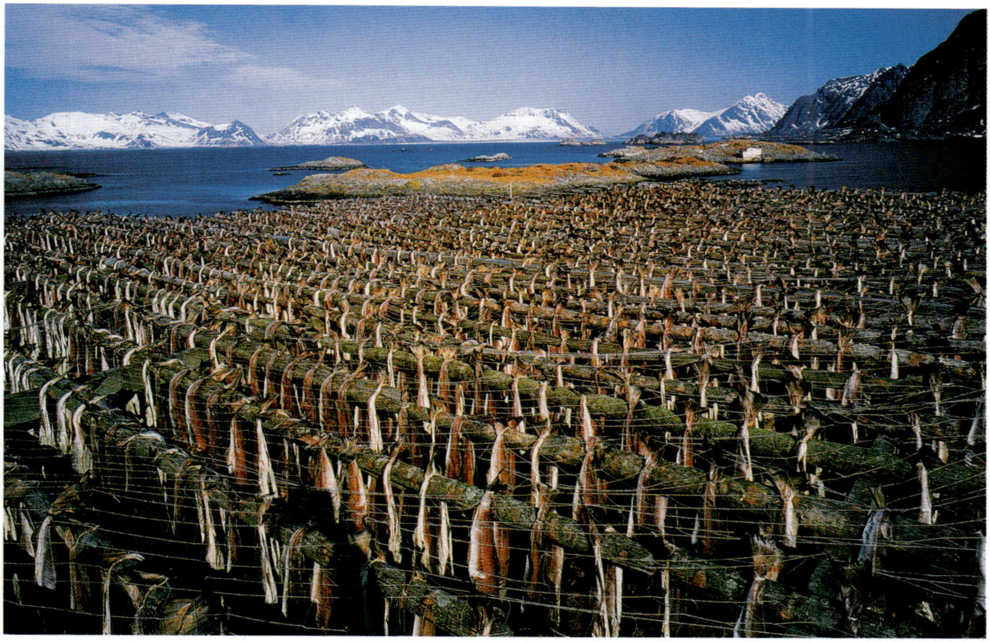

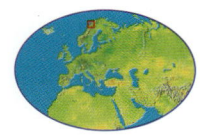

로포텐 제도
– 대구떼

노르웨이, 노를란 주

이동 거리 : 800킬로미터

암컷 대구의 첫 산란 규모 : 40만 개

성숙한 암컷 대구의 산란 규모 : 1,500만 개

늦겨울, 북극대구가 바렌츠 해를 떠나 남쪽으로 향한다. 그들의 목적지는 노르웨이 해안의 로포텐 제도이다. 대구는 주로 한 장소에서 머무르는 경향이 있는데 북극대구만은 봄과 여름에 빙어과의 작은 물고기를 따라 핀마르크로 이동을 한다. 그래서 이곳에서는 '봄철 대구'라고 불리기도 한다. 1월 말이 되어 로포텐에 처음으로 나타나는 '스크레이'라는 물고기 떼는 산란 준비를 하는 다 자란 대구이다. 길이가 2미터나 되며 최고 500만 마리나 되는 알을 품는 대구도 있다. 대구는 하루에 20킬로미터를 이동한다. 가장 나이가 많은 암컷이 제일 먼저 도착하는데 그 수가 어마어마하다. 산란은 4월까지 계속된다. 이곳은 대구가 15년 일생을 시작하는 곳이면서 일부는 이곳에서 생을 마감한다. 이 시기에는 산란을 위해 돌아오는 대구를 잡으려고 작은 보트를 타고 기다리는 어부들이 4,000명에 달하며 이 지역에 머무르는 범고래 역시 먹잇감을 놓치지 않는다. 스크레이는 섬 주민들의 주요 생계유지 수단이다. 어부들은 어선에 관광객을 태우고 바다로 나가는데 그곳에서 대구 낚시를 즐길 수 있다. **MB**

뢰스트 산호초

노르웨이, 노를란 주

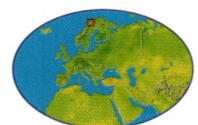

산호초의 길이 : 35킬로미터
산호초의 폭 : 3킬로미터
산호초의 두께 : 최대 35미터

산호초라고 하면 으레 눈부신 백사장과 이국적인 열대의 섬을 떠올리기 마련이다. 그러나 대서양과 태평양 북쪽의 차가운 바다에도 산호초가 있다. 바로 로포텐 제도의 뢰스트 섬 해안 수심 300미터에 발달해 있는 뢰스트 산호초인데 세계에서 가장 큰 산호초 중의 하나이다. 이곳 산호초의 성장 속도는 매우 느리며 나이는 약 8,000살 정도이다. 이 산호초는 노르웨이의 대륙붕뿐만 아니라 영국과 아일랜드의 해안에도 발달해 있는 산호초 종류 중 하나이다. 산호초는 피오르의 입구처럼 강한 해류가 먹이를 몰고 오는 지역에서 자란다.

이 지역은 햇빛이 거의 들지 않아 수온이 4도에 불과하다. 피오르 지역에서 가장 수심이 낮은 곳에 있는 산호초는 트론헤임피오르의 수심 39미터에서 발견되었으며 심지어는 북대서양의 수심 4,000미터에서 발견되기도 했다.

한류에서 자라는 산호는 로펠리아라는 종류로 작은 돌기를 이루는 모습이 미니 말미잘을 연상시킨다. 이 산호는 열대산호처럼 한데 모여 있지는 않으며 봄에 증가하는 식물성 플랑크톤이 주요 먹이이다. 열대 산호처럼 이곳의 산호도 다양한 해양생물에게 서식지를 제공한다. 해면, 벌레, 극피동물, 갑각류 및 대구와 연어를 비롯한 어류가 서식한다. 산호초를 보려면 심해잠수정이 필요하다. **MB**

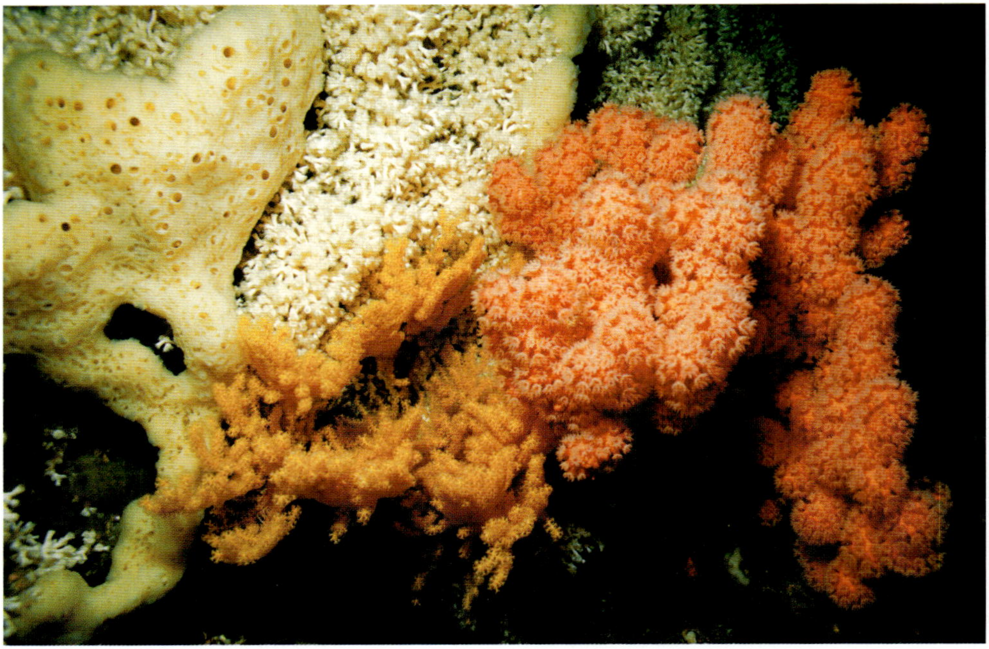

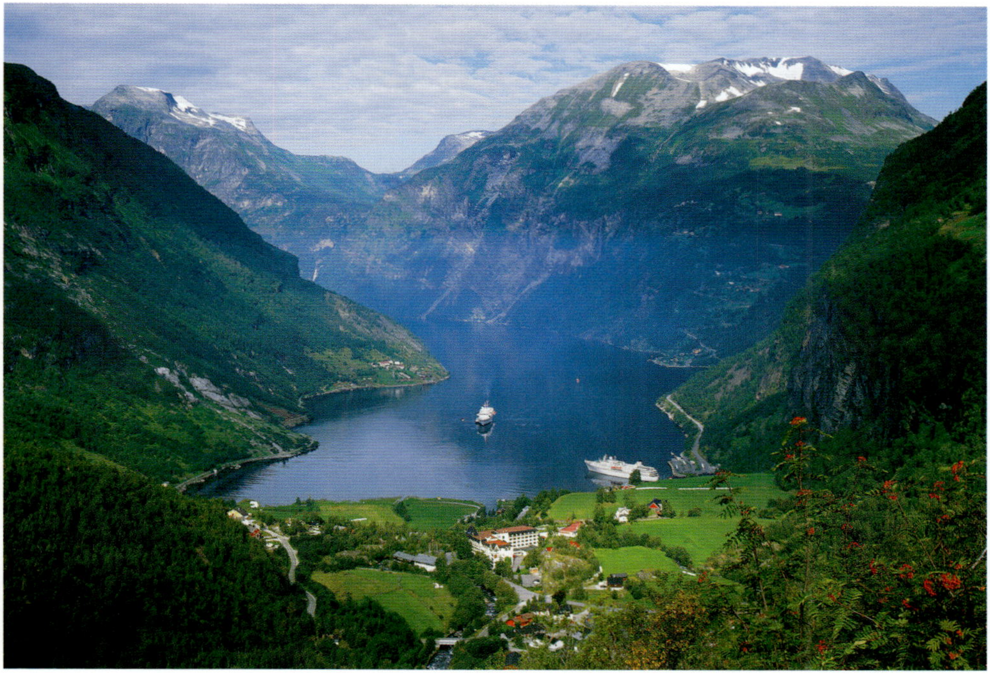

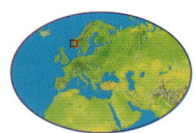

게이랑게르피오르

노르웨이, 뫼레오그롬스달 주

피오르의 길이 : 16킬로미터	
피오르의 수심 : 300미터	
피오르의 생성 시기 : 100만 년 전	

게이랑게르는 노르웨이의 피오르 중에서 가장 볼거리가 풍부하며 유명한 곳이다. 게이랑게르는 올레순 항구를 지나 벽처럼 우뚝 서 있는 2,000미터 높이의 뫼레오그롬스달 산맥 사이를 들어가 게이랑게르 마을로 16킬로미터를 꼬불거리며 이어져 있다. 세븐시스터즈, 브라이들베일, 수터(구혼자) 폭포와 같은 웅장한 폭포들이 수심 300미터인 피오르 해안에 인접해 있다. 스카게플로와 크니브스플로의 버려진 농장들이 푸른 산비탈에 매달리듯 서 있다. 그러므로 여름마다 아름다운 피오르

해안으로 유람선이 찾아오는 것은 당연하다. 피오르 입구에는 플리스달스주베가 있는데 이곳은 바위 지형으로 유명한 곳으로, 지나치게 용감한 사람들이 숨이 막힐 정도로 아름답지만 숨이 멎을 정도로 현기증이 나는 바다를 목숨을 걸고 찍곤 한다.

게이랑게르와 같은 노르웨이의 피오르는 100만 년 전에 빙하가 여러 산 사이를 깊이 패면서 내려와 형성되었다. 빙하는 내륙에 있을 때 가장 두껍기 때문에 피오르는 처음에는 비교적 얕다가 점점 깊어진다. 게이랑게르와 같은 규모가 큰 피오르는 염수가 포함되어 있어서 겨울에도 얼지 않는다. 이곳의 바다는 매우 평온하며 조수의 차도 별로 크지 않다. **CM**

풀피트

노르웨이, 로갈란 주

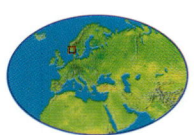

풀피트의 다른 이름 : 프레케스톨렌
풀피트의 높이 : 600미터
풀피트 고원의 면적 : 25제곱미터

풀 피트는 뤼스피오르덴 위에 우뚝 솟아 있는 거대한 사각형 바위이다. 뤼스피오르덴은 노르웨이 남부의 스타방게르 항구에서 시작한다. 이 항구는 과거 세계 정어리 조업의 중심지였지만 지금은 노르웨이의 해상 석유산업의 중심지이다. 역설적이게도 풀피트는 노르웨이 사람들에게 쇠를란데트라고 알려진 평평한 지역에 자리 잡고 있다.

풀 한 포기 자라지 않는 바위 정상에 서면 피오르와 하늘 위를 떠가는 구름이 비치는 수정처럼 맑은 밝은 푸른색의 바다가 한눈에 들어온다. 북쪽의 로갈란 산맥은 험한 바위산이고 남쪽의 베스트−아그데르 산맥에는 연한 녹색의 숲이 군데군데 반짝이며 서 있다.

근처의 지상에서 바위까지는 걸어서 두 시간 정도 걸린다. 이 등산로는 겁이 많거나 현기증이 있는 사람에게는 추천할 곳이 못 된다. 한편 피오르를 따라 마주 보고 서 있는 바위 사이에 끼어 있는 거대한 바위인 키에라그볼트에 비하면 풀피트는 아기 장난감이다. 키에라그볼트의 정상에는 단 한 사람이 앉을 만큼의 공간이 있는데, 여기에서 내려다보는 아찔한 풍경은 그야말로 간담이 서늘하다고밖에 말할 수 없다. **CM**

키오스포센

노르웨이, 송노그피오르나네

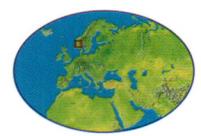

키오스포센의 높이 : 93미터
플롬 철도의 길이 : 20킬로미터

노 르웨이는 다른 나라에 비해서 멋진 폭포가 잘 발달해 있는데 이곳에서는 폭포를 포센이라고 부른다. 노르웨이에서는 위풍당당한 로테포센, 거친 아름다움이 넘치는 비링스포센과 웅장함과 우아함을 겸비한 마르달스포센이 유명하다. 하지만 그 어떤 폭포도 하르당게르 산맥에 있는 키오스포센 폭포의 박력이 넘치는 모습에는 견줄 수 없을 것이다. 폭포수는 무려 93미터를 낙하해 절벽의 얼굴을 때린다. 우렁찬 폭포 소리는 몇 킬로미터 밖에서도 들리며 하늘로 치솟는 물보라는 환한 햇빛을 받아 무지개를 피운다.

키오스포센의 아름다움을 감상하는 가장 좋은 방법은 플롬에서 뮈르달까지 기차 여행을 하는 것이다. 기차가 이동하는 거리는 겨우 20킬로미터에 불과하지만 가파른 협곡을 오르락내리락하는 것도 모자라 21개의 터널을 통과하기 때문이다. 기차는 폭포수가 멋진 물보라를 일으키며 박력 넘치게 낙하하는 모습이 한눈에 들어오는 전망대까지 운행한다. 플롬밸리로 내려가면서 물살이 거센 강과 험한 지형에 드문드문 보이는 목가적 풍경의 농장을 감상할 수 있다. 플롬 시가 위치한 아우를란피오르는 노르웨이에서 가장 깊고 긴 피오르인 송네피오르로 이어진다. **CM**

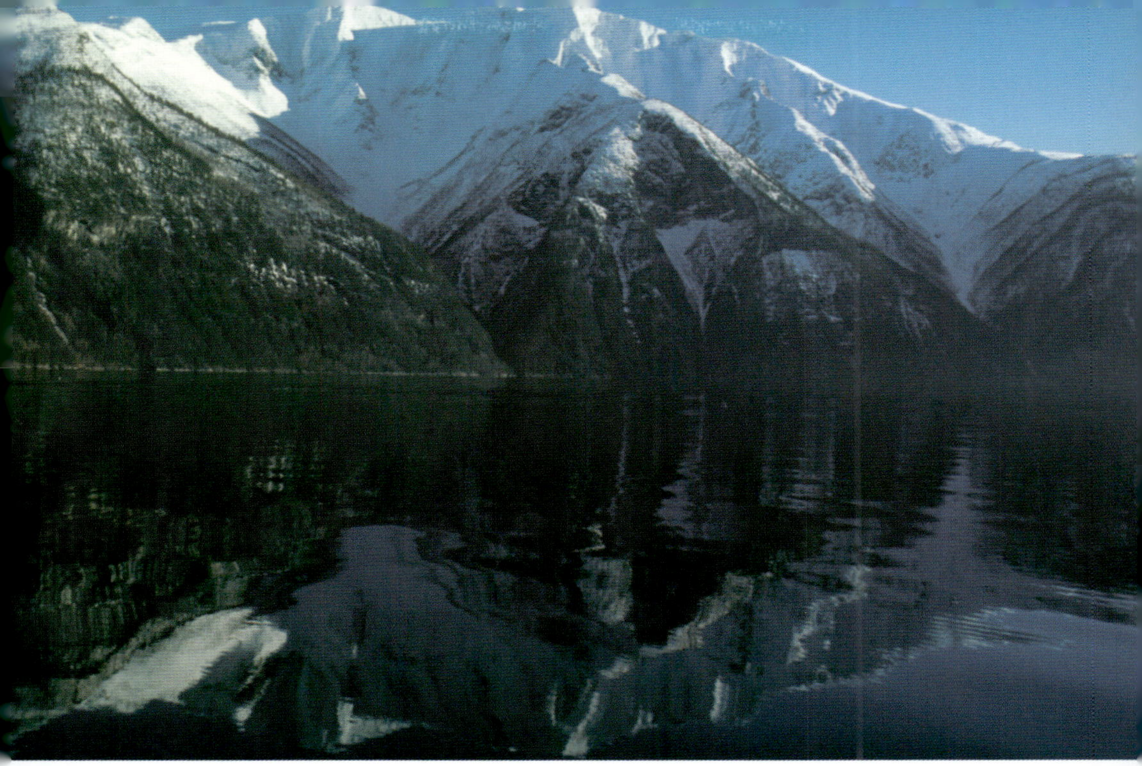

송네피오르

노르웨이, 송노그피오르나네

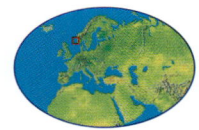

피오르의 벽의 높이 : 900미터	
피오르의 최대폭 : 5킬로미터	
피오르의 깊이 : 1,200미터	

바다에서 수직으로 우뚝 솟아올라 송네피오르에 병풍처럼 늘어서 있는 웅장한 산줄기를 보면 아무리 큰 대형 선박이 만으로 들어와도 장난감처럼 보인다. 이곳은 정말 멋지다는 말밖에 달리할 말이 없다. 약 20억 년 전에 만들어진 거대한 화강암 벽이 만을 기준으로 무려 900미터나 우뚝 솟아 있다. 짙은 색 바위를 타고 내려오는 폭포수가 가느다란 리본처럼 하늘거린다. 이곳의 피오르는 노르웨이에서 가장 긴 것으로 알려져 있는데 내륙으로 184킬로미터나 이어져 있다. 폭이 가장 넓은 곳은 5킬로미터이며 수심은 1,200미터에 달한다. 피오르는 빙하기 때 빙하가 암반을 깎으면서 형성되었다. 그때 송네피오르의 화강암 벽도 지금의 모습을 갖추었다. 빙하가 서서히 녹으면서 바다의 수위는 상승하고 계곡의 물은 빠져나갔다.

유럽에서 가장 큰 빙하는 면적이 487제곱킬로미터에 달하는 요스테달 빙하이다. 이 거대한 빙하의 일부가 녹은 물이 송네피오르의 지류인 피아에르란스피오르로 유입된다. 바다에서 가장 멀리 떨어진 지류인 아르달스피오르에는 낙차가 275미터인 웅장한 베티스 폭포가 있는데, 이 폭포에서 열리는 여름 크루즈에는 매년 수많은 관광객이 찾아온다. **MB**

손피엘레트 산

스웨덴, 헤리에달렌 주

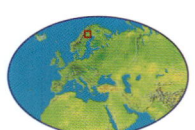

산의 높이 : 1,278미터	
산의 면적 : 713헥타르	
손피엘레트 국립공원의 면적 : 2,622헥타르	

정상이 완만한 손피엘레트 산은 스웨덴의 헤리에달렌 주의 소나무 숲 위로 1,278미터나 솟아 있다. 이 웅장한 산을 둘러싼 국립공원도 산의 이름을 따서 손피엘레트 국립공원으로 불린다. 이 지역은 산비탈에 카펫처럼 깔린 이끼를 보호하기 위해 국립공원으로 지정되었다.

주변이 한눈에 들어오는 정상으로 올라가면 그곳을 뒤덮은 바위들이 시선을 끈다. 바위는 체크무늬를 띠고 있는데 바위의 입자가 극심한 결빙으로 마모되었기 때문이다. 또한 식물이 잘 자랄 수 없는 산성을 띠고 있는 규석으로 이루어진 산인지라 대부분 헐벗은 모습이다. 덩굴월귤과 고산 월귤나무 덤불만이 자생하고 있다.

정상은 반 이상이 숲으로 덮여 있는데 대부분이 침엽수로 곰과 스라소니의 안식처를 제공한다. 뇌조, 흰멧새, 검은가슴물떼새, 유럽종눈종다리, 털발말똥가리, 까마귀, 홍방울새, 되새, 푸른머리되새, 참매, 여러 종의 올빼미 등 야생조류들도 서식하고 있다. 이 공원의 진정한 아름다움을 제대로 즐기고 싶은 사람들을 위해 공원 동쪽을 흐르는 발멘 강가에 밤을 지낼 수 있는 산장과 야영 설비가 갖추어져 있다. **CM**

라프게이트

스웨덴, 노르보텐 주

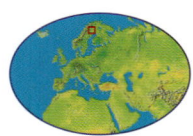

현지 이름 : 라모르텐	
최대 해발 고도 : 1,745미터	
계곡 : U자형	

스웨덴에서 가장 독특한 자연표식인 라프게이트 계곡은 북극권에서 200킬로미터나 위쪽인, 가장 북쪽에 자리 잡고 있다. 라프게이트는 스웨덴의 최고봉인 니소티아로와 티우오나티아카 사이에 있는 U자형 계곡이다. 완벽한 대칭을 이루는 라프게이트 계곡은 멀리서 보면 산맥을 관통하는 거대한 구멍처럼 보이는데 이 역시 빙하의 작품이다.

라프게이트는 야생 툰드라, 이끼와 라프 족의 땅인 스웨덴의 라플란드로 들어가는 관문이다. 450킬로미터나 이어져 있는 산책길은 아비스코 국립공원에서 시작되어 남쪽의 헤마반으로 이어진다. 종주하는 데 한 달은 족히 걸리는 이 길을 따라 가다 보면 드넓은 툰드라와 숲 그리고 고독함을 느낄 수 있는 유럽 최고의 야생지역이 가진 매력에 빠져들 것이다. 가을이 되면 나무가 무성한 계곡은 단풍이 들어 울긋불긋한 모습이 장관을 이룬다. 그래서 이 시기가 사람들에게 가장 인기가 좋다. 여름에는 극성을 부리던 모기도 이 시기에는 거의 없기 때문이다. 위대한 박물학자인 칼 린네는 "모기만 없다면 라플란드는 지상의 낙원이다."라고 말했다. **JK**

아비스코 국립공원

스웨덴, 노르보텐 주

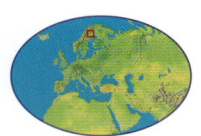

공원의 면적 : 7,700헥타르

국립공원 지정 연도 : 1909년

스웨덴 북부의 라플란드에는 워낙에 멋진 국립공원이 많지만 그중에서 아비스코 국립공원이 단연 아름답다. 남쪽과 서쪽으로는 산맥이 뻗어 있고 북쪽에는 토르네트래스크 호수가 있다. 낮은 계곡 역시 놓치지 말아야 할 이곳의 볼거리 중 하나다. 북극의 빛은 공원을 가로지르는 아비스코요카 강의 반짝이는 물 위에서 춤을 춘다. 깎아지른 절벽이 인상적인 깊은 협곡은 과거 이 지역에 격렬한 지각운동이 일어났음을 말해준다. 라플란드를 제대로 감상하려면 아비스코 국립공원에서 봐야

한다. 이 공원에는 키루나에서 남쪽으로 60킬로미터 떨어진 작은 라플란드 마을인 니카울루오트카에서 시작해 노르웨이와의 접경 지역에 있는 리크스그렌센으로 이어진 쿵슬레덴(왕의 길) 산책로가 나 있다. 케이블카를 타고 니울라 산의 정상까지 가면 토르네트래스크 호수와 라프게이트의 아름다운 모습이 잘 보인다.

석회석이 풍부한 이곳의 암석에는 식물이 잘 자란다. 그래서 공원에는 희귀한 식물이 많다. 가령, 보호종으로 지정된 라플란드난초는 이 나라의 다른 곳에서는 자라지 않는다. 흰털발제비, 흰담비, 나그네쥐, 엘크 등이 공원을 돌아다니고 쇠솔새와 같은 작은 새들이 하늘을 맴돌고 있다. **CM**

아카 산

스웨덴, 노르보텐 주

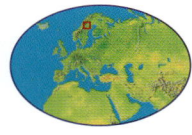

산의 생성 시기 : 4억 년 전

스토라 시외팔레트의 높이 : 2,015미터

국립공원 지정 연도 : 1910년

스웨덴 북부의 스토라 시외팔레트 국립공원에 우뚝 서 있는 아카 산은 '라플란드의 여왕'이라고 불린다. 뾰족한 봉우리와 수많은 빙하가 있는 아카 산은 스웨덴의 작가 셀마 라게를뢰프(1858~1940년)가 지은 『닐스의 신기한 여행』에 나오는 주인공의 이름을 따서 '닐스 홀게르손의 산'이라고도 불린다. 아카 산의 동쪽으로 또 하나의 그림 같은 산이 있는데, 1,800미터 높이의 칼라크티오카 산으로 북쪽 비탈이 깊게 팬 테우사달렌밸리를 마주 보고 있다.

스토라 시외팔레트 국립공원은 총 12만 7,800헥타르의 면적에 자작나무 숲, 소나무 숲, 혼합림 숲과 늪지로 이루어져 있다. 나머지는 수역, 개발지와 바위투성이의 산이다. '큰 호수 폭포'라는 뜻의 스토라 시외팔레트가 공원을 가로지르며 흐르는데, 폭포수의 대부분이 수력발전을 위해 사용되면서 지금은 과거의 위력을 많이 잃었다. 하지만 공원의 아름다움은 전혀 손상을 입지 않았다. 아카 산과 주변 지역은 고산 지대와 저지대는 물론 평평한 고산 평원과 깊은 계곡에 이르기까지 다양한 경관을 제공한다. **CM**

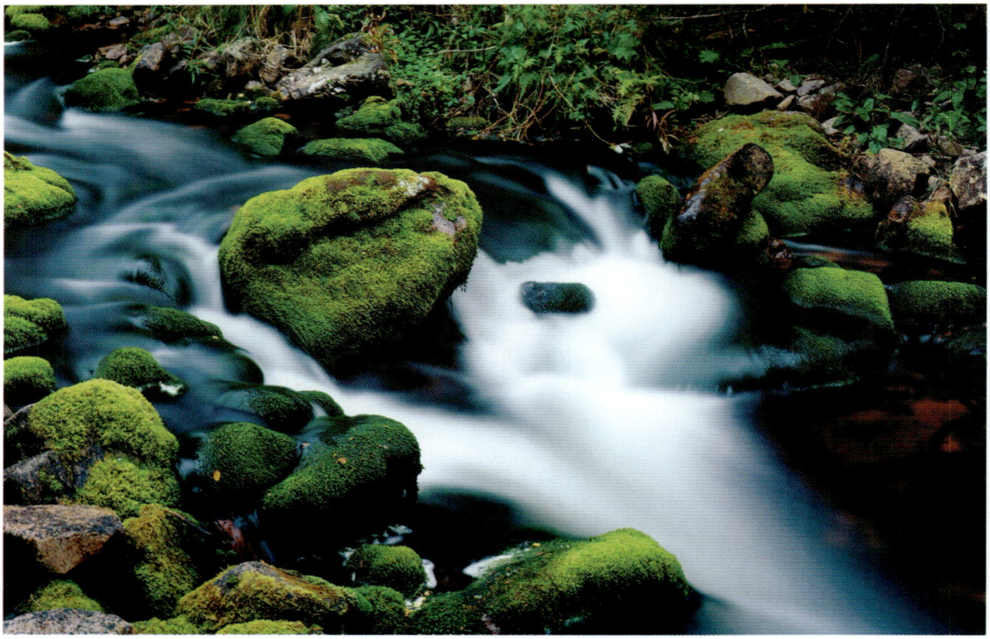

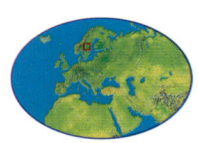

니우페스케르 폭포

스웨덴, 달라르나 주

폭포의 높이 : 125미터
야생생물 : 무스와 사슴

스웨덴에서 가장 높은 폭포인 니우페스케르는 전나무와 소나무가 울창한 원시림에 둘러싸인 검은 화강암 절벽 사이로 눈부시게 하얀 물보라를 일으키며 125미터를 시원하게 떨어져 내리는 폭포이다. 폭포가 위치한 풀루퍼엘레트는 스웨덴의 24개 주 중에서 가장 스웨덴다운 달라르나 주의 북부 지방에 있다. 달라르나는 숲, 호수, 산과 붉게 칠한 목조 가옥과 농장의 주이다. 폭포는 메르케트라는 불길한 이름을 지닌 마을에서 2킬로미터 떨어져 있다. 메르케트는 '암흑'이라는 뜻이다. 마을에서 폭포까지는 걸어서 갈 수 있는데, 순록과 사슴이 어슬렁거리는 모습을 볼 수 있는 울창한 삼림을 통과하는 길이 나 있다.

폭포에 다다르면 숲의 바닥은 온통 장과류 천지이다. 그중에서도 호로딸기가 가장 많이 자란다. 이 야생딸기는 뜨거운 카망베르 치즈와 함께 먹는 소스의 기본 재료이며 스톡홀름을 비롯한 스웨덴 여러 도시의 고급 레스토랑에서 디저트로 애용된다. 니우페스케르를 찾는 사람은 한여름에 가장 많다. 이때가 되면 달라르나 사람들은 전통 의상을 전시하고 메이폴 근처에서 전통 음악에 맞춰 춤춘다. 이 지방은 작고 붉은 목각 말 인형으로 유명하다. 원래 이 지역 사람들이 아이들의 장난감으로 만들던 인형이 지금은 스웨덴의 상징이 된 것이다. **CM**

294

스톡홀름 군도

스웨덴, 스톡홀름 주

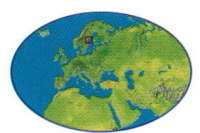

군도의 면적 : 5,600제곱킬로미터
섬의 수 : 2만 4,000개

무려 2만 4,000여 개의 크고 작은 섬, 암초와 강변의 저지로 이루어진 스톡홀름 군도(스톡홀름스 스케르고르드)는 여름이면 특히 아름답다. 스웨덴의 작가이자 극작가인 아우구스트 스트린드베르그는 이 풍경을 '대양의 파도에 떠 있는 꽃바구니'라고 묘사했다. 그러나 겨울에는 시인이자 수필가인 벨록이 '단조롭고 매우 쓸쓸한' 곳이라고 표현했듯이 얼음 덮인 황무지로 변한다.

군도는 빙하의 작용으로 형성되었다. 원래 내륙의 산악 지형이었던 이곳은 빙하가 지나가면서 바위가 드러났다. 빙하가 후퇴하면서 바위를 깎아낸 결과 북쪽으로는 경사가 완만하고 남쪽으로 경사가 매우 가파른 섬들이 생겨났다. 군도는 스톡홀름까지 중심부의 스홀맨 섬에서 시작된다. 본토와 가까운 섬일수록 크기가 더 크며 스웨덴에서 피에르다르라고 부르는 바다까지 점점이 흩어져 있다. 대부분의 섬은 여름에만 사람이 살며 일 년 내내 사람이 상주하는 섬은 2,700개뿐이다. 섬 사이의 이동은 하얀 소형 페리선을 이용하는데 이곳에서는 박스홀름스보타르라고 부른다. 이 배는 매년 백만 명이 넘는 승객을 수송한다.

이 군도에는 바닷새 27종이 둥지를 틀고 있다. 물빛이 검은 이곳 수역은 발트청어, 대구, 가자밋과와 넙칫과, 뱀장어, 흰돌고래, 창꼬치 등의 서식지이다. 내륙의 섬에는 오소리류, 여우, 토끼, 엘크, 사슴 등이 살며 바다 쪽에 가까운 섬에는 물개가 서식한다. **CM**

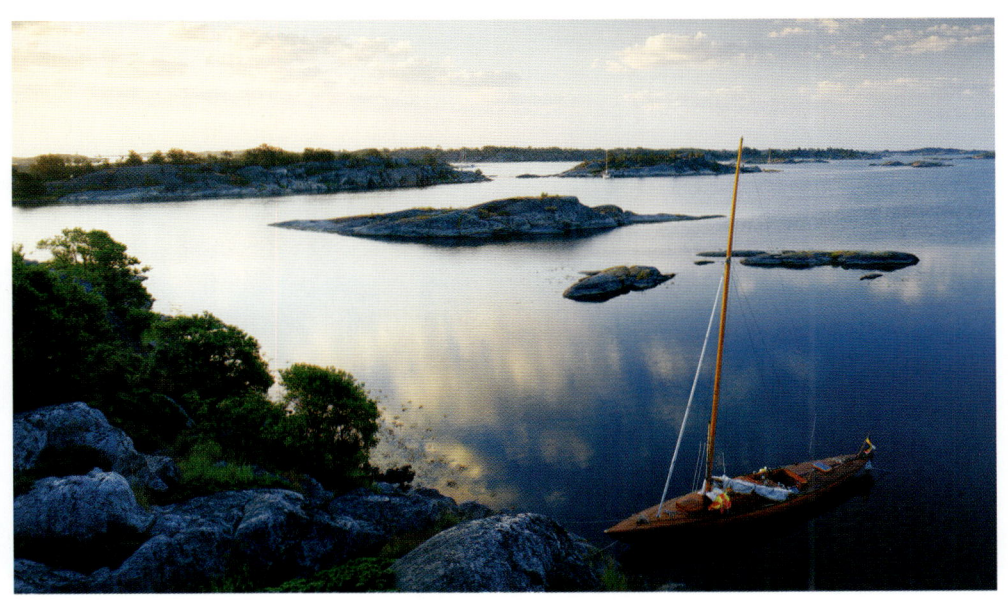

텐포르센 폭포

스웨덴, 옘틀란드 주

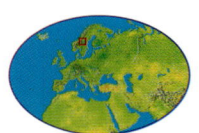

폭포의 높이 : 38미터
폭포의 폭 : 60미터

옘틀란드 주의 북부에 있는 텐포르센은 스웨덴에서 가장 큰 폭포로 알려져 있다. 물론 이 명성을 위협하던 다른 폭포들도 있었지만 대부분 수력발전소의 건설로 사라졌고 텐포르센 폭포만이 지금껏 가혹한 운명을 피할 수 있었다. 이 폭포를 보호하기 위한 법안은 1940년에 시행되어 1971년까지 발효했다. 그러나 그 이후로도 폭포와 주변 지역은 자연보호구역으로 지정되었다.

이 폭포는 낙차가 38미터이며 그 폭은 60미터에 달한다. 폭포가 흐르는 계단식 절벽은 몇백만 년 전에 형성되었다. 일반적으로 5월에서 6월 사이 초당 74만 리터가 쏟아져 유출량이 최고이다. 그러나 수량이 가장 적고 물이 얼어붙는 가을(12월에서 이듬해 2월)의 경치가 가장 아름답다. 청명한 날이면 폭포수는 햇빛을 받아 찬란한 빛을 발한다. 1835년에 카를 14세 요한 국왕이 폭포까지 길을 놓으면서 본격적인 폭포 관광이 시작되었다. **CM**

<u>오른쪽</u> 해 질 무렵의 텐포르센 폭포

보르가 산

스웨덴, 베스테르보텐 주

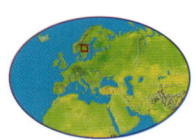

보르가 산의 높이 : 800미터
보르가헬렌의 높이 : 1,200미터

베스테르보텐 주에 있는 보르가 산은 그 자체로는 특별하지 않지만 요즘 같은 세상에서는 금세 희귀해질 자연의 보물을 지니고 있다. 그 보물이란 풍부하고도 신선한 공기와 때 묻지 않은 아름다운 자연경관이다.

원시의 자연이 그대로 살아있는 이곳에는 수많은 산책로가 발달해 있다. 보르가 산은 기슭의 울창한 삼림에서 곰을 비롯한 야생생물을 보고 싶은 등산객과 자연 애호가들의 낙원이다. 어디 그뿐인가. 물 반 고기 반인 호수와 강에는 강태공들의 발길이 끊이지 않는다. 슬리프시크 크리크에서 사금을 찾으며 시간을 보내는 사람들도 있다. 물론 일확천금은 꿈도 꿀 수 없지만 말이다.

보르가 산의 경사면에는 야생화 50여 종이 지천으로 자란다. 가을에는 각종 장과류와 버섯이 산비탈을 뒤덮는다. 이 지역에서는 '알레만스레트(모든 사람의 법)'라는 스웨덴 성문법에 따라 누구나 언제 어디에서나 도를 넘지 않는 선에서 자연을 한껏 즐기며 야영을 할 수 있다.

보르가 산 근처에는 아름다운 보르가셴 호수가 있다. 이 호수의 장관은 해발 1,200미터 높이의 보르가헬렌에서 볼 수 있다. 243미터 높이에서 호수를 향해 수직에 가깝게 물이 떨어지는 모습은 보는 이의 넋을 빼앗을 정도로 아름답다. **CM**

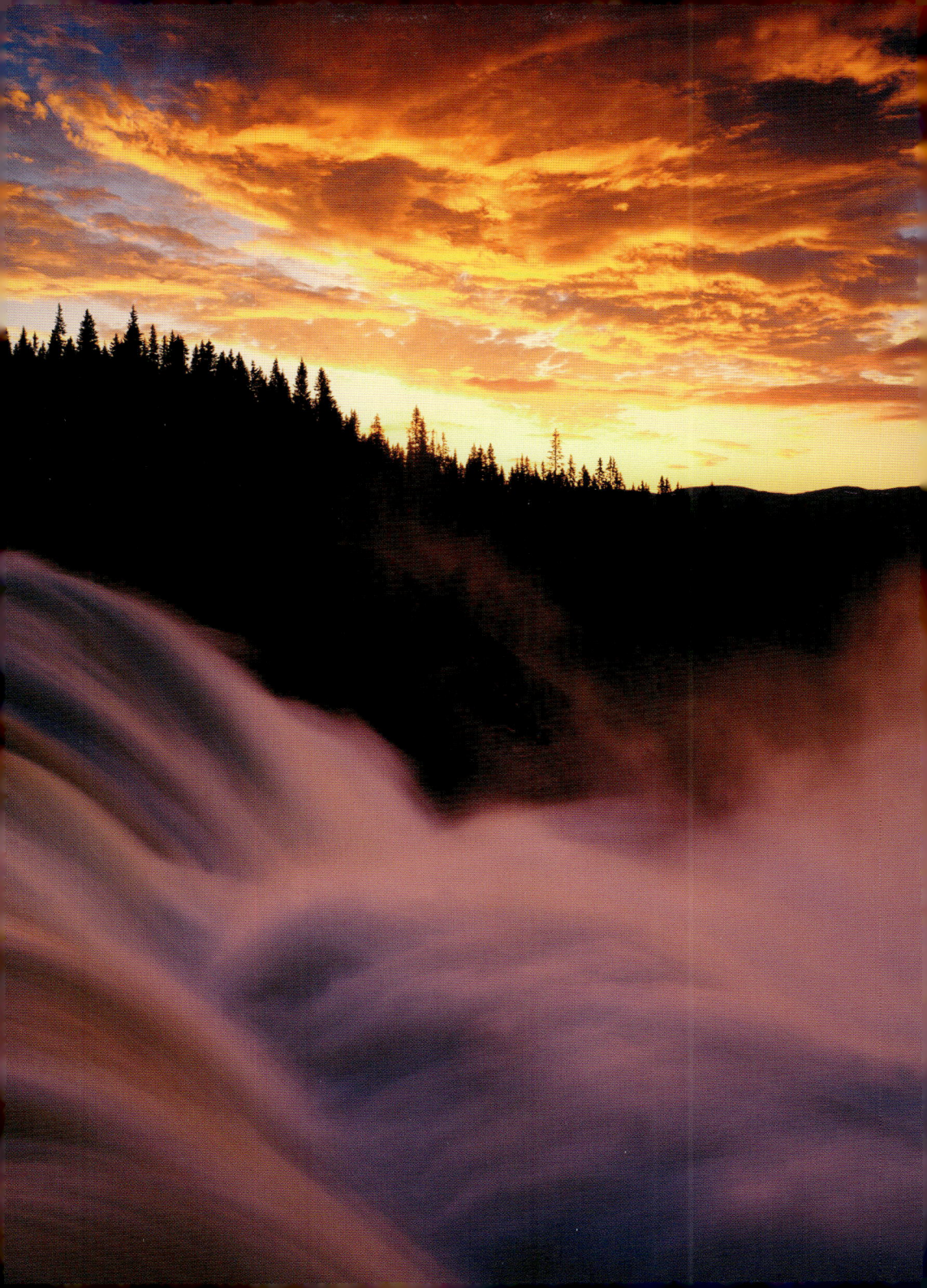

고틀란드

스웨덴, 고틀란드 주

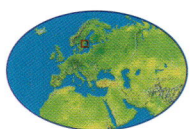

고틀란드의 길이 : 170킬로미터	
고틀란드의 폭 : 52킬로미터	
본토와의 거리 : 90킬로미터	

고틀란드는 스웨덴의 동쪽인 발트 해에 있는 작은 섬이다. 이 섬에는 자연적으로 형성된 석회암 기둥인 라우카르가 발달해 있는데 이 기둥은 사람을 닮은 모습으로 특히 유명하다. 안개가 자욱한 날이면 기둥은 흡사 옛 바이킹 전설에서 용사들이 튀어나와 바다를 보며 놀란 표정을 짓는 것처럼 보인다. 가장 멋진 라우카르들은 본토의 북쪽의 포레 해안에 있는 디게르후브드와 라우테르호른 사이에서 발견된다. 이곳은 스웨덴의 전설적인 영화감독인 잉그마르 베르히만의 고향으로도 유명한 곳이다.

고틀란드는 다양한 얼굴을 갖고 있다. 쓸쓸한 황무지와 야생화가 만발한 초원에서부터, 깎아지른 절벽과 길게 뻗어 있는 백사장까지 모두 이 섬의 풍경이다. 섬에는 야생 난초가 35종이나 서식하는데 특히 서쪽 해안에 있는 작은 섬인 스토라 카를세에는 큰바다오리의 둥지가 수천 개에 달한다. 근처에 있는 또 다른 섬인 릴라 카를세에는 뿔양이 서식한다. 이유는 알 수 없지만 고틀란드 사람들은 이 양들을 나이에 상관없이 '새끼 양'이라고 부른다. 스웨덴 사람들이 즐겨 찾는 피서지인 고틀란드는 지금도 훼손되지 않은 아름다움을 간직하고 있다. 주도인 비스뷔는 한때 발트 해상 무역의 중심지로 뤼베크의 한자 동맹과 활발히 교류했다. **CM**

아래 저녁 어스름에 싸여 있는 고틀란드의 자갈 해안

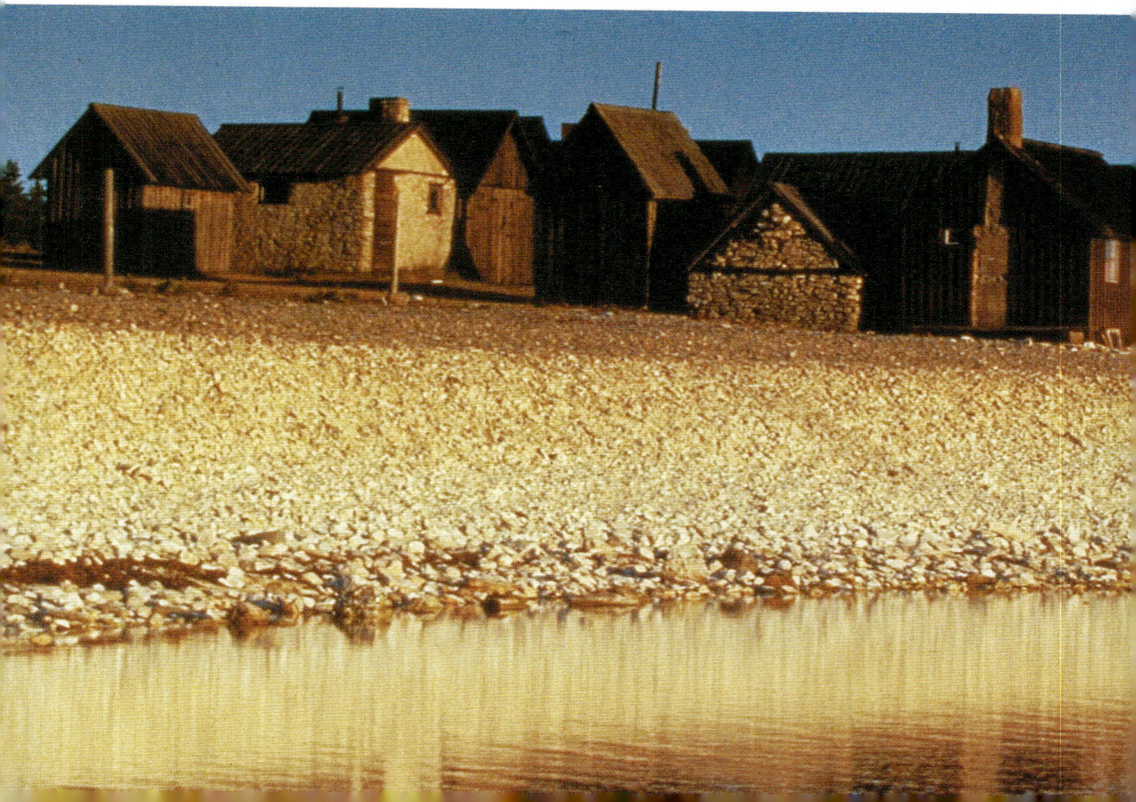

이나리 호수

핀란드, 라피 주

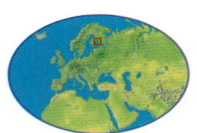

이나리 호수의 면적 : 1,300제곱킬로미터
호수의 깊이 : 97미터

핀란드의 라플란드는 호수의 땅인데 러시아와의 접경 지역에는 가장 큰 호수인 이나리 호수가 깊고 푸른 물을 찰랑거리고 있다. 호수가 아니라 차라리 작은 바다라고 불러야 할 것 같은 이나리 호수는 중간까지 들어가면 아예 육지가 보이지 않는다. 폭풍이 몰려와서 강풍이라도 불면 거대한 파도가 일렁인다. 호숫가의 지형은 매우 험하며 작은 만이 수백 개나 된다. 게다가 숲이 울창한 3,000개 이상의 섬이 호수에 흩어져 있다. 호수의 면적은 1,300제곱킬로미터이며 호수 바닥은 급격하게 깊어진다. 이 지역의 전설과 민요에 의하면 이나리 호수의 깊이는 그 길이와 맞먹을 정도로 깊다고 한다. 호수의 수원은 이발로 강이며 이 물은 파츠 강을 통해 바렌츠 해로 흐른다.

고대의 라플란드 사람들은 호수의 우코 섬을 신성한 섬이라 믿고 섬의 신에게 공물을 바쳤다. 우코 섬의 이름은 핀란드 신화에서 '하늘의 신'의 이름을 딴 것이다. 우코노키비 섬은 풍어를 기원하며 제물을 바치는 섬이었으며 코르키아의 얼음 동굴은 생선을 보관하는 곳이었다. 이곳에는 일곱 종의 연어와 송어가 서식한다. 밤이 되면 하늘은 오로라로 빛의 축전이 벌어지며 환하게 빛난다. 그러나 좋은 시절은 금세 끝나고 6월 둘째 주가 되어 얼음이 녹으면 모기떼가 출몰한다. **MB**

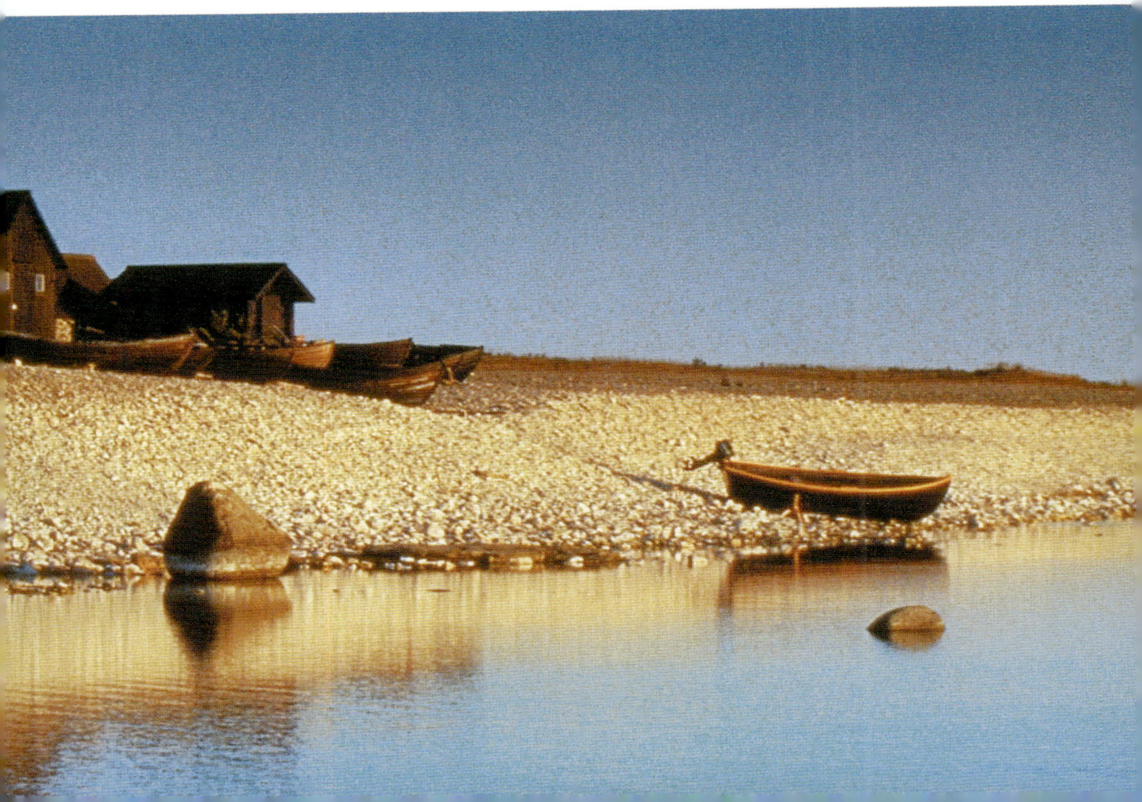

북극광

핀란드, 라피 주

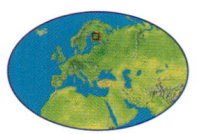

북극광의 높이 : 60~600킬로미터

횟수 : 연간 200회

오로라라고도 불리는 북극광은 남반구의 오스트레일리아 오로라와 함께 자연이 우리에게 보내는 가장 아름다운 선물 중 하나이다. 매년 북극 라플란드의 하늘에는 신비로운 오로라가 펼쳐지는데 그 횟수는 200회에 달한다. 이 현상은 1초에 1,000킬로미터의 속도로 확산되는 플라스마의 흐름인 태양풍과 지구 자기장 사이에 일어나는 상호작용의 결과이다. 지구를 둘러싼 전리층에 갇힌 플라스마는 붉은색, 녹색, 푸른색과 보라색으로 밤하늘을 수놓을 뿐만 아니라 유광(流光), 광선, 소용돌이 등으로 그 형태가 쉼 없이 바뀐다.

핀란드에는 북극광의 기원에 관한 설화가 적어도 20개가 넘게 전해져 온다. 그중에서도 북극여우가 눈밭을 달릴 때 꼬리로 하늘에 불꽃을 던져 올리자 오로라가 되었다는 이야기가 가장 유명하다. 오로라는 핀란드어로 '레본튤레트'라고 하는데 '도깨비불'이라는 뜻이다. 이 현상의 실체가 무엇이든지 이 아름다운 밤하늘의 신비로움은 전혀 줄어들지 않을 것이다. **NA**

노스골튼캐슬

스코틀랜드, 오크니 제도

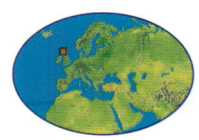

노스골튼캐슬의 높이 : 50미터

암석의 종류 : 붉은 사암

대서양으로부터 오크니를 보호라도 하듯 서 있는 노스골튼캐슬은 영국제도에 흔히 발달되어 있는 암괴의 하나이지만 그 극적인 모습 만큼은 어느 암괴에 뒤지지 않는다. 규모가 더 작은 예스나비캐슬과 마찬가지로 노스골튼도 오크니 섬에 풍부한 붉은 사암이 층층이 쌓여서 형성되었다. 사암에는 스트로마톨라이트와 화석이 매우 풍부하게 들어 있다. 이 화석들은 과거에 오크니를 뒤덮었던 거대한 데본 호수에 얼마나 많은 생물이 번성했는지를 잘 보여준다. 노스골튼캐슬은 오크니의 서쪽 해안을 따라 뻗어있는 암괴의 하나이다. 우뚝 솟은 모습에 산악인들의 발길이 끊이지 않을 것 같지만 실제로 이곳을 오르는 사람은 별로 없다. 어쨌든 이 험준한 바위에 도전할 만큼 용감한 사람도, 비교적 안전한 곳의 절벽에서 바라보는 경관에 만족하는 사람도 이곳의 아름다운 경관에 이 지역의 야생생물이 가장 잘 어울린다는 것을 알 수 있다. 보호구역인 사암 절벽에 거대한 번식지를 이루는 다양한 종류의 바닷새는 물론 운이 따라 준다면 오크니들쥐나 바다수달도 볼 수 있다. **NA**

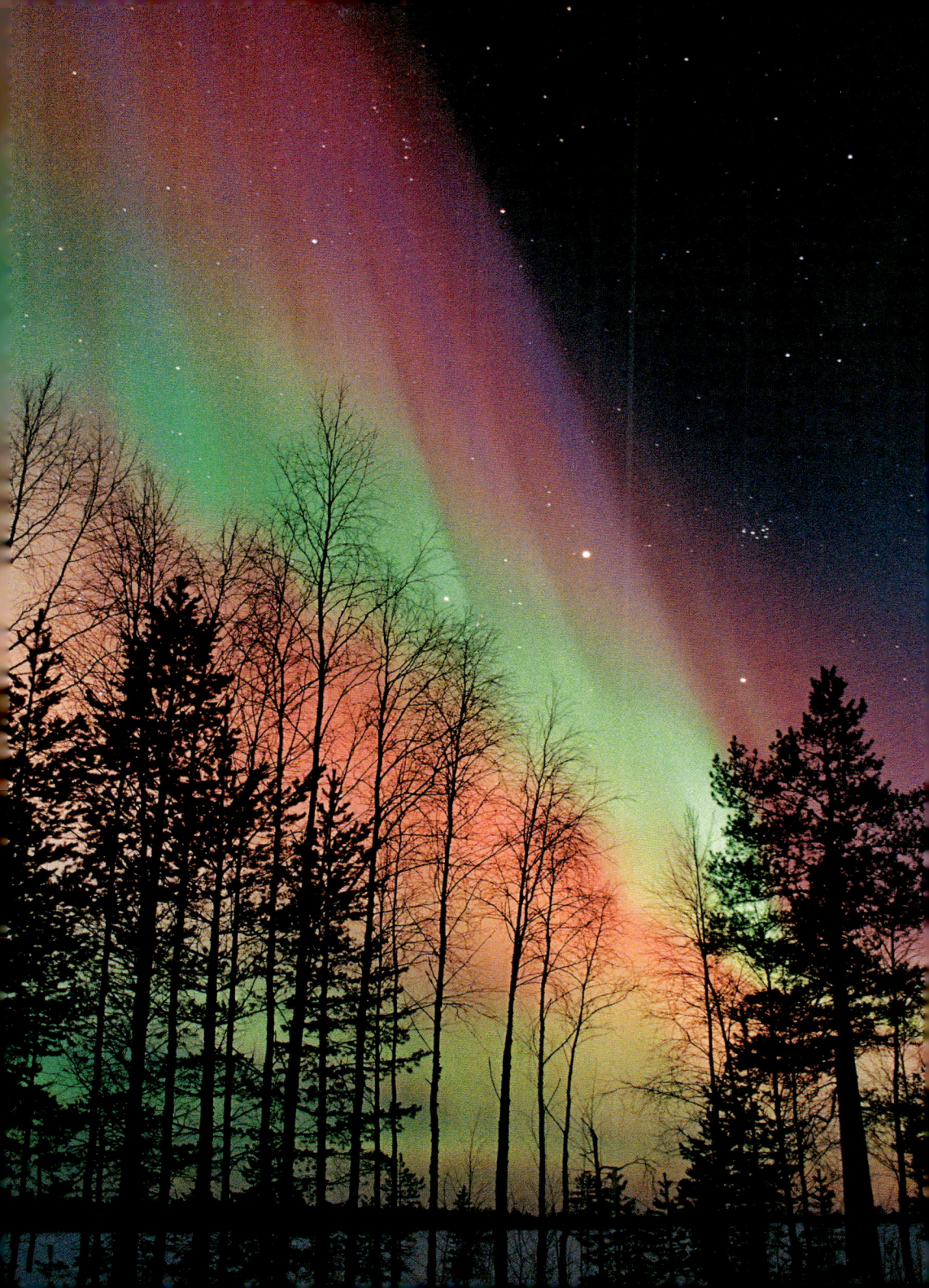

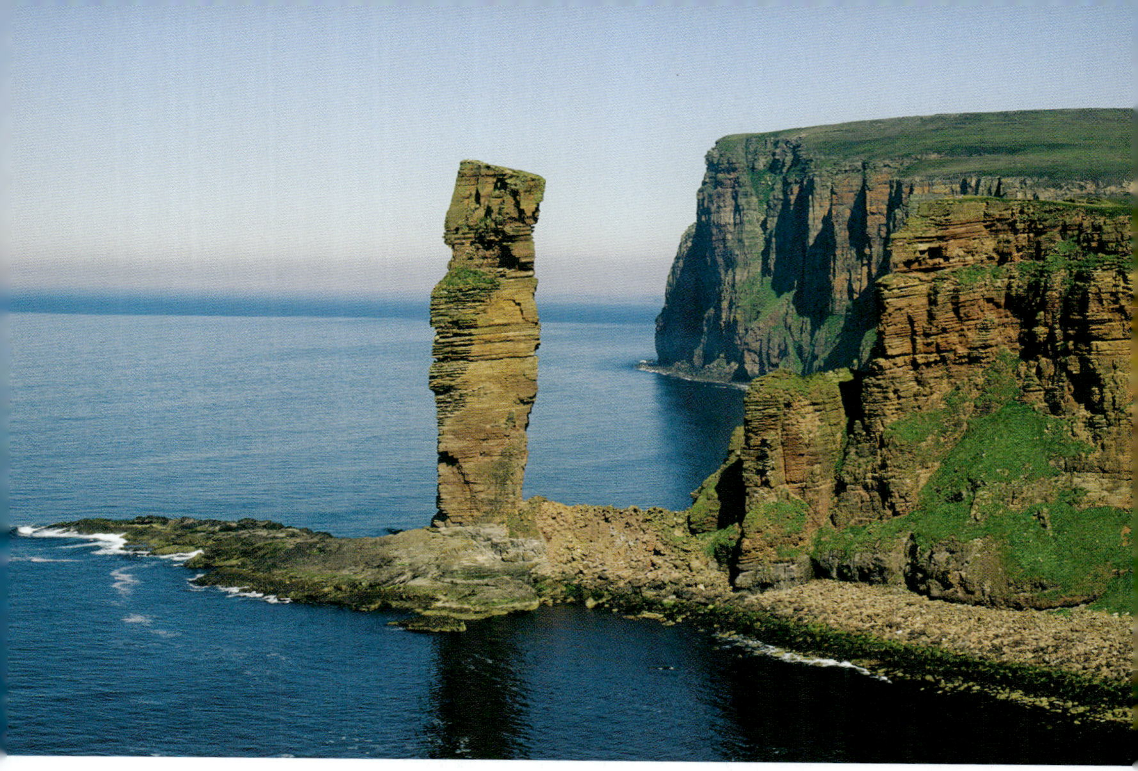

올드맨 오브 호이

스코틀랜드, 오크니 제도

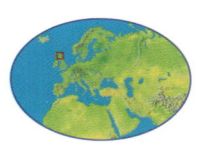

올드맨 오브 호이의 높이 : 137미터
암석의 종류 : 데본기 사암

데본기 사암이 섬세하게 층층이 쌓여 있는 절벽에서 뚝 떨어져 나온 기반암에 30미터 높이의 사암 기둥이 서 있다. 이 올드맨 오브 호이 기둥은 영국에서 가장 높은 사암층 기둥이며 노인이라는 이름과는 달리 생성된 지 얼마 되지 않았다. 18세기 중반의 지도나 그림을 보면 올드맨은 기둥이 아니라 곶의 일부였던 것을 알 수 있다. 1900년대 초 시간과 파도의 작용으로 아치가 형성되었고 아치의 두 기둥에서 올드맨이라는 이름이 연상되었을 것이다. 아치의 잔해인 이 기둥이 언제까지

서 있을지는 알 수 없지만 언젠가는 바다가 노인의 목숨을 앗아갈 것이다. 이 기둥은 1966년 톰 패티, 러스티 베일리와 크리스 보닝턴이 처음으로 등반했으며 이듬해 아찔한 등반 장면이 TV에 방송되면서 유명세를 타기 시작했다. 그 후로 올드맨 오브 호이에는 그곳에 둥지를 튼 풀마갈매기, 바다오리, 세발가락갈매기 등 부리가 날카로운 새들의 고공 폭격과 배설물 공격을 견뎌낼 각오가 되어 있는 전 세계 암벽 등반가들의 발길이 끊이지 않는다. 근처의 세인트존스헤드는 영국에서 가장 높은 해안 수직 절벽으로 그 높이는 346미터에 달한다. 올드맨 오브 호이는 북극도둑갈매기를 비롯한 다양한 바닷새의 서식지이자 오크니에서 유일한 유럽멧토끼의 서식지이다. **NA**

덩캔즈비 암괴

스코틀랜드, 케이스네스

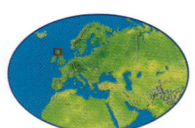

| 덩캔즈비 해안 절벽의 생성 시기 : 3억 8,000만 년 전 |
| 절벽의 해발 고도 : 60미터 |

영국 본토의 가장 북쪽에 있는 곳 중 하나인 케이스네스의 덩캔즈비 곶에 가면 해안의 바위절벽을 깎고 조각하는 바다의 강력한 힘을 마음껏 감상할 수 있다. 등대를 지나 높이 솟은 해안 절벽을 따라가다 보면 웅장하고 기괴한 그 모습에 다시 한 번 자연의 위대함을 실감할 것이다. 그곳에는 절벽 안으로 깊이 파여 수천 마리 바닷새의 둥지가 된 스클레이테스 지오, 온갖 풍상에 찌든 아치 기둥인 셔틀 도어, 마지막으로 용의 이빨처럼 생긴 덩캔즈비 암괴가 나온다.

이렇게 웅장하고 아름다운 풍경의 비밀은 암석에 숨겨져 있다. 오래된 붉은 사암 절벽은 파도에 쉽게 침식되기 때문이다. 데본기에 퇴적되었다가 노출된 이곳은 풀마갈매기, 바다오리와 세발가락갈매기들의 안식처이며 지금도 우리에게 먼 옛날의 기후 변화에 대한 생생한 이야기를 들려준다. 이곳의 퇴적층은 원래 셰틀랜드에서 인버네스를 지나 노르웨이까지 뻗어 있는 거대한 담수호에 쌓였다. 퇴적층의 두께는 다 다르지만 동일한 패턴이 반복되는 것으로 보아 데본기의 기후 변화에 따라 호수 생태계도 계속 변화했음을 알 수 있다. 다른 해안 암괴들처럼 덩캔즈비 곶의 암괴들도 계속 변화하고 있다. 곶의 절벽에서는 새로운 기둥이 떨어져 나오고 오래된 기둥은 바다가 삼켜버린다. **NA**

로크랭거바트

스코틀랜드, 아우터헤브리디스 제도

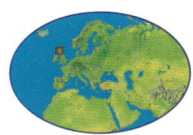

| 로크랭거바트의 길이 : 12킬로미터 |
| 그리머스타 강의 길이 : 2킬로미터 |
| 그리머스타 수계의 면적 : 8,017헥타르 |

스코틀랜드 아우터헤브리디스의 섬에는 로크라고 불리는 호수 혹은 좁은 만이 무수히 많다. 빼어난 비경을 자랑하는 로크 중에서도 로크랭거바트 호수는 루이스와 해리스 경계에 있는 언덕 사이에 자리 잡고 있다. 수많은 로크 때문에 '물의 경관'이라고도 불리는 이 지역은 그리머스타 수계의 입구에 위치해 있으며 유럽에서 북극연어 제물낚시를 즐길 수 있는 곳으로도 유명하다.

랭거바트는 두 줄기의 랭거바트 강으로 유입되어 네 개의 얕은 로크와 시내까지 흘러든다. 물은 흘러 흘러 북쪽의 그리머스타 강과 로크로그까지 간다.

로크랭거바트는 루이스 섬의 북서 해안에 있는 깊은 절개지이다. 섬의 동쪽 해안에는 영국에서 가장 오래된 암석인 루이스 편마암으로 만들어진 고대 거석이 20개나 서 있다. '컬러니시'라는 이름으로 알려진 이 거석은 3,000~4,000년 전에 세워진 것으로 추정된다. 루이스 섬에는 작은 섬들이 흩어져 있는데, 언덕 아래 빙하로 깎인 단처럼 생긴 지형에 자리 잡고 있다. 이곳은 지금으로부터 1만~300만 년 전 빙하기의 빙하작용으로 형성되었다. **MB**

세인트킬다 군도

스코틀랜드, 아우터헤브리디스 제도

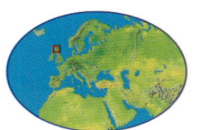

섬의 개수 : 4개	
본토와의 거리 : 66킬로미터	
최고 높이(코너체어힐) : 430미터	

공식적으로 영국제도에서 가장 멀리 떨어진 곳인 세인트킬다 군도는 아우터헤브리디스에 있는 벤베큘라 서쪽에 있다. 제3기 환상 화산의 흔적인 군도는 지금은 수직으로 370미터나 솟아 있는 해안 절벽이며 빙하와 기후 변화로 오늘의 모습을 이루게 되었다. 보어래이 섬의 해안에 서 있는 191미터 높이의 스타크안아민과 165미터 높이의 스타크리는 영국제도에서 가장 높은 해안 암괴이다. 군도를 이루는 히르타, 던, 소에이, 보어래이 등의 섬들은 섬의 생태 표본이라고 할 수 있다. 세인트킬다굴뚝새와 세인트킬다들쥐는 본토에 사는 굴뚝새나 들쥐와는 유전적으로 다르다. 소에이 섬의 야생 양은 오랫동안 과학자들의 연구 대상이었다. 군도에는 세계에서 가장 큰 북양가마우지 군서지가 형성되어 있으며 영국에서 가장 크고 오래된 풀마갈매기 군서지가 있다. 영국에 사는 에투피리카의 반이 이 제도에 서식한다. 이곳에 둥지를 튼 바닷새 덕분에 비옥해진 토양에는 130종이 넘는 야생화가 자란다. 이 제도에는 2,000년 전부터 사람이 거주했지만 1930년에 마지막 주민이 본토로 이주한 후 지금은 아무도 살지 않는다. 생물학자, 지질학자와 고고학자들만이 연구를 위해 이 섬을 찾고 있다. **NA**

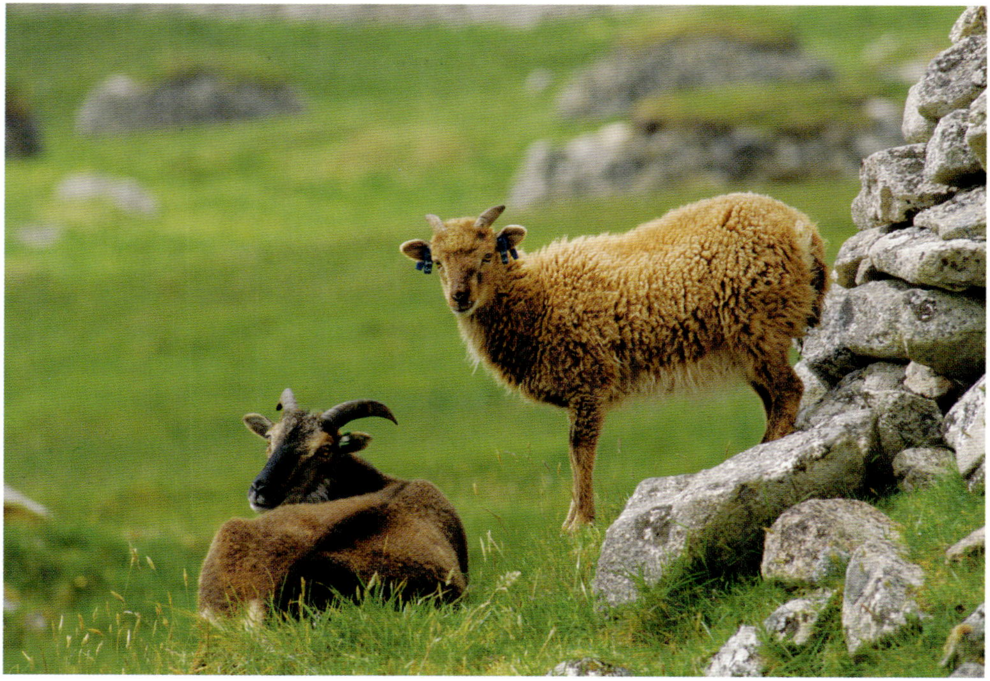

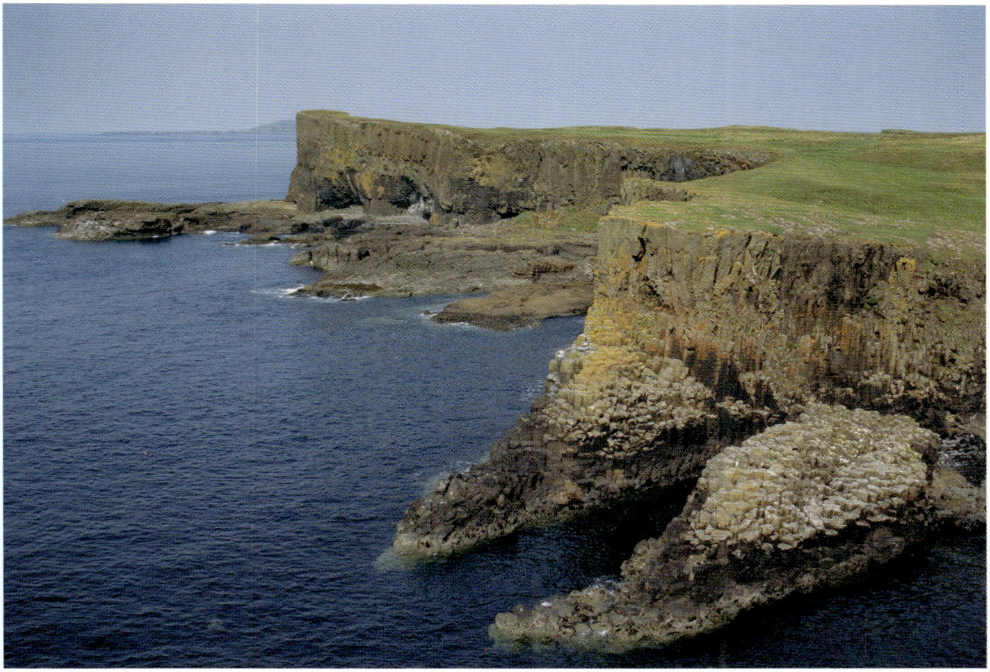

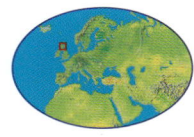

핑갈의 동굴

스코틀랜드, 이너헤브리디스 제도

동굴의 깊이 : 70미터
스타파 섬의 길이 : 1.2킬로미터
스타파의 높이 : 41미터

핑갈의 동굴은 북아일랜드의 자이언츠코즈웨이를 만든 지질작용에 의해 형성되었다. 검은 현무암으로 이루어진 육각형 기둥이 스코틀랜드의 무인도 스타파 섬을 둘러싼 해안절벽에 늘어서 있다. 파도가 들이치는 곳에는 거대한 동굴들이 뚫리기도 했다.

그중에서 가장 큰 동굴이 핑갈의 동굴인데 바이킹의 침략으로부터 스코틀랜드의 섬을 지켜냈다고 알려진 전설의 주인공 핑갈의 이름을 땄다고 한다. 거인이었던 핑갈이 스타파 섬에 살던 자신의 거인 애인이 발을 적시지 않고 찾아올 수 있도록 자이언츠코즈웨이를 만들었다는 것이다.

지난 몇백 년 동안 스타파의 바위 지형에 관심을 기울인 과학자는 아무도 없었다. 1772년, 아이슬란드로 가던 길에 우연히 이곳을 들린 자연사 학자들이 이곳의 진가를 알아보았다. 그 후 이곳은 예술가, 시인과 음악가들의 사랑을 듬뿍 받았다. 특히 이곳의 풍경에 영감을 받은 멘델스존은 헤브리데스의 서곡인 '핑갈의 동굴'을 작곡했다. 이외에도 월터 스코트 경, 존 키츠, 윌리엄 워즈워스, 알프레드 테니슨과 쥘 베른 같은 저명한 예술가들이 이곳을 방문했다. **MB**

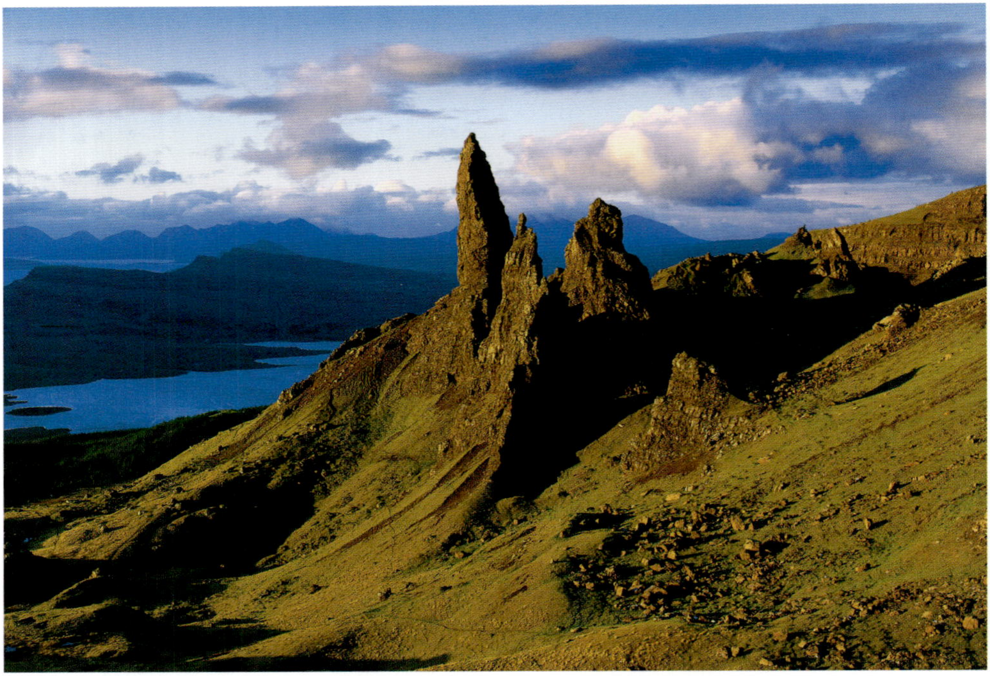

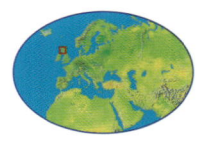

올드맨 오브 스토르

스코틀랜드, 스카이 섬

트로터니시 반도의 길이 : 48킬로미터
기둥의 높이 : 49미터
생성 시기 : 6,000만 년 전

스카이 섬의 북동쪽에 있는 트로터니시 반도의 바위투성이 절벽에는 뾰족한 바위기둥이 서 있다. 마치 단 위에 세워 놓은 뾰족한 전나무처럼 절묘한 모습의 이 기둥이 올드맨 오브 스토르(스토르의 노인)이다. 49미터의 기둥과 받침 부분은 약 6,000만 년 전에 이 지역에 왕성했던 화산작용의 결과로 생긴 검은 현무암으로 만들어졌다. 화산들은 해양 파충류의 화석이 풍부한 쥐라기 암석을 뚫고 분출했다. 그래서 기둥 근처에서 어룡류와 플레시오사우루스(수장룡)의 화석이 발견된다. 올드

맨 오브 스토르는 트로터니시 산맥의 남단에 있는데 빙하기 후에 발생한 암석 붕괴의 결과이다. 북단에는 수많은 봉우리와 협곡이 비경을 이루는 키레잉이 있다. 근처의 킬트록은 백운석 수직 기둥으로 이루어져 있는 모습이 말 그대로 스코틀랜드 남자들이 입는 킬트처럼 보인다.

올드맨 오브 스토르는 50년 전 심한 폭풍우로 윗부분이 사라졌지만 남아 있는 주위의 뾰족한 봉우리와 기둥에서 여전히 늠름한 기상을 엿볼 수 있다. 뱃사람들은 이 뾰족한 바위기둥이 보이면 비로소 무사히 집으로 돌아왔다고 느낀다. 스토르는 원기둥 모양이라 오르기가 쉽지 않다. 최초로 등반에 성공한 것은 1955년이다. **MB**

쿨린 구릉지

스코틀랜드, 스카이 섬

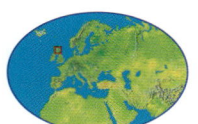

쿨린 구릉지의 면적 : 1,386제곱킬로미터
이 지역 봉우리의 수 : 12개

스카이 섬은 신구의 조화가 절묘한 곳으로, 지난 100년 동안 지질학자들에게 꿈의 섬이었다. 약 28억 년 전에 형성된 유럽 최고(最古)의 루이스 복합체와 쥐라기 퇴적물과 같은 가장 어린 암석이 함께 있기 때문이다. 특히 이곳 퇴적암층에는 스코틀랜드에서 살았던 생물들의 변화과정이 화석으로 가장 잘 보존되어 있다.

밋밋한 풍경 사이로 위풍당당하게 솟아 있는 쿨린에는 일 년 내내 노련한 구릉 산책가와 등반가들의 발길이 이어진다. 특히 먼로라고 불리는 915미터가 넘는 봉우리가 12개나 있는 쿨린 구릉지는 등산을 즐기기에 좋은 곳이다. 완만한 화강암 봉우리가 두드러진 레드 쿨린은 험준하고 가파르기 이를 데 없는 블랙 쿨린과 대조를 이룬다. 블랙 쿨린은 한때 스카이 섬을 호령했던 거대한 중앙 화산이 침식작용을 받아 형성된 것이다. 반복된 빙하작용으로 형성된 인상적인 봉우리와 험준한 비탈은 먼로 애호가들에게 큰 인기를 얻고 있다. 스카이 섬의 해안선은 영국에서 고래류를 관찰하기에 가장 좋은 곳 중 하나이다. 이곳에서는 밍크고래, 파일럿고래, 북부청백돌고래, 범고래, 핀고래, 세이고래, 소워바이즈비크드고래 등을 볼 수 있으며 흰부리돌고래, 큰코돌고래, 대서양낫돌고래 등 크기가 작은 돌고래도 만날 수 있다. **NA**

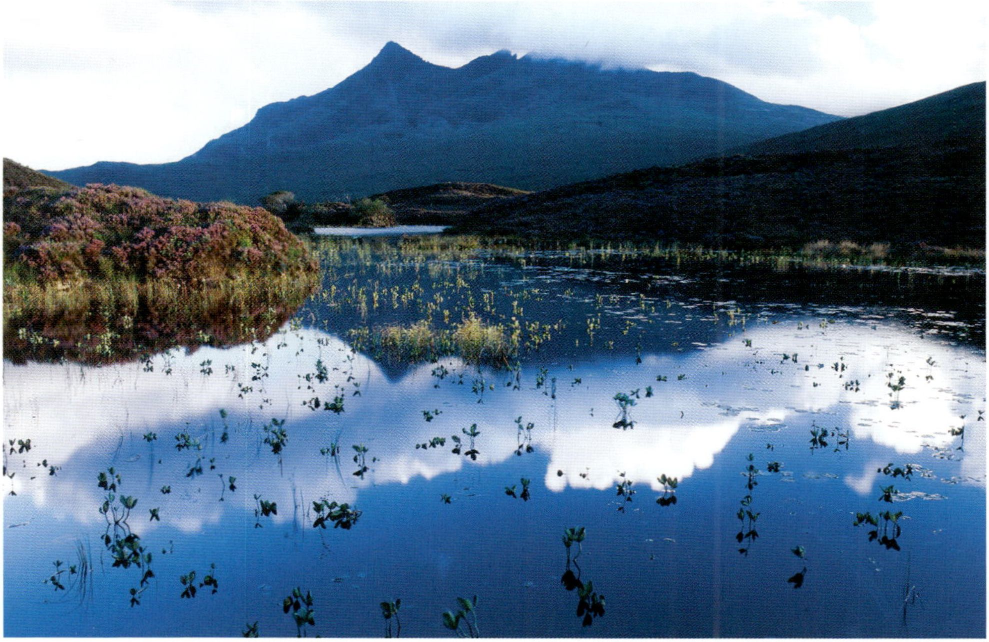

글로마흐 폭포

스코틀랜드, 킨테일스

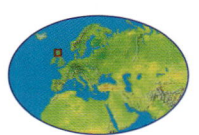

글로마흐 폭포의 높이 : 113미터
내셔널트러스트 보전대상지 지정 연도
: 1944년

애토우 봉의 북쪽 기슭에서 시작해 무려 113미터나 낙하하는 글로마흐 폭포는 이 장관을 보려고 여덟 시간의 등반도 마다하지 않고 찾아온 사람들에게 큰 기쁨을 안겨 준다. 글로마흐는 카일 오브 로할쉬에서 동쪽으로 29킬로미터가량 떨어져 있는데 영국 본토에서 가장 높고 폭이 넓은 폭포에 속한다. 이 폭포는 클로니로크를 지나 동쪽까지 붙박혀 떠있는 엷은 비구름에서 물을 공급받는데 이 신기한 현상을 '클로니 커튼'이라고 부른다.

글로마흐 혹은 알트 글로마히라는 이름은 '우울한 강'이라는 뜻인데 그 강을 걸어서 들어갈 수 있는 때는 안개가 낀 어두운 날뿐이다. 하지만 마지막 15미터를 지나며 폭포수가 갑자기 불어나는 모습을 보는 것만으로도 피곤함은 싹 사라질 것이다. 강물이 최대로 불어있을 때의 폭포가 가장 멋지지만 이런 날은 접근하기가 쉽지 않다.

킨테일 지역은 스코틀랜드에서 가장 매력적인 지역으로 곳곳에 '먼로'라 불리는 915미터가 넘는 고산이 흩어져 있다. 날씨가 너무 건조해서 폭포에 가기 어려울 때 가 보는 것도 좋겠다. **NA**

수일벤

스코틀랜드, 하일랜드

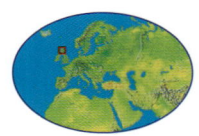

수일벤의 높이 : 731미터
암석의 종류 : 규암에 덮인 사암

서덜랜드에 있는 수일벤은 영국에서 가장 웅장한 산악미를 지닌 곳의 하나이다. 홀로 서 있는 731미터 높이의 수일벤의 모습에서 아름다움을 느끼기는 어렵다. 하지만 이곳이 28억 년 전에 형성된 영국 최고의 루이스 편마암 지대이며, 그 위에는 규암으로 덮인 거대한 사암 덩어리가 우뚝 솟아있다는 사실을 알면 이전과는 새로운 느낌을 받을 것이다. 이 산은 동쪽에서든 서쪽에서든 도저히 오를 수 없는 것처럼 보인다. 그도 그럴 것이 경사가 무척 가파른 거대한 돌못처럼 생겼기 때문이다. 그러나 북쪽이나 남쪽에서 보면 산의 본모습을 제대로 볼 수 있다. 마치 바위 언덕과 작은 호수로 이루어진 바다에 떠 있는, 암석으로 만들어진 톱니 모양의 돛처럼 보인다.

이곳은 워낙 외지고 길며 몸을 피할 곳이라고는 전혀 없어서 등반하기가 쉽지 않다. 작은 바위 언덕과 호수가 번갈아 나오는 덤불투성이 황무지를 걸어서 통과하다보면 변해가는 산의 모습이 재미있을 것이다. 하지만 돌아오는 여정은 매우 힘들다. 이 산에서 발견하는 경관은 놀라움을 선사하기에 모자람이 없다. 서쪽 봉우리인 카이스틸리아스의 납작해진 풀밭, 오금이 저릴 정도로 좁은 산등성이, 황량하면서도 아름다운 산의 풍광이 당신에게 즐거움과 놀라움을 안겨줄 것이다. **NA**

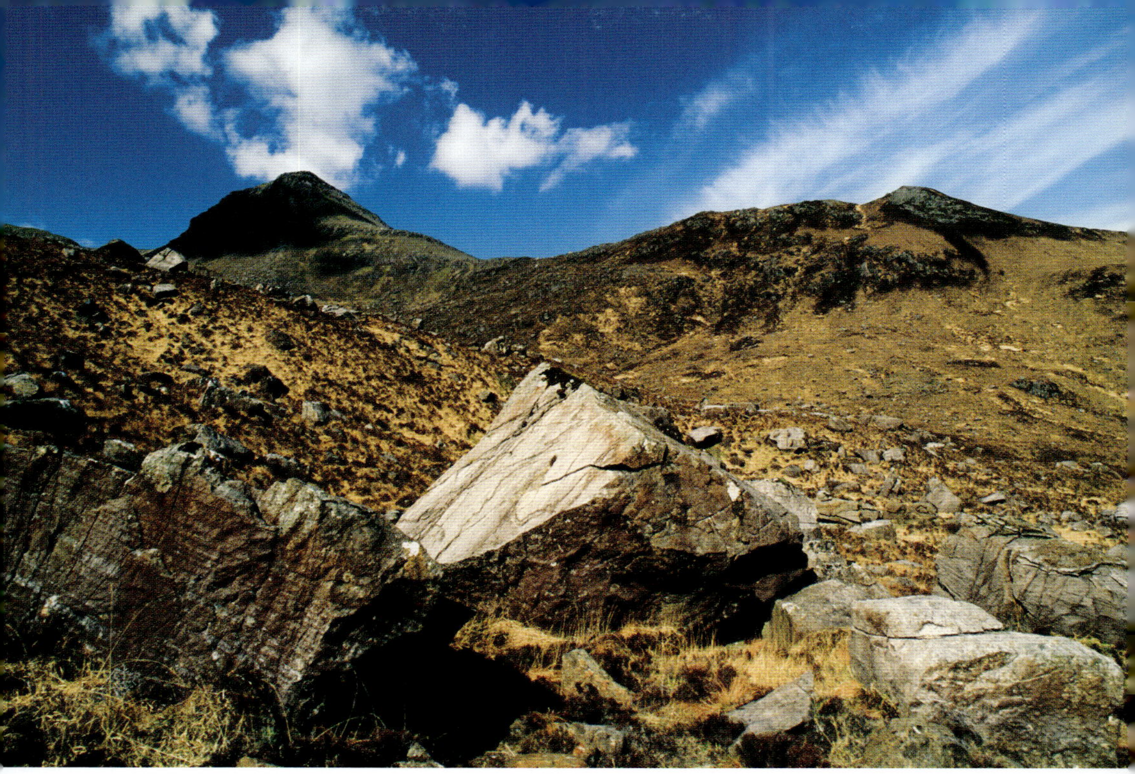

베인아스키발

스코틀랜드, 럼 섬

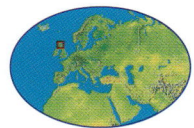

베인아스키발의 높이 : 812미터
암석의 종류 : 현무암

신생대 제3기 이전(6천 5백~85만 년 전)에 유럽과 북아메리카는 같은 대륙이었다. 그러다가 지금처럼 두 대륙이 분리되면서 화산활동이 활발해졌다. 오늘날은 이 활동이 대서양의 해저에 있는 대서양 중앙해령을 따라 이루어지고 있지만 제3기 초기에는 지금의 스코틀랜드 서쪽 해안을 따라 활발하게 화산활동이 일어났다. 그 결과 헤브리디스의 수많은 섬이 형성되었다. 헤브리디스 해에 흩어져 있는 수많은 섬 중에서는 럼 섬이 가장 아름답다. 이 섬은 세계 최대의 맹크스슴새 군락이 형성되어 있는 곳 중 하나이기도 하다. 매년 6만여 쌍이 브라질 해역에서 이동해 와 우뚝 솟은 베인아스키발바위 위에 내려앉는다. 화산활동의 잔재인 베인아스키발은 해발 고도가 812미터에 달한다. 층층이 쌓인 현무암은 먼 옛날 마그마가 분출했던 증거를 보여주는 곳으로 유명하다. 이 분출구에서 쉼 없이 흘러나온 용암이 다양한 암석 종류를 형성했다. 특히 베인아스키발의 자매봉인 베인할리발에는 이런 암석이 잘 노출되어 있어서 섬새들 사이를 헤매고 다니는 지질학자들에게 자연의 실험실 역할을 톡톡히 하고 있다. **NA**

그레이트글렌과 네스 호수

스코틀랜드, 인버네스 행정구

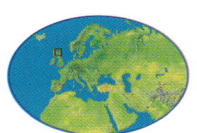

그레이트글렌의 길이 : 88킬로미터
네스 호수의 길이 : 39킬로미터

스 코틀랜드는 그레이트글렌 대협곡을 중심으로 두 부분으로 나누어져 있다. 이 협곡은 하일랜즈를 대각선으로 가로지르는 3억 5,000만 년 된 단층으로, 이 협곡을 따라 로키 호수, 오이크 호수, 린네 호수, 네스 호수, 리본처럼 긴 담수호 등이 자리 잡고 있다. 토마스 텔퍼드가 만든 칼레도니아 운하가 이 호수들을 모두 연결하자 스코틀랜드 북부는 섬이 되고 말았다. 그레이트글렌웨이로 알려진 하이킹 코스는 윌리엄 항에서 인버네스까지 이어진 운하를 따라간다.

경미한 지진들이 그레이트글렌 단층 형성에 기여를 했다는 설은 사실이 아니다. 이 단층은 원래 이 지역 전역에 분포해 있는 작은 단층에 의해 만들어졌다. 평균적으로 이 지역에는 리히터 규모 4인 지진이 일 년에 세 차례 발생한다. 최악의 지진은 1816년에 발생했는데 건물의 지붕이 무너지고 스코틀랜드 전역에서 진동을 느낄 수 있었다. 빙하기 때는 대협곡이 빙하로 가득 차 있었다. 지금 협

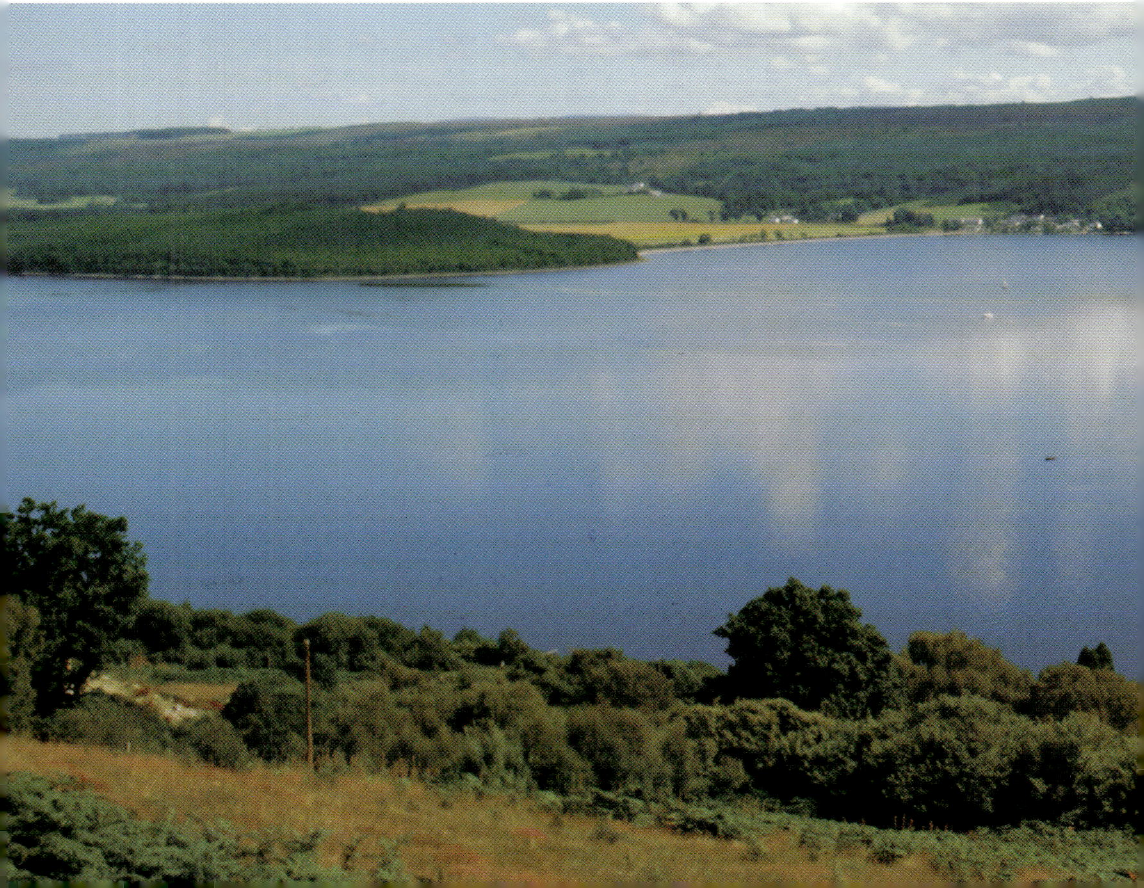

곡의 양쪽 벽이 이토록 가파른 것은 그 빙하의 흔적이다. 이 지역에서 가장 높은 곳은 돔처럼 생긴 밀푸어보니로 700미터 높이의 오래된 붉은 사암 바위이다.

이 지역에서 가장 유명한 호수는 네스 호수로 영국 제도에서 가장 큰 담수호이다. 평균 수심이 185미터이며 250미터 깊이에는 에드워즈 딥이라는 동굴도 있다. 호수 주변의 토탄으로 물빛은 연한 차 색깔을 띠며 평균 수온은 섭씨 5도로 가끔 얼 때도 있다. 6세기경 성인 콜룸바가 호수에서 무시무시한 괴물과 맞서 싸웠다는 전설이 지금까지도 생생하게 전해진다. 매년 호수 주변에는 악명 높은 네스 호수의 괴물 네시를 보려고 수많은 사람이 모여든다. 이 괴물의 정체에 대해서는 아직도 의견이 분분하다. 플레시오사우루스(수장룡)라는 설도 있고 물귀신이나 큰 바다뱀이라는 말까지 있지만 수많은 탐사에도 '네시'의 정체는 여전히 수수께끼에 싸여 있다. **MB**

아래 평온한 네스 호수의 모습

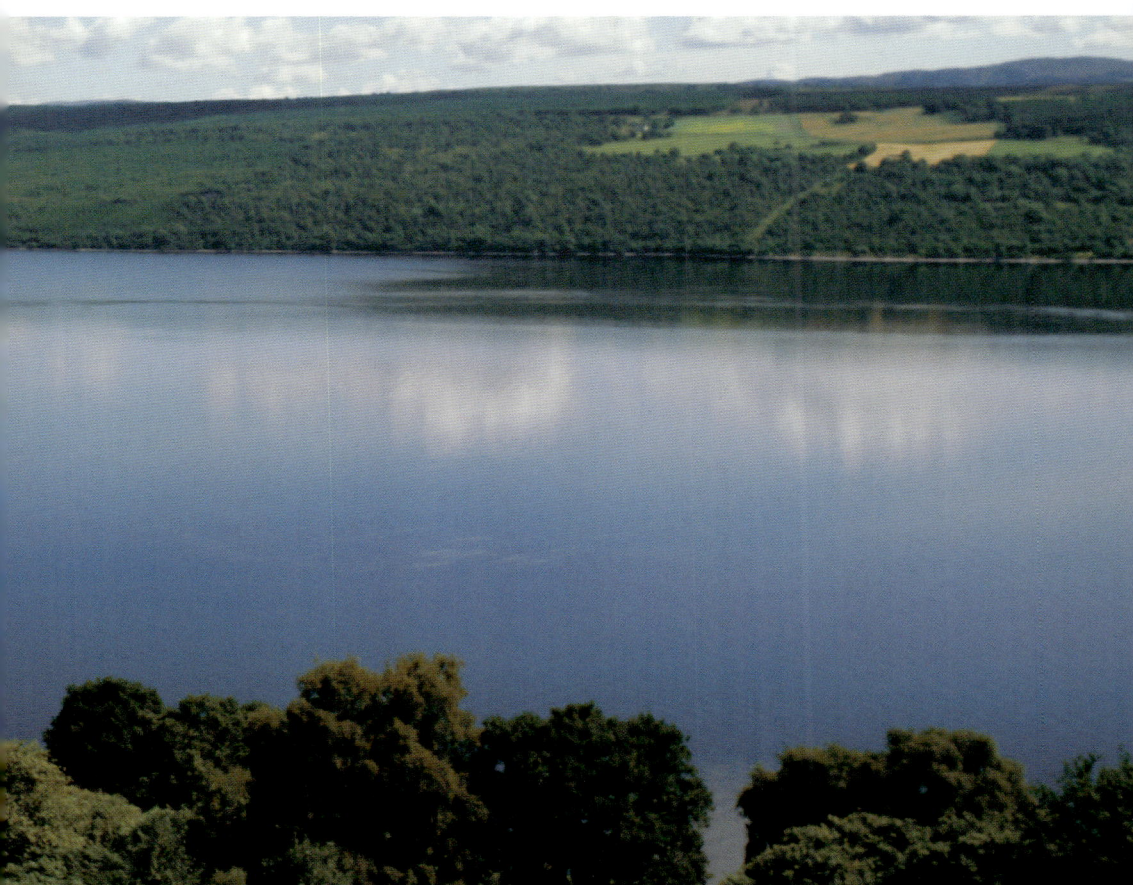

코리샬로크 협곡과
메사크 폭포

스코틀랜드, 로스셔

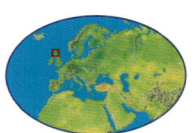

| 코리샬로크 협곡의 길이 : 1.5킬로미터 |
| 협곡의 깊이 : 61미터 |
| 메사크 폭포의 높이 : 46미터 |

영국에는 양쪽이 모두 깊은 절벽인 협곡이 흔하지 않지만 하일랜즈의 브레머 인근에 있는 코리샬로크 협곡은 확실히 예외이다. 지질학적으로 보자면 이 협곡은 매우 젊다. 단단한 변성암인 모인편암에 자연적으로 형성된 단구가 마지막 빙하기가 끝날 무렵 빙하가 녹은 막대한 양의 물에 순식간에 침식되면서 협곡이 만들어졌다. 현재 협곡의 길이는 1.5킬로미터가 넘으며 깊이는 61미터에 달한다. 방문객들은 현수교에서 숨 막히도록 아름다운 풍경을 감상할 수 있는데 다리는 지난 1만 2,000년간 바위를 깎아내리는 드로마 강 위에 걸려 있다. 강물은 더 흘러서 메사크 폭포에 당도한 후 46미터를 시원스럽게 자유 낙하해 바위에 만들어진 못으로 떨어진다.

협곡의 가파른 절벽에는 습한 곳에서 잘 자라는 양치류, 지의류와 이끼 등이 번성하고 있는데 이 지역만의 고유종이 매우 풍부하다. 이곳은 고유의 생태계와 지질학적 가치가 높다는 평가를 받아 국립자연보호구역 및 과학적으로 특별한 관심이 있는 지역(SSSI)으로 선정되었다. **NA**

벤네비스 산

스코틀랜드, 로카버

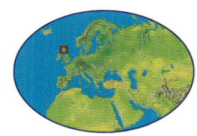

| 벤네비스 산의 높이 : 1,344미터 |
| 정상의 기온 : 영하 0.3도 |

벤네비스 산은 약 3억 5,000만 년 전에 형성되었다. 오늘날 알트무일린(밀번)의 비탈을 따라 드러난 바위들은 동심원을 이루며 흩어져 있는데, 두 개는 화강암이며 두 개는 섬록암이다. 벤네비스는 영국 제도의 최고봉으로 그 모습 또한 장대하다. 단순한 등산객이든 전문 산악인이든 그 산을 오르는 사람이라면 누구나 최고의 경의를 표해야 할 것 같은 장엄한 바위기둥들이 민둥산 정상으로 나 있는 루트들 곳곳에 서 있다.

북극 근처의 기후 조건을 갖춘 이곳에는 다양한 야생동식물이 서식한다. 낮은 산기슭에는 고유의 소나무, 떡갈나무, 너도밤나무가 울창한 숲을 이루며 고지에는 양치류와 히스가 무성한 황무지 곳곳에 월귤나무, 이끼, 백리향, 등대풀 등이 자란다. 정상 부근에는 고산 서식지가 펼쳐져 있어서 로카버의 혹독한 겨울 날씨를 견딜 수 있는 이끼만이 자란다. 산의 경사면에는 스코틀랜드에만 사는 포유류들이 많이 서식하고 있다. 그중에는 희귀하면서 사람들의 눈에 잘 띄지 않는 살쾡이, 유럽멧토끼, 붉은사슴 등도 있으며 하늘에는 검독수리가 먹잇감을 찾아 선회하고 있다. **NA**

로카버 산맥

스코틀랜드, 로카버

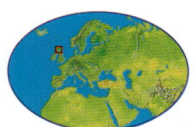

산맥의 면적 : 2,419제곱킬로미터
연간 강수량 : 500센티미터

면적이 2,419제곱킬로미터에 달하는 로카버 지역은 글렌코와 벤네비스 산악 지역과 같이 험준한 산악 지형으로 유명하다. 서쪽으로는 린네 호수와 맞닿아 있고 동쪽으로는 고지 습지인 레노크무어와 이웃하고 있는 이 지역은 만년설이 덮인 고산 준봉을 비롯해, 빙하가 깊이 파고 지나간 계곡이 곳곳에 흩어져 있다. 이 외로운 계곡들 사이에서 다양한 고유종의 동식물이 서식하고 있는, 마지막 남은 고대 칼레도니아 숲이 발견된다.

기후는 습한 편이며 고산 지역은 연간 강수량이 약 500센티미터에 달한다. 이같은 강수량은 주로 겨울철의 눈 덕분인데 고도가 높은 곳에서는 일 년 내내 눈이 녹지 않는다. 눈이 많이 쌓여 있는 덕분에 영국에서는 매우 희귀한 이끼, 지의류, 곰팡이 등이 발견된다. 웅장한 산악 지형에 매료되어 매년 이곳을 찾는 관광객은 수천 명에 달한다. 발치에서 구경만 하고 가는 사람들도 있고 험준한 바위산을 등반하거나 하이킹을 하는 사람들도 있다. 어떻게 즐기든 이곳을 찾는 이들은 제왕과 같은 고대의 산이 가진 풍모에 흠뻑 빠져들게 될 것이다. **NA**

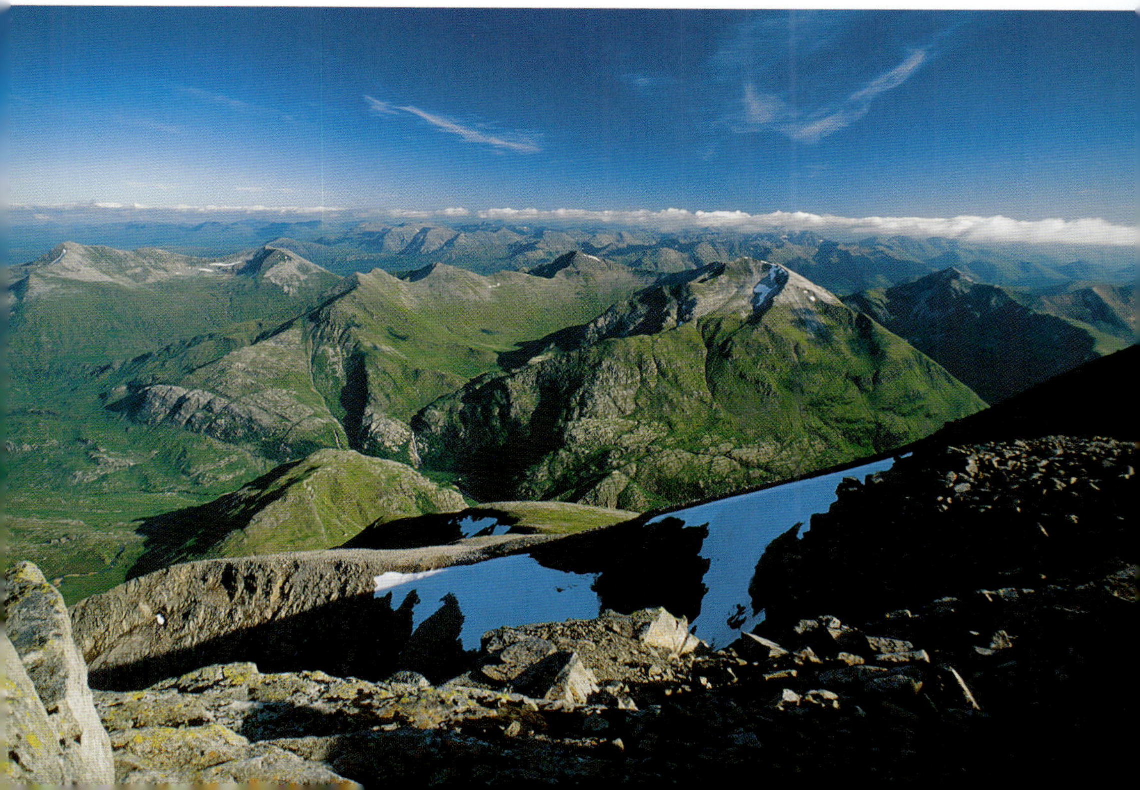

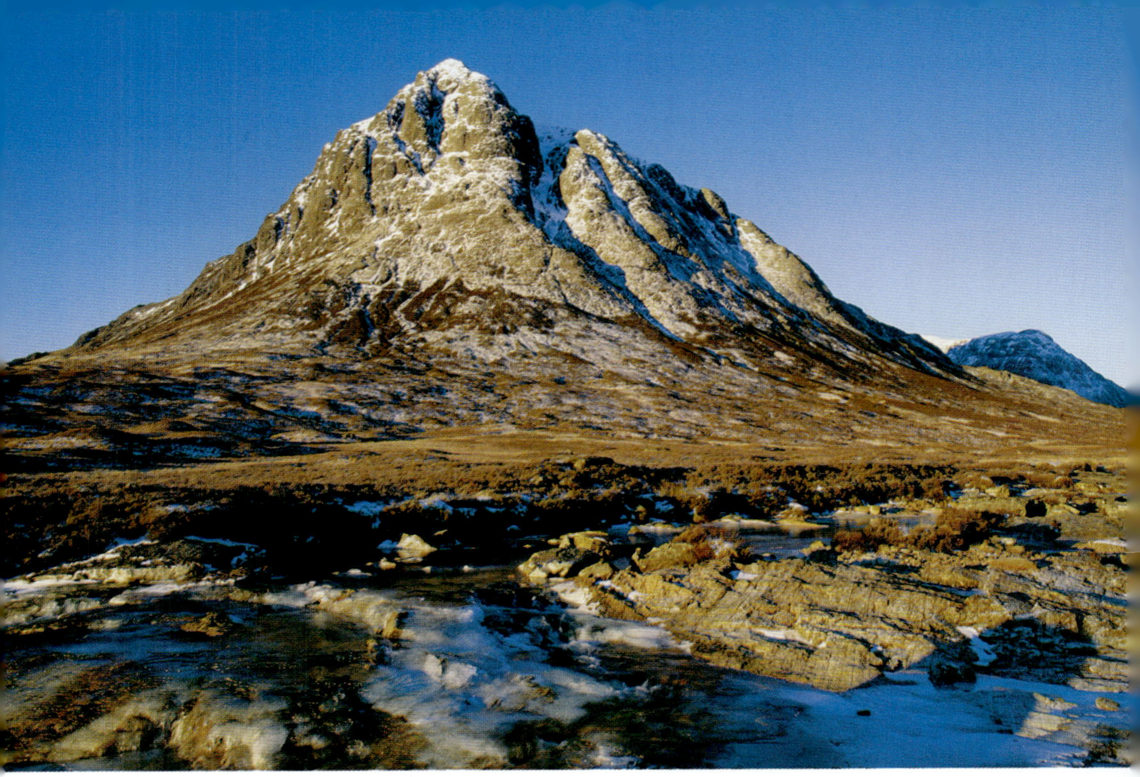

글렌코

스코틀랜드, 로카버

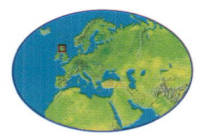

클렌코의 면적 : 5,746헥타르

생성 시기 : 약 5억 년 전

최고봉(스토브코이어난로칸) : 1,140미터

'글렌코 산맥'은 험난했던 과거를 생생히 기억하고 있다. 이곳이 기억하는 가장 최근의 공포는 1692년에 캠벨이 이끄는 군인들의 손에 맥도널드 가문 사람들이 학살당한 글렌코 학살 사건일 것이다. 이 같은 인간의 역사 아래 약 4억 년 전에 붕괴한 칼데라 호의 잔재 역시 아직 남아 있다.

검독수리가 선회하는 곳은 협곡의 험준한 북면에 있는, 보기만 해도 아찔한 915미터의 아오나크이가크로 이곳은 영국에서 촬영이 가장 많이 이루어지는 산악 지형 중 하나이다. 아가일의 길고 긴

겨울 동안 빙벽 등반가들을 자석처럼 불러 모으는 클레셰이그걸리에는 세계에서 가장 훌륭한 환상 단층이 있다. 이 단층은 아주 오랜 옛날, 화산활동으로 글렌코의 복잡한 지질이 형성되었다는 증거이다. 그 후 빙하의 작용으로 지금과 같은 협곡의 형태가 만들어졌다. 숨겨진 계곡이라는 뜻의 코이레갭헤일은 현곡(懸谷)의 전형적인 예이다. 빙하가 후퇴할 때 코 강을 기준으로 250미터 높이에 '잃어버린 계곡'의 입구를 만들었다. 협곡의 바위투성이 경사면에는 오래전에 녹은 빙원의 흔적이 흩어져 있는 이 지형에는 중요한 식물들이 자생하고 있다. **NA**

로몬드 호수

스코틀랜드, 아가일 주 앤드 뷰트 섬

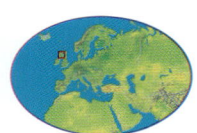

호수의 길이 : 36.2킬로미터	
호수의 표면적 : 70제곱킬로미터	
호수의 깊이 : 190.5미터	

가을이 되면 '로몬드 호수의 기슭'을 따라 폭발하는 듯한 색채의 향연을 배경으로 발정기에 접어든 붉은사슴들이 벌이는 한 편의 드라마가 펼쳐진다. 38킬로미터 길이의 이 담수호에는 문명의 손길이 미치지 않은 섬들이 수없이 많은데 이들은 모두 스코틀랜드 자연 역사의 축소판이다. 로몬드 지역에는 영국에서 사는 식물 종의 4분의 1 이상이 서식한다. 섬들은 대부분 사유지이지만 인크카일로크, 부신치와 케아다크 섬에 있는 자연보호구역에는 쉽게 가 볼 수 있으며 땅에 둥지를 트는 새들을 관찰할 수 있다. 로몬드 호수에는 그린란드쇠기러기처럼 이곳에서 겨울을 나는 엽조들을 보호하는 보호구역이 있다.

로몬드 호수는 스코틀랜드의 하일랜드와 로랜즈를 구분하는 지질학적 경계이다. 이 경계는 과거 이곳의 산맥이 히말라야보다 더 높았을 때 달라디 언록스가 남쪽에 있는 데본기 로랜즈와 충돌해서 생긴 것이다. 해양 퇴적물의 혼합물인 하일랜드 바운더리 복합체는 하일랜드 바운더리 단층의 지질을 완성한다. 호숫가에서 가장 높은 지점인 코닉힐의 정상(1,005미터)에 서면 몇몇 섬들을 가로지르는 이 단층이 더욱 잘 보인다. **NA**

아서시트

스코틀랜드, 미들로디언

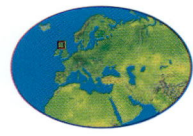

아서시트의 높이 : 250미터	
생성 시기 : 3억 3,500만 년 전	

스코틀랜드의 수도인 에든버러 중심부에 있는 이 투명한 오아시스는 한때 수몰된 화산의 잔재이다. 이 화산은 약 3억 3,500만 년 전에 폭발해 완전히 사라졌다. "지구에는 시작의 흔적도 없고 끝이라는 개념도 없다."라고 주장한 것으로 유명한 지질학자 제임스 허튼(1726~1797년)도 아서시트와 그 근처에 있는 솔즈베리크래그의 중요성을 인정했다. 지질학 연구의 선구자인 허튼은 이 지역에서 지구의 표면과 내부가 끊임없이 변화하는 상태임을 보여주는 중요한 증거를 발견했던 것이다. '윈'이라고 하는 테셈암은 에든버러의 거리를 포장하려기 위해 채굴되기도 했다. 허튼은 지질학적으로 중요한 몇몇 곳을 보호해 미래의 세대에게 직접 보고 연구할 기회를 주어야 한다고 주장했다.

아서시트의 정상에 올라가면 도시와 주변의 풍경이 한눈에 들어온다. 수천 년 동안 이 지역이 주요 거주지로 이용되었다는 사실이 전혀 놀랍지 않다. 서쪽에 있는 더빙스톤 호수에는 청동기 시대의 유물이 발견되며 비교적 완만한 서쪽 경사면에서는 지금도 후기 철기 시대의 유적을 발견할 수 있다. **NA**

트라프레인로와
노스베릭로

스코틀랜드, 이스트로디언

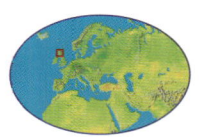

트라프레인로의 높이 : 224미터
노스베릭로의 높이 : 187미터

트라프레인로와 노스베릭로는 이 지역에서 가장 많이 알려진 랜드마크로, 이스트로디언의 평평한 범람원에 주로 분포해 있는 오래된 화산암으로 이루어져 있다.

트라프레인로는 고래처럼 생긴 언덕인데 이스트로디언의 심장부인 헤딩턴 동쪽에 있다. 언덕 주변은 평평한 농지이다. 언덕의 서쪽은 완만한 구릉이지만 동쪽으로 갈수록 뾰족해진다. 남쪽은 가파른 절벽이며, 북쪽으로 갈수록 완만해져서 예부터

광범위한 채석 작업이 이루어졌다. 석기 시대부터 사람들이 살았을 것으로 추정되는 이 지역은 철기 시대에 요새화된 곳이었다. 이곳은 언덕에 지은 요새 중에서는 스코틀랜드에서 가장 큰 요새이며 영국에서는 규모 면에서 도싯 지방의 메이든캐슬에 이어 두 번째 가는 요새다.

노스베릭로는 불규칙한 피라미드 모양의 언덕으로, 해안에 자리한 노스베릭에 있다. 현지에서 건축 재료로 많이 사용되는 붉은 현무암은 이곳에서 채굴된다. 언덕에 서면 북쪽으로는 퍼스의 협만, 서쪽으로는 에든버러, 남쪽으로 램머무어스가 한눈에 들어온다. 언덕 정상에는 고래의 턱뼈로 만든 아치가 있다. **RC**

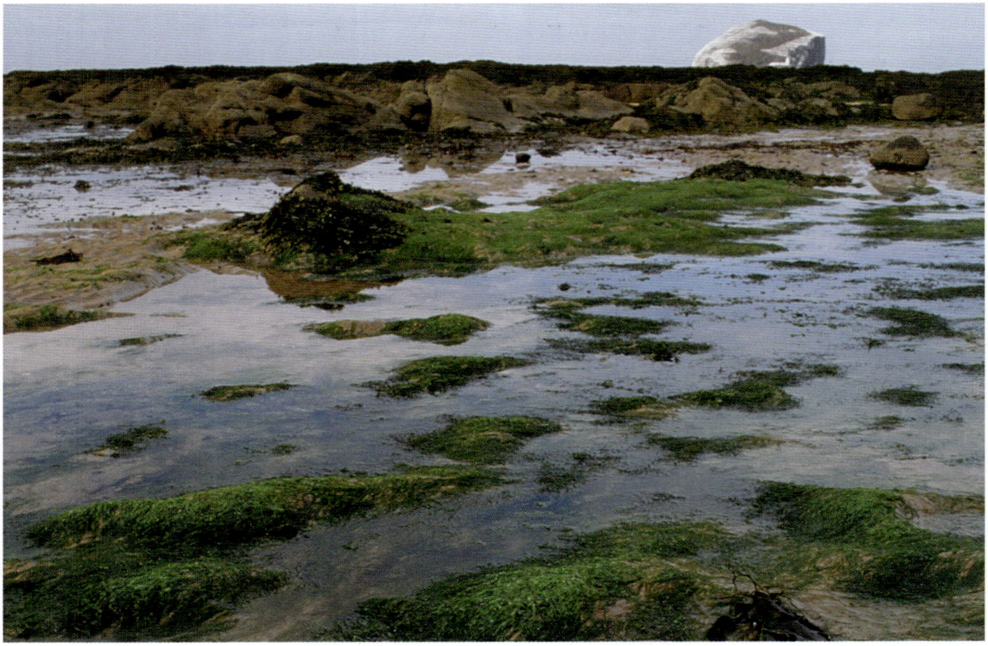

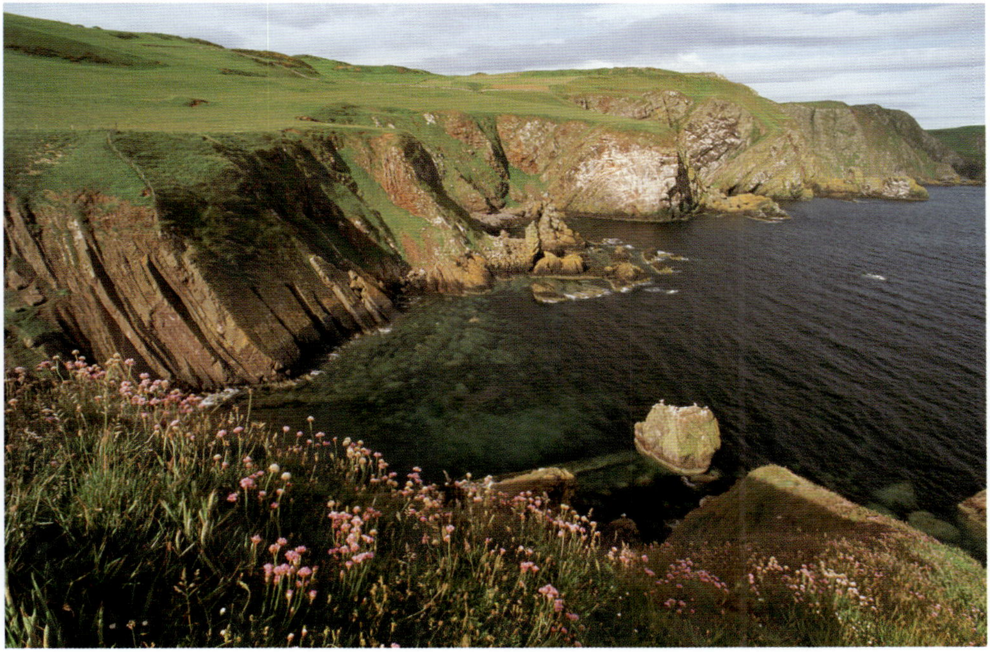

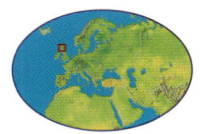

세인트에브스헤드

스코틀랜드, 베릭셔

커크힐의 높이 : 90미터
국립자연보호구역으로 지정된 년도 :
1983년

커크힐의 돛이 인상적인 세인트에브스헤드는 적어도 3,000년 전부터 사람들이 거주해온 흔적을 쉽게 찾아볼 수 있다. 스코틀랜드에서 최초로 기독교도가 정착한 곳 중 하나인 7세기의 세인트에베의 수도원 유적은 절벽 가장자리를 따라 웃자란 잡초들 사이에서 쉽게 찾을 수 있다.

이같은 유적은 중요하지만 지질학적인 가치는 훨씬 더 크다. 험한 바위산 아래에 있는 페티코 윅은 실루리아 후기에서 데본기 초기에 영국 본토와 스코틀랜드가 충돌을 일으켜 하나의 땅덩어리가 되는 모습을 지켜본 산증인이다. 그 결과 오르도비스기와 실루리아기에 속하는 지형이 변형되고 접히고 융기되면서 히말라야 산맥만 한 산맥이 형성되었다. 그 후 데본기 동안 산맥은 몇천 피트가 침식작용으로 깎여 나갔다. 18세기에 지질학자인 제임스 허튼이 발견한 그 유명한 '경사 부정합'은 던바 근처의 식카포인트 부근에서도 발견할 수 있다.

스코틀랜드의 내셔널트러스트에서 세인트에브스헤드를 소유 및 관리하는 것만 보아도 이 지역이 과학적으로나 역사적으로 얼마나 중요한 지 잘 알 수 있다. 이곳은 유럽에서 가장 큰 바닷새 번식지로도 유명하다. 초여름에 이곳을 찾으면 큰부리바다오리, 가마우지류, 풀무갈매기, 재갈매기와 퍼핀류들이 가파른 절벽에서 좋은 자리를 차지하려고 법석을 떠는 모습을 구경할 수 있다. **NA**

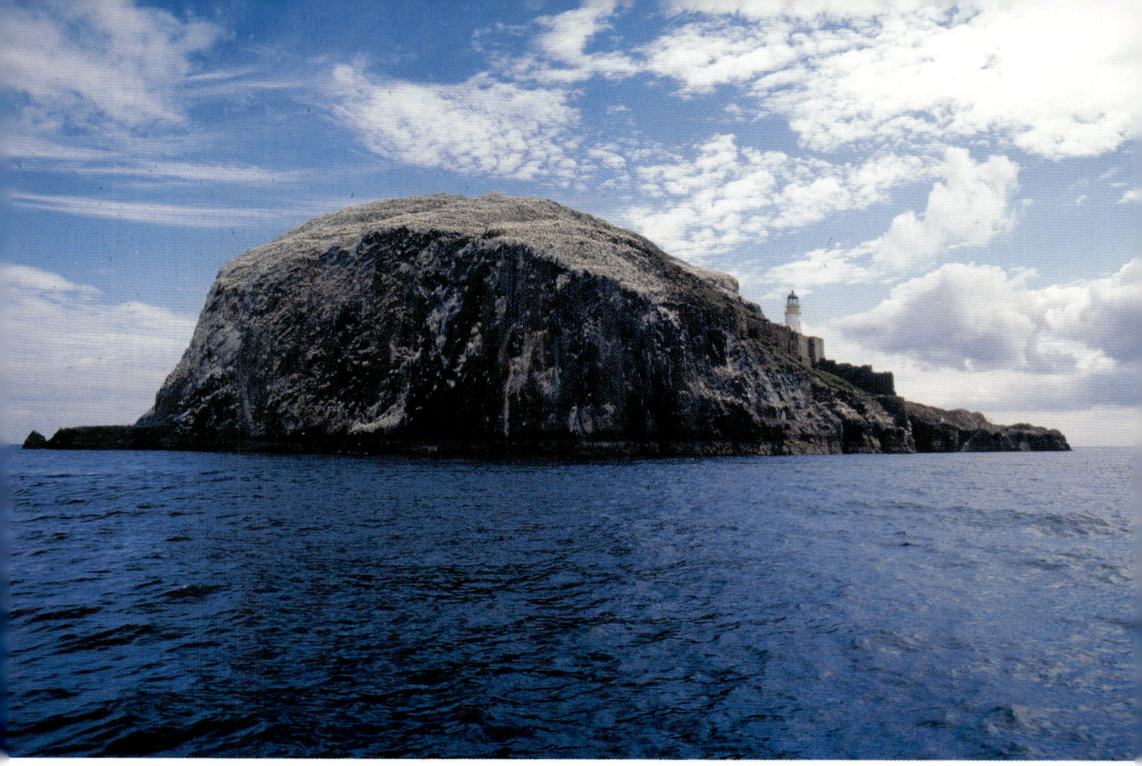

배스록

스코틀랜드, 이스트로디언

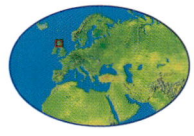

배스록의 높이 : 107미터
북양가마우지의 개체수 : 8만 마리
본토와의 거리 : 1.6킬로미터

배스록은 크렉레이스, 램, 피드라와 함께 퍼스의 협만에 자리 잡은 네 개의 섬 중 하나이다. 배스록은 본토에서 가장 가까운 해조 보호구역으로 해안 절벽에 둥지를 튼 북양가마우지가 8만 마리에 달할 정도로 세계 최대 규모의 군락을 자랑한다. 이곳의 북양가마우지 군락에는 전 세계 북양가마우지의 10퍼센트 가량이 서식하고 있다.

북양가마우지는 영국에서 가장 큰 바닷새로 날개폭이 1.8미터에 달한다. 이 새는 19세기에 조류학자들이 가장 먼저 연구하기 시작한 새이기도 하다. '모루스 바사나'라는, 배스록 섬에 속해 있음을 의미하는 이름만 봐도 배스록이 이 새에게 매우 의미 있는 장소임을 짐작할 수 있다. 관광객들은 노스베릭에 있는 스코틀랜드 해조센터에서 원격조종 카메라를 이용하거나 보트를 타고 배스록 가까이 가서 새들을 관찰할 수 있다. 이 거대한 바위 근처에 종종 회색바다표범도 나타난다.

배스록은 전기 석탄기에 형성된 화산침전물이 모인 것이다. 높이는 107미터에 달하는데 삼면이 가파른 절벽이며 깊이가 105미터에 달하는 터널이 바위를 관통하고 있다. 남쪽의 완만한 경사면은 곳을 이루고 있다. 이 섬에는 1405년에 건설된 성이 폐허가 되어 있다. 1903년에 세워진 등대는 근처를 항해하는 선박에 바위의 위치를 알린다. **TC**

식카포인트 –
허튼의 경사 부정합

스코틀랜드, 이스트로디언

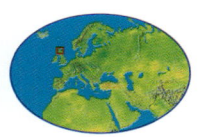

생성 시기 : 8,000만 년 전

허튼이 식카포인트를 최초로 방문한 시기 : 1788년

스코틀랜드 베릭셔 해안에 있는 식카포인트는 지질학에서 가장 중요한 곳 중 하나이다. 이곳과 애런 섬의 지층을 관찰하던 제임스 허튼(1726~1797년)은 지구의 나이와 지질학 과정이 상상할 수조차 없는 어마어마한 시간 동안 진행되어 왔다는 사실을 깨달았다. 허튼 이전의 사람들은 지구의 나이가 6,000살이 되지 않았으며 대부분의 암석이 천지가 창조될 때 만들어졌다고 생각했

다. 1788년에 이곳을 처음으로 찾은 허튼은 지각작용을 통해 지층과 퇴적층이 만들어졌으며 부정합은 오랫동안 침식을 받거나 퇴적물이 없을 때 발생했다는 사실을 깨달았다. 부정합은 생성 시기가 다른 암석이 쌓여 있는 지질 구조인데 간혹 쌓여 있는 각도가 다른 것도 있다. 식카포인트의 수직으로 된 회색 지층은 실루리아기의 점판암으로, 퇴적된 후 경사가 급하게 솟아오른 다음 침식작용을 받았다. 그 후 후기 데본기의 사암층이 그 위에 쌓인 것이다. **RC**

그레이메어즈테일

스코틀랜드, 덤프리스갤러웨이 주

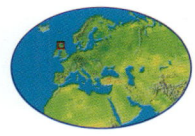

그레이메어즈테일 폭포의 높이 : 90미터

계곡의 종류 : 현곡(懸谷)

그레이메어즈테일(회색말꼬리)은 덤프리스갤러웨이의 모펏 북동쪽에 있는 바위투성이 구릉에 있는 멋진 폭포이다. 이 폭포는 스코틀랜드에서 가장 높은 호수인 스킨 호수에서 흘러나와 90미터를 낙하한다. 언덕에 걸린 폭포의 꼬리는 주요 지류에서 뻗어 나온 계곡들로, 침식작용이 천천히 이루어지면서 저마다 형성된 깊이가 다 다르다. 주 계곡의 왼쪽으로 높은 곳에 있는 지류 계곡들을 흐르는 물은 연결된 강과 시내로 들어가 연속된 작은 폭포들이나 거대한 하나의 폭포를 통해 주계곡에

합류한다. 그레이메어즈테일은 큰 폭포의 좋은 예로 하류 쪽 계곡은 빙하기 때 빙하에 의해 깊이 패여 위쪽의 호수와 계곡 바닥 사이에 가파른 절벽이 생겼다.

늦겨울과 초봄 사이에 물의 양이 가장 많으므로 이때 찾아가는 것이 가장 좋다. 절벽을 따라 하얀 물보라를 일으키며 세차게 떨어지는 폭포수는 수많은 시인에게 영감을 불어넣었다. 월터 스코트 경은 폭포수가 떨어지는 광경을 보고 "백마의 꼬리처럼 하얗다."라고 묘사하기도 했다. 이 지역은 스코틀랜드 남부에서 희귀한 고지 식물이 가장 풍부한 곳이기도 하다. **JK**

판 군도

잉글랜드, 노섬벌랜드 주

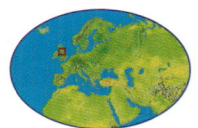

생성 시기: 2억 8,000만~3억 4,500만
년 전

섬의 수 : 28개

1838년 9월 7일 거센 폭풍우가 몰아치던 밤, 롱스톤아일랜드의 등대지기인 윌리엄 달링의 딸 그레이스 달링은 난파된 증기선 한 척을 발견했다. 나중에 알게 된 사실이지만 그 배는 포퍼셔 호였다. 그녀는 아버지와 함께 노를 저어 바다로 나가 생존자를 구조했다. 그들은 41명의 승무원 중에서 9명을 구조했고 당시 22세였던 그레이스는 이 일로 영웅이 되었다.

롱스톤아일랜드는 28개의 섬으로 이루어진 판 군도에 속한다. 이 섬들은 원래 본토와 붙어 있었지만 빙하기가 끝난 후 해수면이 상승하면서 해안 침식작용을 받아 오늘날의 섬이 되었다. 군도는 잉글랜드의 북동부에 조립현무암이 관입(貫入)하면서 형성된 그레이트윈실의 끝 부분을 이룬다. 북해가 끊임없이 공격해 와도 꿋꿋이 버티는 것은 바로 이 화산암이다. 곳에 따라 화산암의 두께가 30미터에 달하는 곳도 있지만 바위 지형 내부에는 이너판의 '캐즘 앤드 세인트커스버츠거트'처럼 깊은 구멍이 만들어진 곳도 있다. 폭풍우가 치면 이런 구멍으로 바닷물이 밀려 들어와서 최대 30미터 높이

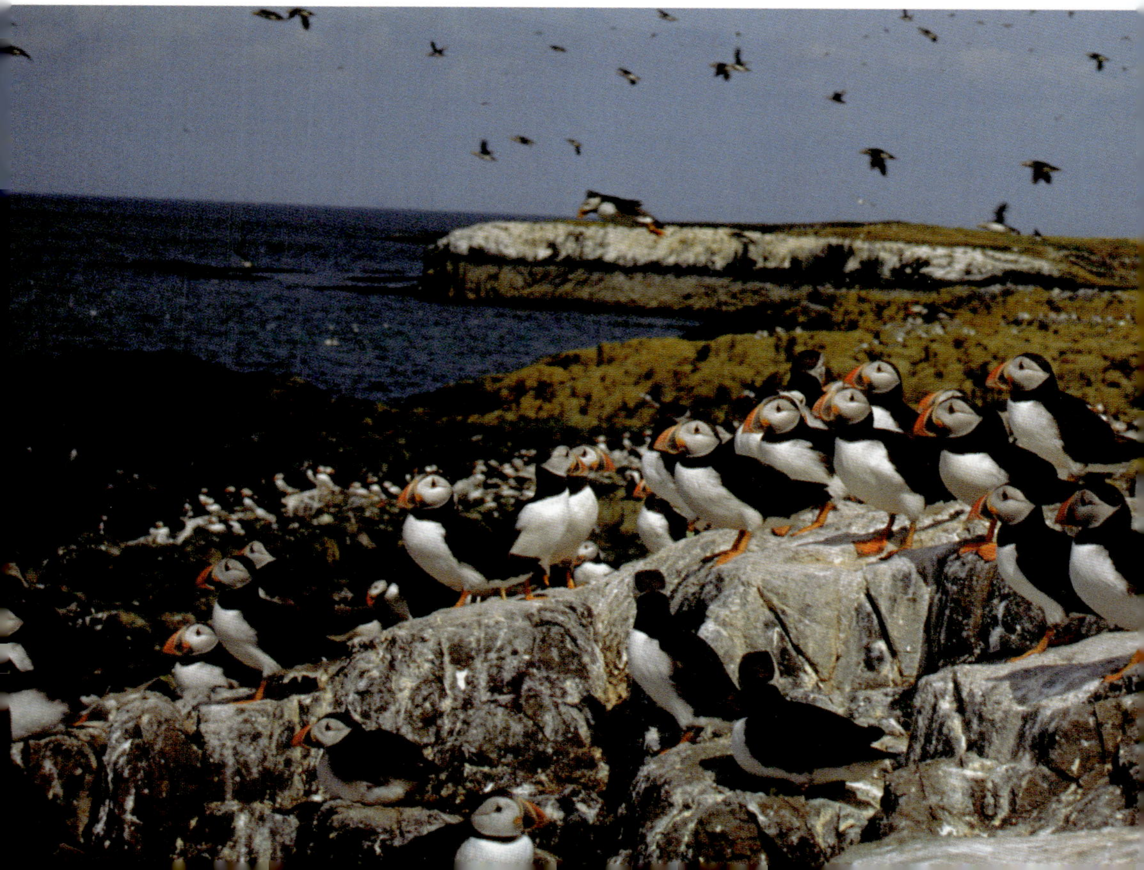

까지 물을 뿜어 올린다.

판 군도는 켈트 족의 기독교와 깊은 관련이 있다. 쿠스버트 성인은 이너 판에서 은거했는데, 그가 지닌 치유의 능력은 노섬브리아 왕국 곳곳에서 순례자들을 불러들였다. 판 군도라는 이름도 '순례자들의 섬'이라는 뜻의 '파레나 일란데'에서 유래했다. 쿠스버트 성인은 서기 687년에 사망했다. 그는 자연을 사랑했으며 특히 새와 물개를 좋아했다. 외로운 섬에서 동물들은 그의 유일한 친구가 되어 주었을 것이다. 종교적인 의미가 있는 다른 섬으로는 리디스판이 있는데, 판 군도에서 유일하게 사람이 거주한다.

오늘날 판 군도는 이곳에 서식하는 야생동식물로 유명하다. 20종이 넘는 해조의 서식지가 이곳에 있다. 솜털오리, 풀무갈매기, 세발가락갈매기, 제비갈매기류, 바다오리, 퍼핀류, 큰부리바다오리, 검은머리물떼새, 바위종다리 등이 서식하며 회색바다표범의 군서지도 있다. 최근 조사에 따르면 이곳에서는 7만 쌍이 넘는 바닷새가 서식하며 이중의 반이 퍼핀류라고 한다. **TC**

아래 판 군도는 퍼핀류를 비롯해 바닷새들에게 훌륭한 서식지가 된다.

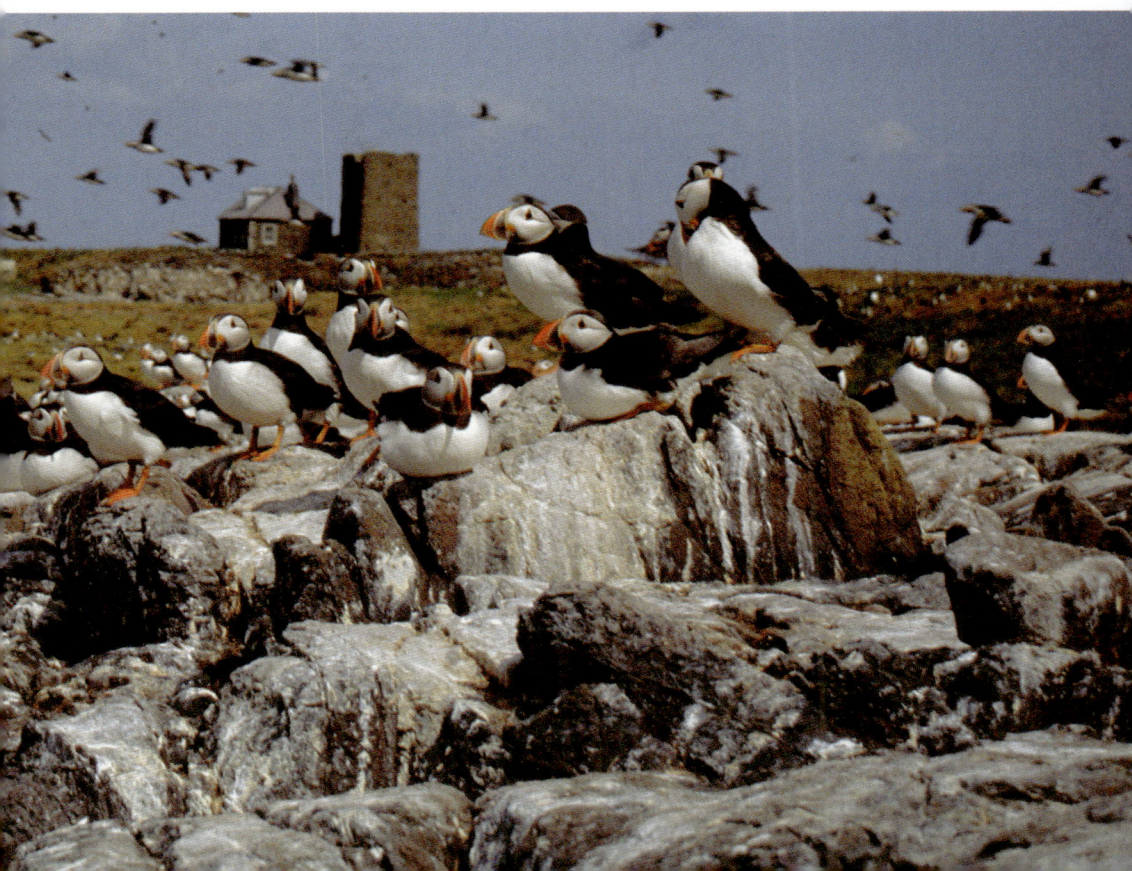

피너클즈

잉글랜드, 노섬벌랜드 주

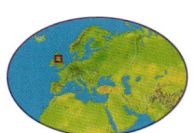

생성 시기 : 2억 8,000만~3억 4,500만 년 전	
높이 : 20미터	

피너클즈는 판 군도의 일부로, 화산암의 일종이며 현무암보다 더 미세한 암석 결정에 가까운 조립현무암층인 그레이트윈실이 마지막으로 드러난 곳이다. 그레이트윈실은 컴버랜드에서 시작되어, 동쪽으로 노섬벌랜드까지 잉글랜드를 횡단하며 130킬로미터 이상 뻗어 있다. 이 암층은 타인 강의 수원과 함께 서쪽에서 시작해 노섬브리아 해안의 판 군도에서 끝난다.

피너클즈는 스테이플 아일랜드에서 얼마 떨어지지 않은 바다에 서 있다. 거대한 어금니처럼 생긴 기둥들은 북해의 거센 파도에도 굴하지 않는다. 뿐만 아니라 이곳은 퍼핀류, 바다오리, 큰부리바다오리, 샌드위치제비갈매기, 북극제비갈매기 등의 주요 서식지가 되고 있다.

마치 먼 옛날 누군가가 바다에 세운 기둥처럼 보이는 이 피너클들은 기둥 형태를 지니는 조립현무암의 좋은 예이다. 풍화작용으로 퇴적층은 이미 사라지고 단단한 화산암만 남아 자연에 맞서고 있다. 또 다른 예는 '스태크'로 이너 판의 남쪽 절벽을 지나자마자 18미터 높이로 바다에 우뚝 솟아 있다. **TC**

웨스트워터

잉글랜드, 컴브리아 주

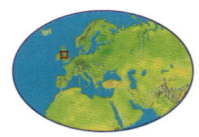

웨스트워터의 깊이 : 79미터	
스코펠파이크의 높이 : 978미터	
그레이트게이블의 높이 : 899미터	

잉글랜드의 호수 국립공원인 이곳은 마지막 빙하기 동안 거대한 힘을 지닌 빙하에 의해 화강암 산들이 깎이면서 만들어졌다. 1만 년 전 빙하가 후퇴하면서 녹은 물이 79미터 깊이의 거대한 구멍에 모이기 시작했는데, 그곳이 바로 잉글랜드에서 가장 깊은 웨스트워터 호수이다.

새무얼 콜리지는 웨스트워터를 '경탄을 자아내는 풍경'이라고 한 바 있다. 웨스데일밸리에 있는 이 호수는 잉글랜드 최고봉인 스코펠 파이크를 비롯한 험준한 산악 지형에 둘러싸인 외지고 황량한 곳이다. 주변에는 웅장한 그레이트게이블 산도 있는데 이곳은 네이프스니들이라는 바위기둥으로 유명하다. 일길헤드에서부터 흐르는 잿빛 물은 550미터 높이의 바위절벽을 내려와 호수로 바로 떨어진다. 연 강수량이 평균 300센티미터인 이 지역은 영국에서 가장 습한 지역에 속한다.

호수의 입구에는 웨스데일헤드라는 작은 마을이 있는데 이곳은 '영국 암벽 등반의 아버지'인 월터 해스켓 스미스가 즐겨 찾던 곳이다. 그는 1886년에 그레이트게이블과 네이프스니들을 등반해 암벽등반에 대한 관심을 끌어냈다. 그는 몇 년 후 76세의 나이로 300명의 등반가가 보는 앞에서 이곳을 다시 올랐다. **MB**

<u>오른쪽</u> 웨스트워터를 둘러싸고 있는 거친 황무지

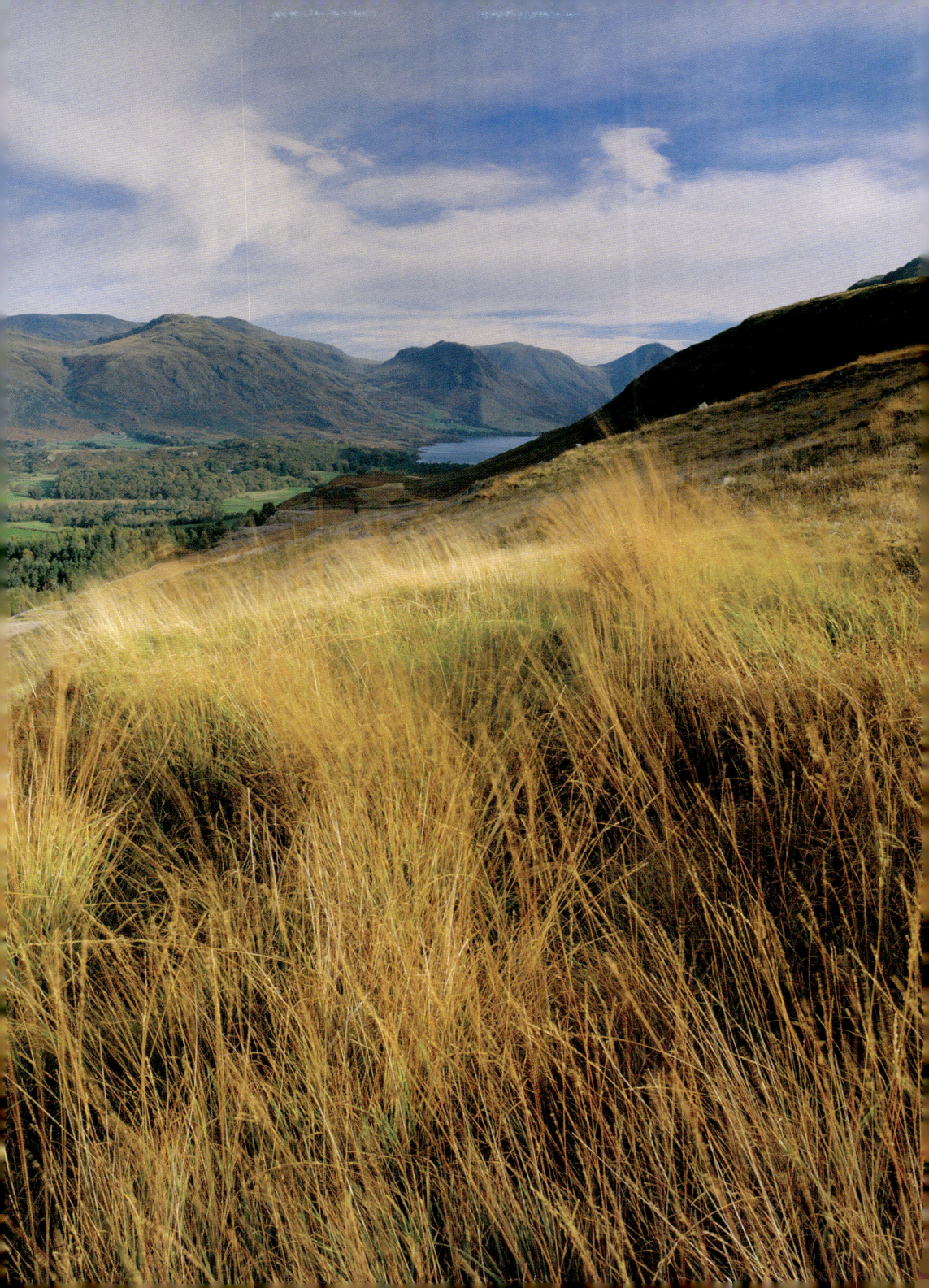

보우더스톤

잉글랜드, 컴브리아 주

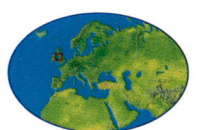

| 생성 시기 : 약 4억 5,200만 년 전 |
| 돌의 무게 : 2,000톤 |
| 돌의 둘레 : 27미터 |

보우더스톤은 한쪽 모서리로 균형을 잡고 있는 집처럼 생긴 바위이다. 지질학자들은 아직도 이 돌의 기원을 밝히지 못했지만 보로데일에 있는 보우더스톤이 단일한 돌로는 세계 최대이자 최고(最古)의 돌일 것이라는 데는 이견이 없다. 빙하기 동안 거대한 빙하들은 영국 전역에서 충돌하고 온 땅을 헤집었지만 이제 빙하는 녹고 호수 국립공원에 있는 보로데일처럼 U자형 계곡과 같은 흔적만이 남아 있다.

좁은 받침대 위에 아슬아슬하게 놓여 있는 보우더스톤은 오르도비스기에 생성된 거대한 안산암 덩어리로 그레인지 마을과 로스웨이트 마을 사이에 있는 킹스하우 산의 기슭에 있다. 어쩌면 보우더스톤은 빙하를 타고 스코틀랜드에서 떠내려 떠내려 왔기에 지금 자리에 정착한 것일지도 모른다. 이런 바위를 '표석'이라고 하는데 빙하가 있던 곳에서 떠내려 왔기에 주변의 지질과는 다르기 때문이다. 1만~1만 3,500년 사이 마지막 빙하작용이 끝나갈 무렵 거대한 돌사태가 발생해 지금의 보우더스톤이 보우더크래그 낭떠러지에서 떨어져 내렸을 것이라는 설 역시 설득력을 얻고 있다. 바위 정상까지 가려면 나무 계단을 이용하면 된다. **TC**

하이포스 폭포

잉글랜드, 더럼 주

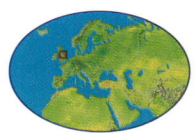

| 하이포스 폭포의 높이 : 21미터 |
| 티스 강의 길이 : 113킬로미터 |
| 페나인웨이의 길이 : 402킬로미터 |

숲 속으로 난 아름다운 산책로가 끝나는 지점에 있는 하이포스 폭포는 종종 잉글랜드에서 가장 높은 폭포로 불린다. 어쨌든 잉글랜드에서 가장 웅장하고 인상적인 폭포의 하나임에는 틀림이 없다. 폭은 겨우 3미터에 불과하지만 힘차게 떨어지는 폭포에서 느껴지는 박력은 놀라울 따름이다.

크로스펠 산의 동쪽 비탈에서 시작하는 티스 강은 점점 힘을 불리면서 흘러와 그레이트윈실 단층애(斷層崖)에 이른다. 그곳에서 강물은 현무암 관입지에 생긴 단층을 지나 21미터 아래에 있는 못으로 힘차게 자유 낙하한다. 하이포스는 가을과 겨울에 봐야 제맛인데, 물이 어찌나 우렁차게 떨어지는지 귀가 먹먹할 정도이다.

하이포스 폭포는 곳곳에 휴식처가 갖춰진 아름다운 숲길인 페나인웨이에서 볼 수도 있다. 또는 폭포의 발치에서 보는 방법도 있다. 이곳에서 시작하는 3.5킬로미터의 급류 타기는 관광객들에게 인기가 높다. 강의 서쪽에 있는 숲은 무어하우스–어퍼티스데일 국립공원에 속하며 잉글랜드에서 가장 넓은 노간주나무 숲 보존지역이다. **CS**

게이핑길

잉글랜드, 요크셔 주

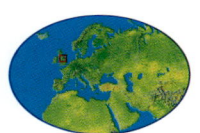

게이핑길 동굴계의 길이 : 67킬로미터
지하 폭포의 높이 : 111미터
석회암의 생성 시기 : 3억 년 전

잉글랜드에서 가장 큰 지하 동굴계의 가장 깊은 통로인 게이핑길은 심장이 약한 사람에게는 결코 권하고 싶지 않은 곳이다. 지하에 뚫린 거대한 공간은 수 세기 동안 흘러온 펠벡 강물의 작품이다. 펠벡 강은 석회암을 야금야금 먹어 치우며 나이아가라 폭포보다 두 배나 높은 지하 동굴을 만들었다. 노련한 동굴 탐험가가 아니라면 게이핑길로 들어가는 방법은 하나뿐이다. 케이블 끝에 소쿠리처럼 매달려 있는 '윈치 미트'를 타고 내려가는 것이다. 이 장치는 현지의 동굴 탐험가들이 관광객들을 위해 설치한 것이다.

게이핑길은 입구가 다섯 개(바포트, 플러드엔트런스포트, 스트림패시지포트, 디스어포인트먼트포트, 헨슬러스포트)로 경험이 풍부한 동굴 탐험가가 아니면 들어갈 수 없다.

굳이 게이핑길의 내부에 들어가 보지 않더라도 요크셔데일스의 그림 같은 풍경 속에 펼쳐진 가파른 석회암 협곡을 따라 클래펌에서 동굴 입구로 이어진 길은 언제라도 가볼 만하다. 근처에는 잉글버러 동굴과 같은, 구경하기 편할 뿐만 아니라 '석회암 도로'와 같은 기묘한 석회암 지형까지 덤으로 구경할 수 있는 재미있는 동굴들이 많다. 특히 '석회암 도로'에는 희귀한 식물들이 자생한다. **CC**

징글포트

잉글랜드, 요크셔 주

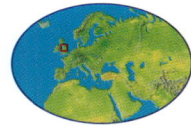

징글포트 포트홀의 길이 : 1킬로미터
총 깊이 : 67미터

요크셔데일스는 잉글랜드의 중앙 산맥인 센트럴페나인즈의 고산 지대에 빙하가 깎아 놓은 계곡들이다. 노스미들랜즈에서 스코틀랜드까지 뻗어 있는 산맥은 호수 국립공원에 있는 산보다 낮으며 빙하작용의 흔적이 훨씬 적다. 봉우리들은 완만하며 계곡은 폭이 넓다. 이 지역은 영국에서 가장 넓은 카르스트 지역에 속하며 선사시대 바다의 얕은 수역에 환초처럼 형성된, 원뿔모양의 화석이 풍부한 암초 언덕을 비롯해서 볼거리가 풍부한 석회암 지형이 많다. 특히 암초 언덕은 세틀 위에 있는 스코스롭무어 황무지에 발달해 있다. 석탄기의 석회암에는 기공이 많은데 요크셔데일스의 언덕에는 석회암 동굴과 포트홀이 벌집처럼 형성되어 있다.

징글포트 동굴은 데일스 북부에 있는 요크셔 주의 웨스트킹스데일에 있는 수많은 포트홀(동굴) 중 하나이다. 징글포트라는 이름의 기원은 노스컨트리의 방언과 중세 영어에서 찾을 수 있다. 바로 '딸랑거리는 소리가 나는 구멍'이라는 뜻인데, 동굴 탐험가들은 구멍 위로 드리워져 있는 나무에 밧줄을 고정시켜 타고 올라갈 때 뭔가 삐걱거리는 듯한 불안한 소리가 들리는 것 같다고 한다. **TC**

브림엄록스

잉글랜드, 요크셔 주

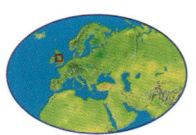

브림엄록스의 생성 시기 : 3억 2,000만 년 전

브림엄무어의 높이 : 300미터

아이돌, 보트, 댄싱 베어, 터틀, 스마티튜브. 이들은 요크셔 주의 니더데일에 있는 기괴하기 짝이 없는 마석경사암(磨石硬砂岩) 기둥의 이름이다. 브림엄록스라고 불리는 이 기둥들은 20헥타르에 달하는 브림엄무어 곳곳에 흩어져 있다. 어떤 기둥은 드루이드 교도나 심지어 악마와 관련이 있다는 전설이 전해진다.

브림엄록스는 스코틀랜드 북부와 노르웨이의 화강암 산에서 형성되기 시작했다. 약 3억 2,000만 년 전, 거대한 강줄기가 화강암 산에서 사암과 모래를 쓸어내렸다. 그 결과 현재의 요크셔 지역의 반을 뒤덮는 삼각주가 형성되었다. 사암과 모래층이 장석이나 석영 결정과 결합하면서 마석경사암이라고 하는 거친 사암이 만들어졌다. 그러고 나서 지금으로부터 1만~8만 년 전쯤부터 데본기의 빙하 작용이 일어나면서 빙하가 암석을 깎아 지금과 같은 기괴한 형상이 만들어졌다. 이 기둥은 작은 토대가 받치고 있는데, 모래가 많이 섞인 하천의 하식작용으로 토대를 이루는 부분이 쓸려나갔기 때문이다. 암석부분을 보면 층리 방향과 엇갈린 줄무늬인 사층리(斜層理)가 남아 있는데 침식과 퇴적작용이 일어나는 동안 암석을 지나간 바람이나 급류의 파문에 의해 형성된 것이다. **TC**

브라이드스톤즈

잉글랜드, 요크셔 주

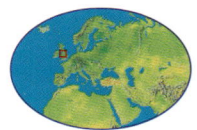

자연관찰 산책로의 길이 : 2.4킬로미터

암석의 종류 : 사암

식생 : 히스가 자라는 황무지, 허부가 무성한 초원, 자연목림

잉글랜드의 노스요크셔 무어에 있는 브라이드스톤즈라는 기괴한 암석들을 보면 아마도 거인이 체스를 두다가 그냥 가버린 건 아닌가 싶을 것이다. 이곳의 사암 바위들은 약 1억 8,000년 전인 쥐라기에 형성되었다. 공룡이 지구를 지배했던 당시의 기후는 지금보다 훨씬 열대 기후에 가까웠다. 이곳 노스요크셔 지방도 얕은 바다에 잠겨 있었다. 오랜 시간이 흐르면서 해저에 쌓인 모래가 압축되어 사암이 되었다. 브라이드스톤즈가 놓여 있는 층리면(層理面)은 해저에 퇴적된 모래 언덕을 폭풍우가 어떻게 흩트리고 침식시켜 모래 언덕 층을 만드는지 잘 보여준다. 해수면이 낮아지자 물 밖으로 드러난 사암은 바람과 날씨의 공격에 시달렸다. 약한 층리면은 금세 침식되어 샌드위치 형상의 지층이 형성되고 거대한 사암 노두가 재미있는 모습으로 깎여 나갔다. 모래 알갱이들이 바위 아랫부분에 부딪히면서 약한 부분을 마모시켜 오늘날의 버섯 같은 모습이 완성되었다. 브라이드스톤즈 무어는 국립자연보호구역인데 이곳에는 야생의 황무지와 마지막 빙하기가 끝날 무렵 형성된 것으로 보이는 자연목림이 있다. **TC**

로치즈

잉글랜드, 스태퍼드셔 주

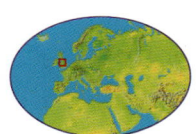

생성 시기 : 3억 5,000만 년 전
암석의 종류 : 천연 숫돌(사암)
높이 : 30미터

로치즈는 독특한 모습의 바위들로 이루어진 사암 절벽으로, 피크디스트릭트 국립공원의 남서쪽 경계에 자리 잡고 있다. 빙하기 때부터 수천 년 동안 풍화작용을 겪어온 이 지역은 보는 이의 시선을 단숨에 사로잡는 기기묘묘한 바위의 전시장이 되었다. 로치즈는 스태퍼드셔의 리크와 더비셔의 벅스턴 사이에 있다. 로치즈는 로어티어와 어퍼티어 두 층으로 이루어져 있으며 돌계단으로 이어져 있다. 지금으로부터 3억 5,000만 년 전 얕은 바다였던 이 지역에 산호초가 번성하고 있었고 모래와 사암이 이를 덮어버렸다. 이 퇴적층이 오랜 세월동안 압축되면서 단층이나 약한 부분이 전혀 없는 단단하고 균일한 암석으로 굳어졌다. 즉 이곳은 자유자재로 암석을 다루는 석공이나 암석이 약해지지 않기를 기대하는 암벽 등반가에게 이상적인 곳이 된 것이다. 실제로 이곳은 영국에서 가장 인기 있는 암벽 등반지로 등반 루트만 해도 100개가 넘는다. 로어티어 아래에는 등반객이 쉴 수 있는 작은 오두막이 있다.

로치즈는 체셔플레인과 피크디스트릭트가 한눈에 내려다보이는 좋은 입지 조건을 갖추고 있다. 주변의 황무지는 산책로로 안성맞춤이다. **JK**

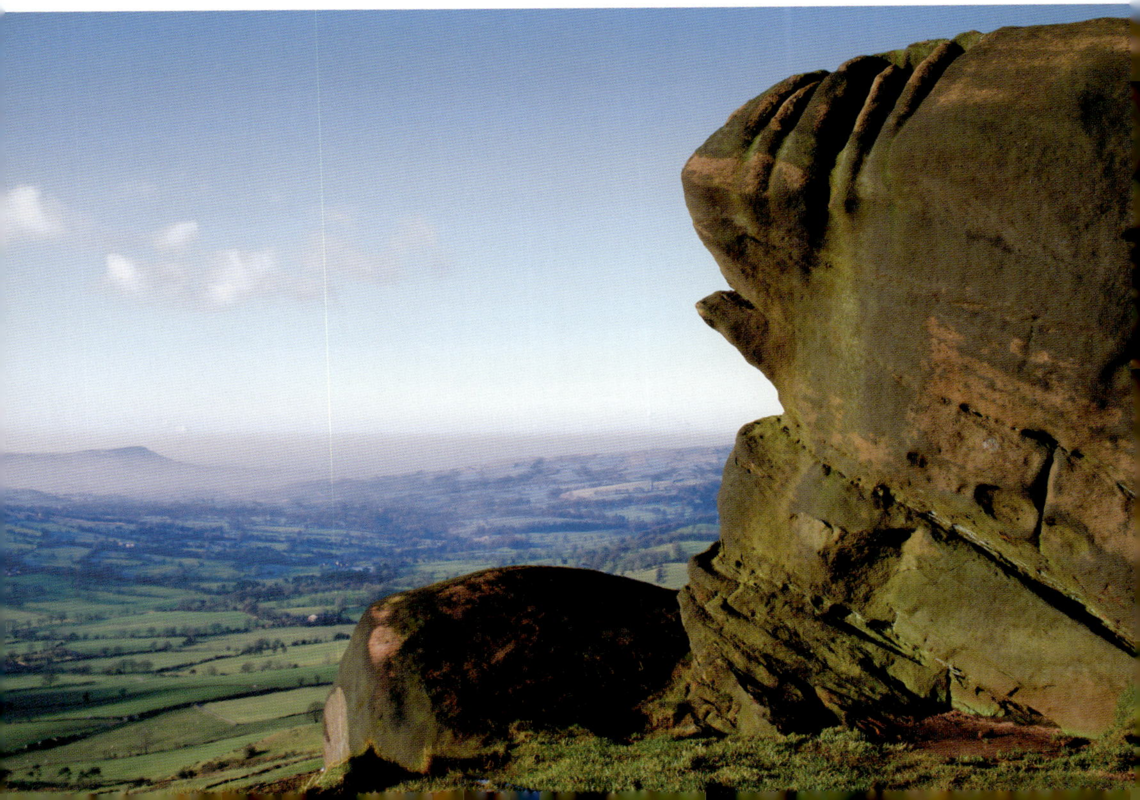

레킨 산

잉글랜드, 슈롭셔 주

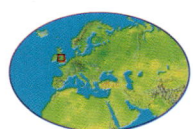

레킨의 높이 : 396미터
생성 시기 : 5억 6,600만 년 전

영국에서 가장 오래된 산으로 알려진 슈롭셔 주 텔퍼드 근처의 레킨 산은 『반지의 제왕』을 쓴 톨킨에게 중간계의 영감을 불어넣은 사실이 알려지면서 다시 한 번 유명해졌다. 396미터 높이의 레킨 산은 화산암으로 만들어졌다.

후기 선캄브리아기 때 슈롭셔 지역은 얕은 바다였다. 여러 차례 지진이 발생하면서 지각에 대규모 단층이 만들어졌는데, 레킨 산의 단층은 그 유명한 처치 스트레튼 단층과 매우 가깝다. 레킨을 형성한 용암과 화산재를 배출한 분화구의 위치는 밝혀지지 않았지만 형성 과정에 관해서는 여러 가지 고대 설화가 전해져 온다. 그중에는 웰시의 거인에 관한 이야기가 있다. 거인은 세번 강을 막았다가 한꺼번에 열어서 마을을 침수시키려는 꿍꿍이를 품고 있었다. 어느날 거인은 거대한 삽으로 흙을 떠서 슈루즈버리를 향해 급히 길을 떠났다. 너무 급해서 마을을 지나친 거인은 지나가는 구두 수선공에서 길을 물었다. 거인의 삽을 본 수선공은 거인의 꿍꿍이를 눈치 채고 신고 있던 낡은 구두를 벗으며 자신도 그곳까지 가려다가 구두만 닳고 말았다고 투덜거렸다. 그 말을 들은 거인은 낙담해 지고 가던 흙을 내팽개쳤고 그 흙이 지금의 레킨 산이 되었다는 것이다. **TC**

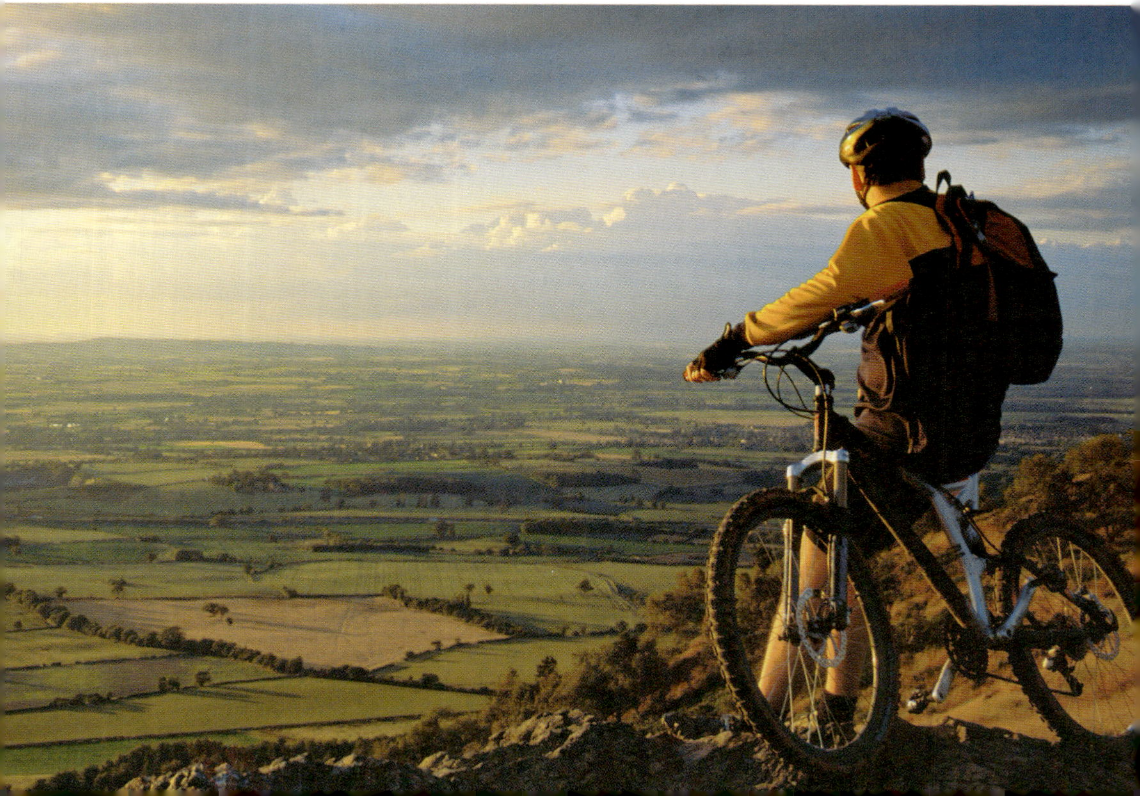

세번보어

잉글랜드, 글로스터셔 주

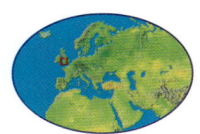

세번보어의 높이 : 최대 3미터
평균속도 : 시속 16킬로미터
이동거리 : 33.8킬로미터

잉글랜드, 글로스터셔를 흐르는 세번 강은 매년 봄과 가을이면 세번보어(큰 밀물)라고 불리는 장관을 연출한다. 이 밀물은 모든 것을 압도하는 실로 엄청난 파도인데, 흡사 움직이는 구멍 같이 보인다. 역류해 들어오는 강물은 최대 시속 21킬로미터로 밀려들어 온다. 밀물은 최고 3미터까지 상승하기도 하며 강둑에 있던 소나 양을 휩쓸어 갈 정도로 거세다. 하지만 내륙 깊은 곳까지 밀려들어온 파도는 어느새 순한 양이 되어 매년 수십

까지 34킬로미터나 되는 거리를 힘차게 오른다. 밀물은 강폭이 8킬로미터 정도인 에이본마우스를 지나는데, 쳅스토우, 오스트, 리드니와 강폭이 1.6킬로미터로 줄어드는 샤프니스를 지나 강폭이 100미터밖에 되지 않는 민스터워스에 다다르면 파도의 높이는 2.7미터까지 상승한다.

강으로 몰려오는 파도의 높이는 초승달이나 보름달이 뜬 그 다음 날부터 사흘 동안 가장 크다. 특히 봄철의 파도가 매우 멋있다. 이 지역에서는 밀물일 때 태어난 사람은 유복하며, 썰물이 지면 아픈 사람들이 죽곤 한다는 믿음이 전해진다.

세번보어는 세계 최대 규모를 자랑하는 밀물에 속한다. 전 세계적으로 이 같은 밀물이 발생하

잉글랜드, 글로스터셔를 흐르는 세번 강은 매년 봄과 가을이면 세번보어
(큰 밀물)라고 하는 장관을 연출한다. 이 밀물은 모든 것을
압도하는 실로 엄청난 파도인데 흡사 움직이는 구멍 같이 보인다.

명의 서퍼들이 이 파도를 타고 즐기며 서로 멀리 나가려고 경쟁한다.

잉글랜드 남부에 있는 세번 강은 조차(潮差)가 세계에서 두 번째로 높아 최대 15.4미터까지 이른다. 밀물이 들어오면 샤프니스의 단단한 바위특성이 강둑에 부딪히면서 물의 흐름이 제한을 받게 된다. 게다가 강바닥에 형성된 언덕 같은 지형에 걸려서 물은 그 자리에 잠시 멈춰 선다. 그 시점에서 물의 장벽이 형성되면서 세번 강 후미로 빨려 들어가는 것이다.

강이 얕아지고 폭이 좁아지면 물의 장벽은 속도가 빨라져 거대한 파도가 된다. 그 상태로 약 두 시간 정도 상류로 전진하는데 오레에서 글로스터셔

는 곳은 센 강, 인더스 강, 아마존 강 등 60곳이 있다. 지금까지 발생한 최대의 밀물은 중국의 항초페로 봄에는 최대 7.5미터까지 상승하며 유속은 시속 24~27킬로미터에 달한다. 이때의 강물 소리가 어찌나 우렁찬지 22킬로미터 떨어진 곳에서도 그 소리를 들을 수 있다. **TC**

체더 협곡

잉글랜드, 서머싯 주

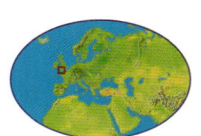

체더 협곡의 생성 시기 : 1만 8,000년 전	
암석의 생성 시기 : 2억 8,000만~3억 4,000만 년 전	
협곡의 깊이 : 113미터	

체더 협곡에는 다음과 같은 전설이 있다. 어느 건망증이 심한 젖 짜는 여자가 우유 한 양동이를 시원하게 만들려고 잉글랜드 남서쪽의 서머싯 북부에 있는 체더 협곡 동굴에 갖다 두었다. 동굴의 기온이 일 년 내내 영상 7도로 유지되기 때문이다. 그런데 우유를 찾으러 돌아와 보니 우유는 뭔가 다른, 맛있는 물질이 되어 있었다. 그 유명한 체더치즈가 그렇게 만들어졌다는 것이다. 전설 속 여자는 그렇게 만들어진 치즈가 800년이 넘게 제

흐른 자리이다.

체더 협곡에는 두 개의 주요 동굴이 있는데 콕스 동굴과 고우 동굴이다. 1837년에 채석작업 도중에 발견된 콕스 동굴은 작은 동굴 일곱 개로 이루어져 있는데 나즈막한 아치길로 이어져 있다. 고우 동굴은 1893년에 R.C.고우라는 사람이 발견했다. 이 동굴에는 몇 미터나 되는 석순들이 댐처럼 언덕을 향해 늘어서 있는데 이를 폰트라고 한다. 영국에서 가장 큰 지하 하천인 '체더 여'는 고우 동굴의 입구 바로 아래에서 지상으로 다시 나오는데, 이는 한때 동굴을 만들기도 했던 거대한 빙하가 녹은 물이 지금까지 흐르는 것이다.

체더 동굴계는 거주지로 활용되어 왔다. 석기

> 건망증이 심한 젖 짜는 여자가 우유 한 양동이를 시원하게 만들려고
> 잉글랜드 남서쪽의 서머싯 북부에 있는 체더 협곡 동굴에 갖다 두었다.
> 그런데 우유를 찾으러 돌아와 보니 우유는 뭔가 다른
> 맛있는 물질이 되어 있었다. 그 유명한 체더치즈는 그렇게 만들어졌다.

조되고 있다는 사실을 알면 분명히 자랑스러워 할 것이다. 찰스 1세 시절에는 치즈 수요에 생산량이 따라가지 못하는 경우도 종종 발생했다.

체더 마을 근처에 있는 가파르고 폭이 좁은 석회암 협곡인 체더 협곡은 멘딥힐스를 가로지른다. 체더 협곡은 영국에서 가장 큰 협곡으로 최대 깊이가 113미터이며 연간 관광객이 30만 명에 달한다. 협곡의 암석은 석탄기인 2억 8,000만~3억 4,000만 년 전에 형성되었다. 그 당시 영국 전역을 뒤덮고 있던 빙하들이 녹으면서 엄청난 양의 물이 석회암을 침식해 오늘날과 같은 풍경이 만들어졌다. 현재 협곡에 나 있는 꼬불꼬불한 길은 그 옛날 강이

시대부터 인간 활동이 이루어졌다는 증거가 존재하며 후기 구석기 시대의 유적도 남아 있다. 인간 최초로 돌로 도구를 만든 200만 년 전에서 홍적세 말기에 이르는 시기의 유적이다. 게다가 영국에서 가장 오래되고 완벽하게 보존된 인간의 유골이 발견된 곳도 체더 동굴계였다. 그 유골을 9,000년 전의 체더맨이라고 부른다. 이 지역은 지질학적으로 독특하며 희귀한 관박쥐가 서식하는 점 등을 고려해, 과학적으로 특별한 관심이 있는 지역으로 지정되었다. **TC**

오른쪽 체더 협곡의 가파른 석회암 절벽

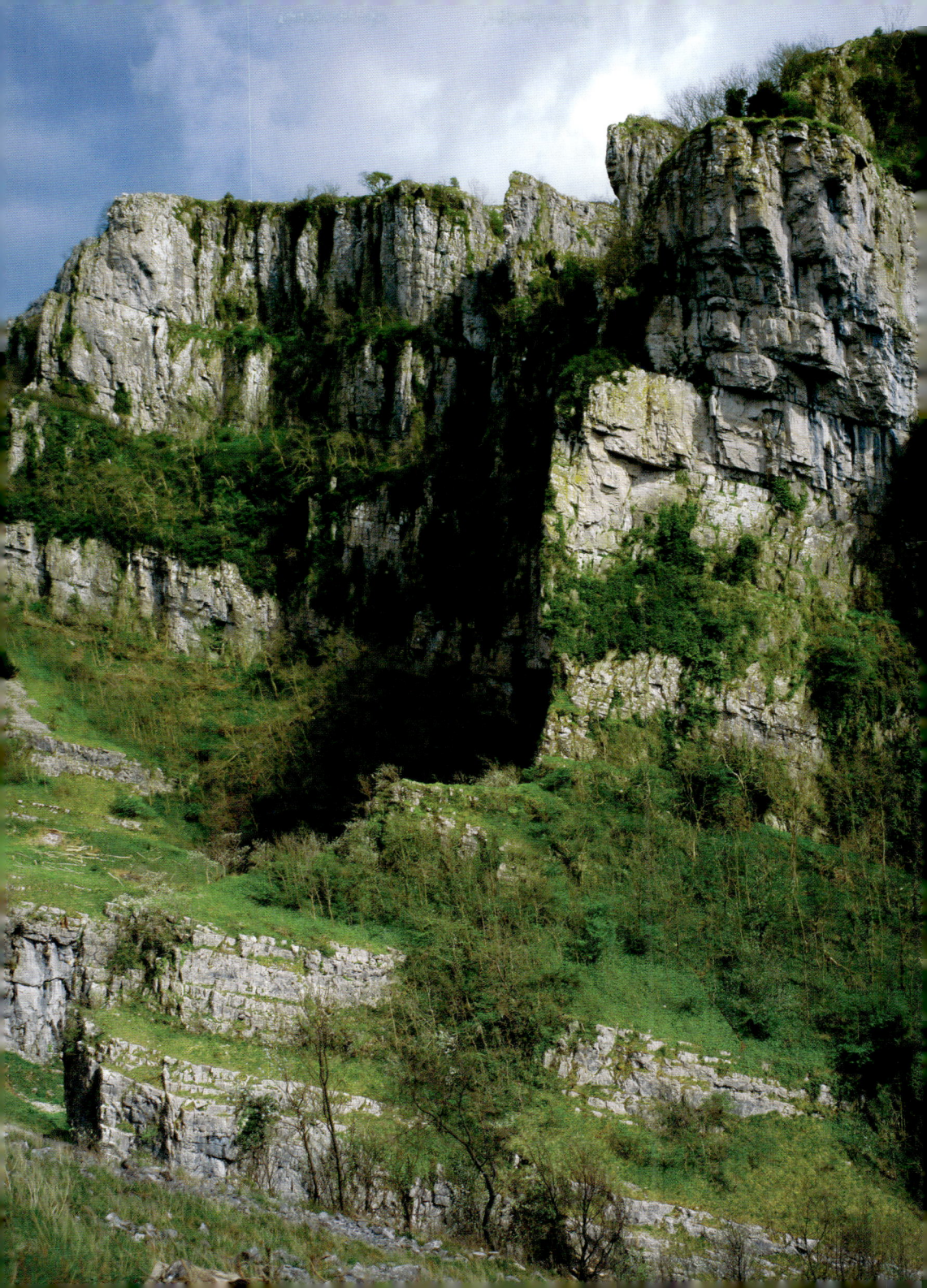

우키홀 동굴계

잉글랜드, 서머싯 주

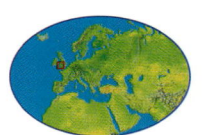

석회암의 생성 시기 : 4억 년 전
인간의 최초 거주 : 5만 년 전

하이에나덴, 벳져(오소리)홀, 리노세로스(코뿔소)홀 등은 모두 잉글랜드 남부의 서머싯에 있는 우키홀 동굴계에 속한 동굴 이름이다. 모두 이 동굴에서 발굴된 열대와 빙하기 동물의 이름을 땄다.

약 4억 년 전, 멘딥 지방은 대양에 잠겨 있었다. 이 바다에 번성했던 미생물이 죽으면서 해저에 쌓였는데 시간이 가면서 탄산칼슘(석회암)으로 바뀐

를 건설하고 멘딥힐즈의 풍부한 지하자원을 채굴하기 시작했다. 그 이후의 역사에 대해서는 그다지 알려진 바가 없다. 18세기 들어 시인인 포프가 이곳에 왔다가 기념으로 종유석을 몇 개 따 갔다고도 하며 오늘날에는 관박쥐, 나방, 동굴거미, 개구리, 장어와 담수새우 등이 서식하고 있다.

우키홀은 영국에서 최초로 동굴 다이빙이 이루어진 곳이며 커시드럴 동굴은 영국의 동굴 역사상 가장 유명한 곳 중 하나이다. 노련한 동굴 탐험가들에게 '챔버 9'라는 이름으로 알려져 있는 이곳은 앞으로도 지속될 이 동굴계의 탐사에서 전초기지 역할을 톡톡히 수행할 것이다. 이 공간은 높이가

> 18세기 들어 시인인 포프가 이곳에 왔다가 기념으로 종유석을 몇 개
> 따 갔다고도 하며 오늘날에는 관박쥐, 나방, 동굴거미, 개구리,
> 장어와 담수새우 등이 서식하고 있다.

후 단단해져 암석이 되었다. 해수면이 내려가면서 지상으로 드러난 바위는 비가 오면 약한 부분이 녹아내리고 점점 더 틈이 벌어졌다. 땅속 깊은 곳에서는 액스 강이 거대한 석회암 덩어리에 생긴 균열을 통해 흘렀고 그 결과 동굴은 점점 커졌다.

이후 건조해진 동굴은 11도를 유지하며 안전한 거주지가 되었다. 이 동굴에 최초로 인간이 살기 시작한 것은 약 5만 년 전이었는데 그들은 석기 무기로 곰과 코뿔소를 사냥하던 종족이었다. 고고학자들은 B.C. 3만 5,000년~2만 5,000년 사이에 하이에나덴 동굴에서 하이에나와 인간이 번갈아 살았을 것이라 생각한다. 철기 시대에는 켈트 족 농부들이 동굴 입구 근처에서 600년 이상 거주했다.

2,000년 전 로마인들이 이곳에 정착해서 도로

30미터이며 수심은 21미터에 달한다. 거대한 벽은 산화철 때문에 붉은색으로 빛이 나며 '유석(流石)'이 반짝인다.

동굴 벽의 그림자 속에는 우키홀의 마녀가 숨어 있다고 한다. 으스스한 바위의 모습이 매부리코와 툭 튀어나온 턱을 가진 마녀를 연상시킨다고 해서 붙은 이름이다. 18세기까지도 현지 주민들은 한 사악한 노파가 마녀로 변한 것이라고 믿었다. 그래서 수도사가 그 노파에게 성수를 뿌려서 돌로 변하게 했다는 것이다. **TC**

<u>오른쪽</u> 환하게 빛나는 붉은 벽이 멋진 커시드럴 동굴

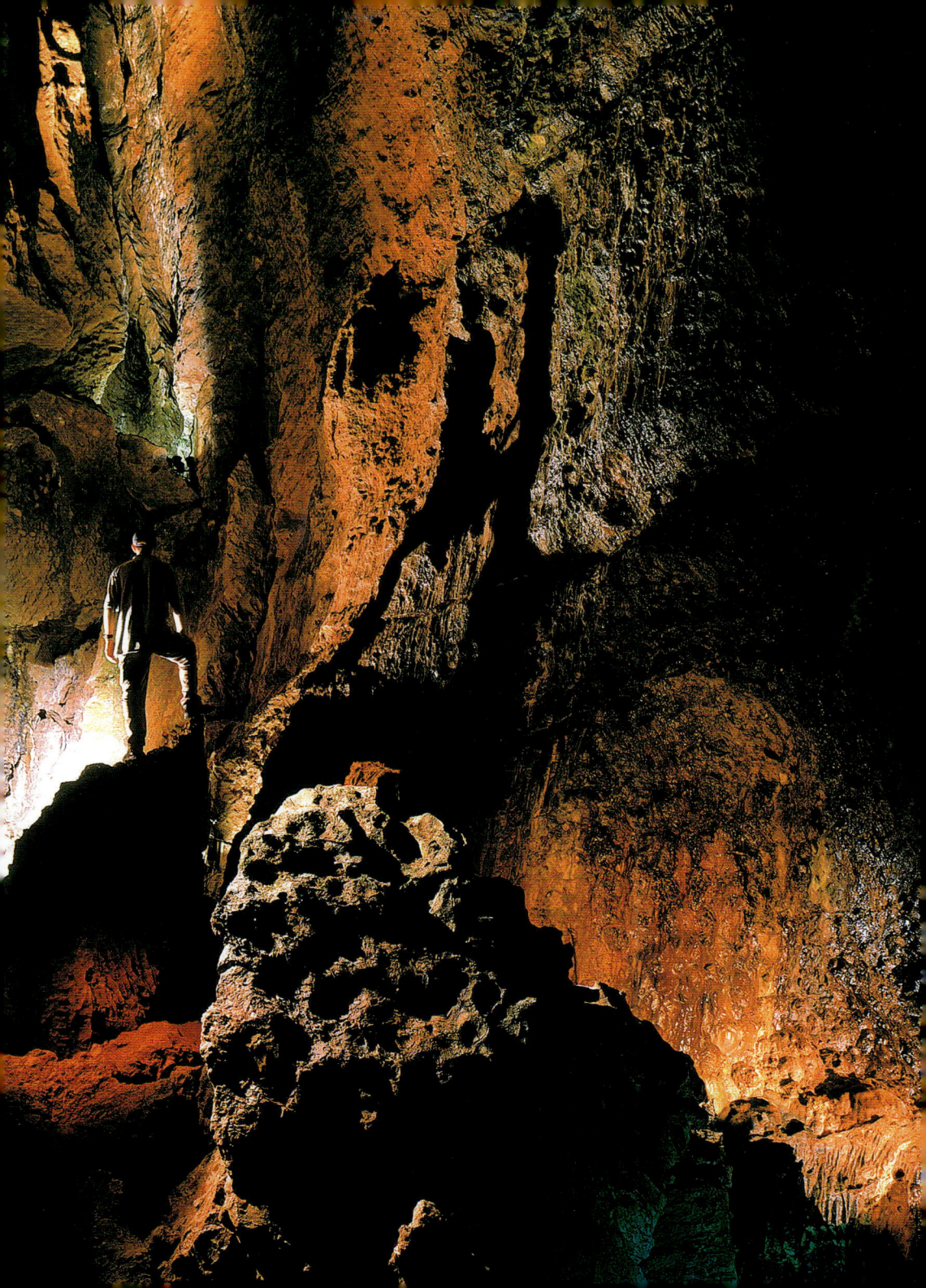

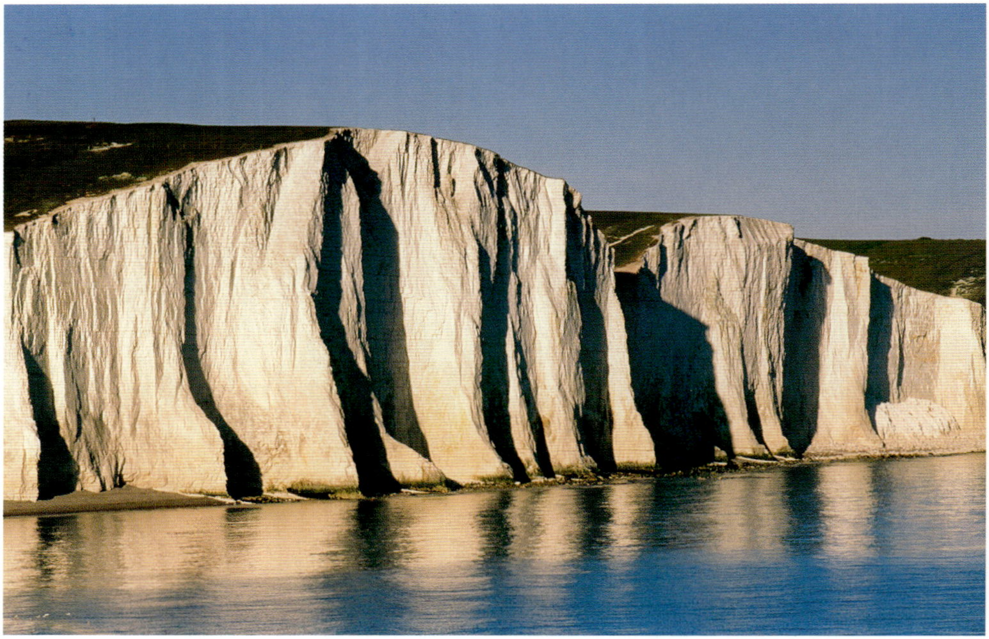

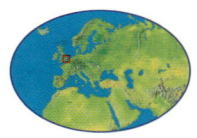

세븐시스터즈

잉글랜드, 이스트서식스 주

세븐시스터즈의 생성 시기 : 1억 3,000
만~6,000만 년 전

헤이븐브라우의 높이 : 77미터

세 븐시스터즈는 잉글랜드 서부 해안에 있는 웅장한 백악질의 절벽이다. 1억 3,000만 ~6,000만 년 전 작은 해조류와 조개껍데기의 석회 질이 해저에 백악질의 산을 이루었는데 그것이 현재 사우스다운즈 오브 서식스의 백악질 능선이 영국 해협과 만나는 곳에 서 있는 이 절벽이다. 아득한 옛날 강줄기가 백악질 능선을 흘러 만든 웅장한 세븐시스터즈 절벽 중에서 가장 높은 헤이븐브라우는 무려 77미터에 달한다. 그 옆으로 쇼트브라우, 러프브라우, 브래스포인트, 플래그스태프포인트, 베일리스브라우, 웬트힐브라 등이 나란히 서 있다.

바닷물은 절벽에 끊임없이 부딪히고 정기적으로 낙석이 발생한다. 그래서 절벽의 얼굴은 계속 바뀌고 그 와중에 묻혀 있던 화석이 계속 드러난다. 그 중에는 흠하나 없이 완벽하게 보존된 화석도 있다. 전 세계에서 모여드는 화석 채집자들은 완족류, 쌍각류, 성게의 화석을 찾아 절벽 아래 자갈과 백악 층을 뒤지고 다닌다. 절벽은 매년 30~40센티미터씩 뒤로 물러나고 있다.

7이라는 숫자는 색슨 증서의 경계선 목록을 보면 자주 등장하는데 이를테면 세븐오크스와 같은 오래된 마을 이름에서 볼 수 있다. 사실 세븐시스터즈에는 여덟 번째 절벽이 있다. 아마도 가장 작고 이름도 없는 가엾은 막내가 '세븐시스터즈'에서 무시된 모양이다. **TC**

룰워스코브

잉글랜드, 도싯 주

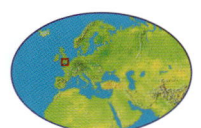

암석의 종류 : 석회암
연간 방문객 수 : 100만 명

룰워스코브는 기암괴석과 눈부시도록 아름다운 풍경을 보려는 전 세계 관광객들의 발길이 끊이지 않는 곳이다. 굴 모양의 만은 수천 년 전에 형성되었는데, 파도가 퍼벡과 포틀랜드의 석회암 절벽에 들이치면서 표면을 덮고 있던 약한 점토질과 백악질이 깎여 나가기 시작했다. 만의 한쪽 편에는 미들퍼벡과 어퍼퍼벡이라고 부르는 암석층이 뒤틀린 채 접혀 있는데 이를 '룰워스크럼플즈(주름)'이라고 한다. 이곳은 인접한 스테어홀 절벽의 뒷면이기도 하다.

룰워스코브는 천연의 항으로 '쥐라기코스트'라고 불리는 동쪽 해안의 끝 부분에 위치해 있다. 존 슐레진저 감독은 토마스 하디 원작의 《광란의 무리를 멀리 하고》를 이곳에서 촬영했는데 주인공 트로이가 이곳의 자갈 해변에서 헤엄쳐 나온다. 만의 가장자리를 따라 도시 해안길이 이어져 있으며 링스테드에서 룰워스로 이어진 길에는 버닝클리프라는 곳이 있다. 이곳의 땅속에서는 유혈암이 실제로 몇 년 동안 서서히 불타고 있다. 베이컨홀에는 동쪽으로 화석 숲이 있는데 보존 상태가 세계 최고에 속한다. 이곳에는 그레이트더트베드라는 고대의 토양에서 후기 쥐라기와 백악기 때 침엽수의 흔적을 찾아볼 수 있다. 룰워스는 웨이머스에서 동쪽으로 33킬로미터 떨어진 곳에 있다. **CC**

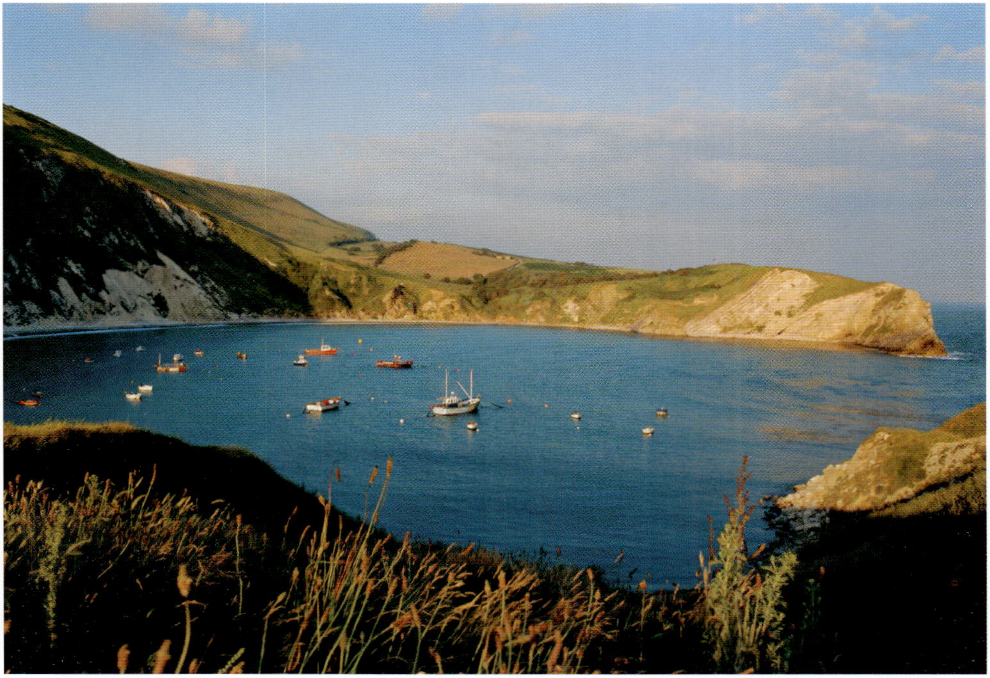

더들도어

잉글랜드, 도싯 주

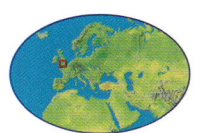

더들도어의 절벽 높이 : 100미터
암석의 종류 : 포틀랜드석

1792년 극작가 존 오키프는 더들도어를 방문한 감상을 이렇게 썼다. '이곳에 서서 놀라움과 즐거움에 휩싸여 자연이 빚은 웅장한 작품을 감상했다.' 더들도어는 그 어떤 수식어도 과하지 않을 자연의 걸작으로, 도싯의 쥐라기코스트에서 가장 많이 사진이 찍히는 곳 중 하나이다. 거대한 석회암 아치가 더들도어코브의 동쪽 끝단에 우뚝 솟아 있다. 남서쪽에서 밀려오는 파도의 해안침식작용으로 약한 부분이 떨어져 나가고 단단한 포틀랜드석만이 남아 지금의 더들도어가 되었다. 이 바위 지형은 1억 3,500만~1억 9,500만 년 전에 형성되었다. 당시는 잉글랜드의 남부 지역이 열대 해안에 잠겨 있던 쥐라기였다. 이곳은 1,000년 전부터 더들도어(Dor 혹은 Door)로 불리고 있는데, 'Durdle'은 고어로 '관통하다'나 '구멍을 내다'라는 뜻의 'Thirl'에서 왔으며 'Dor'는 문(Door)처럼 생겼다고 붙은 이름이다. 해질 무렵이면 쏟아져 내리는 햇살로 아치 안쪽이 환하게 빛이 난다. **CS**

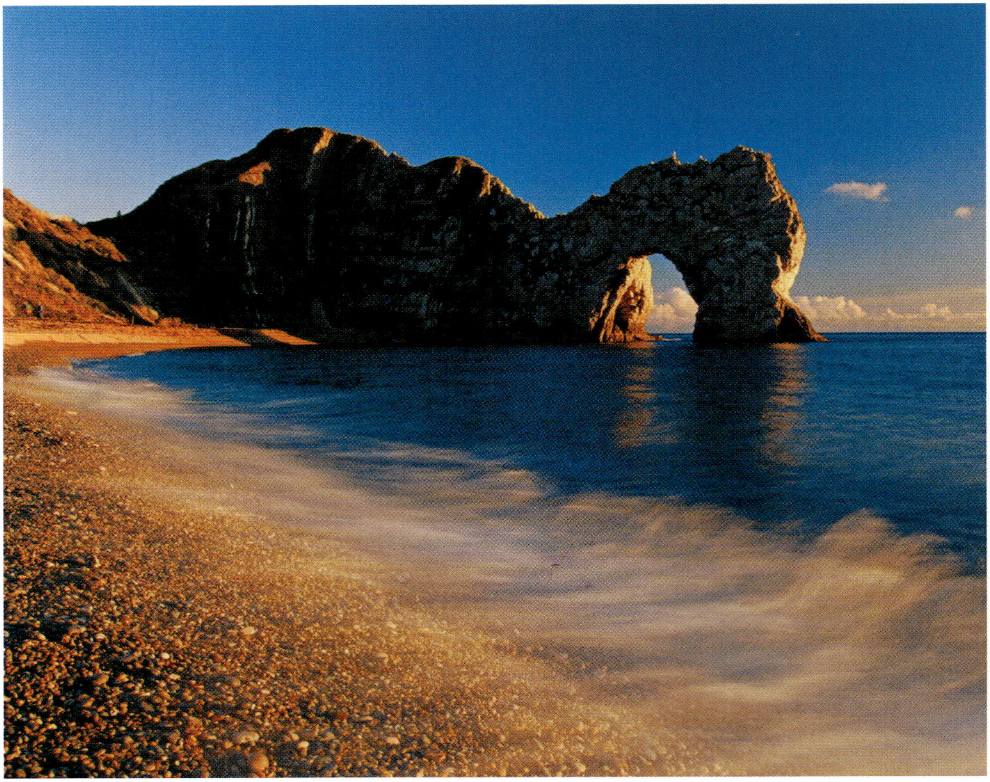

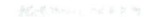

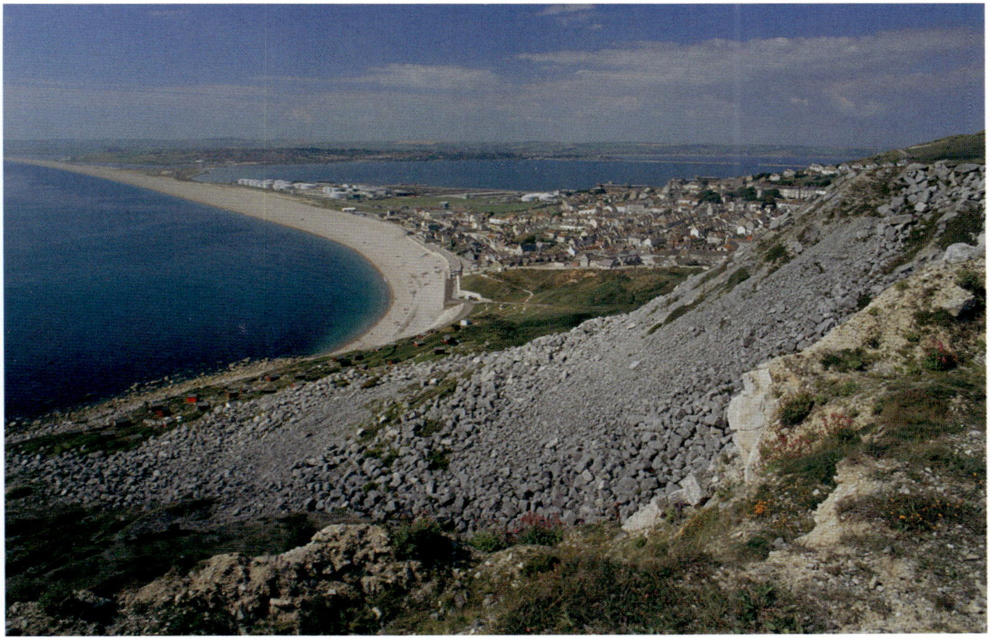

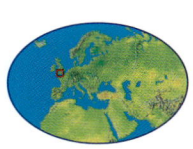

체실비치

잉글랜드, 도싯 주

체실비치의 길이 : 29킬로미터
조약돌 산의 높이 : 18미터

체실비치는 뒤쪽의 석호를 포근하게 감싸며 브리드포트하버(웨스트베이)에서 포틀랜드 섬의 체실베이까지 잉글랜드의 남부 해안을 따라 29킬로미터나 뻗어 있는, 조약돌로 이루어진 연안 사주이다. 포틀랜드에서는 조약돌의 크기가 달걀 크기만 하지만 웨스트베이까지 25킬로미터 정도 가면 조약돌은 점점 더 작아져서 완두콩만 해진다. 조약돌의 크기가 정확한 비율로 줄어들기 때문에 어부들이 밤중에 해안에 도착해도 발에 밟히는 돌의 크기만으로 어디쯤인지 알 수 있다고 한다. '체실(chesil)'이라는 이름 역시 조약돌을 의미하는 고어 'ceosol'에서 유래했다.

지금의 작은 조약돌로 깎여 나가기 전의 바위는 그 높이가 18미터에 달하며 남서풍이 몰고 온 거센 파도에도 당당하게 맞섰다. 이 바위는 98.5퍼센트가 수석과 규질암으로 나머지는 규암, 석영, 화강암, 반암, 변성암과 석회암으로 이루어져 있다.

이 조약돌 해변의 기원은 지금까지도 논란의 대상이 되고 있다. 최근에는 마지막 빙하기에 이스트데본과 웨스트도싯에서 발생한 산사태 때문이라는 설이 대두되고 있다. 해수면이 상승하면서 산사태로 흘러내린 돌들이 동쪽으로 운반되었다는 것이다. 해변은 해안을 따라 이동해 약 4,000~5,000년 전에 지금의 모습이 갖추어졌다고 한다. **TC**

쥐라기코스트

잉글랜드, 도싯 주 / 데본 주

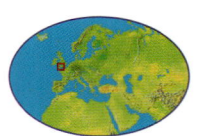

쥐라기코스트의 길이 : 153킬로미터
화석 숲의 생성 시기 : 1억 4,400만 년 전
연간 방문객 수 : 1,400만 명

1811년 당시 12살의 매리 애닝이라는 소녀가 잉글랜드 남부 도싯에 있는 라임레지스 인근 해변에서 희한하게 생긴 동물 화석을 발견했다. 이 동물은 거대한 해양 파충류인 어룡(ichthyosaur, 그리스어로 물고기 도마뱀이라는 뜻)으로 발견 당시 완벽한 상태를 유지하고 있었다. 이 이상한 생물은 공룡이 출현하기 직전 2억 5,000

들은 서쪽의 엑스마우스와 시드마우스 근처에 분포해 있다. 절벽에서 동쪽으로 위치한 암석은 훨씬 이후에 형성되었다. 이스트데본 해안은 영국에서 트라이아스 중기 파충류가 가장 풍부하게 발견된다. 쥐라기의 흔적은 데본의 핀헤이와 도싯의 킴머리지 사이에서 발견된다.

이 지역은 고생물학에서 매우 중요한 곳으로, 쥐라기의 기간별 흔적을 찾아볼 수 있다. 지금도 새로운 종의 화석을 찾을 수 있으며, 퍼벡 지층에는 쥐라기에서 초기 백악기에 이르는 과정이 세계에서 가장 훌륭하게 보존되어 있다. 이 지역의 동

> 이 지역은 고생물학에서 매우 중요한 곳으로, 쥐라기의 기간별 흔적을
> 찾아볼 수 있다. 지금도 새로운 종의 화석을 찾을 수 있다.

만 년 전에 살았다.

매리가 살았던 아름다운 해변은 쥐라기코스트라는 곳으로 세계문화유산으로 지정된 곳이다. 이 해변은 데본의 엑스마우스에서 도싯의 스터드랜드베이까지 150킬로미터나 뻗어 있다. 이곳은 1억 8,500만 년 전 지구의 모습이 세계에서 유일하게 완벽하게 보존되어 있는 곳이다. 이곳에는 공룡이 살았던 중생대에 속하는 트라이아스기, 쥐라기와 백악기의 지형이 연속해서 나타난다. 세계적으로 중요한 화석 분포지도 이곳에 있어서 척추동물과 무척추동물, 해양생물과 육상생물에 이르기까지 다양한 화석을 접할 수 있다. 과거 이곳에는 사막, 열대의 바다, 화석 숲, 공룡이 번성했던 늪지가 있었다는 증거도 발견되고 있다. 가장 오래된 암석

쪽 끝에 서 있는 백악질의 해안 절벽인 올드해리록스는 이 지역에서 가장 어린 중생대 암석이다.

최근에 쥐라기코스트는 세계 문화유산으로 선정되면서 오스트레일리아의 산호초인 대보초와 그랜드캐니언과 함께 가장 아름다운 절경으로 인정받고 있다. 매리 애닝은 어린 시절의 발견으로 명성을 얻었을 뿐 아니라 19세기에 가장 중요한 화석학자가 되었다. 매리는 1821년에도 플레시오사우루스(수장룡)라는 생물의 화석을 세계 최초로 발견하는 업적을 세웠다. **TC**

오른쪽 공룡 화석이 풍부한 쥐라기코스트의 해변

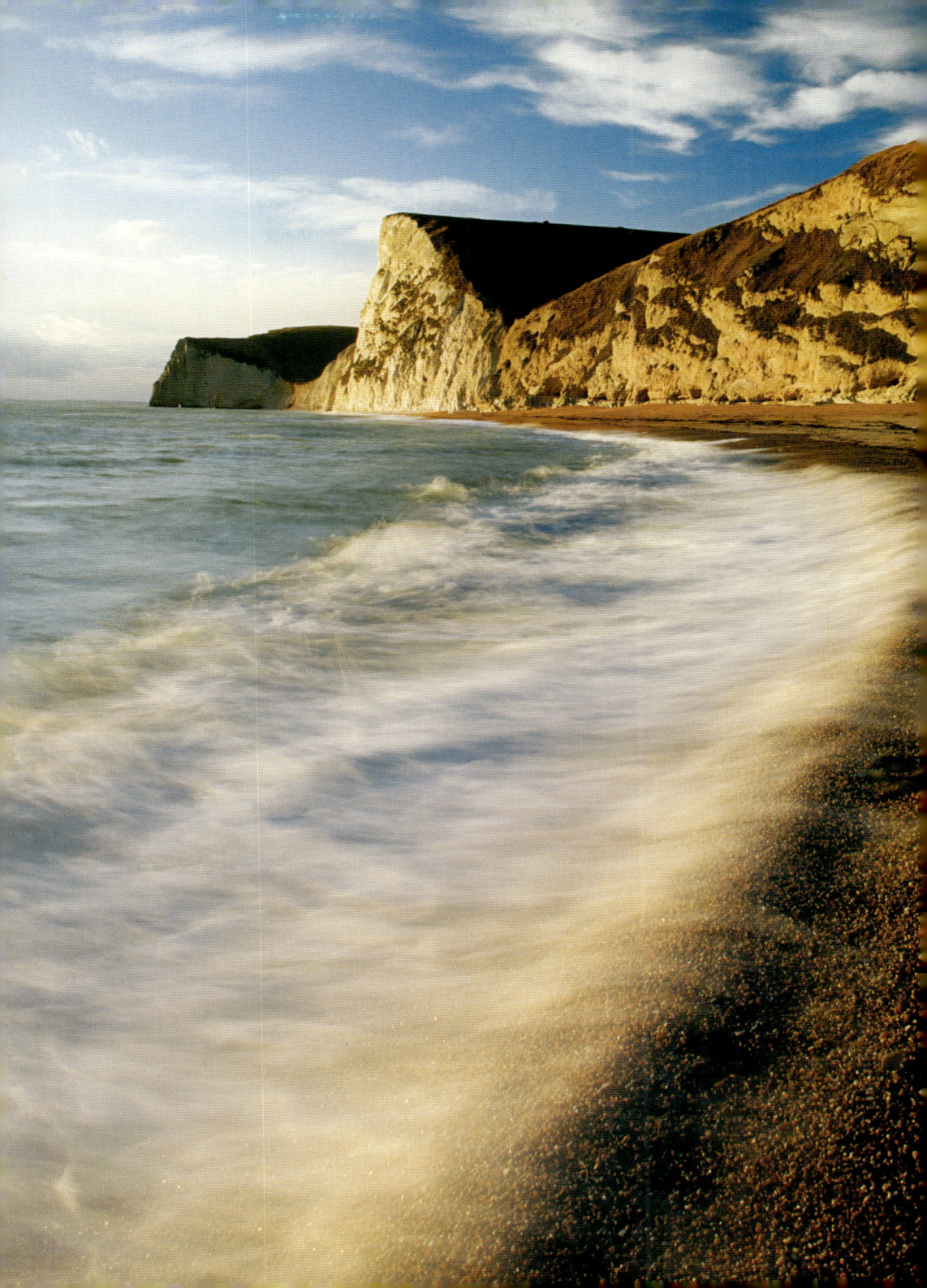

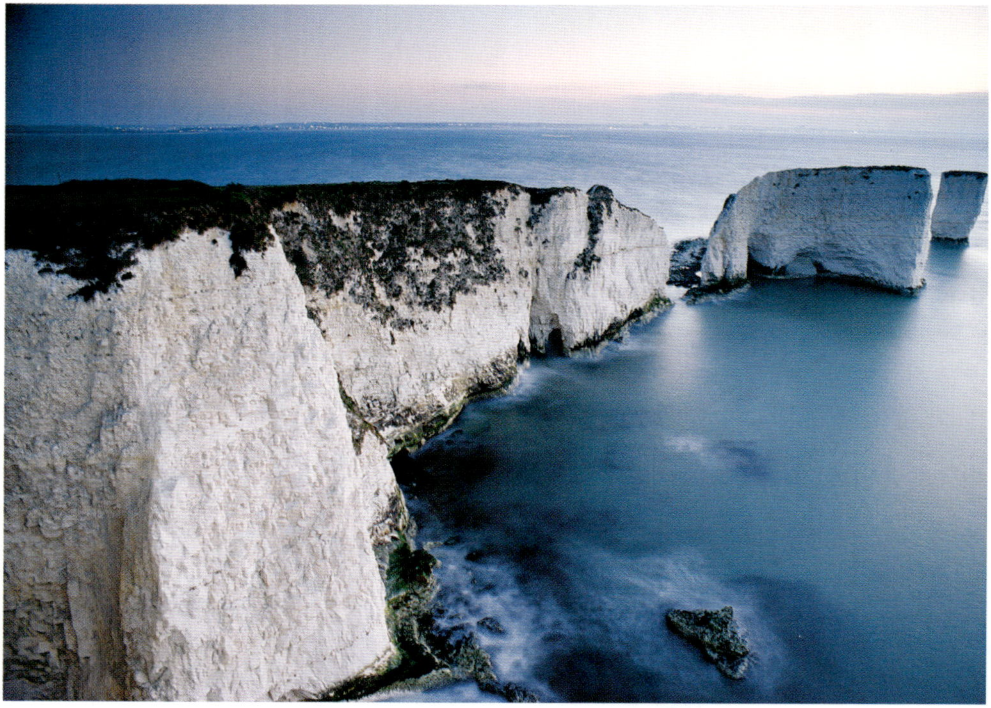

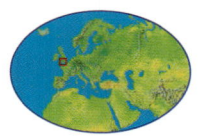

올드해리록스

잉글랜드, 도싯 주

암석의 종류 : 백악
야생생물 : 송골매와 바닷새
지질학적 특징 : 해안 암괴, 암석이 잘려나간 밑부분, 천연 아치

스터드랜드 마을 인근에 있는 백악질 절벽은 고층 빌딩 가장자리처럼 느닷없이 뚝 끝난다. 이 하얀 해안 절벽 외에도 이 지역에는 다른 아름다운 절벽들과 해안 암괴, 천연 아치가 많다. 올드해리록스(늙은 해리 바위)는 해안침식작용으로 인해 본토에서 떨어져 나왔다. 파도가 백악질을 깎아내려서 동굴을 형성한 후 점차 동굴을 깎아 천연 아치를 만든 것이다. 후에 아치의 윗부분이 무너져 내리고 기둥 부분만 남아 암괴가 되었지만 바다의 공격으로 결국 무너져 내리고 말았다. 1896년에 올드해리즈 와이프(늙은 해리의 부인)라고 불리던 암괴도 그렇게 사라졌다.

발라다운 단층은 대형 단층으로 절벽에 자리잡고 있다. 남쪽은 지층이 수직으로 솟아 있지만 북쪽은 거의 수평으로 누워 있다.

올드해리는 외로이 서 있는 암괴이다. 올드해리라는 이름은 중세에는 사탄이라는 의미로 사용되었다. 절벽 꼭대기의 땅은 올드닉스그라운드라고 불리는데 이 또한 악마를 뜻한다. 썰물이 지면 해리록스까지 걸어서 갈 수 있지만 스터드랜드 마을에서 절벽 위를 걸어서 가는 것도 재미있다. **TC**

니들즈

잉글랜드, 햄프셔 주

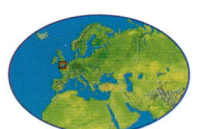

해발 고도 : 30미터
등대의 높이 : 33미터

1764년 세찬 폭풍우가 몰아치던 날 잉글랜드 남쪽 해안의 와이트 섬의 북서쪽 끝단에 서 있던 '롯의 아내'라는 암괴가 붕괴되었다. 바늘처럼 생긴 백악질의 바위기둥은 그 높이가 37미터에 달했다. 그 당시 이 바위가 무너져 내리는 소리가 몇 킬로미터 밖에서도 들렸다고 한다. 나머지 세 개의 암괴는 폭풍우에도 살아남았지만 니들즈(뾰족바위군)에 속했던 네 번째 뾰족바위는 그러지 못했다. 앨럼베이의 니들즈는 와이트 섬을 가로지르는 백악질 산줄기의 끝 부분에 위치해 있다. 바다 위로 30미터나 솟아 있는 뾰족바위들은 만의 백악질 절벽이 해안침식작용으로 깎여 지금의 모양이 되었다.

빅토리아 시대에는 많은 관광객이 본토에서 외륜선을 타고 이곳을 찾곤 했다. 와이트 섬은 지금도 인기 있는 관광지이다. 니들즈 근처는 항해하기에 위험한 곳이므로 가장 서쪽에 있는 바위에 33미터 높이의 등대가 건설되어 있다. 2세기 전에 부러지고 남은 암괴의 밑 부분으로 물이 빠지면 가장 위험한 암초의 모습을 볼 수도 있다. 1897년 12월 초, 앨럼베이 위에 있는 로열니들즈 호텔에서 마르코니가 혁신적인 무선통신 장비를 개통해 최초의 무선 통신을 보냈다. **TC**

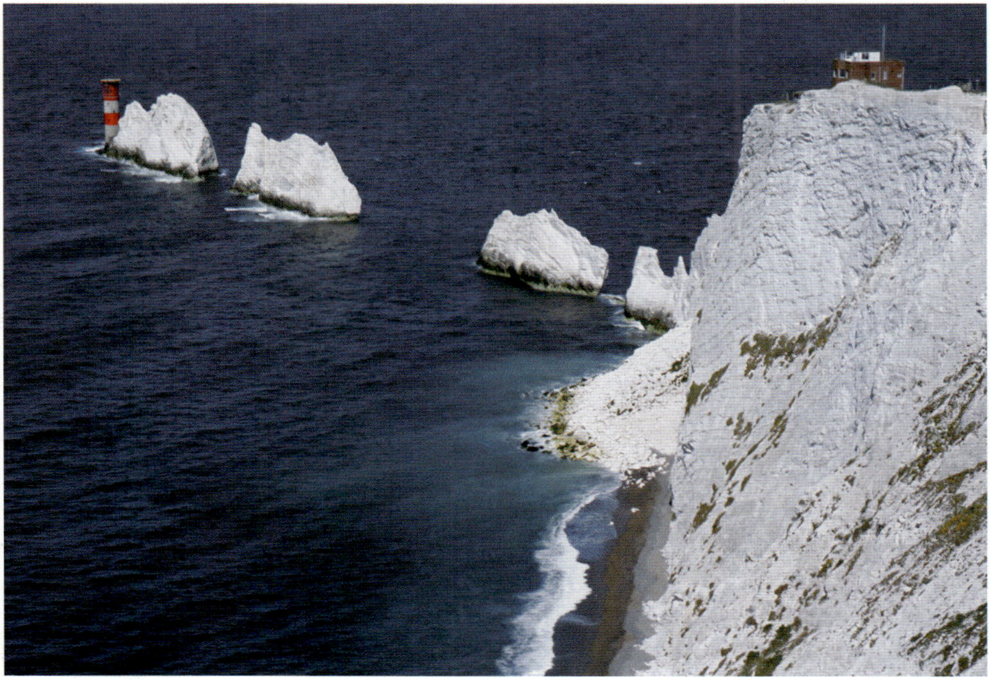

다트무어 국립공원

잉글랜드, 데번 주

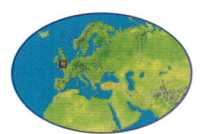

공원의 면적 : 953제곱킬로미터
최고 높이 : 621미터
생성 시기 : 2억 9,500만 년 전

데본에 위치한 다트무어 국립공원의 황량한 아름다움은 수많은 화가와 작가들에게 영감을 불어넣었다. 그중에서도 코난 도일이 쓴 『바스커빌의 개』에서 셜록 홈즈가 이곳의 황무지에서 벌인 모험이 가장 유명할 것이다. 황무지는 대개 사유지이지만 대부분 개방되어 있다.

이곳과 근처 마을에 아름다운 풍경을 만들어준 화강암 노두는 무려 160개가 넘는다. 그중에서도 헤이토르가 가장 인상적이다. 헤이토르는 한때 런던브리지에 사용할 돌을 캐던 채석장에서 아래를 굽어보고 있었다. 과거에는 황무지를 자유롭게 뛰어놀던 다트무어조랑말도 쉽게 눈에 띄었을 것이다. 이곳에는 고고학 유적도 매우 많다. 메리베일에는 희귀한 '스톤로우즈'를 비롯해서 선사시대 선돌이 매우 많으며 그림스파운드와 하운드토르에는 청동기 시대의 마을 유적이 매우 많다. **CC**

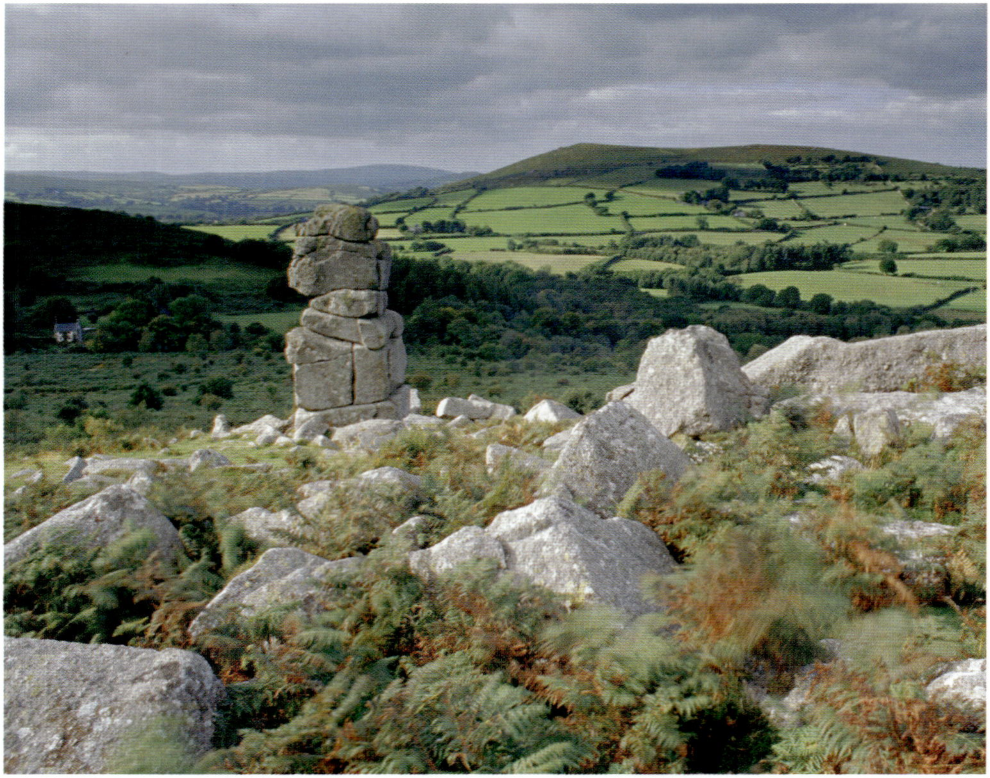

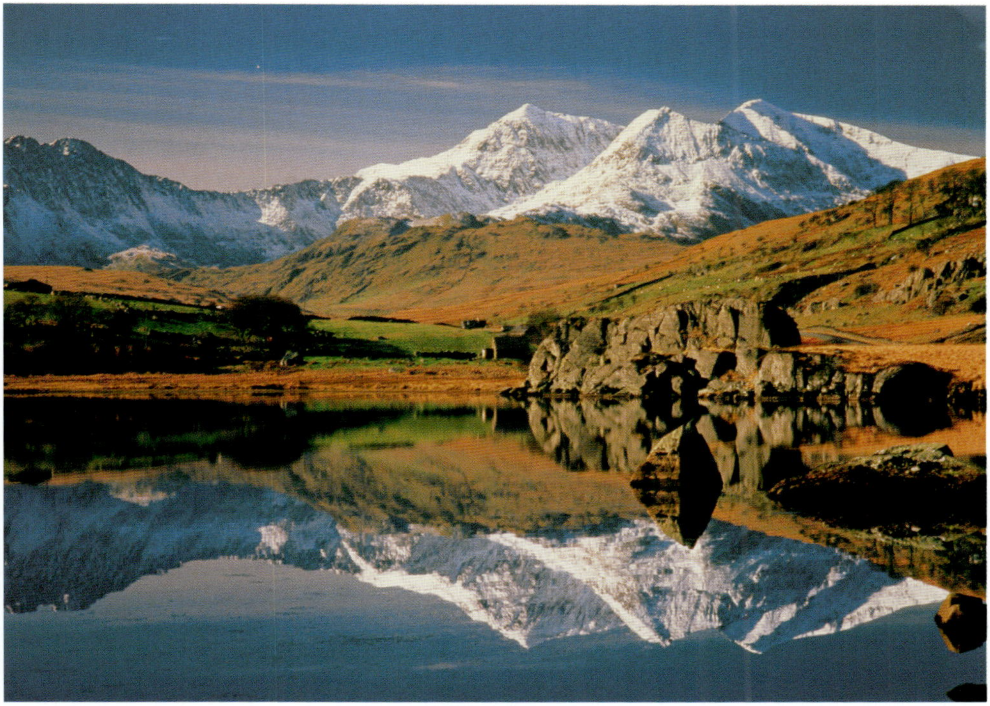

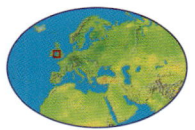

스노던과 스노우도니아

웨일스, 귀네드 주

현지 이름 : 이르우다	
스노든 산의 높이 : 1,085미터	
국립공원 지정 연도 : 1951년	

스노우도니아 국립공원은 잉글랜드와 웨일스에서 두 번째로 큰 국립공원으로 거주하는 사람이 겨우 2만 6,000명에 불과할 정도로 야생의 자연이 잘 보존되어 있다. 쇠황조롱이와 붉은부리 까마귀처럼 희귀 조류를 비롯한 야생동식물은 이곳의 가장 큰 자랑거리이다. 스노우도니아에는 이곳에서만 사는 백합과 딱정벌레 종도 있다. 이곳을 찾는 사람들은 주로 웅장한 자연경관을 보고 산책을 하며 등산을 즐기는데 특히 스노던 산이 인기

가 높다. 화산이었던 스노던 산은 지금은 분화구만 남았지만 과거보다 세 배나 낮아진 지금도 여전히 웨일스의 최고봉이다. 등산이 싫은 사람들은 이곳에 설치된 기차를 타고 20미터 높이의 봉우리까지 갈 수 있다. 그곳에는 카페가 있어서 홍차를 마시며 주변 경관을 감상할 수 있다. 이 지역에는 스노던 산만큼 웅장하지만 그보다 덜 알려진 봉우리들이 많은데 카네드모엘시아보드, 케이더이드리스, 리녹스 등이다. 스노우도니아 국립공원에는 몇 킬로미터나 뻗어 있는 해안, 습지, 고지의 떡갈나무 숲 등이 있다. 해안가의 할렉에서는 아름다운 성과 스노던 산의 경관을 마음껏 감상할 수 있다. **CC**

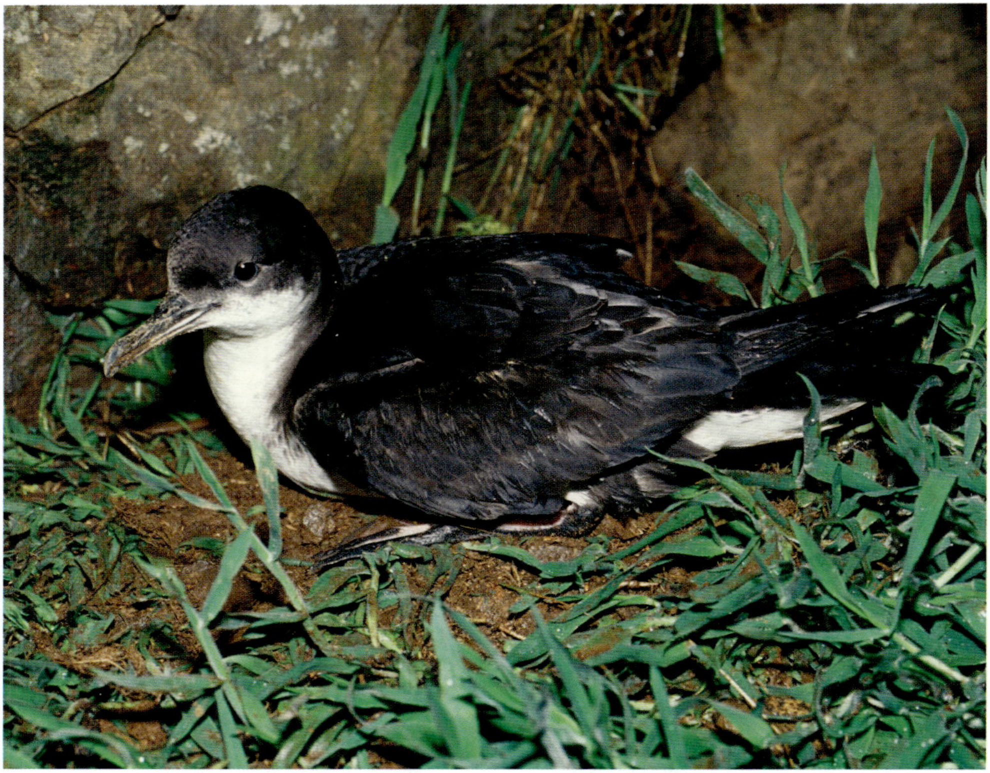

스코머 섬

웨일스, 펨브룩셔

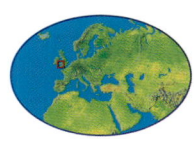

스코머의 길이 : 3킬로미터
에투피리카의 개체수 : 약 6,000쌍

스코머 섬은 웨일스 해안의 남서쪽 해안에 조그맣게 떠 있다. 본토의 마틴헤이븐에서 보트를 타고 잠깐만 나가면 회색바다표범과 쥐돌고래를 흔히 볼 수 있다. 하지만 진짜 진귀한 볼거리는 스코머 섬안에 있는데 바로 풀무갈매기, 큰부리바다오리, 세발가락갈매기, 에투피리카가 수천 마리나 모여 있는 모습이다. 이 새들은 봄에 스코머 섬에서 번식을 한다. 5월 초에는 블루벨과 레드켐피언 같은 아름다운 야생화가 지천으로 핀다. 발 없는 도마뱀이 흔하며 제방들쥐의 일종인 스코머 밭쥐라는 고유종도 서식하고 있다.

스코머 섬에서 가장 독특한 풍경은 여름철 맹크스슴새가 이동하는 모습이다. 전 세계에 서식하고 있는 맹크스슴새의 3분의 1에 해당하는 10만 2,000여 쌍이 이 작은 섬에서 번식을 한다. 이 새는 굴을 파서 둥지를 만드는 습성이 있다. 저녁에 둥지가 있는 지역을 가면 죽음을 예고하는 요정인 밴시가 울부짖는 것 같은 소름끼치는 소리를 들을 수 있다. **CC**

웜즈헤드와
가워 반도

웨일스, 글러모건 주

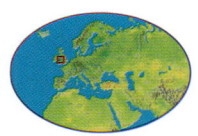

웜즈헤드의 길이 : 1.6킬로미터
가워 반도의 면적 : 188제곱킬로미터

가워 반도는 '뛰어난 자연적 미를 간직한 지역'으로 지정된 곳으로, 로우어 강과 토위 강의 지류 사이에서 브리스톨 해협 쪽으로 튀어나와 있다. 웜즈헤드는 반도의 가장 서쪽 끝단에 자리 잡고 있는 1.6킬로미터 길이의 석회암 곶이다. 밀물일 때는 바다에 잠겨서 둑길로만 다녀야 하지만 물이 빠지는 썰물 동안에는 걸어서 다닐 수 있다. 걸어서 곶을 건너거나 둘러볼 시간이 다섯 시간 정도 되는데도 과거에는 사람과 양들이 종종 고립되곤 했다. 이곳을 걸어서 건너려면 반드시 조수 시간을 점검해야 한다. 밀물이 차서 바닷물에 잠길 때면 물 위에 남는 부분은 용이나 뱀처럼 보인다고 해서 과거에 'wurm'이라고 부른 것이 웜즈헤드라는 이름의 유래이다. 웜에서는 물개들을 관찰할 수 있으며 베리 홈의 북단으로 뻗어 있는 황금색 아치 형태의 '로실리베이'도 한눈에 볼 수 있다. **CS**

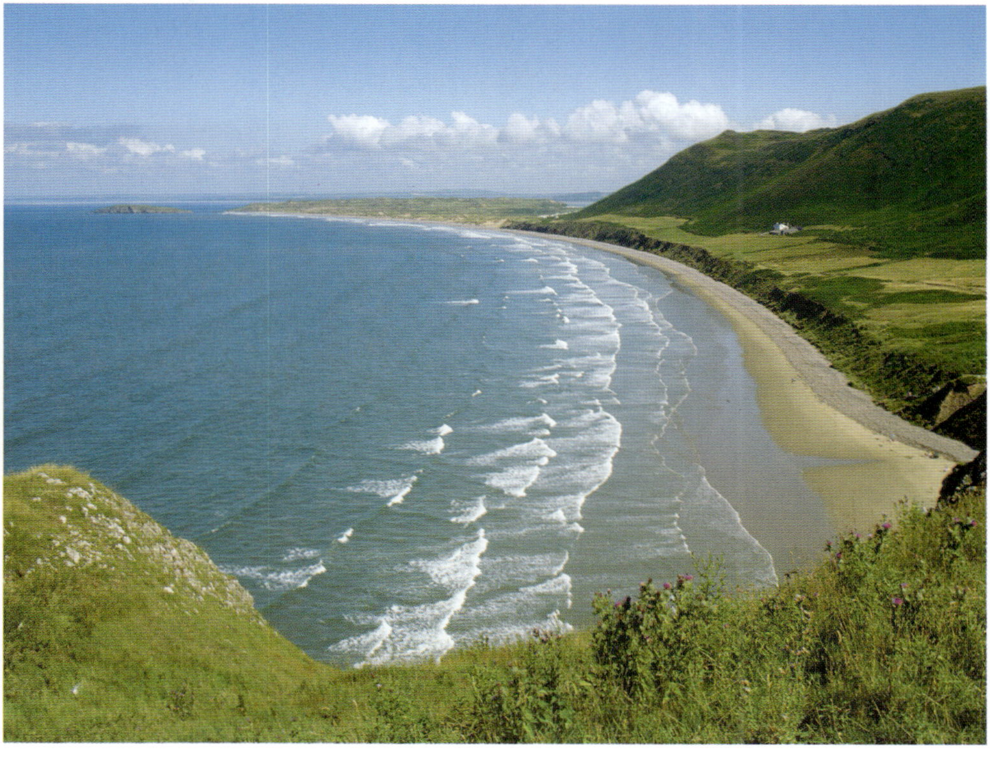

헨리드 폭포

웨일스, 글러모건 주

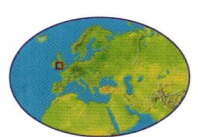

헨리드 폭포의 높이 : 28미터
암석의 생성 시기 : 5억 5,000만 년 전

헨리드 폭포는 스완지밸리에 있는 코엘브렌에서 난트리흐로 알려진 하천이 흐르고 숲이 우거진 협곡에 있는 아름다운 폭포이다. 28미터 높이에서 아무런 방해도 없이 낙하하는 폭포의 높이는 브레콘비컨즈 국립공원에서 가장 높다. 헨리드 폭포와 난트리흐밸리는 특히 겨울이 장관인데 추위가 지독해서 폭포가 그대로 얼어붙기 때문이다.

폭포에 물이 흐를 때는 폭포 뒤쪽을 걸을 수도 있으며 폭우가 쏟아지기라도 하면 멀리 떨어진 하류에서도 우렁찬 물소리를 들을 수 있다.

국립공원의 남쪽에는 폭포가 매우 많이 발달했다. 특히 히르와인과 이스트라드펠테, 폰트네드페한 계곡이 이루는 삼각형 지형에 들어 있는 이 지역은 '폭포 동네'라고 불린다. 수많은 폭포가 네드 강, 멜테 강, 헵스테 강과 퍼딘 강을 따라 흐른다. 이중에서 가장 멋진 곳은 헵스테 강에 있는 스그웨드이에이라 폭포이다. **RC**

펜이판과
브레컨비컨즈

웨일스, 글러모건 주

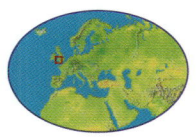

브레컨비컨즈의 면적 : 1,344제곱킬로미터
펜이판의 높이 : 886미터
콘두의 높이 : 873미터

1957년에 국립공원으로 지정된 브레컨비컨즈는 영국 남부에서 가장 뛰어난 경치를 자랑하는 고산 지형을 갖추고 있다. 공원의 중앙에는 브레컨비컨즈라고 하는 구릉지가 있는데 사우스웨일스 최고봉인 펜이판도 이곳에 있다. 국립공원은 서쪽의 랜다일로에서 동쪽의 헤이온와이에 이르기까지 80킬로미터나 뻗어 있는데, 블랙마운틴과 포레스트바워가 있는 블랙 산맥과 함께 인기 있는 관광지로 알려졌다.

공원 대부분은 오래된 붉은 사암 지대이다. 특히 동쪽으로 갈수록 붉은색이 도는 분홍색의 오래된 석조 건물을 자주 볼 수 있다. 서쪽에는 주로 석회암이 분포해 있어서 유난히 동굴과 폭포가 많이 발달해 있다.

브레컨비컨즈 국립공원은 웨일스의 브레컨 마을과 영국의 공격을 경고하려고 산정상에 설치한 봉화에서 그 이름을 땄다. 오늘날의 브레컨비컨즈 공원은 강력한 자석처럼 등산객들을 끌어들이고 있다. 펜이판, 콘두, 크리빈 봉우리는 비컨즈호스슈(말발굽)라는 이름으로 알려진 아름다운 등산로를 자랑한다. **RC**

<u>오른쪽</u> 눈 덮인 브레컨비컨즈 국립공원

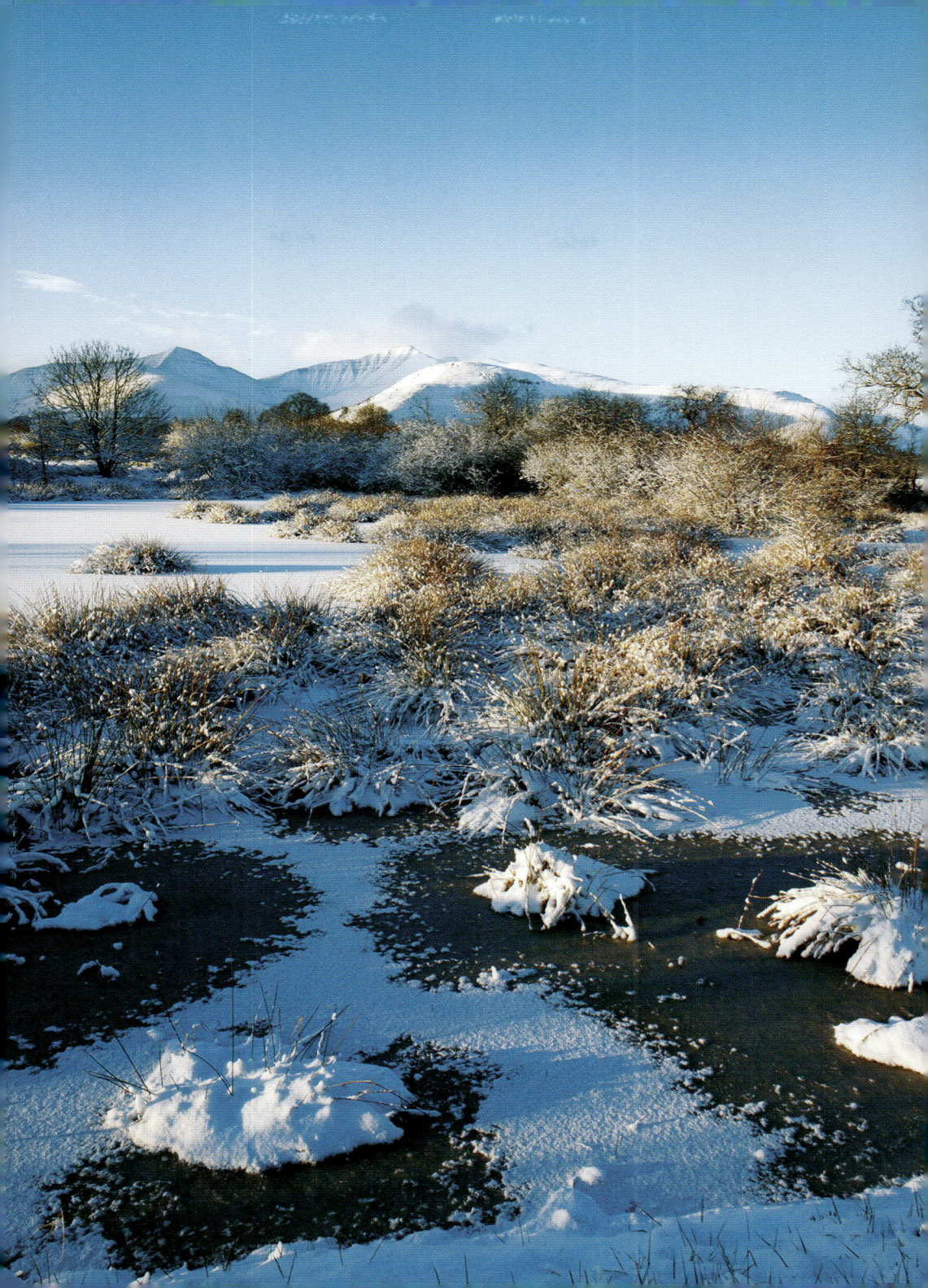

자이언츠코즈웨이

북아일랜드, 앤트림 주

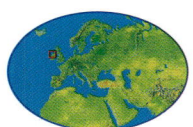

기둥의 지름 : 38~50센티미터
생성 시기 : 6,000만 년 전

북아일랜드의 앤트림 주 해안에는 자이언츠코즈웨이의 육각형 돌기둥이 있다. 이곳의 풍경은 마치 먼 옛날 만들어진 웅장한 건축물이 폐허로 변한 것 같지만 실은 자연이 만든 천연 기둥이다. 약 6,000만 년 전 유럽과 아메리카 대륙이 분열되기 시작하면서 화산활동으로 균열이 심화되었고 녹아내린 용암이 현재 북아일랜드와 스코틀랜드가 있는 지역으로 쏟아져 내려 유럽 최대의 현무암 고원을 형성했던 것이다. 용암은 식으면서 응축되는데 이 과정에서 결정이 만들어졌다. 그 후 빙하기가 찾아와 결정은 부서져 대서양 바다의 거친 파도에 시달리게 되었다. 오늘날 최고 2미터 정도의 기둥이 36센티미터 두께의 현무암 '판'에 한데 모여 있는데 풍화와 해안침식작용을 겪으면서 기둥과 판 사이의 약한 부분은 깎여 나가고 여기에 화산작용까지 더해져 현재와 같은 계단 모양이 완성된 것이다. 지금은 바다로 내려가는 계단이 만들어져 있는 것처럼 보인다.

자연이 만든 독특한 건축물들이 있는 근처의 노퍼 항구와 레오스탠 항구도 가볼 만하다. **MB**

아래 자이언츠코즈웨이의 독특한 육각형 기둥의 모습

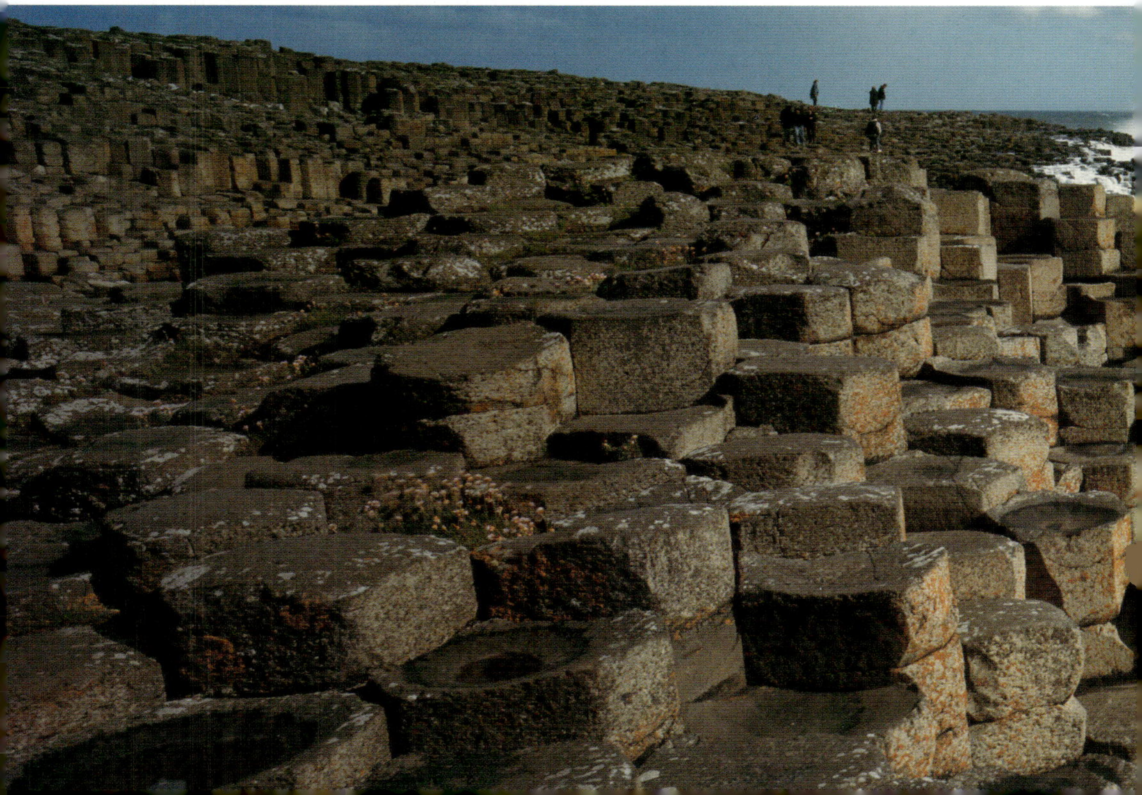

글레너리프

북아일랜드, 앤트림 주

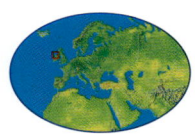

글레너리프의 길이 : 8킬로미터
글레너리프 삼림공원의 면적 : 1,185헥타르
계곡의 깊이 : 200〜400미터

글렌 계곡의 여왕이라는 뜻의 글레너리프 계곡은 북아일랜드 앤트림 주에 있는 아홉 계곡 중에서도 가장 아름다운 계곡으로 손꼽힌다. 완벽한 U자형 계곡은 워터풋 마을에 이르러 바다와 하나가 된다. 그래서 이 작은 마을은 계곡 탐사를 시작하기에는 최적의 장소이다. 내륙으로 8킬로미터를 들어가면 험준한 봉우리들이 차례로 나타나고 그 사이로 하얀 물보라를 일으키며 낙하하는 '메어즈테일(암말의 꼬리)'의 물줄기가 보인다.

이 지역은 다양한 산업이 발달한 곳으로도 유명하다. 특히 계곡의 측면 지형과 풍부한 빙하토가 결합하여 독특한 경작법이 탄생했다. 바로 사다리 모양의 농장인데, 계곡 바닥에 있는 습한 범람원과 접근이 쉬운 비탈의 농경지, 바람에 노출된 경사면의 거친 목초지 등이 균등하게 나누어져 있기 때문이다. 철광석의 발견으로 광산업과 제련업이 발달하였으며 이를 지원하고자 아일랜드 최초의 협궤 철도를 1873년에 설치하게 되었다. 철의 생산은 1925년에 중단되었지만 철도는 계속 남아 관광업에 일조하고 있다. 덕분에 글레너리프의 아름다움을 감상하려는 사람들의 발길이 끊이지 않는다. **NA**

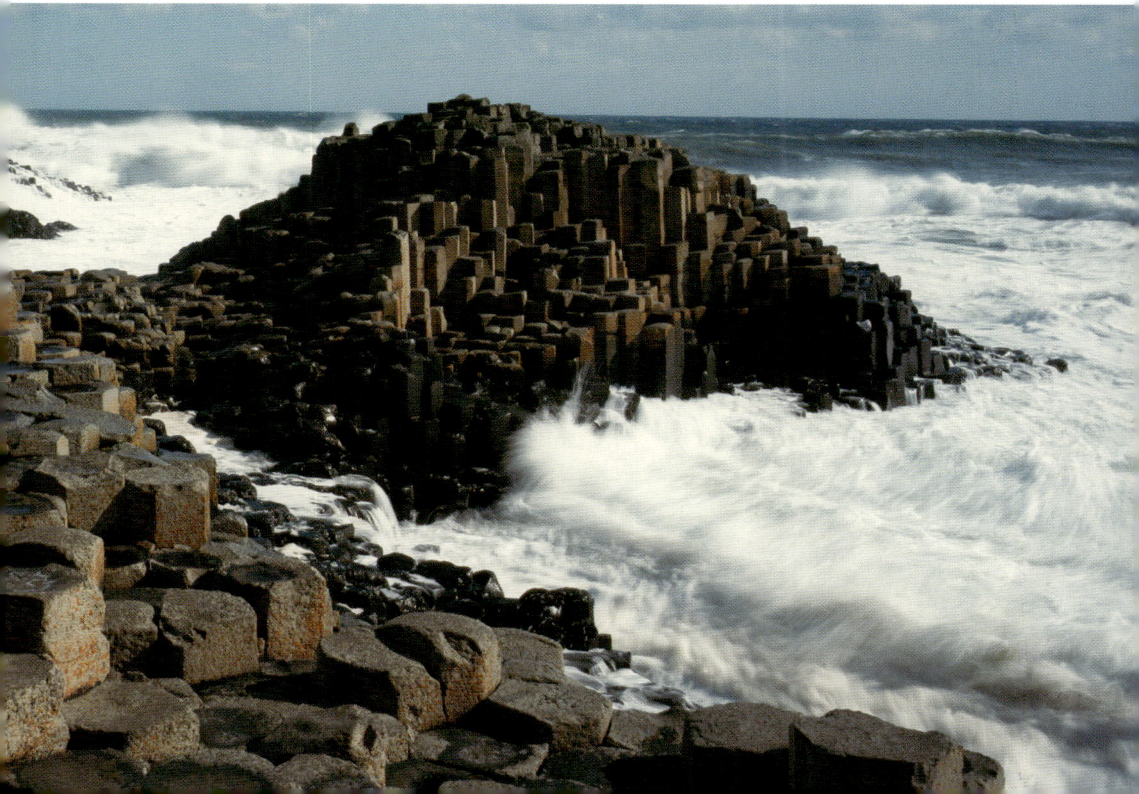

스트랭퍼드 호수

북아일랜드, 다운 주

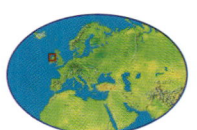

호수의 면적 : 150제곱킬로미터
호수의 깊이 : 45미터

스 트랭퍼드 호수는 북아일랜드에 있는 다운 주의 동쪽 해안에 자리 잡고 있다. 이 호수는 영국 최대의 협만 바다 호수이자 엽조와 섭금류의 서식지로 세계적으로도 중요한 곳이다.

호수는 아즈 반도에 둘러싸여 바다와 거의 단절된 상태나 다름없다. 하지만 '내로우즈' 협만에 의해 포터페리의 아일랜드 해와 이어져 있다. 조수가 시속 14킬로미터의 속도로 내로우즈 만을 통해 험악한 기세로 밀려오는 모습을 본 바이킹들은 이 호수를 '스트랭피오르'라고 불렀다. 호수는 후퇴하는 빙하에 의해 형성된 완만한 구릉지인 '빙퇴구'에 둘러싸여 있다. 호수에 떠 있는 수많은 섬은 바로 이 빙퇴구의 정상 부분이다.

호수의 북쪽에 있는 넓은 개펄과 모래사장은 이곳에서 겨울을 나는 엽조가 먹이를 구하는 장소로도 매우 중요하다. 호수에 흩어져 있는 섬들은 제비갈매기들의 번식지이다. 이곳은 아일랜드 최대의 바다표범 번식지이기도 하다. 스트랭퍼드 호수는 1995년에 해양자연보호구역으로 지정되었다. **RC**

새넌 강의
캘로우즈

아일랜드, 오펄리

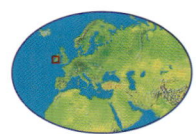

목초지 면적 : 100,000헥타르
식생 : 초목이 무성한 여름 목초지, 겨울 강가의 범람원
암석의 생성 시기 : 1만~1만 5,000년

새 넌 강은 댐이나 인위적인 방법으로 물길을 조정하지 않는 강으로 유럽에서 가장 비옥한 여름 목초지가 들어서는 범람원이 만들어진다. 강줄기는 아일랜드의 중부 지역을 가로지르는데 리머릭 주를 우회할 때는 강의 수위가 40킬로미터에 걸쳐 12미터까지 떨어진다. 물을 빼기에는 비용이 너무 많이 들어서 범람원은 농경 지원금으로 보호받고 있다. 여름이면 목초지로 변모하는 이 지역은 멸종 위기에 처한 흰눈썹뜸부리가 유럽에서 가장 많이 서식하는 곳이다. 겨울이면 섭금류와 오리 수백만 마리가 몰려드는 개펄이 된다.

캘로우즈는 목초지이지만 지난 1,400년 동안 한 번도 농경을 하지 않았던 덕택에 완벽한 자연환경을 유지하고 있다. 그 결과 이곳에는 유럽의 다른 지역에서는 이미 사라진 야생화 군락이 자생하고 있다. 이곳에는 식물이 약 216종이나 있는 것으로 확인되었는데 난초와 잔디 군락 중에는 최대 10가지 종이 한데 자라는 곳도 발견되었다. **AB**

벤불빈 산

아일랜드, 슬라이고 주

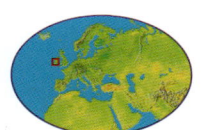

벤불빈의 높이 : 415미터	
암석의 종류 : 석회암	

아일랜드 서부에 있는 슬라이고 주의 해안 평원에는 암석으로 이루어진 고원들이 형성되어 있다. 그 고원들 위로 정상이 평평하면서 웅장한 산이 솟아 있으니 바로 벤불빈 산이다. 이 육중한 석회암 고원의 기슭 부분은 무척 가파르고, 톱니 모양의 깔쭉깔쭉한 정상에는 험준한 절벽이 형성되어 있다. 현재의 모습은 약 1만 년 전 빙하가 녹으면서 형성된 것이며, 벤불빈 산은 켈트 족의 전설에 자주 등장하곤 한다.

전사 디아무이드는 거인 핀 맥코울의 여자친구인 그레인과 눈이 맞아 거인을 속여 마법에 걸린 수퇘지와 싸우게 했다. 거인은 돼지의 엄니에 심장이 찔려 목숨을 잃는다. 6세기 때는 성인 콜룸바가 3,000명의 전사를 이끌고 벤불빈의 경사지에서 전투를 벌였다. 콜룸바는 모빌라의 성인 핀니안으로부터 빌려온 성가 책을 필사할 권리를 받았다고 한다. 벤불빈 산을 즐겨 찾던 아일랜드의 시인 예이츠는 이 산을 '열정에 찬 가슴의 땅'으로 묘사했다. 슬라이고 주는 '예이츠의 주'라고도 불리며 예이츠는 이곳 드럼클리프에 있는 묘지에 묻혔다. **MB**

스켈릭스

아일랜드, 케리 주

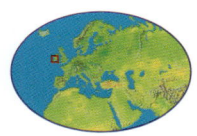

스켈릭마이클의 높이 : 218미터	
스켈릭마이클의 면적 : 18헥타르	

케리 주의 발렌티아 남서쪽에서 12킬로미터 떨어진 대서양에는 피라미드처럼 생긴 바위 두 개가 우뚝 솟아 있는데 바로 스켈릭마이클과 스몰스켈릭이라는 쌍둥이 바위이다. 둘 중 더 큰 스켈릭마이클은 물 위로 218미터나 솟아 있으며 바다 속으로는 50미터 정도 내려가 대륙붕과 이어져 있다.

스켈릭 기둥으로 가려면 보트 관광에 참여하면 된다. 체력에 자신이 있는 사람들은 스켈릭마이클에 나 있는 600계단을 올라가서 7세기에 지은 기독교 수도원을 방문할 수도 있다. 수도원 유적은 지금도 잘 보존되어 있으며 이 바위섬이 세계문화유산으로 등재되는 데 큰 역할을 했다. 이 섬에는 등대도 있다. 등대지기와 그들 가족의 삶은 그 옛날 수도승들의 외롭고 금욕적인 생활과 닮은 점이 많다.

스몰스켈릭에는 세계 최대의 북양가마우지 군서지가 있다. 이 바위섬은 가파른 절벽 때문에 천적이 접근하기가 어렵고 근처 바다에 먹이가 풍부하기 때문에 새들이 살기에 매우 좋다. 가파른 절벽과 홈집투성이인 사암의 거친 표면에는 매우 다양한 해양생물이 서식하고 있다. **NA**

모허 절벽

아일랜드, 클레어 주

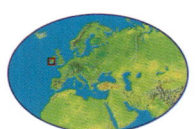

절벽의 높이 : 200미터
절벽의 생성 시기 : 3억 년 전
암석의 종류 : 사암

아일랜드에 있는 클레어 주의 해안에는 200미터 높이의 거대한 절벽이 8킬로미터나 늘어서서 대서양의 거센 파도와 싸우고 있으니 그곳이 바로 모허 절벽이다. 이 절벽이 도저히 접근할 수 없을 정도로 험한 것은 아니지만 바다에서 곧장 수직으로 솟아 있는 모습을 보면 감탄이 끊이지 않는다. 석회암 기단 부분은 약 3억 년 전에 따뜻하고 얕은 바다에서 형성되었다. 그리고 이 위에 사암층이 연속으로 쌓인 것이다. 퇴적물은 대규모 지각작용으로 형태를 갖추었고 바람과 비와 짠 바닷물이 암석을 깎아내렸다. 결국 절벽의 일부분이 바다로 떨어져 내렸다. 파도는 지금도 끊임없이 절벽의 아랫부분을 공격하고 있다. 절벽 위에 나 있는 길을 따라 가장자리까지 가서 아래를 내려다보면 강한 서풍에 실려 위로 흩날리는 바닷물 세례를 받을 것이다.

아일랜드의 다른 지형들과 마찬가지로 이 절벽도 신화에 자주 등장한다. 절벽의 남쪽 끝단에는 돌로 변한 올드해그몰(늙은 마녀)이 바다를 내려다보고 있다. 절벽의 북쪽 끝에는 요정의 말 한 무리가 날아올랐다는 전설이 있어 오늘날 망아지들의 절벽이라는 뜻의 '에일나세라흐'라는 이름이 붙었다. 이제 말은 없고 절벽은 바닷새의 안식처가 되었다. 절벽의 경사면에 튀어나와 있는 좁은 길에서는 야생염소가 풀을 뜯는다. **MB**

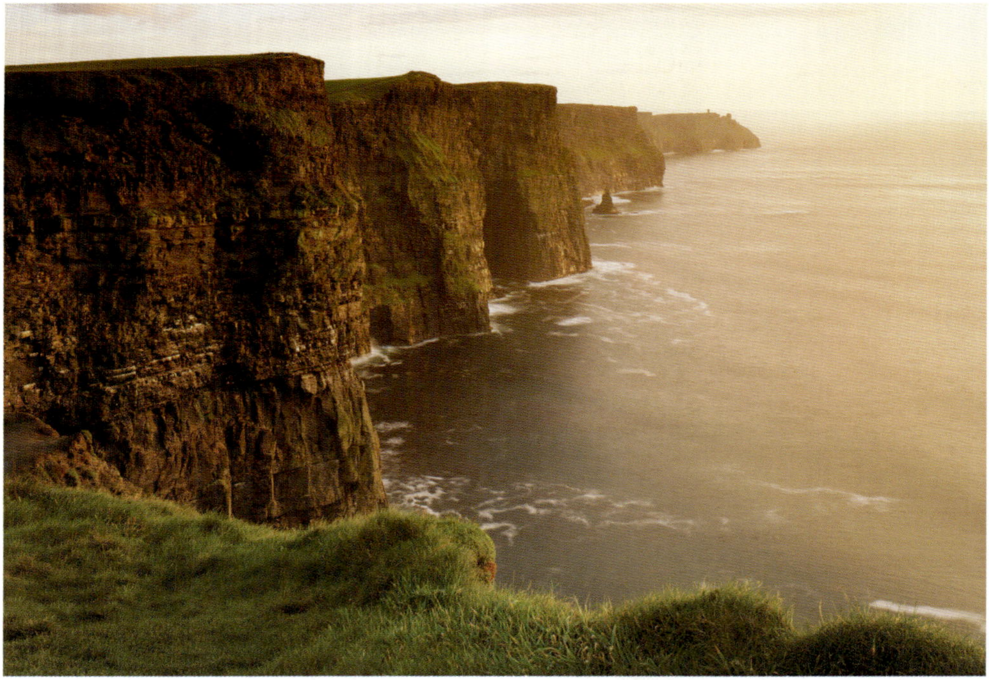

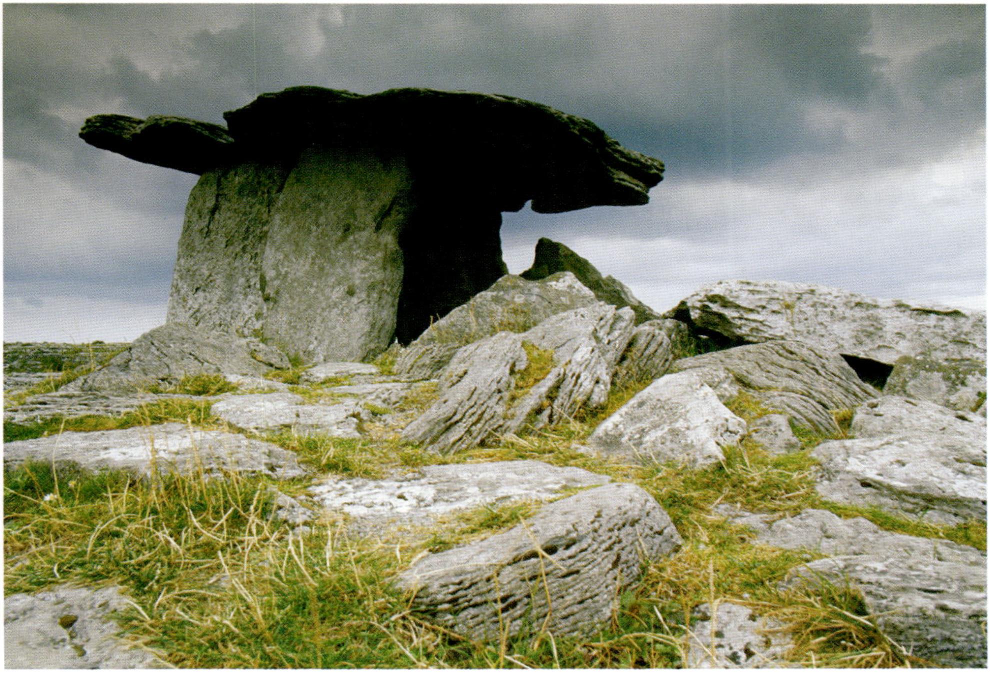

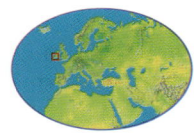

버른

아일랜드, 클레어 주

버른의 면적 : 300제곱킬로미터	
생성 시기 : 3억 6,000만 년 전	
암석의 종류 : 석회암	

버른은 아일랜드 최고의 바위 정원으로, 클래어 주의 남서부에 자리 잡고 있다. 이는 이 판암 지역인 슬리브엘바로, 완만하게 경사진 거대한 석회암 도로이다. 버른의 바위들이 만들어지던 3억 6,000만 년 전, 이곳은 바다였다. 지금의 풍경은 마지막 빙하기인 1만 5,000년 전에 형성된 것으로 당시에 빙하가 이 지역을 평평하게 한 후 곳곳에 표석이라고 하는 거대한 돌덩이를 남겨 놓았다. 그 후 빗물의 침식작용을 받으면서 여기저기 금이 가고 균열이 생긴 오늘날의 바위들이 완성되었다.

이 금과 균열이 '그라이크'이며 그라이크가 이루는 지형을 '카렌'이라고 한다. 이 틈 사이에 흙이 들어가 화초가 자라게 되었다. 조밀한 난초 혹은 고지나 극지방에서 자라는 용담 같은 식물, 따뜻한 지중해에서 자라는 꽃 등이 어깨를 나란히 하고 사이 좋게 자생한다. 이렇게 서로 딴판인 화초가 함께 자라는 지역은 유럽에서 버른이 유일하다. 폭우가 쏟아지면 털록이라는 호수가 일시적으로 생겼다 사라진다. 강물은 오목한 석회 우물인 돌리네로 사라졌다가 지하에서 솟아나 종유석과 석순이 가득한 지하 동굴과 터널의 미로를 흐른다. 이 동굴계에서는 에일위 동굴만 유일하게 개방된다. **MB**

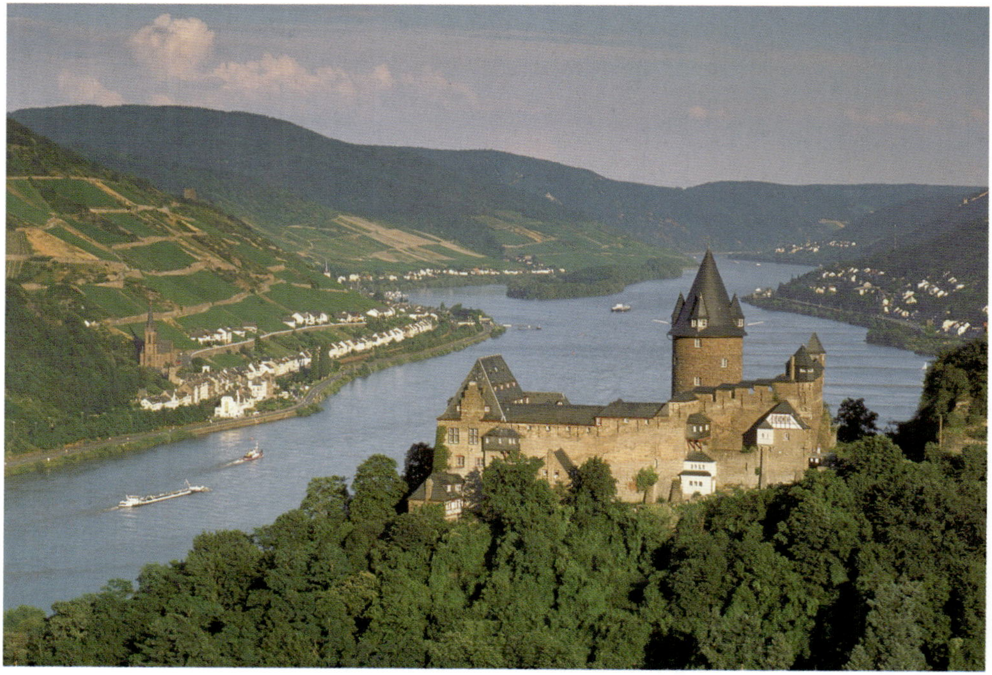

라인 강 계곡

독일, 라인란트—팔츠 주

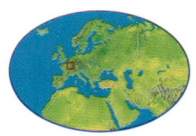

라인 강 계곡의 길이 : 130킬로미터
성의 수 : 50개

스위스 알프스에서 발원해 북해에 있는 로테르담까지 흐르는 라인 강은 독일의 심장부인 빙엔과 본 사이에 있는 가파른 협곡을 흐를 때가 가장 아름답고 매혹적이다. 130킬로미터에 달하는 이 구간에서 라인 강은 고성이 세워진 언덕, 계단식 지형의 포도밭과 높이 솟은 절벽 사이를 굽이굽이 흐른다. 라인 강 계곡은 라인란트 고원과 레니슈 슬레이트 산맥을 가로지르며 수많은 문학 작품과 시에 등장해 명성을 쌓았다. 전 세계의 강가 중에서 라인 강가보다 더 많은 성이 지어진 곳은 없다.

라인 강은 세계에서 선박으로 가장 붐비는 하천인 동시에 역사적으로 중부 유럽 지역의 상업에 중요한 역할을 했다. 계곡에서 가장 폭이 좁고 깊은 곳에 133미터 높이의 점판암 노두가 형성되어 있는데 이곳이 메아리로 유명한 로렐라이 언덕이다. 전설에 따르면 아름다운 아가씨인 로렐라이가 연인의 부정에 절망해 이곳에 몸을 던졌다. 그리고 아름다운 노래를 불러 선원들을 불러들인 후 암초에 좌초 시켜 물에 빠져 죽게 만들었다는 것이다. 사실 이곳은 라인 강에서도 매우 위험한 지역이다.
JK

엘베 협곡

독일 / 체코 공화국

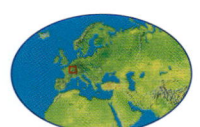

엘베 강의 길이 : 1,165킬로미터
엘베 협곡의 생성 시기 : 8,000만 년 전
바슈타이롤스의 높이 : 200미터

체코의 리젠게비르게(체코에서는 라베라고 부른다) 산맥에서 발원해 1,165킬로미터를 흘러 북해로 흘러드는 엘베 강이 독일 영토로 들어오는 입구가 바로 에르츠게비르게 혹은 오레라고도 불리는 산맥의 엘베 협곡이다. 드레스덴의 바로 아래에 있는 작센 주에서 엘베 강은 약 8,000만 년 전 형성된 기괴한 형상의 사암 지대를 흐른다. 오랜 세월 동안 진행된 얼음과 물의 침식작용으로 사암 덩어리는 기둥과 탑이 되었다.

200미터 높이의 바슈타이롤스로 이루어진 끝이 완만한 기둥 사이의 협곡에는 소나무, 전나무와 자작나무 숲이 빽빽이 들어서 있다. 이외에도 돌기둥이 많은데 사람처럼 생긴 바베라인과 그 옆에 나란히 붙어 있는 파펜슈타인(사제의 돌)도 멋진 모습을 자랑한다. '백합의 돌'이라는 뜻의 릴리슈타인은 강에서 285미터 높이에 있는 폐허가 된 성과 함께 서 있다. 전망대에서 보면 수비대 같은 돌기둥 위로 증기기차처럼 생긴 로코모티브 산을 볼 수 있다. 라텐 시 외곽에는 천연 원형 극장인 펠젠부네가 있다. 이곳에서는 여름마다 연극 공연이 이루어진다. 엘베 강은 유럽을 가로지르는 거대한 수로 역할을 한다. **MB**

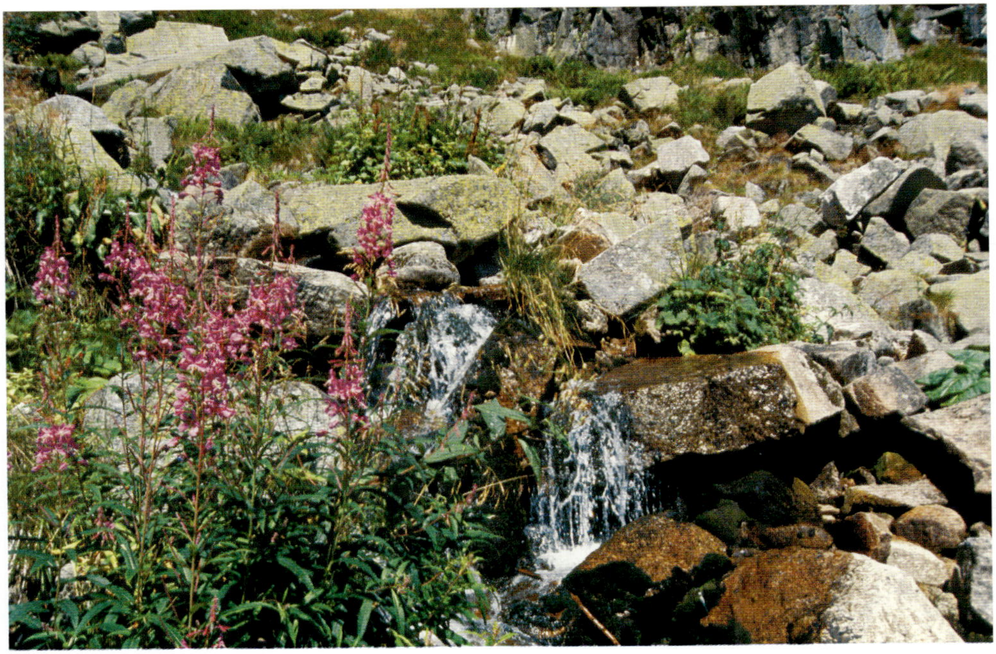

베르히테스가덴 산맥과
바츠만 산과
쾨니히스제 호수

독일, 오버바이에른

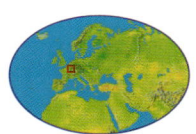

| 바츠만 산의 높이 : 2,713미터 |
| 쾨니히스제 호수의 깊이 : 190미터 |
| 국립공원의 면적 : 210제곱킬로미터 |

한마디로 말해서 바이에른알프스는 모든 것을 다 갖추고 있다. 웅장한 고산준봉, 옥빛 찬란한 호수, 훌륭한 하이킹 코스, 최고 수준의 스키 슬로프에 흥미진진한 역사까지 말이다. 독일에서 두 번째로 높은 바츠만 산과 가장 높은 곳에 있는 호수인 쾨니히스제 호수(602미터)까지 있는 이 지역은 1978년에 국립공원으로 지정되었다. 바츠

빙하가 있는 높은 산속에 가문비나무, 너도밤나무, 전나무와 각종 침엽수 숲이 펼쳐져 있다. 베르히테스가덴 산맥은 독일 남동부에서 오스트리아까지 뻗어 있다.

이곳의 아름다움을 제대로 즐기려면 직접 걸으면서 보아야 한다. 하지만 케이블카가 설치된 봉우리도 있으므로 숨막히도록 아름다운 절경을 편하게 감상할 수도 있겠다. 겨울이든 여름이든 관광객들의 발길이 끊이지 않는 곳은 원시 자연에 나 있는 240킬로미터의 산책로이다. 이곳에는 곳곳에 실외 맥주집이 있어서 등산객들은 휴식을 취하며

> 바이에른알프스는 모든 것을 다 갖추고 있다.
> 웅장한 고산준봉, 옥빛 찬란한 호수, 훌륭한 하이킹 코스, 최고 수준의
> 스키 슬로프에 흥미진진한 역사까지.

만 산은 빙하로 덮인 전형적인 험준한 산이다. 이 산을 이루는 단단한 석회암은 시간이 흐르면서 카르스트 지형의 능선, 가파른 봉우리, 바위투성이의 경사면 등이 형성되었다. 전설에 따르면 바츠만의 봉우리들은 원래 잔인한 왕족들이었는데 악행을 저질러 벌을 받아 돌이 되었다고 한다. 가장 높은 봉우리가 왕이며 나머지는 그의 가족이라는 것이다.

바츠만의 기슭에는 '왕의 호수'인 쾨니히스제 호수가 있다. 수심이 190미터나 되는 이 호수의 수질은 독일에서 가장 깨끗하다. 국립공원을 이루는 산악 지형은 매우 다양한데 바위투성이이고 곳곳에

눈앞에 펼쳐진 알프스 산맥의 장관을 즐길 수 있다.

베르히테스가덴 산맥은 히틀러의 놀이터로도 유명한데 이곳에 그의 '이글스레어(독수리굴)'가 있기 때문이다. 나치들은 오래전에 사라졌지만 이곳의 아름다움은 그때와 변함이 없다. 산악 지형에는 산양, 샤무아, 유라시아흰목대머리수리, 아이벡스(알프스산양), 희귀한 검독수리 등 다양한 야생동식물이 서식하고 있다. **JK**

<u>오른쪽</u> 베르히테스가덴 산맥의 웅장한 바위 봉우리와 험준한 계곡

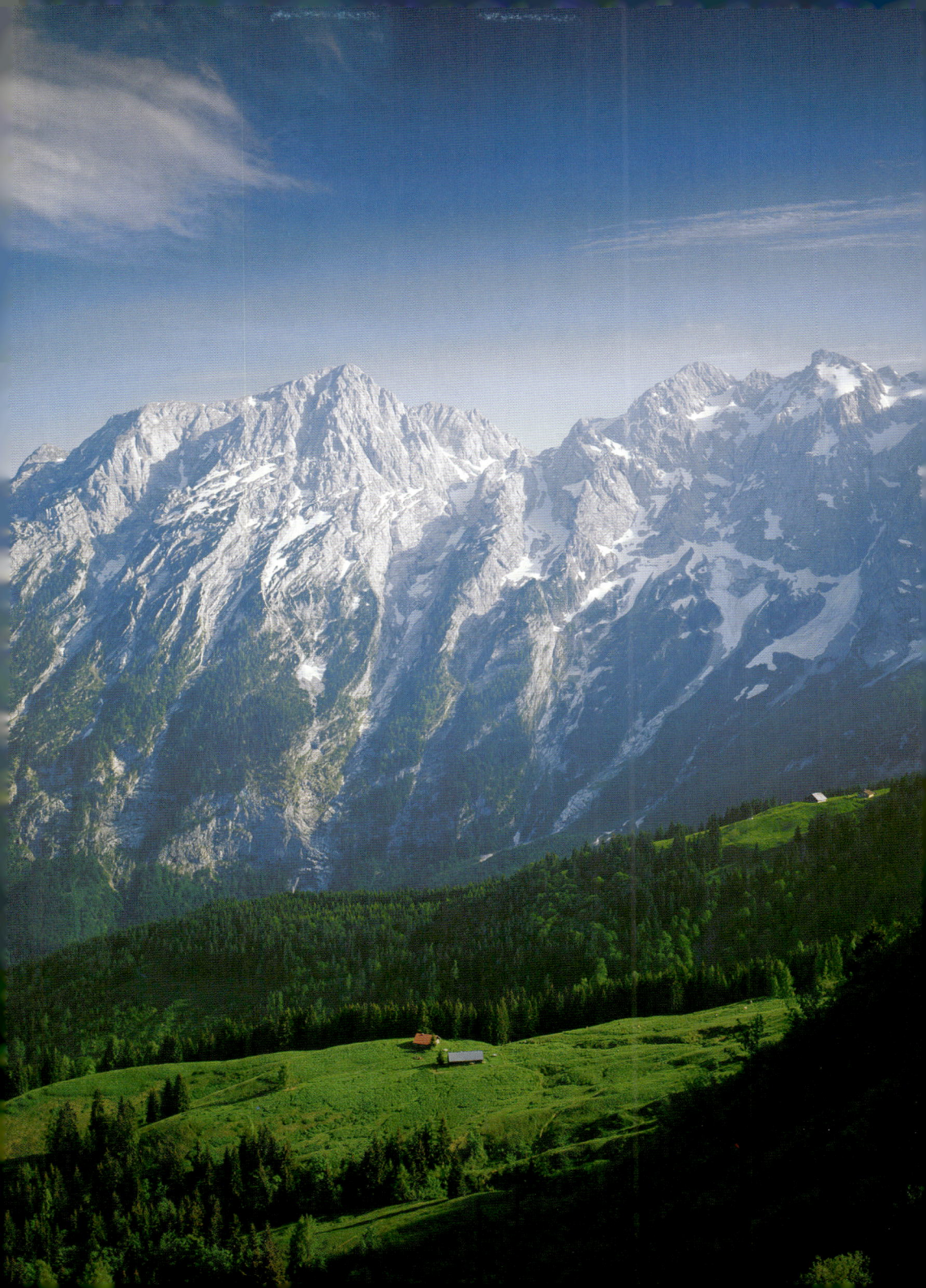

엘브잔트슈타인게비르게

독일 / 체코 공화국

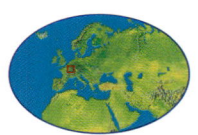

지형의 높이 : 721미터
암석의 종류 : 사암

기 암괴석이 즐비한 엘브잔트슈타인게비르게 산맥은 독일 동부의 작센 주와 체코 서부의 보헤미아 주를 가로지르며 우뚝 솟아 있다. 이 지역은 유럽 중부에서 지질학적으로 가장 독특하고 볼거리가 풍부한 지형이다. '엘브잔트슈타인게비르게'라는 이름은 '엘베 사암 산맥'이라는 뜻이다. 수천 년 동안 바람과 비에 황록색 사암이 씻기고 깎인 이곳은 산맥이라기보다는 기괴한 형상을 한 언덕의 연속이라는 표현이 더욱 알맞을 것이다. 녹음이 우거진 숲 사이로 불쑥 튀어나온 낭떠러지를 거대한 엘베 강의 물줄기가 굽이쳐 흐른다.

세차게 흐르는 강물은 깊은 협곡을 만들었다. 엘브잔트슈타인게비르게의 볼거리는 바바라인이라고 하는 높이 43미터의 뾰족한 바위이다. 이 기둥은 독일의 국립 지질학기념지로 1905년에 최초로 정복되었는데 그 후 이곳의 1,100여 개의 봉우리마다 전 세계 산악인들이 도전하고 있다. 이 지역은 암벽 등반의 발생지라고 해도 과언이 아니다. 1864년에 바드 샨다우 출신의 다섯 친구들이 팔켄슈타인 봉을 정복하기도 했다. 이 멋진 풍경을 감상하는 가장 좋은 방법은 작센 주의 주도인 드레스덴에서 출발하는 엘베 강 유람선을 타는 것이다. 이 유람선은 역사적으로 유명한 외륜선이다. **JK**

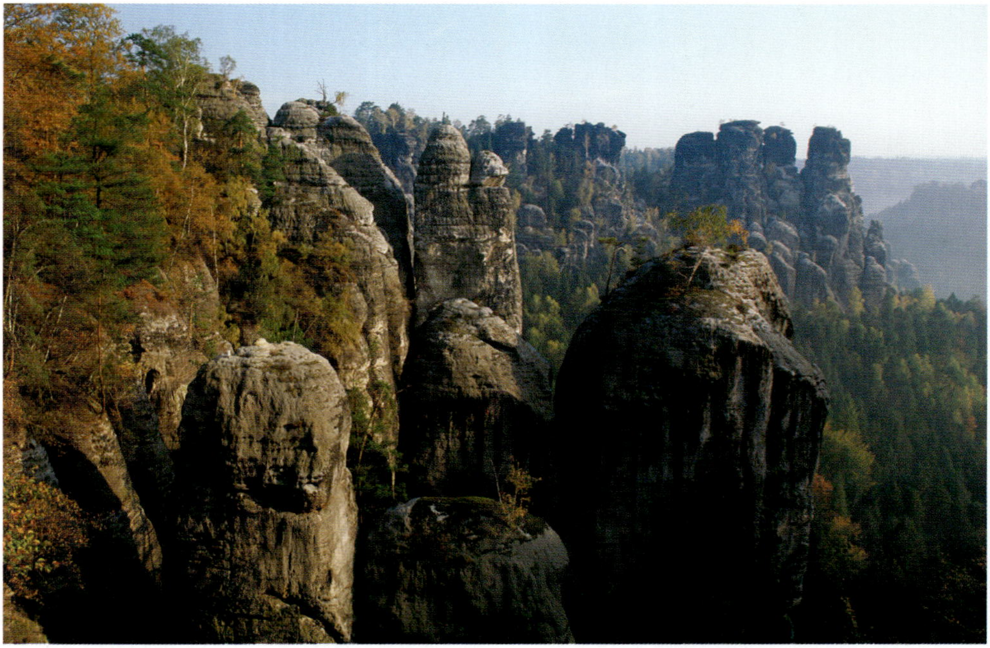

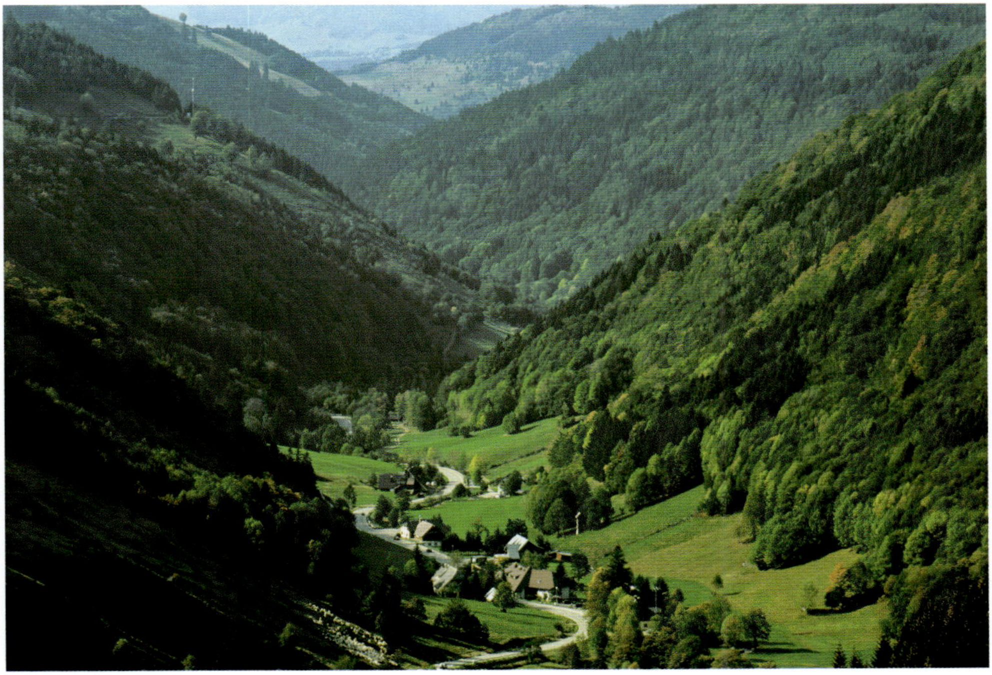

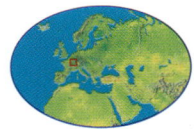

블랙포리스트

독일, 바덴뷔르템베르크 주

블랙포리스트의 면적 : 6,009제곱킬로미터
식생 : 독일가문비나무
최고봉(펠트베르크) : 1,493미터

블랙포리스트(검은 숲)에 처음으로 이름을 붙인 사람들은 로마인들인데, 그들은 이곳을 '실바니그라'라고 불렀다. 온갖 전설과 동화의 땅인 이 숲은 자연이 선사하는 아름다움으로 가득하다. 마치 마법의 숲처럼 느껴지는 곳곳마다 바위언덕, 맑은 호수, 깊은 계곡 등이 흩어져 있다. 숲에 들어가면 정말 마법에 빠질 것 같다. 이름과 달리 이곳의 숲은 검은색이 아니다. 오히려 짙은 녹색으로 죽뻗은, 목재용으로 안성맞춤인 독일가문비나무가 대부분이다. 숲 자체로도 유럽에서 가장 아름다운 곳

으로 손색이 없지만 군데군데 있는 성들은 덤이다. 3,000킬로미터가 넘는 산책로는 이 검은 숲을 하이킹 천국으로 만들어 주었다. 그러다 겨울이 되면 스키어들과 스노보더들의 천국으로 변한다.

블랙포리스트의 심장부는 그 유명한 도나우 강의 발원지이다. 이곳에서 발원한 도나우 강은 동쪽으로 흘러 중유럽을 관통한다. 최고의 절경 중 하나는 트리베르그 시 근처의 구타흐 강에 위치한 폭포이다. 이 폭포는 블랙포리스트에서 가장 큰 폭포로 2킬로미터를 흘러 500미터 아래로 떨어진다. 블랙포리스트는 뻐꾹 시계의 산지로도 유명하다. 시계추로 독일가문비나무의 유선형 솔방울을 처음 사용한 것도 이곳이다. **JK**

한수르레스 동굴

벨기에, 나무르 주

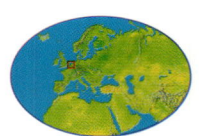

동굴의 종류 : 카르스트 동굴, 하천 동굴
동굴계의 길이 : 2킬로미터
동굴의 온도 : 13도

한수르레스 동굴은 독특한 지하 하천이 흐르는 아름다운 지하 석회암 동굴이다. 이 동굴을 구경하려면 먼저 100년 된 전차를 타고 입구까지 간 다음 걸어 들어가 근사한 보트를 타고 동굴 내부에서 바깥으로 흐르는 레스 강을 따라 둘러보면 된다.

레스 강은 상류에서는 지상으로 흐르지만 동굴이 있는 거대한 석회암 지대에 이르러 땅속으로 감쪽같이 사라져 버린다. 지하의 석회암을 깎아 멋진 동굴 미로를 만든 주인공이 바로 이 강물인 것이다.

한수르레스 동굴에서는 5,000년 전의 환상적인 고고학 유물들이 발견되었다. 이 유물은 이미 오래 전부터 사람들이 이곳을 얼마나 중요하게 여겼는지를 보여주고 있다. 이곳에서 발견된 유물로는 기원전 2,000년경 신석기 시대의 도구, 기원전 500년경 청동기 시대의 무기와 보석류, 로마 동전과 토기 등이 있다. **JK**

파리의 왕립 삼림지

프랑스, 피카르디 주

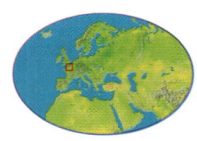

왕립 삼림지의 면적 : 65,940헥타르
퐁텐블로 숲의 면적 : 25,000헥타르

파리의 남부에 있는 랑부예, 퐁텐블로, 오를레앙의 숲은 한때 왕실 소유의 사냥터로 사용되었다. 현재는 일반에 공개되어 있으며 보호구역으로 관리되고 있다. 이 숲들은 가을에 가장 아름다운데 떡갈나무와 너도밤나무를 비롯해 낙엽이 지는 나무마다 단풍이 들기 때문이다. 해가 낮게 걸려 따사로운 가을빛을 한껏 뿌릴 때면 마치 온 숲이 타오르듯 찬란하게 빛난다.

그중에서도 야생의 미가 살아 있는 정원과 그림 같은 산책로가 풍부한 랑부예 숲이 가장 인기가 많다. 퐁텐블로의 자랑거리는 1,300종에 달하는 꽃들이며 이곳은 보존 가치가 가장 높은 편이다. 3만 4,700헥타르에 달하는 오를레앙의 숲은 가장 넓지만 자연미는 가장 떨어지는 숲으로 19세기에 심어 놓은 소나무가 너무 무성하게 자라서 위험할 정도이다. 그래도 이 숲의 아름다움은 전혀 훼손되지 않았다.

숲에는 작은 계곡, 특이한 모습의 바위, 폭포와 호수가 풍부하다. 야생돼지, 오소리, 여우, 긴털족제비, 사슴 등의 수많은 종류의 야생동물이 살고 있다. 꿩, 말똥가리, 매, 부엉이 등도 관찰할 수 있고 딱따구리가 나무를 찍는 소리도 들을 수 있다. **CM**

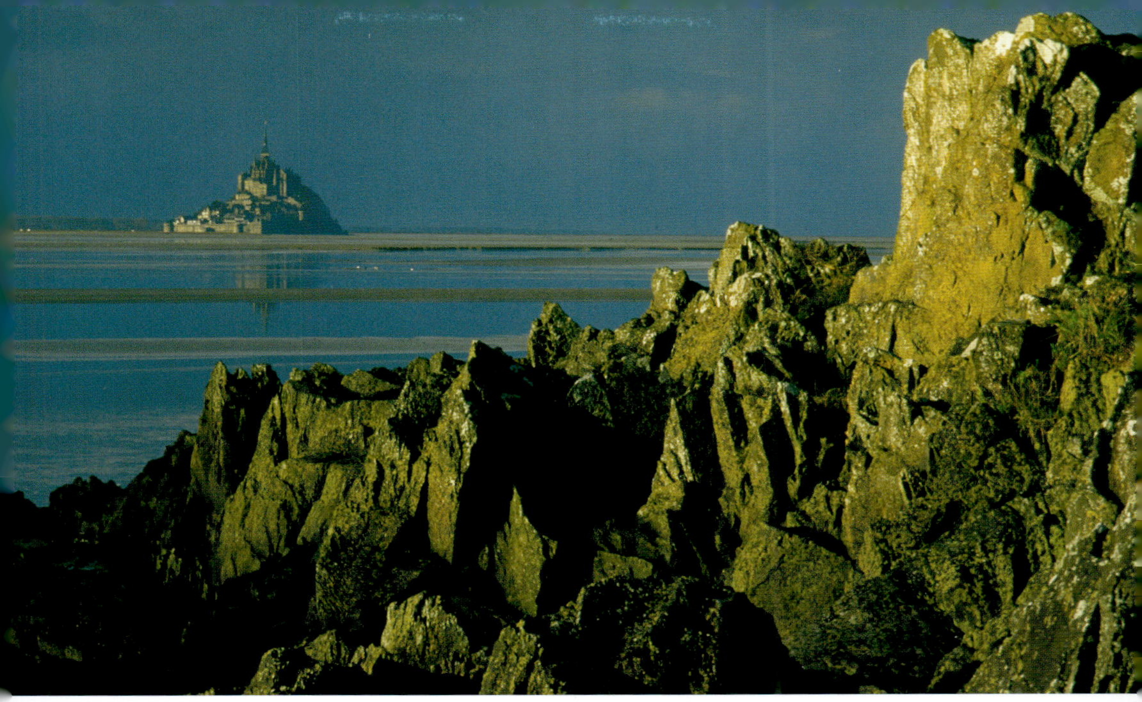

몽생미셸 만

프랑스, 노르망디

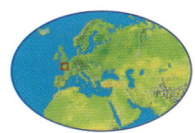

몽생미셸 만의 길이 : 100킬로미터	
만조시 만의 깊이 : 15미터	
생성 시기 : 7만 년 전	

노르망디 해안의 넓은 몽생미셸 만은 유럽에서 가장 멋진 조류를 볼 수 있는 곳이다. 하루에 두 번 1억 세제곱미터가 넘는 바닷물이 밀려왔다가 다시 빠져나간다. 빅토르 위고는 쏜살같이 흐르는 조수를 도약하는 경주마에 비유하기도 했다. 밀물 때는 초당 1미터 이상의 속도로 파도가 밀려 들어오며 수심이 15미터까지 깊어진다. 간조는 만조보다 훨씬 느리고 차분한 편이다. 바닷물은 18킬로미터 이상 멀리 빠져나간다. 이런 조수의 작용으로 매년 엄청난 양의 퇴적물이 쌓여서 3밀리미터씩 바닥이 상승하고 있다.

몽생미셸 만은 돌고래와 물개의 서식지이므로 이곳을 방문할 때는 주의를 기울여야 한다. 이곳에서 잡히는 굴은 파리에 있는 최고급 해산물 식당으로 공급된다. 습지, 모래 언덕, 절벽 등으로 이루어진 해안선은 큰부리바다오리를 비롯한 다양한 바닷새들의 서식지이다. 몽생미셸 만의 이름은 앞바다에 있는 바위섬에서 딴 것인데 둑길을 통해 이 섬과 본토가 연결되어 있다. **CM**

파비 봉

프랑스, 론알프 주

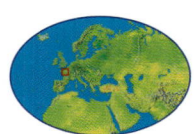

파비 봉의 해발 고도 : 기슭은 1,502미터, 봉우리는 2,075미터

서식지 : 고산 들판, 호수, 암벽, 눈밭

프랑스 오트사부아에 위치한 파비 봉의 그림처럼 아름다운 산악 풍경은 전문 등반가들과 일반 관광객 모두의 눈길을 사로잡기에 부족함이 없다. 등산가들은 웅장한 스케일에 도전하고 싶어 몸이 근질거리고 관광객들은 끝도 없이 꼬불거리며 이어지는 기찻길을 따라가며 대리만족을 느낄 수 있다. 기차를 타면 들판을 지나 가파르고 바위투성이인 풍경을 지난 후 마침내 빙하가 빚어 놓은 지형과 얼어붙은 바위뿐인 곳이 나타난다. 이곳에는 세 개의 봉우리가 있는데 서로 능선으로 이어져 있어서 편하게 돌아볼 수 있다. 가장 높은 봉우리가 파비 봉이며 그 뒤를 당트도슈와 레코르네 드 방트뒤노르가 잇고 있다. 가장 편한 산길을 따라 45분만 걸으면 세 봉우리를 모두 돌아볼 수 있다. 등산을 하고 싶으면 봉우리까지 나 있는 여덟 개의 암벽 등반 코스로 올라가면 된다. 이 코스는 난이도가 다 다르다. 봉우리까지 오르기에 가장 적합한 시기는 6월에서 10월 사이이다.

가장 가까운 도시는 10킬로미터 떨어진 비즈이며 가장 가까운 마을은 파르쿠르와 방트뒤노르이다. 아름다운 산악 호수인 레만 호수와 다르봉 호수가 가까이 있어서 소풍하러 가기에도 좋다. **AB**

두 협곡

프랑스 / 스위스

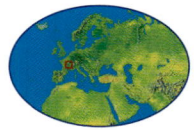

두 협곡의 길이 : 16킬로미터

협곡의 깊이 : 300미터

프랑스와 스위스 사이에 있는 쥐라 고원에는 거칠고 바위투성이의 두 협곡이 있다. 이 협곡의 하류에는 유럽에서 가장 아름다운 폭포 중 하나가 흐르고 있다. 샤이르송 호수에서 시작한 두 강이 이끼 덮인 바위를 지나 28미터 높이에서 떨어지는 것이다. 울창한 숲을 배경으로 하얀 물보라를 일으키며 떨어지는 물에 햇살이 반사되는 모습은 그야말로 장관이다. 폭포는 빌레 드 라크 마을에서 걸어서 5킬로미터 정도 가면 나온다. 여기까지는 쉽다. 그러나 최대 300미터까지 올라가는 협곡의 윗부분까지 올라갈 수 있는 사람은 노련한 등반가나 제물낚시꾼 정도일 것이다. 협곡이 선사하는 가장 장엄한 풍경을 보고 싶다면 안쪽 벽에 설치된 철제 사다리를 타고 올라가야 한다. 겁이 많은 사람에게는 별로 권하고 싶지 않다. 이곳은 프랑스어로는 'Le BelvAédère des Échelles de la Mort'라고 불린다. 바로 '죽음의 사다리 전망대'라는 뜻인데 직접 올라가 보면 왜 그런지 알 수 있을 것이다. 스위스 쪽 협곡의 강둑 56킬로미터는 자연보호구역이다. 1970년대 즈음 이곳에 스라소니를 풀어놓았는데 아마도 짝짓기를 하고 새끼도 낳았을 것이다. 스라소니는 조심성이 많은 동물로 동틀 무렵에 관찰하기가 가장 좋다. 물론 스라소니를 방해하지 않아야 할 것이다. **CM**

보메-레-메씨유
르큘레

프랑스, 프랑슈콩테 주

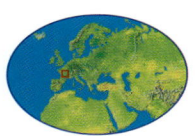

보메-레-메씨유 동굴의 높이 : 20미터

빈티지포인트의 높이 : 200미터

프랑스어로 '르큘레(Reculee)'는 매우 외진 곳 이라는 뜻이다. 롱르소니르레와 살랭레뱅 사 이에 있는 쥐라 고원 서쪽 가장자리의 깊고 좁은 수 많은 계곡을 지칭하는 말이기도 하다. 보메-레-메 씨유 마을은 '르큘레'한 곳에 세워진 수도원을 중심 으로 성장한 곳으로 형태가 매우 독특한 마을이다.

마을의 끝에 있는 보메-레-메씨유 동굴에서 발원한 다르드 강은 군데군데 이끼가 자라는 화산 석회화 지형을 지나며 아름다운 폭포를 이룬다. 수 천 년 동안 석회화는 강물로 침식되어 불규칙하고 완만한 계단형 지형과 수로가 되었다. 이곳에 비친 햇살은 물보라를 지나며 일곱 빛깔로 찬란하게 빛 난다. 가파른 절벽 위에서는 마을과 주변의 아름다 운 풍경을 마음껏 감상할 수 있다. 주변의 경관을 전망하기 가장 좋은 지점은 '벨브데르 드 그랑주쉬 르봄므'일 것이다. 이곳에서는 르큘레의 드높은 창 공에서 맴을 도는 뱀독수리와 송골매를 볼 수도 있 다. **CM**

부르제 호수

프랑스, 론알프 주

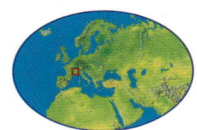

호수의 길이 : 18킬로미터

호수의 깊이 : 80~145미터

호수의 면적 : 4,500헥타르

프랑스 알프스의 발치에 있는 부르제 호수는 프랑스 최대의 호수이자 낭만파 시인인 라마 르틴을 비롯한 수많은 시인으로부터 가장 아름다 운 호수 중 하나로 칭송받은 호수이다.

호수의 길이는 18킬로미터로, 샹베리 시의 남 쪽과 라샤탸뉴의 북쪽과 맞닿아 있다. 근처 습지는 1930년대에 관개를 한 후 포플러를 심었는데 유럽 에서 가장 큰 포플러 숲이 되었다. 호수의 동쪽에 있는 엑스레뱅에 있는 르바르 산의 정상에 오르면 호수와 인근 경관이 한눈에 들어온다. 부르제 호수 에 서식하는 어류는 30여 종으로 폴란, 곤들매기류 물고기들이 산다. 특히 곤들매기는 최근 이 지역 의 요리사들에게 인기가 높아졌다. 호수의 습지에 는 개구리매, 댕기흰죽지, 논병아리류와 왜가리 등 다양한 야생조류가 서식한다. 이 지역은 기후가 온 난한 편인데 북쪽과 서쪽에서 불어오는 찬 바람이 이곳까지 닿지 않기 때문이다. 덕분에 이 지역에는 재스민, 바나나, 무화과, 올리브, 미모사 같은 지중 해성 식물이 자랄 수 있다.

부르제 호수와 론 강을 연결하는 사비에르 수로 는 19세기 중반까지 리옹과 샹베리를 이어주는 중 요한 교통로였다. **CM**

몽블랑

프랑스 / 이탈리아 / 스위스

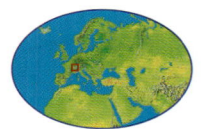

몽블랑의 높이 : 4,807미터	
메르 드 글라스의 길이 : 7킬로미터	
메르 드 글라스의 폭 : 1.2킬로미터	

유럽 최고의 산맥인 몽블랑은 빙하와 화강암 바위들이 어우러진 절경으로 유명하다. 셸리와 함께 이곳을 찾은 바이런은 '고독의 언어'를 깨달았다고 한다. 프랑스어로 하얀 산이라는 뜻의 몽블랑은 실제로 하나의 봉우리가 아니라 길이 40킬로미터, 폭 10킬로미터의 산괴이다. 몽블랑은 대

본 그랑조라스와 달의 이빨이라는 뜻을 가진 당뒤미디의 모습은 최고이다. TMB라고 불리는 몽블랑 트램 열차를 타고 거대한 빙하의 일부인 메르 드 글라스까지 소나무 숲에 놓인 철교를 지나간다. 웅장한 빙하에 햇살이 떨어지면 마치 빛의 파도가 밀려오는 것 같다.

몽블랑 기슭의 샤모니 계곡은 프랑스에서 가장 아름다운 곳 중 하나이다. 언제인지도 알 수 없을 정도로 오래전부터 이곳을 지키던 전나무 숲은 희귀한 딱따구리인 삼지딱따구리의 서식지로도 유

> 유럽 최고의 산맥인 몽블랑은 빙하와
> 화강암 바위들이 어우러진 절경으로 유명하다.
> 셸리와 함께 이곳을 찾은 바이런은 '고독의 언어'를 깨달았다고 한다.

부분 프랑스 영토에 있고 이탈리아 및 스위스 국경과 접해 있다. 이곳 정상에서 바라본 장관은 말로는 감히 형언하기 어려울 정도이다.

몽블랑은 1786년 샤모니 마을의 가이드를 대동한 자크 발마가 최초로 등반에 성공했으며 당시 M.G.파카르 박사가 동행했다. 파카르는 이듬해 스위스의 유명한 물리학자이자 박물학인 소쉬르와 함께 이곳을 다시 찾았다. 오늘날 등반가들은 '왕의 길'이라고 알려진 루트를 통해 정기적으로 정상을 찾는다. 등산이 시작되는 첫 부분은 에귀디미디 케이블카를 타고 오를 수 있다. 에귀디미디에서 바라

명하다. 산의 아래쪽 경사면은 겨울잠쥐를 비롯해 새들의 먹이가 풍부하다. 프랑스, 이탈리아, 스위스가 공동으로 진행하는 '몽블랑 투어'에는 걸어서 몽블랑 산을 돌아보는 프로그램도 마련되어 있다. **CM**

<u>오른쪽</u> 몽블랑의 웅장한 봉우리가 푸른 하늘을 배경으로 우뚝 솟았다.

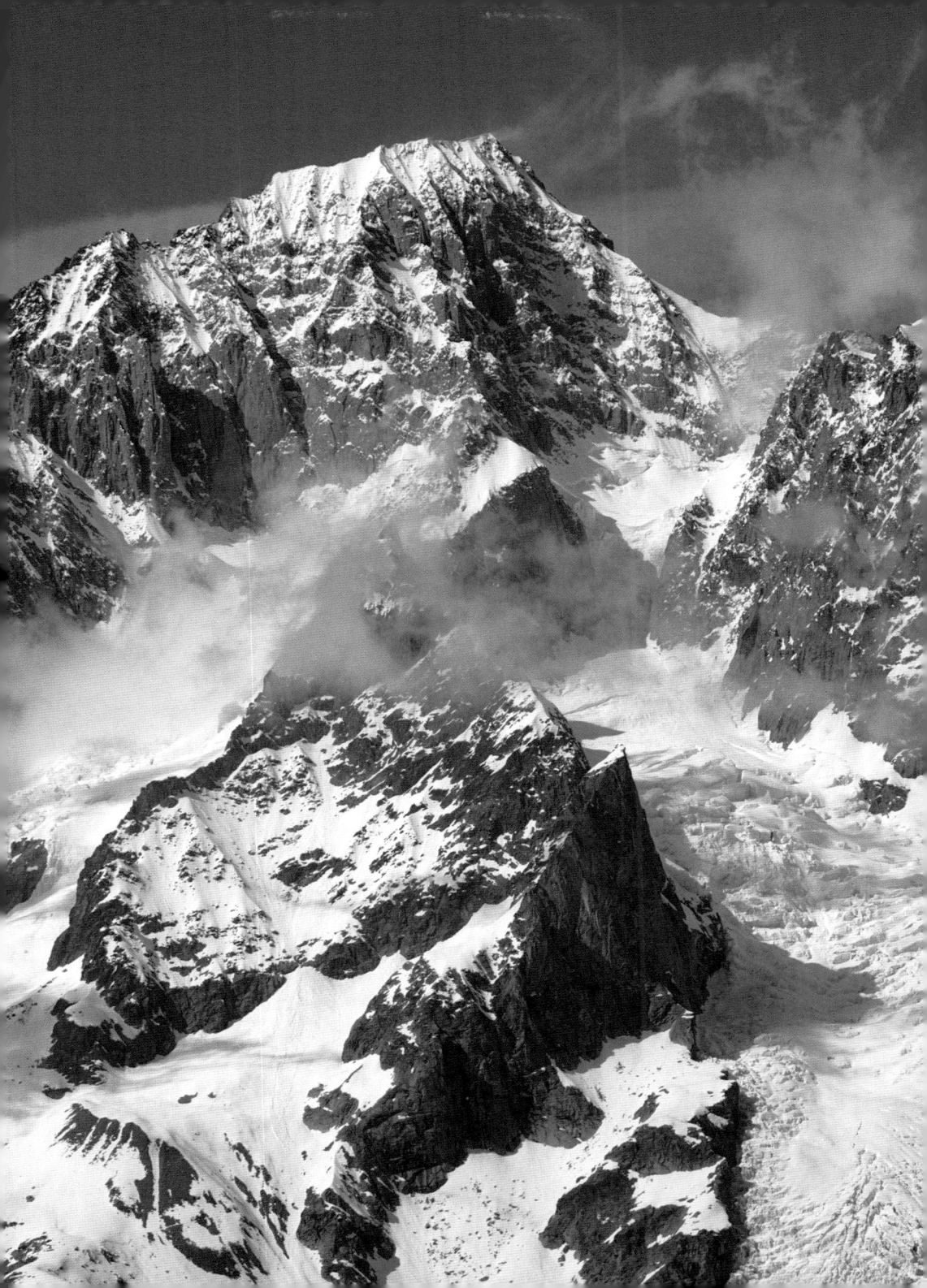

안느시 호수

프랑스, 론알프 주

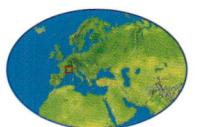

호수의 면적 : 2,650헥타르
호수의 생성 시기 : 1만 8,000년 전
호수의 종류 : 프리알파인 호수, 봄철 해빙수 유입

거대한 회색 석회암 절벽과 녹음이 무성한 비탈로 둘러싸인 안느시 호수는 봄철이면 해빙수가 흘러들어오는데 그 물이 청정하기로 유명하다. 수심이 60미터에 달하는 안느시 호수는 프랑스에서 두 번째로 큰 천연 호수이다. 한 폭의 그림 같은 풍경 속에 자리 잡은 호수 주변에는 자연보호구역이 세 군데나 지정되어 있다. 호수 주변은 2002년 3월, 마침내 3년간의 정화작업을 마쳤다. 이 과정에서 호수 바닥의 진흙에 쌓여 있던 유해물질을 모두 걷어 냈다. 그동안 호수의 생태계와 관광자원으로서의 가능성마저 위협하던 오염물질을 치우면서 예상하지 못한 소득을 얻었다. 바로 가치를 따질 수도 없을 만큼 중요한 고고학적 유물을 많이 발견한 것이다. 그중에는 호수가 지금보다 더 작았던 5,000~7,000년 전에 이곳에 사람이 살았음을 보여주는 거석 유적도 있었다.

호수 위로 펼쳐져 있는 베이리에 산악 지역에는 빙퇴석과 현곡들을 비롯해 빙하 지형이 잘 발달해 있다. 주변의 아름다운 풍경을 감상하는 것 외에도 보트 놀이를 하거나 낚시를 즐길 수 있다. 호수 주위에 만들어진 11킬로미터 길이의 자전거 도로에서 보는 호수는 환상적이다. 호수에서 발원한 티유 강가에는 안느시 마을이 있다. 이 도시의 역사는 중세 시대부터 시작하지만 기원전 3,000년 전부터 사람이 살았다는 증거도 발견되었다. **AB**

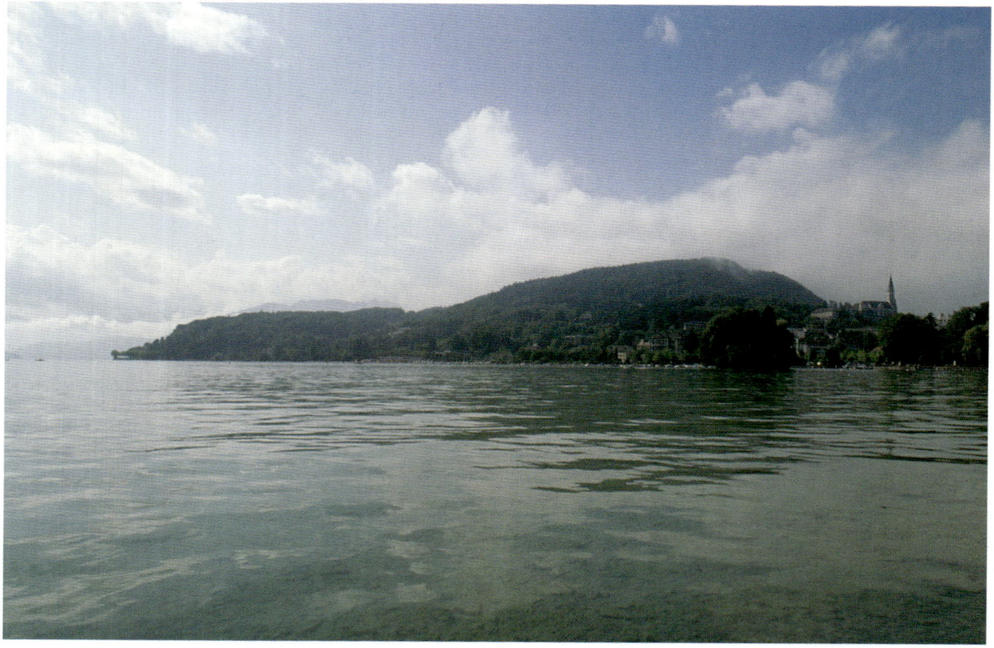

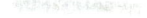

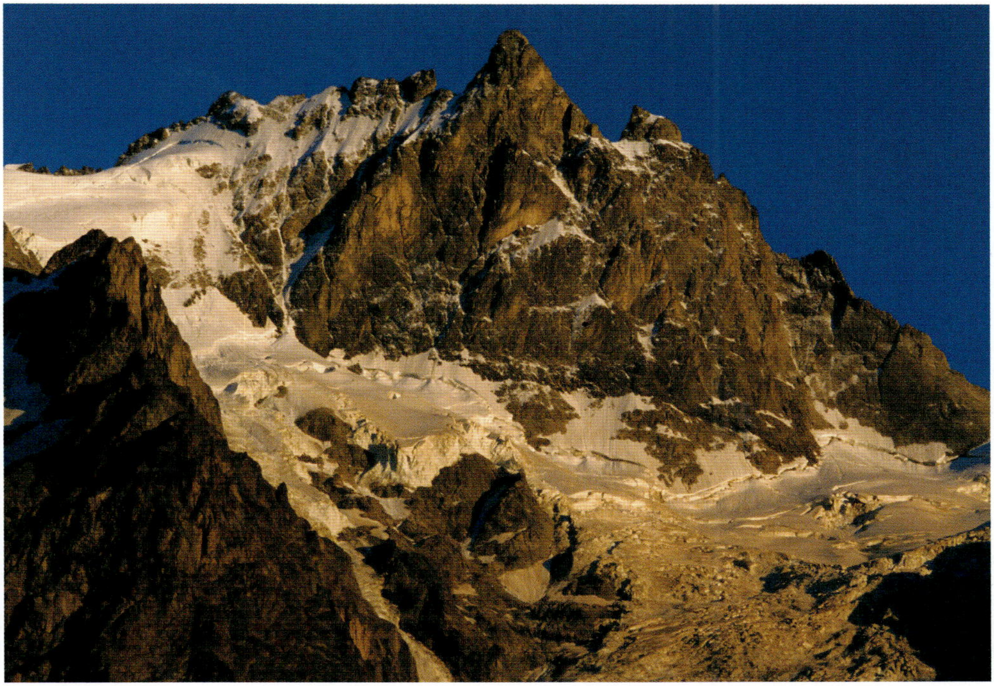

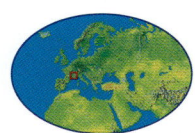

메즈 빙하와 협곡

프랑스, 론알프 주

메즈 빙하의 높이 : 4,101미터

메즈 협곡의 봉우리의 높이 : 포인테네로(3,537미터), 피크가스파르(3,883미터), 르파베(3,824미터)

메즈는 에크랭 국립공원의 가장자리에 있는 고산 마을인 라그라브 뒤로 보이는 산으로, 포인테네로, 피크가스파르, 르파베를 비롯한 험준한 봉우리와 수많은 빙하가 있는 15킬로미터 길이의 산괴 일부이다. 그중 메즈는 고봉 중에서 마지막 정복 대상이었다. 그 이유는 메즈가 높아서이기도 했지만 등반하기에 매우 까다로운 지형이었기 때문이다. 이곳의 빙하는 거대한 얼음 동굴을 형성하는데 이곳보다 더 좋은 피서지는 없을 것이다.

메즈 빙하는 여름에는 산악 지형의 아름다움을 마음껏 즐길 수 있고 겨울에는 오프 피스트 스키를 타기에 더할 나위 없이 좋은 빙하 지형이다. 눈은 5월까지 남아 있다. 라로망셰 계곡 안에 자리 잡은 라그라브에서 메즈 빙하를 구경하는 케이블카를 타면 다양한 고산 지형과 기암괴석을 구경할 수 있다. 편안한 숙박시설을 원한다면 라그라브에서 묵으면 된다. 등산객들을 위해 산속에 임시 산장이 마련되어 있다. 숙박할 수 있는 마을로는 에크랭 산괴의 계곡인 베네옹 계곡에 있는 라베라르드와 생크리스토프우아장 마을이 있다. **AB**

에크랭 국립공원

프랑스, 론알프 주

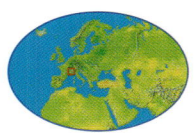

에크랭 국립공원의 면적 : 91,800헥타르
최고 높이(바르데에크랭) : 4,102미터
펠부 산의 높이 : 3,946미터

프랑스어로 '보석 상자'라는 뜻의 에크랭 국립 공원은 이름 그대로 보석처럼 아름다운 자연을 간직한 프랑스 알프스의 공원이다. 에크랭 산괴는 4,000미터 높이에서 발루즈밸리를 굽어보고 있다. 고도가 낮은 곳에서는 햇빛이 잘 드는 비탈에 너도밤나무, 떡갈나무, 소나무 숲 등이 무성하며 그 사이에 라벤더가 지천으로 피어 있다. 숲은

이 지역에서 이사벨 드 프랑스라고 불리는 매우 희귀한 나방의 서식지로도 유명하다. 더 높이 올라가면 바위투성이 산이 그늘을 이루어 황량한 곳이 나타난다. 뿌리가 곧은 소나무는 토양이 부족한 바위산에서는 자라지 못하므로 뿌리를 얕게 내리는 가문비나무에게 자리를 내준다.

1973년에 국립공원으로 지정된 에크랭에는 미소생태계가 형성되어 고산생물이 서식한다. 브리앙송에서 차로 갈 수 있는 르프레 드 마담칼 초원에서 두 시간 정도 걸으면 화이트글래이셔가 나온다. 이곳에서는 블랙글래이셔 위로 펼쳐진 웅장한

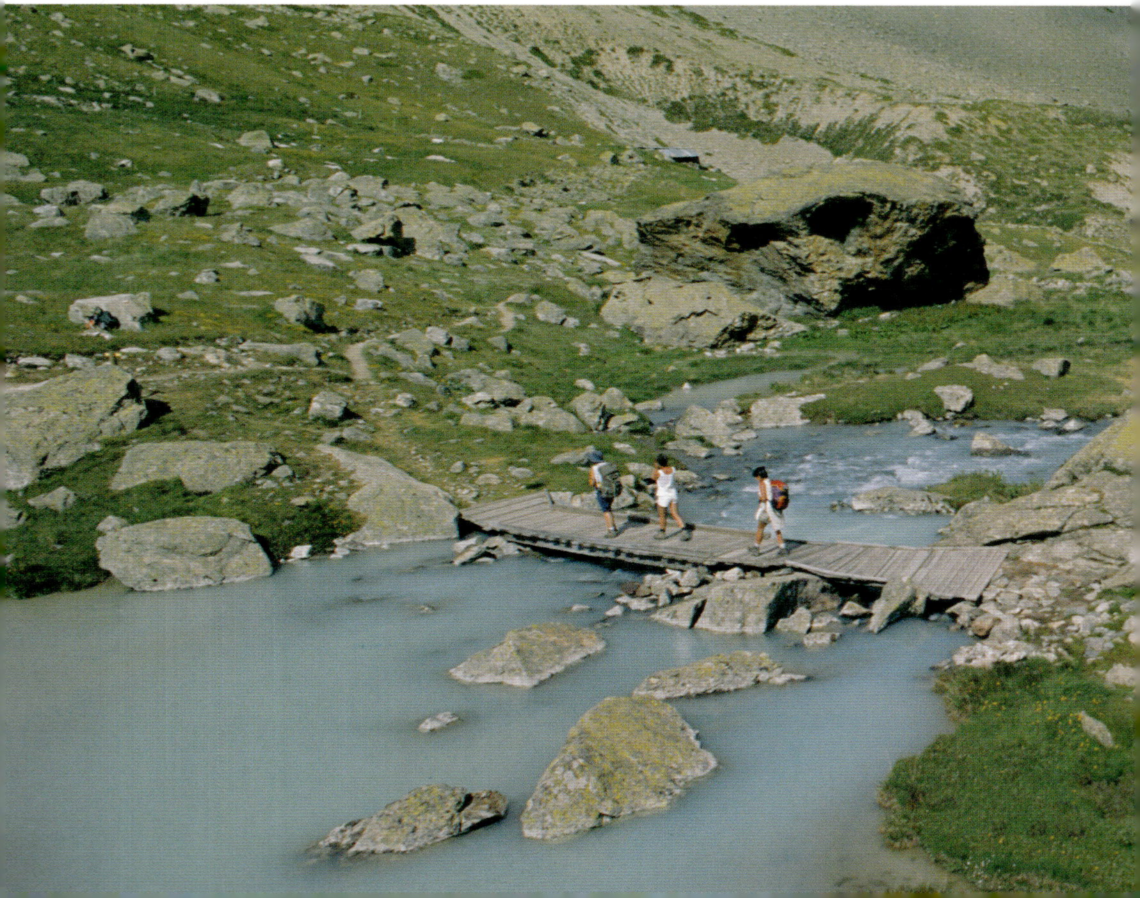

풍경을 한눈에 감상할 수 있다. 바람이 거센 협곡에서 시작되는 길은 알프두빌라다렌느로 이어지는데, 표지판을 보고 찾아갈 수 있다. 짝을 지어 드높은 창공으로 솟아오르는 검독수리도 종종 볼 수 있다. 에크랭 공원의 환경은 검독수리의 서식지로 안성맞춤이다. 공원은 검독수리의 서식지를 보호하여 검독수리의 번식에 일조했고, 이렇게 번식한 새들을 다른 지역에 방사하는 정책을 시행했다.

1928년 에크랭 산괴를 통해 몽펠부 산이 최초로 정복되었다. 이 산에는 빙하가 잘 발달해 있다. 정상에는 펠부글라시에르가 있으며 서쪽 면에는 글라시에르두클로스 드 옴므가 있다. 동쪽에는 라모미와 데스비올레트, 북쪽에는 블랙글래이셔라고도 불리는 글라시에르누아르가 있다.

공원의 북쪽은 메즈 산맥으로, 이곳의 최고봉인 메즈글라시에르는 높이가 4,101미터에 달한다. 라그라브에서 출발하는 케이블카가 정상까지 운행하므로 전문 산악인이 아니라도 이곳의 진수를 마음껏 즐길 수 있다. **CM**

아래 에크랭 국립공원의 푸른 풀밭 사이로 쪽빛으로 반짝이는 시내가 굽이굽이 흐르고 있다.

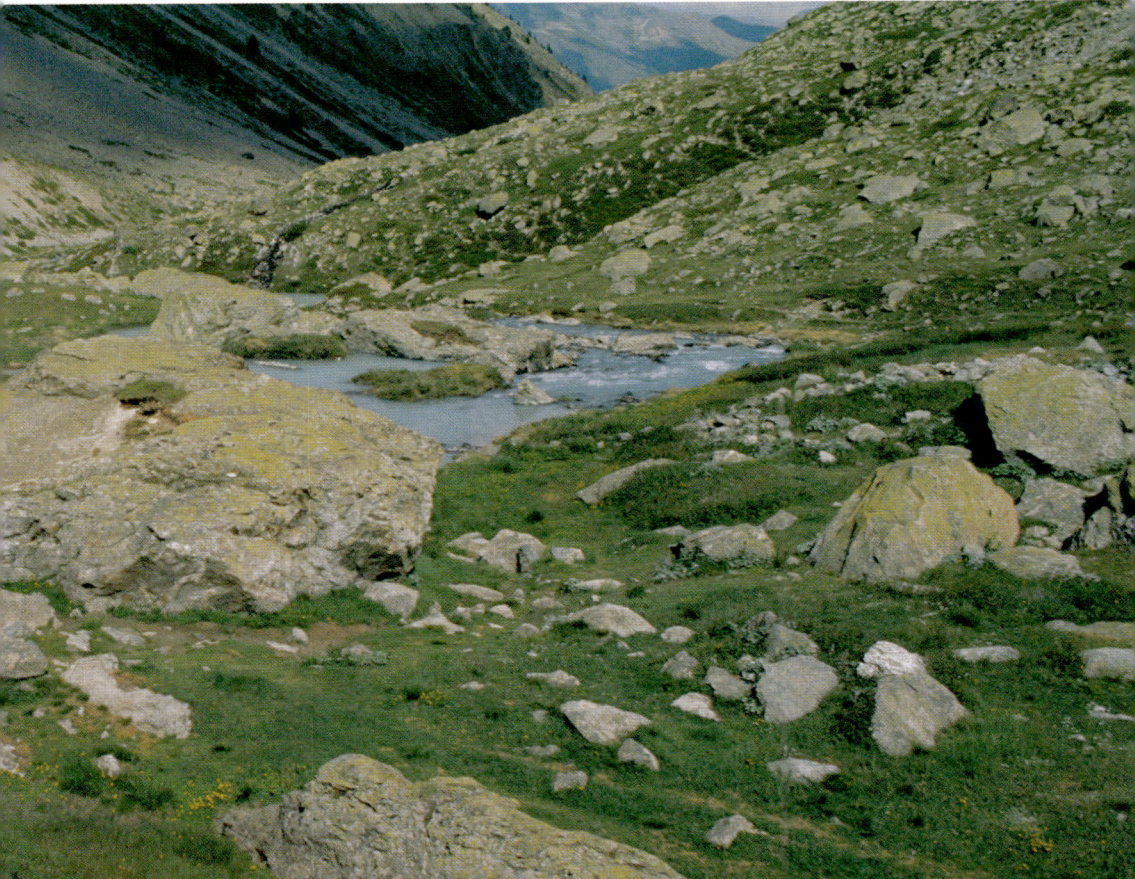

에귀 드 디보나

프랑스, 론알프 주

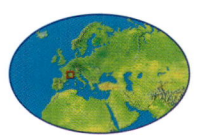

에귀 드 디보나의 해발 고도 : 3,131미터
남사면의 높이 : 350미터

에귀 드 디보나 산은 암벽 등반가들이 유럽에서 가장 웅장한 바위산으로 꼽는 곳이다. 프랑스의 등반가인 가스통 레뷔파는 이곳을 일컬어 '이곳의 험준한 봉우리야 말로 지구와 하늘의 특별한 조각가인 시간이 돌을 깎아 인류에게 선사한 기념탑'이라고 했다. 현지인들은 이곳을 프랑스 남동부의 마시프 드 우아장의 상징이라 여긴다. 지질학자들은 에귀 드 디보나의 산이야말로 아름다움의 극치를 보여주는 험준한 화강암 산이라고 말한다.

이 산은 1913년 6월 27일에 최초로 정복되었다. 영예의 주인공은 코르티네시 산의 가이드인 이탈리아 산악가 안젤로 디보나와 그의 독일인 고객인 귀도 메이어였다. 에귀 드 디보나라는 산의 이름은 바로 안젤로 디보나의 이름을 딴 것이다. 산의 남쪽 경사면은 거의 수직에 가까운데 높이는 350미터에 달한다. 이곳을 오르려면 고도의 등반 기술과 경험이 필요하지만 반대쪽은 훨씬 완만하며 에귀 드 소레이르와 이어져 있다.

가장 가까운 마을은 소레이르 협곡에 있는 조그만 레제타쥬로 베네옹밸리의 르베라르드와는 3킬로미터 떨어져 있다. **MB**

치저리 호수

프랑스, 론알프 주

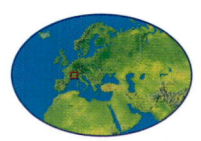

호수의 해발 고도 : 3,902미터
호수의 종류 : 고산 호수

오트사부아 주의 에귀아르장티에르 지역에 자리 잡고 있는 치저리 호수는 마지막 빙하기에 진행된 빙하작용으로 만들어졌다. 호수의 물은 모두 빙하와 눈이 녹은 물이다. 호수는 겨울에는 꽁꽁 얼어붙고 여름이면 바짝 말라붙는다. 호수 주변에는 혹독한 겨울 날씨를 견딜 수 있는 고산 덤불뿐이지만 조금만 아래로 내려가면 유실수가 자라고 소가 풀을 뜯으며 샬레가 지어진 비옥한 고산 초원이 나온다. 호수는 오랫동안 화가들의 훌륭한 모델이 되어 주었다. 화가들은 호수의 아름다움뿐만 아니라 수면에 비친 주변 풍경과 인근 빙하 지역의 아름다움까지 표현하려고 애썼다.

여름철이면 험준한 봉우리와 빙하가 빚은 둥근 언덕에 둘러싸이곤 하는 아름다운 호수는 가족 단위로 소풍을 나오기에 매우 좋은 곳이다. 에귀 아르장티에르는 몽블랑 산괴의 주요 봉우리들보다 북쪽에 자리 잡고 있다. 이곳에도 50개가 넘는 험준한 봉우리가 있어 전 세계의 산악인들의 도전이 끊이지 않고 있다. 근처의 샤모니밸리는 스위스에서 기차를 타고 가거나 제네바에서 비행기로 갈 수 있다. **AB**

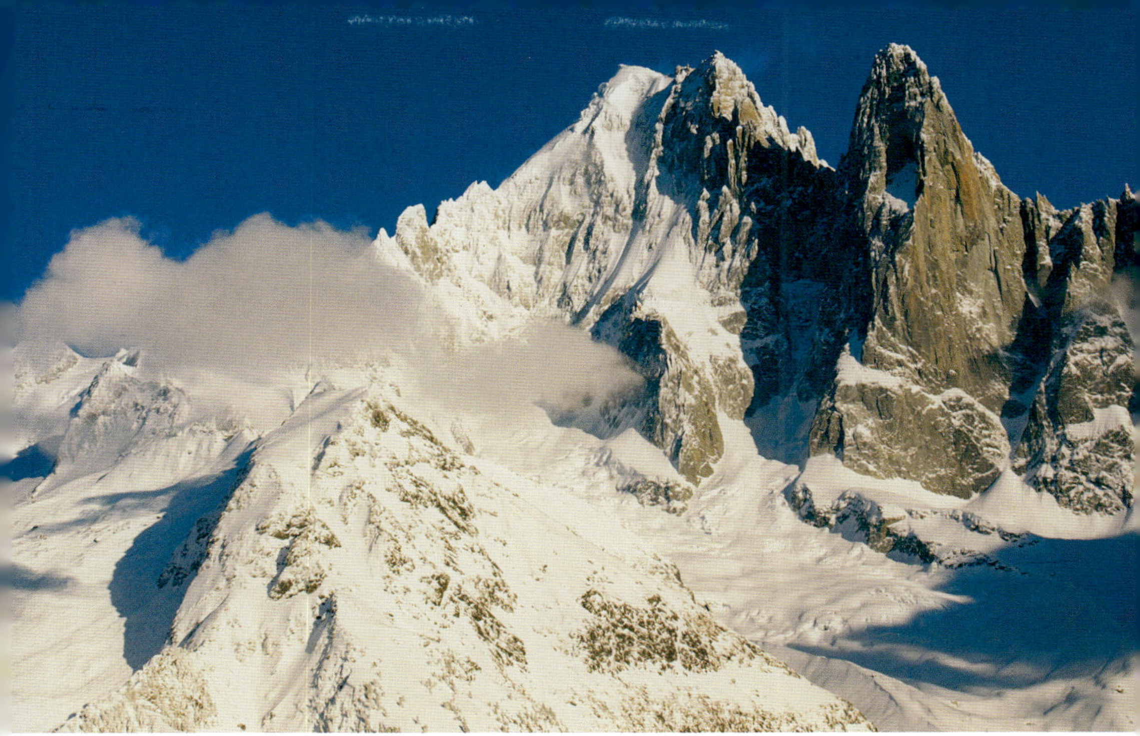

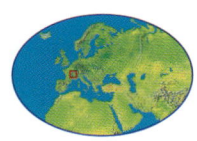

레스드루

프랑스, 론알프 주

그랑드루의 높이 : 3,754미터
프티드루의 높이 : 3,730미터

레 스드루는 멀리서 바라보면 뾰족한 봉우리
하나로 된 산처럼 보이지만 가까이서 보면
옥수수자루처럼 생긴 두 개의 봉우리이다. 산은 경
사면이 유난히 평평해서 마치 피라미드처럼 생겼
다. 아마 셋 이상의 빙하가 정상에서부터 산을 깎
으면서 내려간 것 같다. 몽블랑 산괴의 일부인 두
산은 오래전부터 산악인의 피를 들끓게 했다. 최초
등반은 1938년에 이루어졌는데 지금까지도 가장
인기 있는 등산로인 남동부 사면을 통해서였다. 바
위와 얼음으로 이루어진 430미터의 이 루트는 약
여섯 시간 동안 올라가면 정상이 나온다. 더 험한
루트는 800미터 코스로 1962년에 개척된 남쪽 루
트이다. 그러나 이 길 역시 프랑스의 산악인 장 크
리스토프 라파예의 성과에 비하면 그 빛을 잃는다.
그는 2001년에 서쪽으로 올라가는 새로운 루트를
개발했다. 이 루트는 보통 어려운 코스가 아닌데
몽블랑 산의 그랑필리에 당글르의 '디바인프라비던
스(신성한 섭리)' 코스보다 열 배는 어렵다고 한다.
최근 거대한 바위가 서쪽에서 떨어져 주요 루트가
파괴되기도 했다. 이곳의 자연은 실로 끊임없이 변
하고 이곳에 내재된 위험 수위 역시 무시할 수 없
는 것이다. 비교적 쉬운 등산을 원한다면 샤모니밸
리를 통해서 레스드루로 가는 방법도 있다. **AB**

베누아즈 국립공원

프랑스, 론알프 주

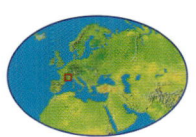

공원의 면적 : 52,839헥타르

국립공원 지정 연도 : 1963년

최고 지점: 포인테 드 라그랑카세(3,855미터)

프 랑스의 남동부에 자리 잡고 있으며 이탈리아의 그랑파라디소 국립공원과 이웃해 있는 베누아즈 국립공원은 프랑스에서 가장 오래되었으며 이탈리아쪽과 합치면 서유럽에서 가장 큰 자연 보호구역이다. 마시프 드 라베누아즈가 그 위용을 자랑하는 이 공원은 오트잘프의 척추를 따라 몽블랑의 바로 남쪽에 있다.

지질학적 특성이 매우 다양한데 편마암, 결정 편암, 충적 사암과 석회암으로 이루어진 멋진 지형이 잘 발달되어 있다. 이곳에 서식하는 동식물도 매우 다양해서 마멋, 아이벡스와 샤모니를 비롯한 산악 동물과 조류가 넘는 125종이 서식한다. 고산 식물이 번성한 그림 같은 계곡에 있는 빙하는 20개가 넘는다.

산, 계곡의 아름다움을 비롯하여 야생생물이 풍부한 서식지라는 말만으로도 일반인은 물론 전문적인 산악인들까지 이곳을 얼마나 사랑할지 짐작할 수 있을 것이다. 이곳에는 500킬로미터가 넘는 등산로, 산악 트래킹을 위한 전문 트레킹 코스 두 개 및 수많은 등정 루트가 개발되어 있다. **AB**

오른쪽 녹아내리는 눈 동굴에서 바라본 베누아즈 국립공원의 험준한 바위산

에귀뒤미디

프랑스, 론알프 주

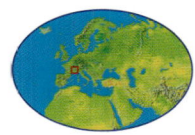

에귀뒤미디의 높이 : 3,842미터

명소 : 세계에서 가장 높은 케이블카

샤 모니 지역의 프랑스와 이탈리아 접경지에 있는 에귀뒤미디(한낮의 바늘) 봉은 아름다운 경관, 등산로, 케이블카, 몽블랑과 가까운 위치 덕분에 유명해졌다. 두 군데의 역을 거쳐 24킬로미터를 달리는 케이블카는 블랑슈밸리와 장글라시에르를 가로질러 2,308미터 높이에 있는 플랑 드 에귀를 거쳐 이탈리아 영토인 헬브로너피크에 도착한다. 물론 케이블카가 싫다면 두 발로 걸어가도 된다. 아이젠과 같은 장비와 체력은 물론 너덧 시간의 자유 시간도 필요하며 가이드는 필수이다.

등산로에는 산장이 두 군데 있는데 프랑스의 코스미크 산장과 이탈리아의 토리노 산장이며, 이곳을 베이스 캠프로 삼아 더 높이 올라갈 수 있다. 코스미크에서는 북사면의 몽블랑뒤타쿨과 토리노에서 에귀당트레베로 향한 루트가 시작된다. 2월에서 5월까지는 메르 드 글라스 빙하에서 스키를 즐길 수 있다. 물론 숙련된 사람에게만 해당하며 안전을 위해 반드시 가이드를 동반해야 한다. 바늘처럼 생긴 침봉인 아레테데스코스미크를 오르면 스릴 넘치는 즐거움을 느낄 수 있을 것이다. 이 루트는 그리 힘들지는 않지만 역시 가이드를 반드시 동반해야 한다. **AB**

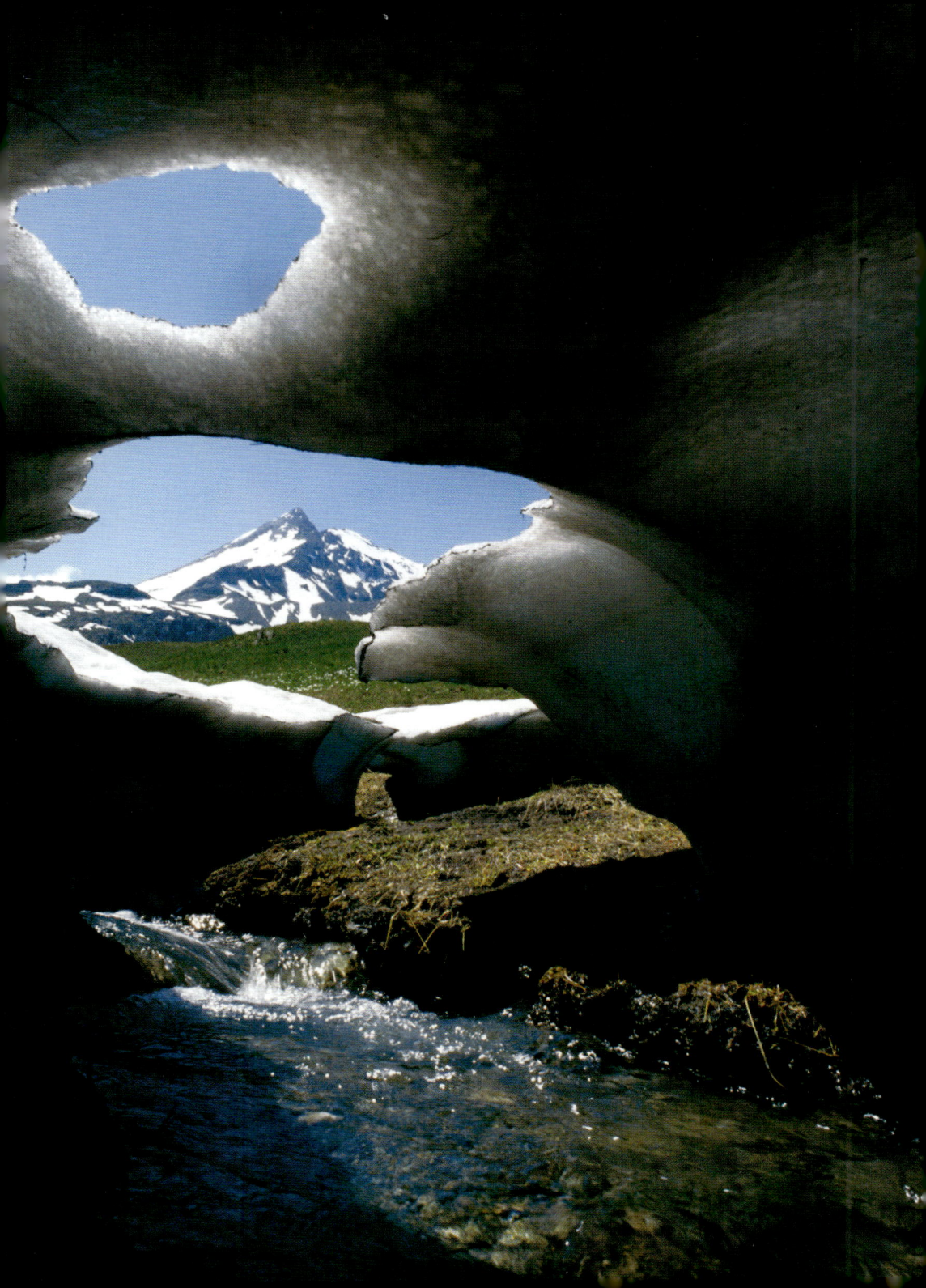

보송 빙하

프랑스, 론알프 주

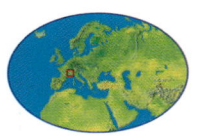

빙하의 해발 고도 : 몽블랑 정상의 4,807 미터에서 계곡 바닥의 1,300미터까지

빙하의 길이 : 7킬로미터

서 유럽의 최고봉인 몽블랑 끝자락에 있는 보송 빙하는 유럽에서 빙하로 이루어진 가장 긴 경사면이다. 현재의 빙하는 과거에 비하면 아무 것도 아니다. 약 1만 5,000년 전만 해도 빙하의 길이는 50킬로미터나 더 길었으며 깊이는 1,000미터에 달했다. 게다가 다른 거대한 빙하들과 함께 론 지역의 바위를 깎아내렸다. 17~18세기 때의 사제들은 액막이를 이용해 빙하가 작물과 가옥을 파괴하는 것을 멈추려고도 했다. 그 후 몇 백 년 동안 잠잠했던 빙하가 다시 앞으로 전진하고 있는데 일 년에 약 250미터씩 움직인다. 비탈의 각도는 약 45도로 세계에서 가장 가파른 빙하이다.

빙하를 구성하는 눈은 고도 4,000미터 이상의 설원에서 단단해지는데, 새로 언 얼음의 두께가 30미터가 넘으면 무게를 이기지 못하고 아래로 내려가기 시작하는 것이다. 보송의 빙하는 아름다운 색과 청정함으로 유명하다. 빙하가 녹는 지역에 다다르면 얼음은 아름다운 크레바스, 폭포, 터널 등이 된다. 정상에서 내려오기 시작한 얼음이 밑바닥까지 도착하는 데는 약 40년이 걸린다. **AB**

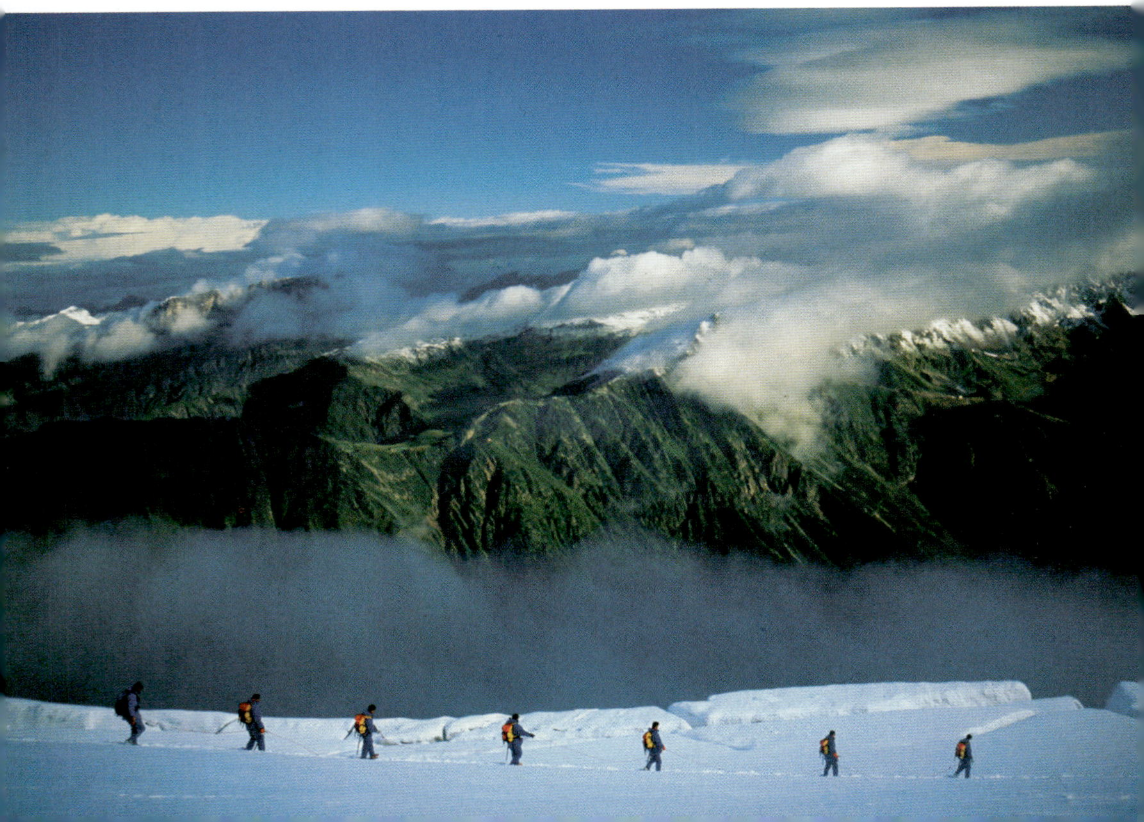

에귀베르테

프랑스, 론알프 주

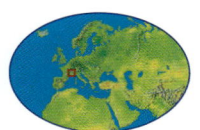

에귀베르테의 높이 : 4,121미터
지형 : 바위 침봉

몽블랑의 이웃인 에귀베르테의 바위 침봉 전문은 산악인들 사이에서도 매우 위험한 곳으로 손꼽힌다. 겨울에는 눈사태가, 여름에는 낙석이 가장 위험하다. 산허리 전체가 떨어져 내리는 시기에는 석판이 떨어지는 사고가 가장 위험하다. 실제로 1964년 에귀베르테를 등반하던 등산객 14명이 목숨을 잃기도 했다.

여름에는 거대한 돌판이 절벽에서 떨어지기도 하는데 어떤 것은 집채만 하다. 올라갈 때는 쉬운 루트가 한 군데도 없지만 내려갈 때는 윔퍼쿨루아르를 통해 비교적 편하게 내려갈 수 있다. 쿨루아르는 겨울철 부드러운 눈이 덮인 산속의 깊은 계곡을 의미한다. 특히 이 지역의 눈 덮인 협곡은 훌륭한 스키장이 된다. 윔퍼쿨루아르는 익스트림 스키를 즐기는 사람들에게 사랑받는 루트이다. 경사가 50도인 이곳의 루트는 1968년에 실뱅 소당이 처음으로 정복했다. 이 산을 오르는 사람들은 새벽에 정상에 오르기를 좋아한다. 동틀 무렵 이곳에서 바라본 몽블랑은 분홍색으로 물들어 있고 발리스알프 사이로 찬란한 아침 해가 떠오른다. **MB**

오베르뉴의 퓌 산맥

프랑스, 오베르뉴 주

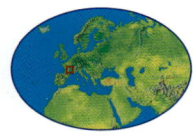

퓌 산맥의 생성 시기 : 8,000년 전
퓌드돔 산의 높이 : 1,465미터

오베르뉴는 험준한 지형 덕분에 '얼음과 불이 낳은 자식'이라는 말을 들을 정도이다. 다시 말해서 빙하와 화산활동이 만들어낸 작품이 바로 오베르뉴인 것이다. 퓌 산맥에는 사화산이 80개나 된다. 그중에서 가장 높은 사화산이 바로 다음 장에서 소개할 퓌드돔 산이다.

이 지역은 80개가 넘는 화산이 빼어난 비경을 연출하고 있다. 드높은 화구에서부터 용암이 지나간 자리에 물이 찬 수로에 이르기까지 상상을 초월한 다양한 화산 지형이 펼쳐져 있다. 2,000만 년 전 아프리카와 유럽 대륙이 충돌하면서 알프스가 만들어졌으며 이 지역은 중요한 화산활동의 심장부가 되었다. 열수작용이 계속되고 있지만 가장 최근의 대형 분화는 6,500년 전에 일어났다. 6,500년은 이곳에서 가장 어린 화산의 나이이기도 하다. 북쪽에서 남쪽으로 위치한 화산 돔에 마침 지각의 약한 부분이 있었기 때문에 지금과 같은 지형이 지형이 형성된 것이라 한다.

19세기 초만 해도 산비탈은 황무지였지만 지금은 숲으로 덮여 있다. 오베르뉴는 물이 맑기로 유명하며 도르도뉴 강과 루아르 강은 이곳에 도착해 물이 불어난다. **CM**

퓌드돔

프랑스, 오베르뉴 주

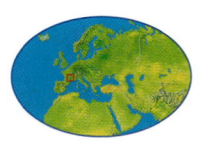

퓌드돔의 해발 고도 : 1,465미터
퓌드돔의 생성 시기 : 15만 년 전
암석의 종류 : 화성암

퓌드돔은 퓌 화산에서 가장 유명한 곳이다. 정상까지는 자동차를 타고 유료 도로로 가거나 오래된 당나귀 길로 걸어서 갈 수 있다. 매년 약 50만 명이 찾는 이곳은 프랑스에서 가장 인기 있는 자연 관광지이다. 이곳에서 퓌 산맥의 다른 봉우리도 마음껏 감상할 수 있다. 퓌드돔은 이 지역의 화산들처럼 전형적인 노적가리 모습을 하고 있다. 대조적으로 퓌 쇼팽(와인 병)의 경우는 약 1만 년 동안 풍화와 침식작용에 견뎌온 단단한 산성 마그마 지대에 바늘처럼 불쑥 튀어나온 모양을 하고 있다.

르구르 드 타즈나는 수심 65미터, 지름 700미터로 이 지역에서 가장 아름다운 호수이다. 이 호수는 4만 년 전에 발생한 격렬한 화산 폭발로 형성되었다. 이 지역의 화산은 대부분 8,000년 전에 수명이 다했지만 콤 화산과 파리우 화산은 그 이후 4,000년을 더 활동했다.

이곳에 있는 야생공원인 볼칸즈오베르뉴, 리브라두, 포헤 역시 아름다운 곳으로 화산 절벽에는 까마귀와 매가 둥지를 틀고 있다. **AB**

오른쪽 푸르른 식물 사이로 보이는 바위가 인상적인 퓌드돔 산

보클뤼즈 분수지

프랑스, 프로방스알프코트다쥐르 주

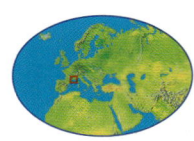

보클뤼즈 분수지의 깊이 : 315미터
소르그 강의 유량 : 초당 150,000리터

소르그 강은 '막힌 계곡'이라는 뜻의 보클뤼즈의 끝자락에 우뚝 솟은 석회암 절벽의 아랫부분에서 발원한다. 겨울과 봄에는 유량이 초당 15만 리터로 세계에서 가장 힘차게 '소생하는' 하천 중 하나이다. 강이 발원하는 거대한 지하 동굴의 바닥은 1985년에야 비로소 발견되었으며 그 깊이는 329미터에 달한다.

이탈리아의 시인인 페트라르카는 발원지로 향하는 계곡에서 아름다운 레이디 라우라를 단 한 번 만난 후 사랑에 빠져 사랑의 소네트를 썼다. 오늘날 이 분수지를 보려고 전 세계에서 매년 수천 명의 관광객이 몰려드는 모습을 본다면 아마도 대시인은 마음이 싱숭생숭해질 지도 모른다.

전설에 따르면 거대한 도마뱀인 쿨로브르가 나타나 주변 지역을 공포로 몰아넣었다고 한다. 하지만 성인 베랑의 공격으로 치명적인 상처를 입은 도마뱀은 강이 시작되는 동굴로 쫓겨 들어가 깊은 굴을 팠고 죽을 때는 거대한 등을 활처럼 구부려서 지금의 프티루베롱 산맥을 만들었다고 한다. 소르그 강물이 녹색을 띠는 것은 괴물의 피 때문이라고 한다. 그래서인지 이곳의 농부들은 지금도 도마뱀을 싫어한다. **CM**

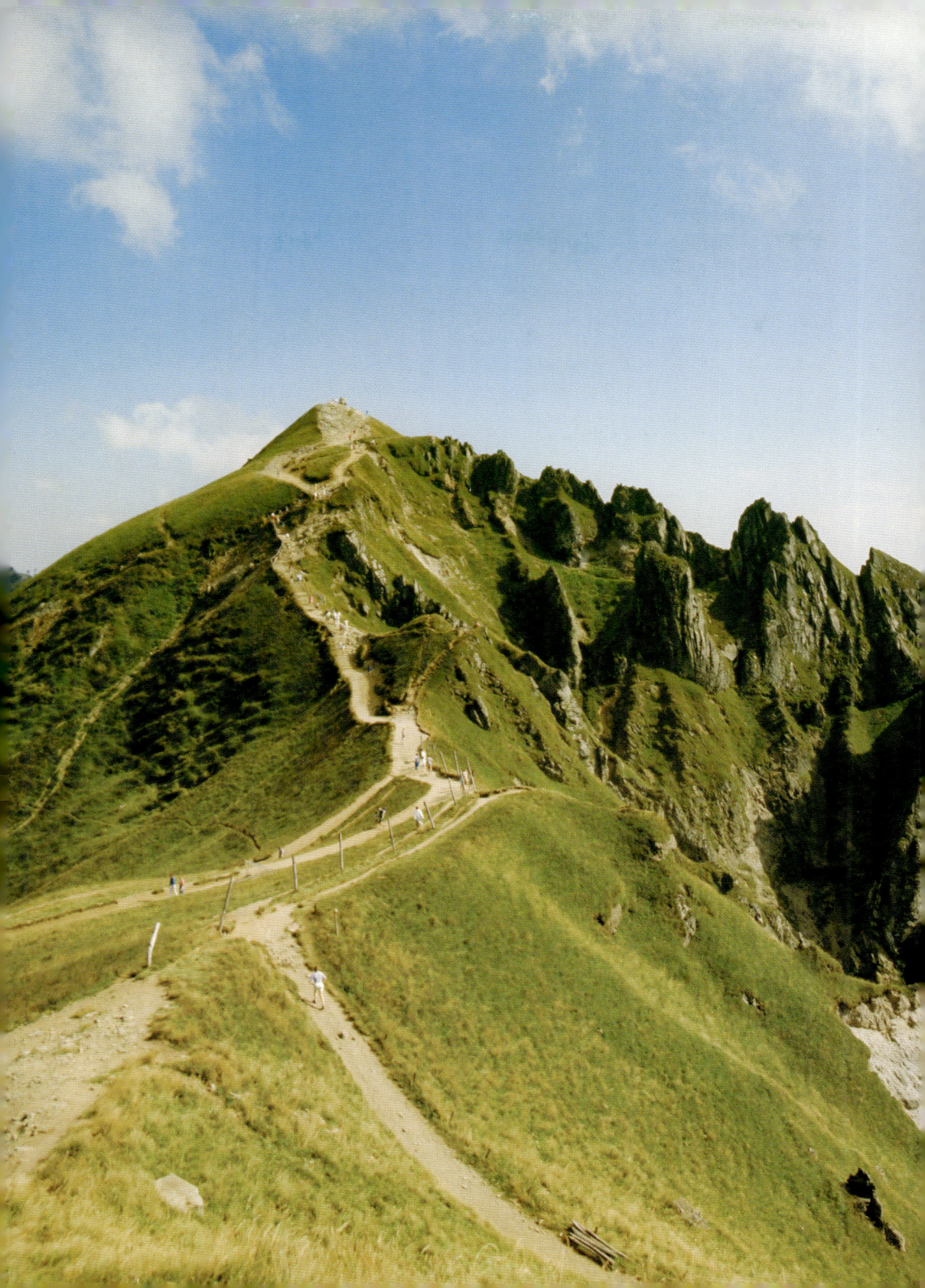

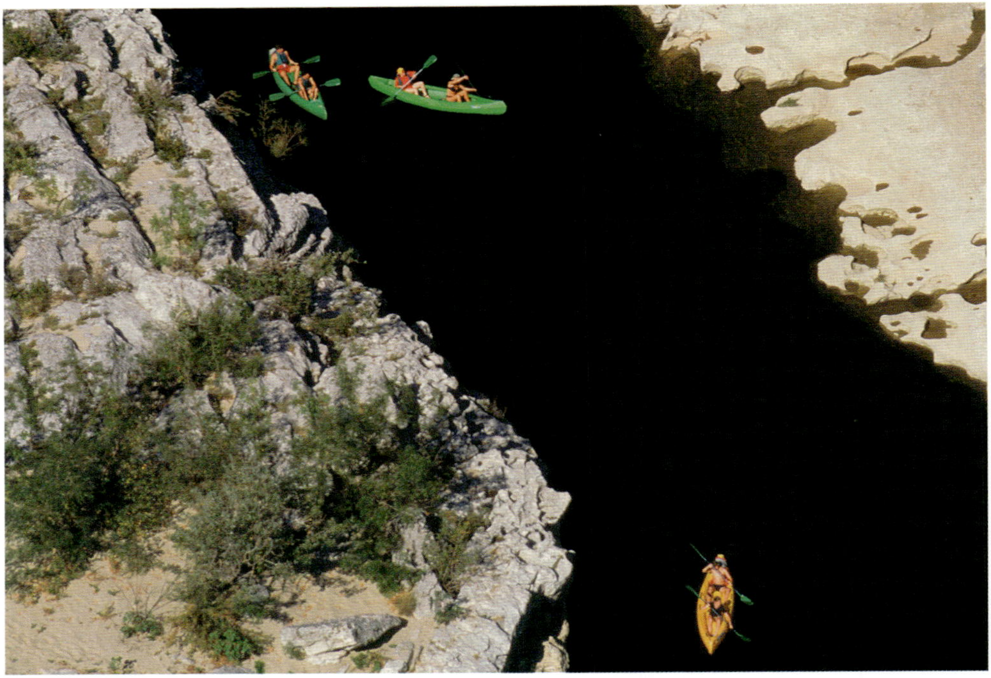

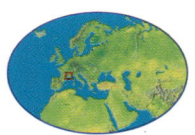

아르데슈 협곡

프랑스, 프로방스알프코트다쥐르 주

협곡의 최대 깊이 : 300미터	
협곡의 길이 : 32킬로미터	
유량 : 초당 650,326리터	

아르데슈 협곡의 길이는 120킬로미터로 론 강의 지류 중 가장 시시한 축에 들지만 1,476미터 높이의 알프스 기슭 마장마시프에서 발원한 강이라는 사실을 알면 무시하지는 못할 것이다. 상류에서는 주변이 가파른 암벽으로 둘러싸여 있지만 하류로 오면서 폭이 넓어져 구불구불 흐른다. 론 강에 다가갈수록 튀에이 마을 근처에서 보이던 격렬한 급류의 모습은 사라지고 이윽고 오브나에 도착하면 도도하게 흐르는 거대한 강물이 된다. 건조하고 바위투성이인 강둑도 하류로 갈수록 과수원이 들어서는 등 싱그러운 녹음을 자랑한다. 발롱 퐁아르크에는 지난 수 세기 동안 강물의 침식작용으로 만들어진 천연 아치가 높이 34미터, 폭 60미터 규모로 서 있다. 바로 이 지점에서 협곡의 주요 부분이 시작되는데 카약이나 도보로만 탐사할 수 있다. 혹시 발롱에서 생마르탱아르데슈까지 차를 타고 간다면 세례 드 투레와 말라드레리의 전망대를 지나게 될 것이다. 협곡에는 이집트대머리수리, 점줄수리, 바다직박구리 등이 서식한다. **CM**

베르동 협곡

프랑스, 프로방스알프코트다쥐르 주

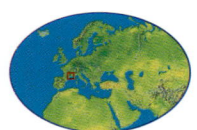

베르동 협곡의 길이 : 20킬로미터	
협곡의 생성 시기 : 2,500만 년 전	
암석의 생성 시기 : 1억 4,000만 년 전	

베르동 강은 가느다란 하얀 리본처럼 멋들어진 깊은 협곡을 따라 20킬로미터를 굽이굽이 흘러간다. 이 협곡은 규모 면에서 유럽 최대이기 때문에 유럽의 '그랜드캐니언'이라고도 불린다. 협곡은 알프도트프로방스 주와 프랑스 남동부에 있는 바르 주 사이의 경계를 따라 흐른다. 양쪽의 석회석 절벽은 약 1억 4,000만 년 전에 테티스 해에서 생성되었다. 높이가 일정하지 않아 6미터 정도인 곳도 있지만 무려 1,500미터나 되는 곳도 있다. 눈과 빙하가 녹은 물이 알프스에서 흘러내려 오트프로방스의 석회암 고원을 깎아내 베르동의 거대한 골짜기가 만들어졌다.

자연의 이같은 조각은 약 2,500만 년 전부터 시작되었다. 알프스가 형성되고 물이 거대한 지하 동굴계를 만든 후였다. 동굴의 지붕은 무너지고 그 결과 협곡이 완성되었다. 원래 현지 나무꾼들이나 알고 있던 이 동굴은 프랑스의 동굴 탐험가인 에두아르 마르텔이 1905년에 성공적으로 탐사를 완수한 후 관광객의 발길이 끊이지 않고 있다. 지금은 협곡의 양쪽에 도로가 나 있어서 누구나 이 장엄한 광경을 마음껏 즐길 수 있다. **MB**

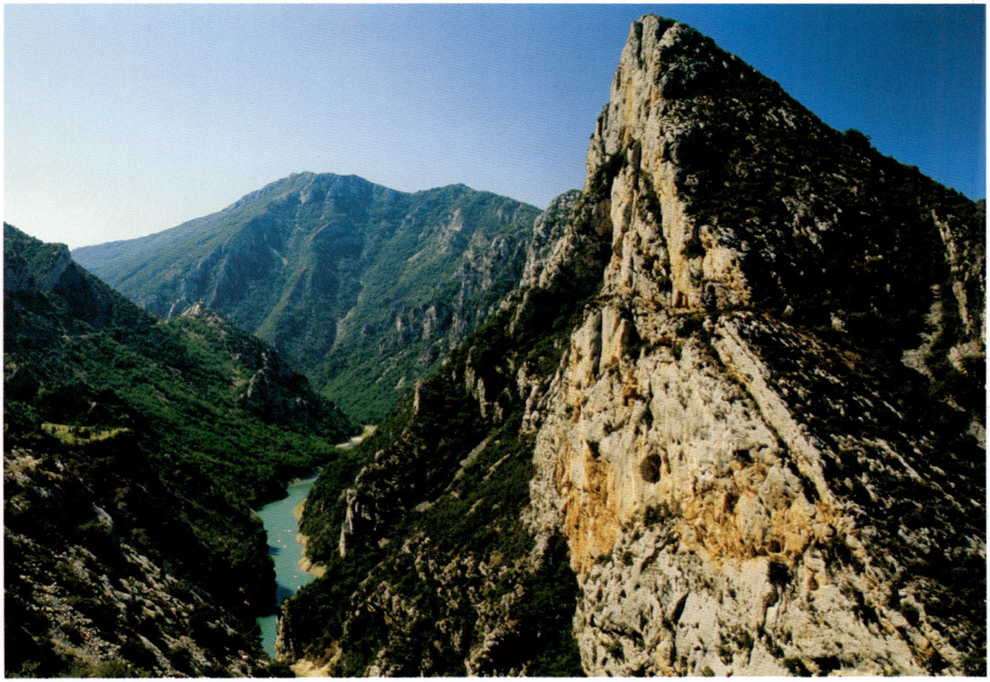

카마르그

프랑스, 프로방스알프코트다쥐르 주

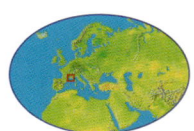

카마르그의 면적 : 116,000헥타르
카마르그의 생성 시기 : 5,500년 전

카마르그는 습지, 반염수 호수, 론 강이 갈라질 때 생긴 미세한 미세한 진흙으로 만들어진 염원 등으로 구성된 지역이다. 주요 지류인 그랑론은 비교적 일직선을 유지하면서 남쪽으로 흘러 지중해로 들어가며 프티론은 서쪽으로 흐른다. 바로 이 두 강 사이에 카마르그가 있고 프티론 강의 서쪽으로 프티카마르그가 있다.

'카마르그'는 로마 장군의 이름으로 이곳에 거대한 영지를 소유했던 카이우스 마리우스의 이름에서 유래했다. 이 지역에서 유명한 백마와 검은 황소는 선사 시대부터 이곳에 서식했던 거대한 동물 무리의 후손으로 여겨진다.

카마르그에서 보고된 야생조류 337종 중에서 가장 유명한 새는 플라밍고이다. 매년 5만 마리 정도가 이곳을 찾고 3,000마리 정도만 카마르그에 상주하지만 이 새는 이 지역의 상징이다. 팡가시에르 석호가 온전히 새들의 차지가 되었기 때문에 앞으로는 그 수가 더 늘어날 전망이다. 현재 유럽에서 매년 1만~1만 3,000마리의 플라밍고가 정기적으로 번식하는 곳은 카마르그 염원이 유일하다. **CM**

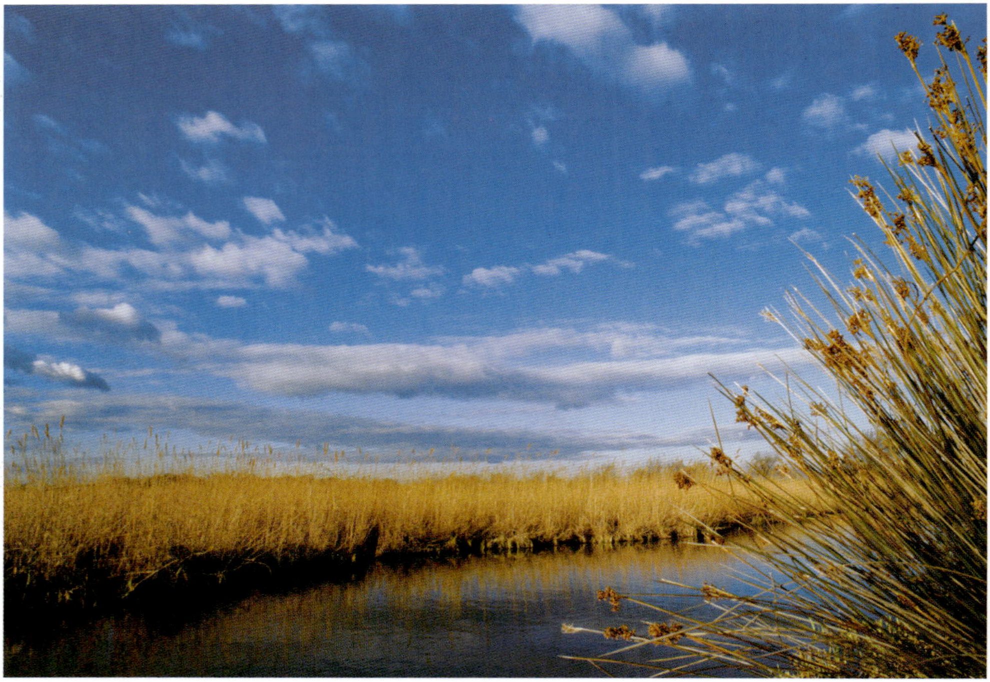

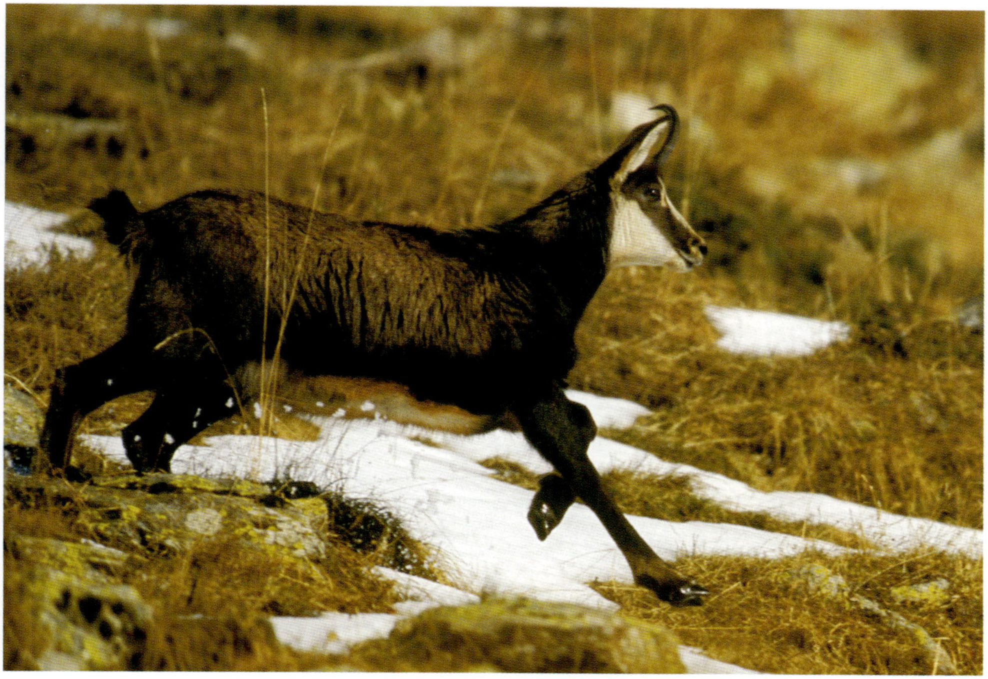

메르칸투르 국립공원

프랑스, 프로방스알프코트다쥐르 주

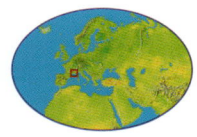

공원의 면적 : 685제곱킬로미터
최고 높이(라시메두젤라스) : 3,143미터

프랑스 동남부의 고산 지대에 있으며 사람이 거의 살지 않는 이곳은 인접한 이탈리아의 알프스 해양자연공원과 공동으로 운영되고 있다. 공원에 있는 알로스 호수는 유럽에서 가장 큰 고산 호수이며 협곡과 폭포 역시 매우 잘 발달해 있다. 프랑스에는 1979년에 국립공원이 된 메르칸투르를 비롯해 일곱 개의 국립공원이 있다. 이 공원의 최고봉은 라시메두젤라스(3,143미터)이다. 그 외에도 테테 드 라뤼느(2,984미터), 그랑카펠레(2,934미터), 몽베고(2,873미터) 등이 있다. 공원에는 고산 식물이 자라지만 지중해와 가까워서 고도에 따라 식생이 변하는데 리비에라에서는 지중해 연안의 향기로운 관목 지대인 마키까지 찾아볼 수 있다.

공원의 야생생물 군락은 유럽의 고산 동물들을 가장 전형적으로 보여준다. 이곳에는 샤모니, 수염수리, 아이벡스, 야생 양, 마못 등의 동물과 안추사 아주레아와 큰작란화를 비롯한 고산 식물이 자란다. 선사 시대 유적도 발견되었는데 몽베고의 기슭에 있는 메르베이유밸리에서 10만 년 전 청동기 시대의 암각화가 발견되었다. **AB**

몽방투

프랑스, 프로방스알프코트다쥐르 주

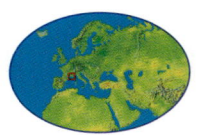

몽방투의 생성 시기 : 6,000만 년 전
몽방투의 높이 : 1,909미터

몽방투는 로마 제국이 세운 최초의 주(州)들 중에서 프랑스에 위치한 프로방스알프코트다쥐르 주의 최고봉이다. 이 산 정상을 덮은 빛나는 하얀 이판암은 종종 눈으로 오인되기도 하는데 프로방스 전역에서 그 모습을 볼 수 있다. '프로방스의 거인'이라고도 불리는 몽방투의 정상에는 천문대가 설치되어 있다. 세 갈래 도로가 나 있는 이 곳은 프랑스 여행의 중심이라 할 수 있다.

실망하지 않을 알프스가 있다.

방투에 가면 꼭 봐야 할 '눈에는 보이지 않는' 멋진 자연현상이 있다. 바로 방투(Ventoux)이다. 프랑스어로 바람을 의미하는 Vent와 '항상'이라는 뜻의 tout가 합쳐진 방투는 프로방스를 휩쓸고 지나가는 32개의 미스트랄 바람인데 론밸리를 포효하며 지나가는 매서운 북풍을 말한다. 프로방스에서는 '루 미스트로'라고도 부르는데 '제왕'이라는 뜻이다.

그리스인과 로마인이 이곳을 다스리기 오래전부터 셀토리구리아 부족은 미스트랄을 신으로 숭배했다. 몽방투에서는 고대 부족의 사원이 발견되

몽방투는 프로방스알프코트다쥐르 주의 최고봉이다.
이 산 정상을 덮은 빛나는 하얀 이판암은 종종 눈으로
오인되기도 하는데 프로방스 전역에서 그 모습을 볼 수 있다.

등반을 시작할 때 최적의 지점은 교황령 콩타브네상의 전(前) 수도인 카르팡트라이다. 북쪽 루트는 말루센을 경유하며 서쪽 루트는 이 지역 라벤더의 수도인 솔을 거친다. 여름에는 아지랑이로 흐릿하게 보이는 풍경마저 아름답기 그지없다. 남쪽으로는 루베롱 산맥이 뻗어 있는데 폴 세잔이 즐겨 그린 생빅투아르가 바로 이곳에 있다. 그 외에도 알피유와 마르세유와 인접한 에탕 드 베레라군도 있다. 서쪽으로는 당텔 드 몽미라이유와 '신의 평원'이라는 뜻의 플랑 드 디유가 있는데 이곳은 최고의 프로방스 와인인 바께레스와 지공다스의 생산지로도 유명하다. 동쪽으로는 언제 보더라도 절대

었다. 이들은 점토 피리로 바람을 불렀으며 바람이 도착하면 깜짝 놀라 도망을 갔다고 한다.

몽방투의 기슭에는 아틀라스시더, 떡갈나무, 소나무 등의 숲으로 복잡한 등산로가 나 있다. 한편 이곳은 야생 양, 멧돼지와 검독수리, 흰배줄무늬수리와 뱀독수리를 포함한 야생조류 104종의 서식지이기도 하다. **CM**

<u>오른쪽</u> 산악 마을 뒤로 웅장한 몽방투가 보인다.

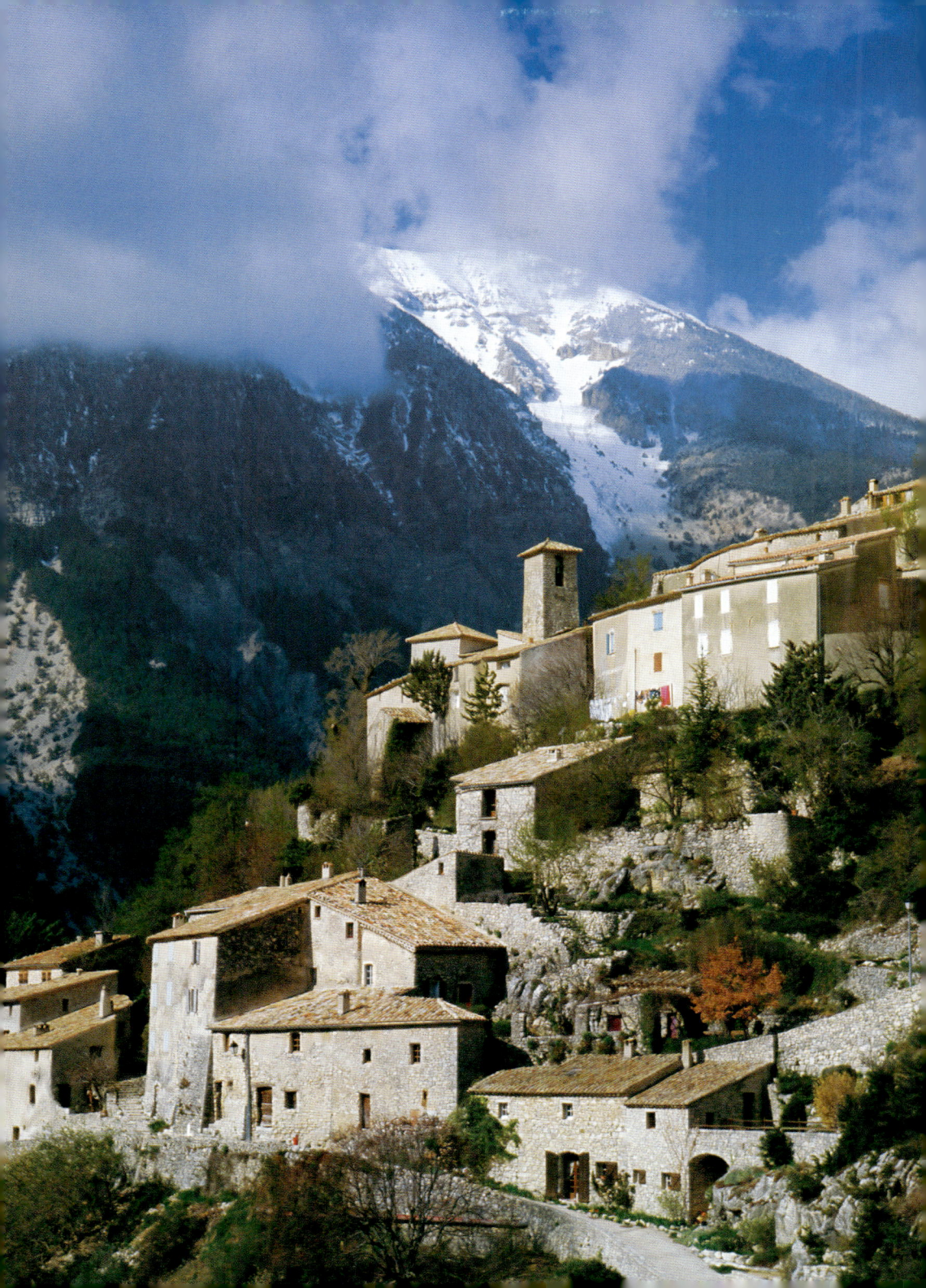

론 강

프랑스 / 스위스

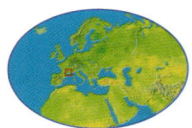

| 론 강의 길이 : 816킬로미터 |
| 아를에서 평균 유량 : 초당 62,948리터 |

장장 816킬로미터 정도를 흘러 지중해에서 끝나는 론 강의 긴 여정은 빙하가 녹은 물이 흐르는 스위스 생고타르 산맥의 작은 시내에서 시작한다. 론 강이 레만 호수에 다다를 즈음이면 작은 시내가 아닌 어엿한 강으로 성장해 있다. 강물은 프랑스로 흘러 리옹에 도착하면 손 강과 합류해 선박이 다닐 수 있는 수로가 된다.

기원전 600년경 지금의 마르세유가 그리스의 식민지인 마살리아였던 시절부터 19세기 철도가 건설될 때까지 론 강의 하류는 북부와 남부를 잇는 대동맥의 일부를 담당했다. 현재는 거대한 바지선으로 탄화수소를 운반하면서 침체했던 하천 운송이 다시 활기를 되찾았다.

강은 아를을 지나서 두 줄기로 갈라져 삼각주를 형성한 후 지중해로 흘러드는데 이 삼각주가 카마르그이다. 여름의 론 강을 보면 사람들에게 완전히 길들여진 것 같다. 하류에는 고속도로, 산업단지, 핵발전소와 수력발전소가 건설되어 있다. 그러나 도시적인 냄새가 물씬 나는 모습이 전부는 아니다. 겨울만 되면 강은 정기적으로 범람하기 때문이다.

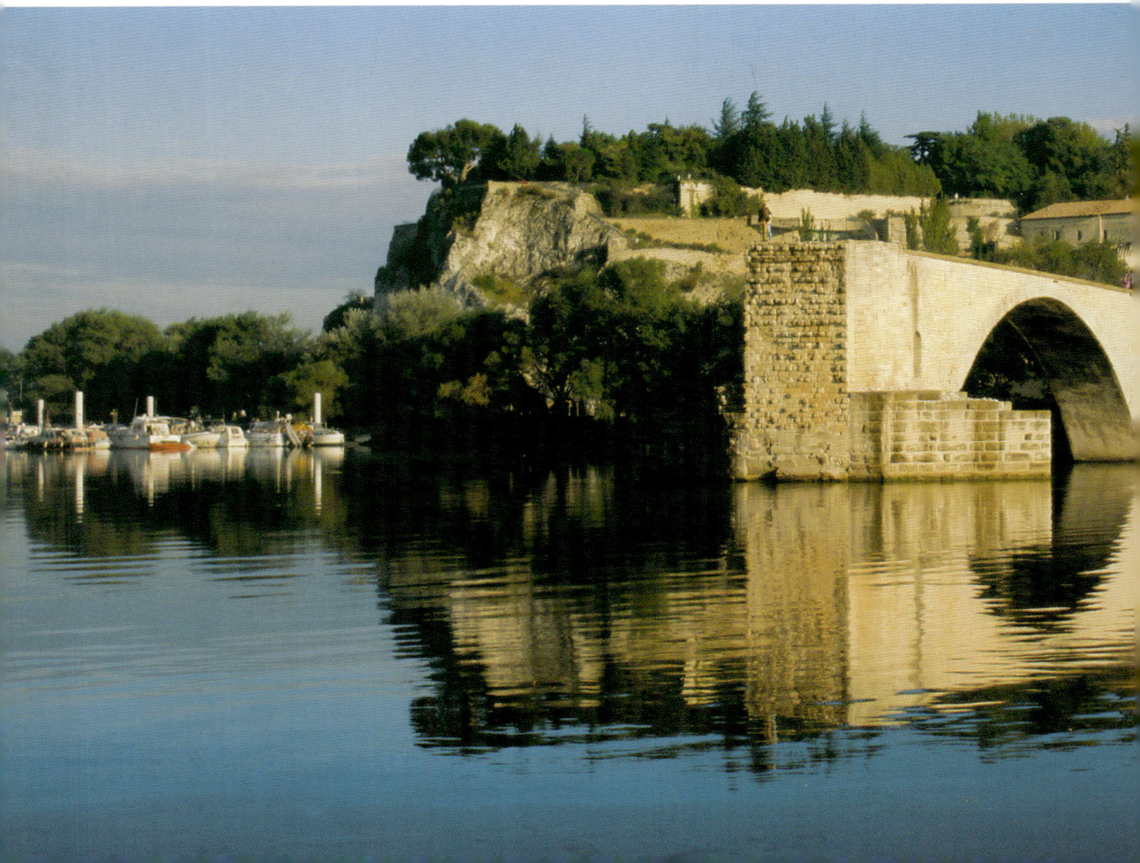

예를 들면 카마르그 지역은 1993년과 1994년 연속으로 침수되었다. 2003년에는 아비뇽 일부와 하류에 인접한 수많은 도시와 촌락이 물바다가 되었다.

콩드리외 근처의 일 드 뵈르와 더 남쪽으로 내려가 사블롱 근처의 일 드 라플라티에르에 있는 야생공원은 수달, 비버와 코이푸오 같은 야생동물이 서식하고 있다. 리옹 근교의 필라파크는 프랑스에서 최신 기술을 가장 잘 활용하고 있는 공원이다. 이곳에서는 자동 비디오카메라를 통해 야생동물을 방해하지 않고 가까이에서 관찰할 수 있다.

론 강에 놓여 있는 수많은 다리 중에는 파괴된 생베네제 다리가 가장 유명하다. 이 다리는 〈아비뇽 다리에서 춤을 추자〉라는 노래로 유명한 바로 그 아비뇽 다리이다. 이 다리야말로 론 강의 위력을 생생하게 보여주는 증거이다. 1185년 완공 당시 다리는 총 길이가 900미터였으며 22개의 아치로 만들어졌다. 그러나 그중 네 개의 아치만을 남긴 채 지금은 모두 강에 휩쓸려가 버렸다. **CM**

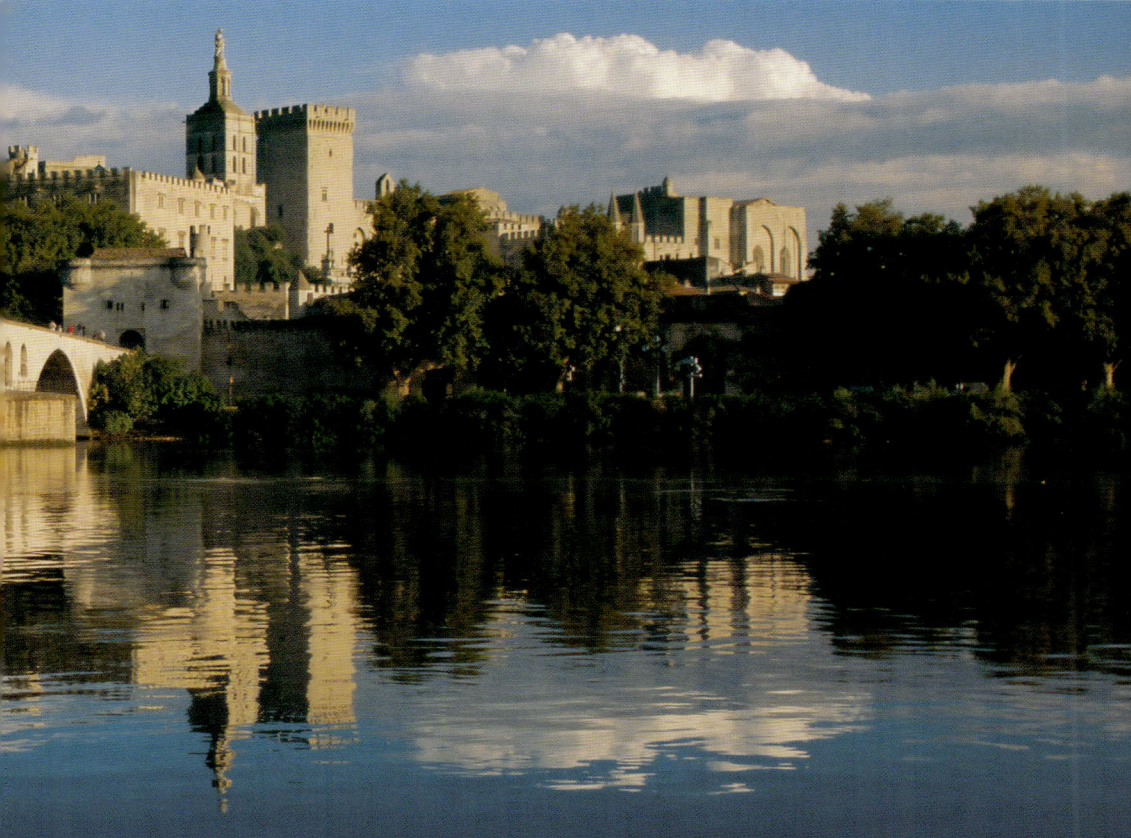

가바르니 권곡

프랑스, 오트피레네 주

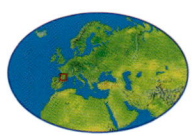

가바르니 권곡의 생성 시기 : 200만 년 전
최고 높이(마르보르) : 3,248미터
피레네 국립공원의 면적 : 45,707헥타르

가바르니 권곡은 프랑스 영토에 있는 피레네 산맥에서도 절경으로 손꼽히는 곳이다. 1843년 빅토르 위고는 이곳을 '기적이자 꿈 같은 곳'이라고 묘사한 바 있다. 파리의 젊은 화가 슈발리에는 그 웅장한 아름다움에 반해 '가바르니'라는 가명을 사용하기도 했다. 고산 초원에 있는 작은 마을인 가바르니는 빙하의 침식 작용으로 U자 모양

면 키르크 호텔까지 오솔길을 따라 45분 정도 걸으면 된다.

파일하 트레일을 따라 한 바퀴 빙 돌면 피레네 산맥의 절경을 대부분 구경할 수 있다. 무르가트 산의 정상은 권곡을 가장 잘 볼 수 있는 곳이다. 이곳까지는 세 시간 정도 걸어야 하며 반드시 등산화를 신고 가야 한다. 가바르니에서는 7월마다 마지막 두 주 동안 음악과 연극 축제를 개최하는데 고도 1,450미터 위치까지 20분 정도 걸으면 축제 장소에 도착할 수 있다.

권곡은 피레네 국립공원에 속한다. 1967년에

1843년 빅토르 위고는 이곳을 '기적이자 꿈 같은 곳'이라고 묘사한 바 있다.
파리의 젊은 화가 슈발리에는 그 웅장한 아름다움에 반해
'가바르니'라는 가명을 사용하기도 했다.

으로 깎인 권곡에 둘러싸여 있다.

이 권곡에는 세 봉우리가 그 위용을 뽐내고 있는데 타일리옹(3,144미터), 카스크(3,073미터), 마르보르(3,248미터) 등이다. 검은 벽처럼 우뚝 솟은 이 산들은 몽페르뒤 산괴의 일부로 200만 년 전 빙하에 잘려나갔다. 지금도 군데군데 설원이 펼쳐져 있으며 구릉지에는 너도밤나무와 소나무 숲이 무성하다.

마르보르 봉의 비탈에서 400미터나 떨어지는 웅장한 폭포의 발원지는 포 강이다. 이 폭포는 겨울이 되면 얼어붙곤 하는데 그때가 일 년 중 가장 아름답다. 이 폭포의 근처에 있는 '눈 다리'를 보려

국립공원이 된 이 공원에는 피레네 산맥에서만 자생하는 160여 종의 식물이 발견되었다. 1996년에는 이 지역에 불곰을 방사한 후 강력한 보호법을 제정하여 보호하고 있다. 검독수리를 비롯해 다양한 독수리들이 이 지역에 서식한다. **CM**

<u>오른쪽</u> 가바르니 권곡의 초원에서 한가로이 풀을 뜯는 양들

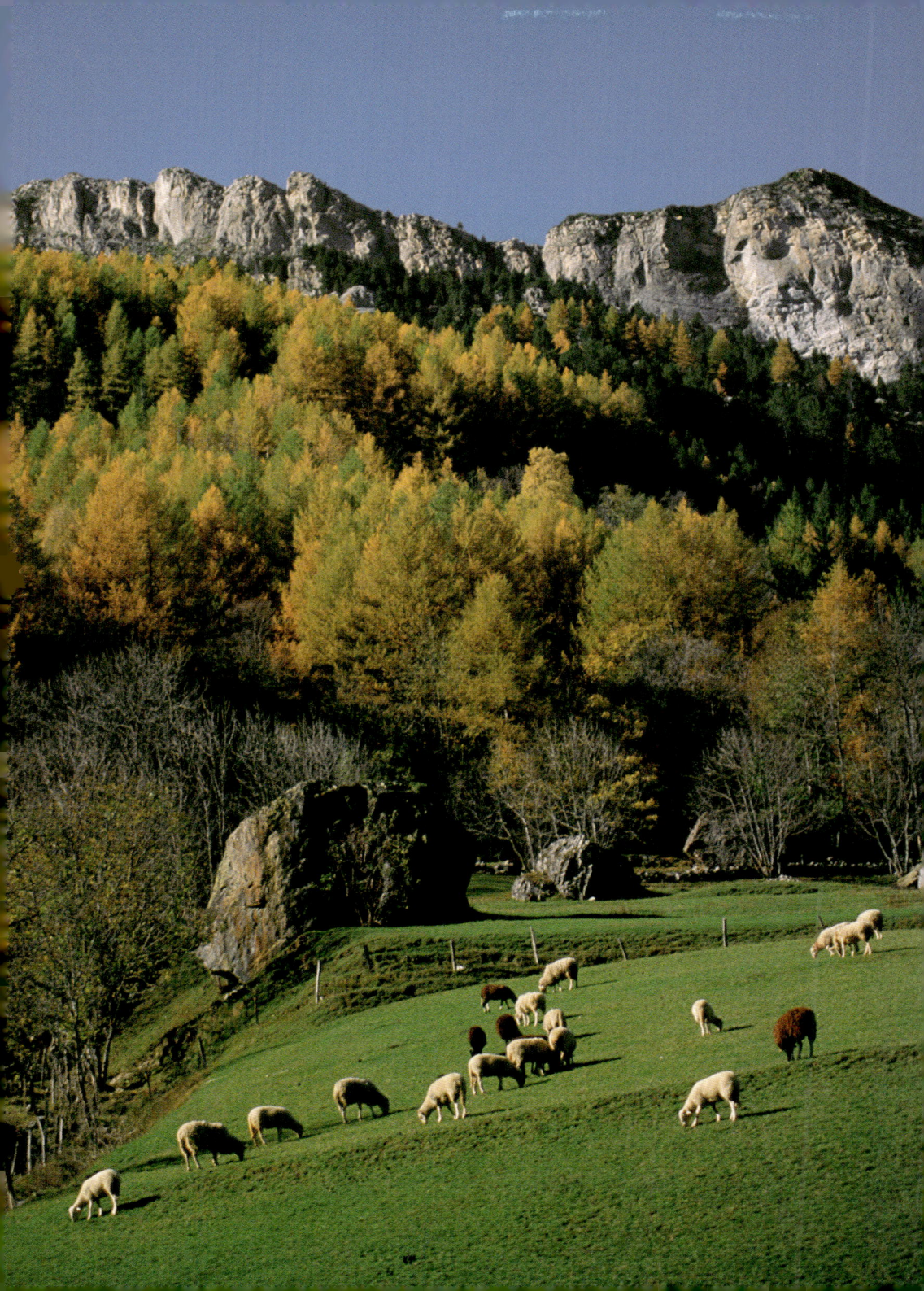

필라뒨

프랑스, 아키텐 주

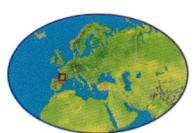

필라뒨의 높이	117미터
뒨(모래 언덕)의 길이	3킬로미터
뒨(모래 언덕)의 폭	500미터

프랑스 대서양 해안의 아르카숑 만의 입구에서 보르도 근처까지 필라뒨(모래 언덕)이 펼쳐 있다. 이곳은 유럽에서 가장 높고도 독특한 모래 언덕으로 현재 높이는 117미터이지만 매년 4미터씩 높아지고 있다. 과거 선원들은 이 모래 언덕을 보고 위치를 가늠하곤 했으며 지금은 바다를 내려다보는 장소로 관광객 사이에서 더 유명하다. 언덕의 북동쪽 경사면에는 관광객들을 위한 나무 계단이 설치되어 있다.

이곳의 이름은 15세기 무렵 남프랑스 방언에서 유래했는데, 필라뒨이란 원래 이곳에서 북쪽으로 더 가야 나오는 모래톱을 지칭하던 이름으로 '모래 더미'라는 뜻이다. 모래 언덕은 계속된 풍화작용 끝에 18세기에 지금과 같은 모습이 되었다.

모래 언덕은 빠른 속도로 성장하고 있다. 현재 이곳의 모래는 6,000만 세제곱미터로 추산된다. 식물이 전혀 자라지 않기에 변화가 느리지만 확실하게 바다로부터 멀어지고 있어서 인근의 숲을 삼킬 듯 위협하고 있다.

모래 언덕 주변의 해안은 많이 개발되었지만 해안에서 멀지 않은 곳의 섬에는 야생조류가 풍부하며 보트로 쉽게 갈 수 있다. **CM**

타른 협곡

프랑스, 랑그도크루시용 주

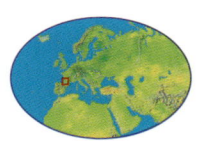

타른 강의 길이	375킬로미터
암석의 종류	석회암

타른 강은 폭은 좁지만 매우 긴 강으로, 몽로제르의 기슭에서 발원해 무아사크의 가론 강과 합류한다. 타른 강가에 있는 타른 협곡은 프랑스에서 가장 아름다운 협곡에 속한다. 이 타른 협곡은 그랑코스의 석회암 지대가 강물에 의해 침식되면서 형성되었다.

코스 지대는 1억 2,000만 년 전에는 지중해의 거대한 만이었다. 이곳에서 쉽게 마주치는 기암괴석은 오랜 세월 강물에 침식된 결과인데 지질학자들은 이 기묘한 풍경을 카르스트 지형이라고 부른다. 카르스트라는 용어는 슬로베니아의 카르스트 지역에서 유래했다.

타른 협곡에서 가장 아름다운 곳은 플로락과 르로지에 사이의 60킬로미터 구간일 것이다. 르로지에에서 시작하는 가장 아름다운 오솔길은 이곳의 바위의 이름을 따 로쉐 드 카플룩이라고 부른다. 라말렝 마을에는 바닥이 유리로 된 보트를 타고 즐길 수 있는 투어가 마련되어 있다.

강가의 깎아지른 듯한 절벽에는 검독수리, 수리부엉이와 송골매와 같은 야생조류가 서식한다. 현지에서는 '카오스'라는 이름으로 더 잘 알려진 코스 고원에서 가장 볼만한 곳은 메이뤼에이의 북동쪽에 있는 님-르-비외에 있다. **CM**

세벤 협곡

프랑스, 랑그도크루시용 주

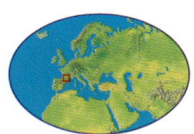

최고 높이(피넬스 봉) : 1,699미터	
암석의 종류 : 회색 석회암	
국립공원 제정 연도 : 1970년	

로제르 산에 있는 세벤 협곡은 절경으로 손꼽히는 석회암 지형으로 유명하다. 이곳의 석회암 지형은 세계에서 가장 다양하며 흥미진진한 것으로 알려졌다. 거친 바위로 뒤덮인 드넓은 카르스트 지형과 함께 깊은 동굴이 곳곳에 형성되어 있다. 이 동굴 중에는 2억 년 전에 형성된 것도 있다. 그 외에도 유럽에서 가장 깊고 웅장한 종트 협곡을 비롯해 아름다운 골짜기가 잘 발달해 있다.

셀 수도 없이 많은 동굴은 예로부터 인간의 거주지였다. 그래서 이 국립공원에는 고고학 유적지가 매우 많다. 특히 4,000년 전의 청동기 시대 이후의 유적지가 많이 발견되는데 선돌, 고인돌, 돌담 등이 발견되었다. 오늘날의 하이킹 코스 중에는 청동기 시대부터 사용되던 길도 있다.

석회암 지대에는 고유의 식생이 발달해 있다. 비옥한 초원에는 느시, 종달새 및 다양한 종류의 아름다운 나비들이 살고 있다. 송골매를 비롯한 맹금류가 협곡의 험한 절벽에 둥지를 틀고 있다. 이 지역에서는 현재 프르제발스키호스(20세기에 생존하고 있는 마지막 야생 말의 아종—옮긴이) 번식 프로그램을 진행하고 있으며, 이 말은 원산지인 아시아의 스텝 지역에서는 거의 멸종 상태이다. **AB**

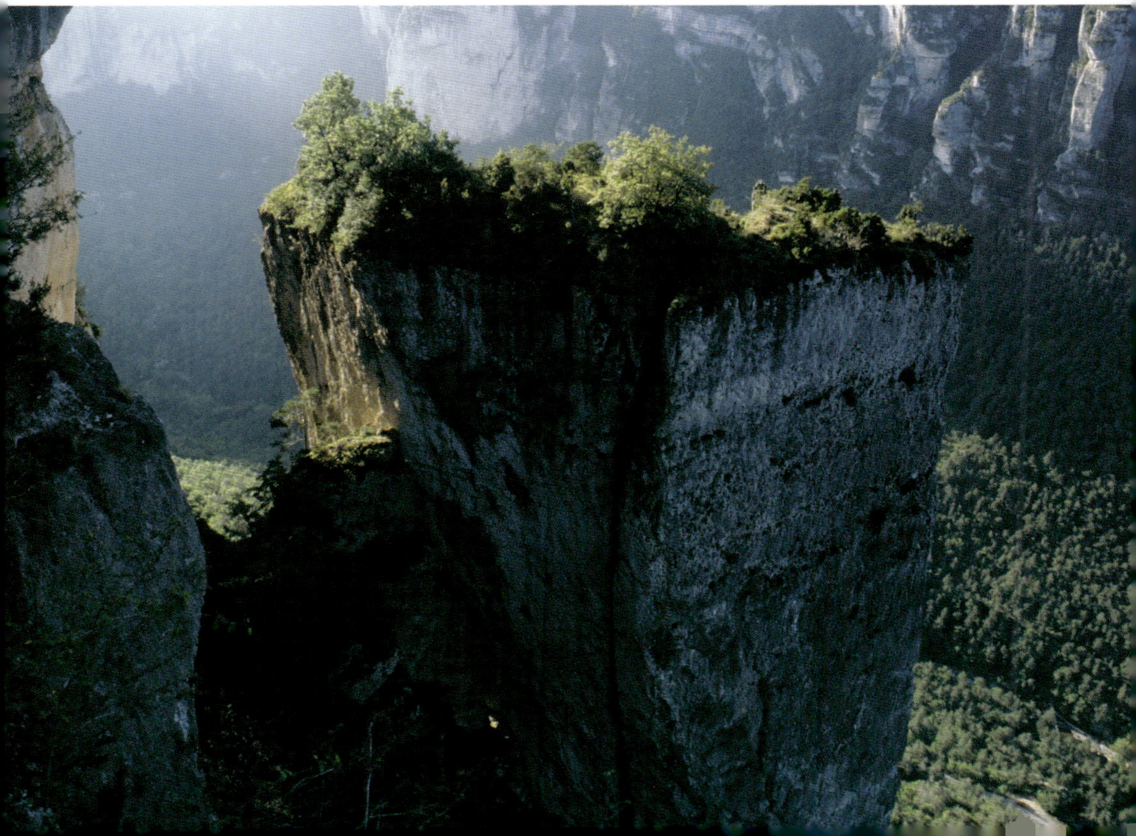

에리송 폭포

프랑스, 프랑슈콩테 주

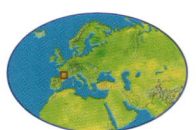

그랑소의 높이 : 60미터
암석의 종류 : 석회암
폭포의 생성 시기 : 2억 800만~1억 4,600만 년 전

쥐 라 지역에 있는 에리송의 폭포들은 가을 장마 후나 해빙수가 유입되는 초봄 무렵에 가장 볼만하다. 고대 석회암 지대에 빙하의 침식 작용이 일어나면서 깊은 계곡이 여럿 만들어졌다. 그 중에서도 가장 깊은 계곡에는 에리송 강이 흐른다. 봉류 호수에서 발원한 강은 두시에르 고원에 다다르면 3.2킬로미터에 걸쳐 280미터 높이에서 떨어져 내린다. 좁은 협곡들, 작은 고원들과 바위 사이를 기세 좋게 흐르는 강물은 31개의 폭포를 통과하는데 폭포마다 지질학적 특징이 다 다르다. 가장 유명한 폭포는 에반테에유로 이름 그대로 부채처럼 생긴 계단 폭포이다. 물보라를 일으키며 길게 낙하하는 폭포수는 그랑소 연못, 안개가 멋진 르소드 두 연못, 이끼가 덮인 레튑스 등지로 떨어진다. 이 지역은 홍적세(洪積世, 지금으로부터 약 200만 년 전에 시작되어 약 1만 년에 끝났으며, 지질시대 신생대 제4기 전반의 세를 말한다. 플라이스토세, 갱신세, 최신세라도고 하는 이 시기에는 화산활동이 두드러졌고 인류의 조상이 나타났다) 때 서식했던 들소와 비슷한 반 야생 상태의 들소 무리로도 유명하다. **AB**

몽테파두 국립공원

프랑스, 코르시카 섬

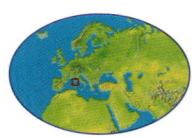

몽테파두 산의 최고 높이 : 2,394미터
지사니 계곡 : 95킬로미터

코 르시카 섬의 중부 고산 지대는 타르가진느 강이 굽이쳐 흐르는 협곡과 몽테파두의 험준한 산비탈이 서로 조화를 이루고 있다. 이곳에 최초로 정착한 사람들은 마을을 네 군데로 나눈 다음 독특한 건축물을 지었다. 마졸레오, 올미카펠라, 피오지올라, 발리카 마을 등이 지사니 계곡에 흩어져 있는데 오랜 세월 외부와 고립되면서 다른 유럽 지역에서는 이미 사라진 농경 생활을 유지하고 있다. 이들은 자연의 모습을 바꾸고 더 풍성하게 만들었다. 이 공원에서 하이킹을 하다 보면 마을 주민들이 오래전에 닦아 놓은 오솔길이나 급류가 흐르는 시내에 만들어 놓은 다리를 지나며 감사하게 될 것이다.

공원에는 1,524미터가 넘는 봉우리가 많다. 그 중에는 파두, 앙상블코로나, 몽테그로수와 산파르투가 있다. 산비탈은 소나무 숲이 무성하며 고도가 낮은 지역에는 더위에 강하고 무척 향기로운 마키가 자라고 있다. 고산 지대의 비탈에서 야생 양이 서식하며 고도가 낮은 곳에서는 가축으로 길들여진 양이 풀을 뜯는다. 이 지역에는 검독수리와 수염수리 같은 맹금류도 서식한다. **AB**

레스토니카 협곡

프랑스, 코르시카 섬

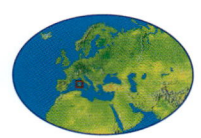

최고 높이(로톤도 산) : 2,622미터

식생 : 강가 초원, 밤나무와 소나무 숲

레스토니카 협곡은 코르시카의 중앙에 뻗어 있는 산악 지형을 가로지른다. 이곳은 아름답기로 유명하며 이곳에 사는 다양한 동식물을 보호하기 위해 1966년부터 보호구역으로 지정되었다. 레스토니카 강은 주변을 침식 시키며 스스로 물길을 내기도 하고 마지막 빙하기 때의 빙하 침식 작용으로 깎여 나간 곳을 흐르기도 한다. 강물은 완만한 곡선을 이루기도 하고 역동적인 폭포나 계곡이 되기도 한다. 뿐만 아니라 이 강물은 깊은 못이 되기도 하는데 이처럼 쉴 새 없이 모습을 바꾼다.

이 지역에는 아름다운 빙하호인 멜로 호수와 더 고립된 카피텔로 호수가 있다. 멜로 호수는 비교적 접근하기가 쉬워서 한 시간 정도 걸으면 나온다. 그러나 카피텔로 호수에 도착하려면 힘든 등산을 각오해야 한다. 오래전에 만들어진 빙퇴석을 올라가야 하는데, 제법 힘들지만 정상에 서서 주위의 수직 절벽을 보면 고생한 보람을 느낄 수 있을 것이다. 사고가 발생할 때를 대비해서 길목에 석조 산장을 많이 설치해 두었다. 하지만 기본적인 것만 갖추고 있어서 쉼터 이상의 도움은 되지 않는다. 이 지역은 여름철이면 아름다운 자연을 마음껏 즐기려는 관광객들로 붐빈다. **AB**

흐라니체 협곡

체코 공화국, 올로모우츠 주

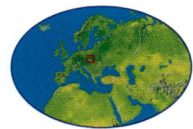

협곡의 깊이 : 329미터

협곡의 지름 : 275미터

암석의 종류 : 카르스트 석회암

흐라니카 프로파스트라고도 하는 흐라니체 협곡은 체코와 동유럽 전역에서 가장 깊은 협곡이다. 이 협곡은 레크바 강 상류의 거대한 석회암 카르스트 고원에 뚫린 거대하고 깊은 구멍인데, 까마득한 옛날 이산화탄소가 풍부하고 따뜻한 물이 석회암 지대를 통과하면서 만든 거대한 지하 동굴이었다. 이곳을 흐르던 샘물은 지하에서 솟아 광물이 풍부했다. 세월이 흐르면서 동굴의 거대한 구멍은 무게를 이기지 못하고 붕괴했고 결국 지금의 협곡이 만들어졌다.

협곡의 하류 부분은 205미터 깊이의 연못을 만든 여러 샘에서 솟아나오는 따뜻한 광천수로 침수되었다. 협곡의 상류 69미터만 물에 잠기지 않은 상태이다. 협곡의 이름은 서쪽으로 4킬로미터 떨어진 흐라니체 마을의 이름을 딴 것이다. 이곳의 따뜻한 광천수는 흐라니체 협곡을 만들었을 뿐만 아니라 협곡의 맞은편에 있는 테플리체와 베크보 온천 휴양지에서도 중요한 역할을 하고 있다. **JK**

타트라스 산맥

폴란드 / 슬로바키아

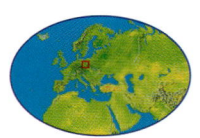

타트라스 산맥의 면적 : 795제곱킬로미터
최고 높이(리시) : 2,499미터

크라코우 시에서 차로 두 시간을 달리면 폴란드인들이 '폴란드의 알프스'라고 부르는 중유럽의 타트라스 산맥에 도착한다. 이곳은 오랫동안 관광지로 인기가 높았다. 산맥의 슬로바키아 쪽 기슭에 들어선 포프라드 시가 포프라드 영화제를 개최하기 때문에 이곳을 찾는 영화인들의 발길도 끊이지 않고 있다. 고산 고원에서 우뚝 솟은 산맥은 카르파티아에서 가장 높은 산맥으로 유럽에서 적인 모습이다. 산맥의 서쪽에서는 강물이 석회암과 백운석을 침식해서 정상을 평평하게 만들거나 깊은 계곡을 깎고 수많은 동굴을 만들었다. 산괴의 지하에 숨겨진 동굴은 지하 미로가 되었다. 일곱 개의 동굴이 개방되어 있는데 그중 여섯 동굴이 코스키엘리스카밸리에 있다. 가장 긴 동굴은 길이가 1만 8,000미터인 리트보로바 동굴이다.

이 동굴은 전설에도 자주 등장하는데 옛날에는 이곳에 용이 살았다고 한다. 한때는 범법자들이 동굴로 숨어들기도 했다. 지금은 박쥐가 동굴의 유일한 주민이다. 타트라스 산맥의 저지에는 소나무와 너도밤나무 숲이 무성하고 고지로 갈수록 키 작은

긴 세월 동안 단단한 화강암은 풍화되어 날카롭고 웅장하며 거대한 산맥을
이루고 샤무아, 곰, 스라소니, 늑대, 사슴 등에게 안식처를 제공했다.

도 가장 아름다운 풍광을 자랑한다. 산맥의 봉우리들은 15킬로미터에 걸쳐 늘어서 있으며 폴란드 남부에 천연 국경을 형성한다. 폴란드와 슬로바키아의 국경은 이 산줄기를 따라 지나가는데 산맥 면적의 24퍼센트는 폴란드에 위치해 있다.

타트라스 산맥은 홍적세 때의 빙하작용에 의해 지금의 모습을 갖추게 되었다. 지난 500~1만 년 동안 빙하는 이 지역에 나타났다가 다시 모습을 감추었다. 지금은 하나도 남아 있지 않다. 긴 세월 동안 단단했던 화강암은 풍화되어 날카롭고 웅장하며 거대한 산맥을 이루고 샤무아, 곰, 스라소니, 늑대, 사슴 등에게 안식처를 제공했다.

날카로운 침봉과 크레스트, 수많은 권곡 사이에 수정처럼 맑고 차가운 호수가 30여 곳 이상 들어선 그림처럼 아름다운 풍경은 타트라스 산맥의 전형 소나무 숲과 고산 초원이 펼쳐져 있다. 바위 틈새에서 가끔 꽃이 피기도 하지만 봄에는 추원과 계곡에 노란 크로커스가 카펫이 깔린 것처럼 만발한다.

19세기 말 바르샤바의 한 박사가 이 산맥의 공기가 건강에 가장 좋은 처방전이라고 선언한 적이 있다. 오늘날 매년 300만 명에 달하는 관광객이 그 처방의 효험을 보려고 이곳을 찾는다. **JD**

오른쪽 슬로바키아의 푸른 농지 위로 어스름한 푸른 타트라스 산맥이 우뚝 솟아 있다.

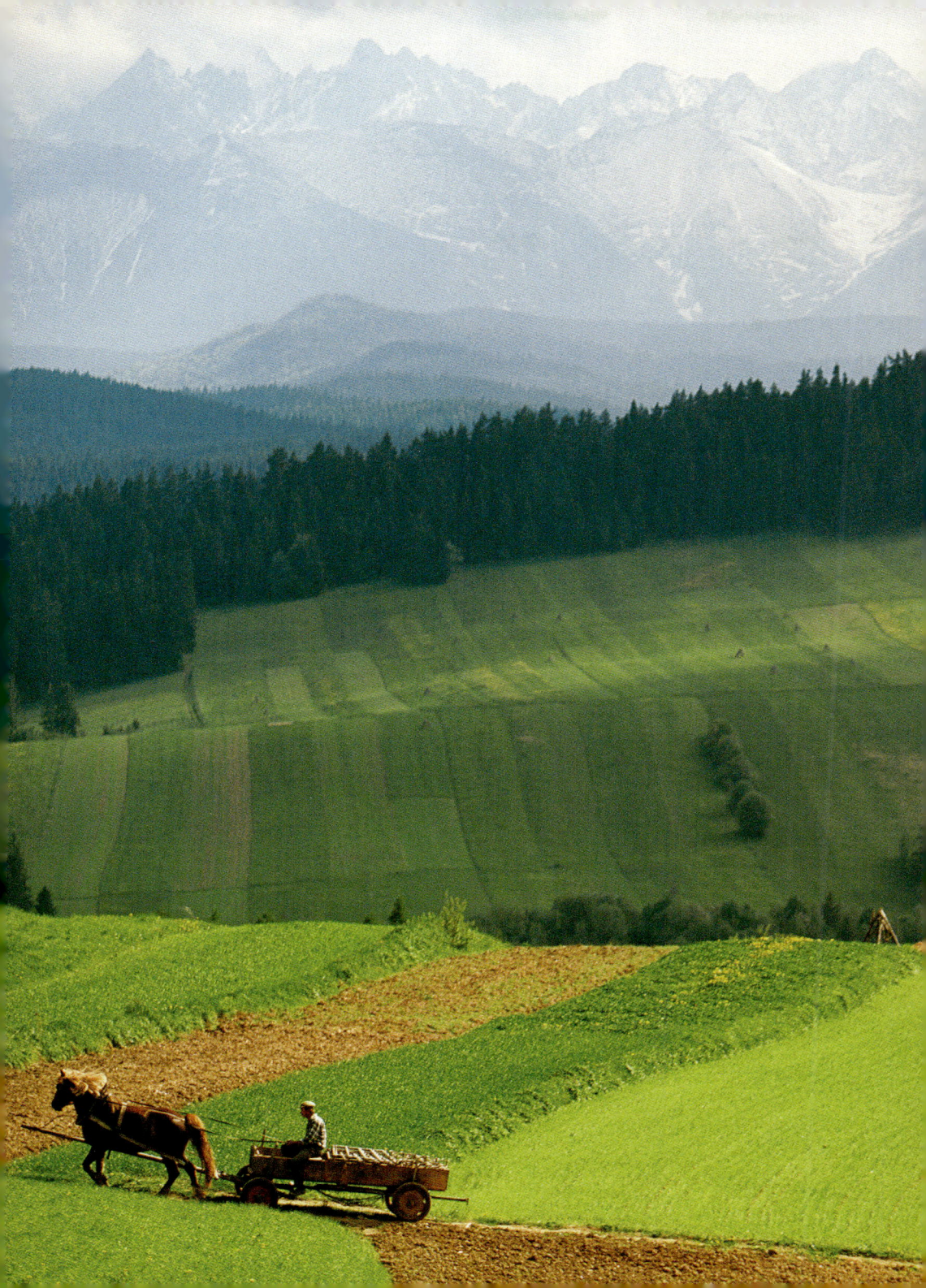

슬로박파라다이스와
호르나드 협곡

슬로바키아, 질리나 주

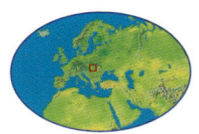

슬로박파라다이스의 면적 : 19,763제곱
킬로미터

슬로박파라다이스의 해발 고도 : 500~
1,700미터

이름만 봐도 알 수 있듯이 슬로박파라다이스는 초원, 캐니언, 협곡, 동굴, 언덕, 강, 폭포 등 자연의 절경으로 가득한 낙원의 땅이다. 이 매력적인 국립공원은 오랜 세월 동안 온갖 모양으로 변한 석회암이 풍부한 지역이다. 석회암은 침식작용에 매우 약하기 때문에 탐사할 동굴이나 협곡은 언제나 충분하다. 총 177군데나 있으니 말이다.

그중에서도 호르나드 협곡은 호르나드 강이 만든 16킬로미터 길이의 협곡으로 천국 중에서도 천국이다. 가장자리의 가파른 절벽은 곳에 따라 300미터나 된다. 머리가 삐죽 솟을 것처럼 오싹한 길이 협곡 곳곳에 설치되어 있다. 그러나 절벽에 설치된 트랩, 금속제 인도교 등에서 바라볼 풍경을 생각한다면 그런 고생쯤은 아무것도 아니다.

도브신스카 얼음 동굴도 놓치면 아까운 곳이다. 이 동굴에는 27미터 두께의 지하 빙하와 얼음 폭포, 얼음 종유석, 얼음기둥 등이 즐비하다. **JK**

도미카 동굴

슬로바키아, 코시체 주

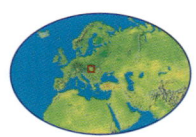

도미카 동굴의 길이 : 5.4킬로미터

암석의 종류 : 카르스트 석회암

암석의 생성 시기 : 2억 2,500만 년 전

헝가리와 인접한 슬로바키아의 남부 국경 지대에는 거대한 석회암 지대인 카르스트가 있다. 이곳에서 석회암 동굴이 많이 발견되었는데 그중에서 가장 아름답고 인상적인 곳이 도미카 동굴이다. 약 2억 2,500만 년 전에 석회암 퇴적물이 이곳에 쌓이면서 지하 하천인 스틱스와 도미카에 의해 침식작용이 일어났다. 동굴에는 석회암에 난 천연 단층을 따라 수많은 회랑이 만들어져 있다. 쉼없이 물이 떨어져서 종유석의 숲이 형성되었다. 그 숲이 워낙 **빽빽**해서 잘못하면 길을 잃을 수도 있을 정도이다. 동굴 투어를 하려면 보트를 타고 지하 하천을 따라 동굴을 둘러볼 수 있다.

8,000년 전 선사시대에는 이 동굴에 사람이 살았는데 그들을 가리켜 부크 문명이라고 한다. 그들이 남긴 훌륭한 석기 도구들은 선사시대 때의 문명을 이해할 수 있는 실마리가 되었다. 그런데 4만 년 전에도 이곳에 사람이 살았음을 증명할 수 있는 유물이 또다시 발견되었다. 현재 도미카 동굴에는 14종의 박쥐가 살고 있는데 이곳의 관박쥐 군락은 슬로바키아에서 최대 규모이다. 도미카 동굴은 도미체슈카르피 국립자연보호구역에 속해 있다. **JK**

파스테르체 –
그로스글로크너 빙하

오스트리아, 티롤 주

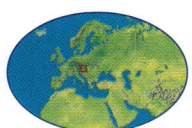

파스테르체의 두께 : 300미터	
그로스글로크너의 높이 : 3,798미터	
서식지 : 고산 암벽	

오스트리아 최고봉인 그로스글로크너의 북쪽 면을 지키고 선 파스테르체 빙하는 동유럽에서 가장 큰 빙하이다. 이곳에는 하이킹 루트가 잘 갖추어져 있고 케이블카도 설치되어 있어서 빙하의 끝까지 쉽게 도착할 수 있다.

빙하는 매우 안정적이어서 밧줄이 없어도 그 위에서 안전하게 걸어다닐 수 있다. 빙하는 일 년에 30센티미터씩 후퇴하고 있다. 아마도 앞으로 1,000년 후면 다 녹을 것이다. 이곳은 구불거리는 호할펜슈트라세 도로로도 갈 수 있는데 고대 무역로인 뢰머베그를 따라 나 있는 길이다. 현대적인 도로 옆에는 고대의 유적이 잘 보존되어 있다. 중세에는 독일과 베네치아를 연결하는 이 길을 따라 향신료, 유리와 소금을 거래했다.

근처에는 아름다움의 극치를 보여주는 젤 호수, 크리미 폭포, 호에타우에른 국립공원 등도 있다. 사람들은 캠핑, 산책과 암벽 등반을 즐기고자 이곳을 찾는다. **AB**

카르벤델 산맥

오스트리아, 티롤 주

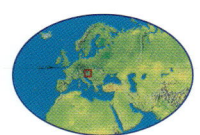

최고봉(비카르스피체) : 2,749미터	
식생 : 암벽, 고산 초원, 암벽 식물	
암석의 종류 : 석회암	

카르벤델 산맥은 레히탈러알프스, 미밍 산, 로판 산과 카이저비르게 산과 함께 북부 티롤 석회암 지대에 속해 있다. 이 산맥은 높이가 3,000미터에 달한다. 차갑고 습한 기후와 풍부한 강수량, 초원, 숲과 사냥감 등이 카르벤델의 특징이다. 인구가 희박한 이 지역은 대부분 오스트리아 최대의 카르벤델 자연보호구역에 속해 있다. 이곳은 매우 외진 곳이며 험준한 지형 때문에 횡단하기가 매우 까다롭기로 악명이 높다. 이곳은 오래전부터 왕명으로 잘 보존되어 왔으며 몇몇 마을은 왕실의 사냥용 거처였다.

페르티사우 마을은 동종요법에 사용되는 오일인 이히티올을 만들 수 있는 화석 퇴적물이 매장되어 있다. 공원에는 산책로가 잘 갖춰져 있지만 워낙 두메산골이므로 여행을 하기 전에 준비를 철저하게 해야 한다. 오두막이 있어서 굳이 밖에서 야영하지 않아도 된다. 저지의 산악 바이킹도 인기 있는 등산 코스이다.

이곳의 최고봉은 카르벤델 산으로, 부서지기 쉬운 석회암 지역이어서 등산하기에 적당하지 않다. 티롤에서 가장 크고 깊은 아첸 호수가 이 산맥의 한쪽 끝에 자리 잡고 있다. **AB**

크림믈 폭포

오스트리아, 티롤 주

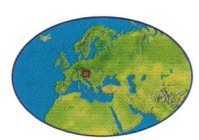

폭포의 높이 : 380미터	
폭포의 해발 고도 : 1,687미터	
크림믈밸리의 길이 : 19킬로미터	

380미터 높이의 크림믈 폭포는 유럽의 가장 높은 곳에서 자유 낙하하는 폭포이며 세계에서 여덟 번째로 큰 폭포이기도 하다. 해발 고도 1,687미터에 있는 크림믈은 겨울이면 폭포에서 내뿜는 물보라가 주위의 바위와 식물들을 하얀 서리로 뒤덮어 초현실적인 조각 작품을 만들어낸다. 크림믈은 삼단 폭포로 젤암질러에서 유료 도로를 통해 갈 수 있다. 도로에서 폭포까지 걸어서 한 시간 정도 걸리는데 가는 동안 갑자기 날씨가 변할 수 있으니 조심해야 한다. 폭포를 따라 잘 정비된 길은 고산 초원에 있는 멋진 계곡인 크림믈밸리로 이어진다. 이 계곡은 이 국립공원에서 가장 아름다운 곳에 속하며 크림믈글래이셔에서 끝난다.

폭포는 4월 말에서 10월 말까지 일반에 개방되며 날씨 상황에 따라 변동이 있다. 폭포는 유럽 의회로부터 자연보호구역증서도 받았다. 폭포는 호에타우에른 국립공원에 자리 잡고 있다. 동부 알프스에 있는 이 국립공원에는 3,000미터를 넘는 봉우리가 304개이며 웅장한 빙하가 246개나 된다. **AB**

<u>오른쪽</u> 숲을 뚫고 힘차게 내려오는 크림믈 폭포

아이스리젠벨트

오스트리아, 잘츠부르크 주

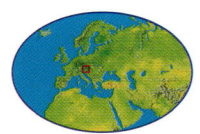

아이스리젠벨트의 길이 : 40킬로미터	
아이스리젠벨트의 해발 고도 : 1,500미터	
동굴 입구의 높이 : 18미터	

얼음 동굴과 대성당 같은 거대한 방들로 이루어진 미로인 아이스리젠벨트는 유럽에서 가장 큰 얼음 동굴이다. 잘츠부르크 남쪽의 텐넨 산괴 지하에 감춰진 비경이라 할 수 있는 동굴계는 1879년에 안톤 폰 포셀트-크조리히가 처음으로 탐사에 성공했으며 1912년에는 알렉산더 폰 모크가 탐사를 했다. 지하로 40킬로미터 정도 뻗어 있는 '얼음 거인의 세계'를 처음 발견한 사람은 모크였다. 동굴은 해발 고도 1,500미터가 넘는 곳에 있어서 해빙수든 빗물이든 동굴로 스며드는 순간 얼어붙는다. 결과적으로 동굴에 일반적으로 생기는 방해석 종유석과 석순 대신 이 동굴에는 '아이스 오르간'과 '아이스 샤펠' 같은 독특한 얼음 지형이 형성되어 있다. 동굴로 들이치는 칼바람으로 동굴 벽에는 하얀 서리가 몇 겹으로 쌓여 있다.

동굴 입구는 거대하기로 유명하다. 폭 20미터에 높이는 18미터나 되어 멀리서도 알아볼 수 있을 정도이다. 가장 큰 동굴은 길이 60미터에 폭 30미터, 높이 35미터이다. 한 시간짜리 가이드 투어가 진행되는데 동굴 안 기온이 영상으로 올라가는 경우가 드물어서 옷을 따뜻하게 입어야 한다. **MB**

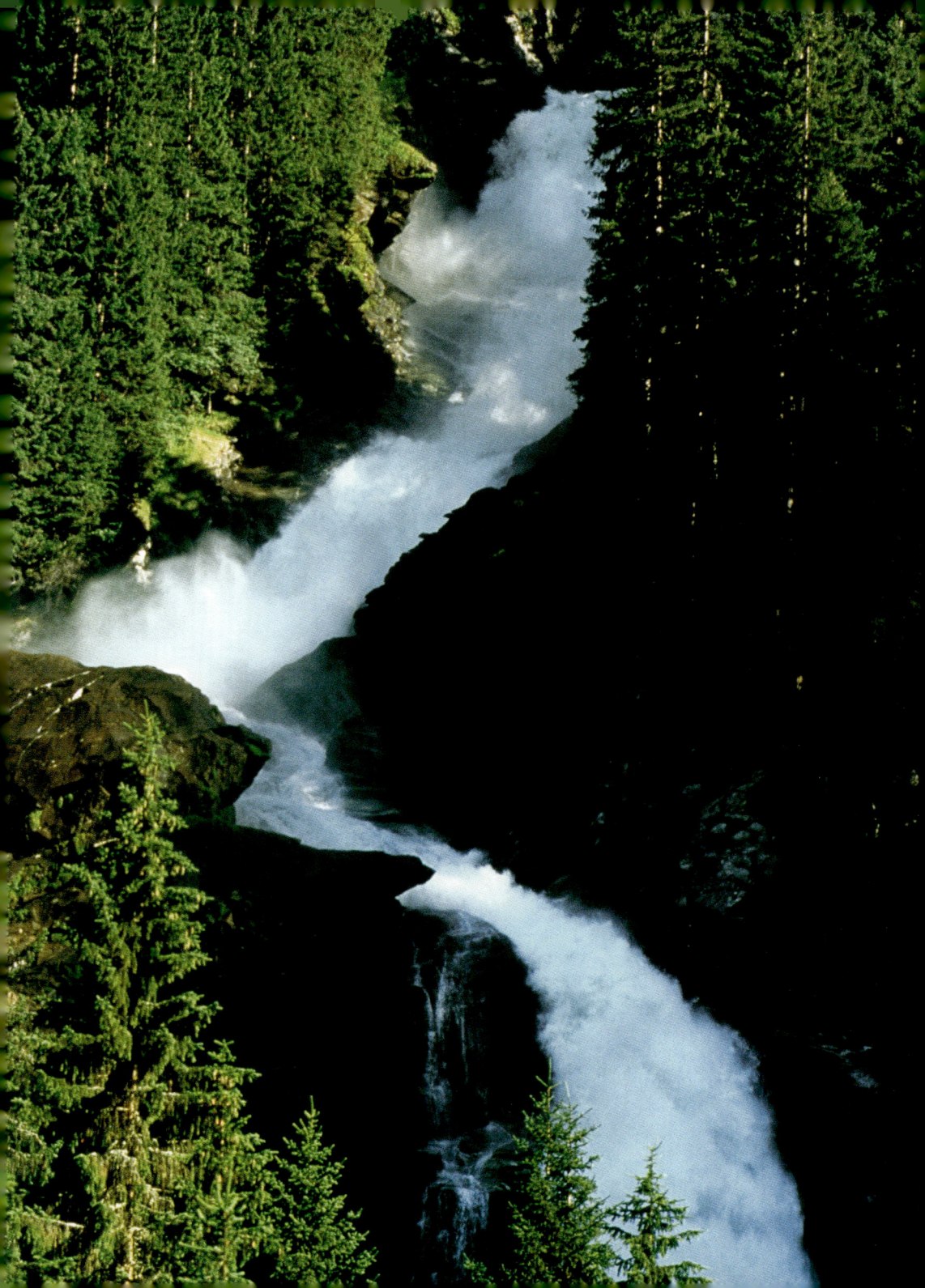

세그로테

오스트리아, 빈

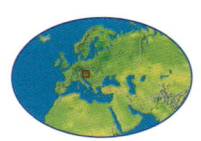

지하 호수의 깊이 : 지표면에서 60미터	
연간 방문객 수 : 25만 명	

세그로테 호수의 풍경은 온전한 자연의 솜씨라고는 볼 수 없다. 그도 그럴 것이 사람이 일으킨 재앙도 한 몫을 했기 때문이다. 1912년 힌터브뤌 석고 광산에서 발파작업 도중에 사고가 발생했다. 2,000만 리터가 넘는 물이 주변의 암벽으로 쏟아져 내렸고 광산의 갱도를 침수시켰다. 이 사고로 석고 채굴이 중단되었고 광산은 폐쇄되었다. 하지만 덕분에 유럽에서 가장 큰 지하 호수가 만들어졌다. 1932년에 이루어진 동굴 탐사에서 신비한 현상이 재발견되었고 동굴은 관광객에게 개방되었다.

2차 대전이 발발하자 독일군이 이 지역을 징발해 물을 빼내고 지하 공장을 설립했다. 이곳에서 세계 최초의 폭격기 중 하나인 하인켈의 HE 162 샐러맨더가 생산되었다. 그 후 러시아군이 이곳의 공장을 철거하고 다시 관광지로 만들었다. 터널을 따라 500미터를 내려가면 거대한 동굴이 입을 벌리고 있는데 그곳에는 2,000명을 수용할 수 있는 교회도 있다. 이곳을 둘러볼 수 있는 가이드 투어가 진행되며 동굴에 조명이 켜지면서 갑자기 거대한 호수가 나타나는 진풍경을 볼 수 있다. **MB**

자이젠베르크 협곡

오스트리아, 오버외스터라이히 주

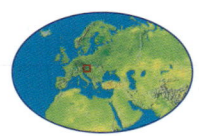

협곡의 길이 : 600미터	
협곡의 깊이 : 50미터	

자이젠베르크 협곡 국립기념지는 잘츠부르크의 바이스바흐 근처에 있는 길이 600미터에 깊이 50미터 협곡이다. 이곳은 1831년에 비로소 사람의 발길이 닿았다. 당시 벌목꾼들이 목재를 운송하려고 협곡에 길을 건설했기 때문이다. 바이스바흐 하천은 숲을 가로질러 급류 지역에 도착한 후 폭이 좁은 협곡으로 떨어진다. 강물이 협곡의 바위를 깎아서 동굴과 터널을 만들었다.

편안한 목제 계단과 등산로가 잘 마련되어 있어서 협곡을 편안히 감상할 수 있는데 개방은 5~10

월 사이에 이루어진다. 협곡은 30분이면 모두 둘러볼 수 있다.

보더카저 협곡 근처에 있는 오텐바흐는 400미터 길이에 깊이가 80미터인 협곡이다. 계단을 따라가면서 협곡에 만들어져 있는 기암괴석을 감상할 수 있다. 협곡의 입구에는 천연 호수가 여럿 있어 수영을 즐기기에 좋다. 이 지역에 오면 바이스바흐 근처의 람프레히트 동굴도 꼭 구경해야 하는데 이 동굴은 전 세계의 개방된 동굴 중에서 최대 규모에 속한다. **RC**

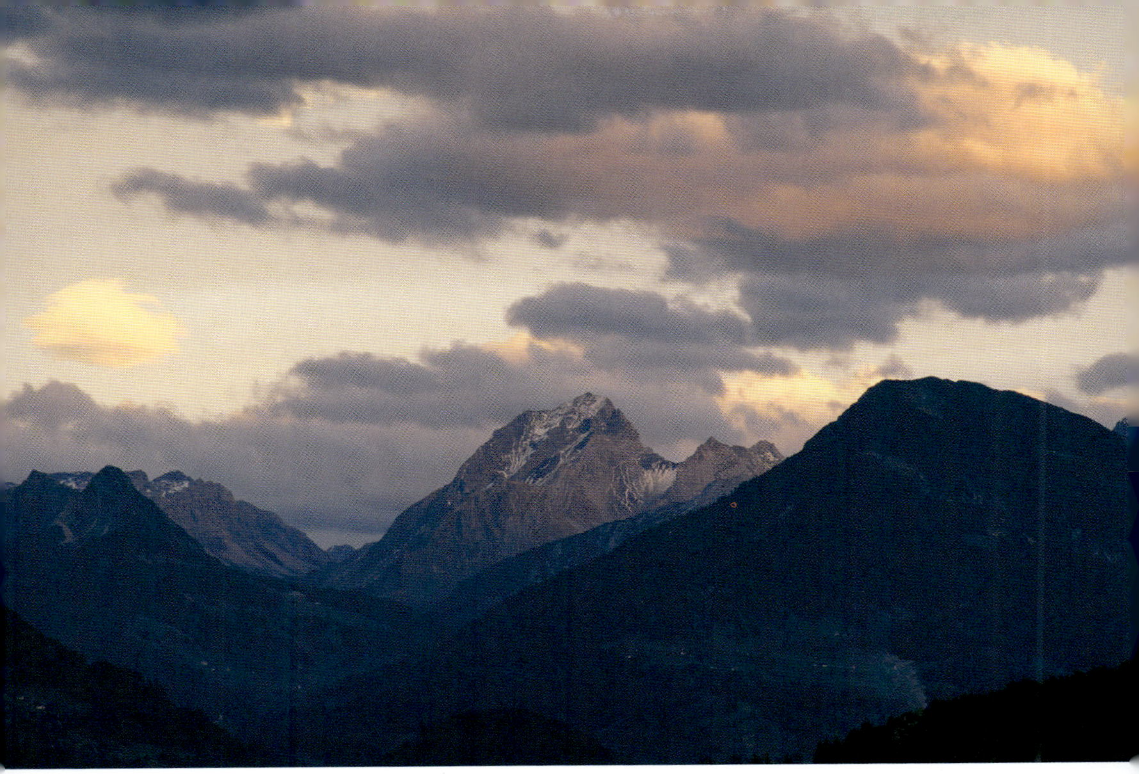

리히텐슈타인 협곡

오스트리아, 잘츠부르크 주

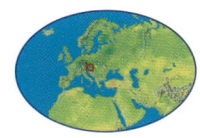

현지 이름 : 리히텐슈타인클람
협곡의 깊이 : 300미터
가장 높은 폭포의 높이 : 50미터

전설에 의하면 잘츠부르크의 심장부에 있는 리히텐슈타인 협곡은 대장장이와 계약을 했다가 속아 넘어간 악마가 머리끝까지 화가 나서 만들었다고 한다. 이런 무시무시한 전설에 웅장한 자연미가 결합해서 1875년 이후 풍가우의 세인트요한 마을을 찾는 관광객의 발길이 끊이지 않는다. 숲속에 난 복잡한 등산로를 따라가면 협곡 전역에 흩어져 있는 아름다운 폭포들을 감상할 수 있다. 이 길은 현지 삼림감시원들이 요한 2세 퓌르스트 폰 리히텐슈타인으로부터 자금을 지원받아 건설했다.

그 후 협곡의 이름은 리히텐슈타인으로 바뀌었다.

수천 년 동안 빙하 녹은 물이 흘러드는 그로살 강이 땅을 깎아 300미터 길이의 협곡이 완성되었다. 강물이 흐르면서 바위에 부딪히고 소용돌이치면서 상상도 할 수 없는 신기한 형상과 패턴을 만들었다. 등산로는 작은 다리들과 연결되어 있어서 등산객들은 야성이 살아 넘치는 폭포를 경험할 수 있다. 협곡의 양쪽 절벽이 너무 붙어서 하늘을 거의 볼 수 없는 곳도 있다. 협곡에서 피어오르는 물보라에 햇살이 비칠 때면 아름다운 무지개가 피어오른다. **NA**

람프레히트 동굴

오스트리아, 오버외스터라이히 주

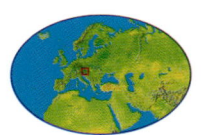

동굴의 깊이 : 1,632미터
동굴의 길이 : 50킬로미터

람프레히트 동굴은 유럽에서 가장 광범위하게 퍼져 있는 동굴계 중 하나이다. 게다가 직접 걸어서 다 둘러볼 수 있는, 세계에서 가장 깊은 동굴이기도 하다. 전설에 의하면 동굴은 십자군 전쟁에서 보물을 가져온 람프레히트 기사의 이름을 땄다. 훗날 그의 두 딸이 그 보물을 물려받았는데, 그 자매 중 한 명이 보물을 훔쳐서 이 동굴에 숨겨 놓았다고 한다. 몇 세기에 걸쳐 그 보물을 찾으려는 시도가 이어졌고 결국 지역 정부는 1701년 즈음 동굴에 벽을 세웠다. 그러나 해빙수가 유입된 빠른 물살이 얼마 지나지도 않아 동굴 하천의 벽을 무너뜨렸다.

이 동굴에는 침수를 경고하는 경보 시스템이 있지만 최근까지도 사람들이 지하에 고립되는 사고가 보고되었다고 한다. 1991년 1월에는 네 명의 독일 동굴 탐험가들이 고립되었으며 1998년 8월에는 동굴 투어를 하던 14명의 관광객이 폭우로 인해 지하에 갇혔다. 1998년에 람프레히트 동굴과 PL-2 동굴계 사이의 연결 부분이 발견되어 이 동굴은 세계에서 가장 깊은 동굴로 인정받게 되었다. 하지만 2001년에 세계에서 가장 깊은 동굴의 영예는 조지아의 아브하즈에 있는 보로냐 동굴(혹은 크루베라 동굴, 1,700미터)이 차지했다. **RC**

케아흘라우 산괴

루마니아, 네암츠 주

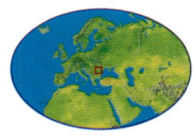

케아흘라우 산괴의 높이 : 1,907미터
공원의 면적 : 172제곱킬로미터
암석의 종류 : 석회암

케아흘라우 산괴는 '몰다비아의 보석'으로 알려졌다. 주변의 시골 풍경을 배경으로 우뚝 솟아 있는 모습이 인상적인 이곳은 동부 카르파티아 산맥의 일부이기는 하지만 케아흘라우 산괴 홀로 뚝 떨어져 있기 때문에 주변 풍경과 매우 대조적으로 보인다. 산괴는 허물어지는 거대한 성채처럼 생겼다. 이곳의 지형이 마치 가파른 성벽이나 탑 혹은 더는 수리가 불가능해 보이는 누벽처럼 보이기 때문이다. 이 지역에서는 이 산괴를 신성하게 여기며 봉우리마다 이름과 전설이 서려 있다.

이 산괴의 다른 이름은 '매직마운틴'이다. 케아흘라우는 루마니아 사람들의 조상인 다치아 인의 신인 '자몰세'의 집이라는 전설이 전해져 내려온다. 케아흘라우의 최고봉에서 데체발 왕의 딸인 도치아를 자몰세에게 제물로 바쳤다는 것이다. 도치아 산의 정상까지는 수많은 산책로가 나 있다. 이 산을 함께 오르는 사람들은 영원한 우정을 맺을 수 있다고 한다. 이곳은 산과 주변 지역에서 자라는 화초 2,000여 종과 절벽나비를 비롯한 희귀한 동식물을 보호하고자 국립공원으로 지정되었다. **JK**

케일레투르지 협곡

루마니아, 포디솔트란실바니아

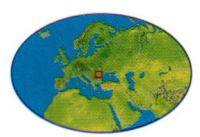

다른 이름 : 투르다 협곡
협곡의 길이 : 2킬로미터
협곡의 깊이 : 250미터

케일레투르지는 루마니아의 아푸세니 산맥을 관통하는 웅장한 협곡이다. 하스다테 강이 만든 250미터 높이의 석회암 절벽들이 아름다운 자연보호구역을 둘러싸고 있는 이곳은 경치가 매우 아름다우며 다양한 동식물이 자라는 곳으로 로마 시대부터 유명했다. 투르다 협곡이라고도 하는데 인근에 투르다 마을의 이름을 따서 그렇게 부른다. 협곡의 양쪽 절벽에는 동굴이 60개가 넘어서 박쥐 군락이 많이 형성되어 있다. 케일레투르지에는 한때 사람들이 거주하기도 했다. 동굴에서 발견된 석기 도구는 이곳이 청동기와 석기 시대 사람들의 거주지였음을 보여준다. 중세에는 타타르 족의 침입을 피해서 사람들이 동굴에 피신한 적도 있다.

협곡에 형성된 독특한 미세 기후 덕분에 지중해나 중앙아시아에서나 볼 수 있는 식물이 발견된다. 이곳에 서식하는 식물은 1,000여 종이 넘으며 검독수리, 수리부엉이, 나무발바리, 바위독수리 등을 비롯한 조류 111종이 서식한다. 케일레투르지에는 다양한 난이도의 하이킹 코스와 등산로가 100개 이상 있어서 루마니아에서 가장 인기 있는 등산지에 속한다. **JK**

비카즈 협곡

루마니아, 네암츠 주

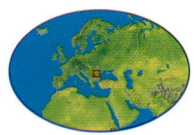

협곡의 길이 : 5킬로미터
협곡의 높이 : 300미터

비카즈 협곡은 루마니아 중앙의 카르파티아 산맥의 중심부에 있는 아름다운 협곡이다. 협곡의 길이는 5킬로미터이며 깊이는 300미터인데 곳에 따라 폭이 매우 좁은 부분도 있다. 협곡은 이리저리 구불거리며 수직에 가까운 석회암 절벽을 통과한다. '넥 오브 헬'이라고 부르는 지점에는 흐릿하게 보이는 절벽이 산길 바로 위에 걸려 있어서 두려운 마음에 발걸음을 절로 재촉하게 한다.

거대한 비카즈 협곡을 제대로 경험하려면 걸어서 둘러보아야 한다. 협곡에는 수많은 나무발바리 새들이 살고 있다. 근처에는 비카즈 호수가 있는데 등산으로 지친 몸을 쉴 수 있는 이상적인 산악 호수이다.

한편 이 지역에는 역사적 사건이 매우 많았다. 바로 중세 시대 때 이 지역의 영주로 투르크 족을 다스려 후세에 악명을 떨친 블라드 드라쿨레아 즉 무시무시한 드라큘라 백작의 땅이기 때문이다. 협곡은 트란실바니아와 인접한 몰다비아 공국의 비카즈 마을에서 21킬로미터 떨어진 곳에 있다. 협곡은 현재 하스마스-비카즈 국립공원에 속해 보호받고 있다. **JK**

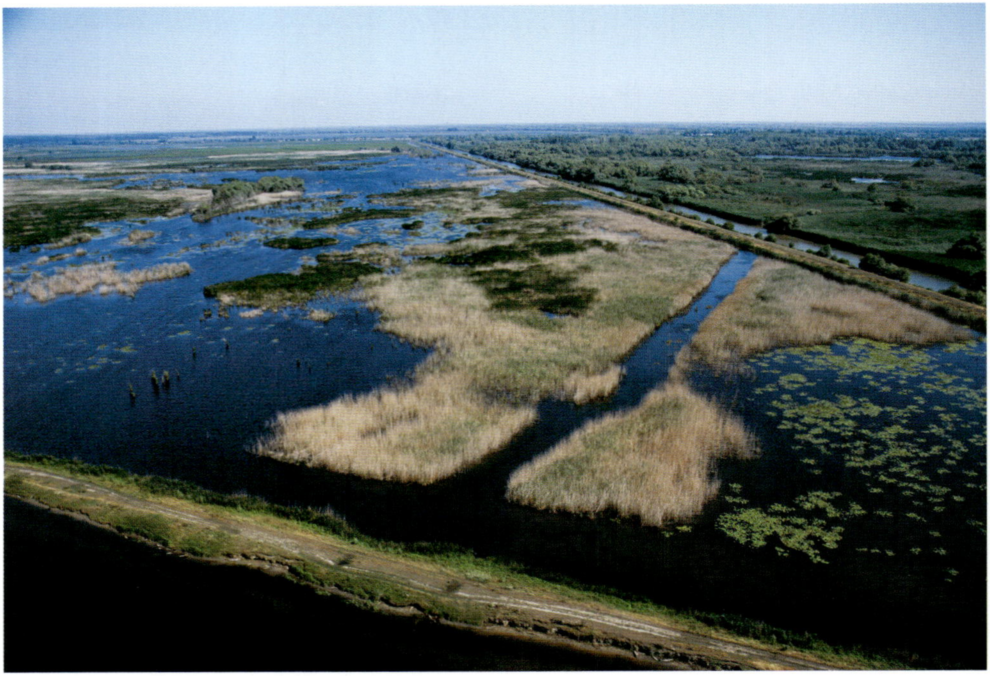

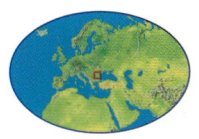

다뉴브 삼각주

루마니아, 툴체아 주

조류종의 수 : 310개
어류종의 수 : 75개
식물종의 수 : 1,150개

다뉴브 강이 루마니아의 흑해 연안에 가까워지면 세 줄기(칠리요, 술리나, 스판투게오르게)로 갈라져 습지의 천국인 다뉴브 삼각주를 흐른다. 약 5,000년 전에 이 지역은 흑해의 만이었다. 그러나 다뉴브 강이 쏟아놓고 가는 퇴적물이 쌓이면서 거대한 삼각주가 형성되었다. 사실 삼각주에는 지금도 초당 2.2톤의 침적토가 쌓여서 매년 40미터씩 루마니아의 면적을 넓히고 있다.

다뉴브 강은 거대한 수로망과 시내, 연못들 사이로 작은 섬과 모래톱이 수도 없이 흩어져 삼각주를 가로지르는 하천을 연결한다. 호수에는 하얗고 노란 수련이 무성하게 자란다. 다뉴브 삼각주는 세계에서 가장 큰 갈대 자생지의 하나로 그 면적은 1,563제곱킬로미터에 달한다. 이곳에는 다양한 식물이 서식하고 있으며 열대 식물인 리아나가 자라는 숲도 있다. 습지는 자석처럼 철새들을 끌어들이는데 흰사다새와 회색사다새의 세계 최대 군서지가 형성되어 있다. 전 세계에 사는 붉은가슴기러기의 반이 겨울을 이 지역에서 난다. 또한 이곳에서 보고된 조류만 약 310종이 될 정도로 이곳은 조류학 연구 기반이 되는 곳이기도 하다. **JK**

엥가딘 산맥

스위스, 그라우뷘덴 주

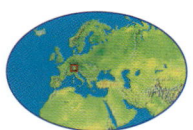

엥가딘 산맥의 **최고 높이** : 2,584미터
서식지 : 바위, 고산 초원, 소나무 숲, 고산 호수
암석의 종류 : 석회암

엥가딘은 실브레타알프스의 최고봉인 피츠부인을 경계로 이웃 산들과 분리된다. 시간이 흐르면서 장벽은 로망슈 지역을 고립시켰고 그 결과 이 지역은 지척에 있는 티롤과 완전히 다른 문화가 형성되었다. 이 지역은 아주 오래전부터 만들어진 촌락이 많이 발달해 있다. 그중 일부는 로마인들이 만든 산길에 있는데, 그러한 자연환경 때문에 건물은 대부분 단단한 석조 건물에 창을 깊이 파서 만들고 전면이 화려하게 채색되어 있다.

고성과 반짝이는 호수, 작은 꽃들이 만발한 고산 초원의 풍경은 매우 아름답다. 이 지역은 인스부르크, 다뉴브를 지나 흑해로 흘러가는 인 강이 가로질러 흐르는데, 이 평온한 풍경 뒤로는 거대한 산맥과 짙은 색의 신비로운 소나무 숲이 펼쳐져 있다. 스쿠올은 인 강 계곡 부근의 주요 도시로 이곳에는 프탄, 구아르다, 체르네츠 마을이 줄지어 들어서 있다. 뮈스테르 마을에는 중세 프레스코화가 완벽하게 보존된 교회가 유명하다. **AB**

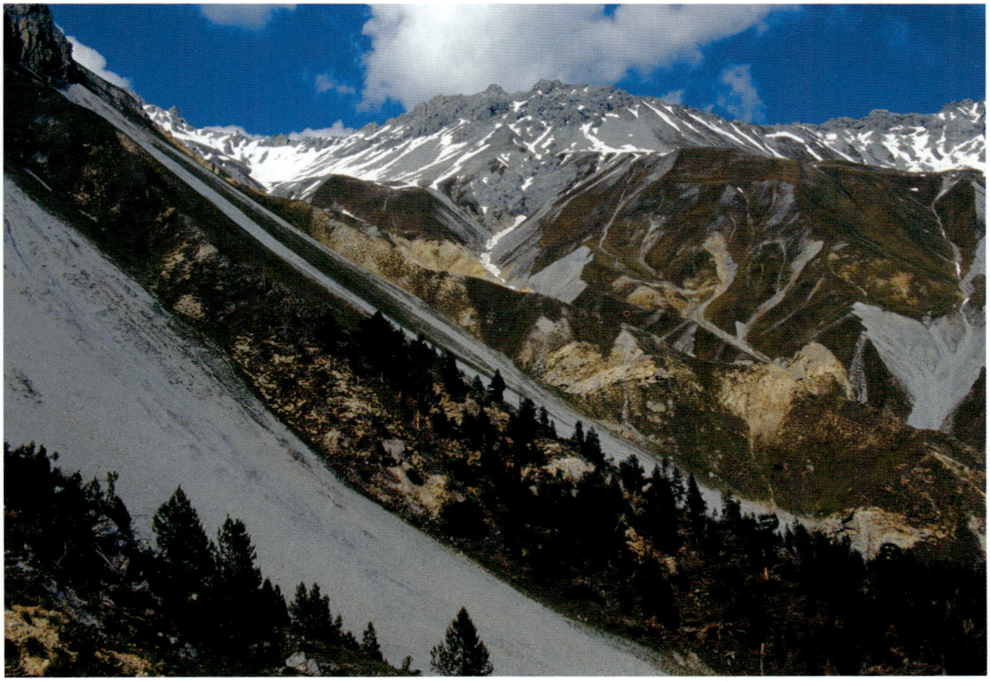

아에레유스 협곡

스위스, 뇌샤텔 주

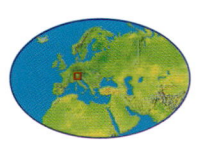

서식지 : 고산 초원, 포도밭, 고산 호수, 물가 식생, 하천
암석의 종류 : 석회암

아에레유스 협곡은 쥐라 고원에서 시작한 물줄기가 이 지역의 석회암 지대를 관통하면서 형성되었다. 이곳은 폭이 매우 좁으며 양쪽으로는 농경지가 있어 얕은 물이 바위 틈새를 흐르고 있다. 하지만 아에레유스 특유의 녹색 물이 흐르는 물길에는 수심이 매우 깊거나 급류가 심한 곳도 있다. 협곡은 세 개의 호수 사이에 자리 잡고 있으며, 두려움이 없는 사람이라면 협곡을 건널 수도 있다. 이곳은 길이 마치 절벽에 압정으로 고정한 듯 위태롭게 나 있지만 두 시간 동안 열심히 걸으면 해냈다는 뿌듯함으로 가슴은 벅차오르고 아름다운 풍경에 눈은 호강할 것이다.

아에레유스 협곡은 노이라이게라는 작은 마을이나 샹 드 물랭이라는 지역에서 건널 수 있다. 가장 가까운 도시는 중세 건물들로 유명한 모티어이며, 근처 트라베르에는 아스팔트 광산이 있다. 광산은 250년 동안 아스팔트를 채굴하다가 1986년에 폐쇄되고 그 자리에 박물관이 건립되었다. 그곳의 레스토랑에서는 220도의 아스팔트에서 요리한 햄을 먹을 수 있다. 갈 마을에서는 차로 협곡에 가는 방법도 있는데 20분 정도 걸린다. 협곡을 걸어서 돌아본 후 기차를 타면 잠시 후 샹 드 물랭으로 돌아갈 수 있다. **AB**

홀로흐 동굴

스위스, 루체른 주

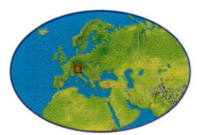

동굴의 길이 : 190킬로미터
동굴의 깊이 : 872미터
생성 시기 : 약 100만 년 전

'홀로흐(지옥의 구멍)'는 유럽 최대의 동굴계이다. 탐사가 끝난 통로와 갤러리, 지하 호수가 들어서 있는 190킬로미터의 길이만으로도 세계에서 가장 긴 동굴에 속한다. 이 동굴은 1875년 한 농부에 의해 발견되었는데 그 당시 6.4킬로미터까지 탐사가 이루어졌다. 1945년에 스위스의 지질학자인 알프레드 보글리가 동굴 조사를 시작한 이래 지하가 홍수로 범람하는 바람에 열흘 동안 고립되는 사고를 겪기도 했지만 1955년까지 55킬로미터의 조사를 끝냈다. 홀로흐 동굴의 자랑거리는 단연 으스스한 모습의 종유석과 석순이다. 게다가 유난히 짙은 색의 바위 틈새에 서식하는 동굴 고유의 동식물도 유명하다. 이곳에는 1982년에 거대한 방이 발견되었는데 후에 니르와나라고 불리게 되었다. 니르와나는 건기에만 들어갈 수 있다는 점을 명심해야 한다.

홀로흐 동굴에는 짧은 구간만 둘러보는 가이드 투어가 마련되어 있으며, 더 깊이 둘러보고 싶다면 11월에서 3월 사이에나 가능하다. 겨울에는 눈이 석회암을 통해 들어올 수 없어서 강수량이 크게 줄고 동굴 안은 건조하다. 봄이 되어 눈이 녹기 시작하면 깊은 곳일수록 물이 찬다. **RC**

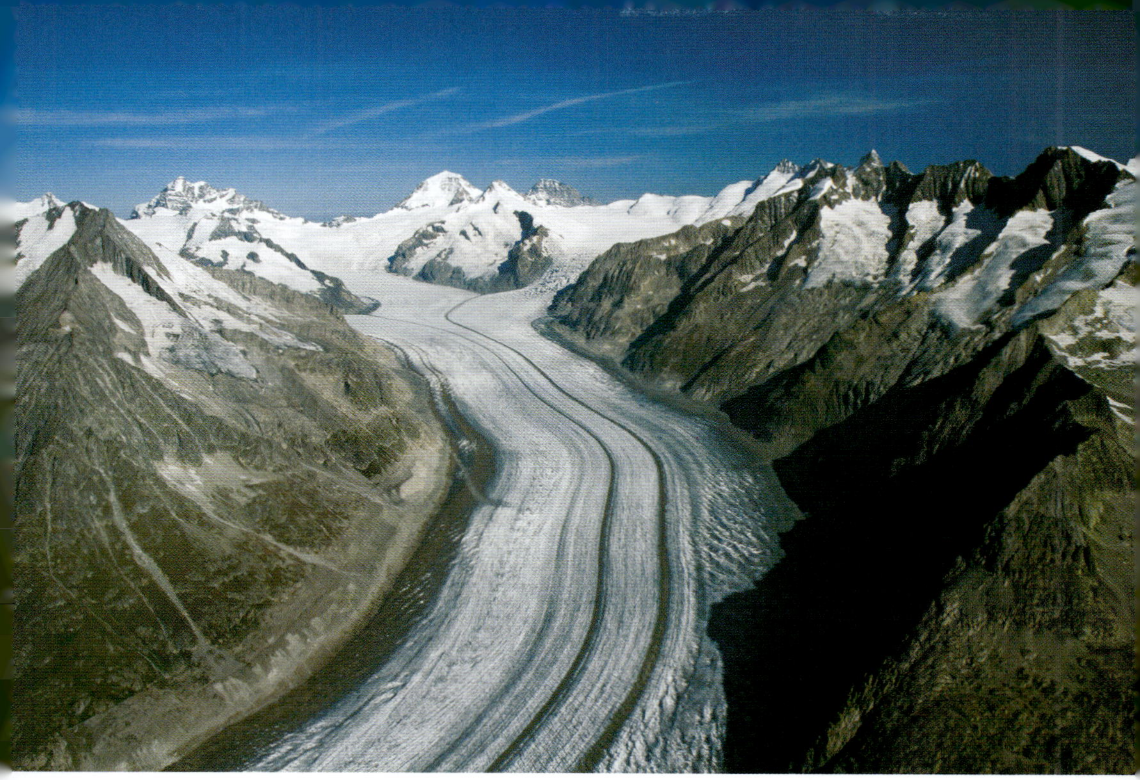

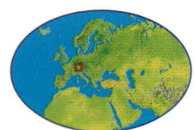

그로스알레치 빙하

스위스, 발루아

빙하의 길이 : 2.4킬로미터	
생성 시기 : 6만 년 전	

스위스의 그로스알레치 빙하는 알프스에서 가장 큰 빙하이다. 세계문화유산에 등재된 이 빙하의 길이는 2.4킬로미터에 달한다. 위치 상 프랑스와 이탈리아 국경 근처의 베른알프스에 있기 때문이 론 강의 발원지이기도 하다. 빙하의 생성 연대는 마지막 빙하기로 거슬러 올라가는데 약 6만 년 전에 형성되었을 것이다. 지금의 모습을 보면 과거 북유럽과 북아메리카가 1만 년 전에는 어떤 모습이었을지 짐작이 간다. 빙하까지는 근처의 브리그나오베르발트에서 베텐까지 놓여 있는 도로를 통해 갈 수 있으며, 베텐에서는 곤돌라를 타고 전망대까지 갈 수 있다. 이곳에서는 빙하 위를 걸을 수는 있지만 반드시 자격증이 있는 가이드를 동반해야 한다. 하이킹은 관리가 잘 되어 있고 표지판이 잘 붙어 있는 등산로에서만 가능하다. 등산로를 따라가면 빙하의 침식작용을 겪은 지역을 둘러볼 수 있다. 또한 근처 알레치발트 숲으로 나 있는 등산로도 있다. 인근에는 소나무가 우거진 숲이 인상적인 알레치발트 자연보호구역이 있다. 보호구역에는 빙하에 관한 정보를 제공하거나 관광객을 위한 편의 시설이 갖추어져 있으며, 마멋, 독수리, 혹은 용담이나 에델바이스 같은 고산 식물을 볼 수 있다. 이곳은 마터호른과도 매우 가깝다. **AB**

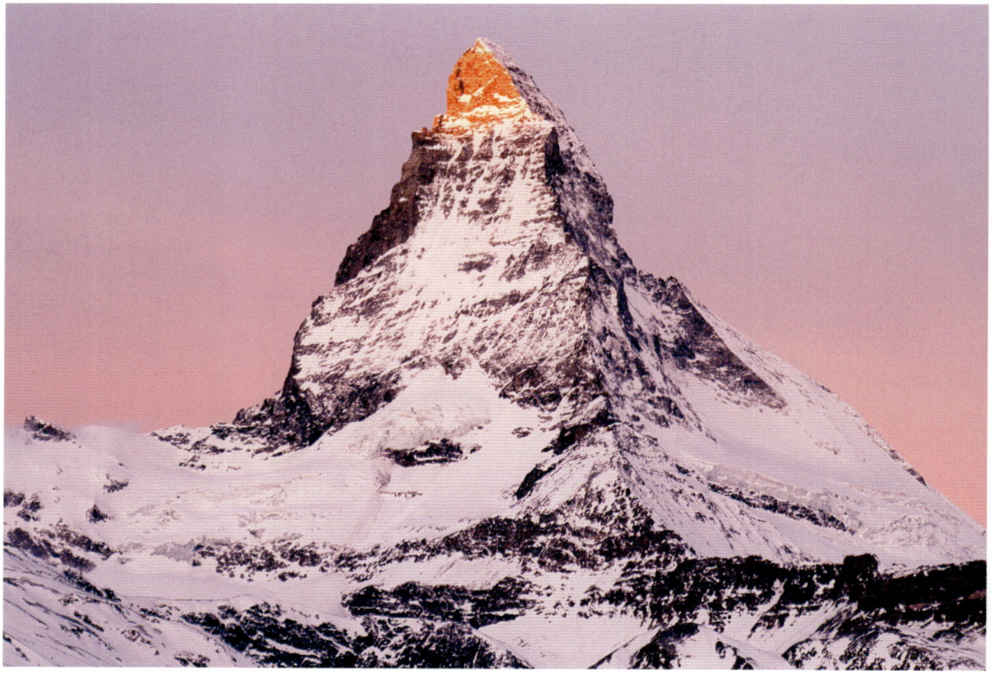

마터호른

스위스 / 이탈리아

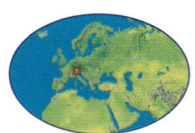

마터호른의 높이 : 4,478미터
생성 시기 : 5,000만 년 전
최초 등반 : 1865년

피라미드처럼 생겨 알아보기 쉬운 마터호른의 봉우리는 중심에서 살짝 벗어나 있는 형태로, 그 생성 과정을 잘 보여준다. 봉우리는 네 개의 능선이 만나는 지점에 솟아 있으며, 이 능선 사이의 깊은 계곡에는 눈과 얼음이 쌓여 빙하를 형성한다. 빙하는 바위에 금을 내고 지형을 푹 패서 권곡을 형성하고 있다. 지금으로부터 약 5,000만 년 전 이곳은 거대한 지각운동이 일어나 아프리카 대륙이 유럽 대륙과 충돌했다. 그 결과 바위들이 접히고 위로 떠밀려 올라가 높은 산이 되었다.

현재 마터호른은 스위스와 이탈리아의 국경을 가로지르며 우뚝 서 있으며, 매년 이천 명의 산악인이 정상을 정복하고 있다. 등반 중 목숨을 잃는 사람이 매년 15명이나 되지만 이곳을 찾는 산악인들의 발길은 줄지 않고 있다. 이곳은 1865년에 영국의 조각가인 에드워드 윔퍼가 처음으로 정복했다. 스위스 쪽으로 오른 에드워드 팀이 정상에 오른 뒤 한 시간 후 이탈리아 등반대가 다른 쪽에서 정상에 도착했다. 그러나 그의 탐사대는 하산 길에 사고를 당했다. 하산 길에 대원 중 한 명이 미끄러져 추락했고 그 결과 네 명이 1,200미터 아래의 마터호른 빙하에 추락해 목숨을 잃었다. **MB**

융프라우-알레치-비에치호른

스위스, 베른 주 / 발루아

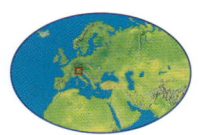

융프라우-알레치-비에치호른의 면적 :
54,000헥타르

최대 높이 : 4,274미터

융프라우-알레치-비에치호른 지역은 스위스 알프스의 중남부에 있으며 아름다운 경관으로 그 명성이 자자하다. 이 지역의 독특한 아름다움은 지각작용과 빙하침식작용이 절묘하게 결합한 결과이다. 약 2,000만~4,000만 년 전에 발생한 지각작용으로 지층이 접히고 뒤틀려 형성된 이 지형은 빙하의 작용으로 지표면으로 드러나면서 지금과 같은 기묘한 풍경이 만들어졌다.

5만 4,000헥타르에 달하는 이 지역에는 900미터에서 4,274미터 사이의 높은 산들이 즐비하며, 4,000미터가 넘는 봉우리도 아홉 개나 된다. 더군다나 24킬로미터의 길이에 깊이가 900미터나 되는 거대한 얼음의 강인 알레치 빙하가 이 지역을 쓸어내리고 있다.

또한 이 지역은 방사한 아이벡스, 스라소니와 붉은사슴 등이 번식에 성공해서 멸종 위기에 처한 동물들의 새로운 서식지로 부각되고 있다. 이외에도 전형적인 고산 식물의 자생지이자 샤무아, 난쟁이올빼미, 검독수리와 희귀한 고산 도마뱀과 같은 고산 동물의 서식지이기도 하다. 1933년에 보호구역으로 지정된 이곳은 유럽에서 가장 방대하며 사람의 손길이 닿지 않은 천연 서식지 중 하나이다. **NA**

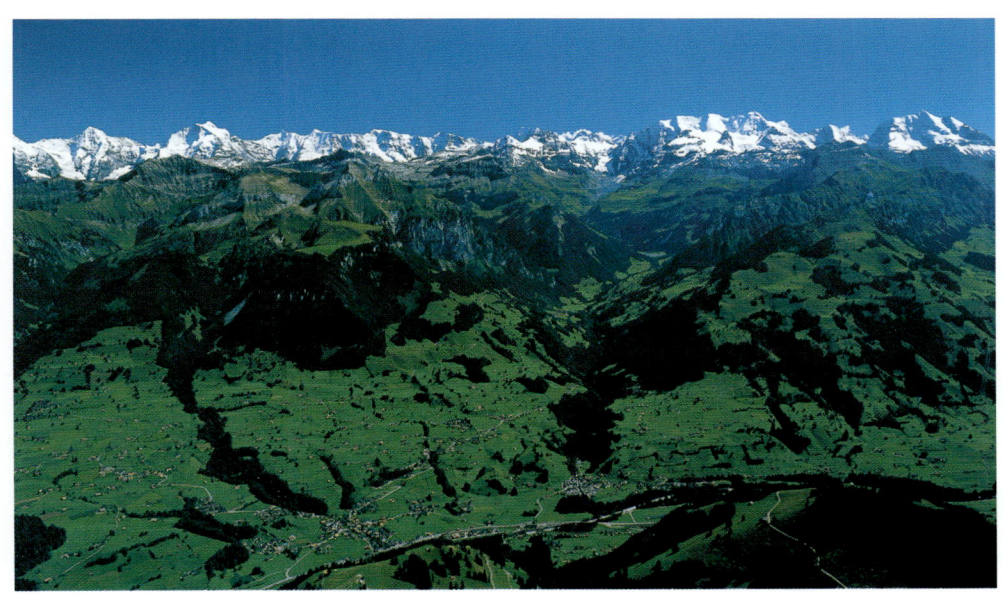

그란파라디소
국립공원

이탈리아, 발레다오스타 주

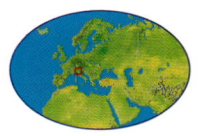

보호구역의 면적 : 620제곱킬로미터

그란파라디소 산의 최고봉 : 4,061미터

이탈리아 알프스의 장엄한 풍경 속에 자리 잡은 그란파라디소는 이탈리아에서 가장 오래되고 큰 국립공원이다. 이 고산 지대에서 볼 수 있는 자연의 걸작은 이탈리아 북서부의 아오스타 지역에 있으며 눈 덮인 봉우리, 깊은 계곡과 빙하호, 숲이 우거진 비탈과 형형색색의 고산 초원으로 이

하지 않다. 그란파라디소는 과거 왕실의 사냥터였기 때문에 725킬로미터에 달하는 트레일과 당나귀 길이 잘 닦여 있다. 덕분에 남녀노소 누구나 하이킹을 즐길 수 있어 인기가 높은 곳이기도 하다.

이곳은 1922년에 비토리오 에마뉴엘 3세가 아이벡스의 줄어가는 개체수를 보호하려고 정부에 이 땅을 기증한 후 국립공원으로 지정되었다. 고산 초원에 서식하는 근사한 야생동물인 아이벡스는 그란파라디소의 상징이 되었다. 수컷은 길고 구불거리는 멋진 뿔이 있어서 쉽게 눈에 띄지만 뿔이

공원의 산악 지대에는 빙하가 자신의 존재를 확실하게 남겼는데,
험준한 산등성이와 가파른 비탈을 보면 잘 알 수 있으며 일부는
지금도 비탈에 남아 있다.

루어져 있다. 공원의 산악 지대에는 빙하가 자신의 존재를 확실하게 남겼는데, 험준한 산등성이와 가파른 비탈을 보면 잘 알 수 있으며 일부는 지금도 비탈에 남아 있다. 고도가 낮은 지역에는 낙엽송, 전나무와 소나무 숲이 골짜기마다 우거져 있으며, 수목한계선 위까지 야생화가 만발한 초원이 이어져 있다. 고도가 더 높아질수록 푸릇푸릇한 모습은 사라지고 황량한 바위들 사이로 만년설과 빙하가 들어서 있다.

그란파라디소 산은 이탈리아에서 가장 덩치가 큰 산으로 이 공원을 압도하듯 우뚝 솟아 있다. 이 공원은 스키와 등산을 즐기는 사람들의 발길이 일년 내내 이어지고 있으며, 정상까지 오르는 길은 험하고 힘들기는 하지만 특별한 등반 기술이 필요

짧은 암컷은 새끼들과 함께 따로 무리를 이루며 살고 있다. 공원에는 샤무아도 서식한다. 발이 빠른 이 산양은 폭이 좁은 산등성이나 바위밖에 없는 산비탈에 주로 서식한다. 이외에도 검독수리, 수리부엉이와 마멋도 산다. 수염수리처럼 매우 희귀한 조류도 간혹 볼 수 있다. 이 새는 한때 멸종되었는데 프랑스의 베누아즈 국립공원에서 진행한 프로그램 덕분에 방사에 성공했다. **JK**

오른쪽 그란파라디소는 이탈리아에서 가장 아름답고 오래된 국립공원이다.

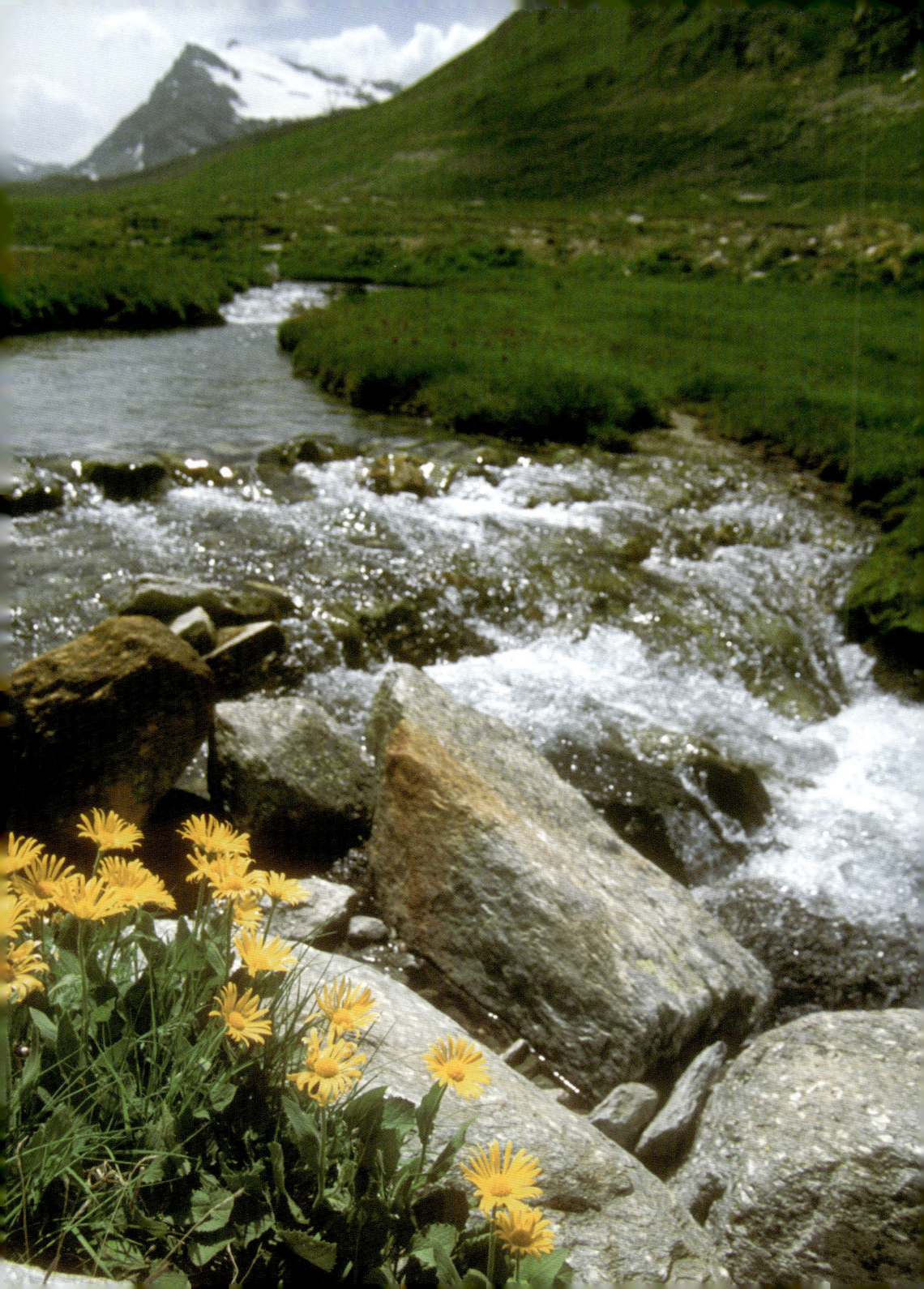

블루그로토

이탈리아, 캄파니아 주

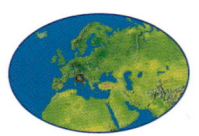

블루그로토의 길이 : 54미터	
그로토의 폭 : 30미터	

카프리 섬의 해안에 자리 잡은 블루그로토는 세계에서 가장 아름다운 바다 동굴 중 하나이다. 이곳의 내부는 동굴의 입구에서 보트를 타고 들어갈 수 있는데, 통로의 천장이 너무 낮아 보트에 누워서 가야 할 정도이다. 동굴에 들어가면 물이 가장 얕아질 때를 기다렸다가 벽에 고정된 밧줄을 붙잡고 배를 끌고 가야 한다. 이 과정은 고생스럽지만 일단 동굴에 들어가면 은색과 푸른색의 조명이 신비롭게 밝혀진 타원형의 거대한 동굴이 눈앞에 활짝 펼쳐지는 모습 때문에 힘든 기억이 금세 사라질 것이다. 동굴로 들어가는 순간 자신이 거대한 사파이어 속으로 들어간 것은 아닌가 싶을 정도이다. 바다 속 두 번째 입구에는 해가 동굴 바닥의 하얀 모래를 환하게 비춘 후 다시 푸른빛에 반사된다. 물은 빛에서 푸른색을 제외한 모든 파장을 흡수한다.

과거 로마인들은 이곳이 티베리우스 황제를 경배하는 장소라고 믿고 이곳을 매우 경건하게 여겼다. 로마인들은 동굴 벽에 입상을 세웠는데, 그중에는 1964년에 해저에서 발견된 넵튠과 트리톤 조각상도 있었다. JK

리텐어스필라

이탈리아, 트렌티노-남티롤

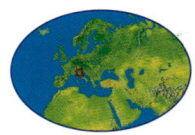

리텐어스필라의 생성 시기 : 1만 년 전	
기둥의 수 : 100~150개	
기원 : 빙하	

이탈리아 남티롤의 돌로마이트 지역에서 북쪽으로 조금만 올라가면 상상조차 할 수 없을 정도로 특이한 형태의 기암괴석 지대가 나온다. 돌기둥 위에 모자를 삐딱하게 씌운 듯한 각각의 바위는 마치 자연의 장난 같다. 이들 중에는 높이가 40미터 이상인 것도 있지만 난쟁이처럼 낮은 것도 있다.

돌기둥은 빙하기에 이 지역의 계곡을 채웠던 빙하의 작품이다. 약 1만 년 전 날씨가 따뜻해지면서 얼음이 녹고 빙하가 후퇴하기 시작하자 산비탈에서 떨어져 나온 커다란 바위가 표석이라는 암석 부스러기와 함께 남게 되었다. 그 이후 강줄기가 점토로 만들어진 협곡을 깎아내렸고 폭우가 쏟아지면서 산줄기를 부수어 일렬로 늘어선 점토 기둥이 만들어졌다. 기둥이 커다란 바위를 쓰고 있다면 마치 우산을 쓴 사람처럼 빗물의 작용으로부터 비교적 안전했을 것이다. 세월이 흐르면서 빗물은 기둥을 조금씩 깎아내려 머리에 쓰고 있던 돌기둥을 무너뜨렸다. 알프스에는 이 리튼(이탈리아어로 '레논'이라고 하는데 남티롤이 오스트리아-헝가리 제국에 걸쳐 있는 영토인 탓에 독일어와 이탈리아어로 이름이 붙어 있다)과 비슷한 지형이 몇 군데 더 있다. 이탈리아에서는 이곳의 돌기둥을 '리틀 맨'이라고 부르고 프랑스에서는 '모자를 쓴 젊은 레이디'라고 부른다. MB

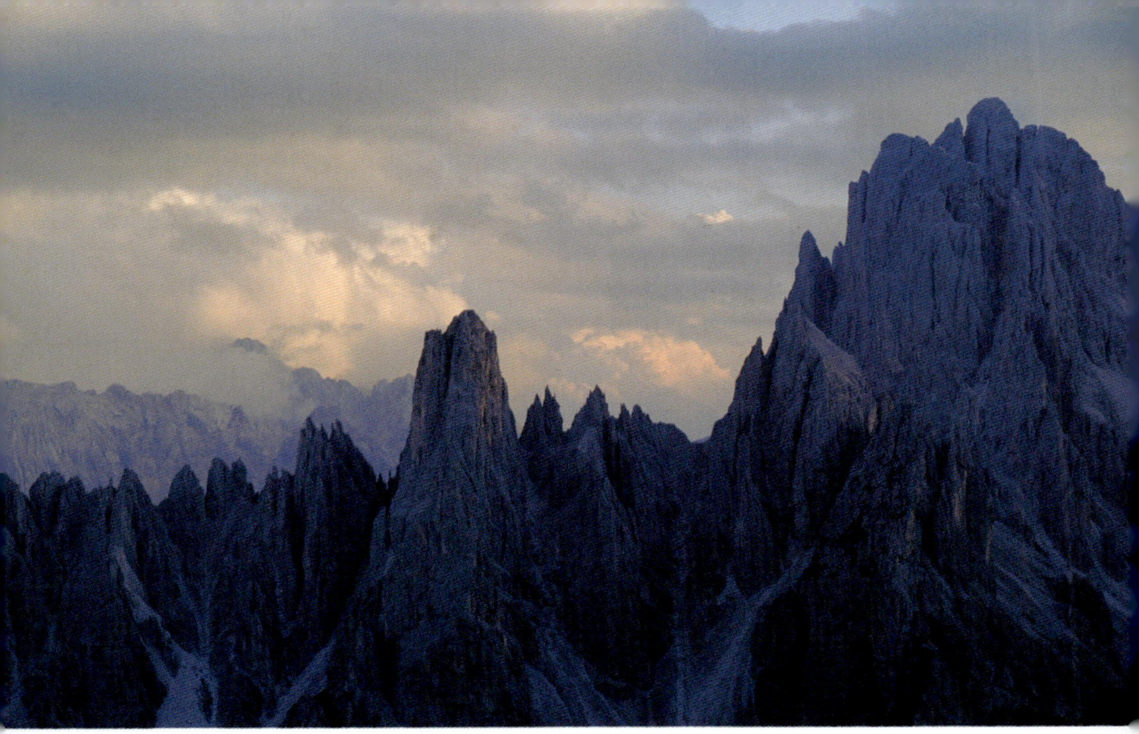

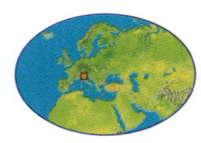

돌로마이트

이탈리아, 트렌티노−남티롤 / 베네토 주 / 프리울리−베네치아−지울리아

돌로마이트의 생성 시기 : 약 6,500만 년 전

마르몰라다 산의 높이 : 3,342미터

이탈리아 북부에 있는 웅장한 돌로마이트 산맥은 보는 이의 찬탄을 자아낸다. 한때 따뜻하고 얕은 바다의 바닥에 쌓여 있던 석회암 지대는 지각작용의 결과로 알프스가 형성될 때 바다 위로 솟아올랐다. 돌로마이트(백운암)는 프랑스의 지질학자인 돌로미외의 이름을 딴 암석으로 그는 1790년대에 마그네슘을 함유한 이 암석을 분류했다. 백운암은 낮에는 회색, 흰색 혹은 갈색으로 보이지만 새벽이나 해질 무렵에는 붉은색, 주황색, 분홍색으로 빛이 난다. 오랜 세월에 걸친 풍화작용으로 백운암은 지금처럼 높은 탑이나 기둥과 같이 독특한 형태를 이루게 되었다.

돌로마이트 산맥에는 3,050미터가 넘는 봉우리가 18개나 된다. 이 지역에는 빙하도 41개나 있으며, 이 산의 최고봉은 마르몰라다 봉으로 정상은 마치 피라미드처럼 생겼으며 남사면은 600미터 높이의 수직 절벽이다. 이 중 마르몰라다 빙하는 정상에서 서서히 내려오고 있다. 인접한 알프스 드 시우시의 고원에는 고산 초원이 험준한 봉우리에 에워싸여 있으며, 근처에는 카티나치오 산맥의 거대한 안벽이 도사리고 있다. 여름철이면 옴브레타밸리를 비롯한 수많은 계곡에 난 등산로를 통해 아름다운 자연을 감상할 수 있다. 산등성이에 난 트레일은 골짜기의 등산로보다 훨씬 더 험준하다. **MB**

에트나 산

이탈리아, 시칠리아 주

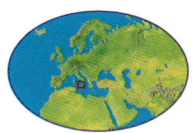

높이 : 3,350미터
산기슭 둘레 : 160킬로미터
생성 시기 : 100만 년 전

시칠리아 동해안의 카타니아 동북부에 위치한 에트나 산은 유럽에서 가장 활동적인 활화산 중 하나이다. 이 화산은 100만 년 전부터 활동을 시작한 비교적 젊은 화산인데 그 젊음을 시위라도 하듯 엄청난 폭발력을 자랑한다. 에트나 산은 지난 50만 년 동안 끊임없이 분화하고 있다. 이 산은 런던보다 면적이 넓으며 화산 활동이 활발하게 이루어지고 있어 고도가 일정치 않지만 온 섬을 압도하는 위용을 자랑하기에 손색이 없다. 현재 고도는 3,350미터이며 산기슭에는 자연식생이 이루어져 있다. 정상에는 침엽수림과 밤나무 그리고 자작나무가 자란다. 정상에는 시칠리아 자운영 덤불이 자라는 검은 달 같은 풍경이 펼쳐져 있다.

관광객은 산의 서쪽에 설치된 케이블카를 통해 정상까지 갈 수 있다. 화산 폭발이 심한 경우에는 출입이 제한된다. 화산 폭발은 지하 4킬로미터, 길이 30킬로미터의 땅 속에 모여 있는 마그마가 분출되면서 일어난다. 폭발이 일어나면 분수처럼 솟아오른 주황색과 붉은색의 용암이 흘러내리는 장관을 밤에도 볼 수 있다. **MB**

아래 평온해 보이는 에트나 화산

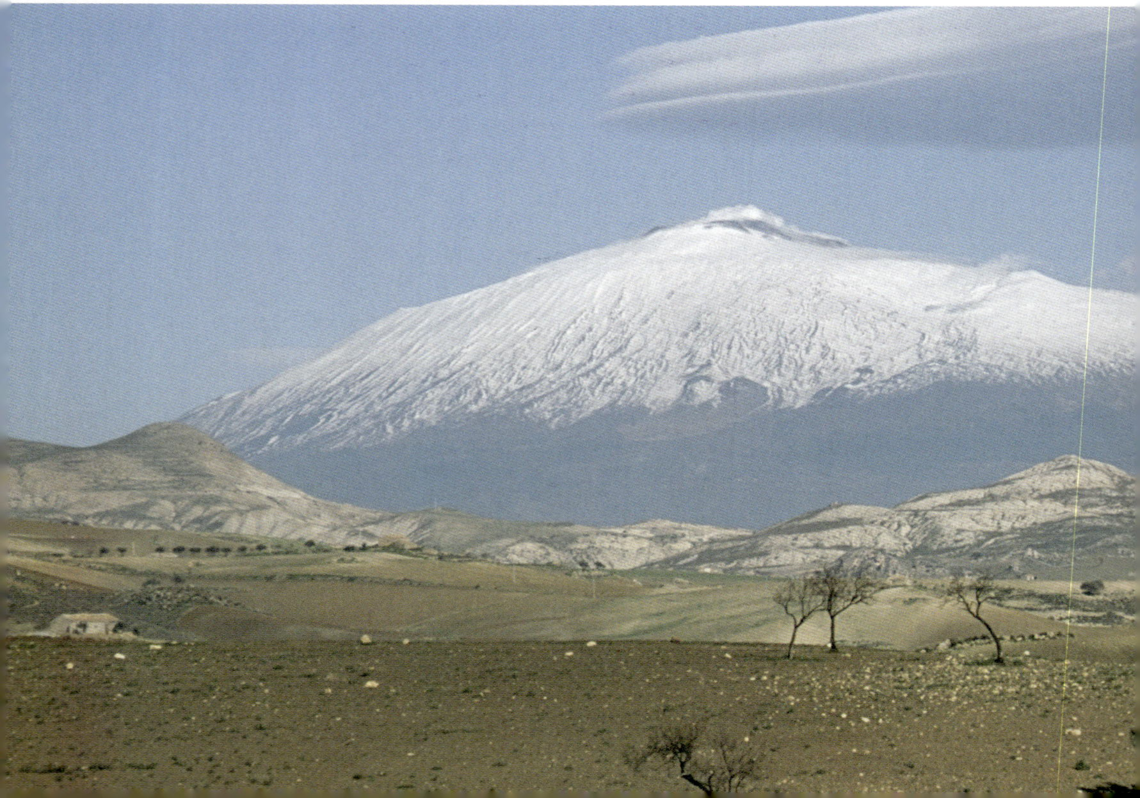

알칸타라 협곡

이탈리아, 시칠리아 주

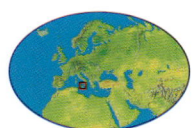

협곡의 길이 : 500미터
협곡의 폭 : 5미터
협곡의 깊이 : 70미터

시칠리아 남동쪽의 타오르미나–지아르디나–낙소스를 잇는 휴양지로부터 약 15킬로미터 정도 구릉을 깎아낸 것 같은 협곡이 있다. 이 좁은 협곡은 회색 현무암 기둥으로 이루어져 있다. 협곡의 생성 시기는 에트나 산의 기생화산인 몬테모이오가 대폭발을 일으킨 기원전 2,400년으로 거슬러 올라간다. 분화구에서 흘러나온 용암은 알칸타라 강의 계곡으로 끝도 없이 흘러들어갔을 뿐만 아니라 해안까지 내려가 카포치소를 형성했다. 용암이 식으면서 긴 틈이 만들어졌고, 바다를 향해 강이 형성되었다. 이 틈은 점차 침식되어 무더지면서 오늘날의 알칸타라 협곡이 만들어졌다.

전설에 따르면, 두 형제가 있었는데 그중 한 명은 앞이 보이지 않았다. 형제는 수확을 해 나누기로 했는데 눈이 성한 형제가 욕심을 부려 다른 형제의 몫을 차지하려 했다. 독수리가 그 사실을 신에게 고하자 신은 벼락을 내려 욕심쟁이를 죽이고 곡식더미를 붉은 산으로 바꿔 버렸다. 바로 그 산이 옛날 용암이 흘러내렸던 지점에 있다.

협곡으로 가는 길은 개방되어 있으며 아름다운 오솔길을 따라 걷거나 엘리베이터를 타고 갈 수 있다. 이곳의 강물은 얼음처럼 차갑지만 여름의 열기를 식히기 위해 물놀이를 즐기기에는 충분하다. **MB**

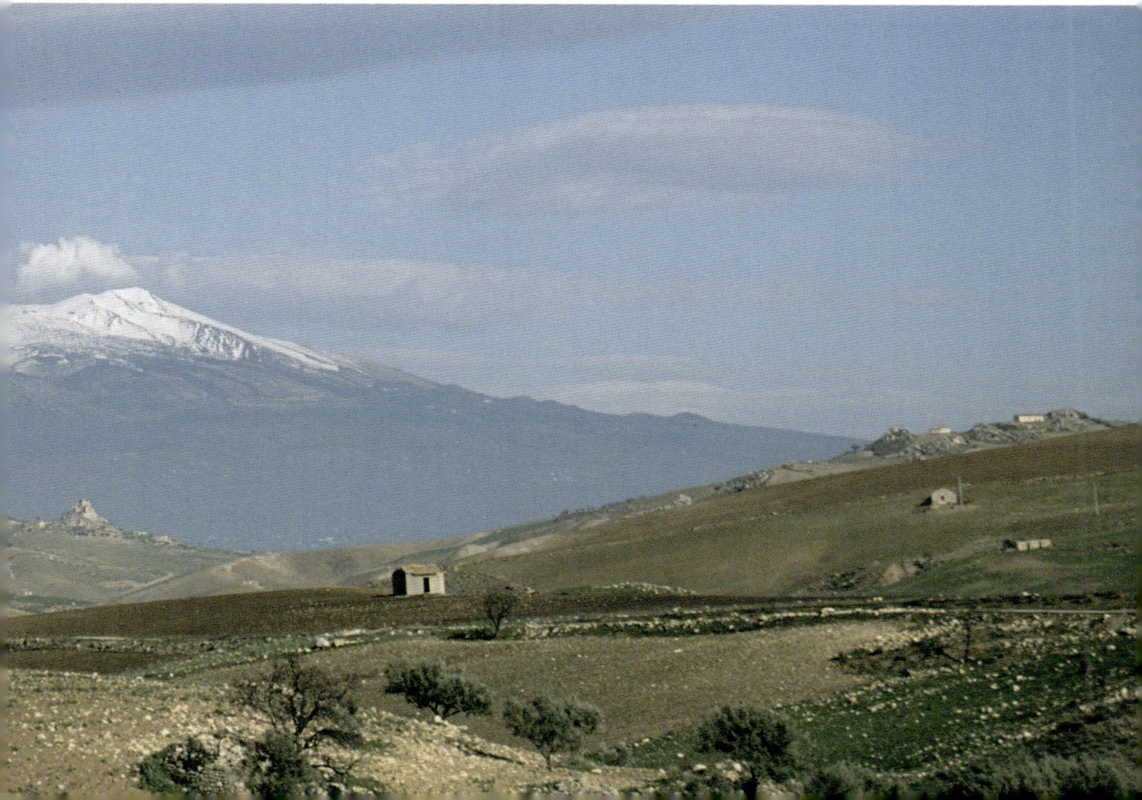

스트롬볼리 섬

이탈리아, 메시나 해협

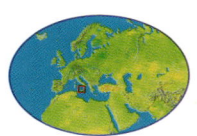

스트롬볼리 화산의 높이 : 900미터
생성 시기 : 150억 년 전
지름 : 5킬로미터

스트롬볼리 섬은 시칠리아의 동북 해안에 있는 에올리에 제도의 한 섬이다. 전형적인 지중해의 섬으로 주위의 푸른 바다는 수영과 스노클링에 이상적이며 아름다운 해변에는 바와 레스토랑이 관광객을 불러 모은다. 그런데 이 섬에는 특이한 점이 한 가지 있다. 바로 스트롬볼리라는 활화산으로, 유럽에서 화산활동이 가장 활발한 산이다. 적어도 2,500년 동안 분출하고 있으며 현재의 재와 용암을 분출했는데 그 시기를 가늠할 수 없었다. 스트롬볼리는 결코 관광지가 아니라 매우 위험한 활화산이다. 2002년 말에 다시 폭발할 기미를 보이기 시작하자 이듬해 초에는 예방 차원에서 섬에서 사람들을 소개(疏開)시켜야 했다.

스트롬볼리 화산이 비교적 안정적일 때 이곳은 매우 인기 있는 관광지였다. 화산의 기슭에는 마을이 들어서 있는데 작은 항구, 검은 용암 해변과 하얀 집이 인상적인 매우 아름다운 곳이다. 해변에서 1.6킬로미터 정도 떨어진 바다로 나오면 스톰볼리키오가 있다. 이곳은 이전에는 화산이었는데 지금은 중세의 요새처럼 바다 위로 목 부분만 드러

> 스트롬볼리는 활화산으로 유럽에서 화산활동이 가장 활발한 곳에 속한다.
> 적어도 2,500년 동안 분출하고 있으며 현재의 분화구는
> 약 1만 5,000년 전에 완성되었다.

분화구는 약 1만 5,000년 전에 완성되었다. 소규모 가스 폭발이 계속 이어지고 있는데 그때마다 분화구의 가장자리로 용암이 흘러내린다. 분화구는 세 군데이며 한 시간에 몇 번씩 폭발이 일어난다. 이 분화구들은 안전밸브 역할을 해서 화산의 대형 폭발을 막아준다. 최근에 발생한 최악의 폭발은 1919년에 일어난 것으로 네 명이 죽고 가옥 12채가 파손되었다. 분출된 용암 덩어리 중에는 무게가 50미터톤에 달하는 것도 있었다. 마지막 대형 폭발은 1930년에 일어났는데 단 몇 시간의 폭발로 5년 동안 화산이 뿜어낸 화산재보다 더 많은 양이 분출되었다. 1993년에는 세 개의 분화구가 한꺼번에 폭발한 적이 있었다. 1번 분화구는 20분마다 엄청난 화산재를 분사했고 2번 분화구는 줄기는 더 가늘지만 계속해서 용암을 뿜어냈다. 3번 분화구는 화산나 있다. 섬으로 들어가려면 바다를 건너야 한다. 페리와 수중익선(水中翼船)이 밀라조, 나폴리, 레조디칼라브리아, 메시나와 팔레르모에서 출발한다. 분화구를 보려면 반드시 등록된 가이드를 동반해야 한다. 투어는 걸어서 진행되며 지중해 마키가 무성한 지역을 통과하는데, 세 시간 정도 소요된다. 정상에서 밤을 보내려면 미리 허가를 받아야 한다. 어두운 밤하늘을 배경으로 화산이 폭발하는 모습은 낮보다 훨씬 장엄하다. 화산활동이 위험하다고 판단되면 스트롬볼리 섬은 관광객을 받지 않는다. **MB**

<u>오른쪽</u> 스트롬볼리 화산에서 용암 줄기가 비 오듯 쏟아지고 있다.

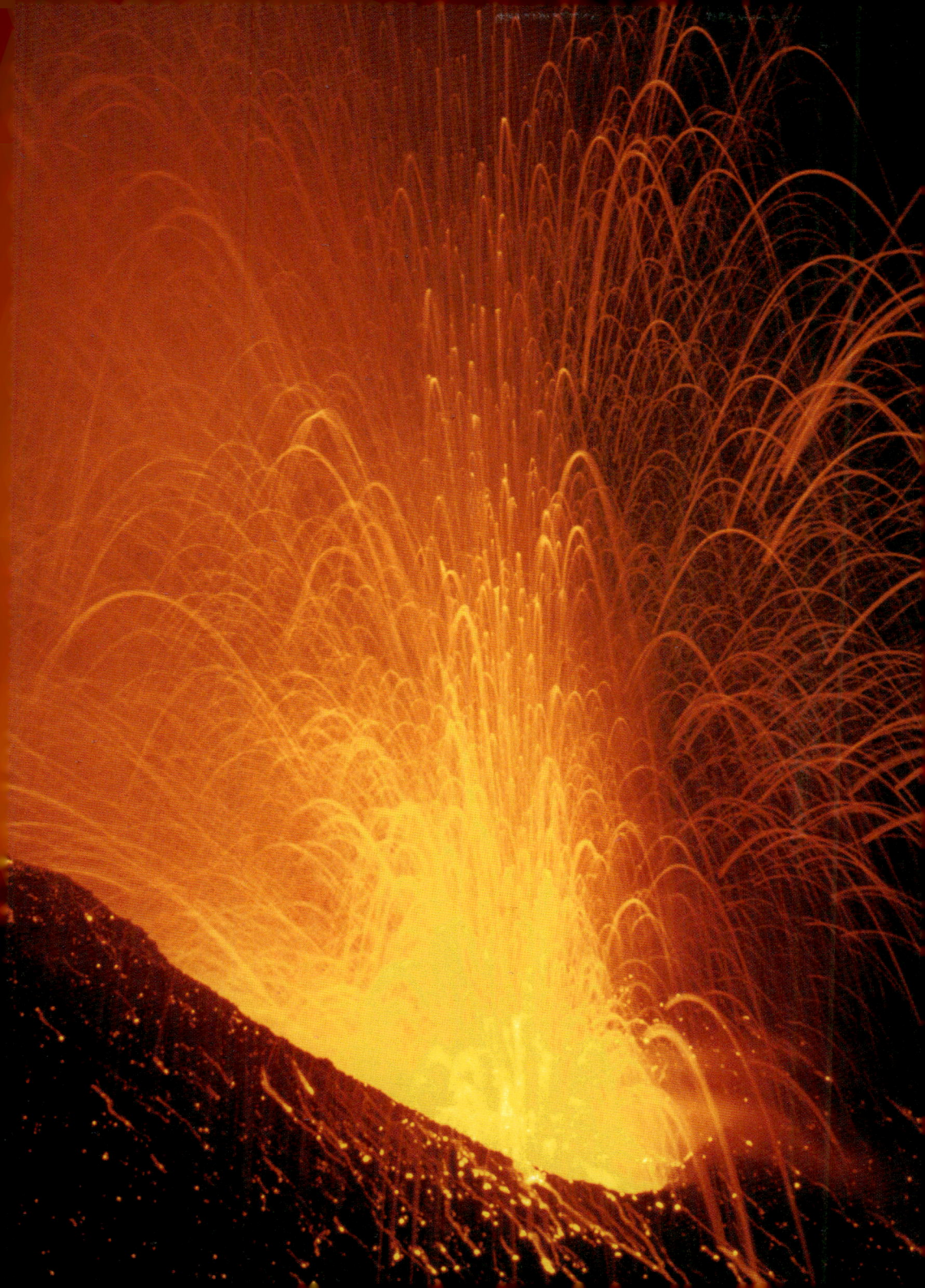

트리글라브 산과
줄리언알프스

슬로베니아, 고레니스카

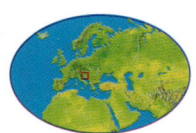

트리글라브마시프의 높이 : 2,864미터
산의 수 : 52개
암석의 종류 : 카르스트 석회암

슬로베니아의 험준한 알프스인 이곳은 거의 알려지지 않았지만 유럽에서 가장 아름다운 고산 지역 중에 하나이다. 원시의 비밀스러운 풍경 속으로 들어가면 실제로 먼 옛날로 거슬러 올라가는 착각이 든다. 지금은 줄리언알프스라고 부르는데, 2세기에 로마가 슬로베니아를 복속시킨 후 줄리우스 카이사르의 이름을 붙였다. 줄리언알프스는 동알프스에 속하지만 오스트리아의 산맥과 이탈리아 알프스의 대부분도 이곳에 속해 있다. 해발 고도 3,000미터 이하로 다른 알프스에 비해 높은 편이라고는 할 수 없지만, 깎아지른 듯한 하얀 절벽, 칼날처럼 날카로운 산등성이와 빙하침식작용으로 형성된 뾰족한 봉우리가 높이의 열세를 보상하고 있다. 가파른 골짜기마다 소나무 숲이 울창하며 고지대로 올라갈수록 시원하고 향긋한 고산 초원과 샤무아와 아이벡스를 볼 수 있는 험준한 바위

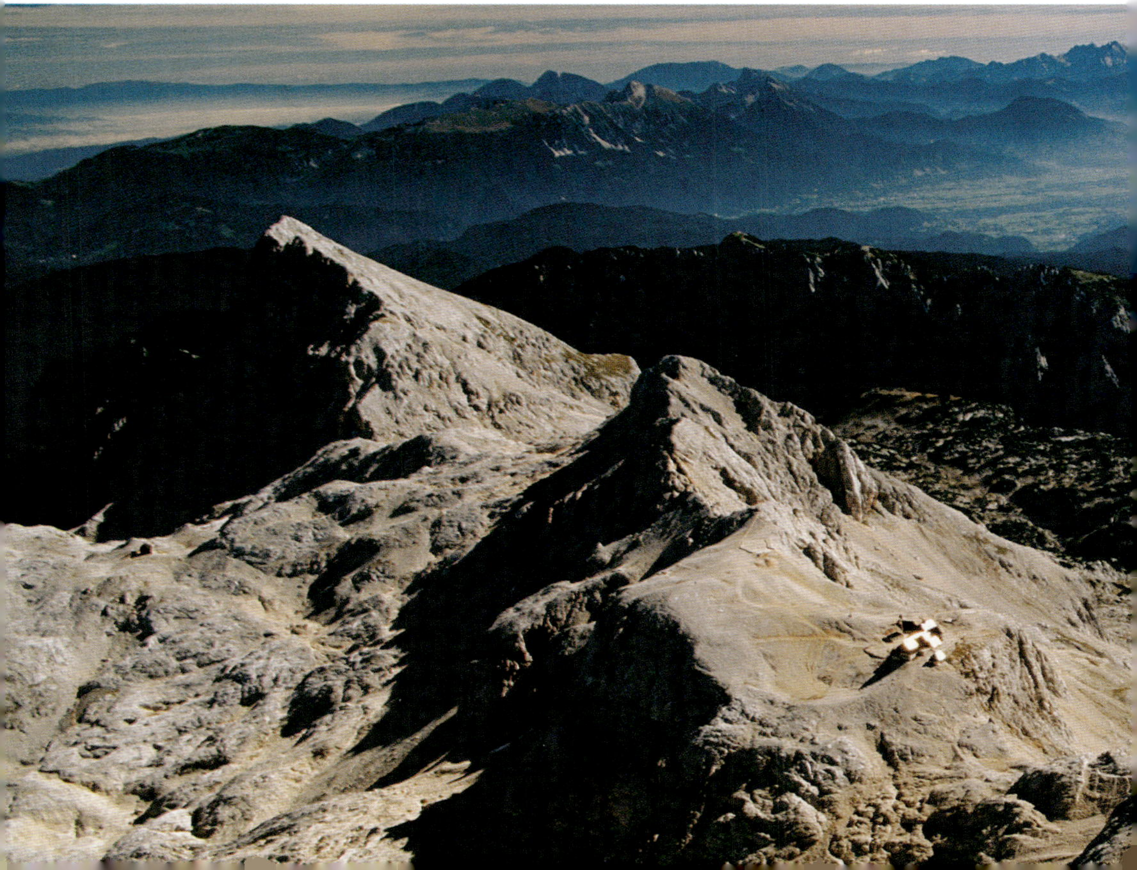

산이 이어져 있다. 이 지역의 촌락에서는 자생종을 재배하는데, 이 지역에 서식하는 식물들은 매우 유명하다. 산악인들의 천국인 이 산에는 산장이 52곳의 산장이 마련되어 있어서 등산객들에게 숙식을 제공한다. 사바 계곡은 유럽에서 가장 아름다운 계곡이며 트렌타밸리의 푸른 소카 강은 유럽에서 가장 아름다운 강으로 알려져 있다.

줄리언알프스의 제왕은 2,864미터 높이의 트리글라브마시프로 슬로베니아의 상징이다. 초기 슬라브 인들은 이 산이 하늘, 땅과 지하 세계를 다스리는 머리가 셋 달린 신의 집이라고 믿었다. 계곡 바닥에서 1,200미터 높이로 솟아 있으며 3.2킬로미터를 뻗어 있는 노스월 오브 트리글라브는 산악인들의 메카이다. 트리글라브를 오르지 않으면 진정한 슬로베니아 사람이 아니라는 말이 전해질 정도이다. 다행스럽게도 트리글라브 산에는 남녀노소 모두 즐길 수 있는 다양한 루트가 존재한다. 산의 정상에서 슬로베니아의 아름다운 모습을 바라본다면 감탄이 절로 나올 것이다. **JK**

아래 트리글라브 산의 험준한 정상이 푸른 고산 초원 위로 우뚝 솟아 있다.

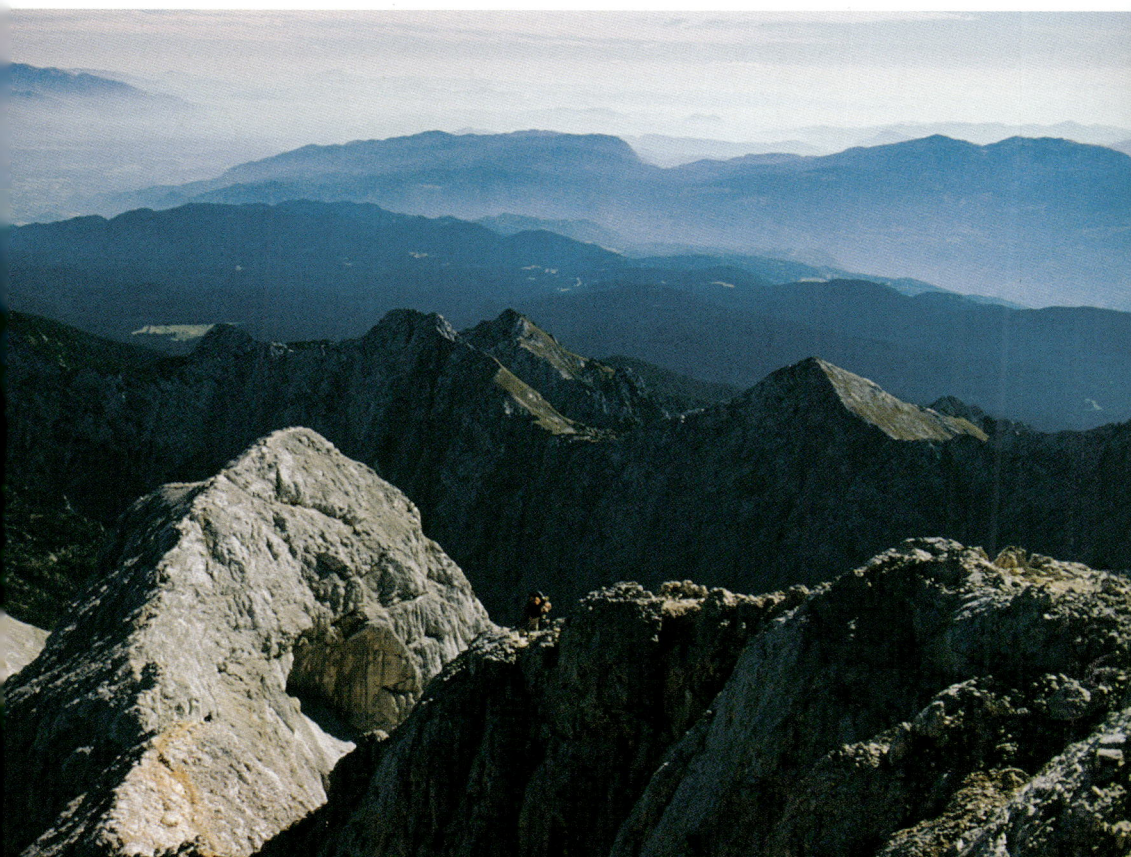

사비카 폭포

슬로베니아, 고레니스카

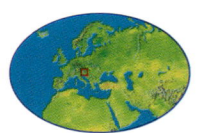

폭포의 높이 : 80미터
폭포의 발원지 : 사바보히니카

사비카 폭포는 트리글라브 국립공원의 대표적인 폭포 중 하나이며, 관광지로 유명할 뿐만 아니라 가장 많은 전설을 갖고 있는 곳이기도 하다. 장엄한 사비카 폭포를 본 19세기 슬로베니아의 시인인 프란시스 프레세렌은 「사비카에서의 세례」라는 논문에서 슬로베니아 민족주의를 찬양하며 오스트리아–헝가리 제국에서의 독립을 주장했다. 폭포가 있는 고레니스카 지역은 '알프스 산맥에서 해가 잘 드는 녹색 정원'이라고 알려졌다. 사비카 폭포는 또한 샘이기도 한데 샘의 물은 코마르카 절벽의 가파른 벽에서 솟아난다. 지층의 500미터 위에는 지하에 형성된 여러 개의 수로를 통해 이 절벽으로 물이 흐른다. 그곳에서 흘러나오는 물줄기 중 하나는 78미터의 절벽을 그대로 떨어져 내려 보히니 호수로 들어간다. 이는 다시 동쪽으로 흘러 사바 강을 만나고 1,000킬로미터를 여행한 후 다뉴브 강과 합류한다. 보히니 호수의 주변 지역은 슬로베니아에서 가장 아름다운 곳에 속한다. 사비카 폭포까지는 비교적 쉽게 갈 수 있다. 아래쪽 주차장에서 20분 정도 가파른 나무 계단을 올라가기만 하면 된다. **JK**

크르카 강과 폭포, 크르카 국립공원

크로아티아, 시베니크 앤드 크닌

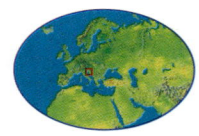

크르카 국립공원의 면적 : 111제곱킬로미터
크르카 강의 길이 : 72킬로미터
크르카 폭포의 유량 : 초당 1,557리터

크르카 강의 발원지는 달마티아의 디나르 산이며, 이후 72킬로미터를 흘러 아드리아 해로 유입된다. 강줄기는 약한 석회암 지대를 지나가면서 석회암을 깎아 협곡을 만들고, 다른 한편으로는 협곡을 메워나간다. 이런 현상이 일어나는 이유는 강이 석회암을 깎으면서 물속에 용해된 석회암 물질을 퇴적시키고 있기 때문이다. 그 결과 물줄기를 따라 동시에 수많은 장벽이 세워진다. 현재 크르카 강에는 일곱 개의 웅장한 폭포가 있다. 가장 경치가 뛰어난 폭포는 크르카 폭포라고도 부르는 스크라딘스키북이다. 폭포수는 240미터 정도 떨어지는데 총 17개의 계단을 거치므로 수직으로 떨어지는 거리는 45미터이다.

폭포와 크르카 강은 비교적 최근인 1만 년 전에 형성되었다. 그러나 퇴적물이 쌓이는 속도가 매우 빨라서 크르카 강의 지형은 계속 바뀌고 있다. 크르카 폭포를 지나면 강폭이 넓어져서 비소바크 호수를 형성한다. **JK**

플리트비체 호수

크로아티아, 리코-세니스카

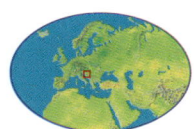

플리트비체 호수의 길이 : 8킬로미터
벨리키슬라프 폭포의 높이 : 70미터
암석의 종류 : 석회암

'줄어드는 호수의 땅'이라고 알려진 플리트비체는 카르스트 지대에 자리 잡고 있다. 그러나 다른 카르스트 지역과는 풍경이 사뭇 다른데 그것은 물이 지하가 아니라 지표면으로 흐르기 때문이다. 수천 년에 걸쳐 강물은 석회석과 백악질 지대를 흐르며 침전물로 이루어진 천연 제방을 형성했다. 그 결과 거대한 호수 16개와 이보다 규모가 작은 호수 몇 개가 형성되었다. 각각의 호수를 연결하는 것은 폭포인데 이중 가장 높은 폭포는 벨리키슬라프이다. 발원지는 리예스코바크 시내와

블랙리버와 화이트리버이며 이는 프로스칸스코 호수로 들어간 후 옥빛을 띠는 인상적인 호수들을 통과한 후 코라나 강으로 유입된다. 호수와 강물은 수정처럼 맑아서 주변의 녹음이 우거진 산이 그대로 비친다.

사람들은 이곳을 '악마의 정원'이라고 부른다. 옛날에 호수가 말라붙자 사람들은 비를 내려달라고 기도를 했다. 그러자 검은 여왕이 폭풍을 일으켜 호수를 가득 채웠다고 한다. 1949년에 국립공원으로 지정되고 1979년에는 세계문화유산으로 등재된 플리트비체 호수는 유럽불곰, 늑대, 멧돼지와 사슴의 서식지이다. 동물들은 주로 서쪽 해안에서 서식한다. 이 지역은 등산로와 호텔이 공원 곳곳에 마련되어 있다. **MB**

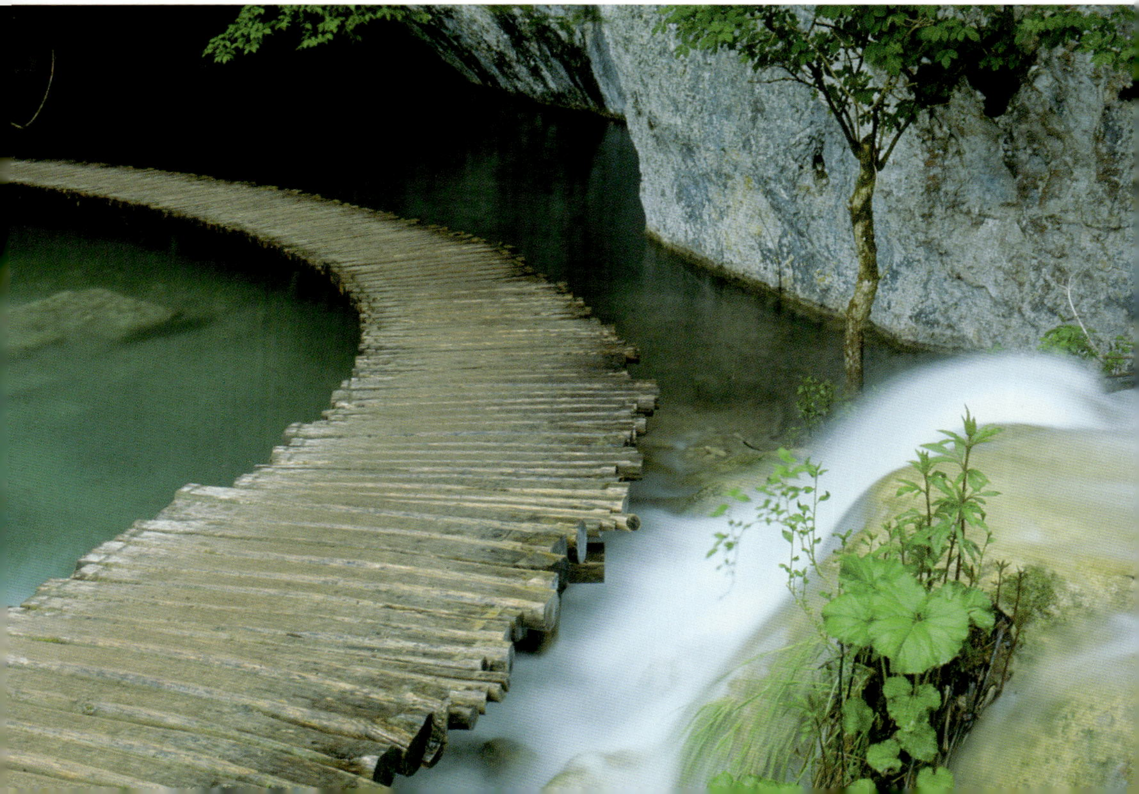

코루베도

스페인, 라코루냐 주

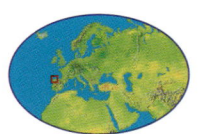

코루베도 국립공원의 면적 : 9.7제곱킬로미터	
해변과 모래 언덕의 길이 : 4킬로미터	
유관속 식물의 최소 종(種) : 200개	

코루베도 국립공원(갈리시아의 리아스바이하스에 있는 세라 드 바르반자 끝단에 있다)의 낫처럼 생긴 만에는 이베리아 반도에 남아 있는 대서양의 모래 언덕이 넓게 퍼져 있다. 이곳에는 거의 모든 모래 언덕 지형과 식물들의 생태 변화 과정을 한눈에 볼 수 있다. 그중에서 가장 자연적인 가치가 뛰어난 것은 그레이듄이다. 바다에서 멀리 떨어진 이 모래 언덕은 다른 곳에서는 쉽게 찾아볼 수 없다. 이곳에는 모래를 좋아하는 식물이 매우 풍부하게 자생하고 있는데 바이퍼버글로스처럼 이베리아 해안에서만 자라는 고유종도 있다. 이 식물들 사이에 흰물떼새, 돌물떼새와 뿔종다리가 둥지를 튼다. 공원에는 이베리아 반도에 서식하는 파충류도 다양하게 존재한다.

또한 공원의 북단에는 1,067미터 길이에 폭이 300미터인 모래밭이 있는데, 이중에는 높이가 15미터나 되는 모래 언덕도 있다. 이 모래밭은 계속 이동 중인데 해풍이 불어 와서 모래를 내륙으로 계속 날려 보낸다. **TF**

무니엘로스 숲

스페인, 아스투리아스

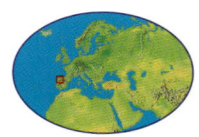

보호구역의 면적(국립보호구역과 생물권보호구역) : 60제곱킬로미터	
박쥐의 최소 종(種) : 15개	

방대한 원시 낙엽송인 무니엘로스 숲은 고생대의 규암과 점판암으로 이루어진 거대한 천연의 원형극장에 자리 잡고 있다. 뒤로는 칸타브리카 대산맥의 서쪽 지류가 뻗어 있다. '아스투리아스의 정글'이라고도 불리는 무니엘로스 숲은 주로 유럽산 졸참나무로 이루어져 있으며, 말 그대로 이끼와 양치류로 뒤덮여 있다. 나무는 온갖 척추동물의 보금자리가 되기도 한다. 유럽에서 가장 크고 보존이 잘 된 낙엽수 숲의 하나인 무니엘로스는 멸종 위기에 처해 있는 큰 뇌조(雷鳥)의 칸타브리카아 종이 마지막으로 남아 있는 몇 안 되는 지역 중 하나이다. 비상식량으로 중요한 역할을 하는 도토리가 많기 때문에 멸종 위기에 처한 불곰에게 좋은 서식지가 되기도 한다.

이외에도 청딱따구리, 오색딱따구리, 멧도요, 쏙독새, 식용 겨울잠쥐, 살쾡이, 솔담비, 흰가슴담비와 적어도 15종 이상의 박쥐가 서식하고 있다. 무니엘로스를 가로지르는 작은 하천에는 골든스트라이프살라만더와 피레네데스만이 서식하며 덤불에는 카스트로비에호의 멧토끼가 서식한다. 이 숲은 생태계 보호를 위해 위해 하루에 20명만 입장시키고 있다. **TF**

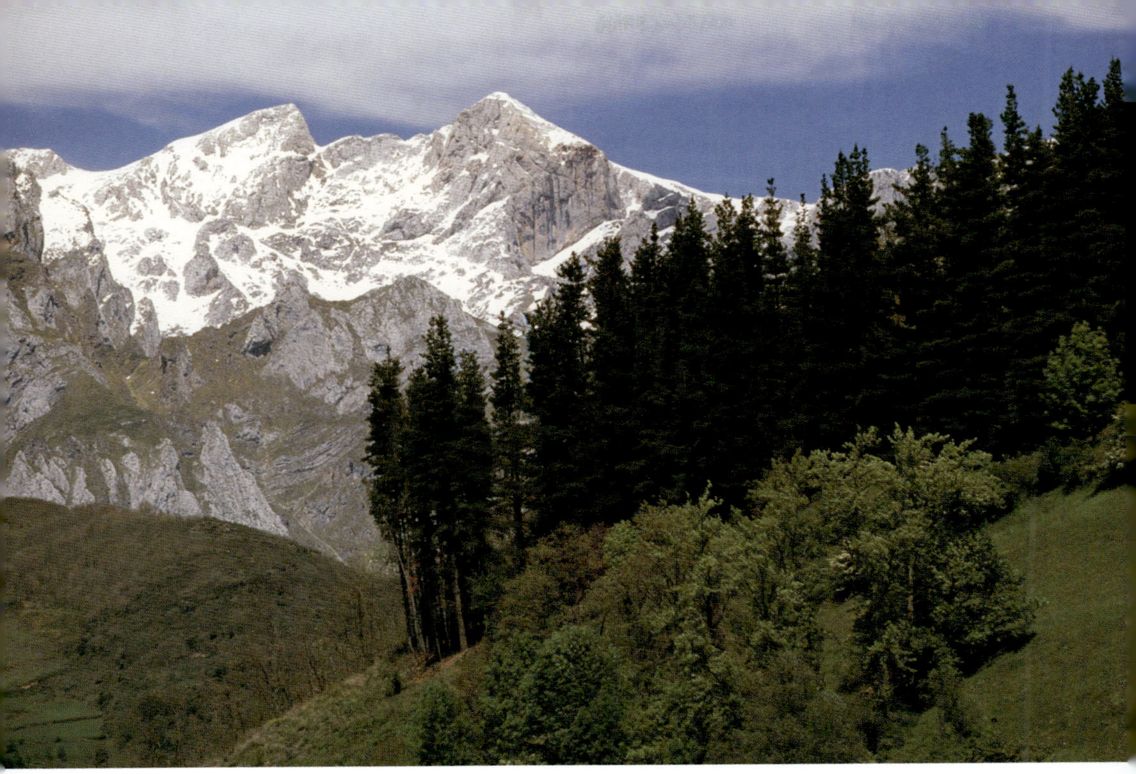

피코스 드 에우로파

스페인, 칸타브리아 주

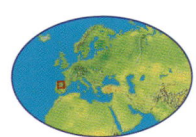

피코스 드 에우로파의 최고봉 : 토레 케레도, 2,648미터

보호구역의 면적 : 64,660헥타르

비스카야 만에서 16킬로미터 떨어져 있는 피코스 드 에우로파의 험준하고 눈 덮인 봉우리의 모습은 먼 바다에서도 쉽게 볼 수 있다. '유럽의 봉우리들'이라는 이름은 중세에 북해에서 돌아오는 바스크 지방의 어부들이 붙였다고 한다. 바다에서 이 봉우리들이 보이면 집으로 돌아왔다고 생각한 것이다.

가파른 협곡을 흐르는 강물은 연한 색깔의 석회암 지대를 세 개의 마시프로 나누었는데, 이 세 부분을 합치면 거대한 날개를 편 박쥐처럼 보인다.

그 중 센트럴마시프가 가장 멋진 풍경을 자랑하는데, 2,500미터 높이의 봉우리들이 모여 있다. 최고봉은 아니지만 이곳을 가장 잘 상징하는 봉우리는 원뿔형의 석회암 산인 나란요 드 불네스(2,519미터)로 1904년에 최초로 정복되었다. 이 산의 다른 이름으로는 피코우리엘루가 있다.

이 지역에는 다양한 야생 동식물이 번성하고 있다. 낙엽송은 1,500종에 달하며 포유류 70종, 조류 176종, 파충류와 양서류가 34종이며 나비는 147종이나 서식하고 있다. 난초가 가득 피어 있는 초원은 세계에서 가장 풍요로운 대서양 초원에 속한다. **TF**

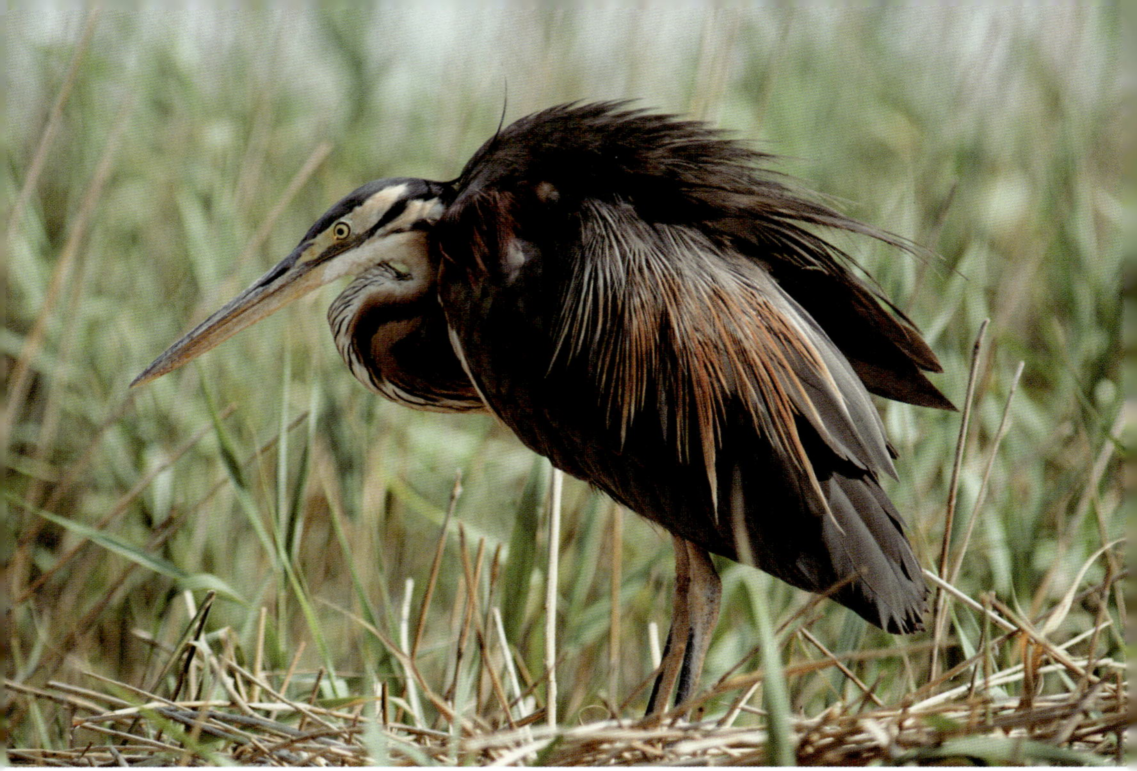

에브로 강

스페인, 칸타브리아 주

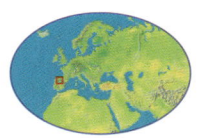

에브로 강의 길이 : 928킬로미터
연평균 유량 : 초당 615미터
에브로 삼각주의 면적 : 320제곱킬로미터

레이노사 근처의 칸타브리카 대산맥에서 발원한 에브로 강은 동남쪽에서 흘러 타라고나 남쪽의 지중해로 흘러들어간다. 에브로의 상류는 웅장한 석회암 협곡인 호세 델 알토에브로와 소브론으로 유명하며 그리폰독수리가 대규모로 서식하고 있다. 또한 절벽에 둥지를 트는 이집트대머리수리, 송골매, 흰배줄무늬수리, 검독수리와 수리부엉이 등이 서식한다.

강물은 산속을 굽이굽이 돌아 센트럴에브로 분지라고 부르는, 사라고사 주변의 극도로 건조한 땅으로 들어간다. 이 분지는 한때 카탈루냐 해안 산맥에 의해서 지중해와 분리되어 있던 거대한 바다였다. 이곳에 도착한 에브로 강은 충적토 평원을 구불거리며 흘러간다. 분지 뒤로는 석고 하안단구가 펼쳐져 있고 강 옆으로는 '소토'라고 하는 띠 모양의 숲이 있으며 군데군데 '갈라초'라고 하는 초승달 모양의 호가 흩어져 있다. 카탈루냐 해안 산맥을 가로지른 후 에브로 강은 마지막으로 화살 모양의 거대한 삼각주를 만난다. 이 삼각주는 몇 세기에 걸쳐 강에 쓸려 내려온 퇴적물이 쌓인 후 바다에 의해 현재의 모양을 갖추었다. **TF**

알타미라

스페인, 칸타브리아 주

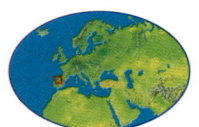

| 그림이 그려진 시기 : 1만 4,400~1만 4,800년 전 |
| 그림의 수 : 약 100개 |

'제4기 예술의 시스틴 대성당'이라고 부르는 알타미라 동굴은 1879년에 사냥꾼에게 발견되었다. 동굴 안에는 구석기 시대의 그림이 그려져 있었는데, 보존 상태가 너무 훌륭해서 수십 년 동안 가짜로 의심받을 정도였다. 그러나 연구 끝에 이 그림들이 거의 1만 5,000년 전에 그려진 것임이 밝혀졌다. 후기 홍적세 동안 스페인 북부 지방에 살던 마그달레니안기 석기 시대 사람들의 작품인 이 동굴 벽화는 당시에 살던 동물을 그리고 있다. 주로 들소가 그려져 있었으며, 그 외에도 말, 사슴과 멧돼지도 등장한다. 붉은색, 노란색과 갈색의 색채는 검은색 망간이 함유된 흙과 목탄으로 더욱 강조되어 보인다. 알타미라의 예술가들은 동굴 벽의 특성을 살려서 독특한 삼차원 효과를 연출했다. 270미터에 달하는 동굴은 10개의 방과 갤러리로 이루어져 있으며, 그곳에서 조각 70여 개와 그림 100여 개가 발견되었다. 이 진기한 예술 작품 중에서 최고 걸작은 '회화의 방'에 있는데 이곳에는 15마리의 거대한 들소가 천장을 장식하고 있다. 1985년에 세계문화유산이 된 알타미라를 본 후안 미로는 큰 감동을 받아 이렇게 말했다. "동굴 벽화가 그려진 이후로 회화는 계속 퇴보했을 뿐이다." **TF**

몬세라트

카탈루냐 / 스페인, 칸타브리아 주

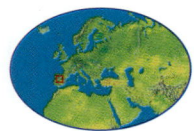

| 몬세라트의 길이 : 6킬로미터 |
| 최고 높이 : 1,238미터 |
| 보호구역의 면적 : 3,630헥타르 |

화석이 된 스테고사우루스처럼 생긴 문타냐 드 몬세라트는 연한 색의 역암질 기둥으로, 하늘을 찌를 듯 서서 바르셀로나 뒤로 펼쳐진 평원을 압도하듯 굽어보고 있다. 이 산을 찾는 사람들은 2,000개가 넘는 등산로를 찾는 등산객도 많지만 '라모레네타'라고 하는 검은 마돈나를 보기 위한 순례자들의 발길도 끊이지 않고 있다. 전설에 의하면 이 작은 목각상은 성 누가가 만든 것으로 서기 50년에 성 베드로가 이곳에 가져왔다고 한다. 물론 방사성 탄소 연대 측정법으로 이 조각상이 12세기에 만들어진 것임이 밝혀졌다. 이 조각상과 관련한 또 다른 종교적인 일화가 있다. 성 이그나티우스 로욜라가 그의 칼을 이곳에 내렸을 때 자신의 소명을 깨닫고 예수회를 창건했다고 전해져 온다.

이곳에서 서식하는 식물을 눈여겨볼 필요가 있다. 그늘이 진 바위틈 사이로 랙스포텐틸라, 라몬다와 피레네초롱꽃이 자란다. 멸종 위기에 처한 이곳의 고유종인 바위떡풀류인 삭시프라가카탈라우니카와 세열유럽쥐손이류의 에로디움루페스트레도 이곳에 서식한다. 봄이 되면 산의 정상에는 야생 튤립, 노알수선화와 수많은 난초가 자라고 하늘에는 수염수리가 선회를 한다. **TF**

오르데사캐니언

스페인, 나바라 주

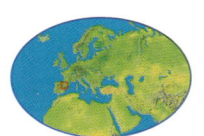

| 오르데사캐니언의 길이 : 16킬로미터 |
| 협곡 절벽의 높이 : 600미터 |
| 특징 : 수염수리 |

스페인 북동부에 자리 잡은 피레네 산맥의 심장부를 흐르는 아라사스 강에는 석회암으로 이루어진 거대한 벽이 수직으로 600미터 솟아 있다. 이곳이 바로 오르데사캐니언으로 아라사스밸리에서 뻗어 나온 16킬로미터 길이의 협곡이다. 오르데사에는 무성한 숲이 늘어서 있다. 계곡 바닥에는 전나무와 너도밤나무 숲이 들어서 있고 절벽 높은 곳에는 바위 틈새마다 빼곡하게 난쟁이소나무가 매달려 있다.

정상 부근에는 빙하침식작용으로 자연적으로 만들어진 원형극장인 치르고 드 소아소가 있다. 이곳은 1만 5,000년 전 거대한 빙하가 3,355미터의 페르디도 산허리를 깎아내 만든 것이다. 그 산의 경사면에는 카스카다 드 콜라 드 카볼라 폭포가 있는데, 일명 '말꼬리 폭포'라고 한다. 석회암 절벽에는 '파하'라고 하는 좁은 노대가 형성되어 있으며, 그곳에서는 이베리아아이벡스처럼 희귀한 산양이나 야생 염소를 발견할 수 있다. 오르데사의 하류는 파하 데 라스플로레스로, 2,400미터 높이에서 아라사를 따라 3.2킬로미터를 흐른다. 고개를 들어 하늘을 보면 검독수리와 수염수리가 창공을 누비는 모습이 보인다. 이곳의 등산로는 가장 가까운 토를라 시에서 시작한다. **MB**

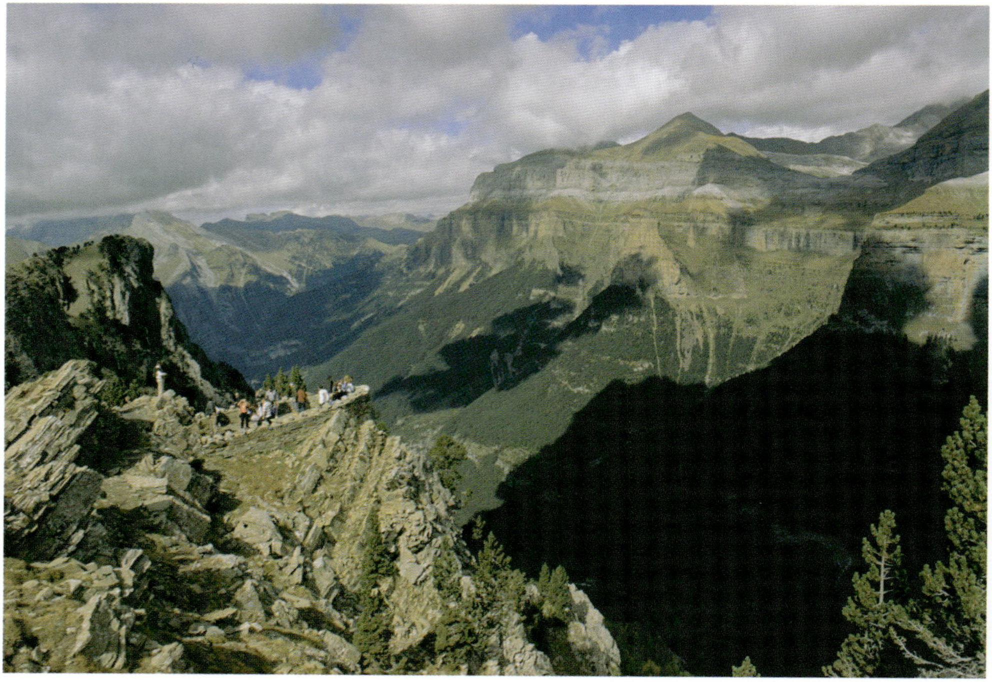

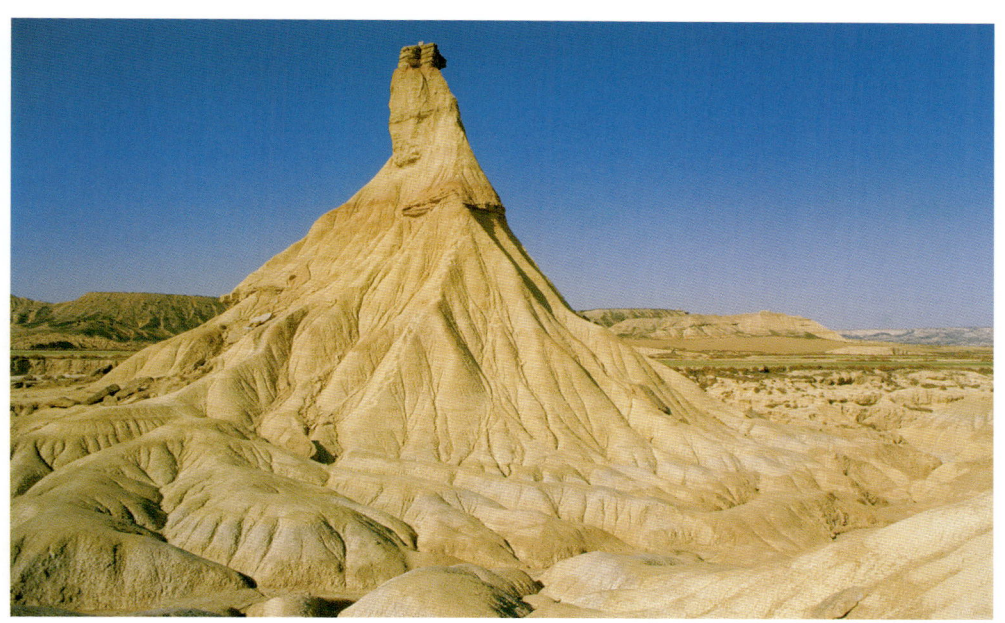

바르데나스레알레스

스페인, 나바라 주

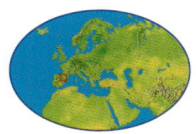

듀퐁종달새의 수 : 400쌍

바르데나스레알레스의 보호구역 :
리콘 델 부 자연보호구역, 카이데스 드
라네그라 자연보호구역

바르데나스레알레스는 팜플로나의 남부에 있는 거대한 석고 황무지이다. 1882년부터 먼 피레네의 론칼 계곡에서 바르데나스레알레스로 이주해 온 목양업자들은 겨울에는 이곳에서 방목을 하고 봄과 가을이면 로옐론칼레세 도로로 가축 떼를 이동시키곤 했다. 동쪽으로 난 작은 도로는 아르게다스의 남쪽에서 시작해 소금기가 있는 초원으로 접어든다. 초목이 듬성듬성 나 있는 초원에는 수많은 홈이 나 있다. 뒤로는 꼭대기가 평평한 절벽들이 늘어서 있고 단단한 석회암과 사암으로 된 탑들이 서 있다. 땅을 깊이 파서 곡물을 경작하는 곳이 군데군데 있지만 이곳에 생생한 생기를 불어넣는 것은 피처럼 붉은 양귀비와 노랗고 하얀 십자화들이다. 바르데나스레알레스의 공원 중앙에는 군사 기지가 있지만, 초원에서 서식하는 다양한 야생조류들이 많이 서식하고 있다. 이중 명금류가 가장 일반적인데 북방시종다리, 쇠종다리, 뿔종다리와 논종다리 같은 새가 대표적이다. 이외에도 돌물떼새, 애기느시, 뾰족꼬리사막꿩, 개꿩 등이 서식한다. 절벽에 둥지를 트는 조류로는 칼새류, 검은딱새, 고산까마귀류, 록스패로, 이집트대머리수리, 검독수리, 송골매와 수리부엉이들이 있다. **TF**

시에라 드 그레도스

스페인, 레온 주

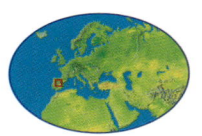

시에라 드 그레도스의 길이 : 250킬로미터

최고 높이(알만소르) : 2,592미터

시스테마센트럴 산맥은 스페인의 분수령으로 이 나라의 서부 지역을 둘로 나눈다. 동서로 뻗어 있는 이 산맥의 중앙에는 거대한 빙하침식작용으로 형성된 시에라 드 그레도스의 화강암 능선이 버티고 있다. 남쪽으로는 울퉁불퉁한 바위산이 사우스메세타를 향해 깎아지른 듯 서 있다. 남사면의 길이는 10킬로미터로 높이는 2,000미터에 달하지만 북사면은 완만하게 이루어져 있다.

이곳에는 수목한계선 위쪽으로도 매우 다양한 식물이 번성하고 있다. 그중에는 돌나물과의 세둠 라카스케와 안티리눔그로시 금어초를 비롯해 그레도스 고유종도 있다. 그러나 이곳의 절경은 험준한 바위벽이 빙 둘러선 권곡에 들어앉아 있는 빙하호인 라구나그란데이다.

이곳은 스페인아이벡스와 흰눈썹울새의 서식지이며, 특히 스페인에서 가장 많은 흰눈썹울새의 번식지이다. 그 외에도 눈쥐, 반도에만 사는 이베리아바위도마뱀, 불도마뱀과 두꺼비 등도 서식한다. 산맥 전역에는 포유류 50종, 파충류 23종, 양서류 12종과 나비 100여 종이 서식한다. 이곳은 또한 먹황새, 검은대머리수리와 스페인흰죽지수리의 주요 번식지이기도 하다. **TF**

아타푸에르카

스페인, 레온 주

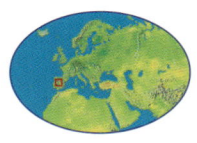

최고(最古) 원시인류 유적 : 80만 년 전

다른 원시인류 유적 : 35만~50만 년 전

작고 볼품없는 석회암 언덕인 시에라 데 아타푸에르카를 언뜻 봐서는 20세기 최고의 고고학적 유적이 발견된 곳이라고 생각되지 않는다. 하지만 지금까지 발견된 증거를 바탕으로 생각해 볼 때 언덕의 복잡한 동굴계는 약 100만 년 전부터 다양한 현생 인류의 주거지로 사용되었음이 확실하다. 그란돌리나와 시마 데 로스후에소스에서 발견된 유적에서는 아프리카에서 서유럽으로 이주한 초기 현생 인류의 신체적 특성과 풍습에 대해 많은 정보를 얻을 수 있었다.

약 80만 년 전에 죽은 것으로 추정되는 인류의 유골 잔해가 그란돌리나에서 발견되었는데, 적어도 여섯 명 이상의 사람이 매장된 것으로 알려졌다. 이 사람들은 다른 원시 인류의 유골과는 다른 형태를 띠고 있었다. 그래서 1977년에 이 새로운 종족에게 '호모 안테세서'라는 이름을 붙여 주었다. 이는 라틴어로 '탐험가'라는 뜻이다. 근처에 있는 시마 데 로스후에소스는 '뼈 구덩이'라는 뜻인데 수천 명에 달하는 유골이 발견되어 세계에서 연구 대상이 가장 풍부한 고고학적 유적지 중 하나로 알려져 있다. **TF**

가로트하

스페인, 바르셀로나

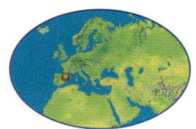

보호구역의 면적 : 11,908헥타르
최고 높이(푸이그살라나) : 1,027미터
생성 시기 : 35만 년 전

히로나에서 북서쪽으로 20킬로미터 떨어진 곳에는 이베리아 반도에서 가장 웅장한 화산 지형이 펼쳐져 있다. 너도밤나무와 떡갈나무가 빽빽하게 들어선 숲이 전체 면적의 75퍼센트를 차지하는 이 공원에는 아직도 화구와 현무암 용암 흔적이 많이 보인다. 화구는 30개가 넘는데 분화구까지 있는 것도 있다. 화산활동이 기록된 적은 없지만 사화산이라기보다는 휴화산이라고 보는 것이 더 정확할 것이다. 1428년에 발생한 지진으로 올로스 시 인근이 파괴된 사건은 지진 활동이 진행되고 있다는 확실한 증거이기 때문이다.

이곳에 서식하는 관다발 식물은 1,500종에 달하는 것으로 보고되었다. 특히 로브르 참나무 군락에는 바람꽃류, 노란아네모네, 아네모네, 둥글레, 나리난초속 식물과 라지비터크레스의 고유종이 풍부하게 서식하고 있다. 그 외에도 이곳에 서식하는 나비는 100여 종이 넘는다. 공원의 습지에는 지중해상모두루미, 서턴에머럴드실잠자리, 고블릿마크드실잠자리, 블루아이후키드테일잠자리, 크레푸스쿨라호커, 킬드스키머, 스칼렛다터 등이 서식한다. **TF**

살토 델 네르비온

스페인, 알라바 주

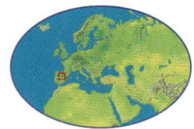

폭포의 최대 높이 : 275미터
폭포의 평균 폭 : 6미터
보호구역의 면적(몬테 산티아고) : 4,800헥타르

스페인에서 가장 웅장한 폭포 중 하나가 있는 네르비온 강은 숲이 울창한 몬테산티아고의 천연원형지대에서 발원해 시에라살바다의 가파른 석회암 절벽을 따라 힘차게 떨어진 후 북쪽으로 흘러 빌바오에서 바다를 만난다.

살토 델 네르비온 폭포에서 쏟아지는 물은 평소에는 수면에 닿기도 전에 증발해 버리기도 하지만, 해빙기에 물이 가장 많이 흘러들 때면 델리카 협곡을 향해 최대 275미터를 수직 낙하한다. 살토 델 네르비온의 웅장함을 가장 잘 느끼려면 델리카 협곡을 굽어볼 수 있는 곳에서 폭포를 봐야 한다. 푸에르토 데 오르두냐의 바로 남쪽에서 시작하는 3.2킬로미터의 길을 따라 살쾡이, 솔담비, 붉은날다람쥐와 노루가 사는 울창한 너도밤나무 숲을 지나가면 폭포의 전망 지점이 나온다.

이곳에서는 검독수리, 이집트대머리수리, 솔개와 붉은부리까마귀도 볼 수 있다. 절벽에 둥지를 튼 그리폰독수리는 이 지역에서 가장 흔하게 볼 수 있다. 폭포 상류의 숲에서는 포악한 늑대 무리를 절벽 위로 몰 목적으로 돌로 만든 오래된 늑대 함정의 흔적도 발견할 수 있다. **TF**

아이구에스토르테스와
에스타니 드 산트 마우리치

스페인, 요이에다

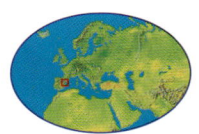

국립공원과 완충지대의 면적 : 40,852 헥타르

최고봉(코말로포르노) : 3,033미터

아이구에스토르테스는 말 그대로 '꼬불거리는 강'이라는 뜻으로 카탈루냐에 있는 국립공원의 고산 계곡을 굽이쳐 흐르는 물줄기를 지칭하지만, 이곳은 실제로는 보석 같은 빙하호로 더 유명하다. 200개가 넘는 이곳의 빙하호를 에스타니라고 부르는데 그중 산트마우리치가 가장 크다.

제4기 동안에는 (가장 높은 곳에 있으며, 물이 스며들지 않는) 점판암과 화강암으로 된 기반암이

도요, 금눈올빼미, 청딱따구리와 목도리지빠귀 등이 있으며, 이 외에도 올리브카나리아도 산다. 수목한계선 위로는 목초지와 바위 정원이 모자이크처럼 번갈아 등장하는데 초여름이 되면 범의귀속 식물과 용담이 피레네백학, 영국붓꽃, 고산때죽나무와 앵초 등이 만개한다. 야생화의 달콤한 꿀을 먹으려고 아폴로모시나비, 클라우디드아폴로, 마운틴클라우디드옐로, 실버리아거스, 청남푸른부전나비, 스케어스버터플라이, 검댕주홍부전나비, 보라색주홍부전나비, 퍼플엣지코퍼스, 스페이니브래스와 가바르니링렛츠와 같은 나비들이 모여든다.

이곳에서는 눈쥐, 고산마멋과 이사드는 자주 볼

> 아이구에스토르테스는 말 그대로 '꼬불거리는 강'이라는 뜻으로 카탈루냐
> 에 있는 국립공원의 고산 계곡을 굽이쳐 흐르는 물줄기를 지칭한다.

쉼 없이 빙하침식작용을 받아서 웅장한 권곡과 아레테와 침봉들이 형성되었다. 아래로 내려가는 빙하들은 전형적인 U자형 계곡을 만들고 '저지대'로 내려가면서 혀처럼 늘어진 빙퇴석들을 만들었다. 물론 이 국립공원에서 '저지대'라고 해봐야 1,620미터 아래로 내려가는 지점은 없지만 말이다. 이곳의 풍경에서 침엽수는 매우 중요하다. 낮은 지역은 구주적송이 우세하지만 점점 고도가 높아지는 1,800~2,200미터 사이가 되면 산소나무와 유럽피언 은젓나무가 섞여 자란다. 소나무가 우거진 숲속에는 옐로버드네스트, 레서트웨이블레이드, 유럽홍산무엽란과 타래난초류 등이 번성하고 있다. 이 지역에 서식하는 대표적인 조류로는 큰뇌조, 멧

수 있지만 개체수가 적은 뇌조(雷鳥)는 쉽게 찾아볼 수 없다. 피레네 산맥의 중부에만 서식하는 피레네바위도마뱀은 고도가 3,000미터가 넘는 곳에서도 살 수 있다. 공원을 에워싼 높은 바위산은 바위종다리류와 나무발바리의 서식지이다. 수염수리도 적어도 여섯 쌍이 서식하는 것으로 알려졌다. 아이구에스토르테스의 수많은 시내와 호수는 피레네스만과 피레네살라만더가 서식하기에 가장 이상적인 곳이다. **TF**

오른쪽 겨울의 아이구에스토르테스의 아름다운 풍경

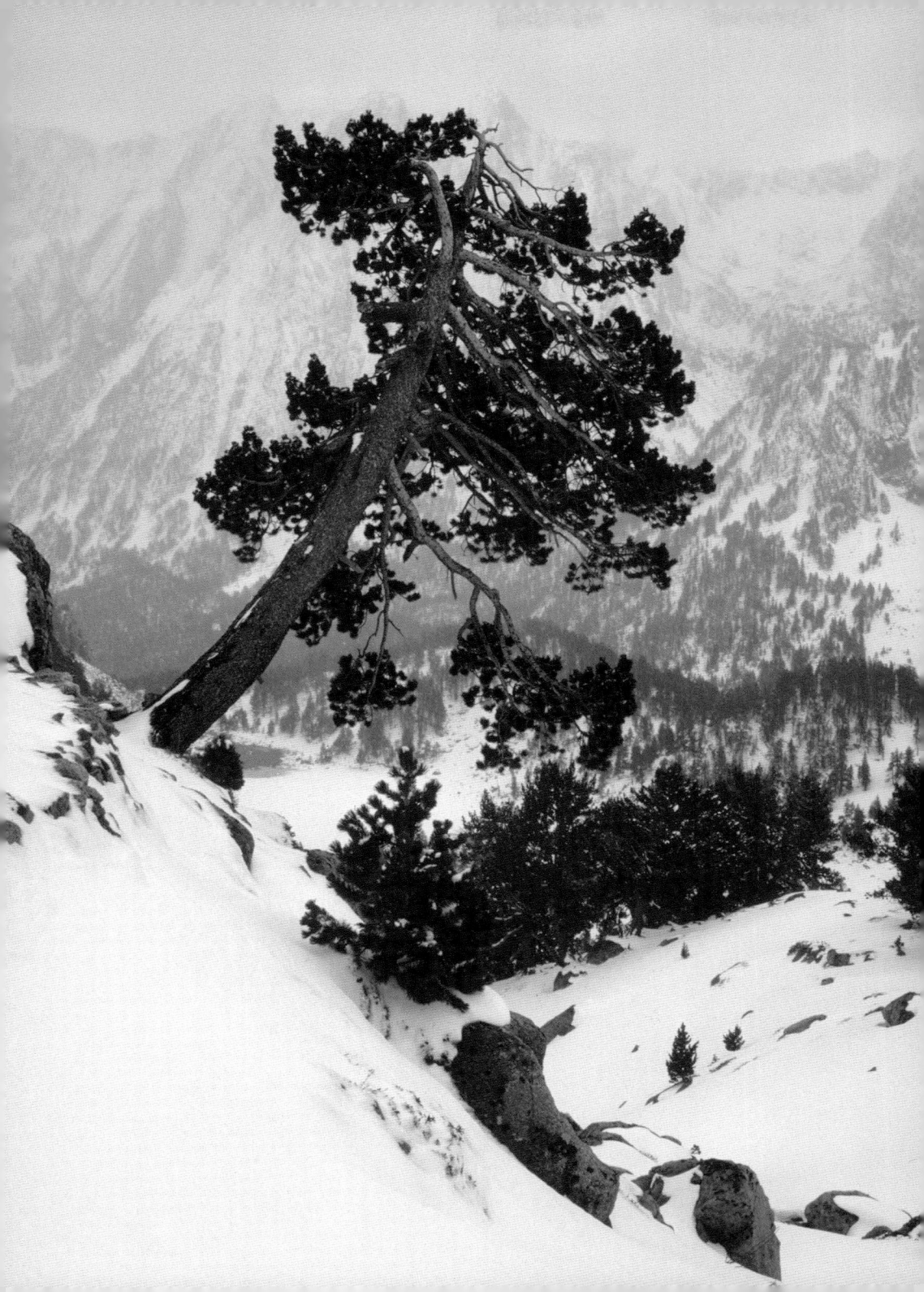

갈로칸타 호수

스페인, 사라고사 – 테루엘 주

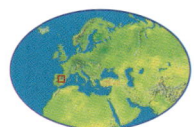

보호구역의 면적(람사습지와 야생식물 보호지) : 6,720헥타르

석호의 최대 면적(겨울) : 약 1,330헥타르

최대 깊이 : 1.5미터

평평한 농경지 중앙에 자리 잡은 갈로칸타 호수는 아름다운 내륙 호수가 별로 없는 스페인에서 최대 크기를 자랑하는 천연 내륙 호수이다. 특히 11월이나 2월 말 즈음 호숫가에서 해질 무렵부터 밤을 새운다면 영원히 잊지 못할 경험을 할 것이다. 6만 마리에 달하는 두루미들이 V자를 이루며 보금자리로 찾아드는 장관은 어디에서나 쉽게 볼 수 없는 모습일 테니 말이다. 갈로칸타 호수는 서유럽에 서식하는 두루미의 80퍼센트가량이 모이는 곳이다. 두루미들은 이베리아 반도 남서쪽의 도토리가 풍부한 숲에서 겨울을 나기 위해 이동하는 길에 이 호수에 들른다.

철새들은 10월이 되면 속속 호수에 도착해 11월 말에 그 수가 최고조에 달한다. 철새들의 대부분이 더 남쪽으로 내려가 겨울을 보내지만 몇 천 마리 정도는 용감하게도 아라곤 평야의 혹독한 겨울 날씨를 버텨내기도 한다. 2월 초가 되면 두루미의 수는 다시 늘어난다. 이곳에서 힘을 보충한 후 철새들은 다시 스칸디나비아와 러시아로 떠나 2월 말에서 3월 초에 번식을 한다.

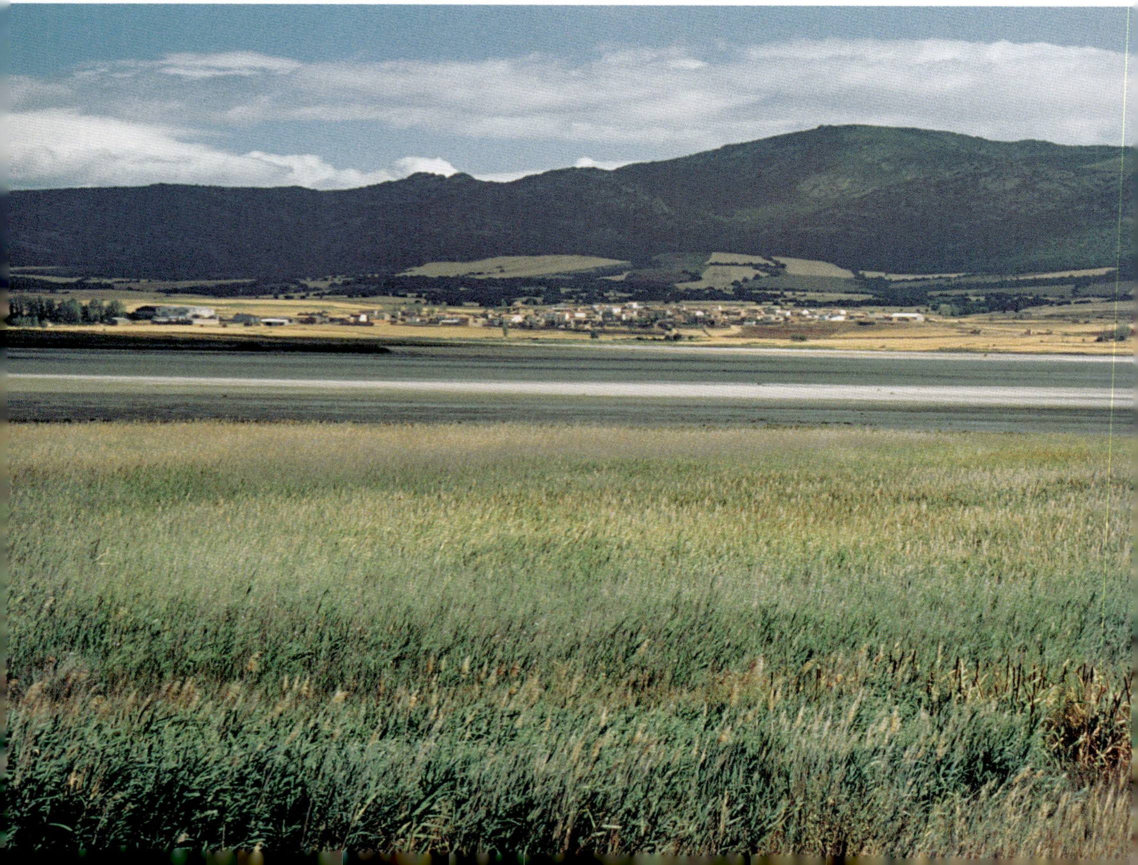

겨울에는 강수량이 증가하기 때문에 검둥오리, 흰죽지, 붉은부리흰죽지 같은 물새들이 호수로 몰려든다. 여름까지 호수에 물이 충분하게 남아 있으면 이곳은 천적이 없는 안전한 안식처가 된다. 뒷부리장다리물떼새, 장다리물떼새와 큰부리제비갈매기와 구렛나루제비갈매기 등이 남아서 새끼들을 기른다. 반대로 물이 줄어 거대한 갯벌이 드러나면 엄청난 수의 흰물떼새가 몰려들어 1미터 간격으로 둥지를 틀기도 한다. 주변의 경작지에는 곡물보다 '잡초'가 더 풍부하게 자라서 돌물떼새와 종다리 혹은 능에 몇 종이 둥지를 튼다. 겨울이면 꿩과 칼란드라종다리 등이 몰려든다.

갈로칸타 호수는 다로카 시에 남아 있는 중세시대 성벽의 남서쪽에 자리 잡고 있다. 관광센터는 호수와 만나는 북동쪽에 있다. **TF**

아래 완만한 녹색 구릉에 둘러싸인 갈로칸타 호수

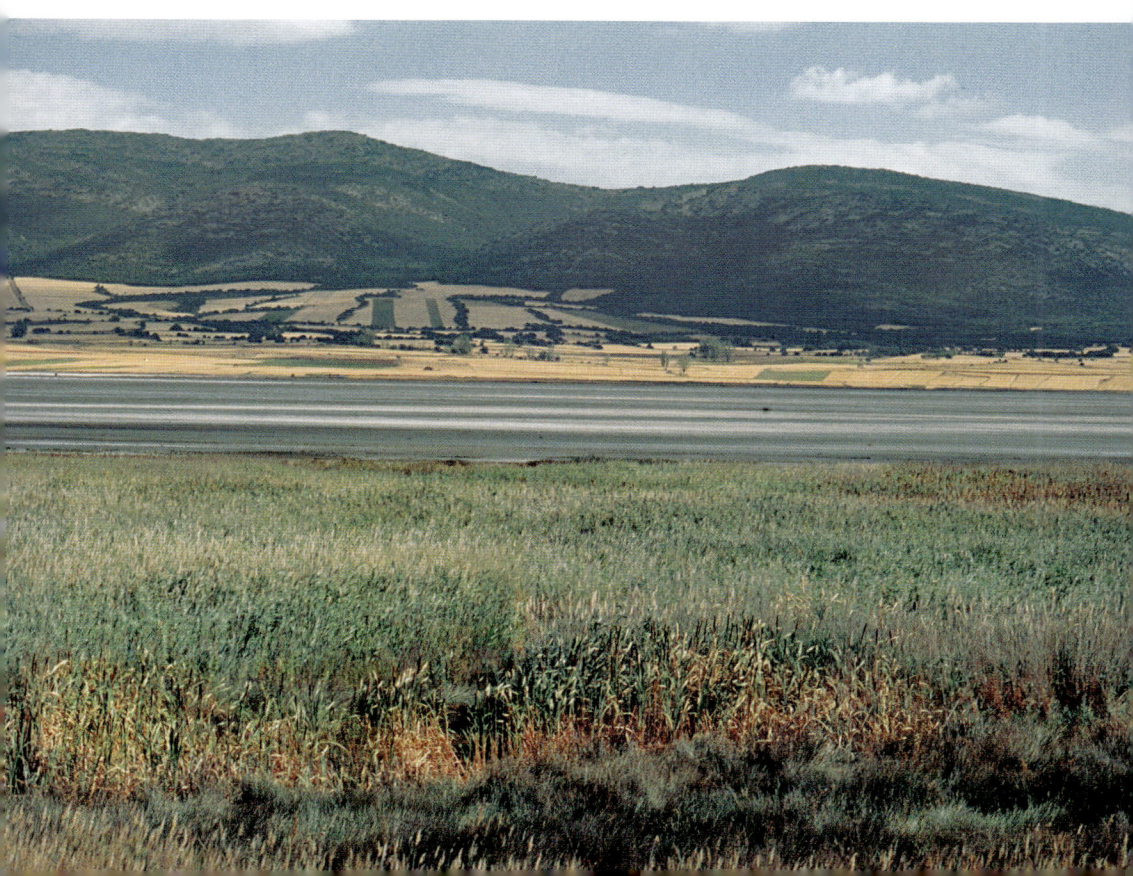

말로스 데 리글로스

스페인, 우에스카 주

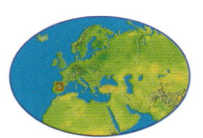

| 해발 고도 : 900미터 |
| 바위 기둥들의 높이 : 300미터 |
| 생성 시기 : 3,000만 년 전 |

가예고 강의 왼쪽으로는 근처의 리글로스 마을을 난쟁이처럼 보이게 하는 거대한 돌기둥이 서 있다. 세 무리의 웅장한 돌기둥은 모두 피레네 산맥이 형성되는 동안 남쪽으로 쓸려간 충적선상지의 흔적이다. 세월이 흐르는 동안 물과 바람의 공격에 가장 단단한 부분만이 남게 되었고, 지금처럼 중신세(마이오세)의 역암이 불규칙적으로 결합해 다양한 색의 황갈색과 황토색을 띠는 거대한 기둥이 되었다. 기둥을 이루는 돌 중에는 지름이 1미터인 것도 있다.

암벽 등반가들의 메카이자 조류학자들의 천국인 말로스 데 리글로스는 등산로가 200개가 넘으며 그리폰독수리의 중요한 서식지이다. 이집트대머리수리, 송골매, 수리부엉이, 칼새, 바위제비, 바다직박구리, 검은딱새와 붉은부리까마귀처럼 절벽에 둥지를 트는 새들이 풍부하다. 알파인어센터와 나무발바리는 겨울이면 정기적으로 이곳을 찾는다. 흰배줄무늬수리와 수염수리는 이곳에서 종종 사냥은 하지만 몇십 년째 둥지를 틀지 않고 있다. 절벽에 피어 있는 사르코카프노스, 피레네바위떡풀류와 라몬다는 식물을 좋아하는 사람들의 눈을 즐겁게 해 줄 것이다. **TF**

오른쪽 말로스 데 리글로스의 붉은 바위기둥

빌라파필라

스페인, 사모라

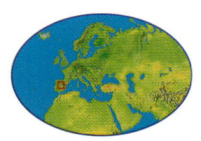

| 람사습지의 면적 : 2,854헥타르 |
| 조류보호구역 : 32,682헥타르 |

노스메세타에서 드물게 평평한 지역에 자리 잡은 빌라파필라는 국제적으로 중요한 습지이자 람사습지로 지정되었을 뿐만 아니라 '초원'에 서식하는 조류가 모이는 곳으로도 유명하다. 이곳에서 보고된 조류는 260종이 넘는다. 빌라파필라는 반건조 지대인 경작지, 휴한지와 목초지로 구성된 수십만 에이커의 땅을 말한다. 특히 이 지역의 생태적 특징 때문에 '사이비스텝'이라는 별명도 지니고 있다. 2,500개의 서식지가 모자이크를 이루는 빌라파필라는 (세계 제일은 아니지만) 유럽 제일의 느시 군서지가 형성되어 있다. 리틀버스타드, 블랙벨리드사막꿩류와 애기회색사냥매 등도 서식한다. 게다가 (200쌍 이상의) 애기황조롱이가 이곳에 서식한다.

빌라파필라의 중심에는 매우 얕은 염수호가 세 개 있는데, 습한 겨울에는 하나로 합쳐져 그 면적이 600헥타르를 넘는다. 그 시기에는 30,000마리가 넘는 회색기러기와 수천 마리의 물새와 섭금류의 새들이 몰려든다. 여름이 되면 습지는 개구리매, 장다리물떼새와 뒷부리장다리물떼새의 보금자리가 된다. **TF**

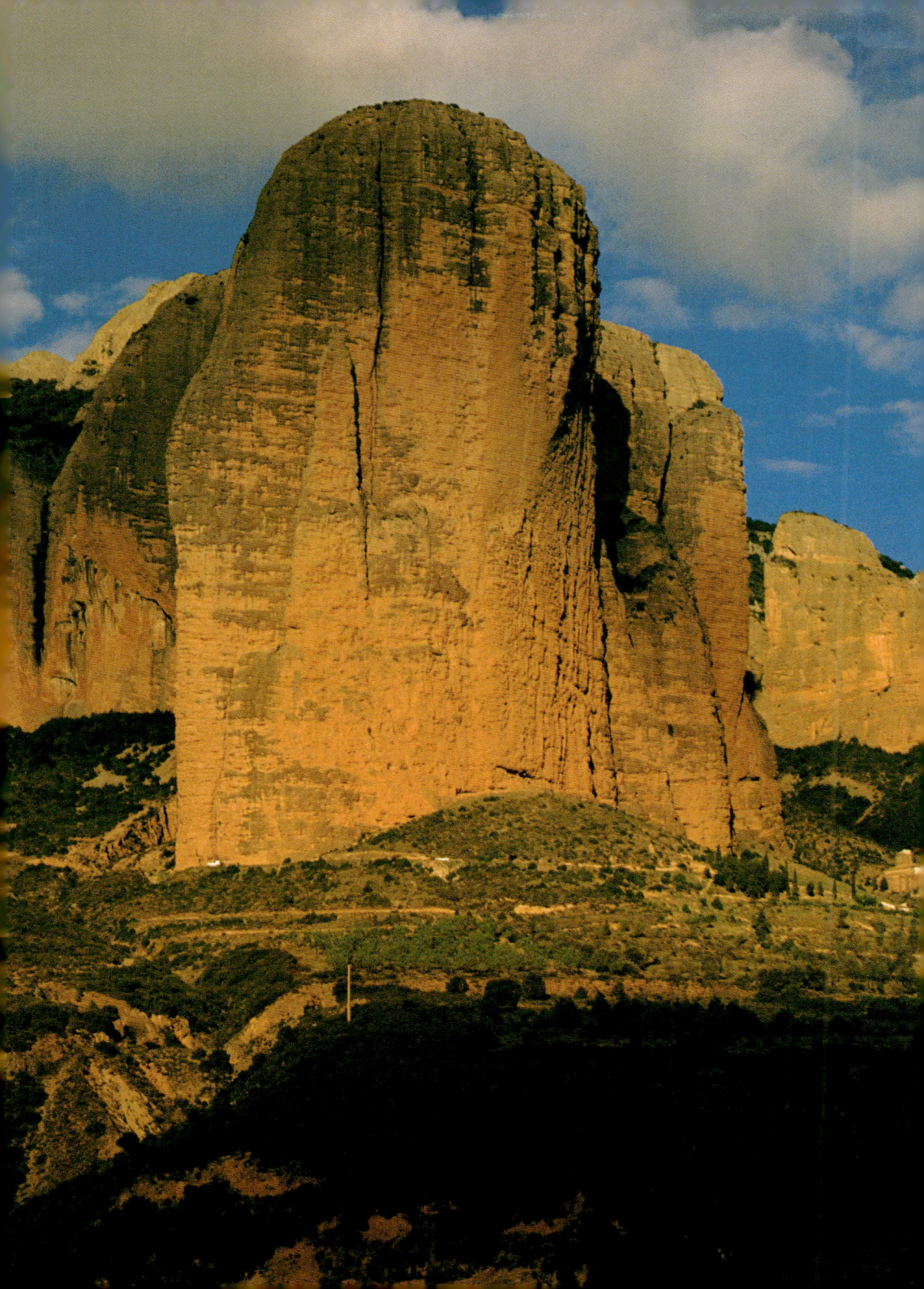

두에로 협곡

스페인 / 포르투갈

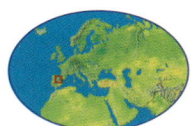

다른 이름 : 아리베스 델 두에로
협곡의 길이 : 122킬로미터
보호구역의 면적 : 스페인(170,000헥타르), 포르투갈(86,500헥타르)

이베리아 반도 북서부에 있는 스페인과 포르투갈의 국경지역에는 규토질의 기반암을 가로지르는 두에로 강(포르투갈어로는 도우로 강)이 장엄한 계곡을 따라 120킬로미터 이상 이어진다. 이 계곡은 곳에 따라 깊이가 400미터가 넘는 곳도 있다. 강의 협곡은 수많은 지류를 뻗어 200킬로미터를 더 흐르는데, 이런 지류를 아리베스라고 한다. 가끔 아리베스의 끝에는 멋진 폭포가 기다리고 있다. 폭포를 지난 물은 두에로 강으로 합류한다. 이런 폭포로는 우체스 강에 있는 포소 데 로스우모스가 대표적인데, 폭포수는 50미터 높이에서 엄청난 물보라를 일으키며 아래로 떨어진다. 거의 아무도 살지 않는 이 야생 지역은 이베리아 반도에서 그리폰독수리와 이집트대머리수리의 최대 번식지 중 하나로 유명하다(2000년에는 각각 325쌍과 129쌍이 이곳에 둥지를 틀었다). 그 외에도 검독수리 20쌍과 훨씬 더 희귀한 흰배줄무늬수리도 12쌍 정도 서식하고 있다. 검은황새와 수리부엉이, 송골매 등도 이곳을 보금자리로 삼고 있으며 검은딱새, 바다직박구리와 붉은부리까마귀와 같은 연작류의 새들도 서식한다. 미란다도도우로에서 시작하는 상류 보트 투어는 협곡 내부에서 협곡을 둘러볼 수 있는 좋은 경험이 될 것이다. 이 보트 여행에서 흰배줄무늬수리도 볼 수 있다. **TF**

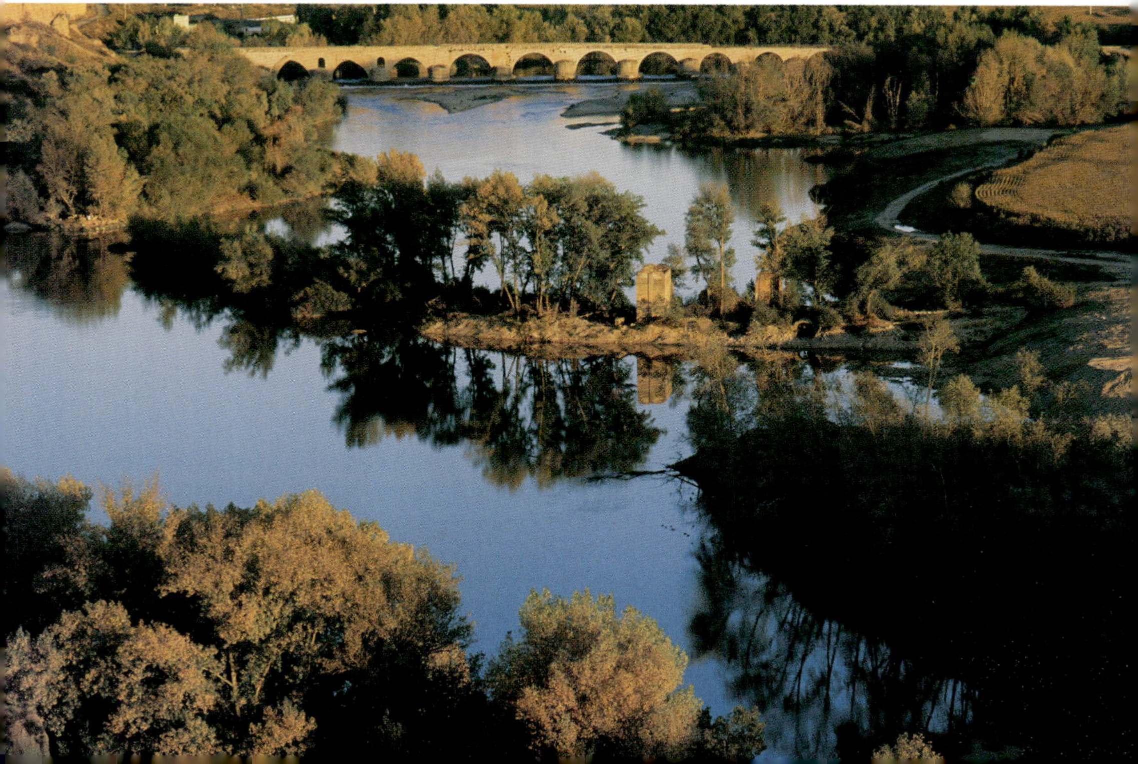

라페드리사

스페인, 바야돌리드 주

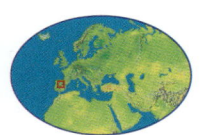

최대 해발 고도 : 2,386미터
생물권보호구역의 면적 : 101,300헥타르

쿠 엥카 델 만사나레스 생물권보호구역의 중심부에 있는 라페드리사는 이베리아 반도에서 가장 웅장한 화강암 지대 중 하나이다. 라페드리사는 단층을 중심으로 지질학적으로 뚜렷하게 구분되는 두 지역으로 나뉜다. 북쪽은 말발굽 모양의 권곡이 담처럼 높이 솟아 1,000년 동안 물과 바람으로 부드럽게 깎인 거대한 화강암 표석이 압도하고 있는 남쪽 구역을 감싸고 있다. 이 표석들은 '헬멧', '스컬(두개골)', '피그록' 같은 재미있는 이름을 가지고 있다. 가장 큰 엘톨모는 높이가 18미터나 하며 둘레는 73미터에 달한다.

라페드리사는 암벽 등반가들의 천국으로도 유명하지만 다양한 야생생물들도 빼놓을 수 없다. 고도가 높은 곳은 크고 건강한 그리폰독수리 70쌍의 군서지가 형성되어 있으며 붉은부리까마귀와 같은 연작류도 이곳에서 번식을 한다. 눈쥐, 스페인아이벡스, 이베리아바위도마뱀과 다양한 종류의 나비도 서식하고 있다. 남쪽의 표석 사이에 드문드문 들어서 있는 소나무에는 물까치, 오디새와 흰머리딱새 같은 지중해에 서식하는 새들이 모여 산다. **TF**

시우다드엥칸타다

스페인, 쿠엥카

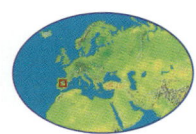

해발 고도 : 1,340~1,420미터
생성 시기 : 9,900만~1억 4,200만 년
시티오 국립자연보호구역의 면적 : 250헥타르

희 한하고 멋진 석회암 지형이라면 세라니아 데 쿠엥카도 뒤지지 않지만, 시우다드엥칸타다만큼 침식작용이 제대로 진행된 곳은 없을 것이다. 이곳은 바람과 물이 만들어 낸 최고의 합작품이 그득하기 때문이다. 마그네슘이 풍부한 백운암·석회암 고원인 시우다드엥칸타다는 '아름다운 도시'라는 뜻을 갖고 있다. 1,000년 동안 진행된 풍화와 침식작용으로 미로를 이루는 복잡한 계곡과 선사시대 도시의 유적이 지금도 남아 있는 노두(露頭)가 형성되었다. 상층부는 더 단단한 암석으로 구성된 덕분에 위쪽이 큰 바위들이 많아서 지질학의 동물원이라고 할 만큼 환상적인 자연의 걸작들이 즐비하다. 수많은 바위에는 사자, 물개, 하마, 곰, 고래와 같은 동물 이름이 붙어 있으며 코끼리와 악어의 전투라고 부르는 지형도 있다.

봄이 되면 바위 노두(露頭)에서 난초들이 자라고 평지에는 야생 튤립이 피어난다. 석회암 지대에 난 틈새로 흙이 들어간 곳에는 차꼬리고사릿속, 흰꽃이 피는 십자가 꽃, (스페인 동부에 자생하는) 범의귀속 식물과 바위금어초가 자란다. **TF**

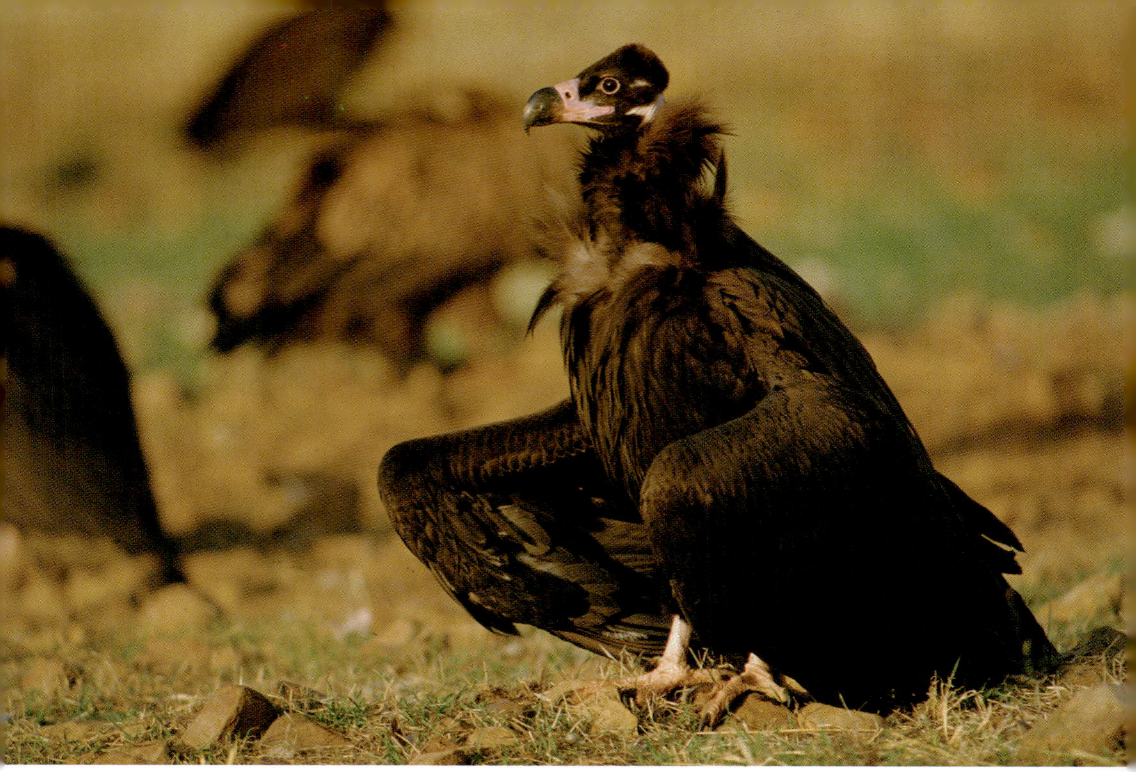

몬프라게

스페인, 카세레스 주

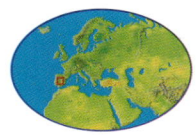

최대 해발 고도 : 540미터

보호구역의 면적(국립공원) : 17,852 헥타르

척추동물의 종(種) 수 : 276종

이 베리아 반도에서 야생이 가장 살아 있는 곳이 몬프라게라고는 할 수 없지만 이곳에서 보고된 야생생물을 보면 감탄을 금할 수 없다. 공원의 등줄기에 해당하는 시에라 데 라스코르추엘라스를 따라 서 있는 고생대 규암 절벽의 북쪽 비탈에는 지중해 숲이 빽빽하게 들어서 있다. 양쪽으로 늘어서 있는 이판암 계곡에는 이베리아와 아프리카 북서부에서만 볼 수 있는 독특한 농경지인 데헤사와 녹음이 싱그러운 상록수 숲에 목초지가 결합한 지형이 흩어져 있다. 우산 형태의 나무가 보호막이 되며 아래의 초지에서 물이 과도하게 빠져나가거나 서리가 어는 것을 막아 준다.

몬프라게는 스페인 최고의 맹금류 번식지라고 할 수 있는데, 검독수리 250여 쌍과 스페인흰죽지수리 10여 쌍 정도가 서식하고 있다. 특히 스페인흰죽지수리는 이베리아 반도에만 서식하는 종으로 전 세계적으로 160여 쌍이 남아 있다. 하지만 이 지역에서 상당히 많은 수가 발견되었다. 사람이 접근하기 매우 어려운 절벽에는 이집트대머리수리와 그리폰독수리, 검독수리와 흰배줄무늬수리, 송골매와 수리부엉이가 서식한다. 검은황새 30쌍과 민발톱뱀수리와 흰점어깨수리 등도 이곳에서 둥지를 틀고 있다. **TF**

페니알디팍

스페인, 알리칸테 주

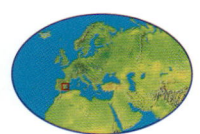

페니알디팍의 최대 높이 : 332미터
보호구역의 면적 : 45헥타르
생성 시기 : 최대 5,500만 년 전

페니알디팍은 코스타블랑카의 유명한 랜드마크이다. 이는 베니도름과 데니아 사이에 있는 바다의 중간 지점에서 불쑥 솟아난 석회석 바위인데, 좁은 모래 지협으로 본토와 연결되어 있다. 이곳은 무어 인들이 '북쪽의 바위'라고 불렀는데 남쪽의 지브롤터와 구별하기 위해서였다. 바위 정상은 오래전부터 불을 피워 해적의 접근을 미리 알리는 망루로 사용되었다.

이곳은 수직에 가까운 절벽이지만 정상까지는 비교적 쉽게 올라갈 수 있다. 특히 화창한 날에는 이곳에서 내려다보는 이비사의 풍경이 일품이다. 페니알디팍은 안토니오 요세프 카바닐레스(1745~1804년)와 조지 루이(1851~1924년) 같은 유명한 식물학자들의 관심을 끌었다. 이들은 특히 데니아 지역에 풍부하게 자생하는 식물에 큰 관심을 보였다. 또한 이곳에서 자라는 자귀나무, 티무스웨비아누스, 센타우레아뤼이, 분홍 꽃이 피는 동자꽃실렌네히파센시스와 물푸레나뭇과의 식물 등에도 큰 관심을 보였다. 이곳에 둥지를 트는 새로는 칼새류, 검은딱새와 송골매 등이 있다. 아래쪽 덤불에도 스펙타클드다트포드, 서브알파인다트포드와 사드리니아개개비 등이 서식한다. **TF**

푸엔테 데 피에드라

스페인, 하엔 주

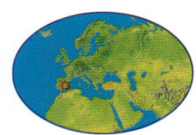

석호의 최대 면적 : 1,300헥타르
자연보호구역과 람사습지의 면적 : 1,476헥타르

안달루시아 지방에서 가장 넓은 천연 내륙호인 푸엔테 데 피에드라는 이베리아 반도에서 가장 큰 유럽홍학의 군서지로 유명하다. 1998년에는 유럽홍학 약 1만 9,000쌍이 이곳에서 1만 5,387마리의 새끼를 길렀는데 지중해 전역에서 번식한 개체수의 약 3분의 2에 해당했다. 푸엔테 데 피에드라는 안테케라 북서부의 석고가 풍부한 산악 지대 내부에 있는 분지에 자리 잡고 있다. 현재 이곳은 얕은 염호로 과거에는 로마 시대부터 1950년대까지 염전으로 이용되었다.

푸엔테 데 피에드라는 바다로 통하는 하류가 없는 대표적인 석호이다. 즉 이 호수에는 천연적인 배출구가 없으며, 주로 지하의 대수층(帶水層)을 통해 강수량으로만 채워진다. 여름에는 바람과 햇빛에 의한 증발작용이 너무 심해서 호수는 바닥이 완전히 드러난다.

이곳이 람사습지로 지정된 데는 홍학의 공이 컸지만 그 외에도 정기적으로 관찰되는 조류는 170종이나 된다. 큰부리제비갈매기, 뒷부리장다리물떼새, 흰물떼새, 유럽제비물떼새와 진홍쇠물닭 등을 비롯한 많은 새가 이곳에서 번식을 한다. **TF**

루이데라 석호

스페인 / 포르투갈

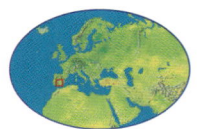

| 연속된 석호들의 길이 : 28킬로미터 |
| 석호의 최대 깊이 : 20미터 |
| 보호구역의 면적 : 3,722헥타르 |

라만차스캄포 데 몬티엘 중심의 건조한 지역에는 지하수로 연결된 석호들이 28킬로미터에 걸쳐 줄지어 있다. 라구나스 데 루이데라라고도 하는 이 신비로운 석호들은 그 기원에 관한 많은 전설을 갖고 있다. 가장 낭만적인 이야기는 세르반테스가 쓴 『라만차의 돈키호테』의 2부에서 등장한다. 이 책에 따르면 구아디아나의 지주인 레이디 루이데라와 그녀의 딸과 조카들을 멀린이 얕은 호수로 변화시켰다.

실제로 15개의 석호는 구아디아나 강이 제4기에 이회토와 석회석 지대를 지나면서 침식작용을 일으킨 결과 형성되었다. 석호들은 이전에는 탄산칼슘으로 이루어진 천연의 장벽을 흘러내리는 폭포를 통해 지상에서 이어져 있었다. 이 석호들의 이름은 실제로 '소음'을 뜻하는 '루이도'라는 단어에서 비롯되었는데, 폭포가 있었을 때는 꽤 시끄러웠던 모양이다. 안타깝게도 폭포 소리는 이제 거의 들리지 않는다. 대수층에서 과도하게 물을 뽑아 써서 수위가 급격하게 감소했기 때문이다. 아직도 중앙의 수심이 깊은 석호들 사이에는 붉은부리흰죽지가 둥지를 튼다. 줄지은 석호들은 가장자리로 갈수록 수심이 얕아지는데, 이런 곳의 주변에 자라는 갈대들 사이에는 개구리매, 뜸부기, 개개비와 진홍쇠물닭 등을 볼 수 있다. **TF**

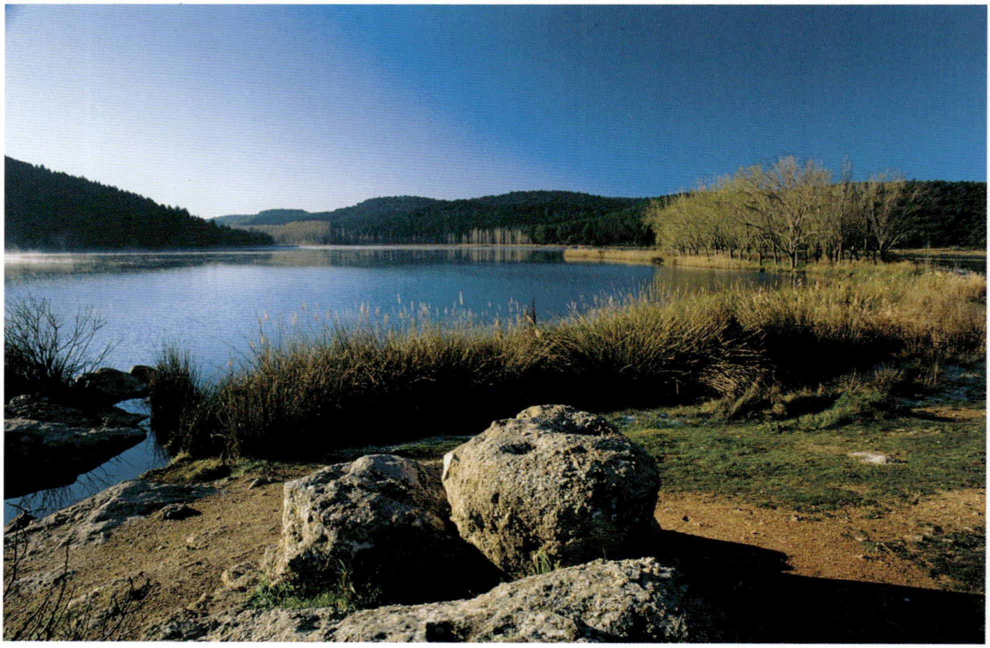

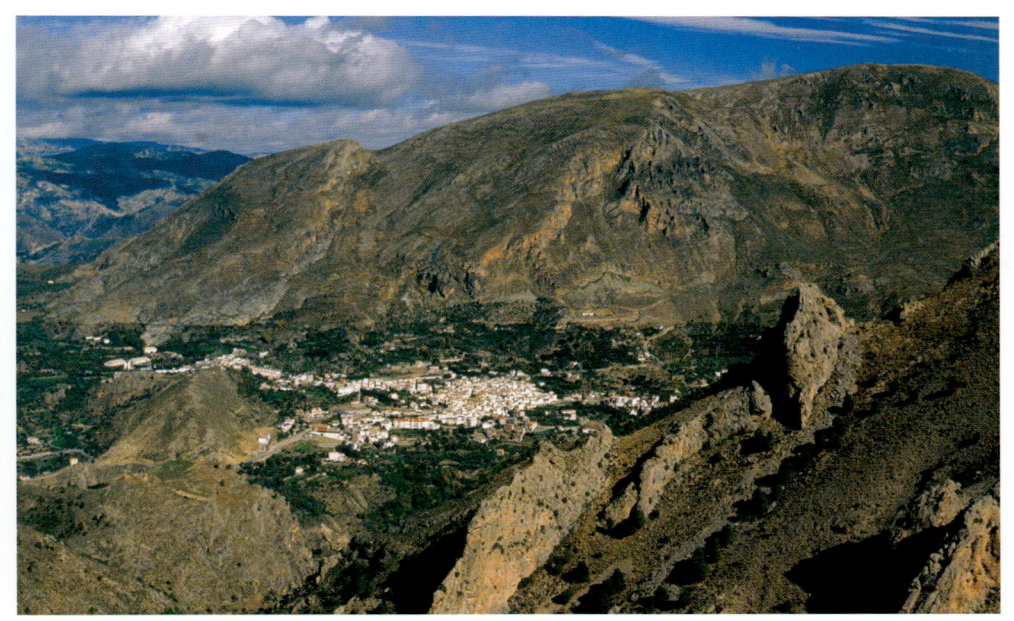

시에라네바다

스페인, 그라나다 주

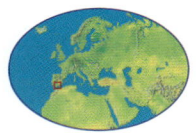

보호구역의 면적 : 86,208헥타르
생물권보호구역과 국립공원의 총면적 :
171,985헥타르

유럽 최남단에 있는 빙하 지형인 시에라네바다 산맥에는 3,482미터 높이의 물라센 봉이 있다. 산맥은 동쪽에서 서쪽으로 약 80킬로미터를 내달리는데 중심 지역은 산성의 운모 편암과 편마암이 뒤섞인 지대에 빙퇴석과 빙하권곡이 들어서 있고 사이사이에 얼음처럼 차가운 호수가 50여 군데나 들어서 있다.

시에라네바다에는 이베리아에서 볼 수 있는 다섯 개의 식생이 모두 분포한다. 가장 낮은 지역의 지중해 기후에서 2,600미터보다 높은 곳에 나타나는 고산 지대까지 모두 분포한다. 특히 고산 지대에는 마지막 빙하기가 끝날 무렵 빙상이 줄어들기 시작할 때 이곳에 고립되어 특이하게 진화한 고유종이 매우 잘 발달해 있다.

고산 덤불과 바위산에 분포한 관다발식물의 78개의 고유분류군에는 삭시프라가네바덴시스, 비올라크래시우스쿨라, 리나리아글라시알리스 같은 귀중한 식물이 많다. 고산 지대에서 발견된 무척추동물도 희귀성은 위의 식물에 뒤지지 않는다. 딱정벌레의 종류가 가장 다양하며 메뚜기와 귀뚜라미도 몇 종이 서식하고 있다.

시에라네바다는 1999년에 국립공원으로 지정되었는데, 이는 스페인에서 가장 큰 국립공원이다. 이곳에 서식하는 눈쥐는 세계에서 가장 남쪽에 서식하는 종류이며 스페인아이벡스가 많이 살고 있다. 남스페인에서는 유일하게 알파인언세스터가 이곳에서 번식을 하며 124종의 나비도 서식하고 있다. **TF**

코토도냐나

스페인, 안달루시아

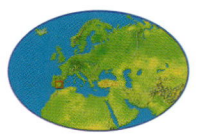

보호구역의 면적 : 111,643헥타르

보고된 조류종의 수 : 400종

코토도냐나는 예로부터 스페인 제일의 야생지역으로 유명하다. 람사습지, 세계문화유산, 생물권보호구역으로 지정되어 세계적으로도 그 중요성을 인정받고 있으며, 1969년에는 국립공원으로 정해질 정도로 이곳은 스페인에서 가장 중요한 습지이다. 그 중요성을 입증이라도 하듯 매년 이곳에서 먹이와 쉴 곳을 찾는 새들이 800만 마리에 달한다. 지역의 정확한 명칭은 마리스마스 델 구아달키비르로 이곳에는 모래 언덕, 조수 지역, 논, 양어지(養魚池), 염전 등이 들어서 있다.

자들은 환경에 미친 영향을 계속 관찰하고 있다.

코토도냐나의 야생 환경은 매우 중요하다. 이곳에서 관찰된 조류는 약 400종이며 그중에서 136종이 이곳에서 정기적으로 번식을 한다. 습지에 형성된 저어새의 군서지는 유럽 최대 규모이며, 흰머리오리도 서식한다. 스페인흰죽지수리 12쌍이 매년 코르크나무에 둥지를 트는 이곳은 이베리아에서 가장 중요한 번식지이다. 겨울이 되면 공원의 심장부로 몰려드는 철새들이 백만 마리가 넘는다. 그 새들 중에는 유럽홍학, 회색기러기, 오리와 섭금류 등이 수십만 마리에 달한다. 도냐나는 개체수가 감소하고 있는 그리스땅거북의 마지막 피난처이다.

> 람사습지, 세계문화유산, 생물권보호구역으로 지정되어 세계적으로도
> 그 중요성을 인정받고 있으며, 1969년에는 국립공원으로 정해질 정도로
> 이곳은 스페인에서 가장 중요한 습지이다.

공원의 내부에 있는 석호는 거대한 모래 언덕 지형으로 대서양과 분리되어 있다. 즉, 파도가 계속 밀려와 모래를 내륙으로 밀어 보내는데, 이동하면서 마주치는 소나무 숲을 그대로 먹어치우고 있다. 공원에 곳곳에 분포해 있는 소규모 지중해 숲은 주로 코르크나무 숲이다. 코르크나무는 몇 세기 동안 땔감과 건초용으로 사용해서 그 수가 급격하게 줄어들었다. 1998년에 이 지역에서는 현지의 광산에서 유독한 산성 금속폐기물이 유출된 사고가 났다. 폐기물은 생태계가 매우 민감한 지역에 유출되었고 어류, 무척추동물과 조류에 피해를 주었다. 과학자들과 생태학

숲 속의 공터나 잡목 숲에 서식하는 파델스라소니는 지구상에서 가장 큰 멸종 위기에 처한 고양잇과 동물이다.

이 공원을 둘러보려면 반드시 가이드를 동반해야 한다. 인접한 엘로시오에서는 겨울철 물새들의 모습이나 봄, 가을에 이동하는 철새들이 연출하는 장관을 볼 수 있다. **TF**

<u>오른쪽</u> 멸종 위기에 처한 파델스라소니도 이 공원에서는 안전하다.

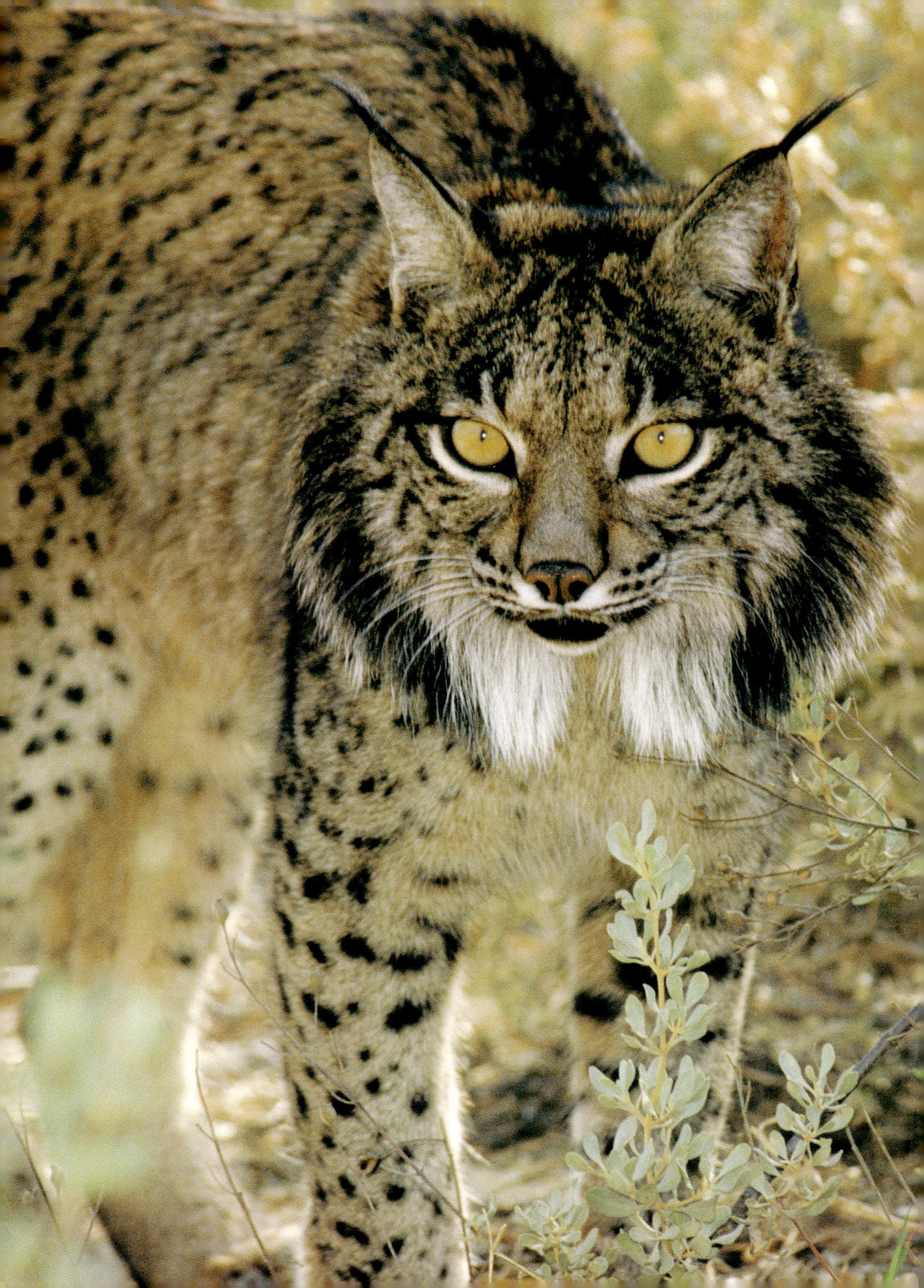

타베르나스 사막

스페인, 안달루시아

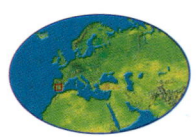

기온 : 영하 5~48도	
조류 특별보호구역 : 11,475헥타르	

이베리아 반도에서 가장 웅장한 건조 지역 중 하나인 타베르나스 사막은 유럽에서 유일한 사막으로 알하밀라 산맥과 로스필라브레스 산맥에 가로막혀 바다로부터 습기를 가득 머금은 바람이 닿을 수 없다. 그래서 연평균 강수량이 200밀리미터를 넘을 때가 거의 없고 가끔 쏟아지는 폭우가 강수량의 전부를 차지한다. 이곳은 단단한 사암 노두(露頭)와 역암질 지대 사이에 침식작용을 심하게 받은 2만 5,000헥타르의 이회토 지대가 자리 잡고 있다. 물이 마른 깊은 계곡들이 잘 발달한 이곳은 세르지오 레오네 감독의 전설의 삼부작인 《스파게티 웨스턴》의 촬영지로도 유명하다. 이 계곡의 험준한 절벽은 흰배줄무늬수리, 수리부엉이와 칼새 같은 새들이 주로 둥지를 트는 곳이다. 이곳에는 포유류가 거의 서식하지 않는데 스페인 호저 두 종류가 서식하며 다양한 종류의 파충류가 서식한다. '황무지'로 알려진 모래 협곡들은 풀에 덮이면 온대 초원 지대가 된다. 이 지역은 11월부터 6월 말까지 싱그러운 녹음에 뒤덮이지만 그 이후로는 서서히 건조해져서 여름의 끝날 무렵이면 바짝 말라붙는다. 이곳은 야생화가 지천으로 피어 있는 3월에서 5월 사이에 가는 것이 가장 좋다. **TF**

라스메둘라스

스페인, 카스티야와 레온 주

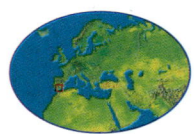

보호구역과 세계문화유산의 면적 : 1,115헥타르	
금광의 채굴 기간 : A. D. 30~40년부터 3세기 초까지	

약2,000년 전, 황토색의 신비로운 침봉 풍경이 두드러지는 라스메둘라스는 로마 제국에서 가장 큰 노천광으로 면적은 1,000헥타르에 달했다. 이 지역은 고대의 뛰어난 기술을 보여주는 훌륭한 예로, 로마인들은 수천 명에 이르는 노예의 노동력으로 거대한 수로망, 저장 탱크, 지하 갱도 등을 건설했다. 이는 황금이 풍부하게 매장된 중신세의 광산을 물로 바로 씻어 내기 위한 설비였다. 2세기 후 채굴 작업을 중단할 때까지 그곳에서 채굴한 금은 모두 4,677킬로그램이었다. 이곳이 폐광된 후 바람과 물의 작용으로 라스메둘라스는 삼각형 탑, 작은 고원과 가파른 계곡들이 얽히고설킨 거대한 미로가 되었다. 로마인들이 심은 밤나무 숲이 아직도 남아 있으며 더 고도가 낮은 지대에는 피레네떡갈나무와 스페인히스가 자란다. 강물이 흐르는 계곡에는 코르크나무가 이베리아 반도의 최북단에서 자라고 있다. 바위 절벽은 바위지빠귀와 흰배줄무늬수리의 보금자리이며 사향고양이, 흰가슴담비와 숲에 사는 참매류 등도 볼 수 있다. **TF**

토르칼 데 안테케라

스페인, 안달루시아

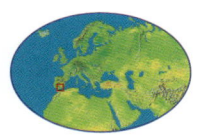

토르칼 데 안테케라의 최대 높이 : 1,337
미터

보호구역의 면적 : 2,008헥타르

해안 도시인 말라가에서 차를 타고 내륙으로
조금만 들어가면 거대한 석회암 노두(露頭)
로 이루어진 절경인 토르칼 데 안테케라가 나온다.
이곳은 스페인에서 카르스트 지형이 가장 잘 드러
난 곳으로 물이 석회암 지대를 침식해서 석회암 도
로, 기암괴석과 흔들바위를 만드는 전형적인 과정
이 좁은 지역에 종합선물세트처럼 모여 있다. 이
천연의 조각품들은 1억 5,000만 년 전에는 해저에
있었던 석회암 바위들이 침식을 받은 결과물이다.
그 증거로 조개껍데기와 해양생물의 잔해가 계곡
에서 발견되었다. 지하의 상황은 잘 드러나지 않지
만 지하에는 동굴이 미로처럼 얽혀 있고 진기한 종
유석과 석순이 숲을 이루고 있다.

한편, 세로 홈이 파인 돌기둥과 좁고 어두운 협
곡을 비롯한 범의귀속 식물이나, 좁은잎해란초로
장식한 바위 절벽을 돌아보는 산책길이 위쪽의 주
차장에서부터 1.6킬로미터가량 이어져 있다. 토르
칼 데 안테케라는 식물학적으로 매우 중요한 곳으
로 650종 이상의 식물이 자생하며 난초만 해도 30
종이 서식한다. 이곳은 주변 지역이 화창한 날에도
구름이 낀 날이 대부분이지만 드물게 청명한 날이
면 이곳에서 아프리카 해안이 보이기도 한다. **TC**

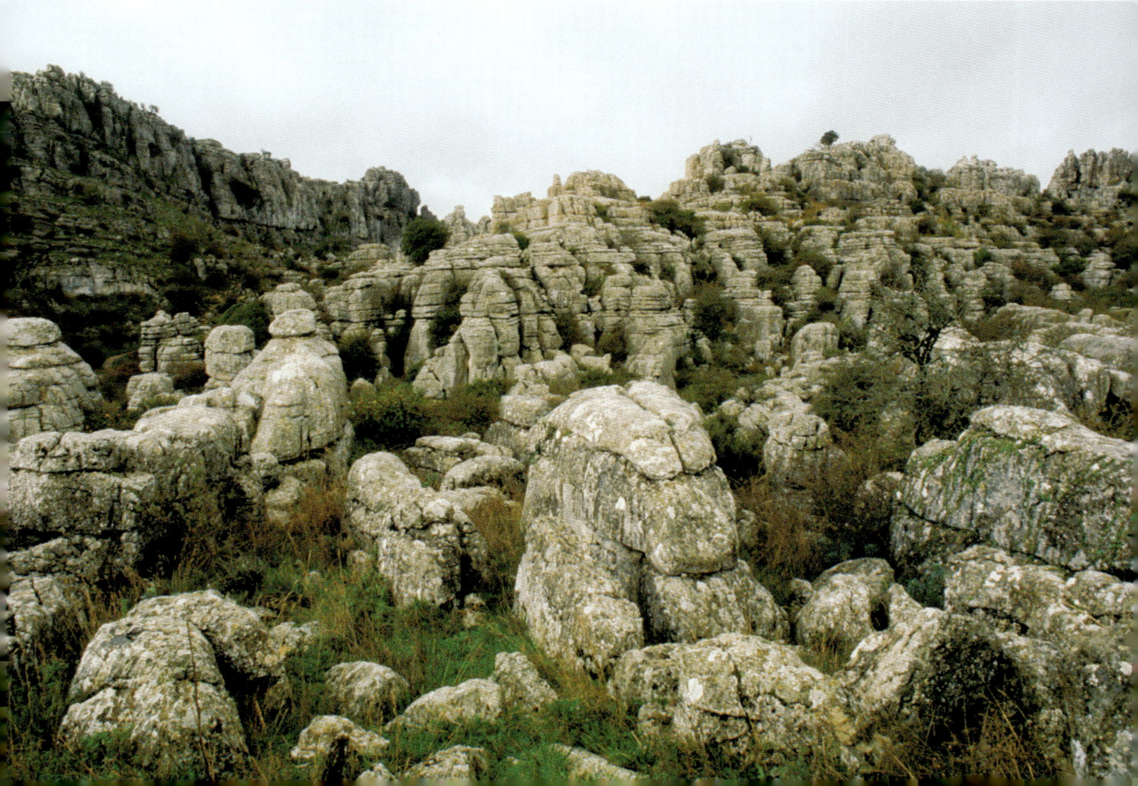

그라잘레마

스페인, 안달루시아

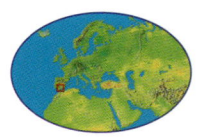

그라잘레마 국립공원의 면적 : 53,439헥타르
최대 고도 : 1,654미터
연평균 강수량 : 223센티미터

시에라 데 그라잘레마는 안달루시아의 남서쪽 끝단에 있는 곳이며 스페인에서 가장 비가 많이 오는 지역에 속한다. 그 결과 수많은 석회암 봉우리와 노두(露頭)는 다양한 동식물의 보금자리가 되었다. 이곳이 없었다면 그들은 뙤약볕이 내리쬐는 황무지에서 결코 살아남지 못했을 것이다. 이 지역에는 척추동물 220종, 나비 75종과 관다발 식물 1,400종이 살고 있다. 이중에는 그라잘레마의

회색 석회암 절벽과 마른 협곡, 동굴과 계곡으로 유명한데 그중 압권은 400미터 높이의 가파른 바위 절벽인 라베르데이다.

이 지역은 그리폰독수리가 300쌍 이상 서식하는데 이 정도면 유럽은 아니지만 스페인에서는 가장 대규모 군서지에 속한다. 지하 동굴은 박쥐들이 겨울을 나는 중요한 보금자리로 특히 운디데로-가타 동굴계에 슈라이버박쥐가 10만 마리 이상 서식한다. 한편 높은 봉우리에는 스페인아이벡스 무리가 모여 산다. 공원의 저지는 대부분 나무가 자라는 목초지인 데헤사인데, 서유럽긴털족제비와 같은 포유류 포식자들의 안식처이다. 물론 이런 동물

> 5월 초에는 철새들이 여름을 나기 위해 속속 도착한다. 같은 시기에
> 그라잘레마는 야생난초와 백합으로 그 어느 때보다 생기에 넘친다.
> 한여름에는 나비가 사방을 날아다닌다.

고유종도 있는데 적갈색 양귀비인 스페인양귀비가 유명하다.

1977년 당시 스페인 최초의 생물권보호구역으로 지정된 그라잘레마 국립공원은 스페인전나무(엘핀사파르)의 서식지로 매우 중요한 곳이다. 전나무 숲은 시에라 델 피나르 산맥의 습한 북사면에 420헥타르에 걸쳐 분포하고 있는데 스페인의 전체 전나무 숲의 3분의 1에 해당하는 면적이다. 이 독특한 침엽수는 마지막 빙하기부터 서식하기 시작했는데, 전진하는 빙상에 의해 남쪽으로 밀려났다가 빙하가 후퇴하면서 그대로 고립되고 말았다. 이 나무 중에는 줄기의 지름이 1미터에 달하며 수령이 500년이 넘는 것도 있다. 그라잘레마는 아름다운

들은 거의 눈에 띄지 않는다. 5월 초에는 철새들이 여름을 나기 위해 속속 도착한다. 같은 시기에 그라잘레마는 야생난초와 백합으로 그 어느 때보다 생기에 넘친다. 한여름에는 나비가 사방을 날아다니는데 그중 푸에르토 델 보야르가 유명하다. 엘핀사파르 숲 지역을 관광하려면 엘보스케에 있는 안내센터에서 미리 허가를 받아야 한다. **TF**

오른쪽 엘핀사파르 전나무 숲이 들어서 그라잘레마의 북사면

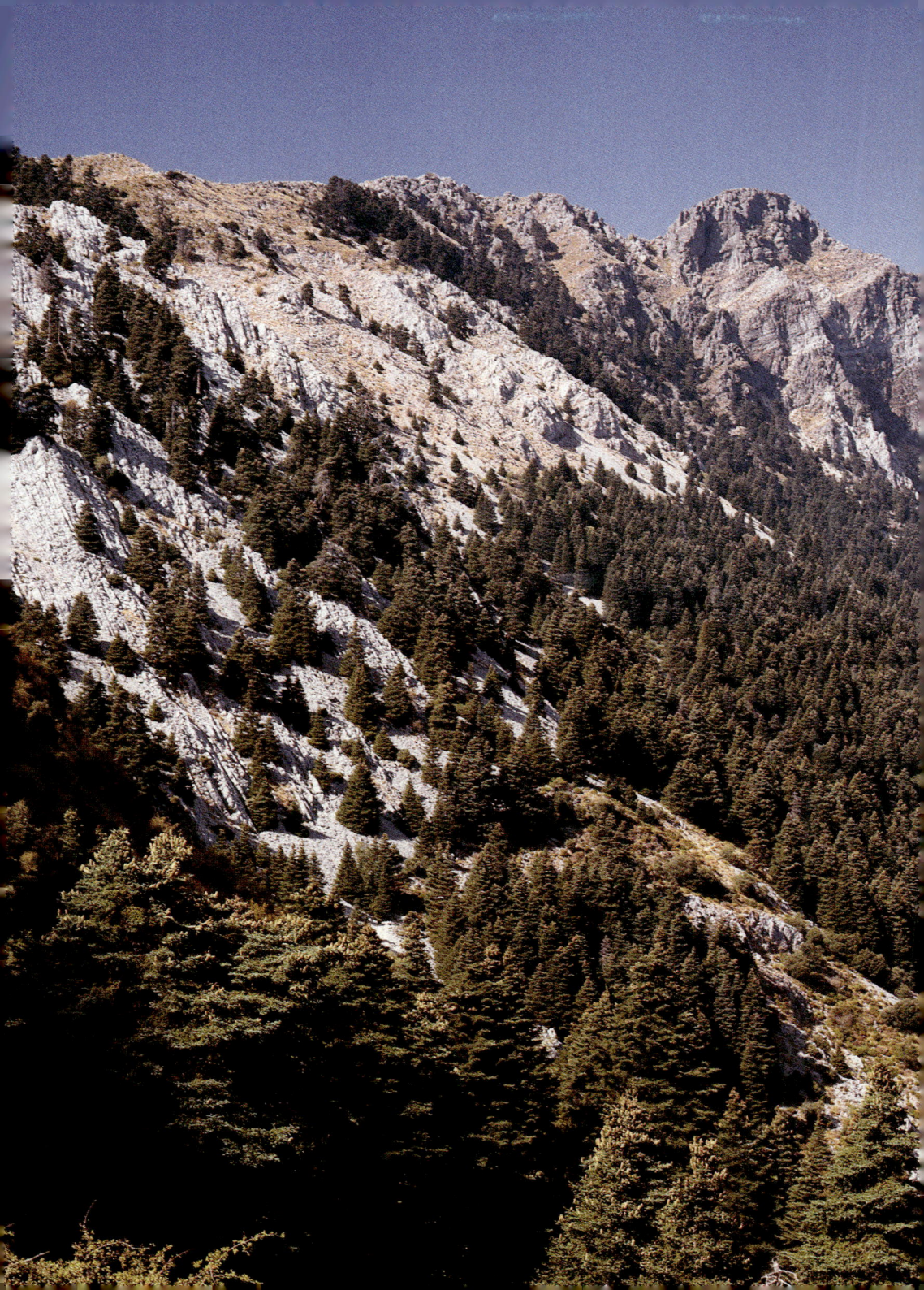

로스알코르노칼레스

스페인, 안달루시아

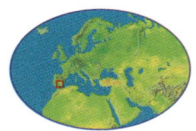

로스알코르노칼레스의 최고 높이 :
1,092미터

보호구역의 면적 : 168,661헥타르

공원에 서식하는 척추동물의 수 : 264종

지중해 전역은 4,000만~6,000만 년 전 열대 기후였다. 늘 푸른 활엽수가 남유럽과 북아프리카를 뒤덮였지만 지금은 당시보다 기온이 훨씬 더 내려가 카나리, 마데이라와 아코레의 섬에만 일부 남아 있을 뿐이다.

스페인 남서부에 있는 로스알코르노칼레스 국립공원은 총 면적이 690제곱킬로미터이며 유럽 본토에서 제3기 식생이 남아 있는 몇 안 되는 곳에 속한다. 공원의 남단에는 깊고 그늘이 진 '카누토스'라고 부르는 협곡이 있다. 이곳은 습도가 90퍼센트에 달하며 일 년 내내 기온이 20도 이하로 떨어지지 않는다. 깊은 협곡에는 고대의 반열대 양치류가 무성하게 자라고 있다. 좁은 계곡은 영원, 개구리와 두꺼비처럼 양서류가 살기에 이상적인 조건을 갖추고 있다.

로스알코르노칼레스는 '코르크나무'라는 뜻으로 이곳은 세계 최대의 코르크나무 숲을 가지고 있다. 사람들은 오래전부터 이 나무의 껍질을 사용했다. 코르크나무와 올리브나무 숲에는 매우 다양한 식물이 번성하고 있으며 사슴, 살쾡이와 멧돼지가 서식한다. **TF**

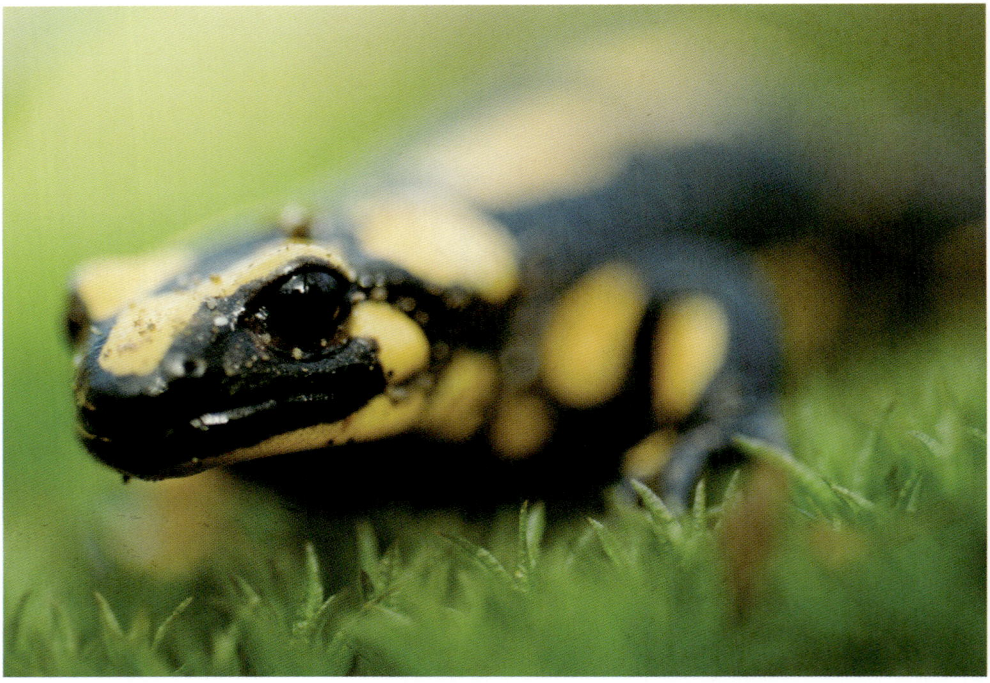

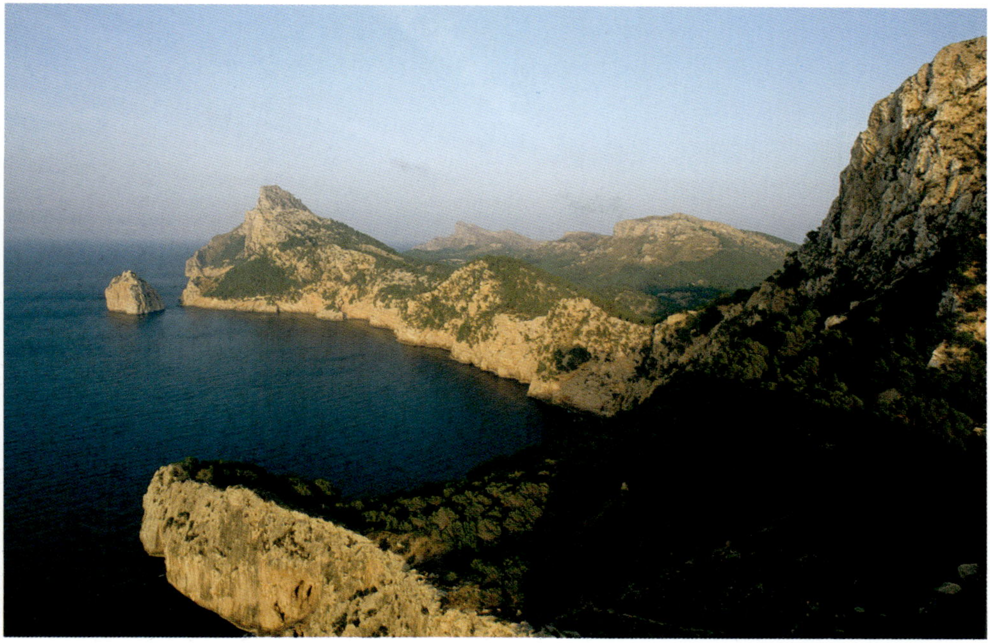

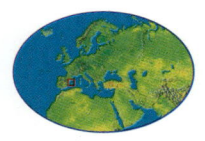

카프 데 포르멘토르

스페인, 마요르카 섬

반도의 최대 고도 : 334미터
특징 : 유명한 식물 서식지

세라 데 트라문타나의 일부인 포르멘토르 반도는 지중해를 향해 북서쪽으로 내달리며 낫 모양의 작은 섬들을 주위에 흩트렸다. 400미터 높이의 갈색 바위 절벽 아래로 보이는 수정처럼 맑고 푸른 바다와 바위 사이에서 자라는 푸른 소나무, 하얀 백사장이 이루는 조화는 장관 중의 장관이다. 언뜻 보면 험준한 석회암 절벽에서는 아무것도 살 수 없을 것 같지만, 자세히 보면 온통 작은 꽃들로 덮여 있다. 칼새, 바위제비와 바다직박구리가 해안 절벽에 둥지를 틀고 엘레오노라송골매와 섬새들은 환상적인 비행술을 선보인다. 내륙의 완만한 산비탈에는 키 큰 풀숲 사이로 키 작은 덤불이 자란다. 이곳은 개개비들의 번식지이며 연작류 철새들이 이동 중에 들리는 곳이기도 하다. 도로의 터널을 지나자마자 마요르카에서 가장 유명한 식물 서식지 중의 하나가 나온다. 이곳에는 디기탈리스, 발레아레스 족제비꽃, 난초과 식물들이 자란다. 특히 이곳에 서식하는 작약의 일종인 파에오니아 캄베세데시는 발레아레스 지역의 고유종으로 이 지역을 최초로 연구한 식물학자 중 한 명인 야코브 캄베쎄데스(1799~1863년)의 이름을 땄다. 그는 도저히 접근할 수 없는 곳에 식물이 있으면 총으로 쏴서 떨어뜨렸다고 전해진다. **TF**

세라 데 트라문타나

스페인, 마요르카 섬

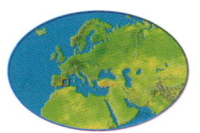

세라 데 트라문타나의 길이 : 80킬로미터
최고 높이 : 1,445미터
조류 특별보호구역 : 48,000헥타르

세라 데 트라문타나 산맥은 마요르카 섬의 북서쪽을 든든하게 받치고 있는 산맥이다. 이 '강풍의 산맥'은 유럽 본토에서 불어 닥치는 세찬 '트라문타나'의 효과적인 완충지대 역할을 한다. 이곳은 카르스트 지형이 잘 발달했으며 석회암 봉우리들은 바람과 물의 작용을 받아 멋진 동굴과 깊은 협곡을 이루었다. 특히 이 지역의 깊은 협곡을 '토렌트'라고 부르는데 비가 내리고 나면 토렌트에는 급류가 형성된다.

400만 년 동안 고립된 결과 발레아레스의 고산지대 특유의 고유종이 형성되었다. 이곳에는 세계 어디에서도 찾아볼 수 없는 고유 식물이 30종이 넘는다. 수많은 토렌트 마요르카의 고유종인 산파두꺼비의 주요 서식지이며 1977년에는 화석 유적지로도 소개되었다. 북쪽 해안을 따라 달리던 세라 데 트라문타나가 바다와 만나는 지점은 곳에 따라 300미터에 달하는 수직 절벽이 솟아 있다. 접근이 거의 불가능할 것 같은 곳은 유럽쇠가마우지, 엘레오노라송골매와 물수리의 아늑한 보금자리이다. 이 산맥은 지구상에서 유일하게 섬에 형성된 검은대머리수리의 서식지로 약 70마리 정도가 서식하고 있다. **TF**

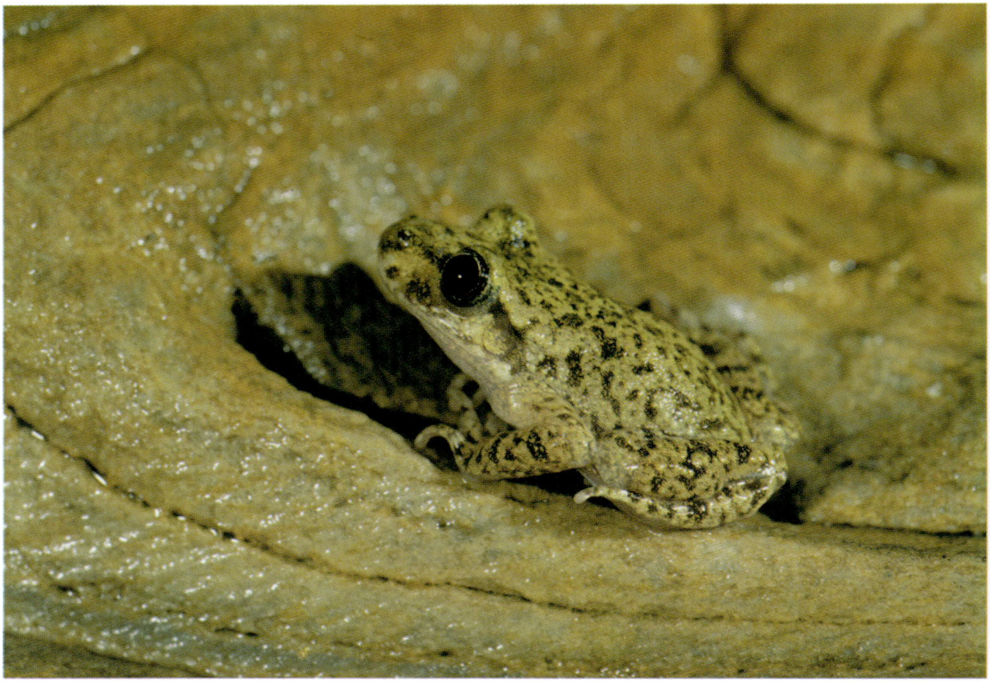

카브레라 군도

스페인, 마요르카 섬

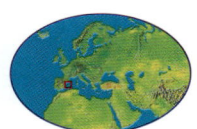

공원의 면적 : 10,021헥타르이며 이중
육지는 1,318헥타르
카브레라그란의 면적 : 1,154헥타르
최대 고도 : 172미터

마요르카 남단에서 겨우 10킬로미터 떨어진
카브레라 군도는 지질학적으로 볼 때 세레스
데 레반트와 유사한 지형으로 간주된다. 발레아레
스의 유일한 국립공원으로 19개의 크고 작은 섬들
이 모여 있는데, 주요 섬은 카브레라그란이다. 카
브레라그란은 침식이 심하게 일어난 쥐라기와 백
악기의 석회암 지대가 널리 분포되어 있으며 군데
군데 알레포소나무가 들어서 있다. 전 세계에 서식
하는 릴포드월리저드의 80퍼센트가 이 공원에 서
식한다. 여러 섬에 10개의 종이 흩어져 서식한다.

해양 생태계도 풍요롭다. 해저 초원인 포시도니아
에는 어류 200여 종과 극피동물 34종이 서식한다.
하지만 이 군도는 해양 조류로 더 유명하다. 특히
멸종 위기에 처한 발레아레스섬새들과 발레아레스
지역에 대규모로 서식하는 오두인갈매기가 유명하
다. 성수기(6~8월)에는 마요르카의 남단인 포르
토페트로와 콜로니아 데 상조르디에서 카브레라그
란으로 가는 보트가 있다. 자기 보트로 카브레라로
가려면 공원 당국에 항해 허가를 받아야 한다. 카
브레라는 하루에 보트 50척과 방문객 200명만 받
는다. **TF**

테주 강어귀

포르투갈, 산타렘 – 포르탈레그레

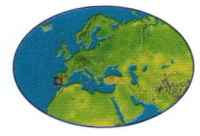

자연보호구역과 람사습지의 면적 :
55,028헥타르
겨울을 나는 철새의 최대 규모 :
유럽홍학 – 3,000마리, 검둥오리 –
10,000마리, 뒷부리장다리물떼새 –
6,000마리, 민물도요 – 30,000마리

한나라의 수도 근처에서 최상의 탐조지를 발견
한다는 것은 매우 드문 사례일 것이다. 그러
나 테주 강어귀는 바로 그런 곳이다. 이곳은 유럽
에서 새들이 겨울을 나는 10곳의 가장 중요한 습
지 중 한 곳이기 때문이다. 몬테스우니베르살레스
에서 발원한 테주(스페인어로는 타호(Tajo) 강이며
영어권에서는 타구스(Tagus) 강) 강은 이베리아 반
도에서 가장 긴 강으로 서쪽으로 1,000킬로미터를
흘러 리스본의 남쪽에서 대서양으로 합류한다. 이
곳에는 썰물이 지면 거대한 갯벌이 드러나고 (단일

구역으로 포르투갈 최대인) 염소와 거무튀튀한 풀
밭이 어우러져 멋진 장관을 연출한다. 이곳의 거대
한 해안 습지가 중요한 것은 조류 때문이다. 이곳
에서 보고된 조류는 240종 이상이며, 겨울을 이곳
에서 나거나 이동을 위해 이곳에 잠시 머무는 철새
들은 12만 마리에 달한다. 이곳은 유럽홍학, 검둥
오리와 뒷부리장다리물떼새가 겨울을 나는 곳이며
흑꼬리도요는 최대 5만 마리까지 모여들기도 한다.
테주 강어귀 지역은 붉은왜가리, 개구리매, 애기
회색사냥매와 검은죽지솔개의 번식지이다. 그 외
에도 유럽제비물떼새, 장다리물떼새와 애기느시도
대규모로 서식한다. **TF**

코스타수도에스테

포르투갈. 세투발 – 베자 – 파루

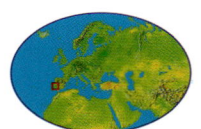

최대 고도 : 156미터
공원의 면적 : 74,786헥타르

알렌테호에서 유조선이 드나드는 시네스 항구와 서부 알가브레의 부르가우 마을 사이에는 이베리아 반도에서 가장 웅장하고 거친 해안선이 130킬로미터에 걸쳐 펼쳐져 있다. 깎아지른 듯한 바위 절벽 위에는 바람에 실려 온 모래를 모자처럼 쓰고 있는데 그곳에는 온갖 식물이 풍요롭게 자라고 있다. 절벽 사이에 난 후미진 곳은 작은 물길이 끊임없이 들이쳐 큰 바다로 나가는 통로가 만들어져

는 곳이다. 1394년에 사그레스 마을에 항해 학교가 건립되었으며, 이 학교의 지원으로 마데이라와 아프리카 서쪽 해안을 탐험하기 위한 항해가 이루어졌다.

한편 이곳에 있는 공원에서는 바다에서 수달이 먹이를 먹는 모습을 쉽게 볼 수 있는데 유럽에서는 이런 곳이 얼마 되지 않는다. 게다가 다양한 조류가 공원 전역에 서식하고 있는데, 보고된 조류만도 200여 종이 넘는다. 이곳은 세계에서 유일하게 황새가 해안절벽에 둥지를 트는 곳이며 그 외에도 유럽쇠가마우지, 흰배줄무늬수리, 솔개와 황조롱이류도 서식한다. 사그레스의 내륙은 황량한 바위투

> 이곳은 세계에서 유일하게 황새가 해안절벽에 둥지를 트는 곳이며
> 그 외에도 유럽쇠가마우지, 흰배줄무늬수리, 솔개와 황조롱이류도 서식한다.

있다. 바로 옆에 있는 바다에는 먹잇감이 풍부해서 이곳의 지형은 다양한 조류의 안식처가 되었다.

육지와 바다가 만나는 이 국립공원의 핵심 지역은 카보 데 상비센테로 포르투갈의 남서쪽 끝단에 위치하고 있다. 다시 말해 유럽 '대륙'의 남서쪽 끝단인 셈이다. 이곳은 수 세기 동안 바깥세상에 알려지지 않았다. 80미터 높이의 석회암 절벽은 사나운 대서양의 파도에 깎여 험상궂은 곳이 되고 바위 기둥이 되었다. 곶과 기둥을 덮은 석회암에는 독특한 식물이 풍부하게 자라는데, 그중 해총이 대표적이다.

동쪽으로 몇 킬로미터만 가면 폰타 데 사그레스가 나오는데 포르투갈 제국의 역사에 자주 등장하

성이의 평원으로 돌물떼새, 애기느시와 황갈색 논종다리와 같은 스텝에 사는 조류들의 서식지로 유명하다. 한편 덤불에는 개개비들이 서식한다. 공원은 사하라를 횡단하는 철새들이 이동하는 루트에 속하는데 특히 섬새와 '하늘로 솟구치는' 새들이 이용하는 코스이다. 가을이면 카보 데 상비센테 상공을 날아 다니는 서유럽의 맹금류들을 볼 수 있다. 이곳은 날씨가 쾌청한 5월에서 9월 사이가 가장 좋다. 봄이면 이 지역에 서식하는 아몬드나무가 아름다운 꽃망울로 우리를 유혹한다. **TF**

오른쪽 포르투갈의 코스타수도에스테 해안의 거친 바위들

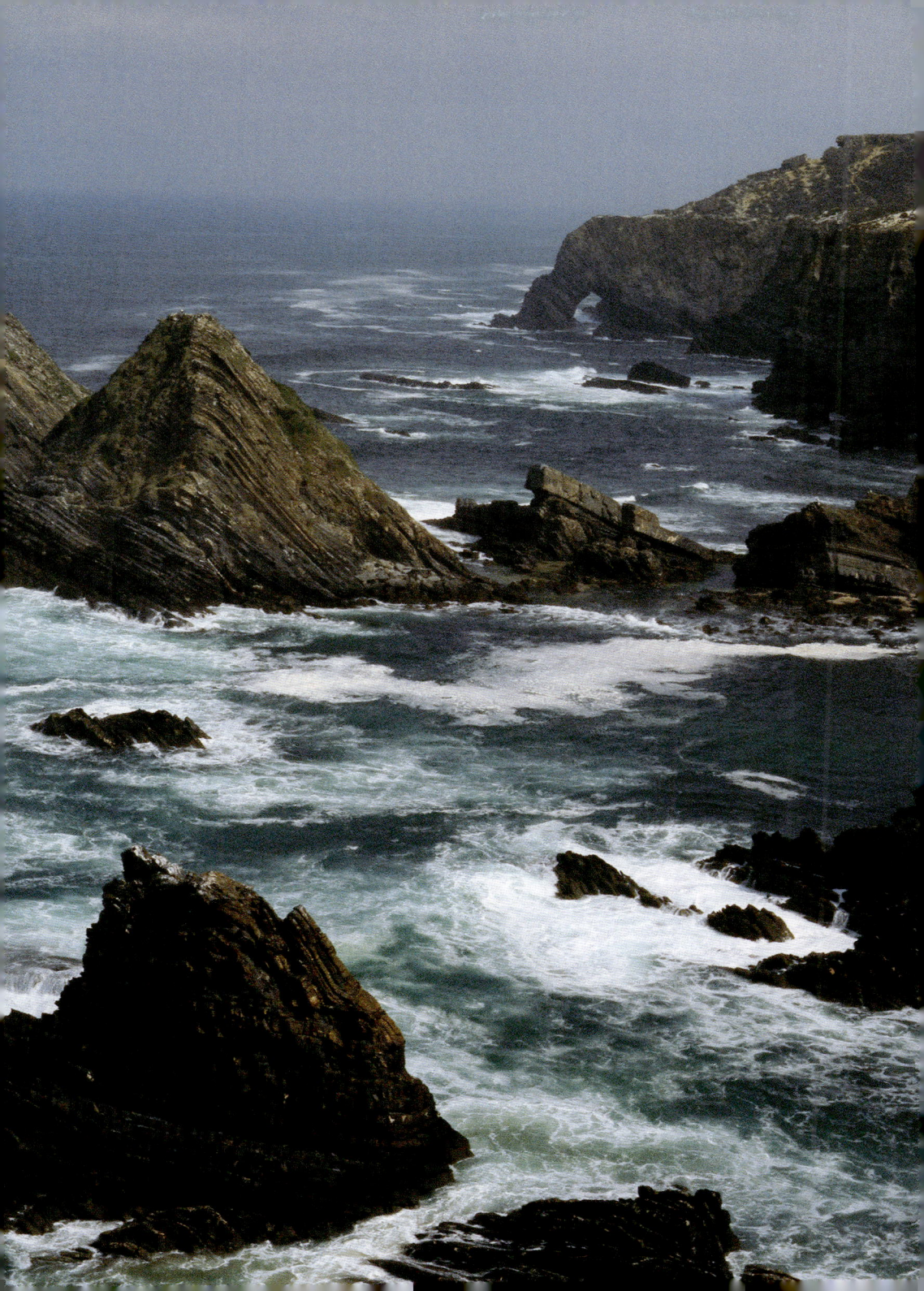

일하스베를렌가스

포르투갈, 레이리아

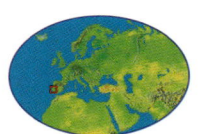

자연보호구역과 생물권보호구역의 면적 : 1,063헥타르

생성 시기 : 약 2억 8,000만 년 전

해안과의 거리 : 10킬로미터

바람이 거센 베를렌가스 군도는 이베리아 반도에서 가장 중요한 조류 번식지 중 하나이다. 약 2억 8,000만 년 전에 대륙붕에 형성된 험준한 산봉우리인 이 군도는 분홍색 화강암 섬인 85미터 높이의 베를렌가그란데를 중심으로 크고 작은 외진 섬이 세 그룹으로 모여 있다. 이들은 주로 결정편암과 편마암으로 이루어진 파리호에스, 에스텔라스, 포르카다스이다.

이 지역은 200쌍이 넘는 마데이라 쇠바다제비가 번식을 하는 곳인데 (주로 파리호에스), 이 새는 유럽대륙에서는 번식을 하지 않는다. 또한 바다오리 10쌍이 서식하는데 1939년만 해도 그 수가 6,000마리를 넘었다. 물론 현재는 그 수가 줄어들었지만 지금도 이베리아 반도에서는 최대 서식지이다. 베를렌가스는 포르투갈의 유일한 코리슴새의 번식지(180~220쌍)이다. 쇠가마우지(약 70쌍)도 둥지를 틀며 이 지역의 고유종인 보카제윌리저드도 서식한다. 수직에 가까운 해안 절벽에는 아르메리아, 개망초 무리의 식물, 럽쳐워트 등의 이 지역 고유종이 자생하는데 이들은 어디에서도 볼 수 없는 진귀한 식물들이다. **TF**

부트린트 국립공원

알바니아, 블로러

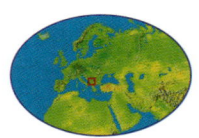

부트린트 국립공원의 면적 : 29제곱킬로미터

부트린트 호수의 면적 : 16헥타르

알바니아 남부의 부트린트 국립공원은 그리스의 코르푸 섬을 마주 보며 이오니아 해로 뻗어 있는 반도에 자리 잡고 있다. 세계문화유산으로 지정된 고대 도시인 부트린트를 포함하는 이 공원은 세상에 거의 알려지지 않은 곳으로 지중해 고유의 자연환경이 잘 보존되어 있을 뿐만 아니라 그곳을 거쳐 간 문명의 유적도 함께 보존되어 있다.

부트린트는 독특한 생태적 아름다움이 뛰어난 곳이다. 산과 바다가 만나 멋진 절벽, 동굴, 항구와 만이 생성되었으며 지중해에서 가장 보존이 잘된 자연도 남아 있다. 국립공원은 면적이 29제곱킬로미터로 부트린트 호수, 부피 호수, 비바리채널과 다양한 염호, 석호와 습지 등이 최근에 새로이 국립공원에 편입되었다. 야생생물의 천국인 부트린트 국립공원의 생태계는 매우 예민하며 서식하는 동식물의 종은 매우 다양하다. 이곳에서 서식하는 것으로 보고된 양서류와 파충류의 수는 알바니아에서 최고 수준이다. 이곳에는 수많은 희귀종이 서식하는데 붉은바다거북과 매우 희귀한 지중해몽크바다표범도 있다. 이곳의 조류 또한 매우 독특해서 이곳은 람사습지로 지정되었다. **PT**

보카코토르스카 만

크르나고라 / 세르비아 / 몬테네그로

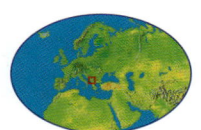

보카코토르스카 만의 길이 : 28킬로미터

해가 비치는 날 : 연간 200일

보카코토르스카 만은 유럽 남부에서 가장 길고 깊은 피오르이자 지중해에서 가장 아름다운 만의 하나이다. 그 모양은 주변의 높이 솟은 산들이 쩍 갈라지면서 그 틈으로 바닷물이 쏟아 들어온 것 같이 보인다. 보카 만은 실제로 안으로 말려드는데, 거대한 빙하들이 산비탈을 내려와서 땅을 둥글게 팠기 때문이다.

보카는 아드리아 해의 북쪽 해안에 있다. 북쪽에서 밀고 내려오는 찬바람을 산맥이 막아주기 때문에 이곳은 항상 햇살이라는 축복이 내리는 지중해의 오아시스가 되었다. 보카코토르스카 산맥의 연평균 강수량은 1,500~3,000밀리리터에 달한다. 그런데 보카 만 지역의 연평균 강수량은 유럽 최고 수준으로 5,000밀리미터나 된다. 산 정상이 눈으로 덮여 있고 기슭에는 장미꽃이 만발한 늦은 봄이 이곳에서 가장 아름답다.

보카 만은 세계문화유산으로 보호받는 지역이다. 자연의 아름다움도 이루 말할 수 없지만 해안에 줄지어 서 있는 테라코타 지붕의 오래된 석조 마을 때문이기도 하다. 보카 만은 수 세기 동안 해상 교통의 중심지였다. **JK**

프레스파 호수

알바니아 / 마케도니아 / 그리스

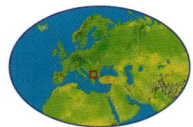

프레스파 호수의 표면적 : 250제곱킬로미터

호수의 평균 깊이 : 54미터

특징 : 전 세계에서 500만~2,000만 년 전에 형성된 17개의 호수 중 하나

853미터 높이에 있는 프레스파 호수는 발칸반도에서 가장 높은 호수로 면적은 274제곱킬로미터에 달한다. 좁은 지협으로 메갈리프레스파와 미크리프레스파로 나뉘어 있기는 하지만 그 부분을 합쳐서 하나의 호수로 본다. 호수의 3분의 2는 마케도니아 영토이며 나머지는 그리스와 알바니아에 속해 있다. 2000년 세계 습지의 날에 프레스파 공원은 유럽 남동부에서 최초로 국경을 초월해 보호하는 지역으로 선언되었다. 프레스파 공원은 프레스파 호수와 주변의 습지를 모두 포함한다. 이 지역에서는 곰, 늑대와 수달이 발견되었으며 자생 식물은 1,700종이 넘는 것으로 알려졌다.

습지는 철새의 이동통로이자 번식지로도 매우 중요하다. 미크리프레스파에서 번식을 하는 조류는 260종이 넘는데 가마우지, 큰 해오라기, 왜가리 등을 볼 수 있으며 혼합된 군서지에서 두 종류의 펠리컨(사다새)이 번식을 한다. 따라서 탐조인들 사이에 인기가 높은 곳이다. 더 큰 프레스파 호숫가에는 모래사장이 있다. 6월에서 8월 사이에는 호수의 수온이 18~24도 정도이다. **PT**

오흐리드 호수

마케도니아 / 알바니아

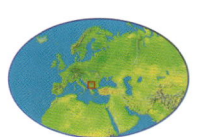

호수의 깊이 : 290미터

호수의 표면적 : 450제곱킬로미터

4백만~1천만 년 전에 형성된 오흐리드 호수는 유럽에서 가장 오래되고, 수심이 가장 깊은 호수이다. 이 호수는 마지막 빙하기가 끝난 직후 지상에 모습을 드러냈다. 호수에는 영양분이 많지 않은데도 비교적 많은 동식물이 서식하고 있다. 지형적으로 고립되어 있고 안정적인 조건 덕분에 '살아 있는 화석'이라고 할 수 있는 종이 많이 발견되었다. 이곳에는 희귀한 어류가 많이 사는데 '코란'이라는 인기 있는 송어도 서식한다. 호수에 서식하는 식물은 주로 다양한 녹조이며 호수 바닥에는 연속적인 원을 형성하는 '하라'라고 하는 수중식물도 많이 산다.

오흐리드 호수의 물은 대부분 지상과 지하에 있는 수많은 샘물이다. 그래서 과학자들은 이 호수를 독특하다고 여긴다. 지상의 샘들은 대부분 남쪽 호숫가에 몰려 있는데 마케도니아 쪽의 성 나움 수도원 근처이다. 총 40개의 강줄기와 샘의 물이 오흐리드 호수로 유입되는데, 알바니아 영토에는 23개가 있으며 마케도니아 영토는 17개가 있다. **PT**

아토스 산

그리스, 마케도니아센트럴

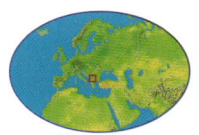

산의 높이 : 2,033미터

산 곶의 규모 : 길이 48킬로미터, 폭은 3~7킬로미터

암석의 종류 : 변성암으로 대부분 대리석

그리스의 할키디키 반도의 북쪽에 있는 세 개의 곶에서 가장 동쪽에는 그리스 정교회의 반(半) 자치 공화국이 있다. 숲이 우거진 산등성이에는 큰 수도원 20곳과 수많은 소규모의 수도원이 있으며, 동굴에는 수행하는 수도사들이 지내고 있다. 종교에 관련된 인구가 약 3,000명 정도로 대부분이 중세의 생활방식을 고수하고 있다. 이곳에도 한때는 이교도가 번성했지만 지금은 기독교만 존재한다. 호머는 아토스 산을 신성한 곳으로 여겨 한때는 이곳이 제우스와 아폴로의 집이었지만 이후에 올림포스 산으로 옮겨갔다고 했다. 기독교 수도원은 6세기부터 지어졌는데 1054년부터 정교회의 영적 중심지가 되었다. 1060년에는 콘스탄틴 마노마코스 황제는 이 반도에 여자들이 출입하는 것을 금했으며 이 명령은 지금까지도 엄격하게 지켜지고 있다. 그뿐만 아니라 남자도 이곳을 들어가려면 특별 허가를 받아야 한다. 18세 미만이거나 적합한 종교적 신념을 가진 사람이 아니라면 이곳에서 밤을 지새울 수도 없다. 아토스 산에는 처녀림과 초원이 잘 보존되어 있다. 조용한 골짜기, 접근할 수 없는 뾰족한 산정상과 녹음이 무성한 산비탈이 바다로 뻗어있는 모습은 너무나 아름답다. 바다로 가면 인적이 드문 곳과 바위투성이의 갑 그리고 백사장이 펼쳐져 있다. **AB**

올림포스 산

그리스, 마케도니아센트럴

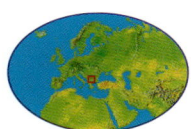

올림포스 산의 높이 : 2,917미터
동물상과 식물상 : 식물 종 1,700종,
포유류 32종, 조류 108종

올림포스 산을 보면 왜 이곳을 신들의 거처라고 하는지 금세 이해할 것이다. 그리스에 있는 그 어떤 산도 이곳만큼 장엄하지 않다. 바다에서 하늘을 찌르듯 솟아 있는 두 개의 봉우리는 '제우스의 왕좌'와 미티카스로 여덟 개의 봉우리에 속한다. 올림포스 산은 테르마이코스 만을 굽어보고 서 있다. 구름에 가릴 때도 많지만 느닷없이 하늘이 개이면서 웅장한 산이 위용을 드러낼 때도 있다.

미티카스는 2,917미터로 그리스 최고봉이다. 하지만 이곳을 전문 산악인만이 오를 수 있는 것은 아니다. 이 산은 리토호로에서도 오를 수 있으며 이곳에서는 걸어서 정상까지 갈 수 있다. 올림포스 산은 1938년에 국립공원으로 지정되었으며 생물권보호구역으로도 선포되었다. 서식하는 식물은 1,700종 이상이며 그중 24종이 고유종이다. 이것만 보아도 이 지역이 식물학의 보고라는 점을 알 수 있다. 공원의 대부분 지역에는 소나무, 너도밤나무와 삼나무로 이루어진 원시림이 빽빽이 들어서 있다. 샤무아, 늑대, 곰과 스라소니를 볼 수 있지만 신은 어디에서도 볼 수 없다. **PT**

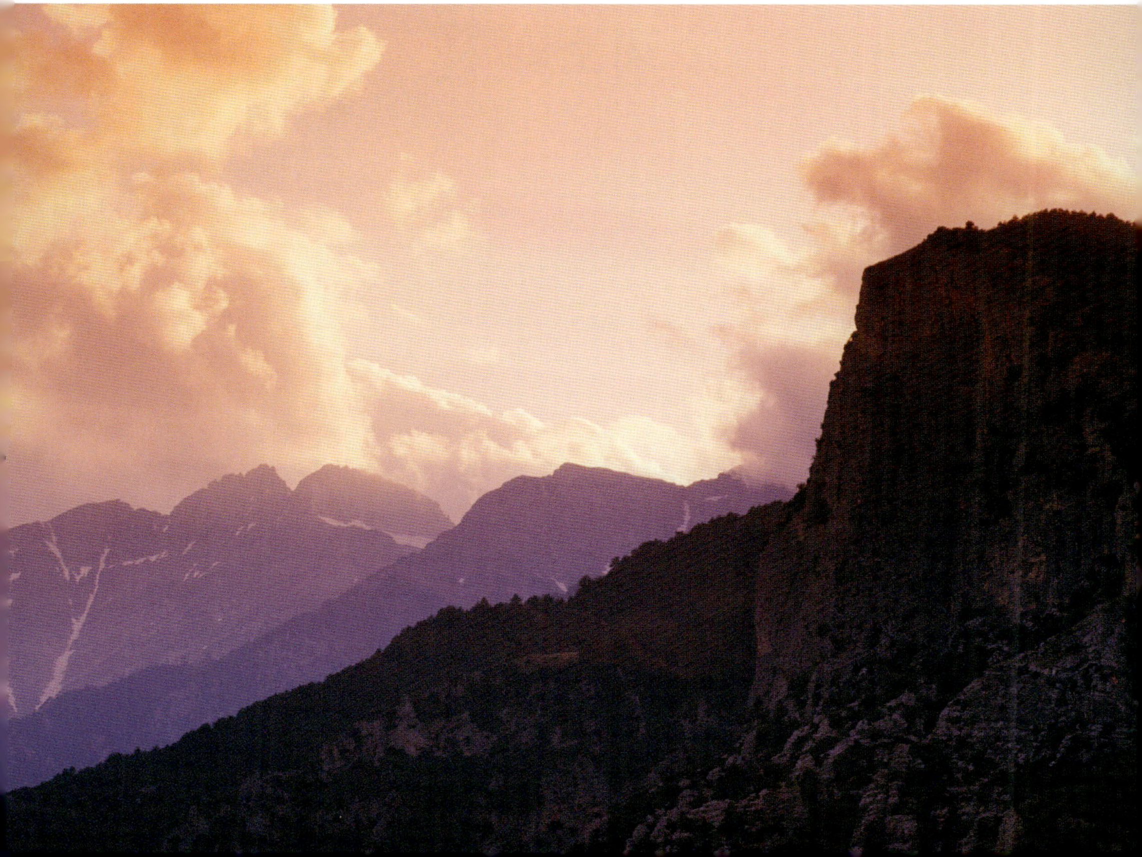

비스토니스 호수

그리스, 마케도니아이스트 – 트라키

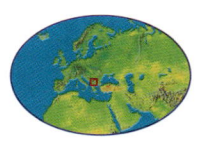

호수의 면적 : 42제곱킬로미터
호수의 평균 깊이 : 2~2.5미터

그리스 북동부의 크산티 지역에 있는 비스토니스 호수와 주변의 습지는 문명의 손길이 미치지 않아 생태적인 가치가 매우 높다. 해안에 자리 잡고 있기 때문에 호수의 물은 소금 함량이 위치에 따라 다르다. 호수의 북부는 코신토스, 콤프스타토스, 트라보스 강이 유입되어 물빛이 검다. 반대로 남쪽 부분은 호수와 바다를 연결하는 세 줄기의 수로가 있어서 물이 짜다.

습지 초원, 염소, 넓은 갯벌, 갈대밭과 덤불 지역인 호숫가는 국제적으로 그 생태적 중요성을 인정받았다. 이곳에서 겨울을 나는 철새는 250만 마리에 달하며 왜가리와 두루미가 번식을 한다. 그뿐만 아니라 이곳을 찾는 흰머리오리의 수도 기록이며 호수에는 서식하는 어류는 숭어와 뱀장어를 비롯한 37종이 있다. 호수 주위에는 살쾡이, 자칼과 오소리 등이 산다. **PT**

지오나 산

그리스, 스테레아헬라스

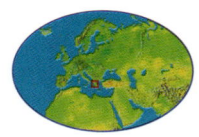

지오나 산의 높이 : 2,507미터
지오나 산의 특징 : 그리스 남부의 최고봉. 단일 절벽으로 그리스 최고 높이

해발 2,507미터 높이의 지오나 산은 그리스 남부의 최고봉이며 그리스 전역에서 다섯 번째로 높은 산이다. 이 산은 사방이 성벽처럼 절벽을 이루는 석회암 산이다. 그중 한쪽 면은 높이가 1,000미터나 되는 절벽으로 그리스에서 단일 절벽으로는 최고 높이이다. 지오나 산 위로 가는 길은 없지만 그 주변에는 작은 길이 있다.

594미터 높이에는 거대한 고원이 있는데 그곳에 수십 개의 샘이 있다. 산등성이에는 카르카노스라는 거대한 분화구가 있는데, 일 년 내내 얼어 있어서 크기를 측정하기가 어렵다. 아소포스 강의 발원지는 지오나 산의 빙하이다. 이 빙하가 녹은 물이 계곡 바닥까지 수천 피트를 떨어져 내린다. 계곡 바닥에 도달한 물은 동쪽으로 흘러서 더 아래의 험준한 협곡으로 들어간다.

지오나 산은 아테네에서 차로 쉽게 갈 수 있지만 근처의 오이티 산과 파르나소스 산보다 덜 알려졌다. 지오나 산에 난 길은 표지판이 잘 붙어 있으며 아래쪽 산등성이에는 목초지가 있다. 봄이 되면 초원은 꽃으로 만발하는데, 특히 오월이 되어 눈이 녹으면 수목 한계선 위의 숲의 공터나 목초지에도 꽃이 만발한다. 숲은 주로 전나무 숲이며 저지대에는 전나무와 활엽수가 섞여 있다. 이곳에서 암벽 등반을 하기에 가장 좋은 시기는 7월에서 9월 사이이다. **PT**

케르키니 호수

그리스, 마케도니아센트럴

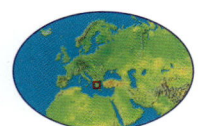

호수의 표면적 : (계절에 따라 다름)	54~72제곱킬로미터
수심 : (계절에 따라 다름) 5미터	
평균 수심 : 10미터	

케르키니 호수는 그리스와 불가리아의 국경에 높은 산으로 둘러싸인 천연분지에 자리 잡고 있다. 호수는 1932년에 리토토포스 습지를 흐르는 스트리모나스 강에 댐을 건설하면서 만들어진 거대한 담수호이다.

1983년에 케르키니 호수에 막대한 양의 침니(沈泥)를 쏟아 부어 새로 댐을 건설했다. 이번에는 그리스와 불가리아가 수자원을 어떻게 활용할 것인

넘는다. 또한 이곳은 물새의 번식지로 그리스에서 가장 중요한 습지이기도 하다. 케르키니는 일 년 내내 새들이 모이는 곳으로 희귀종과 멸종 위기에 처한 새들을 비롯한 수많은 다양한 새들이 모여든다. 봄이 되면 검둥오리 떼와 온갖 오리 무리로 호수는 검게 변한다. 뿔논병아리는 호숫가 가까운 곳에서 짝짓기 춤을 춘다. 이곳을 방문하기에 가장 좋은 때는 펠리컨(사다새) 무리를 볼 수 있는 봄이다.

거대한 물소 무리가 스트리모나스 강을 따라 형성된 습지에서 풀을 뜯는다. 물소는 강에서 수영을 하며 수생식물을 먹으려고 다이빙도 마다지 않고,

봄이 되면 검둥오리 떼와 온갖 오리 무리로 호수는 검게 변한다.
뿔논병아리는 호숫가 가까운 곳에서 짝짓기 춤을 춘다.

지 협정을 맺었다. 현재의 홍수 관리체계와 관개법에 따라 호수의 수위는 크게 달라지는데 매년 수위가 5미터까지 차이가 난다. 호수는 2월이면 물이 불기 시작해서 5월이면 최고 수위가 된다.

최근에는 계절에 따라 호수의 수위가 바뀌는 현상이 점점 심해지고 있다. 게다가 기슭의 숲과 습지의 생태계가 많이 파괴되었다. 반면 수련처럼 새로운 환경에 잘 적응한 식물도 있다. 버드나무도 이곳에서 잘 적응하여 유럽에서 유일한 반수생식물이 되었다. 남아 있는 숲에는 자작나뭇과의 낙엽수가 자라고 떡갈나무, 느릅나무와 물푸레나무가 혼합된 숲도 있다.

케르키니의 인공 환경은 수많은 야생생물을 끌어들이고 있는데, 특히 어류가 풍부하다. 이미 이곳에서 서식하는 것으로 보고된 어류는 300종이

때로는 진흙 목욕을 즐긴다. 물소는 평소에는 평화를 사랑하지만 방해를 받으면 급변한다.

이곳에는 이보다 훨씬 작은 주민들도 서식하는데 (개구리와 도롱뇽을 비롯한) 양서류 10종, 달팽이 5종, 도마뱀, 뱀, 거북을 비롯한 파충류 19종과 다양한 곤충이 바로 그들이다. 전문 가이드의 도움을 받아 보트를 타고 다양한 피그미코모란트와 물새들을 볼 수 있다. 케르키니 마을에는 관광안내센터도 있다. 호수에서 바라보는 눈 덮인 벨레스 산과 크로우시아 산도 색다른 즐거움을 제공한다. **PT**

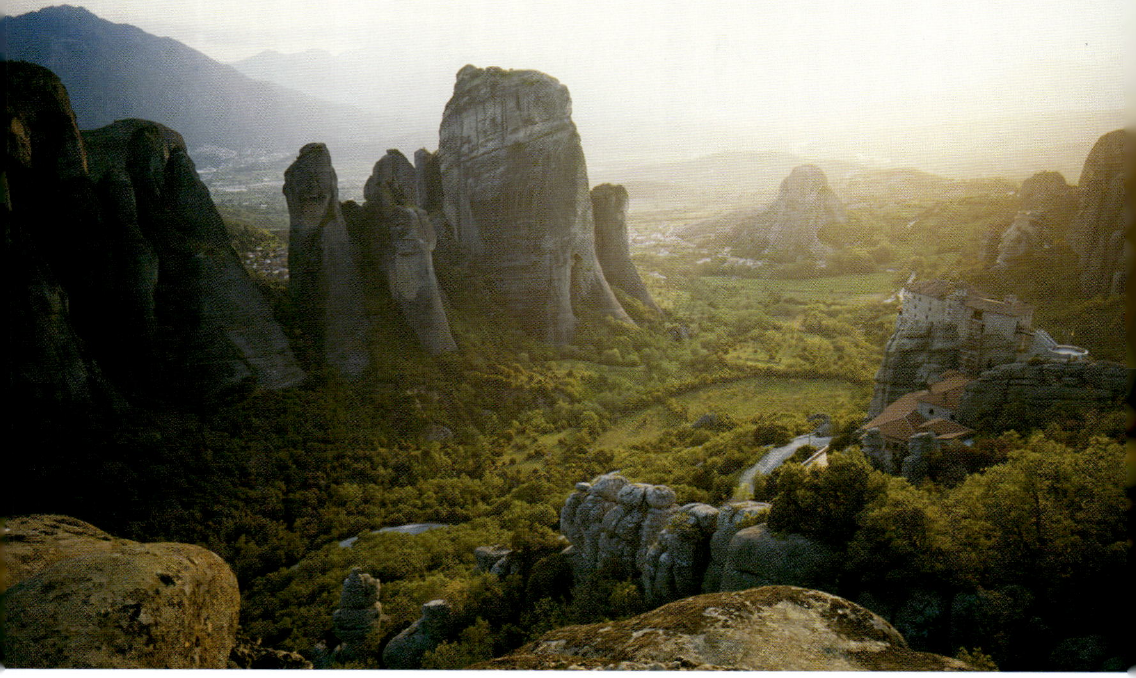

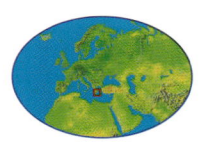

메테오라

그리스, 산토리니 섬

보호구역의 면적 : 375헥타르
노두의 최대 높이 : 1,000미터
특징 : 9세기 수도승들이 처음으로 거주하기 시작함

핀 두스 산맥 동쪽의 테살리아 지역 북서쪽에 있는 메테오라는 거대한 사암 기둥이 1,000미터까지 솟아 있는, 기괴하면서 독특한 풍경으로 우리를 압도한다. 메테오라는 '하늘에 걸려 있는'이라는 뜻을 갖고 있다. 하늘을 찌를 듯 솟아있는 기둥을 의미하기도 하며 외계에서 온 암석이라는 뜻이기도 하다. 과학자들은 이 지역이 제3기인 6,000만 년 전에 형성되었다고 믿고 있다. 당시에 강에 삼각주가 형성되고 지진 활동으로 현재의 형태를 갖추었다.

돌기둥에 24개의 수도원이 아슬아슬하게 서 있

는 메테오라는 1988년에 세계문화유산으로 지정되었는데, 전 세계 정교회의 중심지이다. 방문객들은 사람이 살지 않는 마지막 여섯 개의 수도원에만 들어갈 수 있다. 수도원과 떨어져 있는 암벽은 등반가들에게 인기가 높다. 피노스밸리에 있는 노두(露頭)와 평평한 숲은 맹금류에게 매우 중요한 지역이다. 이 지역에는 검은 벌매와 송골매를 비롯해 민발톱뱀수리와 쇠항라머리검독수리 등이 서식한다. 이집트대머리수리 약 50쌍도 이곳에서 번식을 하는데 그 수가 점점 줄고 있다. 검은황새도 이 지역에서 번식을 한다. 숲이 무성한 구릉에서 계곡의 숲까지 다양한 풍경을 갖고 있으며, 지진이 자주 발생하지만 강진은 아니다. **PT**

디로스 동굴계

그리스, 펠로폰네소스

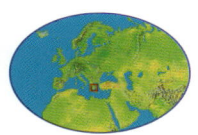

디로스 동굴계에서 탐사 된 지역 :
5,000제곱미터
특징 : 신석기와 구석기 사람들의 유적지

아레오폴리스에서 남쪽으로 8킬로미터 떨어진 디로스 동굴은 지하 하천의 일부이다. 강이 바다를 만나면서 광물의 색이 입혀진 종유석과 석순이 수정처럼 맑은 지하 호수 수면에 반사된다. 글리파다(혹은 블리하다) 동굴은 지금까지 탐사된 통로만 5,000미터에 달하는데 총 면적은 3만 3,400제곱킬로미터일 것으로 추정된다. 동굴의 기울기는 16~20도 사이이며, 이곳의 호수는 세계에서 가장 아름다운 호수 중 하나로 손꼽힌다. 동굴에는 200만 년 된 화석이 발견되기도 했다. 카타피고 동굴의 면적은 2,700제곱미터이며 통로의 길이는 700미터에 달한다. 알레포트리파 동굴은 글리파다의 동쪽에 위치한다. 이 동굴에는 신석기 사람들이 살았던 흔적도 발견되었는데 이 유물은 동굴 입구에 있는 '석기 시대 박물관'에서 볼 수 있다. 수천 년 전 사람들은 이곳을 지하 세계와 연결된 신성한 곳으로 여겼다. **PT**

레스보스 석화 숲

그리스, 레스보스 섬

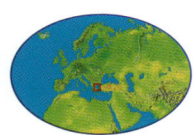

레스보스 석화 숲의 생성 시기 : 1,500만
~2,000만 년 전
페레팀노스 산의 최대 높이 : 968미터
특징 : 규화된 아열대 화석 숲

레스보스 섬은 그리스에서 세 번째로 큰 섬으로 서쪽에는 점신세 후기에서 중신세 중기에 형성된 석화 숲이 있다. 강력한 화산 폭발로 숲이 통째로 화산재에 파묻히자 규소가 풍부한 물과 광물질이 나무에 침투해 분자 수준에서 식물을 이루는 물질을 서서히 대체해 나가기 시작했다. 기후작용, 동물에 의한 훼손과 부패작용 등이 전혀 없이 서서히 이루어진 이 과정은 진기한 화석들의 숲을 만들어 냈다. 이 숲에는 모든 것이 그대로 보존되어 있다. 숲에서 발견된 화석은 보존 상태가 완벽해서 어떤 종인지 확실하게 식별할 수 있다. 1844년부터 시작된 연구를 통해 이 숲이 아열대숲이었다는 사실이 밝혀졌다. 현재의 레스보스보다 더 습한 지역에서 자생하는 식물이 발견되었기 때문이다. 월계수, 계수나무 종류와 세쿼이아 등이 발견되었는데 아시아와 아메리카의 아열대 지역에서만 발견되는 종들이다. 화석이 된 나무줄기들은 현재 보호되고 있다. 석화 숲은 지각작용에 의해 형성되었지만 현재 화산활동은 멎은 상태로 화산 원뿔은 현재 섬의 등줄기를 형성하고 있다. 숲은 섬의 주요 마을인 에레소스, 안티사와 시그리에서 쉽게 찾아갈 수 있다. **AB**

사마리아 협곡

그리스, 크레타 섬

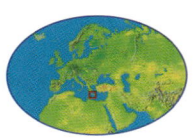

협곡의 길이 : 16킬로미터	
협곡의 깊이 : 500미터	
생성 시기 : 200만~300만 년 전	

크레타의 서쪽에 있는 사마리아 협곡은 그 폭이 너무 좁아서 정상에 이르면 협곡의 양 끝이 서로 맞닿을 것 같다. 폭이 가장 좁은 지점을 문이라는 뜻의 포르테라고 하는데, 양 절벽의 높이가 500미터이지만 강물이 흐르는 지점의 폭은 3미터에 불과하며 꼭대기는 그 폭이 9미터 정도이다. 협곡은 화이트 산맥이라는 뜻의 레프카를 관통하는 타라이오스 강에 의해 형성되었다. 겨울에는 급류가 흐르고 여름에는 물이 콸콸 소리 내어 흘러가는 이곳은 지중해의 햇살이 하루에 겨우 몇 분밖에 비치지 않는다. 절벽에는 사이프러스, 서양협죽도, 무화과나무가 자라며 상공에는 독수리와 솔개들이 활개를 친다.

협곡 내부에는 사마리아라는 폐촌이 모습을 숨기고 있다. 이 지역은 국립공원으로 지정되면서 1962년에 모든 주민들이 떠났다. 하류로 내려가면 협곡의 폭이 넓어지고 아이아로우멜리라는 정착촌이 나온다. 이곳은 오말로스 근처의 협곡이 시작하는 지점에서 16킬로미터 떨어진 곳이다. 아이아로우멜리는 야생 염소의 먹이이자 허브티의 재료로 사용되는 디크타모스의 주요 자생지이다. 협곡은 5월부터 10월 사이에만 일반에 공개되며, 크실로스칼라에서 걸어서 다섯 시간 정도 소요된다. **MB**

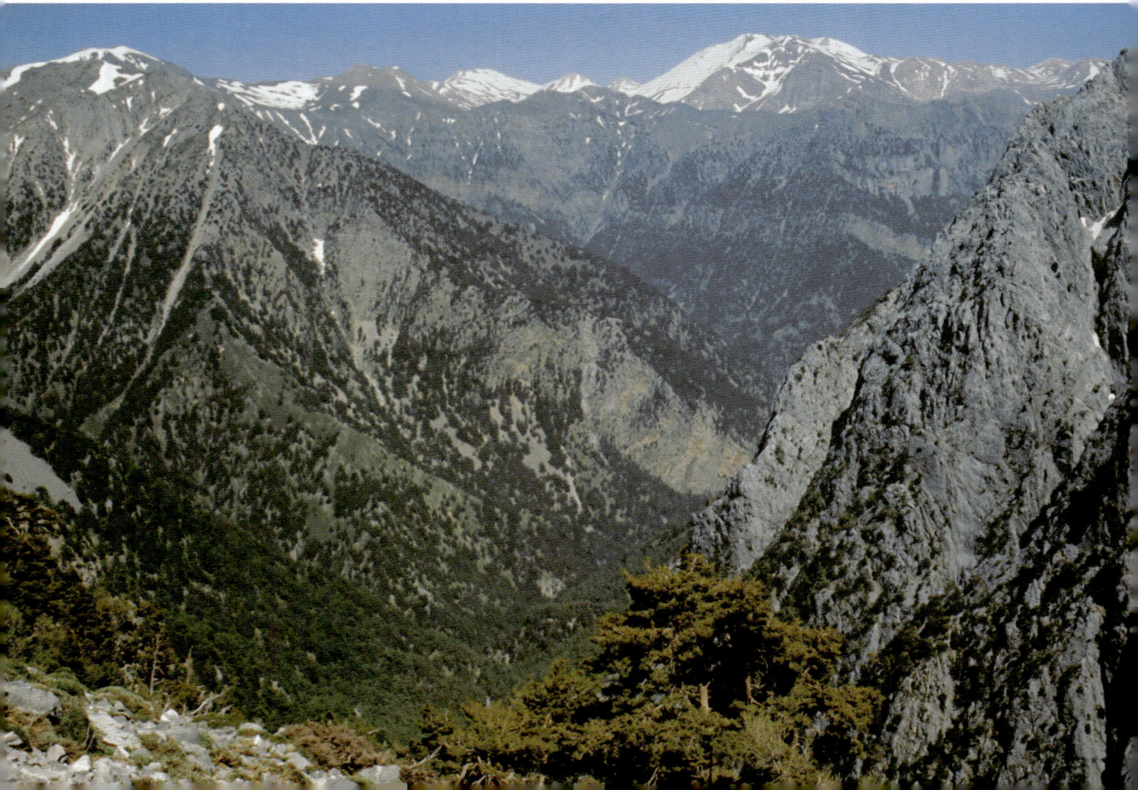

비코스 협곡

그리스, 이피루스

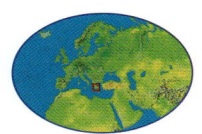

비코스 협곡의 길이 : 12킬로미터	
평균 폭 : 200미터	
평균 깊이 : 700미터	

비코스-아우스 국립공원은 핀두스 산맥의 서 북단 끄트머리에 자리 잡고 있다. 총 면적이 119제곱킬로미터인 이곳에는 비코스 협곡, 아우스 계곡과 팀피(가밀라) 산이 있다. 비코스 협곡은 유 럽에서 가장 깊은 협곡에 속한다. 게다가 폭에 비 례해 볼 때 세계에서 가장 깊은 협곡이기도 하다. 더 깊은 협곡들은 많지만 이들은 폭도 훨씬 넓어서 깊이와 폭의 비율로 따질 때 비코스 협곡이 가장 깊다.

협곡의 아름다움은 보는 이의 넋을 빼앗을 만 하다. 전체 길이는 16킬로미터로 작은 강들이 모두 모여서 보이도마티스 강이 되어 협곡으로 흘러 들 어간다. 여름이면 강물이 말라 협곡 바닥에서 스톤 스크램블도 할 수 있다. 걸어서 이곳을 둘러보려면 모노덴드리에서 시작해서 비코스나 파펭고 협곡으 로 내려가는 것이 좋다. 그러면 가장 가파른 곳을 피해서 10킬로미터의 등산을 마칠 수 있다. 협곡은 온통 희귀한 야생화로 뒤덮여 있고 군데군데 울창 한 숲이 비탈에 들어서 있다. 이곳에서는 유럽불곰 과 늑대가 살고 절벽에는 맹금류가 서식하며 샤무 아도 볼 수 있다. **PT**

나비의 계곡

그리스, 로도스

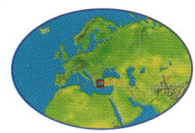

로도스 섬의 면적 : 1,398제곱킬로미터	
최고 높이(아타비로스 산) : 1,215미터	

일명 '나비의 계곡'인 페탈로우데스는 로도스 시에서 남서쪽으로 25킬로미터가량 떨어진 깊은 계곡이다. 시냇물, 고요한 연못과 폭포가 들 어서 있는 녹음이 무성한 아름다운 계곡은 여름이 면 이곳에서 알을 낳는 쪄지타이거모스로 뒤덮인 다. 이 나비들은 때죽나무의 수지에서 발생하는 강 한 향과 한여름에도 시원한 기온에 이끌려 이곳으 로 모여드는 것으로 알려져 있다. 6~9월이 되면 나무는 수천 마리의 나비로 뒤덮이는데 나비들은 비축해둔 지방을 소비하며 휴식을 취한다. 앞날개 의 검은색과 크림색의 줄무늬 때문에 그 모습을 찾 기가 쉽지 않은데, 나비들이 움직여서 주홍색의 뒷 날개가 반짝여야만 간신히 알아볼 수 있다.

1970년대에는 나비를 보기 위해 많은 관광객이 이곳을 찾았다. 관광객은 수천 마리의 나비 떼가 하늘로 날아가는 모습을 보려고 큰소리를 질렀다. 그 때문에 나비들은 공포에 질려 날아가면서 많은 에너지를 소비해 죽고 말았다. 이로 인해 쪄지타이 거모스의 수가 점차 줄어들기 시작했다. 그 후 나 비를 보호하기 위한 조치가 취해져서 공원 관리인 들은 관광객들이 예민한 나비를 자극하지 않도록 조심시킨다. 이 효과로 현재 나비의 수는 점차 증 가하고 있다. **MB**

파무칼레

터키, 데니질리

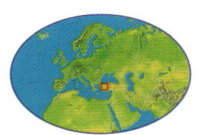

파무칼레 샘 지역의 면적 : 길이 2.5킬로미터, 폭은 0.5킬로미터

수온 : 30~100도

층이 올려진 가장자리가 무던 하얀 테라스, 반원형 분지를 채운 물의 수면에 반사되는 눈이 시릴 정도로 파란 하늘, 얼어붙은 폭포처럼 우뚝 서 있는 종유석들. 이 모든 것은 터키 서부의 파무칼레의 구릉지에서 볼 수 있는 신비롭고 독특한 세계의 모습이다.

파무칼레는 '목화의 성'이라는 뜻으로 거인들이 단구(段丘) 지형에서 목화를 말렸다는 전설에서 유래했다. 실제로는 단구 지형은 고원의 정상에서 솟아나는 뜨거운 온천의 결과이다. 이 물에는 석회와 염분이 풍부하다. 언덕을 흘러내리는 뜨거운 물은 서서히 식으면서 하얀 침전물을 남긴다. 영겁의 시간이 흐르는 동안 석회암층은 수많은 벽과 단구를 형성했다. 물에 떨어지는 것은 무엇이든 며칠만 지나면 하얀 석회암이 모든 것을 감싸버린다. 샘물에는 류머티즘을 완화하고 혈압을 낮춰 주는 효능이 있다고 한다. 고대 그리스와 로마의 귀족들은 이곳을 즐겨 찾았는데 그중에는 네로와 하드리안 황제도 있었다. 오늘날은 석회암 속에 그대로 얼어붙은 하얀 폭포의 아름다운 모습을 즐기며 따뜻한 물에 몸을 담그려는 관광객들의 발길이 끊이지 않는다. 이곳은 아침과 달빛을 받는 밤의 모습이 가장 아름다운데, 이 모습은 마치 달의 모습을 보는 듯 비현실적인 느낌이 든다. **MB**

발라캐니언

터키, 소아시아 중부

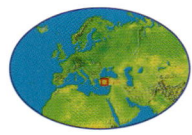

쿠레다글라리 국립공원의 면적 : 37,000헥타르

숲의 핵심 지역의 면적 : 55,000헥타르

터키에서 가장 건너기 위험한 고개로 손꼽히는 발라는 터키의 흑해 지역 서부에 자리 잡은 쿠레 산맥의 협곡 중 하나이다. 이 협곡이 들어서 있는 쿠레다글라리 국립공원은 그 면적이 2만 230헥타르로 이 지역에서 가장 크고 가장 보존이 잘 된 '습한 카르스트 지역'이다. 협곡은 데브레카니 강과 칸리케이 강이 만나는 지점에서 시작해 강가를 향해 12킬로미터나 이어져 있다. 협곡에 들어가기는 쉽지 않다. 안전을 위해 반드시 가이드와 함께 적합한 장비를 갖춘 후에 들어갈 수 있다.

발라캐니언은 야생이 살아 숨 쉬는 고독한 곳이다. 불곰, 노루, 멧돼지와 여우를 비롯해 다양한 야생생물이 서식하고 있지만, 요즘은 사냥으로 인해 많은 수가 감소했다. 800~1,200미터 높이로 우뚝 솟아 있는 높은 협곡의 절벽 위로 하늘 높이 솟구치는 맹금류도 자주 볼 수 있다. 공원은 고도가 높은 곳에 있는 천연 전나무 숲과 참나무 숲을 보존하고 있으며 해변으로 이어지는 곳의 밤나무 숲과 흑송과 활엽수 숲도 잘 보호하고 있다. 봄이 되면 초원은 알록달록한 야생화가 만발하는데, 그중에서도 난초와 백합이 대표적이다. **MB**

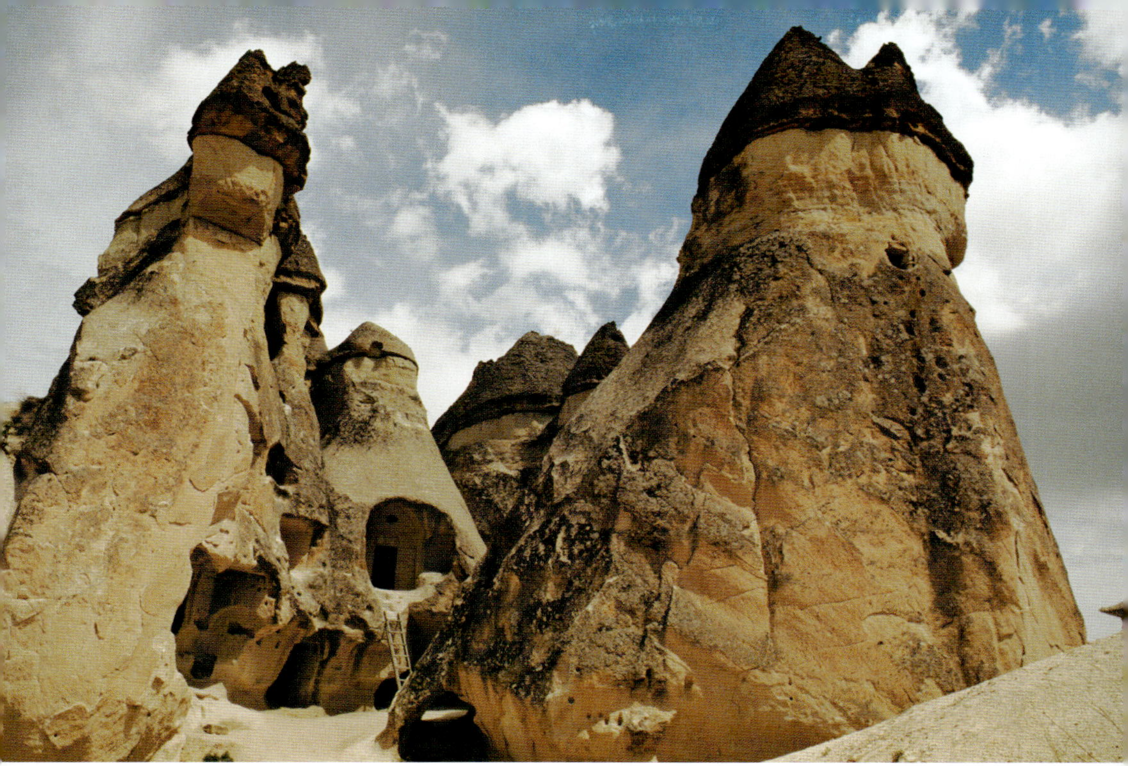

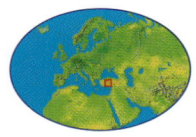

카파도키아

터키, 소아시아 동부

카파도키아의 위치 : 아나톨리아 동부
에르키야스다기의 높이 : 3,916미터

터키 중앙의 월굽과 괴레메 근처에는 높이가 50미터에 달하는 모래 빛깔의 원뿔 모양 둔덕이 있다. 그 모습은 독특하기 그지없다. 일부는 짙은 색의 돌로 만든 널 같은 것을 머리에 이고 있는데 마치 거대한 버섯 같다. 어떤 것은 사람의 모습 같기도 하다. 이 신기한 둔덕은 사화산인 에르키야스다기가 우뚝 솟아 있는 고원에 자리 잡고 있다. 몇백만 년 전 이 화산은 엄청난 양의 화산재를 뿜어 올렸다. 화산재는 식으면서 응회암이 되었는데 이 돌은 칼로 깎아낼 수 있을 만큼 약한 암석이다. 1,000년 동안 응회암은 침식작용을 받아 원뿔 모양의 둔덕과 '요정의 굴뚝'이라고 하는 독특한 지형으로 변했다. 더욱 재미있는 사실은 사람들이 그 돌을 깎아 집이나 교회 혹은 수도원을 짓고, 그곳에서 수 세기 동안 거주했다는 것이다.

돌 속 기온은 일 년 내내 일정하게 유지되어 겨울에는 따뜻하고 여름에는 시원하다. 지상과 지하로도 방을 낸 복잡한 정착촌도 존재한다. 데린쿠유 시에는 거대한 바위에 20층까지 방을 낸 곳도 있다. 괴레메밸리에 있는 둔덕을 깎아 교회를 만든 곳에는 성 조지가 용을 잡는 장면을 그린 프레스코화도 있다. **MB**

토로스 산맥의
동굴계

터키, 소아시아 동부

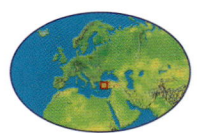

토로스 산맥의 폭 : 200킬로미터

에브렌구나이둔데니의 깊이 : 1,429미터

터키는 국토 면적의 약 3분의 1이 석회암 지대이다. 그래서 전국에 걸쳐 지하 하천이나 깊은 계곡과 같은 카르스트 지형이 골고루 분포하고 있다. 그중에서도 가장 면적이 넓은 카르스트 지역이 토로스 산맥으로 아나톨리아 고원의 동남부 가장자리까지 뻗어 있는 알프스 산맥의 일부이다. 산맥은 서쪽의 아리디르 호수에서 동쪽의 유프라테스 강의 발원지까지 이어져 있으며 고콜루트 강이 흐르는 좁은 협곡이 가로지르고 있다. 토로스 산맥에는 동굴계가 잘 발달해 있다. 종유석과 석순으로 가득한 방이 많은 인수유 동굴, 지하 호수와 로마-비잔티움 유적이 남아 있는 일라리니니 동굴, 회색, 푸른색, 녹색과 흰색의 기암괴석들이 놀라운 풍경을 만들어 내는 발리카 동굴과 세계에서 14번째로 깊은 에브렌구나이 동굴 등이 있다. 에브렌구나이는 1991년에 발견되었는데 2004년 10월에 새로운 기록이 보태졌다. 이곳은 터키와 아시아에서 가장 깊은 동굴로 가장 경험이 풍부한 동굴 탐험가들만 들어갈 수 있다. 동굴에 들어가는 사람은 우기에는 동굴에 물이 가득 차기 때문에 매우 조심해야 한다. **MB**

토르툼

터키, 소아시아 동부

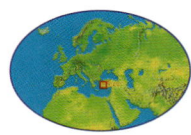

호수의 길이 : 8킬로미터

호수의 해발 고도 : 100미터

토르툼 폭포의 높이 : 40미터

지질학자들은 수천 년 전 거대한 바윗덩어리가 토르툼 계곡의 절벽에서 떨어져 계곡 바닥으로 미끄러져 내려갔다고 믿고 있다. 그 후 돌덩이는 토르툼 강을 막아서 지금의 밝고 거대한 토르툼 호수가 되었다. 불어난 호수의 물은 배출구를 찾았는데, 단층을 통해 새어나온 물은 무려 40미터를 신나게 낙하한 후 이어지는 작은 폭포들과 네 개의 작은 호수로 향한다. 호수는 산비탈에서 떨어진 돌이 물길을 막아 형성되었다. 큰 돌이 떨어져 나온 흉터는 아직도 선연하지만 물줄기는 예전보다 상당히 약해졌다. 소형 수력발전소가 건립되어 물을 빼내기 때문이다. 물은 좁은 틈처럼 생긴 협곡을 통해 다시 강으로 되돌아간다. 이 협곡은 격렬한 지진 활동 때문에 마구 비틀린 암석으로 이루어져 있다. 겨울에는 상당히 많은 양의 물이 토르툼 강으로 흘러들어가기 때문에 폭포는 잠시나마 이전의 영광을 되찾을 수 있다. 이곳의 돌기둥은 강의 동쪽인 카파도키아 인근에서 볼 수 있는 기둥과 비슷하다. 강과 호수가 복합적으로 나타나는 지형은 고대 실크로드에 있는 에르주룸의 북쪽으로 약 100킬로미터나 이어져 있다. **MB**

아라라트 산

터키, 소아시아 동부

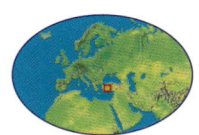

아라라트 산의 높이 : 대(大)아라라트 –
5,185미터, 소(小)아라라트 – 3,925미터
아라라트마시프의 지름 : 40킬로미터

터키의 북동부에 있는 사화산인 아라라트 산은 평원과 골짜기 사이로 외로이 솟아 있다. 아라라트 산은 두 개의 봉우리로 이루어져 있는데, 터키의 최고봉인 대(大)아라라트(5,185미터)와 완벽에 가까운 원뿔 모양의 소(小)아라라트(3,925미터)이다. 두 정상 사이에는 가로로 2,600미터인 세르다르불락 용암 고원이 있다. 아라라트는 만년설에 덮여 있지만 눈이 덮인 곳은 정상에서 4,270미터 사이뿐이다.

그 아래로는 검은 현무암 덩어리들이 깔린 지대가 펼쳐지는데 그 크기가 웬만한 집 한 채 정도의 크기를 가진 암석도 존재한다. 대(大)아라라트의 북쪽과 서쪽 경사면에서는 깨어지지 않은 빙하를 볼 수 있다. 아라라트는 분화구가 없는 사화산으로 한 차례의 폭발도 기록된 적이 없지만, 1840년에 산이 흔들릴 정도의 지진이 발생한 적이 있다. 이 산을 오르는 일은 쉽지 않지만 정상에서 보이는 황홀한 풍경을 생각하면 그 정도 고생은 감수할 만하다. 등반 최적기는 7~9월 사이이다. 겨울과 봄에는 날씨가 극도로 험악해서 등반하기에 위험하다.

아라라트 산이 그토록 유명한 것은 지질학적 특성이나 위치 때문이 아니다. 이 산은 과거에 대홍수 후 노아의 방주가 닻을 내린 곳이라고 전해져오는 곳이다. 그래서 수많은 고고학 탐사대가 그 증거를 찾기 위해 이 지역을 이 잡듯이 샅샅이 뒤졌다. **MB**

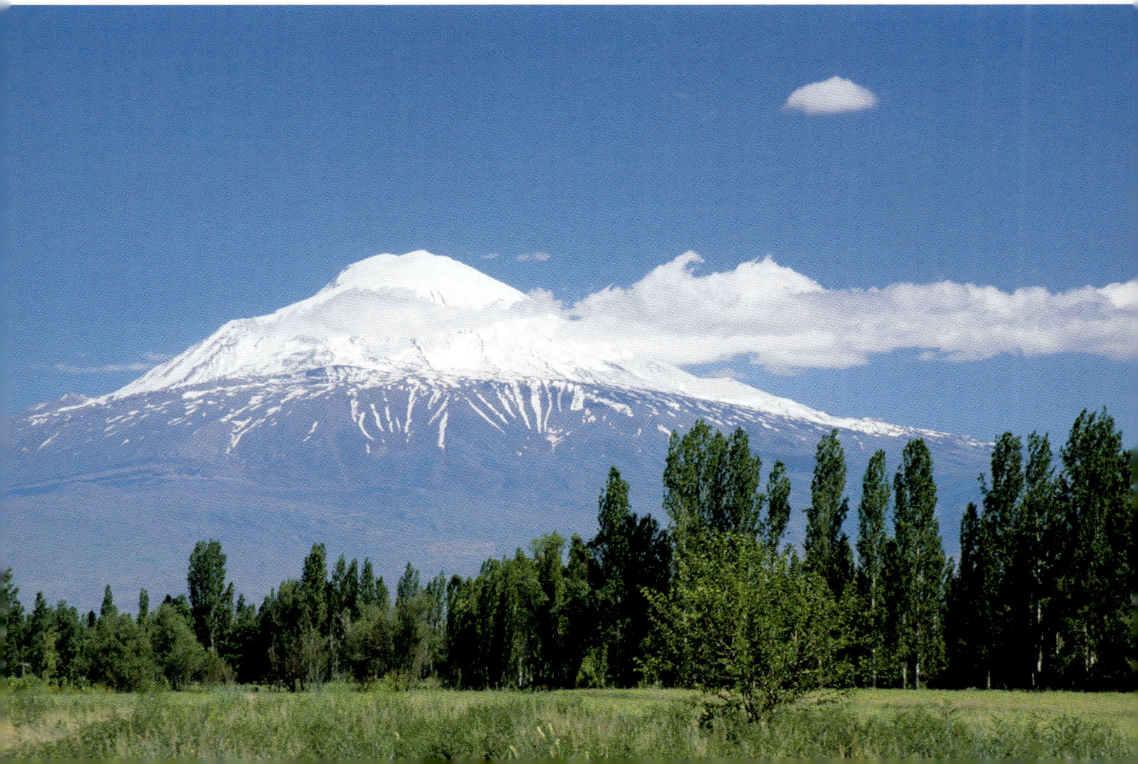

사클리켄트 협곡

터키, 앙카라

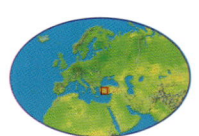

협곡의 길이 : 18킬로미터	
협곡의 깊이 : 300미터	
동굴의 수 : 16개	

사클리켄트 협곡은 일명 '숨겨진 도시(혹은 계곡)'라고 부르는 곳이다. 그도 그럴 것이 직접 그곳에 가보지 않고서는 그곳이 거기 있다는 사실을 알 수 없기 때문이다. 지금으로부터 20년 전 바로 이 지역의 한 목동이 그랬다. 하지만 지금은 인기 있는 관광지가 되었다.

사클리켄트는 터키에서 가장 길고 깊은 협곡이다. 양쪽의 석회암 벽은 강물이 깎아내려 지금처럼 가파르고 높은 절벽이 되었다. 협곡이 폭은 매우 좁아서 절벽의 가장 윗부분으로부터 300미터 아래

에서 찰랑거리는 강물에는 햇살이 닿지 않는다. 협곡까지는 나무를 깐 긴 보도를 통해 갈 수 있다. 상류에서 조금 떨어진 곳에 울루피나르 샘이 절벽 아래쪽에서 보글거리며 솟아오른다. 바로 이 지점에서 관광객들은 적당한 곳에서 강을 건넌다. 18킬로미터에 달하는 협곡 중에서 첫 4킬로미터만 일반인들도 쉽게 걸을 수 있다. 물은 일 년 내내 얼음처럼 차갑다. 리버 바에서 대여해 주는 플라스틱 신발을 신으면 뺄밭인 강바닥을 좀 더 편하게 건널 수 있다. 협곡을 따라 더 내려가다가 배를 띄울 수 있을 만큼 수심이 깊어지는 곳부터는 노련한 암벽 등반가들만이 들어갈 수 있다. 사클리켄트는 소형 버스가 운행하는 페티예에서 자동차로 40분 거리에 있다. **MB**

카라피나르 칼데라 호 지역

터키, 코니아

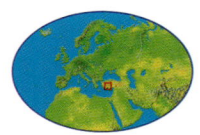

메케 칼데라 호의 해발 고도 : 해발 981미터	
메케 칼데라 호의 둘레 : 4킬로미터	
아카골 칼데라 호의 표면적 : 1제곱킬로미터	

카라피나르 칼데라 호는 시커먼 현무암 지대 사이로 아름답게 펼쳐져 있다. 이곳은 고대의 화산활동으로 형성된 지형으로 수많은 칼데라 호, 다섯 개의 분석구, 두 개의 용암 평원과 분화구로 이루어져 있다.

메케 칼데라 호는 4억 년 전에 형성되었지만 터키에서는 가장 최근에 형성된 화산 지형이다. 이 호수를 '나자르본쿠구'라고 하는데 '사악한 눈길을 막아주는 푸른 구슬'이라는 뜻이다. 메케다기는 호수 중앙에 떠 있는 섬으로 센트럴아나톨리아에서

가장 큰 분석구 중의 하나이다. 이 섬은 겨우 9,000년 전에 형성되었다. 하늘에서 보면 거대한 호수 중앙에 화구구가 솟아 있는 모습이 솜브레로처럼 생겼다. 수심 12미터의 염수호인 메케 호수는 홍학, 혹부리오리와 물새 떼들이 이동하는 중간에 휴식을 취하는 곳이기도 하다. 이곳에서 3킬로미터 북서쪽으로 가면 원형의 아카골 칼데라 호가 나온다. 호숫가로 가는 길에 화산 석회화(華)와 사암 지층도 볼 수 있다. 밤이 되면 바다처럼 푸른빛을 내며 반짝이는 호수의 모습이 너무나 아름답다. 두 호수는 코니아와 코니아의 동쪽으로 96킬로미터 떨어진 에레글리 사이에 있다. **MB**

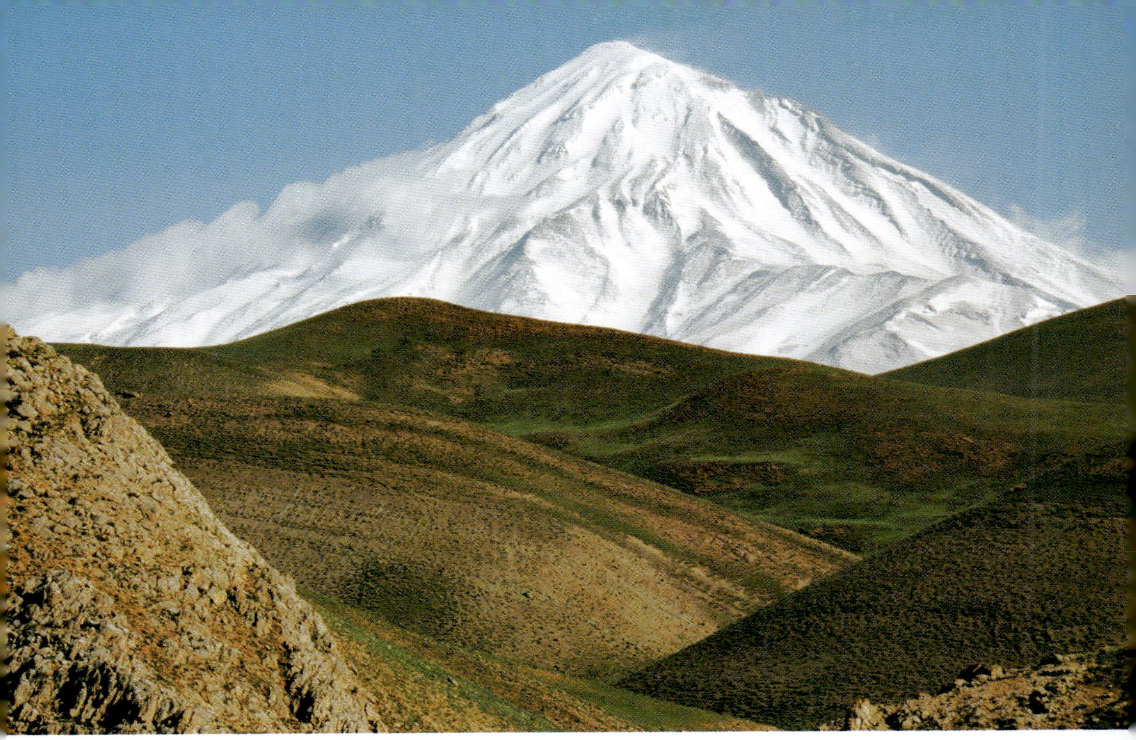

자그로스 산맥

이란

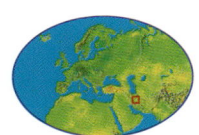

산맥의 길이 : 900킬로미터	
산맥의 폭 : 240킬로미터	
최고봉 : 3,600미터	

약 1,300만 년 전, 중신세 중기에 아라비아판과 아시아판이 충돌을 일으켰다. 그 이후로 두 판은 매년 4센티미터의 속도로 결합하기 시작했고, 그 결과 이란의 남서부에 자그로스 산맥이 형성되었다. 이 산맥은 덥고 건조하고 불모의 땅이 대부분인 이란에서도 만년설에 덮여 있다. 디얄라 강에서 시작해 북서쪽에서 남동쪽으로 길게 누워 있다. 그리스어로 화살이라는 뜻의 디얄라 강은 티그리스 강의 중요한 지류로 고대 도시인 시라즈까지 흐른다. 주로 석회암과 이판암이 대부분인 자그로스 산맥은 평행하게 뻗은 산줄기 혹은 습곡이 수없이 많다. 이 습곡들은 그 대칭성이나 규모 면에서 전 세계에서 따라올 산맥이 없을 정도이다. 습곡은 동쪽으로 갈수록 높아지다가 1,500미터의 고원과 만난다. 물살이 거센 강물은 산맥의 서쪽 면으로 흐르는데 매년 눈 녹은 물과 빗물(100센티미터)이 흘러든다. 고지대에는 떡갈나무, 너도밤나무, 단풍나무와 큰단풍나무들이 무성하게 자라고 있고 산골짜기에는 버드나무, 미루나무와 플라타너스 등이 자란다. 호두나무, 무화과나무와 아몬드나무는 저지와 비옥한 산골짜기에서 많이 자라고 있다. **JD**

솔트글래이셔스

이란

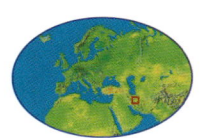

길이 : 5킬로미터
생성 시기 : 수억 년 전
솔트글래이셔의 수 : 최대 200개

솔트글래이셔스(소금 빙하)는 전 세계적으로 희귀한 지형 중 하나인데, 이란에는 이 독특한 지형이 가장 널리 분포해 있다. '다이아피르'라고 하는 소금 덩어리가 기반암에서 시작해 거대한 소금 사막까지 흘러가는데 이곳은 마치 눈이라도 온 것처럼 작고 하얀 결정들이 아름답게 반짝인다. 아시아판과 아라비아판이 충돌하면서 지층이 접히고 융기되어 자그로스 산맥이 만들어졌다. 그 당시 곳에 따라 쌓여 있던 암염층이 액체처럼 움직이며 위로 솟구쳤다. 일부는 튜브에서 짜낸 치약처럼 위쪽의 바위를 뚫고 나갔다. 지질학에서 볼 때 소금은 마치 윤활제와 같다. 소금은 연약하고 점성이 있는 유체처럼 움직인다. 이 소금을 거대한 '빙하'처럼 만들려면 암염을 아래로 보내야 했는데 이를 위해서는 중력 외에는 아무것도 필요하지 않았다.

소금 빙하 중 어떤 것은 두께가 수백 피트나 되며 크레바스처럼 깊은 홈이 계속 파여 있는 것도 있는데 틈의 양쪽은 매우 가파르다. 소금 빙하를 살펴보면 모두 하얀색은 아니다. 포함된 광물 성분에 따라 분홍색을 띠는 것도 있고 설탕 결정처럼 아름답게 생긴 것도 있다. 공기 중의 먼지나 점토 때문에 표면에 짙은 색이 나타나는 소금도 있다. 지질학자들은 일반적으로는 깊은 지하에 매장되어 있어야 할 이 이상한 소금을 연구하고 있다. **JD**

콰디사그로토

레바논, 브차레

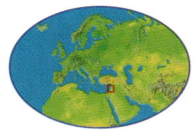

생성 시기 : 1,000만 년 전
동굴의 해발 고도 : 1,450미터
기온 : 5도
세계문화유산 지정 연도 : 1998년

콰디사그로토(동굴)는 레바논 북부에 있는 아름다운 콰디사밸리의 수많은 동굴 중 하나이다. '콰디사'는 셈 족의 언어로 '성스러운'이라는 뜻이다. 중세 초기부터 이 가파른 계곡에 수많은 수도승, 은자와 고행승 등이 모여든 점을 생각하면 가장 걸맞은 이름이다. 이들은 왜 이곳을 찾았을까. 사람들이 접근하기 어려운 험한 외진 곳이기 때문일 수도 있고 아름다운 곳이기 때문일 수도 있다. 대형 동굴들은 안전할 뿐더러 외부와의 접촉을 피하는데도 안성맞춤이었다.

그로토는 유명한 삼나무 숲 근처에 있다. 레바논 최고봉인 코르넷에스사우다 산의 그늘이 드리워지는 곳의 아랫부분이다. 동굴은 형형색색의 종유석과 석순으로 숲을 이루고 있다. 콰디사그로토의 샘에는 항상 샘물이 퐁퐁 솟아난다. 이 물이 모여 계곡으로 떨어지는 멋진 폭포로 흐른다. 이 폭포가 계곡을 따라 흐르는 콰디사 강의 발원지이다. 끊임없이 솟아오르는 샘물과 높은 고도 덕분에 콰디사 동굴은 항상 저온을 유지한다. 그래서 이 동굴에는 지금까지 사람이 살지 않았다. 지역 주민들에게만 알려졌던 콰디사그로토는 1923년 콰디사 강의 발원지를 찾던 존 제이콥이라는 수도사에게 발견되었다. **JK**

피전록스

레바논, 베이루트

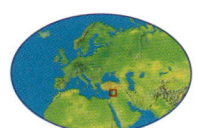

피전 록스높이 : 34미터	
암석의 종류 : 석회암	

피전록스는 베이루트 해안 지역의 명물이다. 이 육중한 바위 아치들은 베이루트의 절벽을 따라 줄지어 늘어선 카페와 레스토랑에서 정면으로 마주 보이는데, 해안선에서 100미터가량 떨어져 있다. 지중해에서 밀려온 파도가 사정없이 바위를 후려치면 하얀 물보라가 사방으로 흩어진다. 해안침식작용으로 거대한 석회암 바위에 커다란 통로가 뚫려 천연 아치를 이루었다.

피전록스가 가장 인기 있는 시간대는 해질 무렵이다. 아치 사이로 보이는 석양은 그야말로 자연의 아름다움의 극치이다. 여름에는 보트를 타고 바위 주변을 둘러볼 수 있다. 절벽까지 가기 위해서는 아주 노련한 뱃사공이 필요하다. 밀려오는 파도를 잘 이용해야 절벽에 닿을 수 있기 때문이다. 해안선도 해안침식작용의 힘을 유감없이 보여 준다. 백악질의 해안 절벽을 따라 파도가 뚫어 놓은 거대한 동굴이 늘어서 있다. 50년 전만 해도 피전록스에 희귀한 지중해몽크물개가 살았다. 그러나 전쟁이 발발하자 동물들은 종적을 감추었고, 최근에 다시 이곳으로 돌아오고 있다. 한편 이 지역에는 붉은바다거북의 번식지로 보호구역으로 지정된 해변이 많다. **JK**

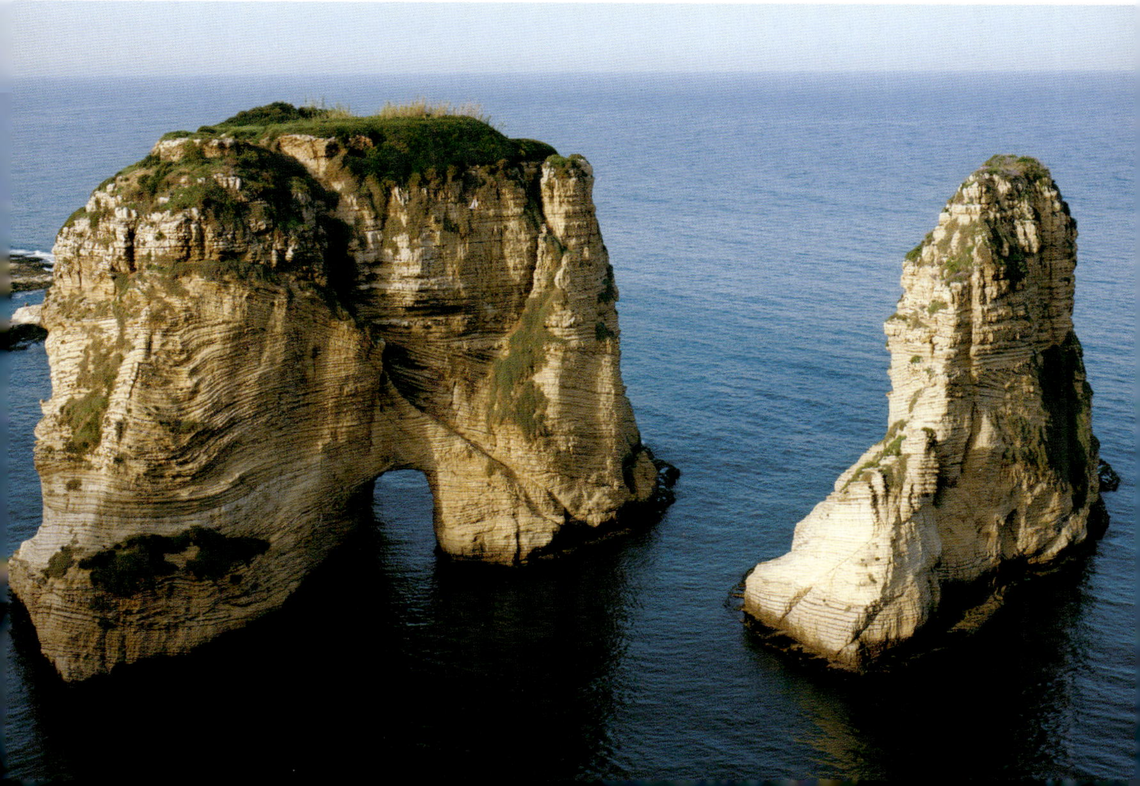

레바논의 삼나무 숲

레바논, 브차레

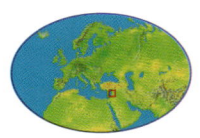

| 삼나무 숲의 해발 고도 : 2,000미터 |
| 최고 수령 : 1,500년 |

레바논의 산악 지역은 한때 거대한 삼나무 숲이 차지하고 있었는데 『길가메시 서사시』를 비롯한 수많은 고대 문헌에는 숲에 대한 찬양이 실려 있다. 하지만 지금은 대부분이 사라지고 겨우 1,700헥타르의 면적에 12개의 작은 숲만이 남아 있을 뿐이다. 그중에서도 가장 유명한 숲은 레바논 북부의 브차레 삼나무 숲으로, 콰디사밸리를 통해 펼쳐진 멋진 도로로만 오를 수 있는 그림 같은 제벨마크멜 산의 비탈에 자리 잡고 있다. 이 숲은 아주 오래전에 형성된 것으로 숲의 어떤 나무는 수령이 1,500년이나 된다. 그래서 '신의 삼나무'라는 뜻의 아르즈아르-라브라고 부른다. 이 나무의 높이는 30미터에 달하며 육중한 줄기와 부드럽게 뻗은 가지의 이파리들이 싱그럽다. 나무의 형태는 주변 환경에 따라 달라진다. 주위에 나무가 많으면 다들 곧게 쑥쑥 자라지만 나무가 별로 없으면 옆으로 가지를 최대한 많이 뻗는다. 브차레의 삼나무 숲은 봄이 가장 아름답다. 아직 녹지 않은 눈을 배경으로 나무의 녹색이 유난히 두드러진다. 고도가 높은 지대라 나무의 성장 속도가 느리며 수령이 40~50년이 되기 전까지 솔방울을 맺지 않는다. 씨앗은 늦겨울에 싹을 틔우는데 비나 눈이 많아 습기가 충분하기 때문이다.

레바논의 삼나무 숲에 자라는 삼나무는 상록수 중에서 가장 웅장하다고 한다. 이 나무들은 레바논, 시리아의 토로스 산맥과 터키 남부에만 서식하는 고유종이다. 과거 페니키아인들은 내구성이 강한 이 나무의 목재를 이집트와 팔레스타인으로 수출해 부를 축적하기도 했다. 삼나무의 목재는 보트를 만들거나 사원을 짓거나 혹은 파라오의 관을 짜는 데에도 이용되었다. 나무의 진은 치통을 치료하는 데 사용되었다. 고대인들은 삼나무 숲을 함부로 파괴하지 말 것을 경고했지만, 현재는 천연자원의 이용으로 광범위하게 파괴되고 있는 실정이다. 『길가메시 서사시』에는 삼나무 숲을 파괴하면 문명이 붕괴할 것이라는 경고가 등장한다. 삼나무 숲의 주변 지역은 레바논에서 유일하게 남아 있는 야생의 천국으로 레바논의 아름다운 산악 지대를 감상하며 하이킹을 즐길 수 있는 곳이 많다. **JK**

> 숲의 어떤 나무는 수령이 1,500년이나 된다. 그래서 '신의 삼나무'라는 뜻의 아르즈아르-라브라고 부르는데 높이는 30미터에 달하며 육중한 줄기와 부드럽게 뻗은 가지의 이파리들이 싱그럽다.

오른쪽 레바논 북부의 유명한 오래된 삼나무 숲

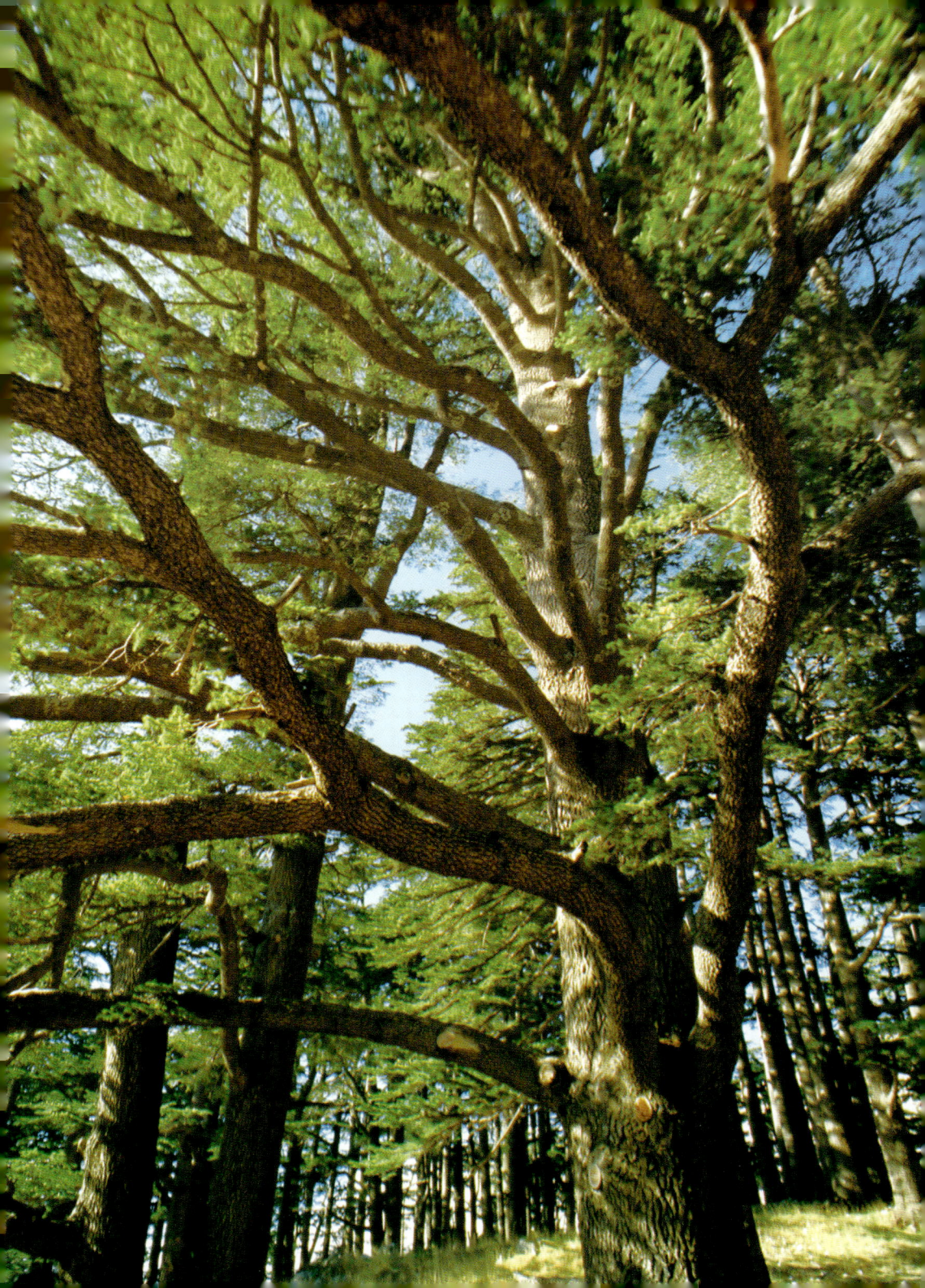

레드캐니언

이스라엘, 서던디스트릭트

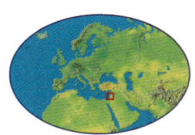

암석의 종류 : 붉은 사암
히즈키야후 산의 높이 : 838미터

레 드캐니언이라는 이름은 짙은 붉은색의 사암에서 유래했다. 붉은색은 암석의 철분이 산화한 결과이다. 암석을 자세히 들여다보면 다양한 밝기의 붉은색과 보라색의 줄무늬가 나 있고 흰색도 보이는데 이것은 암석에서 다른 광물이 빠져나갔기 때문이다. 협곡의 폭은 2~4미터 정도이며 높이는 30미터이다. 아침이나 저녁에 햇빛을 받아 반짝일 때가 가장 아름답다. 이 장엄한 지형은 에이라트 산맥에 자리 잡고 있는데 물과 샤니 강바닥에서 바람에 실려 온 모래에 의해 서서히 깎여졌다. 범람한 강물에 쓸려온 큰 돌덩이에 협곡은 넓어졌고 등산객들이 잠시 몸을 쉴 수 있는 틈도 형성되었다. 협곡에 굴러온 돌은 거대한 계단이 되었다. 이 협곡에 가려면 에이라트에서 서쪽으로 이집트와의 국경 지역을 향해 가다가 북쪽으로 방향을 틀어야 한다. 레드캐니언은 히즈키야후 산에서 얼마 떨어지지 않은 곳에 있다. 협곡 근처에는 사막에서 서식하는 식물인 와이트브룸부시와 아카시아가 자란다. 자고새도 살고 있지만 사암의 색깔과 비슷하게 위장을 하기 때문에 발견하기는 매우 어렵다. **MB**

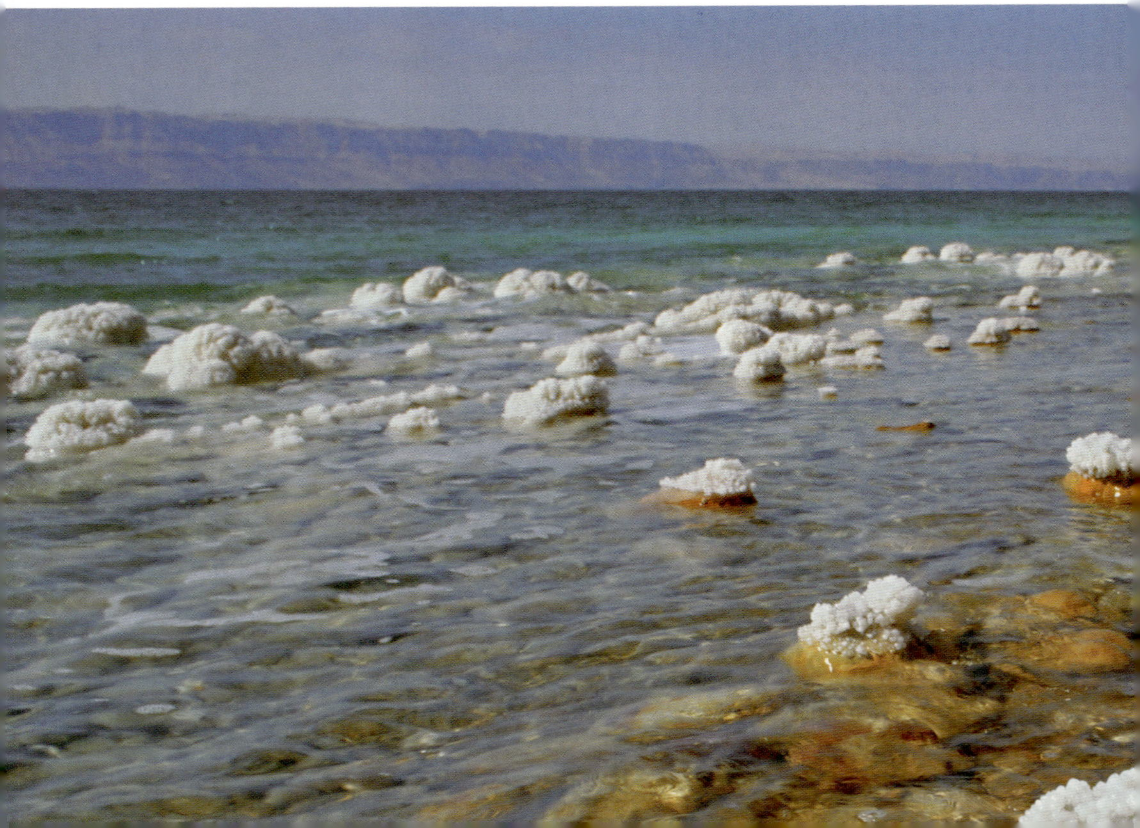

사해

이스라엘 / 요르단

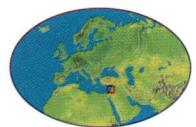

폭 : 18킬로미터
겨울철 유입량 : 하루에 5.8톤
특징 : 지구상 육지 중에 가장 낮은 고도

해 수면보다 400미터 낮은 곳에 있는 사해는 지구의 육지 중에서 가장 고도가 낮은 곳이다. 사해는 요르단곡의 끝 부분에 있다. 요르단곡은 지각에 난 거대한 절단면의 일부인 동아프리카 지구대의 가장 북단에 해당한다. 이곳은 서쪽의 주다이안힐즈와 동쪽의 마오브와 에돔 분지 사이에 자리 잡고 있는데 요르단 강과 작은 하천에서 물이 유입된다. 80킬로미터에 달하는 긴 바다는 '혀'라는 의미의 엘니산 반도에 의해 북부와 남부로 나뉜다.

북부는 남부보다 더 크고 더 깊다. 남부의 경우 수심은 6미터를 넘지 않는다.

기온이 50도까지 올라가는 여름에는 물이 증발하면서 하얀 소금 기둥이 생기고 물 위에는 소금덩어리가 떠다닌다. 사해의 소금은 그 농도가 대양에 비해 여섯 배나 높으며 칼륨, 마그네슘과 브롬을 함유하고 있다. 사해의 물은 피부병이나 관절염에 좋다고 한다. **MB**

아래 사해의 해안가에 밀려온 소금덩어리

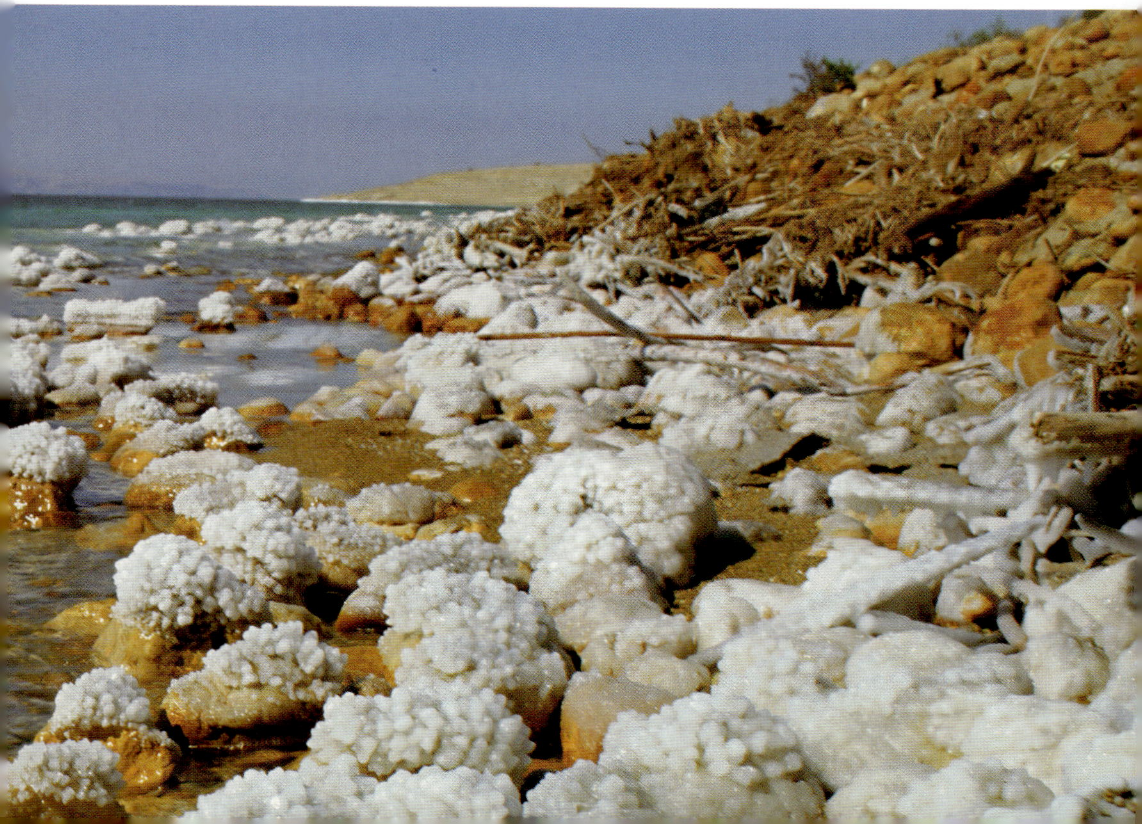

마사다

이스라엘, 서던디스트릭트

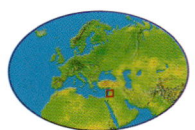

마사다의 규모 : 600×300미터
세계문화유산 지정 연도 : 2001년

마사다는 사해 위로 450미터의 높이로 솟아 있는 거대한 천연 지형이다. 장방형 형태의 거대한 산인 마사다는 주더인 사막의 서쪽 가장자리에서 남북으로 길게 뻗어 있다. 주변은 100미터 깊이의 깊은 협곡이 둘러싸고 있다. 절벽과 급경사의 절묘한 조합으로 인해 마사다는 완벽한 천연 요새가 되었다. 그러다가 B.C. 40년에 로마인의 점령기 동안 헤로데가 예루살렘을 떠났을 때 이곳은 인공 건축물이 되었다. 현재는 북쪽의 궁이 가파른 벽 위에 걸려 있는 것처럼 보인다. 가장 높은 곳은 사해에서 '스네이크패스'를 통해 올라가거나 서쪽의 '화이트록'에서 올라가면 된다. 북쪽과 남쪽에서 올라가는 길은 훨씬 더 힘들며 동쪽에는 케이블카가 설치되어 있다. B.C. 72년에 로마의 총독인 플라비우스 실바는 더 어려운 방법으로 이곳을 공략했다. 그는 포위 공격에 성공하기 위해서 배처럼 생긴 바위의 '이물'을 끌어올리는 공사를 해야만 했다. 젤로트 당들은 침략자들에게 항복을 하느니 차라리 죽음을 택했다. 총독은 이렇게 건조한 곳에서 반란군이 어떻게 살아남았는지 알게 되었다. 그들은 물을 정교하게 정수하는 장치를 고안해서 하루 빗물을 모아 1,000명이 일 년이 넘는 시간 동안 사용할 수 있었다. **MB**

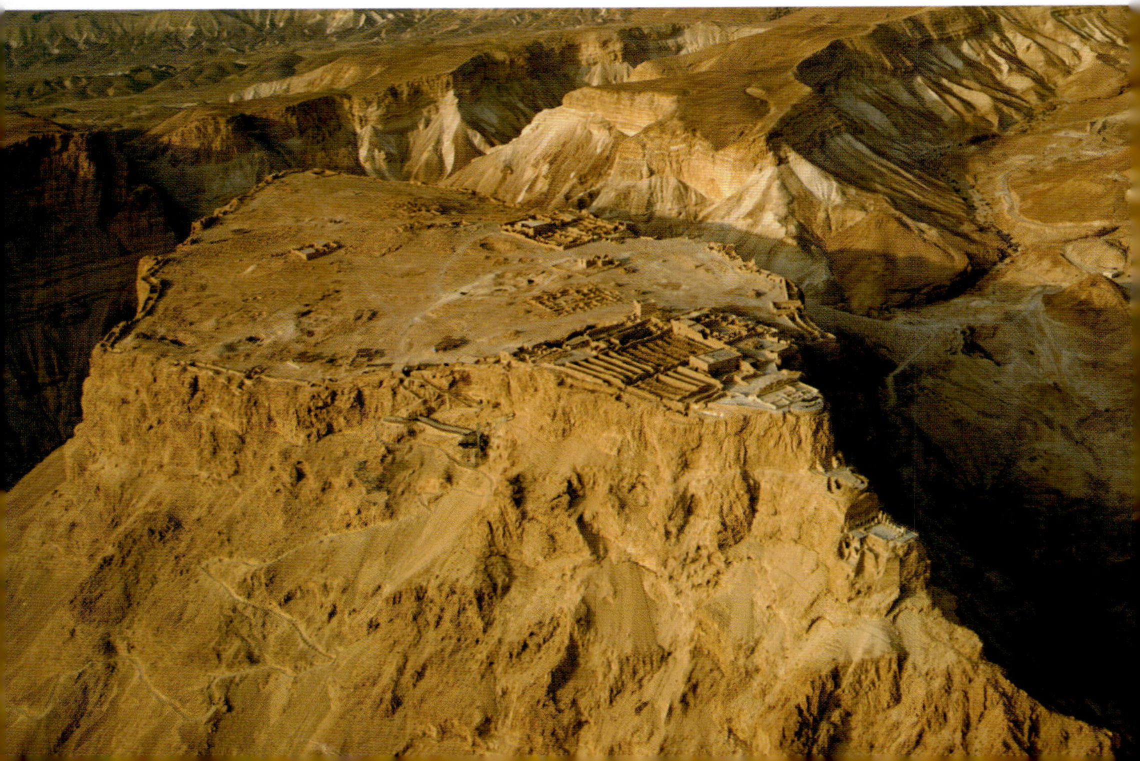

마크테쉬라몬 분화구

이스라엘, 서던디스트릭트

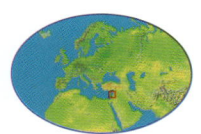

마크테쉬라몬 분화구의 규모 : 길이 40 킬로미터, 폭 9킬로미터, 깊이 500미터
생성 시기 : 2억 2,000만 년 전
라몬 산의 높이 : 1,037미터

네게브 사막의 중심부에 자리한 마크테쉬라몬 분화구를 본다면 아마 세계에서 가장 큰 분화구라고 생각할 것이다. 그러나 이곳은 화산의 분화구도 유성이 떨어진 곳도 아닌 계곡일 뿐이다. 마크테쉬는 '절구'라는 뜻인데 가파른 계곡 벽이 강바닥으로 좁아지는 모습이 마치 공이가 없는 절구처럼 생겼기 때문이다. 타원형의 분화구는 길이가 40킬로미터, 폭이 9킬로미터, 깊이는 500미터이다. 이곳은 주위가 바다였을 때 만들어졌고 화산활동과 침식작용을 받아 지금의 모습이 되었다. 이곳에서는 멋진 지형을 쉽게 찾아볼 수 있다. 어떤 절벽은 현무암 기둥이 줄줄이 쌓여 있다. '목공품 가게'라고 하는 곳은 톱으로 켠 나무 모양의 바위가 곳곳에 자리한다. 분화구의 남쪽에는 암모나이트 화석이 들어 있는 안벽이 있는데 그 외에도 식물 화석, 선사시대 양서류와 파충류의 화석도 많이 발견되었다. 이곳에는 지중해 피스타치오나무와 글로브데이지가 자란다. 분화구에서 가장 낮은 지점인 에인사하로님의 유일한 수원 주변에는 등심초, 부들, 잡초가 자란다. 이곳을 방문하는 사람들은 마트케쉬라몬 관광센터에서 웅장한 전경을 볼 수 있다. 이 지역은 청명한 날이면 별을 관측하기에 이상적인 곳으로, 라몬 산 근처에는 천체 관측소가 있다. **MB**

사막의 동굴

사우디아라비아, 이스턴프로빈스

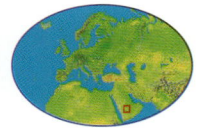

동굴 입구의 높이 : 60미터
위치 : 리야드 남쪽의 알카지 근처
달무루브베스의 특징 : 서리가 덮인 깃털처럼 생긴 결정

석회암층이 6,000만 년 전 얕은 바다에 형성되었다. 하지만 이 지층은 현재 사우디아라비아의 거대한 사막 아래 누워 있다. 리야드에서 그리 멀지 않은 이 사막에는 수많은 구멍이 있는데 이것을 '달'이라고 부른다. 달의 규모는 대단하다. 어떤 구멍은 높이가 60미터나 되며 지하로 계속 이어져서 동굴과 방과 낭하를 형성했다. 현재는 많은 동굴의 탐사가 완료되었다. 리야드에서 남쪽으로 가면 사막에서 원형의 거대한 풀밭을 볼 수 있는데, 이는 관개 시설로 조성한 목초지로 여기서 생산된 목초는 세계 최대의 낙농장들로 공급된다. 관개에 사용되는 물은 과거에 이곳이 지금보다 더 습해서 푸른 숲이 있었을 때 깊은 지하에 형성된 고대의 저수지에서 뽑아 올린다. 아인히드에는 석회암 지대에 거대한 구멍이 있는데 지하로 내려가면 아름다운 동굴이 펼쳐져 있고 지표면에서 100미터 아래에는 호수도 있다. 이곳은 석유 탐사팀이 최초로 경석고의 지표면 노두(露頭)를 발견한 달 히드의 이름을 따서 히드라고 부른다. 아마 이 노두가 없었다면 석유는 발견되지 않았을 것이다. **AC**

나지란

사우디아라비아, 나지란

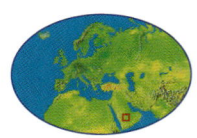

| 아부함단 산의 높이 : 1,450미터 |
| 댐의 높이 : 73미터 |
| 댐의 용량 : 8,500만 세제곱미터 |

지구상에서 가장 큰 모래땅인 룹알할리 사막의 오아시스인 나지란은 최고 높이가 1,450미터인 산맥에 둘러싸여 있다. 이 도시는 사우디아라비아의 남서쪽인 예멘과의 접경지대에 자리하고 있다. 이 지역은 이미 4,000년 전부터 사람이 거주했으며, 암각화와 공예품뿐만 아니라 모래로 뒤덮인 거대한 요새도 발굴되었다. 과거에는 아불사우드라고 불렸던 나지란은 유황 교역 루트에서 물을 보급할 수 있는 중요한 지점이었다. 지금도 이 교역로를 통해 무역이 이루어지고 있다. 밀수업자들은 사우디아라비아와 예멘을 넘나드는 돈이 되는 거래를 하기 위해 이곳에서 잠시 몸을 쉬어간다고 한다.

봄의 우기와 지하수 덕분에 이곳은 뜨거운 열기를 피하는 휴식처가 되었으며 광범위한 관개시설을 설치해 나무를 재배할 수도 있었다. 국립공원과 과수원과 복숭아, 자두, 레몬, 오렌지를 재배하는 농장이 어울려 있다. 아비알라쉬라스에는 깨끗한 물이 바위를 타고 폭포처럼 흘러내려 사막 한가운데 마련한 비옥한 토지를 촉촉이 적신다. 물의 공급은 이 나라에서 가장 높은 73미터 규모의 댐인 나지란밸리 댐을 통해 조절하고 있다. **LM**

아시르 국립공원

사우디아라비아, 아시르

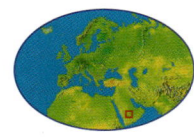

| 공원의 면적 : 445,160헥타르 |
| 최고 높이(자발알수다) : 2,910미터 |

사우디아라비아의 국립공원 중에서 떠오르는 별이자 이 나라의 남서부에 있는 아시르 국립공원은 실은 소형 공원들이 모여 있는 곳이다. 시원하게 솟은 높은 봉우리와 녹음이 상쾌한 아바의 골짜기, 태양이 작열하는 홍해 해안과 산호초, 아름다운 백사장이 어우러진 아시르는 야생생물과 고고학적 가치로 명성이 높다. 이곳은 아라비아에서 인간의 손이 가장 닿지 않은 곳이다. 고대 이집트인들은 이곳을 향신료와 향료의 땅이라고 생각했다. 오늘날 관광객들은 아름다운 풍광과 야생의 가젤과 오릭스를 비롯한 풍부한 야생동물을 구경할 수 있는 곳이라 여긴다. 멸종 위기에 처한 수염수리, 피그미 선버드, 그레이코뿔새를 비롯해 관찰할 수 있는 야생조류가 300종이 넘는다. 이곳은 봄에 찾는 것이 가장 좋다. 겨울철 우기가 끝나면 야생화가 골짜기의 바닥을 온통 뒤덮고 살구꽃이 꽃망울을 터트리기 때문이다. 산비탈에서는 향기로운 노간주나무가 두꺼운 녹색 외투를 두른다. 멀리 푸른 골짜기에서는 우뚝 솟은 봉우리를 배경으로 황조롱이가 미풍을 타고 공중을 선회한다. **AC**

무산담피오르

오만, 무산담

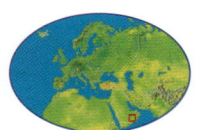

무산담 반도의 높이 : 2,000미터	
반도의 면적 : 2,000제곱킬로미터	

무산담 반도는 세계에서 가장 활기찬 바닷길 중 하나인 호르무즈 해협에 있다. 이곳은 무덥고 건조하며 불모의 하자르 산맥의 절벽이 아라비아 해로 그대로 뛰어드는 지역이다. 가장 높은 곳은 제벨하림으로 그 높이가 2,100미터에 달한다. 이곳의 풍경은 가로 세로로 깊은 홈이 파인 바위 절벽과 모래 해변이 전부이다. '무산담'은 원래 반도의 북쪽에 있는 섬의 이름이었지만 지금은 이 지역 전체를 지칭하는 지명이 되었다. 이 외진 곳까지도 도로가 놓였지만 경치를 잘 즐기려면 바다에서 보는 것이 가장 좋다. 이 아름다운 피오르 해안은 수중 생태도 매우 풍요롭다. 무산담피오르에서 생태 탐사를 벌인 결과 다양한 해양 생물이 발견되었다. 산호에서 사는 이국적인 물고기들, 꼬치고기의 여울, 파랑볼우럭류, 고래상어와 수많은 바닷새, 거북, 돌고래 등이 이곳에서 살고 있다. 초보 다이버들은 더 안전한 해안 쪽에서 다이빙을 할 수 있다. **AC**

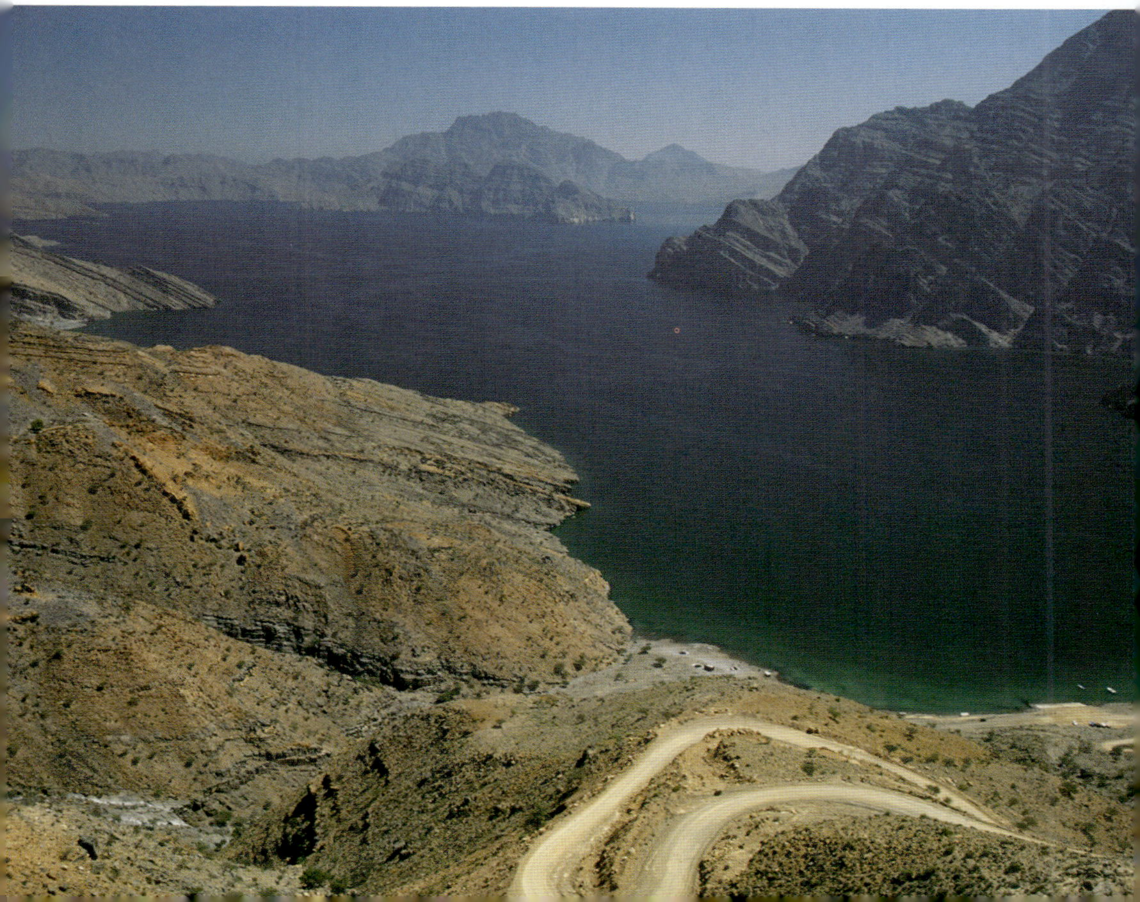

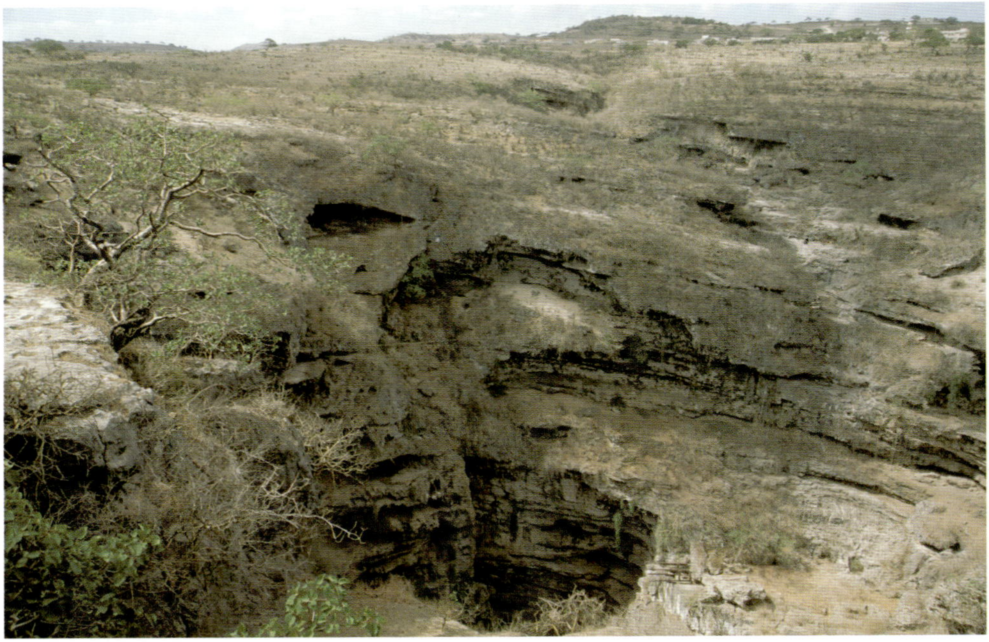

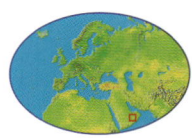

타위아타이르
– 새들의 우물

오만, 도파르

깊이 : 210미터

특징 : 세계에서 두 번째로 큰 싱크홀

오만의 동살라에는 도로가 바다로 향하다가 산맥 때문에 내륙으로 방향을 트는 곳에 고원지대가 나타난다. 낙타와 소떼가 풀을 뜯는 이곳에는 엄청난 비경이 숨겨져 있다. 푸른 들판을 걸어가다 보면 세계 최대의 싱크홀의 하나가 불쑥 모습을 드러내는데, 지름이 130~150미터에 깊이가 210미터나 되는 이 구멍은 50층짜리 고층 빌딩을 집어넣어도 될 정도이다. 하지만 이곳이 놀라운 이유는 그 크기가 다가 아니다. 이 구멍은 놀랍게도

'노래'를 부른다. 이곳이 보금자리인 수천 마리의 새들이 지저귀는 소리가 메아리쳐 아름다운 합창이 되는 것이다. 타위아타이르는 오래전 거대한 동굴이었는데 동굴 천장이 무너지면서 지금처럼 큰 구덩이가 되었다. 지금은 철근으로 전망대가 설치되어 80미터 안까지 내려다볼 수 있다. 햇살이 푸른 잎사귀를 뚫고 동굴 안으로 떨어지면 동굴 벽에 붙어 있는 수백 마리의 칼새와 비둘기, 동굴 안을 선회하는 맹금류들을 볼 수 있다. 이곳은 수영도 할 수 있을 만큼 물이 깨끗한 작은 못인데, 깊숙한 곳에 있는 작은 터널을 통해 바다로 연결되어 있다. 타위아타이르는 오만에서 유일하게 희귀 조류인 예멘세린버드를 볼 수 있다. **AC**

무그사일블로우홀

오만, 도파르

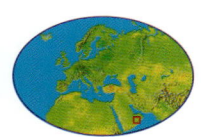

물보라의 최대 높이 : 30미터
카리프 축제 기간 : 7월 중순~8월 말

오만의 도파르에서는 무그사일블로우홀의 웅장한 모습을 지켜볼 수 있다. 카리프 축제를 찾은 수천 명의 방문객은 그 웅장함만큼 다양한 음침한 전설과 신화로 채색된 이곳을 마음껏 즐길 수 있다. 블로우홀은 수백만 년 전에 거센 파도가 석회암 절벽의 아랫부분을 뚫어 형성되었다. 바위의 약한 부분에 생긴 금과 균열이 바닷물의 압력을 견디다 못해 표면에까지 틈이 생긴 것이다. 밀려오는 파도는 해수를 바위틈 사이로 밀어 넣어 공기 중으로 높은 물줄기가 솟아오르게 만든다. 이곳의 해안은 멋진 절벽과 작은 백사장으로 꾸며져 있는데 짙은 안개와 함께 무그사일블로우홀이 그 명성을 더해주고 있다. 뛰어난 경치를 자랑하는 해안선을 따라 해안 도로를 달리면 주변의 산이 낮은 구름에 덮여 있는 장관을 감상할 수 있다. 바위가 물을 뿜어 올리는 모습은 바다가 거칠 때면 더욱 절경을 이룬다. 폭발하듯 솟구치는 물줄기는 30미터까지 올라간다. **AC**

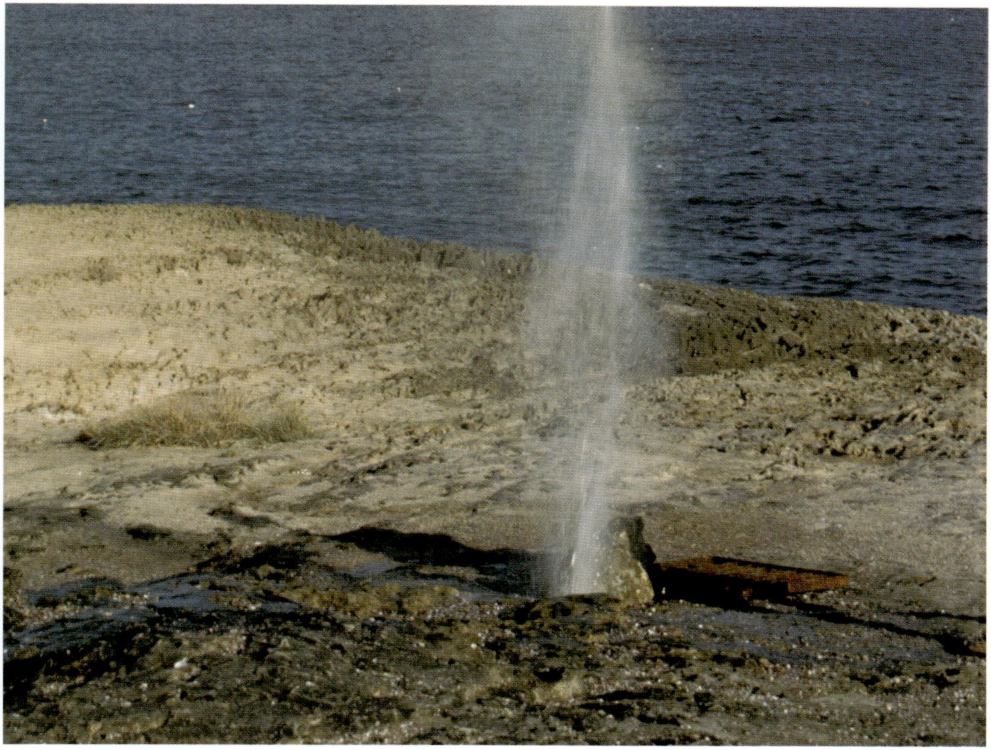

와디다르

예멘, 사나

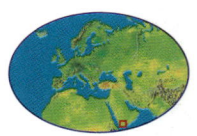

위치 : 사나에서 10킬로미터 떨어진 곳
다르알-하자르 궁전 : 1930년경 건립

예멘 공화국은 아라비아 반도에 있는 잘 알려지지 않은 국가이다. 그러나 그 국토의 아름다움은 어느 나라에 뒤지지 않는다. 복잡한 물줄기가 고원지대와 하드라마우트의 중앙 산괴를 수많은 고원과 산줄기로 가로지른다. 계곡과 고지의 낮은 비탈에는 물과 토양이 잘 보존된 단구 지형이 발달해 있어서 여러 가지 작물을 재배할 수 있다. '물길'이라는 의미의 깊은 '와디'는 혹독한 기후와 불모의 사막이 대부분인 이 지역과 대조적인 아름다운 풍경을 만들어낸다. 와디다르는 2,000년의 유구한 역사를 자랑하는 사나 시에서 10킬로미터 떨어진 계곡이다. 이곳은 유실수 정원, 과수원과 포도밭이 많기로 유명하다. 햇빛을 적당히 피할 수 있는 곳에서는 감귤류와 석류가 잘 자란다. 하지만 이곳에서 가장 유명한 곳은 다르알-하자르 궁전이다. 자연적으로 형성된 거대한 돌기둥을 깎아서 그 위에 세운 이 궁전은 예멘인들이 열악한 환경에서 건축의 재능을 유감없이 발휘한 좋은 예이다. **JD**

오른쪽 와디다르에 세워진 아름다운 궁전

소코트러 섬과 용혈수

예멘, 아단

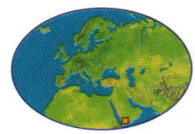

섬의 면적 : 3,625제곱킬로미터
섬의 길이 : 120킬로미터
섬의 폭 : 40킬로미터

성경에 나오는 시바 여왕의 땅인 고독한 소코트러 섬은 예멘 영토로 본토의 남쪽 해안에서 510킬로미터 떨어진 곳에 위치한다. 인류 역사상 소코트러 섬은 한번도 세계의 이목을 받은 적이 없다. 섬으로 접근하기 어려운 자연조건 때문이었다. 특히 4월에서 10월 사이 남서쪽에서 몬순이 불어오면 섬까지 도저히 항해를 할 수 없다. 이곳에서 가장 두드러지는 지형은 백악질의 석회암으로 만들어진 하지프 산괴인데 이곳은 구름에 싸여 그 모습을 잘 드러내지 않는다. 소코트러 섬은 이 구름 지대가 있어서 생기가 넘친다. 바로 구름이 섬의 전역을 촉촉하게 만드는 물의 근원이기 때문이다. 그뿐만 아니라 이 섬은 식물학의 보고이기도 하다. 다른 곳에서 이미 사라진 종이 서식하는 살아있는 박물관이다. 이 섬에서 서식하는 식물 중에서 가장 기이하고 귀중한 것으로는 소코트러 섬에서만 자생하는 용혈수이다. 키가 크고 우산처럼 생긴 이 나무는 덤불과 풀이 자라는 지역에서 자란다. 용혈수라는 이름은 껍질을 벗길 때 나오는 붉은 진액 때문에 붙은 이름이다. 고대 사람들은 이 진액을 소독 연고로 사용하며 귀하게 여겼다. **JD**

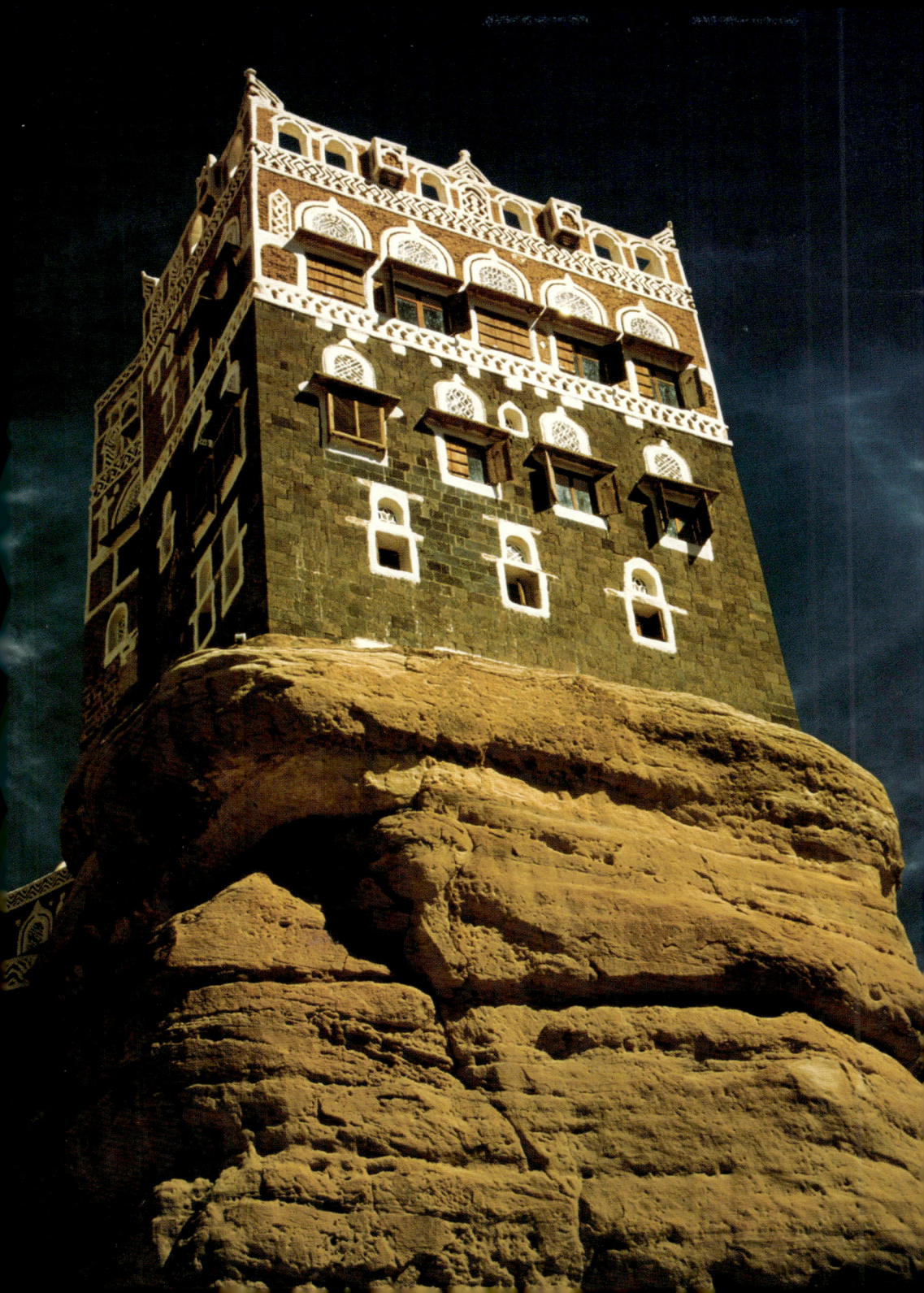

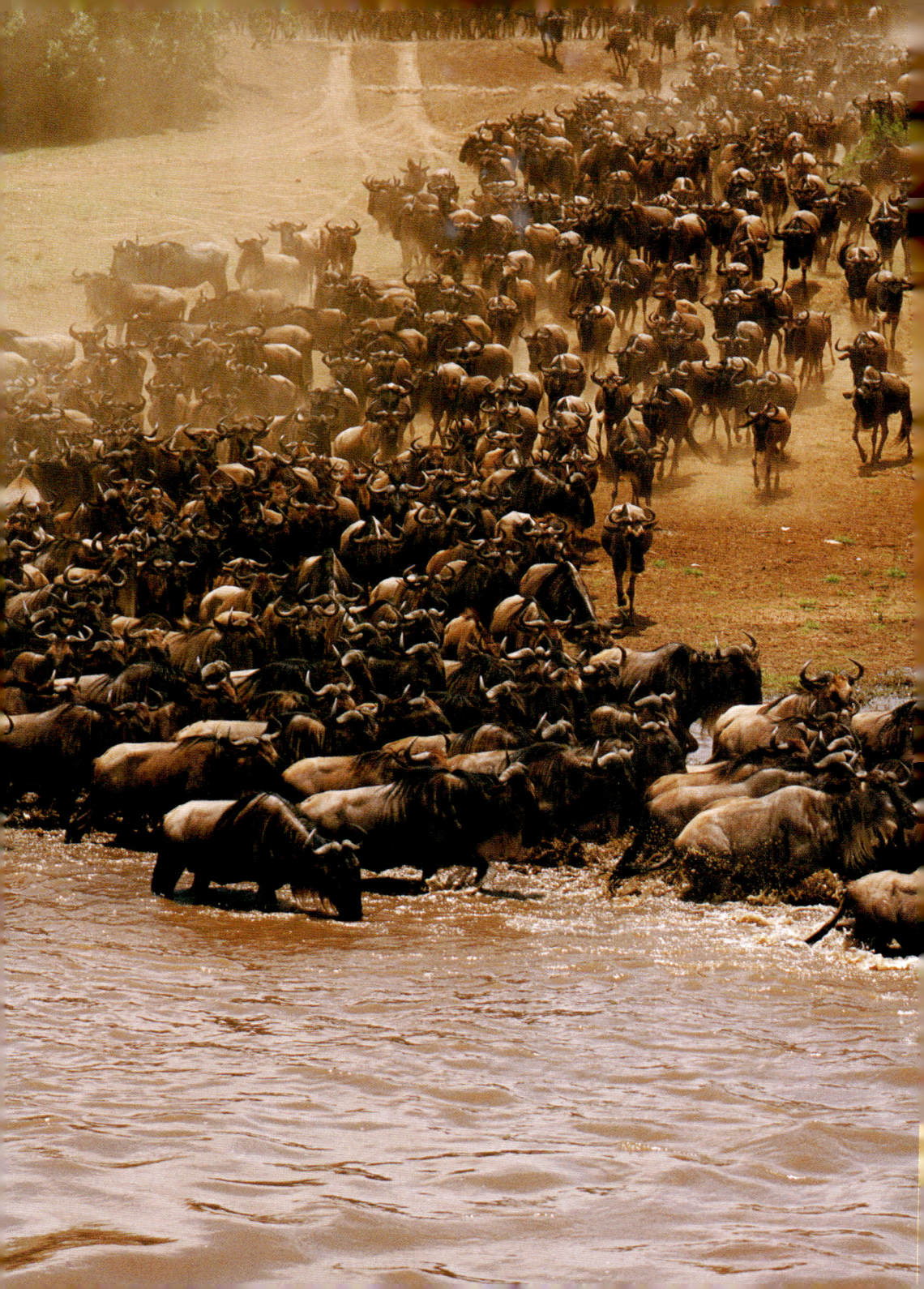

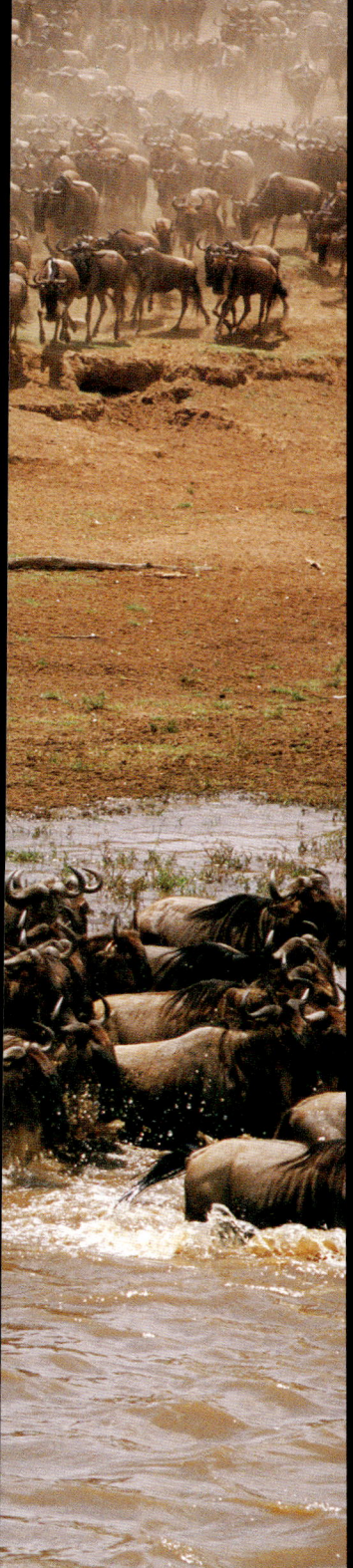

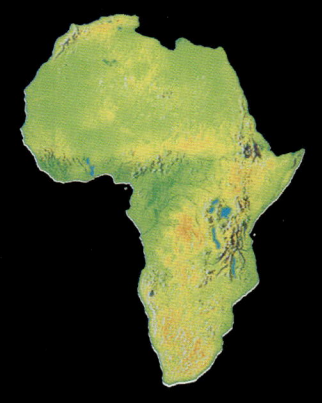

IV

아프리카

하늘에서 본 아프리카는 장관 그 자체이다. 북쪽을 보면 온통 모래뿐인 사하라 사막이 펼쳐져 있고 푸른 리본 같은 나일 강이 굽이굽이 흐른다. 동쪽은 아프리카의 등줄기를 이루는 동아프리카지구대가 대륙을 두 갈래로 갈라 놓으려는 듯 입을 쩍 벌리고 있다. 서부 해안은 유령선들이 우글거리는 스켈레톤 해안이고 남부의 사바나 평원은 야생동물의 천국이다. 중심의 중심인 콩고 분지를 미로처럼 가로지르는 습지와 울창한 밀림의 다양성은 나머지 네 지역과 견줄 수 있을 정도이다.

왼쪽 자욱한 먼지를 일으키며 마라 강을 건너는 누 떼

어센션 섬

대서양 중앙해령

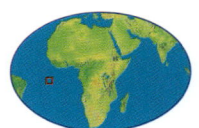

섬의 면적 : 88제곱킬로미터

특징 : 길이 1미터의 바다거북

가장 가까운 섬(세인트헬레나 섬) : 1,931 킬로미터

화산활동이 활발하게 일어나는 대서양 중앙해령의 일부인 어센션 섬은 사실 대서양 바닥에 솟아 있는 높이 3,048미터의 산이다. 대서양 중앙해령은 지각의 약한 부분이다. 아프리카와 유럽이 북아메리카와 남아메리카 판에서 떨어져 나올 때 용암이 지각의 균열을 통해 흘러나왔고 결국 물 위까지 올라왔다. 먼 옛날 바위투성이의 노두는 불모의 섬으로 삶을 시작했지만 시간이 흐르면서 비

래를 파서 알을 낳는다. 망망대해에서 어떻게 길을 찾을 수 있는지는 앞으로 풀어야 할 수수께끼로 남아 있지만 그래도 여행을 하는 이유는 어느 정도 밝혀졌다. 과거에 아프리카와 남아메리카 대륙은 가까이 붙어 있었다. 하지만 격렬한 화산활동으로 대륙이 분리되면서 중간에 거대한 바다가 생겼다. 화산활동이 멈추고 안정되자 바다거북들은 본토의 포식자들로부터 안전하면서 자신들에게 익숙한 해변을 번식지로 이용하게 되었다. 용암이 식자 화산섬들은 바다에 깎여 결국에는 바다 속으로 모습을 감추어 버렸다. 그러면 바다거북은 그 옆에 남아 있는 섬으로 옮겨갔고 세월이 지나면서 이동하

화산활동이 활발하게 일어나는 대서양 중앙해령의 일부인 어센션 섬은
사실 대서양 바닥에 솟아 있는 높이 3,048미터의 산이다.

옥한 땅으로 변모했다. 어센션 섬은 대서양 중앙해령을 따라 만들어진 화산섬 중의 하나이다. 섬이 형성될 당시 화산활동이 얼마나 격렬했는지를 보여 주는 화산 쇄설물(고철질암과 규산 모두), 조면암 용암과 돔, 화산암재 원뿔과 고철질암 용암과 같은 증거들이 아직도 잘 남아 있다.

어센션 섬은 불모의 화산섬이지만 생명력이 넘쳐서 야생동식물이 풍부한 곳으로도 유명하다. 섬을 찾는 특별한 손님 중에는 바다거북도 있다. 이 파충류는 주로 브라질 연안에서 서식하지만 번식기가 되면 바다를 건너 어센션 섬 해변으로 모여든다. 대서양을 건너 도착한 거북이들은 해변의 모

는 거리도 점차 더 늘어났다. 현재 그들의 목적지는 어센션 섬이다.

어센션 섬은 붉은발부비, 검은등제비갈매기, 갈색꼬마제비갈매기, 붉은부리열대새와 인도찌르레기를 비롯한 조류의 천국이기도 하다. 바다거북, 상어, 꼬치삼치와 바라쿠다도 섬 주변에서 찾아볼 수 있다. **MB**

<u>오른쪽</u> 새끼 거북이들이 안전한 바다로 향하고 있다.

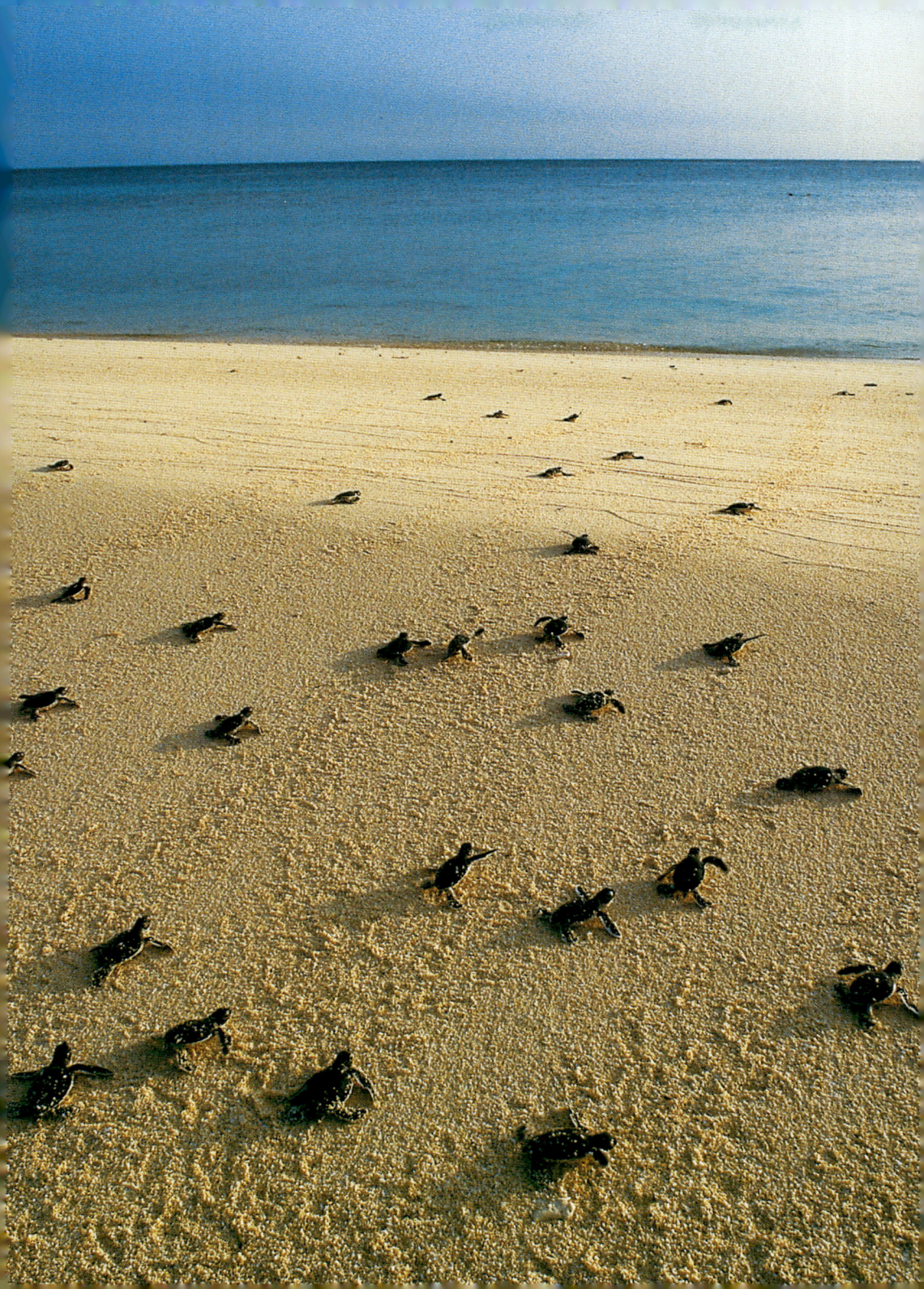

피코 데 포고

케이프베르데 제도

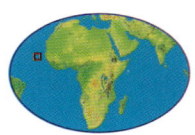

피코 데 포고 화산의 높이 : 2,829미터	
칼데라 호의 지름 : 9킬로미터	
화산 기슭의 지름 : 25킬로미터	

포르투갈 선원들이 1456년 처음으로 발견한 케이프베르데 제도는 화산활동으로 형성된 곳으로, 사람이 살지 않는다. 이곳은 서아프리카의 세네갈 해안에서 500킬로미터 떨어져 있으며 1억 2,000만~1억 4,000만 년 전에 생성된 대양 지각 위에 서 있다. 포고('불'이라는 뜻)의 피코 화산은 이 지역에서 유일한 활화산이다. 포고는 대서양에서 만들어진 높이 2,829미터의 화산 원뿔이다. 현무암 화산으로 '핫스팟'으로 분류되어 있으며 아조레스 제도와 카나리아 제도와 함께 지리적 클러스터를 이룬다.

포고는 하나의 거대한 화산 원뿔이지만 섬의 남쪽과 북쪽은 경관이 크게 다르다. 남쪽은 건조하지만 북쪽은 습하고 비옥하기 때문이다. 땅콩, 콩, 커피, 오렌지, 담배 같은 작물이 섬의 북쪽과 서쪽 지역에서 재배된다. 칼데라 안에서 생산되는 적포도주도 유명하다. 포도주는 19세기 초 이곳으로 유형을 온 프랑스인들이 들여왔다. 그들의 후손은 조상

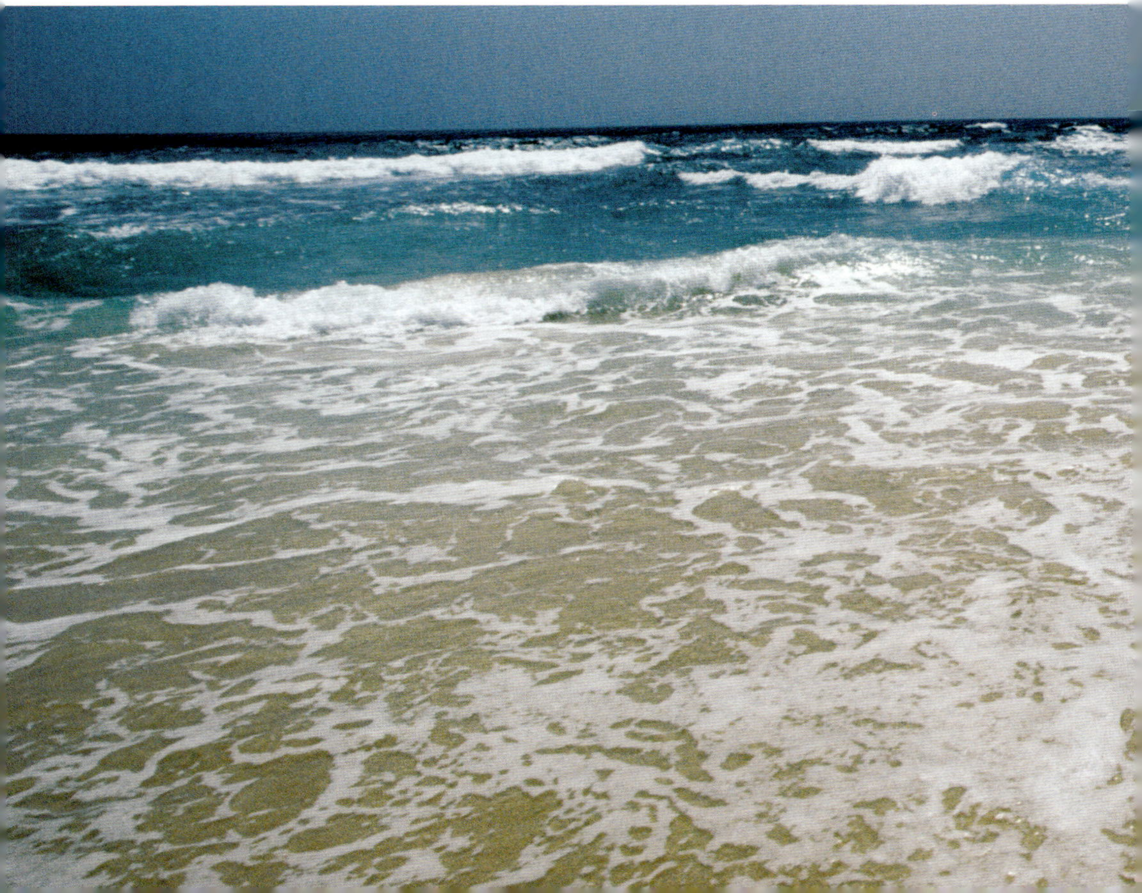

의 제조법을 그대로 유지하고 있지만, 포도주 통을 만들 나무가 귀해서 낡은 석유 드럼통에 포도주를 보관한다. 그래서 이곳의 포도주는 뒷맛이 이상야릇하다. 포고에서 가장 좋은 농지는 칼데라 안쪽의 비교적 평평한 바닥이다. 비교적 위험한 지대인 이곳에 사는 사람들은 화산이 언제 폭발할 지 정확하게 예견할 수 있다. 일례로 이들은 1995년의 화산 폭발을 정확하게 예견했다.

3월 25일 미세한 지진이 시작되었다. 4월 2일 밤 용암이 칼데라 안에 있는 피코 화산 원뿔의 기슭에서 흐르기 시작했다. 일곱 곳의 분출구가 활동을 시작하고 용암 폭탄이 이리저리 날아다니며 화산재와 가스가 2,000미터까지 솟구쳤다. 5,000명 이상이 칼데라에서 안전한 곳으로 피신했다. 용암은 두 줄기로 흘러내렸는데, 한 용암 위로 다른 용암이 겹쳐져 흘렀다. 용암은 4킬로미터를 흘러갔으며, 그 폭은 600미터에 달했고, 온도는 섭씨 1,026도였다. 용암은 마을과 농지를 모구 파괴하고 칼데라를 뒤덮어버렸다. **JD**

아래 아쿠아마린처럼 푸른 피코 데 포고(포고 봉)의 바다

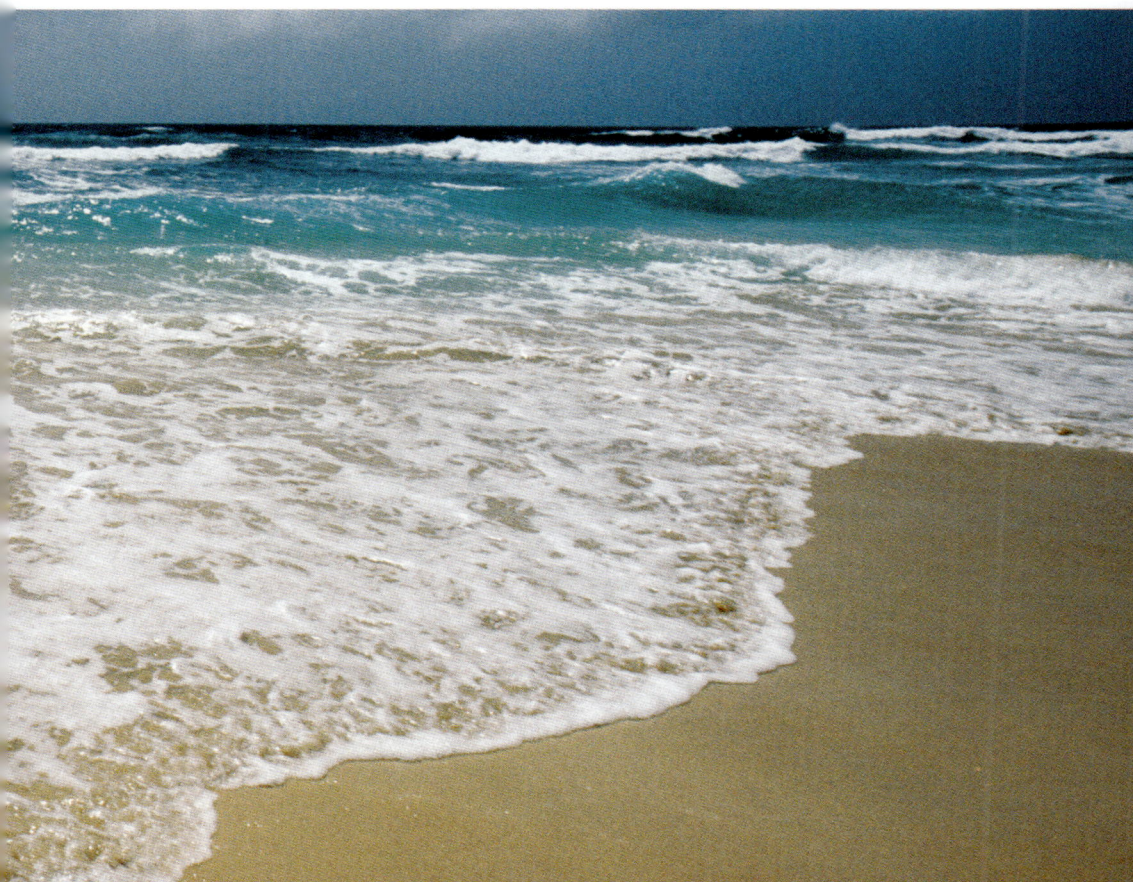

피코 데 테이데

카나리아 제도, 테네리페 섬

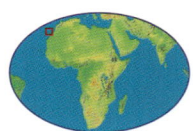

해발 고도 : 3,718미터
높이 : 7,000미터
테네리페 섬의 면적 : 2,354제곱킬로미터

동틀 무렵 피코 데 테이데가 드리우는 삼각형의 그림자는 대서양을 200킬로미터나 가로지른다. 그림자 크기로는 세계 최대인 테이데 산은 해발 고도가 3,718미터로 카나리아 제도의 테네리페 섬을 압도하는 만년설이 덮인 화산이다. 이 화산에는 분화구가 두 개 있는데, 먼저 일어난 화산 활동으로 형성된 칼데라 안에 나중에 생긴 원뿔 모양의 봉우리가 들어앉아 있다. 새로 생긴 분화구는 깊이가 30미터로 바닥에서는 지금도 유황 가스가 새어 나온다. 1705년에 이 분화구에서 폭발이 일어나서 가라치오 항구가 화산재와 용암에 매몰되었다. 그 후 1909년에는 한 배출구에서 새어 나온 용암이 화산의 북서쪽 경사면에 있는 해안가 마을을 향해 5킬로미터를 흘러갔다. 테네리페 섬의 금발 머리의 원주민들은 이 화산에 잔인한 신인 구아요타가 산다고 해서 '구안체스'라고 부르는데, 이는 '지옥의 봉우리'라는 뜻이다.

관광객들은 자동차를 타고 화산을 구경할 수도 있다. 용암이 뒤덮인 분화구 안으로는 30분 정도 가파른 지그재그 길을 내려가야 하는데 케이블카를 이용할 수도 있다. 화산으로 향하는 길에는 얼음으로 가득 찬 크레바스인 쿠에보델이엘로도 건너야 하며, 이웃에 잇는 피코비에호 화산도 구경할 수 있다. **MB**

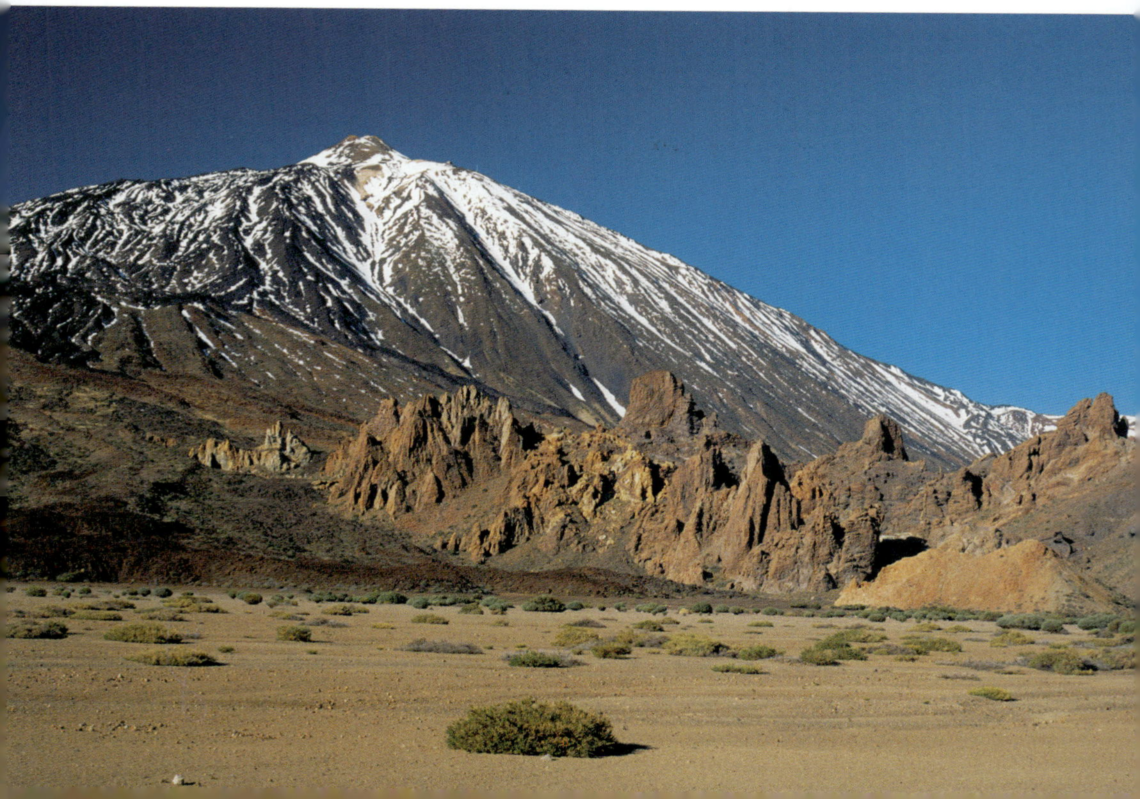

로스로케스 데 가르시아

카나리아 제도, 테네리페 섬

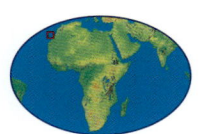

생성 시기 : 17만 년 전
라스카나다스 칼데라의 둘레 : 48킬로미터
국립공원 지정 연도 : 1954년

로스로케스 데 가르시아는 테이데 국립공원의 오래된 화산 분화구의 벽에 자리 잡은 웅장한 바위 지형이다. 테네리페 섬은 성층화산인데 세계에서 가장 멋진 칼데라(분화구)의 하나인 라스카나다스가 그 위용을 자랑한다. 카나다스 칼데라 내부에 펼쳐진 기묘한 풍경은 《스타워즈》, 《혹성 탈출》과 《십계》 등의 영화에서 배경이 되기도 했다.

지질학자들은 이 분화구의 형성 과정을 놓고 아직도 의견이 분분하다. 지금까지 화산폭발에서 붕괴, 산사태와 침식작용에 이르기까지 다양한 가설이 등장했다. 로스로케스 데 가르시아는 칼데라의 바닥을 두 구역으로 나누는 경계의 흔적이다. 기묘하게 생긴 뒤틀린 침봉들은 '핑거 오브 갓'과 '커시드럴'이라고 부른다. 이 지역은 뚜렷한 대조를 이루는 두 종류의 용암을 잘 살펴볼 수 있는 곳으로도 유명하다. 표면이 거칠고 울퉁불퉁하면 '아아' 용암류이며, 새끼줄처럼 생겼으면 '파회회' 용암류이다. 더 낮은 분화구(야노데우캉카)의 바닥에는 화산모래가 있다. 그러나 봄이 되면 이곳은 분화구 경사면에서 흘러내린 눈 녹은 물이 호수를 이룬다. 이 지역과 테이데 산의 분화구를 포함해 모두 국립공원으로 지정되어 있다. **RC**

루나랜드스케이프

카나리아 제도, 테네리페 섬

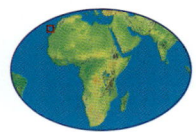

현지 이름 : 파이사예루나
빌라플로르 마을의 해발 고도 : 1,400미터

루나랜드스케이프(파이사예루나)의 기암 괴석 사이를 거닐면 달을 걷고 있는 듯한 착각에 빠지게 된다. 회색과 검은색이 주조를 이루는 달 표면 같은 땅 위로 커다란 흰개미 집처럼 생긴 원뿔형의 바위들이 솟아 있다.

이곳에서는 이 바위들을 '푸미타'라고 부른다. 이곳의 조각 작품들은 모두 자연의 솜씨이다. 용암이 작은 방울처럼 굳어버린 것도 있고, 바르셀로나에 가우디가 지은 '성가족 교회'에서 볼 수 있는 나선형 기둥처럼 생긴 것도 있다.

루나랜드스케이프는 빌라플로르(스페인에서 가장 높은 곳에 있는 마을)의 동쪽에서 9킬로미터 떨어져 있다. 바위에 하얗게 칠해진 표지판을 따라 숲길을 45분 정도 걸으면 나온다. 이곳에서는 섬의 남해안과 라스 카나다스 분화구의 바깥쪽 가장자리가 한눈에 들어온다. 루나에 서 있는 첫 번째 돌기둥 그룹은 아랫부분이 넓고 위쪽으로는 섬세한 구조물을 이고 있다. 두 번째 돌기둥 그룹 근처에서 시작된 트레일은 바랑코데라스아레나스의 검은 루나랜드스케이프까지 이어진다. **RC**

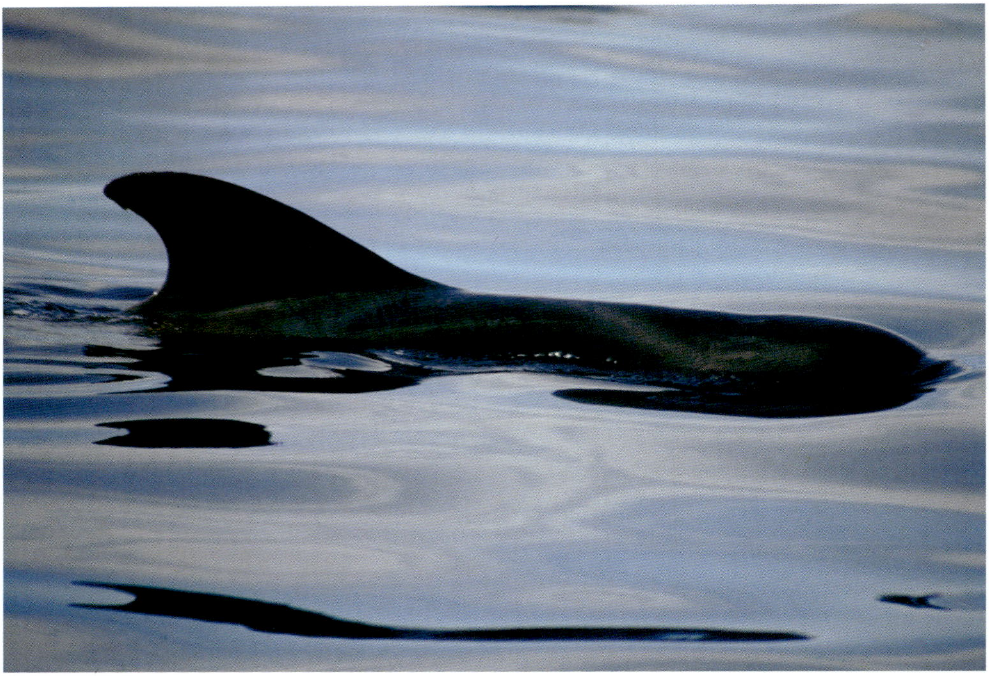

로스오르가노스

카나리아 제도, 라고메라 섬

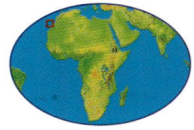

로스오르가노스 현무암 기둥의 높이 :
최고 80미터

가라호네이 국립공원의 면적 : 3,984헥
타르

로 스오르가노스는 라고메라의 북쪽 바닥에 우뚝 솟아 있는 가파른 절벽이다. 바다에서 보면 수직으로 솟아 있는 수천 개의 현무암 기둥이 거대한 파이프 오르간의 파이프처럼 보인다(로스오르가스라는 이름도 오르간에서 유래했다).

이 독특한 바위 지형은 원형 화산섬인 라고메라의 일부이다. 라고메라 섬은 엘이에로에 이어 카나리아 제도에서 두 번째로 큰 섬이다. 오르가노스 국립기념지는 섬의 북서쪽 해안의 발레에르모소 자치시에 있지만 육지에서는 보이지 않는다. 섬 주

위를 둘러보는 보트 투어에 참가하면 바다가 잔잔할 때 절벽의 아름다운 모습을 맘껏 감상할 수 있다. 근처에서 돌고래나 고래가 눈에 띌 때도 있다.

최근에 라고메라에서는 화산활동이 일어나지 않았다. 그러나 바닷물이 방사형으로 자리 잡고 있는 깊은 골짜기를 계속 깎아내리고 있다. 가라호네이 국립공원은 이 섬 면적의 10퍼센트를 차지한다. 이곳은 1981년에 섬의 귀중한 월계수 숲과 그 숲에 사는 동식물을 보호할 목적으로 국립공원으로 지정되었으며 1986년에는 세계유산으로도 지정되었다. **RC**

아리코 협곡

카나리아 제도, 테네리페 섬

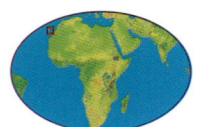

아리코 협곡의 높이 : 9~30미터
암석의 생성 시기 : 100만~200만 년 전
등산로의 수 : 모든 난이도를 고루 갖춘 175여 개

표면이 거친 돌기둥, 쩍쩍 갈라진 표석들과 타 버린 갈색 절벽에 기대 있는 버스 크기 만한 암붕(岩棚)이 어우러진 황량한 풍경을 볼 수 있는 곳이 바로 테네리페 섬의 아리코 협곡이다. 이곳을 거니는 것은 자연재해지역으로 들어가는 것과 마찬가지이다. 바다 위로 3,700미터 높이로 솟아 있는 휴화산의 남동쪽 경사면에 자리 잡은 아리코 지역은 지난 수천 년 동안 용암으로 끓어오르고 뜨거운 가스와 재에 다 타버렸다.

폭발이 잠잠해지고 용암과 산이 식으면서 분출된 화산재와 파편이 오랜 세월 동안 응축되어 응결 응회암이 되었다. 그 후 바람과 물이 바위를 깎아 지금처럼 좁은 협곡이 형성되었다. 그 과정에서 과거에 그곳을 흐르는 용암에 갇힌 가스주머니와 바위 파편이 드러나 지금처럼 협곡의 벽은 사마귀가 난 것처럼 울퉁불퉁해졌다. 덕분에 아리코는 세계에서 가장 많은 산악인들이 찾는 곳이 되었다. 가파른 절벽과 거대한 표석들 덕분에 이 협곡을 오르는 것은 확실히 어려운 일이다. 협곡은 먼지가 많고 건조해서 반쯤은 사막이지만, 지그재그로 펼쳐 있어서 쏟아지는 햇살을 피해 쉴 수 있는 그늘이 많다. **DBB**

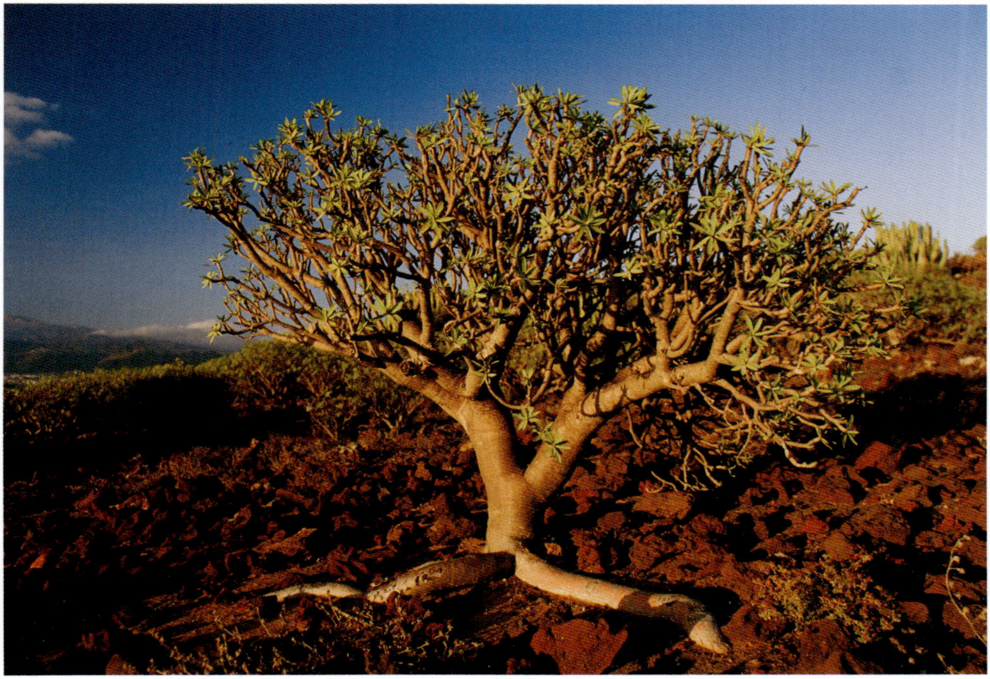

491

알레그란자

카나리아 제도

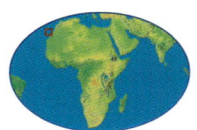

최대 해발 고도 : 289미터
연안의 최대 수심 : 1,000미터
생성 시기 : 1,600만~2,000만 년 전

거대한 받침대처럼 대서양 위로 솟아 있는 알레그란자는 카나리아 제도의 북쪽 끝 부분에 있는 작은 섬으로 아프리카 북서 해안에 위치한다. 이곳은 지질학과 생물학의 골동품 전시장이다. 카나리아 제도의 화산섬 중에서 가장 오래된 축에 들어가는 알레그란자는 지상에는 깊은 분화구, 화산 원뿔과 기다란 모래지대가 들어서 있고 지하에는 과거에 용암이 흘러간 자국인 거대한 터널과 구멍이 얽히고설켜 있다.

이 섬의 보물로는 살아있는 화석이나 다름없는 붉은바다거북, 이곳에서만 발견되는 극도로 희귀한 이스턴카나리아도마뱀붙이와 세계적으로 얼마 없는 아르간 숲 등을 들 수 있다. 제비슴새류, 슴새류, 물수리, 이집트대머리수리와 송골매를 비롯해 멸종 위기에 처한 다양한 조류는 수직 해안 절벽의 바깥쪽 테두리 부분에서도 사람의 손길이 미치지 않는 곳에 둥지를 틀어 놓았다. 이 지역은 매년 1,000만 명이 넘는 관광객이 찾는 곳이지만 알레그란자 섬과 주변의 작은 섬의 자연을 보호하기 위한 제도가 철저하게 시행되고 있다. **DBB**

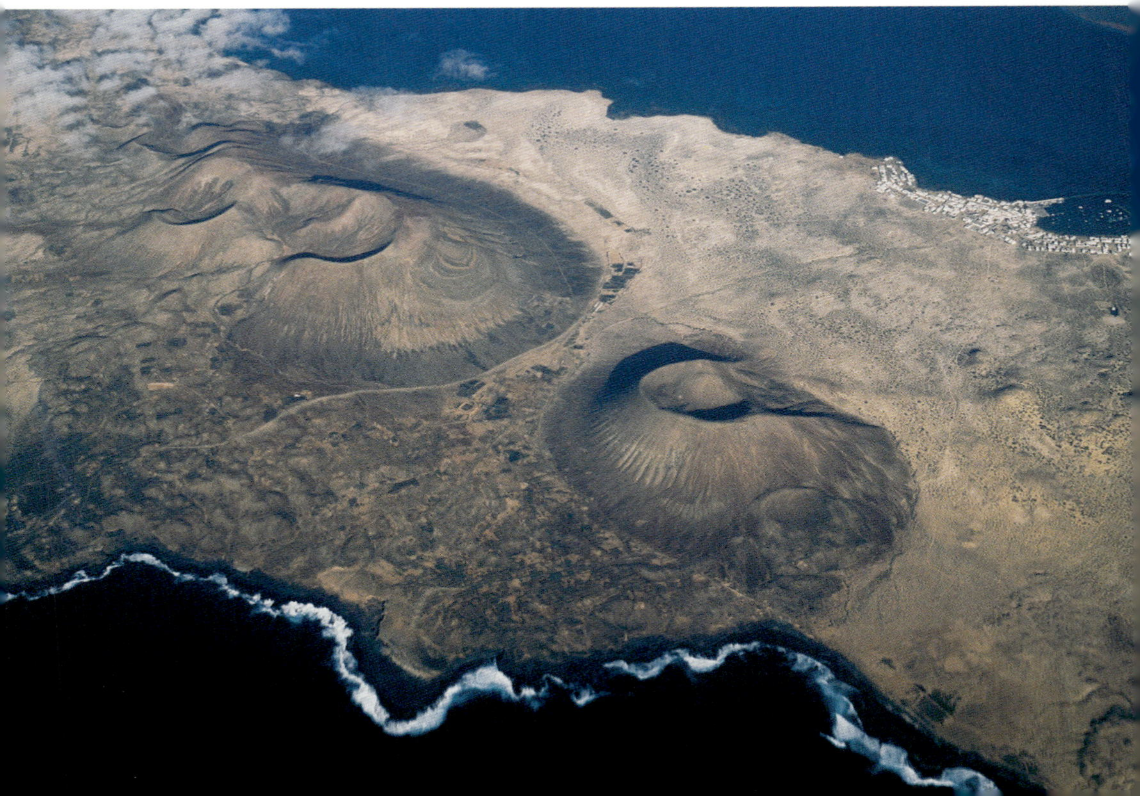

카보지라오

마데이라 제도

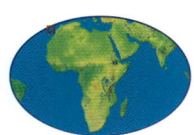

카보지라오의 높이 : 590미터	
암석의 종류 : 화산암	

포르투갈의 유명한 서정시인 카몽에스는 마데이라 섬을 '세상의 끝'이라고 했다. 섬의 남해안에 수직으로 서 있는 안벽인 카보지라오에 서 보면 누구나 그 말에 공감할 것이다. 유럽에서 가장 높고 세계에서는 두 번째로 높은 카보지라오는 대서양을 향해 약 0.8킬로미터 정도 이어져 있지만 볼거리는 그것이 다가 아니다. 바다에 형성된 거대한 화산의 바다 위로 드러난 부분인 이 섬의 가파른 측면은 깊은 바다로 둘러싸여 있는데 종종 향유고래가 발견된다. 거대한 절벽의 꼭대기에는 저 멀리 수평선이 둥근 지구의 모습처럼 곡선으로 보인다.

절벽 꼭대기에 서면 새의 시점에서 바다를 볼 수 있는데 바다에 드리워진 거대한 그림자 속에 자리 잡고 있기 때문에 색다른 경험을 할 수 있다. 유칼리나무와 양치류를 닮은 미모사들이 자라는 검은 현무암 지대를 흐르는 물줄기는 마치 하얀 리본 같다. 이 물을 생명수 삼아 알록달록한 이끼, 지의류, 돌나물 같은 (절벽에서 자라는) 식물이 자생하고 있다. 이 절벽의 장관을 제대로 감상하려면 보트를 타고 바다로 나가라. 그러면 바다 풍경의 진수를 만끽할 수 있을 것이다. **DBB**

칼데이라오베르데

마데이라 제도

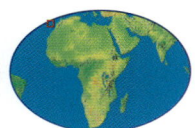

칼데이라오베르데의 높이 : 100미터	
해발 고도 : 900미터	
터널의 수 : 4개	

미끄러운 이끼와 깃털 같은 양치류로 뒤덮인, 밝은 녹색의 천연 원형극장처럼 생긴 칼데이라오베르데(녹색 냄비)는 마데이라 섬에서 마지막 남은 처녀림 사이에 있다. 높이는 30층 건물보다 높고 물줄기는 가늘어도 박력 넘치는 폭포로 두 부분으로 나뉘어 있다. 폭포수는 힘차게 떨어진 물은 아름다운 연못으로 떨어진다. 절벽은 빽빽이 들어찬 라우리실바 숲을 뚫고 우뚝 솟아 있다. 이곳의 생태계는 매우 희귀해서 1999년 12월에 세계유산으로 지정되었다. 칼데이라오는 섬에서도 가장 야생이 살아있는 지역이기 때문에 이곳으로 가는 것 자체가 모험이다. 이곳으로 가기 위해서는 송곳니처럼 생긴 숲이 우거진 산의 수직 경사면에 나 있는 트레일을 따라 가야하고 좁고 어둡고 축축하기까지 한 터널을 통과해야 하는데 그중에는 길이가 110미터에 달하는 것도 있다. 그 지역이 매우 험하고 숲이 비교적 원시림 상태를 유지하고 있지만 길은 '레바다'라고 하는 꾸불거리는 인공 수로를 따라나 있다. 이 수로는 초기 정착민들이 습한 북쪽 지역에서 빗물을 모아 건조한 남쪽으로 보낼 목적으로 만들어졌다. 칼데이라오베르데까지 가는 길은 산타나 시의 케이마다스 삼림공원에서 시작한다. **DBB**

사하라

튀니지 / 서부 사하라 / 모로코 / 모리타니 / 말리 /
알제리 / 리비아 / 이집트 / 니제르 / 차드 / 수단

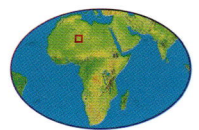

사하라의 폭 : 4,800킬로미터	
사하라의 길이 : 1,900-4,800킬로미터	
생성 시기 : 500만 년 전	

아프리카 대륙의 3분의 1을 차지하는 사하라는 세계 최대의 사막이다. 우주에서 보는 사하라의 면적은 미국의 크기와 거의 비슷하다. 적도와 본초 자오선에 있는 유일한 진짜 사막인 사하라 사막은 지구상에서 가장 더운 곳에 속한다. 하지만 사하라가 사막인 이유는 더위 때문이 아니다. 물론 기온이 섭씨 58도까지 치솟기는 하지만, 사막을 만든 장본인은 더위가 아닌 건조함이다. 예측할 수 없는 강한 바람도 이곳에서는 흔히 보는 풍경이다.

사하라는 건조한 열대 기후이다. 서부 해안에는 차가운 카나리아 해류가 흘러서 식물이 풍부하게 자라는 해안의 좁은 안개 지대가 형성되어 있다. 그래서 그 지역은 다른 지역에 비해 더 시원하다. 하지만 사하라 사막의 대부분 지역은 강수량이 턱없이 부족하다. 연평균 강수량은 겨우 7.5센티미터에 미치지 못한다. 놀랍게도 겨울철이면 서리를 볼 수 있는 지역도 있다. 중부 지역은 기온이 영하로 떨어지는데 에미코우시 산과 타핫 산 정상은 눈에 덮여 있다. 이곳에 서식하는 식물은 살아남기 위해 매우 독특한 방식으로 진화를 했다. 사하라에는 흰

아프리카 대륙의 3분의 1을 차지하는 사하라는 세계 최대의 사막이다.
우주에서 보는 사하라의 면적은 미국의 크기와 거의 비슷하다.

이런 바람이 며칠씩 계속 불어오면 온 세상은 어마어마한 양의 먼지와 모래에 뒤덮이고 만다.

사하라의 풍경은 예상외로 매우 다양하다. 사막의 4분의 1 이상이 모래이며 나머지는 자갈 평원, 우기에 강이 되는 지역, 바위투성이의 고원에 화산도 있다. '에르그'라고 하는 광활한 모래 언덕의 바다는 몇백 킬로미터씩 이동을 하며 높이는 170미터에 달한다. 한편 '드라'라고 하는 모래 산맥의 높이는 340미터이다. 사하라 북부는 건조한 아열대 기후로 두 번의 우기를 가지고 있지만 중부와 남부

꼬리모래여우, 뿔뱀, 사막날쥐, 후바라, 사막고슴도치, 도르가스가젤 등이 산다. 아틀라스 산맥에서는 바바리표범, 검독수리와 무플론 양이 살고 있다.

사하라 사막의 광활함은 그 무엇도 흉내 낼 수 없다. 밤이면 서늘해지고 밤하늘의 별이 손에 닿을 정도로 가깝게 보인다. 특히 주위를 휘감는 정적이야말로 사하라 밤 풍경의 진수이다. 그래서 이곳에는 바람이 멈추면 지구가 자전하는 소리까지 들린다는 말이 전해진다. **AB**

<u>오른쪽</u> 주름진 사하라 사막과 대조를 이루는 오아시스 주변의 푸른 야자수

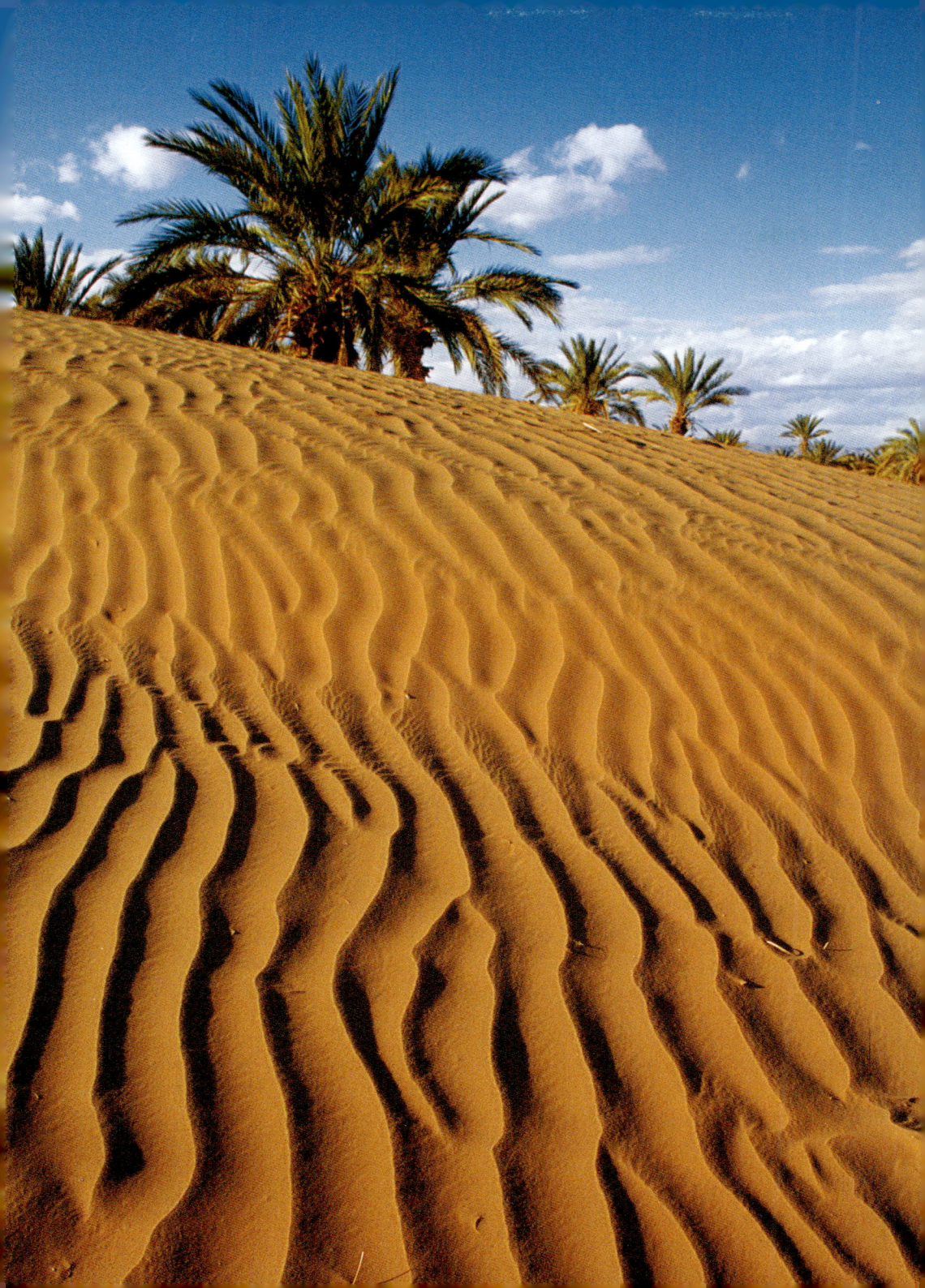

타실리나제르

알제리, 일리지

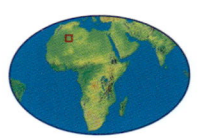

타실리나제르 고원의 높이 : 2,250미터	
암석의 종류 : 사암	
암벽화의 연대 : 2,300∼8,000년 전	

사하라 사막의 심장부에는 약 8,000년 전에 사냥꾼과 버펄로, 코끼리와 하마 같은 동물을 그린 암벽화가 있다. 이 그림은 알제리 남부에 있는 타실리나제르 고원의 사암으로 된 암벽에서 발견되었다. 산맥에 의해 두 부분으로 나뉜 산괴는 오랜 세월 물과 모래를 머금은 바람에 깎여 산등성이, 골짜기와 외로이 서 있는 바위 등으로 모습이 변했다. 한낮이면 기온이 70도까지 올라가는데다가 바람 한 점 불지 않지만, 고대의 인류는 싱그러운 녹음과 나무, 물이 풍부한 비옥한 토양과 그곳에서 번영을 누린 사람들에게서 받은 영감을 그림으로 남겼다. 프랑스 탐험가인 앙리 로트가 1950년대에 발견한 이 암벽화는 고대 인류가 사냥꾼에서 농부로 다시 군인으로 지위가 바뀌는 과정, 즉 문화적으로 이행하는 모습을 잘 보여 준다. 3,500년 전에 그려진 그림에는 가축을 치고 성대한 연회를 여는 목축민들이 나오다가 2,300년 전 그림에는 무장을 한 군인과 전차가 등장한다. 마지막 그림에는 훨씬 조잡한 솜씨로 그린 낙타가 나온다. 그것을 마지막으로 사람도 그림도 사라져 버렸다. 기후가 변화하면서 이 지역이 비옥한 땅에서 사막으로 바뀌었기 때문이다. **MB**

호가르 산맥

알제리, 타만라세트

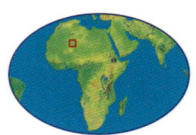

다른 이름 : 아호라그 산맥	
호가르 산맥의 높이 : 3,000미터	
암석의 종류 : 화산암	

광대한 모래 바다인 사하라 사막에는 프랑스의 국토 면적과 맞먹는 호가르 혹은 아호가르 산맥이 섬처럼 서 있다. 이곳은 삼면이 가파른 절벽이며 나머지 한쪽 면은 '목마름의 사막'이라는 사막으로 둘러싸인 거대한 고원이다. 고원의 중앙에는 화산암들이 많은데 풍화작용으로 깎여 삼각형 기둥을 이루고 있다. 기둥이 서로 모여 침봉을 이루거나 골짜기를 사이에 두고 떨어져 있기도 하다. 어떤 기둥은 하늘로 쭉 뻗은 거인의 팔처럼 3,000미터까지 솟아 있다. 비가 거의 오지 않아 주변에서 식물을 찾아볼 수 없지만 가파른 협곡에서 물웅덩이를 찾을 수 있다. 그런 곳은 유목 생활을 하는 투아레그 사람들에게 중요한 휴식처로 사막을 횡단하며 금, 상아와 노예를 거래했던 대상들의 무역로에 자리 잡고 있다. 이들은 산맥을 '세상의 끝'이라는 뜻으로 아섹크렘이라고 부른다.

1900년대 초 프랑스의 사제인 샤를 드 푸코는 호가르 산맥에 은거하며 투아레그 족 사람들을 위해서 일생을 헌신했다. 그는 1916년에 일어난 반란에 목숨을 잃었지만 그가 은거할 당시 지은 공간의 흔적은 지금도 남아 있다. 요즘은 이곳에서 여명이 밝아오는 사하라 사막을 즐기려는 관광객이나 여행객의 발길이 끊이지 않고 있다. **MB**

울레드사이드 오아시스

알제리

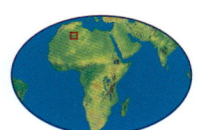

**울레드사이드 오아시스의 면적 : 25,000
헥타르**
물을 품은 암석층 : 지하 30킬로미터까지
사막의 최고 기온 : 49도

작열하는 태양과 이동하는 거대한 모래 언덕의 사막인 그랑데르그옥시당탈에는 대추야자, 채소밭, 포도와 시트러스 등이 자라는 과수원이 있다. 이곳을 가꾸는 사람들은 말린 진흙으로 지은 붉은색 가옥에서 산다. 거친 사막에 오롯이 들어서 있는 울레드사이드 오아시스는 지하에 있는 다공성 암석층 위에 있다.

수 세기 동안 이곳 거주민들은 지하에 절묘한 인공수로를 만들어 지하수를 끌어 쓰고 있는데, 이 수로를 포가라스라고 한다. 수로는 지하 깊숙이 있기 때문에 물의 불필요한 증발을 줄일 수 있다. 물을 지표면까지 끌어올리면 바로 필요한 곳으로 보낸다. 물은 카스트리아라고 하는 구멍이 난 판을 통과한다. 판에 난 구멍과 수로의 하류는 각 가정의 물 사용량에 의해 결정된다. 이렇게 인간이 건설한 '습지'는 현재 북아프리카 대추야자 생산의 중심지가 되었다. 대추야자나무는 어느 부분도 버릴 것이 없다. 줄기는 목재로 사용하고 잎으로는 양동이에서 샌들까지 다양한 물건을 만들 수 있다. 섬유질이 많은 나무껍질로는 밧줄로 만들고 씨는 갈아서 대용 커피를 만든다. **MB**

다데스 협곡

모로코, 우아르자자테

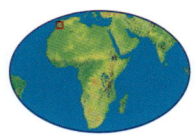

깊이 : 500미터
생성 시기 : 2억 년 전

모로코의 중부에는 장이 서는 마을인 부만의 북쪽으로 다데스 강이 흐른다. 쏜살같이 흐르는 강물은 마치 칼로 버터를 자르듯 하이아틀라스 산맥을 가른다. 수직 암벽의 높이는 500미터인데 석회암, 사암과 이회토가 수평으로 깔린 지층이 잘 드러나 있다. 약 2억 년 전에 해저에 쌓여 있던 퇴적물이 거대한 지각작용을 받아 육지로 올라온 후 습곡을 이루어 아틀라스 산맥이 되었다.

11월에서 이듬해 1월에 산에 비가 내리면 다데스 강은 졸졸 흐르는 내에서 몇 시간 만에 엄청난 급류로 변한다. 산 정상에서 휩쓸려 내려온 것들에 깎여 협곡은 점점 더 깊어진다. 어떤 지역은 바위가 침식작용으로 기묘한 형태로 깎인 곳도 있는데 사람처럼 생긴 바위도 있다. 이곳 사람들은 그곳을 '인체 언덕'이라고 부른다. 북동쪽에는 다데스만큼 멋진 토드라 협곡이 있다. 이곳도 매우 가파른데 곳에 따라 높이가 300미터이며 폭이 9미터를 넘지 않는 곳도 있다. 근처에는 샘이 하나 있는데 이곳에 사는 베르베르 족에게는 매우 소중한 곳이다. 이 샘은 아기를 낳지 못하는 여자가 알라신을 부르며 이 샘을 통과하면 아이를 가질 수 있다는 말이 전해져 내려온다. **MB**

동아프리카 지구대

아라비아 / 아프리카

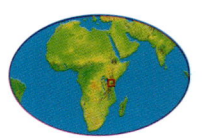

동아프리카 지구대의 길이 : 6,400킬로미터

최고지점(킬리만자로 산) : 5,895미터

동 아프리카 지구대는 이스라엘과 요르단의 접경 지역에 있는 사해에서 시작해 모잠비크 해안까지 이어져 있다. 과거에 지구의 판이 이동할 때 지각의 약한 부분을 따라 쪼개진 것이 바로 이 지구대이다. 동아프리카 지구대를 따라가다 보면 곳에 따라 지각이 평행하게 갈라진 곳이 있다. 그 틈 사이의 땅은 가라앉아 버렸는데 양쪽의 경사면은 매우 가파르다. 지구대는 화산활동이 활발하고 지진도 빈번하게 발생하는 지역이다. 아라비아판과 아프리카판이 분리되면서 아라비아 반도에서는 홍해가 만들어지고 아프리카에는 두 갈래로 갈라진 균열이 발생했다. 서쪽 지구는 휘어지며 우간다, 자이레와 잠비아를 통해서 지나가는데 길목마다 탕가니카와 말라위 호수 같은 깊은 호수가 만들어졌다. 에티오피아, 케냐와 탄자니아를 지나가는 동쪽 지구에는 나트론 호수 같은 얕은 알칼리 호수가 발달했으며 킬리만자로 산과 같은 장엄한 화산이 많다. 지구 둘레의 7분의 1에 해당하는 동아프리카 지구대에는 지구에서 가장 많은 야생생물이 서식한다. **MB**

타바 야생생물보호구역

이집트, 자누브시나

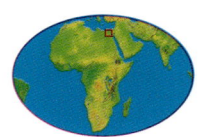

타바 야생생물보호구역의 면적 : 3,590 제곱킬로미터

야생생물보호구역 지정 연도 : 1997년

타 파 야생생물보호구역은 휴양도시로 알려진 타바 시의 남동쪽, 아카바 만에 자리 잡고 있다. 이집트와 요르단, 이스라엘과 사우디아라비아가 맞닿아 있는 지역인 타바는 시나이 반도에 자리잡고 있다. 시나이 반도는 약 2,000만 년 전에 아라비아에서 분리되면서 얕은 수에즈 만을 형성했다. 이 지역은 독특한 지형, 천연의 샘, 동굴계와 태양이 적당히 가려져서 식물이 무성한 골짜기와 내륙과 해안에 서식하는 다양한 야생생물을 보호할 목적으로 타바 야생생물보호구역으로 지정되었다. 타바에서 서식하는 조류는 흰배줄무늬수리와 흰눈갈매기를 포함해서 50종이 넘는데 모두 희귀 조류이다. 이 지역에서 자생하는 포유류와 식물도 각각 25종과 480종에 달한다.

이 지역에서 진행된 고고학적 발굴에서 5,000년 전에 사람이 살았던 흔적이 발견되었다. 현지의 베두인 족들은 천연 샘물을 이용해 농장과 채소밭을 가꾸고 있다. 샘은 이 지역을 찾는 18종에 달하는 철새들에게도 중요한 역할을 한다. 22곳인 이집트 자연보호구역의 하나인 타바의 연안에는 산호초가 자라는 맹그로브 습지가 있는데 주로 소금을 분비하는 화이트맹그로브가 자란다. 그 외에도 듀공의 서식처인 중요한 해초대도 여러 곳에 분포되어 있다. **AB**

시와

이집트, 마트루흐

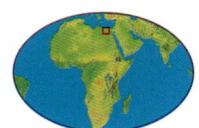

시와 분지의 면적 : 2,296제곱킬로미터

가장 큰 염호(鹽湖)의 면적 : 32제곱킬로미터

특징 : 1,000개에 달하는 담수 샘

시와 오아시스는 이집트에 있는 다섯 개의 주요 오아시스 중에서 가장 서쪽에 자리 잡고 있으며, 기원전 8세기부터 관광객의 발길이 끊이지 않는 곳이다. 이곳에 가면 과거에 이 거대한 녹색 오아시스가 사막을 여행하는 사람들에게 어떤 의미였을지 어렴풋이 알 것 같다. 알렉산더 대왕이 이곳에서 시와의 신탁을 받았다는 이야기도 전해진다. 알렉산더가 보았을 풍경은 그때 이후로 크게 달라지지 않았을 것이다. 고대 역사가인 디오도로스 시켈러스는 다음과 같이 말했다. "이 사원이 지어진 땅은 모래사막과 물이라고는 찾아볼 수 없는 사람에게 아무런 쓸모도 없는 황무지 한가운데이다. 오아시스는 길이와 폭이 50펄롱으로 수많은 샘에서 솟아난 물이 흘러들어온다. 그래서 수많은 나무에 뒤덮여 있다."

비르켓시와 호숫가를 걸어가다 보면 어느새 나무가 사라지고 모래 바다인 그레이트샌드 사막이 나타난다. 거대한 사막의 가장자리에 서서 앞을 보면 저 멀리서 모래의 파도가 쉴 새 없이 몰려온다. 호수 맞은편 언덕에는 지금도 신탁의 바위가 있다. 지금은 쇠 받침대에 의지하는 신세가 되었지만 주변 풍경을 압도하기에는 모자람이 없다. 이곳에 와 보면 그 먼 옛날부터 신의 목소리를 듣고자 이곳을 찾은 이들의 숨결을 느낄 수 있을 것이다. **PT**

산누르 동굴

이집트, 바니수와이프

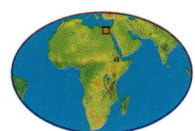

동굴의 면적 : 12제곱킬로미터

생성 시기 : 6,000만 년 전

암석의 종류 : 설화석고에 둘러싸인 석회암 동굴

산누르 동굴은 1992년에 보호구역으로 지정된 곳으로, 길이 700미터에 지름이 15미터인 초승달 형태의 커다란 암실이다. 이곳은 에오세 중기에 만들어졌는데 지하수가 물에 약한 석회암 지대를 침식하면서 정교한 카르스트 지형이 형성되었다. 당시 열천의 활동으로 설화석고가 만들어져 카르스트 지형 위에 쌓였다.

동굴에는 위쪽에 쌓인 설화석고 층에서 스며든 물이 만든 기묘한 형태의 종유석과 석순이 가득하다. 동굴 바닥에는 침전물이 고스란히 쌓여 있어서 기후 변화에 따른 서식 동식물의 변화를 추적하는 데 큰 도움이 된다. 산누르 지역에는 예로부터 채석장이 많았는데 어떤 것은 그 역사가 파라오 시절까지 올라가는 것도 있다.

동굴은 1980년대 말에 우연히 발견되었다. 당시 석고 채석장 노천굴의 바닥을 파내는 발파 작업 도중 동굴이 빛을 보게 되었다. 석회암, 석고와 샘물이 만든 지형은 참으로 독특하다. 최근에는 현지 광산업자들의 로비로부터 동굴을 보호하려고 이 지역을 세계유산으로 지정하려는 노력이 기울여지고 있다. 산누르는 이집트 국토의 8퍼센트를 차지하는 보호구역 22곳 중 하나이다. **AB**

화이트데저트

이집트, 알와디알자디드

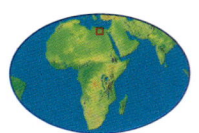

화이트데저트의 생성 시기 : 기원전 5,000년

특징 : 바람이 만든 아름다운 풍경

서 부지구 사막(일명 '사막 중의 사막')은 나일 강 서안에서 리비아까지 300만 제곱킬로미터를 덮고 있는 광활한 사막이다. 이곳의 북쪽 가장자리에 화이트데저트(백사막)가 있다.

이 사막은 석회암과 백악질의 암석으로 된 사막에 웅장한 거석이 서 있는 고독과 아름다움의 세계이다. 1,000년을 쉬지 않고 불어온 바람이 암석의 연한 부분을 깎아내 단단한 부분만 남았는데 그 형상이 기괴하면서도 환상적이다. 일부는 높이가 6.1미터에 달하는 거대한 것도 있으며, 동물이나 인간의 모습을 닮은 바위도 있다. 낮에는 햇빛을 받아 반짝거리는 기둥이 사막의 열기를 더해주기도 하지만 작열하는 햇빛을 막아 반가운 그림자를 만들어주기도 한다. 해질 무렵이면 기둥은 노을을 받아 아름답게 반짝이며, 해가 진 뒤에 달빛을 받으면 기괴한 빛을 발한다. 그중에서도 중앙에 구멍이 있는 석영결정암석인 크리스털마운틴과 거대한 트윈픽스는 꼭 빼놓지 않고 보아야 한다. 바위에 파묻힌 작은 조개껍데기도 발견할 수 있다. 사막은 석영과 바보의 황금이라고 하는 황철석으로 덮여 있다. **PT**

방다르긴

모리타니, 다크레트-누아디부 / 아제팔

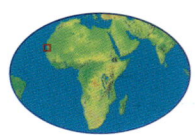

해발 고도 : 해면하 5미터와 해발 15미터

연평균 강수량 : 34~40밀리미터

세계문화유산 지정 연도 : 1989년

뜨 거운 사막과 차가운 바다 사이에 자리한 모리타니의 서해안에는 아프리카에서 가장 큰 국립공원의 하나인 멋진 해양 습지가 있다. 벌레, 연체동물, 갑각류와 다양한 해양 생물이 서식하는 어마어마한 개펄은 놀랄 만큼 생산성이 뛰어나 새들의 먹이 창고로서의 중요성을 세계적으로 인정받고 있다. 이곳에서 북반구의 겨울을 나는 물새는 200만 마리가 넘는다. 대서양 연안을 따라 더 남쪽으로 내려가기 전에 이곳에 들려 잠시 쉬고 재충전을 하는 철새도 최대 700만 마리에 달한다고 알려졌다.

방다르긴에 서식하는 새들도 300만 마리에 달하는데 홍학, 제비갈매기와 펠리컨을 비롯해 100여 종이 넘는다. 이곳에 서식하는 거북은 네 종류에 달하며 매우 희귀한 몽크물범도 살고 있다. 사람과 동물 사이의 독특한 공생관계도 이곳의 볼거리 중 하나이다. 해안 근처에 가면 어부들이 긴 장대로 수면을 치는 모습을 볼 수 있다. 돌고래에게 경고를 보내는 것이다. 그러면 돌고래는 숭어 떼를 해변으로 몰아와서 사람과 함께 잡는다. **PG**

이너나이저 삼각주

말리, 모피 – 세구 주 – 통북투 주

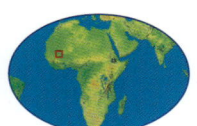

건기 범람원의 면적 : 4,000제곱킬로미터	
우기 범람원의 면적 : 20,000제곱킬로미터	
연평균 강수량 : 남부는 600밀리미터, 북부는 200밀리미터	

나이저 강은 기니의 고지대에서 발원하여 북동쪽으로 흐른다. 사헬에 도착한 강물은 동쪽으로 우회하는데 바로 그 지점에 세계적으로 유명한 습지가 자리하고 있다. 해마다 나이저 강과 바니 강의 수위가 상승해 거대한 지역이 침수된다. 범람원의 면적은 건기에는 4,000제곱킬로미터로 줄어들지만 우기에는 2만 제곱킬로미터까지 늘어나서 세계 최대의 내륙 습지가 된다.

8~10월에는 이 습지를 찾는 물새만도 100만 마리가 넘고, 작은 새들 또한 수도 없이 이곳을 찾는

다. 이곳에서 겨울을 나는 발구지의 수만 50만 마리가 넘을 정도이다. 두루미, 따오기류와 저어새류 8만 쌍이 이곳에 둥지를 튼다. 토양에 광물이 풍부하기 때문에 수많은 다양한 동물들이 이곳에 서식한다. 보호스리드벅과 뷔퐁스콥과 같은 영양 무리도 서식하는데 지역 주민 50만 명이 치는 수백만 마리의 양과 염소가 풀을 다 먹어치워 야생 영양은 생존의 기로에 서 있다. 놀랍게도 이 내륙 삼각주에는 멸종위기에 처한 매너티도 서식한다. 이곳에서 보고된 어류는 100여 종이 넘는다. **PG**

에미쿠시

차드, 부르쿠 – 에네디 – 티베스티

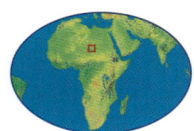

해발 고도 : 3,415미터	
주요 칼데라 호의 지름 : 15킬로미터	
암석의 종류 : 선캄브리아기 사암층 위에 쌓인 화산 퇴적물	

에미쿠시(쿠시 산)는 차드 북부의 티베스티마시프(대산괴) 서쪽 끝단에 있는 오래된 화산이다. 사하라 사막에서 가장 높은 에미쿠시는 주변의 사암 평원에서 2.3킬로미터나 솟아 있다. 에미쿠시에는 폭이 65킬로미터로 바닥이 평평한 지름 15킬로미터의 칼데라가 있는데, 이 칼데라는 화산이 저절로 붕괴해 만들어졌다. 주요 칼데라에는 폭이 3킬로미터 크기의 분화구인 에라코호가 있는데 지금은 말라버린 하얀 소금 호수가 있다. 분화구의 벽을 보면 용암이 여러 겹 쌓인 것을 알 수 있다.

주 화산 주변에는 활발하게 활동하는 분출구를 갖춘, 지질학적으로 젊은 용암 돔이 있다. 게다가 뜨거운 지역인 이-예라도 있다. 화성의 지형을 연구하는 과학자들은 화성의 엘리시움과 가장 흡사한 곳으로 에미쿠시를 든다. 이곳에는 큰 화산이 더 있는데 여러 개의 분석구와 다양한 종류의 용암류가 복합된 화산들이다. 반란, 광산과 기반 시설의 부족 등으로 이 지역까지 가기는 쉽지 않으며 반드시 현지 가이드를 동반해야 한다. 하지만 이 화산은 쉽게 오를 수 있다. 가장 가까운 파야에서 이틀 동안 열심히 차를 몰면 에미쿠시에 닿을 수 있다. **AB**

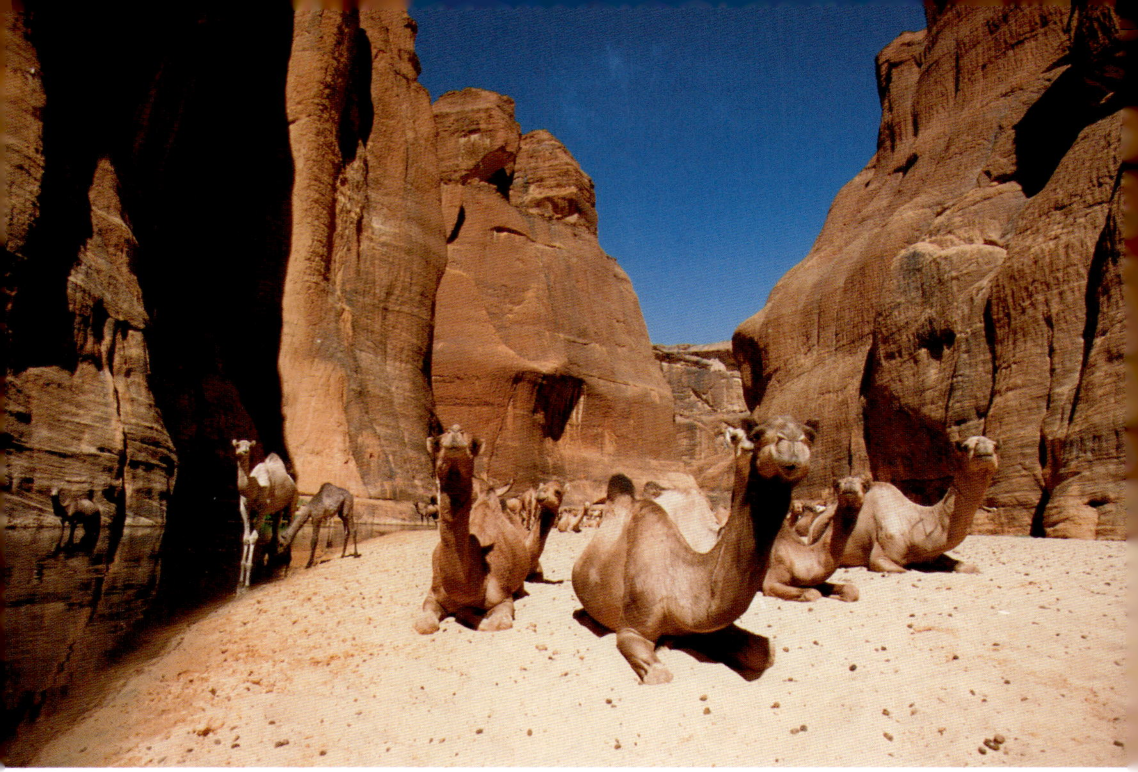

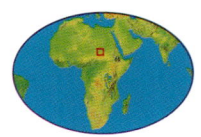

에네디 협곡

차드, 부르쿠 – 에네디 – 티베스티

천연 아치 기둥의 수 : 500개 이상
(대부분 기록되지 않았음)
식생 : 저산대 건조 목림
야생생물 : 애덕스영양, 도르카스가젤,
다마가젤, 모래여우, 골든자칼

무거운 정적이 사하라 사막을 짓누른다는 말은 에네디 협곡에서는 헛말이다. 이곳은 유목민들이 염소와 낙타에게 물을 먹이려고 들르는 곳이기 때문이다. 이 협곡은 에네디 대산괴의 사암 바위를 가로지르는 협곡 가운데 하나이다. 에네디 협곡에는 핏빛 절벽, 높은 바위기둥과 거대한 천연 아치가 풍부하며, 고대 암벽화도 발견되었다. 협곡 바닥에는 지하수가 솟아나는 검은 연못이 있는데 이 연못을 구엘타라고 부른다. 하얀 모랫바닥과 알루데야아카시아가 드문드문 서 있는 구엘타다르셰는 거대한 반원형 절벽에 막혀 있다. 이곳에서 유목민인 가에다 족과 비데야트 족이 단봉낙타에게 물을 먹인다. 낙타의 수가 한 번에 수백 마리에 달하는 때도 있다. 못의 민물고기들은 동물의 배설물을 먹고산다. 또한 이 물고기들은 약 5,000년 전 이 지역이 푸르렀을 때 살았던 악어의 후손인 나일 악어들의 먹이가 된다. 현재 이 악어는 그 수가 얼마 되지 않는다. 에네디 협곡은 수단과의 접경 지역인 차드 북동부에 있는데 사하라 사막에서도 가장 고립된 지역 중의 하나이다. 이곳에서는 특별 관광이 진행되지만 여름철 기온이 50도까지 올라 매우 힘든 편이다. 개인적으로 여행할 때에는 흔적이 희미하게 남아 있는 길을 따라 사륜 구동 자동차나 트레일 바이크로만 이동할 수 있다. **MB**

차드 호수

카메룬 / 나이지리아 / 니제르

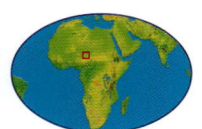

호수의 생성 시기 : 250만 년 전
수위가 높을 때 표면적 : 2,413킬로미터

한 때 세계에서 가장 큰 호수에 속했던 차드 호수는 지난 40년간 놀라울 정도로 크기가 줄어들었다. 1960년대 호수의 면적은 2만 6,000제곱킬로미터가 넘었지만 2000년에는 2,413제곱킬로미터에 불과했다. 강수량이 줄어든 데다 호수와 호수로 흘러드는 강물을 관개수로 사용하는 양이 크게 늘어났기 때문이다. 최고 수심이 7미터에 불과할 정도로 차드 호수는 얕은 호수이기 때문에 물의 양이 조금이라도 변해도 금세 표가 난다. 그래서 계절별로 수위가 크게 다르다.

차드 호수에 서식하는 어류는 140종이 넘는데, 2미터까지 자라는 아프리카폐어도 산다. 이 물고기는 건기에는 호수 바닥을 파고들어가 고치 속에서 동면을 하며 호수에 다시 물이 찰 때를 기다린다. 물새 떼가 어마어마한 무리를 이루는 모습도 장관을 이룬다. 이곳에 서식하거나 철 따라 날아오는 새들이 수백 종에 이를 것으로 추산된다. 겨울에는 발구지, 고방오리와 목도리도요 이렇게 세 종류만 발견되는데 그 수가 백만 마리가 넘는다. **PG**

테네레 사막

니제르, 아가데즈

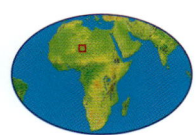

사구의 높이 : 245미터
세이프 사구의 길이 : 160킬로미터

사 하라 사막의 중앙이자 니제르 북부의 사막 안에는 또 다른 사막이 존재한다. 드넓은 테네레 사막은 캘리포니아 주의 면적과 맞먹으며 바위투성이 고원들이 불쑥 등장하는 거대한 모래 바다이다. 이곳의 사구들은 높이가 245미터에 달하는데 이는 세계 최고 수준이다. 동쪽에 자리 잡은 그랜드에르그 오브 빌마 모래 지대는 길이가 1,200킬로미터로 차드까지 이어져 있다. 남쪽으로는 '세이프 사구'가 있다. 이 사구는 160킬로미터 길이의 모래 언덕들이 이어져 있는 것으로, 골과 '가시스' 라고 하는 마루가 반복되어 나타난다.

투아레그의 소금 대상들은 이 마루를 따라 빌마에서 아가데즈로 소금을 가져갔다. 소금을 땅에서 녹인 후 구덩이에 다시 물을 채운다. 그러면 태양열에 물이 증발하고 소금 결정층만 남는데 이것을 걷어내면 된다. 과거에 낙타가 아가데즈까지 소금을 실어 나르는데 보름이 걸렸다. 요즘은 사륜구동 트럭을 더 많이 이용한다. 지금은 이 모래사막에 지표가 될 만한 것이 거의 없다. 하지만 과거에는 그렇지 않았다. 대상들의 이동로에 깊고 깊은 우물이 하나 있었다. 우물 옆에는 300년 된 아카시아나무 한 그루가 쓸쓸히 서 있었는데 사람들은 '테네레의 나무'라고 불렀다. 이 나무는 1973년에 죽었고 대신 그곳에 금속으로 만든 복제품이 세워졌다. **MB**

수드 습지

수단, 바르알자발

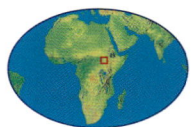

범람원의 면적 : 28,000제곱킬로미터

서식지 종류 : 습지, 강물이나 빗물로 침수되는 목초지, 호수, 숲이 들어선 작은 언덕

백나일(나일 강 상류 쪽의 이름. 원류는 동아프리카의 고원과 빅토리아 호수 따위의 호수나 연못으로, 청나일에 합류한다. 물빛이 회백색이며, 길이 약 1,000킬로미터인 나일 강의 본류이다) 이 흐르는 이곳은 아프리카 최대 습지이자 세계 제2의 습지이다. 아프리카를 통틀어 가장 중요한 습지 가운데 하나인 수드는 어마어마한 철새 무리와 텃새인 물새와 영양으로 유명하다. 이 지역에서 서식하는 동식물을 살펴보면 조류가 최소 419종, 포유류 91종과 식물 1,200종 이상이다. 특히 수드 습지는 안장부리황새, 핑크펠리컨(분홍사다새)와 왜가리 중에서 가장 크다는 골리앗왜가리(1.4미터까지 큰다)에게 매우 중요한 서식지이다. 전 세계에 서식하는 주걱부리황새와 검정관두루미들을 이곳에서 거의 다 볼 수 있을 정도이다. 또한 이곳에는 매우 다양한 종의 영양이 서식한다. 흰귀영양, 티앙, 몽갈라가젤, 늪 영양, 부시벅영양, 물영양과 리드벅 등을 이곳에서 찾아볼 수 있다. 특히 나일리추에는 유난히 긴 발굽으로 늪에서 자신의 무게를 지탱하는 독특한 습지 동물로, 전 세계에서 서드에만 서식한다. 영양 무리는 범람원 내에서 풀을 찾아 엄청난 거리를 이동한다. 이곳에는 사자 같은 포식자가 없으며 다만 악어, 큰 뱀과 사람이 천적이다. **AB**

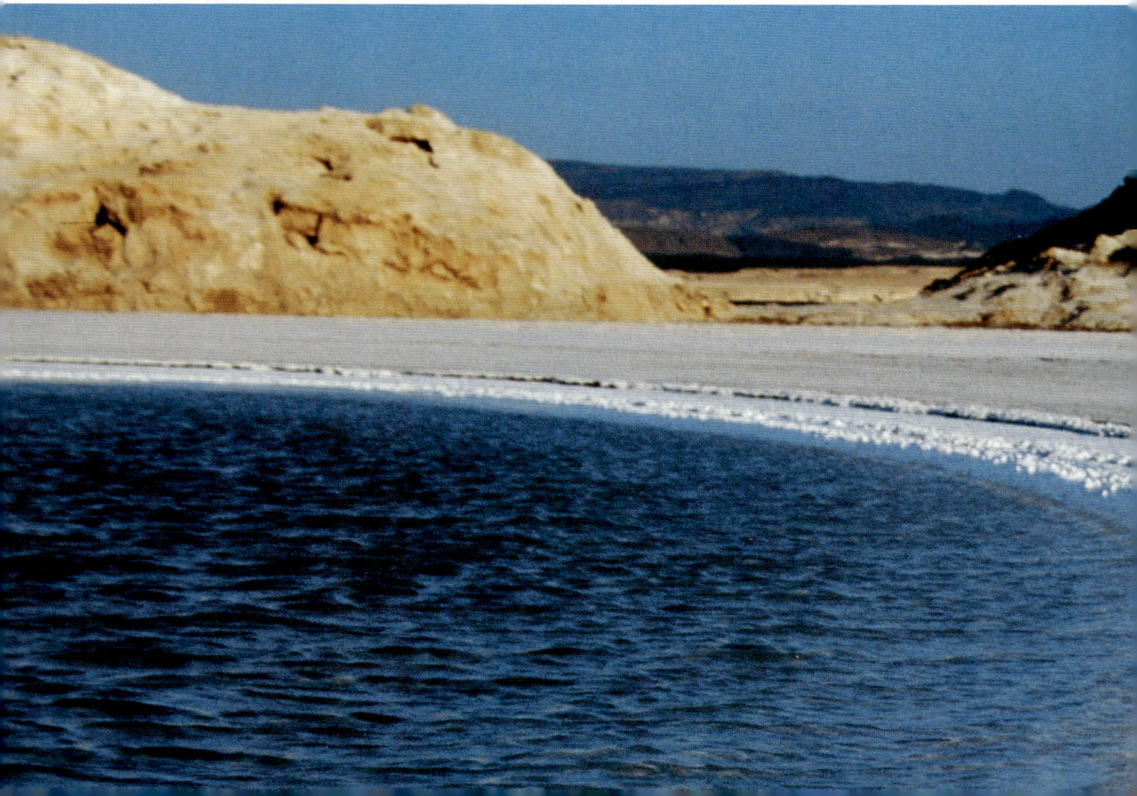

아살 호수

지부티, 타주라

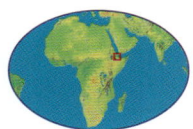

해발 고도 : 155미터	
여름의 평균기온 : 57도	

지진과 화산 폭발은 홍해 입구의 아덴 만에 있는 작은 나라인 지부티에서는 흔한 일이다. 그도 그럴 것이 이 지역은 지각 활동이 매우 활발한 곳이기 때문이다. 지금도 땅속 깊은 곳에서 만들어진 용암이 대륙에 난 균열을 따라 솟구치고 있다. 원래 이런 모습은 해저 지형에서나 볼 수 있는데 지부티에서는 육지에서도 쉽게 볼 수 있다. 사실 다나킬 산맥이 홍해를 막아 주지 않았다면 이 지역은 바다에 잠겨버렸을 것이다. 대신 바위 틈새로 스며든 해수가 움푹한 지형에 계속 쌓여 아살 호수가 되었다. 아살 호수는 염수호로 해수면보다 무려 155미터 아래에 있다. 여름에는 기온이 57도까지 상승하는데 이 정도면 세계 최고 수준이다. 물이 증발하고 남은 짠물의 염도 또한 세계 최고이다. 반짝거리는 하얀 소금 결정은 주변을 에워싼 시커먼 화산암 지형에 비해 유난히 도드라진다. 아살 호수의 물빛은 광물의 성분에 따라 진줏빛을 띠는 푸른색에서 터키석의 푸른색까지 다양하며 연한 녹색에서 핏빛이 감도는 갈색으로 변하기도 한다. **MB**

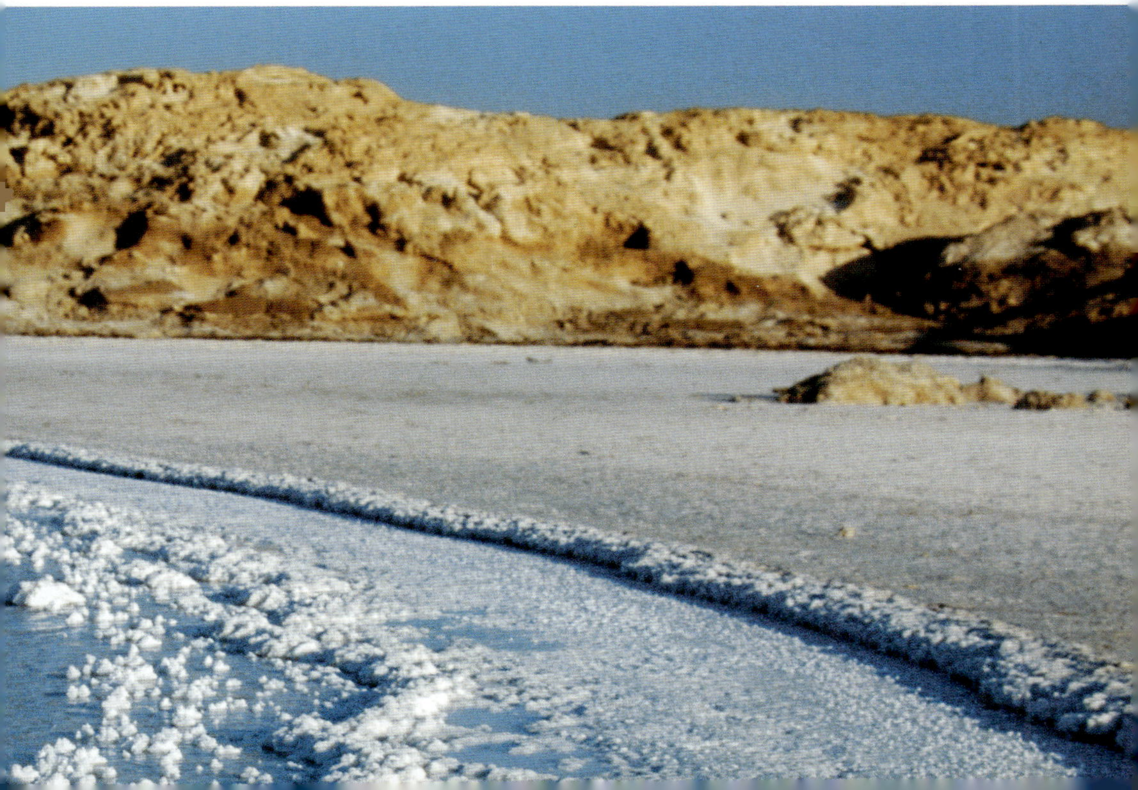

아래 아살 호숫가에서 반짝이는 소금 결정

에르타알레

에티오피아, 티그라이 주

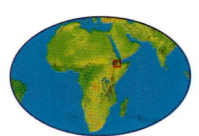

화산 호수의 길이 : 80킬로미터
쿠룸 호수의 해발 고도 : 해면하 120미터

다나킬 저지는 낮 동안 기온이 50도까지 치솟고 물이라고는 찾아볼 수 없는 알칼리 사막 지역이다. 복잡하게 얽힌 골짜기들 사이로 거대한 화산 다섯 개가 우뚝 솟아 있다. 현지 아파르 족은 그중에서 가장 대칭형인 화산을 에르타알레라고 부르는데 이는 '연기를 뿜는 산'이라는 뜻이다. 화산 주변은 면도날처럼 날카로운 용암 대지로 이루어졌으며, 80킬로미터나 되는 화산 호수 너머에는 소금 평원이 펼쳐진다. 과거에는 이 저지도 홍해 일부였지만 거대한 지각운동으로 다나킬하이랜즈가 융기하면서 이 지역도 함께 물 위로 솟았다. 물은 다 증발하고 소금층만 남았는데 그 두께가 무려 3킬로미터에 달한다고 한다. 이 지역에서 고도가 가장 낮은 곳은 해수면 아래로 120미터나 내려가는 카룸 호수이다. 폭이 72킬로미터인 염호로 매년 짧은 기간에 주위의 고지대에서 내려온 물이 흘러든다. 물이 땅에 스며들면 맨틀에서 스며 나오는 용암으로 가열되어 펄펄 끓는 온천이 된다. 영국 탐험가인 루도비코 네스비트와 그의 이탈리아 동료 두 명이 1928년에 유럽인으로서는 처음으로 이곳에 발을 들여놓았다. 네스비트는 이곳을 '공포와 고난과 죽음의 땅'이라고 불렀다. **MB**

타나 호수

에티오피아, 암하라 주

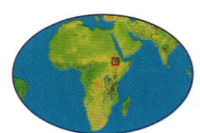

타나 호수의 표면적 : 3,600제곱킬로미터
호수의 최대 수심 : 8미터
호수의 해발 고도 : 1,830미터

폭이 70킬로미터이며 길이가 60킬로미터인 타나 호수는 에티오피아에서 가장 큰 호수이다. 강줄기 네 개가 흘러드는 이 호수는 청나일(아바이) 강의 유수지이다. 광활한 호수는 깊은 수심을 갖고 있지는 않지만 이곳에서만 서식하는 어류를 비롯해 다양한 동식물의 보고이다. 이 호수에는 악어도 산다. 오토바이를 타고 아바이까지 가서 하마를 구경할 수도 있다. 호수에는 섬이 37개나 있는데 섬마다 거대한 물새 군서지와 위풍당당한 나무가 있다. 호숫가는 철새와 텃새들을 관찰할 수 있는 최적의 장소이다. 험한 바위산에서 강가의 숲까지 서식지가 다양해서 온갖 동식물을 구경할 수 있다. 호수 반대편에 있는 우라이키다네미히레트 사원으로 가는 보트를 타면 육지에서 멀리 떨어진 곳에서 헤엄을 치는 왕도마뱀을 볼 수 있다. 이곳에서 왕도마뱀은 비교적 흔한 동물이다. 사원은 울창한 열대 밀림 속에 있다. 수도사들이 그곳에 은거한 지 벌써 600년이나 되었는데 호수와 조화를 이루는 생활을 영위하고 있다. 사원에 그려진 그림은 에티오피아의 국보로 여겨진다. **PT**

오른쪽 우렁찬 소리를 내며 타라 호수로 떨어지는 폭포

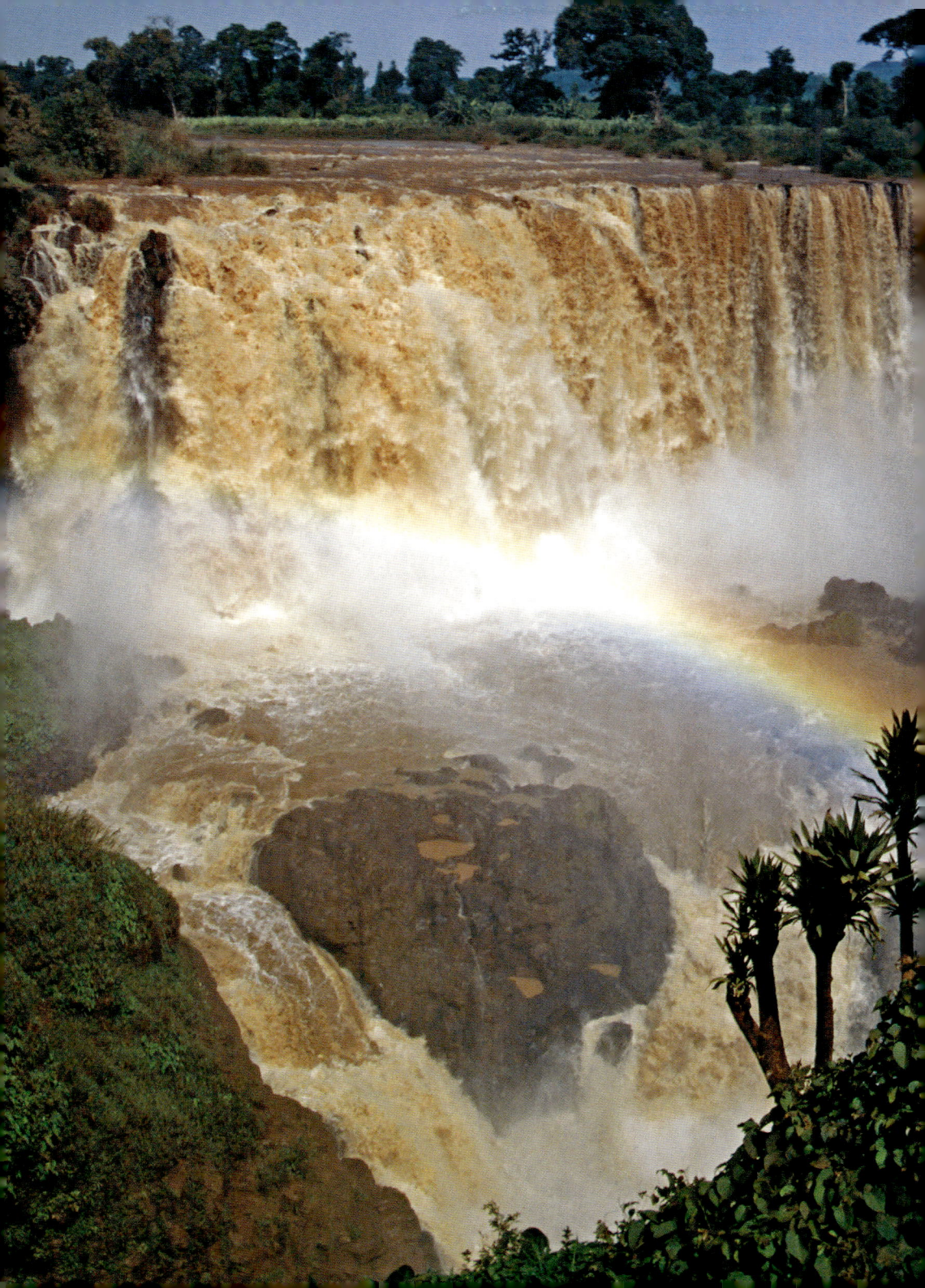

청나일 폭포

에티오피아, 암하라 주

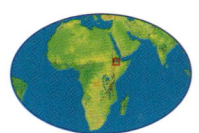

청나일 폭포의 폭 : 400미터	
청나일의 길이 : 1,530킬로미터	

1770년 스코틀랜드의 탐험가인 제임스 브루스는 나일 강의 수원을 찾던 중 청나일 폭포에 다다랐다. 그는 당시의 감동을 이렇게 전한다. "강은 폭이 반 잉글리시 마일 정도 되는 거대한 하나의 물줄기가 되어 그대로 떨어졌다."

폭포의 힘에 주목을 한 에티오피아인들은 폭포에 '티시사트'라는 이름을 붙여 주었는데 '연기 나는 물'이라는 뜻을 갖고 있다. 물의 양이 최대가 되면 강은 현무암 절벽의 가장자리를 타고 46미터 아래로 떨어진다. 그러면 물보라가 미풍을 타고 1.6킬로미터나 날리는데 물보라 사이로 아름다운 무지개를 볼 수 있다. 아쉽게도 요즘은 폭포가 엄청난 물줄기를 토해내는 모습을 주말에만 볼 수 있다. 주중에는 강물의 90퍼센트를 수력발전소로 보내기 때문에 겨우 두 개의 물줄기만이 졸졸거리며 흐를 뿐이다.

한때 폭포를 뒤덮었던 울창한 숲은 발전소로 물을 보낸 후부터 사라져 버렸다. 청나일 강은 에티오피아하이랜즈에 있는 타나 호수 상류의 샘에서 발원한다. 샘에서 시작한 물줄기는 폭포에서 30킬로미터 떨어진 상류에 있는 호수를 지날 즈음이면 어엿한 강이 되어 있다. **MB**

오른쪽 청나일 강이 울창한 삼림 지대를 유유히 굽이쳐 흐른다.

카룸 호수

에티오피아, 다나킬

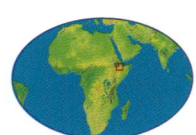

해발 고도 : 120미터	
최대 지름 : 72킬로미터	
기온 : 최대 50도	

카룸 호수는 세계에서 가장 낮고 더우며 열악한 환경인 다나킬 저지에서도 가장 낮은 곳에 있는 염호이다. 다나킬 저지는 동아프리카 지구대를 따라 형성되어 있다. 원래 홍해 일부였는데 지각운동으로 북쪽의 다나킬하이랜즈가 융기하면서 오히려 이곳은 가라앉아 버렸다. 저지에 갇힌 해수는 증발하고 두께가 3킬로미터에 달하는 소금층만 남았다. 현재 이 지역은 대부분 해수면보다 낮은 곳의 소금 평원으로 낮에는 기온이 50도까지 올라가는 찜통 같은 곳이다. 일 년 내내 비가 거의 오지 않고 대신 고원 지대에서 흘러오는 물이 카룸 호수처럼 얕은 염호로 흘러든다.

이렇게 열악한 환경이지만, 이곳에서도 사람들이 살고 있다. 아파르 부족은 소금을 캐고 유목 생활로 생계를 꾸린다. 사람들은 장대로 땅에서 소금 덩어리를 캐서 아프리카 북동부로 가져가 판다. 카룸 호수는 해수면보다 120미터나 낮다. 비가 오면 폭이 72킬로미터의 광물이 풍부한 호수가 들어서지만 물은 금세 증발해 버린다. **RC**

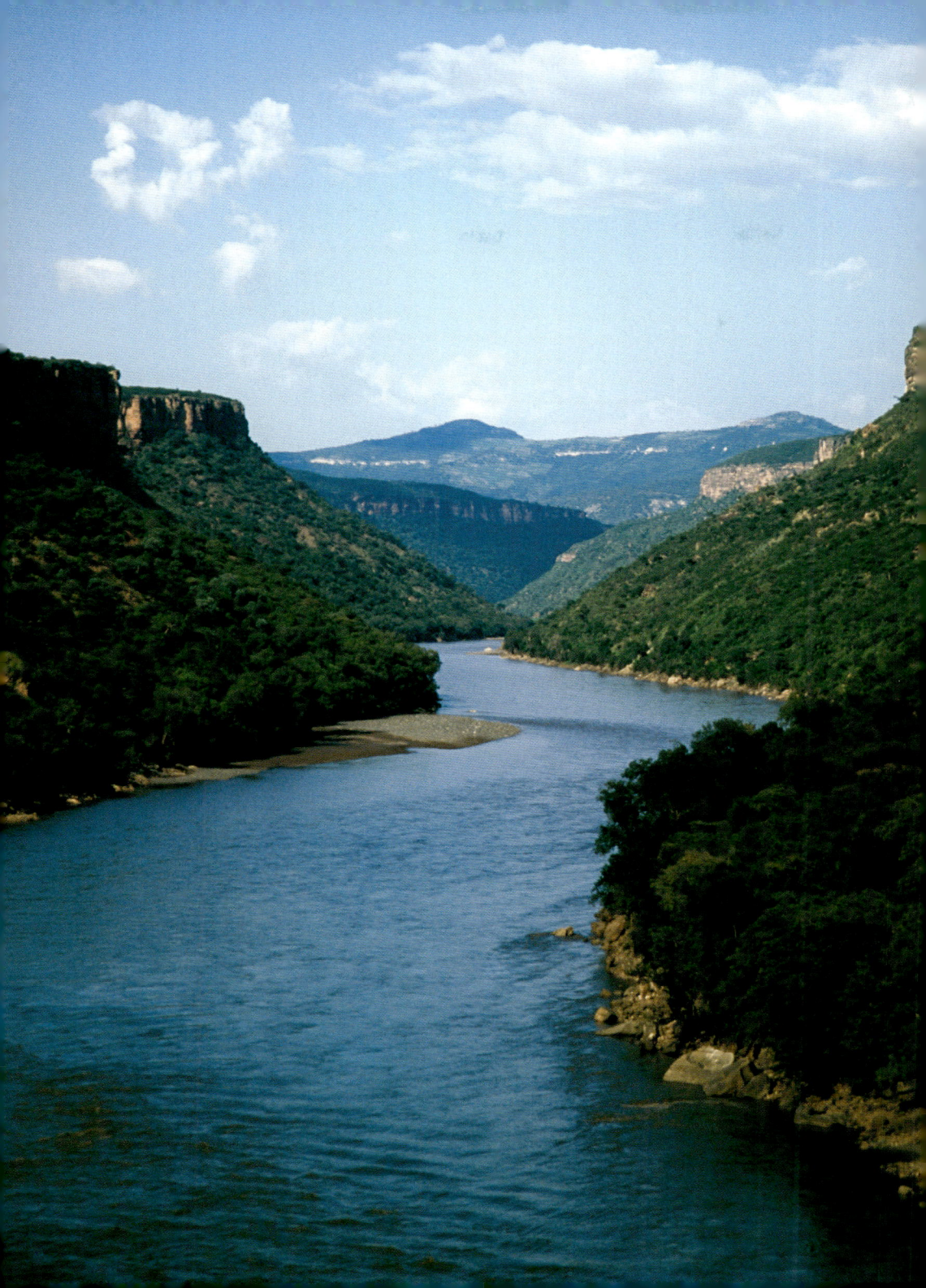

님바 산

기니 / 코트디부아르 / 라이베리아

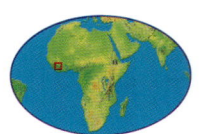

님바 산의 해발 고도 : 450~1,752미터	
최고봉 : 리차드몰라드 산	
암석의 종류 : 철이 풍부한 규암	

기니, 코트디부아르, 라이베리아의 접경 지역에 걸쳐 있는 이 산은 엄격한 자연보호구역, 생물권보호구역이자 세계자연유산으로 지정돼 있다. 놀랄 만큼 다양한 서식지와 동식물를 보호하고자 1943년에 최초로 자연보호구역으로 지정되었다. 님바 산은 풍화작용에 매우 강한, 철광석이 풍부한 규암으로 형성된 산으로 평원 한가운데 가파르게 솟아 있다. 아주 먼 옛날 만들어진 이 산에는 계곡, 고원, 가파른 바위 봉우리, 완만한 구릉지와 불쑥 나타나는 절벽 등이 곳곳에 산재해 있다.

한편 이곳의 대표적인 식생은 세 가지가 있다. 고유종인 관목이 군데군데 자라는 고산 초원과 이곳에만 서식하는 나무와 나무고사리가 자라는 골짜기, 띠 모양의 숲이 형성된 사바나와 아래로 내려갈수록 점점 더 건조해지는 저지 삼림이 그것이다. 우기는 5~10월(산)과 4~10월(기슭)이다. 고도 850미터 이상이 구름으로 뒤덮인 님바 산에는 2,000여종이 넘는 식물이 서식한다(그중 16종은 고유종). 이곳에서 새로 발견된 동물은 500종이 넘으며 그중에는 매우 독특한 두꺼비 두 종류와 레서수달뒤쥐도 있다. 원숭이, 영양, 천산갑, 피그미하마, 사향고양이와 도구를 사용하는 침팬지 등도 서식한다. **AB**

킨탐포 폭포

가나, 브롱 – 아하포

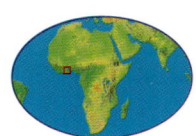

킨탐포 폭포의 높이 : 40미터	
특징 : 높이가 40미터인 마호가니나무들	

킨탐포 폭포는 가나의 브롱–아하포 지역을 흐르는 품품 강에 있는 웅장한 폭포이다. 물줄기는 상하 두 부분으로 나뉘어 40미터를 힘차게 떨어진 후 부이페의 블랙볼타 강으로 흐른다. 이곳의 숲은 40미터까지 자라는 육중한 마호가니나무가 주를 이룬다. 가나에서 가장 아름다운 폭포로 손꼽히는 킨탐포 폭포는 울창한 숲 속에 숨겨진 비경이지만 가나 북부와 부르키나파소로 나 있는 도로에서 걸어서 갈 수 있다. 폭포는 계단을 따라 70미터가량 올라가면 볼 수 있다. 폭포가 끝나는 지점에

는 수영을 할 수 있는 못도 있다. 킨탐포 지역은 과거에 관광지로 개발되었다. 현지 당국이 운영했던 게스트하우스는 지금 폐허로 변했지만, 이곳은 관광지와 수력발전 시설을 재개발할 수 있는 여지가 있는 곳이다. 근처에 있는 풀러 폭포는 폭포에서 떨어진 물이 지하로 사라졌다가 40미터 정도 하류에서 다시 나타난다. 킨탐포 폭포(또는 랜달 폭포)는 쿠마시와 타말레 사이에 있는 작은 도시인 킨탐포 근처에 위치한다. **RC**

카메룬 산

카메룬, 수드 – 퀘스트프로빈스

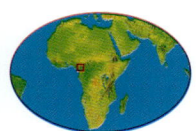

카메룬 산의 해발 고도 : 4,095미터	
서식지 : 저지의 열대우림에서 고지의 바위산	
암석의 종류 : 화산암	

카메룬 산은 지진 단층선을 따라 우뚝 솟은 서아프리카의 최고봉이다. 이 산은 화산활동이 활발한데, 지난 100년 동안 여덟 차례나 화산이 폭발했다. 가장 최근에는 2001년에 폭발했다. 화산 원뿔은 45제곱킬로미터에 걸쳐 산을 덮고 있다. 화산은 바다와 가깝지만 해안에서는 거의 볼 수 없다. 두꺼운 구름에 가려져 있기 때문이다. 산기슭의 데분차 마을은 세계에서 가장 습한 다섯 곳 가운데 한 곳이다(연 강수량이 1만 밀리미터에 달한다).

이 마을을 기준으로 저지 열대우림이 저지 삼림에서 다시 고지의 초원으로 바뀐다. 아무것도 자라지 않는 정상은 가끔 눈이 쌓여 있다. 이렇다 보니 고도에 따라 고유한 동식물이 서식하며 이곳에서만 서식하는 동식물도 생겼다. 이곳에는 마운트카메룬스페이롭스, 마운트카메룬자고, 카메룬청색직박구리류, 포디짓두꺼비와 툼보인셀스크리칭개구리 등이 살고 있다. 카메룬 산에는 아프리카에서 가장 다양한 다람쥐들이 살고 있으며 매우 희귀한 프레우스긴꼬리원숭이, 드릴원숭이와 수많은 희귀나비도 있다. 종합적인 야생생물 보호 정책이 시행되고 있기 때문에 이 지역의 독특한 생태계는 앞으로 오랫동안 보존되리라는 희망을 준다. **AB**

투르카나 호수

케냐, 동아프리카 지구대

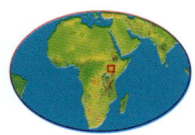

투르카나 호수의 길이 : 321킬로미터	
특징 : 몸길이 5.5미터 나일악어	

케냐의 북부 지방을 흐르는 오모 강은 사람이 만든 거대한 수로처럼 호수로 흘러들어 온다. 640킬로미터 떨어진 에티오피아하이랜즈에서 오모 강이 쓸고 온 미사로 만들어진 둑이 양쪽에 쌓여서 강이 수로처럼 보이는 것이다. 이 수로는 호숫가에서 5킬로미터쯤 떨어진 거대한 삼각주에서 끝이 나는데, 이 삼각주는 새 발자국처럼 생긴 미사 삼각주이다. 투르카나 호수는 그 길이가 312킬로미터로 여러 개의 강물이 호수로 흘러들어 온다. 과거에는 호숫물이 나일 강으로 흘렀지만 기후가 변하면서 수위가 180미터 이상 줄어들었다. 물은 많이 줄었지만 지금도 나일악어가 1만 2,000마리 정도 서식하고 있다. 악어는 작은 화산 분화구들이 모여 있는 센트럴 섬에 알을 낳는다. 길이가 5.5미터에 달하는 나일악어는 아프리카에서 가장 큰 악어에 속한다. 이 호수에는 투르카나 족과 엘모로 족이 물고기를 잡으며 살고 있다. 정작 세계의 관심을 끄는 사람들은 이들이 아니라 200만 년도 전에 이곳에 살았던 인류의 조상이다. 투르카나 호수는 리키 가문이 발굴한 가장 유명한 유적지 중 하나이다. 이곳에서는 화석과 초기 인류의 조상이 사용했던 석기와 그들의 발자국이 발견되었다. **MB**

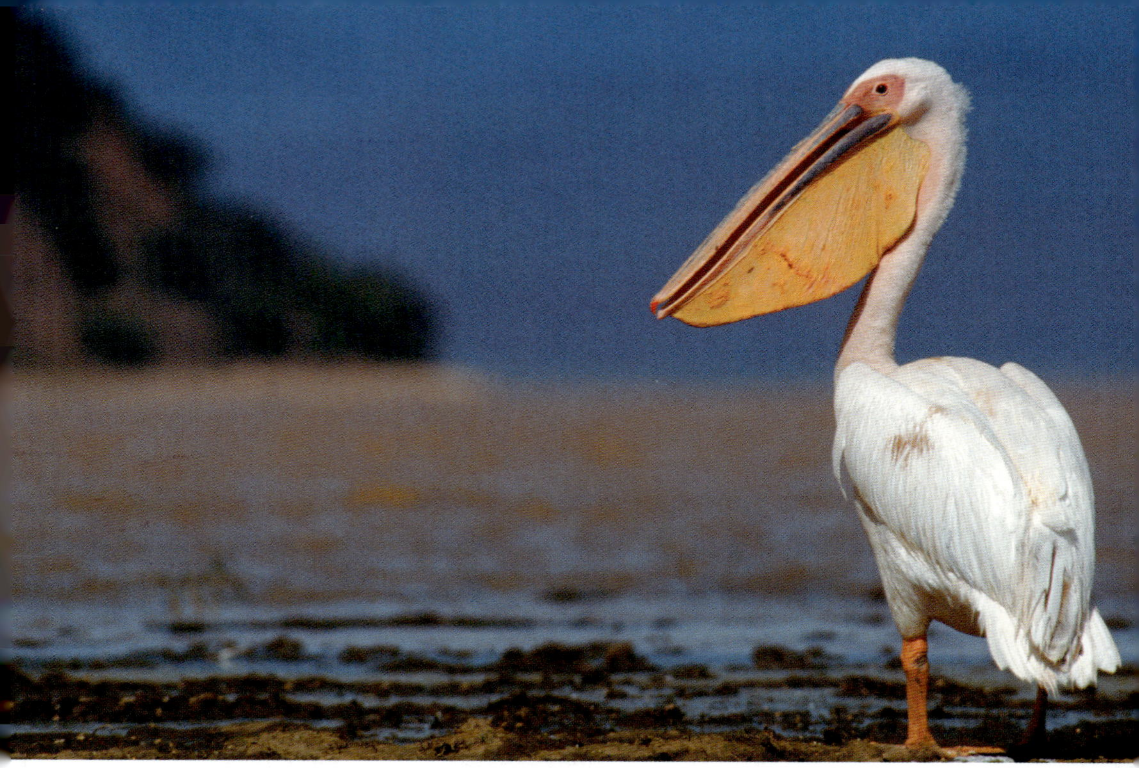

바링고 호수

케냐, 동아프리카 지구대

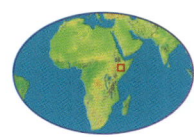

호수의 표면적 : 130제곱킬로미터
호수의 해발 고도 : 1,011미터
간헐천의 온도 : 90도

바링고 호수는 거대한 담수호로 동아프리카 지구대에서 가장 큰 호수이다. 호수는 한때 동아프리카 연안으로 이어진 노예무역의 루트였던 험난한 반(半)사막 지역에 있다. 해발 고도가 1,011미터이며 평균 수심은 5미터 정도이다. 바링고 호수는 서식하는 야생조류가 470종에 달하는 조류의 천국이다. 특히 '지브롤터'라고 부르는 동쪽 호숫가의 바위섬이 왜가리 서식지로 매우 유명한데, 동아프리카에서 골리앗왜가리가 가장 많이 서식하는 곳이다.

현지의 어부들은 젬스 족으로 어깨까지 잠기는 곳에서 물고기를 잡는다. 그들은 호수에 사는 악어와 하마에게 별 신경을 쓰지 않는다. 어부들은 독수리들이 공중에서 미끼를 덮치는 모습을 관광객들에게 보여 준다.

이 지역의 화산활동이 여전히 진행형이라는 사실이 2004년 4월에 드러났다. 당시 사람들이 3.2킬로미터 떨어진 곳에서 땅을 파는 작업을 진행 중이었다. 그들은 작업 도중에 간헐천을 건드렸는데 그때부터 지금까지 계속 물을 뿜어 올리고 있다. 간헐천에서는 소금물 기둥(바링고 호수의 물보다 약간 짠 것으로 봐서 수원이 다를 것으로 짐작된다)이 약 80미터까지 솟구쳐서 20킬로미터 밖에서도 쉽게 볼 수 있다. **MB**

마가디 호수

케냐, 동아프리카 지구대

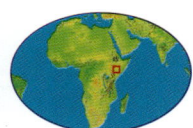

마가디 호수의 표면적 : 104제곱킬로미터
호수의 길이 : 32킬로미터
호수의 폭 : 3.2킬로미터

마가디 호수는 물속에 소다가 풍부해서 지난 몇백 년 동안 물을 상업적으로 이용할 수 있었다. 하지만 물이 마를 기미는 조금도 보이지 않는다. 물에 소다(나트륨 화합물)가 풍부한 것은 지하수가 알칼리 바위를 뚫고 나오기 때문이라고 알려졌다. 소다는 (일반 소금을 포함한) 여러 소금과 진흙의 한 성분일 뿐이다. 이 소금과 진흙은 30미터 두께로 퇴적된 증발잔류광물이다. 호수로 유입되는 물보다 증발하는 물이 더 많아서 여러 광물 중에서 특히 소다가 농축된다. 이곳의 연 강수량은 400밀리미터가 넘지 않으며 주변도 반사막 지역이다. 호숫가는 소다가 풍부한 진흙 밭인데 표면이 말라서 쩍쩍 갈라져 있다. 정오 무렵에는 무척 뜨거우며 부식할 위험도 있다. 호수 가장자리에서는 온천도 발견된다. 호수에서 유일한 담수원으로 온천에는 펄펄 끓는 물에 적응한 틸라피아 물고기들이 살고 있다. 마가디 호수는 케냐를 지나는 동아프리카 지구대에서 가장 남쪽에 자리 잡은 호수로 길이는 32킬로미터이며 폭은 3.2킬로미터에 달한다. 호수는 나이로비에서 버스를 타고 북동쪽으로 115킬로미터를 가면 나온다. **MB**

톰슨 폭포

케냐, 동아프리카 지구대

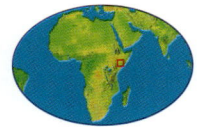

다른 이름 : 나후루루 폭포
톰슨 폭포의 높이 : 73미터
나후루루타운십의 해발 고도 : 2,360미터

영국왕립지리학회 소속의 스코틀랜드 탐험가 조지프 톰슨은 1883년에 유럽인으로는 최초로 몸바사에서 빅토리아 호수까지 걸어서 탐험을 했다. 지도에도 없는 험한 지역을 지나던 도중 톰슨은 케냐에서 가장 아름다운 절경을 수없이 발견했다. 그의 탐험을 기념하기 위해 이 나라에서 가장 멋진 폭포 가운데 하나에 그의 이름을 붙이기로 했다. 여러 폭포가 지금은 원래의 이름을 되찾았지만 냐후루루 근처에 있는 폭포만은 여전히 '톰슨' 폭포로 불린다. 인근의 정착촌은 케냐에서 가장 최근에 건설된 백인 정착촌 중 한 곳으로 해발 고도가 2,360미터나 되는 곳에 있다. 이 지역은 적도와 매우 가깝지만 기후가 건조하며 침엽수 숲이 들어서 있다. 폭포는 아름다운 협곡을 향해 73미터를 곧장 수직으로 떨어진다. 4~5월의 긴 건기가 지나고 맞은 편 절벽에서는 답답한 기분을 순식간에 날려버릴 시원한 물줄기를 구경할 수 있는데, 특히 거센 격류에서 솟구치는 물보라는 그야말로 장관이다. 이곳은 동아프리카 지구대로 사파리 여행을 떠나는 관광객들이 도중에 즐겨 찾는 곳이다. **AC**

엘곤 산의
코끼리 동굴

케냐, 동아프리카 지구대 / 우간다, 음발레

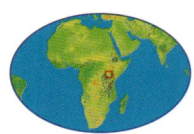

엘곤 산의 높이 : 4,300미터	
가장 큰 동굴의 폭 : 60미터	
식생 : 티크, 삼나무	

19세기 아프리카를 탐험하고 영국으로 돌아온 조지프 톰슨은 사람들에게 코끼리가 사는 동굴에 대해 들려주었다. 당시 영국인들은 그 이야기를 지어낸 이야기쯤으로나 생각했을 것이다. 그러나 톰슨은 동아프리카의 엘곤 산에서 정말로 코끼리가 사는 동굴을 발견했다. 그곳은 바로

릴과 느그와리샤로 폭발적인 관심을 받고 있다. 여러 동굴 중 가장 큰 키툼 동굴이 가장 많이 알려졌는데, 이 동굴은 산의 심장부를 향해 200미터나 뻗어 있다. 키툼이란 케냐의 마사이 족 말로 '의식이 이루어지는 곳'이라는 뜻이다. 수 세기 동안 사보아트 족은 산속의 동굴을 곡식창고와 마구간으로 이용했다. 뿐만 아니라 동굴은 악천후를 피하기 위한 은신처로 사용되거나, 부족들 사이에 분쟁이 발생하면 성소의 역할을 하기도 했다. 하지만 동굴이 유명해진 이유는 따로 있다. 바로 이곳에 코끼리들

> 매일 밤 코끼리들의 기다란 행렬이 숲의 동굴로 이어진다.
> 이들의 목표는 소금인데, 긴 엄니로 소금이 풍부한 퇴적물을 파먹는다.

코끼리를 비롯한 야생동물들이 소금을 먹기 위해 들르는 독특한 깊은 동굴이었다. 엘곤 산은 케냐에서 두 번째로 높은 산으로 높이가 4,300미터에 달한다. 동아프리카 지구대가 생성될 당시 수백만 년에 걸쳐 만들어진 엘곤 산은 빅토리아 호수에서 북동쪽으로 140킬로미터 떨어져 있으며 케냐와 우간다의 경계에 위치해 있다. 지금은 오랜 세월 풍상에 시달린 사화산으로 정상에는 거대한 칼데라와 꼭대기가 평평한 웅장한 현무암 기둥이 우뚝 서 있다. 엘곤 산이 우리에게 선사하는 더 큰 놀라움은 거대한 용암 동굴 속에 감춰져 있다. 어떤 동굴은 폭이 60미터나 되는데 이곳에서는 코끼리를 비롯한 야생동물들이 소금을 찾으려고 들른다. 이곳을 방문하는 가장 큰 동굴은 키툼, 마콩게니, 체프날

이 자주 모이기 때문이다. 매일 밤 코끼리들의 기다란 행렬이 숲의 동굴로 이어진다. 이들의 목표는 소금인데, 긴 엄니로 소금이 풍부한 퇴적물을 파먹는다. 동굴 벽에는 1,000년 동안 코끼리들이 파헤친 자국이 생생하게 남아 있다. 엘곤 산은 케냐에서 야생생물이 가장 잘 보존된 지역이다. 특히 방대한 지역에 들어선 숲이 훼손되지 않은 채 잘 보존되어 있다. 이 지역에는 코끼리 400여 마리를 비롯해 버펄로, 표범, 콜로부스원숭이와 블루멍키, 자이언트포리스트호그, 물소와 다양한 영양 무리가 서식한다. 이곳에서 보고된 조류만도 240종이 넘는다. 25미터까지 자라는 거대한 엘곤티크와 삼나무가 숲을 호령한다. **AB**

오른쪽 코끼리 가족이 엘곤 산의 밀림을 뚫고 코끼리 동굴로 가고 있다.

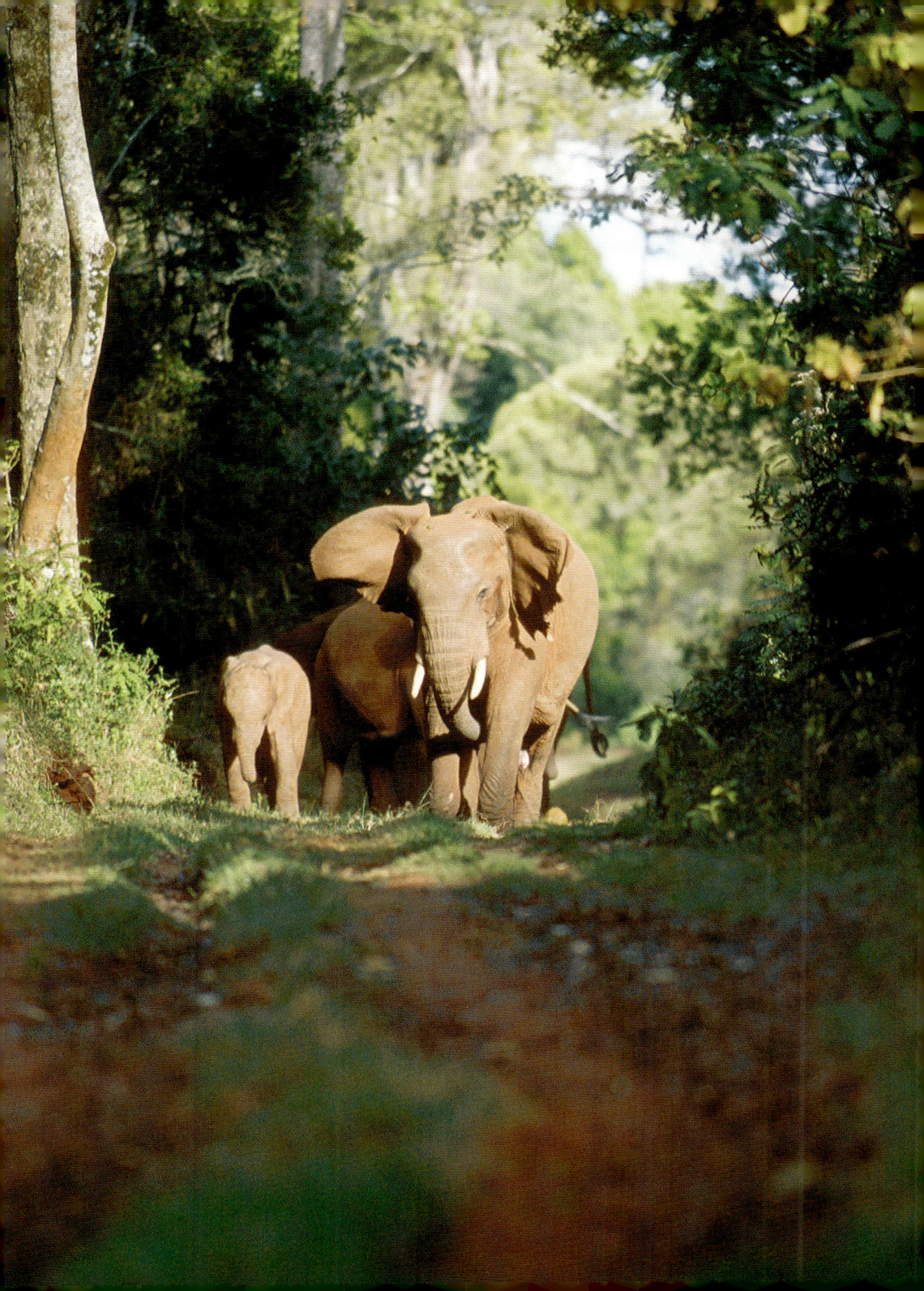

보고리아 호수

케냐, 동아프리카 지구대 / 탄자니아

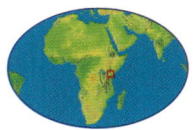

호수의 수심 : 10미터

호숫가 단층 벽의 높이 : 630미터

동 아프리카 지역에 있는 소다 호수는 다른 호수에 비해 부식성은 떨어지지만 그렇다고 덜 위험한 것은 결코 아니다. 보고리아 호수의 주변에는 펄펄 끓는 온천이 있는데, 뜨거운 물이 넘쳐 주변의 풀밭이나 조심성 없는 방문객에게 피해를 주기도 한다. 차가운 아침에 증기를 뿜어 올리고 부글거리며 물이 끓어대는 모습을 보면 지옥에라도 온 것 같은 착각에 빠진다. 그런 이런 위험도 아랑곳하지 않고 홍학은 이 호수에서 소다 물을 마시고 깃털을 씻는다. 홍학 무리는 호수로 흘러드는 강어귀에 모여 있거나 온천에서 멀리 떨어진 곳에서 노닌다. 홍학은 조류(藻類)와 아르테미아새우를 먹는데, 어떤 생물이 더 많은 가에 따라 물의 빛깔이 녹색과 분홍색으로 달라진다. 홍학은 수염고래류처럼 여과 포식자이며, 먹잇감을 찾았을 때 진흙과 물을 거를 수 있는 특수한 부리를 갖고 있다. 먹이의 색소 때문에 홍학의 깃털은 분홍색을 띤다. 이곳은 먹이가 풍부해서 쇠홍학 300만 마리와 유럽홍학 5만 여 마리가 서식한다. 하지만 상황이 항상 이렇게 좋지만은 않다. 1950년대에는 인근의 나쿠루 호수와 엘멘테이터 호수의 물이 다 말라버려서 주변에 뜨거운 먼지만 날리는 바짝 마른 호수 바닥만 남았던 적도 있었다. **MB**

아래 보고리아 호수 주변의 끓어오르는 온천

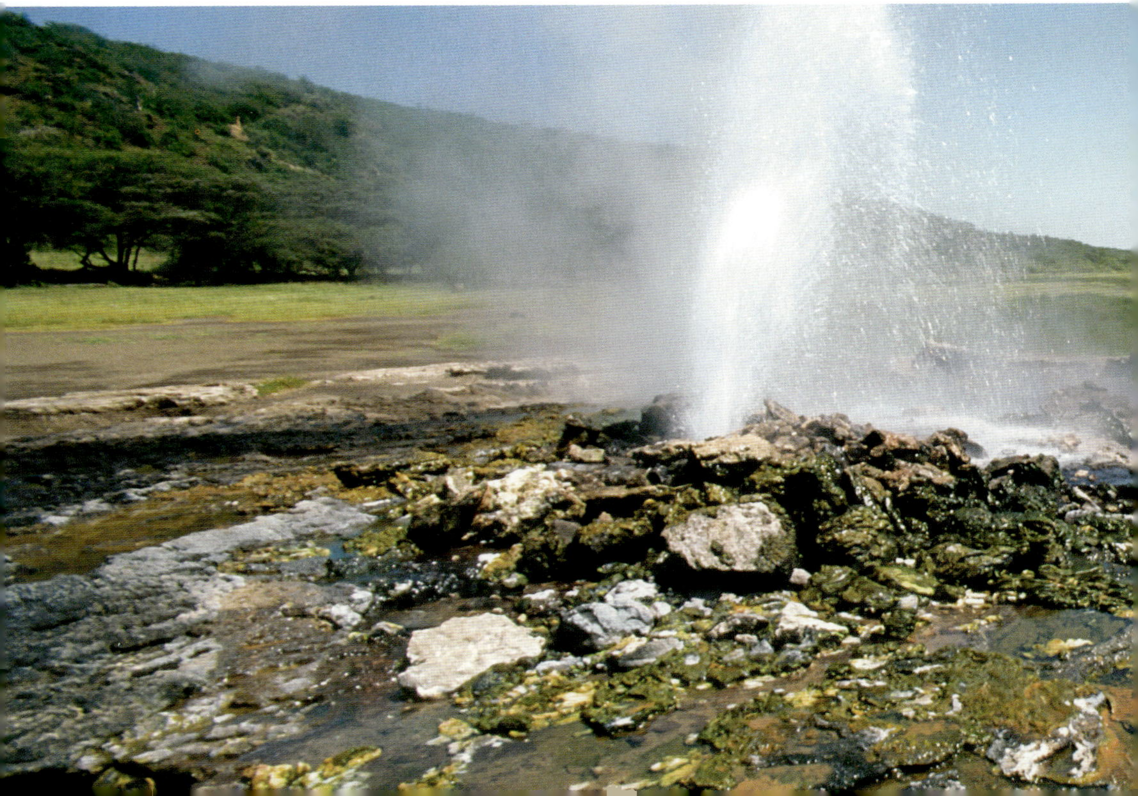

용암 튜브

케냐, 이스턴프로빈스

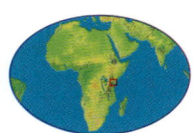

용암 튜브의 길이 : 11킬로미터
리바이어선 튜브의 길이 : 9,150미터

19 38년에 동아프리카의 산악 지형에서 희귀한 자연현상이 관찰되었다. 케냐의 유명한 차보 국립공원의 가장자리에 자리 잡은 사회산에는 세계에서 가장 긴 용암 튜브에 속하는 리바이어선 튜브가 있다. 츄울루힐즈의 2,188미터 높이에 있는 이 튜브는 길이가 9,150미터에 달한다. 물론 이곳의 용암 튜브는 이것이 전부가 아니다. 근처에 형성된 용암 튜브는 전체 길이가 11킬로미터로 세계에서 가장 긴 동굴계이다.

케냐의 동아프리카 지구대에는 또 다른 거대한 용암 튜브가 발견되었다. 웅장한 사화산인 수스와 산에도 16킬로미터에 달하는 용암 튜브가 발견되었는데 전 세계적으로 용암 튜브는 매우 드물다. 용암 튜브가 만들어지려면 특별한 종류와 점성을 지닌 용암이 특정한 각도를 유지하며 산비탈을 내려가야 한다. 또한 표면이 식어서 굳더라도 내부는 뜨거운 새빨간 용암이 계속 흘러야 한다. 만약 화산의 윗부분에 있는 표면이 붕괴하면 공기가 속으로 들어가서 표면과 가까운 부분의 튜브는 텅 비게 된다. 수천 년 동안 빗물이 터널로 흘러들어가면 지하에 종유석과 석순이 만들어질 수도 있다. **AC**

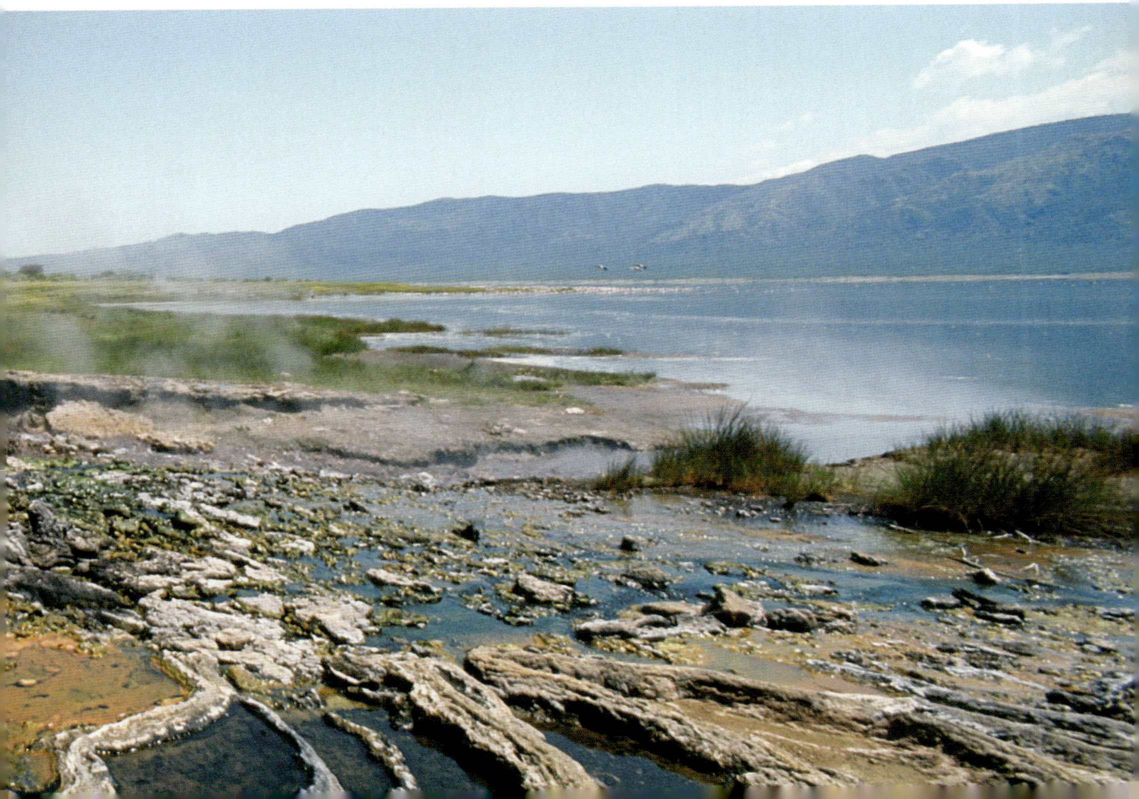

마라 강 횡단

케냐, 동아프리카 지구대

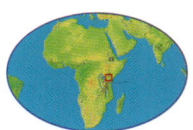

| 마라 강 횡단 횟수 : 연 1회 |
| 기간 : 3주 |

누영양류, 얼룩말과 톰슨가젤 수백만 마리가 9월만 되면 동아프리카의 마라 강가에 모인다. 생존을 목적으로 세렝게티 초원을 수백 킬로미터나 이동한 동물들은 마라 강을 목전에 두고 있다. 그들이 떠나온 땅은 바짝 말라붙었다. 신선한 풀을 먹으려면 비가 내리는 곳으로 이동해야 하는데, 그

러기 위해서 마라 강에 도착한 동물들은 살아남을 수 있는 혹독한 시련을 거쳐야 한다. 마라 강에는 사자나 하이에나가 아니라 나일악어의 위협이 곳곳에 도사리고 있다. 세계에서 가장 큰 악어도 이들을 기다리고 있다. 몇 달 동안 고기는 구경도 못하고 메기로 연명해온 악어들은 몹시 굶주린 상태라 강으로 걸어 들어온 먹이를 마다하지 않는다. 악어들은 동물들의 발자국이 내는 저주파 진동을 감지해 이들이 물을 건너기만을 학수고대한다. 얼룩말이 선봉에 선다. 가족 단위로 움직이는 얼룩말

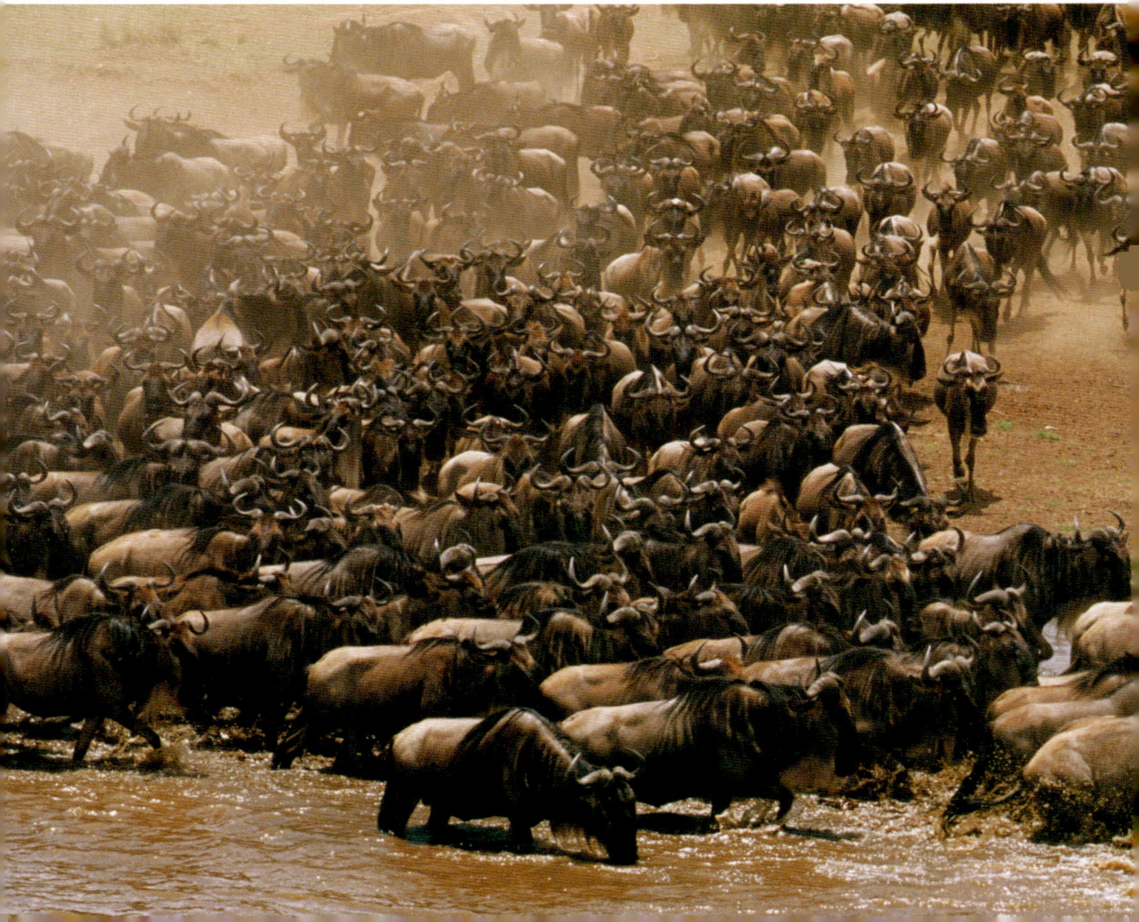

은 무리마다 강력한 수놈이 있어서 안전하게 지나간다. 악어는 무리에 접근하지 않고 무리에서 뒤처진 동물들을 덮친다.

그런데 누는 서로 떠밀다가 동료를 죽게 만든다. 한 번에 너무 많은 무리가 강을 건너다보니 마구 부대껴 밀치다 보면 많은 수가 익사한다. 악어들은 살육의 순간을 가만히 지켜보며 기다리면 된다. 독수리들은 우기보다 건기에 근처에 둥지를 트는데, 먹이가 풍부한 이 시기에 새끼가 부화한다. 다음으로는 덩치가 작은 가젤들이 도착한다. 가젤은 악어를 미처 보지 못하고 소용돌이치는 물속으로 빠져든다. 악어 무리는 물에 빠진 가젤 부근에 어김없이 나타난다. 사자, 솔개와 하이에나도 미처 강을 건너지 못한 먹잇감으로 잔치를 벌인다. 하지만 많은 수가 안전하게 강을 건너고 다시 한 번 자연의 순환이 이루어진다. 누, 얼룩말과 톰슨가젤이 목숨을 걸고 위험한 마라 강을 건너는 장면은 지구에서 가장 웅장하고 장대한 동물들의 이동 장면일 것이다. **MB**

아래 자욱한 먼지를 일으키며 마라 강을 건너는 누 무리

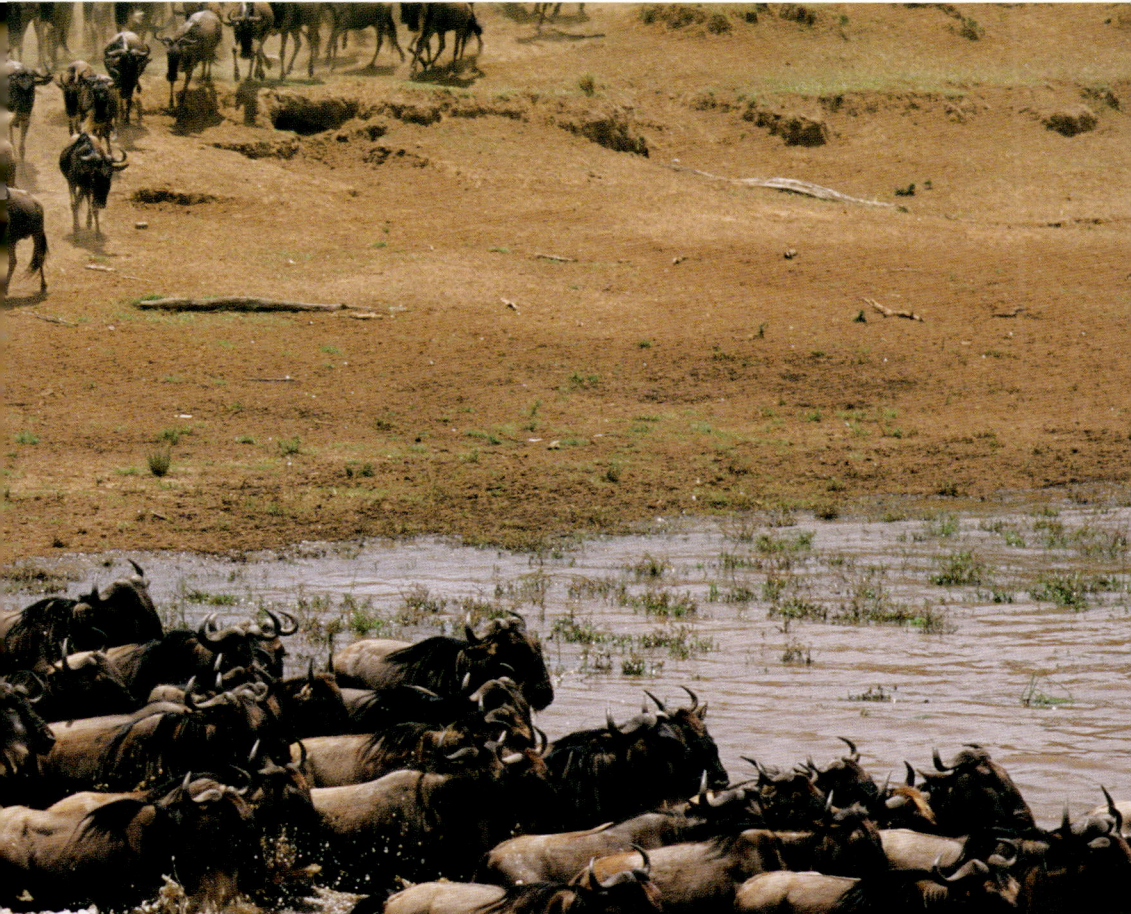

머치슨 폭포

우간다. 굴루 – 마신디

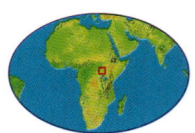

머치슨 폭포의 높이 : 40미터
머치슨 폭포 국립공원의 면적 : 3,840
제곱킬로미터

세계에서 가장 큰 강 중에 하나인 나일 강은 그 시작부터가 남다르다. 강물은 폭 7미터의 바위틈을 비집고 나와 물보라가 자욱한 못을 향해 40미터를 힘차게 떨어져 내린다. 1864년 사무엘 베이커 경이 미지의 대륙 아프리카에서 나일 강의 수원을 찾던 중 이 웅장한 폭포를 발견했다. 그는 이 폭포를 본 최초의 유럽인이었다. 폭포를 본 베이커 경은 당시 영국왕립지리학회의 회장이었던 로드릭

으로 밀려든 나일 강이 넘치는 힘을 주체하지 못해 폭발하듯 하얀 물줄기를 뿜어내는 모습이다. 이는 전 세계 어느 곳에서도 보기 드문 박력 넘치는 모습으로, 물줄기의 세찬 힘에 실제로 바위가 흔들릴 정도이다. 엄청난 물살에 버틸 수 있는 유일한 생물은 무게가 최대 100킬로그램인 거대한 나일농어뿐이다. 나일농어는 가끔 강에서 뛰어오를 때 볼 수 있다. 또한 매우 희귀한 넓적부리황새도 볼 수 있는데, 이 황새는 어린 악어를 반 토막 낼 수 있는 갈고리 같은 부리가 있다고 한다. 그 외에도 작은 공작물총새와 붉은벌잡이새도 서식한다. 알버트 호수와 급류가 흐르는 지역에는 우간다에서 사

> 가장 웅장한 광경은 폭포 상류의 절벽에 난 틈으로 밀려든 나일 강이
> 넘치는 힘을 주체하지 못해 폭발하듯 하얀 물줄기를 뿜어내는 모습이다.
> 이는 전 세계 어느 곳에서도 보기 드문 박력 넘치는 모습이다.

머치슨 경의 이름을 따 이를 머치슨 폭포로 명명했다. 빅토리아 호수에서 알버트 호수를 지나 총 23킬로미터 길이의 카루마 급류를 형성한 거대한 물줄기는 머치슨 폭포에 이르면 신나게 아래로 떨어진다.

머치슨 폭포 국립공원은 우간다 최대의 공원으로 그 면적이 3,840제곱킬로미터에 달한다. 나일 강이 중앙을 가로지르는 공원은 남서쪽은 열대우림이 낮은 산악 지형을 뒤덮고 북서쪽은 사바나가 펼쳐져 있다. 숲에는 침팬지를 비롯한 다양한 영장류가 살고 있으며, 언제나 물고기가 풍부한 강에는 큰 하마와 나일악어가 산다.

가장 웅장한 광경은 폭포 상류의 절벽에 난 틈

냥감이 가장 많은 지역으로 다양한 영양무리, 버펄로, 로스차일드지라프와 코끼리 등이 산다. 이곳은 할리우드의 고전 영화인《아프리카의 여왕》의 촬영지로도 유명하다. **AC**

<u>오른쪽</u> 험준한 바위 절벽을 뚫고 격렬하게 쏟아지는 머치슨 폭포의 물줄기

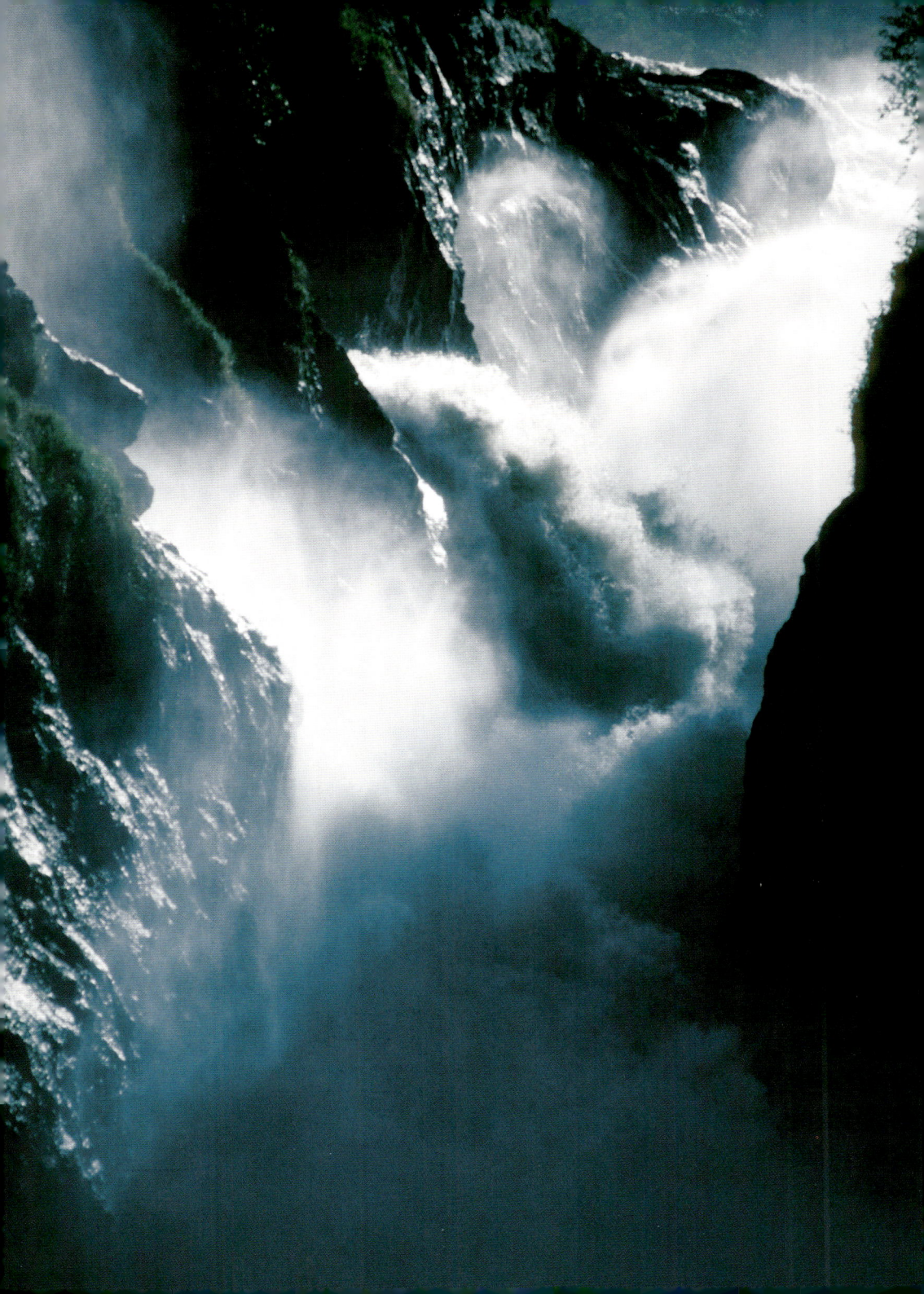

비룽가 산맥

우간다 / 르완다 / 콩고

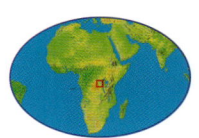

최고봉(카리심비 봉) : 4,507미터
특징 : 마운틴고릴라

우 간다, 르완다와 콩고의 접경 지역에는 여덟 개의 화산이 주위를 호령하고 있다. 이중 여섯 개는 이미 사화산이지만 나머지 화산의 위력은 실로 대단하다. '사령관'이라는 뜻의 니아뮬라기라 봉은 세계에서 화산활동이 가장 활발한 곳이다. 1938년 폭발을 목격한 사람들의 증언에 의하면 용암이 강을 이루어 정상에서 무려 40킬로미터를 흘렀다고 한다. 바로 이웃한 니이라공고 화산도 마찬

귀한 마운틴고릴라가 서식하기 때문이다.

온순한 마운틴고릴라들은 화산 국립공원에서 서식한다. 이 동물은 가족 단위로 산비탈을 이동하며 대나무, 야생 셀러리와 쐐기풀 등을 먹고산다. 수컷은 1.75미터까지 자라며 무게는 195킬로그램 정도 나간다. 자연의 천적은 표범이지만 가장 큰 위협은 바로 사람이다. 고릴라들은 '부시미트(야생동물고기의 밀거래)'로 죽거나 신체 일부가 관광 상품으로 팔렸다. 가령, 사람들은 고릴라의 손으로 재떨이를 만들었다. 이 때문에 개체수가 급감하고 있는데 야생에 사는 고릴라는 현재 700마리도 안 된다. 게다가 지진, 화산 폭발, 전쟁 혹은 과도한

정상에 내리는 눈 때문에 '조개껍데기'라는 뜻의 '느심비'에서 유래한
카리심비는 4,507미터로 여덟 화산 중 최고봉을 자랑한다.

가지이다. 과거에 이 화산의 화구는 거의 완벽한 원형으로 폭이 1킬로미터에 달했다. 그런데 1977년에 다섯 곳에서 틈이 생기더니 용암이 흘러나와 주변을 뒤덮어버렸다. 2002년 1월에 용암이 고마 마을을 초토화시키고 키부 호수에 100만 세제곱미터 정도의 엄청난 용암을 쏟아부으며 13킬로미터나 흘러간 일도 있었다. 그 사이 다른 화산들은 오랫동안 동면하고 있었다. 가힝가 봉은 원뿔 모양의 화구구가 있고 사비니오 봉의 비탈은 톱니처럼 험악하다. 정상에 내리는 눈 때문에 '조개껍데기'라는 뜻의 '느심비'에서 유래한 카리심비는 4,507미터로 여덟 화산 중 최고봉을 자랑한다. 하지만 유명세로 보자면 비소케 봉이 더 알려졌는데, 이는 매우 희

밀렵 중 어느 한 가지 요인이라도 발생한다면 이제 남은 고릴라들은 곧 멸종할 위기에 처하게 되었다. 이 고릴라들의 수호신은 작업 치료사였던 미국인 다이앤 포시였다. 비룽가에서의 업적은 책과 동명인 《안개 속의 고릴라》라는 영화에 잘 나와 있다. 포시는 이 수줍음 많은 동물의 신뢰를 얻으며 18년 이상 그들을 가까이서 연구했다. 그러나 1985년 포시는 침실에서 살해된 채 발견되었고 범인은 아직 오리무중이다. 내란과 온갖 어려움에도 아랑곳하지 않고 고릴라들의 생존을 위해 노력하는 전 세계 보호단체의 연구원들이 못다 한 그녀의 연구를 현재까지 계속하고 있다. **MB**

<u>오른쪽</u> 등반가들이 눈 덮인 비룽가의 하얀 봉우리를 등반하고 있다.

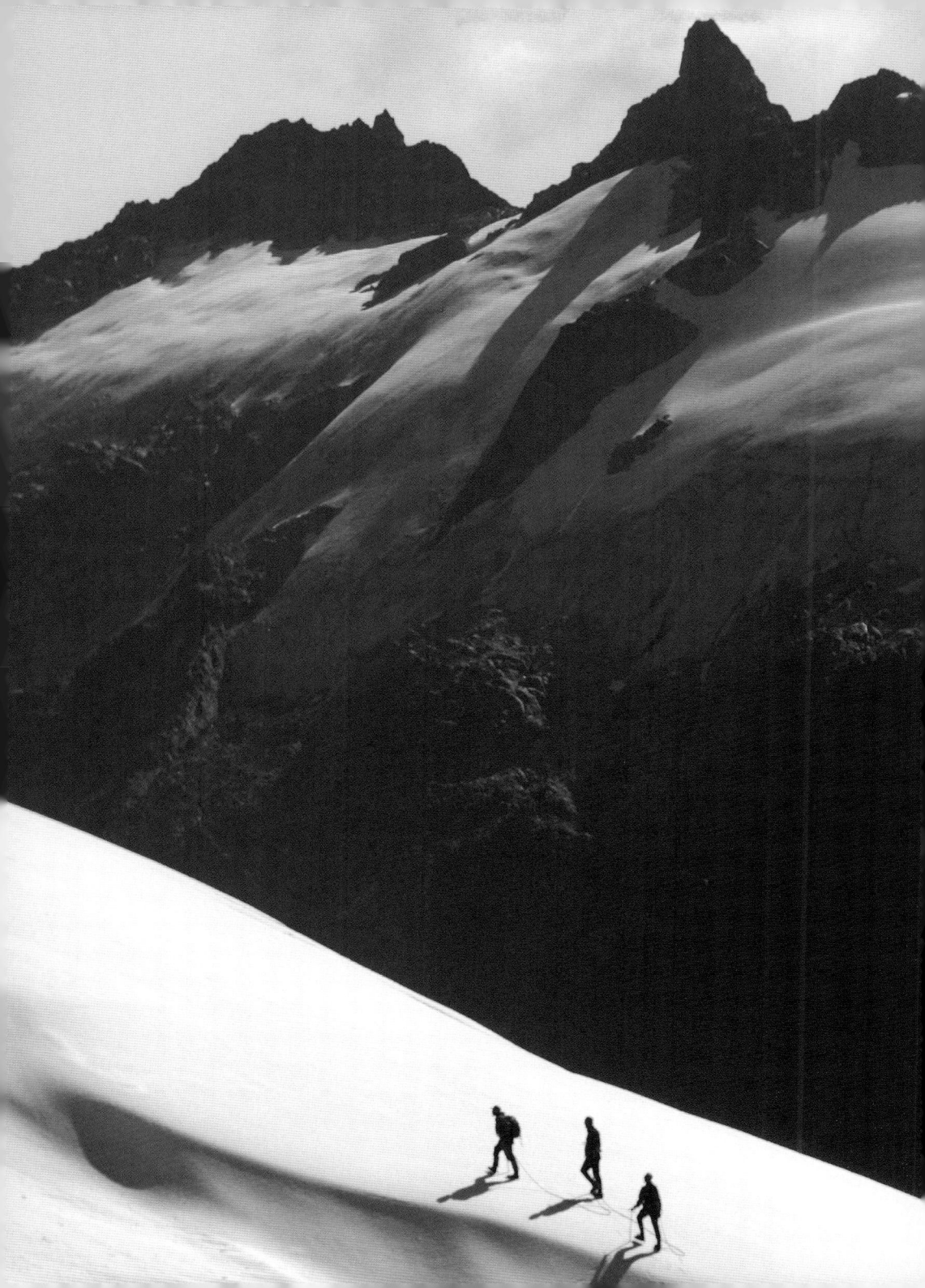

달의 산맥

우간다, 카바롤레 – 카세세 – 분디부고

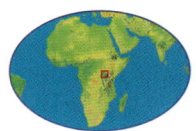

| 달의 산맥의 길이 : 129킬로미터 |
| 최고봉(마르게리타 봉/스탠리 산) : 5,109미터 |
| 생성 시기 : 1,000만 년 전 |

실종된 리빙스턴 박사를 찾은 바로 그 스탠리인 미국의 탐험가 헨리 모턴 스탠리는 1888년에 (르웬조리 산맥의 일부인) 달의 산맥을 처음으로 본 근대 서양인이었다. 당시 스탠리의 기록에 따르면 달의 산맥은 일 년에 300일 동안 구름에 가려있는데 가끔 안개가 걷히는 날이면 비죽비죽한 봉우리들이 열을 지은 모습이 살짝 드러났다. 산맥은 약 1,000만 년 전에 발생한 거대한 지각운동의 결과이다. 적도에서 48킬로미터밖에 떨어져 있지 않지만 이 산맥은 만년설에 덮여 있다. 산 정상에서 2,700미터까지 구름에 덮여 있는 수목한계선 위로는 물에 흠뻑 젖은 땅에서 초대형 개쑥갓과 로벨리아가 자라고, 히스는 12미터까지 자란다. 11월과 12월에는 한 달 동안 510밀리미터가 넘는 비가 내린다. 그곳에 사는 반투 족 말인 르웬조리는 '레인메이커'라는 뜻을 갖고 있다. 고대 그리스의 지리학자들은 이 산맥의 눈이 녹아 나일 강의 수원으로 흘러간다고 했다. 아리스토텔레스는 이 산맥을 '은빛 산맥'이라고 불렀고, 프톨레마이오스는 '달의 산맥'이라고 불렀다. **MB**

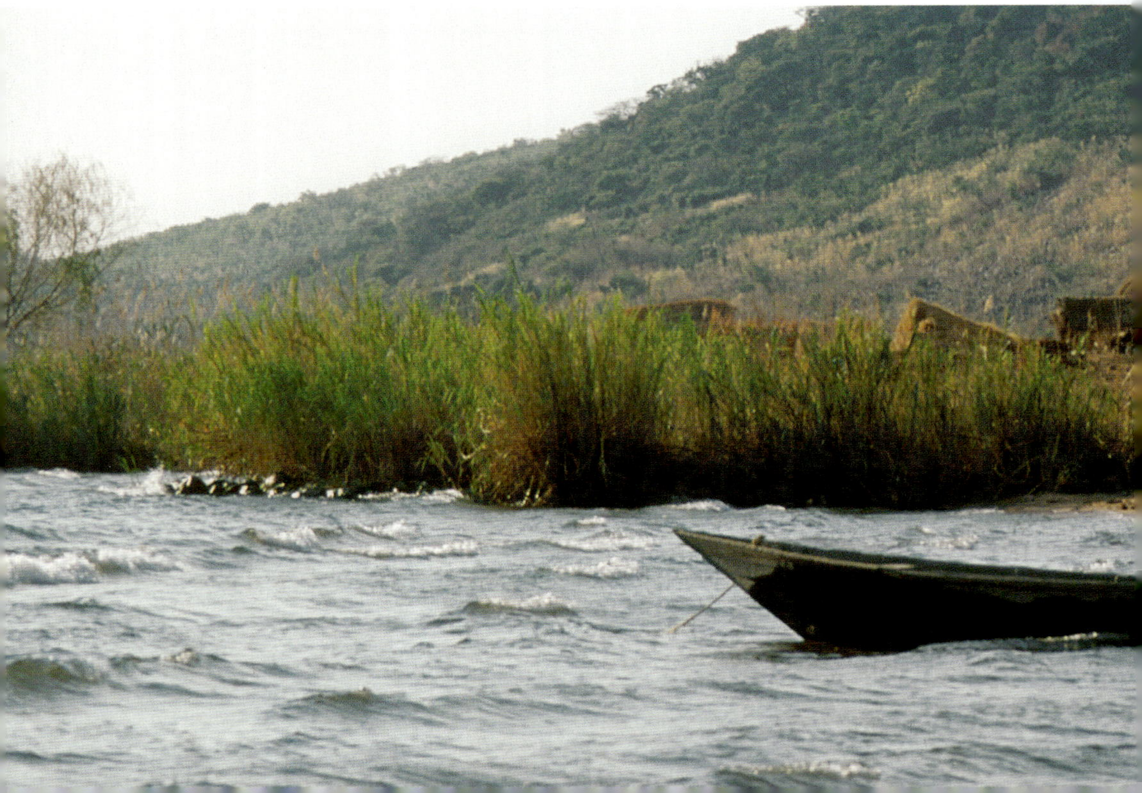

탕가니카 호수

탄자니아 / 콩고 / 부룬디 / 잠비아

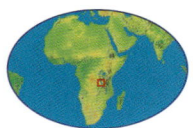

탕가니카 호수의 폭 : 50킬로미터	
호수의 최대 수심 : 1,470미터	
특징 : 시클리드피시	

탕가니카 호수는 나일 강의 수원을 탐사 중이던 탐험가 리처드 버턴과 존 스피크가 1858년에 발견했다. 그들이 찾은 호수는 세계에서 두 번째로 오래되었으며, 아프리카에서 가장 깊은 호수였다. 평균 수심이 570미터에 달하는 탕가니카 호수는 아프리카에서 가장 큰 담수호이다. 호수가 어찌나 깊은지 바닥 가까이의 물은 '화석 물'이다. 다시 말해 수백만 년 동안 호수 바닥까지 아무도 내려가지 않았다. 수면 근처에는 시클리드피시가 서식하는데, 그 종류만 300종 이상이며 이중 3분의 2가 호수의 고유종이다. 이 물고기는 호수 주변의 마을과 도시에 거주하는 주민 100만 명의 주요한 식량인데, 밤에 조명으로 유인해 물고기를 잡는다. 호수의 길이는 약 673킬로미터이며 폭은 평균 50킬로미터에 달한다. 호수는 동아프리카 지구대 사이에 자리 잡고 있는데, 부룬디(8퍼센트), 콩고(45퍼센트), 탄자니아(41퍼센트)와 잠비아(6퍼센트)에 걸쳐 있다. 탕가니카 호수는 1962년부터 매년 45센티미터씩 수위가 낮아지고 있지만 아직은 세계에서 다섯 번째로 큰 호수이다. **MB**

아래 탕가니카 호숫가의 마을

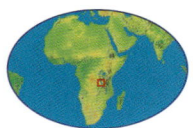

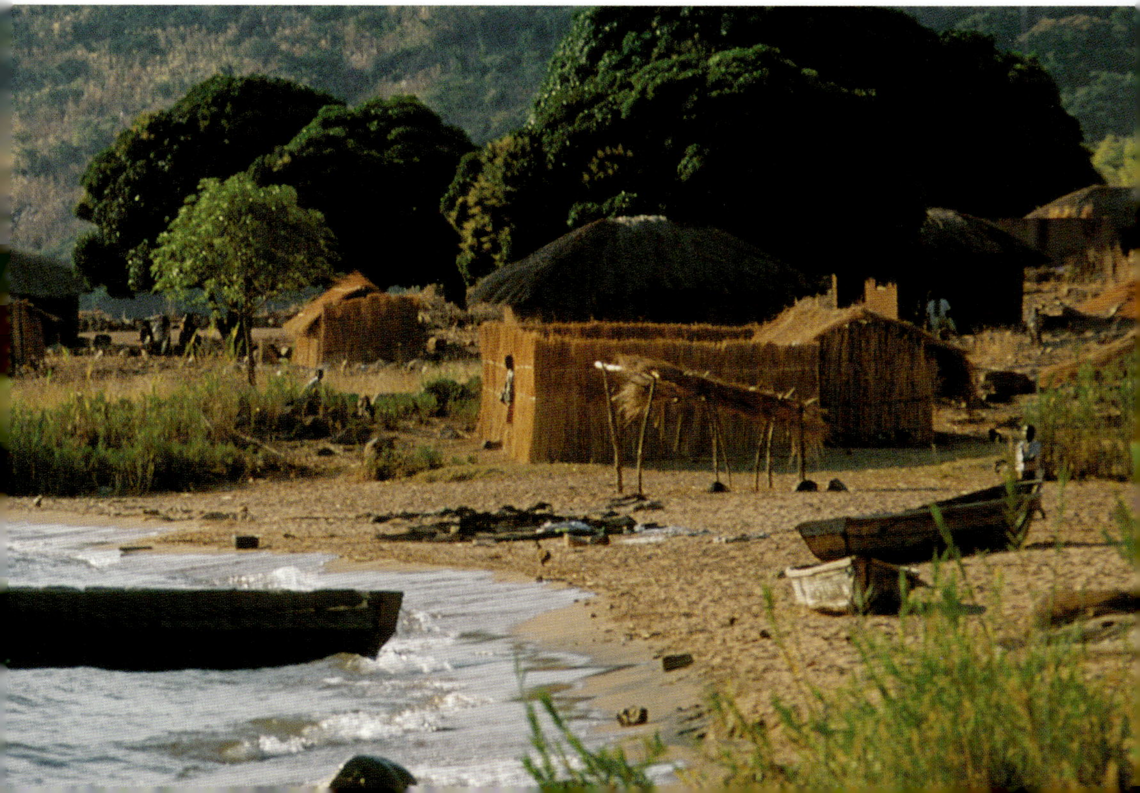

콩고 분지

콩고 민주공화국, 반둔두 / 에퀴에터 / 카사이옥시당탈 /
카사이오리앙탈 / 마니에마 / 오리앙탈레

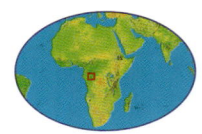

콩고 분지의 면적 : 핵심 열대우림
(1,725,221제곱킬로미터)을 합한 총
3,369,331제곱킬로미터

서식지 : 열대상록우림, 습지와 낙엽수 숲

콩고 분지에는 아마존 다음으로 세계에서 두 번째로 큰 열대우림이 있다. 6,500만 년 동안 울창한 밀림이었던 콩고 열대우림은 세계에서 가장 오래되었으며, 기후가 순환하면서 변하는 동안에도 변함없이 아프리카 야생생물의 방주 역할을 했다. 이곳에는 높이가 65미터나 되는 거대한 나무가 자란다. 복잡한 역사만큼이나 잘 발달된 하천 덕분에 이 지역에만 서식하는 고유종도 발달했

주는 낙엽수 숲도 있다. 콩고 분지는 아홉 개의 걸쳐 있어서 이들 국가는 생태적으로 연결되어 있다. 이들은 힘을 모아 총 2,380억 제곱킬로미터(전체의 7퍼센트)의 보호구역을 관리하고 있으며 1,411억 5,000만 제곱킬로미터에 달하는 핵심열대우림(전체의 8퍼센트)을 보호하고 있다. 여기에는 살롱가(콩고 민주공화국), 누아발레−은도키와 오드잘라(콩고), 윙가−윙게(가봉)과 파로(카메룬) 국립공원들이 있다. 콩고 분지의 핵심 열대우림의 58퍼센트가 콩고 민주공화국의 영토이므로 이 나라의 역할은 매우 중요하다. 이 나라의 열대우림 여섯 곳이 세계유산으로 지정된 사실만으로도 잘 알 수 있

> 6,500만 년 동안 울창한 밀림이었던 콩고 열대우림은 세계에서
> 가장 오래되었으며, 기후가 순환하면서 변하는 동안에도 변함없이
> 아프리카 야생생물의 방주 역할을 했다.

다. 총 면적이 2만 8,051제곱킬로미터에 불과한 적도 기니는 메릴랜드 주보다 작은 나라이다. 그러나 이 나라에 서식하는 고유 식물은 17종이나 된다. 아마존 유역과 달리 콩고의 밀림에는 봉고, 오카피, 고릴라, 침팬지, 난쟁이 침팬지, 아프리카코끼리와 아프리카버펄로 같은 다양한 종류의 대형 포유류가 서식한다. 붉은머리수염꼬리치레, 콩고공작, 수생사향고양이, 날쥐, 비늘꼬리다람쥐와 세계에서 가장 큰 골리앗개구리처럼 희한한 동물들도 살고 있다. 콩고 분지에 서식하는 영장류 역시 매우 다양한데, 한 지역에서 16종까지 보고되기도 했다. 이곳에서는 전체적으로 68종의 영장류가 서식하는 것으로 알려졌는데, 반 이상이 다른 지역에서는 볼 수 없는 자생종이다. 이곳의 상록우림은 주로 콩고강 분지에 집중되어 있지만 우림과 사바나를 이어

다. 다행스럽게도 콩고 민주공화국은 친자연보호국가로, 최근에는 국립공원 한 곳의 면적을 130만 헥타르로 다섯 배로 늘렸으며 110만 헥타르에 달하는 지역의 벌채권을 취소했다. **AB**

<u>오른쪽</u> 코끼리 무리가 비옥한 콩고 분지를 한가로이 노닐고 있다.

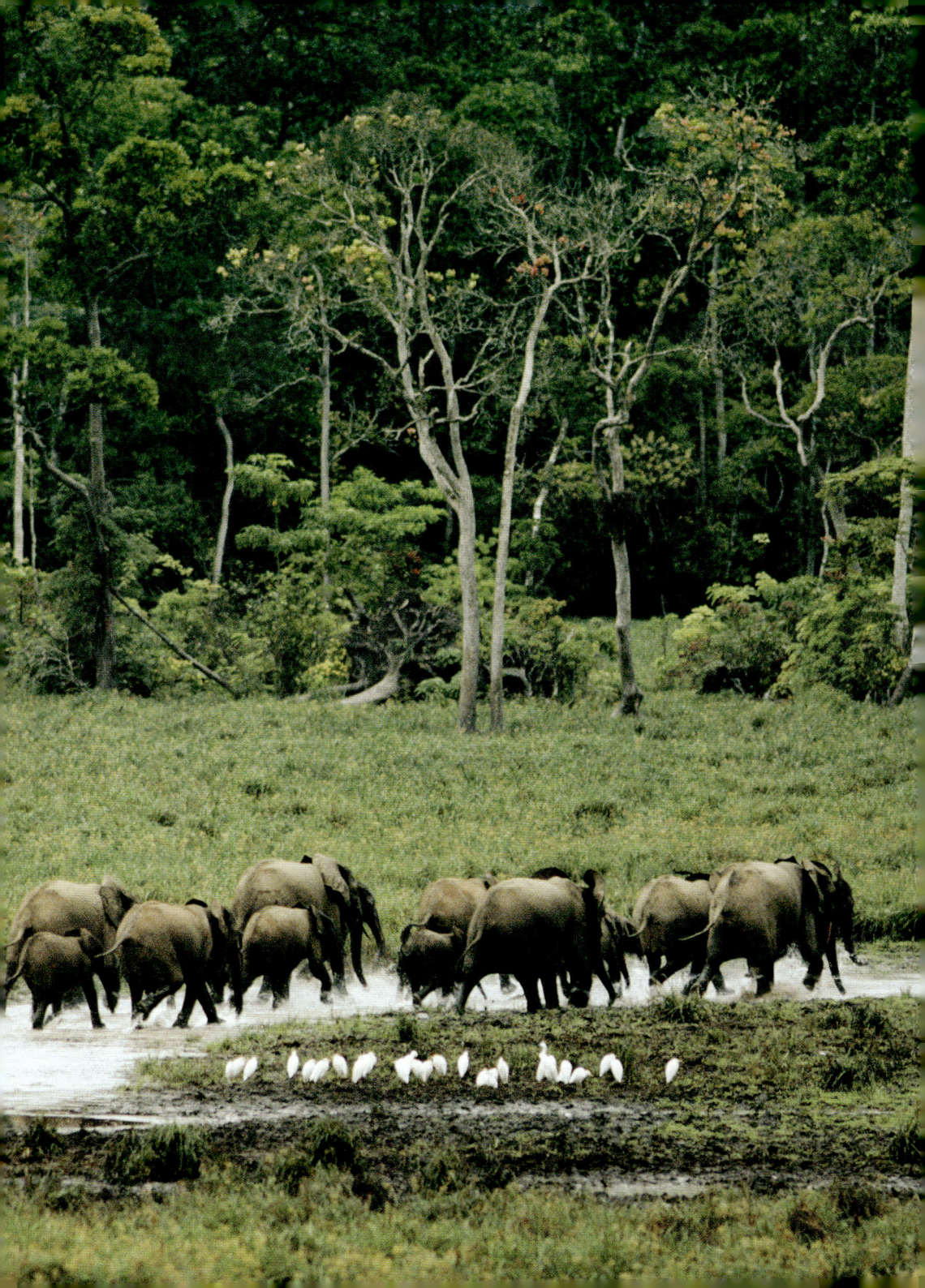

키부 호수

콩고 / 르완다

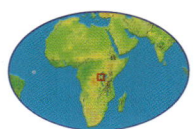

| 호수의 해발 고도 : 1,459미터 |
| 호수의 최대 수심 : 400미터 |

아프리카 깊은 곳에 꼭꼭 감추어진 키부 호수는 비룽가 산맥의 화산에서 끓어 넘친 용암이 강줄기를 막아서 만들어졌을 것으로 추측하고 있다. 탄산가스가 호수 바닥을 뚫고 나와 모이지만 곳에 따라 수심이 400미터에 달하는 거대한 물 덩어리에 갇혔다. 그러나 소규모 지각운동이나 2002년에 니이라공고 화산에서 용암이 호수까지 흘러온 것과 같은 화산활동만으로도 탄산가스는 호수에서 빠져나올 수 있다. 공기보다 무거운 탄산가스가 호수 주변으로 낮게 퍼지면 인간을 포함한 모든 동물을 질식시킬 것이다. 1984년과 1986년에 이런 사고가 카메룬의 모눈 호수와 니오스 호수에서 발생해 수천 명이 목숨을 잃었다. 키부 호수에 도사리는 두 번째 위험은 탄산가스가 미생물의 작용으로 메탄으로 바뀌는 것이다. 물 밖으로 나온 메탄에 불꽃이 닿기라도 하면 엄청난 화재가 발생할 수 있다. 하지만 키부 호수를 본 사람들은 이곳을 아프리카에서 가장 아름다운 절경의 하나로 꼽는다. '천 개의 언덕의 땅'이라고 하는 고도 1,459미터에 있는 키부 호수는 아프리카에서 가장 높은 곳에 있는 호수이다. **MB**

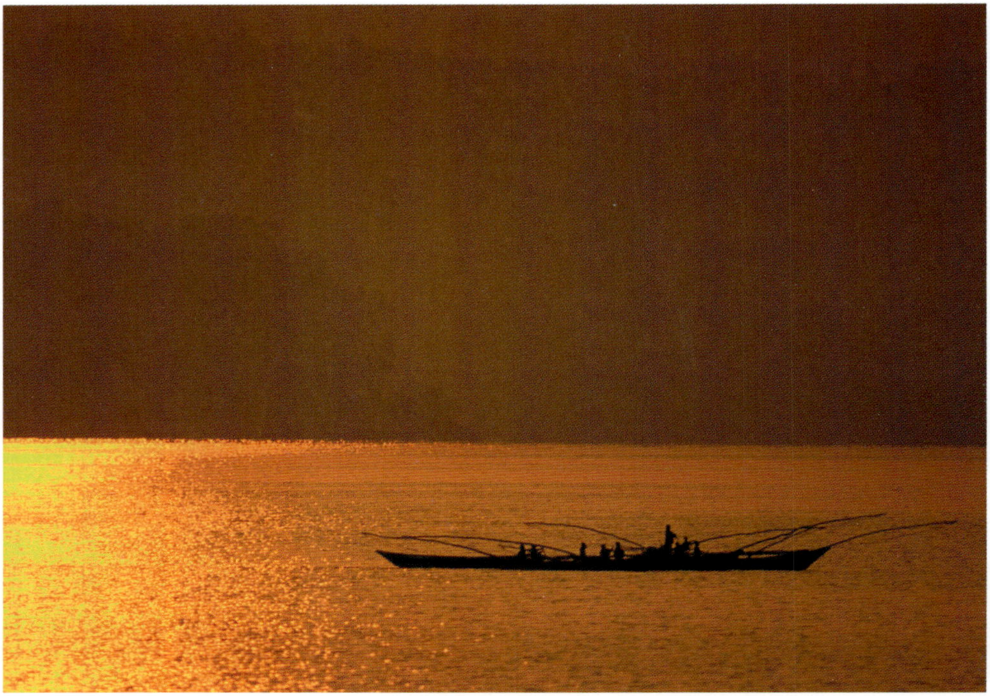

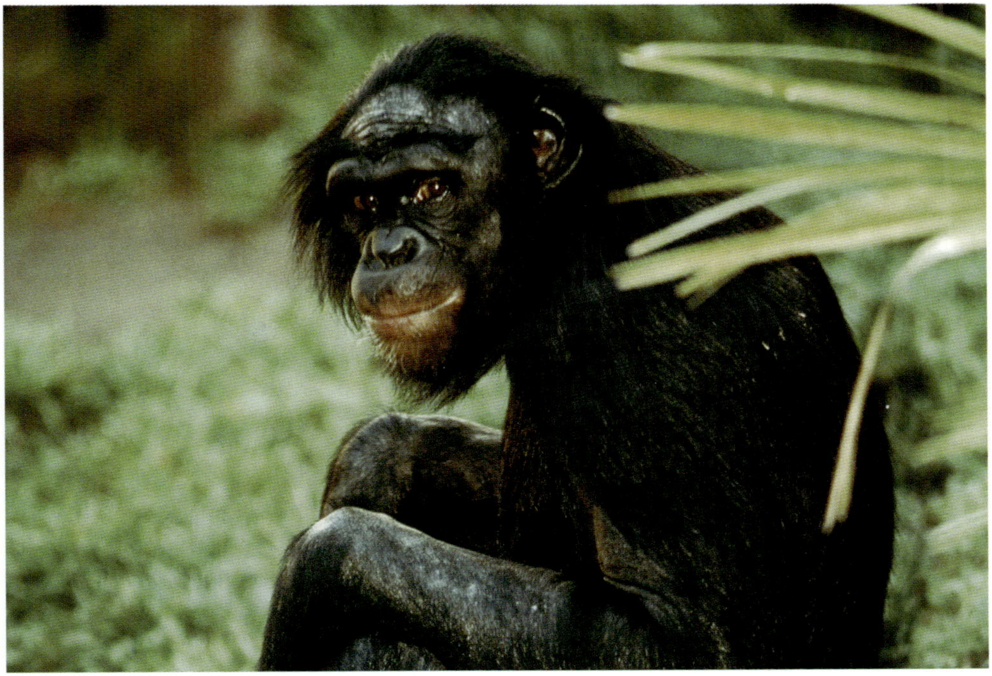

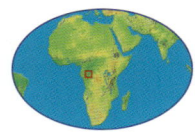

콩고 강

콩고 민주공화국, 샤바 주

강의 길이 : 4,700킬로미터

강의 유량 : 초당 42,000세제곱미터

잠비아 국경의 초원에서 대서양으로 흐르는 콩고 강은 가장 울창한 정글과 아프리카에서도 가장 개척이 덜 된 지역을 굽이쳐 흐른다. 웅장한 협곡을 통과한 후 아찔한 절벽에서 수직으로 낙하하거나 맹그로브 숲, 울창한 정글과 갈대밭이 펼쳐진 습지를 구불거리며 흐르는 콩고 강은 인도만 한 크기의 면적을 지나 흐른다. 콩고 강은 루알라바 강에서 시작해 깊은 골짜기와 습지를 지나 물새의 천국인 키살레 호수로 들어간다. 강물은 어느덧 폭이 넓어진 후 가파른 협곡으로 떨어져 내린다.

이 협곡은 폭포들이 줄지어 서 있어서 '지옥의 입구'라고 부른다. 더 하류로 내려가면 열대우림으로 이어진다. 이곳의 보요마 폭포는 총 90킬로미터의 거리에 폭포가 연속해 있어서 총 60미터를 낙하한다. 이곳에서 토해내는 물의 양은 세계 최고 수준이다. 정글이 점점 줄어들면 강폭이 넓어져서 말레보풀이 자라기 시작한다. 강물이 바다로 나가기 바로 직전에는 리빙스턴 폭포가 콩고 강의 긴 여행의 대미를 장식한다. 강물은 무려 220미터를 떨어져 내리는데 이 모습을 본 헨리 모턴 스탠리는 '물의 지옥으로 가는 내리막길'이라고 했다. **MB**

킬리만자로 산

탄자니아, 킬리만자로

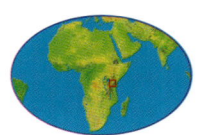

다른 이름 : 올도이니오오이보(마사이어), 킬리마은자로(스와힐리어)

화산의 상태 : 사화산

탄자니아 북부의 아프리카 평원에 우뚝 솟은 눈 덮인 봉우리의 킬리만자로 산만큼 유명한 산도 드물다. 해발 5,595미터의 킬리만자로는 아프리카 대륙의 최고봉이자 홀로 솟은 산 중에서는 세계 최대 규모이다. 동아프리카 지구대 위로 우뚝 솟은 인류 조상의 보금자리인 이 산은 여전히 신비로움을 간직하고 있다.

마사이 족이 올도이니오오이보라고 부르는 킬과, 나무고사리와 덤불이 울창한 숲 지대가 나온다. 나무가 드문 지역에는 높이가 3미터에 달하는 거대한 로벨리아를 비롯해 다양한 꽃들이 만발해 있다. 콜로부스와 블루멍키가 숲에 서식하며 산기슭에는 어슬렁거리는 코끼리를 볼 수 있다. 2,900미터부터는 숲이 갑자기 사라지고 히스와 거대한 개쑥갓이 무성한 황무지가 펼쳐진다. 더 높은 곳은 오로지 작은 이끼와 지의류만 자라는 황무지가 나오다가 마지막으로 만년설과 바위만 남게 된다. 무척 높은 산이지만 정상까지 등반하기는 비교적 쉬운 편이어서 매년 이곳을 찾는 등산객은 수천 명에 이른다. 높은 곳에서는 고산병이 발생하고, 잘못하

> 탄자니아 북부의 아프리카 평원에 우뚝 솟은
> 눈 덮인 봉우리의 킬리만자로 산만큼 유명한 산도 드물다.

리만자로 산은 세 개의 화산으로 구성된 화산괴이다. 가장 젊고 높은 키보 봉이 서쪽으로는 시라 봉과 동쪽으로 마웬시 봉을 거느리고 우뚝 솟아 있다. 키보는 거의 완벽한 원뿔 모양 화구구를 유지하고 있으며 분화구의 폭은 무려 2.4킬로미터에 달한다. 지난 300년간 비옥한 산기슭에 거주한 와차가 족의 전설에 따르면, 마웬시가 동생인 키보에게 불을 빌려 파이프에 불을 붙였다고 전해진다. 최근의 화산활동을 보면 전설이 어느 정도 맞아떨어진다. 화산은 여전히 증기와 유황 가스를 뿜어내고는 있지만 활동은 하지 않고 있기 때문이다. 산기슭의 경작지는 1,800미터 높이에서 끝이 나고 무화면 목숨을 잃을 수도 있으므로 천천히 등반을 해야 한다. 정상까지는 여섯 가지의 루트가 있는데 난이도와 특징이 모두 다르다. 등산객과 가이드를 위한 숙박시설이 길을 따라 마련되어 있다. 마지막으로 정상 등반은 자정 무렵에 시작하는 것이 좋은데, 한참을 오르다 보면 정상에서 환상적인 일출을 즐길 수 있을 것이다. **MM**

오른쪽 킬리만자로 산의 눈 덮인 봉우리

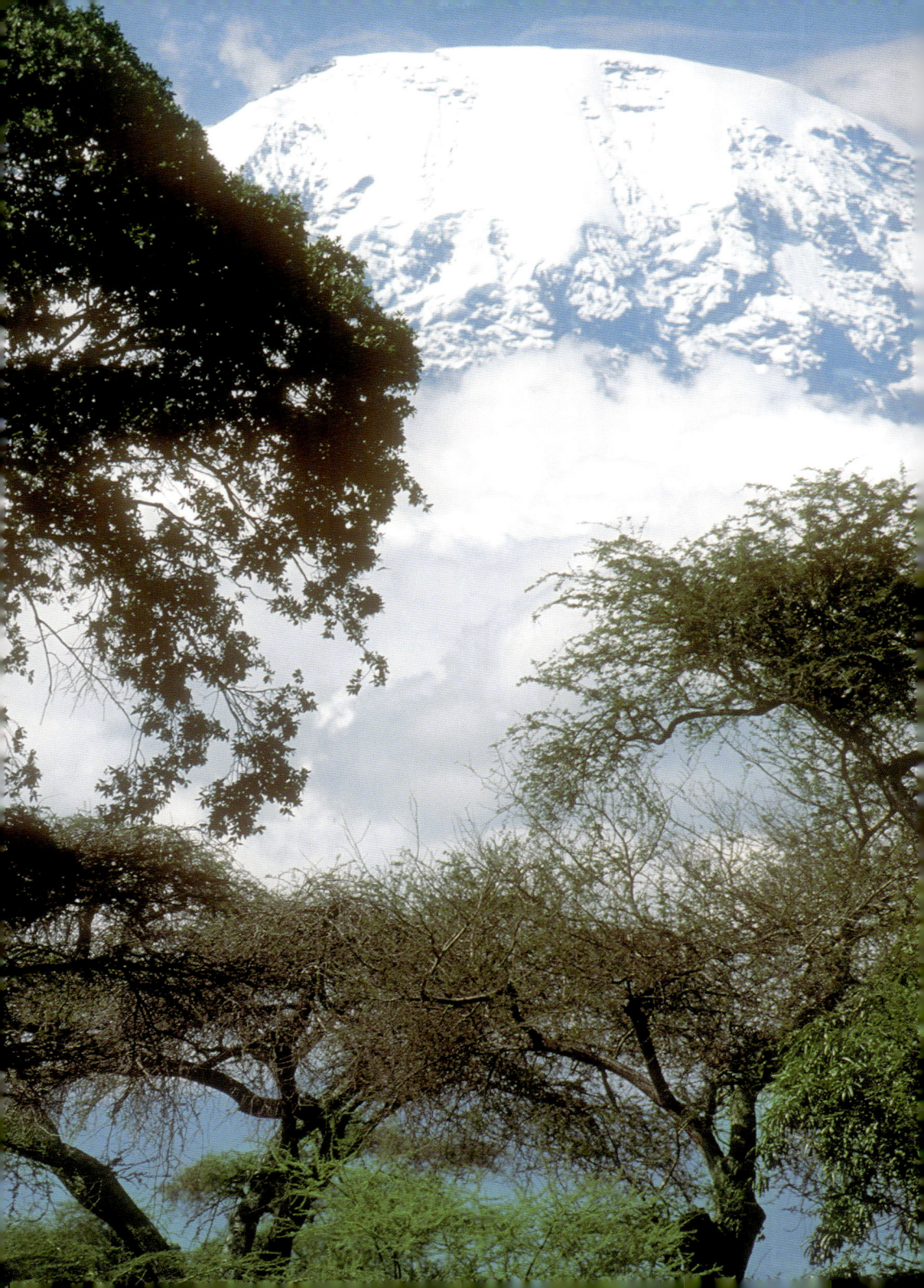

올도이니오렝가이

탄자니아, 아루샤 주

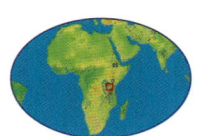

올도이니오렝가이의 높이 : 2,856미터	
분화구의 지름 : 300미터	
특징 : 세탁소다	

탄자니아 북부 세렝게티의 가장자리에 있는 크레이터하이랜즈에는 산 정상에 하얀 얼룩이 있는 것 같은 회색 화산이 숨어 있다. 마사이 족은 이 산을 '신의 산'이라는 의미로 올도이니오렝가이라고 부른다. 엥가이 신이 사는 성스러운 곳이기 때문이다. 이 지역에 가뭄이 심해지면 마사이 족은 산기슭으로 내려가서 기우제를 드린다. 렝가이 산은 매우 독특한 화산이다. 화산이 폭발하면 검은 재와 함께 카보나타이트도 분출되는데 이 물질이 공기 중 수분과 반응해 세탁소다가 된다. 겨우 2,856미터인 산의 정상에 마치 만년설이 쌓여 있는 것 같이 보이지만 실은 하얀 거품이다.

지름 300미터의 분화구는 여섯 시간 정도 걸어서 도착할 수 있다. 정상에 서면 몇 초마다 용암을 분수처럼 뿜어대는 배출구를 볼 수 있다. 렝가이 산은 쉬지 않고 들썩거리지만 가장 최근의 대형 폭발은 1966년과 1967년 폭발이었다. 1966년에는 화산이 열흘 동안 흔들리더니 격렬하게 폭발하고 말았다. 당시 화산 구름이 1만 미터 상공에 형성될 정도였다. 이틀 만에 검은 재는 지저분한 눈처럼 하얗게 변했다. **MB**

나트론 호수

탄자니아, 아루샤 주

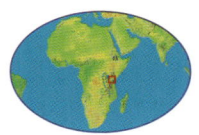

호수의 길이 : 56킬로미터	
호수의 폭 : 24킬로미터	
겔라이 화산의 높이 : 남동쪽을 기준으로 2,942미터	

동아프리카에는 소다가 침전된 호수들이 길게 줄지어 있는데 그중 나트론 호수는 가장 남쪽에 위치해 있다. 소다는 탄산수소나트륨으로 인근 화산에서 흘러나온 '세탁소다'이다. 호수로 흘러드는 하천은 알칼리성 토양에 함유된 소다를 씻어낸다. 그래서 호수의 소다 농도는 계속 높아지고 홍학을 제외하고 그 어떤 생물도 살 수 없게 되었다. 수십만 마리에 달하는 홍학 무리는 얕은 기슭의 높은 진흙 둔덕에 둥지를 튼다. 소다로 덮인 호숫가는 자칼이나 하이에나 같은 천적으로부터 홍학을 보호해 준다. 천적들이 홍학의 번식지에 접근하려고 하면 소다 때문에 화상을 입게 된다. 1950년대에 레슬리 브라운이라고 하는 조류학자가 그런 사고를 당했다. 그는 나트론 호수의 홍학을 조사하던 중이었는데 호숫가에서 11킬로미터 떨어진 곳에서 번식지를 향해 출발했지만 부식성 진흙에 빠지고 말았다. 식수는 소다에 오염되고 설상가상으로 더위가 너무 심해서 그는 간신히 야영지로 돌아왔다. 그는 그대로 혼절했고 사흘 동안 의식이 반쯤 잃은 상태였다. 게다가 다리는 소다로 인해 검게 타고 물집이 생겼다. 그는 6주 동안 입원을 했는데 대대적인 피부 이식 수술을 한 끝에 다리를 살리고 목숨을 부지할 수 있었다. **MB**

응고롱고로 분화구

탄자니아, 아루샤 주

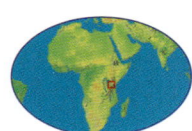

응고롱고로 분화구의 면적 : 160제곱킬로미터

분화구의 생성 시기 : 250만 년 전

마사이어로 '큰 구멍'을 의미하는 응고롱고로는 아프리카에서 가장 야생생물이 풍부한 거대한 분화구이다. 면적이 160제곱킬로미터인 이곳은 누 영양 수천 마리, 얼룩말, 코끼리와 사자를 비롯한 대형 포유류 50종과 타조에서 오리까지 조류 200종이 서식한다. 자연의 천국인 응고롱고로는 250만 년 전에 화산이 분화한 후 정상이 붕괴해 만들어졌다. 북서쪽의 라운드테이블힐이 고대 화산의 유일한 흔적이다. 칼데라(분화구)의 가장자리가 붕괴되지 않고 잘 보존된 곳 중에서 세계 최

대의 크기를 자랑한다. 전 세계 과학자들이 포식자와 먹이의 관계, 유전적 고립과 동계교배를 연구하는 이곳은 살아 있는 연구소이다. 분화구 밖에서 사는 동물과 달리 이곳의 동물은 이동을 하지 않는다. 우기에는 드넓은 평원에서 살고 우기에는 뭉게 습지의 습지대에서 지내는데, 일 년 내내 물과 먹이가 풍부해서 이곳을 떠날 이유가 없기 때문이다. 덕분에 응고롱고로 분화구는 동아프리카 야생 생태계를 그대로 축소해 놓은 곳이 되었다. **MB**

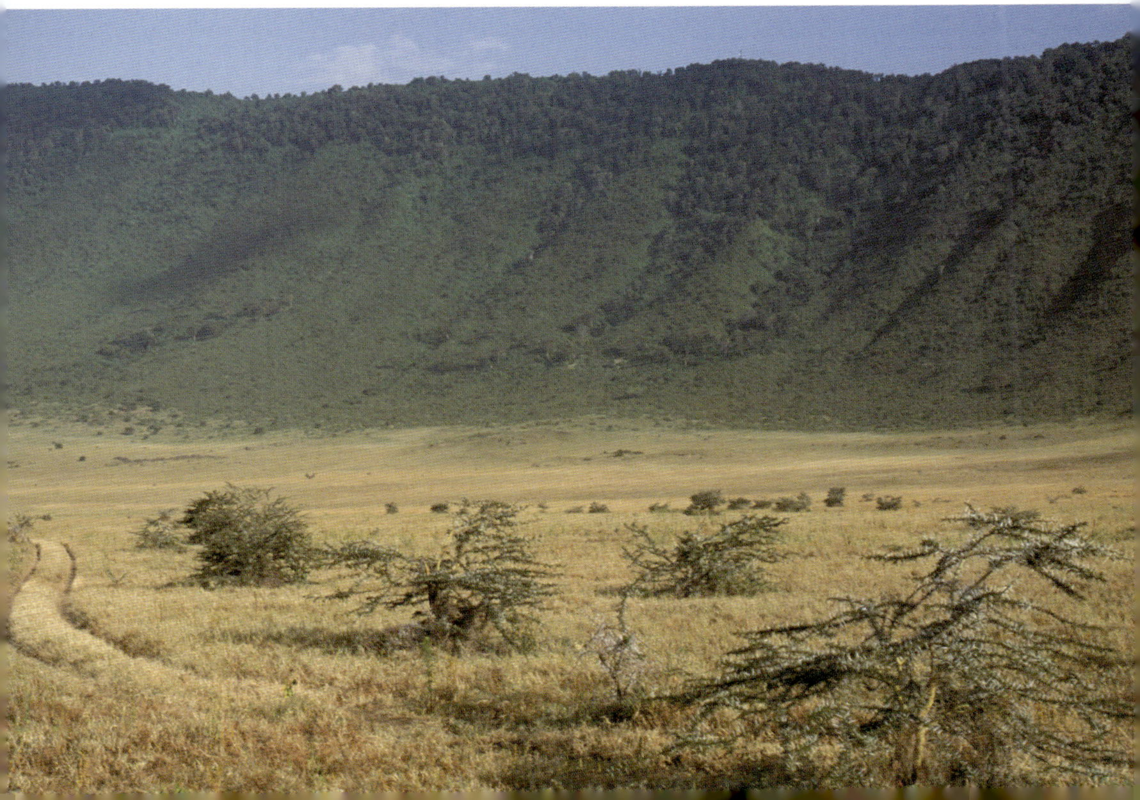

세렝게티

탄자니아, 마라 주 – 아루샤 주 – 신양가 주

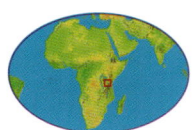

면적 : 14,631제곱킬로미터
해발 고도 : 920~1,850미터
우기 : 3~5월, 10~11월

1913년 나이로비에서 남쪽으로 떠난 탐사대의 일원이었던 스튜어트 에드워드 화이트는 이렇게 기록했다. '우리는 시커멓게 타버린 지역을 몇 킬로미터나 걸었다. (중략) 그러다 문득 녹음이 우거진 강이 눈에 들어왔다. 그리고 3.2킬로미터를 더 걷자 눈앞에 낙원이 펼쳐졌다.' 그 낙원이 바로 세계에서 가장 유명한 야생생물보호구역인 세렝게티이다.

1만 4,631제곱킬로미터에 달하는 세렝게티 국립공원은 평원이 끝없이 펼쳐진 곳으로 응고롱고은 육식동물도 풍부하게 서식한다. 그뿐만 아니라 이 공원에서 보고된 조류도 500여 종에 가깝다.

지구상에서 볼 수 있는 가장 웅장한 광경으로 매년 반복되는 동물들의 이동을 빼놓을 수 없다. 누와 얼룩말 수십만 마리가 풀을 찾아 거대한 평원을 횡단한다. 이들이 한번 이동을 시작하면 그 무엇도 막을 수 없다. 무서운 맹수들이나 드넓은 마라 강도 마찬가지이다. 수많은 동물들이 강을 건널 때 익사하거나 악어 밥이 된다.

직업 사냥꾼들의 남획으로 사자 수가 급감하자 1921년에 이 지역은 금렵구역으로 지정되었으며 1951년에는 국립공원으로 격상되었다. 이런 조치를 내렸지만 마사이 족은 공원의 동쪽 경계 지역에서 목축을 하고, 서쪽 경계 지역에서는 농사를 짓

> 지구상에서 볼 수 있는 가장 웅장한 광경으로
> 매년 반복되는 동물들의 이동을 빼놓을 수 없다.
> 누와 얼룩말 수십만 마리가 풀을 찾아 거대한 평원을 횡단한다.

로 보호구역과 케냐 국경을 넘어가는 마라 금렵지역과 함께 세계에서 가장 크고 가장 다양한 야생생물이 서식하는 지역이다. 마사이 족은 이곳을 '시링기투'라고 부르는데, '땅이 영원히 이어진 곳'이라는 의미이다.

세렝게티는 다양한 서식지가 독특하게 결합돼 있기 때문에 매우 다양한 야생생물이 서식하고 있다. 이 지역에 사는 대형동물은 그 종이 3백만을 헤아릴 정도이다. 바위타기영양, 패터슨영양, 디크디크영양, 토피, 가젤과 임팔라 등 이곳에서 서식하는 다양한 영양류도 세렝게티의 자랑거리 중 하나이다. 코뿔소, 코끼리, 기린과 하마처럼 큰 동물들도 많은 편이며, 사자, 치타, 표범과 하이에나 같는 사람들이 급격히 늘고 있다. 특히 밀렵 문제는 심각한데, 밀렵을 줄이려고 현지 주민을 공원 관리에 참여시키고 그것으로 경제적 혜택도 받을 수 있게 하는 제도를 시행 중이다. 지역적으로 완충 지대를 설치하는 등 이곳을 보호하려는 노력은 큰 효과를 보고 있다. 덕분에 세렝게티의 야생생물은 번성하고 있다. 하지만 가뭄, 과도한 방목과 질병은 언제라도 섬세한 생태계를 해칠 수 있으므로 이곳을 영원한 낙원으로 보호하기 위한 세심한 관리가 필요하다. **MM**

<u>오른쪽</u> 세렝게티에 있는 자신의 영역을 돌아다니는 암사자

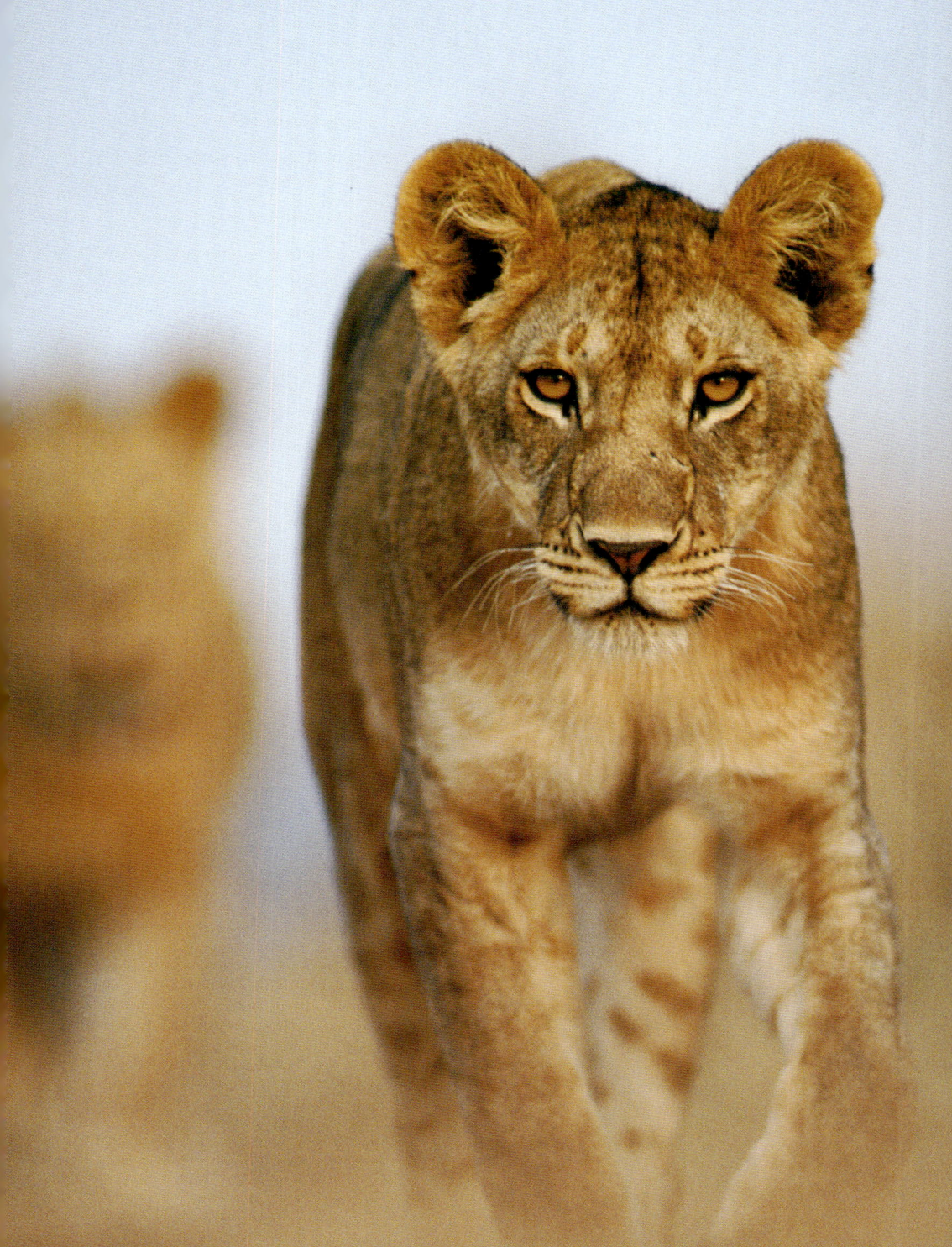

우삼바라 산맥

탄자니아, 탕가

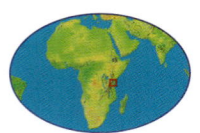

우삼바라 산맥의 최대 해발 고도 : 1,505 미터

서식지 : 저지의 습한 삼림, 운무림, 왜관 목림, 특수한 바위 서식지, 열대 황무지

암석의 종류 : 오래된 결정체 화성암

우삼바라는 이스턴아크라고 부르는 1억 년 된 연쇄산맥의 일부이다. 특히 우삼바라 산맥은 사바나로 에워싸여 숲이 들어선 다른 지역과 오랫동안 단절되었다. 그래서 이 산맥에만 자생하는 동물과 식물의 종이 많은 편이며, 아프리카에서 가장 서식지가 다양한 곳으로 손꼽는다. 산은 가파른 편이며 바다와 가까워서 습기가 풍부한 바람이 불어오기 때문에 연평균 강수량이 2,000밀리미터에 달한다. 과거에 아프리카 대륙의 기후가 매우 건조해졌을 때에도 이 산맥의 숲만은 잘 보존되었다. 이렇게 안정적인 환경을 갖춘 숲이 대략 3,000만 년이나 유지되어 온 것이다. 고유종이 풍부하다는 것은 진화 연구를 위해서 우삼바라가 갈라파고스 군도만큼이나 중요하다는 것을 의미한다. 과거에는 분명 친척 관계였지만 지금은 별개의 종이 된 동식물이 바위산 양쪽에서 서식하고 있다. 이 지역에만 서식하는 조류도 350종에 달한다. 우삼바라에 서식하는 것으로 보고된 식물은 총 2,855종이며 이 중 25퍼센트가 고유종이다. 현재 여러 국제단체가 우삼바라를 보호하려고 노력하고 있다. **AB**

맘빌리마 폭포
─ 루아풀라 강

잠비아 / 콩고 민주공화국

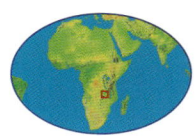

므웨루 호수의 해발 고도 : 930미터

호수의 표면적 : 4,650제곱킬로미터

잠비아의 북부와 콩고 민주공화국의 국경을 따라 흐르는 루아풀라 강은 길고 꼬불거리는 계단처럼 생긴 지역을 흘러오다가 반짝이는 은빛 리본처럼 5킬로미터를 유유히 흘러간다. 맘빌리마 폭포는 오히려 비탈진 곳의 급류라고 해야 더 정확한데, 위에서 내려오는 강물을 아래 지역과 연결해 주며 루아풀라 강을 따라 생태계가 어떻게 변화하는지 잘 보여준다.

폭포 상류에서 강물은 천천히 흐른다. 강이 통과하는 지역은 세계에서 가장 넓은 습지의 하나인 방궤울루 습지이다. 이곳을 지나 맘빌리마 급류를 신나게 떨어진 강물은 루아풀라 계곡으로 들어간다. 계곡에 들어선 강줄기는 얕은 범람원, 습원과 석호로 흘러갔다가 마지막으로 콩고와 접해 있는 므웨루 호수로 들어간다. 이 호수에는 영양, 하마, 악어, 얼룩말과 어류 90종이 서식한다. 특히 전 세계적으로 멸종 위기에 처해 있는 볼장식두루미의 서식지로 유명하다. **DBB**

루앙과 계곡

잠비아, 이스턴프로빈스 – 노던프로빈스

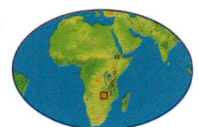

북부 루앙과 국립공원의 면적 : 4,636 제곱킬로미터
남부 루앙과 국립공원의 면적 : 9,065 제곱킬로미터
무칭과 절벽의 해발 고도 : 1,100미터

루앙과 계곡은 동아프리카 지구대의 가장 끝 지점에 있다. 계곡은 별로 깊지 않으며 바닥이 평평해서 강이 매우 천천히 흐른다. 그 결과 유속이 느린 강에서 전형적으로 나타나는 곡류, 초승달 호와 석호가 잘 발달해 있다. 이런 지형은 특히 우기에 엽조와 야생조류에게 중요한 서식지가 되며, 하마, 코끼리, 화이트임팔라, 쏘니크래프트기린, 그레이터쿠두, 쿡손누영양, 버펄로, 얼룩말, 사자, 표범과 하이에나가 서식하는 아프리카 최대의 야생지역을 이루고 있다. 루앙과의 두 국립공원은 걸으면서 볼 수 있는 사파리로 유명하다. 남부 루앙과 국립공원은 잠비아에서 가장 유명한 야생생물 보호구역이다. 면적이 9,065제곱킬로미터로 루앙과 강에서 무칭과 절벽까지 이어진 범람원과 사바나가 펼쳐져 있다. 무칭과 절벽은 계곡 서쪽에 바닥에서 800미터 높이로 우뚝 솟은 절벽이다. 북부 루앙과 국립공원은 남부에 비해 면적은 절반 정도이지만 문명의 때가 묻지 않았으며 일반인의 출입이 제한되는 보석과도 같은 곳이다. 이 공원은 버펄로 무리와 사자로 유명한데, 지난 40년 동안 일반에 공개되지 않았다. 이곳을 출입할 수 있는 사람은 오직 관리인 두 명 뿐이다. **PG**

카푸에 평원

잠비아, 서던프로빈스

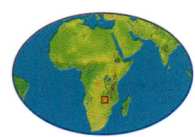

카푸에 평원의 면적 : 6,500제곱킬로미터
평원의 평균 해발 고도 : 980미터
식생 : 습지, 범람원, 초원, 온천, 목림

카푸에 평원은 이테지테지와 카푸에 협곡 사이에 위치해 있다. 이 협곡을 따라 카푸에 강이 바다를 향해 힘차게 흐른다. 반면 평원의 기울기는 매우 완만해서 한쪽 끝에서 반대편까지 물이 흐르는데 족히 3개월은 걸리는 것으로 추정하고 있다. 안타깝게도 현재 이곳의 상황은 협곡 양쪽에 건설된 수력발전소로 인해 매우 복잡하다. 수력발전소가 경제적으로는 매우 중요할지 모르지만 평원의 수생 생태계를 바꿔놓고 있다. 수많은 엽조들이 카푸에 평원을 떠났지만 지금도 이곳은 야생조류 수십만 마리의 보금자리임이 틀림없다. 특히 멸종 위기에 처한 볼장식두루미가 서식하는 가장 중요한 습지이다. 넓은 수면을 보유하고 있는 블루라군과 로친바 호수도 이 지역의 생물학적 다양성에 일조를 한다. 여름이 되면 물이 범람한 지역에서 먹이를 구하려고 섭금류와 물새 수천 마리가 모인다. 평원은 카푸에리추에 4만 마리의 삶의 터전이다. 이 동물은 아프리카에서만 볼 수 있는 독특한 영양이다. 카푸에리추에를 보호하기 위한 노력이 계속 진행 중이지만 수력발전소로 이 지역이 예기치 않게 범람하기 때문에 그들은 생존의 위협을 받고 있다. 이 홍수는 자연의 변화 때문이 아니라 인간이 전력을 생산하는 과정에서 댐의 물을 방류하기 때문에 일어난다. **PG**

빅토리아 폭포

잠비아 / 짐바브웨

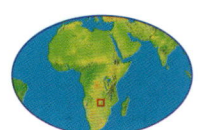

| 빅토리아 폭포의 높이 : 108미터 |
| 유량 : 분당 5억 5,000만 리터 |
| 생성 시기 : 2억 년 전 |

아프리카 사람들이 '포효하는 연기'라는 뜻으로 '모시-오아-투니아'라고 부르는 빅토리아 폭포는 먼 곳에서도 폭포수가 쏟아지는 소리를 들을 수 있다. 하얀 물보라가 500미터까지 솟구치고 분당 5,500만 리터가 (나이아가라보다 두 배나 높은) 108미터를 떨어져 내리는 소리에 귀가 먹먹해진다. 잠베지 강에서 시작한 물길은 처음에는 유유히 흐른다. 점차 폭포에 가까워지면 강의 폭은

균열에 만들어진 여덟 번째 폭포이다. 나머지는 지금의 폭포 아래에 계속 이어지는 협곡에서 볼 수 있는데, 강물이 이 협곡을 통과하면서 계속 침식작용을 일으키고 있다. 1만 년에 1.6킬로미터씩 절벽을 깎고 있어서 지금 폭포의 서쪽 끝에 있는 데블스 캐터랙트에 아홉 번째 폭포가 만들어질 것으로 추측하고 있다. 투명한 물빛을 자랑하는 상류의 석호는 하마와 악어의 천국이다. 울창한 숲을 따라 나 있는 길을 걷다 보면 코끼리, 버펄로와 사자도 발견할 수 있다.

빅토리아 폭포는 스코틀랜드의 선교사였던 데이비드 리빙스턴 박사가 1855년에 잠베지 강을 탐

> 현지인들은 '포효하는 연기'라는 뜻으로 '모시-오아-투니아'라고 부르는
> 빅토리아 폭포는 먼 곳에서도 폭포수가 쏟아지는 소리를 들을 수 있다.

1.6킬로미터로 넓어지고 군데군데 작은 섬들이 나타난다. 그러다가 물길은 느닷없이 폭 60미터의 깊은 틈 속으로 한순간에 낙하하는데, 빅토리아 폭포는 일층폭포 중에서 세계에서 가장 폭이 넓다.

이곳의 바위는 2억 년 전에 현무암 용암이 거대한 판처럼 굳어진 것이다. 용암이 굳으면서 표면에 균열이 생겼는데 그 틈에 비교적 약한 침전물들이 흘러 들어갔다. 약 50만 년 전부터 잠베지 강이 흐르면서 과거에 생긴 균열 중 하나를 침식하기 시작했다. 마침내 첫 번째 협곡이 완성되었고 강물은 그 속으로 쏟아져 내려갔다.

빅토리아 폭포는 화산암에 지그재그로 나 있는

사하던 중 처음으로 발견했다. 카누로 폭포의 상류를 탐사 중이던 박사 일행은 멀리서 물보라가 자욱한 것을 보고 현명하게 폭포 가에 있는 섬에 배를 대었다. 일행은 기어서 폭포의 가장자리를 갔다가 거대한 강줄기가 커다랗게 입을 벌린 땅속으로 떨어지는 모습에 놀라움을 금할 수 없었다. 리빙스턴 박사는 빅토리아 여왕의 이름을 따 이 폭포를 빅토리아 폭포로 명명했다. **MB**

<u>오른쪽</u> 장대한 빅토리아 폭포로 떨어지기 전까지 강물은 유유히 흐른다.

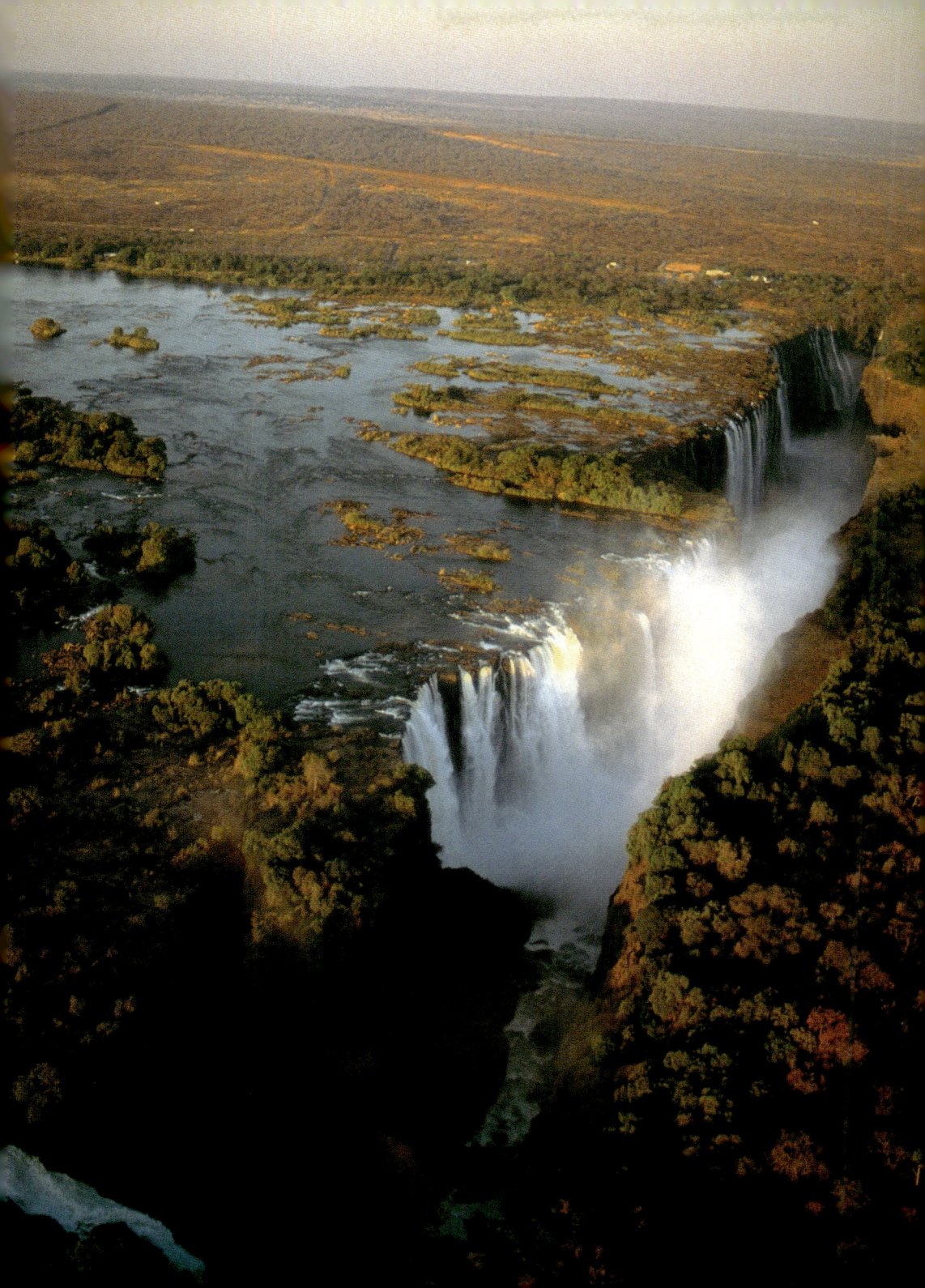

바자루토 군도 해상 국립공원

모잠비크, 이남바느 주

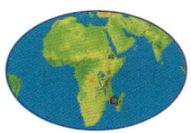

국립공원 지정 연도 : 1971년
바자루토 섬의 길이 : 35킬로미터
조수 간만의 차 : 10미터

생 태의 보석으로 일컬어지는 바자루토 군도는 사구와 목림이 무성한 좁은 섬들이 줄지어 서 있는 곳으로 사망고원숭이, 갈라고원숭이, 레드 두이커와 도약땃쥐류 등이 서식한다. 원시의 모습을 간직한 거머리말 서식지대는 동아프리카 최대의 듀공 서식지이다. 조수 간만의 차가 심한 갯벌과 내륙의 염호에는 해조와 섭금류 수천 마리가 몰려든다. 홍학을 비롯한 북쪽에서 이동 중인 철새들도 잊지 않고 이곳을 찾아온다. 해안가에는 아름다운 백사장이 펼쳐져 있고 아름다운 산호초 군락에는 경산호 100종과 연산호 27종이 서식한다. 이곳은 어류 2,000여 종의 보금자리로 고래와 돌고래도 종종 찾아볼 수 있다. 게다가 인도양의 서쪽에 서식하는 바다거북 다섯 종도 이곳을 찾는다.

가장 큰 섬인 바자루토, 벵게라, 마라구케는 한때 본토와 모래톱으로 이어져 있었다. 림포포 강이 바다로 몰고 온 퇴적물이 쌓인 결과였다. 산타 캐롤라나 섬이 유일하게 깊은 바다로 둘러싸인 바위 섬이다. 바자루토 군도는 모잠비크 해협에 있으며 인하사로에서 24킬로미터, 베이나에서 남쪽으로 210킬로미터 떨어진 곳에 위치한다. **MB**

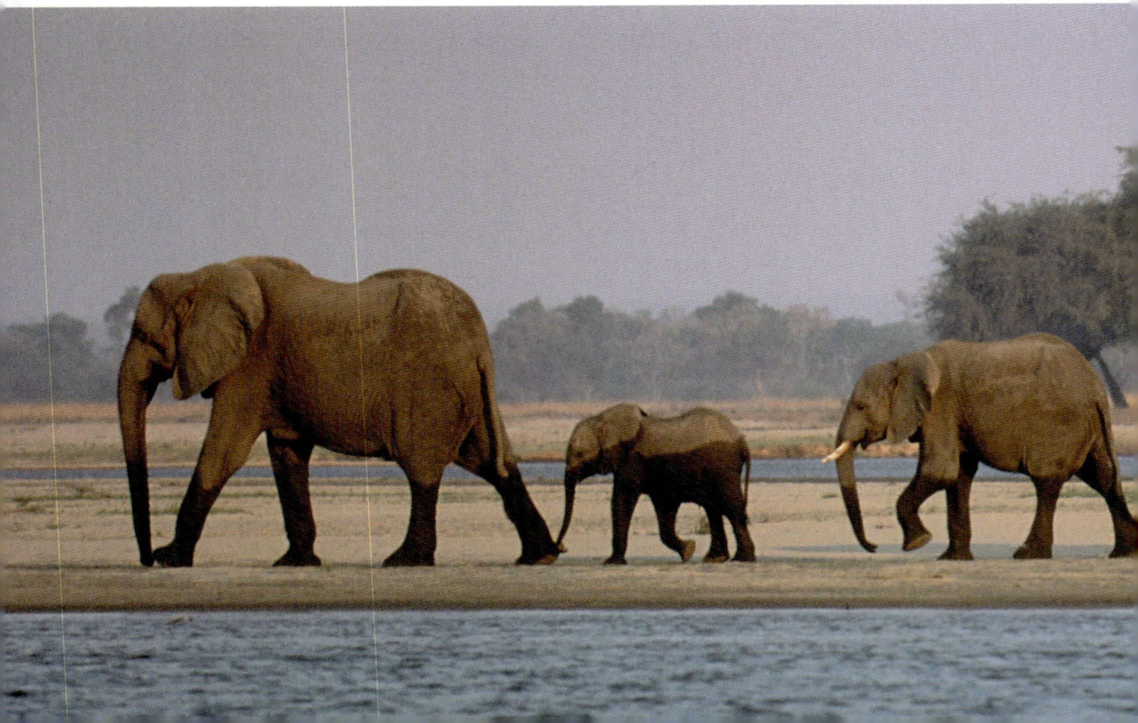

마나풀스
국립공원

짐바브웨, 마쇼날랜드웨스트

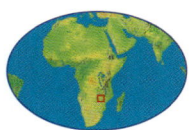

마나풀스의 생성 시기 : 제3기에서 제4기 사이

크기 : 40킬로미터에 걸쳐 뻗어있다.

식생 : 애플링가시나무가 자라는 숲

동 아프리카 지구대가 카리바 협곡에서 하류로 폭이 넓어지는 지점인 잠베지 서안에는 비교적 평평한 지형이 펼쳐져 있는데 이곳은 강의 퇴적물이 쌓인 곳이다. 이 지형은 평소의 강의 수위보다 겨우 몇 피트 높은데, 미사(微砂)를 가득 머금은 강물의 범람이 최고조에 달할 때 형성된다. 강물이 빠지면 모든 웅덩이에 물이 차 있다. 어떤 곳은 가장 긴 건기에도 물이 있을 정도로 깊고 넓다. 일시적으로 만들어진 것이라 금세 사라지는 웅덩이도 있다. 크든 작든 웅덩이로 물을 마시고 진흙 목욕을 하려는 동물들의 발길이 끊이지 않는다. 동물들이 진흙에서 뒹굴고 흙을 파헤쳐서 웅덩이가 더 커지면 물은 더 오랫동안 고여 있게 된다.

웅덩이에 깔린 비옥한 미사는 식물의 성장을 돕는데 특히 애플링가시나무라고도 하는 아나나무가 잘 자란다. 이 나무에는 둥글게 말린 갈색 꼬투리가 수없이 열리는데 이 열매는 코끼리와 영양이 좋아하는 먹이이다. 잎을 먹는 동물들은 다 자란 나탈마호가니는 먹지 않는데, 초식동물이 많이 서식한다는 것은 이들이 어린나무까지 먹어치워 더 이상 어린 나무가 자랄 수 없게 된다는 것을 의미한다. **PG**

아래 코끼리 무리가 마나풀스의 웅덩이 사이를 걸어가고 있다.

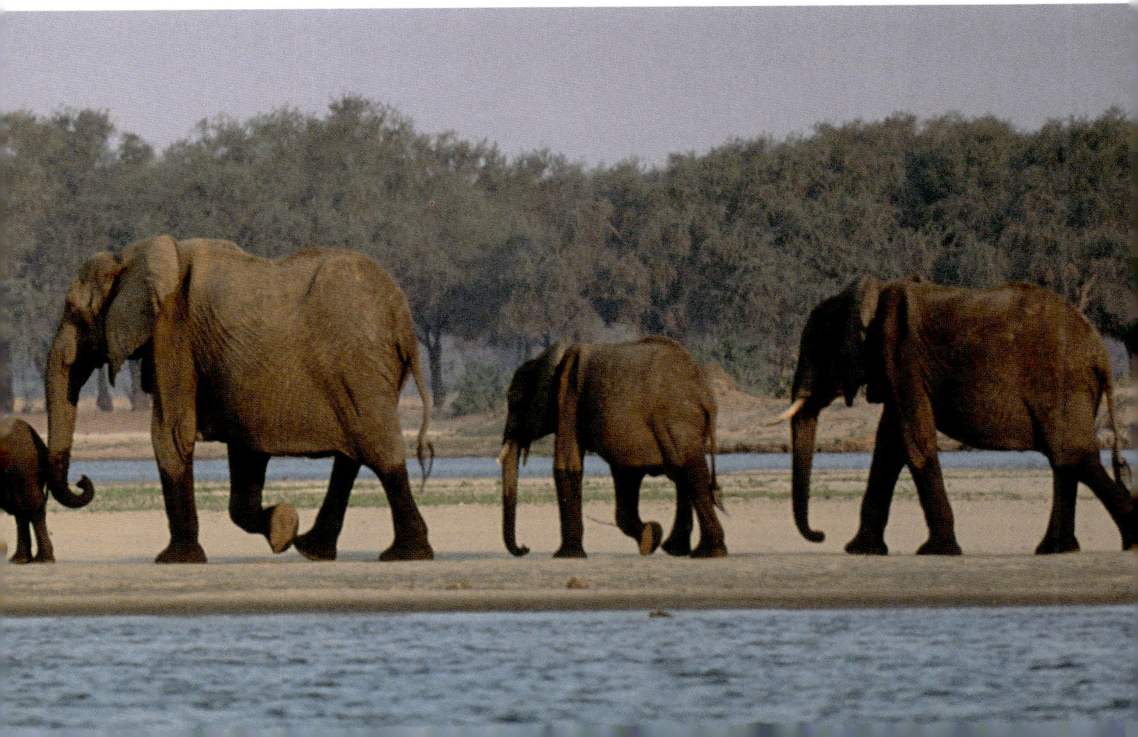

이스턴하이랜즈

짐바브웨, 마니칼랜드

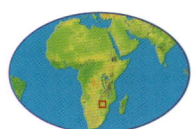

이스턴하이랜즈의 생성 시기 : 고대의 바위 지형이 비교적 최근에 침식됨

식생 : 우림, 삼림과 저산 지대의 덤불

짐바브웨와 모잠비크 사이의 국경에는 오래전에 형성된 화강암 산맥이 바다에서 불어오는 바람을 고스란히 맞으며 꿋꿋이 서 있다. 동쪽으로 난 비탈 쪽이 강수량이 더 많아서 키가 큰 나무들이 유난히 많이 자라는데, 하늘을 뒤덮을 듯이 울창한 나무들은 땅 위로 무려 30미터나 솟아 있다. 수많은 시내와 강가의 고도 300~1,600미터 지역에는 이런 아열대우림이 울창하다. 여러 차례의 빙하기 동안 이런 고립된 숲들이 남쪽으로는 비슷한 숲들과 어느 정도 인접해 있었으며 북쪽으로는 적어도 탄자니아와 케냐까지 숲이 이어졌다. 그 결과

숲에 사는 동물들이 남북으로 여러 지역으로 이동해 갈 수 있었다. 기후가 따뜻해지면서 빙하가 녹자 숲은 가장 습한 지역을 제외하고 모두 사라졌다. 군데군데 들어서 있던 숲들은 살아남았지만 야생 생물은 다른 숲으로 이동하지 못하고 고립되었다. 그 결과 어떤 종은 서로 다른 두 지역에 걸쳐 널리 분포하게 되었다. 가령, 스위너턴즈로빈은 이스턴하이랜즈에서 발견되지만 다른 아종들은 탄자니아의 외딴 산악 지형에서 발견된다. 어떤 경우에는 너무 오랫동안 고립되어 치린다아팔리스와 검은머리아팔리스처럼 완전히 새로운 종으로 진화하기도 했다. **PG**

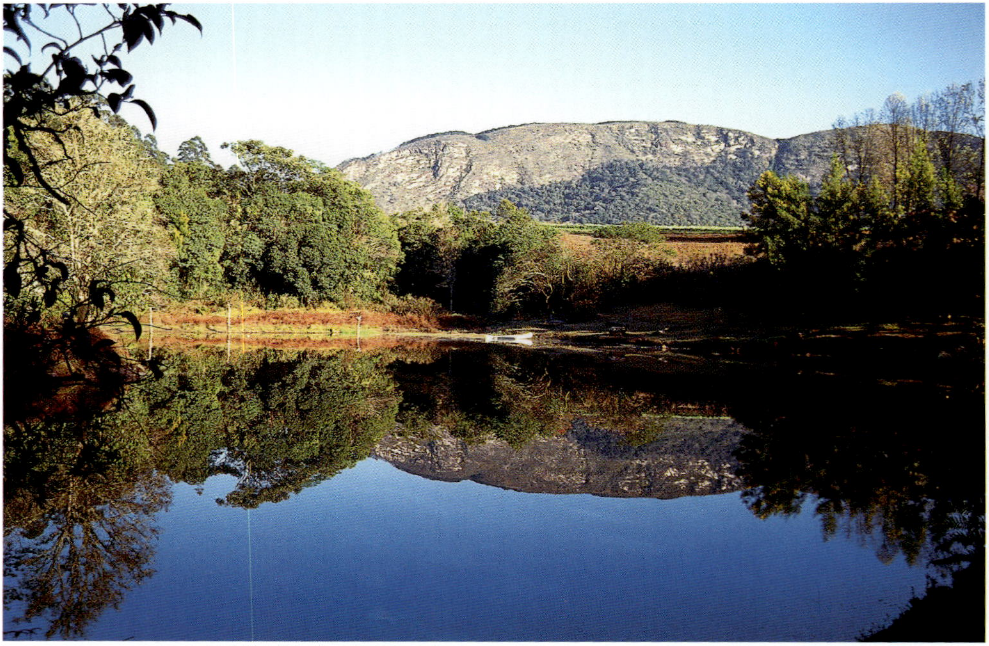

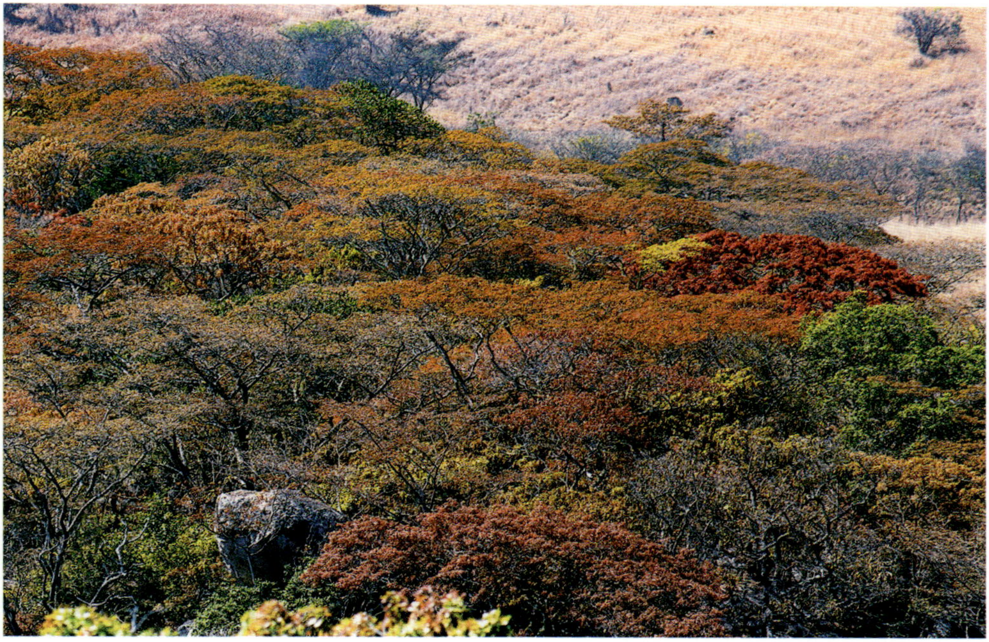

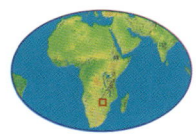

브라치스테기아 삼림

짐바브웨, 마니칼랜드 – 들랜즈프로빈스 – 마타벨랜드

브라치스테기아나무의 높이 : 최대 15미터

조류의 종류 : 마쇼나하일리오타, 점박이나무발바리, 퍼플헤드선버드, 블랙칙카나리아, 포크테일드롱고, 아프리카참매

앙골라에서 중앙아프리카를 거쳐 모잠비크로 뻗어있는 반(牛) 낙엽수 숲인 미옴보 숲에는 브라치스테기아가 울창하게 자란다. 브라치스테기아나무는 매우 독특한데, 붉은색에서 황갈색으로 단풍이 드는 나뭇잎이 떨어지는 시기는 가을이 아니라 봄이다. 새로 난 부드러운 잎이 붉은색인 것은 엽록소가 부족해서라고 하는데 덕분에 초식동물은 이 잎을 좋아하지 않는다. 그래서 초식동물에게 먹히지 않고 다 자랄 수 있다. 단단해진 잎은 비로소 엽록소를 만들어 내서 녹색으로 변한다. 겨울에도 낙엽이 지지 않다가 겨울이 끝난 1~2주 만에 잎이 떨어진다. 잎이 지면 금세 새 잎이 돋아나는데 그럴 때면 숲은 밝은 녹색과 황록색으로 물이 든다. 색의 농담은 해마다 다르다.

이 숲에는 독특한 나무들이 많이 서식할 뿐만 아니라 미옴보그레이박새와 미옴보힝등새류처럼 이 숲에서만 볼 수 있는 새들도 많이 서식한다.

울창한 브라치스테기아 숲에서 이런 새들을 보기는 어렵지만 간혹 멸종 위기에 처한 검은하마나 아프리카버펄로를 볼 수도 있다. 세이블영양, 서던리드벅, 일런드영양류와 그레이터쿠두 같은 희귀한 동물이 풀을 뜯는 모습도 간혹 볼 수 있다. **PG**

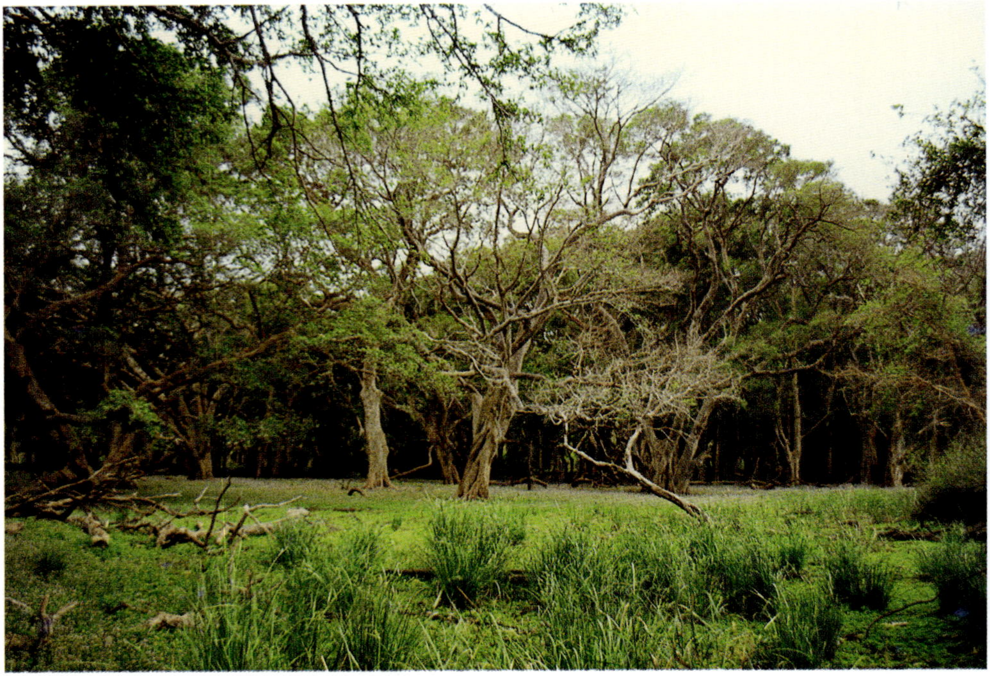

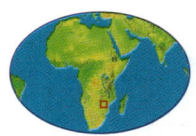

사베밸리

짐바브웨, 마니칼랜드

사베밸리의 면적 : 길이 160킬로미터,
폭 10~40킬로미터

생성 시기 : 제3기 이후 - 현대 충적토

식생 : 로우펠트(아프리카 동부 저지) 숲,
관목, 나무

사베 강은 짐바브웨 고원의 남동쪽으로 흐른다. 이 고원은 해발 1,200미터인데 이곳에서 가파른 경사를 타고 아래쪽의 사베 강 범람원으로 흐르는 것이다. 경사가 완만해지자 상류인 고원에서 강물에 깎인 화강암 퇴적물이 고스란히 쌓이게 되었다. 그 결과 강줄기는 평평한 계곡 바닥을 넘실거리며 흘러가고 수많은 얕은 수로가 만들어졌다. 그러나 고지대에 폭풍우가 불면 하류의 계곡에 물이 넘치고 이전의 수로가 사라지고 새로운 물길이 생긴다. 과거에는 강물이 엄청난 양의 충적토를 계곡에 내려놓고 흘러갔다. 계곡에 있는 수많은 웅덩이는 대부분 오래전부터 있었던 초승달 호로 폭우가 내리지 않으면 말라붙는다. 충적토는 매우 비옥해서 강이 흐르지 않는 곳에는 나무, 덤불과 동물들이 좋아하는 풀이 점령해 버렸다. 이런 곳에는 쿠두와 기린처럼 나뭇잎을 먹는 동물과 버펄로, 얼룩말, 임팔라처럼 풀을 뜯는 동물들이 몰려든다. 이런 초식동물의 뒤를 사자, 치타와 표범 같은 맹수가 따른다. 다양한 식물이 자라는 이곳은 많은 새들의 보금자리이기도 하다. 그래서 사냥터와 탐조지로 이름이 높다. **PG**

탐보하르타 늪

짐바브웨, 마니칼랜드 – 마스빙고

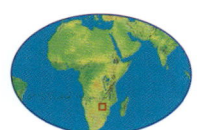

늪의 폭 : 2킬로미터

늪의 생성 시기 : 제4기(200만~300만 년 전부터 현재까지)

식생 : 로우벨트 숲

사베 강과 룬데 강이 만나는 지점 바로 위에는 독특한 늪지대가 있다. 이곳은 원래 움푹하게 살짝 패인 지형이었는데 우기가 되면 물이 들어찬다(건기에는 물이 증발한다). 하지만 탐보하르타의 독특함은 이런 것이 아니다. 비가 내리면 물이 불어나기는 하지만 늪에는 큰 영향을 미치지 않는다. 이곳에 물이 크게 불어나는 경우는 룬데 강이 범람하거나 강수량이 많을 때뿐이다. 한번 물이 차면 늪지대는 몇 년 동안 물이 빠지지 않는다. 그러는 동안 여러 식물의 꽃봉오리가 번갈아 피고 지는 독특한 순환 과정을 구경할 수 있다.

우기가 되면 물새 수천 마리가 건조한 곳에서 물의 세상이 된 늪으로 몰려든다. 그중에서 가장 멋진 새라면 단연 아프리카고기잡이수리이다. 하늘의 제왕인 아프리카고기잡이수리는 물 위를 쏜살같이 날아가며 수면 바로 아래의 물고기를 낚아챈다. 독수리의 세찬 날갯짓으로 공기가 술렁이면 날고 있던 작은 새들은 기겁을 한다.

지대가 높은 곳에는 늪지대 가장자리의 비옥한 땅에 울창한 숲이 들어서 있다. 거대한 바오밥나무들이 키 작은 나무들과 덤불을 지키는 수호신처럼 우뚝 솟아 있다. **PG**

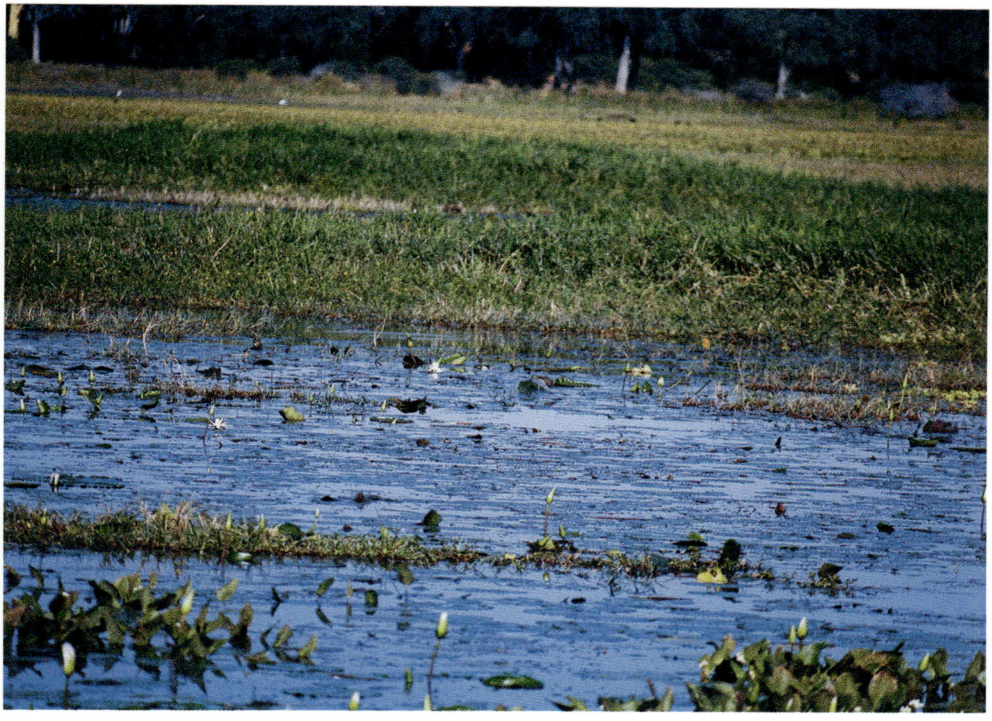

칠로조 절벽

짐바브웨, 마스빙고

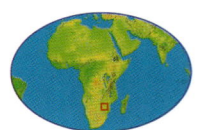

절벽의 규모 : 높이 120미터, 길이 5킬로미터	
절벽의 생성 시기 : 제3기에서 제4기	
식생 : 모파인 숲	

해질 무렵 서쪽 하늘이 붉게 달아오르기 시작하면 짐바브웨 동남부에 있는 고나레주 국립공원의 칠로조 절벽이 장관을 드러낸다. 붉은 사암이 저녁노을을 받아 특유의 생기를 띤다. 낮 동안 절벽은 연한 주황색과 희미한 분홍색을 띠지만 저녁노을이 질 때면 색이 진해져 붉은색과 주황색으로 환하게 타오른다. 어스름이 지면 절벽 안의 움푹 팬 곳이 컴컴해지면서 섬뜩해 보이기까지 한다.

절벽 아래로 룬데 강이 노랗게 반짝이며 흘러가다가 해가 완전히 지면 짙은 푸른색으로 변해간다.

바로 위에서 붉게 빛나는 절벽과는 대조적인 모습이다. 절벽은 룬데 강이 나지막한 사암 고원을 침식시켜 만들어졌다. 단단한 사암이 강에 깎였고 바윗덩어리들이 강둑으로 떨어져 절벽 바닥에서 100미터 위로 훌쩍 솟아 오른 가파른 절벽만 남았다. 이 절벽은 붉은색이나 주황색과 노란색 등 다양한 색으로 변한다. 국립공원 어디에서도 이와 비슷한 모습조차 찾아볼 수 없다. 이 지역은 비교적 건조하다. 룬데 강은 짐바브웨에서 가장 낮은 사베 강과 만나기 직전에 내륙으로 들어온다. **PG**

엑스폴리에이티드돔

짐바브웨, 마타벨렐란드사우스 – 불라와요

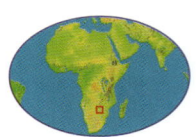

엑스폴리에이티드돔의 생성 시기 : 약 25억 년 전 형성된 화강암	
돔의 높이 : 최대 300미터까지 다양함	
식생 : 미옴보(브라치스테기아) 숲	

짐바브웨의 국토의 반을 덮고 있는 암석은 아주 오래전에 만들어진 화강암이다. 이 화강암은 20억~35억 년 전에 다른 암석층을 밀어올리고 나온 용암이었다. 용암이 식으면서 어떤 지역은 간격이 불규칙한 균열들이 세 방향으로 생겼는데, 이런 균열을 '큐빅크랙'이라고 한다. 이런 균열이 매우 적거나 아예 없는 곳도 있다. 그 위를 덮고 있던 퇴적암이 세월에 깎이면서 서로 다른 지형이 되었다.

이를 박리작용이라고 하는데, 박리작용이란 화강암을 깎아서 균열이 없는 매끄러운 돔을 만드는 과정이다. 이렇게 만들어진 화강암 돔은 평지 한가운데 500미터 높이로 솟아 있다. 낮에는 태양을 받아 바위가 매우 뜨거워지기 때문에 확장하면서 동심원 형태의 균열이 생긴다. 밤이나 폭우가 쏟아진 후에는 돔이 차갑게 식어 방사형의 균열에서 바위가 쪼개진다. 비가 내리면 빗물이 부드러운 화강암 돔을 흘러 내려가면서 식물이 성장하기에 이상적인 조건이 갖추어진다. 그래서 돔 주변에는 주위를 빙 둘러선 키 큰 나무들이 많이 자란다. **PG**

<u>오른쪽</u> 둥근 엑스폴리에이티드돔(벗겨지는 돔)이 짐바브웨의 초원 위로 솟아 있다.

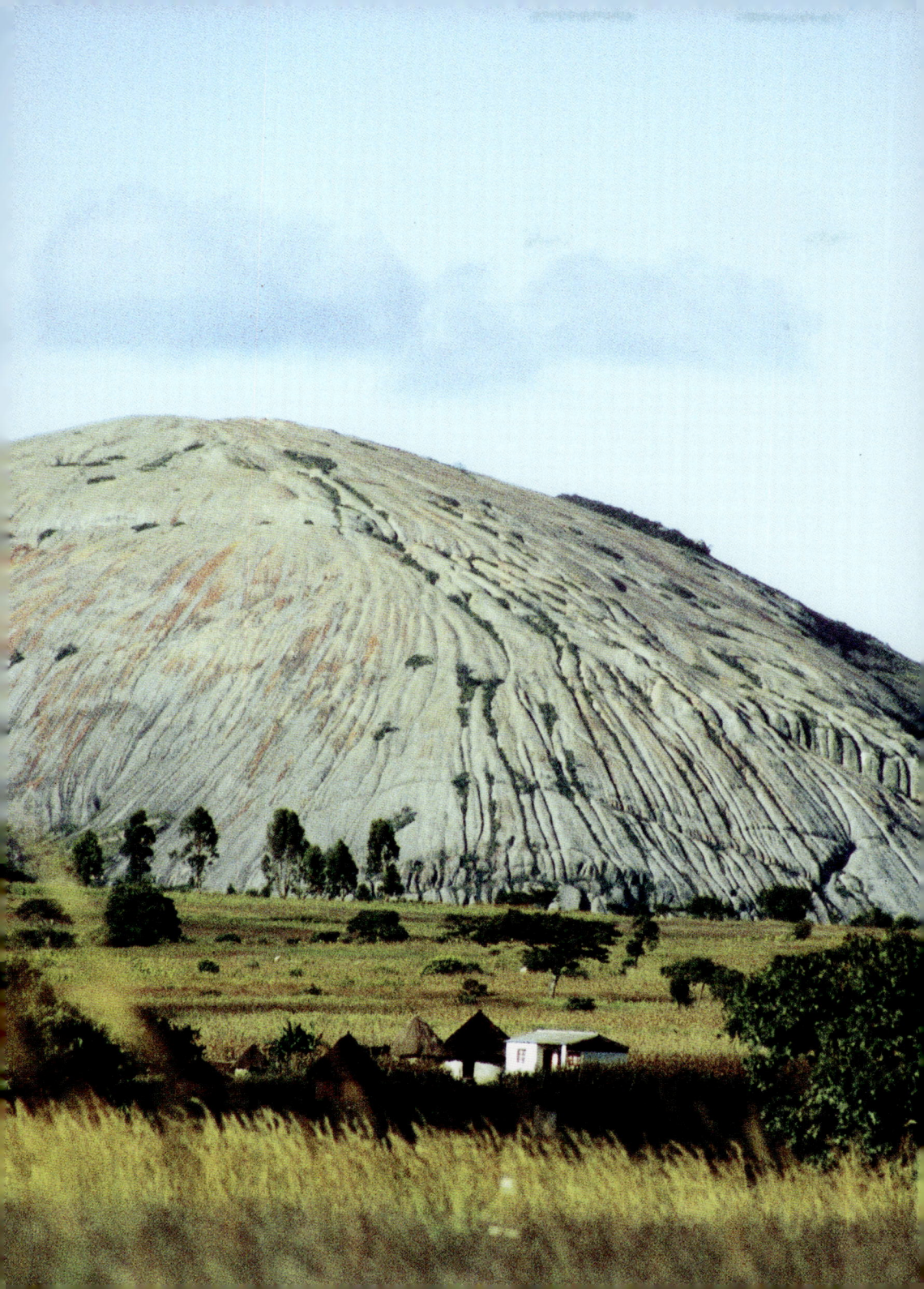

밸런싱록

짐바브웨, 마타벨렐란드사우스 – 불라와요

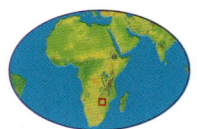

밸런싱록의 생성 시기 : 선캄브리아기 화강암(최소 6억 년 전)

엡워스밸런싱록의 위치 : 하라레에서 11.2킬로미터

식생 : 미옴보(브라치스테기아) 숲

짐바브웨의 풍경에서 가장 인상적인 장면을 꼽으라면 '밸런싱록(흔들바위)'을 절대 빼놓을 수 없다. 수백만 년 전 지하 깊은 곳에서 암맥의 관입이 일어났다. 용암이나 광물질을 함유한 극도로 뜨거운 용액 상태의 화강암이 다른 암석을 뚫고 올라온 것이다. 원래 화강암 지역은 용암이 식으면서 균열이 발달하는데 주로 입체적으로 금이 간다. 이 균열 때문에 바위 표면에 약한 곳이 생기는데 이곳으로 빗물이 스며들거나 풍화작용을 일으키기도 한다. 결국 표면 깊숙한 곳까지 바위가 깎이는 것이다. 이런 균열에 계속 풍화작용이 일어나고 몇 겹으로 쌓인 퇴적암이 침식되면서 바위 표면이 벗겨져 나간다. 결국 마지막에는 둥글고 단단한 바위만 남게 되는데 이것을 '코피' 혹은 '밸런싱록'이라고 한다.

중부 짐바브웨 전역에 산재된 '코피'들은 그 형태와 크기가 놀랄 만큼 다양한데, 그 바위에는 마치 중력의 힘이 별로 미치지 않는 것처럼 보인다. 마론데라 근처의 피터하우스에 있는 환경교육지역인 고쇼파크에 있는 바위들이 좋은 예이다. 마스빙고 근처의 무티리크위(예전의 카일) 국립공원에서도 특이한 형상의 바위를 찾아볼 수 있다. 엡워스(사우스하라레)의 밸런싱록스는 짐바브웨 화폐 뒷면의 도안으로도 유명하다. **PG**

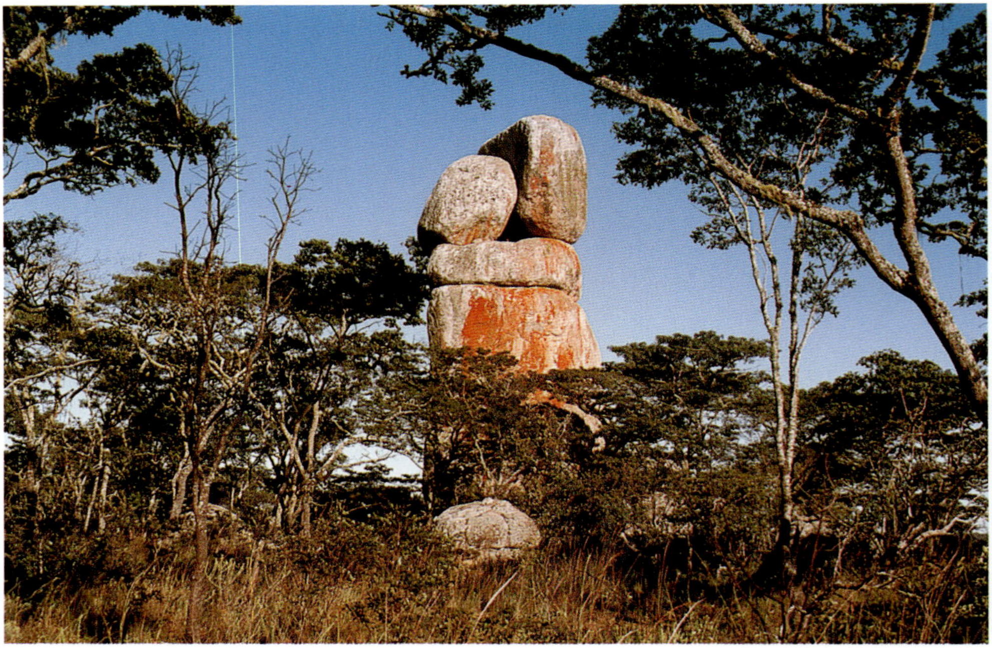

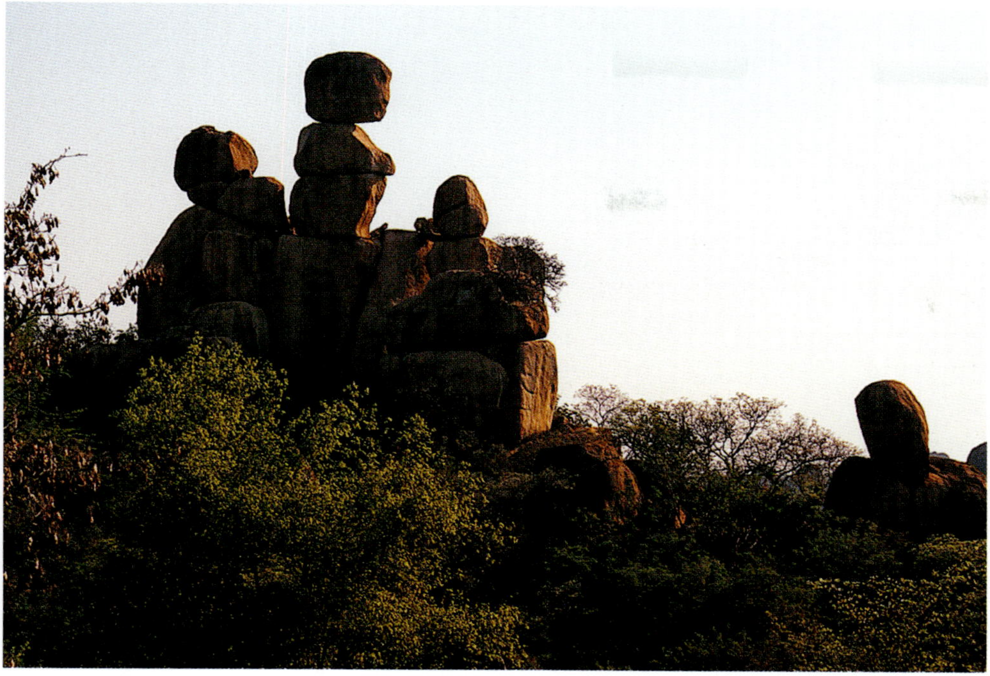

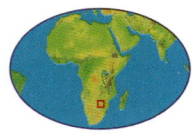

마토보힐즈

짐바브웨, 불라와요

마토보힐즈의 길이 : 80킬로미터
언덕의 평균 높이 : 1,500미터
암석의 종류 : 화강암

몇 억 년 전에 용암이 땅 위로 흘러나와 식었다. 그 과정에서 표면에 균열이 생기고 풍화작용을 거쳐 독특한 화강암 언덕을 이루었다. 그 생생한 모습은 남부 짐바브웨의 마토보에 가면 쉽게 볼 수 있다. 이곳에 가면 화강암 바위가 거대한 조각상처럼 차곡차곡 쌓여 있다. 19세기에 마타벨레의 추장인 므질리카지는 이곳을 보면 부족의 노인들이 떠오른다며 대머리라는 뜻의 '아마토보'라고 불렀다. 그 후 므질리카지 추장은 이곳에 묻혔다. 마타벨레 부족은 이 지역에 정착한 최초의 원주민이 아니다. 약 2,000년 전 이곳의 동굴에는 산 족이 살았다. 이들은 바위에 암벽화를 남겼는데 진흙과 동물의 지방과 등대풀속의 즙을 섞어서 만든 물감으로 동물, 풍경과 사람들을 그렸다. 날개가 달린 흰개미를 그린 정교한 그림도 남아 있다. 로디지아(지금의 잠비아와 짐바브웨)를 세운 세실 로즈는 이 지역을 보고 깊은 인상을 받았다. 그는 이곳을 좋아해서 '세상의 풍경'이라고 불렀다. 하지만 마타벨레 사람들은 '고대 영혼이 잠든 곳'이라는 뜻으로 말린디지무라고 불렀다. 로즈는 1902년에 화강암으로 만든 무덤에 묻혔다. 그는 죽으면서 마토보를 이곳 사람들에게 남겼다. 그래서 사람들은 이곳을 마음껏 즐길 수 있다. '토요일에서 월요일'까지만. **MB**

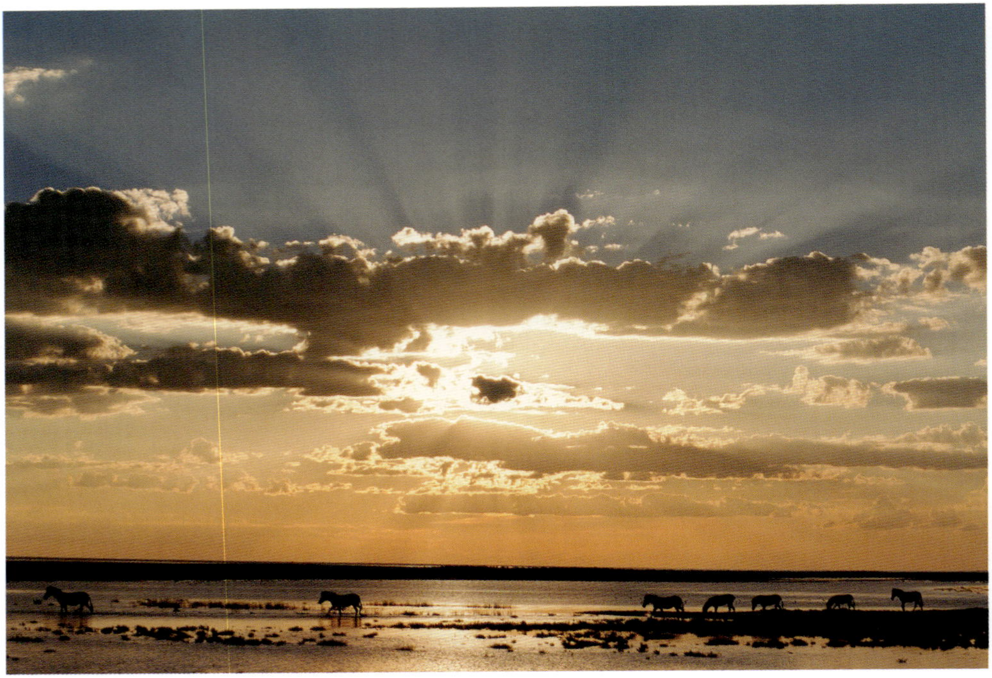

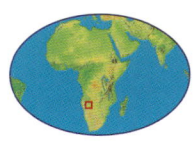

에토샤 염전

나미비아, 오무사티 - 오사나

에토샤 염전의 길이 : 130킬로미터	
염전의 폭 : 50킬로미터	

나미비아의 북부에는 '마른 물의 땅'이 있다. 에토샤 염전은 소금이 입혀진 진흙이 깔려 있는 말라붙은 호수 바닥으로 길이가 130킬로미터이며 폭은 50킬로미터에 달한다. 염전에는 동물들이 다니는 길과 열대 사막의 회오리바람이 만든 자국이 복잡하게 얽혀 있다. 이곳은 한때 보츠와나의 오카방고델타와 함께 세계에서 가장 큰 호수를 이루었던 여러 염전과 말라붙은 호수 중의 하나이다. 이곳으로 흘러든 강물은 벌써 말라버렸고, 남은 물도 뜨거운 태양 아래 모두 증발해 호수는 사라져 버렸다. 이런 열악한 환경에서도 수많은 동물이 살고 있다. 누, 얼룩말, 스프링복과 가젤 무리가 살고 있으며 이들 주변에는 사자와 하이에나가 어슬렁거린다. 매년 수십만 마리가 이동해 오는 이곳은 아프리카에서 가장 많은 동물이 모이는 지역이 되었다. 동물들은 건기를 피해 아도니스 평원에서 지내다가 북동쪽으로 이동한다. 12월부터 우기가 시작되면 이곳은 어느새 푸른 초원이 된다. 에토샤는 거대한 얕은 호수로 변해 물새들을 불러들인다. 미국에서 온 제럴드 맥키어넌은 1876년에 이곳을 보고 이렇게 썼다. '이 세상의 모든 동물원의 동물을 다 풀어놓아도 내가 본 광경과는 비교도 되지 않는다.' **MB**

케이프크로스 물개보호구역

나미비아, 쿠네네

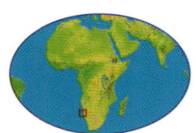

케이프크로스 물개보호구역의 면적 : 60제곱킬로미터

케이프물개 : 수컷 – 2.3미터, 360킬로그램/암컷 – 1.7미터, 110킬로그램

나미비아 북서부 대서양 해안에는 매년 케이프물개 약 10만 마리가 번식하려고 모이는 해변이 있다. 그 수는 전 세계 케이프물개의 5분의 1에 달한다. 10월 중순이면 수컷이 먼저 도착하기 시작한다. 수컷들은 제일 좋은 영토를 차지하려고 싸움을 벌이는데, 암컷이 도착하면 수컷들의 싸움은 더욱 격렬해진다.

새끼는 2월 말에서 4월 즈음에 태어난다. 암컷은 무리를 이루어 새끼들을 돌보거나 새끼에게 줄 물고기와 오징어를 사냥한다. 물개들은 해변에서 180킬로미터나 떨어진 곳까지 헤엄을 치며, 수심 400미터까지 잠수를 한다. 새끼들은 해변에서는 자칼이나 브라운하이에나의 위협에, 바다에서는 상어와 범고래의 위협에 노출되어 있다.

1485년에 포르투갈의 선장이자 항해가인 디에고카오가 이곳에 도착했다. 아프리카 남쪽으로 이렇게 멀리 온 유럽인은 그가 처음이었다. 그는 세라파르다라고 하는 근처 노두(露頭)에 묻혔다. 당시 그의 상륙을 기념하려고 곶에 비석을 세웠는데 안타깝게도 19세기에 도둑맞고 말았다. 지금 있는 비석은 1974년에 다시 세운 복제품이다. **MB**

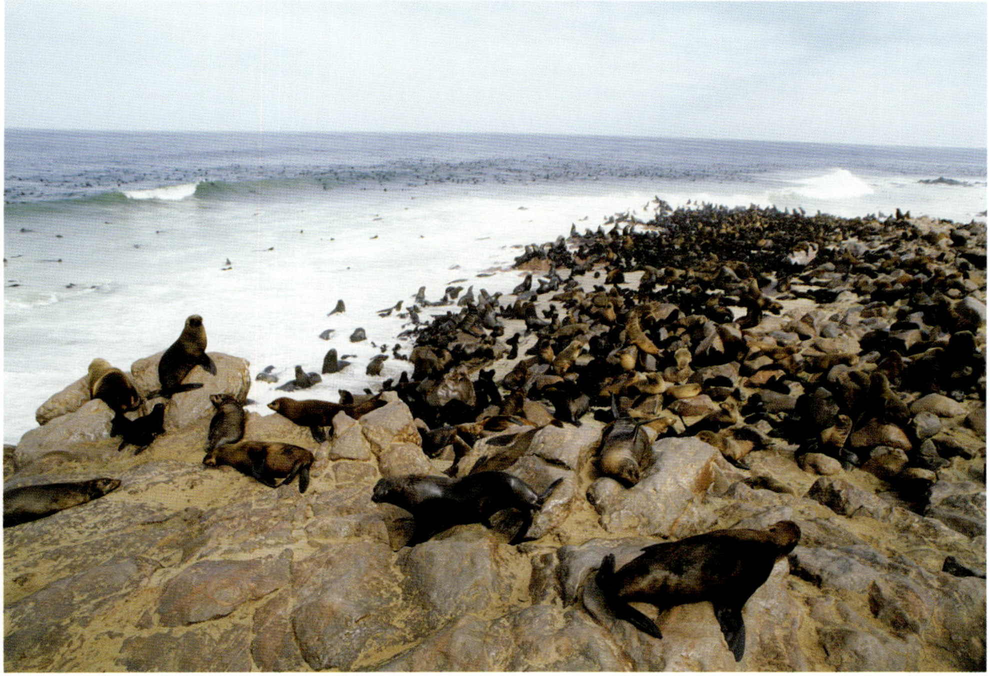

스켈레톤코스트

나미비아, 쿠네네

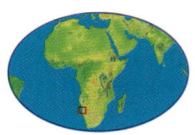

스켈레톤코스트의 길이 : 500킬로미터
특징 : 난파선 잔해

스켈레톤코스트(해골 해안)는 대서양과 나미브 사막 사이에 자리 잡은 기다란 해안이다. 이곳을 지나가는 차가운 벵겔라 해류는 남극에서부터 얼음처럼 차가운 해수를 몰고 아프리카 서해안을 따라 북쪽으로 올라간다. 앞바다에서 부는 바람으로 심해의 영양분이 위로 올라와서 바다 동물들의 먹이가 매우 풍부해진다. 물개와 바닷새들이 이 해안에서 번식을 하며 바로 앞바다에서 안초비, 정어리와 숭어를 마음껏 포식한다. 브라운하이에나 무리가 백사장을 찾고 파도에 떠밀려 온 고래의 잔해를 처리하는 사자의 모습도 종종 볼 수 있다. 정작 이 해안을 유명하게 만든 건 해안가에 널려 있는 수많은 난파선의 잔해들이다. 거친 바다, 짙은 안개와 날카로운 암초에 희생된 원양 정기선, 갤리온선과 쾌속선이 흩어져 있다. 1943년에는 머리가 없는 해골 12구 옆에서 '구조 요청'이 적힌 석판이 발견되기도 했다. 이름 모를 누군가가 1860년에 남긴 메시지로, 이 해안에 떠도는 수많은 미스터리 중 하나일 뿐이다. 한 스위스 조종사가 케이프타운에서 런던으로 가던 중 이곳에 추락하자 한 기자가 그의 유해가 '스켈레톤코스트'에 있을 것으로 추측한 후부터 이곳은 유명해졌다. 그 조종사는 끝내 발견되지 않았고 이곳의 악명 또한 여전하다. **MB**

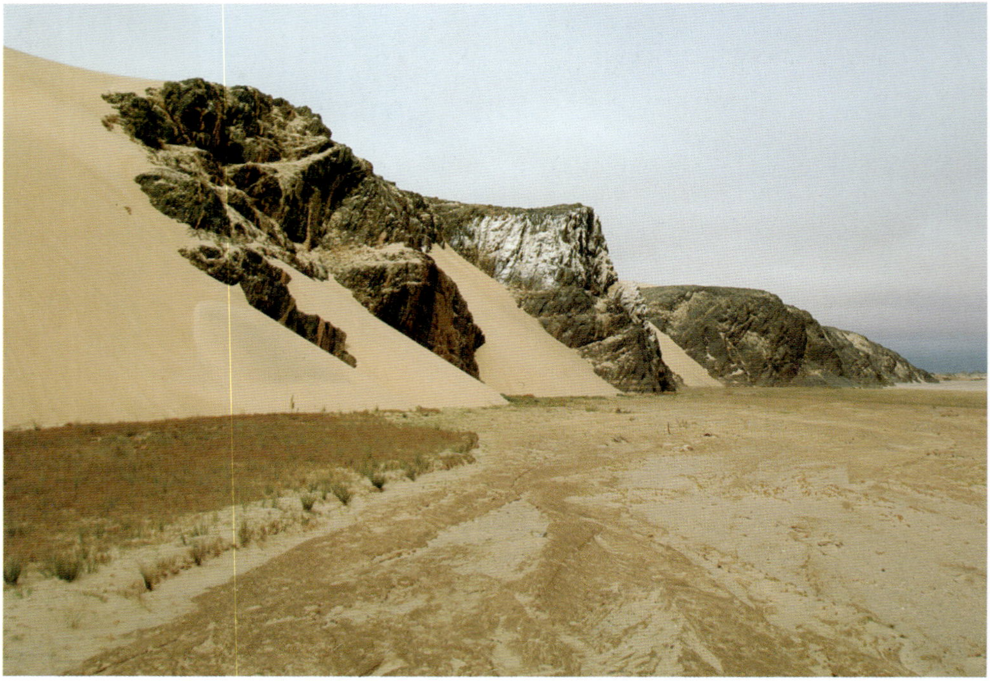

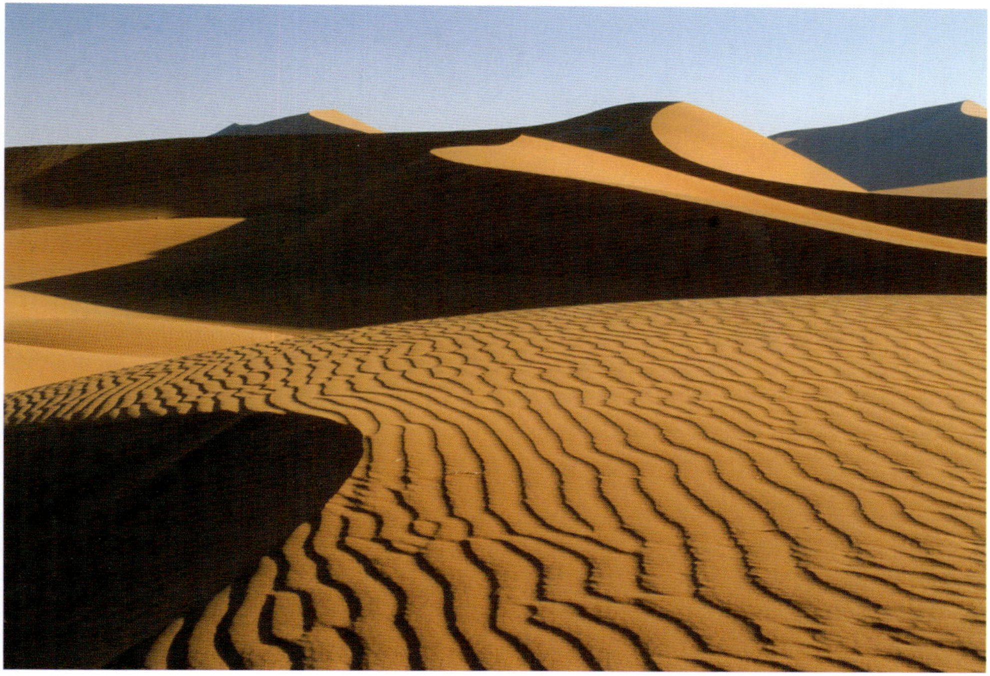

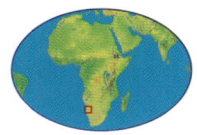

나미브 사막

나미비아

해안의 기온 : 10~16도

내륙의 기온 : 27도

연평균 강수량 : 해안 – 13밀리미터,
단층애(斷層崖) 부근 – 50밀리미터

스켈레톤코스트에서 내륙으로 들어오면 나미브 사막이 펼쳐져 있다. 사막은 남쪽으로는 앙골라 남부에서 남아프리카 공화국의 오렌지 강까지, 동쪽으로는 아프리카 남부의 대단층애(大斷層崖)까지 뻗어 있다. 사막의 북쪽에 있던 기반암은 강물에 침식되어 가파른 협곡이 되었고, 남쪽은 모래로 덮여 있는데 해안은 노란색과 회색이 섞인 색이고 내륙은 적갈색을 띤다. 모래 언덕이 북서쪽에서 남동쪽으로 열을 지어 서 있는데 사구마다 길이가 32킬로미터에 높이는 244미터에 달한다. 북쪽은 모래가 바다까지 닿아 있지만 사막 안에 있는 염전이나 갯벌을 넘지는 않는다. 이곳에서 수분이라고는 일 년 내내 남서쪽에서 미풍을 타고 오는 짙은 안개뿐이다. 그래서 이 지역의 동식물은 한 번에 많은 양이 내리는 빗물보다 매일 공급받을 수 있는 이슬을 더 필요로 한다. 나미브는 나마 족의 말로 '아무것도 없는 땅'이라는 뜻이다. 하지만 실제로 이곳에는 무척 다양한 야생생물이 서식한다. 거대하고 긴 잎이 달랑 두 장만 열리는 웰위처를 비롯한 다양한 식물과 겜즈복과 스프링복과 같은 동물들이 산다. 모래의 평원에 사는 포유류는 얼마 되지 않지만 대신 딱정벌레, 도마뱀붙이와 뱀 등이 이곳의 환경에 완벽하게 적응해서 살고 있다.

MB

불스파티룩스

나미비아, 에롱고

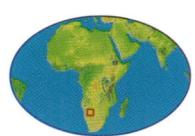

엘리펀츠헤드(코끼리 머리) 표석의 높이
: 16미터

특징 : 산 족의 암벽화

불스파티룩스(황소떼 바위)는 에롱고 산맥의 남쪽 끝에 있는 아메이브 농장에서 발견된 기암괴석이다. 이곳에는 거대하고 둥근 화강암 표석이 모여 있는데 마치 마주 보고 서 있는 황소들처럼 생겼다. 근처에는 절묘하게 균형을 잡고 서 있는 버섯 모양의 돌과 엘리펀츠헤드라고 부르는 독특한 모습을 한 바위가 있다.

이곳은 기암괴석으로도 유명하지만 아메이브 목장도 산 족이 남긴 암벽화로 유명하다. 필립스케이브(돌출 부분)에는 하얀 코끼리를 그린 훌륭한 그림이 남아 있다. 그 외에도 기린, 타조, 얼룩말과 사람을 그린 그림들도 남아 있다. 이 암벽화들은 아베 헨리 브뢰일이 쓴 『필립 케이브』라는 책에 처음으로 소개되어 유명해졌다.

에롱고 산맥은 카리비브와 우사코스 북쪽에서 40킬로미터 떨어져 있다. 이 산맥은 중부 나미비아에 남아 있는 거대한 화산괴이다. 이 산맥은 사륜구동 자동차가 없이는 가기가 어려우며, 불스파티룩스는 주 농장에서 5킬로미터 떨어진 곳에 위치한다. 필립스케이브는 도보로만 갈 수 있는데 낮은 언덕을 몇 개 넘어야 한다. **RC**

문밸리

나미비아, 에롱고

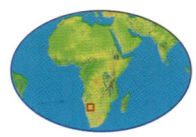

문밸리의 생성 시기 : 4억 5,000만 년 전

후사브의 자이언트 웰위처의 나이 : 1,500년

나미브 사막의 스와코프 계곡 지역에 있는 문밸리(혹은 우가브 바위지대, 문랜드스케이프, 달의 계곡)는 바다 안개와 바람이 조각한 기괴한 바위 지대가 으스스한 느낌을 주는 곳이다. 덧없이 사라져 버리는 나미비아의 강줄기 중에서도 스와코프 강은 가장 길고 넓은 편이다. 문밸리의 북부는 풍상에 시달린 붉은 용암과 노란 사암 지대이고 남쪽으로 내려올수록 연한 사막 바닥에 길게 늘어선 짙은 색 바위가 대조를 이룬다. (이 지역에서는 일반적인) 짙은 색 바위들은 암석의 균열을 뚫고 올라온 용암이 식어 주변의 화강암보다 더 단단하게 굳은 것이다.

나미브 사막에만 자라는 독특한 식물인 웰위처도 근처의 자갈 평원에서 서식한다. 이 식물은 가죽처럼 생긴 커다란 회색의 잎이 두 장만 자라는데 바람에 찢겨서 기다란 리본처럼 휘날리고 곧은 뿌리를 깊게 내린다. 수령이 최대 2,000년에 달하는 것으로 알려졌다. 문밸리는 스와코프문드 시 근처에 있으며 이곳과 웰위처 서식지를 보려면 허가증을 받아야 한다(허가증 하나로 두 곳을 다 볼 수 있다). **RC**

브란드베르그

나미비아, 에롱고

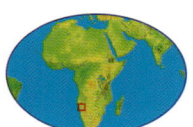

나미비아의 최고봉(쾨니히슈타인) : 2,700미터
암석의 종류 : 화강암
특징 : 암벽화

나미비아의 브란드베르그는 화강암 대산괴로, 이곳에 있는 쾨니히슈타인 봉의 높이는 무려 2,700미터로 나미비아의 최고봉이다. 이 산은 반지름이 약 30킬로미터인 구에 가까운 모습을 하고 있으며 거대한 바위가 흩어져 있는 황무지와 웅장한 절벽으로 이루어져 있다. 여러 협곡을 통해서 험악하기 짝이 없는 이 산을 탐험할 수 있다. 그런데 이 산에는 샘이라고는 하나도 찾을 수 없다. 한낮의 열기는 겨울에도 대단해서 그늘과 물은 생존을 위해서는 꼭 필요하다. 지리적·기후적 조건이 험난하지만 브란드베르그는 훌륭한 암벽화가 많이 발견된 곳이기도 하다. 이곳에서 발견된 암벽화인 〈브란드베르그의 백인 여인〉은 남아프리카에서 가장 유명한 그림 중 하나이다. 이것을 처음 발견한 라인하르트 마아크는 그림에 나타난 지중해식 스타일에 감동을 받았다. 이름(아베 브뢰일이 붙인 '선사시대의 교황')과 아프리카 주변을 항해한 페니키아인들을 연상시키는 가상의 연관성에 사로잡힌 대중은 상상의 나래를 펼쳤다. 현재는 성년식을 치르는 청년이 하얀색으로 보디페인팅을 한 그림이라고 해석하고 있다. 암벽화가 그려진 시기는 추정하기 어렵지만 브란드베르그에서 발견된 그림들은 대부분 2,000년 전의 것으로 추측된다. **HL**

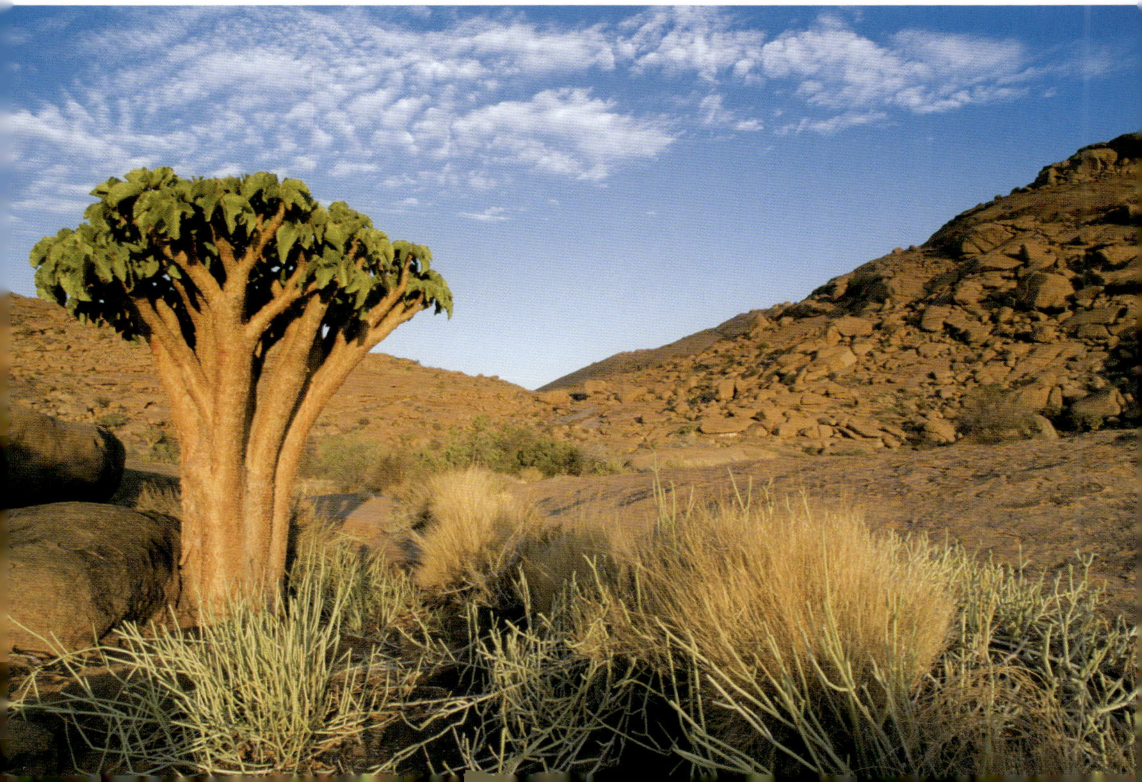

스피츠코페

나미비아, 오토존두파

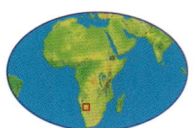

스피츠코페의 생성 시기 : 1억 5,000만 년 전
암석의 종류 : 화강암 도상 구릉
특징 : 남서쪽의 550미터 높이의 안벽

나미비아의 스피츠코페는 다마랄란드 남부의 자갈 평원에 우뚝 솟아 있는 멋진 화강암 도상 구릉이다. 나미비아에서 사진촬영지로 가장 인기가 있는 곳이기도 하다. 나미비아의 마테호른이라고 부르는 1,700미터의 봉우리를 처음 본 사람은 거대한 코끼리의 상아의 끝 부분을 떠올릴 것이다. 이곳에서 나미비아에서 가장 아름다운 일출과 일몰을 볼 수 있는데, 태양이 주황색에서 짙은 노란색으로 서서히 변해가는 모습이 그야말로 장관이다. 산은 7억 년 이전에 만들어졌다. 서로 100킬로미터나 떨어져 있는 스피츠코페와 브란드베르그가 형성되고 나서 곤드와나 대륙은 남아메리카와 아프리카로 분리되었다. 두 곳의 거대한 바위지대를 만든 화강암 용암은 분명히 지구 깊숙한 곳에 있던 같은 분화구에서 나왔을 것이다. 주변의 풍경이 점차 침식작용으로 사라지고 있을 때 스피츠코페가 지하에서 형성되고 있었다고 생각하면 이상한 기분이 든다. 현재의 봉우리가 훨씬 더 높다. 반사막 지형의 주변의 풍경도 아름답지만 스피츠코페 지역에서 즐기는 암벽 등반, 암벽화와 귀금속이 주는 즐거움도 놓칠 수 없을 것이다. **HL**

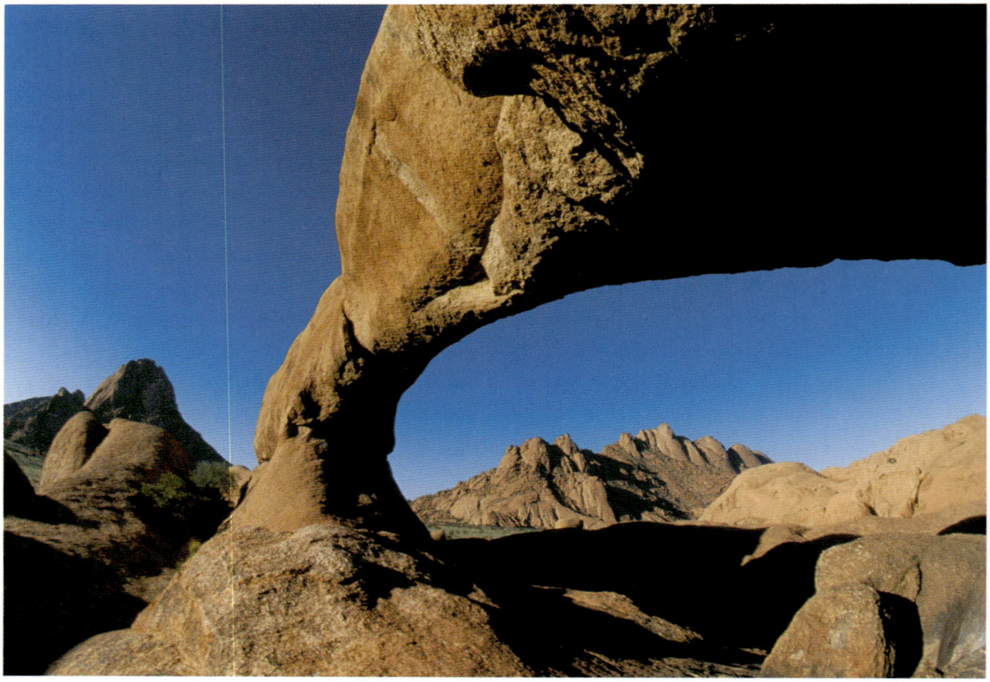

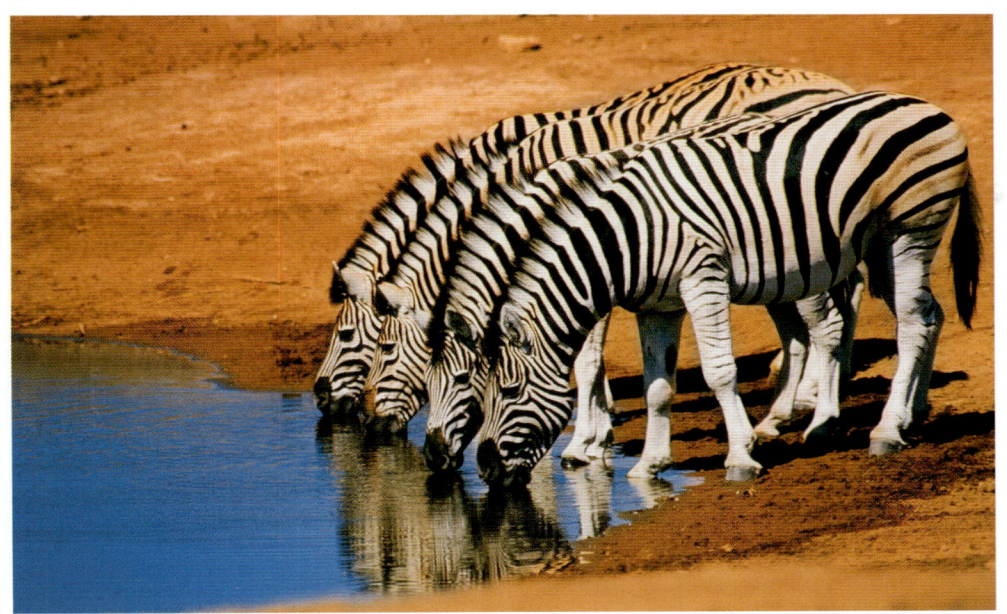

나우클루프트
자연보호구역

나미비아, 하르다프

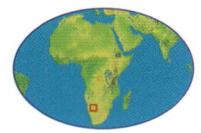

나우클루프트 자연보호구역의 생성 시기 : 200만~400만 년 전	
계곡의 깊이 : 30미터	
계곡의 길이 : 2.5킬로미터	

나미브 사막의 북동쪽 산맥을 일 년에 한 번씩 물에 잠기게 하는 빗물은 세스리엠캐니언과 말라붙은 차우차브 강으로 흘러가는데, 이렇게 내린 빗물은 가장 덥고 건조한 이 지역에 다시 한 번 생명을 움트게 한다. 나미비아로 이어진 이 생명선은 사암 지대에 길게 생긴 균열로 나우클루프트 산맥과 '나미브–나우클루프트 국립공원'을 연결한다. 특히 이곳에는 컵처럼 움푹하게 파여서 수영을 할 수 있을 만큼의 깊이를 가진 물웅덩이가 많다. 멀리 떨어진 산악 지대에 비가 그치고 몇 주에서 몇 달이 지나도 천연 저수지는 사막의 주민들에게 비교적 안정적으로 물을 공급하며 식물의 싹을 틔울 수 있도록 한다. 이곳에는 머리가 삽처럼 생긴 도마뱀, 사막꿩, 레드넥팔콘에서 타조, 스피어헤드오릭스와 산얼룩말에 이르기까지 놀랍도록 다양한 동물들이 서식하고 있다.

이곳의 계곡은 초기 정착민들에게도 중요한 식수원이었는데, 남아프리카의 공용 네덜란드어를 사용하는 정착민들은 생가죽 밧줄(riem) 여섯(ses)개를 묶어서 계곡으로 양동이를 내린 다음 식수를 퍼 올린 과정 때문에 세스리엠(Sesriem)이라는 계곡의 이름이 유래했다고 한다. **DBB**

소수스블라이와 세스리엠캐니언

나미비아, 하르다프

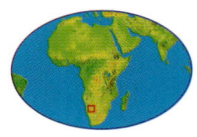

소수스블라이와 세스리엠캐니언의 면적
: 12헥타르

지질 : 나미브 사막의 점토반

특징 : 100미터 높이의 이동하는 사구

나미비아 해안을 흐르는 벵겔라 한류는 나미브 사막의 가장자리를 흐른다. 월비스베이의 남쪽에는 폭이 100킬로미터에 달하는 지역에 움직이는 사구가 있다. 이 사구는 높이가 300미터로 세계에서 가장 높으며 계속 이동한다. 물이나 식물을 거의 찾아볼 수 없는 이곳은 생물이 살기에 무척 열악한 곳이다. 차우차브 강의 메마른 바닥이 생존을 위한 몇 안 되는 통로이다. 나미브 사막으로 들어가기 전에 바로 2킬로미터 길이의 세스리엠캐니언이 있다. 더 서쪽으로 가면 강바닥은 나미브 사막으로 50킬로미터를 깊숙이 들어간다. 옆으로 웅장한 사구들이 줄지어 서 있는데, 해가 뜰 때 햇살을 받아 황토색 곡선이 일렁이는 모습이 장관이다. 소수스블라이는 점토반(粘土盤)으로 차우차브 강을 삼면으로 포위한다. 홍수가 난 후에도 물은 증발하지 않고 땅속으로 스며든다. 그래서 소금이 남아 있지 않다. 점토반 주변에는 놀랍도록 식물이 풍부하게 자란다. **HL**

아래 세스리엠캐니언의 바싹 마른 황무지

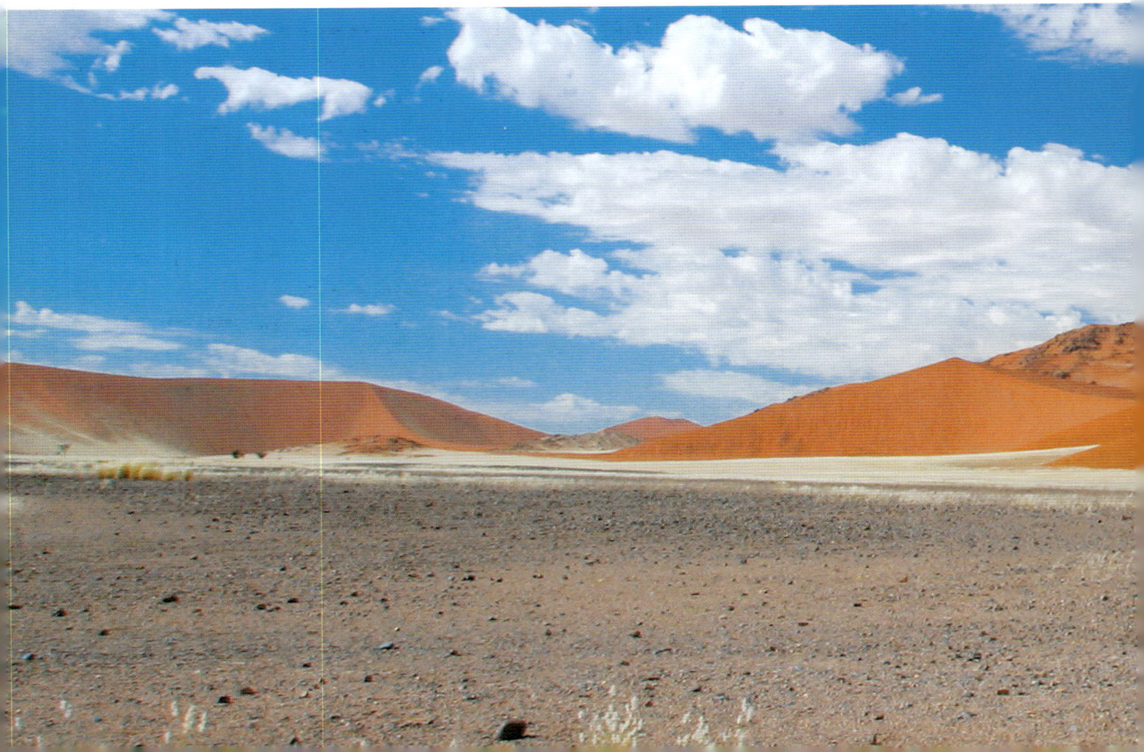

피시리버캐니언

나미비아, 하르다프

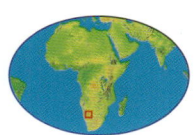

피시리버캐니언의 길이 : 65킬로미터
생성 시기 : 5억 년 전

나미비아의 피시리버캐니언은 애리조나의 그랜드캐니언 다음가는 거대한 협곡이다. 사실 이곳에는 두 개의 협곡이 있다. 약 5억 년 전에 단층에 의해 형성된 어퍼캐니언과 바위 지대를 통해 지금도 침식작용을 쉬지 않는 피시리버가 깎아 놓은 로우어캐니언이다. 어퍼캐니언은 남북으로 뻗은 넓은 계곡으로 피시리버가 유유히 흐른다. 위에서 보면 구불구불 흐르는 모습이 거대한 뱀처럼 생겼다. 그래서 산 족의 전설에는 거대한 뱀이 이 지역에 미끄러져 내려가서 이 계곡이 생겼다는 이야기가 전해져 내려온다. 절벽은 어퍼캐니언의 절벽 바로 아래에서 로우어캐니언의 절벽이 시작되는 부분이 가장 웅장한데, 위쪽의 고원에서 2억 5,000만 년 전에 생성된 기반암까지 무려 600미터를 거침없이 내려간다. 저녁 햇살을 받으면 석회암에 나타나는 검은색 띠에서 먼 옛날 만들어진 기반암의 기묘한 색과 모양까지 다채로운 색의 조화를 감상할 수 있다. 협곡의 바닥에는 온천이 솟아 나오는데 수온이 섭씨 60도인 아이-아이스(끓어오르는) 샘이 가장 유명하다. **HL**

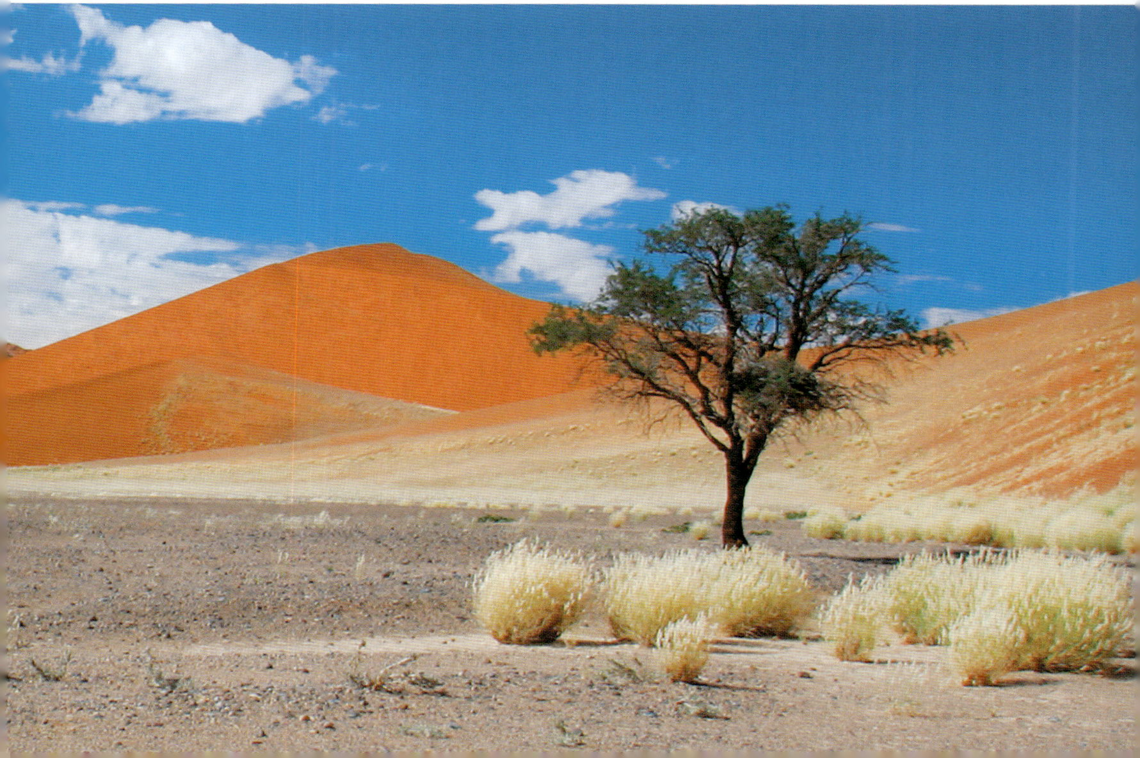

칼라하리 사막

보츠와나 / 나미비아 / 잠비아 / 짐바브웨

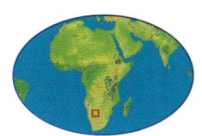

칼라하리의 여름철 기온 : 최대 50도
연평균 강수량 : 동부 – 406~458밀리미터, 서부 – 305~356밀리미터

세계에서 모래가 가장 길게 뻗어 있는 곳은 바로 칼라하리 사막이다. 이 사막은 보츠와나 국토의 상당 부분을 차지하고 있으며 나미비아, 앙골라, 잠비아와 짐바브웨에 걸쳐 있다. 사막 아래에 깔린 기반암은 용암이 굳은 6,500만 년 전에 형성되었다. 그 후 5,000만 년 동안 바위는 바람과 빗물에 깎이고 해안에서 날려 온 모래에 뒤덮였다. 이렇게 열악한 환경에도 사람은 이미 50만 년 전부터 이곳을 찾았다. 2만 5,000년 전에는 유목민인 산 족이 사막에 정착했으며 지금도 이곳에 살고 있다. 아마도 이들이 지구상에서 가장 오래된 인간 사회일 것이다. 사막에는 이들 외에도 미어캣, 독수리, 뱀과 겜즈복 등이 산다.

한때 겜즈복은 거대한 무리를 이루어 칼라하리 사막을 횡단했다. 겜즈복이 이룬 행렬의 길이는 210킬로미터에 폭은 21킬로미터에 달했다. 이곳에서 자라는 식물로는 부시맨양초가 있다. 두꺼운 줄기에 가시에 뒤덮여 있고, 컵 모양의 꽃이 피는 즙이 많이 나는 작은 식물이다. 부시맨양초라는 이름은 줄기에 진이 많은데 불을 붙이면 향기로운 향이 나기 때문에 붙은 이름이다. **MB**

<u>오른쪽</u> 노란 야생화들이 칼라하리 사막을 아름답게 수놓고 있다.

초딜로힐즈

보츠와나, 은가밀랜드

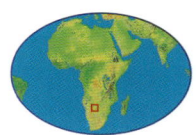

초딜로힐즈의 높이 : 1,395미터
특징 : 암벽화
암벽화를 그린 시기 : 850~1100년

보츠와나의 북서쪽에 있는 초딜로힐즈는 보츠와나에서 최초로 세계유산으로 지정되었다. 동쪽에서 보면 언덕은 칼라하리의 덤불에서 가파르게 솟아 있다. 이곳은 태양이 하늘에 낮게 걸려 있는 아침이나 저녁에 가장 멋진 모습을 보여 준다. 이곳에는 네 개의 언덕이 있는데, 쿵 족의 전설에 따르면 이 바위 언덕들은 옛날에 한 가족이었다고 한다. 그래서 언덕을 아버지, 어머니, 아이와 손자라고 부른다. 가장 남쪽 언덕이 아버지라고 불리는 곳으로 그 높이가 1,400미터에 조금 못 미치는, 보츠와나의 최고봉이다. 세계유산위원회는 이곳에 사는 사람들에게 이 언덕이 가지는 상징적이고 종교적인 의미가 얼마나 큰지 강조했다. 전해지는 설화에 따르면, 당신이 누군가를 초딜로로 보냈는데 그 사람이 그 일을 억지로 떠맡은 것이라면 그 사람은 다시는 돌아오지 않을지도 모른다고 한다. 초딜로힐즈는 특히 암벽화로 유명한데 그림이 그려진 곳은 400곳이 넘으며 4,500개의 그림이 그려져 있다. 그림은 850~1,100년 사이에 그려졌다. 특히 고래를 묘사한 그림이 눈길을 끄는데 여기서 바다는 1,000킬로미터나 떨어져 있기 때문이다. **HL**

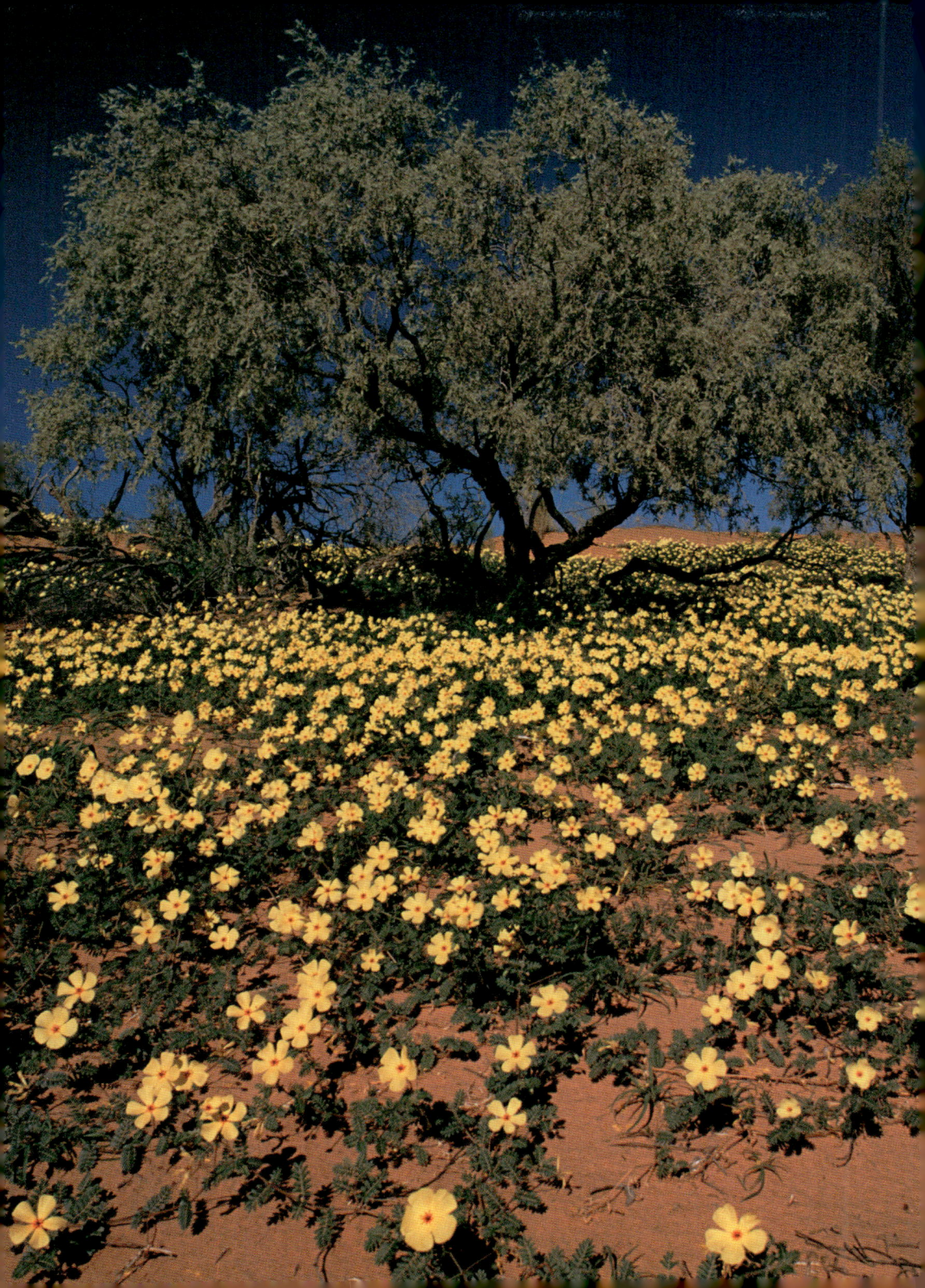

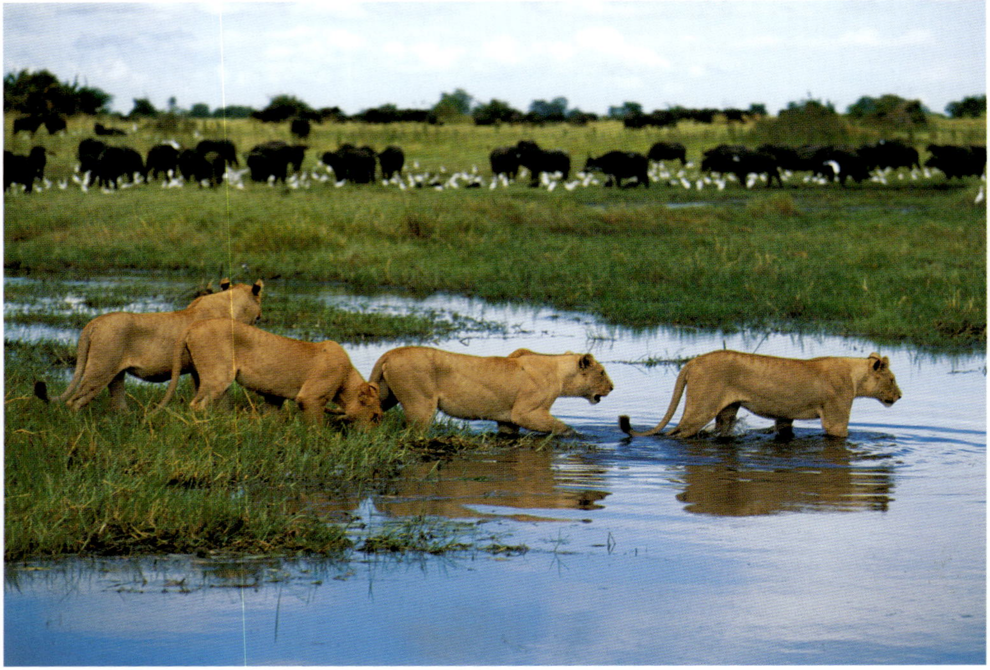

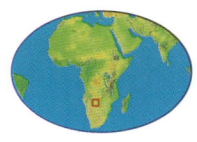

오카방고델타

보츠와나, 은가밀랜드

오카방고델타의 면적 : 25,000제곱킬로미터

식생 : 강가의 파피루스와 섬의 숲

카방고 강은 앙골라하이랜즈에서 시작해서 나미비아를 통과한 후 보츠와나로 입성한다. 이곳에 도착한 강은 세계에서 가장 큰 내륙 삼각주인 오카방고델타를 만든다. 카방고 강은 '결코 바다를 찾지 못하는 강'이라고 하는데, 이는 바다가 아니라 천천히 서쪽으로 흘러 칼라하리 사막의 광활한 퇴적물 위로 퍼져가기 때문이다. 결국 강물은 은가미 호수, 보테티 강과 막가디가디 분지에서 모두 증발해 버린다. 강물이 삼각주에 도착하면 수많은 수로를 통해 바깥으로 퍼져 나가서 사막에 얕은 늪이나 웅덩이를 수없이 많이 만든다. 수로는 강물이 퇴적물을 가지고 올 때마다 모양이 바뀌고 식물이 자라 물길을 막기도 한다. 하마가 이런 수로를 지나다니며 막혀 있는 곳을 뚫고 가거나 막힌 곳을 다시 뚫기도 한다.

강물과 그 속의 영양분 덕분에 파피루스 같은 식물이 매우 잘 자란다. 덕분에 이곳에서는 수많은 동물과 새들이 모여들어 건조한 지형 한가운데 들어선 삼각주에서 살며 번식한다. 여러 종류의 덩치 큰 동물들도 쉽게 볼 수 있으며, 400종이 넘는 다양한 조류도 서식하고 있다. 그러나 오카방고델타의 생태계는 매우 취약해서 상류에 댐을 건설하면 쉽게 파괴될 수 있다. **PG**

초베 강

보츠와나, 초베 / 잠비아, 웨스턴스트립

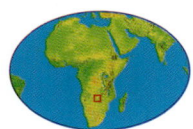

초베 강의 식생 : 강가의 숲, 초원, 거대한 파피루스와 갈대

코끼리 수 : 120,000마리(초베 강과 다른 강에서 이주하는 코끼리 수)

아프리카 남부에서 가장 큰 강인 잠베지 강은 앙골라에서 발원해서 남동쪽으로 흘러 나미비아의 카프리비 지역을 통과해 빅토리아 폭포에서 70킬로미터가량 상류에 있는 보츠와나의 초베 강과 합류한다. 앙골라의 여름 강수량은 주로 4월이나 5월에 집중된다. 잠베지 강의 수위가 상승하면 그보다 훨씬 작은 초베 강이 범람해서 강물이 뒤로 밀려나 마치 역류하는 것처럼 보인다. 강은 하마와 거대한 나일악어들의 안식처이다. 암컷 악어들이 초베 강가에 만든 둥지를 보호하는 장면을 종종 목격할 수 있다. 이곳에 서식하는 어류도 매우 풍부한데, 그중에서도 타이거피시가 가장 왕성한 식욕을 자랑한다. 강물이 줄어들면 초베 강을 따라 흐르는 급류 옆에서 비교적 희귀한 유럽제비물떼새가 번식을 하는 것으로 알려졌다. 강물 사이의 저지는 잠베지 강이 몰고 온 퇴적물이 주로 쌓인 곳으로 갈대 같은 식물로 뒤덮여 있다. 그러나 강이 범람하면 이 섬들도 다 잠긴다. 결국 섬에 사는 사람도 동물도 골짜기 바깥쪽 땅으로 삶의 터전을 옮겨야 한다. 초베 지역은 아프리카에서 코끼리가 가장 많은 지역이기도 하다. **PG**

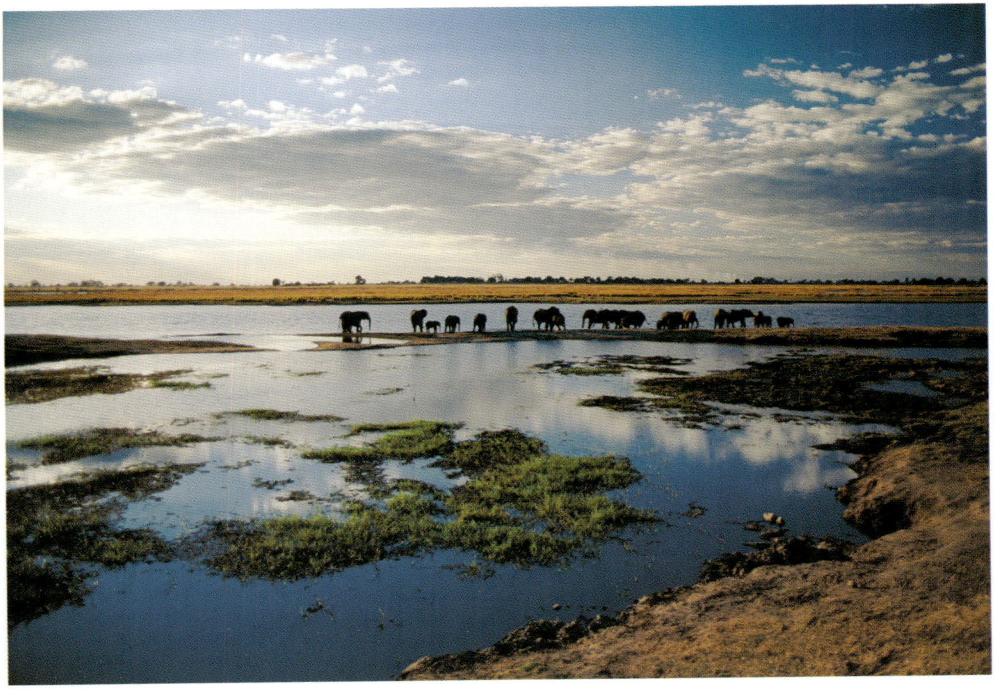

막가디가디 판

보츠와나, 센트럴디스트릭트

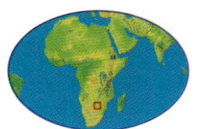

막가디가디 판의 면적 : 12,000제곱킬로미터

막가디가디 판 국립공원의 면적 : 4,900제곱킬로미터

보 츠와나는 칼라하리 사막에서 바람에 날려 온 모래가 국토 대부분을 덮고 있는데, 곳에 따라 그 두께가 100미터가 넘는 곳도 있다. 보츠와나에는 1만 2,000제곱킬로미터에 달하는 세계 최대 규모의 면적이 모래로 덮인 지형이 있다. 모래는 바람에 의해 평평하게 쌓여 있지만 기후가 더 습해지면서 식물이 자라 땅이 더 단단해졌다. 그 결과 많은 지역이 경사가 전혀 없어서 물이 흐를 수 없다. (짐바브웨의 남서부에서 발원하는) 나타 강이 수아 판으로 들어가면 강물은 소다와 소금기가 있는 땅을 흐르게 된다. 물은 증발하고 결국 소다가 깔린 거대한 평원이 남는데 마운과 나타 사이의 막가디가디 판이 바로 그런 곳이다. 우기에는 판 지역은 얕은 호수가 되지만 수심이 1미터를 넘지 않는다. 호수에 물이 차면 아르테미아새우가 수백만 마리로 불어난다. 이 새우를 먹으려고 유럽홍학과 꼬마홍학(약 25만 마리)이 몰려와 번식을 한다. 멀리서 새들이 보이면 호숫가는 어느새 붉은색으로 물든다. 주위는 풀이 무성한데 소다 평원보다 1미터 정도 더 높게 자라기 때문에 이곳으로 버첼얼룩말과 겜즈복 무리가 모인다. **PG**

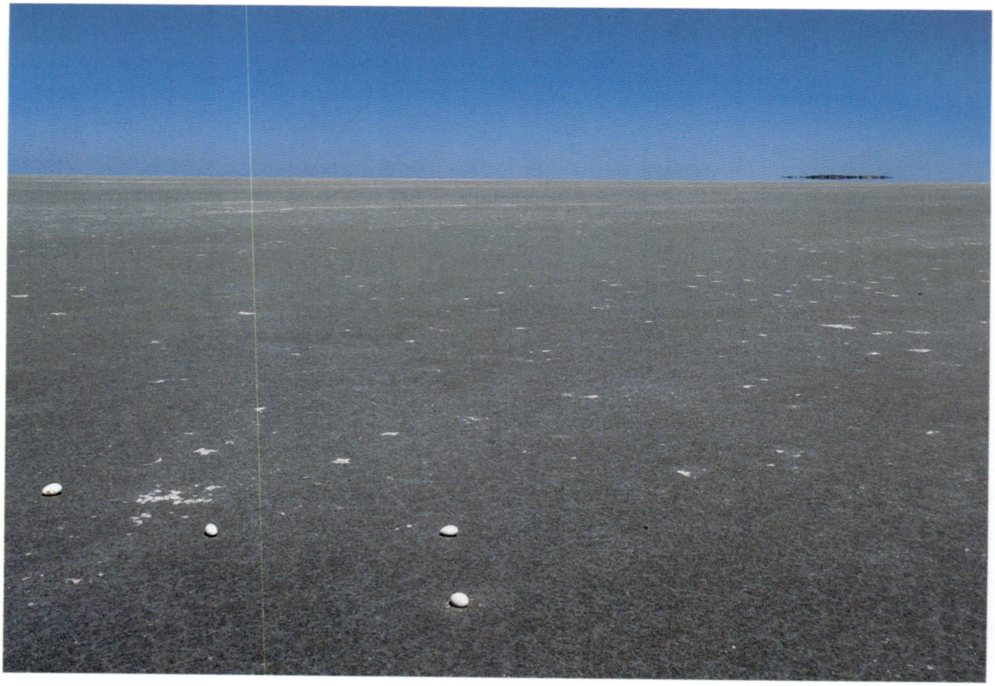

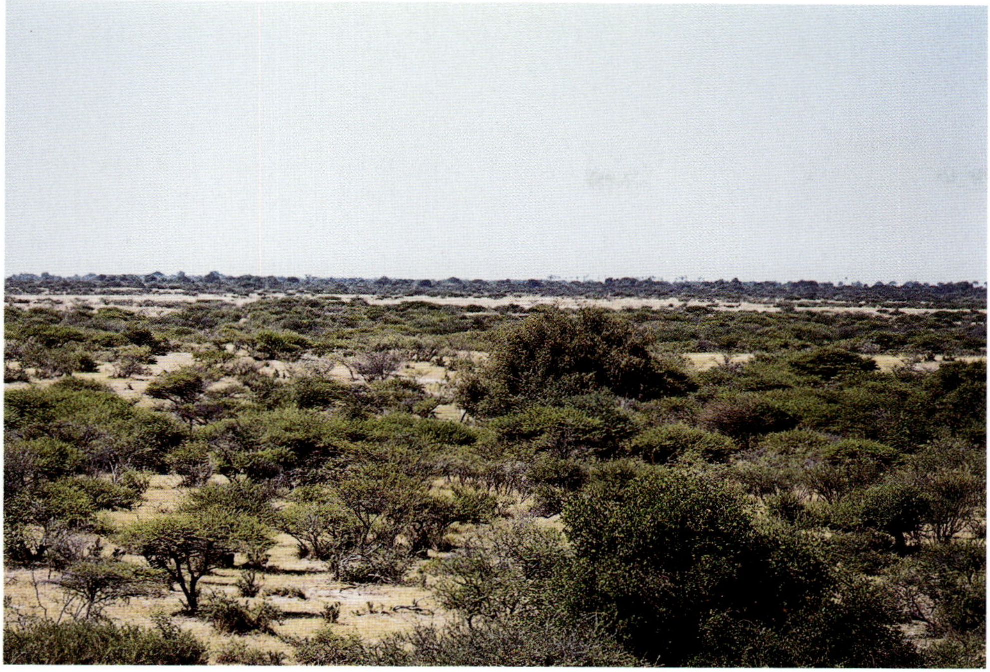

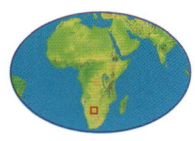

디셉션밸리

보츠와나, 간지

디셉션밸리의 길이 : 80킬로미터
식생 : 키 작은 덤불과 풀밭
나무뿌리의 깊이 : 지표면 아래 50미터

칼라하리 사막의 서쪽에서 동쪽으로 가면 깊고 바닥이 평평한 계곡이 중부 칼라하리의 북부 지역을 횡단한다. 언뜻 보면 반건조 지역에 강물이 흐르는 골짜기처럼 보인다. 이런 곳에서는 강물이 흐를 정도로 강수량이 풍부하지 않으니 강물이 거대한 골짜기를 깎았을 리 만무하다. 사실 디셉션밸리는 '화석'이 된 계곡이다. 이곳은 과거에 강물이 양옆의 바위를 넓고 가파르게 깎아낸 결과물로 그 후에 바람에 실려 온 모래에 뒤덮였다. 모래는 V자형 계곡을 바닥이 평평한 훨씬 얕은 계곡으로 변모

시켰다. 지금은 칼라하리 사막의 전형적인 덤불이 자라고 있다. 비가 내리면 얕은 웅덩이들이 생기기 때문에 스프링복과 겜즈복과 같은 영양 무리와 그들을 쫓아 맹수들이 모여든다. 원래 계곡에 있던 암석들은 계곡의 가장자리를 따라 보인다. 이 지역에서 석기 시대 사람들이 돌로 도구를 만들던 유적지도 발견되었다. 돌로 도구를 만들 때 떨어져 나온 돌 부스러기를 수천 개는 볼 수 있다. 디셉션밸리는 1961년에 이 지역의 지도를 제작한 드비어스 팀이 붙인 이름이다. 이 팀은 이 지역이 당시 지도에 나와 있지 않았기 때문에 더 남쪽에 있는 다른 계곡과 착각을 했다고 한다. **PG**

시베베

스와질란드

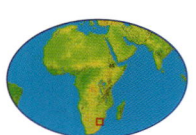

시베베의 암석의 종류 : 화강암질의 심성암

음불루지 강 분지의 면적 : 3,100제곱킬로미터

강의 해발 고도 : 125~1,500미터

옛날 스와질란드 땅속 어딘가 깊은 곳에서 마그마가 식은 후 지각작용으로 운석만 한 돌이 밀려 올라갔다. 그 돌은 몇 백만 년 후에 지상으로 나왔다. 바람, 비와 강물이 마지막으로 손질을 마치자 시베베 또는 볼드록(대머리 바위)이라고 부르는 주인공이 모습을 드러냈다. 세계에서 가장 큰 구형의 화강암 바위이자 세계에서 두 번째로 큰 바위인 시베베는 거대한 볼링공처럼 음불루지 산맥에 앉아 있다. 이 바위는 스와질란드를 가로지르고 모잠비크로 흐르는 길고 넓은 강인 음불루지 강보다 300미터 높다.

이곳에서는 시베베를 가이드와 함께 가장 가파른 길로 세 시간 동안 올라가는 것을 '세계에서 가장 가파른 산책'이라고 부른다. 정상에 올라가면 거대한 표석들이 모여서 동굴을 이룬 멋진 모습을 감상할 수 있다. 천연의 은신처들은 시베베를 집이라고 불렀던 원주민들이 그린 선사시대 암벽화로 장식되어 있다. 시베베는 스와질란드의 수도인 음바바네에서 8킬로미터 떨어진 파인밸리에 있는데, 그곳까지 가는 대중교통수단은 없다. **DBB**

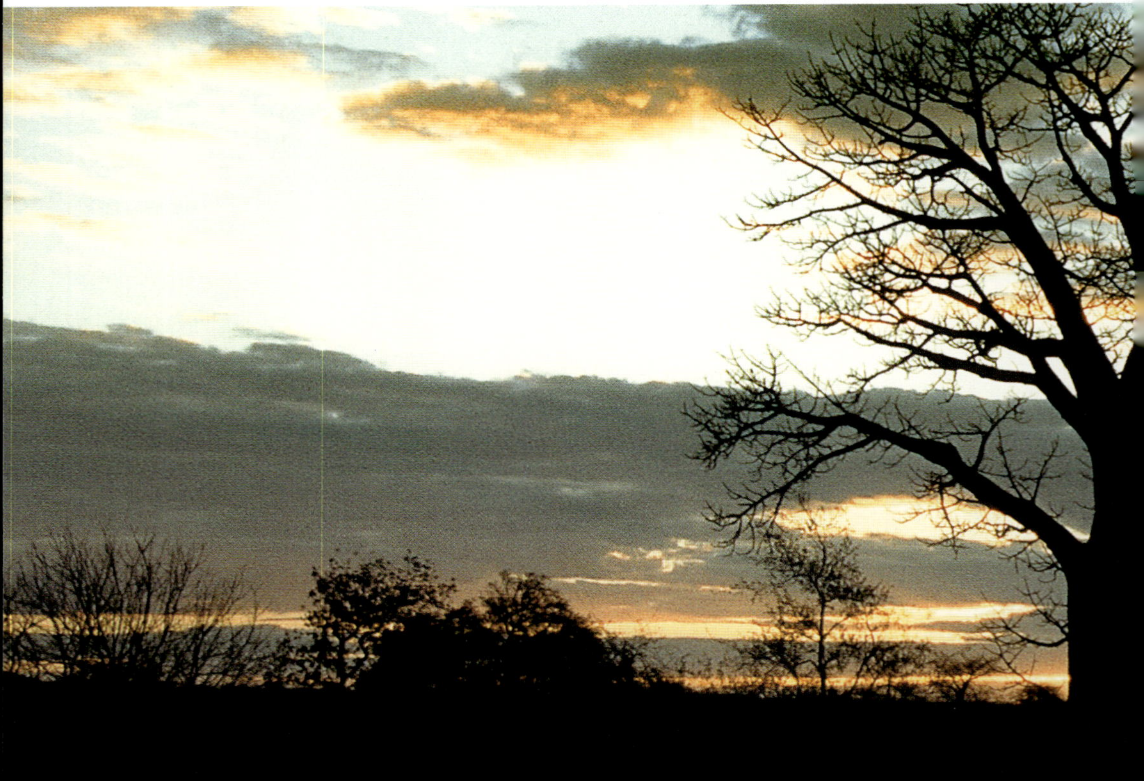

크뤼에르 – 바오밥웨

남아프리카 공화국, 림포포 – 음푸말랑가

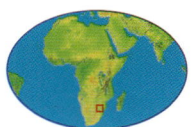

바오밥웨의 면적 : 80제곱킬로미터
**바오밥나무의 나이 : 1,000살 이하,
가장 오래된 나무는 적어도 2,000살**
식생 : 바오밥나무

크뤼에르 국립공원 북부와 그 주변에는 작은 하천과 큰 강들로 인해 땅이 심하게 절개된 곳이 있다. 이 지역이 비교적 건조하기 때문에 폭우라도 내릴라치면 강물의 속도를 늦추거나 침식 작용을 막을 만한 지표식물이 거의 없다. 모래로 뒤덮인 풍경에서 가장 이목을 끄는 대상은 수없이 많은 늙은 바오밥나무들이다. 그래서 이곳을 바오밥웨라고 부른다. 나무들은 이 지역을 횡단하는 대군이라도 되는 것 같다. 이곳의 바오밥나무는 사베 강이 쓸어온 비옥한 충적토에서 자라는 바오밥나무만큼 크지는 않지만 그 모양이 다양해서 사람들의 주목을 받는다. 둘레가 28미터까지 자라는 바오밥나무 특유의 육중한 줄기는 볼 수 없지만, 가지가 뿌리처럼 복잡하게 발달해 왕관처럼 하늘 위로 뻗어나간다. 이 모습에 종종 '뒤집힌 나무'라고 부른다. 줄기에는 구멍이 많아서 가면올빼미나 황조롱이가 둥지를 튼다. 어떤 나무는 속이 텅 비어 있어서 작은 동물과 파충류의 안전한 보금자리가 되기도 한다. 바오밥나무는 초여름에 크고 하얀 꽃을 피우는데, 달콤한 향기에 이끌려 박쥐, 새들과 곤충이 몰려든다. **PG**

아래 해질 무렵의 바오밥나무

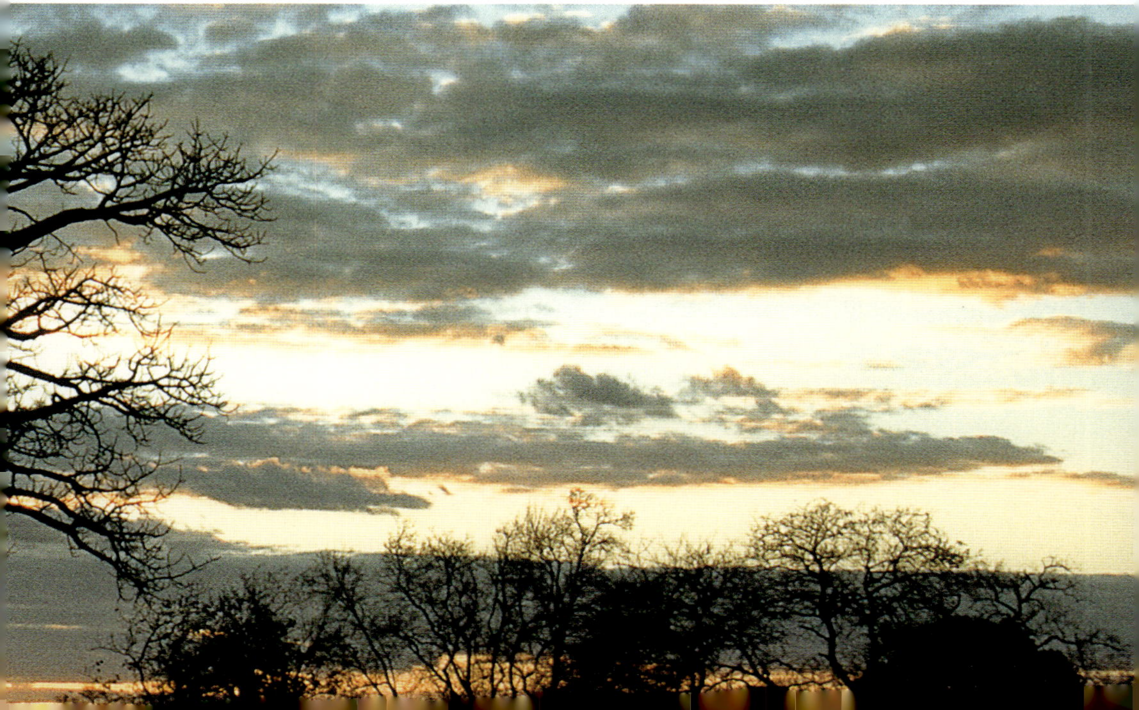

모자지

남아프리카 공화국, 림포포

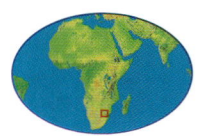

| 모자지 자연보호구역의 면적 : 530헥타르 |
| 소철의 높이 : 13미터 |
| 파종의 적기 : 12월에서 이듬해 2월 |

모자지는 아프리카 남부에서 가장 키가 큰 소철의 서식지로 모자지 소철인 '엔세팔라토스 트랜스베노수스'가 세계에서 가장 많이 분포한다. 소철은 야자수나 나무고사리를 닮은 식물로 약 2억 년 전에 지구상에 처음으로 나타났다.

모자지 소철이 지금까지 살아남아 보호받을 수 있었던 것은 전적으로 '비의 여왕' 덕분이다. 약 400년 전, 주구디니라는 쇼나 족의 처녀가 임신을 해 부족에서 쫓겨났다. 그녀와 몸종들은 남쪽으로 도망쳐 지금의 차닌 근처에 정착했다. 그녀는 지금까지 이 지역에 살고 있는 로베두 부족을 발견했다. 전설에 따르면 주구디니는 도망치면서 비를 내리를 비술을 가져왔다. 비술 덕분에 로베두 부족은 매우 작았지만 주변 부족의 존경을 받고 한 번도 침략을 당한 적이 없었다. 1800년대 초부터 루베두 족은 모자지(비의 여왕)가 통치했다. 모자지는 결혼할 수 없지만 아이는 가질 수 있다. 무엇보다 통치자가 된 여왕은 남아프키라 공화국에서 가장 높이 자라는 모자지 소철을 보호한다. 어떤 소철은 13미터가 넘는다. 암나무에서 열리는 커다란 열매는 무게가 34킬로그램까지 나간다. **PG**

닐스블라이

남아프리카 공화국, 림포포

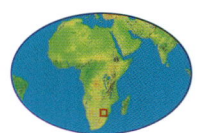

| 닐스블라이 자연보호구역의 면적 : 16,000헥타르 |
| 닐 범람원의 길이 : 70킬로미터 |
| 특징 : 남아프리카 공화국에서 가장 잘 보존된 범람원 |

남아프리카 공화국을 통과해 북쪽으로 탐험을 진행했던 초기 탐험대가 북쪽으로 흐르는 강과 마주쳤다. 그들은 자신들이 나일 강의 수원을 발견한 줄로만 알았다. 물론 사실이 아니었지만 탐험대가 생물학적으로 가치가 매우 높은 지역을 발견한 것은 분명했다. 닐 강은 바터버그의 구릉지에서 시작해 가파른 언덕 사이 바닥이 평평한 골짜기를 흐른다. 여름철 폭풍우로 골짜기가 범람하면 강물이 주변의 넓은 지역을 뒤덮어 거대한 습지가 형성되는데 그 면적은 1만 6,000헥타르에 달한다. 남아프리카 공화국에서 가장 넓은 편이다. 이중에서 3,100헥타르는 닐스블라이 자연보호구역으로 보호하고 있으며 일반에게 공개되어 있다. 우기에 습지가 물에 잠기면 닐스블라이에는 물새들이 몰려드는데 그 종류와 수가 놀랄 만큼 다양하고 많다. 닐 강가에서 관찰된 조류는 100종이 넘으며 그중에서 58종이 이곳에서 번식을 한다. 남아프리카 공화국에서 단일한 지역에 번식을 하는 물새 종으로는 최대 수준이다. 게다가 이 나라에서 붉은배해오라기의 유일한 번식지이다. 닐 강은 바다까지 가지 못하고 포트기터스러스 부근에서 끝이 난다. **PG**

크뤼에르 – 리버라인스

남아프리카 공화국, 림포포 – 음푸말랑가

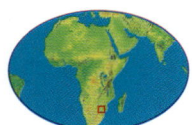

크뤼에르 국립공원의 면적 : 20,000 제곱킬로미터

국립공원 제정 연도 : 1898년(1961년에 부분적으로 울타리 설치)

크뤼에르 국립공원의 가장 북쪽에는 림포포 강이 흐르며 남쪽 끝에는 크로코다일 강이 흐르는데, 두 강은 원래 하나의 강이다. 크로코다일(혹은 크로토딜) 강은 원래 림포포 강 상류의 이름으로 커다란 호를 그리면서 흐르고 있다. 강줄기는 처음에는 (남아프리카 공화국과 보츠와나의 국경을 형성하면서) 북쪽으로 흐르다가 동남쪽으로 꺾여 모잠비크를 지나 인도양으로 흐른다. 이곳에는 두 강 외에도 사비, 페타바, 올리판츠, 루부브후와 싱귀지 강들이 더 존재한다. 이런 강들이 크뤼에르에 사는 야생생물 수천 마리의 생명수이다. 산악 지역과 공원 사이에 사는 사람들에게도 마찬가지이다. 강이 흐르는 지역은 크뤼에르에서 가장 비옥하고 생산성이 높으며 습한 지역이다. 당연히 중요한 야생생물들이 많이 서식한다. 이곳의 야생생물이 얼마나 다양한지 직접 목격한다면 놀라움에 입이 다물어지지 않을 것이다. 강의 기슭에는 초목이 무성한데 울창한 숲이 들어선 곳도 있다. 최고 21미터까지 자라는 거대한 무화과나무는 새들이 둥지를 틀고 표범이 낮잠을 즐긴다. 게다가 온갖 동물과 곤충들의 먹이도 된다. 무화과가 맺힐 즈음이면 원숭이, 비비, 과일먹이박쥐 등이 만찬을 즐긴다. **PG**

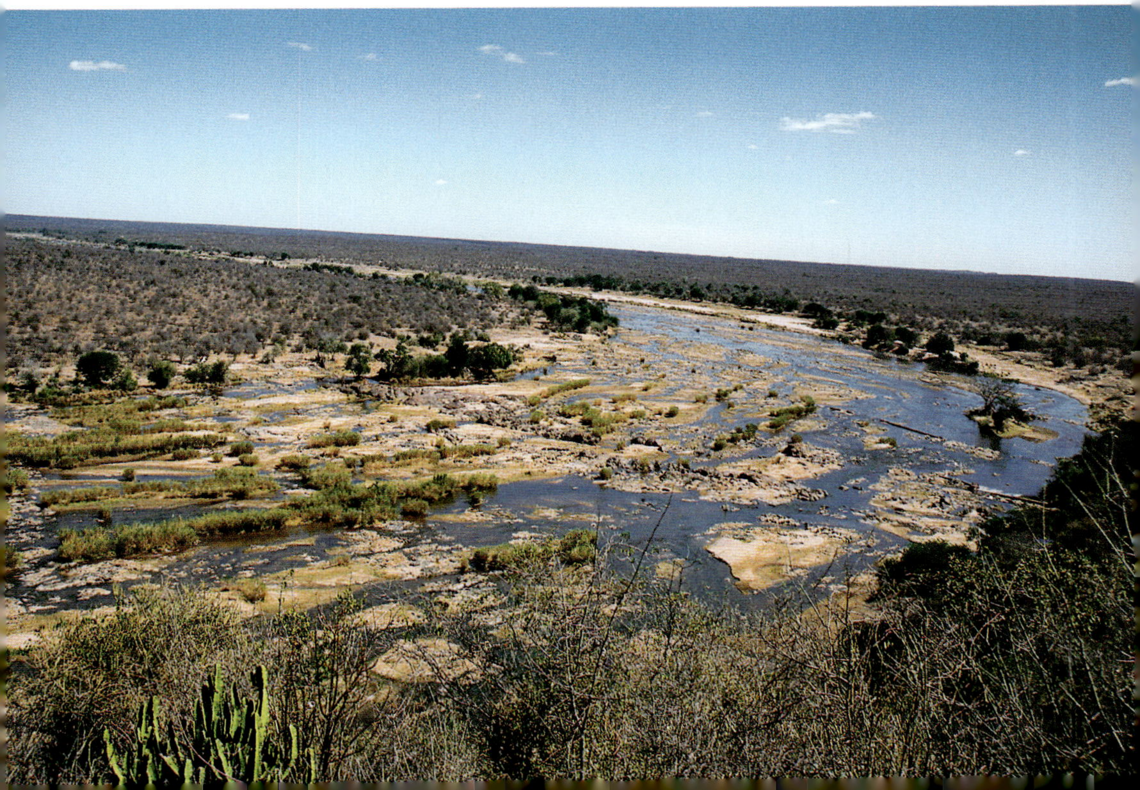

크뤼에르 – 모파인벨트

남아프리카 공화국, 림포포 – 음푸말랑가

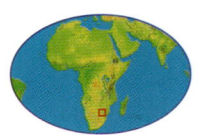

모파인나무의 높이 : 최대 10미터
기타 식생 : 무화과, 나탈마호가니, 소시지나무, 애플리프, 알로에, 임팔라릴리

크뤼에르 국립공원은 모잠비크 국경을 따라 무려 350킬로미터나 뻗어 있는 거대한 자연보호구역이다. 올리펀츠 강의 북쪽인 공원의 북부는 대부분 모파인벨트로 계곡들 사이 비교적 평평한 땅에는 어김없이 모파인나무가 자란다. 대부분 키가 그리 크지 않은데, 평균 1.5미터 정도이다. 그러나 지상에서 10미터나 우뚝 솟은 모파인나무들이 모여 울창한 숲이 된 곳도 있다. 키가 큰 모파인나무에는 구멍이 매우 많은데, 새, 박쥐와 멧토끼류와 설치류 같은 작은 동물들의 보금자리로 쓰인다.

모파인나무 중에 키가 작은 것은 수코끼리 때문이다. 크뤼에르에서 전설적인 거대한 수코끼리가 발견된 곳은 바로 모파인나무 사이에서였다. 원래 일곱 마리의 거대한 수코끼리가 있었는데 여섯 마리는 죽었지만 지금도 덩치 큰 수놈들을 많이 볼 수 있다. 그 코끼리들은 지금도 크고 있으며 이제 자신들의 전설을 만들어가고 있다. 코끼리들은 세 마리에서 일곱 마리까지 무리를 지어 지내는데 큰 엄니가 난 특별히 덩치가 큰 수놈이 나머지를 이끈다. 다행히 이 지역에는 덩치가 큰 수코끼리들의 수가 많으며 번식도 잘 이루어지고 있다. **PG**

크뤼에르 – 서던힐리컨트리

남아프리카 공화국, 음푸말랑가

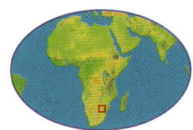

크뤼에르의 최고봉(칸드잘리베) : 839미터
코피의 암석 종류 : 화강암
공원 남부의 나무 : 케이프체스트넛, 화이트페어, 에리스리나

크뤼에르 공원의 남부는 남아프리카 공화국의 다른 지역과 상당히 다른 모습으로 이곳에는 주로 언덕이 많다. 관입한 화강암이 주로 발견되는 암석으로 박리현상을 일으켜서 바위의 표면이 동심원 형태로 벗겨진다. 그래서 이 지역은 언덕과 골짜기가 많고 드문드문 키 큰 나무가 자란다. 풀 한 포기 자라지 않는 작은 바위들이 모인 언덕도 있지만 대부분 규모가 크고 나무가 자라는 언덕

이다. 이 지역은 굴곡이 심한 길로 유명하다. 길을 따라가면 북쪽의 평지와는 또 다른 다양한 풍경이 펼쳐진다. 언덕과 골짜기가 번갈아 나타나는 곳이라 다양한 동물이 번성하고 있다. 특히 사비 강의 하류지역이 그렇다. 코끼리, 버펄로, 사자, 표범이 서식하고 아프리카에서 멸종 가능성이 가장 큰 육식동물인 아프리카들개도 있다. 이곳은 독특한 영양인 바위타기영양의 서식지로도 알려졌다. 남아프리카 공화국에서 이렇게 조심성 많은 동물을 쉽게 볼 수 있는 곳은 서던힐리컨트리 뿐이다. **PG**

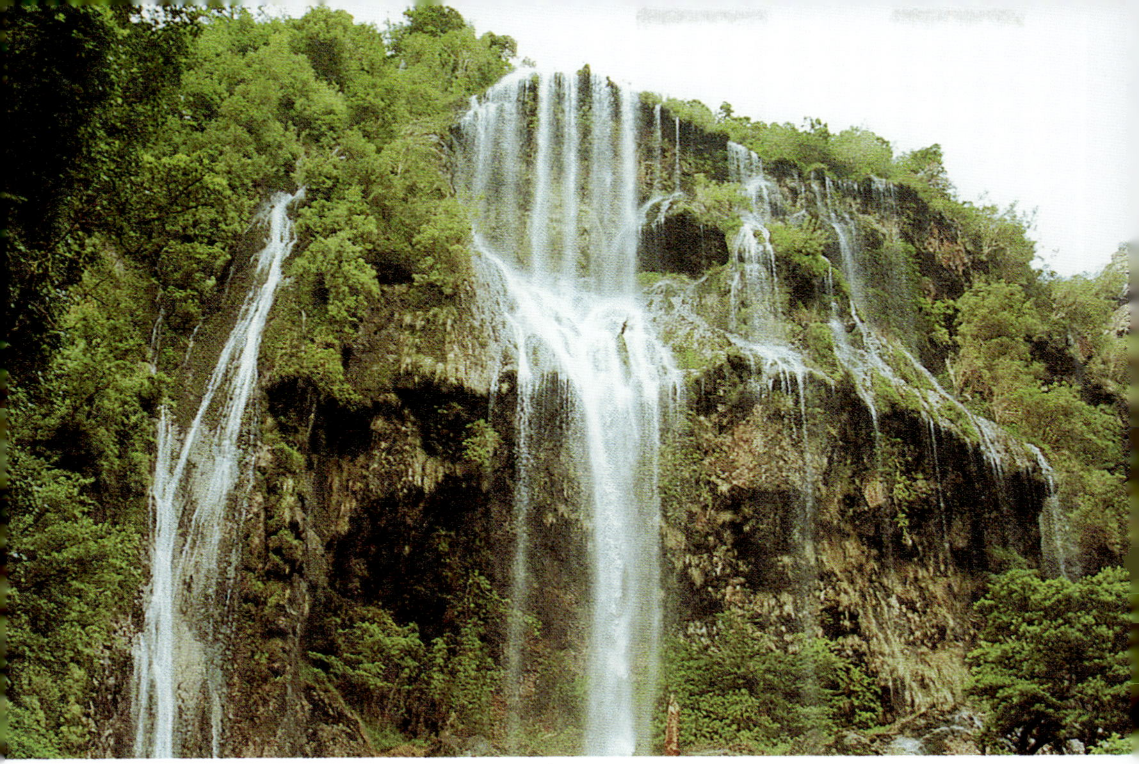

카디시튜퍼 폭포

남아프리카 공화국, 음푸말랑가

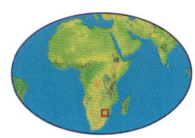

폭포의 높이 : 200미터
이곳을 찾는 조류 : 물수리, 갈색머리긴
날개앵무, 퍼플크레스트로에리, 코리스
터로빈, 올리브부시때까치

블라이드 댐의 상류 근처에는 높이 200미터의 카디시 폭포가 있다. 이 폭포는 세계에서 두 번째로 높은 튜퍼(석회화) 폭포이다. 튜퍼 폭포는 물에 탄산칼슘으로 포화되었을 때 만들어지는 희귀한 자연현상을 보여 준다. 물이 공기에 노출되면 증발하는데 이때 용해되어 있던 탄산칼슘이 하얀 종유석처럼 굳어 가파른 언덕 아래로 흘러내리는 것처럼 보인다. 배로 폭포까지 접근할 수 있으며, 이곳처럼 손쉽게 튜퍼 폭포를 볼 수 있는 곳도 드물다. 그러나 폭포가 너무 높아서 멀리서 전체적인 모습을 즐기는 편이 더 좋다. 이곳에 서식하는 것으로 보고된 조류는 360종이 넘는다. 케이프독수리 군서지는 세계에서 세 번째로 큰 규모를 자랑한다. 매우 희귀하고 조심성이 많아 좀처럼 모습을 드러내지 않는 물새인 아프리카큰발뜸부기의 서식지이기도 하다. 공룡인 익수룡처럼 이 새도 날개의 첫 번째 발가락에 갈고리 같은 발톱이 달려 있어서 나무를 기어오르는데 편리하다. 하마, 악어와 수달처럼 다양한 수생동물들이 강과 강가에서 서식한다. 주변의 숲에는 차크마개코원숭이, 베르베트원숭이, 희귀한 사망고원숭이가 서식하며 운이 좋으면 표범을 볼 수도 있다. **PG**

츠와잉 분화구 – 프레토리아 소금 평원

남아프리카 공화국, 가우텡

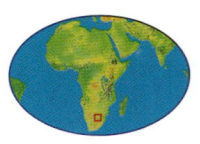

츠와잉 분화구의 폭 : 1.13킬로미터
분화구의 생성 시기 : 22만 년 전

츠와잉 분화구는 이전에는 프레토리아 소금 평원이라고 불렀다. 오랫동안 이곳은 화산의 화구구가 바닥이 붕괴한 후 염호가 된 것으로 여겨졌다. 분화구는 주변 평지에서 60미터 높이로 솟아 있는 원형으로, 화산암이 중앙에서 밀려나와 산이 만들어졌다가 뒤이어 마그마꿈(magma chamber. 상당량의 마그마가 지하에 괴어있는 것을 말한다. 큰 화산의 지하 수킬로미터에 마그마꿈이 있어서 화산활동의 원인이 되나, 그 깊이, 크기, 모양 등은 불분명하다. 큰 마그마꿈에서는 대류, 분화작용, 주의 암석에 대한 변성작용 등이 일어난다)의 중앙 부분이 붕괴했으리라 추측되었다. 하지만 이곳의 암석은 화강암으로 약 300만 년 전에 땅속 깊이 들어 있던 것이지 지표면으로 분출된 화산암이 아니다. 이 분화구는 남아프리카 공화국에 유일한 것이다. 중앙의 바닥은 주변 땅보다 60미터나 낮다. 그곳의 염호에는 다양한 종류의 결이 고운 진흙이 깔려 있는데, 산화철인 자철광을 함유하고 있다. 오늘날에는 이곳이 화산이 아니라 약 22만 년 전에 운석이 지구를 강타한 흔적으로 여겨진다. **PG**

필라네스버그

남아프리카 공화국, 노스웨스트프로빈스

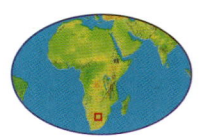

공원의 면적 : 55,000헥타르
국립공원 제정 연도 : 1979년
화산의 생성 시기 : 12억 년 전

필라네스버그의 생성 과정은 매우 복잡하다. 원래 이곳은 거대한 화산(혹은 화산들)이었는데, 엄청난 폭발이 있었는지 아니면 저절로 붕괴했는지 윗부분이 날아가 버렸다. 그 후 매몰되었다가 위에 쌓인 바위들이 침식작용으로 깎여 나가면서 다시 세상의 빛을 보게 되었다. 남은 화구구에는 강물이 동심원 형태의 무늬를 남겼다. 이 강은 쉬지 않고 지형을 깎아내리며 하류 쪽의 더 오래된 원형의 화산암 지대로 흘러가 놀랄 만큼 다양한 지형을 완성했다. 이 거대한 산은 약 12억 년 전에 만들어졌다. 최고봉인 필라네스버그는 망크웨 호수가 있는 지름 18킬로미터의 원형의 움푹한 지형보다 600미터나 높다. 태곳적 화산 지형의 심장부인 이곳이 바로 필라네스버그 국립공원이다. 1979년에 당시 가장 야심 찬 동물 방사 프로젝트인 '오퍼레이션 제네시스'의 일환으로 남획 때문에 자취를 감춘 많은 동물들이 이곳에 방사되었다. 현재 이 국립공원에서는 남아프리카 공화국에 서식하는 거의 모든 동물들을 볼 수 있다. 사자, 코끼리, 백하마와 흑하마, 버펄로와 기린이 모여 사는 국립공원 전역에는 석기 시대와 철기 시대 유적이 흩어져 있다. **PG**

블라이드리버 캐니언

남아프리카 공화국, 콰줄루 – 나탈

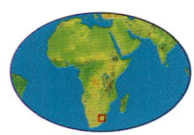

블라이드리버캐니언의 길이 : 24킬로미터

협곡의 깊이 : 800미터

멋진 화강암 산등성을 양쪽에 끼고 24킬로미터를 흐르는 블라이드리버캐니언은 대단층애의 북동부를 가로지르며 스완디니의 블라이드푸트 댐으로 흐른다. 먼 옛날 블라이드 강이 암석을 뚫어 800미터 깊이의 협곡을 만들었다. 세계에서 세 번째로 길며 아프리카에서 가장 아름다운 풍경으로 손꼽히는 협곡이 탄생한 것이다. 오늘날 블라이드 강의 양쪽은 울창한 온대우림과 늘 푸른 핀보스로 덮여 있다. 한쪽으로 쓰리론다벨스(혹은 쓰리 시스터즈)가 거대한 우주 로켓처럼 우뚝 서 있다. 이것의 정체는 백운석으로 된 거대한 나선 형태의 기둥이다. 이 기둥의 꼭대기는 얼음으로 덮여 있는데 이곳에도 녹색 식물이 자라고 있다. 측면으로는 오렌지색의 이끼가 끼어 있다. 론다벨이라는 이름은 원주민들이 거주하는 둥근 초가집과 비슷해서 붙여졌다. 그 외에도 숲이 울창한 깊은 계곡에는 규암 기둥이 외로이 솟아 있다. **MB**

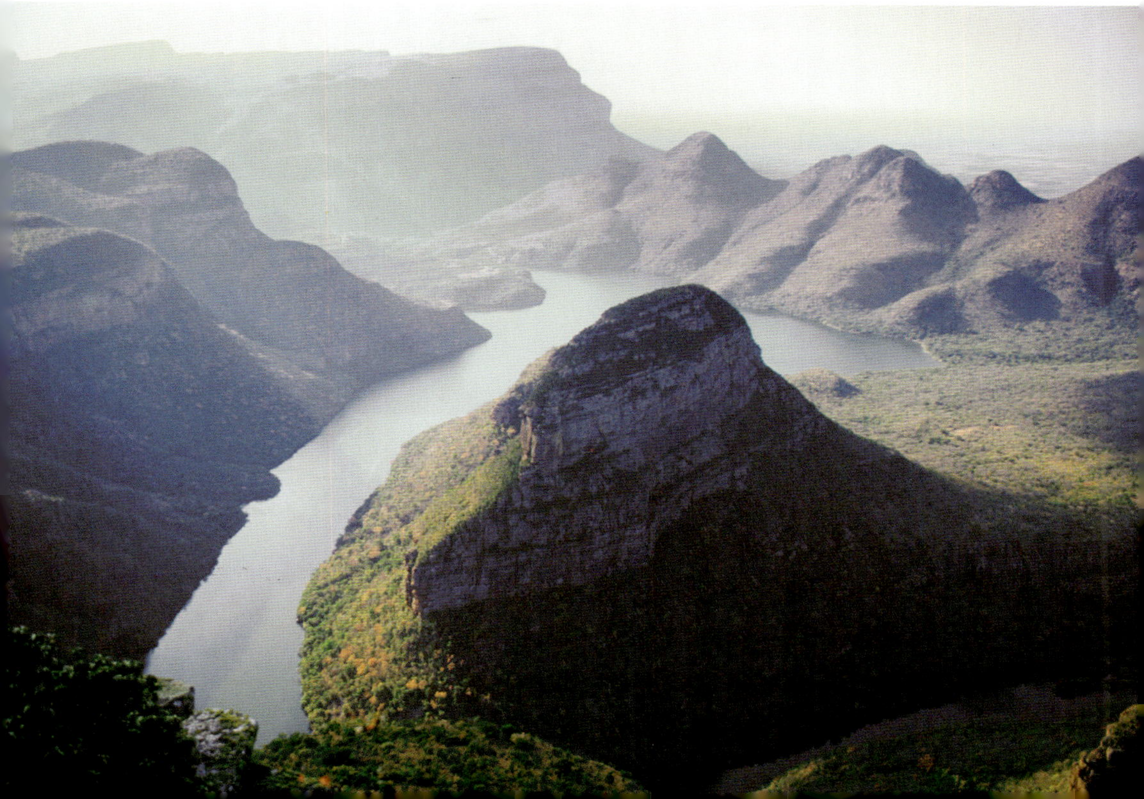

부크스럭팟홀

남아프리카 공화국, 콰줄루 – 나탈

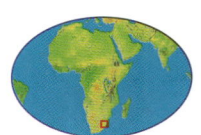

| 구멍의 최대 깊이 : 6미터 |
| 암석의 종류 : 규암 |

부크스럭팟홀(부크의 행운 구멍)은 블라이드 강과 트루에르 강이 합류하는 지점이다. 이 지점에서 트루에르 강은 폭이 좁아지면서 좁은 폭포를 통과해 물줄기를 거의 직각으로 꺾어 블라이드 강으로 들어간다. 강줄기가 급격하게 바뀌다 보니 소용돌이가 발생하고 상류에서 강물에 쓸려 온 수많은 돌이 바닥에 사발 모양의 거대한 구멍인 '팟홀'을 만들었다. 팟홀은 붉고 노란색의 규암 바닥에 나 있는데 깊이가 최대 6미터에 달한다. 이 지역은 원래 톰 부크라는 농부의 땅이었다. 그는 상류에서 사금을 채취했기 때문에 분명히 팟홀에 금덩어리가 묻혀 있다고 생각했다. 그의 추측은 옳았고 그후 이곳은 부크의 행운 구멍으로 불리게 되었다.

블라이드 강과 트루에르 강의 이름에도 각각 사연이 있다. 1840년에 보어인 개척민들이 정착할 만한 곳을 찾으려고 탐험을 했다. 남자들은 여자와 아이들을 강가 야영지에 두고 동쪽으로 떠났다. 남자들이 약속한 날까지 돌아오지 않자 여자들은 그들이 죽었다고 생각했다. 그래서 '슬픔의 강'이라는 뜻으로 강을 트루에르로 부르기 시작했다. 그러나 남편들이 다시 돌아와 가족들을 두 번째 강에서 감격의 상봉을 했다. 그래서 두 번째 강은 '기쁨의 강'이라는 뜻의 블라이드 강으로 부르게 되었다. **MB**

코시 만

남아프리카 공화국, 콰줄루 – 나탈

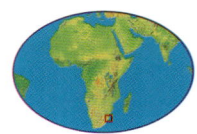

| 코시 만의 나무 : 사탕대추야자, 라피아야자, 무화과, 맹그로브 |
| 바다/민물의 생물 : 하마, 나일악어, 장수거북, 혹등고래, 황소상어 |

남아프리카 공화국에서 가장 북동쪽에는 모잠비크와의 국경 부근에 생물학적인 가치를 헤아릴 수 없는 독특한 지역이 있다. 코시 만은 강과 호수, 늪지와 습한 숲이 모자이크를 이루며 모여 있는데, 이곳의 호수와 강들은 아프리카 해안에서 가장 원시적인 상태를 유지하고 있다. 18킬로미터를 뻗어 있는 코시 만에는 호수 네 곳과 복잡하게 연결된 수로로 뒤덮여 있다. 강물은 이 복잡한 물길을 통과해 길고 긴 백사장을 지나 인도양으로 들어간다. 이 지역은 다양한 동물, 새와 식물의 보고이다. 강어귀에는 맹그로브 다섯 종이 서식하는 숲이 있다. 코시 만에는 특이하기 짝이 없는 말뚝망둥어, 농게류와 열대 어류 200여 종이 서식한다. 악어와 하마도 볼 수 있다. 겨울이면 혹등고래가 이곳을 지나 북쪽으로 이동한다. 이곳은 남아프리카 공화국에 있는 바다거북의 주요 번식지로도 유명하다. 12월에서 1월 사이가 되면 붉은바다거북과 장수거북이 해변에 알을 낳는다. **PG**

오른쪽 새끼 거북이 모래사장에 귀여운 발자국을 남겼다.

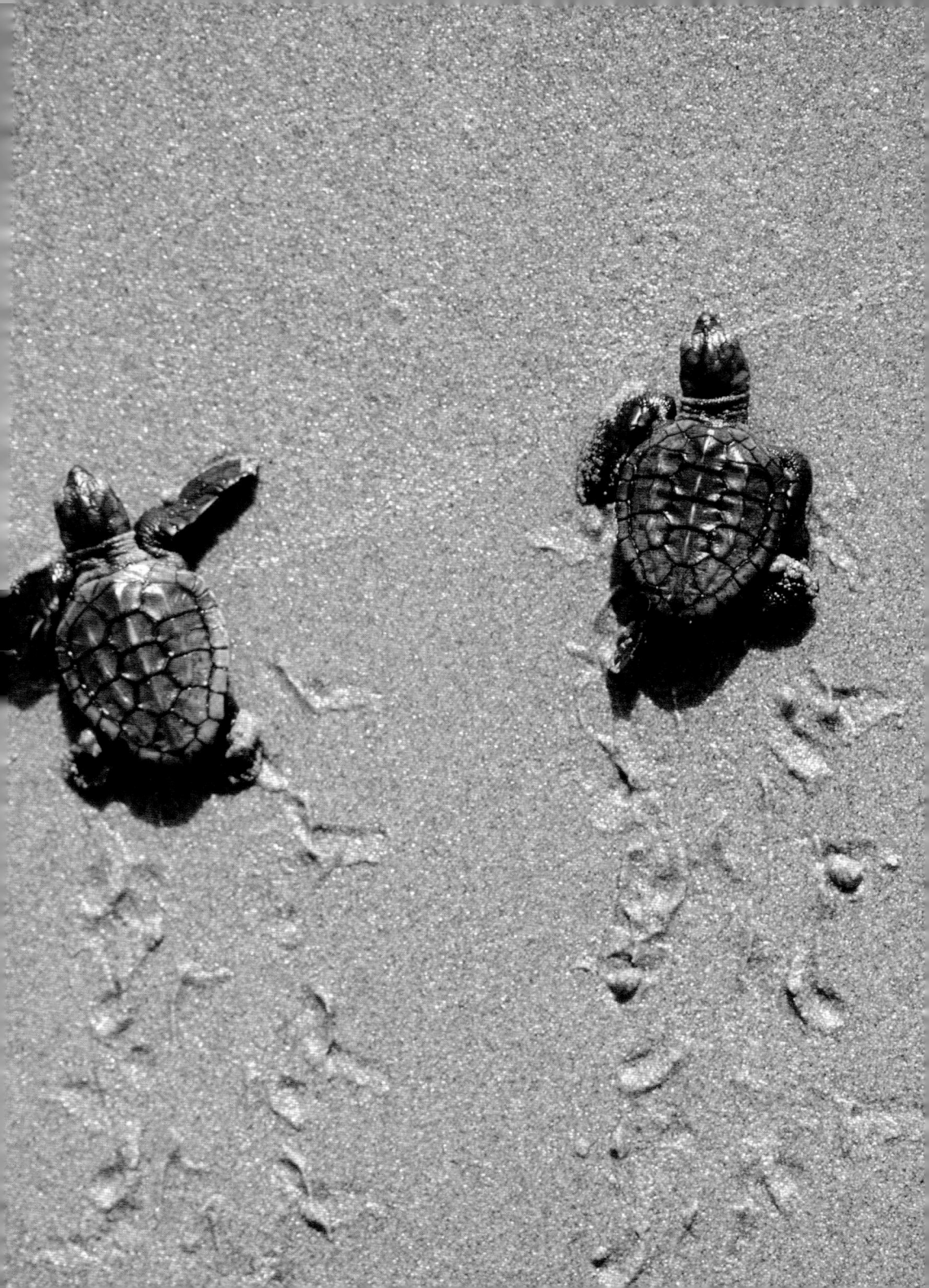

성 루시아
습지 공원

남아프리카 공화국, 콰줄루–나탈

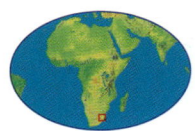

성 루시아 호수의 수심 : 2미터를 넘지 않음
습지의 면적 : 300제곱킬로미터
식생 : 숲, 덤불과 초원, 수면

콰줄루–나탈의 동쪽 해안에 있는 성 루시아 습지공원은 북쪽의 코시 만에서 남쪽의 성 루시아 곳까지 아우르고 있다. 남아프리카 공화국에서 처음으로 세계유산으로 지정된 습지공원에는 해안선과 평행한 거대한 호수와 백사장으로 이루어져 있다. 수목으로 뒤덮인 세계에서 가장 높은 거대한 사구들에 막혀 음쿠제 강은 바다로 들어가지 못한다. 강은 남쪽으로 물길을 돌려 60킬로미터 길이의 성 루시아 호수를 만들었다. 아열대와 열대 기후 사이에 있는 습지공원에는 우봄보 산맥에서 강물이 범람하는 초지, 사구와 해안의 삼림, 바닷물이 들어오는 늪지와 염소, 맹그로브 숲, 백사장과 산호초 등 다양한 서식지가 곳곳에 산재해 있다. 이 지역에 서식하는 동식물의 종류도 그만큼 다양하다. 성 루시아 습지공원은 남아프리카 공화국에서 가장 많은 하마가 서식할 뿐만 아니라 악어와 화이트백펠리컨과 핑크백펠리컨 등이 서식하며 그 가치를 헤아릴 수 없다. **PG**

자이언츠캐슬

남아프리카 공화국, 콰줄루–나탈

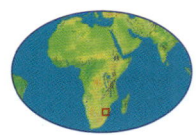

보호구역으로 지정된 연도 : 1903년
식생 : 저지 덤불과 관목숲
남아프리카 공화국의 최고 지점(인자수티돔) : 3,409미터

드라켄스버그 고원은 1억 9,000만 년 전 카루기가 끝날 무렵 발생한 거대한 현무암 용암으로 형성되었다. 습한 고원에서 발원한 강물들이 암석을 깎아내려 수평의 용암 토대 위에 늘어선 거대한 절벽이 완성되었다. 이런 지형은 자이언츠캐슬 보호구역에 가장 잘 남아 있다. 완만한 산기슭이 갑자기 가파르게 하늘로 올라가는데, 절벽의 높이는 무려 3,000미터에 달한다. 산 족은 이곳에 용이 숨어 있다고 생각해서 드라켄즈버그라는 이름을 붙였다. 삐죽삐죽한 봉우리들을 보면 용의 등이 떠오른다. 줄루 족은 자이언츠캐슬이라는 이름 대신 '인타바위콘좌'라고 불렀는데, 이는 '손가락질을 하면 안 되는 산'이라는 뜻이다. 손가락질은 불경스러운 행위로 간주하는데, 누군가 그렇게 하면 갑자기 날씨가 나빠진다고 한다. 실제로 이곳은 아프리카 남부 지역에서 가장 천둥소리가 크고 요란한 것으로 유명하다. 자이언츠캐슬은 다양한 동물들의 집이다. 마운틴일런드영양과 리복도 살지만 관광객들은 주로 창공을 위풍당당하게 선회하는 수염수리를 보기 위해 이곳을 찾는다. 이 새는 평평한 바위에 거대한 뼈를 떨어트려서 뼛속의 골수를 먹는 것으로 유명하다. **PG**

오리비 협곡

남아프리카 공화국, 콰줄루-나탈

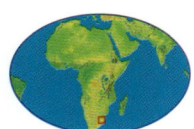

오리비 협곡의 길이 : 25킬로미터
협곡의 깊이 : 300미터
암석의 종류 : 화강암 위의 사암

남아프리카 공화국에서 별로 알려지지 않은 절경인 오리비 협곡은 콰줄루-나탈의 남부의 사암 지대에 자리 잡고 있는데, 포트셉스톤에서 내륙으로 20킬로미터 들어가면 나온다. 움짐쿨와나 강이 멋진 경치를 선사하는 절벽을 끼고 돌아 25킬로미터를 굽이굽이 흘러간다. 절벽에서 바라보는 풍경도 아름답지만 협곡의 진짜 아름다움은 아래쪽에 마련된 다양한 길을 따라가면서 맛볼 수 있다. 강바닥은 꽤 평평한데, 협곡 양쪽 300미터 높이의 절벽에는 폭포수가 힘차게 떨어지는 곳도 있다. 골짜기는 주로 울창한 상록수 숲으로 덮여 있지만 그 외에도 다양한 서식지가 분포해 있다. 이런 다양성과 접근의 어려움 덕분에 이곳에 서식하는 나무는 500종에 달하며 희귀한 사망고원숭이부터 조심성 많은 표범과 비단뱀까지 다양한 동물이 서식한다. 이곳은 조류 애호가들의 천국이기도 하다. 병사수리와 왕관독수리를 비롯한 다양한 맹금류와 여간해서 눈에 띄지 않는 나리나트로공도 관찰할 수 있다. **HL**

룰루웨-움폴로지

남아프리카 공화국, 콰줄루-나탈

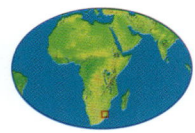

룰루웨-움폴로지 금렵구역의 면적 : 96,000헥타르

코뿔소의 수 : 검은 코뿔소 – 350마리, 하얀 코뿔소 – 1,800마리

룰루웨-움폴로지 금렵구역은 세계적으로 유명한 동물보호구역 두 곳을 합친 지역으로 북쪽의 룰루웨와 남쪽의 움폴로지는 원래 줄루 족 왕가의 사냥터였다. 움폴로지는 아프리카에서 최초로 금렵구역으로 지정되었으며 최초로 '야생 트레일'을 설치해 관광객들이 야생의 덤불 사이를 거닐고 별을 보며 야생을 체험 할 수 있게 한 곳이기도 하다. 이곳에서 가장 큰 관심을 끄는 동물은 매우 희귀한 검은 코뿔소로 이 동물을 보호하기 위한 모든 노력을 기울이고 있다. 숲이 들어선 가파른 골짜기가 풀밭이 깔린 완만한 구릉을 가로지르는데, 블랙움폴로지 강과 화이트움폴로지 강 사이에는 남아프리카 공화국 최고의 사바나 지역이 펼쳐져 있다. 이곳은 검은 코뿔소의 서식지이기도 하다. 19세기 초 체체파리가 가축에 나가나 병을 옮기자 농부들은 이 지역의 야생동물을 죽여야만 전염병을 막을 수 있다고 생각했다. 그 결과 동물이 거의 멸종되다시피 했다. 그리고 점차 동물들을 방사했는데 놀랍게도 사자는 스스로 이곳으로 돌아왔다. 1958년 느닷없이 수사자 한 마리가 돌아오자 몇 년 후 놀랍게도 암사자 무리가 나타났다. 지금은 이 백수의 왕이 이 공원의 영양의 수를 조절한다. **MB**

드라켄즈버그

남아프리카 공화국, 콰줄루–나탈

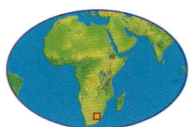

드라켄즈버그의 길이 : 600킬로미터
최고 높이(타바은틀레니아나) : 3,482미터
지질 : 사암 위로 현무암이 1,500미터 높이로 서 있음

유럽인들은 지난 200년 동안 남아프리카 공화국에서 가장 장대한 산맥을 용의 산맥인 드라켄즈버그라고 불렀다. 하지만 줄루 족은 '창처럼 생긴 장애물'이라는 뜻으로 '우크하흐람바'로 부른다. 거대한 방패에 창이 부딪히는 소리를 본 딴 이름이라고 한다. 어쨌든 두 이름은 뻐죽한 현무암 산등성과 콰줄루–나탈의 평원을 내려다보는 침봉들을 본 감상을 그대로 옮긴 것이다. 2000년에 이 지역은 남아프리카 공화국에서 네 번째로 세계유산으로 지정되었으며 그 이름도 우크하흐람바–드라켄즈버그 공원으로 정해졌다.

그러나 유럽인과 줄루 족보다 이 지역에 먼저 정착한 사람들이 있었으니 바로 산 족이다. 수천 년 전에 이곳에 정착한 산 족은 산맥 전역에 산재해 있는 동굴 500여 곳에 그 무엇과도 비교할 수 없는 멋진 암벽화를 남겼다. 세계유산 성명서에는 이 암벽화에 대해 '사하라 이남의 아프리카에서 암벽화가 가장 집중적으로 모여 있으며 그 수준이나 소재의 다양성이 뛰어나다.'라고 격찬하고 있다. 가장 오래된 그림은 2,500년 전에 그려졌으며 총을

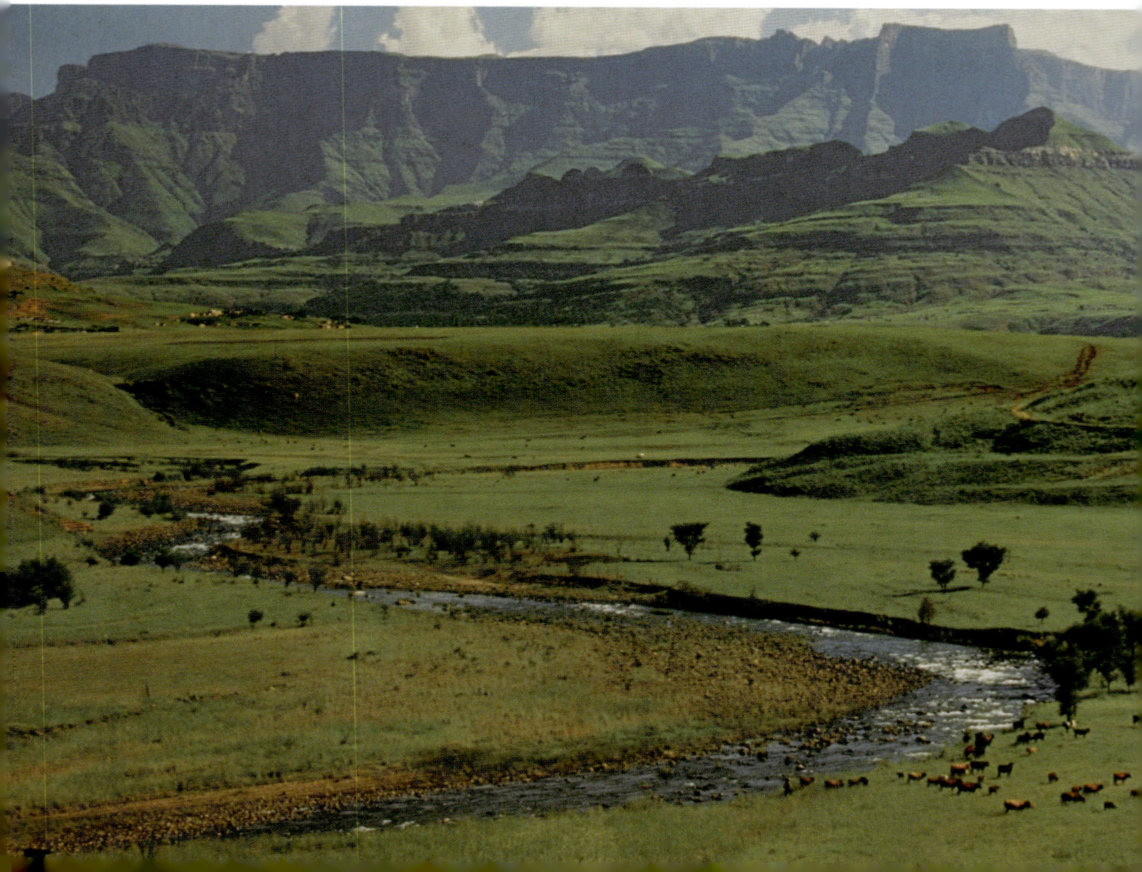

들고 말을 탄 사냥꾼을 그린 19세기의 그림도 있다. 이 성명서는 하늘 높이 솟은 절벽, 멋진 노두(露頭)와 황금색의 사암 절벽이 어우러진 이곳의 아름다움을 지적하는 것도 빼놓지 않았다. 특히 이곳의 천연 '원형극장'은 보는 이로 하여금 절로 경외감을 불러일으킨다.

드라켄즈버그 산맥은 건조한 지역에 소중한 분수계로 이스턴키이프에서 시작해 레소토가 오렌지자유주와 콰줄루-나탈과 만나는 3,300미터 높이의 몽뚜수르 봉까지 이어져 있다. 어떤 사람들은 이 산맥을 단층애를 따라 북쪽으로 400킬로미터가량 더 연장한 수치를 주장하기도 하지만 높은 봉우리들은 레소토 경계를 따라 낮아진다. 이곳에는 아프리카 남부의 최고봉인 3,482미터 높이의 타바은틀레니아나가 있다. 단층애의 주요 가장자리의 높이는 3,000미터이며 주위 봉우리에는 자이언츠캐슬, 샴페인캐슬, 커시드럴피크와 올드우먼그라인딩콘(옥수수를 가는 할머니)와 같은 재미있는 이름이 붙어 있다. **HL**

<u>아래</u> 싱그러운 푸른색이 아름다운 드라켄즈버그의 평원

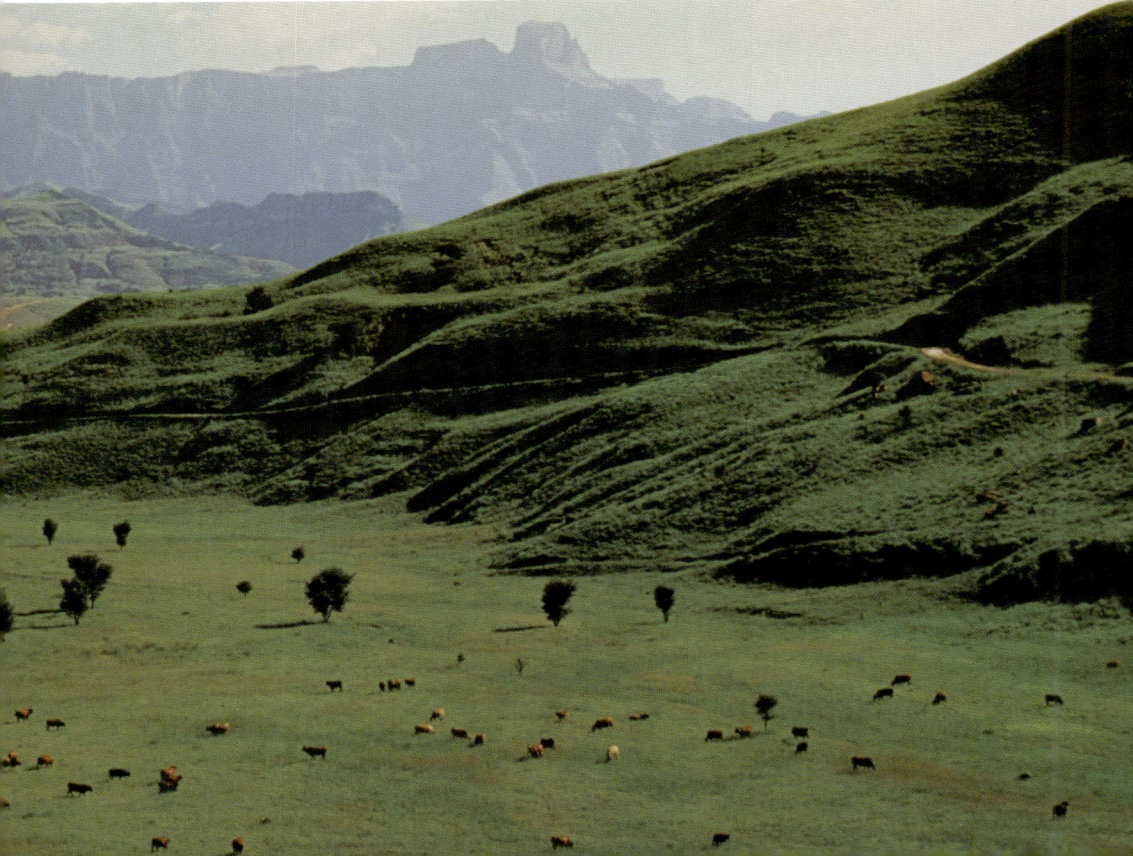

몽뚜수르

남아프리카 공화국, 콰줄루 – 나탈

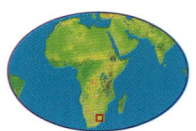

몽뚜수르의 최고 높이 : 3,317미터
투겔라 폭포 : 총 낙하 길이 948미터

1836년에 두 명의 프랑스 선교사가 오렌지 강의 수원을 찾던 중 바소토인들이 '일랜드 영양류의 땅'이라는 뜻으로 '포퐁'이라고 부르는 봉우리 근처의 장대한 단층애에 도착했다. 이 봉우리가 오렌지 강, 칼레돈 강과 투겔라 강의 수원이라는 오해는 지금은 바로잡았지만 몽뚜수르라는 이름은 여전히 남아 있다. 몽뚜수르의 북서쪽은 센티넬피크, 서쪽은 웨스턴버트레스, 동쪽은 이스턴버트레스로 둘러싸였다. 1950년에 간신히 정복된 무시무시한 데빌스투스(악마의 이빨)가 만든 이 '천연 원형극장'이 투겔라 강의 골짜기 위로 우뚝 선 정경은 자연에 대한 경외감을 불러일으킨다. 이 거대한 암벽은 길이가 8킬로미터에 높이는 800미터에 달한다. 몽뚜수르의 정상에서 발원한 작은 물줄기는 약 3킬로미터를 단층애 뒤로 흘러 절벽의 가장자리에서 힘차게 떨어지는데 이 폭포가 바로 세계에서 두 번째로 높은 투겔라 폭포이다. 원래 용암이 1,400미터 두께로 쌓인 이 거대한 고원은 아프리카에서 보기 드문 고산 생태계를 형성한다. 이 지역 생태계에 매우 중요한 비는 주로 여름철 뇌우를 동반해서 내리며 간혹 눈이 1미터 이상 쌓일 때도 있다. **HL**

골든게이트

남아프리카 공화국, 오렌지자유 주

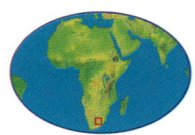

골든게이트 국립공원의 면적 : 11,600헥타르
암석의 종류 : 사암
식생 : 초원

골든게이트는 레소토 산맥에서 서쪽으로 향한 절벽으로 깎여 들어간 지형이다. 골든게이트는 사암으로 이루어졌으며 곳곳에 셀 수 없을 만큼 많은 동굴이 있어서 '케이브샌드스톤'이라고 불린다. 이 지역은 물에 쉽게 침식되기 때문에 리틀칼레돈 강이 깊은 골짜기를 만들었다. 골짜기 양쪽에는 사암 절벽이 입구를 호위하듯 우뚝 서 있다. 사암은 총천연색이지만 해질 무렵이면 골든게이트가 마치 불이 난 것처럼 붉게 빛나는데, 붉은색, 노란색과 보라색 실이 수놓은 듯 아름다운 풍경이 펼쳐진다. 절벽의 높이는 100미터로 절벽의 지층이 선명하게 드러나 있다. 침식작용에 강한 지층은 실제로 절벽에서 튀어나올 것처럼 보인다. 절벽의 가장자리로 튀어나온 노두(露頭)는 뱃머리처럼 생긴 거대한 사암 바위인 브란드와그버트리스이다. 이곳은 골든게이트보다 더 멋진 곳으로 알려졌다. 이 지역의 자랑거리는 영양, 일랜드영양류, 부르첼얼룩말을 비롯한 다양한 야생생물이다. 특히 좀처럼 발견할 수 없는 수염수리와 남아프리카대머리따오기도 서식하며, 고지에는 아룸릴리와 파이어릴리처럼 희귀하고 특이한 식물도 많이 자생한다. **PG**

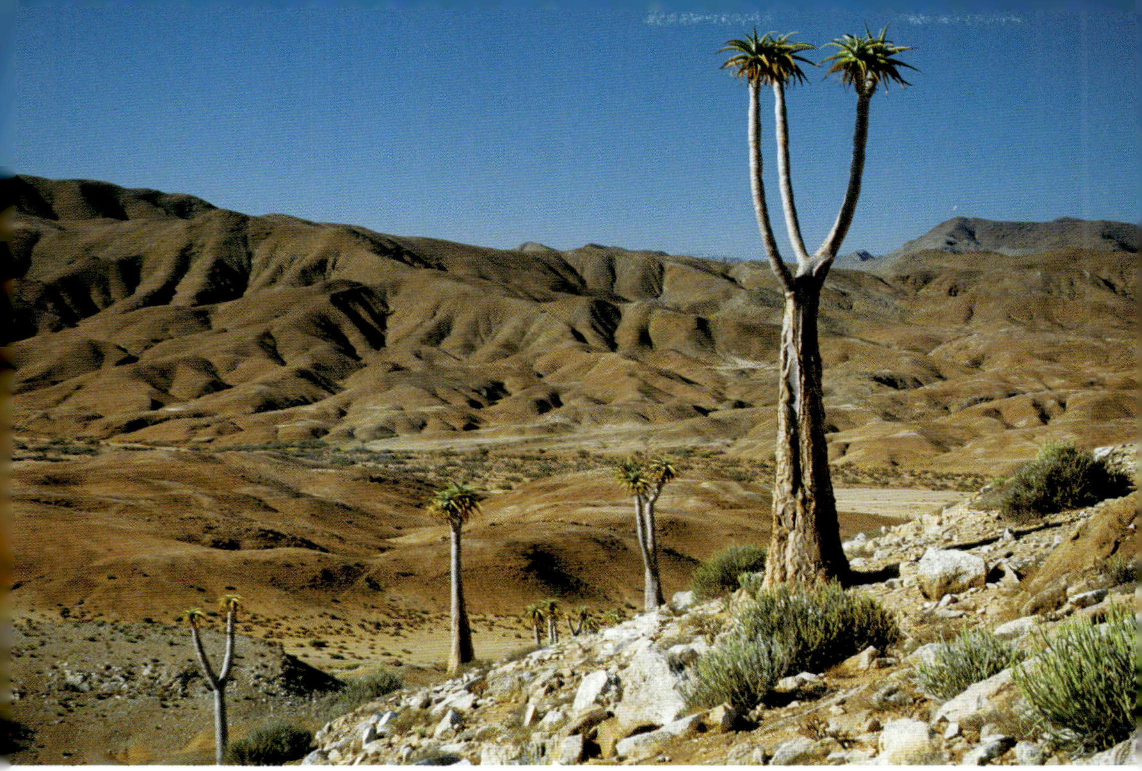

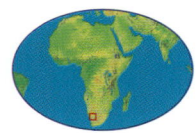

리흐터스벨트

남아프리카 공화국, 노던케이프 주

리흐터스벨트의 최고봉 : 1,374미터
연평균 강수량 : 50밀리미터 이하
식생 : 수액이 풍부한 사막 식물

남아프리카 공화국의 북서쪽 끝에는 오렌지 강이 북쪽으로 호를 그리며 100킬로미터를 흐른 후 오라녜문트에서 대서양으로 들어간다. 구부러진 강줄기의 남쪽에는 험악하기 짝이 없는 암석 지대가 펼쳐져 있는데, 그곳은 최근까지도 사람의 발길이 닿지 않는 곳이 대부분인 리흐터스벨트이다. 최고봉의 높이는 1,300미터가 넘으며 한여름 기온은 50도에 육박하고 연평균 강수량이 50밀리미터에 못 미치는 곳이지만 알고 보면 식물학자들의 천국이다. 산악 사막이라고 하지만 이 험준한 산악 지대와 황무지인 골짜기에는 남아프리카 공화국에 서식하는 식물 종의 3분의 1이 서식한다. 이곳의 특이한 식물로는 퀴버트리(화살통나무, 동개나무)를 들 수 있는데, 산 족이 이 나무로 화살통을 만들어서 붙은 이름이다. '하프맨'이라고도 부르는 '광당'이라는 식물은 매우 독특한데, 전설에 따르면 반은 사람이고 반은 식물이어서 이런 이름이 붙었다고 한다. 리흐터스벨트가 끝나는 지점에는 강바닥 근처에 검은 석회암 지대에 바위를 조각한 유적들이 발견되었는데, 약 2,000년 전에 만들어진 것으로 알려졌다. **HL**

아후라비스 폭포

남아프리카 공화국, 노던케이프 주

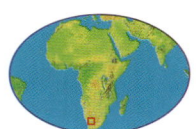

첫 번째 폭포의 높이 : 90미터	
두 번째 폭포의 높이 : 60미터	
암석의 종류 : 화강암	

화강암 골짜기와 협곡을 거느린 아후라비스 폭포는 남아프리카 공화국의 오렌지 강에 있는 멋진 폭포이다. 나미비아의 남동쪽에서 약 80킬로미터 상류에 자리 잡고 있다. 폭포 상류에는 평평한 녹색 계곡을 흐르는 강 양쪽으로 바위투성이의 낮은 산이 늘어서 있다. 야산은 꽤 멀리까지 뻗어 있다.

이 폭포는 지형상 남쪽에서만 접근할 수 있다. 관광객들은 아무런 예고도 없이 갑자기 등장하는 멋진 협곡과 마주친다. 강물은 흐를수록 점점 속도를 더해간다. 화강암을 깎으며 급류가 신나게 흐른다 싶으며 어느새 90미터 아래로 떨어진다. 급커브를 돌아 마지막으로 신나게 내달린 강물은 60미터 높이의 두 번째 폭포를 떨어져 종착역인 깊은 못에 도착한다. 물이 떨어지는 요란한 소리 때문에 이곳 사람들은 '시끄러운 곳'이라는 뜻으로 코이코이라고 부른다. 하류로 15킬로미터나 흐르는 강물에서 거대한 물뱀에 관한 코이 족 전설이 생겨났다. 이 물뱀은 오랜 세월에 걸쳐 레소포의 산맥에서 떠내려 와서 지금은 오렌지 강 깊은 곳에 있는 다이아몬드를 지킨다고 한다. **HL**

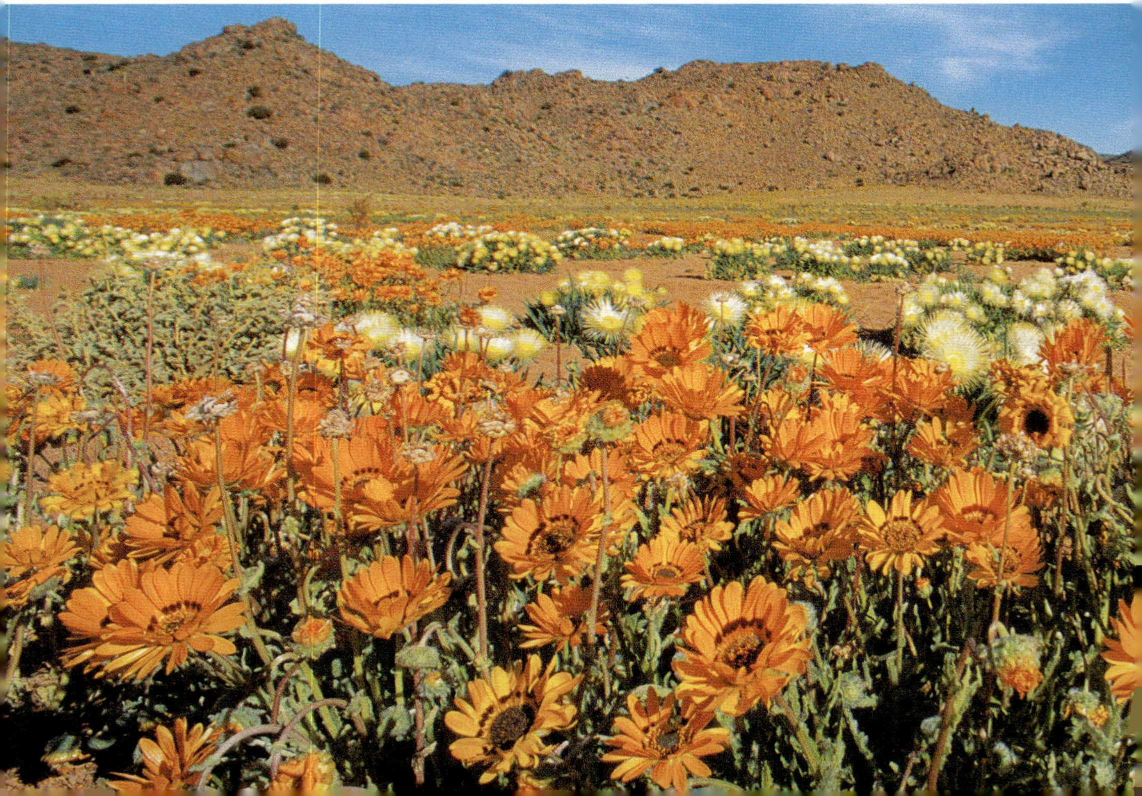

나마콸란트

남아프리카 공화국, 노던케이프 주

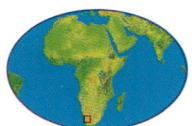

나마콸란트의 최고 높이 : 1,706미터
연평균 강수량 : 50~250밀리미터
특징 : 봄마다 만개하는 야생화

남아프리카 공화국의 가장 북서쪽에는 나마콸란트가 있다. 서쪽으로는 대서양이 넘실대고 북쪽으로는 오렌지 강이 흐르는 이곳은 상당히 건조한 지역이다. 이곳에 사는 나마 족에서 이름을 딴 나마콸란트에 자라는 다육 식물은 지난 2,000년간 양들의 먹이였다. 중부에는 현무암 봉우리들이 우뚝 솟아 있지만 강을 적실 정도로 비가 내리지는 않는다. 그러나 겨울철 비가 내리면 기적이 일어난다. 삭막한 이곳이 아름다운 꽃으로 뒤덮이는 것이다. 이곳을 찾은 관광객들은 다채로운 색상의 거대한 동양풍 카펫이 초원을 뒤덮은 풍경과 마주친다. 현지에서 키우는 양이 풀을 뜯어 먹는 초원에는 아름다운 오렌지색과 노란색의 나마콸란트데이지가 가장 눈길을 끈다. 나마콸란트의 봄은 그 어느 때보다 아름답다. 이 지역을 잘 아는 식물학자라면 사람의 손길이 닿지 않는 더 외진 곳에서 이곳의 진정한 매력을 찾는다. 그런 곳에는 칙칙한 황갈색 덤불 사이에 보석 같은 식물이 숨어 있기 때문이다. **HL**

아래 겨울비로 놀랍도록 아름다운 야생화의 카펫이 펼쳐진다.

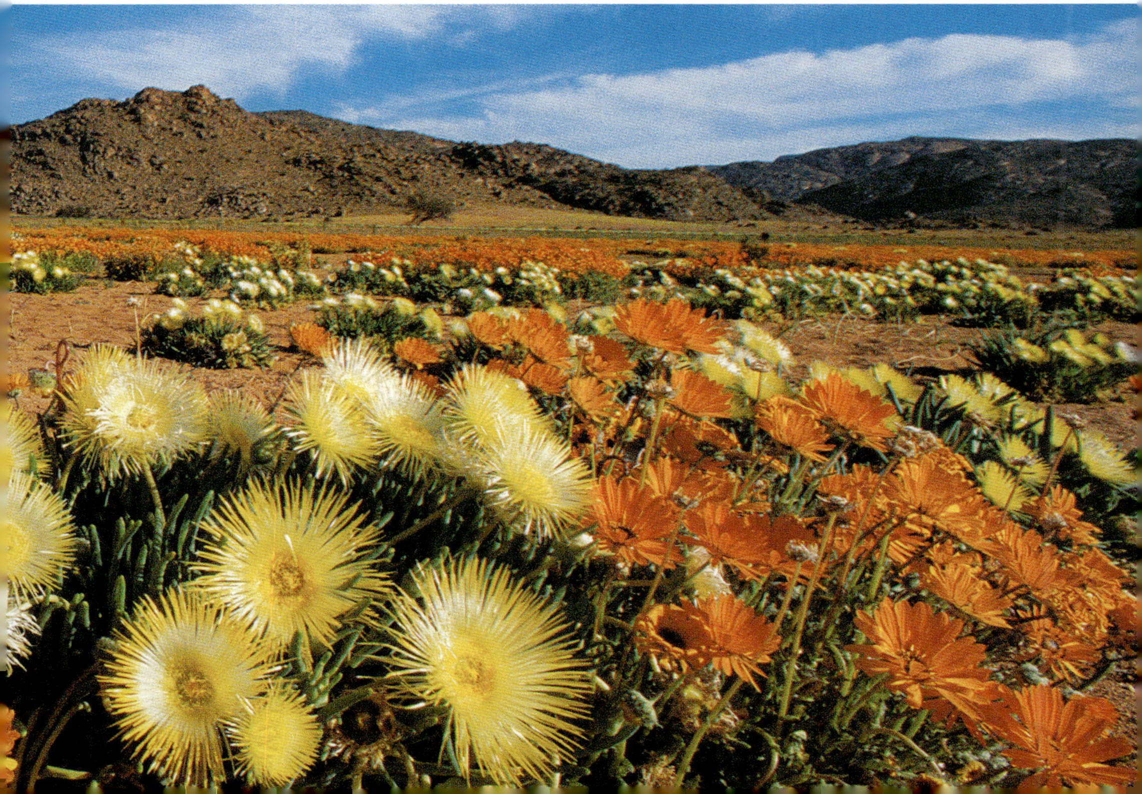

칼라가디
초국경공원

남아프리카 공화국 / 보츠와나

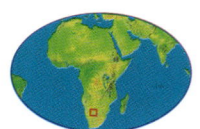

공원의 면적 : 36,000제곱킬로미터	
식생 : 강을 따라 줄지어 선 나무와 사마그이 덤불	
최대 온도 : 40도	

아프리카 최초의 평화 공원인 칼라가디 초국경공원은 남아프리카 공화국의 칼라하리 겜즈복과 보츠와나의 겜즈벅 국립공원을 합친 것이다. 나라 하나보다 더 큰 이 평화 공원은 국경 근처에 흩어져 있는 생태 서식지들을 아우르고 환경과 정치의 안정성을 도모하고자 만들어졌다. 이 공원의 심장부로 아우오브 강과 노소브 강이 흐른다. 두 강은 칼라하리의 붉은 모래를 지나 골짜기를 깎

으며 몰로포 강의 남쪽으로 흐른다. 해마다 비가 온 후 사막은 모습이 변한다. 갑자기 화려한 꽃들이 나타나고 강둑에 서 있는 나무 주변으로 레드하테비스트, 겜즈벅, 스프링벅과 소영양들이 모여든다. 초식동물은 육식동물을 끌어들인다. 관광객들은 검은 갈기를 휘날리는 덩치 큰 사자들을 가장 보고 싶어 한다. 그러나 치타와 브라운하이에나와 박쥐귀여우를 더 많이 볼 수 있으며 낮에는 나무에서 쉬는 표범도 볼 수 있다. **PG**

위트샌드

남아프리카 공화국, 노던케이프 주

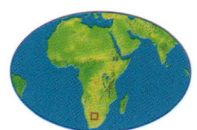

위트샌드 자연보호구역의 면적 : 3,500헥타르	
위트샌드 자연보호구역의 해발 고도 : 1,200미터	
사구의 높이 : 최대 60미터	

노던케이프의 북서부는 바람이 몰고 온 붉은색의 칼라하리 모래로 덮인 광대한 반건조 지역인 칼라하리 사막이다. 하지만 유핑턴의 동쪽에는 칼라하리의 붉은 사막과 대비되며 주변 풍경과도 어울리지 않는 하얀 사구의 바다가 펼쳐져 있다. 이 사구는 위트샌드(화이트샌드)라고 하며 자연보호구역으로 지정되어 보호받고 있다. 이 지역이 독특한 이유는 단지 색깔 때문만이 아니다. 모래가 건조하고 뜨거울 때는 조금만 바람이 불어도 사구는 '우르릉거리거나 으르렁거리고 혹은 콧노래

를 부른다.' 모래는 실제로 매우 독특한 낮은 음조의 소리를 발산하는데 마치 멀리서 들리는 급류나 폭포 소리처럼 들린다. 이 소리 때문에 이곳의 모래 언덕은 '으르렁거리는 모래' 혹은 '브룰산드'라고 부른다. 이 지역이 건조 지대임에도 사구 사이에 이어져 있는 골짜기에는 '블라이'라고 하는 습지가 있다. 이곳으로 흐르는 물은 지하의 암반에서 솟아나는 것으로 사막의 오아시스와도 같다. 수많은 식물과 동물을 먹여 살리는 것은 물론이요, 삭막한 모래 언덕과 대조적인 근사한 풍경을 만들어낸다. **PG**

소셔블위버

남아프리카 공화국, 노던케이프 주

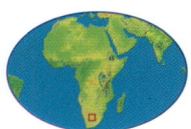

소셔블위버의 길이 : 14센티미터	
소셔블위버의 무게 : 30그램	
둥지 공간의 지름 : 15센티미터	

소셔블위버는 남아프리카 공화국의 건조한 북서부 지역에 서식하는 작은 새이다. 이 새는 생김새는 평범하지만 독특한 사회생활을 영위하는 것으로 유명하다. 이 새들은 한 번에 300마리까지 군집을 이루어 서식하는데, 거대한 공동 둥지를 만든다. 재주가 비상한 소셔블위버들은 길이 7미터에 무게가 100킬로그램에 나가는 둥지를 짓는다. 간혹 둥지가 너무 커서 둥지를 지은 나무가 무너질 수도 있다. 풀로 엮어 만든 둥지 도시들은 빗물을 막아주는 지붕도 있다. 건축 자재는 두꺼운 풀을 지탱하는 나뭇가지 같은 조악한 것들이다. 둥지 안에는 작은 방이 50개나 있는데, 그 크기는 사람 주먹만 하다. 모두 주변 초원에서 모은 가는 풀이나 깃털처럼 부드러운 재료를 모아 만들었다. 둥지에는 터널처럼 생긴 입구가 아래를 향해 나 있다. 게다가 입구를 풀로 막아놔서 뱀이나 다른 침입자들을 막고 있다. 둥지를 짓는 작업은 일 년 내내 계속되는데, 한 번에 풀 하나씩 작업을 하며 둥지에 쓸만한 풀이 있는 한 계속 된다. 하지만 위버들은 그들만 따로 지내지 않는다. 피그미팔콘, 오색조, 패밀리아채트, 홍안이앵무와 레드헤드핀치 등이 위버의 둥지를 무단 침입하는 상습범이다. **PG**

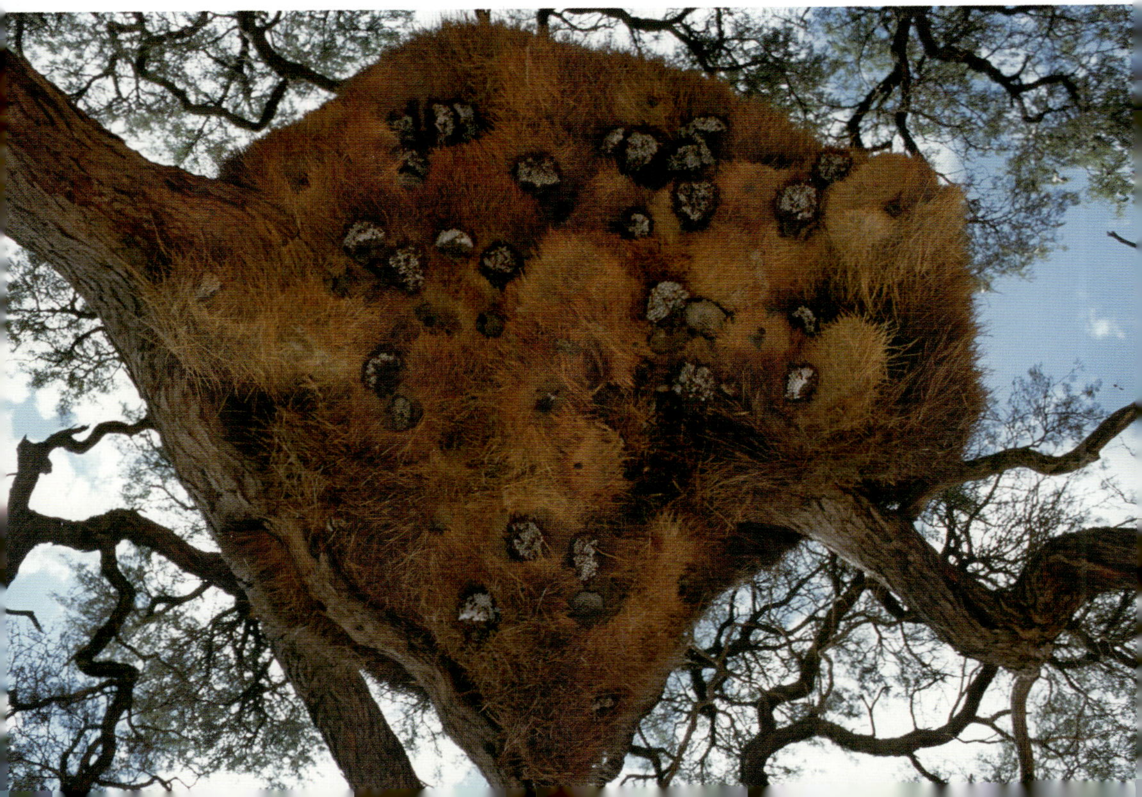

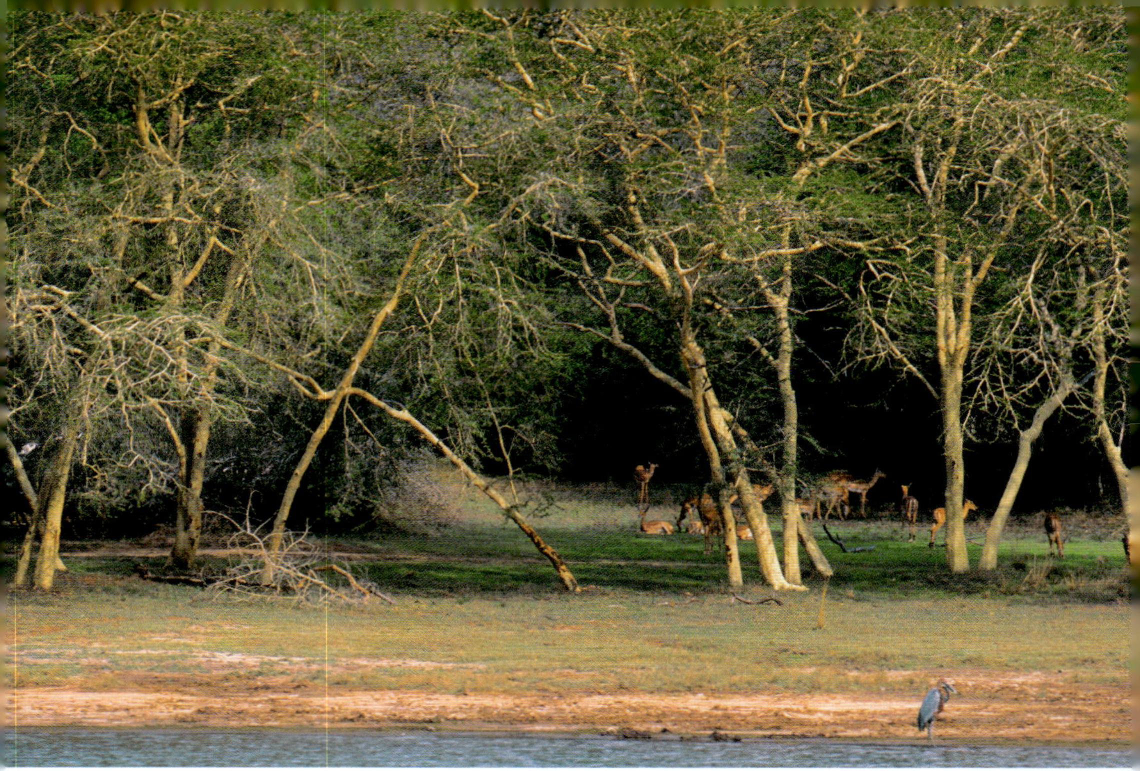

로오벨트피버트리

남아프리카 공화국 / 짐바브웨

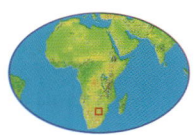

음쿠제 금렵구역의 면적 : 40,000헥타르
고나레주 국립공원의 면적 : 5,050제곱
킬로미터

'피버트리가 늘어선 거대하고 윤기나는 녹색의 림포포 강의 강둑으로.' 키플링의 '코끼리의 아이'로 불멸의 명성을 얻게 된 피버트리는 아카시아의 일종으로 남아프리카 공화국의 북서부와 짐바브웨의 남동부의 로우벨트 습지에 번성하고 있다. 이 나무는 연노랑색 껍질 때문에 피버트리라는 이름이 붙었는데, 말라리아 환자들의 피부가 누렇게 변하는 것과 비슷하기 때문이다. 하지만 이 이름은 이 나무들이 자라는 습지로부터 왔다는 설이 더 유력하다. 그 지역은 여름 동안 말라리아모기가 번식하기에 이상적인 조건을 갖추고 있다. 연한 노란색 줄기는 초현실적인 분위기를 만들어내는데, 특히 나무가 헐벗은 겨울철이 그렇다. 봄이 되면 공처럼 생긴 노란 꽃이 만발한다. 이들을 감상하기에 가장 좋은 곳은 음쿠제 금렵구역으로 이곳에 가장 넓은 숲이 있다. 숲에는 나무보도가 깔려 있어서 늪지를 가로지르며 풍경을 즐길 수 있다. 짐바브웨의 고나레주 국립공원을 흐르는 룬데 강 하류에도 멋진 피버트리 숲이 있다. 이 숲은 단순히 경치만 좋은 것이 아니라 그린쿠칼과 같은 희귀한 새들도 볼 수 있는 중요한 야생생물 서식지이기도 하다. **PG**

바비안스클루프

남아프리카 공화국, 이스턴케이프 주

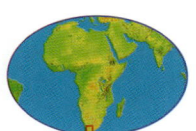

바이안스클루프의 길이 : 100킬로미터
산의 높이 : 1,700미터
암석의 종류 : 휘어진 케이프 사암

인구가 집중된 중심지와 아주 가까운 곳에 야생이 살아 있는 곳이 있다면 이상하게 생각될 것이다. 개코원숭이의 계곡인 바비안스클루프가 바로 그런 곳이다. 케이프타운으로 가는 번잡한 해안도로를 이용하는 사람들은 포트엘리자베스의 서쪽으로 100킬로미터 떨어진 이곳의 동쪽 끝 부분을 대부분 그냥 지나친다. 이곳은 가로지르는 도로도 거의 없고 외로운 골짜기와 고지는 끝도 없이 뻗어갈 것 같다. 바비안스클루프는 두 봉우리 사이에 동서로 100킬로미터를 뻗어 있다. 양쪽의 봉우리들은 모두 1,700미터 이상으로 케이프폴드 산악지대의 동쪽 끝에 있다. 이곳에 자라는 식물은 고산 지대의 사랑스러운 프로테아에서 거대한 옐로우드트리가 무성한 아프로몬테인(아프리칸 마운틴) 숲과 나무고사리를 닮은 이상한 소철까지 매우 다양하다. 이 지역에는 표범, 산얼룩말, 스라소니, 얼룩영양과 일랜드영양이 서식한다. 튀어나온 바위와 사암 은신처들은 귀중한 암벽화의 보고이다. 심지어 지금도 산 족의 사냥 도구 유물이 남아 있는 외딴 은신처를 발견할 수 있다. **HL**

밸리 오브 데졸레이션

남아프리카 공화국, 이스턴케이프 주

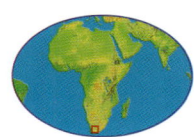

밸리 오브 데졸레이션의 깊이 : 120미터
암석의 종류 : 규암

밸리 오브 데졸레이션(황량한 계곡)의 독특한 점의 하나는 산꼭대기를 거쳐야만 이곳에 다다를 수 있다는 것이다. 이스턴케이프의 그라프리네트를 에워싼 스니우버그 산맥에 자리 잡은 이 계곡은 수백만 년 전에 퇴적암이 깎여 만들어졌다. 이곳에서는 '황량하다'라는 이름이 무색할 정도로 복잡한 지질학적 과정을 잘 살펴볼 수 있다.

침식작용을 받은 주변은 온통 절벽과 절벽에 연결된 단단한 규암 기둥으로 이루어져 있다. 특히 기둥은 더 약한 퇴적암이 쓸려나가고 남은 부분이다. 하지만 계곡 바닥 여기저기에 표석이 흩어져 있는 것을 보면 규암이라고 해서 모두 단단한 기둥으로 남은 것은 아니다. 관광객들이 가장 좋아할 만한 풍경은 계곡 바닥에서 무려 120미터까지 솟은 바위기둥일 것이다. '타워즈 오브 사일런스(침묵의 탑)'라는 이 기둥의 이름이 이 지역에 더 어울리는 이름일 것이다. 기둥 뒤로는 캄데부밸리(코이족 말로는 '녹색 구멍'이라는 뜻)가 시작되는데, 카루의 황량한 풍경이 멀리 펼쳐져 있다. **HL**

콤파스버그

남아프리카 공화국, 이스턴케이프 주

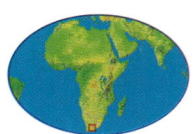

| 콤파스버그의 높이 : 2,504미터 |
| 암석의 종류 : 사암 위에 규암 |
| 화석의 나이 : 2억 년 |

18세기 후반 플레텐버그 주지사의 역사 사찰 탐사에서 처음으로 명명된 콤파스버그는 결코 시시한 산이 아니다. 이 산은 드라켄즈버그 산맥에 속하지 않은 산 중에서 가장 높은 산이지만 별로 알려지지 않았다. 그라프리네트 북쪽의 그라프리네트에 있는 콤파스버그는 웨스턴케이프, 노던케이프와 이스트케이프가 만나는 지점에 우뚝 솟아 있는데, 남아프리카 공화국의 분수계이다. 북쪽과 서쪽으로 흐르는 물은 오렌지 강과 대서양으로 흘러들며 다른 쪽 사면은 선데이즈 강과 인도양을 만난다. 건조한 카루의 풍경에서 동서남북으로 흐르는 하천의 모습은 정말 대단한 장면이다.

이 산은 퇴적암으로 되어 있는데 부포트 그룹이라는 일단의 지질학자들이 밝혀낸 바로는 페름기 말기와 쥐라기 초기 동안에 큰 강에 의해 만들어졌다. 콤파스버그와 주변의 카루는 파충류와 비슷한 초기 포유류를 비롯한 2억 년 전의 중요한 화석이 주로 발견되는 곳이다. **HL**

호그스백

남아프리카 공화국, 이스턴케이프 주

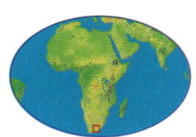

| 호그스백마운틴의 높이 : 1,845미터 |
| 암석의 종류 : 이판암과 사암 |

아마톨라 산맥은 이스턴케이프의 남쪽에 있는 이스트런던의 북서쪽에 있다. 인도양에서 내륙으로 100킬로미터 떨어진 이 산맥은 19세기에 벌어진 개척 전쟁 중에 저항 운동의 중심이 되었던 코사 족의 역사에서 매우 중요한 곳이다. 아마톨레스의 지맥에 있는 작은 마을인 호그스백은 폭포가 많고 옐로우드 숲이 울창한 곳으로, 특히 겨울에 눈이 내리면 아래쪽의 덥고 건조한 계곡과 확연한 대비를 이룬다. 폭포 중에서 '물을 뿜는 냄비' 라는 뜻의 케틀스파우트 폭포는 바람이 불어 물보라가 공중으로 치솟는 모습이 김을 뿜어내는 냄비와 같다고 해서 붙은 이름이다. 2,000미터에 조금 못 미치는 봉우리 네 개가 마을을 에워싸고 있다. 이 중 하나가 18세기 후반에서 19세기 초까지 코사 족의 유명한 추장이었던 느그키가의 이름을 딴 카이카스코프이다. 다른 세 봉우리는 모두 묶어서 '호그스' 혹은 '호그스백마운틴'이라고 부르는데 한 봉우리가 유독 호그(돼지)를 닮아서이다. 반면 코사 족은 아이를 업고 가는 여자를 닮았다고 해서 '등에 뭔가를 지고 가는'이라는 뜻으로 벨레카자나라고 부른다. **HL**

아도

남아프리카 공화국, 이스턴케이프 주

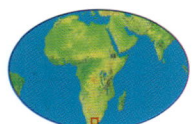

아도의 면적 : 200제곱킬로미터
식생 : 아도관목과 덤불
국립공원 지정 연도 : 1931년

1931년에 아도 지역은 아도 코끼리 국립공원으로 지정되었다. 마지막 남은 코끼리 11마리를 보호하기 위해서였다. 현재 아도는 350마리에 달하는 아프리카코끼리의 보금자리로, 개체수 보호가 잘 이루어져서 코끼리 수가 너무 불어날 정도이다. 이에 대한 해결책으로 주변의 토지를 구입해 4,856제곱킬로미터의 그레이터아도 국립공원을 설립할 예정이다. 다 자란 코끼리가 매일 배설하는 변은 최대 150킬로그램에 달한다. 그래서 쇠똥구리류는 이 지역의 생태계에 매우 중요한 역할을 하기에 이곳에서는 쇠똥구리도 중요한 보호대상이다. 날지 못하는 쇠똥구리가 발견되는 곳은 아도가 거의 유일하다. 아도에는 아열대성의 빽빽한 덤불 외에도 3미터까지 자라는 수액이 풍부한 특이 식물인 스페크붐도 자란다. 이 식물은 부드럽고 도톰한 잎이 달린 성장 속도가 빠른 상록수로 잎을 짜면 맛있는 음료를 얻을 수 있다. 또한 최근 과학자들이 밝혀낸 바에 따르면 스페크붐에는 이산화탄소를 처리하는 놀라운 능력이 있다. **PG**

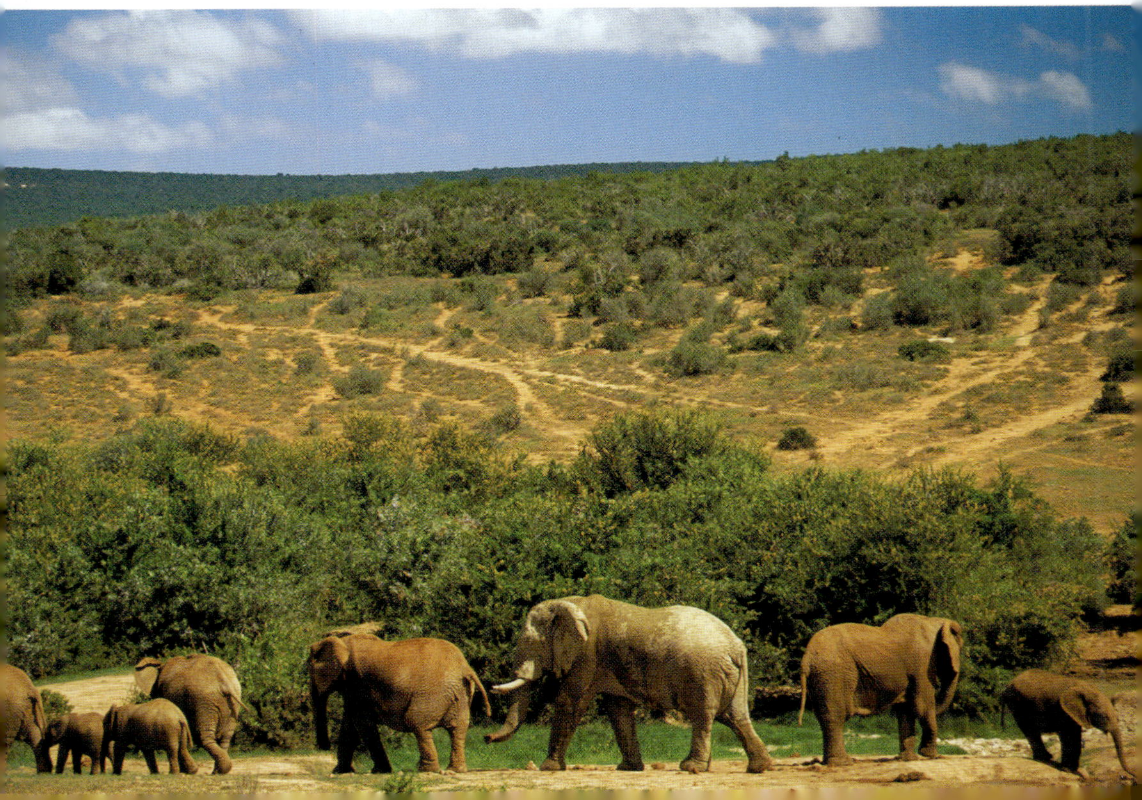

홀인더월

남아프리카 공화국, 이스턴케이프 주

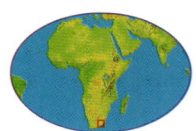

홀인더월의 높이 : 약 10미터	
아치의 폭 : 15미터	
암석의 종류 : 규암	

남아프리카 공화국에서 가장 멋진 풍경 중 하나는 움타타에서 남동쪽으로 50킬로미터 떨어진 와일드코스트에 있다. 이곳에는 거대한 규암으로 된 섬이 있는데 음파코 강의 어귀에 있는 바위에 밀려드는 파도를 뚫고 가파른 벽이 우뚝 솟아 있다. 수 세기 동안 강물과 파도의 합동 작전으로 섬에는 거대한 구멍이 뚫렸다. 그래서 '홀인더월(Hole in the wall)'이라는 이름도 얻었다. 이 지역에 거주하는 코사 족은 이곳을 '천둥의 장소'인 에시크할레니라고 부른다. 특정 계절에는 만조가 되면 파도가 이 구멍을 때리는데 그 충격을 골짜기 전역에서 다 들을 수 있을 정도이다. 코사 족에 전해져 내려오는 이야기에 따르면, 아름다운 소녀가 바위 뒤에 있는 석호 근처에 살았는데, 인어와 비슷한 바다 사람 중 하나가 이 소녀를 본 후 그녀를 데려가고 싶어 했다. 그가 데려온 거대한 물고기가 벽에 부딪히며 저항하는 바람에 벽에 큰 구멍이 생겼다. 그는 소녀를 잡아갔고 그 후로 사람들은 다시는 소녀를 보지 못했다. 이 지역 해안의 아름다움, 푸른 언덕, 가파른 절벽과 그 아래의 열대 숲, 때 묻지 않은 해변이 어우러져 자연의 완벽한 아름다움을 우리에게 선사한다. **HL**

케이프포인트

남아프리카 공화국, 이스턴케이프 주

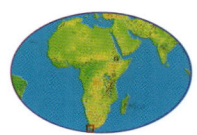

케이프포인트의 높이 : 250미터	
반도의 길이 : 50킬로미터	
암석의 종류 : 테이블마운틴 사암	

케이프 반도는 테이블베이와 테이블마운틴에서 시작해 남쪽으로 뻗어 있는데, 바람 부는 해변과 하늘 높이 솟은 절벽으로 끝이 난다. 이곳을 바다에서 처음 본 사람은 1488년 바르톨로뮤 디아스였다. 반도의 남단과 관련해서 이름이 몇 가지가 더 있다. 케이프 오브 스톰즈(카보토르멘토소)와 케이프 오브 굿 호프(키보데보아에스페랑카)는 모두 디아스와 관련된 이름이다. 이 지역은 동쪽을 가리키는 발가락처럼 생겼다. 케이프 오브 굿 호프는 '발꿈치'에 해당하는 서쪽 끝 부분을 지칭한다. 반대쪽의 '발가락' 부분은 펄스베이를 내려다보는 높은 절벽과 멋진 풍광을 자랑하는 케이프포인트이다.

1580년에 이곳을 항해한 프랜시스 드레이크 경은 "전 지구에서 우리가 본 곳 중에 가장 아름답다."라고 술회했다. '플라잉 더치맨' 유령선의 전설도 17세기에 바로 이곳에서 비롯되었다. 반데르데켄 선장이 악마에게 도움을 구해야 했을 정도라고 말한 것을 보면 선장은 드레이크 경과 상당히 다른 항해를 한 모양이다. 그 결과 선장과 선장의 배는 '시간이 계속 되는 한' 그곳을 항해해야 하는 저주에 걸리고 말았다. **HL**

<u>오른쪽</u> 케이프포인트 : 아름답지만 항해하기 어려운 곳이다.

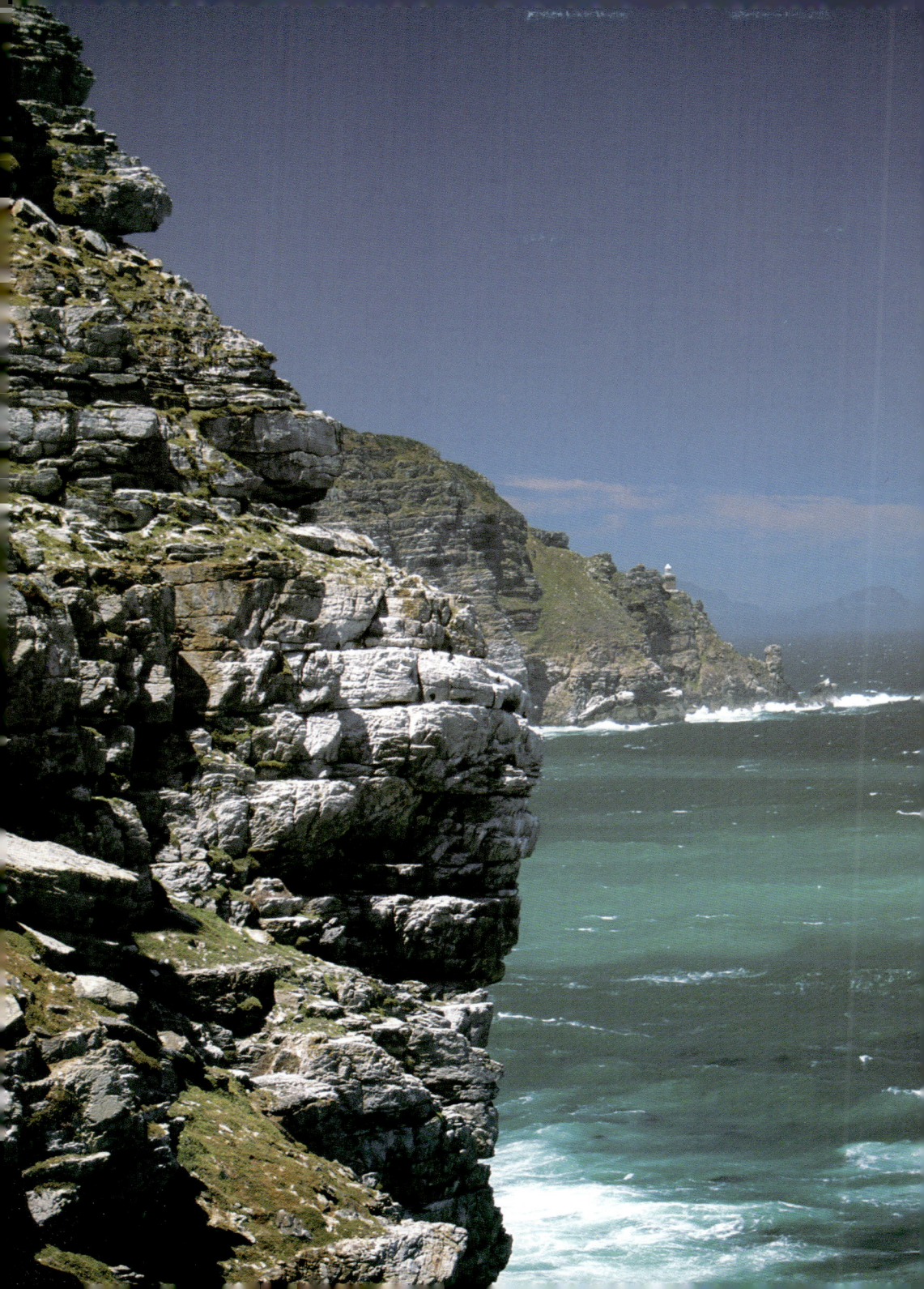

케이프행클리프

남아프리카 공화국, 이스턴케이프 주

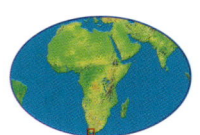

케이프행클리프의 높이 : 450미터
암석의 종류 : 테이블마운틴 사암
특징 : 케이프 오브 굿 호프로 오인됨

케이프행클리프는 아프리카의 남서쪽 끝단에 있는 펄스베이의 동쪽에 자리 잡고 있다. '매달린 바위'라는 뜻의 이름은 근처에 우뚝 선 450미터 높이의 사암 봉우리에서 왔다. 어떤 각도에서는 절벽이 마치 바다 위에 걸려 있는 것처럼 보이기 때문이다.

1488년에 인도로 가는 항로가 열리고 한 세기 동안 이 지역을 유일하게 항해한 포르투갈 사람들은 이 봉우리를 '가짜 곶'이라는 의미로 '카보팔소'라고 불렀다. 서쪽으로 항해를 할 때 이곳을 케이프포인트로 착각해서 북쪽으로 항로를 돌리곤 했던 것이다. 그 결과 대서양으로 올라가지 못하고 더 서쪽으로 항해를 하게 되었다. 케이블행클리프 주변의 바다에는 아름다운 모래 해안이 많은데, 사이사이에 바위가 보인다. 남쪽으로는 간혹 험악해지기도 하는 대양이 펼쳐지고 북쪽으로는 펄스베이에서 테이블마운틴과 케이프 반도까지 답답한 가슴이 탁 트일 듯 시원한 풍경이 눈에 들어온다. 이 지역은 이차대전 때 도로가 건설되기 전까지 오지에 속했으며, 18세기에는 도망친 노예들이 이곳에 숨곤 했다. 이곳은 훌륭한 탐조지로도 유명하며 8~11월에는 회유하는 고래를 관찰하기에 좋은 곳도 있다. **HL**

케이프아굴라스

남아프리카 공화국, 이스턴케이프 주

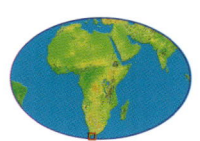

아굴라스뱅크의 길이 : 200킬로미터
암석의 종류 : 사암

케이프아굴라스는 케이프포인트와 달리 웅장한 절벽 같은 것은 없다. 하지만 아프리카 대륙에서 가장 남단에 있으며 아굴라스뱅크의 서쪽 끝 부분이라는 점에서 흥미로운 곳이다. 아프리카 대륙붕은 남쪽과 동쪽의 바다로 200킬로미터 이상 뻗어 있다. 다른 해안에는 높은 사암 절벽이 대부분이지만 아굴라스 곶에서는 사암이 낮고 평평한 대를 이루며 길게 뻗어 있다. 포르투갈어로 '바늘'이라는 뜻의 아굴라는 이곳에 뾰족한 암초가 많아서 붙은 이름이다. 바다 속에서부터 시작되는 광활한 아굴라스뱅크는 이 지역에 매우 중요하다. 따뜻한 아굴라스 해류가 이곳에서 남쪽으로 방향을 바꾸지만 소용돌이와 조류에 휘말려 길을 잃어버리기 때문이다. 괴상한 해류, 조류와 바람 때문에 아굴라스 연안은 남부 아프리카 해안에서 선박이 가장 많이 좌초하는 지역이다. 그 옛날 포르투갈 선원들은 이 지역을 기이하면서도 위험한 곳이라고 생각했다. 케이프아굴라스는 현대 수로학자들에게도 큰 관심의 대상이다. 이들은 이 지역이 대서양과 인도양이 만나는 지점이라는 사실을 밝혀냈다. **HL**

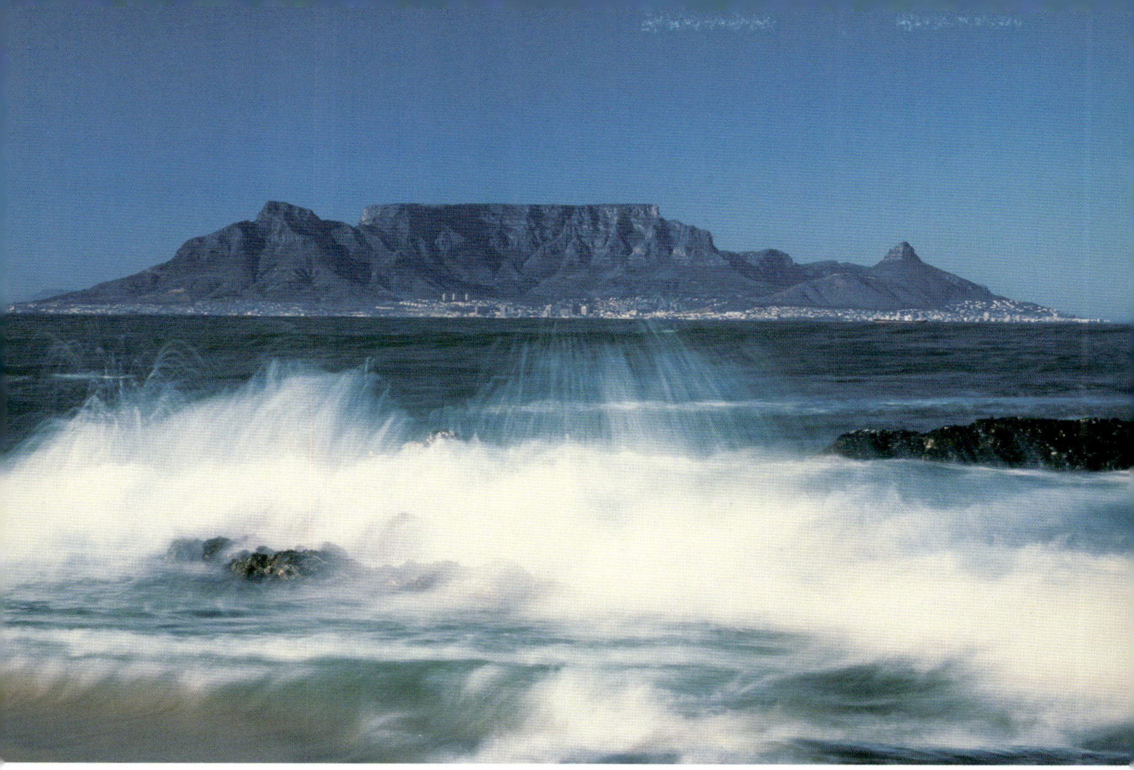

테이블마운틴

남아프리카 공화국, 웨스턴케이프 주

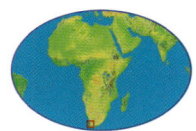

테이블마운틴 고원의 길이 : 3.2킬로미터
생성 시기 : 4억~5억 년 전
암석의 종류 : 사암

200킬로미터 밖에서 알아볼 수 있는 테이블마운틴은 예로부터 아프리카의 남단을 항해하는 선원들에게 길잡이 역할을 했다. 1488년, 포르투갈 항해가인 바르톨로뮤 디아스가 유럽인으로서는 처음으로 이곳을 발견했다. 오늘날 이 산은 남아프리카 공화국에서 가장 유명한 지형이 되었다. 지질학적으로 보자면 테이블마운틴은 약 4억~5억 년 전에 얕은 바다에 형성된 거대한 사암 덩어리이다. 거대한 지각운동으로 산은 지금 높이인 해발 1,086미터까지 융기되었다. '식탁'은 약 3.2킬로미터 정도로 양쪽 끝에 독특한 지형이 있다. 한쪽은 데빌스피크라는 원뿔 모양 언덕이 있고 반대쪽에는 라이언스헤드가 있다. 여름에는 정상 부근이 마치 식탁보를 덮은 것처럼 구름이 걸려 있다. 산 아래로 녹음이 싱그러운 비탈에는 야생화 무리가 흩어져 자란다. 테이블마운틴은 다양한 식물이 번성하는 곳으로 고스트프로그처럼 그 어디에서도 볼 수 없는 식물이 자생한다. 케이블카가 있어서 정상까지 편하게 올라갈 수 있다. 정상에서 케이프타운이 보이며 맑은 날이면 케이프 오브 굿 호프도 보인다. **MB**

시더 산맥

남아프리카 공화국, 웨스턴케이프 주

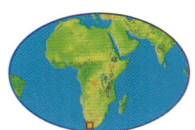

시더 산맥의 길이 : 90킬로미터	
시더 산맥의 폭 : 약 40킬로미터	
암석의 종류 : 케이프 사암	

케이프타운에서 북쪽으로 약 200킬로미터 떨어진 시더 산맥은 남아프리카 공화국에서 가장 유명한 드라켄즈버그와 경쟁 관계에 있다. 2,000미터급의 봉우리를 거느린 시더 산맥은 등산과 하이킹 코스로 유명하며 암벽화의 보고로도 알려졌다. 5,000년도 더 전에 그려진 그림들이 2,000곳에서 발견되는데 암벽화 유적의 규모는 세계 최대 수준이다.

산맥의 이름은 클랜우리리엄시더, 즉 삼나무에서 땄지만 산불과 남벌로 지금은 다 자란 삼나무가 별로 없을 정도이다. 이 산맥의 최고봉은 스니우버그(눈의 산)로 청명한 날에는 테이블마운틴에서도 볼 수 있다. 고지는 고산의 만년설의 최저 경계선인 설선 이상 지역에서만 자라는 희귀한 스노우프로테아도 서식한다. 이 지역에는 기암괴석이 많은데 하늘로 솟구치는 거대한 물고기처럼 생긴 20미터 높이의 사암 기둥인 말티즈크로스가 압권이다. 그 외에도 홀로 서 있는 사암 아치인 울프버그아치와 30미터 높이의 울프버그크랙스도 볼거리이다.

HL

랑게반라군

남아프리카 공화국, 웨스턴케이프 주

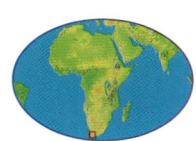

랑게반라군의 길이 : 16킬로미터	
석호의 폭 : 4.5킬로미터	

케이프타운에서 북쪽으로 100킬로미터 떨어진 대서양 연안에 있는 랑게반라군은 남쪽의 살다나 만을 향해 16킬로미터 정도 이어져 있다. 푸른 물빛을 자랑하는 얕은 호수는 다양한 물고기들의 집이 되며, 이 물고기들은 다시 수많은 새를 불러 모은다. 18세기 박물학자인 벨랑은 이곳을 본 후 '온갖 종류와 갖가지 색깔의 새들이 절대 뚫리지 않을 구름처럼 몰려들었다.'라고 적고 있다. 그 후로 200년이 지난 지금도 봄과 가을에 시베리아, 그린란드와 북유럽에서 오고 가는 새들이 십만 마리 이상 모여든다. 석호를 따라 형성된 염소에도 마찬가지다. 또한 토착 다육 식물들이 자라며 봄이면 야생화들이 흐드러지게 피어 관광객들의 발길을 잡아끈다. 그런데 이 호수의 주민은 새와 꽃이다가 아니다. 현생 인류가 출현한 이후로 사람들이 이 지역에서 거주했다. 물가 사암에서 인간의 발자국 화석이 발견되었는데 11만 7,000년 전의 것으로 밝혀졌다. 바로 현생 인류가 아프리카 남부에서 진화한 시기이다. **HL**

헥스 강

남아프리카 공화국, 웨스턴케이프 주

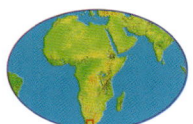

헥스 강 지역의 최고봉(마트루스버그) :
2,220미터

특징 : 케이프 산과 계곡

남아프리카 공화국 사람이라면 '헥스 강'이라는 이름에서 제각기 다른 이미지를 떠올린다. 케이프타운과 요하네스버그나 유명한 남아공의 블루트레인을 연결하는 주 고속도로로 여행을 하는 사람들에게 이 강은 아름다운 계곡과 웨스턴케이프의 비옥한 농지와 그레이트카루의 드넓은 건조 지대를 연결하는 통로이다. 또한 농부들에게 이 강은 남아프리카 공화국 최대, 최고의 과일과 포도주 산지 중 하나일 뿐이다. 그러나 산악인들은 헥스 강으로 흘러드는 물이 발원하는 주변의 험준한 봉우리들을 머릿속에 떠올릴 것이다. 2,200미터 높이의 마트루스버그는 이 지역의 최고봉으로 겨울철 스키 휴양지로 유명하다. 밀너피크에 대해서는 하늘을 떠받치려고 아틀라스의 어깨에서 암석이 솟구친 것이라는 전설이 전해져 온다. 이 계곡을 흐르는 강의 이름은 원래 알파벳 X에서 유래했는데, 과거에 골짜기를 올라가는 길에 물을 건넜던 것을 의미했다. 후에 산에서 연인을 잃은 젊은 여인을 기리기 위해 이름이 헥스로 바뀌었다. 그녀는 희귀한 꽃을 따오라며 애인을 산으로 보냈다고 한다. 그녀의 영혼은 지금도 그곳을 떠돌고 있다고 한다. **HL**

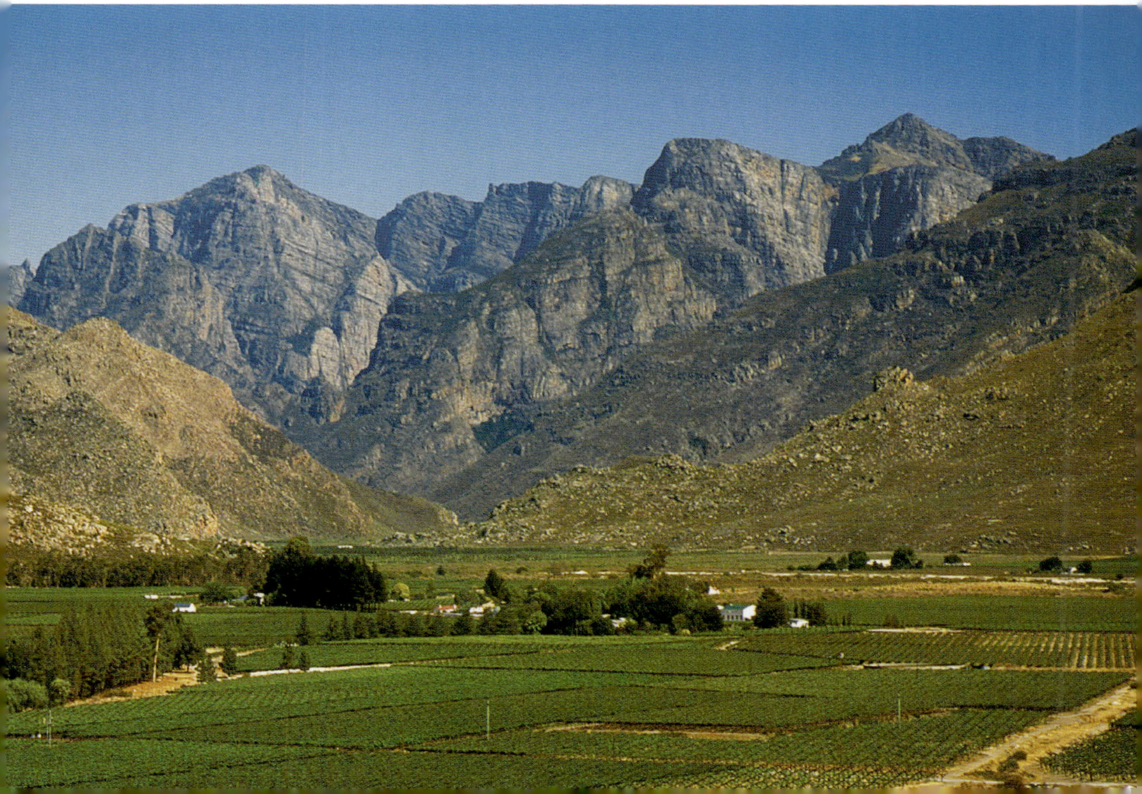

스와트버그

남아프리카 공화국, 웨스턴케이프 주

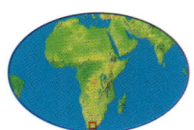

스와트버그의 폭 : 20킬로미터	
최고 높이 : 2,325미터	
지질 : 사암 습곡	

스와트버그 산맥은 서에서 동으로 200킬로미터를 시원스레 뻗어있는데, 그레이트카루와 리틀카루 사이의 경계가 된다. 이곳은 케이프폴드 산계(山系)의 일부로 2억 5,000만 년 전에 아프리카, 남아메리카와 호주 대륙판이 모두 초대륙 곤드와나의 일부였던 시절 대륙판의 지각운동으로 형성되었다. 붉은색, 노란색과 황토색의 사암에 녹색 이끼가 군데군데 끼어있는 사암 습곡으로 만들어진 멋진 절벽은 그 높이가 1,500미터에 달한다. 가장 접근하기 쉬운 곳은 메이링스프루트이다. 서쪽으로 더 가면 세븐윅스푸르트가 나오는데 습곡 현상이 더 심한 곳으로 원시적인 자갈길이 놓여 있다. 산맥의 동쪽 끝에 있는 투어워터푸르트에는 리틀카루에서 해안으로 타조 깃털을 운송할 목적으로 한 세기 전에 건설된 철로가 있다. 투어워터푸르트는 '마법의 물'이라는 뜻인데 근처의 온천에서 여명에 물 위로 안개가 자욱해지면 마치 유령처럼 보인다고 해서 붙은 이름이다. 지금까지도 자동차도로는 스와트버그패스라는 하나밖에 없는데 과거의 자갈길에서 별로 바뀌지 않았다. **HL**

감카스클루프

남아프리카 공화국, 웨스턴케이프 주

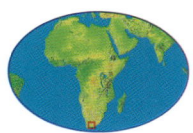

감카스클루프의 폭 : 약 2킬로미터	
감카스클루프의 깊이 : 약 600미터	
산맥의 높이 : 1,700미터	

웨스턴케이프의 스와트버그 산맥 깊은 곳에는 20킬로미터 길이의 계곡이 있다. 이곳은 산족, 코이코이 족과 남아프리카 공화국 태생의 백인 농부들 순으로 사람들이 살았던 곳으로 1962년에야 비로소 도로가 놓인 오지이다. 공식적으로는 감카스클루프라고 부르지만 사람들은 '헬(지옥)'이라고 부른다. 옛날 가축 조사관이 '들어가기도 나오기도 지독히 힘든(helluva) 곳'이라고 한데서 유래했다. '감카'는 코이 족 말로 '사자'를 뜻하는데 1,700미터 높이의 산을 굽이쳐 흐르며 계곡에 생기를 불어넣는 강의 이름이다. 산 족이 살았던 시대에 그려진 암벽화, 석기 시대 사람들이 남긴 도구며 코이코이 족의 도자기 유물이 모두 이 계곡에서 발굴되었다. 19세기 초기에 네덜란드 농부들은 이곳에 몸을 숨긴 채 수십 년간 풍습을 그대로 유지하며 살았다. 보어 전쟁 중에 영국인의 추격을 피해 이 산으로 숨어들어온 보어인들은 산속에 옛날 네덜란드의 풍습을 유지하고 있는 모습에 깜짝 놀랐다. 안타깝게도 스와트버그패스의 정상에서 50킬로미터의 길이 닦인 후 그런 풍습은 사라지고 말았다. **HL**

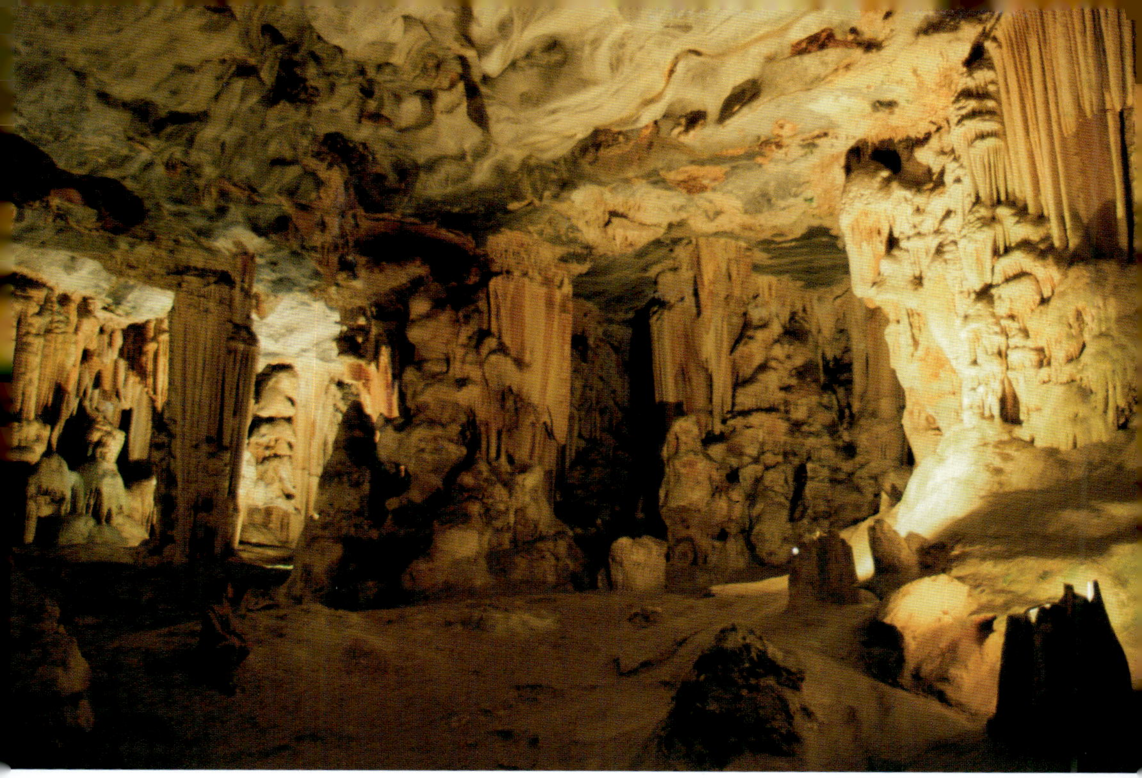

캉고 동굴계

남아프리카 공화국, 웨스턴케이프 주

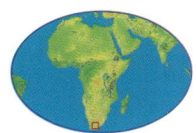

캉고 동굴계의 길이 : 5.3킬로미터
특징 : 종유석, 석순, 휘장 같은 지형

스 와트버그 산맥의 지하 깊은 곳에는 동굴, 터널과 호수가 미로처럼 형성된 캉고 동굴계가 있다. 이 동굴은 1780년에 목동인 클라스 윈드보겔이 발견했다. 당시 클라스는 고용주인 반 질과 지역 교사인 바렌드 오펠과 함께 처음 나오는 넓은 공간으로 내려갔다. 햇불로 주위를 밝히자 9미터 높이의 석순이 눈에 들어왔다. 이 석순을 클레오파트라스니들(클레오파트라의 바늘)이라고 부른다. 반질스홀이라고 하는 첫 번째 큰 방은 길이가 100미터에 높이는 15미터나 된다. 최근 탐사 결과

대형 암실이 많이 발견되었는데 그중에는 300미터 길이의 방도 있었다. 크리스털포레스트(크리스털 숲)과 쓰론룸(왕좌의 방)이라고 부르는 방에는 탄산칼슘이나 백악질이 결정화된 형태인 방해석으로 된 종유석과 석순이 잘 발달해 있는데 제각기 독특한 모양을 하고 있다. 보타즈홀(보타의 방)에는 고딕 식 휘장 같은 것이 달렸고 천장에서 바닥까지 연결된 기둥이 있는데 리닝타워 오브 피사(기울어진 피사의 탑)라고 부른다. 한편 브라이들챔버(신부의 방)는 네 개의 기둥이 세워진 침대와 비슷하게 생겼다. 동굴 안은 철산화물로 인해 붉은색과 분홍색을 띠지만 색소가 없는 어떤 석순들은 하얗게 달궈진 부지깽이를 닮았다. **MB**

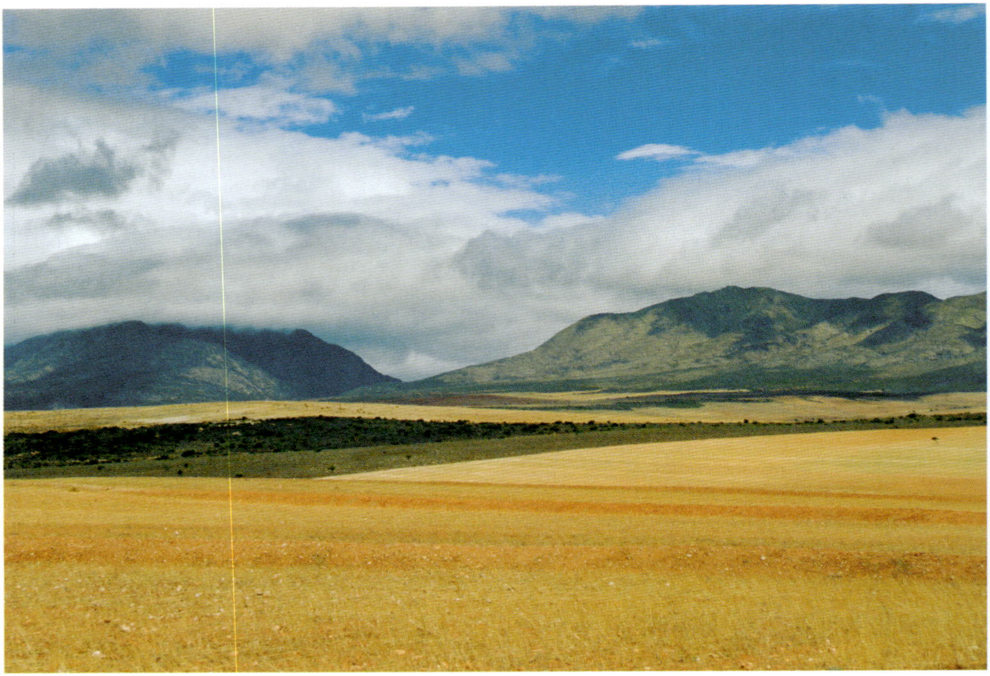

![그레이트카루 풍경]

그레이트카루

남아프리카 공화국, 웨스턴케이프 주

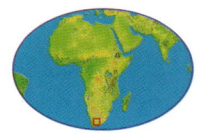

카루 국립공원의 면적 : 32,000헥타르	
식생 : 다육다즙식물이 자라는 카루 관목	
화석의 나이 : 최대 3억 년	

남아공의 남부에서 40만 제곱킬로미터가 넘는 지역을 덮고 있는 반건조 기후의 그레이트카루는 카루 국립공원을 찾는 관광객을 위한 개별구역에 속한다. 약 2억 5,000만 년 전만 해도 그레이트카루는 거대한 내해였다. 그러나 기후가 변하면서 해수가 증발하자 파충류와 양서류가 서식하는 늪지로 변모했다. 그 후 늪지조차 오래전에 없어지고 건조한 초원이 되었다. 19세기만 해도 호텐토트 족이 얼룩말과 영양 무리가 서식했다. 당시 호텐토트 족은 이곳을 '매우 건조한 땅'이라고 불렀다. 오랫동안 암석이 층을 이루며 쌓이고 쌓여서 그레이트카루의 넓은 평원이 형성되었다. 지금 이 지역은 세계에서 고생물학 유적이 가장 풍부한 곳의 하나이다. 마지막으로 격렬한 화산활동이 발생한 후 오랫동안 침식작용을 받아 서서히 고생물의 화석이 지상으로 드러나기 시작했다. 연구 결과 그레이트카루에서는 하마와 악어의 중간 형태인 거치룡이나 포유류처럼 생긴 파충류들과 쥐만 한 초기 포유류들의 화석이 발견되었다. **PG**

플레튼버그베이

남아프리카 공화국, 웨스턴케이프 주

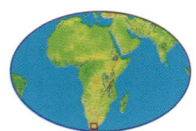

연안 포경이 중단된 해 : 1916년
1916년 긴수염고래의 수 : 암고래 40마리
현재 긴수염고래의 수 : 암고래 1,600마리

플레튼버그베이는 남쪽과 남동쪽으로 구부러지는 기다란 곳으로, 로브버그에 의해 형성된 말굽 모양의 만이다. 초기 포르투갈 탐험가들은 이 만의 아름다움에 반해 '아름다운 만'이라는 뜻의 바히아포르모사라고 불렀다. 긴 해변, 멋진 반도, 석호와 울창한 숲을 보면 지금도 그 이름이 아깝지 않다. 하지만 이 풍경보다 더 흥미로운 것이 있다. 이곳은 대서양과 인도양과 태평양의 해양 생물이 만나는 곳으로 매우 다양한 고래와 돌고래가 출현하는 곳으로 유명하다. 아마도 이곳은 세계에서 가장 다양한 고래 종류가 모이는 곳일 것이다. 오래전부터 이곳 바다는 긴수염고래의 번식지였으며 최대 9,000마리에 달하는 참돌고래 떼가 출현하는 곳으로 유명하다. 그뿐만 아니라 최근 연구에 따르면 브라이드고래와 밍크고래도 이곳에서 발견되었다. 혹등고래는 6월에서 7월 사이에 북쪽으로 회유하는 길에 이곳을 찾는다. 그리고 11월에서 이듬해 1월에 남극으로 가는 길에 다시 들린다. 또한 범고래도 정기적으로 관찰되는 이곳은 고래와 돌고래를 구경하러 온 사람들의 천국이다. **PG**

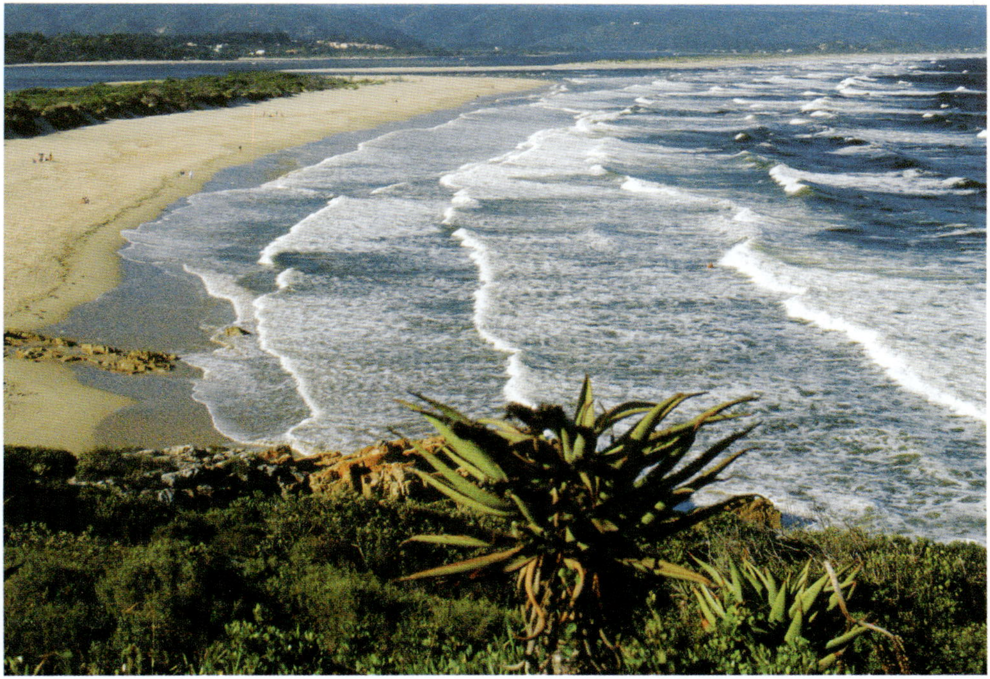

치치캄마 해안

남아프리카 공화국, 웨스턴케이프 주

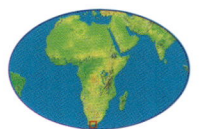

치치캄마 국립공원의 길이 : 80킬로미터

등산로 : 오터 트레일 – 48킬로미터, 치치캄마 트레일 – 72킬로미터

식생 : 수령이 800년 된 옐로우드나무

플 레튼버그베이와 오이스터베이 사이에 있는 바위투성이의 치치캄마 해안에는 해발 고도 200미터 높이의 완만한 평원이 해안에 와서는 수직으로 바다로 곧장 떨어지는 절벽을 이루고 있다. 치치캄마 산맥 기슭에서 시작하는 평원은 아마도 예전에 육지가 솟아오르고 바다 수위가 떨어지기 전에 파도의 작용으로 만들어졌을 것이다. 현재 바위 해안은 파도의 작용에 의해 곳에 따라 수심이 30미터까지 떨어진다. 바닷물과 강물의 작용으로 멋들어진 풍경이 연출되었다. 절벽 아래는 해안침식작용으로 새로운 지형인 파식대(波蝕臺)가 만들어졌고 스톰즈, 블라우크란츠와 그루테처럼 유속이 빠른 강이 해안 곳곳에 경사가 가파른 골짜기를 만들었다.

또한 바닷물이 강어귀로 들어가는 과정에서 그루테 강어귀가 모래에 가로막혀 작은 석호들과 해변이 형성되었으며 거대한 절벽이 무너지면서 작은 섬도 만들어졌다. 스톰즈 강의 입구 근처에는 큰 파도를 만드는 암초인 쉬트클리프가 있다. **PG**

아래 치치캄마는 해변과 석호로 유명하다.

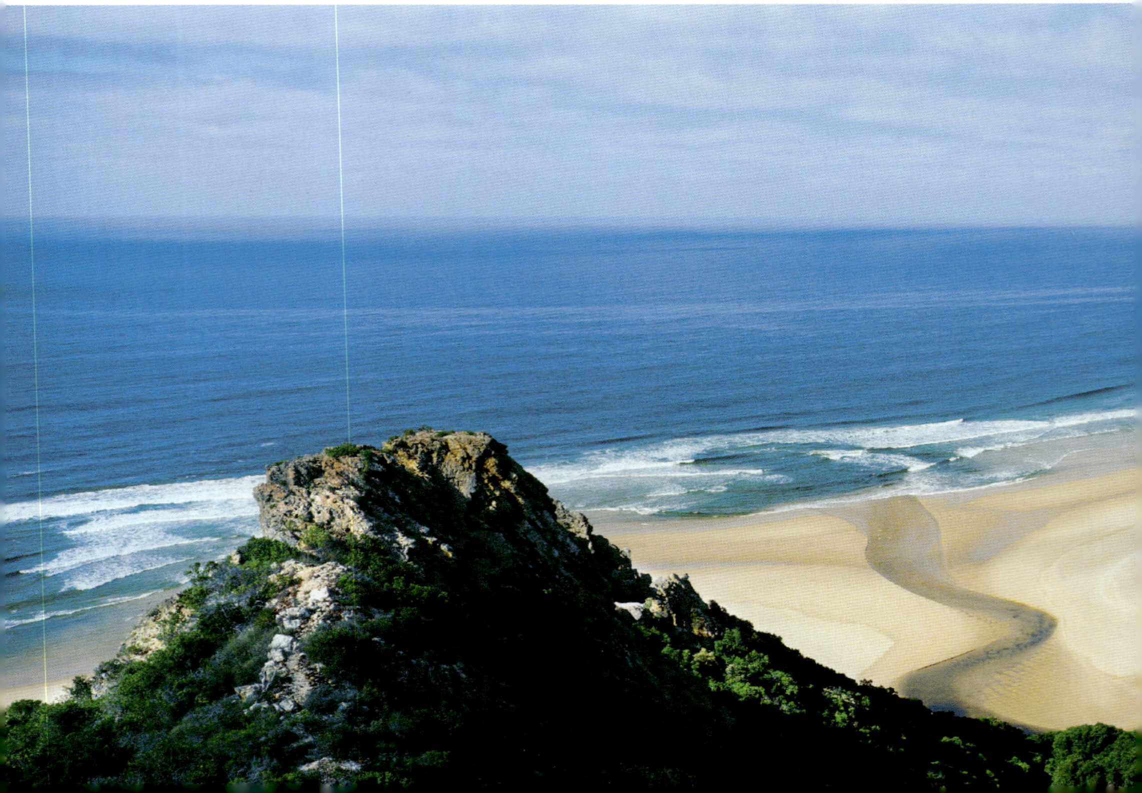

월더니스레이크스

남아프리카 공화국, 웨스턴케이프 주

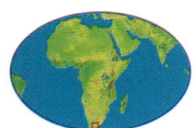

월더니스 국립공원의 면적 : 2,612헥타르, 현재 레이크스 에어리어 국립공원의 일부

식생 : 호숫가의 갈대, 사초(莎草)

월더니스레이크스는 케이프 코스트에 가까운 조지 시의 동쪽에 있다. 사실 호수가 아니라 얕은 석호로 간혹 하구호(河口湖)라고도 부른다. 이 호수들은 강에 쓸려오거나 바람에 날려 온 퇴적물이 강어귀에 쌓여서 만들어졌다. 해안과 평행한 호수들은 폭 1.6킬로미터와 길이 15킬로미터의 면적을 차지하고 있다. 토우위 강은 이 지역의 서쪽에 호수들을 형성했다. 이 호수들이 지금은 바다에서 밀려온 사구에 의해 여러 개로 나누어졌다. 이 사구들에 식물이 자라면서 모래를 단단하게 잡아 두게 되었다. 하지만 강물이 범람하면 전에 강어귀였던 곳에 쌓여 있는 모래 언덕을 무너뜨리고 바다까지 흘러간다. 잠깐이지만 만조에 해수가 호수로 들어오면 강과 호수에 약한 조수가 발생하면 물고기가 호수로 들어와 산란을 한다. 오직 한 호수(그로엔플레이)만 바람에 날려 온 모래로부터 완전히 고립되어 있기 때문에 강물이 들어갈 수도 바다로 나올 수도 없다. 이곳 호수들 가운데 한 곳에는 인어가 살았다고 하며 근처에는 산 족이 그린 암벽화에 물고기 꼬리를 가진 여자가 남아 있다. 이 호수들은 독특한 습지 서식지를 이루어 지금은 월더니스 국립공원에 통합되었다. **PG**

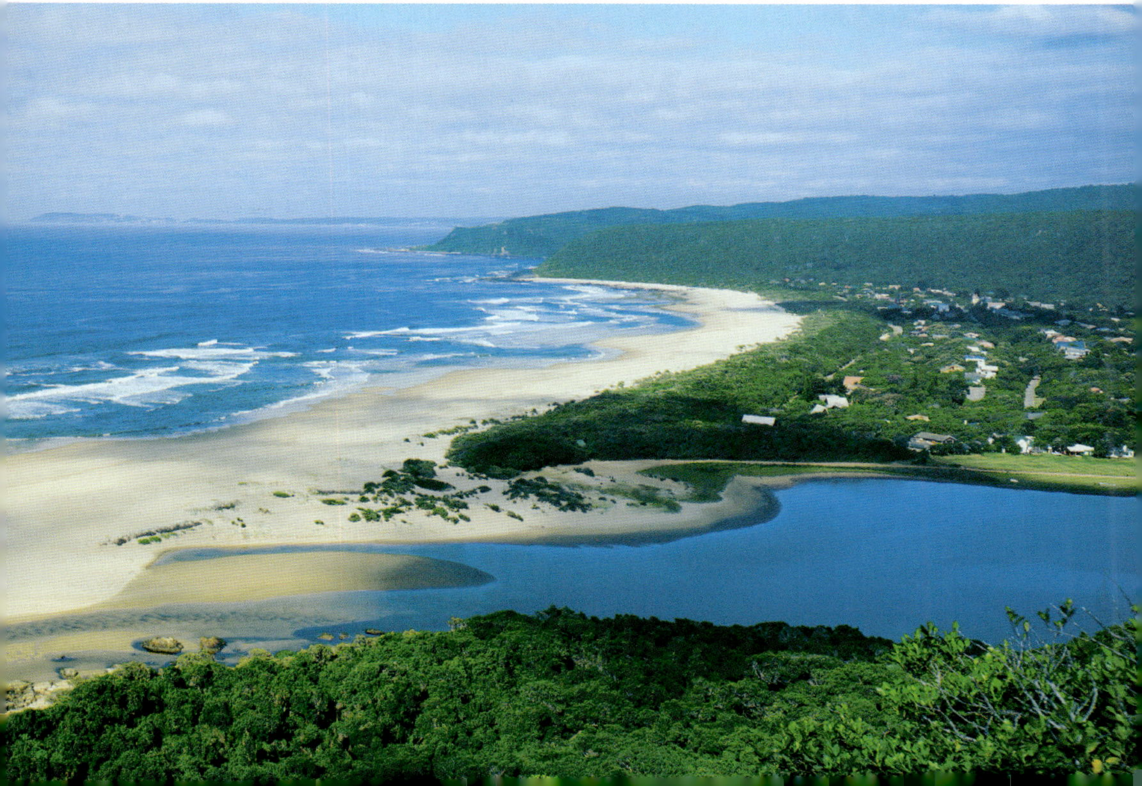

라켈란드
가든루트

남아프리카 공화국, 이스턴케이프 주 – 웨스턴케이프 주

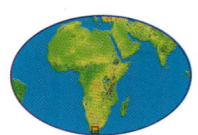

| 초기 인류의 유골 잔해 : 10만 년 |
| 초기 인류의 그림 : 7만 7,000년 전 |
| 특징 : 호수, 해안, 숲, 산맥 |

남아프리카 공화국의 남부 해안을 절반 정도 가다 보면 케이프타운과 포트엘리자베스 사이에 해안과 산맥이 해안 평야로 좁아지는데 곳에 따라 그 폭이 5킬로미터밖에 되지 않는다. 바다에서 하늘을 찌를 듯 해발 1,000미터까지 올라가는 급경사와 인도양의 난류에서 불어오는 바람의 합작

있다. 이 지역의 중심지에는 동쪽으로 가든루트가 형성되어 있다. 이것은 계곡에 만들어진 호수 다섯 개가 열을 지어 있는 지형으로 월더니스에서 크니스나까지 바다와 아우테니쿠아 산맥 사이에 자리잡고 있다. 원래 계곡들은 바람과 조류의 작용으로 형성되었다고 한다. 이곳에서 과거의 현생 인류인 호모 사피엔스 사피엔스가 최초로 살았다는 증거가 속속 발견되고 있는데, 고고학 발굴에서 수집한 증거에 유전 정보까지 더해져 신빙성을 더해 주고 있다. 해안 동굴에는 지금도 우리와 비슷한 원시인

> 이 평원의 남쪽 끝에서 육지는 급격하게 바다로 떨어지는데 파도가 일렁이는 바다로 이어지거나 해안 저지의 모래밭으로 이어진다.

품인 이 지역의 풍경은 보기 드문 아름다움을 간직하고 있다. 숲과 호수, 산과 강, 해변, 절벽과 석호의 조화가 이루는 근사한 풍경은 어디를 가도 다시 찾아볼 수 없을 것이다. 산맥과 바다 사이의 육지는 대부분 해발 200미터의 평원이다. 이 평원의 남쪽 끝에서 육지는 급격하게 바다로 떨어지는데 파도가 일렁이는 바다로 이어지거나 해안 저지의 모래밭으로 이어진다. 탄닌이 녹아 갈색인 강물로 깊이 쪼개진 계곡들이 평원의 윗부분을 여러 구역으로 나눈다. 칸산 시에서 강물은 크니스나 헤즈라고 부르는 두 절벽을 지나 바다로 들어간다. 하지만 건기에는 모래톱이 형성되어 강어귀를 막을 때도

의 유골이 남아 있다. 유골은 10만 년 전의 것으로 추정되고 있다. 한편 바위에는 7만 7,000년 전에 그려진 그림이 있는데 인류 최초의 '예술 작품'이라는 주장이 있다. 이때부터 산 쪽은 산속의 바위에 인간의 몸통과 갈라진 꼬리를 그린 뛰어난 그림들을 많이 남겼다. 이들이 남긴 그림 중에는 인어나 칼새, 제비를 연상시키는 그림도 있다. **HL**

오른쪽 가든루트의 바위투성이 해안과 거친 파도

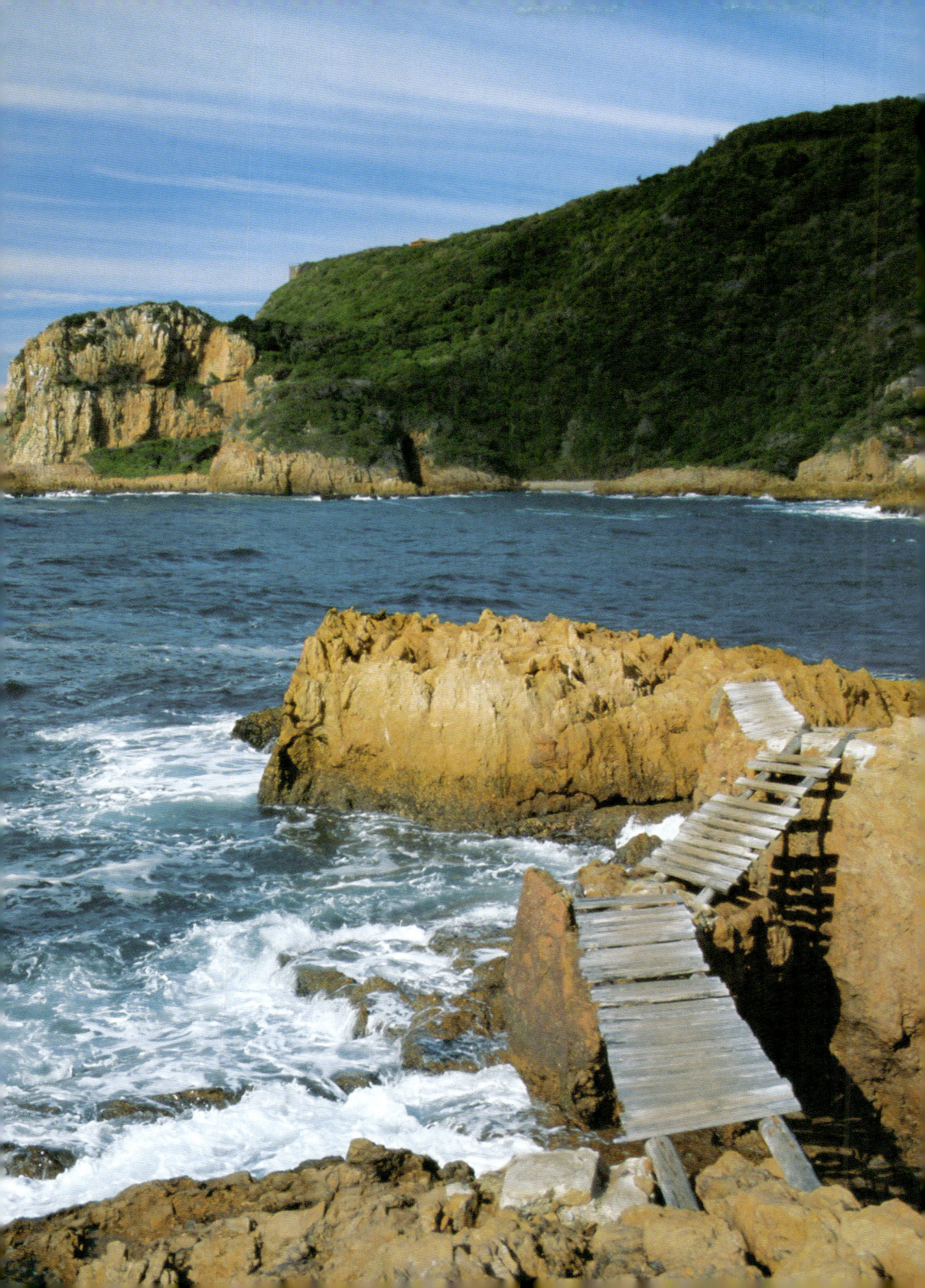

로브버그

남아프리카 공화국, 이스턴케이프 주 – 웨스턴케이프 주

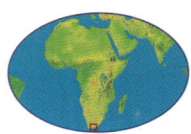

로브버그의 폭 : 650미터
암석의 종류 : 사암
특징 : 멋진 해안 풍경, 고고학 유적지

아프리카 남부 해안에서 반도는 비교적 드물다. 그러나 포트 엘리자베스를 향한 곳에서 동쪽으로 500킬로미터를 가면 아름다운 로브버그('로브'는 아프리칸스어로 '물개'라는 뜻) 반도가 인도양을 향해 동쪽으로 4킬로미터가량 뻗어 있다. 로브버그 자체도 아름답지만 맞은편 플레텐버그 베이와 멀리 보이는 숲과 치치캄마 산맥의 아름다움이 더해져 환상적인 풍경이 펼쳐져 있다. 그렇기에 그 옛날 이곳을 처음 본 포르투갈 인들이 '아름다운 만'이라는 바히아포르모사로 불렀던 것이다.

이 만은 로브버그 반도에 의해 만들어졌다. 반도는 동서로 뻗은 해안과 평행하게 뻗어 있어서 대양을 향해 남쪽으로 바로 튀어나온 것 같은 인상을 준다. 사암 바위들은 고대 곤드와나 대륙의 남쪽 부분과 연관이 있다. 반도 곳곳에서 중석기 시대의 유물이 발견되는데 초기 인류가 약 10만 년 전에 이곳에 살았음을 보여주는 증거이다. 넬슨즈베이케이브에서 발견된 고고학 증거를 보면 해안선이 후퇴했음을 알 수 있다. 마지막 빙하기 때 처음으로 극지방에 물이 얼었다가 이후에 다시 녹자 해수면이 상승했다. **HL**

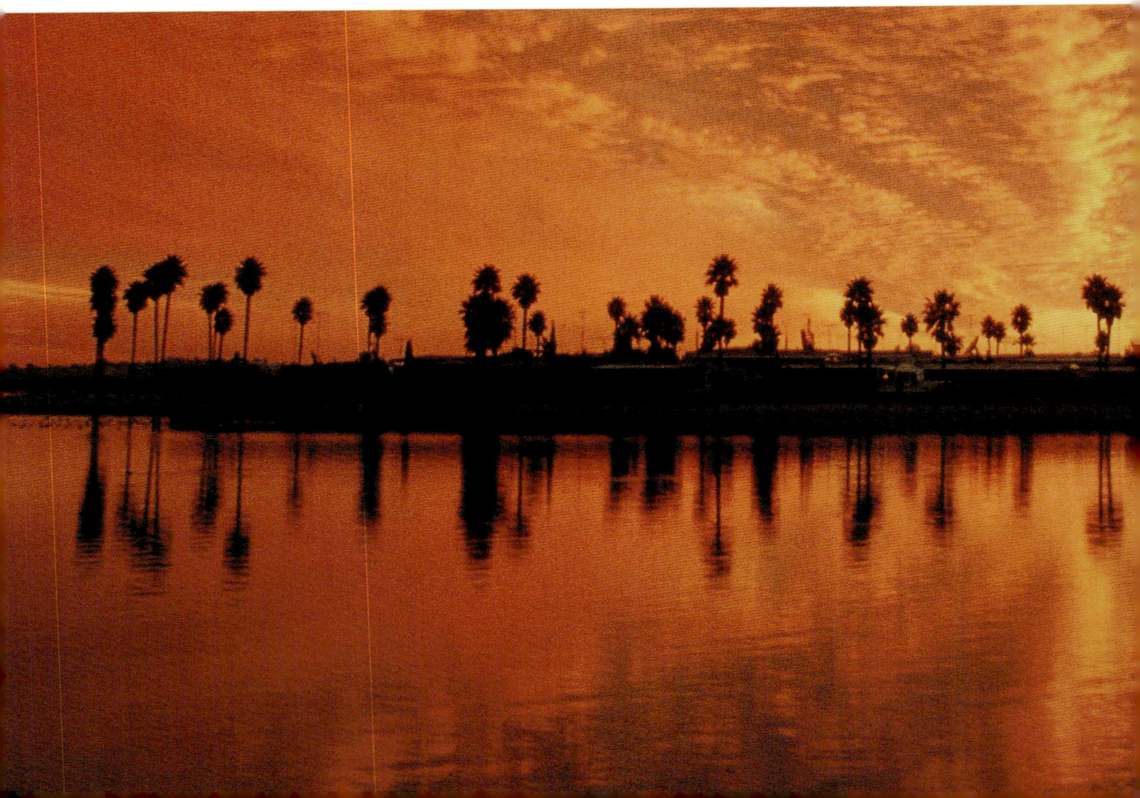

몰디브

인도양, 몰디브-아톨스

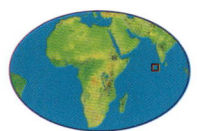

몰디브의 면적 : 90,000제곱킬로미터 –
90퍼센트가 수몰
군도의 길이 : 820킬로미터
군도의 폭 : 120킬로미터

스리랑카 남서부의 인도양에 있는 몰디브는 적도에 걸쳐 있는 산호섬 1,190개로 구성된 나라이다. 이중에서 사람이 사는 섬은 200개로 87개 섬에 고급휴양시설이 들어서 있다. 나머지 섬들은 생선과 코프라를 건조하는 용도로만 사용되고 아예 사람이 살지 않는 섬도 있다. 몰디브 원주민 27만 명의 기원은 확실하지 않지만 이 나라에는 적어도 7,000년 전부터 사람이 살기 시작했다. 락카디브-차고스릿지라는 지형에 있는 섬들은 환초(環礁) 26개로 나누어지는데, 원형의 산호초가 얕은 석호 (현지어로 '파루')를 에워싸고 있다. 석호는 아름다운 푸른색이나 녹색으로 반짝이며 해변에는 눈부시게 하얀 모래가 깔려 있다. 평균 기온은 29~32도 사이이다. 4월이 가장 덥고 12월이 가장 시원하다. 4~9월 사이가 우기(몬순)이다. 그러나 강력한 태풍은 거의 볼 수 없다. 육지의 생물학적 다양성은 매우 빈약하다. 자생종 식물은 매우 적고 조류의 다양성도 매우 낮은 편이다. 조류는 118종이 서식하는데 대부분 바닷새이다. 몰디브의 아름다움은 산호초에 있는데 이곳에는 산호, 물고기와 희한한 해양 무척추동물들이 풍부하다. **AB**

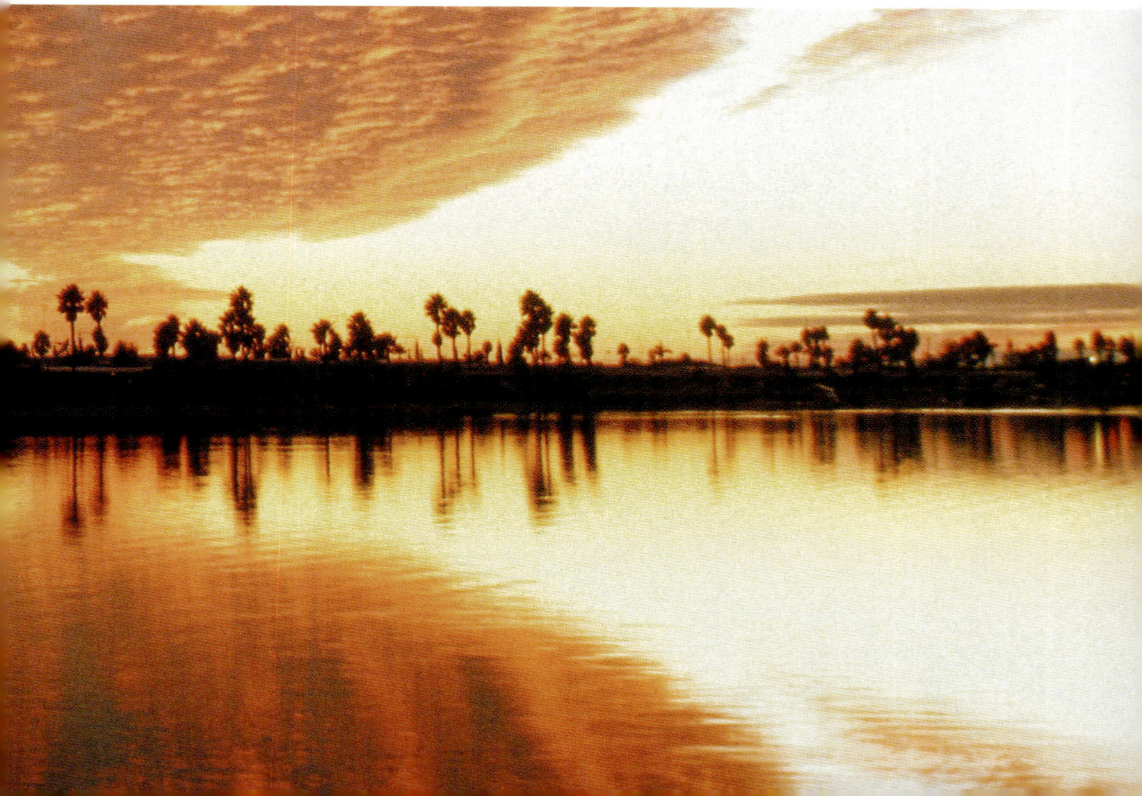

알다브라아톨

세이셸, 알다브라 제도

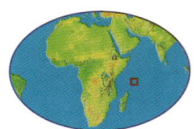

알다브라아톨의 생성 시기 : 12만 5,000년 전
아톨의 면적 : 154제곱킬로미터
석호의 면적 : 14,000헥타르

알다브라아톨은 세계에서 가장 큰 환초이자 코끼리거북의 세계 최대 서식지이다. 환초는 네 개의 주요 산호섬(그랜드테레, 말라브라, 폴림니와 피카드)으로 구성되어 있는데, 거대한 얕은 석호를 감싸는 좁은 해협으로 분리되어 있다. 오래된 산호초의 석회암 표면이 바다 위로 겨우 8미터 정도 올라와 있다. 그나마도 풍화작용으로 걷기에 매우 어려운 날카로운 바위 지형이 되었다. 알다브라의 코끼리거북은 19세기 말에 거의 멸종되었지만 지금은 증가 추세로 현재 15만 마리가 살아 있는 것으로 추정되고 있다. 멸종 위기에 처한 녹색거북과 바다거북도 알다브라 해변에서 산란을 한다. 환초는 열대조, 군함새, 부비와 제비갈매기의 중요한 서식처이기도 하다. 알다브라의 화이트쓰로트레일(흰눈썹뜸부기류)는 인도양에서 발견된, 마지막 날지 못하는 새이다. 세이셸 제도에서는 이미 사라진 야자집게가 야자수를 올라가고 코코넛을 찾아 해변을 누빈다. 석호는 썰물이 되면 텅 비지만 밀물이 들어오면 수심이 3미터까지 깊어진다. **RC**

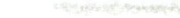

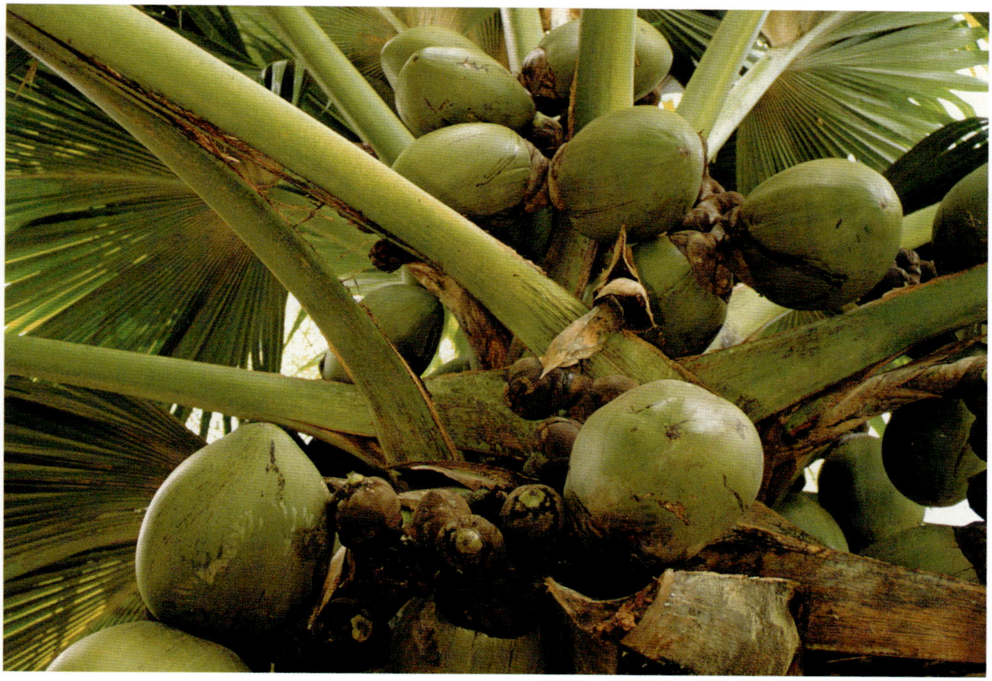

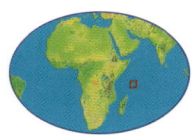

마이 자연보호구역

세이셸, 프라슬린 섬

마이 자연보호구역의 면적 : 19.5헥타르	
프라슬린의 면적 : 42제곱킬로미터	
세계유산 지정 연도 : 1984년	

세이셸 제도는 공룡 시대부터 넓은 본토와 분리되었기 때문에 신기한 동식물이 동물이 매우 많이 서식한다. 원래 화강암질인 프라슬린 섬은 두 번째로 큰 섬으로 중앙에 야자수들이 울창한 신비로운 계곡인 마이 자연보호구역이 자리 잡고 있다. 이곳은 곳에 따라 나무가 너무 울창하게 자라서 햇빛조차 들어오지 않는다. 시내에는 민물 게와 거대한 가재가 살며 희귀한 나뭇가지에는 희귀한 새들이 앉아 있다. 관광객들이 에덴의 정원이라고 부르는 이곳은 심각한 멸종 위기에 처한 코코드

메르야자가 자라기에 이상적인 곳이다. 이 나무에는 세계에서 가장 큰 더블넛이 열리는데 생김새가 여자의 골반 같다. 대못처럼 생긴 암꽃도 선정적인 모습이 뒤지지 않는다. 밤에는 수나무가 암나무 쪽으로 몸을 기울인다고 하는데 사실을 증언해 줄 사람은 어디에도 없다. 열매 하나의 무게는 18킬로그램에 달하며 싹이 트는 데 10년이 걸린다. 이 야자수는 3.3제곱미터나 하는 세계 최대의 잎을 여는 기록도 보유하고 있다. 마이 자연보호구역이 발견되기 전까지 세이셸 너머에 살았던 사람들은 이상하게 생긴 야자수가 바다에서 떠오른 것으로 생각했다. 그래서 프랑스 이름도 '바다 코코넛'이라는 뜻이다. **JD**

칭기랜즈

마다가스카르

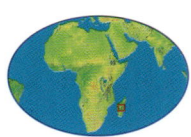

베마라바 절벽 : 강이 흐르는 계곡을 기준으로 400미터	
침봉들의 최대 높이 : 30미터	

마다가스카르 섬의 앙카라나 고원과 베마라바 자연보호구역에는 섬의 나머지 지역에서 흔히 볼 수 없는 독특한 지형이 있다. 이 두 곳을 가면 면도날처럼 모서리가 날카로운 석회암 침봉들이 열을 지어 서 있는 독특한 세계가 펼쳐진다. 어떤 돌기둥은 높이가 30미터에 달하기도 하는데 모서리가 어찌나 날카로운지 잘못하면 발이나 다리를 베일 수도 있다. 일 년에 1,800밀리미터 이상 내리는 빗물에 약한 석회암이 씻겨 내려가고 단단한 부분만이 남아 날카로운 바위산을 이루게 되었다. 마다가스카르에서는 이런 침봉들은 '칭기'라고 부르는데 바위를 치면 벨 소리와 비슷한 소리가 나기 때문이다. 마다가스카르 사람들은 이 바위들이 너무 붙어 있어서 발을 안전하게 디딜 곳도 없다고 한다. 하지만 석회암 바늘과 칼날이 촘촘하게 들어선 이곳을 자유자재로 돌아다니는 동물도 있다. 그 주인공은 여우원숭이로 마다가스카르에만 사는 털이 많은 영장류이다. 그 외에도 페라마타카멜레온이나 그레이스로트레일 같은 희귀한 동물들이 서식한다. **MB**

<u>오른쪽</u> 면도날처럼 날카로운 칭기랜즈의 침봉들

앙카라나 고원

마다가스카르

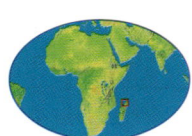

앙카라나 고원의 면적 : 100제곱킬로미터	
암석의 종류 : 석회암	
석회암의 두께 : 150미터	

사람들은 마다가스카르를 일컬어 '거대한 붉은 섬'이라고 한다. 섬의 흙 색깔이 붉기 때문이다. 섬의 북단에는 '잃어버린 세계'의 아프리카 버전이 펼쳐져 있다. 바로 디에고수아레스 남쪽 100킬로미터 지점에 있는 앙카라나 고원이다. 이곳은 카르스트 지형이 잘 발달한 곳으로 바위는 대부분 석회암인데 물이 솜씨를 한껏 발휘해 멋진 풍경을 만들어 놓은 곳이다. 강물은 바위틈 속으로 사라졌다가 지하 동굴 깊은 곳에서 다시 나타난다. 기괴한 모습의 종유석과 석순이 즐비한 11킬로미터 길이의 웅장한 '그로테 안드라피아베'가 좋은 예이다. 어떤 동굴은 천장이 완전히 무너져서 몇백 미터 위로 거대한 채광창이 형성되었다. 천연의 창으로 동굴 바닥에 햇살이 쏟아져 들어와 '가라앉은 숲'이라는 처녀림이 번성한다. 숲이 울창한 길고 좁은 협곡들도 잘 발달해 있다. 이런 협곡에 여우원숭이(lemur)가 사는데 '망자의 영혼'이라는 뜻의 로마어 '레무레스(lemures)'에서 유래했다고 한다. 이곳에 사는 사향고양잇과의 포악한 포사는 난쟁이여우원숭이와 시파카스와 같은 여우원숭이들을 잡아먹는다. 과거에는 지하 수로에 나일악어처럼 포사보다 훨씬 위험한 동물들이 살았다. **MB**

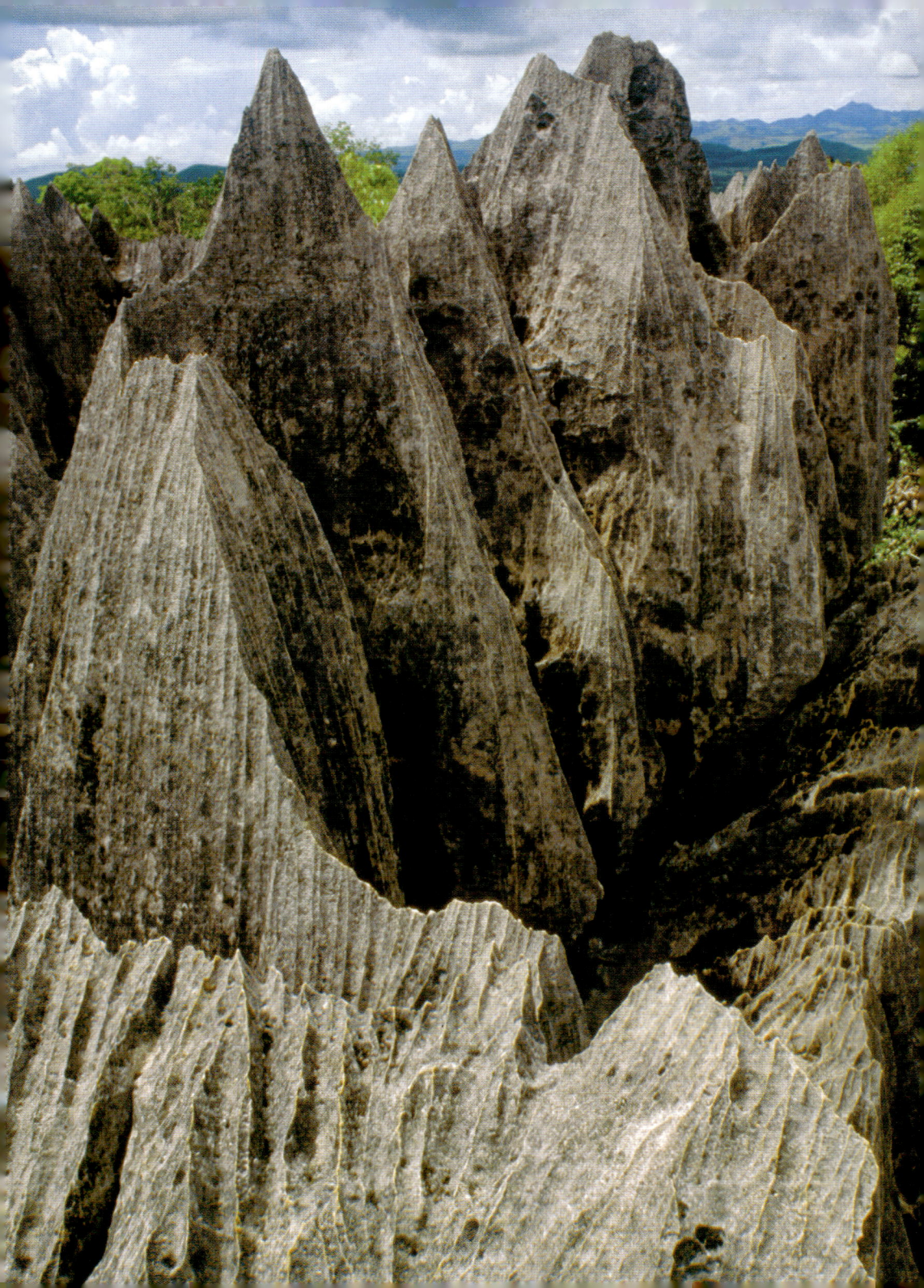

트루오세프

모리셔스

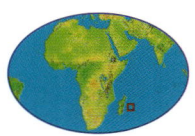

트루오세프의 해발 고도 : 650미터	
분화구의 지름 : 335미터	
분화구의 깊이 : 85미터	

트루오세프는 큐어파이프 시 근처에 있는 휴화산으로 모리셔스의 절경이다. 화산의 비탈을 따라 해발 고도 650미터의 분화구까지 도로가 나 있다. 지름이 335미터인 분화구 가장자리에는 기상관측소가 있어서 이 지역의 사이클론 활동을 관측한다. 분화구 내부에는 밀림이 울창한데 그곳을 통과해 호수까지 내려가 볼 수 있다. 화산의 정상에 서면 북쪽과 북서쪽에 있는 도시와 산맥이 한눈에 들어온다. 서쪽으로는 세 개의 유방이라는 뜻의 원뿔 모양 봉우리 트루아마멜과 마크 트웨인이 '조끼 주머니에 들어간 작은 마테호른'이라고 한 몽타뉴뒤랑파르가 있다. 북서쪽으로는 몽생피에르와 코르뒤가르드가 있으며 북쪽으로는 모카 산맥, 손가락처럼 생긴 르퐁스 봉과 정상에 거대한 표석이 올려져 있는 피터보스마운틴이 있다. 트루오세프는 큐어파이프 시의 서쪽에 있는데 이 도시는 모형 선박제작과 차 산업으로 유명하다. 식물원과 근처의 타마린드 폭포도 놓치면 후회할 볼거리이다. **RC**

블랙리버 협곡

모리셔스

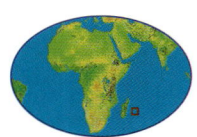

블랙리버 협곡 국립공원의 면적 : 6,574 헥타르	
모리셔스의 면적 : 2,040제곱킬로미터	
최고 높이(피톤 산) : 828미터	

모리셔스 남서부의 블랙리버 협곡은 삼림이 울창한 지역이다. 이곳은 섬의 삼림을 보호하고자 1994년에 국립공원으로 지정되었다. 현재 문명의 손길이 미치지 않은 숲은 섬 전체의 1퍼센트도 되지 않는다. 블랙리버 협곡 국립공원은 모리셔스 섬에서 가장 큰 자연보호구역이다. 이 섬에서만 서식하는 것으로 알려진 조류는 9종이며 식물은 150종이 넘는다. 국립공원은 모리셔스황조롱이와 핑크피전처럼 멸종 위기에 처한 고유종의 보호에 큰 역할을 하고 있다. 하지만 이런 새들보다는 나무들 사이를 날아다니는 과일박쥐와 흰꼬리열대새와 원숭이, 야생돼지와 사슴이 더 자주 보인다. 이 협곡에는 흑단, 탐발라코크(도도나무)와 우산처럼 생긴 부아드나테나무 등이 자란다. 크기가 작은 고사리와 지의류도 많이 자라며 난초와 모리셔스의 국화인 부클드레이유도 자란다. 블랙리버 협곡에는 50킬로미터 길이의 트레일들이 마련되어 있으며 큐어파이프나 바코아스에서 쉽게 찾아갈 수 있다. 이곳은 9월에서 이듬해 1월 사이가 가장 좋다. **RC**

카마렐컬러드어스와 카마렐 폭포

모리셔스

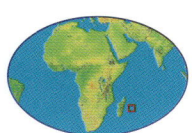

카마렐 폭포의 높이 : 83미터
카마렐 지역의 땅 색깔 : 붉은색, 갈색, 청자색, 녹색, 푸른색, 보라색, 노란색
방문하기 가장 좋은 시간대 : 일출

카마렐컬러드어스는 자연이 빚어낸 놀라운 현상이다. 이곳은 여러 가지 색으로 물든 지층을 구경할 수 있다. '일곱 가지 색의 땅'이라고 불리는 이곳은 동틀 무렵이면 일곱 가지 색깔이 찬란한 빛을 발한다. 이곳은 그리 넓지 않은데 풀 한 포기 자라지 않으며 화산재, 산화된 광물과 철광석이 그대로 노출되어 있다. 아마도 비나 바람의 침식작용이나 용암이 골고루 식지 않아 달의 표면과 같은 지형이 형성된 것이 아닐까 추측하고 있다. 이곳의 화산재는 매우 독특하다. 왜냐하면 섞이지 않는 원소들로 구성되어 있기 때문이다. 이 흙을 유리병에 넣어서 관광 상품으로 판매하고 있다. 놀랍게도 색깔이 있는 흙을 유리병에 넣고 섞어 놓으면 며칠 후에 색깔별로 나눠진다. 이곳에는 근처의 카마렐 폭포를 잘 볼 수 있는 전망대들이 있어서, 폭포수가 절벽을 떨어져 리베르뒤캅으로 흐르는 모습을 감상할 수 있다. 이 폭포는 모리셔스에서 가장 높은 폭포이다. 세븐컬러드어스와 카마렐 폭포는 모리셔스의 남서쪽에 있는 카마렐 마을에서 남쪽으로 약 4킬로미터 떨어져 있는데 관광객들의 발길이 끊이지 않는다. **RC**

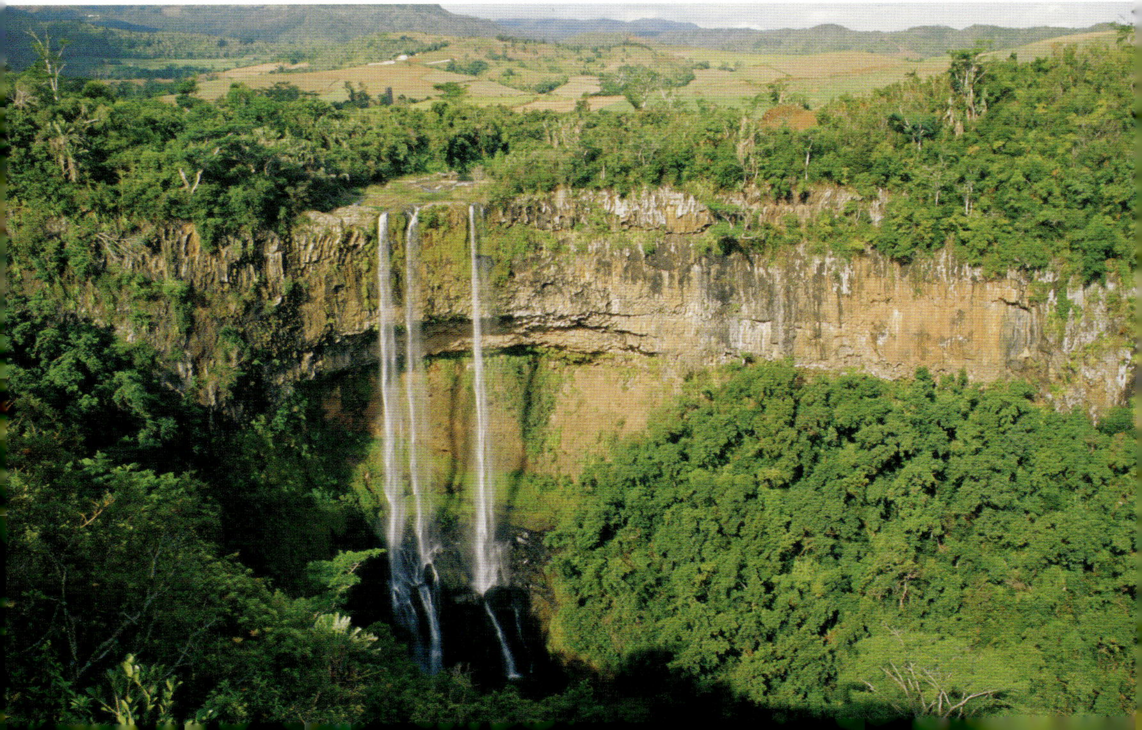

르시르크

레위니옹 섬

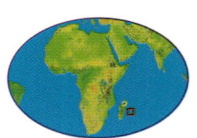

시르크드실라스의 면적 : 8,739헥타르
시르크드살라지의 면적 : 10,382헥타르
시르크드마파타의 면적 : 10,000헥타르

레위니옹의 권곡은 움푹한 사발처럼 생긴 구멍으로, 언뜻 보면 분화구처럼 보이지만 실은 침식작용의 결과이다. 실라오, 살라지, 마파타 권곡은 레위니옹에서 가장 높은 피통 데 네쥐를 에워싸고 있다. 거친 자연의 모습을 그대로 간직한 마파타 권곡에는 길이 없어서 가까이 갈 수가 없다. 주변에는 그로스몬, 피통 데 네쥐, 그랑브나르와 로 슈에크리트가 우뚝 솟아 있다. 마파타의 동쪽에 있는 살라지 권곡에는 살라지 마을과 엘부르 마을이 있다. 세 개의 권곡들 중에서 가장 습한 이곳에는 카스카드뒤부알드라마리에를 비롯해 폭포가 발달해 있다. 실라오 권곡은 가장 남쪽에 있다. 실라오 시는 온천 휴양지로 이곳의 온천은 류머티즘 치료에 효과가 있다고 한다. 산악 권곡 지역은 트레커들의 천국이다. 마파타 권곡에만 잘 정비된 트레일이 200킬로미터 이상 이어져 있다. 실라스나 엘부르에서 피통데네쥐에 올라가 볼 수 있다. 3,069미터의 고산의 정상 등반은 이른 아침에 시작해야 한다. **RC**

피통드라푸르네즈
화산

레위니옹 섬

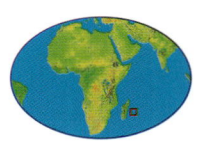

피통드라푸르네즈 화산의 높이 : 2,631미터
생성 시기 : 약 53만 년 전
레위니옹의 면적 : 2,517제곱킬로미터

용광로라는 뜻의 피통드라푸르네즈는 인도양 서쪽에 있는 레위니옹의 동남부에 있는 화산이다. 하와이의 킬라우에아 화산과 더불어 세계에서 가장 활발하게 화산활동이 일어나는 화산이다. 이 화산은 1640년부터 최소 153차례 분화를 했으며 대부분 폭발을 동반해 엄청난 용암이 분출되었다. 폭발은 거의 매년 일어난다. 그래서 피통드라푸르네즈 화산 관측소에서 화산활동을 관측하고 있다.

두 개의 주요 분화구가 있는데 더 큰 쪽을 '돌로미외' 혹은 '브륄랑'이라고 부른다. 오직 여섯 번(1708, 1774, 1776, 1800, 1977, 1986년) 분화구의 바깥쪽 비탈의 균열을 통해 분화가 이루어졌다. 1986년에 폭발했을 때는 용암이 바다로 흘러들어가 섬의 동남부에 몇 에이커에 달하는 새로운 땅이 생겼다. 둘 중 더 작은 분화구는 '보리'이다. 1992년에 남동쪽 경사면에 있는 분화구 '조'가 분출한 것을 비롯해 최근에 작은 분화구들의 폭발 사례가 관찰되었다. **RC**

<u>오른쪽</u> 피통드라푸르네즈 화산에 생긴 균열을 통해 용암이 치솟고 있다.

612

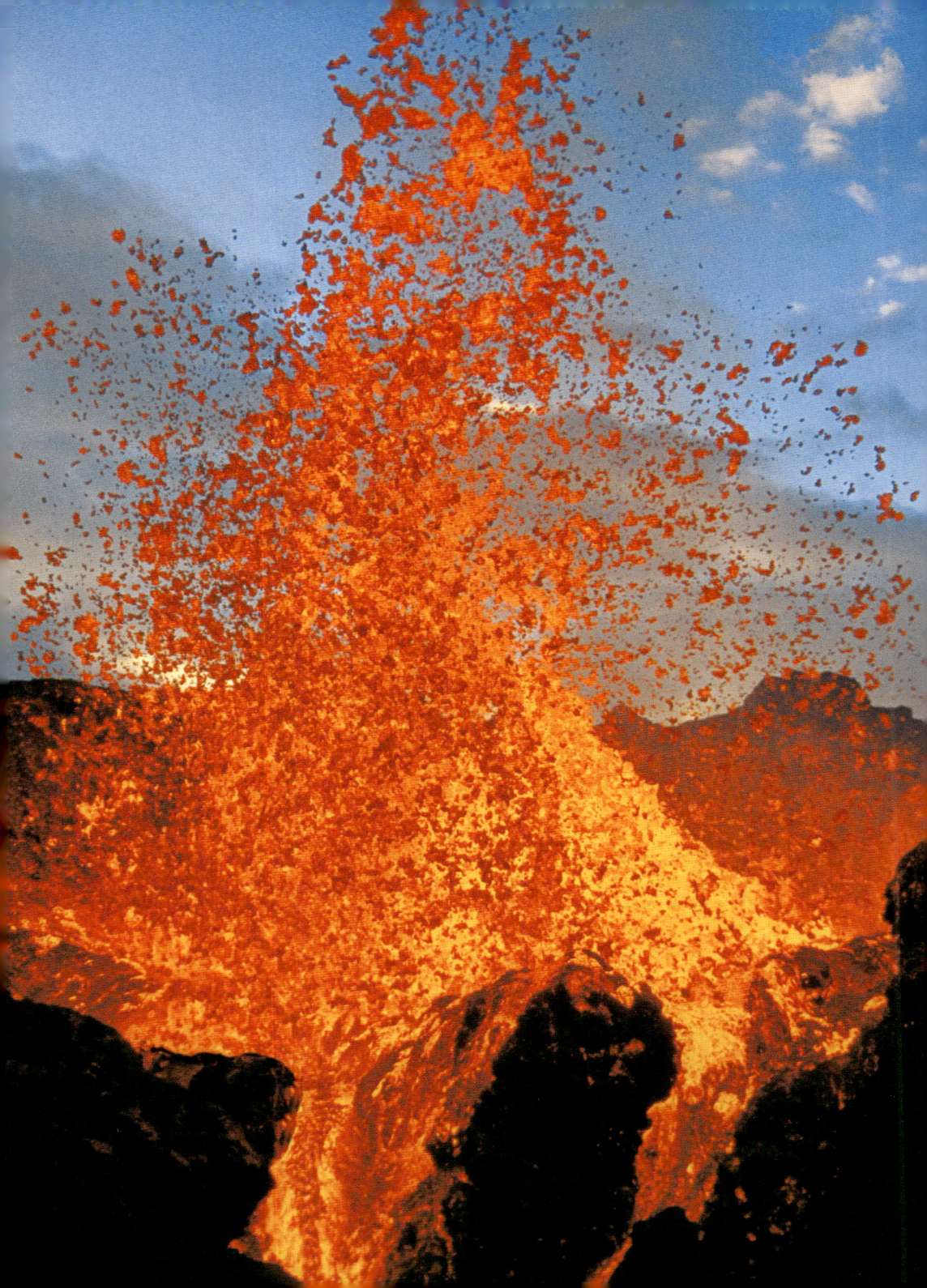

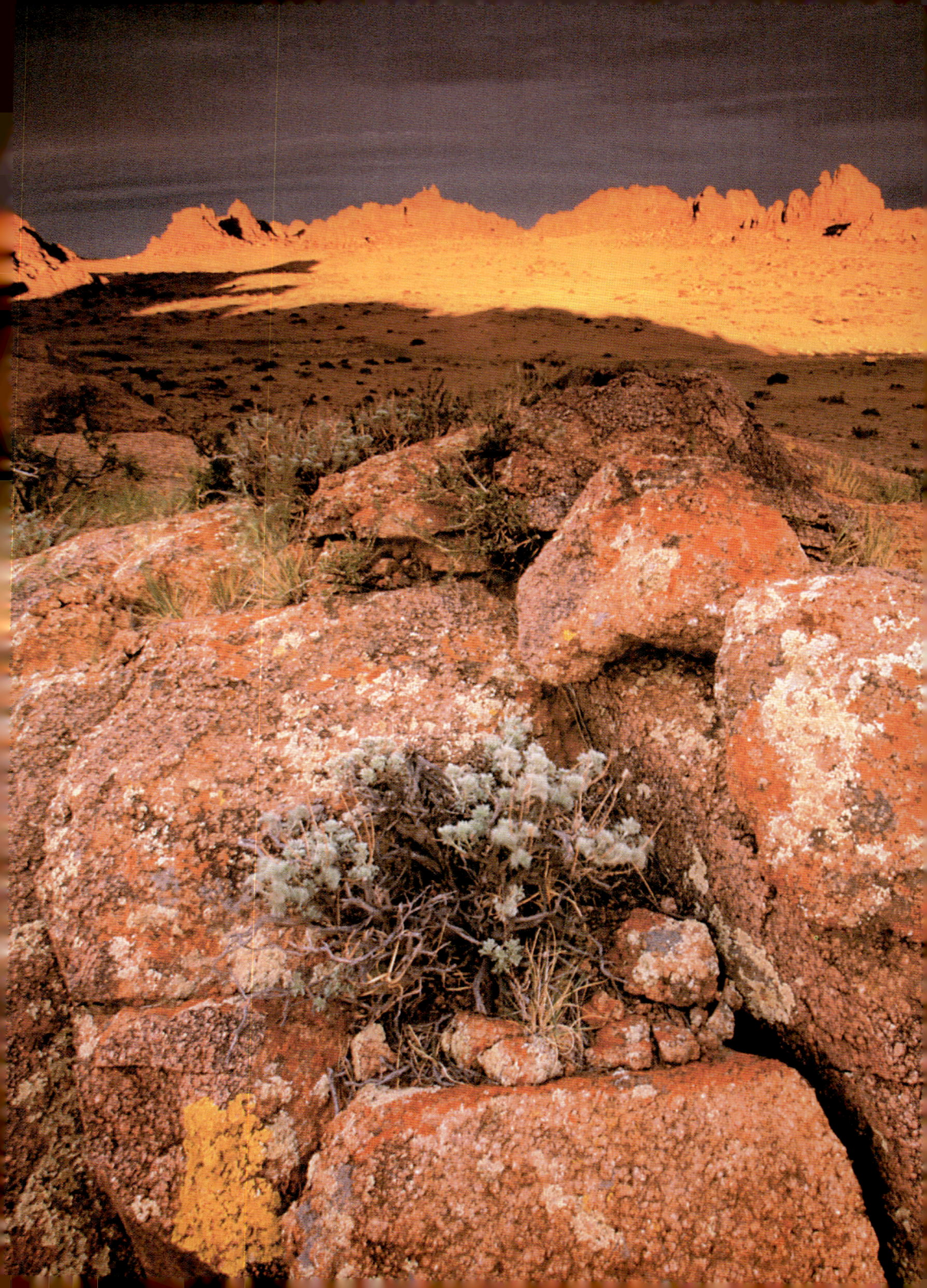

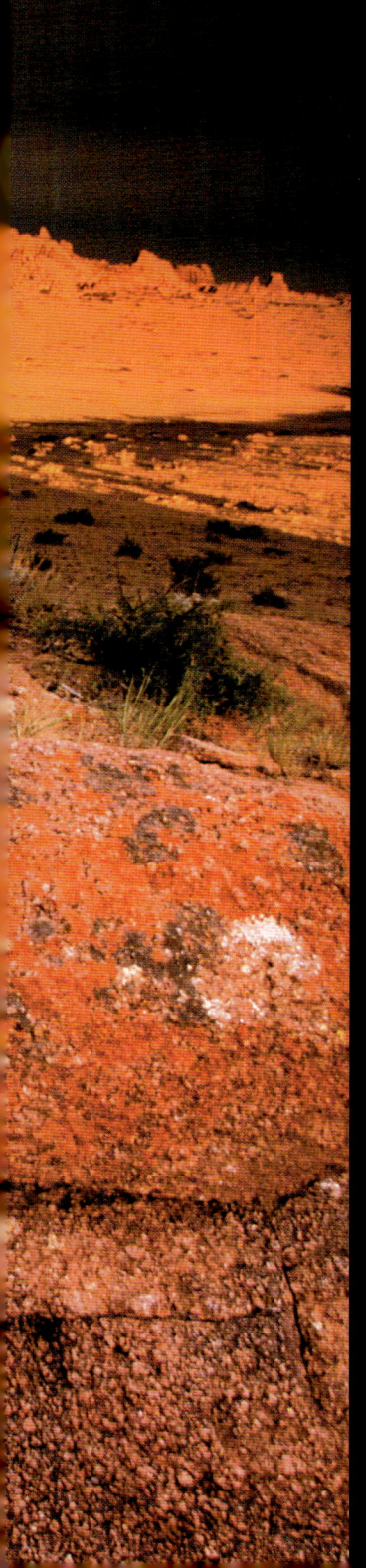

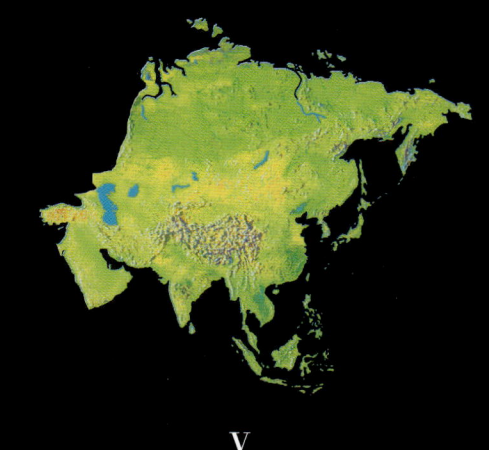

V

아시아

아시아 대륙은 자연의 두 가지 힘의 실체가 여실히 드러나는 곳이다. 정상에서 불을 내뿜는 화산은 새로운 땅을 만들고 그때마다 피해가 속출한다. 해양은 엄청난 힘을 감춘 거대한 수중세계인 한편, 바람은 새로운 지형을 만들고 형태를 바꾸며 자신이 창조한 지형을 순식간에 파괴하기도 한다. 땅을 뚫고 하늘 높이 치솟은 산맥은 영감의 원천이며 삶의 터전이다. 이런 자연의 가공할만한 파괴력에 비하면 인간은 얼마나 미미한 존재인지.

왼쪽 몽골 고비 사막의 플래밍클리프스에 분포해 있는 붉은 사암지대

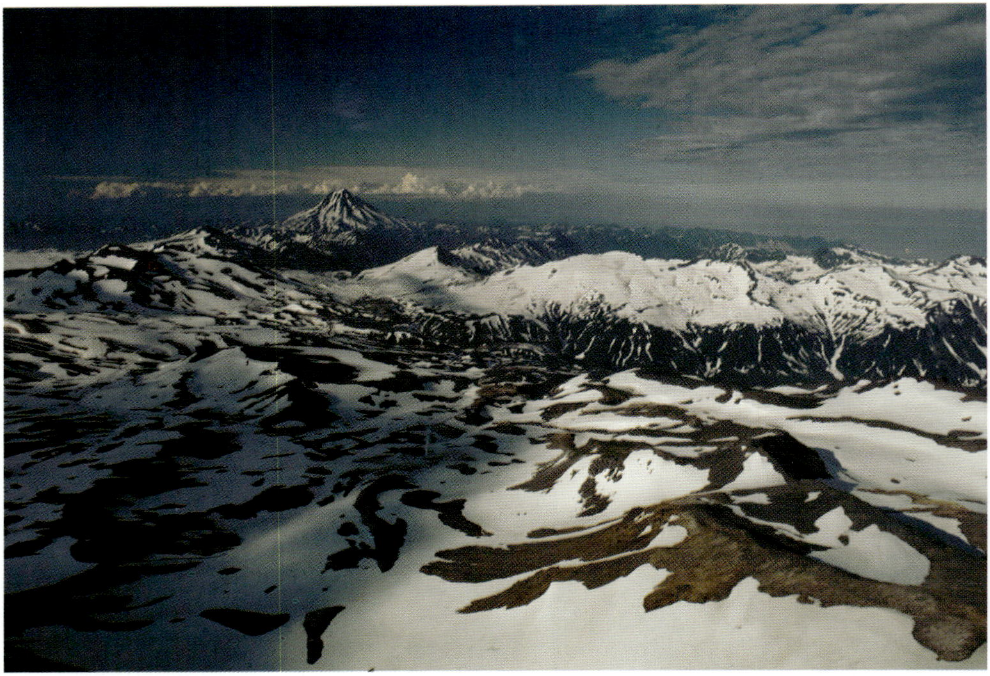

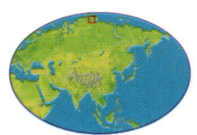

타이미르 반도

러시아, 타이미르 자치구

타이미르 호수의 면적 : 6,990제곱킬로미터
시베리아 툰드라의 폭 : 3,200킬로미터
비랑가 고원의 높이 : 1,500미터

타이미르 반도는 유라시아 대륙의 최북단에 위치한 지역으로 러시아의 북극해와 접해 있는 광활한 시베리아 툰드라 지대이다. 이곳은 여름인 삼 개월 동안 태양이 24시간 떠 있음에도 불구하고 기온은 거의 5도 이상 오르지 않는다. 겨울에는 해가 뜨지 않는 날도 있어 기온은 영하 8도까지 내려가기도 한다. 겨울에는 토양이 얼어붙는데, 어떤 곳은 지하 1,370미터 지점까지 얼어붙는다. 그러나 여름철에는 토양의 상부가 녹아서 지구상에서 가장 큰 습지를 이룬다.

하늘에서 타이미르를 보면 습지의 못과 주변 땅이 마치 벌집처럼 모여 있는데, 땅이 계속 얼었다 녹기를 반복한 결과이다. 육지에서는 매머드의 엄니나 선사시대 동물이 얼어붙어 만들어진 화석도 발견할 수 있다. 또한 이끼와 허브가 양탄자처럼 땅을 뒤덮고 종아리 높이밖에 오지 않는 난쟁이버드나무 숲도 무성하다.

타이미르 반도는 비랑가 고원 가까이에 우뚝 솟아 있으며, 북극에서 가장 큰 호수인 타이미르 호수가 고원의 남쪽에 펼쳐져 있다. 이 호수는 넓지만 깊이가 3미터를 넘지 않을 만큼 수심이 얕다. **MB**

북부 스텝과
사이가산양의 이주

러시아 / 카자흐스탄 / 중국

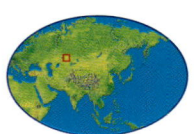

다 자란 사이가산양의 키
: 어깨까지 76센티미터

전 세계 사이가산양의 수
: 200만 마리로 추산

보호종 지정 연도 : 1923년

끝 없이 펼쳐진 한랭한 스텝 지역과 중앙아시아의 건조한 사막 지역에는 몸통이 짧고 다리가 튼튼하며 슬픈 눈망울을 한 사이가산양이 수백 마리씩 무리를 지어 떠돈다. 이 산양의 가장 큰 특징은 거대한 알뿌리처럼 생긴 부리인데, 이 부리는 여름에는 먼지를 막아주고 겨울에 숨을 쉴 때 추운 공기를 따뜻하게 해 준다. 숫양은 발정기 동안에는 코가 더 커지는 특징 때문에 부리가 성 기능을 갖고 있다는 추측도 있다. 봄이 되면 사이가산양 무리는 눈이 녹는 곳을 따라 북쪽으로 이동하며 지상에 갓 모습을 드러낸 신선한 풀, 허브, 사초 등을 찾아 헤메는데, 이 지역에서 피는 튤립, 아이리스와 아네모네도 마다하지 않는다. 산양들은 이동을 하면서 짝짓기를 하는데, 싸움으로 짝짓기를 할 자격을 얻은 수컷은 암컷을 무려 20마리까지 거느릴 수 있다.

겨울이 오면 무리는 다시 남쪽으로 내려가는데, 여러 암컷을 거느린 탓에 힘든 여정을 마치지 못하고 기진맥진해서 추위에 죽어 나가는 수컷도 많다. 이들이 사는 지역은 황량하고 건조하며 나무라고는 볼 수 없는 초원 지대이다. 과거 북아메리카의 프레리가 그랬듯 이 땅은 타팬(소형 야생마), 들소와 같이 초원에 사는 수많은 동물을 먹여 살렸다. 사이가산양은 아직 멸종되지 않았지만 남획으로 인해 1990년 100만 마리에서 5만 마리 이하로 급감했다. **MB**

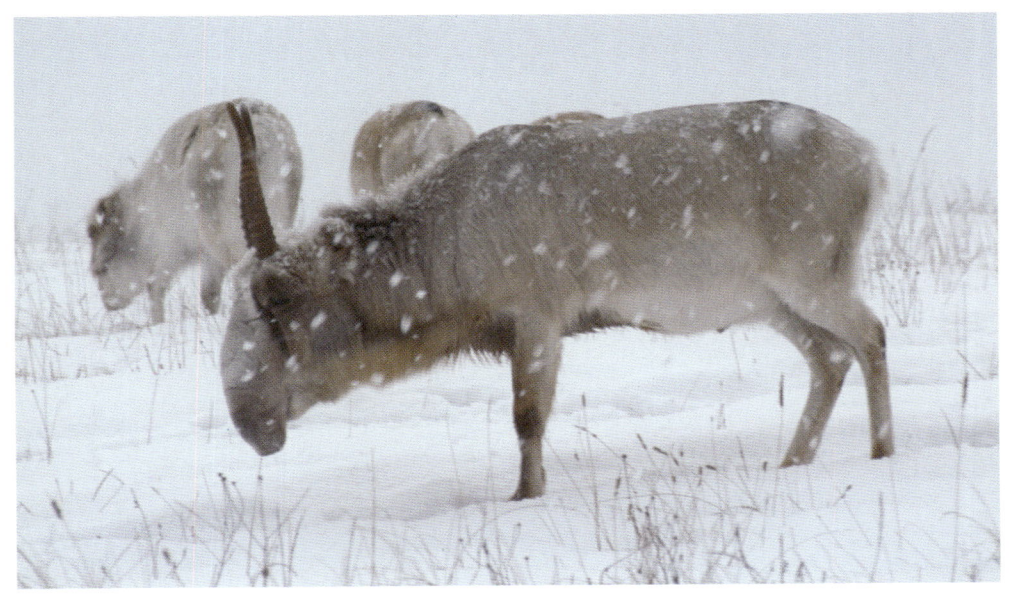

오호츠크 해

러시아 / 일본

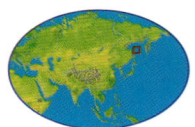

오호츠크 해의 최고 수심 : 3,916미터	
바다의 평균 수심 : 891미터	

오호츠크 해는 일본 북부와 러시아의 가장자리에 있는 거대한 해양 생태계로 동으로는 캄차카, 북으로는 마가단, 서로는 아무르, 남으로는 사할린과 홋카이도에 접해 있다. 이중 남동쪽에 있는 쿠릴 열도 부근은 후지 산이 완전히 다 잠길 정도로 수심이 가장 깊으며, 바다는 북쪽으로 갈수록 얕아진다.

오호츠크 해는 라페루즈 해협을 거쳐 동해로 연결되며, 이곳에서는 북쿠릴 해협을 통해 들어 온 태평양의 해류가 남쿠릴 열도 사이로 빠져나간다. 이곳은 어장이 대단히 발달했는데, 캄차카 인근과 오호츠크 해의 북쪽과 서쪽 바다는 플랑크톤이 특히 풍부하다. 덕분에 이곳에는 물고기가 풍부하며 이 물고기를 먹기 위해 바닷새와 수염고래, 북극고래 등 많은 종의 고래들도 이곳을 찾는다. 총 생물량이 1,000만~1,500만 톤으로 추산되는 오호츠크 해의 어업은 가장 풍부한 어종인 명태 잡이에 집중되어 있으며, 이외에도 가자밋과 어류, 청어, 연어, 넙치무리, 정어리, 꽁치, 대구, 빙어, 게, 새우 등이 풍부하다. 최근에는 석유와 천연가스가 풍부하게 매장된 사실이 밝혀졌다. **MBz**

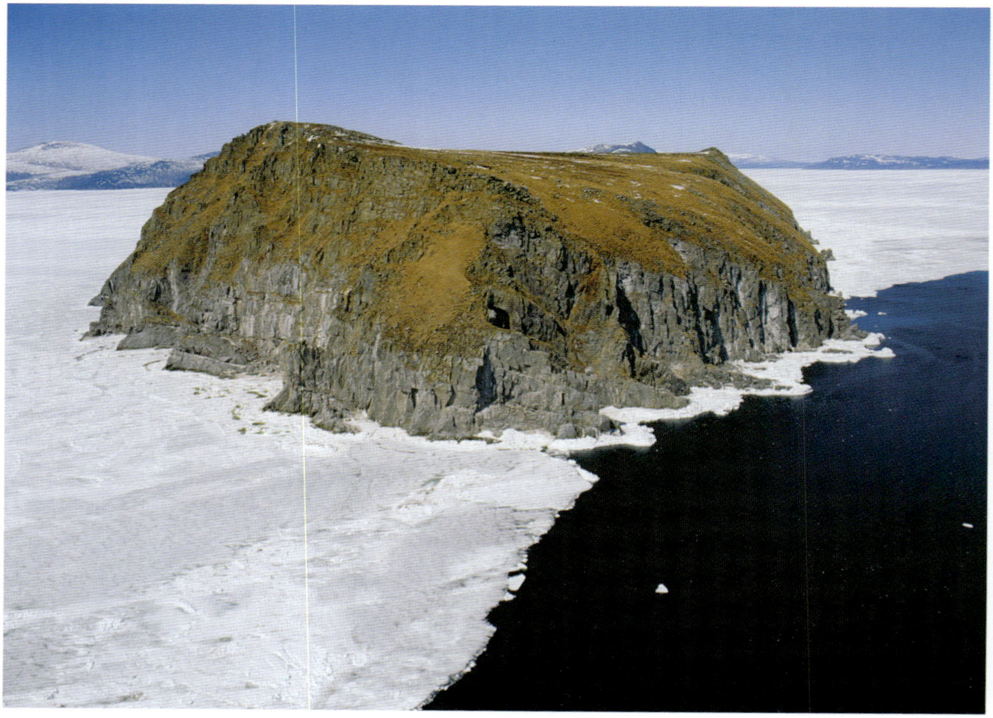

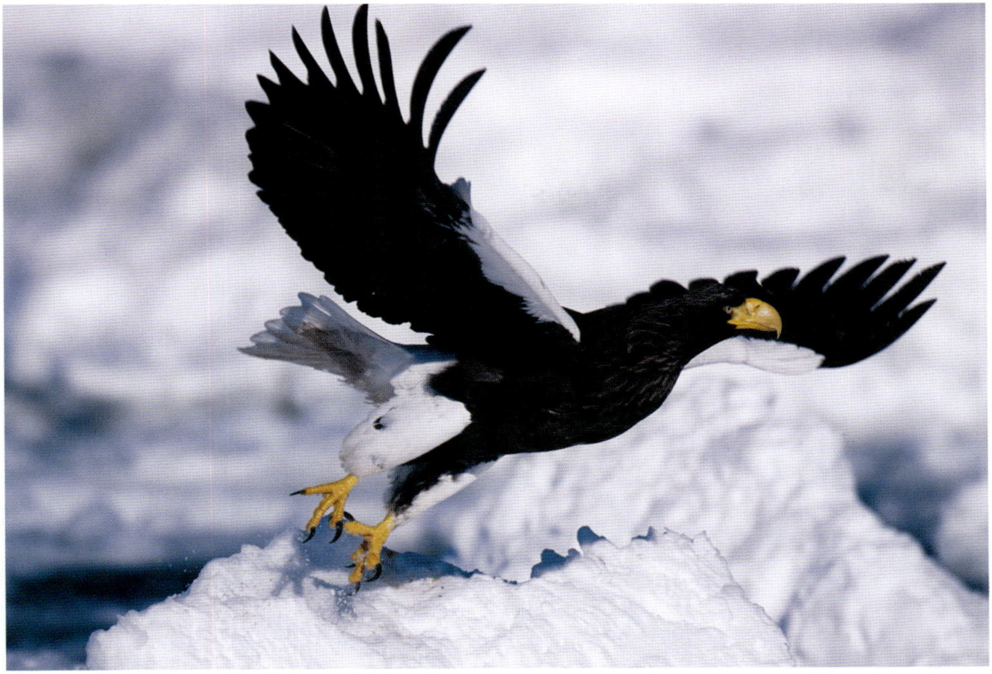

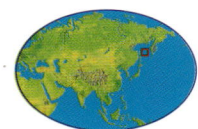

참수리

일본 / 러시아, 오호츠크 해

참수리의 날개 폭 : 2.5미터
산란하는 알의 수 : 1~3개, 보통 2개
둥지의 지름 : 2미터

거대한 날개 폭과 크고 노란 부리, 흰색과 흑갈색 깃털을 뽐내는 참수리는 자연 애호가들에게는 꿈의 새이다. 대머리독수리와 친척 관계이기도 한 참수리는 세계에서 세 번째로 큰 독수리 종이다. 새끼는 대개 다갈색으로 다이아몬드처럼 생긴 꼬리가 두드러진다. 크고 하얀 어깨, 하얀 다리, 엉덩이와 꼬리를 제대로 갖춘 성조의 모습은 위풍당당하기 그지없다. 늙은 참수리는 정수리 부분이 하얗게 변하는데 그 모습조차 멋지다.

산란 지역은 오호츠크 해 부근외에 캄차카 북동부에서 사할린에 이르는 지역 그리고 겨울을 나는 남쪽의 홋카이도와 한국의 대륙 연안으로 제한되어 있다. 참수리는 나뭇가지로 거대한 둥지를 트는데, 주로 해안이나 큰 골짜기를 따라 형성된 거대한 바위산, 돌더미 혹은 큰 나무 위에 짓는다. 겨울철에는 오호츠크 해의 빙산 근처에서 사냥을 하거나 일본의 시레토코 반도에서 무리를 지어 쉬는 모습이 발견된다.

참수리의 영문 이름인 '스텔러즈시이글'은 자연학자인 게오르그 빌헬름 스텔러의 이름을 딴 것으로, 베링의 두 번째 태평양 탐사에 참가한 스텔러는 탐사에서 이전에 알려지지 않았던 동식물을 많이 발견하는 등 이 지역의 자연 관찰에 큰 업적을 세웠다. **MBz**

튤레이니 섬

러시아, 사할린 주

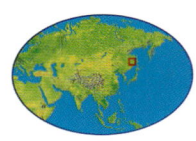

튤레이니 섬의 길이 : 1킬로미터
섬의 폭 : 0.5킬로미터

외딴 섬 튤레이니는 해수면에서 8 내지 10미터 가량 솟아 있는 바위섬으로, 늦여름만 되면 해변은 새끼를 낳으려는 물개들로 발 디딜 틈이 없다.

동해안을 따라 북단까지 이어진 지역에서는 덩치 큰 스텔라바다사자 수컷들이 암컷과 자신의 영역을 차지하려고 싸움을 하거나 물개들을 괴롭힌다. 물개들의 영역은 탁자처럼 평평한 땅에서 동쪽의 경사면까지 이어져 있으며, 그곳에서 바다오리와 함께 지낸다.

바다오리가 어찌나 많은지 섬은 마치 바둑무늬 카펫을 깔아 놓은 것 처럼 보인다. 더구나 이곳은 여름이 끝날 무렵이면 버려졌거나 잃어버린 알들이 협곡과 바위틈에 산처럼 쌓인다. 알은 쌓일 수 있는 곳이라면 어디든 쌓여 있는데, 심지어 갈매기들은 삼림감시인과 연구원들의 오두막 지붕에도 둥지를 틀거나 그곳을 휴식처로 삼는다. 한편 해변에 줄줄이 뒤집어 놓은 보트 아래에도 작은 바다쇠오리들이 둥지를 트는데, 이곳보다 야생생물이 더 빽빽하게 모여 있는 곳을 상상하기는 어려울 것이다. **MBz**

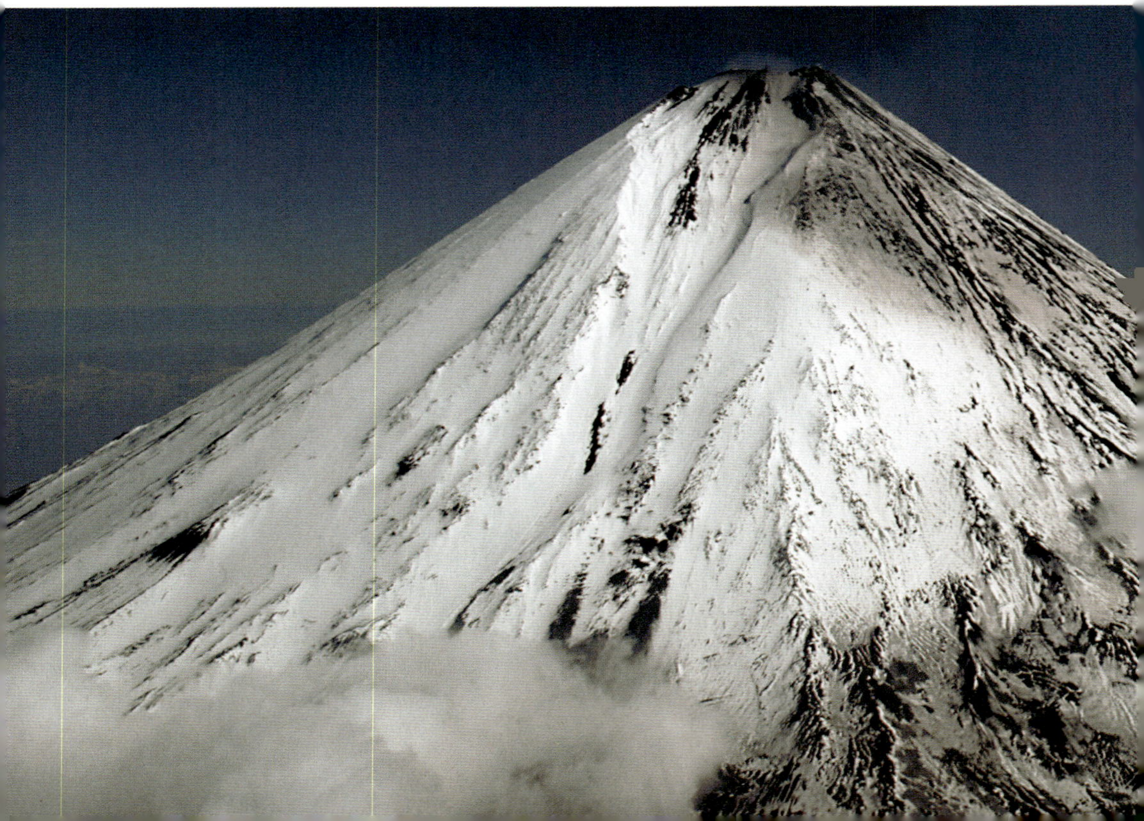

캄차카 반도

러시아, 캄차카 주

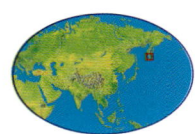

인구 : 400,000명

외부인이 처음 방문한 해 : 1697년

러시아 북동부에 있는 캄차카 반도는 남쪽을 가리키는 거대한 단도처럼 생겼다. 험준한 산악 지형으로 이루어진 반도는 활동 중인 화산들이 풍경을 압도하는 곳이다. 아바친스키, 크라셰닌니코프, 크로노츠키, 우존을 비롯한 수많은 화산이 대칭형의 봉우리를 자랑하며 하늘을 찌를 듯 서 있다. 화산 지역에는 아직도 활동 중인 칼데라와 하천과 유황온천이 풍부하게 발달해 있다.

반도는 대부분 사스레나무와 낙엽송, 미루나무, 오리나무 숲으로 뒤덮여 있으며 이렇게 이루어진 숲은 불곰, 검은담비, 참수리를 비롯한 다양한 야생생물의 안식처가 된다.

캄차가 반도는 지구상에서 가장 넓은 야생지역으로 사람의 발길이 처음 닿은 때는 1697년이었다. 이곳은 베링과 박물학자인 게오르그 빌헬름 스텔러가 북태평양을 탐사하던 중에 발견된 후 유명세를 얻게 되었다.

캄차카 반도는 문명 세계와 동떨어진 곳으로 인구가 적다는 점이 매력적이지만 그만큼 접근하기가 어렵기 때문에 자연학자들과 낚시꾼들의 애를 태우는 곳이기도 하다. **MBz**

아래 캄차카의 거대한 산 봉우리가 주변 풍경을 압도하고 있다.

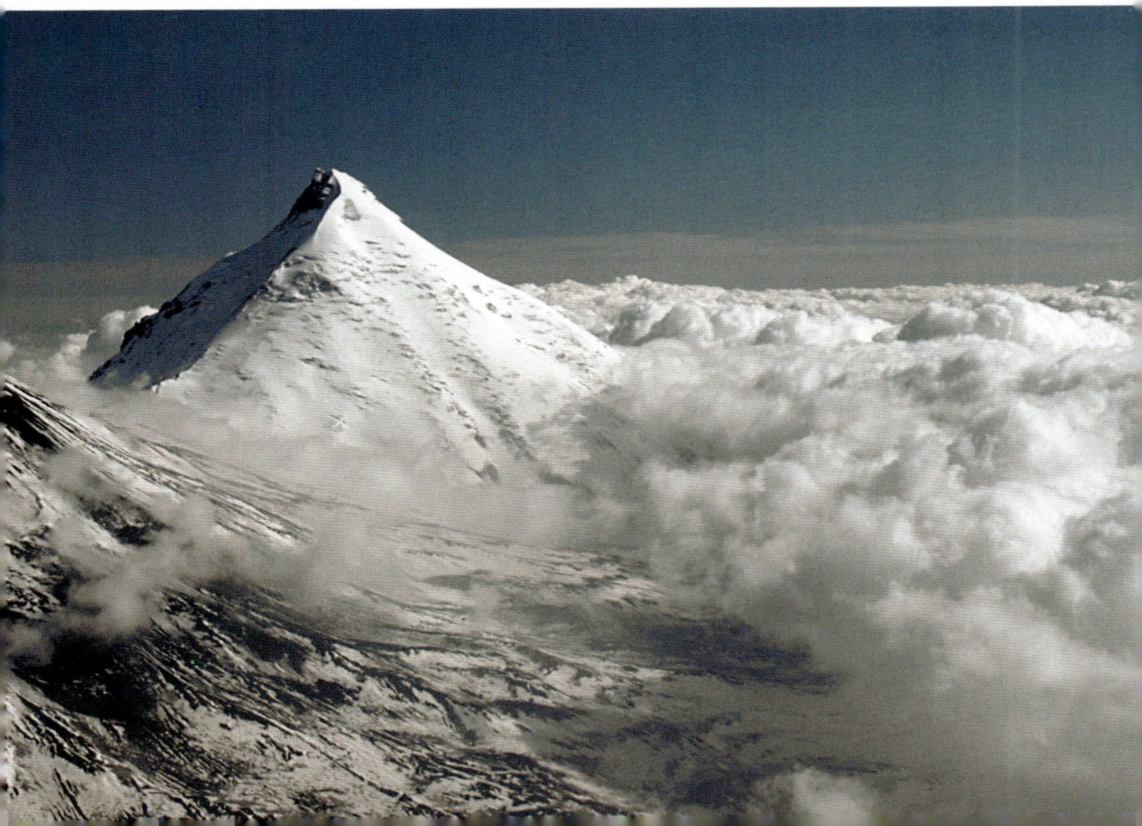

간헐천 계곡

러시아, 캄차카 주

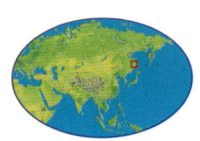

간헐천 계곡의 길이 : 6킬로미터
간헐천 들판의 면적 : 4제곱킬로미터

바위 지대를 통과하면서 폭이 좁아진 캄차카의 슘나야 강(시끄러운 강)은 자갈로 된 여울을 굽이굽이 흘러 김이 자욱한 간헐천 계곡에 이른다. 1941년 4월 러시아의 수문학자인 타티야나 이바노브나 유스치노바는 캄차달 족 가이드인 아니스로프 크루페닌과 함께 이 지역을 탐사하다가 우연히 김이 자욱한 지역을 발견했다. 슘나야 강을 따라 흐르는 게이세르나야 강은 김을 뿜어내고 끓어오르며 분출하고 냄새를 풍긴다.

이곳 간헐천 계곡에는 계곡 하나에 20개가 넘는 대형 간헐천이 있으며 3~4제곱킬로미터에 불과한 좁은 곳에 작은 간헐천 수십 개가 있는 곳도 있다. 가을이 되면 울긋불긋한 단풍이 더해져 이곳의 아름다움은 절정에 달한다. 강가에 김이 모락모락 나는 겨울에는 온통 눈이 덮여 마치 섬세한 서리 크리스털을 두른 듯한 나무와 덤불이 즐비한데, 이 모습을 보고 있으면 마치 마법의 나라에 온 듯한 착각에 빠진다.

> 계곡은 말 그대로 낙원이다. 김이 펄펄 나는 폭포가 계곡을 따라 흘러내리고 파릇파릇한 강둑에서 강렬한 생명력을 엿볼 수 있다. 간헐천은 뜨거운 물을 하늘로 쏘아 올리며 진흙 연못에서 부글거리는 거품을 쉴 새 없이 만들어낸다.

탐사를 하던 두 사람은 한 지류에서 유황온천과 끓는 진흙, 활발히 물을 뿜어 올리는 간헐천을 보았다. 훗날 이 지류는 게이세르나야 강(간헐천 강)이라고 불리게 되었다.

간헐천 계곡은 말 그대로 낙원이다. 김이 펄펄 나는 폭포가 계곡을 따라 흘러내리고 파릇파릇한 강둑에서 강렬한 생명력을 엿볼 수 있다. 간헐천은 뜨거운 물을 하늘로 쏘아 올리며 진흙 연못에서 부글거리는 거품을 쉴 새 없이 만들어낸다. 주위는 온통 총천연색 진흙과 조류가 자라는 물가이며, 바람에 실려 오는 냄새로 이곳의 샘물에 유황이 들어 있다는 것을 짐작할 수 있다.

간헐천 계곡은 지구상에서 지열 활동이 가장 활발한 곳 중 하나이다. 구불거리며 6킬로미터를 흐르는

이곳은 또한 지열작용으로 발생한 열 때문에 주변 풍경이 독특하다. 봄이 되면 다른 지역보다 훨씬 일찍 꽃이 피고 강둑은 수련과 물망초처럼 따뜻한 곳을 좋아하는 식물들의 서식처가 된다.

1981년 10월, 태풍 엘사가 이 계곡을 덮친 후 집중호우로 게이세르나야 강의 수위는 몇 미터나 상승했다. 불어난 강물은 3미터나 되는 거대한 돌을 강바닥에서 쓸고 내려와 게이세르페치야(큰 오븐)를 파괴하고 말라히토뷔그로트에 심각한 피해를 주었지만, 그럼에도 이 지역은 여전히 찾아볼 가치가 있는 곳이다. **MBz**

오른쪽 간헐천이 물을 내뿜고 있다.

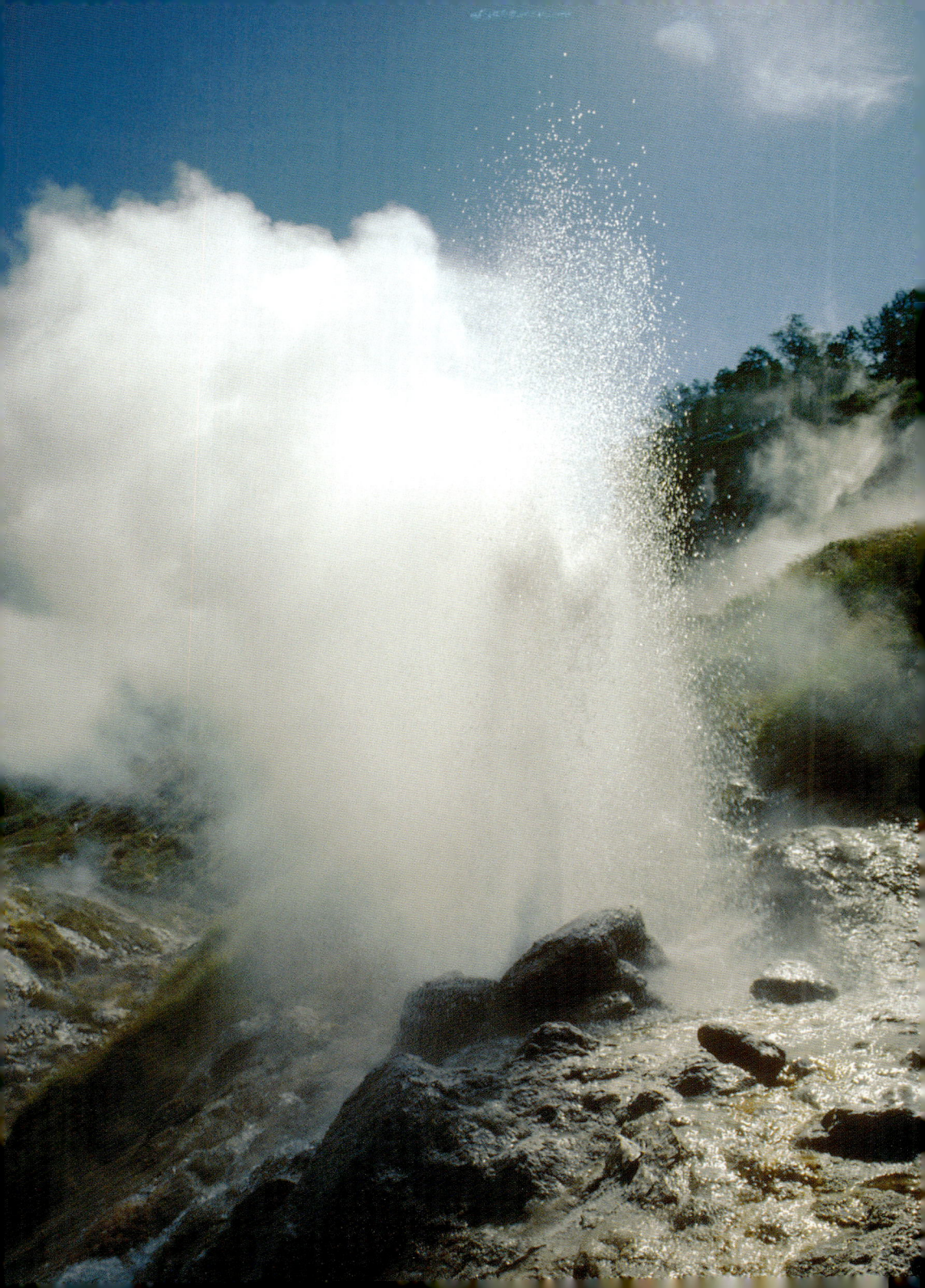

바이칼 호수

러시아, 부랴티야 자치공화국

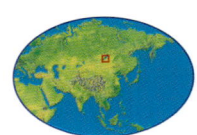

호수의 길이 : 635킬로미터	
호수의 폭 : 48킬로미터	
호수의 수심 : 1,640미터	

세계 담수의 5분의 1을 보유한 호수가 있다. 바로 시베리아 남부에 있는 바이칼 호수이다. 호수는 표면적으로 보자면 세계에서 아홉 번째로 그리 넓지 않다. 길이 635킬로미터이에 평균 폭은 48킬로미터에 불과하지만 수심은 헤아릴 수 없을 정도로 깊다.

이 호수의 수심은 무려 1,640미터이며 총 2만 3,000세제곱킬로미터의 물을 담고 있는데, 이는 북아메리카의 오대호의 물을 모두 합친 양보다 훨씬 더 많은 양이다.

바이칼 호수는 지각에 균열이 생긴 후인 약 2,000만 년 전에 형성되었다. 호수 바닥의 열천으로 보아 이 지역은 지질학적으로 여전히 활동 중인 것을 알 수 있으며, 이 지역의 지진관측소는 매년 2,000건에 달하는 지각의 진동을 포착한다.

겨울이 되면 호수는 단단하게 얼어붙는데, 그러

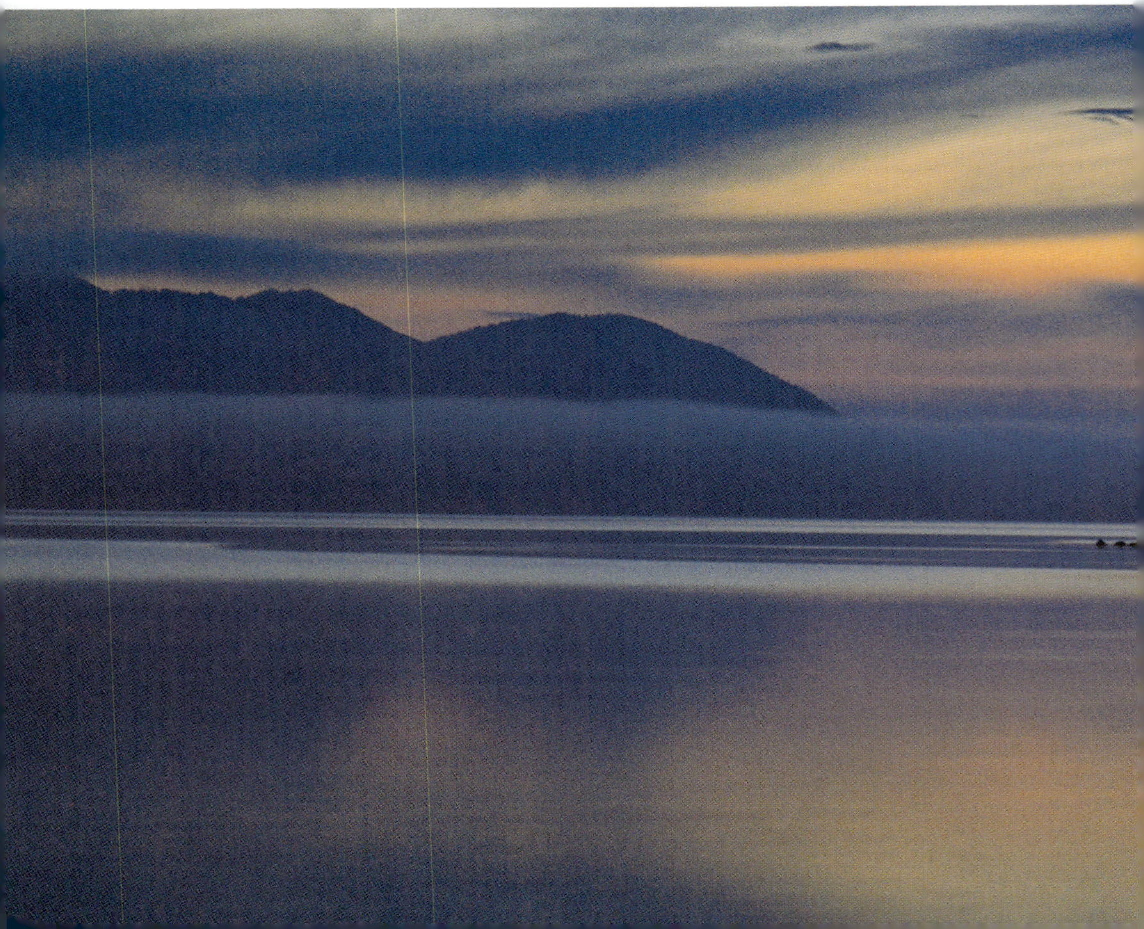

면 현지 주민들은 얼음에 구멍을 뚫어 낚시를 즐긴
다. 얼음이 깨끗하게 얼어붙은 곳은 너무나 투명해
서 헤엄치는 물고기들이 다 보일 정도이다. 얼음이
단단하기는 하지만 매일 기온이 오르락내리락하면
서 복잡한 균열이 생기는데 폭이 1미터에 달하는
균열도 있다. 여름에는 얼음이 갈라져서 조금씩 움
직이면 물 위에서 벌어지는 빛의 군무를 감상할 수
도 있다. 뿐만 아니라 얼음이 다 녹으면 물이 너무
맑아서 수심 40미터 이상까지 볼 수 있다.
　　이 지역에 사는 동물들은 주로 바이칼 고유종으

로 바이칼물범과 골로만카가 서식한다. 이 가운데
엄청난 수압을 견디는 물고기인 골로만카는 수압
이 너무 강해 대포조차 쏠 수 없는 1,000~1,400미
터 깊이에서도 자유롭게 헤엄친다. **MB**

아래 저녁놀이 진 바이칼 호수

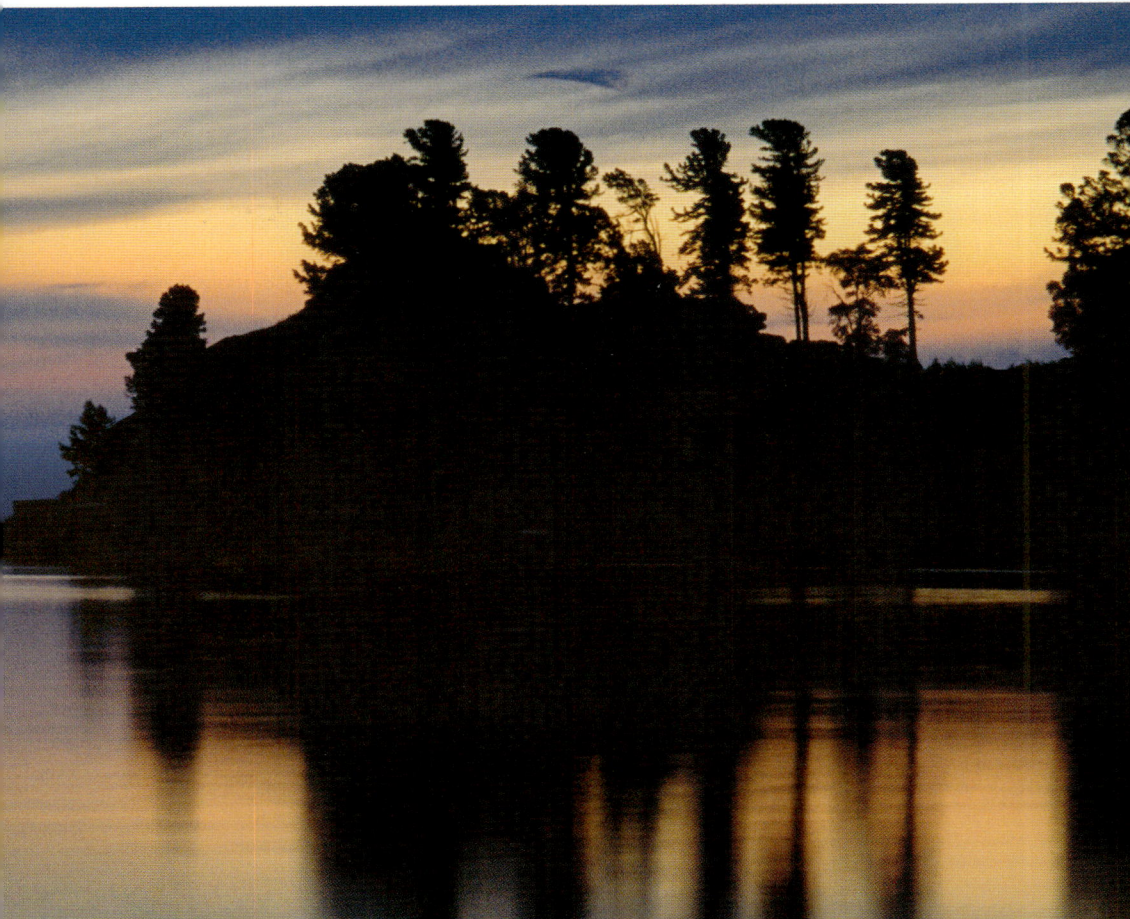

양키차 – 쿠릴 열도

러시아

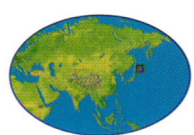

양키차의 지름 : 2,000미터	
양키차의 높이 : 388미터	

쿠릴 열도는 북쪽 아틀라소바 섬의 아름다운 알라이드 화산에서 남쪽 구나시리 섬의 자차 화산 봉우리까지 다양한 지형과 풍부한 동식물을 갖춘 절경 중의 절경이다. 이곳에서 한 섬만 골라서 구경을 한다면 나머지 섬이 연출하는 천혜의 절경을 놓치는 우를 범하게 될 것이다. 특히 양키차 섬의 빼어난 자연경관은 절대 놓쳐서는 안 된다.

양키차는 사화산의 정상 부분으로 정말 멋진 곳이다. 칼데라에 있는 가파른 벽의 남쪽이 붕괴해서 바닷물이 들어왔다. 그렇게 만들어진 투명한 석호에는 흰줄박이오리와 해달이 헤엄치며 노닌다. 녹음이 우거진 안쪽 경사면은 바위투성이의 가장자리까지 솟아올라 있으며 그곳에 풀마갈매기가 둥지를 튼다.

석호의 가장자리 근처에는 해변의 구멍이 있다. 이곳에는 따뜻한 물이 차 있는데, 그보다 잘 만들어진 노천온천탕은 아마도 이 세상에 없을 것이다. 한편 회유하는 향유고래들이 근처 깊은 바다에서 종종 목격되며 북쪽에 있는 스레드네고록스에는 물개와 바다사자들이 모여든다. 양키차에는 흰수염작은바다오리의 대형 군서지도 있어서 새벽과 저녁 무렵이면 흰수염작은바다오리 무리는 벌떼나 작은 구름처럼 온 하늘을 뒤덮으며 포근한 둥지로 돌아온다. **MBz**

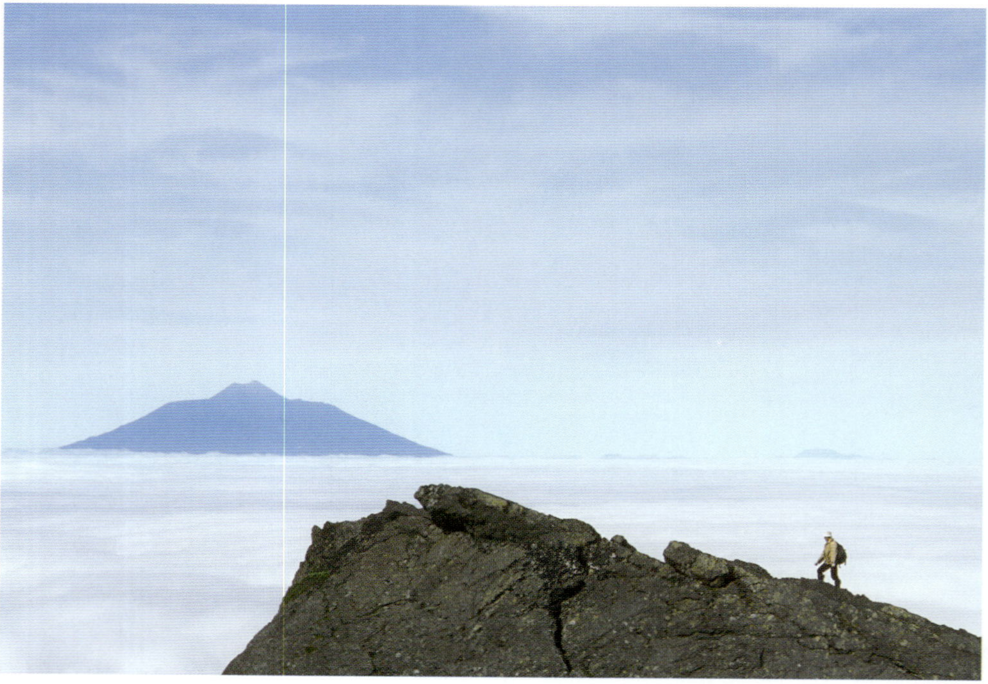

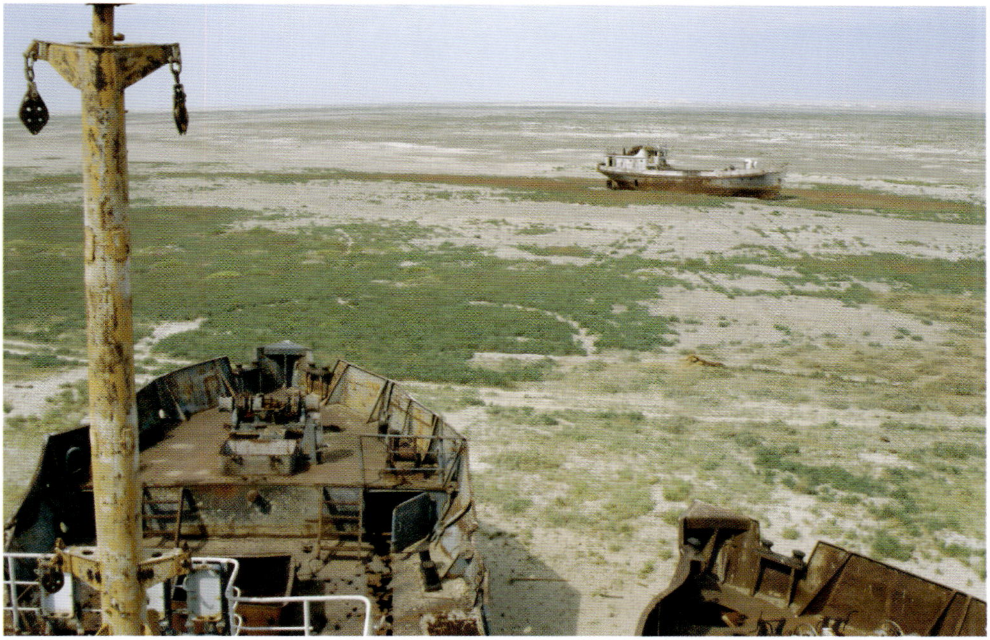

아랄 해

카자흐스탄 / 우즈베키스탄

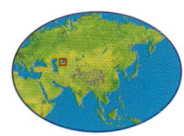

아랄 해의 이전 면적 : 42,236제곱킬로미터	
현재의 면적 : 10,560제곱킬로미터	
바다의 해발 고도 : 53미터	

과거 아랄 해의 면적은 캘리포니아 주의 절반과 맞먹었다. 이곳은 고대 문명의 발상지이자 중국에서 시작되는 실크로드의 주요한 물 보급지였다. 그러나 한때 거대한 염호였던 아랄 해의 물을 관개용수로 사용하면서 생태계와 인간에게 최악의 결과를 낳은 재앙이 발생했다.

중앙아시아 사막에 있는 아랄 해는 세계에서 네 번째로 큰 호수이자 세계 최대의 염호였다. 하지만 최근 몇십 년 동안 아랄 해의 물은 75퍼센트나 감소했다. 호수로 흘러드는 아무다리야 강과 시르다리야 강을 관개용수로 사용하려고 물길을 돌려버렸기 때문이다. 그 결과 호숫가는 이전보다 120킬로미터가량 후퇴했고 그렇지 않아도 얕았던 호수의 수위는 17미터로 떨어졌다.

현재 아랄 해는 125킬로미터의 육지에 두 부분으로 나뉜다. 물이 사라진 호수 바닥은 소금 평원이 되었는데 그 면적이 3만 5,000제곱킬로미터에 달하며 매년 10억 톤의 소금 먼지를 만들어 낸다.

이곳에서 발생한 환경재앙은 그 어떤 재난보다 연구와 문서로 잘 정리되어 있다. 그래서 현지인들은 '연구하러 온 사람들이 물을 한 양동이씩만 가져왔어도 지금쯤 이곳은 원래 모습을 찾았을 것'이라고 비꼬기도 한다. **AB**

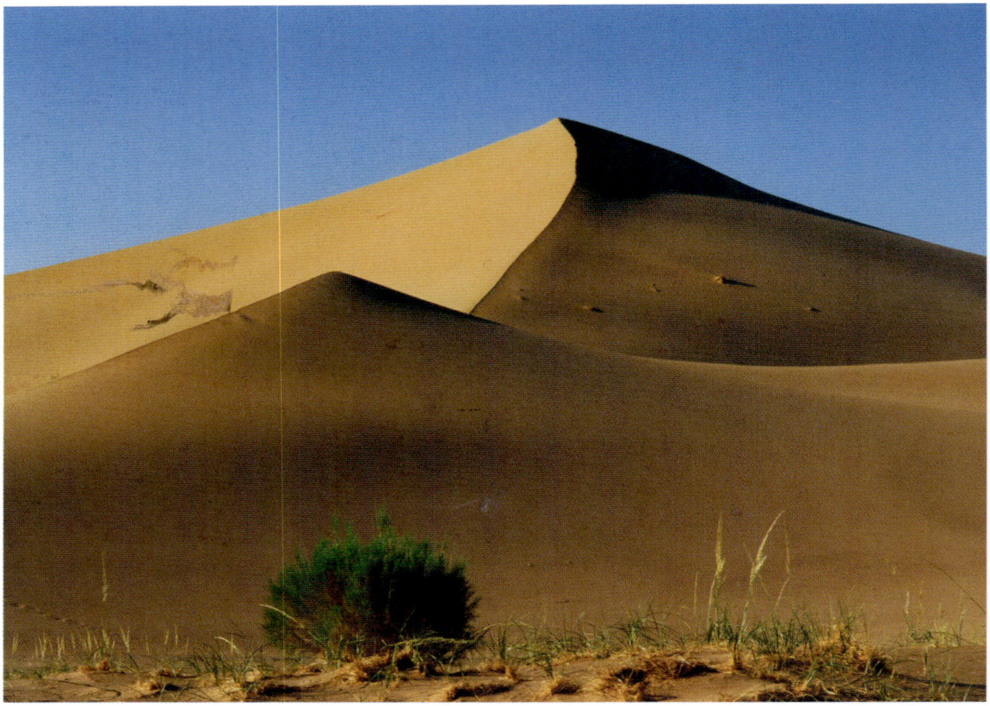

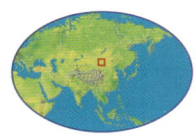

노래하는 사막

몽골. 고비 사막

사막의 길이 : 193킬로미터
사구의 최대 높이 : 800미터

이 지역은 몽골어로 '훙고리엘스'라고 불리는데, '노래하는 사막'이라는 뜻이다. 바람이 사구의 표면을 지나갈 때 모래 알갱이가 스치면서 소리를 내기 때문에 붙여진 이름이다. 원래 모래 입자는 거칠고 불규칙한데 이곳의 모래 알갱이는 둥글고 매끄럽다. 건조한 기후 조건에서 모래 입자들이 서로 마찰하면서 괴상한 소리를 낸다.

모래 언덕은 세브레이 산과 주룬(알타이 산맥의 일부) 사이에 있는 고비 사막의 남부를 185킬로미터나, 가로지른다. 전 세계에는 이곳과 같은 '노래하는 사막'이 적어도 30곳은 된다. 그런데 이런 지형은 공해에 매우 약해서 파괴의 위험에 처해 있다. 공해물질이 모래 알갱이를 감싸서 음향 효과를 죽여 버리기 때문이다.

이 지역은 오아시스와 풍부한 야생동물로도 유명한데, 야생 양, 아이벡스, 가젤, 표범, 들개 등이 대표적이며 야생조류도 풍부하다. 한편 이곳에서 가장 오아시스는 플래밍클리프스의 화석 유적지에서 240킬로미터가량 떨어져 있다. **AB**

플래밍클리프스

몽골, 고비 사막

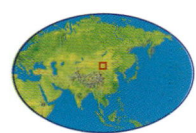

암석의 종류 : 화석이 풍부한 사암	
화석의 나이 : 7,000만~1억 년	
서식지 : 반(半)사막	

고비 사막 남부에 있는 이 지역에 '플래밍클리프스'라는 이름을 붙인 사람은 미국의 고생물학자 로이 채프먼 앤드루스였다. 그는 1920년대 초에 공룡 화석을 채집하려고 이곳에 왔다가 바위가 붉게 타오르는 듯 오렌지색으로 빛나는 풍경에 감동을 받았다. 몽골에서는 이 나무를 '색솔이 풍부한'이라는 뜻의 '바양자그'라고 부르는데 색솔은 이 지역에서 흔히 볼 수 있는 나무의 일종이다.

불타는 태양이 머리 위에 걸리면 건조한 사막과 초원은 자도흐타 지형이라고 하는 작열하는 붉은 사암에 압도된다. 이 지역은 공룡 화석 사냥꾼들의 천국으로 붉은 사암에 공룡의 뼈나 알이 박혀 있는 모습도 종종 볼 수 있다. 1920년대에 채프먼은 완벽하게 보존된 공룡 화석을 발굴했으며 화석이 된 공룡 알들을 최초로 발견했다. 초기 포유류의 화석도 이곳에서 발견되고 있지만, 허가 없이 화석을 채집하는 것은 불법이다.

이 지역에는 낙타(가축과 야생), 가젤, 야생 나귀, 사카르팔콘, 데저트워블러, 되새류 등이 서식한다. 그러나 이곳은 교통편도 갖추어지지 않고 절차도 까다로워서 가이드 없이 방문하는 일은 매우 어렵다. **AB**

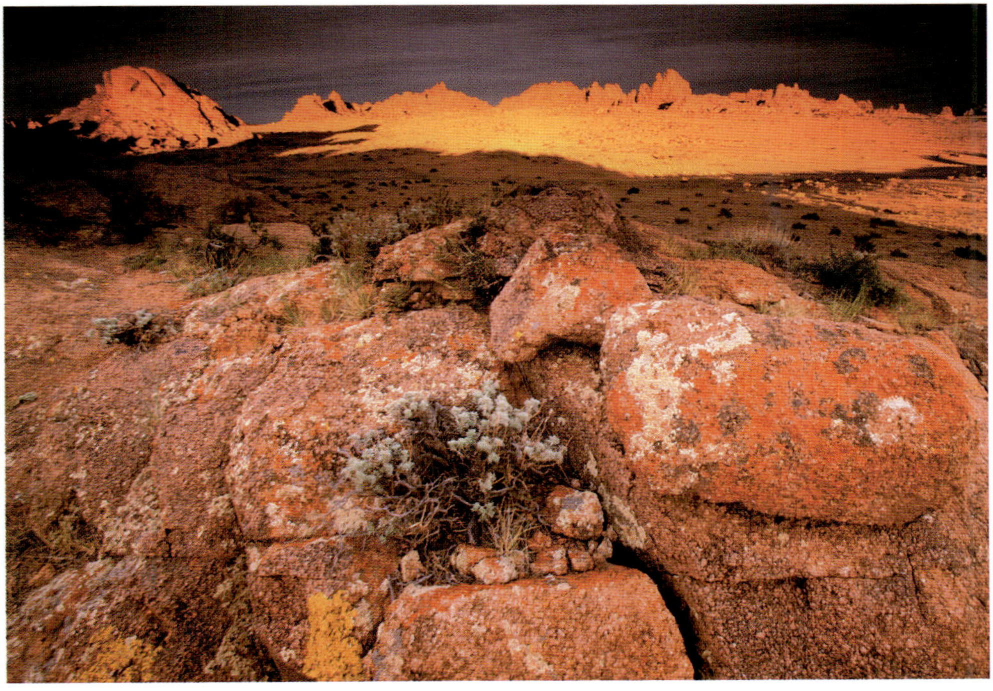

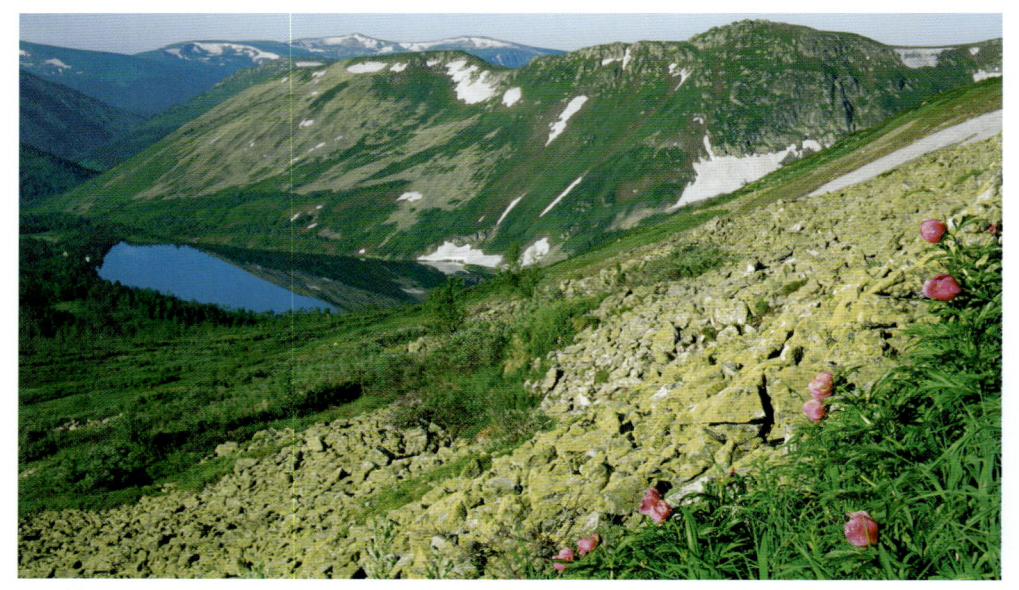

알타이 산맥

몽골 / 중국 / 러시아 / 카자흐스탄

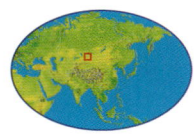

최고봉(쌍둥이봉인 고라벨루하) : 4,506미터

기후 : 극도로 춥고 건조함

평균 기온 : 1월경 영하 24도, 7월경 12도

알타이 산맥은 낙엽송과 활엽수가 무성한 숲, 드넓은 고산 초원, 황량한 얼음 들판, 수천 개의 호수와 빙하 등 다양한 지형을 갖추고 있다. 험준하면서도 아름다운 이곳은 중국, 러시아, 카자흐스탄, 몽골이 만나는 지역을 북서쪽에서 남동쪽으로 가로지른다. 최고봉은 고라벨루하로 러시아와 카자흐스탄의 국경을 따라 우뚝 솟아 있다.

이 산맥에 서식하는 동식물도 풍부하지만 풍부한 것은 그것만이 아니다. '알타이'는 카자흐어와 몽골어 모두 '금'을 의미하며 실제로도 금이 풍부하게 매장되어 있다.

오랜 세월동안 '유목민들의 요람' 구실을 한 이곳의 초원은 고대 중국 유목민들의 고향이었다. 훈족(흉노)과 투르크 족(투주예), 칭기즈칸이 모두 이곳에서 살았다.

20세기 고고학자들은 알타이의 무덤에 매장된 2,500년 전 사람의 미라를 발견했고 그 사건을 계기로 이곳은 신문의 머리글을 장식하기도했다. 이곳에서 발견된 미라의 피부 조각과 문신, 비단 옷, 부장품들은 영구동토층에 묻혀 잘 보존되어 있다.

현재 이곳 주민들은 극심한 빈곤에 시달리고 있으며 정착촌과 야영지는 전기조차 들어오지 않는 곳이 대부분이다.

이 때문에 알타이 산맥에 사는 풍부한 야생동물과 희귀한 동물을 활용해 다양한 생태관광 프로젝트와 환경계획을 시행하여 지역 경제를 활성화하고 자연을 보존하려는 노력을 기울이고 있다. 알타이 산맥의 투어는 러시아의 바르나울이나 카자흐스탄의 알마티에서 준비할 수 있다. **RA**

톈산 산맥

중국 / 키르기스스탄 / 카자흐스탄

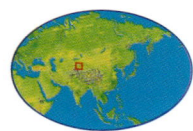

산맥의 길이 : 2,900킬로미터	
최고봉(피크포베디) : 7,439미터	
이식-쿨 호수의 표면적 : 6,000제곱미터	

중앙아시아의 광활한 사막과 스텝 지역을 2,900킬로미터나 가로지르는 톈산 산맥(혹은 '천산 산맥')은 가파른 비탈과 깊은 협곡, 빙하, 순백의 설원을 간직한 곳이다. 최고봉인 피크포베디는 무려 7,439미터나 솟아 있으며 그보다 낮은 한텡그리 봉은 6,995미터이다. 두 산 모두 카자흐스탄 국경 근처에 있으며 이 산맥은 러시아의 표트르 세묘노프가 1865년에 처음으로 탐험했다. 카자흐스탄의 알마아타에서 여정을 시작한 세묘노프는 '신성한 호수'라는 의미의 이식-쿨 호수에 처음으로 도착했다. 이 호수는 세계 최고의 산악 호수로 호수의 물이 절대 얼지 않는다. 이듬해 그는 산타시 고개를 지나 톈산으로 들어갔다.

영국인 여행가인 찰스 하워드-베리도 1913년 세묘노프와 비슷한 루트로 여행을 했다. 그는 각양각색의 팬지꽃이 얼마나 빽빽하게 피어있었던지 자신과 동료가 걸을 때마다 밟고 지나갈 수밖에 없었다고 썼다. 또한 그는 이 산맥에서 영국의 시골 정원에서 야생으로 자라는 과실수, 장미와 양파와 비슷한 식물을 자주 보았다고 전했다.

산맥의 비탈에는 아이벡스, 산양, 늑대, 멧돼지, 곰 등이 서식한다. 세계에서 가장 희귀한 육식동물이자 조심성이 많기도 유명한 눈표범도 이곳에 서식하는 것으로 알려졌다. **MB**

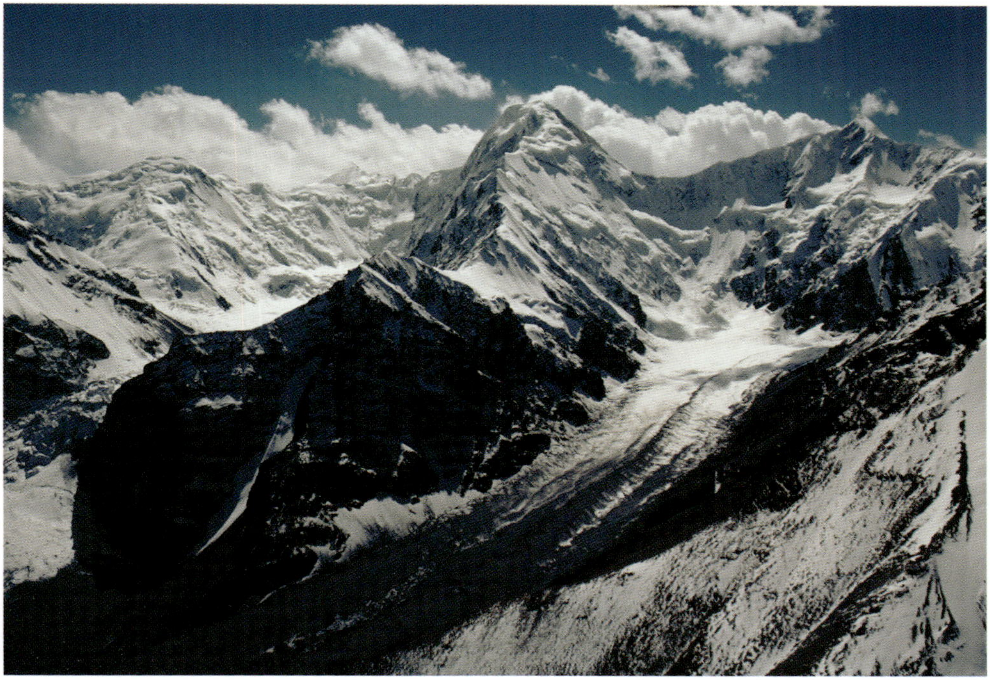

타클라마칸 사막

중국, 신장웨이우얼 자치구

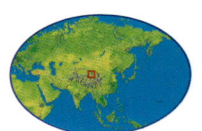

사막의 면적 : 약 250,000제곱킬로미터
사막의 해발 고도 : 해면하 154미터
사고의 높이 : 300미터

타클라마칸 사막은 광활한 붉은 사막이다. 사막의 면적은 영국보다 더 넓다. '타클라마칸'은 '들어가면 다시는 나올 수 없다.'라는 뜻이다. 고대에 지중해와 동방을 잇는 실크로드를 따라 낙타로 여행을 한 대상들도 이 사막만은 피해 갔다고 한다. 허리케인 같은 힘으로 300미터 높이의 피라미드 모양 모래 언덕을 쌓아올리는 사막을 마주한 상인들은 투르판과 카시처럼 사막의 동쪽 가장자리에 있는 오아시스에서 쉬어 가며 사막을 둘러갔던 것이다.

투르판 분지는 세계에서 가장 낮은 지역인 해수면 아래 154미터에 자리 잡고 있으며 한낮의 온도가 보통 40도까지 올라간다. 이곳의 험악한 환경은 매우 유명한데, 이 같은 건조한 곳에서 멜론과 포도가 잘 자란다는 점이 놀라울 따름이다. 페르시아 사람들은 '카레즈'라고 부르는 독특한 우물과 지하 터널 체계를 완성했는데 이는 톈산 산맥에서 내려오는 물을 수로로 끌어들인 것이다. 한편 15세기에는 실크로드를 대체할 해로가 개발됨으로써 과거에 번성했던 고대 도시들이 폐허로 변해버렸다. **MB**

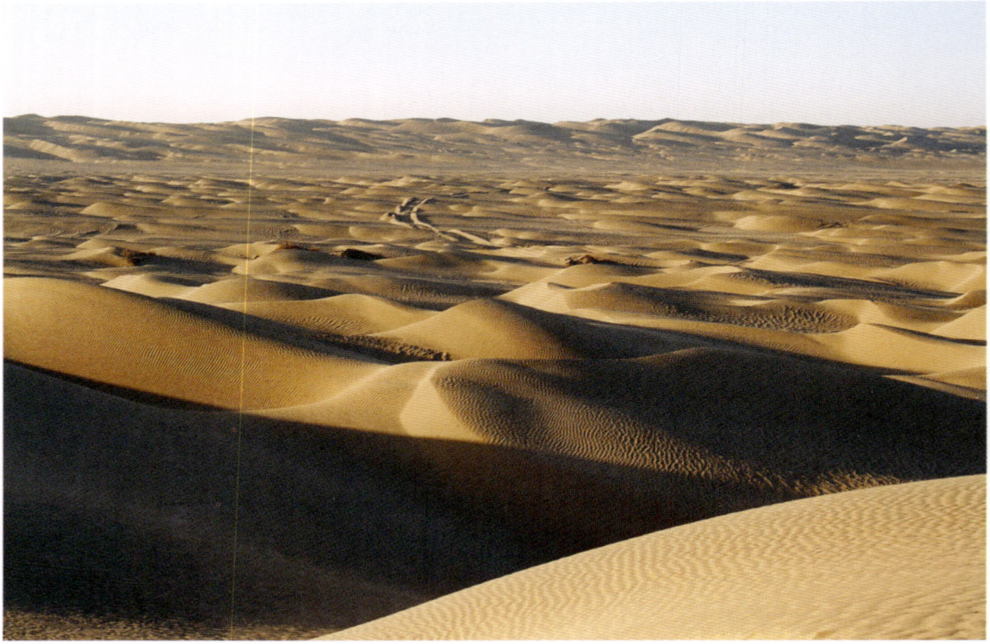

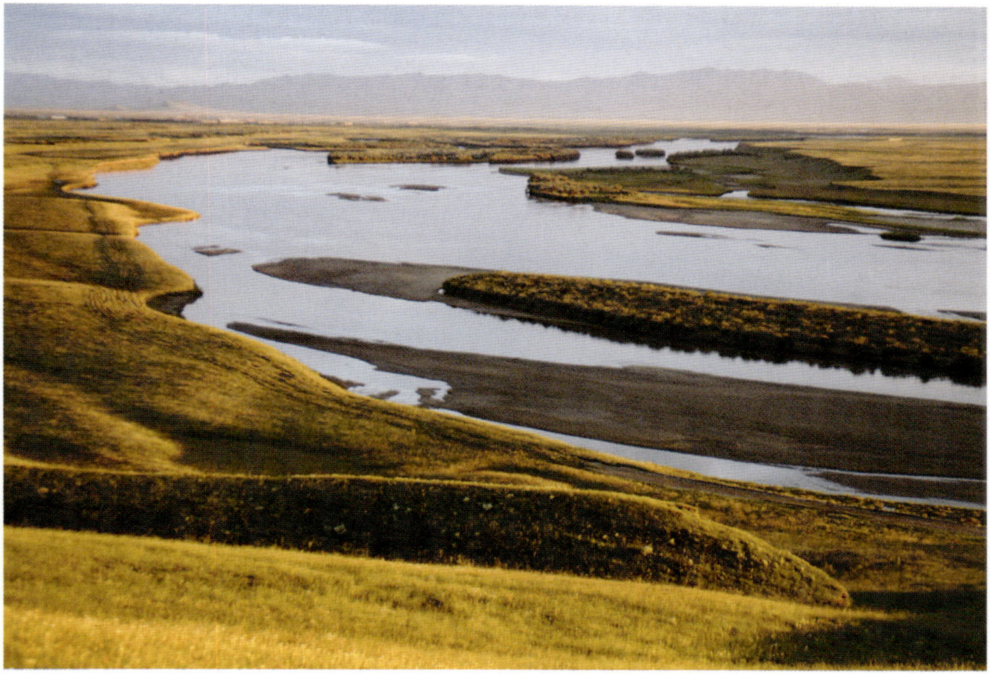

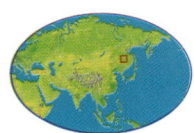

황허 강

중국, 산둥 성

강의 길이 : 5,464킬로미터

1931년 범람 규모 : 완전히 물에 잠긴 면적은 88,000제곱킬로미터, 부분적으로 물에 잠긴 면적은 21,000제곱킬로미터

황허 강은 칭하이 성에 자리 잡은 쿤룬 산맥의 샘과 호수에서 발원한다. 중국 대륙에서 뱀처럼 구불거리며 흐르는 이 강은 (양쯔 강 다음의) 중국 제2의 하천이다. 황허는 깊은 협곡을 연속으로 지나며 동쪽으로 흐르다가 간쑤 성의 란저우에서 북동쪽으로 방향을 튼다. 간쑤 성 지역에서는 험준하고 가파른 절벽과 산맥을 주변에 녹음이 싱그러운 강이 흘러간다. 이곳을 지나면 황허 강은 고비 사막 동부에 있는 사막인 오르도스 사막을 거쳐 남쪽으로 흐르기 시작하며 이때 황허는 롬(loam)토를 지나면서 노란 토사를 함께 가지고 간다. 바로 여기에서 황허라는 이름이 유래했다.

황허 유역은 석기 시대에 사람들이 정착했던 곳으로, 중국 문명의 발상지라고 알려졌으며 한편으로는 '중국의 슬픔'이 사무친 곳이기도 하다. 왜냐하면 강이 범람해서 종종 엄청난 피해를 주었기 때문이다. 1931년 홍수는 지금도 기억이 생생한데, 당시 8,000만 명의 이재민이 발생했으며 100만 명이 익사했다. 강줄기의 동쪽 부분은 대부분 황해로 나가는 배출구와 지금의 보하이 만의 어귀 사이에서 여러 차례 물길을 바꾸었다. **MB**

화산

중국. 산시 성

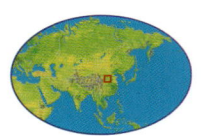

산의 높이 : 2,200미터	
자갈 폭이 좁은 산길 : 30센티미터	
지형 : 바위	

중국의 화산은 높지 않지만 '귀가 닿는 절벽'에 나 있는 좁은 길을 보면 도저히 믿기지 않을 것이다. 이 산은 2,200미터지만 가파른 지세 때문에 '중국의 5 악'의 하나로 꼽는다. 중국 중부에 있는 섬서 성의 수도인 서안에서 동쪽으로 120킬로미터 떨어진 곳에 있는 화산 산은 평원에서 똑바로 수직으로 솟아 구름 속으로 사라진 것처럼 보인다. 산 아래에서 정상까지 가파른 절벽과 산줄기를 따라 아주 오래전부터 만들어져 있던 12킬로미터의 좁은 길을 따라 걸으면 심장이 멎을 것 같지만 주변 풍경을 보면 입이 다물어지지 않는다. '화산'이라는 이름은 정상의 다섯 봉우리에서 유래했는데, 이는 '다섯 꽃송이'이라는 뜻이라고 한다. 이곳에는 길을 따라 절과 도교의 사원들이 세워져 있으며 폐허가 된 궁궐도 있다. 화산의 다양한 볼거리에는 귀가 닿는 절벽, 천 길 낭떠러지, 하늘 사다리, 해와 달 절벽, 해 봉우리, 도끼가 깨지는 바위, 운명의 절벽 등이 있다. 좁고 가파른 길을 올라갈 생각에 무릎이 후들거린다면 정상까지 설치된 케이블카를 타고 올라갈 수도 있다. **DHeL**

<u>오른쪽</u> 화산 산의 가파른 절벽들

둔황 석굴

중국. 간쑤 성

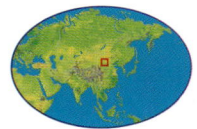

생성 시기 : 1,600년 전	
암벽화의 면적 : 45,000제곱미터	
주위 환경 : 사막	

A.D. 366년 고비 사막의 동쪽에서 중국의 한 승려가 암벽을 깎아 동굴을 만들기 시작했다. 수도를 할 장소를 만들기 위해서였다. 그 후로 몇 세기 동안 다른 승려들도 자신만의 동굴을 만들었는데 그 수가 수백에 달했다. 수많은 방이 만들어진 인공 동굴은 세계에서 가장 정교하게 장식된 사원으로 변모했으니, 바로 이곳이 천불동이다. 이곳은 중국의 간쑤 성에 있는 오아시스 도시인 둔황 근교의 노래하는 모래 산을 깎아 만든 둔황 석굴이다. 동굴에는 492개의 방이 있는데 벽과 천장에 빈틈없이 불화가 그려져 있으며 채색 점토상도 415개나 된다. 이곳에는 불교 경전이 그려져 있는데, 건조한 기후 덕분에 거의 완벽한 상태로 보존되었다. 동굴을 이렇게 변모하는 동안 둔황은 중국 동부에서 지중해로 이어진 유명한 실크로드의 중요한 교차로였다. 그 결과 불교를 비롯한 동서양의 다양한 문화가 그림에 영향을 미치게 되었다. 그러나 12세기 무렵부터 둔황이 교역로의 역할을 잃어가면서 동굴도 그대로 방치되었다. **DHeL**

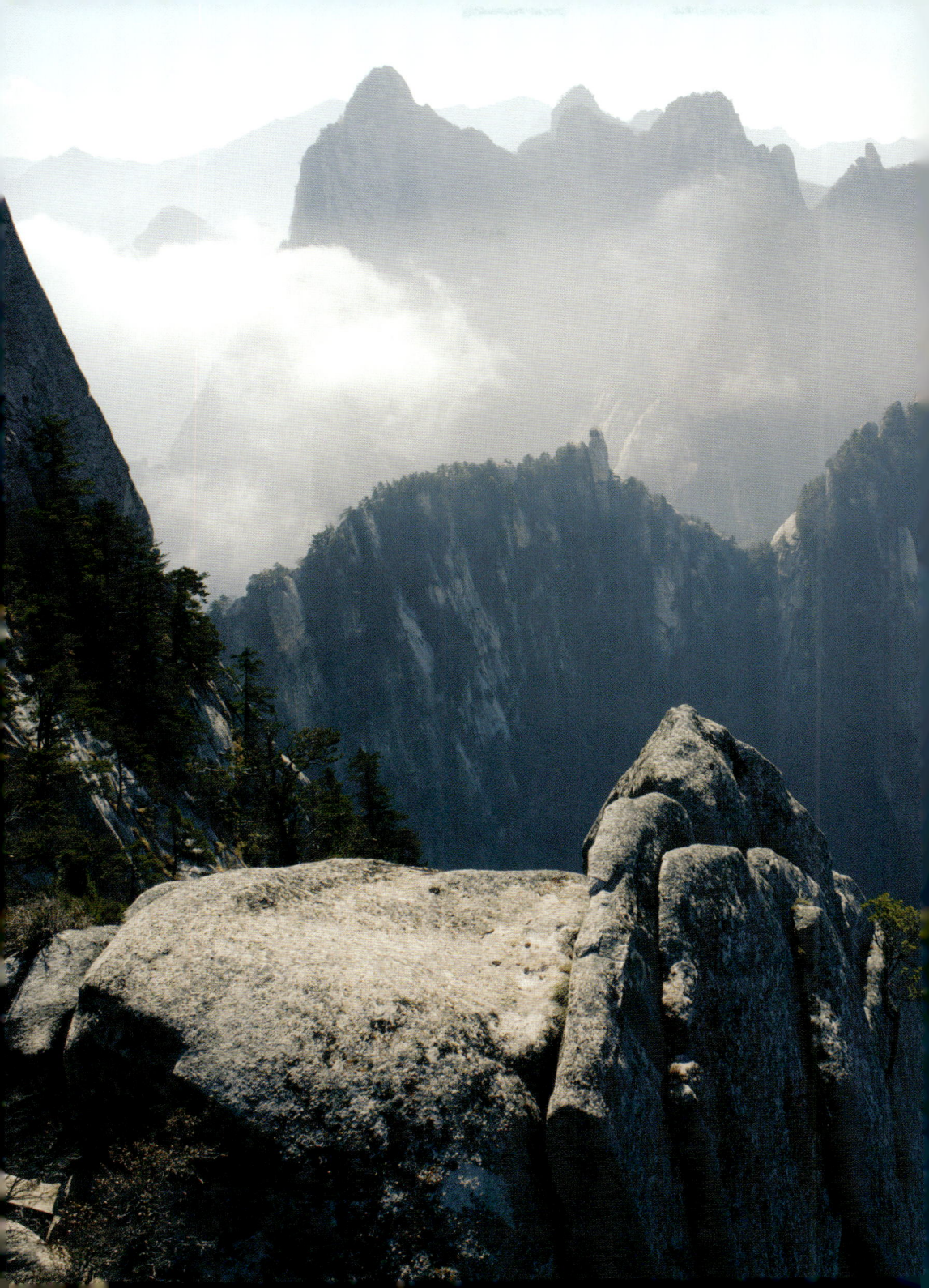

저우커우뎬

중국, 베이징

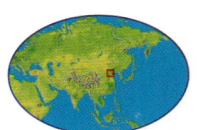

저우커우뎬의 최고 높이 : 40미터
호모 에렉투스 유물의 나이 : 20만 년
∼50만 년
암석의 종류 : 석회암

룽 구산(龍骨山)의 북쪽에는 초기 인류가 살았던 흔적이 동굴과 바위틈에 많이 있다. 그곳에 화석이 된 유물, 돌과 뼈로 만든 공예품과 불을 사용한 흔적은 약 50만 년 전에 만들어진 것이다. 저우커우뎬에서 제일 먼저 발견된 것은 '북경 원인'이라고 부르는 원시인의 두개골과 뼈였다. 이 원인들은 과학적으로 '호모 에렉투스'로 분류되었는데 현생 인류의 직계 조상에 해당한다. 1929년에는 인류의 진화 과정을 알 수 있는 유골이 이곳에서 다수 발견되었지만 2차 대전 중 일본이 중국에 침입했을 당시 행방이 묘연해졌다. 다행히도 당시에 발견된 유골을 재현한 모형이 제작되었는데 지금은 뉴욕의 자연사박물관에 전시되어 있다.

현재 저우커우뎬에 있는 동굴 중 네 곳이 탐사 또는 발굴되었다. 지금까지 발굴된 유골과 도구는 중국의 다른 지역에서 발굴된 원시 인류의 유물과 함께 대형 전시장에서 전시되고 있다. 북경 원인이 발견된 동굴에도 입장이 허용되는데, 이곳에는 연령대와 성이 제각각인 40명의 유골도 함께 있었다. 동굴은 베이징에서 남서부로 50킬로미터가량 떨어져 있다. **MB**

친링 산맥

중국, 산시 성

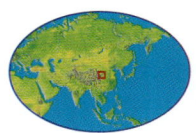

친링 산맥의 면적 : 76,500제곱킬로미터
자이언트판다의 수 : 200∼300마리
쓰촨골든멍키의 수 : 4,000마리

동 서로 뻗은 친링 산맥은 쓰촨 분지와 북부의 평원과 황투 고원을 나눌 뿐 아니라 중국 최대의 하천인 양쯔 강과 황허 강 사이의 분수계를 형성한다. 3,657미터를 넘는 봉우리들은 남쪽으로는 아열대 삼림이 울창하고 북으로는 온대 식생이 번성하고 있다. 북부에서는 고도와 상관없이 기온이 13도로 항상 시원하다. 남부에 내리는 따뜻한 비 덕분에 나무가 무럭무럭 잘 자라는데, 차이니즈 마운틴낙엽송, 미아오타이단풍, 중국주목, 친링전나무를 비롯해 세계에서 가장 오래된 수종에 속하는 은행 등이 자란다. 이 지역에 서식하는 동물들은 대부분 희귀종이다. 특히 자이언트판다가 서식하는 것으로 유명하다(호핑 자연보호구역에는 갈색 털의 판다가 산다). 그 외에도 타킨(티베트산영양), 중국큰불도마뱀, 따오기와 운표(雲豹) 등이 서식한다. 이곳에 서식하는 얼굴이 파랗고 털이 황금색인 쓰촨골든멍키도 유명하다. 이들은 가족끼리 무리를 이루는데, 한 번에 500마리까지 모여 사는 경우도 발견되었다. **MB**

<u>오른쪽</u> 친링 산맥에 사는 타킨 암컷

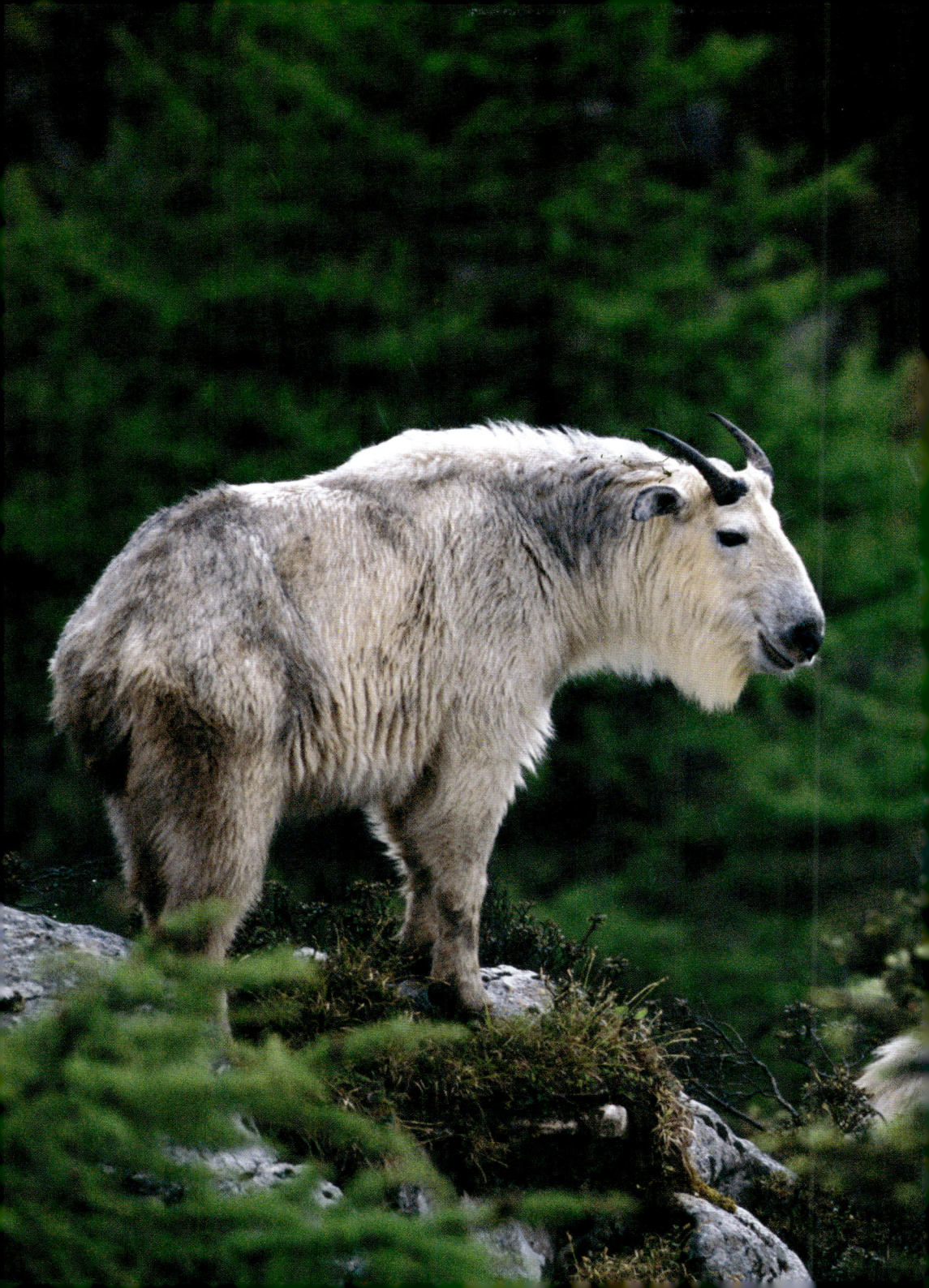

주자이거우

중국, 쓰촨 성

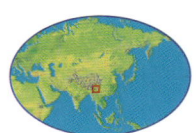

면적 : 725제곱킬로미터
웅묘해 폭포의 높이 : 78미터
진주 폭포의 높이 : 28미터

주자이거우는 쓰촨 성의 북쪽에 있는 지역이다. 이 이름은 '아홉 마을의 계곡'이라는 뜻인데 옛날에 티베트인들의 마을 아홉 곳이 계곡을 따라 있었던 것에서 유래되었다. 지금은 여섯 마을만 남아 있는데 주민은 총 800명이다.

725제곱킬로미터에 달하는 주자이거우는 산, 숲, 멋진 석회암 지형, 호수와 폭포가 어우러진 비경으로 유명하다. 이곳에 서식하는 조류는 140종에 달한다. 자이언트판다와 금사후(골든멍키)를 비롯한 멸종 위기에 처한 포유류도 많이 살고 있다.

이 지역에서 가장 유명한 지형은 다양한 호수들인데, 이곳 호수는 칼슘 함량이 매우 높아서 호수에 쓰러진 나무들이 수백 년 동안 완벽한 상태로 보존되고 있다. 한편 계곡 아래쪽에 가는 띠처럼 늘어서 있는 호수들은 빙하에 있었던 탄산염 퇴적물이 쌓여 천연 댐이 만들어진 것이다. 그중 '잠자는 용'으로 알려진 워룽하이 호수에서 석회질 수로가 지나가는 부분은 유독 물이 맑아 속이 다 보이는데 주변의 물은 짙은 색을 띤다. 전설에 따르면 이 수로는 원래 호수 바닥에서 잠을 자는 용이라고 한다. **RA**

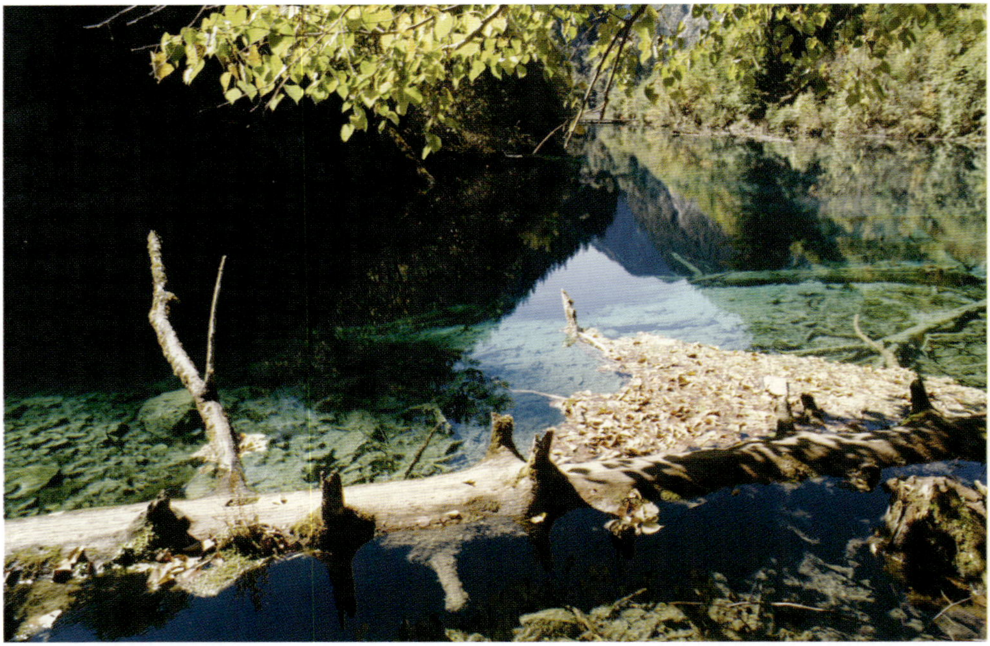

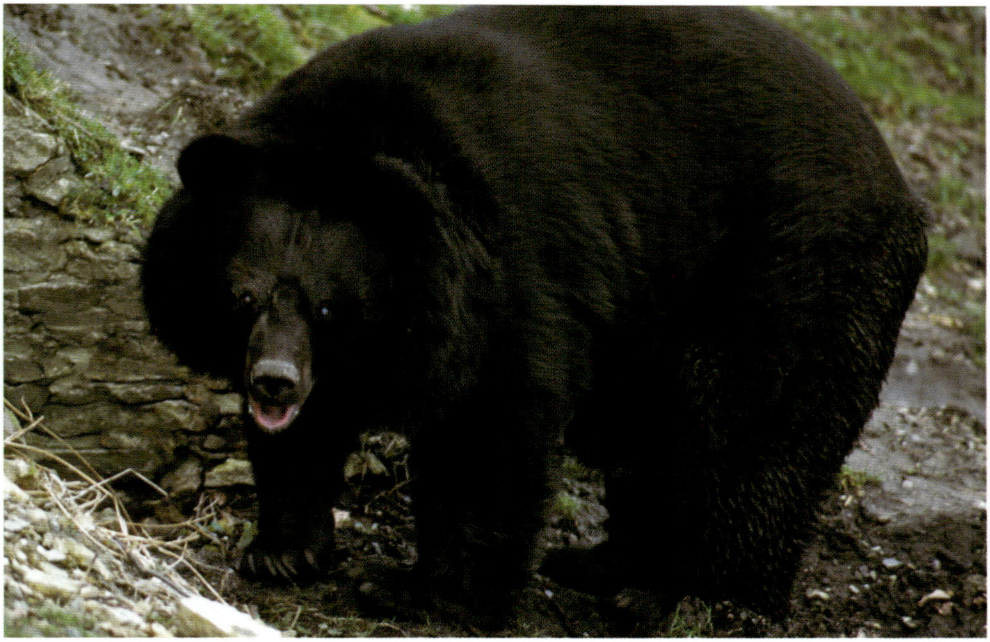

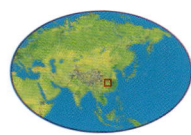

선농지아

중국, 후베이 성

선농지아 국립자연보호구역의 면적
: 70,467제곱킬로미터

호그핀밸리의 길이 : 48킬로미터

밸리 호수의 길이 : 15킬로미터

'중국 중앙의 지붕'이라고 부르는 선농지아 국립자연보호구역은 2,987미터가 넘는 여섯 봉우리와, 원시림과 신비에 싸인 '산사람'의 전설로 유명한 곳이다. 이 산사람은 예티와 비슷한 생물로 후베이 성의 산속에 산다고 알려졌다.

이곳은 기후가 따뜻하고 습해서 희귀한 식물이 많이 자라므로 숲이 울창하다. 그 숲에서는 멸종 위기에 처한 동물들이 보호를 받으며 살고 있다. 차이니즈도브트리와 메타세쿼이아가 40미터 높이의 전나무와 함께 서 있으며 그 옆에는 대나무와 사이프러스가 자란다. 또한 이 지역에 서식하는 대표적인 동물로는 남부중국호랑이, 사향노루, 히말라야곰과 긴꼬리꿩 등이 있다.

특히 이 지역에서는 다른 곳에서 볼 수 없는 진기한 동물이 많이 발견되는데, 가령 선농지아의 최고봉 근처에는 온몸이 새하얀 곰, 사슴, 쥐, 뱀, 원숭이들이 보고되었다. 그뿐만 아니라 깊은 산속에는 40센티미터에 달하는 큰 발자국, 적갈색 털과 반쯤 먹다 버린 옥수수가 발견되었는데 설인인 '예렌'이 아닐까 추측하고 있다.

지형을 보면 험준한 바위산인 홍핀 계곡과 울창한 계곡 사이에 낀 듯한 밸리 호수, 천연의 채광창이 달린 티안징 동굴 등이 있다. 그 외에도 이곳 폭포, 못, 시내, 샘, 절벽과 커다란 바위 등 볼거리가 풍부하다. **MB**

황룡
자연보호구역

중국, 쓰촨 성

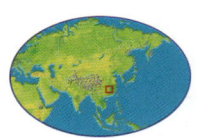

황룽 못의 면적 : 최대 667제곱미터, 최소 1제곱미터

못의 수심 : 가장 깊은 곳 3미터 이상, 가장 얕은 곳 10센티미터

황룽(黃龍) 자연보호구역은 쓰촨 성의 울창한 원시림 깊은 곳에 있는 길이 3.6킬로미터의 계곡으로 해수면에서 3,145~3,578미터나 내려간 곳에 있다. 계곡은 노란 석회암이 두껍게 깔려 있는데 이 석회암 층이 모양도 크기도 제각각인 못을 만들었다. 황룽의 연못들은 계단처럼 층층이 이

에서 가장 중요한 2개의 온천은 모우리 우곡(雨谷)에 있는 쾅쿠안과 페이추로, 모두 미네랄의 함량이 높아 치료 효과가 있다고 알려졌다.

황룽은 네 가지 식물 군락(북반구의 아열대와 열대 지역, 동아시아와 히말라야의 식물 군락지)이 모인 곳이다. 그 때문에 이곳에 서식하는 식물은 무려 1,500종이 넘는데, 이중 대부분은 멸종 위기에 처해 있다. 이 지역에는 진달래만 해도 16종이나 서식하는데 모두 멸종 위기에 처해 있다. 그뿐만 아니라 멸종위기에 처한 동물도 이곳에서 많

하늘에서 보면 석회암 계곡은 마치 거대한 누런 용처럼 생겼는데,
수많은 연못이 용의 비늘이기라도 하듯 반짝인다.

어져 있으며 무려 3,400개에 달하는데 모두 특유의 색이 있다. 물속에 풍부하게 녹아 있는 광물질이 연못에 사는 조류나 미생물과 반응해서 연한 크림색, 빛나는 은색, 호박색, 분홍색과 푸른색 빛을 발한다. 특히 날씨가 좋은 날이면 연못은 찬란하게 빛난다. 하늘에서 보면 석회암 계곡은 마치 거대한 누런 용처럼 생겼는데, 수많은 연못이 용의 비늘이기라도 하듯 반짝인다. 말 그대로 '황금빛 용'인 것이다.

이 지역에는 연못 말고도 사람들의 시선을 끄는 카르스트 지형들이 풍부하다. 크고 작은 아름다운 동굴들은 항상 독특한 못을 끼고 있는 지형으로 유명해서 지질학의 보고로 손꼽는다.

푸지양 강의 주요 지류가 황룽 자연보호구역으로 흐르며 이곳은 온천이 많기로도 유명하다. 그중

이 발견되는데, 금사후, 아시아흑곰, 쓰촨태킨, 산양과 자이언트판다 등이 그러한 예다. 판다들은 자연보호구역 내에서 네댓 개의 무리를 지어 이동하는 모습이 관찰되었다.

이 계곡은 세계유산으로 지정된 곳이며 쓰촨 성의 성도인 청두에서 약 3,000킬로미터 정도 떨어져 있다. **RA**

오른쪽 따뜻한 가을 햇살이 황룽 연못의 방해석 퇴적물에 쏟아진다.

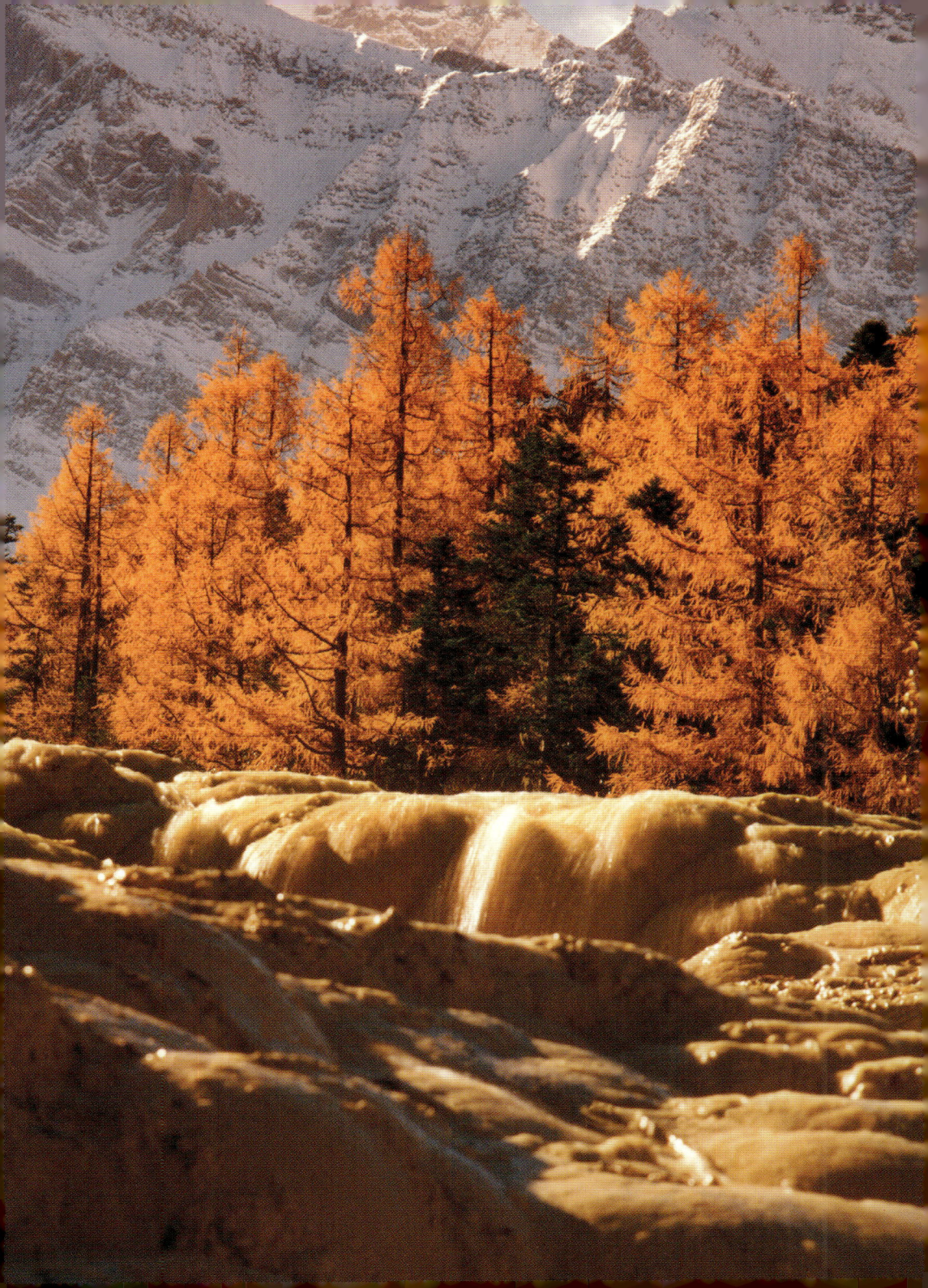

루산 산맥

중국, 장시 성

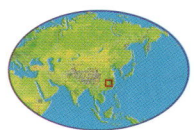

산맥의 면적 : 350제곱킬로미터
항양봉의 높이 : 1,474미터

포 양 호수와 이웃한 루산 산맥은 '호수와 강에 서 솟아올랐다.'라고 일컬어지는 웅장한 산 맥이다. 불교와 도교에서 건축한 수많은 사원과 주 변 풍경의 조화로운 정취를 만끽할 수 있는 이곳은 중국 문명의 정신적 중심지로 알려져 왔다. 루산 산맥은 웅장한 봉우리들(최고봉은 항양봉), 포효하

듯 쏟아지는 폭포수, 깊은 계곡과 일 년이면 200일 동안 이 산을 휘감는 신비한 안개로 유명한 곳이다. 절경에 온난한 기후까지 더해져 이곳은 중국에서 도 가장 인기 있는 관광지이다. 그뿐만 아니라 루 산은 '산문의 왕국이자 시의 산'으로 알려졌다. 수 많은 문학 작품의 소재가 되었으며 절벽에는 4,000 점에 달하는 시가 새겨져 있기 때문이다.

300미터나 되는 가파른 용의 절벽 위에 올라가 면 주변이 한눈에 들어오고 석문 계곡의 우렁찬 폭 포 소리가 들린다. 이는 수없는 정말 놀라운 경험

인데 높은 곳에 올라가면 현기증이 나는 사람에게 도 꼭 권하고 싶다.

　신비로운 안개로 뒤덮인 깊은 산중에는 브로케이드밸리가 있는데, 이곳은 언제나 수많은 꽃이 만개해 있다. 다섯 봉우리가 줄지어 있는 오로봉도 보인다. 오로봉이라는 이름은 다섯 명의 노인들이 함께 이야기를 나누는 모습 같다고 해서 붙었다. 정상 부근에는 동굴도 있다. 정상에는 희한한 모양의 소나무가 무성하다. 이 아름다운 풍경 뒤로는 삼첩천이 '구 층 우곡'으로 떨어진다.

　오로봉의 다섯 봉우리가 만나는 항양봉이 바로 항포 계곡이다. 오로봉의 가장 높은 봉우리에서 바라보는 일출도 아름답기 그지없다. 사람들은 이곳에 안개가 끼어 있으면 '안개의 소리'마저 들리는 것 같다고 한다. **MB**

아래 루산 산맥의 최고봉에서 바라본 안개 덮인 브로케이드밸리

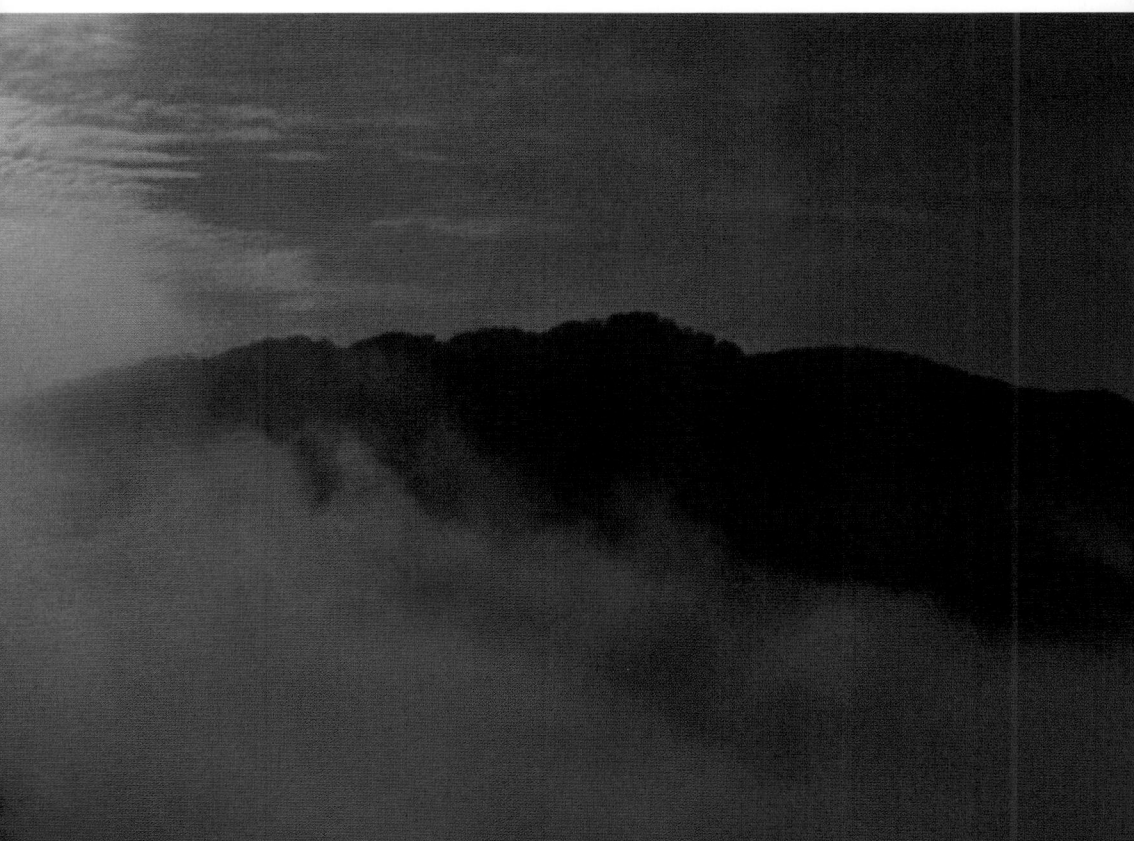

워룽 판다 자연보호구역

중국, 쓰촨 성

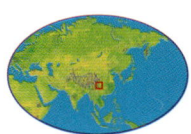

워룽 자연보호구역의 면적 : 207,210헥타르
보호구역의 해발 고도 : 1,200~6,259미터
자연보호구역 지정 연도 : 1963년

워룽(臥龍)은 온대 대나무 숲이 울창한 산악 지역이다. 일 년 내내 집중호우를 몰고 다니는 구름에 둘러싸여 있거나 짙은 안개에 덮여 있다. 이 지역은 매우 희귀한 자이언트판다를 보호하면서 관련 연구를 수행하기 위해 최초로 자연보호구역으로 지정된 곳이며, 최근에는 위기에 처한 동물들을 보호하는 운동의 국제적인 상징이 되었다.

현재 이곳에서는 사람들이 키운 동물을 야생으로 돌려보내는 자이언트판다 번식센터가 운영되고 있다. 그런데 이곳에 서식하는 희귀동물은 자이언트판다뿐만이 아니다. 자이언트판다와 친척인 좀 더 작은 레서판다와 운표, 타킨과 흰입사슴을 비롯한 포유류 45종도 함께 이 지역에 살고 있다. 또한 식물에 대한 연구도 진행하고 있는데, 판다의 주식이자 이 지역의 대표적인 식물인 대나무와 도브나무와 개비자나무처럼 희귀하면서 판다 보호에 도움이 되는 식물들을 주로 연구한다.

워룽은 해발 고도가 4,600미터나 되는 바랑산의 그림자 속에 둘러싸여 있다. 이 산에서는 하늘로 솟구치는 검독수리를 비롯한 멋진 맹금들을 내려다볼 수 있을 정도이다. **MB**

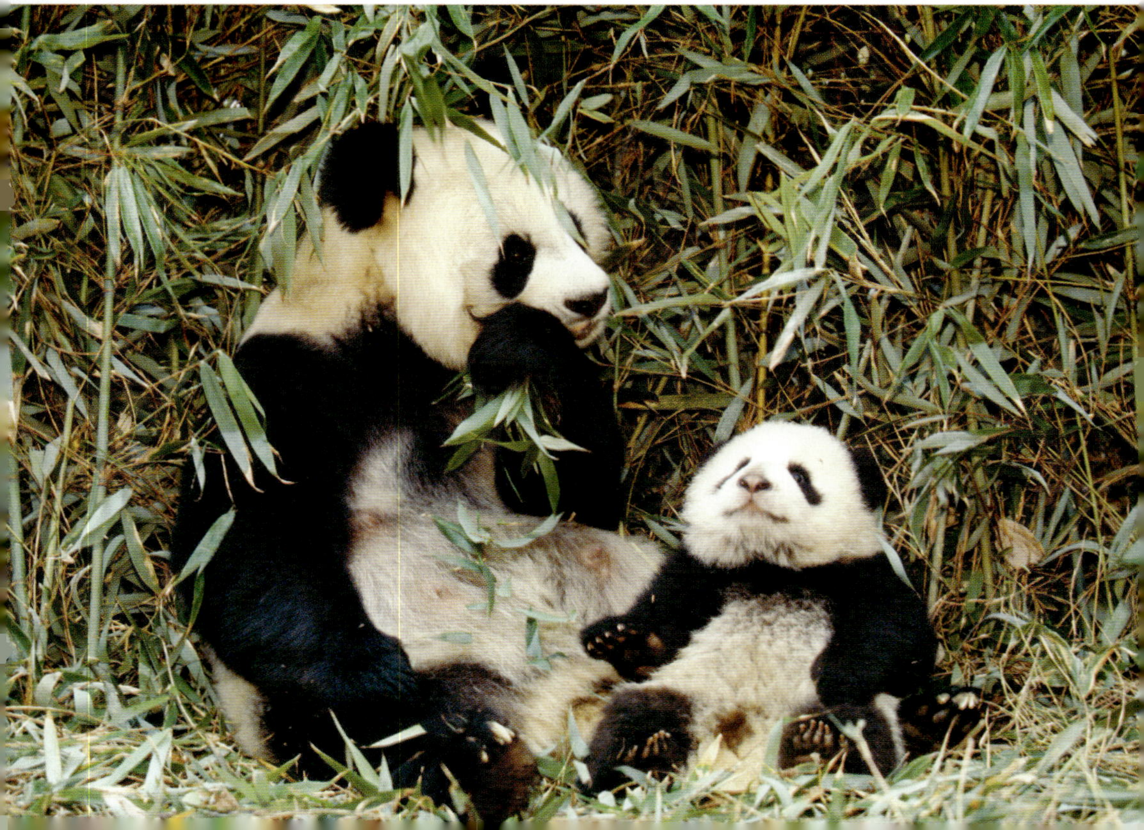

쯔궁

중국, 쓰촨 성

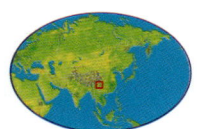

화석의 나이 : 1억 6,500만 년
슈노사우루스의 길이 : 12미터

대영박물관의 고생물학자들이 1979년에 쯔궁 근처의 야트막한 언덕(지금은 주차장으로 바뀌었다)을 탐사하다가 땅에 마구 흩어져 있는 공룡 뼈를 발견하고 깜짝 놀랐다. 학자들은 수생식물이 무성하고 나무가 하늘 높이 자란 오래된 호숫가 옆에서 세계 최대의 공룡 무덤을 발견한 것이다. 그곳은 매우 특별했다. 왜냐하면 그곳에서 발견된 화석은 당시만 해도 알려진 공룡이 거의 없었던 쥐라기 중기 시대 공룡의 화석이었기 때문이다. 본격적인 탐사 결과, 적어도 100마리의 공룡에서 나온

6,000개 이상의 화석이 발견되었다. 과거에 그곳에 공룡 수천 마리가 삼각주의 모래와 진흙에 묻혔다. 공룡들은 주로 용각류를 비롯한 초식 동물이었다. 발굴 작업으로 용각류가 어떻게 해서 당시 최대의 동물로 진화했는지 실마리가 밝혀졌다. 이곳에서 발견된 용각류인 슈노사우루스는 몸길이가 12미터에 달했으며 꼬리 끝에 곤봉 같은 것이 달린 유일한 공룡이다. 아마도 그 곤봉은 포식자들로부터 방어하기 위한 무기였을 것이다. 오메이사우루스라는 공룡도 발견되었는데 목의 길이가 전체 몸길이(18미터)의 반이나 차지했다. 또한 3.5미터 길이의 육식 공룡과 스테고사우루스의 화석도 발견되었다. **MW**

후타오샤

중국, 윈난 성

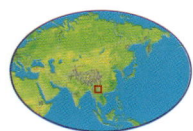

후타오샤의 길이 : 17킬로미터
협곡의 깊이 : 30미터
식생 : 산악 초원

후타오샤(虎跳峽)는 세계에서 가장 깊은 협곡의 하나로 알려졌지만 폭이 가장 좁은 곳은 30미터도 되지 않는다. 옛날에 호랑이가 그곳을 뛰어넘었다고 하는데, 위룽쉐 산맥을 가로지르는 깊은 협곡의 이름은 바로 이 전설에서 비롯되었다.

500만 년이 넘는 세월 동안 산맥 사이를 흐르며 깊은 틈을 깎은 진사 강은 협곡을 통과하면서 하얀 물보라를 뿜어내는 급류가 되어 세 갈래로 갈라진다. 이중에서 세 번째 물길이 세계에서 가장 험하기로 유명한 급류이다. 이렇게 급류가 휘젓고 지나

가도 (아니면 그 급류 덕분인지) 이곳은 동부 히말라야 지역에서 가장 물이 맑고 아름다운 곳으로 손꼽힌다. 근처에는 리장 시가 있는데, 바로 이곳에서 조셉 록 박사가 쓴 글이 제임스 힐튼에게 영감을 주어 소설 『잃어버린 지평선』에 나오는 샹그리라를 창조하게 했다고 전해진다.

후타오샤는 가파른 절벽이나 내리막길에 난 좁은 길을 따라 처음부터 끝까지 도보로 돌아볼 수 있다. 이곳을 여행한 어떤 여행객은 그 경험을 "머리 위로는 1,524미터 높이에서 수직으로 내려오는 암흑이 있고 발아래로는 305미터의 수직의 공포가 도사리고 있으며 그 바닥에는 포말 가득한 강물이 사악하게 포효하는 곳."이라고 표현했다. **DHeL**

양쯔 협곡

중국, 충칭

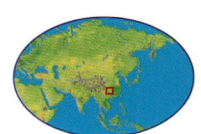

취탕샤의 길이 : 8킬로미터
우샤의 길이 : 40킬로미터
시링샤의 길이 : 75킬로미터

봄 철에 불어난 물이 세계에서 세 번째로 긴 양 쯔 강의 취탕샤 입구로 쏟아져 들어가면 강 의 수위는 최대 50미터까지 상승하며, 시속 32킬 로미터 이상의 속도로 내려간다. 한편 양쪽의 절벽 은 에펠 탑보다 두 배나 높아 장관을 이루며 그 폭 은 100미터를 넘지 않는다.

취탕샤는 양쯔 강의 산속 발원지에서 바다까지

도이다. 강폭이 좁고 물살은 빠르고 군데군데 소용 돌이가 있는 시링샤는 세 협곡 중에서 가장 위험한 것으로 알려졌다. 그러나 1950년대에 강 중앙에 있 는 바위들을 모두 폭파해 버렸고, 이로 인해 현재 는 돛단배가 아닌 페리선이 하류까지 안전하게 사 람들을 실어 나른다. 과거에는 돛단배가 쏜살같이 흐르는 급류를 헤치고 강을 건너려면 강둑에서 남 자 400명이 배를 끌어야 했다고 한다. 그런 상황이 다 보니 사고도 자주 발생했다. 또한 프랑스 선교 사인 페레 다비드는 보트를 타고 상류로 가던 중에 전속력으로 달려오는 배와 충돌해서 하마터면 죽

두 번째 협곡은 40킬로미터 길이의 우샤로 경치가 매우 아름답다.
주변에는 옛날 협곡을 베어내는 것을 돕게 하려고 옥황상제가 보낸
선녀들이 변해 봉우리가 되었다는 산들이 늘어서 있다.

이르는 6,300킬로미터의 대장정에서 중간 지점에 있는 190킬로미터의 협곡이다. 옛날에는 절벽에 박힌 철심에 사슬이 걸려 있었는데, 이는 강도들이 상류로 도망치는 것을 막거나 강을 건너는 배를 멈 춰 세워서 통행료를 받으려는 목적에서 설치된 것 이다.

두 번째 협곡은 40킬로미터 길이의 우샤로 경 치가 매우 아름답다. 주변에는 옛날 협곡을 베어내 는 것을 돕게 하려고 옥황상제가 보낸 선녀들이 변 해 봉우리가 되었다는 산들이 늘어서 있다.

세 번째 협곡이 시링샤로 길이는 75킬로미터 정

을 뻔했다고 한다.

시링샤 바로 아래에는 거저우 댐이 강을 가로막 고 있다. 하지만 훨씬 큰 싼샤 댐이 양쯔 강의 물줄 기를 거대한 저수지에 가둘 것이다. 중국에서는 양 쯔 강을 '긴 강'이라는 의미인 '창장 강'이라고도 부 른다. '양쯔'라는 말은 강어귀에만 해당하는 명칭이 지만 서양 사람들은 강 전체를 부르는 명칭으로 알 고 있다. **MB**

<u>오른쪽</u> 양쯔 강이 가파른 협곡을 검은 띠처럼 굽이굽이 흐르고 있다.

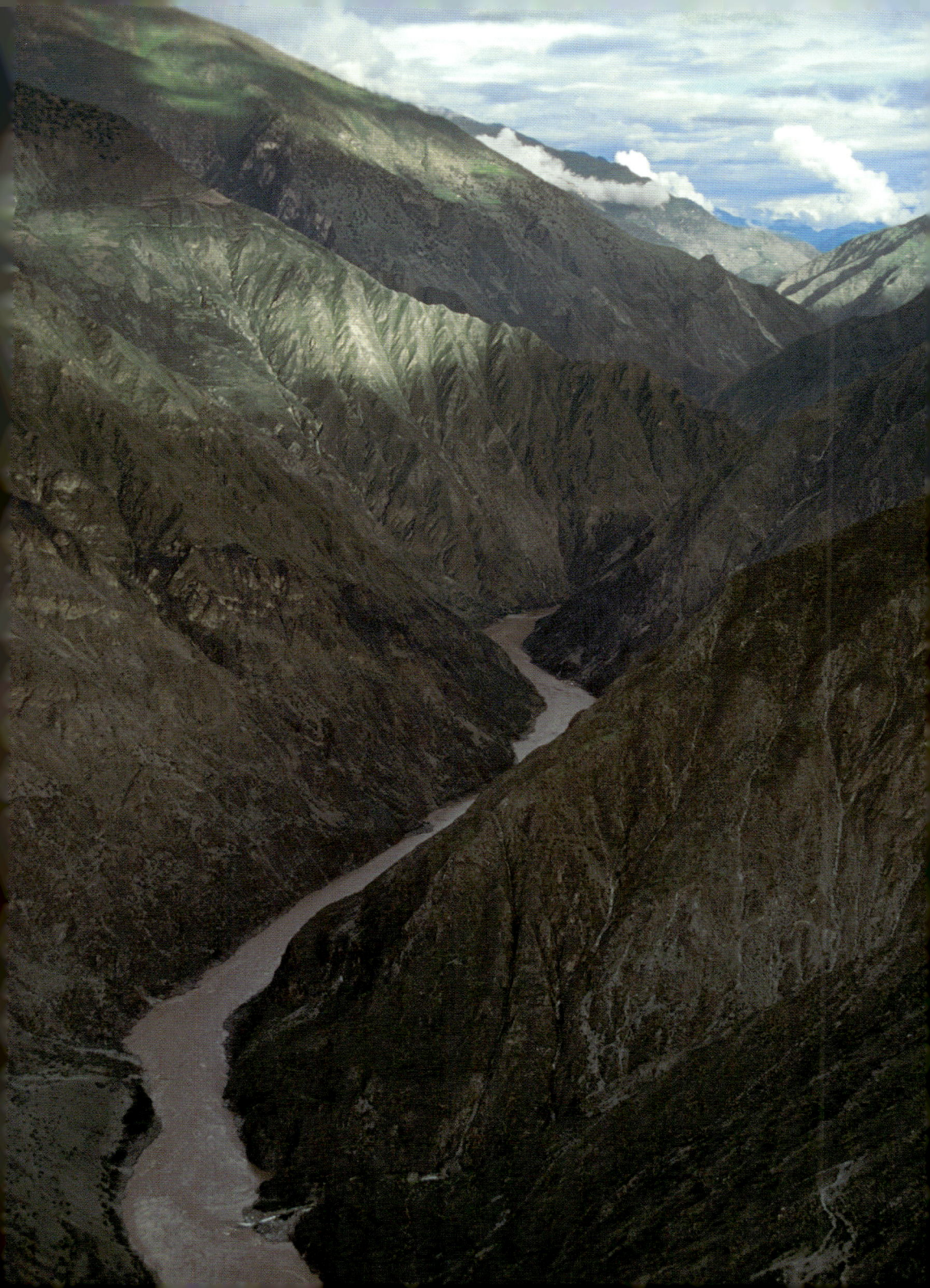

구이린 구릉지

중국, 광시좡 족 자치구

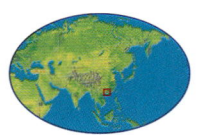

구릉지의 길이 : 120킬로미터
최고봉(뎨차이 산) : 120미터
생성 시기 : 3억 년 전

중국 남부에는 120킬로미터의 리 강을 따라 펼쳐진 논 사이로 석회암 언덕이 가파르게 펼쳐진 곳이 있다. 이 석회암은 약 3억 년 전 따뜻한 얕은 바다의 바닥에 형성되었다. 그 후 지각운동으로 융기된 석회암 지대는 오랜 세월 동안 바람, 비와 파도에 씻기고 깎여 지금의 모습이 되었다. 언덕마다 '양을 잡아먹는 다섯 호랑이 언덕' 같은 재미있는 이름이 붙어 있다. 어떤 언덕은 한쪽에서 보면 낙타처럼 생겨서 '낙타 언덕'인데 반대쪽에서 보면 '와인 병'처럼 생겨서 '와인 병 언덕'이라고 부르기도 한다. '코끼리 코 언덕'에는 재미있는 전설이 전해진다. 이 언덕은 원래 옥황상제가 타고 이 지역을 유람했던 코끼리라고 한다. 코끼리가 병이 나자 이 지역의 농부가 치료해 주었고, 코끼리는 그에 대한 답례로 농부가 논을 갈아 주었다. 그 사실을 안 옥황상제는 화가 나서 코끼리를 돌로 만들었다.

코끼리의 '코'는 리 강의 '물 아치 속의 달'로 들어가 있다. 가장 높은 언덕은 '꽃줄 언덕'으로 높이가 120미터이다. 8~10월 사이에는 계수나무에 꽃이 만발하는데, 그러면 계수나무의 고장인 구이린(계림, 桂林)은 온통 계피의 향기에 취한다. **MB**

아래 유유히 흐르는 리 너머에 줄줄이 서 있는 구이린 언덕들

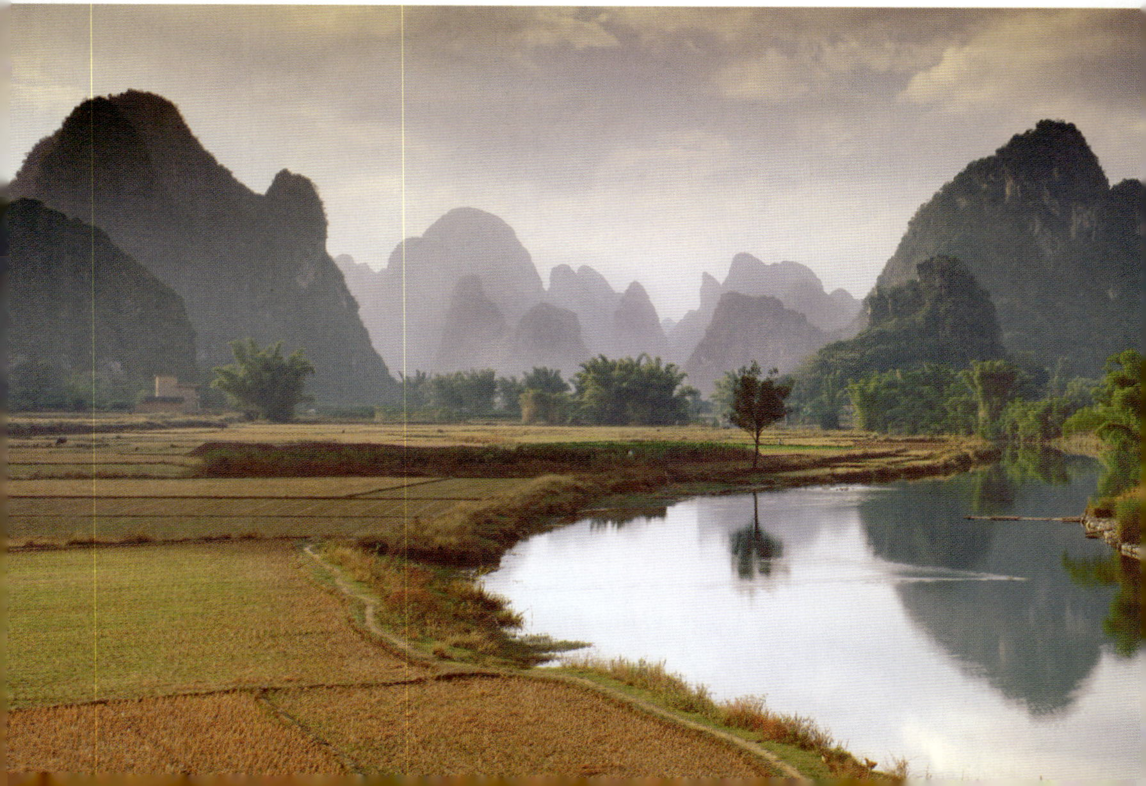

구이린 동굴

중국, 광시좡 족 자치구

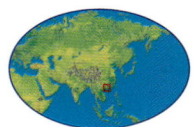

루디옌(갈대피리 동굴)의 길이 : 250미터
루디옌의 폭 : 120미터
암석의 생성 시기 : 3억 5,000만 년 전

원뿔 모양으로 생긴 구이린의 언덕 아래에는 지하를 흐르는 강과 시내에 석회암이 깎여 만들어진 독특한 동굴계가 숨어 있다. 어떤 동굴은 어마어마한 크기를 자랑한다. 대성당처럼 생긴 '고연'과 그 주변의 동굴에는 이상하리만치 거대한 종유석과 석순이 즐비한데, 어떤 것은 30미터를 넘는 것도 있다. 동굴도 거대하다. 루디옌이라고 하는 동굴은 길이가 250미터이며 폭이 120미터이며 이곳에는 '늙은 학자'라고 부르는 바위가 있다. 전설에 따르면 한 시인이 이 동굴에 앉아서 동굴과 기묘한 바위들의 아름다움에 관한 시를 쓰려고 했지만 좋은 표현이 좀처럼 떠오르지 않았다. 시인은 생각에 생각을 거듭했고 어느새 돌로 변해 버렸다고 한다.

루디옌이라는 이름은 한때 동굴 입구에 무성하게 자랐던 갈대에서 유래했는데, 이 지역 사람들은 이 갈대로 피리를 만들어 불었다. 지금은 이곳의 동굴을 보려고 매년 수백만 명의 관광객이 찾는다. 한편 이곳은 2차 대전 중에 일본이 도시와 마을을 폭격하자 많은 사람이 이 동굴에 몸을 숨겼던 슬픈 사연이 깃든 곳이기도 하다. **MB**

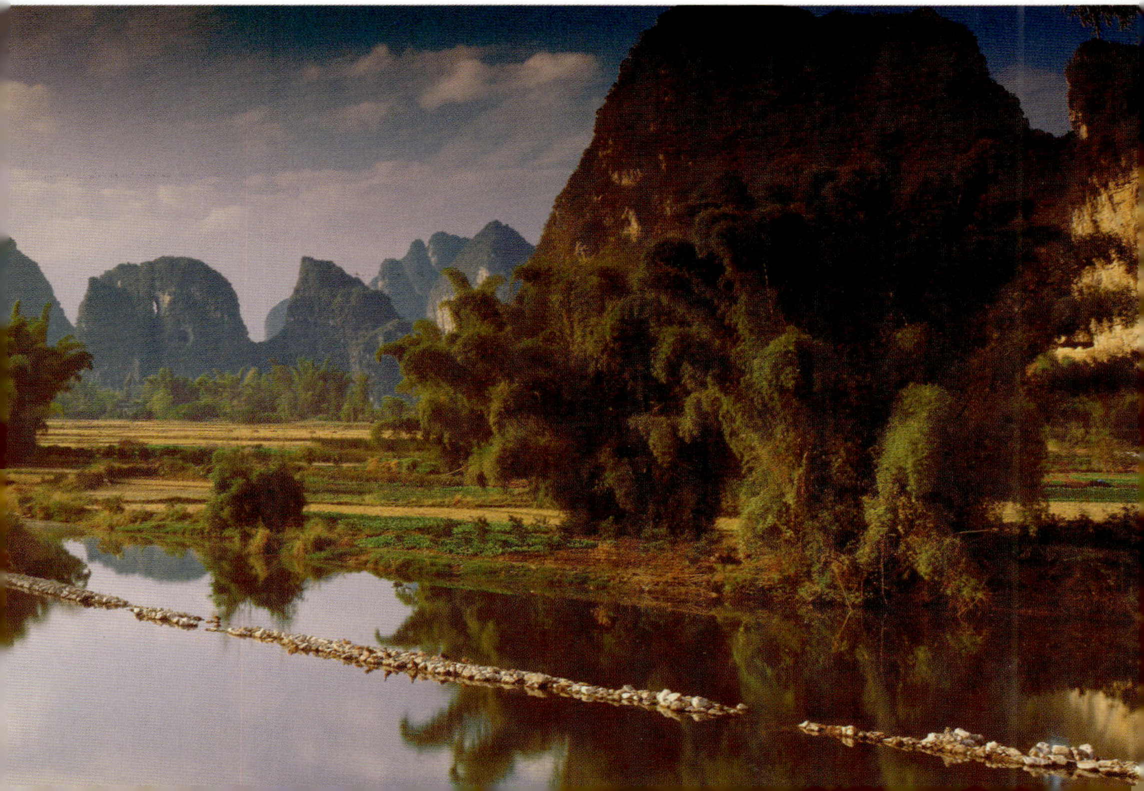

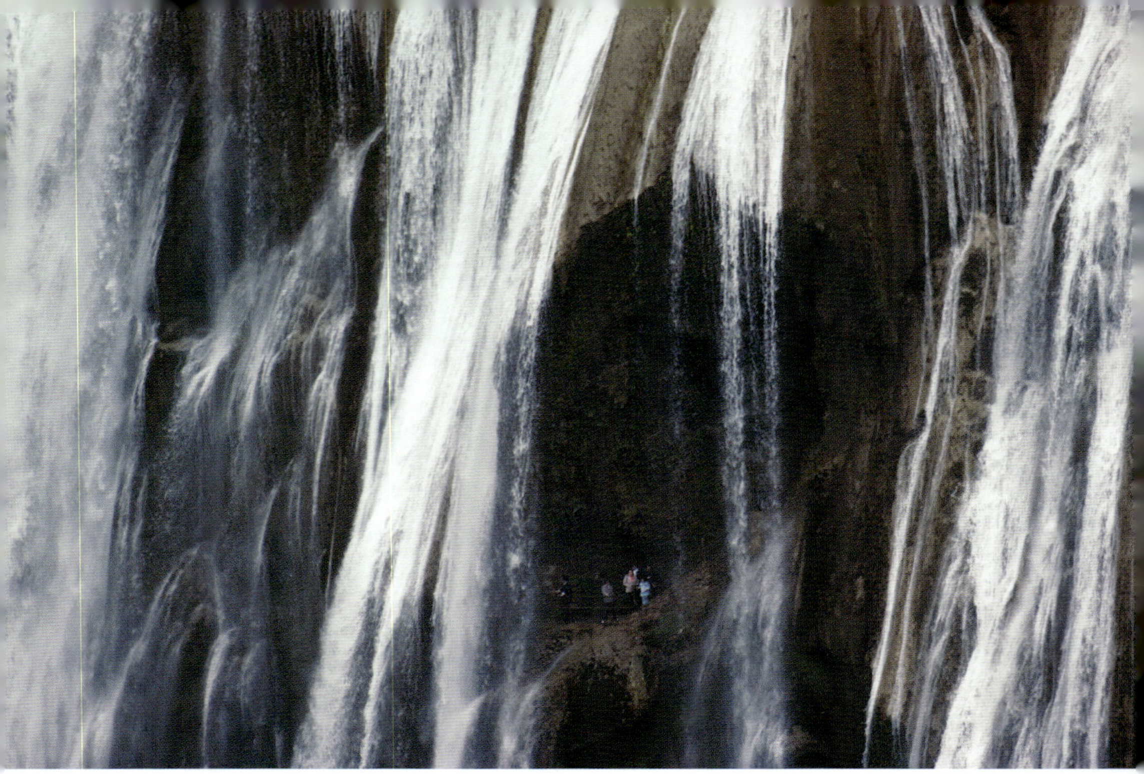

황궈수 폭포

중국, 구이저우 성

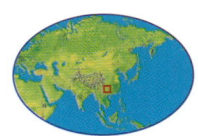

황궈수 폭포의 높이 : 68미터	
폭포의 폭 : 84미터	
수련동의 길이 : 134미터	

황궈수 폭포 자연경관 지역에는 폭포가 10개 이상이다. 이 지역의 중심부에 있는 황궈수 폭포는 아시아에서 가장 크다. 물이 불어나는 계절이면 폭포에서 내려오는 물살이 어찌나 센지 가파른 절벽이 진동을 하고 물안개가 못에서 피어올라 아름다운 무지개가 폭포에 걸린다. 건기에 폭포수는 여러 갈래로 갈라져 절벽에서 떨어진다.

폭포 뒤로 수련동이라는 긴 동굴이 있다. 산 쪽에서 도로를 통해 동굴에 들어갈 수 있다. 동굴 안에서 폭포 소리를 듣거나 볼 수 있으며 직접 만질 수도 있다. 중국 남서부의 구이저우 성에 사는 주민의 65퍼센트는 한족이며 나머지는 소수민족으로 구성되어 있다. 이곳에 사는 소수민족은 먀오 족, 부이 족, 둥 족, 이 족, 수이 족, 후이 족, 좡 족, 바이 족, 투지아오 족과 거라오 족 등이다. 이 지역에는 비(非)한족 그룹이 80개가 넘어서 매년 열리는 축제도 1,000개에 가깝다. 소수민족들이 지닌 문화유산이 이렇게 풍부한데 관광객들이 구이저우를 그냥 지나치는 것이 놀라울 따름이다. 황궈수 폭포는 안순 시에서 갈 수 있다. **RA**

뎨차이 산

중국, 광시좡 족 자치구

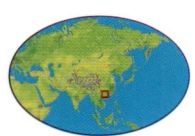

산의 면적 : 200헥타르	
산의 높이 : 73미터	
암석의 종류 : 석회암, 열대 카르스트 지형	

뎨 차이 산은 중국 광시좡 족 자치구의 구이린 시의 북쪽을 흐르는 리 강에 접해 있다. 이 산은 원래 쓰왕산(쓰왕 산, 위웨 산, 셴허펑, 밍웨 펑)의 네 봉우리로 되어 있다.

뎨차이 산(첩채 산, 疊彩山)이라는 이름은 암석이 층층이 겹쳐 있는 모습에서 유래했다. 풍화된 모양이 멀리서 보면 습곡처럼 보이는 것이다. 이 도시가 세워진 2,000년 전 중국 진나라 사람들의 눈에 이 산은 천을 접어서 쌓아 놓은 것처럼 보였다.

이 산 자체도 독특하지만 오래 세월에 깎인 동굴의 아치 형태로 아름다움이 더욱 배가되었다. 가파른 비탈에 자라는 식물들은 바위와 대조를 이루며 뎨차이 산의 기이한 이미지에 한몫을 한다. 곳곳에 불상과 탑이 서 있다. 이곳에 있는 어떤 사원에는 바위기둥이 있는데 그곳에서 다른 봉우리들, 도시와 교외 지역을 사방으로 다 둘러볼 수 있다.

이곳에서 가장 멋진 지형은 풍동이다. 뎨차이 산 양쪽에 입구가 있기 때문에 언제나 바람이 풍동을 지나간다. 동굴 안에는 당과 송대에 그려진 부처상이 90개나 있다. **DHeL**

푸보 산

중국, 광시좡 족 자치구

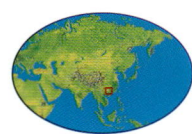

산의 높이 : 213미터	
산의 길이 : 120미터	
특징 : 물에 반이 잠긴 언덕	

중 국의 광시좡 족 자치구에 있는 구이린 시를 흐르는 리 강의 강변에는 독특한 지형이 많다. 그중에 푸보 산도 빼놓을 수 없다. 이 산은 비탈이 땅에서 강 속으로 이어져 강의 파도를 약화시키는 장애물이 되었다. 블록처럼 생긴 이 바위산은 길이가 120미터, 폭이 60미터이며 높이는 213미터이다.

이 산에는 당, 송, 원, 명과 청대의 유물과 조각 등이 남아 있다. 동쪽 사면에는 청파정으로 난 길이 있고 서쪽에는 동굴이 있다. 전설에 따르면 옛날에 이 동굴에는 용이 살았으며 커다란 진주가 환하게 빛났다. 어느 날 이 진주가 탐이 난 어부가 진주를 훔쳤지만 잘못을 뉘우치고 다시 돌려놓았다. 그래서 이 동굴의 이름은 환주동이다. 동굴 안에는 표석이 천장에 매달려 있는데 바닥에 닿지 않는다. 이 바위를 스젠스(시검석, 試劍石)라고 한다. 옛날에는 스젠스은 돌이 아니라 기둥이었는데 한 장군이 칼을 시험하려고 아랫부분을 잘라낸 후 지금처럼 되었다는 전설이 전해진다.

동굴이 끝나는 곳에는 작은 동굴이 하나 더 있다. 이 동굴에는 당대(618~907년)에 만들어진 석불상 200개가 있다. **DHeL**

샹비 산

중국, 광시좡 족 자치구

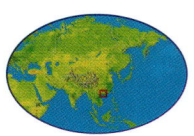

산의 전체 높이 : 200미터
강 윗부분의 높이 : 108미터
생성 시기 : 3억 6,000만 년 전

중국 광시좡 족 자치구의 구이린에 있는 기암 괴석들보다 더 재미있는 바위는 다른 곳에서도 볼 수 있다. 그러나 구이린만큼 재미있는 이름을 붙인 곳은 없을 것이다. 뎨차이 산과 푸보 산을 비롯한 재미있는 이름이 있지만 샹비 산도 이에 뒤지지 않는다. 리 강에 있는 이 산은 이름 그대로 긴 코로 물을 마시는 코끼리처럼 생겼는데 종종 구이린 시의 상징으로 여겨진다.

강바닥에서부터 시작하는 산의 높이는 200미터에 달한다. 수면을 기준으로 해도 55미터나 솟아 있다. 강바닥에서부터 불쑥 솟은 이 산의 길이는 108미터이며 폭은 100미터에 달한다. 아치에도 이름이 있는데 수월동이라고 한다. 아치 사이로 수면에 둥둥 뜬 달이 보이기 때문이다. 아치의 안쪽 벽에는 당대와 송대에 새긴 새겨 넣은 글귀가 70점이나 된다. 육지에 있는 부분에도 동굴이 있는데 '창문'이 달려서 사람들은 코끼리의 눈이라고 부른다. 이 눈을 통해 도시를 내려다볼 수 있다. 한편 샹비 산의 정상에는 명대(1368~1644년)에 세운 보현보살 탑이 있는데 마치 검의 자루처럼 생겼다. **DHeL**

다쉬웨이돌리네

중국, 광시좡 족 자치구

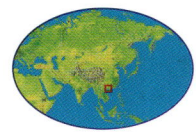

다쉬웨이돌리네의 깊이 : 613미터
다쉬웨이돌리네의 폭 : 420미터
시아노자이돌리네의 폭 : 660미터

다쉬웨이돌리네는 세계에서 가장 큰 돌리네 지형으로 알려졌다. '티엥켕'이라고 부르는 이 거대한 돌리네는 원래 큰 동굴이었는데 천장이 무너져서 지금처럼 벽이 수직에 가까운 구멍만 남은 것이다. 돌리네의 바닥에는 가파른 경사가 져 있는데 지하를 흐르는 강물이 종종 거세게 쳐들어오기도 하며 거대한 원시림도 들어서 있다. 이 지역의 고유종인 특이한 나무고사리가 자라며 새로운 종의 맹어, 새우, 게, 거미와 날다람쥐 등이 서식한다.

다쉬웨이돌리네가 있는 광시좡 족 자치구의 레예 지방에는 이런 돌리네가 20개나 되는데 세계 최대 규모이다. 관광객들은 돌리네를 구경할 수는 있지만 다쉬웨이 내부에는 들어갈 수 없다. 그곳에 서식하는 식물과 고유조류를 보호하기 위해서이다. 양쯔 강 상류의 쓰촨 성에서도 이와 비슷한 돌리네들이 발견되었는데, 그중에는 세계 최대 크기의 시아노자이 돌리네도 있다. **MB**

위룽쉐산

중국, 윈난 성

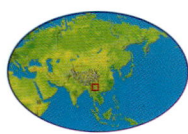

위룽쉐산의 최고봉(편자두) : 5,600미터
생성 시기 : 2억 3,000만 년 전
식생 : 울창한 고산 식물들

중국 윈난 성의 위룽쉐산에는 13개의 봉우리가 있는데 멀리서 보면 꿈틀거리는 용을 닮았다. 그런데 특정한 빛에서 보면 산에 내린 눈이 녹색이 된다. 아마도 결정화된 조류 때문일 것이다. 산맥이 꿈틀대는 용처럼 보이는 것은 약 2억 3,000만 년 전에 지각이 휘었기 때문이다. 하지만 지금의 산세는 1만 2,000년 전에 일어난 지각운동의 영향을 많이 받았을 것이다. 위룽쉐산의 진짜 매력은 이곳에 풍부하게 서식하는 다양한 동식물이다. 산비탈에서 발견된 식물은 약 6,500여 종류인데, 그중에 진달래 50종, 앵초 60종, 용담 50종과 백합 20여 종이 있다. 다양한 화초들이 자라다 보니 만개하는 시기도 제각각이어서 설선 아래 지역은 연중 10개월은 항상 꽃으로 만발해 있다. 이 지역에는 레서판다, 사향노루, 백한과 운표처럼 희귀한 동물들도 많이 서식한다.

설선 위로는 또 다른 세계가 펼쳐진다. 만년설에 뒤덮여 있으면 봉우리에는 항상 폭풍우가 몰아친다. 최고봉인 편자두의 높이는 에베레스트 산의 3분의 2 정도밖에 되지 않지만 아직도 사람의 발길이 닿지 않았다는 차이점이 있다. **DHeL**

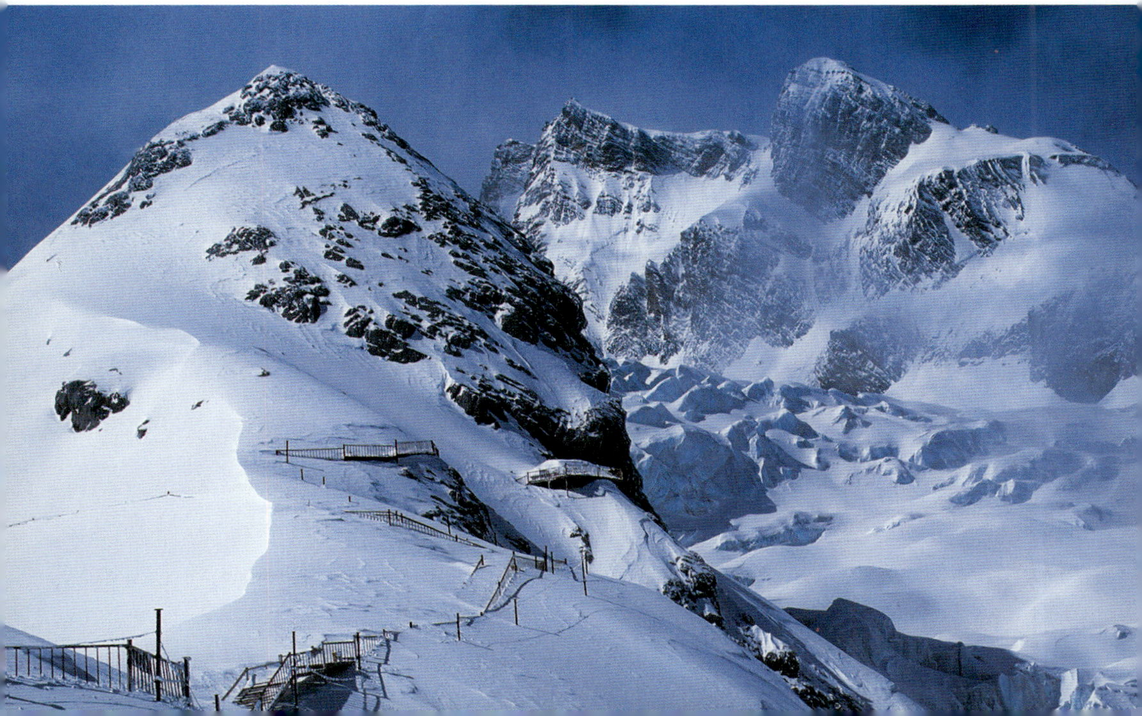

윙룽 폭포

중국, 홍콩

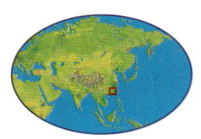

폭포의 높이 : 90미터
주변 봉우리들의 높이 : 최대 869미터

홍 콩의 란타우 공원에는 산로 둘러싸인 계곡, 협곡과 시내가 어우러진 퉁청 계곡이 있다. 이 지역에서 가장 가파른 산을 흐르는 시내는 모두 이곳에 있는데, 그 이름이 모두 '룽(龍)'이라는 단어와 관계가 있다. 가장 크고 깊은 물줄기가 수목이 빽빽이 들어선 윙룽 계곡을 흐르는데 '황룡'이라고 부른다. 이 계곡의 발원지는 선셋피크의 동쪽에 있지만 물은 대부분 퉁청의 '오룡'이라고 하는 지류에서 흘러온다. '오룡'은 가파른 절벽 사이에 있는 깊은 절벽으로 주변에 깊고 맑은 못과 까마득한 폭포들이 잘 발달해 있다.

윙룽 폭포는 20미터 절벽을 단숨에 흘러내린 후 두 줄기의 시내와 합류하여 깊고 푸른 못으로 떨어진다. 또 다른 지류인 삼룡 협곡은 양쪽의 절벽이 무려 90미터나 하며, 웅장한 폭포가 세 군데나 있다. 왼쪽 용 폭포는 절벽에서 두 단에 걸쳐 떨어지지만, 오른쪽 용 폭포는 볼록한 바위를 비껴 흐르며 삼단으로 떨어진다. 마지막 폭포는 용꼬리 폭포로 높이가 12미터로 좁고 가파른 협곡 사이로 떨어진다. **MB**

메이리쒜산

중국, 윈난 성

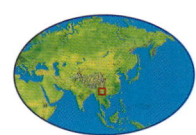

산의 최고봉(카와거보) : 6,740미터
특징 : 건조한 협곡, 만년설 덮인 봉우리

전 망 지점에 서서 서서히 동이 터오는 메이리쒜산(每里雪山)을 바라보면 제임스 힐튼이 자신의 소설 『잃어버린 지평선』의 샹그리라를 창조하기 전, 이곳에서 어떤 영감을 받았을지 상상이 간다. 메일리수에 산은 티베트어로 '설산의 신'이라는 뜻이다. 여명을 받으면 길고 뾰족뾰족한 산등성이는 별이 반짝이는 하늘 아래에서 시원한 하얀 빛을 발한다. 해가 뜨면 최고봉인 카와거보가 갑자기 오렌지빛을 발한다. 오렌지색은 점점 다른 봉우리들로 번지다가 해가 다 뜨면 하얀색이 된다. 아래쪽의 상록수 숲을 통과해 뱀처럼 구불거리며 내려가는 빙하들도 햇살을 받아 환하게 빛난다. 전망대와 산 사이에는 협곡이 있는데 카와거보에서 4,000미터 아래에는 건조한 구릉지 사이로 메콩 강이 흐른다. 한낮이 되면 이 지역을 햇살에 바짝 구워진다. 카와거보를 비롯한 봉우리들은 '완벽한 원뿔 모양의 설산'이다. 청명한 아침이면 메일리수에 산은 그 어느 산보다 아름다운 자태를 자랑한다. 티베트 사람들은 이 산을 신성한 산으로 모시고 있다.

이 지역에도 희귀한 식물이 많이 자라며 숲은 레서판다, 아시아흑곰과 사향노루의 보금자리이다. 눈표범도 수목한계선 부근에서 서식한다. **MW**

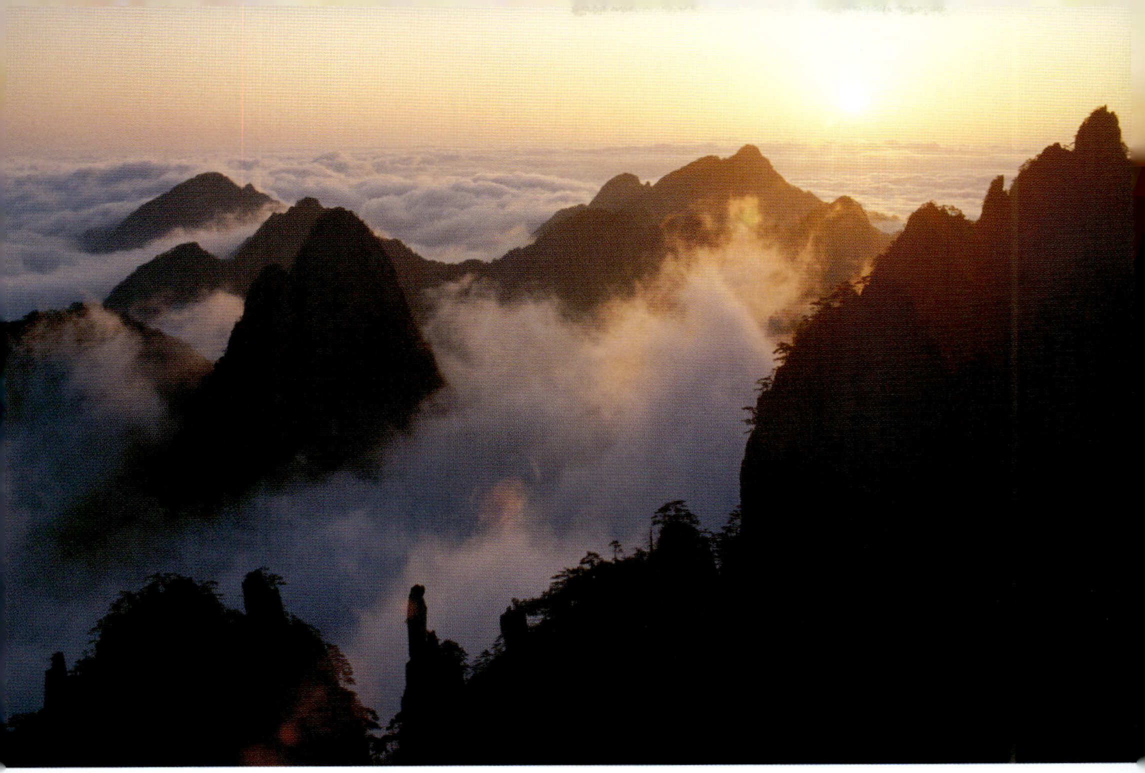

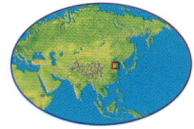

황 산

중국, 광둥 성

산의 높이 : 1,800미터급 봉우리 3개
봉우리의 수 : 72개
연평균 강수량 : 240센티미터

양쯔 강 남부의 안개를 뚫고 험준한 봉우리 72개가 우뚝 솟아 있는 곳이 바로 황 산이다. 황 산의 봉우리들은 지하 깊은 곳에 있던 용암이 굳은 단단한 화강암으로 되어 있다. 그 위에 있던 암석이 물과 바람에 깎이면서 드러난 화강암이 오랜 세월이 지난 후 지금의 가파르고 거친 절벽과 험준한 침봉으로 변모했다.

바위틈에는 어김없이 소나무가 자라고 있는데 어떤 나무는 수령이 1,000년이 넘는다. 바위틈마다 온천이 부글거리며 수온은 항상 42도를 유지한다. 이 지역은 연평균 강수량이 240센티미터를 넘기 때문에 물이 풍부할 뿐만 아니라 산 전체가 항상 구름과 안개에 휩싸여 있다. 황 산에 가려면 항상 습한 날씨에 대비해야 하며 따뜻하게 입어야 한다. 산속 기온은 기껏해야 10도 정도밖에 되지 않기 때문이다.

10억이 넘는 중국 사람들이 평생에 한 번은 황 산을 가보려는 꿈을 품는다고 하니 해마다 얼마나 많은 사람들이 이 산을 찾는지 말하지 않아도 알 수 있을 것이다. 산속에는 길이 꼬불거리며 나 있다. 하늘의 도읍이라는 '천도봉'으로 난 등산로에는 1,300계단이 있으며 폭이 겨우 1미터에 불과한 횡단로가 있는데 의지할 것이라고는 오직 쇠사슬뿐이다. **MB**

루난스린

중국, 윈난 성

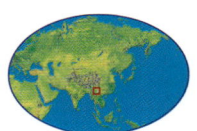

루난스린의 면적 : 5제곱킬로미터
암석의 종류 : 석회암

원난 성의 성도인 쿤밍 시에서 남동쪽으로 약 120킬로미터 떨어진 곳에 이상한 '숲'이 들어선 고원이 있다. 이상하다고 한 것은 이 숲이 돌로 만들어졌기 때문이다. 마다가스카르의 칭기랜즈처럼 루난스린(路南石林)도 수직 기둥과 칼처럼 끝이 뾰족한 침봉들 수백 개가 들어선 석회암 지대이다. 이곳에는 사람 키만 한 기둥에서부터 무려 30미터에 달하는 기둥도 있으며 여러 기둥이 모여 있는 것도 있고 홀로 외롭게 서 있는 기둥도 있다.

침봉들 사이에는 길이 놓여 있어서 길가에 있는 휴게소에서 쉬어가며 구경할 수 있다. 예부터 이곳의 바위에는 '봉황이 날개를 다듬는 바위'나 '층이 진 폭포'처럼 그 모양을 절묘하게 설명하는 이름이 붙어 있다. 이끼와 지의류가 바위를 뒤덮었고 붉은색과 분홍색의 꽃이 핀 덩굴이 바위틈에 자라고 있다.

한 전설에 의하면 '아시마 바위'는 돈 많은 귀족에게 납치된 아가씨의 이름이라고 한다. 그녀의 연인은 아가씨를 구출하려했지만 그녀가 죽어 돌로 변했다는 슬픈 이야기도 전한다. 또한 이 숲은 영생하는 중국의 신이 만들었다는 전설도 전해진다. 신은 연인들이 들판에서 구애하는 모습을 보고 그들도 은밀한 공간이 필요하다고 생각했다. 그래서 돌로 미로를 만들어 연인들이 밀회를 즐길 수 있게 했다. **MB**

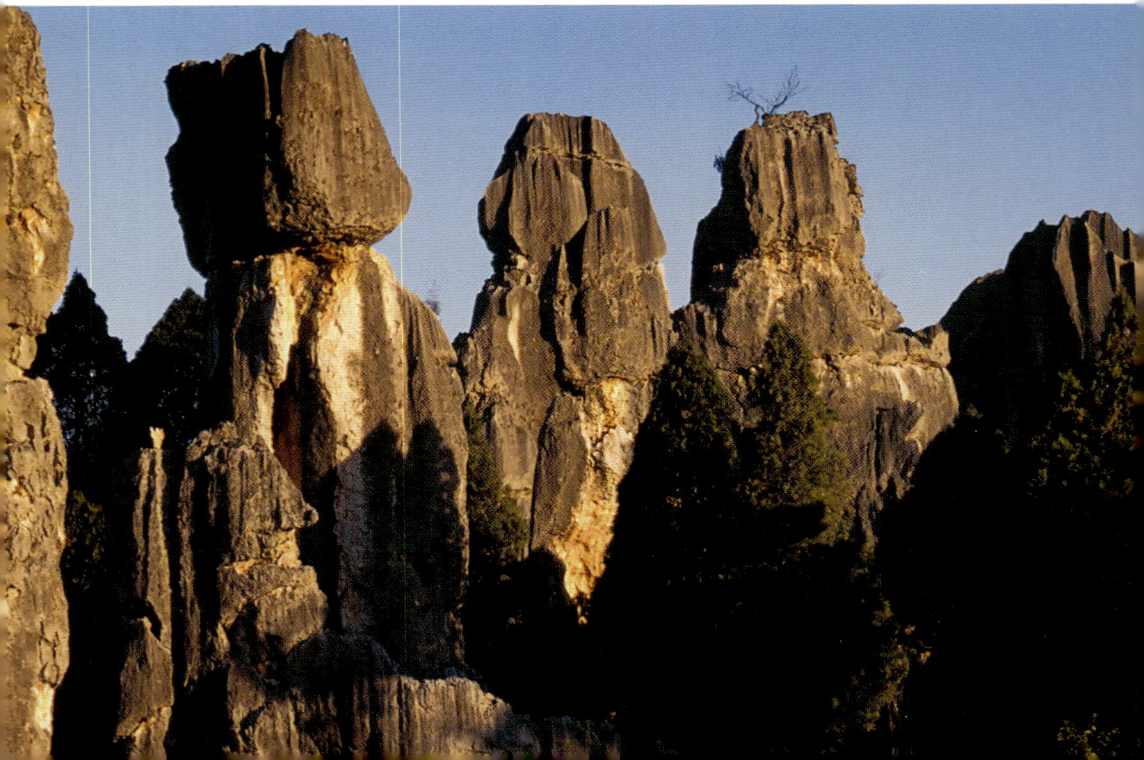

쿤룬 산맥

티베트 / 중국, 칭하이 성

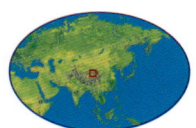

무쯔타거의 높이 : 7,546미터	
콩구르타흐의 높이 : 7,719미터	
동베이의 높이 : 7,625미터	

쿤룬 산맥은 타지키스탄이 파미르 고원에서 동쪽으로 이어져 티베트-신장 지구를 거쳐 칭하이 성의 시노-티베트 산맥까지 장장 2,000킬로미터나 이어진 아시아 최대 산계이다. 쿤룬 산맥을 경계로 북부의 높은 티베트 고원과 중앙아시아의 평원이 나뉜다. 이 산맥에는 해발 5,791미터 봉우리가 200개가 넘는다. 가장 높은 봉우리는 무쯔타거, 콩구르타흐와 동베이이다. 쿤룬 산맥의 동쪽 사면은 폭이 600킬로미터에 달하며 넓은 골짜기와 수많은 산으로 다시 나뉜다. 서쪽 사면은 동사면보다 더 작은데 세 개의 산줄기가 평행하게 달리고 있으며 폭은 95킬로미터이다. 인도양과 태평양에서 불어오는 계절풍이 이 지역까지 미치지 않기 때문에 매우 건조하다. 그뿐만 아니라 이곳은 하루 중 기온과 계절별 기온의 차가 매우 심하며 바람도 몹시 센 편인데 특히 가을이 더 심하다. 토양이 척박하고 물이 부족하며 추위 때문에 쿤룬 산맥에 서식하는 동식물은 매우 한정되어 있다. 따라서 이곳에는 사람이 거의 살지 않으며 접근하기도 매우 어렵다. **RC**

아리

티베트 / 중국, 시짱 자치구

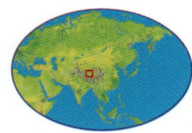

티베트 고원의 평균 해발 고도 : 4,500미터	
고원의 면적 : 340,000제곱킬로미터	

티베트 고원은 종종 '세계의 지붕'이라고 불린다. 이 고원은 아리 지역의 서쪽에 있는데, 이 지역은 산맥, 계곡, 강물과 호수들이 발달한 인구가 희박한 넓은 지역으로 '세계의 지붕의 꼭대기'라고 불린다. 아리는 등산객들의 사랑을 받는 곳이지만 티베트인들과 힌두교 신자들의 성지이기도 하다. 이 고원은 티베트에 불교가 전파되기 전 이 지역의 토착종교인 본교의 발생지이다.

웅장한 자연경관도 대단하지만 아리 현은 예부터 티베트의 경제와 문화 발전에 큰 역할을 했다. 아리의 서부에 있는 쟈다 지방은 구게 왕국의 유적지로 유명한데 진흙 요새가 주위를 에워싸고 있다. 아리 현은 중국에서 가장 넓은 현이지만 인구는 가장 희박하다. 반면 야생 야크, 티베트 야생 나귀, 티베트영양, 티베트아르갈리양과 같은 희귀한 야생동물의 낙원이다. 야생생물의 서식지로 가장 유명한 곳은 아리 북부에 있는 방공 호숫가의 '새들의 섬'이다. 이곳에 대규모 철새 무리가 몰려오는 모습을 보려면 5월에서 9월 사이가 가장 좋다. **RC**

얌드록쵸 호수

티베트 / 중국, 냐이노엔탕라 산

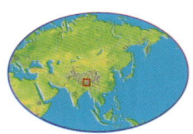

호수의 면적 : 638제곱킬로미터
호수의 수심 : 30~40미터
호수의 해발 고도 : 4,441미터

티 베트에는 신성한 호수가 세 군데 있는데, 그 중 하나가 얌드록쵸 호수이다. 먼 옛날 여신이 변해서 이 아름답고 푸른 호수가 되었다는 전설이 전해진다.

호수는 남쪽은 넓고 북쪽으로 갈수록 폭이 좁아진다. 이곳은 '고지의 산호 호수'라고도 불리는데, 서쪽과 북쪽으로는 눈 덮인 산맥이 둘러서 있어 안개에 그 절경이 가려지는 경우가 많다. 호수에는 노간주나무가 빽빽이 들어선 작은 섬들이 수십 개 떠 있는데 야생조류의 낙원이다.

목동들은 여름이 오면 가축을 배에 몰래 싣고 섬으로 가서 겨울이 시작할 때까지 풀을 뜯게 한다. 또한 이 호수는 성지 순례를 하는 티베트 사람들의 발길이 끊이지 않는데, 사람들은 여름이면 호수에서 기도를 드리거나 앉아서 명상에 잠긴다. 호수의 물은 치유 효과가 있는 것으로도 유명하다. 이 물에는 늙은 사람은 수명을 연장하여 젊게 만들고, 아이들에게는 지혜를 주어 똑똑하게 만드는 힘이 있다고 전해진다.

호수 남쪽에 있는 상딩 사원은 티베트에서 유일하게 여자 고승인 도려 파그모가 기거하는 곳으로 유명하다. **RC**

아래 얌드록쵸 호수가 산기슭을 구불거리며 감아 돈다.

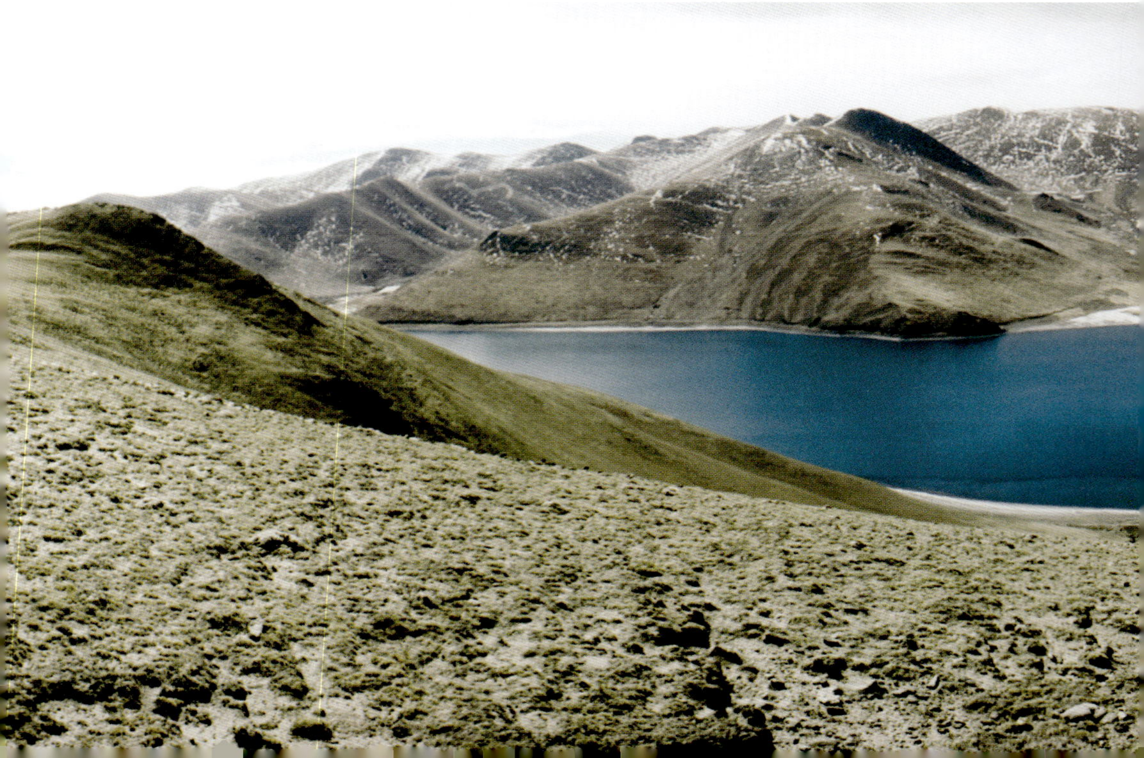

카일라스 산

티베트 / 중국. 강디세 산

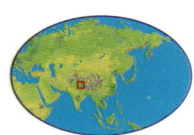

산의 높이 : 6,714미터
순례지의 최대 고도 : 해발 5,600미터

티베트의 가장 서쪽 지역에 있는 카일리시 산은 아시아에서 가장 신령한 산으로 추앙받고 있다. 그도 그럴 것이 불교, 힌두교, 자이냐교와 티베트의 토착 종교의 본교를 모두 경배하는 곳이기 때문이다. 카일라스 산은 강디세 산맥의 최고 봉으로 '소중한 눈의 보석'이라는 뜻의 강린포체라고도 부른다. 카일라스 산이 이 지역에서 가장 높은 곳은 아니지만 다이아몬드처럼 생긴 봉우리가 주변의 산들 사이로 우뚝 솟아 있다. 봉우리의 높이는 6,638미터로 빙하만 250개가 넘으며 거대한 티베트 고원으로 흐르는 4대 하천인 브라마푸트라

강, 인더스 강, 수틀레지 강과 카르날리(갠지스 강의 지류) 강이 발원하는 곳이다. 카일라스 산과 굴라만다타 산의 봉우리 사이에는 성호(聖湖, 마나사로바 호수)와 귀호(鬼湖, 락샤스탈 호)가 있다. 호수는 두 곳 모두 지하의 수로로 연결되어 있다는 공통점이 있지만 마나사로바 호수는 담수호인데 비해 락샤스탈 호수는 염호이다. 수 세기 동안 순례자들은 정기적으로 이 산을 돌며 고행을 했는데, 평생의 업보를 지우기 위해서라고 한다. 카일라스 순례 과정에는 반드시 마나사로바 호수를 도는 의식과 딜타푸리 온천 방문이 들어간다. 티베트 사람들은 카일라시 산을 우주의 중심이라고 믿고 있다. **RC**

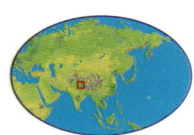

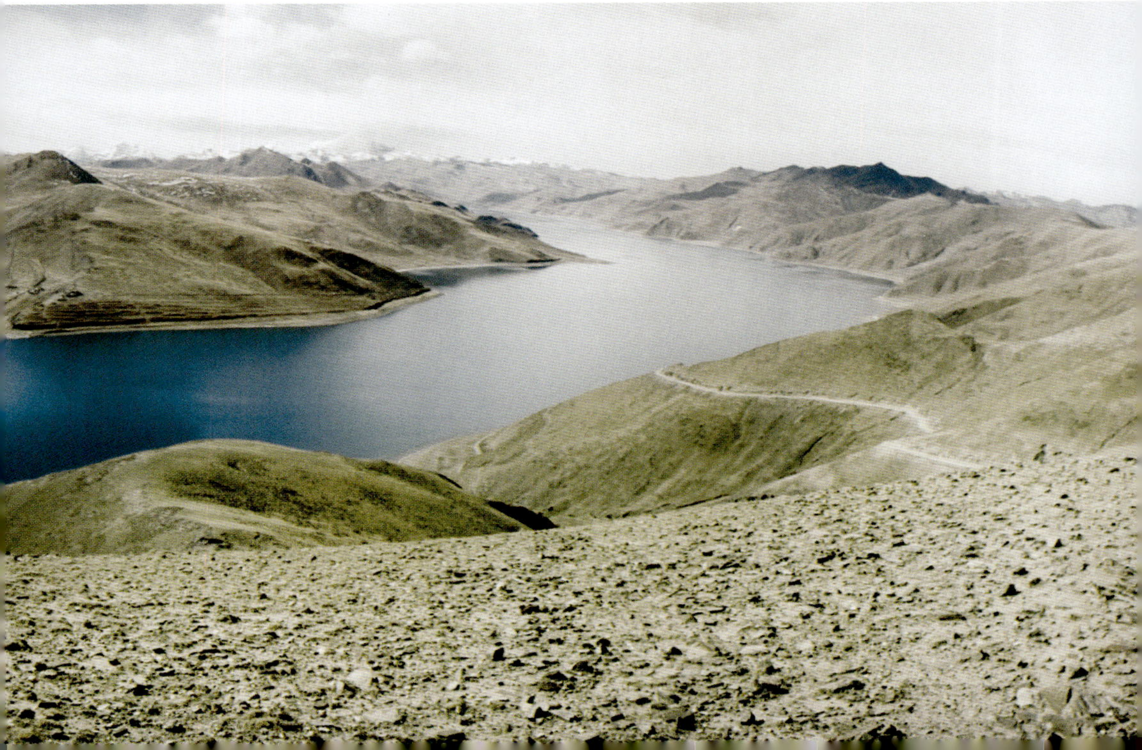

얄룽창포 대협곡

티베트 / 중국, 티베트 고원

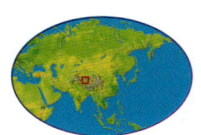

다른 이름 : 야-루-창-푸 치앙
협곡의 총 길이 : 496.3킬로미터
협곡의 깊이 : 5,302미터

평균 고도가 3,000미터에 달하는 창포('정화'의 뜻) 강은 세계에서 가장 높은 강이다. 히말라야 북부의 체마-융둥 빙하에서 발원해 티베트 고원을 가로질러 인도의 얄룽창포 대협곡(브라마푸트라 강)에 합류하기까지 장장 2,057킬로미터를 흘러가야 한다. 티베트를 가로지르는 여정이 끝나갈 무렵 창포 강은 급격하게 방향을 바꾸어 남차바르와 지알라페리 산맥 사이로 흐르는데, 바로 이곳이 세계 최대의 협곡인 얄룽창포 대협곡(브라마푸트라 강)이다. 히말라야의 동쪽을 감싸며 흐르는 창포 강은 가장 폭이 좁은 곳은 뉴욕 5번가의 폭을 넘지 않는다.

카약 애호가들은 주저하지 않고 이곳을 '협곡의 여왕'으로 뽑는다. 또한 세계에서 가장 위험한 협곡으로 손꼽히는데, 강줄기는 2,414킬로미터에 걸쳐 무려 2,743미터나 고도가 낮아지기 때문이다.

이 협곡을 탐험한 사람들은 극소수에 불과하다. 2004년 11월에 스코트 린드그렌이 이끄는 국제 카누팀이 최초 탐사를 마쳤다. 그들의 여정에는 1998년에서야 비로소 사람들에게 발견된 신비로운 폭포인 히든폴즈(높이 30미터)도 들어 있었다. **MB**

마나사로바 호수

티베트 / 중국, 강디세 산

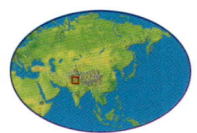

호수의 해발 고도 : 4,586미터
호수의 표면적 : 412제곱킬로미터
호수의 수심 : 77미터

고도 4,586미터에 있는 마나사로바 호수는 세계에서 가장 높은 담수호이자 티베트에서 성지로 꼽히는 3대 호수의 하나이다. 마나사로바는 '난공불락'이라는 뜻으로 지난 4,000년 동안 성지로 추앙받았다. 호수는 성스러운 카일리시 산의 발치에 자리 잡고 있어서 태곳적 호수의 수면에 눈 덮인 영산(靈山)의 모습이 그대로 비친다.

호수는 넓고도 아름답다. 호숫가로 올수록 섬세한 푸른색이 빛을 발하며 중앙으로 갈수록 에메랄드빛으로 반짝인다. 이 호수에는 정화와 부활의 힘이 있어서 육체나 정신의 고통을 없애준다고 전한다. 카일리시 산과 마나사로바 호수는 모두 힌두교, 티베트 불교와 토착 신앙인 본교의 성지이다. 그래서 수많은 순례자가 호수를 돌며 자신의 신앙심을 보여준다. 순례는 '코라'라고 하는데 안쪽을 도는 내부 코라 한 개와 외부 코라 13개가 있다. 바깥쪽을 걸어서 도는 데는 나흘이 걸린다. 호수 주변에는 몸을 씻는 성스러운 장소가 네 곳이 있는데 각각 로투스, 향기, 정화와 신앙이라는 이름이 있다. 얼음처럼 차가운 물에 몸을 담그면 죄를 정화할 수 있다고 한다. 또한 호수 주변에는 여덟 개의 사원이 있는데 지니아오 사원에서 보이는 호수의 풍경이 가장 아름답다. **AB**

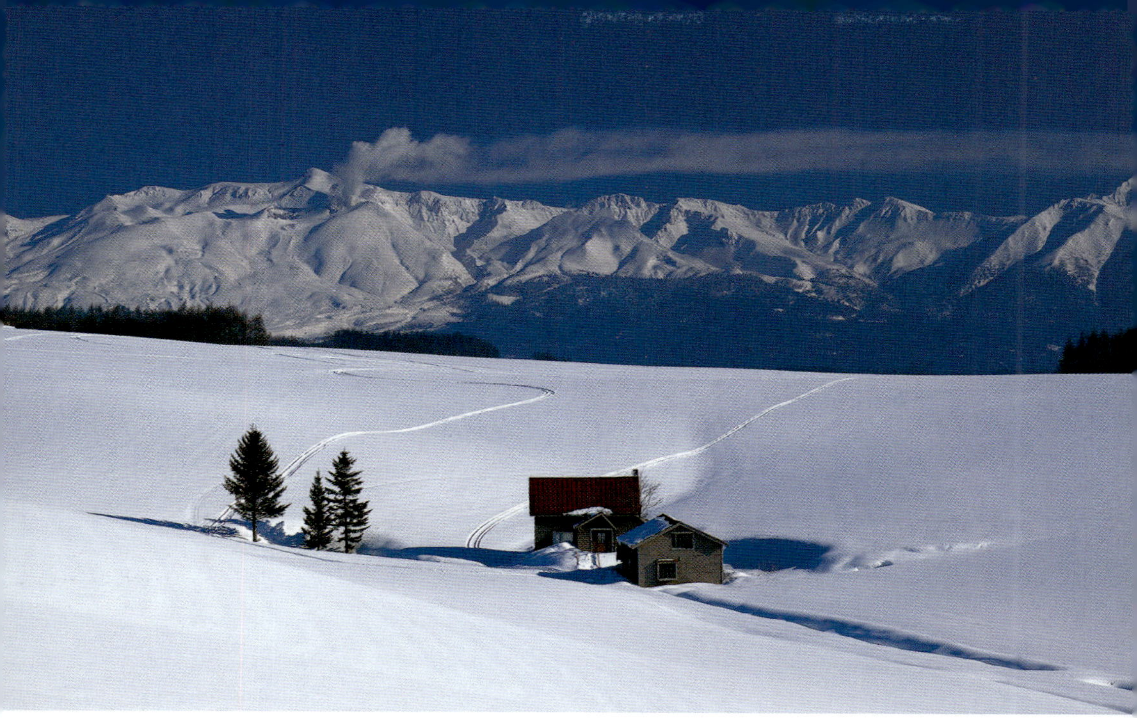

다이세쓰 산

일본, 홋카이도

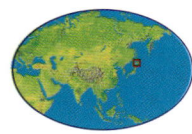

산의 면적 : 2,310제곱킬로미터	
최고봉(아사히 산) : 2,290미터	

홋 카이도는 일본에서 야생의 자연이 가장 잘 보존된 곳이다. 온갖 봉우리와 화산이 지닌 아름다움, 고요함과 야생의 미를 간직한 다이세쓰는 1934년 일본 최대의 국립공원으로 지정되었다.

수많은 봉우리, 협곡, 폭포와 굽이쳐 흐르는 시내가 가득한 이 지역은 겨울철에는 쉽사리 발을 들여놓을 수 없다. 바람이 살을 에며 온통 눈 세상이기 때문이다. 하지만 여름이 되면 양탄자를 깔기라도 한 듯 야생화가 흐드러지게 피고 새들이 쉴 새 없이 지저귄다. 그 모습을 본 아이누 족 사람들은 이곳을 신들의 정원이라고 생각했다. 자애로운 신의 영혼들은 (홋카이도의 최고봉인) 아사히다케를

방랑하다가 토카치다케에 김을 쐬인 후 고산 초원과 아한대 숲을 통해 지나간다고 한다. 현재 이곳은 옛날 불곰의 후손들이 마지막으로 남아 있는 서식지이다. 조심성이 많은 곰보다는 꽃사슴, 붉은 여우, 아시아토끼와 시베리아줄무늬다람쥐류를 더 자주 볼 수 있다.

6월 말부터 툰드라와 비슷한 고산의 식물대에는 형형색색의 킬트처럼 다양한 색의 꽃들이 수를 놓은 것처럼 자란다. 다이세쓰는 가을이 가장 아름답다. 울창하게 자란 청록색의 소나무 사이로 피처럼 붉은 마가목과 황금색의 자작나무가 어우러진 모습은 이곳의 자랑거리이다. **MBz**

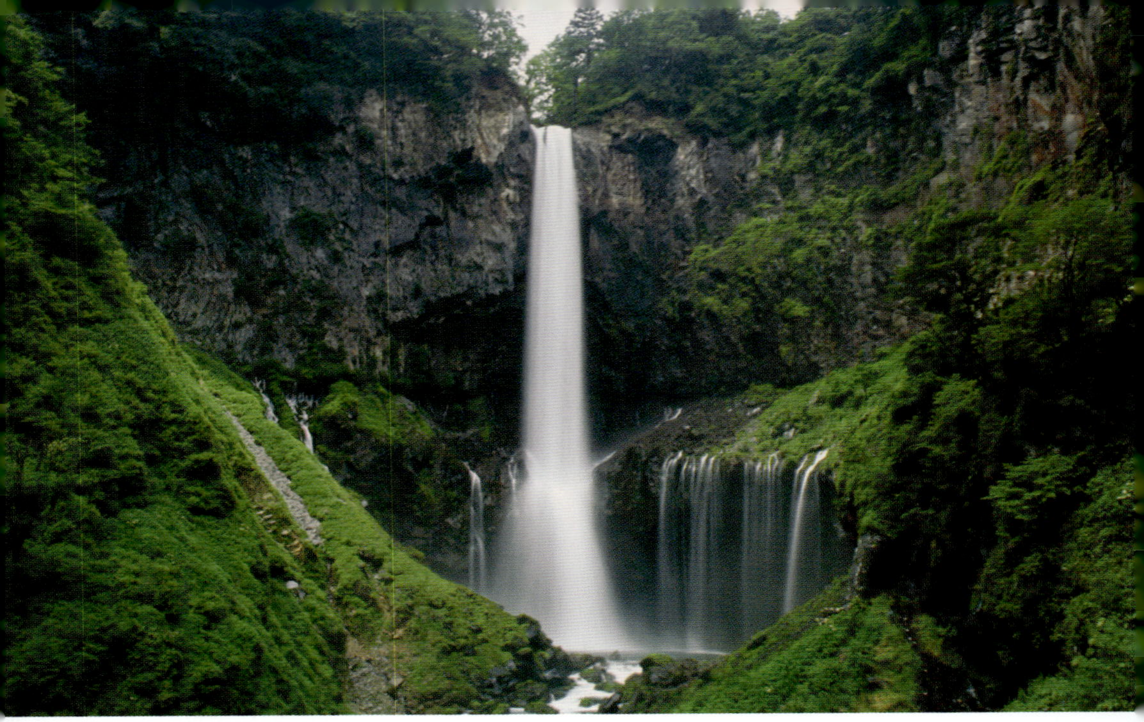

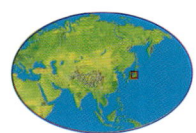

게곤 폭포와
주젠지 호수

일본, 혼슈 / 도치기 현

폭포의 높이 : 97미터	
폭포의 폭 : 7미터	
주젠지 호수의 표면적 : 13제곱킬로미터	

신성한 난타이 화산의 기슭에 있는 아름다운 숲으로 둘러싸인 호수인 주젠지 호수는 용암이 산에서 내려오는 물길을 막아 생성되었다. 세월이 흐르면서 화산암이 침식되어 틈이 생겼고 그 틈은 마침내 일본의 '빅3' 중 하나인 게곤 폭포가 되었다.

폭포 아랫부분의 계곡에는 무지개가 여럿 걸려 있는데, 겨울에는 폭포가 완전히 얼어붙어 거대한 고드름이 된다. 주 폭포의 높이는 무려 97미터나 되며 그 주위를 작은 폭포 12개가 호위하듯 둘러싸고 있다. 게곤 폭포는 일본에서 가장 박력 넘치는 폭포로 유명하다. 초당 3톤씩 떨어지는 폭포수는 5미터 깊이의 연못으로 떨어진다.

아케치다이라 고원(로프웨이나 도보로 갈 수 있다)에 서면 게곤 폭포와 주젠지 호수가 엮어내는 아름다운 풍경이 한눈에 들어온다. 폭포의 아랫부분 근처에는 3층 전망대도 설치되어 있으며 3층까지 엘리베이터도 운행한다. 호수와 폭포는 모두 닛코 국립공원에 있다. 해마다 코요(가을) 동안 온 산이 눈부시게 아름다운 단풍이 드는데, 단풍은 약 2주 동안 지속되는 시기가 관광객들에게 가장 인기 있다. **RC**

테우리지마 섬

일본, 홋카이도

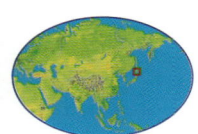

섬의 둘레 : 12킬로미터
섬의 높이 : 185미터

테우리지마 섬은 홋카이도의 북서쪽에 있는 섬이다. 과거에는 주민 수가 2,500명에 달했지만 지금은 500명으로 그 수가 줄어든 대신 백만 마리에 달하는 바닷새들이 섬을 차지하고 있다. 어업이 이루어지는 동쪽 해안은 지형이 낮고 경사가 완만해서 사람들의 거주지가 되고 있지만 벼린 듯한 절벽이 솟아 있는 남쪽과 서쪽 해안은 새들의 차지가 되었다.

바닷새들은 평생을 바다에서 보내기 때문에 육게 날갯짓을 하며 땅속으로 파고드는 재미있는 광경을 목격할 수 있다. 이러한 행동을 하는 것은 땅속에 굴을 파서 둥지를 짓는 습성 때문인데, 이 새들은 아주 오래 전부터 이와 같은 방식으로 새끼와 배우자를 보호해 왔다.

흰수염바다오리는 뛰어난 다이버들이지만 몸이 더 가벼운 친척 새보다 비행의 정확도가 떨어진다. 이 점은 천적에게 당할 수 있는 치명적인 약점이다. 그래서 야간에 섬으로 돌아와 천적의 공격을 피하는 것이다.

흰수염바다오리의 수는 1963년에는 80만 쌍에 달했지만 2004년에는 30만 쌍으로 줄어들었다. 하지만 테우리지마 섬의 흰수염바다오리 군집은 지

> 테우리지마 섬의 절벽에는 뾰족한 바위가 많은데, 하늘이라도 찌를 기세로
> 바다에 우뚝 솟아 있다. 이런 바위에는 튀어나온 곳이나 좁은 틈이 많아서
> 새들의 보금자리로 손색이 없다.

지에서는 행동이 굼뜨다. 그래서 새끼를 키울 때는 무인도나 천적이 없는 곳을 고른다. 이 섬의 절벽에는 뾰족한 바위가 많은데, 하늘이라도 찌를 기세로 바다에 우뚝 솟아 있다. 이런 바위에는 튀어나온 곳이나 좁은 틈이 많으며 꼭대기에는 야생화들이 발 디딜 틈도 없이 지천에 널려 있다. 테우리지마 섬처럼 험하고 거친 지역은 새들의 보금자리로 손색이 없어서 수많은 바닷새가 몰려오는데, 그중에서도 흰수염바다오리가 가장 많다.

에투피리카처럼 생긴 이 새는 북태평양에만 서식하는데 주요 서식지가 테우리지마 섬이다. 대부분 바다에서 생활하다가 여름철 번식기에만 이 섬을 들른다. 야간에 섬의 남쪽을 찾아가면 땅딸막한 바닷새들이 먹이를 물고 해안으로 몰려들어 빠르게금도 세계 최대 규모이다. 그러다 보니 10제곱미터의 면적에 둥지 구멍이 200개나 되는 경우도 있다. 이 섬에는 흰수염바다오리 외에도 바다비둘기와 바다오리가 많이 서식하는데, 유일하게 이 섬에서만 번식을 하는 좋은 바다오리이다. 과거에는 그 수가 3만~4만 마리에 육박했지만 1999년 조사 결과 아카이와 바위 주변에 12마리와 바이오우부이와 절벽에 7마리 정도만 살고 있는 것으로 밝혀졌다. 그뿐만 아니라 큰재갈매기와 가마우지도 많이 서식하며 괭이갈매기도 1만 쌍이나 서식하는 이 섬이야말로 진정한 새들의 천국이다. 테우리지마 섬에는 최근에 안내센터가 설립되어 관광객들에게 다양한 정보를 제공하고 이 지역에서 수가 급감하는 새들을 보호하는 활동을 펼치고 있다. **MBz**

후지 산

일본, 야마나시 현 – 시즈오카 현

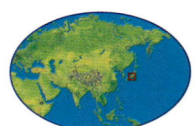

산의 높이 : 3,776미터
분화구의 지름 : 700미터

세계적으로 유명한 후지 산은 일본을 대표하는 미의 상징이다. 해발 3,776미터의 일본 최고봉으로 홀로 우뚝 솟은 후지 산의 카리스마는 주변의 풍경을 압도하기에 손색이 없다. 몇백 년 동안 후지 산의 우아한 자태는 예술가들의 손끝에서 되살아났는데, 사람들은 그러한 점이 바로 신의 신비를 암시하는 것이라고 말한다. 오늘날 후지 산은 일본인들이 신성시하는 영산(靈山)이다. 1708년 폭발을 마지막으로 휴지기에 들어간 후지 산 표면에는 세월에 씻기고 깎인 분석(噴石)이 많다. 봉우리는 약 5,000년 전에 지금과 같은 모양을 갖추었다.

후지 산은 멀리서 봐야 진정한 아름다움을 느낄 수 있는데 특히 산 아래까지 눈으로 덮이는 겨울 풍경이 단연 압권이다. 수목한계선 위로는 혹독한

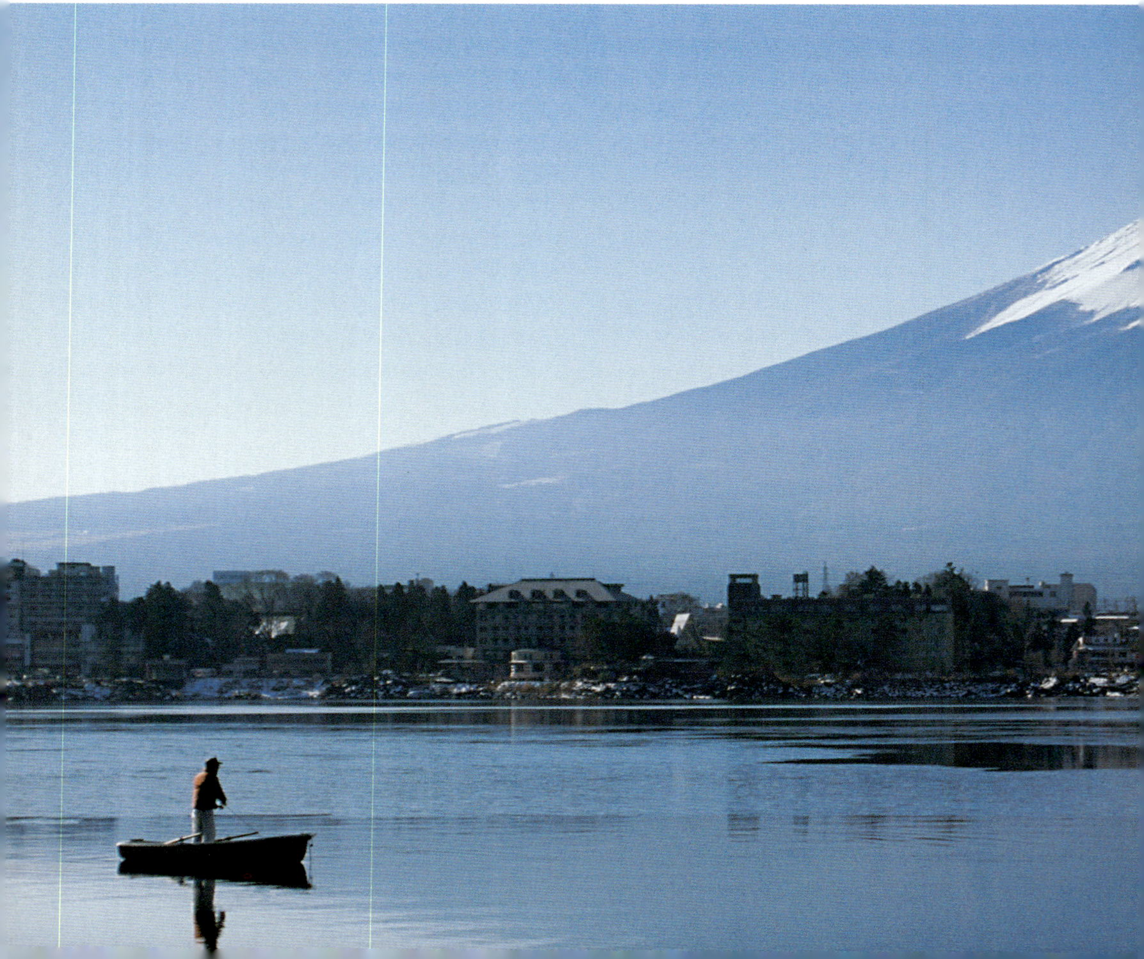

기후와 분석 때문에 고산 식물조차 자라지 못한다. 반면 아래쪽 비탈에는 혼합림이 울창하다. 여름철 저녁이면 숲은 쏙독새가 우짖거나 딱새와 멧새가 지저귀며 뻐꾸기들의 울음소리도 운치 있다. 이 숲에 서식하는 뻐꾸기는 4종류에 달하며 붉은여우와 너구리도 이 지역에 서식한다. 정상에서 보면 산은 일본 중부의 저지대까지 이어져 있다. 벚꽃이 만개할 즈음 남쪽의 바위투성이 해안에서 후지 산을 바라보면 말로 형용할 수 없는 아름다움이 느껴진다.

여름철에는 해 뜨기 전이 되면 순례자들과 등산객들이 산기슭에 흩어져 있는 오두막에서 급히 나온다. 정상에서 해돋이를 보기 위해서이다. 한편 이곳에서는 바보들이나 후지 산 정상에 두 번 올라간다는 속설이 전해진다. **MBz**

아래 일본의 상징 – 후지 산

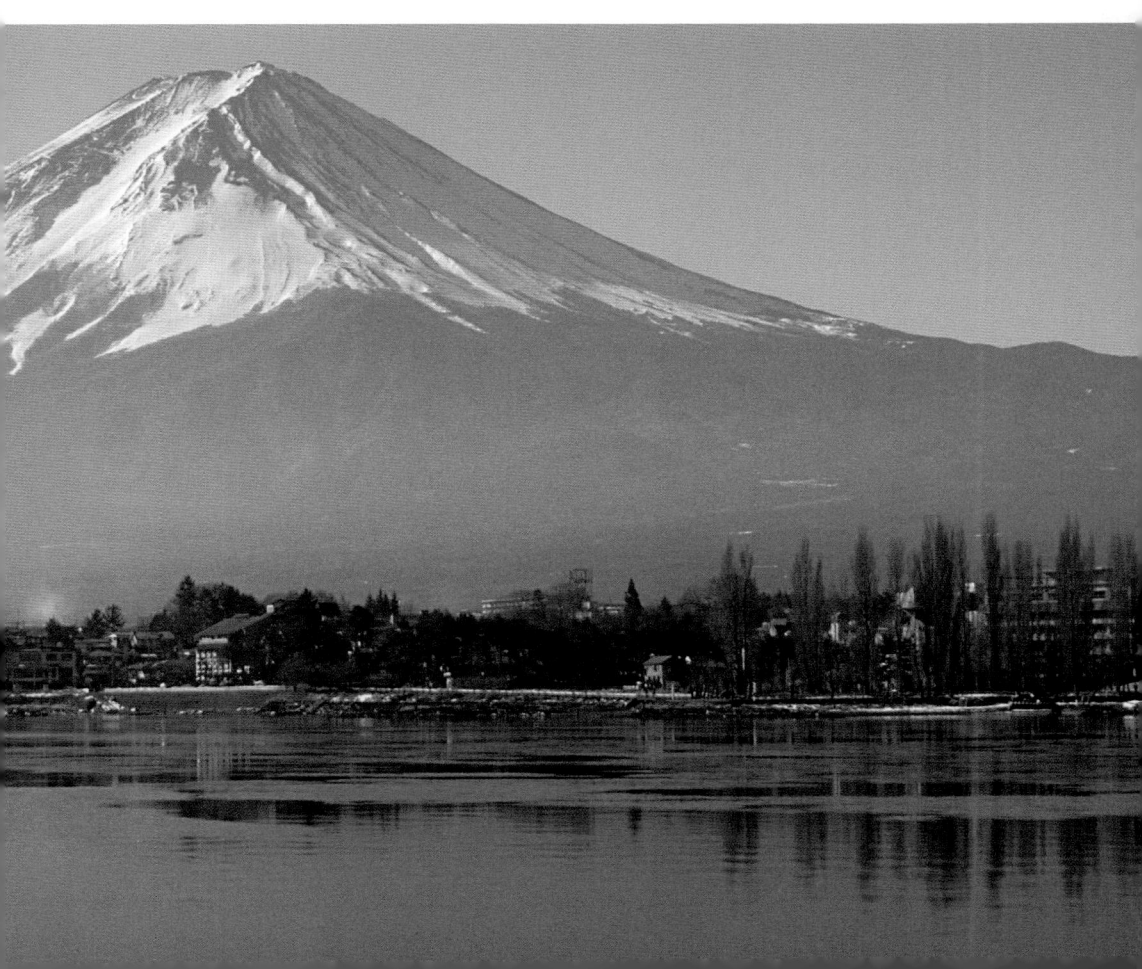

야쿠시마 섬

일본, 가고시마 현

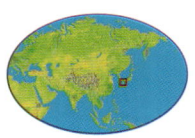

야쿠시마 섬의 둘레 : 132킬로미터
최고 높이(미야노우라 산) : 1,935미터

동중국해에 떠 있는 야쿠시마 섬은 태풍이 지나가는 길목에 있다. 1993년 산호초로 에워싸인 자그마한 이 섬은 생물학적 다양성과 경관의 아름다움을 인정받아 일본 최초로 유네스코 세계문화유산과 자연유산으로 지정되었다. 야쿠시마 섬에는 1,000미터 이상의 화강암 봉우리가 40개가 넘는데 혼슈에 있는 일본알프스와 그보다 더 높은 봉우리들이 솟아 있는 대만 사이에서 최고 높이를 자랑한다. 이 섬에는 놀라울 정도로 다양한 서식지가 분포해 있다. 고산 지대에는 침엽수림이 울창하며 아고산대 식물도 많이 발견된다. 해안선 부근에는 아열대 식물인 부겐빌레아, 바나나와 반얀나무 등이 자란다. 오랫동안 고립되었던 야쿠시마 섬의 산악지대는 특유의 따뜻하고 습한 기후가 형성되어 있다. 놀랄 만큼 풍부한 강수량 덕에 숲에는 이끼가 잔뜩 끼어 있고 강물은 언제나 풍부하며 폭포수는 기세등등하게 흘러내린다. 습하고 고요한 숲에는 이 지역에서만 볼 수 있는 사슴 종류와 짧은 꼬리원숭이가 서식한다. 특히 '수기'라고 하는 거대한 삼나무는 이 섬이 유명해지는 데 큰 몫을 했다. 대부분 수령이 1,000년이 넘는데, 그중에서도 육중한 '조몽수기'는 세계에서 가장 오래된 나무로 수령이 7,200년에 달한다. **MBz**

류큐 제도

일본, 오키나와 현

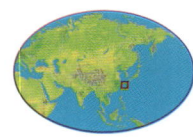

류큐 제도의 육지 면적 : 2,389제곱킬로미터
크고 작은 섬들의 수 : 200개
암석의 종류 : 화산암

일본 남부의 규슈와 대만 사이의 난류 지대에 있는 류큐 제도에는 크고 작은 섬 200개가 줄지어 서 있다. 섬나라로 유명한 일본의 류큐 열도는 일본의 다른 지역과 완전히 다르다.

아마미오시마와 오키나와의 생태계는 풍부하고도 다양하다. 이 두 섬의 주변에는 산호초가 발달해 있고 맹그로브 숲과 괴상하게 생긴 소철나무가 자라는 울창한 아열대 숲이 있다. 따뜻한 해류가 흐르는 섬 주변에는 고래, 거북이와 상어가 모여든다. 지질학적으로 살펴보자면 류큐 제도는 큰 변화를 겪은 곳이다. 한때 이곳은 기반암으로 아시아 대륙과 이어져 있었는데, 이 기반암 부분이 해수면 위로 솟아올라 육교가 된 것이다. 후에 이 육교가 붕괴하자 섬은 말 그대로 섬이 되었다. 이런 과정이 2억 5,000만 년에 걸쳐 반복되었다. 열을 지어 늘어선 섬과 대륙이 연결되어 있었을 때는 동물들이 두 지역 사이를 오고 갈 수 있었다. 하지만 분리되면서 동물들은 열도와 대륙으로 나누어져 각자 진화했다. 그 결과 아마미오시마 섬에 사는 야행성의 검은 토끼 같은 고유종이 발달했다. **MBz**

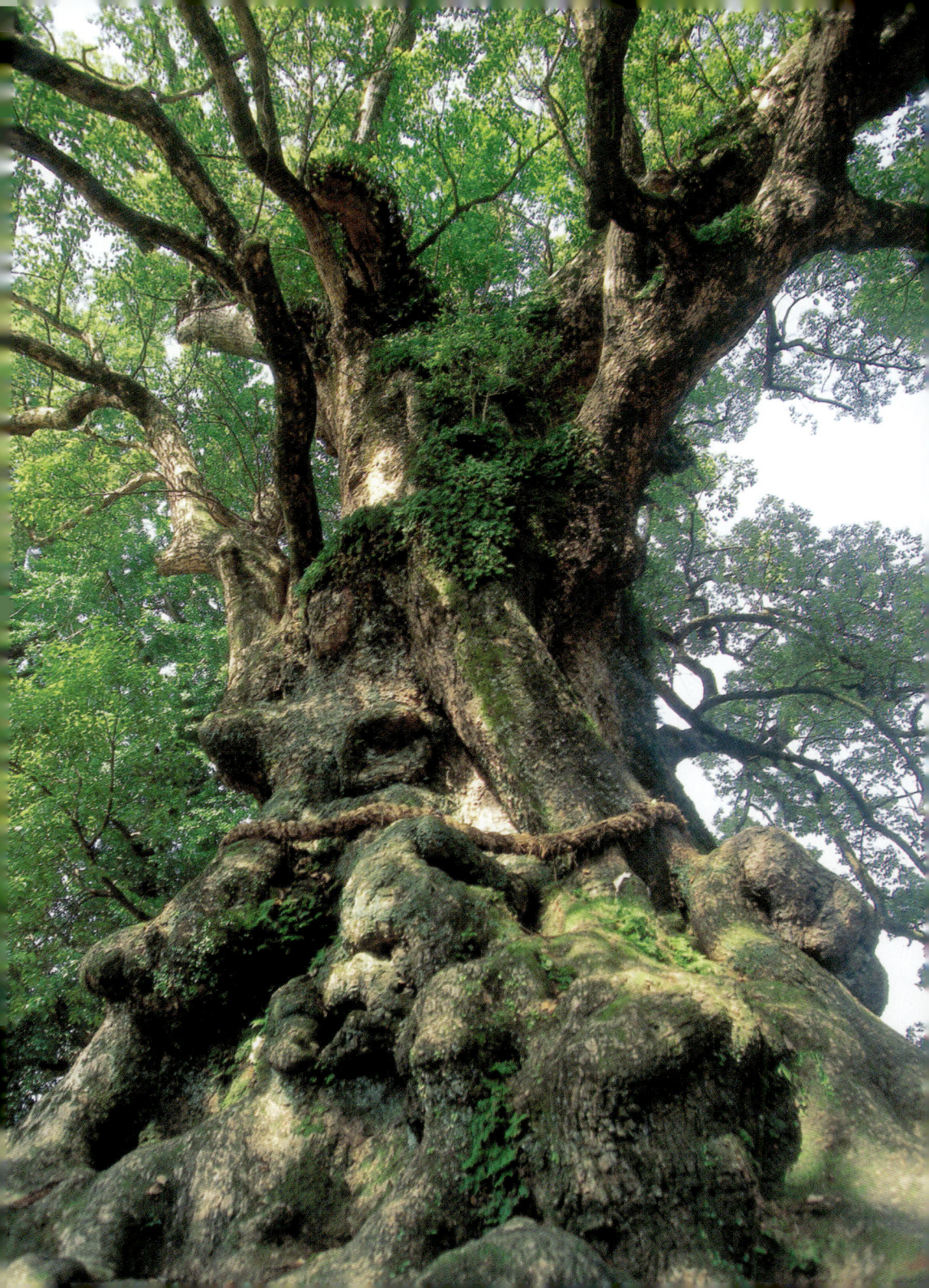

쿠시로 습지

일본, 홋카이도

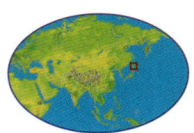

공원의 면적 : 269제곱킬로미터

특징 : 두루미

일 본의 최대 습지인 쿠시로 습지는 아이누 족의 습지의 신인 '사루룬 카무이' 즉, 두루미의 보금자리이다. 지난 1,000년간 이 지역에 서식한 희귀조인 두루미(탄초)는 수많은 민담과 설화에 등장한다. 1890년대만 해도 탄초는 멸종하기 일보 직전이었다. 1924년에는 쿠시로 습지에서 아사 직전

에 있는 학 12마리가 발견되기도 했다. 그러나 현지 주민들이 겨울마다 옥수수와 메밀을 먹이로 주며 두루미를 살리려고 노력한 끝에 마침내 두루미는 멸종 위기에서 벗어날 수 있었다. 현재 쿠시로 지역에서 발견된 두루미는 600여 마리에 달한다.

쿠시로 습지는 홋카이도 동부의 화산에서 쏟아진 물질로 만들어진, 식물이 무성한 삼각주이며 토탄 연못과 거대한 갈대밭이 발달해 있다. 이 연못과 갈대밭은 홋카이도 동부의 신선한 여름과 혹독한 겨울에 잘 적응한 하우스피시, 개구리와 잠자리

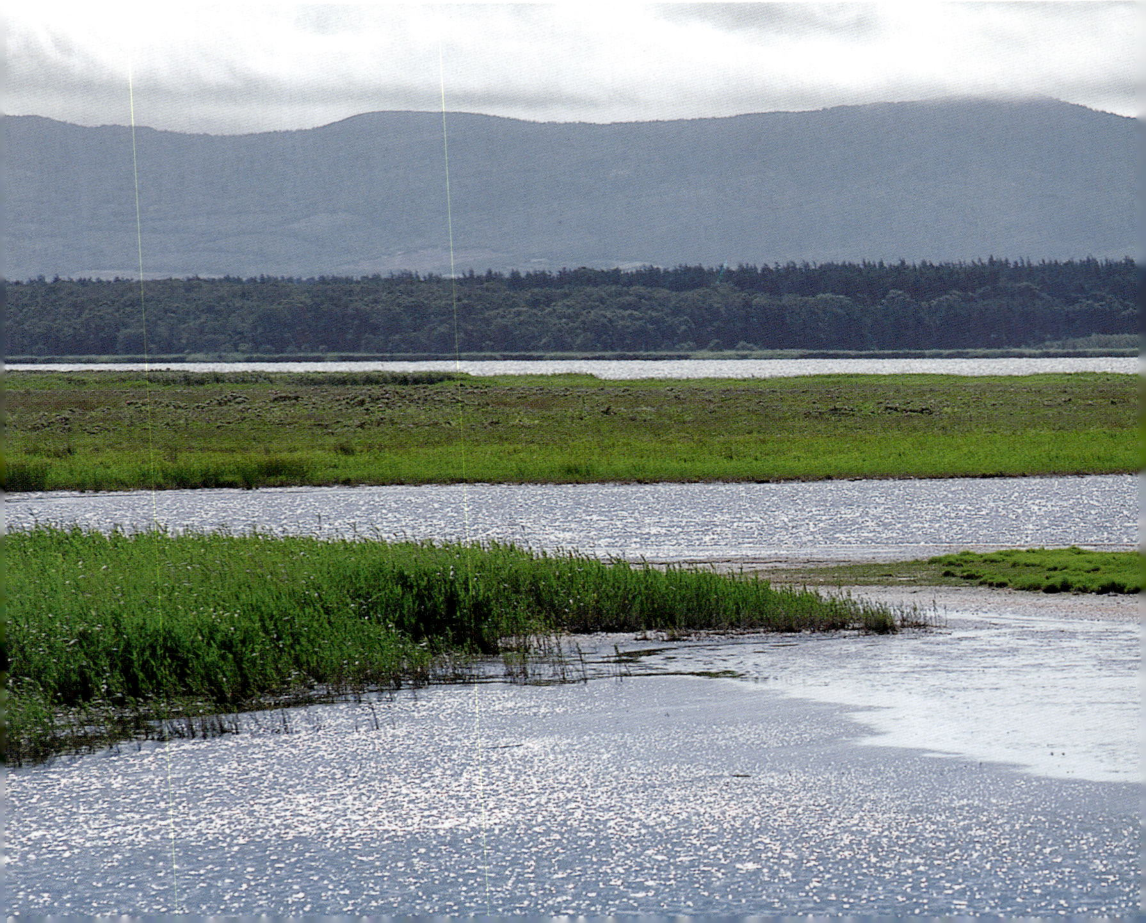

들의 보금자리이다.

습지 주변은 녹음이 무성한 낮은 구릉지이며 뒤쪽에는 태평양이 펼쳐져 있다. 북쪽으로는 아칸 화산지대를 바라보고 있는데 바로 그곳에 있는 쿳샤로 호수에서 쿠시로 강이 발원한다. 여름에 오스트레일리아에서 큰메추라기도요(일명 '라이트닝버드')가 날아와 요란 법석을 떨고 뻐꾸기들도 신나게 노래를 부른다. 하지만 가장 큰 목청을 자랑하는 새는 깊은 저음의 두루미 이인조이다. 여름만 되면 습지는 곤충과 새들로 생기가 넘치고 겨울이면 살을 에는 바람에 부러질 듯 가는 갈대 줄기가 삭삭거리며 노래를 부른다. 여기저기 얼어붙은 연못이 쩍쩍 갈라지는 소리도 들린다. 두루미는 일 년 내내 이 습지에서 지내는데, 으슥한 갈대밭에 둥지를 잘 숨기기 때문이다. 겨울이 되면 두루미는 늘 모이는 곳에 모여서 환상적인 짝짓기 춤을 추며 부부의 정을 돈독히 한다. **MBz**

아래 습지의 신인 두루미의 안식처

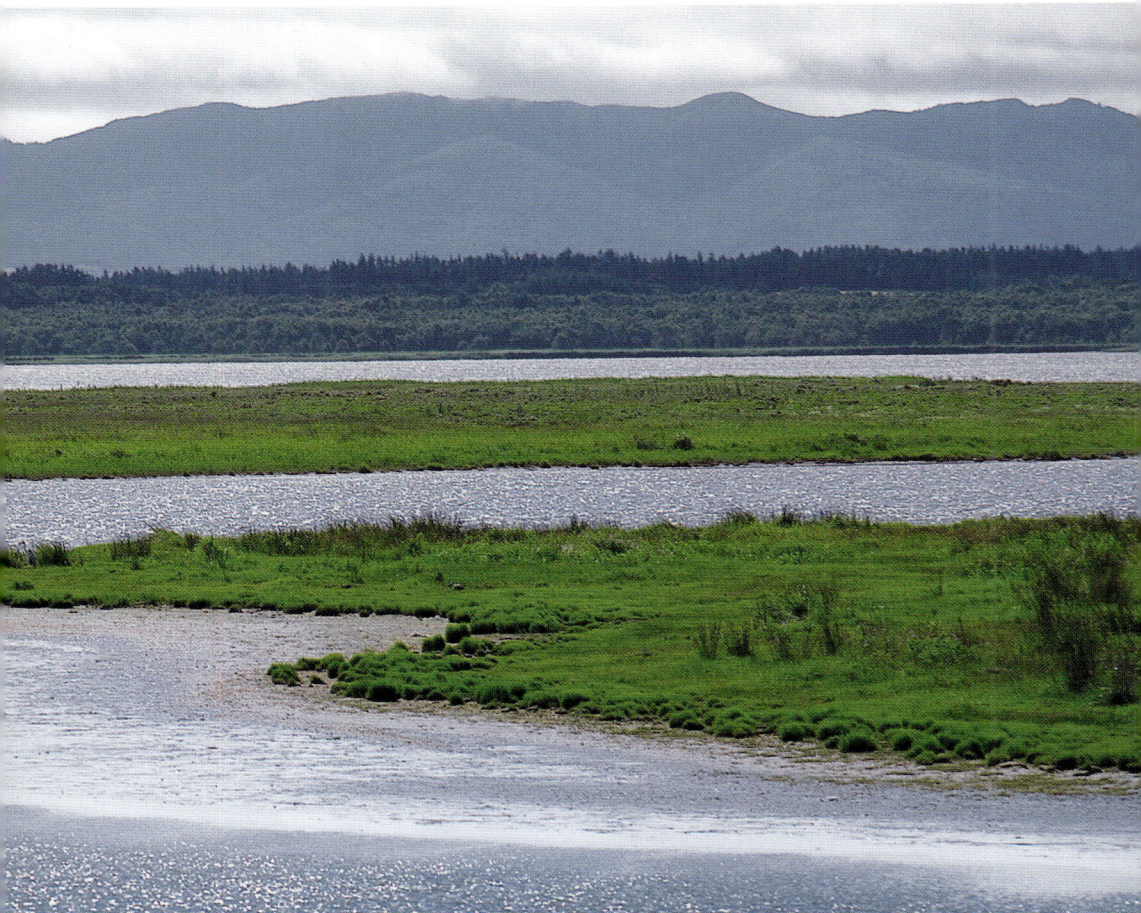

이즈미

일본

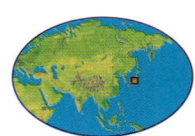

학의 종수 : 2〜5종	
학의 수 : 11,000마리 이상	

지금은 농지로 개간된 이즈미를 보고 있으면 이곳이 한때 세계 최대의 야생생물 천국이었다는 사실이 믿어지지 않는다. 지금은 아라사키 해안 평야의 좁은 밭에 불과한 이곳이 아시아 최대의 학 월동지이다. 학은 중국 북동부와 러시아에서 대륙의 해안선을 따라 남하를 시작해 한반도를 거쳐 산) 중에서 80퍼센트 이상이 이즈미에서 겨울을 난다. 이 두루미는 독특한 울음소리와 짝짓기 춤으로 유명한데, 고개를 숙이거나 뛰어오르고 달리거나 풀잎과 나뭇가지를 던지며 날개를 퍼덕거린다.

두루미 무리가 동시에 둥지에서 날아오르는 모습과 소리는 정말 아름다운데, 열을 지어 들판을 행진하다가 차례로 무리에서 날아오르는 모습이 장관을 이룬다. 미국의 캐나다두루미나 유럽의 검은목두루미가 이곳보다 수는 더 많을지 모르나 아라사키 평야는 두루미의 수와 종류 면에서 훨씬 더

지금은 농지로 개간된 이즈미를 보고 있으면 이곳이 한때 세계 최대의
야생생물 천국이었다는 사실이 믿어지지 않는다. 지금은 아라사키 해안 평야의
좁은 밭에 불과한 이곳이 아시아 최대의 학 월동지이다.

큐슈(일본의 주요 섬 중 최남단에 있는 섬)의 이즈미에서 겨울을 난다.

다리는 분홍색이고 목은 짙은 회색과 흰색이 번갈아 나타나는 재두루미는 이즈미에서 발견된 여러 종류의 학 중에서 가장 우아한 자태를 뽐낸다. 이즈미의 논과 밭은 학이 쉬거나 새끼를 낳기에 더없이 좋은 조건을 갖추고 있다. 하지만 요즘에는 학이 사람들이 주는 먹이에 크게 의존하고 있는 실정이다.

재두루미는 흑두루미에 비해 그 수가 훨씬 많다. 전 세계에 서식하는 흑두루미(약 8,000마리로 추뛰어나다.

큐슈의 두루미 무리는 마치 자석처럼 희귀한 철새들을 끌어 모은다. 동아시아에 가장 일반적인 두 두루미 종이 적어도 셋 이상의 희귀 조류를 불러 모으는 것은 이곳만의 독특한 현상이다. 2004년에 마치 국제적인 모임이라도 가지듯 캐나다두루미, 검은목두루미와 시베리아두루미가 재두루미와 흑두루미와 이즈미에 모였다. **MBz**

오른쪽 흑두루미 가족

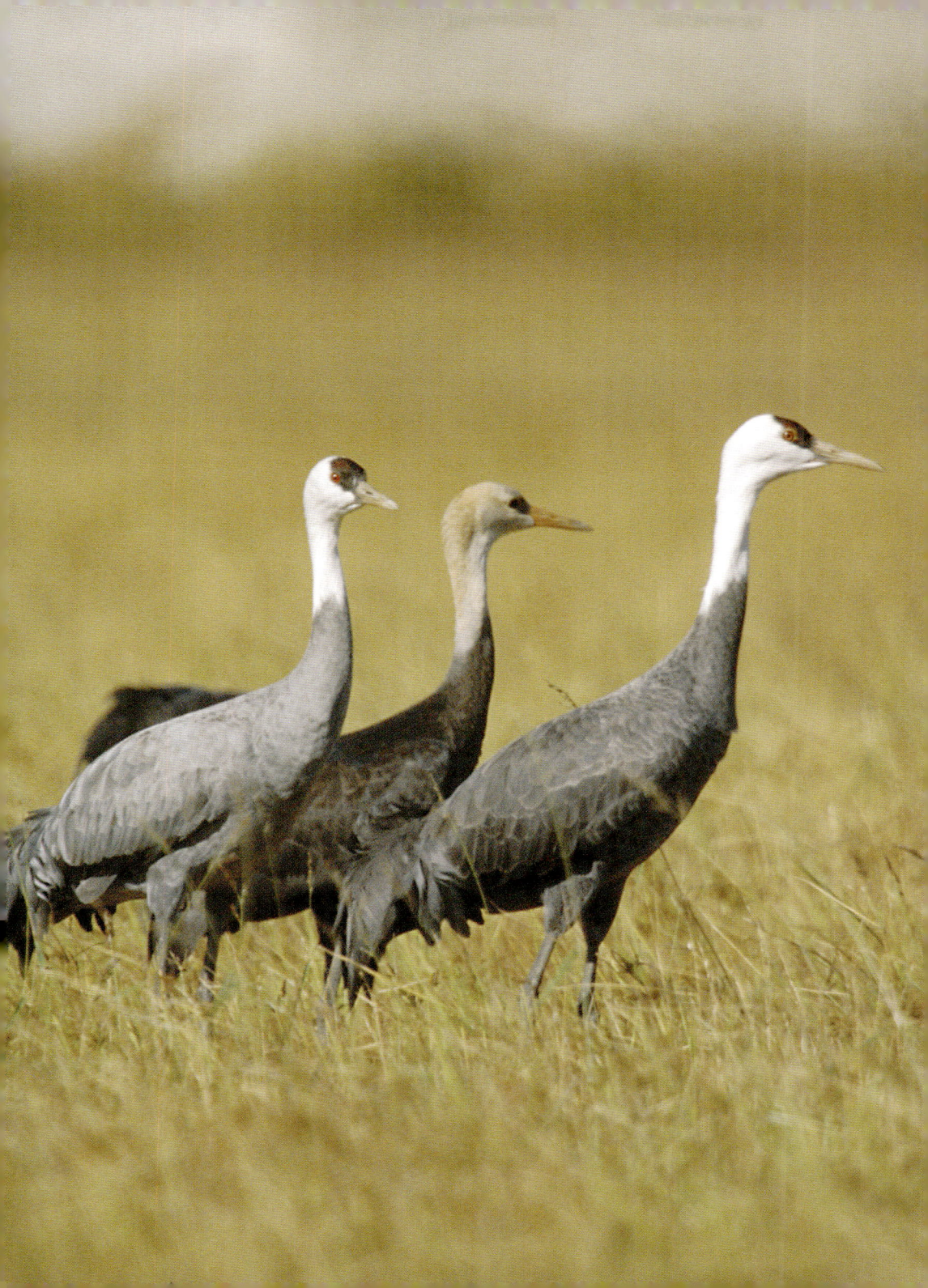

백두산 / 천지

북한

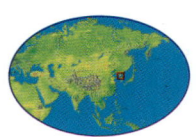

천지의 평균 수심 : 213미터	
압록강의 길이 : 790킬로미터	
두만강의 길이 : 521킬로미터	

북한과 중국의 국경에는 북한에서 가장 신성한 산으로 모셔지는 산이 있다. 백색의 부석이 얹혀 있기 때문에 '흰머리 산'이라는 뜻의 백두산은 한국인의 혼을 상징하는 성지이다. 신화에 따르면 이곳은 한국인들의 조상인 단군이 태어난 곳이며 한국의 국가(國歌)에도 등장한다.

북한 최고봉인 백두산의 해발 고도는 2,744미터이다. 이 사화산이 압록강과 두만강처럼 주요 하천의 발원지이기도 하지만 사람들은 이 산 정상에 있는 칼데라 호에 더 큰 관심을 보인다.

'하늘의 호수'라는 뜻의 천지는 세계에서 가장 크고 깊은 칼데라 호에 속하는데, 총 면적은 9제곱킬로미터이며 추정 저수량은 20억 톤이다. 백두산 주위에는 20여 곳 이상의 삼림이 무성한 봉우리가 솟아 있다. 산허리의 바위 골짜기에는 곰, 호랑이, 표범과 같은 맹수와 식물 2,700종이 자라고 있다.

국경지역에 조성된 긴장 상황 때문에 일반인이 이곳에 등반하는 일은 쉽지 않지만 정부 관광청을 통해 특별 등반 허가를 받을 수 있다. **AB**

연주담

북한

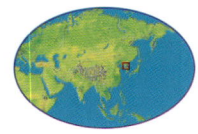

금강산 최고봉의 고도 : 1,638미터	
동서 길이 : 40킬로미터	
서식지 : 바위, 고산 지대, 온대성 삼림지대	

북한의 남부에 있는 연주담은 평온하고 신비로운 모습을 지니고 있다. 연한 회색의 우아한 석회암 바위들 사이로 옥빛의 맑은 연못이 들어서 있는 이곳은 두 개의 담소가 비단실로 꿰어놓은 듯 연이어져 있다는 사실에서 연주담(連珠潭)이라는 이름이 유래했다. 연주담은 하늘의 선녀가 에메랄드 목걸이를 떨어뜨려 만들어졌다는 이야기가 전해져 온다. 하늘에서 떨어진 보석이 부서지면서 연못이 되었다는 것이다.

연주담이 있는 금강산은 그림 같은 봉우리들이 은은한 안개에 모습을 숨긴 곳으로 한국 최고의 절경으로 꼽히며, 가을에는 울긋불긋하게 주위를 수놓은 단풍이 장관을 이룬다. 반세기 동안 외부에 공개되지 않았던 이곳은 현재 외국 관광객에게 빗장을 풀었다.

금강산은 세 지역으로 이루어져 있다. 연못들이 있는 내금강과 만물상을 볼 수 있는 외금강, 동해를 향해 뻗은 층층이 솟은 암석 기둥에 소나무 숲이 조성된 해금강이 그것이다. **AB**

구룡폭포 / 금강산

북한

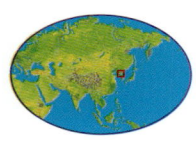

구룡폭포 높이 : 74미터

글씨가 새겨진 바위의 높이 : 18미터

글씨가 새겨진 바위의 폭 : 3.6미터

금 강산의 동쪽인 외금강 지역은 멋진 폭포와 연못들을 감상할 수 있는 천혜의 절경이다. 이 지역에서 장관 중의 장관이라고 일컬어지는 구룡폭포는 화강암 절벽에 기다란 주렴(珠簾)처럼 이어져 구룡연까지 이르는 폭포들의 총칭이다.

폭포들이 떨어지는 절벽과 그 아래에 형성된 연못이 단 하나의 화강암 바위로 이루어져 있는 독특한 지형이 특징적이다. 폭포 옆 전망대에서 보면 여덟 개의 보석이 늘어선 것 같은 상팔담과 금강산을 지키는 아홉 마리의 용을 일컫는 구룡담이 보인다.

1919년에 거대한 화강암 절벽에 김규진(1866~1933년)이라는 서예가가 미륵불 세 글자를 새겨 넣었는데, 그는 조선의 마지막 왕세자인 영친왕의 스승이기도 했다.

금강산의 4대 폭포 중 하나인 비봉폭포 근처에 있는 폭포들은 줄무늬가 있는 암석 절벽을 지나 139미터를 떨어져 내리는데, 그 모습은 보기만 해도 아찔하다. 폭포에서 떨어지는 깃털처럼 하얀 물기둥을 보고 있으면, 마치 하늘로 비상하는 봉황이 떠오른다. **RC**

만물상

북한

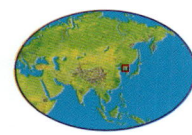

금강산 국립공원 면적 : 3,885헥타르

암석의 종류 : 석회암

만 물상은 특정한 산을 지칭하는 것이 아니라 금강산 지역의 북쪽에 있는 오봉산의 일부를 지칭하는 말이다. 만물상은 '한자리에 모인 온 세상'이라는 뜻으로 이 지역에 자연적으로 형성된 석회암 봉우리를 의미하는데, 그 모습이 기괴하여 보는 이의 상상력을 자극한다.

만물상은 거대한 퇴적암 지대에 있는데 이 지역의 지층작용으로 밖으로 드러나게 되었다. 퇴적된 층들이 제각각 침식작용을 받은 결과 지금과 같은 천연의 독특한 갤러리가 형성되었다.

'1만 2,000개의 기적이 일어나는 곳'으로도 알려진 이 지역에는 멋진 봉우리 사이로 유명 사찰도 많이 있다. 단풍나무 숲으로 둘러싸인 이 지역은 특히 가을이 아름다운데, 가을이 되면 수수한 회색 암석을 배경으로 울긋불긋한 단풍이 그 자태를 뽐낸다. 만물상은 대부분 금강산 국립공원 경계 내에 있다. 이곳은 수많은 시인과 예술가들에게 영감을 준 곳으로, 한국 문화에도 큰 영향을 끼쳤다. 봉우리는 깎아지른 듯해 특별히 설치된 사다리로만 올라갈 수 있는 곳이 많다. **AB**

만장굴과
성산 일출봉

대한민국, 제주특별자치도

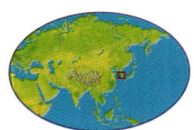

성산 일출봉의 높이 : 90미터

화구구의 지름 : 600미터

특징 : 화구구와 해안절벽, 용암 튜브

화산섬인 제주도의 동쪽 끝단에 있는 성산 일출봉은 10만 년 전 바다에서 폭발한 화산이었다. 지금까지 남아 있는 분화구는 지름이 600미터이며 높이가 90미터로 근처 마을에서 시작되는 등산로로 정상까지 올라갈 수 있다.

정상에 서면 섬의 동쪽 지역과 파도가 몰아치는 해안 절벽의 멋진 풍경이 한눈에 들어온다. 제주도의 또 다른 화산 지형으로는 섬의 북동쪽 해안에 있는 만장굴이 있다. 오래전부터 '만쟁이굴'이라는 속칭으로도 불렸던 이 굴이 세상에 알려진 것은 1958년 이후인데, 1977년에서 10여 년간 실시된 조사에 따르면 길이와 구조면에서 단연코 세계 최고 수준인 것으로 알려졌다. 13.4킬로미터나 뻗어 있는 만장굴은 용암 튜브로는 세계에서 가장 길며 동굴 내부의 통로들은 높이와 폭이 3~20미터로 다양하다. 동굴 내벽의 표면에 남아 있는 동심원 무늬와 기괴하게 굳어버린 바위들을 보면 폭발 당시 용암이 얼마나 격렬하게 이곳을 지나갔는지 알 수 있다.

또한 이 동굴에 서식하는 동식물도 매우 독특한데 환경 보호를 목적으로 동굴의 2.5킬로미터 구간만 일반에 공개된다. 동굴 내부는 조명 시설이 훌륭해서 통로가 매우 안전하다. **AB**

아래 10만 년 전 만들어진 성산 일출봉

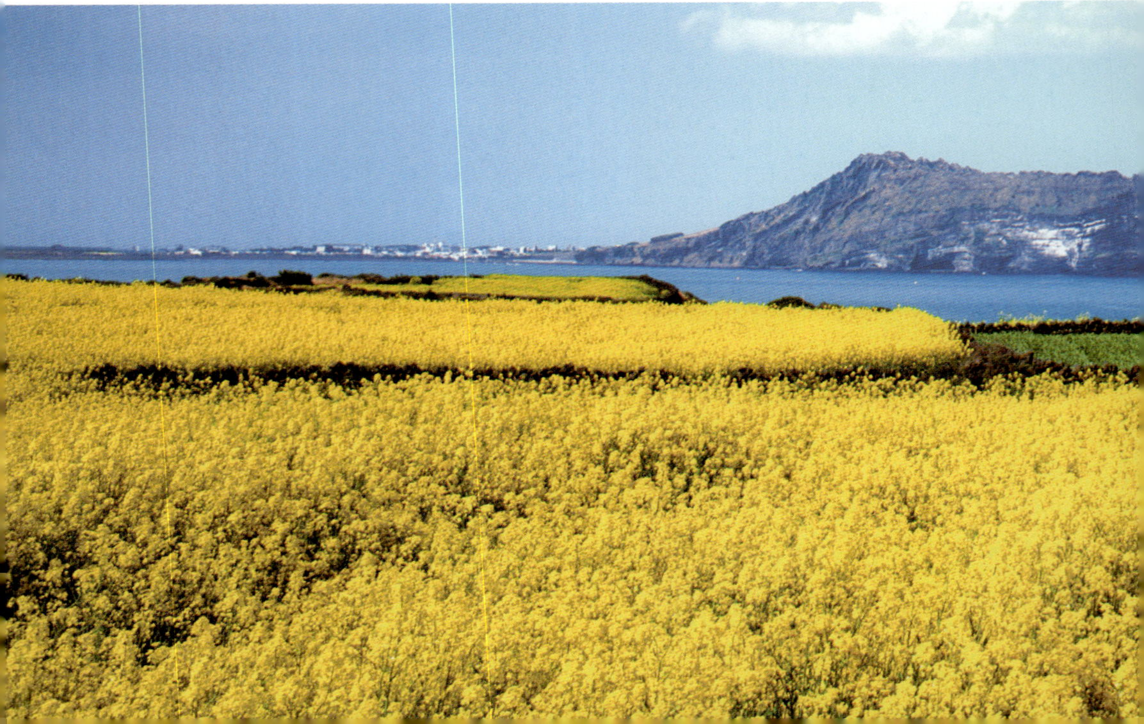

주상절리 해안과 제주도

대한민국, 제주특별자치도

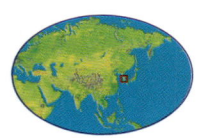

주상절리 해안의 길이 : 2.1킬로미터
절벽의 높이 : 20미터

제 주도의 남쪽 해안에는 거대한 육각형 결정 형태로 바다에서 솟아오른 수직 돌기둥들이 독특한 해안 풍경을 이루는 곳이 있다. 주상절리는 짙은 재색의 육각형 돌기둥이다. 그런데 그 형태가 너무 일정해서 도저히 석공이 아닌 자연의 솜씨라는 사실이 믿어지지 않는다. 이 기둥들은 한라산에서 분출된 현무암 용암이 굳은 것이다. 오랜 세월 몰아치는 파도에 깎여 천연 계단이 된 곳도 있고 밀물이 들이치면 파도가 공중으로 10미터나 치솟는 곳도 있다.

행정구역상 이곳의 지명은 '지삿개 바위'이지만 원래 '신들의 제단'이라는 뜻으로 지삿개 해안이라고 부른다. 주상절리 해안은 2킬로미터로 서귀포시의 중문과 대포동을 잇는다. 대포동의 남서쪽에서 출발해 소나무 숲을 지나면 화산 암맥이나 용암, 용결 응회암 등에서 생긴 주상절리가 나온다.

이 지역은 문화재로 지정된 곳으로, 한국에서 가장 인기 있는 관광지 가운데 하나이며 최근에는 여러 차례의 정상회담 장소로 활용되는 등 국제적인 관광지로도 각광받고 있다. **RC**

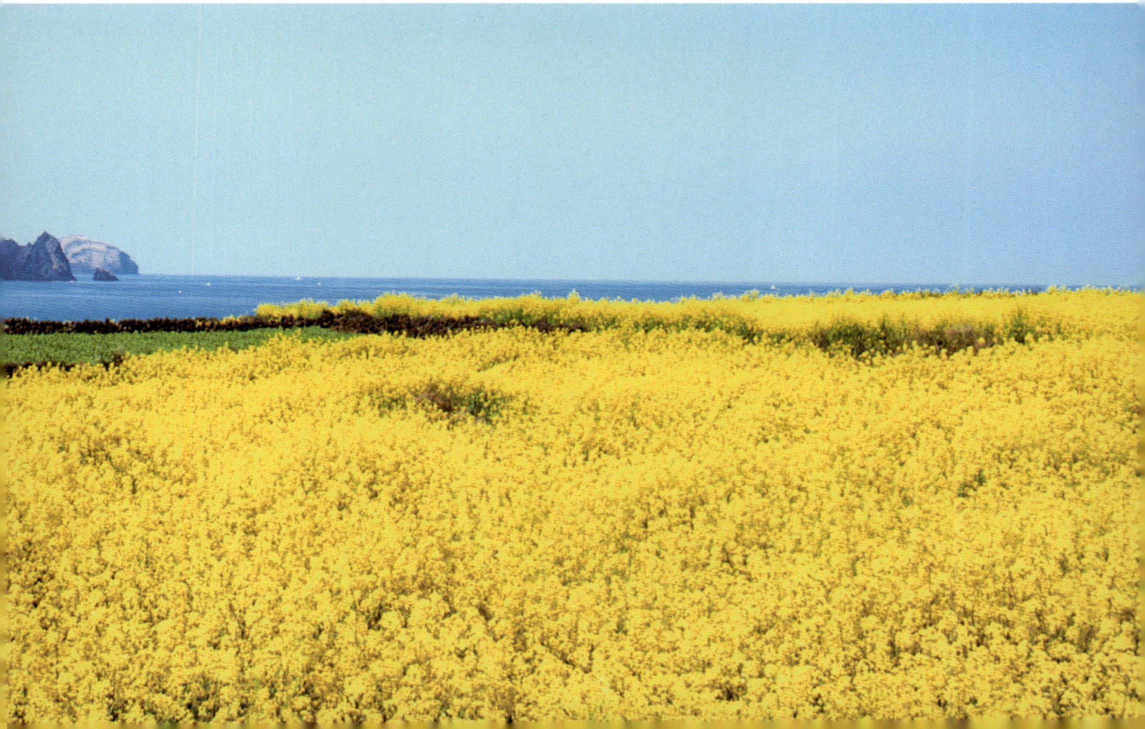

환선굴

대한민국, 강원도

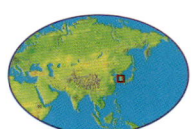

환선굴의 길이 : 6.2킬로미터	
주 암실의 지름 : 40미터	
통로의 평균 높이 : 15미터	
평균 폭 : 20미터	

한국에 있는 동해안 부근 지역(강원도)에는 최대의 카르스트 지형이 발달되어 있는데, 이곳에 산재해 있는 석회암 동굴은 무려 500개에 달한다. 즉 한국에 분포한 동굴의 반이 강원도에 집중된 셈이다. 그 중에서도 수려한 경관을 자랑하는 해발 820미터의 산악지대에는 아시아 최대의 석회암 동굴이 있다. 이는 바로 남한에서 가장 규모가 크고 복잡한 구조를 지닌 환선굴이다. 6.4킬로미터인 환선굴의 통로는 높이가 15미터이고 폭은 20미터이다. 그런데 그 크기보다 더 놀라운 것은 바로 주 암실에 있는 못이다. 하얀 모래가 깔린 암실의 못은 수천 명이 들어갈 수 있을 정도로 크다.

환선굴에는 온갖 모양의 석순이 자라고 있으며 '만리장성'이라고 부르는 종유석 계단폭포도 있다. 주 암실에는 물방울이 오랜 세월 떨어져 꽃방석같은 무늬를 새겨넣은 옥좌대가 있다. 이 굴은 겨우 1.6킬로미터 구간만 일반에 공개되지만, 그 짧은 여정에서 아름다운 폭포 여섯 개와 맑은 연못 10개를 볼 수 있다. 동굴 내부 기온은 항상 11도를 유지한다.

강원도의 카르스트 지형은 1966년에 천연기념물로 지정되었다. 근처 삼척시 대이리에는 아름다운 유석 지형으로 세계적으로 유명한 관음굴, 양터목세굴, 덕밭세굴과 큰재세굴 등이 있다. **RC**

일출봉

대한민국, 제주특별자치도

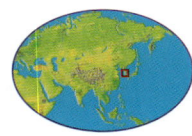

해발 고도 : 182미터	
분화구의 지름 : 600미터	

제주도의 동쪽 끝단에는 성산 반도가 있다. 이 반도의 끝단에 솟아있는 화산 분화구가 바로 일출봉이다. 이곳을 일출봉이라고 부르는 이유는 정상에서 보이는 일출이 매우 아름답기 때문이다.

일출봉은 약 10만 년 전에 해저에서 폭발한 화산의 정상이다. 현재 분화구의 가장자리를 에워싼 뾰족한 바위는 99개나 된다. 멀리서 보면 바다 위로 거대한 왕관이나 성처럼 보인다. 일출봉의 북쪽과 남동쪽은 절벽이다. 정상의 분화구까지 오르려면 성산에서 시작해 서쪽 사면을 올라가는 길을 이용하면 된다. 정상에서 바라보는 모습은 그야말로 장관이다. 특히 불타는 공 같은 해가 수평선 위로 떠오르는 모습은 감히 말로 형언하기 어렵다. 일출봉은 천연기념물로 일출부터 일몰까지만 개방한다. 근처 들판에 노란 유채화가 흐드러지게 피는 봄이 유난히 아름답다. 새해 전야에는 수많은 사람이 일출을 보면서 한 해의 복을 빌고자 이곳을 찾는다. **RC**

한라산

대한민국, 제주특별자치도

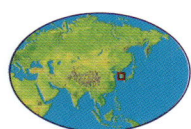

다른 이름 : 제주도
해발 고도 : 1,950미터
종류 : 아열대 화산섬

한반도의 남쪽 바다에 떠 있는 마름모꼴 모양의 제주도에는 한국의 최고봉인 한라산이 그 위용을 자랑하고 있다. 한라산은 제주도 어디에서나 볼 수 있지만 정상이 구름에 가려 있는 날이 많다. 한라산은 제3기 말에서 제4기 초에 분출한 휴화산으로 1007년에 마지막으로 폭발을 했다. 그 이후로 정상의 칼데라에는 '하얀 사슴이 노니는 곳'인 백록담이 생겼다. 백록담은 수정처럼 맑은 물을 자랑한다. 전설에 따르면, 하얀 사슴을 타고 하늘에서 내려온 선인(도사나 산신령이라고도 한다)들이 호수의 아름다움을 마음껏 즐겼다고 한다. 백록담

주변의 기괴한 바위와 절벽은 이 신성한 곳을 지키는 수호자들이라고 한다.

한라산에는 비옥한 화산토가 풍부해서 아열대 활엽수림을 비롯해 숲이 울창하다. 저지대에서 발견된 나무 수종이 70종에 달하는데, 야생동백나무, 무화과, 개나리와 감귤나무 등이 자란다. 고지대에는 소나무가 잘 자라며 정상 부근에는 다양한 고산 식물이 자생한다.

봄이면 산비탈에 진달래가 흐드러지게 피고 가을이면 울긋불긋한 단풍이 아름답다. 이 지역에서는 흑곰과 한라산의 상징인 노루도 볼 수 있다. 한편 이곳은 1970년에 국립공원으로 지정되었고, 해마다 1월에는 어리목을 중심으로 눈꽃축제가 열린다. **AB**

코페트다크 산맥

이란 / 투르크메니스탄

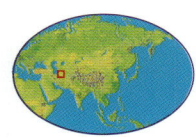

쿠에쿠찬 봉의 해발 고도 : 3,191미터
바카르덴 호수의 길이 : 72미터
바카르덴 호수의 폭 : 30미터

이란과 투르크메니스탄의 접경 지역에는 메마르고 황량한 산맥이 있다. 현지에서는 코페트다크 혹은 '달의 산맥'이라고 부른다. 이 산맥은 사막으로 주위를 둘러봐도 보이는 것이라고는 바람에 흩날리는 먼지뿐, 풀이라고는 전혀 찾아볼 수 없다. 카라쿰 사막에는 사구들이 북쪽으로 뻗어 있는데, '검은 사막'이라고도 하는 카라쿰 사막은 세계에서 가장 크고 뜨거운 모래사막이다. 산맥은 카스피 해에서 시작해 이란과 투르크메니스탄의 국

경을 따라 하리루드 혹은 테젠 강까지 645킬로미터를 내달린다. 이 지역은 갈색 진흙투성이의 협곡과 험준하기 짝이 없는 절벽으로 둘러싸인 골짜기가 잘 발달해 있다.

최고봉인 쿠에쿠찬 봉은 해발 3,191미터로 산비탈 아래 깊숙한 곳에 비경을 감추고 있다. 약 60미터 지하에 있는 코브아타 동굴은 바카르덴이라고도 부르는 뜨거운 호수이다. 호수의 수온은 36도로 유황 냄새가 코를 찌른다. '동굴의 아버지'라는 뜻의 코브아타의 모습은 정말 인상적이다. 이곳은 아슈하바트에서 남쪽으로 37킬로미터 떨어져 있다. **MB**

반드-에 아미르 호수

아프가니스탄, 바미안

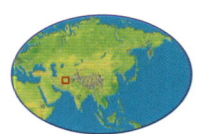

호수의 해발 고도 : 3,000미터

호수의 총 길이 : 11킬로미터

아프가니스탄의 힌두쿠시 산맥 기슭에는 11킬로미터의 반드-에 아미르 강을 따라 띠처럼 이어진 호수들이 있다. 이곳의 해발 고도는 약 3,000미터이며 매우 건조하다. 수 천 년 전에 물에 떨어진 죽은 식물 주변에는 탄산칼슘인 트래버틴(travertine, 물에 녹아 있는 탄산칼슘이 가라앉아 생긴 석회암)이 생성되었고 이는 세월이 흐를수록 변형되면서 아미르 강을 천연댐처럼 막았는데, 어떤 것은 그 높이가 6.1미터나 된다.

막힌 강은 이렇게 생성된 천연 댐으로 호수가 되었다. 호수에 서식하는 조류와 물속에 녹아 있는 광물에 따라 물색은 푸른색, 녹색과 우윳빛까지 다양하다. 호수로 유입되는 물은 산에서 내려오는 빙하 녹은 물이다. 그래서 한여름에 기온이 36도까지 올라가도 물은 얼음처럼 차갑다. 호수의 길이도 제각각인데, 겨우 190미터에 불과한 호수가 있는가 하면 6킬로미터나 뻗어 있는 것도 있다. 주변을 에워싼 절벽은 석회암과 점토이다.

전설에 따르면 모하메드의 사위인 알리가 포로로 이 호수에 잡혀있었다. 분노한 알리는 산사태를 일으켜 반드-에 하비타트의 댐으로 강을 막아버렸다. 호수 지역은 인적이 매우 드문 곳으로 바미안 시에서 험한 산길을 따라 80킬로미터나 들어가야 도착할 수 있다. **MB**

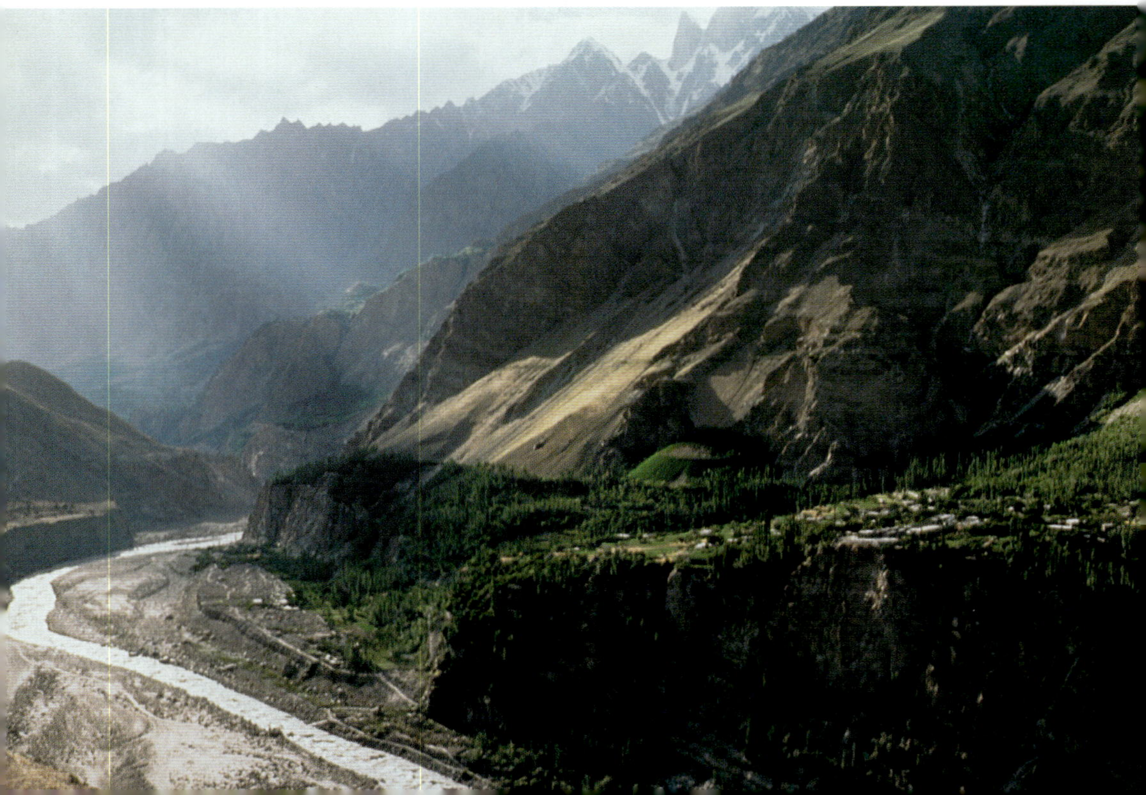

인더스 강

티베트 / 중국 / 인도 / 파키스탄

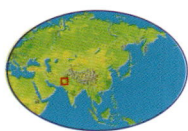

강의 길이 : 2,800킬로미터
라일라 산맥의 해발 고도 : 5,200미터
낭가파르밧의 높이 : 8,126미터

인도 사람들은 인더스 강을 '사자 강'이라고 한다. 전설에 따르면 인더스 강물이 사자의 입에서 쏟아져 나온다고 알려졌기 때문이다. 전설속에서 이 사자는 히말라야 산맥을 의미한다. 하지만 이 강의 실제 발원지는 라일라 산맥이다. 이곳에서 시작한 강줄기는 카라쿠람 산맥을 통과한 후 버린 듯한 절벽을 3,660미터나 떨어져 내린다. 절벽은 무려 560킬로미터나 뻗어 있는데 웅장한 낭가파르밧 산을 에워싸고 있다.

이곳에서 인더스 강은 햇빛이 거의 비치지 않는 가파른 협곡 사이로 숨어든다. 협곡의 높이는 곳에 따라 4,600미터에 달한다.

실제로는 아토크 협곡의 남쪽 끝 부분이 명실상부한 사자의 입이라 할 수 있는데, 펀자브의 평원 지대로 쏟아진 강물이 바로 이곳에서 세계 최대의 강이 되기 때문이다. 우기에 내리는 비와 빙하와 눈이 녹은 물이 합쳐져 몇 달 동안 심각한 홍수가 발생한다. 심한 경우에는 아예 범람한 지역이 얕은 내해가 되기도 한다. 2,800킬로미터의 여정이 끝나는 지점에서 인더스 강은 거대한 열대 맹그로브 삼각주를 지나 아라비아 해로 들어간다. **MB**

아래 인더스 강이 산악지대 사이를 굽이치듯 흐르고 있다.

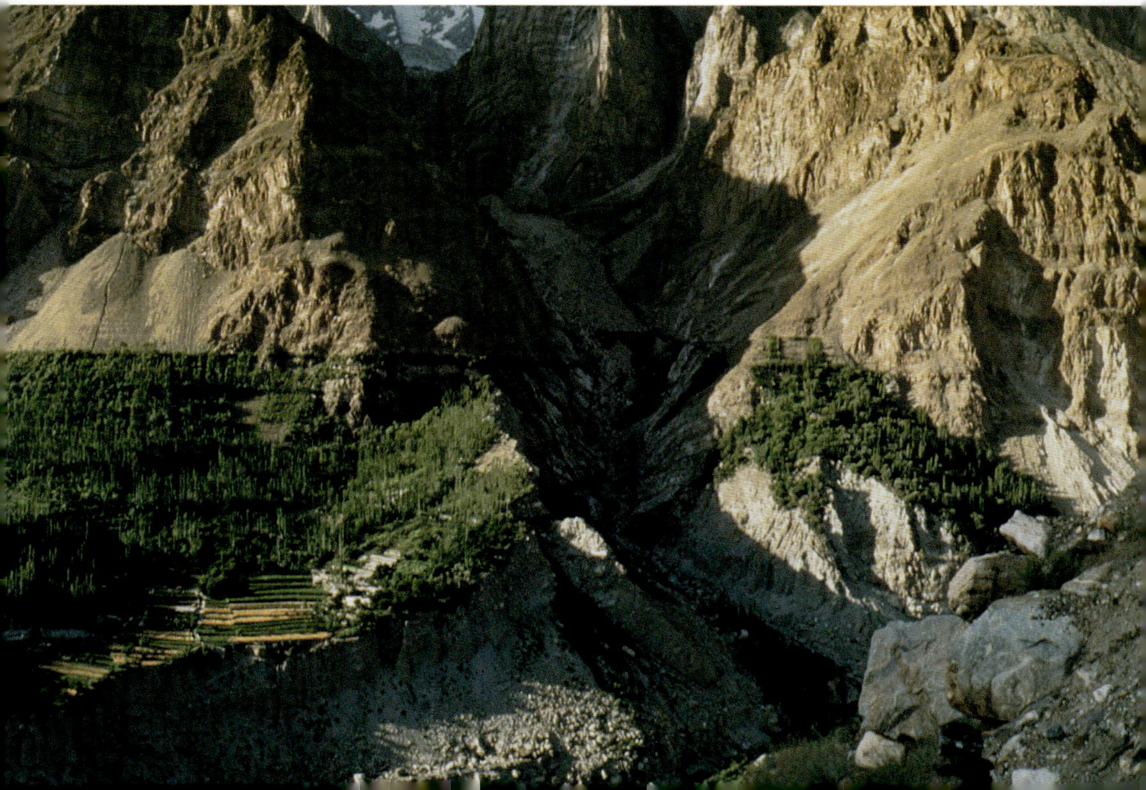

K2

파키스탄 / 중국

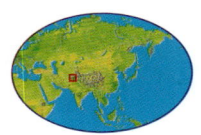

K2의 높이 : 8,611미터
카라코룸 고개의 높이 : 5,575미터
쿤제랍 고개의 높이 : 4,700미터

이 산은 K2(혹은 고드윈-오스틴 산)라고 불리며 인도 탐험의 일부로 1856년에 처음으로 조사가 이루어졌는데, 영국의 지형학자 헨리 고드윈-오스틴의 이름을 붙였다. 이곳 사람들은 K2를 '위대한 산'이라는 뜻으로 초고리라고 부른다.

높이가 8,611미터인 K2는 세계에서 두 번째로 높은 산이자 가장 험준한 산으로 손꼽힌다. 6,000미터까지 산은 온통 바위투성이며 그 위로는 깊은

있어서 영토분쟁의 대상이 되고 있다. 발토로를 비롯한 거대한 빙하가 녹은 물이 인더스 강을 비롯해 여러 강으로 흘러든다.

이 산맥을 통과하는 주요 교역로는 두 개가 있는데 하나는 해발 고도 5,575미터인 카라코룸 패스와 4,700미터인 쿤제랍 패스이다. 두 고개는 영구 설선보다 높은 지역에 있다. K2는 이 산맥의 최고봉으로 1954년 이탈리아인 아르디토 데시오가 이끄는 원정팀에 의해 최초로 정복되었다.

K2의 악명은 작은 실수도 용납하지 않는 '죽음의 산'이라는 이름처럼 수많은 희생자를 낸 후에야 정상 등반에 성공한 등반 과정에서 비롯되었다. 영

이 산은 대개 K2로 알려졌다. 산 이름치고는 독특한데, 파키스탄과 중국의 국경에 있는 카라코룸 산맥을 탐사하는 과정에서 발견되었으며, 에베레스트 산에 이은 세계 제2의 고봉이며, 카라코룸에서 두 번째로 탐사한 산이어서 K2라고 부르게 되었다.

만년설이 하얀 평원을 이루고 있다.

이 산은 대개 K2로 알려졌다. 산 이름치고는 독특한데, 파키스탄과 중국의 국경에 있는 카라코룸 산맥을 탐사하는 과정에서 발견되었으며, 에베레스트 산에 이은 세계 제2의 고봉이며, 카라코룸에서 두 번째로 탐사한 산이어서 K2라고 부르게 되었다.

카라코룸 산맥은 인더스 강과 야르쿠트 강 사이로 480킬로미터 정도 뻗어 있는데 힌두쿠시 산계의 남동쪽 지류이다. 이 산악 지역은 중국의 북부, 파키스탄의 남서부와 인도의 남동부에 자리 잡고 있

국의 에켄슈타인 원정대가 4각추의 북동 능선에서 6,700미터 높이까지 올랐으나 정상에 도달하는 데에는 실패했고, 1938년과 1939년에는 미국 원정팀들이 사고를 당하기도 했고, 정상은 이탈리아의 데시오 탐험대에 의해 1954년에 마침내 정복되었다.
MB

<u>오른쪽</u> 난공불락의 K2 정상이 햇살을 받아 반짝인다.

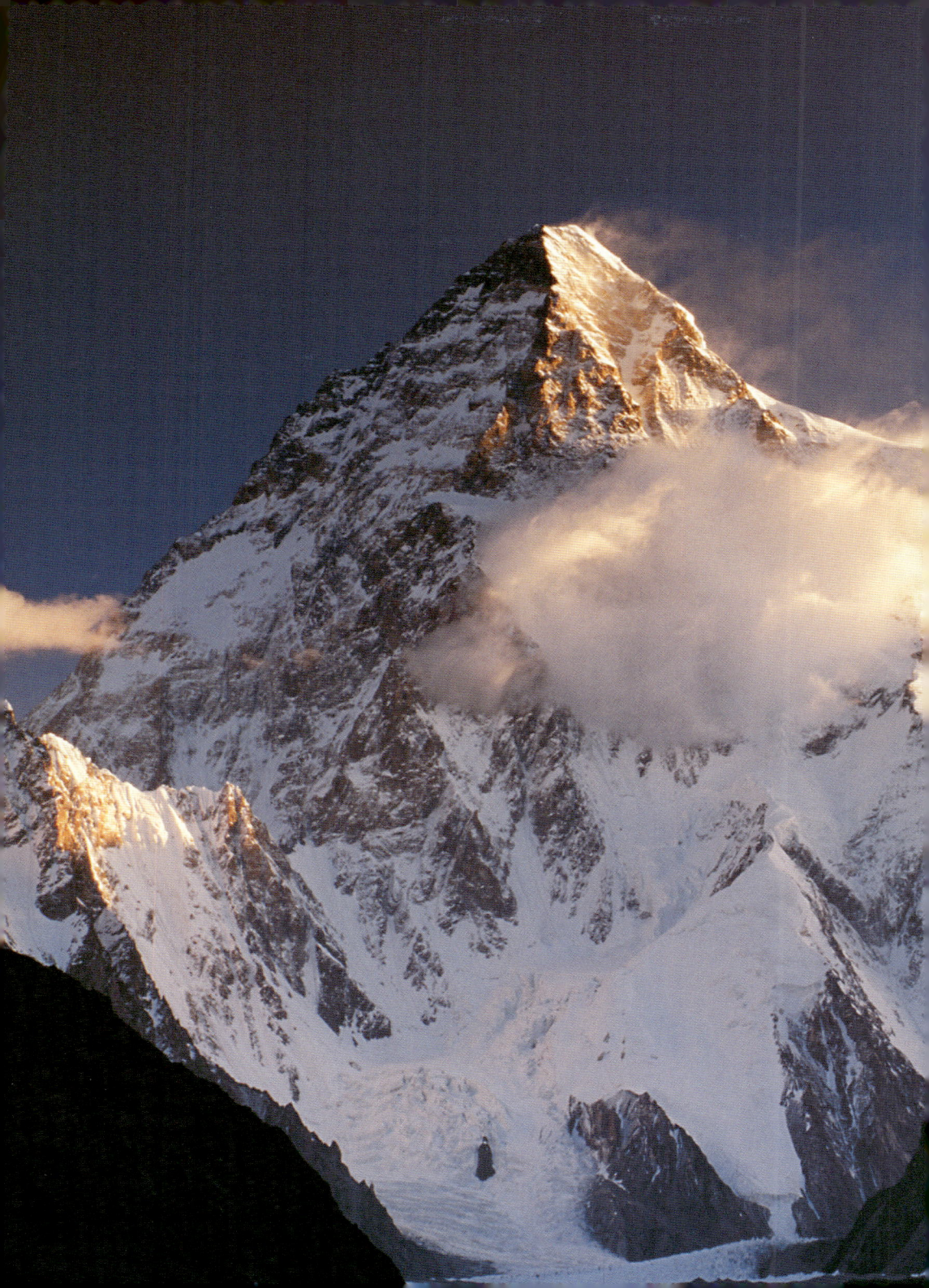

훈자밸리

파키스탄, 북부

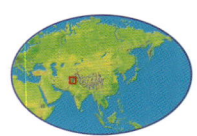

훈자밸리의 해발 고도 : 2,438미터
라카포시 봉의 해발 고도 : 7,788미터
울타르 봉의 해발 고도 : 7,388미터

카라코람하이웨이(KKH)를 따라 이어진 훈자 밸리는 마로코폴로 이후 지금은 전설이 된, 파키스탄과 중국을 잇는 실크로드의 일부이다. 이 지역을 이야기하면 항상 등장하는 커즌 전(前) 총독의 말이 있다. "알프스 산맥 전역에 분포해 있는 3,048미터 이상 봉우리의 수보다 이 조그만 훈자 주에 있는 6,096미터 이상 봉우리의 수가 더 많다."

훈자 강은 카라코람 산맥을 곧장 가로지르며 흐르는데 길깃 강 분수계의 최대 지류이다. 강 위에는 KKH를 연결하는 다리가 걸려 있는데 이 다리는 할디키시(람스의 땅)에서 걸어갈 수 있다. 이 할디키시에는 훈자에서 신성시하는 바위가 있는데 이 바위에는 여러 시대를 거치면서 사람들이 적어 놓은 수많은 글귀가 새겨져 있다.

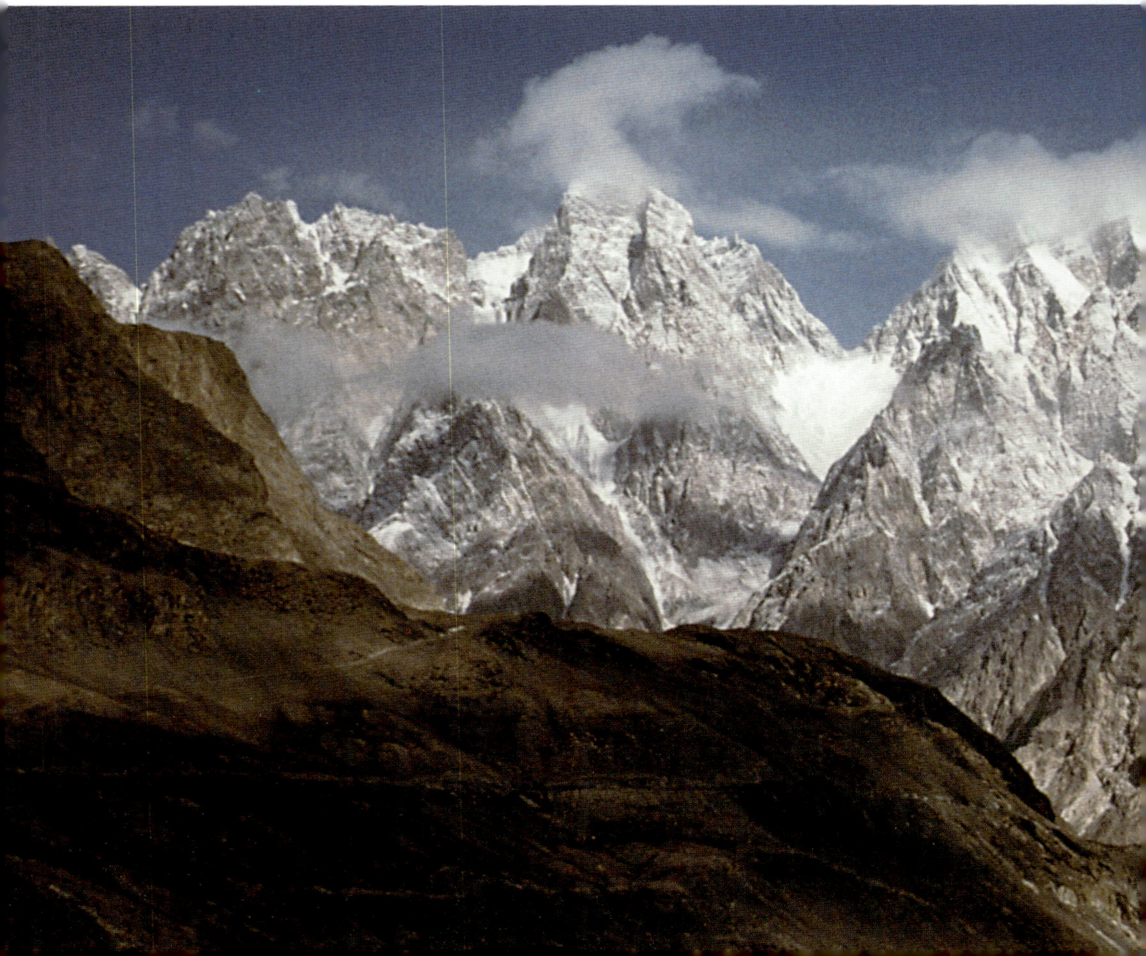

훈자밸리는 눈 덮인 봉우리, 빙하, 흐드러진 난초와 평원이 한데 어우러진 아름다운 곳이다. 그뿐만 아니라 라카포시 봉과 울타르 봉이 늠름하게 솟아 있고 계곡에는 바수 빙하와 바투라 빙하가 흐른다. 목가적이면서도 고립된 이곳 풍경에서 제임스 힐튼은 자신의 소설 『잃어버린 지평선』의 샹그리라에 대한 영감을 얻었을 것이다.

이곳 사람들은 장수하는 것으로 유명한데 과일과 채소를 많이 먹는 식습관 덕분이라고 한다. 훈자의 물도 생기를 북돋워주고 오래 살 수 있게 한다고 알려졌는데, 이곳에서는 그 물을 '멜'이라고 부른다.

훈자밸리는 전문적인 산악인도 평범한 등산객도 모두 만족할만한 곳이다. 주요 관광 시즌은 5~10월 사이이며 단장을 마친 루비 광산은 관광객들로부터 많은 인기를 얻고 있다. **RC**

<u>아래</u> 훈자의 하늘을 찌를 듯 서 있는 라카포시와 울타르 봉

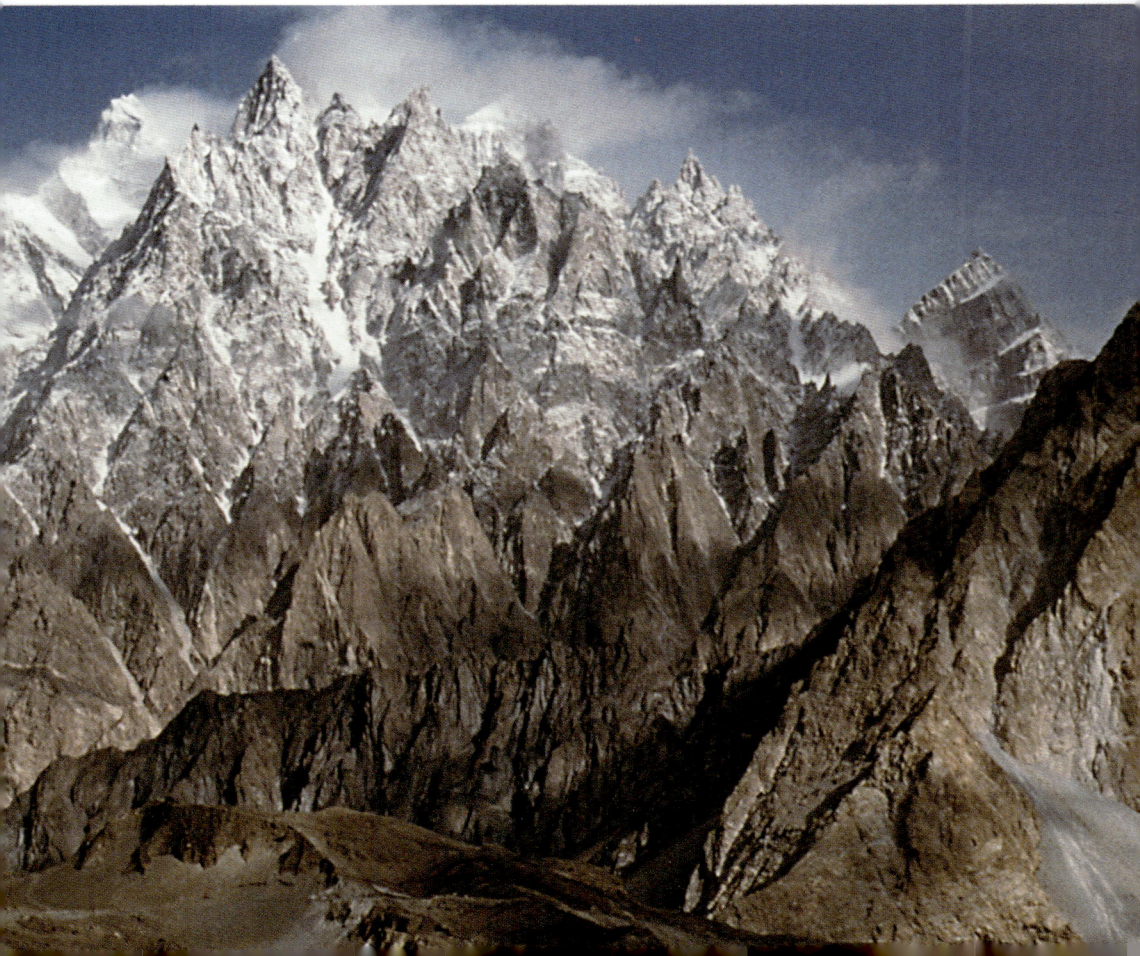

카이베르 고개

파키스탄, 북서부 국경지대

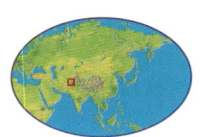

고개의 길이 : 53킬로미터	
고개의 폭 : 15~140미터	
최고 높이 : 1,067미터	

세계에서 가장 유명한 고갯길의 하나인 카이베르 고개('강을 건너는'이라는 뜻)는 힌두쿠시 산맥을 가로지르며 파키스탄과 아프가니스탄을 연결한다. 수 세기 동안 이 고갯길은 주요 교역로로, 중앙아시아에서 인도로 침입하는 공격루트로 이용되었다. 알렉산더 대왕은 B.C. 326년에 대군을 이끌고 카이베르 고개를 지난 인도 평원에 도착했다.

페르시아, 몽골과 타타르 군대도 10세기에 이 고개를 통과해 인도를 공격했다. 그 결과 이슬람교가 인도에 전파되었다. 고갯길은 19세기 아프간 전쟁에도 주효했다.

이 고개는 폭이 좁고 경사가 가파르며 사페드코 산맥 사이를 북서쪽으로 꼬불거리며 이어진다. 고개의 최고 지점은 파키스탄과 아프가니스탄의 국경에 있다. 이 산맥은 파키스탄과 아프가니스탄에서 갈 수 있다. 고개는 파키스탄 정부에서 관리하고 있으며 페샤와르와 카불 지역을 연결한다. 고개로 이어지는 지금의 도로는 아프간 전쟁 당시 영국이 건설했다. 도로 외에도 낙타 대상이 이용하던 루트도 있다. 한편 철도 애호가라면 카이베르 철도를 이용하면 되는데 기차를 타면 터널 34개와 철교 92개를 지나서야 아프간 국경에 있는 고갯길 입구에 다다를 수 있다. **RC**

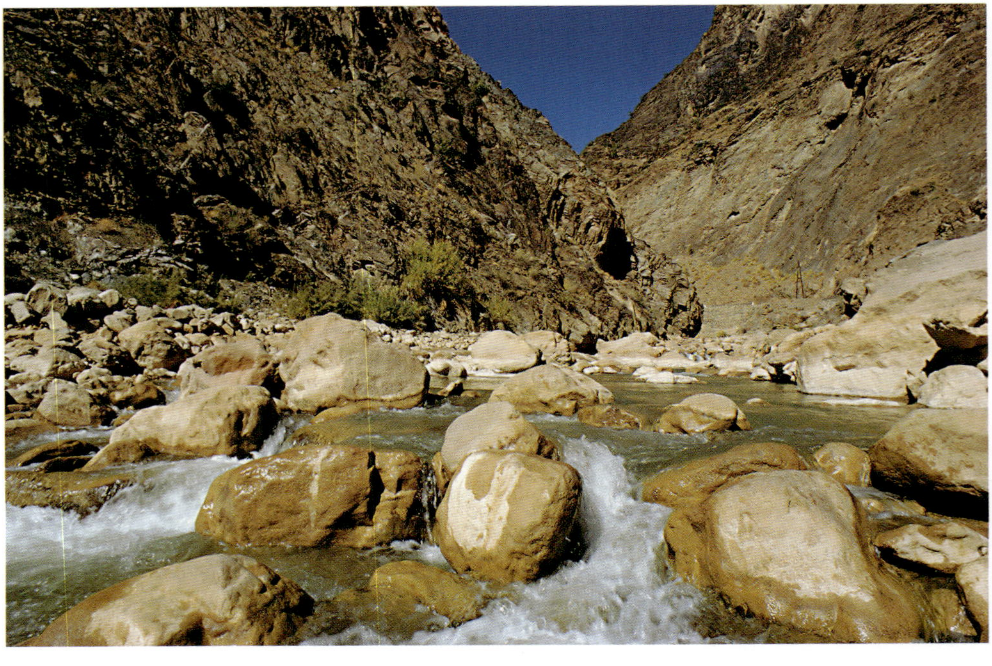

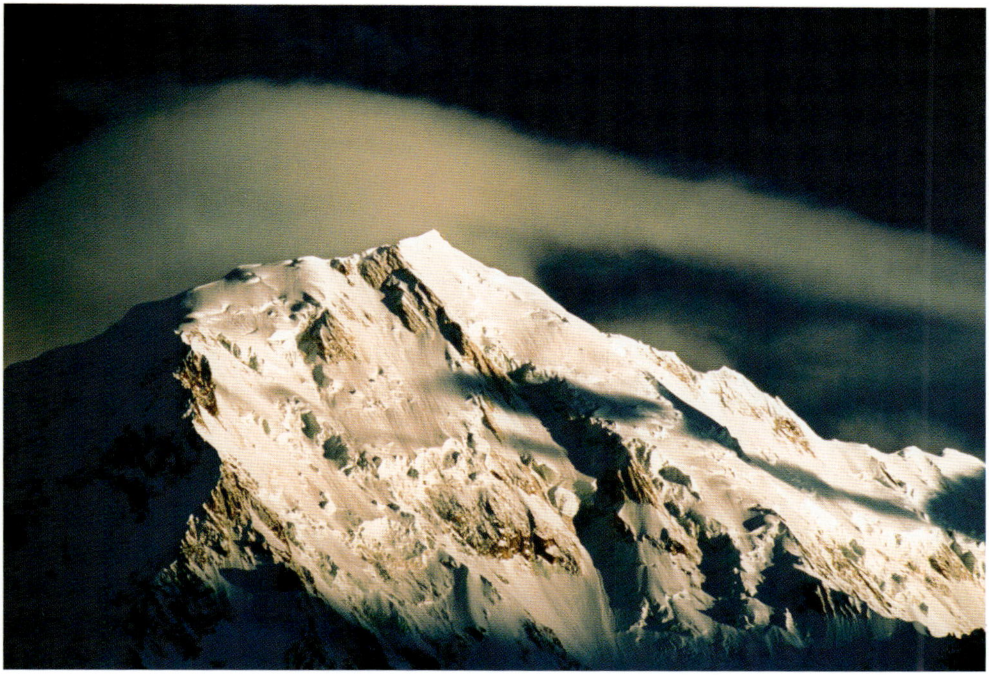

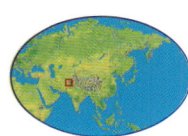

낭가파르밧 봉

파키스탄, 북부

낭가파르밧 봉의 높이 : 8,126미터
루팔의 높이 : 4,500미터

히말라야 산맥의 봉우리들은 대개 만년설에 덮여 있지만 8,126미터의 낭가파르밧 봉은 예외이다. 가파른 절벽과 날카로운 능선 덕분에 눈이 많이 쌓이지 않기 때문이다. 그래서 이름도 '벌거벗은 산'이라는 뜻의 낭가파르밧이다. 세계에서 아홉 번째로 높은 이 산은 코라코룸 산맥의 서쪽 끝 부분에 홀로 우뚝 서 있다.

옛날 독일 탐험가들은 이 산을 '살인하는 산'이라고 불렀다. 1854년 뮌헨 출신의 슐라긴트바이트 형제가 조난된 이후 낭가파르밧은 악명을 떨치기 시작했다. 그 후 1857년에 카슈가르에서 또 한 명이 사망하자 사람들은 낭가파르밧의 저주가 시작된 것이라 믿었다. 그 후 현지 셰르파들은 '악마의 산'이라는 이름을 붙여 주었다. 이 산만큼 정기적으로 사람의 목숨을 앗은 산도 없었기 때문이다. 산은 세 면으로 이루어져 있는데, 라키오트, 디아미르와 루팔로 어느 곳 하나 쉬운 곳이 없다. 4,500 미터 높이의 루팔이 가장 장엄하다. 등산가인 라인홀트 메스너는 이런 말을 했다. "이 험준한 산의 발치에 서서 우러러 보았든, 연구를 했든 아니면 하늘에서 보았든 이 산을 본 사람이라면 그 어마어마한 규모에 놀라지 않을 수 없다. 이 산은 세계에서 가장 높은 암벽과 얼음벽으로 유명하다." **MB**

케올라데오 국립공원

인도, 라자스탄 주

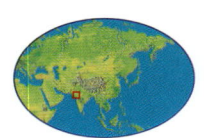

공원의 면적 : 29제곱킬로미터

새의 종수 : 약 400종

케올라데오 국립공원(이전 명칭은 바라트푸르 조류보호구역)은 세계에서 가장 중요한 철새들의 번식지와 먹이터 중의 하나이다. 공원의 면적은 크지 않지만 얕은 호수와 숲에는 엄청난 수의 새들이 서식하는데, 대부분 멀리 시베리아와 중국에서 철 따라 이동해 온 새들이다.

원래 있던 습지는 19세기에 바라트푸르의 마하라자에 의해 개간된 후 유명한 오리 사냥터가 되었다(하루 4,000마리까지). 1981년에 이 지역은 국립공원으로 선포되었고 1985년에 세계유산으로 지정되었다.

이 지역에는 오리, 기러기, 왜가리, 황새, 큰해오라기, 펠리컨, 두루미와 따오기 같은 물새들이 모인다. 특히 심각한 멸종 위기에 처한 시베리아흰두루미도 매년 이곳을 찾는다. 하지만 최근에 그 수는 한 쌍이나 두 쌍에 불과한 것으로 알려졌다. 그 외에도 맹금 30종 이상과 닐가이, 삼바, 치타와 멧돼지 같은 포유류도 많이 발견된다. **RC**

오른쪽 멸종 위기에 처한 시베리아흰두루미 한 쌍이 케올라데오의 늪에서 노닐고 있다.

시아천 빙하

인도, 카슈미르 주

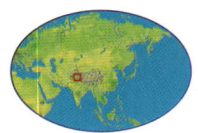

빙하의 길이 : 72킬로미터

빙하의 폭 : 2킬로미터

시아천 엠파이어의 표면적 : 2,000제곱킬로미터

길이 72킬로미터에 폭 2킬로미터의 시아천 빙하는 극지방의 빙하를 제외하면 세계 최대의 빙하이다. 빙하는 카라코룸 산맥의 북사면의 인도와 티베트 국경 근처에 있다. 빙하가 녹은 물이 무쯔가와 강과 샤크스감 강으로 흘러든다. 두 강은 산맥과 나란히 흐르다가 티베트로 들어간다.

셸카르 초르텐과 마모스탕과 같은 거대한 빙하들이 양쪽에서 본류로 흘러들어 거대한 빙원을 형성한다. 빙하가 만나는 지점에는 수많은 얼음 폭포가 들어서 있다. 빙하의 옆 부분에는 바위와 표석이 꽂혀 있다. 하지만 중앙은 거대한 눈밭이다. 옆 부분은 매우 가파르며 수많은 눈사태를 일으키기도 한다. 세 개의 빙하로 이루어진 리모 그룹이 시아천 빙하의 동쪽에 있다. 단순하게 북빙하, 중앙빙하와 남빙하로 부르는 이 빙하들은 해발 6,000~7,000미터에 달한다. 이 얼음 덩어리들이 덮는 면적은 700제곱킬로미터나 되는데, 시아천 빙하와 합치면 이 주요 빙하들의 얼음으로 덮는 면적은 2,000제곱킬로미터이다. 시아천 빙하까지 라다크의 스카르두를 통해 갈 수 있다. **MB**

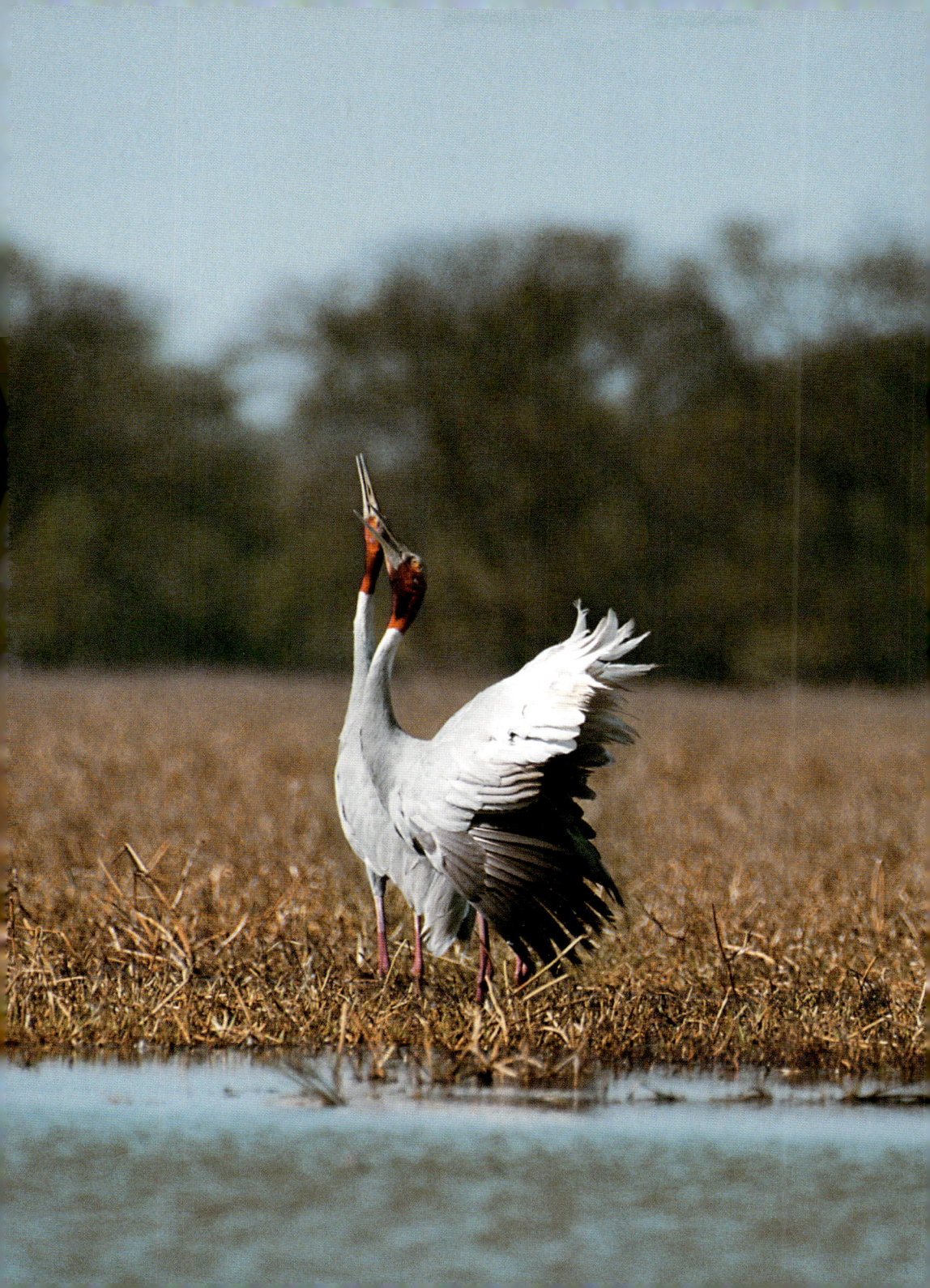

란탐보르 국립공원

인도, 라자스탄 주

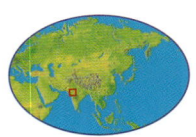

공원의 면적 : 392제곱킬로미터
보고된 조류의 종수 : 272종

란 탐보르 국립공원은 야생 환경에서 직접 호랑이를 관찰할 수 있는 몇 안 되는 곳 중의 하나이다. 호랑이는 자동차에 이미 적응했으며 낮 동안에 자주 모습을 드러낸다. 라자스탄 동부의 아라발리힐 산맥과 빈드히아 고원이 만나는 지점인 란탐보르는 과거에 마하라자 왕족의 사냥터였다.

이곳에는 울창한 밀림도 있고 탁 트인 평원도 있다. 가파른 산비탈과 육중한 바위들이 주위를 에워싸고 있다. 란탐보르에는 삼바사슴, 치타, 닐가이영양, 표범과 곰과 다양한 새들이 서식한다. 동물들은 호수나 연못 주변에서 가장 쉽게 눈에 띈다. 특히 사슴과 가장 잘 마주친다.

란탐보르는 1950년대에 야생생물보호구역으로 지정되었으며 1970년대에 호랑이 보호프로그램 시행 지역으로 선정되었고 1981년에는 국립공원으로도 지정되었다. **RC**

아래 란탐보르의 호수는 많은 동물들에게 최적의 장소이다.

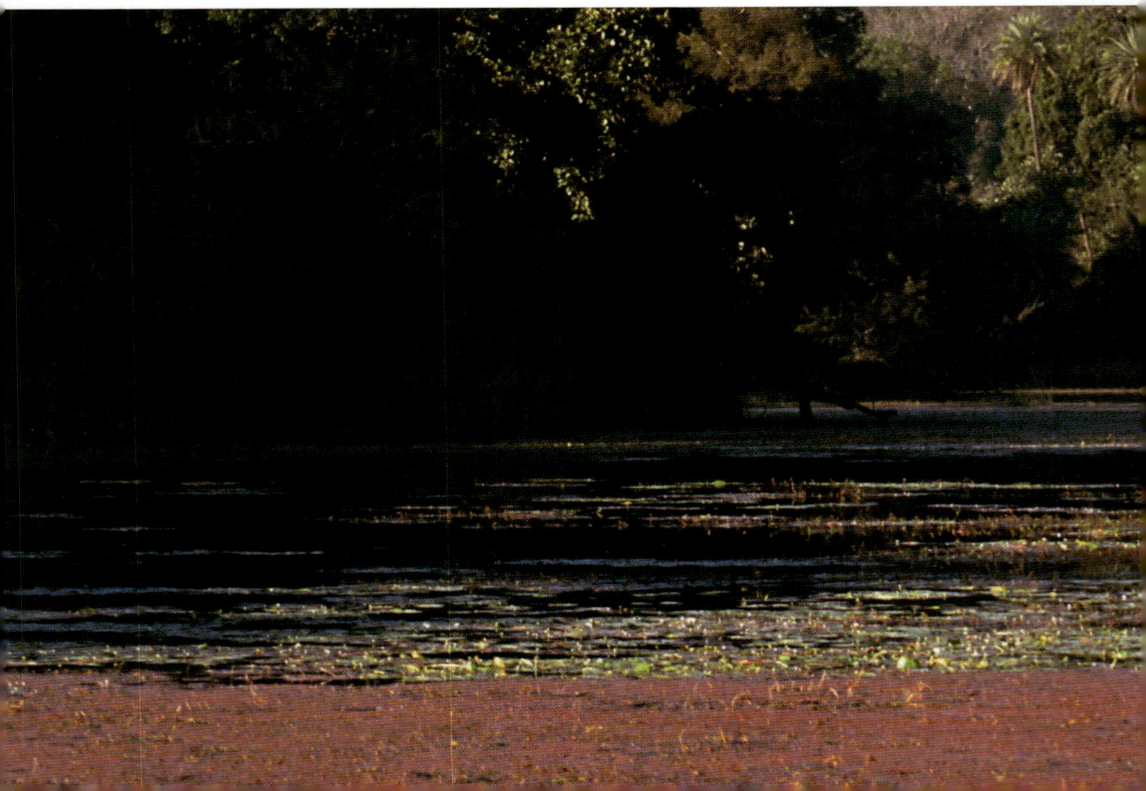

꽃의 계곡

인도, 가르왈–우타란찰 주

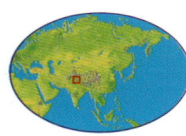

계곡의 면적 : 87.5제곱킬로미터
계곡의 해발 고도 : 해발 3,500~6,500미터
국립공원 지정 연도 : 1982년

히말라야 지역에서 가장 작은 국립공원인 꽃의 계곡은 눈 덮인 봉우리로 둘러싸인 고산 계곡으로 여름이면 아름다운 꽃과 허브가 만발한다. 때문에 이곳이 식물학자들의 천국이라는 말은 두말하면 잔소리일 것이다. 이 계곡은 1930년대에 프랭크 스미스가 처음으로 탐험한 후 이름을 붙였는데, 그의 저서 『꽃의 계곡』으로 이곳은 유명해졌다.

이 계곡은 푸쉬파와티 강의 강물이 모이는 곳으로 특이한 미세기후가 형성되어 있다. 북쪽의 절벽은 매우 가파르지만 남쪽은 그보다 덜 가파르다. 이런 지세가 차가운 북풍과 남쪽의 계절풍을 부분적으로 막아준다. 진달래, 마가목과 자작나무가 북쪽 경사면을 덮고 있으며 남쪽에는 꽃이 만발한 고산 초원이 자리 잡고 있다.

한편 계곡의 위쪽에는 '신들의 연꽃'이라고 부르는 희귀한 브라흐말카말이 자란다. 강가리아 마을 근처에 있는 이 계곡은 6~10월의 여름철 낮 시간대에만 들어갈 수 있다. **RC**

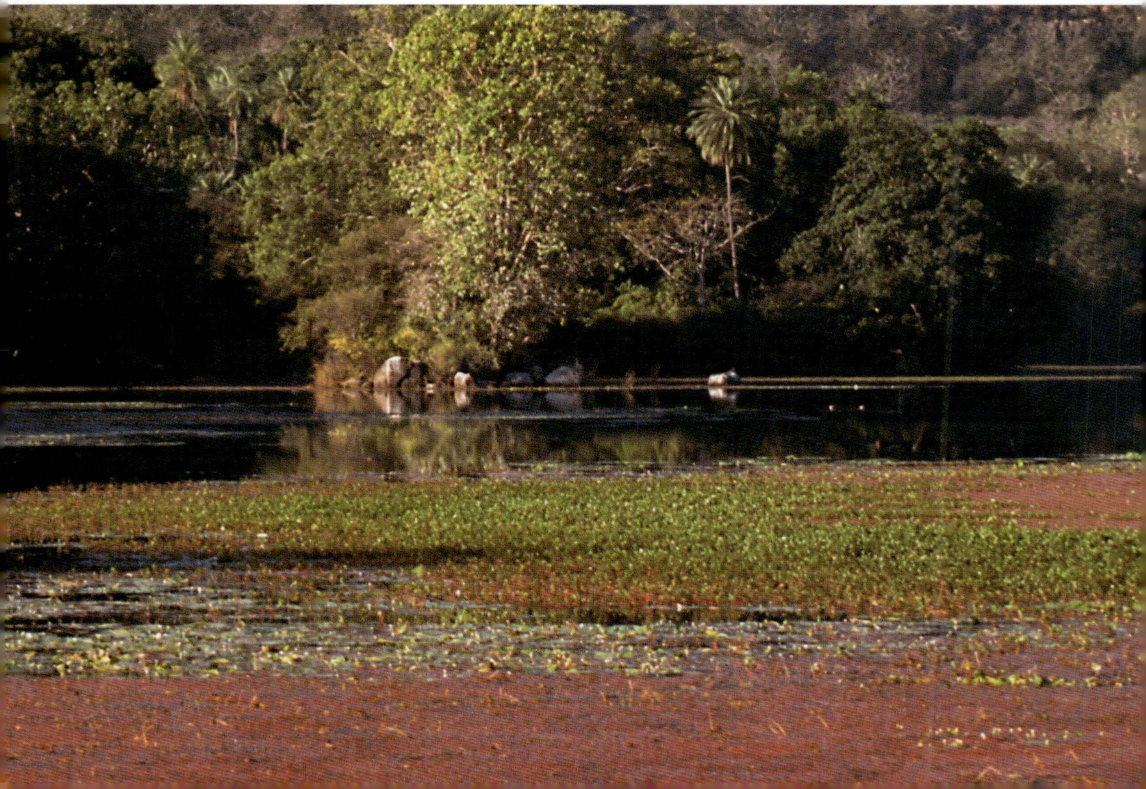

난다데비 국립공원

인도, 우타란찰 주

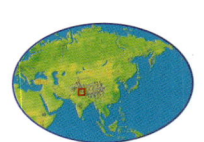

난다데비 봉의 해발 고도 : 7,816미터	
공원의 면적 : 630제곱킬로미터	
공원의 해발 고도 : 2,100~7,816미터	

히말라야 산맥에서 사람이 살지 않는 곳 중에서 가장 뛰어난 경치를 자랑하는 난다데비 국립공원에는 인도에서 두 번째로 높은 난다데비 봉이 주변 풍경을 압도하며 우뚝 솟아 있다. 이 지역은 거대한 빙하로 형성된 분지로 주변에는 높은 봉우리가 즐비하고 산에서 흐른 물은 리쉬강가 강으로 들어간다. 이 지역에 처음으로 발을 들인 사람은 1883년 W.W.그래엄이었다. 그러나 더 깊은 지역의 보호구역까지 들어간 사람은 등반가인 에릭 십턴과 빌 틸만으로, 1934년에 이 지역을 탐험했다.

1936년에 틸만과 오델은 최초로 난다데비 봉의 등반에 성공했다. 하지만 1950년대 본격적인 탐사가 이루어질 때까지 이곳은 문명의 손길이 거의 닿지 않았다. 1983년에 인도 정부는 공원의 생태계를 보호하려고 보호구역을 폐쇄했다.

전나무, 진달래, 자작나무와 노간주나무가 대부분인 숲은 리쉬 협곡에만 들어서 있다. 보호구역은 훨씬 더 건조하며 고도도 다양해서 덤불이나 고산초원에서 식물은 전혀 자라지 않는 빙하 지역까지 있다. 난다데비 봉은 희귀한 동물들로 유명한데, 눈표범, 히말라야흑곰, 히말라야사향노루와 바랄 등이 서식한다. 안쪽 분지 지역은 일반적으로 건조하지만 우기에는 집중호우가 내린다. **RC**

밀람 빙하

인도, 우타르프라데시 주

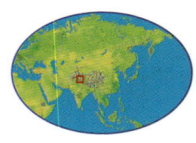

빙하의 길이 : 16킬로미터	
빙하의 면적 : 37제곱킬로미터	
빙하 앞부분의 해발 고도 : 3,782미터	

밀람은 쿠마운 지역에서 가장 크고 유명한 빙하로 히말라야 산맥의 남쪽에 있는 난다데비 보호구역의 동쪽에 자리 잡고 있다. 밀람 빙하는 원래 코흘리와 트리슐 봉우리에서 만들어졌다가 근처 봉우리에서 만들어진 빙하가 합류한 것이다. 어퍼쿠마운 히말라야의 주요 수계 중 하나인 고리강가 강이 밀람 빙하가 있는 계곡에서 발원한다.

빙하로 가는 길은 주로 문시아리 마을에서 시작한다. 그리고 숲이 우거진 저지에서 시작한 길은 고리강가 강을 따라 고산 초원까지 이어지는데, 이곳에 서면 주변 풍경이 한눈에 들어온다.

밀람 빙하는 쿠마운에서 가장 큰 마을의 하나인 밀람을 지나 5킬로미터를 더 가야 한다. 빙하는 해발 3,782미터에 시작하는데 문시아리에서 58킬로미터를 더 가야 한다. 이 지점부터 수많은 등산로와 정상 등반로가 시작된다. 종주에는 8~10일 정도 걸리는데 우기가 시작하기 전인 4월 중순~6월이 가장 좋다. 우기가 끝난 시기에는 9~11월 초가 가장 좋다. **RC**

마블록스

인도, 마디아프라데시 주

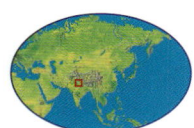

베다그하트 협곡의 길이 : 5킬로미터	
절벽의 높이 : 최대 30미터	

나르마다 강은 자발푸르(Jabalpur, 빈드야산 맥 남쪽 분지의 해발고도 402미터에 위치하며, 주변은 다소 높은 구릉지이다. 현재 시역(市域)에 들어가 있는 가라 지구는 14세기 곤드 왕국의 주요도시로서 번영했지만, 자발푸르가 도시로 발전한 것은 식민지시대에 나르마다 지역의 행정적 중심지가 된 후부터이다)에서 서쪽으로 22킬로미터 떨어진 베다그하트의 벼린 듯한 하얀 절벽이 인상적인 협곡을 지나간다. 강물은 어느새 폭이 좁아지면서 웅장한 두안다르 폭포로 떨어지는데 이 폭포는 '연기 폭포'라고도 부른다. 수정처럼 맑고 잔잔한 물 위로 하얀 마그네슘 석회암에 녹색과 검은색의 화산암층이 섞여 있는 수직 절벽이 솟아 있다.

포사이스 선장은 저서인 『인도 중부의 고지』에서 마블록스를 이렇게 묘사했다.

'푸른 하늘을 배경으로 눈처럼 하얀 대리석 바위를 바라보면 햇살이 바위에 부서지고 반사되는 모습을 아무리 봐도 질리지 않는다. 밝은 햇살은 중간 높이의 튀어나온 바위에 이리저리 부서지고 들어간 부분에서는 환한 빛을 잃고 부드러운 청회색으로 빛난다.'

이곳에는 코끼리의 발이나 원숭이의 도약처럼 재미있는 이름을 가진 바위들이 많다. **RC**

킬랑록과 심퍼록

인도, 메갈라야 주

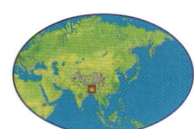

킬랑록의 높이 : 220미터	
킬랑록의 폭 : 300미터	
킬랑록의 해발 고도 : 1,645미터	

킬랑록은 카드사우프라의 마우니 마을 주변의 완만한 초지에 우뚝 솟은 붉은 화강암 돔이다. 정상에서 보이는 풍경은 실로 장엄한데, 특히 겨울철에 바라본 북쪽의 히말라야 산맥은 장관 중의 장관이다. 바위는 킬랑록의 정상에는 북쪽과 동쪽으로 난 길로 올라갈 수 있다. 남쪽은 수직에 가까운 절벽이라 올라갈 수 없다.

조셉 후커 경(1817~1911년)은 킬랑록의 가파른 남쪽 사면을 "거대한 돌덩어리들 때문에 오르기 힘들다."라고 전했다. 한편 북쪽은 진달래와 떡갈나무가 울창한 숲으로 덮여 있다.

심퍼록은 꼭대기가 평평하며 빵 덩어리처럼 생긴 돔(킬랑록과 크게 다르지 않다)으로 마우신람 근처의 바위 언덕 사이에 솟아 있다. 언덕 정상에서 주변을 둘러보면 근처 구릉지, 평야와 방글라데시의 강들이 보이는데, 참으로 아름답다. 전설에 따르면 이 바위에 사는 우킬랑 신과 우심퍼 신이 엄청난 전쟁을 벌였다. 전쟁은 우킬랑의 승리로 끝났다. 그래서 킬랑록이 패배한 우심퍼의 거처보다 훨씬 당당하다. 심퍼록의 아랫부분에는 구멍이 많은데 치열했던 전투의 흔적이라고 전해진다. **RC**

기르 국립공원과 야생보호구역

인도, 구라라트 주

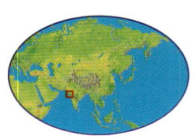

공원의 면적 :	1,412제곱킬로미터
새의 종수 :	200종 이상

기르는 1965년에 아시아사자를 보호할 목적으로 삼림보호구역으로 지정되었다가 1974년에 국립공원으로 지정되었다. 이 공원은 전 세계에서 아시아사자가 유일하게 야생에서 사는 곳이다. 아시아사자는 아프리카사자보다 덩치가 약간 작으며 갈기도 적은 편이다. 한때는 그리스에서 인도 중부에 이르는 지역에서 서식했지만 1910년에는 야생에 서식하는 개체가 30마리도 되지 않았다가 현재는 300마리 정도가 서식하고 있다. 이 공원은 인도의 국립공원 중에서 표범이 가장 많이 서식하는 곳이어서 밤이면 숙소 근처에서 표범을 볼 수 있다. 공원과 보호구역에는 네뿔영양, 사슴, 멧돼지, 자칼, 하이에나, 습지악어 등도 서식한다.

이곳에는 주로 티크가 자라는 숲과 바위투성이의 언덕이 발달한 지역이 뒤섞여 있다. 야생의 자연을 최대한 즐기려면 사륜구동 자동차를 타고 사자가 활동하는 새벽이나 저녁 무렵에 나가는 것이 좋다. **RC**

오른쪽 암사자와 새끼들이 지평선을 살피고 있다.

메갈라야의 폭포들

인도, 메갈라야 주

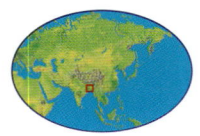

연평균 강수량(체라푼지) :	11,506밀리미터
연평균 강수량(마우신람) :	11,872밀리미터

메갈라야 주는 비가 매우 많이 내리는 지역이다. 그래서 곳곳에 멋있는 폭포가 잘 발달해 있다. 지구상에서 가장 습한 두 곳이 바로 이 지역에 있을 정도이다. 바로 체라푼지(혹은 소라)와 마우신람이다. 체라푼지 근처의 노칼리카이 폭포는 세계에서 네 번째로 높은 폭포라고 하는데, 폭포수가 바위 절벽을 힘차게 낙하해 아래 깊은 협곡으로 떨어진다. 근처에 있는 노슨기트히안 폭포와 크샤이드다인틀렌 폭포는 전설의 괴물인 카시가 죽음을 당한 곳이라고 한다. 바위에 남은 상처들은 괴물이 죽임을 당할 때 생긴 도끼 자국이라고 한다. 크리놀린 폭포는 레이디히다리 공원과 인접한 실롱 시에 있다. 두 단으로 된 웅장한 엘리펀트 폭포는 산에서 내려온 폭포수가 고사리가 무성한 골짜기 쪽으로 떨어져 내리는데, 그 모습에서 시원함을 느낄 수 있다. 폭포는 실롱 시에서 12킬로미터 떨어진 곳에 있다. 아름다운 이밀창다레 폭포는 웨스트가로힐즈 구역에 놓인 투라-초크포트로드와 가깝다. 강물은 바위 지대에 난 깊고 좁은 틈을 흐르다가 갑자기 강폭이 넓어지면서 거대한 틈처럼 입을 벌린 폭포로 떨어진다. 아래쪽의 크고 깊은 못은 소풍과 수영을 즐기려는 사람들로 언제나 북적인다. **RC**

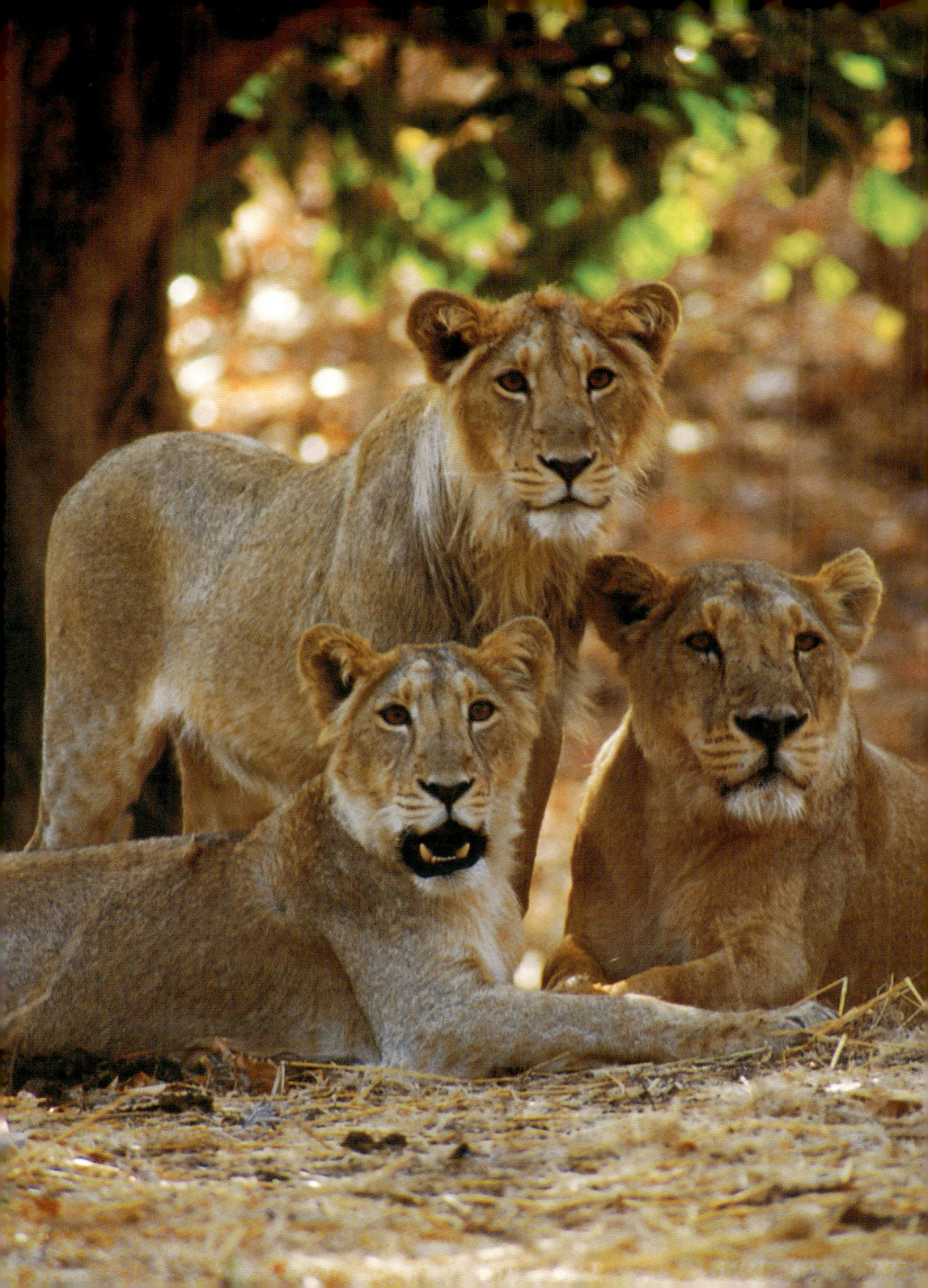

오리사의 폭포들

인도, 오리사 주

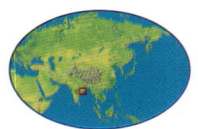

| 칸다다르 폭포의 높이 : 244미터 |
| 사나가그라 폭포의 높이 : 30미터 |

칸다다르 폭포는 오리사 주에서 가장 유명한 폭포로 케온지하르에서 60킬로미터 떨어진 순다르가르 지역의 울창한 밀림 깊은 곳에 자리 잡고 있다. 일 년 내내 흐르는 고라파니날라라는 작은 하천에서 흘러온 물이 244미터 높이의 칸다다르 폭포로 흐른다. 칸다다르라는 이름은 물이 떨어지는 모습이 양날 검의 하나인 '칸다'를 닮았다고 해서 붙인 이름이다. 폭포는 보나이가르에서 남동쪽으로 약 19킬로미터 떨어져 있는데 그곳으로 가는 도로는 상당히 양호하지만 마지막 1.6킬로미터는 걸어서만 갈 수 있다. 61미터 높이의 바다가그라 폭포는 케온지하르에서 10킬로미터가량 떨어져 있다. 이 폭포 부근은 이 지역에서 소풍 장소로 가장 인기가 높다. 30미터 높이의 사나가그라 폭포도 케온지하르와 가까우며 관광객들에게 인기가 높다. 바레히파니 폭포는 아름다운 경치로 유명하기도 하거니와 인도에서 가장 높은 폭포로 폭포수는 399미터 높이의 폭이 넓은 절벽에서 두 단에 걸쳐 떨어져 아래의 연못으로 들어간다. 이 폭포는 심리팔 국립공원에 있는데 이 공원에는 높이 150미터의 조란다 폭포도 있다. 심리팔 국립공원은 오리사 주에 있는 호랑이 보호구역이며 매우 중요한 곳이다. 이곳은 11월에서 이듬해 6월 사이에만 개방된다. **RC**

로나르 분화구와 로나르 호수

인도, 마하라슈트라 주

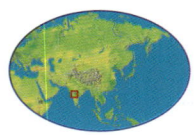

| 로나르 분화구의 지름 : 1,830미터 |
| 로나르 호수의 지름 : 1,600미터 |
| 리틀로나르(앰버 호수)의 지름 : 340미터 |

약5만 년 전에 운석 하나가 불다나 지역의 로나르 근처로 떨어져 충돌했고 그 결과 지구상에서 세 번째로 큰 분화구가 만들어졌다. 이 운석 분화구는 세계에서 가장 오래되었으며 유일하게 현무암 운석(달과 매우 흡사한)이 만든 분화구이다. 로나르 분화구에는 수심이 깊지 않은 호수가 있다. 물빛은 청록색인데 염도가 매우 높은 호수이다. 일 년 내내 이 호수로 민물이 흘러드는데, 이 물이 어디서 발원하는지는 알려지지 않았으며 뚜렷한 배수구도 알려진 바가 없다. 이 호수에는 뚜렷하게 구별되는 두 지역이 있는데 바깥의 중성 지역과 안쪽의 알칼리 지역이다. 분화구의 무성한 혼합림은 공작과 랑구르원숭이를 비롯한 다양한 동물의 거처가 되고 있다. 때문에 이곳에서는 왕도마뱀과 도마뱀붙이 등의 파충류 및 다양한 물새들을 볼 수 있다(겨울에는 홍학이 날아온다). 겨울이 그리 덥지 않기 때문에 방문하기에 가장 좋은 시기이다. 로나르 분화구 근처에는 더 작은 분화구가 있는데 리틀로나르라고 하며 내부에는 앰버 호수가 있다. 이 분화구는 과거에 운석이 지구와 충돌할 때 떨어져 나온 파편에 의해 만들어진 것으로 알려져 있다. **RC**

파츠마리

인도, 마디아프라데시 주

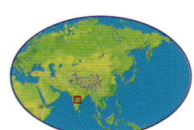

면적 : 59제곱킬로미터

해발 고도 : 1,067미터

비 폭포의 높이 : 30미터

파 츠마리는 마디아프라데시 주에 있는 목가적인 풍경이 아름다운 구릉지로 사트푸라 산맥의 거대한 고원이다. 이 '초록의 보석'은 바위투성이 언덕들, 사라수 숲, 웅장한 폭포, 아름다운 못과 깊은 골짜기가 발달한 곳이다. 이곳은 1857년 벵골의 창기병이었던 캡틴 포사이스가 발견했다. 포사이스포인트라고 불렸던 프리야다르쉬니포인트에서 포사이스는 처음으로 파츠마리를 보았다. 그 후 이곳은 이 지역의 아름다운 풍경을 만끽하려는 사람들이 많이 찾는 전망대가 되었다.

프리야다르쉬니포인트에서는 파츠마리에서 가장 아름다운 골짜기인 한디코의 풍경이 한눈에 들어온다. 이 골짜기는 시바 신이 큰 뱀을 가두었다고 전해지는 곳이다. 골짜기는 깊이가 100미터 정도이며 양쪽의 절벽은 경사가 매우 급하고 절벽에 튀어나온 바위 아래에는 거대한 벌집도 있다.

파츠마리에는 아름다운 폭포들도 많다. 그중에서 비 폭포(라자트프라파트)가 가장 접근하기 쉽다. 폭포의 수원은 파츠마리의 식수로도 사용된다. 이 고원에서 가장 아름다운 폭포는 더치스(공작부인)폭포(잘라와타란)로 세 개의 개별적인 폭포를 흘러내려간다. 파츠마리는 보팔과 자발푸르 중간 지점에 있다. **RC**

칠리카 호수

인도, 오리사 주

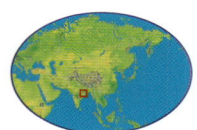

호수의 수심 : 50센티미터 이하에서 3.7미터까지

호수의 면적(우기) : 1,165제곱킬로미터

호수의 면적(여름) : 906제곱킬로미터

푸 리의 남서쪽인 인도의 동해안을 따라 있는 칠리카 호수는 아시아 최대의 검은 물 석호이다. 그리고 인도 아대륙의 철새 월동지로도 가장 넓은 곳이며 이 호수에서 물고기를 잡아 생계를 유지하는 사람이 15만 명이 넘는다. 서양 배처럼 생긴 얕은 석호는 벵골 만에 있는 북동쪽의 수로로 연결되어 있다. 이 수로는 사이에 좁은 모래톱을 두고 바다와 나란히 뻗어 있다.

석호에는 섬이 많으며 허니문아일랜드와 브랙퍼스트아일랜드, 날라바나, 칼리자이, 버즈아일랜드 등 거대한 습지가 발달해 있다.

석호는 생물학적 다양성이 매우 뛰어난 곳으로 1981년에 람사습지로 지정되었는데, 날라반아일랜드 역시 조류보호구역으로 지정되었다. 1985년에서 1987년 사이에 진행된 조사 결과 이 석호 내부와 주변에서 800종이 넘는 동물들이 발견되었다. 그중에는 전 세계적으로 멸종 위기에 처한 동물들도 있었다.

흰배수리, 회색다리기러기, 분홍플라밍고, 보라쇠물닭과 자카나와 같은 새들이 이 호수를 찾는 조류종이며 겨울이 되면 이 호수에서 백만 마리가 넘는 철새들이 지낸다. **RC**

벨룸 동굴

인도, 안드라프라데시 주

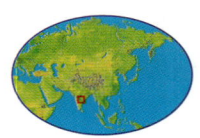

동굴의 길이 : 3,225미터
동굴의 깊이 : 10∼29미터

벨룸 동굴은 인도 아대륙에서 (메갈라야 동굴 다음으로) 두 번째로 긴 천연 동굴이며 인도의 평원 지역에서 가장 긴 동굴계이다. 쿠르놀 지역의 동굴은 석회암 위에 놓인 평평한 농경지에 있다. 우물처럼 생긴 싱크홀 세 곳 중 중앙에 있는 싱크홀이 동굴 입구이다. 계단을 따라가면 수평의 주통로가 나오는데 지하 20미터에 있다. 동굴의 길이는 3,225미터이고 깊이는 10∼29미터이다. 동굴에는 큰 방, 통로, 움푹한 곳, 담수가 흐르는 곳과 수관 등이 매우 많다. 최근에는 음악 방이 발견되기도 했는데, '사프타스바랄라구하'라고 하는 이 방의 종유석을 치면 다양한 음색의 금속음이 난다.

로버트 브루스 푸트는 1884년에 이 동굴에 대해 기록을 남겼다. 그 후 1982년과 1983년에 다니엘 게바우어가 연속적으로 동굴을 탐험했다. 오래전에 이 동굴에 자이나교도와 불교도가 기거했다고 한다. 동굴에는 기원전 4,500년 전의 것으로 추측되는 용기의 잔해가 발견되기도 했다. 벨룸 동굴은 콜리미군들라만달에 자리 잡고 있다. 동굴 내부에는 관광객들의 편의를 위해서 통로와 환기 장치가 마련되어 있다. **RC**

웨스턴가트

인도, 마하라슈트라 주 – 카르나타카 주

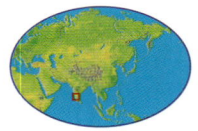

면적 : 160,000제곱킬로미터
식생 : 저지 상록 계절림, 운무림, 낙엽성의 계절림, 건조한 환경에 적응한 덤불 지역

인도에서 가장 서쪽에 있는 해안 산맥인 웨스턴가트는 1,600킬로미터를 뻗어 있는데, 풍광이 아름답고 서식하는 생물이 매우 다양한 곳으로 유명하다. 이 산맥에는 2,000미터가 넘는 봉우리가 14개나 된다. 강수량은 서쪽 경사면이 전체의 80퍼센트인 300센티미터이며 그늘이 진 동쪽은 30센티미터로 큰 차이가 난다. 그 결과 이 산맥의 서식지는 무려 11개나 되는데, 이는 다양한 야생생물이 서식할 수밖에 없는 환경인 것이다. 게다가 많은 동식물이 이 산맥의 고유종이다. 서식하는 식물 4,000종 중에서 35퍼센트가 고유종으로, 이중에는 봉선화 76종이 포함되어 있다. 대형 나무 490종 중에서 308종이 고유종이며 난초 종류 중에서는 반 정도가 고유종이다. 이곳에 서식하는 포유류 125종에서 23종이 고유종이다. 뿐만 아니라 인도에 서식하는 고유 포유류 종의 반이 이 지역에 서식하는데, 인도의 육지에 서식하는 동물의 5퍼센트에 해당한다.

사자꼬리마카크원숭이, 닐기리타르, 랑구르원숭이, 담비, 트라바나코르날다람쥐, 말라바르지빠귀, 쇠앵무류, 비둘기, 코뿔새, 붉은가슴웃음지빠귀 등이 이 지역에 서식한다. 이곳은 1980년대부터 벌목을 금지하며 보호하고 있다. **AB**

<u>오른쪽</u> 사자꼬리마카크원숭이가 나뭇가지에 앉아 있다.

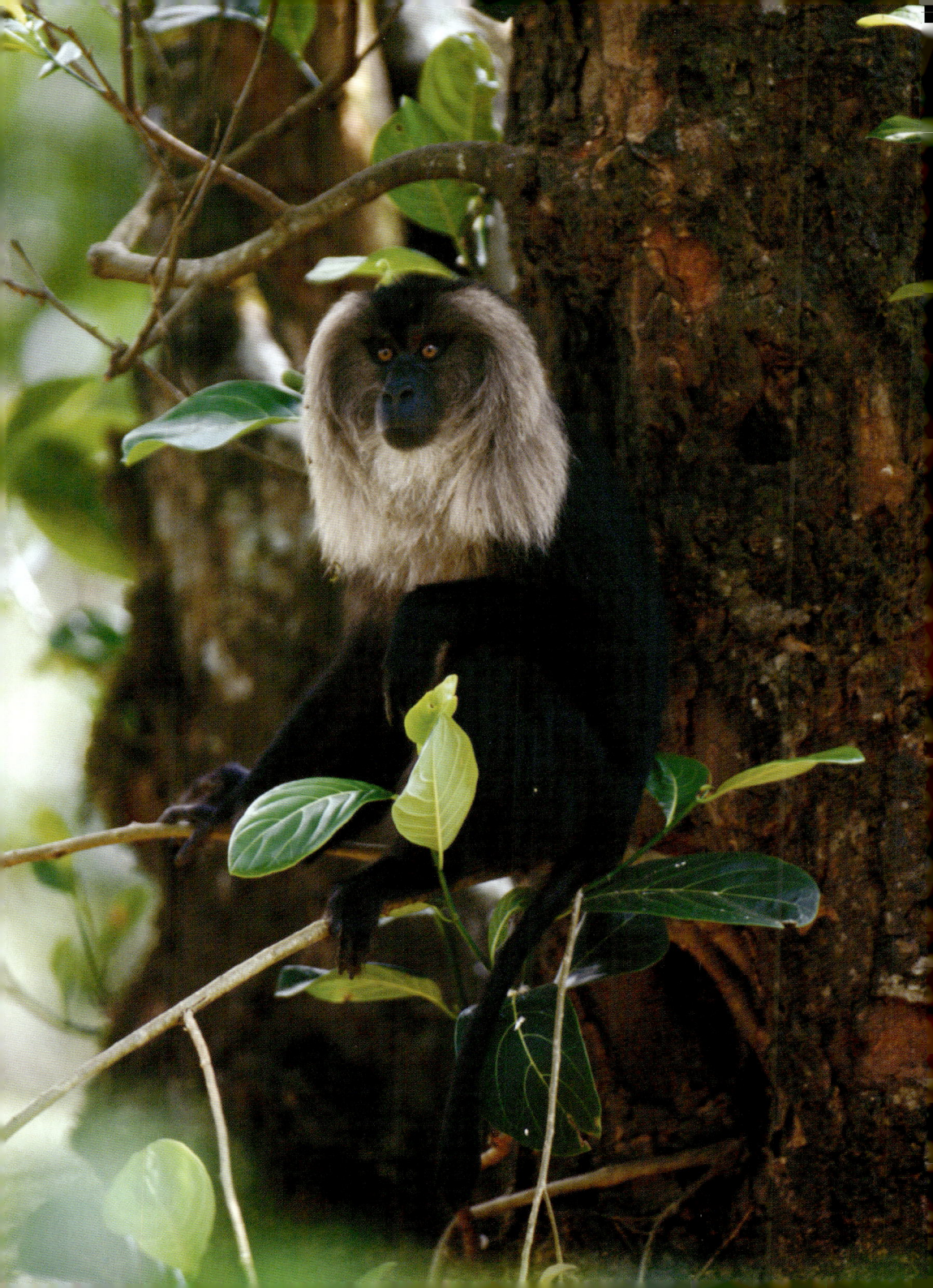

실라토라남아치

인도, 안드라프라데시 주

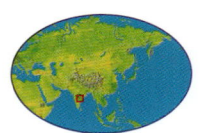

아치의 길이 : 7.5미터	
아치의 높이 : 3미터	
아치의 생성 시기 : 1억 5,000만 년 전	

실라토라남은 독특한 천연 바위로 안드라프라데시 주의 남동부에 있는 신성한 언덕인 티루말라에 자리 잡고 있다. 이곳은 천연으로 만들어진 바위 아치로 이런 지형으로는 아시아에서 유일하며 유타 주 남부에서 발견된 레인보우아치와 지질학적으로 흡사하다. 실라토라남아치는 약 1억 5,000만 년 전에 형성된 후 비와 바람의 작용으로 지금의 모습이 되었다.

이곳은 비슈누 신의 화신인 벤카테시와라가 지상에 내려온 곳이라고 한다. 아치 뒤에는 바위에 발과 바퀴를 닮은 흔적이 있는데 이 발자국은 비슈누 신의 것이라고 한다. 아치는 스리벤카테시와라 사원에서 북쪽으로 1킬로미터 떨어져 있다. 이 사원은 인도의 중요한 순례지이다. 사원은 순례자들로 가장 분주한 곳으로 알려졌다(예루살렘, 메카나 로마보다 더 붐빈다고 한다). 근처의 티루파티는 티루말라 아래에 자리 잡고 있으며 비행기, 자동차나 철도로 쉽게 갈 수 있다. **RC**

카르나타카의 폭포들

인도, 카르나타카 주

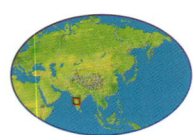

베헤 폭포의 높이 : 75미터	
운찰리 폭포(루싱톤 폭포)의 높이 : 116미터	
마고드 폭포의 높이 : 200미터	

다양한 모습을 간직한 카르나타카 주는 아름다운 폭포가 많은 곳으로 유명하다. 이 지역에는 인도에서 가장 높은 조그 폭포를 비롯해 수많은 폭포가 있다. 시바사무드라 폭포는 카우데리 강(만디야 근처)을 흐르는데 106미터를 낙하해 바위투성이의 협곡으로 떨어진다. 폭포는 귀가 먹을 것 같은 우렁찬 소리를 내며 바라추키와 가가나추키라는 쌍둥이 폭포를 이룬다. 헤베 폭포는 높이가 75미터로 켐만나군디 구릉지 근처의 커피 농장 사이에 있다. 폭포수는 두 단에 걸쳐 떨어지는데 도다 헤베(큰 폭포)와 치카 헤베(작은 폭포)이다. 운찰리 폭포(혹은 루싱톤 폭포)는 유타라칸나다의 헤가르네 근처의 울창한 밀림에 자리 잡고 있다. 아가나시니 강에 있는 116미터 높이의 폭포는 J.D.루싱턴이 발견했다. 그는 당시 영국 정부의 세금징수원이었다. 고카크 폭포에서 가타프라바 강은 말굽 모양의 사암 절벽을 52미터나 떨어져 고카크밸리로 떨어진다. 마고드 폭포는 카르와르에서 80킬로미터 떨어진 울창한 밀림에 자리 잡고 있다. 베드티 강은 75미터를 낙하한 후 다시 105미터 높이의 다른 폭포를 거쳐 떨어진 후에 계곡으로 들어간다. 카르나타카에 있는 폭포들은 강물의 수위가 최대에 달하는 우기가 가장 아름답다. **RC**

조그 폭포

인도, 카르나타카 주

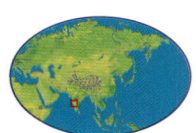

폭포의 평균 폭 : 472미터	
폭포 아래 못의 수심 : 40미터	
라자 폭포의 높이 : 253미터	

카르나타카 주의 샤라바티 강에 있는 조그 폭포는 인도에서 가장 높은 폭포이다. 폭포수는 네 개의 작은 폭포를 연속으로 떨어지는데, 라자, 라니, 로어러와 로켓이다. 이중에서 라자가 가장 높은데 253미터를 낙하한 폭포수가 떨어지는 못은 수심이 40미터에 달한다. 로어러 폭포는 라자 폭포 바로 옆에 있으며 로켓 폭포는 남쪽으로 조금 떨어진 곳에 있다. 로켓이라는 이름은 안벽에 떨어지는 물이 엄청난 물보라를 일으키며 공중으로 치솟는 모습에서 유래했다. 한편 라니 폭포는 우아하다. 현재 히레바스가르 자연보호구역은 전력 생산을 위해서 샤라바티 강의 흐름을 조절한다. 그래서 건기와 우기 사이에 폭포의 모습은 큰 차이가 있다. 건기에는 폭포의 바닥을 걸을 수도 있으며 못에서 수영을 할 수도 있다. 그러나 우기에는 폭포가 물안개에 완전히 뒤덮일 때도 있다. 폭포를 구경하기 가장 좋은 시기는 시원한 계절이 시작될 무렵으로 우기가 끝난 직후(11월에서 이듬해 1월)인데, 이때 폭포의 모습이 가장 장관을 이룬다. **RC**

호게나칼 폭포

인도, 타밀나두 주

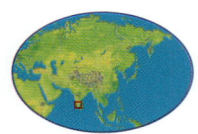

폭포의 높이 : 20미터	
방문하기 좋은 시기 : 7~8월	

호게나칼 폭포는 타밀나두 주를 흐르는 카우베리 강에 있는 아름다운 폭포이다. 강물은 고원을 유유히 흐르다가 평원으로 떨어진다. 숲이 울창한 계곡을 흐르던 강물은 숲으로 덮인 작은 섬과 바위가 나오자 여러 갈래로 갈라진 후 아래쪽 바위지대를 향해 수직으로 20미터 정도 떨어진다. 좀 전까지 고요했던 강물은 폭포에 다다라 우렁찬 소리를 내며 엄청난 물보라를 뿜어낸다. 호게나칼이라는 이름은 칸나다의 드라비다 족의 언어로 '연기 나는 강'이라는 뜻이다. 폭포는 강물이 최대로 불어나는 7월에서 8월 사이의 우기 직후가 가장 아름답다.

사람들은 작은 배를 타고 호게나칼을 건넌다. 이 배는 대나무를 엮어 바구니처럼 만든 둥근 배로 버펄로 가죽이나 플라스틱을 덮었다. 허술해 보이는 배를 타고 포효하는 폭포 아래로 가는 여행은 대단한 경험이다. 호게나칼에는 강변에 온천도 있어서 간 떨리는 보트 여행을 한 후 심신을 안정시키고 마사지까지 받을 수 있다. 관광객들은 바위에서 마사지를 받은 후 폭포 아래 못에 몸을 담근다. 폭포는 타밀나두 주와 카르나타카 주의 경계에 있는 다람푸리 근처에 있는데 방갈로에서 130킬로미터가량 떨어져 있다. **RC**

쿠드레무크 국립공원

인도, 카르나타카 주

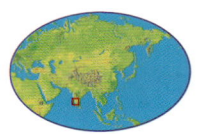

공원의 면적 : 600제곱킬로미터
공원의 평균 해발 고도 : 1,000미터
최고봉(쿠드레무크)의 해발 고도 : 1,894미터

쿠드레무크 국립공원은 울창한 숲 사이로 강, 폭포와 동굴이 곳곳에 산재해 있어서 등산객들에게는 천국과도 같은 곳이다. 이곳은 웨스턴가트 구릉지 부근에 위치해 있는데, 이렇게 트레킹에 좋은 조건을 갖추고도 비교적 알려지지 않았다. 아라비아 해를 굽어보는 쿠드레무크 구릉지는 말의 얼굴을 닮은 최고봉의 독특한 생김새에서 그 이름이 유래했다. 습한 기후와 수분을 머금고 있는 토양을 흐르는 시냇물 수천 개가 이 지역을 흐르는 퉁가, 바드라와 네트라바티 강으로 흘러들어간다. 쿠드레무크 국립공원은 생물학적 다양성이 훼손될 위험에 처해 있다. 이 공원은 인도에서 가장 넓은 열대우림이 들어선 지역으로 열대우림 곳곳에 고산 초원이 펼쳐져 있다. 자연보호주의자들은 공원 내의 철광석 광산을 폐지하도록 했다. 이 공원에서 가장 중요한 동물은 사자꼬리마카크원숭이지만 그 외에도 호랑이, 표범, 멧돼지, 자이언트다람쥐, 사슴, 호저, 몽구스, 뱀, 거북이와 조류 약 195종이 서식한다. 이 공원은 다크시나 칸나다, 우두피와 치크마갈루르에 걸쳐 있으며 망갈로르의 철도와 가장 가까운 공항에서 약 130킬로미터 정도 떨어져 있다. **RA**

아래 현지 어부들은 현지의 풍부한 강을 잘 활용한다.

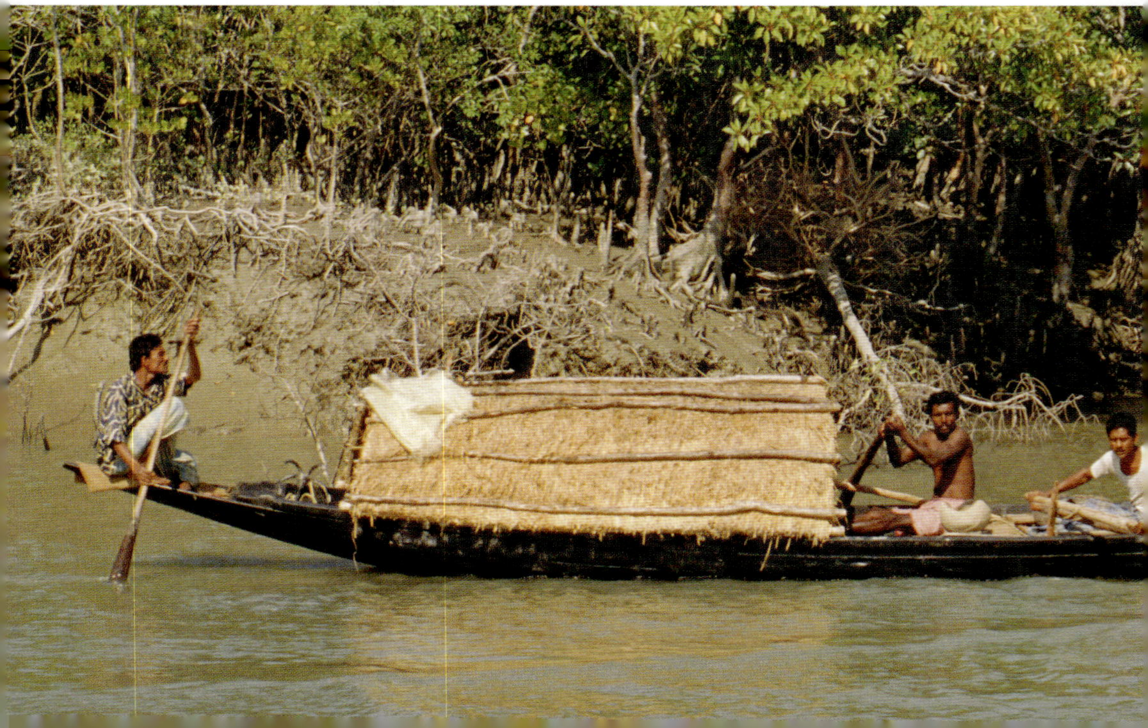

아티라팔리 폭포와
바자칼 폭포

인도, 케랄라 주

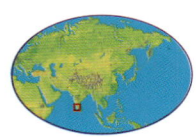

아티라팔리 폭포의 높이 : 25미터	
바자칼 폭포의 높이 : 30미터	

웨스턴가트 지역의 삼림 지역을 비롯해 케랄라 주에는 아름다운 폭포들이 많지만 그중에서도 아티라팔리 폭포와 바자칼 폭포가 가장 유명하다. 아티라팔리 폭포는 트리추르의 찰라쿠디 동쪽에 자리 잡고 있다. 이 폭포는 케랄라의 열대우림 가장자리에 있는 숄라야르 삼림 지역의 고지대에서 보기만 해도 아찔한 모습으로 떨어진다. 케랄라의 강 중 가장 고도가 높은 강인 찰라쿠디 강은 나무가 우거진 그림 같은 협곡을 향해 25미터를 폭포처럼 떨어진다. 아티라팔리 폭포는 소풍지로도 유명한데 코치에서 78킬로미터 떨어져 있다. 아름답기가 아티라팔리 폭포에 못지않은 바자칼 폭포도 찰라쿠디 강에 위치해 있으며 아티라팔리 폭포에서 5킬로미터 정도 떨어져 있다.

강가에 형성된 상록수림과 혼합림에는 독특한 생물과 멸종 위기에 처한 다양한 생물들이 서식한다. 바자칼 폭포는 코치에서 90킬로미터 떨어져 있다. 찰라쿠디 강에 수력발전소를 지으려는 계획을 검토하고 있다. 발전소를 지을 때에는 댐 건설을 위해서 숲을 모두 베어내야 하므로 두 폭포에도 영향을 미치지 않을 수 없다. 그래서 지역 주민들은 이 계획에 강하게 반발하고 있다. **RC**

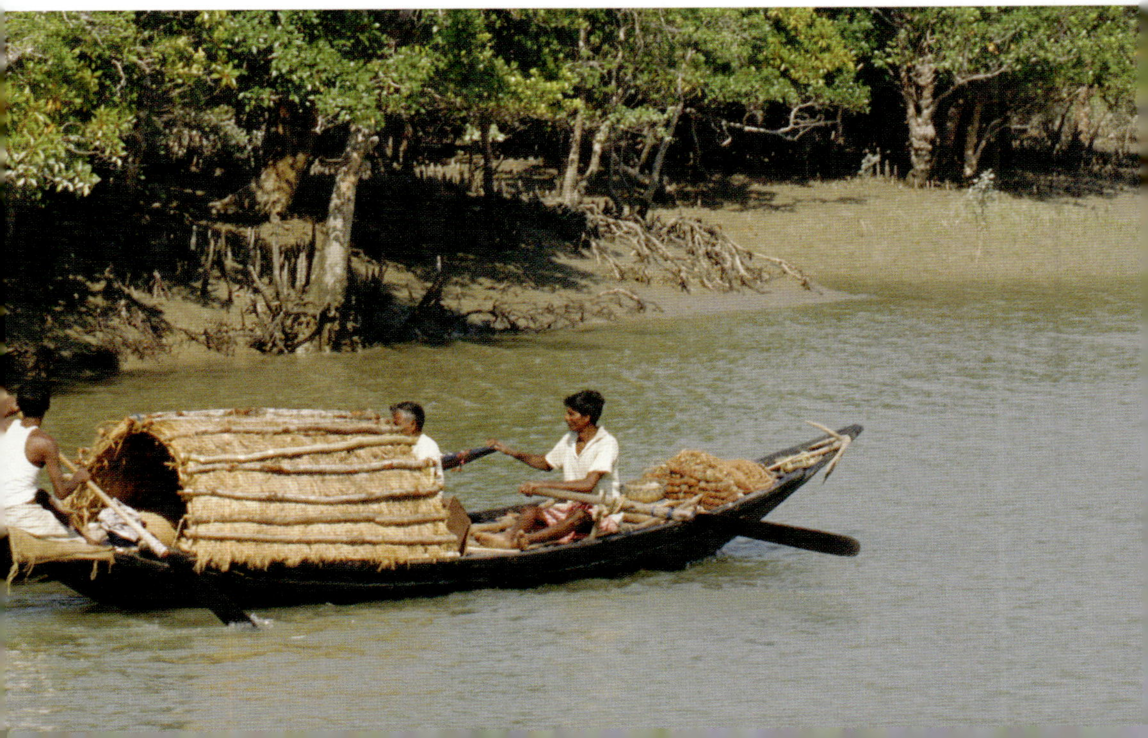

시기리야

스리랑카, 중부

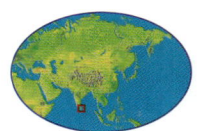

높이 : 200미터
해발 고도 : 370미터
세계유산 지정 연도 : 1982년

스리랑카 중부의 정글에 수직의 요새처럼 우뚝 솟은 화강암 덩어리가 바로 시기리야이다. 이곳은 세계의 8대 불가사의라고 한다. 주변의 울창한 삼림 한가운데 솟아 주변을 내려다보는 시기리야는 주위를 압도할 뿐만 아니라 드넓은 스리랑카 평원 저 멀리에서도 잘 보이는 지형물이다. 5세기 말 아버지를 산 채로 묻어버리고 왕위를 찬탈한 피해망상증의 왕이 있었다. 그는 형제까지 죽이려 했지만 실패하자 앞으로 있을지 모르는 형제들의 반역에 대비해 시기리야에 몸을 숨겼다. 그는

자신의 위세를 드높이고자 새로운 바위 성의 아랫부분을 깎아 사자 모양으로 만들었다. 이 성을 찾는 사람들은 백수의 왕인 사자의 입으로 들어가는 것이다. 고대 도시는 지금은 폐허가 되었고 지금은 복잡하게 연결된 좁은 계단과 거대한 갤러리들과 1,000년도 더 전에 그려졌다고 하는 벽화들만이 남아 있다. **DBB**

<u>오른쪽</u> 불교 승려들이 시기리야의 풍경을 바라보고 있다.

디야루마 폭포

스리랑카, 중부

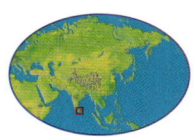

폭포의 높이 : 220미터
우기 : 10월에서 이듬해 3월

스리랑카 중부의 고원 지대를 유유히 흐르는 푸나갈라오야 강은 침엽수와 소나무가 함께 자라며 군데군데 오래된 바위들이 흩어져 있는 숲을 지나간다. 마하칸다 바위라고 하는 절벽에 다다르면 땅이 갑자기 사라지면서 하얀 물안개가 자욱한 디야루마 폭포가 나타난다. 스리랑카에서 두 번째로 높은 폭포인 디야루마 폭포는 이 나라의 폭포 중에서 가장 유명하다. 이 폭포는 스리랑카에서 가장 높은 폭포로 오인되기도 하지만 그런 이유로 유명한 것은 아니다. 유난히 평화로우면서 친근한 모

습 때문에 유명한 것이다. 디야루마는 '물의 빛'이라는 뜻으로 석탄처럼 새까만 바위를 배경으로 수백 피트를 떨어져 내린다. 절벽을 떨어져 내리는 폭포수는 눈보라에 휘날리는 하얀 눈처럼 방울방울 흩날린다.

전설에 의하면 성난 군중을 피해 도망치던 왕자와 신분이 천한 그의 애인이 디야루마 폭포의 절벽으로 올라갔다. 그런데 왕자의 애인이 미끄러져 폭포에서 떨어져 목숨을 잃고 말았다. 신들은 왕자의 눈물을 모아 계속 폭포에 날려 보내서 영원히 울게 했다고 한다. 그래서 디야루마의 폭포수가 방울져 흐르는 것이다. **DBB**

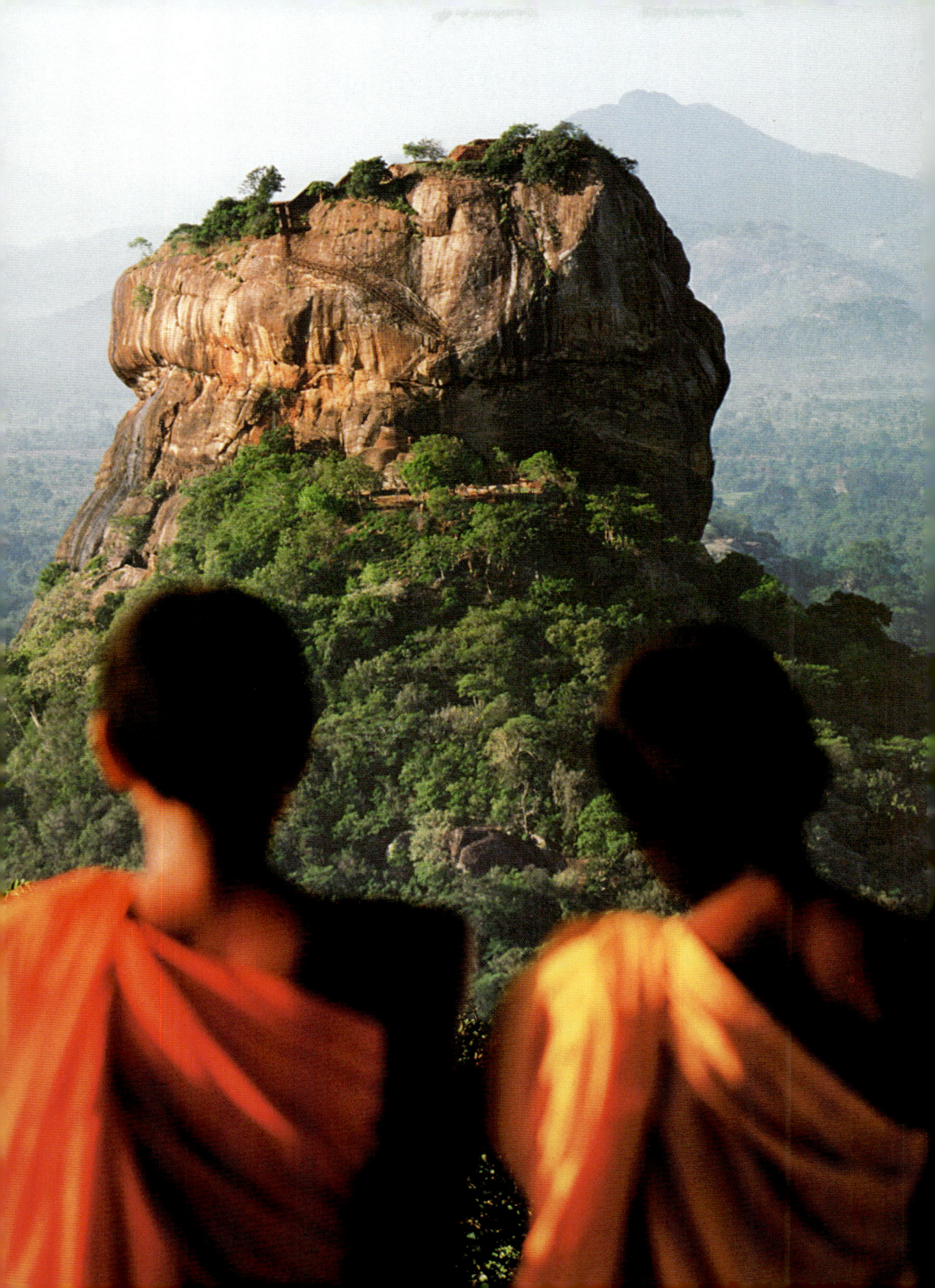

밤바라칸다 폭포

스리랑카

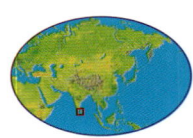

폭포의 높이 : 263미터
우기 : 10월에서 이듬해 3월

스리랑카의 남중부에 있는 밤바라칸다 폭포는 수많은 표정을 가진 아름다운 폭포로서 꼭 봐야 한다. 243미터 높이의 수직 절벽을 아무런 방해도 받지 않고 힘차게 낙하할 때가 있는가 하면 베일처럼 얇은 커튼같은 내려온 물줄기가 절벽을 감싸듯이 내려오기도 한다. 이때 밸리 댄서의 유연한 허리처럼 물줄기가 이리저리 방향을 바꾼다.

스리랑카에서 가장 높은 폭포인 밤바라칸다는 계절에 따라 그 모습이 바뀐다. 특히 가장 습할 때와 건조할 때의 모습이 판이하다. 하지만 그 어느 때도 매력을 잃지 않는다. 밤바라칸다에는 언제나 목걸이처럼 무지개가 걸려 있다. 강물이 줄어들면 무지개가 점점 더 절벽으로 다가와서 절벽의 중간 지점에 튀어나온 바위에 부딪혀 물안개 속으로 산산이 흩어진다.

밤바라칸다가 계절 별로 서서히 모습을 바꾸는 동안 폭포 주변의 생태계의 모습은 급격하게 변한다. 폭포수는 뾰족한 소나무 숲 사이를 내려오다가 종국에는 활엽수인 야생 바나나, 야자수를 비롯한 다양한 열대식물로 둘러싸인 못으로 떨어진다. **DBB**

바불파네 동굴

스리랑카, 우바 주

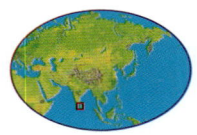

바불파네 동굴의 해발 고도 : 278미터
할위니 오야 동굴의 길이 : 457미터
특징 : 박쥐 약 250,000마리

스리랑카에서 보석이 풍부하게 매장된 라트나푸라 지방의 불루토타 산맥의 동사면에는 바불파네 동굴계가 있다. 이 동굴에는 총 12개의 동굴이 있다. 첫 번째이자 가장 큰 할위니 오야 동굴은 길이가 457미터로 돔처럼 생긴 천장이 있다. 천장에는 흰색, 크림색, 분홍색과 노란색의 종유석이 달려 있고 아래에는 마치 거울에 비친 그림자처럼 석순들이 나 있다.

동굴에는 경수가 흐르는 샘에서 초당 26리터씩 물이 흘러들어온다. 이곳의 탄산칼슘 농도는 스리랑카에서 최고라고 한다. 물에는 산화철이 함유되어 있어서 바위에 지저분한 오렌지색 얼룩을 남긴다. 이곳에서는 이 물이 약효가 있다고 믿는다. 물줄기는 동굴의 싱크홀로 사라지는데 사람이 기어서 드나들 수 있을 만큼 크다.

바불파네는 '박쥐 동굴'이라는 뜻이다. 말 그대로 이곳에는 여섯 종류의 박쥐 25만 여마리가 서식하고 있으며 박쥐 배설물은 바퀴벌레의 먹이가 된다. 동굴을 흐르는 시냇물에는 뱀장어처럼 생긴 물고기가 살고 종종 뱀도 발견된다. 화이트코브라가 박쥐를 사냥하는 모습도 목격되었다. 동굴에서 멀지 않은 곳에 선사시대에 만들어진 숲이 있는데 거대한 나무고사리가 4,000그루나 자란다. 이런 종류의 숲으로는 세계 최대 규모이다. **MB**

스리파다

스리랑카, 사바라가무와 주

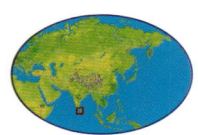

다른 이름 : 아담스피크
피크 야생보호구역의 면적 : 22,380헥타르

거대한 눈물방울처럼 생긴 스리파다는 마치 틀에 넣어 만든 듯한 생김새를 지녔다. 스리랑카의 남부 삼림 지역의 중앙에 있으며 정상에는 움푹 파인 곳이 있는데 거대한 발자국처럼 생겼다. 이 지질학적 현상은 스리랑카의 모든 종교에 중요한 의미를 지닌다. 아담스피크라고도 하는데 기독교도와 이슬람교도는 이곳에서 아담이 지상에 처음으로 발을 디뎠다고 주장한다. 힌두교도는 시바 신의 흔적이라고 하며 불교도는 싯다르타가 이 나라를 세 번째 찾았을 때 그 발자국 모양이 생겼다고 믿는다. 그 발자국 흔적에는 콘크리트를 채워져 있는데 앞으로도 계속 그 모양을 보존하기 위해서이다.

1940년부터 스리파다는 피크 야생보호구역으로 보호되고 있다. 종교적 성지로서 중요한 만큼 이 지역의 생태계도 매우 중요하다. 이곳은 몬테인 우림, 열대 저지와 초원이 한데 모이는 곳으로 스리랑카의 10대 하천 중 세 개가 흐른다. 이 지역에만 자생하는 조류가 24종이며 표범, 코끼리, 희귀한 개구리, 곤충들이 서식하는 보호구역에는 순례자들의 발길도 끊이지 않는다. 이들은 매년 달후제에서 정상까지 올라가 기도를 드리고 명상을 한다. **DBB**

볼고다 호수

스리랑카, 콜롬보, 칼루타라

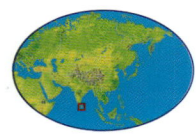

호수의 표면적 : 374제곱킬로미터
습지의 면적 : 140헥타르
최대 위기 : 톱밥 유기, 비료, 외래종

칼루와 켈라니야 강의 분지와 인도양 사이에 끼인 볼고다 호수는 스리랑카의 남서부에 자리 잡고 있다. 이 호수는 다양한 종류의 물, 온갖 생물과 인간의 이해관계가 복잡하게 얽혀 있는 곳이다. 덤벨처럼 생긴 호수의 남쪽과 북쪽은 좁은 수로로 연결되어 있다. 호수의 남쪽 부분은 수로를 통해 바다로 연결되어 있어서 해수가 흐르는 남쪽과 담수가 흐르는 북쪽에 다양한 환경이 만들어져 있다. 섬이 여덟 개나 떠 있을 정도로 넓은 볼고다 남쪽 호숫가는 사람의 손이 전혀 닿지 않은 곳이지만 북쪽은 온천 휴양시설과 고급스러운 호텔과 식당이 즐비하다. 볼고다 호수는 주변에 습지가 잘 발달해 있는데, 아시아에서 가장 중요한 습지이며 아시아비단뱀, 늪지악어와 홍대머리황새 등 멸종위기에 처한 동물들이 많이 서식한다. 호숫가에는 제재소와 공장들이 건설되어 있어서 공장에서 나오는 폐기물이 생태계를 위협하고 있다. 볼고다의 운명은 지역 환경-문화 단체의 노력에 달렸다. 이들은 현재 경제에도 도움이 되고 생태계도 보호할 수 있는 해결책을 마련하려고 노력 중이다. **DBB**

두빌리엘라

스리랑카, 사바라가무와 주

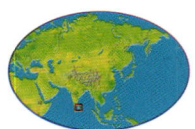

다른 이름 : 먼지 폭포
폭포의 높이 : 40미터
폭포의 폭 : 24미터

울 창한 정글 사이로 난 헐벗은 바위 비탈을 따라 힘차게 쏟아지는 두빌리엘라는 스리랑카 남동부에 있는데 스리랑카에서 가장 접근하기 힘든 폭포이다. 야성적이고 박력이 넘치는 거센 물줄기를 보고 있으면 어느새 작고 힘없는 존재가 되어버리는 자신을 느끼게 된다. 폭포의 물줄기가 이렇게 거센 것은 왈라와 강의 강폭이 갑자기 좁아지면서 30미터 아래의 강바닥으로 떨어질 때 가속이 엄청나게 붙기 때문이다. 그 결과 폭포 아래의 깊은 못을 박살이라도 낼 듯 떨어지는 폭포수가 뿜어내는 물안개가 폭포 꼭대기에 닿을 듯하다. 바로 여기에서 두빌리엘라, 즉 '먼지 폭포'라는 뜻의 이름이 유래했다.

하지만 무시무시한 광경은 폭포에서 끝나지 않는다. 바닥에 떨어진 후에도 강물은 폭이 좁은 협곡의 입구에 숨통이 조이게 된다. 그 결과 무시무시한 소용돌이가 형성된다. 폭포를 보려면 가이드를 고용해서 짧지만 매우 힘든 거리를 걷는 수밖에 없다. 가는 길에는 날다람쥐, 온갖 새들과 원숭이, 그리고 심지어 코끼리까지 나타날 수 있으니 눈과 귀를 활짝 열어두라. 도보여행은 발랑고다에서 28킬로미터 떨어진 칼토타에서 시작된다. **DBB**

마나슬루

네팔, 네팔 서부

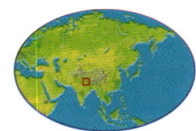

최고봉(마나슬루)의 높이 : 8,156미터
두 번째로 높은 봉우리(마나슬루 이스트)의 높이 : 7,894미터
다른 이름 : 쿠탕

안 나푸르나 봉에서 동쪽으로 64킬로미터 떨어져 있는 마나슬루 봉은 8,156미터로서 구르카 산괴의 최고봉이자 세계에서 여덟 번째로 높은 봉우리이다. 주변의 산을 굽어보듯 우뚝 솟아 있는 마나슬루의 기다란 능선과 빙하로 가득한 계곡들이 봉우리에 모여 있다. 마나슬루라는 이름은 산스크리트 어인 '마나사'에서 유래했는데 '영혼의 산'이라는 뜻이다. 마나슬루 등반은 기술적으로 크게 힘들지는 않지만 정상에 오르기는 매우 어렵다. 베이스캠프로의 루트가 매우 힘들며 악천후와 눈사태의 위험이 상존하기 때문이다.

1972년에 현지 셰르파 10명을 포함한 한국 원정팀 16명이 6,949미터 높이에서 시작한 산사태에 휘말려 모두 목숨을 잃었다. 토시오 이마니시와 기알젠 노르부가 일본 원정대와 함께 1956년에 최초로 정상을 정복했다. 1974년에는 여성으로 구성된 일본 원정대가 정상을 정복했다. 마나슬루 정복으로 그들은 8,000미터급 봉우리를 정복한 최초의 여성이라는 명예를 얻었다. 하지만 하산하던 중 원정대 중 한 명이 4번과 5번 캠프 사이에서 추락사하고 말았다. **MB**

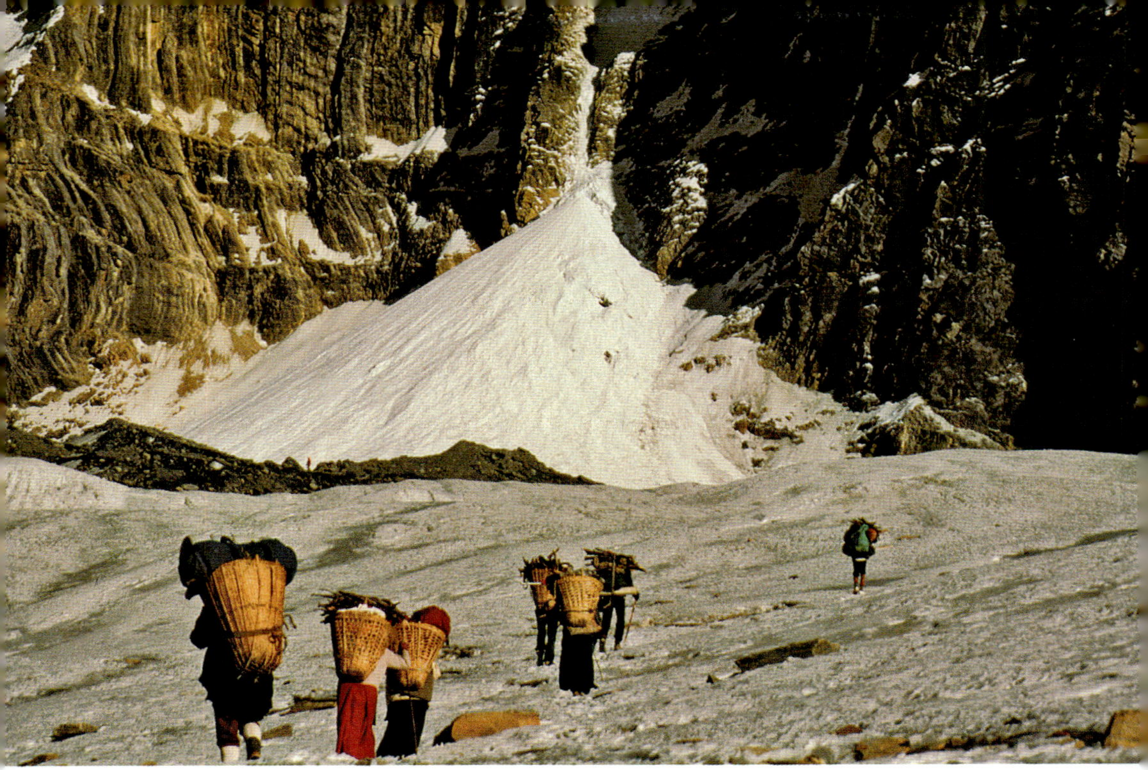

다울라기리

네팔, 네팔 서부

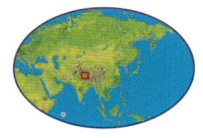

다울라기리 높이 : 8,201미터
다울라기리 길이 : 48킬로미터

네팔 최고봉이자 세계에서 일곱 번째로 높은 다울라기리는 네팔과 티베트의 접경지대에 있다. 다울라기리는 칼리간다크 협곡의 서쪽에 솟아 있는 산괴에 속한다. 이 산의 이름은 '흰 산'이라는 뜻이다. 1808년 유럽 탐험가들이 처음으로 발견한 후 다울라기리는 당시 세계 최고봉으로 알려졌던 에콰도르의 침보라소를 제치고 최고봉이 되었다. 그때는 칸첸중가 산과 에베레스트 산이 발견되기 전이었다.

다울라기리에는 피라미드처럼 생긴 봉우리가 많은데 그중에서 네 개가 7,620미터가 넘는다. 1950년에 모리스 에르조가 이끄는 프랑스 원정대가 정상 정복을 시도했으며 1960년 5월 13일 막스 아이셀린이 이끄는 스위스-오스트리아 공동 원정대가 마침내 정상을 정복했다. 이들은 산의 아랫부분까지 비행기로 간 최초의 원정대이다. 불행히도 비행기는 착륙 당시 땅에 부딪혀서 후에 폐기되었다. 정상 원정대에는 오스트리아의 등산가인 쿠르트 딤베르거도 있었는데 그는 8,000미터가 넘는 봉우리 둘을 성공적으로 정복하고 파키스탄의 브로드 봉(1957년)도 정복했다. **MB**

안나푸르나

안나푸르나

네팔, 네팔 서부

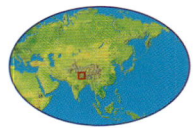

최고봉(안나푸르나 제1봉)의 높이 :
8,091미터
제2봉(안나푸르나 제2봉)의 높이
: 7,937미터

해발 8,091미터의 안나푸르나 제1봉은 세계에서 열 번째로 높은 산이다. 포카라 바로 북쪽에 있는 안나푸르나는 네팔의 중앙에 있다. 서쪽과 북서쪽에 누워 있는 빙하들은 칼리간다키 협곡으로 흘러간다.

안나푸르나 산괴에는 수많은 봉우리가 솟아 있는데 그중 다섯 봉우리가 '안나푸르나'라는 이름을 갖고 있다. 최고봉인 안나푸르나 제1봉과 제2봉은 산괴의 서쪽과 동쪽 끝에 마치 북엔드처럼 서 있다. 1950년에 모리스 에르조의 원정대가 안나푸르나 제1봉을 북사면을 통해 올랐다. 이는 8,000미터가 넘는 히말라야의 봉우리로는 최초였다. 그로부터 20년 후 크리스 보닝턴이 남사면으로 올라 정상을 정복했다. 1978년 미국 여성 이렌느 밀러와 비라 코마르코바는 북쪽 루트로 정상에 올랐다. 그때가 미국인으로서는 최초로 정상을 정복한 것이었다. 1988년에는 미국인 스티브 보이어가 이끄는 대규모 프랑스 원정대가 남쪽 루트로 등반을 했다. 트레킹을 하기에 가장 좋은 시기는 4월에서 10월 사이이다. 겨울에는 루트가 눈에 덮이기 때문이다. 안나푸르나는 산스크리트 어로 '수확의 여신'이라는 뜻이다. **MB**

아래 안나푸르나 제1봉에 구름이 낮게 드리워 있다.

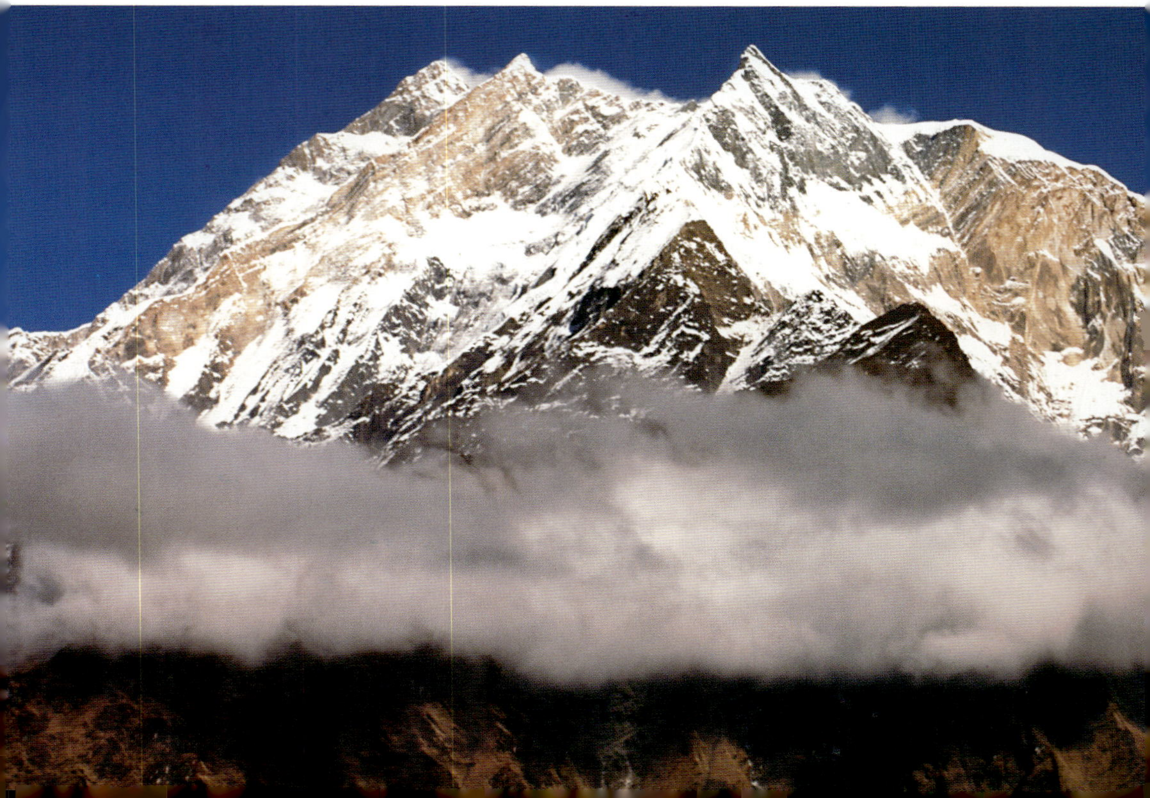

초오유 산

네팔 / 중국

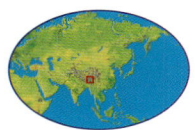

초오유 산의 높이 : 8,201미터
나그파라의 높이 : 5,791미터

네팔 동부와 티베트 접경지대에는 세계에서 여섯 번째로 높은 초오유 산이 우뚝 서 있다. '초오유'라는 이름은 '옥빛의 여신'이라는 뜻을 담고 있다. 에베레스트 산에서 북서쪽으로 30킬로미터 떨어진 이 산은 해발 8,201미터이다. 작은 산들 사이에 솟아 있어서 에베레스트를 올라가는 사람들에게 독특한 표지 구실을 한다.

초오유의 바로 남쪽에서 5,791미터 높이인 지점에는 나그파라 빙하 고개가 있다. 티베트와 쿰부 계곡 사이를 지나는 주요 교역로였던 이 고갯길은 등반하기에 '가장 쉬운' 루트로 여겨진다. 그렇다고 만만하게 볼 상대는 결코 아니다. 여성만으로 구성된 국제 등반대가 눈사태로 네 명의 대원을 잃은 적도 있으며 두 명의 독일 등산객이 해발 7,600미터의 캠프에서 탈진해 사망하기도 했다. 초오유 산 정복에 최초로 도전한 것은 에릭 십턴이 이끄는 원정대였는데 이들은 6,650미터 높이에서 얼음벽에 막혀 귀환해야만 했다. 그 후에 헤르베르트 티히, 제프 외힐러, 셰르파인 파상 다와 라마가 속한 오스트리아 원정대가 1954년 10월 19일에 정상을 최초로 정복했다. **MB**

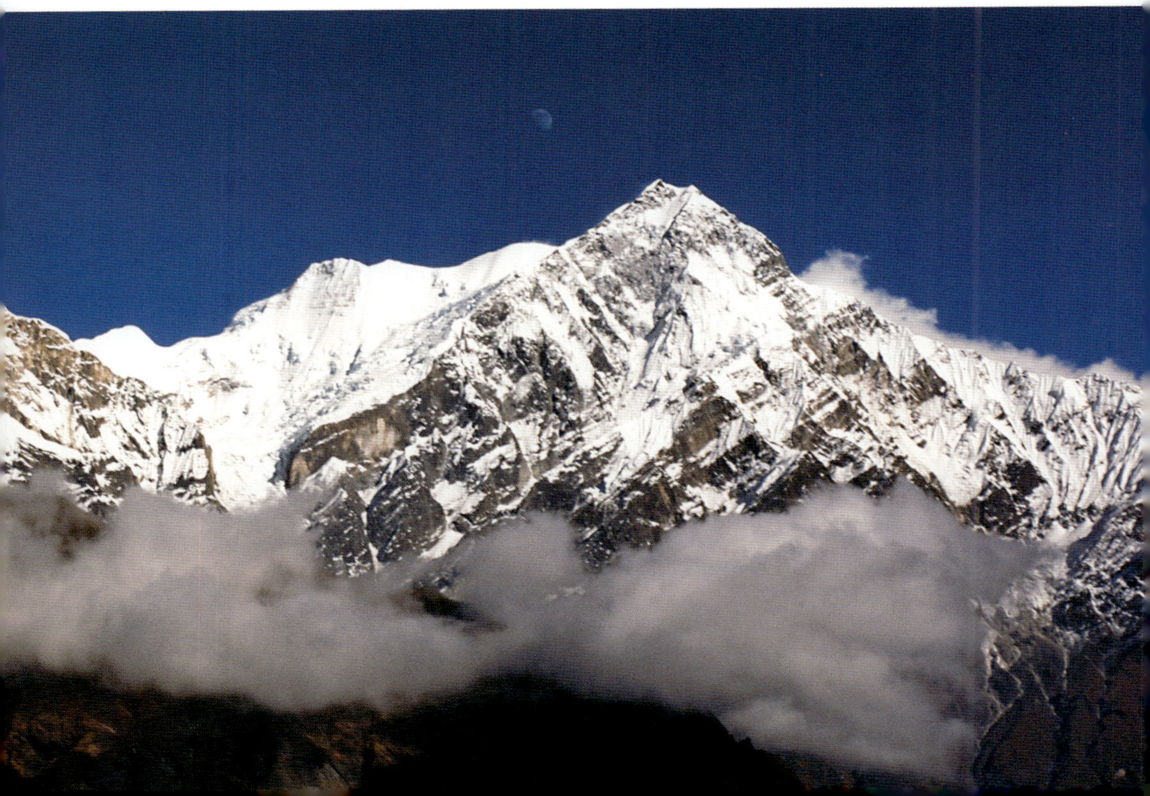

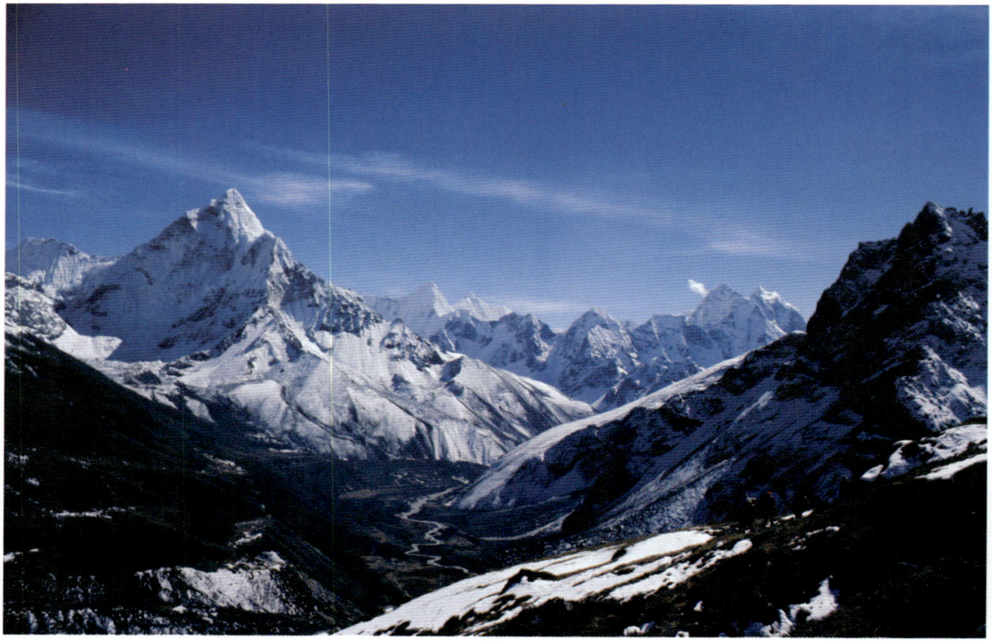

에베레스트 산

네팔 / 중국

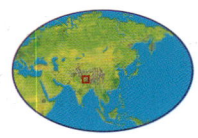

해발 고도 : 8,850미터

티베트에서 부르는 이름 : 초모룽마
(우주의 어머니 여신)

네팔에서 부르는 이름 : 사가르마타
(존재의 바다를 휘젓는 막대)

세계 최고봉인 에베레스트는 한때 제15봉우리라는 이름으로 불렸다. 그러다 인도를 측량한 군사 공학자 조지 에베레스트 경이 1865년 이 산을 본 이후로 에베레스트로 불리게 되었다. 그는 에베레스트를 측량하려고 했지만 네팔 정부는 그 계획을 반대했다. 그래서 그는 인도의 전문가들을 모아서 몰래 정보를 수집한 후에야 이 지역의 지도를 정확하게 작성했다고 한다.

20세기 초반에서야 서구인들은 에베레스트 등반 허가를 받을 수 있었다. 그들 중에는 영국의 산악인 조지 멀로리도 있었다. 그는 산에 왜 올라가느냐는 질문에 "산이 거기에 있어서."라는 대답을 남긴 사람이다. 불행히도 그를 비롯한 수많은 사람이 에베레스트를 오르다가 목숨을 잃었다. 에베레스트에서는 날씨와 상황이 순식간에 변화하기 때문에 아무리 노련한 등산가라도 등반하기가 쉽지 않다.

에베레스트는 1953년에 마침내 인간에게 정복되었다. 당시 존 헌트 경이 이끄는 원정대가 티베트 쪽에서 등반을 했다. 정상에 오른 사람은 승리자 뉴질랜드의 양봉업자 에드몬드 힐러리경과 네팔인 셰르파 텐징 노르가이였다. 그들은 1953년 5월 29일 아침 일찍 베이스캠프에서 출발해 약 다섯 시간 후 정상에 도착했다. **MB**

로체 산

네팔 / 중국

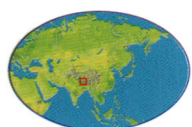

로체 산의 해발 고도 : 8,516미터	
로체 산의 높이(샤르 봉) : 8,383미터	
눕체 봉의 높이 : 7,879미터	

로체 산은 네팔과 티베트의 접경 지역의 쿰부 히말에 있다. 에베레스트의 바로 남쪽이다. 로체 산은 티베트 어로 '남쪽 봉우리'라는 뜻이다. 8,516미터 높이의 로체 산은 히말라야에서 네 번째로 높은 봉우리이다. 이 산은 동서로 뻗어 있는 수직 능선인 사우스콜을 통해 에베레스트와 이어져 있다. 로체 산의 능선은 8,000미터 아래로 내려가지 않는다. 그래서 로체 산은 종종 에베레스트 산의 남쪽 능선으로 오인받기도 한다. 1931년에 이루어진 인도 조사에서 이 산은 E1라는 이름을 받았다. 풀이하면 에베레스트 제1봉이다. 에베레스트가 정복된 후 로체 산에도 사람들의 발길이 닿기 시작했다. 하지만 초기에 로체 산을 찾은 사람들의 목적은 에베레스트 산의 정상으로 가는 새로운 루트를 찾으려는 것이었다. 1956년 5월 18일에 프리츠 루흐징거, 에르네스트 라이스 그리고 스위스 등산가 두 명이 마침내 정상을 정복했다.

로체 산에는 두 개의 봉우리가 더 있다. 하나는 주봉우리의 동쪽에 있는 로체 샤르이고 또 하나는 왼쪽 능선의 눕체이다. 등반에 가장 좋은 시기는 4월에서 5월 사이와 9월 말에서 10월 사이이다. **MB**

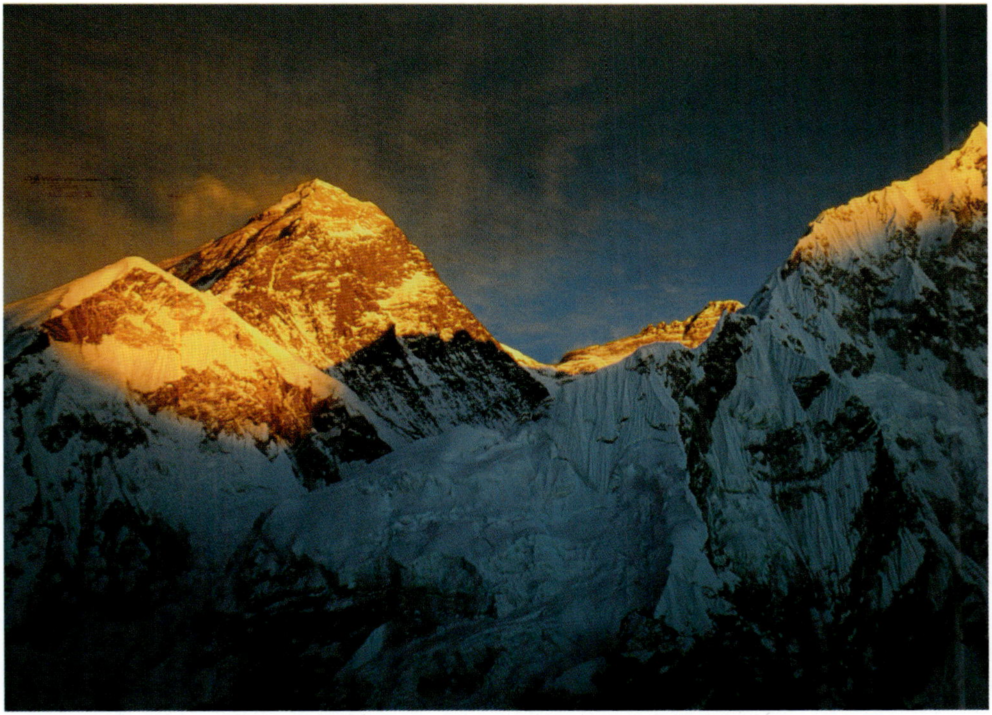

마칼루

네팔 / 중국

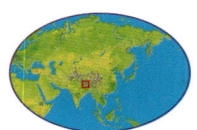

마칼루의 높이 : 8,463미터
초모론조 봉의 높이 : 7,818미터

마칼루 산은 세계에서 다섯 번째로 높은 봉우리로서 에베레스트의 남동쪽으로 23킬로미터 떨어져 있다. 이 산은 모습이 독특해서 절대 다른 산으로 착각할 수 없다. 해발 8,463미터인 마칼루 봉은 빙하가 발달했고 네 개의 날카로운 능선이 이어져 있는 피라미드 형태이다.

마칼루 봉의 북쪽으로는 또 다른 봉인 초모론조 봉이 있는데 해발 7,818미터이다. 마칼루 봉과는 고갯길로 연결되어 있다. 이 지역의 다른 산처럼 마칼루도 오래전부터 등산객들에게 경배의 대상이었다. 하지만 에베레스트가 정복된 후 등산객들은 마칼루의 정상도 정복하려고 시도하기 시작했다.

마칼루 봉은 험난하기 이를 데 없는 산이다. 정상 정복을 시도한 16팀 중에서 겨우 5팀만이 성공한 것만 봐도 잘 알 수 있다. 최초의 등반대였던 미국 원정대는 1954년에 봄에 시도했지만 7,100미터에서 폭풍우를 만나 귀환해야 했다. 그 후 1955년 5월 15일에 장 프랑코가 이끄는 프랑스 원정대 중 장 쿠지와 리오넬 테레가 정상을 정복했다. 이틀 후 그들의 동료 일곱 명도 두 사람의 뒤를 따랐다. **MB**

아래 마칼루의 봉우리들이 구름을 뚫고 솟아있다.

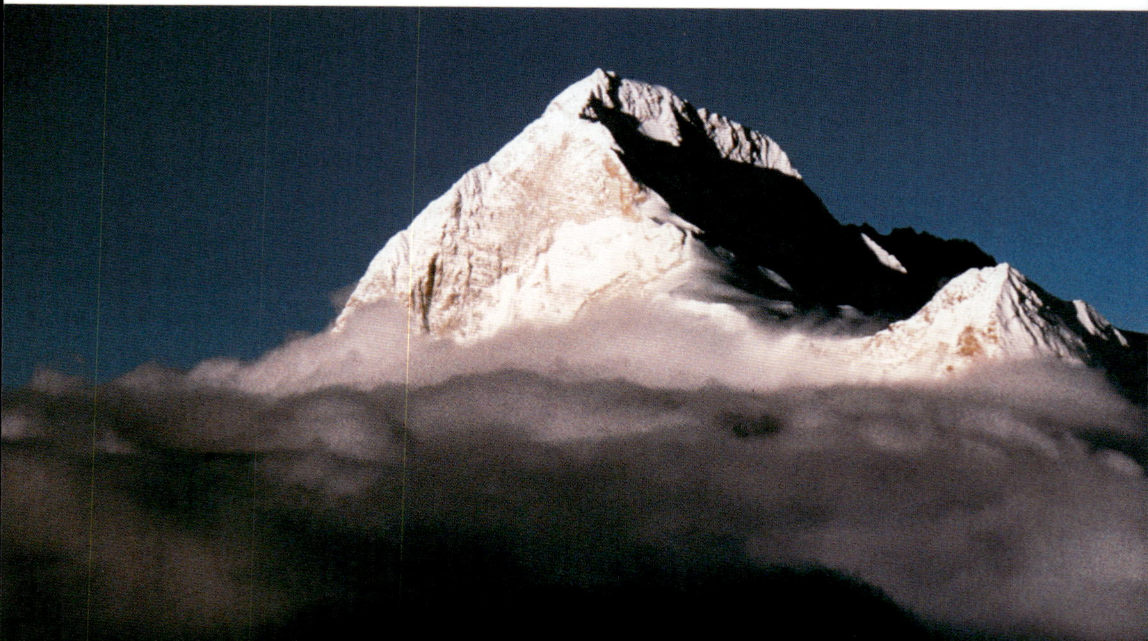

칸첸중가 산

네팔, 인도

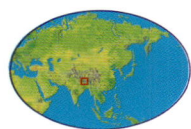

해발 고도 : 8,586미터

특징 : 세계에서 세 번째로 높은 산

칸 첸중가 산은 세계에서 세 번째로 높은 산이다. 해발 8,586미터로서 인도의 시킴과 네팔의 국경에 있으며 히말라야 산맥의 일부이다. 칸첸중가 산은 그곳의 사투리로 '눈으로 된 보물 다섯 가지'를 의미한다. 보물이란 물론 봉우리를 말한다. 이 산은 지금껏 아무도 정복한 사람이 없다.

1925년에 찰스 에반스가 이끄는 영국 원정대가 정상을 1.5미터 앞둔 곳까지 올라갔다. 하지만 이 산을 영산으로 생각하는 시킴 족의 전통을 존중하는 차원에서 발걸음을 돌렸다. 에반스는 정상 근처에서 아무것도 훼손하지 않고 하산했다. 심지어 오늘날까지도 등산가들은 정상 주변에 어떤 선이 쳐진 것처럼 그 안으로는 감히 발을 들여놓으려 하지 않는다. 시킴 족 사람들은 이 산의 신이 자신들을 굽어 살피고 있다고 생각했다. 이 신은 홍수와 눈사태로 마을을 파괴하고 폭풍우로 농사를 망칠 수 있는 힘이 있다고 믿는 것이다. 신은 붉은색의 불 같은 얼굴을 가졌으며 해골 다섯 개가 달린 왕관을 쓰고서 전설의 눈사자를 타고 있는 모습으로 그려진다. 해마다 초가을이면 산에게 바치는 춤의 축제가 벌어진다. 라마승들은 가면을 쓰고 화려한 색의 옷을 입고 거대한 산을 배경으로 춤을 추며 빙빙 돈다. **MB**

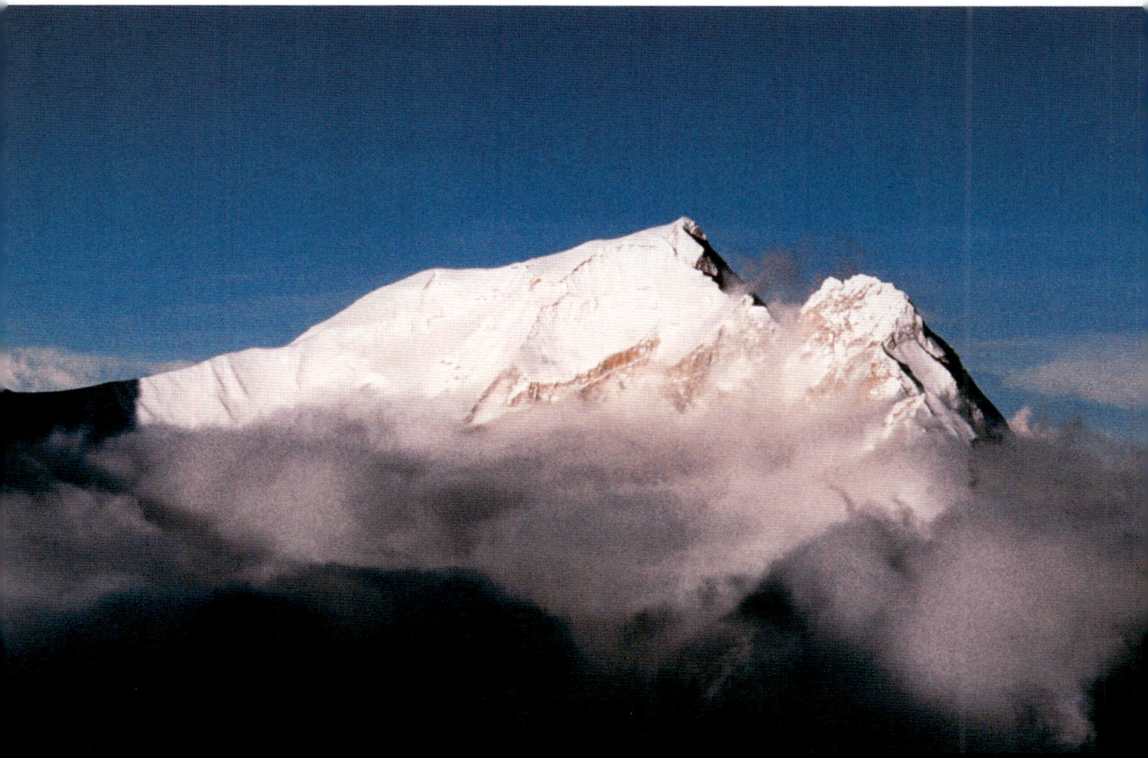

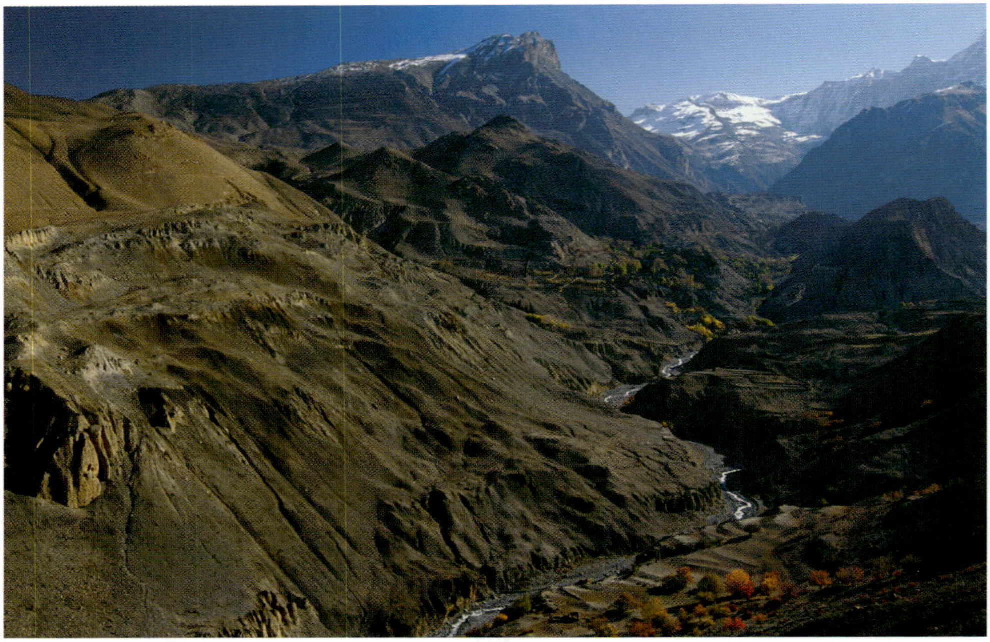

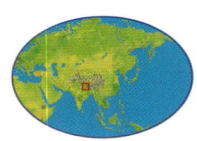

칼리간다키

네팔, 네팔 서부

| 칼리간다키 계곡의 생성 시기 : 5,000만 년 전 |
| 식생 : 사막에서 반열대림 |

칼리간다키는 실로 오래된 강이다. 한때 이 강은 티베트 고원에서 발원해 바다로 흘러들었다. 그러다 5,000만 년 전 거대한 지각운동이 발생해 대륙판이 충돌하자 그 영향으로 땅이 밀려 올라가 히말라야가 되었다. 그런데 칼리간다키 강은 고집스럽게 자신의 진로를 유지했다. 강물이 바위를 깎으며 흘러가다보니 안나푸르나와 다울라기리 산맥 사이에 지구상에서 가장 깊은 계곡을 만들기에 이르렀다. 강의 물빛은 상류에서 내려온 진흙으로 새카맣다. 강의 수면은 가장 높은 봉우리보다 4,400미터나 아래에 있다. 이 계곡은 예부터 티베트와 네팔 사이를 오고가는 상인, 순례자, 병사들의 편리한 통로였으며 지질학적으로는 수수께끼 같은 존재였다. 칼리간다키 강은 계곡의 북쪽 끝에서는 춥고 황량한 사막을 가르며 지나가지만 계곡의 남쪽에서는 반열대림으로 흘러들어간다.

이 계곡에는 다양한 배경의 사람들이 정착했다. 소금 상인, 목축업자, 농부 같은 사람들이었다. 지금 이곳의 주민들은 모험을 경험하고 싶어하는 관광객들을 상대하는 일을 업으로 삼고 있다. 하지만 여전히 고유의 사회적 전통과 문화를 유지하고 있다. 이곳은 일처다부제 지역이다. 가족을 안전하게 보호하기 위해서이다. 도처에 위험이 도사리고 있는 환경에서 자라는 아이들은 늘 잘 보살피기 위해서이다. **MB**

왕립 시트완
국립공원

네팔 중부, 테라이 서부

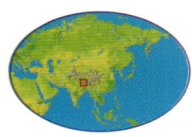

공원의 면적 : 932제곱킬로미터
새의 종수 : 400종 이상
양서류와 파충류의 종수 : 55종

네팔에서 가장 유명하며 접근하기 쉬운 국립공원인 왕립 시트완 공원은 카트만두 남서쪽의 저지대에 있다. 이곳은 호랑이, 인도코뿔소, 인도악어 등을 보호하고 있다. 시트완은 1846년에서 1951년 사이에는 왕실의 사냥터였다. 하지만 서식지가 훼손되고 동물수의 급격히 감소해서 1963년에 공원의 남부를 코뿔소 보호구역으로 지정했다. 왕립 시트완은 1973년에 네팔 최초의 국립공원이 되었으며 1984년에는 세계유산으로 지정되었다.

공원에는 '코끼리 풀밭' 사바나, 강, 사라수 숲 등 다양한 서식지가 갖추어져 있다. 이곳에 서식하는 포유류는 50종이 넘는다. 그중에는 호랑이, 인도코뿔소, 표범, 들개, 멧돼지, 큰 들소, 갠지스돌고래처럼 멸종위기에 처한 동물이 많다. 이곳에서는 네팔의 다른 보호구역보다 훨씬 많은 조류가 발견되었다. 이 공원에서 사는 파충류로는 인도비단뱀과 악어 등이 있다. 악어는 머거, 가리알 두 종류이다. 코끼리 사파리는 인도코뿔소를 매우 가까이 볼 수 있어서 이곳의 인기 있는 관광 상품이다. 공원은 사륜구동 자동차로 둘러볼 수도 있고 가이드와 함께 정글을 걸어서 구경하거나 라프티 강에서 카누를 탈 수도 있다. **RC**

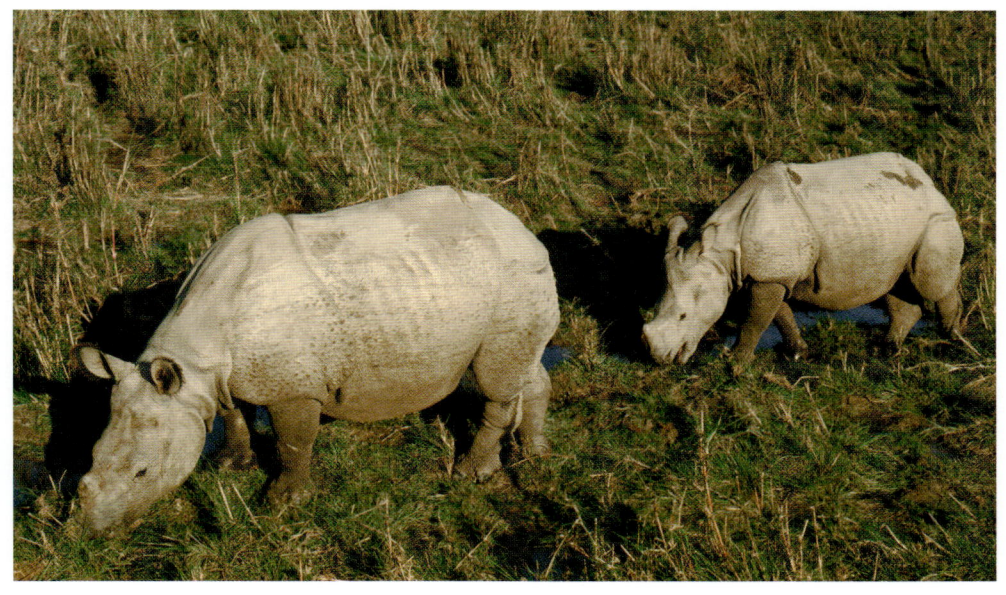

파로밸리

부탄

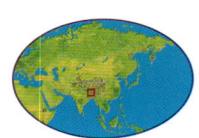

고도 : 2,272미터

주민 수 : 약 10,000명

히말라야 동부의 부탄 왕국은 높은 산과 울창한 숲에 둘러싸여 수 세기 동안 외부에서 접근하기가 사실상 불가능했다. 통치자들은 20세기까지 외부인들의 출입을 금지해서 자연적 고립 상태를 더욱 강화했다. 지금은 관광객들을 매년 7,000명까지 받고 있다. 관광객들은 대부분 비행기로 와서 파로 계곡에 착륙한다.

겨울은 춥고 여름은 따뜻한 파로밸리는 집중적으로 경작이 이루어진 곳으로 부탄에서 가장 인구

가장 긴 계곡 위의 절벽에는 사원인 파로 종이 계곡을 내려다보고 있다. 1644년에 지어진 파로 종은 이 계곡의 사원이자 행정센터이기도 하다. 또한 부탄에서 가장 유명한 탁상 사원에 버금가는 경이로운 건축물이다. 전설에 따르면 1,200년 전에 불교의 성인 파드마삼바바('스승들의 스승'이라는 뜻으로 구루 린포체)가 파로종의 바로 북쪽에 있는 높은 절벽의 동굴로 날아갔다고 한다. 그는 암호랑이의 등에 타고 있었다. 그 후 그곳에는 계곡 바닥에서 900미터 높이에 탁상 사원이 지어졌다. 탁상은 '호랑이 굴'이라는 뜻이다.

이곳에는 바람소리와 물소리와 승려들이 불경을 읽는 소리만 들릴 뿐이다. 이곳은 평화, 평온,

> 겨울은 춥고 여름은 따뜻한 파로밸리는 집중적으로 경작이
> 이루어진 곳으로 부탄에서 가장 인구가 조밀하다.
> 이곳은 부탄에서 가장 아름다운 계곡 사이에 있다.

가 조밀하다. 이곳은 부탄에서 가장 아름다운 계곡 사이에 있다. 게다가 티베트까지 이어진 가장 중요한 교역 루트 두 개가 교차하는 곳이다. 파로 강은 북쪽에 있는 7,000미터 봉우리에서 시작해 계곡을 지난다. 사람들은 계단식 지형으로 강물을 끌어와 벼와 같은 작물을 재배한다. 파로에 사는 주민들의 삶이 비교적 윤택하다는 것은 집을 보면 알 수 있다. 부탄의 다른 지역에 비해서 크고, 화려하게 장식되어 있기 때문이다. 창문, 문, 벽들을 화려한 색으로 칠하고 꽃, 동물, 종교적인 무늬를 그려 넣는다. 붉은 고추를 지붕에서 말리는 풍경도 이곳의 생기를 더해준다.

영성의 화신과도 같은 곳이다. 파로 종에는 해마다 종교적 축제인 체추가 열린다. 체추가 열리면 부탄 사람들은 화려한 옷을 입고 전국에서 모여 사흘 동안 춤을 추며 잔치가 벌어진다. 이들은 축제 기간 동안 거대한 탱화를 펴 놓는다. 이 탱화를 보는 것만으로도 앞으로의 윤회에서 벗어날 수 있다고 한다. **JD**

<u>오른쪽</u> 부탄에서 가장 유명한 사원인 탁상 사원이 파로 절벽을 내려다보는 곳에 세워져 있다.

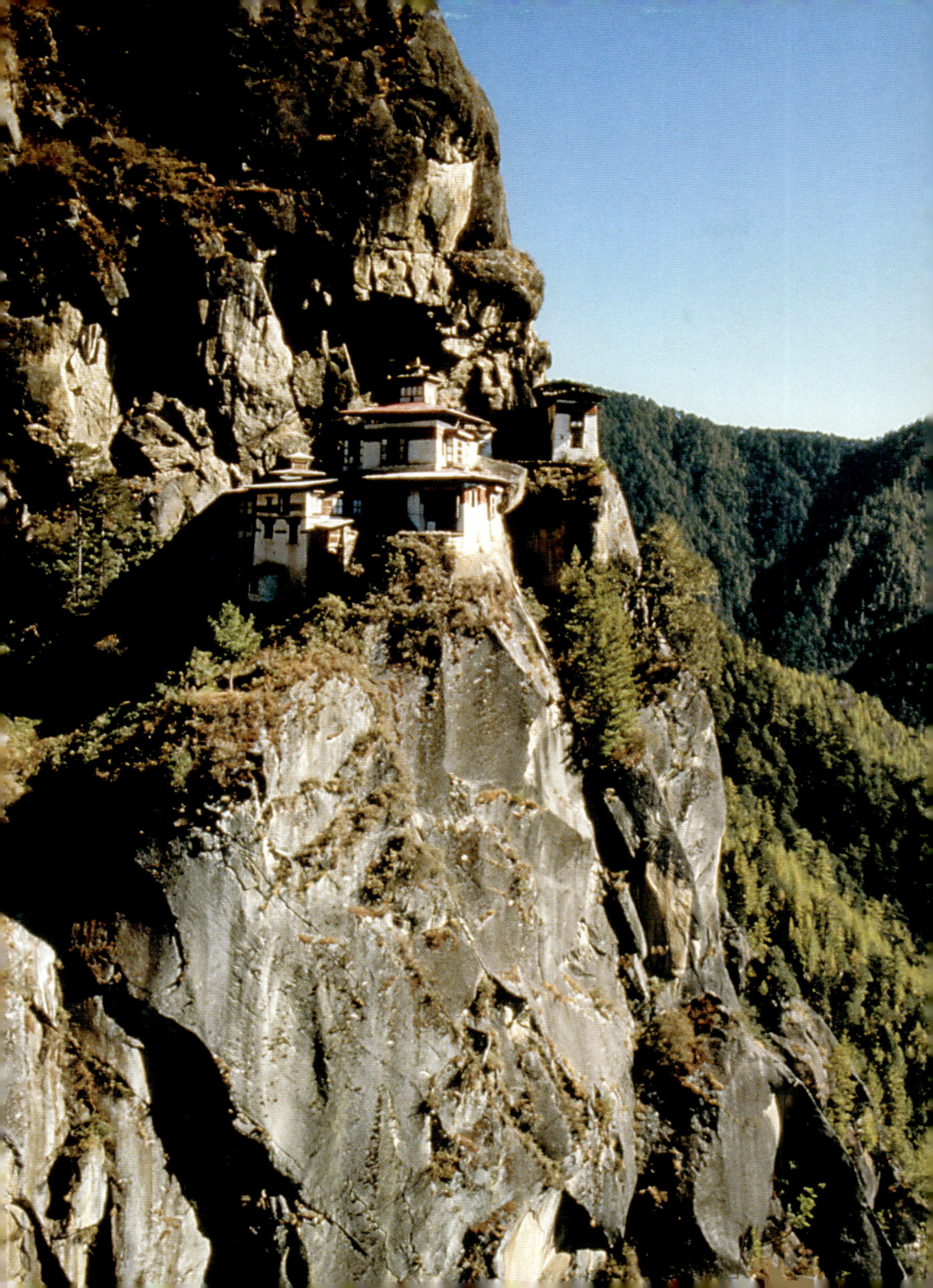

포브지카 계곡과 학

부탄

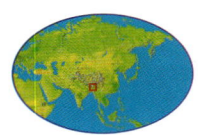

성조 학의 키 : 약 1.5미터

포브지카에 서식하는 학의 수 :
약 440마리

포 브지카는 히말라야 동부의 부탄 왕국에 있는 빙하 계곡이다. 해발 2,878미터에 있는 이 계곡은 아마 지구상에서 가장 아름다운 곳의 하나일 것이다. 숲이 울창한 가파른 언덕이 에워싼 이 계곡에는 16세기에 지어진 황금 지붕의 사원이 주위를 압도한다. 계곡의 바닥은 부탄 최대의 습지이다. 이곳에는 토탄이 두껍게 쌓여 있고 키 작은

쪽에 있는 코코노르 호수에서 처음으로 발견되었다. 두루미는 히말라야 지역에서 서식하는데 여러 위험으로 인해 두루미들의 수가 급감하고 있다. 하지만 포브지카에서는 두루미가 현지인들의 전통과 깊은 관련이 있기 때문에 비교적 잘 보호받고 있는 편이다. 부탄에서 두루미는 트룽도들은 트룽 카르모라고 하며 현지 불교도들은 천상의 새 '이하브-브자'라고 숭상하고 있다. 이하브-브자는 불교의 전승, 노래, 춤과 역사에 자주 등장한다. 붐탕 근처의 브자카르 종은 '하얀 새'라는 뜻을 가진 사원이다. 전설에 따르면 이 사원은 하얀 새가 오늘날 브

> 이 계곡은 아마 지구상에서 가장 아름다운 곳의 하나일 것이다.
> 숲이 울창한 가파른 언덕이 에워싼 이 계곡에는 16세기에 지어진
> 황금 지붕의 사원이 주위를 압도한다.

대나무들이 자란다. 히말라야의 눈이 녹으면 강물의 속도는 더욱 빨라진다. 겨울에는 희귀조인 아름다운 검은목두루미가 모여든다. 이 새들은 사원 아래 수심이 얕은 곳에서 발견되는데, 포브지카의 습지에서 번식을 하고 티베트 고원의 혹독한 추위를 피한다. 이러한 행동은 생존에 매우 중요한 것이다. 검은목두루미는 10월 중순에 월동지로 날아와 이듬해 4월 중순까지 머무른다.

세계에는 두루미가 15종이 있는데 그중 세계에는 있는데 그 중 검은목두루미는 가장 덜 알려진 종이다. 이 두루미는 1876년에 티베트 고원의 북동

자카르 종이 서 있는 언덕까지 날아갔을 때 지어졌다고 한다. 그 하얀 새가 바로 검은목두루미였다고 여겨진다. 부탄 사람들은 이 새를 매우 소중하게 여겨서 혹시 이 새에 상처라도 내는 사람은 종신형에 처한다. 부탄에서 가장 인기 있는 대중가요는 학이 티베트로 떠나는 봄을 아쉬워하는 노래이다. 부탄 사람들은 이토록 사랑받는, 귀한 새를 위해서 11월 12일에 포브지카에서 학 축제를 연다. **JD**

조몰라리 산

부탄

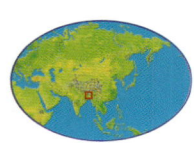

산의 높이 : 7,300미터	
생성 시기 : 2,000만 년 전	

부탄 사람들이 영산으로 깊이 숭앙하는 조몰라리 봉은 히말라야 동부 티베트와 부탄의 접경 지역에 있다. 산은 예부터 신성한 힘을 지닌 것으로 여겨져 사람들에게 경배의 대상이 되었다. 히말라야의 부탄 왕국에 있는 산들도 그런 점에서 예외가 아니다. 부탄인들에게 조몰라리는 조모 혹은 체링마 여신의 화신으로서 강카르푸렌숨과 함께 이 나라에서 가장 숭배하는 신성한 봉우리이다.

불심이 매우 깊은 부탄 사람들은 신들이 신성한 산에 산다고 믿는다. 그래서 산을 등반한다는 것은 그들에게 용납될 수 없으며 신들의 분노를 사는 행위이다. 그 결과 이 지역의 봉우리 중에는 아직도 신비에 싸인 곳이 많다.

그러나 조몰라리 산은 놀랍게도 예외이다. 1939년 스펜서 채프먼이 이 산을 정복했다. 당시 그는 그때의 감상을 이렇게 썼다.

'내가 아는 그 어떤 산보다 더 높고 험준한 조몰라리는 웅장함 그 자체이다. 산은 거의 수직에 가까운 바위 절벽이 산기슭까지 계속 이어져 있다. 히말라야 산맥을 통틀어 이 산만큼 아름다운 산은 없다고 생각하는 사람들이 많다.'

해발 7,541미터로 부탄의 최고봉인 강카르푸렌숨은 인간이 정복하지 않은 산 중에서 가장 높은 산이다. 아마 앞으로도 오랫동안 그 기록은 깨어지지 않고 계속 유지될 것 같다. **JD**

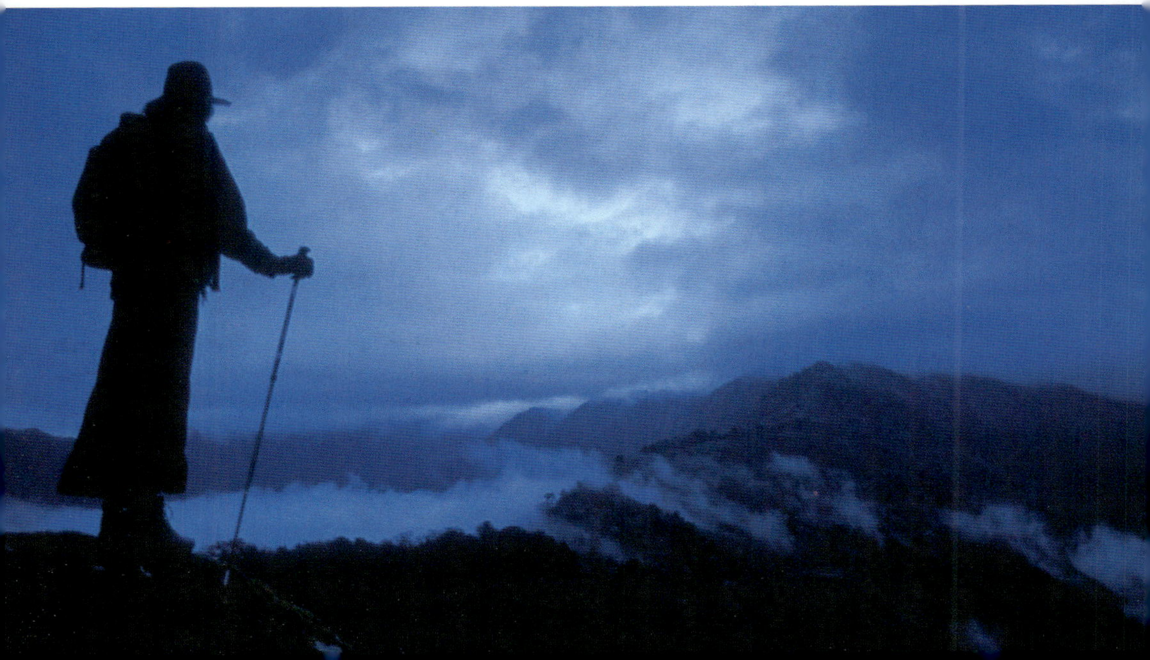

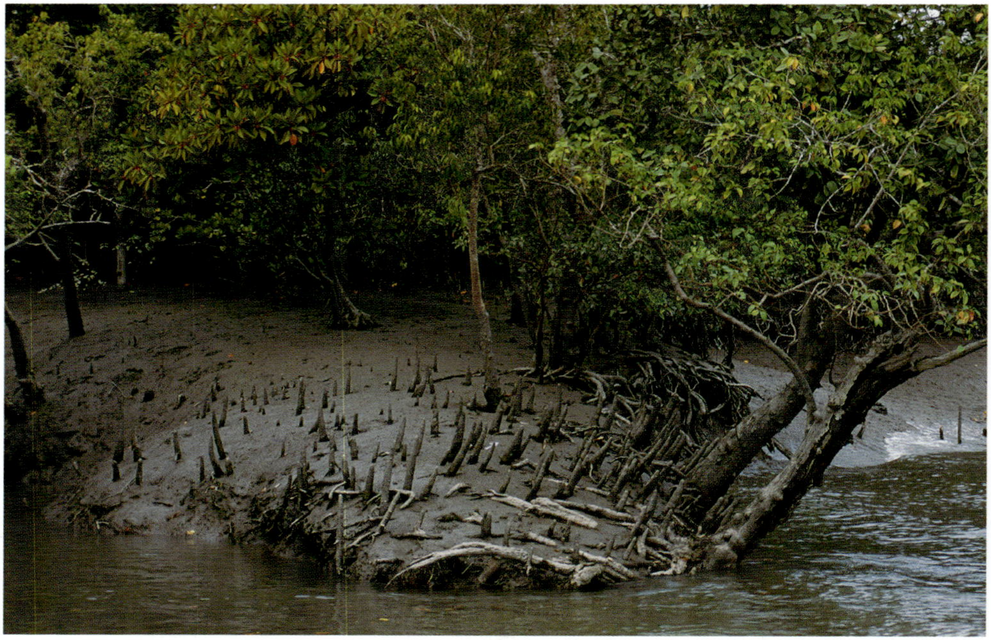

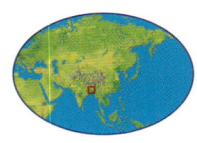

순다르반스

방글라데시 / 인도

순다르반스의 면적: 약 10,000제곱킬로미터
삼각주 면적: 약 80,000제곱킬로미터
방글라데시 순다르반스의 면적:
5,950제곱킬로미터

브라마푸트라 강, 갠지스 강, 메그나 강 유역의 삼각주에는 세계 최대의 맹그로브 숲이 형성되어 있다. 이 숲은 벵골 만의 북부에 인도와 방글라데시의 국경을 가로지르며 뻗어 있다. 이곳에는 조수가 있는 물길, 개펄, 염분에 강한 맹그로브가 자라는 섬, 한때는 갠지스 평야를 뒤덮었던, 마지막 남은 처녀림 등이 복잡하게 뒤엉켜 있다.

순다르반스는 야생생물보호구역으로서 숲에는 악시스사슴과 멧돼지가 살고 있으며 히말라야원숭이가 사는 곳으로도 유명하다. 이 원숭이는 벵골호랑이의 먹이가 되는데 이 호랑이 중에는 식인호랑이도 있다고 한다. 세계 최대의 파충류인 바다악어, 인도비단뱀, 갠지스강돌고래도 이곳에 서식한다. 구불거리며 흐르는 시내와 하천에 서식하는 조류가 260종인 것으로 보고된 바 있다. 이중에는 시베리아오리 같은 철새도 있다. 사람과 자연의 흥미로운 관계를 보여주는 예도 있다. 이 지역의 어부들은 수달을 길들여서 그물에 물고기를 몰아오게 한다.

강수량이 매우 많고 무척 습하다. 3월 기온은 43도까지 치솟는다. 이곳에는 도로가 없어서 배를 타고 다녀야 한다. 방글라데시에서는 외륜선으로 여행을 할 수 있다. **MB**

인레 호수

미얀마, 샨 주

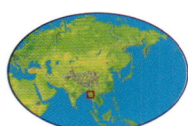

호수의 해발 고도 : 900미터
호수의 길이 : 22킬로미터
호수의 폭 : 11킬로미터

미얀마의 웨스턴샨 주의 샨 고원에는 수심이 깊지 않은 인레 호수 혹은 냥셰 호수가 있다. 이곳은 인샤 부족의 평화로운 삶의 터전이다. 대나무로 지탱하는 오두막에서 사는 인샤 부족 사람들은 수심이 1.5미터 정도인 얕은 호수에서 먹을 것을 키우는 독특한 방법을 고안해 냈다. 이들은 호수 바닥에 고정된 수생 식물이 자라는 '떠 있는 정원'을 가꾼다. 그리고 갈대와 풀을 함께 이용한 대나무 담으로 정원을 구획한다. 이 정원을 고안한 사람들은 자신들이 만든 제품도 기발한 방식으로 판매한다. 그들은 배 뒤에 18미터 길이의 정원을 달고 다니다가 손님을 만나면 정원을 조금씩 잘라서 판다.

인샤 부족 사람들이 모두 농부인 것은 아니다. 어부들도 있는데 이들이 카누를 젓는 방식도 유명하다. 그들은 배 뒤쪽에 서서 한쪽 발로 노를 젓는데 양손은 자유롭게 놔둔다. 어부들은 나무나 대나무로 원뿔처럼 생긴 덫을 만들어 물고기를 잡는다. 이 덫을 발로 물속에 밀어 넣으면 물고기가 덫을 건드리고 그물이 막대에서 풀어진다. 막대는 물고기를 놀라게 해서 덫으로 몰아넣는 구실을 한다. 인샤 부족의 생계는 어떤 식으로든 호수와 관계 있다. 이 부족의 아이들은 걷기도 전에 벌써 호수에서 헤엄을 칠 수 있다고들 한다. **MB**

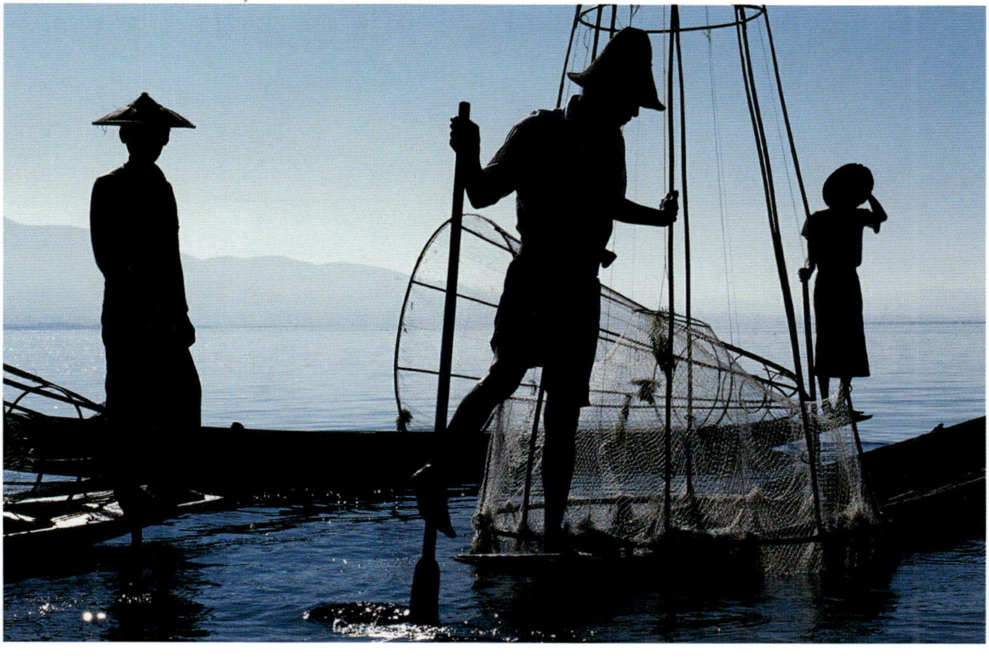

황금바위

미얀마, 짜익티오

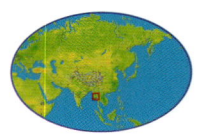

바위의 해발 고도 : 1,200미터	
암석의 종류 : 화강암	

황금바위는 풀리지 않은 자연의 미스터리 중 하나이다. 그도 그럴 것이 거대한 화강암 바위가 절벽의 끄트머리에서 흔들거리고 있기 때문이다. 킨푼 정착촌에 있는 이 장엄한 광경을 보러 가는 길은 힘들지만 고생할 만한 가치가 있다. 근처의 키야익토에서 다섯 시간 동안 정글 속을 지나가면 해발 1,200미터에 다다르게 된다. 하지만 깎아지른 듯한 절벽 끝에 거대한 황금바위가 아슬아

머리카락이 바위의 균형을 잡고 있다고 여겨진다. 전설에 따르면 11세기에 이 나라를 통치한 티싸 왕이 은자에게 이 머리카락을 받았다. 대신 그 은자는 자신의 머리와 비슷하게 생긴 커다란 바위를 찾아서 절벽의 가장자리에 옮긴 후 그 위에 부도 탑을 지어 그 안에 머리카락을 모셔야 한다는 조건을 달았다.

왕은 바다에 가라앉아 있는 이 바위를 발견했다. 그 후 바위를 건져서 금박을 하고 배로 절벽까지 옮겼다. 훗날 그 배는 바위로 변했는데 키아익-티요 근처에서 볼 수 있다. 은자의 간청대로 왕은 부도 탑을 지었다. 전설에 따르면 어느 날 아름다운

> 황금바위는 절벽의 가장자리에 걸려 있는 거대한 화강암 바위이다.
> 소년들은 그 돌이 얼마나 쉽게 움직일 수 있으며 얼마나 절묘하게 중심을
> 잡고 있는지 보여주려고 돌을 밀어본다.

슬하게 걸려 있는 모습을 보면 고생한 보람이 있을 것이다. 어떤 이는 그 모습을 보고 기적이라고까지 말한다. 소년들은 그 돌이 얼마나 쉽게 움직일 수 있으며 얼마나 절묘하게 중심을 잡고 있는지 보여주려고 돌을 밀어본다.

이 거대한 바위가 어떻게 이렇게 아슬아슬하게 절벽 가장자리에 올려져 있는지는 미스터리이다. 바위는 바위가 올려져 있는 절벽에 닿지도 않는 것처럼 보인다. 이 바위가 절벽 아래로 떨어지지 않는 유일한 이유는 바위 꼭대기에 올려진 5.5미터 높이의 카익-티요 부도 탑 덕분이다. 이 부도 탑에는 부처의 머리카락 한 올이 들어 있으며 바로 이

왕비 셰난-킨이 절벽 아래 밀림을 걷고 있었는데 호랑이 한 마리가 와락 덤벼들었다. 그녀는 황금바위를 바라보며 운명의 손에 자신을 맡겼다. 놀랍게도 그 호랑이는 황금바위의 힘에 두려움을 느꼈든지 그대로 발길을 돌렸다.

이 부도 탑의 정식 명칭은 '카야익-엘-티-로'로 '은자가 머리로 운반된 탑'이라는 뜻이다. 하지만 지금은 '카익-티요'로 줄여서 부른다. **CM**

오른쪽 부도 탑 안에 있는 부처의 머리카락 한 올로 중심을 잡고 있다는 전설을 지닌 이 황금바위는 흔들리기만 할 뿐 절대 떨어지지 않는다.

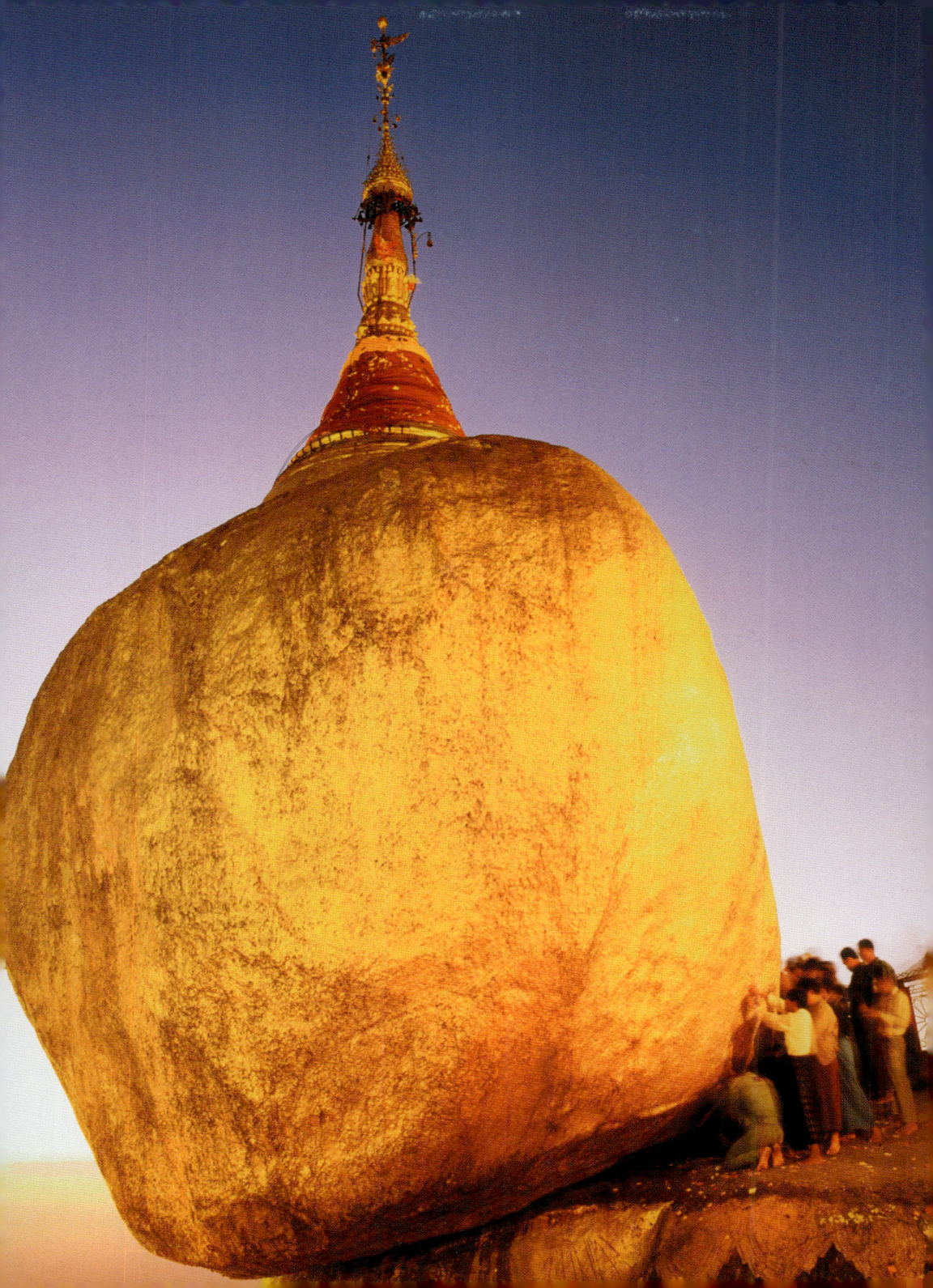

하롱베이

베트남, 통킹 – 하롱

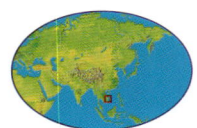

하롱베이 국립보호구역의 면적 :
1,553제곱킬로미터

섬의 수 : 1,969개, 그중 980개에
이름이 있다.

하롱베이는 '내려오는 용'이라는 뜻을 지닌다. 전설에 따르면 하롱베이에 흩어져 있는 섬들은 베트남을 침략한 적으로부터 이 나라를 보호해준 용들이 만들었다고 한다. 물론 지질학자들의 이야기는 이와 다르다. 이 지역은 한때 석회암 산맥이 있었던 곳인데 강물에 깎이고 동굴이 붕괴하면서 카르스트 지형이 되었다. 그런데 그 후에 바다에 잠기게 되었다. 푸른 물이 차오르면서 섬들은 온갖 형상으로 깎였다. 12미터 높이의 닭 두 마리, 9미터 높이의 두꺼비, 돌로 된 거대한 향 받침대, 이집트 피라미드처럼 생긴 섬도 있다. 동굴과 해안 아치도 발달해 있다. 동굴들은 대부분 희한하게 생긴 종유석과 석순으로 아름답게 장식되어 있다. 이 지역에서 보고된 산호초는 170여 종에 달한다.

이 지역에는 하롱부채야자수처럼 그 어디에서도 찾아볼 수 없는 식물들이 자라고 있다. 하롱부채야자수만 하더라도 1990년대 말에야 비로소 발견되었다. 만의 남서쪽에 있는 캣바 섬의 석회암 숲에는 세계에서 가장 큰 멸종위기에 처한 영장류인 캣바랑구르원숭이가 서식한다. 이 원숭이는 골든헤디드리프원숭이라고도 불린다. 보호 노력을 비웃기라도 하듯 자행되는 밀렵때문에 이 원숭이의 미래는 불투명하다. **MW**

아래 아름다운 하롱베이

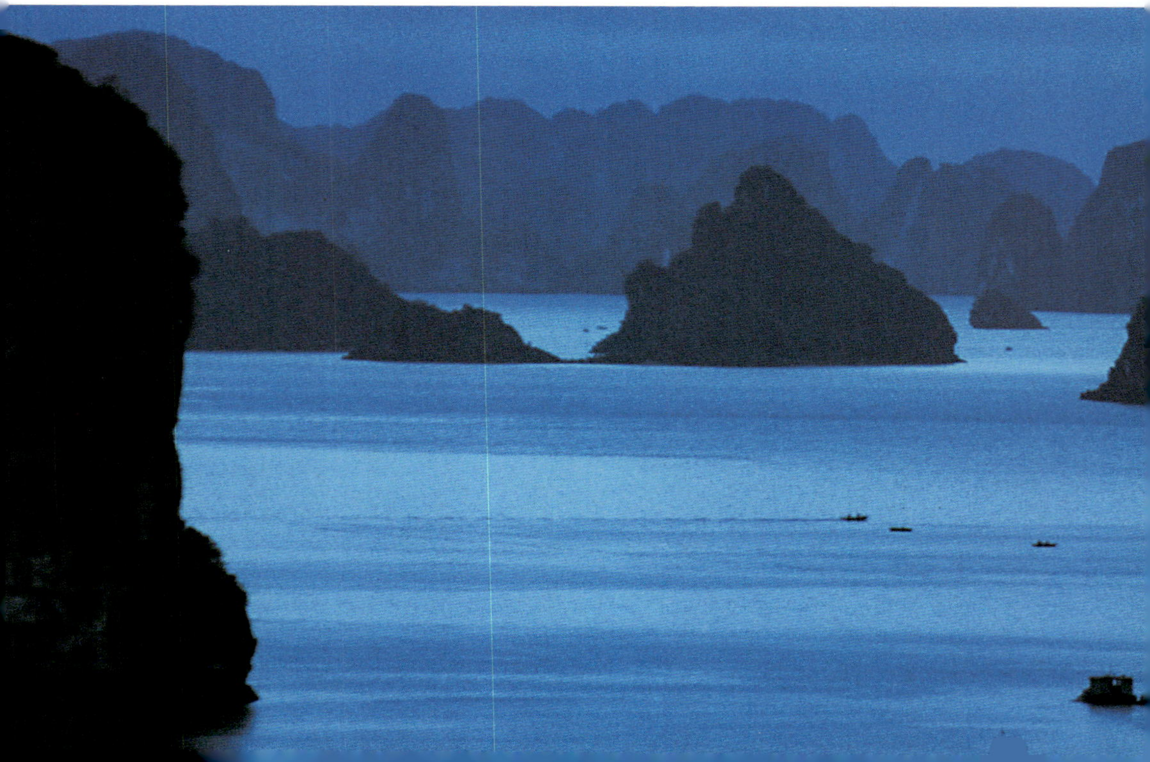

하이반 고개

베트남. 쾅남 섬

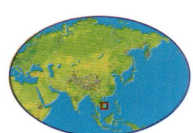

최고 높이(하이반) : 1,172미터	
랑코라군의 면적 : 1,500헥타르	
손트라 섬의 면적 : 150헥타르	

하이반은 베트남에서 가장 높고 긴 고갯길이다. 남북으로 이어진 고속도로가 이 고개를 통과해 20킬로미터가량 구불거리며 이어진다. 이 도로는 투안 호아와 쾅남주의 주 경계이다. 또 지리적으로 베트남을 남과 북으로 구분할 뿐만 아니라 기후적으로도 경계가 된다. 북쪽에서 불어오는 찬바람은 바다까지 이어진 트루옹손 산맥에 가로막혀 남쪽으로 내려가지 못한다. 해안에는 손트라 섬이 있다.

하이반은 '바람과 구름'이라는 뜻으로 평소에는 항상 구름에 가려 있기 때문에 붙은 이름이다.

19세기 초 반역자이자 시인이었던 카오바쿠아트는 이곳이 '하늘에서 쏟아져' 내렸으며 '질주하는 한 무리의 말과 같은' 바람에 시달린 곳이라고 했다. 청명한 날이면 손트라 반도, 다낭 시 그리고 끝없이 이어진 백사장이 보인다. 고개에서 가장 높은 지점에는 성문 유적이 남아 있다. 쾅남을 바라보는 자리에 세워진 성문에는 '세계에서 가장 훌륭한 성문'이라는 글귀가 새겨져 있다. 북쪽 고갯길에는 수정처럼 맑고 푸른 시냇물이 랑코 호수로 흘러들어 간다. 이 지역에는 안남자고와 에드워드자고처럼 서식지가 매우 한정된 새들이 서식한다. **MB**

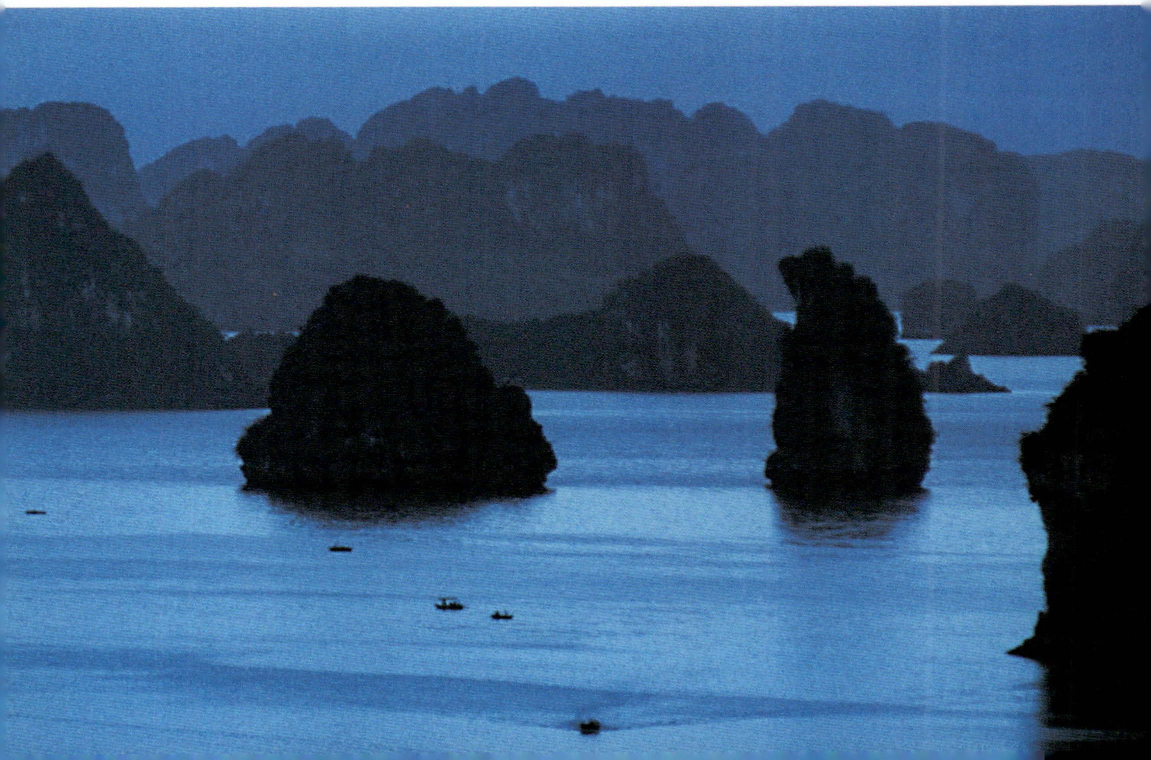

손트라 반도

베트남, 다낭

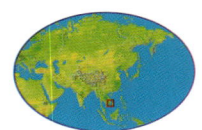

반도의 길이 : 16킬로미터	
최고 높이(손트라) : 693미터	
경산호의 종(種) 수 : 129종	

어떤 이는 손트라 반도가 거북이를 닮았다고 한다. 또 어떤 이는 버섯을 닮았다고 한다. 손트라가 버섯의 머리이고 아래쪽의 하얀 모래 해변이 버섯의 나머지 부분이라는 것이다. 이 지역 사람들은 '원숭이 산'이라고도 불리는 손트라를 신이 주신 특별한 선물이라고 여긴다. 한때는 이곳을 '티엔사'라고 불렀는데 신선들이 이곳에 내려와 체스보드 봉우리의 고원에서 장기를 두며 즐겼다는 전설 때문이다.

손트라 반도는 본토와 느게, 모디유, 코느구아라는 세 섬 사이가 충적토로 연결되어 형성되었다. 이곳은 폭풍우와 태풍으로부터 지금의 다낭을 보호해 주는 천연 바람막이가 되었다. 손트라는 보호 구역으로서 최소 30제곱킬로미터에 달하는 천연림이 전쟁의 포화로부터 살아남았다. 두크마른원숭이와 계잡이원숭이와 히말라야원숭이의 중간 단계라고 하는 마카크원숭이 같은 희귀한 원숭이들이 서식한다. 해변은 올리브각시바다거북의 보금자리이다. 이곳의 아열대 해역은 산호초가 아름답고 물이 맑은 데다 수심이 10미터를 넘지 않고 해변에서 1.6킬로미터까지 이어져 있다. 그래서 다이빙을 즐기고자 하는 사람들이 다낭에서 자주 찾는다. **MB**

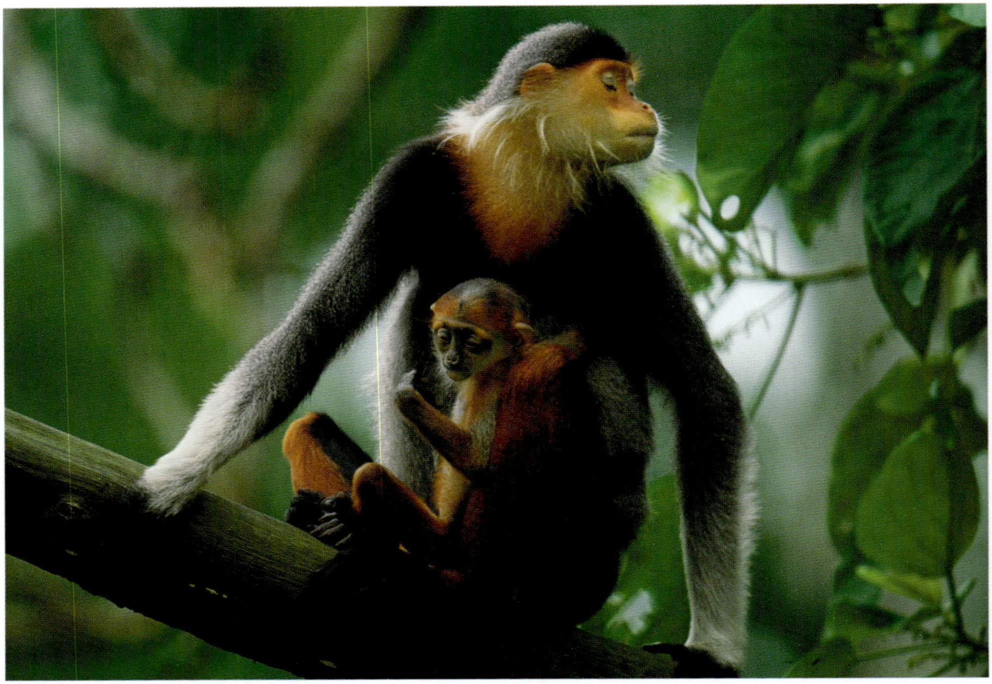

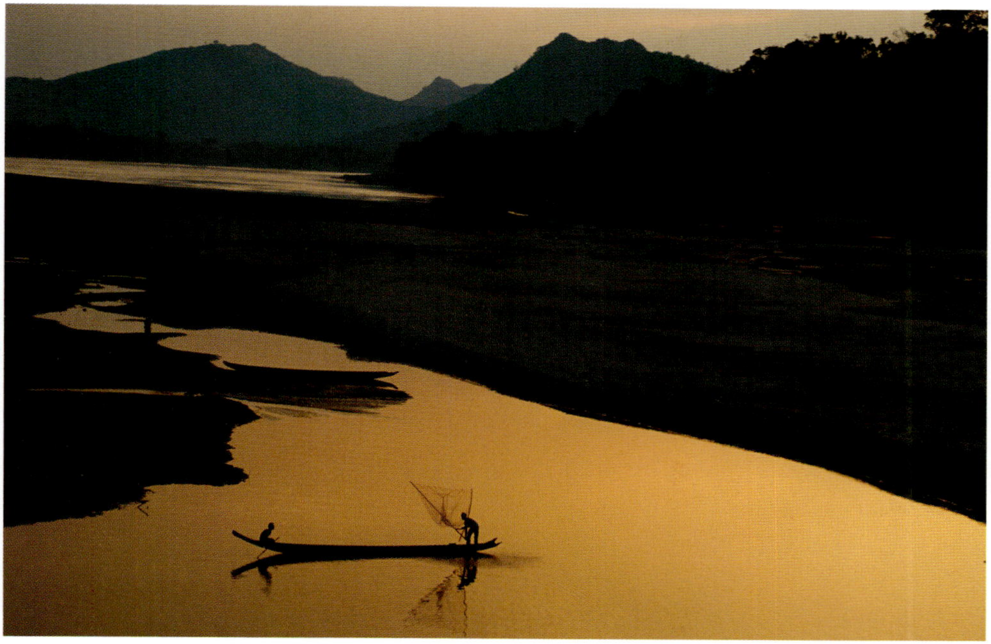

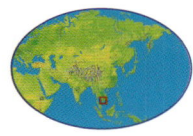

메콩 강 삼각주

베트남 / 캄보디아

삼각주(베트남)의 면적 : 390만 헥타르
삼각주(캄보디아)의 면적 : 160만 헥타르
반(半)자연 상태의 삼각주 : 전체의 1.3
퍼센트

세 계에서 가장 큰 강의 하나인 메콩 강은 티베트의 북동쪽에서 발원해 산악 지대를 가로지르는 대협곡을 따라 남으로 흘러 인도차이나 평원으로 들어온다. 강물은 계속 흘러가 메콩 강 삼각주와 베트남의 남쪽에 펼쳐져 있는 아홉 개의 수로로 갈라진다. 메콩 강은 길이로는 세계에서 열두 번째지만 생물학적 다양성 면에서는 세 번째이다. 이 강에 서식하는 야생생물 대다수가 이 삼각주에 살고 있다. 캄보디아의 프놈펜에서 시작하는 거대한 삼각주는 철따라 범람하는 목초지와 숲뿐만 아니라 습지와 맹그로브 숲도 잘 발달한 곳이었다.

하지만 이 천연 서식지 대부분은 베트남전 당시 사용한 화학약품과 농지 개간으로 파괴되었다. 다행히도 지금까지 남아 있는 삼각주에는 여전히 멸종 위기에 처한 생물을 비롯해 다양한 동식물이 있다. 큰 해오라기, 왜가리, 황새, 가마우지, 따오기를 비롯한 수십만 마리의 물새들의 둥지 군락이 숲에 흩어져 있다. 건기에는 큰두루미 500여 마리가 습지에 모여든다. 다른 철새들도 맹그로브 숲과 해안의 개펄에 모여든다. 이 지역에는 이라와디돌고래를 비롯해 돌고래 다섯 종류가 서식한다. 집약적인 농지 사용, 공해, 현재 진행되고 있으며 앞으로도 계속될 댐 건설 계획 등으로 이곳은 파괴될 위험에 처해 있다. **MW**

퐁나케방
국립공원

베트남, 퐁나

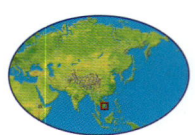

공원의 핵심 구역의 면적 : 85,754헥타르	
공원의 완충 지대의 면적 : 188,865헥타르	

퐁나케방 국립공원은 세계 최대의 카르스트 지형을 보호하기 위해 지정되었다. 한때 인도차이나 반도를 뒤덮었던 열대우림의 흔적이 이곳의 가파른 언덕에 지금도 남아 있다. 지구상에서 가장 희귀한 포유류들도 이곳에 서식한다. 봉우리, 고원, 능선, 계곡이 얽히고설킨 지형 아래로 70킬로미터가 넘는 동굴이 석회암 지대를 구불거리며 통과한다. 이 공원에는 영장류 종과 영장류 아종이 모두 10종이 서식한다. 그중에는 털의 색깔이 아름다우며, 멸종위기에 처한 두크마른원숭이도 있다. 이 원숭이와 가까운 친척 관계인 하틴랑구르원숭이는 이 석회암 지대에만 서식한다. 최근에는 사올라라고 하는 신비한 동물이 발견되었다. 이 동물은 작은 사슴처럼 생겼지만 소와 가까운 친척관계에 있다. 이곳은 멸종위기에 처한 조류의 피난처이기도 하다. 1920년대에 라오스에서 처음으로 발견된 수티바블러라는 새는 그 후로 다시는 발견되지 않다가 그로부터 70년 후 퐁나케방 국립공원에서 발견되었다. 퐁나케방은 국립공원으로 보호받고 있지만 벌목과 사냥으로 여전히 고통받고 있다. 호랑이, 아시아코끼리, 야생 들소들은 거의 멸종했으며 사올라도 멸종 위기에 처해 있다. **MW**

대리석 산맥

베트남, 안남 / 다낭

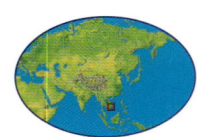

연평균 기온 : 26도	
암석의 종류 : 석회암	

다낭 시에서 서쪽으로 12킬로미터 떨어진 곳에 석회암 봉우리 다섯 개가 평원을 에워싸고 서 있다. 대리석산 혹은 '오행산(五行山)'이라고 하는 이 산은 봉우리마다 투이손(수), 목손(목), 킴손(금), 토손(토)와 호아손(화)라는 이름이 붙어 있다. 최고봉인 투이손에는 계단이 놓여 있는데 이 계단을 따라가면 탐타이 탑과 후옌콩 동굴이 나온다. 동굴 안에는 현지의 녹색이나 흰색의 대리석을 깎아 만든 부도, 수호상, 부처 상이 있다. 동굴의 종유석 중에는 가슴을 닮은 것도 있다. 종유석들은 전설에도 등장한다. 투독 황제가 동굴에 들어와서 종유석 하나를 만지자 그 종유석은 더는 자라지 않았다고 한다. 과거에 봉건 영주들이 이 동굴에 금과 보석을 보관했으며 근처 절의 승려들이 동굴을 지켰다는 이야기도 전해진다. 요즘은 어린아이들이 동굴 가이드를 한다. **MB**

오른쪽 대리석 산의 동굴에 만들어진 대리석 부도

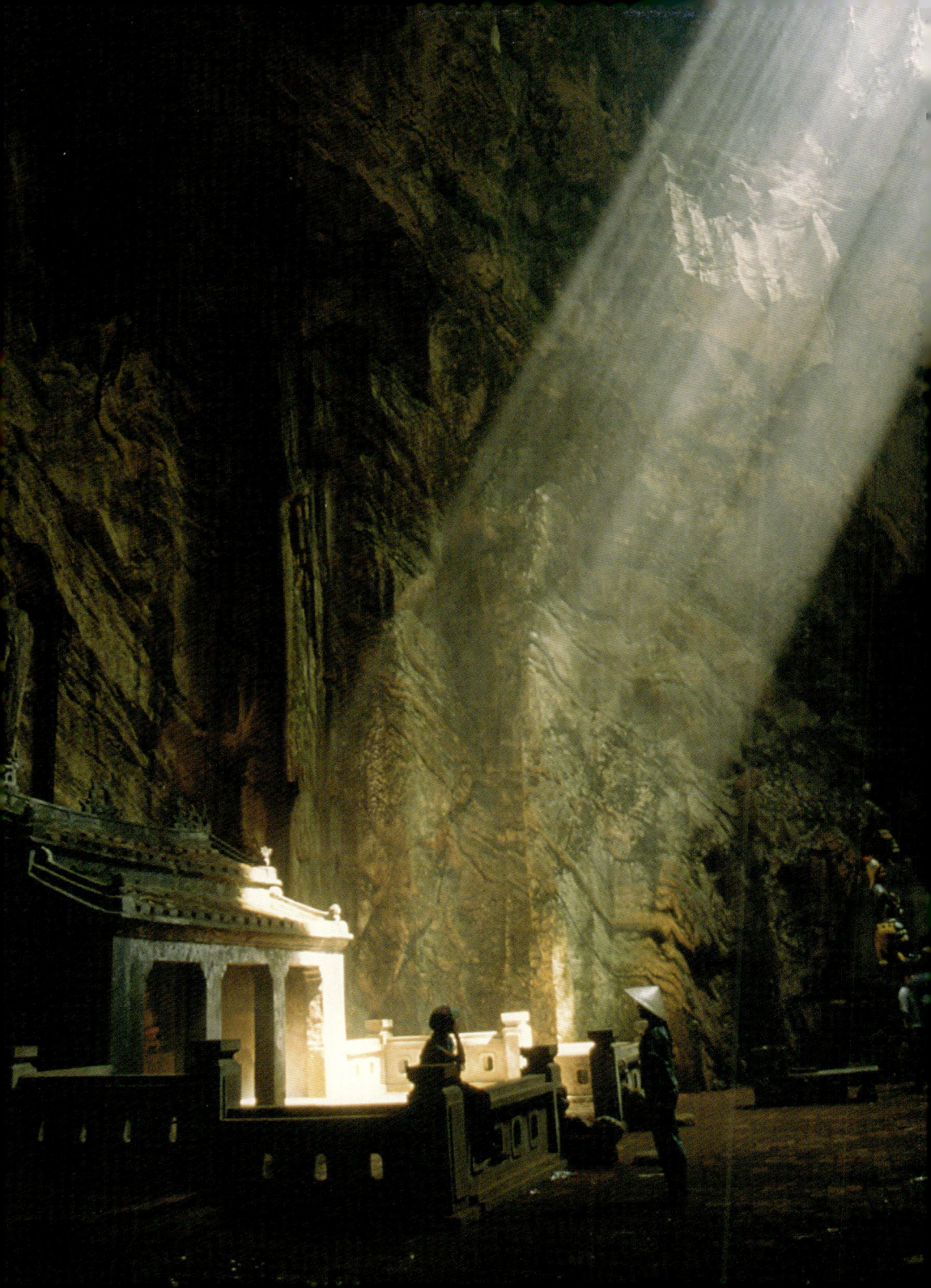

푸힌분 산

라오스

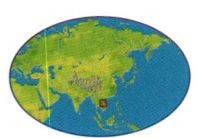

콩로레 동굴의 길이 : 7킬로미터	
보호구역의 면적 : 1,580제곱킬로미터	

라오스에는 맑은 하천, 깊은 숲, 아름다운 석회암 지대가 어우러진 거대한 야생지대가 있다. 1993년에 국립 생물학적 다양성 보존지역으로 선포된 푸힌분은 '석회암 산'이라는 뜻으로 이 나라에서 가장 접근하기 쉬운 야생지역이다.

원시적인 아름다움으로 유명한 이곳에서도 하이라이트는 단연 동굴 지역이다. 남힌분 강은 험준한 바위지대를 구불거리며 산으로 들어온다. 바로 그 강이 흐르던 길이 콩로레 동굴이 되었는데 이 천연 터널은 길이가 7킬로미터, 폭이 100미터에 달하며 높이가 100미터인 부분도 있다. 강의 어느 지점에서나 배를 띄울 수 있다. 모터가 달린 배로 적어도 한 시간이면 다 둘러볼 수 있다. 현지 주민들의 주요 교통수단도 배이다.

입구 근처에는 소의 머리와 코끼리의 코를 닮은 기괴한 형태의 바위들이 근사한 조명을 받고 있다. 한편 동굴에서도 건조한 부분에서는 사리탑을 닮은 바위들이 발견된다. 보이지는 않지만 어디선가 세차게 흐르는 급류 소리가 컴컴한 동굴 안을 가득 메운다. 자갈이 깔린 강은 마침내 아름다운 종유석이 줄지어 선 입구를 통해 새 계곡으로 흘러들어간다. 콩로레 동굴은 분명히 아직도 신비에 싸인 비밀을 많이 간직하고 있을 것이다. **AH**

팍오우 동굴

라오스

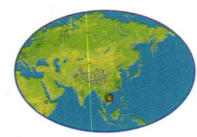

라오스의 최고 지점(포우비아) : 2,817미터	
최저 지점(메콩 강) : 해발 70미터	

오우 강과 메콩 강이 만나는 곳에 하늘을 찌를 듯 서 있는 석회암 절벽에는 두 개의 동굴이 있다. 둘 중 더 작은 동굴은 탐팅 동굴이다. 강에서 겨우 15미터 높이에 있는데 대나무 숲을 지나 돌계단을 올라가면 나온다. 절벽에 놓인 길과 벽돌계단을 따라가면 탐품 동굴이 나오는데 이곳은 무척 깊고 어두운 동굴이다. 동굴 안에는 부처상이 4,000개도 넘게 있는데 300년 전에 만들어진 것도 있다. 이곳의 부처상들은 코가 부서졌거나 팔이 사라진 부처상이 대부분이다. 탐품 동굴 내부에는 칠흑처럼 어두운 곳마다 부처상이 서 있거나 누워있다. 횃불을 비춰야 간신히 모습을 알아볼 수 있다. 아래쪽 동굴에서는 그나마 잿빛 하늘과 갈색의 메콩 강이 기괴한 분위기를 풍기며 보인다. 팍오우 동굴에 가려면 먼저 나무로 만든 모터보트를 타야 한다. 여정은 90분 동안인데 튀긴 이끼 혹은 '메콩 강의 수초'를 사기 위해 가는 길에 있는 마을에서 한 번 멈춘다. 동굴에 가는 다른 방법으로는 오픈 택시인 점보를 타고 푸앙프라방에서 25킬로미터를 가는 방법이 있다. 점보를 타면 반대편 둑에 있는 마을까지 태워다 주는데 동네 꼬마들이 작은 배로 관광객들을 동굴까지 실어 나른다. **MB**

남칸 강

라오스, 루앙프라방

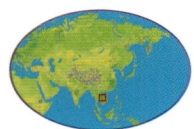

남칸 강의 수심 :	1.5미터
루앙프라방 사원의 설립 연도 :	1353년
루앙프라방 벼랑의 해발 고도 :	700미터

남칸 강은 '기어가는 강'이라는 뜻인데 그늘진 곳에서 신나게 노는 아이들의 소리와 강변의 계단식 채소밭이 인상적인 강이다. 메콩 강의 지류인 남칸 강은 루앙프라방에서 거대한 물줄기를 만난다. 루앙프라방은 라오스의 이전 수도이자 이 나라 제2의 도시이다.

루앙프라방은 양쪽으로 강이 접해 있는 절벽 위에 있다. 이 지역에서 가장 아름다운 사원이라고 하는 바트시엥통이 이곳에 있다. 남칸 강은 수심이 비교적 얕고 폭도 30미터 정도이다. 낮고 완만하며 숲이 울창한 구릉지와 산악지대가 강을 따라 형성되어 있다. 석회암 지대가 있는 구릉지도 근처에 있다. 이곳은 동남아 특유의 카르스트 지형을 띠고 있다. 남칸 강의 푸른 물의 80퍼센트는 매우 천천히 흐르지만 어떤 곳은 3급의 급류가 흐르기도 한다. 이런 곳은 래프팅과 카약을 즐기는 사람들이 즐겨 찾는다.

남칸 강과 메콩 강이 만나는 곳에서 남쪽으로 겨우 30킬로미터 떨어진 곳에는 끝이 없을 것 같은 석회암 계단 지대가 있다. 이 계단은 여러 층으로 이루어져 있으며 물안개가 자욱한 후항 시 폭포로 이어진다. 소풍 나온 사람들을 위한 벤치들이 강둑이 아니라 강 속에 세워져 있다. **MB**

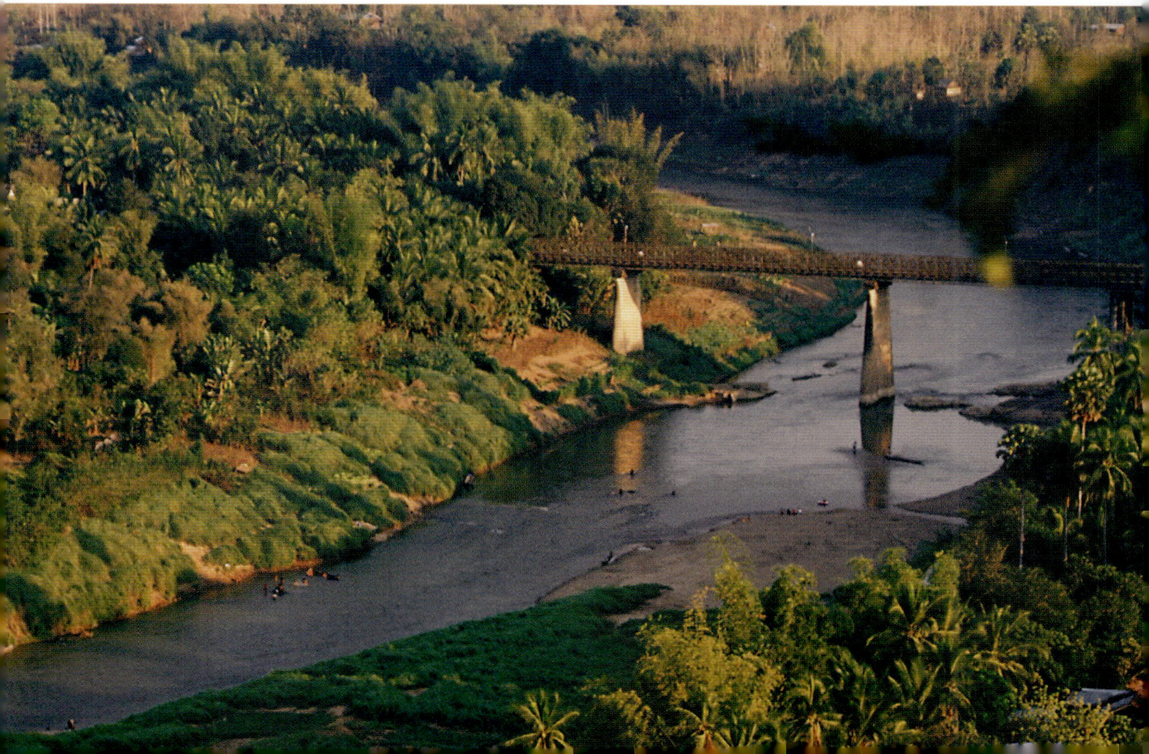

루앙프라방 폭포

라오스

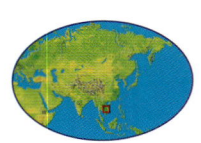

폭포의 높이 : 60미터	
루앙프라방 왕국의 지속 기간 : 1,000년	

루앙프라방은 1,000년의 역사를 자랑하는 작은 산악 왕국이다. 또한 프랑스가 라오스를 점령하던 시기의 건축물과 불교 유산이 잘 보존된 아름다운 '도시'이다. 이곳은 남칸 강과 메콩 강이 만나는 좁은 계곡에 자리 잡고 있다. 이 지역에는 아름다운 타트쿠앙시 폭포와 타트사에 폭포가 유명하다. 타트쿠앙시는 폭이 넓고 층이 많은 폭포이다. 칼슘 퇴적물 때문에 표면이 매끄러운 석회암 절벽을 흐르며, 물이 차고 푸른 못들을 지난다. 폭포 아래에는 잘 정비된 공원이 있다. 그러나 강기슭은 야생의 숨결이 살아 있는 곳이다. 그곳에는 물의 장벽 뒤로 동굴이 있으며 뒤로 펼쳐진 초원은 숲에 둘러싸여 있다. 타트사에 폭포는 두 줄기의 시내가 만나서 만들어지는데 층이 많이 지고 조용한 폭포이다. 이 폭포는 높지는 않지만 훨씬 넓고 연못이 더 많다. 휴일에는 사람들로 북적이지만 평일에는 조용한 이 폭포는 완만한 경사를 따라 내려간다. 타트사에서 흘러내린 강물을 따라가다 보면 캄보디아에 있는 앙코르와트를 처음으로 방문한 유럽인인 앙리 무오의 무덤이 나온다. 오랫동안 정글이 무덤 주변을 잠식해 들어갔다. **AH**

오른쪽 베일이 덮인 것 같은 타트쿠앙시 폭포

참파삭 폭포

라오스

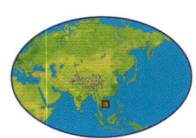

폭포의 높이 : 120미터	
폭포의 해발 고도 : 1,200미터	

라오스에서 가장 높은 타트판 폭포는 남부 참파삭 주에 있는 볼라벤 고원의 사암 절벽을 흐른다. 이 지역은 커피 재배로도 유명하지만 물소를 신성시하는 소수민족인 콘-크메르 족이 해마다 올리는 제례로도 유명하다.

120미터 높이의 이 폭포에서는 힘찬 물줄기 두 개가 나란히 떨어진다. 폭포 아래까지는 길이 잘 닦여 있지만 폭포를 제대로 감상하려면 멀리서 봐야 한다. 그러면 쌍둥이 폭포가 아래 협곡으로 추락하듯 흐르는 모습이 잘 보인다. 고원의 정상은 기후가 서늘하다. 이곳에는 타트판 폭포보다 더 작은 타트로 폭포가 있다. 이 폭포는 높이가 겨우 10미터지만 아주 넓다. 아래쪽에 있는 깊고 아름다운 못이 일품이다. 상류에 댐을 건설해서 건기에는 전력 생산을 위해 야간에 수문을 연다. 그러면 폭포 수가 두 배가 된다. 이 폭포들은 6,000제곱킬로미터의 동후아사오 자연보호구역에 있다. 이 지역은 커피 농장 너머로 숲이 울창하고 야생환경이 잘 살아 있다. **AH**

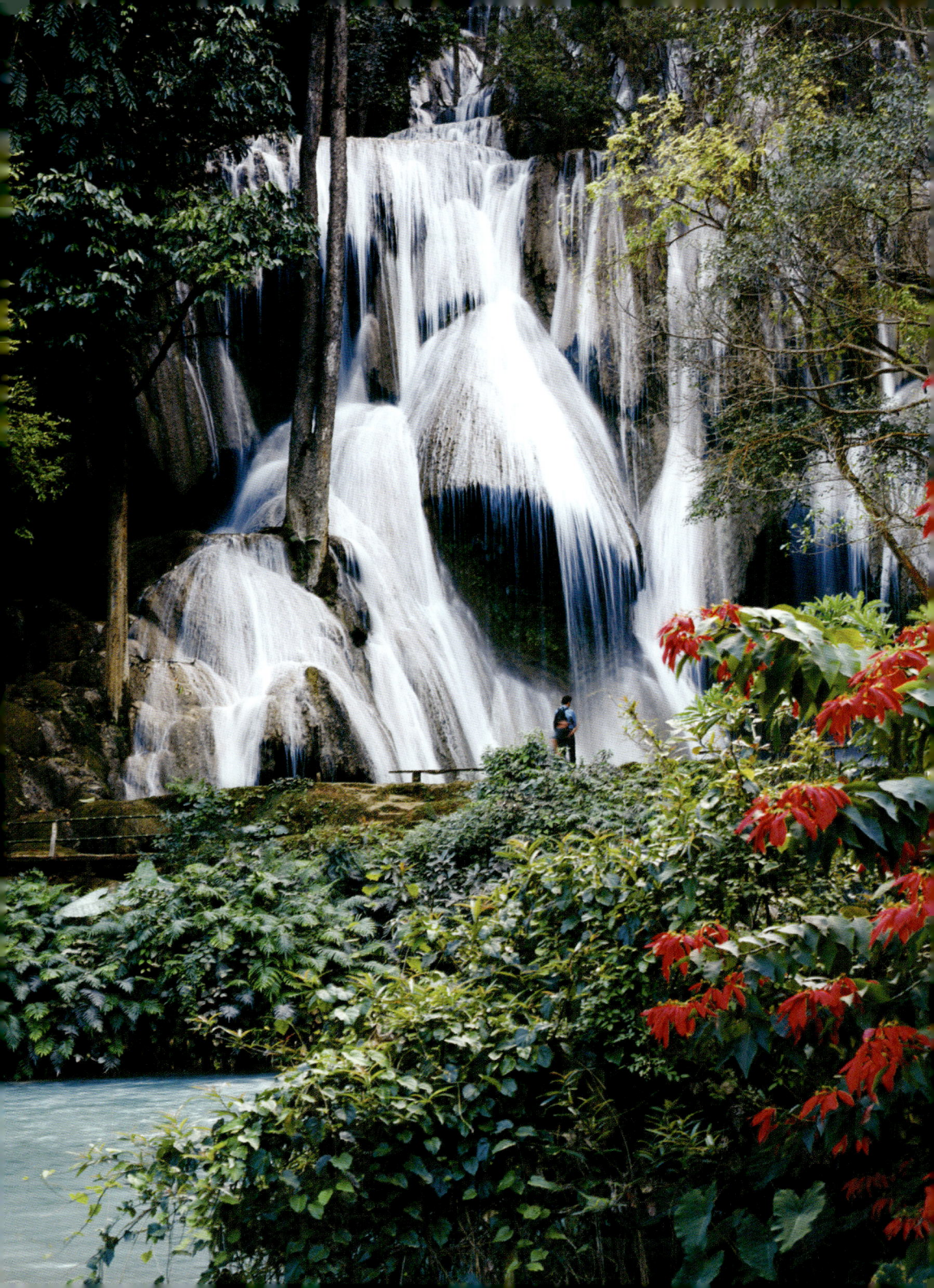

메콩 강 폭포와
시판돈 삼각주

라오스

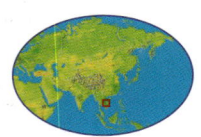

다른 이름 : 콘 폭포

메콩 강의 최대폭 : 14킬로미터

최대 유량 : 초당 40,000세제곱미터

콘 폭포라고도 불리는 '메콩 강 폭포'는 높이가 10미터이다. 떨어져 내리는 물살이 너무 강해서 이전에는 이 지역을 여행할 수 없었다. 이 지역에 접근하기 쉽도록 철도를 건설했지만 짓고 나니 오히려 더 둘러가는 것으로 밝혀져서 사용하지 않게 되었다. 이 폭포는 폭포 아래쪽에서 상류로

흐름을 방해하는 요인이다. 우기가 한창일 때는 강 상류의 폭이 14킬로미터에 달한다. 이는 삼각주까지 장장 4,350킬로미터를 흐르는 여정 중에서 가장 폭이 넓은 곳이다. 강을 따라 섬이 형성되어 있는데 물이 빠지면 더 많은 바위섬과 모래톱이 드러난다. 그 지역이 바로 시판돈 삼각주로서 '4,000개의 섬'이라는 뜻이다. 제일 큰 섬인 돈콩은 면적이 22제곱킬로미터이며 주민 5만 5,000여 명이 살고 있다. 마을의 이름에는 '머리'나 '꼬리'라는 단어가 많이 들어간다. 마을이 섬에서 강을 기준으로 상류

라오스 남부를 흐르는 메콩 강은 약 50킬로미터로 섬, 수로, 급류와 폭포가 절묘하게 뒤섞여 있다. 이곳에 와 보면 수많은 사람이 자연의 혜택으로 생계를 꾸려나가는 것이 당연해 보인다.

회유하는 물고기에게도 큰 장애물이다. 현지 어부들은 이 장애물을 활용해서 물고기를 말 그대로 거둬들인다. 어부들이 이용하는 방법은 아래쪽에서 소용돌이가 칠 때 가는 대나무 장대나 사다리를 타고 그곳을 거슬러 올라가는 것이다.

이곳에는 한 정자가 폭포를 굽어보고 있다. 그 정자에서는 엄청난 물보라를 일으키며 우렁찬 소리를 내며 이곳으로 흐르는 수많은 폭포 줄기 중에서 세 개를 볼 수 있다. 이 정자는 이라와디돌고래를 가장 잘 볼 수 있는 곳이기도 하다. 이곳 어부들이 사람이 환생해서 이 돌고래가 된다고 믿는다.

'메콩 강 폭포'와 근처의 다른 폭포들은 강물의

혹은 하류에 있어서 그렇게 붙인다고 한다. 수많은 섬과 복잡한 수로가 만드는 장관은 하늘에서 봐야 제대로 감상할 수 있다. 그러나 보트 여행으로 감상할 수 있는 풍광도 라오스 남부를 흐르는 메콩 강은 약 50킬로미터로서 섬, 수로, 급류, 폭포가 절묘하게 뒤섞여 있다. 이곳에 와 보면 수많은 사람들이 자연의 혜택으로 생계를 꾸려나가는 것이 당연해 보인다. **AH**

<u>오른쪽</u> 메콩 강에 형성된 시판돈 삼각주

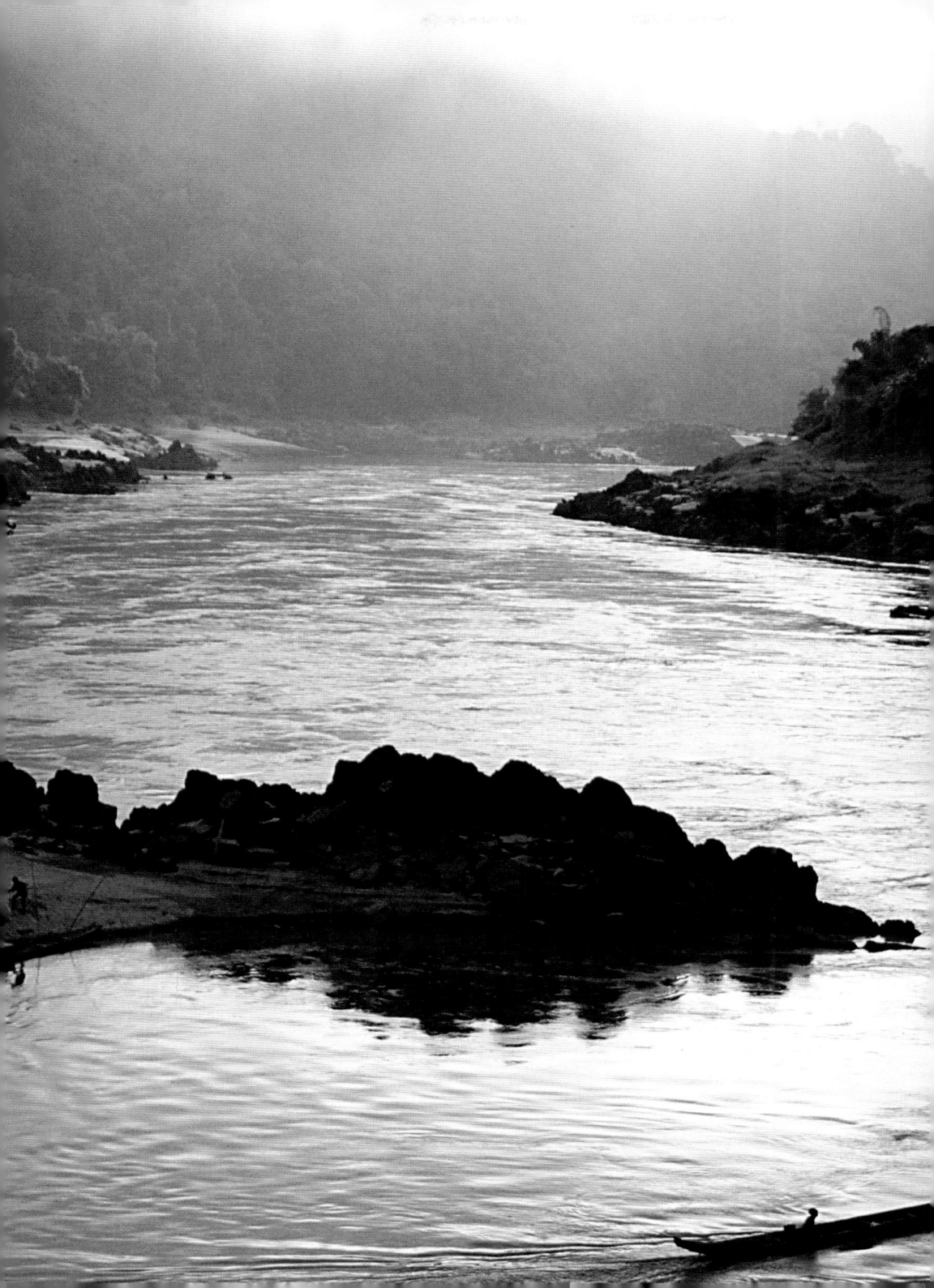

매수린 폭포

타이, 매홍손 주

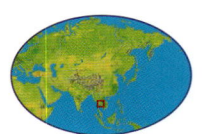

매수린 폭포의 높이 : 80미터	
산맥의 높이 : 1,752미터	

타 이 북서부의 미얀마 접경 지역에는 무척이나 아름다운 폭포가 있다. 매수린 강의 한 줄기로서 80미터 아래 절벽으로 떨어지는 매수린은 타이의 높은 폭포들 중에서도 가장 높은 축에 속한다. 폭포수는 사발처럼 푹 패인 못으로 떨어진다. 매수린 폭포는 맞은편 계곡에서 보나 물보라 사이로 무지개가 반짝이는 못 근처에서 보나 모두 아름답다. 폭포로 난 길가에는 연못과 흐몽 부족과 카렌 부족들이 사는 마을들이 들어서 있다. 오래전에 폭포 아래 지역은 나무를 모두 베어내 넓은 평지를 만들었다. 지금 이곳에는 11월마다 두 주 동안 야생 해바라기가 흐드러지게 핀다. 야생 해바라기의 모습은 폭포만큼 매혹적이다. 이 꽃은 원래 멕시코가 원산지이므로 이곳에서는 외래종이다.

이 지역은 높이 1,752미터에 달하는 산으로 둘러싸여 있다. 산악 지대에는 상록수와 소나무 숲이 울창하게 들어선 절벽과 골짜기가 많다. 이 지역의 명물은 도이푸 산에 있는 거북이 모양의 석회암이다. 이 산에는 온천이 많은 동굴도 있다. **AH**

옵루앙 협곡

타이, 치앙마이 주

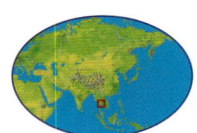

협곡의 길이 : 300미터	
협곡의 높이 : 40미터	
협곡의 해발 고도 : 1,980미터	

타 이 북부의 치앙마이 근처에는 장엄한 풍경을 자랑하는 옵루앙 협곡이 있다. 폭이 가장 좁은 곳은 2미터가 될까 말까 한 좁은 화강암 골짜기로 메차엠 강이 세차게 흐른다. 강의 양쪽에는 높이 30~40미터의 까마득한 절벽이 있다. 메차엠 강은 '조각한 바위들의 강'이라는 뜻의 '살락힌'이라고 불리기도 했다. 이 급류는 뒤틀린 형상으로 강에서 우뚝 솟은 300미터 높이의 협곡에 수많은 기암괴석을 만들어 놓았다.

'크고 좁은 수로'를 의미하는 옵루앙 근처에는 더 작은 협곡인 옵노이가 있는데 '작고 좁은 수로'라는 뜻이라고 한다. 이 지역에는 승려들이 수도를 하는 석회암 동굴들, '코끼리 절벽'이라는 뜻을 가진 300미터 높이의 파창 절벽, 여러 층에 걸쳐 100미터를 떨어져 내리는 매촌 폭포를 비롯한 많은 폭포가 있다. 그리고 끓어오르기 직전인 테프파놈 온천도 있다. 이토록 아름다운 지역에 고고학 유적도 풍부하다. 이 좁은 계곡에는 한때 야생생물들이 많이 서식해서 석기 시대에 수렵채집을 하던 사람들이 조잡한 도구와 암벽화를 남겼다. 훗날 청동기 시대에도 정착촌이 만들어졌으며 티크를 벌목하는 사람들은 강물을 이용해 목재를 저지대까지 운반했다. 등산로에는 표지판이 잘 만들어져 있다. 그 표지판으로도 이 지역의 자연과 문화유산에 대해서 잘 알 수 있다. **AH**

도이인타논 산

타이, 치앙마이 주

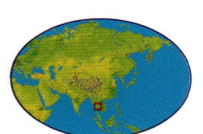

도이인타논 산의 해발 고도 : 2,776미터
도이인타논의 면적 : 482제곱킬로미터
폭포의 높이 : 250미터

도이인타논은 타이의 최고봉이다. 정상에는 타이에서 유일하게 산지삼림(montane forest)과 물이끼가 많은 소택지(沼澤地)가 형성되어 있다. 화강암 산괴이며 석회암 바위들이 풍부한 도이인타논은 히말라야 산맥에서 남동쪽으로 뻗어 구름 바다위로 성처럼 우뚝 솟은 높은 산들 주변에 자리 잡고 있다. 도이인타논이라는 이름에서 인타논은 치앙마이 왕국의 마지막 왕자의 이름을 줄여 부르는 것이다. 이 왕자는 1897년에 죽기 전에 이 산의 숲이 분수계라고 강조했다.

언제나 안개에 싸인 이 숲의 나무에 맺혀 있는 안개 물방울이 타이의 주요 하천의 수많은 지류로 흘러든다. 바치라탄 폭포는 50미터를 곧장 떨어진다. 그 우렁찬 물소리가 우르르 몰려가는 코끼리 소리와 비슷하다. 작은 계단 같은 층이 수백 개에 달하는 250미터 높이의 매야 폭포도 웅장하기 그지없다. 보리진다 동굴은 군데군데 햇살이 쏟아지는데 승려들이 참선을 수행하는 곳으로 이용된다.

도이인타논 산의 기슭이나 중턱은 이동식 농경으로 고통을 겪고 있다. 이 산의 넓은 비탈에는 4,000명이 넘는 사람들이 살고 있다. **AH**

클롱란 폭포와 클롱란 산

타이, 캄파엥펫 주

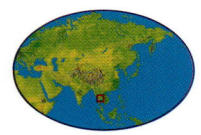

클롱란 폭포의 높이 : 95미터
폭포의 폭 : 40미터
쿤 클롱란 산의 높이 : 1,439미터

클롱란은 타이 북부에 있는 험준한 지역으로 폭포와 급류가 풍부하며 강변의 풍경이 무척 멋진 곳이다. 그중에서도 폭 40미터의 클롱란 폭포가 가장 유명하다. 쿤클롱란 산에서 내려온 다섯 물줄기가 고지의 호수를 지나 3킬로미터의 좁은 협곡을 흐른 후 95미터 높이의 절벽에서 멋지게 비상해 깊은 못으로 들어간다. 카엥카오로이 급류도 빼놓을 수 없다. 전원적인 풍경의 산을 배경으로 거대하고 작은 수많은 바위와 모래 해변을 흘러가는 모습이 그림처럼 아름답다.

쿤클롱란 산에는 다양한 산악 부족들이 거주한다. 거주자들의 수가 계속 증가하다 보니 양귀비를 경작하려고 숲을 베어내면서 분수령으로서의 숲의 역할이 위협받고 있다. 1986년에는 주민들을 국립 공원 밖으로 이주시키는 등 이곳의 환경을 복원시키기 위한 노력을 기울이고 있다. **AH**

매핑 협곡

타이, 치앙마이 주

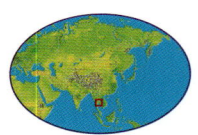

매핑 협곡의 해발 고도 : 1,238미터	
두미볼 댐의 건설 : 1964년	

방콕과 치앙마이간 철로가 1921년 완공되기 전에 여행자들과 상인들은 매핑 협곡을 따라 지루한 뱃길 여행을 삼 개월이나 해야 했다. 치앙마이에서 남쪽으로 120킬로미터 떨어진 곳에 있는 카엥송 급류는 가장 위압적인 구간이었다. 이 지점에서는 물살에 배가 떠내려가지 않도록 배를 장대로 밀고 밧줄로 잡아당겨야만 했다.

오랫동안 주요한 상업 루트로 이용되던 험한 뱃길은 1964년 부미볼 댐의 건설로 드디어 기세가 한풀 꺾였다. 한결 잔잔해진 지금도 협곡은 여전히 아름다움을 간직하고 있다. 동굴도 많고 석회암으로 된 기암괴석도 가득한 높은 절벽 사이로 쏜살같이 흐르는 맑은 물은 거대한 저수지에 모인다. 절벽에는 타이에서 가장 아름다운 숲이 울창하게 들어서 있으며 일곱 개의 층으로 이루어진 아름다운 고르루앙 폭포가 티크나무 사이에 도드라진다. 19세기의 한 여행자는 이 석회암 산악지대를 '깎아지를 듯한 절벽, 험한 바위산과 뾰족한 바위들이 어우러진 아름다운 곳'이라고도 했다. 댐으로 수몰된 지역에 있던 많은 사원을 기념하기 위한 절이 세워져 있다. **AH**

앙통 군도

타이, 앙통 주

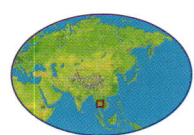

군도의 섬의 수 : 50개	
전체 육지 면적 : 18제곱킬로미터	

사무이 섬에서 30킬로미터 떨어진 곳에 석호, 해변, 동굴, 산호초가 발달한 험준한 석회암 섬들이 줄지어 있다. 현재 국립공원으로 지정된 50여 개의 섬은 대부분 무인도이며 오랫동안 타이 해군의 기지로 사용되어 개발이 제한되었다.

주변의 바다는 탁하지만 빠른 해류 덕택에 산호가 퇴적물로 산호가 뒤덮이지 않는다. 가깝게 무리를 지은 섬들에서 반도의 만 쪽은 대체로 놀라울 정도로 원시적인 모습을 간직하고 있다. 앙통은 '황금 그릇'이라는 뜻으로서 몸통이 짧은 타이 고등어의 주요산란지이다. 이곳에서는 무려 1,000년 전부터 어업이 이루어졌다. 우아탈랍 섬과 삼사오 섬에서 숲을 지나 바위투성이의 길을 따라 올라가면 경사가 가파르고 재미있게 생긴 섬들과 아치 모양 등 다양한 바위 지형이 한눈에 들어온다. 코매코 섬에서 가파른 등산로를 따라 올라가면 염호가 나온다. 염호의 가장자리는 수직 절벽이다. 이곳은 탈레나이, 즉 내해라고 불리며 물색이 에메랄드빛에서 아콰마린까지 다양하다. **AH**

<u>오른쪽</u> 앙통 군도의 에메랄드 빛 바다

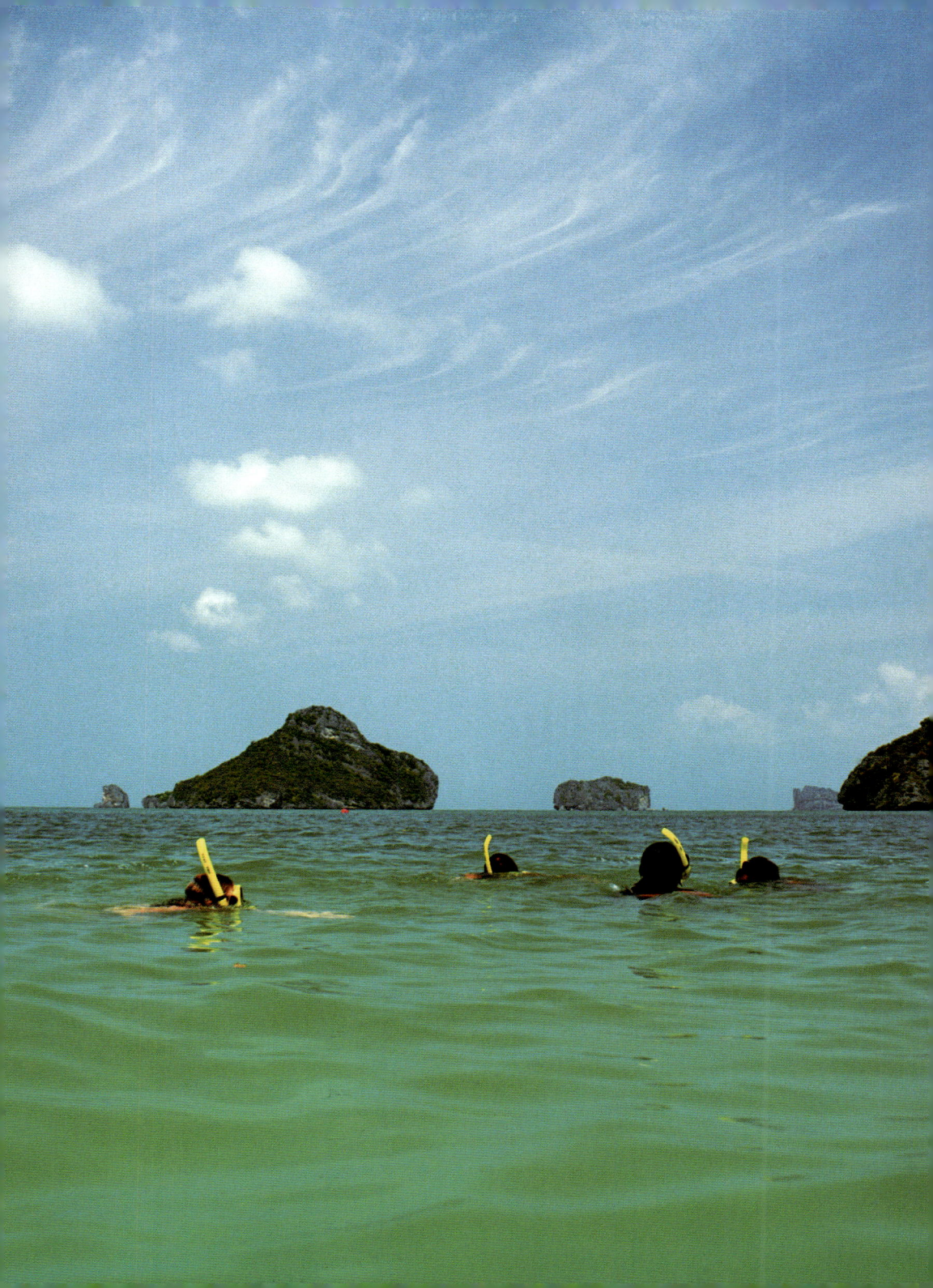

푸크라둥 산

타이, 러이 주

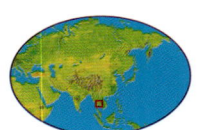

푸크라둥 산의 해발 고도 : 1,360미터	
폭포의 높이 : 80미터	
암석의 생성 시기 : 3억 년 전	

타이 사람들이 오로지 만족과 즐거움을 얻으려고 오르는 산이 있다면 바로 푸크라둥이다. 타이 북동쪽에 있는 푸크라둥은 해마다 수천 명의 등산객이 찾는다. 이 산은 사암으로 된 탁자 모양이다. 사람들은 다섯 시간 동안 가파른 길을 따라 정상까지 오른다. 이 산의 정상은 하트처럼 생긴 고원인데 면적은 60제곱킬로미터 정도이다. 정상까지 오르는 동안 사이가 좋은 커플은 앞으로도 잘 지내지만 싸우는 커플은 헤어진다고 한다.

정상에서 보이는 완만한 사바나와 주변의 평야를 보면 올라오면서 힘들었던 기억이 싹 사라질 것이다. 등산로는 소나무 숲, 아름다운 초원, 이끼가 덮인 바위 지대를 통과한다. 강수량이 더 많은 북쪽 면은 울창한 상록수림이 뒤덮고 있으며 아름다운 폭포도 있다. 폭포수는 80미터 절벽을 자유 낙하해 숲으로 흘러간다.

푸크라둥은 '종처럼 생긴 산'이라는 뜻이다. 영락없이 종처럼 생긴 이유는 정상 부분이 침식에 강한 주황색과 흰색의 사암으로 되어 있기 때문이다. 이 사암은 중생대에 만들어졌다. 푸크라둥은 1805년 사냥감을 쫓아 정상까지 올라온 사냥꾼에 의해 처음으로 세상에 알려졌다. 그는 돌아가서 고원이 간직한 비밀들을 세상에 알렸다. **AH**

나가파이어볼

타이, 농카이 주

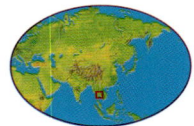

나가파이어볼의 구역 : 메콩 강을 따라 100킬로미터	
역사 : 최소 100년	

해마다 음력 11월 보름에는 타이 북동부와 라오스 사이의 메콩 강을 따라 이상한 현상이 발생한다. 그 현상은 신비로우면서 동시에 많은 논란을 낳고 있다. 테니스공만 한 불덩어리가 수면에서 공중으로 최대 100미터까지 날아간다. 메콩 강 유역의 100킬로미터에서 산발적으로 날아올라가는 이 파이어볼은 괴상한 모양을 만들기도 한다. 이 광경을 보려고 수천 명이 모인다. 이 현상에 대한 설명도 모이는 사람만큼이나 다양하다. 이 지역 신화에 의하면 거대한 나가 뱀이 메콩 강에 사는데 부처가 지상에 돌아오는 것을 축하하려고 하늘로 불을 쏘아 올린다는 것이다. 마침 이 현상은 불교의 안거(安居)가 끝나는 시기에 일어난다. 최근에 이루어진 연구에 따르면 여러 상황이 복합적으로 발생해서 땅속의 인화성 가스에 불이 붙는 것이라고 한다. 반면 회의론자들은 사람이 만든 로켓이나 총알 같은 말도 안 되는 이론을 내놓는데, 이런 것들은 이 파이어볼의 특징과 일치하지 않는다. 나가파이어볼은 오래전부터 이 지역에서 관찰된 현상이지만 최근에야 조사가 시작되었다. **AH**

카엥소파 폭포

타이, 퉁살라엥

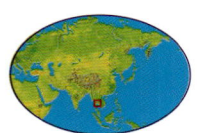

카엥소파 폭포의 높이 : 40미터

퉁살라엥 국립공원의 면적 : 1,215제곱킬로미터

국립공원 지정 연도 : 1959년

카엥소파는 타이에서 가장 매력적인 폭포 중의 하나이다. 폭이 넓고 모서리가 완만한 세 개의 계단이 미적으로 완벽할 정도로 균형을 잘 잡고 있다. 우기에 물이 불어 힘차게 폭포수가 쏟아지거나 건기에 물살의 기세가 좀 더 누그러지더라도 마찬가지이다. 이 지역에 부분적으로 삼림벌채가 이루어져 물줄기가 약해졌지만 폭포수에서 피어오르는 물안개와 우렁찬 소리는 여전히 대단하다.

퉁살라엥 국립공원에 자리 잡은 카엥소파 폭포는 케크 강가에 형성된 석회암 지대에 있다. 케크 강은 페차분 산맥의 사암 지대에서 아래쪽의 건조한 평원으로 흐른다. 석회암이 켜켜이 쌓여 이런 삼단 폭포를 만든 것을 보면 강물의 물살이 그리 세지 않았을 것이다.

공원은 카엥소파를 제외하면 대부분 소나무가 자라는 초원과 식물이 거의 자라지 않는 건조한 바위 지형이다. 스트리키니네가 함유된 열매가 열리는 살라엥나무의 이름을 딴 이 공원은 1930년대에 멸종된 손부르크사슴의 마지막 서식지이다. 비교적 건조한 지역에 있는데 교통이 편리하고 카엥소파 폭포가 아름다워서 관광객들이 많이 찾는다. **AH**

푸루아 바위지대

타이, 러이 주

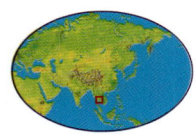

푸루아 지형의 해발 고도 : 1,365미터

암석의 생성 시기 : 5,000만~1억 5,000만 년 전

푸루아 국립공원의 면적 : 121제곱킬로미터

타이 북부에 있는 푸루아는 정상 부분이 평평한 사암 산이다. 침식작용으로 기괴한 형태가 된 바위기둥들의 전형적인 예가 그곳에 있다. 푸루아는 '배를 닮은 산'이라는 뜻인데 중국 정크선의 뱃머리와 비슷하게 생긴 절벽에서 유래한 이름이다. 이 지역에는 곳곳에 5미터 이상 솟은 사암바위들이 서 있다. 전설에 따르면 왕실의 결혼 과정을 둘러싸고 지참금 문제로 분쟁을 일으킨 두 도시가 파괴되어 돌로 변했다고 한다. 그래서인지 여러 바위 중에 그릇, 요리 기구나 젖소를 닮은 바위들이 있다. 왕자가 거북이의 지능이 낮다고 믿었다면 분명히 전쟁의 어리석음을 알리려고 거북이 바위를 만들었을 것이다.

절벽도 놓칠 수 없는 볼거리이다. 파삽통은 '금을 흡수하는 절벽'이라는 뜻이다. 표면에 노란색을 띠는 이끼가 나 있어서 그런 이름이 붙었다. 천연의 바위 정원이 만들어진 절벽에는 3월이면 눈처럼 하얀 진달래가 만개하고 난초가 진달래의 뒤를 잇는다.

푸루아의 정상까지 가는 길은 비교적 쉽다. 정상에는 부처상이 있어서 근처의 산과 계곡을 굽어보고 있다. **AH**

카오야이 삼림과
폭포

타이, 카오야이 주

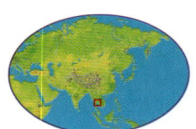

공원의 면적 : 2,168제곱킬로미터
공원의 해발 고도 : 60〜1,351미터
식생 : 습한/건조한 상록수림, 낙엽성의 열대림, 초원

타 이에 있는 천혜 보고의 전시장인 카오야이 국립공원은 방콕에서 북동쪽으로 200킬로미터 떨어져 있다. 캄보디아 국경을 따라 뻗은 당그레크 산맥의 서쪽에 있는 카오야이는 울창한 숲이 방대한 지역에 걸쳐 형성되어 있다. 카오야이는 큰 산이라는 뜻이다. 이 숲에는 독특한 야생생물들

숲이 울창한 가파른 비탈이거나 바위 절벽이다. 뒤쪽으로는 원뿔형 봉우리인 카오사모르푼이 보인다.

이 지역은 1902년에 저지대 출신의 30가구가 고원에 정착할 때까지 아무도 살지 않았다. 그러나 이 지역에 산적들이 출몰하자 정부는 정착민들을 모두 이주시켰다. 후에 숲 중앙에 골프장을 건립해서 많은 논란을 불러일으켰고 결국 골프장은 문을 닫았다.

그 결과 공원에는 탁 트인 초원이 생겼고 그 덕에 이곳에 서식하는 야생동물을 잘 관찰할 수 있게

> 가장 인상적인 곳은 '악마의 협곡'이라는 뜻의 2단 폭포인 해우나록이다.
> 폭포 물살이 어찌나 센지 코끼리들도 휩쓸려 떨어져 목숨을 잃을 정도이다.
> 폭포 주변은 숲이 울창한 가파른 비탈이거나 바위 절벽이다. 뒤쪽으로는
> 원뿔형 봉우리인 카오사모르푼이 보인다.

이 풍부할 뿐만 아니라 쉽게 관찰할 수도 있다. 중부 평원 지대에 우뚝 솟은 산맥의 서쪽은 화산암 지대이고 동쪽은 완만한 사암 고원이며 북쪽은 석회암 지대이다. 이렇게 다양한 암석이 분포해 있는 2,168제곱킬로미터의 공원에는 카오야이 산맥의 주요 봉우리 여섯 개가 있으며 상록수림과 낙엽수림이 다양하게 형성되어 있다.

이곳은 연평균 강수량이 300센티미터가 넘기 때문에 홍수 조절과 물 공급 정책에서 매우 중요한 위치를 차지하고 있다. 이 지역은 수량이 풍부한 수계와 멋진 폭포들도 잘 발달해 있다. 가장 인상적인 곳은 '악마의 협곡'이라는 뜻의 2단 폭포인 해우나록이다. 폭포 물살이 어찌나 센지 코끼리들도 휩쓸려 떨어져 목숨을 잃을 정도이다. 폭포 주변은

되었다. 숲에는 50킬로미터 길이의 트레일이 잘 정비되어 있으며 전망대도 두 군데에 있다. 길가에는 동물들이 소금을 핥는 지역이 있어서 긴팔원숭이, 코끼리 그리고 운이 좋으면 호랑이까지도 구경할 수 있다.

주위를 조망할 곳이 풍부하다는 사실 박쥐가 서식하는 동굴, 접근이 용이한 폭포 12곳 등이 카오야이의 매력을 더해준다. 이곳은 1962년에 타이 최초로 국립공원으로 지정되었으며 방콕과 비교적 가깝다는 점 때문에 특별하기도 하지만 빼어난 경관을 자랑하는 숲이 있다는 점도 장점이다. **AH**

오른쪽 카오야이 국립공원에서 흰손긴팔원숭이 수놈이 암놈의 털을 고르고 있다.

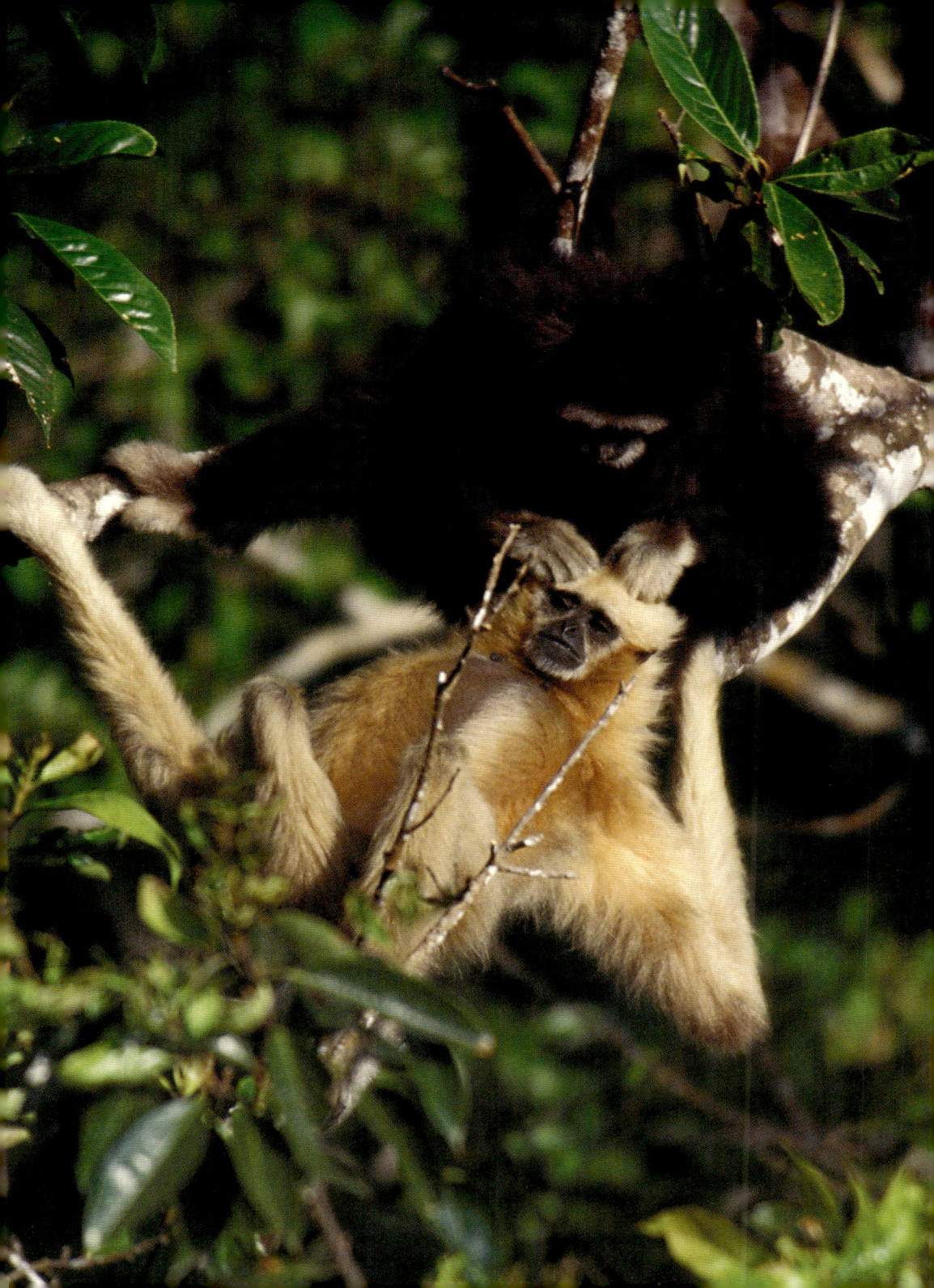

푸힌롱클라 산

타이, 러이 주

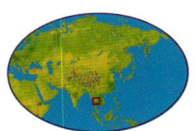

산의 최대 해발 고도 : 1,800미터
암석의 생성 시기 : 1억 3,000만 년 전
단층의 생성 시기 : 5,000만 년 전

사암 산인 푸힌롱클라는 지각작용의 힘이 얼마나 대단한지 보여주는 좋은 예이다. 이곳의 하이라이트는 두 개의 바위지반으로서 이 둘은 사뭇 대조적이다. '깨어진 바위 들판'이라는 뜻의 란힌덱은 깊은 균열이 평행하게 이어진 곳이다. 어떤 틈은 좁아서 한 걸음이면 건널 수 있지만 풀쩍 뛰어넘어야 할 정도로 넓은 틈도 있다. 게다가 여기에는 90도 각도로 깨어진 금이 많이 나 있어서 수많은 사각형 타일을 깐 것 같다. 이렇게 작은 단층

들이 1킬로미터 이상 이어져 있다. 지면에 금을 내는 구조적 지각운동으로 단층이 발생한 것이다. 식물이 드문드문 자라는 평지인 이곳을 공중에서 내려다보면 두 번째 단층이 첫 번째 단층에 겹쳐져 뒤틀려 있다. 그것으로 보아 지하에서 두 개의 힘이 작용했다는 것을 알 수 있다. 근처에는 '단추 바위 들판'이라는 뜻의 란힌품이 있다. 이곳은 금이 가지 않은 대신 둥근 바위가 돌출해 있다. 오랫동안 태양, 바람, 비의 작용으로 이런 형태가 된 것으로 추측된다. '부드러운 바위 들판'이라는 뜻의 란힌리압도 있다. 이곳을 보면 다른 두 지역이 오래 전에는 어떤 모습이었을지 알 수 있다. 이 산 전체에는 이렇게 독특한 바위 지형이 산재해 있다. **AH**

파템 절벽

타이, 우본랏차타니 주

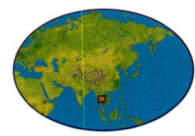

파템 절벽의 높이 : 100미터
암석의 생성 시기 : 5,000만~1억 5,000만 년

메콩 강이 타이와 라오스의 국경을 비교적 차분하게 흐르는 지역 중에는 사암 절벽을 양옆에 거느린 넓은 계곡 지역도 있다. 이 계곡을 타이에서는 파템이라고 한다. 파템은 아름다운 풍경, 선사시대에 그려진 암벽화, 기암절벽으로 유명한 곳이다. 절벽 위에는 건조한 숲, 야생화가 흐드러지게 피는 초원, 기암괴석들이 자태를 뽐내는 바위 정원이 펼쳐져 있다. 사암 바위가 거대한 버섯처럼 깎인 모습이 대표적인데, 버섯의 머리 부분은

짙은 재색이며 머리 아랫 부분은 노란색이다. 거북이, 낙타의 목, 탑처럼 생긴 바위도 있고 비행접시를 닮은 흔들바위도 있다. 그 무게가 5만 킬로그램이나 나가는데도 균형을 잘 잡고 있어서 힘들이지 않고도 흔들 수 있다. 절벽의 꼭대기에서는 도도하게 흐르는 강물과 숲이 울창한 계곡이 한눈에 들어온다. 수많은 작은 하천들이 골짜기로 떨어져 내리는데 그중에서 생찬 폭포가 가장 아름답다. 이 폭포는 거대한 바위에 난 구멍을 통해 마치 한 줄기 빛처럼 떨어진다. 절벽 아래에는 4,000년 전에 그려진 암벽화가 남아 있다. 이 그림에는 사람과 동물이 등장할 뿐 아니라 지금도 이 지역에서 물고기를 잡을 때 사용하는 '툼'이라는 바구니도 나온다. **AH**

무크다한 바위지형

타이, 무크다한

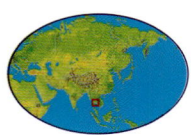

| 무크다한 국립공원의 면적 : 49제곱킬로미터 |
| 암석의 생성 시기 : 5,000만~1억 5,000만 년 |

타이에서 관광객의 발길이 가장 뜸한 곳으로 무크다한 국립공원이 있다. 이 자그마한 공원은 아름다운 기암괴석으로 이루어졌는데 무크다한 일대에서는 매우 유명하다. 머리는 검고 아랫쪽은 노란 버섯과 우산을 닮은 거대한 바위들이 비행기, 왕관, 고니를 닮은 바위들 사이에 우뚝 서 있다. 가장 독특한 모습을 한 바위는 부분별로 다른 강도의 침식작용을 받은 것들이다. 비교적 단단한 암석층 아랫부분은 침식을 덜 받기 마련이지만 이런 보호 작용도 부분적일 뿐이라서 바람, 물, 태양은 점차 약한 부분을 파들어 갔다. 바위는 결국 점점 가늘어지는 기둥 위에 아슬아슬하게 머리를 얹은 모습이 되고 말았다. 이런 바위들도 언젠가는 무너질 것이다. 이곳은 절벽이 있는 언덕들과 모습이 제각각인 바위들로 이루어져 있다. 덤으로 폭포와 작은 동굴들도 많다. 숲으로 둘러싸인, 푸랑세라는 거대한 바위에 올라가면 이 일대를 가장 잘 둘러볼 수 있다. 바위 정원에 흩어져 있는 바위들 사이를 비집고 식물들이 뿌리를 내렸다. 계절에 따라 황량한 바위들 사이로 아름다운 꽃들이 번갈아 꽃망울을 터트린다. **AH**

캥타나 급류

타이, 우본랏차타니 주

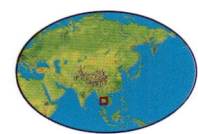

| 급류의 길이 : 1킬로미터 |
| 급류의 폭 : 최대 300미터 |
| 급류의 해발 고도 : 200미터 |

타이 북동부에 있는 거대한 사암 고원의 남쪽 가장자리를 따라 흐르는 강이 문 강이다. 이 강이 메콩 강과 합류하기 바로 직전에 바위투성이의 급류가 나온다. 그중에서 캥타나는 가장 길고 인상적인 구간이다. 이곳은 주변의 절벽이 낮고 우기가 한창일 때는 거의 다 물에 잠긴다. 하지만 일 년 중 대부분은 강물에 깎인 바위 강바닥에 만들어진 험악한 바위섬과 바위가 물 위로 드러난다. 자연적으로 발생한 소용돌이와 조약돌들이 바위에 구멍을 냈는데 어떤 것은 건기에 소풍 장소로 사용될 정도로 크다. 논란을 불러일으킨 댐이 상류에 건설되기 전에 캥타나는 건기에 물고기를 많이 가둬두고 물을 잡아두고 역할을 했다. 그러나 댐이 건설된 지금은 매력적인 천연 놀이터의 역할이 더 커졌다. 문 강은 원래 운송로로서 중요한 역할을 했는데 '죽음의 급류' 구간으로 악명이 높았다. 상류를 조금만 올라가면 모래 해변과 현수교가 있어서 주위를 둘러볼 수 있다. 급류를 지나자마자 두 가지 색의 강이 나오는데 바로 이 지점이 청회색을 띤 문 강이 메콩 강과 만나는 지점이다. **AH**

틸로르수 폭포

타이, 타크 주

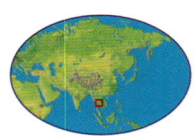

| 폭포의 높이 : 150미터 |
| 폭포의 폭 : 300미터 |

1986년 타이의 북부에 있는 삼림 위를 헬리콥터 한 대가 날고 있었다. 그곳에 탄 사람들은 우연히 킬로루스 폭포의 웅장한 모습을 발견하고 놀라지 않을 수 없었다. 밀림 한가운데 사는 마을 사람들이나 알고 있다는 웅장하고 아름다운 폭포에 관한 소문이 사실로 확인된 순간이었다. 그 후 이곳은 관광객을 받아들일 목적으로 점차 개발되기 시작했다. 틸로루스 폭포는 그야말로 아시아 최고의 폭포이다. 울창한 밀림을 뚫고 하얀 물줄기가 절벽을 쏟아져 내리는 모습은 감탄을 자아낸다.

'튼튼한 다리를 가진 산'이라 불리는 곳에서 내려온 물은 탄산칼슘이 덮인 석회암 절벽을 몇 단에 걸쳐 떨어진다. 거대한 나무들이 폭포의 가장자리에 매달리듯 서 있는 모습을 보면 물줄기가 숲에서 나오는 것처럼 보인다.

이 지역 전체가 야생생물보호구역으로서 수많은 폭포, 급류, 동굴, 인적이 드문 호수, 밀림이 울창한 봉우리들이 산재해 있다. 이전에는 폭포까지 까지가 여간 힘들지 않았다. 가장 가까운 마을에서도 꼬박 이틀을 걸어야 했기 때문에 찾는 사람도 거의 없었다. 최근에는 이 폭포를 관광지로 개발하려는 노력이 성공을 거둬서 관광객의 수를 하루에 300명으로 제한할 정도이다. 이 지역을 보존한다면 수많은 아름다운 폭포를 보존할 수 있다. **AH**

사무이 바위섬

타이, 수랏타니 주

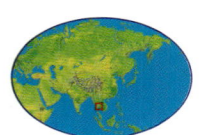

바위섬의 면적 : 160제곱킬로미터
암석의 생성 시기 : 2억 3,000만~3억
3,000만 년 전

사진집에 실릴 만큼 아름다운 백사장을 갖춘 열대의 코 사무이 섬은 1970년대까지만 해도 세계 최대의 코코넛 농장이 있는 곳에 불과했다. 매달 코코넛 이백만 개가 사무이 섬에서 방콕으로 실려 갔다. 하지만 지금은 아름다운 자연을 바탕으로 최대 관광지가 되었다. 화강암 곶들이 모습도 제각각인 해변들에 흩어져 있는데, 길게 뻗은 백사장이 미적으로 완벽한 경계가 된다.

라마이 섬의 동쪽 해변 옆에는 각각 '할아버지'와 '할머니'라는 뜻의 힌타와 힌야이 바위가 있는데,

남성과 여성의 생식기를 놀랍도록 빼다 박았다. 높이가 4미터인 힌타는 하늘을 보고 솟아 있는 반면, 힌야이는 훨씬 얌전하며 균열 부분으로 파도가 들이친다. 천연 지형 중 이 바위들이 세계에서 가장 많이 사진에 찍혔을 것이다. 육지로 들어오면 절벽 가장자리에 거대한 화강암 바위가 균형을 잡고 서 있다. 절벽에서 둘러보면 주변 지역이 가장 잘 보인다. **AH**

아래 밤하늘을 배경으로 사무이 바위섬들이 보인다.

사무이 섬 폭포

타이, 수랏타니 주

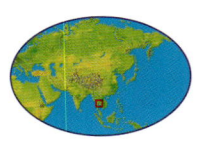

나무앙 1폭포의 높이 : 40미터

사무이 섬의 면적 : 160제곱킬로미터

폭이 좁은 해변으로 가장자리를 두른 듯한 사무이 섬은 타이 남쪽에 있는 인기 있는 관광지이다. 섬의 내부는 코코넛 농장들과 밀림이 울창한 언덕들이라서 사람의 발길을 쉽게 허락하지 않는다. 하지만 천국과 같은 해변을 뒤로하고 내륙으로 들어가면 아름다운 폭포들이 많다. 사무이의 주요 폭포 세 곳 중에서 가장 가기 쉬운 폭포는 남서쪽에 있는 나무앙 1폭포이다. 폭포수가 노란 석회암 절벽을 40미터가량 떨어져 내리는데 바위에 난 녹색, 주황색 갈색의 줄무늬가 인상적이다. 바위의 색깔은 물의 양과 조류의 성장 정도에 따라 달라진다. 나무뿌리와 바위들이 만든 천연 계단을 따라가면 폭포 아래의 커다란 못이 나온다. 포말이 가득한 물 아래에 숨어 있는 바위들이 놀랍도록 날카롭다. 근처 바위길을 따라가면 나오는 나무앙 2폭포는 섬에서 가장 아름다운 폭포로 손꼽힌다. 밀림으로 더 들어가면 층층이 이어진 힌라드 폭포가 나오고 여기서 더 들어가면 왕사오통 폭포가 나온다. **AH**

오른쪽 사무이 섬의 폭포

퉁야이나레수안 숲과 후아이카캥 숲

타이, 퉁야이나레수안–후아이카캥

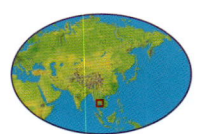

야생생물보호구역의 해발 고도 : 250~1,811미터

식생 : 언덕의 상록수림, 혼합 낙엽수림, 사바나의 숲, 대나무 숲, 늪지, 초원

타이 서쪽 지역에는 자연의 모습을 그대로 간직한 거대한 삼림지역이 있다. 바로 퉁야이나레수안과 후아이카캥 야생생물보호구역으로 타이의 자연보호 노력이 처음으로 시작된 곳이다. 총면적 6,427제곱킬로미터로서 동남아의 보호구역 중에서 가장 면적이 넓다. 최상의 상태를 유지하고 있는 이 숲에는 다양한 야생생물들이 서식한다. 이 숲은 인접한 국립공원과 보호구역 17곳이 하나로 묶여 이루어진 서부 삼림 복합체의 심장부 역할도 하고 있다. 후아이카캥은 강바닥이 모래인 카캥 강의 발원지와 주요 수계를 모두 아우른다는 점에서 독특하다. 퉁야이나레수안은 이곳에 인접한 여러 계곡과 산줄기로 이루어진다. 후아이카캥과는 사뭇 다르지만 태곳적부터 강이 흘러왔다는 점은 같다. 이 지역은 고생대에 생성된 석회암으로 뒤덮여 있어서 높은 절벽, 싱크홀, 열대 카르스트 지형의 전형적인 동굴들이 발달했다. 화강암이 관입한 지역도 있는데 소금을 핥아먹으려고 이곳을 찾는 야생동물들의 발길이 끊이지 않는다. 이 지역은 야생생물이 매우 풍부하다. 특히 타이에서 마지막 남은 야생물소 떼가 서식하는 곳이다. **AH**

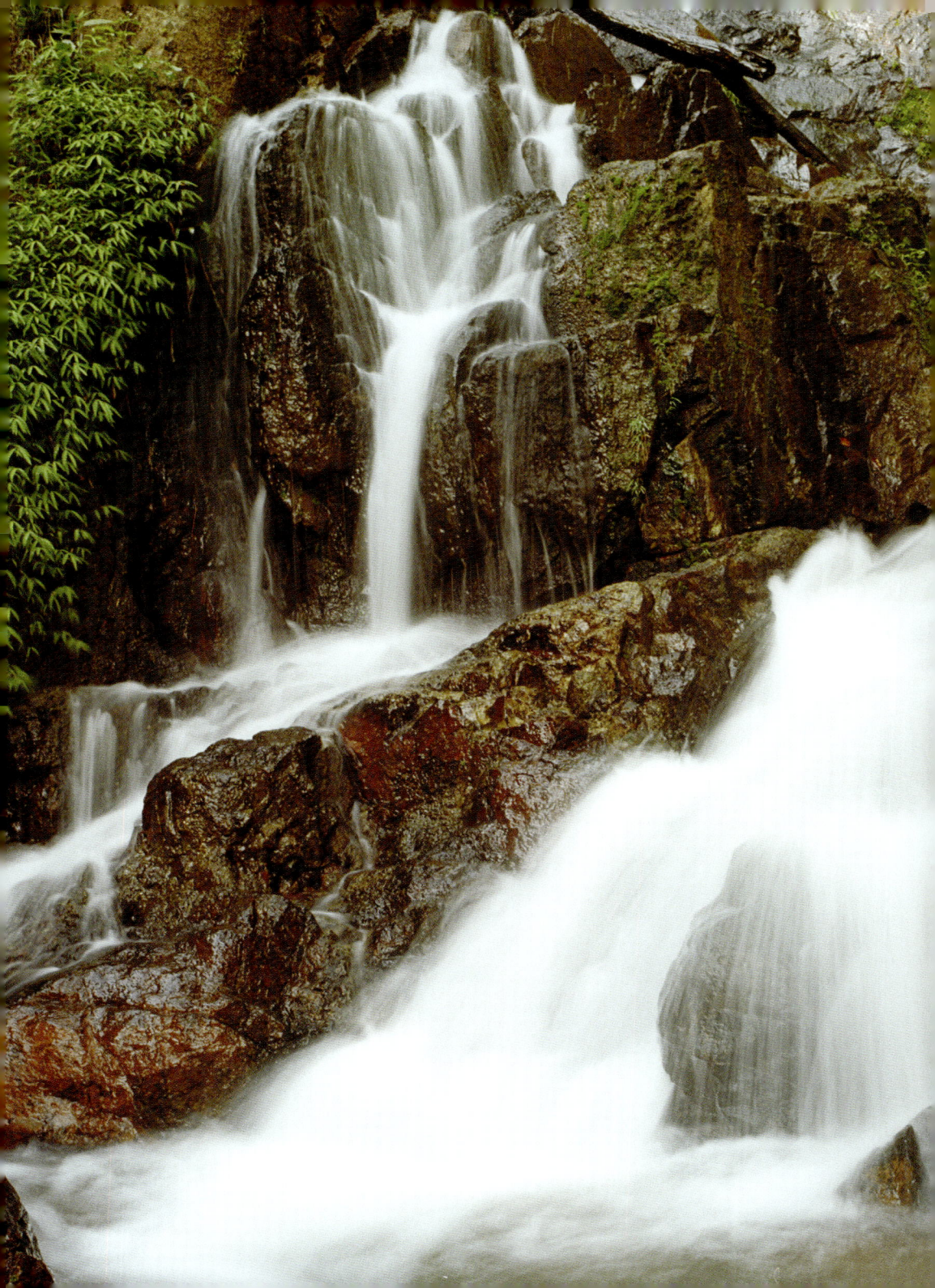

카오충프란 박쥐동굴

타이, 랏차부리 주

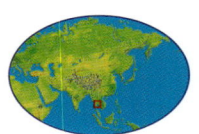

카오충프란 언덕의 면적 : 72헥타르

박쥐의 수 : 약 2,900,000마리

날아오르는 박쥐 수 : 초당 최대 2,100마리

저녁이면 자그마한 카오충프란 석회암 언덕에서 쪼글쪼글한 박쥐들이 대이동을 벌이는 장면은 타이에서 가장 인기 있는 자연현상이다. 녹음이 짙은 들판이나 야외 레스토랑에 편안히 앉아 늦은 오후 동굴에서 계속해서 쏟아져 나오는 박쥐 무리의 장관을 감상하려고 매년 12만 명이 넘는 사람들이 이곳을 찾는다. 박쥐 무리는 상공에서 뱀처럼 뒤틀고 구불거리는데, 멀리서 보면 박쥐 떼를 연기로 착각하기도 한다. 이 지역에 200만~300만 마

다. 거대한 띠를 이룬 박쥐 무리는 마치 빨려들어가기라도 하듯 순식간에 동굴로 사라진다.

카오충프란은 '사냥꾼의 구멍 언덕'이라는 뜻이다. 예부터 이 지역 사람들에게 박쥐는 독특하면서 소중한 단백질 공급원이었다. 하지만 더욱 소중한 것은 박쥐의 배설물이다. 이것은 매우 뛰어난 비료이다. 교통 발달, 새 잡는 그물, 박쥐고기에 대한 수요 증가로 1980년대만 해도 박쥐는 멸종 위기에 처했다. 그 후 정부가 보호에 앞장섰고 인근 마을도 박쥐의 배설물을 1주일에 큰 양동이로 800개 만큼 모았다. 이렇게 생긴 소득으로 지역 경제가 살아났다. 박쥐의 배설물을 팔아 이 지역에 학교도 지었다.

> 박쥐 무리는 상공에서 뱀처럼 뒤틀고 구불거리는데, 멀리서 보면 박쥐 떼를
> 연기로 착각하기도 한다. 이 지역에 200만~300만 마리의 박쥐들이 산다고
> 추정하고 있다. 현지에서는 이 동굴을 '1억 마리의 동굴'이라고 부른다.

리의 박쥐들이 산다고 추정하고 있다. 현지에서는 이 동굴을 '1억 마리의 동굴'이라고 부른다.

선두 박쥐 그룹은 해지기 두 시간 전에 동굴을 나선다. 박쥐들은 구경꾼들의 환호성과 함께 배고픈 매들의 기습공격을 받기도 한다. 동굴을 나오는 박쥐들의 흐름은 금세 불어나 초당 2,000마리에 달한다. 박쥐들이 나오면 톡 쏘는 미풍이 불며 어디선가 폭포가 흐르는 듯한 소리가 들린다. 해가 지면 박쥐 무리는 눈에 띄게 줄어들지만 이들의 군무는 그 후로도 몇 시간 동안 지속된다. 이 장면만큼 장엄하지만 목격한 사람이 거의 없는 장면도 있다. 바로 새벽에 박쥐들이 동굴로 돌아가는 모습이

동굴은 천장 부분에 구멍이 몇 군데 나 있어서 빛이 들어가며 환기도 된다. 관광객들은 동굴에서 나는 악취 때문에 주로 바깥에서 보기를 선호한다. '검은 황금'을 캐는 배설물 광부들만이 산성이 강한 동굴 속으로 들어갈 뿐이다. **AH**

탈레삽 호수

타이, 송클라 주

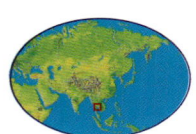

| 호수의 면적 : 1,500제곱킬로미터 |
| 호수의 평균 수심 : 2미터 |
| 생성 시기 : 5,000년 전 |

타이 반도에는 거대한 호수가 네 군데 있다. 이 호수들은 서로 연결되어 있어서 모두 묶어 '담수의 바다'라는 탈레삽 호수로 부른다. 평균 수심이 2미터 정도인 이 거대한 민물 바다는 80킬로미터를 뻗어 있다. 이곳은 5,000년 전에 생성되었는데 150년 전에 탈룽 강에서 흘러들어온 토사물이 해안에 있던 코야이 섬을 완전히 뒤덮어 버렸다. 그 후로는 매우 좁은 수로만 남아 물의 흐름을 제한되어서 현재의 호수 크기를 유지하고 있다.

탈레노이 호수는 담수호이지만 탈레송클라 호수는 함수호이다. 게다가 두 석호 사이의 수로도 짠맛이 난다. 이렇게 물의 종류가 다르다보니 매우 복잡하고 예민한 생태계가 형성되어 있는데 우기가 되면 큰 영향을 받는다. 이런 환경에서는 자연히 다양한 야생생물이 서식하기 마련이다. 특히 탈레노이 호수에는 야생조류가 풍부하게 서식하며 아침마다 수련과 백합이 활짝 피어나 장관을 연출한다. 탈레삽은 타이 내륙에 있는 최대의 어장으로서 주민 150만 명의 생계가 호수와 연결되어 있다. 불행히도 오염과 개발 때문에 호수로 유입되는 물이 줄면서 이곳의 연약한 생태계가 파괴될 위험에 처해 있다. **AH**

카오킷차쿠트 산

타이, 찬타부리 주

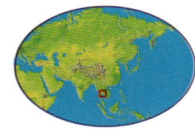

| 카오킷차쿠트 국립공원의 면적 : 59제곱킬로미터 |
| 최고봉(카오프라바트)의 해발 고도 : 1,085미터 |
| 폭포의 높이 : 100미터 |

타이의 소규모 국립공원의 하나인 카오킷차쿠트는 밀림이 울창하며 매우 가파른 화강암 산이다. 캄보디아의 카드라몸 산맥의 가장자리에 자리 잡고 있다. 산비탈에는 층층이 흐르는 폭포들이 줄지어 서 있다. 그중에서도 크라팅 폭포가 가장 유명하다. 이 폭포는 우아하게 휘청대는 대나무 숲을 양옆에 끼고 큰 바위들 사이로 무려 13층이나 굽이굽이 내려온다. 카오프라바트는 카오킷차쿠트 산의 최고봉이자 가장 유명한 봉우리이다. 완만한

정상에는 공처럼 생긴 바위가 수없이 흩어져 있다. 이곳이 지닌 종교적 의미 때문에 해마다 불교도 수천 명이 찾는다. 순례자들은 2월에서 3월 사이에 걸어서 정상까지 올라가 부처의 발자국이라고 전해지는 곳에 경배한다.

카오프라바트의 완만하고 넓은 정상에 흩어져 있는 둥근 바위들은 아래 밀림을 내려다본다. 이 바위들은 뒤집어놓은 보시함, 커다란 거북, 코끼리 등을 닮았다. 거대한 바위에는 움푹 패인 곳과 은신처 같은 곳이 많은데 부도나 불화를 모시고 있다. **AH**

시밀란 군도

타이, 팡아 주

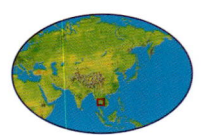

시밀란의 섬의 개수 : 9개
보호구역의 면적 : 128제곱킬로미터
암석의 생성 시기 : 2억 3,000만~3억 3,000만 년 전

시밀란 군도의 아홉 섬은 안다만 해의 보석이다. 이 화강암 섬들은 크기는 않지만 원숭이들이 많이 사는 보존이 잘된 숲으로 덮여 있다. 이 섬들은 바다를 뚫고 나온 용암이 식어서 만들어졌다. 그 후 해안침식작용으로 섬의 바위들은 반들반들해졌다.

시밀란의 진짜 볼거리는 바다에 있다. 이 지역의 산호초는 세계 10대 산호초로 손꼽힌다. 서쪽 암초를 이루는 바위들은 산호초에 뒤덮여 있는데 해저까지 이어진 모습이 정말 아름답다. 물론 해양 생물도 풍부하다. 남서쪽에서 불어오는 태풍의 영향을 직접 받지만 해변의 모래는 해류에 의해 언제나 깨끗한 상태를 유지해서 다이버들의 천국이다. 암초에는 또한 수많은 절벽과 통로가 있다.

수많은 모래 해변과 경사가 완만한 암초들이 많은 동쪽 해안도 다이버들의 발길을 잡아당긴다. 원래 무인도였던 이곳은 1982년에 국립공원 사무소가 설립되면서 환경에 큰 피해를 주는 어업과 트롤 조업을 중단시켰다. **AH**

오른쪽 수정처럼 맑은 시밀란 주변의 바다

카오파놈벤차 산

타이, 크라비 주

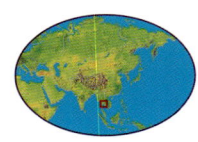

산의 해발 고도 : 1,350미터
식생 : 열대우림

웅장한 화강암 산인 카오파놈벤차는 해안에 있는 크라비 주의 석회암 지대와 매혹적인 해변 위로 우뚝 솟아 있다. 카오파놈벤차 산의 뜻인 '다섯 지점에서 기도하는 산'은 불교도와 이슬람교도들이 모두 땅에 엎드려 절을 하고 기도를 드리는 동작과 관계 있다. 이 산의 다섯 봉우리는 일렬로 늘어서서 이 지역에서 가장 신성한 곳으로 모셔지는 호랑이 굴 사원을 가리키고 있다. 카오파놈벤차는 내륙 지역의 풍경을 압도한다. 울창한 열대우림에는 복잡한 뿌리로 몸을 지탱하는 높이 40미터의 거대한 나무들이 자라고 있다. 이런 풍경은 숲 주변의 단조로운 고무나무 농장과 대조적이다.

깨끗한 연못, 백사장, 층층이 내려오는 후아이토 폭포 덕분에 이곳은 인기 있는 영화 촬영지가 되었다. 후아이사캐 폭포와 요드마프라오 폭포는 가파른 절벽을 시원스레 내려온다. 특히 우기에 물이 불어서 주변에 물안개가 자욱할 때가 가장 멋있다. **AH**

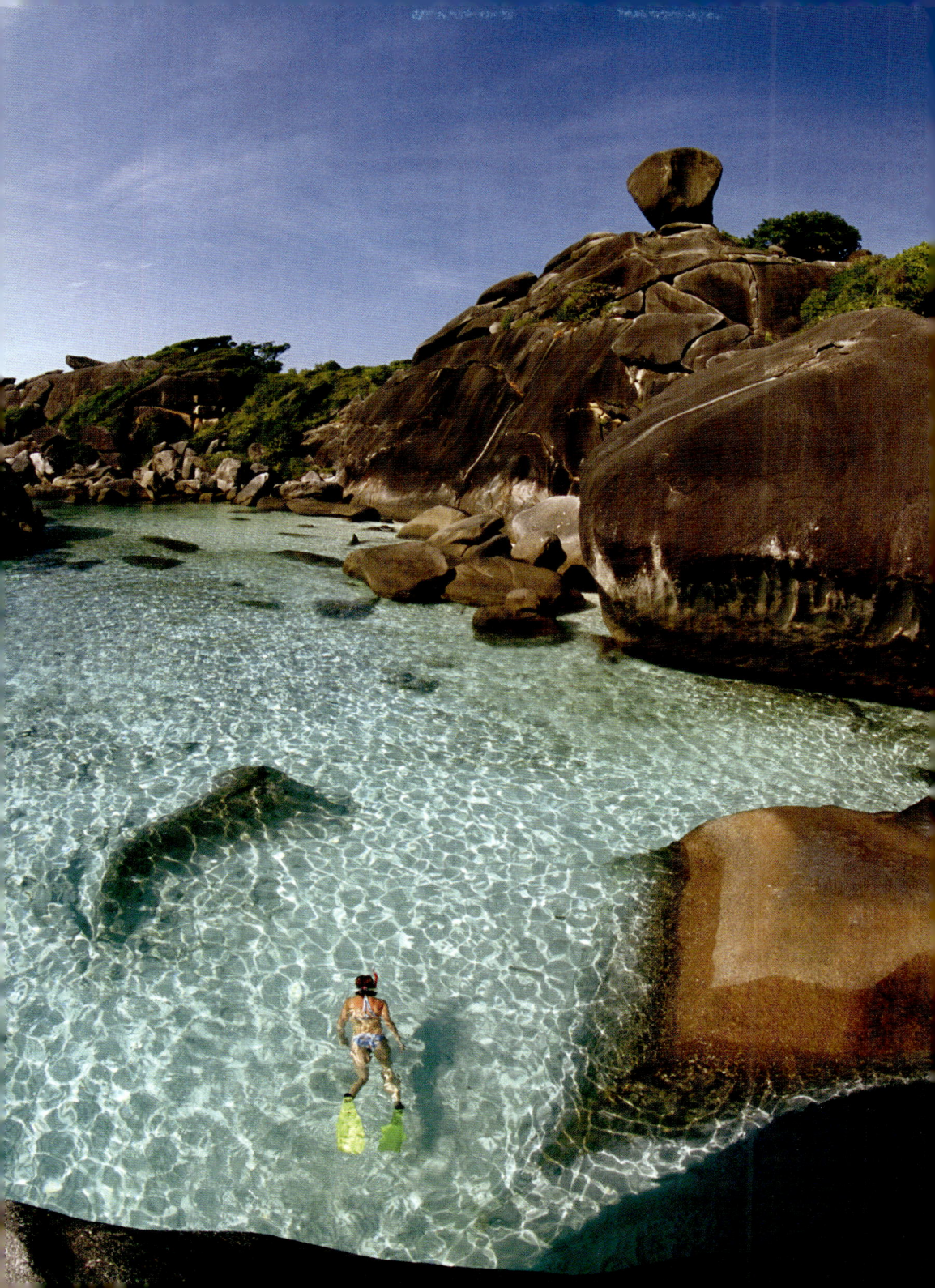

카오삼로이요트 산

타이, 프라추압키리칸 주

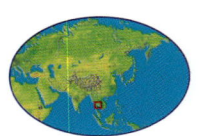

산의 면적 : 98제곱킬로미터
산의 최대 해발 고도 : 605미터
암석의 생성 시기 : 2억 2,500만~2억 8,000만 년 전

습지와 해안 평야에 둘러싸인 험준한 카오삼로이요트 산은 타이 반도 윗부분의 '팔꿈치'에 해당하는 곳에 있는, 육지로 둘러싸인 섬 같은 산이다. 삼로이요트는 여러 가지 의미로 해석할 수 있다. '300명의 생존자'라는 것은 옛날에 중국의 상선이 난파했을 때 살아남은 생존자들을 의미한다. '300개의 싹'이라는 해석은 이 지역에 자라는 식물을 의미한다. 여러 의미 중에서 가장 신빙성이 있는 것은 '봉우리가 300개인 산'이다. 북쪽에서 이 산을 바라보면 수많은 험준한 봉우리들이 하늘을 배경으로 위용을 뽐내고 있다. 산기슭 부분을 평지가 감싸듯 에워싸고 있기에 험준한 절벽과 뾰족한 봉우리들이 자칫 단조로웠을 주변 습지에 생기를 불어넣는다.

솟아오른 해변들, 뚝 잘린 절벽, 조개껍데기가 많이 묻혀 있는 땅과 같은 증거들을 놓고 볼 때 카오삼로이요트는 분명히 접근하기가 쉽지 않은 섬이었을 것이다. 지금은 육지에 둘러싸여 접근이 용이할 뿐 아니라 다양한 매력을 지닌 해변, 동굴, 탐조 장소, 아름다운 풍경 덕분에 규모는 작지만 매우 인기 있는 국립공원이 되었다. 하지만 산악 지대는 접근하기가 어려워서 대부분의 활동은 멋진 산을 배경으로 기슭 부분에서 이루어진다. **AH**

프라낭 반도

타이, 크라비 주

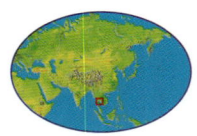

암석의 생성 시기 : 2억 2,500만~2억 8,000만 년 전
화석의 나이 : 2,000만~4,000만 년 전

세계에서 가장 아름다운 해변으로 손꼽히는 프라낭 반도는 고운 백사장과 아름다운 석회암 바위가 엮어내는 매력적인 해변 풍경으로 많은 인기를 얻고 있다. 해변의 한쪽에는 코코넛나무가 줄지어 서 있고 반대쪽에는 250미터 높이의 아찔한 절벽이 우뚝 서 있다. 그림 같은 카르스트 지형이 내륙의 구릉지에서 시작해 안다만 해까지 가파른 경사를 이루며 뻗어 있다.

이 아름다운 풍경은 이 지역의 수많은 전설에 등장한다. 그중에서 성난 수도승의 이야기가 가장 흥미롭다. 그는 시끄럽게 떠드는 결혼식 하객들과 거대한 바다뱀을 석회암 바위로 만들어 버렸다고 한다. 페름기에 생성된 석회암은 수백만 년 동안 침식작용을 받아 기괴한 모습이 되었다. 희한한 지형 중에는 바다가 낮게 서 있는 바위들로 둘러싸인 곳도 있다. 어부들은 불교도이든 회교도이든 상관없이 이 반도를 신성시하며 프라낭 동굴에 있는 부도에 정기적으로 공물을 바친다. 가파른 산길을 따라 올라가면 주변이 한눈에 들어오는 전망 지점과 절벽으로 에워싸인 프린세스 풀도 나온다. 이곳은 밀물일 때 수중터널을 통해서 물이 차는 곳이다. 화석 애호가들에게는 화석이 가득한 충적암 조개무지도 추천할 만하다. **AH**

스리팡아 폭포

타이, 팡아 주

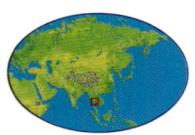

폭포의 높이 : 63미터
공원의 면적 : 246제곱킬로미터

스리팡아 폭포는 타이 반도에 있는 수많은 절경의 이름에 가려 빛을 보지 못할 때가 많다.

스리팡아 국립공원은 타이 국왕의 환갑을 기념해 제정되었다. 밀림이 울창한 산악 지역인 이 공원에는 수많은 시내가 흐르고 절벽이 솟아 있으며 아름다운 폭포가 세 군데 있다. 이곳은 밀림이 울창한 산악 지역이다. 탐낭은 우기에 유난히 물살이 거센 곳이다. 이 지역의 우기는 5~11월 사이이다. 아래쪽 못에는 물고기들이 사는데 이곳 주민들은 주말마다 이곳에 와서 먹이를 준다. 톤톤사이 폭포는 거대한 바위 하나를 지나 흐르지만 톤톤퇴이 폭포는 45미터인 가파른 절벽은 신나게 떨어져 내린다.

스리팡아에는 아름다운 폭포들이 무수히 많다. 하지만 이 지역의 진짜 매력은 나무들이 하늘을 찌를 듯 서 있는 습한 원시림, 굽이치는 강물과 시내들이다. 밀림을 가로지르는 주요 등산로는 경사가 가파르고 내리막길은 미끄럽고 수많은 시내를 건너야 하는 매우 힘든 코스이다. 그러나 주변의 아름다운 경치만으로도 충분히 고생할 만한 가치가 있다. **AH**

카오루앙 산

타이, 카오루앙

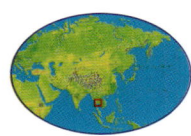

산의 높이 : 1,835미터
산의 면적 : 570제곱킬로미터

타이 남부의 녹색 지붕으로 일컬어지는 카오루앙 산은 곳곳에 석회암 지대가 산재한 1,835미터의 화성암 산이자 타이 반도의 최고봉이다. 이 지역은 동쪽과 서쪽에서 계절풍이 불어와 강수량이 매우 높다. 우기가 아홉 달이나 계속되기 때문에 당연히 수량이 풍부한 하천과 폭포가 발달했다. 가룸, 프룸록, 타패는 모두 열대우림을 가르며 층층이 떨어져 내리는 폭포들이다. 가장 유명한 폭포는 나른폰센하르로서 오랫동안 액면가가 가장 높은 지폐의 도안으로 사용되었다. 카오루앙은 '거대한 산'이라는 뜻으로 타이의 현대사에서 중요한 위치를 차지한다. 산기슭의 삼림 파괴가 진행되는 바람에 폭우가 내리자 대형 산사태가 발생한 것이다. 1988년에 발생한 산사태로 인근 마을 주민 300명 이상이 목숨을 잃었다. 그 결과 상업적인 벌목이 금지되었다.

정상까지 왕복하는 데 사흘이 걸리는 등산로는 아름다운 밀림을 흐르는 하천을 따라 나 있다. 카오루앙의 생태계가 얼마나 풍요로운지는 비옥한 산비탈에서 난초가 300종이나 발견되었다는 것만 보아도 잘 알 수 있다. **AH**

팡아베이

타이, 팡아 주

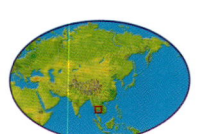

면적 : 350제곱킬로미터	
섬의 수 : 42개	
암석의 생성 시기 : 2억 2,500만 ~2억 8,000만 년 전	

타이 안다만 해안에 있는 팡아베이는 400미터 높이의 벼린 듯한 절벽이 인상적인 석회암 섬들과 넓은 맹그로브 숲이 아름다운 곳이다. 석회암 섬들은 잔잔한 물 위에 흩어진 이빨처럼 불쑥 솟아 있다. 최악의 폭풍우가 몰아쳐도 안전할 만큼 넓고 수심이 얕은 만에는 험준한 바위섬이 42개나 된다. 이는 페름기에 형성되었으며 지금은 심하게 부서진 석회암 지대가 타이의 서부에 죽 뻗어 있다.

져 있다. 이곳은 마치 천연 원형극장을 연상케 한다. 중앙에는 바닷물로 채워진 못이 있고 가장자리에는 작고 한적한 해변도 있다. 카누를 타고 들어가 보면, 썰물에만 갈 수 있는 지리적 조건 때문에 평화롭고 한적한 그곳의 매력이 손상되지 않았음을 잘 알 수 있다.

팡아베이의 웅장한 카르스트 지형은 푸켓과 크라비의 관광단지와 인접해 있다. 배를 타고 울창한 맹그로브 숲 사이로 난 구불구불한 수로를 돌아보고 하늘을 찌를 기세로 솟아오른 거대한 석회암 바위들을 구경할 수 있다. 울창한 맹그로브 숲은 규모가 줄고 있어서 점점이 섬들이 흩어져 있는 만의

> 해수면에 있는 어두운 터널은 하늘이 뻥 뚫린 거대한 공간으로 이어져 있다.
> 이곳은 마치 천연 원형극장을 연상케 한다. 중앙에는 바닷물로 채워진 못
> 이 있고 가장자리에는 작고 한적한 해변도 있다.

이 지역은 테나세림 산맥의 일부분이다. 중국에서 보르네오 섬까지 이어진 이 석회암 지대는 원래 바다의 조개껍데기와 산호로 만들어졌는데, 히말라야 산맥을 만든 지각작용으로 인해 갈라지고 물 위로 솟아났다. 해안침식작용에다 약산성의 부식토 그리고 스며드는 물이 더해져서 숨 막히도록 경이로운 물에 잠긴 카르스트 지형이 완성되었으니, 그곳이 바로 팡아베이이다.

평균 면적이 1제곱킬로미터를 넘지 않으며 울창한 숲으로 덮인 바위섬들은 깎아지른 것 같은 절벽 뒤에 진짜 비경을 숨기고 있다. 해수면에 있는 어두운 터널은 하늘이 뻥 뚫린 거대한 공간으로 이어

풍경을 더 잘 볼 수 있다. 007시리즈 《황금 총을 가진 사나이》의 아름다운 촬영지로 유명해진 코타푸는 '손톱 섬'이라는 뜻이다. 파도에 깎인 거대한 기둥 하나가 우뚝 솟아 있는 모습이 금세라도 넘어질 것만 같다. 만의 중앙에 있는 코판니에는 무슬림 마을이 있는데, 이곳의 가옥 500채는 섬에 단단히 고정되어 있다. 어딜 가나 동굴이 많은데 3,000년 전에 그려진 동굴 벽화가 남아 있다. 값비싼 바다제비집 요리를 만들 수 있는 바다제비의 둥지가 많아서 경제적으로 큰 이득을 얻을 수 있는 동굴도 있다. **AH**

<u>오른쪽</u> 팡아베이의 아름다운 석회암 기둥

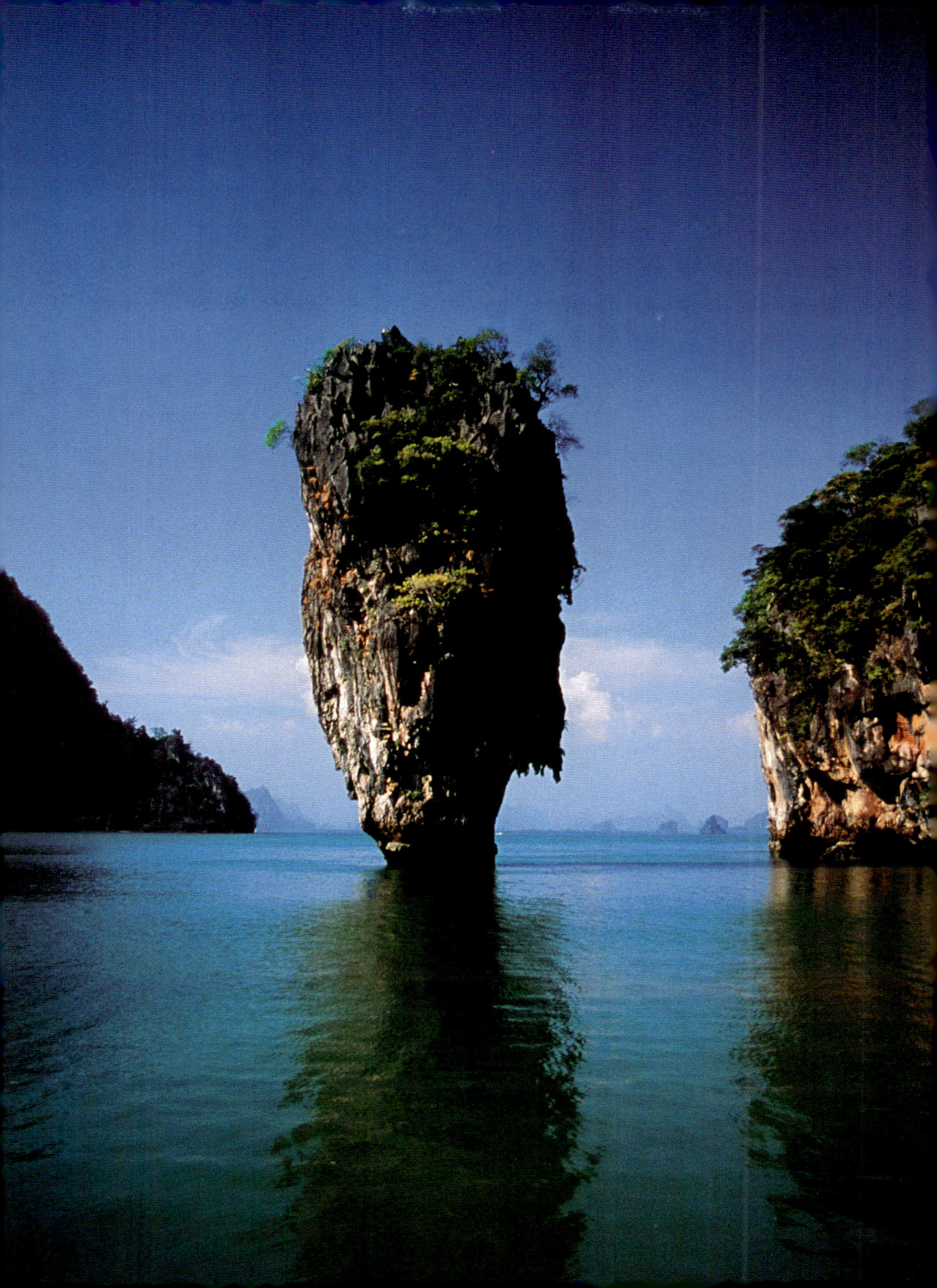

카오룸페 폭포와
타이무앙 해변

타이, 팡아 주

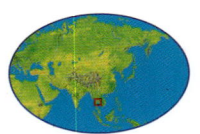

타이무앙 해변의 길이 : 20킬로미터	
암석의 생성 시기 : 6,000만~1억 4,000만 년 전	
카오룸페 폭포의 높이 : 622미터	

안다만 해안을 따라 나 있는 푸켓 해변에서 북쪽으로 조금 떨어진 곳에 가면 타이무앙 해변이 나온다. 소나무를 닮은 카수리나나무가 늘어선 아름다운 모래 해변에서 바다로 이어지는 경사가 완만하다. 일 년의 반은 백사장이 넓게 펼쳐져 있다. 그러나 우기가 되면 거대한 파도가 해변을 집어삼켜서 경사가 가파르고 수면 아래에 강한 역류가 흐르는 해변이 된다.

돔처럼 생긴 화강암 산인 카오룸페는 내륙 깊숙이 자리 잡고 있다. 열대우림이 울창한 이 산은 크지는 않지만 수많은 시냇물이 흐르고 놀랄 만큼 물살이 센 폭포들이 많다. 카오룸페를 만든 화강암은 6,000만~1억 4,000만 년 전에 형성된 것으로 운모와 수정이 풍부하게 들어 있다. 시내와 폭포는 광물을 서서히 깎아 타이무앙 해변으로 쓸어 갔다. 카오룸페 폭포 아래의 못은 수영을 즐기는 사람들이 많이 찾는다. 하지만 물이 비교적 조용하게 흐르는 곳까지 난 길은 상당히 험하다. 한적한 폭포가 두 곳 더 있는데, 물살의 세기는 카오룸페 폭포보다 약하지만 울창한 원시림에 둘러싸여 있다. **AH**

파이롬 사원의 황새들

타이, 파툼타니 주

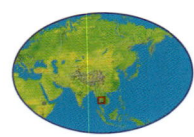

황새 번식지의 면적 : 13헥타르	
1980년에 파이롬에서 발견된 황새의 수 : 3만 마리	

해마다 11월에서 이듬해 6월까지 아시아쟁기부리황새 수천 마리가 번식을 하려고 방콕의 북쪽에 있는 파이롬 사원으로 몰려든다. 파이롬 사원은 차오프라야 강둑에 있다. 사원 지붕의 밝은 붉은색 기와와 금박을 입힌 오색찬란한 차양은 세계 최대의 아시아쟁기부리황새 군서지에 아름다운 배경을 장식한다. 1955년만 해도 이곳에서 발견된 황새 무리의 수는 얼마 되지 않았다. 승려들은 이 절의 일부를 황새들이 둥지를 트는 곳으로 정해 놓고 열심히 보호했지만 밀렵꾼들의 횡포에는 속수무책이었다. 1970년에 파이롬 사원은 공식적으로 조류보호구역으로 지정되었다. 그 후 황새의 수는 증가하기 시작했다. 새들이 다른 지역으로 번식지를 옮겼는데도 1986년에 발견된 둥지의 수는 8,600개에 달했다. 현재 파이롬 군서지는 넓은 대나무 숲과 삼림을 포함한다. 대나무가 둥지의 무게를 못 이겨 지면까지 구부러진 모습도 자주 볼 수 있다. 매일 정오가 되어 상승기류가 불기 시작하면 수천 마리에 달하는 황새들이 타이의 중부 평원 상공을 선회하며 멋진 군무를 선보인다. **AH**

카오락-람루
국립공원

타이, 팡아 주

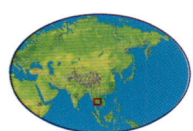

공원의 해발 고도 : 1,077미터
공원의 면적 : 125제곱킬로미터
서식지의 범위 : 바다에서 산 정상의 숲

카오락-람루 국립공원에는 매력적인 풍경이 가득하다. 바다로 눈을 돌리면 작은 섬과 바위들을 뿌려 놓은 것 같은 해안에 인적 드문 동굴들과 하얀 모래 해변이 길게 뻗어 있다. 그리고 아름다운 라엠힌창 즉 코끼리 바위 반도가 보인다.

맹그로브 숲, 강어귀, 담수호들로 이루어진 해안 풍경 뒤로 평원, 초원, 강이 펼쳐져 있고 숲이 울창한 계곡은 산속 열대우림으로 이어진다. 이렇게 서식지가 넓고 다양하다 보니 이 공원의 생태계를 육지와 해양 중 무엇으로 봐야 할지 약간의 혼란이 생긴다. 이 지역은 1989년에 국립공원으로 지정되었다.

이전에 주석 광산이었던 카오락은 지금은 더 유명한 다이빙 장소나 산으로 가는 사람들이 도중에 들리는 쾌적한 휴식지가 되었다. 트레일을 따라가면 폭포들이 줄지어 나온다. 옛날에 부처가 수도를 했던 폭포, 5층의 람루 폭포, 깊은 내륙에 있는 탄사완 폭포 등이 있다. 탄사완 폭포는 원래 '방피사드'라고 불렸지만 괴물을 연상시키는 불길한 이름이라고 해서 지금과 같이 바뀌었다. **AH**

에라완 폭포

타이, 칸차나부리 주

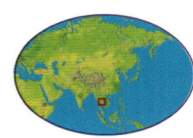

폭포의 높이 : 150미터
암석의 종류 : 석회암

일곱 계단을 거쳐 150미터를 낙하하는 에라완 폭포는 타이에서 가장 웅장하고 인기 있는 관광지 중의 하나이다. 이 폭포는 에라완 국립공원에 있는데, 고요한 정글 속을 2킬로미터가량 걸으면 나온다. 폭포 아래에는 거대한 경질 수목이 자란다. 이것은 근처 강에서 물을 가져온 순례자들이 치유와 축복을 비는 신성한 나무이다. 폭포는 층마다 깊고 아름다운 못이 있다. 특히 세 번째 못은 천연적인 반원 형태를 띠고 있다. 주변의 석회암 암석에서 물에 녹았다가 다시 못에 축적된 연한 색의 탄산칼슘 때문에 못들은 우윳빛이 도는 연한 푸른색이다. 광물 침전물은 수많은 천연 계단을 흐르는 물을 비추어서 아래쪽 계단의 윤곽이 더욱 부드럽게 보인다. 산길을 따라가면 여섯 번째 층이 나온다. 여기서부터는 길이 아니라 절벽을 기어올라야 마지막 층이 나온다. 폭포의 일곱 번째 층은 흡사 힌두 신화에 나오는 머리 셋 달린 코끼리인 에라완 코끼리의 머리처럼 생겼다. 이 폭포의 이름도 바로 여기에서 유래했다. **AH**

타프롬 사원의 나무들

캄보디아

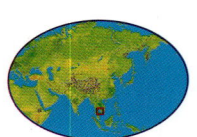

사원의 면적 :	70헥타르
식생 :	열대저지림
숲의 생성 시기 :	600년 전

1860년 프랑스의 탐험가이자 자연학자인 앙리 모우는 앙코르 주변의 캄보디아 정글 속에 숨어 있는 옛 크메르 문명의 유적지를 우연히 발견했다. 바로 사원이었다. 그가 이곳을 발견한 최초의 서양인은 아니었지만 그의 생생한 묘사와 그림 덕분에 장엄한 건축물과 부조가 엮어내는 진정한 미의 정수를 온 세상이 볼 수 있게 되었다. 모우가 살던 당시 앙코르는 숲이었다. 그는 어떻게

타프롬 사원은 모우가 낑낑거리며 이곳에 도착했을 당시의 상태와 거의 같은 상태로 남아 있는 거대한 사원이다. 12세기에 지어진 타프롬은 70헥타르에 달하는 거대한 건축물이었다. 사원에 새겨진 내용에 의하면 1만 2,640명의 승려와 사원 관계자들이 살았다. 그러나 200년 후에 이곳은 버려졌고 열대의 밀림이 그곳을 재빨리 장악했다. 무화과, 판야나무 등 온갖 나무들이 씨를 뿌리고 뿌리를 내리고 사원의 담에 들러붙어 자랐다. 방문객을 위해 만든 길과 심각한 파괴를 막으려고 보강한 건물을 제외하면 타프롬은 '자연' 상태 그대로이다. 키가 크고 거대한 나무들이 바스러지고 있지만 아

거대한 나무들이 뿌리로 벽과 조각상들을 뱅뱅 감아 수 세기 동안 엄청난
힘으로 서서히 돌들을 서로 떼어놓고 벽을 부수었다.

'왕성한 생명력을 자랑하는 식물들이 건물과 탑을 비롯해 모든 것을 집어삼킬 듯 자라서 통로조차 만들기 어려웠는지' 생생하게 기록했다. 훗날 이곳을 방문한 엘리 래어는 '숲은 옹이진 수백만 개의 나뭇가지로 뜨거운 사랑을 담아 폐허가 된 유적지를 껴안고 있다.'라고 덧붙였다. 그 후로 사람들은 거대한 나무들이 뿌리로 벽과 조각상들을 뱅뱅 감아 수 세기 동안 엄청난 힘으로 서서히 돌들을 서로 떼어놓고 벽을 부수는 과정을 글로 옮겼다. 앙코르의 문화재를 복원하고 보호한다는 것은 결국 이곳을 움켜쥔 숲의 손아귀에서 벗어나야 함을 의미한다. 이제 사원들 대부분은 나무에 둘러싸여 있지만 압도되지는 않는다.

직도 탄탄한 벽에 단단히 뿌리를 내려서 금을 따라 서서히 파고들며 영역을 넓히고 있다. 자연의 솜씨와 정교한 건축물이 이루어낸 조화는 그 무엇과도 비할 바 없다. 잔해와 나무로 혼잡한 사원을 거닐다가 사악할 정도로 아름다운 나무와 따로 또 같이 있는 거대한 석조 건축물을 본다면 이곳을 처음 발견한 사람들이 느꼈을 경이로움을 당신도 경험할 것이다. **AH**

오른쪽 타프롬 사원에 있는 나무의 구불구불한 뿌리

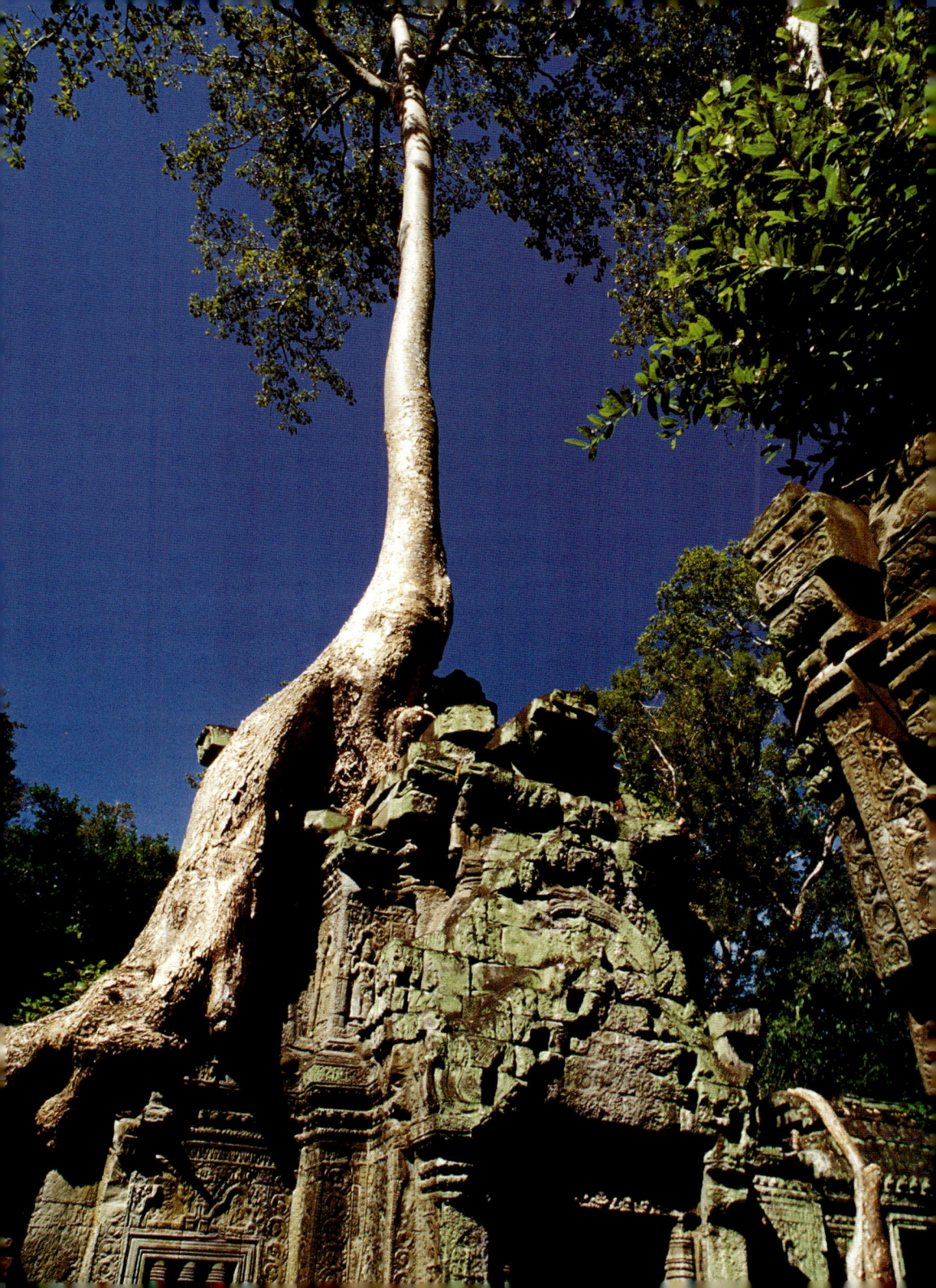

톤레삽 호수

캄보디아

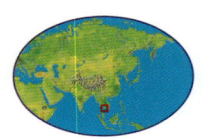

호수의 면적 : 건기에는 2,600제곱킬로미터, 우기에는 최대 1만 3천 제곱킬로미터

페놈펜의 유량 : 초당 39,995세제곱미터

세계에서 가장 중요한 내륙 어장의 하나인 캄보디아의 톤레삽 호수는 동남아시아에서 가장 큰 호수이다. 이 호수는 6,000년 전에 캄보디아의 지층이 가라앉는 지각작용이 발생했을 때 형성되었다. 지금은 메콩 강이 범람할 때 완충작용을 하는 중요한 역할을 하고 있다. 메콩 강은 일 년에 두 번 물길을 바꾸는 독특한 강이다. 해마다 우기가 찾아오면 메콩 강이 불어난다. 페놈펜에서 흐르는 강물은 초당 4만 세제곱미터나 되며, 그 때문에 최대 일곱 달 동안 거대한 지역이 물에 잠긴다. 물이 불어나면 메콩 강의 지류이며 평소에는 호수의 물을 빼내던 120킬로미터의 톤레삽 강이 방향을 바꿔 호수로 들어온다. 호수의 면적은 네 배로 늘어나 주변의 숲과 농지를 다 삼켜버린다. 빗줄기가 약해지면 다시 강은 호수의 물을 배출한다. 계절에 따라 톤레삽이 겪는 변화는 캄보디아의 중부 지방까지 그 영향이 미친다. 천연적인 범람을 억제하고 풀어주는 시스템은 건기에 베트남의 메콩델타로 들어오는 바닷물을 줄여주는 역할을 한다. **AH**

카르다몸 산과
엘리펀트 산

캄보디아

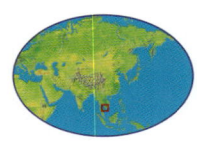

카르다몸 산과 엘리펀트 산의 면적 : 10,000제곱킬로미터

엘리펀트 산의 최대 높이 : 1,771미터

숲의 종류 : 저지와 고지 열대림

캄보디아 남서부의 산악지대는 비교적 사람의 발길이 닿지 않아서 호랑이, 표범과 희귀하고도 희귀한 야생생물들로 가득한 태곳적 신비를 간직한 곳이다. 1,771미터 높이의 마운트 오럴이 최고봉인 엘리펀트 산은 화강암이다. 그 옆의 카르다몸 산은 대부분 중생대 사암인데 국지적으로 석회암과 보석이 풍부한 화산암이 보인다. 이렇게 다양한 암석으로 이루어지고 매년 200센티미터에서 500센티미터까지 강수량도 풍부하기 때문에 지형과 삼림의 종류가 매우 다양하다. 이 지역에서는 독특하게도, 두 산 사이의 저지대 삼림은 자연 상태 그대로 남아 있다. 이 지역은 크메르 루주 정권이 1998년에 붕괴할 때까지 그 세력이 마지막으로 남아 있던 곳이다. 크메르 루주 정권은 이 지역에서 수천 명을 학살했지만 산기슭에 살았던 부대가 대형동물을 죽이는 것은 금했다. 캄보디아의 인구가 적은 덕분에 잘 보존되고 있던 이 지역은 지금은 불법적인 벌목과 사냥으로 파괴될 위험에 처해 있다. 그러자 캄보디아 정부가 보호를 위해 두 팔을 걷고 나섰다. **AH**

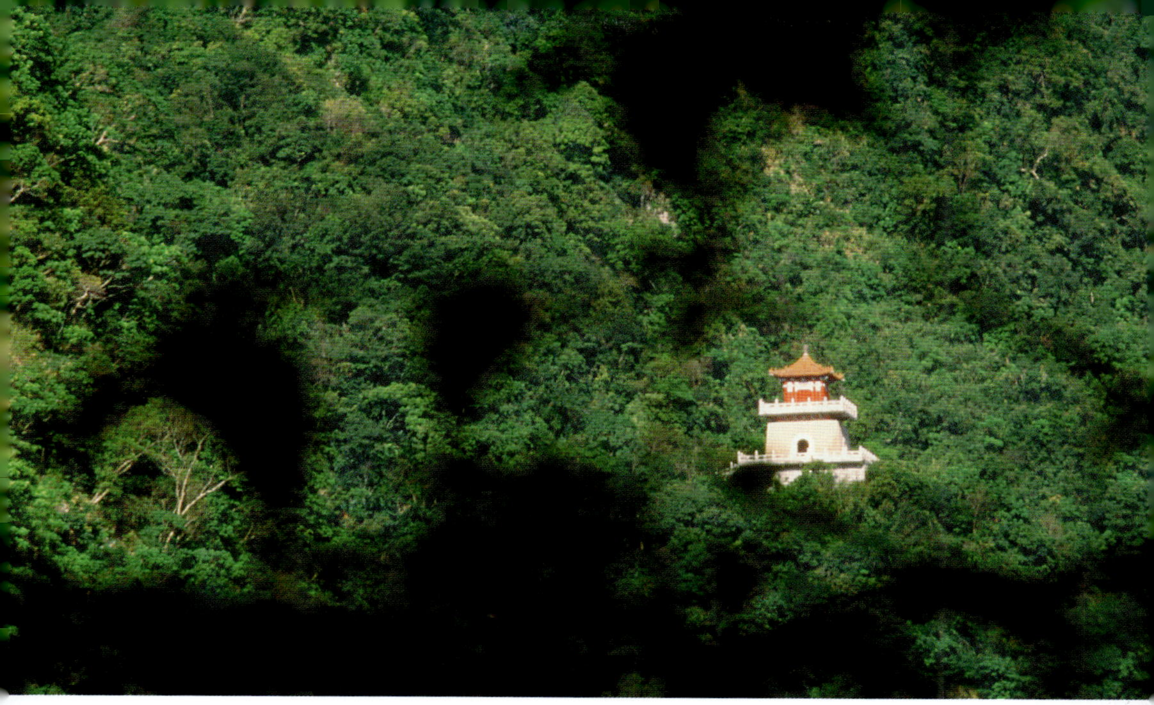

타로코 협곡

대만

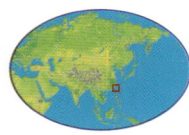

협곡의 생성 시기 : 7,000만 년 전	
최고봉 : 3,700미터	

타이완 섬의 산악 지대에서 중추를 이루는 부분은 리유 강이 흐르는 협곡에 의해 갈라진다. 양쪽으로 깎아지른 절벽이 인상적인 이 협곡은 그야말로 장관이다. 땅이 융기된 후 수백만 년 동안 침식작용을 겪은 결과 감탄을 자아내는 절벽이 완성되었다. 타로코 협곡은 해저에 쌓인 석회질의 침전물이 석화작용을 거쳐 석회암이 된 결과로 탄생했다. 엄청난 압력, 지열, 기나긴 시간은 석회암 퇴적물을 대리석으로 바꾼 후 지금의 타이완 산맥의 산들을 빚어냈다. 이후 단단한 대리석 지대가 융기한 후 침식작용을 받아 경사가 가파르고 매우 깊은 협곡이 완성되었다. 협곡은 곳에 따라 대리석이 매끄럽게 연마된 곳도 있을 정도이다. 강의 침식작용도 지형에 영향을 남겼다.

타로코 국립공원으로 지정되어 보호받는 이 지역에는 고유한 야생생물들이 풍부하게 서식한다. 그중에는 아시아흑곰, 타이완마카크원숭이, 타이완산양, 타이완긴코나무다람쥐 등과 미카도, 산계, 대만파랑까치를 비롯한 다양한 조류가 서식한다. 공원은 경치가 아름답기로 유명하며 걷기 쉬운 산책길부터 고산 지대의 어려운 등산로에 이르기까지 다양하고 많은 등산로를 보유하고 있다. 힘들어도 높이 올라가면 이 장엄한 풍경을 한눈에 볼 수 있다. **MBz**

파가산잔 폭포

필리핀, 루손 섬

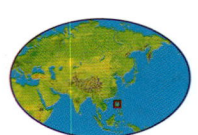

파가산잔 협곡의 깊이 : 90미터	
파가산잔 폭포의 높이 : 23미터	
암석의 종류 : 화산암	

마그다피오라고도 알려진 아름다운 파가산잔 폭포는 마닐라의 북동쪽에 자리 잡고 있다. 폭포로 가는 길에서는 논과 코코넛 농장을 볼 수 있다. 파가산잔 마을에서 관광객들은 전통적인 6미터 길이의 필리핀 방카로 갈아타야 한다. 이것은 라완 나무로 만든 카누이다. 또는 같은 모양이지만 재료가 섬유 유리인 배를 타야 한다. 처음에는 강물이 느리고 굽이굽이 흐르지만 어느새 90미터 높이의 절벽이 아찔한 깊은 협곡으로 들어선다. 잔잔하던 물길도 바위투성이의 급류로 바뀐다.

상류로의 여행은 약 두 시간이 소요된다. 현지 뱃사람들은 세찬 물살을 헤치며 방카를 조종을 한다.

절벽은 화산재 이류로 만들어진 암석으로 이루어졌으며 화산재, 진흙, 표석들이 뒤섞여 있다. 절벽 위로는 울창한 밀림이 들어서 있다. 협곡은 막다른 벽으로 끝나는데, 파가산잔 폭포가 절벽을 흘러내린다. 그 아래에는 넓고 깊은 못이 있다. 좀 더 용기가 있는 사람들은 대나무 뗏목을 타고 폭포 바로 아래까지 간다. 그곳에서 온 힘을 다해 떨어지는 물방울을 맞을 수 있다. 돌아오는 길은 14개의 급류를 타기 때문에 훨씬 빠르다. 토막상식 하나. 이곳에서 프란시스 포드 코폴라 감독은 《지옥의 묵시록》을 촬영했다. **MB**

타알 호수와 화산

필리핀, 루손 섬

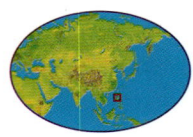

타알 호수의 면적 : 244제곱킬로미터	
화산섬의 높이 : 300미터	
타가이타이 능선의 높이 : 600미터	

타알 호수 또는 본본 호수는 화산 안에 있는 호수이고 타알 화산은 호수 안에 있는 화산이다. 타알 화산은 태곳적 물로 채워진 세계 최대 규모의 칼데라에서 솟아 있다. 최근에 만들어진 화산은 화산섬인데 여기도 칼데라 호가 있다. 또 이 화산의 측면에 있는 더 작은 화산의 분화구에도 옐로우 호수라 불리는 호수가 있다. 화산섬은 이 지역이 역사적으로 화산활동이 가장 활발할 때 형성되었다. 1572년에는 무려 34회 이상 화산이 분출했다. 마지막 대형 폭발은 1977년에 일어났지만 위험

하기로 들자면 1965년 폭발이 더했다. 거대한 화산재 구름이 20킬로미터 상공을 자욱하게 뒤덮었고 4킬로미터 밖에 있던 야자수들이 폭발의 충격으로 모두 쓰러졌다. 1754년에는 마을 네 곳이 용암에 매몰되었고 1911년에는 1,344명이 목숨을 잃었다. 현재는 휴식 상태에 있다. 하지만 관광객들이 이용하는 길과 가까운 곳에서 뜨거운 물과 진흙을 60미터 상공으로 쏘아 올리는 간헐천들이 1999년 2월부터 활동을 시작했다.

분화구와 호수는 칼데라의 북쪽 가장자리에 있는 타가이타이 능선처럼 높은 곳에서 봐야 제대로 볼 수 있다. 호수에는 민물에도 서식하며 독을 가진 바다뱀과 세계 유일의 민물정어리가 서식한다. **MB**

초콜릿 언덕

필리핀, 보홀 섬

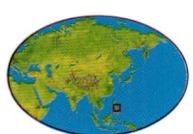

언덕의 높이	30~100미터
언덕의 수	1,268개
암석의 종류	석회암

필리핀의 보홀 섬에는 원뿔이나 돔처럼 생긴 낮은 언덕들이 운집해 있는 지역인 초콜릿 언덕이 있다. 잡초가 융단처럼 언덕을 뒤덮고 있어서 우기에는 언덕이 녹색이지만 건기인 2~5월에는 갈색으로 변한다. 바로 이 색깔에서 언덕의 이름이 유래했다. 언덕은 보홀 섬 중앙의 석회암 고원에 옹기종기 모여 있다. 어떻게 이런 언덕이 만들어졌는지는 미스터리이다. 석회암 지대라면 주로 동굴이나 카르스트 지형이 대부분인데 이곳의 지형은 그런 것과는 전혀 관계가 없기 때문이다.

현재로서는 빗물에 의한 침식작용의 결과라는 주장이 받아들여지고 있다. 하지만 이곳에서 전해지는 전설은 좀 다르다. 성난 두 거인이 돌을 던지며 싸우다가 결국 화해를 했지만 돌덩이들은 그대로 내버려 두었다는 이야기가 있다. 인간 소녀인 알로야를 사랑하게 된 거인 아라고에 대한 이야기도 있다. 아라고는 알로야를 납치했는데, 가족과 헤어지게 된 알로야는 슬픔에 겨워 죽고 만다. 초콜릿 언덕은 알로야가 슬퍼하며 흘린 눈물에 깎여 지금처럼 되었다고 한다. **MB**

푸에르토프린세사 지하강

필리핀, 팔라완 섬

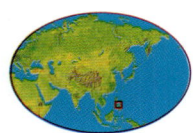

지하강의 길이	8킬로미터
동굴 방의 높이	60미터
공원의 면적	202제곱킬로미터

필리핀 남서부에 있는 팔라완의 구릉지의 지하에는 긴 강이 흐른다. 굽이치며 흐르던 강은 맹그로브 숲이 발달한 해안까지 와서 해초와 산호초가 풍부한 바다로 흘러간다. 강이 흐르는 지하 동굴에는 거대한 암실들이 들어서 있다. 지상에는 석회암 바위들과 날카로운 카르스트 지형이 주변을 압도하는 석회암 지대가 펼쳐져 있다.

언덕의 비탈에 형성된 숲은 아시아에서 가장 다양한 나무들이 자라는 곳으로 필리핀에서도 가장 보존이 잘 되었다. 이 숲은 이 지역에만 사는 팔라완호저, 팔라완소공작, 팔라완청서번터기들의 보금자리이다. 동굴에는 박쥐 여덟 종이, 강에는 새우와 물고기가 산다. 필리핀 제도에 속하지만, 서식하는 동식물을 살펴보면 보르네오 섬과 동남아시아와 지리적으로 더 밀접한 관계에 있음을 알 수 있다. 팔라완이 있는 이 육지는 아시아 대륙에서 약 3,200만 년 전에 떨어져 나왔다. 그리고 필리핀 제도가 있는 쪽으로 이동한 후 융기되었다. 홍적세 중기 빙하기 동안 해수면이 낮아지자 보르네오와 팔라완 사이에 육교가 만들어졌고 그 길을 통해 동물들이 오갔다. **MW**

칸라온 산

필리핀, 네그로스 섬

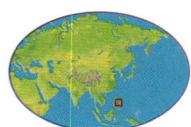

칸라온 산의 높이 : 2,450미터

칸라온 산 국립공원의 면적 : 245제곱
킬로미터

암석의 종류 : 화산암

칸라온 산은 필리핀 중부의 최고봉이자 화산 활동이 가장 활발한 여섯 화산 중 하나이다. 최근 50년 동안 이렇다 할 큰 폭발은 없었지만 최근 들어 점점 사악한 본성을 드러내고 있다. 2002년 가장 활동이 활발한 두 분화구의 상공 200미터에 증기 구름이 끼어 사람들은 일순 긴장해야 했다. 시속 160킬로미터 이상의 속도로 비탈을 내려오는 뜨거운 가스 구름을 비롯해 이곳의 화산 쇄설물은 도무지 예측할 수 없기 때문이다. 특히 비탈은 험준한 골짜기와 협곡으로 깊이 파여 있으며 칸라온 산 국립공원의 일부인 소중한 처녀림으로 뒤덮여 있다.

숲에는 낭상엽 식물, 난초, 박쥐란 같은 희귀한 식물들이 자란다. 멸종 위기에 처한 태양새, 푸른머리장식꼬리앵무, 비사야붉은꼬리코뿔새 등이 하늘을 뒤덮은 나무들 틈에 살고 비사야멧돼지와 네그로스악시스사슴이 숲을 돌아다닌다. 잎 사이로 뱀과 도마뱀들이 기어다니며 나뭇가지에는 치명적인 독사인 그린트리뱀이 똬리를 틀고 있다. **MB**

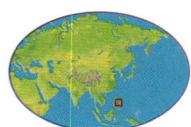

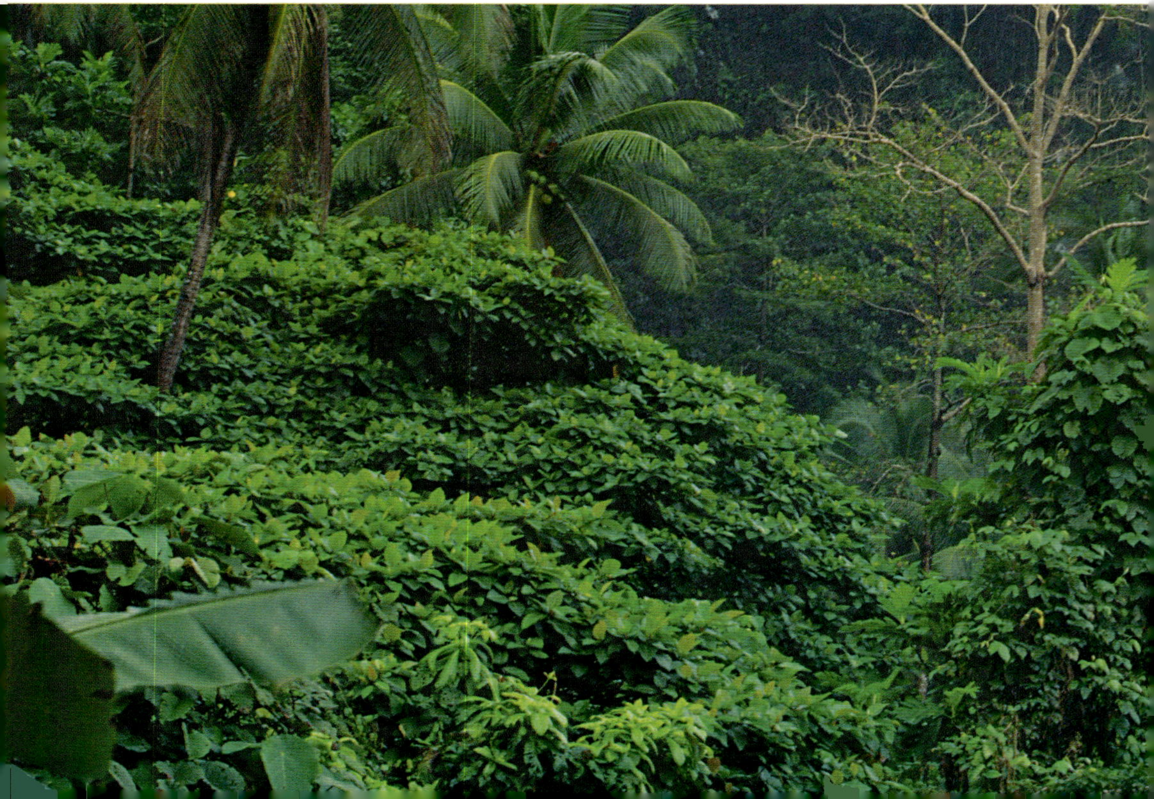

카가얀밸리 동굴계

필리핀, 루손 섬

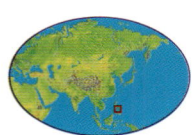

잭팟 동굴의 깊이 : 115미터
압벤디탄 동굴의 길이 : 15킬로미터
페냐블랑카 자연경관보호구역의 면적 :
4,136헥타르

경관보호구역에 있는 칼라오 동굴은 암실이 일곱 개로 첫 번째 암실은 지금 예배당으로 쓰이고 있다. 잭팟 동굴은 필리핀에서 두 번째로 깊은 동굴이고 물이 가득 찬 압벤디탄 동굴은 가장 긴 동굴이다. 산 카를로스 동굴은 바닐라 아이스크림콘을 닮은 하얀 석순들이 모여 있어서 '아이스크림 가게'라는 별칭을 가지고 있다. 빅토리아 동굴은 대성당 크기에 버금가는 동굴 일곱 개가 붙어 있는 곳으로 유명하다. 이 지역에 분포해 있는 동굴계는 350개가 넘을 것으로 추정되지만 확인된 동굴은 75개에 불과하다. **MB**

카가얀 강은 필리핀에서 가장 큰 강으로서 조류(藻類)를 먹는 희귀한 물고기 '러렁'이 산다. 이 물고기는 향긋한 냄새가 나는데 맛 또한 일품이다. 하지만 이 강의 명물은 따로 있는데 바로 강을 따라 이어진 동굴계이다. 10만~40만 년 전에 이 동굴들에 사람이 살았을 것으로 추정된다. 아글리파이 동굴계는 키리노 주의 카바로키스에서 10킬로미터 떨어져 있다. 이 동굴은 확인된 암실만 38개이며 여섯 개의 지하 폭포가 있는데 수원이 어디인지는 아직 밝혀지지 않았다. 페냐블랑카 자연

아래 울창한 밀림에 숨겨진 비경인 카가얀밸리 동굴계

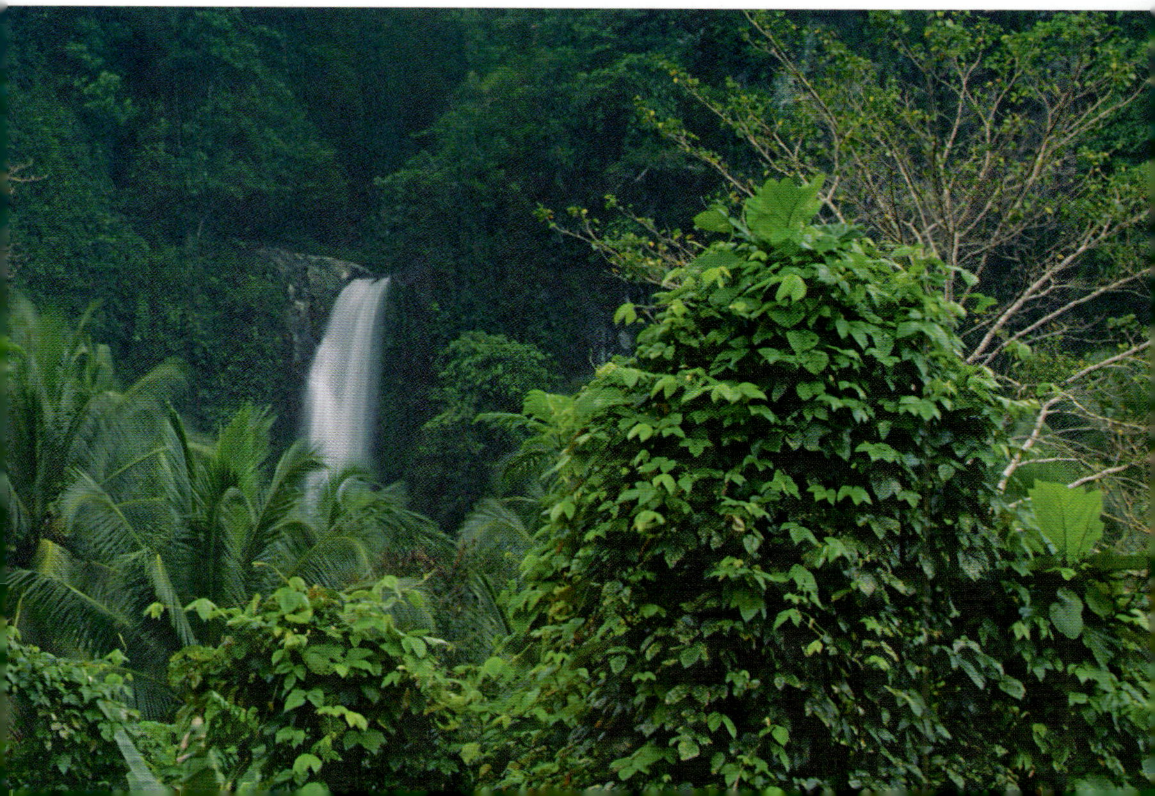

투바타하리프

필리핀, 술루 해

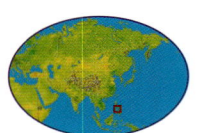

공원의 면적 : 332제곱킬로미터	
산호의 종류 : 300종	
어종 : 379종	

술루 해에 있는 투바타하리프는 약 8킬로미터 떨어진 두 개의 환초로 이루어져 있다. 이것은 필리핀에서 가장 큰 환초이다. 물속에 잠긴 사화산의 정상 부분이 파도에 깎인 것으로서 전형적인 환초 구조로 되어 있다. 얕은 석호가 있으며 측면 부분은 해수면에서 100미터까지 가파르게 물속으로 이어져 있다.

이 지역은 나비고기류, 얼게돔류, 스위트립, 그루퍼 등 해양생물이 매우 다양하다. 또한 검정지느러미상어와 백기암초상어, 매가오리와 쥐가오리와 큰양놀래기 등이 서식한다. 돌고래 떼가 출몰해 물고기 잔치를 벌이기도 한다. 자이언트클램프와 같은 어패류도 풍부하다. 거북은 산호초 모래 해변에 알을 낳는데, 이곳에는 바닷새들의 군서지가 들어서 있다. 갈색발부비와 붉은발부비, 검정제비갈매기, 검은등제비갈매기와 큰제비갈매기 등이 서식한다.

항구도시인 푸에르토프린세사에서 남동쪽으로 181킬로미터나 떨어져 있는데도 이 환초는 다이너마이트와 청산칼리를 사용하는 어업으로 인해 심각하게 훼손되었다. 이 지역은 1988년에 국립해양공원으로 지정되었다. 그 후로 불법 조업과 파괴적인 조업을 근절하려는 노력이 성과를 보이고 있다. **MW**

라나오 호수

필리핀, 민다나오 섬

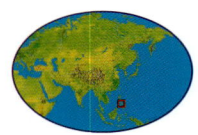

호수의 면적 : 375제곱킬로미터	
호수의 최대 수심 : 112미터	
생성 시기 : 최대 2,000만 년 전	

약 2,000만 년 전에 만들어진 라나오 호수는 세계에서 가장 오래된 호수 17곳에 속하는 호수이자 필리핀에서 두 번째로 크고 깊은 호수이다. 이 호수는 해발 700미터에 자리 잡고 있다. 작은 섬 다섯 개는 오랫동안 수중에서 폭발을 계속했다.

이곳 전설에 의하면 천사들이 내려와 호수를 만들었다고 한다. 하지만 과학자들은 오래전 화산의 분화구가 붕괴해 호수가 되었다고 한다. 지금은 주변에 농촌 마을이 많이 들어서 있으며 뒤쪽으로는 구릉지와 산악지대가 펼쳐져 있다. 그중에서 가장 유명한 곳은 시그널 언덕과 아룸팍 언덕, 무포 산과 슬리핑레이디 산이 있다. 호수에는 독특한 물고기들이 많이 서식한다. 그중에서도 잉엇과의 물고기가 18종이나 서식한다. 그런데 이 물고기들은 스파티드바브라는 한 종에서 진화했다고 한다. 그 외에도 이 지역에서만 볼 수 있는 민물 게 41종도 서식한다.

호수의 배출구에는 아구스 강도 있는데 필리핀에서 가장 물살이 빠른 편이다. 일라나에서 바다로 흘러가는 37킬로미터의 여정이 시작되는 지점에는 마리아 크리스티나 폭포가 있다. 이 폭포는 스페인 여왕의 이름을 땄는데 지금은 스페인 여왕이 아니라 수력발전소의 통제를 받고 있다. **MB**

아포 산

필리핀, 민다나오 섬

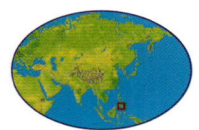

아포 산의 높이 : 2,954미터

아포 산 국립공원의 면적 : 80,864헥타르

맑은 날 아침이면 필리핀 남부의 민다나오 섬 위로 우뚝 솟은 아포 산의 원뿔형 봉우리가 잘 보인다. 이 봉우리는 대칭이 뚜렷하다. 그러나 짧은 새벽이 지나면 어느새 안개가 아포 산을 뒤덮은 밀림 위로 스멀스멀 올라가고 정상은 구름 속으로 사라진다.

모양에서 짐작할 수 있듯이 아포 산은 화산이다. 수 세기 동안 잠잠했지만 아직도 열기를 뿜어내고 있다. 정상 부근에 난 균열을 통해 유황 가스가 뿜어져 나와 괴상한 누런 지형이 만들어졌다. 온천은 시내와 폭포를 이루며 떨어져 내린다. 아포 산은

필리핀 최고봉이다. 험준하고 추운 봉우리 근처에는 덤불과 풀밭을 제외하면 식물이 거의 자라지 않는다. 2,700미터 아래에는 작고 단단한 나무의 뒤엉킨 뿌리에 온통 이끼가 뒤덮인 밀림이 있다. 어떤 이끼는 25센티미터나 자라는데 세계에서 가장 큰 이끼이다. 아래로 내려갈수록 나무의 키도 높아지고 식물의 종류도 다양해져서 울창한 열대우림이 들어서 있다. 이 숲은 멸종위기에 처해 있으며 세계에서 가장 큰 독수리의 하나인 필리핀 독수리의 왕국이다. **MW**

캄퐁콴탄 반딧불이

말레이시아, 셀랑고르 주

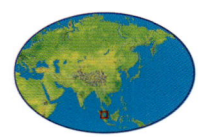

식생 : 맹그로브가 대부분인 강변의 숲

반딧불이가 나타나는 지역 : 페라크 강변을 따라 1킬로미터

말레이시아 남부를 흐르는 페라크 강변에는 캄퐁콴탄이라는 작은 마을이 있다. 근처 강변의 숲은 세계에서 반딧불이가 가장 많이 서식하는 지역이다. 이 지역에서는 반딧불이를 '켈립켈립'이라고 부르는데 반짝거린다는 뜻이다. 이 곤충은 일반적으로 반딧불이라고 하는 반딧불이과의 수컷 곤충이다. 몸의 길이는 겨우 6밀리미터이다. 이 벌레는 강변의 맹그로브 숲에 살면서 배에 있는 발광기관으로 빛을 발해 암컷을 불러들인다. 수컷은 일

분에 세 번 깜박인다. 한 나무에 수천 마리의 반딧불이 수컷이 모여 있는데, 그런 나무가 수천 그루가 된다면 그 모습은 장관일 것이다. 그곳에서 200킬로미터 떨어진 탄종사리에도 반딧불이 수컷들이 모여 있는데 이들은 대개 동시에 반짝인다. 그래서 빛을 발하기 시작하면 마치 숲에 빛의 맥박이 펄떡이는 것 같다. 하지만 캄퐁콴탄의 반딧불이는 동시에 반짝이지 않는다. 수많은 녹색 불빛이 번갈아 반짝이는 모습은 너무나 아름답다. 이 장관을 가장 잘 보려면 달이 없는 밤 작은 거룻배를 타고 구경해야 한다. 반딧불이와 숲은 현지 관습과 법으로 철저하게 보호받고 있다. **AB**

타만네가라

말레이시아, 파항 주

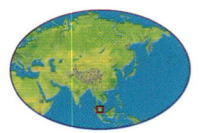

타만네가라의 면적 : 4,343제곱킬로미터
디프테로카프나무의 최대 높이 : 75미터

말레이 반도의 중부에 있는 타만네가라는 세계에서 가장 오래된 열대우림이자 말레이시아에서 가장 오래된 보호구역이다. 타만네가라는 국립공원이라는 뜻이다. 이 지역은 아마존이나 콩고보다 더 오래전인 약 1억 3,000만 년 전부터 육지였지만 빙하기에도 한 번도 얼지 않았다. 그래서 이 지역의 숲은 나이를 헤아릴 수조차 없다. 공룡이 어슬렁거릴 때에도, 포유류의 최초 조상인 작은 동물들이 진화를 시작할 때에도, 꽃을 피우는 식물이 지구상에 처음 나타났을 때에도 이곳에는 숲이 있었다. 기후는 시원하고 따뜻했다. 열대의 열기와 습기를 바탕으로 진화가 걷잡을 수 없이 진행되었다. 이곳의 열대우림은 세계에서 생물다양성이 최고 수준이다. 고도가 낮은 곳에는 디프테로카프나무들이 까마득하게 자라나 있다. 이런 숲에 전형적으로 나타나는, 익판(翼板)이 두 개인 씨앗이 바닥을 양탄자처럼 덮고 있다. 동남아시아에서 가장 키가 큰 나무인 투알룽도 이 숲에 자란다. 아시아코끼리, 표범, 맥, 인도차이나호랑이, 말레이곰이 출몰한다. 조류로는 거대한 청란이 사는데 이 새의 수컷은 날개와 꼬리의 깃이 매우 아름답다. 고도가 높은 곳의 운무림에는 키 작은 나무, 부채잎야자수, 물이끼가 자란다. **MW**

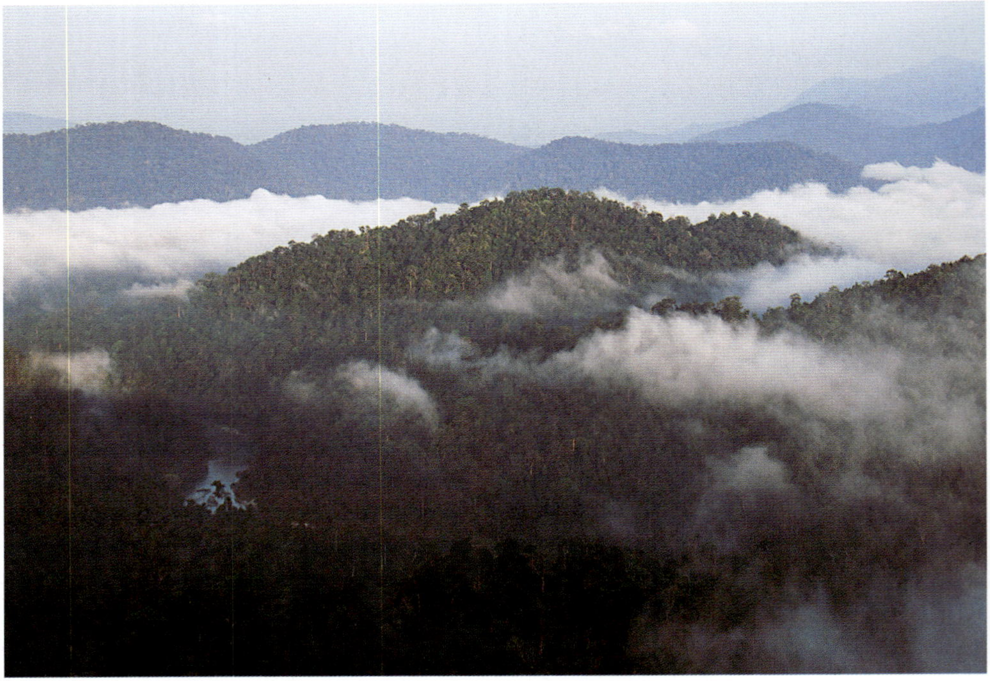

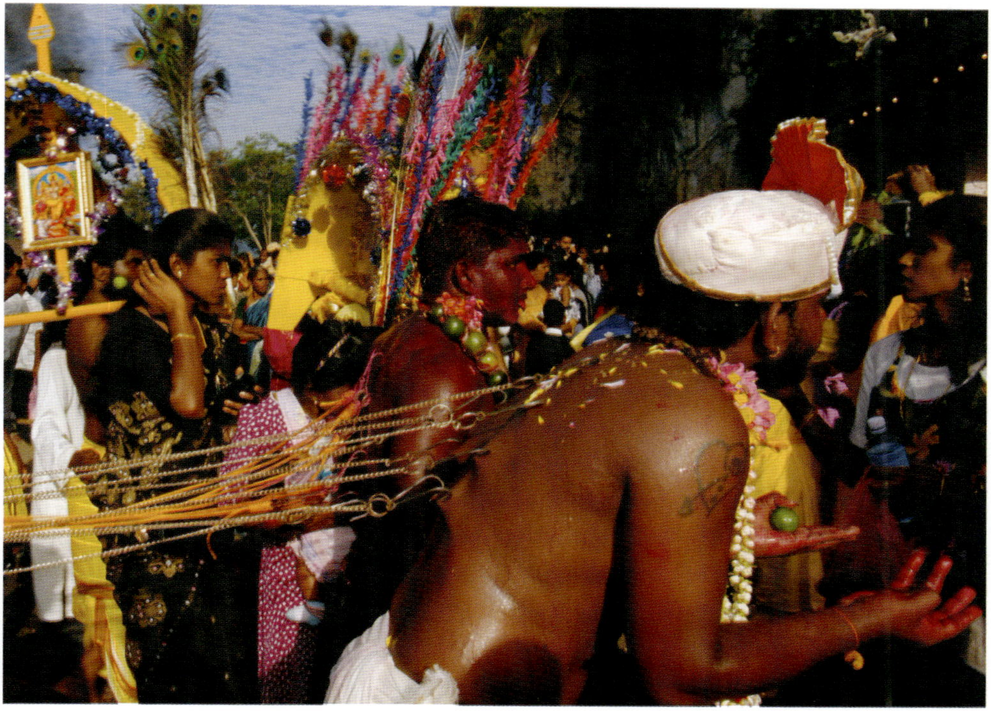

바투 동굴

말레이시아

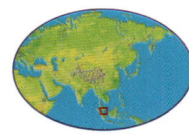

다른 이름 : 구아 바투
서식지 : 열대 석회암 동굴계
생성 시기 : 6,000만~1억 년 전

현지인들에게는 오래전부터 알려졌던 바투 동굴은 미국 탐험가인 윌리엄 호너비가 이곳을 찾은 1878년에야 비로소 서구에 소개되었다. 수도인 콸라룸푸르에서 13킬로미터 떨어진 구아바투는 큰 동굴 세 개와 작은 동굴 하나로 구성되어 있다. 4억 년 전 생성된 석회암이 세월에 깎여 만들어진 동굴들이다. 가장 큰 동굴은 400미터 길이의 '신전' 동굴 혹은 '대성당' 동굴이다. 사람들이 이 동굴을 신성하게 여겨서 그런 이름이 붙었다. 천장까지 높이가 무려 100미터에 달한다. 그 아래에는 다크 동굴이 있다. 이 동굴 안은 크고 작은 방과 통로가 2킬로미터에 걸쳐 얽혀 있다. 다섯 종류의 박쥐가 서식하는데 이 박쥐들의 배설물은 동굴에 사는 무척추동물 170여 종의 먹이가 된다. 원시적인 문짝거미도 살고 있다. 아름다운 종유석과 석순이 가득한 이 동굴은 매우 중요한 성지이다. 이곳에서는 해마다 1월이나 2월에 열리는 힌두교 축제인 디파발리 새해축제가 벌어진다. 이 축제에는 80만 명 이상이 참가한다. 이 지역에는 석회암 언덕과 동굴이 각각 500개와 700개가 넘어서 등산과 동굴 탐험을 즐길 수 있다. **AB**

칸칭 폭포

말레이시아

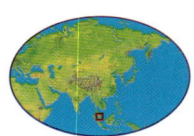

템플러 공원의 면적 : 500헥타르	
식생 : 저지 열대우림	
암석의 종류 : 석회암	

콸라룸푸르에서 자동차로 한 시간을 달리면 칸칭 폭포와 템플러 공원이 나온다. 100만 년 전에 형성된 석회암 언덕인 부킨타훈의 주변은 그림처럼 아름답다. 이곳은 대도시 주변이지만 놀랍도록 풍부한 야생생물이 사는 공원이 두 군데나 있다.

후탄리푸르칸칭 혹은 칸칭 휴양림이라고도 하는 칸칭 공원에는 연속으로 늘어선 폭포 일곱 개와 석회암 언덕과 벼랑 사이로 잘 정비된 등산로를 갖고 있다. 주말만 되면 공원은 휴양객들로 붐비지만 세 번째 폭포를 지나고 나면 한산한 편이다. 마지막 폭포인 파나바야스 위로는 숲이 울창한 고원이 펼쳐져 있다. 칸칭 강의 발원지인 이곳에도 찾는 사람은 드물지만 등산로가 잘 정비되어 있다. 과거에 셀랑고르 주는 온통 숲이었지만 말레이 최고의 산업지대이자 인구밀집지역이 된 지금은 이곳의 고원에만 숲이 남아 있다. 밀림 사이로 등산로가 있으며 아름다운 폭포가 비탈과 석회암으로 된 기암괴석 사이를 흐른다. 수영도 할 수 있을 만한 못도 많다. 이곳에는 킨로크 날다람쥐, 벌잡이새, 세가락메추라기류를 비롯한 다양한 야생생물이 산다. **AB**

키나발루 산

말레이시아, 사바 주

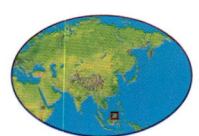

키나발루 산의 높이 : 4,102미터	
서식지 : 저지의 열대우림, 운무림, 고산 지대의 덤불, 플랜트카펫	
국립공원의 면적 : 4,343제곱킬로미터	

키나발루 산은 동남아시아의 최고봉이다. 정상이 평평한 화강암 산인 키나발루는 사바 주에 있는데 보르네오 섬의 북단에서 약 113킬로미터 떨어져 있다. 이 산에는 네 개의 고도 구역이 있으며 골짜기, 평지, 비탈이 이어져 있어서 서식지가 다양하다. 키나발루는 세계에서 가장 다양한 식물이 가장 풍부하게 자생하는 곳이다. 이 산의 식물 4,000종 가운데 약 400종이 이 지역에만 자라는 식물이다. 그중에는 야생생강 30종, 난초 750종, 나무고사리 60종, 낭상류 식물 15종 등이 포함되어 있다. 고산 지대에는 세계에서 가장 큰 식충식물인 킹피처가 자라는데 이 식물은 3.5리터의 물을 머금을 수 있다.

저지대에 형성된 밀림에는 세계 최대의 화초인 라플레시아가 서식한다. 이곳에서 발견된 조류는 250종이 넘는다. 키나발루프렌들리워블러, 체스트넛캡트래핑스러쉬, 말레이물까치류가 서식하며 그보다 더 낮은 지역의 숲에는 큰뿔코뿔새가 산다. 청서번터기, 다람쥐, 운표, 말레이곰, 느림보늘보원숭이, 천산갑, 희귀한 흰족제비오소리와 레서털고슴도치류, 키나발루앵글토드도마뱀붙이 등이 서식한다. **AB**

<u>오른쪽</u> 정상이 평평한 화강암 봉우리인 키나발루 산

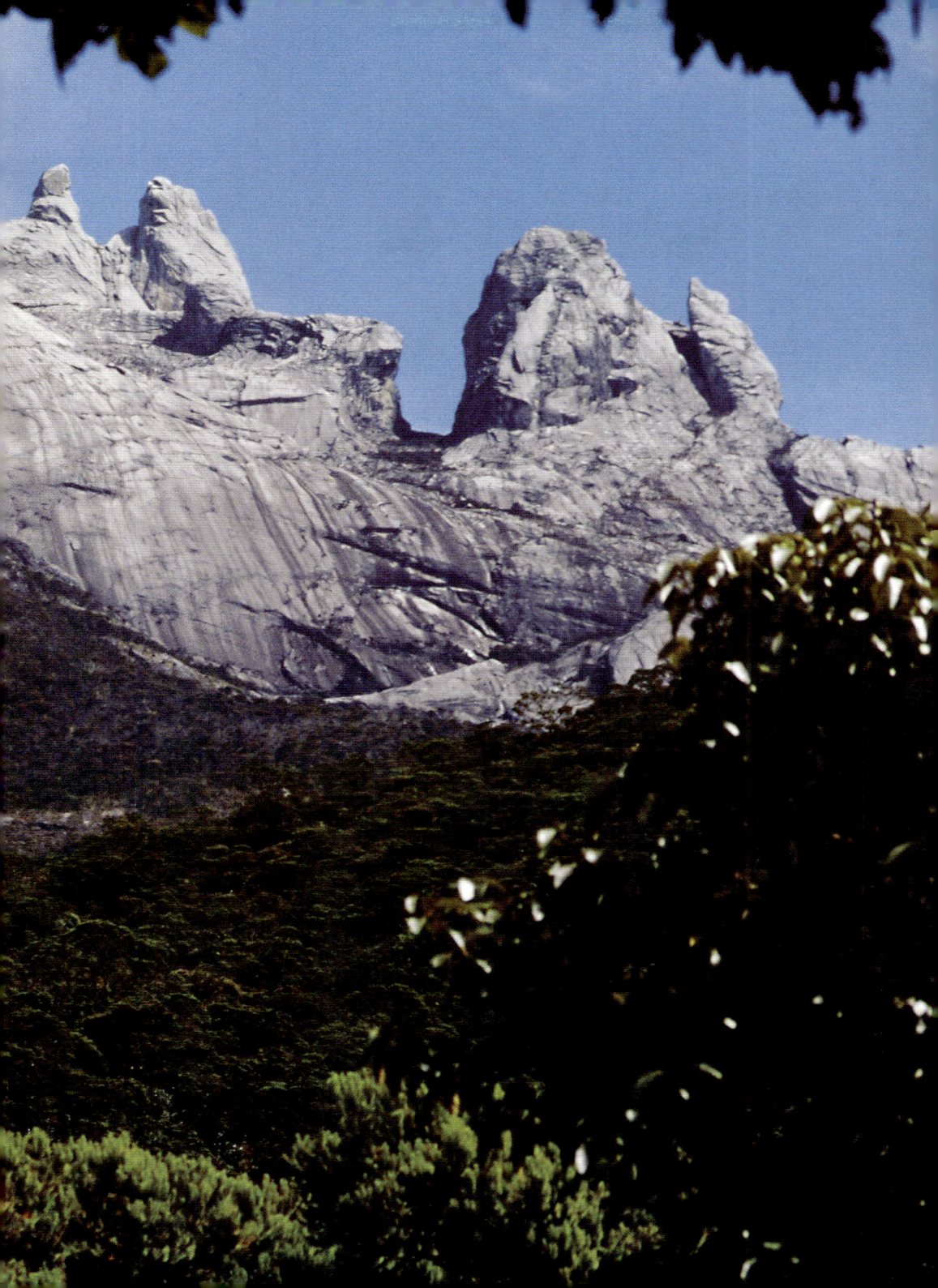

구아고만통

말레이시아, 사바 주

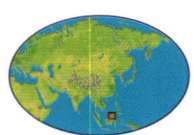

생성 시기 : 석회암은 6,000만~1억 년 전, 동굴은 1,000만~3,000만 년 전

암석의 종류 : 석회암

식생 : 저지의 밀림

구아고만통은 바다제비의 군서지로 유명한 석회암 동굴 두 곳으로 이루어져 있다. 바다제비의 둥지는 한 해에 두 번, 2~4월과 7~9월에 거듭들이는데 매우 비싼 바다제비집 요리의 원료가 된다.

높이가 90미터인 첫 번째 동굴인 시무드히탐에는 바다제비들이 둥지를 짓는다. 이 동굴의 제비들은 둥지 재료로 깃털도 활용해서 덜 비싼 '검은' 둥지를 만든다. 두 번째 시무드푸치 동굴은 가기가 훨씬 어려운데 이곳에서는 '하얀' 제비집을 구할 수 있다. 순수하게 바다제비의 타약으로만 이루어진 제비집은 킬로그램 당 1,500달러나 한다. 옛날에는 교통편이 배밖에 없었지만 지금은 산다칸에서 자동차로 일곱 시간을 가면 도착한다. 제비집 수확철에는 사바 산림국에서 허가증을 받아야 동굴에 들어갈 수 있다. 해질 무렵이면 박쥐 이백만 마리가 동굴에서 쏟아져나온다. 동굴에서 나오는 박쥐를 매와 뱀들이 공중에서부터 덮쳐 잡아먹는다. 주행성인 송골매도 마찬가지 행동을 한다. 동굴 바닥에는 박쥐의 배설물을 먹고사는 무척추동물들이 많이 서식한다. 섬세한 동굴 생태계에 피해를 주지 않도록 판자를 깐 길을 만들어 놓았다. **AB**

다눔밸리

말레이시아, 사바 주

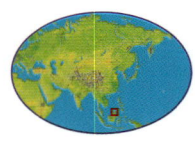

다눔밸리의 면적 : 438제곱킬로미터

식생 : 저지의 열대우림

보르네오 섬뿐만 아니라 실질적으로 동남아시아에서도 마지막으로 원시림이 남아 있는 지역에 속하는 다눔밸리는 야생생물로 유명하다. 이곳에 서식하는 포유류 124종에는 희귀한 수마트라코뿔소, 수염멧돼지, 사슴쥐, 보르네오야생고양이, 말레이곰, 운표, 그레이터털고슴도치류, 천산갑, 날다람쥐 등이 있다. 영장류도 몇 종류가 서식하는데 안경원숭이, 긴팔원숭이류와 오랑우탄 등이다. 이곳에서 발견된 조류는 275종이 넘는다. 와틸드핑, 보르네 오브 리슬헤드, 피타 새 몇 종류, 오색조류, 브로드빌과 코뿔새류 등이 산다. 시내에는 고스트크레이피시가 많이 서식한다.

이 지역의 숲은 주로 디프테로카프나무가 서식하지만 거대한 무화과나무도 자란다. 열매가 맺힐 즈음이면 야생생물이 모여든다. 특히 보름달이 뜰 때가 아름답다. 말레이위즐과 삼바사슴처럼 매우 희귀한 동물들을 자주 볼 수 있기 때문이다. 연구센터도 들어서 있는 다눔밸리는 다눔밸리 보호구역에 속한다. 이 지역의 등산로는 50킬로미터 정도이다. 27미터 높이까지 이어진 오솔길을 따라가면 주변의 열대우림을 한눈에 볼 수 있는 전망지점이 나온다. **AB**

오른쪽 다눔밸리의 울창한 열대우림

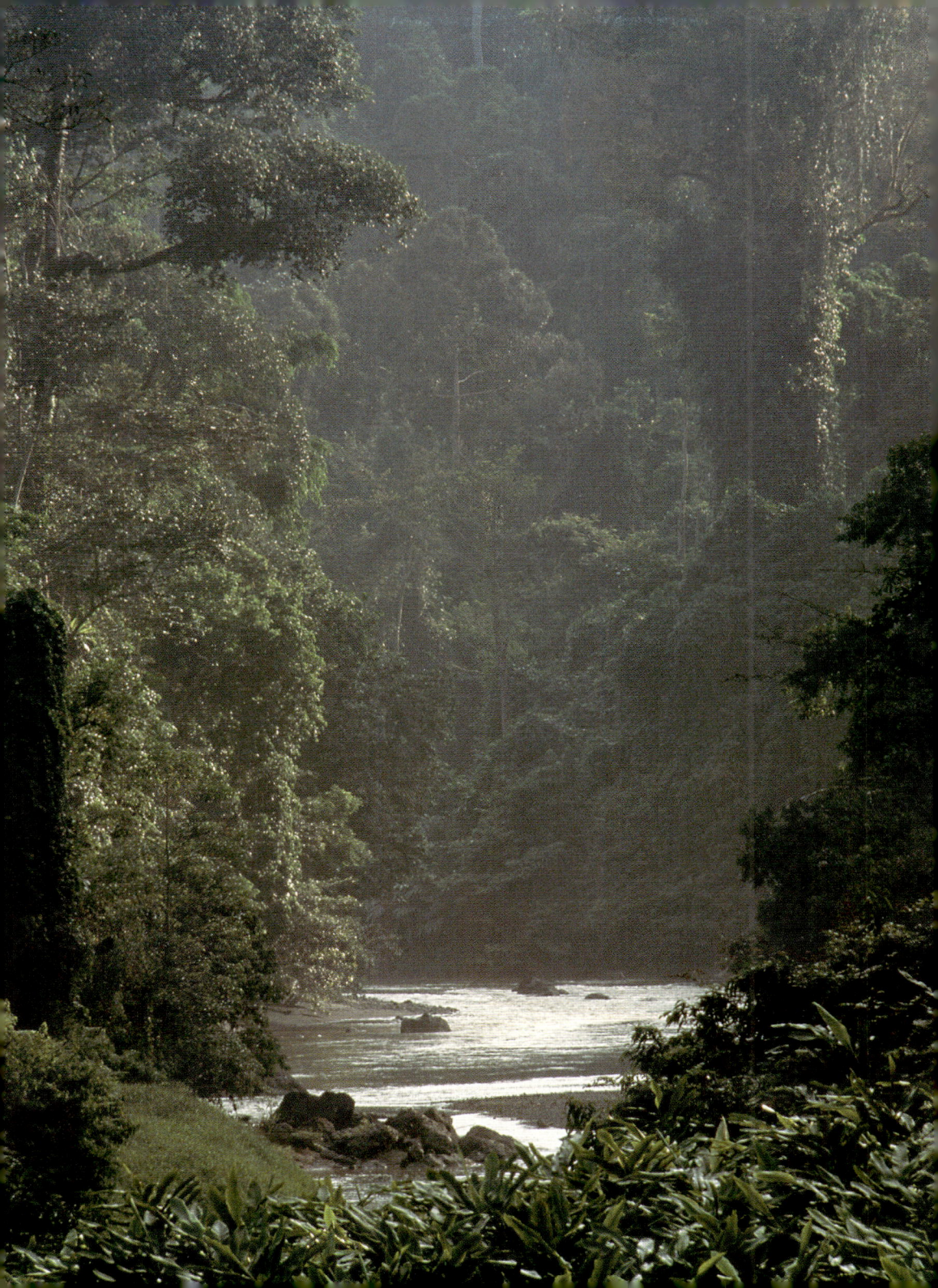

키나바탕안 강

말레이시아, 사바 주

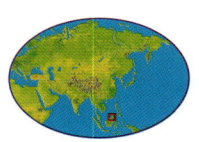

강의 길이 : 560킬로미터
강 분수령의 면적 : 16,800제곱킬로미터

키 나바탕안 강의 범람원은 보르네오 섬에서 야생생물이 가장 풍부한 지역이다. 특히, 세계에서 영장류 10종이 서식하는 단 두 지역 중 하나이다. 해마다 300센티미터 가까이 비가 오기 때문에 강은 자주 범람할 수밖에 없다. 그러면 열대우림 지역과 습지의 숲, 다음으로 강어귀, 마지막으로 짠물에서 자라는 맹그로브 숲까지 차례로 잠긴다.

이곳은 긴코원숭이의 최대 서식지이다. 올챙이배를 하고 습지에 사는 이 원숭이는 수로 사이를 펄쩍펄쩍 뛰어다니는데 수놈의 코가 길어서 긴코원숭이라고 불린다. 숲에는 오랑우탄과 함께 보르네오긴팔원숭이와 머룬랑구르원숭이 등이 서식한다. 특히 머룬랑구르원숭이는 긴코원숭이처럼 보르네오에서만 발견된다. 아시아코끼리의 보르네오 아종들도 이곳에서 흔히 볼 수 있다. 스톰즈황새처럼 멸종위기에 처한 조류도 서식한다. 강의 생태계는 연구가 별로 이루어지지 않으나 민물상어와 가오리 등이 서식한다. 맹그로브 숲에서는 염수에 사는 악어들이 어슬렁거리는 모습을 볼 수 있다. 동굴도 많은데 박쥐와 바다제비들이 수백만 마리씩 서식한다. 이 지역도 말레이시아에서 바다제비집의 주요 수확지이다. 울창했던 밀림을 주로 기름야자나무 농장을 지으려고 베어냈다. 그러나 잦은 홍수로 농장이 피해를 입자 농장주들은 삼림보호에 관심을 보이기 시작했다. 생태관광이 이런 보호 노력에 도움이 될지도 모른다. **MW**

니아 동굴계

말레이시아, 사라와크 주

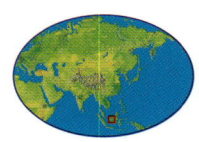

동굴의 높이 : 75미터
동굴의 종류 : 카르스트 동굴

니 아 동굴은 어떻게 측정하든 분명 엄청나게 큰 동굴이다. 동남아시아에서 가장 중요한 동굴의 하나이기도 하다. 고고학자들은 이 동굴에서 오랫동안 인간이 거주해 온 증거를 찾아냈다. 그중에는 약 4만 년 전 살았던 젊은 사람의 두개골과 석기 도구, 뼈, 철기와 수많은 암벽화 등이 포함되어 있었다. 지금은 박쥐와 바다제비의 서식지일 뿐이다.

가장 큰 동굴인 그레이트 동굴은 원형극장처럼 생겼다. 바닥에는 미국의 야구장이 세 개나 들어갈 수 있을 정도이다. 동굴들은 수비스 석회암이라고 하는 거대한 석회암으로 만들어졌다. 이 석회암 지대는 16제곱킬로미터에 달하는데 보르네오 북서부에 있다. 동굴은 사라와크 니아 국립공원에 속한다. 이 공원에는 울창한 열대우림이 있고 수비스 산이라는 웅장한 석회암 봉우리가 카리스마를 뽐낸다. 공원은 미리 시에서 대형 보트나 자동차로 간다. 밀림 속에 있는 동굴까지 3킬로미터가량 널빤지 길을 만들어 놓았다. **JK**

클리어워터 동굴계

보르네오 섬 / 말레이시아

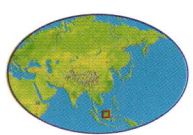

클리어워터 동굴계의 길이 : 108킬로미터
물루 산의 높이 : 2,377미터
물루 산 국립공원의 면적 : 52,864헥타르

사라와크의 북부에는 물루 산 국립공원이 있다. 이 공원의 석회암 구릉지의 지해에는 벌집처럼 모여 있는 거대한 동굴계가 있다. 현재까지 전체 중 295킬로미터만 탐사가 완료되었다. 클리어워터 동굴계는 전체 동굴의 3분의 1에 해당하는데 전 세계에서 열한 번째로 긴 동굴이다.

이 동굴계에는 윈드 동굴이 있는데, 점점 좁아지는 통로에서 불어오는 악명 높은 시원한 바람에서 동굴의 이름이 유래했다. 윈드 동굴은 51킬로미터이며 동남아시아에서 가장 긴 클리어워터 동굴로 이어진다. 조명 덕분에 아름다운 종유석과 석순을 마음껏 감상할 수 있다. 아마 오랫동안 잊히지 않을 좋은 추억이 될 것이다.

물루 산에서는 어딜 둘러봐도 최고의 풍경을 볼 것이다. 구릉지 깊은 곳에는 세계에서 가장 큰 암실인 사라와크 챔버가 있다. 높이 600미터에 폭이 15미터인 이 암실에는 보잉기 747기를 여덟 대까지 일렬로 정렬할 수 있다. 웅장하기가 사라와크에 뒤지지 않는 디어 동굴도 이 근처에 있다.

물루 공원의 지상 풍경도 지하에 뒤지지 않았다. 이곳은 세계에서 야자수가 가장 풍부한 지역이다. 약 108종이 서식하는 것으로 알려졌다. 이 지역에는 코뿔새 여덟 종과 낭상엽 식물의 물주머니에 알은 낳는 개구리 등이 서식한다. 구경할 수 있는 동굴은 네 곳으로서 가이드를 동반해야 한다. **MW**

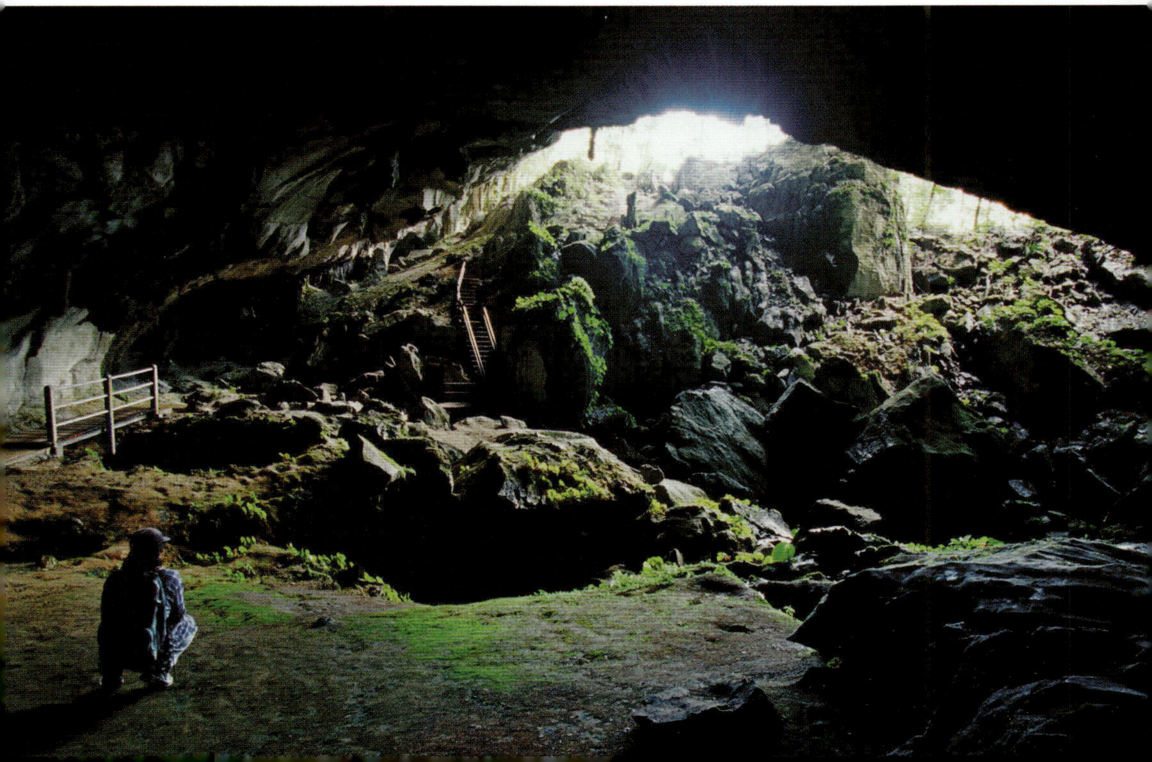

아피 산과 뾰족바위들

보르네오 섬 / 말레이시아

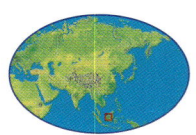

바위의 높이 : 45미터
정글에 있는 길의 길이 : 7.8킬로미터
가파른 등산로의 길이 : 1,000미터

물루 공원에는 바늘처럼 뾰족한 석회암 바늘들이 삐죽삐죽 솟아 있는 거대한 들판이 있다. 불의 산이라는 아피 산의 비탈에 매달리듯 서 있는 바위들을 보고 있으면 울창한 녹색의 열대우림에 둘러싸인 은청색 숲을 보는 것 같다. 바위들은 빗물의 작품이다. 석회암에 있던 물질이 물에 녹아내리고 깎여서, 좁은 틈과 복잡한 골짜기가 들어선 날카로운 뾰족 바위들이 된 것이다.

아피 산은 1978년에야 비로소 정복되었을 만큼 지형이 험한 곳이다. 지금은 계곡에서 저지의 밀림까지 그곳에서 다시 으스스한 운무림까지 이어진 가파르고 힘든 등산로가 닦여 있다. 말이 길이지 이끼가 두툼하게 깔린 날카로운 바위 위로 이어진 길은 수직절벽을 등반하는 것이나 다름없다. 난초와 식충식물들이 석회암 노두(露頭)와 왜소한 나무들에서 자란다. 바위가 있는 곳까지 도착하면 아래의 멜리나우 협곡을 뒤덮은 구름보다 더 높이 올라온 것이 보인다. 이곳까지 왕복하는 데 사흘이 걸리는데 보트를 타고 걷고 산을 타야 한다. **DL**

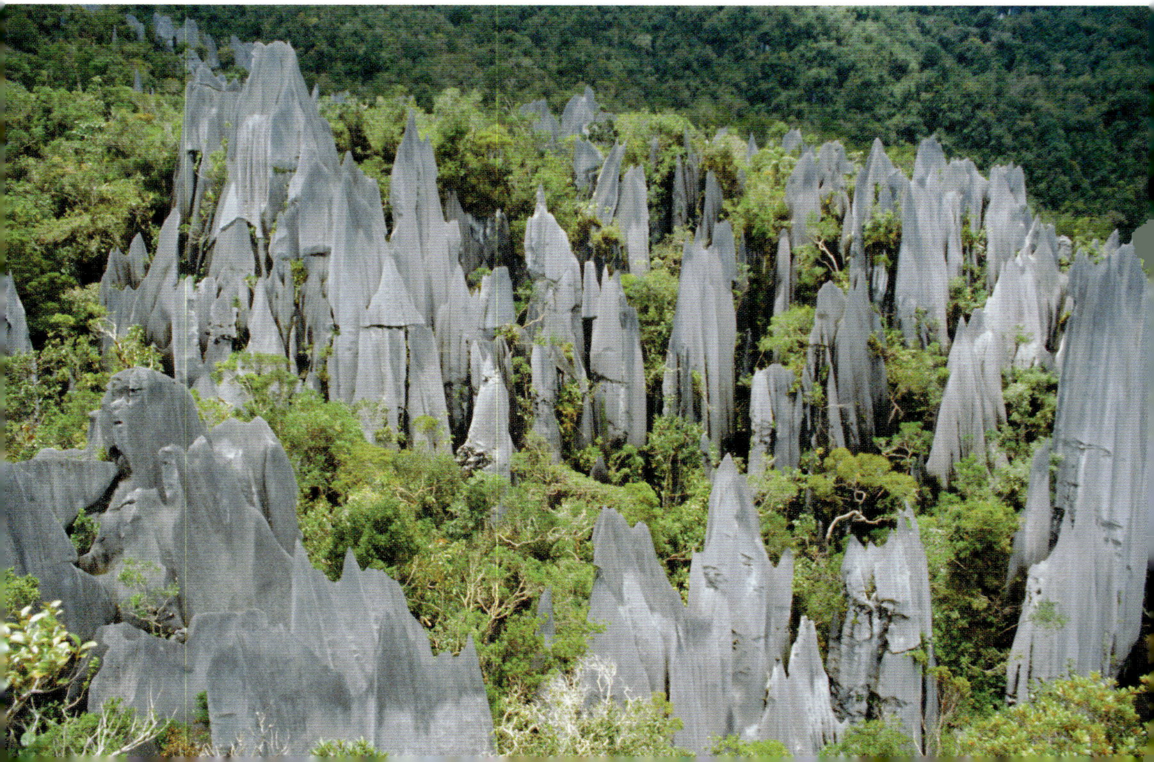

디어 동굴 / 물루

말레이시아 / 보르네오 섬 / 말레이시아 – 사라와크 주

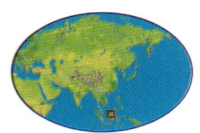

동굴의 길이 : 약 2킬로미터
동굴의 폭 : 175미터
동굴의 높이 : 125미터

열대우림으로 뒤덮인 봉우리를 2킬로미터가량 관통하는 보르네오의 디어 동굴은 세계에서 가장 큰 동굴이다. 디어 동굴은 런던의 세인트 폴 대성당의 다섯 배에 달할 정도로 거대하다. 구 아파야우 즉 사슴 동굴이라는 이름은 이 지역에 사는 페난 족과 베라원 족 사람들이 수 세기 동안 이 동굴에서 삼버사슴을 사냥한 데서 유래했다. 이곳에 처음 유럽인이 방문한 때는 19세기 초지만 보르네오 지질탐사를 진행했던 G.E. 윌포드가 1961년에

면 200만 마리에 달하는 박쥐들이 숲에서 저녁을 해결하려고 끝도 없이 쏟아져 나온다. 박쥐를 먹는 매들이 입구 주변의 절벽에서 날아오른다. 공중으로 솟구친 후 다시 다이빙하듯 내려와 박쥐를 잡아챌 준비를 하는 것이다.

하지만 박쥐가 동굴의 유일한 주민은 아니다. 거미, 지네, 귀뚜라미, 바퀴벌레들이 버글거리는데 수천 톤에 달하는 박쥐 배설물들을 먹고산다. 1,000년 동안 쌓인 부패한 배설물은 지독한 냄새가 나는 암모니아 구름을 만들었다. 눈에도 보이는 이 구름은 동굴 입구에서 먼 곳에서도 알 수 있을 정도이다. 높은 곳에는 바다제비들이 침으로 만든 둥지가 위험천만한 바위에 붙어 있다. 이 동굴에 사

> 보초이 동굴에 사는 유일한 파충류이자 박쥐 기습의 천재인 동굴뱀은 완벽한 암흑 속에서 박쥐들이 날아오를 때 그것들을 덮친다.

처음으로 지도에 기록했다. 이후에 왕립지리학회의 탐사대가 1977~1979년에 이 동굴을 탐사했다. 연평균 강수량이 5,000밀리미터에 달하고 물루 지역의 석회암 지대의 깊이가 워낙 깊어서 이토록 경이로운 동굴이 탄생할 수 있다. 까마득히 높은 천장을 관통하는 폭포수가 흘러드는 작은 강이 싱크홀을 통해 동굴로 흘러온다. 이 강은 동굴 바닥을 흐르는데 서서히 바닥을 녹이면서 그만큼 서서히 새로운 동굴을 창조하고 있다.

눈치 빠른 사람이라면 이 동굴에도 다양한 박쥐들이 서식한다는 사실을 짐작할 것이다. 저녁이 되

는 유일한 파충류이자 박쥐 기습의 천재인 동굴뱀은 완벽한 암흑 속에서 박쥐들이 날아오를 때 그것들을 덮친다. 물루 산 국립공원에 있는 디어 동굴은 공원 관리소에서 출발해 밀림 속을 3킬로미터 정도 가면 나온다. **DL**

시파단

말레이시아, 칼리만탄티무르 주

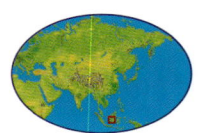

섬의 종류 : 화산 산호초
바다의 수심 : 600미터
어종 : 3,000종

보르네오의 북쪽 해안에 있는 시파단 섬은 세계에서 가장 풍요로운 바다에 있는 그림 같은 섬이다. 또한 세계에서 다이빙을 즐기는 장소가 가장 많은 곳이다. 시파단은 해저의 사화산 위에서 자라는 산호들로 이루어진 대양도이다. 섬의 가파른 절벽은 깊고 푸른 바다 속으로 600미터까지 이어지는데 각양각색의 해양생물이 모여든다.

급경사라는 뜻의 '드롭오프'는 섬의 북쪽에 있는 다이빙 장소인데 해변에서 몇 발자국만 나가면 말 그대로 뚝 떨어진다. 몇 초 만에 다이버들 주변에는 창꼬치고기, 빅아이트레벌리, 날치를 비롯해 3,000종에 달하는 온갖 물고기들이 몰려든다.

섬은 바다거북과 매부리거북이 좋아하는 번식지이다. 가장 인기 있는 다이빙 지점은 수중 석회암 동굴로, 미로 같은 통로와 암실들이 인상적이다. 그 속에서 길을 잃고 익사한 거북 해골이 널려있다는 점도 기억하라. **JK**

오른쪽 시파단 섬의 맑은 바다에서 바다거북이 헤엄치고 있다.

메라피 산

인도네시아, 자와텡가 주

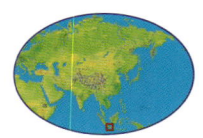

메라피 산의 높이 : 2,911미터
화산의 상태 : 활동 중
최근 화산이 폭발한 해 : 1998년

메라피 산, 즉 불의 산은 지구상에서 가장 활발하고 위험한 화산 중의 하나이다. 몇 년에 한 번씩 폭발하면 분화구가 화산재와 용암을 토해내는 소리가 들린다. 화산이 폭발하면서 뜨거운 가스 구름이 발생한다. 이 구름의 온도는 3,000도나 되어서 앞을 가로막는 것은 무엇이든 녹이거나 태워버린다. 이곳 주민들은 이 뜨거운 구름을 웨두스 겜벨이라고 부른다. 이는 '곱슬곱슬한 양'이라는 뜻인데 구름의 모양을 본뜬 이름이다.

1994년에 화산 폭발로 남서쪽 비탈에 살던 주민 66명이 목숨을 잃었다. 이렇게 위험한데도 '금지 구역'인 화산 기슭에는 주민 7만 명이 살고 있다. 화산토가 비옥해서 농사가 잘되기 때문이다. 해마다 자바의 새해가 되면 마을 사람들은 산을 달래기 위해 전통적인 제물인 세데카 구능을 만든다.

화산은 가이드와 함께 올라갈 수 있는데, 여섯 시간이 걸리므로 큰 체력이 요구된다. 동틀 무렵이면 쌀쌀하지만 용암과 별을 함께 볼 수 있다. 정상에 올라가면 아름다운 주변 산들과 푸른 바다가 한눈에 들어온다. **MM**

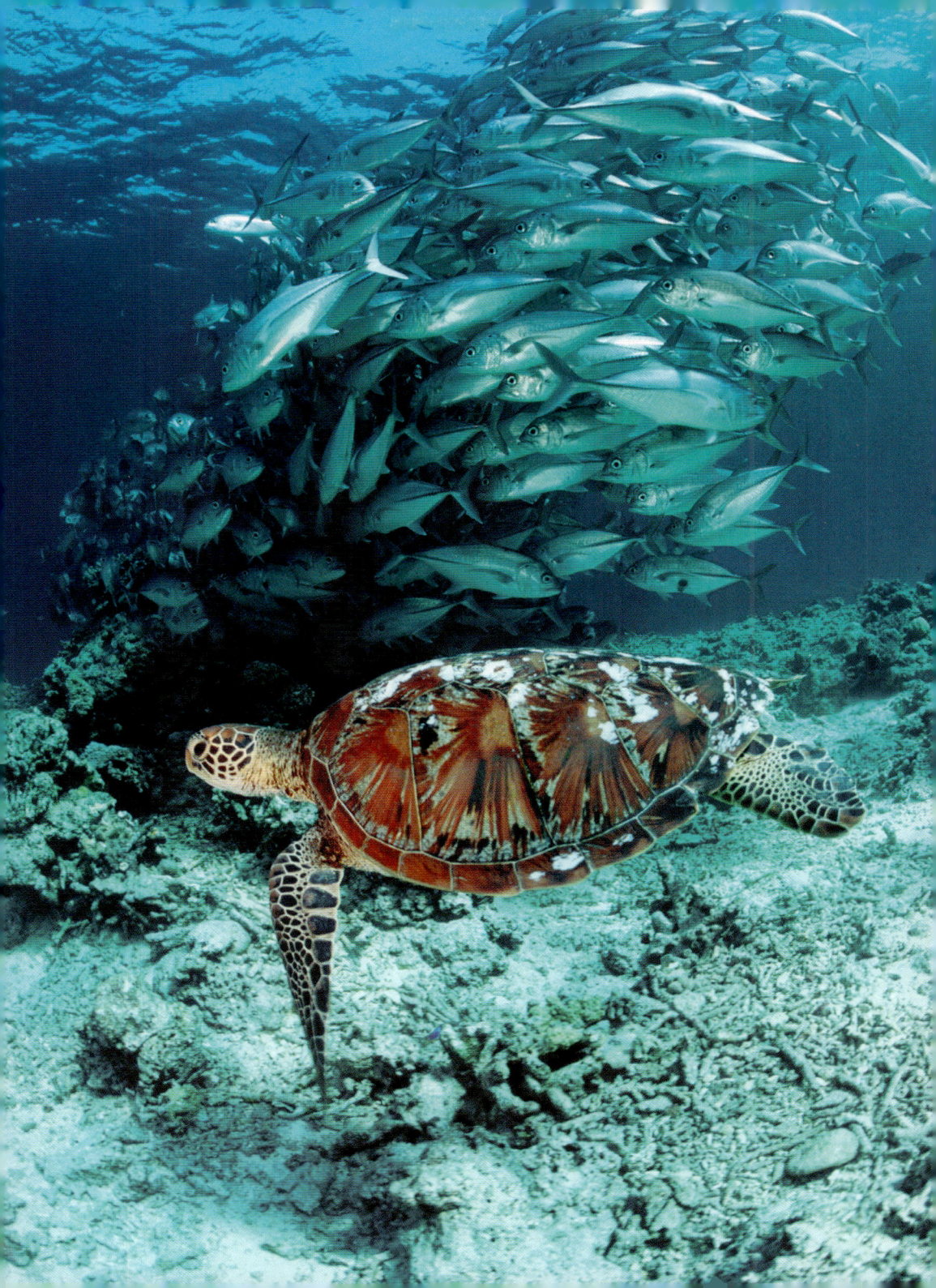

린자니 산

인도네시아, 누사텡가라바라트 주 – 롬보크 섬

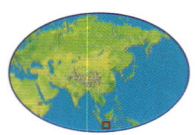

린자니 산의 높이 : 3,726미터

칼데라의 크기 : 동서로 8킬로미터, 남북으로 5킬로미터

세가라아낙 화구호의 면적 : 1,125헥타르

인도네시아에서 두 번째로 높은 화산인 린자니 화산은 세계 최대의 생물지리 지역이 교차하는 웰레스를 압도한다. 롬보크 섬은 북서쪽에서 불어오는 습하고 시원한 바람 덕분에 화산의 북쪽은 강수량이 풍부하고 열대우림이 울창하다. 하지만 롬보크의 남동쪽은 메마른 지역이다. 린자니 화산의 내부에는 거대한 칼데라가 있다. 이는 더 높은 봉우리가 붕괴한 결과물이다. 신장처럼 생긴 칼데라에는 160미터 깊이의 세가라아낙 화구호가 있는데 물속에 녹아 있는 광물질 때문에 녹청색을 띤다.

새로 생긴 바투자이는 1994년에 폭발을 했다. 당시 용암이 호수로 흐르고 분화구 가장자리의 바윗덩어리가 날아다니고 롬보크 상공에 화산재가 날렸다. 분화구의 가장자리에서 바라본 풍경은 아름답기 그지없다. 서쪽에 있는 발리와 다른 섬들은 빙하기에는 아시아 대륙과 연결되어 있었다. 그래서 두 지역에는 같은 식물이 많이 자생한다. 하지만 발리와 롬보크 사이의 해협은 너무 깊어서 땅이 이어질 수 없었다. 그래서 롬보크 동쪽의 동식물은 오스트레일리아와 더 비슷하다. 롬보크에 서식하는 동물은 비교적 적으며 야생돼지와 자바사슴이 지역에 방사되었다. **MW**

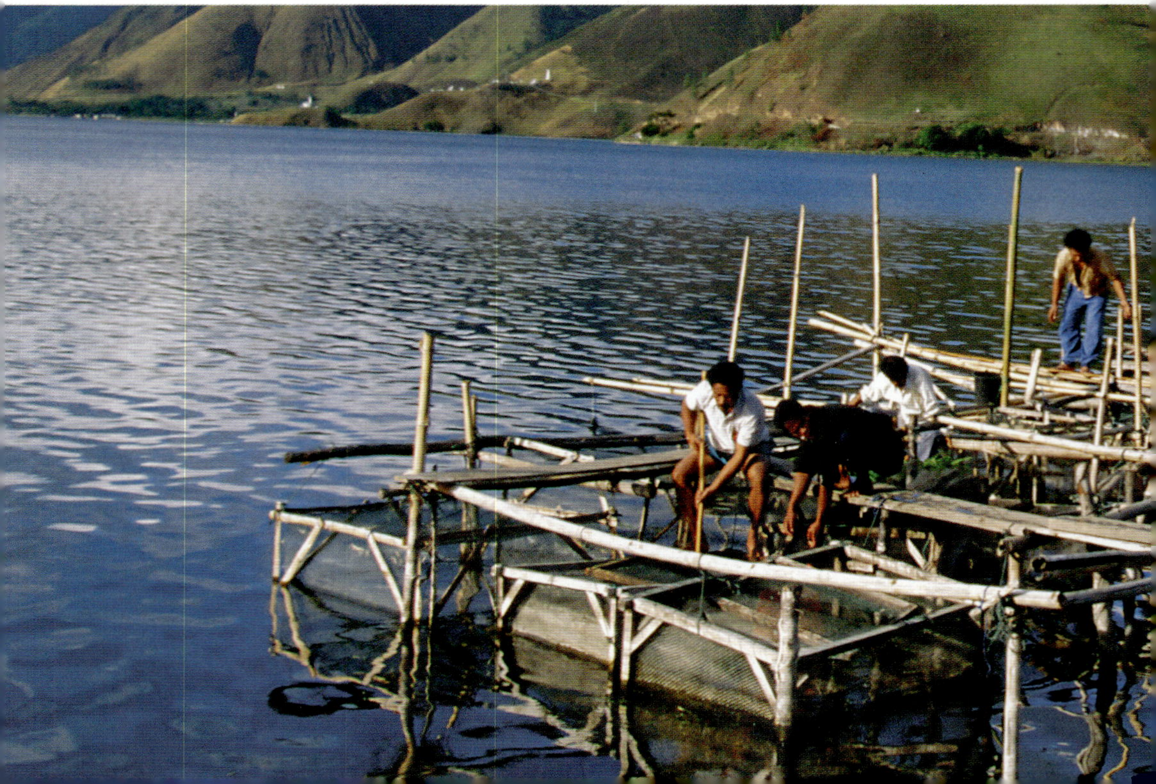

토바 호수

인도네시아, 수마테라우타라 주

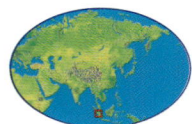

토바 호수의 규모 : 30×100킬로미터

호수의 수심 : 460미터

분출하는 화산재의 양 : 2,800세제곱킬로미터

동남아시아 최대의 호수인 평온한 토바 호수는 지난 200만 년 동안 화산활동이 가장 활발했던 지역에 있다. 약 7만 5,000년 전 거대한 화산이 폭발했는데 균열을 통해 빛나는 화산재가 터져 나왔다. 이 재는 응회암이 되었는데 음회암 층의 두께는 0.5킬로미터나 되었다. 인도에서도 화산재가 발견되었다.

폭발 후에 6년 동안 추운 겨울이 찾아왔다. 당시 세계 기온이 15도까지 내려갔다. 이 사건으로 인간의 진화 방향이 바뀌었을지도 모른다. DNA를 살펴보면 인류의 수는 약 1만 명으로 감소했다. 화산 폭발 때문에 이곳에서는 넓은 지역에서 살고 있던 생명체들은 거의 목숨을 잃었다. 화산은 붕괴해 칼데라가 되었고 그곳에 세계에서 가장 깊은 화구호인 타보 호수가 들어섰다. 유사 이래 추가 폭발은 없었지만 지진은 여러 차례 발생했다. 칼데라 돔이 성장하면서 호수 내부에는 싱가포르보다 더 큰 섬이 생겼다. **MW**

아래 거대한 화산 폭발로 형성된 타보 호수

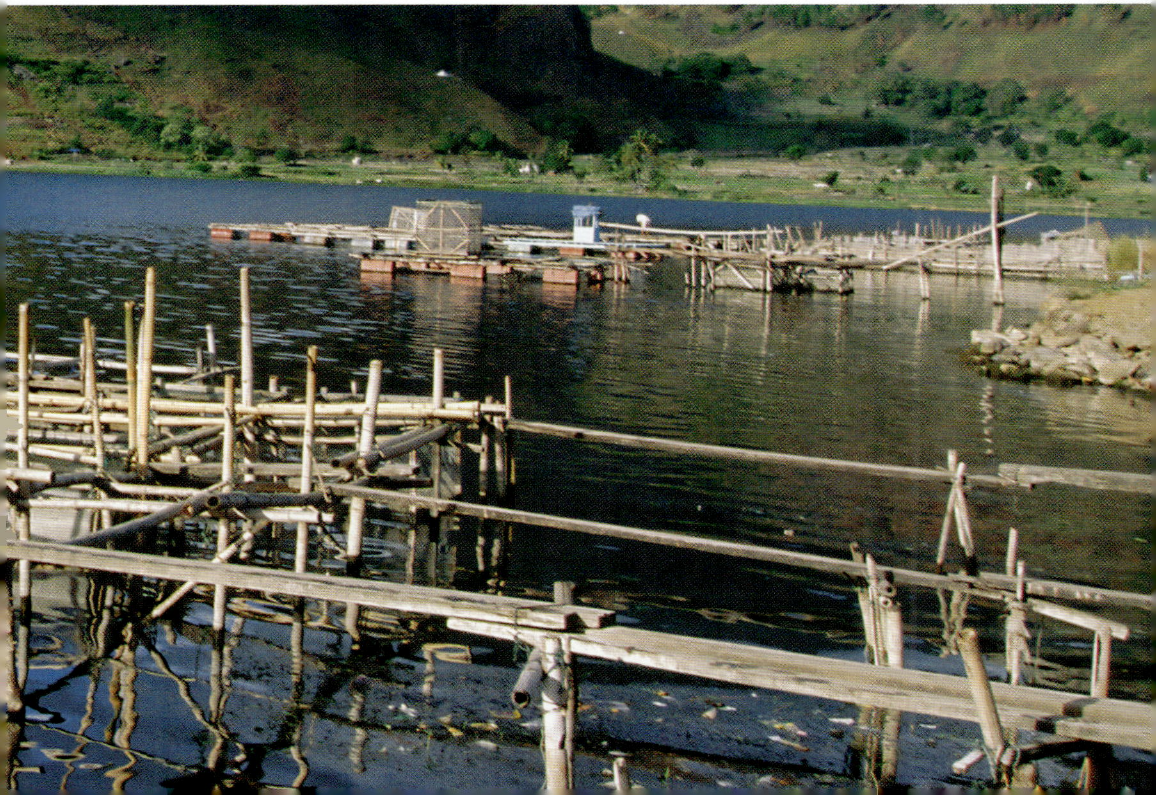

케린치세블라트
국립공원

인도네시아, 수마트라 섬 – 잠비 주

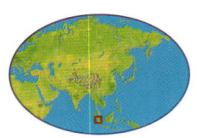

케린치세블라트 국립공원의 면적 : 1,375,000헥타르

케린치 산의 높이 : 3,805미터

적도 이남에 자리 잡고 있으며 저지대의 열대 우림, 운무림, 고지대의 초원까지 아우르는 케린치세블라트 국립공원은 야생동식물의 천혜 보고이다. 이 공원의 중심지는 뭐라 해도 인도네시아에서 가장 높은 화산인 케린치 산이다. 수마트라 섬에 있는 공원이지만 동물분포는 아시아코끼리, 맥, 구름무늬표범, 수마트라호랑이, 코뿔소처럼 아시아 대륙과 비슷하다. 하지만 오랫동안 고립되어 오면서 대륙의 같은 종들과는 다르게 진화를 했다. 거의 알려지지 않은 수마트라토끼가 대표적이다.

숲에는 거대한 꽃들이 자란다. 라플레시아아놀디는 단일한 꽃으로는 세계 최대 크기이다. 지름이 1미터인 이 꽃은 우산만 하다. 세계에서 가장 키가 큰 꽃차례인 아모르포팔루스티타니움도 이 숲에서 볼 수 있는데, 바닥에서 2~3.7미터까지 자라며 무게는 77킬로그램이나 나간다. 이곳에는 관광객들을 위한 편의시설이 거의 없다. 혹시라도 이곳을 가게 되면 두 눈을 크게 뜨고 오랑펜덱이 있는지 잘 살펴보라. 지금까지 이 원숭이를 봤다는 보고가 종종 있었다. 그런데 이 녀석은 용케 과학자들의 눈을 피해서만 다닌다. **MW**

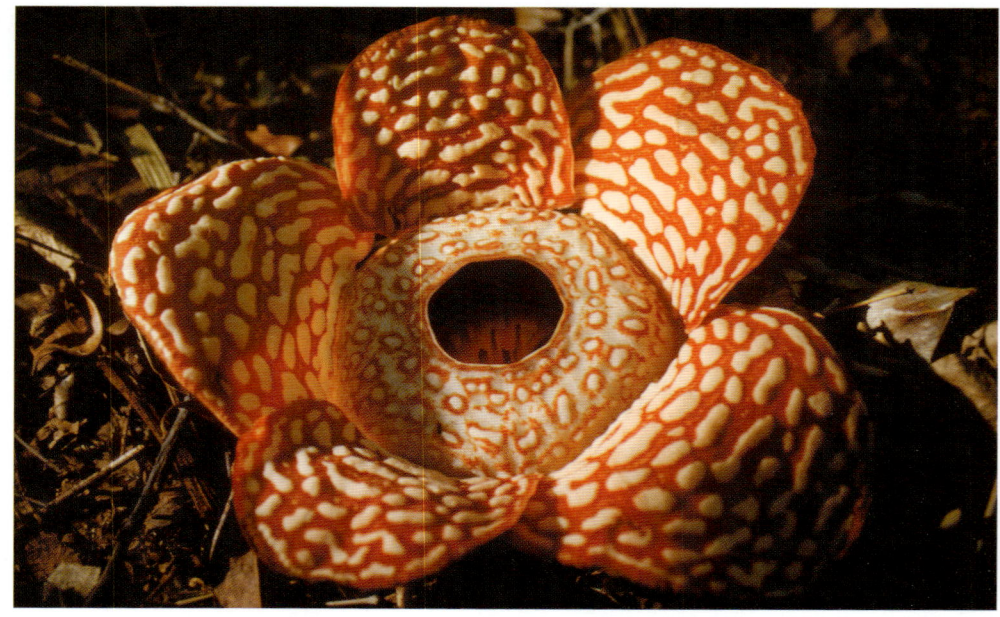

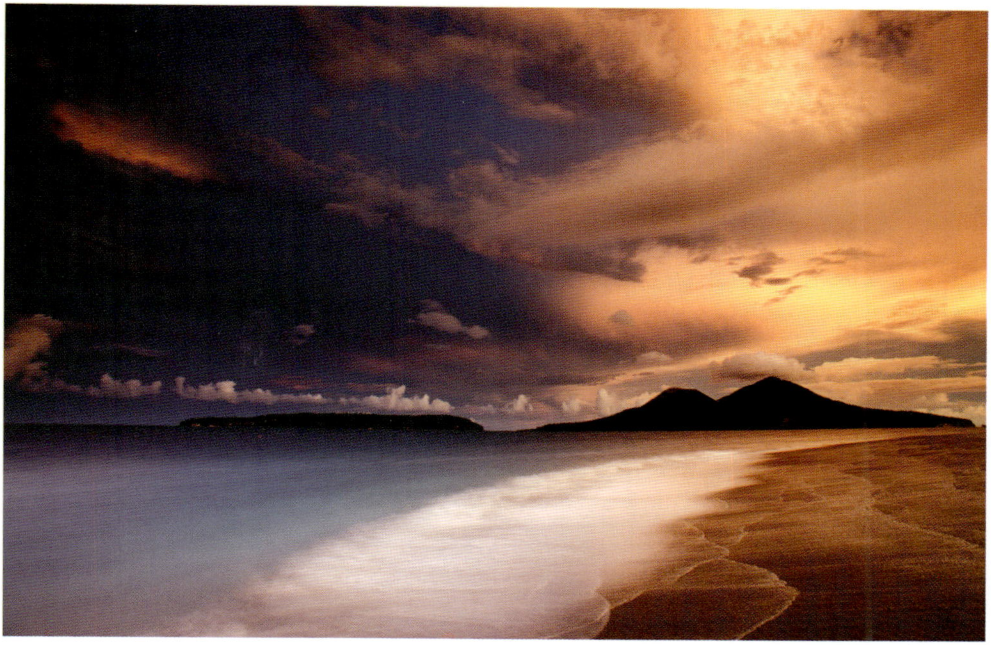

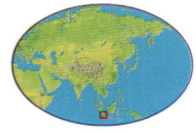

아낙크라카타우

인도네시아, 반탐

가장 강력한 폭발 : 화산폭발지수(VEI) 6
붕괴 면적 : 23제곱킬로미터
칼데라의 폭 : 6킬로미터

아이들이 쑥쑥 자라듯 '크라카타우의 아이'인 아낙크라카타우도 쑥쑥 자란다. 크라카타우 그룹을 이루는 네 섬 중에서 가장 어린 섬인 아낙크라카타우가 인도네시아의 순다 해협에 모습을 드러낸 것은 1930년대 초였다. 해마다 화산활동이 활발하게 일어나다보니 섬은 금세 덩치를 불렸고 지금은 이 그룹에서 두 번째로 큰 섬이 되었다.

원래 크라카타우 화산은 1883년 일어난 역사상 가장 큰 화산 폭발로 날아가 버리고 섬들만 남았다. 섬은 대부분 수심 250미터 깊이까지 붕괴해 버렸다. 폭발에 이은 거대한 지진해일과 칼데라 붕괴로 80킬로미터 이내의 주변 섬에 거주하던 주민들이 큰 피해를 입었는데, 최소 3만 6,000명이 희생되었다.

인도네시아는 지구상에서 활화산이 가장 많은 나라인데 아시아와 오스트레일리아의 대륙판이 충돌하는 지점이기 때문이다. 인도네시아를 이루는 가장 큰 자바 섬과 수마트라 섬을 따라 다른 섬들이 반원을 이루며 늘어서 있다. 순다 해협은 두 섬을 가로지르는데, 단층선에서 가장 활동이 활발한 지점에 있다. 앞으로 크라카타우의 아이가 부모보다 훌쩍 크는 것은 시간문제다. **NA**

게데 산과 팡랑오 산

인도네시아, 자와바라트 주

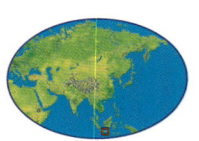

게데-팡랑오 산 국립공원의 면적 :
152제곱킬로미터

팡랑오 산의 높이 : 3,029미터

게데 산의 높이 : 2,958미터

자바의 쌍둥이 산인 게데 산과 팡랑오 산의 자태는 형성 당시의 격렬했던 상황, 다양한 열대생물, 이전에는 북아시아와 유럽과 이 섬이 이어져 있었다는 사실을 은근히 암시하고 있다. 두 산 모두 화산이다. 팡랑오 화산은 이제 활동하지 않고 푸른 풀과 나무에 뒤덮여 있을 뿐이다. 그 옛날 흘러나온 용암은 세월에 깎여 정상에서 방사형으로 뻗어가는 깊은 골짜기가 되었다. 반면 게데 화산은 자바에서 화산활동이 가장 활발하게 일어나고 있다. 대형 폭발을 일으킨 때는 1747년과 1840년이었다. 그 당시 큰 돌들이 날아다니던 게데 화산에는 깊이 4미터의 분화구가 만들어졌다. 지난 150년 간 소규모 폭발은 24차례나 기록되어 있다.

지금은 높이 300미터의 말발굽 모양 절벽이 가장 최근에 형성된 분화구를 둘러싸고 있다. 이곳에서는 아직도 증기와 유황 가스가 뿜어져 나온다. 산 아래로 내려가면 한때 자바를 뒤덮었던 열대우림의 흔적이 남아 있다. 이곳은 부드러운 회색 털 때문에 은빛긴팔원숭이라고도 불리는 자바긴팔원숭이의 핵심서식지이다. 또한 인도네시아의 국조인 자바매독수리도 서식한다. 이곳에 자생하는 식물은 난초, 20미터까지 자라는 나무고사리, 고지에 서식하는 바이올렛, 앵초, 미나리아재비류, 자바에델바이스 등 200종이 넘는다. **MW**

아궁 산

인도네시아, 발리 섬

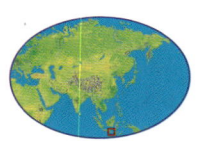

산의 높이 : 3,142미터

최근의 가장 유명한 폭발 : 1963∼1964년

발리의 최고봉인 아궁 산은 발리에서 가장 신성시되는 산이기도 하다. 섬의 동쪽에 있는 이 산은 3,142미터로서 섬을 굽어보고 있다. 기슭에는 발리에서 가장 유명한 푸라제사키 사원이 있다. 아궁의 분화구는 바닥이 없을 것만 같이 깊고 폭은 500미터에 달하는데 가끔 연기와 수증기를 뿜어 올린다. 가장 최근에는 1963년에 폭발을 했는데 당시 2,000명이 목숨을 잃고 10만 명의 이재민이 발생했다. 섬의 논과 밭은 모두 황폐해져 살아남은 사람들도 기근에 시달려야 했다. 아궁은 인도네시아에서 가장 찾는 이가 많은 산일 것이다. 그도 그럴 것이 특별한 등반기술이 필요하지 않기 때문이다. 그러나 경험이 없는 일반인들에게는 만만한 상대가 아니므로 반드시 현지 가이드와 함께, 되도록 일찍 길을 나서야 한다. 여섯 시간이 걸리는 코스에는 힘든 등산로와 매우 습한 정글도 포함되어 있다. 밀림을 통과하면 화산암 지형이 나온다. 정상까지 가려면 마음을 단단히 먹어야 할 것이다. 능선이 매우 가파르고 바람이 거세기 때문이다. 정상에 서면 이웃한 롬보크 섬의 린자니 화산이 보이는데, 산 아랫자락은 구름에 가려 보이지 않는다. **MM**

오른쪽 발리 동쪽에 우뚝 솟은 신성한 아궁 산이 보인다.

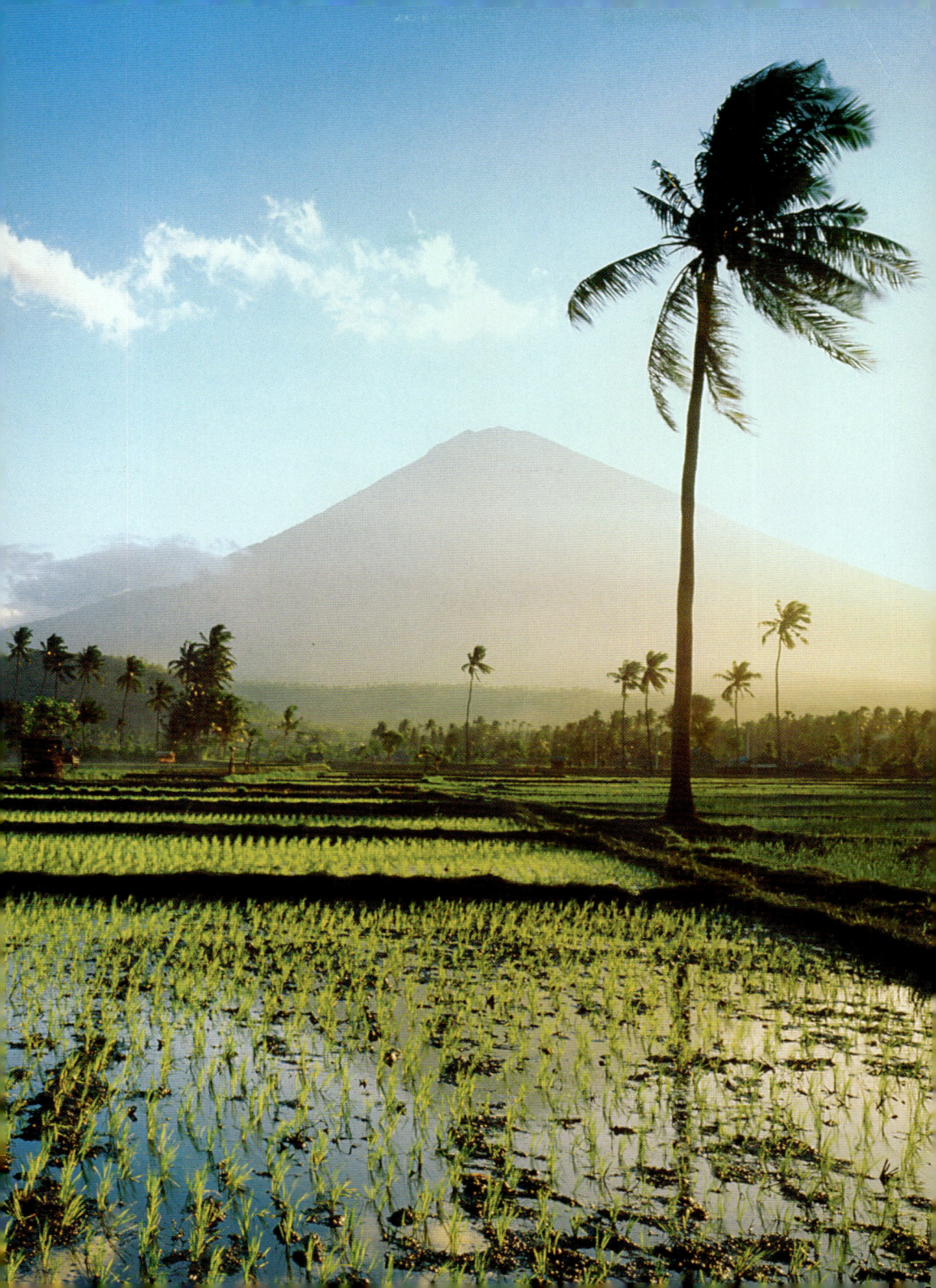

카와이젠

인도네시아, 자와티무르 주

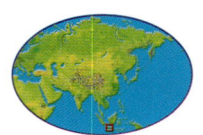

화구호의 해발 고도 : 2,350미터
화구호의 저수량 : 3,600만 세제곱미터
알라스푸르오 국립공원의 면적 :
43,420헥타르

카 와이젠 화산의 가장자리에 있는 로네 분화
구 주변의 삭막한 풍경, 뭉게뭉게 솟아오르
는 유황 가스만 봐도 자바가 환태평양지진대에 있
다는 사실이 떠오를 것이다. 이젠은 폭 20킬로미터
인 칼데라에서 생성된 화산 군집의 하나인 이젠은
거대한 화산이 붕괴한 잔해이다. 1900년 이후 자바
에는 열여덟 차례나 화산이 폭발했는데, 이젠도 그
런 화산이다. 분화구에는 광물질이 풍부한 옥빛 호
수가 들어서 있다. 분화구의 폭은 가장 넓은 곳이
1.6킬로미터 정도이다. 수온은 지하의 용암 때문에
42도 정도인데, 수증기 때문에 분화구 가장자리에
서 700미터까지 진흙과 유황이 솟구치는 경우에는
수온이 더 올라간다.

유독성 가스와 폭발의 위험이 도사리고 있지만,
사람들은 분화구로 내려가 새로 쌓인 황을 바구니
에 담아 어깨에 지고 나온다. 카와이젠은 알라스푸
르오 국립공원에 자리 잡고 있다. 이 공원에는 표
범, 아시아들개, 반텡이 서식한다. 반텡은 짧고 하
얀 다리에 호리호리한 야생 황소이다. 분화구의 바
깥쪽 가장자리까지 올라가는 데 1시간이 걸린다.
분화구를 내려가는 데는 20분이면 충분하지만 매
우 위험하다. **MW**

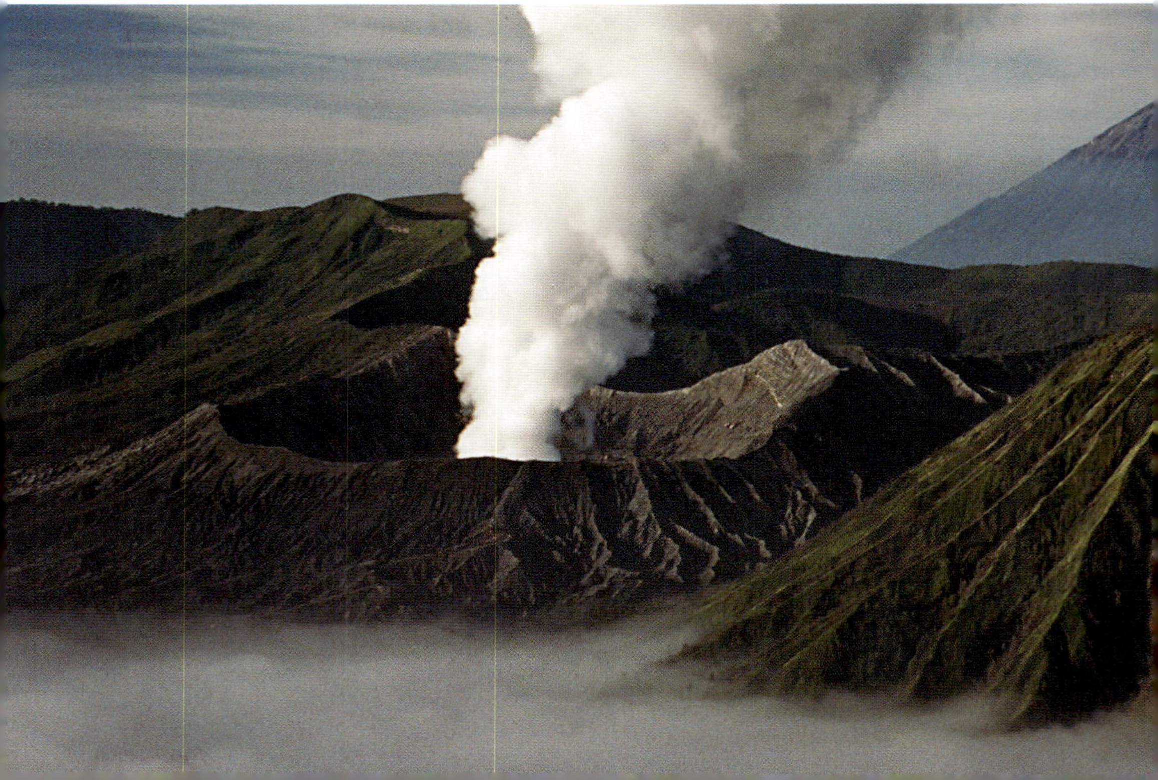

브로모 산과
텡게르 고지

인도네시아, 자와티무르 주

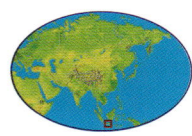

브로모텡게르세메루 국립공원의 면적 :
800제곱킬로미터

국립공원의 높이 범위 : 1,000~3,676미터

텡게르 산의 지름 : 10킬로미터

자바 동부에 있는 이 지역에는 다섯 화산이 있다. 그중에서 2,392미터인 브로모 화산은 거의 폭발하지 않으며, 바톡 화산은 사화산이다. 세메루 화산은 지금도 활발하게 화산활동을 하고 있다. 바로 이 화산들이 브로모텡게르세메루 국립공원의 주인공들이다.

공원은 과거에 텡게르 화산이 폭발해 만들어진 화산모래 지역인 라우트파시르를 포함한다. 바톡과 브로모를 포함한 화산 네 개는 텡게르 화산의 칼데라 안에 있다. 바톡과 브로모는 수목한계선 위에 있지만 세메루 화산의 비탈에는 밀림이 울창하다. 공원에는 특히 난초가 많은데 무려 157종이나 서식한다. 그 외에도 자생하는 식물이 400종이 넘는다. 티모르, 애기사슴류, 실버리프원숭이, 멧돼지, 코뿔새와 다양한 물새들이 공원에 서식한다. 물새는 사화산의 칼데라에 있는 라누파니 호수와 라누레굴로 호수에 주로 서식한다. **AB**

아래 브로모텡게르세메루의 거대한 다섯 화산

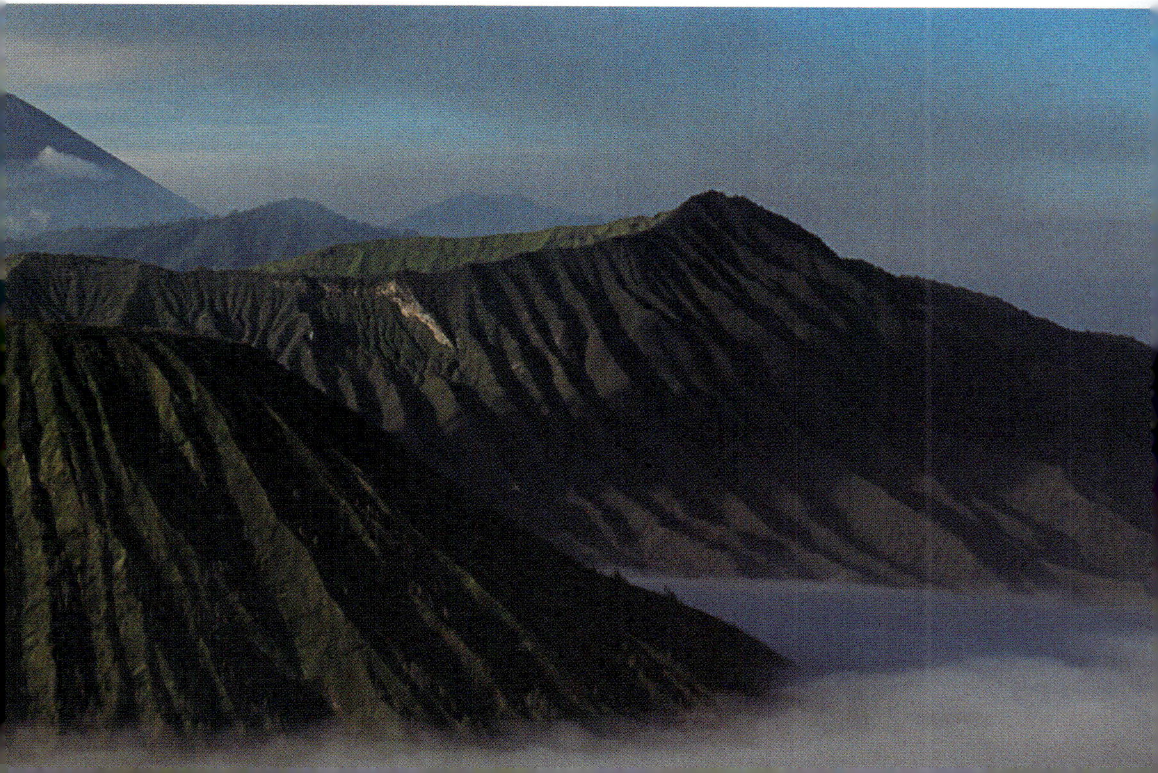

코모도 섬

인도네시아, 누사텡가라티무르 주

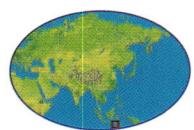

섬의 면적 : 280제곱킬로미터
암석의 종류 : 라이올라이트 반암(班岩)
코모도왕도마뱀의 수 : 약 2,500마리

발리에서 동쪽으로 483킬로미터 떨어진 플로레스 섬과 숨바와 섬 사이에 있는 코모도 섬은 코모도왕도마뱀 2,500여 마리의 서식지이다. 코모도 섬은 자바, 발리, 수마트라 같은 큰 섬과 파드라와 린카 같은 작은 섬들을 만든 거대한 화산작용으로 생성되었다. 이 섬은 1980년에는 국립공원으로, 1992년에는 세계유산으로 지정되었다. 코모도 섬은 산이 많은데 섬의 최고 높이는 825미터이다.

모도왕도마뱀이다.

버든 이후로 수천 명의 여행자들이 세계 최대의 도마뱀을 보려고 이 섬을 찾았다. 어떤 사람들은 도마뱀이 갓 잡은 신선한 먹이를 먹는 모습을 구경하고 어떤 사람들은 공원관리인과 함께 코모도왕도마뱀을 찾아 하이킹을 한다. 몸길이가 3~4미터에 달하는 이 거대한 파충류는 개만큼 빠르게 달리며, 크고 살아 있는 먹이를 먹는다. 턱의 힘이 대단하지만 한 번 무는 것만으로 먹잇감의 숨통을 끊지는 못한다. 마지막 처리는 도마뱀의 침에 들어 있는 독 박테리아의 몫이다. 코모도왕도마뱀이 사람도 죽일 수 있을 만큼 무서운 맹수임이 틀림없지만

> 보초병 같은 야자수들, 하늘을 향해 우뚝 솟은 화산 분화구들이 흩어져 있는 이 섬이야말로 우리가 그토록 찾았던 거대한 도마뱀의 집으로 안성맞춤이다. _ 더글라스 버든

유명한 도마뱀을 찾아서 1926년에 이 섬에 도착한 미국의 탐험가 더글라스 버든은 배를 타고 섬으로 가는 동안 '스카이라인이 환상적인 섬'이라고 했다. "보초병 같은 야자수들, 하늘을 향해 우뚝 솟은 화산 분화구들이 흩어져 있는 이 섬이야말로 우리가 그토록 찾았던 거대한 도마뱀의 집으로 안성맞춤이다." 무덥고 황량한 원시의 자연에는 놀라운 야생생물들이 살고 있다. 전 세계에서 가장 큰 독사들, 노란관모앵무새처럼 화려하기 그지없는 새들, 이상한 소리로 울며 날지 못하는 메가포드류, 사슴, 멧돼지, 육중한 몸집을 자랑하는 물소들이 이 섬에 서식하고 있다. 하지만 단연 주인공은 코

사람을 죽인 경우는 확인되지 않았다. 물론 그랬다는 소문은 무성하다. 코모도 섬은 배편밖에 없다. 관광객들은 섬의 유일한 마을인 코모도 마을의 허름한 게스트하우스에서 묵어야 한다. **MM**

<u>오른쪽</u> 흉포한 포식자인 이국적 모습의 코모도왕도마뱀

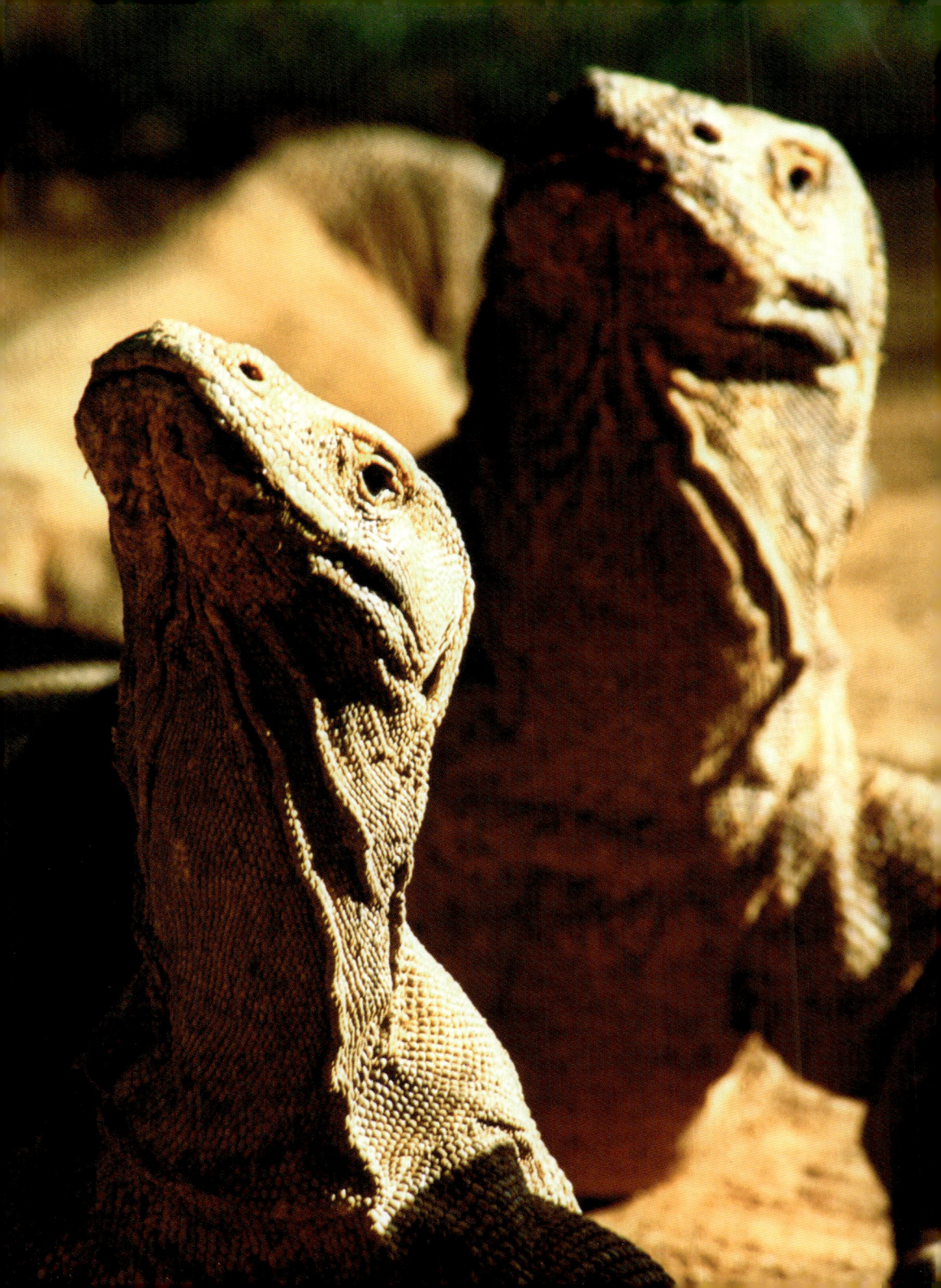

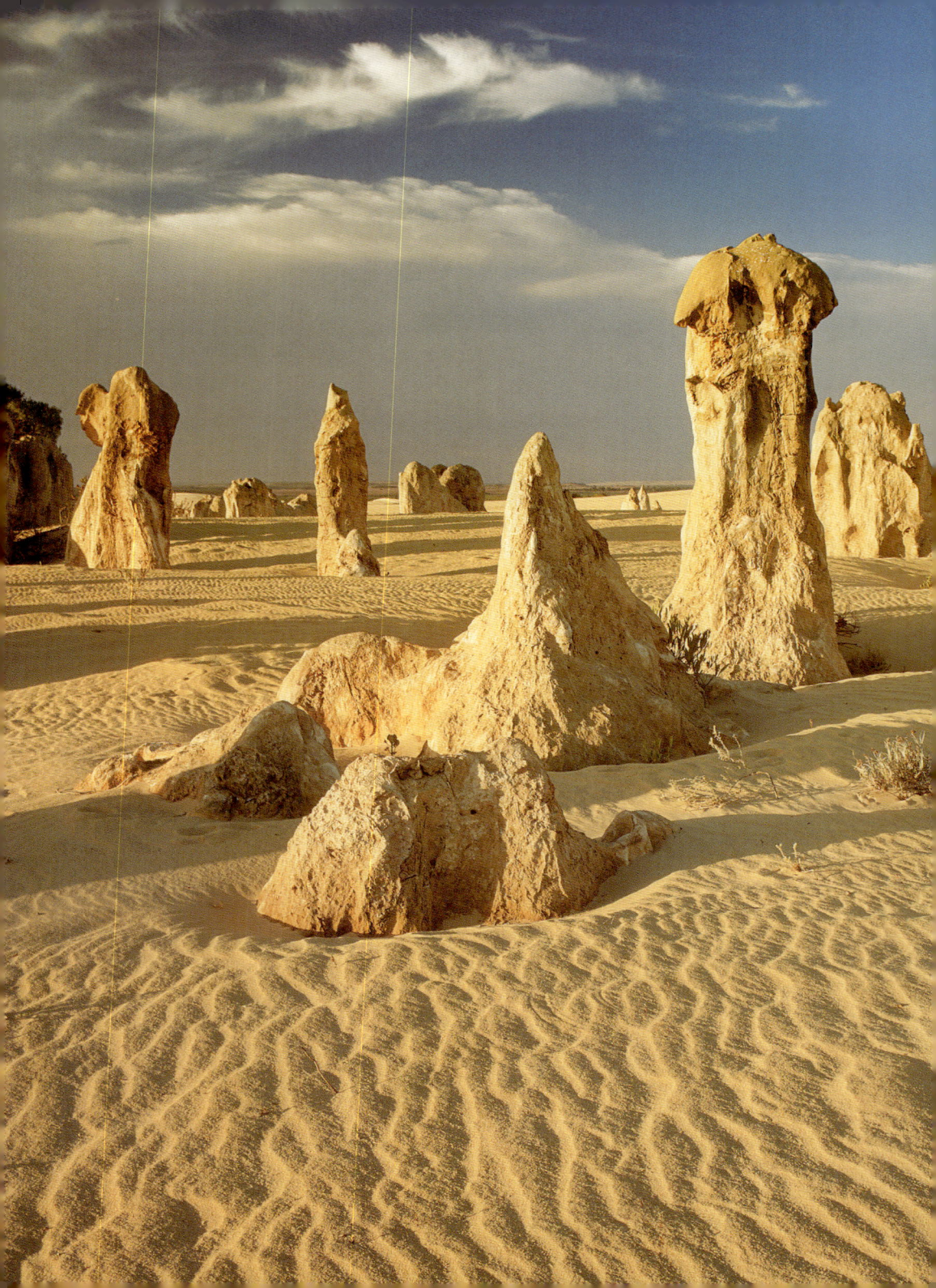

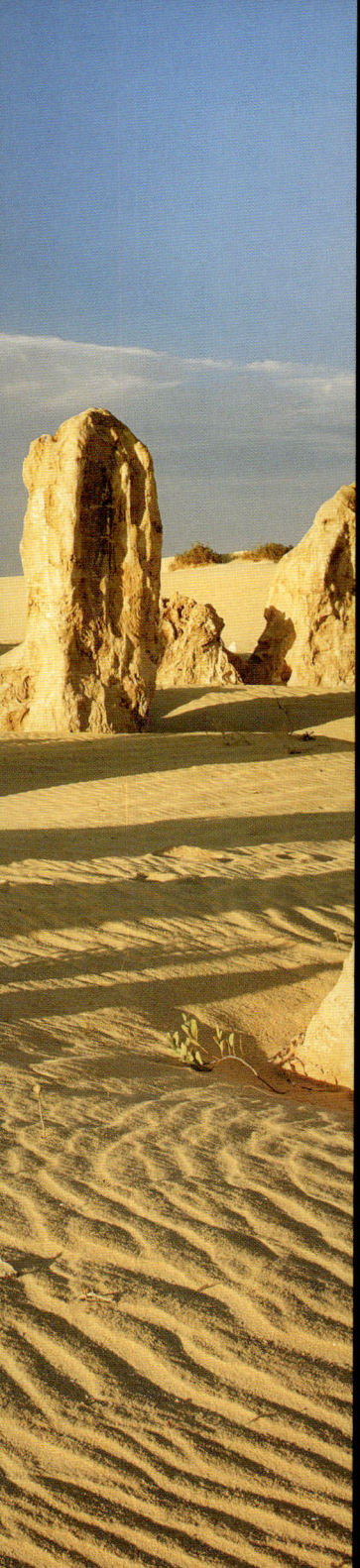

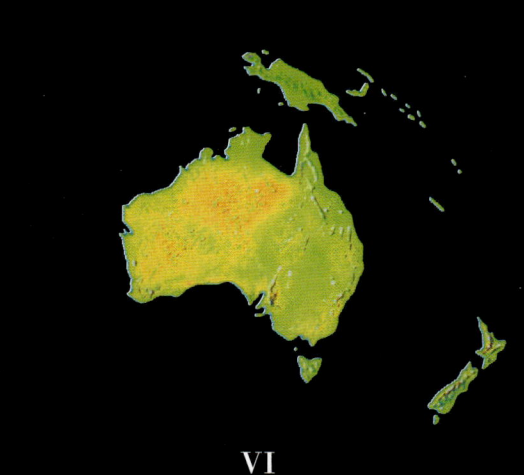

VI

오스트레일리아 & 오세아니아

오스트레일리아는 이 대륙을 둘러싼 바다만큼 넓고 다양한 지형을 가지고 있다. 아름다운 산호초에는 해양생물이 서식하고 태양이 작열하는 아웃백은 그곳이 가진 미스터리와 기암괴석만큼 다양한 전설을 간직하고 있다. 그레이트배리어리프는 파푸아뉴기니까지 뻗어 있고 뉴질랜드의 통가리로 화산은 험준한 구릉지를 굽어보며 우뚝 솟아 있다. 오세아니아의 바다는 수많은 섬 사이를 지나 하와이의 와이알레알레 산까지 이어져 있다.

왼쪽 피너클즈데저트의 석회암 기둥들이 노란 모래의 바다에 서 있다.

와이메아캐니언 / 카우아이

하와이

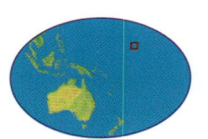

와이메아캐니언의 길이	16킬로미터
협곡의 폭	1.6킬로미터
협곡의 깊이	1,097미터

지난 수천 년 동안 와이알레알레 산 정상에서 내려오는 강줄기와 홍수에 깎여 만들어진 와이메아는 태평양에서 가장 큰 협곡이다. 마크 트웨인은 이 협곡을 '태평양의 그랜드캐니언'이라고 격찬했다. 그랜드캐니언만큼 크지는 않지만 장엄한 풍경은 그에 못지않기 때문이다. 카우아이 섬에 있는 협곡은 코케에 주립공원에 포함된 보호구역이다. 이곳은 원래 화산의 일부였다. 그런데 화산의 측면이 붕괴하자 와이메아 강이 화산암 지대에서도 지층이 약한 부분을 깎으면서 흐르기 시작했다.

이 지대에는 철이 들어 있기 때문에 전반적으로 붉은색을 띤다. 그러나 500만 년 동안 강물의 침식작용으로 여러 가지 색의 용암층이 지상에 모습을 드러냈다. 붉은색, 녹색, 푸른색, 회색, 보라색이 협곡의 바위산, 구릉지, 골짜기를 더욱 아름답게 만든다. 카우아이에 희귀한 아카시아속나무와 붉은 꽃이 피는 오히아레후아나무가 울창한 숲이 넓게 펼쳐져 있는데 군데군데 장미가 자란다. 협곡에는 주변을 잘 둘러볼 수 있는 전망 좋은 지점이 많다. 그중에서도 칼라라우 지점이 가장 전망이 좋은데, 칼라라우밸리와 나팔리 해변이 한눈에 들어온다. 걷기를 좋아하는 사람들을 위해 협곡 전역과 알라카이 습지 근처까지 이어진 72킬로미터에 이르는 길도 마련되어 있다. **MB**

하와이의 폭포들

하와이

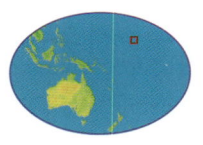

폭포의 수	대형 폭포는 24개 이상, 소형 계단폭포는 200개 이상
가장 긴 계단폭포(카히와 폭포, 몰로카이)	533미터
가장 긴 단일폭포(아카카, 빅아일랜드)	135미터

하와이의 섬들은 북동쪽에서 불어오는 습한 무역풍을 정면으로 맞는 길목에 있다. 바람은 한껏 품고 있던 습기를 카우아이 섬에 있는 와이알레알레 산에서 놓아버린다. 그 결과 이 산은 세계에서 가장 습한 곳이 되었다. 가파르고 구멍이 많이 뚫린 화산암으로 된 풍경에 이런 강수 조건이 결합되면서 하와이 곳곳에 아름다운 폭포들이 만들어졌다. 물은 끊임없이 흐른다. 물이 흘러 땅을 깎으면 깎을수록 폭포의 높이는 더 높아진다. 와이메아 폭포는 728만 평방미터 넓이의 아름다운 와

이메아 폭포 공원에 있다. 빅 아일랜드의 와일루쿠 강 주립공원에 있는 레인보우 폭포는 하와이에서 가장 아름다운 폭포로 손색이 없다. 이름처럼 아침마다 물안개 사이로 보이는 무지개가 일품인 이 폭포는 높이는 24미터지만 평균 유량이 하와이에서 최고이다. 호놀룰루 인근에 있는 카페나 폭포는 물이 땅에 닿기도 전에 성난 무역풍이 물을 다시 위로 날려버리는 것으로 유명하다. 빗물에 그다지 의지하지 않는 폭포들도 있다. 마우이 섬의 하나위 폭포는 하와이에서 가장 아름다운 폭포로 손꼽히는데, 지하에서 나온 물이 흐르는 곳이다. 가장 건조한 때도 물이 마르지 않는다. **DH**

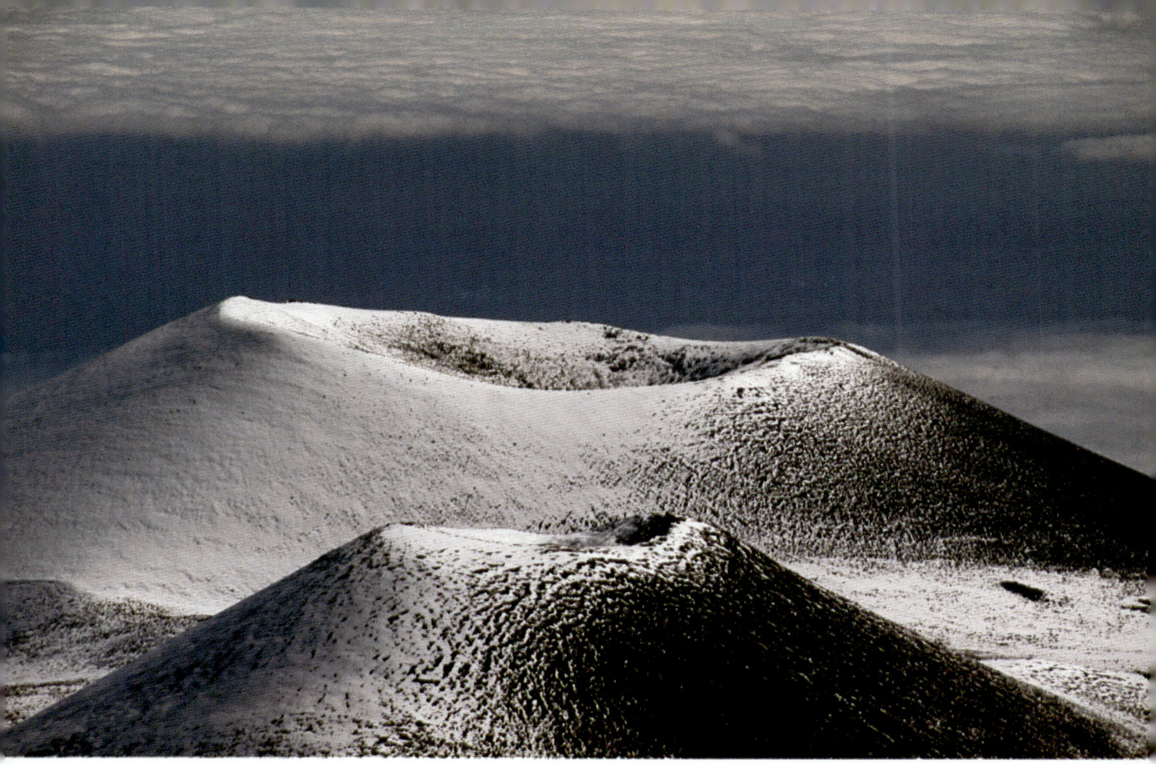

마우나케아

하와이

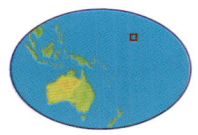

마우나케아의 면적 : 2,383제곱킬로미터
생성 시기 : 약 100만 년 전
폭발 : 4,500~6,000년 전에 최소 일곱
차례

하와이에 눈이 온다는 말을 들으면 고개를 갸우뚱할 것이다. 하지만 하와이 섬의 최고봉인 마우나케아 산의 정상은 겨울이면 아름다운 설경을 뽐낸다. 과학자들은 4,205미터인 산 아래에서 빙하기에 형성된 빙퇴석을 발견하기도 했다. 하지만 그보다 35미터밖에 낮지 않은 마우나로아에는 빙하의 흔적이 전혀 없다. 마우나케아는 약 80만 년 전에 해저에서 분화하기 시작했다. 지금은 바다 속에 있는 화산의 아래에서 해수면까지 닿으려면 꼬박 9킬로미터를 올라와야 한다.

약 30만 년 전 케아 산에 높은 분석구가 형성되었다. 이곳에서 흘러나온 용암이 산을 뒤덮었다. 당시 정상 부분은 예외였는데 이곳은 빙력토로 덮여 있다. 화산은 4,500년 전에 마지막으로 폭발했다. 주변의 킬라우에아 화산과 후알랄라이 화산에 비해 폭발 횟수는 뜸한 편이다. 지금은 휴화산이지만 연구진은 수없이 발생하는 지진 때문에 언젠가는 다시 폭발할 것이라 전망한다. 마우나케아는 높고 건조하고 공기가 맑아서 천문관찰에 최적의 조건을 갖추고 있다. 이 산에는 세계 최대의 천문관측대가 세워져 있다. **DH**

할레아칼라 분화구

하와이

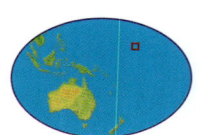

공원의 면적 : 119제곱킬로미터
국립공원 지정 연도 : 1961년
생물권보호구역 지정 연도 : 1980년

태평양 저 깊은 곳 어딘가에는 지각 일부분이 북서쪽을 향해 무자비하게 움직이고 있다. 언제나 그렇듯이 그곳에서는 화산활동이 활발한데, 지구의 핵과 곧장 연결된 터진 상처와 같다. 상처에는 나온 마그마는 점점 위로 올라와 결국 화산섬이 된다. 태평양판을 따라 그렇게 형성된 화산섬들은 일본을 향해 줄지어 서 있다. 하와이 주의 마우이도 그런 섬이다. 원래는 두 개의 화산으로 이

오랜 세월 빗물이 땅을 깎아서 정상 부근에는 거대한 천연극장을, 산 중턱에는 깊게 파인 흉터 같은 지형을 만들어 놓았다. 바람이 불어오는 산허리에는 풍부한 강수량 덕분에 삼림이 울창하다. 이곳의 키파훌루밸리는 하와이에서 열대우림 생태계가 가장 잘 보존된 곳으로 수많은 희귀한 조류, 곤충과 거미가 산다.

고산 지대는 이 지역의 고유종인 로아와 오히아가 무성한 숲이 펼쳐져 있다. 멸종위기에 처한 마우이누쿠푸우, 마우이붉은머리오목눈이류와 수가 얼마 남지 않은 이 지역 고유종들도 있다. 열대우림은 용암처럼 56km를 스멀스멀 산맥을 따라 내

현재 태평양판의 활동이 계속되고 있지만 휴화산인 할레아칼라는
곧 사화산이 될 것이다. 하지만 인근 지역에서는 크고 작은 지진이
계속 관측되고 있다.

루어진 섬이었는데 별개였던 두 화산이 점차 하나로 합쳐졌다. 둘 중 더 큰 화산인 할레아칼라는 해저에서 정상까지는 9,144미터이며 해발 고도는 3,600미터에 달한다. '잠자는' 화산인 할레아칼라는 1790년에 마지막으로 폭발했는데, 당시 용암 두 줄기가 마우이 섬의 남서쪽 해안까지 흘러갔다.

현재 태평양판의 활동이 계속되고 있지만 휴화산인 할레아칼라는 곧 사화산이 될 것이다. 하지만 인근 지역에서는 크고 작은 지진이 계속 관측되고 있다. 기후가 선선한 이 화산 지역은 과거에 붉고, 노랗고, 회색이고, 검은색인 용암, 화산재, 분석구가 지나간 자리마다 오래된 화구가 흩어져 있다.

려와 어느새 바다까지 뻗어 있다. 굽이굽이 돌아가는 산길을 따라가면 122미터 높이의 폭포, 열대 하천, 푸른 물빛을 자랑하는 연못들이 나온다. 바람 부는 산비탈에는 건조한 숲이 해충과 화재의 위협에도 꿋꿋이 버티고 있고 더 높이 올라가면 관목지가 나온다. 그곳은 희귀종인 하와이기러기의 성역이다. 정상은 건조하고 구멍이 많은 암석이 빗물을 다 흡수하기 때문에 가장 극심한 환경에서도 살아남을 수 있는 관목들만 자란다. 여름에는 비가 매일 낮에만 내리고 겨울에는 매일 밤에만 내린다. **DH**

오른쪽 하와이의 휴화산 두 개가 서서히 합쳐진 섬

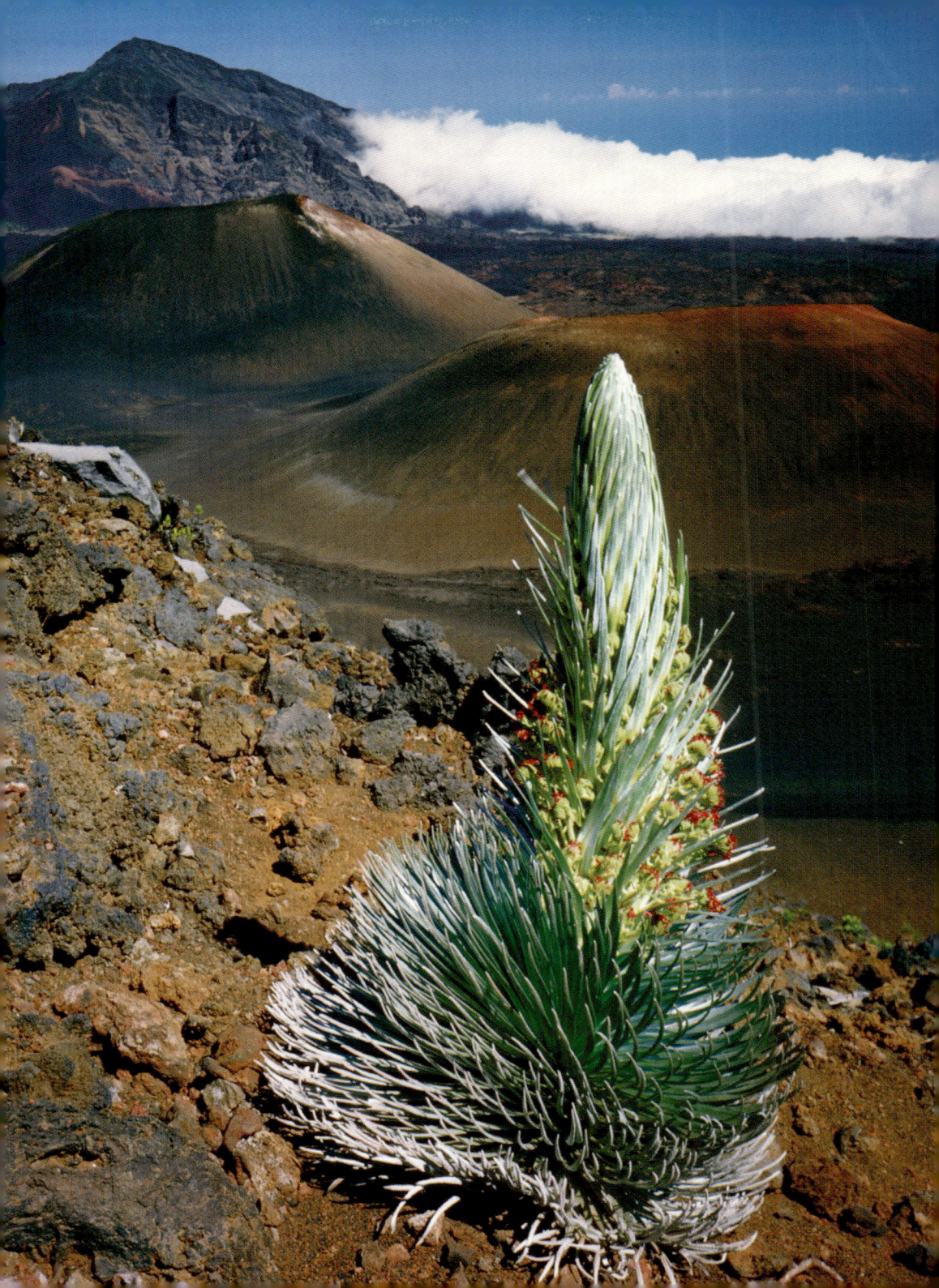

와이알레알레 산

하와이

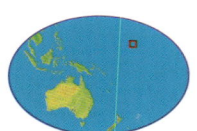

와이알레알레 산의 높이 : 1,569미터
연평균 강수량 : 1,168센티미터

800만 년 전 해저에서 폭발한 화산이 바다 위로 고개를 내밀었다. 그렇게 만들어진 섬이 카우아이다. 이것은 하와이 주에서 가장 오래된 섬이다. 섬의 중앙 산괴에 자리 잡은 와이알레알레 산은 이 섬의 탄생 과정을 증언해 주는 말 없는 목격자이다. 와이알에알레 산은 세계에서 가장 습한 산이다. 산허리의 연평균 강수량이 1,168센티미터나 된다. 1982년에는 정상에 1,692센티미터, 해안에는 25센티미터의 비가 내려 새로운 기록을 작성했다.

오랜 세월동안 쉴 새 없이 비가 내리다 보니 하와이의 '리틀 그랜드캐니언'이라고 불리는 와이메아 협곡과 같은 장엄한 풍경들이 속속 출현했다. 와이알레알레의 분수령에서 발원해 미로같이 흐르는 시내들은 수많은 폭포를 지나 저지로 향한다. 시냇물들은 하와이에서 배를 띄울 수 있는 와이메아 강, 와일루아 강, 마카웰리 강, 하나페페 강을 살찌운다. 햇빛을 볼 수 없고 습하고 바람이 센 고산 지대는 가혹한 환경에 적응한 이끼, 사초, 풀이 무성하다. **DH**

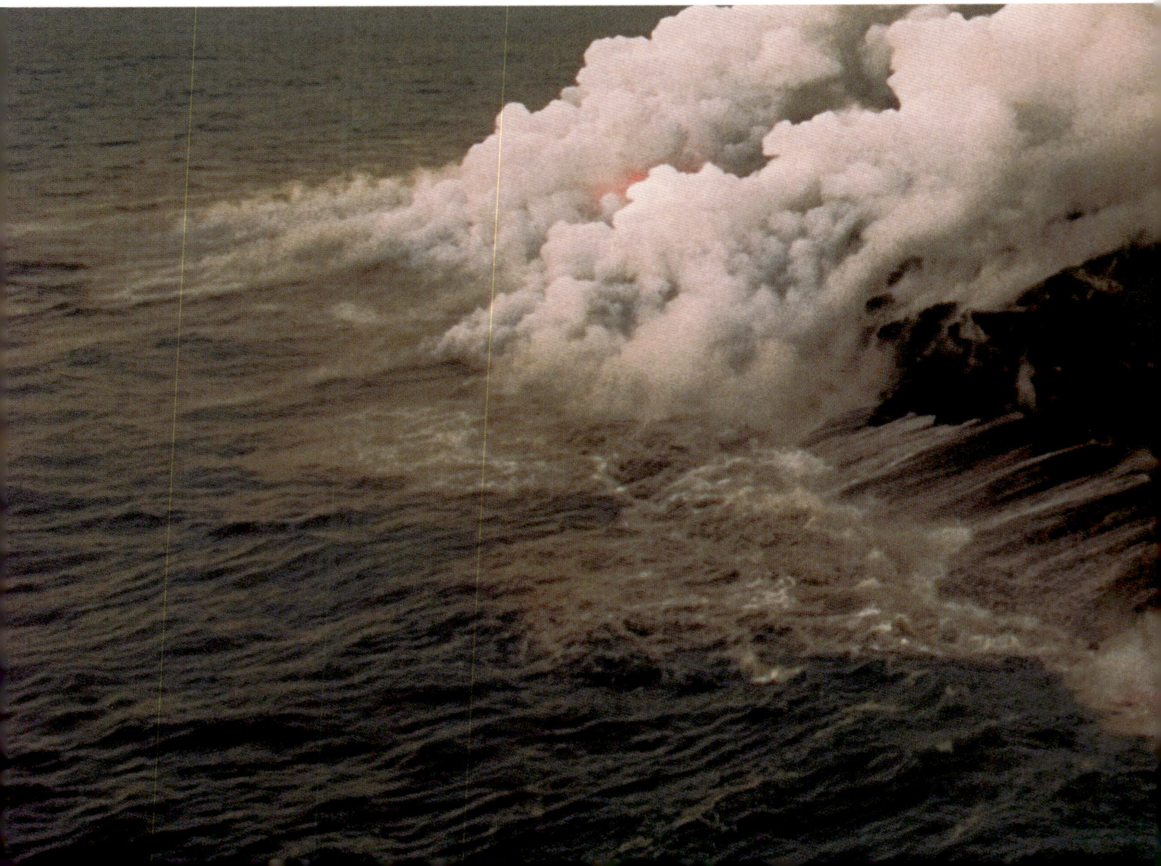

용암 튜브

하와이

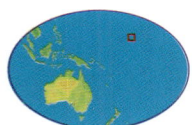

세계에서 가장 긴 용암 튜브: 카주무라 동굴
카주무라 동굴의 길이 : 59.3킬로미터
카주무라 동굴의 깊이 : 1,099미터

용암 튜브는 용암이 식으면서 만들어지는 지형이다. 위치에 따라 용암의 상태가 달라야 튜브가 만들어진다. 예를 들어 표면은 이미 굳어서 딱딱해졌는데, 그 아래에 다시 뜨거운 용암이 흐르면서 동굴 같은 지형이 만들어지는 것이다.

하와이에는 세계에서 가장 긴 용암 튜브가 있다. 화구에서 용암이 더 나오지 않더라도 유체 상태의 용암은 아래로 흐르면서 끝부분이 개방된 튜브를 만든다. 하와이의 화산 국립공원에 있는 서스턴 동굴이 좋은 예로, 이 공원에서 유일하게 배를 띠울 수 있는 용암 튜브이다. 서스턴 동굴은 킬라우에아 화산의 정상에서 동쪽에 있는 아이라아우실드라는 거대한 분화구가 폭발했던 300~500년 전에 만들어졌다. 이런 동굴에도 종유석과 석순이 만들어지기도 하며 물은 지하 연못으로 모인다. 용암 튜브는 지표면에서 그리 깊지 않은 곳에 있기 때문에 나무뿌리가 천장을 뚫고 내려오기도 한다. **DH**

아래 뜨거운 용암이 바다에서 분출되고 있다.

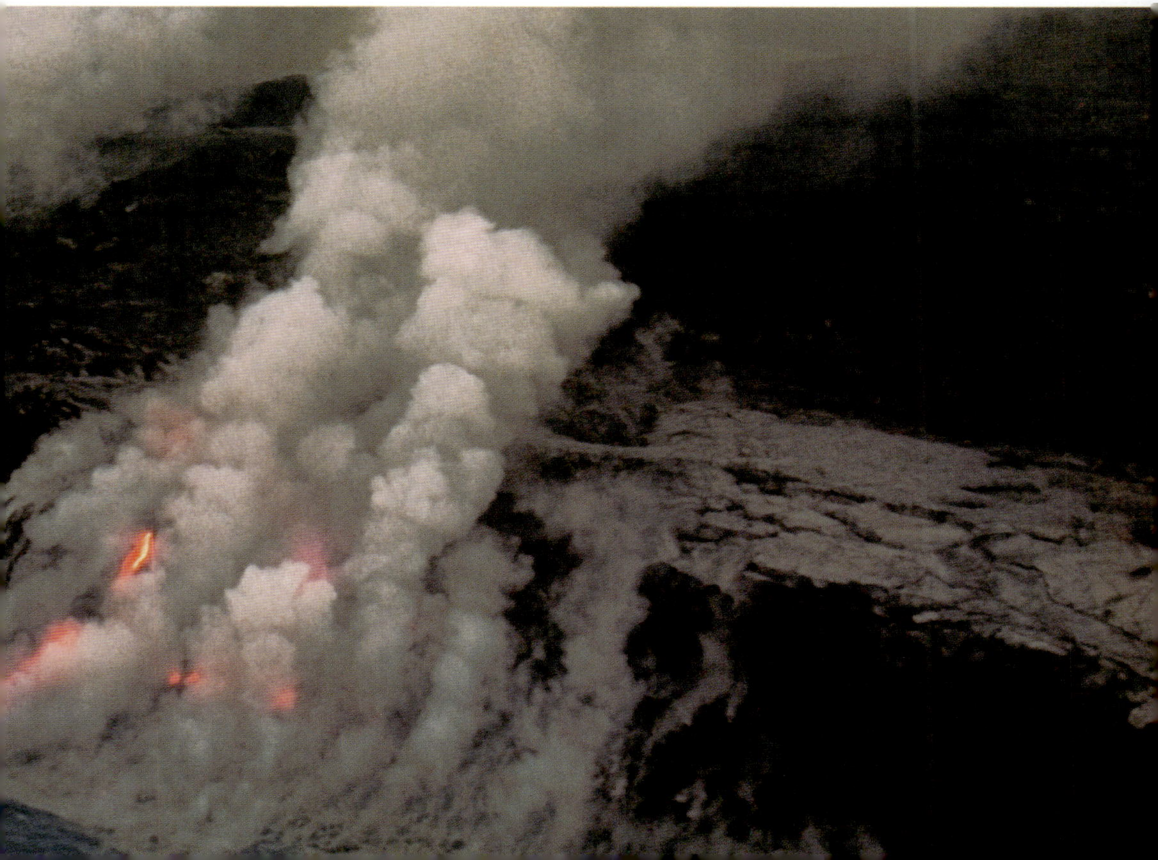

킬라우에아 화산

하와이

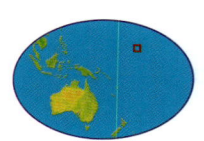

| 킬라우에아 화산의 용암분출량 : 분당 492,104리터 |
| 아황산가스 배출량 : 하루에 2,500톤 |

지구가 형성된 과정을 지속적으로 관찰할 수 있는 곳으로 킬라우에아 화산만 한 곳이 없다. 이 화산은 지구에서 화산활동이 가장 활발한 곳이다. 지난 200년간 활동한 킬라우에아는 1983년 1월에 또 다시 폭발을 했다. 하와이의 빅 아일랜드에 있는 화산 국립공원의 제왕인 킬라우에아는 푸우오라고 불리는 남동쪽의 균열에서 매일 30만~60만 4,000세제곱미터에 달하는 용암을 토해아 화산은 해발 1,222미터인데 화산 대부분은 바다에 잠겨 있다.

현재의 분화구는 약 1790년에 형성되었으며 할레마우마우라는 함몰분화구가 있다. 화산의 동쪽과 남서쪽에 각각 균열 지대가 있다. 그러나 쿠파이아나하 분화구에서 오랫동안 분화가 지속되자 킬라우에아는 불길을 토해내지 않게 되었다. 1991년 말부터는 용암도 바다로 흘러들지 않는다. 지금은 가장 접근하기 어려운 지역에서만 화산활동이 일어나고 있다. 하와이 원주민들은 화산 폭발이 다혈질인 화산의 여신 펠레의 분노라고 생각한다. 화가 나면 펠레 여신은 발을 굴러 지진을 일으키고

> 하와이 원주민들은 화산 폭발이 다혈질인 화산의 여신 펠레의
> 분노라고 생각한다. 화가 나면 펠레 여신은 발을 굴러 지진을 일으키고
> 마법 지팡이를 휘둘러 화산 폭발을 일으킨다고 한다.

낸다. 이 용암이 킬라우에아 서쪽 경사면을 뒤덮었는데 그 면적이 101제곱킬로미터에 달한다. 덤으로 섬의 면적은 2.59제곱킬로미터나 넓어졌다. 하지만 푸우오의 용암은 그만큼의 면적을 파괴했다. 현재 사원, 역사시대 이전의 암각화, 고대의 마을과 같은 수많은 고고학적 유물이 이 용암 아래에 매몰되어 있다. 강을 이루어 거침없이 바다로 향한 용암은 가옥, 교회, 공동체 센터를 포함해 건물 180여 채와 전력망과 전화선까지 집어삼켜 버렸다. 65제곱킬로미터에 달하는 숲이 전소해 희귀한 매, 꿀먹이새, 해피페이스스파이더, 철박쥐 등의 보금자리도 사라졌다. 화산 중에서도 젊은 편인 킬라우에마법 지팡이를 휘둘러 화산 폭발을 일으킨다고 한다. 1980년에 유네스코는 화산 국립공원의 과학적 가치를 인정해 국제생물권보호구역으로 지정했다. 그로부터 2년 후 공원은 세계유산으로 지정되었다.

DH

오른쪽 킬라우에아의 정상에서 용암이 흘러나오고 있다.

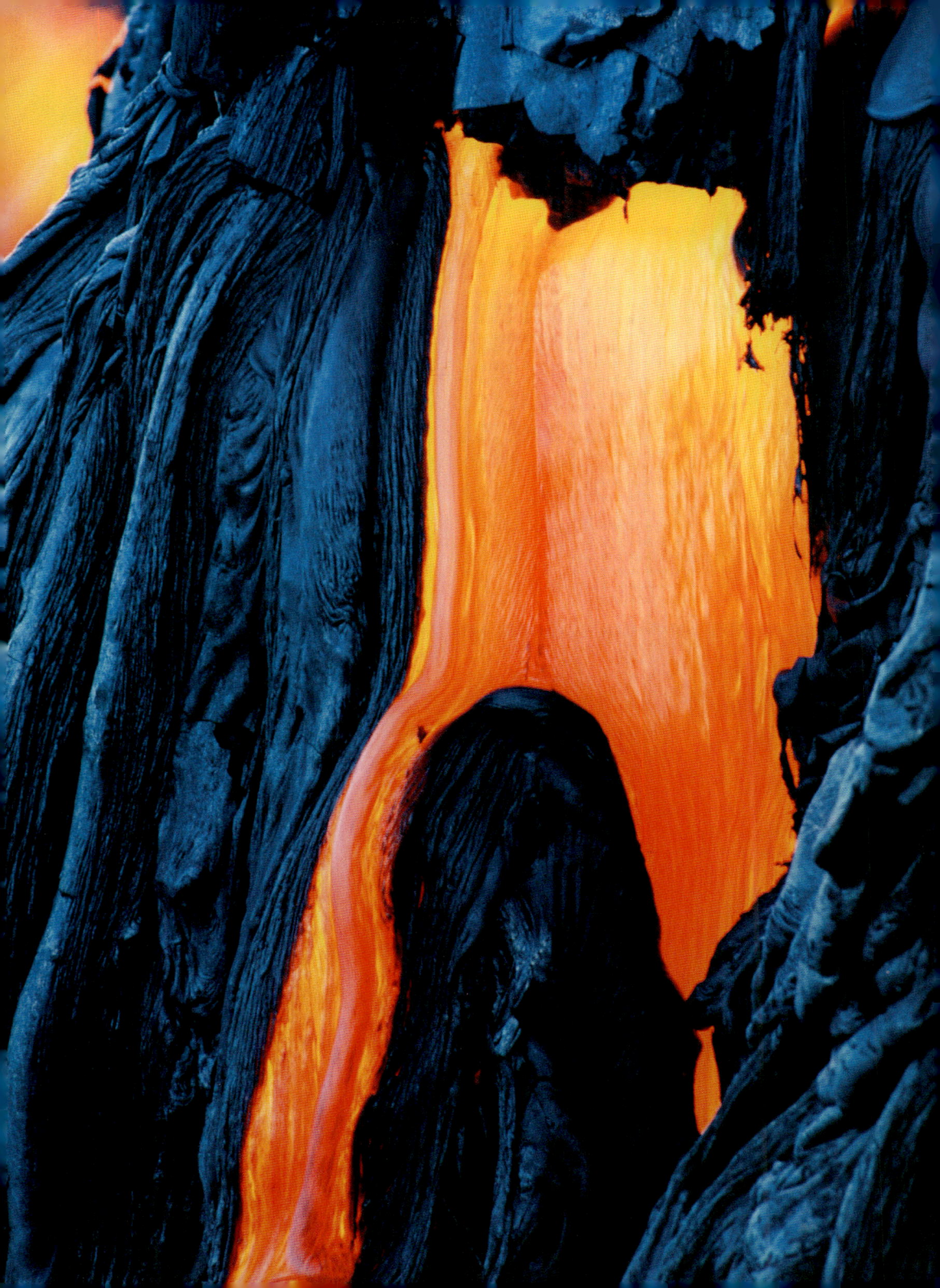

마리아나 해구

태평양, 미크로네시아

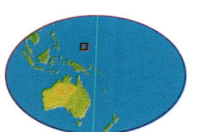

마리아나 해구의 길이 : 2,550킬로미터
마리아나 해구의 폭 : 69킬로미터
챌린저 심연의 깊이 : 11,033미터

일본 근처의 마리아나 제도 동쪽에는 세계에서 가장 깊은 해구가 있다. 태평양의 텍토닉 판이 필리핀 판 아래로 빠지면서 형성된 마리아나 해구 중에서도 가장 깊은 부분인 챌린저 심연의 깊이는 무려 1만 1,033미터에 달한다. 에베레스트 산을 심연의 바닥에 놓으면 산 정상에서 물 표면까지 2.5킬로미터가 남을 것이다. 그곳은 춥고 수압이 엄청난 데다 완벽한 암흑 상태이지만 놀랍도록 다양한 생명체들이 살고 있다. 1960년에 최초로 챌린저 심연으로 내려갔던 연구진들은 신발 밑창을 닮은 물고기를 보고 깜짝 놀랐다. 그 후 빛을 내는 아귀목 같은 물고기와 새우와 게 같은 갑각류도 발견되었다. 극도로 뜨겁고 광물이 풍부하게 녹아 있는 해수가 검은 연기 기둥을 이루며 위로 치솟는 열수(熱水)분출공이 생물학적으로 특히 중요한 지점이다. 이곳은 심연 속의 미생물이 풍부한 오아시스로 아직도 알아내야 할 부분이 많은 복잡한 먹이사슬의 바탕이 된다. 마리아나 해구에는 수명이 100년이 넘는 생명체가 많이 살고 있다. **NA**

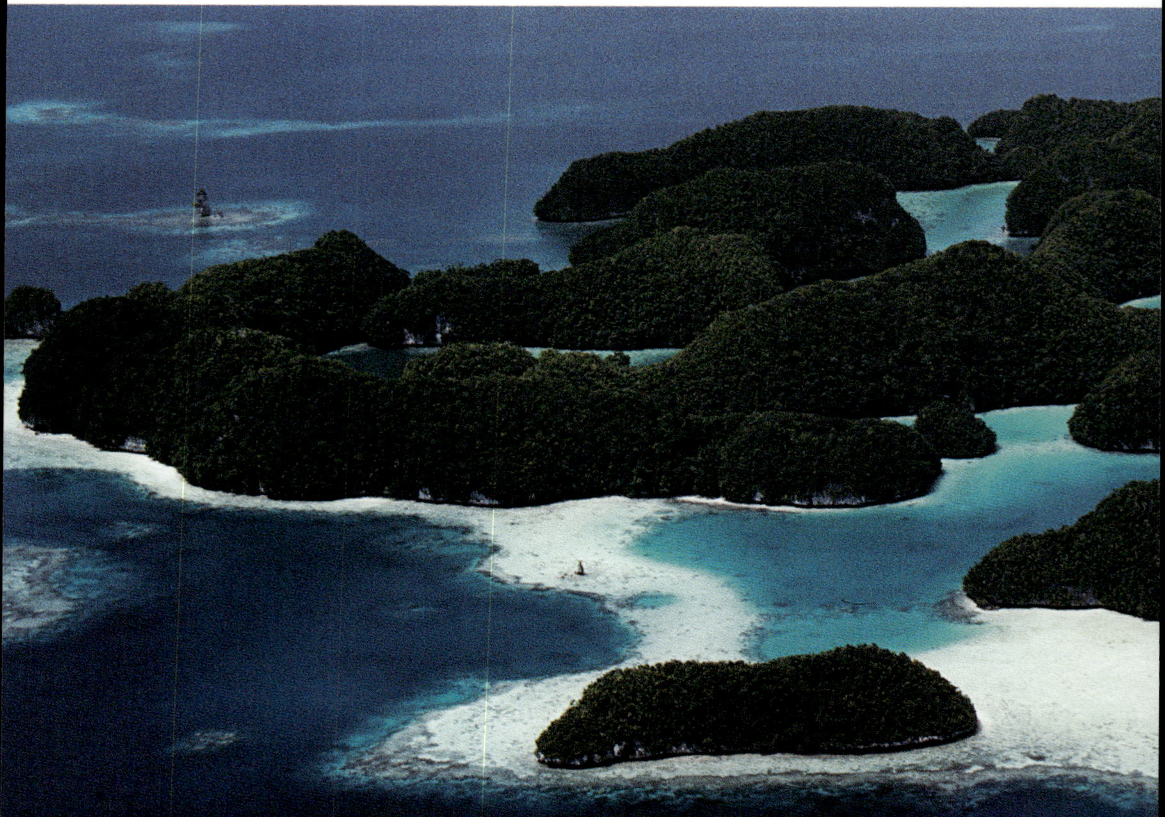

팔라우

UN 태평양제도 신탁통치지역

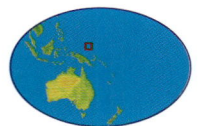

팔라우의 육지 면적 : 458제곱킬로미터

최고 높이(응거쳴추우스 산) : 242미터

팔라우는 343개의 섬이 여섯 개의 그룹으로 모여 있는 섬나라이다. 필리핀의 남동쪽에 있는 캐롤라인 제도에서 가장 서쪽에 있다. 무려 2,000만 년 전에 생성된 산호초들은 지금은 석회석 섬이 되었는데 곳곳에 담수호와 함수호가 흩어져 있다. 팔라우는 전 세계의 자연보호기구, 다이버들, 해양과학자들이 '이 세상에서 가장 아름다운 수중 절경'을 갖춘 곳으로 꼽는 지역이다.

주변 바다에는 산호초, 블루홀, 숨어 있는 동굴, 터널과 60개가 넘는 수직 절벽들이 있다. 높은 절벽의 보호를 받아서 좁은 틈으로 들어오는 바닷물로만 채워지는 함수호에는 미니 해양생태계가 형성되어 있다. 호수마다 고유의 물리적, 화학적, 생물학적 과정이 있다. 어떤 호수에는 해파리가 어마어마하게 사는데, 태양과 식물성 플랑크톤을 따라 매일 호수 한쪽 끝에서 다른 쪽 끝으로 옮겨다닌다. 육지 속 호수에 갇혀 있는 이 해파리들은 다른 종과는 완전히 다르게 진화했다. **DH**

아래 팔라우의 석회석 섬들이 염호에 흩어져 있다.

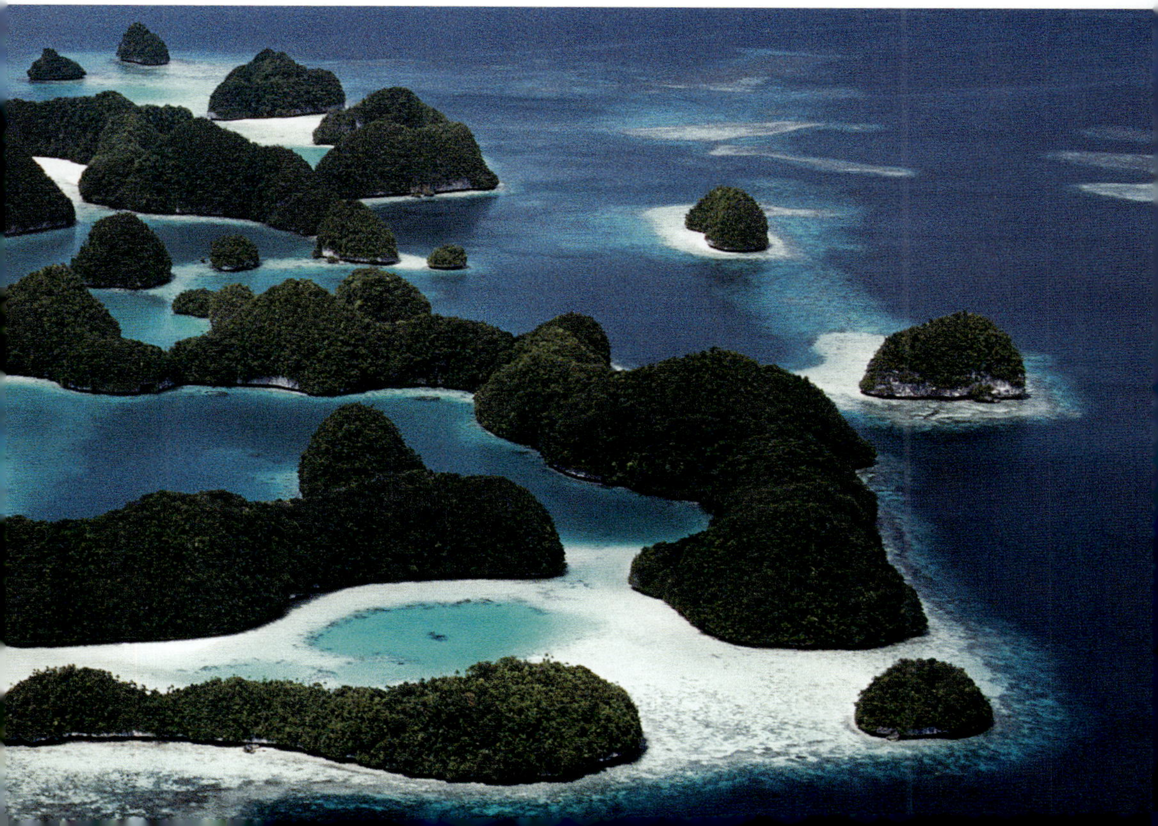

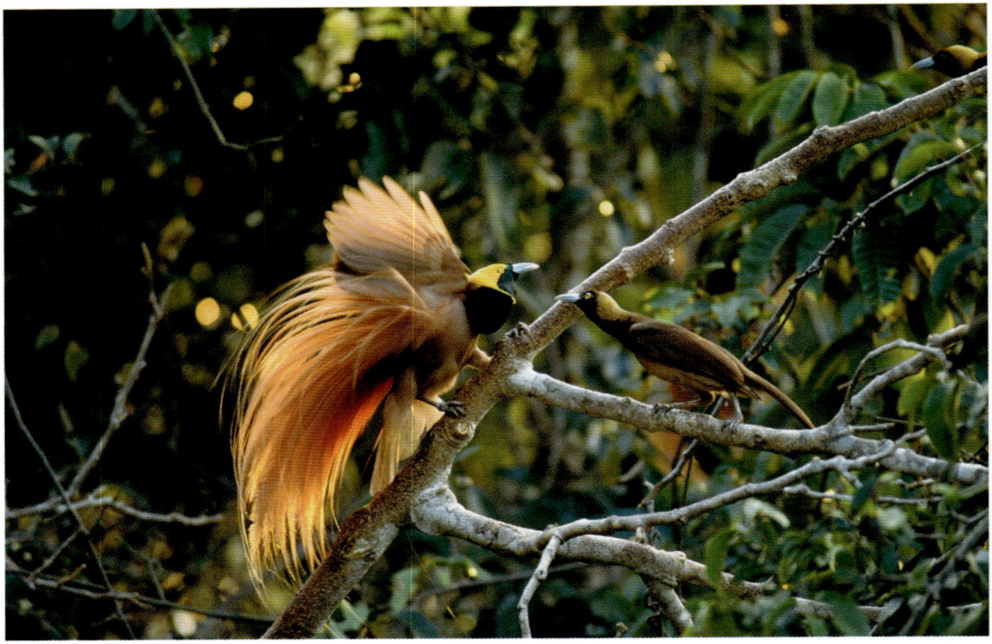

뉴기니

파푸아뉴기니

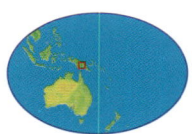

뉴기니의 면적 : 463,000제곱킬로미터

지형 : 해안 저지와 완만한 구릉이 딸린 산악 지대

오스트레일리아의 북쪽에 있는 뉴기니는 세계에서 두 번째로 큰 섬이다. 이 섬은 파푸아뉴기니에서 인도네시아의 파푸아 주 사이의 지역을 모두 아우를 정도이다. 크기만큼 풍경도 다양한데, 높은 산이 있는가 하면 깊은 계곡이 나오고 열대의 정글이 있는가 하면 하얀 모래가 깔린 모래 해변이 펼쳐져 있고 물에 잠긴 평평한 넓은 지형도 있다. 우기가 끝나가는 5월이면 물이 불어난 탁한 강이 굽이치며 사바나와 울창한 숲으로 흐른다.

식물 1만 1,000종, 희귀한 조류 600종, 양서류 400종 이상, 나비 455종이 사는 뉴기니 섬의 생태적 가치는 이루헤아릴 수조차 없다. 특히 세계에서 가장 큰 나비인 퀸알렉산드라버드윙도 서식한다. 하지만 이 섬의 진짜 보물은 새들이다. 이곳은 날지 못하는 거대한 화식조(火食鳥), 코뿔새, 코카투앵무새류를 비롯해 온갖 아름다운 새들의 천국이다. 뉴기니에는 대형 포유류는 없지만 작은 포유류 250종이 서식하고 있다. 그중에서도 독특하기 짝이 없는 동물은 나무캥거루이다. 마크루디데 과에 속하는 이 동물은 진짜 캥거루이다. 위험에 처하면 나무 위에서 땅으로 뛰어내린다. 높이가 보통 12~18미터나 되는 곳에서 뛰어내려도 전혀 다치지 않는다. **GM**

라바울

파푸아뉴기니

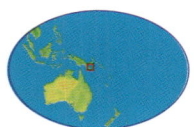

특징 : 한때 파푸아뉴기니에서 가장 아름다운 곳이었지만 지금은 폐허로 변했다.
1994년 폭발의 진원지 : 타뷔르뷔르 산

뉴 브리튼 섬에는 라바울 시가 있다. 이곳은 한때 파푸아뉴기니에서 가장 아름다운 곳에 자리 잡은 도시였다. 하지만 그 영광도 1994년에 발생한 격렬한 화산 폭발로 추억이 되고 말았다. 불행히도 라바울 시는 그림 같은 항구와 오래된 칼데라의 가장자리를 따라 늘어선 활화산대 사이의 해안에 건설되었던 것이다. 지금 라바울은 검은 화산재에 묻힌 폐허에 지나지 않는다. 어떤 작가는 무너진 건물 잔해를 보고 '죽은 새의 날개처럼 진흙에 삐죽 튀어나왔다.'라고 묘사하며 이 도시를 '사방을 둘러봐도 파편과 무너진 건물뿐인 이곳은 묵시록 영화를 찍는 촬영장'으로 사용해도 좋을 것이라고 했다. 한때 기후 좋은 열대 도시였던 라바울이 이제는 진흙이 된 화산재에 몇 겹으로 매몰된 폐허가 된 것이다. 하지만 휴양지 호텔 세 곳이 재건되었다. 이 호텔들은 폐허 속의 오아시스처럼 굳세게 서서 경악에 찬 방문객들을 환영한다. 라바울이 이 지경이 된 원흉이자 지금도 연기를 뿜어내는 타뷔르뷔르 화산을 제외한 모든 화산은 등반이 가능하다. 산허리에는 터널과 동굴이 많다. 일본군은 제2차 세계 대전 중에 500킬로미터가 넘는 굴을 팠다.

GM

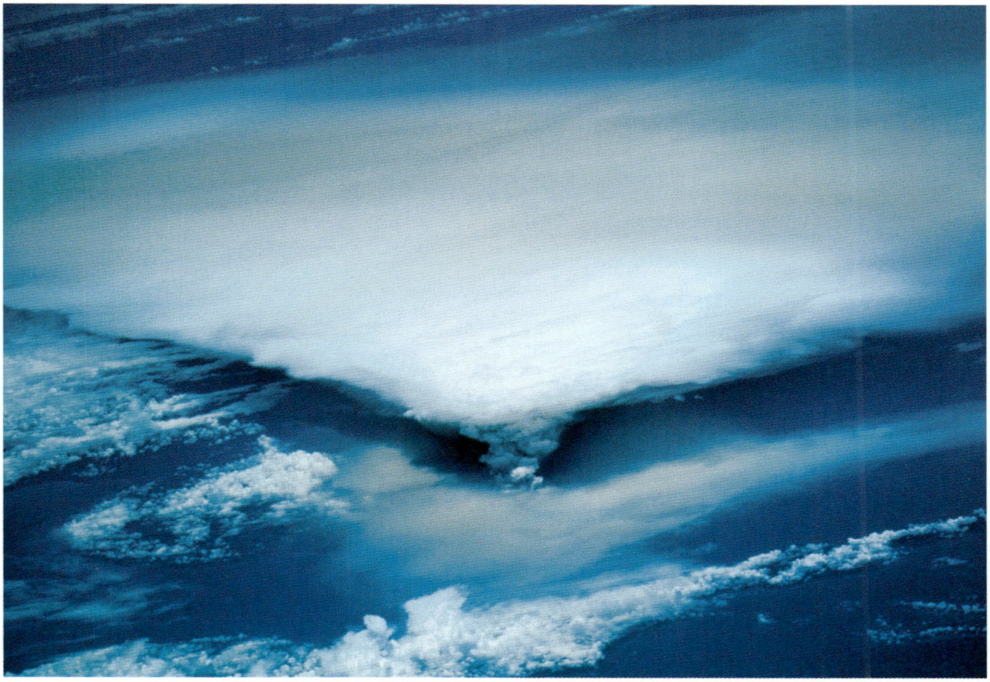

플라이 강

파푸아뉴기니

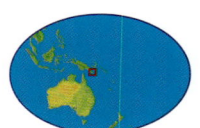

지류를 합한 플라이 강의 길이 : 1,200 킬로미터

특징 : OK 테디 광산의 운영권을 둘러싼 오랜 분쟁으로 유명함

800킬로미터를 유유히 흘러 바다로 들어가는 플라이 강은 파푸아뉴기니에서 가장 큰 강이다. 플라이 강 유역은 삼림과 계절풍림이 간간이 나타나는 사바나와 초원이 펼쳐져 있다. 이곳은 파푸아뉴기니와 인도네시아의 파푸아 주의 경계에 걸쳐 있다. 강은 정기적으로 범람하는데, 상류에는 연평균 강수량이 10미터에 달할 정도이다. 플라이 강은 해발 4,000미터의 산이 즐비한 서부 고지에서 발원한다. 강은 여기서 남동쪽으로 흘러 파푸아 만까지 흐른다. 강물이 바다로 들어가는 지점은 물 색이 거무튀튀하다. 염수와 담수가 섞이는 이 지역에는 세계 최대의 맹그로브 숲이 형성되어 있다. 이곳에는 맹그로브 습지 한곳에서만 30종이 넘는 맹그로브나무가 발견되기도 했다. 이 나무는 염수에서 사는 악어와 배가 하얀 맹그로브스네이크처럼 희귀 생물들의 보금자리이다. 강과 주변 지역에는 이 나라에서 가장 희귀한 식물이 자란다. 이 지역에 서식하는 식물의 55퍼센트는 고유종일 정도이다. 파푸아뉴기니에 서식하는 포유류 200종 중에서 120종과 조류 387종이 이 지역에 서식한다. **GM**

하일랜즈

파푸아뉴기니

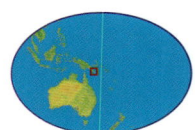

하일랜즈의 면적 : 181,300제곱킬로미터

빌헬름 산의 높이 : 4,500미터

파푸아뉴기니의 하일랜즈는 1930년대 사람들이 금광을 찾으려고 들어가기 전만 해도 아무도 살지 않는 지역으로 알려졌지만 실은 이미 그곳에는 10만 명이나 되는 주민이 살고 있었다. 그들은 바깥세상과 완전히 차단된 채 근근이 생계를 잇고 있었다. 지금 하일랜즈는 파푸아뉴기니에서 가장 인구밀도가 높고 농업생산성이 높은 곳으로 넓은 교외, 기름진 계곡, 물이 풍부한 강, 숲이 울창한 험준한 산악 지형을 갖추고 있다. 특히 이곳의 빌헬름 산은 이 나라의 최고봉이다.

이곳의 주민들은 세계 최초의 농사꾼들이었다. 하겐 산 근처의 와기 계곡에 있는 습지인 쿡에서는 1만 년 역사를 지닌 농사 체계가 발견되었다. 영국과 북유럽에서는 여전히 약탈과 사냥으로 연명할 때 이곳 사람들은 이미 작물을 재배한 것이다. 이곳의 농업의 역사는 비옥한 땅에서 곡식을 재배한 중동의 역사보다도 더 길다. 그래서 이 지역을 농업의 발상지라고 말한다. 하일랜즈의 남부는 뉴기니에서 가장 매력적인 문화를 간직한 다채로운 곳이다. 아름다운 풍경은 말할 것도 없다. **GM**

우측 파푸아뉴기니의 녹음이 우거진 하일랜즈

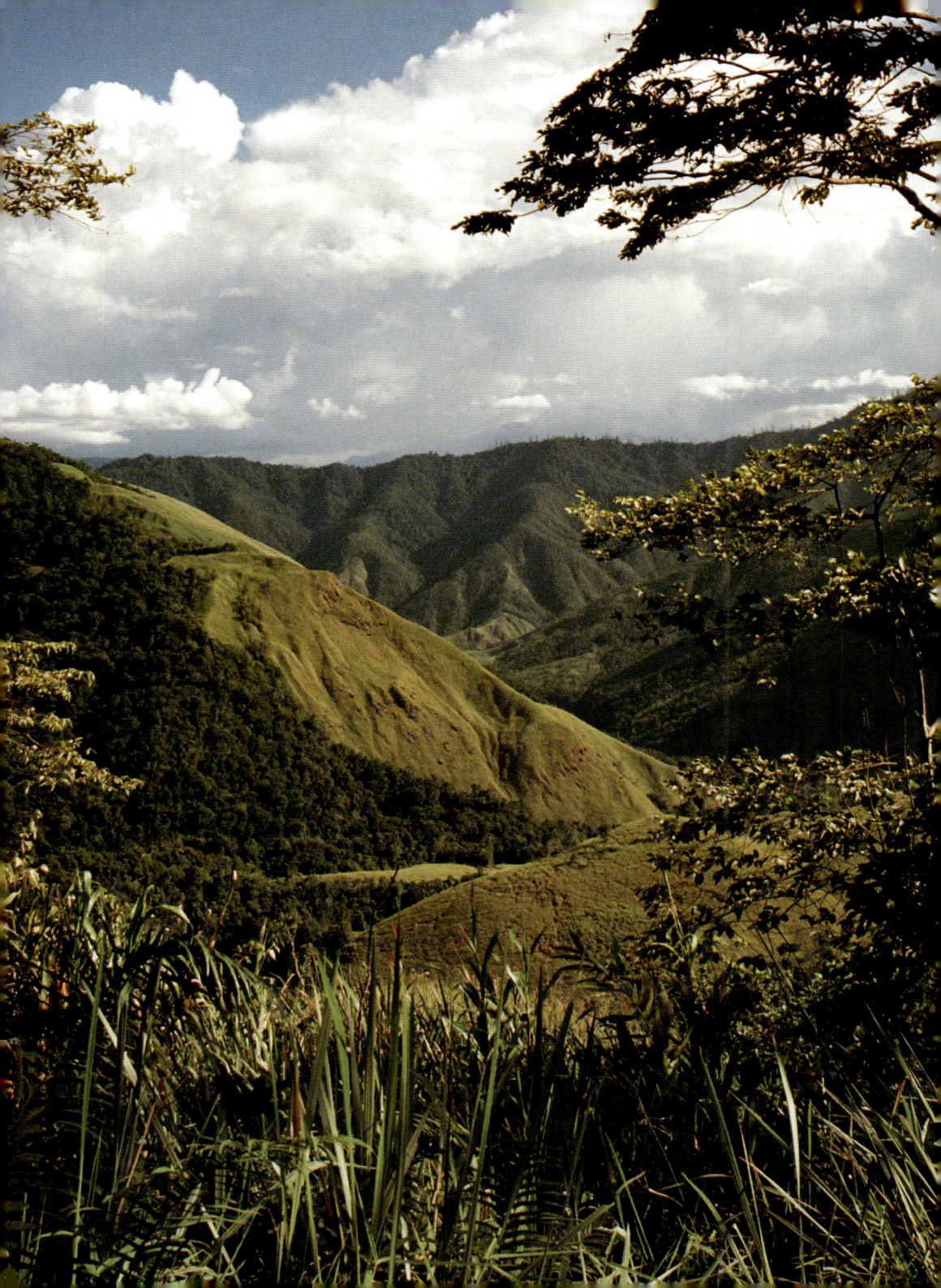

오언스탠리 산맥

파푸아뉴기니

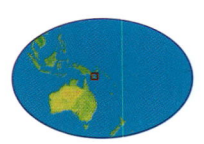

오언스탠리 산맥의 식생 : 열대우림
특징 : 2차 대전 중 1942년 전투로 유명
해진 코코다 트레일

뉴 기니 남동쪽의 중추는 울창한 열대우림으로 뒤덮인 오언스탠리 산맥이다. 험준한 봉우리와 울창한 정글로 대변되는 이 산맥을 통해 일본군이 1942년에 파푸아뉴기니의 수도인 포트모르즈비에 몰래 침투해 그곳을 점령하려 했다. 그해 7월과 11월 사이에 오언스탠리 산맥의 마을을 이어주는 인적이 드문 길이 코코다 길 전투의 격전지가 되었다. 호주군 제7사단은 일본군의 기습 공격에 맞서 싸웠을 뿐만 아니라 일본군이 참전 이래 처음으로 퇴각을 하게 만들었다.

현재 이 길은 매우 인기 있는 닷새 과정의 하이킹 코스가 되었다. 동쪽 해안에서 시작해 해발 402미터의 작은 고원에 있는 코코다 마을까지 가는 루트는 대체로 쉬운 편이지만 2,012미터를 넘는 산허리를 지나가야 한다. 쉬운 길이 끝나면 안개가 자욱하고 왜소한 나무가 자라는 가파른 능선을 올라가야 한다. 고사리와 난초가 무성한 정글을 지나고 맑은 개울을 건너고 가파른 골짜기를 지나 울창한 열대우림을 지나면 해안평원으로 나가게 된다. **GM**

세피크 강

파푸아뉴기니

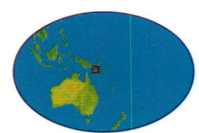

강의 길이 : 1,123킬로미터
강의 고도 : 해발 3,500미터

세 피크 지역은 세계에서 가장 큰 강의 하나인 세피크 강이 지나는 거대한 초원이다. 세피크라는 이름은 거대한 강물의 수원에서 유래했다. 거대한 갈색 물줄기가 굽이치는 강물은 고지의 수원부터 1,123킬로미터를 흘러 바다로 들어간다. 강물은 엄청난 양의 진흙과 강둑에서 잡아챈 수많은 종류의 식물더미를 바다에 풀어놓는데, 가끔 그것은 떠다니는 섬처럼 떠내려가기도 한다. 세피크가 실제로 삼각주는 아니기 때문에 강물은 곧장 바다로 들어가는데, 갈색물줄기가 무려 50킬로미터까

지 이어진다. 그래서 주민들은 바다에서 끌어온 물을 식수로 사용한다.

세피크 범람원에 분포해 있는 호수는 1,500개나 되는데, 다양한 동식물이 산다. 세피크 지역은 습한 열대기후지만 강의 고도와 국지적인 기후에 따라 다양한 기후가 형성되어 있다. 세피크 강은 대부분의 지점에서 배를 띄울 수 있다. 이곳 사람들은 식수, 식량, 운송을 모두 강에 의존한다. 전문가들은 세피크 강이 파푸아뉴기니에서 가장 훌륭한 조각가라고 말한다. **GM**

부건빌 섬

파푸아뉴기니

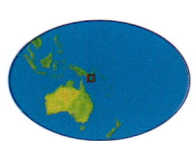

섬의 면적 : 10,050제곱킬로미터

섬의 인구 : 200,000명

숲이 울창한 화산섬인 부건빌은 하얀 모래 해변과 아름다운 산호초에 둘러싸여 있다. 내륙으로 들어가면 구릉지에는 원시림이 울창하고 골짜기는 안개가 자욱한 산속까지 뻗어 있다. 산으로 들어가면 폭포수가 흘러 깊은 협곡으로 떨어진다. 부건빌에서는 종종 예측 불가능한 자연의 파괴력을 목격할 수 있다. 섬에 있는 화산 대부분이 쉬는 것 같지만 맑은 날이면 와쿠나이의 발비 산과 토로키나의 바가나 산에서 모락모락 올라오는 연기를 볼 수 있다. 이 두 화산은 이 지역에서 가장 유명한 화산이다.

섬의 동쪽에는 넓은 대나무 숲이 펼쳐져 있고 늪지의 숲에는 터미널리아브라씨가 서식한다. 남쪽 해안에는 중요한 습지가 있다. 솔로몬 군도의 남부와 남동부에 고유한 야생동식물이 부건빌 섬에 많이 서식한다. 흥미로운 척추동물이 많은데 그중에서 별로 알려지지 않은 부건빌 꿀빨이새는 이 섬에서만 발견되는 희귀종이다. 이곳의 관광시설은 아직도 걸음마 수준이다. 최근 전쟁이 끝났다고는 해도 이 지역을 여행하기 전에 영사관에서 정보를 미리 점검해보는 것이 좋다. **GM**

트로브리앤드 제도

파푸아뉴기니

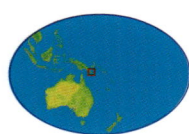

트로브리앤드 제도에서 가장 큰 섬 : 키리위나 섬

특징 : 태평양에서 가장 문명이 미치지 않은 곳

인류학자들이 트로브리앤드 제도를 연구한 지는 벌써 100년도 더 되었다. 연구 초기에 어떤 과학자가 이곳을 '사랑의 제도'라고 말한 것으로 유명하다. 그 말 한마디에 수십 명의 관광객이 섬을 찾았지만 섬사람들은 수 세기 동안 독특하게 발전한 자신들의 관습과 문화를 대부분 잘 보존했다. 바쿠타 섬에는 전기나 텔레비전은 물론 신문이나 전화도 없다. 그러나 마을 사람들은 일 년 내내 즐겁게 지내며 참마 축제가 다가오면 섬은 그야말로 흥분의 도가니에 빠진다. 참마 재배가 트로브리앤드 사람들의 사회적 정치적 복지와 직결되었기 때문에 심지어 이곳의 달(月)의 이름도 참마의 성장 단계에 따라 지었다고 생각하는 인류학자도 있다.

바쿠타는 하얀 모래 해변, 앞바다의 산호초, 야자수가 어우러진 섬이다. 이곳은 바다나 공기를 더럽힐 오염물질도 벌목 현장도 없다. 오로지 최상의 상태로 잘 보존된 열대의 자연이 있을 뿐이다. 이 섬은 트로브리앤드 제도에서 가장 큰 섬이자 비행장이 있는 키리위나에 인접해 있다. 배를 타면 두 시간이 걸린다. 이곳을 방문할 때는 사고나 병에 대비해서 의약품을 준비하는 것이 좋다. **GM**

뉴칼레도니아

오세아니아

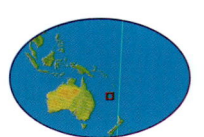

본토의 면적 : 16,000제곱킬로미터
총 면적(산호초와 섬을 포함) : 18,576 제곱킬로미터
최대 고도(페니에 산) : 1,628미터

오스트레일리아에서 동쪽으로 1,500킬로미터, 뉴질랜드에서 북동쪽으로 1,700킬로미터 정도 떨어져 있는, 프랑스의 해외 준주이자 오지 중의 오지 뉴칼레도니아는 이웃의 피지나 바누아투처럼 화산섬이 아니다. 곤드와나 대륙의 일부인 뉴칼레도니아는 그 유명한 마다가스카르 섬을 능가할 정도로 다양하고 독특한 야생동식물이 자라

는 듀공이 살고 앞바다에는 고래가 살며 해변에는 네 종류의 바다거북이 알을 낳는다. 서식지도 다양하다. 중앙의 산맥을 중심으로 더 습한 동쪽에는 열대우림이, 서쪽에는 건조한 삼림이 들어서 있다. 이 산맥에는 1,500미터가 넘는 봉우리가 다섯 개나 된다. 저지대에는 향기가 나는 관목과 맹그로브가 자란다. 열대우림은 가장 풍요로운데, 이곳에 자생하는 것으로 보고된 식물만 2,011종이나 된다. 건조한 숲에는 379종의 식물이 자생하는 것으로 알려졌다.

석회암에 뒤덮이고 화산활동으로 생성된 로열

> 곤드와나 대륙의 일부인 뉴칼레도니아는 그 유명한 마다가스카르 섬을
> 능가할 정도로 다양하고 독특한 야생동식물이 자라는 살아있는 방주이다.

살아있는 방주이다. 본토의 면적은 미국의 델라웨어와 맞먹는다. 5,600만~8,000만 년 정도 고립되어 있었기 때문에 이곳의 동식물은 독특하다. 관다발식물 3,322종과 다섯 개의 고유한 과(科) 중에서 77퍼센트가 독자적으로 진화했다. 이곳에는 세계에서 가장 큰 도마뱀붙이나 거대한 육상달팽이와 대단히 진귀한 새들이 서식한다. 특히 세계에서 가장 큰 나무비둘기인 노우토우비둘기, 뉴칼레도니아진홍잉꼬, 너무 독특해서 과(科)도 목(目)도 하나밖에 없는 카구를 눈여겨볼 만하다. 뉴칼레도니아에 서식하는 조류 116종에서 22종이 고유종이다. 대보초 다음으로 큰 보초(堡礁)는 1,600킬로미터나 이어졌고 다양한 담수 생물이 서식한다. 담수호에

티 제도의 숲은 본토와는 구성이 매우 다르다. 본토에는 현재 원시림과 운무림을 보호하는 파니에산 특별식물보호구역과 저지의 열대우림을 보호하는 라비에르블뢰 보호구역을 비롯해 25개의 보호구역이 지정되어 있다. 뉴칼레도니아는 생물학적인 중요성 덕분에 오세아니아에서 가장 보존이 잘이루어지고 있다. 이 지역은 생물다양성이 가장 중요한 지역 200곳을 선정한 세계야생생물보호기금(WWF)의 '글로벌 200'에 세 번이나 선정되었다.

AB

<u>오른쪽</u> 뉴칼레도니아의 알록달록한 수중 세계

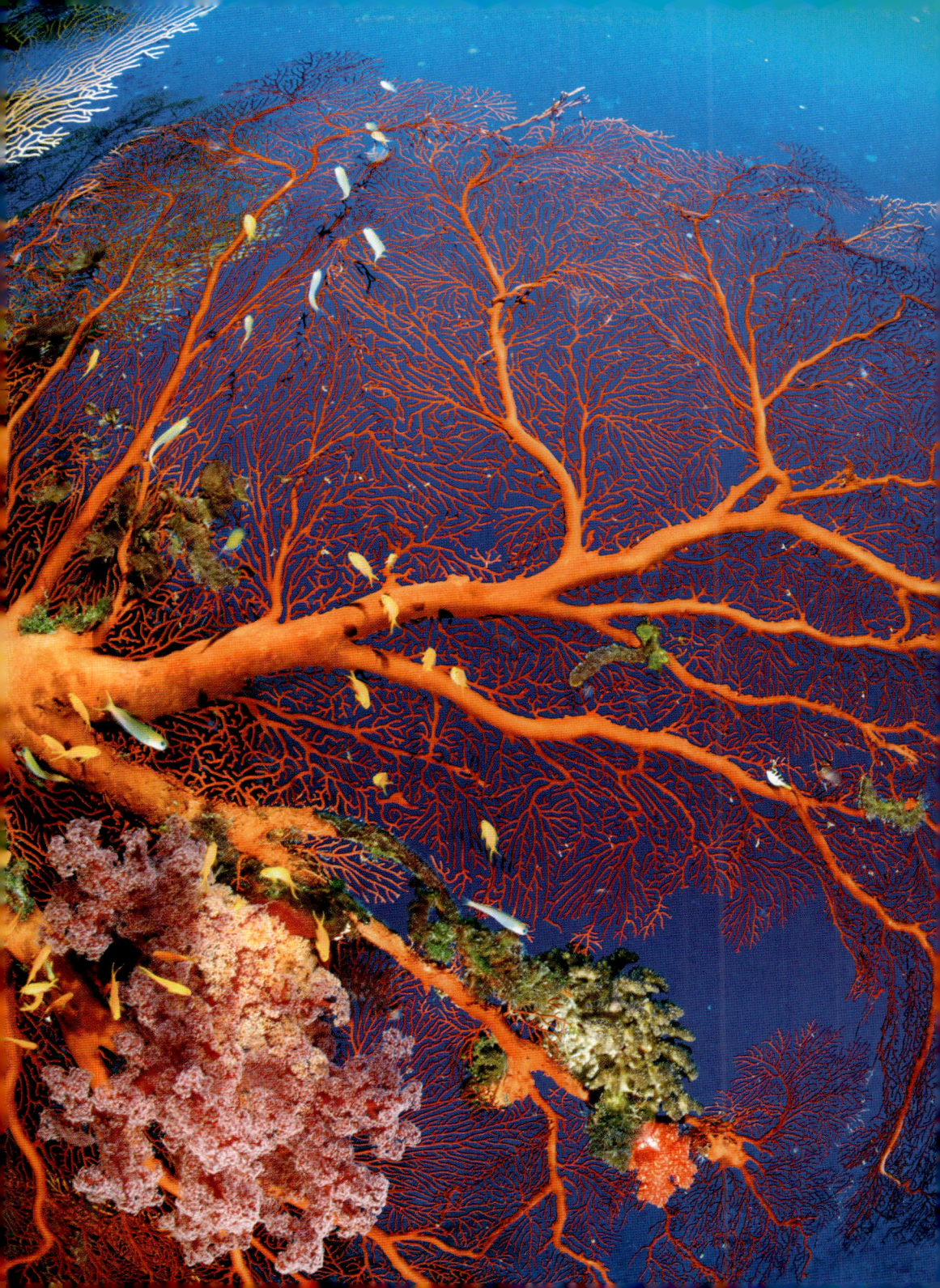

파초다 폭포
- 타히티

프랑스령 폴리네시아

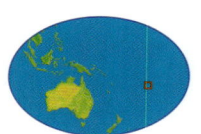

최고 높이(오로헤나 산) : 2,241미터
타히티 누이의 생성 시기 : 300만 년 전
타히티 리의 생성 시기 : 50만 년 전

고갱과 로티가 사랑을 나누던 낭만의 섬 타히티는 1년 중 100일은 비가 오는 폭포의 천국이다. 가장 멋진 폭포는 파우타우아 강의 파초다 폭포이다. 세계에서 가장 긴 폭포 25곳에 드는 파초다의 높이는 300미터에 달한다. 폭포까지 등반을 하려면 파페에테에서 세 시간이 걸린다. 가는 길은 두 개가 있는데, 그중 아래쪽 루트는 강을 따라 폭포 아래까지 이어지고 다른 루트는 정상까지 이어진다. 웅장함은 떨어지지만 접근성은 훨씬 뛰어난 이 폭포는 높이 20미터로서 북쪽 해안에 있는 아라호호블로우홀에서 멀지 않다. 아라호호블로우홀은 바람구멍이라는 뜻이다. 삼단 폭포인 파아루마이 폭포는 1폭포에서 5분을 가면 2폭포가 나온다. 그러나 3폭포는 30분 정도 가야 한다. 타히티 섬의 내륙은 야생화가 만발한 깊은 계곡이 곳곳에 산재한 울창한 정글이다. 타히티치자나무, 히비스커스, 난초가 풍부하게 자생하며 코코넛나무, 판다누스야자, 타히티밤나무 등이 울창하다. 이곳에서 자라는 고사리는 400종이 넘는다. 특히 마이레라고 하는 고사리는 타히티의 상징이다. **MB**

사바이 섬

사모아 독립국

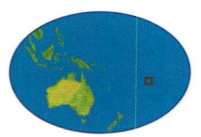

사바이의 면적 : 1,717제곱킬로미터
최고 높이(마우가실리실리) : 1,858미터
풀레메일레이마운드의 크기 : 아랫부분 61미터×50미터, 높이 15미터

'사모아의 영혼'이라는 사바이 섬은 때 묻지 않은 남태평양의 섬으로 우폴라에서 북서쪽으로 20킬로미터가량 떨어져 있다. 이 섬에서는 지금은 쉬고 있지만 활화산인 마타바누 화산이 위용을 뽐낸다. 달처럼 생긴 용암 들판은 1905년에서 1911년 사이에 일어난 분출의 결과물이다. 이곳은 살레아울라에서 잘 보인다. 이 섬에는 어딜 가나 용암 튜브와 페아페아 동굴 같은 용암 동굴이 있다. 해안에는 알로파아가 블로우홀이라는 구멍이 있는데 여기서 바닷물이 30미터까지 치솟는다. 누우 해변의 검은 모래 해변을 위험한 해류가 휩쓸고 지나가기도 한다. 카타이바이 폭포는 5미터를 낙하해 바다로 곧장 들어간다. 내륙으로 들어가면 아푸아안 폭포가 나오는데, 폭포 아래에는 원시림으로 둘러싸인 호수가 있다. 고립된 곳이다 보니 섬의 야생생물은 매우 한정되어 있다. 주로 박쥐, 도마뱀, 희귀한 이빨부리사모아를 비롯한 조류 53종이 서식한다. 섬의 인공구조물로는 풀레메일레이마운드라고 하는 거대한 피라미드가 있다. 이것은 폴리네시아에서 가장 큰 고고학 유적지이다. 피라미드는 숲에 뒤덮여 있지만 근처 전망대에서 이 2층 건물의 전경을 볼 수 있다. 사바이 섬은 아파이의 파갈리 공항에서 비행기를 타거나 우폴루의 물티파누아워프에서 배로 갈 수 있다. **MB**

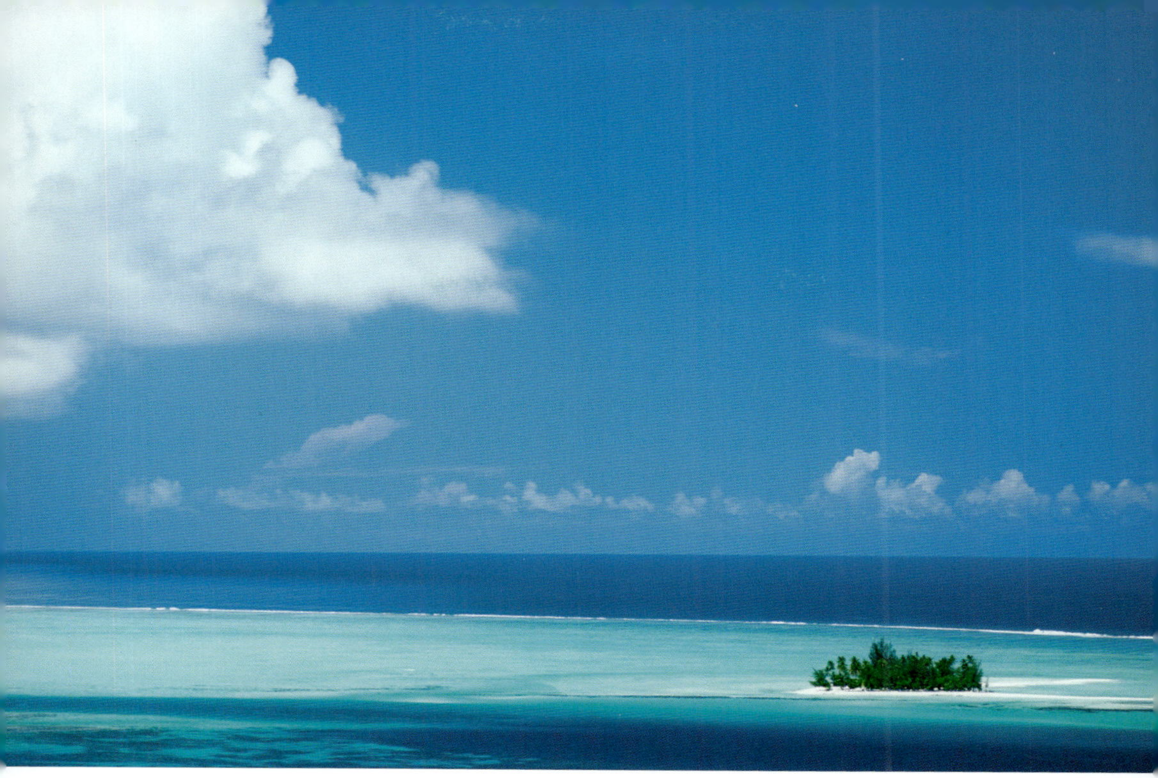

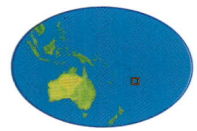

보라보라

프랑스령 폴리네시아

보라보라의 길이 : 10킬로미터	
보라보라의 폭 : 4킬로미터	
최고봉(오테마누 산) : 727미터	

줄에 꿰인 아름다운 진주알 같은, 프랑스령 폴리네시아의 보라보라 섬은 제임스 미처너가 '이 세상에서 가장 아름다운 섬'이라고 격찬한 이후 불멸의 명성을 얻게 되었다.

보라보라는 300만~400만 년 전에 형성된 화산섬으로서 지질학적으로 보자면 아직 아기이다. 그러나 오테마누 산의 험준한 산등성이와 파히아 봉과 후에 두 봉은 벌써 심하게 침식되었다. 아찔한 검은 절벽에서 섬을 내려다보면 서쪽의 울창한 열대우림이 석호를 감싸고 있는데 이 석호는 전체 육지 면적의 세 배에 달한다. 그 뒤로 보초와 산호초가 태평양의 파도로부터 섬을 보호한다. 호수 안에는 열대 물고기, 산호초, 쥐가오리류, 리프상어들이 서식한다.

보라보라 섬은 강력한 열대 태풍이 지나가는 길에 있다. 태풍은 특히 열대의 여름이 끝나갈 무렵에 파괴력이 최고조에 달한다. 대형 태풍은 초당 220만 톤의 공기를 불어넣기 때문에 풍속이 시속 300킬로미터에 달한다. 그래서 간편하게 만들어진 전통 가옥은 태풍에 심한 피해를 입는다. 특히 1990년대 이후로 보라보라는 강력한 태풍의 피해를 많이 겪었다. **DH**

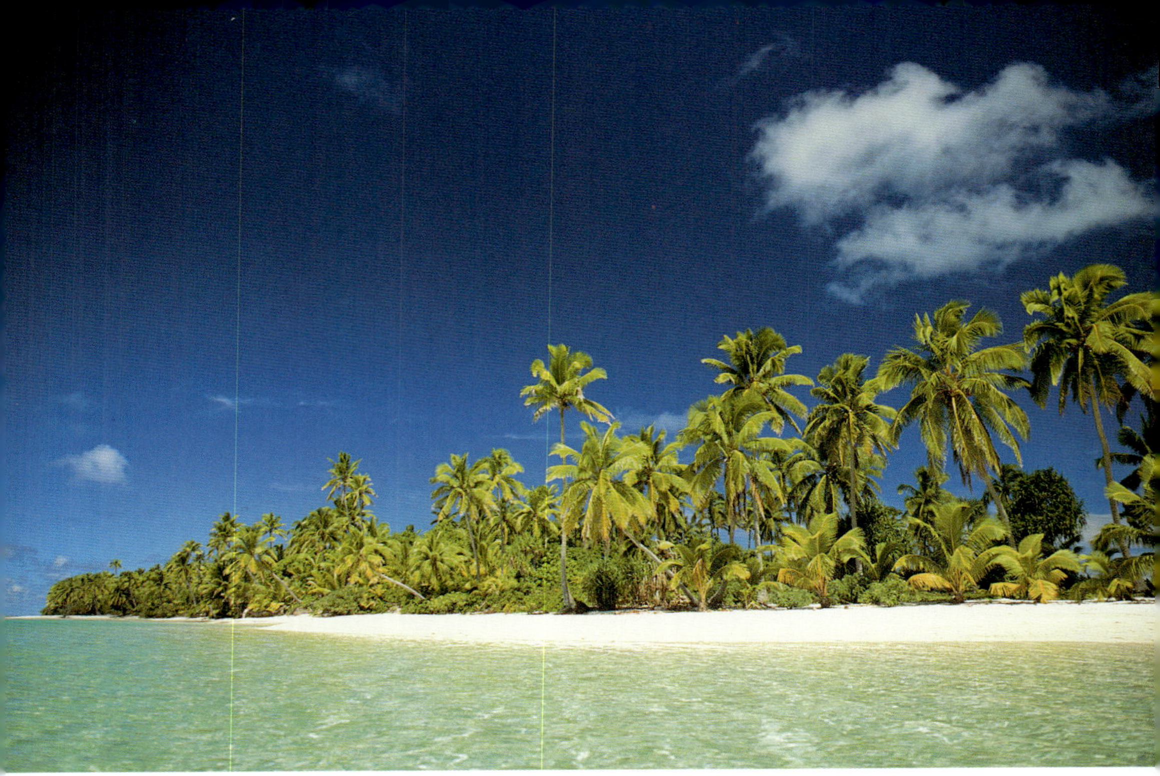

아이투타키 섬

뉴질랜드 자치령, 쿡 제도

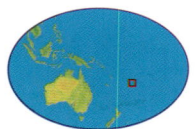

쿡 제도의 면적 : 바다까지 포함해서
200만 제곱킬로미터

최초 정착 시기 : 800~900년경

아 이투타키는 그 옛날 활동했던 해저화산의 흔적이다. 지금은 바나나 농장, 코코넛 숲, 아름다운 석호로 둘러싸인 완만한 구릉지로 이루어져 있다. 대충 삼각형으로 생긴 석호가 보초에 둘러싸여 있는데 호수 곳곳에 작은 화산 지형과 산호톱 등이 흩어져 있다. 그 뒤로 산호초벽이 수심 4,000미터까지 내려가 있다. 쿡 제도의 남부 섬의 하나인 아투타키 섬의 최초 정착민은 약 800~900년 무렵에 폴리네시아의 전설적인 항해가인 루가 데려온 사람들인 것으로 알려졌다. 루의 후손들은 이 섬이 덩굴로 해저에 메여 있는 거대한 물고기를 닮았다고 말한다. 이들은 이 섬에서 가장 높은 언덕인 마운가푸가 섬들의 경쟁에서 이긴 트로피라고 주장한다. 전사들이 라로통가 섬의 최고봉인 라에마루의 정상을 싹둑 베어 아이투타키로 다시 가져 왔다는 것이다. 아이투타키는 과거에는 평평하고 단조로운 지형이었다. 이곳을 처음으로 본 유럽인은 블라이 제독이었다. 그는 '바운티 호'를 타고 1789년 4월 11일에 이곳에 도착했는데 그로부터 며칠 후 그 유명한 바운티 호의 반란이 일어나 축출되었다. 블라이 제독은 1792년에 아이투타키에 다시 왔는데, 이때 파파야 열매를 가져 왔다. 오늘날 파파야는 쿡 제도의 주요 외화수입원이다. **DH**

팔롤로

사모아 독립국

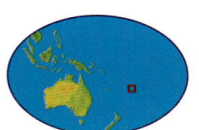

팔롤로의 길이 : 30센티미터
팔롤로의 출현 횟수(10월이나 11월 사이) : 마누아 섬 – 오후 10시, 투투일라 – 오전 1시, 웨스턴 사모아 – 오전 4∼5시

10월이나 11월의 하현 무렵의 밤이면 팔롤로 수백만 마리가 태평양에 출몰한다. 남태평양의 섬 주변에서 모두 이 독특한 현상을 관찰할 수 있지만 특히 사모아에서 가장 관찰하기가 쉽다.

팔롤로는 해저에 산호초가 깔린 곳에서 굴을 파고 사는 털갯지렁이과의 다모충이다. 특정한 시기가 되면 팔롤로의 몸은 두 부분으로 나뉘어 꼬리부분만이 굴에서 나와 해수면으로 올라온다. 꼬리에는 생식기관이 있어서 정자와 난자를 방출한다. 수정이 이루어지면 유충이 되고 이내 성충이 된다.

엄청난 수의 녹색 팔롤로는 꼬리를 이용해 물고기, 상어, 새, 사람들을 유인한다. 사모아 사람들은 팔롤로를 진미로 여겨서 얕은 바다로 나가 손, 양동이, 깡통을 이용해서 물 위로 떠오른 팔롤로를 잡는다. 날로도 먹고 버터, 양파나 달걀을 첨가해 구워 먹기도 한다. 팔롤로의 머리 부분은 올라오지 않고 굴에 있으면서 새로운 꼬리를 만들어 낸다. 그래서 다음해에도 번식 축제를 벌일 수 있다. **MB**

로드하우 섬

오스트레일리아, 오세아니아

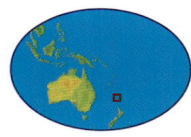

로드하우 섬의 길이 : 11킬로미터
리지버드 산의 높이 : 777미터
고워 산의 높이 : 875미터

로드하우 섬은 오세아니아에서 화산섬의 특성이 가장 잘 보존된 섬이다. 초승달 모양인 로드하우 섬은 뉴질랜드 북쪽에서 시작하는 해령의 윗부분인 화산 봉우리 중의 하나이다. 그런 섬으로는 볼즈피라미드, 고워 섬, 슈거로프 섬, 머튼버드 섬, 블랙번 섬, 애드미럴티 섬 등이 있다. 로드하우 섬에는 리지버드 산과 고워 산이 있는데, 거대한 화산으로 형성된 수중 고원이 위로 밀려올라온 700만 년 전에 만들어졌다. 봉우리들은 정상에 운무림이 들어서 있을 정도로 높은데 이 숲에는

희귀하고 특이한 야자수와 고사리가 많이 자란다. 바다에는 섬의 서쪽 해안을 따라 산호초가 6킬로미터나 이어져 깊은 석호를 에워싸고 있다. 이 섬의 산호초는 엘리자베스리프와 미들턴리프와 마찬가지로 세계에서 가장 남쪽에 있는 산호초로서 열대와 온대의 바다를 지나는 해류가 만나는 지점에 형성되어 있다. 영국의 HMS 서플라이 호의 선원들이 1788년에 노포크 섬의 범죄자 식민지로 가던 중 로드하우 섬을 처음으로 발견했다. **GH**

이스터 섬

칠레

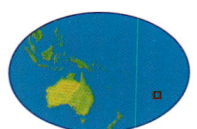

이스터 섬의 면적 : 117제곱킬로미터
가장 가까운 유인도와의 거리 : 1,900 킬로미터
인구 : 2,000명(70퍼센트는 폴리네시아인)

지구상에서 가장 고립된 섬인 이스터 섬은 칠레에서 서쪽으로 3,700킬로미터 떨어진 삼각형 모양의 화산섬이다. 황량한 해안 구릉지로 둘러싸인 이 섬은 모아이라는 거대한 석상으로 유명해졌다. 석상은 1,200년 전 정착촌이었던 라파누이 옆에 있는 라노라라쿠 화산 근처의 부드러운 응회암을 깎아 만들어졌다. 왜 그곳에 그렇게 많은 석상을 세웠는지 아직도 밝혀지지 않았지만 당시 사람들이 모아이를 만드는 데 너무 집착하여 석상을 옮기기 위한 롤러로 사용할 목재를 구하느라 섬의

숲은 황폐화되었다. 4,000명에 달했던 주민 수는 자원 고갈로 감소하기 시작했고 라파누이에는 결국 전쟁과 식인 행위까지 나돌았다. 제임스 쿡 선장이 1775년에 섬에 도착했을 때는 겨우 630명의 주민이 간신히 목숨만 부지하고 있었다. 그로부터 100년 후인 1875년까지 살아남은 주민은 고작 155명이었다. 한때 매우 훌륭한 문명을 발전시켰던 라파누이는 오세아니아에서 유일하게 문자가 있었던 곳으로 지금은 세계문화유산으로 지정되어 있다. 암각화, 문신, 춤, 음악 등이 발달했다. **DH**

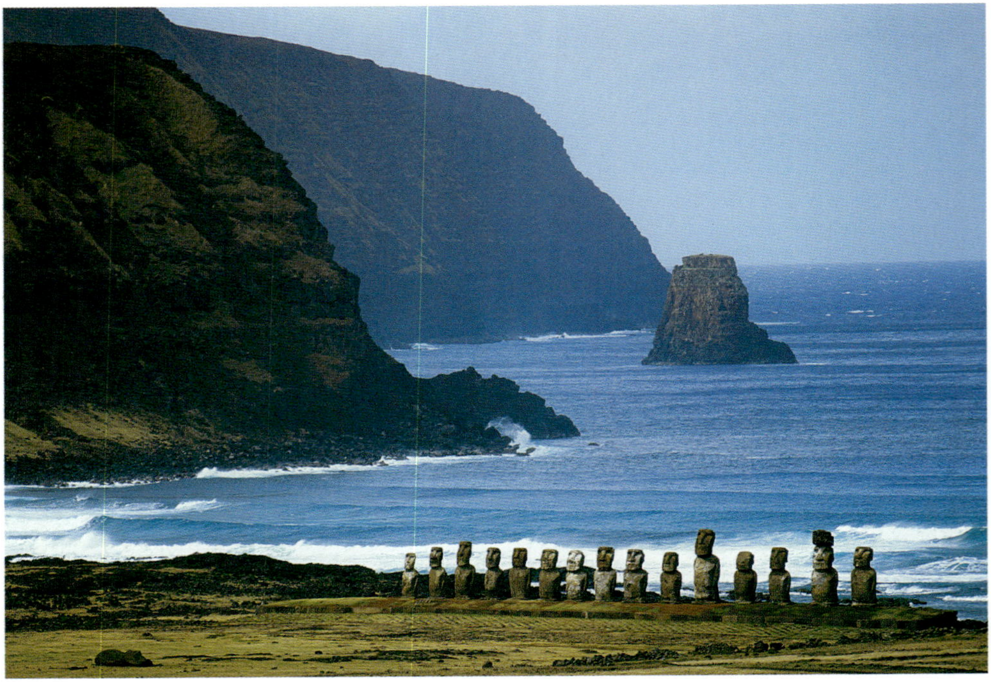

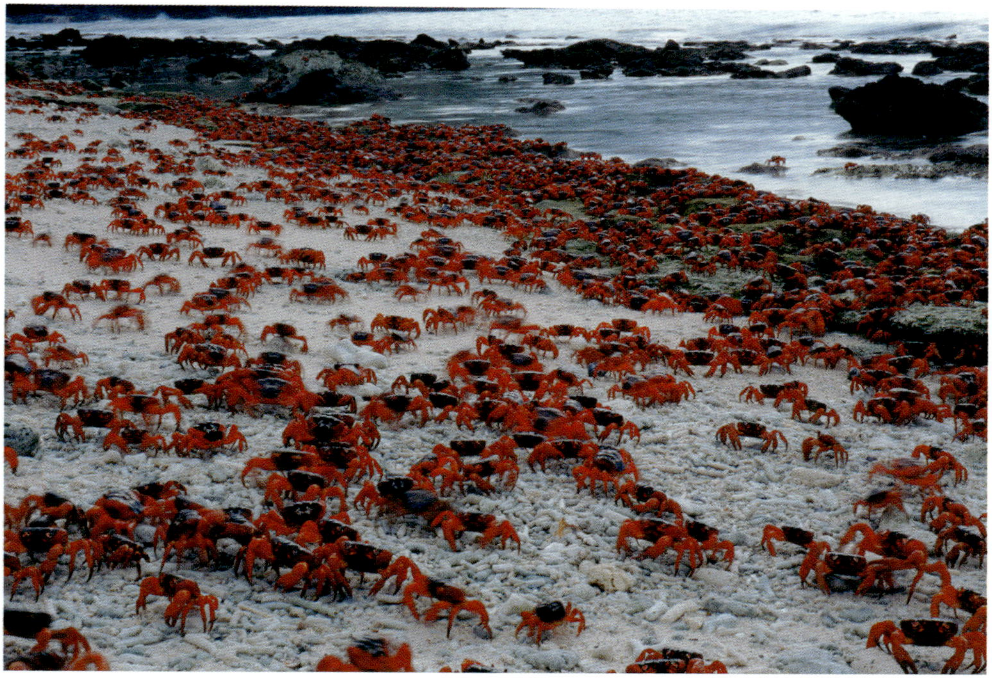

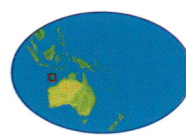

크리스마스 섬

오스트레일리아 해외 준주

크리스마스 섬의 면적 : 135제곱킬로미터
보호구역의 면적 : 국립공원의 63퍼센트
붉은뭍게 몸통의 폭 : 12센티미터

인도양의 동쪽에 있는 이 작은 섬은 해마다 독특한 현상이 벌어지는 주무대이다. 붉은뭍게 약 1억 2,000만 마리는 평소에는 이 섬의 숲에서 지내지만 우기인 10월과 11월이 되면 어두운 은신처에서 나와 해안으로 향한다. 붉은뭍게는 이 섬에 사는 뭍게 14종에서 가장 눈에 잘 띈다.

붉은뭍게의 행진은 온 섬에서 동시에 일어난다. 섬을 빽빽이 채운 게들은 정원, 골프장, 도로, 철로를 가리지 않고 행진을 계속한다. 뭍게이지만 번식은 바다에서 하기 때문에 암컷과 수컷들은 얕은 물에서 만나 수정을 한다. 짝짓기는 하현달일 때 벌어지는데 이 시기는 만조와 간조의 차이가 거의 없을 때이기도 하다. 바다에서 수정을 마친 게들은 다시 숲으로 돌아가 이듬해까지 자취를 감춘다.

새끼들은 바다에서 자라는데 점점 작고 붉은 게의 모습을 갖추어간다. 수백만 마리에 달하는 새끼 게들은 바위로 몰려간다. 바위가 숲을 대신해서 이들을 보호해 준다. **MB**

열대습윤 세계유산지역

오스트레일리아, 퀸즐랜드 주

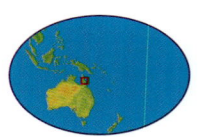

열대습윤 세계유산지역의 면적 : 910,900헥타르
생성 시기 : 1억만 년 전
왈라만 폭포의 높이 : 280미터

데인트리 국립공원과 케이프트리뷸레이션의 심장부에 있는 열대습윤 세계유산지역에는 오스트레일리아에서 가장 넓은 열대우림이 형성되어 있다. 이곳은 험준한 산악 지대, 깊은 협곡, 물살이 거센 강, 곳곳에 폭포수가 떨어지는 맹그로브 숲으로 이루어져 있다. 특히 왈라만 폭포는 단일

진화의 역사를 이루는 여덟 개의 주요 단계를 이 지역에서 모두 찾아볼 수 있다. 즉, 침엽수와 소철, 속씨식물 혹은 화훼식물, 곤드와나 대륙의 마지막 조각, 오스트레일리아판과 아시아판의 야생생물과 서식지가 혼합된 형태, 열대우림에 남아 있는 홍적세 빙하기의 영향들이 바로 그것이다. 이곳은 키가 무려 2미터에 달하는 화식조의 서식지이다. 이 새는 지구상에서 가장 원시적인 새이다. 원주민들이 이 섬에 정착한 시기는 초기 인류가 이곳에 정착한 약 5만 년 전으로 추정된다. 수렵과 채집을 하

> 열대습윤 세계유산지역은 험준한 산악 지대, 깊은 협곡, 물살이 거센 강,
> 곳곳에 폭포수가 떨어지는 맹그로브 숲으로 이루어져 있다.

폭포로는 오스트레일리아에서 가장 높다. 고생의 곳이라는 뜻의 케이프트리뷸레이션의 해안은 산호초와 열대우림으로 대변되는데 오스트레일리아에서도 매우 독특한 곳이다. 이곳은 대보초와 데인트리 국립공원이 만나는 지점으로 세계에서 유일하게 세계유산이 나란히 이웃해 있는 곳이다.

열대습윤에는 온갖 종류의 생태학적 과정과 생물학적 진화가 현재진행형으로 일어나고 있다. 특히 오랜 옛날부터 고립되어 있었기 때문에 생물의 종이 다양하면서도 고유종이 많다는 점이 특징이다. 이 지역은 육상식물의 거대한 진화 단계를 증명해 줄 살아 있는 증거들을 가장 완전하고 다양하게 보유하고 있다. 뿐만 아니라, 캥거루처럼 아기 주머니를 가진 유대류와 명금류의 진화 과정을 증명해 줄 동물들이 모두 살아 숨쉬고 있다. 지구의

는 열여섯 부족이 이곳에 살았다. 오늘날에도 열대습윤은 지구상에서 가장 오래된 '열대우림 부족'에게 매우 중요한 의미를 지닌다. 열대우림과 모래톱이 만나는 지점은 1770년에 쿡 선장이 그레이트배리어리프에서 좌초했던 바로 그곳이다. 쿡 선장은 이 곳에 고난의 곳이라는 뜻의 '케이프트리뷸레이션'이라는 이름을 붙였는데, 바로 이곳에서 모든 고생이 시작되었기 때문이라고 했다. **GH**

오른쪽 햇살이 야자수를 뚫고 내려와 열대습윤 세계유산지역을 비추고 있다.

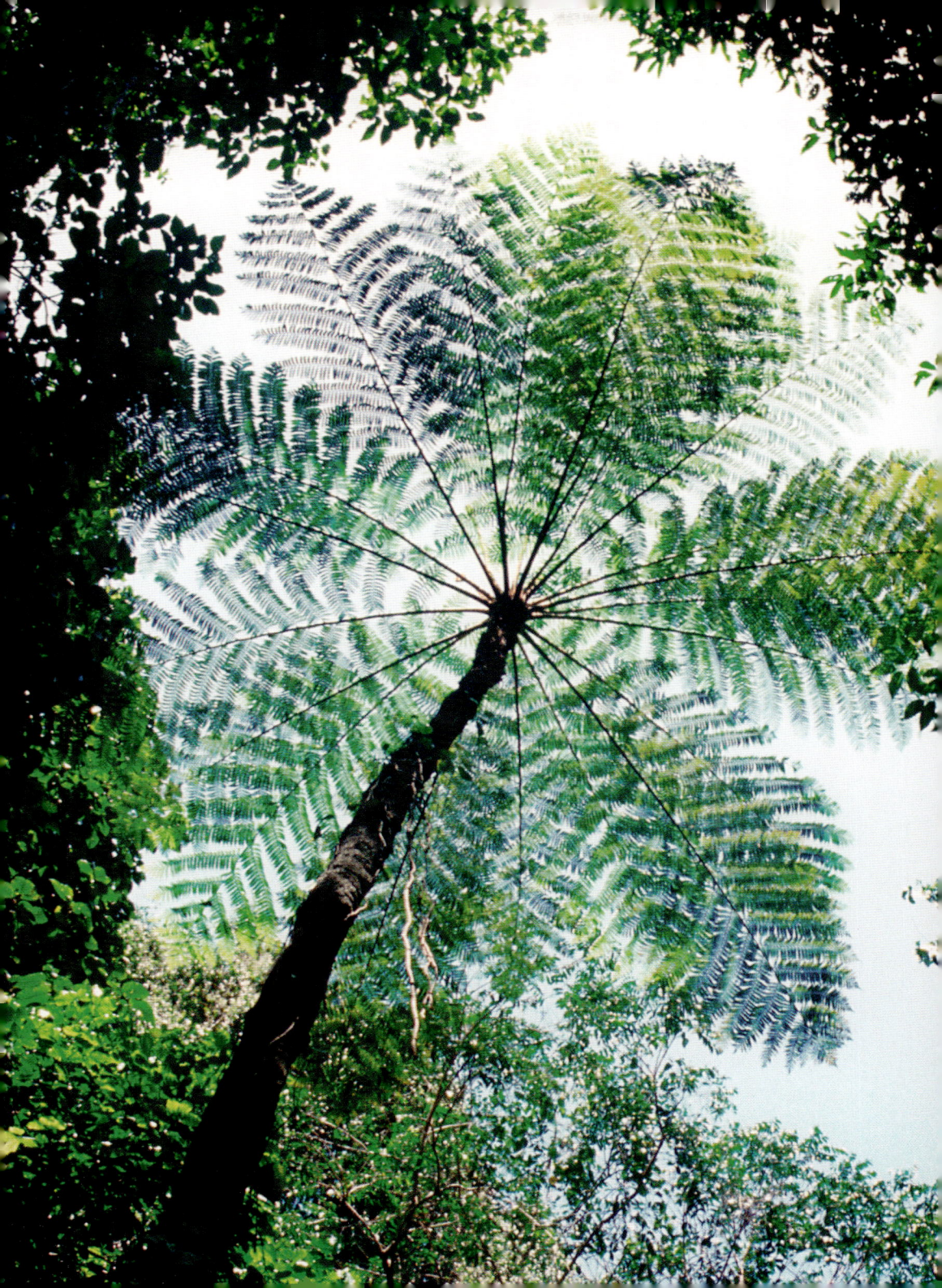

로우아일리츠

오스트레일리아, 퀸즐랜드 주

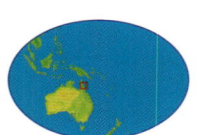

분포해 있는 거리 : 2,313킬로미터
생성 시기 : 약 6,000년 전
식생 : 숲과 관목숲

로우아일리츠는 대보초의 북부에 있는 포트더글라스에서 13킬로미터 떨어진 작은 모래섬 두 개를 말한다. 수심이 얕은 곳에 만들어진 평평한 산호초가 물 위로 올라오면서 300여개의 산호섬이 만들어졌는데, 목가적 분위기가 흠씬 풍기는 로우아일리츠는 그중 하나이다. 가장 큰 섬의 면적은 231만 제곱미터이다. 바깥쪽 띠 모양의 모래톱이 남동쪽에서 몰려와 격렬하게 파고드는 강력한 파도로부터 섬을 안전하게 지켜준다. 로우아일리츠는 18세기에 건설된 등대가 있는 곳으로 원래는 석호에 형성된 모래톱이었다. 이 석호 중앙의 깊은 곳이 산호로 채워지면서 평평한 지대가 되었다. 이 곳의 산호초는 썰물에 드러난다. 산호초에 사는 어류들은 스노클링을 즐기며 볼 수 있다. 그러나 불가사리의 증가, 산호의 표백화, 태풍 로나 등의 영향으로 모든 종류의 경산호가 감소하고 있다.

이 작은 섬들은 남회귀선에서 북쪽의 토러스 해협까지 2,313킬로미터나 쓸려간 수천 개의 암초가 모여 이룬 것이다. 토러스 해협에서 파푸아뉴기니의 서쪽 해안을 따라 이렇게 형성된 섬들이 점점이 흩어져 있다. 현재 지구상의 산호섬들은 해수면이 현재의 높이에 이른 6,000년 전에 만들어진 것이다. **GH**

바틀프레레 산

오스트레일리아, 퀸즐랜드 주

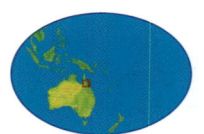

바틀프레레 산의 정상 : 1,622미터
벨렌덴커 산의 정상 : 1,592미터
국립공원의 면적 : 795제곱킬로미터

오스트레일리아의 북부에서 가장 높은 바틀프레레 산은 퀸즐랜드 주 우루누란 국립공원에 있는 벨렌덴커 산맥의 험준하고 습한 황무지 한가운데 우뚝 솟아 있다. 바틀프레레와 벨렌덴커는 이 지역의 풍경을 압도하는 쌍두마차이다. 안개나 구름이 없는 날이면 바틀프레레 산의 정상에서 해안의 저지대와 애서턴 고원까지 볼 수 있다. 그러나 조세핀 폭포와 인접한 이 황무지 지역은 극도로 춥고 바람이 세고 비가 많은 지역이다. 여기서 수영을 하다가 폭포의 급류에 휘말려 사망하는 사건도 발생한다.

원주민인 눈기안부다은가존 족은 바틀프레레 산을 그들의 영혼의 안식처인 '추리칠룸'이라고 부른다. 이 산은 밀림이 너무나 울창해서 1886년에야 사람이 들어갔으며 원주민의 도움을 받아 유럽인이 처음으로 정상을 정복했다. 소위 과거의 '유물'이라고 부를 수 있는 생물이 많이 살고 있다. 열대 우림은 동남아시아의 습한 열대우림과 가장 흡사한 것으로 알려졌다. 덩굴 같은 고사리가 산비탈에서 정상까지 펼쳐진 숲을 뒤덮고 있다. 나뭇가지는 낮고 빽빽하게 드리워져서 몰아치는 바람을 휘어지게 만드는 효과가 있다. **GH**

배런 강 폭포와 협곡

오스트레일리아, 퀸즐랜드 주

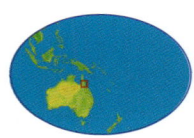

폭포와 협곡의 면적 : 2,780헥타르

폭포와 협곡의 높이 : 260미터

식생 : 열대우림

배런 협곡은 케언스에서 북서쪽으로 30킬로미터가량 떨어진 험한 구릉지이다. 야생의 열대우림으로 뒤덮인 계곡에는 다양하고 독특한 생태계가 형성되어 있다. 이곳에는 나무의 가지가 빽빽한 숲과 유칼리나무가 자라는 탁 트인 숲이 들어서 있다. 열대우림은 걸어서 구경하기 비교적 쉬우며 점점 더 많은 등산로와 산책로가 만들어지고 있다. 역사적으로 유명한 쿠란다 열차와 스카이웨이 케이블차를 타면 협곡과 배런 강이 엮어내는 멋진 풍경을 잘 감상할 수 있다. 쿠란다 근처의 협곡 정상에는 배런 폭포가 있다. 한때는 폭포의 물줄기가 대단했지만 지금은 수력발전소 건설로 물길을 돌려 12월에서 이듬해 3월 사이의 우기에만 그 옛날의 박력 있는 모습이 재현된다. 건기의 폭포수는 졸졸 흐르는 정도이다. 그렇다고 해서 주요 관광명소로서 배런 협곡이 가진 명성에는 아무런 흠이 가지 않는다. 쿠란다 기차가 도착하자마자 상류 댐의 수문이 열리면서 폭포수가 우렁차게 떨어져 내리기 시작한다. **GH**

힌친브룩 수로

오스트레일리아, 퀸즐랜드 주

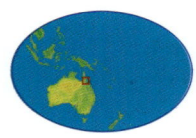

힌친브룩 섬의 면적 : 52킬로미터X10킬로미터

보언 산의 높이 : 1,070미터

생성 시기 : 2억 6,000만 년 전

힌친브룩 수로 습지는 퀸즐랜드 주 해안의 카드월과 오스트레일리아에서 가장 큰 국립공원인 힌친브룩 섬 사이에 있다. 힌친브룩 섬의 최고봉인 보언 산은 퀸즐랜드 주에서는 세 번째로 높은 산이다. 자연유산으로 지정된 힌친브룩 습지는 키가 큰 맹그로브나무의 숲과 습지가 광범위한 지역에 펼쳐져 있다. 넓은 평지와 꾸불거리는 수로에 자라는 거머리말 지역은 바다코끼리의 일종인 듀공과 바다거북의 주요 먹이가 된다. 게다가 수많은 참새우종 새끼들의 중요한 서식지이기도 하다. 수로에는 이라와디돌고래, 인도태평양흑등돌고래, 병코돌고래를 비롯해 다양한 돌고래가 풍부하게 서식한다. 이곳에 서식하는 어류와 게도 무척 다양하다. 스크래기포인트에 가면 원주민들이 2,000년 전에 돌로 만들어놓은 매우 특이한 덫을 볼 수 있다. 이곳은 강어귀에 사는 악어의 중요한 서식지이다. 열대습윤에서 볼 수 있는 다양한 조류 중에 힌친브룩 수로에 사는 종도 있는데 특히 토러스임페리얼피전과 바닷물떼새가 이 지역에 서식한다. **GH**

모스만 협곡

오스트레일리아, 퀸즐랜드 주

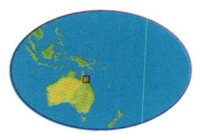

모스만 강의 길이 : 20킬로미터
모스만 협곡의 면적 : 565제곱킬로미터
식생 : 저지의 열대우림

매인코스트 산맥에서 시작되는 모스만 강의 침식작용으로 인해 만들어진 깊고 가파른 협곡은 바다로 이어지고 20킬로미터 길이이다. 데인트리 국립공원의 남단에 있는 이 협곡에는 산에서 내려온 차가운 물이 흐르며 가장자리에는 원시림과 거대한 화강암 바위가 늘어서 있다. 협곡은 지세가 매우 험해서 경험이 많은 사람이 아니면 들어가기 어렵다. 그러나 열대우림으로 들어갈 수 있는 3킬로미터의 길이 마련되어 있다.

협곡의 숲에는 거대한 무화과나무가 빽빽이 들어서 있다. 울창한 숲은 나뭇가지가 어찌나 많은지 햇살이 파고들 틈이 없다. 협곡과 밀림에는 오스트레일리아에서 가장 크고 아름다운 나비의 하나인 블루율리시스가 서식한다. 이 나비의 날개 폭은 12센티미터나 된다. 그 외에도 세계 최대인 헤라클레스나방도 사는데 이 나방의 날개 폭은 무려 25센티미터이다. 모스만 강의 잔잔한 수면에서는 오리너구리와 거북을 볼 수 있다. 협곡은 오래전부터 이 지역의 원주민인 쿠쿠얄란지 족의 거주지이다. **GH**

아래 양치류와 야자수가 협곡의 물가에 울창하게 자라고 있다.

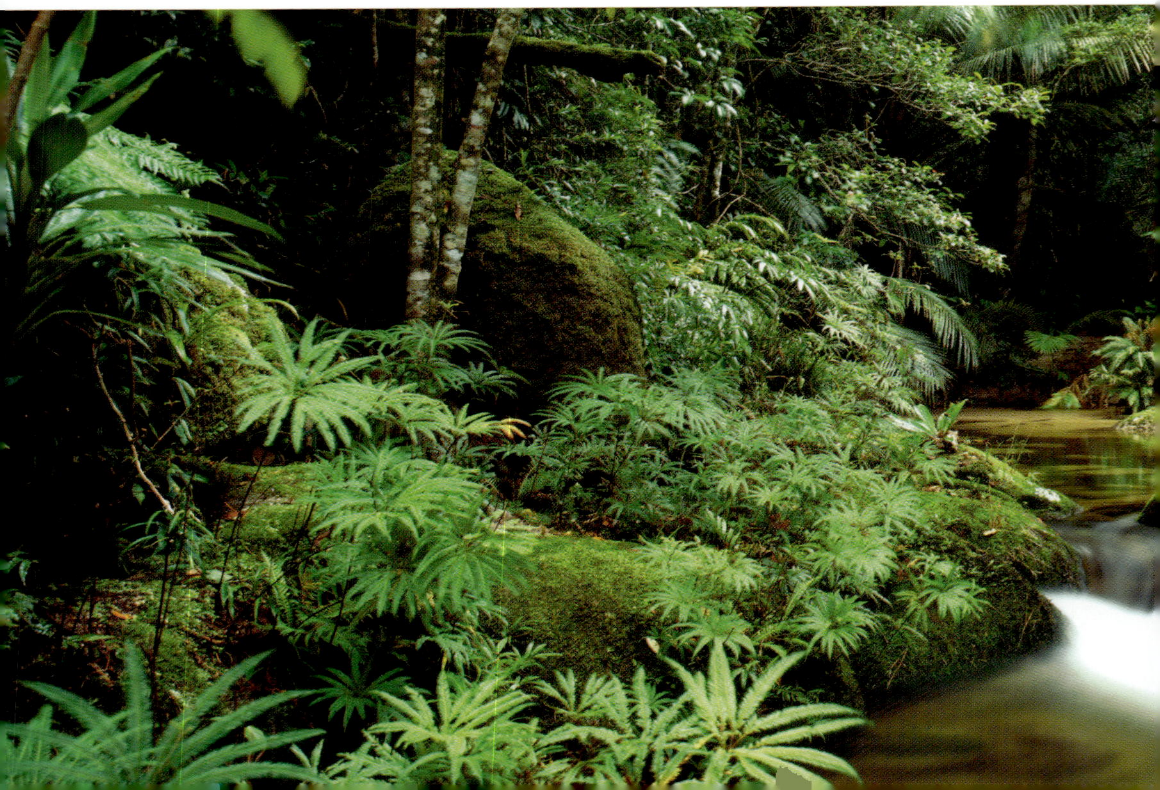

론힐 협곡

오스트레일리아, 퀸즐랜드 주

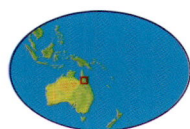

협곡의 깊이 : 70미터
협곡의 면적 : 111제곱미터
협곡의 생성 시기 : 선캄브리아기

론힐 협곡은 웅장한 붉은 사암 절벽, 강가의 울창한 밀림, 에메랄드 물빛이 아름다운 론힐 시내로 유명한 곳이다. 론힐 혹은 부드자물라에는 높은 절벽 사이로 오아시스 샘, 물웅덩이, 4킬로미터나 이어진 하천과 급류가 흐른다. 하천은 선캄브리아기인 약 45억 년 전에 만들어진 사암 절벽을 깎아 협곡을 만들었다. 주변에는 카유풋나무, 판다누스, 캐비지야자수 등이 울창하게 자란다. 론힐 협곡 근처에도 경치가 좋은 곳이 많다. 석회암 지대인 콜레스크리크와 리버슬레이 근처의 '그로토'

지역을 들 수 있다. 이곳들은 오스트레일리아의 아웃백에서도 가장 오지로, 약 2,500만 년 전인 제3기에 형성된 화석 유적지도 있다. 이 지역은 생물학적 다양성 관점에서 매우 중요한데 다양한 종류의 거북, 양서류, 파충류, 왈라비, 캥거루가 서식한다. 이곳은 철새인 초록난장이기러기에게 매우 중요한 서식지이다. 고대에 만들어진 암각화 유적지도 있다. 이 유적은 불쏘시개 농업을 비롯한 고대 원주민들이 종사했던 일을 보여주는 좋은 고고학 자료이다. **GH**

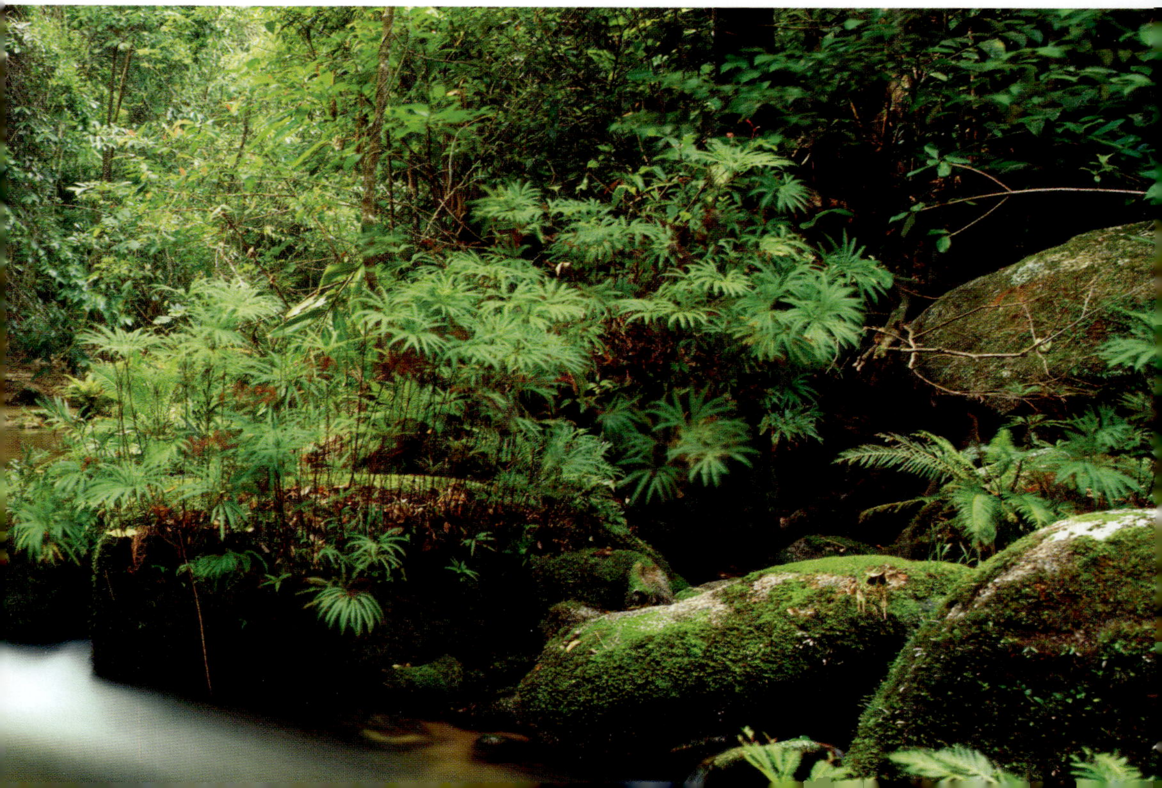

카나번 협곡 국립공원

오스트레일리아, 퀸즐랜드 주

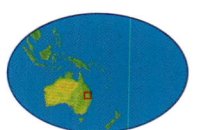

카나번 협곡 국립공원의 면적 : 285제곱킬로미터

식생 : 다양한 숲

카나버 협곡 국립공원은 '봉우리, 협곡과 사암 절벽이 집중되어 퀸즐랜드 주 중서부에서도 가장 야생이 살아있는 곳의 하나'라고 일컬어지는, 외부로부터 고립된 곳이다. 이 공원에서 가장 볼 만한 풍경은 굽이굽이 이어진 카나번 협곡이다. 이곳은 201미터 높이의 까마득한 사암 절벽과 심하게 깎인 29킬로미터 길이의 사암층이 압권이다.

절경을 자랑하는 카나번 협곡에는 고무나무, 캐 비지야자수, 소철, 희귀한 고사리가 다양하게 자생하고 있다. 폭포 근처에는 주로 지의류가 자란다. 수백만 년 동안 바람과 물에 깎여 지금의 모습이 된 이 지역에는 약 2만 년 전부터 원주민들이 살기 시작했다. 카나번에 있는 수많은 동굴과 절벽에는 이 나라에서 가장 뛰어난 암각화가 남아 있다. 원주민들은 손, 도끼, 에뮤의 발자국, 부메랑 등을 새겼다. 이 유물은 황토색과 흰색, 검은색과 노란색 물감으로 채색까지 되어 있다. 공원은 롤스턴에서 남서쪽으로 61킬로미터가량 떨어져 있다. **GH**

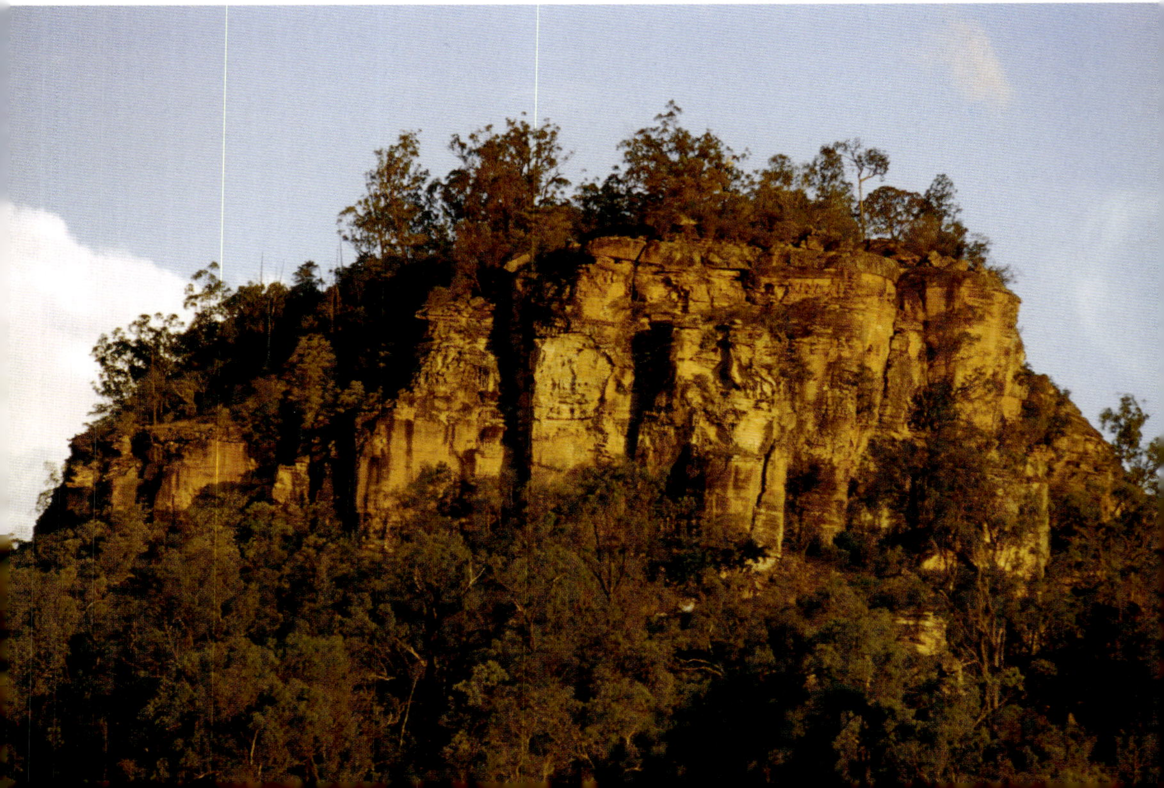

베일리스 동굴

오스트레일리아, 퀸즐랜드 주

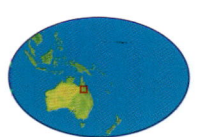

운다라 분화구의 해발 고도 : 해발 120미터
베일리스 동굴의 높이 : 10미터
베일리스 동굴의 길이 : 201미터

약19만 년 전 운다라 화산에서 나온 용암이 1,550제곱킬로미터가 넘는 땅을 뒤덮었다. 강을 이룬 용암이 지하로 들어가면서 실린더처럼 생긴 터널이 만들어졌다. 이때 수많은 동굴과 용암 터널이 형성되었다. 베일리스 동굴은 운다라 용암 터널 중에서 단일 터널로는 가장 길다. 동굴 안으로 들어가면 좁은 통로와 칠흑처럼 어두운 암실이 나온다. 과학자들은 이곳에 '공기가 나쁜 동굴'이라는 이름을 붙였다. 이산화탄소 농도가 5.9퍼센트로 공기보다 200배나 높기 때문이다. 놀랍게도 이런 극한 조건에서도 적어도 52종의 생명체가 살고 있다. 바닥에는 좀벌레처럼 생긴 작은 등각류 동물, 하얀 바퀴벌레, 지네들로 가득하다. 모두 몸에 색소가 없거나 시력이 없으며 지네처럼 기어다니는 이상한 생물이 대부분이다. 동굴 안에는 박쥐도 많이 서식한다. 우기에는 거대한 육아 공동체를 형성해서 새끼를 보살핀다. 안타깝게도 이산화탄소 농도가 너무 짙고 들어가기 어려울 뿐더러 이곳에 서식하는 독특한 동물을 보호하기 위해 베일리스 동굴은 일반에 공개되지 않는다. **GH**

글래스하우스 산맥

오스트레일리아, 퀸즐랜드 주

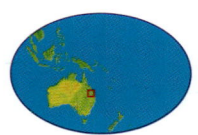

산맥의 면적 : 1,885헥타르
생성 시기 : 2,500만 년 전
식생 : 열대우림과 맬리

글래스하우스(온실) 산맥은 티브로가란, 은군군, 쿠노우린 그리고 비어와 국립공원의 해안 평원 한가운데 멋지게 솟아 있는 다섯 개의 화산 봉우리들이다. 리올라이트와 조면암으로 이루어진 가파른 화산은 선샤인코스트의 열대 과일 농장 지역을 굽어보며 솟아있는데 그 높이는 237~556미터이다. 1770년에 쿡 선장은 이 화산을 보고 이렇게 말했다. "이 산들은 내륙으로 조금 들어간 지역에 서 있으며 서로 멀리 떨어져 있지 않다. 산들은 모두 독특한 형태를 하고 있는데 온실처럼 생겼다. 그래서 온실이라는 뜻의 이름을 지은 것이다." 그 후 1895년에 기자이자 행정가인 아치볼드 메스턴은 더 적절한 표현으로 이곳을 묘사했다. "다섯 개의 산은 고요하고 고독한 분위기를 풍기며 홀로 서 있다. 거대한 돌덩이(티브로가란)가 철로를 마주 보고 있다. 거칠고 도전적으로 푸른 하늘을 향해 당당하게 솟은 절벽의 얼굴은 수만 년 동안 빗물에 깎인 흉터가 가득하다." 그러나 원주민들의 전설에 의하면 이 다섯 봉우리가 원래 가족인데, 그중 가장 어린아이가 비겁한 행동을 하자 산들이 흘린 슬픔의 눈물이 강이 되어 이 지역을 흐른다고 한다. **GH**

누사 국립공원

오스트레일리아, 퀸즐랜드 주

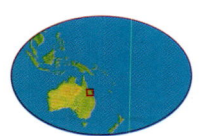

공원의 면적 : 23제곱킬로미터

생성 시기 : 1억 4,500만~2억 1,000만
년 전

식생 : 해안의 숲, 열대우림

퀸즐랜드 주 선샤인코스트에 있는 누사 국립공원에 200미터 높이의 바위 곶과 절벽이 우뚝 솟아서 아름다운 대양, 해변, 다양한 초원, 관목숲, 개방형 숲, 열대우림 등을 내려다보고 있다. 이 소형 공원은 근처의 누사 곶에 만들어진 휴양지와 달리 자연의 오아시스이다. 퀸즐랜드 주 국립공원과 야생생물보호구역 관리청에 의하면, 이 지역은 '비록 작지만 선샤인코스트의 다양한 동식물을 보호하기 위해' 공원으로 지정되었다.

이 지역은 해안의 산책로, 야자수 숲 우회로, 누사힐 등산로 등을 갖춘 아름다운 곳이다. 초원과 숲을 포함한 13개 곳의 식물서식지가 지도에 명시되어 있다. 바람이 몰고 온 바닷물과 산불로 높은 사구가 해안을 따라 형성되어 있다. 사암 노두(露頭)에 모래가 여러 겹 쌓여 높은 사구를 이루었다. 누사 곶에는 쥐라기-백악기에 형성된 석영 섬록암도 분포해 있다. 공원의 다양한 서식지에는 멸종위기에 처한 붉은참매를 비롯해 121종에 달하는 조류가 서식하고 있다. **GH**

클라크 산맥

오스트레일리아, 퀸즐랜드 주

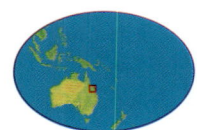

산맥의 면적 : 1,469제곱킬로미터

식생 : 열대우림, 유칼리나무 숲

안개로 뒤덮인 클라크 산맥은 퀸즐랜드 주에서 네 번째로 큰 야생지역이자 퀸즐랜드 주 중부에서 가장 큰 단일 열대우림 지역이다. 이 산맥은 잉겔라 국립공원에 자리 잡고 있다. '잉겔라'는 원주민 말로 '구름의 땅'이라는 뜻이다. 숲은 산맥의 동쪽 사면을 따라 201미터 높이에서부터 달림플 산의 정상인 1,274미터까지 이어져 있다. 오래전 격렬했던 지각작용은 다양한 흔적을 남겼다. 브로큰 강 협곡, 다이아몬드 절벽, 말링 스파이크스를 비롯해 깎아지른 듯한 낭떠러지가 솟아 있다. 과거에 이 지역에 흘렀던 용암 위에 화강암이 형성되었다. 이 지역은 수천 년 동안 고립되어 있었기 때문에 다른 지역에서는 볼 수 없는 독특한 동식물이 많다. 잉겔라꿀빨이새, 오렌지옆구리도마뱀, 멕케이튤립오크와 독특한 개구리 세 종류 등이 서식한다. 양치류가 유난히 울창한 숲이 공원 전역에 흩어져 있다. 잉겔라에는 팜워크와 팜크로브를 포함해 20킬로미터 길이의 등산로가 마련되어 있다. 등산로를 따라 붉은 삼나무와 멕케이튤립오크가 울창한 열대우림 그리고 피카빈야자수와 알렉산드라야자수 숲을 지나면 고원이 나온다. **GH**

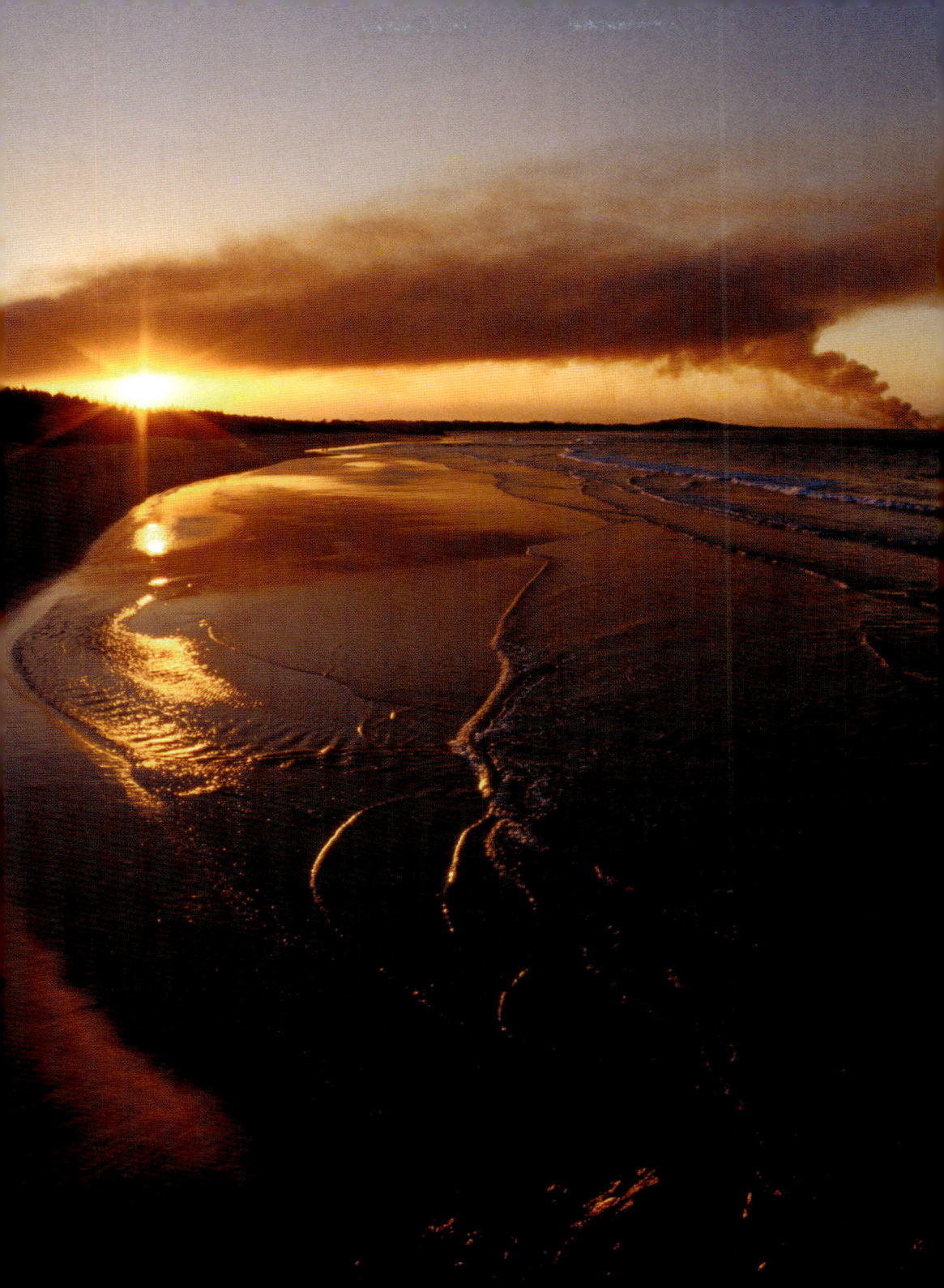

그레이트배리어리프

오스트레일리아, 퀸즐랜드 주

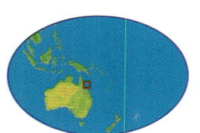

그레이트배리어리프의 길이 :
2,000킬로미터

그레이트배리어리프의 면적 :
35만 55제곱킬로미터

대보초라고도 불리는 그레이트배리어리프는 지구상 그 무엇과도 견줄 수 없는 빼어난 경관과 풍부한 해양생물을 갖춘 절경으로, 세계유산으로 선정되었다. 세계에서 가장 넓은 산호초 지역이자 가장 다양한 생물이 서식하는 곳이다. 오스트레일리아 북동쪽의 대륙붕에 있는 대보초의 길이는 2,000킬로미터이며 면적은 35만 55제곱킬로미터에 달한다. 주로 남북 방향으로 뻗어 있으며

의 1이 자라며 산호초에는 1,500종에 달하는 어류가 살고 있다. 전 세계적으로 멸종위기에 처한 바다거북 일곱 종 중에서 여섯 종이 이 지역을 지나가며 듀공의 중요한 먹이가 되는 거머리말이 대규모로 자라는 곳도 있다. 이곳은 푸른바다거북의 번식지로는 세계 최대 규모이다. 해면 400종과 연체동물 4만종이 서식하며 혹등고래를 비롯해 포유류 30종 이상과 조류 200여 종도 산다. 세계유산으로서 손색이 없을 정도로 문화적 가치도 상당하다. 수많은 조개무지, 거대한 물고기 덫, 원주민들의 다양한 고고학 유적지가 이 지역에서 발견되었다. 특히 리저드 섬과 힌친브룩 섬에 많은데, 수준 높

> 그레이트배리어리프는 지구상 그 무엇과도 견줄 수 없는 빼어난 경관과
> 풍부한 해양생물을 갖춘 절경이며 세계유산으로 선정되었다.

기후대에 따라 그 폭도 다양하다. 이탈리아보다 더 큰 대보초는 파푸아뉴기니를 향해 있다. 물 색깔이 아름다운 거대한 석호와 3,400개에 달하는 산호초가 곳곳에 흩어져 있다. 이곳은 면적이 1만 제곱미터에서 1억 제곱미터에 이르는 산호초가 760개나 되는데 다양한 크기처럼 형태도 평평한 평지 모양에서 기다란 띠 모양까지 가지가지이다. 미로처럼 복잡한 산호초 사이에는 다양한 섬이 형성되어 있는데 약 618개에 달한다. 민물이 흐르는 강이 있어 숲으로 뒤덮인 높은 섬부터 열대우림이 들어서 있는 작은 산호섬 300개, 황량한 사주, 맹그로브 숲으로 아름다움이 배가된 44개의 섬까지 다양하다.

이곳에는 전 세계에서 서식하는 연산호의 3분

은 암각화가 여러 곳에서 발견되었다. 그레이트배리어리프는 현재 지구온난화가 진행되면서 산호가 표백화될 위기에 처해 있다. 과학자들은 이런 식으로 지구온난화가 계속되면 산호초가 빠른 시간 내에 멸종될 것이라며 우려하고 있다. **GH**

오른쪽 산호초가 미로처럼 형성된 그레이트배리어리프

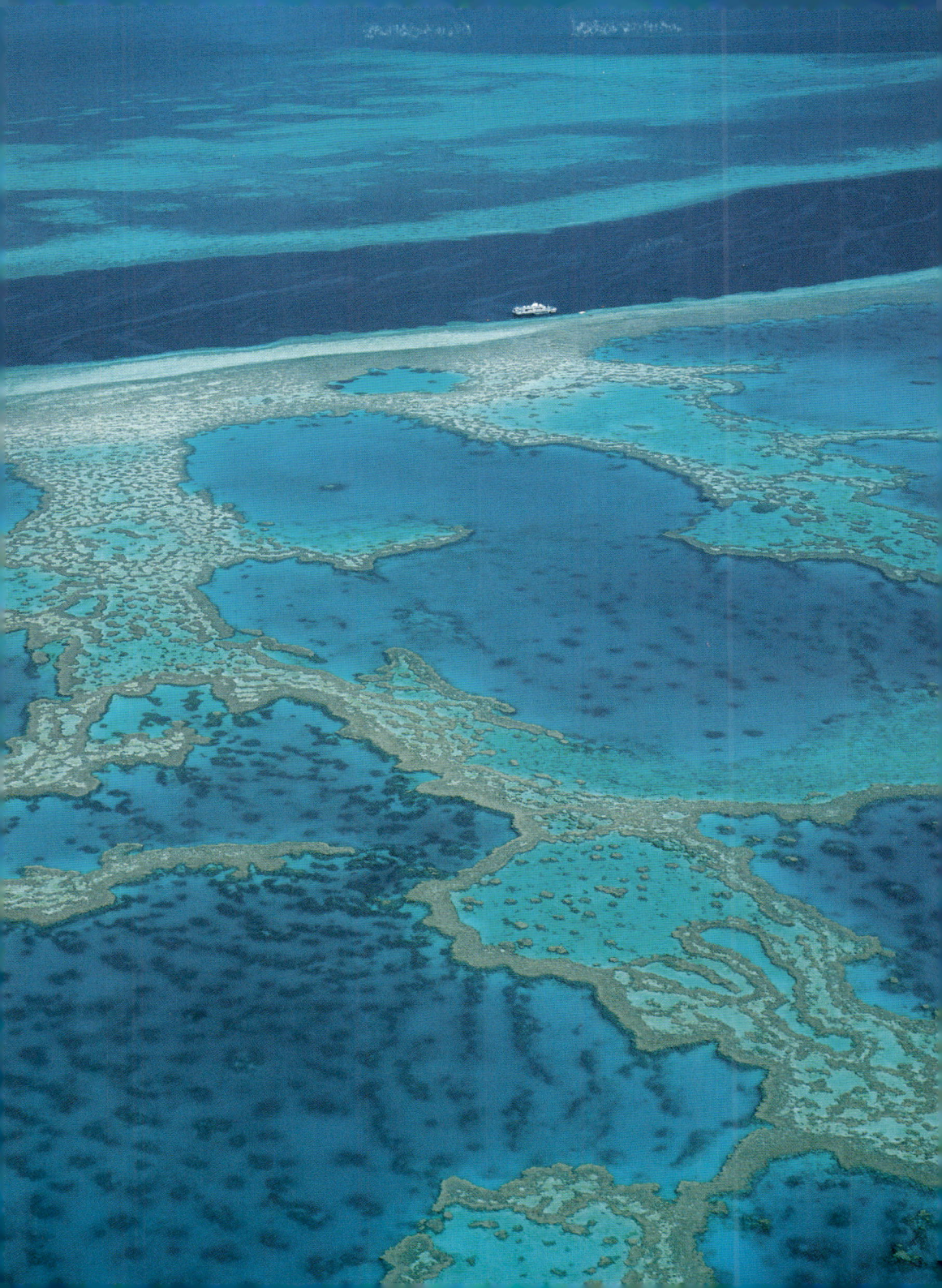

산호의 산란

오스트레일리아, 퀸즐랜드 주

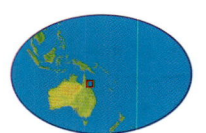

시기 : 11~12월 사이의 보름달이 진 후
위치 : 그레이트배리어리프의 전역

해마다 11월과 12월에 보름달이 뜨는 밤이면 오스트레일리아의 그레이트배리어리프에서는 대단한 자연현상을 관찰할 수 있다. 수백만 개의 산호가 동시에 산란을 하는 것이다. '거꾸로 휘날리는 눈보라'에 종종 비유되는데, 종류도 다양하고 수도 많은 산호초의 생식기관이 약속이라도 한 듯 동시에 정자와 난자를 바다 속으로 쏟아낸다. 이렇게 수정이 이루어지면 어디엔가 새로운 산호 군락이 만들어져 세계 최대의 산호초 지대가 더 넓어진다. 이런 현상이 일어나기에 이상적인 조건은 물이 따뜻하고 보름달이 진 후 새벽 4시에서 6시 사이의 암흑 시간대이다. 이 시간이 되면 수많은 산호의 촉수가 붙은 입처럼 생긴 폴립에서 정자와 난자를 배출할 준비를 한다. 배출 30분 전에 폴립의 아랫부분에 있는 연한 분홍색 혹은 붉은색의 주머니가 열릴 준비를 한다. 때가 되면 주머니가 쥐어짜지면서 물 위를 향해 두꺼운 구름 같은 물질이 떠오르는데, 색상이 붉은색, 분홍색, 오렌지색 때로는 보라색까지 다양하다. 수정이 이루어지면 난자는 빠른 속도로 분열하면서 움직일 수 있는 유충이 된다. 갑자기 먹이가 풍부해진 이 지역으로 물고기와 다른 포식자들이 몰려들지만 어린 유충은 산호초를 찾아 재빨리 몸을 숨긴다. **GH**

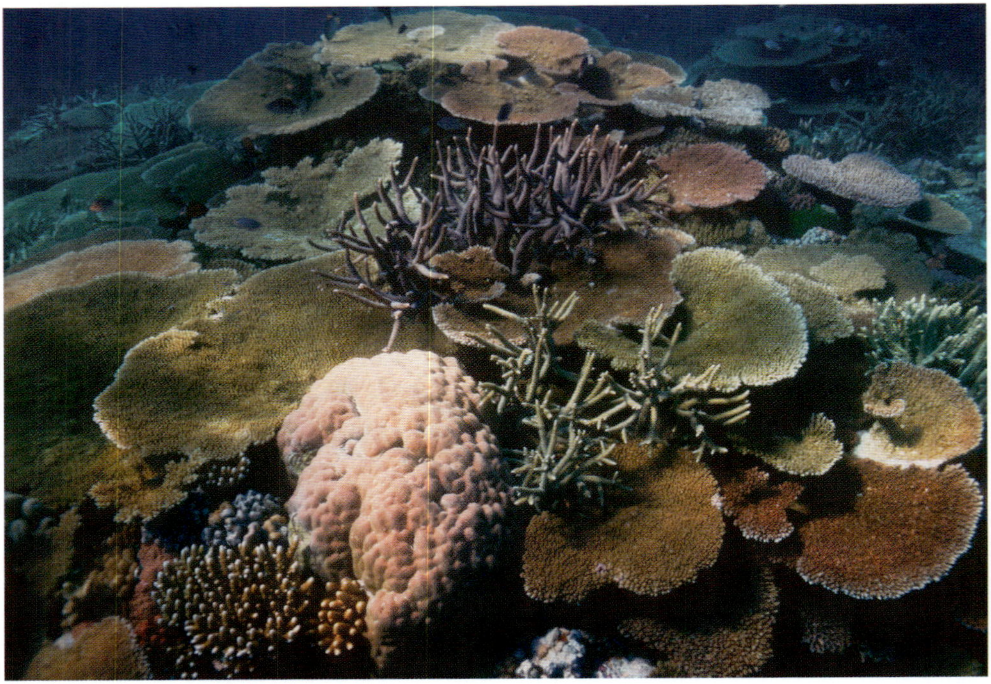

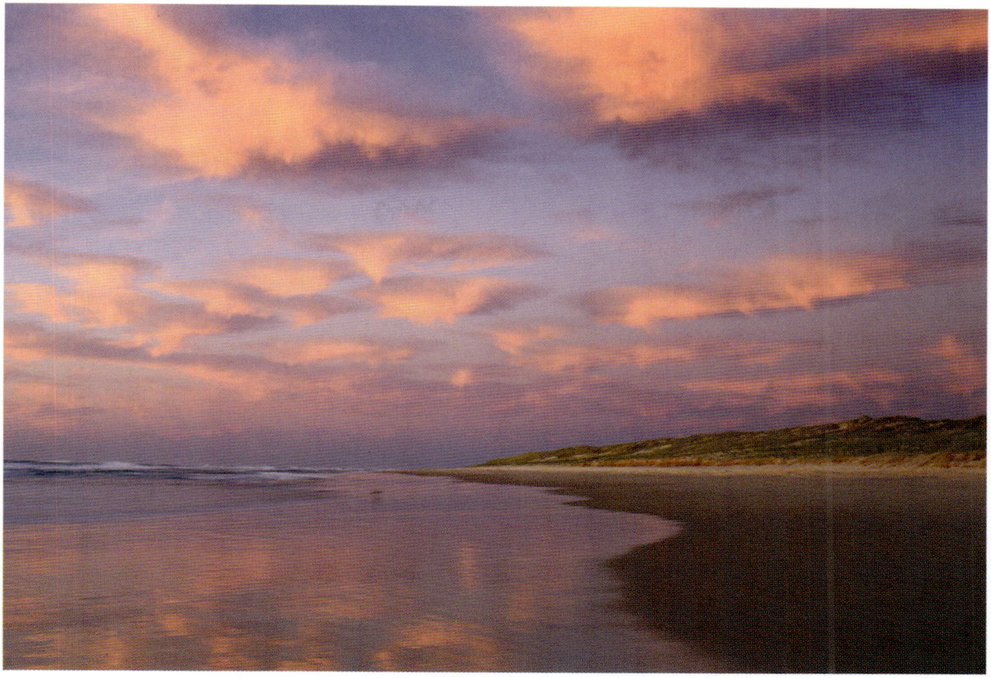

프레이저 섬

오스트레일리아, 퀸즐랜드 주

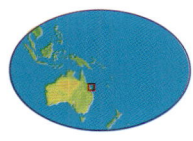

섬의 규모: 길이 125킬로미터, 폭 12킬로미터

섬의 면적: 1,660제곱킬로미터

위치: 허비 만에 있으며 브리스베인에서 북쪽으로 300킬로미터 떨어져 있음

프 레이저 섬은 세계에서 가장 큰 모래섬으로 해안의 사구 지역도 세계 최대 규모이다. 이 섬은 빙하기에 거센 바람이 뉴사우스웨일스 주의 북쪽에서 엄청난 양의 모래를 실어와 퀸즐랜드 주 해안에 쌓아 올려 형성되었다. 깨끗한 모래에서 자라는 열대의 숲이 울창한데 그곳에는 섬세한 생태계가 형성되어 있다. 모래에 숲이 형성된 유일한 예이다. 모래에서 자라는 식물은 매우 희귀한 앤지옵터고사리로 세계에서 가장 큰 식물에 속한다. 이 섬은 좁은 수로를 기준으로 아열대 기후인 본토와

깊고 푸른 사구호(砂丘湖)를 여럿 머금은 거대한 모래톱으로 나뉜다. 사구호들은 해발 고도 213미터이다. 전 세계 사구호의 반이 이곳에 있다. 섬에는 딩고와 왈라비가 살며 수정처럼 맑은 시냇물과 인적 없는 하얀 해변 옆의 유칼리나무 숲에는 200종의 조류가 서식한다. 허비 만에서는 고래를 관찰할 수 있다. 프레이저 섬은 엘리자 프레이저가 '스털링 캐슬 호'에서 출산을 한 1836년 5월 13일에 발견되어 프레이저라는 이름이 붙었다. 이 배는 그레이트 배리어리프와 충돌해 난파했다. 엘리자는 목숨을 구했지만 원주민에게 붙잡혔다가 결국 구조되었다. **GM**

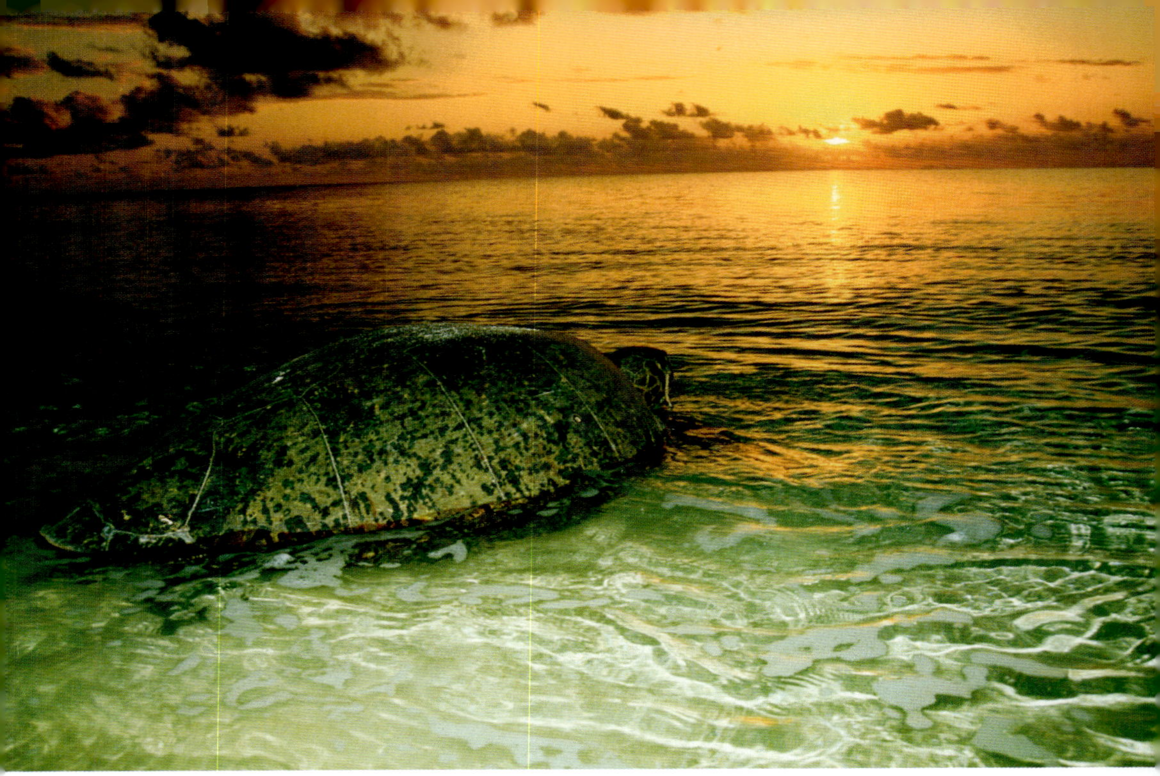

헤런 섬

오스트레일리아, 퀸즐랜드 주

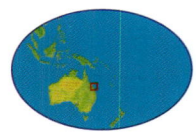

헤런 섬의 면적 : 17헥타르
특징 : 간조에 물 밖으로 드러나는 산호
초로 둘러싸인 산호섬

영국의 위대한 탐험가인 쿡 선장은 1770년에, 매튜 플린더스는 1802년에 오스트레일리아의 북쪽 해안을 따라 항해를 하던 중에 헤런 섬을 지나쳤다. 하지만 그 누구도 이 작은 산호섬을 찾지 못했다. 왜냐하면 그들은 대보초를 우회했기 때문이다. 헤런 섬은 HMS 플라이 호가 대보초를 통과할 안전한 항로를 찾던 중 이곳에 닻을 내린 1843년 1월에야 비로소 발견되었다. 이 배의 박물학자인 조셉 벳 쥬크스는 섬에서 본 새를 왜가리의 일종인 헤런으로 생각하고 섬의 이름을 헤런이라

고 지었다. 그런데 알고 보니 그 새는 해오라기인 에그렛이었다고 한다.

헤런 섬은 그레이트배리어리프 국립공원에 있다. 주변의 산호초 외에도 이 섬에는 두 가지 볼거리가 있다. 12월에서 4월 사이에 수천 마리에 달하는 거북이가 알을 낳으러 이 섬으로 오고 겨울인 7~8월 사이에는 엄청난 수의 고래 무리가 섬과 위스타리리프 사이의 수로를 통과한다. 대보초에서 서식하는 어류 1,500종과 다양한 산호 중에서 어류 900종과 산호 종의 70퍼센트가 남회귀선이 가로지르는 섬의 주변 바다에서 살고 있다. **GM**

왈라만 폭포

오스트레일리아, 퀸즐랜드 주

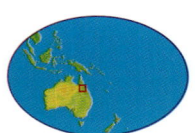

왈라만 폭포의 높이 : 300미터
럼홀츠 국립공원의 면적 : 124,000헥타르

물 안개 사이로 부서지는 햇살이 너무나 아름다운 왈라만 폭포는 퀸즐랜드 주의 북부에 있다. 아래에 커다란 못이 있는 이 폭포는 한 줄기의 물이 일 년 내내 멈추지 않고 떨어지는 폭포로는 오스트레일리아에서 가장 높다. 럼홀츠 국립공원에 있는 왈라만 폭포는 해안에 있어서 접근성이 가장 뛰어난 폭포이다. 이 폭포에는 유칼리나무 덤불에서 울창한 열대우림까지 다양한 서식지가 형성되어 있다. 퀸즐랜드 주의 하일랜즈 동부는 수많은 강줄기의 분수령이다. 습한 산악지대에서 시작한 시내는 어느새 강력한 물줄기를 이루어 깊은 협곡을 만들고 힘차게 떨어지는 폭포수가 된다.

애버리진은 습한 열대지역의 원주민으로, 20개가 넘는 부족이 과거의 전통을 이으며 살고 있다. 이 땅의 주민들에게 왈라만 폭포는 그 무엇과도 바꿀 수 없는 소중한 곳이다. 폭포는 잉햄에서 서쪽으로 50킬로미터 떨어져 있다. 도로는 산을 따라 가파르게 이어져 있다. 걸어서 300미터까지 올라가면 전망이 좋은 지점이 나오며 2킬로미터를 더 걸으면 폭포 아래에 도착한다. 정상으로 가는 길은 곳에 따라 가파르며 힘들기도 하다. 기링군 부족 출신의 순찰대원들이 이 등산로를 관리한다. **GM**

중동부 열대우림보호구역

오스트레일리아, 퀸즐랜드 주 – 뉴사우스웨일스 주

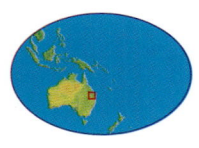

암석의 생성 시기 : 2억 8,500만 년 전
식생 : 아열대우림, 따뜻한 온대림, 시원한 온대림

중 동부 열대우림보호구역은 경치가 뛰어난 산악 지대, 폭포, 강, 귀중한 야생동식물의 가치를 인정받아 세계유산으로 지정되었다. 이 지역은 과거에 뉴캐슬에서 브리스베인 사이를 모두 뒤덮었던 아열대우림과 온대림이 지금까지 남아 있는 곳이다. 5,500만 년 전까지 폭발했던 화산의 흔적도 남아 있지만 대부분은 2억 8,500만 년에 형성된 지형들이다. 화산의 분화구까지 올라가면 이곳의 빼어난 경관을 감상할 수 있다.

중동부 열대우림보호구역은 세계에서 가장 넓은 아열대우림이다. 약 1억년 전의 화훼 식물의 직계 후손인 원시적인 식물도 이곳에 자생한다. 게다가 세계에서 가장 오래된 고사리와 침엽수도 자생한다. 숲에는 희귀하거나 멸종위기에 처한 동식물 200여 종이 있는데, 특히 먼 옛날에 살았던 명금과 친척 관계인 새들도 있다. 오스트레일리아에서 개구리, 뱀, 새, 유대류의 분포도가 가장 높은 지역이다. **GH**

심프슨 사막

오스트레일리아, 퀸즐랜드 주 – 노던 준주 – 사우스오스트레일리아 주

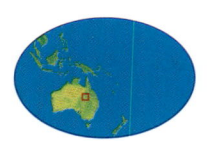

사막의 면적 : 170,000제곱킬로미터
사막의 생성 시기 : 4만 년 전

하늘에서 본 심프슨 사막의 풍경은 정말 장관이다. 17만 제곱킬로미터에 달하는 붉은 땅이 500킬로미터에 걸쳐 뻗어 있는 모습이 장관이 아니면 무엇이 장관이겠는가. 심프슨 사막은 모래 언덕 사막으로는 가장 훌륭한 본보기이다. 세로로 이어진 사구들은 대륙의 중부가 점점 건조해지면서 모래가 사방으로 날리기 시작한 약 4만 년 전에 형성되었다. 사구는 평행하며 평균 높이는 20미터

상당히 깊은 곳까지 판 우물도 있다. 어떤 우물은 무려 10미터를 팠는데 지하수가 있는 암반에 닿으려고 모래를 비스듬히 파들어 갔다.

심프슨 사막에 사는 새는 150종이 넘는다. 한때 멸종되었다고 알려진 아이린그래스워렌과 오스트레일리아느시류도 이곳에 서식한다. 쐐기꼬리수리, 갈색송골매, 잉꼬, 금화조도 이 사막에 살고 있다. 비가 오면 호수가 되는 오목한 지역인 플라야에는 물새가 살고 범람원에는 매, 왕관비둘기, 분홍앵무가 서식한다. 육지동물들은 대부분 야행성이어서 낮에는 거의 보이지 않는다. 굵은꼬리스민토프시스와 멀가라와 같은 작은 유대류들과 딩고도 많이

> 심프슨 사막은 모래 언덕 사막으로는 가장 훌륭한 본보기이다.
> 세로로 이어진 사구들은 대륙의 중부가 점점 건조해지면서 모래가
> 사방으로 날리기 시작한 약 4만 년 전에 형성되었다.

이다. 철 산화물 때문에 붉은색을 띠는 모래 능선의 파도가 쉼 없이 밀려오는 흙의 바다에는 사하라보다 비가 약간 더 온다. 양은 좀 더 많지만 강수량이 변동이 심하고 예측이 불가능하다. 한여름에는 기온이 50도를 넘을 때도 있다.

사막은 퀸즐랜드 주, 노던 준주, 사우스오스트레일리아 주 세 지역에 걸쳐 있다. 북쪽 가장자리에는 거대한 사암 지대가 있는데 챔버스 필라라고 부른다. 이곳은 동틀 무렵이면 황금색으로 빛이 난다. 한때 사막에는 일곱 부족이 살았는데 거주지는 수로에 집중되어 있었다. 중부에서 원주민들의 우물과 석조 건물과 여러 지형에 붙은 이름을 보면 사막 전역에 원주민들이 퍼져 있었음을 알 수 있다.

서식한다. 날씨가 좋은 계절에는 캥거루들도 이 사막에서 지낸다고 한다. 토끼, 여우, 낙타, 야생 당나귀 같은 동물도 서식한다. 이 사막에 자라는 식물들은 대부분 수명이 짧다. 비가 오는 몇 달 안에 자라서 꽃을 피우고 씨를 맺는다. **GM**

오른쪽 심프슨 사막의 붉은 모래

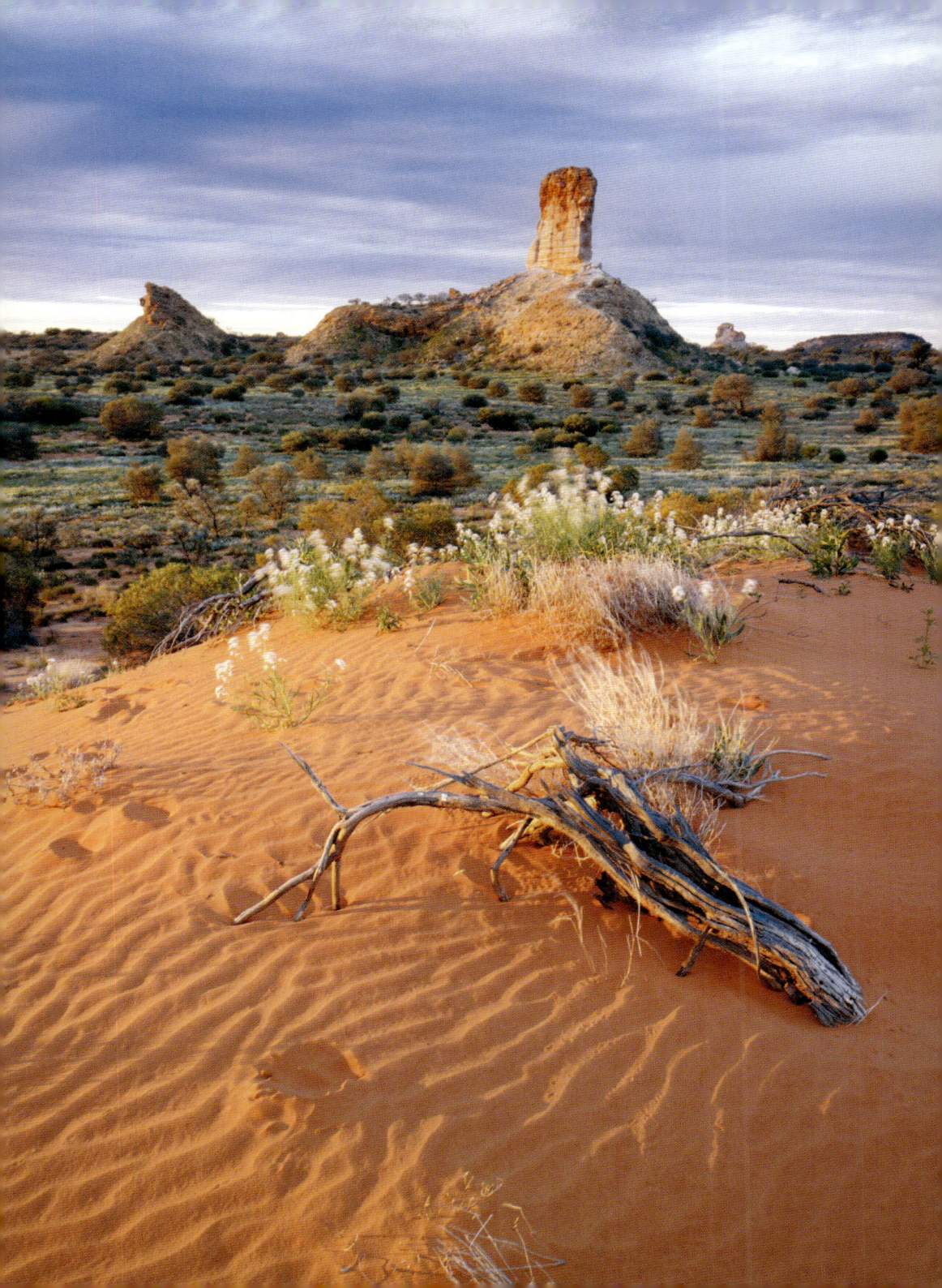

울룰루

오스트레일리아, 노던 준주

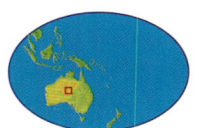

울룰루의 높이 : 348미터
울룰루의 둘레 : 9킬로미터
생성 시기 : 5억 년 전

'에'어스록'이라고도 하는 울룰루는 예로부터 신성한 지역으로 여겨졌다. 아낭구 부족은 지난 수천 년 동안 울룰루를 세상의 중심으로 조상이 모이는 성스러운 곳 즉 '이와라'라고 믿었다. 사암으로 된 울룰루는 노던 준주의 건조한 평원에 홀로 우뚝 솟아 있는데 대륙의 거의 중앙이다. 지질학적으로 본다면 울룰루는 '섬처럼 고립된 산'이라는 뜻의 인젤베르그 즉 도상구릉이다. 이 바위는 거대한 지각운동에 의해 약 5억 년 전에 융기했다.

바다의 빙산처럼 나머지 부분은 땅속에 모습을 감추고 있다. 미세한 홈이 암석의 표면을 뒤덮고 측면에는 동굴과 깊은 홈이 나 있다. 바람에 실려 온 모래가 암석을 깎아내린다. 드물게 비라도 내리면 측면의 홈을 따라 폭포가 형성되어 붉은색 표면에 검은 혈관이 흐르는 것 같다. 바위의 색깔은 정말 장관이다. 시시각각 색이 바뀌는데, 일출에는 오렌지색이며 이른 아침에는 적갈색이지만 정오에는 호박색이 된다. 마지막으로 해질 무렵에는 짙은 선홍색으로 빛난다.

울룰루 주변에는 멀가나무, 청회색의 백단향, 데저트오크, 블러더우드와 유칼리나무 숲이 들어서 있다. 킹브라운과 웨스턴브라운과 같은 독사가

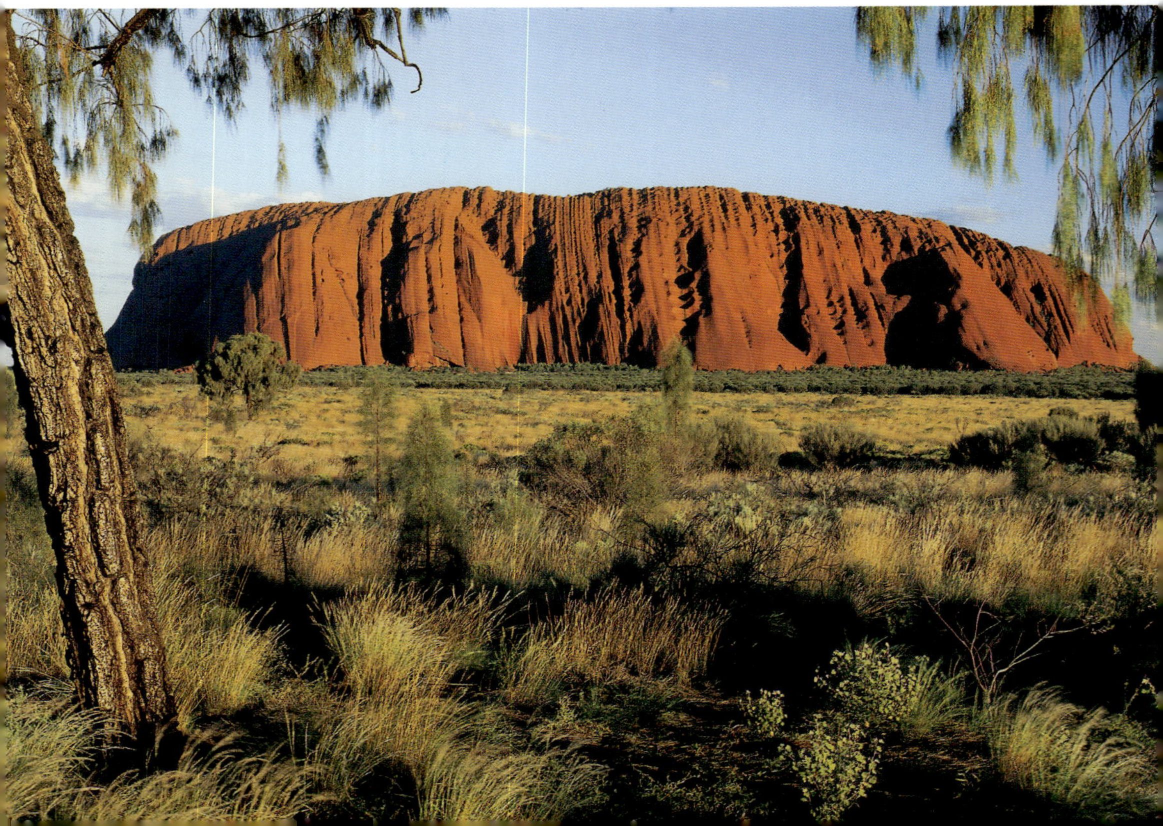

건조한 지역에 적응해 유대류, 호핑마우스, 개구리, 도마뱀을 먹고산다. 바위의 남사면에는 메기스프링스라고 하는 못이 있는데, 원주민들은 '무티츌루'라고 부른다. 못에는 일 년 내내 물이 차 있다. 원주민들은 이 못에 사는 물뱀이 바위와 못을 지키는 수호자라고 믿는다.

울룰루를 처음 본 유럽인들은 1870년대에 이 지역을 탐험한 어니스트 자일스와 윌리엄 고세이다. 에어스록이라는 이름은 사우스오스트레일리아 주의 주지사였던 헨리 에어스 경의 이름을 딴 것이다. 해마다 오십만 명이 넘는 관광객이 울룰루를 찾는다. 이들은 주로 율라라 리조트 관광센터를 기점으로 해 이곳을 방문한다. 원주민 가이드가 간단하게 주변 관광을 안내한다. 아랫부분을 걸어서 도는 데는 네 시간이 걸린다. 오토바이를 타면 그보다 조금 더 빨리 돌아볼 수 있다. 원주민들의 문화를 존중하는 차원에서 정상 등반은 하지 않는 것이 좋다. 기온이 38도가 되면 등반이 금지된다. **MB**

아래 신성한 장소인 울룰루

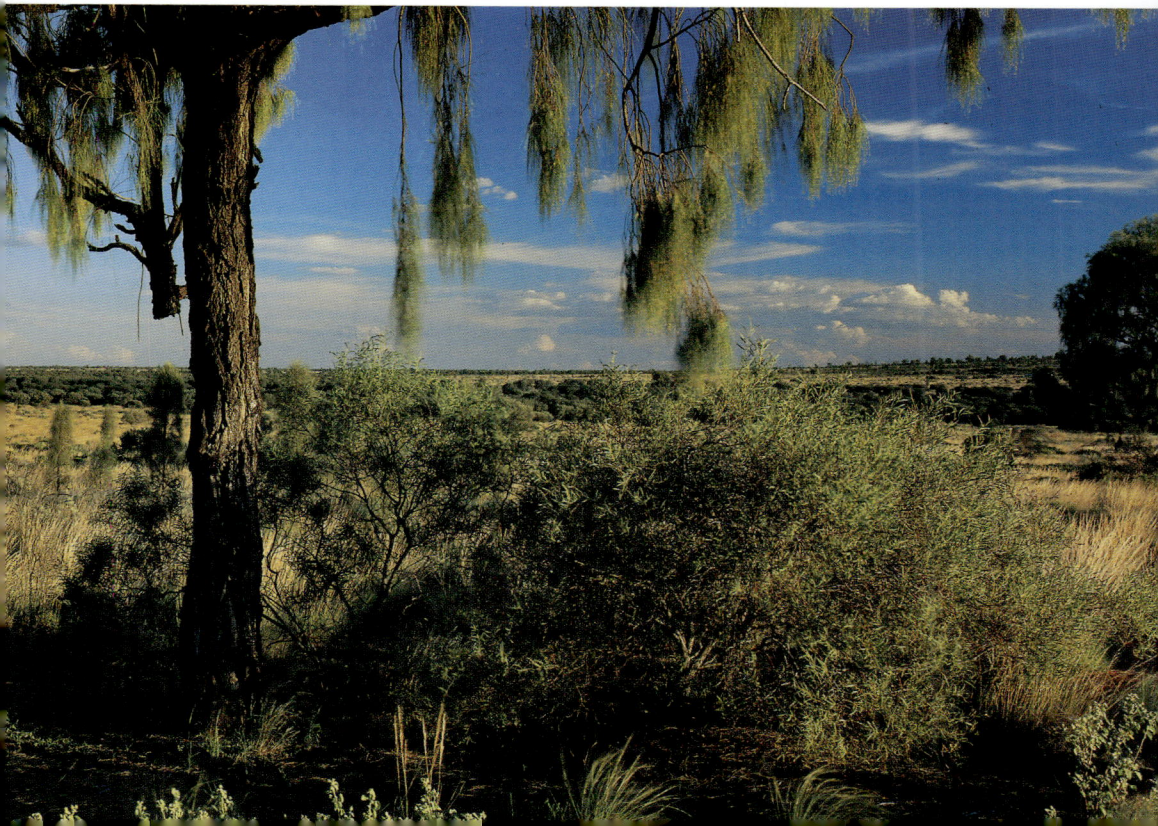

킹스캐니언

오스트레일리아, 노던 준주

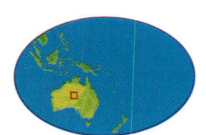

킹스캐니언의 깊이 : 100미터
협곡의 면적 : 1,349제곱킬로미터
식생 : 사막의 오아시스

와타르카 국립공원에 있는 킹스캐니언은 비와 바람으로 깎인 오래된 사암 절벽이다. 돔 형태의 바위 고원까지 무려 100미터나 되는 절벽은 인근의 울루루나 카타추타 같은 붉은색 사암으로 만들어진 거대한 천연 원형극장이다. 킹스캐니언은 깊은 협곡으로 이곳의 절벽은 주변의 평지에서 조지길 산맥의 서쪽에 있는 고원까지 까마득하게 올라간다. 해가 뜨고 질 때의 모습은 말로 설명

충류 36종과 포유류 19종도 서식한다. 하지만 사람들의 관심을 끄는 것은 식물이다. 이 공원을 '살아 있는 식물 박물관'이라고 부를 만큼 고대의 소철이 자라고 있으며 3억 년 전 고사리의 화석이 나온다. 심지어 '살아 있는 화석'으로도 발견된다.

조지길 산맥 주변의 사막은 3억 5,000만 년 전의 마이리니 사암군이며 4억 5,000년 전의 카마이클 사암도 깔려 있다. 과학자들은 산맥에 형성된 수많은 깊은 흠은 더 오래된 사암이 잘려서 만들어졌으며 더 이후에 만들어진 사암이 깎여나가서 지금과 같이 수직에 가까운 절벽이 완성되었다는 데 모두 동의하고 있다. 이 지역이 더 습했을 때 만들

> 공원에는 모래 언덕과 리디록홀과 얌크리크 협곡이 들어서 있는데,
> 험준한 산맥과 바위의 구멍들과 강물이 흐르는 습곡을 본 사람들은
> 이 공원을 '에덴의 동산'이라고 불렀다.

할 수 없을 정도로 멋지다. 킹스캐니언 옆에 있는 탁상 대지 위는 '벌집 풍화 현상' 또는 잃어버린 도시하는 뜻으로 로스트시티라 불린다. 공원에는 모래 언덕과 리디록홀과 얌크리크 협곡이 들어서 있는데, 험준한 산맥과 바위의 구멍들과 강물이 흐르는 습곡을 본 사람들은 이 공원을 '에덴의 동산'이라고 불렀다.

킹스캐니언은 오스트레일리아 중부에서 식물이 가장 풍부한 지역의 하나이자 주변 사막을 피해 온 동물들의 안식처이다. 이 공원에는 세 개의 거대한 생물지질학적 지역이 겹쳐져 있다. 킹스캐니언에는 희귀한 식물 60종이 자생한다. 조류 80종, 파

어진 사암 일부는 이 지역의 그늘진 협곡과 골짜기에 남아 있다. 와타르카 국립공원은 지난 2만 년 이상 원주민인 루리챠 족의 근거지였는데, 그 덕분에 원주민의 벽화와 암각화가 잘 보존되어 있다. 10킬로미터에 달하는 킹스캐니언 일주로 곳곳에 아름다운 풍경이 펼쳐져 있다. **GH**

오른쪽 버린 듯 하늘로 솟은 킹스캐니언의 절벽

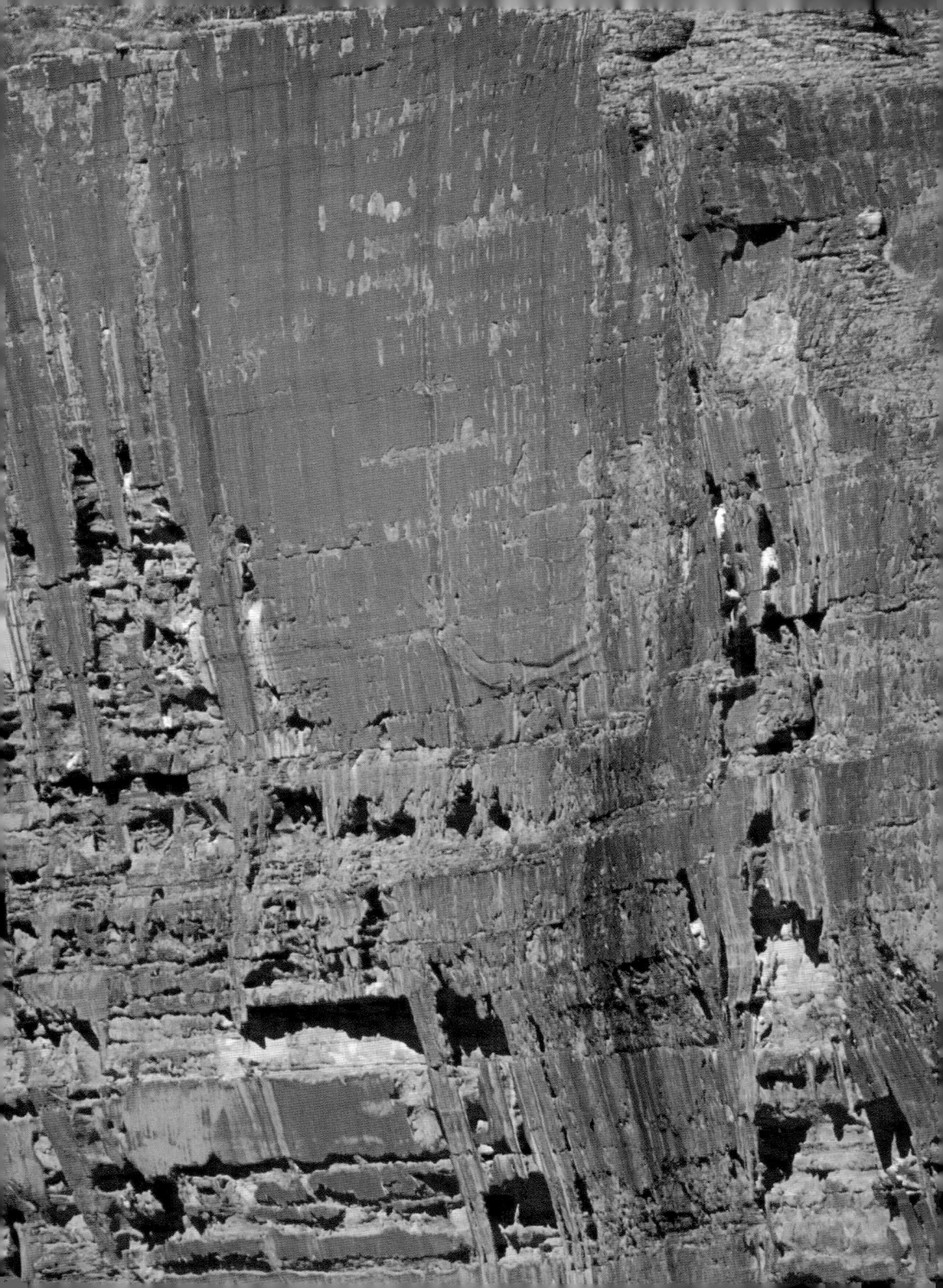

짐짐 폭포

오스트레일리아, 노던 준주

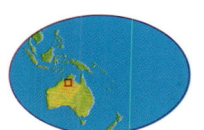

공원의 면적 : 19,000제곱킬로미터
폭포의 깊이 : 200미터
식생 : 계절풍림

우기인 10월부터 이듬해 5월까지 힘센 물줄기가 안헴 절벽을 단숨에 200미터나 낙하해 아래의 거대한 깊은 못으로 떨어지는 이곳이 짐짐 폭포이다. 저녁에 내리는 거센 비바람이 땅과 절벽을 때린다. 한때 해안 절벽이었던 이 절벽은 주변 평야보다 330미터나 높이 솟아 있으며 카카두 국립공원의 동쪽 경계선을 따라 500킬로미터나 이어져 있다. 노던 준주에서도 짐짐 폭포 일대는 강수량이 가장 높은 지역으로 빗물이 짐짐 폭포를 적시고 물새들이 풍부한 거대한 호수에 모인다. 이 공원이 국제적인 명성을 얻게 된 것은 새들 덕분이다. 하지만 새가 아니더라도, 건기에 물줄기가 약해져도, 짐짐 폭포의 웅장한 사암 절벽과 주변 협곡의 아름다움은 조금도 줄어들지 않는다. 폭포수는 거대한 바위와 울창한 계절풍림으로 덮인 가파른 협곡으로 흘러간다. 협곡을 지나면 넓은 즉 모래 하구로 흘러들어가 숲을 적시고 수련이 가득 피어 있는 못을 채운다.

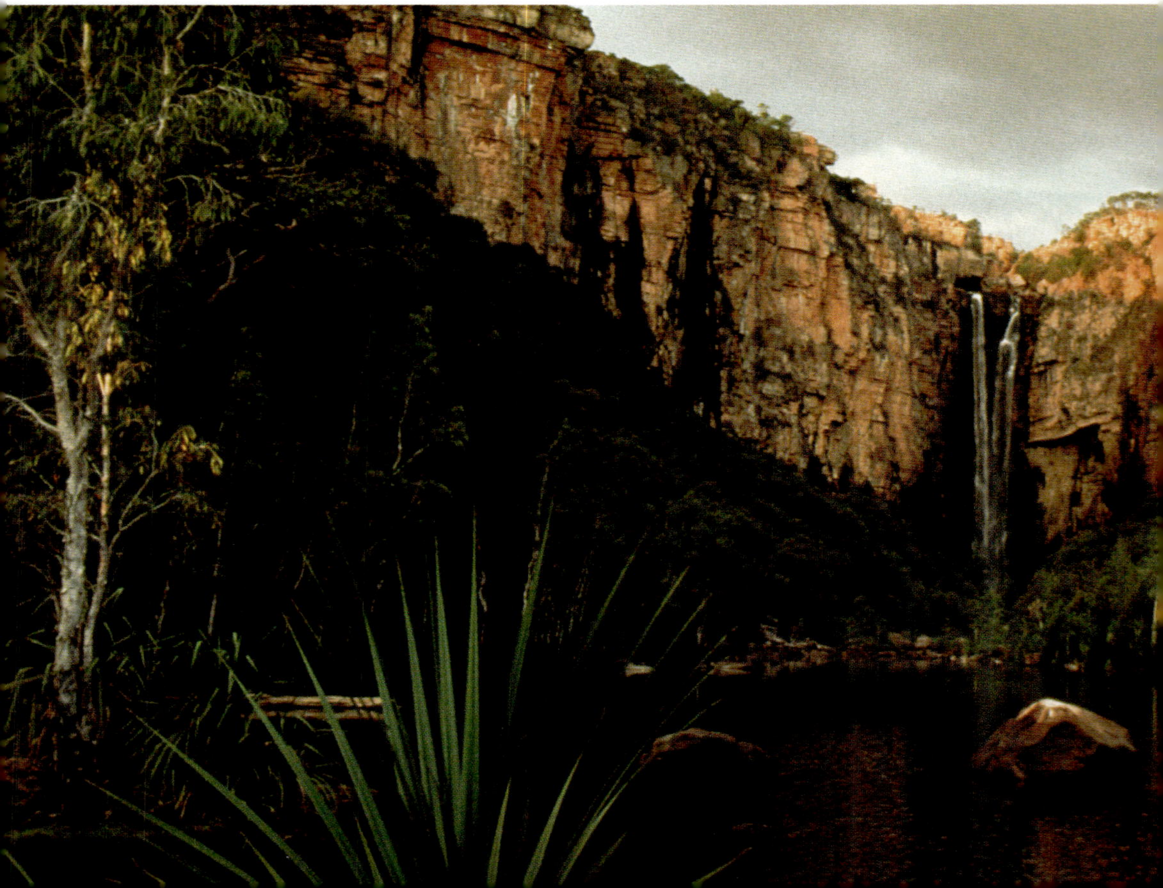

1억 4,000만 년 전인 중생대에 카카두는 대부분 얕은 바다였다. 노던 준주 보호위원회에 따르면 절벽과 안헴랜드 고원은 바다 위로 드러나는 평지였다. 1억 년 전부터 해수면이 내려가기 시작한 것이다. 안헴 절벽 아래에 있는 암석들은 원래 화산암으로서 25억 년 전 혹은 지구 나이의 반 정도에 이를 정도로 오래전에 만들어진 암석이다. 이 지역에서 발견된 원주민들의 유물은 5만~6만 년 전에 만들어진 것이다. 그것으로 보아 이 지역이 오스트레일리아에서 가장 오래된 정착지임을 알 수 있다. 카카두 국립공원은 안헴 고속도로가 놓인 다윈에서 동쪽으로 260킬로미터 정도 떨어져 있다. 짐짐 폭포는 사륜구동으로만 갈 수 있다. 걸어서는 1킬로미터를 가야 하는데 매우 힘든 길이다. 우기에는 폭포수가 크게 불어나기 때문에 자동차로 갈 수 없고 근처의 자비루와 쿠인다에서 비행기로만 갈 수 있다. **GH**

<u>아래</u> 우기에 볼 수 있는 짐짐 폭포의 아름다운 풍경

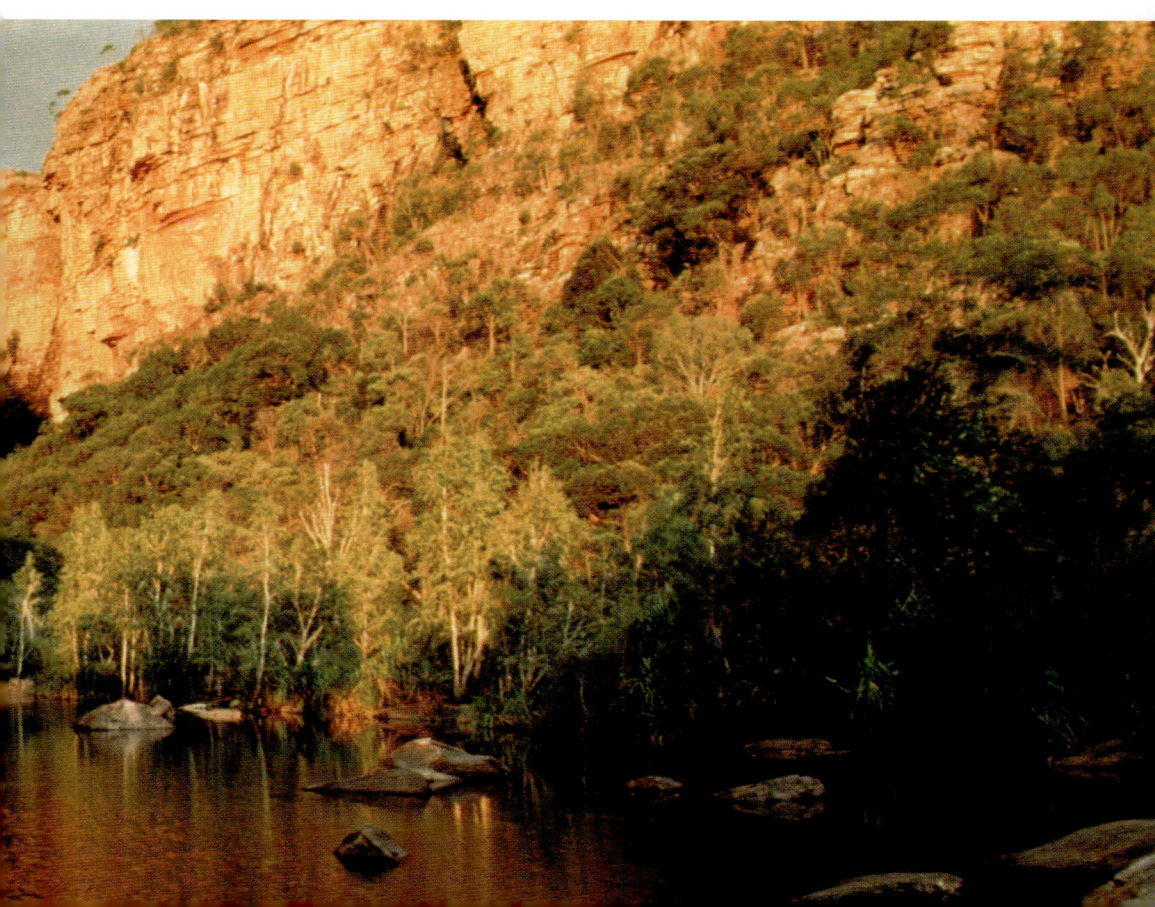

피츠로이 강

오스트레일리아, 노던 준주

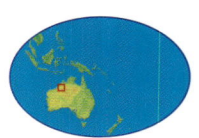

피츠로이 강과 지류의 총 길이 : 4,880킬로미터
암초와 모래톱의 생성 시기 : 최대 3억 5,000만 년
식생 : 광활한 사바나와 습지

피츠로이 강은 오스트레일리아에서 가장 큰 강의 하나이다. 이 강은 3억 5,000만 년 전에 형성된 데본기 암초를 깎아서 킴벌리의 유명한 협곡들을 만들었다. 피츠로이 강과 그 근처에 흐르는 오드 강에는 이 나라에서 가장 많은 양의 물이 흐른다. 연평균 강수량만으로도 오스트레일리아 전역을 1미터나 덮을 정도인 피츠로이 강이 범람하면 그 광경은 보는 이를 압도한다. 구불구불 흐르는 주요 강줄기와 미로 같은 수로의 수심은 최대 12미터이다. 강물은 킴벌리의 중심부를 휩쓸며 세계적으로 유명한 캠벌린 범람원을 지나간다. 피츠로이 강에 인접해 있으며 방대한 검은 토양을 지닌 범람원에는 67종의 물새가 서식하는 것으로 보고되어 있다. 이중 19종은 잠바 조약과 캄바 조약에 따라 보호해야 하는 철새 목록에 올라 있다. 피츠로이 강, 매켄지 강, 도슨 강, 코너 강, 이삭 강을 포함하는 피츠로이 유역은 극도로 조심성이 많은 피츠로이강거북의 서식지로 알려졌다. 이 거북은 호흡하는 방법이 독특한 것으로 유명한데 항문으로 호흡을 할 수 있기 때문에 '엉덩이로 숨 쉬는 거북'이라고 부른다. **GH**

게이키에 협곡

오스트레일리아, 노던 준주

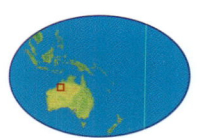

협곡의 생성 시기 : 3억 5,000만 년 전
협곡의 높이 : 50미터
협곡의 길이 : 14킬로미터

게이키에 협곡은 킴벌리 지역에서 가장 긴 협곡이다. 이곳의 암초는 열대기후에 형성된 협곡 습지 생태계의 가장 훌륭한 예로 알려졌다. 협곡의 가파른 석회암 절벽은 그 높이가 50미터로 14킬로미터나 이어져 있는데 세계에서 보존이 가장 잘 된 고생대 암초이다. 이곳은 '너무나 잘 노출되어서' 세계유산 목록에 올라 있는데, 웨스트킴벌리 지구의 데보니아리프에는 해양 화석과 같은 중요한 지형들이 잘 드러나 있다. 피츠로이 강이 오래전에 형성된 암초를 깎아 협곡을 만들자 그 절벽에는 그동안 매몰되어 있던 화석이 드러나게 되었다. 항상 물이 고여 있는 못에는 적어도 18종이나 되는 물고기가 서식한다. 원래는 바다에서 서식하는데 이상하게 320킬로미터나 상류에서 발견된 라이히하르트톱가오리와 코치읍가오리도 있다. 못은 악어들이 새끼를 키우는 장소로 매우 중요하다. 희귀한 보랏빛선녀별새, 회색송골매, 호금조, 송골매, 특이한 오렌지호스슈박쥐도 서식한다. 게이키에라는 이름은 1883년에 이 지역을 탐험한 에드워드 하드맨이 영국 지질학자인 아치볼드 게이키에를 기념해 붙였다. **GH**

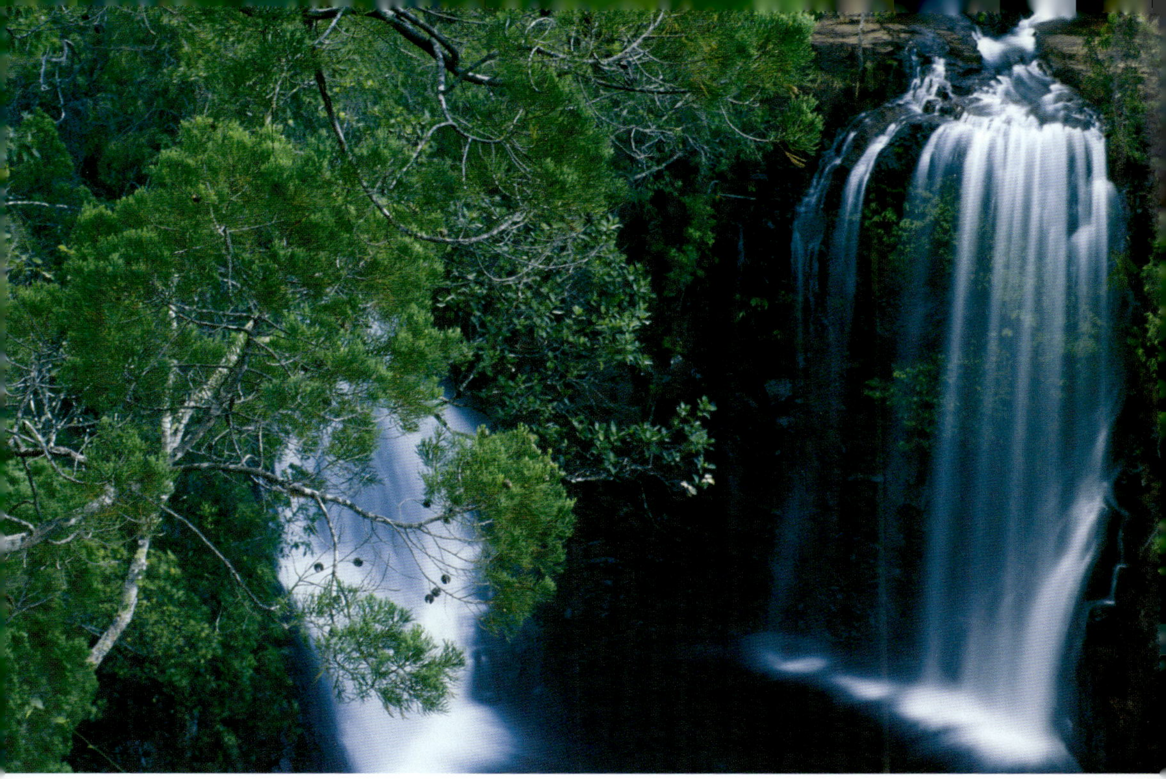

리치필드 국립공원

오스트레일리아, 노던 준주

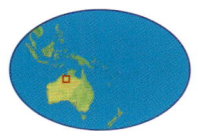

공원의 면적 : 1,476제곱킬로미터
공원의 식생 : 유칼리나무 숲, 사바나

리치필드 국립공원은 테이블탑레인지라고 하는 사암 고원에 층층이 떨어지는 수많은 작은 폭포들이 대표적인 풍경이다. 1년 내내 물이 솟는 샘에서 시작하는 하천, 항상 맑은 물이 고여 있는 웅덩이와 벌리록홀, 왕기, 톨머 폭포와 플로렌스 폭포 같은 최대 10미터 높이의 폭포들이 공원의 아름다움을 빛낸다. 리치필드에는 가파른 산비탈도 있고 제4기 충적토로 이루어진 저지 평원도 있다. 세월에 깎인 사암 절벽, 평원과 완만한 구릉지에는 '로스트시티'라고 불리는 사암 기둥들이 솟아

있다. 공원에서 볼 수 있는 또 다른 절경으로는 텅 빈 공터에 수없이 서 있는 흰개미 언덕인데 높이가 2미터에 달한다. 이 언덕을 자석 언덕이라고 한다. 얇은 끝부분이 자석처럼 남북을 가리키고 넓은 뒷부분이 동서를 가리키는 모습이 마치 나침반을 닮았기 때문이다. 이런 구조 덕분에 햇빛에 노출되는 부분을 최대한으로 줄여서 내부를 시원하게 유지할 수 있다. 이곳은 원주민인 마루눙구, 와레이, 웨라트, 쿵구루쿤 족에게 매우 중요한 곳이다. 이 지역의 숲에는 반디쿠트, 왈라비, 주머니고양이, 꿀빨이새, 까치종다리, 앵무새, 앵무목 등이 살며 도마뱀, 도마뱀붙이, 고아나왕도마뱀, 뱀도 산다. **GH**

캐서린 협곡

오스트레일리아, 노던 준주

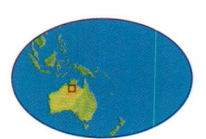

협곡의 높이 : 최대 60미터	
암석의 종류 : 선캄브리아기 사암	
공원의 면적 : 2,919제곱킬로미터	

니트밀룩 국립공원, 즉 캐서린 협곡은 사막을 가로지르는 13개의 웅장한 협곡을 만든 캐더린 강의 수원지이다. 절벽의 높이가 최대 60미터인 이 협곡은 높은 절벽, 급류, 모래 해변, 길고 잔잔한 못을 자랑하는데, 이곳의 니트밀룩 폭포와 근처 이디스 폭포는 공식적인 관리주체인 원주민 자원인 족의 제례에서 매우 중요한 의미가 있다. 니트밀룩이라는 이름은 원주민 말로 '꿈꾸는 매미'라는

는데 주변에는 판다누스, 카유풋나무, 유칼리나무가 자라고 있다. 이 못은 이곳에 사는 물새와 여러 새의 오아시스이다. 주변에는 아카시아나 히비스커스처럼 귀하거나 멸종위기에 처한 식물도 많이 자란다. 흰목그래스우렌, 두건앵무, 록링테일포숨처럼 희귀하거나 독특한 새와 포유류도 나타난다. 캐서린 협곡은 민물에 사는 악어들의 번식지이다. 캥거루, 유로, 왈라비, 박쥐, 딩고 같은 토착동물들도 많이 서식한다.

1862년에 존 맥덜 스튜어트가 캐서린 강을 건너면서 일지에 이렇게 기록했다. '또 다른 큰 강이 나타났다. 동쪽의 북쪽에서 와서 서쪽의 남쪽으로 흐

> 니트밀룩이라는 이름은 원주민 말로 '꿈꾸는 매미'라는 뜻이다. 전해지는
> 이야기에 따르면, 무지개뱀인 볼룽이 아직도 니트밀룩의 두 번째 협곡의
> 깊은 못에 살고 있으므로 절대 귀찮게 해서는 안 된다고 한다.

뜻이다. 전해지는 이야기에 따르면, 무지개뱀인 볼룽이 아직도 니트밀룩의 두 번째 협곡의 깊은 못에 살고 있으므로 절대 귀찮게 해서는 안 된다고 한다.

가파른 절벽을 보면 캐서린 강이 어떻게 20억 년 전에 선캄브리아기에 형성된 사암의 단층을 따라 바위를 깎아 협곡을 만들었는지 잘 알 수 있다. 고원에는 유칼리나무 숲, 늪과 습지가 형성되어 있다. 좁은 협곡들 사이로 곳곳에 계절풍림이 형성되어 있는데, 이는 노던 준주에서 마지막으로 남아 있는 계절풍림이다.

공원을 구불거리며 통과하는 협곡을 따라 이디스 폭포까지 닷새 동안 둘러보는 100킬로미터의 루트가 있다. 이디스 폭포 아래에는 커다란 못이 있

르는 강이다.' 스튜어트는 그 당시 이미 호주 대륙을 여섯 번이나 탐험한 베테랑이었다. 그는 이 강을 자신을 후원해준 가문의 이름을 따 캐서린 강이라고 이름 붙였다. 우기에는 강의 수위가 18미터나 올라가면서 급류가 형성된다. **GH**

<u>오른쪽</u> 캐더린 강이 검은 리본처럼 캐더린 협곡을 가로지른다.

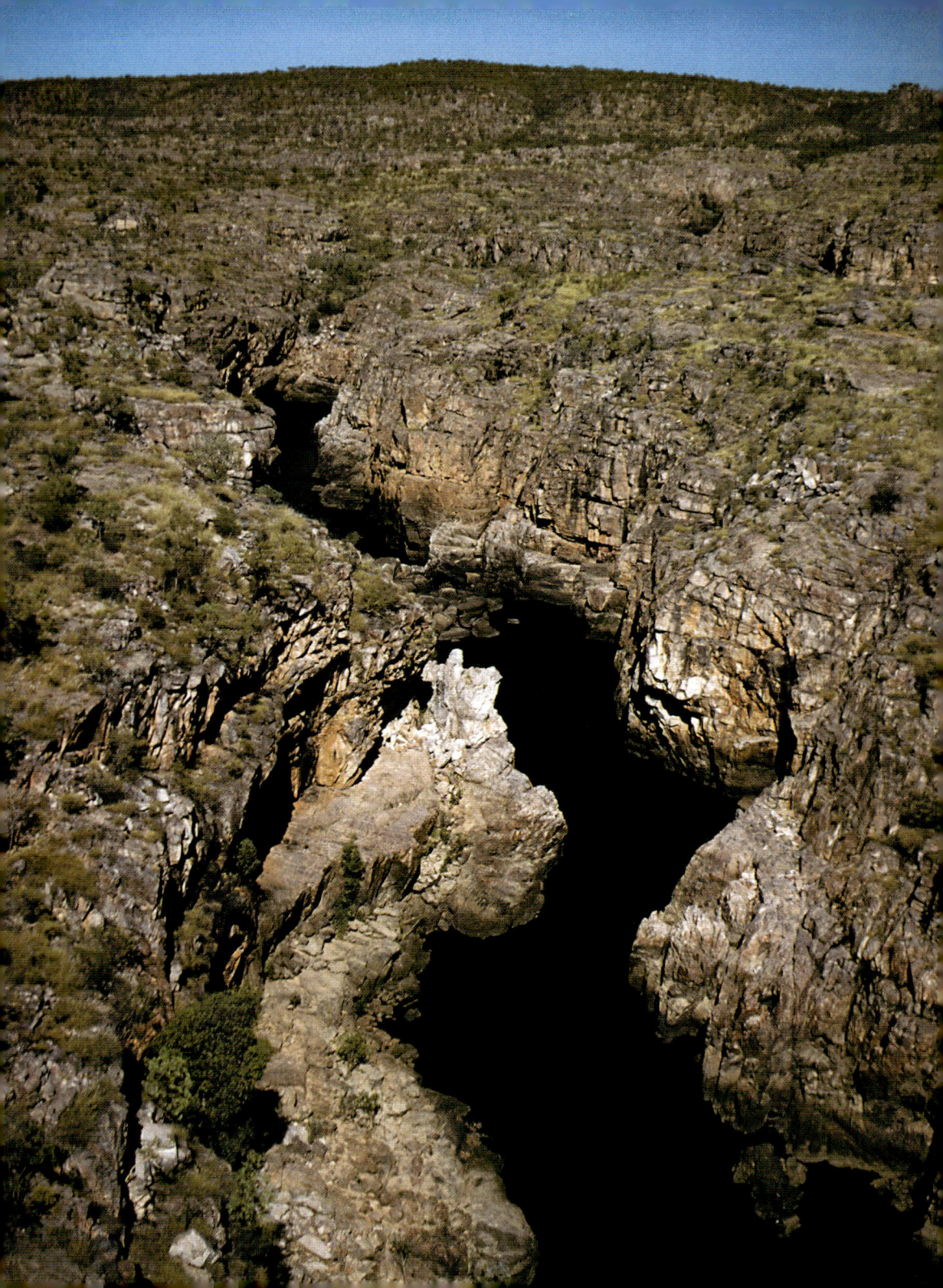

달라 협곡

오스트레일리아, 노던 준주

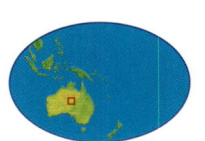

협곡의 식생 : 우림
특징 : 원주민의 암각화

달라 협곡은 건조한 지역에 우뚝 솟아 있는 이 스턴맥도넬 산맥의 사암 지대에 자리 잡고 있다. 달라 협곡 자연공원에는 기괴하리만큼 조용한 협곡이 둘 있다. 길이 1.1킬로미터의 주 협곡과 800미터 길이의 부 협곡이다. 이곳은 이스턴아렌테 족이 만들었다는 암각화 덕분에 유명해졌다. 이곳에서 선사 시대의 암각화, 은신처, 그림이 그려진 지역, 사냥 은신처 같은 유적지가 5,900곳 이상 발견되었다. 이곳의 암각화는 2,000년 정도 된 것으로 추정되고 있는데, 그중에는 1만 년이 된 것도

있을 수 있다. 원주민들은 암각화의 그림이 원주민들의 창조 설화와 밀접하게 관련이 있다고 한다. 이 협곡에서 발견된 석조 건축물과 문화적 가치가 있는 유적지는 이스턴아렌테 족의 예술과 전설을 담은 유물이다. 이 지역은 1880년대 원주민들과 이곳에 정착하려는 백인들 간의 피비린내는 충돌의 역사로 특징지을 수 있다. 불에 민감한 식물인 헤이스아카시아속교목과 화이트사이프러스파인 같은 식물이 자란다. **GH**

핑크 협곡

오스트레일리아, 노던 준주

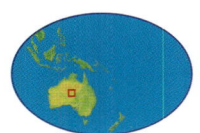

핑크 협곡의 생성 시기 : 약 2억 8,500만 년 전
공원의 면적 : 458제곱킬로미터
식생 : 열대우림

핑크 협곡 국립공원은 '생물학의 방주'라는 타이틀이 어색하지 않은 곳이다. 이곳 팜밸리의 '살아 있는 화석'들로 이루어진 숲에는 고대의 소철, 유물이나 다름없는 갈대, 특이한 레드캐비지야자수 등이 자란다. 공식적으로 세계에서 가장 오래된 강인 핑크 강은 제임스 산맥을 깎아 핑크 협곡을 만들었다. 여기에 풍화작용까지 더해져 강과 지류 주변은 고대 사암으로 만들어진 원형극장 지형과 이니셔에이션록 같은 기암괴석들이 즐비하다. 핑크 강의 지류인 팜크리크는 팜밸리를 촉촉이

적시는 강이다. 이 계곡의 식물들은 오래전에 오스트레일리아의 중부가 지금보다 훨씬 습했던 시기에 서식했던 식물들의 후손이다. 키가 25미터이고 수령이 300년인 다 자란 레드캐비지야자수 3,000여 그루가 핑크 강 유역에만 서식한다. 아렌테 족이 '프몰란키냐'라고 부르는 이 나무는 그들의 창조 설화에 따르면 선조들이 북쪽의 산불의 불꽃을 이용해 야자수와 소철을 가져왔다고 한다. 불의 선조들이 당한 역경은 야자수의 새까만 줄기에 다 나와 있다고 하며 야자수의 잎은 젊은 남자들의 긴 머리를 의미한다. **GH**

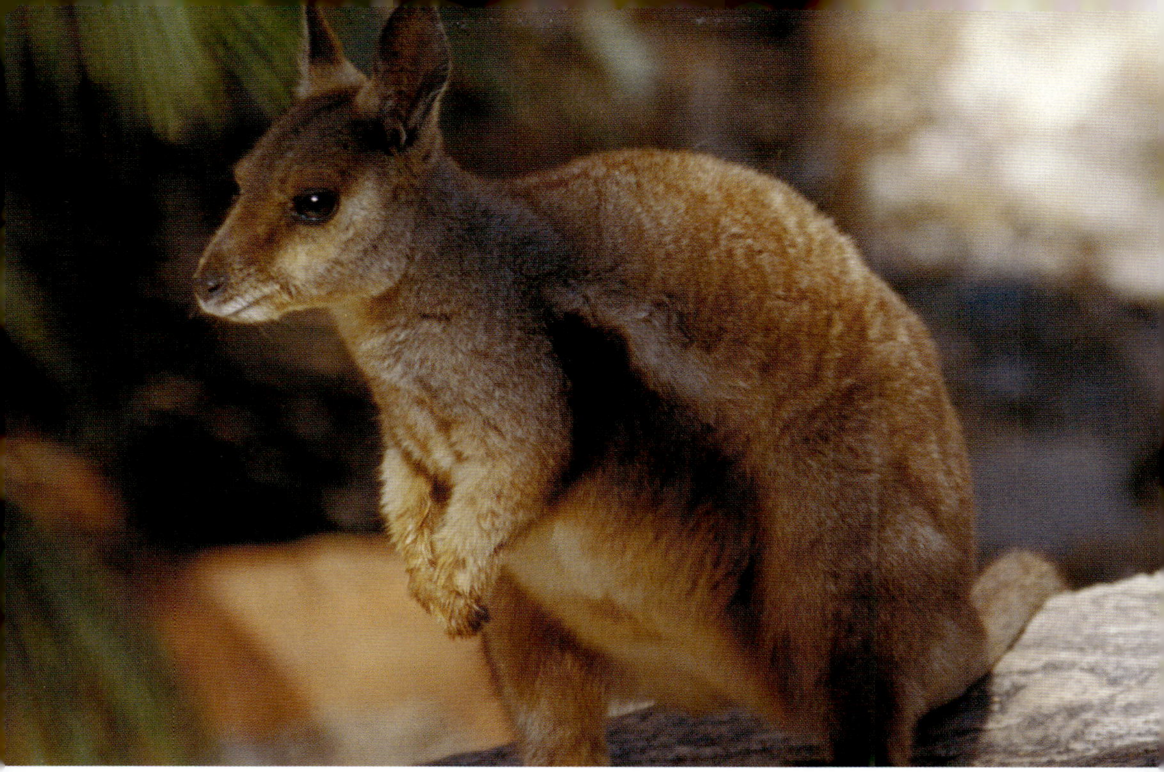

오미스톤 협곡과 파운드

오스트레일리아, 노던 준주

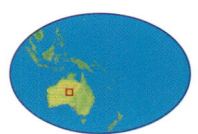

협곡의 높이 : 300미터

협곡의 면적 : 47제곱킬로미터

협곡의 생성 시기 : 대략 5억 년 전

오미스톤 협곡과 파운드 국립공원의 아름다움은 원주민 출신 화가인 알버트 나마챠리의 수채화로 영원불멸의 지위를 얻었다. 연한 황금색, 푸른색, 보라색을 띠는 지형과 호주고무나무, 신성한 웅덩이, 300미터 높이의 협곡과 습곡 지형이 특징인 이 국립공원은 오스트레일리아 중부에서 가장 아름다운 협곡으로 손꼽힌다. 고스트고무나무가 하늘로 우뚝 솟은 협곡의 틈새에 매달려 보초병처럼 아래를 굽어보고 있다.

원주민들은 이 협곡이 에뮤 신화의 일부에 등장한 곳이라 믿으며 물웅덩이를 숭배한다. 이곳의 강은 5억 년 전에 만들어진, 세계에서 가장 오래된 핑크 강의 지류이다. 이곳에는 지구온난화로 멸종 위기에 있는 물고기들이 서식한다.

이 지역을 최초로 탐험한 유럽인은 피터 에거톤 와버튼이다. 그는 1873~1874년에 그레이트샌디 사막을 횡단해 앨리스스프링스에서 웨스턴오스트레일리아 주까지 탐험했다. 와버튼은 이 황량한 곳을 탐험한 후 오미스톤 협곡과 파운드라고 이름 붙였다. 공원은 앨리스스프링스에서 서쪽으로 132킬로미터 떨어져 있다. **GH**

윈드자나 협곡

오스트레일리아, 노던 준주

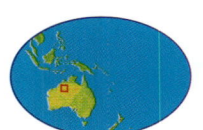

협곡의 생성 시기 : 3억 5,000만 년 전
협곡의 높이 : 100미터
협곡의 길이 : 5킬로미터

윈드자나 협곡은 이 지역의 암각화에 자주 등장하는 원주민들의 창조주에서 따온 이름이다. 지질학적으로 보면 이 지역은 약 3억 5,000만 년 전 데본기에 형성된 산호초의 흔적이다. 아름다운 윈드자나는 또 다른 산호초의 흔적인 게이키에 협곡과 터널크리크 국립공원과 마찬가지로, 한때 킴벌리 지역을 대부분 뒤덮은 바다에 잠겨 있던 1,000킬로미터 길이의 배리어 보초의 흔적이다. '보

트나무가 자란다. 강변의 숲에는 고무나무, 무화과, 하얀 삼나무가 자라고 산비탈에는 보아브나무가 자란다. 뜨거운 햇살을 피해 물새, 큰박쥐, 시끄러운 앵무들도 협곡을 찾는다. 윈드자나에서는 민물에 사는 악어를 관찰하기에 안성맞춤이다.

고요한 협곡을 보면 1890년대의 피비린내 나는 어두운 역사와는 전혀 관계가 없을 것 같다. 당시, 원주민들의 영웅인 잔다마라가 이끄는 원주민 전사 50명과 경찰들 사이에 전투가 벌어졌다. 잔다마라는 처음에는 백인 경찰들의 길잡이로 고용되어 양 도둑들을 잡는 데 도움을 주는 척했다. 그러나 곧 경찰을 공격해 원주민들을 풀어주었다. 그

> 건기가 되면 협곡의 못은 나무와 관목이 자라는 오아시스가 된다. 그럴 때
> 보면 마치 '나무 그늘이 드리워진 작은 샹그리라'라도 된 것 같다.

아브'라는 독특한 식물이 곳곳에 자라는 드넓은 충적토 범람원 한가운데 벼린 듯한 검붉은 절벽이 불쑥 솟아 있다. 이 절벽은 높이가 100미터가 되는 지점도 있다. 협곡에는 일 년 내내 물이 가득한 못이 5킬로미터에 걸쳐 이어져 있는데 야생동물과 다양한 식물들의 보금자리이다. 데본기에 살았던 원시생물들은 화석이 되어 윈드자나의 석회암 벽에 묻혀 있다. 건기가 되면 협곡의 못은 나무와 관목이 자라는 오아시스가 된다. 그럴 때 보면 마치 '나무 그늘이 드리워진 작은 샹그리라'라도 된 것 같다.

강변의 비옥한 토양에는 이 지역에 자생하는 무화과, 카유풋나무, 키가 크고 잎이 넓은 라이하르

후 게릴라전이 시작되었고 잔다마라는 이곳의 험한 지형을 잘 아는 이점을 활용에 10년간 당국의 손길을 피해 다녔다. 그는 경찰과의 충돌에서 부상을 당했지만 목숨을 건졌다. 그러나 터널크리크 근처에서 총에 맞아 숨졌다. **GH**

오른쪽 윈드자나의 석회암 절벽에는 화석이 풍부하다.

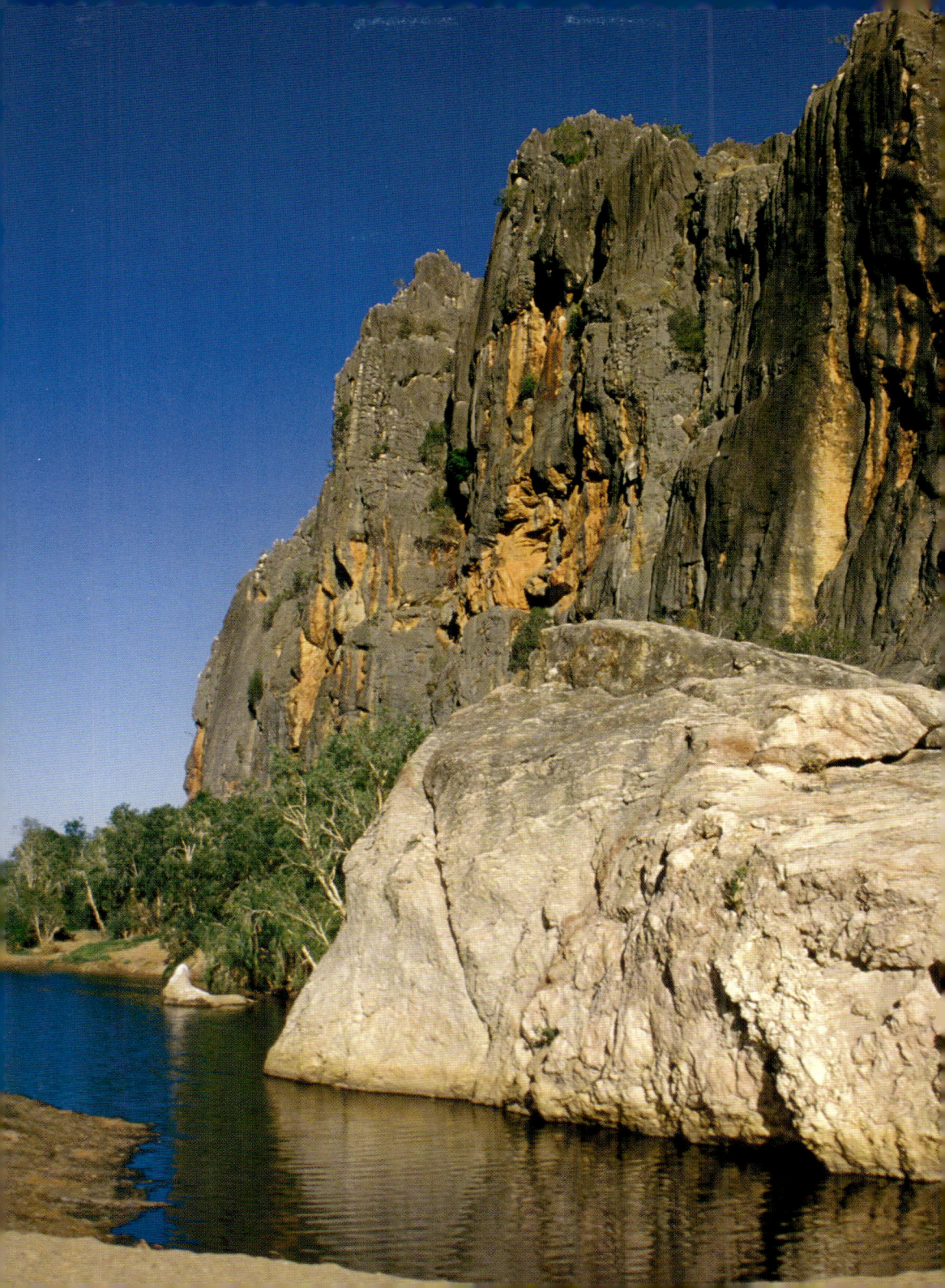

올가스

오스트레일리아, 노던 준주

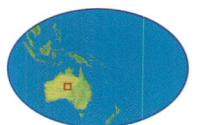

울룰루 – 카타츄타 국립공원의 면적 :
1,347제곱킬로미터

최고 높이(올가 산) : 545미터

올 가스의 원래 이름은 '수많은 머리'라는 뜻의 '카타츄타'였다. 이곳은 거대한 붉은 암석이 36개, 그보다는 좀 작은 돔과 능선이 60개 이상 분포하고 있는 바위의 천국이다. 이 바위 중에서 가장 높은 올가 산은 높이가 200미터로 그 유명한 울룰루보다 높으며 삼십 분 정도면 정상까지 올라갈 수 있다. 울룰루처럼 올가스도 울룰루–카타츄타 국립공원에 포함된 곳이다. 또한 문화, 자연적 가치가 인정되어 세계유산에 등재되어 있다. 이 바위 산은 원래 얕은 바다의 충적토였다. 그런데 약 3억

년 전 바다가 말라붙고 이 지역이 사막이 되면서 엄청난 융기작용이 일어나 해저에 있던 충적토 지형이 지상으로 올라왔다. 그 후 바람이 돌을 깎아 지금의 모습이 되었다. 오스트레일리아 국립공원 측과 공동으로 이 지역을 관리하는 아낭구 부족이 카타츄타를 소유하고 있다. 주요 돔과 '바람산책 계곡' 주변까지 놓여 있는 7킬로미터 도로를 따라 이 지역을 감상할 수 있다. **GM**

아래 바람이 조각한 올가스의 붉은 돔

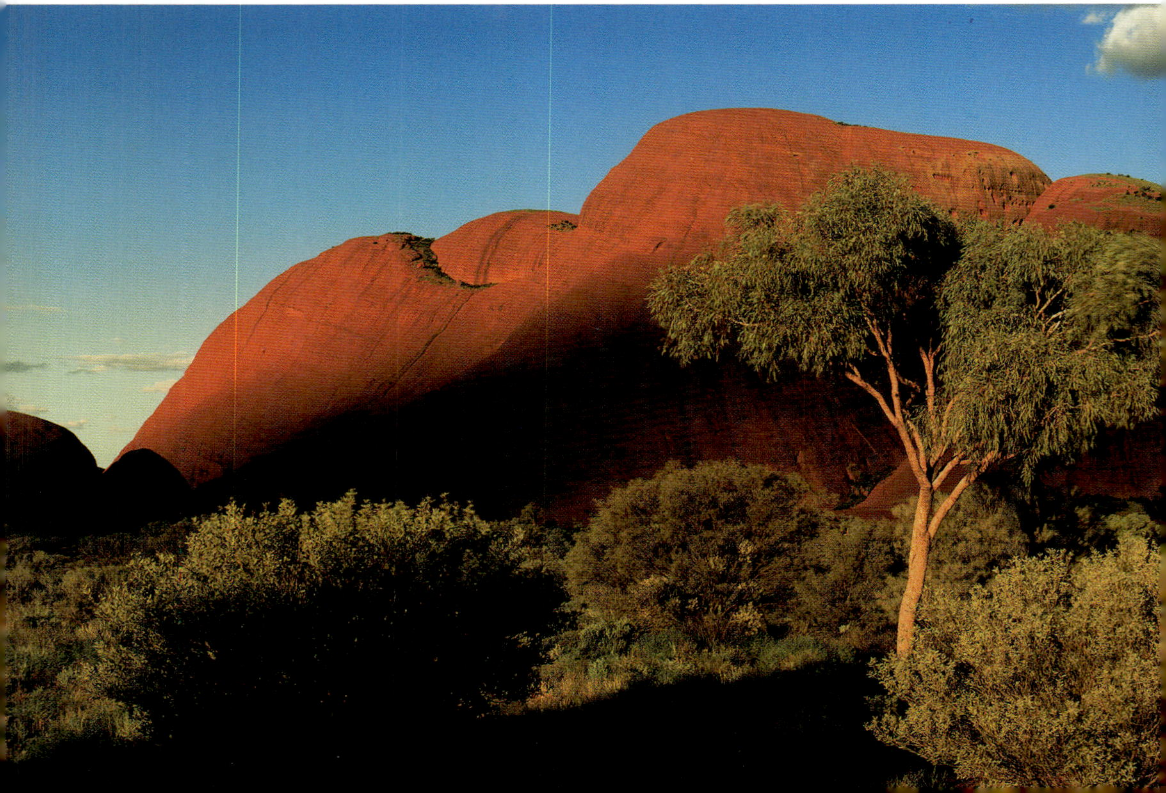

고스 절벽

오스트레일리아, 노던 준주

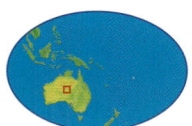

절벽 분화구의 높이 : 150미터	
절벽 분화구의 지름 : 5킬로미터	
생성 시기 : 1억 4,300만 년 전	

고스 절벽은 웨스턴아렌테 부족이 신성하게 여기는 성지이다. 그들은 이곳을 '트노랄라'라고 부르는데, 묘하게도 전설의 내용과 과학자들의 설명이 맞아떨어진다. 트노랄라는 지금으로부터 1억 4,300만 년 전 거대한 운석이 지구를 강타해서 생긴 지형이다. 그 충격으로 생긴 20제곱킬로미터의 분화구는 현재까지 가장 큰 운석 분화구의 하나이다. 원주민들의 신화에 따르면, 이 지역은 세상이 창조될 때 함께 생겼다. 은하수의 여자들이 하늘에서 춤을 추고 있었는데 여자 한 명이 자신의 아기를 나무로 만든 유모차에 뉘었다. 그런데 춤을 추다가 유모차가 뒤집혀서 아기가 지구에 떨어지자 지구에는 깊은 분화구가 생겼다. 이런 연유로 생긴 분화구는 훗날 침식작용을 받아 지름이 5킬로미터까지 커졌다. 이 분화구는 노던 준주의 남서쪽에 있는 앨리스스프링스에서 서쪽으로 175킬로미터가량 떨어져 있다. 이 지역을 제대로 보려면 하늘에서 봐야 한다. 하지만 타일러 고개에서 보면 주변 풍경까지 한눈에 볼 수 있다. 폭우가 내리면 도로가 폐쇄되기도 한다. 기온이 선선한 4월에서 10월 사이가 방문하기에 가장 좋은 시기이다. **MB**

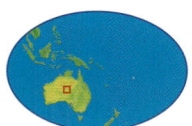

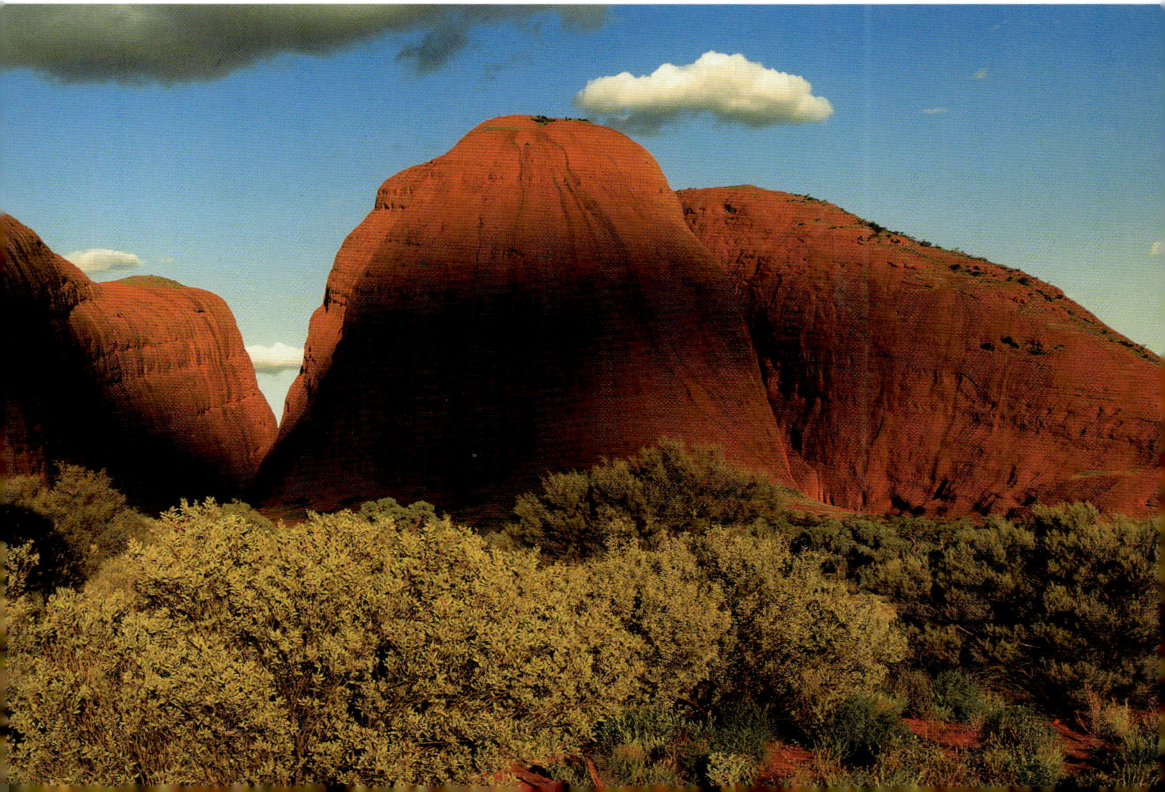

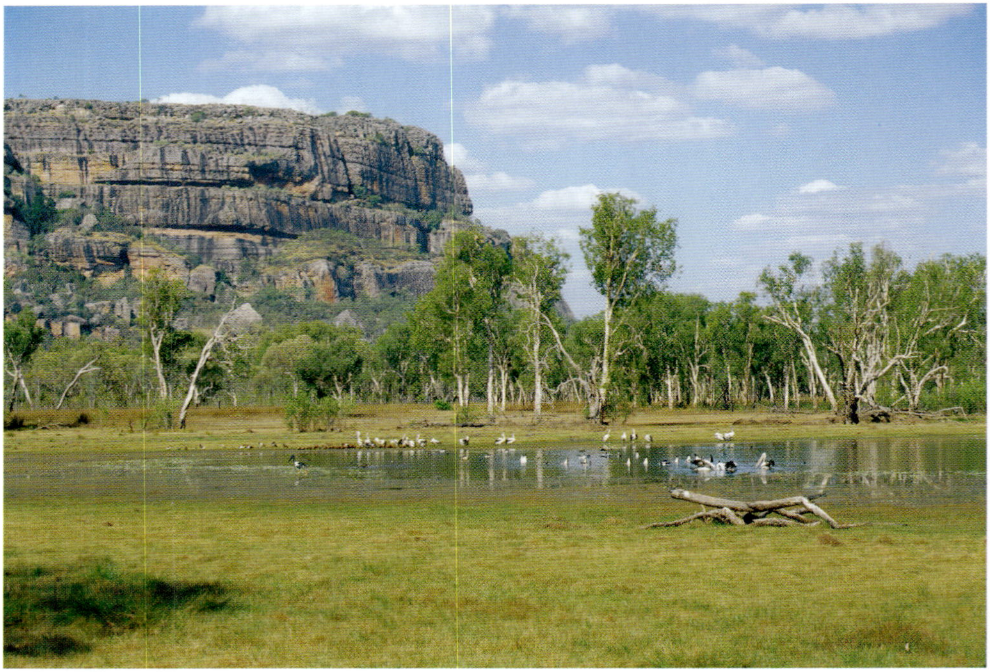

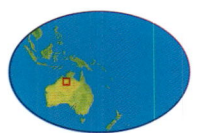

카카두 국립공원

오스트레일리아, 노던 준주

공원의 면적 : 13,354제곱킬로미터	
특징 : 고대 동굴 벽화와 암각화	

오스트레일리아 노던 준주에 있는 그림 같은 카카두 국립공원은 다양하고 소중한 생태계의 가치를 인정받아 세계유산으로 등재되었다. 이곳의 최고 절경으로는 높이 251미터에 장장 604킬로미터를 뻗어 있는 험준한 사암 절벽일 것이다. 고원에는 웅장한 폭포와 깊은 협곡이 곳곳에 들어서 있고, 카카루 국립공원 내부에는 곳곳에 평지와 범람원이 들어서 있다. 이곳은 우기일 때 가장 인상적인데, 격렬한 폭풍우로 폭우가 내리면 거대한 호수가 곳곳에 생겨 물새들이 몰려든다. 하지만 이곳을 방문하기에 가장 좋은 시기는 우기가 끝난 직후 폭포수의 물살이 가장 셀 때나 건기가 끝날 무렵에 물웅덩이마다 동물들이 모여 있을 때이다.

이 지역에는 4만 년 전부터 사람들이 거주했다. 카카두 국립공원은 고대 동굴 벽화와 암각화로 유명하며 오스트레일리아에 세워진 최초의 정착지도 있다. 카카두라는 이름은 원주민인 가구주 족의 언어이며 이 부족은 지금도 카카두라는 지역에 살고 있다. **GM**

웨이브록

오스트레일리아, 웨스턴오스트레일리아 주

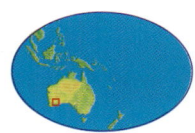

높이 : 15미터	
웨이브록의 길이 : 110미터	
주변 식생 : 덤불	

웨이브록은 해변으로 몰려오는 거대한 파도가 그대로 정지한 것 같다. 그래서 이 바위를 보고 '선사시대의 파도'라고도 하는데, 특히 꼭대기에서 수직으로 아래까지 이어진 줄무늬 때문에 정말 파도를 보는 것 같다. 이 놀라운 바위는 세상의 배꼽이라는 울룰루와 아름다운 붉은 바위산이 옹기종기 모여 있는 올가스처럼 오스트레일리아를 대표하는 상징물의 하나로 자리 잡았다.

웨이브록은 거대한 화강암 바위인 헤이든록의 북쪽 절벽이다. 헤이든록은 주위 평지에 홀로 있는 언덕인 도상구릉으로, 주변의 암석들은 수천만 년 동안 깎여 이미 사라졌다. 지금까지 남은 바위는 위치마다 서로 다른 침식작용을 받았다. 화강암 노두(露頭) 수십 개가 이 지역의 밀생산지대를 따라 늘어서 있는데, 카멜피크, 험프스와 킹록 등 이름도 제각각이다.

웨이브록은 약 5억 년 전에 만들어진 것으로 추정된다. 샘물이 절벽을 타고 흘러내려 화강암의 광물질을 녹여버렸고 탄산염과 산화물이 노란색, 갈색, 붉은색과 회색의 얼룩을 남겼다. 덕분에 아름다운 수직 줄무늬가 웨이브록의 형태와 기괴한 분위기를 더욱 강조한다. **GH**

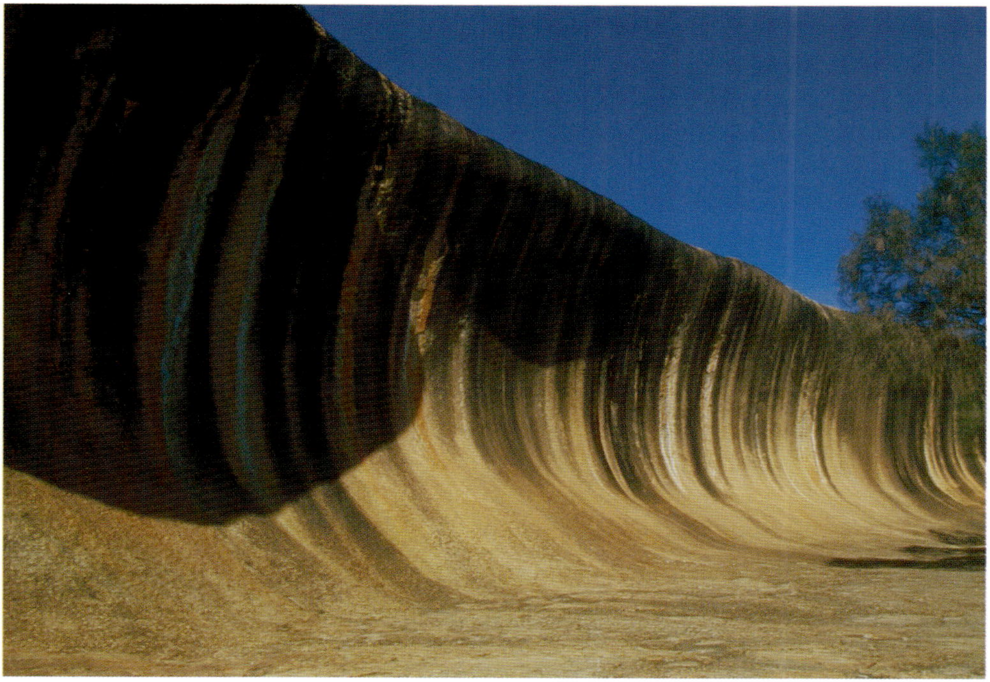

케이프르그랜드
국립공원

오스트레일리아, 웨스턴오스트레일리아 주

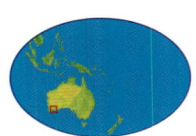

공원의 면적 : 308제곱킬로미터
봉우리의 생성 시기 : 4,000만 년 전
식생 : 해안의 덤불

케 이프르그랜드 국립공원은 서해안에서 가장
아름다운 지역으로 손꼽힌다. 야생이 살아
있는 이 공원은 주변의 험준한 화강암 봉우리와 히
스(heath, 철쭉과의 관목으로 겨울에서 봄까지 흰
색 또는 연한 붉은꽃이 피고 열매는 벌어진다)가
무성한 황야를 배경으로, 하얀 모래가 깔린 그림
같은 만과 푸른 물이 그렇게 아름다울 수 없다. 공
원의 산들은 화강암과 편마암 노두(露頭)로, 345미

터의 르그랜드 산, 262미터의 프렌치맨피크, 180
미터의 미시시피힐 등이 있다.

이 봉우리들은 6억 년 전에 이 지역에서 발생한
지각 활동의 결과로 형성되었다. 해수면이 지금보
다 300미터는 더 높았던 4,000만 년 전까지만 해
도 봉우리들은 바다에 잠겨 있었을 것이다. 지금은
산 주변에 히스가 무성하며 소금기가 남아 있는 황
무지에 습지와 담수 연못들이 흩어져 있다. 이런
곳은 영락없이 작은 동물들의 보금자리가 되었다.
프렌치맨피크 정상에 서면 맞은편의 헬파이어베
이, 디슬코브와 럭키베이를 비롯해 주변의 만과 공
원의 근사한 풍경이 한눈에 들어온다. **GH**

피츠제럴드 강
국립공원

오스트레일리아, 웨스턴오스트레일리아 주

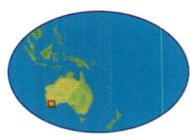

공원의 면적 : 3,300제곱킬로미터
강의 생성 시기 : 4,000만~4,300만 년 전
강의 수심 : 450미터

피 츠제럴드 강 국립공원은 희귀하고 멸종위기
에 처한 생물들이 많아서 오스트레일리아에
서 가장 중요한 지역으로 손꼽힌다. 이곳의 광활한
자연은 잘 보존되어 있는데 멋진 협곡과 험준한 절
벽 사이를 흐르는 네 개의 하천과 넓은 해안 평야
와 자갈 해변까지 다양한 풍경을 맛볼 수 있다. 해
안 산맥인 배런즈가 바다에서 곧장 솟아 있다. 해
머즐리 계곡과 피츠제럴드 계곡을 따라 서 있는 다

채로운 절벽은 3,600만 년 전에 형성되었다.

고원에서 바라보는 풍경은 이 나라에서 야생이
가장 살아있는 풍경이라 해도 과언이 아니다. 공원
의 북쪽으로 화강암 노두가 노출되어 있는데 남쪽
가장자리의 일가른블록이 두드러진다. 일가른블록
은 웨스턴오스트레일리아 주 지역 대부분에 깔린
오래된 대륙 지각의 핵심이다. 공원이 너무 넓어서
눈 주변에 하얀 고리 무늬가 두드러지는 작은 유대
류인 얼룩주머니쥐와 히스래트가 최근에 다시 발
견될 정도였다. 이곳에는 1,800종이 넘는 화훼식
물이 자라며 지의류, 이끼와 곰팡이도 발견되었는
데, 6~11월 사이가 가장 아름답다. **GH**

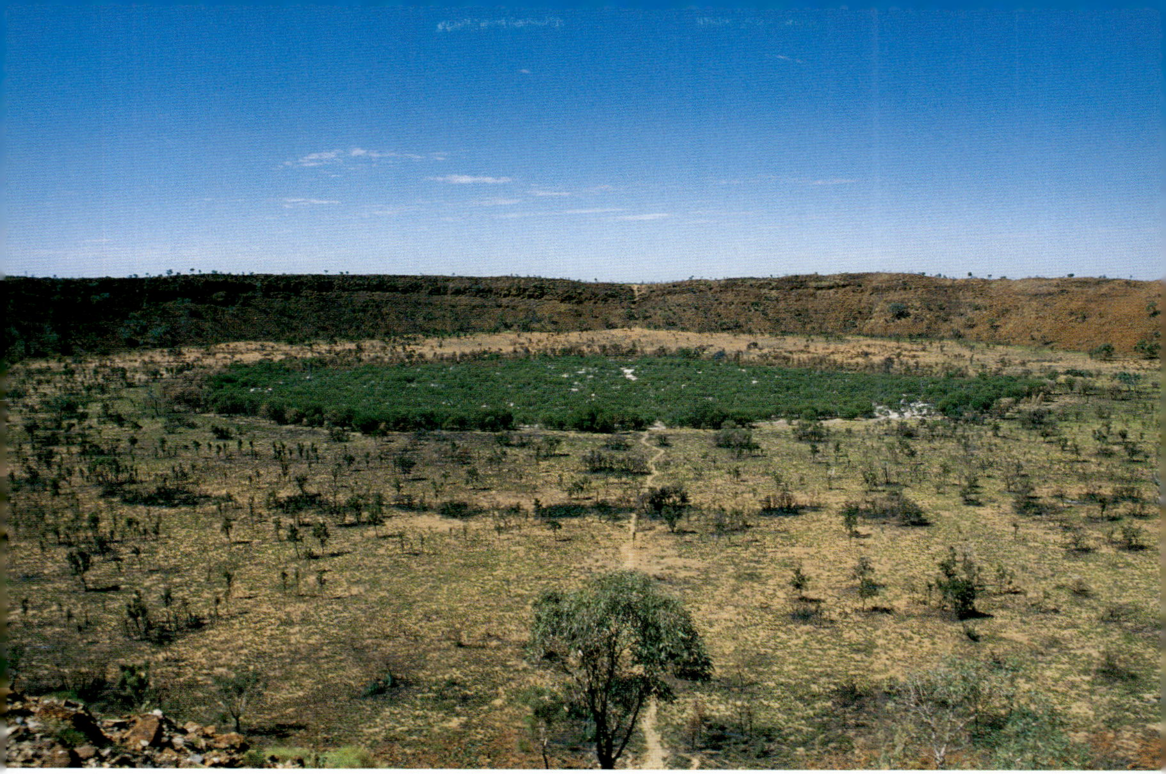

울프크리크
운석구덩이

오스트레일리아, 웨스턴오스트레일리아 주

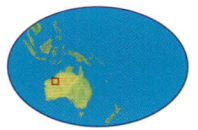

생성 시기 : 30만 년 전

폭 : 880미터

깊이 : 60미터

원주민들이 '칸디말랄'이라고 부르는 울프크리크 분화구를 처음으로 백인이 발견한 때는 1947년으로 당시 항공 조사를 하던 중이었다. 원주민들의 신화에는 무지개뱀 두 마리가 사막을 건너서 스튜어드크리크와 울프크리크 등 두 개의 하천을 만들었다고 전해진다. 분화구는 원래 두 마리의 뱀 중 한 마리가 지상으로 나타난 곳이라고 한다.

과학적으로 보자면, 이 구덩이는 세계에서 두 번째로 큰 운석구덩이이며 운석의 잔해가 발견되기도 했다. 이 분화구에서 발견된 암석과 운석의 잔해를 보면 약 30만 년 전에 운석이 지구와 충돌한 것을 알 수 있는데, 당시 운석의 무게는 5만 5,115톤이 넘었을 것이다. 이 거대한 돌덩이가 지구를 때린 충격으로 사막 평원에 깊이 120미터의 구덩이가 생겼다. 철광석이었던 운석은 대기권을 지나면서 대부분 타서 사라졌다. 그때 발생한 대폭발로 운석 파편은 4킬로미터까지 날아갔다. 구덩이는 현재 깊이가 60미터로 브라운링테일드래곤을 비롯한 다양한 야생생물의 보금자리가 되었다. **GH**

머치슨 강

오스트레일리아, 웨스턴오스트레일리아 주

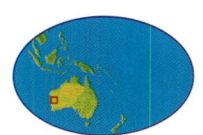

강의 수심 : 131미터
강의 길이 : 80킬로미터
강의 생성 시기 : 4억 년 전

내륙으로 483킬로미터 들어간 지점에서 발원한 머치슨 강은 굽이굽이 흘러 4억 년 전에 형성된 험준한 사암 지대를 깎아 80킬로미터 길이의 가파르고 꼬불거리는 협곡을 만든 후 인도양으로 흘러들어간다. 이곳에 있는 사암은 적갈색과 보라색이 흰색의 띠와 대조를 이루며 지층에는 화석이 매우 풍부하게 묻혀 있다.

머치슨 강은 퍼스에서 53킬로미터 떨어진 칼바

질학을 전공하는 학생들이 전 세계에서 모여든다. Z-밴드와 루프 같은 바위는 '벌레 깡통' 같은 모양을 하고 있는데 벌레가 파놓은 굴이 그대로 화석이 되었기 때문이다. 약 4억 년 전에 최초로 이 지역을 돌아다닌 동물들이 만들어 놓은 길도 있다. 그러한 예로는 광익류(廣翼類)라고 하는 길이 2미터의 바다가재가 만들어 놓은 길이 있다.

머치슨 강은 200종에 가까운 새들의 보금자리이기 때문에 독수리, 명금과 습지에 사는 물새들이 많다. 물수리가 해안 절벽에서 창공으로 솟구치고 쐐기꼬리수리가 협곡을 감시한다. 에뮤들이 강가에서 목을 축이고 검은 고니들은 얕은 못에서 새끼

> 물수리가 해안 절벽에서 창공으로 솟구치고 쐐기꼬리수리가
> 협곡을 감시한다. 에뮤들이 강가에서 목을 축이고 검은 고니들은
> 얕은 못에서 새끼를 키운다.

리 국립공원의 주요 지형이다. 공원에는 험상궂게 생긴 루프와 Z-밴드처럼 유명한 기암괴석이 풍부하며 강과 바다가 만나는 곳에는 호크스헤드가 있다. 해안 절벽은 곳에 따라 해발 100미터까지 솟아 있고, 레인보우밸리의 절벽은 자욱한 바다안개 사이로 아름다운 무지개가 걸려있다.

꼭대기에는 흔들바위도 있다. 절벽은 세계유산에 등재된 샤크베이를 향해 북쪽으로 201킬로미터나 뻗어 있다. 레드블러프 절벽 아랫부분의 바위 표면을 보면 동심원 무늬가 있고 색깔이 다채로운데 옛날에 조수에 의해 만들어진 무늬이다. 오르도비스기의 사암, 뛰어난 화석과 길을 보기 위해 지

를 키운다. 머치슨 강은 조수가 있기 때문에 잉엇과와 대구과 물고기가 매우 풍부하며 그중에서도 멀로웨이라는 대형바다물고기가 많은 편이다. 만에서는 고래가 자주 보이고 하류에는 돌고래도 볼 수 있다. 작지만 무섭게 생긴 쏘니데빌도마뱀이 칼바리 공원에 많이 서식한다. 공원은 아름다운 야생화가 유명한데, 7월 말에서 이듬해 봄과 초여름까지가 가장 아름답다. **GH**

오른쪽 평원을 굽이쳐 흐르는 머치슨 강의 맑은 물

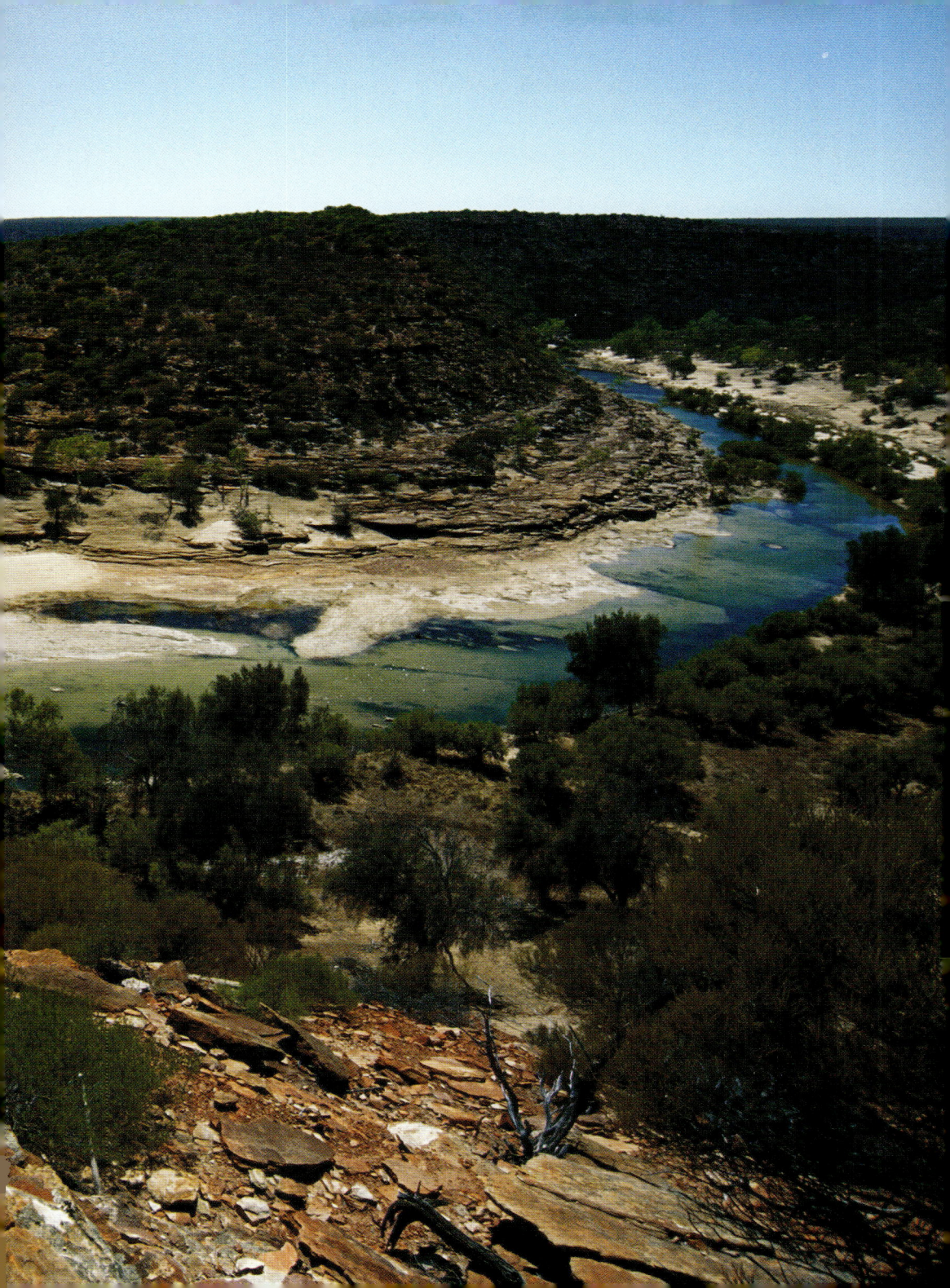

미첼 강과 폭포

오스트레일리아, 웨스턴오스트레일리아 주

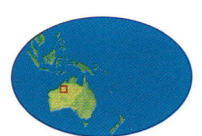

강의 생성 시기 : 18억 년 전
공원의 면적 : 1,153제곱킬로미터
식생 : 열대우림

미첼 강 국립공원에는 킴벌리 지역에서 가장 오지에 있는 자연의 보석인 미첼 폭포가 있다. 원주민들이 '푸나미이-운푸우'라고 부르는 미첼 폭포는 여러 층의 폭포와 못을 거쳐 80미터 아래의 깊고 푸른 못까지 이어져 있다. 은가우워두(미첼 고원)에 사는 워남발 족은 이곳을 신성하게 여긴다. 이들은 운구르(혹은 창조자 뱀들)라는 초자연적인 존재를 숭배하는데 이 존재들이 주로 푸나미이-운푸우와 아우나우야 폭포 아래의 못에 살기 때문에 이곳에서는 수영을 해서는 안 된다. 미첼

폭포로 흐르는 미첼 강은 협곡과 폭포를 지나 미첼 고원을 흐른 후 웜슬리베이와 애드미럴티 만으로 흐른다. 고원의 가장자리와 협곡 주변에는 열대우림이 군데군데 형성되어 있다. 또한 이곳에는 양치류 식물이 무성하고 거대한 카누카매머드들이 뒤엉킨 덩굴을 뚫고 물속에서 쑥쑥 자라고 있다.

빅토리아 주에서 희귀하거나 멸종위기에 처한 여섯 종의 포유류를 비롯해 포유류 50종, 인도악어와 데스매더를 비롯한 파충류와 양서류 86종이 이 지역에 서식한다. 폭포까지 등반은 2~3시간 정도 걸리며 헬리콥터 관광상품도 있다. **GH**

블러프놀

오스트레일리아, 웨스턴오스트레일리아 주

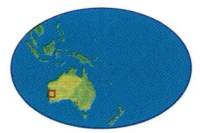

블러프놀의 생성 시기 : 1억 년 전
봉우리의 높이 : 1,095미터
봉우리의 길이 : 64킬로미터

스털링 산맥 국립공원의 블러프놀은 웨스턴 오스트레일리아 주의 남서쪽에 있는 이 지역에서 최고봉으로 손꼽히며 애잔한 아름다움으로 유명하다. 블러프의 주요 안벽은 호주에서 가장 아름다운 절벽으로 알려져 있는데, 험준한 봉우리까지 64킬로미터 정도 이어진다. 해발 1,095미터의 블러프놀 정상에서 바라본 풍경은 말이 필요 없다. 원주민들은 블러프놀이라는 이름 대신 '수많은 얼굴을 가진 거대한 언덕'이라는 뜻의 '푸알라미알'이라고 부른다. 이 산에 얼굴처럼 생긴 바위가 많

은 데서 유래한 이름이다. 한때 이 지역은 콰니얀 족과 코렝 족의 거처였으며 그들은 캥거루 가죽으로 옷을 해 입고 습한 지역에 원뿔형 오두막을 짓고 살았다. 봉우리는 골짜기를 떠도는 짙은 안개에 모습을 감출 때가 많은데 이 안개는 노아치라고 부르는 사악한 영혼이라고 한다. 1835년에 존 셉티머스 로이 총독은 '특이하고 높은 봉우리들'을 본 후 주지사였던 제임스 스털링 경의 이름을 붙였다. 원주민들은 코이 키예우누-루프라고 부른다. 이곳의 바위는 강의 삼각주에서 얇은 바다까지 쓸려 내려온 모래와 이류가 암석으로 변한 것이다. 공원은 세계에서 가장 중요한 식물 서식지인데, 지구상에서 오직 이 공원에만 서식하는 식물이 87종이나 있으며 마운틴벨이라는 야생화가 가장 유명하다. **GH**

포롱구룹스

오스트레일리아, 웨스턴오스트레일리아 주

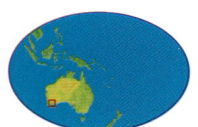

포롱구룹스의 생성 시기 : 11억 년 전	
구릉지의 높이 : 800미터	
구릉지의 길이 : 12킬로미터	

포롱구룹스는 세계에서 가장 오래된 구릉지이다. 이곳에는 너무나 오래되어 심하게 침식된 산악지대가 오스트레일리아에서 가장 오래된 지역에 자리 잡고 있는데, 이 지대는 11억 년 전에 대륙이 충돌해서 형성되었다.

아름다운 경관으로 이름이 높은 포롱구룹스의 절경이라면 12개의 봉우리일 것이다. 해발 600미터 높이의 봉우리들로, 정상을 보면 민둥산이지만 조금만 눈을 내리면 숲이 무성하다. 산악 지대는 올버니에서 북쪽으로 40킬로미터 떨어진 평원에 우뚝 솟아 있다. 이곳의 최고봉은 험준한 데빌스슬라이드로 주변의 약한 바위들은 모두 침식되어 사라지고 홀로 남았다. 12킬로미터나 이어진 능선은 해안의 습기를 모두 모아 '섬'처럼 오롯이 있는 카리나무 숲에 쏟아 놓는다.

한편 북쪽의 더 높은 스틸링 산맥은 건조해서 나무도 자라지 않는다. 카리나무는 무려 90미터까지 자라는데 지구상의 생물 중에서 가장 큰 키로 유명한 나무이다. 봄이 되면 이 지역은 호베아나무의 보라색 꽃, 오스트레일리아블루벨의 푸른색 꽃과 수생 관목의 노란색 꽃이 어우러진 형형색색의 꽃으로 환상적인 풍경이 펼쳐진다. 산 정상의 화강암 노두(露頭)인 캐슬록에 올라가면 이 지역이 한눈에 들어온다. **GH**

투피플즈베이

오스트레일리아, 웨스턴오스트레일리아 주

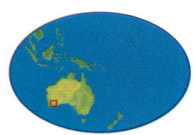

투피플즈베이의 면적 : 47제곱킬로미터	
만의 생성 시기 : 약 5억 5,000만 년 전	
쥐캥거루의 개체수 : 약 40마리	

투피플즈베이는 멸종위기에 처한 생물들의 '방주'로 화강암 산괴인 가드너 산과 매니 산 사이에 있다. 만은 높은 바위 언덕으로 이루어진 곶 덕분에 남쪽 바다의 거대한 파도로부터 안전하다. 자연보호구역에는 곶, 섬과 지협으로 이루어져 있다. 지협은 호수, 하천과 늪으로 이루어진 습지를 미로처럼 연결한다. 이 습지는 홍적세에는 원래 강 어귀였다고 한다. 선캄브리아기에 만들어진 화강편마암 지대에는 히스가 자라고 숲이 울창한 협곡과 우카리속마르기나타가 울창한 숲이 들어서 있다. 이 협곡과 숲은 이 지역이 국제적으로 가치를 인정받는 데 큰 역할을 했다. 멸종된 것으로 알려졌던 종이 이곳에서 '다시 발견'되기도 했는데 명금한 종류와 쥐캥거루가 그 주인공이다.

한편 이 보호구역은 철새들에게 매우 중요한 지역으로 이곳에서 그레이트윙바다제비와 리틀펭귄을 비롯해 철새 188종이 발견되었다. 투피플즈베이를 자주 찾는 희귀하고 시끄러운 호주덤불새류와 거친수염솔새도 새를 관찰하는 이들을 사로잡는다. 특히 리틀비치와 헤리티지 트레일에서 다양한 종류의 새를 관찰할 수 있다. 1840년대 포경선들은 투피플즈베이에 숨어 있다가 혹등고래와 긴수염고래를 잡았다. 한겨울에 폭풍우가 몰아치면 종종 고래뼈가 해변으로 밀려오기도 한다. **GH**

카리지니 국립공원

오스트레일리아, 웨스턴오스트레일리아 주

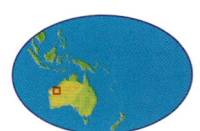

생성 시기 : 25억 년 전
공원의 면적 : 6,268제곱킬로미터
식생 : 반(半)사막 덤불 지대

카리지니 국립공원은 필바라 지역에 있는 헤머즐리 산맥의 심장부에 있다. 이 국립공원은 오스트레일리아에서 두 번째로 큰 곳인데, 가장 아름답고 위험하며 야생이 살아 있는 공원이다. 카리지니는 열대의 반사막 지역으로 여름에는 헤머즐리 산맥의 멋진 산악지대를 배경으로 폭풍우와 태풍이 몰아친다. 공원에는 붉은 암석으로 된 협곡 여덟 개가 두드러진다. 이 협곡에는 높은 폭포가 곳곳에 있고 가장자리에는 유칼리나무 숲과 반사막 지대에 자라는 덤불로 무성하다.

북쪽에는 작은 하천이 흐르는데 대부분 물이 말라 있지만 깊이가 100미터나 된다. 하류로 내려가면 협곡은 폭이 넓어지고 양옆의 풍경은 가파른 절벽에서 가파르지만 군데군데 바위가 있는 절벽으로 바뀐다. 데일즈 협곡은 시내, 못, 절벽과 양치류 식물이 수 세기 동안 바람과 물에 깎여 반들거리

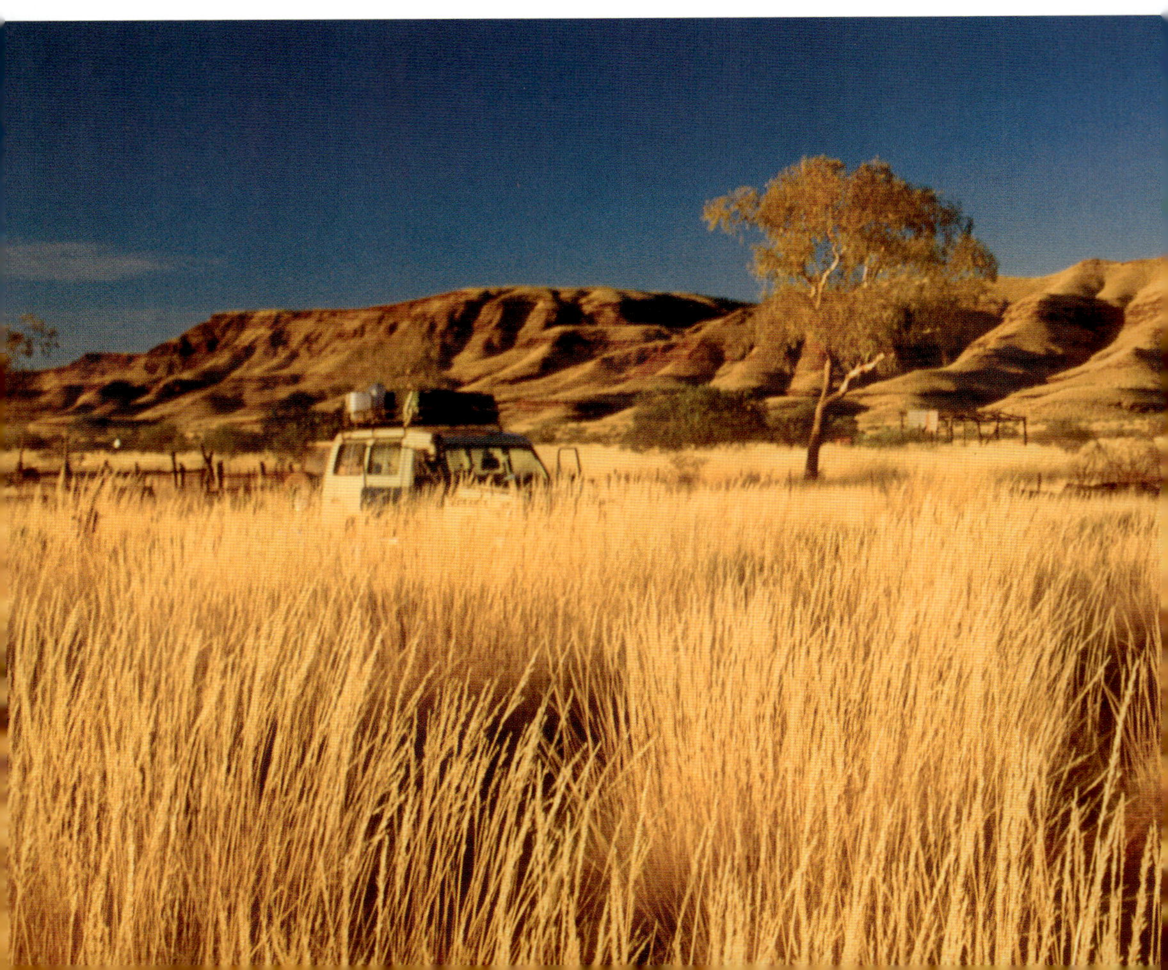

는데 이는 빛이 나는 절벽과 대조를 이룬다. 바위들 사이로 간혹 향기가 강한 고무나무도 볼 수 있다. 옥서에 올라가면 위노 협곡, 레드 협곡, 핸콕 협곡과 조프리 협곡이 모인 풍경과 계단처럼 생긴 높은 바위절벽이 못을 내려다보는 모습을 볼 수 있다. 하지만 이 협곡들을 탐험하려면 영하의 물속을 들어가고 좁은 길을 걷고 바위 절벽을 기어오를 준비를 단단히 해야 한다. 협곡의 바위는 25억 년 전에는 해저 지형의 일부분이었으며 그 당시에는 미생물과 조류들이 지구의 유일한 주민이었다. 카리지니는 바니지마 족, 쿠라마 족과 인나윙가 족 사람들의 보금자리로 2만 년 전부터 이 지역에 살았던 유적이 남아 있다. 흰개미 언덕도 이 공원의 중요한 풍경이며 희귀한 페블마운드마우스가 자신의 이름처럼 돌을 쌓아올린 돌무더기도 볼 수 있다. **GH**

아래 덤불이 무성한 카리지니의 평원 뒤로 적갈색이 선명한 산악지대가 보인다.

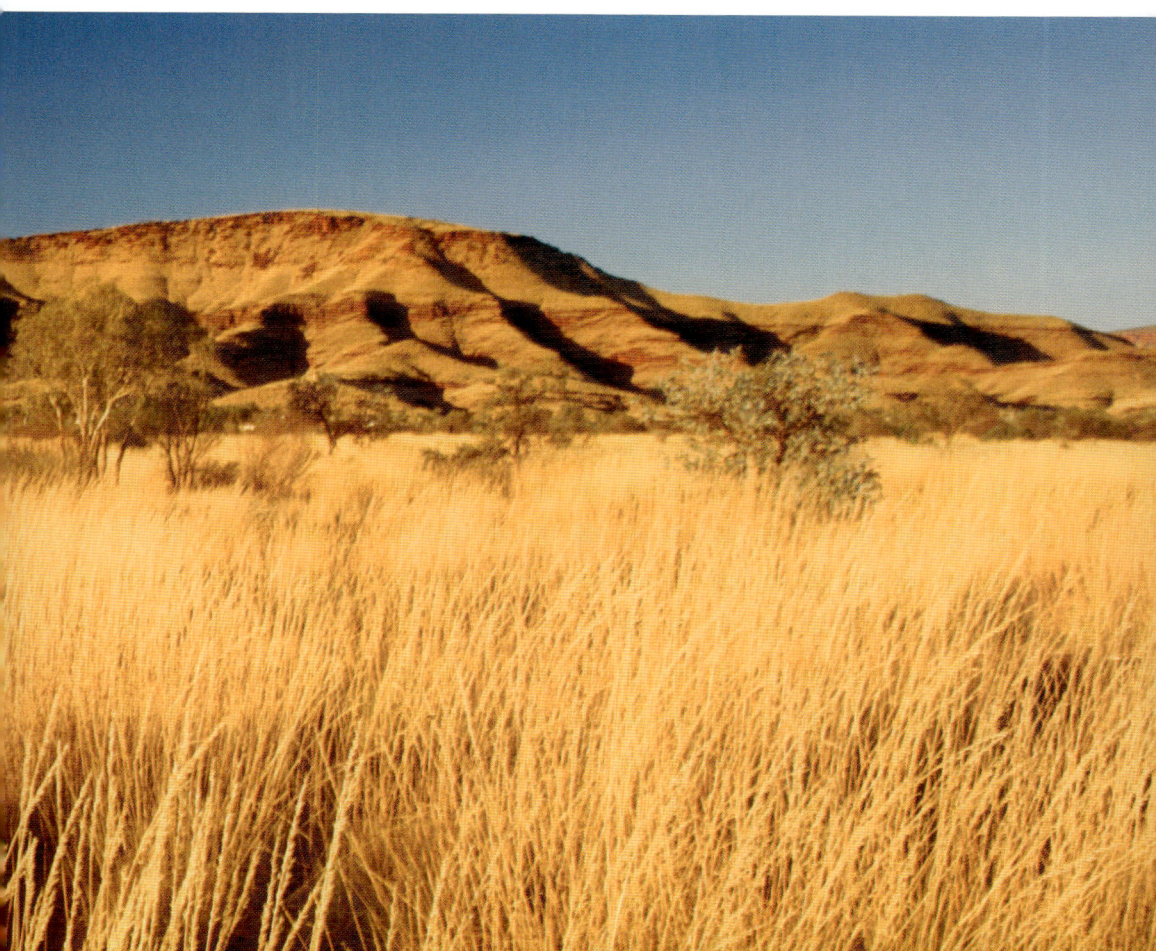

당트르카스토
국립공원

오스트레일리아, 웨스턴오스트레일리아 주

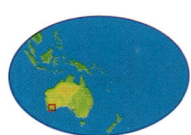

웨스턴오스트레일리아 주의 면적 : 2억 5,000만 년 전
특징 : 해안 절벽과 거대한 현무암 기둥들
식생 : 카리 숲과 히스

웨스턴오스트레일리아 주는 광활한 지역으로 지구에서 가장 오래된 육지가 많이 분포해 있다. 이 주의 남서쪽에는 당트르카스토 국립공원이 있는데 아름다운 해안 절벽, 키 작은 바위가 곳곳에 흩어져 있으며 넓은 해변과 이동하는 사구가 이 지역의 자랑거리이다. 특히, 이가룹 사구는 그 길이가 10킬로미터나 되는 모래 언덕이다. 사구 풍경이 끝나면 습지와 호수 지역이 나타난다. 이 지역에는 웨스턴오스트레일리아 주의 남부 지역에서 가장 큰 담수호로 알려진 재스퍼 호수가 있다. 절벽은 원시시대부터 있었던 히스가 무성하게 자라고 있다. 외진 지역에는 울창한 카리나무 숲도 찾을 수 있다. 바다로 나가면 현무암 기둥이 블랙포인트의 서쪽에서 그 위용을 뽐낸다. 이렇게 아름답고 다채로운 지형은 1억 3,500만 년 전에 분출한 화산의 용암으로 만들어졌다. 당시 흘러나온 용암으로 깊은 못이 만들어졌을 정도이다. 용암이 식자 금이 가고 부피가 줄어들면서 수직 기둥이 만들어졌다. 그 결과 해안침식작용으로 서서히 깎이면서 촘촘히 모인 지금의 육각형 기둥이 완성되었다. **GM**

하우트먼애브롤호스 제도

오스트레일리아, 웨스턴오스트레일리아 주

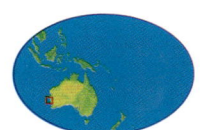

겨울철 수온 : 20~22도
특징 : 투명한 바다에서 자라는 산호초

하우트먼애브롤호스 제도는 북쪽에서 남쪽으로 100킬로미터나 뻗어 있는 거대한 산초호의 일부이다. 애브롤호스라는 말은 포르투갈어로 '눈을 활짝 뜨고 있으라.'라는 뜻이다. 그만큼 오스트레일리아에서 가장 해양자원이 풍부하며 제비, 검은머리물떼새와 흰제비갈매기의 서식지로도 유명하다. 웨스턴오스트레일리아 주의 남쪽으로 흐르는 따뜻한 르윈 해류가 120개의 산호섬 주위를 흐르기 때문에 애브롤호스 주변의 바다는 열대와 온대 기후에서 서식하는 두 지역의 해양생물이 만나는 곳이다. 겨울에도 바다의 수온은 20~22도를 유지하기 때문에 원래 이 고도에서는 살 수 없는 산호초와 열대어류와 무척추동물들이 번성할 수 있다.

애브롤호스 제도는 11개 섬을 제외한 나머지는 모두 무인도이다. 그것도 어부들이 바다에서 웨스턴록가재를 잡는 4개월 동안에만 사람이 산다. 그래서 이 제도는 일 년 내내 거의 버려진 곳이나 다름없다. 이 지역을 항해하던 유럽선박들은 오스트레일리아 대륙 중에서도 이곳의 산호초와 제일 먼저 만나게 된다. 네덜란드령 동인도로 향하던 선박들은 폭풍을 피해 항로를 돌리다가 산호초가 있는 이 지역에서 종종 난파되곤 했다. **GM**

카리나무 숲

오스트레일리아, 웨스턴오스트레일리아 주

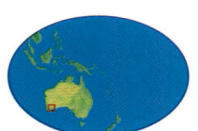

카리나무의 **최대 높이** : 90미터
특징 : 카리나무 – 세계에서 세 번째로
키가 큰 나무

위스턴오스트레일리아 주의 야생지역에서 주로 보이는 울창한 카리나무 숲에 가면 오스트레일리아에서 가장 키가 큰 활엽수가 하늘을 향해 곧장 솟아 있다. 이곳을 거닐면서 경험한 완벽한 고독감과 평온함은 잊을 수 없는 추억이 될 것이다. 라틴어 학명이 유칼립투스디베르시콜로르인 카리나무는 키가 최대 90미터까지 자라는 세계에서 세 번째로 큰 나무이다. 이 나무는 호주대륙 남서쪽의 습한 지역에만 서식한다. 종종 다른 나무와 함께 자라서 군데군데 사초와 히스가 무성한 모자이크 식생을 이루기도 한다.

카리나무 아래로는 다양한 종류의 식물이 무성한데, 연평균 강수량이 110센티미터가 넘는 지역에 특히 녹음이 우거지며 다채로운 색상의 식물들이 함께 자란다. 푸른 등나무 덩굴과 붉은 덩굴들이 나무를 휘감고 무성하게 자란다.

웨스턴오스트레일리아 주의 남쪽 해안 근처에 있는 보라눕 숲은 카리나무가 자라는 가장 서쪽의 숲이다. 이곳은 주요 카리나무 서식지대로부터 동쪽으로 100킬로미터나 떨어져 있다. 게다가 강수량이 적은 메마른 회색 모래 지대가 두 지대를 가로막고 있다. 남서쪽에서는 카리나무가 깊고 붉은 진흙 지대에서 자라지만 보라눕 숲에서는 석회암 토양에서 자란다. **GM**

케네디레인지

오스트레일리아, 웨스턴오스트레일리아 주

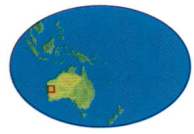

특징 : 주변 평원을 압도하듯 서 있는
거대한 탁상지대(메사)
식생 : 스피니펙스속, 아카시아속 교목
와 탁상지대 위에 자라는 덤불. 평원의
풀밭

위스턴오스트레일리아 주의 가장 북서쪽 내륙에는 독특한 사암 산맥인 케네디레인지가 평원 한가운데 우뚝 솟아 있다. 이 지역은 약 2억 5,000만 년 전에는 얕은 바다였으며 고대 오스트레일리아 대륙의 가장자리 부분이었다. 그 후 바다 위로 융기된 후 침식작용으로 지금의 모습을 갖추게 되었다. 이곳의 사암 지층에는 해양생물의 화석이 풍부한데, 그것으로 이 지역의 지질학적 역사를 가늠해볼 수 있다. 거대한 탁상지대인 케네디레인지는 개스코인정션 지역에서 북쪽으로 200킬로미터나 뻗어 있는 국립공원이며 깎아지른 듯한 절벽과 사구가 펼쳐진 거대한 고원 지대이다. 끝없이 이어진 붉은 모래 언덕들은 1만 5,000년 전에 형성된 사암으로 만들어졌다. 스피니펙스속의 다년초들이 뿌리를 내리고 자라 모래가 흩어지지 않고 안정적이기 때문에 사구의 높이는 18미터에 달한다.

레인지의 서쪽에는 민물이 솟는 샘이 있어서 다양한 야생생물의 서식지 역할을 하는 동시에 이 지역에 사는 원주민들의 주요한 식량과 수원으로도 이용된다. 겨울철 우기가 끝나면 몇 달 동안 먼지만 흩날리던 붉은 모래 풍경이 야생화가 흐드러지게 핀 아름다운 풍경으로 바뀐다. **GM**

피너클즈데저트

오스트레일리아, 웨스턴오스트레일리아 주

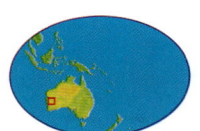

특징 : 사막에 솟아 있는 석회암 기둥들
식생 : 나무에서 화훼 식물이 자라는 히스 황무지

오스트레일리아의 노란 사막에서는 최대 3.5미터 높이의 석회암 기둥이 솟아 있는 독특한 풍경을 볼 수 있다. 바로 피너클즈데저트(바위 기둥 사막)의 모습이다. 대부분 특이한 모양에 모서리가 날카롭다. 그중에는 초현실적인 비석처럼 생긴 기둥도 있다.

석회암 기둥은 수십만 년에 걸쳐 형성되었는데, 옛날에 이 지역을 뒤덮었던 두꺼운 석회암이 세월에 깎여 지금의 모습이 되었다. 석회가 풍부한 모래 때문에 닳거나 깨진 조개껍데기들이 파도에 의해 해변으로 쓸려온 것들이다. 이 모래는 다시 바람에 날려 내륙으로 들어가 높은 모래 언덕이 되었다. 조개껍데기들은 바짝 말라붙어 사구 아래쪽의 모래와 결합해 단단한 석회암 바위가 되었다. 흥미로운 점은 침식작용이 1,000년에 걸쳐 진행되었지만 석회암 기둥은 비교적 최근에 모습을 드러냈다는 사실이다.

과학자들은 이 기둥들이 약 6,000년 전에 처음으로 모습을 드러났지만 금세 모래에 덮여버렸다가 몇백 년 전에 다시 모습을 드러냈다고 한다. 이런 과정은 사막의 북부에서 남쪽으로 불어오는 바람이 우세할 때 다시 반복된다. 언젠가는 이 바위들이 다시 모래에 파묻힐 것이며 다시 모습을 드러낼 때 즈음이면 또다시 새롭고 기이한 모습으로 변해 있을 것이다.

피너클데저트는 남부 국립공원에 있다. 이 공원의 다른 지역에는 아름다운 해변, 사구 해안, 튜어트 나무가 무성한 그늘진 숲, 꽃이 만발한 히스 들판이 펼쳐져 있는데 유독 피너클데저트만 황량한 모습을 하고 있다. 히스 들판의 꽃들은 8월에서 10월 사이에 만발하는데, 그때가 되면 이 장관을 만끽하려고 수천 명이 이곳을 찾는다. 한편 이곳에서는 적어도 6,000년 전에 만들어진 원주민들의 유적이 발견되었으나 원주민들은 이미 몇 년 전에 이 사막을 떠났다.

> 오스트레일리아의 노란 사막에서는 최대 3.5미터 높이의 석회암 기둥이 솟아 있는 독특한 풍경을 볼 수 있다. 바로 피너클즈데저트의 모습이다.

'남붕'은 원주민 말로 '구부러진' 혹은 '구불거리는'이라는 뜻으로, 공원을 흐르는 남붕 강의 이름을 따서 공원의 이름을 지었다. 피너클즈데저트는 1960년대까지는 호주인들도 잘 모르는 곳이었다. 당시 웨스턴오스트레일리아 주 토지 측량국이 이 지역을 국립공원으로 지정하면서 알려지기 시작했고 지금은 해마다 15만 명이 공원을 찾는다. **GM**

오른쪽 피너클즈데저트의 석회암 기둥이 노란 모래의 바다에 서 있다.

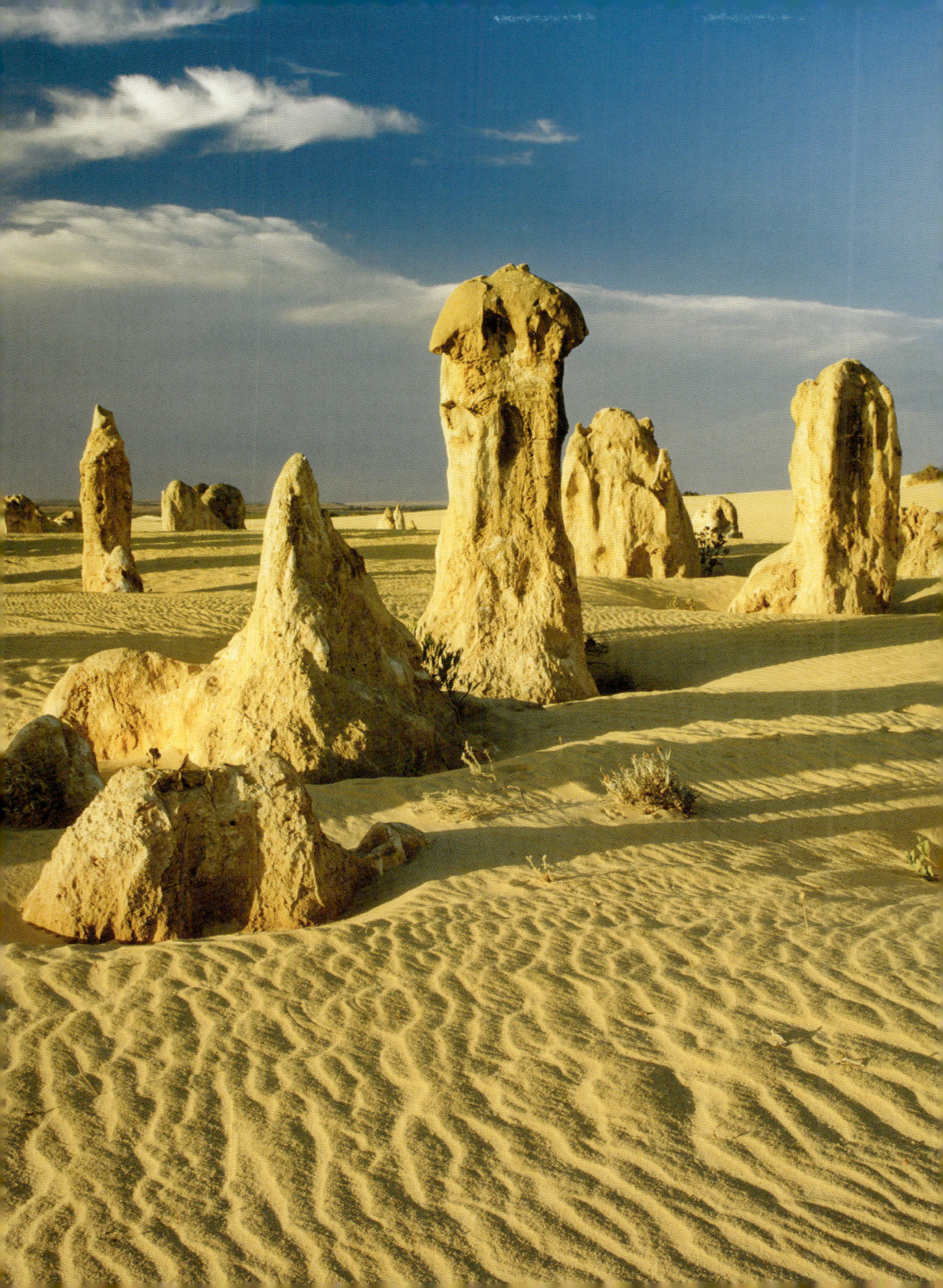

마가렛 강 동굴

오스트레일리아, 웨스턴오스트레일리아 주

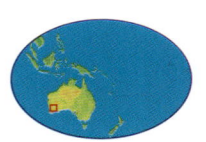

동굴의 평균 기온 : 17도	
석회석 동굴의 수 : 350개	

마가렛 강 부근의 석회암 지대에는 350개의 동굴이 흩어져 있다. 이곳에 있는 동굴은 모두 르윈-내츄럴리스트 국립공원에 자리 잡고 있으며 그중 네 곳이 일반에 공개된다. 동굴은 길고 가파른 오르막길에다 극도로 습한데, 기온은 약 17도를 유지한다. 매머드 동굴에서는 3만 5,000년 전에 살았던 선사시대 식물이 발견되었다. 이 동굴은 다른 곳에 비해 비교적 구경하기가 쉽고 웜뱃처럼 생긴 멸종 동물인 '자이고마투루스 트릴로부스'의 화석 유물도 볼 수 있다.

레이크 동굴은 땅속 깊은 곳에 만들어진 고대의 방 같은 곳으로 평화롭고 신비로운 분위기가 압권이다. 동굴 안으로 들어가면 맑은 호수가 나오는데, 섬세한 석회암 지형이 거울처럼 비친다. 그중에서도 가장 아름다운 동굴은 주얼 동굴일 것이다. 천장이 높은 암실에는 복잡한 종유석과 석순들이 형성되어 있는데 황금빛으로 반짝인다. 또한 이곳에는 관광객에 개방된 동굴 중에서 가장 긴 관상 종유석이 있는데 길이가 6미터에 달한다. 이 동굴에서도 화석이 발견되어 연구가 이루어지고 있다. 문다인은 가장 최근에 개발된 동굴로 '동굴 모험'을 즐길 수 있는 곳이다. 여기에서는 미지의 세계를 탐험하기 전에 먼저 오버롤을 입고 헬멧을 쓰고 광부들이 사용하던 전등을 준비해야 한다. **GM**

아우구스투스 산

오스트레일리아, 웨스턴오스트레일리아 주

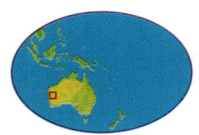

산의 높이 : 717미터	
특징 : 세계에서 가장 큰 암석 – 세계에서 가장 크고 외진 봉우리	

지구상에서 가장 외로운 봉우리인 아우구스투스 산은 퍼스에서 북쪽으로 853킬로미터 떨어져 있다. 이 산은 바위투성이의 붉은 사암이 펼쳐진 건조한 평원에 홀로 솟아 있는(세계에서 가장 큰) 바위인데, 최고 높이가 717미터에 달한다. 평평한 고원 위에 우뚝 솟아 있기 때문에 고도 160킬로미터 이상의 상공에서도 선명하게 보인다. 이 산의 크기는 울룰루의 두 배이다. 규모를 살펴보면 길이는 8킬로미터이며 49제곱킬로미터 넓이의 땅을 뒤덮고 있다. 아우구스투스 산과 주변 지형은 1억 년 전 해저에 쌓인 퇴적물이었다. 퇴적물이 사암과 여러 암석이 뒤섞인 지층을 이루었고 그것이 지각운동을 통해 뒤틀리고 들어 올려져 지상으로 올라왔다. 그 아래에 깔린 화강암은 16억 5,000만 년 전에 형성되었다. 이 산은 크기만 울룰루의 두 배일 뿐 아니라 나이도 두 배이다. 바위 주변에는 껍질이 하얀 고무나무가 자라고 있으며 붉은 모래가 깔린 평원에는 아카시아속 교목이 자라는데, 꿀빨이새와 꼬리치레가 먹이를 먹으러 온다. 또한 이 지역에 서식하는 에뮤는 과일을 먹고 능에는 땅에서 곤충과 작은 파충류를 먹고산다. **GM**

문데어링 둑

오스트레일리아, 웨스턴오스트레일리아 주

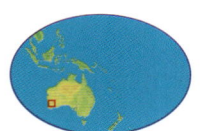

문데어링 둑 저수지의 면적 : 2,100만 세제곱미터

특징 : 705킬로미터 내륙으로 물을 공급하는 시스템

퍼스의 중심부에서 그리 멀지 않은 아름다운 덤불에는 세계 최대 토목 공사의 결과물이 있다. 1903년에 완공된 문데어링 둑에서부터 내륙으로 705킬로미터나 물을 공급하는 파이프라인이 이곳에서 시작되는 것이다. 이렇게 얻은 물은 농업용수와 쿨가디와 캘굴리의 금광 지대로 공급된다.

1890년대에 금광 채굴의 꿈을 안고 수천 명의 사람이 황무지로 향했다. 그러나 무더위 속에서 물은 터무니없이 부족했다. 광부들에게 물을 공급하려고 정부는 퍼스 근처에 구릉지에 저수지를 건설해서 내륙으로 물을 공급하기로 했다. 이 공사로 문데어링에 2,100만 세제곱미터 규모의 저수지를 건설하고 증기로 작동하는 대형 펌프장 여덟 곳을 만들었다. 이곳에서 물을 펌프해 파이프라인으로 금광 지대까지 물을 보내는 것이다. 오늘날 650킬로미터 길이의 골든파이프라인헤리티지 트레일은 이 지역의 명물이 되었다. 숲이 울창한 퍼스힐스의 문데어링 댐에서 시작된 물의 여정은 이 파이프를 따라 밀재배 지대를 지나 신흥도시인 캘굴리를 내려다보는 저수지에 이르러서야 끝난다. 숲에는 킹 자라라고 하는 마호가니고무나무가 자란다. **GM**

루달 강 국립공원

오스트레일리아, 웨스턴오스트레일리아 주

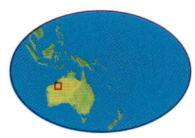

공원의 특징 : 광활한 사막과 사구

식생 : 사구와 바위 언덕을 덮은 나무와 덤불

루달 강 국립공원은 세계에서 가장 크고 가장 오지에 있는 국립공원으로 그레이트샌디 사막과 리틀샌디 사막의 경계에 자리 잡고 있다. 이곳의 평원은 태풍과 집중적인 비바람의 집중 공격 대상이다. 한편 얼룩덜룩한 땅을 보면 벼락으로 시작된 잦은 화재가 어떤 흉터를 남기는지 알 수 있다. 공원은 루달 강을 따라 이어져 있다. 이 강은 거친 구릉지에서 발원해 북동쪽으로 흘러 사구를 지나 그레이트샌디 사막의 가장자리에 있는 도라 호수로 흘러간다.

이 지역의 가장 큰 특징은 군데군데 있는 풀밭과 사막에서 자라는 식물일 것이다. 이곳은 개발이 전혀 이루어지지 않은 국립공원인데, 관광자원의 가치보다 자연보호와 연구가 더 중시된 결과이다. 그래서 이곳은 허가를 받아야만 들어갈 수 있다. 루달 강을 따라 항상 물이 고여 있는 웅덩이들이 수없이 늘어서 있다. 이런 풍경은 이 지역에서 매우 드물다. 오아시스 역할을 하는 물웅덩이 주변에는 다양한 식물과 조류, 파충류와 포유류 등이 서식한다. **GM**

서펜틴 국립공원

오스트레일리아, 웨스턴오스트레일리아 주

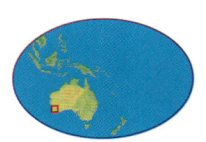

공원의 면적 : 4,300헥타르
특징 : 강과 멋진 폭포

서펜틴 국립공원은 '달링스카프'라는 절벽에 자리 잡고 있는데, 이곳은 오스트레일리아 대륙 남서부 대부분의 기반이 되었던 25억 년 된 고원의 서쪽 가장자리에 있다. 이 공원은 절벽 아래에서 시작해 서펜틴 강의 계곡을 따라 가파르게 위로 올라간다. 절벽은 서펜틴 폭포에서 세차게 쏟아지는 물에 씻겨 만질만질하게 광이 나는 화강암 벽이다. 겨울에는 서펜틴 강의 하얀 물줄기가 절벽을 지나 못으로 떨어진다.

원래 서펜틴 강은 여러 개의 호수로 우기에는 물이 불어 구불거리는 뱀처럼 하나로 연결이 되어 필-하비 강어귀로 흘러갔다. 이곳에 정착한 백인들이 호수 사이에 수로를 만들었다. 천연적인 수로를 '제대로 펴 주기' 위해서였다. 하지만 지금은 통나무와 토목 공사를 통해 물길을 원래의 구불거리는 형태로 되돌리는 환경 프로젝트가 진행 중이다.

서펜틴 강을 따라 0.5킬로미터를 가면 폭포가 나온다. 공원에는 멋진 마호가니고무나무 숲이 들어서 있고 구릉지는 7~11월 사이에 야생화가 만발한다. 공원은 퍼스에서 남동쪽으로 52킬로미터 떨어져 있다. **GM**

톤디럽 반도

오스트레일리아, 웨스턴오스트레일리아 주

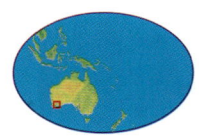

특징 : 지구에서 가장 오래된 바위들과 블로우홀
고유 포유류 : 피그미포섬, 캥거루

톤디럽 반도를 구성하는 주요 암석은 세 가지가 있다. 그중에서 가장 오래된 암석은 13억~16억 년 전에 어마어마한 압력과 열을 받아 지금의 형태로 완성되었을 것으로 추정하고 있다. 다시 말해 이 암석은 지구상에 있는 그 어떤 생명체보다 나이가 많다는 것이다. 그것도 대단하지만 이곳의 편마암은 약 45억 년 전에 만들어졌다. 즉, 지구 역사의 하반기가 시작될 무렵에 말이다. 남극해는 반도의 화강암 해안에 천연 육교를 만들었다. 톤디럽 갭은 파도가 엄청난 기세로 몰려 왔다 물러가는 무서운 곳이다. 이곳에는 블로우홀이 많은데 화강암 바위에 난 균열을 통해 새어나온 공기가 고막을 찢을 듯 엄청난 소리를 내며 하늘로 치솟는다. 이런 지형을 따라 바람이 거센 해안의 히스 들판이 사라지고 거대한 화강암 노두(露頭), 수직 절벽과 가파른 모래 비탈과 사구가 나타난다. 봄이 되면 히스 황양에 오색찬란한 야생화가 만발하다. 올버니울리부시처럼 희귀한 꽃도 이 공원에서 발견된다. 이 반도에는 피그미포섬과 캥거루 같은 고유 동물이 많이 서식한다. 겨울에는 절벽에서 반도 근처 해역을 지나가는 고래를 볼 수 있으며, 가끔 물개들이 올 때도 있다. **GM**

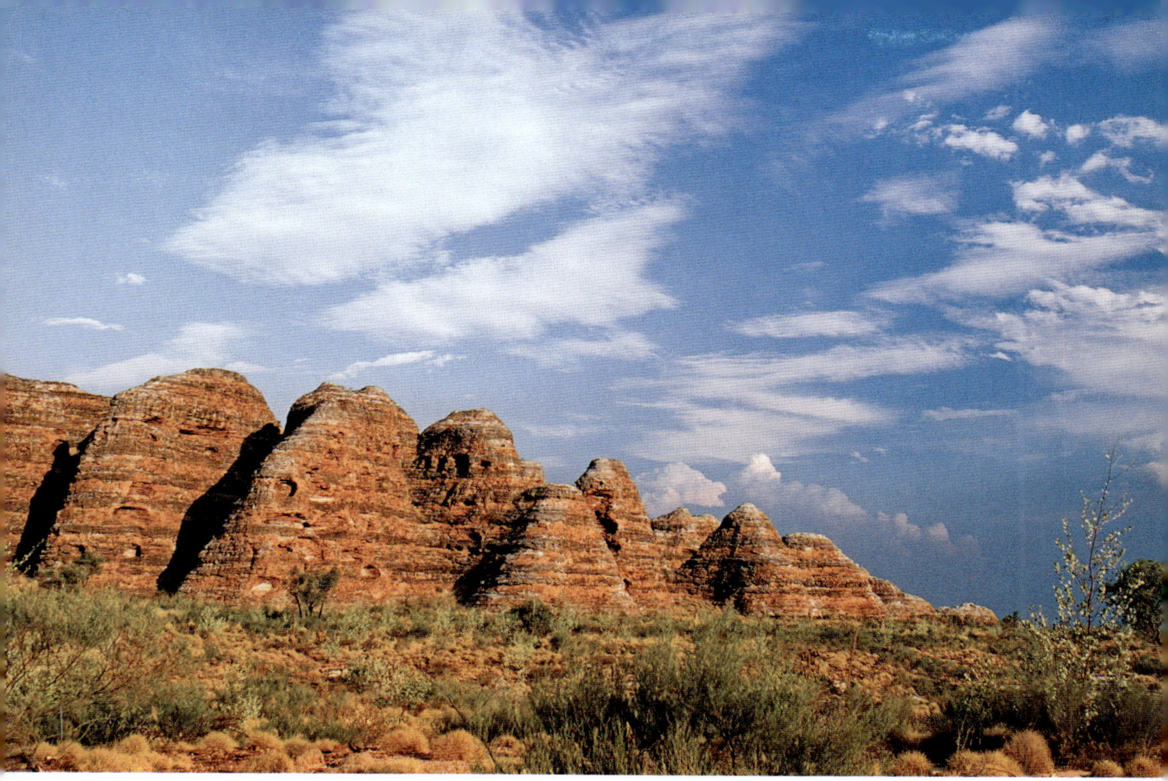

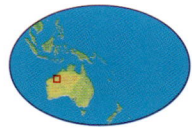

벙글벙글 산맥

오스트레일리아, 웨스턴오스트레일리아 주

벙글벙글 산맥의 해발 고도 : 최대 578미터
생성 시기 : 3억 6,000만 년 전(데본기)
식생 : 열대 사바나

원주민들이 '푸르눌룰루'라고 부르는 벙글벙글 산맥은 벌집처럼 생긴 거대한 바위산으로 검은색 지의류와 오렌지색 아산화규소가 층층이 띠를 이루는 모습을 보면 온몸에 소름이 돋는다. 거대한 산괴는 주변의 숲이나 초원보다 300미터나 높고 서쪽사면은 가파른 절벽이다.

이 바위 탑들은 세계에서 가장 거대한 사암 지형으로 그 가치를 인정받아 세계유산에 등재되는 영예를 누렸다. 돔 지형은 퇴적, 압축과 융기까지 복잡한 과정을 거쳐 형성되었는데, 약 3억 년 전의

곤드와나 대륙과 로라시아 대륙의 충돌, 2,000만 년 전의 인도-오스트레일리아 판과 태평양판의 결합과 그 이후 이어진 침식작용의 결과로 지금의 형태가 갖추어졌다. 벙글벙글은 멋진 고원에 우뚝 솟아 있어 그 자체만으로도 장엄하며 에히드나캐즘, 커시드럴 협곡과 피카닌니 협곡 같은 깊이 200미터의 가파른 협곡이 즐비하다. 또한 곳곳에 아름다운 폭포와 샘과 거대한 동굴이 형성되어 있어 야자수와 양치류 등의 열대우림에서 자라는 식물이 깊은 계곡에 자생하고 있다. 원주민들은 적어도 4만 년 전부터 이 지역에 거주했다. **GH**

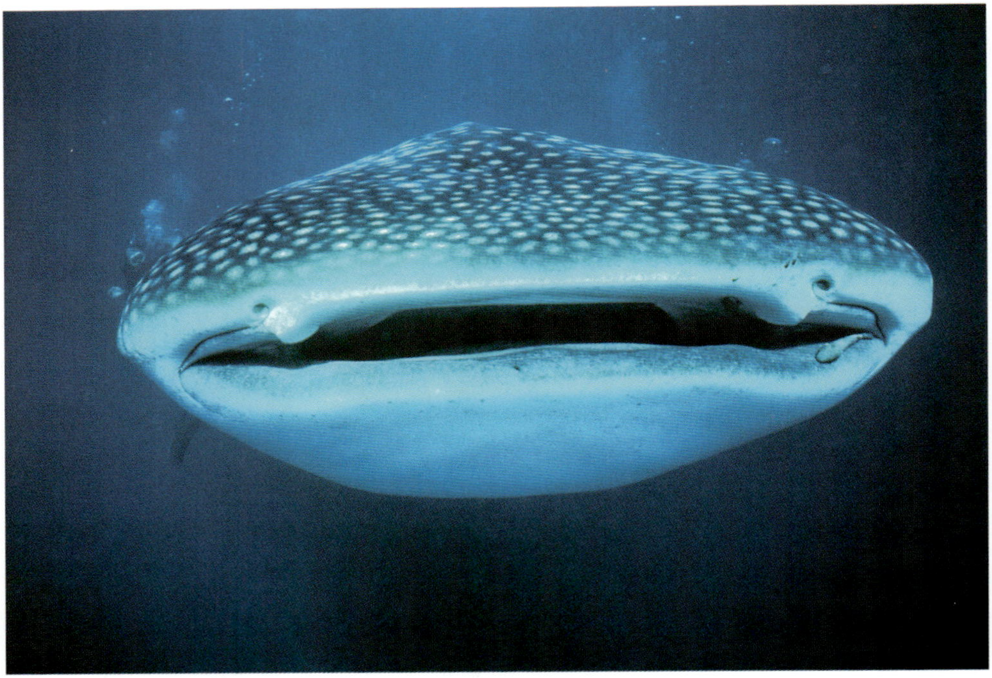

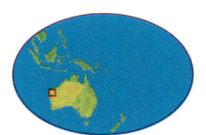

닝갈루리프

오스트레일리아, 웨스턴오스트레일리아 주

닝갈루리프의 길이 : 260킬로미터
닝갈루리프의 폭 : 200미터
고래상어의 길이 : 12미터

닝갈루리프는 사람의 손길이 닿지 않는 보초지로 열대 바다의 얕고 아름다운 하얀 모래 석호가 보호되고 있다. 산호초가 산란하는 3월과 4월경에는 산호의 새끼를 먹으려고 해양 생물이 몰려오며, 또한 그 생물을 먹으려고 고래상어가 거대한 구름처럼 바다를 떠도는 모습까지도 볼 수 있다. 이 점잖은 바다의 거인은 몸통의 길이가 대형버스와 맞먹는다. 하지만 상어라는 이름이 무색할 정도로 전혀 무섭지 않다. 고래상어는 대양을 유유히 헤엄치며 동물성플랑크톤, 오징어와 작은 물고기를 잡아먹는다. 닝갈루리프는 세계에서 가장 몸집이 큰 물고기들이 큰 무리로 정기적으로 모이는 매우 희귀한 지역이다.

해안에서 진행되는 투어로 보트를 타고 250미터 보호구역에서 상어를 관찰할 수 있다. 보호구역에는 한 번에 배 한 척만 나갈 수 있으며 바다에서 90분을 넘길 수 없다. 고래상어 옆에서 수영을 하는 사람들은 절대로 이 물고기를 만지거나 올라타려고 해서는 안 된다. 물고기의 머리와 몸통으로부터 최소 1미터는 떨어져 있어야 하며 막강한 꼬리지느러미에서는 최소 4미터는 떨어져 있어야 한다. 겨울철의 먼바다는 새끼를 키우려고 북쪽에서 따뜻한 남쪽 바다로 이동하는 돌고래, 듀공과 혹등고래의 이동로가 된다. **GH**

하멜린풀과
스트로마톨라이트

오스트레일리아, 웨스턴오스트레일리아 주

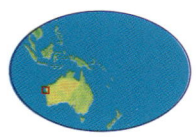

하멜린풀 자연보호구역의 면적 : 1,270 제곱킬로미터

스트로마톨라이트 기둥의 높이 : 최대 1.5미터

살아있는 스트로마톨라이트가 발견된 해 : 1956년

오스트레일리아의 북서 해안에는 엘그래스와 배암상어로 유명한 샤크베이가 있다. 이 넓은 만의 한구석에 있는 하멜린풀에는 상어보다 더 흥미로운 것이 있는데 바로 살아있는 스트로마톨라이트이다. 이곳에서는 엘그래스라는 수생식물로 뒤덮인 모래톱이 조류의 흐름을 방해하고 있다. 그 결과 뜨거운 열대의 태양 아래 물이 다른 곳보다 더 빨리 증발해 바닷물의 염도가 매우 높다. 보통의 바다라면 풀을 먹는 연체동물이 청록 조류와 같

은 미생물의 수를 억제하지만 이곳은 그런 장치가 없다. 그래서 청록 조류가 엄청나게 번식한다. 산호초처럼 스트로마톨라이트 역시 석회를 분비해 얕은 바다에는 탄산칼슘으로 쿠션 같은 지형이 만들어지고 더 깊은 바다에는 기둥 같은 지형이 만들어진다. 이 쿠션들이 암석 속에서 화석으로 발견되었는데 어떤 것은 20억 년 전에 만들어진 것이었다. 하멜린풀에서는 썰물이 되면 지구상에서 가장 단순한 생물을 볼 수 있는 창이 열린다. 판자 길을 깔아서 사람들이 살아있는 스트로마톨라이트에 해를 입히지 않고서도 잘 살펴볼 수 있다. 샤크베이를 방문하기에 가장 좋은 시기는 6월부터 10월까지로 이 시기에는 바람이 약하고 기온이 쾌적하다. **MB**

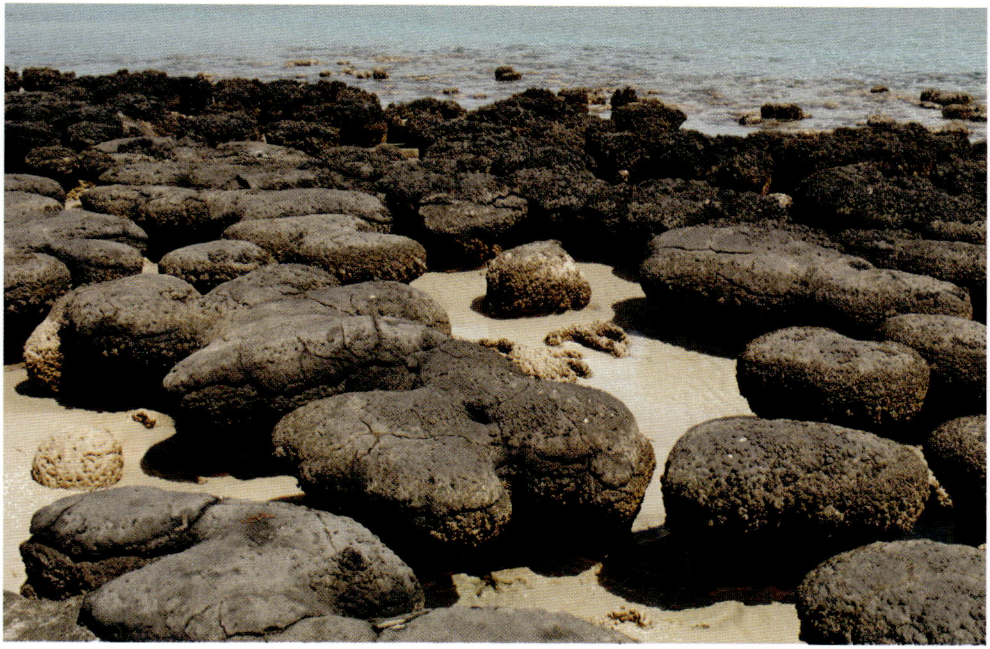

앨리게이터 협곡

오스트레일리아, 사우스오스트레일리아 주

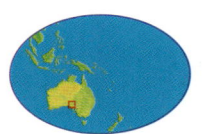

협곡의 길이 : 5킬로미터

마운트리마커블 국립공원의 면적 :
17,500헥타르

마운트리마커블 국립공원의 북쪽에 있는 앨리게이터 협곡은 플린더스 산맥에서 가장 아름답고 장대한 풍경을 자랑한다. 깎아지른 것 같은 적갈색 규암 절벽의 높이는 30미터에 달하며 계단을 따라 험악한 협곡을 내려가면 두 개의 등산로가 시작된다. 하나는 하천을 따라 상류의 '테라스'까지 간다. 이곳의 협곡은 바닥에 동심원 무늬가 남아 있다. 이 무늬는 플린더스 산맥이 고대의 바다에서 융기했던 5억~6억 년 전에 형성되었다.

두 번째 길은 '내로우스'로 이어져 있다. 내로우스는 협곡의 양쪽 절벽이 겨우 3미터가량 떨어진 곳이다. 한 번에 두 명이나 세 명만 건널 수 있다. 물이 범람할 때도 있지만 거대한 돌이 징검다리처럼 늘어서 있어서 발을 적시는 일은 피할 수 있다. 어두운 바위틈에 자라는 양치류와 유칼리나무는 조금이라도 빛을 더 보려고 경쟁을 한다. 해가 잘 드는 지역에서는 아름다운 야생화가 자란다. 협곡 전역에서 캥거루와 에뮤를 볼 수 있으며 1960년대 중반까지만 해도 이 지역은 양을 키우고 벌목을 하는 곳으로 사용되었다. **GM**

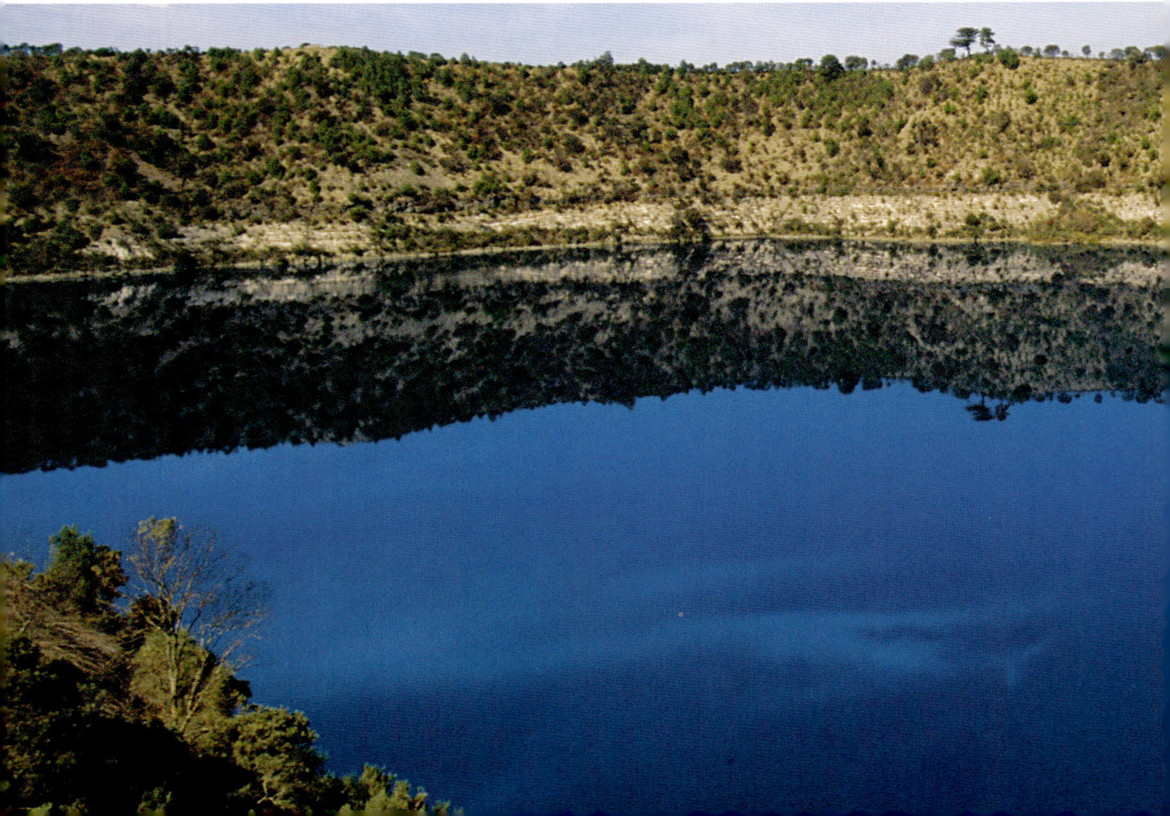

블루레이크

오스트레일리아, 사우스오스트레일리아 주

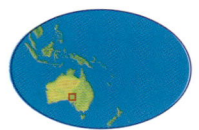

블루레이크의 수심 : 75미터
호수의 생성 시기 : 5,000년 전에 폭발한 사화산

겨울철 블루레이크는 물빛이 침침한 회색이지만 남반구의 봄인 9월이 되면 놀라운 모습으로 변한다. 짙은 푸른색으로 물빛이 바뀌는 것이다. 호수의 물빛은 여름 내내 생기에 찬 푸른빛을 유지하지만 이듬해 3월이 되면 다시 서서히 어두워진다. 과학자들에 따르면 날이 따뜻해지면 푸른색 미생물들이 물 위로 올라와서 물빛이 바뀌는 것이라고 한다. 해수면에 수온이 올라가면 용해된 탄산칼슘염이 침전하면서 극도로 미세한 입자가 되는데,

이 입자들이 빛의 스펙트럼에서 가장자리에 있는 푸른색을 반사하기 때문이라고 주장하는 사람들도 있다. 블루레이크는 수심이 최소 75미터로 추정되며 갬비어 산에 있는 화구호 세 곳 중 하나이다. 갬비어 산은 5,000년 전에 마지막으로 분화한 사화산이다. 분화구의 가장자리는 20미터지만 호수의 깊은 수심 때문에 호수 바닥은 인근에 있는 도시의 주 도로보다 30미터 정도 더 낮은 곳에 있다. 해마다 이 도시에서는 호수의 물빛이 푸른색으로 바뀌면 축제를 연다. **GM**

아래 여름철 푸른색으로 변한 블루레이크

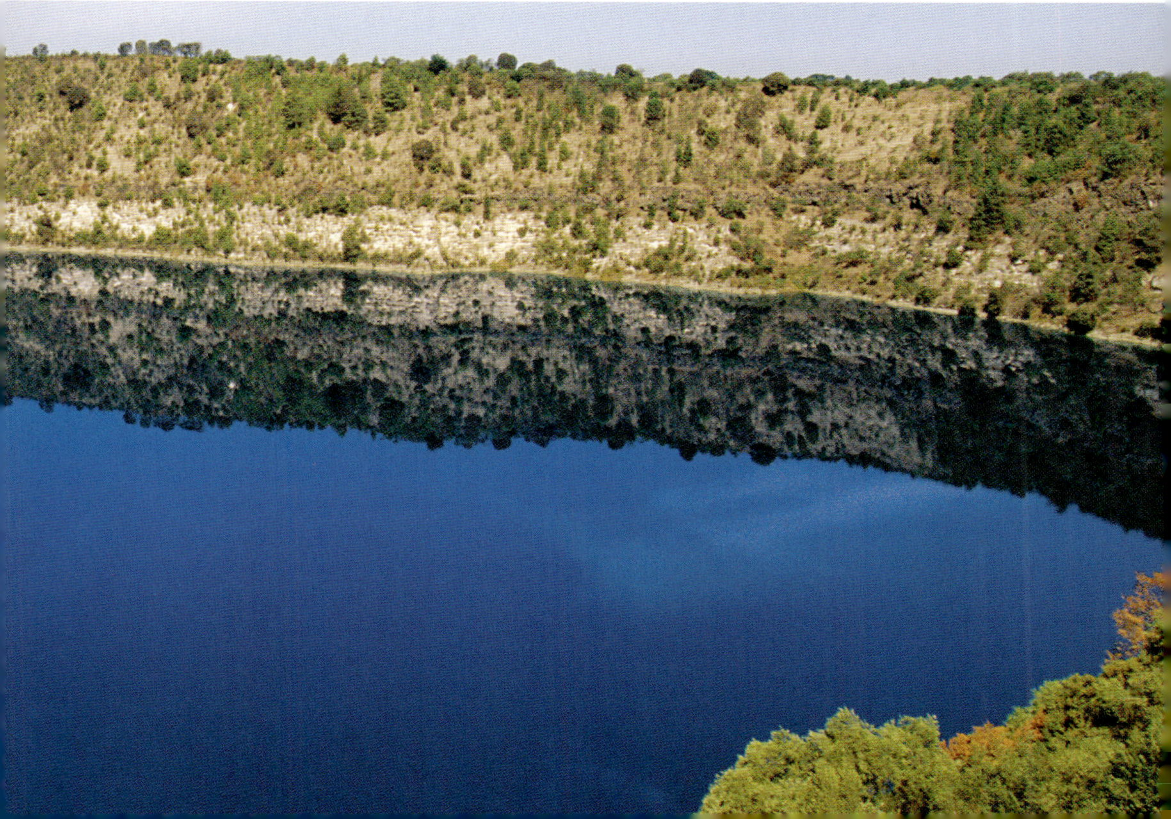

카눈다 국립공원

오스트레일리아, 사우스오스트레일리아 주

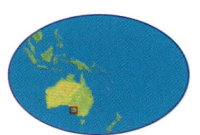

공원의 면적 : 110제곱킬로미터

희귀 조류 종 : 오렌지배꼽앵무새, 두건 물떼새

끝없이 이어진 모래 언덕과 아름다운 해안으로 대변되는 카눈다 국립공원은 사우스오스트레일리아 주의 남동쪽 해안에 40킬로미터 정도 펼쳐져 있다. 이 주에서 가장 넓은 해안 공원인 카눈다의 면적은 110제곱킬로미터로 바다와 보니 호수 사이에 있다. 공원의 북부에서 가장 대표적인 풍경은 남극해의 세찬 파도에 당당히 맞선 낮은 절벽이다. 그밖에도 기암괴석, 섬과 암초들이 바다를 장식하고 있어 장관을 이룬다. 공원 남쪽에서는 거대한 사구의 바다와 길게 이어지는 위험한 파도를 실컷 볼 수 있다. 세계에서 가장 희귀한 조류인 오렌지배꼽앵무새가 겨울을 나려고 이곳 모래 해변을 찾는데, 이곳에 많이 자라는 시로켓이라는 식물을 먹는다. 8월에서 이듬해 1월 사이에는 또 다른 희귀종인 두건물떼새가 해수면이 가장 높은 곳 바로 위에 둥지를 튼다. 이곳의 식생은 매우 다양해서, 절벽 꼭대기에는 왜소하고 비틀린 해안 식물이 자라며 내륙의 습지에는 갈대와 티트리나무가 자란다. 한편 조개무지가 많은 것으로 보아 이 지역에 사람이 살기 시작한 것은 수만 년 전일 것으로 추측한다. 조개무지 유적은 잘 관리되고 있다. 거대한 사구들은 매년 지형을 바꾸며 이리저리 옮겨 다니는데, 그럴 때면 모래 밑에 매몰되어 있던 원주민들의 유적지가 나오기도 한다. **GM**

쿠롱

오스트레일리아, 사우스오스트레일리아 주

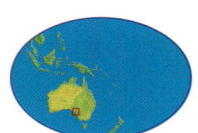

면적 : 50,000헥타르

길이 : 100킬로미터

특징 : 물새들의 보금자리

남극해에 인접해 있는 사우스오스트레일리아 주의 머리 강어귀에는 모래 언덕이 나란히 늘어서 있는 곳이 있다. 이 모래 언덕 사이의 분지에는 수만 년 전에 만들어진 염호가 찰랑거리는데, 바로 이 석호가 쿠롱 석호로 면적 5만 헥타르의 국립공원이다.

석호는 이동 중인 섭금류새들의 임시 숙소이다. 이곳의 해안과 소금기가 있는 육지와 염호가 철새들을 불러모으는 역할을 한다. 이곳은 영허즈번드 반도를 찾는 관광객들에게도 인기가 좋다.

쿠롱 지역은 1966년에 사구, 석호, 습지와 해안 식생과 그곳에 더불어 살거나 찾아오는 다양한 조류, 포유류와 어류 등을 보호하기 위해서 국립공원으로 지정되었다. 공원이 지닌 막대한 생태학적 가치는 국제적으로도 인정받고 있다. 이 공원은 1975년에 '국제적으로 중요한 습지이자 물새서식지'로 지정되어 국제자연보호연맹의 보호를 받고 있다. 그로부터 6년 후 오스트레일리아, 일본과 중국은 철새의 멸종과 환경파괴 위험을 우려해 철새를 비롯한 조류를 보호하는 협정에 서명했다. **GM**

<u>오른쪽</u> 쿠롱은 물새 서식지로 매우 중요하다.

골러 산맥

오스트레일리아, 사우스오스트레일리아 주

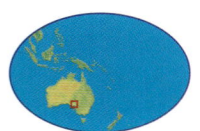

산맥의 면적 : 17,000제곱킬로미터
식생 : 키 작은 명아주과 관목, 울창한 유칼리나무 숲

사우스오스트레일리아 주의 에어 반도에 있는 북쪽에는 협곡, 험준한 바위 노두(露頭)와 폭포가 인상적인 건조한 골러 산맥이 있다. 이 지역은 그야말로 야생 지역으로, 점점이 흩어져 있는 수많은 하얀 염호와 생기를 불어넣는 화려한 색의 화강암 돔의 대조가 뚜렷하다. 산맥은 봄만 되면 만개하는 야생화로 유명하다. 사우스오스트레일리아 주를 상징하는 꽃인 스터츠데저트피를 처음 발견한 사람은 탐험가인 에드워드 존 에어로 그는 1839년에 이곳에서 퉁방울 같은 검은 '눈'이 달린 아름다운 이 꽃을 발견했다. 이 지역에 서식하는 조류도 140종이나 되는데, 다리가 긴 에뮤, 하늘로 높이 비상하는 쐐기꼬리수리, 메이저미첼앵무새, 조그마한 딱새, 레인보우벌잡이새 등으로 다양하다. 이곳처럼 야생 환경을 관찰하기에 좋은 곳도 드물 것이다. 골러 산맥은 오스트레일리아에 서식하는 캥거루 다섯 종류 중에서 붉은캥거루, 서부회색캥거루와 유로캥거루를 한 자리에서 볼 수 있는 보기 드문 곳이다. 캥거루 외에 남부털코웜뱃, 홉핑마이스와 피그미포숨 같은 다른 유대류 동물도 볼 수 있다. **GM**

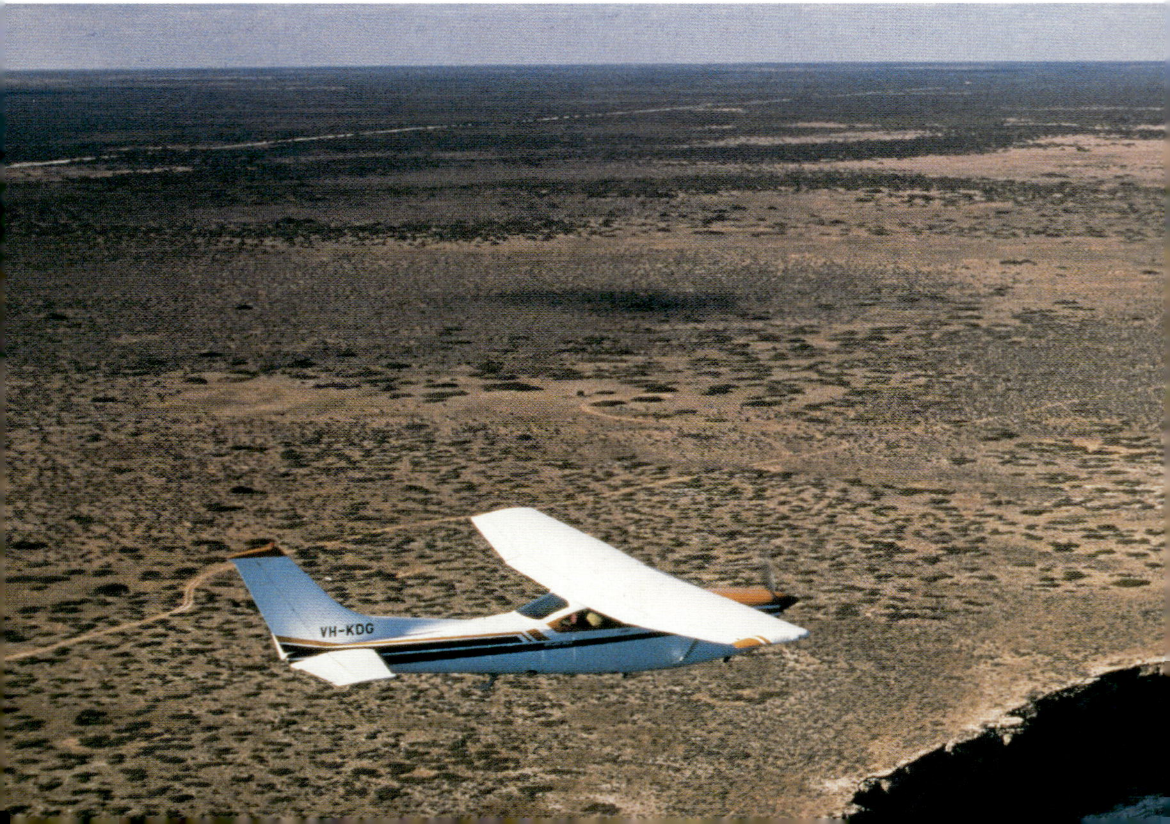

그레이트오스트레일리아 만

오스트레일리아, 사우스오스트레일리아 주

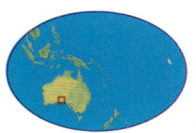

그레이스오스트레일리아 만의 길이 :
1,160킬로미터

특징 : 세계에서 가장 긴 해안 절벽

세계에서 가장 큰 섬에는 당연히 세계에서 가장 긴 해안절벽도 있을 것이다. 바로 그레이트오스트레일리아 만이 그런 곳이다.

절벽 아랫부분의 바위는 흰색인데 4,000만 년 전에 해저에서 형성되었다. 19세기 탐험가였던 에드먼드 델리서에게는 그 부분이 절벽에 박힌 거대한 고래의 몸통으로 보였다.

이곳은 대륙 남쪽에 움푹 들어간 넓은 만으로 널러버 평원의 바로 옆이다. 원주민들은 이 해안에서 1,000년 동안 살았지만 이곳에 유럽인이 도착했던 19세기에는 그곳을 떠나 있었다. 폭 32킬로미터, 길이 320킬로미터인 좁은 해협이 1998년에 해양공원으로 지정되어 보호를 받고 있다. 그레이트오스트레일리아 만에 살거나 들르는 해양 동물들은 헤아릴 수 없이 많은데, 특히 긴수염고래가 새끼를 낳아 기르는 것으로 유명하다. 희귀한 호주바다사자와 악명 높은 백상아리도 이곳에서 볼 수 있다. 또한 참다랑어가 회유하는 경로로도 잘 알려져 있다. **GM**

아래 수많은 해양 동물이 그레이트오스트레일리아 만을 찾는다.

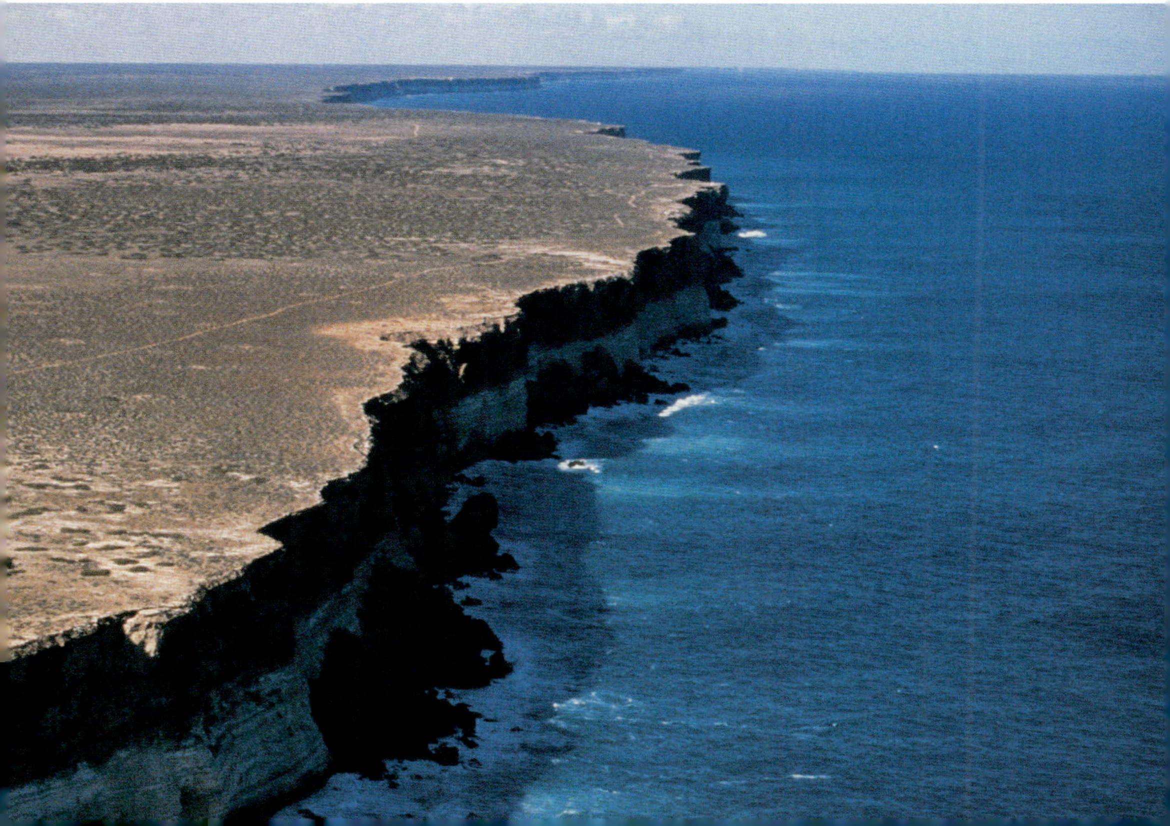

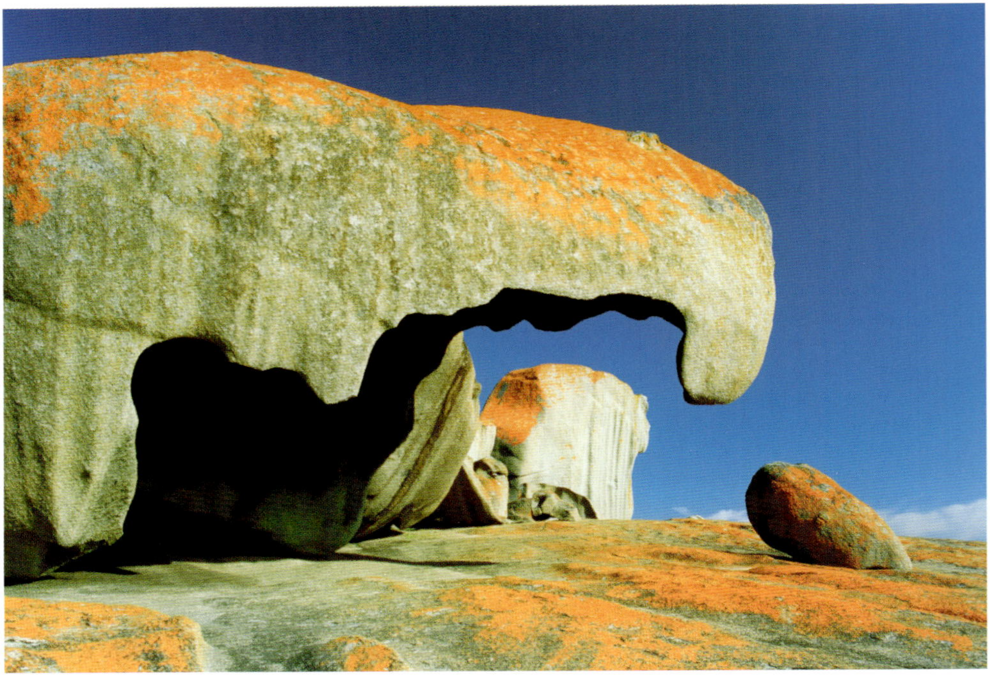

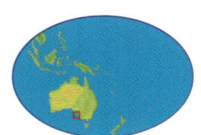

캥거루 섬

오스트레일리아, 사우스오스트레일리아 주

섬의 길이 : 155킬로미터
섬의 폭 : 55킬로미터
식생 : 울창한 유칼리나무 덤불, 초본식물

사우스오스트레일리아 주의 연안에 있는 캥거루 섬은 이 나라에서 세 번째로 큰 섬으로 플루리우 반도와 좁은 백스테어즈 수로를 사이에 두고 마주 보고 있다. 이 섬에서 자라는 식물은 대부분 한 번도 인위적으로 베어진 적이 없다.

섬 면적의 반 이상은 이미 국립공원과 자연보호 공원으로 보호되고 있는데, 중요한 야생보호구역 다섯 곳이 포함되어 있다. 여우와 토끼가 살지 않기 때문에 야생생물이 매우 풍부해서 많은 사람이 이 섬을 찾고 있다. 원주민들은 이 섬에도 정착해 뿌리를 내렸다. 하지만 그들이 거주했던 당시의 자료는 매우 빈약하다. 그 때문에 고고학자들은 원주민들이 우리가 알지 못하는 어떤 이유로 약 3,000년 전에 이 섬을 떠났다고 추정할 따름이다. 가령 고립된 지역 상황이나 척박한 토양, 보잘 것 없는 식생과 75센티미터에도 못 미치는 연평균 강수량 등이 원인이었을 것이며 그 때문에 이 섬에는 오랫동안 개발의 손길이 미치지 않았다. 이 섬에 처음으로 발을 들인 백인은 매튜 플린더스였다. 1802년 호주 대륙을 탐사하던 그는 이 섬을 탐험하고 지도를 작성한 후 승무원들이 죽인 이상한 동물의 이름을 따서 섬의 이름을 지었다. 그 짐승은 폴짝폴짝 뛰어다녔는데, 승무원들은 그 거대한 짐승을 잡아서 고기로 수프를 끓여 먹었다고 한다. **GM**

라임스톤코스트

오스트레일리아, 사우스오스트레일리아 주

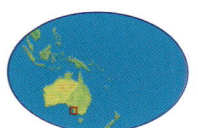

면적 : 21,000제곱킬로미터
특징 : 거대한 그물망 같은 동굴과 포도밭

애들레이드와 멜버른의 중간 지점에 라임스톤 코스트가 있다. 이 지역에 발달해 있는 수많은 포도밭의 천연 필터 역할을 하는 석회암의 이름을 딴 해안이다. 석회암 지대인 이 지역의 쿠나와라는 토양이 독특한 테라로사로 세계에서 가장 질 좋은 적포도주를 생산하는 곳으로 명성이 높다.

또한 이곳은 국제적으로 중요한 동굴과 습지가 많으며 아름다운 목장의 지하에 벌집처럼 수많은 동굴이 뚫려 있어서 선사시대 동물 화석이 많이 발견된다. 지상에는 소나무 숲과 곳곳에 있는 사화산이 자연의 또 다른 아름다움을 보는 이에게 선사한다.

라임스톤코스트는 강수량이 풍부해 지하수가 매우 풍부하다. 이런 환경에 비옥한 토양, 온화한 기후, 넓은 대지가 더해져 산업과 농업이 발달하기 좋은 조건이 형성되었다. 이 지역은 오스트레일리아 와인 생산량의 10퍼센트를 담당하고 있으며 호주산 프리미엄 와인 생산량의 20퍼센트를 담당하고 있다. 남극해의 추운 바다에서 잡아 올리는 바다가재를 비롯해 맛있는 가재와 새우가 잡히는 곳으로도 유명하다. **GM**

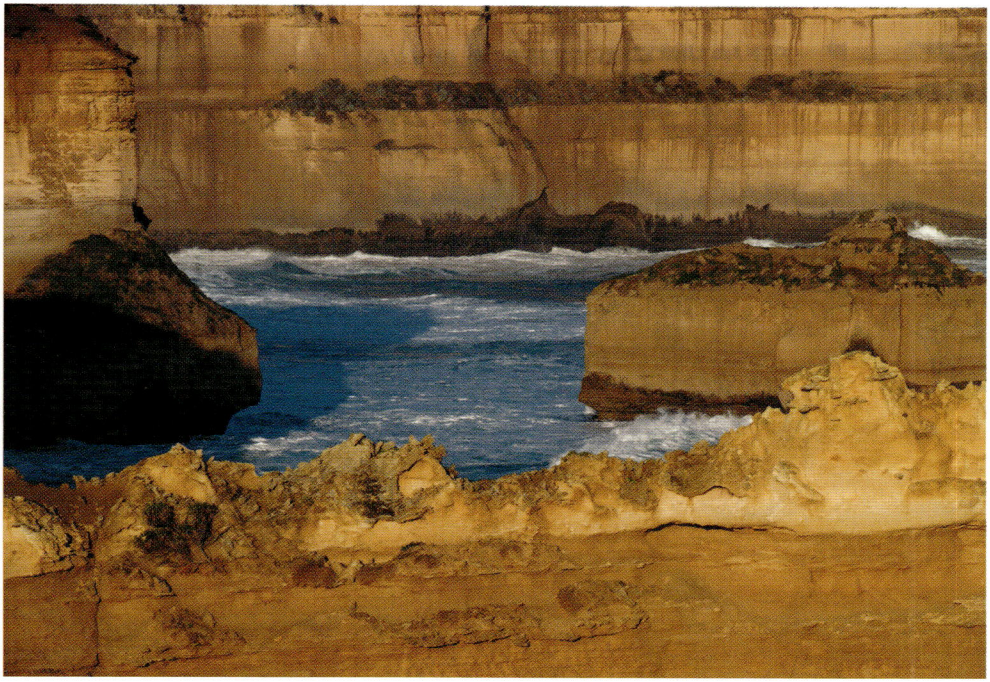

나라쿠르테
동굴 국립공원

오스트레일리아, 사우스오스트레일리아 주

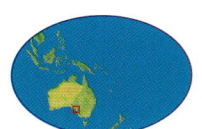

면적 : 600헥타르

특징 : 세계유산으로 지정된 석회암 동굴 26곳

나라쿠르테 동굴은 오스트레일리아 대륙이 5,000만 년 전에 초대륙 곤드와나에서 떨어져 나왔을 무렵에 형성되었다. 당시 남극해는 현재 위치보다 내륙으로 100킬로미터 정도 더 들어와 있었는데, 바다 밑에는 수백만 년에 걸쳐 두꺼운 석회암 층이 형성되었다. 바다가 뒤로 물러나면서 육지의 물이 서서히 석회암을 녹이기 시작했고

석동굴에서 발견된 화석을 통해 과학자들은 선사 시대 당시에 이 지역의 기후나 식생 혹은 환경이 어떠했는지 짐작할 수 있었다. 이 연구를 바탕으로 오스트레일리아 대륙의 식물상이 어떻게 진화해 왔는지도 알 수 있었다.

동굴은 지금도 박쥐를 비롯해 다양한 동굴 거주 동물들의 중요한 서식지이다. 박쥐 동굴에는 굽은 날개박쥐 수십만 마리가 깊은 어둠 속에 살고 있다. 적외선 카메라를 이용하면 자연 상태에 있는 박쥐들을 방해하지 않고도 잘 관찰할 수 있다. 암컷은 봄에 새끼를 낳는데 카메라 여러 대를 동굴에 설치

> 50만 년 전부터 동굴은 천연의 함정이나 맹수들의 굴로 이용되었다.
> 그러다 보니 동굴 안에는 주변에서 살다가 죽은 수많은 동물의 화석이
> 역사 순대로 보존되어 있다.

마침내 지하에는 거대한 그물 같은 동굴계가 완성되었다. 동굴의 천장과 바닥에는 자연이 솜씨를 한껏 부린 종유석과 석순이 자라고 있다. 동굴 국립공원에 있는 (1908년에 발견된) 알렉산드라 동굴은 장엄하기가 이를 데 없는데, 모든 종류의 동굴 지형을 다 감상할 수 있는 곳으로 유명하다.

50만 년 전부터 동굴은 천연의 함정이나 맹수들의 굴로 이용되었다. 그러다 보니 동굴 안에는 주변에서 살다가 죽은 수많은 동물의 화석이 역사 순대로 보존되어 있다. 워남비 화석센터에는 이곳에서 발견된 고대 생물들을 재현해 놓았다. 가장 큰 동굴이자 가장 체계적으로 연구가 된 빅토리아 화

해 동굴에서 일어나는 일들을 관광객이 볼 수 있게 해 놓았다. 이런 기술을 활용해 박쥐의 서식지를 관찰하고 있는 동굴은 전 세계적으로 여기밖에 없다. 박쥐가 작은 관상 종유석을 이용해 동굴에서 물을 먹는 모습도 볼 수 있으며 몸단장을 하거나 새끼에게 젖을 먹이거나 새끼를 부르는 모습도 볼 수 있다. 뿐만 아니라 이 동굴에서는 알비노박쥐도 볼 수 있으며 2미터 길이의 브라운스네이크가 목격된 적도 한 차례 있었다. **GM**

오른쪽 섬세한 종유석이 동굴의 수정처럼 맑은 못에 비치고 있다.

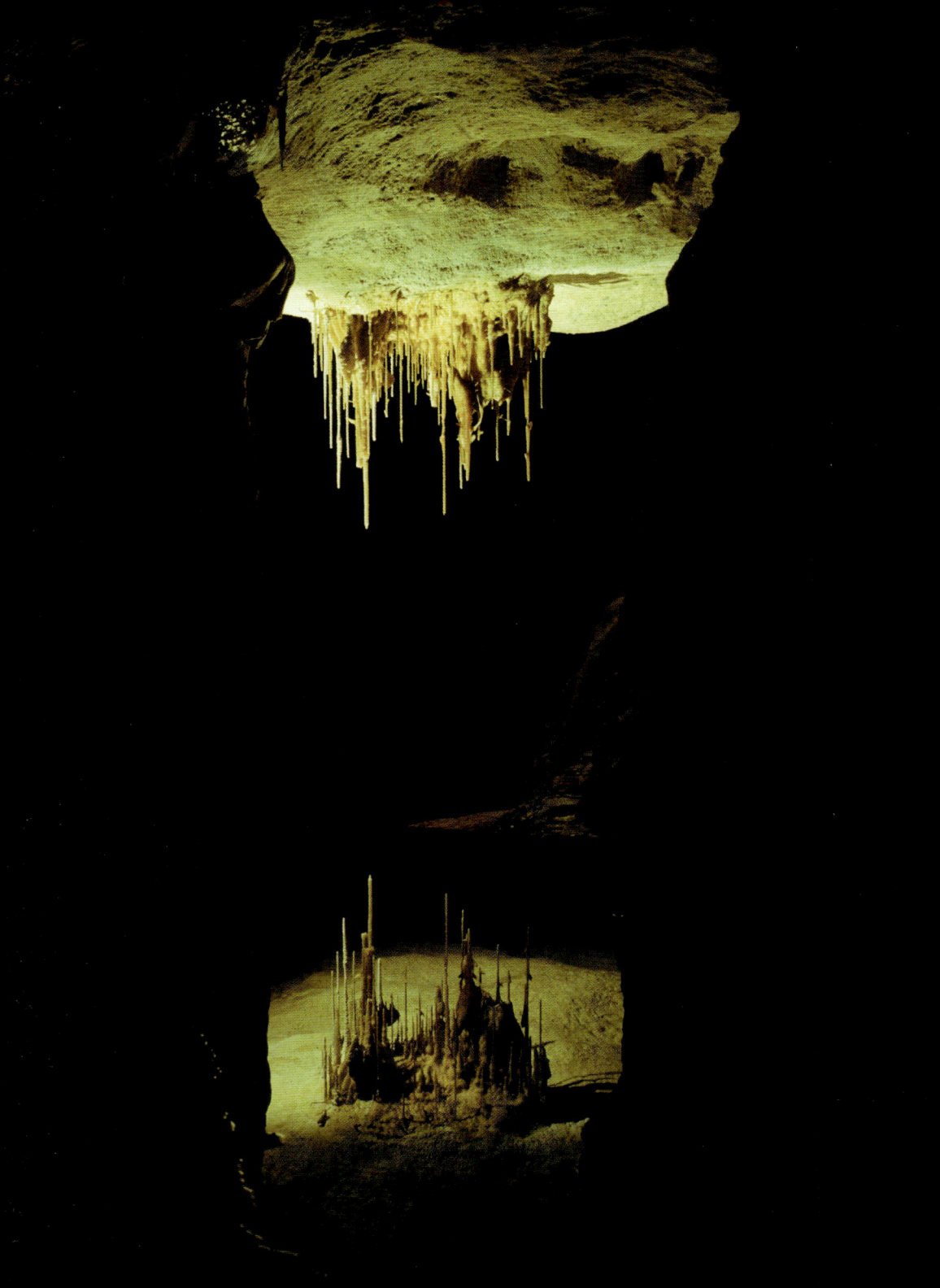

레이크에어베이슨

오스트레일리아, 사우스오스트레일리아 주

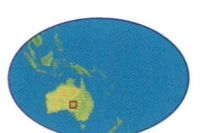

레이크에어의 면적 : 10,000제곱킬로미터
하천 유역의 면적 : 1,036,000제곱킬로미터
연평균 강수량 : 1.25센티미터

면적이 오스트레일리아 대륙의 6분의 1에 해당하는 레이크에어베이슨(분지)은 지구상에서 가장 희귀하며 사람의 손길이 거의 닿지 않은 생태계를 간직하고 있다. 이 분지는 대륙의 건조 지역과 반건조 지역에 걸쳐 103만 6,000제곱킬로미터가 넘는 면적의 야생 하천 유역으로, 전 세계에서 사람이 물길을 인위적으로 조절하지 않은 곳 중 하나이다. 일반적인 강과 달리 이곳의 하천은 물길이 무척 자주 변하는데 예측조차 할 수 없다. 해수면 15미터 아래에 있는 에어 호수는 오스트레일리아에서 가장 낮은 지점으로 호수라고는 하지만 일년 중 물이 있을 때가 거의 없다. 한편 이 호수는 세계에서 다섯 번째로 큰 터미널 호수이기도 하다. 이 호수는 집중호우가 쏟아질 때에만 강물과 시내를 통해 물이 유입되고 대부분은 말라붙어 있는데, 물이 증발하고 나면 거대한 소금 들판이 형성된다. 또한 이 지역에는 나무가 거의 자라지 않으며 습기가 거의 없다. 기온은 보통 50도가 넘으며 60도에

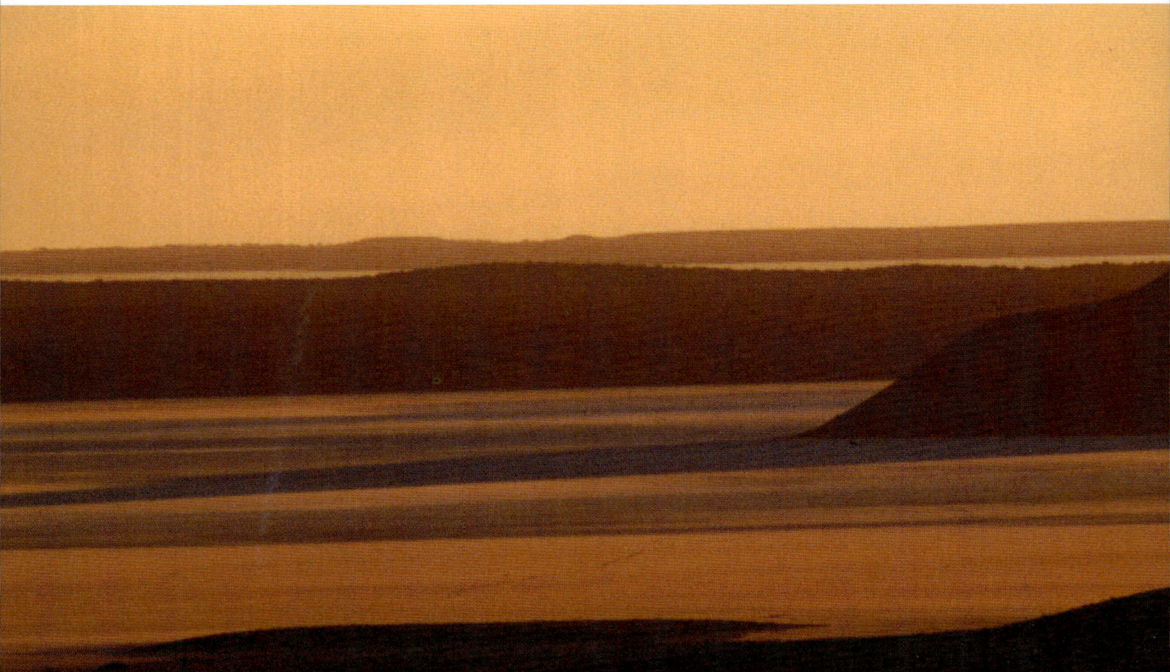

달할 때도 있다. 연평균 강수량이 1.25센티미터에 불과한 이곳에서는 물이 흐르면서 서서히 속도가 줄어드는데, 거대한 미로처럼 얽히고설킨 수로, 범람원, 웅덩이와 습지 때문이다. 항상 물이 고여 있는 일부의 물웅덩이는 야생생물의 중요한 서식지이며 얼마 되지 않는 주민들과 소몰이꾼들에게도 매우 소중한 수원이다. 에어 호수가 최고 수위를 기록한 해는 1974년이었다. 그 수위를 계속 유지하려면 오스트레일리아의 최대 하천인 머리 강의 평균 유량 정도의 물이 필요할 것이다. 에어베이슨은 오스트레일리아의 건조 지대에 자리 잡고 있다. 이곳의 생태계는 매우 다양하고 독특해서, 습지, 초원과 사막을 모두 포함한 이 지역은 중요한 보호구역으로 지정되었다. 이곳에는 긴귀주머니오소리와 볏꼬리주머니쥐처럼 희귀한 유대류가 종종 발견되었는데, 이처럼 멸종위기에 처한 많은 동물이 이곳을 안식처 삼아 살고 있다. 오스트리아에서 매우 희귀하며 가장 인상적인 나무인 웨디우드도 이 지역에 서식한다. 뿐만 아니라 문화적으로도 원주민의 역사와 원주민 이전의 역사를 간직한 유물이 풍부하다. **GM**

아래 레이크에어베이슨은 평소에는 물이 거의 혹은 아예 없다.

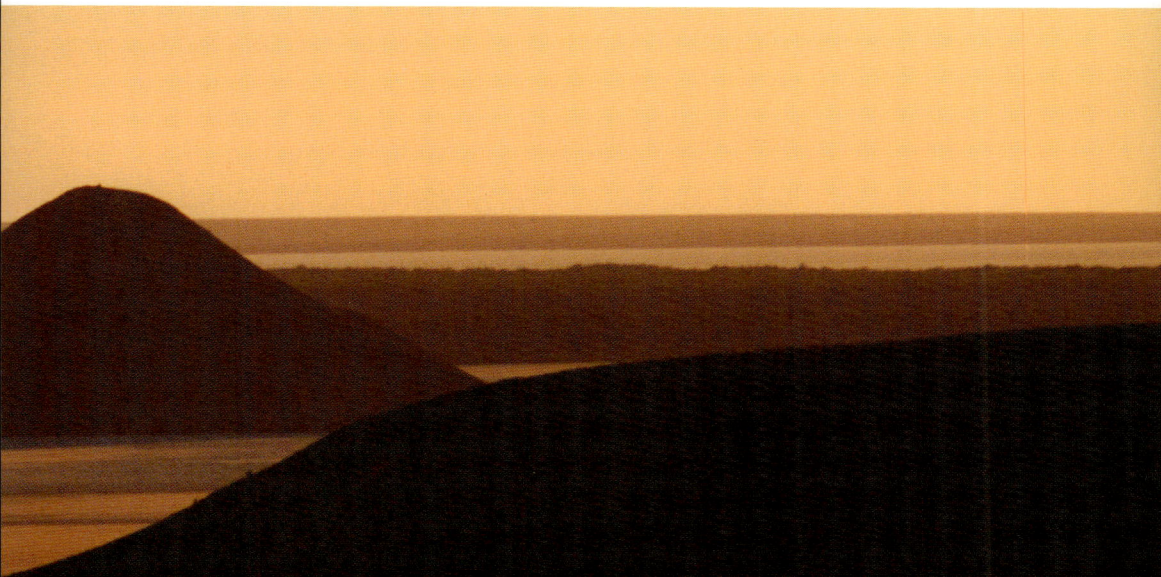

널러버 평원

오스트레일리아, 사우스오스트레일리아 주

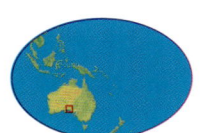

평원의 면적 : 272,000제곱킬로미터

특징 : 세계에서 단일한 덩어리로는 최대 크기인 석회암 지대와 지하의 동굴과 호수

오스트레일리아의 널러버 평원은 세계에서 가장 큰 석회암 지대이다. 나무도 자라지 않는 거대하고 평평한 풍경이 펼쳐져, 호주 대륙을 동과 서로 구분하고 있다. 이 평원은 해발 고도가 200미터이며 사우스오스트레일리아 주와 웨스턴오스트레일리아 주 경계 구역의 남쪽을 가로지르며 장장 2,000킬로미터나 뻗어 있다. 평원은 그레이트빅토리아 사막의 남쪽에서 시작해 그레이트오스트레일

많다. 그중에서 코클비디 동굴은 곧게 뻗은 통로가 6킬로미터 정도 이어져 있는데, 통로의 90퍼센트는 지하 90미터 깊이에 있는 지하수에 잠겨 있다.

대륙횡단철도가 사우스오스트레일리아 주의 포트오거스타에서 널러버를 지나 웨스턴오스트레일리아 주의 퍼스까지 달린다. 이 노선에는 세계에서 가장 긴 478킬로미터 직선 구간도 들어 있다. 에어 고속도로는 이 평원의 최남단을 통과하며 150킬로미터를 뻗어 있는데 세계에서 가장 긴 포장도로라고 한다. 고속도로를 따라 해안 풍경을 가장 잘 조망할 수 있는 전망지점이 다섯 곳 정도 있다. 전망지점은 남극해의 거센 파도에 맞선 수직 해안절벽

> 지하 하천이 동굴을 지나가게 되면 거대한 지하 호수가 형성된다.
> 이런 호수에는 작은 갑각류, 거미와 딱정벌레가 많이 서식하는데,
> 대부분 암흑에 완전히 적응해 앞이 보이지 않는다.

리아 만의 해안절벽으로 끝난다. 이 나라에서 가장 건조한 지역도 이 평원에 있는데, 파라나 정착지는 연평균 강수량이 고작 142밀리미터에 불과하다. '나무가 없는 곳'이라는 이름의 식물인 널러버는 건조 혹은 반건조 환경에서 많이 볼 수 있는 왜소한 덤불이다.

2,500만 년 전에 이곳은 해저의 밑바닥이었는데 지각운동이 일어나 물 위로 융기되어 나오게 되었다. 이곳은 현재 오스트레일리아 최대의 카르스트 지형으로 석회암 층이 지하 15~60미터 깊이까지 분포해 있다. 두터운 석회암 지대이기 때문에 지면이 붕괴한 싱크홀이 깊은 동굴로 발전한 곳이

위에 있다. 파도가 동굴로 흘러오기도 하는데, 어떤 곳은 바위 사이로 힘차게 물이 솟아오르는 블로우홀이 형성되었다. 지하 하천이 동굴을 지나가게 되면 거대한 지하 호수가 형성된다. 이런 호수에는 작은 갑각류, 거미와 딱정벌레가 많이 서식하는데, 대부분 암흑에 완전히 적응해 앞이 보이지 않는다. 동굴에서는 거대한 사자의 해골을 비롯한 중요한 화석이 많이 발견되었다. **GM**

오른쪽 널러버 평원은 바다를 만나 뚝 끊어지듯 끝난다.

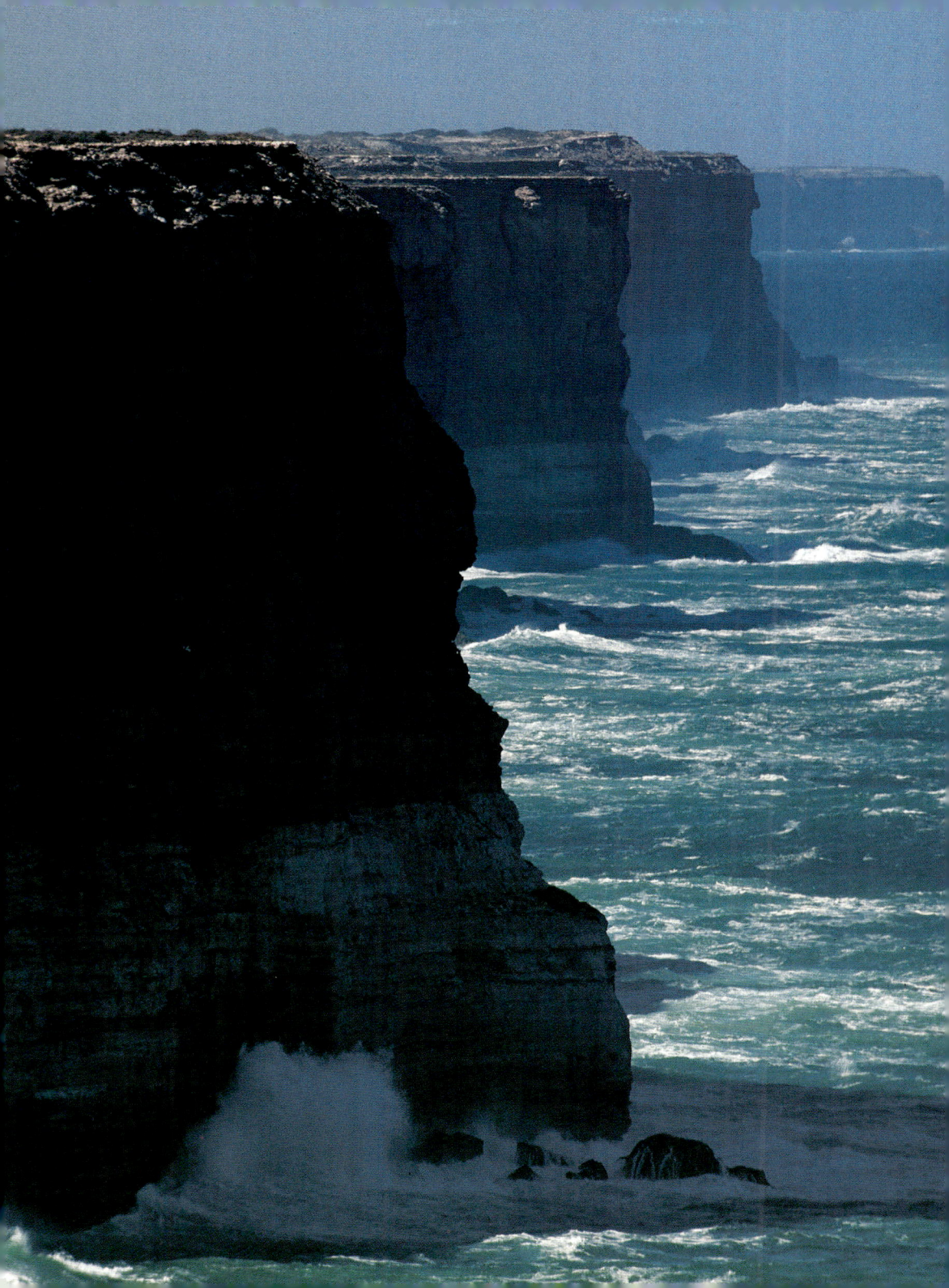

윌페나파운드

오스트레일리아, 사우스오스트레일리아 주

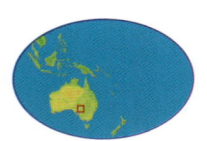

면적 : 100제곱킬로미터	
위치 : 플린더스 산맥	
생메리피크의 높이 : 1,170미터	

플린더스 산맥의 심장부에는 평지에서 거대한 분화구처럼 솟아오른 윌페나파운드가 있다. 하늘에서 보면 이 지형을 만든 막강한 지각작용의 뚜렷한 흔적을 볼 수 있다.

돔처럼 생긴 거대한 바위가 6억 5,000만 년 전에 바다에서 거대한 힘에 밀려 물 위로 치솟아 히말라야 산맥과 맞먹을 정도의 장대한 산맥을 만들었다. 1,000년 동안 풍화와 침식을 겪어 지금은 계곡의 가장자리가 될 수 있는 지형만 남았다. 현재 이 암석 분지 지형의 면적은 80제곱킬로미터이며 높이는 500미터 정도이다. 벽 부분은 침식작용에 매우 강한 편마암이다.

유럽인들이 이곳을 처음 발견한 때는 1802년이며 그로부터 50년 후에 양을 치려고 사람들이 들어왔다. 당시 농부들이 양 우리와 비슷하게 생겼다며 윌페나파운드로 부른 것이 이름이 되었다. 1972년에 윌페나파운드는 플린더스 산맥 국립공원의 일부분으로 선정되었다. 하이커들과 탐조인들의 천국인 윌페나는 캥거루, 유로, 최고 97종의 조류와 아름다운 식물이 살고 있다. 윌페나파운드에서 가장 아름다운 나무는 화이트사이프러스파인으로, 흰개미의 강한 특성 때문에 건물과 울타리를 짓는 목재로 많이 사용되었다. **GM**

뭉고 호수

오스트레일리아, 뉴사우스웨일스 주

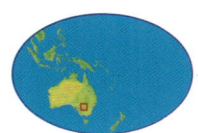

호수의 생성 시기 : 약 200만 년 전	
호수 주변의 식생 : 맬리 덤불	
'만리장성'의 높이 : 30미터	

시드니에서 서쪽으로 987킬로미터 떨어져 있는 뭉고 국립공원을 보면 달의 표면에 와 있는 착각에 빠진다. 으스스한 사막 풍경, 줄지어 늘어선 사구와 극한 환경에 살아남은 얼마 되지 않는 식물이 이곳 풍경에서 유일한 볼거리이다. 하지만 4만 5,000년 전 뭉고 호수는 생물이 풍부한 거대한 담수호였다. 그런데 지금으로부터 1만 4,000년 전 호수는 말라붙어 버렸고 그곳에는 놀랍도록 풍부한 동물의 화석들만 덩그러니 남게 되었다. 호수 주변에는 3만 년 전 인류의 매장지도 발견되었는데, 붉은 황토에 매장된 유골과 초기 화장 풍습을 알려주는 무덤도 있었다. 탄소동위원소로 연대를 측정한 결과 4만 년 전에 원주민들이 이 지역에 거주했다는 사실이 밝혀졌는데 이는 오스트레일리아에서 가장 오래된 인간 거주지에 포함된다.

이미 멸종한 자이언트캥거루, 태즈메이니아주머니늑대로 알려진 바가 거의 없는 황소 크기의 생물들의 화석도 이 지역에서 발견되었다. 호수 주변에 주변 평원보다 높은 절벽이 둘러서 있다. 이 절벽을 '만리장성'이라고 부르는데, 세계에서 가장 크고 유명한 점토사구이다. 점토사구란 초승달 모양으로 생긴 사구인데 대륙풍이 호수에서 몰고 온 규사와 점토로 만들어졌다. **GH**

윌랜드라 호수 지역

오스트레일리아, 뉴사우스웨일스 주

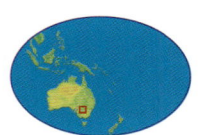

면적 : 2,400제곱킬로미터
생성 시기 : 최대 200만 년 전
주변의 식생 : 맬리, 스피니펙스

윌랜드라에 물이 가득했던 1만 5,000년 전만 해도 총 1,000제곱킬로미터가 물에 잠겨 있었고 이는 초기 인류에게 한없는 물과 식량을 제공하는 창고 역할을 했다. 홍적세의 호수 지역은 200만 년 전에 형성되었으며 지금의 바다 쪽 호숫가에는 바람이 내륙에서 몰고 온 모래로 점토사구가 형성되어 있다. 호수 지역은 현재 2,400제곱킬로미터로, 반건조 지역이 모자이크처럼 흩어져 있으며 말라붙어서 소금기가 가득한 호수에는 솔트부시가 자라고 근처에는 사구와 숲이 형성되어 있다. 머리 분지 지역에 있는 '윌랜드라'는 지구의 진화 과정의 중요한 단계를 보여주는 곳으로 국제적으로도 그 가치를 인정받았다. 이곳에서는 지금도 지각 작용이 진행되고 있을 뿐만 아니라 '과거 문명을 증언'해주고 있다. 윌랜드라 호수 지역에는 아주 오래전부터 완전한 현대적 인류가 정착했고 이곳 환경에 적응했다는 중요한 증거가 많다. 그 예로 원주민들은 약 5만~6만 년 전에 윌랜드라 호숫가에 정착했으며 지금은 멸종한 슈퍼캥거루를 사냥한 것으로 알려졌다. **GH**

커닝햄 고개

오스트레일리아, 뉴사우스웨일스 주

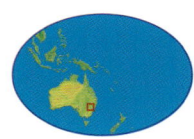

생성 시기 : 최대 3,300만 년 전
식생 : 나무가 높고 확 트인 열대우림, 삼림, 관목지

메인 산맥 국립공원은 화산작용으로 형성되었으며 한쪽 면이 가파르게 솟아 있다. 곳곳에 인상적인 고갯길, 절벽과 봉우리가 산재해 있고 열대우림으로 뒤덮인 안벽을 자주 볼 수 있다. 그레이트디바이딩 산맥에 속하는 메인 산맥은 브리스베인 근처에 초승달처럼 생긴 산맥 일부로 퀸즐랜드 주와 뉴사우스웨일스 주의 경계까지 뻗어 있다.

커닝햄 고개는 식물학자이자 탐험가인 앨런 커닝햄의 이름을 땄다. 그는 1827년에 메인 산맥을 가로지르는 이 고개를 발견했다. 그 후 이 고갯길은 시드니와 멜버른과 브리스베인을 연결하는 주요 교역로가 되었다. 현재 고갯길은 두 주를 연결하는 주요 고속도로가 되었다. 그러나 나머지 지역은 아직도 초기 개척 시대에 머물고 있으며 인근 달링다운즈의 상징이 된 목초지대의 중심지일 뿐이다. 그레이트디바이딩 산맥과 커닝햄 고개에 울창한 열대우림은 목재 생산의 중심지로 1900년 초만 해도 이 지역의 미국측백나무는 대부분 베어진 상태였다. 1990년 초까지도 벌목은 계속되었고 지역주민들에게 중요한 휴양과 관광자원으로서의 위치도 변함이 없다. 하지만 수많은 희귀 동식물의 서식지로서의 가치는 헤아릴 수 없을 정도로 대단하다. **GH**

마얄 호수

오스트레일리아, 뉴사우스웨일스 주

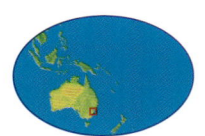

마얄 호수 국립공원의 면적 : 31,562헥타르

해안 석호의 면적 : 10,000헥타르

식생 : 소택지, 숲

마얄 호수 국립공원은 오스트레일리아에서 가장 크고 복잡한 호수 지역이다. 뉴사우스웨일스 주의 북쪽 해안에 있는 공원은 빼어난 아름다움을 자랑하는데, 네 개의 호수(석호)를 중심으로 소택지, 풀이 자라는 높은 사구, 초원, 삼림, 탁 트인 숲, 열대우림과 해안선이 형성되어 있다. 마얄 강 하류에서 포트스테판까지 연속적인 수로를 형성하는 좁은 해협들이 호수와 합류한다. 해안을 따라 해변은 끊어지지도 않고 40킬로미터를 내달린다. 마얄은 원주민의 말로 '와일드'하다는 뜻이다.

21킬로미터의 뭉고 도로를 따라가면 야영지와 소풍 장소로 인기가 좋은 뭉고 숲이 나온다. 이 지역은 워리미 부족과 비르파이 부족이 살았던 지역으로 고대의 조개무지 유적도 많이 남아 있다. 마얄 호수는 캥거루, 코알라, 날다람쥐, 링테일포섬, 에히드나, 레이스모니터비단뱀, 카펫비단뱀 등의 수많은 조류의 서식지이다. 꿀빨이새, 물총새와 꿩앵무를 관찰할 수 있을 것이다. 한편, 브로드워터 지역에서는 개구리입쏙독새를 가장 흔하게 볼 수 있다. 이 지역은 모래를 채취하는 곳을 제외하면 자연 상태 그대로 보존되어 있다. **GH**

벨모어 폭포

오스트레일리아, 뉴사우스웨일스 주

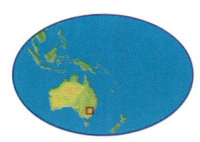

벨모어 폭포의 높이 : 100미터

숄헤븐 협곡의 깊이 : 560미터

캥거루밸리의 깊이 : 300미터

벨모어 폭포의 높이는 100미터로 이곳에서 떨어진 폭포수는 두 개의 주요 하천으로 흘러들어간다. 두 물줄기는 오스트레일리아의 중추이자 그레이트디바이딩 산맥의 일부인 뉴사우스웨일스 주 고원의 절벽을 깎아내렸다. 벨모어 폭포는 힌드마시 전망지점의 남쪽에 있는데, 이 전망지점도 벨모어 폭포에 뒤지지 않을 만큼 아름답다. 폭포수는 배런게리크리크밸리를 흘러 캥거루크리크와 합류한 후 숄헤븐 강의 상류로 들어간다.

높은 고원과 깊은 협곡이 이어져 있는 모턴 국립공원에서 숄헤븐 강은 넓은 범위를 차지하고 있는데 이 강은 사암 고원을 560미터나 깎아 숄헤븐 협곡을 만들었다. 공원 내의 지형과 고도가 복잡하다 보니 고원에는 건조한 경엽식생이 들어서 있고 계곡의 절벽에는 습한 경엽식생이 들어서 있다. 계곡의 바닥에는 열대우림이 무성하다.

캥거루밸리는 사암 절벽이다. 북쪽의 안벽은 천연 원형극장으로 하천이 주변 탁상지대로부터 폭포를 통해 내려온다. 근처에는 '분다눈'이라는 마을이 있는데, 마을의 이름은 '깊은 골짜기의 장소'라는 원주민의 말에서 유래했다. **GH**

블루마운틴즈

오스트레일리아, 뉴사우스웨일스 주

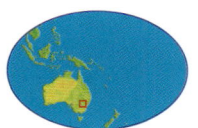

생성 시기 : 약 4억 4,000만 년 전
봉우리의 최대 높이 : 약 1,200미터
식생 : 숲

시 드니의 서쪽 지평선을 아름답게 장식하는 블루마운틴즈는 뉴사우스웨일스 주에서 가장 넓고 아름다우며 야생이 잘 살아있는 지역이다.

넋이 나갈 정도로 아름답고 광활한 블루마운틴즈는 험준한 탁상지대, 깎아지른 절벽, 거대한 바위, 협곡, 깊고 넓은 계곡, 숲과 야생동물이 풍부한 늪지의 집합체로, 생태계의 가치를 인정받아 세계유산으로 지정되었다. 유난히 자연이 살아있는 이곳은 유칼리나무 식생과 야생생물의 진화 과정을 간직하고 있으며 오스트레일리아가 곤드와나 대륙의 일부였던 시대에 생성된 '살아있는 화석'의 서식지이기도 하다. 깊이 베인 상처가 가득한 사암 고원인 블루마운틴즈의 상징은 스리시스터즈, 카툼바 폭포와 로라 계단폭포이다.

이 지역에는 그린프로그와 골든벨프로그와 같은 희귀한 파충류들을 비롯해 400종이 넘는 동물들이 살고 있다. 원주민들과 이곳의 유대는 1만 4,000년 전부터 지속되고 있다. 그 역사는 2만 2,000년까지 올라갈 수 있다. 동굴 주거지, 미술 작품, 도끼를 갈았던 홈과 석기 도구가 발견된 곳이 700여 곳 이상이다. **GH**

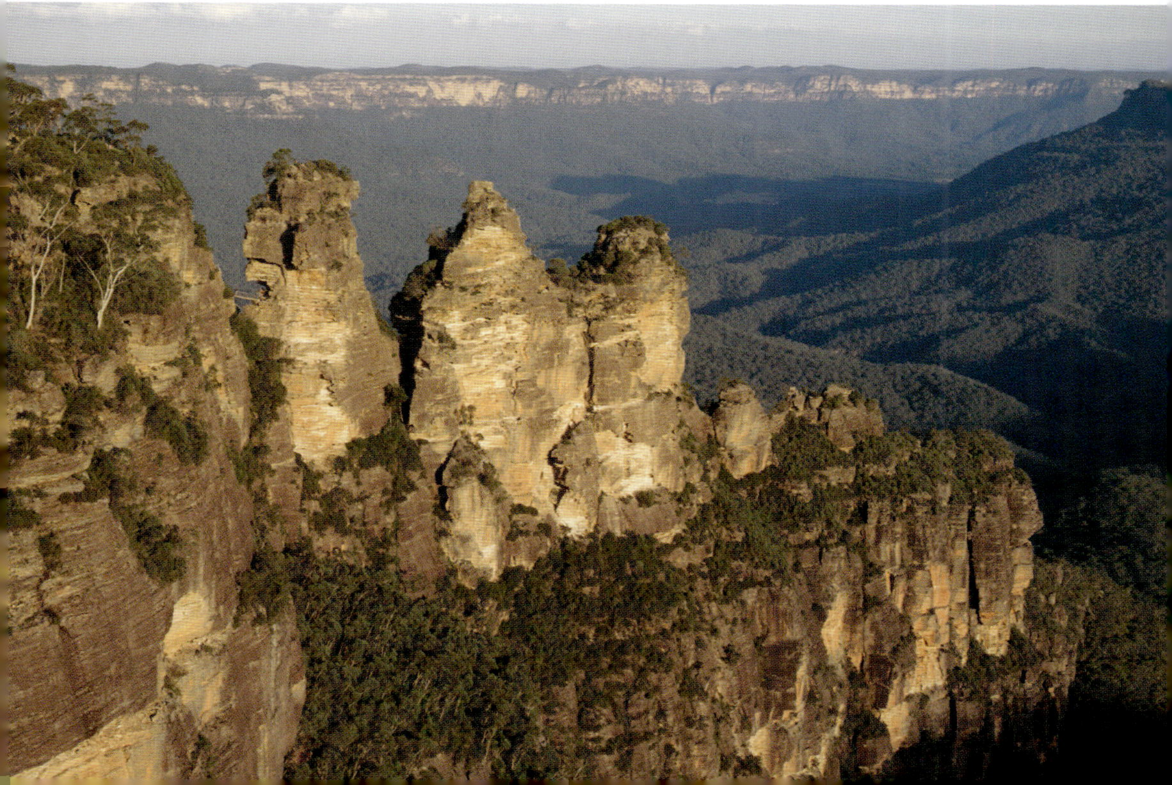

피츠로이 폭포

오스트레일리아, 뉴사우스웨일스 주

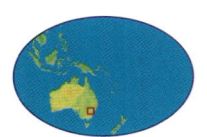

폭포의 높이 : 82미터	
식생 : 다양한 숲	

피 츠로이 폭포는 모던 국립공원에 있다. 뉴사우스웨일스 주에서 가장 넓은 공원의 하나인 이곳은 험준한 사암 절벽, 열대우림이 울창한 깊은 계곡과 클라이드 강, 엔드릭 강, 숄헤븐 강과 캥거루 강으로 이루어져 있다. 피츠로이 폭포의 폭포수는 가파른 절벽을 80미터 내려가는데 바닥은 골짜기이다. 청명한 날이면 폭포의 장관을 그대로 만끽할 수 있지만 흐린 날은 짙은 안개에 휩싸여 있다. 웨스트림 등산로를 따라가면 폭포를 가장 잘 볼 수 있다. 폭포를 에워싼 숲은 대부분 자연목림으로, 유칼리나무 숲과 뱅크셔 숲이지만 아래로 내려갈수록 야생화로 뒤덮인 골짜기와 울창한 밀림이 차례대로 나온다.

원래 이 폭포는 서던하일랜드를 탐험했던 사람 중의 한 명인 찰스 쓰로스비의 이름을 따 쓰로스비 폭포로 불렸다. 그러나 뉴사우스웨일스 주의 주지사이자 식민지의 총독이었던 찰스 피츠로이 경이 이 폭포를 방문한 후 1850년에 피츠로이 폭포로 이름이 바뀌었다. 폭포 국립공원은 야생생물이 많이 서식한다. 학과 독수리가 따뜻한 공기를 타고 하늘 높이 솟구치며 앵무새와 진홍잉꼬가 나무 사이를 날아다닌다. 이곳에 오면 캥거루, 에히드나, 딩고, 뱀과 도마뱀도 볼 수 있다. **GH**

카낭그라 절벽

오스트레일리아, 뉴사우스웨일스 주

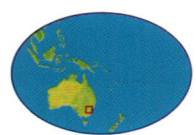

절벽의 생성 시기 : 적어도 2억 8,500만 년 전	
식생 : 마운틴고무나무 숲	

카 낭그라 절벽은 카낭그라-보이드 국립공원의 광활한 협곡, 험준한 고원과 야생의 미가 살아있는 강물을 굽어보는 곳이며 130미터 높이의 성벽 같은 절벽과 사암절벽이 웅장함을 자랑하는 곳이다. 이곳에 오면 가파른 절벽을 100미터나 떨어지는 폭포와 거대한 사암 절벽이 어우러진 풍경을 마음껏 즐길 수 있다.

카낭그라 절벽 정상에 서면 그랜드 협곡, 하이앤마이티 산, 클라우드메이커 산과 스톰브레이커 산이 한눈에 들어오는데, 눈앞에 펼쳐진 풍경을 보면 블루마운틴즈에서 가장 아름다운 풍경이라는 말이 괜한 소리가 아님을 알 수 있다. 페퍼민트, 마운틴고무나무, 실버탑물푸레나무와 유칼리나무 등이 이 지역의 주요 식생이다. 카낭그라 절벽에는 전망이 좋은 지점이 두 곳 있다. 그중 하나는 블루마운틴즈의 주능선을 배경으로 펼쳐져 있는 카낭그라크리크 협곡과 클라우드메이커 산이고 또다른 하나는 카낭그라 폭포와 협곡 위쪽의 골짜기가 한눈에 보이는 곳이다. 이 지역의 하이라이트는 코우뭉 강으로 뉴사우스웨일스 주에서 야생 환경이 마지막으로 남아 있는 강으로 손꼽힌다. 카낭그라 절벽은 시드니에서 서쪽으로 197킬로미터 떨어져 있으며 제놀란 동굴과는 자동차로 45분 거리이다. **GH**

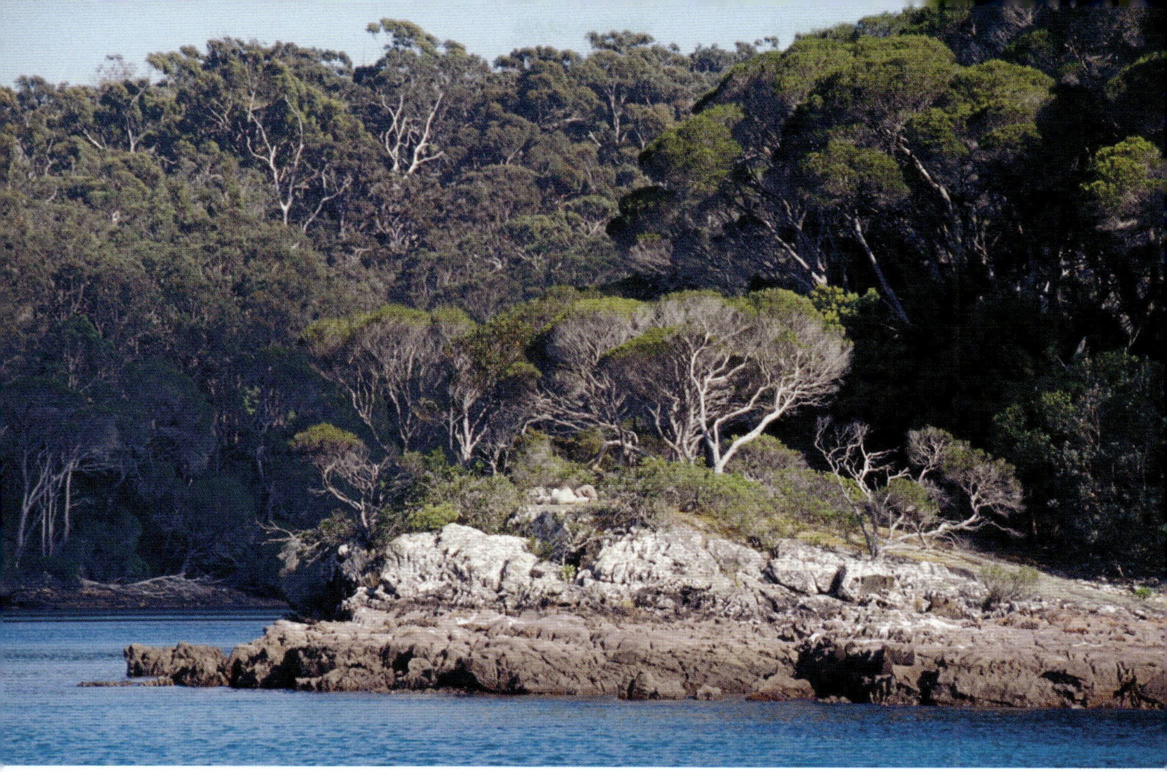

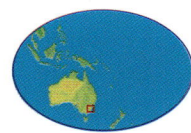

밴보이드 국립공원

오스트레일리아, 뉴사우스웨일스 주

협곡과 노두의 생성 시기
: 3억 4,500만~4억 1,000만 년 전

식생 : 해안의 삼림, 열대우림

뉴 사우스웨일스 주의 가장 남쪽 해안에 있는 밴보이드 국립공원은 이 지역에서 가장 아름답고도 험준한 지형으로 유명한데, 근사한 하얀 절벽, 해안 협곡과 바다까지 뻗어 있는 노두(露頭)를 본 사람들은 탄성을 내지를 것이다.

바위는 데본기에 형성된 것으로 당시 강어귀에 쌓인 퇴적물이 어마어마한 압력과 열을 받은 후 구부러지고 뒤틀려서 천연 아치와 습곡 지형으로 변했다. 그 위에 다시 제3기 모래, 자갈, 점토, 철광석과 규암이 쌓였다. 절벽은 대부분 히스와 뱅크셔 덤불로 뒤덮여 있다. 이곳에서 흔히 볼 수 있는 지형인 바위기둥인데 부드러운 하얀 사암으로 이루어진 독특한 바위로 윗부분에는 6,500만 년 전에 형성된 선명한 붉은색 점토를 뒤집어쓰고 있다. 이런 풍경은 10~12월 사이에 맞은편 절벽 꼭대기에서 봐야 가장 잘 볼 수 있는데, 이곳은 해안을 따라 회유하는 고래들을 관찰하기에도 좋다. 19세기에는 투폴드베이에 포경 본부가 설치되기도 했다. 올드톰이라고도 부르는 범고래를 이용해 회유하는 고래를 포경선으로 몰기도 했다. 올드톰과 동료 범고래들은 그에 대한 보상으로 포획한 고래의 입과 혀를 주었다. 에덴 근처에는 범고래 박물관이 세워져 있다. **GH**

코시우스코 산

오스트레일리아, 뉴사우스웨일스 주

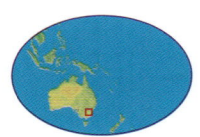

산의 높이 : 2,228미터	
트와이남 산의 높이 : 2,196미터	

코시우스코 산은 세계에서 가장 넓은 국립공원에 속한다. 이 공원은 바이아드보, 파일럿, 재궁갈, 보공피크스, 구바라간드라와 빔베리 등 여섯 군데의 야생보호구역과 오스트레일리아에서 가장 높은 산맥과 아름다운 스노이 강까지 모두 아우른다. 이 지역은 '오스트레일리아의 지붕'이라고 부른다. 화강암 표석과 바위기둥이 풍경을 압도하며 코시우스코 산과 트와이남 산의 정상은 만년설에 덮여 있다. 공원에는 석회암 협곡과 동굴이 발달한 지역도 있다. 이런 지역에는 블루레이크 호수, 알비나 호수, 헤들리탄처럼 빙하로 만들어진 호수와 연못이 흩어져 있다. 초원과 숲은 피그미포섬과 코로보리개구리 같은 희귀한 동물 및 식물의 보금자리이다.

아름다운 스노위 산맥의 전경은 산맥의 서쪽사면에 있는 알파인웨이에서 보면 가장 잘 감상할 수 있다. 이곳에는 올슨스 전망지점과 스카멜스 전망지점이 있다. 북서쪽의 튜머트 지역도 무척 아름다운데 이곳에서는 특히 버동 폭포와 야랑고빌리 동굴이 대표적이다. 난이도가 다양한 등산코스를 통해 코시우스코 산 정상까지 올라갈 수 있다. **GH**

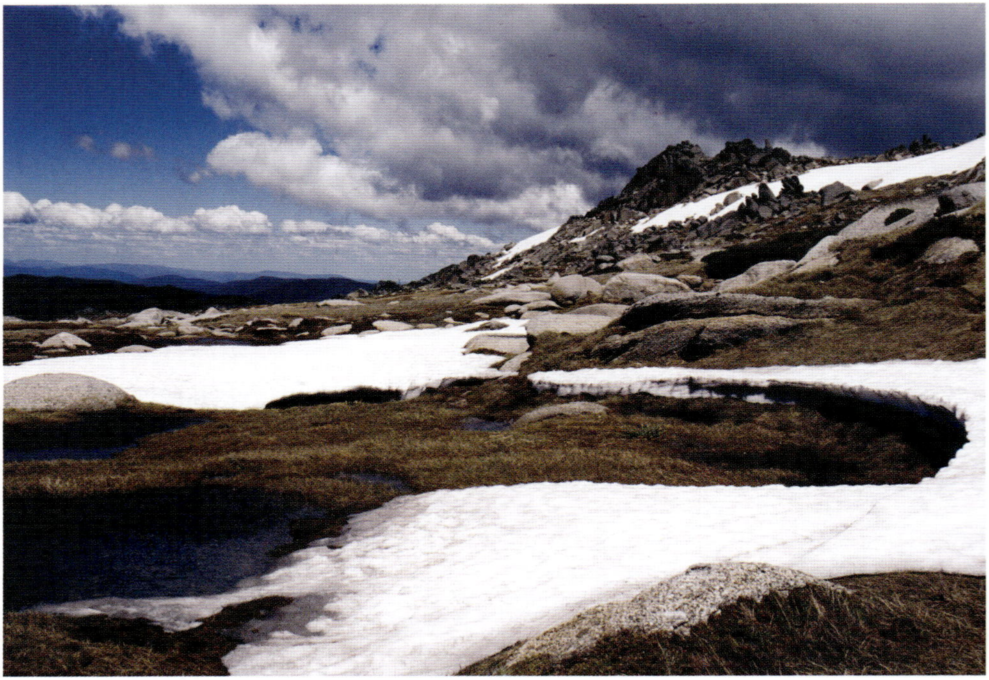

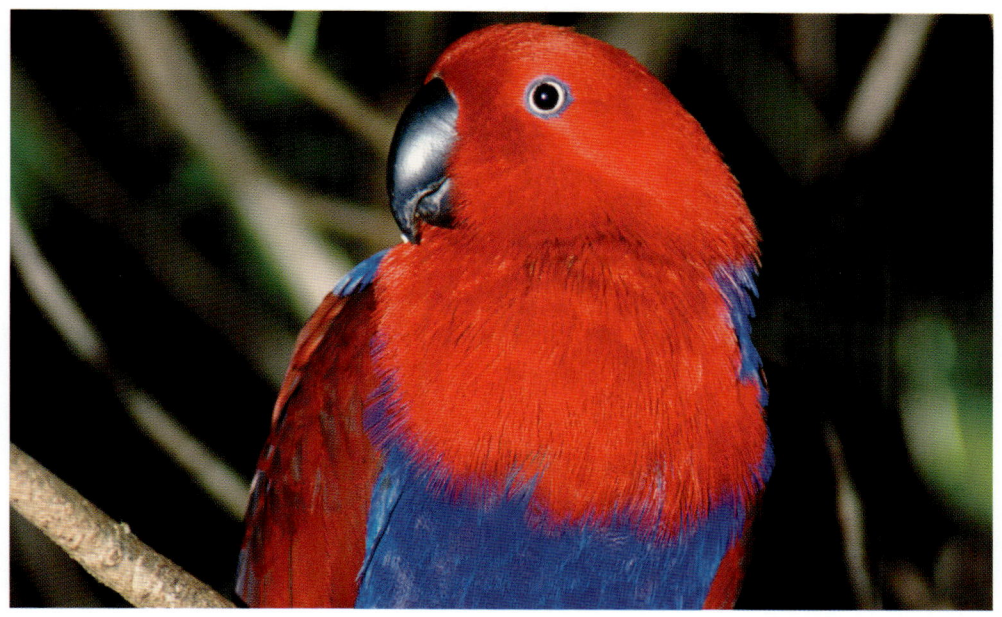

워럼벙글
국립공원

오스트레일리아, 뉴사우스웨일스 주

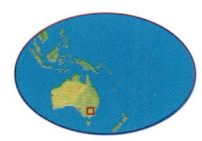

| 공원의 생성 시기 : 최대 1,700만 년 전 |
| 워럼벙글의 높이 : 1,000미터 |
| 브레드나이프의 높이 : 90미터 |

'**구** 부러진 산맥'이라는 뜻의 워럼벙글은 화산암, 암맥, 뾰족한 바위, 돔과 절벽으로 이루어진 지역으로, 주변의 탁상지대와 평원 한가운데 가파르게 솟아 있다. 약 1,700만 년 전에 뜨거운 마그마가 얕은 호수 바닥에서 분출해 방패처럼 생긴 거대한 화산이 형성되었다. 오늘날 남아 있는 기암괴석들은 바람과 빗물에 깎이고 씻긴 사화산의 핵이다. 특히 브레드나이프는 이곳의 명물이 된 화산 지형으로, 화산암으로 된 수직 기둥이 바위를 뚫고 나온 후 곁의 약한 부분이 서서히 침식되어 지금의 모습이 되었다.

워럼벙글에 있는 봉우리는 대부분 1,000미터 이상이며 주변의 험악한 지형을 내려다보고 있다. 이 공원에는 수많은 종의 식물이 자라는데 그만큼 지형과 토양이 다양하기 때문이다. 바로 이곳에서 건조한 서부 평원의 식물상과 습한 동쪽 해안의 식물상이 겹친다. 워럼벙글 국립공원에는 주로 화이트고무나무, 잎이 좁은 유칼리나무, 블랙사이프러스파인 등이 자란다. 이 공원에서 볼 수 있는 앵무새 종류는 이 나라에서 서식하는 앵무새 종류의 3분의 1 정도나 된다. **GH**

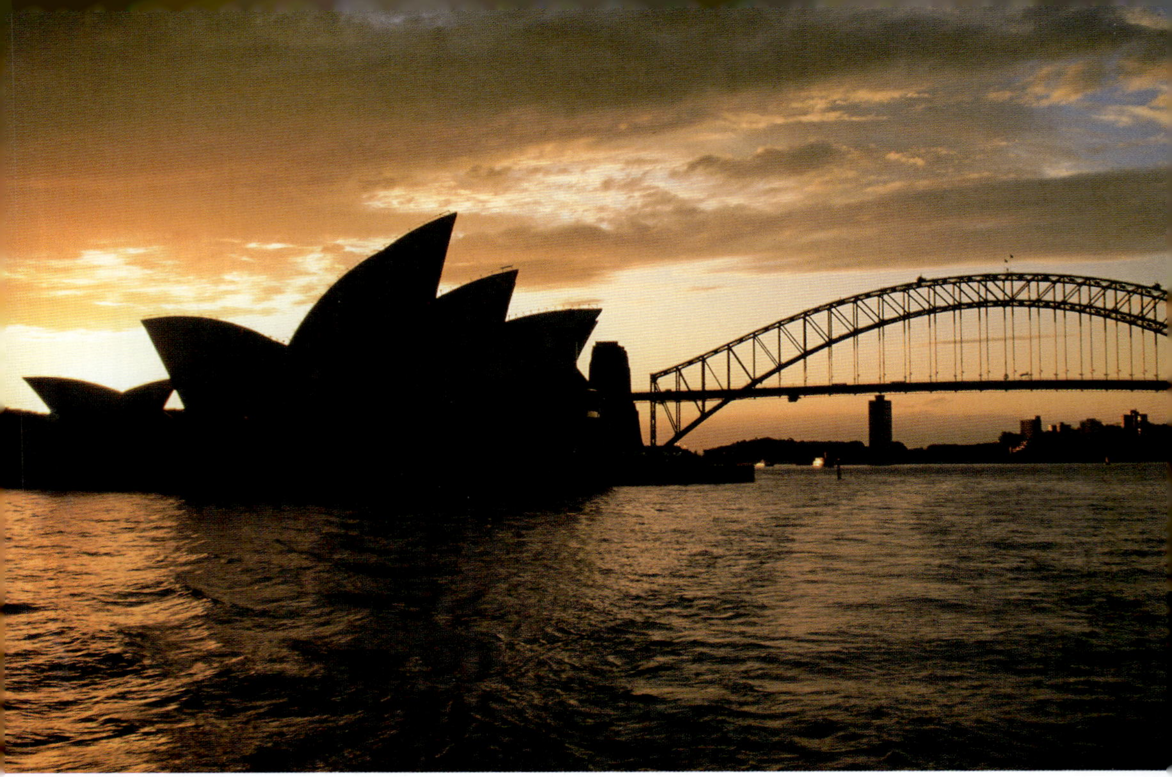

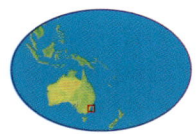

시드니하버

오스트레일리아, 뉴사우스웨일스 주

면적 : 55제곱킬로미터
시드니하버브리지: 높이 134미터, 길이 49미터, 아치의 길이 503미터

세계적인 미항으로 손꼽히는 시드니하버는 실은 내륙으로 20킬로미터나 뻗어 있는 '물에 잠긴 계곡'으로 파라메타 강과 만나는 지점이다. 간조 시 항구의 수심은 9~47미터이며 불규칙하게 뻗어 있는 갯벌의 평균 면적은 241제곱킬로미터이다. 1788년에 최초로 시드니에 도착한 아서 필립 선장은 이렇게 회고했다.

"항해에 지친 선단이 우울하고 황량한 곳을 지나 항구로 들어갈 때는 마치 천국으로 들어가는 것 같았다. 물은 푸르고 절벽이 없지만 해변은 높고 나무가 울창했으며 곳곳에 섬들이 흩어져 있었다. 또한 해변은 모래사장이 이어져 있고 나뭇잎은 햇살을 받아 반짝거렸다."

오늘날 시드니하버 국립공원에서는 히스가 무성한 절벽과 아열대 열대우림으로 뒤덮인 수많은 섬과 한적한 모래 해변을 맘껏 감상할 수 있다.

항구의 입구는 험준한 사암 곶이 주변을 압도하는데 바로 이곳을 통해 드넓은 태평양에 나갈 수 있다. 시드니 분지에는 이 도시를 상징하는 건축물인 시드니 오페라하우스와 시드니하버브리지가 있다. **GM**

바마-밀리와
숲과 습지

오스트레일리아, 빅토리아 주

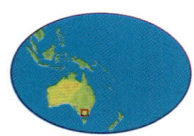

바마-밀리와 숲과 습지의 면적 : 70,000 헥타르

특징 : 오스트레일리아 최대의 레드검유 칼리나무 숲의 일부

바마-밀리와 숲과 습지는 세계적으로 중요한 습지와 숲으로, 오스트레일리아에서 가장 크고 정기적으로 침수되는 레드검유칼리나무 숲의 일부가 이곳에 있다. 이 지역은 새를 관찰하는 사람들에게 큰 인기를 얻고 있다. 가마우지와 저어새처럼 둥지를 트는 물새와 따오기가 이곳 습지에서 번식을 하며 이 지역에서 발견된 멸종위기의 조류 종의 반수가 사는 맑은 호수와 우기에 생기는 물웅덩이, 주기적으로 범람하는 초원과 울창한 숲은 새들의 안식처이기 때문이다. 1936년에 자연적인 물의 순환을 간섭하기 위해 거대한 댐을 건설하자 습지의 생태계는 파괴될 지경에 이르렀다. 여름에는 관개를 위해 수위를 높였고 댐의 저수지가 채워지는 겨울에는 수위를 낮추었다. 이것은 자연의 패턴을 바꾸어 놓았다. 그 결과 레드검유칼리나무는 여름에는 뿌리가 젖고 겨울에는 말라붙었다. 이런 상황은 나무의 잎마름병과 과도한 성장을 유발했다. 1999년에 겨울 홍수를 다시 도입하기로 했다. 그 결과 야생조류가 다시금 이곳을 번식지로 택했고 1970년대 이후 최고의 성공을 거두었다. **GM**

크로아진골롱
국립공원

오스트레일리아, 빅토리아 주

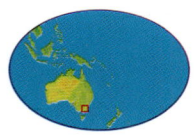

공원의 면적 : 850,000헥타르

특징 : 빅토리아 주의 생물권보호구역 세 곳 중 하나

크로아진골롱 국립공원은 빅토리아 주의 생물권보호구역으로 이스트깁스랜드 해안을 따라 100킬로미터나 이어져 있다. 원주민들은 최소 4만 년 전부터 이곳에서 살았다. 크라우아퉁갈룽 족이 크로아진골롱이라는 이름을 붙였는데, 그 후손은 지금도 이 지역에 거주하고 있다.

1900년대만 해도 이 지역에는 두 개의 국립공원이 인접해 있었다. 그러나 공원이 점차 확대되면서 1979년에 크로아진골롱 공원으로 합쳤다. 이 공원에는 열대우림이 무성한 한적한 해변, 히스가 무성한 강어귀와 웅장한 화강암 봉우리가 들어서 있다. 해안을 따라 나 있는 짧은 산책로는 사람들에게 인기가 많다. 생생한 야생을 구경하고 싶다면 포유류 52종과 파충류 26종이 서식하는 이 지역이 안성맞춤이다. 이곳은 조류 애호가들의 천국인데, 이곳에 서식하는 야생조류 306종은 호주에 서식하는 야생조류종의 3분의 1에 해당한다. 습지는 40종이 넘는 바다철새들과 섭금류들이 즐겨 찾는 곳이다. 숲에서는 올빼미 여섯 종이 발견되기도 했다. **GM**

깁스랜드 호수지역

오스트레일리아, 빅토리아 주

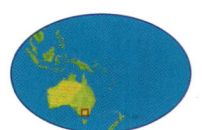

호수지역의 면적 : 30,000헥타르	
호수지역의 길이 : 60킬로미터	

깁스랜드 호수지역은 강과 호수, 석호와 섬이 거대한 그물망처럼 분포해있는 지역으로 빅토리아 주에서 가장 인기 있는 휴양지이다. 이곳은 한때 넓은 만이었지만 수천 년 동안 파도가 몰고 온 모래가 서서히 최고 38미터 높이의 해안장벽을 만들었다. 훗날 이 장벽이 스펌웨일헤드 반도와 로타마 제도가 되었고 바깥쪽 벽은 나인티마일비치가 되었다.

위해 호수지역을 찾아온다. 한편 나인티마일비치는 슴새류와 갈매기 같은 해안과 바다에 사는 새들을 관찰하기에 더없이 좋은 곳이다.

호수지역의 독특한 지형으로는 미첼 강 침적토 방파제가 있다. 이 방파제는 세계에서 가장 긴 것으로서, 호수지역에 멀리까지 뻗어 있다. 이 천연방파제는 100만 년도 전에 강물에 상류에서 쓸려 내려온 침적토가 쌓여 형성되었다. 8킬로미터 길이의 방파제는 세계에서 가장 형태가 뚜렷한 손가락 모양의 삼각주이다.

평화와 고요함을 만끽하려는 사람들은 이 공원을 즐겨 찾는다. 이곳에는 검은꼬리왈라비, 부시테

> 깁스랜드 호수지역은 강과 호수, 석호와 섬이 거대한 그물망처럼 분포해 있다. 한때는 넓은 만이었지만 수천 년 동안 파도가 몰고 온 모래가 서서히 최고 38미터 높이의 해안장벽을 만들었다.

호수 국립공원에는 서쪽에 웰링턴 호수가 있는데, 이곳은 맥레논스스트레이트를 통해서 킹 호수와 이어진 후 인공호수인 엔트런스 호수와 연결되어 배스 해협으로 들어간다.

깁스랜드 호수지역의 빅토리아 호수와 리브 호수에 에워싸인 로타마 섬에는 곳곳에 새들의 은신처가 있으며 물고기 역시 풍부하다. 이곳에서는 190여 종의 야생조류를 관찰할 수 있으며 특히 리브 호수는 매년 봄과 여름이면 수천 마리의 섭금류가 찾아오는 곳으로 세계적으로 중요한 조류 서식지이다. 흰제비갈매기와 쇠제비갈매기들은 번식을

일포슘과 웜뱃 등이 서식한다.

최초의 정착민들은 담수호와 염호 모두 잘 발달해 있어서 어류와 야생생물들이 풍부한 이 지역에 감사하며 삶의 뿌리를 내렸을 것이다. 이곳에서 1만 8,000년 이상 쿠나이쿠르나이 부족이 번성했지만 지금은 공원과 인근 지역에 원주민이 살고 있다. **GM**

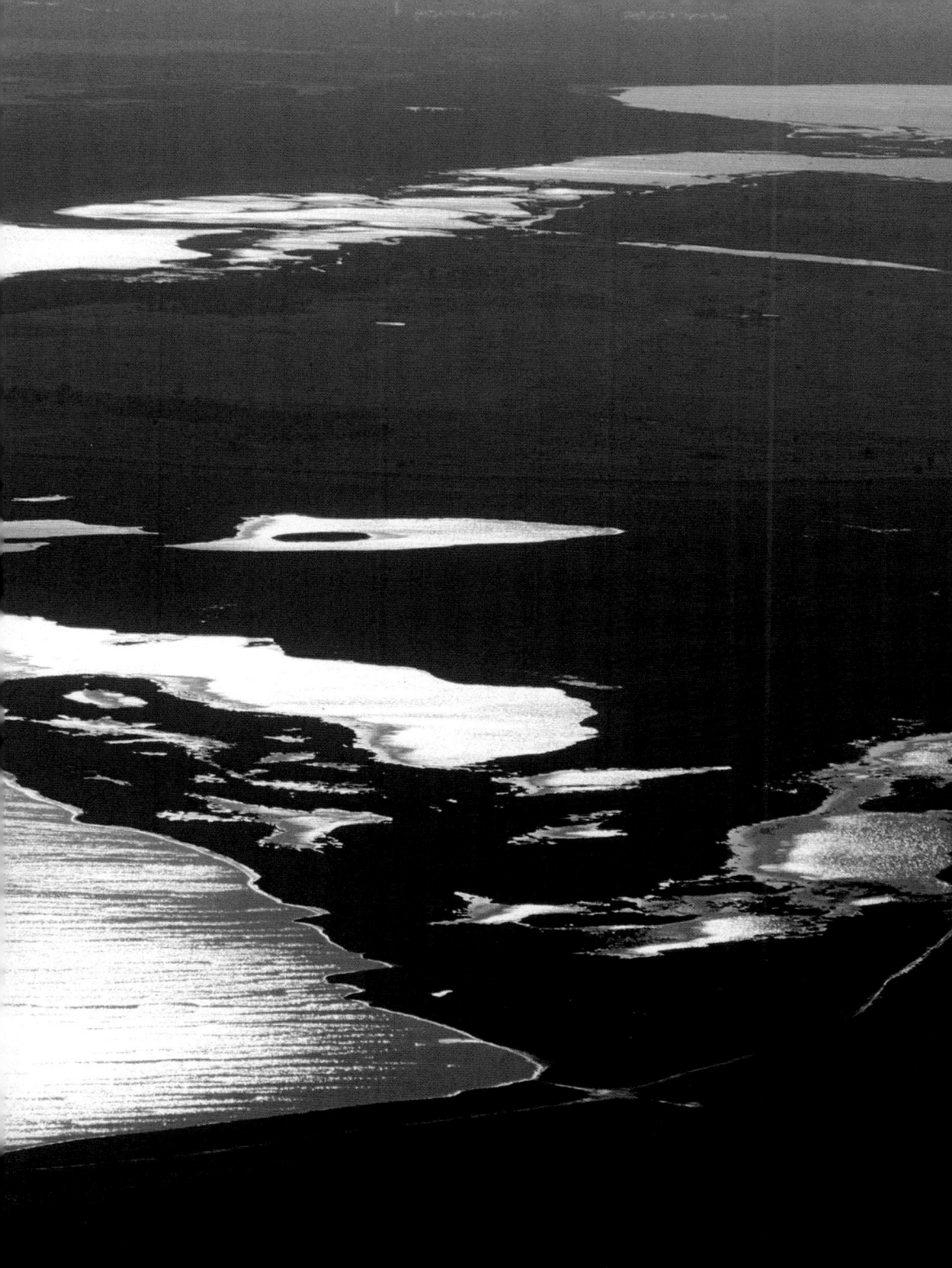

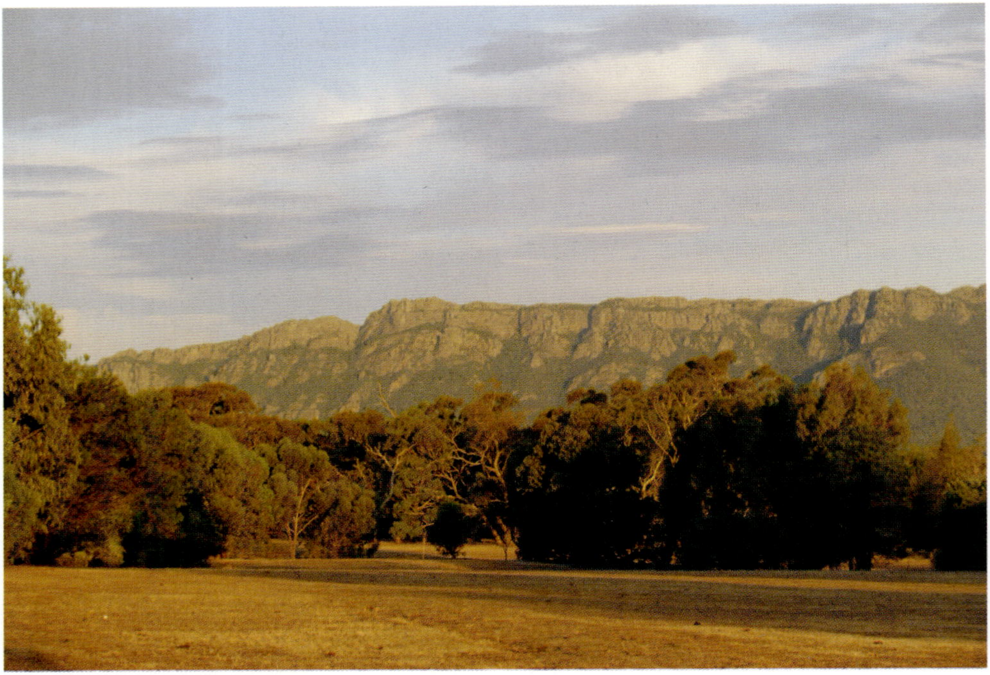

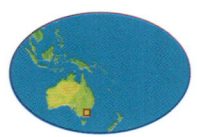

그램피언 산맥

오스트레일리아, 빅토리아 주

산맥의 생성 시기 : 4억만 년 전
그램피언 국립공원의 면적 : 1,670제곱
킬로미터
월리엄 산의 높이 : 1,170미터

빅토리아 주 서부의 평평한 농지에 우뚝 솟아 있는 그램피언 산맥은 약 4억 년 전에 생성된 단단한 붉은 사암 능선 네 줄기로 이루어져 있다. 숲이 울창한 봉우리, 곳곳에 흐르는 폭포, 시내와 양탄자처럼 깔린 야생화 들판을 보호하려고 1,670제곱킬로미터의 그램피언 국립공원을 제정했다.

월리엄 산은 1,170미터 높이로 그램피언 산맥의 최고봉이지만 호섬 근처의 아라파일스 산이야말로 오스트레일리아에서 가장 훌륭한 암벽 등산 코스를 자랑하는 산이다. 이곳에는 기암괴석도 많은데,

그랜드캐니언과 (죽음의 턱) 발코니라고 부르는 자이언트스테어웨이 바위가 유명하다.

이곳에서는 카누를 타고 위메라 강을 둘러볼 수도 있고 등산로를 따라 빅토리아 주에서 가장 큰 폭포인 멕켄지 폭포까지 가서 웅장한 풍경에 빠져들 수도 있다. 공원 전역에 마련된 등산로는 총 160킬로미터가 넘는다. 뿐만 아니라 공원에는 리드 전망지점과 레이크뷰 지점처럼 전망이 근사한 지점이 수없이 많은데 어느 곳을 택해도 후회하지 않을 것이다. 그리고 그램피언 산맥에는 옛날 원주민들이 남긴 암벽화가 많이 발견되었는데, 빅토리아 주에서 발견된 유적지의 80퍼센트 이상이 이곳에 있다. **GM**

일든 호수 국립공원

오스트레일리아, 빅토리아 주

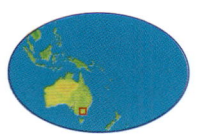

공원의 면적 : 275제곱킬로미터	
특징 : 인공호수	
식생 : 탁 트인 삼림과 울창한 숲	

일든 호수 국립공원은 빅토리아 주 중부 고원의 북부 구릉지에 있다. 일든 호수는 빅토리아 주 최대의 인공호수로 1950년대에 관개와 전력생산을 위해 건설되었다. 동시에 이 지역은 일든 호수 국립공원으로 지정되었다. 호수는 하천 네 개를 막아 만든 저수지로 저수량은 시드니하버의 여섯 배나 된다.

현재 일든 호수는 하이킹, 낚시와 야영을 하려는 사람들로 언제나 붐빈다. 다양한 길이의 트레일이 많이 마련되어 있어서 515킬로미터에 달하는 호숫가를 모두 둘러볼 수 있다. 호수의 전경을 보고 싶다면 블로우하드스퍼 트레일을 따라가거나 피팅거 산에 있는 폭스 전망지점까지 올라가면 된다. 공원은 고독감과 평화를 즐기기에 좋은 곳이다. 주변의 험준한 구릉지와 가파른 계곡에 눈을 돌리면 더욱더 나만의 세계로 침잠할 수 있을 것이다.

호수의 북쪽에는 탁 트인 덤불 지대가 있고 동쪽과 남쪽에는 울창한 삼림이 들어서 있다. 어딜 가나 다양한 야생생물을 만날 수 있는데, 호수 공원에는 특히 서부회색캥거루, 코알라와 웜뱃이 많이 서식한다. 쐐기꼬리수리와 왕앵무처럼 희귀한 조류들의 안식처이기도 하다. **GM**

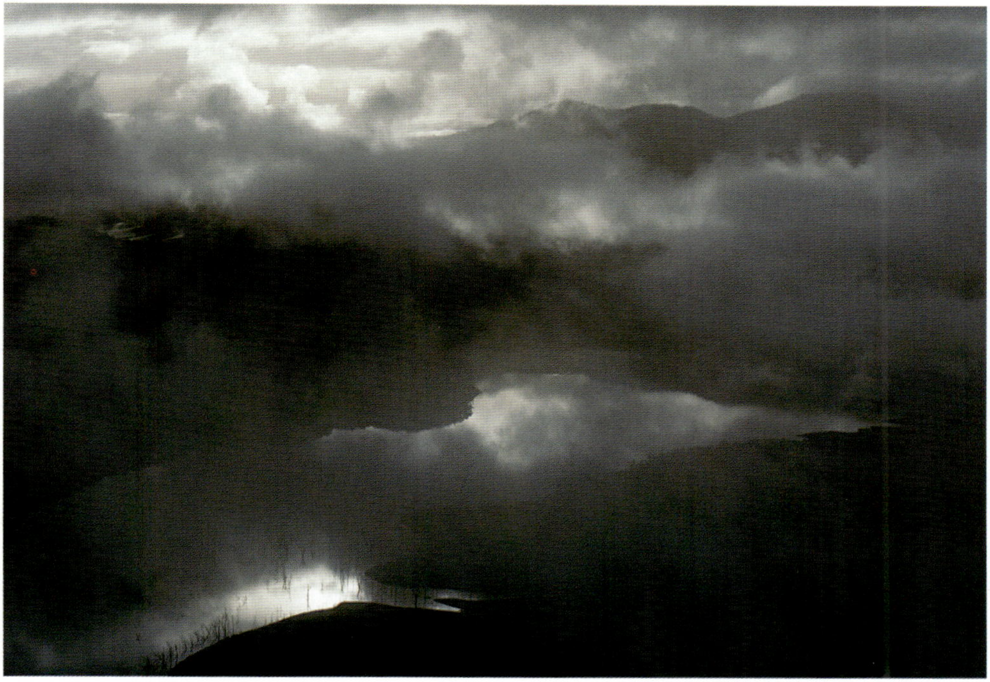

머리 강

오스트레일리아, 빅토리아 주

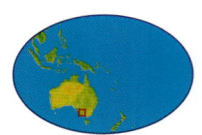

강의 길이 : 2,600킬로미터
생성 시기 : 2,000만 년 전
머리-달링 분지의 면적 : 100만 제곱킬
로미터

오스트레일리아의 머리 강은 2,000만 년 동안
높은 산에서 흘러내려 넓은 바다로 들어갔다.
머리 강은 코시우스코 산의 해발 2,012미터 분수령
에서 발원해 2,615킬로미터를 흘러 사우스오스트
레일리아 주의 바다로 들어가는 세계에서 일곱 번
째로 긴 강이다.

엄청나게 넓은 지역을 흐르는 머리-달링 분지
의 면적은 오스트레일리아 전체 면적의 7분의 1에

한편 강 유역에서 후미진 곳이나 움푹 팬 지형
에는 모래 해변이 있다. 마침내 강물은 얕은 알렉
산드리나 호수에 도착한다. 이제 마지막 행선지인
애들레이드 근처의 인카운터베이가 멀지 않았다는
뜻이다. 머리 강은 같은 규모의 다른 강에 비해 양
이 그리 많지 않은데, 그나마도 강물의 양은 시기
에 따라 달라서 건기에는 완전히 말라붙기도 한다.

현재 머리 강과 지류의 강물은 오스트레일리아
의 곡창 지역으로 물을 공급하는 저수지, 댐과 관
개시설로 곳곳이 차단되어 있다. 하지만 염분과 농
업 때문에 발생하는 공해가 국가적인 문제로 떠오
르면서 해결책으로 나무 1,000만 그루 심기 운동이

> 엄청나게 넓은 지역을 흐르는 머리-달링 분지의 면적은
> 오스트레일리아 현재 면적의 7분의 1에 달한다.

달한다. 이 분지는 빅토리아 주의 반, 뉴사우스웨
일스 주의 4분의 3에 걸쳐 있으며 사우스오스트레
일리아 주 일부와 빅토리아 주보다 더 큰 퀸즐랜드
주 지역에까지도 걸쳐 있다.

머리 강은 발원지에서 201킬로미터에 걸쳐
1,524미터를 흘러내리는데 바다에 가까워질수록
속도가 느려지면서 강줄기는 구불거린다. 범람원
으로 오면 이 강줄기는 다시 수많은 지류로 갈라지
거나 합류하느라 복잡해지고 어떤 곳에 커다란 레
드검나무들이 줄지어 서 있는 웅덩이들도 나타난다.

진행 중이다. 머리 강은 현지 원주민들의 문화와도
깊은 관련이 있다. 알렉산드리나 호수의 원주민들
에 의하면 머리 강은 위대한 시조인 은구룬데리가
머리코드(오스트레일리아에 사는 가장 큰 담수어)
인 폰데를 쫓는 과정에서 만들어졌다. **GM**

<u>오른쪽</u> 강가에 서 있는 나무들이 탁한 머리 강물에 비친다.

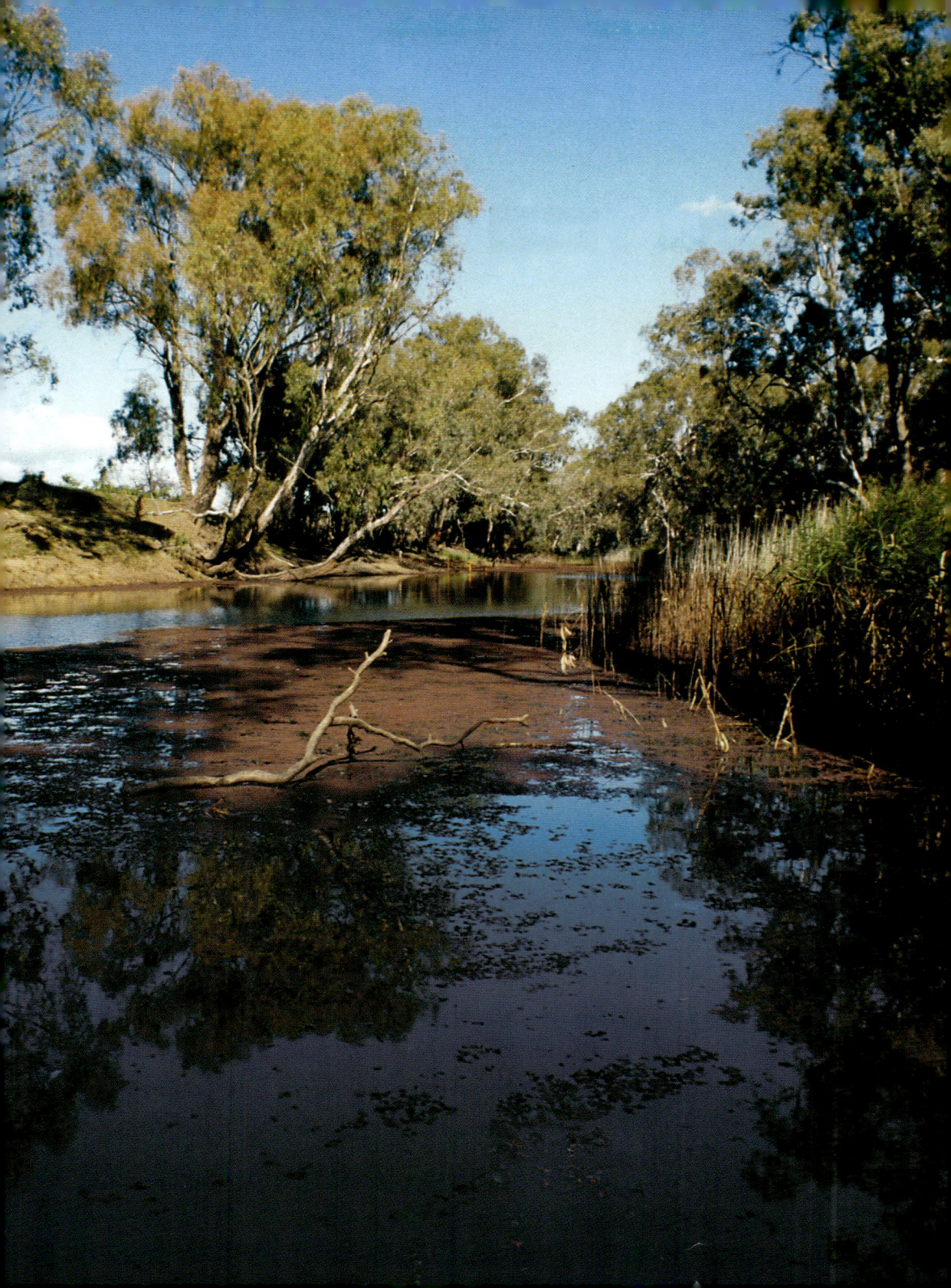

오트웨이 산맥

오스트레일리아, 빅토리아 주

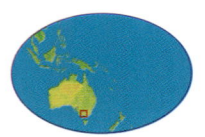

산맥의 면적 : 50제곱킬로미터
식생 : 온대우림

오트웨이 산맥은 빅토리아 주의 남쪽 해안에 있다. 선선한 온대우림이 울창한 이곳은 공룡이 지구를 지배하던 1억 4,000만 년 전 곤드와나 대륙 시절부터 있었다.

강수량이 높은 덕택에 울창한 밀림은 시간이 흐르면서 더욱 울창해졌는데 특히 머틀너도밤나무와 나무고사리가 우거지고 숲의 바닥에는 키 작은 고사리와 이끼가 빽빽이 자라고 있다. 산악 지대로 들어가면 세계에서 가장 키가 큰 나무들과 아름다운 폭포를 질리도록 감상할 수 있다. 빅토리아 주에 있는 폭포의 반이 오트웨이 산맥에 있다.

1800년대 후반에서 1900년대 초까지 숲의 벌목 문제는 심각했다. 지금도 계곡 사이로 나 있는 등산로는 과거 통나무를 실어내던 길이었다.

현지의 자연보호 단체들은 폭포와 산맥에 대한 보호를 더욱 강화하라고 요구하고 있다. 인근 삼림 지역이 벌목으로 거의 민둥산이 된 후에야 작은 국립공원이 더 확대되었다. 숲의 보존에 대한 대중의 관심이 증가하면서 주 정부는 2004년에 국립공원을 더 확대하겠다고 발표했다. 그 결과 오트웨이 곶 주변의 좁은 지역과 광범위한 면적의 우림과 주요 폭포들까지 국립공원으로 지정되었다. **GM**

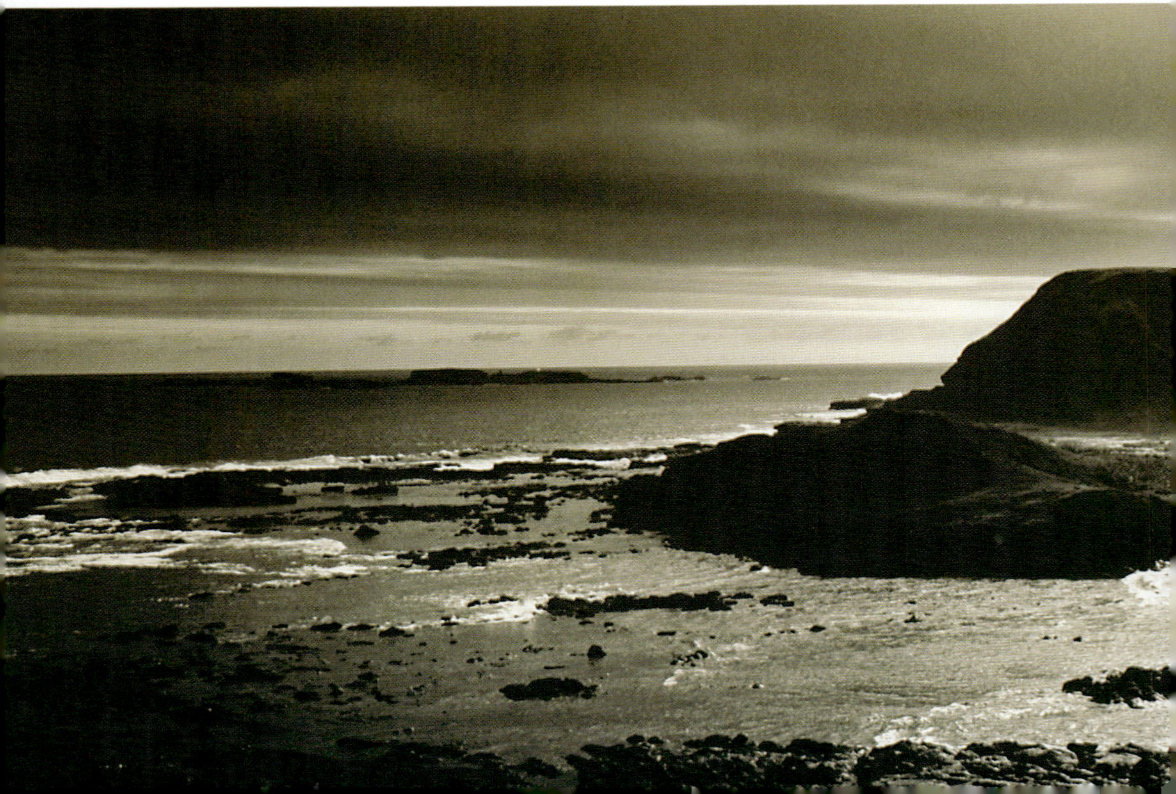

필립 섬

오스트레일리아, 빅토리아 주

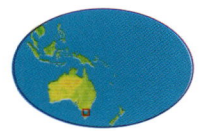

섬의 면적 : 260제곱킬로미터
위치 : 멜버른에서 140킬로미터 떨어져 있음
특징 : 해질 무렵 펭귄들의 행진

필립 섬의 울퉁불퉁한 서쪽 해안은 빅토리아 주에서 가장 훌륭한 파도 해변이다. 멜버른에서 남동쪽으로 140킬로미터 떨어져 있는 이 섬의 남쪽 해변은 파도가 사나운 배스 해협을 마주보고 있다. 필립 섬은 리틀펭귄을 보호하고 이 펭귄에 대한 이해를 높이려고 자연공원으로 지정되었다. 필립 섬에서는 오스트레일리아에서 가장 유명하고 인기 있는 야생의 진귀한 볼거리인 '펭귄 행진'을 볼 수 있다. 해마다 관광객 수천 명이 밤마다 배스 해협을 헤엄쳐 섬으로 돌아오는 펭귄을 보러 온다. 계절에 따라 다르지만 저녁마다 남서쪽 해변에 도착하는 펭귄의 수는 300~750마리 사이이다. 펭귄은 하루에 최대 51킬로미터를 헤엄치며 먹이를 사냥하고 상어와 물개 같은 맹수들로부터 도망치다가 무리를 지어 돌아오는데 한 무리가 300마리 정도 된다. 8월에서 이듬해 3월 사이에 해가 지기 시작하면 펭귄들이 뒤뚱거리며 해변에 나타나 번식을 위해 모래 언덕에 파 놓은 굴로 돌아온다. 상황이 좋을 때에는 새끼를 두 차례 낳기도 한다.
GM

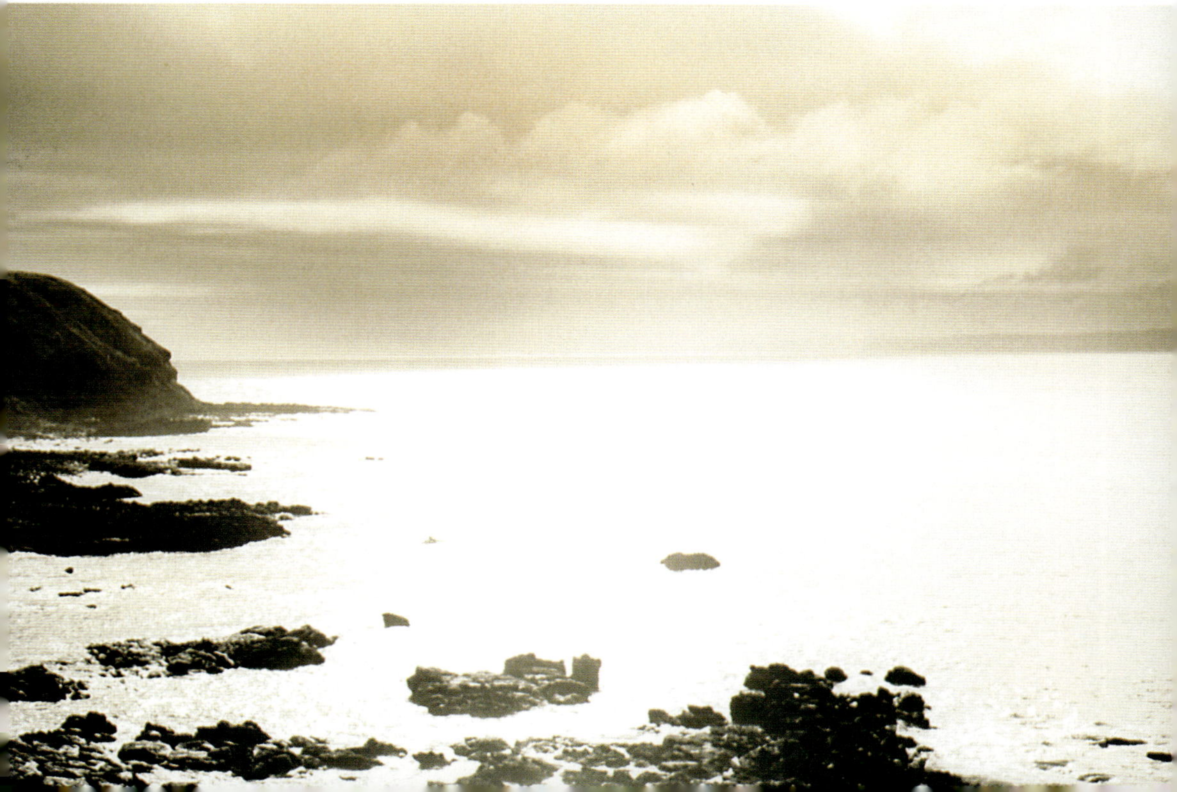

아래 필립 섬의 해변은 리틀펭귄의 보금자리이다.

포트필립베이

오스트레일리아, 빅토리아 주

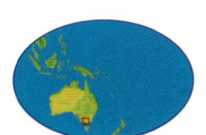

생성 시기 : 1만 년 전

만의 평균 수심 : 13미터

영국 탐험가 매튜 플린더스는 1802년에 오스트레일리아 일주 보고서에서 훗날 빅토리아 주가 된 이곳 바다에 입성하던 당시와 멜버른의 위치를 이렇게 기록했다.

'나는 새롭고 유용한 발견을 한 나 자신을 축하했다. 하지만 나는 착각을 하고 있었다. 훗날 포트 잭슨에서 알게 된 바에 따르면 이곳은 나보다 10주 전에 레이디 넬슨의 (중략) 존 머리 대위가 발견했다. 좁은 지협이 배스 해협과 세계에서 가장 위험한 바다로 손꼽히는 곳을 갈라놓고 있다.

'립'이라고 하는 이 바다에서 지난 160년간 100척에 가까운 배가 난파했다. 좁고 암초투성이에 파도조차 예측할 수 없는 이곳을 무사히 빠져나가려면 이곳을 들어와서 나갈 때까지 그레이트쉽 채널의 가운데로 배를 몰아야 한다. 이를 위해 도선사(導船士, 도선법에 따라 일정한 지역에서 배들을 안전하게 수로로 인도하는 자격을 가진 사람)들이 두 곳의 등대를 기준으로 삼는다. 19세기에는 대형 선박들이 만으로 들어와 빠져나가려다 많이 난파했다. 지금은 도선사가 모든 선박에 승선한다. 이

> 이 해협의 거친 바다는 모래 해변과 험준한 화강암 곶을 마구 할퀴어
> 해안선에 지워지지 않는 흔적을 남겼다.

던 것이다. 그는 이곳의 이름을 포트필립이라고 붙였다.'

포트필립베이는 남북으로 61킬로미터, 동서로 68킬로미터가량 뻗어 있다. 지질학적으로 보면 이곳은 지구(地溝)에 해당하며 약 1만 년 전인 마지막 빙하기가 끝날 무렵에 형성되었다. 당시 거대한 육지가 지금의 모닝턴 반도의 한쪽 끝에 발생한 단층선을 따라 침강해서 큰 바다가 만으로 들어오게 되었다. 육지가 가라앉으면서 큰 바다가 웨스턴포트베이를 형성하자 두 번째 지구가 형성되었다.

만은 물이 맑고 수심이 깊지 않은데, 평균 수심이 13미터에 불과해서 빛이 바닥까지 닿을 정도이

해협의 거친 바다는 모래 해변과 험준한 화강암 곶을 마구 할퀴어 해안선에 지워지지 않는 흔적을 남겼다. 포인트네핀은 모닝턴 반도 국립공원의 하이라이트로 풍경이 빼어날 뿐만 아니라 포트필립베이 입구의 거친 바다가 한눈에 들어온다. **GM**

<u>오른쪽</u> 평온한 포트필립베이에 보라색, 주황색과 분홍색의 저녁노을이 아름답다.

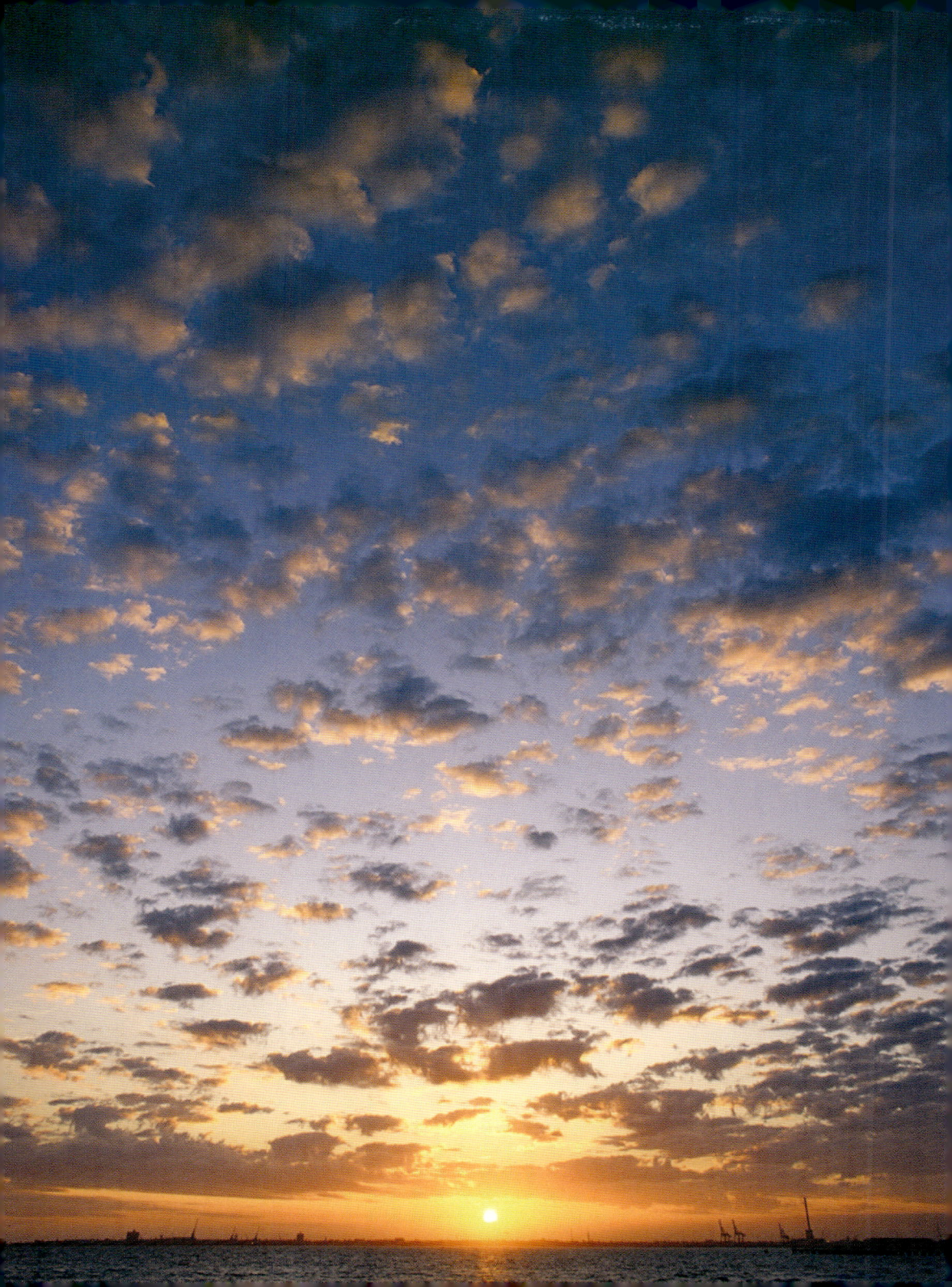

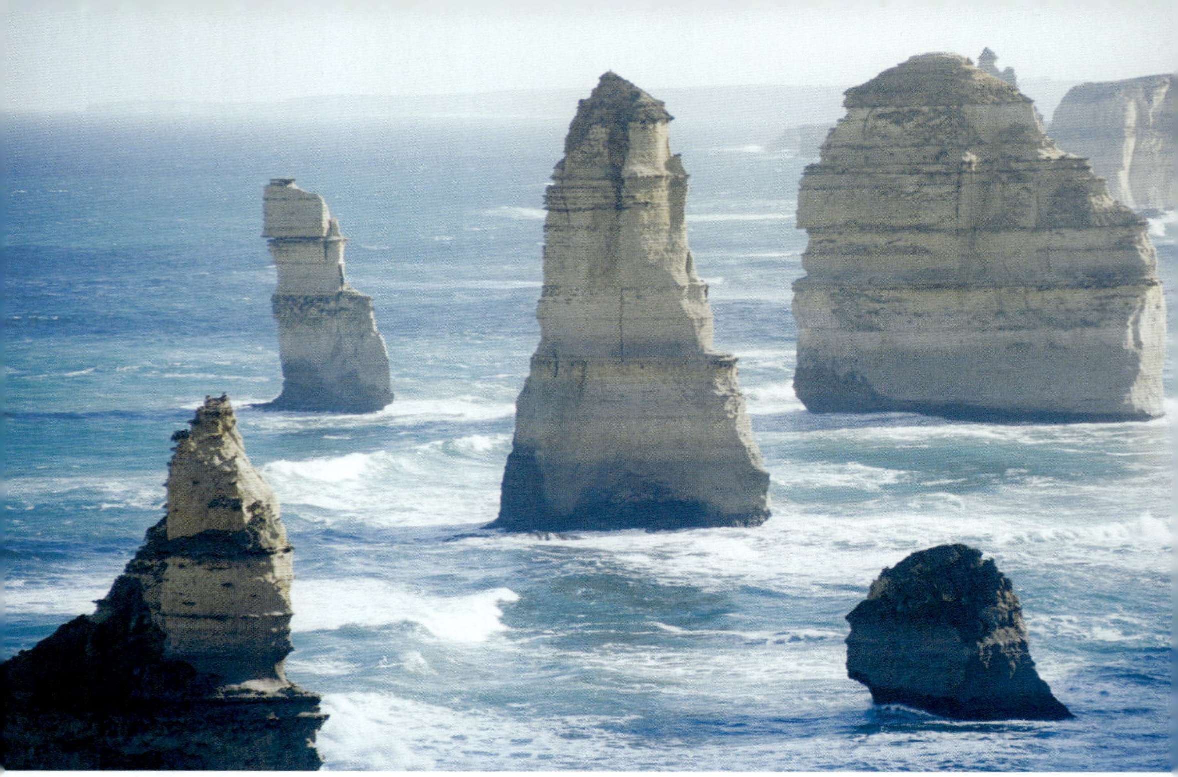

열두 사도 바위

오스트레일리아, 빅토리아 주

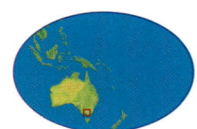

바위의 높이 : 최대 46미터
암석의 종류 : 석회암

빅토리아 주의 그레이트오션로드를 따라 열두 사도 바위가 엄숙하게 늘어서 있다. 이 거대한 바위들은 포트캠벨 국립공원 최고의 볼거리로 도시의 마천루처럼 남쪽 바다에 우뚝 솟아 있다. 가장 높은 바위는 높이가 46미터이며 열두 사도의 뒤로 보이는 석회암 절벽의 높이는 최대 70미터에 달한다.

석회암은 바다의 바닥에 쌓인 죽은 해양생물의 뼈로 만들어졌다. 마지막 빙하기 동안 바다의 수위가 내려가면서 이 석회암 지대가 드러나게 되었

다. 그로부터 2,000만 년 동안 바람과 파도가 석회암을 깎아 지금의 장관을 연출했다. 냉혹한 바다와 세찬 바람은 점차 약한 부분을 깎아냈고 동굴은 결국 아치가 되는데 이후 풍화작용으로 아치가 붕괴하면서 탑처럼 높은 단단한 사암과 석회암 바위만 외롭게 남게 되었다. 이것이 바로 열두 사도의 탄생과정이다. 또한 이 과정은 해안선을 따라 서 있는 수많은 다른 기암괴석들의 탄생과정이기도 하다. 절벽은 여전히 일 년에 2.5센티미터씩 침식되고 있는데, 그러다 보면 이 해안의 다른 곳에서 또 다른 열두 사도가 만들어질 것이다. **GM**

타워힐

오스트레일리아, 빅토리아 주

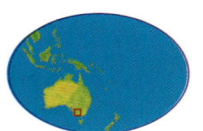

생성 시기 : 2만 5,000~3만 년 전
특징 : 사화산

오스트레일리아에서 최근 발생한 화산 폭발은 대부분 빅토리아 주와 사우스오스트레일리아 주의 넓은 평원에서 발생했다. 빅토리아 주의 서쪽 해안에 있는 타워힐은 뜨거운 용암이 물기를 머금은 암석과 만나면서 지표면을 뚫고 폭발한 결과 형성되었다. 격렬한 폭발로 인해 깔때기처럼 생긴 분화구가 만들어졌는데 그곳은 호수가 되었다. 그런데 당시 용암은 다른 화산에 비해서 점성이 덜했기 때문에 꽤 멀리 흘러갔다. 마르 화산이라고 부르는 타워힐은 바깥쪽 테두리와 주요 화구가 붕괴하면서 만들어진 작은 화구들로 이루어져 있다. 화산 주변에 쌓인 화산재 층에서 발견된 유물로 원주민들이 그 당시 이 지역에 살았다는 사실이 밝혀졌다. 지금 거주하는 원주민들의 선조인 코로이트 군디지 족에게 이 지역은 거대한 식량창고나 다름없었다. 타워힐은 한때 웅장했던 화산이 파괴되는 것을 막으려고 1892년에 빅토리아 주에서 최초의 국립공원으로 지정되었다. 원래 이곳은 녹음이 우거진 곳이었지만 초기 정착민들이 나무를 많이 베어냈다. 최근에는 자원봉사자들이 이 지역에 3십만그루 이상을 심었다. 이 지역의 고유종인 고사리와 풀밭을 다시 심는 계획이 추진 중이다. **GM**

웨스턴포트베이

오스트레일리아, 빅토리아 주

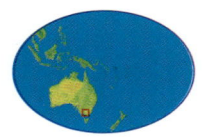

길이 : 45킬로미터
만의 생성 시기 : 1만 년 전

빅토리아 주의 남쪽 해안에 있는 드넓은 웨스턴포트베이는 지구(地溝)로, 평행을 이루는 두 단층 사이의 땅덩어리가 꺼지면서 형성되었다. 모닝턴 반도의 한쪽에 있는 만은 내륙으로 45킬로미터나 들어와 있으며 폭은 16~35킬로미터로 다양하다. 오스트레일리아를 제일 처음 일주한 탐험가인 매튜 플린더스의 친구이자 동료였던 조지 배스가 웨스턴포트베이를 처음으로 항해한 유럽인으로 알려졌다. 그는 1797년 말에 새로운 발견을 하려고 떠난 항해에서 이곳을 발견했는데, 해안을 따라 시드니까지 항해했던 포경선에 승선해 만에 입성했다. 오늘날 웨스턴포트베이는 멜버른에서 그리 멀지 않다. 도시 탈출의 장소이기도 하지만 수산업과 산업의 중심지이기도 하다. 수산 자원의 남획과 무분별한 폐수 배출로 오스트레일리아의 많은 바다가 오염되었다. 웨스턴포트베이도 예외가 아니다. 그러나 해안의 맹그로브 숲과 바다를 보호하려고 많은 노력을 기울이고 있다. 해양과학자들은 특히 이 만에 사는 '발메인벅스'라고 부르는 갑각류에 관심이 많다. 그 외에도 별상어, 바다조름류와 모래쏙에 대한 과학자들의 관심도 높다. **GM**

윌슨 곶

오스트레일리아, 빅토리아 주

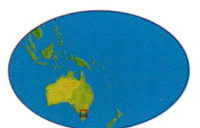

윌슨 절벽의 면적 : 15,550헥타르
국립공원 지정 연도 : 1,898년
생물권보호구역 지정 연도 : 1,982년

호주 대륙의 최남단에는 빅토리아 주에서 가장 넓은 해안 야생지역인 윌슨 곶이 있다. 1898년에 국립공원으로 지정된 이 아름다운 반도('프롬'이라고도 부른다)는 130킬로미터에 달하는 해안에 자리 잡은 만, 후미와 야생의 해변으로 이루어져 있다. 내륙은 대부분 산악지대로 숲과 고사리가 울창한 골짜기가 군데군데 들어서 있다.

원주민들은 6,500년 전부터 이 지역에 거주했으며 지금도 이 지역을 신성한 장소로 여긴다. 원주민들에게 이곳의 야생동식물은 매우 중요한 식량자원이었다. 이 지역은 옛날 빙하기에는 태즈메이니아와 연결된 천연 육지의 일부였을 것이다. 탐험가 조지 배스와 매튜 플린더스는 1789년에 시드니에서 시작한 항해 길에서 '프롬'에 도착했는데, 아마도 그들은 이곳을 본 최초의 백인이었을 것이다. 그들은 이곳이 지닌 상업적 가치를 꿰뚫어 보았다. 그로부터 100간간 사람들은 이곳에서 물개와 고래를 사냥하고 벌목을 했으며 이후에는 목축을 했다. 공원에는 온대우림에서 히스가 무성한 황야까지 다양한 서식지가 분포해 있다. 또한 습지도 있는데 남반구에서 자라는 맹그로브가 대부분 이 공원에 있다. **GM**

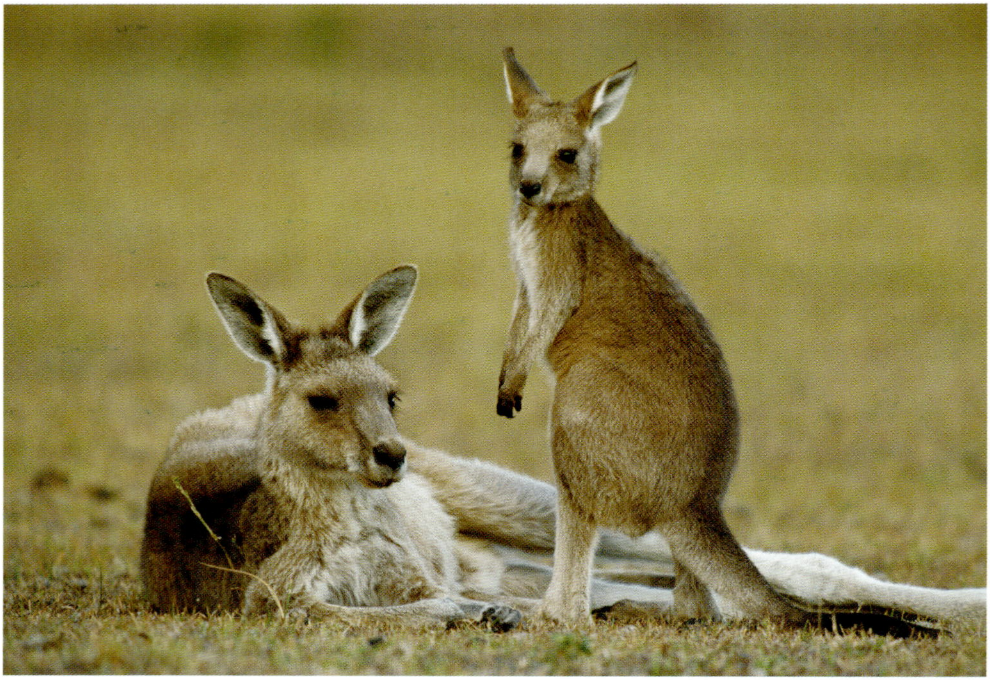

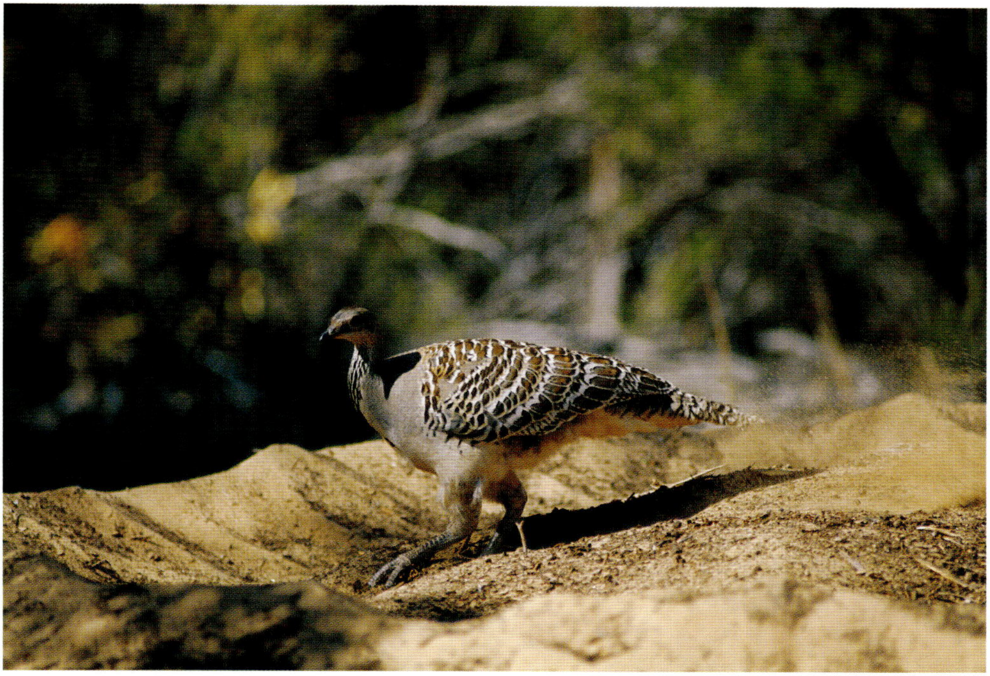

와이퍼펠드 국립공원

오스트레일리아, 빅토리아 주

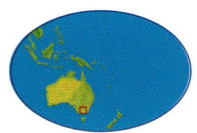

공원의 면적 : 3,465제곱킬로미터
식생 : 매우 다양한 편이며 맬리유칼리 나무가 주로 자람

빅토리아 주의 남서쪽은 약 2,500만 년 전, 얕은 바다에 잠겨 있었다. 해수면이 서서히 내려가면서 서쪽에서 불어온 바람에 육지로 드러난 내륙으로 모래가 날려가 거대한 사구 지대를 만들었다. 사구는 지금도 볼 수 있는데, 대략 1만 5,000~4만 년 전에 형성되었다. 이 평평한 반건조 지대가 바로 와이퍼펠드 국립공원이다.

공원의 대표 지형이라면 위메라 강의 북쪽 지류인 아울렛크리크와 이어진 호수들일 것이다. 이 호수들은 위메라 강이 범람할 때만 물이 찬다. 비라

도 오면 이 반건조 지대는 야생화의 천국으로 변모하는데, 이 작은 사막 식물들은 오랫동안 땅속에서 잠들어 있다가 비가 오면 꽃을 피워 땅을 카페트처럼 뒤덮는다. 이 공원에 서식하는 식물은 520종이 넘는데 종류별로 군락을 이루고 있다. 가장 흔히 볼 수 있는 식물은 맬리인데, 뿌리에서 수많은 줄기가 올라오는 관목 같은 유칼리나무이다. 뿌리가 영양분을 저장해 뒀다가 줄기가 죽으면 새로운 줄기를 피워 올리는 것이다.

원주민들은 적어도 6,000년 전부터 이 지역에서 살았다. 그들은 식량을 구하려고 정기적으로 아울렛크리크를 따라 북쪽으로 이주했다. 물이 귀했기 때문에 한 곳에서 오래 머무는 일은 드물었다.

GM

오스트레일리아알프스의
등산로들

오스트레일리아, 빅토리아 주

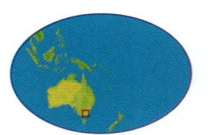

등산로의 길이 : 644킬로미터

종주 기간 : 편도 – 8~10주

등산하기 가장 좋은 시기 : 11월에서 이듬해 5월

오스트레일리아에서 가장 긴 등산로인 오스트레일리아알프스 등산로는 644킬로미터 길이로, 자연을 만끽하며 등산을 즐기기에 더없이 좋은 곳이다. 등산로는 빅토리아 주의 남부에 있는 왈할라에서 시작해 오스트레일리아 최고봉들의 정상까지 이어져 있다. 크고 작은 강을 수없이 건넌 후 북쪽으로 향해 가면 캔버라의 바로 남쪽에 있는 타르와에 도착한다. 등산로는 산을 오르고 보공하이플레인즈와 재궁갈 야생지역을 가로지른다. 하늘 높이 솟은 나무들이 울창한 숲도, 키 작은 스노우검 숲도 지난다. 한적한 루트도 많지만 어딜 가나 표지판이 잘 정비되어 있다. 길은 도시나 마을에서 멀리 떨어져 있지만 왈할라에서 캔버라 사이를 걷는 동안에는 많은 마을을 만날 수 있다. 바우바우, 알파인, 코지어스코와 나머지 같은 인기 있는 루트와도 연계되어 있기 때문이다. 등산로를 종주하려면 8주 정도가 걸리지만 사람들은 주로 바우바우 고원, 보공하이플레인즈와 재궁갈 야생지역 같은 짧은 코스를 선호한다. **GM**

빅토리아알프스

오스트레일리아, 빅토리아 주

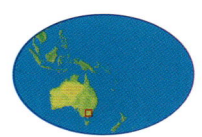

빅토리아알프스 국립공원의 면적 : 646,000헥타르

위치 : 멜버른에서 220킬로미터

최고봉(보공 산) : 1,986미터

빅토리아알프스 국립공원은 빅토리아 주에서 가장 넓은 공원으로 험준한 산악지대와 다양한 고산 환경을 보호할 목적으로 공원으로 지정되었다. 뉴사우스웨일스 주와 오스트레일리아 수도 준주에 있는 이웃 국립공원들과 이 공원은 오스트레일리아의 고산 지대 대부분을 포함한다.

이 공원은 산악지형이기 때문에 눈을 볼 수 있는 지역이 많지만 따뜻한 날씨에는 야생화가 만발한 모습이 색다른 아름다움을 안겨준다. 등산이나 사륜구동을 타고 이 지역을 둘러볼 수 있다.

오스트레일리아처럼 건조한 대륙은 알프스 지역이 중요한 수원이 되는데, 대륙의 남동부를 흘러 바다로 들어가는 주요 하천들은 대부분 이곳에서 여정을 시작한다.

빅토리아알프스 국립공원은 본토의 고산대와 아고산대 환경을 지속적으로 보호하고자 여러 주가 공동으로 관리하고 주(州)와 상관없이 동일한 보호 정책과 가이드라인을 적용하는 고산지역으로, 오스트레일리아에는 이런 지역이 총 여덟 곳이다. 원주민들은 수십만 년 전에 이 지역에 정착했다. 요즘은 여름마다 이 지역에서 제례를 올리고 영양가가 풍부한 보공나방을 요리한다. **GM**

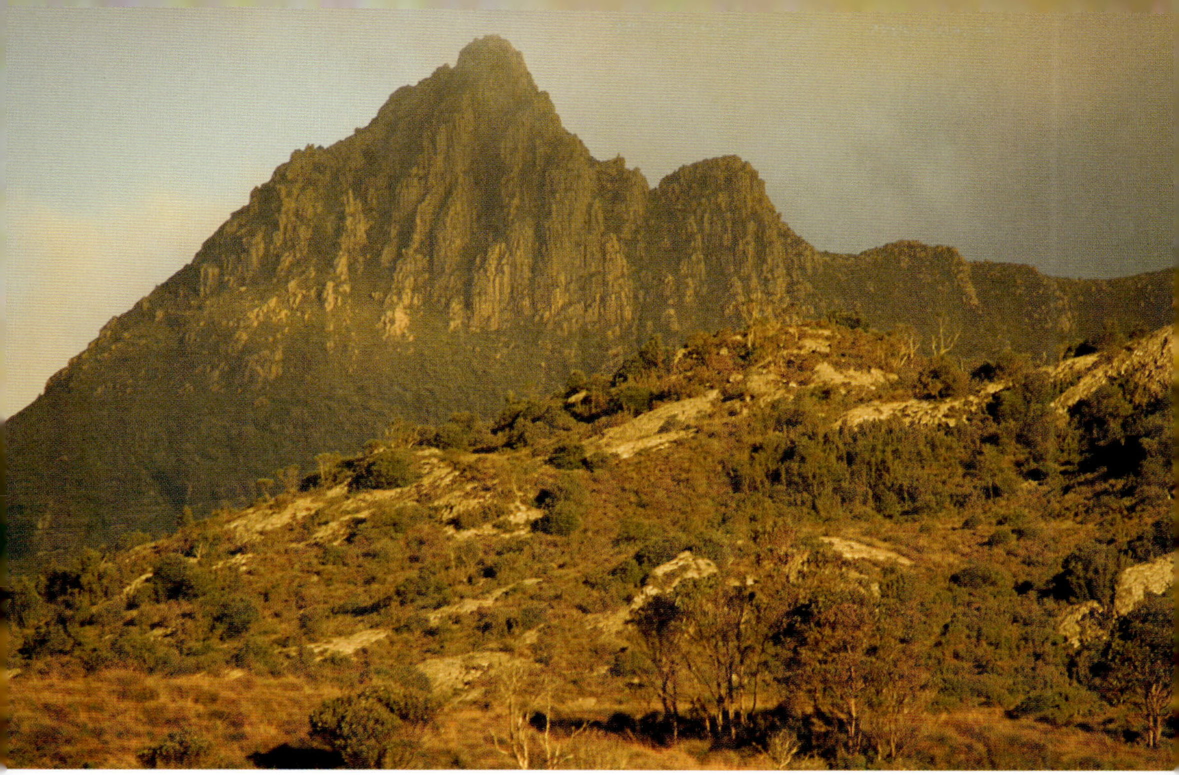

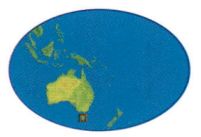

크래들 산과
세인트클레어 호수

오스트레일리아, 태즈메이니아

공원의 면적 : 161,000헥타르
호수의 수심 : 200미터
식생 : 온대우림, 고산의 히스 황무지, 버튼그래스, 낙엽성너도밤나무

크래들 산은 웅장한 봉우리가 인상적인 산으로 약 1만 년 전에 빙하침식작용으로 지금의 요람(크래들) 같은 모습이 되었다. 해발 고도가 1,554미터인 크래들 산은 크래틀 산–세인트클레어 호수 국립공원의 북쪽에 위풍당당하게 솟아 있다. 봉우리의 남쪽 가장자리에 세인트클레어 호수가 있는데, 오스트레일리아에서 수심이 가장 깊은 천연 담수호이다.

크래들 산과 세인트클레어 호수를 잇는 오버랜드 트랙은 오스트레일리아에서 가장 유명한 등산로로 전 세계에서 자연을 즐기려는 사람들의 발길이 끊이지 않는다. 80킬로미터인 트랙은 종주하는 데 닷새 정도 걸리며 아름다운 풍경들 사이로 꼬불거리며 이어져 있다. 그 여정에는 험준한 산악지대, 고대로부터 있었던 소나무 숲, 고산 평원과 얼음처럼 차가운 시냇물과 고요한 빙하호를 지나는 코스가 포함되어 있다. 한편 이곳에서는 호수 옆에 있는 우림을 2~5시간 정도 둘러본 후 호수에서 유람선을 타는 코스가 관광객들에게 인기가 높다. **GM**

밴로먼드 국립공원

오스트레일리아, 태즈메니이아

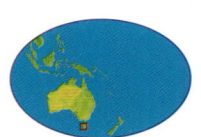

| 공원의 면적 : 18,000헥타르 |
| 해발 고도 : 1,573미터 |
| 특징 : 태즈메이니아에서 가장 넓은 고산지역 |

벤로먼드 국립공원은 거대한 화성암 고원에 자리 잡고 있다. 이곳은 태즈메이니아에서 가장 넓은 고산지역으로 다양한 빙하 지형과 주빙하(周氷河) 지형이 분포되어 있기 때문에 국가적으로 중요한 곳이다. 빙하기에 거대한 빙하들이 땅을 가로지르며 약한 암석을 깎아 웅장한 산맥과 계곡으로 만들고 호수와 강을 만들었다. 이렇게 만들어진 강과 호수는 지구상에서 가장 맑은 물을 자랑한다. 해발 1,573미터인 벤로먼드 산은 거친 산으로 깎아지른 절벽, 깊은 계곡과 험한 기후 때문에 오스

트레일리아에서도 악명이 높다. 낮은 비탈에는 유칼리나무가 주로 자라며 다행히 화마를 피한 지역은 고대에 형성된 숲과 우림이 지금까지 남아 있다. 봄과 여름만 되면 고산 지대는 아름다운 야생화가 만발한다. 공원에는 희귀한 벤로먼드리크오키드와 쐐기꼬리수리를 비롯해 다양한 야생동식물이 번성하고 있다. 스릴을 즐기고 싶은 사람이라면 U자형 커브가 연속적으로 이어져 있는 악명 높은 '야곱의 사다리' 도로를 주행해볼 만하다. 특히 정상에 서면 플린더스 섬과 스트리클랜드 협곡이 파노라마처럼 펼쳐진다. **GM**

플린더스 섬

오스트레일리아, 태즈메이니아

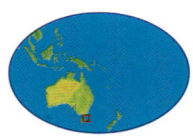

| 섬의 면적 : 1,376제곱킬로미터 |
| 특징 : 산악지대와 해안평야 |

플린더스 섬은 태즈메이니아와 오스트레일리아 사이의 배스 해협을 가로지르는 퍼도 제도(흩어져 있는 52개의 섬)에서 가장 큰 섬이다. 퍼노 제도는 원래 태즈메이니아와 본토를 읽는 육교 위에 생성된 산이었다. 마지막 빙하기가 끝나갈 무렵 물에 잠긴 산은 이제 바다에 솟아 있는 52개의 산이 되었다.

태즈메이니아의 북단에서 19킬로미터 떨어져 있는 플린더스 섬은 길이 64킬로미터, 폭 29킬로미터로 산이 많은 섬이지만 면적의 반은 해안지대

의 사구로 덮여 있다. 이 섬의 최고봉은 스트레젤레키 봉이다. 보고 있으면 넋을 잃을 정도로 아름다운 야생화와 멋있는 지형, 해양성 기후와 아름다운 해변 덕분에 이곳은 태평양의 지중해라는 명성을 얻었다. 야생생물이 풍부한 이 섬에 서식하는 조류는 200종이 넘을 정도이다. 세계에서 가장 희귀한 기러기로 손꼽히는 케이프배런기러기가 이곳에서는 흔한 새이다. 지질학의 보고인 이 섬에서는 말 그대로 보석도 나오는데, 토파즈의 단단한 형태인 킬리크랭키 다이아몬드가 생산된다. 이렇게 아름다운 풍경과는 대조적으로 1800년대 초 태즈메이니아에 정착하려는 백인과 원주민 사이에 피비린내 나는 전투가 벌어졌다. **GM**

이글호크네크

오스트레일리아, 태즈메이니아

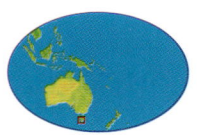

이글호크네크의 폭 : 90미터	
특징 : 멋진 바위 4개	

이글호크네크는 폭이 100미터도 안 되는 좁은 지협으로 태즈먼 반도와 포리스티어 반도를 연결한다. 원래 파이러츠베이에서 동쪽으로, 노포크베이에서 서쪽으로 파도가 몰고 온 모래가 쌓여 만들어졌다. 1800년대초 이글호크네크에는 교도관들이 배치되어 있었다. 이들은 근무 중에 지형 양끝에 사슬을 치고 그 사슬에 사나운 개를 묶어 놓았다. 근처 유형지에서 죄수들이 도망치는 것을 막기 위해서였다.

오늘날은 아름다운 풍경을 즐기려고 이곳을 찾는 사람들이 많은데, 특히 천연적으로 형성된 네 개의 기암괴석이 유명하다.

태즈먼아치는 거대한 천연 아치로 해안침식작용으로 만들어졌다. 데블즈키친에서는 파도가 60미터 아래 바위에 부딪히면서 하늘로 솟구치는 모습을 볼 수 있다. 한편 블로우홀에서는 바위 밑으로 들어간 바닷물이 하늘로 신나게 솟아오른다.

모자이크 포장도로는 자연의 솜씨라는 것이 믿어지지 않을 정도이다. 이곳은 마치 보도블록을 깔아놓은 것 같지만 실은 바다의 작품이다. 원래 바위였던 부분이 세 차례의 지각작용을 거치면서 타일을 붙인 것처럼 깨어진 것이다. 평평한 것은 파도가 옮겨 놓은 모래와 자갈을 바닷물이 이런 모습으로 깎았기 때문이다. **GM**

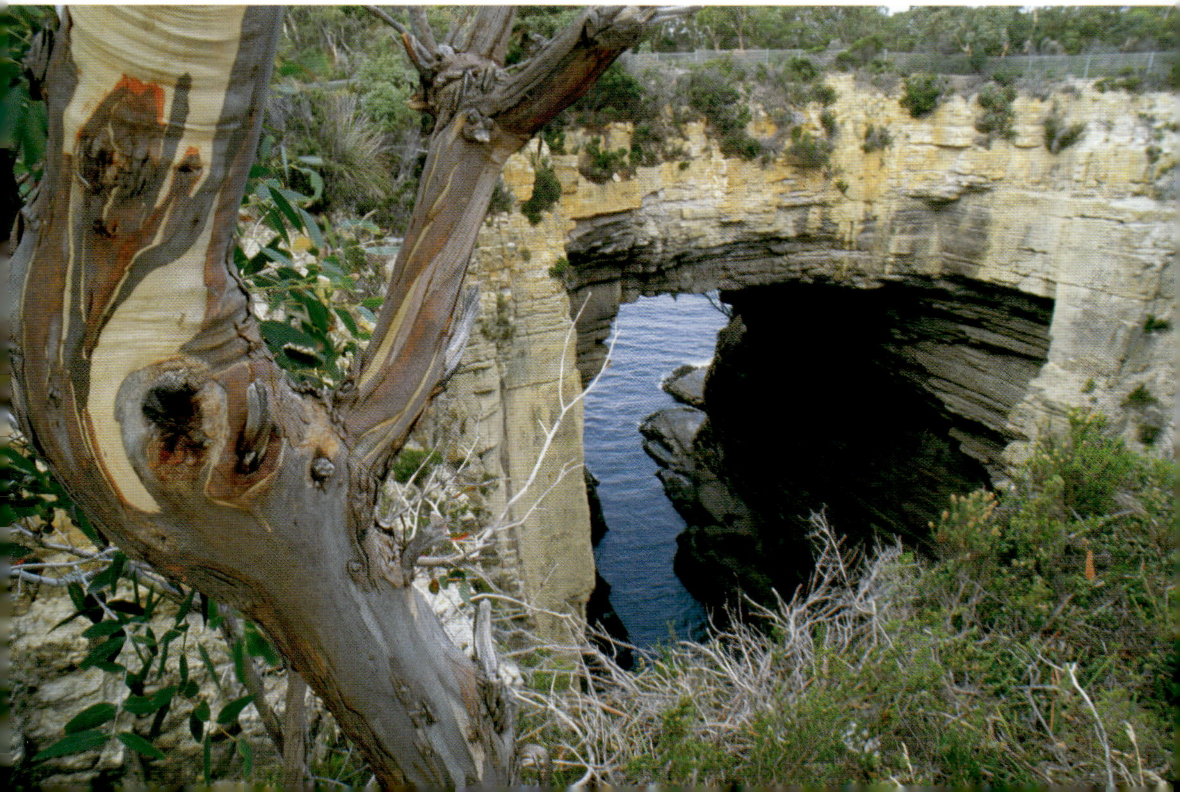

프레이시네이 반도

오스트레일리아, 태즈메이니아

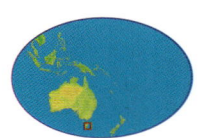

반도의 면적 : 65제곱킬로미터
프레이시네이 산의 높이 : 613미터
특징 : 그림처럼 아름다운 해안

태즈메이니아의 완만한 동해안에서 큰 바다 쪽으로 쑥 나온 프레이시네이 반도는 프레이네시 국립공원의 일부로, 거칠지만 아름다운 곳이다. 이 공원의 관문은 콜스 만이며 근처에는 305미터 높이의 분홍색 화강암 노두(露頭)인 '해저드'가 자리 잡고 있다. 반도는 화강암 산으로 이루어져 있는데, 독특한 생김새가 인상적인 와인글래스 만과 같은 푸른 후미로 뻗어 있다. 특히 와인글래스 만은 하얀 모래 해변과 독특한 지의류가 자라서 신기하게도 주황색을 띤 바위들로 이루어져 있다. 태즈메이니아에서 가장 매혹적인 해안으로 온화하고 전형적인 해양성 기후와 천혜의 절경을 감상하고자 해마다 수많은 관광객이 이곳을 찾는다.

공원에는 아름다운 산책로와 27킬로미터 길이의 반도를 순회하는 최장거리 등산로가 마련되어 있는데, 그곳에서 흰배수리와 호주가마우지 등 다양한 텃새와 철새를 볼 수 있다. 몰팅 석호 금렵구역에는 검은고니와 야생 오리도 서식하며 청정한 앞바다에서는 고래와 돌고래를 볼 수 있다. 이 반도의 이름은 지도에 나오지 않는 대륙의 해안 지역의 자세한 지도를 작성한 프랑스 지도제작인 루이 드 프레시네의 이름을 딴 것이다. **GM**

고든−프랭클린와일드리버 국립공원

오스트레일리아, 태즈메이니아

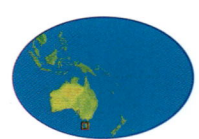

공원의 면적 : 441,000헥타르
특징 : 높은 봉우리, 우림과 협곡이 어우러진 야생의 자연
식생 : 온대우림, 소나무 숲, 낙엽성 너도밤나무

하얀 급물살, 가파른 산 중턱을 흘러내리는 얼음처럼 차가운 시내와 고요한 빙하호는 고든−프랭클린와일드리버 국립공원의 전형적인 풍경이다. 4,408제곱킬로미터인 고든−프랭클린 공원은 세계유산으로 석영 봉우리, 현목 숲과 쿠틸리나 동굴계가 유명하다. 특히 동굴에서는 5,000년 전에 원주민들이 만든 석기가 대거 발견되었다.

웅장한 하얀 편암돔이 인상적인 프렌치맨스캡이 이 지역에서 가장 두드러지는 봉우리도 그 높이는 1,443미터이다. 이 산은 등반하기가 쉽지 않기 때문에 등반 경험이 매우 풍부한 사람만 도전해야만 한다. 프랭클린 강은 댐이 한 번도 건설되지 않은 곳으로, 태즈메이니아에서도 가장 야생이 살아 있는 강이다. 강은 121킬로미터를 흘러 거대한 고든 강으로 합류하는데, 이 강은 해발 1,408미터에서 시작한다. 강물은 성난 급류가 되어 히스가 무성한 황야, 깊은 협곡과 우림을 지나간다. **GM**

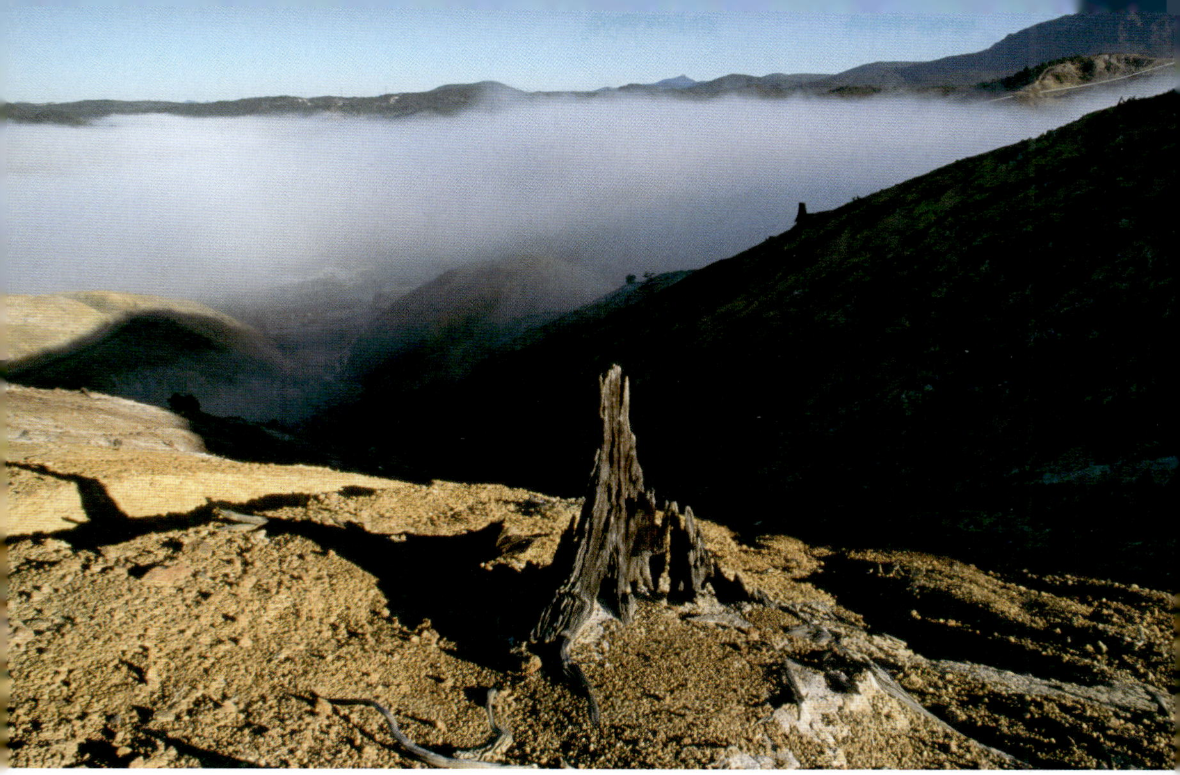

퀸스타운

오스트레일리아, 태즈메이니아

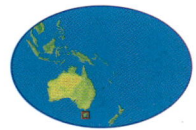

위치 : 호바트에서 서쪽으로 256킬로미터
특징 : 오염으로 놀랄 만큼 헐벗은 구릉지

호바트의 서쪽에 있는 퀸스타운을 찾은 사람들은 대부분 놀란 가슴을 안고 발길을 돌린다. 이곳이 세계적으로 유명한 곳인 이유는 경치가 아름다워서가 아니라 사람과 공해가 자연을 얼마나 파괴할 수 있는지 보여주는 생생한 증거이기 때문이다. 이곳은 초현실적인 풍경 속에 세워진 오래된 구리광과 금광 마을이다. 주변의 구릉지는 오래전에는 울창한 열대우림이 들어서 있었지만 용광로의 땔감으로 모두 베어버린 지 오래다. 강물도 유독성 유황 가스로 오염되어 그 후로 다시는 나무가 자라지 않게 되었다. 폭우가 표토를 다 쓸어내렸고 남은 것은 보라색과 금색이 나는 바위뿐이다.

광산은 1800년대 후반에 세워졌다. 수백 명의 남자들이 벌목공으로 고용되어 1896~1923년 사이에 330만 톤의 목재를 벌목했다. 꿈에 나올까 무서운 이곳 풍경에서 조금만 벗어나도 울창한 온대우림 사이로 폭포와 프랭클린 강 계곡의 아름다운 풍경을 볼 수 있다. 민둥산의 삼림을 다시 복원하는 문제를 둘러싸고 논의가 활발하다. 지역 주민 중에는 지금 이 상태로도 관광명소라고 주장하지만 온대우림의 복원을 주장하는 사람들의 반론도 만만치 않다. **GM**

예루살렘의 벽

오스트레일리아, 태즈메이니아

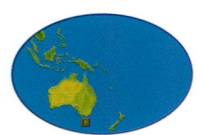

벽의 면적 : 510제곱킬로미터
식생 : 아고산대와 고산대 서식 식물

태즈메이니아 주에 있는 국립공원 중에서 왕 중의 왕으로 손꼽히는 한적한 예루살렘의 벽 국립공원은 태즈메이니아의 중앙 고원에 천연 원형극장을 형성하는 산들이 고리를 이루며 분포해 있는 곳이다. 조립현무암 봉우리와 그곳에서 자라는 풀과 나무가 주변 풍경을 압도한다. 고산 지대는 변덕이 죽 끓듯 하는 극한 기후에 완전히 노출되어 있다. 공원에는 특이한 펜슬파인 숲이 있는데, 수령이 1,000년이 넘는 나무도 있다. 이 소나무 숲은 고원의 다른 지역을 파괴한 화마의 손길에서 벗어날 수 있었다. 공원에는 성경에 나오는 이름과 절묘하게 맞아떨어지는 지형이 많다. 헤롯의 문은 공원의 중앙으로 들어가는 문이다. 솔로몬의 보석이라고 부르는 작은 호수도 여러 군데가 있다. 다윗왕 봉우리의 위풍당당한 모습은 주변을 압도한다. 공원의 면적은 510킬로미터며 도보로 충분히 돌아볼 수 있지만 그 전에 지도 읽는 법과 방위를 읽는 법을 반드시 숙지해야 한다. 특히 중앙 고원의 자연보호구역에서는 구름이나 눈 때문에 화이트아웃 현상이 발생할 수 있으므로 조심해야 한다. 빙하기가 끝나갈 무렵부터 원주민들은 1만 1,000년 이상 이곳에 거주했다. 그러나 1831년 무렵에는 빅리버 부족의 수가 26명 정도로 줄어들었다. **GM**

볼스피라미드

오스트레일리아, 태즈먼 해

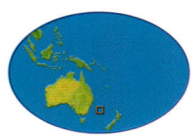

볼스피라미드의 높이 : 552미터
생성 시기 : 6,000만~8,000만 년 전
최초 등반 연도 : 1965년

볼스피라미드는 해저화산의 정상 부분으로, (시드니 해안에서 북서쪽으로 708킬로미터 떨어져 있는) 로드하우 섬에서 23킬로미터 남동쪽에 있다. 이 산은 태평양의 바닥에서 1,798미터 이상 솟아 있으며 해수면에서는 552미터를 수직에 가깝게 곧장 하늘로 뻗어 있다.

볼스피라미드는 바다에 솟은 바위 중 가장 높은데, 정상은 뾰족해서 폭이 겨우 4미터에 불과하다. 1965년 최초로 등반에 성공한 이 바위산은 이미 700만 년 전에 만들어져 지금까지 바다와 싸워온 칼데라의 흔적이다.

볼스피라미드는 회색제비갈매기, 쐐기꼬리섬새와 검은날개바다제비를 비롯해 바닷새 수십만 마리의 보금자리이다. 이곳에는 독이 있는 지네와 이미 멸종한 것으로 알려진 로드하우아일랜드스틱인섹트도 살고 있다. 2001년에 진행된 탐험에서 볼스피라미드의 유일한 덤불 아래에 서식하는 곤충이 발견되었다. 이 거대한 곤충은 절지동물 세계에서는 헤비급으로, 몸통의 색깔이나 길이가 마치 커다란 시가같다. 이 곤충은 12센티미터까지 자란다. 현재 이 희귀한 곤충을 보호하기 위한 노력이 기울여지고 있다. **DH**

타라나키 산

뉴질랜드, 노스 섬

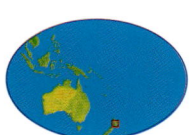

생성 시기 : 12만 년 전

화산 분출물질의 분포 범위 : 200제곱
킬로미터

연평균 강수량 : 300센티미터

이전에는 에그몬트 산으로 불렸던 우아한 자태의 타라누키 산은 에그몬트 국립공원에 있다. 산은 거의 고리 형태로 남아 있는 삼림의 중앙에 우뚝 솟아 있다. 타라누키 산은 휴화산이지만 지난 12만 년 전의 역사는 치열했다. 잦은 분출로 용암과 화산 분출물로 만들어진 타라누키는 한때 그 높이가 2,700미터였지만 폭발로 윗부분이 날아가 버렸다. 화산은 지난 500년간 여덟 차례나 폭발했다. 이 화산은 250년 전에 마지막으로 폭발했다. 화산 전문가들은 타라나키가 언제라도 다시 폭발

할 것이라고 한다. 잦은 폭발과 서쪽 해안의 높은 강수량으로 인한 침식작용 때문에 타라나키 산의 높이는 2,518미터로 낮아졌다.

마오리 족의 전설에 의하면, 타라나키는 노스 섬의 심장부에 다른 화산들과 함께 있었다. 화산은 모두 신과 전사들이었는데 좀처럼 자신의 것으로 만들 수 없었던 피항가를 사랑했다. 결국 화산들은 그녀를 차지하려고 전투를 벌였고 이 땅은 그들의 전투로 불길이 타올랐다. 그러던 어느날 승리는 통가리로 화산의 것이 되었다. 싸움에 진 화산들은 연인의 오붓한 시간을 위해 그곳을 떠났다. 그날 밤 화산들은 이곳에 훗날 왕가누이 강이 된 깊은 홈을 만든 채 타라나키를 떠나면서 멀리서라도 피항가를 보려고 바다에서 멈췄다고 한다. **DH**

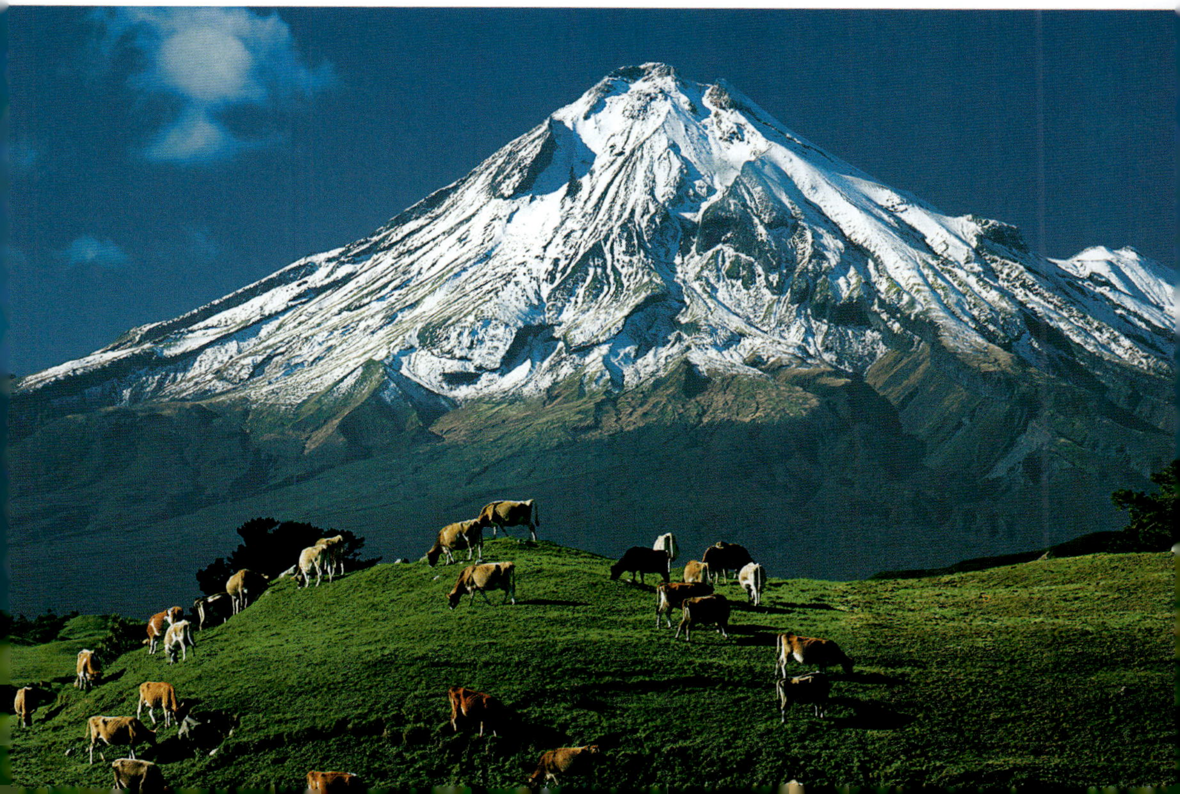

통가리로 국립공원

뉴질랜드, 노스 섬

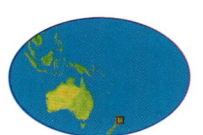

통가리로 화산의 높이 : 1,968미터
응가우루호에 화산의 높이 : 2,291미터
루아페후 화산의 높이 : 2,797미터

노스 섬의 중앙에 자리 잡은 통가리로 국립공원은 뉴질랜드에서 가장 오래된 국립공원이자 세계에서는 네 번째로 지정된 국립공원이다. 1887년 위대한 마오리 족 추장인 테 헤우헤우 투키노 4세가 자신의 투화레투아 부족이 영산으로 모셨던 이 지역을 국가에 기증하면서 국립공원이 되었다. 통가리로 공원은 마오리 족의 문화와 정신적 유산이 살아있는 곳으로 가치를 인정받아 세계문

스 섬의 최고봉이다. 이 화산은 정상 부근의 화구에 화구호가 형성된 복합성층화산이다. 20만 년 전에 화산 분출물과 용암으로 형성된 루아페후 화산이 1995년과 1996년에 폭발했을 때 하늘은 온통 화산재와 수증기로 자욱했고 주변의 설원과 숲은 두꺼운 화산재로 뒤덮였다. 통가리로는 1,968미터로 화구가 12개가 넘는 거대한 화산 산괴이다. 레드크레이터, 블루레이크와 노스크레이터로 나 있는 등산로는 세계 최고 수준이며 낮 동안 즐길 수 있는 인기 코스이다. 북쪽의 케테타히에 있는 40개가 넘는 분기공에서 발생하는 에너지는 130메가와트로, 인근 와이라케이 지열발전소와 맞먹을 정도이다.

> 통가리로 공원은 마오리 족의 문화와 정신적 유산이 살아있는 곳으로
> 가치를 인정받아 세계문화유산으로, 뛰어난 화산 지형의 가치를 인정받아
> 세계자연유산으로 동시에 등재되는 영예를 안았다.

화유산으로, 뛰어난 화산 지형의 가치를 인정받아 세계자연유산으로 동시에 등재되는 영예를 안았다. 허브 들판과 숲, 호수와 사막이 혼재하는 이곳에는 뉴질랜드에서 가장 희귀한 동물인 긴꼬리박쥐와 짧은꼬리박쥐가 서식한다. 키위새를 비롯해 카카앵무새, 이 지역에만 서식하는 매들도 살고 있다. 하지만 지상의 평화로움을 비웃기라도 하듯 땅속 100킬로미터 아래는 펄펄 끓는 용암지옥이다. 이 공원은 통가리로, 응가우루호에와 루아페후 화산 트리오로 유명한 곳이다. 특히 응가우루호에와 루아페후는 세계에서 가장 화산활동이 활발한 화산으로 우위를 다툰다. 루아페후는 2,797미터로 노

이 공원에서 가장 어린 응가우루호 화산은 2,291미터로 2,500년 전에 형성되었다. 그래서 아직은 완벽한 원뿔 모양을 유지하고 있다. 이 화산은 지난 1949년과 1954년에 엄청난 양의 용암을 분출했으며 1970년대 중반에도 많은 양의 화산재를 분출했다. **DH**

오른쪽 눈 덮인 등산로가 통가리로 화산의 황량한 회색 산비탈을 따라 구불거리며 이어져 있다.

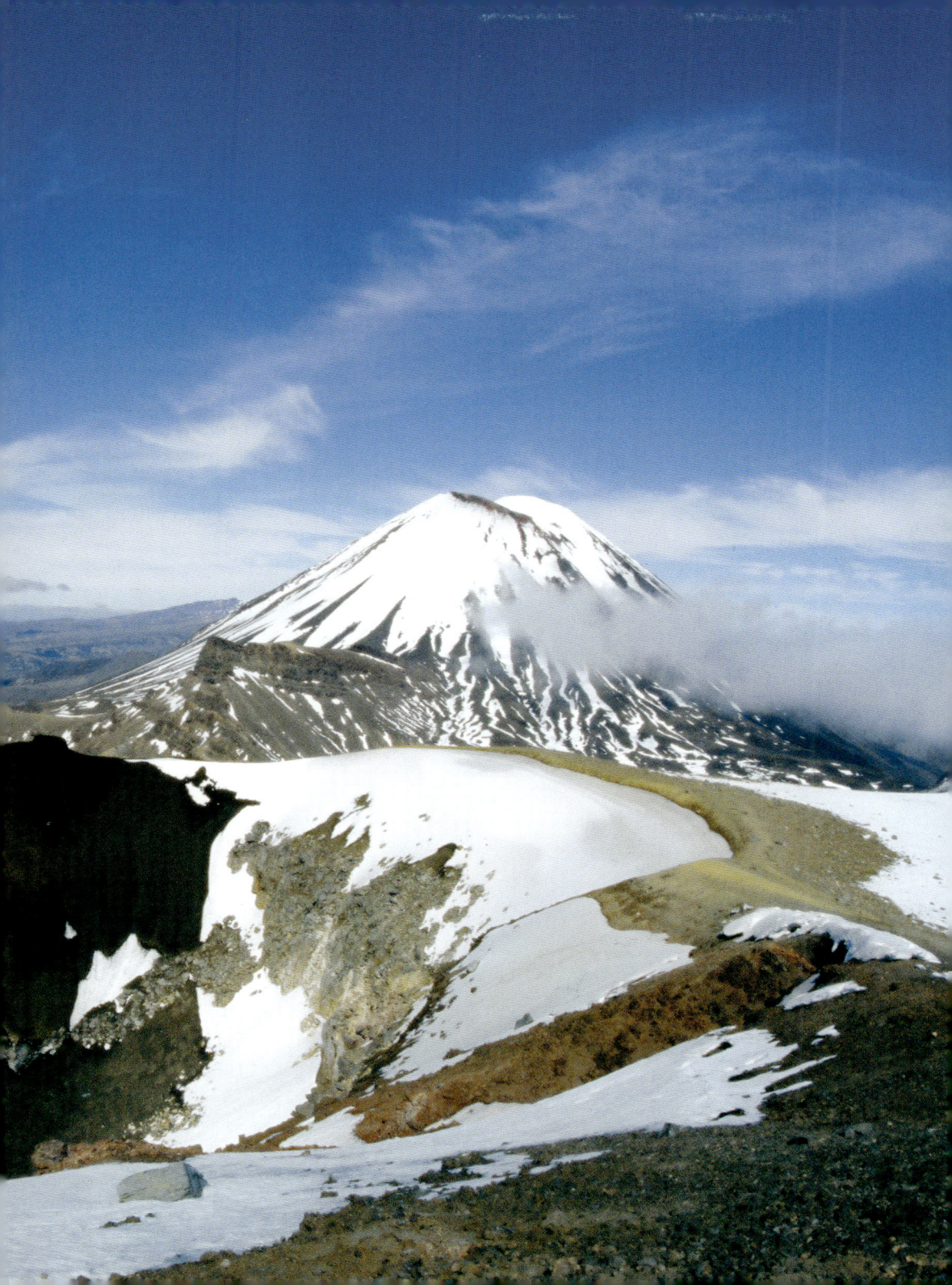

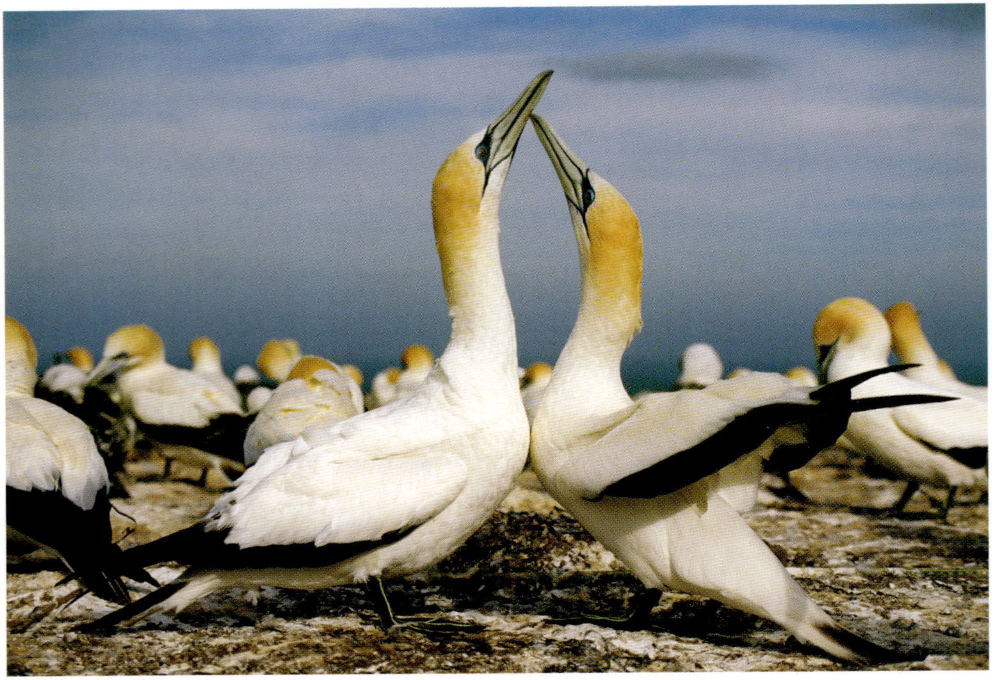

케이프키드네퍼스

뉴질랜드, 노스 섬

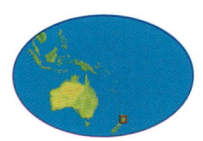

가마우지의 수 : 5,200쌍
오스트레일리아가마우지 : 날개 폭 2미터,
평균 무게 2킬로그램

호크스 만의 남단이자 노스 섬의 동쪽 해안에 는 세계에서 가장 큰 가마우지의 둥지 군집 지가 있다. 가마우지는 원래 섬에서 번식을 하지만 케이프키드네퍼스(납치자들)는 섬이 아닌 본토임 에도 엄청난 수의 가마우지가 둥지를 틀려고 모여 든다. 이 곳의 이름은 쿡 선장이 1769년 마오리 족 사람들에게 납치되었을 때 타히티 섬의 통역자를 잃을 뻔한 사건에서 유래했다. 마오리 족은 오스트 레일리아가마우지를 타카푸라고 부른다.

19세기 전에는 가마우지의 수가 매우 적었다. 새들은 1850년대에 이 곳의 안장처럼 생긴 지형에 둥지를 틀기 시작해 오늘날 이곳에 둥지를 트는 가 마우지 부부는 2,200쌍이나 된다. 근처 고원과 블 랙리프는 3,000쌍이 넘는 가마우지가 둥지를 트는 과밀지역이다. 가마우지들은 해안에서 물고기를 사냥한다. 물 위 30미터 높이에서 시속 145킬로미 터의 속도로 물고기 떼를 향해 바다로 잠수하는 모 습은 하늘에서 하얀 탄환이 발사된 것 같다.

키드네퍼스 근처에는 클리프턴도메인이 있는 데, 썰물일 때 해변을 따라 가볼 수 있다. 등산로를 따라 곶에 올라가 볼 수도 있으며 고원에 있는 둥 지 군집 근처까지도 갈 수 있다. 그러나 안장처럼 생긴 곳과 블랙리프의 둥지 군집은 일 년 내내 사 람의 접근을 금하고 있다. **MB**

로터루아
지열 지역

뉴질랜드, 노스 섬

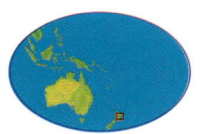

로터루아의 마지막 분화 : 1,800년 전
분출물의 양 : 화산재와 가스 – 35,000
세제곱미터
분출물이 쌓인 높이 : 50킬로미터

뉴 질랜드 아래에는 거대한 지각판인 태평양판과 인도-오스트레일리아판이 엄청난 힘자랑을 하고 있다. 태평양판은 지하 100킬로미터 아래에서 움직이는데, 이때 엄청난 마찰과 열이 발생해 대륙판이 섭씨 1,000도의 용암으로 녹아내린다. 온도가 이 정도 되면 마그마는 지각을 뚫고 솟아나와 차가운 물과 만난다. 로터루아 근처에는 이렇게 지하의 열이 자신의 존재를 우리에게 알리는 간헐천, 온천, 진흙 연못, 분기공, 규토 단구 지형과 소금 침전물 지형이 무려 1,200군데나 된다. 이렇게 극한 환경에도 불구하고 이곳에 적응해 살아가는 독특한 생물들이 있기 마련이다. 총천연색의 지의류, 이끼와 특히 열에 강한 식물들이 그러한데 끓는 물 옆에서 번성하는 조류는 지상에 출현한 이래 거의 변하지 않았다.

100년 전부터 로터루아의 절경을 구경하려고 전 세계에서 관광객의 발길이 이어지고 있다. 1950년대에 이곳 간헐천의 수는 200개가 넘었지만 지금은 겨우 40개만이 남았다. **DH**

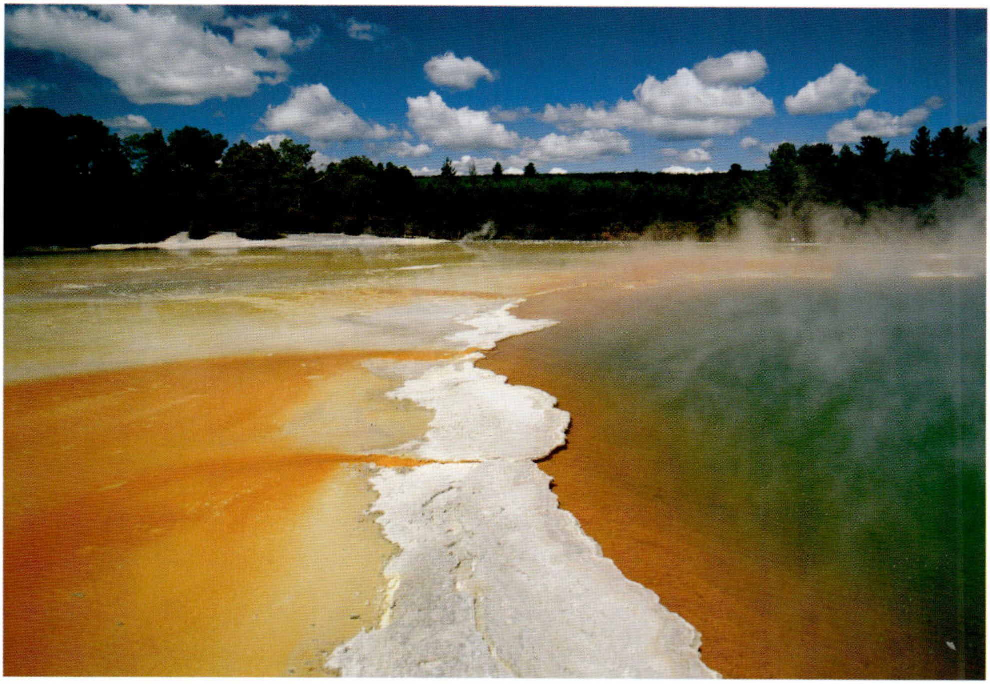

오파라라아치

뉴질랜드, 사우스 섬

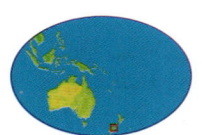

오파라라아치의 폭 : 50미터	
아치의 높이 : 43미터	
암석의 종류 : 석회암	

오파라라 분지는 숲이 울창한 산악지대인 카후 랑기 국립공원과 테즈먼 해 사이에 있는 분지로 뉴질랜드의 사우스 섬에서만 볼 수 있는 독특한 지형이 많이 있다. 오파라라 강은 석회암 지대를 구불거리며 흘러 협소한 협곡과 골짜기를 만들었다. 한때 가파른 절벽에 난 작은 동굴로 시내가 흘렀는데, 이러한 곳은 강물에 석회암이 녹아서 동굴이 커지면서 아치가 되었다. 이곳에는 커다란 아치 세 개가 일렬로 늘어서 있는 곳도 있는데, 그중 가장 크고 웅장한 아치가 바로 오파라라아치이다.

울창한 온대우림에 뚝 떨어져 있는 오파라라아치는 남반구에서 가장 큰 천연 아치이다. 바위가 점점이 흩어져 있는 시커먼 못에서는 커다란 검은 뱀장어들이 헤엄을 치고 있다. 고개를 들어 위를 보면 시커멓게 쑥 들어가 있는 깊은 동굴에서 번쩍거리는 것이 보이는데, 바로 이곳에 모여 사는 발광벌레들이다. 벌레는 끈적거리는 실을 자아내 조심성 없는 날벌레들을 잡아먹는다. 동굴에 사는 다리가 긴 거미들이 축축한 벽을 허둥거리며 달려가고, 에일리언처럼 생긴 웨타(이 지역에만 있는 커다란 귀뚜라미류)는 침입자가 자신의 적인지 먹이인지 조심스럽게 살핀다. 오파라라아치까지는 카라메아에서 힘이 좋은 사륜 구동을 타고 가다가 카약으로 바꿔 탄 후에 오파라라 강을 건너 가야 한다. **DL**

말보로사운즈

뉴질랜드, 사우스 섬

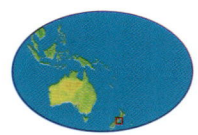

생성 시기 : 1,500만~2,000만 년 전	
이동 속도 : 일 년에 0.6센티미터씩	

뉴질랜드 사우스 섬 남단에 위치한 말보로 만은 물살이 거센 쿡 해협을 가리키는 손가락처럼 생긴 곳으로, 전형적인 '물에 잠긴 계곡'의 풍경을 갖추고 있다. 1,500만~2,000만 년 전, 마이오세 중기에 산이 만들어지는 동안 지금의 말보로 만의 산악 지역이 기울어졌다. 바다가 쏟아져 들어왔고 계곡은 물에 잠기고 봉우리는 섬이 되었다. 그 후 마지막 빙하기가 끝나자 빙하가 녹은 물이 새로 생긴 호수와 만으로 흘러들어와 알파인 단층을 따라 형성되어 있던 가장 큰 골짜기 둘이 펠

로러스사운즈와 퀸샬롯사운즈가 되었다. 곳에 따라 프렌치패스 같은 수로에서는 썰물일 때 육지가 깔때기 역할을 해서 빠져나가는 물을 최고 7노트의 급류로 바꾸기도 한다. 뉴질랜드에만 있는 독특한 사운즈 지형은 육지가 바다로 가라앉은 유일한 지형이다. 그런데 이런 지형의 변화는 항상 아래로만 일어나는 것은 아니다. 태평양판과 인도-오스트레일리아 판의 경계 위에 있는 지형은 약 700만 년 전인 플라이오세부터 매년 0.6센티미터씩 북쪽으로 이동해 총 52킬로미터를 이동했다. **DH**

오른쪽 물에 잠기 말보로사운즈의 골짜기

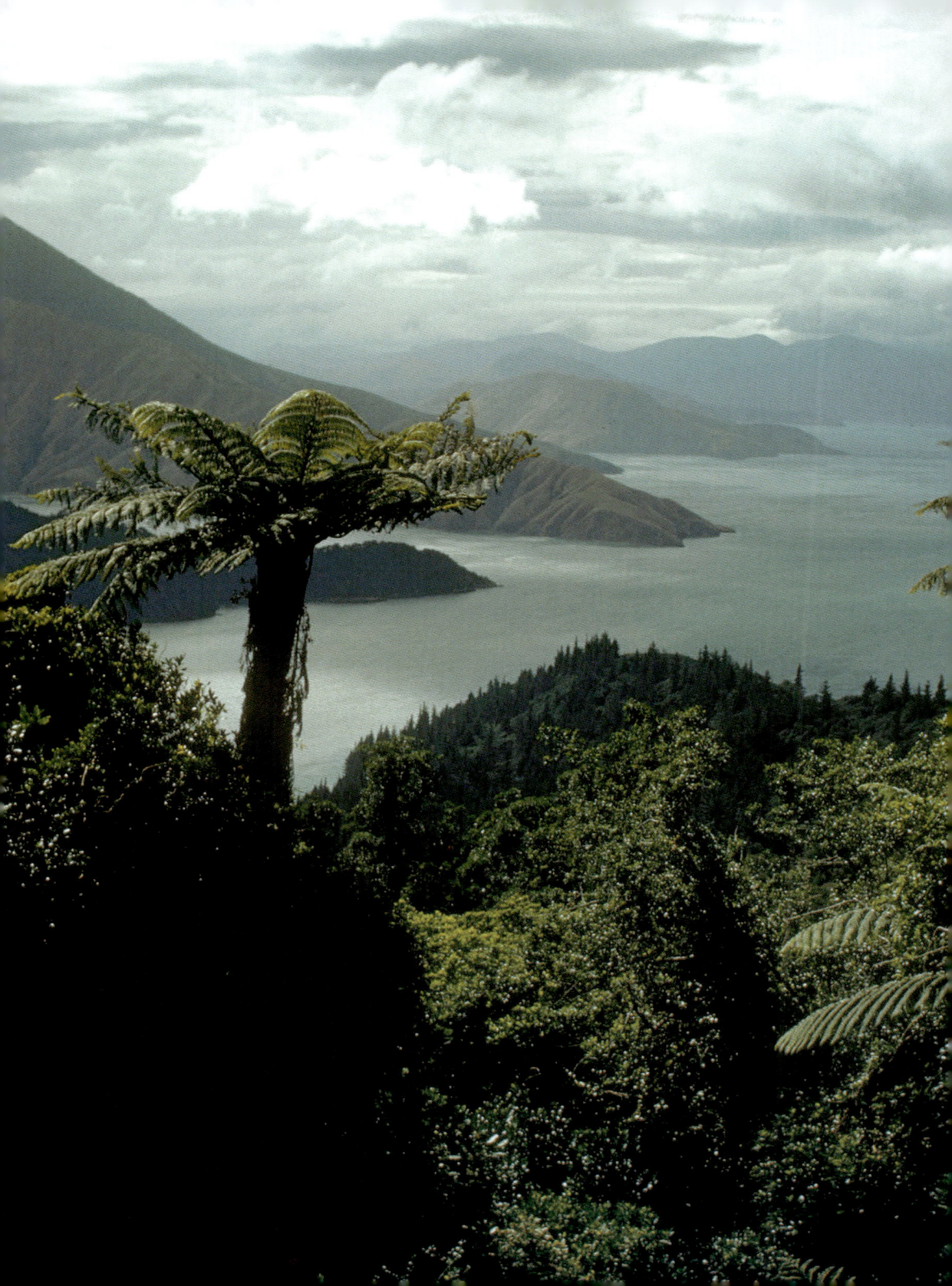

피오르랜드

뉴질랜드, 사우스 섬

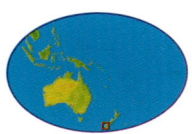

피오르랜드의 길이 : 북동쪽에서 남서쪽
까지 230킬로미터

피오르랜드의 폭 : 80킬로미터

국립공원 지정 연도 : 1952년

뉴질랜드의 남서쪽에는 세계에서 가장 광활한 야생지역이 있다. 험준한 산, 빙하, 숲과 피오르가 압권인 이곳은 피오르랜드 국립공원이다. 이곳은 1990년에 세계유산으로 지정되었다. 바람, 얼음, 비와 바다가 함께 이루어 낸 자연의 걸작을 기념하기 위해서였다. 뉴질랜드에서 가장 오래된 화강암 산악 지대는 설선(雪線)까지 곧장 솟아 있으며 항상 짙은 구름에 둘러싸여 있다. 톱니처럼 깊게 팬 육지에는 폭포로 장식한 수직 절벽이 솟아 있다. 무엇보다도 피오르랜드 최고의 절경은 키플링이 '세계의 8대 불가사의'라고 한 밀포드사운드이다. 빙하기에 수많은 빙하가 그곳을 지나 황량한 마이터피크에서 수심 265미터까지 내려갔다. 개척자들조차 이 땅에 해를 입힐 수 없었고, 그 결과 산기슭의 처녀림은 지금도 그대로 남아 있다. 또한 이곳은 산기슭의 비옥한 토양이 폭우에 휩쓸려 바다까지 내려가 물 색깔을 탁한 갈색으로 만들었다. 어두침침한 물색 때문에 다른 지역에서는 훨씬 더 깊은 곳에서 서식하는 생물도 이곳에서는 얕은 곳에서 서식한다. 그래서인지 피오르에는 흑산호, 시

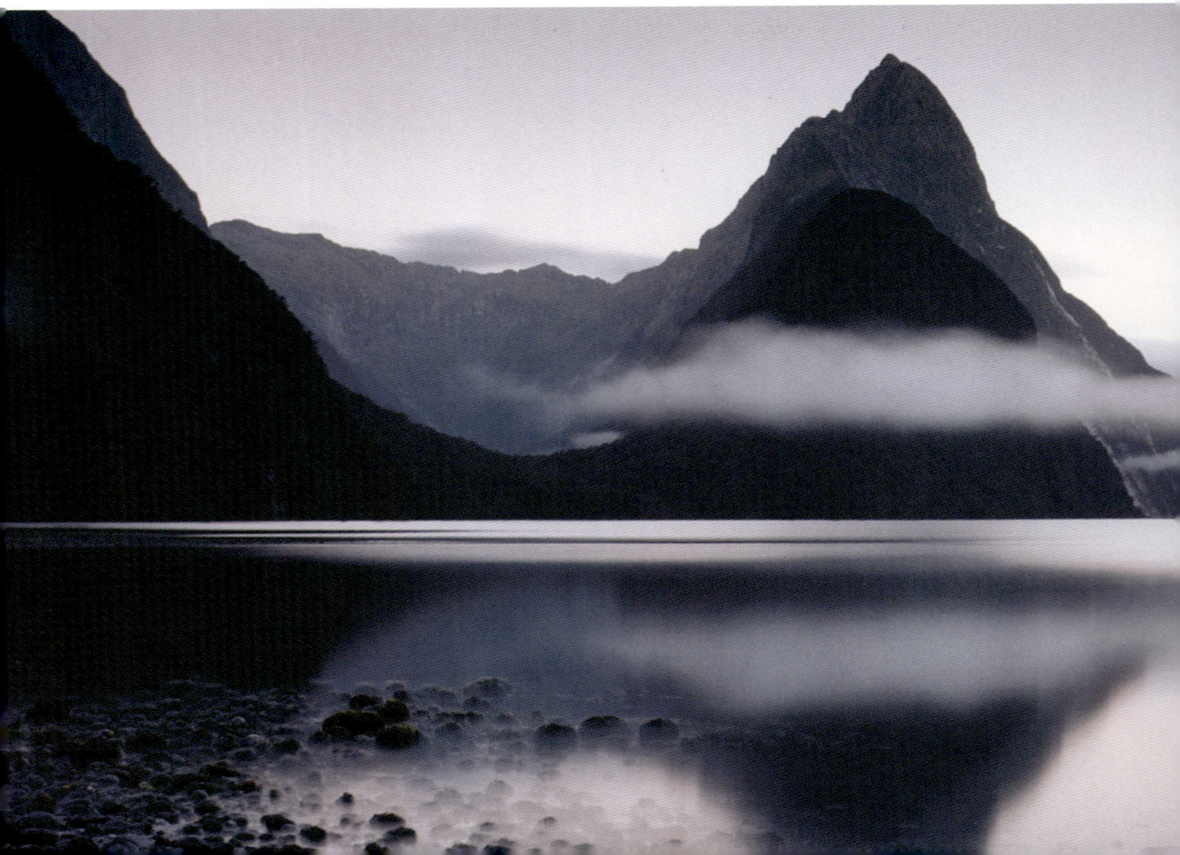

펜과 다른 희귀한 해양생물을 겨우 수심 5미터 지점에서 발견할 수 있다.

육지 위로 잘 보존된 다양한 서식지에는 곤드와나의 대륙에서 한때 살았던 동식물이 살고 있다. 한때 멸종된 것으로 여겨졌던 날지 못하는 거대한 뜸부기류인 타카헤는 이곳의 머치슨 산맥에서 여전히 살고 있다. 이외에도 이곳에서만 서식하는 식물은 700종이 넘는다.

피오르랜드는 지각판이 충돌하는 과정에서 비틀리고 접히고 기울어졌다. 수백만 년 동안 바다의 침전물에 묻혀 있다가 융기작용으로 바다 위로 올라왔지만 또다시 빙하기의 혹독한 환경을 겪어야 했다. 단단한 화강암은 단층으로 금이 가고 지진으로 흔들리면서 두꺼운 얼음판에 깔리기까지 했지만 그중에는 2,000미터 이상에 달하는 봉우리도 조금은 남아 있다. 동쪽으로 산 뒤로는 시커먼 테아나우 호수와 마나후리 호수가 도사리고 있다. 호수는 고요해 보이지만 수심은 무려 400미터가 넘는다. **DH**

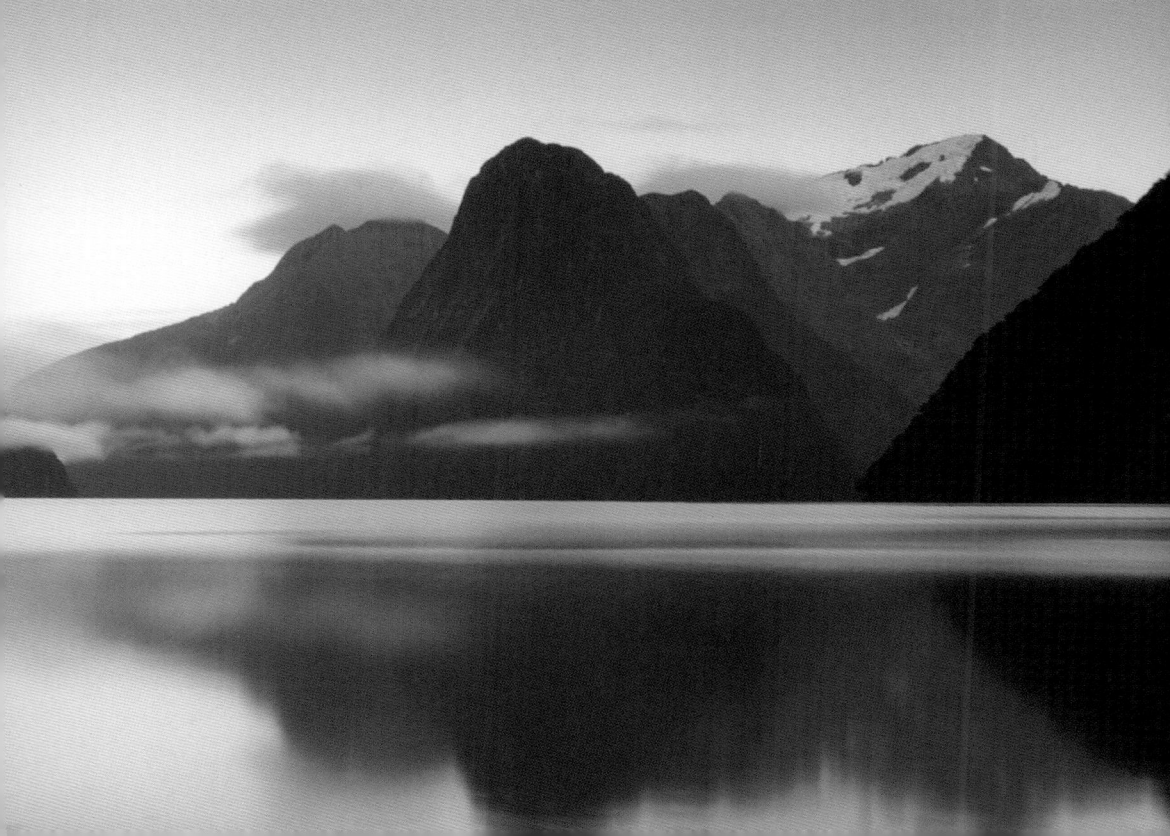

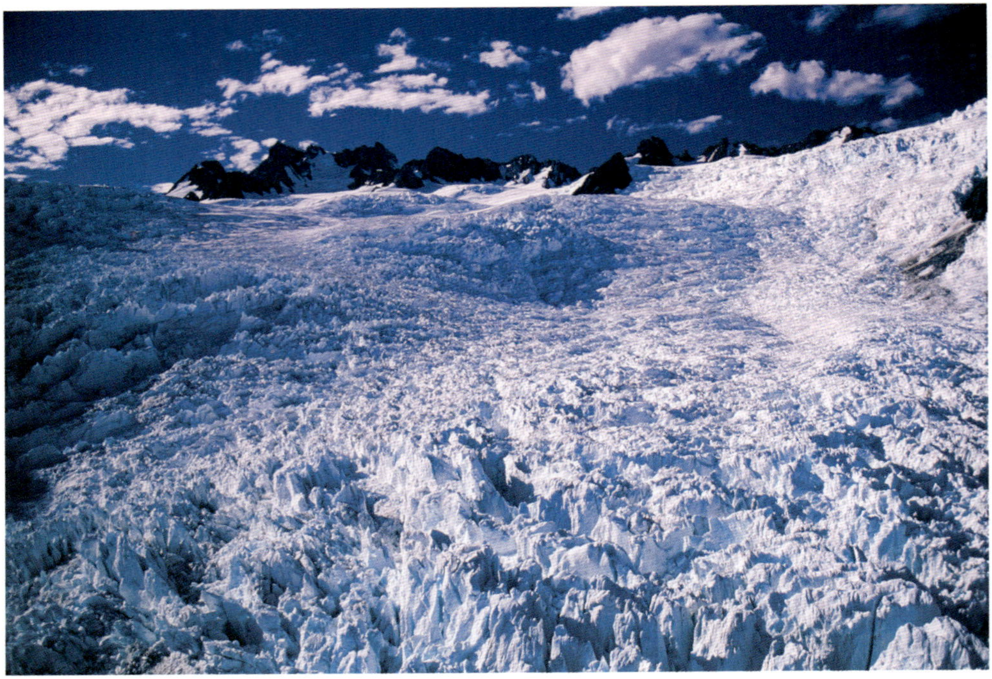

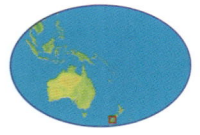

웨스트코스트 빙하

뉴질랜드, 사우스 섬

프란츠요셉 빙하의 길이 : 11킬로미터
폭스 빙하의 길이 : 13킬로미터
평균 전진 속도 : 프란츠요셉 빙하 – 하루에 2~3미터

뉴질랜드의 웨스트코스트에는 서던알프스에서 떨어져 나온 폭스 빙하와 프란츠요셉 빙하가 있다. 빙하 계곡을 2,500미터나 내려와 숲으로 흐르고 있는 마지막 빙하기의 유물인 이 빙하들은 구부러지고 깨어져서 수도 없이 금이 가 빙폭이 되거나 얼음기둥이 되었다. 빙하는 빠르게 전진하고 있다. 그중 프란츠요셉 빙하는 하루에 2~3미터를 움직이고 있으며, 이 정도는 일반적인 곡빙하(谷氷河)의 전진속도보다 10배나 빠르다고 볼 수 있다. 웨스트코스트의 높은 강수량은 이 속도에 더욱 불을 붙이고 있다. 빙하 위로 일 년에 쏟아지는 강설량이 300센티미터나 되는 이곳은 두 빙하가 특히 우기에 빠르게 전진하다 보니 예상하지 못한 재난이 도사리고 있을 가능성도 크다. 프란츠요셉 빙하는 관광시설로부터 불과 250미터 위인 지점으로 바다와는 19킬로미터 떨어진 곳에 멈춰 섰다. 하지만 지구온난화로 인해 이 두 빙하도 다른 빙하들처럼 뒤로 후퇴하고 있다. 마오리 족 사람들은 프란츠요셉 빙하를 '카 로이마타 오 히네후카테레'라고 불렀는데, '눈사태 소녀의 눈물'이라는 뜻이다. 전설에 의하면, 히네후카테레는 산을 오르길 좋아했다. 그녀는 연인인 타웨에게 함께 산을 오르자고 했으나 타웨가 산에서 떨어져 죽자 그녀가 흘린 눈물이 얼어서 빙하가 되었다고 전해진다. **DH**

서던알프스

뉴질랜드, 사우스 섬

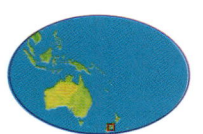

서던알프스의 총 길이 : 649킬로미터
최고봉(아오라키 산 / 쿡 산) : 3,754미터
융기율 : 연간 1센티미터

뉴 질랜드 사우스 섬의 중추인 서던알프스 산맥은 지하 깊은 곳에서 벌어지는 혼란을 그대로 보여준다. 남쪽의 밀포드사운드에서 북쪽의 블레넘까지 총 649킬로미터를 내달리는 이 웅장한 산맥은 지구의 거대한 지각판인 인도오스트레일리아판과 태평양판의 충돌로 형성되었다. 두 지각판이 엄청난 힘으로 충돌하자 그 위에 있던 육지가 조이고 비틀려졌다. 그 과정에서 산악지대는 일 년에 1센티미터씩 위로 밀려 올라갔다. 추정해 본다면 지난 500만 년 동안 거대한 지각작용으로 발생한 힘이 서던알프스를 25킬로미터 가까이 밀어올린 셈이다. 하지만 뉴질랜드는 습하고 바람이 많이 부는 지역이다. 이러한 침식이 활발한 환경에 지각판의 작용으로 발생하는 잦은 지진까지 더해져 뉴질랜드 최고봉인 쿡 산(아오라키 산)의 높이는 3,754미터에 불과하다. 반면 아오라키 산은 1992년 당시 정상 부근에서 산사태가 일어나 바위와 얼음이 7킬로미터나 쓸려 내려가 높이의 10미터를 잃었다. 이 산맥에는 쿡 산 외에도 3,050미터가 넘는 산맥이 26개나 되며 그에 조금 못 미치는 높이의 산도 많다. **DH**

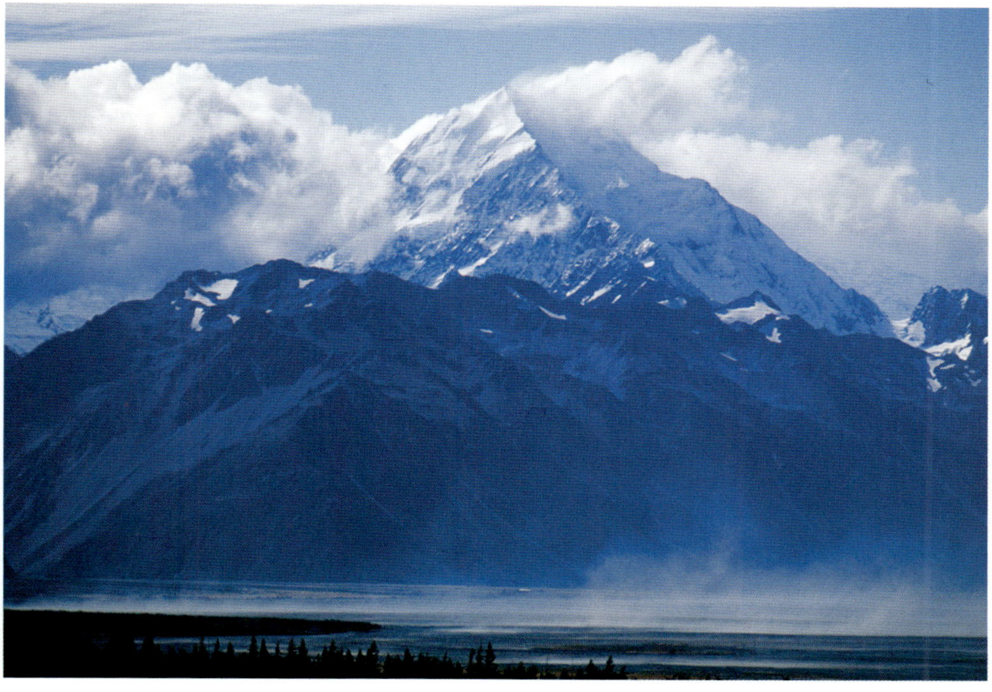

서덜랜드 폭포

뉴질랜드, 사우스 섬

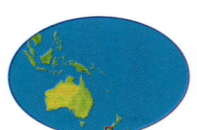

서덜랜드 폭포의 총 높이 : 580미터
위치 : 밀포드사운드에서 남동쪽으로 23킬로미터

웅장한 폭포 세 개가 이어져 있는 서덜랜드 폭포는 뉴질랜드 남서쪽에 있는 밀포드사운드의 남동쪽을 흐르는 아서 강의 발원지에 자리 잡고 있다. 세 폭포를 합해 높이가 총 580미터인 서덜랜드 폭포는 남반구에서 두 번째로 높으며, 세계에서는 다섯 번째로 높은 웅장한 폭포이다. 평소에는 248미터, 229미터, 103미터를 삼단에 걸쳐 떨어져 내린다. 그러나 강물이 불어나면 물줄기는 하나로 합쳐져서 엄청난 높이를 신나게 떨어져 내리는데, 강수량이 높은 피오르랜드에서는 드문 일이 아니다. 이럴 때면 떨어지는 물줄기가 공기를 가르며 돌풍을 일으키는데, 멀리서도 물이 폭포 아래의 바위를 때리는 소리를 들을 수 있다. 서덜랜드 폭포에는 퀼 호수의 눈 녹은 물이 흘러든다. 퀼 호수는 1890년에 이 폭포를 등반한 윌리엄 퀼의 이름을 땄으며, 폭포는 1880년에 이곳을 찾은 시굴자들 중의 한 명인 도널드 서덜랜드의 이름을 땄다. 그는 죽은 후에 그의 희망에 따라 폭포 아래에 묻혔으며, 훗날 그의 아내인 엘리자베스도 그의 옆에 묻혔다. 하지만 얼마 후 홍수가 일어나 두 사람의 시신은 만의 깊은 바다까지 쓸려 내려갔다. 마오리 족 사람들은 서덜랜드 폭포를 '하얀 실'이라는 뜻의 '테타우테아'라고 부른다. **DH**

푸어나이츠아일랜즈

뉴질랜드, 뉴질랜드 해안

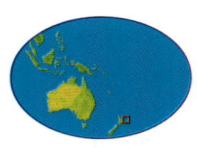

해양자연보호구역 지정 연도 : 1998년
리코리코 동굴의 길이 : 50미터

줄지어 늘어선 고대 화산의 흔적인 푸어나이츠아일랜즈는 뉴질랜드 북동부의 대륙붕이 끝나는 지점에 솟아 있다. 이스트오클랜드 난류가 지나가는 이곳은 뉴질랜드의 다른 지역에서는 볼 수 없는 아열대와 온대해양성 기후에 서식하는 동물들이 섞여 있다. 이 지역은 세계 10대 다이빙 사이트로 손꼽힌다. 마지막 빙하기 동안 파도가 물속에 잠겨버린 바위 해변을 쉴 새 없이 몰아치자, 그 결과 약한 부분에 바위 동굴(리코리코는 세계에서 가장 큰 동굴 중의 하나이다), 터널, 아치가 만들어졌다. 요즘에는 플랑크톤이 풍부한 해류가 바위섬 주변을 지나가면서 해면 무리, 연산호, 말미잘, 모래말리잘류와 고르곤필드에 먹이를 충분히 공급하고 있다. 그밖에 바다 아래 가파른 수중 절벽의 비탈에는 켈프 숲이 무성한데, 이곳은 아열대의 희귀한 어종을 비롯해 150종이 넘는 심해어와 산호초 서식 어류의 보금자리이다. 이곳에서는 흑산호가 수심 깊은 곳에서 자라고 가오리 무리가 소용돌이 속을 헤엄치고 있다. 바다 위로는 불러 250만 마리를 비롯한 엄청난 수의 바닷새들이 가파른 절벽에 둥지를 틀고 있으며, 큰도마뱀은 절벽에서 산다. 이외에도 독이 있는 지네와 덤불에서 사는 특별한 귀뚜라미가 도마뱀붙이와 황갈색 달팽이들과 함께 절벽 꼭대기에 서식하고 있다. **DH**

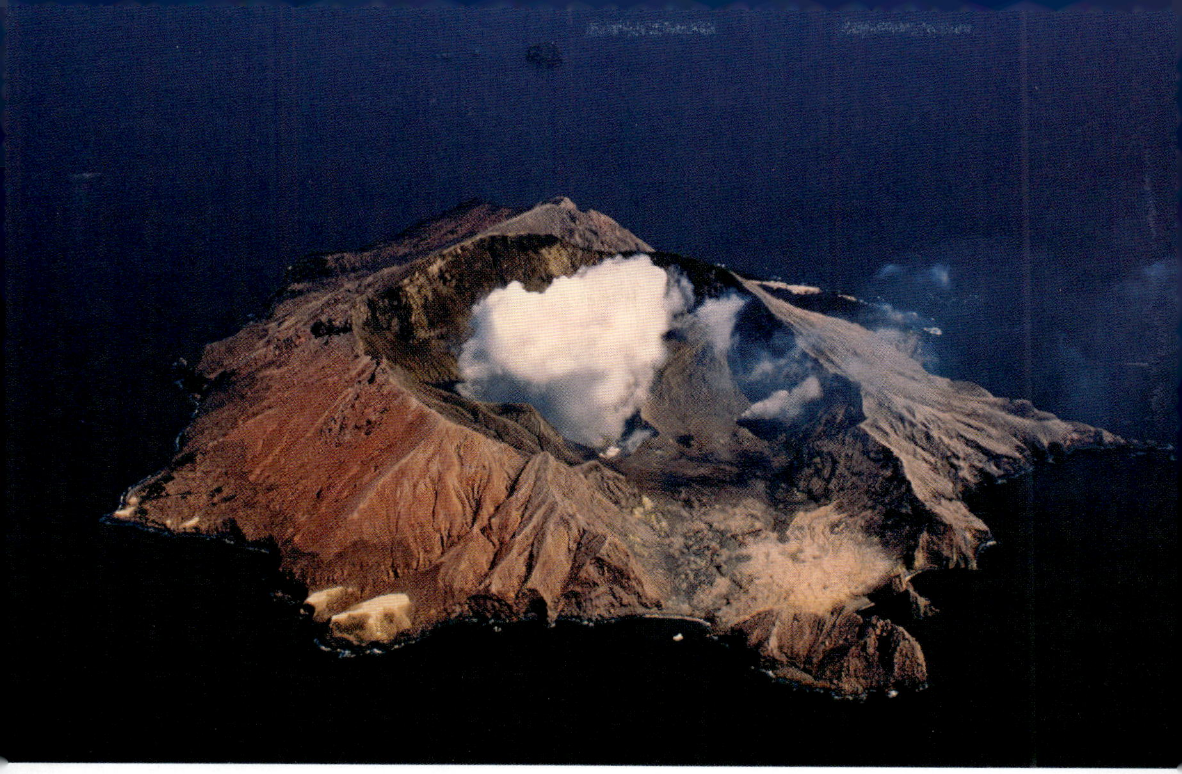

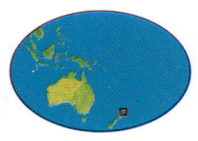

화이트아일랜드

뉴질랜드, 뉴질랜드 해안

| 정상의 높이 : 321미터 |
| 생성 시기 : 10만~20만 년 전만 |

뉴질랜드에서 가장 활동이 활발한 화산인 화이트아일랜드는 태평양에서 321미터가량 솟아 있다. 본토의 플렌티 만에서 47킬로미터 떨어져 있는 이 화산은 뉴질랜드의 유일한 해상 화산으로 전 세계의 과학자들과 화산학자들이 독특한 지형을 연구하려고 몰려드는 곳이다. 이 화산은 10만~20만 년 전에 형성되었으나 바다 위로 솟아 있는 섬의 일부는 불과 1만 6,000년 전에 현재의 모습을 갖추게 되었다.

화이트아일랜드는 겹쳐져 있는 성층화산 두 개의 정상 부분으로 1826년부터 35차례 이상 폭발했다. 특히 2000년 7월 27일의 폭발은 대단했는데, 폭이 150미터인 새로운 분화구가 생겨났다. 폭발로 분출된 화산재와 화산쇄설암이 화산의 동쪽을 28센티미터 두께까지 뒤덮었다. 분출물 중에는 반쯤 녹은 거대한 속돌 덩어리도 들어 있었다.

화이트아일랜드의 안쪽에는 거칠고 독성이 강한 황무지가 있다. 생명이 있는 것이라곤 아무것도 없다. 대신 노랗고 하얀 유황 결정체가 부글거리며 끓는 분기공 옆에서 자라고 있다. 폐허가 된 유황 작업장은 수없이 실패한 광산 개발의 꿈을 생생하게 증명하며, 모든 것을 파괴하는 공기에 서서히 굴복하고 있다. **DH**

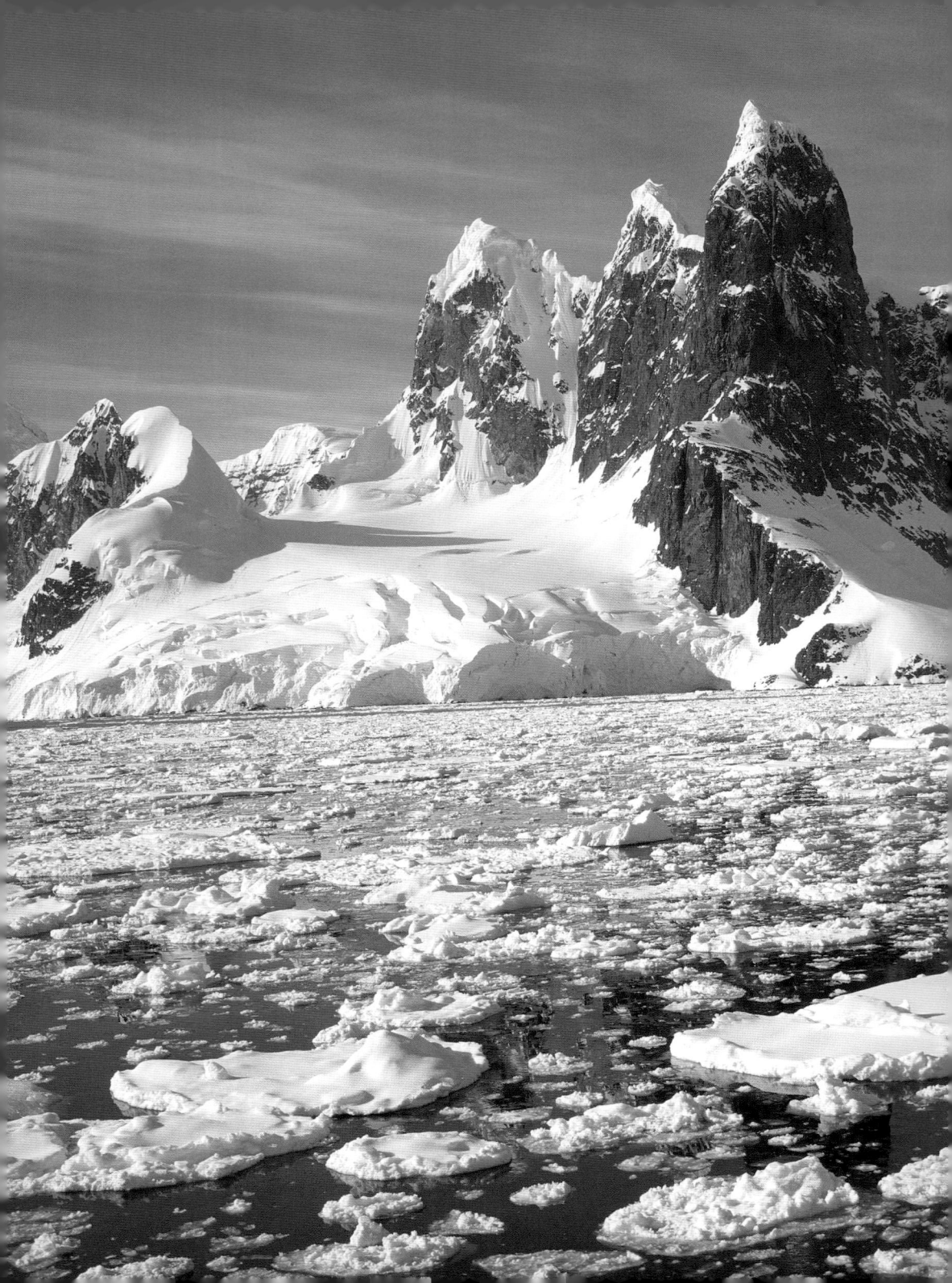

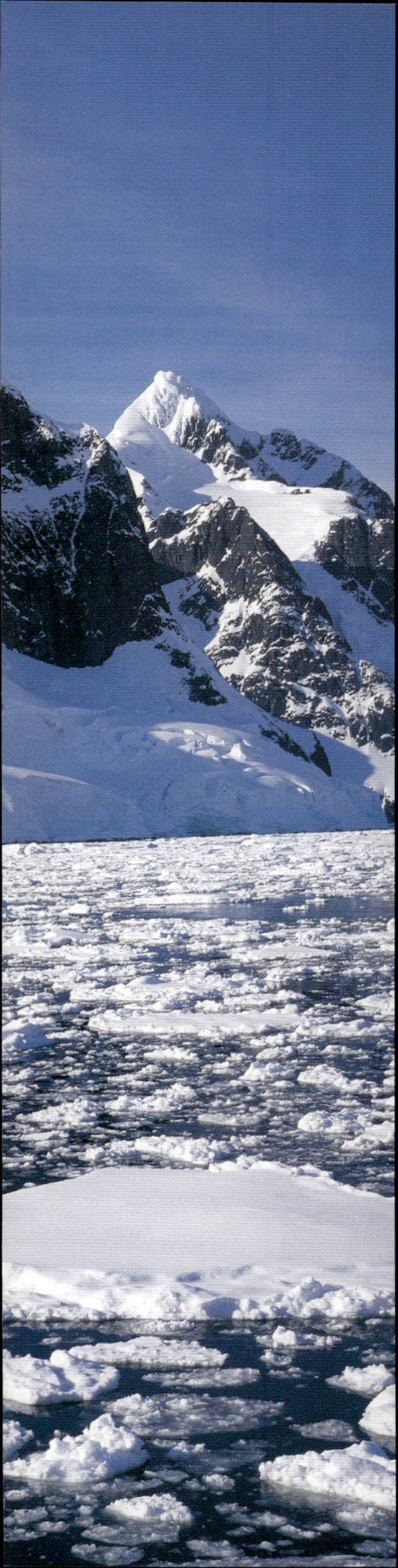

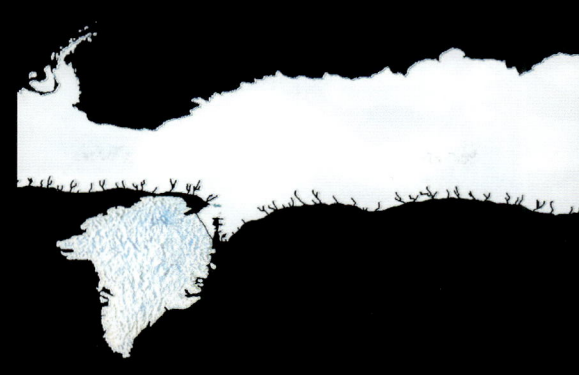

VII

극지방

어마어마한 빙상에서 거대한 빙산이 떨어져 나와 바다가 온통 얼음 조각 천지가 되는 곳, 펭귄들이 몸을 서로 맞대고 남극의 모진 바람을 이겨내는 곳, 북극곰이 먹을 것을 찾아 유빙을 타고 떠도는 곳 …….
그곳이 바로 얼어붙은 빙원이 육지와 바다로 뻗어나간 얼음의 황무지인 북극과 남극이다.

왼쪽 얼음 덩어리가 잔뜩 떠 있는 남극 반도 앞바다

그린란드 빙상

북극, 그린란드

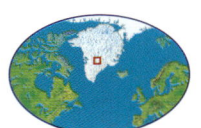

빙상의 표면적 : 1,833,900제곱킬로미터
빙상의 길이 : 2,350킬로미터
얼음의 평균 두께 : 1,500미터

30만 년 전부터 형성되기 시작한 그린란드 빙상은 현재 곳에 따라 두께가 3.2킬로미터에 달한다. 이 거대한 얼음 덩어리는 그린란드 면적의 85퍼센트를 뒤덮고 있는데, 남극 빙상의 뒤를 이어 세계에서 두 번째로 큰 얼음 덩어리이다. 그린란드 빙상은 오랜 세월 동안 얼어붙은 채 정지해 있는 거대한 얼음 덩어리처럼 보이지만 실상은 전혀 그렇지 않다. 이곳은 쉴 새 없이 지형이 바뀌는 역동적인 곳이다. 고도가 가장 높은 곳의 얼음

판이 나머지 얼음을 밀어내면 얼음은 내륙에서 바다로 흘러내릴 수밖에 없다. 바깥쪽 끝 부분 근처에는 빙하가 하루에 20~31미터나 움직이는 곳도 있다.

흘러내린 빙하가 바다에 도착하면 웅장한 빙산이 되어 바다로 들어간다. 매년 10억 톤에 달하는 얼음이 바다로 들어가고 있으며, 그린란드의 얼음이 다 녹으면 해수면은 지금보다 7미터나 높아질 것으로 추측하고 있다. **JK**

아래 얼음 손가락 같은 그린란드 빙상

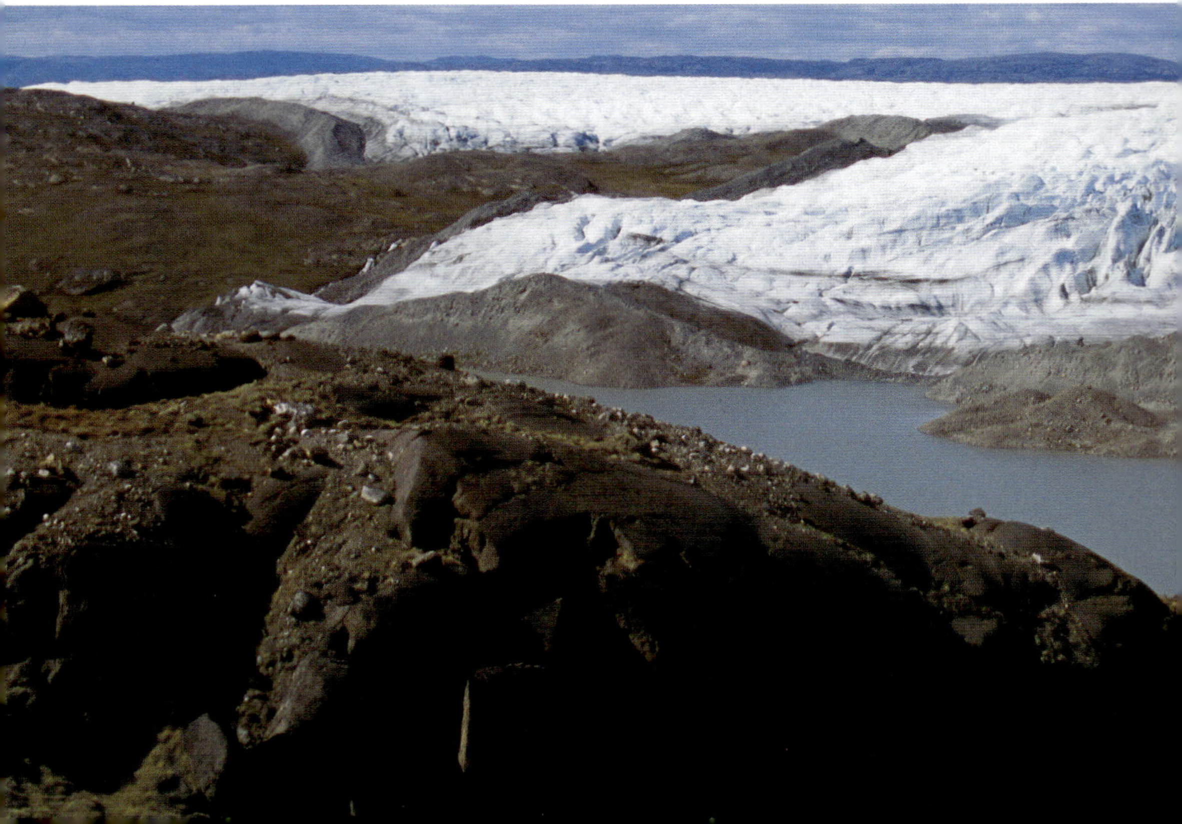

쇤드레스트룀피오르

북극, 그린란드

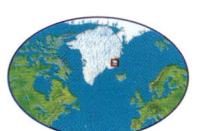

다른 이름 : 칸제를루수아크	
피오르의 길이 : 160킬로미터	
피오르의 폭 : 5킬로미터	

이누이트 족은 쇤드레스트룀피오르를 '긴 피오르'라는 뜻의 '칸제를루수아크'라고 부른다. 그린란드의 남서쪽 해안에 있는 160킬로미터의 피오르 해안은 그린란드 내륙으로 곧장 뻗어 들어가고 있다. 세계에서 가장 긴 피오르에 속하는 이곳은 북극권에서 북쪽으로 60킬로미터 떨어져 있으며 빙하가 깎아내린 듯한 그림 같은 산맥이 병풍처럼 서 있다. 건조하고 지대가 낮은 북극 지역에는 히스와 염호, 산악 툰드라 같은 다양한 서식지가 펼쳐져 있는데, 순록과 사향소, 북극여우와 같은 다양한 야생생물의 보금자리이기도 하다. 칸제를루수아크피오르의 차가운 녹색 바다에서는 일각돌고래가 종종 발견되며 북극곰들이 해변을 어슬렁거리고 상아갈매기가 하늘을 맴돈다. 또한 피오르 해변을 따라가면 바다까지 내려온 빙하를 볼 수 있는데, 얼음 절벽과 빙산을 보면 마치 동화 속 세상에 들어온 것 같다. 내륙의 빙상은 근처 마을에서 쉽게 갈 수 있는데 빙상으로 직접 연결된 도로가 있다. 그린란드는 천혜의 절경을 간직한 곳으로 극단적인 대조를 이룬 풍경을 볼 수 있다. 겨울철 기온은 영하 50도까지 떨어지지만 여름에는 영상 28도까지 올라간다. **JK**

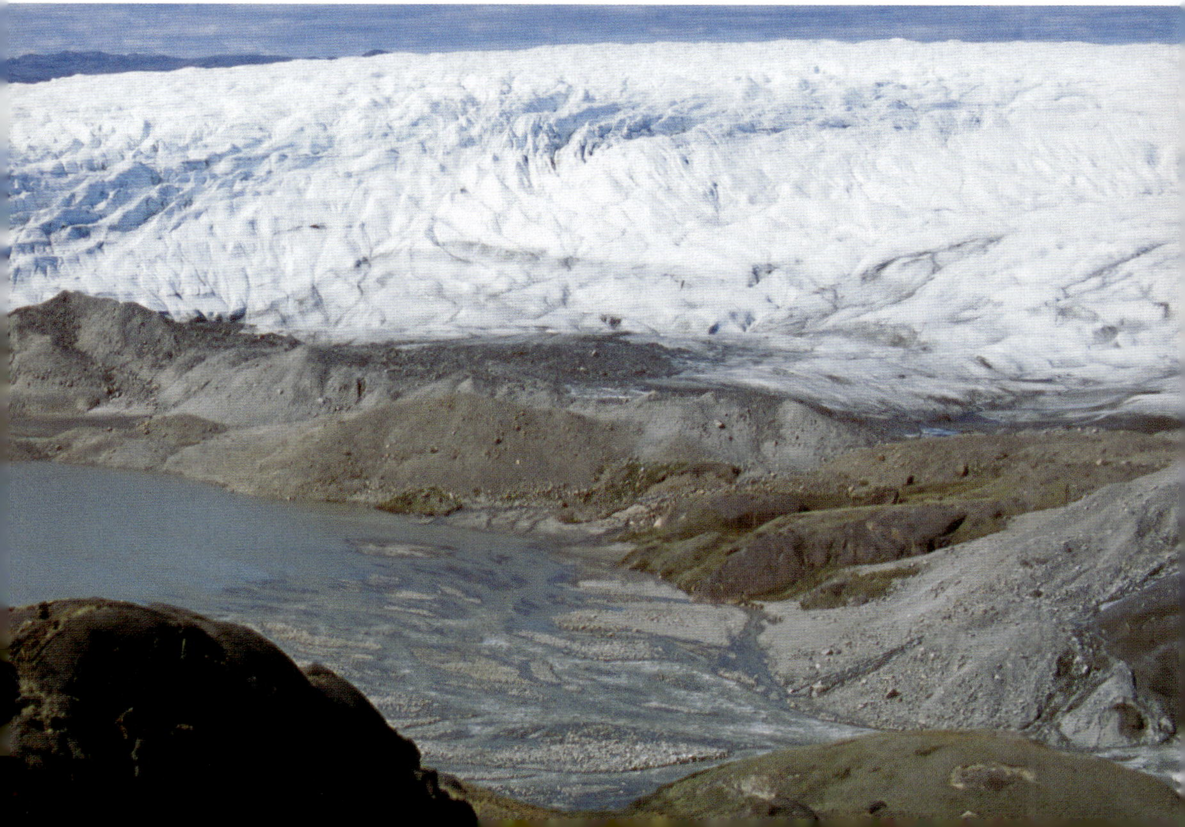

이카피오르

북극, 그린란드

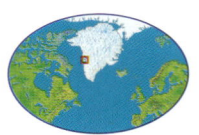

피오르의 평균 수온 : 3도	
피오르의 최대 수심 : 30미터	
광물 기둥의 수 : 약 700개	

그린란드 남서쪽에 있는 이카피오르의 수중 세계는 매우 특별하다. 왜냐하면 바다의 바닥에서 자라는 광물 기둥이 숲을 이루고 있기 때문이다. 이곳이 처음으로 알려진 것은 35년 전이지만 과학적인 연구는 1995년부터 시작되었다. 연구 결과에 의하면, 이 기둥은 이카이트라고 하는 탄산칼슘으로 만들어졌다. 이카이트는 매우 희귀한 광물로 해저에서 솟아나는 담수에 녹아 있는 중탄산염이 해수의 칼슘과 섞일 수 있는 조건에서만 만들어

진다. 이곳 바다의 수온이 너무 낮아 침전물이 발생하지 않기에 이카이트가 만들어질 수 있었던 것이다. 이카이트는 매우 섬세한 광물로 공기가 닿으면 바로 부서지지만 물속에서는 온갖 다양한 형태로 자랄 수 있다. 특히 끝 부분에 볏이나 탑과 같은 장식이 달려 아름다우며, 수온과 염도에 따라 특이한 무늬가 만들어진다. 2킬로미터가 넘는 해안에 700개가 넘는 기둥이 서 있는 이카피오르는 대부분 20미터가 넘으며 끝 부분은 썰물일 때 볼 수 있다. 이곳의 기둥은 성장 속도가 매우 경이로운데, 일 년에 0.5미터씩 자란다. 장비가 있으면 피오르에서 다이빙을 즐길 수도 있다. **JK**

매쾨리 섬

남극해

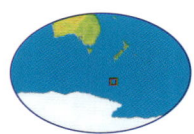

섬의 최고 높이(해밀턴 산) : 433미터	
섬의 생성 시기 : 60만 년 전	
식생 : 덤불, 수렁, 들판	

바람이 심하게 부는 외딴 곳에 위치한 매쾨리 섬은 화산섬으로 남위 55도 부근에 '퓨리어스 피프티즈'라고 부르는 강풍이 남극대륙을 몰아치는 길목에 있다. 이 섬은 원래 1,100만~3,000만 년 전에 바다에서 확산되기 시작한 산등성이었을 것으로 추측하고 있다. 지금으로부터 60만 년 전, 화산이 멈추고 지각이 수축하기 시작하자 뭔가가 암석을 쥐어짜는 것처럼 물 위로 솟아올랐다. 남극에 가까운 섬들이 주로 빙하침식작용을 받는 것과 달리 이 섬은 그 후로 무자비한 해안침식작용을 겪었다. 파도는 깊은 토탄 늪이 있는 평평한 지대를

만들었고, 이런 지형이 계단처럼 섬을 빙 둘러 형성되었다. 해안에는 바위기둥들이 늘어서 있다. 단구형 지형 뒤로는 200미터 높이의 날카로운 절벽이 해밀턴 산이 솟아 있는 중앙 고원을 향해 서 있는데, 망망대해를 내려다보는 고원의 가장자리에는 크고 작은 호수와 못이 수도 없이 많다. 이런 척박한 곳에도 생명이, 그것도 많이 살고 있다. 이곳은 세계에서 로열펭귄이 가장 많이 서식하는 지역으로 그 수가 85만 마리에 달한다. 그 외에도 짧은 꼬리앨버트로스(신천옹, 信天翁)와 해마가 서식하며 바다에는 해표가 어슬렁거린다. 매쾨리 섬은 오스트레일리아의 가장 남쪽에 있는 태즈메이니아 주에서 남-남서쪽으로 1,500킬로미터 정도 떨어져 있다. **GH**

오른쪽 로열펭귄이 모래 해변을 걸어가고 있다.

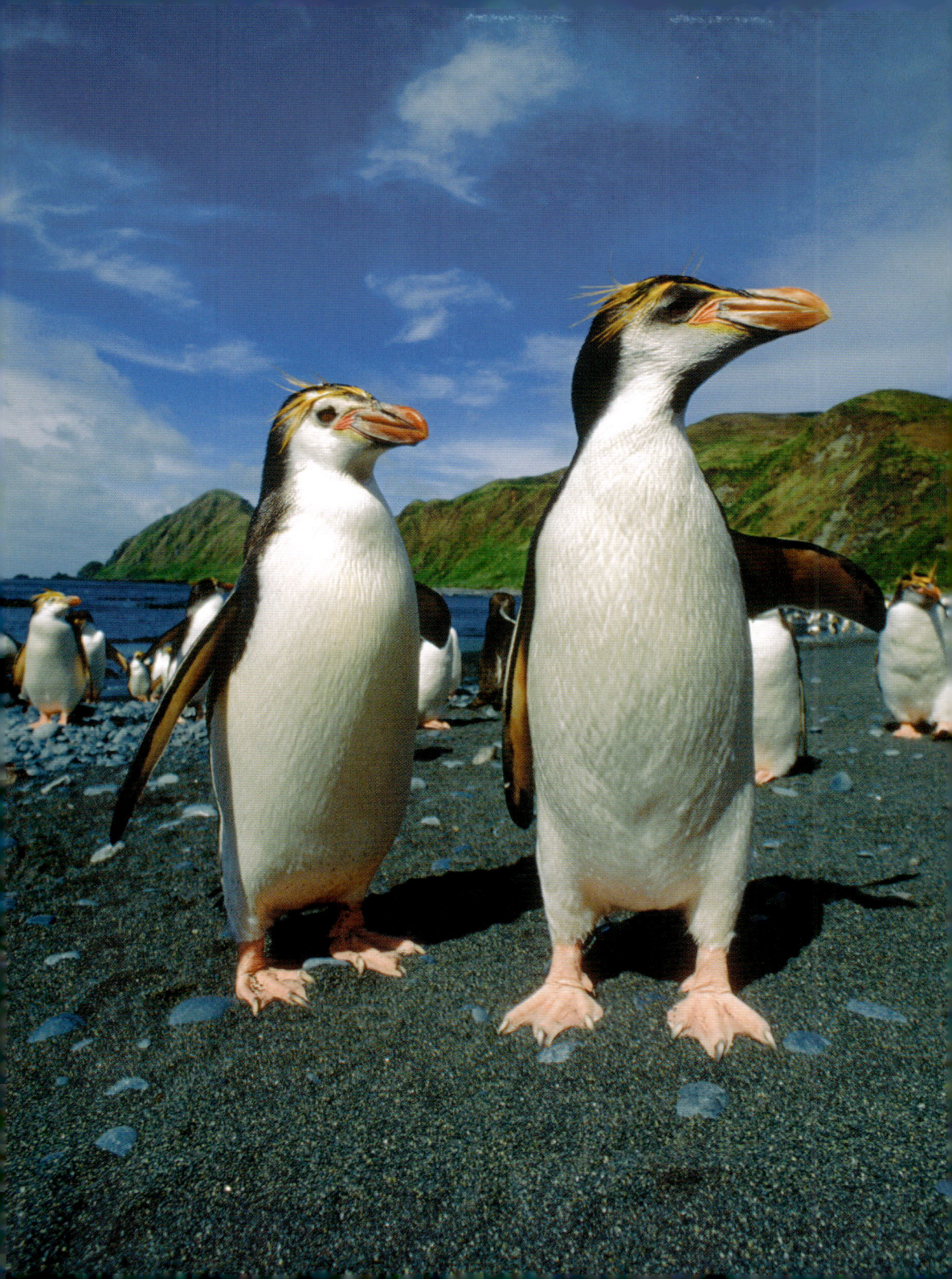

허드 섬과 맥도널드 제도

남극해

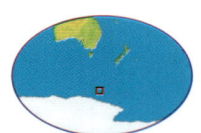

빅벤의 높이 : 2,745미터	
빅벤 빙원의 두께 : 150미터	
맥도널드 제도의 최고 높이 : 230미터	

허드 섬과 맥도널드 제도는 차가운 남극의 해수와 그보다 조금 따뜻한 북쪽의 해수가 만나는 남극수렴대의 경계선에 있다. 이 두 곳은 바로 남쪽에 있는 커구엘렌-허드 해저 고원에서 남극해의 물 위로 솟아 있으며, 두 곳 모두 아남극 지방의 동식물이 서식하기에 좋은 조건을 갖추고 있다. 허드 섬은 끊임없이 빙하가 생성되는 빅벤 섬의 풍경을 압도하는 곳이다. 정상은 모슨피크인데, 산을 뒤덮은 하얀 눈과 얼음 사이로 드러난 검은 화산암이 대조를 이루는 활화산이다. 높이와 지리적 조건, 험악한 환경으로 인해 이곳의 등반은 단 세 차례만 이루어졌다. 얼음 절벽이 바다 위로 우뚝 솟아 있는 이곳의 빙하는 가장 역동적이라고 알려져 있다.

맥도널드 제도는 허드 섬에서 서쪽으로 44킬로미터가량 떨어져 있으며, 이곳 또한 화산작용으로 만들어졌다. 19세기 중반에 물개잡이 어부들이 허드 섬의 물개들을 발견한 이후로 30년이 채 지나지 않아 섬의 물개가 모두 사라졌으며 해마도 대부분 사냥을 당했다. 그 후로 150년이 지나서야 물개의 수는 조금씩 늘기 시작했다. **GH**

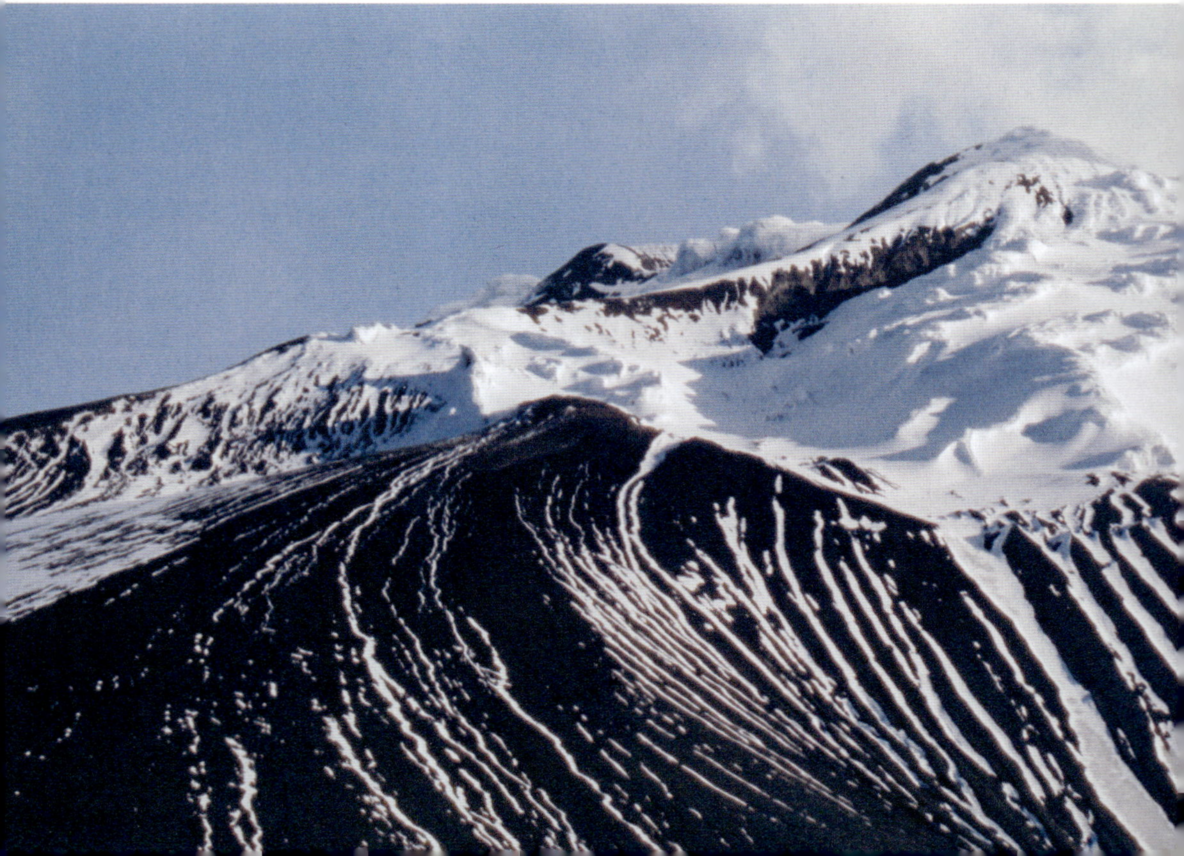

자보도프스키 섬

남극해, 사우스샌드위치 제도

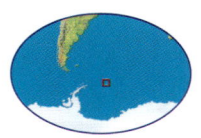

사우스샌드위치 제도의 면적 : 310제곱킬로미터
애스픽시아(기절) 산의 높이 : 1,800미터

세계에서 펭귄의 서식지로 최대 규모를 자랑하는 활화산 섬이 있다. 바로 자보도프스키 섬이다. 남극반도의 끝단에서 1,609킬로미터 떨어진 이곳은 폭이 겨우 6킬로미터이지만 여름만 되면 2,100만 마리 펭귄들의 임시 거주지가 된다. 펭귄은 대부분 친스트랩펭귄으로 부리 아래 검은 끈처럼 보이는 검은 깃털이 특징이다. 깃털이 노란 마카로니펭귄도 이 섬을 찾는다. 펭귄들은 대서양 남부의 애스픽시아(기절) 산이라 불리는 화산재에 둥지를 틀고자 이 외딴곳을 찾아온다. 둥지의 간격은 80센티미터를 넘지 않아 멀리서 보면 촘촘한 바둑무늬 양탄자를 깔아놓은 것 같다. 펭귄이 둥지를 트는 이 섬의 화산은 매일 경미하게 분출하며 그때마다 연기와 수증기가 뭉게뭉게 피어오른다. 그 열기 덕분에 이곳은 펭귄의 번식기를 포함해 일 년 내내 얼지 않는다. **MB**

아래 자보도프스키 섬의 화산

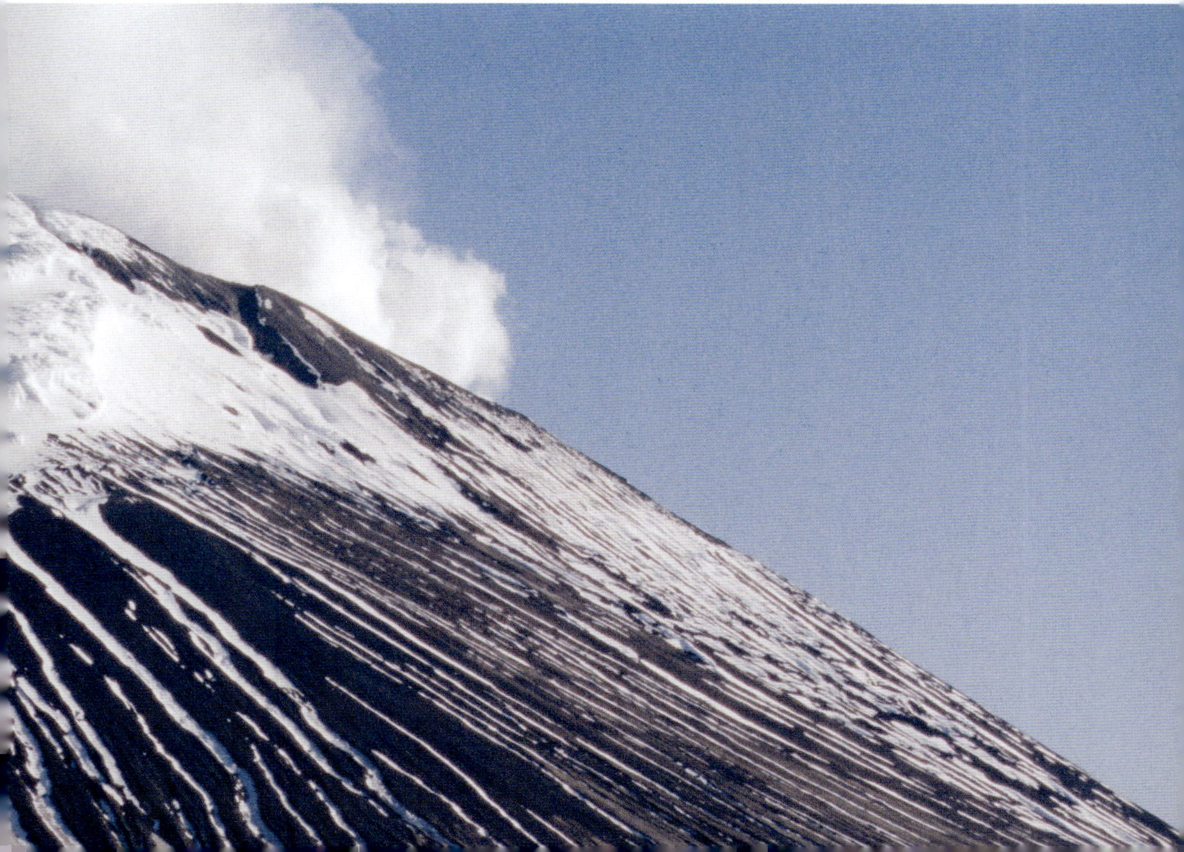

부베 섬

남극해

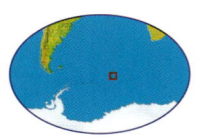

부베 섬의 면적 : 60제곱킬로미터
최고 높이 : 935미터

부베 섬은 대서양 중앙해령에 있는 섬 중에서 가장 남쪽에 있다. 섬은 남아프리카의 아굴라스 곶에서 남서쪽으로 2,205킬로미터, 남대서양의 고프 섬에서 남동쪽으로 1,642킬로미터 떨어져 있어 명실공히 지구상에서 가장 외딴곳에 있는 육지이다. 이곳 수역을 자주 항해하는 선원들의 말에 따르면 이 섬은 지구상에서 가장 무시무시한 곳이다. 수직 빙벽, 가파른 화산암 노두(露頭), 수많은 암초로 둘러싸인 부베 섬은 배가 상륙하기도 출항하기도 어려운 곳으로 섬에서는 바위와 얼음 덩어리가 쉴 새 없이 떨어져 내린다. '퓨리어스 피프티즈' 바람이 부는 부베 섬의 모진 바람에도 풀마갈매기, 케이프비둘기, 고래슴새류와 바다제비 같은 바닷새와 혹등고래, 물개 등이 사냥을 한다. 1739년 프랑스의 항해가인 부베 드 로지에가 이 섬을 발견해 자신의 이름을 붙였으나 그는 섬에 상륙할 수 없었다. 섬은 지도에도 나오지 않았지만 1808년 포경선인 스완 호 덕분에 정확한 위치가 지도에 명시되었다. 하지만 스완 호도 이 섬에 상륙할 수 없기는 마찬가지였다. 이 섬에 발을 들여놓은 최초의 사람들은 포경선인 스프라이틀리 호의 선원들이었지만 1825년 당시 단지 1주일 동안만 머물렀다. 이후 1927년에 노르웨이인들이 섬에 상륙한 후 자신의 영토에 합병해버렸다. **MB**

아남극해의 섬들

남극

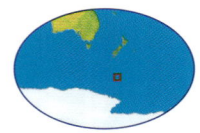

아남극해의 육지 총면적 : 764제곱킬로미터
식물 : 고유종 35종
동물 : 조류 120종, 전 세계에 서식하는 짧은꼬리앨버트로스 24종 중 10종

망대해인 남극해에서 아남극 지대에 외롭게 서 있는 뉴질랜드의 다섯 섬 그룹은 그야말로 바다에 떠 있는 육지와 생명의 오아시스이다. 일 년 내내 폭풍이 몰아치는 오클랜드, 바운티, 스네어스, 앤티퍼디스와 캠벨 섬은 혹독한 기후에도 생명력은 끓어 넘친다.

이 제도에 들어서 있는 숲은 지구상에서 가장 남쪽에 있는 숲이다. 물론 수종은 제한적이나 이 숲에 다양한 바닷새들의 군집이 형성되어 있다. 번식을 하려고 오클랜드 제도에 모이는 나그네앨버트로스와 흰머리앨버트로스의 규모는 세계 최대이다. 한편, 캠벨 섬은 로열앨버트로스의 번식지로 세계 최대를 자랑한다. 오클랜드 제도는 세계에서 가장 희귀한 물개인 뉴질랜드바다사자의 주요 번식지로 유명하다. 오클랜드 제도의 섬들은 마침 다양한 고래들이 회유하는 경로를 따라 늘어서 있다. 해마다 6월에서 9월 사이에 긴수염고래가 이곳의 포트로스를 찾는데, 그 수는 최소 100마리 이상이다. 1986년에 오클랜드 제도는 국립자연보호구역으로 선포되었으며, 1988년에는 국제적으로 그 가치를 인정받아 뉴질랜드에서 세 번째로 세계유산으로 지정되었다. **DH**

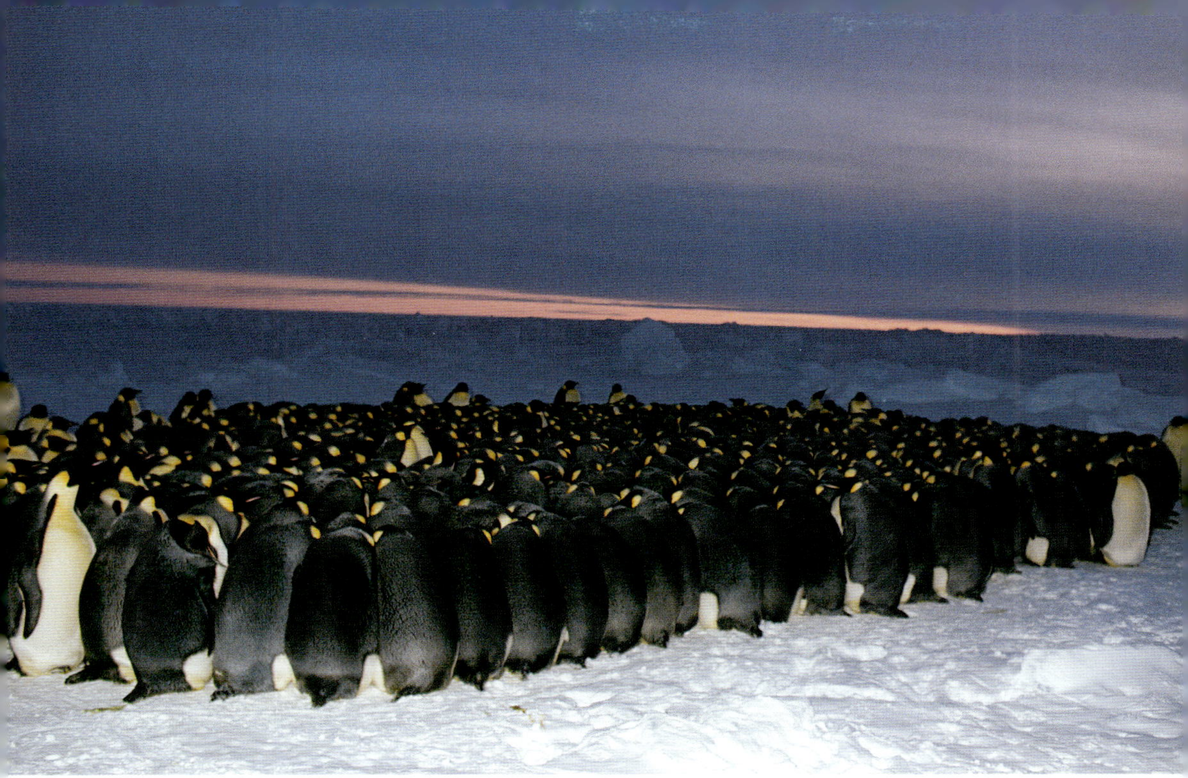

남극의 해빙과
황제펭귄

남극

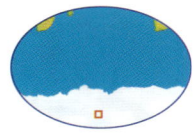

황제펭귄의 크기 : 1미터	
펭귄 토쳐의 수 : 최대 5,000개	
포란기 : 65일	

남극은 한겨울의 평균 기온이 영하 20도이며 바람은 시속 200킬로미터로 분다. 이런 혹독한 기후에도 해빙 위에는 수백 마리의 펭귄이 의연하게 서 있다. 이 펭귄들이 세계에서 가장 큰 황제펭귄으로 모두 수컷이다. 차가운 얼음을 피해 펭귄의 발 위에 아슬아슬하게 놓여 있는 것은 커다란 알 하나뿐이다. 펭귄은 알을 가죽이 접힌 곳의 단열이 잘되는 곳에 품어 따뜻하게 한다. 더불어 펭귄들은 몸을 최대한 붙여 거대한 '토쳐(tortue)'를 이루는데 무리의 중앙에 있으면 체지방을 덜 소모할 수 있다. 그래서 이들은 조금이라도 중앙으로 들어갈 기회를 잡으려고 천천히 나선 모양으로 걷는다. 수컷들은 5월에서 6월 사이에는 암컷과 함께 있다가 이후 수컷이 알을 받는다. 암컷은 수컷에게 알을 매우 조심스럽게 건네고 바다로 나가 먹이를 사냥하다가 봄이 되어야 돌아온다. 암컷이 돌아올 때는 알이 부화할 즈음인데, 새끼가 태어나면 암컷이 새끼의 육아를 모두 책임진다. 이제 수컷이 바다로 나간다. 남극의 한여름인 12월이 되면 새끼들은 독립해서 바다로 나간다. **MB**

아데어 곶

남극

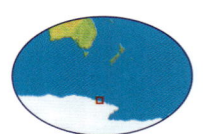

애드미럴티 산맥의 최고봉(민토 산) : 4,166미터

파브로필러의 좌표 : 남위 71.57, 동경 171.07

아데어 곶은 남극에서 가장 높은 산맥인 애드미럴티 산맥에 둘러싸인 빅토리아랜드의 끝단에 위치해 있다. 뉴질랜드에서 남극 대륙에 가장 가까운 곳으로 로스 해의 가장자리에 있다. 검은 조약돌이 깔린 평평하고 넓은 모래톱은 로버트슨 만에서 갈 수 있다. 이곳은 남극에서 아델리펭귄이 가장 많이 모여 사는 곳으로 펭귄의 수는 오십만 마리에서 백만 마리에 이른다. 아델리펭귄은 사람을 전혀 두려워하지 않기 때문에 관광객은 펭귄 사이에 앉아 펭귄의 구애행동과 새끼에게 먹이를 주는 모습을 지켜볼 수도 있다. 심지어 영역다툼을 벌이는 광경도 볼 수 있다.

아데어 곶은 남극에서 가장 오래된 정착지이기도 하다. 이곳에서는 1899년에 남극대륙에서 최초로 겨울 탐사대를 이끈 노르웨이인 카르스텐 보츠그레빙크가 지어서 살았던 오두막이 발견되기도 했다. 안타깝게도 남극에서 가장 오래된 무덤도 이곳에 있는데, 바로 카르스텐 탐험대 '서던크로스'의 일원이었던 니콜라이 한센의 무덤이다. 그는 1899년 10월 14일에 사망해 리들리비치에서 305미터 올라온 곳에 묻혔다. 그곳에서 멀지 않은 포인 섬(퍼제션 제도의 일부)의 동쪽에는 차가운 바다에 수직으로 곧장 솟은 바위기둥인 파브로필러가 있다. **MB**

트랜선탁틱 산맥

남극

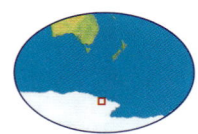

트랜선탁틱 산맥의 면적 : 583,943제곱킬로미터

최고봉(마크햄 산) : 4,351미터

트랜선탁틱 산맥은 로스 해의 빅토리아랜드에서 웨들 해의 코츠랜드까지 4,828킬로미터나 뻗어 있는데, 지리적으로나 지질학적으로 뚜렷하게 구별되는 두 지역으로 나뉜다. 동쪽의 아대륙은 해수면보다 더 높은 선캄브리아기 기반암 위에 자리 잡고 있으며, 이보다 더 작은 서쪽 지역은 대부분 바다에 잠겨 있다. 오스트레일리아와 남아프리카, 남아메리카에서 발견된 암석이 기반암과 비슷한 것으로 봐서 이 대륙의 출생의 비밀을 짐작할 수도 있다. 이는 트랜선탁틱 산맥이 바로 곤드와나 대륙에서 떨어져 나온 것으로 산맥은 남극에서 가장 길뿐만 아니라 세계에서 가장 긴 산맥이기도 하다. 하지만 대부분 깊은 빙원 아래에 묻혀 있어 정상 부분만 간신히 드러나 있다. 이렇게 빙원 위로 고개를 내민 봉우리들을 누나타크라고 부른다. 산은 지질학적으로 매우 복잡하다. 쥐라기 시대의 조립현무암층이 더 오래된 2억~4억 년 전 사암 지층 사이에 끼어있는 형태이다. 약 6,500만 년 전 신생대에 지각이 융기할 때 형성된 트랜선탁틱 산맥은 그 이후로도 비틀리고 기울어져 모양이 많이 바뀌었다. 이곳에서 발견되는 화석은 남극의 역사를 연구하는데 많은 도움이 된다. 로열소사이어티 산맥의 가파른 동쪽 안벽에도 이런 암석들이 많이 노출되어 있다. **DH**

극고원

남극

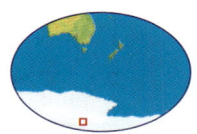

남극 빙원의 총면적 :	1,320만 제곱킬로미터
빙원의 평균 깊이 :	2.5킬로미터
빙원의 최대 깊이 :	윌키스랜드의 5킬로미터

해발 1.6킬로미터 높이의 극고원은 이스트안탁틱 빙상의 중심부에 자리 잡은 세계에서 가장 춥고 건조한 지역이다. 일 년 내내 극지방의 겨울에 계속되는 이곳은 러시아령 바스토크 연구기지의 기온이 항상 영하 50도를 유지한다. 1983년 7월 21일에는 영하 89.4도를 기록해 세계 기록을 세운 바 있다.

남극은 세계에서 가장 높은 대륙으로 평균 높이가 2,300미터에 달한다. 남극 대륙을 덮은 빙원은 전 세계 담수의 70퍼센트로 2,400만 제곱킬로미터에 달한다. 고원에 몰아치는 매서운 찬 공기 때문에 물이 증발하지 않아 남극 대륙의 내륙은 세계에서 가장 큰 사막이 되었다.

얼음은 일 년에 5~89센티미터의 속도로 형성되고 있으며, 이것을 바탕으로 빙상의 나이를 계산할 수 있다. 극고원의 얼음은 적어도 마이오세인 1,500만 년 전에 형성되었을 것으로 추정된다. 빙상은 무려 3,000만 세제곱미터가 넘는 얼음을 보유하고 있으며, 곳에 따라 너무 무거워서 육지를 해수면 아래로 밀어내기까지 한다. 이렇게 무거운 얼음이 없었다면 남극은 지금보다 457미터는 더 높았을 것이다. **DH**

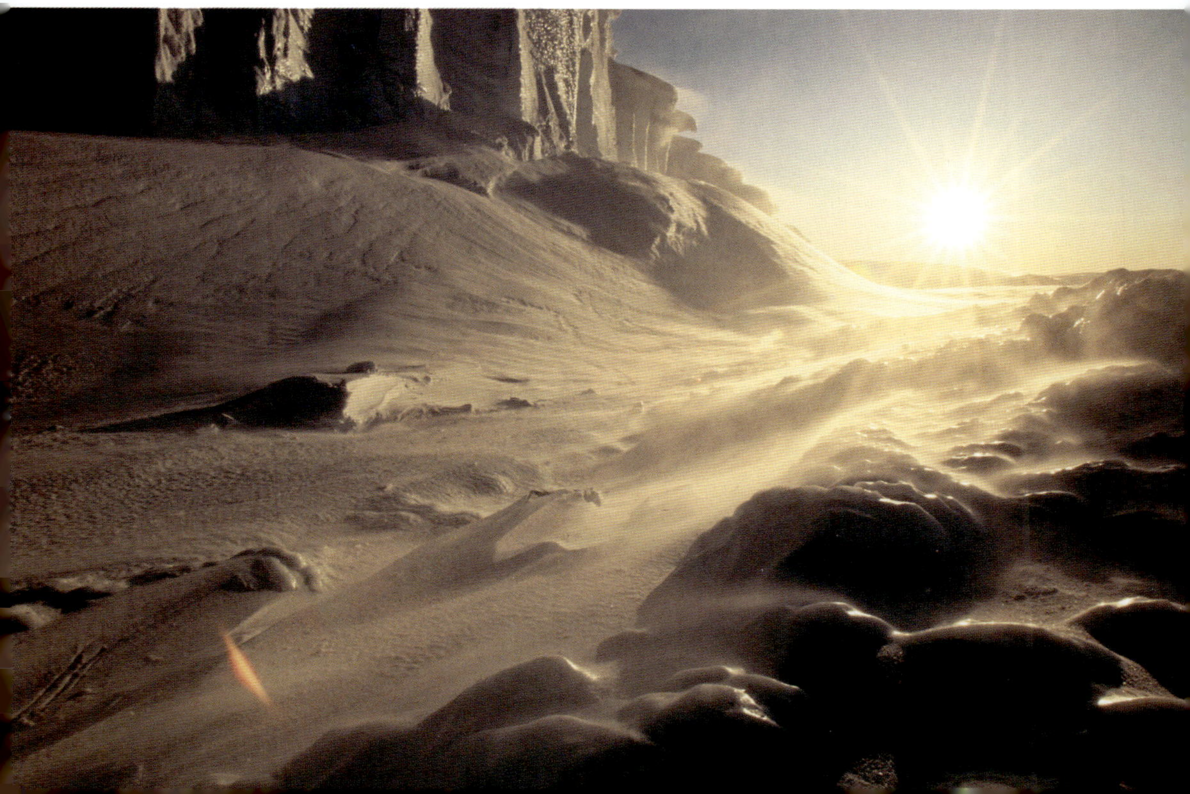

에러버스 산

남극

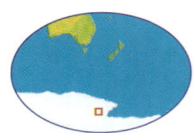

에러버스 산의 높이 : 3,794미터
바깥쪽 분화구의 폭 : 650미터

에러버스 산은 세계에서 가장 남쪽에 있는 화산으로 남극대륙에서 화산활동이 가장 활발하다. 로스 섬의 최고높이인 3,794미터의 정상에 있는 분화구는 언제나 자욱한 수증기 구름에 모습을 감추고 있다.

에러버스 섬은 지난 100년간 최소 여덟 차례나 폭발했다. 가장 최근에는 1972년부터 활동을 재개해 지금까지 계속어 오고 있으며, 폭이 8미터나 되는 거대한 화산 폭탄이 정상에서 폭발했다. 바깥쪽 분화구의 깊이는 100미터 정도인데 내부에는 깊이가 엇비슷한 분화구가 하나 더 있다. 그곳에 폭이 약 250미터로 부글거리는 용암 호수가 있다.

에러버스 산의 분노는 1908년에 섀클턴 탐험대가 처음으로 목격했는데, 그들은 이곳을 증기가 300미터 높이까지 솟아오르는 '거대한 심연'이라고 기록한 바 있다. 탐험대는 잠깐 날이 개인 틈을 타서 '용암 덩어리와 커다란 장석(長石) 결정, 속돌 조각'을 목격하기도 했다. 이외에도 에러버스 화산에는 거대한 빙하가 분포해 있다. 이 어마어마한 빙하들은 산의 옆구리에서 무자비하게 땅을 갈아대며 해안으로 흐르고 있다. 바다에 다다른 빙하는 섬의 북쪽과 서쪽에서 빙벽을 이루며 로스 해로 흘러들어가고, 동쪽 해안을 따라 로스 빙붕과 결합한다. **DH**

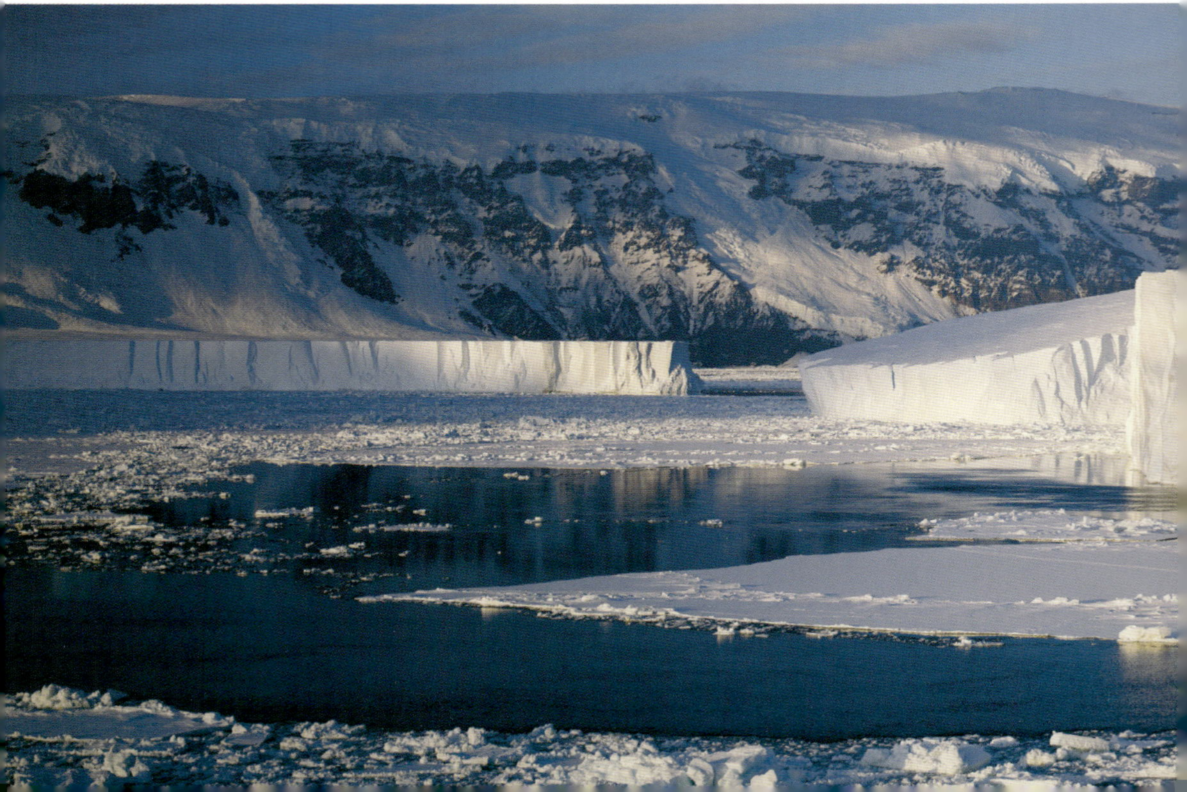

남극의 해빙

남극

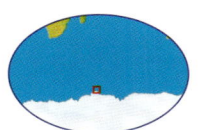

겨울철 얼음의 총면적 : 2,000만 제곱
킬로미터

여름철 얼음의 총면적 : 400만 제곱킬
로미터

남반구에 겨울이 찾아오면 남극의 해빙은 가장
자리가 얼어붙으면서 총 2,000만 제곱킬로미
터가 되어 대륙보다 더 넓은 지역을 뒤덮어버린다.
이 결빙 현상은 지구 최대의 자연현상이자 세계 기
후에서 가장 중요한 연중행사이기도 하다.

거대한 반사경인 이 얼음은 태양복사를 80퍼센
트까지 반사하며 대양과 대기의 열전도를 제한하
는 역할을 한다. 매일 얼음은 5킬로미터씩 전진해
서 1만 제곱킬로미터씩 늘어난다. 고요한 바다에서
는 '그리스아이스'라고 하는 육각형의 결정이 수면
에 형성되어 오색 광택을 발한다. 슬러리가 두꺼워
지면 '바늘얼음'이 형성된다. 그러면 곧 '엽빙'이라
는 얼음판이 형성된다. 위로는 눈이 내리고 아래로
바다가 얼면 얼음은 점점 두꺼워지면서 단단한 덩
어리가 되어 바다를 덮는다. 그러나 얼음 덩어리의
가장자리 부분은 파도와 바람에 떨어져 나와 해류
와 바람에 따라 떠다니게 되는데, 이것을 유빙이라
고 한다. 여름이 끝날 즈음이면 빙상은 최고 400만
제곱킬로미터까지 크기가 줄어든다. **DH**

아래 남극의 해빙의 빙벽

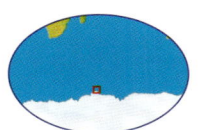

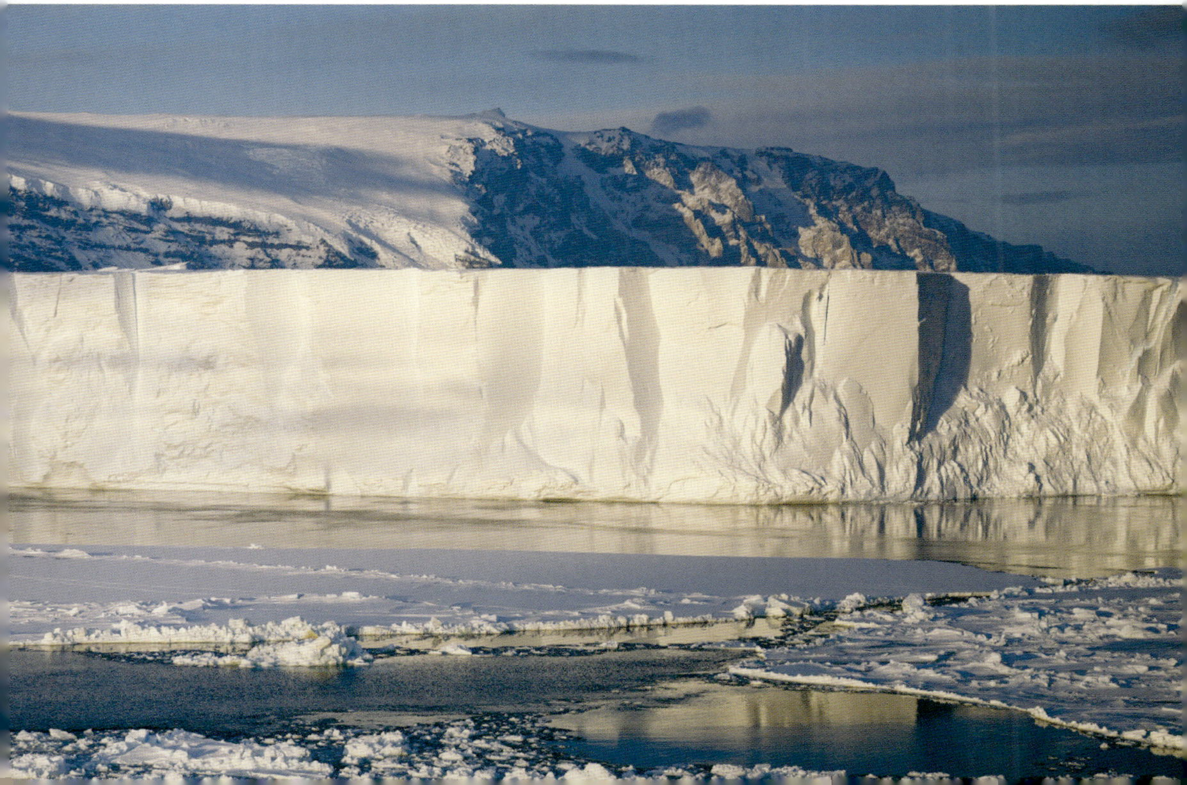

드라이밸리

남극

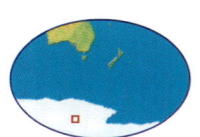

드라이밸리의 총면적 : 4,800제곱킬로미터
연평균 기온 : 영하 17~영하 20도
영구동토층의 깊이 : 240~970미터

드라이밸리는 남극에서 얼음이 없는 가장 넓은 곳으로 4,800제곱킬로미터 면적에 얼어붙은 호수, 말라붙은 하천, 건조한 바위부스러기 토양과 영구동토층이 형성되어 있다. 도저히 지구라고는 상상하기 어려운 황량하고 험한 지형 때문에 나사는 이곳에서 화성탐사선인 '바이킹 마스'의 테스트를 하기도 했다. 400만 년 전에 빙하가 이곳을 통해 후퇴하면서 지금과 같은 삭막한 풍경이 만들어졌다. 드라이밸리는 폭이 대략 5~10킬로미터 이며 길이는 15~50킬로미터 정도이다. 계곡은 매우 건조한데, 트랜선탁틱 산맥이 극고원에서 불어오는 얼음을 막아서고 있기 때문에다. 게다가 강수량 또한 거의 없으며(이곳에는 최소한 200만 년 동안 한 번도 비가 오지 않았다), 일 년에 10센티미터 남짓 오는 눈도 내리자마자 기체가 되어 날아간다. 이 지역의 토양은 돌처럼 딱딱해 이끼만 간신히 자란다. 또한 이곳에는 관다발 식물이나 척추동물은 전혀 없으며 곤충만 몇 종 살고 있다. 공기가 어찌나 건조한지 3,000년 전에 죽은 물개의 유해가 완벽한 미라로 발견되기도 했다. **DH**

남극반도

남극

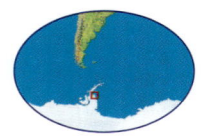

남극반도의 길이 : 1,287킬로미터
반도의 생성 시기 : 2억 2,500만 년 전
최고봉(앙베르 섬의 프랜시스 산) :
2,822미터

남극반도는 남극대륙에서 북쪽으로 반원을 이루며 1,287킬로미터 정도 뻗어 있다. 2,500~3,000미터의 봉우리들이 반도의 중추를 이루는 이곳은 남극에서 두 번째로 긴 산계이다. 안데스 산맥이 이곳까지 뻗어있는 이 반도는 일부가 바다에 잠긴 스코티아릿지를 거쳐 남아메리카와 이어져 있다. 스코티아릿지는 총 3,200킬로미터의 산계로 간간이 해수면으로 고개를 내밀고 있다. 사우스오크니스와 사우스샌드위치, 사우스조지아 제도가 모두 스코티아릿지에 속해 있다. 남극반도의 기후는 대륙의 나머지 지역보다 약간 온화한 편이다. 그래서 이끼, 지의류와 녹조류 등이 자라고 있다. 특히 섬의 서해안에 식물이 가장 풍부하게 서식한다. 해빙, 복잡한 피오르 해안, 빙폭, 가파른 빙하와 해안의 수많은 섬을 갖춘 반도는 바닷새, 물개와 펭귄들이 즐겨 찾는 번식지이다. 여름에는 범고래와 혹등고래, 향고래가 몰려와 이 섬을 찾은 크릴과 다른 동물들을 실컷 잡아먹는다. 19세기에는 물개잡이와 고래잡이배들이 이곳을 많이 찾았다. 이 지역이 발견되고 지도에까지 그려진 것은 그들의 공이 크다. 현재 영국과 아르헨티나, 칠레가 이 반도를 서로 자신의 영토라 주장하고 있다. 1978년 1월 7일에 최초의 남극 '원주민'이 남극반도에서 태어났다. **DH**

<u>오른쪽</u> 얼음 덩어리가 잔뜩 떠 있는 남극반도 앞바다

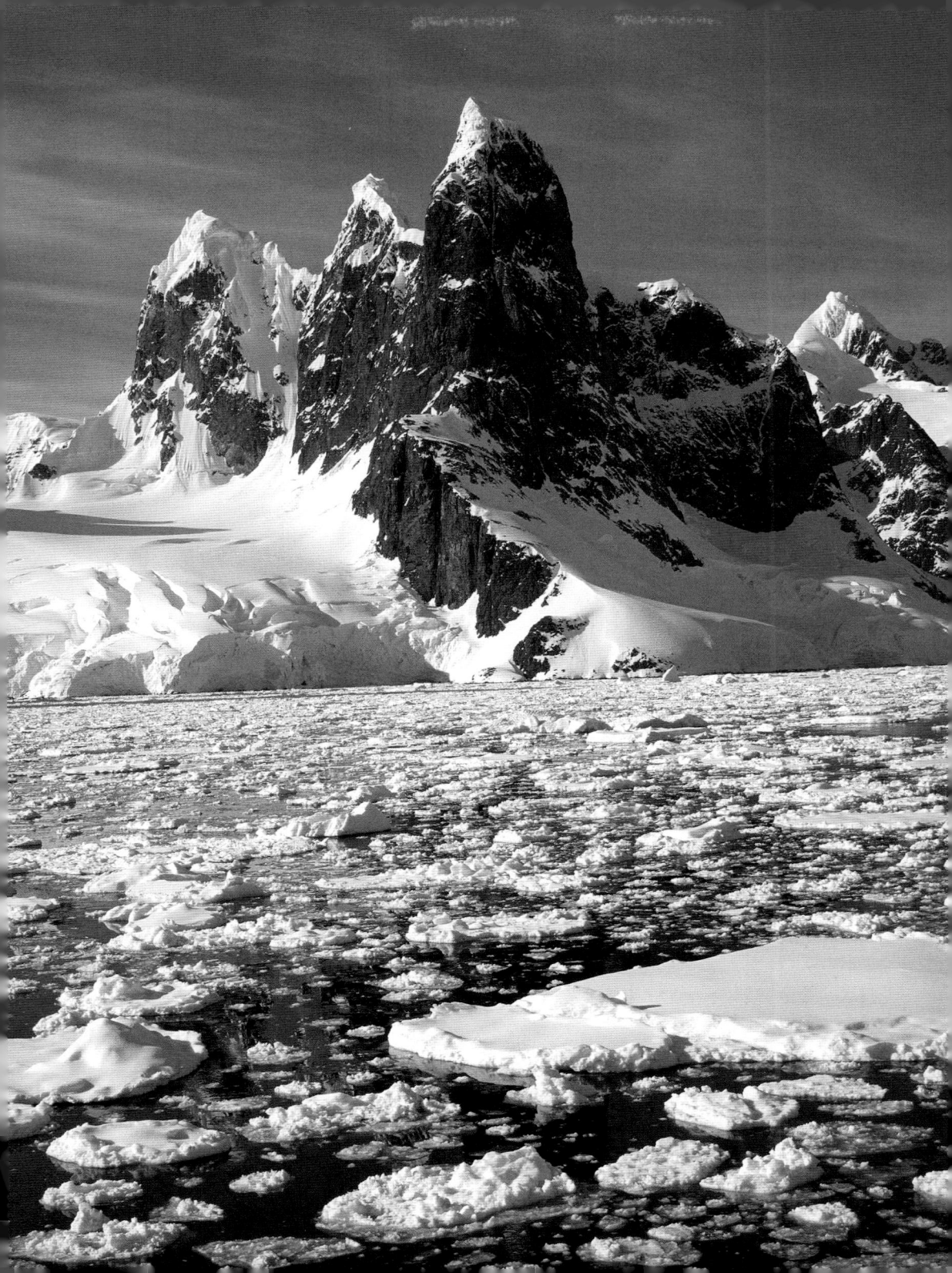

필자 소개

AB 애드리언 바넷은 열대생물학자이자 언론인으로 23개국을 여행하며 활동한 경력이 있다. 서아프리카와 남아메리카, 중앙아메리카의 오지에서 생물학 조사를 했으며, 아시아에서 여행 가이드로도 활동한 바넷은 현재 아마존의 늪지에서 영장류 보호 연구 프로그램에 참여하고 있다.

AC 앤드류 코퍼는 방송인이자 BBC NHU에서 프로듀서로 활동 중이다. 그는 전 세계를 여행했으며 지난 15년간 홀로 30개국 이상을 여행했다. 그가 만든 야생 다큐멘터리는 항상 시청률 톱10에 들며 해외로 팔려나갔다. 그는 여섯 권의 책을 쓴 저자로 BBC에서 출판한 책은 영국의 양장본 판매 순위에서 10위 내에 들기도 했다.

AH 애드리언 힐먼은 생태학을 전공했으며 잉글랜드의 자연보호단체에서 근무한 후 해외봉사단체에 들어가 타이로 갔다. 그는 원래 2년 동안 머물 생각이었지만 타이의 문화, 음식, 기후와 자연(특히 박쥐)에 매료되어 아직도 그곳에서 머물고 있다.

CC 크리스 콜은 독립을 한 후로 세계 곳곳을 두루 여행했다. 마다가스카르의 정글에서 애리조나의 사막까지, 몰디브의 산호초에서 히말라야 산맥의 진달래 숲까지. BBC의 NHU에서 근무한 덕택이었다. 최근에는 고향과 가까운 곳을 탐험하며 영국에 있는 작은 섬의 야생과 자연에 대한 시리즈를 촬영했다. 야생을 필름에 담는 작업과 함께 BBC에서 발행하는 여러 잡지에 글과 사진을 기고하고 있다. 안타깝게도 오로라를 보고 싶다는 그만의 평생의 꿈에 자금을 지원해 줄 사람은 아직 구하지 못했다고 한다.

CM 크리스 모시는 영국인으로 프랑스에 살고 있는 작가 겸 사진작가이다. 그는 스칸디나비아 반도에서 11년을 살면서 「옵저버」, 「타임즈」, 「데일리 메일」의 통신원으로 활동했다. 크리스는 유럽과 동남아시아를 광범위하게 여행했다. 특히 1987년에는 태국과 미얀마에서 옵저버지의 해외뉴스서비스에 기사를 기고했다.

CS 샬롯 스콧은 세계 일주를 몇 차례나 했다. 그녀는 오스트레일리아와 보르네오 섬, 북미, 케냐에서 해양생물학자와 TV 프로듀서로 일했으며 마다가스카르, 에콰도르, 보츠와나, 오만에서는 사진작가와 탐험가로 활동했다. 현재 BBC의 야생의 자연을 담는 프로그램을 만들고 있으며 TV 인기 시리즈인 「영국의 작은

섬 : 자연사」의 책을 썼다.

DBB 데이브 브라이언 버트빌은 자신이 '편한 관광'이라고 부르는 단기간의 가이드 여행보다는 오지를 오감으로 느낄 수 있는 여행을 즐긴다. 그래서 위스콘신 출신의 데이브는 서부 애리조나의 선인장 숲을 여행하고 옐로스톤 국립공원과 글레이셔 국립공원을 만끽한 후 알래스카의 툰드라를 여행했다. 이후 캘리포니아로 이사를 한 그는 요세미티와 하이시에라를 제2의 고향으로 삼았다. 최근 미 중부로 거처를 옮긴 버트빌은 니카라과와 파나마, 과테말라를 여행한 후 지금은 코스타리카의 중부 산악지대에서 살면서 글을 쓰고 있다.

DH 데이브 핸스포드는 수상 경력이 있는 사진작가 겸 작가이자 카메라맨으로 뉴질랜드의 웰링턴에 거주한다. 자연사, 지구 과학, 모험 여행과 환경을 전문으로 하는 그는 14년 동안 사진기자로 활동한 후 프리랜서 선언을 하고 '오리진 내추럴 히스토리 미디어'라는 멀티미디어 회사를 창업했다. 그는 「BBC 와일드라이프 매거진」, 「오스트레일리아 네이처」, 「액션 아시아」, 「NZ 지오그래픽」, 「리스너」, 「데스티네이션즈」, 「NZ 비즈니스」, 「와일더니스」, 「포리스트 & 버드」, 「시푸드」 지와 일을 하며 뉴질랜드와 오스트레일리아의 전국지와도 일을 하고 있다. 그는 '내추럴 히스토리 NZ'와 BBC의 '새의 생활'의 작업에도 참여했다. 일을 하지 않을 때는 항해, 등산, 산악자전거, 카약과 다이빙을 즐긴다. 모험을 향한 정열은 남극, 아프리카, 오스트레일리아, 중국과 파키스탄으로 그를 이끌었다.

DH 데이비드 헬턴은 미국인으로 일본, 멕시코, 사우디아라비아, 그리스, 아일랜드, 이탈리아, 스페인 등지에서 살았으며 현재는 영국에 살고 있다. 그는 「타임즈」와 「BBC 와일드라이프 매거진」에서 근무했으며 소설을 출판하기도 했다. 이외에도 TV 다큐멘터리 180편의 대본을 썼거나 편집을 했다. 현재 그는 프리랜서 과학전문작가로 신문과 잡지, TV에 가사를 기고하고 있다.

DL 데이비드 라젠비는 사진작가이자 작가와 화가, 디자이너로 활동하고 있다. 그는 요크셔에서 태어났지만 남아프리카 공화국에서 성장했다. 덴마크, 오스트레일리아와 미국에서도 살았다. 특히 동물, 열대 우림과 고고학에 관심이 많아서 전 세계로 수많은 탐사 여행을 떠났다. 남태평양 섬의 동굴에 남아 있는 2차 대전의 흔적을 찾아다니거나 고대 마야인들

의 신비로운 동굴을 탐험하기도 하는데, 여행의 주제는 종종 그가 기획하는 박물관과 자연사 전시회의 주제이기도 하다. 데이비드의 사진과 기사는 정기적으로 전 세계의 잡지와 책, 여행 가이드북에 등장한다.

GH 가이 힐리는 오스트레일리아에 거주하는 「BBC 와일드라이프 매거진」의 프리랜서 통신원이다. 그는 오스트레일리아의 요크 곶의 정글과 남부 야생지역의 오팔 광산을 탐험했으며 서부 킴벌리 지역에서 유명한 기브 강 트랙을 사륜구동으로 여행했다. 그는 태즈메이니아 주의 호바트에서 시드니까지 항해도 했다. 앞으로도 조국인 오스트레일리아를 탐험할 꿈을 간직하고 있다. 자신을 야생의 '비극'이라고 평가하는 가이는 바이런 베이의 해안가에 살면서 뱀상어를 피하며 서핑을 할지 글을 쓸지 고민을 하고 있다.

GM 제프리 매슬린은 멜버른에 살고 있는 프리랜서 기자로 다양한 나라의 신문과 잡지에 기사를 기고하고 있다. 그는 오스트레일리아의 모든 주와 준주를 여행했으며 지구상의 모든 대륙을 방문했다.

HL 휴고 레가트는 1940년에 데번의 엑서터에서 태어났다. 2차 대전이 끝나자마자 남아프리카 공화국으로 이주를 했다. 그는 케이프타운 대학의 물리학과를 졸업했고 그곳에서 평생 교편을 잡았다. 그는 1964년에 우간다의 캄팔라에서 헬렌과 결혼했는데, 그녀는 러시아인과 그리스인을 조상으로 두었다. 부부는 아들 셋과 손자 넷이 있다. 언제나 여행에 관심이 많았던 휴고는 아프리카의 남부와 동부, 유럽, 러시아, 터키, 이스라엘, 요르단과 인도를 여행했다. 지금은 은퇴하고 남아프리카 공화국의 나부 지역에서 발견된 암각화 연구에 노력을 쏟고 있다.

JD 제니 데빗은 평생 여행을 다녔다. 노스웨일스에서 태어난 제니는 아프리카 남부에서 어린 시절을 보냈으며, 그후로 수많은 나라를 방문하며 활동해 왔다. 오지인 베르데 곶 외에 멕시코, 오스트레일리아, 보스니아, 세이셸, 히말라야의 부탄과 네팔 등을 여행한 제니의 글과 방송은 국제적으로 알려져 있다. 현재 남프랑스 피레네 산맥의 한적한 시골에 살면서 고가를 복원하고 있다.

JK 조 케네디는 작가이자 TV 다큐멘터리 프로듀서로 자연사와 과학, 모험 프로그램을 만들고 있다. 그는 아프리카, 아시아, 유럽과 북미

등 세계 곳곳을 여행한 경험이 있다. 그는 자연을 담기 위해 일 년에 몇 달은 세계에서 가장 오지이지만 아름다운 곳에서 보낸다. 촬영을 하지 않을 때면 풍경 사진을 찍는다는 그는 캐나다 출신이라 북극과 그곳의 원주민들에게 특별한 관심을 가지고 있다.

MB 마이클 브라이트는 BBC의 자연사팀(NHU)의 수석 프로듀서이자 75권에 달하는 책의 저자이다. 그는 「안데스에서 아마존까지(BBC)」와 「상어(스미소니언 자연사 박물관)」, 「식인종(롭슨)」, 「새들의 사생활(벤텀)」의 저자이다. 또한 리더스 다이제스트의 '야생의 사계'와 '자연의 비밀을 찾아서', 돌링 킨더슬리(DK) 출판사의 '동물 백과사전'과 같은 여러 프로젝트에 고문 편집자로 활동했다. 이외에도 BBC의 8부작 시리즈인 '영국의 작은 섬들'을 감독했다. '북극곰의 전장', '백상아리 레드트라이앵글'과 '크로싱' 등은 모두 그의 작품이며, '스페인의 야생'과 '개미의 역습'도 곧 방송될 예정이다.

MB 마크 브라질은 작가이자 칼럼니스트 겸 자연 안내자로 활동하고 있다. 그는 수많은 나라에서 일했지만 지금은 일본에 살고 있으며, 자신의 저서인 「일본의 새들」과 「큰고니」로 유명세를 얻은 바 있다. 일본의 생태에 매료된 마크는 이 나라 자연사 분야의 권위자로 특히 홋카이도에 관해 정통하다. 현재 그는 삿포로 근처의 라쿠노가쿠엔대학에서 생물다양성 및 보존생태학 교수로 재임 중이다. TRAFFIC(야생동물 거래감시단체) 일본 지부와 일본 야생조류협회, WWF(세계야생생물기금) 일본 지부의 프로젝트들을 수행하고 있는 그는 「BBC 와일드라이프 매거진」와 「재팬 타임즈」에 정기적으로 기고하고 있다.

MM 매리 매클리오드는 동물 행동을 연구하기 위해 전 세계를 여행했다. 그녀는 인도에서 랑구르원숭이의 습성을 연구했으며 오스트레일리아의 동해안에서 혹등고래를 연구했다. 아마존의 삼림보호지역에서는 원숭이를 비롯한 다양한 동물의 방사 프로젝트에 참여했다. 그녀는 남아프리카 공화국의 크와줄루 나탈의 사구 주변에서 이 년 동안 사망고원숭이를 추적하며 연구를 해 박사학위를 받았다. 매리는 동아프리카, 인도네시아와 남태평양을 여행했다. 현재 그녀는 프리랜서 기자로 활동 중이다.

MW 마틴 윌리엄스는 야생과 자연보호에 큰 관심을 가지고 있는 작가 겸 사진작가이다. 1980년대에는 베이다이허, 중국 동부 등지에서 철새의 이동 연구를 수행했으며 현재 홍콩

에 살고 있다. 홍콩에 매료된 마틴은 그곳을 베이스캠프 삼아 동아시아를 여행하고 있다. 새를 관찰하는 여행길에서 글을 쓰고 생물다양성 연구를 수행하며 야생의 생활을 즐기는 마틴은 인도네시아의 화산에서 내몽고의 스텝 초원을, 말레이시아의 열대 우림에서 히말라야 산맥의 동부 지역을 탐험했다.

NA 닉 앳킨슨은 생물학자로 노팅엄대학에서 동물학을 전공하고 에딘버러대학에서 박사학위를 받았다. 그는 박사 논문에서 '유럽무당개구리 두 종 사이의 이종 지역'에 관한 연구를 다루었는데 이 논문을 위해 중부유럽에서 폴란드, 슬로바키아, 헝가리, 루마니아를 지나 발칸 반도에 이르는 광범위한 지역의 현장을 조사했다. 현재 뉴캐슬대학에서 강의를 하며 「BBC 와일드라이프 매거진」, 「내추럴 히스토리」, 「사이언티스트」 같은 유명 과학지에 정기적으로 기고하고 있다.

PG 피터 진은 지난 28년간 짐바브웨의 피서 하우스 스쿨에서 교편을 잡았지만 지금은 짐바브웨와 잠비아, 보츠와나, 마다가스카르에서 사파리를 운영하고 있다. 처음에는 새 관찰 사파리로 시작했지만 지금은 새와 함께 전반적인 자연사를 모두 다루고 있다. 피터는 일곱 권의 책을 썼고 「남아프리카 조류 완전정복」의 책임편집을 맡은 바 있다. 500종이 넘는 조류의 슬라이드를 보관하고 있는 그의 직업은 교사이지만 새에 관한 지식과 사진 자료를 바탕으로 자연보호에 대해 사람들의 관심을 모으려고 노력하고 있다.

PT 페니 터너는 애버딘 대학을 졸업했으며 지금은 그리스 북부에서 살고 있다. 그곳에서 그리스와 발칸 반도를 둘러보는 자연사 투어의 가이드를 하고 있는 그녀는 그리스의 모든 주요 환경단체에서 근무했으며 국제말보호연맹의 컨설턴트로 여러 지역을 여행했다. 페니는 현재 그리스에서 경마 학교를 설립해 운영 중이며 말을 타고 그리스 산악지방을 여행했다. 최근에 자신의 말인 조지를 타고 그리스를 횡단하는 1,000마일 트랙을 종주했다. 그녀는 「BBC 야생생물 매거진」의 올해의 자연작가상을 공동 수상했다.

RA 레이첼 애쉬튼은 12년간 「BBC 와일드라이프 매거진」에서 근무했다. 자연사 중 특히 해양생물학 분야와 환경 문제에 관심을 가져온 그녀는 현재 해양지역 여행을 주선하는 여행사인 '오션워더러즈'를 운영하며 사람들이 고래상어나 해우와 함께 헤엄치거나 고래, 돌고

래, 상어를 직접 볼 기회를 제공하고 있다.

RC 롭 콜리스는 BBC에서 자연사를 전문으로 하는 연구사서이다. 롭은 대학원에서 생태학과 정보학을 전공하고 있으며 BBC NHU에서 제작하는 자연과 야생에 관한 다큐멘터리 작업에 자료를 제공하고 있다. 그는 주로 아일랜드, 프랑스, 스페인, 그리스, 벨기에, 이탈리아와 덴마크 등지를 여행했다.

TC 탐신 컨스터블은 자연사에 특별한 관심이 있는 프리랜서 작가이다. 그녀는 탄자니아와 카메룬, 말리에서 어린 시절을 보냈으며 아프리카를 광범위하게 여행했다. 그녀는 동물학과 심리학을 공부한 후 런던의 시티대학에서 언론 과정을 밟았다. 「BBC 와일드라이프 매거진」에서 6년을 근무한 후 프리랜서 선언을 한 탐신은 다큐멘터리의 대본 외에도 침팬지에 관한 저술과 여행 기사, 광고 카피, 편집 일을 하고 있으며, 현재 웨스트요크셔의 리즈에 살고 있다.

TF 테레사 파리노는 환경 문제를 전문으로 하는 영국 작가로 1986년부터 스페인 북부의 피코스 데 유로파에서 살고 있다. 테레사는 야생의 자연과 여행에 관한 책을 많이 썼다. 그녀의 저서로는 「살아있는 세상(1989)」, 「상어-궁극의 포식자(1990)」, 「야생화 사진 백과사전(1991)」, 「북스페인의 풍경 : 피코스 데 유로파(1996)」, 「바르셀로나와 코스타브라바의 풍경(2003)」, 「여행자를 위한 자연 가이드 : 스페인(2004)」 등이 있다. 테레사는 스페인과 포르투갈의 야생 안식년제를 정기적으로 시행하는 운동을 이끌고 있다.

용어 사전

U자형 계곡 : 유자곡 혹은 빙하곡으로도 불린다. 빙하 작용으로 만들어져 단면이 U자이며 양쪽 벽이 수직에 가까울 정도로 가파르고 바닥이 평평한 계곡이다.

가시두더지 : 오스트레일리아, 태즈메이니아, 뉴기니 등에 살며, 이가 없고 온 몸이 가시로 덮인 야생성 포유류이다. 기다란 혀와 길고 단단한 갈고리 발톱이 있으며 주로 개미를 먹고 산다.

간헐천 : 뜨거운 물과 수증기 등이 일정한 시간 간격을 두고 분출하는 온천

개쑥갓 : 유라시아 대륙에서 자라는 잡초로 들쑥갓이라고도 불리며 작고 노란 꽃이 핀다.

겜복 : 옆구리에 넓고 검은 띠무늬가 있는 남아프리카의 큰 영양

경석 : 속돌이라고도 불리는 밝은 색깔의 거품 같은 화산암이다. 환산의 용암이 갑자기 식어서 생겼기 때문에 구멍이 많고 가볍다.

경석고 : 석회가 황산화된 것으로, 석고보다 더 단단한 황산염 광물이다. 흰색이나 연한 푸른 기가 도는 광물로, 대개 덩어리를 이루며 물을 흡수하면 석고가 된다.

고래류 : 고래와 돌고래를 포함하는 해양 포유류 무리

고인돌 : 돌로 만들어진 선사시대의 유적이다. 주로 우뚝 선 돌과 그 위에 올린 돌로 이루어져 있다.

고철질암 : 마그네슘과 철을 풍부하게 함유하고 있는 검은색 광물

곤드와나 대륙 : 약 3억 년 전인 고생대 후기부터 1억 년 전인 중생대 중반까지 남반구를 존재했을 것으로 추측하는 초대륙이다.

관입암 : 마그마가 땅속의 바위와 바위 사이에 끼어들어가 굳어서 된 화성암의 하나

구석기시대 : 가장 오래 된 석기 시대로. 원시 인류가 돌을 깨뜨려 연장을 만들어 사냥을 하거나 열매를 따 먹던 시대이다.

군도 : 무리를 이루고 있는 크고 작은 섬들의 집합

권곡 : 빙하의 침식작용에 의하여 깊고 가파른 벽이 반달 모양으로 우묵하게 된 분지이다.

그농 : 긴꼬리원숭이속을 가리킨다. 몸집이 작은 아프리카 원숭이인데 팔다리와 꼬리가 길고 얼굴 주변에 긴 털이 나 있다.

그라이크 : 석회암 절리를 따라서 암석이 용해되어 생긴 빈틈이다.

극피동물 : 몸은 방사대칭 형태이고 다리는 관처럼 생긴 해양 무척추동물을 말한다. 갯나리류, 해삼류, 불가사리류, 성게류, 거미불가사리류의 5강(綱)을 포함한다.

나가나병 : 아프리카의 가축이 걸리는 트리파노소마병의 다른 이름이다. 주로 체체파리가 옮기며 소나 말 등에 유행하는 무서운 열병이다.

뇌조 : 북극과 아북극에 서식하는 커다란 조류로 발에도 깃털이 나 있다. 겨울이 되면 깃털이 희게 변한다.

다이커 : 소목 소과 다이커아과에 속하는 포유류의 총칭으로 사하라 사막 이남 지역에 서식한다.

대륙지각 : 대륙과 대륙의 연장 부분을 이루고 있는 지각의 단단한 바깥쪽 층

대수층 : 엄청난 양의 지하수를 품고 있는 암반층이다. 우물이나 샘으로 끌어올릴 수 있다.

데본기 : 고생대를 여섯으로 나눌 때, 네 번째 시대에 해당한다. 약 3억 4,500만년에서 4억 년 전의 5000만 년 동안의 기간이다 .

돌리네 : 석회암지대인 카르스트 지형에서 발견되는 움푹 패인 땅

돔 : 주로 단면이 원형인 화산에서 흘러나온, 점성이 있는 용암으로 만들어진 지형을 말한다. 경사가 가파르고 정상 부분은 뾰족하거나 둥글거나 평평하다. 돔이 커지면서 상대적으로 더 많이 식은 바깥쪽이 부서지면서 표면에 거칠고 모난 곳이 많다.

듀공 : 꼬리지느러미는 고래처럼 갈라지고 앞발에는 발톱이 없는 수생 초식 동물이다. 수컷의 경우 위쪽의 앞니가 짧은 엄니로 바뀐다. 해우와 친족관계이며 수온이 높은 해안 지역에 서식한다.

딥테로카프 : 딥테로카파케아에 과의 상록수이다. 양쪽으로 달린 열매가 열리는 나무로 아시아의 열대 지역에서 자란다. 목재로 가치가 높으며 향기로운 기름과 송진이 나온다.

라하르 : 화산이류 또는 토석류. 호우 뒤에 화산지역에 발생하는 암괴토사와 물의 혼합물이 홍수처럼 흘러내리는 현상을 가리킨다.

로마스 : 작은 언덕.

리드벅 : 남아프리카에 가늘고 긴 사지를 가진 중간 크기의 아름다운 영양이다.

리아나 : 열대우림에서 주로 자라며 땅에 뿌리를 내리는 덩굴 식물

리추에 : 아프리카의 습한 초원에 사는 황갈색 영양이며 현재 멸종위기에 처해 있다.

마그마 체임버 : 가스가 풍부한 액체 마그마가 모여 있는 지하 공간이다. 이곳에 있던 마그마가 화산으로 유입되면서 화산 폭발이 일어난다.

마그마 : 엄청나게 뜨거운 지하에서 액체 상태로 녹아 있는 암석질 물질

마도요 : 도욧과의 겨울 철새로 도요새 가운데 가장 크며, 갈색에 검은 무늬가 많다. 생김새는 멧도요와 가깝지만 부리 끝부분이 구부러져 있다.

마이어(진창) : 늪이나 소택지처럼 습하고 푹신푹신한 땅

마이오세 : 신생대 제3기를 5분하였을 때 4번째의 지질 시대. 지금으로부터 약 2400만 년 전부터 510만 년 전까지의 기간이다.

마키 식생 : 키가 작고 잎이 단단하며 열을 좋아하는 상록수의 식생으로 다양한 고도의 초염기성 토양에서만 자란다.

맨틀 : 지구 내부의 지각과 핵 사이에 있는 중간층

머드 포트 : 뜨겁고, 대개는 부글부글 끓어오르는, 진흙으로 가득 찬 움푹 파인 곳이다. 머드가 부글거리다가 터지면 증기가 빠져나간다.

메사 : 꼭대기는 평탄하고 둘레는 가파른 비탈인, 외로이 우뚝 솟은 탁상 모양의 지형이다.

모니터 도마뱀 : 아프리카, 아시아와 오스트레일리아에 서식하는 거대한 열대 육식성 도마뱀. 악어를 경고하기 위해 꾸며낸 것이라는 얘기도 있다.

목도리도요 : 목이 길고 머리는 작으며 짧은 부리가 아래로 살짝 구부러져 있다. 중간 길이의 다리는 주황색이거나 붉은색이다. 뒷머리와 목덜미에서 앞가슴에 두루 걸치는 긴 깃이 마치 목도리를 두르고 있는 것 같아 붙여진 이름이다.

무기 : 생산 석기 시대와 철기 시대의 중간 시대이다. 도구와 같은 주요 기구를 청동으로 만들어 사용했다.

민물도요 : 북부 지방이나 북극 지역에서 번식하는 도요과의 새로, 미국 남부지방이나 지중해에서 겨울을 난다.

반암 : 화학 조성에 관계하지 않고 더 미세한 광물의 기질 속에 들어가 있는, 반점 모양의 결정을 가진 화성암

발구지 : 영국에 서식하는 작은 오리로, 그 수가 적으며 매우 은밀히 번식한다. 청둥오리보다 작고 물오리보다는 약간 크다. 수컷은 눈 위에 넓고 하얀 띠가 있어서 알아보기가 쉽다. 날 때 보면 연한 파란색의 앞날개가 보인다. 물을 튀기듯이 먹이를 먹는다.

범람원 : 홍수 때 하수가 평상시의 유로보다 넘쳐서 범람하는 범위의 평야이다. 물에 잠긴 지역이나 퇴적물로 평지가 형성된다.

벨트 : 나무가 자라는 남아프리카의 초원

보아브 : 통나무처럼 부풀어 오른 줄기에서 가지들이 방사형으로 뻗어나가는 거대한 나무

복합화산 : 단순한 구조의 화산체가 여러 번 분화하여 형태가 복잡하게 된 화산. 경사가 가파르며 용암과 화산쇄설물질이 함께 분포해 있다.

봉고 : 중앙아프리카의 숲에 사는 거대한 산양으로 털은 적갈색이며 나선형의 흰 줄무늬 뿔이 나 있다.

부시벅 : 영양의 한 종류로 몸의 높이는 90cm 정도이며 하얀 무늬가 있고 뿔이 꼬였다.

부정합 : 지층이 퇴적될 때 불연속적으로 쌓여서 지질학적으로 공백이 생긴 현상. 퇴적암이 쌓인 순서에 맞지 않는 지층이 끼어있다거나 침식된 화성암들과 그 이후에 만들어진 퇴적층 사이에 발생한 공백 등을 예로 들 수 있다. 이런 현상이 발생하는 이유는 상당 기간 동안 퇴적을 중단시킨 어떤 변화가 발생했기 때문이다. 지각변동이 여러 차례 반복되어 부정합면이 여러 개 발견되면, 그 부정합면을 단서로 지각변동이 일어난 순서를 찾고 각 지각변동의 성격과 성질을 밝힐 수 있다.

분기공 : 연기가 뿜어져 나오는 화산의 분기공을 가리키는 말이다.

분출구 : 화산에서 만들어진 물질이 새어 나오는 지표면의 틈

붉은부리까마귀 : 다리가 붉고 깃털에 윤기가 나는 검은색 유럽 까마귀

브롬 : 비금속 원소인 할로겐족 원소의 하나로 불쾌한 자극성의 냄새가 나며 무겁고 휘발성과 부식성이 있다. 해수에 함유되어 있다.

블루홀 : 동굴이나 싱크홀에 물이 들어찬 곳으로 물이 무척이나 푸르다.

비큐나 : 혹이 없는 낙타

빙퇴석(모레인) : 빙하에 의해 운반되어 하류에 쌓인 흙이나 돌무더기

빙하 분리 : 대양이나 호수로 빙괴가 떨어져 내리면서 빙하의 크기가 줄어드는 것

빙하기 : 지금으로부터 약 70만 년 전쯤에 지구상의 기후가 몹시 추워서 북반구의 대부분이 대규모의 빙하로 덮여 있던 시대

사화산 : 현재 화산 폭발이 일어나지 않으며 앞으로도 화산 활동이 일어날 것 같지 않은 화산

산괴 : 단층으로 인하여 산줄기에서 따로 떨어져 있는 산 덩어리로 단일한 상태를 유지한다.

산성 : 수소 이온 농도 지수(pH) 7 미만으로 물에 녹으면 신맛을 내고 청색 리트머스 시험지를 붉은색으로 변화시키며 염기를 중화시켜 염을 만든다. 수소 이온의 농도가 순수한 물보다 크다.

살아 있는 화석 : 렐릭 혹은 렐릭트라고도 부르며 과거 지구상에서 번성했던 생물로서 거의 멸종상태였던 것이 특별한 환경 속에서만 약간 생존하고 있는 것을 가리킨다.

석고 : 황산칼슘의 수화물로 된 광석의 한 종류이다. 주로 안료나 분필을 만들고 모형이나 조각의 재료로 쓰기도 한다.

석기시대 : 인류의 문명사에서 가장 초기에 해당하며 돌로 만든 도구만을 사용했다. 구석기와 신석기로 나뉜다. 애추 : 가파른 낭떠러지 밑이나 경사진 산허리에 풍화작용으로 떨어져서 고깔 모양으로 쌓인 흙모래나 돌 부스러기

석순 : 돌순이라고도 부르며 석회 동굴의 돌고드름에서 방울방울 떨어지는, 탄산석회가 섞인 물방울이 엉겨서 된 죽순 모양의 돌기물.

석탄기 : 고생대 데본기와 페름기의 중간에 있었던 지질 시대의 하나이다. 페름기로 나뉜다.

선돌 : 석기 시대에 큰 돌을 기둥 모양으로 세워 놓은 기념비이다. 주로 프랑스 북부와 영국에서 발견된다.

선상지 : 있는 골짜기에서 발원한 하천에 의하여 운반된 자갈과 모래가 평지를 향하여 부채 모양으로 퇴적하여 이루어진 충적지. 골짜기 어귀를 선정, 말단 부분을 선단, 중간 부분을 선앙이라고 부른다.

선캄브리아대 : 캄브리아기 이전의 지질 시대. 약 40억 년 전부터 6억 년 전까지를 이르거나 이 시기에 형성된 암석을 일컫기도 한다. 시생대와 원생대로 구분된다.

섬록암 : 각섬석과 사장석을 주성분으로 하며 낱알 모양의 결정으로 된 관입암이다.

성층 화산 : 분출된 용암의 부스러기나 화산재가 분화구의 주위에 쌓여 층을 이룬 원뿔 모양의 화산.

세라도 : 브라질의 초원으로, 풀이 무성하며 드문드문 나무가 자란다.

소철 : 소철과의 열대산 상록 교목으로, 쥐라기 때는 세계 각지에서 흔히 볼 수 있는 식물이었다.

수산화칼륨 : 칼륨의 수산화물이다. 탄산칼륨의 묽은 용액에 석회수를 넣어 침전물로 얻을

수 있다. 조해성·부식성이 있고 물에 녹으면서 열을 내는데 탄산가스의 흡수제·비누의 제조·시약 또는 부식제로 널리 쓰인다.

스텝 : 유라시아대륙 중위도에 위치한 나무가 자라지 않는 광활한 온대초원지대를 가리킨다. 원래는 우크라이나에서 카자흐스탄에 걸친 광대한 온대초원을 가리키는 말이었으나, 독일의 기후학자 W. 쾨펜이 세계의 기후를 구분할 때 열대초원까지 포함해서 스텝기후를 설정했기 때문에 그 적용범위가 확대된 것이다.

스트로마톨라이트 : 미생물에 의해 형성된 암석으로 탄산염이 풍부하다.

시신세 : 신생대 제삼기의 두 번째의 시대 즉 4,000만년에서 5,800만 년 전으로 현대적인 포유류가 출현한 시기이다.

시에라 : 톱니 모양의 뾰족뾰족한 산맥을 일컫는다.

시타퉁가영양 : 물소의 한 종류.

시클리드 : 아메리카, 아프리카, 아시아의 열대기후 지역에 서식하는 담수어로 아메리카 개복치와 비슷하다. 종류에 따라 식용도 가능하며 크기가 작은 종류는 관상용으로 인기가 높다.

식물성 플랑크톤 : 광합성을 하거나 식물로 이루어진 플랑크톤을 말한다. 주로 단세포 조류가 해당된다.

신석기시대 : 석기시대에서 가장 최근의 시대로 문화가 가장 진보하였으며 씨족 사회를 형성하기 시작하였다.

실리카 : 이산화규소를 일컫는 말로, 규소에 두 원자의 산소가 결합한 물질이다.

싱크홀 : 석회암 지대에 형성된 커다란 구멍으로 지하의 동굴이나 통로로 이어진다.

아노말루르 : 커다랗고 비늘이 있는 꼬리가 달린 날다람쥐

아레트 : 험준한 산악 지대에서 볼 수 있는 뾰족한 산등성이

아리바다 : 엄청난 수의 바다거북들이 산란을 하려고 모여드는 것

아리베 : 강에 만들어진 협곡

안산암 : 짙은 회색의 화산암으로 단단하고 견디는 힘이 강하다.

알칼리성 : 염류와 관련이 있거나 함유하고 있는. pH 7 이상

암모나이트 : 나사조개의 하나로 고생대 실루리아기에서 중생대 백악기까지의 지층에서 발견되며 특히 중생대에 많다. 껍질이 나선 모양을 하고 있다.

암상 : 마그마가 지표나 지층 사이에 관입해 판자 모양으로 퍼져서 굳어진 것이다.

야노스 : 남아메리카 북부 오리노코강 유역에 분포하는 관목이 섞인 초원 지대

엽록소 : 빛 에너지를 유기 화합물 합성을 통하여 화학 에너지로 전환시키는 녹색 색소이다.

오르도비스기 : 고생대의 두 번째 지질시대로 캄브리아기와 실루리아기 사이의 약 5억 900만 년 전부터 약 4억 4600만 년 전까지의 약 6300만 년의 기간에 해당한다. 녹조와 해초 등이 나타났다.

오카피 : 아프리카에 사는 기린과 비슷한 동물. 기린에 비해 목이 더 짧고 다리에 줄무늬가 있다.

외좌층 : 이전에 광범위하게 분포했던 암석의 일부가 남아 있는 것으로서 침식에 의해 고립되어 있으며 주요 지층과 다르게 분류되거나 특성이 다른 지형이다.

용암 : 화산이 분화할 때 분화구에서 분출한 마그마 또는 그것이 식어서 굳어진 바위를 가리킨다.

용암류 : 지하로부터 상승한 마그마가 지표면의 갈라진 틈이나 배출구 등에서 분출되어 혀나 종이 모양의 용융 상태로 있는 것

용암원정구 : 점성이 강한 용암이 단 한 번에 분출하여 굳어서 생긴 화산

용암튜브 : 용암류의 내부가 흘러 나가고 표면의 껍데기부분만 남아 굳어서 터널을 이룬 곳을 말한다. 큰 용암튜브를 용암굴이라고 부른다.

우각호 : 곡류의 바깥쪽은 침식이, 안쪽은 퇴적이 일어나 더욱 곡류가 심해지고 본류에 의해 일시적으로 잘리면서 쇠뿔 모양의 호수가 생긴다.

우산이끼 : 습지와 물가에서 주로 자라는 작고 녹색의 선태식물

워터벅 : 아프리카 영양으로 뿔이 휘어져 있으며 습지나 강가에서 주로 발견된다.

원생대 : 지질시대 구분에서 시생대와 고생대의 사이에 있는 시대이다. 지금까지 알려진 그 어떤 지질시대보다 기간이 길다. 이 시기에 형성된 암석에는 조류와 같은 진핵세포생물이 최초로 출현하였음을 보여주는 화석이 들어 있다.

유로스 : 호수 원주민 언어.

유문암 : 이산화규소를 가장 많이 함유한 화산암의 일종으로 매우 산성이며 화학조성은 화강암과 같다.

유석 흐름돌 : 동굴 바닥이나 벽을 얇게 덮고 있는 아름다운 종유석을 가리킨다.

응결응회암 : 화산재와 쇄설류가 광범위한 지역에 쌓이고 응결해서 형성된 암석. 응결응회암이라는 용어는 원래 치밀하게 밀착해 있는 퇴적물만 지칭했으나 지금은 그렇지 않은 퇴적물도 포함하고 있다.

응회암 : 화산에서 뿜어져 나온 재와 모래가 물밑에 쌓여서 눌려 굳어진 바윗돌

이류 : 수분을 흠뻑 함유한 흙이 흐르는 것으로, 이동 중에는 유동성이 매우 높다. 수분이 적을 경우 토석류라고 부르며 특히 화산의 측면에서 발생한 이류를 라하르라고 부른다.

일각고래 : 북극해에 서식하는 고래의 일종으로 몸길이가 6미터에 달하며 수컷에게는 위턱에서 앞쪽으로 길게 나선형으로 뻗은 엄니가 있다.

일랜드영양 : 아프리카에 주로 서식하는 영양으로 암수 모두 나선형의 짧은 뿔이 있다.

자고 : 자고새의 일종으로 아시아와 아프리카에 서식한다. 전에는 남부 유럽에서도 흔히 볼 수 있었지만 지금은 아시아에서만 주로 볼 수 있다.

작은바다쇠오리 : 하얗고 검은 다이빙 새로, 북태평양 연안에 서식하는 작은 바다쇠오리의 일종

장석 : 칼륨, 나트륨, 칼륨, 바륨의 알루미늄 규산염광물로 결정이 단단한 광물이며 지각을 구성하는 가장 중요한 조암광물 중 하나이다.

저반 : 거대한 관입화성암으로 대부분 지표면보다 상당히 아래쪽에서 성장이 멈추었다.

전리권 : 지구 대기의 바깥쪽에 있으며 자유전자의 밀도가 높다.

점신세 : 신생대 제3기를 다섯 구분으로 나누었을 때 세 번째 시대이다. 2,500만년에서 4,000만 년 전으로 칼이빨호랑이 등이 나타났다.

제넷 : 점박이가 있고 꼬리에 둥근 고리 무늬가 있는 사향고양잇과의 동물

조립현무암 : 현무암과 비슷한 화산암의 일종으로 현무암보다 암석의 결정이 더 치밀하다.

조면암 : 주로 알칼리 장석으로 이루어져 있으며 연한 색이나 얼룩무늬를 가진 화산암의 한 종류

종유석 : 돌고드름이라고도 부르며 석회로 된 동굴의 천장에 석회질이 녹아 흘러 고드름같이 달려 있는 것을 말한다.

주걱부리황새 : 황새와 해오라기와 비슷한 섭금류의 새로 아프리카에 서식한다. 커다랗고 넓은 부리가 특징적이다.

주향이동 단층 : 지층의 주향에 평행인 단층으로, 단층 방향이 주로 수직이나 수직에 가깝게 나 있다.

중생대 : 지질 시대의 구분에서 고생대와 신생대의 중간에 드는 시대이다. 꽃식물, 수목과 새, 포유동물이 번성하였으며 삼첩기·쥐라기·백악기로 나눈다.

쥐라기 : 지금으로부터 1억 3,500만 년에서 1억 9,000만 년 전 공룡과 침엽수가 번성하던 시대

지구(地溝) : 평행한 두 단층 사이의 땅이 꺼져서 오목하고 길게 된 부분으로, 단층이 적어도

두 방향에서 에워싸고 있다.

지열 에너지 : 지구 내부의 열로 만들어진 에너지.

참매 : 수리과의 새로 꿩이나 토끼를 잡아먹는다. 우리나라를 비롯한 유라시아 대륙과 북미에 서식한다.

처트(각암) : 미세한 석영 알갱이로 이루어진 치밀하고 단단한 퇴적암으로 규토의 일종이다.

천산갑 : 몸의 위쪽은 이마에서 꼬리 끝까지 모두 어두운 빛의 비늘로 덮여 있고 남아프리카에 서식하는 이빨이 없는 포유류이다. 긴 혀로 먹이를 개미 등을 핥아 잡아먹는다.

천연 염전 : 천연적으로 움푹해서 물이 빠지지 않는 바닷가의 지형으로 이곳으로 들어온 물이 증발하면 소금이 남는다.

철기 시대 : 청동기 시대 다음에 나타난 시기로 철로 된 도구와 무기가 급속도로 확산되었다.

체체파리 : 아프리카에 사는 흡혈 파리로, 수면병을 옮긴다.

카렌 : 카르스트 지형의 하나로 용식으로 인하여 석회암 대지의 표면에 생기는 홈 모양의 지형을 가리킨다.

카르스트 : 석회암지역에 발달하는 특수한 침식지형을 가리키는 말이다. 원래 '카르스트'라는 말은 예전의 유고슬라비아에 있던 석회암 지역의 이름에서 유래했는데 황량하고 물이 없는 지역을 의미한다.

칼데라 : 화산이 강렬하게 폭발하면서 분화구 주변이 원형으로 커다랗게 함몰된 곳이다. 분화구를 가리키기도 한다.

케이 : 암초로 이루어진 작은 섬 혹은 모래나 산호충

코칼류 : 구세계에 서식하는 조류로 땅 위에서 살며, 기다란 단도처럼 생긴 갈고리 발톱이 있다.

쿠두 : 아프리카에 사바나 지대에 사는 커다란 영양으로 뿔이 나선형이다.

크레이터 : 운석이 충돌하면서 만들어진 깊이 파인 웅덩이 혹은 화산이 함몰되어 만들어진 웅덩이 등을 통틀어 이른다.

타른 : 산의 가파른 경사면에 있는 작은 호수나 연못

탄산염암 : 마그마에서 만들어졌으며 탄산염을 중량의 50% 이상 함유하고 있다. 탄산염암의 기원에 대해서는 마그마, 고체 흐름, 열수 용해 작용, 가스 이동 등 설이 다양하다.

태양풍 : 고온인 태양코로나가 약해지면서 태양의 중력장에서 벗어나 바깥쪽으로 유출되는 현상

테푸이 : 선캄브리아대의 수평한 사암 및 규암의 경층으로 된 대지이다.

테프라 : 화산이 폭발할 때 사방으로 날아간 암석과 재

토르 : 험한 바위산과 그 정상

투파 : 석회암이 풍부한 샘물에서 침전된 탄산칼슘으로 만들어진 약하고 기공이 많은 암석.

트라몬타나 : 이탈리아와 지중해 서부 위쪽에 있는 산악 지대에서 불어오는 시원한 서북풍

트라이아스기 : 삼첩기라고도 부르며 지질시대의 구분에서 중생대의 최초의 시대이다. 약 2억 년 전이 된다.

트래버틴 : 온천이나 샘물의 침전물에 의해 만들어진 탄산칼슘이 층층이 쌓여 만들어진 광물로 줄무늬가 발달했고 다공질이다.

파라모 : 안데스 열대지역의 산악 고지대에서 볼 수 있는 독특한 식생으로 나무가 자라지 않는다.

페름기 : 이첩기라고도 부르며 지질 시대 구분에서 고생대의 맨 마지막 시대이다.

편마암 : 석영, 장석 등이 많은 백색층과 운모, 각섬석 등이 많은 암색층이 줄무늬를 이룬 앎은 변성암

판암 : 석영이나 운모 따위가 얇은 층을 이룬, 잎사귀 모양으로 된 변성암의 하나이다. 옅은 호색이나 갈색을 띠며 얇은 층으로 쪼개질 수

있다.

표석 : 빙하나 유빙에 의해 원래 있던 노두에서 상당히 떨어진 곳까지 쓸려온 암석. 대개 종류가 매우 다른 암석 위에 놓여 있곤 하지만 모두 그런 것은 아니다.

프로테아 : 남아프리카에 자생하는 식물로 컵 모양의 꽃이 핀다.

프리온 : 핵산이 부족한 단백질 입자로 감염성을 지니고 있다. 신경계의 다양한 감염성 질환을 유발하는 것으로 알려져 있다.

플라즈마 : 고체, 액체, 기체도 아닌 제4의 물질로 기체의 일부가 전리된 가스로, 별이나 핵융합원자로에 존재한다.

플랑크톤 : 물에 떠서 사는 미생물들로..규조(珪藻) 따위의 식물성 플랑크톤과 물벼룩과 같은 동물성 플랑크톤이 있다.

피오르 : 가파른 빙식곡 안에 해수가 침입하여 길고 좁게 들어간 부분으로 노르웨이에서 흔히 볼 수 있다.

핫스팟(과열점) : 지구 내부에서 뜨거운 마그마가 지각을 녹이면서 맨틀 상부까지 분출한 지점으로, 대개 화산 지형을 형성한다.

해산 : 바다의 밑바닥에 솟은 산

해일 : 쓰나미, 지진해일로도 불리며 해저의 지각 변동이나 해상의 기상 변화에 의하여 갑자기 바닷물이 크게 일어서 육지로 거세게 넘쳐 들어오는 것을 말한다.

현곡 : 계곡에서 본류와 지류가 합류하는 지점이 본류의 바닥보다 높은 곳에 형성되는 지형으로 비탈이 급하고 급류 모양으로 생긴 골짜기이다. 산악 빙하가 지나간 결과물이다.

현무암 : 화산암의 한 종류이다. 염기성 사장석과 휘석, 감람석을 주성분으로 하며 검은색이나 짙은 회색을 띤다. 철과 마그네슘이 풍부하다.

호미니드 : 현생 인류를 이루는 직립 보행 영장류를 일컫는 말이다.

홍적세 : 플라이스토세라고도 불리며 지질시대 구분에서 신생대 제4기의 전반기 즉

빙하 시대를 일컫는다.

화산 폭발 : 폭발로 인해 화에서 대기나 지표면으로 고체, 유체와 기체 형태의 물질이 분출되는 과장을 말한다. 용암이 서서히 흘러나오는 폭발에서부터 화산쇄설류가 격렬하게 터져 나오는 대폭발까지 그 모습이 매우 다양하다.

화산쇄설류 : 화산이 폭발할 때 분화구에서 분출되는 화산쇄설물의 흐름으로, 화쇄류라고도 한다. 점성이 큰 용암을 분출하는 화산에서 화산회, 경석, 화산암괴 등이 마구 뒤섞여서 흐르는데 이동 속도가 시간 당 50~100마일 정도이다.

화산쇄설물 : 화산이 폭발하면서 뜨거운 가스에 각종 결정체, 화산재, 경석과 파편 등 마구 분출되는 크고 작은 암석

화산재 : 화산에서 뿜어 내는 용암의 부스러기가 자디잔 먼지같이 된 재이다. 화산회라고도 불린다.

화산탄 : 화산이 폭발할 때 분출한 용암이 지름 32mm 이상의 원형이나 타원형으로 굳어진 덩어리

환태평양화산대 : 태평양을 둘러싼 세계 최대의 신생대 제4기 화산대의 총칭으로 태평양에 면하는 대륙 가장자리를 따라 일본열도 등의 호상열도상에 분포하는 화산이 많아 붙여진 이름이다. 지진과 화산이 자주 발생한다.

활화산 : 지금도 화산 활동을 계속하고 있는 화산을 말한다. 당장은 아니지만 과거에 폭발했으며 앞으로 폭발할 가능성이 있는 화산도 포함한다.

황철광 : 철과 유황이 혼합된 연한 노란빛을 띠는 광물이다.

후두 : 침식 작용으로 인해 생긴 기괴한 모양의 바위기둥을 일컫는다.

휴화산 : 말 그대로 쉬고 있는 화산이다. 예전에는 분화하였지만 현재는 활동을 멈추었으며 다시 폭발할 가능성도 있다.

일반 색인

사진 출처

naturepl.com - *Nature Picture Library* Getty - *Getty Images*
Jacket Front
main Image Jeremy Walker/naturepl.com
(left to right) Doug Allan/naturepl.com Ingo Arndt/naturepl.com Rhonda Klevansky/naturepl.com Jorma Luhta/naturepl.com
Jacket Back
(left to right) Gavin Hellier/naturepl.com Anup Shah/naturepl.com Jurgen Freund/naturepl.com Ingo Arndt /naturepl.com
Spine
Aflo/naturepl.com

1 Doug Allan/naturepl.com 3 Jenny Doubt 5 Gavin Hellier/naturepl.com 7 Doug Perrine/naturepl.com 8 Gavin Hellier/naturepl.com
17 Doug Perrine/naturepl.com 21 Gavin Hellier /naturepl.com 22 David Noton/naturepl.com 24 David Noton/naturepl.com 25 Staffan
Widstrand/naturepl.com 27 Andre Gallant/Getty 28 Doug Allan/naturepl.com 31 David Noton/naturepl.com 33 Grant Faint/Getty
34 David Noton/naturepl.com 37 Eric Baccega/naturepl.com 38 Andre Gallant/Getty 39 Sue Flood/naturepl.com 40 Thomas Lazar/naturepl.
com 42 Justine Evans/naturepl.com 43 Lynn M. Stone/naturepl.com 44 Ulli Steer/Getty 45 Michael Melford/Getty 47 David Job/Getty 49
Nancy Simmerman/Getty 50 Lynn M. Stone/naturepl.com 53 Aflo/naturepl.com 55 Harold Sund/Getty 56 Jack Dykinga/Getty 58 Barrie
Britton/naturepl.com 59 Richard H. Smith/Getty 61 Alan Kearney/Getty 63 Walter Bibikow/Getty 64 Gary Randall/Getty 65 Jim Corwin/Getty
66 Doug Wechsler/naturepl.com 69 Gary Randall/Getty 70 Jeff Foott/naturepl.com 71 Jeff Foott/naturepl.com 72 Torsten Brehm/naturepl.
com 75 Jeff Foott/naturepl.com 77 James Balog/Getty 78 David Noton/naturepl.com 79 David Hanson/Getty 81 Marc Muench/Getty 82 Jack
Dykinga/Getty 83 Art Wolfe/Getty 85 James Randklev/Getty 86 Doug Wechsler/naturepl.com 87 Afl/naturepl.com
89 Ingo Arndt/naturepl.com 90 Gavin Hellier/naturepl.com 91 William Smithey Jr/Getty 93 Jeff Foott/naturepl.com95 Gavin Hellier/naturepl.
com 97 Gavin Hellier/naturepl.com 98 Tom Mackie/Getty 99 Aflo/naturepl.com 100 Tim Barnett/Getty 101 Ruth Tomlinson/Getty 103 Aflo/
naturepl.com 104 Gavin Hellier/naturepl.com 105 Gavin Hellier/naturepl.com 106 Jeff Foott/naturepl.com
107 Kerrick James/Getty 109 Jeff Foott/naturepl.com 113 Marc Muench/Getty 114 David Noton/naturepl.com 117 Harvey Lloyd/Getty
118 Tom Bean/Getty 119 Mike Hill/Getty 121 Gavin Hellier/naturepl.com 122 Rob Atkins/Getty 125 Harvey Lloyd/Getty 126 Doug Wechsler/
naturepl.com 129 Aflo/naturepl.com 131 Alan Kearney/Getty 132 Grant Faint/Getty 137 Laurance B. Aiuppy/Getty 140 Jack Dykinga/Getty
143 Jeff Foott/naturepl.com 144 Hanne & Jens Eriksen/naturepl.com 146 Robert Freck/Getty 151 George Lepp/Getty
152 Jurgen Freund/naturepl.com 153 Suzanne Murphy/Getty 155 Frans Lemmens/Getty 159 Simeone Huber/Getty 163 Tony Waltham/Getty
164 Jerry Driendl/Getty 167 Jeff Rotman/naturepl.com 168 Doug Perrine/naturepl.com 169 Kevin Schafer/Getty 171 Don Herbert/Getty
175 Georgette Douwma/naturepl.com 177 Gavin Hellier/naturepl.com 178 Richard Elliott/Getty 179 Mark Lewis/Getty 182 Darrell Jones 183 Bill
Hickey/Getty 185 Pete Turner/Getty 187 Brooke Slezak/Getty 189 Michael Melford/Getty 190 Aflo/naturepl.com 192 Pete Turner/Getty
195 Peter Oxford/naturepl.com 196 Thomas Schmitt/Getty197 Hermann Brehm/naturepl.com 198 Hermann Brehm/naturepl.com 201 David
Welling/naturepl.com 202 Juan Silva/Getty 204 Hanne & Jens Eriksen/naturepl.com 205 Pete Oxford/naturepl.com 206 Pete Oxford/naturepl.
com 208 Pete Oxford/naturepl.com 210 Chris Sanders/Getty 213 Solvin Zankl/natur epl.com 214 Jim Clare/naturepl.com 217 Staffan
Widstrand/naturepl.com 218 Peter Oxford/naturepl.com 221 Silvestre Machado/Getty 222 Macduff Everton/Getty 225 Peter Oxford/naturepl.
com 226 Luis Veiga/Getty 229 Russell Kaye/Getty 233 Doug Allan/naturepl.com 233 Micheal Simpson/Getty
235 Micheal Simpson/Getty 237 Alejandro Balaguer/Getty 238 Michael Dunning/Getty 241 Staffan Widstrand/naturepl.com 242 Hermann
Brehm/naturepl.com 243 David Tipling/naturepl.com 244 Hermann Brehm/naturepl.com 246 Peter Oxford/naturepl.com 249 Doug Allan/
naturepl.com 250 Art Wolfe/Getty 251 Rob Mcleod/Getty 252 Rhonda Klevansky/naturepl.com 254 William J Hebert/Getty
255 Chris Gomersall/Getty 257 Tony Arruza/Getty 258 David Noton/Getty 260 Hanne & Jens Eriksen/naturepl.com 263 Daniel Gomez/
naturepl.com 264 Aflo/naturepl.com 266 Ross Couper-Johnston/naturepl.com 267 Gabriel Rojo/naturepl.com 269 Pete Oxford/naturepl.com
270 Gabriel Rojo/naturepl.com 272 Gavin Hellier /naturepl.com 274 Siqui Sanchez/Getty 276 George Kavanagh/Getty 277 Pal Hermansen/
Getty 279 Neil Lucas/naturepl.com 280 Ernst Haas/Getty 281 Ernst Haas/Getty 282 Doug Allan /naturepl.com 285 Asgeir Helgestad/naturepl.
com 286 Andreas Stirnberg/Getty 287 Terje Rakke/Getty 288 Florian Graner/naturepl.com 289 Gavin Hellier/naturepl.com 291 Florian
Graner/naturepl.com 294 Hans Strand/Getty 295 Chad Ehlers/Getty 297 Hans Strand/Getty 298 Felix St Clair Renard/Getty 301 orma Luhta/
naturepl.com 302 David Tipling/naturepl.com 304 David Tipling/naturepl.com 305 Rick Price/naturepl.com 306 David Noton/naturepl.com
307 Juan Manuel Borrero/naturepl.com 309 Bernard Castelein/naturepl.com
310 Richard Ashworth/Getty 313 Geoff Dore/naturepl.com 314 Geoff Simpson/naturepl.com 316 Bernard Castelein/naturepl.com
317 Bernard Castelein/naturepl.com 318 David Cottridge/naturepl.com 319 Hans Christoph Kappel/naturepl.com 323 Nick Turne/naturepl.
com 327 Neale Clark/Getty 328 Ross Woodhall/Getty 331 Roy Rainford/Getty 332 Wooky Hole Caves 334 Jon Arnold/Getty 335 Charles
Bowman/Getty 336 David Noton/naturepl.com 337 Colin Varndell/naturepl.com 339 Guy Edwardes/Getty
342 Ross Hoddinott /naturepl.com 343 David Noton/Getty 344 Tim Edwards/naturepl.com 345 Derek P Redfearn/Getty 347 Guy Edwardes/
Getty 348 Gavin Hellier /naturepl.com 352 Derek P Redfearn/Getty 353 Tim Edwards/naturepl.com 354 Hans Wolf/Getty
355 Paul Johnson /naturepl.com 357 Walter Bibikow/Getty 358 Christoph Becker/naturepl.com 359 Stephen Studd/Getty 361 Mike Read/
naturepl.com 365 Martin Dohrn /naturepl.com 366 Jean E Roche/naturepl.com 367 Doc White/naturepl.com 368 Jean E. Roche/naturepl.com
371 Scott Markewitz/Getty 373 Jean E Roche/naturepl.com 374 Jess Stock/Getty 377 David Hughes/Getty 378 Stefano Scata/Getty 379 Michael
Busselle/Getty 380 Jean E. Roche/naturepl.com 381 Bernard Castelein/naturepl.com 383 John Miller/Getty
384 John Miller/Getty 387 Yannick Le Gal/Getty 389 Jean E Roche/naturepl.com 393 Walter Bibikow/Getty 397 Paul Trummer/Getty
399 Paul Trummer/Getty 402 Mike Potts/naturepl.com 403 Christoph Becker/naturepl.com 405 Ingo Arndt/naturepl.com 406 Cosmo
Condina/Getty 407 Aflo/naturepl.com 409 Philippe Clement/naturepl.com 411 Tim Edwards/naturepl.com 412 Francesco Ruggeri/Getty
415 Ingo Arndt/naturepl.com 416 Martin Gabriel/naturepl.com 419 Martin Ruegner/Getty 421 Gavin Hellier/naturepl.com 422 Juan Manuel
Borrero/naturepl.com 424 Jose B. Ruiz/naturepl.com 425 Jose B. Ruiz/naturepl.com 429 Jose Luis Gomez de Francisco/naturepl.com 430 Jose
B. Ruiz/naturepl.com 436 John Cancalosi/naturepl.com 438 Jose B. Ruiz/naturepl.com 439 Jose B. Ruiz /naturepl.com 441 Jose B. Ruiz /
naturepl.com 443 ose B. Ruiz /naturepl.com 445 Teresa Farino 446 Michael Kraft/Getty 447 Nigel Bean/naturepl.com 448 Juan Manuel
Borrero/naturepl.com 451 Teresa Farino 455 Walter Bibikow/Getty 458 Andrea Pistolesi/Getty 460 Marco Simoni/Getty 463 Bernard

Castelein/naturepl.com 465 anne & Jens Eriksen/naturepl.com 467 Nigel Marven/naturepl.com 469 Carolyn Brow/Getty 471 Fred Friberg/ Getty 472 Richard Ashworth/Getty 474 Harvey Lloyd/Getty 477 Hanne & Jens Eriksen/naturepl.com 478 Hanne & Jens Eriksen/naturepl.com 479 Hanne & Jens Eriksen/naturepl.com 481 Glen Allison/Getty 482 Anup Shah/naturepl.com 485 Jurgen Freund/naturepl.com 486 Bruce . Davidson/naturepl.com 488 Jose B. Ruiz/naturepl.com 490 Miles Barton/naturepl.com 491 Jose B. Ruiz/naturepl.com 492 Jose B. Ruiz/ naturepl.com 495 Nick Barwick/naturepl.com 502 Doug Allan /naturepl.com 504 Marguerite Smits Van Oyen/naturepl.com 507 George Chan/naturepl.com 509 George Chan/naturepl.com 512 Bernard Castelein/naturepl.com 515 Justine Evans/naturepl.com 516 Jose B Ruiz / naturepl.com 518 Anup Shah/naturepl.com 521 Bruce Davidson/naturepl.com 523 Bruce Davidson/naturepl.com 524 Georgette Douwma/ naturepl.com 527 Bruce Davidson/naturepl.com 528 Daniel J Cox/Getty 529 Bryan Mullennix/Getty 531 Giles Bracher/naturepl.com 532 Jose B. Ruiz/naturepl.com 535 Anup Shah/naturepl.com 539 Aflo/naturepl.com

541 Pete Oxford/naturepl.com 542 Peter Ginn 543 Peter Ginn 544 Peter Ginn 555 Peter Ginn 547 Peter Ginn 548 Peter Ginn 549 Peter Ginn 550 Vincent Munier/naturepl.com 551 Vincent Munier/naturepl.com 552 Richard du Toit /naturepl.com 553 David Noton/naturepl.com 555 Vincent Munier/naturepl.com 556 David Noton/naturepl.com 557 Laurence Hughes/Getty 558 T.J. Richt/naturepl.com 561 Richard Du Toit/naturepl.com 562 Richard du Toit/naturepl.com 563 Richard Du Toit/naturepl.com 564 Pete Oxford/naturepl.com 565 Peter Ginn 566 Peter Ginn 569 Peter Ginn 571 Peter Ginn 573 Andreas Stirnberg/Getty 575 Peter Pinnock/Getty 578 ohn Lamb/Getty 581 Neil Nightingale/naturepl.com 582 Pete Oxford/naturepl.com 585 Tony Heald/naturepl.com 586 Pete Oxford /naturepl.com 589 Walter Bibikow/ Getty 591 Walter Bibikow/Getty 593 Steve Bloom/Getty 595 Laurence Hughes/Getty 597 Frans Lemmens/naturepl.com 598 Fraser Hall/Getty 599 Fraser Hall/Getty 600 Ed Collacott/Getty 603 Fraser Hall/Getty 604 Aflo/naturepl.com 606 Pete Oxford/naturepl.com 607 Pete Oxford / naturepl.com 609 Pete Oxford/naturepl.com 611 Fraser Hall/Getty 613 Sylvain Grandadam/Getty 614 Art Wolfe/Getty 616 Nigel Marven/ naturepl.com 617 Paul Johnson/naturepl.com 618 Elio Della Ferrera/naturepl.com 619 Vincent Munier/naturepl.com 620 Nigel Marven/ naturepl.com 623 Nigel Marven/naturepl.com 624 Konstantin Mikhailov/naturepl.com 626 Jerry Kobalenko/Getty 627 Tony Waltham/Getty 628 Gertrud & Helmut Denzau/naturepl.com 629 Art Wolfe/Getty 630 Konstantin Mikhailov/naturepl.com 631 John Sparks/naturepl.com 632 China Tourism Press/Getty 633 China Tourism Press/Getty 635 China Tourism Press/Getty 637 Xi Zhi Nong /naturepl.com 638 China Tourism Press/Getty 639 Warwick Sloss/naturepl.com 641 China Tourism Press/Getty 642 China Tourism Press/Getty 644 Pete Oxford/ naturepl.com 647 Xi Zhi Nong/naturepl.com 648 David Noton/naturepl.com 650 Yann Layma/Getty 653 Pete Oxford/naturepl.com 655 China Tourism Press/Getty 656 Peter Oxford/naturepl.com 658 Alexander Walter/Getty 661 Aflo/naturepl.com

662 David Pike/naturepl.com 664 David Pike/naturepl.com 667 Aflo/naturepl.com 668 Aflo/naturepl.com 671 David Pike/naturepl.com 674 Core Agency/Getty 678 Mahaux Photography/Getty 681 Getty 682 Toshihiko Chinami/Getty 684 Christina Gascoigne/Getty 685 Paula Bronstein/Getty 687 Elio Della Ferrera/naturepl.com 688 Toby Sinclair/naturepl.com 693 Ashok Jain/naturepl.com 697 Elio Della Ferrera/ naturepl.com 700 Toby Sinclair/naturepl.com 703 Martin Puddy/Getty 707 Robert Stahl/Getty 708 David Paterson/Getty 710 Tony Waltham/ Getty 711 Chris Noble/Getty 712 Roger Mear/Getty 714 Bernard Castelein/naturepl.com 715 David Curl/naturepl.com 717 Gerard Mathieu/ Getty 719 John Kelly/Getty 720 A & S Chandola/naturepl.com 721 Gavin Hellier/naturepl.com 723 Hugh Sitton/Getty 724 Geoffrey Clifford/ Getty 726 Anup Shah/naturepl.com 727 Nevada Wier/Getty 729 Jerry Alexander/Getty 733 Jerry Alexander/Getty 735 Nevada Wier/Getty 739 Justin Pumfrey/Getty 743 Justine Evans/naturepl.com 746 Neil Emmerson/Getty 749 Justin Pumfrey/Getty 753 Stephen Frink/Getty 757 Pete Turner/Getty 761 Gavin Hellier/naturepl.com 763 Chris Shinn/Getty 766 Stuart Dee/Getty 770 Ingo Arndt/naturepl.com 771 Gavin Hellier/ Getty 773 David Poole/Getty 775 Daniel J Cox/Getty 777 Nevada Wier/Getty 778 David Poole/Getty

781 Doug Perrine/naturepl.com 782 Robert Francis/Getty 784 Neil Nightingale/naturepl.com 785 Art Wolfe/Getty 787 Hugh Sitton/Getty 788 Michael Pitts/naturepl.com 791 Bushnell/Soifer/Getty 792 Gavin Hellier/Robert Harding/Getty 795 G Brad Lewis/Getty 797 ames Randklev/Getty 798 Roger Ressmeyer/Getty 801 G Brad Lewis/Getty 802 Stuart & Michele Westmorland/Getty 804 Phil Savoie/naturepl.com 805 World Perspectives/Getty 807 Martin Dohrn/naturepl.com 811 Lionel Isy-Schwart/Getty 813 Lionel Isy-Schwart/Getty 814 Peter Hendrie/ Getty 816 Peter Hendrie/Getty 817 Jurgen Freund/naturepl.com 819 Eric Jacobson/Getty 822 Panoramic Images/Getty 824 Jason Edwards/ Bio-Images 827 Jason Edwards/Bio-Images 829 Travel Pix/Getty 830 Georgette Douwmag/naturepl.com 831 Panoramic Images/Getty 832 Darryl Torckler/Getty 835 Ted Mead/Getty 836 Navaswan/Getty 839 Jason Edwards 840 David Curl/naturepl.com 843 David Noton/naturepl. com 845 Jason Edwards 847 Jason Edwards/Bio-Images 849 William Osborn/naturepl.com 850 David Noton/Getty

852 Hanne & Jens Eriksen/naturepl.com 853 Thomas Schmitt/Getty 855 William Osborn/naturepl.com 857 Martin Gabriel /naturepl.com 860 Stefano Scata/Getty 865 Gavin Hellier/Robert Harding/Getty 869 John William Banagan/Getty 870 Jeff Rotman/Getty 871 Steven David Miller/naturepl.com 872 Steven David Miller/naturepl.com 875 Jason Edwards/Bio-Images 876 Robin Smith/Getty 878 Robin Smith/Getty 879 Tim Edwards/Getty 881 Jason Edwards/Bio-Images 882 Chris Sattlberger/Getty 885 Jason Edwards/Bio-Images 889 Michael Townsend/Getty 891 Jason Edwards/Bio-Images 892 William Osborn/naturepl.com 893 Steven David Miller/naturepl.com 894 Amanda Hall/ Getty 897 Jason Edwards/Bio-Images 898 Robert Francis/Getty 899 Jason Edwards/Bio-Images 901 Jason Edwards/Bio-Images 902 Tomek Sikora/Getty 905 Aflo/naturepl.com 906 Andreas Stirnberg/Getty 908 Ingo Arndt/naturepl.com 909 Dave Watts/naturepl.com 911 Geoffrey Clifford/Getty 913 Paul A. Souders/Corbis 915 Paul A. Souders/Corbis 917 Kirk Anderson/Getty 919 Tony Waltham/ Getty 920 Kevin Schafer/Getty 921 Travel Pix/Getty 923 James L. Amos/Corbis 924 David Noton/Getty 926 Jeremy Walker/Getty 927 Pete Turner/Getty 929 Kim Westerskov/Getty 930 Geoff Renner/Robert Harding/Getty 932 R H Productions/Getty 935 Pete Oxford/ naturepl.com 936 Doug Allan /naturepl.com 939 Doug Allan/naturepl.com 941 Frans Lanting/Corbis 942 Kevin Schafer/Getty 945 Geoff Renner/Robert Harding/Getty